橡胶工业原材料与装备

简明手册

（2016 年版）

北京理工大学出版社
BEIJING INSTITUTE OF TECHNOLOGY PRESS

图书在版编目（CIP）数据

橡胶工业原材料与装备简明手册 / 橡胶工业原材料与装备简明手册编审委员会编著．—北京：北京理工大学出版社，2016.11（2016.12 重印）

ISBN 978-7-5682-3406-1

Ⅰ.①橡… Ⅱ.①橡… Ⅲ.①橡胶加工-原料-手册②橡胶加工-化工设备-手册 Ⅳ.①TQ330.3-62②TQ330.4-62

中国版本图书馆 CIP 数据核字（2016）第 284726 号

出版发行 / 北京理工大学出版社有限责任公司
社　　址 / 北京市海淀区中关村南大街 5 号
邮　　编 / 100081
电　　话 /（010）68914775（总编室）
（010）82562903（教材售后服务热线）
（010）68948351（其他图书服务热线）
网　　址 / http：//www.bitpress.com.cn
经　　销 / 全国各地新华书店
印　　刷 / 虎彩印艺股份有限公司
开　　本 / 889 毫米×1194 毫米 1/16
印　　张 / 74.5
字　　数 / 3202 千字
版　　次 / 2016 年 11 月第 1 版 2016 年 12 月第 2 次印刷
定　　价 / 370.00 元

责任编辑 / 高　芳
文案编辑 / 赵　轩
责任校对 / 周瑞红
责任印制 / 马振武

《橡胶工业原材料与装备简明手册（2016年版）》
编审委员会

（按姓名拼音字母排序）

（一）编审委员会

主　任：刘会春　中国橡胶工业协会副会长

副主任：陈可娟　华南理工大学教授

贾德民　华南理工大学教授

孙佩祝　美晨科技股份有限公司总裁

孙仙平　连云港锐巴化工有限公司董事长

许叔亮　外国专家局聘经济技术类外国专家

杨　军　时代新材料科技股份有限公司总经理

张立群　北京化工大学教授

张庆虎　朗盛化学（中国）有限公司

张仲伦　广州市汉朴利牧企业管理咨询有限公司总经理

郑日土　广东信力科技股份有限公司董事长

周建辉　上海彤程投资集团有限公司总裁

编审会执行机构：广州市汉朴利牧企业管理咨询有限公司

主　编：张仲伦

副主编：陈可娟

贾德民

王慧敏　广州橡胶工业制品研究所有限公司董事长

主　审：吴向东　华南理工大学副教授

缪桂韶　华南理工大学副教授

黄爱华　广州市橡胶学会高级工程师

1.1　橡胶工业原材料分编委会

主　编：贾德民

编　委：白　鹏　平顶山矿益胶管制品股份有限公司总经理

包志方　无锡宝通带业股份有限公司董事长总经理

蔡　辉　全国橡标委胶管标准化分技术委员会副主任委员

陈勇军　华南理工大学高级工程师

陈宣富　中昊晨光化工研究院成都分厂

陈朝晖　华南理工大学副教授

陈秋发　全国橡标委摩托车自行车轮胎轮辋标准化分技术委员会主任

陈旭明　广州珠江轮胎有限公司副总经理

陈志海　中国橡胶工业协会力车胎分会秘书长

代传银　中橡集团炭黑工业研究设计院
邓记森　广州和峻胶管有限公司董事长
董毛华　陕西延长石油集团橡胶有限公司半钢总工程师
黄恒超　广州市白云化工实业有限公司副总经理
黄向前　海南天然橡胶产业集团股份有限公司研发总工
黄耀民　广州市钻石车胎有限公司总工程师
黄耀鹏　广州飞旋橡胶有限公司总工程师
姜其斌　株洲时代新材料科技股份有限公司副总工程师
蒋绮云　际华 3517 橡胶制品有限公司总工程师
黎继荣　广州万力集团有限公司轮胎研究院院长
李　航　日本普利司通
李　惠　广州市橡胶学会高级工程师
李书琴　中国橡胶工业协会骨架材料专业委员会分会秘书长
李松峰　河南开封铁塔县橡胶（集团）有限公司副总经理
李文刚　中国兵器第 617 厂研究员级高工
李忠东　青岛森麒麟轮胎股份有限公司总工程师
连千荣　宁波硫华聚合物有限公司总经理
林华东　福州静安橡胶制品有限公司总经理
刘万平　广州金昌盛科技有限公司高级工程师
罗吉良　山东丰源轮胎制造股份有限公司总工程师
潘从富　华星（宿迁）化学有限公司总经理
潘清江　中国平煤神马集团工程师
覃小伦　中国橡胶工业协会乳胶分会秘书长
曲成东　无锡宝通带业股份有限公司副总经理
阙伟东　确成硅化学股份有限公司董事长
任　灵　航天材料及工艺研究所高级工程师
谭　锋　中国液压气动密封件协会橡塑密封分会副秘书长
涂智明　重庆长寿捷圆化工有限公司
王定东　南京七四二五橡塑有限责任公司总工程师
王立坤　大金氟化工（中国）有限公司
王晓辉　陕西科隆能源科技股份有限公司技术总监
王小萍　华南理工大学副教授
吴　毅　全国橡胶与橡胶制品标委会合成橡胶分技术委员会秘书长
吴贻珍　无锡贝尔特胶带有限公司副总经理
许春华　中国橡胶协会橡胶助剂专委会名誉理事长
许旭东　安庆华兰科技有限公司副总经理
徐玉福　山东尚舜化工有限公司副总经理
徐金光　青岛伊科思技术工程有限公司常务副总经理
谢朝杰　河南铂思特金属制品有限公司董事长
谢志水　广州市橡胶学会高级工程师
杨　冲　深圳市冠恒新材料科技有限公司总经理
叶庆林　广州英珀图化工有限公司总经理
姚晓辉　申华化学工业有限公司
曾凡伟　中车青岛四方车辆研究所有限公司
张彦成　广州市橡胶学会高级工程师
张兆庆　宁波顺泽橡胶有限公司总经理
朱建军　中石化巴陵石化分公司合成橡胶事业部

孙　林　北京敬业机械设备有限公司总经理
汪传生　青岛科技大学教授
王梦蛟　怡维怡橡胶研究院院长
吴驰飞　华东理工大学教授
杨文平　广州世达密封实业有限公司董事长
俞　淇　华南理工大学教授
张安强　华南理工大学教授
张　洁　山东大学教授
张　明　扬州大学教授
张学全　中科院应用化学研究所研究员
章于川　安徽大学教授
赵树高　青岛科技大学教授
郑俊萍　天津大学教授
朱　敏　华南理工大学教授
陶　然　桂林紫竹乳胶制品有限公司董事长
王迪珍　华南理工大学教授
王友善　哈尔滨工业大学教授
吴绍吟　华南理工大学副教授
尤建义　宁波市天普橡胶有限公司总经理
曾幸荣　华南理工大学教授
张敦谊　平顶山矿益胶管股份公司党委书记
张　津　大连橡胶塑料机械股份有限公司副总经理
张秋禹　西北工业大学教授
张　勇　上海交通大学教授
赵贵哲　中北大学教授
赵云峰　航天材料及工艺研究所研究员
周彦豪　广东工业大学教授
庄　毅　中国石化科技部研究员

（三）联合编撰单位

广州市汉朴利牧企业管理咨询有限公司
华南理工大学材料与工程学院
浙江省橡胶工业协会
温州市橡胶商会
宁波市橡胶商会

前　言

1915 年，中国橡胶工业在广州发端。为纪念中国橡胶百年，作为献礼，广州市汉朴利牧企业管理咨询有限公司、华南理工大学材料科学与工程学院、广州市橡胶学会等单位联合编撰了本手册。

橡胶制品是以橡胶为主要原料，经过一系列加工制得的成品的总称。橡胶制品的共同特点是具有高弹性以及优异的耐磨、减震、绝缘和密封等性能。橡胶制品没有统一的分类方法，习惯上分为轮胎、工业制品和生活卫生用品。

轮胎类橡胶制品有：①机动车轮胎，包括汽车轮胎、工程机械轮胎、工业轮胎、农业和林业机械轮胎、摩托车轮胎等；②非机动车轮胎，包括电瓶车轮胎、自行车轮胎、人力车胎、畜力车（马车）轮胎、搬运车轮胎等；③特种轮胎，包括航空轮胎、火炮轮胎、坦克轮胎等。

工业制品类橡胶制品有：①胶带，包括输送带、传动带等；②胶管，包括夹布胶管、编织胶管、缠绕胶管、针织胶管、特种胶管等；③模型制品，包括橡胶密封件、减震件等；④压出制品，包括纯胶管、门窗密封条、各种橡胶型材等；⑤胶布制品，包括生活和防护胶布制品（如雨衣）、工业用胶布制品（如矿用导风筒）、交通和储运制品（如油罐）、救生制品（如救生筏）等；⑥胶辊，包括印染胶辊、印刷胶辊、造纸胶辊等；⑦硬质橡胶制品，包括电绝缘制品（蓄电池壳）、化工防腐衬里、微孔硬质胶（微孔隔板）等；⑧橡胶绝缘制品，包括工矿雨靴、电线电缆等；⑨胶乳制品，包括浸渍制品、海绵、压出制品、注模制品等。

生活卫生用品类橡胶制品有：①生活文体用品，包括胶鞋、橡胶球、擦字橡皮、橡皮绳等；②医疗卫生用品，包括医疗器械（避孕套、医用手套、指套、各种导管、洗球）、防护用品、医药包装配件、人体医用植入橡胶制品等。

其中，产值和耗胶量占重要地位的是轮胎、胶鞋、胶带和胶管橡胶制品，有时把这四大类橡胶制品以外的称为橡胶杂品。

橡胶制品还可以按橡胶原料分为干胶制品及胶乳制品两大类。凡以干胶为原料制得的橡胶制品统称为干胶制品，如轮胎、胶带、胶管等，这类产品的产量占橡胶制品产量的 90%以上。凡从胶乳制得的产品统称为胶乳制品，如手套、气球、海绵等，这类产品的产量不到橡胶制品总产量的 10%。

橡胶制品还可以按生产方法分为模型制品和非模型制品。凡在模型中定型并硫化的制品，统称为模型制品，如轮胎、橡胶密封制品及橡胶减震制品等，但在橡胶工业中又习惯将模型制品理解为除轮胎以外的橡胶制品。凡不在模型中定型并硫化的产品，统称为非模型制品，如胶带、胶管、胶布、胶辊等。有的橡胶制品（如胶鞋等）可用模型法和非模型法生产。

橡胶制品的性能取决于其结构和材料。多数橡胶制品如轮胎、胶带、胶管、胶布等，采用橡胶与纤维帘线、钢丝帘线、钢丝绳、纤维帘布、纤维帆布等的复合结构。纤维帘线、钢丝帘线、钢丝绳、纤维帘布、纤维帆布等起骨架作用，保证制品的强度和刚度。因此，橡胶制品的原材料，除各种橡胶和橡胶配合剂外，还有纺织物和金属线材等。主要原料橡胶根据制品的要求选用，如一般的轮胎、胶鞋、运输带、三角带、胶管等主要使用天然橡胶、丁苯橡胶、顺丁橡胶、丁腈橡胶等通用橡胶；有特殊性能要求的橡胶制品，则主要使用特种橡胶，如聚氨酯橡胶、硅橡胶、氟橡胶等。近年来，不需要硫化的热塑性弹性体得到迅速发展。

许多橡胶制品可作为最终产品直接用于日常生活、文体活动和医疗卫生等方面，常见的如胶鞋、雨衣、擦字橡皮、橡皮玩具、热水袋、防毒面具、气褥子、充气帐篷等。更多的橡胶制品被用作各种机械装备、仪器仪表、交通运输工具、建筑物等的零部件。以汽车为例，一辆汽车中使用的橡胶制品有近二百件，包括轮胎、座垫、门窗密封条、雨刷胶条、风扇带、水箱胶管、刹车胶管、防尘套、密封件、减震件等。又如液化气罐减压阀中有橡胶膜片，电子计算器中有导电橡胶按钮，冰箱门密封要用磁性橡胶条，彩色电视机中也有十余件橡胶制品。总之，橡胶制品对日常生活、国防和国民经济各部门都有重要的意义。

自中国第一家橡胶企业——广东兄弟树胶公司创立，中国橡胶工业已有整整 100 年的历史。如果以美国固特异先生发明橡胶硫化作为世界橡胶工业的起点，则中国橡胶工业的起步，较世界橡胶工业晚了 75 年。自 20 世纪 80 年代中期开始的轮胎结构子午化，对中国橡胶工业、原材料产业、装备产业的迅猛发展起到了极大的拉动作用。国产子午线无内胎轿车轮胎迟至 1985 年由上海正泰橡胶厂首先投产，而法国米其林公司 1945 年已工业化生产子午线轮胎，我国较世界橡胶工业晚了 45 年。

经过百年的艰辛发展，到 2014 年，中国橡胶工业已是橡胶制品年产销量达 3 000 万吨以上，年耗胶量超过 1 030 万吨（占全球年耗胶量 2 870 万吨的 35.9%），年产值超过 1 万亿，拥有 8 000 多家企业，职工达百万人的现代化工业体系。其中，轮胎年产 11.14 亿条（占全球 29 亿条的 38.7%），汽车轮胎年产 5.62 亿条（占全球 17 亿条的 33.1%）；鞋类产品年产约 142 亿双（占全球 200 亿双的 71%）；其他各种橡胶工业制成品约有 60%以上占据全球产量的前列。橡胶工业原料——天然橡胶产量已达 85.6 万吨（占全球 1 190 万吨的 7.1%），逼近世界前三位；合成橡胶产量 520 万吨（占全球 1 680 万吨的 30.9%），从 2010 年起已居全球首位；炭黑产量 500 万吨（占全球 1 300 万吨的 38.5%），白炭黑产量 112 万吨（超过全球 220 万吨的一半）；橡胶助剂产量 105 万吨，为全球 120 万吨的 75%；纤维帘线产量约 50 万吨（占全球 120 万吨的 41.6%）；钢丝帘线产量 200 万吨（占全球 240 万吨的 83.3%）。橡胶机械年产值 150 亿元以上（占全球的 45.9%），机头模具产值也达 100 亿元以上（超过全球的一半多）。

近年来，互联网、机器人技术、人工智能、3D 打印和新型材料等科技成果正在引发一场新的工业革命。特别对于传统化工行业，法律法规在环境保护、人身安全与健康、公共安全等方面提出了更高的要求。编撰本手册的目的，在于逐步汇集国内外有关橡胶工业原材料与装备方面的知识资源与信息资源，从一个侧面逐步响应新技术革命带来的新挑战。编撰者有意持续修编本手册，以达成上述目的。

尽力减少橡胶制品企业与原材料、装备供应商在信息上的不对称，是编撰本手册的另一目的。对于手册中组成、作用、外观、技术参数相同的不同企业制造的产品，编撰者并不认为它们是同样的商品。以工装设备为例，采用不同的金属配件、电器元件、气动部件、工业控制系统，会对生产效率、设备精度、维护保养带来巨大的差异；有机化学反应的复杂性，更使得各种助剂的质量稳定性更多地依赖生产商的工艺技术水平与意愿，比如反应过程中的压力、温度、时间、酸碱度等控制水平。标准是供方与用户集体谈判妥协的产物，是工业水平的直接体现，包含大量有意义的信息，本手册尽其所能地征引了当前有效的相关国内、国际标准。此外，除国际标准（如 ISO 的相关标准）、国家标准、各种行业标准、企业的相关标准外，天然橡胶的品种、级别以及每一品种级别的各种型号均载于《各种级别的天然橡胶的国际质量标准及国际包装标准》（The international standards of Quality and Packing of Natural Rubber grades）（简称“绿皮书”），其由橡胶生产者协会出版。国际合成橡胶生产者协会（IISRP）的出版物中列有各种实际可买到的合成橡胶和胶乳的资料。美国材料试验学会（ASTM）橡胶及橡胶类似物分会 D－11 拟定的实验室用典型配方及混炼规程、测试方法以及其他标准，可参阅其每年出版的《ASTM 标准手册》。

本手册涉及与橡胶工业有关的化学物质，化学物质国际通行的管控方法是化学品注册、评估、授权与限制。本手册在编撰过程中，对于危害健康、危害环境、具有安全隐患的有毒有害化学品大部分作出了警示，部分予以删除。

使用本手册的人员应熟悉有关橡胶工业原材料与装备的安全操作规程，本手册无意涉及因使用本手册可能出现的所有安全问题。

本手册中刊载的各项指标、参数以及对事实的描述中的错漏之处，请读者予以指正，我们将在今后逐年更新版次的过程中予以改正。

因时间关系，本手册目前仅编入了部分国内外品牌的相关产品，我们希望在今后各版次的修订中，得到更多有力者的支持。

本手册在编撰过程中，得到全国橡胶与橡胶制品标委会合成橡胶分技术委员会、朗盛化学（中国）有限公司、申华化学工业有限公司、山东美晨科技股份有限公司、广州金昌盛科技有限公司、海福乐密炼系统集团（HF Mixing Group，合并了 W&P、Farrel、Pomini）、大连橡胶塑料机械股份有限公司、中国化学工业桂林工程有限公司、飞迈（烟台）机械有限公司（VMI）、中国化工装备有限公司、桂林橡胶机械有限公司、益阳橡胶塑料机械集团有限公司、桂林中昊力创机电设备有限公司、北京敬业机械设备有限公司、美国 Steelastic 公司等单位的实际帮助，在此一并予以感谢！

编撰者

目　录

第一部分　橡胶工业原材料

第二部分　橡胶工厂装备

第三部分　工艺耗材与外购件

第一部分　橡胶工业原材料

第一章 生 胶

第一节 概 述

材料与社会生活、经济建设、国防建设密切相关。20 世纪 70 年代人们把信息、材料和能源誉为当代文明的三大支柱。近年来勃发的新技术革命，又把新材料、信息技术、人工智能、3D 打印和生物技术并列为高技术群的重要内容。

材料是指人类用于制造物品、器件、构件、机器或其他产品的那些物质。材料是物质，但不是所有物质都可以称为材料。如燃料和化学原料、工业化学品、食物和药物，一般都不称为材料。但是这个定义并不那么严格，如燃料、炸药、固体火箭推进剂等，也可称为“含能材料”。材料按物理化学属性来分，大致包括以下类别：

- 材料
  - 金属
    - 铁基金属及其合金
    - 非铁基金属（有色金属）及其合金
  - 非金属
    - 聚合物（高分子）
      - 橡胶
      - 纤维
      - 塑料（树脂）
    - 陶瓷、玻璃、水泥、半导体等无机非金属材料
    - 其他

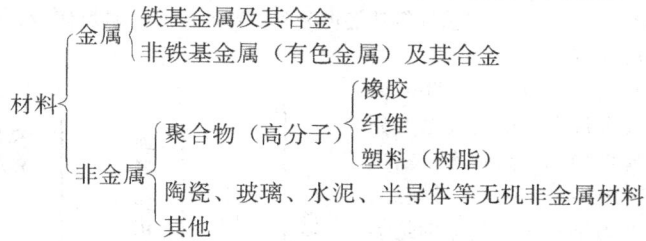

橡胶是高分子材料的一种，常温下具有高弹性是橡胶材料的独有特征，因此橡胶也被称为弹性体。ASTM D1566 对橡胶的定义为：橡胶是一种材料，它在大的变形下能迅速而有力地恢复其变形，能够被改性（硫化）。改性的橡胶实质上不溶于（但能溶胀于）沸腾的苯、甲乙酮、乙醇-甲苯混合物等溶剂中。改性的橡胶在室温下（18～29℃）被拉伸到原来长度的 2 倍并保持一分钟后除掉外力，它能在一分钟内恢复到原来长度的 1.5 倍以下，具有上述特征的材料称为橡胶。

橡胶按形态可以分为固体块状橡胶（又称干胶）、粉末橡胶、橡胶胶乳（胶体）与液体橡胶；按交联方式可以分为化学交联的传统橡胶、热塑性弹性体与可逆交联橡胶。

橡胶按化学结构可以分为：

- 碳链橡胶
  - 不饱和非极性橡胶：NR、SBR、BR、IR
  - 不饱和极性橡胶：NBR、CR
  - 饱和非极性橡胶：EPM、EPDM、IIR
  - 饱和极性橡胶：CM、CSM、EVM、ACM、FKM 等
- 元素有机橡胶：MVQ
- 杂链橡胶：AU、EU、CO、ECO 等

橡胶按来源与用途可以分为：

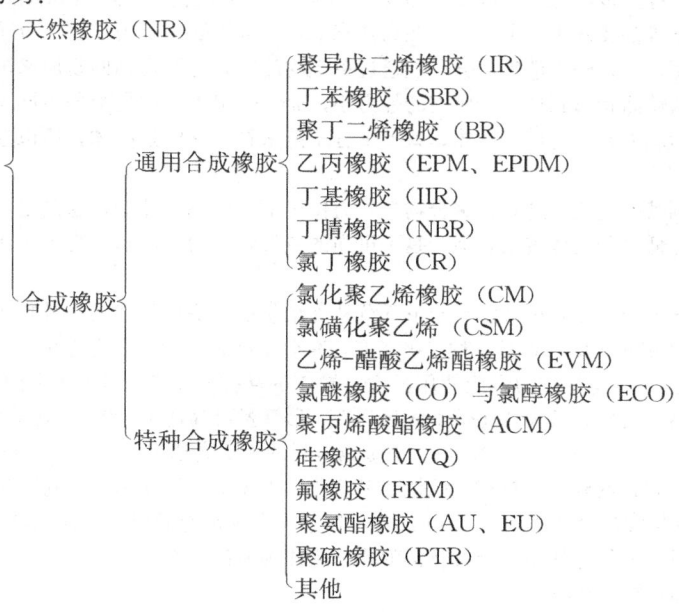

- 天然橡胶（NR）
- 合成橡胶
  - 通用合成橡胶
    - 聚异戊二烯橡胶（IR）
    - 丁苯橡胶（SBR）
    - 聚丁二烯橡胶（BR）
    - 乙丙橡胶（EPM、EPDM）
    - 丁基橡胶（IIR）
    - 丁腈橡胶（NBR）
    - 氯丁橡胶（CR）
  - 特种合成橡胶
    - 氯化聚乙烯橡胶（CM）
    - 氯磺化聚乙烯（CSM）
    - 乙烯-醋酸乙烯酯橡胶（EVM）
    - 氯醚橡胶（CO）与氯醇橡胶（ECO）
    - 聚丙烯酸酯橡胶（ACM）
    - 硅橡胶（MVQ）
    - 氟橡胶（FKM）
    - 聚氨酯橡胶（AU、EU）
    - 聚硫橡胶（PTR）
    - 其他

此外，按照单体组分，合成橡胶可以分为均聚物、共聚物以及带有第三组分的共聚物；共聚物按照单体结构单元排列顺序又可分为无规共聚、嵌段共聚、交替共聚以及接枝共聚。

按照聚合条件，合成橡胶又可以分为本体聚合、悬浮聚合、乳液聚合及溶液聚合。其中，乳液聚合有冷聚与热聚之分，乳液聚合常为无规共聚；溶液聚合有阴离子聚合与阳离子聚合之分，阴离子聚合多为定向聚合，可以合成各种有规立构橡胶，有规立构橡胶有顺式-1，4-橡胶和反式-1，4-橡胶，前者又可细分为高顺式、中顺式和低顺式橡胶。

合成橡胶还可以按照稳定剂（防老剂）对橡胶的变色程度分为 NST（不变色）、ST（变色）和 NIL（无稳定剂）三种。

按照商品橡胶中填充材料的种类，通用橡胶还可以分为充油橡胶、充炭黑橡胶、充油充炭黑橡胶，充油量一般为 25 份、37.5 份、50 份。

橡胶按照加工工艺特点，以门尼黏度（橡胶分子量大小的宏观表征之一）的高低，可以分为低门尼黏度（30～40）、标准门尼黏度（40～60）、高门尼黏度（70～80）、特高门尼黏度（80～90）以及超高门尼黏度（100 以上）几种。随着门尼黏度的增高，加工难度增大，橡胶的物理机械性能提高。低门尼黏度橡胶多用于海绵以及与其他橡胶并用改性。高门尼黏度橡胶主要用来制造胶黏剂，并可进行高填充。

橡胶还可分为自补强橡胶与非自补强橡胶，前者又称为结晶橡胶（如 NR、CR 等），后者又可分为微结晶橡胶（如 IIR）和非结晶橡胶（如 SBR）。

橡胶根据分子的极性，又可分为极性橡胶（耐油）和非极性橡胶（不耐油）。

根据橡胶的工业用途，结合橡胶种类及交联键形式，以橡胶的软硬程度可分为：一般橡胶、硬质橡胶、半硬质橡胶、微孔橡胶、海绵橡胶、泡沫橡胶等；以耐热及耐油性等功能可分为：普通橡胶、耐热橡胶、耐油橡胶、耐热耐油橡胶以及耐天候老化橡胶、耐特种化学介质橡胶等。

橡胶需要交联（硫化）才有使用价值。未交联的橡胶称为生胶，其由线型大分子或者带有支链的线型大分子构成，随着温度的变化，呈现玻璃态、高弹态、黏流态，分别对应从低温到高温的三种形态。生胶的玻璃态、高弹态和黏流态都属于聚合物的力学状态，其差别是形变能力不同，如图 1.1.1-1 所示。

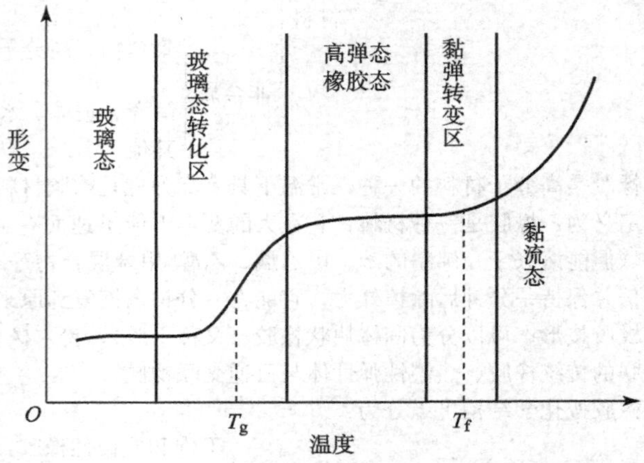

图 1.1.1-1　无定形聚合物的形变-温度曲线

T_g—玻璃化转变温度；T_f—黏流温度

玻璃态指物质的组成原子不存在结构上的长程有序或平移对称性的一种无定型固体状态。当聚合物处于玻璃态时，链段运动处于被冻结的状态，只有键长、键角、侧基、小链节等小尺寸运动单元能够运动，当聚合物材料受到外力作用时，只能通过改变主链上的键长、键角去适应外力，因此此时聚合物表现出的形变能力很小，形变量与外力大小成正比，外力一旦去除，形变立即恢复。该状态下聚合物表现出的力学性质与小分子玻璃很相似，所以将聚合物的这种力学状态称为玻璃态。

聚合物由玻璃态受热升温，随着温度的升高，分子热运动能量增加，当达到某一温度时，分子热运动能量足以克服内旋转位能，这时链段运动受到激发，链段可以通过主链上单键的内旋转来不断改变构象，甚至部分链段可以产生滑移，可以观察到链段的运动，但整个分子仍不可能运动。这时聚合物处于高弹态，这个温度称为玻璃化转变温度，即 T_g。在玻璃化转变温度，聚合物的比热容、热膨胀系数、黏度、折光率、自由体积以及弹性模量等都要发生一个突变。在高弹态下，聚合物受到外力作用，分子链通过单键的内旋转和链段的改变构象来适应外力的作用。一旦外力消失，分子链通过单键内旋转和链段运动回复原来的蜷曲状态，这在宏观上表现为弹性回缩。聚合物分子链从蜷曲状态到伸直，所需的外力小，而形变很大。这是两种不同尺度的运动单元处于两种不同的运动状态的结果：就链段运动来看，它们是液体，就整个分子链来看，它们是固体，所以这种高弹态具有黏性与弹性的双重性。

聚合物继续受热，当达到某一更高温度时，聚合物在外力作用下发生黏性流动，这就是黏流态，它是整个分子链互相滑动的宏观表现，这种流动与低分子液体流动相似，是不可逆的变形，外力去除后，变形不可能自发恢复。这个温度称为黏流温度，即 T_f。

从分子结构上讲，玻璃化转变温度是聚合物无定形部分从冻结状态到解冻状态的一种松弛现象，它不像相转变那样有相变热，因此 T_g 和 T_f 都不是相变温度，它是一种二级相变，高分子动态力学称之为主转变。

橡胶在室温下处于高弹态，T_g 是橡胶的最低使用温度。橡胶的高弹性本质上是由橡胶大分子的构象变化带来的熵弹性，这种高弹性不同于由晶格、键角、键长变化带来的普弹性，形变量可高达 1 000%，比普弹形变的 0.01%～0.1%大得多。高弹性材料的形变模量低，只有 10^5～10^6 N/m²，而金属材料的模量高达 10^{10}～10^{11} N/m²。

橡胶材料除具有高弹性、黏弹性外，还具有绝缘性、易老化、硬度低、密度小，对流体的渗透性低等特点。

GB/T 5576—1997《橡胶与胶乳命名法》idt ISO 1629：1995《橡胶和与胶乳——命名法》，为干胶和胶乳两种形态的基础橡胶建立了一套符号体系，该符号体系以聚合物链的化学组成为基础。其中：

M，具有聚亚甲基型饱和碳链的橡胶；

N，聚合物链中含有碳和氮的橡胶；
O，聚合物链中含有碳和氧的橡胶；
Q，聚合物链中含有硅和氧的橡胶；
R，具有不饱和碳链的橡胶；
T，聚合物链中含有碳、氧和硫的橡胶；
U，聚合物链中含有碳、氧和氮的橡胶；
Z，聚合物链中含有磷和氮的橡胶。
橡胶分组命名见表 1.1.1-1。

表 1.1.1-1 橡胶分组命名

分组符号		代号	橡胶名称
M组		ACM	丙烯酸乙酯（或其他丙烯酸酯）与少量能促进硫化的单体的共聚物（通称丙烯酸酯类橡胶）
		AEM	丙烯酸乙酯（或其他丙烯酸酯）与乙烯的共聚物
		ANM	丙烯酸乙酯（或其他丙烯酸酯）与丙烯腈的共聚物
		CM	氯化聚乙烯
		CSM	氯磺化聚乙烯
		EPDM	乙烯、丙烯与二烯烃的三聚物，其中二烯烃聚合时，在侧链上保留有不饱和双键
		EPM	乙烯、丙烯共聚物
		EVM	乙烯-乙酸乙烯酯的共聚物
		PEPM	四氟乙烯和丙烯的共聚物
		FFKM	聚合物链中的所有取代基是氟、全氟烷基或全氟烷氧基的全氟橡胶
		FKM	聚合物链中含有氟、全氟烷基或全氟烷氧基取代基的氟橡胶
		IM	聚异丁烯
		NBM	完全氢化的丙烯腈-丁二烯共聚物
Q组		FMQ	聚合物链中含有甲基和氟两种取代基团的硅橡胶
		FVMQ	聚合物链中含有甲基、乙烯基和氟取代基团的硅橡胶
		MQ	聚合物链中只含有甲基取代基团的硅橡胶
		PMQ	聚合物链中含有甲基和苯基两种取代基团的硅橡胶
		PVMQ	聚合物链中含有甲基、乙烯基和苯基取代基团的硅橡胶
		VMQ	聚合物链中含有甲基和乙烯基两种取代基团的硅橡胶
R组	普通橡胶	ABR	丙烯酸酯-丁二烯橡胶
		BR	丁二烯橡胶
		CR	氯丁二烯橡胶
		ENR	环氧化天然橡胶
		HNBR	氢化丙烯腈-丁二烯橡胶
		IIR	异丁烯-异戊二烯橡胶（丁基橡胶）
		IR	合成异戊二烯橡胶
		MSBR	α-甲基苯乙烯-丁二烯橡胶
		NBR	丙烯腈-丁二烯橡胶（丁腈橡胶）
		NIR	丙烯腈-异戊二烯橡胶
		NR	天然橡胶
		PBR	乙烯基吡啶-丁二烯橡胶
		PSBR	乙烯基吡啶-苯乙烯-丁二烯橡胶
		SBR E-SBR S-SBR	苯乙烯-丁二烯橡胶 乳液聚合 SBR 溶液聚合 SBR
		SIBR	苯乙烯-异戊二烯-丁二烯橡胶

续表

分组符号		代号	橡胶名称
R 组	链中含羧基的橡胶	XBR	羧基-丁二烯橡胶
		XCR	羧基-氯丁二烯橡胶
		XNBR	羧基-丙烯腈-丁二烯橡胶
		XSBR	羧基-苯乙烯-丁二烯橡胶
	链中含卤素的橡胶	BIIR	溴化-异丁烯-异戊二烯橡胶（溴化丁基橡胶）
		CIIR	氯化-异丁烯-异戊二烯橡胶（氯化丁基橡胶）
T 组		OT	聚硫链间含有$—CH_2—CH_2—O—CH_2—O—CH_2—CH_2—$基，或偶尔含有 R 基的橡胶（R 为脂族烃）
		EOT	聚硫链间含有$—CH_2—CH_2—O—CH_2—O—CH_2—CH_2—$基和 R 基的橡胶（R 通常为$—CH_2—CH_2—$或其他脂族基）
U 组		AFMU	四氟乙烯-三氟硝基甲烷和亚硝基全氟丁酸的三聚物
		AU	聚酯型聚氨酯
		EU	聚醚型聚氨酯
Z 组		FZ	在链中含有—P═N—链和接在磷原子上的氟烷基的橡胶
		PZ	在链中含有—P═N—链和接在磷原子上的芳氧基（苯氧基和取代的苯氧基）的橡胶

按照 GB/T 5577－2008《合成橡胶牌号规范》的规定，合成橡胶牌号一般由 2～3 个字符组构成。第一个字符组：橡胶品种代号信息，应符合 GB/T 5576－1997 的规定；第二个字符组：橡胶特征信息，如果采用数字表示特征信息，那么根据需要列出特征信息的多少，由 2～4 位阿拉伯数字组成，可以用一位数表示一个特征信息，也可以用二位数字表示一个特征信息；第三个字符：橡胶附加信息组，附加信息与特征信息之间可以用半字线“-”连接。

合成橡胶牌号格式如下：

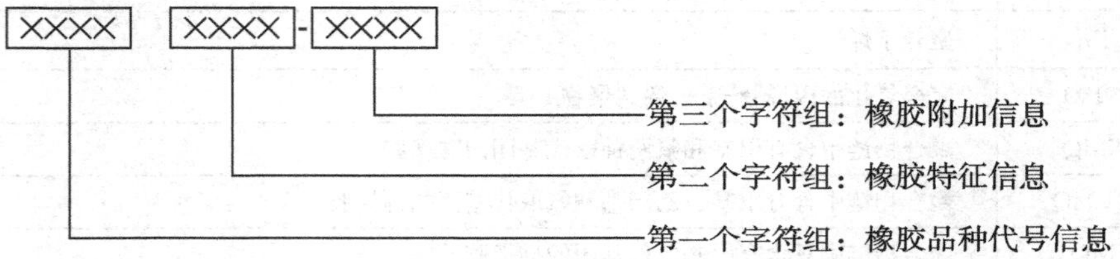

示例：

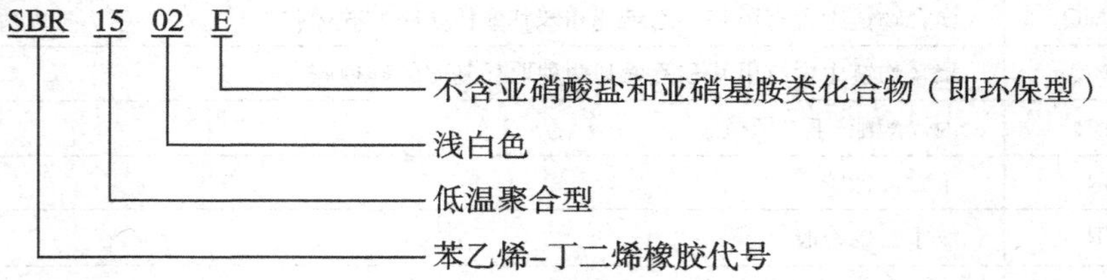

合成橡胶主要特征信息见表 1. 1. 1－2。

表 1. 1. 1－2　合成橡胶主要特征信息

橡胶代号	橡胶名称	主要特征信息
SBR	苯乙烯-丁二烯橡胶（即丁苯橡胶）	聚合温度、填充信息、松香酸皂乳化剂等，与国际合成橡胶生产者协会（IISRP）规定的系列相同 通常，SBR 1000 系列表示热聚橡胶；SBR 1500 系列表示冷聚橡胶；SBR 1600 系列表示充炭黑橡胶；SBR 1700 系列表示充油橡胶；SBR 1800 系列表示充油充炭黑橡胶
S-SBR	溶液聚合型苯乙烯-丁二烯橡胶（即溶聚丁苯橡胶）	结合苯乙烯含量、乙烯基含量、生胶门尼黏度、充油信息等
PSBR	乙烯基吡啶-苯乙烯-丁二烯橡胶（即丁苯吡橡胶）	结合苯乙烯含量、生胶门尼黏度等
SBS	苯乙烯-丁二烯嵌段共聚物	结构类型、苯乙烯与丁二烯嵌段比、充油信息等
SEBS	氢化苯乙烯-丁二烯嵌段共聚物	结构类型、苯乙烯与丁二烯嵌段比、不饱和度等

续表

橡胶代号	橡胶名称	主要特征信息
BR	丁二烯橡胶	顺式-1，4 结构含量、生胶门尼黏度、填充信息、镍系催化等，通常：90——高顺式，65——中顺式，35——低顺式
CR	氯丁二烯橡胶（即氯丁橡胶）	调节形式、结晶速度、生胶门尼黏度或旋转黏度等 通常 调节类型数码：1——硫调节，2——非硫调节，3——混合调节 结晶速度数码：0——无，1——微，2——低，3——中，4——高
NBR	丙烯腈-丁二烯橡胶（即丁腈橡胶）	结合丙烯腈含量、生胶门尼黏度等
HNBR	氢化丙烯腈-丁二烯橡胶（即氢化丁腈橡胶）	不饱和度、结合丙烯腈含量、生胶门尼黏度等
XNBR	丙烯酸或甲基丙烯酸-氢化丙烯腈-丁二烯橡胶（即羧基丁腈橡胶）	结合丙烯腈含量、生胶门尼黏度等
NBR/PVC	丁腈橡胶/PVC 共沉胶	NBR 与 PVC 的比例、结合丙烯腈含量、生胶门尼黏度等
EPM	乙烯-丙烯共聚物（即二元乙丙橡胶）	乙烯含量、生胶门尼黏度等
EPDM	乙烯-丙烯-二烯烃共聚物（即三元乙丙橡胶）	第三单体类型及含量、生胶门尼黏度、充油信息等
IR	异戊二烯橡胶	顺式-1，4 结构含量、生胶门尼黏度等
IIR	异丁烯-异戊二烯橡胶（即丁基橡胶）	不饱和度、生胶门尼黏度等
CIIR	氯化异丁烯-异戊二烯橡胶（即氯化丁基橡胶）	氯元素含量、不饱和度、生胶门尼黏度等
BIIR	溴化异丁烯-异戊二烯橡胶（即溴化丁基橡胶）	溴元素含量、不饱和度、生胶门尼黏度等
MQ VMQ PMQ PVMQ NVMQ FVMQ	甲基硅橡胶 甲基乙烯基硅橡胶 甲基苯基硅橡胶 甲基乙烯基苯基硅橡胶 甲基乙烯基腈乙烯基硅橡胶 甲基乙烯基氟基硅橡胶	硫化速度、取代基类型等 通常 硫化温度数码为：1——高温硫化，3——室温硫化 取代基数码为：0——甲基，1——乙烯基，2——苯基，3——腈乙烯，4——氟烷基
FPM FPNM AFMU	氟橡胶 含氟磷腈橡胶 羧基亚硝基氟橡胶	生胶门尼黏度、密度、特征聚合体等 对于含氟烯烃类的氟橡胶通常数码为 2——偏氟乙烯，3——三氟氯乙烯，4——四氟乙烯，6——六氟丙烯
CSM	氯磺化聚乙烯	氯含量、硫含量、生胶门尼黏度等
CO ECO GECO	聚环氧氯丙烷（即氯醚橡胶） 环氧氯丙烷-环氧乙烷共聚物（即二元氯醚橡胶、氯醇橡胶） 环氧氯丙烷-环氧乙烷-烯丙基缩水甘油醚共聚物	氯含量、生胶门尼黏度、相对密度等
T	聚硫橡胶	硫含量、平均相对分子质量等
AU EU	聚酯型聚氨酯橡胶 聚醚型聚氨酯橡胶	制品加工方式等 通常数码为：1——混炼型，2——浇注型，3——热塑型
ACM	聚丙烯酸酯	聚合类型、生胶门尼黏度、耐油耐寒型

注：多羟基化合物种类用下列数值表示：1——聚已二酸——乙二醇——丙二醇，2——聚已二酸——丁二醇，3——聚已内酯，4——聚丙二醇，5——聚四氢呋喃，6——聚四氢呋喃——环氧乙烷，7——聚四氢呋喃——环氧丙烷。

第二节 干 胶

一、天然橡胶

天然橡胶是从天然植物中采集来的一种弹性材料。在自然界中含橡胶成分的植物不下 2 000 种，天然橡胶的主要来源有三叶橡胶树、橡胶草、银色橡胶菊、蒲公英、杜仲树等。除了三叶橡胶外，银色橡胶菊橡胶也有较小规模的生产，其余有待在基因工程、种质筛选、种植技术以及高效提取技术等方面的继续研究，以进一步提高采集价值。

东南亚地区是三叶橡胶树种植的集中区，种植面积占到了全球的 90%以上。橡胶树对气象条件的要求主要是光、温、水和风。橡胶生产的适宜温度是 18～40℃，高产还需要充足的光照，同时橡胶耗水比较多，年降水量 2 000mm 以上适合生长，但是降水量过多也会引发胶原病，影响产胶量。

天然橡胶的分类如下：

- NR
  - 三叶橡胶
    - 一般品种：风干胶、绉片胶、烟片胶、标准胶（颗粒胶）
    - 特制品种：充油橡胶、轮胎橡胶、胶清橡胶、易操作橡胶、粉末橡胶、纯化胶、恒粘橡胶、低粘橡胶
    - 改性类：氧化胶、环氧化胶胶、卤化胶、氢化胶、液体胶、热塑性胶
  - 野生橡胶：古塔波胶、马来树胶、杜仲胶、巴拉塔胶

1.1　通用天然橡胶

NR的组成如下。

- 橡胶烃：92%～95%
- 非橡胶成分：7%
  - 蛋白质：2%～3%
  - 丙酮抽出物，1.5%～4.5%
  - 灰分：0.2%～0.5%
  - 水分：0.3%～1.0%

天然橡胶的结构单元为：

$$-CH_2-\overset{\displaystyle CH_3}{\overset{|}{C}}=CH-CH_2-$$

绝大多数三叶橡胶的相对分子质量为3万～3 000万，相对分子质量分布指数为2.8～10，平均相对分子质量接近30万。国产PB86无性系树橡胶的$\overline{Mn}$为21.6万，国产实生树橡胶的$\overline{Mn}$为26.7万，分布指数为7。天然橡胶中的大分子链主要由顺式异戊二烯结构单元组成，其中顺式-1，4异戊二烯聚合的结构单元含量占97%以上，顺式-3，4异戊二烯聚合的结构单元含量约占2%。天然橡胶大分子链的末端一端为二甲基烯丙基，另一端为焦磷酸酯基。大分子链上有数量不多的醛基，正是醛基在贮存中发生缩合或与蛋白质分解产物发生反应形成支化、交联，贮存中产生凝胶且使黏度增加。凝胶不能被溶剂溶解。生胶中的凝胶可以分为松散凝胶与紧密凝胶，塑炼后松散凝胶可以破坏变成可溶橡胶；紧密凝胶不能被破坏，以大约120 nm的尺寸分散在可溶性橡胶中。凝胶含量受树种、产地、季节等多种因素的影响。

橡胶中的丙酮抽出物主要由胶乳中残留下的脂肪、蜡类、甾醇、甾醇酯和磷脂等类酯及其分解产物构成，也包含胶乳保存过程中加氨后脂类分解产生的硬脂酸、油酸、亚油酸、花生酸等混合物。灰分中主要含磷酸镁、磷酸钙等盐类，也有少量的铜、锰、铁等重金属化合物，因为这些变价金属离子能促进橡胶老化，所以对它们的含量需严格控制。橡胶中的蛋白质有较强的吸水性，可引起橡胶吸潮发霉，并引起电绝缘性下降，对轮胎的动态生热等指标有显著的影响，如生产过程中所包含的原乳中的蛋白质成分，通过停放以自然发酵方式分解与洗涤之后，蛋白质含量极低，适合制造高性能的汽车轮胎。

三叶橡胶在常温下是无定形的高弹态物质，在10℃以下开始结晶，在－25℃结晶最快。杜仲胶是反式聚异戊二烯，在常温下就有较高的结晶度，在40℃有40%左右的结晶度，所以杜仲胶在室温下是硬的非弹性体。

天然橡胶生胶的玻璃化温度为－68～－75℃，黏流温度为130℃，开始分解温度为200℃，激烈分解温度为270℃。其长期使用温度为90℃，短期最高使用温度为110℃。天然橡胶的弹性较高，在通用橡胶中仅次于聚丁二烯橡胶。拉伸结晶是天然橡胶最为重要的性质，拉伸到650%时，可产生35%的结晶，拉伸结晶度最大可达45%，所以天然橡胶是一种自补强橡胶，也就是说不需加入补强剂自身就有较高的强度。NR也是一种绝缘性很好的材料，如电线接头外包的绝缘胶布就是纱布浸NR胶糊或压延而成的。

天然橡胶的平均相对分子质量较高，生胶塑性很低，例如1#烟片的可塑度（威）不到0.1，门尼黏度为95～120，难以加工，必须塑炼，使相对分子质量下降，同时使部分凝胶破坏，获得必要的加工塑性。

通用天然橡胶有两种分级方法，一种是按外观质量分级，如烟片胶及皱片胶RSS（ribbedsmoked&crepes sheets）；另一种按理化指标分级，如标准胶（Standard Natural Rubber）。

烟片胶由天然胶乳经加酸凝固、压片、烟熏干燥制成。不经烟熏，加入催干剂用空气干燥制成的称为风干胶（air dried sheets，ADS），其颜色较浅，可代替绉片胶制造浅色及艳色橡胶制品。烟片胶按国家标准GB/T 8089分为1～5级，各级烟片胶均有标准胶样，以便参照，其中1级质量最高，要求胶片无霉、无氧化斑点，无熏不透，无熏过度，无不透明等；2级允许有少量干霉、轻微胶锈，无氧化斑点，无熏不透等；以后质量逐级下降。

皱片胶是由天然胶乳的新鲜凝块，经控制生产过程而制成的表面起皱的胶片，按原料及制法不同，分为胶乳皱片、杂皱片两种。国家标准GB/T 8089将国产皱片分为6个等级，分别是特1和1级薄白绉胶片、特1、1～3级薄浅色绉胶片。

RSS含非橡胶成分多，且波动较大（4%～10%），因而品质不够均一；其硫化时间也长短不同，不易掌握，有些国家的RSS 1号标出硫化速率，称为TC橡胶，以蓝、黄、红三种圆印显示硫化速率的快、中、慢；其物理机械性能差异较大，风干胶和绉片胶的拉伸和耐老化性能不佳。

胶清橡胶由天然胶乳离心浓缩过程中分离出来的胶清经加工制成，按压片形式及干燥方法的不同，分为胶清烟胶与胶清绉胶两种。其橡胶成分不足80%，但生胶及硫化橡胶的强度仍然较高；由于含蛋白质多，橡胶在贮存中易霉变；硫化速度快，易焦烧；橡胶内铜、锰等有害金属含量高，易老化。

标准胶也称颗粒胶（Crumb Rubber），按机械杂质、塑性初值、塑性保持率、氮含量、挥发分含量、灰分含量、颜色指数等理化指标进行分级，ISO2000将标准胶分为5级，国家标准GB/T 8081将之分为4级。标准胶相比烟片胶及绉片胶等，质量差异性小，性能比较稳定；其分子量与门尼黏度均较烟片胶低，塑性初值为烟片胶的75%左右，故一般经过简短

塑炼即可，有的甚至可直接加工；其硫化速率较低，焦烧时间比烟片胶要长 25%～50%，对轮胎等要经多次加工的胶料十分有利；其力学强度在纯胶时低于烟片胶，但加入炭黑补强之后又高于烟片胶。

由于生产工艺不同，几种商品天然橡胶的化学组分略有不同，见表 1.1.2-1。

表 1.1.2-1 几种商品天然橡胶的化学组分

橡胶	橡胶烃/%	非橡胶成分/%	橡胶	橡胶烃/%	非橡胶成分/%
5#标胶	94.0	6.0	薄白绉胶片	94.6	5.4
一级烟片胶	92.8	7.2	褐绉胶片	93.6	6.4
五级烟片胶	92.4	7.6	风干胶片	92.4	7.6

1.2 特种及改性天然橡胶

特种及改性天然橡胶包括恒黏橡胶与低黏橡胶等多种，分别介绍如下。

1.2.1 恒黏橡胶与低黏橡胶（viscosity stabilized natural rubber、low viscosity natural rubber）

恒黏橡胶在制造时加入了占干胶重量 0.4%的中性盐酸羟胺或中性硫酸羟胺或氨基脲等贮存硬化抑制剂，使之与天然橡胶烷烃分子链上的醛基作用，从而抑制了生胶储存过程中门尼黏度的升高，保持了门尼黏度的稳定，分为恒黏度、低黏度和固定黏度三种。低黏橡胶，是在制造恒黏橡胶时再另加入 4 份非污染环烷油，使天然橡胶的门尼黏度为 50±5。恒黏橡胶与低黏橡胶的特点是生胶门尼黏度在贮存过程中一直保持稳定，一般可不经塑炼，使炼胶时间大大缩短；其硫化速率较慢，需调整硫化体系；烟片胶和标准胶均可调制，目前以标准胶居多。其常用于轮胎及一些高级工业制品。其主要牌号为马来西亚的 SMR-CV、SMR-LV 与印度尼西亚的 SIR-5CV、SIR-5LV，见表 1.1.2-12。

1.2.2 充油天然橡胶（Oil—Extended Natural Rubber）

充油天然橡胶是通过在胶乳中加入大量填充油，经凝固、造粒、干燥制得；也可将油直接喷洒在凝固的胶粒上，经混合、压块制得。前者质量均匀，但工艺复杂，成本较高。

填充油一般为环烷油或芳烃油，充油量分别为 25%、30%、40%（质量分数），其相应的标志为 OE75/25、OE70/30、OE60/40，主要由马来西亚、印度尼西亚生产。充油天然胶操作性、抗滑性好，可提高轮胎的耐磨性能；但抗撕裂性能下降，永久变形增大。其适用于乘用轮胎胎面、管带及胶板等产品，尤其适用于雪地防滑轮胎。

充油天然橡胶的产品牌号规格见表 1.1.2-2。

表 1.1.2-2 充油天然橡胶的产品牌号规格

牌号	OE75/25	OE70/30	OE60/40
橡胶（质量份） 填充油（质量份）	75 25	70 30	60 40
主要用途	轮胎	胶管	其他

1.2.3 易操作橡胶（Superior Processing Natural Rubber）

易操作橡胶（简称 SP 橡胶）是用 20%硫化胶乳与 80%新鲜胶乳混合后再凝固，经干燥、压片制得。近年来，还出现了由 80%硫化胶乳与 20%新鲜胶乳制得的 PA 橡胶（Processing Air Rubber，简称 PA 橡胶）以及添加 40 份环烷油的 PA 充油胶，它们是 SP 橡胶的改进产品。SP 橡胶有预交联成分，压出、压延加工时表面光滑，挤出、压延速度快，收缩小；硫化时模型制品可减少气泡，非模型制品则不易变形，尺寸稳定；其可以单独使用，但多与其他橡胶并用。其常用于要求收缩变形小、尺寸严格的压出、压延制品以及裸露硫化的各种非模型制品。SP 橡胶主要由马来西亚生产，其产品牌号规格见表 1.1.2-3。

表 1.1.2-3 SP 橡胶与 PA 橡胶的产品牌号规格

名称	代号	原料组分（质量份）			特性与用途
		硫化胶乳	新鲜胶乳	环烷油	
易操作烟片胶	SP-RSS	20	80	—	变形小，挤出、压延尺寸稳定，主要用于压出型材，如医疗用品、胶管等
易操作风干胶	SP-ADS				
易操作浅绉胶	SP-PC				
易操作褐绉胶	SP-EBC				
易操作 PA 胶	PA80	80	20	—	表面光滑，保型性好；硫化速度快，多用于纯胶配合
易操作充油胶	PA57	80	20	40	适于高填充配合，多用于填料配合

注：详见《橡胶原材料手册》，于清溪、吕百龄等编写，化学工业出版社，2007 年 1 月第 2 版，第 20～21 页。

1.2.4　纯化天然橡胶（Purified Natural Rubber）

纯化天然橡胶是将新鲜胶乳经过三次离心浓缩，去除橡胶中的非橡胶烃组分后制成的固体橡胶。纯化天然橡胶纯度高（橡胶烃含量可达 97%以上），丙酮抽出物、水溶物、氮及灰分等非橡胶成分可降低到 2.62%以下。

纯化天然橡胶的特点是：含蛋白质和水溶物少，吸水性很低，电绝缘性提高；容易老化；硫化速率慢。其适于制造电绝缘制品及医疗制品。

纯化天然橡胶分为纯化天然橡胶、轻度纯化天然橡胶及完全纯化天然橡胶三种，主要由马来西亚生产。轻度纯化天然橡胶（Partially Purified Crepe Rubber）简称 PP 绉片胶，其蛋白质含量及灰分比普通绉片胶少一半，常用作各种卫生用品；完全纯化天然橡胶也叫脱蛋白橡胶（Deproteinized Rubber），有 CD 绉片胶和 LC 烟片胶之分。脱蛋白橡胶的制法与一般纯化天然橡胶不同，系用霉菌处理胶乳使其蛋白质降解为水溶物，然后滤除、凝固而成，杂质可降低到 0.006%，灰分可降低到 0.06%以下，氮含量可降低到 0.07%，约为纯化天然橡胶的 40%，为普通绉片胶的 1/40 左右。

1.2.5　轮胎橡胶（Tyre Natural Rubber）

原马来西亚生产的轮胎橡胶使用各占 30%的胶乳凝固胶、未熏烟片、胶园杂胶为原料，再加入 10%芳烃油或环烷油制成。其特性为：门尼黏度保持为 60±5，适合轮胎工业，可不经塑炼直接使用；具有恒黏橡胶的特性，贮存硬化速率慢；结晶性小，约为普通橡胶的一半；杂质少，性能稳定。

国产轮胎橡胶包括子午线轮胎橡胶与航空轮胎标准橡胶。NY/T 459－2011《天然生胶 子午线轮胎橡胶》适用于以鲜胶乳、胶园凝胶及胶片为原料生产的天然生胶子午线轮胎橡胶，其技术要求见表 1.1.2－4。

表 1.1.2－4　子午线轮胎橡胶的技术要求

质量项目	指标			试验方法
	5 号 SCR RT 5	10 号 SCR RT 10	20 号 SCR RT 20	
颜色标志	绿	褐	红	
留在 45 μm 筛上的杂质 w（≤）/%	0.05	0.10	0.20	GB/T 8086
塑性初值[a]（≥）	36	36	36	GB/T 3510
塑性保持率（≥）/%	60	50	40	GB/T 3517
氮含量 w(≤)/%	0.6			GB/T 8088
挥发物含量 w(≤)/%	0.8			GB/T 24131（烘箱法，105±5℃）
丙酮抽出物 w(≤)/%	2.0～3.5			GB/T 3516
灰分含量 w(≤)/%	0.6	0.75	1.0	GB/T 4498
门尼黏度[b]［ML，(1+4) 100℃］	83±10	83±10	83±10	GB/T 1232.1
硫化胶拉伸强度（≥）/MPa	21.0	20.0	20.0	GB/T 528

注：[a] 交货时不大于 48；

[b] 有关各方也可同意采用另外的黏度值；

[c] 硫化胶使用 NY/T 1403－2007 表 1 中规定的 ACS 1 纯胶配方：橡胶 100.00，氧化锌 6.00，硫黄 3.50，硬脂酸 0.50，促进剂 MBT 0.50；硫化条件：140℃×20 min、30 min、40 min、60 min。

NY/T 733－2003《天然生胶 航空轮胎标准橡胶》适用于以鲜胶乳、胶园凝块为原料生产的航空轮胎标准橡胶，其技术要求见表 1.1.2－5。

表 1.1.2－5　航空轮胎标准橡胶的技术要求

质量项目	指标	试验方法
留在 45 μm 筛上的杂质 w(≤)/%	0.05	GB/T 8086
塑性初值[a]（≥）	36	GB/T 3510
塑性保持率（≥）/%	60	GB/T 3517
氮含量 w(≤)/%	0.5	GB/T 8088
挥发物含量 w(≤)/%	0.8	GB/T 6737
灰分含量 w(≤)/%	0.6	GB/T 4498
丙酮抽出物[b]w（≤）/(mg·kg^{-1})	3.5	GB/T 3516
铜含量（Cu）[b]w（≤）/(mg·kg^{-1})	8	GB/T 7043.2
锰含量（Mn）[b]w（≤）/(mg·kg^{-1})	10	GB/T 13248

续表

质量项目	指标	试验方法
门尼黏度[b] [ML，(1+4) 100℃]	83±10	GB/T 1232.1
硫化胶拉伸强度[c] (≥)/MPa	21.0	GB/T 528
硫化胶拉断伸长率[c] (≥)/%	800	GB/T 528
注：1. 不得含有胶清橡胶； 2. 样本中每个取自随机抽出的胶包的实验室样品都应单独进行杂质含量、塑性初值、塑性保持率、氮含量、挥发分含量、灰分含量和门尼黏度的测定；丙酮抽出物含量、铜含量、锰含量、硫化胶拉伸强度、硫化胶拉断伸长率则用实验室混合样品进行测定。		

注：[a] 交货时不大于48；

[b] 丙酮抽出物含量、铜含量、锰含量为非强制性项目；

[c] 硫化胶拉伸性能的测定使用GB/T 15340—1994附录A中规定的ACS 1纯胶配方：橡胶100.00、氧化锌6.00、硫黄3.50、硬脂酸0.50、促进剂MBT (M) 0.50；硫化条件：140℃×20 min、30 min、40 min、60 min和混炼程序；使用GB/T 528规定的1号裁刀。

1.2.6 共沉天然橡胶

炭黑共沉橡胶，是将炭黑制备成水性分散体，将其与浓缩胶乳充分混合后，再共沉、脱水、干燥而成。

木质素共沉橡胶，是指将木质素制备成水性分散体，将其与浓缩胶乳充分混合后，再共沉、脱水、干燥而成。与炭黑共沉橡胶、黏土共沉橡胶相比，木质素制备分散体时不需加入表面活性剂。

黏土共沉橡胶，是指将黏土制备成水性分散体，将其与浓缩胶乳充分混合后，再共沉、脱水、干燥而成。

1.2.7 难结晶橡胶（Anticrystalline Natural Rubber）

难结晶橡胶，是指在胶乳中加入硫代苯甲酸，使天然橡胶部分顺式-1，4-异戊二烯异构化为反式-1，4-异戊二烯，天然橡胶结晶性下降，从而改善天然橡胶的耐低温性能。

在天然橡胶生胶中加入丁二烯砜和腈氯化环己基偶氮，在高温下用密炼机或挤出机（170℃左右）加工，也可获得难结晶橡胶。也可通过添加增塑剂如10～20份癸二酸二辛脂（DOS）等长链脂肪酸酯，有效降低橡胶的玻璃化转变温度。

难结晶橡胶专用于低温下使用的橡胶制品，如航空及寒冷地区用的橡胶配件等。

1.2.8 接枝天然橡胶（Graft Natural Rubber）

接枝天然橡胶[1]的可聚合单体主要是烯类单体，包括甲基丙烯酸甲酯（MMA)、苯乙烯（ST)、丙烯腈（AN)、醋酸乙烯酯（VAC)、丙烯酸（AA)、丙烯酸甲酯（MA)、丙烯酰胺（AM)、丙烯酸乙酯（EA)、丙烯酸丁酯（BA）等。天然橡胶除接枝改性外，也可用马来酸酐及硫代酸等进行加成反应改性，效果类似。

商品化的天然橡胶接枝共聚产品只有马来西亚生产的天甲胶乳，天甲胶乳是甲基丙烯酸甲酯与天然橡胶的接枝共聚物，目前主要有两种，一种是甲基丙烯酸甲酯含量为49%的，称为MG49；另一种是甲基丙烯酸甲酯含量为30%的，称为MG30。它是将含有引发剂（过氧化异丙苯）的甲基丙烯酸甲酯的乳浊液在不断搅拌下加入含氨胶乳中，使胶乳与甲基丙烯酸甲酯共聚，最后加入防老剂水分散体，制成天甲胶乳。

接枝天然橡胶有较大的自补强能力，可提高拉伸应力与拉伸强度，硫化胶的抗冲击、震动吸收性好，耐屈挠龟裂，动态疲劳性能好，黏着性、耐气透也均较好，加工过程中不易焦烧，模流动性好。接枝天然橡胶主要用来制造抗冲击要求较高的坚韧制品，无内胎轮胎内衬层以及纤维与橡胶的黏合剂等。

近年来，天然橡胶接枝改性的热塑性天然橡胶（TP-NR）也得到了一定的发展，如与含有偶氮二羧酸酯的聚苯乙烯化学接枝、与聚丙烯共混接枝等，其用于制造汽车零部件、鞋类及电线电缆。

1.2.9 环氧化天然橡胶（Epoxidized Natural Rubber）

环氧化天然橡胶，简称ENR，是天然胶乳在一定条件下与过氧乙酸反应得到的产物，也可使用天然橡胶溶液以过氧化有机酸处理制取。其结构如下：

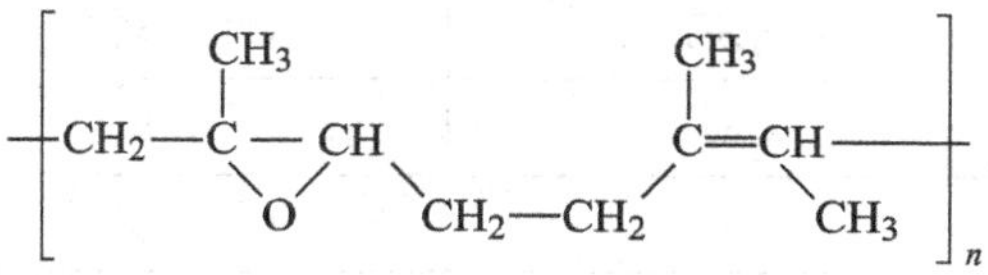

目前商品化生产的有环氧化程度达10%、25%、50%、75%（摩尔比）的ENR-10、ENR-25、ENR-50、ENR-75。随着环氧化程度的增加，其性能变化增大。ENR-50的气密性接近丁基橡胶；耐油性接近中等丙烯腈含量的丁腈橡胶；抓着力强，防滑性能高；玻璃化转变温度大幅提高至-20℃左右，低温性能变差；可用常规硫化体系硫化，拉伸强度与定伸应力均增高，但压缩变形增大。

环氧化天然橡胶主要用于要求气密性与耐油性的制品，供应商包括华南热带农产品加工设计研究所、马来西亚个别胶园。

1.2.10　环化天然橡胶（Cyclized Natural Rubber）

环化天然橡胶又称热异橡胶（商品牌号：Thermoprene），是以氧化剂或用其他方法处理天然橡胶，使橡胶分子链异构化成环状制得。其结构如下。

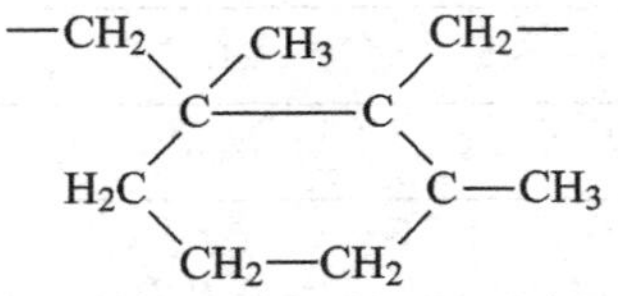

环化天然橡胶的原料可以是天然胶乳、橡胶溶液或固体橡胶。以天然胶乳为例，在60%的离心胶乳中，加入7.5%对苯磺酸与环氧乙烷的缩合物作为稳定剂，然后加入浓度在70%以上的浓硫酸，在100℃下保温2～2.5小时，使天然橡胶大分子链环化。

其他环化方法包括：橡胶与金属氯化物作用、橡胶与非金属卤化物或氧化卤化物作用、橡胶高温（在催化剂存在下250℃以上）加热、橡胶紫外线照射、氢氯化橡胶脱氯化氢等。

按照环化方法及反应条件的不同，可制得从柔软到坚硬块状的各种产品。环化天然橡胶分为单环化天然橡胶与多环化天然橡胶。单环化天然橡胶中两个异戊二烯单元中有一个双键，呈类似古塔波胶的块状，多环化天然橡胶中四个异戊二烯单元中有一个双键，呈类橡胶状物。

环化天然橡胶分子链为环状结构，呈棕色树脂状态；环化使天然橡胶的不饱和度降低（大约降至57%）；其相对密度随环化度的增加而增大，环化度与体积收缩呈线性相关，即环化度增加，体积缩小；软化点提高、折射率增大。环化天然橡胶的耐酸碱性非常好，几乎不受各种酸碱的影响；耐水蒸气性特别好，耐气透性很好；耐溶剂性强，不溶于苯、醚、汽油及乙醇等溶剂。

环化天然橡胶主要用于鞋底等坚硬的模压制品、机械衬里、海底电缆、胶黏剂以及防湿性涂料等，对金属材料、聚乙烯、聚丙烯有较大的黏着力；还可作为天然橡胶的补强剂，提高硬度、定伸应力及耐磨耗等性能。

用干胶在溶液状态下制造的环化天然橡胶，可溶于苯及氯化烃，溶解程度随环化条件差异很大，为了将其与胶乳为原料的环化天然橡胶相区别，也称其为磺化橡胶，主要用作胶黏剂。

环化天然橡胶的性能参数见表1.1.2-6。

表1.1.2-6　环化天然橡胶的性能参数

环化天然橡胶的技术指标			
平均分子量$\overline{\text{Mn}}$	2 000～14 500	拉断伸长率/%	1～30
相对密度	0.96～1.12	硬度（邵尔A）/度	85～90
线膨胀系数（T_g以上）/(10^{-4}·℃$^{-1}$)	0.75～0.80	介电常数 1 kHz 1 MHz	 2.68 2.6～2.7
热导率，[W·(cm·℃)$^{-1}$]	约11.5×10^{-4}		
软化温度/℃	80～130		
流动点/℃	110～160	介电损耗角正切 50 Hz 1 kHz～1 MHz	 0.006 0.002
分解温度/℃	280～300		
吸水性（70℃×20 h)/(mg·cm^{-2})	0.5～0.8		
拉伸强度/MPa	4.5～35.0	绝缘破坏强度/(kV·mm^{-1})	37～55
弯曲强度/MPa	11.0～65.0	体积电阻率/(10^{16} Ω·cm)	1～7
环化天然橡胶硫化胶的物理机械性能			
项目	古塔波胶型	硬巴拉塔型	高硬巴拉塔型
相对密度（25℃)/(g/cm^3)	0.980	1.016	0.993
拉伸强度（20℃)/MPa	18.2	33.6	32.8
拉断伸长率/%	27	1.3	1.7
压缩破坏强度/MPa	37.8（21℃）	74.2（24℃）	60.2（32℃）
冷流性（11 000 kg负荷)/%	38.6（21℃）	17.3（24℃）	30.4（24℃）
绝缘破坏强度/(V·mm^{-1})	47 500	50 000	55 200
制造特点	浅绉胶用对苯磺酸加热处理	浅绉胶用浓硫酸加热处理	浅绉胶用63%对甲苯磺酸加热处理

注：详见《橡胶原材料手册》，于清溪、吕百龄等编写，化学工业出版社，2007年1月第2版，第26～27页。

1.2.11 氯化天然橡胶（Chlorinated Natural Rubber）及氢氯化天然橡胶（Hydro-chlorinated Natural Rubber）

氯化天然橡胶的制法包括乳液法与溶液法。乳液法是将天然胶乳加入稳定剂后再加入盐酸进行酸化，然后直接通入氯气进行氯化。溶液法是将天然橡胶溶于 CCl_4、二氯乙烷等溶剂中，吹入氯气制得氯化天然橡胶。如将氯气改用 HCl，可制得氢氯化天然橡胶。氢氯化天然橡胶为白色粉末。

氯化天然橡胶（CNR）视氯含量的大小，性能有所不同。氯化天然橡胶的氯含量为 50%～65%，氢氯化天然橡胶则控制在 29%～33.5%。氯化天然橡胶与氢氯化天然橡胶的特性为：耐酸碱性非常好；氯化天然橡胶的耐氧化性尤好，而氢氯化天然橡胶次之；有阻燃性；常温下稳定，高温时可分解出氯化氢，氢氯化天然橡胶比氯化天然橡胶的热稳定性好；气透性小，可以成膜；易溶于芳烃、氯化烃，不易解聚合。

氯化天然橡胶与氢氯化天然橡胶具有优良的成膜性、耐磨性、黏附性、抗腐蚀性及突出的防水性和速干性，主要用于胶黏剂、耐酸碱耐老化薄膜、清漆涂料、包装薄膜以及印刷油墨用的载色剂，用作建筑上用的油毡及道路铺装材料，氢氯化天然橡胶还可用作食品包装材料。CNR 依其相对分子质量或黏度划分为不同品种牌号，低黏度的产品一般用于喷涂漆和油墨添加剂；中黏度的产品主要用于配制涂料（如耐化学腐蚀漆、喷涂漆、阻燃漆、集装箱漆等）；高黏度产品用于配制黏合剂和刷涂漆。

氯化天然橡胶与氢氯化天然橡胶的性能参数见表 1.1.2－7。

表 1.1.2－7 氯化天然橡胶与氢氯化天然橡胶的性能参数

氯化天然橡胶与氢氯化天然橡胶的技术指标		
项目	氯化天然橡胶	氢氯化天然橡胶
氯含量/%	50～65 65.4%（完全氯化物）	29～33.5
平均分子量 $\overline{Mn}$/×10^4	10～40	
相对密度	1.58～1.69 1.63～1.64（65%Cl）	1.14～1.16
比热容/[J·(g.℃)$^{-1}$]	约 1.67	
线膨胀系数（T_g 以上)/(10^{-4}·℃$^{-1}$)	1.25	
热导率/[10^{-4} W·(cm·℃)$^{-1}$]	12.6	
折射率 n_D	1.55～1.60 1.595（65%Cl）	1.533
氯化天然橡胶与氢氯化天然橡胶硫化胶的物理机械性能		
项目	氯化天然橡胶	氢氯化天然橡胶
弹性模量/MPa	980.7～3 922.7	
拉伸强度/MPa	28.0～45.0	
拉断伸长率/%	约 3.5	
硬度（Brinell)/MPa	98.1～147.1	
介电常数 50 Hz 1 kHz～1 MHz	3 2.5～3.5	2.7～3.7
介电损耗角正切 50 Hz～1 kHz 1 MHz	0.003（非塑化） 0.006（非塑化）	0.004～0.056
绝缘破坏强度（0.1 mm 厚试样)/(kV·mm^{-1})	>80（非塑化） 16～20（塑化）	5.3～7.5
体积电阻率/(Ω·cm)	2.5×10^{13}～7×10^{15}	10^{14}～10^{15}

注：详见《橡胶原材料手册》，于清溪、吕百龄等编写，化学工业出版社，2007 年 1 月第 2 版，第 28～29 页。

氯化天然橡胶与氢氯化天然橡胶的供应商有：上海氯碱化工集团、无锡化工集团、江苏江阴西苑化工集团、广州天昊天化工集团、湖南洪江化工和浙江新安江化工集团等。

国外供应商有：英国 Duroprene、Alloprene、Raolin，美国 Parion、Paravar，美国固特异公司的 Pliofilm（氢氯化天然橡胶），德国 Tornesit、Pergut、Tegofan，意大利 Dartex、Protex、Clortex，荷兰 Rulacel、日本 Adekaprene CP（旭电化工业）、Super chloron CR（山阳国策纸浆）等。

1.2.12 解聚天然橡胶（Depolymerized Natural Rubber）

解聚天然橡胶，简称 DNR，是将天然橡胶胶乳以苯肼等解聚处理而得，按分子量大小分为 1.1 万、4 万、8 万、15.5

万等多种。其特性为：根据分子量的大小，呈油膏至粘稠液体；可以浇注成型硫化；物理机械性能大幅降低。解聚天然橡胶主要用作密封材料、填缝材料、建筑防护涂层、黏合剂以及软质模制品等。

其性能参数见表 1.1.2－8。

表 1.1.2－8　解聚天然橡胶的性能参数

项目	分子量 9 000	分子量 20 000
拉伸强度/MPa	10.5	15.3
拉断伸长率/%	380	400
300%定伸应力/MPa	8.0	12.4
撕裂强度/(kN·m^{-1})	60	75
硬度（邵尔 A）/度	70	73

分子量低于 20 000 的称为液体天然橡胶，简称 LNR，其相对分子质量在 1～2 万范围，为黏稠液体，可浇注成型，现场硫化，已广泛应用于火箭固体燃料、航空器密封、建筑物黏接、防护涂层等领域。关于液体天然橡胶的内容详见本章第四节（二）。

用燃烧分解方法制得的更低分子量的液体橡胶称为橡胶油，一般以废橡胶生产，可作为橡胶的软化增塑剂、燃料及润滑油使用。中国台湾地区有年产 3 万吨的废橡胶工业裂解装置生产橡胶油。

1.3　其他来源的天然橡胶

1.3.1　银菊胶（Guayule Rubber）

其又称戈尤拉橡胶、墨西哥橡胶（Mexico Rubber），是将银色橡胶菊的枝干、根磨碎，浮选抽提出树脂后，把其中的橡胶成分用溶剂溶解，滤去杂质，经闪蒸、干燥而得。银菊胶是天然橡胶的另一个来源，也称第二天然橡胶，它同赫薇亚科（三叶橡胶树）天然橡胶相比，化学结构完全相同，只是胶乳组成物中的树脂含量较大，达 15%～26%，必须加以脱除。

银菊胶的特性为：分子量略低，分子量分布较窄，不同地区品种差异很大；不结晶，贮存过程中不会产生硬化现象；基本无蛋白质，树脂含量视制法不同高低相差悬殊；硫化速率非常慢；物理机械性能接近由三叶橡胶树制取的天然橡胶。

类似银胶菊，苏联曾在哈萨克等中亚地区大量种植橡胶草，称为蒲公英橡胶（Dandelion Rubber），该橡胶的分子量为 30 万左右，含有大量的树脂成分（10%～12%），橡胶容易老化。

我国新疆地区也野生着大量含橡胶成分的蒲公英类植物，其中青胶蒲公英和山胶蒲公英最有利用价值，橡胶含量可达 10%～15%，分子量为 30 万～35 万，1950—1953 年，中国科学院和轻工业试验所都曾分别提炼出橡胶，并用来试制轮胎。

1.3.2　古塔波胶（Guttapercha Rubber）

古塔波胶产自赤铁科属的 Palaquiumgutta 橡胶树，树干直径为 60～90cm，是高达 30m 的高大树种，野生于马来半岛、苏门答腊及加里曼丹各岛，1885 年以后在爪哇种植成功。其流出的乳胶黏度非常高，遇阳光立即变为褐色，采用通常橡胶树的切口取胶方式极为困难。

古塔波橡胶树种，橡胶含量只有三叶橡胶树的 1/3～2/3，其凝固物的组成有 50%～70%为橡胶分，以反式－1，4 结构为主；树脂占 20%～40%，其余为纤维素、蛋白质、灰分及挥发分等。

其特性为：热塑性橡胶，呈灰白至红褐色；常温下表面很硬，一加热即软化，在 100℃变为黏稠状；树脂含量视制法不同而波动极大，低至 1%，高至 50%，棕色树脂状质地坚硬的叫作 Allane，黄色柔软皮革状的称为 Flauvill；在空气中容易氧化，置于水中则可保持长期使用寿命；溶于芳烃、氯化烃、热的脂肪烃，难溶于酯类，不溶于乙醇。

古塔波胶主要用于高尔夫球皮、牙科填料、绝缘电缆以及造纸用黏合剂等，其在历史上曾是重要的海底电缆绝缘材料。

其性能参数见表 1.1.2－9。

表 1.1.2－9　古塔波胶的性能参数

项目	普通产品	精制产品
平均分子量$\overline{Mn}$/×10^4	3.7～20	
相对密度	0.945～0.955	
玻璃化转变温度 T_g/℃	－68～－53	
脆化温度/℃	约－60	
熔点/℃	65～74	
折射率/n_D	1.523	
吸水性/%	<0.2	
介电常数	约 3.2	约 2.6
介电损耗正切	0.002～0.005	<0.002
体积电阻率/Ω·cm	0.3～2.5×10^{15}	>10^{17}

注：详见《橡胶原材料手册》，于清溪、吕百龄等编写，化学工业出版社，2007 年 1 月第 2 版，第 32 页。

1.3.3 巴拉塔胶

巴拉塔胶（Balata Rubber），白色至红色的热塑性橡胶，呈皮革状，产自西印度群岛、南美，特别是在圭亚那生长的赤铁科属的 Mimusops Balata。其由从树上割胶流下的胶乳在阳光下自行凝固后经干燥制得。

块状巴拉塔胶含橡胶烃 60%（以反式-1，4 结构为主）、树脂 20%、水分 17%、灰分等杂质 3%。巴拉塔胶按外观颜色分为红、白两种，白色的含固状物高，红色的加热时黏度大。其以溶剂萃取可制成树脂含量为 3%、水分和灰分各为 1%以下的精制巴拉塔胶，称为 Refined Balata。

巴拉塔胶主要用作高尔夫球皮、耐水胶带等的材料。

巴西和委内瑞拉产的巴拉塔胶为块状，圭亚那产的为片状。

1.3.4 杜仲胶（Eucommiaulmoides Rubber）

杜仲胶，也称为中国古塔波胶，为淡黄色至深褐色热塑性弹性体，与古塔波胶的化学结构相同，性能相近。其产自我国四川、贵州、湖南一带，历史上长期作为中药材使用。人们在 1950 年开始研究用其制造天然橡胶，人们摘取杜仲树上的枝叶及割口处的自然凝固物，经洗涤、煮沸、压炼、干燥制得天然橡胶。

杜仲胶也是高树脂含量的橡胶，在使用上按软化点的大小（树脂含量高低）分类：杜仲 60，软化温度为 59～60℃，树脂含量为 7%～12%；杜仲 63，软化温度为 62～63℃，树脂含量为 2%～6%。其特性为：分子量低，一般只有 16 万左右；常温下为皮革状的结晶硬块，在 50℃时表现出弹性，在 100℃时塑化；相对密度为 0.95～0.98；极易氧化，变为脆性粉末；吸水性很小，耐酸碱性和绝缘性优良；溶于芳烃、氯化烃，微溶于丙酮、乙醇，难溶于汽油，不溶于醚类。

杜仲胶主要用作电工绝缘材料、耐酸碱容器材料、牙科填料、电线电缆材料，可与其他橡胶并用等。

1.3.5 齐葛耳胶（Chicle Rubber）

齐葛耳胶为黄褐色易碎块状热塑性弹性体，系以树脂为主要成分的顺反式天然橡胶，即顺式与反式聚异戊二烯并存橡胶（Cis-Trans-Natural Rubber），其组成为橡胶烃 10%～14%，树脂 36%～56%，其余为蛋白质、水溶物、灰分等。其橡胶烃的顺反式结构比例为顺式-1，4：反式-1，4=25：75。

齐葛耳胶主要产自墨西哥、危地马拉和洪都拉斯等地，系属赤铁科的 Achraszapote。其制法大体与古塔波胶类似，即将树干上流出的乳液通过煮沸的办法脱去部分水分，然后将浓缩胶乳风干制成块状橡胶。

1.3.6 吉尔通胶（Jelutong Rubber）

吉尔通胶为灰白色块状热塑性弹性体，产自马来西亚、印度尼西亚等地，产品含 22%的橡胶烃和 78%的树脂，与齐葛耳胶均为顺反式天然橡胶。

吉尔通胶含杂质较多，产地不同，品质不一，使用前必须充分洗涤、干燥。

吉尔通胶主要用作口香胶的原料，还可利用其黏性用作胶带布层的黏合剂、橡皮膏以及黏性带等，其也可与天然橡胶并用以降低成本。

1.4 天然橡胶的技术标准与工程应用

1.4.1 天然橡胶的基础配方

天然橡胶的基础配方见表 1.1.2-10。

表 1.1.2-10 天然橡胶（NR）的基础配方

原材料名称	ASTM	ISO 与 ASTM 标准[a]		原材料名称	纯胶配合	炭黑配合	无硫配合
NR	100.00	100	100	NR（RSS3）	100	100	100
氧化锌	5.00	6	5	氧化锌	3	5	5
硬脂酸	2.00	0.5	2	硬脂酸	2	3	3
硫黄	2.50	3.5	2.25	硫黄	2.5	2.5	
炭黑（HAF）			35	促进剂 MBTS（DM）	0.7	0.7	
防老剂 PBN	1.00			促进剂 TT			3
促进剂 MBTS（DM）	1.00	M0.5	TBBS0.7	防老剂 D	1	1	1
				HAF		50	50
				芳烃油		3	3
硫化条件	140℃×10 min、20 min、40 min、80 min			硫化条件	138℃×60 min		

原材料名称	烟片、皱片胶检验配方[b]	基本配方	试验配方	试验配方	试验配方
	纯胶配合	纯胶配合	纯胶配合	纯胶配合	炭黑配合

续表

			JIS K6352—2005 天然橡胶（NR）. 试验方法		
NR（SCR）	100	100	100	100	100
氧化锌	5	5	6	6	5
硬脂酸	0.5	1.5	0.5	0.5	2
硫黄	3	2.5	3.5	3.5	2.25
促进剂 MBT（M）	0.7		0.5		
促进剂 CBS		0.5			
促进剂 TBBS				0.7	0.7
HAF（N378）					35
合计	109.2	109.5	110.5	110.7	144.95
硫化条件	142±1℃×20 min、30 min、40 min、50 min，压力 2 MPa 以上。				

注：[a] 详见《橡胶工业手册．第三分册．配方与基本工艺》，梁星宇，等，化学工业出版社，1989 年 10 月第 1 版，1993 年 6 月第 2 次印刷，第 303～304 页表 1-325～329，引用 ISO 1858—1973 与 ASTM D 3184—75。

[b] 开炼机辊温 50～60℃，详见《橡胶工业手册．第三分册．配方与基本工艺》，梁星宇，等，化学工业出版社，1989 年 10 月第 1 版，1993 年 6 月第 2 次印刷，第 302 页表 1-325。

1.4.2 天然橡胶的技术标准

GB/T 8081—2008《天然生胶 技术分级橡胶（TSR）规格导则》IDT ISO 2000：2003 的规定，技术分级橡胶 TSR（Technically Specified Rubber）的分级根据 TSR 的性能和生产 TSR 的原料而定。

TSR 的分级见表 1.1.2-11。

表 1.1.2-11 TSR 的分级

原料	特征	级别
全鲜胶乳	黏度有规定	CV
	浅色橡胶，有规定的颜色指数	L
	黏度或颜色没有规定	WF
胶片或凝固的混合胶乳	黏度或颜色没有规定	5
胶园凝胶和（或）胶片	黏度没有规定	10 或 20
	黏度有规定	10CV 或 20Cv

标准胶、烟片胶、绉片胶、胶清胶、恒黏胶、低黏胶的技术要求见表 1.1.2-12。

表 1.1.2-12 各国天然橡胶标准与 ISO 标准

质量项目	国产各级标准橡胶的极限值					印尼标准橡胶（SIR）规格，于 1977 年生效						泰国检验橡胶（TTR）规格					
	SCR 5	SCR 10	SCR 20	SCR 10CV	SCR 20CV	5CV	5LV	5L	5	10	20	50	5 L	5	10	20	50
留在 45 μm 筛上的杂质含量（≤）/%	0.05	0.10	0.20	0.10	0.20	0.05	0.05	0.05	0.05	0.10	0.20	0.50	0.05	0.05	0.10	0.20	0.50
塑性初值（≥）	30	30	30	—	—	—	—	30	30	30	30	30	30	30	30	30	30
塑性保持率[a]（≥）/%	60	50	40	50	40	60	60	60	60	50	40	30	60	60	50	40	30
氮含量（≤）/%	0.6					0.6						0.65					
挥发物含量（≤）/%	0.8					1.0						1.00					
灰分含量（≤）/%	0.6	0.75	1.0	0.75	1.0	0.50	0.50	0.5	0.5	0.75	1.00	1.50	0.6	0.6	0.75	1.00	1.50
颜色指数（≤）	—	—	—	—	—			6					6				

续表

质量项目	国产各级标准橡胶的极限值					印尼标准橡胶（SIR）规格，于 1977 年生效							泰国检验橡胶（TTR）规格				
	SCR 5	SCR 10	SCR 20	SCR 10CV	SCR 20CV	5CV	5LV	5L	5	10	20	50	5 L	5	10	20	50
级别标志颜色	绿	褐	红	褐	红								浅绿	浅绿	褐	红	黄
ML (1+4) 100℃	60 ± 5^{a}	—	—	b	b	①	②										
加速储存硬化试验 P③ (≤)						8	8										
丙酮抽出物/%								6～8									
备注	[a] 有关各方也可同意采用另外的黏度值； [b] 没有规定这些级别的黏度，因为这会随着贮存时间和处理方式等而变化，但一般是由生产方将黏度控制在 65^{+7}_{-5}，有关各方也可同意采用另外的黏度值。 详见 GB/T 8081－2008《天然生胶 技术分级橡胶（TSR）规格导则》IDT ISO2000：2003。					①恒黏胶的门尼黏度范围为 45～75，分 5 级； ②低黏胶的门尼黏度范围为 40～70，分 5 级； ③华莱士塑性增值，各种 5 号胶只能用控制凝固的胶乳来制备。											

质量项目	马来西亚标准橡胶（SMR）规格（1991 年 10 月 1 日起执行）									美国天然橡胶标准规格（ASTM D2227－80）				新加坡标准橡胶（SSR）规格			
	SMR CV④	SMR LV	SMR L	SMR WF	SMR 5	SMR GP	SMR 10	SMR 20	SMR 50	等级 5	等级 10	等级 20	等级 50	5	10	20	50
	胶乳（恒黏）		胶乳		胶片	掺合	胶园级的原料										
留在 45 μm 筛上的杂质含量 (≤)/%	0.03		0.02		0.05	0.08	0.08	0.16	0.50	0.05	0.10	0.20	0.50	0.05	0.10	0.20	0.50
塑性初值 (≥)	—	—	35		30					40	40	35	30	30	30	30	30
塑性保持率[a] (≥)/%	60	60	60	60	60	50	50	40	30	60	50	40	30	60	50	40	30
氮含量 (≤)/%	0.60									0.60				0.6			
挥发物含量 (≤)/%	0.80									0.80				0.8			
灰分含量 (≤)/%	0.50	0.60	0.50	0.50	0.60	0.75	0.75	1.00	0.60	0.60	0.75	1.0	1.5	0.60	0.75	1.00	1.50
颜色指数 (≤)			6.0														
ML (1+4) 100℃	⑤	45－55				65^{+7}_{-5}	58－72										
级别标志颜色	黑	黑	淡绿	淡绿	淡绿	蓝	褐	透明	黄					浅绿	褐	红	黄
加速储存硬化试验 P (≤)																	
丙酮抽出物/%		6－8															
铜含量 (≤)/%										0.000 8							
锰含量 (≤)/%										0.001 0	0.001 2	0.001 5	0.002 5				
备注	④含 4 份轻质非污染的矿物油； ⑤有 3 个副级，即 SMR CV50（门尼黏度为 45～55）、SMR CV60（门尼黏度为 55～65）、SMR CV70（门尼黏度为 65～75）。 注：早期的 SMR 胶为同传统的烟片胶、绉片胶等以外观分类为标准的 RSS 胶相区别，称为技术分类橡胶（Technically Classified Rubber），又称 TSR（详见《橡胶原材料手册》，于清溪、吕百龄等编写，化学工业出版社，2007 年 1 月第 2 版，第 11 页）。																

续表

质量项目	国产各级烟胶片、白绉胶片和浅色绉胶片的极限值			国产各级胶清橡胶⑥限值		国际标准（ISO 2000：2003）天然橡胶规格
留在 45 μm 筛上的杂质含量（≤）/%	1～3级烟片、特1和1级薄白绉胶片、特1～3级薄浅色绉胶片	4级烟片	5级烟片	1级	2级	同 GB/T 8081－2008《天然生胶 技术分级橡胶（TSR）规格导则》。
塑性初值（≥）	0.05	0.10	0.20	0.05	0.10	
塑性保持率[a]（≥）/%	40			25		
氮含量（≤）/%	60	55	50	30	16	
挥发物含量（≤）/%	0.6			2.4	2.6	
灰分含量（≤）/%	0.8			1.8	1.8	
拉维邦颜色指数（≤）	0.6	0.75	1.0	0.8	1.0	
拉伸强度（≥）/MPa						
级别标志颜色	19.6	19.6	19.6			
备注				黑色		
	详见 GB/T 8089－2007。			⑥天然胶乳浓缩过程中分离出来的胶清经加工而成的橡胶，详见 NY/T 229－2009。		

注：[a] 塑性保持率、塑性保持指数，又称抗氧指数（PRI），是指生胶在 140℃×30 min 的热烘箱老化前后，华莱氏可塑度的比值，$PRI = P/P_0 \times 100\%$。PRI 值越高，表明生胶抗热氧老化性能越好。

1.5　天然橡胶的供应商

国内天然橡胶的供应商有：广东省广垦橡胶集团有限公司、海南天然橡胶产业集团股份有限公司、云南农垦集团有限责任公司、云南省农垦工商总公司、云南高深橡胶有限公司、西双版纳中景实业有限公司、海南华加达投资有限公司、金莲花贸易制造有限公司、广州泰造橡胶有限公司等。

二、聚异戊二烯橡胶

2.1　顺式聚异戊二烯（Cis－1，4－Polyisoprene Rubber）

顺式聚异戊二烯橡胶（IR）的物理机械性能和天然橡胶相似，也称为“合成天然橡胶”，其颜色透明光亮。IR 按催化体系的不同，分为锂系、钛系、稀土系。俄罗斯 SKI－3 及日本瑞翁 2200 产品为钛系，俄罗斯 SKI－5PM 及我国产品均为稀土系。

不同催化体系的 IR 与 NR 在微观与宏观结构上的区别见表 1.1.2－13。

表 1.1.2－13　不同催化体系的 IR 与 NR 在微观与宏观结构上的区别

IR 与 NR	化学结构				宏观结构				
	顺式－1，4－结构含量/%	反式－1，4－结构含量/%	1，2－结构含量/%	3，4－结构含量/%	重均分子量 $\overline{M_w}/\times10^4$	数均分子量 $\overline{M_n}/\times10^4$	分子量分布指数 $\overline{M_n}/\overline{M_w}$	支化	凝胶含量/%
NR	98	0	0	2	100～1 000		1.89～2.54	支化	15～30
钛系 IR	96～97	0	0	2～3	71～135	19～41	2.4～3.9	支化	3.7～30
烷基锂 IR	93	0	0	7	122	62	2.0	线形	0
稀土 IR	94～95	0	0	5～6	250	110	<2.8	支化	0～2

注：详见《橡胶原材料手册》，于清溪、吕百龄等编写，化学工业出版社，2007 年 1 月第 2 版，第 37 页表 1－2－5。

IR 主要用作天然橡胶的替代品，具有优良的弹性、耐磨性、耐热性和抗撕裂性，其拉伸强度与伸长率等与天然橡胶接近。其广泛用于医疗、医用橡胶制品；轮胎的胎面胶、胎体胶及胎侧胶；胶鞋、胶带、胶管、胶黏剂、工艺橡胶制品等。

与天然橡胶相比，IR 凝胶含量少，无杂质，质量均一，其化学结构中顺式含量低于天然橡胶，即分子规整性低于天然橡胶，其结晶能力比天然橡胶差。IR 不需塑炼，冬季不用保温，未硫化胶的流动性好于天然橡胶，加工容易；不饱和度和生胶强度较低，有冷流倾向，易发生降解；硫化速度较慢，配合时硫黄用量应比天然橡胶少 10%～15%，促进剂用量要比天然橡胶增加 10%～20%。IR 硫化胶的振动吸收性和电性能好，与天然橡胶硫化胶相比，IR 硫化胶的硬度、定伸应力和拉伸强度都比较低，扯断伸长率稍高，回弹性与天然橡胶相同，在高温下的回弹性比天然橡胶稍高，生热及压缩永久变形、拉伸永久变形都较天然橡胶低。

2.2 反式聚异戊二烯（trans-1，4-polyisoprene rubber）

杜仲胶、巴拉塔胶、古塔波胶都是反式的聚异戊二烯（TPI），人工合成高反式 TPI 也已实现，但是催化效率抵，价格昂贵。

反式-1，4 的结构分为 α 型和 β 型两种，前者熔融温度为 56℃，后者熔融温度为 65℃，而顺式-1，4 结构的熔融温度为 28℃。反式-1，4 结构与顺式-1，4 结构的微观区别见表 1.1.2-14。

表 1.1.2-14 反式-1，4 结构与顺式-1，4 结构的微观区别

橡胶结构形式	结构单元链节的大小
反式-1，4 加成结构 α 型（古塔波胶）	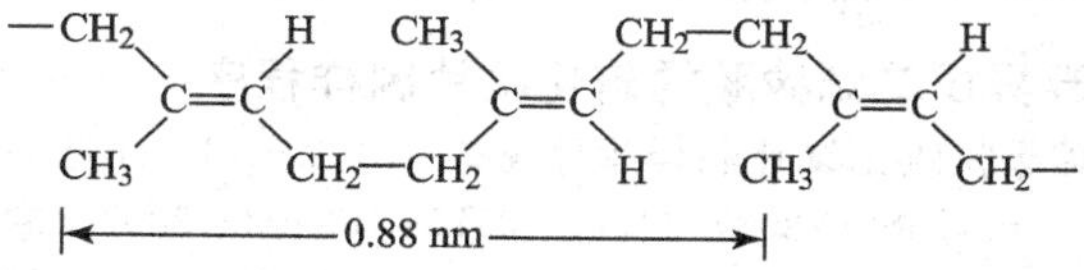
反式-1，4 加成结构 β 型	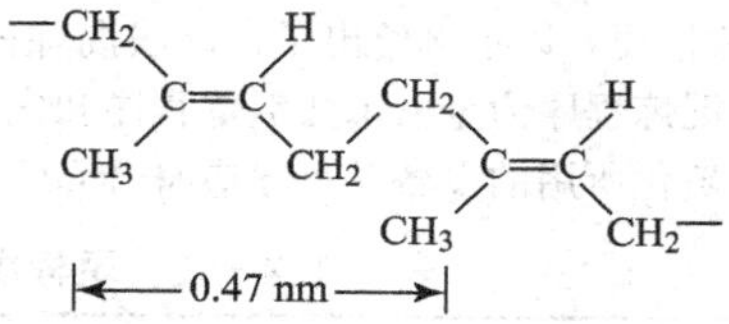
顺式-1，4 加成结构（三叶橡胶）	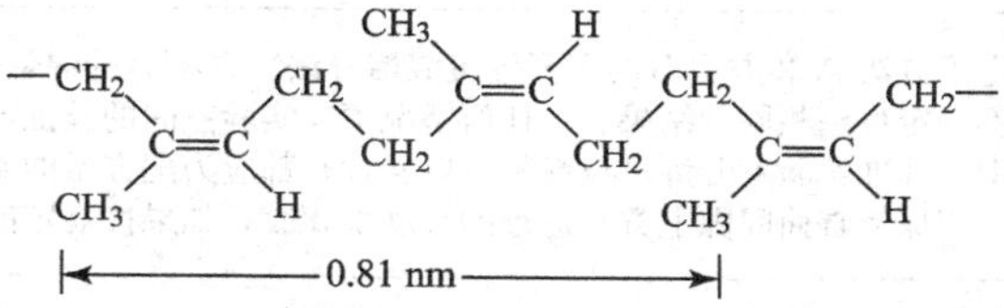

TPI 与 NR 不同，为反式-1，4 结构，其性能也与 NR 有明显不同，表现如下：

1）在 60℃以下迅速结晶，结晶度为 25%～45%，在常温下呈非橡胶态，具有高硬度和高拉伸强度；随温度升高，结晶度下降，硬度和拉伸强度急剧下降。

2）温度高于 60℃时，TPI 表现出橡胶的特性，可以硫化。借此特性其可以用作形状记忆材料。

3）硫化过程表现出明显的三阶段特征：

①未硫化阶段：属于典型的热塑性材料，强度、硬度高，冲击韧性极好，软化点低（60℃），可在热水或热风中软化，TPI 无生理毒性，可以直接在身体上模型固化，也可以捏塑成型，随体性好，轻便、卫生，可以重复使用，可作为医用夹板、绷带、矫形器件、假肢等，可以用酒精直接消毒。

②低中度交联阶段：交联点间链段仍能结晶，表现为结晶型网络结构高分子。因其在室温下具有热塑性，受热后具有热弹性，可以用作形状记忆功能材料。

③交联度达到临界点：表现为典型的弹性体特性，耐疲劳性能优异，滚动阻力小，生热低，是发展高速节能轮胎的一种理想材料。

TPI 塑炼和混炼温度不能低于 60℃，半成品挺性好，易喷霜。

2.3 聚异戊二烯橡胶的技术标准与工程应用

2.3.1 聚异戊二烯橡胶的标准试验配方

评价聚异戊二烯橡胶的标准试验配方见表 1.1.2-15，详见 ISO 2303：2011：

表 1.1.2-15 评价聚异戊二烯橡胶的标准试验配方

材料	质量份数
聚异戊二烯橡胶（IR）	100.00
硬脂酸	2.00
氧化锌	5.00
硫黄	2.25
工业参比炭黑（N330）[a]	35.00

续表

材料	质量份数
TBBS[b]	0.70
总计	144.95

注：[a] 可用目前使用的通用工业参比炭黑代替 N330。

[b] N－叔丁基－2－苯并噻唑次磺酰胺（TBBS）参见 ISO 6472；TBBS 应为粉末状，按照 ISO 11235 测定最初不溶物，其含量应低于 0.3%。在室温下应储存在密闭容器内，并每 6 个月应测定一次不溶物的含量。如果不溶物的含量超过 0.75%，则应丢弃。TBBS 也可以通过再提纯处理，比如采用重结晶的方法。

硫化时间：135℃×20 min、30 min、40 min、60 min。

2.3.2 聚异戊二烯橡胶的硫化试片制样程序

聚异戊二烯橡胶硫化试片制样程序见表 1.1.2－16，详见 GB/T XXXX—XXXX《非充油溶液聚合型异戊二烯橡胶（IR）评价方法》mod ISO 2303：2011。ASTM D 3403—2007《橡胶－评价 IR（异戊橡胶）标准方法》规定有 4 种混炼程序，分别是：小型密炼机法、全密炼法、初密炼-终开炼法和开炼法。ISO 2303：2011 主要规定了 2 种开炼法（混炼时间不同），密炼法给出了方法概要，以示例给出了密炼法混炼程序，示例为其他通用合成橡胶评价方法中的小型密炼机混炼程序，标准密炼机的两段混炼程序为全密炼法混炼程序和先密炼后开炼混炼程序。

试样制备、混炼和硫化所用的设备及程序应符合 GB/T 6038 的规定。

表 1.1.2－16　聚异戊二烯橡胶硫化试片制样程序

1. 开炼机混炼程序		
概要：① 规定了方法 A 和方法 B 两种开炼机混炼方法。方法 B 的混炼时间短于方法 A ② 两种方法不一定得到相同的结果。在任何情况下，实验室间的验证或一系列评价都应该采用相同的程序 ③ 两种方法中，标准实验室开炼机投料量（以 g 计）都应为配方量的 4 倍。混炼过程中辊筒的表面温度应保持在 70±5℃ ④ 混炼期间，应保持辊筒间隙上方有适量的滚动堆积胶，如果按规定的辊距达不到该要求，应对辊距稍作调整		
程序	持续时间/min	累计时间/min
方法 A		
a）调节辊距为 0.5 mm±0.1 mm，使橡胶不包辊连续通过辊筒间两次	2.0	2.0
b）调节辊距为 1.4 mm，使橡胶包辊，从每边作 3/4 割刀两次	2.0	4.0
注：某些类型的异戊二烯橡胶会黏到后辊上，在这种情况下，应当添加硬脂酸，加入硬脂酸后，通常情况下橡胶就会被传送到前辊。另外，对于某些韧性较好异戊二烯橡胶，在添加其他物质之前，破胶可能需要较长时间		
c）调节辊距为 1.7 mm，加入硬脂酸，从每边作 3/4 割刀一次	2.0	6.0
d）加入氧化锌和硫黄，从每边作 3/4 割刀两次	3.0	9.0
e）沿辊筒等速均匀地加入炭黑。当加入约一半炭黑时，将辊距调至 1.9 mm，从每边作 3/4 割刀一次，然后加入剩余的炭黑。务必将掉入接料盘中的炭黑加入混炼胶中。当炭黑全部加完后，从每边作 3/4 割刀一次	13.0	22.0
f）使辊距保持在 1.9 mm，加入 TBBS，从每边作 3/4 割刀三次	3.0	25.0
g）下片。调节辊距至 0.8 mm，将胶料打卷，从两端交替纵向薄通六次	3.0	28.0
h）将胶料压成厚约 6 mm 的胶片，检查胶料质量（见 GB/T 6038），如果胶料质量与理论值之差超过＋0.5%或－1.5%，则弃去此胶料并重新混炼		
i）取足够的胶料，按 GB/T 16584 或 GB/T 9869 评价硫化特性，如果可能测试之前按 GB/T 2941 规定的标准温度和湿度调节试样 2～24 h		
j）将胶料压成厚约 2.2 mm 的胶片用于制备试片，或者制成适当厚度的胶片按照 GB/T 528 规定制备环形试样		
k）胶料在混炼后硫化前调节 2～24 h。如有可能，在 GB/T 2941 规定的标准温度和湿度下调节		
方法 B		
a）将辊距设定为 0.5 mm±0.1 mm，使橡胶不包辊通过两次，然后将辊距逐渐增至 1.4 mm，将橡胶包辊	2.0	2.0
b）加入硬脂酸，从每边作 3/4 割刀一次	2.0	4.0
c）加入硫黄和氧化锌。从每边作 3/4 割刀两次	3.0	7.0
d）加入一半炭黑。从每边作 3/4 割刀两次	3.0	10.0
e）加入剩余的炭黑和掉入接料盘中的炭黑，从每边作 3/4 割刀三次	5.0	15.0
f）加入 TBBS，从每边作 3/4 割刀三次	3.0	18.0
g）下片。辊距调节至 0.5 mm±0.1 mm，将胶料打卷，从两端交替纵向薄通六次。	2.0	20.0
h）将胶料压成约 6 mm 的厚度，检查胶料质量（见 GB/T 6038），如果胶料质量与理论值之差超过＋0.5%或－1.5%，废弃此胶料，重新混炼		
i）取足够的胶料，按 GB/T 16584 或 GB/T 9869 评价硫化特性，如果可能，测试之前按 GB/T 2941 规定的标准温度和湿度调节试样 2～24 h		
j）将胶料压成约 2.2 mm 厚度的胶片用于制备试片，或者制成适当厚度的胶片，按照 GB/T 528 的规定制备环形试样		
k）混炼后硫化前将胶料调节。如有可能，在 GB/T 2941 规定的标准温度和湿度下调节		

续表

2. 实验室密炼机（LIM）混炼程序		
概要：通常情况下实验室密炼机的容积从 65 cm^3 到 2 000 cm^3 不等，投料量应等于额定密炼机容积（以 cm^3 表示）乘以胶料的密度。在制备一系列相同的胶料期间，对每个胶料的混炼，实验室密炼机的混合条件应相同。在一系列混炼试验开始之前，可先混炼一个与试验配方相同的胶料来调整密炼机的工作状态。密炼机温度在一个试样混炼结束之后和下一个试样开始前冷却到 60℃。在一系列混炼试验期间，密炼机温度的控制条件应保持不变		
程序	持续时间/min	累计时间/min
微型密炼机混炼程序		
微型密炼机（MIM）额定混炼容积为 64±1 mL。凸轮头 MIM 混炼投料系数为 0.5，MIM 混炼投料系数为 0.43。混炼后出料温度不应超过 120℃，如有必要，通过调节投料量、机头温度或转子转速来满足此条件		
注：如果将橡胶、炭黑和油以外的其他配料预先按配方比例混合，再加入到微型密炼机的胶料中，会使加料更准确、方便。配料的混合可使用研钵和研杵完成，也可在带增强旋转棒的双锥形掺混器皿里掺混 10 min，或在一般掺混器皿里混合 5 次（3 s/次），每次混合后都要刮掉黏附在内壁上的物料。韦林氏搅拌器适用于该混合方法。注意：如果混合时间超过 3 s，硬脂酸可能会融化，导致分散性不好		
a）装入橡胶，放下上顶栓，塑炼橡胶	1.0	1.0
b）升起上顶栓，加入预先混合的氧化锌、硫黄、硬脂酸和 TBBS，谨慎操作以免损失，然后加入炭黑，清扫加料口，放下上顶栓	1.0	2.0
c）混炼胶料	7.0	9.0
d）关掉电机，升起上顶栓，打开混炼室，卸下胶料。记录所卸胶料的最高温度		
e）卸下胶料后，将开炼机温度设为 70±5℃，辊距调至 0.5 mm，使胶料通过一次，然后将辊距调至 3.0 mm，再通过两次		
f）将胶料压成约 6 mm 的厚度，检查胶料质量（见 GB/T 6038），如果胶料质量与理论值之差超过+0.5%或−1.5%，则弃去此胶料，重新混炼		
g）取足够的胶料，按 GB/T 16584 或 GB/T 9869 评价硫化特性，如果可能，测试之前按 GB/T 2941 规定的标准温度和湿度调节试样 2～24 h		
h）将胶料压成厚约 2.2 mm 的胶片用于制备试片，或者制成适当厚度的胶片按照 GB/T 528 规定制备环形试样		
i）将胶料在混炼后硫化前调节 2～24 h。如有可能，在 GB/T 2941 规定的标准温度和湿度下调节		
3. 两段混炼程序（包括开炼法终混炼程序）		
概述：实验室密炼机应能在密炼结束之后，在下一次密炼之前将温度降至 60℃。实验室密炼机额定混炼容积为 1 170±40 mL，投胶量（以 g 计）按 10 倍配方量（即 10×144.95 g=1 449.5 g）		
程序	持续时间/min	累计时间/min
①密炼机初混炼程序		
混炼应使所有组分达到均匀分散		
混炼后胶料的终出料温度应为 150～170℃，如有必要，通过调节投料量、机头温度或转子速度来达到此条件		
a）调节实验室密炼机的初始温度为 60±3℃，关闭卸料口，设定电机转速为 77 r/min，开启电机，升起上顶栓		
b）装入一半橡胶，所有的炭黑、氧化锌和硬脂酸，然后装入剩下的橡胶，放下上顶栓	0.5	0.5
c）混炼胶料	3.0	3.5
d）升起上顶栓，清扫密炼机加料口和上顶栓顶部，放下上顶栓	0.5	4.0
e）混炼温度达到 170℃或总混炼时间达到 6 min，满足其中一个条件即可卸下胶料	2.0	6.0
f）检查胶料质量（见 GB/T 6038），如果胶料质量与理论值之差超过+0.5%或−1.5%，废弃此胶料，重新混炼		
g）将胶料压成约 6 mm 的厚度，在温度为 70±5℃的开炼机上通过三次		
h）放置胶料 30 min～24 h，如有可能，在 GB/T 2941 规定的标准温度和湿度下调节		
②终混炼程序		
在终混炼之前，将胶料放置 30 min 或将其温度降至室温，混炼应使所添加的配合剂分散较好。混炼之后胶料的终温度不应超过 120℃		
使用实验室密炼机（LIM）时，如有必要，可通过调节投料量、机头温度和（或）转子速度来达到此条件。使用开炼机时，将辊筒温度设置为 70±5℃，在整个混炼过程中要保持该温度；标准实验室开炼机投料量（以 g 计）应为试验配方量的 3 倍，在混炼过程中，辊筒间应有适量的堆积胶，如果达不到下面规定的要求，应调节开炼机的辊距		
②−1、密炼机终混炼程序		
a）设定密炼机温度为 40℃±5℃，设置转速为 8.1 rad/s（77 r/min），升起上顶栓		
b）装入母炼胶、硫黄和促进剂，放下上顶栓	0.5	0.5
c）混炼胶料，胶料温度达到 120℃或时间为 2 min，满足其中一个条件即可卸下胶料	2.0	2.5
d）将开炼机的辊距调至 70℃ ± 5℃，设辊距为 0.8 mm，将胶料打卷，从两端交替加入纵向薄通四次	0.5	3.0
e）将胶料压成约 6 mm 的厚度，检查胶料质量（见 GB/T 6038），如果胶料质量与理论值之差超过+0.5%或−1.5%，废弃此胶料，重新混炼		

续表

程序	持续时间/min	累计时间/min
f）取足够的胶料，按 GB/T 16584 或 GB/T 9869 评价硫化特性，如有可能，测试之前按 GB/T 2941 规定的标准温度和湿度调节试样 2～24 h		
g）将胶料压成约 2.2 mm 厚度的胶片用于制备试片，或者制成适当厚度的胶片按照 GB/T 528 的规定制备环形试样		
h）混炼后硫化前将胶料调节 2～24 h。如有可能，在 GB/T 2941 规定的标准温度和湿度下调节		
②－2、开炼机终混炼程序		
a）设定辊温为 70℃±5℃，辊距为 1.9 mm，将母炼胶在慢速辊上包辊		
b）加入促进剂，等促进剂完全分散后，从每边作 3/4 割刀三次	3.0	3.0
c）加入硫黄，等硫黄完全分散后，从每边作 3/4 割刀一次	3.0	6.0
d）辊距调节至 0.8 mm，将胶料打卷，从两端交替加入纵向薄通六次	2.0	8.0
e）将辊距调节至约 6 mm，将胶料打卷，从两端交替加入纵向薄通六次，下片	1.0	9.0
f）检查胶料质量（见 GB/T 6038），如果胶料质量与理论值之差超过＋0.5%或－1.5%，废弃此胶料，重新混炼		
g）取足够的胶料，按 GB/T 16584 或 GB/T 9869 评价硫化特性，如有可能，测试之前按 GB/T 2941 规定的标准温度和湿度调节试样 2～24 h		
h）将胶料压成约 2.2 mm 厚度的胶片用于制备试片，或者制成适当厚度的胶片按照 GB/T 528 的规定制备环形试样		
i）混炼后硫化前将胶料调节，如有可能，在 GB/T 2941 规定的标准温度和湿度下调节		

2.3.3 聚异戊二烯橡胶的技术标准

（一）聚异戊二烯橡胶

聚异戊二烯橡胶的典型技术指标见表 1.1.2－17。

表 1.1.2－17 聚异戊二烯橡胶的典型技术指标

聚异戊二烯橡胶的典型技术指标				
项目		指标	项目	指标
聚合形式		加成	门尼黏度 ML（1+4）100℃	40～96
聚合方法		负离子、配位负离子	相对密度	0.91～0.9
聚合体系		溶液	T_g/℃	－72～－63
化学结构		顺式-1，4 结构，含量 91.0%～98.7%	脆性温度/℃	－56～－67
平均分子量	$\overline{M_n}/\times10^4$	7.7～250	热分解温度/℃	300～400
	$\overline{M_w}/\times10^4$	5～580	折射率（25℃）	1.521
IR 硫化胶典型技术指标				
项目		指标	项目	指标
弹性模量 剪切（动态）（60 Hz，100℃）/MPa		1.37～2.05	拉断伸长率/%	430～670
			撕裂强度/（kN · m^{-1}）	53.9～83.3
内部摩擦 （60 Hz，25℃） （60 Hz，100℃）/kPa		9 2.5	硬度（JIS，A）	56～58
			压缩永久变形 （70℃，22 h） （100℃，22 h）	18～24 53～62
拉伸强度/MPa		22.5～28.4		
300%定伸应力/MPa		8.8～14.7	磨耗（Akron）/[cm^3 · （1 000 r）$^{-1}$]	0.4

注：详见《橡胶原材料手册》，于清溪、吕百龄等编写，化学工业出版社，2007 年 1 月第 2 版，第 40 页。

SH/T XXXX－XXXX 适用于稀土催化体系下经溶液聚合制得的聚异戊二烯橡胶，将聚异戊二烯橡胶分为工业用异戊橡胶和浅色制品用异戊橡胶，其技术指标见表 1.1.2－18、1.1.2－19。

表 1.1.2－18 工业用异戊橡胶的技术指标

项目	IR60		IR70		IR80		IR90	
	优等品	合格品	优等品	合格品	优等品	合格品	优等品	合格品
生胶门尼黏度 ML［(1+4) 100℃］	60±4		70±4		80±4		90±4	
挥发分（质量分数）(≤)/%	0.60	0.80	0.60	0.80	0.60	0.80	0.60	0.80
灰分（质量分数）(≤)/%	0.50							
300%定伸应力/MPa	报告值							
拉伸强度（40 min）(≥)/MPa	25.0		26.0					
拉断伸长率（30 min）(≥)/%	450		460					

表 1.1.2－19　浅色制品用异戊橡胶的技术指标

项目	IR60F		IR70F		IR80F		IR90F	
	优等品	合格品	优等品	合格品	优等品	合格品	优等品	合格品
生胶门尼黏度 ML［(1＋4) 100℃］	60±4		70±4		80±4		90±4	
挥发分（质量分数）(≤)/%	0.60	0.80	0.60	0.80	0.60	0.80	0.60	0.80
灰分（质量分数）(≤)/%	0.50							
防老剂（质量分数）/%	报告值							
铁含量（质量分数）(≤)/%	0.002							
铜含量（质量分数）(≤)/%	0.000 1							
丙酮抽出物（质量分数）(≤)/%	2.0							
拉伸强度（40 min）(≥)/MPa	报告值							
拉断伸长率（30 min）(≥)/%	报告值							

（二）反式聚异戊二烯

反式聚异戊二烯的典型技术指标见表 1.1.2－20。

表 1.1.2－20　反式聚异戊二烯的典型技术指标

项目	指标	项目	指标
透明性	白色半透明	拉伸强度/MPa	26.5～30.4
相对密度	0.96	拉断伸长率/%	420～472
熔点/℃	67	撕裂强度/(kN·m^{-1})	78～98
维卡软化温度/℃	53～58	硬度（JIS A） （邵尔 D）	77～82 44～48
100%定伸应力/MPa	8.2～8.8		
300%定伸应力/MPa	18.6～20.6		

2.4　聚异戊二烯的供应商

聚异戊二烯橡胶的供应商见表 1.1.2－21。

表 1.1.2－21　聚异戊二烯橡胶的供应商

序号	供应商	生产能力/(万吨·年$^{-1}$)	技术路线
1	青岛伊科思新材料股份有限公司	3	稀土系
2	抚顺伊科思新材料股份有限公司	4	稀土系
3	山东神驰石化有限公司	3	稀土系
4	中石化燕山分公司	3	稀土系

国产聚异戊二烯橡胶与反式聚异戊二烯（TPI）的供应商还有：中石油吉林公司、淄博鲁华鸿锦化工股份有限公司、盘锦和运实业集团有限公司、青岛第派新材有限公司、茂名鲁华化工有限公司、辽宁盘锦振奥化工有限公司、天津陆港石油橡胶公司等。

国外的供应商与牌号有：俄罗斯 Volzhski 合成橡胶公司、SkPremyer 公司、Togliatti 合成橡胶公司等的 SKI－3、SKI－3S、SKI－5PM 等，日本瑞翁（Nippon Zeon Co. Ltd）的 2200，日本合成橡胶公司（Japan Synthetic Rubber Co.）、德国壳牌化学公司（Shell chemicals）、美国固特异轮胎和橡胶公司（Goodyear Tire&Rubber Co.）等。

三、丁苯橡胶

丁苯橡胶的分类如下。

- 乳聚 SBR
  - 一般品种
    - 1000 系列　非炭黑填充 SBR
    - 1100 系列
    - 充炭黑 SBR
    - 1200 系列
    - 充油 SBR
    - 1300 系列　充油充炭黑 SBR
    - 2000 系列　SBR 胶乳
  - 低温乳聚
    - 1500 系列　非炭黑填充 SBR
    - 1600 系列　充炭黑 SBR
    - 1700 系列　充油 SBR
    - 1800 系列　充油充炭黑 SBR
    - 2100 系列　SBR 胶乳
  - 特殊品种：液体 SBR、羧基 SBR、高苯乙烯 SBR、粉末 SBR、热塑性 SBR 等
- 溶聚 SBR
  - 锂系溶聚 SBR　无规共聚、嵌段共聚 SBR
  - 醇烯溶聚 SBR
  - 高反式 1，4 - SBR
  - 锡偶联溶聚 SBR

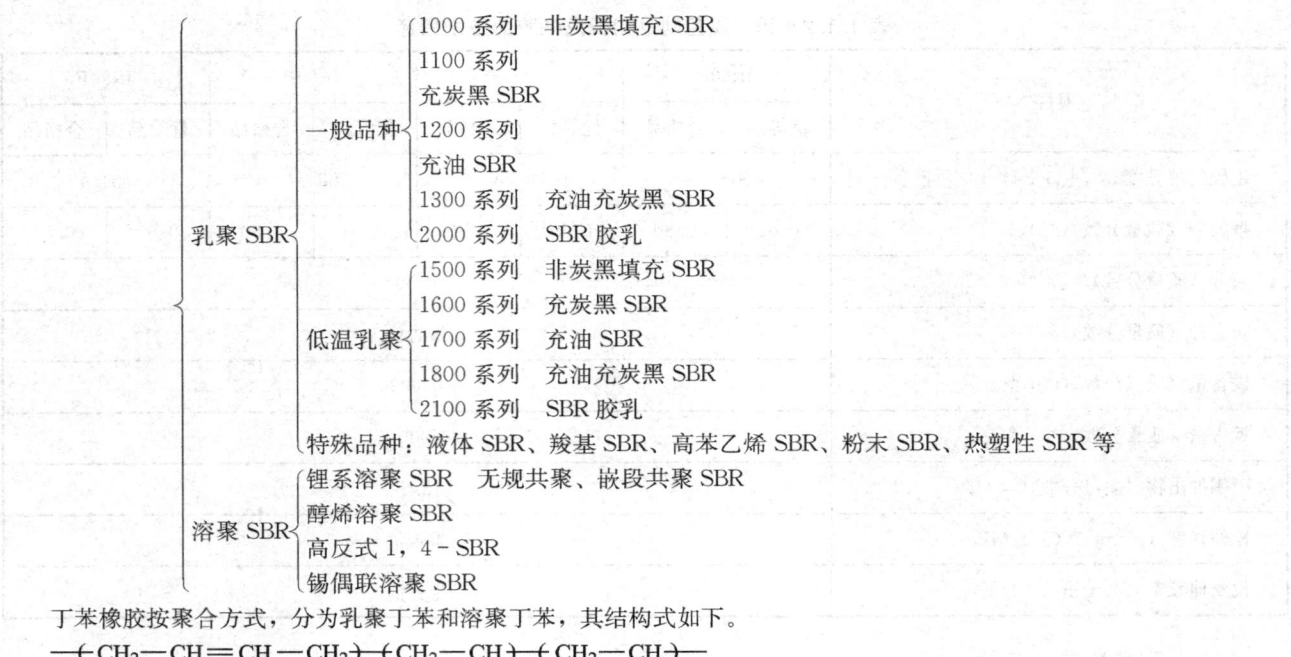

丁苯橡胶按聚合方式，分为乳聚丁苯和溶聚丁苯，其结构式如下。

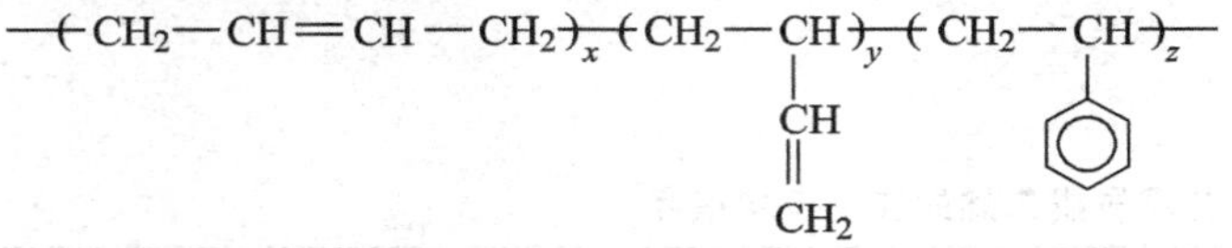

在乳聚丁苯橡胶中，丁二烯顺式-1，4 聚合链段占 10%，反式-1，4 聚合链段占 70%，1，2 聚合链段占 20%；其乙烯基含量为 15%～18%，基本上是恒定的。溶聚丁苯橡胶中，丁二烯顺式-1，4 聚合链段比乳聚高，其乙烯基含量为 10%～90%，可调控。

3.1　乳聚丁苯橡胶（Emulsion Polymerized Styrene Butadiene Rubber 或 Emulsion Styrene-Butadiene Rubber）

乳聚丁苯橡胶，简称 E - SBR。丁苯橡胶具有较低的滚动阻力、较高的抗湿滑性和较好的综合性能，其应用广泛，已成为产量最大的合成橡胶。其主要产品系列包括：

高温乳聚丁苯橡胶（hot styrene - butadiene rubber），是丁苯橡胶的最老品种，聚合温度为 50℃左右，结合苯乙烯含量一般为 23.5±1.0%，也有高达 30%～48%和低至 10%的。由于聚合温度高、转化率高，聚合物胶乳粒子交联生成的凝胶较多，聚合物支链较多，低分子量聚合物含量高，所以高温乳聚丁苯橡胶的物理机械性能差。目前，它的产量占整个丁苯橡胶的 20%以下，主要用于胶带、胶管、胶鞋、机械制品等。高温乳聚丁苯橡胶典型的结构特征见表 1.1.2 - 22。

表 1.1.2 - 22　高温乳聚丁苯橡胶的结构参数

聚合形式：加成聚合		聚合体系：乳液				
聚合方法：自由基		共聚物组成比：1.8～40［通常 13.5～15（摩尔比）即 23.5～25%（质量分数）］				
高温乳聚丁苯橡胶的化学结构（丁二烯单元）						
顺式-1，4 结构含量/%		反式-1，4 结构含量/%			1，2-结构含量/%	
16.6		46.3			13.7	
宏观结构						
$\overline{Mn}$	$\overline{Mn}/\overline{M_w}$	结合苯乙烯含量/%	支化	凝胶	相对密度	玻璃化温度 T_g/℃
100 000	7.5	23.4%	大量	多	0.92～0.96	−46

低温乳聚丁苯橡胶（cold styrene-butadiene rubber）在 5℃左右的温度下聚合，转化率为 60%～70%，经凝聚制得。低温乳聚丁苯橡胶结合苯乙烯含量为 9.5%～46%，一般为 23.5%，其中结合苯乙烯含量大于 40%的有自补强能力；聚合物的相对分子质量较高，分布较窄，支链较少，其物理机械性能优于高温乳聚丁苯橡胶，一般除特别指明，丁苯橡胶就是指低温乳聚丁苯橡胶。其特性为：硫化速度慢，平坦性好，硫化安全；耐老化、耐热性和耐磨性比天然橡胶优良；加工时生热大，收缩变形大，表面不光滑；弹性比天然橡胶低，滞后损失大，硫化胶生热大；黏性和自黏性差。其主要用于轮胎胎面胶、胎侧胶，也广泛用于胶带、胶管、胶辊、胶布、鞋底、医疗用品等，少量用于电线电缆行业。

充油丁苯橡胶（oil extended cold styrene-butadiene rubber）是在丁苯橡胶的聚合过程中，往胶乳中加入矿物油（如环烷油、芳烃油），胶乳凝固后吸收大量矿物油而制成。与非充油丁苯橡胶相比，它具有良好的工艺性能，胶料收缩性小，表面光滑，加工过程无焦烧现象，在多次变形时生热比较小。充油丁苯橡胶合成时的相对分子质量一般较非充油

的大。

充炭黑丁苯橡胶（Cold SBR black master batch）是在丁苯橡胶凝聚前，加入一定量的炭黑，使其均匀地分散在胶乳中，然后经凝聚而得的产品。

充油充炭黑丁苯橡胶（Oil-black extended cold styrene-butadiene master batch）是在乳液聚合过程中，往胶乳中加入油（5～12.5 份）和炭黑（40～62.5 份），经凝聚制得的丁苯橡胶。这种橡胶的优点是：可缩短混炼时间 25%～30%，炼胶温度低，焦烧危险性小，便于连续混炼；改善了炼胶的劳动条件，简化了工艺操作；炭黑分散均匀，补强性能好；压延压出性好；硫化胶的强力、耐老化性、耐磨性、耐疲劳性等均有所提高，在多次形变下生热小。

高温共聚丁苯胶乳和低温共聚丁苯胶乳商品化的主要产物是高温共聚丁苯胶乳，其固含量适中，可用于制造泡沫橡胶、加工纸张及涂料等。

高苯乙烯丁苯橡胶，也称高苯乙烯橡胶（high styrene rubber），这种橡胶中的苯乙烯含量为 40%～85%，性状似塑料，可作为丁苯橡胶和天然橡胶的补强剂，用以提高胶料硬度，降低相对密度，减小压延、压出收缩率，使制品表面光滑，改善耐老化性、耐磨耗性和电绝缘性等；当用量增加时，硫化胶的定伸应力、拉伸强度和撕裂强度有提高，但压缩变形和耐屈挠龟裂性能下降。当结合苯乙烯达到 70%～90%时，则称为高苯乙烯树脂（high styrene resin）。由于高苯乙烯树脂与橡胶共混时能耗大，商品化的多为高苯乙烯树脂胶乳与丁苯橡胶胶乳混合后共凝聚，凝聚的母炼胶干燥后，经粉碎或挤压造粒制得的高苯乙烯树脂母炼胶（high styrene resin master batch）；高苯乙烯树脂母炼胶中每一百份基础胶中含高苯乙烯树脂 25～400 份，基础胶一般为 SBR 1502。

苯乙烯类热塑性弹性体（SBS），是苯乙烯与丁二烯的嵌段共聚物，以线型聚丁二烯链段为母体，在其两端都连结着聚苯乙烯链段，而没有自由的丁二烯链段，这样就构成了聚苯乙烯-聚丁二烯-聚苯乙烯热塑性弹性体，高分子链端的聚苯乙烯嵌段能发生缔合作用，从而使分子链之间形成网状结构。SBS 在常温下为两相体系，其中聚丁二烯链段相当于橡胶相（连续相），聚苯乙烯链段相当于结晶相，分散于橡胶连续相中。聚丁二烯链段决定着材料具有高弹性能、良好的低温性能、耐磨性能和耐屈挠性能。聚苯乙烯嵌段缔合形成的网状结构也会因溶解于某些溶剂而被破坏，当温度降低到它的玻璃化温度以下或溶剂挥发掉时，其网状结构又能重新形成。这种网状结构的可逆性是决定热塑性弹性体具有热塑性的根本原因。SBS 的自补强程度与苯乙烯的含量有关，聚苯乙烯嵌段的含量必须小于 40%才不致于使 SBS 丧失高弹性。

丁苯橡胶的 T_g 比天然橡胶高约 15℃，这主要是因为丁苯橡胶分子链上的侧基是苯基及乙烯基，它们的摩尔体积要大于天然橡胶大分子链上的侧基甲基，使丁苯橡胶的大分子链内旋转位垒增高而不易旋转；另一方面，以 SBR 1500 为例，其内聚能密度为 297.9～309.5 MJ/m^3，大于天然橡胶的 266.2～291.4 MJ/m^3，分子间作用力大，分子的内旋转运动所受的约束力也大。

丁苯橡胶随分子链中结合苯乙烯含量的增加而增加，玻璃化温度上升、硬度上升、模量上升，弹性下降；压出收缩率下降，压出制品光滑；耐低温性能下降；在空气中热老化性能变好。

丁苯橡胶玻璃化温度 T_g 与结合苯乙烯含量有如下经验公式：

$$T_g=(-78+128\times S)/(1-0.5S)$$

式中 S——结合苯乙烯的质量分数。

目前最广泛使用的低温乳聚丁苯橡胶结合苯乙烯质量分数的典型值为 23.5%，相当于 1 摩尔的苯乙烯与 6.3 摩尔的丁二烯共聚。

丁苯橡胶中含有一些非橡胶烃成分，特别是乳聚丁苯橡胶中非橡胶烃成分约占 10%，这些非橡胶烃物质包含松香酸、松香皂、防老剂、灰份、挥发分，溶聚丁苯只含少量残留催化剂，非橡胶烃成分较少。丁苯橡胶配合中可以不加硬脂酸。

丁苯橡胶的加工性能、物理机械性能和制得的橡胶产品的使用性能均接近天然橡胶，其耐磨性优于天然橡胶，聚丁二烯橡胶也只有在苛刻的路面条件下才显示出比丁苯橡胶好的耐磨性能。丁苯橡胶的弹性低于天然橡胶，滞后损失大，硫化胶生热高，但在橡胶中仍属较好的。丁苯橡胶的耐起始龟裂优于天然橡胶，但裂口增长比天然橡胶快。丁苯橡胶对湿路面的抓着力比聚丁二烯橡胶大，抗湿滑性能较好。在加工性能方面，相比天然橡胶，丁苯橡胶的收缩变形大，表面不光滑，黏性和自黏性也较天然橡胶差。

丁苯橡胶的化学反应活性比天然橡胶稍低，表现在硫化速度稍慢，其耐老化性能比天然橡胶稍好，其使用的上限温度大约可比天然橡胶提高 10～20℃。这主要是因为丁苯橡胶分子链上的侧基是弱的吸电子基团，而天然橡胶的侧基是推电子基团，前者对于 C=C 及双键上的 α 氢的反应性有钝化作用，对后者有活化作用；其次，丁苯橡胶分子链上的侧基摩尔体积较大，对化学反应有一定的位阻作用；另外，丁苯橡胶中的双键浓度也比天然橡胶稍低。

相比天然橡胶配方体系，丁苯橡胶的硫黄硫化体系中的硫黄用量要比天然橡胶少，一般为 1.0～2.5 份，对比表 1.1.2-30 与表 1.1.2-10 中丁苯橡胶与天然橡胶的标准试验配方，丁苯橡胶的硫黄用量为 1.75 份，而天然橡胶中的硫黄用量为 2.25～3.5 份。若硫黄用量过多，则会使不稳定的多硫键、悬挂结合硫、未结合游离硫增加，对硫化胶的性能有不利影响，特别是对耐老化性能不利。丁苯橡胶所用促进剂的用量要比天然橡胶略多。

3.2 溶聚丁苯橡胶（Solution Polymerized Styrene-Butadiene Rubber）

溶液聚合丁苯橡胶，简称溶聚丁苯（S-SBR），是丁二烯和苯乙烯单体采用锂或烷基锂催化剂或其他有机金属催化体系，烷烃或环烷烃为溶剂，以四氢呋喃（THF）为无规剂，以醇类为终止剂来进行合成的。工业生产方法主要有 Phillips 法和 Firestone 法两种，前者以间歇聚合为主，后者以连续聚合为主，其他技术都是在这两种技术的基础上发展起来的。连续聚合法具有生产能力大、产品质量均一性好、劳动强度低、仪表控制系统简单以及设备投资少等优点，是今后的发展方向。通过控制聚合条件，SSBR 的苯乙烯含量可为 0～90%，1，2-结构的乙烯基含量可在 10%～80%范围内自由调节，可以嵌段，亦可以无规聚合，可以是线性，也可以是星型。根据不同的性能要求，具有不同结构特点的 SSBR 产品得到蓬勃发展，产品主要有乙烯基 SSBR、苯乙烯－异成二烯－丁二烯橡胶（SIBR）、高反式 SSBR 及各种新技术聚合物等。

溶液聚合丁苯橡胶的特性为：混炼胶收缩小，表面光滑；硫化起步较乳聚丁苯橡胶快，硫化平坦性好；动态性能优良；抗屈挠龟裂和裂口增长性好；低温性能优良；具有抗滑性、滚动阻力和耐磨耗三者的较佳平衡。

表 1.1.2－23　溶聚丁苯橡胶典型技术指标

溶聚丁苯橡胶典型技术指标				
聚合形式	加成聚合	化学结构：	顺式-1，4 结构/%：	12～36
聚合方法	负离子		反式-1，4 结构/%：	40.5～68.5
聚合体系	溶液		1，2 结构/%：	13～72.5%
共聚物组成比：苯乙烯（摩尔分数）/%：	18～40	门尼黏度 ML［(1+4) 100℃］		32～90
		相对密度		0.93～0.95

溶聚丁苯橡胶硫化胶典型技术指标			
300%定伸应力/MPa	7.8～11.5	压缩永久变形（JIS K 6301）/%	13～69
拉伸强度/MPa	14.9～23.5	回弹性/%	25～65
拉断伸长率/%	480～720	耐磨性（Picp）/[cm^3·$(80r)^{-1}$]	0.017～0.031
撕裂强度/($kN·m^{-1}$)	48～58.8	耐屈挠龟裂（德墨西亚 10mm 长裂口因数）	(9～80) ×10^3
硬度（JIS）	59～86	耐老化性（100℃×96 h）伸长率变化率/%	−58～−49

注：详见《橡胶原材料手册》，于清溪、吕百龄等编写，化学工业出版社，2007 年 1 月第 2 版，第 90 页。

在轮胎胎面胶配方中使用白炭黑、硅烷偶联剂，硫化胶在 50～80℃附近（或者 100 Hz）具有较低的滞后损耗因子（tanδ），可以降低轮胎的滚动阻力，但是会使轮胎的抗湿滑能力降低。研究认为，橡胶分子主链中较高的乙烯基含量可以提高轮胎胎面硫化胶在 0℃附近（或者 10 000 Hz）的滞后损耗因子（tanδ），使轮胎胎面具有较高的湿滑路面抓着力。为此，胎面胶配方需要使用 SSBR（溶聚丁苯橡胶）、Nd－BR（钕系聚丁二烯橡胶），以平衡轮胎的滚动阻力与抗湿滑能力。低温乳聚丁苯橡胶的$\overline{Mn}$为 8 万～11 万，分布指数为 4～6。溶聚丁苯橡胶（无规）的$\overline{Mw}$为 20 多万，分布指数为 1.5～2。一般认为，乳聚丁苯的湿滑路面抓着力、耐磨性、耐轮胎花纹沟底的疲劳龟裂不如溶聚丁苯，滚动阻力也高于溶聚丁苯。

溶聚丁苯橡胶与低温乳聚丁苯橡胶的区别见表 1.1.2－24。

表 1.1.2－24　溶聚丁苯橡胶与低温乳聚丁苯橡胶的区别

项目	低温乳聚丁苯橡胶 ESBR	溶聚丁苯橡胶 SSBR	对性能的影响
聚合方式	自由基乳液聚合	阴离子溶液聚合	SSBR 的橡胶烃的质量分数大，胶质成分含量高，配方中可添加更多的油和填料，以降低成本
相对分子质量分布	宽	窄	分布窄可改善耐磨性、滚动阻力，加工性能变差
结合苯乙烯含量/%	0～60	0～45	结合苯乙烯含量增加，T_g 增大，生胶强度与硫化胶强度、硬度、湿抓着力提高，加工性能改善；生热增大，低温和耐磨性减弱，滚动阻力增加
顺式-1，4 结构/%	～14	5～50	—
反式-1，4 结构/%	～67	30～90	—
乙烯基含量/%	15～18%，恒定	2～95%，可控	乙烯基含量增加，胶料硫化速度变慢，湿抓着力、耐磨性提高；滚动阻力在乙烯基提高到一定程度时才明显提高
苯乙烯空间分布	无规	无规、长链段微嵌，可控	无规分布可改善滚动阻力
支化	长链支化，支化度高	星形支化，可控	ESBR 加工性能优于 SSBR
乳化剂含量/%	6	0.5	—

SSBR 因为支化较低，无乳化剂，更有利于炭黑补强网络形成互穿网络。

多数低滚动阻力胎面胶配方选用苯乙烯含量为 20%～30%的溶聚丁苯，此时丁苯胶的物性仍属不错，同时通过调高乙烯基含量可保证较好的湿地抓着力。高苯乙烯含量的丁苯胶在获得良好湿滑性能的同时，需要将乙烯基含量控制在较低水平以保证胶料的耐寒性能、低滚阻性能。

科研人员从改善溶聚丁苯与炭黑、白炭黑相互作用的实际需求出发，将优选的官能团引入到SSBR的分子链上。如JSR公司溶聚丁苯通过改进聚合工艺用锡偶联制成星型产品，并发展出分子末端－SiOR改性、双官能团－N/Sn改性的新产品。改性SSBR与非改性产品相比，在降低滚动阻力、提高湿抓地力、平衡胶料性能方面更具优势。

3.3　丁苯橡胶的技术标准与工程应用

按照GB/T 5577－2008《合成橡胶牌号规范》，国产乳聚丁苯橡胶的主要牌号见表1.1.2－25。

表1.1.2－25　国产乳聚丁苯橡胶的主要牌号

牌号	门尼黏度 ML（1＋4）100℃	结合苯乙烯质量分数/%	防老剂对橡胶的变色性	乳化剂	其他	备注
SBR1500	46～58	22.5～24.5	变色	松香酸皂	—	—
SBR 1502	45～55	22.5～24.5	不变色	混合酸皂	—	—
SBR 1507	35～45	22.5～24.5	不变色	混合酸皂	—	—
SBR 1516	45～55	22.5～24.5	不变色	混合酸皂	高结合苯	—
SBR 1712	44～54	22.5～24.5	变色	混合酸皂	高芳烃油37.5份	—
SBR 1714	45～55	22.5～24.5	变色	混合酸皂	高芳烃油50份	—
SBR 1721	49～59	22.5～24.5	变色	混合酸皂	高芳烃油37.5份	—
SBR 1723	45～55	22.5～24.5	变色	混合酸皂	环保型 高芳烃油37.5份	—
SBR 1778	44～54	22.5～24.5	不变色	混合酸皂	环烷油37.5份	—
SBR 1739	46～58	22.5～24.5	变色	混合酸皂	环保型 高芳烃油37.5份	—
SBR1500E	46～58	22.5～24.5	变色	松香酸皂		不含亚硝酸盐及亚硝基胺类化合物
SBR 1502E	45～55	22.5～24.5	不变色	混合酸皂		
SBR 1712E	44～54	22.5～24.5	变色	混合酸皂	高芳烃油37.5份	
SBR 1778E	44～54	22.5～24.5	不变色	混合酸皂	环烷油37.5份	

油品对应的充油聚丁苯橡胶的主要牌号见表1.1.2－26。

表1.1.2－26　油品对应的充油聚丁苯橡胶的主要牌号

油品名称		对应ESBR牌号	基础胶化学结构
芳烃油	DAE	SBR 1712	结合苯乙烯含量23.5%
环保芳烃油	TDAE（芳烃油的再精制，去除多环芳烃；加工工艺有加氢和溶剂抽提，后者居多）	SBR 1723	
浅抽油	MES（以石蜡基原油馏分为原料，溶剂浅度精制后脱蜡而成，或加氢浅度精制）	SBR 1753	
残余芳烃抽提油	RAE（以常压残油为原料，经过真空蒸馏、脱沥青、溶剂抽提精制而成）	SBR 1783	
重质环烷油	HNAP（环烷基原油馏分经溶剂精制或加氢精制而成）	SBR 1763 SBR 1762	
环烷油	NAP	SBR 1778	
芳烃油	DAE	SBR 1721	结合苯乙烯含量40%
环保芳烃油	TDAE	SBR 1739	
浅抽油	MES		
残余芳烃抽提油	RAE	SBR 1789	
浅抽油	MES	SBR 1732	结合苯乙烯含量32%

研究认为，用低PAH含量的油品如TDAE、MES/RAE/以及环烷油取代高芳烃油，用于充油SBR或在橡胶配方中用作操作油，其对胶料的黏弹性能影响程度不大，同样对胶料的动态黏弹性能影响也在较低的范围内，基于此观点，通常用低PAH含量的油品取代DAE是可行的。但是胶料性能的微小变化对轮胎的影响都需要大量的实验进行论证，这方面已经开展了大量工作，不同油品对胶料性能的影响见表1.1.2－27。

表 1.1.2-27　不同油品对胶料性能的影响

项目	环烷油 NAP	MES	TDAE	DAE
密度/(g·cm^{-3})	0.924	0.915	0.950	1.013
黏度（40℃）/(mm·s^{-1})	370	189.9	410	1 170
黏度（100℃）/(mm·s^{-1})	19.2	14.71	18.8	25.4
PCA/%	2.0	＜2.9	＜2.8	＞3
闪点/℃	245	262	272	207
苯胺点/℃	96	92.2	68	24.5
Ca/Cn/Cp	12/34/54	12/27/62	25/60/45	Ca＞0.35 0.20＜Cn＜0.40 0.20＜Cp＜0.35
拉伸强度/MPa	17.98	17.19	17.46	17.61
扯断伸长率/%	484	471	499	512
300%定伸应力/MPa	11.03	10.63	10.27	10.20
硫化胶密度/(g·cm^{-3})	1.135	1.143	1.149	1.153
硬度（邵尔 A）/度	71	70	71	72
回弹性/%	17	18	16	16
压缩生热/℃	38.8	40.7	42.8	47.5
撕裂强度/(kN·m^{-1})	27	23	29	32
60℃ tanδ	0.203	0.214	0.224	0.232
0℃ tanδ	0.238	0.250	0.253	0.242
T_g/℃	−38	−40	−37.9	−33.9

国产溶聚丁苯橡胶的主要牌号见表 1.1.2-28。

表 1.1.2-28　国产溶聚丁苯橡胶的主要牌号

牌号	总苯乙烯质量分数/%	乙烯基质量分数/%	门尼黏度 ML［(1+4) 100℃］	防老剂对橡胶的变色性	结构特点	用途
S-SBR1534	14.5～19.5	11～13	39.0～51.0	不变色	低苯乙烯含量充油胶	轮胎及工业制品
S-SBR1530	15.0～20.0	11～13	31.0～43.0	不变色	低苯乙烯含量充油胶	
S-SBR1524	14.5～19.5	11～13	55.0～69.0	不变色	低苯乙烯含量充油胶	
S-SBR 2530	22.5～27.5	11～13	34.0～46.0	不变色	中苯乙烯含量充油胶	
S-SBR 2535	25.0～30.0	11～13	48.0～62.0	不变色	中苯乙烯含量充油胶	
S-SBR 2535L	23.0～29.0	11～13	40.0～54.0	不变色	中苯乙烯含量充油胶	
S-SBR 2003	22.5～27.5	11～13	27.0～39.0	不变色	直链嵌段苯乙烯	制鞋及工业制品
S-SBR 1000	15.0～20.0	11～13	39.0～51.0	不变色	低苯乙烯含量	轮胎、制鞋及工业制品
S-SBR 2000A	23.5～26.5	11～13	39.0～51.0	不变色	中苯乙烯含量，极低的杂质和凝胶含量	MBS 树脂（透明型 HIPS）的抗冲改性剂
S-SBR 2000R	22.5～27.5	11～13	39.0～51.0	不变色	中苯乙烯含量的非充油胶	轮胎、制鞋及工业制品
S-SBR 2100R	22.5～27.5	11～13	68.0～88.0	不变色	中苯乙烯含量的非充油胶	轮胎、制鞋及工业制品

3.3.1　丁苯橡胶的标准试验配方

丁苯橡胶生胶类型见表 1.1.2-29，详见 GB/T 8656—1998 idt ISO 2322：1996 的规定。

表 1.1.2-29 丁苯橡胶生胶分类表

橡胶（充油非充油）		共聚物类型	苯乙烯总含量/%	嵌段苯乙烯含量/%
A 系列	(1) 乳聚 SBR	无规	<50	0
	(2) 溶聚 SBR	无规	<50	0
	(3) 溶聚 SBR	部分嵌段	<50	<30
B 系列	(1) 乳聚 SBR	无规	>50	0
	(2) 溶聚 SBR	无规	>50	0
	(3) 溶聚 SBR	部分嵌段	<50	>30

丁苯橡胶标准试验配方见表 1.1.2-30，详见 GB/T 8656—1998 idt ISO 2322：1996、ASTM D3185 的规定。

表 1.1.2-30 丁苯橡胶（SBR）标准试验配方

原材料名称	A 系列	B 系列	充油 SBR 的其他试验配方					
			原材料名称	充油量 25 phr	充油量 37.5 phr	充油量 50 phr	充油量 62.5 phr	充油量 75 phr
SBR（含充油 SBR 中的油）	100	—		—		—	—	—
EST SBR1500 类型[a]	—	65	充油橡胶	125	137.5	150	162.5	175
B 系列 SBR	—	35						
氧化锌	3	3	氧化锌	3	3	3	3	3
硬脂酸	1	1	硬脂酸	1	1	1	1	1
硫黄	1.75	1.75	硫黄	1.75	1.75	1.75	1.75	1.75
通用工业参比炭黑[b]	50	35	通用工业参比炭黑[b]	62.5	68.75	75	81.25	87.50
促进剂 TBBS[c]	1	1	促进剂 TBBS[c]	1.25	1.38	1.5	1.63	1.75

注：[a] SBR1500 EST 由 Enichem Elastomeri，Strada 3，Palazzo B1，20090 ASSARGO，Milan Italy 提供，是市场上可购得的适用产品的一例；给出这一信息是为了给使用者提供方便，并非指定产品，如果能够证明其他产品可得到同样的结果，也可以将之作为等效产品使用。

[b] 在 125±3℃下干燥 1 h，并于密闭容器中贮存。

[c] N-叔丁基-2-苯并噻唑次磺酰胺，以粉末形态供应，按 ISO11235 的规定测定其最初不溶物含量应小于 0.3%。该材料应在室温下贮存于密闭容器中，每 6 个月检查一次不溶物含量，若超过 0.75%，则应弃去或重结晶。

3.3.2 丁苯橡胶的硫化试片制样程序

丁苯橡胶的硫化试片制样程序见表 1.1.2-31，详见 GB/T 8656—1998《乳液和溶液聚合型苯乙烯-丁二烯橡胶（SBR）评价方法》idt ISO 2322：1996。

表 1.1.2-31 丁苯橡胶的硫化试片制样程序

方法 A：开炼机混炼操作步骤				
概述：标准试验室开炼机投胶量（以 g 计）应为配方量的 4 倍（即 4×156.75g=627g 或 4×141.75g=567g）。辊筒表面温度保持在 50±5℃，混炼期间，辊筒间应保持适量的堆积胶。如果在规定的辊距下得不到这种效果，应对辊距稍作调整				
程序	A 系列		B 系列	
	持续时间/min	累计时间/min	持续时间/min	累计时间/min
a) 将开炼机辊距设定为 1.1 mm，在 100±5℃辊温下均化 B 系列橡胶	—	—	1	1
b) 将辊距设定为 1.1 mm，辊温为 50±5℃，使橡胶包辊，每 30 s 交替地从每边作 3/4 割刀。SBR 1500 包辊后，加入 a) 的均化胶，每 30 s 两边作 3/4 割刀	7	7	—	—
c) 沿辊筒缓慢而均匀地加入硫黄	—	—	8.0	9.0
d) 加入硬脂酸，每边作 3/4 割刀	2.0	9.0	2.0	11.0
e) 以恒定的速度沿辊筒均匀地加入炭黑，当加入大约一半炭黑时，将辊距调至 1.4 mm，从每边作 3/4 割刀一次，然后加入剩余炭黑，要确保散落在接料盘中的炭黑都加入胶料中。当炭黑加完后，辊距调至 1.8 mm，从每边作 3/4 割刀	2.0 12.0	11.0 23.0	2.0 12.0	13.0 25.0
f) 加入氧化锌和 TBBS				
g) 从每边作 3/4 割刀三次				
h) 下片。将辊距调至 0.8 mm，将混炼胶打卷纵向薄通六次	3.0	26.0	3.0	28.0
i) 调节辊距，使胶料折叠通过开炼机四次，将胶料压制成厚约 6 mm 的胶片，检查其质量（见 GB/T 6038），如果胶料质量与理论值之差超过+0.5%或−0.5%，则弃去此胶料并重新混炼。取足够的胶料供硫化仪试验用	2.0 2.0	28.0 30.0	2.0 2.0	30.0 32.0
j) 按 GB/T 528 的规定，将胶料压制成厚约 2.2 mm 的胶片用于制备硫化试片或压制成适当厚度用于制备环形试样				
k) 胶料在混炼后硫化前，调节 2～24 h。如有可能，按 GB/T2941 的规定在标准温度、湿度下进行				

续表

方法 B：初混炼用密炼机和终混炼用开炼机		
程序	持续时间/min	累计时间/min
B1 密炼机初混炼操作步骤： 概述：①A1 密炼机（见 GB/T6038）的额定容量为 1 170±40 mL。A 系列橡胶投胶量（以 g 计）按 8.5 倍配方量（即 8.5×156.75 g=1332.37 g）；B 系列橡胶投胶量（以 g 计）按 9.5 倍配方量（即 9.5×141.75 g=1 346.62 g）是合适的。快辊转速应设定在 77±10 r/min ②混炼 5 min 后，卸下的胶料最终温度应为 150～170℃。如有必要，调节投胶量以达到规定的温度 ③在开炼机终混炼期间，辊筒间应保持适量堆积胶。如果在规定的辊距下得不到这种效果，应对辊距稍作调整		
a）将密炼机初始温度设定为 50±3℃。关闭卸料口，固定转子，升起上顶栓		
b）加入橡胶，放下上顶栓，塑炼橡胶		
c）升起上顶栓，装入氧化锌、硬脂酸、炭黑，放下上顶栓	0.5	0.5
d）混炼胶料	0.5	1.0
e）升起上顶栓，清扫密炼机入口和上顶栓的顶部，放下上顶栓	2.0	3.0
f）混炼胶料	0.5	3.5
g）卸下胶料	1.5	5.0
h）立即用合适的测量设备，检查胶料的温度。若温度不为 150～170℃，则弃去此胶料。将胶料在辊距为 2.5 mm，辊温为 50±5℃的开炼机上薄通三次，压制成约 10 mm 胶片，检查胶料质量（见 GB/T 6038）并记录，如果胶料质量与理论值之差超过+0.5%或−1.5%，则弃去此胶料并重新混炼		
i）取下胶料，调节 30 min～24 h。如有可能，按 GB/T 2941 的规定在标准温度、湿度下进行		
B2 终混炼用开炼机操作步骤：		
a）标准实验室用开炼机的投胶量（以 g 计）应是配方量的 3 倍		
b）辊距为 1.5 mm，辊温为 50±5℃		
c）将母炼胶包在慢辊上		
d）加入硫黄和促进剂，待其分散完成后，再割刀	1.0	1.0
e）每边作 3/4 割刀三次，每刀间隔 15 s	1.5	2.5
f）下片。将辊距调至 0.8 mm，将混炼胶打卷，交替地从每一端加入，纵向薄通六次	2.5	5.0
g）按 GB/T 528 的规定，将胶料压制成厚约 2.2 mm 的胶片用于制备硫化试片或压制成适当厚度用于制备环形试样，检查胶料质量（见 GB/T 6038）并记录，如果胶料质量与理论值之差超过+0.5%或−1.5%[1]，则弃去此胶料	2.0	7.0
h）胶料在混炼后硫化前，调节 2～24 h。如有可能，按 GB/T2941 的规定在标准温度、湿度下进行		
方法 C：小型密炼机混炼操作步骤		
概述：①小型密炼机的额定容量为 64 mL，A 系列橡胶投胶量为配方量的 0.47 倍（即 0.47×156.75 g=73.67 g）；B 系列橡胶投胶量为配方量的 0.49 倍（即 0.49×141.75 g=69.46 g）是合适的 ②小型密炼机的机头温度保持在 60±3℃，空载时转子速度为 6.3～6.6 rad/s（60～63 r/min）。 ③辊温为 50±5℃，辊距为 0.5 mm，使橡胶通过开炼机一次，将胶片剪成宽约 25 mm 的胶条 注：如果将橡胶、炭黑和油以外的其他配料预先按配方需要的比例掺合，再加入到小型密炼机的胶料中，会使加料更方便、准确。这种掺合物可用研钵和研杵完成，也可在带增强旋转棒的双锥形掺混器里混合 10 min，或在一般掺混器里混合 5 次（3 s/次），每次混合后都要刮下黏附在内壁的胶料。已有适用于本方法的报警掺混器。使用此法时，若每次混合时间超过 3 s，硬脂酸会熔融，使分散性变差		
程序	持续时间/min	累计时间/min
a）加入橡胶，放下上顶栓，塑炼橡胶	1.0	1.0
b）升起上顶栓，加入预先混合好的氧化锌、硫黄、硬脂酸、TBBS，小心避免任何损失，然后加入炭黑，清扫进料口，并放下上顶栓	1.0	2.0
c）混炼胶料	7.0	9.0
d）关掉电机，升起上顶栓，打开混炼室，卸下胶料。记录胶料的最高温度。9 min 后，胶料温度不得超过 120℃。如果达不到上述条件，需调节胶料质量或顶部温度		
e）辊温为 50±5℃，辊距为 0.5 mm，使橡胶通过开炼机一次，然后将辊距调至 3.0 mm，再通过两次		
f）检查胶料质量（见 GB/T 6038）并记录。如果胶料质量与理论值之差超过 0.5%，则弃去此胶料		
g）如有需要，按 GB/T 9869 的规定裁取试片供硫化特性试验用，试验前，试片在 23±3℃下调节 2～24 h		
h）为获得开炼机的方向效应，在辊温为 50±5℃、合适的辊距下，将胶料折叠通过开炼机四次，如有需要，按 GB/T 528 的规定将胶料压制成厚约 2.2 mm 的胶片，用于制备硫化试片或压制成适当厚度用于制备环形试样。将胶片放在平整、干燥的表面上冷却		
i）胶料在混炼后硫化前，调节 2～24 h。如有可能，按 GB/T 2941 的规定在标准温度、湿度下进行		

ASTM D3185−06 规定的丁苯橡胶硫化试片的开炼机混炼制样方法见表 1.1.2－32。

表 1.1.2-32 ASTM D3185-06 丁苯橡胶硫化试片制样程序

开炼机混炼作步骤		
概述：标混期间，将开炼机辊温保持在 50±5℃，并尽量保持规定的辊距，辊筒间应保持适量的堆积胶，否则应适当调整辊距		
	持续时间/min	累计时间/min
a）调节开炼机辊距为 1.15 mm，使橡胶包裹慢辊，每 30 s 交替每边作 3/4 割刀	7	7
b）以恒定的速率沿辊筒缓慢、均匀地加入硫黄	2	9
c）加入硬脂酸，加完后每边作 3/4 割刀一次	2	11
d）以恒定的速度沿辊筒均匀地加入炭黑，当加入大约一半炭黑时，将辊距调整为 1.25 mm，从每边作 3/4 割刀一次，然后加入剩余炭黑，当炭黑全部加完后，将辊距调整为 1.40 mm，从每边作 3/4 割刀一次	10	21
e）在辊距为 1.40 mm 时加入氧化锌和 TBBS		
f）从每边作 3/4 割刀三次，下片	3	24
g）调节辊距至 0.8 mm，将混炼胶打卷，纵向薄通六次	2	26
h）调节开炼机辊距，对折通过开炼机 4 次，将混炼胶压制成厚约 6 mm 的胶片	2	28
i）检查胶料的质量，如果胶料质量与理论值之差大于 0.5%，则弃去该胶料	1	29
j）切取胶料，用于测定混炼胶门尼黏度和硫化特性		
k）将胶料压制成厚约 2.2 mm 的胶片，用于测定拉伸应力应变性能		
l）混炼后硫化前，将胶料调节 2～24 h，如有可能，按 GB/T 2941 规定的标准实验室温度和湿度下进行		

3.3.3 丁苯橡胶的技术标准

（一）SBR 1500 的技术标准

SBR 1500 的技术要求见表 1.1.2-33，详见 GB/T 8655—2006。

表 1.1.2-33 SBR1500 的技术要求和试验方法

项目		指标			试验方法
		优级品	一级品	合格品	
挥发分的质量分数（≤）/%		0.60	0.80	1.00	GB/T 6737—1997 热辊法
灰分的质量分数（≤）/%		0.50			GB/T 4498—1997 方法 A
有机酸的质量分数/%		5.00～7.25			GB/T 8657—2000 A 法
皂的质量分数（≤）/%		0.50			
结合苯乙烯的质量分数/%		22.5～24.5			GB/T 8658—1998
生胶门尼黏度 ML（1+4）100℃		47～57	46～58	45～59	GB/T 1232.1—2000
混炼胶门尼黏度［ML(1+4)100℃］(≤)		88			GB/T 1232.1—2000 使用 ASTMIRB No.7 炭黑
300%定伸应力 145℃ MPa	25 min	11.8～16.2	10.7～16.3	—	GB/T 8656—1998 方法 A 使用 ASTMIRB No.7 炭黑 GB/T 528—1998 使用Ⅰ型裁刀
	35 min	15.5～19.5	14.4～20.0	14.2～20.2	
	50 min	17.3～21.3	16.2～21.8	/	
拉伸强度（145℃×35 min)(≥)/MPa		24.0	23.0	23.0	
扯断伸长率（145℃×35 min)(≥)/%		400			

（二）SBR 1502 的技术标准

SBR 1502 的技术要求见表 1.1.2-34，详见 GB/T 12824—2002。

表 1.1.2-34 SBR1502 的技术指标和试验方法

项目	指标			试验方法
	优等品	一等品	合格品	
挥发分/%	≤0.60	≤0.75	≤0.90	GB/T 6737—1997 热辊法
炭分/%	≤0.50			GB/T 4498—1997 A 法
有机酸/%	4.50～6.75			GB/T 8657—2000A 法
皂/%	≤0.50			
结合苯乙烯/%	22.5～24.5			GB/T 8658—1998

续表

项目		指标			试验方法
		优等品	一等品	合格品	
生胶门尼黏度 50ML［(1+4) 100℃］		45～55	44～56		GB/T 1232.1—2000
混炼胶门尼黏度 50ML［(1+4) 100℃］		≤93			
300%定伸应力（145℃×）/MPa	25 min	M±2.0	M±2.5		GB/T 8656—1998 A 法
	35 min	20.6±2.0	20.6±2.5		
	50 min	21.5±2.0	21.5±2.5		
拉伸强度（145℃×35 min)/MPa		≥25.5	≥24.5		
扯断伸长率（145℃×35 min)/%		≥340	≥330		

注 1：表中列出的是使用 ASTM IRB No. 7 的混炼胶和硫化胶性能指标。
注 2：M 值由供需双方协商确定。

使用不同的参比炭黑，SBR 1502 的技术指标有所不同，如使用 ASTM IRB No. 6 炭黑、国产 No. 3 参比炭黑（SRB No. 3)，其混炼胶门尼黏度与硫化胶的指标分别需要按表 1.1.2-35 调整。

表 1.1.2-35 SBR1502 的技术指标和试验方法（使用 ASTM IRB No. 6 炭黑、国产 No. 3 参比炭黑）

项目		使用 ASTM IRB No. 6 炭黑		使用国产 No. 3 参比炭黑
		指标		差值
混炼胶门尼黏度 50ML［(1+4) 100℃］		≤90		4.4
300%定伸应力（45℃×）/MPa	25 min	M±2.0	M±2.5	3.7
	35 min	16.4±2.0	16.4±2.5	3.8
	50 min	17.5±2.0	17.5±2.5	3.7
拉伸强度（145℃×35 min)/MPa		≥23.7	≥22.7	1.9
扯断伸长率（145℃×35 min)/%		≥415	≥400	−50

注：使用 ASTM IRB No. 7 的修正值等于 SRB No. 3 的测定值加差值。

（三）SBR 1712 的技术标准

SBR 1712 的技术要求见表 1.1.2-36，详见 SH/T 1626—2016。

表 1.1.2-36 SBR 1712 的技术指标

项目	指标	
	优等品	合格品
挥发分（质量分数)(≤)/%	0.60	0.80
灰分（质量分数)(≤)/%	0.40	
有机酸（质量分数)/%	3.90～5.70	3.65～5.85
皂（质量分数)(≤)/%	0.50	
油含量（质量分数)/%	25.3～29.3	24.3～30.3
结合苯乙烯（质量分数)/%	22.5～24.5	
生胶门尼黏度，ML［(1+4) 100℃］	44～54	43～55
300%定伸应力（145℃×35 min)[c]/MPa	M[a]±2.0	M[a]±2.5
拉伸强度（145℃×35 min）(≥)/MPa	19.4	18.4
扯断伸长率（145℃×35 min）(≥)/%	460	
混炼胶门尼黏度，ML［(1+4) 100℃］(≤)	70	
硫化特性[b]	实测值	

注：[a] 技术指标的中值，由供方提供。
[b] 用户需要时由供方提供。
[c] 原标准 300%定伸应力有 25′、35′、50′三个硫化时间（即欠硫点、正硫化点、过硫点）对应的数值，因改用 8＃参比炭黑，硫化速度较快，所以新标准只列示了 35′一个正硫化点的数值。

（四）SBR 1723 的技术标准

2010 年 1 月，欧盟发布了 2005/69/EC 指令，要求橡胶制品中稠环芳烃（PAHs）不得大于 200 mg/kg，其中的苯并芘不得大于 20 mg/kg。普通充油丁苯橡胶 SBR 1712 一般使用高芳烃橡胶填充油，充油丁苯橡胶 SBR 1723 则使用低稠环芳烃橡胶填充油。SBR 1723 与 SBR 1712 相比，拉伸性能略低，但环保性能较好。SBR 1723 的技术要求见表 1.1.2-37，详见 SH/T XXXX—2016。

表 1.1.2-37 SBR 1723 的技术指标

项目	指标	
	优等品	合格品
挥发分（质量分数）(≤)/%	0.60	0.80
灰分（质量分数）(≤)/%	0.40	
有机酸（质量分数）/%	3.90～5.70	
皂（质量分数）(≤)/%	0.50	
油含量（质量分数）/%	25.3～29.3	24.3～30.3
结合苯乙烯（质量分数）/%	22.5～24.5	
生胶门尼黏度，ML［(1+4) 100℃］	44～54	43～55
300%定伸应力（145℃×35 min)/MPa	M[a]±2.0	M[a]±2.5
拉伸强度（145℃×35 min）(≥)/MPa	17.6	
扯断伸长率（145℃×35 min）(≥)/%	420	
混炼胶门尼黏度，ML［(1+4) 100℃］(≤)	实测值	
硫化特性[b]	实测值	

注：[a] 技术指标的中值，由供方提供；
[b] 用户需要时由供方提供。

3.4 丁苯橡胶的牌号与供应商

3.4.1 低温乳聚丁苯橡胶的供应商

低温乳聚丁苯橡胶的牌号与供应商见表 1.1.2-38。

表 1.1.2-38 低温乳聚丁苯橡胶的牌号与供应商

供应商或标准号	牌号	结合苯乙烯/%	门尼黏度	充油份数	300%定伸/MPa (145℃×35′)	拉伸强度(≥)/MPa	伸长率(≥)/%	防老剂类型	说明
GB/T 8655—2006	1500	22.5～24.5	45～59		14.2～20.2	23.0	400		分 3 级
GB/T 12824—2002	1502	22.5～24.5	44～56		20.6±2.5	24.5	330		分 3 级
申华化学工业有限公司（产品均通过 ROHS 及亚硝胺类化合物含量测试）[a]	1500E	22.5～24.5	47～57		15.5～19.5	24.0	400	深色	
	1502	22.5～24.5	45～55		18.6～22.6	25.5	340	浅色	
	1712E	22.5～24.5	44～54	37.5	10.3～14.2	19.6	410	深色	高芳烃油
	1721	38.5～41.5	50～60	37.5	9.3～13.2	18.6	420	深色	高芳烃油
	1723	22.5～24.5	44～54	37.5	8.8～12.7	17.6	420	深色	低稠环芳烃油
	1739	38.5～41.5	47～57	37.5	9.3～13.2	18.6	420	深色	低稠环芳烃油
	1763	22.5～24.5	44～54	37.5	10.3～14.2	17.6	420	深色	低稠环重质环烷油
中石化齐鲁分公司	1500	23.5	52					污染	
	1502	23.5	50					非污染	
	1712	23.5	51					污染	高芳油
	1778	23.5	46					非污染	环烷油
	1779/31	31.0	54	37.5				污染	高芳油
	1779/35	35.0	54					污染	高芳油
	1721	40.0	54					污染	高芳油

续表

供应商或标准号	牌号	结合苯乙烯/%	门尼黏度	充油份数	300%定伸/MPa (145℃×35′)	拉伸强度(≥)/MPa	伸长率(≥)/%	防老剂类型	说明
中石化吉林分公司	1500	23.5	52					污染	
	1502	23.5	52					非污染	
	1712	23.5	54	37.5				污染	高芳油
中石油兰州分公司	1500	23.5	52					污染	
	1502	23.5	52					非污染	
	1712	23.5	54	37.5				污染	高芳油

注：[a] 充油牌号检验配方均采用表 2.1.1-7 之“充油 SBR 的其他试验配方”。

乳聚丁苯橡胶的其他供应商还有：中石化燕山分公司、中石化茂名分公司、中石化高桥分公司、中石油抚顺公司、南京扬子石化金浦橡胶有限公司、天津市陆港石油橡胶有限公司、杭州浙晨橡胶有限公司、福建福橡化工有限公司、山东华懋新材料有限公司、普利司通（惠州）合成橡胶有限公司、中国兵器集团中国北方化学工业集团有限公司 245 厂、中化国际合成胶事业总部市场发展部、台湾合成橡胶公司（Taipol）等。

乳聚丁苯橡胶的国外供应商有：美国 Ameripol Synpol 公司、美国固特异轮胎和橡胶公司（Plioflex 与 Pliogum）、美国 DSM 共聚物公司（COPO）、道/BSL Olefinerund 公司（Buna SB）、意大利（Europrene Sirel）、日本合成橡胶公司（JSR 乳聚丁苯橡胶与高苯乙烯橡胶）、日本瑞翁公司（Nipol）、日本住友化学公司（Sumitomo SBR）、韩国锦湖石油化学公司（Kosyn）、韩国现代石油化学公司（Seetec）、波兰（KER）、巴西（Petroflex）、南非（Afpol）、印度（Synaprene）、俄罗斯（ARKM 与 ARKPN）等。

3.4.2　溶聚丁苯橡胶的供应商

溶聚丁苯橡胶的牌号与供应商见表 1.1.2-39

表 1.1.2-39　溶聚丁苯橡胶的牌号与供应商

供应商	牌号	门尼黏度	挥发分(≤)/%	灰分(≤)/%	充油量份数	微观结构	基团含量/%					300%定伸/MPa	拉伸强度/MPa	说明
							顺式-1，4	反式-1，4	乙烯基	结合苯乙烯	嵌段苯乙烯			
中石化燕山分公司	Y833A	50～60	0.5	0.2								10～20	20～25	
	Y833B	40～50	0.6	0.1								10～20	20～25	
	Y833E	65～75	0.4	0.2								12	20～24	
	Y833AX	50～60	0.5	0.1								10～12	20	
	Y833BX	40～50	0.5	0.1								10～12	22～26	
中石化茂名分公司	F1204	56				星形无规	25	47	28					$SnCl_4$ 偶联
	F1205	48				线性嵌段	35	54	11	25	17.5			$SiCl_4$ 偶联
	F1206	33			0	星形无规								$SnCl_4$ 偶联
	F410	47				线性嵌段								$SiCl_4$ 偶联
	F375	46			37.5	星形无规								$SnCl_4$ 偶联
	F376	47			50	星形无规				25				$SnCl_4$ 偶联
	F377	50			37.5	星形无规								$SnCl_4$ 偶联

续表

供应商	牌号	门尼黏度	挥发分(≤)/%	灰分(≤)/%	充油量份数	微观结构	基团含量/%					300%定伸/MPa	拉伸强度/MPa	说明
							顺式-1，4	反式-1，4	乙烯基	结合苯乙烯	嵌段苯乙烯			
朗盛	VSL 4526-2	50			37.5				44.5	26		T_g：−30℃		
	VSL 5025-2 HM	62			37.5				50	25		T_g：−29℃		
	VSL 4526-2 HM	62			37.5				44.5	26		T_g：−30℃		
	VSL 5228-2	50			37.5				52	28		T_g：−20℃		
	VSL 2538-2	50			37.5				25	38		T_g：−31℃		
	VSL 2438-2 HM	80			37.5				24	38		T_g：−32℃		
	VSL 3038-2 HM	80			37.5				30	38		T_g：−26℃		
	SL 4525-0	45			—					25		T_g：−69℃		
	SL 4518-3	45			37.5 (HN)					18		T_g：−69℃		

溶聚丁苯的其他供应商还有中石油独山子分公司等。

溶聚丁苯的国外供应商与牌号有：美国固特异轮胎和橡胶公司（Solflex）、美国费尔斯通合成橡胶和胶乳公司（Duradene、Stereon 嵌段溶聚丁苯橡胶）、美国道化学公司（Dow Chemical Company）、法国（Buna）、日本旭化成公司（Tufdene 和 Asaprene 溶聚丁苯橡胶、Tufdene E 和 Asaprene E 系列溶聚丁苯橡胶、Tufdene E 和 Asaprene E 系列硅偶联母炼胶）、日本合成橡胶公司（JSR、JSR Dynaron 氢化丁苯橡胶）、日本瑞翁公司（N 溶聚丁苯橡胶）、巴西（Copelflex）、西班牙（Calprene）、意大利（Europrene SOL）、韩国（Kosyn）、南非（Alsol）、墨西哥（Solprene）、俄罗斯（DSSK）等。

四、聚丁二烯橡胶（polybutadiene rubber）

聚丁二烯橡胶的分类如下：

- 聚丁二烯橡胶
  - 溶聚
    - 超高顺式聚丁二烯橡胶（顺式 98%以上）
    - 高顺式聚丁二烯橡胶（顺式 96%～98%，钴、钛、锂、镍、稀土钕系催化剂）
    - 低顺式聚丁二烯橡胶（顺式 35%～40%，锂催化剂）
    - 高乙烯基聚丁二烯橡胶（乙烯基 70%以上）
    - 中乙烯基聚丁二烯橡胶（乙烯基 35%～55%）
    - 低乙烯基聚丁二烯橡胶（乙烯基 8%，顺式 91%）
    - 低反式聚丁二烯橡胶（反式 9%，顺式 90%）
    - 高反式聚丁二烯橡胶（反式 95%以上，室温下非橡胶态）
  - 乳聚：乳聚聚丁二烯橡胶
  - 本体聚合：丁钠橡胶（已淘汰）

聚丁二烯橡胶的结构式为：

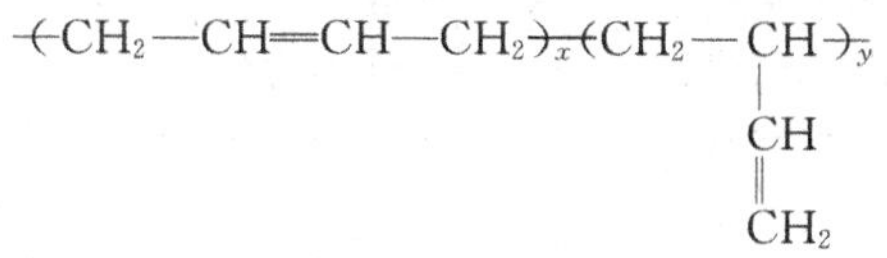

溶聚聚丁二烯相对分子质量分布比乳聚窄，一般分布系数为 2～4，特别是烷基锂型催化剂聚合的橡胶相对分子质量分布更窄，一般为 1.5～2，支化和凝胶少，加工性能相对较差；乳聚 BR 的相对分子质量分布宽，支化和凝胶也较多，加工性能相对较好。

乳聚锂系聚丁二烯橡胶顺式-1，4-聚合链段含量约为 38%，1，2-聚合链段含量约为 11%；稀土钕系顺式-1，4-聚合链段含量约为 96%～98%，1，2-聚合链段含量小于 1%；钴系顺式-1，4-聚合链段含量为 96%～98%，1，2-聚合链段含量约为 2%；钛系顺式-1，4-聚合链段含量约为 92%；镍系顺式-1，4-聚合链段含量为 96～98%。

聚丁二烯橡胶主要用于轮胎生产，约占总消费量的 66%；低顺式聚丁二烯橡胶、高乙烯基聚丁二烯橡、中乙烯基聚丁二烯橡胶主要用作塑料抗冲改性，约占 17%（其中高抗冲聚苯乙烯占 15%，ABS 中含 2%）；另外其 17%用于火箭推进器的专用黏结剂，高尔夫球芯以及其他专业密封剂、防水膜和专业黏合剂等。

4.1 顺式-1，4-聚丁二烯橡胶（cis-1，4-Polybutadiene Rubber）

顺式-1，4-聚丁二烯橡胶，简称顺丁橡胶。聚丁二烯橡胶中顺、反 1，4-结构与全同、间同 1，2-结构都能结晶。顺式-1，4-结构的结晶温度为 3℃，结晶最快的温度为−40℃，但是结晶能力比 NR 差，自补强性比 NR 低很多，所以 BR 需要用炭黑进行补强。随着非顺式结构含量的增加，结晶速度将下降；顺式含量越高，结晶速度越快，自补强性越好，故超高顺式聚丁二烯橡胶的拉伸强度比一般的顺丁橡胶高。BR 的结晶对应变的敏感性比 NR 低，而对温度的敏感性较高。

聚丁二烯橡胶的玻璃化温度 T_g 主要取决于分子中所含乙烯基的量。经差热分析发现，顺式聚丁二烯的玻璃化温度为−105℃，1，2-结构的为−15℃。随着 1，2-结构的量的增大，分子链柔性下降。其 T_g 与乙烯基含量有如下的经验关系式：

$$T_g = 91\,V - 106$$

式中 V——乙烯基含量

聚丁二烯橡胶的 T_g 为−85～−102℃，滞后损失小、动态生热低，弹性与耐低温性能在通用橡胶中是最好的；动态下抗裂口生成性好，耐屈挠性优异，耐磨性优于天然橡胶和丁苯橡胶。其拉伸强度和撕裂强度均低于天然橡胶及丁苯橡胶，耐刺穿差；吸水性低于天然橡胶与丁苯橡胶，但与湿路面之间的摩擦系数低，抗湿滑性差。BR 生胶冷流性大，包辊性较差，难塑炼，黏着性差；压延压出时对温度敏感，速度不宜过快，压出时适应温度范围较窄。其硫化速度介于 SBR 和 NR 之间。

4.2 1，2-聚丁二烯橡胶

1，2-聚丁二烯橡胶是指丁二烯聚合时以 1，2-结构键合的在分子链上有乙烯侧基的弹性体，系丁二烯单体采用有机锂引发剂［高 1，2-聚丁二烯橡胶采用齐格勒配位引发剂（即钼系和钴系引发剂）与有机锂引发剂］在结构调节剂作用下经溶液聚合而得。1，2-聚合链段在构象上有全同、间同、无规三种形式，前两者都能结晶。其按 1，2-结构含量的不同又分为低 1，2-聚丁二烯橡胶（或低乙烯基聚丁二烯橡胶）、中 1，2-聚丁二烯橡胶［medium 1，2-polybutadiene rubber，也称中乙烯基聚丁二烯橡胶（medium vinyl polybutadiene rubber，MVBR）］和高 1，2-聚丁二烯橡胶［high 1，2-polybutadiene rubber，也称为高乙烯基聚丁二烯橡胶（high vinyl polybutadiene rubber，HVBR）］。

1，2-聚丁二烯橡胶相比顺丁橡胶有较大的热塑性，主链上的双键较顺丁橡胶少，高乙烯基聚丁二烯（HVBR）的双键主要集中在侧基上。1，2-聚丁二烯橡胶随乙烯基含量的增加，其玻璃化温度提高、弹性降低，热塑性变大，抗湿滑性增加，耐热老化性能变好，耐臭氧老化性能变差，硫化速度变慢。MVBR 的分子量分布窄，工艺性能较差，流动性较大，黏合力低。HVBR 的抗湿滑性好，在高温（60℃）下弹性高，一般认为聚丁二烯橡胶中乙烯基含量在 72%以上时，滚动阻力与湿抓着性能比普通聚丁二烯橡胶更好，更适应汽车对轮胎性能的要求。日本瑞翁公司生产的 Nipol BR 1240 含乙烯基 71%；Nipol BR 1245 是 Nipol BR 1240 的改性产品，其在聚合物末端引入极性基，使聚合物在高温下的弹性提高，从而改善胶料的滚动阻力，也增进了炭黑吸附聚合物的能力，改善了炭黑在硫化胶中的分散稳定性。

以钴系齐格勒催化剂作用下溶液聚合制得的 1，2-间同立构含量为 90%的超高 1，2-聚丁二烯，分子链柔性差，易结晶，熔点高，呈树脂性质，称为 RB 树脂（thermoplastic 1，2-polybutadiene elastomer），仅日本合成橡胶公司一家生产，商品名称为 JSR。RB 树脂具有热塑性弹性体的一般特性，透明性、耐候性、电绝缘性良好，由于侧链有双键，故可以用硫黄硫化、有机过氧化物硫化。其分子结构式为：

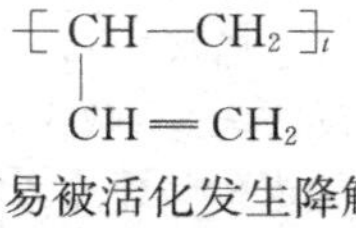

RB 树脂由于含大量乙烯基，在热和光作用下易被活化发生降解，也易于与其他化学药剂反应，故需添加稳定剂。

RB 树脂可用挤出成型和吹塑成型。其主要用于制作海绵、注射硫化制品、鞋底、感光树脂和包装薄膜等。

4.3 反式-1，4-聚丁二烯橡胶（Trans-1，4-Polybutadiene Rubber）

反式-1，4-聚丁二烯橡胶由丁二烯单体采用钒催化体系经溶液聚合制得的热塑性弹性体，随着反式-1，4-结构含量减少，橡胶的结晶性逐渐降低。高反式聚丁二烯橡胶反式-1，4-结构含量为 94%～99%，熔点为 135～150℃，其性质与古塔波胶、巴拉塔胶和杜仲胶等反式-1，4-聚异戊二烯橡胶相似。中反式聚丁二烯橡胶反式-1，4-结构含量为 65%～75%，在常温下结晶性较低。

反式-1，4-聚丁二烯橡胶的加工性能较好；定伸应力大，硬度高，耐磨性能好，弹性低，生热大；耐酸碱和各种溶剂，耐化学腐蚀。其可用于制造鞋底、地板、垫圈和电气制品等。

4.4 乳聚聚丁二烯橡胶（Emulsion Polymerized Polybutadiene Rubber）

乳聚聚丁二烯橡胶简称 E-BR，系丁二烯单体经乳液聚合而成，聚合温度有低温（5℃）和高温（56℃）之分。乳聚丁二烯橡胶的化学结构为：顺式-1，4-结构，含量为 10%～20%，反式-1，4-结构含量为 58%～75%，1，2-结构含量在 25%以内，各种链节在聚合物分子中无规分布，平均分子量为 10 万。

乳聚聚丁二烯橡胶的加工性能好，共混性能也好，与其他双烯烃类橡胶如氯丁橡胶、丁苯橡胶、丁腈橡胶、天然橡胶等并用，显示了优良的耐屈挠、耐磨、耐低温和动态力学性能；配合时需用较高量的硫黄和促进剂，抗返原性好；填充量大，需用高耐磨炉黑和中超耐磨炉黑补强。

乳聚聚丁二烯橡胶主要用于对耐磨性和低温屈挠性要求高的橡胶制品。

4.5　顺式-1，4-聚丁二烯复合橡胶（cis-1，4-Polybutadiene Composite Rubber）

顺式-1，4-聚丁二烯复合橡胶是将高结晶、高熔点的1，2-间规聚丁二烯以极细树脂结晶形式分散于高顺式-1，4-聚丁二烯橡胶中，1，2-间规聚丁二烯起到高效的补强作用。

顺式-1，4-聚丁二烯复合橡胶与顺丁橡胶相似，配合无特殊要求，其特性为：加工性能比顺丁橡胶好；胶料收缩率小，压出尺寸稳定性好；模量高，能获得高硬度的胶料；撕裂强度高；抗屈挠龟裂增长好；耐磨性好，优于顺丁橡胶。

顺式-1，4-聚丁二烯复合橡胶由日本宇部兴产公司开发并于1983年工业化，商品名称为Ubepol-VCR，有两个牌号：Ubepol-VCR 309（非轮胎用胶）和Ubepol-VCR 412（轮胎用胶）

4.6　聚丁二烯橡胶的技术标准与工程应用

按照GB/T 5577—2008《合成橡胶牌号规范》，国产聚丁二烯橡胶的主要牌号见表1.1.2-40。

表1.1.2-40　国产聚丁二烯橡胶的主要牌号

牌号	顺式-1，4质量分数/%	门尼黏度ML［(1+4) 100℃］	催化剂	备注
BR 9000	96	40～50	镍-铝-硼	
BR 9001	96	48～56	镍-铝-硼	
BR 9002	96	38～45	镍-铝-硼	
BR 9071	96	35～45	镍-铝-硼	高芳烃油15份
BR 9072	96	40～50	镍-铝-硼	高芳烃油25份
BR 9073	96	40～50	镍-铝-硼	高芳烃油37.5份
BR 9053	96	40～50	镍-铝-硼	高环烷油37.5份
BR 9100	97	40～50	稀土	
BR 9171	97	35～45	稀土	高芳烃油25份
BR 9172	97	35～45	稀土	高芳烃油37.5份
BR 9173	97	45～55	稀土	高芳烃油50份
BR 3500	35	20～35	烷基锂	

4.6.1　聚丁二烯橡胶的标准试验配方

聚丁二烯橡胶的标准试验配方见表1.1.2-41，详见GBT 8660—2008《溶液聚合型丁二烯橡胶（BR）评价方法》idt ISO 2476：1996。

表1.1.2-41　聚丁二烯橡胶（BR）的标准试验配方

GBT 8660—2008 idt ISO 2476：1996规定的方法			其他试验配方	
材料	质量份		材料	质量份
	非充油胶	充油胶		
丁二烯橡胶	100.00	100.00[a]	BR	100
氧化锌	3.00	3.00	氧化锌	3
通用工业参比炭黑	60.00	60.00	硬脂酸	2
硬脂酸	2.00	2.00	硫黄	1.8
ASTM 103#油[b]	15.00	—	促进剂CBSC（CZ）	1
硫黄	1.50	1.50	HAF	50
TBBS[c]	0.90	0.90	防老剂D	1
总计	182.40	167.40[d]	操作油	5

注：［a］指含填充油的橡胶100份。

［b］这种油的密度为0.92 g/cm³，可以从Sun oil，Industrial products Dept 1068 Walnut Street，Philadelphia PA 19103 USA获得3.8～19 L包装的这种商品油，其他油如Circosol 4240、R. E. Caroll ASTM 103#油具有下列特性：

在100℃时运动黏度：16.8±1.2 mm²/s；

黏度比重常数：0.889±0.002；

在37.8℃，根据Saybolt通用黏度和在15.5℃/15.5℃时的相对密度计算黏度比重常数（VGC）时，按下式计算：

$$VGC=[10d-1.0752\lg(v-38)]/[10-\lg(v-38)]$$

续表

<table>
<tr><td colspan="3">GBT 8660—2008 idt ISO 2476：1996 规定的方法</td><td colspan="2">其他试验配方</td></tr>
<tr><td rowspan="2">材料</td><td colspan="2">质量份</td><td rowspan="2">材料</td><td rowspan="2">质量份</td></tr>
<tr><td>非充油胶</td><td>充油胶</td></tr>
<tr><td colspan="3">式中 d——15.5℃/15.5℃时的相对密度；
v——在 37.8℃时 Saybolt 通用黏度。
[c] N——叔丁基-2-苯并噻唑次磺酰胺，以粉末形态供应，其最初不溶物含量应小于 0.3%；该材料应在室温下贮存于密闭容器中，每六个月检查一次甲醇不溶物含量，若超过 0.75%，则应弃去或重结晶。
[d] 以充油量（质量分数）为 37.5%的充油 BR 为准。</td><td></td><td></td></tr>
</table>

4.6.2 聚丁二烯橡胶的硫化试片的制样程序

丁二烯橡胶硫化试片的制样程序见表 1.1.2-42，详见 GB/T 8660－2008《溶液聚合型丁二烯橡胶（BR）评价方法》idt ISO 2476：1996。GB/T 8660－2008 规定了四种混炼方法：方法 A——密炼机混炼；方法 B——初混炼机用密炼机，终混炼用开炼机；方法 C1 和方法 C2——开炼机混炼。这些方法会给出不同的结果。溶液聚合丁二烯橡胶用开炼机混炼要比其他橡胶更困难，最好用密炼机完成混炼，某些类型的丁二烯用开炼机混炼，不可能得到令人满意的结果。

表 1.1.2-42 丁二烯橡胶硫化试片的制样程序

<table>
<tr><td colspan="3">方法 A：密炼机混炼操作步骤</td></tr>
<tr><td>程序</td><td>持续时间
/min</td><td>累计时间
/min</td></tr>
<tr><td>A1 初混炼程序：
a）调节密炼机温度（50±5℃），转子转速和上顶栓压力应满足 e）规定的条件。关闭卸料门，升起上顶栓、启动电机</td><td></td><td></td></tr>
<tr><td>b）加入一半橡胶、氧化锌、炭黑、油（充油胶不需加油）、硬脂酸和剩余的橡胶，放下上顶栓</td><td>0.5</td><td>0.5</td></tr>
<tr><td>c）混炼胶料</td><td>3.0</td><td>3.5</td></tr>
<tr><td>d）升起上顶栓、清扫密炼机颈口及上顶栓的顶部，放下上顶栓</td><td>0.5</td><td>4.0</td></tr>
<tr><td>e）在胶料的温度达到 170℃或总时间达到 6 min 时即可卸下胶料</td><td>2.0</td><td>6.0</td></tr>
<tr><td>f）胶料立即在辊距为 5.0 mm，辊温为 50±5℃的实验室开炼机上通过三次，检验胶料质量（见 GB/T 6038)，如果胶料质量与理论值之差超过+0.5%或－1.5%，则弃去此胶料，重新混炼
A2 终混炼程序：
a）在转子上通过足够的冷却水，使密炼机温度冷却到 40±5℃，升起上顶栓，开动电机</td><td></td><td></td></tr>
<tr><td>b）继续通入冷却水，关闭蒸汽。将全部硫黄和 TBBS 与一半母炼胶卷在一起，加入密炼机中。再加入剩余的母炼胶，放下上顶栓</td><td>0.5</td><td>0.5</td></tr>
<tr><td>c）混炼胶料，当胶料温度达到 110℃或总时间达到 3 min 时即可卸下胶料</td><td>2.5</td><td>3.0</td></tr>
<tr><td>d）胶料立即在辊距为 0.8 mm 辊温为 50±5℃的实验室开炼机上通过
e）使胶料打卷纵向薄通六次
f）将胶料压成约 6 mm 厚的胶片，检验胶料质量（见 GB/T 6038)，如果胶料质量与理论值之差超过+0.5%或－1.5%，则弃去此胶料，重新混炼。取出足够的胶料供硫化仪试验用
g）按 GB/T 528 的规定，将胶料压制成约 2.2 mm 厚的胶片用于制备试片或压制成适当厚度用于制备环形试样。</td><td></td><td></td></tr>
<tr><td colspan="3">方法 B：初混炼用密炼机和终混炼用开炼机</td></tr>
<tr><td>程序</td><td>持续时间
/min</td><td>累计时间
/min</td></tr>
<tr><td>B1 密炼机初混炼操作步骤：
同 A1。
B2 终混炼用开炼机操作步骤：
割取母炼胶 720.0 g（对非充油胶）或 660.0 g（对充油 37.5%的充油胶）称出 4 倍于配方量的硫化剂（即 6.00 g 硫黄，3.60 gTBBs)
在混炼期间，辊间应保持有适量的堆积胶，如在规定的辊距下达不到这种效果，应对辊距稍作调整</td><td></td><td></td></tr>
<tr><td>a）调节并保持开炼机温度在 35±5℃，辊距设定为 1.5 mm，加入母炼胶并使之在前辊上包辊</td><td>1.0</td><td>1.0</td></tr>
<tr><td>b）慢慢在将硫黄和 TBBS 加入胶料，扫起接料盘中所有物料并将其加入胶料中</td><td>1.0</td><td>2.0</td></tr>
<tr><td>c）从每边作 3/4 割刀六次</td><td>1.5</td><td>3.5</td></tr>
<tr><td>d）下片。调节辊距为 0.8 mm，使胶料打卷纵向薄通六次</td><td>1.5</td><td>5.0</td></tr>
<tr><td>e）将胶料压成约 6 mm 厚的胶片，检验胶料质量（见 CB/T 6038)，如果胶料质量与理论值之差超过+0.5%或－1.5%，则弃去此胶料，重新混炼。取出足够的胶料供硫化仪试验用
f）按 GB/T 528 的规定，将胶料压制成约 2.2 mm 厚的胶片用于制备试片或压制成适当厚度用于制备环形试样</td><td></td><td></td></tr>
</table>

续表

<table>
<tr><td colspan="3">方法 C1 和 C2：开炼机混炼操作步骤</td></tr>
<tr><td colspan="3">概述：①由于溶液聚合丁二烯橡胶在开炼机上加工困难，如果有合适的密炼机应优先选择方法 A 和方法 B，这样可使胶料有较好的分散性。如果没有密炼机可以用以下两种开炼机混炼方法：
方法 C1，可以用于充油和非充油的溶液聚合型丁二烯橡胶；方法 C2，仅限于非充油溶液聚合型丁二烯橡胶，是一种较易的混炼方法，它使胶料有较好的分散性
②对于非充油溶液聚合型的丁二烯橡胶，方法 C1 和方法 C2 未必能得到相同的结果，因此在实验室进行相互比对或系列评价时，都应使用相同的方法混炼</td></tr>
<tr><td>程序</td><td>持续时间/min</td><td>累计时间/min</td></tr>
<tr><td>方法 C1：
标准实验室投胶量（以 g 计）应为配方量的 3 倍（即 3×182.40 g=547.20 g 或 3×167.40 g=502.20 g），在整个混炼过程中调节开炼机辊筒的冷却条件以保持其温度为 35±5℃
在混炼期间应保持有适量的堆积胶，如在规定的辊距下达不到这种效果，应对辊距稍作调整</td><td></td><td></td></tr>
<tr><td>a）将开炼机辊距设定在 1.3 mm
注：非充油胶可能需要较长的混炼时间，以达到良好的包辊性</td><td>1.0</td><td>1.0</td></tr>
<tr><td>b）沿辊筒均匀地加入氧化锌和硬脂酸，从每边作 3/4 割刀二次</td><td>2.0</td><td>3.0</td></tr>
<tr><td>c）等速均匀地沿辊筒加入炭黑，当加进约一半时，将辊距调至 1.8 mm，接着加入剩余的炭黑。从每边作 3/4 割刀二次，每次间隔 30 s。要确保散落在接料盘中的炭黑都加入胶料中</td><td>15.0～18.0</td><td>18.0～21.0</td></tr>
<tr><td>d）慢慢滴加入油（充油胶不加）</td><td></td><td></td></tr>
<tr><td>e）加入 TBBS 和硫黄。扫起接料盘中的所有物料并将其加入胶料中</td><td>8.0～10.0</td><td>26.0～31.0</td></tr>
<tr><td>f）从每边接连作 3/4 割刀六次</td><td>2.0</td><td>28.0～33.0</td></tr>
<tr><td>g）下片。调节辊距为 0.8 mm，使胶料打卷纵向薄通六次</td><td>2.0</td><td>30.0～35.0</td></tr>
<tr><td>h）将胶料压成约 6 mm 厚的胶片，检验胶料质量（见 GB/T 6038），如果胶料质量与理论值之差超过+0.5%或−1.5%，则弃去此胶料，重新混炼。取出足够的胶料供硫化仪试验用</td><td>2.0</td><td>32.0～37.0</td></tr>
<tr><td>i）按 GB/T 528 的规定，将胶料压制成约 2.2 mm 厚的胶片用于制备试片或压制成适当厚度用于制备环形试样</td><td></td><td></td></tr>
<tr><td>方法 C2：
标准实验室投胶量（以 g 计）应为配方量的 2 倍（即 2×182.40 g=364.80 g），在混炼过程中调节开炼机辊筒的冷却条件以保持其温度为 35±5℃，沿辊筒均匀地加入各配料，所有配料掺混后才能下片
在混炼期间应保持有适量的堆积胶，如在规定的辊距下达不到这种效果，应对辊距稍作调整</td><td></td><td></td></tr>
<tr><td>a）将开炼机辊距设定在 0.45 mm±0.1 mm，让橡胶通过两次，再从每边接连作 3/4 割刀二次</td><td>2.0</td><td>2.0</td></tr>
<tr><td>b）沿辊筒均匀地加入氧化锌和硬脂酸，从每边接连作 3/4 割刀三次</td><td>2.0</td><td>4.0</td></tr>
<tr><td>c）依次加入一半油和一半炭黑，从每边接连作 3/4 割刀七次</td><td>12.0</td><td>16.0</td></tr>
<tr><td>d）依次加入剩余的油和炭黑，要把散落在接料盘中的炭黑都加入胶料中。从每边作 3/4 割刀七次</td><td>12.0</td><td>28.0</td></tr>
<tr><td>e）加入硫黄和 TBBS，从每边作 3/4 割刀六次</td><td></td><td></td></tr>
<tr><td>f）下片。调节辊距为 0.7～0.8 mm，使胶料打卷纵向薄通六次</td><td>4.0</td><td>32.0</td></tr>
<tr><td>g）将胶料压成约 6 mm 厚的胶片，检验胶料质量（见 GB/T 6038），如果胶料质量与理论值之差超过+0.5%或−1.5%，则弃去此胶料，重新混炼。取出足够的胶料供硫化仪试验用</td><td>3.0</td><td>35.0</td></tr>
<tr><td>h）按 GB/T 528 的规定，将胶料压制成约 2.2 mm 厚的胶片用于制备试片或压制成适当厚度用于制备环形试样</td><td></td><td></td></tr>
</table>

4.6.3　聚丁二烯橡胶的技术标准

1. 顺式-1，4-聚丁二烯橡胶

顺式-1，4-聚丁二烯橡胶的典型技术指标见表 1.1.2-43。

表 1.1.2-43　顺式-1，4-聚丁二烯橡胶的典型技术指标

<table>
<tr><td colspan="5">顺式-1，4-聚丁二烯橡胶的典型技术指标</td></tr>
<tr><td colspan="2">项目</td><td>指标</td><td>项目</td><td>指标</td></tr>
<tr><td colspan="2">聚合形式</td><td>加成</td><td>门尼黏度 ML［(1+4) 100℃］</td><td>30～60</td></tr>
<tr><td colspan="2">聚合方法</td><td>配位负离子</td><td>相对密度</td><td>0.91～0.93</td></tr>
<tr><td colspan="2">聚合体系</td><td>溶液</td><td>T_g/℃</td><td>−110～−95</td></tr>
<tr><td colspan="2">化学结构</td><td>顺式-1，4-结构含量 92%～98%</td><td>熔点/℃</td><td>2（98～99%顺式含量）</td></tr>
<tr><td rowspan="2">平均分子量</td><td>$\overline{M_n}$，(×10⁴)</td><td>5～65</td><td>线膨胀系数
T_g 以下（×10⁻⁴/℃）
T_g 以上（×10⁻⁴/℃）</td><td>
0.25
2.37</td></tr>
<tr><td>$\overline{M_w}$，(×10⁴)</td><td>10～160</td><td>折射率（20℃）</td><td>1.515 8</td></tr>
</table>

续表

顺式-1，4-聚丁二烯橡胶硫化胶的典型技术指标			
项目	指标	项目	指标
弹性模量 静态/MPa	5.2～6.0	撕裂强度/(kN·m^{-1})	37～53.9
剪切（动态）(60 Hz，100℃)/MPa	1.57～2.25	硬度（JIS，A）	58～60
内部摩擦 (60 Hz，25℃) (60 Hz，100℃)/kPa	3.6～5.3	压缩永久变形/% (100℃×2 h，压缩 35%)	11.8～13.4
		回弹性/%	55～74
		磨耗（Akron)/[mm^3·（1 000 r)$^{-1}$]	0.002 5～0.006
拉伸强度/MPa	13.7～22.5	耐屈挠龟裂（2～75 mm)/r	2 000～3 000
300%定伸应力/MPa		耐热老化（100℃×96 h) 伸长率变化率/%	−58～50
拉断伸长率/%	300～500		

注：详见《橡胶原材料手册》，于清溪、吕百龄等编写，化学工业出版社，2007 年 1 月第 2 版，第 50～51 页。

聚丁二烯橡胶的技术指标见表 1.1.2-44，详见 GB/T 8659—2001《丁二烯橡胶（BR）9000》。

表 1.1.2-44　聚丁二烯橡胶 BR 9000 的技术指标

项目		指标			试验方法
		优等品	一等品	合格品	
挥发分/%		≤0.50	≤0.80	≤1.10	GB/T 6737 热辊法
灰分/%		≤0.20	≤0.20	≤0.20	GB/T 4498 方法 A
生胶门尼黏度，ML［(1+4）100℃］		45±4	45±4	45±7	GB/T 1232
混炼胶门尼黏度，ML［(1+4）100℃］		≤65	≤67	≤70	GB/T 1232
300%定伸应力/MPa	25 min	7.8～11.3	7.5～11.5	7.5～11.5	GB/T 8660（C2 法混炼）
	35 min	8.5～11.5	8.2～11.7	8.2～11.7	
	50 min	8.2～11.2	7.9～11.4	7.9～11.4	
拉伸强度/MPa	35 min	≥15.0	≥14.5	≥14.0	GB/T 8660（C2 法混炼）
扯断伸长率/%	35 min	≥385	≥365	≥365	GB/T 8660（C2 法混炼）

注：混炼胶和硫化胶的性能均采用 ASTM IRB No.7 炭黑进行评价。

2.1，2-聚丁二烯橡胶

1，2-聚丁二烯橡胶的典型技术指标见表 1.1.2-45。

表 1.1.2-45　1，2-聚丁二烯橡胶的典型技术指标

1，2-聚丁二烯橡胶的典型技术指标											
类别	低乙烯基	中乙烯基				高乙烯基		超高乙烯基（间规）			
牌号	Intolene	1	2	3	4	Nipol BR 1240	Nipol BR 1245	JSR RB 805	JSR RB 810	JSR RB 820	JSR RB 830
外观								透明颗粒			
相对密度								0.90～0.91			
门尼黏度 ML［(1+4）100℃］	40			90	50						
1，2-结构含量/%	8	48	63	54	43	71	71	90	90	92	93
反式-1，4-结构含量/%						19	19				
顺式-1，4-结构含量/%						10	10				
分子量 $\overline{M_n}$（×10^4）						1.34	1.59				
分子量 $\overline{M_w}$（×10^4）						4.84	3.61				
分子量分布	窄					3.61	2.27	宽			

续表

类别	低乙烯基	中乙烯基				高乙烯基		超高乙烯基（间规）			
牌号	Intolene	1	2	3	4	Nipol BR 1240	Nipol BR 1245	JSR RB 805	JSR RB 810	JSR RB 820	JSR RB 830
结晶度/%								10～30			
熔点/℃								75～90			
1，2-聚丁二烯橡胶硫化胶典型技术指标											
拉伸强度/MPa		16.2	15.0		18.2	17.2	17.0	13.8			
拉断伸长率/%		410	460	16.6	650	380	340	390			
300%定伸应力/MPa						11.8	14.5	9.03			
硬度（邵尔A）/度		—	9[a]	580[a]	70[a]	63	64	81			
永久变形/%								56			
（TMZ）		59[a]	60[a]	58[a]	—						

注：[a] 原文如此；详见《橡胶原材料手册》，于清溪、吕百龄等编写，化学工业出版社，2007年1月第2版，第56～59页。

超高乙烯基（间规）1，2-聚丁二烯热塑性弹性体（RB树脂）的典型技术指标见表1.1.2-46。

表 1.1.2-46 RB树脂的典型技术指标

项目	指标	项目	指标
透明性	透明	硬度：(JIS A) (邵尔 D)	69～98 19～53
相对密度	0.899～0.913		
熔点/℃	70～110	压缩永久变形/%	34～41
维卡软化温度/℃	36～88	回弹性/%	42～55
脆性温度/℃	−42～−32	介电常数（1 000 Hz）	2.6
300%定伸应力/MPa	2.94～10.4	介电损耗角正切（1 000 Hz）	0.0045
拉伸强度/MPa	5.0～16.6	介电强度/(kV·mm^{-1})	46
拉断伸长率/%	630～780	体积电阻率/(Ω·m)	2×10^{17}
撕裂强度/(kN·m^{-1})	26.5～93	吸水率（24 h^{-1}）/%	0.018

注：详见《橡胶原材料手册》，于清溪、吕百龄等编写，化学工业出版社，2007年1月第2版，第313页。

3. 反式-1，4-聚丁二烯橡胶

反式-1，4-聚丁二烯橡胶的典型技术指标见表1.1.2-47。

表 1.1.2-47 反式-1，4-聚丁二烯橡胶的典型技术指标

反式-1，4-聚丁二烯橡胶的典型技术指标							
项目	反式-1，4-聚丁二烯橡胶				巴拉塔胶	天然橡胶	丁苯1500
化学结构 反式-1，4-含量/% 顺式-1，4-含量/% 1，2-结构含量/%	 93 5 2	 87 10 3	 81 16 3	 88 10 2	—		
凝胶含量/%	0	0	0	0	痕量		
相对密度	0.963	0.953	0.927	0.950	0.944		
特性黏数（η）	1.73	1.62	1.84	2.16	1.54		
门尼黏度 ML［(1+4) 100℃］ ML［(1+4) 121℃］ ML［(1+4) 137.8℃］	 96 21 18	 25 20 19	 26 23 19	 131 44 38	 21 16 10		
软化点[a]/℃	99～104.4	87.9～93.4	71.1～76.7	90.7～96.2	51.8～57.3		
反式-1，4-聚丁二烯橡硫化胶胶的典型技术指标							
拉伸强度/MPa	22.1	24.4	19.0	25.4		29.0	24.1
300%定伸应力/MPa	12.7	12.5	8.5	17.4		13.9	10.5

续表

项目	反式-1，4-聚丁二烯橡胶				巴拉塔胶	天然橡胶	丁苯 1500
拉断伸长率/%	690	590	595	445		495	530
撕裂强度/(kN·m^{-1})	123	93	85	88		136	55
93.4℃时拉伸强度/MPa	6.2	8.6	6.5	7.6		8.6	6.0
压缩永久变形/%	9	0	16	7		14	18
生热/℃	54.5	41.1	47.8	43.3		22.8	34.4
回弹性/%	61	57	61	59		612	71
屈挠龟裂/千次	6	4	7	1		71	12
硬度（邵尔 A） 26.7℃ 100℃ 148℃	 97 58 59	 88 60 60	 85 56.5 57.5	 89 63 64		 64 59 59	 58.5 55.5 56
NBS[b] 磨耗/[r·(25.4×10^{-6}m)$^{-1}$]	197	200	576	774		12	11

注：[a] 用 Goodrich 塑性计在负荷 69 kPa 下，橡胶开始软化的温度范围；

[b] NBS 为美国国家标准局的缩写。

详见《橡胶原材料手册》，于清溪、吕百龄等编写，化学工业出版社，2007 年 1 月第 2 版，第 59～60 页表 1-2-22、表 1-2-23。

4. 顺式-1，4-聚丁二烯复合橡胶

顺式-1，4-聚丁二烯复合橡胶典型技术指标见表 1.1.2-48。

表 1.1.2-48　顺式-1，4-聚丁二烯复合橡胶的典型技术指标

顺式-1，4-聚丁二烯复合橡胶的典型技术指标			
分散体 1，2-间规聚丁二烯特性			
含量/%	12	分散形状	树脂状结晶
熔点/℃	201	长度	数微米
结晶度/%	79～80	直径/μm	0.22～0.3
生胶的典型技术指标			
门尼黏度 ML [(1+4) 100℃]	45	灰分 (w)/%	0.15
挥发分 (w)/%	0.45	正己烷不溶物 (w)/%	12
顺式-1，4-聚丁二烯复合橡胶的硫化胶的典型技术指标			
项目		Ubepol-VCR 412	Ubepol BR 150
混炼胶门尼黏度 ML [(1+4) 100℃]		55	57
生胶强度/MPa		0.34	0.24
100%定伸应力/MPa		4.5	1.96
200%定伸应力/MPa		9.4	4.3
300%定伸应力/MPa		14.3	8.3
拉伸强度/MPa		18	18.4
拉断伸长率/%		370	540
永久变形/%		5.2	5.9
硬度（邵尔 A)/度		71	59
撕裂强度/(kN·m^{-1})		57	45
回弹性/%		50	62
压缩永久变形/%		14	10.1
疲劳弯曲龟裂/千周		>300	2.2
生热/℃		34	24
Pico 磨耗指数		273	225

注：详见《橡胶原材料手册》，于清溪、吕百龄等编写，化学工业出版社，2007 年 1 月第 2 版，第 61～62 页。

4.7　聚丁二烯橡胶的供应商

聚丁二烯橡胶的供应商见表 1.1.2-49。

表 1.1.2-49　聚丁二烯橡胶的供应商

标准与供应商	类型	牌号	SV /MPa	挥发分 (≤)/%	灰分 (≤)/%	门尼黏度		硫化胶物理机械性能	说明
						生胶	混炼胶		
朗盛	钕系顺丁 (Nd-BR)	CB 21				73			高线性
		CB 22				63			高线性
		CB 23				51			高线性
		CB 24				44			线性
		CB 25				44			长链支化
		CB 29 MES				37			充 MES-Oil 油
		CB 29 TDAE				37			充 TDAE-Oil 油
		Nd 22 EZ				63			改性长链支化
		Nd 24 EZ				44			改性长链支化
	钴系顺丁 (Co-BR)	CB 1220				40			高支化型
		CB 1203				43			支化型
		CB 1221				53			支化型
	锂系顺丁 (Li-BR)	CB 55 NF				55			线性
		CB 60				60			星型支化
		CB 45				45			线性
		CB 55 L				51			线性
		CB 55 H				54			线性
		CB 70				70			线性
	应用于改性聚苯乙烯	CB 550 T	150～175			54			Li-BR
		CB 550 IP	150～175			54			Nd-BR
		CB 530 T	235～265			68			
		CB 565 T	39～49			60			
		CB 380	80～100			38			
		CB 550	150～175			54			
		CB 55 GPT	150～180			52.5			
		CB 70 GPT	230～270			69.5			
		CB 728 T	145～175			44			
		CB 728 T	130～190			44			

聚丁二烯橡胶的国内供应商有：中石化巴陵分公司（主要牌号为 BR 9000）、山东华懋新材料有限公司、中石油四川乙烯、山东淄博齐翔腾达化工股份有限公司、中石化燕山分公司（主要牌号为 BR 9000、BR 9002、BR 9003、BR 9004）、中石化齐鲁分公司（主要牌号为 BR 9000、BR 9073（充油））、中石化上海高桥分公司（主要牌号为 BR 9000）、中石油锦州分公司［主要牌号为 BR 9000、BR 9100（稀土）］、中石化巴陵分公司、中石油大庆分公司（主要牌号为 BR 9000）、中石油独山子分公司（主要牌号为 BR 9000）南京扬子石化金浦橡胶有限公司、山东万达化工有限公司、新疆蓝德精细石油化工股份有限公司、中石化茂名分公司［主要牌号为 F25（低顺式）］、山东骏腾合成橡胶有限公司等。

聚丁二烯橡胶的国外供应商有：德国 Hüls 公司（Buna 反式-1，4-聚丁二烯橡胶），Kombinat VEB Chemiache Werke BunaDwory（德国），英国国际合成橡胶公司（ISR，Intolene 50 中乙烯基 1，2-聚丁二烯橡胶），法国 Cisdene，意大利（Intene 锂系低顺式、Europrene Neocis 钕系高顺式、钛系高顺式），西班牙 Calprene 锂系低顺式，土耳其顺式-1，4-聚丁二烯橡胶；Efremov（俄罗斯）；美国固特异轮胎和橡胶公司（Budene 钛系高顺式聚丁二烯橡胶、Budene 锂系低顺式聚丁二烯橡胶及中乙烯基聚丁二烯橡胶），美国费尔斯通公司（Dinene 锂系低顺式聚丁二烯橡胶、Dinene 钴系高顺式聚丁二烯橡胶），美国道化学公司（Dow，Dinene 锂系低顺式聚丁二烯橡胶、Dinene 钴系高顺式聚丁二烯橡胶，以及通用聚丁二烯橡胶与塑料改性用聚丁二烯橡胶），Goodyear（美国），美国 Ameripol Synpol 公司（SynpolE－BR，乳液聚合聚丁二烯橡胶）；巴西 Coperflex 锂系低顺式；澳大利亚 Austrapol 钴系高顺式-1，4-聚丁二烯橡胶；日本瑞翁公司（Nipol 钴系高顺式、Nipol 高-1，2-聚丁二烯橡胶、Nipol 低顺式-1，4-聚丁二烯橡胶），日本合成橡胶公司（JSR 高顺式、JSR 低顺式、JSR 充油聚丁二烯橡胶、JSR 钴系间规高-1，2-聚丁二烯橡胶），日本旭化成公司（Asadene 锂系低顺式），日本弹性体公司，日本宇部兴产工业公司（钴系高顺式、Ubepol－VCR 顺式-1，4-聚丁二烯复合橡胶），韩国锦湖石油化学公司（KumHo，Kosyn 镍系高顺式、锂系低顺式），韩国现代石油化学公司，Korea Synthetic Rubber Industry Co Ltd（韩国），

BST（泰国），印度（India，Cisamer 钴系高顺式）等。

五、乙丙橡胶（ethylene-propylene rubber）

5.1 概述

乙丙橡胶（EP（D）M）是以乙烯和丙烯为单体、通过共聚反应得到的一类合成橡胶，其特点是：主链由完全饱和的碳一碳单键组成，仅侧基有 1%～2%（mol）的不饱和第三单体，化学稳定性和热稳定性较高；乙烯、丙烯单体呈无规分布，分子链柔顺性好，因而具有优良的弹性和耐低温性能（乙烯含量＜55wt. %时）；乙丙橡胶不含极性分子，不易被极化，不产生氢键，是非极性橡胶；密度低（0.86 g/cm^3），是所有橡胶中最小的，填料和增塑剂的填充量大。

乙丙橡胶的分类主要是根据是否含有第三单体以及第三单体的类型：

乙丙橡胶（EP（D）M）
- 二元乙丙橡胶（EPM）
- 三元乙丙橡胶（EPDM）
  - D型：双环戊二烯（DCPD）
  - E型：亚乙基降冰片烯（ENB）
  - H型：1,4-己二烯（HD）
  - V型：1乙烯基降冰片烯（VNB）

D 型——双环戊二烯 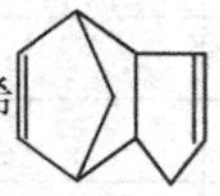 E 型——亚乙基降冰片烯 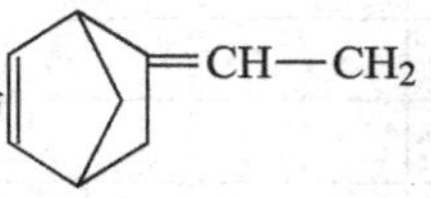

H 型——1，4-己二烯 $CH_2{=}CH{-}CH_2{-}CH{=}CH{-}CH_3$

V 型——乙烯基降冰片烯 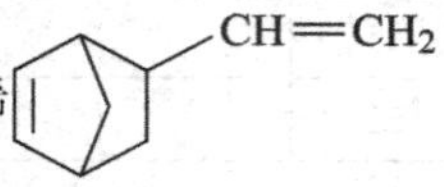

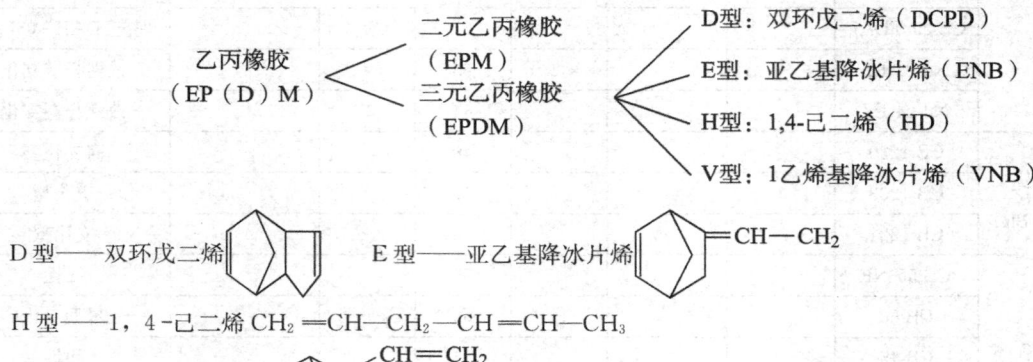

三元乙丙橡胶的分子结构如下：

1，4-己二烯型三元乙丙橡胶（HD-EPDM）：

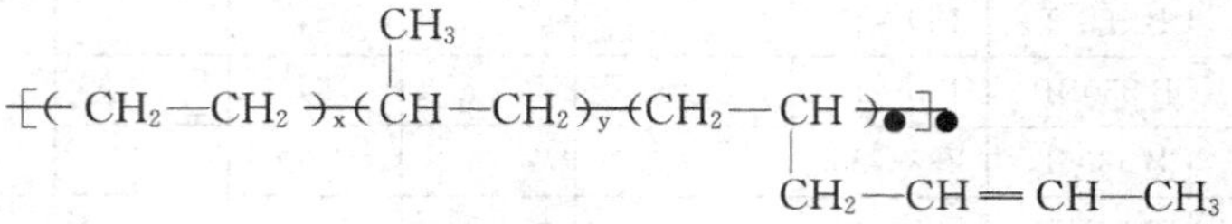

双环戊二烯型三元乙丙橡胶（DCPD-EPDM）：

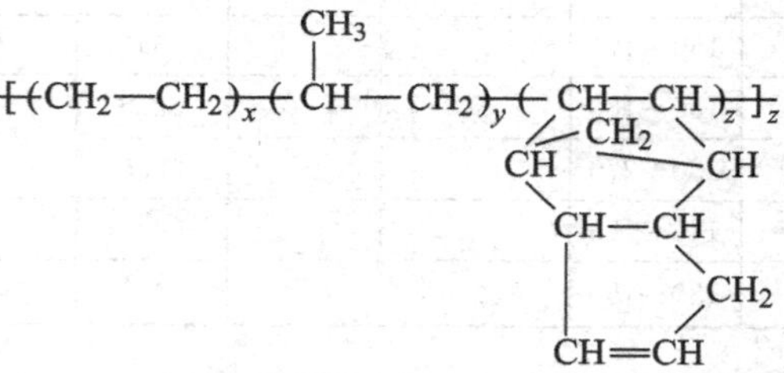

1，1-亚乙基降冰片烯型三元乙丙橡胶（ENB-EPDM）：

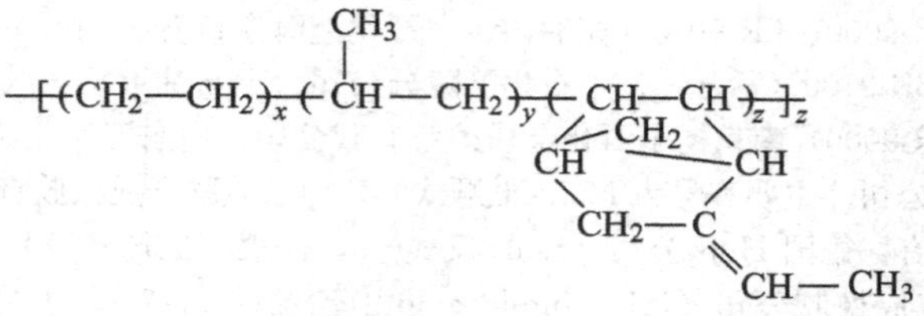

第三单体品种对三元乙丙橡胶性能的影响见表 1.1.2-50。

表 1.1.2-50　第三单体品种对三元乙丙橡胶性能的影响

项目指标	影响程度	项目指标	影响程度
硫黄硫化体系硫化速度	E～H＞D	压缩永久变形	D 低
有机过氧化物硫化速度	V＞＞D＞E＞H	臭味	D 有
耐臭氧性能	D＞E＞H	成本	D 低
拉伸强度	E 高	支化	E 少量，H 无，D 高

注：详见《现代橡胶工艺学》，杨清芝主编，中国石化出版社，2003 年 7 月第 3 次印刷，第 42 页表 1-17。

乙丙橡胶也可根据结晶程度分为无规（乙烯含量<55 wt. %）、半结晶（乙烯含量 55～65 wt. %）和结晶型（乙烯含量>65 wt. %，一般用作塑料的抗冲改性材料）。也可根据第三单体的含量和硫黄硫化速度分为慢速、快速和超速硫化型，其中碘值为 6～10 g 碘/100 g 胶的为慢速型，约 20 g 碘/100 g 胶的为快速型，25～30 g 碘/100 g 胶的为超速型。此外，还可根据是否充油分类，还可根据催化剂技术分为齐格勒-纳塔（Z－N）型、茂金属（M）型、先进催化剂（ACE）型等。

三元乙丙橡胶按是否充油的分类示例见表 1.1.2－51。

表 1.1.2－51 EPDM 的分类示例

牌号	乙烯或油含量	胶种	牌号	乙烯或油含量	胶种
EPDM 4095	乙烯质量百分含量<67%	非充油	EPDM J－3080	100 份橡胶中油的含量份数≤50	充油
EPDM X－2072	乙烯质量百分含量≥67%		EPDM 3062E	100 份橡胶中油的含量份数（X），50>X<80	
EPDM 3045	低门尼黏度		EPDM K509	100 份橡胶中油的含量份数≥80	

乙丙橡胶中乙烯、丙烯的组成比对共聚物的性能有决定性的影响，一般乙烯含量为 30%～40%（摩尔分数，下同）的共聚物是优良的弹性体。共聚物的 T_g 随组成中乙烯含量的增加而提高，但在 65%以下有一短暂平台区，即 T_g 基本不受小范围组成变化的影响。若组成中乙烯含量高于 65%，虽然此时乙烯含量对脆性温度影响不大，但对低温弹性和低温压变影响较大；若高于 73%，其硫化胶强度增加、永久变形增大、弹性下降；若乙烯含量高于 80%，则 T_g 难以测定，这是长序列乙烯嵌段的存在产生结晶造成的，结晶影响 T_g 的测定。三元乙丙橡胶中乙烯链节含量对生胶物理机械性能的影响详见表 1.1.2－52。

表 1.1.2－52 乙烯、丙烯和亚乙基降片烯三元乙丙橡胶中乙烯链节含量对生胶物理机械性能的影响

共聚物中乙烯链节含量/%（摩尔分数）	共聚物不饱和度/%（摩尔分数）	特性黏度（dL）/g	拉伸强度/MPa	拉断伸长率/%	拉断永久变形/%
80	1.57	2.3	23.7	650	136
77	1.32	2.13	12.1	995	70
73	1.60	2.18	9.9	895	62
68	1.58	2.9	2.9	885	55
65	1.55	2.3	1.0	—	—

注：详见《现代橡胶工艺学》，杨清芝主编，中国石化出版社，2003 年 7 月第 3 次印刷，第 41 页表 1－16。

乙丙橡胶的主要特性包括：

1）门尼黏度：生胶的门尼黏度反映了其分子量的大小，分子量大有利于弹性和力学性能，分子量小有利于加工工艺。乙丙橡胶的门尼黏度通常在 125℃进行测试，若测试值超过 90 则采用更高的温度（通常为 150℃），若测试值低于 20 则采用较低的温度（通常为 100℃）。

2）乙烯含量：乙丙橡胶的乙烯含量通常为 40 wt. %～75 wt. %。乙烯含量主要影响乙丙橡胶的结晶性能。根据结晶程度的高低可分为无规型（乙烯含量<55 wt. %）、半结晶型（乙烯含量为 55 wt. %～65 wt. %）和结晶型（乙烯含量>65 wt. %）。乙烯含量低，弹性，尤其是低温性能好，橡胶制品外观呈亚光；乙烯含量高，生胶和硫化胶的强度高，填充量大，橡胶制品外观呈亮光。需要指出的是，催化剂种类也会对结晶性能产生影响。一般来说，在同样的乙烯、丙烯含量下，齐格勒-纳塔（Z－N）型乙丙橡胶的结晶性能较低，而茂金属（M）型和先进催化剂（ACE）型的结晶性能较高。

3）第三单体的类型与含量：亚乙基降冰片烯（ENB）具有硫黄硫化速度快、气味小、聚合反应控制容易等优点，因而是大多数三元乙丙橡胶的首选。第三单体的含量通常分为低含量（2 wt. %～3 wt. %，即 0.5 mol%）、中等含量（4 wt. %～5 wt. %，即 1 mol%）和高含量（8 wt. %～9 wt. %，即 2 mol%），含量越高，硫化速度越快。第三单体含量相同时，对于硫黄硫化而言，ENB～HD>DCPD；对于过氧化物而言，VNB>DCPD>ENB。

4）充油乙丙橡胶：为了满足某些特殊用途对更高相对分子质量乙丙橡胶的需求，同时还要具有良好的加工工艺性能，生产厂家提供了填充石蜡油的充油牌号。根据石蜡油的种类可分为常规石蜡油（颜色为黄色或深黄色）、洁净石蜡油（颜色为无色透明），后者具有更好的颜色稳定性、环保性（低芳烃含量）和更高的过氧化物硫化效率。也有充环烷油或芳香油的牌号以适应不同的性能和加工工艺要求。

5）分子量分布（MWD）与长链支化（LCB）：分子量分布是影响乙丙橡胶加工性能的重要因素。分子量分布宽，加工工艺性能好，但会降低物理机械性能和弹性；分子量分布窄，物理机械性能和弹性好，但胶料流动性较差、工艺性能不佳。在窄分布乙丙橡胶中引入长支链，例如朗盛化学的可控长链支化技术（CLCB），可以保持窄分布牌号的良好的物理机械性能，同时提高加工性能，即具有更快的混炼性能（吃粉速度、分散性能、不易发生炭黑焦烧）、抗塌陷性能、挤出速度等。

乙丙橡胶的主要性能特点为：

1）耐臭氧性能在通用橡胶中是最好的，耐臭氧排序为 EPM >IIR>CR；在乙丙橡胶中，二元乙丙橡胶又优于三元乙丙橡胶，三元乙丙橡胶中 D 型耐臭氧性最佳，H 型最低。性能对比如图 1.1.2－1 所示。

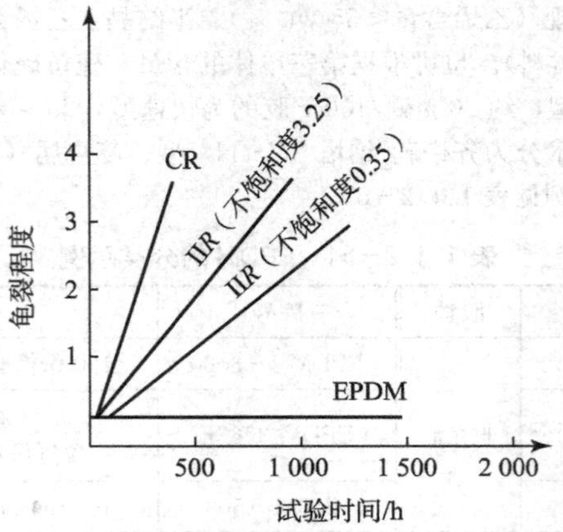

图 1.1.2－1　乙丙橡胶、丁基橡胶、氯丁橡胶耐臭氧性能的对比

2）耐热与耐天候老化（光、热、风、雨、臭氧、氧）性能在通用橡胶中是最好的。在氮气环境中，天然橡胶开始失重的温度为 315℃，丁苯橡胶为 391℃，而三元乙丙橡胶为 485℃。乙丙橡胶在 130℃下可以长期使用，在 150℃或更高的温度下可以间断或短期使用，二元乙丙橡胶又优于三元乙丙橡胶，三元乙丙橡胶中 H 型优于 E 型和 D 型；乙丙橡胶作屋面防水卷材时使用寿命可以达到 25 年以上。热失重曲线如图 1.1.2－2 所示。

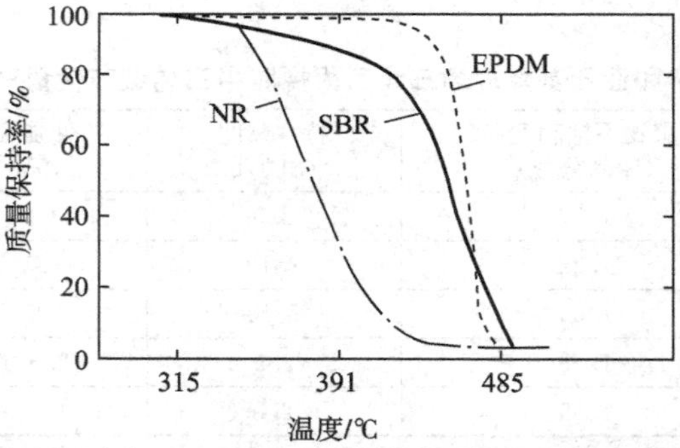

图 1.1.2－2　NR、SBR、EPDM 在氮气中的热失重曲线

3）乙丙橡胶耐极性介质，与多数化学药品不发生反应，与极性物质之间或者不相溶或者相溶性极小，所以乙丙橡胶耐极性油而不耐非极性油类及溶剂，例如耐阻燃性的磷酸酯类液压油而不耐汽油、苯等。耐水、耐过热水、耐蒸汽性能在通用橡胶中是最好的，有 EPDM ＞IIR＞SBR＞NR＞CR。性能对比见表 1.1.2－53。

表 1.1.2－53　160℃过热水中 EPDM 与其他橡胶的性能对比

橡胶	拉伸强度下降 80％的时间/h	老化 5 天后拉伸强度下降率/％
EPDM	100 000	0
IIR	3 600	0
NBR	600	10
MVQ	480	58

注：详见《现代橡胶工艺学》，杨清芝主编，中国石化出版社，2003 年 7 月第 3 次印刷，第 43 页表 1－18。

4）乙丙橡胶的绝缘性能极佳，体积电阻率在 10^{16} Ω · cm 数量级，与 IIR 相当；耐电晕性比丁基橡胶好得多，丁基橡胶只耐 2 h，而乙丙橡胶能耐 2 个月以上。乙丙橡胶的击穿电压为 30～40 MV/m，介电常数也较低。EPM 的绝缘性能优于 EPDM，浸水之后电性能变化很小，特别适用于作电绝缘制品及水中作业的绝缘制品。

5）硫化胶表面良好，适于制作发泡制品。乙丙橡胶浸水前后的电绝缘性能见表 1.1.2－54。

表 1.1.2－54　乙丙橡胶浸水前后的电绝缘性能

性能	浸水前	浸水后
体积电阻率/(Ω · cm)	1.03×10^{17}	1.03×10^{16}
击穿电压/($MV\cdot m^{-1}$)	32.8[a]	40.8[a]
介电常数（1 kHz，20℃）	2.27	2.48
介电损耗（1 kHz，20℃）	0.002 3	0.008 5

注：[a] 原文如此，有误，浸水后击穿电压应当降低；详见《现代橡胶工艺学》，杨清芝主编，中国石化出版社，2003 年 7 月第 3 次印刷，第 44 页表 1－19。

三元乙丙橡胶可以用硫黄硫化体系、过氧化物硫化体系、树脂硫化体系及醌肟硫化体系硫化，二元乙丙橡胶只能用过氧化物硫化；使用过氧化物硫化体系时，因槽黑呈酸性，应慎重使用。乙丙橡胶最常用的增塑剂是石油系增塑剂，包括环烷油、石蜡油及芳烃油，其中环烷油与乙丙橡胶的相容性较好；乙丙橡胶的自黏性及与其他材料的黏着性均不好，配合时可以在其中加入增黏剂，如烷基酚醛树脂、石油树脂、萜烯树脂、松香等；常用的防老剂是胺类防老剂。

乙丙橡胶广泛应用于非轮胎橡胶制品，包括汽车（密封条、散热器水管、刹车件、减震件等）、建筑（密封条、防水卷材、饮用水密封件、铁路和轨道交通用轨枕垫和伸缩缝）、工业橡胶制品（家用电器密封件、胶管、V 带、胶辊）、电线电缆、塑料改性（TPO、动态硫化热塑性弹性体 TPV）、轮胎和内胎、润滑油改性等。

5.2　乙丙橡胶的技术标准与工程应用

按照 GB/T 5577—2008《合成橡胶牌号规范》，国产乙丙橡胶的主要牌号见表 1.1.2 - 55。

表 1.1.2 - 55　国产乙丙橡胶的主要牌号

牌号	乙烯质量分数 /%	第三单体	门尼黏度 ML [(1+4) 100℃]
EPDM J—0010	48.1～53.1	—	8～13
EPDM J—0030	47.8～52.8	—	21～27
EPDM J—0050	49.3～54.3	—	45～55
EPDM J—2070	54.8～60.8	乙叉降冰片烯	39～49*
EPDM J—2070	54.8～60.8	乙叉降冰片烯	48～58*
EPDM 3045	51.1～57.1	乙叉降冰片烯	35～45*
EPDM 3062E	57.5～71.5	乙叉降冰片烯	36～46*
EPDM J—3080	65.5～71.5	乙叉降冰片烯	65～75*
EPDM J—3080P	65.5～71.5	乙叉降冰片烯	65～75*
EPDM J—3092E	54.2～60.2	乙叉降冰片烯	61～71*
EPDM 4045	49.0～55.0	乙叉降冰片烯	40～50
EPDM J—4090	49.5～55.5	乙叉降冰片烯	60～70*
注：标有“*”者门尼黏度为 ML [(1+4) 125℃]。			

5.2.1　乙丙橡胶的基础配方

乙丙橡胶的基础配方见表 1.1.2 - 56，详见 SH/T 1743、ISO 4097：2007。

表 1.1.2 - 56　评价 EPDM 橡胶用标准试验配方

材料	试验配方					
	1	2	3	4	5	6
	质量份数					
EPDM	100.00	100.00	100.0	100.00+x^a	100.00+y^b	100.00+z^c
硬脂酸	1.00	1.00	1.00	1.00	1.00	1.00
工业参比炭黑[c]	80.00	100.00	40.00	80.00	80.00	150.00
ASTM103#油[d]	50.00	75.00	—	50.00—x^a	—	—
氧化锌	5.00	5.00	5.00	5.00	5.00	5.00
硫黄	1.50	1.50	1.50	1.50	1.50	1.50
二硫化四甲基秋兰姆（TMTD）[e]	1.00	1.00	1.00	1.00	1.00	1.00
巯基苯并噻唑（MBT）	0.50	0.50	0.50	0.50	0.50	0.50
合计	239.00	284.00	149.00	239.00	189.00+y^b	259.00+z^c

注：[a] x 是每 100 份基本胶料中含油量小于或等 50 份时，油的质量份数。

[b] y 是每 100 份基本胶料中含油量大于 50 份或小等 80 份时，油的质量份数。

[c] z 是每 100 份基本胶料中含油量大于或等 80 份时，油的质量份数。

[d] 应使用工业参比炭黑（IRB)。

[e] 这种密度为 0.92 g/cm³ 的油，由 Sun Refining and Marketing 公司生产，由 R. E. Carroll 股份有限公司（1570 North oiden Avenue Ext，Trenton，NJ08638，美国）经销。国外用户可直接与 Sunoco Overseas 股份有限公司（1801 Market Street，Philadelphia PA 19103，美国）接洽。其他可选用的油，例如 Shellflex 724 也是适用的，但结果稍有不同。

[f] 标准参比材料 TMTD 可以由 Forcoven Products 有限公司（P. O Box 1556，Hμmble Texas 77338，美国）提供，代号为 IRM1。

5.2.2　三元乙丙橡胶的硫化试片制样程序

三元乙丙橡胶硫化试片的制样方法见表 1.1.2-57，详见 SH/T 1743—2007《乙烯—丙烯—二烯烃橡胶（EPDM）评价方法》idt ISO 4097：2007。

表 1.1.2-57　三元乙丙橡胶硫化试片制样程序

方法 A——密炼机混炼		
程序	持续时间/min	累计时间/min
①初混炼程序：		
a）调节密炼机温度，在大约 5 min 内达到终混炼温度 150℃。关闭卸料口，设定转子速度为 8 rad/s（77 r/min）时，开启电机，升起上顶栓	0	0
b）装入橡胶、氧化锌、炭黑、油和硬脂酸。放下上顶栓	0.5	0.5
c）混炼胶料	2.5	3.0
d）升起上顶栓，清扫密炼机加料颈部和上顶栓顶部，放下上顶栓	0.5	3.5
e）当胶料温度达 150℃或在 5 min 后，满足其中一个条件即可卸下胶料	1.5（最多）	5.0
总时间（最多）		5.0
f）立即将胶料在辊距为 2.5 mm，辊温为 50℃±5℃的实验室开炼机上薄通三次。检查胶料质量（见 GB/T 6038），如果胶料质量与理论值之差超过+0.5%或−1.5%，废弃此胶料，重新混炼		
g）如有可能，在 GB/T 2941 规定的标准温度和湿度下，将混炼后胶料停放 30 min～24 h		
②终混炼程序：		
a）调节密炼室温度和转子温度至 40℃±5℃，关闭卸料口，开启电机，以 8 rad/s（77 r/min）的速度启动转子，升起上顶栓	0	0
b）装入按 5.2.2.2.1 制备好的一半胶料、促进剂、硫黄和剩余的胶料。放下上顶栓	0.5	0.5
c）混炼胶料直到温度达到 110℃或总混炼时间达到 2 min，满足其中一个条件即可卸料	1.5（最多）	2.0
总时间（最多）		2.0
d）立即将胶料在辊距为 0.8 mm，辊温为 50℃±5℃的实验室开炼机上薄通		
e）使胶料打卷纵向薄通六次		
f）将胶料压成约 6 mm 的厚度，检查胶料质量（见 GB/T 6038）。如果胶料质量与理论值之差超过+0.5%或−1.5%，废弃此胶料，重新混炼		
g）切取足够的胶料供硫化仪试验用		
H）按照 GB/T 528 的要求，将胶料压成约 2.2 mm 的厚度，用于制备硫化试片；或者制成适当厚度，用于制备环形试样		
I）如有可能，在 GB/T 2941 规定的标准温度或湿度下将混炼后胶料停放 30 min～24 h		
方法 B——开炼机混炼		
概述：①标准实验室开炼机胶料质量（以 g 计）应为配方量的 2 倍。混炼过程中辊筒的表面温度应保持在 50℃±5℃。在开始混炼前，将氧化锌、硬脂酸、油和炭黑放在合适的容器中混合（见下文注解） ②混炼期间，应保持辊筒间隙有适量的滚动堆积胶，如果按下面规定的辊距达不到这种要求，有必要对辊距稍作调整		
程序	持续时间/min	累计时间/min
a）设定辊温为 50±5℃，辊距为 0.7 mm，将橡胶在快速辊上包辊	1.0	1.0
b）沿辊筒用刮刀均匀地加入油、炭黑、氧化锌和硬脂酸的混合物	13.0	14.0
注：采用配方 2、4 和 5 时，可以留一部分油在程序 C 中添加［程序 b）+c）］		17.0
c）当加入约一半混合物时，将辊距调至 1.3 mm，从每边作 3/4 割刀一次。然后加入剩余的混合物，再将辊距调节到 1.8 mm。当全部混合物加完后，从每边作 3/4 割刀两次。务必将掉入接料盘中的所有物料加入混炼胶中	3.0	19.0
d）沿辊筒均匀地加入促进剂和硫黄，使辊距保持在 1.8 mm	2.0	21.0
e）从每边作 3/4 割刀三次，每刀间隔为 15 s	2.0	21.0
f）下片。辊距调节至 0.8 mm，将胶料打卷，从两端交替加入纵向薄通六次		
总时间		
g）将胶料压成约 6 mm 的厚度，检查胶料质量（见 GB/T 6038），如果胶料质量与理论值之差，超过+0.5%或−1.5%，废弃此胶料，重新混炼		
h）切取足够的胶料供硫化仪试验用		
I）将胶料压成约 2.2 mm 的厚度，用于制备硫化试片；或者制成适当的厚度，用于制备环形试样		
J）如有可能，在 GB/T 2941 规定的标准温度和湿度下，将混炼后胶料停放 2～24 h		
方法 C——密炼机初混炼开炼机终混炼		
程序	持续时间/min	累计时间/min
①初混炼程序：		
a）调节密炼机温度，在大约 5 min 内达到终混炼温度 150℃。关闭卸料口，设定转子速度为 8 rad/s（77 r/min）时，开启电机，升起上顶栓	0	0

续表

程序	持续时间/min	累计时间/min
b）装入橡胶、氧化锌、炭黑、油和硬脂酸。放下上顶栓	0.5	0.5
c）混炼胶料	2.5	3.0
d）升起上顶栓，清扫密炼机加料颈部和上顶栓顶部，放下上顶栓	0.5	3.5
e）温度达 150℃或在 5 min 后，满足其中一个条件即可卸下胶料	1.5（最多）	5.0
总时间（最多）		5.0
f）立即将胶料在辊距为 2.5 mm，辊温为 50±5℃的实验室开炼机上薄通三次。检查胶料质量（见 GB/T 6038），如果胶料质量与理论值之差超过+0.5%或−1.5%，废弃此胶料，重新混炼		
G）如有可能，在 GB/T 2941 规定的标准温度和湿度下，将混炼后胶料停放 30 min～24 h		
②开炼机终混炼程序：		
在混炼期间，应保持辊筒间隙有适量的滚动堆积胶，如果按下面规定的辊距达不到这种要求，有必要对辊距稍作调整		
标准实验室开炼机胶料质量（以 g 计）应为配方量的 2 倍		
a）设定辊温为 50±5℃，辊距为 1.5 mm，将母炼胶在快速辊上包辊并加入硫黄和促进剂，待其完全分散后，再割刀。务必将掉入接料盘中的所有物料加入混炼胶中	1.0	1.0
b）每边作 3/4 割刀三次，每次间隔 15 s	2.0	3.0
c）下片。将辊距调节至 0.8 mm，将胶料打卷，从两端交替加入纵向薄通六次	2.0	5.0
总时间		
d）将胶料压成约 6 mm 的厚度，检查胶料质量（见 GB/T 6038—1993）。如果胶料质量与理论值之差超过+0.5%或−1.5%，废弃此胶料，重新混炼		
E）切取足够的胶料供硫化仪试验用		
F）将胶料压成约 2.2 mm 的厚度，用于制备硫化试片；或者制成适当的厚度，用于制备环形试样		
G）如有可能，在 GB/T 2941 规定的标准温度和湿度下，将混炼后胶料停放 2～24 h。		

5.2.3 乙丙橡胶的技术标准

1. 二元乙丙橡胶（Ethylene - Propylene Rubber）

二元乙丙橡胶的典型技术指标见表 1.1.2-58。

表 1.1.2-58 二元乙丙橡胶的典型技术指标

二元乙丙橡胶的典型技术指标			
项目	指标	项目	指标
聚合形式	加成	门尼黏度 ML［(1+4) 100℃］	38～83
聚合方法	配位负离子	相对密度	0.85～0.86
共聚物组成比（乙烯单元组成）/%	40～60		
二元乙丙橡胶硫化胶的典型技术指标			
300%定伸应力/MPa	11.4～16.2	耐老化性（150℃×72 h） 伸长率变化率/%	−79～−17
拉伸强度/MPa	15.1～20.8		
拉断伸长率/%	310～420	耐臭氧老化（50 pphm，50℃）	在 178 h 发生龟裂
撕裂强度/(kN·m^{-1})	34.3～43.1	电导率（1 kHz)/(S·cm^{-1})	3.34
硬度（JIS A）	62～90	介电损耗角正切（1 kHz）	0.0079
压缩永久变形（100℃×22 h)/%	25～40	介电强度/(kV·mm^{-1})	40
回弹性/%	51～58	体积电阻率/(×10^{15} Ω·cm)	0.156

注：详见《橡胶原材料手册》，于清溪、吕百龄等编写，化学工业出版社，2007 年 1 月第 2 版，第 137～138 页。

2. 三元乙丙橡胶（ethylene - propylene diene methylene，ethylene - propylene terpolymer）

三元乙丙橡胶的典型技术指标见表 1.1.2-59。

表 1.1.2-59 三元乙丙橡胶的典型技术指标

三元乙丙橡胶的典型技术指标			
项目	指标	项目	指标
聚合形式	加成	气透性（30℃，相对天然橡胶） H_2 O_2 N_2	 82 160 133
聚合方法	配位负离子		
聚合体系	溶液、悬浮		
共聚物组成比（乙烯单元组成）/%	40～60		

续表

项目	指标	项目	指标
相对密度	0.85～0.86	电导率（1 kHz）/($S\cdot cm^{-1}$)	2.2
玻璃化温度 T_g/℃	−58～−50	介电损耗角正切（1 kHz）	0.0015
脆性温度/℃	−90[a]	介电强度/($kV\cdot mm^{-1}$)	28
比热容/[$J\cdot(g\cdot ℃)^{-1}$]	2.2	体积电阻率/($\times10^{15}\ \Omega\cdot cm$)	50
热导率/[$J\cdot(cm\cdot s\cdot ℃)^{-1}$]	8.5×10^4	折射率 n_D	1.48
三元乙丙橡胶硫化胶的典型技术指标			
弹性模量（动态[b]）/MPa	4.9	耐老化性（100℃×72 h）伸长率变化率/%	−79～−53
300%定伸应力/MPa	8.8～16.2		
拉伸强度/MPa	9.0～20.8	电导率（1 kHz）/($S\cdot cm^{-1}$)	3.36
拉断伸长率/%	240～420	介电损耗角正切（1 kHz）	0.0297
撕裂强度/($kN\cdot m^{-1}$)	24.5～43.1	介电强度/($kV\cdot mm^{-1}$)	40
硬度（JIS A）	40～90	体积电阻率/($\times10^{15}\ \Omega\cdot cm$)	0.156
压缩永久变形（70℃×22 h）/%	5～20	回弹性/%	50～55

注：[a] 原文如此，有误，不可能这么低。
[b] 原文未标注试验频率。
详见《橡胶原材料手册》，于清溪、吕百龄等编写，化学工业出版社，2007 年 1 月第 2 版，第 140 页。

5.3　乙丙橡胶的牌号与供应商

乙丙橡胶的牌号与供应商见表 1.1.2－60。

表 1.1.2－60　乙丙橡胶的牌号与供应商（一）

供应商	牌号	门尼黏度	乙烯含量/%	挥发分(≤)/%	钒含量/($mg\cdot kg^{-1}$)(≤)	灰分(≤)/%	碘值（ENB）[a]/[$g\cdot(100\ g)^{-1}$]	充油份数	剪切稳定指数（SSI）(≤)	说明
中石油吉林公司	2070	64～74	56.5～61.5				3～7			
	3062E	56～72	68.5～74.5				8～14	17～23		
	3080	70～80	68.5～74.5				8～14			
	3080P	70～80	68.5～74.5				8～14			
	3092E	65～75	57.5～62.5				10.5～15.5	17～23		
	J－4045	38～52	53.0～59.0				19～25			
	J－4090	60～70	53.5～58.5				20～24			
	J－0010	8～12	50.0～54.0	1.2					25	
	J－0020	13～20	50.0～54.0						30	
	J－0030	25～35	45.0～50.0		10	0.10			35	润滑油填充
	J－0050	45～55	48.0～52.0	0.75					45	
	J－0080	65～75	47.0～53.0						55	

注：[a] 碘值指与 100 g 试样反应所消耗碘的克数，是高分子材料不饱和程度的量度。利用氯化碘或溴对双键的加成来测定不饱和键，特别是 C═C 和 C≡C。测定碘值的方法有威奇斯（Wijs）法和考夫曼（Kaufmann）法。

表 1.1.2－60　乙丙橡胶的牌号与供应商（二）

供应商	牌号	门尼黏度 ML[(1+4)125℃]	乙烯含量/wt.%	第三单体类型	第三单体含量/wt.%	填充油种类	填充油份数	相对分子质量分布	剪切稳定性指数/%	备注
朗盛化学	Keltan ® 2450	28	48.0	ENB	4.1			CLCB		
	Keltan ® 2470S	25	69.0	ENB	4.2			CLCB		
	Keltan ® 2470L	22	69.0	ENB	4.2			CLCB		
	Keltan ® 2650	25	53.0	ENB	6.0			CLCB		
	Keltan ® 2750	28	48.0	ENB	7.8			CLCB		

续表

供应商	牌号	门尼黏度 ML [(1+4) 125℃]	乙烯含量 /wt. %	第三单体类型	第三单体含量 /wt. %	填充油种类	填充油份数	相对分子质量分布	剪切稳定性指数/%	备注
朗盛化学	Keltan ® 3050	51	49. 0	—				窄		ML [(1+4) 100℃]
	Keltan ® 3250Q	33	55. 0	ENB	2. 3			窄		
	Keltan ® 3470	36	68. 0	ENB	4. 6			CLCB		
	Keltan ® 3960Q	54	56. 0	ENB	11. 4			窄		ML [(1+8) 100℃]
	Keltan ® 3973	34	66. 0	ENB	9. 0	洁净石蜡油	30	窄		
	Keltan ® 4450	46	52. 0	ENB	4. 3			窄		
	Keltan ® 4450S	42	52. 0	ENB	4. 3			CLCB		
	Keltan ® 4465	48	56. 0	ENB	4. 1	洁净石蜡油	50	宽		
	Keltan ® 4460D	46	58. 0	DCPD	4. 5			宽		
	Keltan ® 4577	46	66. 0	ENB	5. 1	洁净石蜡油	75	窄		
	Keltan ® 4869	48	64. 0	ENB	8. 7	洁净石蜡油	100	CLCB		
	Keltan ® 4869C	48	62. 0	ENB	8. 7	洁净石蜡油	100	CLCB		
	Keltan ® 5260Q	55	62. 0	ENB	2. 3			窄		
	Keltan ® 5465Q	37	64. 0	ENB	4. 0	洁净石蜡油	50	窄		ML [(1+8) 150℃]
	Keltan ® 5469	52	63. 2	ENB	4. 5	洁净石蜡油	100	CLCB		
	Keltan ® 5469Q	38	59. 0	ENB	4. 0	洁净石蜡油	100	窄		ML [(1+8) 150℃]
	Keltan ® 5470	55	70. 0	ENB	4. 6			CLCB		
	Keltan ® 5470C	55	66. 0	ENB	4. 6			CLCB		
	Keltan ® 5470Q	57	67. 0	ENB	4. 7			窄		
	Keltan ® 6160D	63	64. 0	DCPD	1. 2			中等		
	Keltan ® 6260Q	67	67. 0	ENB	2. 8			窄		
	Keltan ® 6470C	63	64. 0	ENB	4. 8			CLCB		
	Keltan ® 6471	65	66. 5	ENB	4. 7	洁净石蜡油	15	窄		
	Keltan ® 6950	65	48. 0	ENB	9. 0			CLCB		
	Keltan ® 6950C	65	44. 0	ENB	9. 0			CLCB		
	Keltan ® 6951C	63	44. 0	ENB	9. 0	洁净石蜡油	15	CLCB		
	Keltan ® 7470Q	70	67. 0	ENB	4. 7			窄		
	Keltan ® 7752C	53	45. 0	ENB	7. 5	洁净石蜡油	20	CLCB		ML [(1+8) 150℃]
	Keltan ® 8550	80	55. 0	ENB	5. 5			CLCB		
	Keltan ® 8550C	80	48. 0	ENB	5. 5			CLCB		
	Keltan ® 8570	80	70. 0	ENB	5. 0			CLCB		
	Keltan ® 8570C	80	66. 0	ENB	5. 0			CLCB		
	Keltan ® 9565Q	67	62. 0	ENB	5. 5	洁净石蜡油	50	窄		ML [(1+8) 150℃]
	Keltan ® 9650Q	60	54. 0	ENB	6. 5			窄		ML [(1+8) 150℃]
	Keltan ® 9950	60	48. 0	ENB	9. 0			CLCB		ML [(1+8) 150℃]
	Keltan ® 9950C	60	44. 0	ENB	9. 0			CLCB		ML [(1+8) 150℃]
	Keltan ® 0500R		49. 0	—				窄	22	
	Keltan ® 1500R		49. 0	—				窄	35	MFI19℃/2. 16 kg：11. 0
	Keltan ® Eco 0500R	11	49. 0	—				窄	22	环保生物基
	Keltan ® Eco 3050	51	49. 0	—				窄		ML [(1+4) 10℃]；环保生物基
	Keltan ® Eco 5470	55	70. 0	ENB	4. 6			CLCB		环保生物基
	Keltan ® Eco 6950	65	48. 0	ENB	9. 0			CLCB		环保生物基
	Keltan ® Eco 8550	80	55. 0	ENB	5. 5			CLCB		环保生物基
	Keltan ® Eco 9950	60	48. 0	ENB	9. 0			CLCB		环保生物基

乙丙橡胶的其他供应商还有：中石化燕山分公司、上海中石化三井化工有限公司、山东玉皇化工有限公司、中石化高桥分公司等。

乙丙橡胶的国外供应商与牌号还有：美国杜邦陶氏弹性体公司［Nordel、Nordel TP（茂金属催化）］、美国埃克森美孚化学公司（Vistalon）、美国尤尼洛伊尔化学公司（Uniroyal ChenicaCo. Inc.，Royalene），意大利 Polimeri Europe S. r. l 公司（Dutral CO 和 Dutral TER），日本合成橡胶（Japan Syntheic Rubber Co.，JSR）、三井化学公司（Mitsui Chemicals Inc.，Mitsui－EPT）、日本住友化学公司（Sumitomo Chemical Co. Ltd.，Esprene），巴西 Nitriflex S. A. Industria e Comercio 公司，印度 Herdillia Unimers 公司、俄罗斯 Nizhnekamsknehekhim 公司等。

六、聚异丁烯、丁基橡胶和卤化丁基橡胶

6.1　聚异丁烯（polyisobutylene）

聚异丁烯以单体异丁烯聚合而得，代号为 PIB。聚异丁烯的合成方法分为溶液聚合与淤浆聚合。溶液聚合是异丁烯单体在液态乙烯溶剂中在三氟化硼引发剂的作用下聚合；淤浆法是异丁烯单体在三氯化铝引发剂作用下，以氯化甲烷为渗剂聚合。聚异丁烯是典型的饱和线形聚合物，其分子结构为：

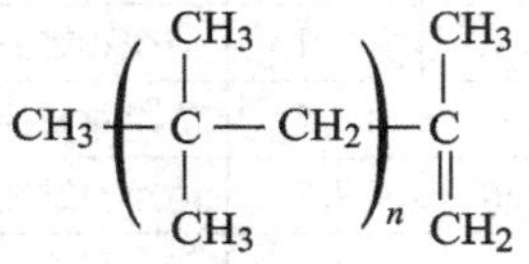

通常把数均分子量小于 1 000 的聚合物称为低分子量聚异丁烯，把分子量大于 1 000 的称为中高分子量聚异丁烯。

聚异丁烯由于没有不饱和键和活性官能团，所以不易硫化，用有机过氧化物如二叔丁基过氧化物交联才能获得一定的力学性能，需炭黑补强。聚异丁烯的特性为：弹性很高；有极好的耐老化性和良好的气密性、电绝缘性；冷流现象严重；有很好的填充能力，可以混入大量填料；可以任何比例与其他橡胶共混并用，以增加黏着性、柔性、耐老化性和电绝缘性等。

低分子量聚异丁烯主要用于胶黏剂基料、增黏剂、表面保护层、填缝隙腻子、涂料、口香糖胶料、软化剂等。高分子量聚异丁烯主要用于橡胶制品或树脂制品、改性剂（与橡胶或树脂共混）、密封材料、绝缘材料等。

6.2　丁基橡胶（isobutylene-isoprene rubber，isoprene-isobutylene rubber，butyl rubber）

聚异丁烯-异戊二烯橡胶，即丁基橡胶，是异丁烯和少量异戊二烯（1%～5%，质量分数）以一卤甲烷为溶剂，以三氯化铝为引发剂进行低温（－95～－100℃）阳离子聚合反应生成的一种合成橡胶，其不饱和度为 0.6%～3.3%（摩尔分数），为白色或暗灰色的透明弹性体。其具有优良的气密性和良好的耐热、耐老化、耐酸碱、耐臭氧、耐溶剂、电绝缘、阻尼及低吸水等性能。

丁基橡胶的分类如下：

- 丁基橡胶
  - 一般品种
    - 不饱和度：0.6%～1.0%（mol）
    - 1.1%～1.5%（mol）
    - 1.6%～2.0%（mol）
    - 2.1%～2.5%（mol）
    - 2.6%～3.3%（mol）
  - 卤化品种
    - 氯化丁基橡胶
    - 溴化丁基橡胶

丁基橡胶的结构式为：

结构式 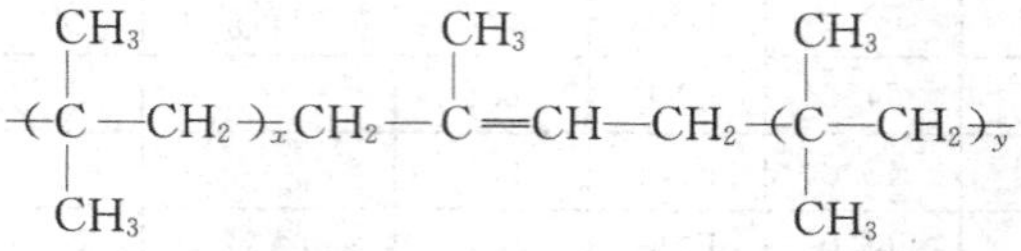

丁基橡胶分子主链周围有密集的侧甲基，在聚合中引入异戊二烯共聚是为了便于橡胶交联，其数量相当于主链上每 100 个碳原子约有一个双键（单个存在），而天然橡胶则是主链上每 4 个碳原子就有一个双键，因此丁基橡胶可以近似地看作饱和橡胶，但因双键的位置与 EPDM 中双键的位置不同，其不饱和双键位于主链上，对稳定性的影响较大。丁基橡胶中的异戊二烯链节主要以反式-1，4-聚合为主，也有少量的 1，2-聚合或 3，4-聚合。丁基橡胶基本上无支化，因为异戊二烯量很少。

丁基橡胶是能结晶的自补强橡胶，其结晶熔点 T_m 为 45℃，无定型部分的 T_g 为－63～－79℃。丁基橡胶结晶对低温不敏感，低温下不易结晶，伸长率低于 150%也未见结晶，高拉伸下才出现结晶。若温度低于－40℃，再加上拉伸的条件，则结晶很快，未补强橡胶的强度可以达到 20 MPa 左右，但为了提高耐磨、抗撕裂等力学性能，仍需补强。

异丁烯-异戊二烯橡胶（IIR）按照 GB/T 5576－1997 和 GB/T 5577－2008 的规定，按以下方式命名牌号：异丁烯-异戊二烯橡胶（IIR）牌号由两个字符组组成。

字符组 1：异丁烯-异戊二烯橡胶的代号；按照 GB/T 5576－1997 的规定，异丁烯-异戊二烯橡胶代号为 IIR。

字符组 2：异丁烯-异戊二烯橡胶的特征信息代号，由四位数字组成。前两位为不饱和度的标称值，不饱和度大于 1 时，用标称值的前两位数字表示，不饱和度小于 1 时，用“0+标称值的第一位数字”表示；后两位为生胶门尼黏度标称值，用标称值的前两位数字表示。

示例：

IIR 17 51

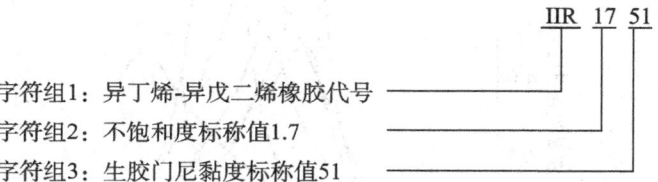

字符组1：异丁烯-异戊二烯橡胶代号

字符组2：不饱和度标称值1.7

字符组3：生胶门尼黏度标称值51

丁基橡胶的主要性能特点为：

1）具有优良的化学稳定性、耐水性、高绝缘性，耐热性、耐侯性好，耐酸碱、耐腐蚀，这些性能在通用橡胶中略逊于乙丙橡胶。丁基橡胶耐热制品应选用不饱和度高的牌号，这主要是因为丁基橡胶热老化后会变软，交联密度下降，不饱和度高的丁基橡胶起始交联密度大，热老化后的交联密度仍可比低不饱和度的高，且不饱和度高的丁基橡胶热老化后硬度下降幅度小，所以性能仍较好。

2）在通用橡胶中丁基橡胶的气密性是最好的。不同橡胶在不同温度下的空气渗透率如图 1.1.2-3 所示。

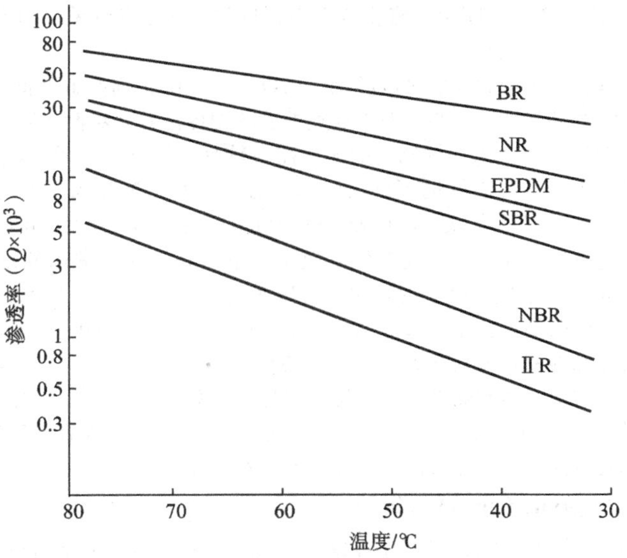

图 1.1.2-3 不同橡胶在不同温度下的空气渗透率

3）丁基橡胶的弹性在通用橡胶中是最低的，室温冲击弹性只有 8%～11%，这主要是因为丁基橡胶主链周围密集的侧甲基使它的分子链内旋转位垒增高。因其弹性低，吸收振动能力强，所以丁基橡胶也是最好的阻尼材料，在很宽的温度（−30～50℃）和频率范围内可以保持 tanδ≥0.5，回弹性不大于 20%，其良好的减震性能特别适用于缓冲性能要求高的发动机座和减震器。各种橡胶在不同温度下的冲击弹性如图 1.1.2-4 所示。不同橡胶的损耗正切峰与频率的关系如图 1.1.2-5 所示。

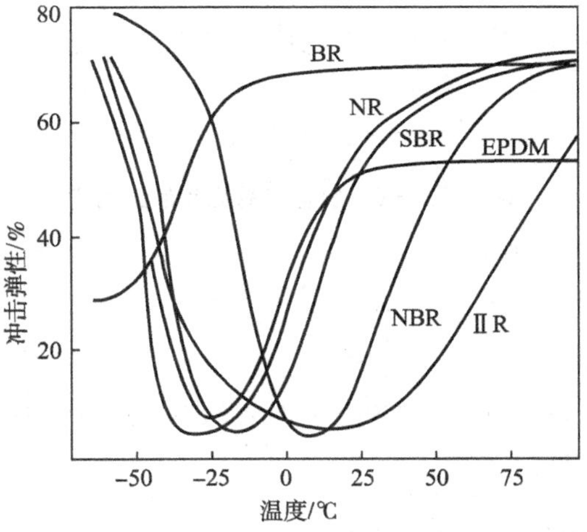

图 1.1.2-4 各种橡胶在不同温度下的冲击弹性

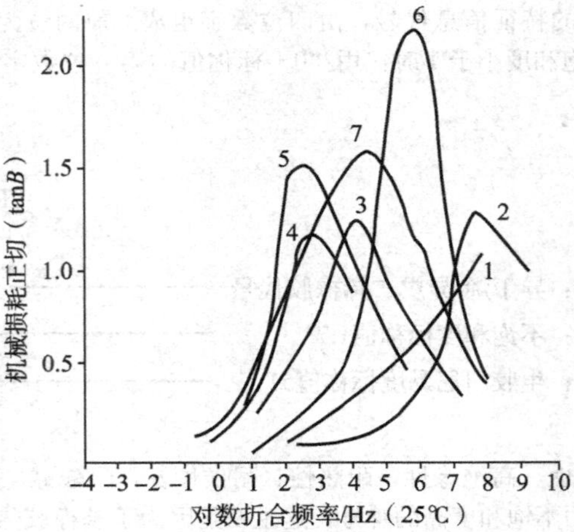

图 1.1.2－5　不同橡胶的损耗正切峰与频率的关系

1—氯丁橡胶；2—三元乙丙橡胶；3—氯磺化聚乙烯橡胶；4—氟橡胶；5—2-氯丁二烯与丙烯腈的共聚物；6—天然橡胶；7—丁基橡胶

4）丁基橡胶为结晶自补强橡胶，拉伸强度较高，未填充硫化胶的拉伸强度可达 20 MPa 左右。

5）丁基橡胶结构中无极性基团，活性基团少，硫化速度慢，自黏性和互黏性差，与金属黏合性不良；与不饱和橡胶相容性差，但可与乙丙橡胶和聚乙烯等共混并用。

丁基橡胶与乙丙橡胶一样，具有比不饱和橡胶难以硫化、难以黏接，配合剂溶解度低，包辊性不好等特点，又具有不能用过氧化物硫化、一般炭黑对它的补强性差、与一般二烯类橡胶的相容性差、对设备的清洁度要求高等特点。

硫化体系可以选用较强的硫黄促进剂体系、树脂、醌肟，需在较高的温度（150℃以上）进行长时间的硫化。硫黄硫化体系中，硫黄用量应较不饱和橡胶少，促进剂选用秋兰姆和二硫代氨基甲酸盐为主促进剂，噻唑类或胍类为第二促进剂；树脂硫化产生—C—C—、—C—O—C—交联，硫化胶的耐热性好，在 150℃×120 h 热老化后交联密度基本不变，压缩永久变形小，无返原现象；用过氧化物硫化会引起断链，故不宜采用。补强最常用的是炭黑，但效果不如不饱和橡胶好，结合橡胶只有 5%～8%，一般使用槽黑，高温密炼或加入热处理剂如 N，4－二亚硝基-N－甲基苯胺 0.5 份并进行高温混炼，补强效果可以得到提高。增塑剂不宜用高芳烃油，宜用石蜡或石蜡油 5～10 份或凡士林 5～10 份，或适量环烷油。丁基橡胶自黏性及与其他橡胶的互黏性差，要在配方中加入增黏剂。

丁基橡胶不易塑炼，可以加入塑解剂使其断链。其混炼时密炼效果好于开炼。密炼容量应比 NR、SBR 的标准容量增加 10%～20%。混炼起始温度为 70℃，排胶温度高于 125℃，一般以 155～160℃为宜。丁基橡胶压延压出比天然橡胶困难得多，需防止焦烧。厚制品硫化时应注意丁基橡胶的传热速度比天然橡胶慢。

6.3　卤化丁基橡胶（halogenated butyl rubber）

为了提高丁基橡胶的硫化速度，提高与不饱和橡胶的相容性，改善自黏性和与其他材料的互黏性，可对丁基橡胶进行卤化，包括氯化和溴化，同时保持丁基橡胶的原有特性，以代号 XIIR 表示。氯化丁基橡胶（Chlorobutyl rubber）一般氯化的含氯量为 1.1%～1.3%，主要反应在异戊二烯链节双键的 α 位上；溴化丁基橡胶（Bromobutyl rubber）含溴量为 1.9%～2.1%。

卤化丁基橡胶一般是丁基橡胶在脂肪烃（如己烷）溶液中与氯或溴反应生成，其反应在严格控制下完成，保持了丁基橡胶分子中原有的双键。

氯化丁基橡胶的结构式如图 1.1.2－6 所示。

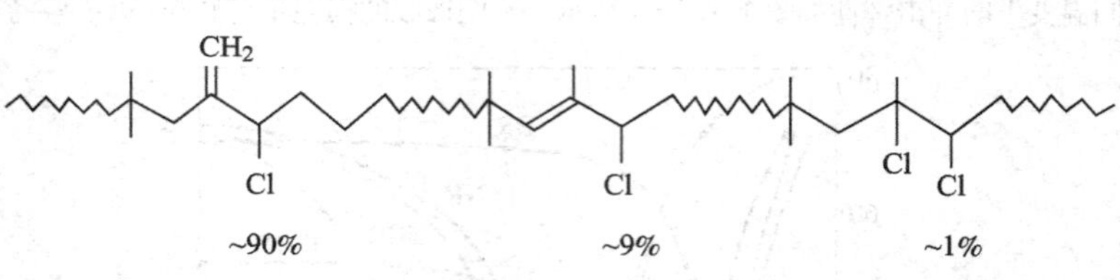

图 1.1.2－6　氯化丁基橡胶的结构式

溴化丁基橡胶的结构式如图 1.1.2－7 所示。

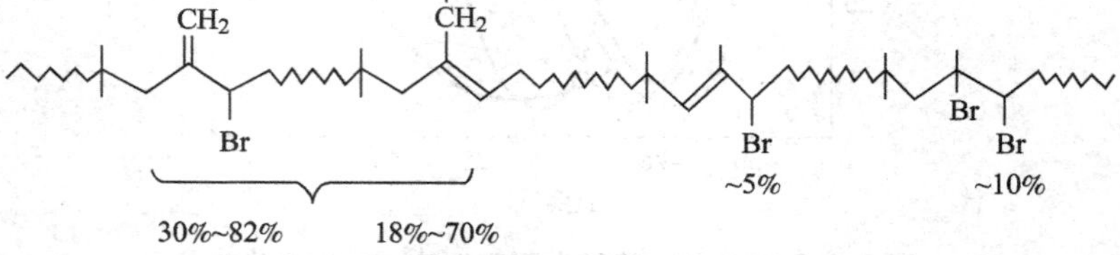

图 1.1.2－7　溴化丁基橡胶的结构式

由此可见，卤化丁基橡胶中90%以上是烯丙基卤的结构，基本上每一个双键伴有一个烯丙基卤原子，这种卤素比较活泼，易于起反应。卤化丁基橡胶主要利用烯丙基卤及双键活性点进行硫化，丁基橡胶的各种硫化体系均适用于卤化丁基橡胶，但卤化丁基橡胶的硫化速度较快。此外，卤化丁基橡胶还可用硫化氯丁橡胶的金属氧化物，如氧化锌3～5份来硫化，但硫化较慢。卤化丁基橡胶由于硫化交联密度提高，相比丁基橡胶耐热性更好，撕裂强度提高。卤化丁基橡胶能与不饱和橡胶共混并用，也可与乙丙橡胶、丁基橡胶并用，具有共硫化能力。

与丁基橡胶的加工工艺相类似，氯化丁基橡胶应在低于145℃的温度下混炼，其易粘辊；溴化丁基橡胶应在低于135℃的温度下混炼。

丁基橡胶在内胎、水胎、硫化胶囊、气密层、胎侧、电线电缆、防水建材、减震材料、药用瓶塞、食品（口香糖基料）、橡胶水坝、防毒用具、黏合剂、内胎气门芯、防腐蚀制品、码头船舶护舷、桥梁支承垫以及耐热运输带等方面具有广泛的用途。其中最主要的应用领域是轮胎工业，消费量占80%以上。

6.4 交联丁基橡胶

交联丁基橡胶是在丁基橡胶聚合中引入第三单体二乙烯基苯，进行异丁烯、异戊二烯、二乙烯基苯三元共聚，使聚合物有一定程度的交联，赋予生胶具有较高的生胶强度、回弹性及抗凹陷、抗流淌性。

交联丁基橡胶一般可不经硫化而成型使用，也可与丁基橡胶并用，混炼宜采用高剪切力的设备。交联丁基橡胶主要用作非硫化密封带及其他嵌缝材料，如汽车挡风玻璃的密封带、压敏胶黏剂等。

交联丁基橡胶牌号在朗盛化学现供应产品中已取消。

6.5 星形支化丁基橡胶（Star-Branchedbutyl Rubber）

丁基橡胶生胶强度低，抗蠕变差，这导致加工困难。克服这些不足要求较高的分子量，而升高分子量将引起松弛时间变长，使加工更为困难，因此通常采用加宽分子量分布的办法，但在丁基橡胶的聚合中这也难以实现。

美国Exxon公司采取在聚合时加入聚合物支化剂的方法得到星形支化的丁基橡胶，简称SBB。SBB是双峰聚合物，具有高分子量支化形式和低分子量的线形组成，其改进了丁基橡胶的生胶强度和混炼、压延、压出工艺性能。

星形支化丁基橡胶的供应商与商品牌号有：美国Exxon公司SBIIR 4266和SBIIR 4268为星形支化丁基橡胶，SBCIIR 5066为星形支化氯化丁基橡胶，SBBIIR 6222和SBBIIR 6255为星形支化溴化丁基橡胶。

6.6 异丁烯与对甲基苯乙烯的共聚物

为改进轮胎胎侧胶的耐老化性、耐臭氧老化性以及耐曲挠性，Exxon公司开发了异丁烯与对甲基苯乙烯共聚物，简称XP-50；其溴化物简称Br-XP-50。XP-50与Br-XP-50可用各种硫化体系硫化，所得硫化胶的耐老化性和耐屈挠性有显著提高。

6.7 聚异丁烯、丁基橡胶与卤化丁基橡胶的技术标准与工程应用

按照GB/T 5577—2008《合成橡胶牌号规范》，国产丁基橡胶的主要牌号见表1.1.2-61。

表1.1.2-61 国产丁基橡胶的主要牌号

牌号	不饱和度	门尼黏度 ML［(1+4) 100℃］	污染程度
IIR 1751	1.75	51	非污
IIR 1758	1.75	58	非污
IIR 1742	1.75	42	非污

6.7.1 丁基橡胶与卤化丁基橡胶的基础配方

丁基橡胶与卤化丁基橡胶的基础配方见表1.1.2-62、表1.1.2-63。

表1.1.2-62 丁基橡胶（IIR）的基础配方

原材料名称	ASTM纯胶配方	ASTM槽黑配方	炉黑配方[b]	原材料名称	纯胶配合	炭黑配合	醌肟配合	树脂配合
IIR	100	100	100	IIR	100	100	100	100
氧化锌	5	5	3	氧化锌	5	5	5	5
硫黄	2	2	1.75	硬脂酸	2	2	3	1
硬脂酸	—[a]	3	1	硫黄	2	1.5	2	
促进剂MBTS (DM)	—	0.5	—	对醌二肟			2	
促进剂TMTD	1	1	1	非卤化酚醛树脂				12
槽法炭黑	—	50	—	促进剂TT	1.5	1.5		
HAF	—	—	50	促进剂MBT (M)	0.5	0.5		
				聚对二亚硝基苯		0.2		

续表

原材料名称	ASTM 纯胶配方	ASTM 槽黑配方	炉黑配方[b]	原材料名称	纯胶配合	炭黑配合	醌肟配合	树脂配合
				CR				0.3[c]
				三氧化二铁			10	
				GPF		60		
				FEF			60	60
				石蜡油		20	20	
硫化条件	150℃×20 min、40 min、80 min 或 150℃×25 min、50 min、100 min			硫化条件	153℃×10′		145℃ ×30′	160℃ ×90′

注：[a] 因丁基橡胶生产中使用硬脂酸锌，故纯胶配合中可不使用硬脂酸。

[b] 详见《橡胶工业手册．第三分册．配方与基本工艺》，梁星宇等，化学工业出版社，1989 年 10 月（第一版，1993 年 6 月第 2 次印刷），第 317 页表 1-363～366，配方等同于 ISO 2302：2005、ASTM 3188、JIS 2-2-1；配方应使用粉末材料；使用 ASTM IRB No. 7 炭黑。

[c] 原文如此，习惯用量为 3～5 份。

表 1.1.2-63　卤化丁基橡胶（BIIR、CIIR）的基础配方

原材料名称	ASTM 基础配方	原材料名称	GB/T XXXX－XXXX 与 ISO 7663：2014
BIIR、CIIR	100	BIIR、CIIR	100.00
硬脂酸	1	硬脂酸[a,b]	1.00
促进剂 MBTS（DM）	2		
氧化镁	2		
HAF	50	工业参比炭黑[c]	40.00
促进剂 TMTD	1		
氧化锌	3	氧化锌[a,d]	5.00
硫化条件	153℃×30、40、50 min		

注：[a] 选用粉末材料。

[b] 应符合 GB/T 9103－2013 中 1840 型硬脂酸一等品的技术要求。

[c] 选用最新的工业参比炭黑。

[d] 应符合 GB/T 3185－1992 中规定的 BA01-05（Ⅰ型）橡胶用一级品氧化锌（间接法）的技术要求。

6.7.2　丁基橡胶和卤化丁基橡胶的硫化试片制样程序

1. 丁基橡胶的硫化试片制样程序

ISO 2302：2005《异丁烯-异戊二烯橡胶（IIR）评价方法》规定有 3 种混炼程序，分别为开炼机法、小型密炼机法和两段混炼法（密炼机初混开炼机终混），其两段混炼法见表 1.1.2-64。

表 1.1.2-64　丁基橡胶的硫化试片制样程序

方法 C　密炼机初混炼开炼机终混炼		
概述：标准实验室密炼机投料量为标准配方量的 8.5 倍（1 309 g），以 g 计		
程序	持续时间/min	累计时间/min
①密炼机初混炼程序：		
a）调节密炼机温度，将密炼机起始温度设定为 50℃。关闭卸料口，开启电机，升起上顶栓		
b）投入橡胶，放下上顶栓，塑炼橡胶	0.5	0.5
c）升起上顶栓，加入氧化锌、硬脂酸和炭黑，放下上顶栓	0.5	1.0
d）混炼胶料	2.0	3.0
e）升起上顶栓，清扫密炼机加料颈部和上顶栓顶部，放下上顶栓	0.5	3.5
f）混炼胶料	1.5	5.0
g）卸下胶料		
h）用合适的测量设备快速地测量胶料温度。如果测定温度超出 150～170℃，废弃胶料，再用不同的投料量，重复此步骤		
i）将胶料通过辊温为 50±5℃，辊距为 2.5 mm 的开炼机 3 次。将胶料压制成约 10 mm 厚，检查胶料质量如果胶料质量与理论值之差超过+0.5%或－1.5%，则弃去该胶料，重新混炼	2.0	7.0
j）调节胶料至少 30 min，但不超过 24 h。如有可能，在 ISO 23529 规定的标准温度和湿度下调节		

续表

程序	持续时间/min	累计时间/min
②开炼机终混炼程序： 标准实验室开炼机投料量为配方量的 3 倍（462 g），以 g 计。将开炼机温度设定为 50±5℃，辊距为 1.5 mm a）使橡胶包在慢辊上 b）加入硫黄和 TMTD。不进行割刀，直至硫黄和促进剂完全分散 c）从每边作 3/4 割刀 3 次，每次割刀间隔 15 s d）从开炼机下片。将辊距调节至 0.8 mm，将胶料打卷交替从两端纵向薄通六次 e）将胶料压成约 6 mm 厚的胶片，检查胶料质量（见 ISO 2393），如果胶料质量与理论值之差超过+0.5%或−1.5%，废弃此胶料，重新混炼 f）切取足够的胶料供硫化仪试验用 g）将胶料压成约 2.2 mm 的厚度，用于制备硫化试片；或者制成适当的厚度，用于制备环形试样 h）如有可能，在 GB/T 2941 规定的标准温度和湿度下，将混炼后胶料停放 2～24 h		

2. 卤化丁基橡胶的硫化试片制样程序

ASTM D3958—2006《橡胶标准试验方法—卤化异丁烯-异戊二烯橡胶（BIIR 和 CIIR）的评价》规定有 3 种混炼程序，分别是开炼机法、小型密炼机法、两段密炼法：初密炼-终密炼法；ISO 7663：2005《卤化异丁烯-异戊二烯橡胶（BIIR 和 CIIR）—评价方法》规定有 2 种混炼程序，分别为开炼机法和小型密炼机法（和 ASTM D3958—2006 相同）。卤化丁基橡胶的硫化试片制样程序见表 1.1.2-65，详见 GB/T XXXX—XXXX mod ISO 7663：2005。

试样制备、混炼和硫化所用的设备及程序应符合 GB/T 6038 的规定。

表 1.1.2-65　卤化丁基橡胶的硫化试片制样程序

方法 A　开炼机混炼程序		
概要：① 标准实验室开炼机每批投料量（以 g 计）都应为配方量的 4 倍。混炼过程中辊筒的表面温度应保持在 40±5℃ ② 含有氧化锌的卤化丁基硫化橡胶对湿度非常敏感，因此，炭黑应在 125±3℃温度，厚度不超过 10mm 的条件下烘干 1 h。将烘干的炭黑贮存在防潮容器中 ③ 混炼期间应保持适量的堆积胶，如果按规定的辊距达不到该要求，应对辊距稍作调整 ④ 混炼前应在适当的容器中将硬脂酸和炭黑混合均匀		
程序	持续时间/min	累计时间/min
a）调节辊距为 0.65 mm，使橡胶包覆慢辊	1.0	1.0
b）沿开炼机辊筒恒速均匀地加入硬脂酸和炭黑的混合物。在混炼期间散落的所有物料都要加入胶料中	9.5	10.5
c）将所有的硬脂酸和炭黑加入混炼胶料中，从每边作 3/4 割刀一次		
d）加入氧化锌	0.5	11.0
e）将散落的氧化锌全部加入混炼胶料后，交替地从每边作 3/4 割刀三次	3.0	14.0
f）下片。调节辊距至 0.8 mm，将混炼胶打卷纵向薄通六次	2.0	16.0
g）将胶料压成厚约 6 mm 的胶片，检查胶料质量（见 GB/T 6038），如果胶料质量与理论值之差超过+0.5%或−1.5%，则弃去此胶料并重新混炼	2.0	18.0
h）取足够的胶料，按 GB/T 16584 或 GB/T 9869 评价硫化特性		
i）将胶料压成厚约 2.2 mm 的胶片用于制备试片；或者制成适当厚度的胶片按照 GB/T 528 的规定制备环形试样		
j）胶料在混炼后硫化前和硫化特性测试前，按 GB/T 2941 规定的标准温度和湿度调节 2～24 h		
方法 B　小型密炼机混炼程序		
概要：①额定容积为 64 cm^3 的小型密炼机，投料量应是配方量的 0.48 倍，按方法 A 概要②的规定烘干炭黑 ②在辊温为 50±5℃，辊距约 0.5 mm 的开炼机上使橡胶过辊一次。将胶片剪成宽约 20 mm 的胶条 ③小型密炼机的模腔温度保持在 60±3℃，空载时转子速度为 6.3～6.6 rad/s（弧度/s）（60～63 rpm）		
程序	持续时间/min	累计时间/min
a）先加入 3/4 的橡胶，再加入硬脂酸、氧化锌和炭黑，放下上顶栓，打开计时器 b）混炼胶料。升起上顶栓，清扫加料口。加入剩余的橡胶 c）混炼胶料 d）关掉电机，升起上顶栓，打开混炼室，卸下胶料。记录所卸胶料的最高温度 注：混炼 5 min 后，卸下的胶料最终温度不应超过 120℃。如达不到上述条件，应改变胶料质量或料腔温度 e）在辊温为 40±5℃，辊距为 3.0 mm 的开炼机上立即使胶料过辊两次；或在 30±5℃，压力为 100 kN 的双面不锈钢板间将胶料挤压 5 s f）检查胶料质量（见 GB/T 6038），如果胶料质量与理论值之差超过+0.5%或−1.5%，则弃去此胶料，重新混炼		

续表

程序	持续时间/min	累计时间/min
g）取足够的胶料，按 GB/T 2941 规定的标准温度和湿度调节 2～24 h，按 GB/T 16584 或 GB/T 9869 评价硫化特性 h）将胶料压成厚约 2.2 mm 的胶片用于制备试片；或者制成适当厚度的胶片，按照 GB/T 528 的规定制备环形试样 i）将胶料在混炼后硫化前，按 GB/T 2941 规定的标准温度和湿度调节 2～24 h		

6.7.3 聚异丁烯、丁基橡胶与卤化丁基橡胶的技术标准

1. 聚异丁烯的典型技术指标

聚异丁烯的典型技术指标见表 1.1.2-66。

表 1.1.2-66 聚异丁烯的典型技术指标

聚异丁烯的典型技术指标		
项目	低分子量聚异丁烯	中高分子量聚异丁烯
聚合形式	加成	加成
聚合方式	正离子	正离子
聚合体系	溶液、淤浆	溶液、淤浆
分子量（按 Stangdinger 法测定）	1 000～25 000	7.5×10^4～25×10^4
相对密度	0.83～0.91	0.84～0.94
比热容/[kJ·(kg·K)$^{-1}$]	1.95	1.948
玻璃化温度 T_g/℃		—30～70
折射率（n_{D20}）	1.502 0～1.506 0	1.507 0～1.508 0
介电常数（1 kHz，25℃）	2.2～2.25	2.3
电阻率（20℃）/(Ω·cm)		10^{15}
介电强度（25℃）/(kV·mm^{-1})	12～14	23

聚异丁烯硫化胶的典型技术指标			
配合			
材料	1#	2#	3#
聚异丁烯	100	100	100
硫黄	—	5	5
二叔丁基过氧化物	—	—	5
炭黑	50	50	50
物理机械性能			
拉伸强度/MPa	52[a]	65.2[a]	145.1[a]
拉断伸长率/%	1 350	1 330	1 130
500%定伸应力/MPa	4.9[a]	5.4[a]	9.81[a]
1 000%定伸应力/MPa	12.7[a]	15.7[a]	59.8[a]

注：详见《橡胶原材料手册》，于清溪、吕百龄等编写，化学工业出版社，2007 年 1 月第 2 版，第 121 页。
[a] 原文如此。

2. 丁基橡胶技术标准

丁基橡胶的典型技术指标见表 1.1.2-67。

表 1.1.2-67 丁基橡胶的典型技术指标

丁基橡胶的典型技术指标			
项目	指标	项目	指标
聚合形式	加成聚合	比热容/[J·(g·℃)$^{-1}$]	1.84～1.92
聚合方式	正离子	线膨胀系数（T_g 以上)/[$\times10^{-4}$·(℃)$^{-1}$]	1.8

续表

项目	指标	项目	指标
聚合体系	悬浮	折射率 n_D	1.507 8～1.508 1
平均分子量$\overline{Mn}$/(×10^4 g·mol^{-1})	30～50	电导率（1 kHz)/(S·cm^{-1})	2.3～2.35
门尼黏度 ML［(1+4) 100℃］	40～90	介电损耗角正切：1 300 MHz 1 kHz 1 300 MHz[a]	2.12～2.35 0.000 5～0.001 0.000 4～0.000 8
相对密度	0.91～0.96		
玻璃化温度 T_g/℃	−75～−67		
丁基橡胶硫化胶的典型技术指标			
项目	指标	项目	指标
300%定伸应力/MPa	2.20～12.7	回弹性（Luepke)/%	6（0℃)～48（60℃）
拉伸强度/MPa	8.8～20.6	耐臭氧性（50 pphm，38℃）	77 日发生龟裂
拉断伸长率/%	300～700	电导率（1 kHz)/(S·cm^{-1})	30
撕裂强度/(kN·m^{-1})	44～58.8	介电损耗角正切（1 kHz)	0.005 4
硬度（JIS A)	48～75	体积电阻率/(×10^{15} Ω·cm)	1.2～4
压缩永久变形（70℃×24 h，压缩 25%)/%	10～51		

注：[a] 原文如此，详见《橡胶原材料手册》，于清溪、吕百龄等编写，化学工业出版社，2007 年 1 月第 2 版，第 123 页。

丁基橡胶的技术要求见表 1.1.2-68，详见 GB/T 30922—2014。

表 1.1.2-68　异丁烯-异戊二烯橡胶（IIR）的技术要求和试验方法

项目		IIR1751 优级品	IIR1751 合格品	试验方法
挥发分（质量分数)/%		≤0.3	≤0.5	GB/T24131—2009 烘箱法
灰分（质量分数)/%		≤0.3		GB/T 4498—1997 方法 A
生胶门尼黏度　ML［(1+8) 125℃］		51±5		GB/T1232.1—2000
不饱和度		1.7±0.2		附录 A
硫化特性[a,b]	M_H/dNm	86.6±6.0		按照 SH/T 1717—2008 的方法 C 混炼 按照 GB/T 9869—1997 测定。采用 SH/T 1717—2008 中 6.1 规定的试验条件
	M_L/dNm	16.8±4.5		
	t'_C（50)/min	7.7±3.0		
	t'_C（90)/min	24.2±4.0		
	t_{S2}/min	2.7±1.5		
	F_H/dNm	16.8±1.4		按照 SH/T 1717—2008 的方法 C 混炼 按照 GB/T 16584—1996 测定 采用 SH/T 1717—2008 中 6.2 规定的试验条件
	F_L/dNm	3.3±0.9		
	t'_C（50)/min	5.3±2.0		
	t'_C（90)/min	20.4±3.3		
	t_{S1}/min	2.0±1.0		

注：[a] GB/T 9869—1997 和 GB/T 16584—1996 的测定结果不具有可比性，供需双方应商定硫化特性的测定方法。
[b] 硫化特性采用 ASTM IRB No.7 炭黑评价。

3. 卤化丁基橡胶的技术指标典型值

卤化丁基橡胶的典型技术指标见表 1.1.2-69。

表 1.1.2-69　卤化丁基橡胶的典型技术指标

项目	CIIR 1066	CIIR 1068	BIIR 2030	BIIR 2032	BIIR 2046	试验方法
生胶门尼黏度 ML［(1+8) 125℃］	34.6	45.6	35.8	30.1	36.4	GB/T1232.1—2000
挥发分质量分数（≤)/%	0.19	0.16	0.40	0.57	0.74	GB/T24131—2009 中规定的热辊法 A，对于易黏辊对的推荐使用烘箱法 B

续表

项目		CIIR 1066	CIIR 1068	BIIR 2030	BIIR 2032	BIIR 2046	试验方法
灰分质量分数（≤）/%		0.31	0.37	0.37	0.62	0.31	GB/T4498—1997A 法
硫化特性	F_H/dNm	9.08	8.58	7.22	7.62	8.46	GB/T16584 — 1996，采用无转子硫化仪
	F_L/dNm	2.48	2.26	2.61	2.10	2.66	
	t'_C（50）/min	2.95	3.07	5.36	4.66	2.82	
	t'_C（90）/min	8.98	8.91	9.42	6.58	4.15	
	t_{S1}/min	0.78	0.84	1.20	1.38	1.35	
300%定伸应力/MPa	15 min	7.01	7.16	3.90	7.56	8.94	GB/T2941—2006
	30 min	8.28	8.83	6.43	7.66	8.49	
	45 min	8.14	8.67	6.13	7.80	8.98	
拉伸强度（≥）/MPa		15.6	14.8	12.8	14.6	15.5	
扯断伸长率（≥）/%		480	436	505	468	465	
硫化条件		150℃×15 min、30 min、45 min					

6.8　丁基橡胶的牌号与供应商

近年来国内各装置丁基橡胶生产情况见表 1.1.2-70。

表 1.1.2-70　各装置丁基橡胶的生产情况

生产厂	技术来源	设计产能/万吨	2010 年产量/万吨	2011 年产量/万吨
燕山石化	意大利 PI 公司	4.5	—	9.09 万
浙江信汇	俄罗斯	5	4.03	4.7 万
合计		9.5	4.03	13.79 万

2009 年世界丁基橡胶生产商及产能情况见表 1.1.2-71。

表 1.1.2-71　2009 年世界主要丁基橡胶的生产商及产能情况

生产厂家	产能/万吨	主要产品
美国埃克森美孚化学公司（Exxon Mobile Chemicals）	29.5	CIIR
朗盛公司加拿大工厂	13.5	IIR，CIIR，BIIR
朗盛公司比利时工厂	13.0	IIR，CIIR，BIIR
法国 Socabu 公司	7.0	IIR，CIIR，BIIR
英国埃克森美孚化工公司	11.0	IIR，CIIR，BIIR
俄罗斯 Nizhnekamskneftekhim 公司	10.0	IIR，CIIR
俄罗斯 Togliattikauchuk 公司	6.0	IIR
日本 JSR 公司	14.5	IIR，CIIR，BIIR

丁基橡胶的牌号与供应商见表 1.1.2-72。

表 1.1.2-72　丁基橡胶的牌号与供应商

质量项目与供应商	类型	牌号	灰分（≤）/%	Br 含量/%	Cl 含量/%	稳定剂含量/%	门尼黏度 ML［（1+8）125℃］	不饱和度	硫化特性
朗盛	普通丁基	RB100	0.3				33	0.9	
		RB301	0.3				51	1.85	
		RB402	0.3				33	2.25	
		RB101-3	0.3				51	1.75	
	溴化丁基	BB2030		1.8		1.3	32		
		BB2040		1.8		1.3	39		
		BB2230		1.95		1.3	32		
		BBX2		1.8		1.3	46		
	氯化丁基	CB1240			1.25	—	38		

丁基橡胶的其他供应商还有：中石化燕山分公司、浙江信汇合成新材料有限公司、盘锦振奥化工有限公司、天津市陆港石油橡胶有限公司、中石油大庆公司、台塑合成橡胶工业（宁波）有限公司等。

丁基橡胶的国外供应商还有：日本丁基橡胶公司（Japan Butyl Company. Ltd.，Butyl、Chlorobutyl 和 Bromobutyl）等。

七、丁腈橡胶（Acrylonitrile-Butadiene Rubber，Nitrile Rubber）

丁腈橡胶的分类如下：

- 丁腈橡胶
  - 普通品种
    - 极高 ACN 含量：34%以上
    - 高 ACN 含量：　36%～42%
    - 高中 ACN 含量：31%～35%
    - 中 ACN 含量：　25%～30%
    - 低 ACN 含量：　24%以下
  - 特殊品种
    - 氢化丁腈橡胶
    - 羧基丁腈橡胶
    - 液体丁腈橡胶
    - 粉末丁腈橡胶

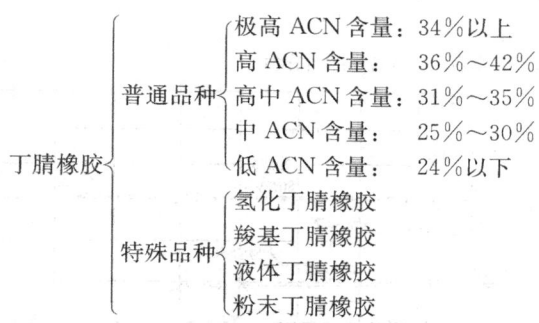

丁腈橡胶应用广泛，种类繁多。为了改善丁腈橡胶的产品性能或工艺性能，有时也在聚合过程中引入第三单体、交联剂或可参与聚合的防老剂。引入丙烯酸或甲基丙烯酸就得到羧基丁腈橡胶，引入甲基丙烯酸烷基酯就得到丁腈酯橡胶，引入聚合型防老剂就得到聚稳丁腈橡胶，引入交联剂就可得到交联型丁腈橡胶。羧基丁腈橡胶的拉伸强度、撕裂强度、硬度、耐磨性、黏着性、抗臭氧老化等性能都得到了改善，尤其是高温下的拉伸强度有较大提高；丁腈酯橡胶的性能更为优异；聚稳丁腈比普通丁腈有更好的耐老化性能。目前已商品化的特种丁腈橡胶包括氢化丁腈橡胶（HNBR）、羧基丁腈橡胶（XNBR）、交联型丁腈橡胶（AONBR）、热塑性丁腈橡胶、粉末丁腈橡胶、液体丁腈橡胶等。

7.1　丁腈橡胶

丁腈橡胶由单体丙烯腈（ACN）与丁二烯乳液无规共聚合成，高温乳液聚合（30～50℃）单体转化率可高达 95%，凝胶、支化多，门尼黏度高，必须经过塑炼获得一定可塑性才能进行进一步的加工，且压延压出工艺性能较差，即所谓“硬丁腈橡胶”，也称高温丁腈橡胶或热法丁腈橡胶。为了降低凝胶含量，改进加工工艺性能，在氧化-还原体系的基础上开发的低温乳液聚合（5～10℃）丁腈橡胶，单体转化率低于 73%，仅有极少量的凝胶、支化，降低了生胶门尼黏度，即所谓“软丁腈橡胶”，也称为低温丁腈橡胶或冷法丁腈橡胶。

丁腈橡胶的结构式为：

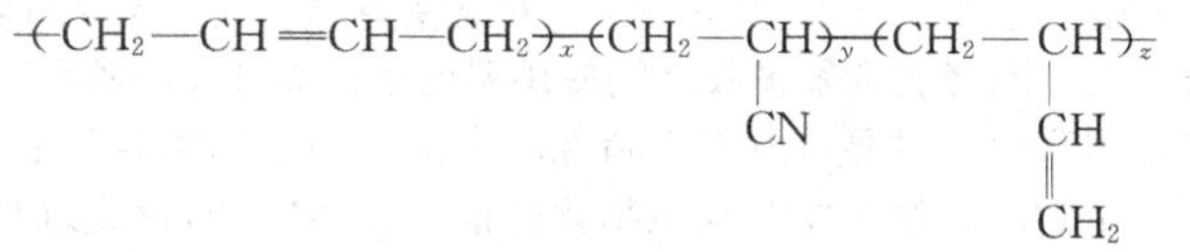

腈基（—CN）是一种极性很强的化合物，在各种基团中腈基的电负性最大，其顺序如下：

$$\underbrace{CN > NO_2 > F > Cl > Br > I > CH_3O > C_6H_5 > CH_2{=}CH > H}_{\text{负电性}}\ \underbrace{CH_3}_{\text{正电性}}$$

丁腈橡胶的丙烯腈（CAN）含量为 16%～52%，典型含量为 34%。随着 ACN 含量的增加，大分子极性增加，丁腈橡胶内聚能密度迅速增加、溶解度参数增加、极性增加，玻璃化转变温度随 ACN 的增加而线性提高，耐低温性变差，耐油性提高。

不同丙烯腈含量的丁腈橡胶的玻璃化温度见表 1.1.2－72。

表 1.1.2－72　不同丙烯腈含量的丁腈橡胶的玻璃化温度

结合丙烯腈含量/%	玻璃化温度 T_g/℃	脆性温度 T_b/℃	结合丙烯腈含量/%	玻璃化温度 T_g/℃	脆性温度 T_b/℃
0	—	−80	33	−37～−39	−33
20	−56	−55	37	−34	−29.5
22	−52	−49.5	39	−26～−33	−23
26	−52	−47	40	−22	—
29	−46	−46	52	−16	−16.5
30	−41	−38	—	—	—

丁腈橡胶的丁二烯链节主要以反式 1，4-结构聚合。

丁腈橡胶是非结晶的无定形高聚物，纯胶硫化胶强度为 3～7MPa，炭黑补强后拉伸强度可达 30MPa 左右。其主要性能特点为：

1）优秀的耐油、耐非极性溶剂性能；2）气密性好，仅次于 IIR，当 CAN 含量达 39%以上时，其气密性与 IIR 相当；3）抗静电性在通用橡胶中是独一无二的，体积电阻为 10^9～10^{10} Ω·m，等于或低于半导体材料体积电阻 10^{10} Ω·m 这一临界上限值，可以用作抗静电的导电橡胶制品，如纺织皮辊等；4）与极性物质如 PVC、酚醛树脂、尼龙的相容性好；5）耐热性、耐臭氧性比 NR、SBR、BR 好，但比 EPM、EPDM、IIR、CR 差，长期使用温度为 100℃，在 120℃下可使用 40 天，150℃下仅能使用 3 天；6）弹性、耐寒性差。如图 1.1.2－8 所示。

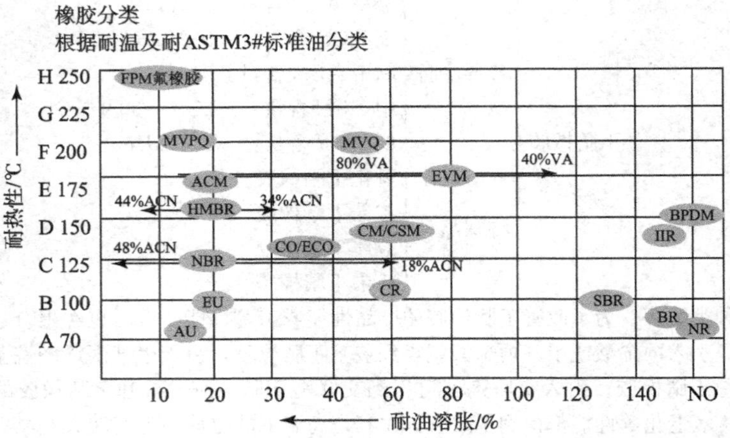

图 1.1.2－8　橡胶分类图

按照 ASTM D2000 对汽车用橡胶制品的分类标准，丁腈橡胶的耐热性不高，仅达 B 级，但耐油性达到了 J 级。要求耐油耐热的丁腈硫化胶一般采用低硫硫化体系，其典型的配比是 CBS(CZ)/TT/S=(1.5～2)/(2～1.5)/(0.3～0.5)。

丁腈橡胶主要用作耐油制品，如耐油胶管、胶辊、各种密封件、大型油囊等，还可以作为 PVC 的改性剂及与 PVC 一起用作阻燃制品，与酚醛树脂一起用作结构胶黏剂、抗静电的导电橡胶制品等。

7.2　氢化丁腈橡胶（Hydrogenated Nitrile Rubber）

氢化丁腈橡胶（简写为 HNBR 或 HSN）因烃链上的不饱和双键被氢化还原成饱和键，故也称为高饱和丁腈橡胶。众所周知，丁腈橡胶以耐油性能优越而著称，习惯上称为耐油橡胶。许多耐油橡胶制品要求丁腈橡胶能够在高于 120℃以上的温度下使用，而 NBR 的实际应用经验告诉我们，超过 120℃的温度条件，丁腈橡胶的物性已下降很多，几乎失去使用功能。氢化丁腈橡胶就是为了填补普通丁腈橡胶和氟橡胶之间使用温度空白而开发的胶种。

研究认为，丁腈橡胶之所以不耐高温，主要是由于丁腈橡胶主链，即丁二烯链节上的双键易在高温下受到氧的攻击，发生断键，使丁腈橡胶过早地失去了它的高弹性能及其他物化性能。在 NBR 的合成过程中，在双键位置以加成反应方式加氢（氢化），减少分子主链上双键的数量，可以达到提高丁腈橡胶耐温性能的目的。试验表明，通过这种加氢反应，可使丁腈橡胶的耐温程度明显提高，按氢化度的高低，可以达到 120～165℃。

氢化丁腈橡胶有三种制法，即乳液加氢法、丙烯腈-乙烯共聚法和丁腈橡胶溶液加氢法，前二者尚未实现工业化。丁腈橡胶溶液加氢法是将用冷法乳液聚合的普通丁腈橡胶粉碎，溶解于适当溶剂，在钯、铑等贵金属的催化下，进行选择性加氢反应制得的聚合物，HNBR 玻璃化温度 T_g 随氢化程度而变化，一般为－40～－15℃，脆性温度为－50℃左右。其氢化度（饱和度）随催化剂和反应条件的改变而不同。氢化度根据 260 MHz 核磁共振仪确定的摩尔百分数（mole%）计算。如氢化丁腈橡胶的碘值为 20 和 10 时，其饱和度分别为 95%和 98.5%。

氢化丁腈橡胶的聚合机理如下所示。

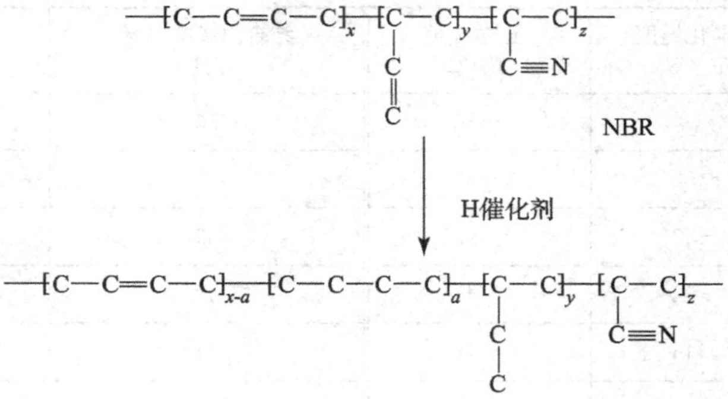

氢化丁腈橡胶的生产工艺如图 1.1.2－9 所示。

普通 NBR 经氢化后，物理机械性能与化学性能均得到极大改善，以丙烯腈（ACN）含量为 39%的丁腈橡胶为例，其物理机械性能与化学性能在氢化后的对比见表 1.1.2－73。

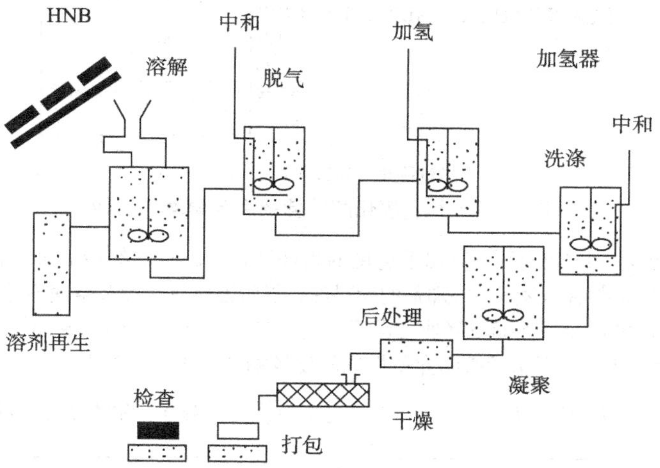

图 1.1.2-9 氢化丁腈橡胶的生产工艺

表 1.1.2-73 氢化后的 NBR 橡胶性能变化

项目	性能变化	NBR（39%ACN）	HNBR（39%ACN）
硬度/邵尔 A	基本相同或略有增加	76	76
拉伸强度/MPa	强度增加	21.9	25.9
100%定伸强度/MPa	略有下降	9.3	7.7
扯断伸长率/%	增加	180	250
撕裂性能（口型 C)/(kN·m^{-1})	明显改进	16.7	35.3
耐臭氧性能：50 pphm×40℃，(拉伸 20%）静态暴露出现裂口的时间/h	极大改善	<24	>168
脆化温度/℃	极大改善	−22	−51
吉门扭转：T_2/℃	改善	−12	−15
吉门扭转：T_{10}/℃	相同	−21	−21
150℃×168 h 热空气老化性能变化			
硬度/邵尔 A	极大改善	+17	+7
拉伸强度变化率/%	极大改善	发脆	0
扯断伸长率变化率/%	极大改善	发脆	−32
耐磨性能变化			
DIN 磨耗/mm^3	极大改善	260	122
NBS 指数/%	极大改善	118	344

由上表可见，丁腈橡胶经氢化后其物理性能和化学性能均发生了质的改变，表现为：

1）优异的耐磨性：阿克隆磨耗低至 0.01；2）极高的力学性能，拉伸强度高达 35 MPa；3）良好的低温性能，在−60℃弯曲不裂；4）低的压缩永久变形性，150℃×72 h 热老化后压缩变形接近 10%；5）优异的耐热性能，可在 165℃下长时期使用；6）优异的耐介质性能，耐含 H_2S 原油、酸性汽油、燃油、双曲线齿轮油、润滑油添加剂等；7）良好的耐臭氧性能，在 50 pphm×40℃下拉伸 50%，1 000 h 不裂；8）优异的加工性能，其低门尼黏度（39 度）非常适宜注射和挤出工艺。

HNBR 克服了 NBR 耐热、耐候、化学稳定性较差的弱点，具有强度优异、耐高低温、抗耐化学介质等突出而又均衡的性能，同时保持了 NBR 优异的耐油性和加工性能。其主要性能特点为：

1）有优异的耐油、耐热性能。可长期在 150℃下工作，特殊牌号 HNBR 可在 165℃下长期使用，短期可耐 175℃，耐热性同 ACM 处于相同级别。SAE（美国汽车工程师协会）J200 标准将 HNBR 归类为汽车用材料 D 类 H 级（DH），意指耐热 150℃和在 ASTM3＃油中体积膨胀率小于 30%；通过选择合适的氢化度、合适的丙烯腈含量和配方技术，可将 HNBR 耐热性分类范围提高到更高水平，体积最高溶胀度由 30%降至 10%（K 级）。

2）有优异的物理机械性能，并在高温下有良好的保持率。由于多数耐油橡胶的拉伸强度均较低，限制了应用范围，HNBR 强度较 NBR、CR、ACM、FKM、EPDM、羧基丁腈（XNBR）高，特种丙烯酸盐增强的氢化丁腈胶料拉伸强度甚至可高达 60 MPa，更为重要的是其在高温下（150℃）的强度仍可与常温 NBR 保持相同水平，在高温与各种复杂油品及化学介质条件下仍能保持优良的力学性能。HNBR 还具有优异的耐磨性；通过适当的配合技术，HNBR 也可获得优异的高温压缩永久变形性能。

几种耐油橡胶拉伸强度与耐磨性比较如图 1.1.2-10 所示。

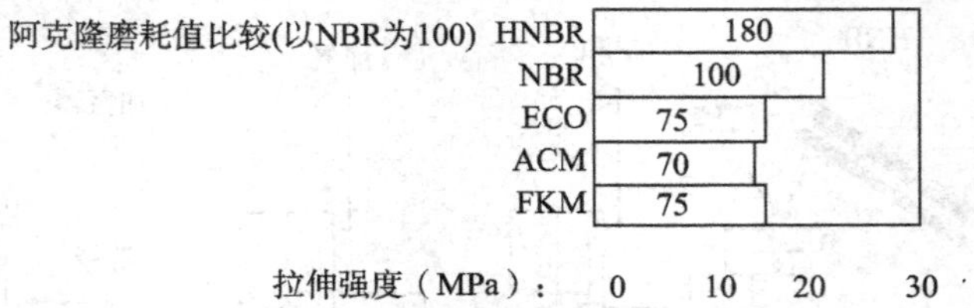

图 1.1.2－10　硫化胶拉伸强度与耐磨性比较

3）有优异的耐化学介质性能。HNBR 具有高温下优良的耐油性，能耐双曲线齿轮油、汽车传动液、含 H_2S 原油、酸性汽油、胺类腐蚀抑制剂、各种润滑油、含多种添加剂的燃料油、强腐蚀性氧化油及金属淤渣。在 180℃于发动机油中 100 h 老化后的性能变化较 ACM 小得多，而且性能下降速度慢得多；有良好的抗原油性，甚至在有 H_2S、氨类和腐蚀性抑制剂存在的情况下亦如此。丁腈橡胶与氢化丁腈橡胶耐介质性能的比较如图 1.1.2－11 所示。

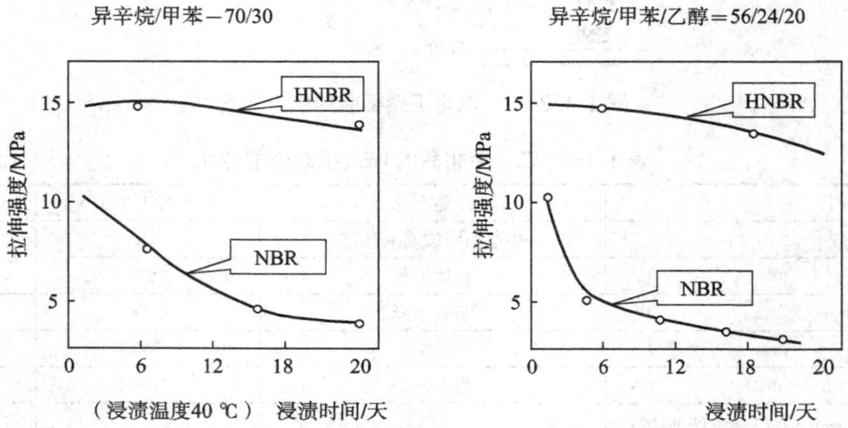

图 1.1.2－11　丁腈橡胶与氢化丁腈橡胶耐介质性能的比较

4）有优异的低温性能，与耐油性平衡良好，和同体积变化率的丁腈橡胶相比，氢化丁腈橡胶的脆性温度要低 5℃，如图 1.1.2－12 所示。

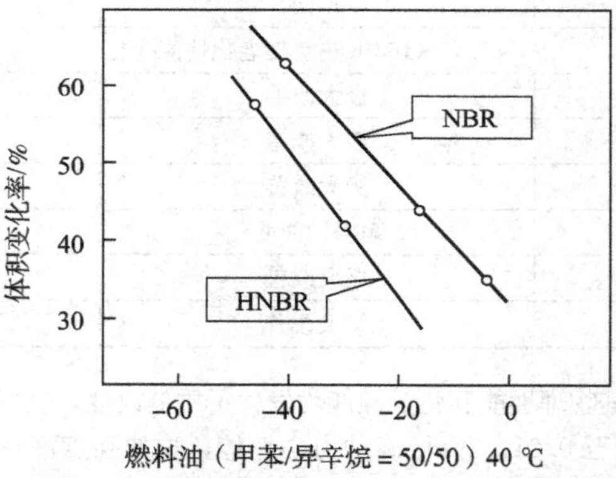

图 1.1.2－12　丁腈橡胶与氢化丁腈橡胶耐介质性能的比较

5）有优良的耐臭氧性能、抗高温辐射性能以及耐热水性。

6）在宽广温度下具有良好的动态性能等。

HNBR 的配合特点如下：

1）硫化体系：氢化度在 96％以下的 HNBR 可以用硫黄或过氧化物硫化。氢化度为 99.5％的 HNBR 只能用过氧化物、树脂或高能辐射进行交联。硫黄硫化比过氧化物硫化具有更高的拉伸强度、伸长率、撕裂强度和更好的动态性能，以及与织物或金属骨架材料更高的黏合性。硫黄硫化一般采用低硫高促或硫黄给予体硫化体系。过氧化物硫化，具有优良的压缩永久变形性能并极大地提高了 HNBR 的耐热性能。为获得良好的抗压缩永久变形性能，过氧化物用量需比常规丁腈胶用量高出 1～2 倍，且需添加适量的助交联剂。过氧化物用量一般不超过为 5 份，最常用量为 2～3 份；助交联剂如 TAC、TAIC 或 N，N′-间苯撑双马来酰胺一般用量为 1～3 份，甲基丙烯酸锌或甲基丙烯酸镁用量可以较高，高硬度高强度硫化胶用量可达 40～50 份。

①过氧化物硫化：DCP（比双 2，5、双 2，4 压变更好）　1.5 ～7
TAC（TAIC 最好的压变）　1～3
HVA－2 适于低温硫化　1～3
Ricon 153　1～3
ZnO/MgO　5/2～10

②硫黄硫化（适用于部分饱和的 HNBR）：

(a)	S	0.3～1
	TMTD	2～3
	CBSC (CZ)	1.0
(b)	S	0.5
	TMTD	2.0
	CBSC (CZ)	0.5
	ZnO_2	7

注：用过氧化锌可改善胶料的疲劳性、压变和生热性能。

③加工安全性配合：

DTDM	2～4
TMTD	3～5

④自硫化配合：

S	3
M	0.1
Vulkacit Pextran	2.5

2）防老系统：因 HNBR 固有的高耐热性，加入抗氧剂对耐热老化性改善不大；HNBR 有极好的抗臭氧性，无须再加抗臭氧剂。但低饱和度 HNBR 可适当加抗臭氧剂，如 Vulkanox DDA（OCD）0.5～1.5 份，Vulkanox ZMB2（MB2）0.3～1.2 份，微晶蜡 654（可作为加工助剂）等。

3）加工助剂：一般加入 EVM 700 或 EVM500、KA8784（工艺好）10～20 份，可提高耐热性增加流动性，还可降低成本；或 Aktiplast T 1～1.5 份。

4）增塑剂，用量为 5～20 份，通常选用 DOS（低温用）、TOTM（高温用）、NB－4（TP95）（高低温用）、Ultramoll PP（低挥发性，但只适于低温性能）、Disflamoll DPK（改善阻燃性能，用量为 25 份）等。

5）补强填充剂：炭黑补强：FEF、MT、SRF 20～130 份；
白炭黑：1～10％ 用量；
阻燃补强：Apyral B（$Al(OH)_3$）：50～200；
Vulkasil S 可改善浅色胶料的抗色变性。

6）与金属的黏合体系：—chemlok 205/233
205/253
211/231
211/411
—chemosil 360
—Ty - ply BN
—Thixon P6 - 1/Thixon508
—Thixon711/Thixon P10

普通丁腈橡胶经氢化后门尼黏度增高，饱和度越高则门尼黏度增加越大。经配合后的氢化丁腈橡胶胶料的 ML［(1＋4) 100℃］门尼黏度可能达到 100 以上。高饱和氢化丁腈橡胶可在常规丁腈橡胶用的各种设备上加工，包括混炼、压延、挤出和模压，但它的胶料黏度高、黏性差，可能会引起混炼时脱辊、起泡等，缩小辊距，减少炼胶容量和提高辊温，有助于克服上述缺点。氢化丁腈橡胶采用硫黄硫化的温度＞160℃，采用 DCP 硫化的温度＞170℃，采用双 2.5 硫化的温度＞180℃；采用二段硫化［150℃×(4～6) h］可改善胶料的压缩永久变形。

HNBR 与 FKM 比较，耐温性介于丁腈橡胶和氟橡胶之间，HNBR 在工作温度下的机械性能、耐蒸气性、耐油品添加剂、耐氧化及酸败劣化油、耐 H_2S 等化学性能更好，低温性能、黏合性能以及加工性能均较 FKM 好；而 FKM 的耐油性、耐燃油性和耐热性要优于 HNBR。HNBR 的耐热、耐油性虽不及 FKM 突出，但其物性非常均衡，综合性能优异，因此，HNBR 特别适合汽车、航空航天、油田及其他工业制造部门要求耐高温耐油的各种高性能关键橡胶制品，如：在汽车工业领域用于汽车同步带、燃油胶管、动力转向胶管和密封件、驱动皮带附件、水泵密封件、发动机密封件、燃油膜片、油封等；在油田工业领域用于油田钻井锭子、油田防喷器、油田密封件等；在空调系统用于耐致冷剂 R134A 的各种密封件；以及用于高性能造纸胶辊面胶、耐高温热油无卤阻燃电缆护套、贮油罐浮顶密封件、高温高压散热器密封件、筑路机械用橡胶件、覆带垫、IC 卡抛光胶板及双层电容器用导电胶膜等。

石油工业用橡胶件，温度、H_2S、CH_4 等因素会对橡胶造成较大的损害，随着石油开采深度的增加，如现有油井的深度达 7 000 m 以上，HNBR 将部分或全部取代 NBR，以增加石油橡胶件的安全性和使用寿命。由于油田钻探向深井、超深井发展，设备大部分暴露于防腐剂、各类添加剂的钻井液中，油井的井下密封件必须面对更复杂苛刻的工况环境，如：高低温，高压，高含硫石油，含 H_2S、胺类化学物质、H_2O、CO_2 的强腐蚀介质等。一般油田密封件为 NBR，并大量使用氟橡胶。HNBR 耐硫化氢、耐胺类化学物质及防锈剂、耐水蒸汽和耐失压发泡等性能优于 FKM，和金属的黏结容易，具有卓越的物理机械性能、优异的耐磨性、出众的压缩永久变形性能、卓越的耐候性、抗臭氧和热空气老化能力、优异的耐工业用油的性能，已广泛用于制造钻头保护器、井口密封、油塞泵密封、开口防护器、泵定子保护器以及海上钻井平台上配套的软管等。在一些特殊的应用场合，HNBR 具有更强的适应性，如：①氟橡胶在许多烃类介质中的体积膨胀率较小，HNBR 较大，但氟橡胶轻微膨胀即会引起材料物性的急剧下降，而 HNBR 即使在中度膨胀下仍能保持良好的物理性能；② 油井井下工作压力大，但又存在突然失压的危险，橡胶制品接触可溶性高压气体一段时间，如压力突然失去，可溶性气体就会在制品内部迅速膨胀，形成大气泡，使制品失去使用价值，HNBR 强度高、回弹性好，能经受突然失压。

冶金行业中高速线材轧机、小型轧机技术发展很快，轧制速度越来越快，生产效率大幅提高，国外最先进的设备已达 120 m/s。轧机油膜轴承转速不断提高，对密封件的要求不断提高。其密封形式为双面密封（又叫辊径密封），有两个密封面，一面密封水蒸气，另一面密封润滑油，工作温度一般高于 120℃，形状结构复杂，尺寸要求严格。产品要求橡胶胶料具良好的耐热性，耐老化、耐水蒸气及润滑油性，具有良好的工艺性能，流动性好，有利于制造结构复杂的产品。目前，对于冶金高速线材轧钢机轴径双面密封，国外一般采用 NBR，其最大的缺点是产品易老化，易磨损，寿命偏低，一般为 3～5 周。HNBR 具有优异的耐温、耐油及成型加工性，是制造双面密封比较理想的材料，应能很好地解决目前进口件存在的问题。

汽车产品的高科技化正在使其所用橡胶材料发生着根本的变化，可以预见，许多通用橡胶，特别是 NBR 的产品必然会被 HNBR 所代替，以提高汽车产品的安全性、环保性和舒适性。此外，HNBR 还将应用到许多新的特殊工业部门，如电子行业的大容量电容器导电膜片、IC 卡抛光胶板等。

尽管人们已对 HNBR 进行过许多研究，积累了许多宝贵经验，但比起 NBR 来讲，人们的知识还不够完整，仍需对 HNBR 的配方、工艺、加工、耐热、耐介质等许多物理和化学性能进行研究，并探索更新、更合理的用途，开发性能优越、功能适宜、安全环保的新产品。制约 HNBR 应用的最根本原因是其价格昂贵，但随着 HNBR 市场的扩大、用量的增加、产量的提高，成本必将大幅度下降，HNBR 必将得到更大发展。

7.3 羧基丁腈橡胶（Carboxylated Acryionitrilebutadiene Rubber，Carboxylated Nitrile Rubber）

羧基丁腈橡胶是丁二烯、丙烯腈和有机酸（丙烯酸或甲基丙烯酸）单体在 10～30℃下，采用乳液三元共聚制得，简写为 XNBR。聚合物中丁二烯链段赋予共聚物弹性和耐寒性，丙烯腈赋予耐油性；引进羧基增加了极性，进一步提高了共聚物的耐油性，同时赋予共聚物高强度，改进耐磨性和撕裂强度，且具有好的黏着性和耐老化性。

羧基丁腈橡胶的结构式如下：

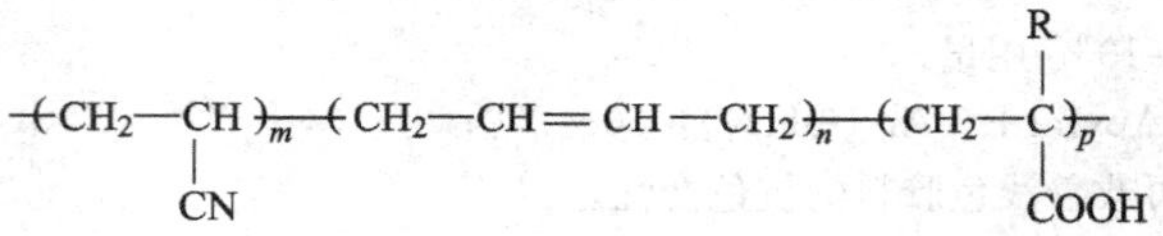

共聚物中有 100～200 个碳原子和一个羧基。

羧基丁腈橡胶的特性为：由于引进羧基，极性高，纯胶配合有较高的拉伸强度，硫化速度比丁腈橡胶快，胶料易焦烧；可以用硫黄硫化体系硫化，也可以用多价金属氧化物硫化；炭黑不宜加入过多，否则会增加胶料的硬度和压缩永久变形；增塑剂宜选用挥发性小且不易抽出的，如聚酯类增塑剂、液体丁腈等；硫化胶的耐热性、耐磨性好；黏性好；与酚醛树脂的相容性好，可与聚氯乙烯或酚醛树脂并用以改进加工性能和物理机械性能。

7.4 聚稳丁腈橡胶（Polymerization Stabilized Nitrile Rubber）

聚稳丁腈橡胶是丁二烯、丙烯腈与聚合型防老剂通过乳液聚合制得的。

聚合型防老剂是具有可聚合功能的防老剂，聚合时进入二烯烃橡胶的主链上成为聚合物分子的一部分，不会因油、溶剂和热等的作用而损失，从而延长了制品的寿命，并能在更为苛刻的工作环境中使用，在某些情况下聚稳丁腈橡胶可代替氯醚橡胶和丙烯酸酯橡胶使用。

聚稳丁腈橡胶的分子结构如下：

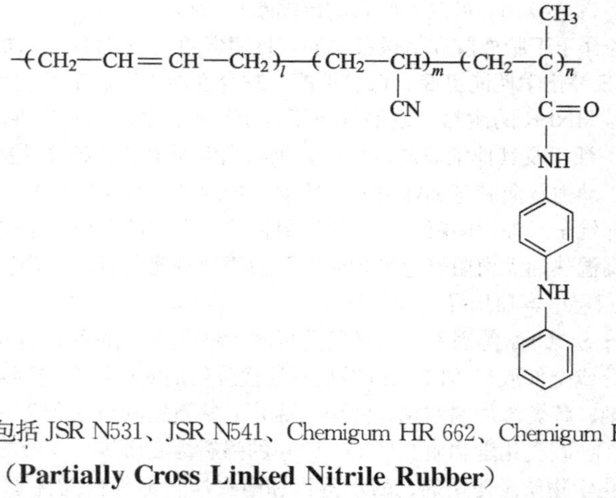

聚稳丁腈橡胶的供应商与牌号包括 JSR N531、JSR N541、Chemigum HR 662、Chemigum HR 665、Chemigum HR 967 等。

7.5 部分交联丁腈橡胶（Partially Cross Linked Nitrile Rubber）

部分交联丁腈橡胶是丁二烯和丙烯腈进行共聚合时，加入双官能团的第三单体，使共聚物形成部分交联。第三单体常用二乙烯基苯，用量为 1～3 份。

部分交联丁腈橡胶含 40%～80%不溶于甲乙酮的凝胶，主要用作丁腈橡胶的加工助剂，以改善丁腈橡胶的混炼、压延、压出工艺性能，降低胶料的收缩率，提高压出速率，但并用后硫化胶的性能随之下降。

部分交联丁腈橡胶的供应商与牌号包括：JSR N210S、JSR N201、JSR N201S、JSR N202S，Chemigum N8、Chemigum N8X1，Europrene N33R70，Hycar N8B1042×82，Krynac 810，Nitriflex N8 等。

7.6 丁腈酯橡胶（Acrylonitrile Butadiene Acrylate rubber，Butadiene-Acrylonitrile-Aerylate Terpolymer）

丁腈酯橡胶系由丁二烯、丙烯腈和丙烯酸酯在乳液中进行共聚合的三元共聚物，其分子结构如下：

$$-\!\!\left(CH_2-CH=CH-CH_2\right)_l\!\!-\!\!\left(CH_2-\underset{\displaystyle CN}{\underset{|}{CH}}\right)_m\!\!-\!\!\left(CH_2-\underset{\displaystyle COOR}{\underset{|}{CH}}\right)_n\!\!-$$

丁腈酯橡胶有良好的耐热、耐寒和耐油性能，压缩永久变形小。丁腈酯橡胶的加工工艺与丁腈橡胶相同，配合技术也类似，可采用硫黄硫化，其制品可在煤油介质中于－60～－150℃范围内使用。

7.7 丁腈橡胶的技术标准与工程应用

按照 GB/T 5577－2008《合成橡胶牌号规范》，国产丁腈橡胶的主要牌号见表 1.1.2－74。

表 1.1.2－74 国产丁腈橡胶的主要牌号

牌号	结合丙烯腈/%	门尼黏度 ML［(1+4) 100℃］	防老剂对橡胶的变色性	聚合温度
NBR 1704	17～20	40～65*	变	高
NBR 2707	27～30	70～120	变	高
NBR 3604	36～40	40～65*	变	高
NBR 2907	27～30	70～80	不变	低
NBR 3305	32～35	48～58	不变	低
NBR 4005	39～41	48～58	不变	低
XNBR 1753	17～20	≥100		
XNBR 2752	27～30	70～90		
XNBR 3351	33～40	40～60		
注：标有“*”者，门尼黏度为 MS［(1+4)100℃］。				

7.7.1 丁腈橡胶的试验配方

1. 普通丁腈橡胶的试验配方

普通丁腈橡胶的试验配方见表 1.1.2－75。

表 1.1.2－75 普通丁腈橡胶（NBR）的试验配方

原材料名称	ASTM 瓦斯炭黑配方	HAF 炭黑配方[a]	原材料名称		1 704[b]	2 707[b]	3 604[b]
NBR	100	100	NBR	100	100	100	100
氧化锌	5	3[c]	氧化锌	5	5	5	5
硬脂酸	1	1[d]	硬脂酸	1	1.5	1.5	1.5
硫黄	1.5	1.5[e]	硫黄	1.25	2	1.5	1.5
促进剂 MBTS (DM)	1	TBBS 0.7[g]	促进剂 TS	0.3	M 1.5	M 0.8	M 0.8
瓦斯炭黑	40	工业参比炭黑 40[f]	SRF	40			
			瓦斯炭黑		50	45	45
合计	148.5	146.2		147.55	160	153.8	153.8
硫化条件	150℃×10 min、20 min、40 min、80 min		硫化条件	153℃×60 min			

注：［a］详见 SH/T 1611－2004（新国标 GB/T XXXX－XXXX 修改采用 ISO 4658－1999/Amd. 1：2004）、ISO 4658－1999、ASTM D 3187－2006。

［b］详见《橡胶工业手册．第三分册．配方与基本工艺》，梁星宇等，化学工业出版社，1989 年 10 月第一版，1993 年 6 月第 2 次印刷，第 311 页表 1－348。

［c］GB/T 3185－1992 中 BA01－05（Ⅰ型）优级品。

［d］GB 9103－2013 中 1840 型硬脂酸一等品。

［e］现行 GB/T 2441.1－2006 工业硫黄的水分含量≤2%，砷含量≤1×10^{-4}%，ISO 8332：1997 要求的水分含量≤0.5%，砷含量≤1×10^{-6}%，国产工业硫黄达不到 ISO 8332：1997 的要求；HG/T 2525－2011 不可溶性硫黄的筛余物（150 μm）≤1.0%，ISO 8332：1997 不可溶性硫黄的筛余物（180 μm）≤0.1%，国产不可溶性硫黄达不到 ISO 8332：1997 的要求。故建议采用使用 2%MgCO3 涂覆硫黄，批号 M－266573－P，可从美国 C. P. Hall 公司获得（地址：4460 Hudson Drive，Stow. OH 44224）。

［f］炭黑应在 125±3℃下干燥 1 h，并于密闭容器中贮存。

［g］N-叔丁基-2-苯并噻唑次磺酰胺，粉末态；GB/T 21480－2008 TBBS 的甲醇不溶物的质量分数为 1.0%，而 ISO 4658：1999 规定其最初不溶物含量应小于 0.3%，因此该材料需按 GB/T 21184 测定其最初不溶物含量应小于 0.3%，并应在室温下贮存于密闭容器中，每 6 个月检查一次不溶物含量，若超过 0.75%，则废弃或重结晶。

2. 氢化丁腈橡胶的试验配方

氢化丁腈橡胶的试验配方见表 1.1.2－76。

表 1.1.2－76　氢化丁腈橡胶（HNBR）的试验配方

配方	硫黄硫化	过氧化物硫化
HNBR	100	100
硬脂酸	1	1
Zno	5	5
防老剂 Naugard 445	2	2
Vanox ZMTI	2	2
快压出炭黑 N550	50	50
硫黄	1.5	
促进剂 MBTS（DM）	1.5	
促进剂 TMTD	0.3	
Varox DBPM50		10
Ricon 153－D		6.5

7.7.2　丁腈橡胶的硫化试片制样程序（表 1.1.2－77）

表 1.1.2－77　丁腈橡胶的硫化试片制样程序

GB/T XXXX－XXXX 程序			ISO 4965：1999 程序	ASTM D3187－2006 程序
1. 开炼机混炼程序				
概述：①试验胶料的配料、混炼和硫化设备及操作程序按 GB/T 6038－2006 进行 ②标准实验室标准开炼机每批胶量应为配方量的 4 倍，以 g 计 ③混炼时，辊间应保持适量的堆积胶，否则应适当调整辊距 ④下述一种或两种混炼程序可任选一种				
程序	持续时间/min	积累时间/min	程序差异(1)	程序差异(2)
程序 1：本程序推荐使用 2%$MgCO_3$ 涂层硫黄，混炼过程中辊筒表面温度保持在 50±5℃			（1）使用 2%$MgCO_3$ 涂层硫黄 （2）混炼 19 min，加入 TBBS （3）加入炭黑整个过程，辊距保持 1.40 mm （4）混炼终点不对折胶片过辊 （5）总时间为 23～25 min	（1）使用 2%$MgCO_3$ 涂层硫黄 （2）混炼时间 3～5 min，加入 TBBS （3）加入后半部分炭黑时，将辊距从 1.40 调至 1.65 mm （4）混炼终点对折胶片 4 次过辊 （5）总时间为 25 min （6）无开炼机程序 2
a）将开炼机辊距固定在 1.4 mm，使橡胶包在慢辊（对高温聚合 NBR 塑炼 4 min）	2.0	4.0		
b）将硬脂酸和氧化锌一起添加，然后再加入硫黄	2.0	6.0		
c）每边作 3/4 割刀三次	2.0	11.0		
d）在辊筒上方以恒定的速度沿着橡胶均匀地加入一半炭黑	5.0	13.0		
e）将辊距调至 1.65 mm，每边作 3/4 割刀三次	2.0	18.0		
f）以恒定的速度沿辊筒均匀地加入剩余炭黑	5.0	19.0		
g）加入促进剂 TBBS	1.0	21.0		
h）当所有促进剂加入后，每边作 3/4 割刀三次	2.0	23.0		
i）将辊距固定在 0.8 mm，将混炼胶打卷纵向薄通六次	2.0	24.0		
j）调整辊距，将胶料打折沿同一纹理方向过辊四次，压成约 6 mm 厚的胶片。	1.0	24.0～		
总计		26.0		
k）下片，检查胶料并称重（见 GB/T 6038－2006）。如果胶料质量与理论值之差超过＋0.5%或－1.5%，则弃去胶料，重新混炼。取足够的胶料供硫化仪试验用				
l）按照 GB/T 528 的规定，将混炼胶压成约 2.2 mm 厚的胶片用于制备硫化试片，或压成适当厚度的胶片用于制备环形试片				
m）混炼胶在硫化前按 GB/T 2941 的规定，在标准温度、湿度下调节 2～24 h				
程序 2：本程序使用无涂层硫黄，为了获得更好的分散性，硫黄与橡胶预混炼。在预混炼过程中辊筒表面温度应保持在 80±5℃；混炼过程中辊筒表面温度应保持在 50±5℃				
①硫黄预混胶的制备：				
a）将开炼机辊距固定在 1.4 mm，使橡胶包辊（对高温聚合 NBR 塑炼 4 min）	2.0			

续表

程序	持续时间/min	积累时间/min	程序差异(1)	程序差异(2)
b）沿着辊筒缓慢、均匀地加入硫黄	3.0	5.0		
c）每边作 3/4 割刀三次	2.0	7.0		
d）下片，如有可能，在 GB/T 2941 规定的标准温度和湿度下调节 0.5～2.0 h				
总计		7.0～9.0		
②混炼程序：				
a）将开炼机辊距固定在 1.4 mm，使硫黄预混胶包辊	2.0			
b）加入氧化锌和硬脂酸	2.0	4.0		
c）继续程序 1 从 c）至 m）的操作				
2. 小型密炼机混炼程序				
概述：①混炼时，小型密炼机的机头温度应保持在 63±3℃，转子转速为 60～63 r/m ②将开炼机温度调节至 50±5℃，调节辊距，使其能压出约 5 mm 厚的胶片。胶料过辊 1 次。将胶片切成约 25 mm 宽的胶条 ③如果测试硫化胶拉伸应力-应变性能，推荐胶料在温度 150℃硫化，硫化时间为 40 min				
程序	持续时间/min	积累时间/min	程序差异(1)	程序差异(2)
a）将胶条装入混炼室内，放下上顶栓开始计时				
b）塑炼橡胶	1.0	2.0		
c）升起上顶栓，小心加入预先混合后的氧化锌、硫黄、硬脂酸和 TBBS，避免任何损失。加入炭黑，清扫进料口并放下上顶栓	1.0	9.0		
d）混炼胶料，如果有必要，快速升起上顶栓扫下物料	7.0	9.0		
总计				
e）关掉电机，升起上顶栓，打开混炼室，卸下胶料				
f）让胶料立即通过辊距为 0.8 mm，辊温为 50±5℃的开炼机			无小型密炼机混炼程序	硫化条件：在温度为 150℃，推荐硫化时间为 40 min
g）将混炼胶打卷，纵向薄通六次				
h）将混炼胶压成约 6 mm 厚的胶片。检查胶料并称重（见 GB/T 6038—2006）。如果胶料质量与理论值之差超过+0.5%或－1.5%，则弃去胶料，重新混炼。取足够的胶料供硫化仪试验用				
i）按照 GB/T 528 的规定，将混炼胶压成约 2.2 mm 厚的胶片用于制备硫化试片，或压成适当厚度的胶片用于制备环形试片				
j）在混炼后和硫化前，将胶料调节 2～24 h，如有可能，在 GB/T 2941 中规定的标准温度和湿度下调节。				
3. 密炼机初混炼开炼机终混炼程序				
概述：①如果使用 GB/T 6038—2006 中描述的 A1 型、A2 型或 B 型密炼机，标准实验室密炼机每批胶量应为配方量的 7 倍。如果使用其他类型的密炼机，倍数应由供需双方协商确定 ②密炼机的机头温度应保持在 50±5℃，如有必要，调节转子的转速，以保持温度 ③将橡胶条装入密炼室内，放下上顶栓并开始计时				
程序	持续时间/min	积累时间/min	程序差异(1)	程序差异(2)
①密炼机初混炼程序：				
a）以 8.1r/s 的速度启动转子，塑炼橡胶	1.0	3.0		
b）升起上顶栓，加入预先混合的氧化锌、硬脂酸和炭黑，小心操作，避免任何损失。放下上顶栓	2.0 0.5	3.5 5.0		
c）升起上顶栓，清扫进料口和上顶栓顶部，放下上顶栓	1.5	5.0		
d）混料胶料。混炼胶温度达到 170℃，或者混炼时间总计达到 5 min，无论哪个条件完成，即可卸下胶料				
总计				
e）从密炼机卸下胶料，如有必要，记录所显示的最高胶料温度				
f）将该胶料在辊温为 50±5℃，辊距为 1.9 mm 的开炼机上通过一次				
g）重新调整开炼机辊距为 3.0 mm，再将胶料通过开炼机一次，下片				
h）检查胶料质量并记录。如果胶料质量与理论值之差超过+0.5%或－1.5%，废弃此胶料				
②将混炼后胶料调节 2～24 h，如有可能，按 GB/T 2941 中规定的标准温度和湿度调节				
③开炼机终混炼程序：				
a）将调节后的胶料总质量作为开炼机胶料质量				

续表

程序	持续时间/min	积累时间/min	程序差异[1]	程序差异[2]
b）调整辊温为 50±5℃，辊距为 1.9 mm				
c）使胶料包辊。每边作 3/4 割刀两次	2.0	2.5		
d）将硫黄和 TBBS 均匀、缓慢地加入胶料中	0.5	5.5		
e）每边作 3/4 割刀三次	3.0	7.5		
f）下片。辊距调节至 0.8 mm，将混炼胶打卷纵向薄通六次	2.0	7.5		
总计				
g）将辊距调节至 3.0 mm，再将胶料过辊一次。下片			无差异	无差异
h）检查胶料质量并记录。如果胶料质量与理论值之差超过 +0.5%或−1.5%，废弃此胶料				
i）设定辊温为 50±5℃，辊距为 1.5 mm				
j）按照 GB/T 528 的规定，将混炼胶压成约 2.2 mm 厚的胶片用于制备硫化试片，或压成适当厚度的胶片用于制备环形试片				
k）在混炼后和硫化前，将胶料调节 2～24 h，如有可能，按 GB/T 2941 中规定的标准温度和湿度调节				

7.7.3 丁腈橡胶的技术标准

1. 丁腈橡胶

丁腈橡胶的典型技术指标见表 1.1.2-78。

表 1.1.2-78 丁腈橡胶的典型技术指标

丁腈橡胶的典型技术指标			
项目	指标	项目	指标
聚合形式	加成聚合	平均分子量 $\overline{Mn}$/(×10⁴ g·mol⁻¹)	2～100
聚合方式	自由基		
聚合体系	乳液	门尼黏度 ML［(1+4) 100℃］	30～90
共聚物组成比/% (丙烯腈质量组成比)	15～50	相对密度 丙烯腈质量分数 20% 丙烯腈质量分数 45%	 0.95 约 1.02
化学结构（丁二烯单元） 顺式-1，4-结构/% 反式-1，4-结构/% 1，2-结构/%	 10～15 65～85 15～20	玻璃化温度 T_g/℃ 丙烯腈质量分数 20% 丙烯腈质量分数 45%	 −47 −22
比热容/[J/·(g·℃)⁻¹] (丙烯腈质量分数 40%)	1.96	折射率 (25℃，丙烯腈质量分数 20～40%)	 1.519～1.521
丁腈橡胶硫化胶的典型技术指标			
项目	指标	项目	指标
100%定伸应力/MPa	2.5～5.4	回弹性/%	10～61
200%定伸应力/MPa	2.9～9.8	耐磨性 Pico 磨耗指数 Pico 磨耗试验机（荷重 4.5 kg，80 r)/×10⁻² cm³	 62～69 2.29～4.09
拉伸强度/MPa	15.7～19.6		
拉断伸长率/%	330～490		
撕裂强度/(kN·m⁻¹)	40～57.8	耐老化 伸长率变化率（126℃×70 h)/% 伸长率变化率（100℃×72 h)/%	 −140[a]～−21 −28～−12
硬度（JIS A）	64～84		
压缩永久变形（100℃×70 h)/%	10～51		

注：详见《橡胶原材料手册》，于清溪、吕百龄等编写，化学工业出版社，2007 年 1 月第 2 版，第 107 页。
[a] 原文如此，有误。

2. 羧基丁腈橡胶

羧基丁腈橡胶的典型技术指标见表 1.1.2-79。

表 1.1.2-79 羧基丁腈橡胶的典型技术指标

羧基丁腈橡胶的典型技术指标			
项目	指标	项目	指标
丙烯腈含量/%	27～33	门尼黏度 ML［(1+4) 100℃］	48～60

续表

羧基丁腈橡胶硫化胶的典型技术指标			
项目	指标	项目	指标
100%定伸应力/MPa	8.4～8.7	硬度（JIS A）	80
300%定伸应力/MPa	23～25.5	压缩永久变形（100℃×70 h）/%	39～45
拉伸强度/MPa	25.5～26.5	Pico 磨耗指数（SBR 1500 为 100）	111～124
拉断伸长率/%	310～380	耐老化（120℃×70 h）伸长率变化率/%	−50～−48
撕裂强度/(kN·m^{-1})	51～55.9	冲击脆性温度/℃	−33

注：详见《橡胶原材料手册》，于清溪、吕百龄等编写，化学工业出版社，2007 年 1 月第 2 版，第 110 页。

7.7.4 氢化丁腈橡胶的典型应用

1. 汽车油封胶料

现代汽车的高速化，要求油封：1）耐高速，线速度达到 10～25 m/s；2）耐高温，使用温度达到 100～250℃；3）长寿命，15～25 万 km 不漏油。氢化丁腈橡胶可满足以上苛刻要求。氢化丁腈橡胶汽车油封胶料见表 1.1.2-80。

表 1.1.2-80 氢化丁腈橡胶汽车油封胶料

配方材料与项目	普通胶料	低摩擦系数胶料
HNBR A3406	100	100
Amoslip CP		5（减少摩擦系数）
活性氧化镁	2.5	2.5
硬脂酸	0.5	0.5
防老剂 DDA70	1.2	1.2
防老剂 Vulkanox ZMB2	0.5	0.5
氧化锌	2.5	2.5
炭黑 N550	50	50
增塑剂 TOTM（或 NB—4）	7	7
共硫化剂 TAIC	1.5	1.5
40%含量的过氧化物硫化剂	7	7
合计	172.7	177.7
胶料物理性能		
密度/(g·cm^{-3})	1.157	1.145
胶料门尼黏度 ML（1+4）100℃	80	65
胶料门尼焦烧时间 t_5，125℃/min	>30	>30
MH，177℃/(dN·M)	54.4	42
t_{90}，180℃/min	9.1	9.9
硬度/邵尔 A	69	68
拉伸强度/MPa	23.8	22.3
扯断伸长率/%	235	525
50%定伸应力/MPa	2.5	1.9
100%定伸应力/MPa	8	4.3
200%定伸应力/MPa	20.4	9.3
撕裂强度（C 型）/(kN·M^{-1})	32.5	35.6
压缩永久变形/150℃×70 h/%	19	25
DIN 磨耗/mm^3	86	100
Taber 磨耗/(m·kc^{-1})	0.427	0.387

续表

胶料物理性能		
吉门扭转		
t_2/℃	−17	−16
t_5/℃	−23	−24
t_{10}/℃	−26	−27
t_{100}/℃	−33	−34
摩擦系数（23℃，湿度 50%）		
静态	2.13	0.9
动态	2.07	0.91
热空气老化，150℃×168 h 后性能变化		
硬度（邵尔 A）变化/度	+13	+13
25%定伸应力变化率/%	+86	+100
拉伸强度变化率/%	+6	+4
扯断伸长率变化率/%	−13	−47
ASTM 903#油，150℃×168 h 老化性能变化		
硬度（邵尔 A）变化/度	−8	−10
25%定伸应力变化率/%	−21	−23
拉伸强度变化率/%	−13	−13
扯断伸长率变化率/%	−9	−39
体积变化/%	+18	+17
变压器油，150℃×168 h 老化性能变化		
硬度（邵尔 A）变化/度	−3	−3
25%定伸应力变化率/%	−7	−8
拉伸强度变化率/%	+4	+1
扯断伸长率变化率/%		−37
体积变化/%	+6.6	+5.3

2. 汽车空调密封件用耐冷冻剂 R134A 胶料

随着汽车环保标准的提高，过去传统的空调致冷剂如氟里昂不再允许使用，以新型致冷剂 R134A 取而代之。国际上对 R134A 已作过大量的研究，对所用密封材料有严格的规定。氢化丁腈橡胶作为 R134A 致冷剂的密封专用材料已确立其牢固地位。朗盛现用于耐 R134A 的橡胶牌号为：Therban LT2157（XN535C）、KA8805 和 Therban A 3406。汽车空调密封件胶料见表 1.1.2-81。

表 1.1.2-81　汽车空调密封件胶料

配方材料与项目	AC 密封件
HNBR A3406	57
HNBR XN 535C	35（改善耐低温性能）
HNBR HT VP KA 8805	15（改善耐低温性能）
硬脂酸	1
活性氧化镁	5
炭黑 N990	85
增塑剂，OTM（或 NB-4）	8
Ricon 153-D	5
DCP 40% 含量	8
合计	219
密度/(g·cm^{-3})	1.252
胶料门尼黏度 ML［(1+4) 100℃］	55

续表

配方材料与项目		AC 密封件
胶料门尼焦烧时间 t_5，125℃		30
MH，180℃/dN·M		51.4
t_{90}，180℃/min		5.9
硫化，180℃/min		11
硬度/邵尔 A		66
拉伸强度/MPa		15.6
扯断伸长率/%		310
100%定伸应力/MPa		4
300%定伸应力/MPa		15.6
撕裂强度（C 型）/($kN \cdot M^{-1}$)		25.2
压缩永久变形	150℃×22h	13
	150℃×70h	21
	150℃×168h	26
热空气老化，150℃×168 h		
硬度/邵尔 A		73
100%定伸应力/MPa		5.1
拉伸强度/MPa		11.1
扯断伸长率/%		380
热空气试管老化，150℃×168 h 后性能变化		
硬度（邵尔 A）变化/度		+7
25%定伸应力变化/%		+28
拉伸强度变化/%		−28
扯断伸长率变化/%		+23
冷冻剂 R134A 介质试验 150℃×70 h		
硬度/邵尔 A		65
100%定伸应力/MPa		3.8
拉伸强度/MPa		15.8
扯断伸长率/%		325
体积变化/%		−3.8
重量变化/%		−2.8
冷冻剂 R134A 老化，150℃×168 h		
硬度/邵尔 A		61
100%定伸应力/MPa		3.6
拉伸强度/MPa		15.1
扯断伸长率/%		320
体积变化/%		+1.5
重量变化/%		+1.7
ASTM No. 1#油老化，150℃×70 h		
硬度/邵尔 A		65
100%定伸应力/MPa		3.8
拉伸强度/MPa		16.7
扯断伸长率/%		335
体积变化/%		+0.1
重量变化/%		−0.4

续表

ASTM IRM903＃油老化，150℃×70 h	
硬度/邵尔 A	55
100%定伸应力/MPa	3.5
拉伸强度/MPa	15.3
扯断伸长率/%	330
体积变化/%	+19
重量变化/%	+15

3. 油田防喷器胶料

传统的油田用防喷器多用普通 NBR 制造，硬度为 82～85℃。其存在的问题主要是物理机械性能差，拉伸强度低，特别是在减压状态下的抗负压稳定性差，从而带来安全隐患。另外，防喷器胶件大、用胶多，胶料硬度高，在制造过程中胶料的流动性差。朗盛新开发成功的 Terban AT VP KA8966 生胶的门尼黏度低，胶料流动性好，硫化胶强度高，抗挤压，抗负压，是防喷器优选的最佳材料之一。油田防喷器胶料配方见表 1.1.2－82。

表 1.1.2－82　油田防喷器胶料配方

配方	A	B
Therban AT VP KA 8966	100	100
活性氧化锌	2	2
活性氧化镁（Maglite D－Bar）	2	2
防老剂 DDA－70	1	1
Vulkanox ZMB2	0.4	0.4
炭黑 N772	50	50
炭黑 N990	65	50
Perkalink 301（TAIC）	3	3
Perkadox 14/40－B	9.5	9.5
合计	232.9	217.9
胶料门尼黏度 ML［(1+4) 100℃］	78	75
胶料门尼焦烧时间 t_s，180℃		
t_{10}/min	0.6	0.7
t_{90}/min	5.6	5.5
硫化胶性能，180℃×20 分（二段硫化 150℃×6 h）		
硬度/邵尔 A	81	80
拉伸强度/MPa	24.1	24.5
扯断伸长率/%	215	235
100℃原油老化后性能变化		
硬度变化/邵尔 A　3 天	−8	−9
7 天	−7	−8
14 天	−11	−11
拉伸强度变化/%　3 天	−8	−9
7 天	−4	−6
14 天	−6	−7
扯断伸长变化率/%　3 天	12	0
7 天	12	6
14 天	0	9

续表

100℃原油老化后性能变化			
体积变化/%	3 天	+9	+9
	7 天	+11	+11
	14 天	+13	+14
重量变化/%	3 天	+11	+11
	7 天	+13	+13
	14 天	+18	+18

4. 造纸胶辊胶料

随着现代造纸技术的发展，高速化已成为趋势，胶辊的线压越来越高。传统的天然橡胶硬质胶辊，已有很多被 NBR 胶辊所替代。对于更高速、大线压胶辊，只有采用 HNBR 方能满足使用要求。造纸胶辊胶料配方见表 1.1.2-83。

表 1.1.2-83 造纸胶辊胶料配方

配方号	A	B	C	D
HNBR C3467	100	100	100	100
活性氧化镁（ScorchgardTMO）	2	2	2	2
防老剂 DDA-70	1	1	1	1
防老剂 Vulkanox ZMB2	0.5	0.5	0.5	0.5
钛白粉（白色颜料）	3	3	3	3
活性氧化锌	2	2	2	2
Vulkasil S	80	65	50	35
Rhenofit TRIM/S	57	57	57	57
硅烷偶联剂 A-172	3	3	3	3
Saret SR 633	0	15	30	45
Ethanox 703	1	1	1	1
40%含量的过氧化物硫化剂	6	6	6	6
合计	255.5	255.5	255.5	255.5
胶料物理性能				
胶料门尼粘度 ML [(1+4) 100℃]	>200	74	62	48
胶料门尼焦烧时间 t_5，135℃/min	14	27.9	30.5	38.3
胶料门尼焦烧时间 t_{10}，135℃/min	14.1	28.4	31.1	39.4
MH，150℃/dN·M	204.2	229	225.7	215.6
t_{90}，150℃/min	5.9	6.6	10.1	11.1
硬度/邵尔 A	97	98	99	98
硬度/邵尔 D	70	71	71	71
拉伸强度/MPa	19.5	20.2	20.7	21.5
扯断伸长率/%	20	27	40	40
20%定伸应力/MPa	19.9	20	18.7	19.1
压缩永久变形，100℃×70 h，10%压缩 DIN2%	48	57	85	70
蒸馏水 90℃热老化后性能变化				
硬度（邵尔 A)/度 7 天	−6	−5	−5	−6
14 天	−4	−6	−8	−8
硬度（邵尔 D)/度 7 天	−1	−1	+1	−1
14 天	0	−3	0	0
拉伸强度变化/% 7 天	+4	+2	+2	−1
14 天	+5	−5	+2	+3

续表

蒸馏水 90℃热老化后性能变化					
扯断伸长率变化/%	7 天	+41	+37	+26	+23
	14 天	+41	−11	+33	+29
体积变化/%	7 天	+4	+3.1	+2.3	+2.3
	14 天	+3.4	+2.7	+2.0	+1.6
重量变化/%	7 天	+3	+2.4	+1.9	+2.0
	14 天	+3.1	+2.4	+1.8	+1.4

7.8　丁腈橡胶的供应商

7.8.1　丁腈橡胶的牌号与供应商

丁腈橡胶的牌号与供应商见表 1.1.2－84。

表 1.1.2－84　丁腈橡胶的牌号与供应商

供应商	类型	牌号	丙烯腈含量/%	羧酸含量/%	门尼黏度 ML［(1+4)100℃］	密度/(g·cm^{-3})	预交联度	增塑剂份数	备注
朗盛化学	通用	卡兰钠 3345C	33.0		45	0.97			
		卡兰钠 3370C	33.0		70	0.97			
		卡兰钠 4155LT	41.0		55	0.99			
		卡兰钠 2865C	28.0		65	0.97			
		卡兰钠 3330C	33.0		30	0.97			
		卡兰钠 8052	35.0		56	0.99			
		卡兰钠 3352	33.0		52	0.99			
		卡兰钠 2840	28.0		40	0.99			
	通用（中速硫化）	卡兰钠 2840F	28.0		38	0.96			
		卡兰钠 2850F	27.5		48	0.97			
		卡兰钠 3330F	33.0		30	0.97			
		卡兰钠 3345F	33.0		45	0.97			
		卡兰钠 3370F	33.0		70	0.97			
	慢速硫化	卡兰钠 4045F	38.0		45	0.97			优异的物性，良好的加工安全性能
		卡兰钠 4450F	43.5		50	1.00			
		卡兰钠 4955VP[b]	48.5		55	1.01			
	高门尼牌号（中速硫化）	卡兰钠 3380VP[b]	33.0		80	0.97			用于低硬度制品
		卡兰钠 33110F	33.0		110	0.97			
	充油牌号	卡兰钠 M3340F	22.0		34	0.98		52	用于低硬度制品，已充 52 份环保增塑剂 mesamoll
	高耐油牌号（中速硫化）	卡兰钠 3950F	38.5		50	0.99			优异的耐油性能及良好的耐燃油性能
		卡兰钠 4975F	48.5		75	1.01			
	预交联牌号	卡兰钠 XL3025	29.5		70	0.96	中等		改善挤出以及压延性能（加工效率、低收缩率、抗塌陷、表面光滑）
		卡兰钠 XL3355VP[b]	33.0		55	1.00	高		
		卡兰钠 XL3470	34.0		70	0.99	高		
	羧基牌号	卡兰钠 X146	32.5	1	45	0.97			极佳的耐磨性能
		卡兰钠 X160	32.5	1	58	0.97			
		卡兰钠 X740	26.5	7	38	0.99			
		卡兰钠 X750	27.0	7	47	0.99			

续表

供应商	类型	牌号	丙烯腈含量/%	羧酸含量/%	门尼黏度 ML［(1+4)100℃］	密度/(g·cm⁻³)	预交联度	增塑剂份数	备注
朗盛化学	快速硫化型	丙本钠[a]2845F	28.0		45	0.96			
		丙本钠 2870F	28.0		70	0.96			
		丙本钠 3430F	34.0		32	0.97			
		丙本钠 3445F	34.0		45	0.97			
		丙本钠 3470F	34.0		70	0.97			
	洁净高模量(快速硫化)	丙本钠 2831F	28.6		30	0.96			低模具污染，极低萃取物，适用于与饮用水相关的应用
		丙本钠 2846F	28.6		42	0.96			
		丙本钠 3446F	34.7		42	0.97			
		丙本钠 3481F	34.7		78	0.97			
	低温曲挠牌号	丙本钠 1846F	18.0		45	0.93			用于低温制品，有良好的压缩永久变形性能
		丙本钠 2255VP[b]	22.0		57	0.94			
	高门尼牌号	丙本钠 2895F	28.0		95	0.96			用于低硬度制品，有良好的动态性能
		丙本钠 28120F	28.0		120	0.96			
	高耐油牌号(中速硫化)	丙本钠 3945F	39.0		45	0.99			优异的耐油性能及良好的耐燃油性能
		丙本钠 3965F	39.0		65	0.99			
		丙本钠 3976VP[b]	40.0		65	0.99			
		丙本钠 4456F	44.0		55	1.01			
宁波顺泽橡胶有限公司	通用	NBR－2865	28.0±1.0		65±5				具有拉伸强度高、不含氯离子等特点，适合生产胶管、输送带、劳保鞋底、发泡制品等
		NBR－2880	28.0±1.0		78±5				
		NBR－3345	33.0±1.0		45±5				
		NBR－3355	33.0±1.0		53±5				
		NBR－3365	33.0±1.0		65±5				
		NBR－3380	33.0±1.0		78±5				
	快速硫化型	NBR－2865Z	28.0±1.0		65±5				具有快速硫化、加工性能好、低模具污染、回弹性佳、永久变形小、通用性强等特点，适合生产油封等模压制品、胶管、胶辊、胶圈、发泡制品、劳保鞋底等
		NBR－2880Z	28.0±1.0		78±5				
		NBR－3345Z	33.0±1.0		45±5				
		NBR－3355Z	33.0±1.0		53±5				
		NBR－4150Z	40.0±1.0		52±5				

注：[a] 朗盛商标卡兰钠（Krynac）、丙本钠（Perbunan）。
[b] 试生产牌号。

丁腈橡胶的其他供应商还有：中石油兰州石化分公司（团结牌）、中石油吉林分公司（双力牌）、镇江南帝化工有限公司、朗盛台橡化学工业有限公司、中国台湾南帝公司（Nancar）等。

丁腈橡胶的国外供应商还有：美国固特异轮胎和橡胶公司（Chemigum）、美国尤尼洛伊尔化学公司［Paracril 丁腈橡胶与 Paracril 丁腈橡胶/PVC（70/30 混合物）］、美国 DSM 共聚物公司（DSM Copolymer Inc.，Nysyn 丁腈橡胶和 Nysynblak 丁腈母炼胶）等。

7.8.2 氢化丁腈橡胶的供应商

朗盛（Lanxess）HNBR 有悠久的历史，被世界深刻认识和广泛应用，它由早期的宝兰山公司（Polysar）生产的 Tornac 品牌和拜耳公司（Bayer）生产的 Therban 两个品牌组成现在市场销售的德磐（Therban）HNBR。

氢化丁腈橡胶的牌号与供应商见表 1.1.2－85。

表 1.1.2-85　氢化丁腈橡胶的牌号与供应商

供应商	类型	牌号	丙烯腈含量/%	门尼黏度[b] ML［(1+4) 100℃］	残余双键含量/%	密度/(g·cm^{-3})	备注
朗盛化学	完全氢化牌号	德磐[a] 3407	34.0	70	≤0.9	0.95	用于长期使用的同步带、O 型圈、密封垫片，兼顾了优异低温曲挠性和耐油性的耐热动态密封制品
		德磐 3406	34.0	63	≤0.9	0.95	与德磐 3407 类似，但具有更好的流动特性
		德磐 3607	36.0	66	≤0.9	0.95	与德磐 3407 相比，在油类介质中溶胀性小
		德磐 3907	39.0	70	≤0.9	0.97	具有比德磐 3607 更好的耐油性，尤为适用于耐燃油的胶管、胶带、密封件 O 型圈和密封垫等
		德磐 4307	43.0	63	≤0.9	0.98	有极好的耐热老化、耐油和耐燃油性能，最佳的耐酸性气体性能，适用于汽车行业和油田行业等苛刻条件下工作的胶管、隔膜、O 型圈、密封件
		德磐 4309	43.0	100	≤0.9	0.98	与德磐 4307 相似，适用于高填充和高增塑剂用量的橡胶配方
		Therban 5008VP	49	80			
	部分氢化牌号	德磐 3446	34.0	61	4.0	0.95	综合了最佳的耐热性能、动态力学性能和加工性能
		德磐 3467	34.0	68	5.5	0.95	推荐硫黄硫化的标准牌号，有优异的动态力学性能
		德磐 3496（VP KA 8837）	34.0	55	18.0	0.96	综合了最佳的低温压缩形变和耐油性，尤其适用于胶辊和油田用动态橡胶配件
		德磐 3627	36.0	66	2.0	0.96	特低的低不饱和度牌号，与德磐 3607（推荐过氧化物硫化）相比，可获得更高的交联密度，因此具有更高的模量和更低的压缩永久变形
		德磐 3629	36.0	87	2.0	0.96	特低的低不饱和度牌号，与德磐 3627 相似，具有更高的填充能力；推荐采用过氧化物硫化
		德磐 3668VP[c]	36.0	87	6.0	0.95	高不饱和度、高门尼牌号，与德磐 3627 类似，具有更高的填充能力和增塑能力
		Therban 3669（VP）	36	95	6.0	0.95	
		德磐 4367	43.0	61	5.5	0.98	有卓越的耐油性，在要求更高的动态力学性能和黏合性能的时候，可用来替代德磐 4307
		德磐 4369	43.0	97	5.5	0.98	与德磐 4367 类似，具有更高的填充能力
	低温型牌号	德磐 LT 2157	21.0	70	5.5	0.96	有最佳的低温性能，良好的耐油性，适用于低温皮带、密封件、O 型圈和密封垫片
		Therban LT 2007 KA 8886（低模具污染）	21.0	74	≤0.9	0.96	类似德磐 LT 2157，最好地综合了耐热和耐低温性能，专为极端环境设计；过氧化物硫化
		德磐 LT 2057	21.0	67	5.5	0.96	与德磐 LT 2157 相似，具有极低模具污染性，适用于硫黄硫化和过氧化物硫化
		Therban LT2568 KA 8882（低模具污染）	25.0	77	5.5	0.96	低模具污染牌号，类似德磐 LT 2157，具有更好的耐油性
	羧基化牌号	德磐 XT KA 8889 VP[c]	33.0	77	3.5	0.97	最佳的耐磨性能，与 ART 牌号并用具有明显的协同效果，适用于皮带、胶辊、油田制品，还可提高橡胶与织物、线绳之间的黏结力；硫黄硫化及过氧化物硫化
	低门尼牌号	德磐 AT 3404	34.0	39	≤0.9	0.95	与德磐 3406 相似，具有更好的加工性能；适用于 O 型圈、密封垫、涂布制品，或作为高黏度胶料的黏度改性剂；过氧化物硫化
		德磐 AT 3443 VP[c]	34.0	39	4.0	0.95	采用了新技术，与德磐 3446 类似，具有更好的加工性能；过氧化物或者硫黄硫化

续表

供应商	类型	牌号	丙烯腈含量/%	门尼黏度[b] ML[(1+4)100℃]	残余双键含量/%	密度/(g·cm^{-3})	备注
朗盛化学	低门尼牌号	德磐 AT 3904 VP[c]	39.0	39	≤0.9	0.95	采用了新技术，与德磐 3907 类似，具有更好的加工性能；过氧化物硫化
		德磐 AT 4364 VP[c]	43.0	39	5.5	0.98	采用了新技术，与德磐 4367 类似，具有更好的加工性能；过氧化物或者硫黄硫化
		德磐 AT 5005 VP[c]	49.0	55	≤0.9	1.00	有最佳的耐油和耐燃油性能、卓越的耐热性能、良好的加工性，尤其适用于生物柴油用橡胶制品
		德磐 AT LT 2004 VP[c]（低温性能/低模具污染）	21.0	39	≤0.9	0.96	采用了新技术，与德磐 LT 2007 类似，具有更为优异的加工性能；过氧化物硫化
	丙烯酸盐增强型	Therban ART 3425（XQ536）	34.0（原胶）	22	5.5（原胶）	1.16	
		德磐 ART KA 8796 VP[c]	34.0（原胶）	22（产品胶）	5.5（原胶）	1.14	有更高的刚度、耐磨性和抗载荷能力，优异的金属黏结性；在需要极高的动态力学性能的场合下使用，例如同步带、造纸或者冶金行业用胶辊
	特殊牌号	Therban AT VP KA 8966	34	39	≤0.9	0.95	
	耐热牌号	Therban HT VP KA 8805	34 *	45		1.15	

注：[a] 朗盛商标德磐（Therban）。
[b] 不塑炼法，见 DIN 53523，ASTM 01646。
[c] 试生产牌号。

氢化丁腈橡胶的国外供应商还有日本瑞翁公司（Zetpol HSN）、加拿大 Polysar 公司（Tornac）等。

八、氯丁橡胶（Polychloroprene Rubber，Chloroprene Rubber，Neoprene Rubber，Neoprene）

8.1 概述

氯丁橡胶以耐天候老化，兼顾优良的物理性能和化学耐油性能优越而著称。因此，氯丁橡胶广泛地应用于暴露在空气中，且需耐油、高力学性能、曲挠性能好的橡胶制品，如胶管、输送带、传动带、电缆护套、防尘罩、减震垫、减震空气胶囊等。

氯丁橡胶的分类如图 1.1.2-13 所示。

- 氯丁橡胶
  - 干胶
    - 按调节剂分类
      - 硫黄调节型（G 型）
      - 调节剂丁或硫醇调节型
      - 混合调节型（GW 型）
    - 按用途分类
      - 通用型
      - 黏结型
      - 共聚型
  - 胶乳

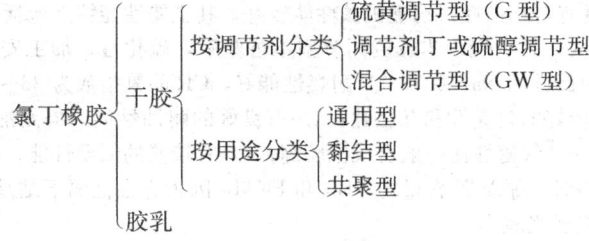

图 1.1.2-13 氯丁橡胶分类

氯丁橡胶由 2-氯-1，3-丁二烯采用乳液聚合得到，干胶分为 3 种类型：

1）硫黄调节型，也称通用型或 G 型，用硫黄及秋兰姆作相对分子质量调节剂，聚合温度约为 40℃，相对分子质量约为 10 万，分布较宽；

硫黄调节型的结构式如下：

$$-\!\!\left(CH_2-\overset{\overset{\displaystyle Cl}{|}}{C}=CH-CH_2\right)_n\!\!-S_x-$$

其中，$X=2\sim6$，$n=80\sim110$。

2）W 型，用调节剂丁或硫醇作相对分子质量调节剂，聚合温度在 10℃以下，相对分子质量为 20 万左右，分布较窄，分子结构比 G 型更规整，1，2-结构含量较少。

非硫黄调节型的结构如下：

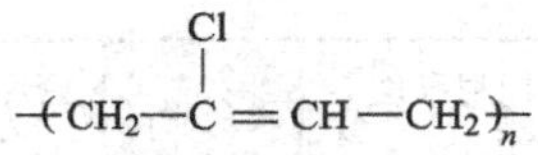

3）混合调节型，也称GW型。国产G型CR的牌号有CR121等，W型CR的牌号有CR321、CR322等。

特殊用途的氯丁橡胶，指专用于耐油、耐寒或其他特殊场合的氯丁橡胶，包括氯苯橡胶、氯丙橡胶等。氯苯橡胶是2-氯-1，3-丁二烯和苯乙烯（Styrene）的共聚物，引入Styrene使聚合物获得优异的抗结晶性，以改善耐寒性（不改善玻璃化温度），用于耐寒制品；氯丙橡胶是2-氯-1，3-丁二烯和丙烯腈（Acrylonitrile）的非硫黄调节共聚物，丙烯腈掺聚量为5%、10%、20%、30%不等，引入丙烯腈可增加聚合物的极性，提高耐油性。

氯丁橡胶（CR）的结晶能力高于天然橡胶、丁二烯橡胶、丁基橡胶，因为它的大分子链上像古塔波胶一样含有反式-1，4-结构，其等同周期为一个单元长度，易于结晶。CR生胶的结晶温度范围为－35～＋50℃，最大结晶速度的温度为－12℃。－40℃聚合的CR的结晶量约为38%，其熔点 T_m 约为＋73℃；＋40℃聚合的CR的结晶量约为12%，其熔点 T_m 约为＋45℃。结晶程度对于橡胶的加工及应用都有重要的影响，一般未硫化橡胶在长期存放后，便会产生结晶。CR硫化胶的结晶范围为－5～＋21℃，在0℃下很快结晶，升温会可逆地熔晶。

CR按结晶速度和程度大小分为快速结晶型、中等结晶型和慢结晶型。硫黄调节型的CR结晶能力低，非硫黄调节型的结晶能力中等，CR2481、CR2482、AC、AD等黏接型的CR结晶能力强。

CR按门尼黏度高低分为高门尼型、中门尼型和低门尼型。

CR按所用防老剂种类分为污染型和非污染型。

CR主要是1，4-聚合，其中反式1，4-聚合链节约占85%，顺式1，4-聚合链节约占10%，此外，1，2-聚合链节约占1.5%，3，4-聚合链节约占1%，所以CR大分子链上有97.5%的Cl原子直接连在有双键的碳原子上，即如下结构：

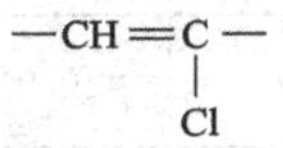

Cl的吸电性使得双键及Cl原子变得极为不活泼，不易发生化学反应，所以它不能用硫黄硫化体系进行硫化，耐老化性、耐臭氧老化性能比一般的不饱和橡胶要好得多。但CR中有1.5%的1，2-聚合链节，形成了叔碳烯丙基氯结构，这种结构中的Cl原子很活泼，易于发生反应，为CR提供了交联点，使其可以用金属氧化物（氧化锌ZnO、氧化镁MgO）进行硫化。这是因为交联反应中脱Cl后生成的烯丙基正碳离子形成缺电子的p-π共轭，分散了正电荷，使该正碳离子稳定性增强，使交联反应得以进行。

一般来讲，Cl的反应活性按如下顺序递增：

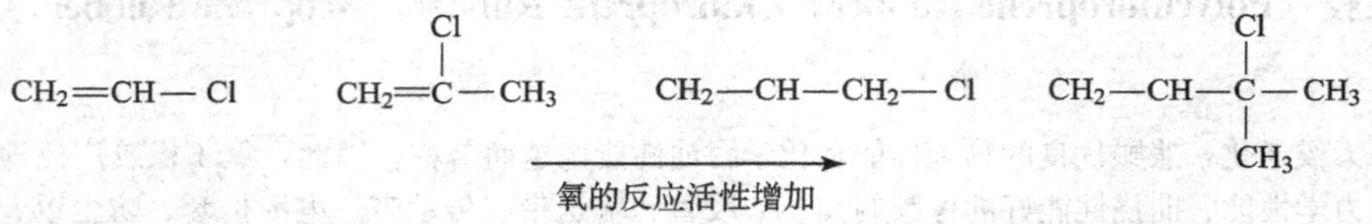

CR虽然属于不饱和橡胶，大分子链上每4个碳原子就有一个双键，但如前所述，其双键极不活泼，所以它的性能介于饱和和不饱和橡胶之间，具有良好的耐老化性能，其耐老化和耐臭氧性能优于NR、SBR、BR、NBR，仅次于EPM和IIR。CR极性高且为结晶橡胶，具有自补强性，物理机械性能较好。其主要性能特点包括：

1）硫黄调节型可塑解，硫化快，易焦烧；非硫黄调节型不可塑解，硫化慢，加工安全，需加硫化促进剂，促进剂一般使用取代硫脲（如亚乙基硫脲即促进剂Na-22）；2）耐燃性能好，CR的氧指数为38～41，硫化胶的氧指数可达57，离火自熄，为高难燃材料；3）具有较好的自黏性和互黏性；4）有良好的耐油性能，但耐油性不如NBR；5）有良好的耐疲劳性能，可用于同步带、齿形带；6）气密性比一般合成橡胶高；7）有较差的低温性能，CR的最低使用温度为－30℃，但在油中的耐低温性能优于ACM、CPE、高ACN含量的NBR和FKM，因为它在低温下结晶；8）电绝缘性能差；9）相对密度较大，一般为1.23，混炼容量应适当减小。

CR要用金属氧化物硫化，如用ZnO 5份、MgO 4份。炭黑对CR的补强作用不是很明显，对非硫黄调节型的相对要好一些。一般使用石油系的增塑剂，石蜡油一般用5份以下，环烷油一般用20～25份，芳烃油可以达到50份，要求耐寒性好则用酯类增塑，要求阻燃则用磷酸酯类。增黏体系一般选用古马隆、酚醛树脂、松焦油，对结晶性的非硫黄调节型更需要。

一般的，根据产品物性及工艺要求，CR的配合方法可按其硫化体系分6种，见表1.1.2-86。

表1.1.2-86 CR的硫化体系

1	ZnO/MgO	4/5	高耐热 低压变
	ETU/MTT	0.5/1.5	
	MBTS or TMTD	0～1	

续表

2	MTT	4～5	快速硫化
	Rhenogran BCA-80	0.5～1.5	
3	S	0.5～1	慢速硫化 低耐热
	TMTM/TMTD	0.5/1.5	
	DPG/DOTG	0.5/1.5	
4	ETU/MTT	1.5/2.5	超快硫化 连续硫化
	DETU/DPTU	0.5/1.5	
	ZDEC	0.5～1.5	
5	S	0.1～1.5	与食品接触
	TMTM/TMTD	0.5/1.5	
	OBTG	0.1～1.5	
6	PbO	20	自硫化
	S	0～1	
	Aldyhyde amine	1.5～2.5	
	DPTU	1.5～2.5	

硫调型CR用低温塑炼可取得可塑度，但非硫调型的塑炼效果不大。硫调型未硫化CR的弹性态在室温至71℃间，非硫调型未硫化CR的弹性态在室温至79℃间，NR在室温到100℃间；CR的黏流态温度在93℃以上，而NR在135℃以上。CR的炼胶温度应低于NR；CR炼胶时生热大，需注意冷却；加MgO时温度以约50℃为宜；加入石蜡、凡士林等有助于解决CR的黏辊问题。CR的最宜硫化温度为150℃左右，但因CR硫化不返原，所以也可以采用170～230℃的高温硫化。

CR的储存稳定性是个独特的问题，30℃下硫调型的可以存放10个月，非硫调型的可以存放40个月，存放时间长，容易出现变硬、塑性下降、焦烧时间短、流动性下降、压出表面不光滑等现象。其根本原因在于存放过程发生了生胶的交联，生胶从线形的α型向支化及交联的μ型变化。硫调型CR的分子链中存在有多硫键，在一定条件下易断裂生成新的活性基团引发交联，所以贮存期比非硫调型的更短。

氯丁胶最主要的特点是物理机械性能高、抗疲劳、耐油、耐候、耐热空气老化、耐臭氧、抗紫外线，有良好的耐化学药品性能、较高的气密性、良好的耐磨性与良好的阻燃性，在宽广温度下有良好的动态性能，可在120℃下长期使用。中低度结晶倾向的牌号适用于各种类型需要承受高应力的模压和挤出制品，特别适合户外产品，如汽车、家电、模压制品及其他工业制品等领域，包括增强型胶管、胶辊、皮带（传动带和输送带）、防尘罩、波纹管、空气弹簧、减震器、低压电缆的护套和绝缘层、海绵橡胶（包括开孔和闭孔海绵橡胶）、防腐衬里、汽车雨刷条以及布上涂胶和鞋靴等。

未来氯丁橡胶产品的发展或将因应以下变化：①汽车产品的高科技化以及安全、卫生和环保观念的强化，部分通用牌号将被特殊牌号所代替，如ETU促进剂因其致癌性必然要被卫生和安全的促进剂MTT所取代，进而必须选用能够适应MTT硫化的GF系列氯丁胶；② 橡胶机械设备向更自动化、更可靠的方向发展，效率不断提高，对工艺技术与原材料提出了新的要求，如模压制品由传统的模压法向注射法转移，使应用对加工性能好、焦烧时间长、不黏辊胶料的需求增加，对流动性好的注射型胶料尤为关注；③高端技术的发展需要更多特高物性、耐低温的产品。

8.2 氯丁橡胶的技术标准与工程应用

按照GB/T 5577—2008《合成橡胶牌号规范》，国产氯丁的主要牌号见表1.1.2-87。

表1.1.2-87 国产氯丁橡胶的主要牌号

牌号	调节剂	结晶速度	分散剂	防老剂对橡胶的变色性	门尼黏度 ML［(1+4) 100℃］	备注
CR1211	硫	低	石油磺酸钠	变	20～40	
CR1212	硫	低	石油磺酸钠	变	41～60	
CR1213	硫	低	石油磺酸钠	变	61～75	
CR1221	硫	低	石油磺酸钠	不变	20～40	
CR1222	硫	低	石油磺酸钠	不变	41～60	
CR1223	硫	低	石油磺酸钠	不变	61～75	
CR2321	调节剂丁	中	石油磺酸钠	不变	35～45	
CR2322	调节剂丁	中	石油磺酸钠	不变	45～55	

续表

牌号	调节剂	结晶速度	分散剂	防老剂对橡胶的变色性	门尼黏度 ML［(1+4) 100℃］	备注
CR 2323	调节剂丁	中	石油磺酸钠	不变	56～70	
CR2341	调节剂丁	中	二萘基甲烷磺酸钠	不变		65～90
CR2342	调节剂丁	中	二萘基甲烷磺酸钠	不变		91～125
CR2343	调节剂丁	中	二萘基甲烷磺酸钠	不变		126～155
CR2441	调节剂丁	高	二萘基甲烷磺酸钠	不变	1 000～3 000	溶液黏度/MPa
CR2442	调节剂丁	高	二萘基甲烷磺酸钠	不变	3 001～7 000	
CR2443	调节剂丁	高	二萘基甲烷磺酸钠	不变	7 001～10 000	
CR2481	调节剂丁	高	二萘基甲烷磺酸钠	不变	1 000～3 000	
CR2482	调节剂丁	高	二萘基甲烷磺酸钠	不变	3 001～6 000	
CR3211	硫、调节剂丁	低	石油磺酸钠	变	25～40	
CR3212	硫、调节剂丁	低	石油磺酸钠	变	41～60	
CR3213	硫、调节剂丁	低	石油磺酸钠	变	61～80	
CR3221	硫、调节剂丁	低	石油磺酸钠	不变	25～40	
CR3222	硫、调节剂丁	低	石油磺酸钠	不变	41～60	
CR3223	硫、调节剂丁	低	石油磺酸钠	不变	61～80	
DCR2131	调节剂丁	微	二萘基甲烷磺酸钠	不变	35～45	
DCR2132	调节剂丁	微	二萘基甲烷磺酸钠	不变	45～55	
DCR 1141	硫	微	二萘基甲烷磺酸钠	不变	30～45	
DCR 1142	硫	微	二萘基甲烷磺酸钠	不变	46～60	

注：[1] 第三位数表示分散剂及防老剂变色类型。

[2] 1——石油磺酸钠（变），2——石油磺酸钠（不变），3——二萘基甲烷磺酸钠（变），4——二萘基甲烷磺酸钠（不变），6——中温聚合，8——接枝专用。

8.2.1　氯丁橡胶的基础配方

GB/T 21462－2008《氯丁二烯橡胶（CR）评价方法》mod ASTM D3190－2000 中规定的标准试验配方见表 1.1.2－88。

表 1.1.2－88　氯丁橡胶（CR）的标准试验配方

配方	1	2	3	4
氯丁二烯橡胶 硫黄调节型 硫醇调节型	100.00	100.00	100.00	100.00
硬脂酸	0.50	0.50	—	—
氧化镁[a]	4.00	4.00	4.00	4.00
工业参比炭黑（IRB）No.7	—	25.00	—	25.00
氧化锌	5.00	5.00	5.00	5.00
3-甲基噻唑啉-2 硫酮占交联剂的 80%	—	—	0.45	0.45
总计	109.50	134.50	109.45	134.45
投料系数[b]				
实验室用开炼机	3.00	3.00	3.00	3.00
MIM（Cam 机头）	0.76	0.63	0.76	0.63
MIM（Banbury 机头）	0.65	0.54	0.65	0.54

注：[a] 碘吸附值（80～100）mgI_2/g，纯度≥92%；

[b] 对于 MIM，橡胶、炭黑精确到 0.01 g，配合剂精确到 0.001 g。

氯丁橡胶的其他试验配方见表 1.1.2－89。

表 1.1.2-89 氯丁橡胶（CR）的其他试验配方

原材料名称	ASTM 试验配方[a]				行业标准试验配方		其他试验配方				
	硫黄调节型		非硫调节		国标硫调型[b]	国标混合型[c]	原材料名称	W 型纯胶配合	W 型填料配合	G 型纯胶配合	G 型填料配合
	纯胶配合	炭黑配合	纯胶配合	炭黑配合							
CR	100	100	100	100	100	100	CR	100	100	100	100
氧化镁	4	4	4	4	4	4	氧化锌	5	5	5	5
硬脂酸	0.5	0.5	—	—	0.5	0.5	硬脂酸	0.5	0.5	0.5	0.5
炭黑 SRF		30		30			氧化镁	4	4	4	4
氧化锌	5	5	5	5	5	5	促进剂 Na-22	0.5	0.5		
促进剂 Na-22			0.35	0.35			防老剂 PA	1	1	1	1
防老剂 PBN			1	1			SRF		30		30
硫化条件	150℃×10 min、20 min、40 min						硫化条件	153℃×30 min			

注：[a] 详见《橡胶工业手册．第三分册．配方与基本工艺》，梁星宇等，化学工业出版社，1989 年 10 月第一版，1993 年 6 月第 2 次印刷，第 314 页表 1-354，引用 ASTM D 3190—73、JIS K 6388 77。

[b] 详见 GB/T 14647—93 附录 A。

[c] 详见 GB/T 15257—94 附录 A。

8.2.2 氯丁橡胶硫化试片制样程序

氯丁橡胶硫化试片的制样程序见表 1.1.2-9，详见 GB/T 21462—2008《氯丁二烯橡胶（CR）评价方法》mod ASTM D3190—2000，适用于硫黄调节型、硫醇调节型和其他调节型的氯丁二烯橡胶。ISO 2475：1999《氯丁橡胶（CR）—通用型—评价方法》规定了使用炭黑的评价方法及开炼法、小型密炼机法二种混炼方法。

开炼法 A 适用于配方 1 和配方 2，开炼法 B 适用于配方 3 和配方 4；小型密炼机法适用于所有配方；实验室用本伯里密炼机混炼法适用于所有配方。这些方法会得出不同的结果。

表 1.1.2-90 氯丁橡胶硫化试片的制样程序

开炼机法的生胶塑炼与制备		
调节开炼机辊温为 50±5℃，辊距为 1.5 mm，将 320 g 橡胶在慢辊上包辊，塑炼 6 min，根据需要作 3/4 割刀 3～5 次，调节辊距，使堆积胶高度约为 12 mm。如果胶料黏辊，辊温可设定为 45±5℃。 下片，将胶料冷却至室温，称取 300 g 胶料。		
开炼法 A：适用于配方 1 和配方 2 的操作程序（硫黄调节型 CR）		
概述：①混炼、称量和硫化程序的一般要求，按照 GB/T 6038—1993 的规定进行 ②混炼期间保持辊温 50±5℃。混炼期间如果黏辊，可保持辊温 45±5℃。		
程序	持续时间/min	
	非填充炭黑	填充炭黑
a) 设定辊距为 1.5 mm，加入制备好的 300 g 胶料，并保持辊筒间有适量的堆积胶	1	1
b) 加入硬脂酸	1	1
c) 沿辊筒缓慢而均匀地加入氧化镁，作 3/4 割刀一次，在加入炭黑前确保氧化镁完全混入	2	2
d) 加入炭黑，调节辊距使其保持一定的堆积胶		5
e) 加入氧化锌	2	2
f) 交替从两边作 3/4 割刀三次	2	2
g) 下片。设定辊距为 0.8 mm，将混炼胶打卷纵向薄通六次	2	2
总时间	10	15
h) 调节辊距，制备厚度约为 6 mm 的胶片，将胶料折叠起来再过辊四次 i) 检查胶料质量并记录，对于填充炭黑的胶料，如果胶料质量与理论值之差超过 0.5%，对于未填充炭黑的胶料，如果胶料质量与理论值之差超过 0.3%，则弃去此胶料并重新混炼 j) 切取试片，按照 GB/T 1233—1992 的规定测定焦烧时间，混炼后 1～2 h 内应进行试验，采用大转子，试验温度为 125±1℃。如果需要测定硫化特性，按照 GB/T 9869—1997 或 GB/T 16584—1996 进行，试验前试片应在 23±3℃下调节 1～24 h k) 如果需要进行应力-应变试验，设定开炼机辊温为 50±5℃，调节辊距，以相同的方向将折叠胶过辊四次，以获得延压效应，将胶料压成约为 2.2 mm 厚的试片，放在平坦、干燥的金属板上冷却		
开炼法 B：适用于配方 3 和配方 4 的操作程序（硫醇调节型 CR）		
概述：①混炼、称量和硫化程序的一般要求，按照 GB/T 6038—1993 的规定进行 ②混炼期间保持辊温 50±5℃。混炼期间如果黏辊，可保持辊温为 45±5℃		

续表

程序	持续时间/min	
	非填充炭黑	填充炭黑
a）设定辊距为 1.5 mm，加入制备好的 300 g 胶料，并保持辊筒间有适量的堆积胶	1	1
b）沿辊筒缓慢而均匀地加入氧化镁，作 3/4 割刀一次，在加入下一种材料之前确保氧化镁完全混入	2	2
c）加入炭黑，调节辊距使其保持一定的堆积胶		
d）加入氧化锌	……	5
e）加入交联剂	2	2
f）交替从两边作 3/4 割刀三次	1	1
g）下片。设定辊距为 0.8 mm，将混炼胶打卷纵向薄通六次	2	2
总时间	2	2
h）调节辊距，制备厚度约为 6 mm 的胶片，将胶料折叠起来再过辊四次	10	15
i）检查胶料质量并记录，对于填充炭黑的胶料如果胶料质量与理论值之差超过 0.5%，对于未填充炭黑的胶料如果胶料质量与理论值之差超过 0.3%，则弃去此胶料并重新混炼		
j）切取试片按照 GB/T 1233－1992 的规定测定焦烧时间，混炼后 1～2 h 内应进行试验，采用大转子，试验温度为 125±1℃。如果需要测定硫化特性，按照 GB/T 9869－1997 或 GB/T 16584－1996 进行，试验前试片应在 23±3℃下调节 1～24 h		
k）如果需要进行应力-应变试验，设定开炼机辊温为 50±5℃，调节辊距，以相同的方向将折叠胶过辊四次，以获得延压效应，将胶料压成约为 2.2 mm 厚的试片，放在平坦、干燥的金属板上冷却		

小型密闭式混炼机（MIM）操作程序——适用于所有配方

概述：①对于一般的混炼和硫化过程，按照 GB/T 6038－1993 的规定进行
②MIM 机头温度保持在 60±3℃，转速保持在 6.3～6.6 rad/s（60～63 r/m）

制备生胶

将橡胶切成小块，粗略称量，装入混炼室，放下上顶栓，开始计时，塑炼橡胶 6 min
关掉转子，升起上顶栓，打开混炼室，卸下胶料
将橡胶切成小块，冷却到室温，混炼之前再称量

程序	持续时间/min	
	非填充炭黑	填充炭黑
a）将制备好的橡胶装入混炼室，放下上顶栓，开始计时	0	0
b）橡胶塑炼	1	1
c）升起上顶栓，加入预先混合的配合剂，小心加入，避免损失，清扫进料口，放下上顶栓	2	1
d）升起上顶栓，加入炭黑，放下上顶栓，开始混炼	……	7
总时间	3	9
e）关掉电机，升起上顶栓，打开混炼室，卸下胶料。如果需要，记录胶料的最高温度		
f）设定开炼机辊温为 50±5℃，辊距为 0.5 mm，使胶料过辊一次，然后再将辊距设定为 3 mm，过辊两次		
g）检查胶料质量并记录，对于填充炭黑的胶料如果胶料质量与理论值之差超过 0.5%，对于未填充炭黑的胶料如果胶料质量与理论值之差超过 0.3%，则弃去此胶料并重新混炼		
h）切取胶料，按照 GB/T 9869－1997 或 GB/T 16584－1996 测定硫化特性，试验前，试样应在 23±3℃下调节 1～24 h		
i）如果需要测定胶料的焦烧时间和（或）应力－应变，设定开炼机辊距为 0.8 mm，辊温为 50±5℃，使胶料打卷纵向薄通六次		
j）切取试片，按照 GB/T 1233－1992 的规定测定焦烧时间，混炼后 1～2 h 内应进行试验，采用大转子，试验温度为 125±1℃		
k）如果需要进行应力-应变试验，设定开炼机辊温为 50±5℃，调节辊距，以相同的方向将折叠胶过辊四次，以获得延压效应，将胶料压成约为 2.2 mm 厚的试片，放在平坦、干燥的金属板上冷却		

实验室用本伯里密炼机操作程序

概述：按照 GB/T 6038－1993 规定的一般要求进行。

程序	持续时间/min	累计时间/min
初混炼：		
a）设定密炼机温度为 170℃，关闭卸料口，以 8.1 rad/s（77 r/m）的转速启动电机，升高上顶栓	0	0
b）加入一半的橡胶及全部的氧化锌、炭黑、硬脂酸，然后再加入另一半橡胶，放下上顶栓	0.5	0.5
c）混炼胶料	3.0	3.5
d）升起上顶栓，清扫混炼机颈口及上顶栓顶部，放下上顶栓	0.5	4.0
e）混炼胶温度达到 170℃，或混炼总时间达到 6 min，即可卸下胶料	2.0	6.0
f）检查胶料质量并记录，如果胶料质量与理论值之差超过 0.5%，则弃去此胶料		
g）设定开炼机辊温为 50±5℃，辊距为 6.0 mm，立即将此胶料通过开炼机三次		
h）胶料调节 1～24 h		
终混炼：		

续表

程序	持续时间/min	累计时间/min
a) 关掉蒸汽，转子上通足够的冷却水使密炼机温度冷却到 40±5℃，以 8.1 rad/s（77 r/m）的转速启动转子，升高上顶栓		
b) 加料前将所有的硫黄、促进剂卷入一半的母炼胶中，然后再加入剩下的另一半胶料，放下上顶栓	0.5	0.5
c) 胶料温度达到 110±5℃，或混炼总时间达到 6 min，即可卸下胶料	2.5	3.0
d) 检查胶料质量并记录，如果胶料质量与理论值之差超过 0.5%，则弃去此胶料	2.0	5.0
e) 在辊温为 40±5℃，辊距为 0.8 mm 的开炼机上，将胶料打卷纵向薄通六次	1.0	6.0
f) 调节辊距，将混炼胶压成约 5 mm 厚的胶片，使胶料折叠起来过辊四次		
g) 取足够的样品，按照 GB/T 1232.1—2000 的规定测定混炼胶门尼黏度，按照 GB/T 9869—1997 或 GB/T 16584—1996 的规定测定硫化特性，试验前试片应在 23±3℃下调节 1～24 h		
h) 如果需要进行应力-应变试验，设定开炼机辊温为 50±5℃，调节辊距，以相同的方向将折叠胶过辊四次，以获得延压效应，将胶料压成约为 2.2 mm 厚的试片，放在平坦、干燥的金属板上冷却		

8.2.3 氯丁橡胶的技术标准

氯丁橡胶的典型技术指标见表 1.1.2－91。

表 1.1.2－91 氯丁橡胶的典型技术指标

氯丁橡胶的典型技术指标			
项目	指标	项目	指标
聚合形式	加成聚合	平均分子量 $\overline{Mn}$/(×10⁴ g·mol⁻¹) $\overline{M_w}$/(×10⁴ g·mol⁻¹)	 11～22 16～72
聚合方式	自由基		
聚合体系	乳液		
化学结构（氯丁二烯单元） 反式-1，4-结构/% 顺式-1，4-结构/% 1，2-加成/% 3，4-加成/%	（聚合温度 10℃） 85 9 1.1 1.0	门尼黏度 ML［(1+4) 100℃］	34～89
		相对密度	1.20～1.25
		玻璃化温度 T_g/℃	−45
		熔点（反式-1，4-结构 95%）/℃	70～80
		线膨胀系数（T_g 以上）/($\times10^{-4}$·℃$^{-1}$)	2.0
比热容/[J·(g·℃)$^{-1}$]	2.2	折射率（25℃）	1.558
氯丁橡胶硫化胶的典型技术指标			
项目	指标	项目	指标
弹性模量（静态）/MPa	2.9～4.9	压缩永久变形（100℃×22 h）/%	9～42
剪切模量（动态）/MPa 50～100 Hz 1.5 kHz	 0.04 0.09	回弹性/%	55～68
		耐磨性/[cm^3·(hp·h)$^{-1}$][a]	410～550
		耐屈挠龟裂（德墨西亚）/kHz	220～410
300%定伸应力/MPa	18.6～24.5	耐老化（100℃×96 h） 伸长率变化率/%	−18～−10
拉伸强度/MPa	22.5～24.5	耐臭氧老化（50 pphm，20%伸长）	96 h 出现龟裂
拉断伸长率/%	260～850	介电损耗角正切（1 kHz）	0.02～0.058
撕裂强度/(kN·m^{-1})	42～64	介电强度/(kV·mm^{-1})	1.2～29.6
硬度（IRHD）	70～88	体积电阻率/Ω·cm	1×10^8～2×10^{13}

注：[a] 1 hp=735.5 W；详见《橡胶原材料手册》，于清溪、吕百龄等编写，化学工业出版社，2007 年 1 月第 2 版，第 98 页。

（1）氯丁二烯橡胶 CR 121

GB/T 14647—2008《氯丁二烯橡胶 CR121、CR122》适用于以氯丁二烯为单体，以硫黄为分子量调节剂，经乳液聚合而制得的 CR121、CR122。质量保证期自生产之日起 20℃以下保质期为一年，30℃以下保质期为半年。CR 121、CR122 的技术指标见表 1.1.2－92。

表 1.1.2－92 CR 121、CR122 的技术指标

项目	优级品	一级品	合格品
门尼焦烧 MS_{t5}/min	30～60	≥25	≥20
拉伸强度（≥）/MPa	24.0	22.0	20.0

续表

项目	优级品	一级品	合格品
扯断伸长率（⩾）/%	900	850	800
500%定伸应力（⩾）/MPa	2	2	2
挥发分质量分数/%	1.2	1.3	1.5
灰分质量分数/%	1.0	1.3	1.5

（2）氯丁二烯橡胶 CR 244

HG/T 3316—2014《氯丁二烯橡胶 CR 244》适用于以氯丁二烯为单体，以松香皂为乳化剂，经低温乳液聚合而制得的非硫调、非污染的氯丁二烯橡胶，CR 244 的技术指标见表 1.1.2-93。质量保证期自生产之日起 20℃以下保质期为一年，30℃以下保质期为半年。

表 1.1.2-93　CR 244 的技术指标

项目		优等品	一等品	合格品
5%甲苯溶液黏度/mPa·s	CR2441	25～34		
	CR2442	35～53		
	CR2443	54～75		
	CR2444	76～115		
剥离强度（⩾）/(N·cm^{-1})		90	80	75
挥发分（⩽）/%		0.8	1.0	1.2

（3）混合调节型氯丁橡胶 CR321、CR322

GB/T 15257—2008《混合调节型氯丁橡胶 CR321、CR322》适用于以氯丁二烯为单体，以硫黄和调节剂丁为相对分子质量调节剂，经乳液聚合而制得的氯丁橡胶 CR321、CR322。质量保证期自生产之日起 20℃以下保质期为一年，30℃以下保质期为半年。

表 1.1.2-94　CR321、CR322 的技术指标

项目		优等品	一等品	合格品
生胶门尼黏度 ML［(1+4) 100℃］	CR3211、CR3221	25～40		
	CR3212、CR3222	41～60		
	CR3213、CR3223	61～80		
焦烧时间 MSt_5（⩾）/min		25	20	16
拉伸强度（⩾）/MPa		25.0	22.0	20.0
500%定伸应力（⩾）/MPa		2	2	2
扯断伸长率（⩾）/%		900	850	800
挥发分质量分数（⩽）/%		1.2	1.5	1.5
灰分质量分数（⩽）/%		1.2	1.3	1.3

8.2.4　氯丁橡胶的工程应用

1. 以非硫调节型、经黄原酸改性的典型产品 Baypren 126 为代表的模压制品牌号，耐高低温，炼胶不粘辊，不焦烧，门尼黏度稳定，工艺稳定，产品尺寸准确。其基本配方见表 1.1.2-95。

表 1.1.2-95　模压制品牌号 CR 的基本配方

Baypren 126	100
MgO	4
ZnO	5
硬脂酸	0.5
防老剂 ODA	2.5
MB	1.5
N550	30

续表

N774	40
DOS	10
ETU-80	0.7～0.8
S	0.3～0.5
分散剂	1～3
防焦剂	0～2（通常不用）

该牌号橡胶应用广泛，特别在模压制品及高物化性能要求的产品上已成为不可取代的橡胶品种。

2. 以硫黄调节型产品 Baypren 711 为典型代表的压延、挤出牌号，与 Baypren 126 相比，其稳定性较差一些。但其动态性能更优，与织物或钢铁的黏合性更好。配方特点是：不必加硫黄（Baypren 126 要加少量硫黄）。其典型配方见表 1.1.2-96。

表 1.1.2-96 压延、挤出牌号 CR 的基本配方

Baypren 711	100
MgO	4
ZnO	5
硬脂酸	0.5～1.0
炭黑	30～70
软化剂	5～20
加工助剂	1～5

为进一步提高氯丁胶的炼胶安全性，可用高活性的氧化镁代替普通 MgO，用活性 ZnO 代替普通 ZnO。另外，近年来橡胶加工助剂的应用越来越普遍，可考虑加分散剂，如莱茵散 42、FL、L/P 等。软化剂可用 DOP、DOS 或 NB-4 等。补强剂最常用的为炭黑，如 N330、N550、N774 等。根据不同的应用，也可用沉淀法白炭黑等。总之视具体产品的性能要求和成本灵活选用。

3. 可用 MTT 代替 ETU 进行硫化的 Baypren GF 绿色环保牌号，可满足当今最严苛的欧盟安全和卫生法令。其主要用于家电和电子、汽车等模压和注射氯丁胶制品。其配方特点是取代有致癌因素的 ETU 硫化促进剂而改用安全的新型助剂 MTT。绿色环保 CR 牌号的参考配方见表 1.1.2-97。

表 1.1.2-97 绿色环保 CR 牌号的参考配方

配方材料与项目	A	B	C	D
Baypren 110	100	70	50	
Baypren HP M010 VP		30	50	
Baypren HP M01D VP				100
MgO（80%）	5.3	5.3	5.3	5.3
ZnO	5	5	5	5
硬脂酸	1	1	1	1
N 772	15	15	15	15
N 331	35	35	35	35
DOS	10	10	10	10
Aromatic plasticizer	10	10	10	10
DDA 70	1.5	1.5	1.5	1.5
MBTS 80	1.25	1.25	1.25	1.25
MTT 80	1	1	1	1
生胶门尼黏度 ML［(1+4) 100℃］	40			34
混炼胶门尼黏度 ML［(1+4) 100℃］	25	22	21	20
MSR	0.649	0.647	0.657	0.66
Rel. decay @ 30s/%	3.9	4.0	4.0	3.8
MSt_5（120℃）/min	>50	>50	>50	>50

续表

配方材料与项目	A	B	C	D
Monsanton－MDR 2000E（180℃×45 min）				
ML/dNm	0.6	0.5	0.5	0.5
MH/dNm	9.5	6.1	5.3	5.2
t_{10}/min	3.3	2.5	2.7	1.5
t_{90}/min	16.7	15.9	16.2	5.8
硫化胶物化性能（硫化条件：190℃×20 min）				
拉伸强度/MPa	17.5	15.7	15.6	15.2
扯断伸长率/%	402	410	422	413
硬度/邵尔 A	54	52	51	51
70℃×70 h 压缩永久变形/%	16	17	17	14
热空气老化（100℃×7 d）				
拉伸强度变化率/%	－5.1	－0.6	－0.6	1.3
扯断伸长率变化率/%	－8.2	－5.4	－6.9	－3.9
硬度变化/邵尔 A	6	7	7	6

4. 汽车防尘套用胶料配方

BAYPREN ® 126 100.0，MgO（活性氧化镁）4.0，硬脂酸 0.5，防老剂 DDA 2.0，V 防老剂 ulkanox 4020 2.0，防护蜡 Antilux 110 2.5，N－550 black 35.0，N－774 black 40.0，DOS 25.0，ZnO（活性氧化锌）5.0，促进剂 Rhenogran ETU－80 0.8，促进剂 Vulkacit Thiuram/C 0.8，合计 217.6。汽车防尘套用胶料的物理机械性能见表 1.1.2－98。

表 1.1.2－98 汽车防尘套用胶料的物理机械性能

	实测	性能指标
硬度/邵尔 A	65	50～65
拉伸强度/MPa	16	＞13
拉断伸长率/%	300	＞300
耐臭氧		200 pphm
脆性温度/℃		＜－50

5. 减震空气胶囊胶料配方

BAYPREN ® 126 100.0，聚丁二烯 5.0，MgO 4.0，硬脂酸 2.0，防老剂 SDPA 3.0，防老剂 Vulkanox 3100 2.0，沉淀法白碳黑 Silica 10.0，N 326 black 40.0，芳烃油 Aromatic oil 7.0，Adimoll DO（DEHA）10.0，活性 ZnO（Zinkoxyd Aktiv）5.0，硫化剂 Rhenocure CRV/LG 0.7，合计 188.7。

硫化胶的物理机械性能指标为：邵尔 A 硬度为 60；拉伸强度为 20 MPa；拉断伸长率为 525%。

6. 密封条胶料配方

BAYPREN 210 100.0，石蜡 7.0，MgO（活性）4.0，硬脂酸 0.5，防老剂 ODPA 2.0，防老剂 Vulkanox 3100/1.5，防老剂 Vulkanox MB－2 0.5，N 762 black 100.0，陶土 Nucap Clay 25.0，芳烃油 Aromatic oil 5.0，增塑剂 Plasticizer SC 12.0，ZnO（活性氧化锌）10.0，消泡剂 Desical P 5.0，促进剂 TMTU/TMTD 1.8/0.5，合计 274.8。

硫化胶的物理机械性能指标为：邵尔 A 硬度为 78；拉伸强度为 15 MPa；拉断伸长率为 230%。

7. 输送带胶料配方

AYPREN 210 100.0，Taktene 1203 8.0，MgO（活性）4.0，硬脂酸 1.0，防老剂 ODPA 2.0，防老剂 Vulkanox 3100 2.0，N 330 black 40.0，硼酸锌 Zinc borate 15.0，氢氧化铝 Hydrated Alumina 25.0，氯化石蜡 Chlorinated paraffin 15.0，三氧化二锑 Antimony oxide 5.0，PE 2.0，ZnO 5.0，S 0.5，促进剂 TMTM/DOTG 1.0/1.0，合计 226.5。

硫化胶的物理机械性能指标为：邵尔 A 硬度为 68；拉伸强度为 18 MPa；拉断伸长率为 475%。

8.3 氯丁橡胶的供应商

2010 年全球主要氯丁橡胶装置的生产能力见表 1.1.2－99。

表 1.1.2-99 全球主要 CR 装置的生产能力

公司		地点	能力/万吨	生产方法	备注
欧洲	德国朗盛	德国道玛根	8	丁二烯氯化法	
	法国埃尼	法国克拉克斯一帕特	(3.5)	丁二烯氯化法	已停产，装置卖给印度
	Nairit	亚美尼亚	(4.0)	乙炔法	装置搬到山西合成
美国	杜邦	路易斯安娜州拉帕勒斯	7	丁二烯氯化法	
		肯塔基州路易斯维尔	5	丁二烯氯化法	2007 年年底关闭该装置
日本	电器化学	新泻	5	乙炔法	
	昭和制造	川崎	2.3	丁二烯氯化法	
	东曹公司	山 151	2.4	丁二烯氯化法	
中国	长寿化工	重庆	2.8	乙炔法	
	山西合成	山西大同	2.5	乙炔法	
	山纳	山西大同	3	乙炔法	
全球氯丁橡胶生产能力合计			38		
注：括号内生产能力不计。					

表 1.1.2-100 所示为不同供应商氯丁橡胶牌号的对应情况。

表 1.1.2-100 供应商氯丁橡胶牌号的对应情况

供应商	长寿化工 Changshou	山纳	山橡	美国杜邦 Du Pont	日本电化 Denka	日本东曹 Tosoh	法国埃尼 Enichem	说明
氯丁橡胶	CR1211 CR1212 CR1213	SN121、SN121X SN122	CR121	GN GNA	PM-40	Y-22	MD-10 SC-21	通用型
	CR2321 CR2322 CR2323	SN231 SN232 SN238		WM-1 W WHV-100 WHV	M-30 M-40 M-100 M-120	B-31 B-30 Y-31 Y-30	MC-31 MC-30 MH-31 MH-30	
	CR3221 CR3222 CR3223	SN322X	CR322	GW	DCR-40			
	CR2441 CR2442 CR2443	SN240T SN241 SN242A、SN242B SN243 SN244	CR2442	AD-10 AD-20 AD-30 AD-40	A-30 A-70 A-90 A-100 A-120	G-40R G-40S G-40T	MA-40R MA-40S MA-40T	高粘接强度型
	CR246			AG	DCR-11			
	CR248			ADG	A-70 A-90 A-100 A-120			
	DCR114			GRT	PS-40	R-10	SC-10	
	DCR213			WRTM1 WRT	S-40V	B-5 B-11	MC-10	
	高门尼 DCR213			WD	DCR-30			
	EDCR			WB TRT	EM-40	Y-20E		
	ECR235			TW TW-100	MT-40 MT-100	E-33	DE-302	
	DCR221				DCR-33 DCR-34			
	XCR2142			AF				

续表

供应商	长寿化工 Changshou	山纳	山橡	美国杜邦 Du Pont	日本电化 Denka	日本东曹 Tosoh	法国埃尼 Enichem	说明
氯丁胶乳		SNL5022		671		LA-502		通用型
		SNL511A		842A				
		SNL5042				GFL-890		粘接型

朗盛氯丁胶的商品牌号为 Baypren，中文译名为拜耳平。最初由拜耳公司的 Perbunan C 演变而得，在德国多玛根(Dormagen) 工厂生产。朗盛氯丁胶的命名方法为：

朗盛氯丁胶由商品名+3位数字组成。商品名为：Baypren，译名为拜耳平。

牌号用3位数字分别代表，以 Baypren 126 示例如下：

第1位数字表示：结晶倾向：1轻微/2中等/3强结晶（通用牌号）

硫黄含量：5低硫/6中等/7高硫（硫调牌号）

第2位数字表示：门尼粘度：1低门尼/2中等/3高门尼

第3位数字表示：特殊性质：4预交联

5预交联+黄原酸二硫化物调节

6黄原酸二硫化物调节

第3位数字1，2表示生胶门尼黏度及结晶倾向。例如 Baypren 111 的结晶性极低，而 Baypren 112 的结晶性为低至中度。

朗盛氯丁胶的商品牌号见表1.1.2-101。

表1.1.2-101 朗盛氯丁胶的商品牌号

供应商	类型	牌号	门尼黏度[b]	门尼焦烧[c] (≥)	结晶性	密度 /(g·cm⁻³)	伸长率 (≥)/%	防老剂类型	说明
朗盛	通用硫醇调节型	拜耳平[a]110	41±5		非常低	1.23			
		拜耳平110	49±5		非常低	1.23			
		拜耳平110	65±7		非常低	1.23			
		拜耳平112	41±8		低	1.23			
		拜耳平210	43±4		中等	1.23			
		拜耳平210	48±4		中等	1.23			
		拜耳平211	39±4		中等	1.23			
		拜耳平230	100±8		中等	1.23			
		拜耳平230	108±10		中等	1.23			
	黄原酸调节型	拜耳平116	43±5		非常低到低	1.23			能形成完善的交联网络，因而具有优异的物理机械性能。
		拜耳平116	49±5		非常低到低	1.23			
		拜耳平126	70±7		非常低到低	1.23			
		拜耳平216	43±5		中等	1.23			
		拜耳平216	49±5		中等	1.23			
		拜耳平226	75±6		中等	1.23			
	预交联型	拜耳平114	62±10		非常低	1.23			适用于挤出制品。
		拜耳平214	55±6		中等	1.23			
		拜耳平215	50±6		中等	1.23			
	硫黄调节型	拜耳平510	42±5		低至中等	1.23			适于塑炼，易于加工；适用于动态橡胶制品。
		拜耳平510	50±5		低至中等	1.23			
		拜耳平611	35±5		低至中等	1.23			
		拜耳平611	43±6		低至中等	1.23			
		拜耳平611	48±6		低至中等	1.23			
		拜耳平711	43±6		低至中等	1.23			
		拜耳平711	48±6		低至中等	1.23			

注：[a] 朗盛商标拜耳平（Baypren）。

[b] ML（1+4）100℃。

[c] MSt_5，单位为 min。

目前在中国销售的朗盛氯丁胶主要品种有：

Baypren 126 模压用牌号，耐高低温，物理机械性能好，工艺优良，不焦烧、不粘辊。

Baypren 116 比 Bapren126 门尼黏度低，胶料流动性好，为挤出产品用牌号，挤出尺寸稳定，表面光滑，效率高。

Baypren 711 硫黄调节型牌号，胶带用胶，硫含量高，胶料工艺性好，与增强材料黏合好，耐磨。

Baypren 210 通用品牌，综合性能优异，可满足不同工艺和产品加工要求，价格较低。

Baypren 230 特高门尼牌号，高力学强度，适合高强度和与其他牌号共混工艺，以实现特种产品性能和工艺要求。

Baypren 114 预交联牌号，适于挤出高性能薄壁及精确尺寸产品，挤出产品抗塌陷，如用于连续硫化生产汽车雨刷条等产品和工艺。

氯丁橡胶的部分其他供应商牌号见表 1.1.2-102。

表 1.1.2-102 氯丁橡胶的部分供应商与牌号

供应商	牌号	挥发分/%	灰分/%	结晶速度	门尼黏度 ML［(1+4) 100℃］	5%固含量甲苯溶液黏度/mPa·s	剥离强度/(N·cm^{-1})	500%定伸应力/MPa	拉伸强度，/MPa	扯断伸长率/%
美国杜邦	GNA	≤1.3			40～54			3.4～6.4 (600%)	≥22.5	≥900
	GW	≤1.3			34～51			4.4～7.2 (600%)	≥25.5	≥800
	AD—10			很快	75～125	25～34				
	AD—20			很快	75～125	35～53				
	AD—30			很快	75～125	54～75				
	AD—40			很快	75～125	76～115				
日本电化	PM—30				40±10					
	PM—40	≤1.0	0.4		50±10			1.0～3.9	≥22.6	≥800
	A—90	0.2				33	109			
	TA—85	0.1				28	96			
日本东曹	G—40T	0.1				15	95			

注：本表数据仅作参考，以供应商提供的数据为准。

九、氯化聚乙烯

9.1 氯化聚乙烯橡胶（chlornated polyethylene）

氯化聚乙烯是聚乙烯与氯气通过取代反应制得的一种改性聚合物，其随粉状高密度聚乙烯的问世而得到工程应用。根据含氯量不同（15%～73%），门尼黏度可以从 34 变化到 150，其物理状态也从塑料、弹性体变成半弹性皮革状硬质聚合物。一般氯含量为 49%～53%的氯化聚乙烯为类似皮革的半弹性硬质聚合物；氯含量为 25%～48%的氯化聚乙烯为橡胶状弹性体，即 CM；热塑性弹性体的氯含量为 16%～24%，即 CPE。氯含量低于 15%时为塑料，氯含量高达 73%时为脆性树脂。

氯化聚乙烯与聚乙烯具有相同的主链结构，只是主链碳原子上的部分氢原子被氯原子取代，不存在不饱和键，因而氯化聚乙烯也可以视为乙烯、氯乙烯和 1，2-二氯乙烯的三元无规共聚物。

氯化聚乙烯橡胶的制造方法有水相悬浮法、溶液法与固相法三种。溶液法是将聚乙烯溶于含氯的有机溶剂中，通入氯气进行反应，产品为无定型弹性体，但生产成本较高；固相法是将氯气直接通入流化床反应器内与聚乙烯粉末在引发剂的作用下进行取代反应，但反应控制困难，工业化生产技术尚在开发中；水相悬浮法是聚乙烯粉末在助剂的作用下悬浮于水或酸类、盐类水溶液中，通入氯气反应制得，是目前主要的工业化生产方法。

CPE 是 PVC 的重要改性填加剂，用于制造 PVC 板材、管材、塑钢门窗、屋面防水卷材、家电外壳、防腐衬里等，可以提高塑料制品的耐低温冲击性能、提高韧性、阻燃性、耐油耐老化性能、耐腐蚀性、绝缘性等。

CM 是一种含氯的极性饱和橡胶，具有优良的耐油、耐热、耐臭氧、耐候性、着色稳定性和难燃自熄性，保持了聚乙烯的化学稳定性和良好的电性能，但较难硫化；因硫化程度有限，其拉伸强度、撕裂强度、耐磨性较差。

CM 不能用硫黄硫化体系硫化交联，硫化体系常用硫脲、多胺、三硫醇基均三嗪和过氧化物等作为硫化剂；可高填充，细粒子活性炭黑（如高耐磨炉黑）有很好的补强效果，但不宜多加，以免影响流动性，多用半补强炭黑、中粒子热裂法炭黑等；与各种极性和非极性聚合物有良好的相容性，可与各种橡胶并用，具有良好的共硫化性能，也可与一些热塑性塑料共混改性。因系饱和聚合物，CM 塑炼不会使分子断链，但混炼前先薄通数次有利于混入配合剂，辊温为 50～70℃；密炼可以采用逆炼法，密炼室温度不高于 130～150℃；加少量低分子量聚乙烯可改善加工性能。

9.2 氯化聚乙烯的接枝共聚物（Acrylonnitrile Chlorinated Polyethylene Styrene Copolymer）

丙烯腈-氯化聚乙烯-苯乙烯接枝共聚物树脂，由日本昭和电工公司于 1979 年投产，简称 ACS 树脂，其具有耐热、耐天候、耐高温冲击、耐电弧、抗静电、抗污染等性能以及良好的物理机械性能，可代替 ABS 树脂（丙烯腈-丁二烯-苯乙烯共聚物），分通用级（GW）和耐燃级（NF）两类。其分子结构式如下：

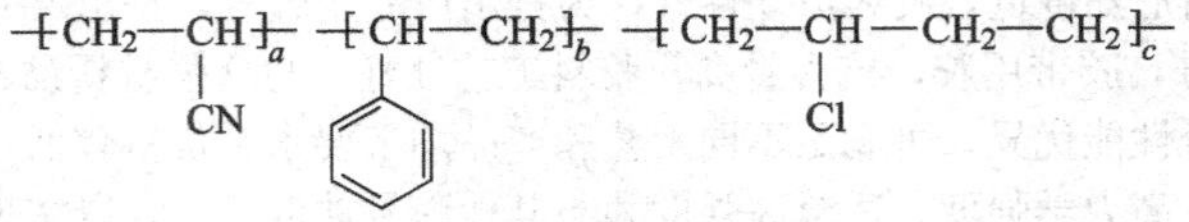

生产 ACS 树脂的方法主要有悬浮聚合法、溶液聚合法和混炼法。悬浮聚合法以水为分散介质，以聚乙烯醇为分散剂，以过氧化苯甲酰为引发剂；溶液聚合法，在氯仿溶液中真空条件下以过氧化苯甲酰为引发剂进行溶液接枝聚合，反应温度为 60℃；混炼法是将氯化聚乙烯、苯乙烯-丙烯腈共聚物以及适量的热稳定剂，在塑炼机中于 140℃ 下混合塑炼，再经粉碎、挤出造粒而得。混炼法性能较差，已不采用，悬浮聚合法是目前的主要生产方法。

ACS 树脂的性能与丙烯腈、氯化聚乙烯和苯乙烯三组分的比例、接枝率、分子量大小及分子量分布有关。一般冲击强度随氯化聚乙烯的含量及丙烯腈-苯乙烯共聚物的分子量的增加而提高；拉伸强度则随氯化聚乙烯含量的增加而降低；耐化学药品性和热变形温度随丙烯腈含量的增加而提高。

与 ABS 树脂相比，ACS 树脂有如下显著特点：其耐候性优于 ABS 树脂；ABS 树脂属易燃树脂，ACS 树脂因含氯具有难燃性；ACS 树脂分子结构中的氯化聚乙烯能使摩擦产生的静电在短时间内散逸，其静电污染极少，能使制品长期保持美观。

ACS 树脂在高温下易分解产生氯化氢气体，因而加工温度要比 ABS 树脂低一些，通常加工温度为 180～220℃，阻燃级由于含氯化聚乙烯量较多，所以加工温度应更低一些。ACS 树脂可采用注射、挤出、模压等成型方法加工。

ACS 树脂主要应用于电子电器、办公设备、交通运输和建筑领域，包括台式计算机、复印机、传真机的壳体，用于制作洗衣机、除灰器、冰箱等家用电器的壳体以及照明器具的部件，建筑材料、木材代用品，还用于制造广告牌及路标等；阻燃级 ACS 用于制作电视机内部零件，如回扫变压器、线圈绕线管、支架等，还用作要求具有阻燃和耐候性能的汽车和火车的内装、外装材料等。

氯化聚乙烯与其他不饱和单体如甲基丙烯酸酯、氯乙烯等的接枝共聚物，尚处于研制阶段。

9.3　氯化聚乙烯橡胶的技术标准与工程应用

9.3.1　氯化聚乙烯橡胶的基础配方

氯化聚乙烯橡胶的基础配方见表 1.1.2－103。

表 1.1.2－103　氯化聚乙烯橡胶（CM）的基础配方

某胶管企业内控试验配方		HG/T 2704—2010	
原材料名称	质量份	原材料名称	质量份
CM	100.0	CM 或 PE－C	200.0
氧化镁	10.0	硬脂酸铅	6.0
N660	50.0	硫化过程：胶片置于 150±2℃ 的模具中恒温 5 min，然后加压至 15 MPa，保持 2 min，在保持压力不变的条件下冷却至 60℃，取出试片。详见 HG/T 2704—2010。	
DOP	30.0		
Na－22	2.5		
硫黄	0.5		

9.3.2　氯化聚乙烯橡胶的技术标准

CM 的典型技术指标见表 1.1.2－104。

表 1.1.2－104　CM 的典型技术指标

CM 的典型技术指标			
项目	指标	项目	指标
门尼黏度 ML［(1＋4) 100℃］	55～80	电导率（1 kHz^{-1}）/($S \cdot cm^{-1}$)	4.65～6.80
相对密度	1.08～1.25	介电强度/($kV \cdot mm^{-1}$)	26.2～29.3
		体积电阻率/Ω · cm	2.5×10^{14}～2.0×10^{15}
CM 硫化胶的典型技术指标			
300%定伸应力/MPa	5.6～15.0	压缩永久变形（70℃×22 h）/%	21～37
拉伸强度/MPa	13.2～15.6	屈挠龟裂（德墨西亚，JIS K630）	25 周以上发生龟裂[a]
拉断伸长率/%	320～440	耐老化（120℃×120 h）伸长率变化率/%	－17
硬度（JIS A）	63～64		
		耐臭氧性（50 pphm，38℃）	300 h 发生龟裂

注：详见《橡胶原材料手册》，于清溪、吕百龄等编写，化学工业出版社，2007 年 1 月第 2 版，第 160～161 页。

[a] 原文如此。德墨西亚屈挠龟裂一般以屈挠次数表示，25 周屈挠次数为 1 500 多万次，数据存疑。

HG/T 2704—2010《氯化聚乙烯》适用于高密度聚乙烯（PE-HD）经氯化反应后制得的氯化聚乙烯。氯化聚乙烯的防黏结剂一般为轻质活性碳酸钙，若采用其他防黏结剂，应注明其化学名称及添加的质量分数。氯化聚乙烯产品由产量名称、熔融焓、氯的质量分数三项组成的符合组合进行分类，产量名称、熔融焓、氯的质量分数的符号组合称为型号。其分类如下：

□ □ □

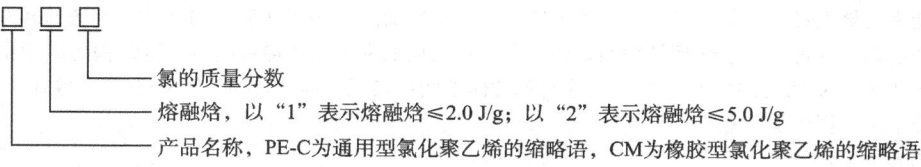

- 第三个□——氯的质量分数
- 第二个□——熔融焓，以“1”表示熔融焓≤2.0 J/g；以“2”表示熔融焓≤5.0 J/g
- 第一个□——产品名称，PE-C为通用型氯化聚乙烯的缩略语，CM为橡胶型氯化聚乙烯的缩略语

氯化聚乙烯的技术要求见表 1.1.2-105。

表 1.1.2-105　氯化聚乙烯橡胶的技术要求

项目	型号					
	PE-C130	PE-C135	PE-C230	PE-C235	CM 135	CM 140
	指标					
氯的质量分数/%	30±2	35±2	30±2	35±2	35±2	40±2
熔融焓（≤）/(J·g^{-1})	2.0	2.0	5.0	5.0	2.0	2.0
挥发物的质量分数（≤）/%	0.40	0.40	0.40	0.40	0.50	0.50
筛余物（0.9mm 筛孔）(≤)/%	2.0	2.0	2.0	2.0	—	—
杂质粒子数（≤）/[个·(100g)$^{-1}$]	50	50	50	50	—	—
灰分的质量分数（≤）/%	4.5	4.5	4.5	4.5	4.5	4.5
门尼黏度，ML [(1+4) 125℃]（≤）	—	—	—	—	100	120
拉伸强度（≥）/MPa	8.0	8.0	8.0	8.0	6.0	6.0
邵尔硬度（≤）/A	65	65	70	70	60	65

9.4　氯化聚乙烯橡胶的供应商

氯化聚乙烯橡胶的牌号与供应商见表 1.1.2-106。

表 1.1.2-106　氯化聚乙烯橡胶的牌号与供应商

供应商与质量项目	规格型号						
氯含量/%	25±1	30±1		35±1			
门尼黏度 ML [(1+4) 125℃] ML [(1+4) 121℃]	70～80	85±5	50—70 60±5	其他	45—65	55—75	65—80 75±5
潍坊亚星	√		√		√	√	√
杭州科利		√	√				√
供应商与质量项目	规格型号						
氯含量/%	35±1						40±1
门尼黏度 ML [(1+4) 125℃] ML [(1+4) 121℃]	65—85 80±5	70—80 85±5	75—85 90±5	70—90 100±5	85—100 95—110	70—90 72±5	80—100
潍坊亚星	√	√	√	√	√	√	√
杭州科利	√	√	√	√	√	√	

氯化聚乙烯的供应商还有：河北精信化工集团有限公司、江苏天腾化工有限公司、威海金泓高分子有限公司等。

氯化聚乙烯的国外供应商有：美国杜邦陶氏弹性体公司（Du Pont Elastomers L. L. C.，Tyrin）、美国尤尼洛伊尔化学公司（Uniroyal Chemical Co. Inc，Paraclor）、美国 DSM 共聚物公司（DSM Copolymer. Inc，Kairinal）、日本昭和电工公司（Showa Denko K. K.，Elaslen）、日本大阪曹达公司（Osaka Soda Co. Ltd.，Daisolac）等。

ACS 树脂的国内供应商有：广州电器科学研究院、中石化上海高桥分公司等。

十、氯磺化聚乙烯（Chlorosulfonated Polyethylene）

10.1　概述

氯磺化聚乙烯（简称 CSM）橡胶，为白色或乳白色片状或粒状固体，是一种以聚乙烯为主链的饱和弹性体。CSM 以高密度聚乙烯或低密度聚乙烯、液氯、二氧化硫等为原料，将聚乙烯溶于四氯化碳或氯苯中，经连续或间断氯化和氯磺酰化而制得。用高密度聚乙烯可制得呈线型结构的氯磺化聚乙烯。用低密度聚乙烯可制得支链结构的氯磺化聚乙烯。CSM 一般氯含量为 27%～45%，最适宜的含量为 37%，这时弹性体的刚性最低；硫含量为 1%～5%，一般在 1.5%以下，以磺酰氯的形式存在于分子中，提供交联点。

其典型的结构式如下：

$$-\!\!\left[\left(CH_2-CH_2-CH_2-CH_2-CH_2-CH_2-\underset{\displaystyle Cl}{\underset{|}{CH}}\right)_{12}\underset{\displaystyle SO_2Cl}{\underset{|}{CH}}\right]_n\!\!-$$

CSM 平均相对分子质量为 30 000～120 000。其中 CSM4010 为 40 000、CSM3304 为 120 000，脆性温度为 - 56～ - 40℃。

CSM 橡胶的化学结构是完全饱和的，具有优异的耐臭氧性、耐候性、耐热性、难燃性、耐水性、耐化学药品性、耐油性、耐磨性、不变色性等；耐热性好，连续使用温度为 120～140℃，间歇使用温度可达 140～160℃；因含有较多的氯，具有耐燃性，燃烧十分缓慢，移开火焰即自行熄灭；耐油性和耐热油性好，与丙烯腈含量为 40%的丁腈橡胶相当，但不耐芳烃；硫化胶的介电性能优良；耐低温性差。CSM 溶于芳香烃及卤代烃，在酮、酯、醚中仅溶胀而不溶解，不溶于脂肪烃和醇。

CSM 因分子链中不含双键，不能用硫黄硫化体系进行交联，一般采用金属氧化物体系、多元醇体系、环氧树脂体系、过氧化物体系以及马来酰亚胺体系硫化交联；炭黑多使用半补强炉黑、快压出炉黑等，在白色制品中也用白炭黑、陶土等无机填料；需加增塑剂（如芳烃油），酯类增塑剂用于耐低温的胶料；防老剂一般可不加；可与各种弹性体并用。CSM 混炼时应注意冷却，密炼机混炼可采用逆炼法；压延、压出性能良好。

CSM 橡胶橡胶广泛应用于橡胶制品、耐腐蚀涂料、耐腐蚀衬里，各种发动机专用电缆、矿用电缆、船用电缆的绝缘层等。

氯磺化聚乙烯橡胶（CSM）按照 GB/T 5576－1997 和 GB/T 5577－2008 的规定，按以下方式命名牌号［氯磺化聚乙烯橡胶（CSM）牌号由两个字符组组成］：

字符组 1：氯磺化聚乙烯橡胶的代号；按照 GB/T 5576－1997 的规定，氯磺化聚乙烯橡胶代号为“CSM”。

字符组 2：氯磺化聚乙烯橡胶的特征信息代号，由四位数字组成；前两位数字为氯含量的标称值，用氯含量的低限值表示；第三位数字表示原料聚乙烯的种类，原料为低密度聚乙烯时，用“1”表示；原料为高密度聚乙烯时，用“0”表示；第四位数字为生胶门尼黏度标称值，“0”表示门尼黏度指标不作窄范围特殊控制，其他数字表示生胶门尼黏度低限值的十位数字。

示例 1：

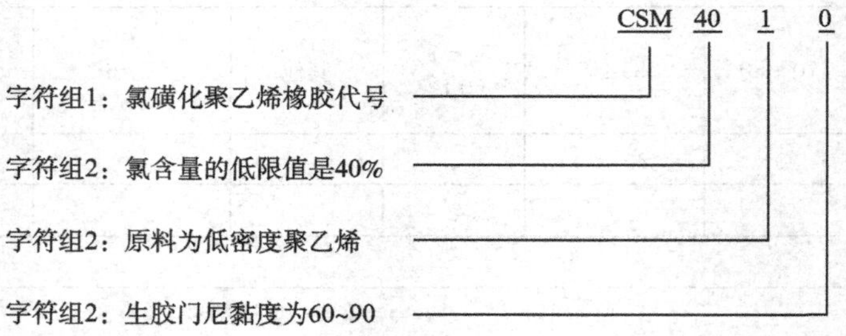

示例 2：

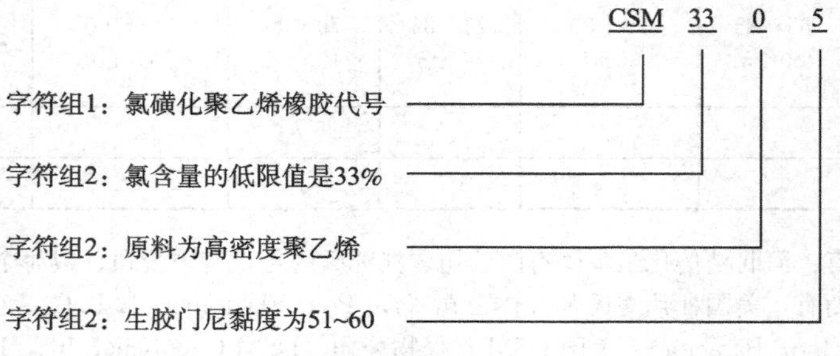

10.2　氯磺化聚乙烯橡胶的技术标准与工程应用

10.2.1　氯磺化聚乙烯橡胶的基础配方

按照 GB/T 5577－2008《合成橡胶牌号规范》，国产氯磺化聚乙烯橡胶的主要牌号见表 1.1.2－107。

表 1.1.2-107 国产氯磺化聚乙烯橡胶的主要牌号

新号	氯质量分数/%	硫质量分数/%	门尼黏度 ML［(1+4) 100℃］
CSM 2300	23～27	0.8～1.2	40～60
CSM 2910	29～33	1.3～1.7	40～50
CSM 3303	33～37	0.8～1.2	30～40
CSM 3304	33～37	0.8～1.2	41～50
CSM 3305	33～37	0.8～1.2	51～60
CSM 3308	33～37	0.8～1.2	80～90
CSM 4010	40～45	0.8～1.2	60～90

氯磺化聚乙烯橡胶的基础配方见表 1.1.2-108。

表 1.1.2-108 氯磺化聚乙烯（CSM）基础配方（一）

原材料名称	ASTM 黑色配方	ASTM 白色配方	CSM40	CSM20	其他测试配方
CSM	100	100	100	100	100
SRF	40	—	50	50	20（N774）
N330					20
一氧化铅[a]	25	—	20	20	
活性氧化镁	—	4			10
促进剂 MBTS（DM）	0.5	—	0.5	0.5	
促进剂 DPTT	2	2	2	2	2
二氧化钛	—	3.5			
碳酸钙	—	50			
季戊四醇	—	3			3
防老剂 NBC			3	3	
碳酸镁			20	20	
TOTM					16
操作油			10	10	
硫化条件	153℃×30 min、40 min、50 min	153℃×30 min	160℃×10 min		

表 1.1.2-108 氯磺化聚乙烯（CSM）基础配方（二）

原材料名称		金属氧化物交联体系[b]	多元醇交联体系[c]
CSM 橡胶	100	100	100
氧化镁	4	20	4
四硫化双五次甲基秋兰姆（TRA）	2	2.5	2
二硫化二苯骈噻唑（MBTS（DM））		0.5	—
乙烯硫脲（NA-22）		0.3	—
硬脂酸		0.5	—
季戊四醇	3	—	3
合计		123.8	109

注：[a] 含铅配方不符合环保要求，读者应谨慎使用。
[b] 吉化采用的试验检验配方。
[c] 详见 GB/T 30920—2014 附录 C，这也是日本东曹公司采用的试验检验配方。

10.2.2 氯磺化聚乙烯橡胶的硫化试片制样程序

氯磺化聚乙烯橡胶的硫化试片制样程序见表 1.1.2-109，详见 GB/T 30920—2014《氯磺化聚乙烯橡胶（CSM）》附录 C。

表 1.1.2-109　CSM 的硫化试片制样程序

程序	持续时间/min	累计时间/min
概述：配料、混炼和硫化设备及操作程序按 GB/T 6038—2006 进行。批混炼胶量为基本配方量的 3.5 倍。其中前辊筒辊速为 17.8±1.0 rpm，辊温为 30±5℃，挡板间距离为 280 mm		
a) 调节辊距为 1.0 mm，加入 350 g 胶料使橡胶包辊，交替从每边作 3/4 割刀一次	2	
b) 沿辊筒缓慢而均匀地加入氧化镁、TRA、季戊四醇的混合物，直至配合剂完全混入胶料	4	
c) 交替从每边作 3/4 割刀八次	3	
d) 调节辊距为 0.2 mm 进行薄通，同时打三角包六次	2	
e) 辊距调到 1.2 mm 下片	2	
总时间	13	
f) 检查胶料质量。如果胶料质量与理论值之差超过+0.5%或−1.5%，废弃此胶料，重新混炼		
g) 将混炼后胶料调节 2～24 h。如有可能，按 GB/T2941 规定的标准温度和湿度下调节		

10.2.3　氯磺化聚乙烯橡胶的技术标准

氯磺化聚乙烯橡胶的典型技术指标见表 1.1.2-110。

表 1.1.2-110　CSM 橡胶的典型技术指标

项目	指标	项目	指标
门尼黏度 ML［(1+4) 100℃］	30～90	压缩永久变形（70℃×22 h)/%	14～34
相对密度	1.07～1.27	回弹性/%	65～73
拉伸强度/MPa	12.1～21.5	耐磨耗（NBS 磨耗指数）	175～375
拉断伸长率/%	180～220	耐热老化（121℃×168 h）伸长率变化率/%	−54～−28
撕裂强度/(kN·m^{-1})	20.6～39.2		
硬度（JIS A）	67～83	耐臭氧（100 pphm，38℃）	1 000 h 发生龟裂

注：详见《橡胶原材料手册》，于清溪、吕百龄等编写，化学工业出版社，2007 年 1 月第 2 版，第 155 页。

氯磺化聚乙烯橡胶的技术标准见表 1.1.2-111，详见 GB/T 30920—2014。

表 1.1.2-111　CSM 橡胶的技术指标（一）

项目	CSM4010			CSM3303			CSM3304			CSM3305		
	优等品	一等品	合格品	优等品	一等品	合格品	优等品	一等品	合格品	优等品	一等品	合格品
挥发分的质量分数（≤）/%	1.0	1.5	2.0	1.0	1.5	2.0	1.0	1.5	2.0	1.0	1.5	2.0
氯的质量分数/%	40～45			33～37								
硫的质量分数/%	0.8～1.2											
门尼黏度 ML［(1+4) 100℃］	60～90			30～40			41～50			51～60		
拉伸强度（≥）/MPa	—			25.0								
拉断伸长率（≥）/%	—			500								

表 1.1.2-111　CSM 橡胶的技术指标（二）

	CSM3306			CSM3307			CSM3308		
	优等品	一等品	合格品	优等品	一等品	合格品	优等品	一等品	合格品
挥发分的质量分数（≤）/%	1.0	1.5	2.0	1.0	1.5	2.0	1.0	1.5	2.0
氯的质量分数/%	33～37								
硫的质量分数/%	0.8～1.2								
门尼黏度 ML［(1+4) 100℃］	61～70			71～80			81～90		
拉伸强度（≥）/MPa	25.0								
拉断伸长率（≥）/%	500								

10.3　氯磺化聚乙烯橡胶的供应商

氯磺化聚乙烯橡胶的牌号与供应商见表 1.1.2-112。

表 1.1.2-112 氯磺化聚乙烯橡胶的牌号与供应商

供应商与质量项目	规格型号				
氯含量/%	23.5～26.5	33.5～36.5	33.5～36.5	33.5～36.5	34.5～37.5
门尼黏度，ML [100℃ (1+4)]	65～75	45～55	65～75	—	90～100
拉伸强度/MPa	>18	>16	>20	>22	>20
拉断伸长率/%	>200				
连云港金泰达公司	√	√	√	√	√

氯磺化聚乙烯橡胶的其他供应商还有：中石油吉林石化公司电石厂、江西虹润化工有限公司等。

氯磺化聚乙烯橡胶的国外供应商有：美国杜邦陶氏弹性体公司（Hypalon）、日本东洋曹达工业公司（Toyo Soda Manufacturing Co. Ltd.，Tos CSM）、日本电气化学工业公司（Denki kagaku kogyo K. K.，Denka CSM）等。

十一、乙烯—醋酸乙烯酯橡胶（Ethylene-Vinylacetate Rubber）

11.1 概述

乙烯与乙酸乙烯酯（VA）的共聚物称为乙烯-醋酸乙烯酯共聚物或乙烯-醋酸乙烯酯弹性体，简称为 EVA 或 VAE，也有称为 E/VA 或 EVAc 的，共聚物中聚乙烯呈部分结晶状起物理交联作用，具有热塑性，是热塑性弹性体。乙烯-醋酸乙烯酯共聚物中醋酸乙烯酯（VA）含量在 30%（质量分数）以下的为软质塑料或热塑性弹性体，不需硫化；VA 含量为 40%～80%之间的为乙烯-醋酸乙烯酯橡胶，简称 EVM，可用过氧化物交联。

乙烯-醋酸乙烯酯共聚物分子结构如下：

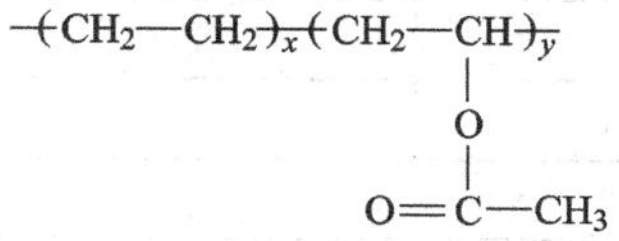

其中 x、y 的数值随生产方法不同而不同，VA 含量为 50%～70%时，对于结晶度、玻璃化温度 T_g 和耐油性具有较佳的综合平衡。

乙烯-醋酸乙烯酯共聚物的合成方法有高压本体聚合、中压悬浮聚合、中压溶液聚合和低压乳液聚合等。其中高压本体聚合法生产的乙烯-醋酸乙烯酯共聚物中 VA 含量为 10%～40%，低压乳液聚合法生产的乙烯-醋酸乙烯酯共聚物中 VA 含量为 70%～90%，中压溶液聚合法生产的乙烯-醋酸乙烯酯共聚物中 VA 含量为 35%以上。乙烯-醋酸乙烯酯橡胶多采用中压溶液聚合法生产。EVA 与 EVM 的区别见表 1.1.2-113。

表 1.1.2-113 EVM 与 EVA 的区别

项目	EVM	EVA
聚合方法	中压溶液法	高压本体法
聚合方法可能的 VA 含量范围/%	30～100	0～45
代表的 VA 范围/%	40～80	5～30
分子量	中～高	很低～中
门尼黏度 ML [(1+4) 100℃]	20～35	<10
支化	较高	低
结晶度	低～无定型	中～高

注：详见《橡胶原材料手册》，于清溪、吕百龄等编写，化学工业出版社，2007 年 1 月第 2 版，第 142 页。

EVM 的特性为：具有良好的柔软性、弹性、低温性能（脆性温度在−40℃以下）、耐屈挠性和抗冲击性；耐热老化性能优良，可在 170～180℃下连续使用；耐天候性、耐臭氧性好。与中高丙烯腈含量丁腈橡胶相比，其永久变形大，耐油、耐溶剂性差。

近年来，低烟无卤阻燃技术随着人们安全、环保意识的增强已深入人心，EVM 橡胶是实现这一技术的首选材料。EVM 低烟无卤阻燃胶料与其他胶料的阻燃性能比较如下：

1）EVM 的性能特点：①耐高温，在 175℃下可长期使用；②耐臭氧和天候老化相当于 EPDM；③耐油相当于 NBR；④可无卤阻燃；⑤低发烟量；⑥毒性小；⑦有优良的物理性能。

2）EVM 与其他胶料的性能比较见表 1.1.2-114。

表 1.1.2-114　EVM 与其他胶料的性能比较

胶料配方号	A681（CPE）	A682（CSM）	A683（CR）	A413（EVM）
EVM 500HV				100
CPE - Tyrin0136	100			
CSM - Hypalon610		100		
CR - Baypren 226			100	
高岭土		130		
Whiting		50		
芳烃油		60		
N774 炭黑	2	5	2	
煅烧陶土	140		150	
DINP	40			
硅烷偶联剂	1			
石蜡	5	5	5	
MgO	7.5	4	4	
聚乙烯蜡		1		
硬酯酸		2	1	
Pentaerythrit		3		
NDBC		1		
DPTT	3.4			
防老剂 TMQ（RD）	0.2			
TRIM	2.8			
防老剂 DDA—70			2	
活性氧化锌			5	
ETU			1.5	
促进剂 MBTS（DM）			1.5	
过氧化物硫化剂 Polydispersion T（VC）D40P	6.5			6.0
Apyral B40E				120
Vulkasil N				55
防老剂 DDA - 70				1.4
Si - 200				3
Si - 205				3
合计	305	364.6	301	282.4
热蒸汽硫化胶性能：200℃×3 min				
物理性能	A681（CPE）	A682（CSM）	A683（CR）	A413（EVM）
拉断强度/MPa	11.1	10.7	13.1	12.8
拉断伸长率/%	485	610	740	465
100%定伸应力/MPa	5.2	3.1	2.9	4.2
300%定伸应力/MPa	9.3	4.0	4.7	7.2
硬度/邵尔 A	69	58	61	75
撕裂强度，ASTMD470 N/MM	8.6	8.6	11	5.7
低温弯曲试验				
—20℃	通过	通过	通过	通过
—30℃	通过	67%失败	通过	通过
—35℃	通过	失败	通过	通过
—40℃	通过	失败	通过	67%失败

续表

胶料配方号	A681（CPE）	A682（CSM）	A683（CR）	A413（EVM）
阻燃性能比较				
项目	A681（CPE）	A682（CSM）	A683（CR）	A413（EVM）
氧指数 LOI/%	33	31	34	38
毒性指数，NES713	15.8	14.2	20.3	0.9
烟密度，NBS燃烧腔				
无火焰	375	580	485	150
有火焰	250	465	550	135
烟气腐蚀性，pH 值	2.1	2.1	1.8	3.8
电导率/(μS·cm^{-1})	4810	2960	5340	64

从上表可明显看出，EVM 胶料的阻燃指数高、烟密度低，毒性小，腐蚀性（pH 值）小，电导率低。这些特性对阻燃材料，特别是电缆材料非常重要。

EVM 的交联剂一般采用有机过氧化物如过氧化二异丙苯（DCP）、1，3-双（叔丁基过氧化异丙基）苯或 2，5-二甲基-2，5-双叔丁基过氧化己烷（双 2，5），并加入助交联剂异氰脲酸三烯丙酯（TAIC）或氰尿酸三烯丙酯（TAC）；加入酸性补强填充剂时，要同时适当加入碱性物质如三乙醇胺等，否则会影响过氧化物的交联效率；增塑剂癸二酸二辛脂很有效，但会使耐热性下降。

EVM 主要用于制作板材、汽车零件、软管、电线电缆的包覆材料、鞋底、垫圈、填缝材料、热熔性胶黏剂、涂料以及食品包装薄膜等。

11.2 乙烯-醋酸乙烯酯橡胶的技术标准与工程应用

11.2.1 乙烯-醋酸乙烯酯橡胶的技术参数

乙烯-醋酸乙烯酯橡胶硫化胶的典型技术参数见表 1.1.2-115。

表 1.1.2-115 EVM 硫化胶的典型技术参数

项目	指标
拉伸强度/MPa	18
拉断伸长率/%	200～350
硬度（IRHD）	60～85
压缩永久变形（100～180℃）	与硅橡胶相似
耐热性（120℃连续）	一年内无变化
耐热性（140～150℃使用）	一年内无变化
耐寒性（BS 2782 方法 150B)/℃	−40

11.2.2 乙烯-醋酸乙烯酯橡胶的工程应用

EVM 最典型的应用在电缆工业领域。我国橡胶电缆第一代技术是 NR＋SBR 胶；第二代技术是 CR＋EPDM 胶；第三代技术以 CPE 为代表，低成本、高性能（高阻燃、抗老化）的电缆护套几乎完全取代了 CR 橡胶。以 EVM 为代表的高性能电缆护套，具有高阻燃（低烟无卤阻燃）、耐高温（175℃）、耐油等特性，是高端电缆工业用材料的发展方向之一。EVM 胶料在电缆上的应用集中体现在三个方面：①单层绝缘护套，适用于低压电缆护套用；②电缆护套；③易剥离半导电屏蔽层。

1. 单层绝缘护套电缆胶料

EVM 橡胶具有非常优异的耐燃，耐天候老化性能，可用于耐温 125℃级的中低压绝缘电缆。

耐 125℃级绝缘电缆配方如下：

EVM 400 100，抗水解剂 P-50 8，防老剂 DDA-70 1.4，氢氧化铝 40，沉淀法白炭黑 20，硬脂酸锌 2，滑石粉 60，石蜡 5，TAC 4，过氧化物硫化剂 DCP（40%）6，合计为 246.4。

硫化条件：180℃×10 min。

硫化胶物理机械性能见表 1.1.2-116。

表 1.1.2-116　EVM 单层绝缘护套电缆胶料硫化胶物理机械性能

硬度（邵尔 A）/度	81	VDE0472 §615 热试验（150℃，200℃和 250℃）	
拉伸强度/MPa	11.0	带负荷扯断伸长率变化/%	5
拉断伸长率/%	260	不带负荷扯断伸长率变化/%	0
脆性温度/℃	−26	吉门扭转 t_{10} ASTM−1053/℃	−22

热空气老化性能变化	硬度变化/度	拉伸强度变化/%	拉断伸长率变化/%
150℃×20 天	−5	4	4
170℃×20 天	−3	−2	−35
70℃×20 天（氧弹老化）	−1	−2	0
127℃×20 天（空气氧弹）	−6	−14	4

该电缆可用于：1）地铁线机车耐热绝缘线；2）汽车玻璃加热线；3）路面加热线、地毯加热线；4）中低压绝缘护套线。

2. 易剥离半导电屏蔽层胶料

许多中高压交联 PE 电缆及橡胶电缆都要求使用易剥离的半导电屏蔽层，以改善电缆的接口性能。极性相近的材料易于黏连，不易剥离，而且易在导体表面留下残余物，如果这些残余物不清除干净，则对电缆性能有很大影响。采用 EVM 半导电胶料既易于剥离又能剥离干净，不留痕迹。在屏蔽层胶料中并用适当的 NBR 橡胶是必要的，可以实现易剥离。EVM800 的耐电压水树性好，低 VA 含量的 EVM 胶在高温老化后易损坏。

易剥离半导电屏蔽胶料的性能要求为：

拉伸强度　≥　7 MPa

拉断伸长率　≥　150%

110℃×40 天热空气老化性能变化：

拉断强度变化　≤　40%

拉断伸长率变化　≤　40%

剥离强度　5～25 N/cm

易剥离半导电屏蔽层胶料配方比较见表 1.1.2-117。

表 1.1.2-117　易剥离半导电屏蔽层胶料配方比较

配方材料与项目	配方 1	配方 2	配方 3
EVM 800	100		
EVM 450		88	
EVA（26% VA）			60
NBR 2846		12	40
P−50	3	3	3
微晶蜡	10	10	10
硬脂酸锌	1	1	1
防老剂 DDA−70	1.4	1.4	1.4
导电炭黑 N472	40	40	40
高耐磨炭黑 N220	40	40	40
TAC	4.3	4.3	4.3
DCP	2.1	2.1	2.1
硫化胶性能			
拉伸强度/MPa	8.1	14.5	23.6
拉断伸长率/%	350	300	220
剥离强度/(N·cm^{-1})	11	14	14
热空气老化拉断伸长率变化			
300℃×10 min/%		210	70
110℃×40 天/%		120	40

该配方满足上述易剥离半导电屏蔽层的技术要求。

3. 低烟无卤阻燃电缆护套配方

EVM500HV 100，抗水解剂 P−50 3，防老剂 DDA−70 1，硬脂酸锌 2，$MgCO_3$ 30，Al $(OH)_3$ 150，石蜡油 6，硅烷偶联剂 5，炭黑 N550 15，硼酸锌 10，TAC/S−70 1.5，DCP−40 5。合计 328.5。

硫化胶物理机械性能见表 1.1.2-118。

表 1.1.2-118 低烟无卤阻燃电缆护套配方硫化胶物理机械性能

密度/(g·cm^{-3})	1.58	胶料门尼焦烧时间 MS 5（140℃）/min	17
胶料门尼黏度 ML（1+4）100℃	75		
硫化胶物理机械性能（硫化条件：200℃×90 min）			
硬度（邵尔 A）/度	76	拉断伸长率/%	180
拉伸强度/MPa	13.0	100%定伸应力/MPa	9.6
热空气老化 150℃×7 天性能变化			
硬度变化（邵尔 A）/度	+9	拉断伸长率变化率/%	−31
拉伸强度变化/MPa	+3		
耐油性能			
	ASTM No.2 油 100℃×24 h	ASTM No.3 油 100℃×24 h	柴油 70℃×24 h
硬度（邵尔 A）/度	−17	−23	−23
拉伸强度/MPa	+1	−34	−53
拉断伸长率/%	−26	−49	−50
体积变化/%	+32	+66	+75
燃烧性能			
氧指数（ASTM D2863）/%	42	电导率	31.0
pH 值	4～25	低热量值（DIN 51900）	12～594
燃烧气体分析，750℃空气流量 6 L/h			
CO_2	210 mg/g 原料	氯气 Cl_2	测不出
CO	20 mg/g 原料	乙烷	3 mg/g 原料
氮化物（以 NO 计）	0.005 mg/g 原料	乙烯	20 mg/g 原料
SO_2	1.02 mg/g 原料	丙烯	10 mg/g 原料
氰化氢 HCN	210 mg/g 原料	渣滓	130 mg/g 原料

该配方满足 DIN57207 标准规范要求。其烟气毒性指数与法国 MAC 标准的对比见表 1.1.2-119。

表 1.1.2-119 低烟无卤阻燃电缆护套配方烟气毒性指数

成分	在主体中所占重量/mg	法国 MAC 标准/(mg·m^{-3})
CO	20	55
CO_2	210	9000
SO_2	0.02	13
HCN	0.01	11

4. 其他应用

符合戴姆勒—克莱斯勒 MS—AJ70 和福特 ESE—M1L116—A 规定的点火线胶料配方见表 1.1.2-120。

表 1.1.2-120 点火线胶料配方【LXS（TN 520）】

配方材料与项目	配方
EVM 500 HV	100
氢氧化铝 Apyral B 90	80
白炭黑 Vulkasil S (175m2 BET Silica)	30
钛白粉 TiO2，Tronox grade	30
氧化镁 Maglite DE (MgO)	3
加工助剂	适当
N 220 炭黑	2

续表

配方材料与项目	配方
着色剂	1
Antilux 111	3.5
硬脂酸	3
助硫化剂 HVA－2	3
过氧化物硫化剂 Perkadox 14/40	9
防老剂 Vulkanox HS 或 Naugard 445	2
硫化胶物理机械性能	
拉伸强度/MPa	7.1
拉断伸长率/%	300

11.3 乙烯-醋酸乙烯酯橡胶的供应商

EVM 国外生产商有朗盛公司等。朗盛公司 EVM 产品有乙华平（Levapren）、乙华敏（Leamelt）、拜耳模（Baymod）三种商标。其中乙华平硫化橡胶具有非常好的耐热氧性、耐臭氧性、耐光性等耐候性，非常好的高温压缩变形性，以及极佳的物理性能，适用于模压及挤出制品，可用于制造密封件、电缆护套和绝缘层、泡沫橡胶制品、鞋底、防水板材与卷材等；特别设计的配方能满足德国 DIN 4102 B1 标准的要求，可用于无卤阻燃的地板、电缆和型材。乙华敏是一种可自由流动的颗粒，适于单螺杆或双螺杆挤出机加工，包括热敏胶和压敏胶牌号，适用于流延薄膜和吹塑薄膜的制造，广泛应用于保护薄膜、食品包装膜、印刷品装订、标签及黏胶带等。拜耳模 L 是一种高相对分子质量的 EVM，主要用作 PVC 和其他聚合物的抗冲改性剂或增塑剂，其抗冲击强度取决于醋酸乙烯酯链段（VA）的含量和相对分子质量，含有大约 45%VA 的具有最高的抗切口冲击强度；含有 68%VA 的与 PVC 的相容性最好，可起到主增塑剂的作用。此外，拜耳模 L 还可以用作制造接枝聚合物。EVM 的牌号与供应商见表 1.1.2－121。

表 1.1.2－121　EVM 的牌号与供应商

供应商	类型	牌号	醋酸乙烯含量/%	门尼黏度 ML（1+4）100℃	熔融指数（190℃，2.16 kg）/（g·10 min⁻¹）	密度/（g·cm⁻³）	备注
朗盛		乙华平 400	40	20±4		约 0.98	用于电线电缆和其他橡胶制品
		乙华平 450	45	20±4		约 0.99	
		乙华平 500	50	27±4		约 1.00	
		乙华平 600	60	27±4		约 1.04	
		乙华平 650 VP[a]	65	27±4		约 1.05	
		乙华平 700	70	27±4		约 1.07	
		乙华平 800	80	28±6		约 1.11	
		乙华平 900	90	38±6		约 1.15	
	预交联型	乙华平 500 XL VP[a]	50	55±10		约 1.00	与乙华平 500、600、700、800 相似，但具有更好的加工性能
		乙华平 600 XL VP[a]	60	55±10		约 1.04	
		乙华平 700 XL VP[a]	70	60±10		约 1.07	
		乙华平 800 XL VP[a]	80	55±10		约 1.11	
		乙华敏 400	40		3±2	约 0.98	热熔胶
		乙华敏 450	45		3±2	约 0.99	
		乙华敏 452	45		10±5	约 0.99	
		乙华敏 456	45		25±10	约 0.99	
		乙华敏 500	50		2.75±1.25	约 1.00	压敏胶
		乙华敏 600	60		2.75±1.25	约 1.04	
		乙华敏 650 VP[a]	65		4±2	约 1.04	
		乙华敏 686	68		25±10	约 1.08	
		乙华敏 700	70		4±2	约 1.08	
		乙华敏 800	80		4±2	约 1.11	

续表

供应商	类型	牌号	醋酸乙烯含量/%	门尼黏度 ML (1+4) 100℃	熔融指数 (190℃, 2.16 kg)/ (g·10 min⁻¹)	密度 /(g·cm⁻³)	备注
朗盛	粉状聚合物	乙华敏 900 VP	90		4±3	约 1.15	
		拜耳模 L 2450[b]	45		3±2	约 0.99	抗冲改性剂
		拜耳模 L 2450 P3	45		3±2	约 0.99	
		拜耳模 L 6515[b]	65		4±2	约 1.05	

注：[a] 试生产产品。
[b] 原胶。

十二、聚丙烯酸酯橡胶

　　丙烯酸酯橡胶的耐油耐热性仅次于氟橡胶和氢化丁腈橡胶而优于丁腈橡胶、丁基橡胶，其价格远低于氟橡胶和氢化丁腈橡胶。因而，既有耐热、耐寒、耐油等物性的良好平衡又经济的丙烯酸酯橡胶，是很受欢迎的一种车用橡胶。

　　汽车工业为了适应各国对汽车排放废气的限制和满足节约燃油的要求，逐渐向高性能化、小型轻量化方向发展，而发动机室内的排气管系统、润滑油系统的周围温度因而上升。另一方面，为了使发动机油达到长期耐用的目的而添加的各种特殊添加剂，对橡胶材料的化学腐蚀性增加。因此，发动机及传动装置中的关键性耐热耐油橡胶件，逐渐从丁腈橡胶转以丙烯酸酯橡胶为原料生产。随着用量的逐步扩大，丙烯酸酯橡胶的生产技术也相对成熟和稳定：品种上出现了耐寒型、超耐寒型；加工工艺及硫化体系的改进，开发出了无须二段硫化的品种、可获得低压缩永久变形性能的橡胶等；改善胶料加工性能助剂的开发，能使丙烯酸酯橡胶的工艺性能、物理机械性能更好地满足生产及高温耐油的要求。

12.1　聚丙烯酸酯橡胶（Polyacrylate Rubber）

　　聚丙烯酸酯橡胶也称丙烯酸类橡胶（Acrylic Rubber），是以丙烯酸烷基酯为主单体与低温耐油单体（如丙烯腈）和少量具有交联活性基团的第三单体经共聚而得的弹性体，简称 ACM，其主链为饱和碳链，侧基为极性酯基，从而赋予聚丙烯酸酯橡胶耐氧化性和耐臭氧性，并具有突出的耐烃类油溶胀性，耐热性比丁腈橡胶高，主要用于汽车工业。其分子结构式为：

$$\{CH_2\!-\!CH\}_m\{R^1\}_n$$
$$\quad\;\; | \qquad\quad |$$
$$\quad COOR \quad Y$$

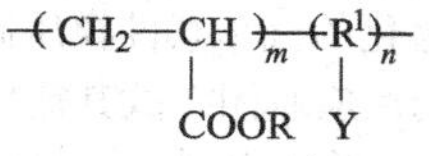

其中，R：烷基，如 C_2H_5，C_4H_6 等；

　　　　R^1-Y：共聚合单体组成，如：

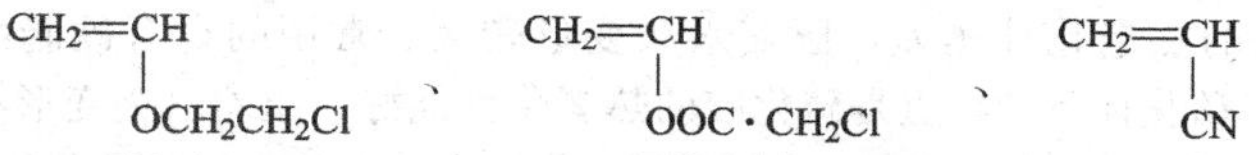

$$CH_2\!=\!CH \qquad\qquad CH_2\!=\!CH \qquad\qquad CH_2\!=\!CH$$
$$\quad | \qquad\qquad\qquad | \qquad\qquad\qquad\qquad | \quad 等。$$
$$OCH_2CH_2Cl \qquad\quad OOC\cdot CH_2Cl \qquad\qquad\quad CN$$

在聚丙烯酸酯橡胶中，以丙烯酸烷基酯为主单体与丙烯腈的共聚物简称 ANM，其分子结构式为：

$$\{CH_2\!-\!CH\}_x\{CH_2\!-\!CH\}_y$$
$$\quad | \qquad\qquad\quad |$$
$$\quad COOC_4H_9 \qquad CN$$

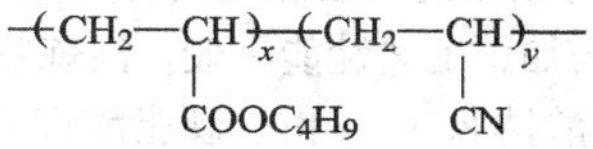

　　聚丙烯酸酯橡胶的共聚单体可分为主单体、低温耐油单体和硫化点单体等三类单体。常用的主单体有丙烯酸甲酯、丙烯酸乙酯、丙烯酸丁酯和丙烯酸-2-乙基己酯等；随着侧酯基碳数增加，其耐寒度增加，但是耐油性变差，为了保持聚丙烯酸酯橡胶良好的耐油性，并改善其低温性能，需与一些带有极性基的低温耐油单体共聚。

　　ACM 按使用温度范围可分为标准型（耐热型）、耐寒型和超耐寒型，共聚的低温耐油单体，传统上采用丙烯酸烷氧醚酯，得到的聚丙烯酸酯橡胶耐寒温度为 -30℃ 以下；之后工业生产中又选用丙烯酸甲氧乙酯为共聚单体生产耐寒型 ACM，进一步降低了使用温度。近年来，国外专利报道使用丙烯酸聚乙二醇甲氧基酯、顺丁烯二酸二甲氧基乙酯等作为低温耐油单体效果更好。另外杜邦公司采用乙烯与丙烯酸甲酯溶液共聚（AEM），将乙烯引入聚合物主链，可以明显提高产品的低温屈挠性等。

　　为了使 ACM 方便硫化处理，还必须加入一定量的硫化点单体参与共聚，一般硫化点单体的含量小于 5%，硫化点单体按反应活性点可分为含氯型、环氧型、羧基型和双键型等。其中目前工业化应用的主要有含氯型的氯乙酸乙烯酯、环氧型甲基丙烯酸缩水甘油酯、烯丙基缩水甘油酯、双键型的 3-甲基-2-丁烯酯、羧酸型的顺丁烯二酸单酯或衣糠酸单酯，另外还有专利报道采用的乙酰乙酸烯丙酯等。

　　按照交联单体 ACM 可以分为：

ACM
{
　氯型丙烯酸酯橡胶
　活性氯型丙烯酸酯橡胶
　环氧型丙烯酸酯橡胶
　双交联型丙烯酸酯橡胶（氯素羧基和环氧羧基型）
　羧基型丙烯酸酯橡胶
　不饱和烯类
}

聚丙烯酸酯橡胶由于特殊的结构，赋予其许多优异的特点，如耐热、耐老化、耐油、耐臭氧和抗紫外线等，其加工性能优于氟橡胶，力学性能优于硅橡胶，其耐热、耐老化性优于丁腈橡胶，耐油性和中高丙烯腈含量的丁腈橡胶相当；其中羧基型丙烯酸酯橡胶具有较好的压缩永久变形及低温性能（−30℃），较高的使用温度（175℃）度，可媲美于乙烯-丙烯酸酯橡胶，又较乙烯-丙烯酸酯橡胶具有更好的耐油性。聚丙烯酸酯橡胶也存在耐寒、耐水和耐溶剂性能差等缺点，不适合在高温下承受较大拉伸或在压缩状态下使用的制品。

聚丙烯酸酯橡胶的主要性能特点：

1）耐热性能仅次于硅橡胶和氟橡胶。聚丙烯酸酯橡胶主链由饱和烃组成，且有羧基，比主链上带有双键的二烯烃橡胶稳定，特别是耐热氧老化的性能好，比丁腈橡胶使用温度可高出30～60℃，最高使用温度为180℃，断续或短时间使用可达200℃左右，在150℃热空气中老化数年无明显变化。聚丙烯酸酯橡胶的热老化行为既不同于热降解型，又不同于热硬化型，而介于两者之间，即在热空气中老化，硫化胶的拉伸强度和拉断伸长率先是降低，然后拉伸强度升高，逐渐变硬变脆而老化。

2）优异的耐油性能。聚丙烯酸酯橡胶的极性酯基侧链，使其溶解度参数与多种油特别是矿物油相差甚远，因而表现出良好的耐油性，这是聚丙烯酸酯橡胶的重要特性。室温下其耐油性能与中高丙烯腈含量的丁腈胶相近，优于氯丁橡胶、氯磺化聚乙烯、硅橡胶等。但在热油中，其性能远优于丁腈橡胶。聚丙烯酸酯橡胶长期浸渍在热油中，因臭氧、氧被遮蔽，因而性能比在热空气中更稳定。在低于150℃温度的油中，聚丙烯酸酯橡胶具有近似氟橡胶的耐油性能；在更高温度的油中，仅次于氟橡胶。此外，其耐动物油及合成润滑油和硅酸酯类液压油的性能良好。但是聚丙烯酸酯橡胶不适合在烷烃类及芳香烃类油中应用。

3）对多种气体具有耐透过性。

4）耐水性、耐寒性差。

5）加工性能稍差，不安全，硫化工艺有锈蚀模型的缺点，近年来出现的硫黄硫化类ACM克服了这些缺点。

聚丙烯酸酯橡胶的应用领域比较特殊，主要应用于汽车和机械行业中需要耐高温、耐热油的制品，主要功能是密封及耐介质，如垫片，包括摇杆盖垫片、油盘垫片、进气歧管垫片、同步齿轮箱盖垫片等；轴封，包括轴承密封、O形环等；填料密封，包括密封套、索环、密封帽等；油管，包括马达油冷管、ATF冷却管、喷射控制管、动力方向盘软管等；空气管，包括涡轮中冷器管、通风管等。其中活性氯型丙烯酸酯橡胶主要应用于汽车油封、垫片、气缸垫、O形圈、胶管、轴承密封垫、胶管等；环氧型丙烯酸酯橡胶主要应用于胶管方面，因其不带有氯基团，故不污染模具，也应用于部分模压制品；活性氯型/羧基型丙烯酸酯橡胶主要用于快速硫化的汽车杂件模压制品。

由于ACM的饱和性质，且含酯或α−氢之类的反应基团，故其需用特殊的硫化配合体系，其硫化剂有胺类、胺盐类和皂/硫黄硫化体系等。由于合成ACM时选用的硫化点单体不同，故需要不同的硫化体系进行交联：

①活性氯型丙烯酸酯橡胶可用的硫化体系包括皂/硫黄并用硫化体系、二（亚肉桂基-1，6-己二胺）硫化体系、TCY/BZ硫化体系等：a）ACM的皂/硫黄并用硫化体系中皂是硫化剂，硫黄是促进剂，其特点是工艺性能好、硫化速度较快、胶料的贮存稳定性好，但是胶料的热老化性稍差，压缩永久变形较大。常用的皂有硬脂酸钠、硬脂酸钾和油酸钠等。b）二（亚肉桂基-1，6-己二胺）硫化体系的特点是硫化胶的热老化性能好、压缩永久变形小，但是工艺性能稍差，有时会出现黏模现象，混炼胶贮存期较短，硫化程度不高，一般需要二段硫化。c）TCY/BZ硫化体系，即（1，3，5-三巯基-2，4，6-均三嗪）硫化体系，该体系硫化速度快，可以取消二段硫化或者选择短时间二段硫化；硫化胶耐热老化性好，压缩永久变形小，扯断伸长率、扯断强度降低，硬度增加；工艺性能一般，混炼胶的贮存时间短，易焦烧；对模具腐蚀性较大。

皂/硫黄并用硫化体系的用量一般为：硬脂酸钠2.5～4份、硬脂酸钾0.25～0.8份、硫黄体系0.15～0.4份，需二段硫化【(170～175)℃×(3～4) h】；TCY/BZ硫化体系的用量一般为：TCY（0.7～1.0）份/BZ（1.5～2.0）份，需要加入防焦剂CTP 0.3份或者VEC 0.2份协同作用。

②环氧型丙烯酸酯橡胶国内应用较少，常用苯甲酸铵作为硫化体系，但需要进行二段硫化。特殊硫化体系如采用异氰尿酸、二苯基脲、烷基溴化铵等的组合硫化体系，也可以不需二段硫化或者缩短二段硫化，但加工安全性和焦烧时间稍有缺陷。苯甲酸铵用量一般为1～2.5份；组合硫化体系一般用量为：异氰尿酸0.6～0.9份、二苯基脲1.5～2.0份、烷基溴化铵1.0～1.5份。

③活性氯型/羧基型丙烯酸酯橡胶具有双官能团，加工性和弹性非常优异，是一个不需二段硫化或者缩短二段硫化的牌号，常用NPC（NoPost−cure)/Soap硫化。通常的硫化体系用量为：敌草隆（二氯苯二甲脲）2～6份；NPC−50（烷基溴化铵）2份、硬脂酸钠4份。使用NPC/Soap硫化体系的胶料，在加工或注射成型过程中，需控制温度在75℃以内，以防止出现焦烧现象。

④羧基型丙烯酸酯橡胶有两种硫化体系：CheminoxAC−6/Guanidine−ACT55与Cheminox CLP5250/Guanidine−ACT55。

ACM是非结晶性橡胶，纯胶的机械强度仅有2MPa左右，必须添加补强剂补强才可以使用。ACM不宜使用酸性补强填充剂，如气相白炭黑、槽法炭黑等，须使用中性或偏碱性补强剂，常用的炭黑有：高耐磨炭黑、快压出炭黑、半补强炭黑和喷雾炭黑等。浅色制品可以用中性或偏碱性的沉淀法白炭黑、煅烧高岭土、硅藻土、碳酸钙和滑石粉等作填充剂，其中白炭黑的补强效果最为理想。在使用白炭黑的时候应重视其酸碱度和不同微观结构对胶粒性能造成的重大差异，加入硅烷偶联剂可以提高界面的结合强度。

ACM本身具有良好的耐热老化性能，在常规下使用不需要添加防老剂。但是考虑到ACM主要制品需要长期在高温和油中使用，故一般ACM密封制品工作环境较高，温度为150～170℃，因此需要添加一定量的防老剂。防老剂选择应基于要求在高温条件下不挥发、油环境中不被抽出的防老剂品种。目前国外主要采用的是美国尤尼罗伊尔公司防老剂 Naugard 445 和日本 Ouchi Shinko 公司的防老剂 Nocrac＃ 630F。防老剂 Naugard 445 是二苯胺类橡胶防老剂，其作用是保护橡胶免受热和氧的破坏；主要特点是低挥发性，在高温下也可提供极佳的保护；添加量很少时也很有效；不会产生气泡；对硫化影响很少或不影响硫化；是目前聚丙烯酸酯橡胶中最好的耐热抗氧剂。

使用增塑剂可以改善 ACM 的耐低温性能，改善耐油性和胶料的流动性能。丙烯酸酯橡胶制品一般需要耐高温，因此使用的增塑剂需具有较高的闪点。一般 ACM 添加 5～10 份聚酯类增塑剂，一旦超过一定量，会使硫化胶的耐老化性能变得很差。丙烯酸酯橡胶常用的增塑剂为 TP95、TP759、TP－90B、RS107、plasthall 7050 等。

皂/硫黄硫化体系中的皂具有一定的外润滑剂作用，硬脂酸对胶料具有润滑作用，但是用量超过 1.5 份时，会延迟胶料的硫化。实验证明，添加一定量白矿物油、聚乙二醇、甲基硅油等中性润滑剂，能明显改善胶料的黏辊性，并降低胶料的黏度，提高流动性，而且对 ACM 胶料的耐寒性也有良好的作用，尤其是甲基硅油效果更为明显。但是含白矿物油和甲基硅油的硫化胶料容易被油类物质抽出，并且使用甲基硅油作为润滑剂，其成本也会增大，相比之下，聚乙二醇从性价比上比较合理。

ACM 与其他胶相比易产生焦烧现象，最常用的防焦剂是 N－环已基硫代钛酰亚胺（防焦剂 CTP）；日本东亚油漆公司推出的防焦剂磺酰亚胺的衍生物对含氯型和环氧型 ACM 均有较好的防焦性能；在 ACM 胶料中添加 0.5～1 份 N－间苯撑双马来酰亚胺，在加工温度（120℃）下有防焦作用，而在硫化温度下（140℃以上）又具有活化硫化作用，可起到硫化调节剂的作用。

ACM 具有热塑性，塑炼效果不明显，采用非胺系硫化体系的胶料，要求用开炼机混炼、冷辊，加料时间尽可能短，以免粘辊。密炼机混炼转子转速须慢。皂/硫黄硫化胶料可采用注压硫化。平板硫化时间较长，可采用先短时间平板硫化，使胶料定型并避免出现气泡，再进行二段硫化（也称后硫化或回火），即在高温空气烘箱中加热一定时间。活性氯型产品可以取消二段硫化。

ACM 可以不经塑炼而直接混炼。混炼的辊温要低，为防焦烧，要开足冷却水使辊温在 80℃以下。为防止黏辊，要先用硬脂酸涂覆辊筒表面。炼胶过程要紧凑，时间不宜太长。密炼机混炼时应尽量降低转子转速，避免生热，密炼时间一般为 6～8 min。丙烯酸酯胶料可以热炼热用，不需要长时间停放。

加料顺序：硬脂酸→生胶→除硫化剂外的所有材料→硫化剂。不能在密炼机中加硫化剂。

12.2 含氟丙烯酸酯橡胶（Fiuorine-containing Acrylic Elastomer）

含氟丙烯酸酯橡胶为美国 3M 公司开发生产，有两个品种：聚（1，1-二氢含氟丁基丙烯酸酯），商品名为 Poly - FBA 或 1F4；聚（3-全氟甲氧基-1，1-二氢全氟丙基丙烯酸酯），商品名为 Poly - FM - FPA 或 2F4。两者的结构式分别为：

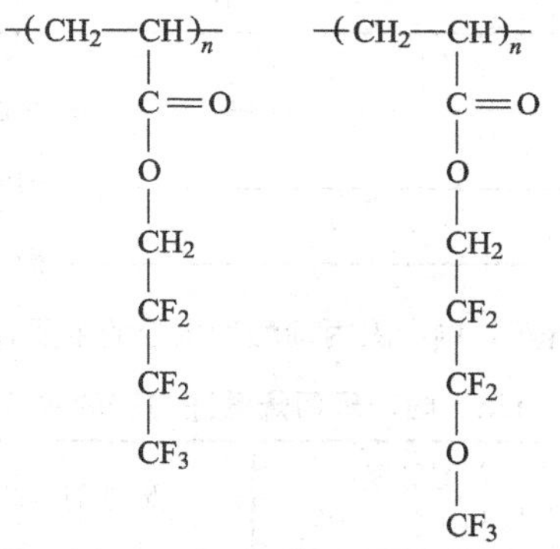

（Poly-FBA,1F4） （Poly-FM-FPA,2F4）

含氟丙烯酸酯橡胶含氟量高于 50%。含氟丙烯酸酯橡胶的典型技术指标见表 1.1.2 - 122。

表 1.1.2 - 122 含氟丙烯酸酯橡胶的典型技术指标

含氟丙烯酸酯橡胶（1F4）的典型技术指标			
项目	指标	项目	指标
外观	白色橡胶状固体	体积膨胀系数/℃	9.42×10^{-4}
氟含量/%	52.3	玻璃化温度 T_g/℃	－30
相对密度	1.54	分子量/$\times10^6$	5～10
折射率	1.3670		
含氟丙烯酸酯橡胶硫化胶的典型技术指标			
项目	1F4	2F4	丁腈橡胶
拉伸强度/MPa	8.2	6.9	27.6

续表

含氟丙烯酸酯橡胶硫化胶的典型技术指标				
项目		1F4	2F4	丁腈橡胶
拉断伸长率/%		360	400	470
Gehman 试验 T_{10}/℃		12	−30	−13
耐溶剂性（体积增量）/%	异辛烷 70/甲苯 30	17	15	33
	苯	26	19	160

1F4 的纯胶强度仅为 1.2 MPa，填充 35 份高耐磨炉黑后可提高到 8.2 MPa；使用胺/硫黄硫化体系，需经后硫化，后硫化条件为 149℃×24 h。通过后硫化可提高硫化胶的物理机械性能，如可将压缩永久变形从 53%降至 15%～20%。1F4 耐烃类燃料油性能优于高丙烯腈含量的丁腈橡胶，2F4 改进了含氟丙烯酸酯橡胶的低温屈挠性。

含氟丙烯酸酯橡胶主要用于火箭、喷气式飞机、导弹和核潜艇以及民用交通运输等领域。

12.3　聚丙烯酸酯橡胶的技术标准与工程应用

按 GB 5577—2008 规定，国产丙烯酸酯橡胶牌号由 2～3 个字符组构成：第一个字符组为橡胶品种代号信息：ACM；第二个字符组为橡胶特征信息，由三位阿拉伯数字组成：

——第一位数代表耐寒等级，“1”表示标准型：－10℃（－10～－15℃）；“2”表示耐寒型：－20℃（－18～－22℃）；“3”表示耐寒改进型：－30℃（－25～－30℃）；“4”表示超耐寒型：－40℃（－35～－40℃）；

——第二位数代表产品的硫化点单体类型：0 表示活性氯型；1 表示环氧型；2 表示羧酸型；

——第三位数代表产品中所含防老剂的数量：0 表示不含防老剂；1 表示含防老剂；

第三个字符组为橡胶附加信息。

用不同的字母或符号表示产品具有一些不同于原型产品的信息。例如：用“L”表示低耐油性，用“X”代表增加特定改性单体（用不同的字符表达不同的单体品种）等。示例：

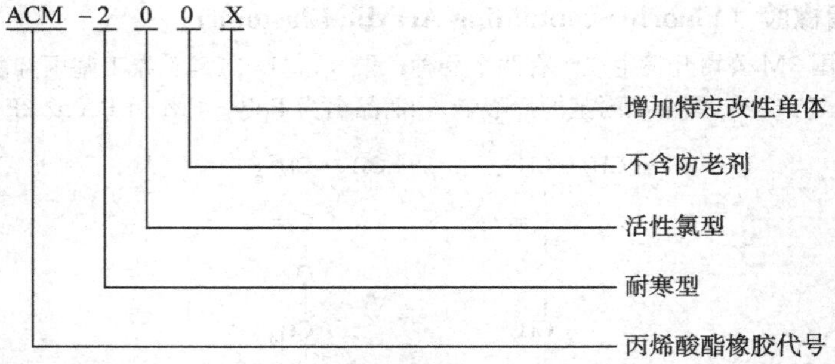

按照 GB/T 5577—2008《合成橡胶牌号规范》，国产聚丙烯酸酯橡胶的主要牌号见表 1.1.2－123。

表 1.1.2－123　国产聚丙烯酸酯橡胶的主要牌号

牌号	聚合类型	门尼黏度 ML（1+4）100℃	防老剂类型	耐油耐热型
ACM 3221	三元共聚型	35～45	非污染	耐热型
ACM 3222	三元共聚型	35～45	非污染	耐热改进耐寒型

12.3.1　聚丙烯酸酯橡胶的基础配方

聚丙烯酸酯橡胶的基础配方见表 1.1.2－124。

表 1.1.2－124　聚丙烯酸酯橡胶（ACM）基础配方（一）

配合料名称	配方 1	配方 2	配方 3	工艺要求
ACM（活性氯型）	100	100		—
ACM（环氧型）				
ACM（羧基型）			100	
硬脂酸	1	1	1	二级品
防老剂 KY—405	2	2	2	工业品
碳黑 N330（或 N550）	55	55	55	工业品

续表

配合料名称	配方 1	配方 2	配方 3	工艺要求
硫黄	0.5			工业品
硬酯酸钾	0.5			化学纯
硬脂酸钠	5			化学纯
苯甲酸铵		2		工业品
1#硫化剂			1.5	

表 1.1.2-124 聚丙烯酸酯橡胶（ACM）基础配方（二）

原材料名称	ASTM	原材料名称	TCY 硫化	S/SOAP 硫化	ICA 硫化
ACM	100	ACM	100	100	100
快压出炭黑（FEF）	60	三硫化氰脲酸	0.5		
硬脂酸钾	0.75	促进剂 BZ	1.5		
防老剂 TMQ（RD）	1	促进剂二乙基硫脲	0.3		
硬脂酸钠	1.75	硫黄		0.3	
硫黄	0.25	硬脂酸钠		0.3	
		硬脂酸钾		0.5	
		异氰脲酸			0.5
		十八基三甲基溴化铵			1.8
		二苯硫脲			1.3
		硬脂酸	1	1	1
		FEF	60	60	65
		脂肪酸酯			1
		防老剂	2	2	2
		防焦剂 PVI（CTP）	0.2		
硫化条件	一段硫化 166℃×10 min；二段硫化 180℃×8 h	硫化条件	170℃×20 min		

12.3.2 聚丙烯酸酯橡胶的技术标准

（一）聚丙烯酸酯橡胶的技术要求

聚丙烯酸酯橡胶的技术要求见表 1.1.2-125。

表 1.1.2-125 聚丙烯酸酯橡胶的性能技术要求

性能		指标				试验方法
		标准型：−10℃（−10～−15℃）	耐寒型：−20℃（−18～−22℃）	耐寒改进型−30℃（−25～−30℃）	超耐寒型：−40℃（−35～−40℃）	
生胶	外观	白色或淡黄色的弹性体，不含机械杂质等				目视法
	挥发分/%	≤1.3				GB/T 24131—2009
	总灰分/%	≤1.3				GB/T4498.1—2013
	门尼黏度 ML100℃（1+4）	45±10	40±10	40±10	35±10	GB/T 1232.1—2000
硫化胶	硬度（邵尔 A）/度	65±10	65±10	60±10	55±10	GB/T 531.1—2008
	拉伸强度/MPa	≥8	≥8	≥6	≥5	GB/T 528—2009
	拉断伸长率/%	≥200	≥150	≥150	≥100	GB/T 528—2009
	拉断永久变形/%	≤20				GB/T 528—2009

聚丙烯酸酯橡胶硫化胶的典型指标见表 1.1.2-126。

表 1.1.2-126　聚丙烯酸酯橡胶硫化胶的典型指标

项目	指标	项目	指标
100%定伸应力/MPa	2.7～8.7	压缩永久变形（150℃×70 h）/%	31～58
拉伸强度/MPa	11.9～15.8	回弹性/%	12～17
拉断伸长率/%	170～330	耐臭氧性（100 pphm，45℃）	1 000 h 发生龟裂
撕裂强度/(kN·m^{-1})	20.6～32	介电强度（ASTM D）/(kV·mm^{-1})	1.6149
硬度（JIS A）	62～71	体积电阻率（ASTM D）/(Ω·cm)	257×10^{10}

注：详见《橡胶原材料手册》，于清溪、吕百龄等编写，化学工业出版社，2007年1月第2版，第149页。

（二）聚丙烯酸酯橡胶的硫化试片制样程序

1. 混炼工艺条件

(1) 混炼设备：

天平：感量 0.1 g；

炼胶机：6 in① 开放式炼胶机。

(2) 混炼条件：

投料量：每次 300 g；

混炼温度：50±10℃。

(3) 混炼胶停放条件：

混炼胶停放时间：在室温下停放 2～24 h。

混炼胶停放条件：在铝、不锈钢或硬质塑料板上停放。

2. 混炼程序

混炼程序见表 1.1.2-127。

表 1.1.2-127　混炼程序

加料顺序	名称	混炼时间	辊距/mm	割刀次数
1	ACM	1～3 min	0.3～0.6	
2	硬酯酸、防老剂等加工助剂	1～3 min	0.3～0.6	
3	碳黑	3～5 min	0.3～0.8	酌情
4	薄通	2～5 min	0.3～0.6	酌情
5	下片，冷却	5～20 min	0.3～0.6	
6	硫化剂、促进剂	1～3 min	0.3～0.6	3～5 次
7	薄通	1～3 min	0.3～0.6	酌情
8	下片、停放	2～24 h	0.5～1.0	
9	返炼薄通	1～3 min	0.3～0.6	不包辊 6～9 次
10	下片		1～2.5	

3. 硫化

定型硫化（一段硫化）：模具放置在温度为 180±5℃的平板硫化机的闭合热板之间至少 20 min，按表 1.1.2-128 规定的定型硫化条件，将 2.1～2.5 mm 胶片用平板硫化机和模具（模具的相关要求可参考 GB/T 6038—2006 中 8.22 的规定）压制成 2 mm 试片。将直径约为 ϕ30 mm 的胶片用平板硫化机和模具制成 ϕ35 mm×6 mm 的试样。硫化结束后取出胶片，修去毛边后标出胶料名称、编号，同时厚度 2 mm 试片标明胶料压延方向。

表 1.1.2-128　定型硫化条件

试片	压力/MPa	温度/℃	时间/min
厚度 2 mm 试片	8～12	180±5	10
ϕ35 mm×6 mm 试样	8～12	180±5	10～15

二段硫化

二段硫化在鼓风烘箱中进行，将 A4.4.1 一段硫化好的试片悬挂在鼓风烘箱中，圆柱试样须先放入不锈钢盘中，再放入同一烘箱进行二段硫化。硫化条件如下：

$$\text{室温}\xrightarrow{2\ h}120℃\xrightarrow{2\ h}150℃\xrightarrow{2\ h}170℃\xrightarrow{2\ h}170℃\text{不开烘箱门自然冷却至室温。}$$

二段硫化好的试片供拉抻强度、拉断伸长率、扯断永久变形率测试（也可叠加 3 层供测试硬度），圆柱试样供测试硬度。

12.3.3　聚丙烯酸酯橡胶的工程应用

聚丙烯酸酯橡胶的配方举例见表 1.1.2-129。

① 1 in=2.54 cm。

表 1.1.2-129 聚丙烯酸酯橡胶的配方例

材料		配方 1	配方 2	配方 3
聚丙烯酸酯橡胶	95 型 ACM	100	100	
	AR840			100
氧化锌		5	5	5
硬脂酸		1	1	1
硬脂酸钾		0.5		
油酸钠		5		
硫黄		0.5		
TCY			1	
Diak 3#				1
促进剂 BZ			2.5	
碳黑 N—774		60	60	60
增塑剂 QS—2		10	10	10
防焦剂 CTP			0.5	0.5
防老剂 445				2
合计		182	180	179.5

实践中，往往还将不同类型的 ACM 共混改性以求得较好的综合性能。此外，ACM 还可以与丁腈橡胶、硅橡胶、氯醚橡胶、氟橡胶共混改性。

参考配方 4：黑色动态轴承密封环或油封或唇口油封[3]

SA—240 100.0，Sa 1.0，445 2.0，WB222 1.0，WS280 2.0，R532 12.0，N660 20.0，Celite350 45.0，氟微粉 20.0，KH550 0.5，TP759 5.0，NaSt 4.0，K—St 0.35，S—80 0.4。

硫化胶拉伸强度：8.5 MPa；扯断伸长率：150%；撕裂强度 15 kN/m。

参考配方 5：非炭黑填充动态轴承密封环或油封或唇口油封[3]

SA—240 100.0，Sa 1.0，445 2.0，WB222 1.0，WS280 2.0，VN—3 42.0，Celite350 25.0，氟微粉 20.0，KH560 1.5，TP759 5.0，NaSt 4.0，K—St 0.35，S—80 0.4。

硫化胶拉伸强度：9.0 MPa；扯断伸长率：140%；撕裂强度 13.5 kN/m。

参考配方 6：气缸垫配方[3]

SA—240 100.0，Sa 1.0，445 2.0，WB222 1.0，WS280 2.0，N550 50.0，Celite350 15.0，

TP759 7.0，NaSt 3.0，K—St 0.35，S—80 0.4。

硫化胶拉伸强度：9 MPa；扯断伸长率：220%；撕裂强度 21 kN/m。

参考配方 7：O 形圈配方[3]

4052 100.0，Sa 1.0，445 2.0，WB222 1.0，WS280 2.0，N550 75.0，TP759 2.0，NaSt 4.0，NPC—50 2.0，E/C 0.2。

硫化胶拉伸强度：11 MPa；扯断伸长率：200%。

参考配方 7：挤出油管配方[3]

AR—82 30.0，SA—260 70.0，Sa 1.0，445 2.0，WB222 2.0，WS280 1.0，N550 90.0，TP759 7.0，TCY 0.5，BZ 1.2，E/C 0.3。

硫化胶拉伸强度：8.5 MPa；扯断伸长率：130%。

参考配方 8：涡轮增压管配方[3]

526 100.0，Sa 1.0，445 2.0，WB222 1.0，N550 65.0，TP759 3.0，ACT55 1.2，AC—6 0.6，E/C 0.2。

硫化胶拉伸强度：10.3 MPa；扯断伸长率：290%。

12.4 聚丙烯酸酯橡胶的供应商

国外聚丙烯酸酯橡胶的牌号与供应商见表 1.1.2-130。

表 1.1.2-130 国外聚丙烯酸酯橡胶的牌号与供应商（一）[3]

供应商与牌号	规格型号	门尼黏度 ML（1+4）100℃	脆性温度 T_c/℃	耐油性体积变化/%	相对密度
氯型丙烯酸酯橡胶牌号					
JPN 瑞翁公司 Zeon	4041	50	−15	+13	1.10
	4042	40	−28	+21	1.10
	4043	35	−35	+25	1.10

续表

供应商与牌号	规格型号	门尼黏度 ML（1+4）100℃	脆性温度 T_c/℃	耐油性体积变化/%	相对密度
活性氯型丙烯酸酯橡胶牌号					
JPN 瑞翁公司 Zeon	AR71	50	−15	+15	1.11
	AR72HF	48	−28	+21	1.11
	AR72LS	33	−28	+23	1.10
	AR72LF	32	−22	+23	1.11
	AR74X	34	−37	+25	1.11
JPN 透杯公司 Toapaint （被收购）	AR801	50～60	−15	+15	1.11
	AR801L	35～45	−15	+15	1.11
	AR825T	35～45	−40	+21	1.10
	AR840	40～50	−40	+23	1.10
	AR860	30～40	−50	+25	1.10
JPN 合成橡胶公司 JSR （退出中国市场）	AREX110	51	−16.5	+15	1.10
	AREX115	55	−16.5	—	1.10
	AREX210	40	−34	—	1.10
	AREX211	30	−34	—	1.10
	AREX213	32	−34	—	1.10
	AREX215	52	−34	—	1.10
	AREX217	55	−34	—	1.10
	AREX310	32	−46	—	1.10
日信化学 Nissin （停产）	RV1220	—	−15	—	1.10
	RV1240	—	−25	—	1.10
	RV1260	—	−35	—	1.10
加拿大宝蓝山公司 Polymer Krynac	880/881	—	−17	—	1.10
Hicryl（停产）	1540	—	−15	—	1.10
环氧型丙烯酸酯橡胶牌号					
JPN 瑞翁公司 Zeon	AR31	40	−15	—	1.10
	AR51	55	−15	—	1.10
	AR32	35	−26	—	1.10
	AR42W	33.5	−26	—	1.10
	AR53L	34	−32	—	1.10
	AR54	29	−37	—	1.10
JPN 透杯公司 Toapaint （被收购）	AR601	25～35	−15	—	1.10
	AR740	35～45	−35	—	1.10
	AR760	30～40	−50	—	1.10
JPN 合成橡胶公司 JSR （退出中国市场）	AREX120	48	−17	—	1.10
	AREX220	40	−34	—	1.10
	AREX320	32	−46	—	1.10
意大利埃尼公司 Europrene （停产）	AR152	36～44	−24	+30	1.10
	AR153	43～51	−15	+15	1.10
	AR153EP	40～48	−15	+15	1.10
	AR155	47～57	−24	+18	1.10
	AR156LTR	40～50	−30	+25	1.10
	AR157LTR	32～42	−35	+35	1.10

续表

供应商与牌号	规格型号	门尼黏度 ML（1+4）100℃	脆性温度 T_c/℃	耐油性体积变化/%	相对密度
日信化学 Nissin（停产）	RV1020	—	−15	—	1.10
	RV1040	—	−25	—	1.10
	RV1060	—	−35	—	1.10
JPN 电气化学公司 Denka	ER4200	—	−15	—	—
	ER5300	—	−20	—	—
	ER4300	—	−30	—	—
	ER3400	—	−30	—	—
	ER8401	—	−35	—	—
双活性氯素/羧基型丙烯酸酯橡胶牌号					
JPN 瑞翁公司 Zeon	4051	51	−18	+11	1.10
	4051EP	41	−18	+11	1.10
	4051CG	31	−18	+11	1.10
	4052	36	−32	+15	1.10
	4052EP	28	−32	+17	1.10
	4062	—	−32	+17	1.10
	4065	36	−32	+17	1.10
	4053EP	27	−42	+24	1.10
	4054	28	−41	+63	1.10
JPN 透杯公司 Toapaint（被收购）	AR501	45～55	−18	—	1.10
	AR501L	35～45	−18	—	1.10
	AR540	30～40	−40	—	1.10
	AR540L	20～30	−40	—	1.10
羧基型丙烯酸酯橡胶					
JPN 瑞翁公司 Zeon	AR12	33	−28	+30	1.10
	AR14	33	−40	+27	1.10
	AR22	47	−25	+24	1.10
JPN 透杯公司 Toapaint（被收购）	XF4945	—	−25	—	1.10
	XF5140	—	−30	—	1.10
	XF4940	—	−35	—	1.10
	XF5160	—	−35	—	1.10
JPN 电气化学公司 Denka	ER403	—	−27	+24	—
	ER801	—	—	—	—
	ER804	—	−40	+52	—

表 1.1.2－130 国外聚丙烯酸酯橡胶的牌号与供应商（二）

供应商与牌号		规格型号	门尼黏度 ML（1+4）100℃	T_g/℃	耐油性体积变化/%	相对密度	说明
JPN 油封公司 Noxtite（NOK）	400 系列	PA−401	55	−17	+12	1.10	高黏度，适用于密封制品、O形圈
		PA−401L	48	−14	+13	1.10	流动性能改进，用于O形圈
		PA402	40	−31	+16	1.10	耐油性和低温性能的综合平衡，适用于密封制品、O形圈
		PA−402L	33	−31	+18	1.10	流动性能改进，适用于垫圈、胶管
		PA−1402	42	−24	+21	1.10	高耐热性，适用于胶管
		PA403	38	−36	+22	1.10	低温性能与良好的耐油溶胀性，适用于密封制品、胶管

续表

供应商与牌号		规格型号	门尼黏度 ML（1+4）100℃	T_g/℃	耐油性体积变化/%	相对密度	说明
JPN 油封公司 Noxtite（NOK）	400 系列	PA404N	30	−42	+21	1.10	低温性能与良好的耐油溶胀性，适用于滤油器填缝材料
		PA404K	28	−44	+29	1.10	改进低温曲挠疲劳，在油中的体积变化轻微上升，适用于密封制品、滤油器填缝材料
	420 系列	PA−421	49	−17	+12		快速硫化型，适用于 O 形圈、垫圈
		PA−421L	40	−17	+12		
		PA−422	35	−30	+17		
		PA−422L	24	−31	+18		
	520 系列	PA−521	55	−17	+12		二元胺硫化，具有良好的耐油溶胀性和压缩永久变形性，适用于垫圈、O 形圈、胶管
		PA−522HF	30	−31	+31		改进的长期耐热老化性能，溶胀性有所增大，适用于 O 形圈、垫圈
		PA−524	25	−44	+36		具有良好的低温性能，适用于垫圈、滤油器填缝材料
	其他	PA−526	36	−26	+15		适用于胶管
		PA−526B	36	−26	+25		
		PA−523H	30	−33	+32		
		PA−1402	39	−26	+24		

国内聚丙烯酸酯橡胶的牌号与供应商见表 1.1.2－131。

表 1.1.2－131　国内聚丙烯酸酯橡胶的牌号与供应商（一）[3]

供应商与牌号	规格型号	门尼黏度 ML（1+4）100℃	脆性温度 T_c/℃	耐油性体积变化/%	相对密度
活性氯型丙烯酸酯橡胶牌号					
广汉金鑫	AR100	50±5	−15	+15	1.00
	AR200	40±5	−23	+24	1.00
	AR300	30～40	−30	+24	1.00
吉林油脂	AR−01	40～50	−15	+16	—
	AR−02	40～45	−20	+24	—
	AR−03	35～40	−28	+18	—
	AR−04	30～35	−40	+23	—
波尼门	PA1010	35～45	−18	+18	—
	PA1020	30～40	−28	+24	—
	PA1030	25～35	−35	—	—
常州海霸	AR81	40～50	−15	+13	1.10
	AR82	35～45	−23	+21	1.10
	AR83	30～40	−32	+18	1.10
台湾新竹 TRC	SA−240	40～50	−31	+16	1.10
	SA−240S	35～45	−31	+16	1.10
	SA−260	30～40	−38	+18	1.10
	SA−260S	30～40	−38	+18	1.10
环氧型丙烯酸酯橡胶牌号					
常州海霸	AR61	40～50	−16	+15	1.10
	AR62	35～45	−25	+23	1.10
	AR63	30～40	−32	+18	1.10

续表

供应商与牌号	规格型号	门尼黏度 ML（1+4）100℃	脆性温度 T_c/℃	耐油性体积变化/%	相对密度
双活性环氧素/羧基型及羧基型丙烯酸酯橡胶牌号					
波尼门	PA500	35～45	−24	（羧基）	
	PA600	30～40	−35	（羧基）	
	PA717	25～35	−35	（羧基）	
	PA4510	40～50	−18	（氯型羧基）	
	PA4520	25～35	—	（氯型羧基）	
常州海霸	AR42	35～45	−27	+23	1.11（羧基）
	AR43	30～40	−35	+18	1.11（羧基）

表 1.1.2-131 国内聚丙烯酸酯橡胶的牌号与供应商（二）[3]

供应商与牌号	规格型号	门尼黏度 ML（1+4）100℃	T_g/℃	密度	类型	说明
活性氯型丙烯酸酯橡胶牌号						
安徽华晶	RK−101	45～50	−22	1.10	标准型	耐热性产品，适用于油封、缸盖密封圈
	RK−102	40～45	−28	1.10	耐寒型	高低温兼顾，适合各种制品
	RK−103	35～40	−35	1.10	超耐寒型	超低温性，适合油管、变压器等制品
双活性环氧素/羧基型及羧基型丙烯酸酯橡胶牌号						
安徽华晶	RK−001	45～50	−22	1.10	标准型	耐热性产品，适用于油封、缸盖密封圈
	RK−002	40～45	−28	1.10	耐寒型	高低温兼顾，适合各种制品
	RK−003	35～40	−35	1.10	超耐寒型	超低温性，适合油管、变压器等制品

表 1.1.2-131 国内聚丙烯酸酯橡胶的牌号与供应商（三）

供应商	质量项目	规格型号			
		AR100	AR200	AR300	AR400
遂宁青龙聚丙烯酸酯橡胶厂	类型	活性氯型丙烯酸酯橡胶			
	门尼黏度，ML100℃（1+4）	50±5	40±5	40±5	30～40
	相对密度	1.00	1.00	1.00	1.00
	拉伸强度/MPa	8～15	8～15	8～15	6～12
	拉断伸长率/%	150～500	150～500	150～500	100～400
	1#标油体积变化（150℃×70 h，≤）/%	5	10	10	—
	3#标油体积变化（150℃×70 h，≤）/%	18	25	25	—
	脆性温度/℃	−15	−20	−30	−40

表 1.1.2-131 国内聚丙烯酸酯橡胶的牌号与供应商（四）

供应商	质量项目	耐热型	标准型	耐寒型		
		AR1000	AR1100	AR1200	AR1300	AR1400
九江世龙橡胶有限责任公司	类型	活性氯型丙烯酸酯橡胶				
	门尼黏度，ML100℃（1+4）	40±10	40±10	35±10	35±10	35±10
	相对密度	1.00	1.00	1.00	1.00	1.00
	有机酸含量（≤）/%	0.3				
	挥发分（≤）/%	0.6				
	灰分（≤）/%	0.5				
	拉伸强度（≥）/MPa	13	11	10	10	10
	拉断伸长率（≥）/%	240	240	240	200	200
	拉断永久变形（≤）/%	15	15	20	20	20
	压缩永久变形（B法：150℃×75 h，≤）/%	40	40	40	40	40
	脆性温度/℃	−15	−20	−28	−35	−35
	使用温度/℃	−15～180	−20～180	−28～180	−35～180	−35～170

聚丙烯酸酯橡胶的其他供应商还有美国 3M 公司（含氟丙烯酸酯橡胶）等。

十三、乙烯—丙烯酸甲酯橡胶

乙烯—丙烯酸甲酯（Ethylene-methylacrylate rubber，ethylene-acrylicrubber）橡胶于 1975 年由杜邦公司开始生产，由乙烯与丙烯酸甲酯和少量作为硫化点单体即羧酸，在 150℃、162.1～202.7 MPa 压力下，通过自由基三元共聚制得，简称 AEM，商品名为“Vamac”，商品有母炼胶和纯胶两类。

AEM 中丙烯酸甲酯含量可能在 40%以上，是一种非结晶的无规共聚物，其分子结构式为：

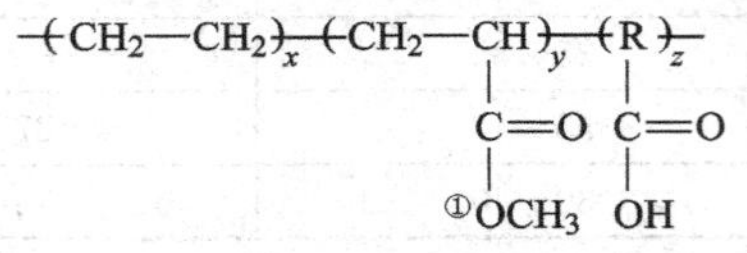

当 $Z=0$ 时为二元共聚物，如 DP 与 VMX2122 牌号产品。

AEM 的特性为：①良好的耐热性和耐油性的平衡。②具有很宽的工作温度范围（－40～175℃），可在 165℃下长期工作、175℃下短期工作、200℃短暂工作；低温性能比丙烯酸酯橡胶好，－40℃仍保持弹性。③耐臭氧性、耐候性好，在大气中 5 年仍保持弹性，耐臭氧 100 ppm[①]、40℃、168 h 拉伸 20%无裂痕。④具有优异的压缩变形性，普通模压制品压缩永久变形为 25%～65%，过氧化物硫化体系压缩永久变形为 10%～30%（168 h@150℃，ASTM D395，方法 B，1 型），采用 Vamac ® 制造的变速箱唇形密封可承受冷热交变压力。⑤优异的减震性能。⑥出色的耐介质性能，Vamac ® 制成的终端产品对热油、基于烃类化合物或醇的润滑脂、传动和动力转向液具有很好的耐受性。

普通硫化体系可采用 1 号硫化剂（Diak No.1），用量 1.0～2.0 份；采用六甲基二胺氨基甲酸酯硫化，硫化胶具有优异的压缩永久变形和热老化性能，用量 1.5～2.5 份；采用 TETA 硫化，焦烧性能和硫化胶的热老化性稍差；采用叔胺复合体 ACT55 硫化可制得硬度高、压变好的硫化胶，但伸长率低、撕裂差，用量 1.0～2.0 份；采用 DOTG 硫化，硫化胶具有好的压缩永久变形和高模量；采用 DPG 硫化，硫化胶具有好的曲挠疲劳及更高的伸长率，用量 3.0～5.0 份。

补强常用半补强炉黑和白碳黑，隔离剂不应含有锌元素。

AEM 需在尽可能低的温度下（低于 60℃）进行混炼，混炼开始时加入硬脂酸和十八烷基胺与磷酸烷基酯并用防黏隔离剂；密炼机混炼采用逆炼法，采用低转速（15～25 r/min），一段排胶温度约为 110℃，二段排胶温度小于 90℃。为改进压出中的抗凹塌性，可使用高强度级的 AEM，填充快压出炉黑或白炭黑和少量增塑剂等措施。

混炼胶的贮存条件为：温度 23℃、湿度 50%下贮存周期为 16～18 周；温度 38℃、湿度 95%贮存周期为 2～4 周。贮存过程中不加硫化剂门尼变化不大，加入硫化剂则必须加入防焦剂（Armeen 18D 1.0 份）。

注射硫化工艺参数：上模温度 180±5℃，下模温度 180±5℃，注射压力 165 bar±10 bar[②]，保压压力 165 bar±10 bar，合模压力 165 bar±10 bar。硫化时间 600 s。

二段硫化工艺参数见表 1.1.2－132。

表 1.1.2－132　AEM 的二段硫化工艺参数

硫化温度/℃	硫化时间/h
200	1
175	3～4
150	10
125	24

杜邦™ Vamac ® 乙烯丙烯酸酯弹性体（AEM）主要用于对耐热性和耐化学性有较高要求的发动机和动力系统领域，有助于延长动力和空气管理系统的使用寿命，包括轴油封、冷却剂和动力操纵管、高温火花塞保护罩、自动波纹管的恒速连接器等。

AEM 的典型技术指标见表 1.1.2－133。

表 1.1.2－133　AEM 的典型技术参数

AEM 的典型技术参数	
项目	指标
门尼黏度 ML（1＋4）100℃	16～53
相对密度	1.03～1.12

① 1 ppm=1 mg/kg=1 mg/L。
② 1 bar=1×10^5 Pa=0.1 MPa。

续表

AEM硫化胶的典型技术参数	
项目	指标
300%定伸应力/MPa	11.2～11.8
拉伸强度/MPa	12.4～12.7
项目	指标
拉断伸长率/%	370
耐臭氧性（100 pphm，38℃）	1 000 h 发生龟裂
介电强度/($kV\cdot mm^{-1}$)	0.216

注：详见《橡胶原材料手册》，于清溪、吕百龄等编写，化学工业出版社，2007 年 1 月第 2 版，第 151 页。

AEM 的规格型号见表 1.1.2－134。

表 1.1.2－134 AEM 的规格型号

供应商与牌号		规格型号	门尼黏度 ML（1+4）100℃	T_g/℃	最高使用温度/℃	相对密度	说明
杜邦陶氏弹性体公司 Vamac	三元共聚物	G	16.5	−30	150～165	1.03	通用
		GLS	18.5	−24		1.06	低溶胀
		HVG	26	−30		1.04	高黏度
		GXF	17.5	−31	150～165	1.03	耐高温、动态曲挠疲劳
		Ultra IP（VMX3040）	29	−31		1.03	高黏度，通用
		Ultra LT	11	−42		1.03	耐低温
		Ultra HT（VMX3038）	30	−32	170～180		高黏度、耐高温、动态曲挠
		Ultra HT−OR（VMX3121）	30	−25	170～180		高黏度、耐高温、动态曲挠、低溶胀
		Ultra LS（VMX3110）	31	−25			高黏度、低溶胀
		VMX5015	65	−32			适用于模压制品
		VMX5020	53	−32			适用于注射与传递模法
		VMX5315	72	−32			适用于挤出成型与高温高压硫化
		VMX5394	70	−24			适用于挤出成型与高温高压硫化，具有低溶胀性
	二元共聚物	DP	22	−29		1.04	过氧化物硫化
		VMX2122	26	−28			高黏度、耐高温、过氧化物硫化
	四元共聚物	VMX4017	11	−41			低温性能

应用配方举例：

（1）耐高温配方

AEM 耐高温配方见表 1.1.2－135。

表 1.1.2－135 AEM 耐高温配方

配方材料	Ultra IP	Ultra HT（CB）	Ultra HT（Si）	HHR−AEM
Vamac Ultra IP	100			
Vamac Ultra HT		100	100	
Vamac VMX5015				100
Nocrac CD	2	2	2	
4−ADA				0.6
Stearic acid	1.5	1.5	1.5	

续表

配方材料	Ultra IP	Ultra HT (CB)	Ultra HT (Si)	HHR－AEM
Phosphanol RL210	1	1	1	0.5
Armeen 18D				0.3
FEF carbon black	30	31.3		
Ultrasil 5000GR			30	
Aminosilane Z－6011			0.72	
Diak No. 1	1.3	1.1	1	0.3
Vulcofac ACT－55	2	2	2	0.6
合计	137.8	138.9	138.22	102.3

硫化胶经 190℃老化后扯断伸长率变化见图 1.1.2－14 所示。

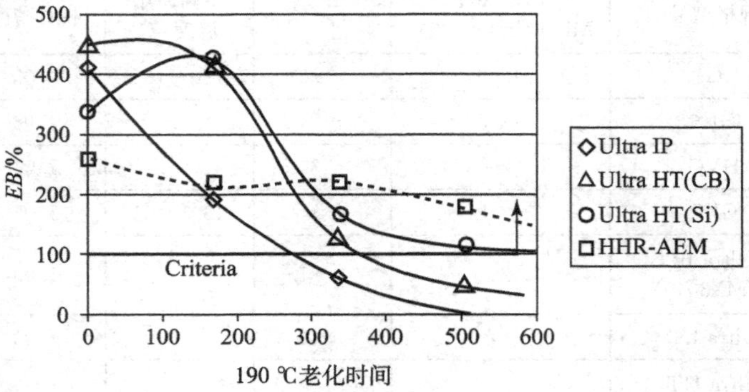

图 1.1.2－14　硫化胶经 190℃老化时间

（2）低压变、低溶胀配方

AEM 低压变、低溶胀配方见表 1.1.2－136。

表 1.1.2－136　AEM 低压变、低溶胀配方

	5020/U IP AEM 8556	5015/U IP AEM 8557	Ultra IP AEM 8558
Vamac VMX 5020	70		
Vamac ® VMX 5015		70	
Vamac ® Ultra IP (VMX 3040)	30	30	100
Alcanpoudre ADPA 75	0.8	0.8	
Naugard 445			2
Stearic Acid Reagent (95%)	0.5	0.5	1
Armeen 18D PRILLS	0.3	0.3	0.5
Vanfre VAM	1	1	1.5
MT Thermax Floform N 990	25	25	15
Corax N 772			40
Spheron™ SOA (N 550)			
Alcanplast 810 TM	10	10	10
Rubber chem Diak no 1	0.8	0.8	1.3
Vulcofac ACT 55	0.9	0.9	2
生胶门尼黏度 ML100℃ (1＋4) (ISO 289－1：2005)			
混炼胶门尼黏度 ML100℃ (1＋4)	32	39	37
硫化条件：一段硫化 180℃×10 min；二段硫化 175℃×4 h			
硫化胶硬度 (绍尔 A，3 s)/度	58	60	58

硫化胶老化后压缩变形比较见下图 1.1.2－15 所示。

硫化胶浸油老化后压缩永久变形比较见下图 1.1.2－16 所示。

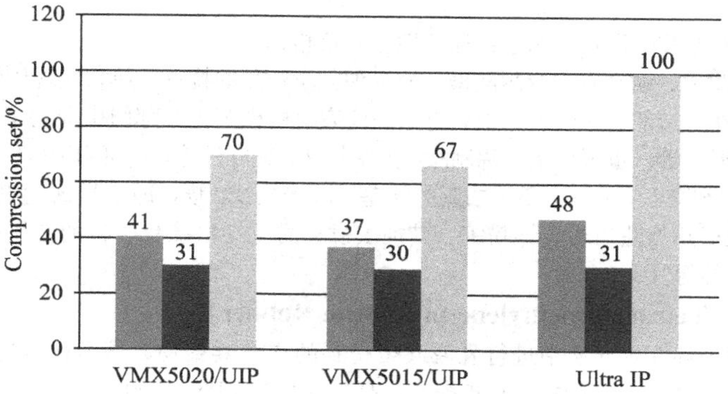

图 1.1.2-15 硫化胶老化后压缩永久变形变化

■—Compression set o—ring，168 hrs@165℃—＃214，■—Compression set o—ring，168 hrs@165℃—＃214，■ Compression set o—ring，1008 hrs@165℃—＃214

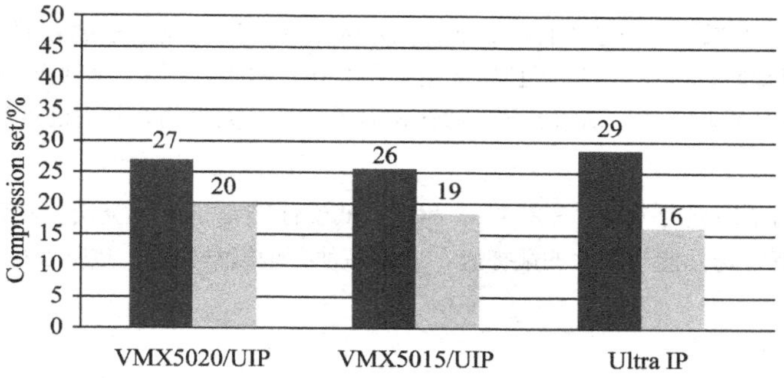

图 1.1.2-16 硫化胶浸油老化后压缩永久变形变化

■—Compression set，1008 hrs@150—in Dexron VI，■ Compression set，1008 hrs@150C—in Lubrizol

十四、氟橡胶（Fluoro Rubber，Fluoro Elastomer）

氟橡胶是指分子主链或侧链的碳原子上连接有氟原子的一类高分子弹性体，代号 FPM，是为了满足航空航天等用途而开发的高性能密封材料，具有优异的耐高温、耐寒、耐油、耐老化、耐候、耐臭氧、耐中等剂量辐射、耐多种化学药品侵蚀、耐过热水与蒸汽、耐燃性、气透性能较低、耐高真空性能、压缩永久变形等性能，并有优良的物理机械性能和电性能，目前已广泛应用于汽车和石油化工等领域。

氟橡胶可分为通用型氟橡胶与特种氟橡胶。

14.1 通用型氟橡胶

14.1.1 含氟偏乙烯类氟橡胶（Containing Vinylidene Fluoro Rubber）

含氟偏乙烯类氟橡胶主要是以偏二氟乙烯（VDF）、四氟乙烯（TFE）、六氟丙烯（HFP）和三氟氯乙烯（CTFE）为原料的二元或三元共聚物，包括偏氟乙烯-六氟丙烯共聚物、偏氟乙烯-1-氢五氟丙烯共聚物、偏氟乙烯-三氟氯乙烯共聚物、偏氟乙烯-四氟乙烯-六氟丙烯三元共聚物、偏氟乙烯-四氟乙烯-1-氢五氟丙烯共聚物等。随着氟含量的增加，其耐热和耐介质性能更加优异，包括 23 型氟橡胶（VDF 与 CTFE 的共聚物)、26 型氟橡胶（VDF 与 HFP 的共聚物）和 246 型氟橡胶（VDF、TFE 和 HFP 的三元共聚物）等，其中普遍使用的是偏氟乙烯与全氟丙烯或再加上四氟乙烯的共聚物，我国称这类橡胶为 26 型橡胶，杜邦公司称为 Viton 型氟橡胶，结构如下：

26-41型（Viton A） $-\!\!\left(CH_2-CF_2\right)_x\!\!\left(CH_2-\underset{\underset{CF_3}{|}}{CF}\right)_y\!\!-$

246型（Viton B） $-\!\!\left(CH_2-CF_2\right)_x\!\!\left(CH_2-\underset{\underset{CF_3}{|}}{CF}\right)_y\!\!\left(CH_2-CF_2\right)_z\!\!-$

氟橡胶属于饱和碳链极性橡胶，其主要性能特点为：

1）氟橡胶一般具有较高的拉伸强度和硬度，但弹性较差；

2）耐高温性能优异，氟橡胶的耐高温性能在橡胶中是最好的，250℃下可以长期工作，320℃下可以短期工作；

3）耐油性能优异，其耐油性能在橡胶材料中也是最好的；

4）耐化学药品及腐蚀介质性能优异，氟橡胶耐化学药品及腐蚀介质性能在橡胶中也是最好的，可耐王水的腐蚀；

5）具有阻燃性，属于离火自熄性橡胶；

6）耐侯性、耐臭氧性好；

7）其耐低温性能差，耐水等极性物质性能差，加工性差，价格昂贵。

由于氟橡胶具有耐高温、耐油、耐高真空及耐酸碱、耐多种化学药品的特点，使它在现代航空、导弹、火箭、宇宙航行、舰艇、原子能等尖端技术及汽车、造船、化学、石油、电信、仪表、机械等工业部门中获得了广泛应用，其主要用于制造模压制品，如密封圈、皮碗、O形圈等；也可用于海绵制品，如密封件、减震件等；还可用于压出制品，如胶管、电线、电缆等。

26 型氟橡胶一般用亲核试剂交联，如 N，N′-二亚肉桂基-1，6-己二胺，即 3 号硫化剂；配合剂中一般要用吸酸剂，常用氧化镁；填料中常用中粒子热裂法炭黑、煤粉等。其加工过程需要二段硫化，目的在于驱赶低分子物质、进一步完善交联、提高抗压缩永久变形性能等。

14.1.2　四丙氟橡胶（Tetrafluoroethylene-propylene Rubber）

四丙氟橡胶是四氟乙烯与丙烯在水介质中进行乳液共聚得到的交替共聚物，是由日本旭硝子公司于 1970 年代研制生产的一种含氟弹性体，商品名为 Aflas。我国 1980 年投产，品种牌号为 FPM 4000。

其分子结构为：

$$-\!\!\left(CF_2-CF_2-CH_2-\underset{\displaystyle CH_3}{\overset{}{CH}}\right)_{\!m}\!-$$

四丙氟橡胶分解温度达 400℃以上，与乙丙橡胶相比，因乙烯单元中四个氢原子被氟原子取代，因而具有氟橡胶的优良性能，加工性能优于其他氟橡胶，可在 200℃下长期使用、在 230℃下间歇使用。其缺点是耐低温性能差。

近年来，日本旭硝子公司又研制开发出四氟乙烯-丙烯-偏氟乙烯三元共聚物，其耐油性和低温性能得到改善。

14.2　特种氟橡胶

通用型氟橡胶（FKM）的使用温度为－20～250℃，耐高、低温性能都不十分突出。特种氟橡胶是指聚合物结构中含有 P、N、O、Si 等元素，具有特殊性能与用途的氟橡胶，主要品种有全氟醚橡胶、羧基亚硝基氟橡胶、氟化磷腈橡胶、耐低温氟醚橡胶及氟硅橡胶等[2]。

14.2.1　全氟醚橡胶

全氟醚橡胶（FFKM）是以四氟乙烯、全氟（甲基乙烯基）醚（PMVE）为主要成分及少量硫化点单体（CSM）在含有表面活性剂、引发剂和其他助剂的水相中进行自由基乳液聚合得到的三元共聚体。其中 PMTV 含量为 20%～35%（摩尔分数），CSM 含量为 0.5%～3%（摩尔分数）。全氟醚橡胶主链结构与聚四氟乙烯完全相同，其分子主链为 C－C 键，而且 C 上的 H 全部被 F 取代，支链有—OCF_3 基团，是所有橡胶中耐高温和耐化学介质最为优异的品种，长期使用温度为 280℃，特殊品种可达 300℃以上；耐介质性能极为优异，能耐各种强氧化性、强腐蚀性介质、各种有机溶剂和油料；耐候性和气密性也非常好。一般来讲 CSM 有全氟苯氧基（－OC_6F_5）、腈基（－CN）和溴基（－Br）几种类型，不同 CSM 的硫化机理不同，橡胶的性能也有差异。国产全氟醚橡胶可采用两种硫化体系硫化，一种是含全氟苯氧基的 CSM，基于亲核取代反应的硫化体系（简称 FPh－CSM）；另一种是含溴基的 CSM，基于自由基加成反应的硫化体系（简称 Br－CSM）。全氟醚橡胶主要牌号与供应商包括杜邦公司的 kalrez、欧洲 Solvay Solexis、日本 Daikin 和俄罗斯列别捷夫合成橡胶研究院（VNISK）、中蓝晨光化工研究设计院有限公司等。

14.2.2　羧基亚硝基氟橡胶

羧基亚硝基氟橡胶（CNR）是由亚硝基三氟甲烷（CF_3NO）、四氟乙烯及硫化点单体 γ－亚硝基全氟丁酸三种单体在低温下采用本体聚合或者溶剂沉淀聚合得到的三元共聚物，生胶中三种单体的摩尔比为 50∶49～49.5∶0.5～1.0。由于聚合放热量大，故采用溶剂沉淀聚合比较安全，在溶剂中无须引发剂就能发生聚合反应。羧基亚硝基氟橡胶分子主链一半为－C－C－键，另一半为－N－O－键，且与碳原子相连的皆为氟原子，因此具有很好的化学稳定性；主链大量的氮氧链节赋予橡胶优异的耐低温性能，玻璃化转变温度为－45℃；CNR 氟含量高，又不含 C－H 键，高温裂解时放出的气体能熄灭火焰，因此即使在纯氧中也不会燃烧；由于 CNR 主链中 N－O 键的键能较低，易高温裂解，其耐热性不如一般氟橡胶，长期使用最高温度为 180～200℃。CNR 主要用于低温环境下各种有机和无机溶剂特别是强氧化剂系统的密封，还可作为固体推进剂燃料的黏合剂及耐化学介质的不燃涂层等。羧基亚硝基氟橡胶可以用三氟醋酸铬（CTA）和异氰尿酸三缩水甘油酯（TGIC）二种硫化体系进行硫化，前者的特点是扯断伸长率大、拉伸强度较高，但永久变形较大；后者的特点是压缩永久变形和扯断永久变形都很低，但拉伸强度和扯断伸长率较低。羧基亚硝基氟橡胶主要供应商包括美国 3M 公司、Thiokol 公司、中蓝晨光化工研究设计院有限公司等。

14.2.3　氟化磷腈橡胶

氟化磷腈橡胶（PNF）是氟代烷氧基磷腈弹性体的简称，其制备首先由五氯化磷与氯化铵反应合成氯化磷腈三聚体，然后将其加热开环聚合，再与氟代醇反应制得 PNF 弹性体。PNF 主链为重复的氮磷键（P＝N），侧链上的氟代烷氧基（－OCH_2CF_3 或－$OCH_2C_3F_7$）对主链起保护作用，赋予其化学稳定性，因此虽然 PNF 的含氟量不高，但仍然具有优异的耐航空燃油、液压油、润滑油及有机溶剂性能。氟代烷氧基同时使大分子具有极好的柔顺性，可在－65℃下保持弹性，具有很好的减振性和耐疲劳性，在高温下的拉伸强度、扯断伸长率等物理机械性能的保持率也大大优于其他氟橡胶和氟硅橡胶。氟化磷腈橡胶主要牌号与供应商包括美国 Ethyl 公司的 Eypel－F、中蓝晨光化工研究设计院有限公司等。

14.2.4 耐低温氟醚橡胶

CBR 和 PNF 都具有很好的耐低温和耐介质性能，但其耐高温又不如其他氟橡胶，且生产工艺复杂，价格昂贵，在使用上受到较大限制。耐低温氟醚橡胶是在以偏氟乙烯（VDF）、四氟乙烯（TFE）为主的共聚体中加入一定量的全氟（甲基乙烯基）醚（PMVE）或者具有更多碳氧链节的全氟醚单体，起到破坏分子结构规整性、降低橡胶的玻璃化转变温度的作用，使其比通用氟橡胶具有更好的低温性能。耐低温氟醚橡胶主要牌号与供应商包括美国美国杜邦公司的 Viton ® VTR8500，其玻璃化温度为－32.9℃；Solvay Solexis 公司的 Tecnoflon ® VPL85540 和 3M Dyneon 公司的 LTFE 6400，其玻璃化温度低于－40℃；俄罗斯列别捷夫合成橡胶研究院（VNISK）的 SKF－260－MPAN，其玻璃化温度低于－50℃；中蓝晨光化工研究设计院有限公司采用以特种氟醚单体和可用过氧化物硫化的交联单体通过微乳液聚合工艺合成的氟醚橡胶，玻璃化温度为－30℃。

14.3 氟橡胶的技术标准与工程应用

按照 GB/T 5577—2008《合成橡胶牌号规范》，国产氟橡胶的主要牌号见表 1.1.2-137。

表 1.1.2-137 国产氟橡胶的主要牌号

新牌号	氟质量分数/%	门尼黏度 ML（5+4）100℃
FPM 2301	19.1～20.2（氯含量）	1.5～2.4（特性黏度）
FPM 2302	13.2～15.2（氯含量）	4.4～5.6（特性黏度）
FPM 2601	65	60～100
FPM 2602	65	140～180
FPM 2461		50～80
FPM 2462		70～100
FPM 4000	54～58	70～110*
FPNM 3700		

注：标有“*”者，门尼黏度 ML（1+10）100℃。

14.3.1 氟橡胶的基础配方

氟橡胶的基础配方见表 1.1.2-138

表 1.1.2-138 氟橡胶（FKM）基础配方

原材料名称	ASTM	原材料名称	过氧化物硫化（23 型）	胺硫化（26 型）	酚硫化（246 型）
FKM（Viton 型）	100	氟橡胶	100	100	100
中粒子热裂炭黑（MT）	20	BP	3		
氧化镁[a]	15	二碱式亚磷酸铅[c]	10		
硫化剂 Diak3#[b]	3.0	氧化锌	10		
		硫化剂 Diak3#[b]		3	
		氧化镁		15	
		双酚 AF			0.8
		苄基三苯基氯化磷			2
		氢氧化钙			5
硫化条件	一段硫化：150℃×30 min；二段硫化：250℃×24 h		一段硫化：143℃×30 min；二段硫化：150℃×16 h	一段硫化：150℃×30 min 二段硫化：200℃×16 h	一段硫化：160℃×25 min；二段硫化：250℃×12 h

注：[a] 要求耐水时用 11 质量份氧化钙代替氧化镁，要求耐酸时用 PbO 作吸酸剂；
[b] N，N'-二亚肉桂基-1，6-己二胺，3 号硫化剂；
[c] 含铅化合物不符合环保要求，读者应谨慎使用。

氟橡胶一般由生胶、硫化体系、酸接受剂、补强体系组成各种实用配方，增塑剂和防焦剂仅在个别情况下采用。

1. 硫化体系

氟橡胶是高度饱和的含氟高聚物，一般不能用硫黄进行硫化。通常采用有机过氧化物、有机胺类及其衍生物、二羟基化合物及辐射硫化。工业常用前三种方法，辐射硫化较少选用。

(1) 有机过氧化物体系

20 世纪 70 年代，美国 DuPont 公司研发的 G 型系列氟橡胶，采用有机过氧化物作硫化体系，硫化胶在高温下的压缩永久变形性能及在高温蒸汽中的性能优越。2，5-二甲基-2，5-双（叔丁基过氧基）-3-己炔及其相似物 2，5-二甲基-2，

5-双（叔丁基过氧基）已烷分别与三异氰尿酸三烯丙酯（TAIC）共硫化，抗焦烧性极好。过氧化苯甲酰特别适用于薄型制品，在厚制品的场合易发泡形成多孔质，且不能配用炭黑。过氧化二异丙苯在四丙氟橡胶中与 TAIC 并用，耐多种化学药品侵蚀。双（叔丁基过氧）间或对二异丙基苯硫化四丙氟橡胶耐化学药品性也很好。过氧化双环戊二烯硫化羧基亚硝基氟橡胶效果较好。六亚甲基- N，N′-双（叔丁基过氧化碳酸酯）可直接用于 Viton GF。

（2）单胺、二胺及其衍生物体系

单胺、二胺及其衍生物体系是继过氧化苯甲酰后最早用于 Viton 型氟橡胶的硫化剂，以亲核离子加成反应机理形成硫化胶，其 C—N 键具有较好的稳定性。对于双组分型氟橡胶密封剂（腻子），通常采用一元胺或多元胺作室温硫化剂，最常用的是六亚甲基二胺或三亚乙基四胺，使用三亚乙基四胺效果更好，硫化速度快，但在普通氟橡胶不能单用。对于单组分氟橡胶密封剂，采用酮胺类室温硫化剂。己二胺氨基甲酸盐硫化氟橡胶压缩永久变形大，一般用于胶布制品。N，N′—双水杨叉 1，2-丙二胺单用情况较少，用量过大易引起氟橡胶热老化性能下降。N，N′—双肉桂叉- 1，6-己二胺适用范围广，为氟橡胶常用硫化剂，压缩永久变形中等，模压制品外观好。N，N′—双呋喃甲叉- 1，6-己二胺与 N，N′—双肉桂叉—1，一己二胺性能相同，但硫化速度较慢。双（4—氨基环己基）甲烷氨基甲酸盐用于 246 型氟橡胶中，国内未获应用。对苯二胺硫化氟橡胶可制得低压缩永久变形胶料，单用时定型硫化温度高、时间长，二段制品起泡，宜与三亚乙基四胺并用。乙二胺氨基甲酸盐用于高黏度氟橡胶的加工。

在用水杨基亚胺铜硫化氟橡胶的过程中，分解出一种不挥发的铜化合物，沉积在模具的镀铬表面上而引起腐蚀，模具在清洗后还必须给其表面再镀铬，在胶料中添加 2 份硬脂酸钙可减轻对模具的腐蚀。

（3）二元酚和促进剂并用体系

对苯二酚和 2-十二烷基- 1，1，3，3-四甲基胍的硫化体系，可改进混炼胶的焦烧性和硫化胶的高温压缩变形。双酚 AF 和季胺盐（或季磷盐，如苄基三苯基氯化磷）促进剂，与酸接受剂氧化镁和氢氧化钙并用，是氟橡胶的低压缩变形硫化体系。双酚 A 硫化氟橡胶可作低压缩变形胶料，硫化速度较双酚 AF 慢。双酚 A 二钾盐适宜作压出制品硫化剂，压出的半成品表面光滑，收缩率小，可用直接蒸汽硫化，但硫化胶耐热性较差。

2. 酸接受剂

酸接受剂亦称吸酸剂或缚酸剂，是能有效中和氟橡胶硫化过程中析出氟化氢的一类物质。酸接受剂还能提高氟橡胶交联密度，并赋予硫化胶较好的热稳定性，又被称作活化剂或热稳定剂。酸接受剂主要是金属氧化物及某些盐类。碱性越强所得硫化胶的交联密度越高，其加工安全性越差（易焦烧）。

常用的酸接受剂为氧化镁和氧化锌。应用氧化锌时，往往和二碱式亚磷酸铅等量并用于耐水性胶料。氧化镁用于高耐热、无耐酸要求的胶料。氧化铅常用于耐酸胶料。氧化钙或氧化钙与氧化镁并用作低压缩变形胶料酸接受剂。

3. 补强体系

氟橡胶属于自补强型橡胶，本身强度高，补强填充剂主要用于改进工艺性能，以降低成本和提高制品的硬度、耐热性及压缩永久变形性等。

（1）炭黑

中粒子热裂法炭黑、快压出炉黑、高耐磨炉黑和喷雾炭黑对胺类硫化剂有促进作用，胶料工艺性能较好，用量一般少于 30 份，否则会对胶料硬度、耐高低温和压缩变形性能带来不利影响。Austriw 炭黑（以沥青为原料制成）可改进胶料的工艺性能与压缩永久变形性能。

（2）浅色填料

在用过氧化苯甲酰硫化的 23 型氟橡胶耐酸性胶料中，一般使用 15 份左右的沉淀法白炭黑。羧基亚硝基氟橡胶常用高补强白炭黑和硅烷偶联剂处理的白炭黑。氟化钙是氟橡胶中最常用的无机浅色填料，用量一般为 20～35 份，它的耐高温（300℃）老化性能优于炭黑和其他填料，但工艺性能较喷雾炭黑差，两者并用可制得综合性能好的胶料。碳酸钙和硫酸钡在氟橡胶中也可使用，前者的绝缘性好，后者可获得较低的压缩永久变形，用量一般为 20～40 份。在氟橡胶中加入 5～80 份陶土、二氧化钛、石墨、滑石粉、云母粉可降低硫化胶的收缩率。含石墨的硫化胶收缩率仅为 1.9%，空白试样为 3.8%。滑石粉会使胶料有黏模倾向，脱模变得困难。陶土、二氧化钛、三氧化二铁会降低硫化胶对酸的抗耐性。

（3）其他填料

碳纤维和硅酸镁纤维（针状滑石粉）是用于氟橡胶的新型填料，均能提高氟橡胶的高温强度和耐热老化性能，但在工艺性能方面较中粒子热裂法炭黑稍差。应用硅酸镁纤维或碳纤维和喷雾炭黑并用，可获得较好的效果。

补强效果最好的碳纤维是在惰性气体保护或减压条件下，由人造丝经 1 100℃高温炭化而得到的产品，商品牌号有 CarbonWool3BI（美国）、a 型和 б 型（苏联）碳纤维。填充碳纤维的另一重要作用是提高硫化胶的导热性，可将氟橡胶密封制品与金属接触处的摩擦生热及时导出，从而降低接触处的温度，为以氟橡胶制造高速（线速 20～30 m/s 或转速 15 000～20 000 r/min）油封提供了可能性。

4. 增塑剂

氟橡胶配方中一般很少使用增塑剂。增塑剂会使硫化胶的耐热性和化学稳定性变差，在二段高温硫化时往往挥发逸出，造成制品失重大、收缩变形或起泡。一般采取并用少量低分子量氟橡胶改善工艺性能的办法。如分子量 20 万的 26 型氟橡胶中，并用 10～20 份分子量 10 万的 26 型氟橡胶，得到混炼和模压性能好的胶料，对硫化胶的耐热性无明显的影响。对收缩要求不严的氟橡胶产品，可用癸二酸二辛酯、磷酸三辛酯及高沸点聚酯等增塑剂。用量较少（小于 5 份）时，对硫化胶性能影响不大。23 型氟橡胶可选用邻苯二甲酸二丁酯、氟蜡（低分子量聚三氟氯乙烯）和聚异丁烯等作增塑剂（用量

3～5份)，其中以氟蜡为最好。选用低分子量聚乙烯（1～3份）可改善氟橡胶的工艺性能。羧基亚硝基氟橡胶常用含氟全醚和卤代烃油作增塑剂。低黏度的羟基硅油和二甲基硅氧烷可软化增塑氟硅橡胶。

5. 防焦剂

CTP具有良好的防焦效果，一般用量0.1～0.3份，对有轻微焦烧的胶料有复原作用。N－三氯甲基硫代－N－苯基苯磺酰胺防焦效果不及CTP。六异丙基硫代三聚氰胺的防焦效果极强。N－（吗啉基硫代）邻苯二甲酰亚胺能延长焦烧时间、提高加工安全性。

6. 溶剂及其他

用氟橡胶制造纯胶薄膜、胶布制品（燃料箱垫片、防护衣等）、布类胶管及胶黏剂时均要使用胶浆。制造氟橡胶胶浆一般是将混炼胶溶解于有机溶剂中（VitonLD242采用胶乳）。低分子酮类和酯类是优良的溶剂，包括丙酮、甲乙酮、甲基异丁酮、乙酸甲酯、乙酸乙酯及二甲基甲酰胺等。常用的是甲乙酮和乙酸乙酯。胶浆黏度采用混合溶剂（主溶剂为优良溶剂，副溶剂为不良溶剂或非溶剂）和加入稀释剂（低分子脂肪烃、芳香烃和醇类等）的方法来进行调节。

氟橡胶脱模时，为消除黏模，可采用少量硬脂酸锌、硬脂酸钠、加珞巴蜡、肥皂水或硅油的二甲苯溶液（5%～10%）作脱模剂。使用硅油时，用量要尽可能少，涂硅油后还需用绸布揩擦，否则会影响表面质量和耐热性。

14.3.2 氟橡胶的技术标准

国产全氟醚氟橡胶、羧基亚硝基氟橡胶、氟化磷腈橡胶的典型性能见表1.1.2-139和表1.1.2－140。

表1.1.2-139 国产全氟醚氟橡胶、羧基亚硝基氟橡胶的典型性能

性能指标	全氟醚氟橡胶		羧基亚硝基氟橡胶	
	FPh－CSM	Br－CSM	CTA体系	TGIC体系
拉伸强度/MPa	19.0	22.0	9.9	7.8
扯断伸长率/%	170	168	551	229
永久变形/%	10.4	7.0	28	4.5
硬度（邵尔A)/度	79	77	66	60
压缩永久变形（70℃×24 h，压缩30%)/%	25.3	14.9	13.5	9.3
热分解温度/℃	447	430		
TR10/℃			－42.9	

表1.1.2－140 国产氟化磷腈橡胶的典型性能

老化时间/h		0	144	240	504
拉伸强度/MPa		9.5	8.1	6.9	7.3
扯断伸长率/%		162	118	133	167
永久变形/%		18		17	7
硬度（邵尔A)/度		81		83	86
压缩永久变形（70℃×24 h，压缩30%)/%		25			
脆性温度/℃		－70			
耐介质性能	介质	10＃红油	20＃红油	2＃煤油	4109润滑油
	浸泡条件	150℃×24 h	150℃×24 h	180℃×24 h	180℃×24 h
硬度变化率/%		－0.4	0	－10	－5.0
体积变化率/%		2.0	2.0	6.5	5.6
质量变化率/%		－0.3	－0.1	1.5	2.2

14.4 氟橡胶的供应商

14.4.1 日本大金工业株式会社氟弹性体

1. DAI－EL产品的类别

DAI－EL是日本大金工业株式会社氟弹性体的商品名。DAI－EL产品系列和种类见表1.1.2-141～144。

表1.1.2-141 DAI－EL产品系列

	双酚硫化	过氧化物硫化	胺类硫化	辐射硫化
特点	优越的密封性能	优越的耐水蒸气和耐药品性能	优越的机械性能	杂质少
二元聚合	G－300系列	G－800系列		

续表

		双酚硫化	过氧化物硫化	胺类硫化	辐射硫化
三元聚合		G—550 系列 G—600 系列	G—900 系列	G—500 系列	
特殊	热塑性氟橡胶				THERMOPLATIC T—500 系列
	耐低温氟橡胶		LT—302 LT—252		
	液体氟橡胶	G—101（加工助剂）			

（1）双酚硫化品种

DAI—EL 双酚硫化品种压缩永久变形小，具有优越的密封性能。二元系列具有特别良好的抗压缩永久变形能力，三元系列具有良好的耐溶剂性能，因此用途广泛。

表 1.1.2－142　双酚硫化品种和特点

系列	氟含量/%	品 种	门尼黏度 ML（1+10）121℃	特点
二元聚合	66.0	G—381 G—383 G—373 G—372 G—311 G—343	40 41 32 33 31 20	具有优异的压缩永久变形性能 具有优异的压缩永久变形性能和伸长率 具有优异的压缩永久变形性能和伸长率 金属黏结性能良好 具有优异的压缩永久变形性能和流动性 金属黏结性能和流动性优越
三元聚合	66.0	G—671	35	优异的低温密封性，适用于模压成型
	68.5	G—551	48	优异的耐溶剂性和低温均衡性
	69.0	G—558	34	具有优异的耐燃油透过性，适用于挤出成型
	70.5	G—621	50	优异的耐溶剂性能，适用于模压成型

（2）过氧化物硫化品种

DAI—EL 过氧化物硫化品种具有优越的耐药品性能和耐水蒸气性能，还具有良好的物理机械性能。

表 1.1.2－143　过氧化物硫化品种和特点

系列	氟含量/%	品 种	门尼黏度 ML（1+10）121℃	特点
二元	66.0	G—801	37	良好的低温性能和抗弯曲龟裂性能
三元	69.0	G—952	40	良好的耐溶剂性能和低温性能
	70.5	G—901	48	优异的耐溶剂性能
		G—902	19	优异的耐溶剂性能，流动性好
		G—912	56	优异的耐溶剂性能，压缩永久变形良好
低温品种	64.5 66.5	LT—302 LT—252	30 19	在－30℃也具有柔软性、优越的低温密封性 耐乙醇和低温密封性能良好

（3）其他

DAI—EL 热塑性氟橡胶、液体氟橡胶见表 1.1.2－144。

表 1.1.2－144　DAI—EL 热塑性氟橡胶、液体氟橡胶

系列	品 种	门尼黏度 ML（1+10）121℃	特点
热塑性氟橡胶	T—530 T—550	mp. 220～230℃	优越的透明性及耐药品性 优越的透明性及耐药品性

3. 应用实例

（1）EL™G—300 系列

大金公司采用了新聚合方法，开发了密封性和流动性兼备的 G—300 系列。G—300 系列是对原有的 DAI—EL™G—700 系列进行大幅度改良后的新品种，具有优越的流动性，所以既适用于注射成形，又同时具备模压成形的中黏度产品同等的密封性。G—300 系列大金氟橡胶预混胶的性能见表 1.1.2－145。

G—381 是二元聚合双酚硫化系统的氟橡胶预混胶（内含硫化剂和促进剂），密度为 1.81 g/cm³，门尼黏度 $ML_{(1+10)}$

121℃约为 40。G−381 具有优秀的流动性、压缩永久变形、密封持久性，是本系列所有牌号中密封性能最好的，非常适合用来制作 O 形圈。

G−372 是预含硫化剂的氟弹性体，密度为 1.81 g/cm³，门尼黏度 ML（1+10）121℃约为 30。具有极佳的物理性能和与金属的黏合性能，非常适合用于制造曲轴密封和阀杆密封等。

G−343 是二元聚合双酚硫化系统的氟橡胶预混胶（内含硫化剂和促进剂），密度为 1.81 g/cm³，门尼黏度 $ML_{(1+10)}$ 121℃约为 20。G−343 具有良好的流动性和优秀的金属黏结性。

表 1.1.2−145　DAI−EL™G−300 系列预混胶的性能

牌 号	G−381	G−372		G−343
配方				
预混胶 N990 氢氧化钙 高活性氧化镁 硫酸钡 硅酸钙 氧化铁 WS−280 棕榈蜡化镁	100 20 6 3	100 20 6 3	100 1.3 2.5 6 5 35 1.4 1.5 0.5	100 20 6 3
硫化特性（MDR2000）（170℃×10 min）				
ML/(dN·m) MH/(dN·m) MH−ML/(dN·m) ts_2/min t_{10}/min t_{90}/min	1.14 22.28 21.14 2.6 2.6 3.7	0.9 11.59 10.69 1.3 1.4 2.5	1.52 12.34 10.82 1.0 0.8 2.2	
硫化胶物理性能（一段 170℃×10 min）				
100%定伸强度/MPa	3.5			
拉伸强度/MPa	10.4			
扯断伸长率/%	290			
硬度（邵尔 A，峰值）/度 硬度（邵尔 A，1 秒值）/度 硬度（邵尔 A，3 秒值）/度	71 68 67			
比重	1.83			
硫化胶物理性能（一段 170℃×10 min，二段 230℃×24 h）				
100%定伸强度/MPa	4.8	2.5	4.4	3.2
拉伸强度/MPa	14.1	13.1	11.5	13.6
扯断伸长率/%	220	360	300	280
硬度（邵尔 A，峰值）/度 硬度（邵尔 A，1 秒值）/度 硬度（邵尔 A，3 秒值）/度	75 72 68	69 65 61	74 69 68	72 68 64
比重	1.84	1.85	2.06	1.84
压缩永久变形 A 型（25%）（200℃×70 h）/%	11	23	24	19
黏结测试			黏合剂采用 Chwmlock 5150	
黏结基材 Al SUS SS			剥离断裂状态（二段后） R：100% R：100% R：100%	
热空气老化	250℃×70 h			
拉伸强度变化率/% 扯断伸长率变化/% 峰值硬度变化（邵尔 A）/度 硬度 1 秒值变化（邵尔 A）/度 硬度 3 秒值变化（邵尔 A）/度	−1 3 0 0 −1			

（2）预含硫化剂的氟弹性体

G−558 是预含硫化剂的氟弹性体，密度为 1.87 g/cm³，用于挤出生产。与 G−555 相比，燃油透过性能进一步降低。主要用于燃油软管、液体罐软管、燃油系统密封件的制造中。

G−671 是预含硫化剂的三元共聚物，密度为 1.80 g/cm³，具有极佳的低温性能，耐热和耐化学介质性能与其他预含硫化剂的二元共聚物基本相同，主要应用制造 O 形圈、复杂形状制品、油封等。

预含硫化剂的氟弹性体硫化胶典型性能如表 1.1.2-146 所示。

表 1.1.2-146　预含硫化剂的氟弹性体的典型性能

	G−558	G−555	G−671	G−751
橡胶	100	100	100	
SRF 炭黑	13	13		100
N990 炭黑			20	
高活性氧化镁 MA−150	3	3	3	20
氢氧化钙 CALDIC＃2000	6	6	6	
硫化胶物理性能				
硫化条件：	160℃×45 min		170℃×10 min+230℃×24 h	
100%定伸/MPa	2.7	2.9	4.8	5.4
拉伸强度/MPa	13.7	12.8	18.1	15.7
扯断伸长率/%	300	330	200	210
硬度（邵尔 A）/度	70	70	69	70
耐燃油 D 性能，40℃×48 h				
拉伸强度变化率/%	−20	−23		
扯断伸长率变化率/%	−6	−2		
硬度变化（邵尔 A）/度	−7	−10		
体积变化/%	+6.0	+8.7		
耐燃油性能，燃油 C/LPO=97.5/2.5wt%，40℃×140 h				
拉伸强度/MPa	9.5	10.1		
扯断伸长率/%	300	320		
耐燃油性能，M−85（燃油 C/MeOH），40℃×48 h				
拉伸强度变化率/%	−47	−48		
扯断伸长率变化率/%	−20	−18		
硬度变化（邵尔 A）/度	−18	−21		
体积变化/%	+20.3	+22.0		
耐燃油性能，M−85（燃油 C/MeOH），40℃×168 h				
拉伸强度变化率/%	−54	−55		
扯断伸长率变化率/%	−30	−28		
硬度变化（邵尔 A）/度	−22	−24		
体积变化/%	+24.2	+25.8		
耐油性能，JIS NO.3 油，120℃×70 h				
拉伸强度变化率/%	−3	−5		
扯断伸长率变化率/%	−6	−10		
硬度变化（邵尔 A）/度	−1	−3		
体积变化/%	+0.8	+1.2		
压缩永久变形（ASTM D 395 方法 B，25%压缩量）				
25℃×72 h（O 形圈，23.7 mm×3.5 mm）/%			10	8
100℃×72 h（O 形圈，23.7 mm×3.5 mm）/%			7	6
125℃×70 h/%	36	51		
175℃×72 h（O 形圈，23.7 mm×3.5 mm）/%			10	11
200℃×72 h（O 形圈，23.7 mm×3.5 mm）/%			19	18
脆性温度（T_b）/℃	−25	−26		
低温性能（T_{R10}）/℃			−20	−18
燃油透过性能（40℃燃油 C）/[(g·mm)·(m²·天)$^{-1}$]	10.4	12.1		

（3）双酚硫化的氟弹性体

G—621 是双酚硫化的三元氟弹性体，密度为 1.90 g/cm^3，具有突出的耐甲醇、燃油和溶剂性能，压缩永久变形低，耐热性能好。G—621 与过氧化物硫化系列相比，加工性能方面也有改善。

表 1.1.2－147 给出了 G—621 典型性能，表 1.1.2－148 给出了耐油、耐溶剂性能。标准试验配方：G—621 100.0 份、N990 炭黑 20.0 份、高活性氧化镁 3.0 份、氢氧化钙 6.0 份；硫化条件：一段 70℃×10 min，二段 230℃×24 h。

表 1.1.2－147 双酚硫化的氟弹性体的典型性能

	G—621	G—902
硫化胶物理性能		
100%定伸/MPa 拉伸强度/MPa 扯断伸长率/% 硬度（邵尔 A）/度 撕裂强度/(kN·m^{-1})	3.7 16.2 280 74 18	3.1 23.0 330 70 19
压缩永久变形/%，JIS B2401，P—24，O 形圈，25%压缩量		
25℃×72 h 150℃×72 h 200℃×72 h	17 19 30	13 12 32
在 Stauffer blend 7700 中 175℃×72 h	21	
耐热空气老化性能，275℃×72 h		
质量变化/% 拉伸强度变化/% 扯断伸长率变化/% 硬度变化（邵尔 A）/度	－4 －33 ＋26 ＋1	

表 1.1.2－148 双酚硫化的氟弹性体的耐介质性能

牌号	G—621	G—902	G—621	G—902	G—621	G—902	G—621	G—902	G—621	G—902
油或溶剂	JIS1＃试验油老化性能		ASTM No.3 油		Stauffer Blend 7700		工作油 101（DOS＋0.5%噻吩嗪）		高辛烷值无铅汽油	
试验条件	175℃×70 h		175℃×70 h		175℃×70 h		200℃×70 h			
体积变化/% 拉伸强度变化/% 扯断伸长率变化/% 硬度变化（邵尔 A）/度	1 ＋3 －9 －3		2 －6 －4 －4	2 －5 ＋7 －4	5 －24 －5 －7	5 －16 ＋5 －8	5 －17 ＋16 －18		＋4 －28 －20 －6	＋3 －17 －3 －5

牌号	G—621	G—902	G—621	G—902	G—621	G—902	G—621	G—902	G—621	G—902
油或溶剂	燃油 D		燃油 C		甲苯		甲醇		乙醇	
试验条件	40℃×70 h		40℃×70 h		40℃×70 h		40℃×70 h		40℃×70 h	
体积变化/% 拉伸强度变化/% 扯断伸长率变化/% 硬度变化（邵尔 A）/度	＋4 －16 －2 －12	＋3 －18 ＋2 －7	＋4 －17 ＋2 －13	＋5 －7 ＋4 －4	＋5 －18 －2 －13	＋7 －22 ＋5 －10	＋3 －17 ＋11 －13	＋4 －21 ＋3 －7	＋1 －15 ＋5 －7	＋1 －19 ＋12 －5

牌号	G—621	G—902	G—621	G—902	G—621	G—902	G—621	G—902	G—621	G—902
油或溶剂	MTBE（甲基叔丁基醚）		20V%MeOH/80V%燃油 D		耐油性能，FAM（A）①		耐油性能，FAM（B）②		耐油性能，FAM（B）	
试验条件	40℃×70 h		40℃×70 h		60℃×70 h		60℃×70 h		50℃×48 h	
体积变化/% 拉伸强度变化/% 扯断伸长率变化/% 硬度变化（邵尔 A）/度	＋59 －62 －52 －33	＋63	＋10 －33 －3 －20		14 －34 －3 －14	13 －25 －4 －13	17 －40 ＋8 －15	16 －24 0 －13	11 －29 ＋14 －14	11 －20 ＋4 －10

续表

牌号	G－621	G－902	G－621	G－902	G－621	G－902	G－621	G－902	G－621	G－902
油或溶剂	耐油性能 FAM（B）＋5％丙酮		二氯甲烷		氯仿		甲苯		二甲苯	
试验条件	50℃×48 h		40℃×70 h		40℃×70 h		100℃×70 h		100℃×70 h	
体积变化/％	19	18	14		12		14		11	
拉伸强度变化/％	－49	－42	－33		－26		－21		－21	
扯断伸长率变化/％	－16	－15	－20		－4		－8		－7	
硬度变化（邵尔 A）/度	－20	－15	－23		－2		－16		－18	

注：① 甲苯 50％＋30％异辛烷＋15％二异丁烯＋5％乙醇（体积比）。②FAM（B）*：甲苯 42.250％＋25.350％异辛烷＋12.675％二异丁烯＋4.225％乙醇＋0.500％水＋15.000％甲醇体积比）。

（4）过氧化物硫化的氟弹性体

G－801 是可采用过氧化物硫化的氟弹性体，也可以采用二元胺或双酚硫化。G－801 的氟含量为 66％，密度为 1.81 g/cm^3，门尼黏度 ML（1＋10）121℃大约为 37。过氧化物硫化的 G－801 具有极佳的耐热水、水蒸气和无机酸的性能。此外，G－801 同其他 DAI－EL 硫化胶一样，具有极佳的耐热、耐油、耐溶剂性能，G－801 的用途范围超过其他牌号的 DAI－EL。G－801 加工性能方面具有硫化速度快（二段时间短）、极佳的脱模性能、轻微的模具污染等特点。G－801 的硫化胶具有极佳的拉伸强度和伸长率；极佳的耐曲挠性能；极佳的耐热、耐油、耐溶剂、耐候、耐臭氧性能；可与食品接触。G－801 硫化胶具有较高的拉伸强度和伸长率；压缩永久变形性能也优于 G－501。

G－901 是采用过氧化物硫化的氟弹性体，也可以采用二元胺或双酚硫化。G901 的氟含量为 71％，密度为 1.90 g/cm^3，门尼黏度 ML（1＋10）121℃大约为 48。过氧化物硫化的 G－901 具有极佳的耐乙醇、磷酸酯、水蒸气和无机酸的性能。此外 G－901 同其他 DAI－EL 硫化胶一样，具有极佳的耐热、耐油、耐溶剂、耐候性能。G－901 加工性能方面具有硫化速度快、硫化时间短、极佳的模内流动性能和脱模性能。

G－902 是采用过氧化物硫化的氟弹性体，氟含量为 71％，密度为 1.90 g/cm^3，门尼黏度 ML（1＋10）121℃大约为 19。它是 G－901 低黏度形式的产品，加工过程中的包辊性能有所改善。同 G－901 一样，它也具有极佳的耐乙醇、磷酸酯、水蒸气和无机酸的性能。G－902 加工性能方面具有硫化速度快、硫化时间短、极佳的模内流动性能和脱模性能。

LT－302 是采用过氧化物硫化的氟弹性体，氟含量为 64％，密度为 1.79 g/cm^3，门尼黏度 ML（1＋10）121℃大约为 30。它具有较低的压缩永久变形性能，耐低温性能优于普通的 DAI－EL 氟弹性体，耐介质性能与传统的二元氟弹性体相近。混炼过程中具有良好的包辊性能，硫化过程中充模流动性好。LT－302 专为低温和低压缩永久变形的要求而设计，因此物理性能并不突出。

大金公司过氧化物硫化的氟弹性体硫化胶的性能见表 1.1.2－149 表 1.1.2－150、表 1.1.2－151。

表 1.1.2－149　过氧化物硫化的氟弹性体硫化胶的典型性能

牌号	G－801	G－901		G－902	LT－302
		过氧化物硫化	双酚硫化		
预混胶	100.0	100	100	100	100
N－990 炭黑	20.0	20	20	20	20
双 2，5	1.5	1.5		1.5	1.5
TAIC	4.0	4.0		4.0	4.0
氢氧化钙		—	6	—	—
高活性氧化镁		—	3	—	—
双酚硫化剂		—	预含	—	—
硫化促进剂		—	预含	—	—
硫化胶的物理性能					
硫化条件	160℃×10 min ＋180℃×4 h	160℃×10 min ＋180℃×4 h	170℃×10 min ＋230℃×24 h	160℃×10 min ＋180℃×4 h	170℃×10 min ＋180℃×4 h
密度/（g·cm^{-3}）		1.87	1.91	1.87	1.80
100％定伸/MPa	2.0	2.8	3.9	3.1	3.7
拉伸强度/MPa	22.0	23.3	13.0	23.0	18.9
扯断伸长率/％	450	350	320	330	260
硬度（邵尔 A）/度	65	68	77	70	67
撕裂强度/（kN·m^{-1}）	20	19	22	19	24

续表

牌号	G—801		G—901		G—902	LT—302
			过氧化物硫化	双酚硫化		
压缩永久变形/%，ASTM D395 方法 B，23.7 mm×3.5 mmO 形圈						
−30℃×70 h	99					39
−20℃×70 h	55					24
23℃×70 h	18					8
25℃×70 h	21		13	20	13	
150℃×70 h	18					
200℃×70 h	38		33	29	32	17
耐热空气老化性能						
老化条件	230℃×70 h	250℃×70 h	230℃×72 h			200℃×28 天
拉伸强度变化/%	−10	−45	−22	−2		−20
扯断伸长率变化/%	+6	+12	+13	−9		+7
硬度变化/%	−2	0	−1	−2		0
老化条件			250℃×72 h			
拉伸强度变化/%				−40	+4	
扯断伸长率变化/%				+66	−5	
硬度变化/%				−3	0	
老化条件			275℃×72 h			
拉伸强度变化/%			—	−46		
扯断伸长率变化/%			—	+80		
硬度变化/%			—	0		
低温性能，TR 测试						
TR10/℃	−20					−31
TR50/℃	−14					−27
TR70/℃%	−12					−25
在燃油 B 中 40℃×70 h 老化后性能						
拉伸强度变化/%						−20
扯断伸长率变化/%						−6
硬度变化/%						−4
在燃油 C 中 40℃×70 h 老化后性能						
体积变化/%	+9					+13
拉伸强度变化/%						−35
扯断伸长率变化/%						−17
硬度变化（邵尔 A)/度						−7
在燃油 C+10%MTBE 中 40℃×70 h 老化后性能						
体积变化/%	+16					+19
拉伸强度变化/%						−42
扯断伸长率变化/%						−22
硬度变化（邵尔 A)/度						−8
在燃油 C+15%甲醇中 40℃×70 h 老化后性能						
体积变化/%	+34					+37

与过氧化物硫化胶相比，双酚硫化 G—901 的耐热性能更优一些。

表 1.1.2-150 过氧化物硫化的氟弹性体硫化胶的低温与耐曲挠性能

牌号	G—801	G—701	G—901
吉曼扭转测试（ASTM D 1053）			
T2/℃	−10.0	−6.0	−1.3
T5/℃	−13.0	−9.0	−3.5
T10/℃	−15.5	−12.5	−5.0
T50/℃	−19.0	−17.5	−7.9

续表

牌号	G－801	G－701	G－901
德墨西亚曲挠测试			
出现第一个裂纹弯曲次数/次	80 000		
裂纹增长速度 100 次/mm 300 次/mm 500 次/mm 1 000 次/mm 3 000 次/mm 5 000 次/mm	 7.3 8.4 9.5 11.4 18.0 24.3		

由吉曼扭转测试可知，G－801 脆性温度大约为－20℃，低温性能优于 G－701；G－901 低温性能劣于 G－701。与其他牌号的 DAI－EL 相比，G－801 具有更好的耐曲挠性能。

表 1.1.2－151 过氧化物硫化的氟弹性体硫化胶的耐介质性能（一）

牌号	G－801	
老化条件	150℃×70 h，水蒸气	80℃×70 h，98%硫酸
体积变化/% 拉伸强度变化/% 扯断伸长率变化/% 硬度变化（邵尔 A)/度 外观	＋3.2 －9 ＋4 －2 无变化	＋0.7 ＋4 ＋8 －1 无变化
老化条件	80℃×70 h，37%盐酸	80℃×70 h，20%NaOH
体积变化/% 拉伸强度变化/% 扯断伸长率变化/% 硬度变化（邵尔 A)/度 外观	＋2.1 －5 ＋20 －1 无变化	0 ＋1 ＋8 －1 无变化
老化条件	175℃×70 h，ASTM NO.3	175℃×70 h，Stauffer blend 7700
体积变化/% 拉伸强度变化/% 扯断伸长率变化/% 硬度变化（邵尔 A)/度	＋1.8 －13 －2 －2	＋17 －5 ＋13 －12
老化条件	40℃×48 h，无铅汽油	40℃×48 h，乙醇
体积变化/% 拉伸强度变化/% 扯断伸长率变化/% 硬度变化（邵尔 A)/度	＋3.1 －13 ＋8 －6	＋1.7 －15 ＋4 －5
老化条件	40℃×48 h，甲苯	
体积变化/% 拉伸强度变化/% 扯断伸长率变化/% 硬度变化（邵尔 A)/度	＋23 －38 －11 －19	

G－801 的耐化学介质和耐蒸气性能优于其他牌号的 DAI－EL，耐油和耐溶剂性能与 G－701 类似。

表 1.1.2－151 过氧化物硫化的氟弹性体硫化胶的耐介质性能（二）

牌号	G－901		G－701	G－501
	过氧化物	双酚硫化		
甲醇，40℃×70 h 老化后性能				
体积变化/% 拉伸强度变化/% 扯断伸长率变化/% 硬度变化（邵尔 A)/度	＋2.6 －18 ＋2 －7	＋3.6	＋72	＋25

续表

牌号	G—901		G—701	G—501
	过氧化物	双酚硫化		
乙醇，40℃×70 h 老化后性能				
体积变化/% 拉伸强度变化/% 扯断伸长率变化/% 硬度变化（邵尔 A)/度	+0.6 −14 +6 −4	+0.8	+4.2	+2.9
无铅汽油，40℃×70 h 老化后性能				
体积变化/% 拉伸强度变化/% 扯断伸长率变化/% 硬度变化（邵尔 A)/度	+2.7 −10 +5 −5	+3.0	+3.4	+3.3
燃油 B，40℃×70 h 老化后性能				
体积变化/% 拉伸强度变化/% 扯断伸长率变化/% 硬度变化（邵尔 A)/度	+0.7 −15 +14 −2	+1.2 −19 −5 −2	+1.7 −15 −2 −2	
20%甲醇+80%无铅汽油（体积比），40℃×70 h 老化后性能				
体积变化/% 拉伸强度变化/% 扯断伸长率变化/% 硬度变化（邵尔 A)/度	+9.0 −17 +11 −10	+10 −18 +15 −10	+35 −67 −44 −15	
甲苯，25℃×70 h 老化后性能				
体积变化/% 拉伸强度变化/% 扯断伸长率变化/% 硬度变化（邵尔 A)/度	+7.2 −12 +12 −7			
ASTM NO. 3 油，175℃×70 h 老化后的性能				
体积变化/% 拉伸强度变化/% 扯断伸长率变化/% 硬度变化（邵尔 A)/度	+2 −5 +6 −3	+2 −7 −7 −2	+2 −1 +4 −5	
Stauffer blend 7700，175℃×70 h 老化后的性能				
体积变化/% 拉伸强度变化/% 扯断伸长率变化/% 硬度变化（邵尔 A)/度	+5 −5 +15 −6	+6 −26 +7 −4	+18 −20 +12 −11	
Firquel，磷酸酯类介质，100℃×70 h 老化后的性能				
体积变化/% 拉伸强度变化/% 扯断伸长率变化/% 硬度变化（邵尔 A)/度	+1.3 +5 +15 −2	+1.4 −9 −3 −2	+8 −7 0 −3	

G—901 的耐油和耐燃油性能与其他牌号 DAI—EL 硫化胶相比时，具有突出的耐乙醇和芳烃溶剂的性能。在磷酸酯类介质中（Stauffer blend 7700），G—901 的体积膨胀远远小于 G—701。

表 1.1.2-151 过氧化物硫化的氟弹性体硫化胶的耐介质性能（三）

牌号	G−901			G−701
	过氧化物	双酚硫化	双酚硫化−Pb①	
150℃×70 h 水蒸气老化后性能				
体积变化/%	+2.5	+14	+4	+8
拉伸强度变化/%	−5	−25	−20	−14
扯断伸长率变化/%	−5	+14	+25	+10
硬度变化（邵尔 A)/度	−3	−3	−2	−2
外观	N.C②	S.L③	L.G④	S.L
过热水，125℃×72 h				
体积变化/%	+1.5		+1.4	
拉伸强度变化/%	−22		−26	
扯断伸长率变化/%	+11		+5	
硬度变化（邵尔 A)/度	+1		−4	
外观	N.C		N.C	
10%次氯酸钠，85℃×70 h 老化后性能				
体积变化/%	0	+0.1	+0.3	+0.2
拉伸强度变化/%	−10	−14	−16	−10
扯断伸长率变化/%	+10	+1	−3	+7
硬度变化（邵尔 A)/度	−3	−2	−2	−3
外观	N.C	N.C	N.C	N.C
98%硫酸，80℃×70 h 老化后性能				
体积变化/%	+0.5	+9	+8	+4
拉伸强度变化/%	+3	0	+3	−1
扯断伸长率变化/%	−4	−9	−3	−7
硬度变化（邵尔 A)/度	0	−7	−9	−7
外观	N.C	S.L	L.G	M.L⑤
37%盐酸，80℃×70 h 老化后性能				
体积变化/%	+1.2	+48	+8	+34
拉伸强度变化/%	−6	−31	+3	+19
扯断伸长率变化/%	+15	−5	−3	−4
硬度变化（邵尔 A)/度	0	−14	−9	−13
外观	N.C	M.L	S.L	M.L
60%硝酸，80℃×70 h 老化后性能				
体积变化/%	+2		+31	
拉伸强度变化/%	−28		−38	
扯断伸长率变化/%	+38		+52	
硬度变化（邵尔 A)/度	−7		−23	
外观	N.C		S.L	
冰醋酸，25℃×70 h 老化后性能				
体积变化/%	+42	+46	+46	+121
拉伸强度变化/%	−77	−76	−65	−82
扯断伸长率变化/%	−39	−24	−25	−73
硬度变化（邵尔 A)/度	−28	−25	−29	−28
外观	N.C	N.C	N.C	N.C
乙酸酐（无水醋酸）25℃×70 h 老化后性能				
体积变化/%	+48	+48	+50	+153

注：[a] 在 LC 配方中，采用 5 phr 氧化铅代替氧化镁。[b] N.C 无变化。[c] L.G 丧失光泽，变得阴暗。[d] S.L 略有溶胀。[e] M.L 严重溶胀。

氟橡胶耐水蒸气和耐无机酸性能在很大程度上取决于配方组分，生胶的影响并不占主要地位。金属氧化物作为受酸剂对耐水蒸气和无机酸性能影响是非常显著的。当配方中不含金属氧化物时性能最佳。当使用金属氧化物时，氧化铅的耐水蒸气和耐酸性能最佳，其次是氢氧化钙，最后是氧化镁。G−901 与其他 DAI−EL 不同，采用过氧化物硫化，不需要受酸剂，因此具有极佳的耐水蒸气和无机酸性能。对于有机酸，如醋酸，体积溶胀主要取决于生胶而不是配方组分。G−901 的耐醋酸性能也同样优于其他牌号的生胶。

(5) 液体氟橡胶

DAI—EL™G—101 室温下是黏稠液体橡胶，主要用作其他橡胶的加工助剂及降低其他氟弹性体的硬度。G—101 耐化学介质和耐候性能同固体橡胶一样，由于分子量低，在极性溶剂中的溶解性略高一些。G—101 的热分解温度大约为400℃，热稳定性略低于其他固体的 DAI—EL 氟橡胶，但考虑到产品的挥发性，最高使用温度限制在 200℃左右。

G—101 在各种溶剂中的溶解性见表 1.1.2-152。

表 1.1.2-152 G—101 的溶解性

溶剂	溶解性	溶剂	溶解性
甲醇	可分散	氯仿	不溶
乙醇	不溶	四氯化碳	不溶
异丙醇	不溶	1，1-二氯乙烷	不溶
异丁醇	不溶	五氯乙烷	不溶
二乙醚	可分散	正己烷	不溶
四氢呋喃	可溶	环己烷	不溶
二氧杂环乙烷	可溶	精制溶剂汽油	不溶
丙酮	可溶	苯	不溶
甲乙酮	可溶	甲苯	不溶
苯乙酮	可溶	氯苯	不溶
环己酮	可溶	苯乙烯	不溶
乙酸甲酯	可溶	丙烯腈	可溶
磷酸二甲酯	可溶	二乙胺	不溶
乙酸正丁酯	可溶	异丁酸	可分散
碳酸二甲酯	可溶	嘧啶	可溶
乙酸乙烯酯	可溶	二甲基乙酰胺	可溶
四氯乙烯	不溶	二甲亚砜	可溶

当 G—101 与固体氟橡胶并用时，可改善混炼胶的加工性能，降低硫化胶的硬度。G—101 通常在开炼机上与其他固体橡胶共混，先用固体橡胶包辊，然后加入填料，最后再加入 G—101。G—101 与固体氟橡胶共混后硫化胶的物理性能见表 1.1.2-153。

表 1.1.2-153 G—101 与固体氟橡胶共混后硫化胶的物理性能

配方编号	1	2	3	4	5	6
G—701	100	100	—	—	—	—
G—702	—	—	100	100	—	—
G—704	—	—	—	—	100	100
G—101	—	33	—	15	—	20
高活性氧化镁	3	3	3	3	3	3
氢氧化钙	6	6	6	6	6	6
模压硫化条件	150℃×20 min		150℃×30 min		170℃×10 min	
二段硫化条件	200℃×24 h					
硫化胶物理性能						
硬度（邵尔 A)/度	66	56	62	52	61	55
100%定伸/MPa	1.8	0.9	1.2	0.9	1.4	0.9
拉伸强度/MPa	11.8	8.3	8.4	7.7	10.3	7.8
扯断伸长率/%	280	370	400	510	290	370
热空气老化条件	275℃×72 h			230℃×24 h		
热空气老化后物理性能变化						
硬度变化（邵尔 A)/度	0	+1	+4	+2	+3	+3
拉伸强度变化/%	−25	−32	−31	−20	+5	+12
扯断伸长率变化/%	+7	+4	+20	+43	+3	+3

14.4.2　其他供应商

氟橡胶的供应商还有：上海三爱富新材料股份有限公司（3F 牌）、中昊晨光化工研究院有限公司、中蓝晨光化工研究设计院有限公司、美国 Dyneon LLC 公司（Fluorel、Anas TFE 和 Aflas）、美国杜邦陶氏弹性体公司（Viton 和 kalrez）、意大利 Montefluos S. P. A. 公司（Technoflon）、日本旭硝子公司（Asahi Glass.，Ltd.，Aflas）、日本合成橡胶公司（JSR）、日本信越化学工业公司（Shin－Etsu Chemical Industry Co.，Ltd.，Sifel）和俄罗斯 Chimkobinat Kirovochepec 公司等。

十五、硅橡胶（Silicone Rubber）

15.1　概述

有机硅产品种类繁多，大致可分为四类：硅油及其衍生物、硅橡胶、硅树脂和官能有机硅烷（包括硅官能有机硅烷、碳官能有机硅烷等），前三类统称为聚硅氧烷材料。

硅橡胶为分子主链中为—Si—O—无机结构，侧基为有机基团的一类弹性体，属于半无机的、饱和的、杂链、非极性弹性体，典型的代表是甲基乙烯基硅橡胶，其中的乙烯基提供交联点。

硅橡胶的一般分子式为：

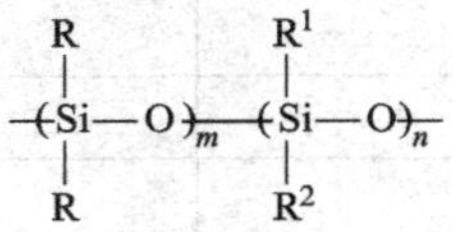

式中：侧基 R、R^1、R^2 均为有机基团，如甲基、乙烯基、苯基、三氟丙基等，引入侧基可显著改善硅橡胶的力学性能。

硅橡胶的分类如下：

- 硅橡胶
  - 加热硫化
    - 高温硫化硅橡胶（混炼胶）（HTV）
      - 未加硫化剂
        - 过氧化物交联型
        - 加成反应交联型
      - 加了硫化剂→过氧化物交联型
    - 加成硫化型液体硅橡胶（LSR）
      - 单组份→加成反应交联型
      - 双组份→加成反应交联型
  - 室温硫化（RTV）→液体胶
    - 单组份（RTV－1）
      - 脱醋酸型
      - 脱醇型
      - 脱酮肟型
      - 脱丙酮型
      - 脱酰胺型
      - 脱胺型
    - 双组份（RTV－2）
      - 脱醇型
      - 脱氧型
      - 脱水型
      - 脱羟胺型
      - 加成反应交联型

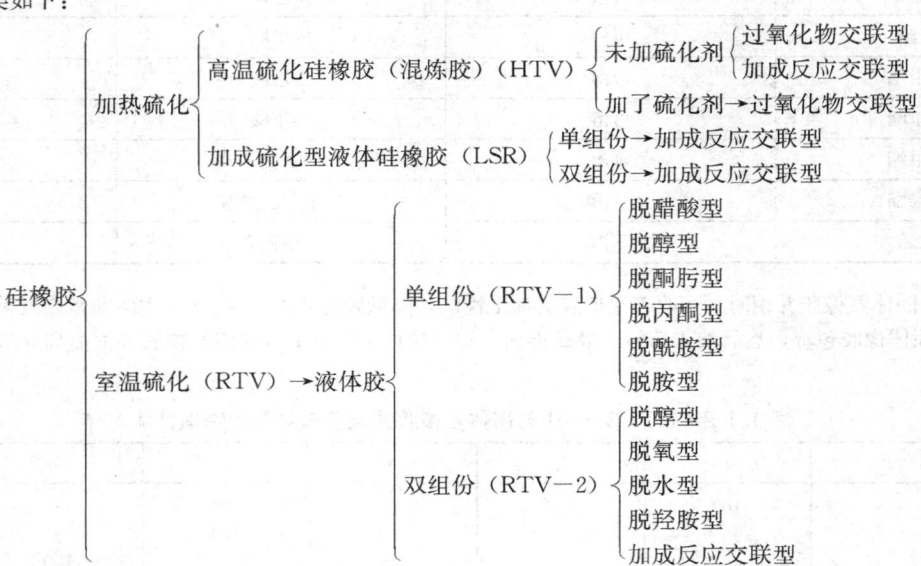

硅橡胶按其硫化温度，可分为加热硫化型（包括 HTV 与 LSR）和室温硫化型；按形态和混配方式可分为固体硅橡胶和液体硅橡胶（包括 LSR 与 RTV）；按其硫化机理不同又可分为有机过氧化物引发型、加成反应型和缩合反应型。加热硫化型主要为高分子量的固体胶（HTV），也包括加成硫化型液体硅橡胶（LSR），其中 HTV 成型硫化的加工工艺和普通橡胶相似。室温硫化硅橡胶（RTV）是分子量较低的有活性端基或侧基的液体橡胶，在常温下即可固化成型，分为单组分室温硫化硅橡胶（RTV－1）和双组分室温硫化硅橡胶（RTV－2）。

硅橡胶采用三种硫化方式：①用有机过氧化物引发的自由基反应交联型；②加成反应型，又称氢硅化硫化体系或低温硫化（LSR），即在铂催化剂作用下、在低于有机过氧化物的硫化温度下硫化；③缩合反应型（或室温硫化型）。在双组分 RTV 硅橡胶中，加成反应型硫化的比例越来越大，基于加成反应硫化的液体注射成型加工方法发展迅速，所用基础胶与交联剂都是流体，便于配料和管道输送，节省能耗，提高工效，降低生产成本。

硅橡胶必须用补强剂，最有效的补强剂是气相法白炭黑，同时要配合结构控制剂和耐热配合剂。常用的耐热配合剂是金属氧化物，一般用 Fe_2O_3 3～5 份；常用的结构控制剂是二苯基硅二醇、硅氮烷等。

硅橡胶的主要性能特点是：

1）耐高温、低温性能好，使用温度范围为－100～300℃，高温性能与氟橡胶相当，工作范围广，耐低温性能在所有橡胶材料中是最好的。经过适当配合的乙烯基硅橡胶或低苯基硅橡胶，经 250℃数千小时或 300℃数百小时热空气老化后仍能保持弹性；低苯基硅橡胶硫化胶经 350℃数十小时热空气老化后仍能保持弹性，它的玻璃化温度可低至－140℃；硅橡胶用于火箭喷管内壁防热涂层时，能耐瞬时数千度的高温。

硅橡胶在不同温度下的使用寿命见表 1.1.2－154。

表 1.1.2-154 硅橡胶在不同温度下的使用寿命

温度/℃	使用寿命	温度/℃	使用寿命	温度/℃	使用寿命
−50～100	极长	205	2～5y	370	6 h～1w
120	10～20y	260	3 m～2y	420	10 min～2 h
150	5～10y	315	1w～2 m	480	2～10 min

注：y—年，m—月，w—周，h—小时，min—分。

2）优异的耐臭氧老化、热氧老化和天候老化性能。其硫化胶在自由状态下置于室外曝晒数年后，性能无显著变化。

3）优异的电绝缘性能，可用作高级绝缘制品。硅橡胶硫化胶的电绝缘性能在受潮、频率变化或温度升高时变化较小，燃烧后生成的二氧化硅仍为绝缘体。此外，硅橡胶不用炭黑作填料，在电弧放电时不易焦烧，在高压场合使用十分可靠。它的耐电晕性和耐电弧性极好，耐电晕寿命是聚四氟乙烯的 1 000 倍，耐电弧寿命是氟橡胶的 20 倍。

4）具有优良的生物医学性能。硅橡胶无毒、无味，对人体无不良影响，与机体组织反应轻微，具有优良的生理惰性和生理老化性，可植入人体内。

5）具有特殊的表面性能，表面张力低，约为 2×10^{-2} N/m，对绝大多数材料都不粘，可起隔离作用；具有低吸湿性，长期浸于水中吸水率仅为 1%左右，物理性能不下降，防霉性能良好。

6）有适当的透气性。硅橡胶和其他高分子材料相比，具有良好的透气性，室温下对氮气、氧气和空气的透过量比 NR 高 30～40 倍，可以作保鲜材料；对气体渗透具有选择性，如对二氧化碳透过性为氧气的 5 倍左右。

其缺点是拉伸强度和撕裂强度在所有的橡胶材料中是最低的，纯胶拉伸强度只有 0.3 MPa，且价格昂贵。

硅橡胶具有卓越的耐高低温、耐臭氧、耐氧、耐光和耐候老化性能，优良的电绝缘性能，特殊的表面性能和生理惰性以及高透气性，应用范围广泛。但硅橡胶的拉伸强度和撕裂强度偏低，耐酸碱性较差，制造复杂产品时加工工艺性能也较差，近年来为此开展了许多研究工作，并取得了一些成果。包括：①利用有机硅与其他单体或聚合物的共聚（共混），获得新的聚合（共混）物。如：有机硅与乙丙橡胶共混物制得的 EPDM/聚硅氧烷杂化胶，提高了 EPDM 的耐候性、耐低温性能和高温环境下的机械性能，特别是 100℃以上时其抗撕裂性能能够达到高强度硅橡胶的水平，也大大改善了硅橡胶的耐蒸汽、耐水性和耐酸碱等性能；有机硅与聚碳酸酯的嵌段共聚物可用作选择性透气膜材料；将硅橡胶与 EVA 共混，制得的共混物具有优良的物理性能、电性能、耐高温老化性能和热收缩性，经过适当配合可赋予优良的阻燃性能；利用耐高温的硅橡胶与高拉伸强度的 PMMA 制造互穿聚合物网格，改善了硅橡胶的强度和 PMMA 的耐热性；通过合成聚二甲基硅氧烷（PDMS）/聚苯乙烯（PS）互穿聚合物网络，提高了有机硅材料的力学和弹性性能；此外，还有硅氧烷改性聚醚橡胶、聚硅氧烷改性丙烯酸酯橡胶、颗粒硅橡胶（又称粉末橡胶）等。②在改善加工性能方面，研制了不需要二段硫化的硅橡胶配方体系，发展了液体硅橡胶注射成型系统，采用加成型双组分体系研制成触变性好、使用方便、施工性能优异的腻子型制模硅橡胶等。③在加成硫化型液体硅橡胶方面，目前致力于双组分向单组分转化、加热硫化向室温硫化转化等。

HTV 硅橡胶通常以加入部分填料或者加入大部或全部配料的混炼胶形式出售；LSR、RTV 硅橡胶则全部以母胶形式出售。本节主要论述高温硫化型硅橡胶生胶（high temperature vulcanized silicone rubber）。加成硫化型液体硅橡胶（LSR）与室温硫化硅橡胶（RTV）。详见本书液体橡胶相关章节。

15.2 高温硫化硅橡胶的类别

高温硫化型硅橡胶是指分子量高（40～60 万）的硅橡胶。通常采用有机过氧化物作硫化剂，经过加热使有机过氧化物分解产生游离自由基，并与橡胶的有机侧基形成交联，从而获得硫化胶；也可以铂化合物为催化剂以加成反应方式交联。

高温硫化硅橡胶按化学结构又可以分为：

高温硫化硅橡胶
- 二甲基硅橡胶
- 甲基乙烯基硅橡胶
- 甲基苯基乙烯基硅橡胶
- 苯撑硅橡胶
- 腈硅橡胶
- 氟硅橡胶
- 亚苯基硅橡胶和亚苯醚基硅橡胶
- 硅硼橡胶

15.2.1 二甲基硅橡胶（Dimethyl Silicone Rubber）

聚二甲基硅氧烷橡胶（Polydimethyl Silicone Rubber），简称二甲基硅橡胶，先由氯甲烷与硅粉在催化剂作用下合成二甲基氯硅烷，经水解得到二甲基硅氧烷，然后缩聚制得，代号为 MQ。

MQ 的分子结构为：

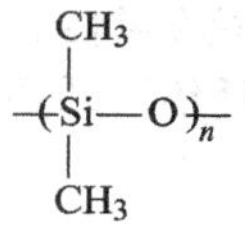

n=5 000~10 000

　　MQ 的主要特性为：耐热性和耐寒性优异，能在－50～250℃温度范围内长期使用；耐臭氧性、电绝缘性优良；胶料的力学性能低；厚制品硫化较困难，硫化时易起泡，耐湿热性差，压缩变形大。由于硫化活性低，工艺性能也较差，制品在二段硫化时易产生气泡，除少量用于织物涂覆、增塑剂外，目前基本上已被甲基乙烯基硅橡胶代替。

　　MQ 的配合技术与普通橡胶不同，比较简单，主要由交联剂、补强剂、结构控制剂及其他添加剂组成。交联剂为有机过氧化物，不用防老剂、软化剂和酸性填料等。补强剂是气相法白炭黑，用量 20～60 份，炭黑只在制造导电橡胶时使用，使用乙炔炭黑。结构控制剂主要是为了阻滞气相法白炭黑胶料在贮存过程中产生结构化的倾向，通常是含活性基团的有机硅化合物如二苯基硅二醇、羧基硅油等，用量一般是每 10 份气相法白炭黑加 1 份左右。加入少量氧化铁、氧化铜等可提高胶料的长期耐热性。着色胶料多用无机颜料如铬黄、氧化铁等。制造海绵制品时需加发泡剂。制胶浆的常用溶剂有汽油、甲苯和乙酸丁酯等，浓度为 15%～25%，用于对织物涂胶。

15. 2. 2　甲基乙烯基硅橡胶（Polymethyl-vinyl Silicone Rubber）

　　聚甲基乙烯基硅氧烷橡胶，简称甲基乙烯基硅橡胶，代号 MVQ，由二甲基二氯硅烷经水解得到的八甲基环四硅氧烷与四甲基四乙烯基环四硅氧烷在催化剂作用下，开环共聚制得。

　　甲基乙烯基硅橡胶的结构式为：

$$\left.\begin{array}{c} CH_3 \\ | \\ -(Si-O)_m \\ | \\ CH_3 \end{array}\right. \quad \begin{array}{c} CH_3 \\ | \\ (Si-O)_n \\ | \\ CH=CH_2 \end{array}$$

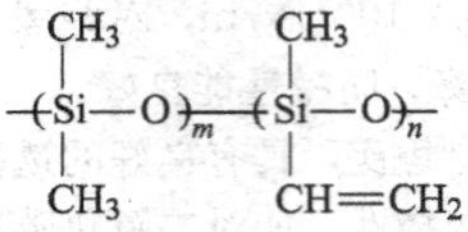

$$m=5\,000\sim10\,000 \qquad n=10\sim20$$

　　MVQ 可以看作在二甲基硅橡胶的侧链上引进少量乙烯基而得，乙烯基单元含量一般为 0.1%～0.3%（摩尔分数），起交联点作用。引入乙烯基可提高硅橡胶的硫化活性，同时改善硫化胶性能、提高制品硬度、降低压缩变形，并使厚制品硫化均匀，减少气泡产生。

　　一般认为，乙烯基含量 0.07%～0.15%（摩尔分数）的硅橡胶有较好的综合性能。增加乙烯基含量硫化速度可进一步提高，并可用硫黄硫化体系进行硫化，但胶料的耐热稳定性下降，硫化胶的物理机械性能也会下降。

　　MVQ 的主要特性为：耐热性、耐寒性极好，在－60～250℃温度范围内可长期使用，耐热性与抗高温压缩变形比 MQ 有较大改进；耐臭氧性、耐天候性好；电性能优良；力学性能较低。

　　MVQ 是产量最大、应用最广的一类硅橡胶，除通用型胶料外，具有各种专用性和加工特性的硅橡胶也都以它为基础进行加工配合，如高强度、低压缩变形、导电型、迟燃型、导热型硅橡胶以及不用二段硫化的硅橡胶、颗粒硅橡胶等，广泛应用于 O 形圈、油封、管道、密封剂和胶黏剂等。

15. 2. 3　甲基-苯基-乙烯基硅橡胶（Methyl-phenyl-vinyl Silicone Rubber）

　　聚甲基-苯基-乙烯基硅氧烷橡胶，简称甲基-苯基-乙烯基硅橡胶，简称 MPVQ，由二甲基二氯硅烷和甲基苯基二氯硅烷共水解缩聚制得；也可以从含二甲基硅链节与甲基苯基硅氧链节或二苯基硅氧链节的混合环体聚合制得，即二甲基二氯硅烷与甲基二氯硅烷共水解后，经催化裂解制得混合环体，加入八甲基环四硅氧烷和四甲基环四硅氧烷共聚制得。

　　MPVQ 的分子结构式为：

$$\left.\begin{array}{c} CH_3 \\ | \\ Si-O \\ | \\ CH_3 \end{array}\right)_l \left(\begin{array}{c} CH_3 \\ | \\ Si-O \\ | \\ C_6H_5 \end{array}\right)_m \left(\begin{array}{c} CH_3 \\ | \\ Si-O \\ | \\ CH=CH_2 \end{array}\right)_n \quad 或 \quad \left(\begin{array}{c} CH_3 \\ | \\ Si-O \\ | \\ CH_3 \end{array}\right)_l \left(\begin{array}{c} C_6H_5 \\ | \\ Si-O \\ | \\ C_6H_5 \end{array}\right)_m \left(\begin{array}{c} CH_3 \\ | \\ Si-O \\ | \\ CH=CH_2 \end{array}\right)_n$$

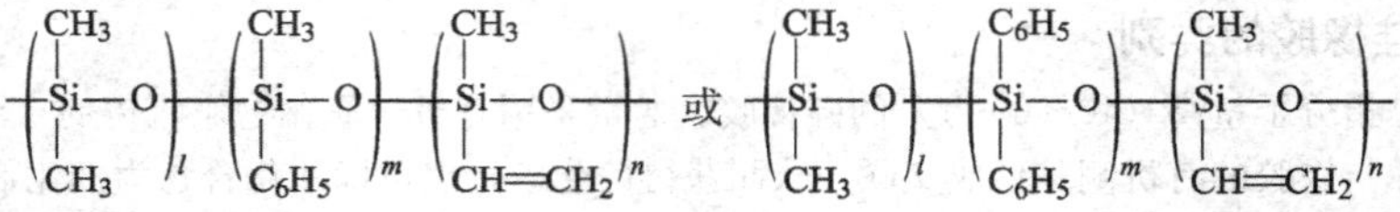

　　MPVQ 可以看作甲基乙烯基硅橡胶的分子链中引入了二苯基硅氧烷链节（或甲基苯基硅氧烷链节），通过引入大体积的苯基来破坏聚硅氧烷分子结构的规整性，降低聚合物的结晶度和玻璃化温度，增加分子间的自由体积，从而改善硅橡胶的耐寒性能。MPVQ 中苯基结合量苯基/硅约为 6%（摩尔分数为 0.05～0.10）时，称为低苯基硅橡胶，具有最佳的耐低温性能，在－100℃保持柔软；苯基/硅约为 15%～20%（摩尔分数在 0.15～0.25）时，称为中苯基硅橡胶，具有耐燃性；苯基/硅石 35%（摩尔分数在 0.30）以上时，称为高苯基硅橡胶，具有优良的耐辐射性。中苯基和高苯基硅橡胶由于加工困难，力学性能较差，生产和应用受到一定限制。

　　MPVQ 的主要特性为：低温特性进一步改进，脆性温度可达－115℃；耐辐射性、耐燃性优异；苯基含量增加，混炼加工性变差，硫化胶的耐油性、压缩永久变形等低下。MPVQ 主要应用于要求耐低温、耐烧蚀、耐高能辐射、隔热等的场合。

15. 2. 4　氟硅橡胶（Moro Silicone Rubber）

　　氟硅橡胶是在甲基乙烯基硅橡胶的分子侧链上引入氟烷基或氟芳基得到的聚合物，氟硅橡胶品种很多，获得广泛应用的为甲基乙烯基三氟丙基硅橡胶（Methyl-vinyl-γ-trifluoropropyl Silicone Rubber），简称为氟硅橡胶，代号 MFVQ 或 FVMQ。MFVQ 是以－Si－O－为主链，硅原子上带有甲基和 3，3，3-三氟丙基（$CF_3CH_2CH_2-$）以及少量甲基乙烯基硅氧烷链节的聚合物，由甲基三氟丙基硅氧烷和甲基乙烯基硅氧烷在碱性催化剂存在下共聚制得，也可由 1，3，5-三甲基-1，3，5-三（3，3，3-三氟丙基）环三硅氧烷（简称氟硅三环体）开环聚合制得，前者可以合成不同氟含量的氟硅橡胶。

　　MFVQ 的分子结构为：

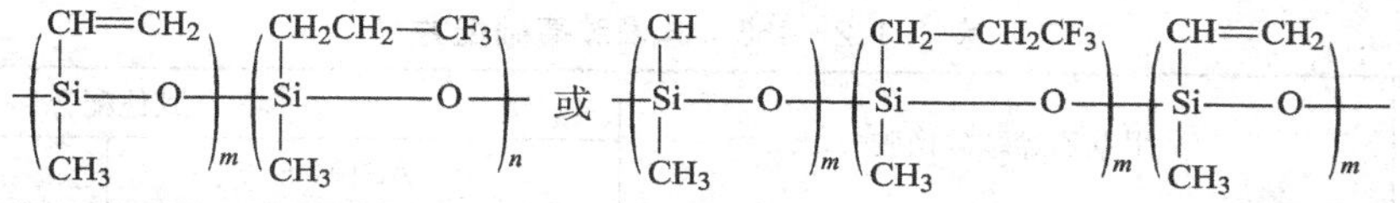

$$\left[\begin{matrix}CH=CH_2\\|\\Si-O\\|\\CH_3\end{matrix}\right]_m\left[\begin{matrix}CH_2CH_2-CF_3\\|\\Si-O\\|\\CH_3\end{matrix}\right]_n \quad 或 \quad \left[\begin{matrix}CH\\|\\Si-O\\|\\CH_3\end{matrix}\right]_m\left[\begin{matrix}CH_2-CH_2CF_3\\|\\Si-O\\|\\CH_3\end{matrix}\right]_m\left[\begin{matrix}CH=CH_2\\|\\Si-O\\|\\CH_3\end{matrix}\right]_m$$

MFVQ结合了硅橡胶耐热、耐寒、耐候和氟橡胶耐油、耐溶剂等优点，对脂肪族芳香族和氯化烃溶剂、石油基的各种燃料油、润滑油、液压油以及二酯类润滑油硅酸酯类液压油等合成油在常温和高温下的稳定性都很好，具有低的压缩永久变形与很好的高温下拉伸强度保持率和低温柔软性，可在-50~180℃（也有文献认为最高可达250℃）下长期使用，是一种综合性能十分优异的合成橡胶，但耐高低温性能不如甲基乙烯基硅橡胶。MFVQ按硫化温度可分为热硫化型和室温硫化型，室温硫化型又可分为单组分型和双组分型，因此，无论是生产方法、产品形态，还是硫化机理，MFVQ都与普通硅橡胶非常类似。氟硅橡胶的压出、压延成型常压热空气硫化一般选用2，4-二氯过氧化苯甲酰。

MFVQ主要用于军工业、汽车部件、石油化工、医疗卫生和电气电子等工业上的特殊耐油、耐溶剂、耐高低温用途的制品，如模压制品、O形圈、垫片、胶管、动静密封件以及密封剂、胶黏剂等。

15.2.5 腈硅橡胶（Polydimethyl Methylvinylmethylβ-cyanoethyl Silicone Rubber）

聚二甲基-甲基乙烯基-甲基-β-氰乙基硅氧烷橡胶，简称腈硅橡胶（Mitrile Silicone Rubber），代号JHG，由甲基（2-氰乙基）环硅氧烷与八甲基环四硅氧烷和少量四甲基四乙烯基环四硅氧烷及少量封端剂在催化剂存在下聚合制得。

腈硅橡胶除具有一般硅橡胶耐高低温、耐候、耐臭氧等优异性能外，还具有耐油、耐非极性溶剂等特性，是一种耐高低温、耐油弹性体。

腈硅橡胶采用有机过氧化物硫化交联，主要用作在-60~180℃下长期工作的耐油橡胶制品。

腈硅橡胶的供应商有中石化吉林分公司等。

热硫化型硅橡胶还有亚苯基和亚苯醚基硅橡胶（Phenylenepolysiloxane Rubber and Phenylatylenesilicone Rubber）、硅硼橡胶（boronsilicone rubber）等，各具特性，但应用与产量较少。其中亚苯基和亚苯醚基硅橡胶是分子链中含有亚苯基或苯醚基链节的新品种硅橡胶，是为适应核动力装置和导航技术的要求而发展起来的，其主要特性是拉伸强度较高，耐γ射线、耐高温（300℃以上），但耐寒性不如低苯基硅橡胶。

硅硼橡胶是在分子主链上含有碳十硼烷笼形结构的一类新型硅橡胶。硅橡胶主链引入笼状结构的碳十硼烷，具有高度亲电子性及超芳香性，能起"能量槽"作用。同时，因其位阻大，对邻近基团还有屏蔽稳定作用，故硅硼橡胶的热化学稳定性大大提高。硅硼橡胶的基本结构如下：

$$\left[\begin{matrix}Me\\|\\Si-CH_{10}H_{10}C-\\|\\Me\end{matrix}\left(\begin{matrix}Me\\|\\Si-O\\|\\Me\end{matrix}\right)_x\right]_n$$

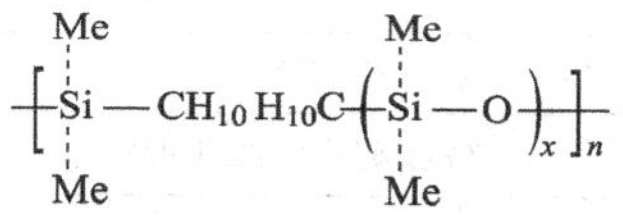

当x=1时为树脂状，当x≥2时为橡胶状弹性体，当x=2时耐热性最好。

硅硼橡胶具有高度的耐热老化性，可在400℃下长期工作，在420~480℃下可连续工作几小时，而在-54℃下仍能保持弹性，适于在高速飞机及宇宙飞船中作密封材料。美国在20世纪60年代末已有硅硼橡胶商品系列牌号，但20世纪70年代以后很少报道，其主要原因可能是胶料的工艺性能和硫化胶的弹性都很差，而且硅硼橡胶的合成十分复杂，毒性大，成本昂贵。

15.3 硅橡胶的技术标准与工程应用

按照GB/T 5577—2008《合成橡胶牌号规范》，国产硅橡胶的主要牌号见表1.1.2-155。

表 1.1.2-155 国产硅橡胶的主要牌号

牌号	相对分子质量/×10⁴	基团含量/%
MQ 1 000	40~70	
MVQ 1101	50~80	乙烯基 0.07~0.12
MVQ 1102	45~70	乙烯基 0.13~0.22
MVQ 1103	60~85	乙烯基 0.13~0.22
MPVQ 1201	45~80	苯基 7
MPVQ 1202	40~80	苯基 20
MNVQ 1302	>50	β腈乙基 20~25
MFVQ 1401	40~60	乙烯基链节 0.3~0.5
MFVQ 1402	60~90	乙烯基链节 0.3~0.5
MFVQ 1403	90~130	乙烯基链节 0.3~0.5

15.3.1 硅橡胶的基础配方

硅橡胶的基础配方见表1.1.2-156。

表 1.1.2-156 硅橡胶基础配方

原材料名称	甲基乙烯基硅橡胶[a]	其他配合	
		ASTM	国内
MVQ	100	100	100
氧化铁	5		
硫化剂 BPO		0.35	1.2
二月桂酸二丁基锡			
正硅酸乙酯			
气相白炭黑	4.5		
白炭黑			40
硫化条件	一段硫化：135℃×10 min，压力≥5 MPa；二段硫化：150℃×1 h→250℃×4 h，中间升温 1 h。	一段硫化：125℃×5 min 二段硫化：250℃×24 h	一段硫化：120℃×5 min； 二段硫化：200℃×4 h

注：[a] 详见《橡胶工业手册．第三分册．配方与基本工艺》，梁星宇等，化学工业出版社，1989 年 10 月（第一版，1993 年 6 月第 2 次印刷），第 319～320 页表 1-370～372。

15.3.2 硅橡胶的技术标准

1. 二甲基硅橡胶

二甲基硅橡胶的典型技术指标见表 1.1.2-157。

表 1.1.2-157 二甲基硅橡胶的典型技术指标

二甲基硅橡胶的典型技术指标			
项目	指标	项目	指标
聚合形式	加成	脆性温度/℃	−65～−60
平均相对分子量	4×10^3～28×10^3	线膨胀系数（T_g 以上）	2.5×10^{-4}～4.0×10^{-4}
相对密度	0.96～0.98	热导率/[J·(cm·s·℃)$^{-1}$]	1.67×10^{-3}～4.18×10^{-3}
玻璃化温度 T_g/℃	−132～−118	折射率/n_D	1.404
二甲基硅橡胶硫化胶的典型技术指标			
弹性模量（静态）/MPa	0.98～2.7	介电常数：60～100 Hz (25℃) (200℃) 10^6 Hz (25℃) (200℃)	 3.0～3.6 2.4～4.7 2.9～3.8 2.4～3.0
300%定伸应力/MPa	4.4		
拉伸强度/MPa	3.4～14.7		
拉断伸长率/%	120～250		
撕裂强度/(kN·m^{-1})	35～90		
压缩永久变形（150℃×22 h）/%	10～70	介电损耗角正切：60～100 Hz (25℃) (200℃) 10^6 Hz (25℃) (200℃)	 0.001～0.008 0.013～0.3 0.001～0.003 0.002～0.01
回弹性/%	46～54		
耐老化（250℃×72 h）弹性变化率/%	−27～−3		

注：详见《橡胶原材料手册》，于清溪、吕百龄等编写，化学工业出版社，2007 年 1 月第 2 版，第 199 页。

2. 甲基乙烯基硅橡胶

GB/T 28610—2012《甲基乙烯基硅橡胶》适用于由二甲基硅氧烷环体与甲基乙烯基硅氧烷共聚的甲基乙烯基硅橡胶。甲基乙烯基硅橡胶按封端基团的不同分为 110 型和 112 型，（甲基）乙烯基封端的甲基乙烯基硅橡胶为 110 型，甲基封端的甲基乙烯基硅橡胶为 112 型。按乙烯基链节摩尔分数的不同各分为 1、2、3 型，每种型号又根据相对分子质量范围的不同分为 A、B、三种牌号。

110 型甲基乙烯基硅橡胶技术要求见表 1.1.2-158。

表 1.1.2-158 110 型甲基乙烯基硅橡胶的技术要求

项目	110—1 型			110—2 型			110—3 型			试验方法
	A	B	C	A	B	C	A	B	C	
平均相对分子质量/$\times10^4$	45～59	60～70	71～85	45～59	60～70	71～85	45～59	60～70	71～85	附录 A 或附录 E
乙烯基链节摩尔分数/%	0.07～0.12			0.13～0.18			0.19～0.24			附录 B

续表

项目	110－1型			110－2型			110－3型			试验方法
	A	B	C	A	B	C	A	B	C	
挥发分（150℃，3 h，⩽）/%	2.0									附录C
相对分子质量分布	实测值									附录D
外观	无色透明，无机械杂质									目视观察

112型甲基乙烯基硅橡胶技术要求见1.1.2－159。

表1.1.2－159　112型甲基乙烯基硅橡胶的技术要求

项目	112－1型			112－2型			112－3型			试验方法
	A	B	C	A	B	C	A	B	C	
平均相对分子质量/×10⁴	45～59	60～70	71～85	45～59	60～70	71～85	45～59	60～70	71～85	附录A或附录E
乙烯基链节摩尔分数/%	0.07～0.12			0.13～0.18			0.19～0.24			附录B
挥发分（150℃，3 h，⩽）/%	2.0									附录C
相对分子质量分布	实测值									附录D
外观	无色透明，无机械杂质									目视观察

甲基乙烯基硅橡胶硫化胶的典型技术指标见表1.1.2－160。

表1.1.2－160　甲基乙烯基硅橡胶硫化胶的典型技术指标

项目	指标	项目	指标
脆性温度/℃	－75	硬度（JIS A）	70
长期可使用温度/℃	260	压缩永久变形（125℃×70 h）	8
拉伸强度/MPa	6.9	耐磨性（pico磨耗指数）	28
拉断伸长率/%	100	氮气透过性	17（天然橡胶为1）
撕裂强度/(kN·m⁻¹)	11.8		

注：详见《橡胶原材料手册》，于清溪、吕百龄等编写，化学工业出版社，2007年1月第2版，第201页。

（三）甲基-苯基-乙烯基硅橡胶

甲基-苯基-乙烯基硅橡胶硫化胶的典型技术指标见表1.1.2－161。

表1.1.2－161　甲基-苯基-乙烯基硅橡胶硫化胶的典型技术指标

项目	指标	项目	指标
脆性温度/℃	－115	硬度（邵尔A）/度	25～80
拉伸强度/MPa	6.9～9.8	压缩永久变形（149℃×70 h）	25～40
拉断伸长率/%	500～800		

注：详见《橡胶原材料手册》，于清溪、吕百龄等编写，化学工业出版社，2007年1月第2版，第203页。

（四）氟硅橡胶

氟硅橡胶的典型技术指标见表1.1.2－162。

表1.1.2－162　氟硅橡胶的典型技术指标

氟硅橡胶的典型技术指标			
相对密度	1.0	脆性温度/℃	－60
技术要求（沪Q/HG 6－010－83）			
项目	FMVQ1401	FMVQ1402	FMVQ1403
外观	无色或微黄色半透明胶状，五机械杂质		
平均分子质量/×10⁴	40～60	60～90	90～130
乙烯基链节含量（摩尔分数）/%	0.3～0.5	0.3～0.5	0.3～0.5
挥发分（100 ℃，666.6 Pa×0.5 h）/%			

续表

项目	FMVQ1401	FMVQ1402	FMVQ1403
溶解性	←丙酮或乙酸乙酯中全溶→		
酸碱性	←中性或酸碱性→		
氟硅橡胶硫化胶的典型技术指标			
项目	指标	项目	指标
拉伸强度/MPa	7.5～10.39	压缩永久变形（200℃×70 h）/%	19
拉断伸长率/%	350～480	耐老化性（200℃×72 h）伸长率变化率/%	−7～−6
撕裂强度/(kN·m^{-1})	12.7～15.7		
硬度（邵尔 A）/度	40～60	介电强度/(kV·mm^{-1})	<5

注：详见《橡胶原材料手册》，于清溪、吕百龄等编写，化学工业出版社，2007 年 1 月第 2 版，第 205 页。

（五）腈硅橡胶

腈硅橡胶的典型技术指标见表 1.1.2-163。

表 1.1.2-163　腈硅橡胶的典型技术指标

腈硅橡胶的典型技术指标			
项目	指标	项目	指标
外观	无色透明	分子量	≥50×10^4
结合乙烯基含量/%	0.13～0.22	pH 值	中性
结合 β−氰乙基量/%	20～25	溶解性	甲苯中全溶
挥发分（150℃×3 h）/%			
腈硅橡胶硫化胶的典型技术指标			
项目	指标	项目	指标
拉伸强度/MPa	7.0	永久变形/%	0～1.5
拉断伸长率/%	200	脆性温度/℃	−75
硬度（邵尔 A）/度	60	耐油性（TC−1#油 180℃×24 h）体积变化率/%	50

注：腈硅橡胶生胶的技术指标详见《橡胶原材料手册》，于清溪、吕百龄等编写，化学工业出版社，2007 年 1 月第 2 版，第 187 页。

15.4　硅橡胶的供应商

硅橡胶生胶的供应商有：蓝星化工新材料股份有限公司江西星火有机硅厂、新安天玉、恒业成、三友、合盛、山东东岳等。

硅橡胶生胶的国外供应商有：美国 Wacker 硅橡胶公司（Wacker Silcones Co.，Elektroguard、Powersil 和 Elastosil），前美国道康宁公司（Dow Corning Co. Ltd.，Silastic），德国 Wacker 化学公司（Wacker−Chemie Gmbh，Elastosil 和 Powersil），俄罗斯 Kazan NPO "Zavod SK" 公司（Thiokols），日本信越化学工业公司（Shin−Etsu Chemical Industry Co. Ltd.，Sylun），日本东芝有机硅公司（Toshiba Silicones Co. ltd.），日本合成橡胶公司（Japan Synthetic Rubber Co.，JSR）等。

氟硅橡胶主要牌号与供应商有：前美国 Dow Corning 公司的 LS 5−2040，其拉伸强度达到 12.1 MPa，扯断伸长率超过 500%；国产单组分室温硫化氟硅橡胶、双组分室温硫化氟硅橡胶、双组分加成型液体氟硅橡胶等的供应商，包括上海三爱富新材料股份有限公司、河北硅谷化工有限公司、威海新元化工有限公司等。

十六、聚醚橡胶（Polyether Rubber）

聚醚橡胶是由含环氧基的环醚化合物（环氧烷烃）经开环聚合制得的聚醚弹性体，其主链呈醚型结构，无双键存在，侧链一般含有极性基团或不饱和键，或两者都有。

聚醚橡胶目前有以下几种：均聚氯醚橡胶（简称氯醚橡胶，也称环氧氯丙烷橡胶），以 CO 表示；共聚氯醚橡胶（简称氯醇橡胶），包括二元共聚物和三元共聚物，以 ECO 表示；不饱和型氯醚橡胶，共聚氯醚橡胶中含有不饱和键，以 GCO 表示；环氧丙烷橡胶，以 PO 表示；不饱和型环氧丙烷橡胶，以 GPO 表示。

氯醚橡胶（CO）的分子结构：

CO 的结构式：$\mathrm{-\!\!\left(CH_2-\underset{\displaystyle CH_2Cl}{\underset{|}{CH}}-O\right)_{\!n}\!\!-}$

共聚氯醚橡胶（ECO）的分子结构：

ECO 的结构式：$\mathrm{-\!\!\left(CH_2-\underset{\displaystyle CH_2Cl}{\underset{|}{CH}}-O\right)_{\!n}\!\!\left(CH_2-CH_2-O\right)_{\!m}\!\!-}$

不饱和型氯醚橡胶（GCO）：二元共聚物的分子结构：

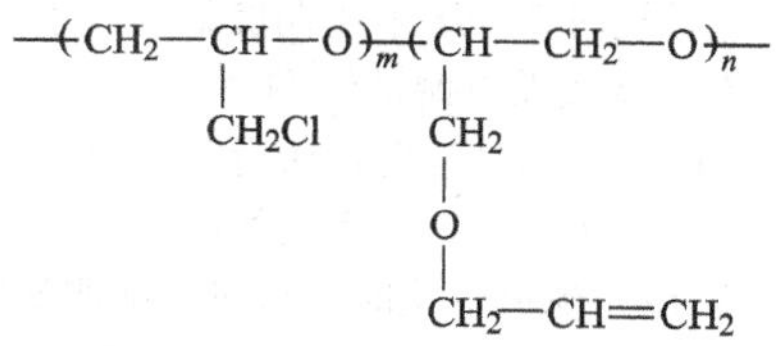

$$-(CH_2-CH-O)_m(CH-CH_2-O)_n-$$
$$\quad\quad | \quad\quad\quad\quad | \quad\quad\quad$$
$$\quad CH_2Cl \quad\quad\quad CH_2$$
$$\quad\quad\quad\quad\quad\quad\quad | \quad\quad\quad$$
$$\quad\quad\quad\quad\quad\quad\quad O$$
$$\quad\quad\quad\quad\quad\quad | $$
$$\quad\quad\quad\quad\quad CH_2-CH=CH_2$$

三元共聚物的分子结构：

$$-(CH_2-CH-O)_m(CH_2-CH_2-O)_n(CH-CH_2-O)_l-$$
$$\quad\quad | \quad\quad\quad\quad\quad\quad\quad\quad\quad | $$
$$\quad CH_2Cl \quad\quad\quad\quad\quad\quad\quad CH_2$$
$$\quad\quad\quad\quad\quad\quad\quad\quad\quad\quad\quad | $$
$$\quad\quad\quad\quad\quad\quad\quad\quad\quad\quad\quad O$$
$$\quad\quad\quad\quad\quad\quad\quad\quad\quad | $$
$$\quad\quad\quad\quad\quad\quad\quad\quad CH_2-CH=CH_2$$

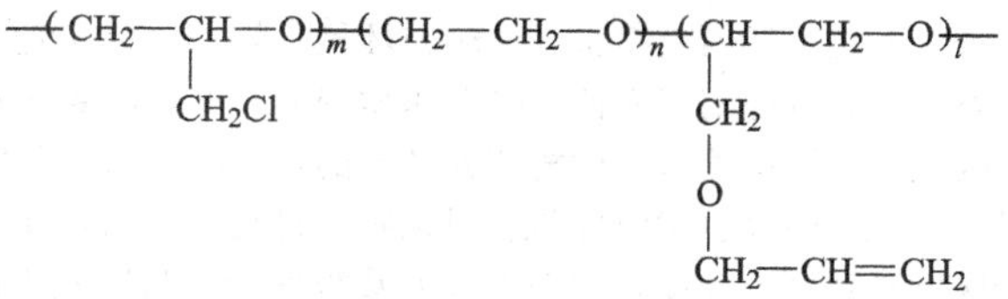

环氧丙烷橡胶（PO）的分子结构：

$$-(CH_2-CH)_n-$$
$$\quad\quad | $$
$$\quad\quad CH_3$$

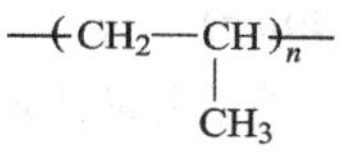

不饱和型环氧丙烷橡胶（GPO）的分子结构：

$$-(CH_2-CH-O)_m(CH-CH_2-O)_n-$$
$$\quad\quad | \quad\quad\quad\quad | $$
$$\quad CH_3 \quad\quad CH_2-O-CH_2-CH=CH_2$$

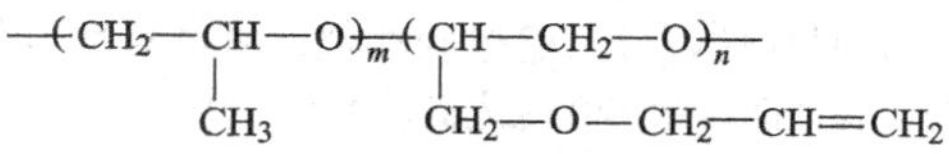

聚醚橡胶为饱和杂链极性弹性体，其主要性能特点为：

1）耐热性能与氯磺化聚乙烯相当，介于聚丙烯酸酯橡胶与中高丙烯腈含量的丁腈橡胶之间，优于天然橡胶，热老化后变软；

2）耐油、耐寒性的良好平衡，氯醚橡胶与丁腈橡胶相当，而氯醇橡胶优于丁腈橡胶，即氯醇橡胶与某一丙烯腈含量的丁腈橡胶耐油性相当时，其耐寒性好于该丁腈橡胶，脆性温度可降低 20℃；

3）耐臭氧老化性能介于二烯类橡胶与烯烃橡胶之间；

4）氯醚橡胶的气密性是 IIR 的 3 倍，特别耐制冷剂氟利昂；

5）耐水性氯醚橡胶与丁腈橡胶相当，氯醇橡胶介于聚丙烯酸酯橡胶与丁腈橡胶之间；

6）导电性氯醚橡胶与丁腈橡胶相当或略大，氯醇橡胶比丁腈橡胶大两个数量级；

7）黏着性与氯丁橡胶相当。

聚醚橡胶主要用作汽车、飞机及各种机械的配件，如垫圈、密封圈、O 形圈、隔膜等，也可用作耐油胶管、燃料胶管、包装材料、印刷胶辊、胶板、衬里、充气制品等。

16.1　氯醚橡胶

氯醚橡胶（CO），也称环氧氯丙烷橡胶（Epiehlorohydrin Rubber），是环氧氯丙烷在配位负离子引发剂（烷基铝-水）的作用下，采用溶液聚合方法，经开环聚合制得的无定型高聚物，由于其侧链为氯甲基，主链为醚型结构，因而简称为氯醚橡胶。其反应式为：

$$nCH_2-CH-CH_2 \xrightarrow{\text{引发剂}} -(CH_2-CH-O)_n-$$
$$\quad\quad | \quad\quad / \quad\quad\quad\quad\quad\quad\quad | $$
$$\quad\quad Cl \quad O \quad\quad\quad\quad\quad\quad CH_2Cl$$

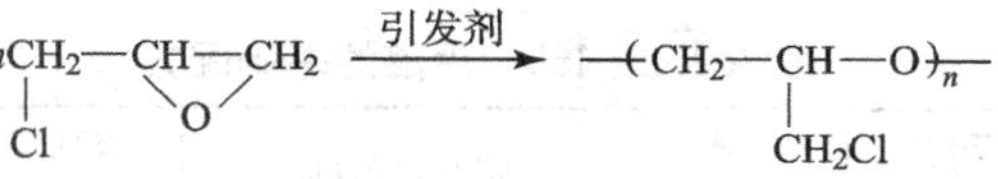

氯醚橡胶是一种饱和脂肪族聚醚弹性体，具有饱和型橡胶的特点；其侧基为强极性的氯甲基，氯结合量约为 38%，密度大，不易燃烧。其主链不含双键，耐热性、耐老化性、耐臭氧性优异；主链的醚键赋予氯醚橡胶优良的低温性、屈挠性和弹性；侧链含氯原子，赋予氯醚橡胶耐油性、耐燃性以及良好的黏合性，气体透过性是橡胶中最低的；氯醚橡胶通过侧链交联，耐老化稳定性优良。其主要缺点是加工性不良，物理机械性能不佳。

氯醚橡胶不能用硫黄硫化，而利用侧链氯甲基的反应性进行交联，一般采用硫脲、多元胺和胺与硫黄硫化体系等，如乙烯硫脲（Na—22）与四氧化三铅并用，三亚乙基四胺（TETA）、六亚甲基氨基甲酸二胺（HMDAC）和 N，N，N′—三甲基硫脲等；三嗪类硫化剂或者通过二段硫化可以改善氯醚、氯醇橡胶的压缩永久变形。补强填充材料多用快压出炉黑。为改善胶料的耐寒性能，可加入酯类增塑剂或聚醚、聚酯类增塑剂，可与氯醇橡胶并用，也可与丁腈橡胶、氯丁橡胶、丁基橡胶、丙烯酸酯橡胶并用，氟橡胶中加入氯醚橡胶可降低成本。

开炼机混炼辊温为 50～70℃，过低会黏辊，过高又会焦烧；为防止黏辊需加硬脂酸锌类加工助剂。压出、压延表面光滑。硫化速度较慢，一般采用高温硫化或者二段硫化，二段硫化可以在蒸汽、热空气或盐浴中进行。硫化温度一般不低于 156℃，硫化温度高至 200℃后模型易积垢污染。

16.2　共聚氯醚橡胶

共聚氯醚橡胶是环氧氯丙烷与其他单体的共聚物，以改善氯醚橡胶的低温性能和弹性。共聚氯醚橡胶分为二元共聚氯醚橡胶与三元共聚聚氯醚橡胶。

典型的二元共聚氯醚橡胶是环氧氯丙烷与环氧丙烷等摩尔比在烷基铝一水络合剂体系下溶液聚合制得的共聚物，简称氯醇橡胶，代号为 ECO。与氯醚橡胶相比，氯醇橡胶兼有耐油性和耐寒性。为了能用硫黄进行硫化，还选择带有双键的环氧化合物与环氧氯丙烷共聚，最为常用的是烯丙基缩水甘油醚，所得共聚物为不饱和型聚醚橡胶，代号为 GCO。不饱和型聚醚橡胶不仅保持了原共聚氯醚橡胶的特点，又可用硫黄、过氧化物以及乙烯基硫脲等硫化剂进行硫化，硫化速度为原共聚氯醚橡胶的 2～3 倍。不饱和型共聚氯醚橡胶单用硫黄硫化时，耐热性能明显降低；若使用过氧化物硫化，可以改善氯醚橡胶对模具的锈蚀。不饱和型共聚氯醚橡胶与环氧氯丙烷－环氧乙烷共聚的氯醚橡胶并用，可以改进热老化、热油老化变软的缺点；可与二烯类橡胶并用，具有共硫化性。

典型的三元共聚氯醚橡胶是环氧氯丙烷、烯丙基缩水甘油醚与环氧乙烷共聚的不饱和型聚醚橡胶，除保持共聚氯醚橡胶的耐油、耐老化、耐臭氧等性能外，还兼有提高耐寒性、降低压缩变形、抑制热老化变软的能力。

环氧氯丙烷、环氧乙烷、环氧丙烷与烯丙基缩水甘油醚四元共聚的聚合物，由于单体转化率低，尚未能实现商品化。

共聚氯醚橡胶的主要特性：耐热性、耐油性、耐候性与氯醚橡胶一样优异；改进了氯醚橡胶的低温性能和回弹性；共聚氯醚橡胶能在较宽的温度范围内保持胶料原有硬度，具有很好的减震性能，耐磨性也好，但耐气透性和耐燃性变差；压缩变形低，但加工与物理机械性能不佳。

16.3　环氧丙烷橡胶（Propylene Oxide Rubber）

环氧丙烷橡胶是将单体环氧丙烷在络合引发剂（如烷基金属引发体系或双金属氧联醇化合物）作用下，在溶液中经配位负离子聚合制得的，代号为 PO；环氧丙烷与带双键的第二单体（如烯丙基缩水甘油醚）共聚合，制得的即为不饱和型环氧丙烷橡胶，代号为 GPO，其中烯丙基缩水甘油醚含量为 10%。

环氧丙烷橡胶的主要特性为：有优良的回弹性，与天然橡胶相似；耐臭氧性能优异；耐寒性能优越，其脆性温度约为－65℃，在－100～65℃范围内呈现良好的动态性能；耐热性能优良，可在 120℃下长期使用而性能变化微小；耐油性能接近丁腈橡胶，耐水、碱、稀酸，但不耐浓酸、四氯化碳，在非极性溶剂中溶胀但干后不影响其强度；高的撕裂强度和好的屈挠性能。

环氧丙烷橡胶常用过氧化物硫化，不饱和型环氧丙烷橡胶可用硫黄硫化。

环氧丙烷橡胶加工性能良好：混炼比氯醚橡胶容易，炭黑分散均匀，胶料的成型流动性优良。

环氧丙烷橡胶主要用于制造汽车、航空、机械、石油等工业中使用的动态配件，如发动机坐垫减震器、隔震器、驱动耦合器，以及薄膜、海绵、冷却剂胶管、燃油管等，尤其适于要求耐油和耐寒的制品。

16.4　聚醚橡胶的技术标准与工程应用

按照 GB/T 5577－2008《合成橡胶牌号规范》，国产氯醚橡胶的主要牌号见表 1.1.2－164。

表 1.1.2－164　国产氯醚橡胶的主要牌号

新牌号	氯质量分数/%	门尼黏度 ML（1+4）100℃
CO 3606	36～38	60～70
ECO 2406	24～27	55～85
ECO 2408	24～27	85～120
PECO 1206	12～18	55～85

16.4.1　聚醚橡胶的基础配方

氯醚橡胶、氯醇橡胶的基础配方见表 1.1.2－165。

表 1.1.2－165　聚醚的基础配方

原材料名称	ASTM	瑞翁 CO	国外 ECO	原材料名称	硫脲硫化 (CO) CHR	胺硫化 (ECO) CHC	国产 CO	国产 ECO、GCO
氯醚橡胶	100	100	100	氯醚橡胶	100	100	100	100
硬脂酸铅[a]	2			TETA		2		
FEF	30	30		NA－22	1.5		1.5	1.5
铅丹[a]	1.5	5	5	促进剂 MBTS（DM）		2		
防老剂 NBC[a]	2	2		硬脂酸锡	1.5			
促进剂 Na－22	1.2	1.5		硬脂酸锌		1	1	
硬脂酸锡		2		铅丹[1]	5	5	5	5
六亚甲基氨基甲酸二胺			0.75	防老剂 NBC[1]	1	2	2	2
二丁基二硫代氨基甲酸锌			1	FEF	40	40	HAF50	HAF50
增塑剂 TP70			1					
硫化条件	160℃×30 min，40 min，50 min	155℃×30 min	155℃×30 min	硫化条件	155℃×30 min	155℃×30 min		

注：[a] 含铅配方不符合环保要求，读者应谨慎使用，一般可改用 TCY 0.8 份作为硫化体系；防老剂 NBC 也不符合环保要求，一般可改用 IPPD（4010NA）或 TMQ（RD）。

16.4.2 聚醚橡胶的技术标准

1. 氯醚橡胶

氯醚橡胶的典型技术指标见表 1.1.2-166。

表 1.1.2-166 氯醚橡胶的典型技术指标

氯醚橡胶的典型技术指标			
门尼黏度 ML (1+4) 100℃	相对密度	玻璃化温度 T_g/℃	
36～70	1.36～1.38	−12	
氯醚橡胶硫化胶的典型技术指标			
项目	指标	项目	指标
300%定伸应力/MPa	9.1～12.9	回弹性/%	15～17
拉伸强度/MPa	12.3～14.9	耐老化性 (150℃×70 h) 伸长率变化率 (二段硫化)/%	−53～−45 −14
拉断伸长率/%	400～620		
撕裂强度/(kN·m⁻¹)	47～56.8		
硬度 (JIS A)/度	69～69	耐臭氧性 (100 pphm，40℃)	1 000 h 发生龟裂
压缩永久变形 (135℃×70 h) (二段硫化)	45～52 22～25		

2. 共聚氯醚橡胶

环氧氯丙烷与环氧乙烷共聚物的典型技术指标见表 1.1.2-167。

表 1.1.2-167 共聚氯醚橡胶的典型技术指标

共聚氯醚橡胶的典型技术指标				
门尼黏度 ML (1+4) 100℃	相对密度 .	玻璃化温度 T_g/℃		
45～97	1.27～1.36	m/n=3/7	m/n=1/1	m/n=7/3
		−42	−33	−25
共聚氯醚橡胶硫化胶的典型技术指标				
项目	指标	项目	指标	
300%定伸应力/MPa	62.7～80.3[a]	回弹性/%	41～47	
拉伸强度/MPa	116.4～144[a]	耐老化性 (150℃×70 h) 伸长率变化率 (二段硫化)/%	−71～−70 −63～−54	
拉断伸长率/%	575～810			
撕裂强度/(kN·m⁻¹)	42.1～56.8			
硬度 (JIS A)/度	63～67	耐臭氧性 (100 pphm，40℃)	1 000 h 发生龟裂	
压缩永久变形 (135℃×70 h) (二段硫化)	45～55 24～26			
		体积电阻率/(Ω·cm)	10^8	

注：[a] 原文如此。

3. 环氧丙烷橡胶

环氧丙烷橡胶的典型技术指标见表 1.1.2-168。

表 1.1.2-168 环氧丙烷橡胶的典型技术指标

环氧丙烷橡胶的典型技术指标			
项目	PO	GPO	
门尼黏度 ML (1+4) 100℃	38～40	30～40	
不饱和度 (摩尔分数)/%	0	3	
不饱和型环氧丙烷橡胶硫化胶的典型技术指标			
项目	指标	项目	指标
300%定伸应力/MPa	8.5	拉断伸长率/%	580
拉伸强度/MPa	18.4	硬度 (JIS A)/度	62

注：表 1.1.2-166、表 1.1.2-167、表 1.1.2-168 内容详见《橡胶原材料手册》，于清溪、吕百龄等编写，化学工业出版社，2007 年 1 月第 2 版，第 166～174 页。

16.5　聚醚橡胶的供应商

氯醚橡胶、氯醇橡胶的供应商有：武汉有机实业股份有限公司、河间市利兴特种橡胶有限公司、日本瑞翁公司（Gechron）、日本曹达公司、美国固德里奇化学公司 Goodrich Chemical Co.、美国 Zeon Chemical 公司（Parel）等。

十七、聚氨酯橡胶（AU、EU）

17.1　概述

聚氨酯是在催化剂存在下由二元醇、二异氰酸酯和扩链剂反应所得的产物。其反应式如下：

$$n\mathrm{HO{-}R{-}OH} + n\mathrm{OCN{-}A{-}NCO} \longrightarrow \left[\mathrm{O{-}R{-}O{-}\overset{\overset{\displaystyle O}{\|}}{C}{-}NH{-}A{-}NH{-}\overset{\overset{\displaystyle O}{\|}}{C}{-}O}\right]_n$$

二元醇（聚醚或聚酯）　二异氰酸酯　　　　　聚氨酯聚合物

聚氨酯从二元醇这种短链聚合物成为具有使用价值的弹性体，包含一种“链增长”过程，而不是常见的硫化反应。二元醇一般有两类，即聚醚类和聚酯类。

$$\mathrm{HORO}\left[\mathrm{{-}C{-}R{-}C{-}O{-}R{-}O{-}}\right]_x\mathrm{H} \qquad \mathrm{HO}\left[\mathrm{{-}R{-}O{-}}\right]_x\mathrm{H}$$

聚酯　　　　　　聚醚

式中，字母 R 和 R′代表一个或多个碳原子基团；x 值为 10～50。

除上述链增长反应，二异氰酸酯还能与连接在聚合物链上的活性氢原子反应产生交联，即“硫化”。二异氰酸酯也可与水剧烈反应生成二氧化碳，如下式所示：

$$\mathrm{OCN{-}R{-}NCO} + 2\mathrm{H_2O} \rightarrow \mathrm{H_2N{-}R{-}NH_2} + 2\mathrm{CO_2}$$

因此，当少量水与短链聚合物、二异氰酸酯一起混合时，可同时存在链增长、硫化和发泡过程。

聚氨酯应用广泛，其主要应用领域包括：

1）聚氨酯泡沫塑料：软泡沫塑料主要用于家具及交通工具各种垫材、隔音材料等；硬泡沫塑料主要用于家用电器隔热层、屋墙面保温防水喷涂泡沫、管道保温材料、建筑板材、冷藏车及冷库隔热材等；半硬泡沫塑料用于汽车仪表板、方向盘等。市场上已有各种规格用途的泡沫塑料组合料（双组分预混料），主要用于（冷熟化）高回弹泡沫塑料、半硬泡沫塑料、浇铸及喷涂硬泡沫塑料等。

2）PU 皮：就是聚氨酯成份的表皮，服装厂家广泛用此种材料生产服装，俗称仿皮服装。PU 皮一般其反面是牛皮的第二层皮料，在表面涂上一层 PU 树脂，所以也称贴膜牛皮，价格较便宜，利用率高。随工艺的变化可制成各种档次的品种，如进口二层牛皮，因工艺独特、质量稳定、品种新颖等特点，为目前的高档皮革，价格与档次都不亚于头层真皮。PU 皮与真皮包各有特点，PU 皮包外观漂亮、好打理、价格较低，但不耐磨、易破；真皮价格昂贵、打理麻烦，但耐用。

3）聚氨酯涂层剂：当今涂覆材料发展的主要品种，它的优势在于：涂层柔软并有弹性；涂层强度好，可用于很薄的涂层；涂层多孔，具有透湿和通气性能；耐磨，耐湿，耐干洗。其不足在于：成本较高；耐气候性差；遇水、热、碱要水解。

4）硬质聚醚型塑料：该制品最大特点是：可根据具体使用要求，通过改变原料的规格、品种和配方，合成所需性能的产品。该产品质轻（密度可调），比强度大，绝缘和隔音性能优越，电气性能佳，加工工艺性好，耐化学药品，吸水率低，加入阻燃剂亦可制得自熄性产品。主要用于冷库、冷罐、管道等部门作绝缘保温保冷材料，高层建筑、航空、汽车等部门作结构材料起保温隔音和轻量化的作用。超低密度的硬泡可做防震包装材料及船体夹层的填充材料。

5）硬质聚酯型塑料：该材料与聚醚型同一密度的硬泡相比，有较高的拉伸强度和较好的耐油、耐溶剂和耐氧化性能，但聚酯黏度大，操作较困难。应用领域类似于硬质聚醚型聚氨酯泡沫塑料，当制品对强度、耐温性要求较高时，用聚酯型硬泡较为合适。如雷达天线罩的夹层材料，飞机、船舶上的三层结构材料，电器、仪表、设备的隔热材料和防震包装材料。

6）聚氨酯橡胶：聚氨酯橡胶可在较宽的硬度范围具有较高的弹性及强度、优异的耐磨性、耐油性、耐疲劳性及抗震动性，具有“耐磨橡胶”之称。聚氨酯弹性体在聚氨酯产品中产量虽小，但聚氨酯橡胶具有优异的综合性能，已广泛用于冶金、石油、汽车、选矿、水利、纺织、印刷、医疗、体育、粮食加工、建筑等工业部门。

聚氨酯橡胶分子主链由柔性链段和刚性链段镶嵌组成：柔性链段又称软链段，由低聚物多元醇（如聚酯、聚醚、聚丁二烯等）构成；刚性链段又称硬链段，由二异氰酸酯（如 TDI、MDI 等）与小分子扩链剂（如二元胺和二元醇等）的反应产物构成。软链段所占比例比硬链段多。软、硬链段的极性强弱不同，硬链段极性较强，容易聚集在一起，形成许多微区分布于软链段相中，称为微相分离结构，它的物理机械性能与微相分离程度有很大关系。

聚氨酯橡胶根据原料不同可分为聚酯型聚氨酯橡胶（AU）和聚醚型聚氨酯橡胶（EU），AU 的柔性链段为聚酯，EU 的柔性链段为聚醚。

根据物理状态及加工特点可分为：浇注型、混炼型、热塑型。其中浇注型为液体橡胶，利用端基扩链交联成型。如聚 ε-己内酯型聚氨酯浇注胶以二元醇为起始剂，在催化剂作用下，ε-己内酯开环聚合制得两端为羟基的聚 ε-己内酯，然后再与 2，4-甲苯二异氰酸酯进行预聚，再在 MOCA 的作用下进行扩链、硫化而成。该胶为黄褐色半透明弹性体，脆化温度低于−70℃，长期使用温度可达 100℃，耐水性优异，适用于制造耐磨、耐油、耐压的密封件、胶辊、衬里、冲裁模、齿形带等。混炼型聚氨酯弹性体（MPU）主要加工特性是先合成贮存稳定的固体生胶，再采用通用橡胶的混炼机械进行加工，制得热固性网状分子结构的聚氨酯弹性体。根据主链软段结构，混炼型聚氨酯可分为聚酯型和聚醚型两大类，根据硫化剂不同分为S硫化、DCP和异氰酸酯硫化硫化胶。MPU可以制得硬度为邵尔A60～70的制品。混炼型聚氨酯弹性体通常采用本体聚合法生产。

其各自的优缺点见表1.1.2-169。

表1.1.2-169 浇注型、混炼型、热塑性聚氨酯橡胶加工性能对比

聚氨酯类型	优点	缺点
浇注型	最大限度地发挥聚氨酯弹性体的特点，工艺简单，制造加工设备和模具费低，可机械或手工操作	对于小件制品，材料损耗大，易产生气泡；对于管状、线状等长尺寸制品成型困难；采用敞口模具，制品须经再加工；要注意原料保存
发泡浇注型	反应快，大、中、小型制品均可制作，制品吸振性好	须注意设备的维护和管理，尤其要注意温度调节，要注意原料的贮存
热塑性	有利于小件制品的生产，可利用塑料加工设备和技术，能用于薄膜、皮革的生产	模具费用高，耐热性和永久变形差，大型制品成型困难
混炼型	便于中等规模生产，可利用橡胶加工设备，低硬度制品性能好	硬质制品性能不好，不适合大型制品的生产

聚氨酯橡胶具有以下特点：

1）耐磨性能是所有橡胶中最高的，实验室测定结果表明，UR的耐磨性是天然橡胶的3～5倍，实际应用中往往高达10倍左右；

2）强度高、弹性好（邵尔A 60～70硬度范围内），在橡胶材料中具有最高的拉伸强度，一般可达28～42MPa，撕裂强度达63 kN/m，伸长率可达1 000%，硬度范围宽，邵尔A硬度为10～95；

3）缓冲减震性好，室温下减震元件能吸收10%～20%的振动能量，振动频率越高，能量吸收越大；

4）耐油性和耐药品性良好，与非极性矿物油的亲和性较小，在燃料油（如煤油、汽油）和机械油（如液压油、机油、润滑油等）中几乎不受侵蚀，比通用橡胶好得多，可与丁腈橡胶媲美。缺点是在醇、酯、酮类及芳烃中的溶胀性较大；

5）摩擦系数较高，一般在0.5以上；

6）耐低温、耐臭氧、抗辐射、电绝缘，聚酯型可在－40℃下使用，聚醚型可在－70℃下使用；

7）黏接性能良好，在胶黏剂领域应用广泛；

8）气密性与丁基橡胶相当；

9）具有较好的生物医学性能，可作为植入人体材料。

其缺点是：

1）耐水解性能比较差，尤其是温度稍高或酸碱介质存在下水解更快；

2）滞后损失大，在高速运动中的厚制品积累热较高，影响使用。

聚氨酯橡胶的硫化剂有异氰酸酯、过氧化物和硫黄三类：异氰酸酯类硫化剂的常用品种为TDI及其二聚体、MDI二聚体和PAPI等，可生成脲基甲酸酯键交联键（易吸水，使用时注意环境湿度），可以制得耐磨性良好、强度高、硬度较大的制品；过氧化二异丙苯（DCP）是用得最普遍的过氧化物硫化剂，过氧化物硫化PU制品具有良好的动态性能，压缩永久变形小，弹性和耐老化性能均较好，缺点是不能用蒸汽直接硫化，撕裂强度较差；含有不饱和链段的PU可采用硫黄体系硫化，用量一般为1.5～2份，促进剂MBT（M）和MBTS（DM）最常用，一般在6份左右，硫化制品综合性能较好。

聚氨酯橡胶除聚酯类、聚醚类外，还有聚丁二烯多元醇和聚碳酸酯二醇以及蓖麻油等聚氨酯类橡胶，已有商品出现，但产量很少。

17.2 聚酯类聚氨酯橡胶（Polyerster Urethane Rubber）

聚酯类聚氨酯橡胶由聚酯多元醇与二异氰酸酯加成反应制得，代号为AU。聚酯多元醇一般为己二酸与乙二醇进行缩聚得到的聚己二酸酯，也有壬二酸、葵二酸的聚酯；二异氰酸酯则有甲苯二异氰酸酯或二苯基甲烷二异氰酸酯等。

聚酯类聚氨酯橡胶的分子结构为：

$$\text{-}\!\!\left(\text{O—R}'\text{—OCO—NH—R—NH—CO}\right)\!\!_{n}$$

其中，R——芳烃或脂肪烃；

R′——聚酯。

聚酯类聚氨酯橡胶分为浇注型、混炼型和热塑型。无论浇注型还是混炼型聚氨酯橡胶，均须经扩链反应，扩链剂主要是二元醇类和二元胺或多元醇类和烯丙基醚二醇类，后者可形成交联。

1. 浇注型聚酯类聚氨酯橡胶

浇注型聚酯类聚氨酯橡胶是液态橡胶，加工方法有预聚法、一步法、预催化法和半预聚法，以预聚法为主。预聚法是经预聚物制造聚氨酯橡胶的方法，配方可分为预聚和扩链两部分，预聚物是由游离二异氰酸酯和以异氰酸酯封端的低聚物二元醇组成的混合物，扩链剂可用二元胺或多元醇两类，剩余的异氰酸酯用于交联或硫化。一步法是指按组分的当量比计算配方。预催化法配方特点是封端剂加入量的计算，其余同预聚法。半预聚法配方主要是总羟基当量比和总异氰酸基与预聚的羟基当量比的控制。

预聚物和扩链剂生产浇注料，有间歇操作和连续操作两种方法，然后根据要求进行模压成型和硫化。反应注射性聚氨酯橡胶采用反应注射成型（RIM）技术，低温成型，具有自动化程度高、生产周期短等优点，大多采用双组分一步法，在混合室混合后进行注射成型。

2. 混炼型聚氨酯橡胶

混炼型聚氨酯橡胶以低聚物二醇为聚酯，二异氰酸酯一般为甲苯二异氰酸酯和二苯基甲烷二异氰酸酯，扩链剂多为脂肪族二元醇，其目的是提高强度、产生交联点并改善橡胶的加工性能，多用一步法合成。

混炼型聚氨酯橡胶的主要特性为：比聚醚类聚氨酯橡胶机械强度更高，耐热老化性、耐臭氧性、耐化学药品性好，但耐寒性不如聚醚类聚氨酯橡胶。

混炼型聚氨酯橡胶根据原料不同可采用不同的硫化体系，饱和型混炼聚氨酯橡胶多采用异氰酸酯和过氧化物硫化，不饱和型混炼聚氨酯橡胶则采用过氧化物和硫黄硫化；生胶配方简单，可加入各种填料以改善性能。

混炼型聚氨酯橡胶混炼多用开炼机，配合技术与一般橡胶类似：先加入润滑剂（如硬脂酸）和填料（如炭黑）等，然后加入硫化体系。混炼时应严格控制温度，保证加工安全。可采用模压、压延、压出成型，最后硫化成产品。如用于胶黏剂或喷涂、浸渍时，将混炼好的胶料溶于有机溶剂成胶浆使用。

聚酯类聚氨酯橡胶主要用来制作鞋底和后跟、运动鞋、实心轮胎、输送带、输送管道、胶辊、筛板和滤网、轴衬和轴套、泵和叶轮包覆层、汽车防尘罩、电缆护套、传动带、薄壁制品、膜制品、垫圈、油封、曲杆泵衬里、泥浆泵活塞，还可用于坦克履带板挂胶以及海绵泡沫制品等。

17.3　聚醚类聚氨酯橡胶（Polyether Urethane Rubber）

聚醚类聚氨酯橡胶是聚醚多元醇如聚氧化丙烯醚二醇、聚氧化四亚甲基醚二醇（PTMG）、聚四氢呋喃醚二醇、共聚醚二醇等二官能性聚醚与二异氰酸酯加成反应而得的共聚物，代号为 EU。

聚醚类聚氨酯橡胶的分子结构为：

$$\left(\text{O—R}'\text{—OCO—NH—R—NHCO}\right)_n$$

其中，R——芳烃或脂肪烃；

R′——聚醚。

聚醚类聚氨酯橡胶也可分为浇注型、混炼型和热塑型。浇注型、混炼型聚氨酯橡胶同样须经扩链反应，扩链剂有直链型和交联型两类，以前者为主。直链型扩链剂主要是脂肪族或芳香族二元醇和芳香族二元胺；交联型有多元醇类和多元醇烯丙基醚两种。

聚醚类聚氨酯橡胶的主要特性为：制品硬度范围宽，物理机械性能特别是拉伸强度、耐磨性好，但稍逊于聚酯类聚氨酯橡胶；耐热老化性、耐臭氧性、耐化学药品性优良，但耐热水性差。

聚醚类聚氨酯橡胶与聚酯类聚氨酯橡胶的区别见表 1.1.2-170。

表 1.1.2-170　聚醚类聚氨酯橡胶与聚酯类聚氨酯橡胶的区别

项目	聚酯类	聚醚类	项目	聚酯类	聚醚类
耐辐射性	高	低	水解稳定性	次	好
耐磨性	高	低	耐热性	高	低
耐霉菌性	低	高	耐溶胀性	高	低
负荷能力	高	低	耐氧、臭氧性	高	低
压缩永久变形	小	大	耐紫外线性	高	低
低温柔软性	次	好			

浇注型聚醚聚氨酯橡胶加工通常包括三个步骤，即预聚物的合成、扩链和浇注料的硫化交联。预聚物的合成由低聚物多元醇如聚氧化丙烯醚二醇与二异氰酸酯组成混合物，然后加入扩链剂，继续进行交联反应得到浇注料，经模压成型和硫化，也可采用反应注射成型技术进行加工。

混炼型聚醚聚氨酯橡胶须经塑炼，混炼时应保持辊温 40～60℃。如出现严重黏辊，可加入硬脂酸润滑剂。

聚醚类聚氨酯主要用于汽车部件，特别是缓冲器等大型部件，以及电气制品、土木建筑行业、泡沫制品等。

17.4　聚氨酯橡胶的技术标准与工程应用

按照 GB/T 5577—2008《合成橡胶牌号规范》，国产聚氨酯橡胶的主要牌号见表 1.1.2-171。

表 1.1.2-171　国产聚氨酯橡胶的主要牌号

牌号	多羟基化合物	异氰酸酯
AU 1110	聚己二酸-乙二醇-丙二醇	MDI
AU 1102	聚己二酸-乙二醇-丙二醇	TDI
AU 2100	聚己二酸-乙二醇-丙二醇	TDI
AU 2110	聚己二酸-乙二醇-丙二醇	MDI
AU 2200	聚己二酸丁二醇	TDI

续表

牌号	多羟基化合物	异氰酸酯
AU 2210	聚己二酸丁二醇	MDI
AU 2300	聚 ε—己内酯	TDI
AU 2310	聚 ε—己内酯	MDI
EU 2400	聚丙二醇	TDI
EU 2410	聚丙二醇	MDI
EU 2500	聚四氢呋喃	TDI
EU 2510	聚四氢呋喃	MDI
EU 2600	聚四氢呋喃-环氧乙烷	TDI
EU 2610	聚四氢呋喃-环氧乙烷	MDI
EU 2700	聚四氢呋喃-环氧丙烷	TDI
EU 2710	聚四氢呋喃-环氧丙烷	MDI

注：第三位数为异氰酸酯种类：0—2，4-甲苯二异氰酸酯（TDI），1—4，4-二苯基甲烷二异氰酸酯（MDI）。

17.4.1 混炼型聚氨酯橡胶的基础配方

混炼型聚氨酯橡胶的基础配方见表 1.1.2-172。

表 1.1.2-172 混炼型聚氨酯橡胶（PUR）基础配方（一）

原材料名称	ASTM	原材料名称	硫黄硫化	DCP 硫化	AU
PUR[a]	100	PUR	100	100	100
古马隆	15	硫黄	1.5		
促进剂 MBT（M）	1	DCP		1.5	3.5
促进剂 MBTS（DM）	4	活性剂[b]	0.35		SA 0.2
促进剂 Caytur4[b]	0.35	促进剂 MBTS（DM）	3		
硫黄	0.75	促进剂 MBT（M）	1		
HAF	30	易混槽黑	30	30	SRF 30
硬脂酸镉[c]	0.5				
硫化条件	153℃×40 min、60 min	硫化条件	153℃×60 min	153℃×60 min	151℃×40 min

注：[a] 选择 Adiprene CM（美国 Dupont 公司产品牌号）。
[b] 促进剂 Caytur4（杜邦产品）、活性剂、活化剂（IC—456、RCD—2098、Thancure）等，均为促进剂 DM 与氯化锌的络合物。
[c] 含镉化合物不符合环保要求，读者应谨慎使用。

表 1.1.2-172 混炼型聚氨酯橡胶（PUR）基础配方（二）

原材料	聚酯类聚氨酯橡胶			聚醚类聚氨酯橡胶
	其他鉴定配方	德国拜耳公司配方	美国 Thiokpl 公司配方	美国杜邦公司配方
聚氨酯橡胶	100	100[a]	100[b]	100[c]
过氧化二异丙苯	3.5			
硫黄			2	
硫化剂 Desmodur TT[d]		10		
硫化剂 Dicup 40[e]				2.5
促进剂 Desmorapid DA[f]		0.3		
促进剂 MBTS（DM）			4	
促进剂 MBT（M）			2	
硬脂酸	0.2	0.5		
活化剂 2C—456[g]			1	
硬脂酸镉			0.5	
Rhenogram P50[h]		6		
半补强炉黑	30			

续表

原材料	聚酯类聚氨酯橡胶			聚醚类聚氨酯橡胶
	其他鉴定配方	德国拜耳公司配方	美国 Thiokpl 公司配方	美国杜邦公司配方
高耐磨炉黑		5		30
超耐磨炉黑			30	
油酸丁酯				10
硫化条件	151℃×40 min			

注：[a] 德国拜耳公司 Urepan 600 混炼型聚氨酯橡胶。
[b] 美国 Thiokpl 公司 Elastothane 455 混炼型聚氨酯橡胶。
[c] 美国杜邦公司 Adiprene C 聚氨酯橡胶。
[d] 2，4-甲苯二异氰酸酯二聚物。
[e] 过氧化二异丙苯 40%分散于碳酸钙中。
[f] 二硫代氨基甲酸铝。
[g] 二硫化二苯并噻唑-氧化锌-氯化镉络合物，Thiokpl 公司产品。
[h] 缩水甘油醚类水解稳定剂，拜耳公司产品。
详见《橡胶原材料手册》，于清溪、吕百龄等编写，化学工业出版社，2007年1月第2版，第181～184页。

17.4.2 聚氨酯橡胶的技术标准

（一）聚酯类聚氨酯橡胶

聚酯类聚氨酯橡胶的典型技术指标见表 1.1.2-173。

表 1.1.2-173　聚酯类聚氨酯橡胶的典型技术指标

聚酯类聚氨酯橡胶的典型技术指标			
项目	浇注型	混炼型	
组成	聚（乙烯己二酸酯）乙二醇 聚（乙烯丁二醇己二酸酯）乙二醇等		
黏度（75℃）/(Pa·s)	0.5～0.7		
分子量	约 2 000	12 000	
聚酯类聚氨酯橡胶硫化胶的典型技术指标			
交联剂/份	0.6～12	—	
炭黑/份		0	50
门尼黏度 ML（1+4）100℃		21	52
相对密度	1.26		
300%定伸应力/MPa	4.9～24.6		
拉伸强度/MPa	29.4	4.9～13.2	14.2
拉断伸长率/%	450～600	330～480	310
撕裂强度/(kN·m^{-1})	58～127.4	49～132	142
硬度（邵尔A）/度 （邵尔D）/度	65～95	74～99 51～75	99 75
永久变形（DIN）/%	5～40		
回弹性（DIN）/%	42～56	35～43	33

注：详见《橡胶原材料手册》，于清溪、吕百龄等编写，化学工业出版社，2007年1月第2版，第180～181页。

（二）聚醚类聚氨酯橡胶

预聚物为聚四亚甲基醚二醇的聚氨酯橡胶的典型技术指标见表 1.1.2-174。

表 1.1.2-174　聚醚类聚氨酯橡胶的典型技术指标

预聚物（聚四亚甲基醚二醇）的典型技术指标	
化学组成	异氰酸酯末端聚氧化四亚甲基醚二醇
黏度/(Pa·s)	14～45

续表

聚醚类聚氨酯橡胶硫化胶的典型技术指标			
交联剂/份	8～30	硬度（邵尔 A)/度 （邵尔 D)/度	80～97 43～55
300%定伸应力/MPa	8.8～29.4		
拉伸强度/MPa	29.4～53.9	压缩永久变形（70℃×22 h)/%	9
拉断伸长率/%	400～500	回弹性/%	40～56
撕裂强度/(kN·m^{-1})	44.1～93.1		

注：详见《橡胶原材料手册》，于清溪、吕百龄等编写，化学工业出版社，2007 年 1 月第 2 版，第 184 页。

17.5 聚氨酯橡胶的供应商

聚氨酯橡胶国外品牌有：美国尤尼洛伊尔公司（Vibrathane)，美国 THiokpl 公司，美国杜邦公司（Adiprene C)，德国拜耳公司（Urepan)，Grnthane S、SR，Vibrathane，Elastothan，Adiprene C、CM 等。

十八、聚硫橡胶（Polysulfide Rubber)

18.1 概述

聚硫橡胶是最早生产的具有耐油、耐烃溶剂性等的耐油合成橡胶，也称多硫橡胶，简称 TR，是指分子链上有硫原子的弹性体，由饱和的—S—C—键与—S—S—键结合而成，属杂链极性橡胶。聚硫橡胶分液态、固态及胶乳三种。其中液态橡胶应用最广，大约占总量的 80%。

固体聚硫橡胶由有机二氯单体和无机多硫化钠缩聚而成。有机二氯单体有二氯乙烷、1，2-二氯丙烷、2，2′-二氯乙醚、2，2′-二氯乙基缩甲醛、4，4′-二氯丁基缩甲醛和 4，4′-二氯丁基醚等，其中 2，2′-二氯乙基缩甲醛是制取聚硫橡胶的主要单体，其反应式如下：

$$n\mathrm{ClRCl} + n\mathrm{Na_2S_x} \rightarrow -\!\!(\mathrm{RS}_x)\!\!-_n + 2n\mathrm{NaCl}$$

按照 GB/T 5577—85《合成橡胶牌号规定》，国产聚硫橡胶与美国 Morton Internation 公司聚硫橡胶的主要牌号见表 1.1.2 - 175。

表 1.1.2 - 175 国产聚硫橡胶的主要牌号

牌号		单体类型	聚合物组成	交联剂/%
国产	T 1000	二氯乙基缩甲醛	乙基缩甲醛四硫聚合物，端羟基	0
	T 2000	二氯二乙醚	乙基醚二硫聚合物，端羟基	0
	T 5000	二氯乙烷	亚乙基四硫聚合物，端羟基	0
美国	Thiokol A			
	Thiokol FA		亚乙基和乙基缩甲醛二硫共聚物，端羟基	
	Thiokol ST		乙基缩甲醛二硫聚合物，端羟基	

聚硫橡胶的分子结构因所用有机二氯单体不同而不同，如聚硫橡胶 Thiokol ST 的分子结构式为：

$$-\!\!(\mathrm{CH_2CH_2OCH_2OCH_2CH_2SS})\!\!-_n$$

聚硫橡胶 Thiokol FA 的分子结构式为：

$$-\!\!(\mathrm{CH_2CH_2SSCH_2CH_2OCH_2OCH_2CH_2SS})\!\!-_n$$

聚硫橡胶的主要特性为：因分子链饱和，在主链中含有硫原子，故耐油性、耐溶剂性、耐候性、耐臭氧性优良，具有低透气性、低温屈挠性和对其他材料的黏接性；各类固体聚硫橡胶之间性能差异较大，Thiokol ST 类比 Thiokol FA 类的耐寒性好；加工性能和物理机械性能欠佳。

不同聚硫橡胶的耐溶剂性与使用温度范围见表 1.1.2 - 176。

表 1.1.2 - 176 不同聚硫橡胶的耐溶剂性与使用温度范围

项目	硫结合量/%	溶胀度/%			使用温度/℃
		苯	甲基乙基酮	四氯化碳	
Thiokol A	85	18	12	7	−28～80
Thiokol FA	47	100	33	40	−38～150
Thiokol ST	40	127	49	48	−50～180

注：详见《橡胶原材料手册》，于清溪、吕百龄等编写，化学工业出版社，2007 年 1 月第 2 版，第 165 页。

因分子链中含有硫原子，TR 配合技术与一般合成橡胶有所不同，金属氧化物如氧化锌、氧化铅、二氧化锰、氧化钙等可作 Thiokol FA 的硫化剂；Thiokol ST 因含有端硫醇基，一般采用端基氧化的方法硫化，常用的硫化剂为过氧化锌（一般与氧化钙或氢氧化钙并用）、对醌二肟（一般与氧化锌并用）。最常用的补强剂是半补强炉黑、喷雾炭黑、瓦斯炭黑等。Thiokol FA 具有较高分子量，质地坚韧，常加入少量塑解剂如二硫化苯并噻唑（促进剂 MBTS（DM））和二苯胍（促进剂 D），使部分二硫键裂解而增塑。

Thiokol FA 混炼时，辊筒需加热，保持 65℃；开炼机混炼时，辊距应小，一次加料量不宜太多，在胶受热松软后，加入塑解剂促进剂 MBTS（DM）和促进剂 D 制成母炼胶；Thiokol FA 与其他橡胶并用时，应当先将其他橡胶制成母炼胶后再与聚硫橡胶共混。Thiokol ST 混炼时，辊温控制在 35～45℃，以免断链，各种配料可一次加入，加硫后辊筒要通冷水，防止焦烧。Thiokol ST 可采用直接蒸汽硫化，Thiokol FA 则采用加压硫化，以避免表面起泡。对 Thiokol ST 加压硫化后，进行二段硫化（100℃下硫化 24 小时）可以改善压缩变形；Thiokol FA 硫化后由于其热收缩性较大，故需要冷脱模以免产品变形。

Thiokol A 主要用于耐油制品，如大型汽油罐的衬里、耐油胶管，也用作硫黄水泥和耐酸砖的增韧剂以及路标漆等。聚硫橡胶 T2000 可配制不干性腻子和各种耐油胶管，也可与丁腈橡胶并用以改善丁腈橡胶的耐油性和低温屈挠性。Thiokol FA 可配制不干性腻子和制造印刷胶辊、耐油胶管等耐油制品。Thiokol ST 则用作飞机油箱衬里，铆钉、螺钉连接处的密封，各种耐油密封圈及其他模压制品。

18.2 聚硫橡胶的技术标准与工程应用

18.2.1 聚硫橡胶基础配方

聚硫橡胶（T）基础配方见表 1.1.2-177。

表 1.1.2-177 聚硫橡胶（T）基础配方（ASTM）

原材料名称	固态聚硫橡胶			半固态聚硫橡胶[d]	液态聚硫橡胶		
	ST[a]配方	FA[b]配方	其他[d]		JLY－124[d]	JLY－155[d]	JLY－215[d]
T	100	100	100	100	100	100	100
SRF	60	60			30	30	30
槽法瓦斯炭黑			20	60			
喷雾炭黑			30				
硬脂酸	1	0.5	1	1		0.5	0.5
活性二氧化锰				2			
过氧化锌	6	—					
氧化锌	—	10	10				
促进剂 MBTS（DM）	—	0.3					
促进剂 DPG	—	0.1		0.4		0.8	0.6
硫化膏[c]					10	8	10
炼胶辊温/℃			25～30	常温约 40			
硫化条件：	150℃×30 min、40 min、50 min		142±1℃×70′、80′	143℃×30′	100℃×4 h		
硫化压力/MPa				≥4.9			

注：[a] 该胶主要单体为二氯乙基缩甲醛，是美国固态聚硫橡胶牌号，不塑化也能包辊。

[b] 该胶主要单体为二氯乙烷、二氯乙基缩甲醛，是美国固态聚硫橡胶牌号，必须通过添加促进剂，在混炼前用开炼机薄通，进行化学塑解而塑化。

[c] 硫化膏的组成为：活性二氧化锰 100、邻苯二甲酸二丁酯 76、硬脂酸 0.42，重量份。

[d] 详见《橡胶工业手册．第三分册．配方与基本工艺》，梁星宇等，化学工业出版社，1989 年 10 月（第一版，1993 年 6 月第 2 次印刷），第 318～319 页表 1-367～369。

18.2.2 聚硫橡胶的技术标准

聚硫橡胶的典型技术指标见表 1.1.2-178。

表 1.1.2-178 聚硫橡胶的典型技术指标

聚硫橡胶的典型技术指标		
项目	Thiokol FA	Thiokol ST
门尼黏度 ML（1+4）100℃	120～130	25～35
相对密度	1.34	1.25
结合水分/%	0.5	0.5

续表

项目	Thiokol FA	Thiokol ST
聚硫橡胶硫化胶的典型技术指标		
拉伸强度/MPa	8.3	7.8
拉断伸长率/%	260～380	220～260
硬度（邵尔 A)/度	68～70	68～73
耐溶剂性（27℃×30d，ASTM 溶胀)/%		
四氯甲烷	50	46
氟利昂-22	48	
正戊烷	0	
苯	95	110
甲苯	55	
乙酸乙酯	17	
10%硫酸	2	2
10%氢氧化钠	3	2
煤油	3	
电动机润滑油	0	0

注：详见《橡胶原材料手册》，于清溪、吕百龄等编写，化学工业出版社，2007 年 1 月第 2 版，第 166 页。

18.3　聚硫橡胶的供应商

聚硫橡胶的供应商包括：美国 Morton Internation 公司（Thiokol)、俄罗斯 Kazan NPO“ZavodSK”公司（Thiokol)、葫芦岛化工研究院等。

十九、聚降冰片烯橡胶（Polynorbornene Rubber)

19.1　概述

聚降冰片烯橡胶也称降冰片烯聚合物（Nor—bornene polymer)，按 ASTM 命名为 PNR，由法国 CDF 化学公司于 1976 年研发投产。因其外观为可膨胀白色粉末，故也有文献将之归入粉末橡胶一类。

聚降冰片烯橡胶由乙烯与环戊二烯烃 Diels—Alder 加成制得降冰片烯，然后再经开环聚合制得弹性体，每个单体链节单元内保留有一个双键和环戊烷基团。依引发剂不同，可得到顺式结构和反式结构的聚合物，前者为间规立构聚合物，呈结晶态；后者为无定型聚合物。采用钨系引发剂，可得到分子量很高的聚降冰片烯橡胶。

聚降冰片烯橡胶的分子结构为：

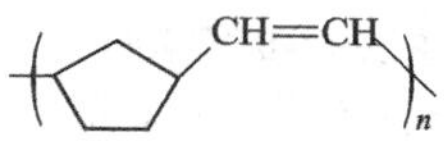

聚降冰片烯橡胶的外观为白色粉末，堆积密度为 0.35，折射率为 1.534，玻璃化温度 T_g 为 35℃，因此，也有文献将之归为低熔点的热塑性弹性体，极易溶于芳烃和环烃类溶剂，即使在稀溶液中仍具有相当高的黏度，几乎不溶于水和醇。聚降冰片烯橡胶由于分子链含有环戊烷基团，因而具有很高的阻尼性。

聚降冰片烯橡胶用硫黄促进剂体系硫化，多采用促进剂 CBS、促进剂 TMTD、促进剂 DTDM 等，一般采用低硫高促的有效硫化体系。聚降冰片烯橡胶在室温下即可充入高达 200～500 份的环烷油、芳烃油。炭黑对聚降冰片烯橡胶硫化胶的性能影响与传统橡胶不同，加入炭黑，定伸应力与硬度提高，但拉伸强度没有明显的提高，一般使用半补强炭黑、通用炉黑和无机填料填充。加入酯类增塑剂可以调节胶料在-60～-45℃范围的脆性温度。聚降冰片烯橡胶硫化胶的耐臭氧老化不好，一般通过并用 20～30 份三元乙丙橡胶来改善，也可加微晶蜡和对苯二胺类防老剂来改善。

其主要性能特点为：分子量非常高；可以吸收大量的油（聚合物的 10 倍左右)，制作硬度范围宽广的橡胶制品，如图 1.1.2-17 所示；具有很高的阻尼，缓冲特性优异；可与粉末塑料掺混。

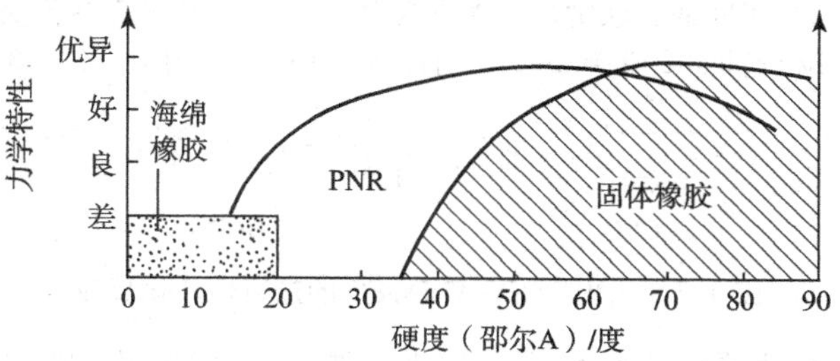

图 1.1.2-17　聚降冰片烯橡胶的硬度范围覆盖从海绵橡胶到固体橡胶

聚降冰片烯橡胶主要用以制造密封件、异形件和胶辊外层胶等软质制品，用于汽车、电器、建筑、制鞋、航海、机械以及印刷、绘图器械等领域制作防震降噪元器件；还可用于摩擦材料，制作半硬质具有柔性并耐磨的碾米用胶辊，改善其他弹性体的动态性能，通过并用改进油、涂料、溶剂的流动性，也可用作热固性和热塑性材料的改性剂。

19.2　聚降冰片烯橡胶的技术标准与工程应用

聚降冰片烯橡胶的典型技术指标见表 1.1.2-179。

表 1.1.2-179　聚降冰片烯橡胶的典型技术指标

聚降冰片烯橡胶的典型技术指标			
项目	指标	项目	指标
粒径（平均）/mm	0.3～0.4	玻璃化温度 T_g/℃	35
分子量/×10^4	200 以上	挥发分/%	≤0.5
相对密度	0.96		
聚降冰片烯橡胶硫化胶的典型技术指标			
项目	指标	项目	指标
拉伸强度/MPa	11.96	撕裂强度/(kN·m^{-1})	8.8
拉断伸长率/%	600	硬度（邵尔 A）/度	15

注：详见《橡胶原材料手册》，于清溪、吕百龄等编写，化学工业出版社，2007 年 1 月第 2 版，第 362 页。

19.3　聚降冰片烯橡胶的供应商

聚降冰片烯橡胶的供应商有：法国 CDF Chemical 公司、日本瑞翁公司等。

二十、可逆交联橡胶[5]

橡胶需通过硫化交联才能制成具有使用价值的橡胶制品。传统的硫化工艺通过在橡胶大分子链间发生共价交联，防止橡胶大分子链在外力作用滑移，其硫化交联过程具有不可逆性，表现为橡胶的热固性。可逆交联是指在一定条件下通过化学键或其他相互作用使得聚合物大分子链间发生交联形成网状体型结构，继而在温度、溶剂、射线等外部作用下交联结构，又可发生断裂、重组，在不破坏聚合物大分子链结构的情况下重新得到线型大分子的方法。

可逆交联橡胶根据价键特性可分为可逆共价交联橡胶和非共价交联橡胶。

除离子键交联橡胶、配位交联橡胶外，可逆交联橡胶基本上处于研究探讨和实验室阶段，尚未能实现工业化生产与应用。

20.1　可逆共价交联橡胶[5][6]

可逆共价交联橡胶是以 Diels－Alder 反应为基础设计制得的橡胶，具有较好的可逆性，同时又具备一定的稳定性。

Diels－Alder 反应（狄尔斯－阿尔德反应），是一种有机环加成反应，又名双烯加成反应，由共轭双烯与烯烃或炔烃反应生成六元环的反应，是有机化学合成反应中非常重要的碳碳键形成的手段之一，也是现代有机合成里常用的反应之一。共轭双烯与取代烯烃（一般称为亲双烯体）反应生成取代环己烯，即使新形成的环之中的一些原子不是碳原子，这个反应也可以继续进行。一些狄尔斯－阿尔德反应是可逆的，这样的环分解反应叫作逆狄尔斯－阿尔德反应或逆 Diels-Alder 反应（retro-Diels-Alder）。1928 年德国化学家奥托·迪尔斯和他的学生库尔特·阿尔德首次发现和记载这种新型反应，他们也因此获得 1950 年的诺贝尔化学奖。Diels-Alder 反应有丰富的立体化学呈现，兼有立体选择性、立体专一性和区域选择性等，如图 1.1.2-18 所示。

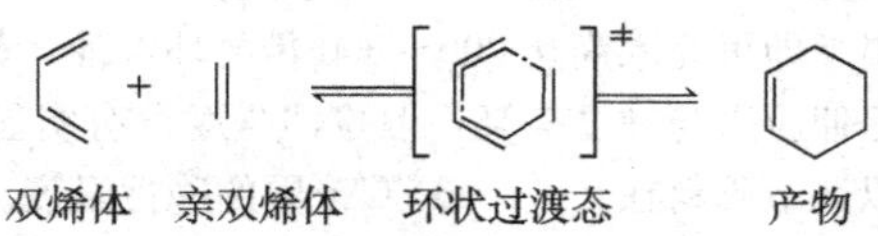

图 1.1.2-18　Diels-Alder 反应示意图

以环戊二烯（CPD）、双环戊二烯（DCPD）为交联剂，利用 CPD 与 DCPD 的热可逆转化特性，将含 CPD 或 DCPD 的衍生物作为含活性基团线形聚合物分子间的交联键，使其成为含－C－C－热可逆共价交联的热塑性弹性体（Ther-mally Reversible Covalent Crosslinked Themoplastic Elastomers，简称 TRTPE），如图 1.1.2-19 所示。

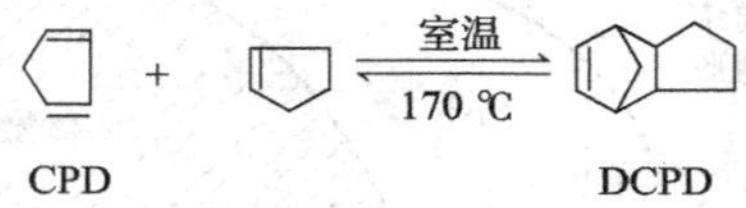

图 1.1.2-19　CPD 与 DCPD 的热可逆转化反应

理论上，含有这种交联键的聚合物在高温下（≥170℃）均可通过 DCPD 解聚形成 CPD，实现塑性流动进行加工；冷却后又可恢复到原来的 DCPD 结构形成－C－C－交联。

Damien 等利用 Diels—Alder 反应和酯交换反应，使分子间拓扑结构重排，同时保持分子链总数和平均交联点不变，使得传统热固性橡胶变成了可反复加工成型的橡胶，且该材料在高温溶剂中不会溶解只会溶胀，解决了常规热塑性弹性体不耐溶剂的问题。

Talita 等在顺丁橡胶上引入硫醇呋喃官能团，并以双马来酰亚胺为交联剂成功制备了 D—A 可逆交联橡胶。

20.2 非共价交联橡胶

非共价交联橡胶，包括范德华力交联橡胶、氢键自组装橡胶、离子键交联橡胶、配位交联橡胶和多种价键交联体系的橡胶等。

20.2.1 氢键自组装橡胶

氢键自组装橡胶是利用分子间的氢键形成氢键交联网络，赋予弹性体热可逆特性，氢键自组装橡胶实际上是一种超分子聚集体。与传统硫化交联橡胶相比，氢键自组装橡胶的三维网络结构具有自修复、自愈合的特性。

根据自组装单元的相对分子质量，氢键型超分子弹性体可大致分为两大类：基于大分子间氢键自组装的超分子弹性体和基于低聚物间氢键自组装的超分子弹性体，前者一般以聚合物大分子链的化学改性为基础，后者则更侧重于超分子化学和超分子自组装。大分子氢键自组装主要通过化学接枝改性的方法将含有氢键的官能团接枝到大分子链上，具有简单、易行的特点，但往往受到接枝率不高的影响，接枝率一般难以突破 5%。低聚物间氢键自组装利用低聚物之间的氢键作用，特别是引入多重氢键作用，制备具有网状结构的、热可逆的超分子弹性体，以 Leibler 等 2008 年在《自然》杂志上发表的工作最具代表性，所得超分子弹性体不仅具有传统硫化交联橡胶所不具备的超低滞后性，且在常温下切断可自愈合。

但氢键的键能相对较弱，以氢键交联的橡胶力学性能较差，在高温下易断裂，限制了氢键交联橡胶的发展。

20.2.2 离子键交联橡胶

离子键交联橡胶，即离子交联聚合物，又称离聚体，是分子链上连接有一定量无机盐基的聚合物，一般定义为含 10%（摩尔分数）以下离子基团的碳氢聚合物或全氟化碳聚合物。它与聚电解质不同之处在于后者含有大大超过 10%（摩尔分数）离子基团的聚合物。

离子键交联橡胶将离子型官能团以共价键悬挂于聚合物大分子主链或者侧链上，经键合相反电性的离子在分子链间形成离子键，从而产生分子链间的交联。悬挂于聚合物大分子主链或者侧链上的离子型官能团可以是阳离子型或阴离子型，其交联网络如图 1.1.2-20 所示。

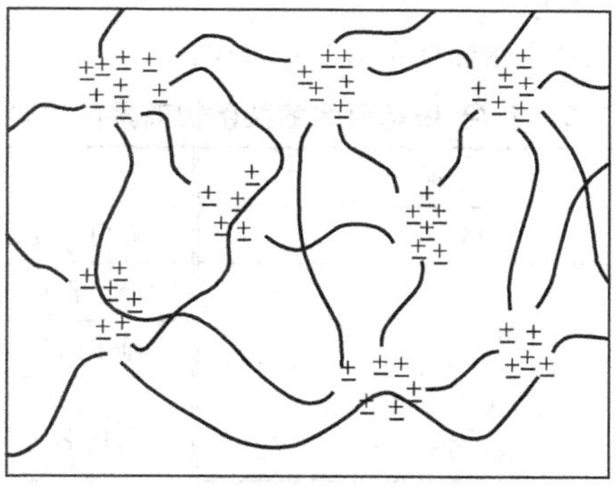

图 1.1.2-20 离聚体示意图

+—金属离子；-—聚合物上的阴离子；线条—大分子链

与大分子主链或者侧链化学结合的离子基团相互作用或发生缔合，在聚合物基体内生成富有离子的区域。

这种离子相互作用及其引起的聚合物性质变化，主要依赖于 5 个因素：

1）聚合物主链的性质（塑料或橡胶）；

2）离子官能度（离子含量），一般为 0～10%（摩尔分数）；

3）离子基团的种类（羧基、磺酸基或膦酸基）；

4）交联度 0～100%；

5）阳离子的种类（胺、1 价或 2 价金属离子）。

20 世纪 50 年代初，Goodrich 公司首先推出了第一种可以离子键交联的弹性体——丁二烯-丙烯腈-丙烯酸共聚物，商品名为 Hycar。这类共聚物可以用氧化锌或其他锌盐交联，其交联键为—$COO^- Zn^{2+-} OOC$—，在升温条件下离子缔合破坏，可塑化。所得离聚体有较高的拉伸强度和较好的黏结性。羧基丁腈橡胶、羧基丁腈胶乳、羧基丁苯胶乳如配方中含有氧化锌、硬脂酸锌，也有类似交联结构。

20 世纪 60 年代中期，杜邦公司生产了一种名为 Surlyn 的离聚体塑料，是用纳或锌部分交联的乙烯-甲基丙烯酸共聚物。这种改性的聚乙烯比一般聚乙烯具有更好的抗张强度和透明度。

近年来，新研究和开发了一系列具有各种性能和用途的离聚体，包括杜邦公司发明的全氟化磺化离聚体 Nation、Exxon 公司的热塑性弹性体磺化三元乙丙橡胶离聚体、日本 Asahi 玻璃公司的全氟羧酸基离聚体 Flemion 等。

离聚体的制备方法有共聚法和高聚物化学改性法两种。共聚法如烯烃类单体与含羧基不饱和单体共聚后，用金属氢氧化物、乙酸盐等中和。高聚物化学改性法如烯烃类单体直接与含盐基单体共聚，或者以烯烃类单体与丙烯酸酯共聚生成共聚物后再进行部分水解和皂化，使部分酯基变为羧基或盐基，如杜邦公司的 Surlyn。

离聚体发展至今已有很多种：

1）以离子基团分，有羧基离聚体、磺酸基离聚体及膦酸基离聚体等；

2）以基体主链分，有聚乙烯、聚苯乙烯、聚丁二烯、全氟乙烯、遥爪羧基聚丁二烯、遥爪硫酸基氢化聚丁二烯、乙丙橡胶、丁基橡胶、丁苯橡胶、聚环戊烯等；

3）以用途分，有塑料（Surlyn）、橡胶（Hycar）、热塑性弹性体（磺化乙丙橡胶离聚体、磺化丁基橡胶离聚体）、多功能膜（Nation、Flemion）等。

离聚体根据其聚合物主链及离子基团等不同，有各种不同的用途。例如乙烯-甲基丙烯酸离聚体是一种透明度高、拉伸强度大、熔融黏度高、坚韧、耐磨、耐油的塑料。在低剪应力下其高熔融黏度大大下降，这有利于挤出、吹塑成型及热封。这种离聚体塑料已广泛用于包装薄膜（包括热封复合包装袋、食品真空包装及电子元件包装等）、运动物品（如旱冰鞋轮）以及汽车部件（如保险杆护垫）等。

磺化乙丙橡胶离聚体是一种比 SBS 耐热及耐老化的热塑性橡胶。它可以充油、充填料。加工时用硬脂酸锌作增塑剂，通过各种塑料加工设备制得一系列弹性制品，如鞋底、橡胶管等，还可以作黏合剂及塑料改性剂。低磺化度的乙丙橡胶离聚体还可作为油基钻井液的增黏剂、提高润滑油黏度指数和抗氧性的润滑油添加剂、污水除油剂、热增稠剂和回收石油的胶凝剂。

全氟化磺酸基离聚体及全氟化羧酸基离聚体有突出的化学稳定性、热稳定性及吸水能力，可用于有机及无机电化学过程中的渗透膜，例如用于氯碱工业、燃料电池、电渗析、废酸回收及选择性渗透分离，还可用作离子选择性膜以降低废水中的金属离子含量及回收贵重金属。

将沥青用顺酐或 SO_3 -三甲胺配合物处理，得到化学改性产物，再用适当的氧化物或碱反应，可制得沥青离聚体。沥青离聚体可用作铺地面材料，在润湿时仍保持高强度。

1. 乙烯-甲基丙烯酸共聚物离聚体（Ionomer of Ethylene—methacrylic Acid Copolymer）

乙烯-甲基丙烯酸共聚物离聚体是含锌离子或钠离子的乙烯-甲基丙烯酸共聚物离聚体，由杜邦公司于 20 世纪 60 年代开发，商品名为 Surlyn。

乙烯-甲基丙烯酸共聚物离聚体的特性是硬度高、坚韧而有弹性。加工技术与低密度聚乙烯和乙烯-乙酸乙烯酯相似，加工过程中黏辊严重，仅限于特别用途的使用。

乙烯-甲基丙烯酸共聚物离聚体的典型技术指标见表 1.1.2－180。

表 1.1.2－180　乙烯-甲基丙烯酸共聚物离聚体的典型技术指标

项目	指标	项目	指标
相对密度	0.93～0.97	介电损耗角正切	0.001～0.003
冲击强度		介电常数	2.4
悬臂梁式冲击/(J·m^{-1})	304.4～779.6	维卡软化温度/℃	61～80
拉伸冲击/(kJ·m^{-2})			
23℃	504～1 186	耐化学品	
－40℃	430.5～819	酸	侵蚀慢
脆性温度/℃	≤－71	碱	耐碱
拉伸强度/MPa	14.3～29.9	烃类	慢溶胀
屈服强度/MPa	8.8～28.6	酮-醇	某些醇应力龟裂
拉断伸长率/%	280～520	植物油	高度耐植物油
模量/MPa	68～374	动物油	高度耐动物油
		矿物油	好的耐矿物油

注：详见《橡胶原材料手册》，于清溪、吕百龄等编写，化学工业出版社，2007 年 1 月第 2 版，第 321 页。

乙烯-甲基丙烯酸共聚物离聚体的供应商有：美国杜邦公司、日本三井等。

2. 磺化乙烯-丙烯三元共聚物离聚体（Sulfonated EPDM Ionomer）

磺化乙烯-丙烯三元共聚物离聚体也称磺化三元乙丙橡胶离聚体，为美国尤尼洛伊尔化学公司研发，命名为 Ionic Elastomer，代号为 IE。IE 是 EPDM 经磁化后用锌盐中和的磺化 EPDM 离聚体，呈粉末状或颗粒状，有三个品级，见表 1.1.2－181。

表 1.1.2－181　IE 牌号

牌号	IE 1025	IE 2590	IE 200
基础胶 EPDM 门尼黏度 ML（1＋4）100℃	45～50	45～50	85～90
基础胶 EPDM 中乙烯/丙烯比	51/49	51/49	68/32

续表

牌号	IE 1025	IE 2590	IE 200
磺化，mg 当量/100 g 胶	10	25	20
离子基团 w/%	1.1	2.7	2.2
平衡离子（Oounter-ion）	锌	锌	锌

磺化乙烯-丙烯三元共聚物离聚体一般可大量加入填料增容而保持一定的物理机械性能，其主要特性为：可溶于大部分烃类溶剂和少量极性溶剂的混合溶剂，如己烷 95/甲醇 5；耐天候和热老化性能优异，具有低温柔顺性和热稳定性；无须硫化，边角料与废料可回收使用；可热焊接；可作为尼龙、沥青等材料的改性剂。

磺化乙烯-丙烯三元共聚物离聚体的配合技术与传统的橡胶配合有所不同，不使用硫黄促进剂或过氧化物硫化；使用离子分解剂为磺化乙烯-丙烯三元共聚物离聚体的增塑剂，可以增进温升下离聚体中离子簇的热解离。用于磺化乙烯-丙烯三元共聚物离聚体的代表性配合如表 1.1.2-182。

表 1.1.2-182 磺化乙烯-丙烯三元共聚物离聚体的代表性配合

配合剂	使用量/份	可使用的材料
离子分解剂	5～35	硬脂酸锌、乙酸锌盐、硬脂酰胺等
操作油	25～200	石蜡油、环烷油等
填料	25～250	炭黑、白炭黑、陶土、碳酸钙、金属氧化物等
其他聚合物	10～126	聚乙烯、聚丙烯等
加工助剂	2～10	石蜡、润滑剂等
防老剂	0.2～2	二烷基化二苯胺等

注：表 1.1.2-181、表 1.1.2-182 内容详见《橡胶原材料手册》，于清溪、吕百龄等编写，化学工业出版社，2007 年 1 月第 2 版，第 322 页。

磺化乙烯-丙烯三元共聚物离聚体主要用于制作高性能的单层卷材、隔膜、高强度的焊接缝、胶管、鞋、机械制品、胶黏剂、冲击改性剂、沥青改性剂等。

磺化乙烯-丙烯三元共聚物离聚体的供应商有：美国尤尼洛伊尔公司（IE）、美国 Exxon 公司等。

20.2.3 配位交联橡胶[6][7]

配位化合物是指由可以给出孤对电子或多个不定域电子的一定数目的离子或分子（称为配体）和具有接受孤对电子或多个不定域电子空间的原子或离子（统称为中心原子）按一定的组成和空间构型所形成的化合物。配体是具有孤对电子、能与中心原子结合的中性分子或阴离子。按配位原子种类的不同，配体可以分为含氮配体，含氧配体，含碳配体，含硫配体，含磷、砷配体以及卤素配体等。中心原子具有空的价层原子轨道，能接受孤对电子，多为金属离子，也可以是金属原子、阴离子以及一些具有高氧化态的非金属原子，如 $Ni(CO)_4$、$Fe(CO)_5$、$Na[Co(CO)_4]$ 和 SiF_6^{2-} 等。中心原子与配体结合便形成配位键。

配位键是一种特殊形式的非共价键，其键能远大于氢键，属于非共价键中较强的一种，橡胶通过配位键形成的超分子具有结构可控性、物理和化学可逆性的特点，可以形成特殊空间结构的交联网络。

配位交联发生的配位作用，即以金属盐为交联剂，通过金属离子与大分子链上含有孤对电子的可配位原子、基团或侧基的橡胶配体之间的配位化学反应，形成以金属为中心离子、橡胶大分子链为配体的高分子配位化学物，从而实现橡胶的配位交联。配位交联后，便会形成特殊的交联网络结构。因此，可以利用配位交联代替传统的硫黄共价交联和 C—C 共价交联来实现橡胶的硫化。配位交联对配位交联剂和橡胶配体的要求都比较苛刻，已证实有效的橡胶配位交联剂主要是为数不多的ⅠB、ⅡB 和Ⅷ族金属盐类，而潜在的橡胶配体都必须含有具有孤对电子的可配位原子、基团或侧基。通常，在配位交联的橡胶体系中，随着金属阳离子的类型和含量、基体的组分和添加量的不同，配位交联硫化胶的性能不同。

配位键可同时具有共价交联 C—C 键的良好耐热性和类似于多硫键在应力作用下可沿烃链滑动的松弛性能，并可赋予配位交联硫化胶通过“热消”的连结方法来实现可逆的热塑性，即当橡胶受热至特定但尚未分解温度以上时，配位交联网络中的交联键会消失，此时橡胶的行为如同热塑性材料，冷却后配位交联自动恢复。因此，配位交联橡胶兼具塑料和橡胶的特性，在常温下呈橡胶弹性，高温下可塑化成型。

含有孤对电子和能与中心原子结合的原子、基团或侧基，是实现橡胶配位交联的关键所在。满足该条件的极性橡胶主要有：腈类橡胶（如丁腈橡胶、氢化丁腈橡胶）、酯类橡胶（如丙烯酸酯—丁二烯橡胶、丙烯酸酯-2-氯乙烯醚橡胶、丙烯酸酯丙烯腈橡胶、乙烯-丙烯酸甲酯橡胶）和含卤橡胶（如氯丁橡胶、氯磺化聚乙烯橡胶）等。

1）腈类橡胶腈基上的氮原子具有孤对电子，可以与金属离子发生配位反应实现交联，且确保橡胶基体与金属盐具有良好的相容性，因此腈类橡胶是理想的配位交联胶种。

2）酯类橡胶和含卤橡胶都含有能与金属中心离子络合的类似极性结构，都是理想的配位交联胶种。例如聚氯乙烯-氯丁橡胶（PVC－CR）共混物可以用氧化锌、氧化镁混合物来进行热塑性配位硫化，氯磺化聚乙烯橡胶可以与铅、镁或稀土等金属离子配位交联。

随着共混反应技术的发展，可以在加工过程中对非极性橡胶实施原位极性化“嫁接”或“接枝”改性，因此，非极性胶种也可建构配位交联橡胶。

配位交联剂通常含有可与极性橡胶配位的金属离子和能提高机体相容性的基团结构或组份，主要包括无机金属盐、有机金属盐和高分子金属盐等。常用的无机配位交联剂主要是过渡金属盐，其缺陷是与橡胶相容性差，不利于获得优良综合力学性能的硫化胶。有机金属盐、高分子金属盐等有机配位交联剂含有有机基团结构或组份，与橡胶基体具有较好的相容性，能有效避免无机配位交联剂的不足，因而更具应用前景。可作为橡胶配位交联的有机配位交联剂主要包括不饱和有机金属盐、稀土有机金属盐、超支化聚合物金属盐和复杂大分子金属盐等。

1）不饱和有机金属盐，如甲基丙烯酸锌、甲基丙烯酸镁［都具有羧基及金属离子，能够与橡胶配位交联，在适当条件下其不饱和键还可发生共价硫化交联，因此，在改善橡胶力学性能方面具有独特的功效。

2）稀土有机金属盐，如稀土铽三元配合物，因含有具有高配位数和强配位性的稀土离子，能与橡胶可配位基团发生强烈的配位交联作用，甚至在配位交联的同时还可以赋予橡胶特殊的功能，如发光与电磁性能等，所以稀土有机金属盐与橡胶配位交联研究具有诱人的研究与应用前景。

3）超支化聚合物经端官能团化后制备的超支化聚合物金属盐，可用作配位交联剂，用于构建结构与性能独特的配位交联硫化胶。但是，由于超支化聚合物金属盐的制备工艺通常复杂、产率低且成本高，目前其相关研究尚处于初始阶段。

4）其他复杂大分子金属盐，如壳聚糖金属盐、锌离子室温交联聚丙烯酸酯和氨基三乙酸金属配位聚合物都兼备极性基团和金属离子，同样也可用于构建橡胶配位交联。

配位交联橡胶的制备方法有溶液法、直接添加法和原位法。聚合物和金属离子配位交联的研究大多采用溶液法进行。溶液法由于溶剂分子的存在，降低了溶质浓度，影响了反应效率，产物不易提纯，并且不利于聚合物材料的加工和应用，局限性显著。直接添加法克服了溶液法的不足，但必须制备特定的金属盐。原位法是指在一定的条件下将 1 种或几种反应物添加到基体材料（塑料或橡胶）中，使反应物之间、反应产物与基体材料之间发生化学反应，生成具有特定功能的产物，实现优化聚合物基体材料性能的目的。原位法可以通过合理选择反应物的类型、成分和反应性等来控制原位生成的聚合物金属盐的种类、大小、分布和数量，以获得性能不同的配位交联橡胶。在原位反应过程中，涉及聚合物金属盐的生成、聚合物－金属离子配位交联网络结构的形成等过程都是在基体中原位生成的，配位交联剂与橡胶基体的相容性良好，克服了溶液法、直接添加法的缺点。

20.2.4　多种价键交联体系橡胶

两种或两种以上价键的交联橡胶，在具有单一价键交联橡胶的性能的同时，也具备特殊、独立的新性能，表现出功能多样化的特性，拓展了材料的应用领域。

Kamlesh 等设计合成了一种侧链含氢键与金属配位键的高聚物，在高聚物中使用不同的交联剂，可以实现单一的氢键或配位键网状交联结构，也可同时实现氢键、配位键的协同网状交联结构，增加高聚物的交联密度。单一氢键交联时，高聚物呈现凝胶化、较高的热响应性；单一金属配位交联时，在高温下能保持稳定的黏弹性；氢键、配位键协同交联时，可以实现交联网络的多种响应，从而优化交联橡胶的性能。

Kersey 等在高分子凝胶中添加金属配位络合物，形成了含有共价键和配位键的交联凝胶，当凝胶压力承载过大时配位键断裂，压力消除后配位键重新形成，恢复材料的力学强度。

Burnworth 等以无定型聚乙烯—丁烯共聚物、2，6-二（1′-甲基苯并咪唑基）吡啶制备出高聚物 Mebip，添加不同量的三氟甲基磺酰亚胺锌或三氟甲基磺酰亚胺镧，通过自组装形成金属—超分子结构聚合物，在光照的情况下金属—超分子结构聚合物解离，形成黏度较低的聚合物，流向裂纹，在裂纹中自愈合成金属—超分子结构聚合物，从而达到愈合裂纹的效果。

第三节　橡胶基本物化性能

一、各种橡胶的基本物化指标

各种橡胶性能的比较见表 1.1.3－1。

表 1.1.3-1 各种橡胶性能的比较表

橡胶		天然橡胶	聚异戊二烯橡胶	丁苯橡胶	聚丁二烯橡胶	乙丙橡胶	丁基橡胶	氯丁橡胶	丁腈橡胶	聚硫橡胶	硅橡胶	聚氨酯橡胶
		NR	IR	SBR	BR	EPM、EPDM	IIR	CR	NBR	PTR	MVQ	AU EU
密度[a]/(g·cm^{-3})		0.91～0.93	0.92	0.92～1.05	0.91～0.93	0.85～0.87	0.9～0.92	1.23～1.25	0.95～1.05	1.25～1.60	0.974	1.26
折光率，n_{D20}[b]		1.52	1.522	1.51～1.56	1.52	1.48	1.51	1.56	1.52	1.60～1.70	1.40	
溶解度参数（SP）[c]		8.35	7.9～8.3	8.5～8.7	8.4～8.6	7.9	7.8～8.1	8.18～9.25	8.70～10.30	9.0～9.4	7.3	10.8
玻璃化温度/℃		−68～−75	−70～−73	−60～−44	−102～−85	−60～−40	−63～−79	−50～−45	−22～−58	−20～−60	−123	−30～−60
体积电阻率[d]/(Ω·cm)		10^{14}～10^{15}	10^{14}～10^{15}	10^{14}～10^{15}	10^{14}～10^{15}	10^{15}	10^{15}～10^{16}	10^{10}～10^{12}	10^{10}～10^{11}	10^{15}	10^{15}～10^{17}	10^{9}～10^{12}
拉伸强度 MPa	纯胶配合[e]	20～30	20～30	2～6	2～8	2～7	8～20	10～30	3～7		约 1	20～50
	填充剂配合	15～35	15～35	10～30	10～25	10～25	8～23	10～30	10～30		4～12	20～60
拉断伸长率[e]/%		500～800	300～800	250～800	400～800	100～800	200～900	100～800	300～700		100～900	250～800
撕裂强度[e]/(kN·m^{-1})		35～170	20～150	15～70	20～70	20～60	20～85	20～80	25～85		10～50	30～130
硬度[e]（邵尔 A)/度		30～100	30～100	40～95	40～90	30～95	35～90	30～95	35～95		30～90	35～100
橡胶本底硬度（邵尔)/度		40	35	37（充油 26）	35	65	36	44	44～46（高 N）			
300%拉伸应力贡献值[f]		1.0	0.87	0.93（充油 0.70）	0.88	1.63	0.90	1.10	1.10			
拉伸强度贡献值[f]		2.0	1.74	1.86（充油 1.40）	1.76	3.26	1.8	2.20	2.20			
伸长率贡献值[f]		14.3	14.5	12.5（充油 12.0）	10	13.5	12.3	12.2	12.4			
耐磨性		极好	好	好—极好	极好	极好	中等—好	极好	极好	中等	中等	极好
抗自然老化性		差	差	差	差—中等	极好	好—极好	极好	中等	极好	极好	极好
抗氧化性		好	好	好	好	极好	好—极好	好	中等	极好	极好	极好
抗臭氧性		最差	最差	差	差	好	中	中	差	中	中	中
耐热性		好	好	好	好	好—极好	好—极好	好	好	中等	极好	中等—好
低温屈挠性		极好	极好	好	极好	好	中等	中等	中等	好	极好	极好
压缩变形		中等—好	中等—好	差—中等	好	好	中等	差—好	好	差—中等	极好	好
不渗透性		中等	好	中等	差—中等	差—中等	极好	好	极好	极好	中等	好
阻燃性		差	差	差	差	差	差	极好	差	差	中等	差
耐酸性（稀）		好	好	中等—好	好	好	极好	极好	好	好	好	好
耐酸性（浓）		中等—好	中等—好	中等—好	好	好	极好	好	中等	差	中等	中等
耐碱性		中	中	中	中	好	好	好	中	差	好	差

续表

橡胶	天然橡胶	聚异戊二烯橡胶	丁苯橡胶	聚丁二烯橡胶	乙丙橡胶	丁基橡胶	氯丁橡胶	丁腈橡胶	聚硫橡胶	硅橡胶	聚氨酯橡胶
	NR	IR	SBR	BR	EPM、EPDM	IIR	CR	NBR	PTR	MVQ	AU EU
电绝缘性能	好一极好	好一极好	好	好	极好	好一极好	差一中等	差	好	极好	好一极好
脂肪烃	差	差	差	差	差	差	好	极好	极好	好	好
甲苯等芳香烃	差	差	差	差	差	差	中等	中等	极好	好	差
氯化溶剂	差	差	差	差	差	差	差	差	极好	中等	中等
氧化溶剂	好	好	好	好	好	好	差	差	好	好	中等
动物油和植物油	差一好	差一好	差一好	差一好	差	极好	好	极好	极好	好	好一极好
丙酮和酮类溶剂						较好		差			
耐热水	差	差	差	差	好	好	差	差	差	好	差

	氟橡胶 FKM	聚丙烯酸酯橡胶 ACM	氯化聚乙烯橡胶 CM	氯磺化聚乙烯 CSM	氯醚橡胶 CO	氯醇橡胶 ECO	乙烯—醋酸乙烯酯橡胶 EVM
密度/(g·cm^{-3})	1.82～1.85	1.09	1.10	1.10～1.18			
溶解度参数（SP）	6.2～7.1（斯莫尔法）	8.5～13.3		7.8～8.8	8.92～9.32（斯莫尔法）		
玻璃化温度：	−22	0～−30		−34～−28	−10	−30	
体积电阻率/(Ω·cm)	10^{13}～10^{14}	10^{8}～10^{10}		10^{14}	10^{9} 10^{9}		
拉伸强度/MPa：							
纯胶配合	3～7	2～4		4～10	2～3		
填充剂配合	10～25	8～15		10～24	10～21		
拉断伸长率/%	100～450	100～500		100～700	100～800		
撕裂强度/(kN·m^{-1})	15～60	20～45		30～75	30～85		
硬度（邵尔 A)/度	50～90	40～90		40～95	30～95		

注：[a] 详见《高分子分析手册》，董炎明编著，中国石化出版社，2004 年 3 月第 1 版，第 34 页表 1-15。

[b] 折射率（又称折光指数）是鉴别高分子材料常用的物理参数，国际标准（ASTM D542、DIN53491）使用黄色的钠光 D 线（λ=589.3 nm）为标准光源，在 20℃下的测定值，一般用白光照明，仪器经补偿后得到。

[c] 溶胀法测得的溶解度参数，单位（MPa)$^{1/2}$，详见《橡胶工业手册．第三分册．配方与基本工艺》，梁星宇等，化学工业出版社，1989 年 10 月（第一版，1993 年 6 月第 2 次印刷)，第 294 页表 1-318。

[d] 硫化胶体积电阻率，详见《橡胶工业手册．第三分册．配方与基本工艺》，梁星宇等，化学工业出版社，1989 年 10 月（第一版，1993 年 6 月第 2 次印刷)，第 433 页表 1-545；绝缘体的体积电阻率为 10^{10}～10^{20} Ω·cm，以天然橡胶为例，生胶一般为 10^{15} Ω·cm，纯化天然橡胶为 10^{17} Ω·cm，硫化胶因引入了极性材料，如硫磺、促进剂等，使绝缘性能下降。

[e] 详见《橡胶工业手册．第三分册．配方与基本工艺》，梁星宇等，化学工业出版社，1989 年 10 月（第一版，1993 年 6 月第 2 次印刷)，第 343 页表 1-414。

[f] 数据来源于《橡胶工程师手册》，方昭芬编著，机械工业出版社，2012 年 3 月，第 49～57 页。

二、与耐热、传热有关的物化指标

空气的热传递系数一般为 20 W/(m^2·K)。不同的液体具有不同的热传递系数，多数情况下约为 20 W/(m^2·K)。橡胶的热扩散率通常为 0.1 mm^2/s，热导率通常为 0.2 W/(m·K)。各种橡胶的耐温、收缩比、热传导率见表 1.1.3-2。

表 1.1.3-2 各种橡胶的耐温、收缩比、热传导率表

橡胶	低温特性值[a]/℃		常用橡胶的耐热温度[d]/℃				硫化收缩比	体积膨胀系数 1/k	热传导率卡/(cm·s·℃)
	T_g[b]	Tb[c]	1 000 h	168 h	1 000 h	168 h			
天然橡胶（NR）	−62	−59					1.4～2.4	6.5×10^{-4}	0.33×10^{-3}
聚异戊二烯橡胶（IR）									
丁苯橡胶（SBR）	−51	−58					1.3～1.8	6.6×10^{-4}	0.59×10^{-3}
丁腈橡胶（NBR） 硫黄硫化 过氧化物硫化 镉镁硫化[e]	−27 （高腈基）	−32 （高腈基）	— >107 135	— 149 149	100 — —	150[f] — —	1.4～2.0	6.0×10^{-4}	0.59×10^{-3}
氢化丁腈橡胶（HNBR）							1.6～2.2		
聚丁二烯橡胶（BR）	<−70	<−70						7.0×10^{-4}	
氯丁橡胶（CR）	−40	−37	—	—			1.3～1.8	6.1×10^{-4}	0.46×10^{-3}
丁基橡胶（IIR）（树脂硫化）	−61	−46	135	146	—	—		5.7×10^{-4}	0.22×10^{-3}
溴化丁基橡胶			121	149	—	—			
氯化丁基橡胶	−56	−45							
三元乙丙橡胶（EPDM）（过氧化物硫化）			149	>149	—	—			
硅橡胶（MVQ）			—	—	270	320	2.2～3.0	12.0×10^{-4}	0.35×10^{-3}
氟橡胶（FKM）（胺类硫化）	—	−36 （G501 型）	177	>177	260	300	2.8—～3.5		
氟硅橡胶			—	—	230	250			
氯磺化聚乙烯（CSM）	−27	−43	—	—	125	160			
丙烯酸脂橡胶（ACM）	—	−18	149	177	175	200			
氯醚橡胶（CO） 100 型 200 型	−25 −46	−19 −40	121	149	140	160			
氯醇橡胶（ECO）									
聚硫橡胶（PTR）	−49	—							
聚氨酯橡胶（PUR）	−32	−36							

注：[a] 详见《橡胶工业手册．第三分册．配方与基本工艺》，梁星宇等，化学工业出版社，1989 年 10 月（第一版，1993 年 6 月第 2 次印刷），第 396 页表 1-493。其中，BR、NR、SBR、IIR、CR、NBR 硫化胶中超耐磨炭黑 50 份，CIIR、CO 硫化胶中快压出炉黑 30 份，CSM 硫化胶中快压出炉黑 40 份，ACM 硫化胶中快压出炉黑 45 份，FPM、PTR 硫化胶中细粒子热裂法炭黑 30 份，PUR 硫化胶中细粒子热裂法炭黑 25 份。

[b] T_g，由盖曼扭转试验测得的玻璃化温度。

[c] T_b，由脆性温度计测得的脆性温度。

[d] 详见《橡胶工业手册．第三分册．配方与基本工艺》，梁星宇等，化学工业出版社，1989 年 10 月（第一版，1993 年 6 月第 2 次印刷），第 386 页表 1-474。其中第四栏、第五栏数据为硫化胶拉伸强度降至 3.5 MPa 所需的温度；第六栏、第七栏数据为硫化胶拉断伸长率降至 70%所需的温度。

[e] 丁腈橡胶的镉镁硫化体系组分如下：氧化镉 2～5 份、氧化镁 5 份、硫黄 0.5～1.0 份、二乙基二硫代氨基甲酸镉 1.5～7 份（最佳用量为 2.5 份）、促进剂 MBTS（DM）0.5～2.5 份（最佳用量为 1 份），烷基二苯胺作防老剂（最佳用量为 2.5 份）。详见《橡胶工业手册．第三分册．配方与基本工艺》，梁星宇等，化学工业出版社，1989 年 10 月（第一版，1993 年 6 月第 2 次印刷），第 388 页。

[f] 原文如此，实践中丁腈橡胶硫化胶无论是过氧化物体系还是硫黄体系，均无法经 150℃×168 h 老化后伸长率保持率达到 70%，通常经 150℃×72 h 老化后伸长率保持率 50%也难以实现。

三、耐油性

美国材料试验学会标准 ASTM D2000（《汽车用橡胶制品标准分类系统》，Standard Classification System for Rubber

Products in Automotive Applications，其内容指标与美国汽车工程师协会标准《橡胶材料分类系统》SAE J200 完全相同）将各种橡胶按耐油性和耐热性分为不同的等级，见图 1.1.3－1。图上横坐标表示浸 ASTM No. 3 油的膨胀百分率，分为 A，B…，K 十个等级，等级越高越耐油。纵坐标表示耐热等级，也分为 A，B…，K 十个等级，等级越高越耐热。

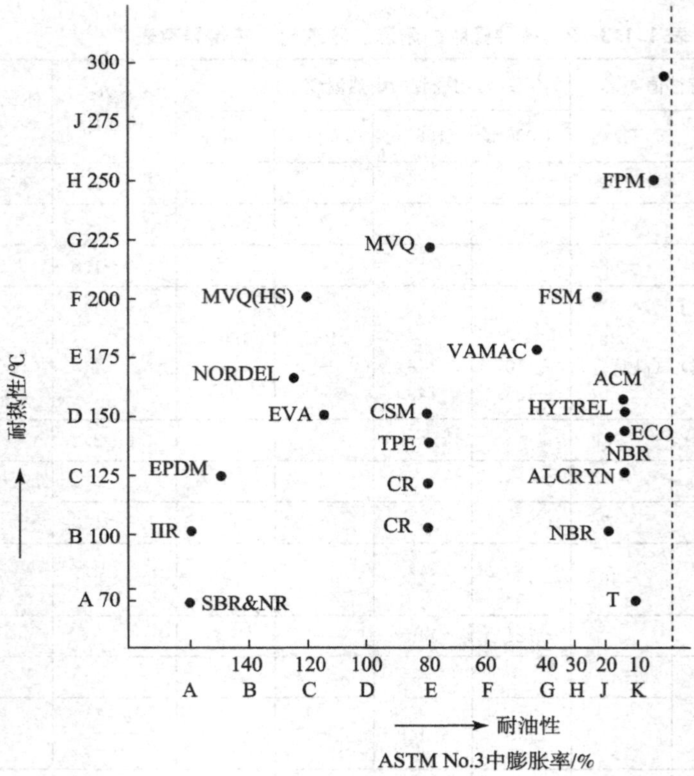

图 1.1.3－1　橡胶密封材料的耐热性和耐油性

注：

1. ASTM No. 3 油中的试验温度为：

A	B	C	D ～J
70℃	100℃	125℃	150～275℃

2. KALREZ—全氟醚橡胶；VAMAC—乙烯-丙烯酸甲酯共聚物；ALCRYN—热塑性弹性体；NORDEL—三元乙丙橡胶；FSM—硅氟橡胶；HYTREL—聚酯型热塑性弹性体

几种弹性体的耐油性及使用温度下限见图 1.1.3－2 所示。

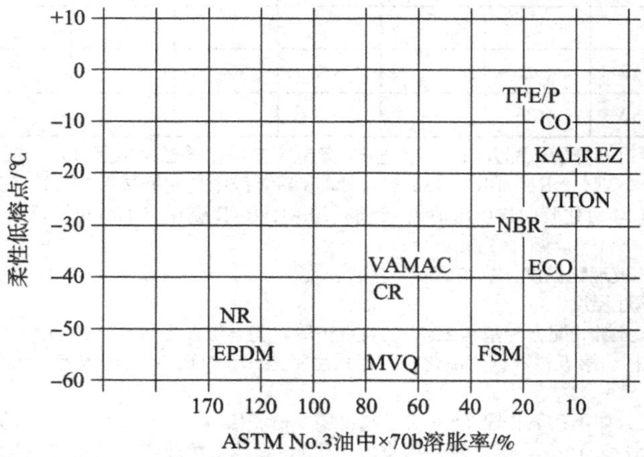

图 1.1.3－2　弹性体的耐油性及使用温度下限

由于石油基油品的组分受原油的产地和炼制方法影响，为了统一标准，ASTM 制定了五种标准油，其中两种是燃油，用不同的苯胺点表征，见表 1.1.3－3。

表 1.1.3－3　ASTM 五种标准油的苯胺点

标准油	ASTM N0.1	IRM 902	IRM 903	燃油 A	燃油 B
苯胺点/℃	124±1	93±1	69.5±1	45	0
说明	模拟高黏度润滑油	模拟多数液压油	模拟煤油、轻柴油等		

表 1.1.3－4 列示了在给定使用寿命为 1 000 h 的各种耐油橡胶的的使用温度。

表 1.1.3－4　使用寿命为 1 000 h 的各种耐油橡胶的的使用温度

胶种	使用温度/℃	胶种	使用温度/℃	胶种	使用温度/℃
Na－22 硫化 CR	101	硫黄硫化 HNBR	126	三聚氰胺硫化 ACM	159
硫黄硫化 NBR	106	过氧化物硫化 HNBR	150		

四、阻尼性能

各种橡胶不同频率下的损耗正切见图 1.1.3－3。

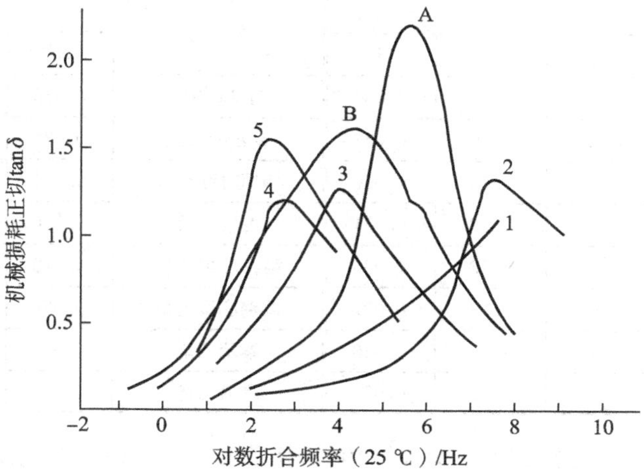

图 1.1.3－3　几种橡胶的 tanδ 与对数折合频率曲线

1—氯丁橡胶，2—三元乙丙橡胶，3—氯磺化聚乙烯橡胶，4—氟橡胶，5—2－氯丁二烯-丙烯腈共聚物，A—天然橡胶，B—聚异丁烯

不同橡胶频率为 10～1 000 Hz，tanδ≥0.5 条件下的温度范围见表 1.1.3－5。

表 1.1.3－5　各种橡胶不同频率、不同温度下的损耗正切范围

聚合物	通常使用温度下的 tanδ 范围		tanδ≥0.5，频率 10 Hz<f<1 000 Hz 的各种橡胶的温度范围		
	温度范围℃	tanδ 范围	温度/℃		范围/℃
			始	终	
天然橡胶	－30～70	0.05～0.15	－45	－23	22
氯丁橡胶	－20～70	0.15～0.30			
丁腈橡胶	－10～80	0.25～0.40			
丁基橡胶	－10～70	0.25～0.40	－47	18	65
三元乙丙橡胶	－10～120	0.25～0.40			
氯磺化聚乙烯橡胶			－5	13	18
氟橡胶			4	25	21
2-氯丁二烯与丙烯腈的共聚物			4	25	21
丁苯橡胶			－33	－14	19
聚氨酯橡胶			－34	2	36
AEM	－20～160	0.34～0.50			

五、气密性

弹性体的气密性以渗透率 Q 来表征。渗透率是指单位压差下，单位时间内通过单位厚度单位面积聚合物的气体量（一般指标准状态下的体积），量纲为 $m^2/(Pa.s)$，气体对聚合物的渗透率决定于气体在聚合物中的溶解度和扩散率，也与气体分子的直径密切相关。

常见的几种气体直径见表 1.1.3－6。

表 1.1.3－6　常见气体单分子直径　　nm

气体	直径	气体	直径
H_2	0.282	N_2	0.380
O_2	0.347	CO_2	0.380

室温下几种简单气体在聚合物中的溶解度见表 1.1.3－7。

表 1.1.3－7　简单气体在聚合物中的溶解度

S（298），10^{-5} m^3（标准状态）/(m^3. Pa)

聚合物	气体				聚合物	气体			
	N_2	O_2	CO_2	H_2		N_2	O_2	CO_2	H_2
聚丁二烯橡胶	0.045	0.097	1.00	0.033	丁基橡胶	0.055	0.122	0.68	0.036
天然橡胶	0.055	0.112	0.90	0.037	聚氨酯橡胶	0.025	0.048	(1.50)	0.018
氯丁橡胶	0.036	0.075	0.83	0.026	硅橡胶	0.081	0.126	0.43	0.047
丁苯橡胶	0.048	0.094	0.92	0.031	古塔波胶	0.056	0.102	0.97	0.038
丁腈橡胶 80/20	0.038	0.078	1.13	0.030	高密度聚乙烯	0.025	0.047	0.35	—
丁腈橡胶 73/27	0.032	0.068	1.24	0.027	低密度聚乙烯	0.025	0.065	0.46	—
丁腈橡胶 68/32	0.031	0.065	1.30	0.023	聚苯乙烯	—	0.055	0.65	—
丁腈橡胶 61/39	0.028	0.054	1.49	0.022	聚氯乙烯	0.024	0.029	0.48	—

由表 1.1.3－7 可见，同一简单气体在不同的聚合物中溶解度变化不大，而不同的气体在同一聚合物中的溶解度相差较大。

简单气体在聚合物中的扩散率见表 1.1.3－8。

表 1.1.3－8　简单气体在聚合物中的扩散率　　10^{-10} m^2/s

聚合物	气体				聚合物	气体			
	N_2	O_2	CO_2	H_2		N_2	O_2	CO_2	H_2
	D (298)	D (298)	D (298)	D (298)		D (298)	D (298)	D (298)	D (298)
聚丁二烯橡胶	1.1	1.5	1.05	9.6	丁基橡胶	0.05	0.08	0.06	1.5
天然橡胶	1.1	1.6	1.1	10.2	聚氨酯橡胶	0.14	0.24	0.09	2.6
氯丁橡胶	0.29	0.43	0.27	4.3	硅橡胶	15	25	15	75
丁苯橡胶	1.1	1.4	1.0	9.1	古塔波胶	0.50	0.70	0.47	5.0
丁腈橡胶 80/20	0.50	0.79	0.43	6.4	高密度聚乙烯	0.10	0.17	0.12	—
丁腈橡胶 73/27	0.25	0.43	0.19	4.5	低密度聚乙烯	0.35	0.46	0.37	—
丁腈橡胶 68/32	0.15	0.28	0.11	3.85	聚苯乙烯	0.06	0.11	0.06	4.4
丁腈橡胶 61/39	0.07	0.14	0.038	2.45	聚氯乙烯	0.004	0.012	0.002 5	0.50

注：表 1.1.3－7、1.1.3－8 详见《现代橡胶工艺学》，杨清芝主编，中国石化出版社，2003 年 7 月第 3 次印刷，第 51 页表 1－23～24。

扩散率是在单位浓度梯度的推动下，单位时间内通过单位面积的物质的量。简单气体与聚合物之间的作用很弱，以至于扩散率与渗透物质的浓度无关。聚合物自由体积越大，分子链越柔软，越有利于简单气体的扩散。由表 2.1.4－2 可见，同一简单气体在不同的聚合物中扩散率差异很大，不同的气体在同一聚合物中的扩散率相差也很大。

几种橡胶的空气透过性见表 1.1.3－9。

表 1.1.3-9 橡胶的空气透过性

橡胶	炭黑量（质量份）/份	空气透过率/[10^{-9} cm^3 · $(s \cdot atm)^{-1}$]	橡胶	炭黑量（质量份）/份	空气透过率/[10^{-9} cm^3 · $(s \cdot atm)^{-1}$]
丙烯酸酯橡胶	36.7	28～44	氯醚橡胶	29.4	1.3
丁腈橡胶（高丙烯腈）	40.0	3.9	氯醇橡胶	31.5	6.0
丁腈橡胶（中高丙烯腈）	40.8	7.5	丁基橡胶	44.0	4.8
丁腈橡胶（中丙烯腈）	41.3	11			

注：详见《橡胶原材料手册》，于清溪、吕百龄等编写，化学工业出版社，2007 年 1 月第 2 版，第 172 页。

六、燃烧性质

阻燃与燃烧是一对孪生兄弟，人类从能够使用火以后，就有了灭火——阻止燃烧。在与火的斗争中，人类已寻找到了许多灭火与阻止燃烧的材料和方法，积累了许多经验和科学知识。

氧指数（OI 值）定义为着火后刚能维持试样燃烧的氧在氧/氮混合气体中的最小分数。由于空气中的氧的浓度为 21%，所以氧指数低于 21 的为易燃材料，22～27 之间的为自熄性材料，大于 27 的为难燃材料。

各种橡胶、聚合物的氧指数见表 1.1.3-10。

表 1.1.3-10 各种橡胶、聚合物的氧指数

生胶与树脂的氧指数				硫化胶的氧指数	
生胶	氧指数/%	聚合物	氧指数/%	硫化胶	氧指数/%
EPDM	18	PE	17.4	NBR	17～20
PE	18	PP	17.4	IIR	18～19
PP	18	PS	17.8	EPDM	10～29
IR	18	ABS	18.2	SBR	18～25
BR	18	尼龙纤维	20～22	ECO	20～33
SBR	18	聚酯纤维	20～22	CPE	30～35
NR	18.5	聚碳酸酯	24.9	硅橡胶	20～43
IIR	18	聚苯醚	30.0	CSM	25～52
NBR	19～22	聚苯硫醚	40.0	CR	29～57
硅橡胶	26	PVC	40.3	FKM	42～100
CSM	27	聚四氟乙烯	95.0		
CR	40				
FKM	>60				

注：详见《橡胶工业手册．第三分册．配方与基本工艺》，梁星宇等，化学工业出版社，1989 年 10 月（第一版，1993 年 6 月第 2 次印刷），第 425 页表 1-539。

橡胶通常是一种易燃的高分子材料，橡胶工业的阻燃始于 20 世纪 50 年代，发展于 20 世纪 60 年代。常用的阻燃方法是在橡胶制品的材料中加入不燃或阻燃的材料和助剂，如：氢氧化铝、氢氧化镁、氯化石蜡、磷酸脂类、溴类等阻燃剂。这些阻燃材料具有明显的阻燃效果，使得橡胶制品变得难燃或不燃。但随着科技的发展，建筑大楼变得更高，船舶、列车、汽车跑得更快，计算机中心变得更大，这些设施的防火技术要求越来越高。人们发现，许多场合尽管已采用了高效阻燃材料，但火灾造成的损失仍然很大，可归纳为二类：①火灾发生后形成大量的浓烟，使人迷失逃生路线，造成人员的窒息死亡；②烟雾中含有大量腐蚀性物质，使设备、仪器的控制系统腐蚀，操作失灵，造成次级灾害，通常次级灾害比燃烧的损失要大得多。

因此，良好的阻燃材料不但要具备不燃或难燃的特性，更重要的是燃烧产生的烟雾及所含有害物质要少。大量研究和应用表明，有机阻燃剂燃烧时会产生大量的有毒有害烟气，特别是卤素类阻燃剂毒性更大，而无机类阻燃剂燃烧时产生的烟雾少、毒性小。

总的来说，20 世纪 70 年代前对阻燃的要求只是防火，80 年代同时要求阻燃和抑烟，90 年代进一步要求阻燃系统无毒，进入 21 世纪后环境影响因素则是必须考虑的重点：橡胶制品采用的阻燃方案，应高效、低烟、低毒，并对环境影响小。如今，部分发达国已对其原有的阻燃标准进行了修订，中国对铁路和汽车阻燃技术规范也作了相应修订，低烟无卤阻燃技术已成为高洁净环保技术一个极为重要的组成部分。

七、电性能

体积电阻率 10^{10} Ω · m 是半导体材料的临界上限值，聚合物体积电阻等于或低于此值，可以用作抗静电的导电橡胶制

品，如丁腈橡胶的体积电阻率为 $10^9 \sim 10^{10}$ Ω·m，常用于纺织皮辊等。

橡胶的体积电阻一般较大，更常用于绝缘制品。用于绝缘制品时，除按照介电常数、介电损耗角正切、介电强度、体积电阻率、橡胶的吸水率等指标选用材料外，尚需参考橡胶的耐电弧性能。几种橡胶的耐电弧性如图 1.1.3-4 所示。

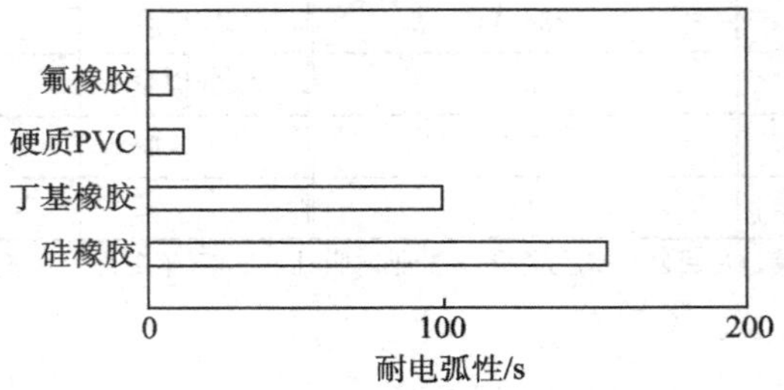

图 1.1.3-4　几种橡胶的耐电弧性

八、双烯类橡胶的贮存期

GB/T 19188—2003《天然生胶和合成生胶贮存指南》idt ISO 7664：2000《天然生胶和合成生胶 贮存指南》指出：在不良的贮存条件下，各种类型生胶的物理和（或）化学性能都或多或少地发生变化，例如发生硬化、软化、表面降解、变色等，从而导致生胶的加工性能和硫化胶性能发生变化，最终可能导致生胶不再适用于生产。这些变化可能是某一特定因素或几种因素综合作用（主要是氧、光、温度和湿度的作用）的结果。

GB/T 19188—2003 要求天然生胶和合成生胶贮存温度最好为 10～35℃。结晶或部分结晶的生胶会变硬，难于混炼。如天然橡胶在－27℃时的结晶速率最大，在 0～10℃之间结晶速率也较快，建议以 20℃为最低贮存温度，以限制结晶程度。其他容易结晶的橡胶包括异戊橡胶和氯丁橡胶。结晶是可逆的，所以也可以在加工前通过提高温度，使结晶的生胶恢复原状。

生胶应避免光照，特别是直射的阳光或紫外线较强的强力人造光。生胶在仓库中的贮存时间应尽量短，以“先进先出”为原则周转。GB/T 19188—2003 还对供热、湿度、污染等提出了一般要求。

通常，有关标准中，各种生胶的贮存期为 2 年。但是，对于不饱和度较高的二烯类橡胶，以二年为贮存期具有一定的质量风险。为了解不同贮存期二烯类橡胶所表现出的物理、化学及加工性能的变异程度，选取 A 企业生产后贮存 2 年、1.5 年、1 年、0 年的 SBR 1712E、SBR 1723，以及 B 企业生产后贮存 2 年、0 年的 SBR 1712E 生胶按照标准配方混炼，对胶料进行硫化特性、物理机械性能、厌氧老化以及 Payne 效应等项目的综合比对。

1. 生胶门尼黏度的变化

生胶门尼黏度随贮存时间的变化见表 1.1.3-11。

表 1.1.3-11　生胶门尼黏度 ML（1+4）100℃随贮存时间的变化

企业名称	牌号	贮存时间/年	原测值	现测值	现侧值－原测值	生产日期
A	SBR1723－1	2	49.4	53.3	3.9	2013.11
	SBR1723－2	1.5	49.0	52.2	3.2	2014.4
	SBR1723－3	1	48.9	51.8	2.9	2014.11
	SBR1723－4	0	—	50.3	—	2015.11
	SBR1712E－1	2	49.2	53.5	4.3	2013.11
	SBR1712E－2	1.5	49.6	53.0	3.4	2014.5
	SBR1712E－3	1	51.3	53.7	2.4	2014.10
	SBR1712E－4	0	—	49.8	—	2015.11
B	SBR1712E－1	2	48.2	53.2	5.0	2013.06（收到日期）
	SBR1712E－2	0	—	50.8	—	2015.10（收到日期）

由表 1.1.3-11 可见，随着贮存时间的延长，门尼黏度有上升的趋势。其中，A 企业所产贮存 2 年的生胶门尼黏度升幅最大，贮存 1 年的产品升幅最小。B 企业所产贮存 2 年的 1712E 生胶门尼黏度上升 5.0，较 A 企业所产生胶升幅高。

2. 生胶支化度的变化

生胶支化度的升高可能会对胶料的加工性能和硫化胶的物理机械性能产生影响。生胶支化度越高，由于支链的缠结，将增加该样品的弹性特性，于是 tanδ 值会变小。从图 1.1.3-5 中看，总体上贮存时间越久远，其支化度越高，而 B 企业所产 1712E 贮存 2 年的生胶支化程度要高于 A 企业。

利用 RPA 频率扫描的 tanδ 值来预测支化程度见图 1.1.3-5。

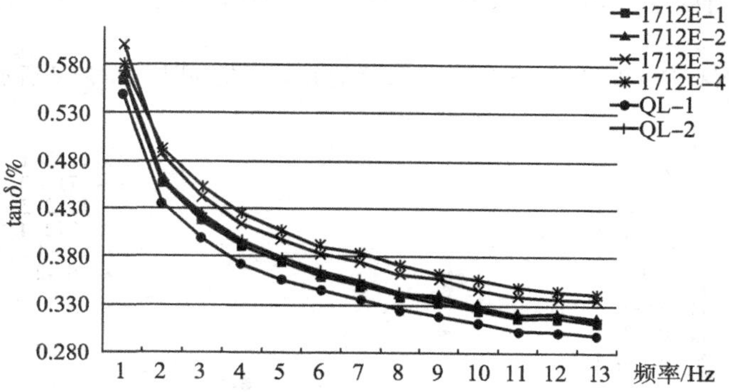

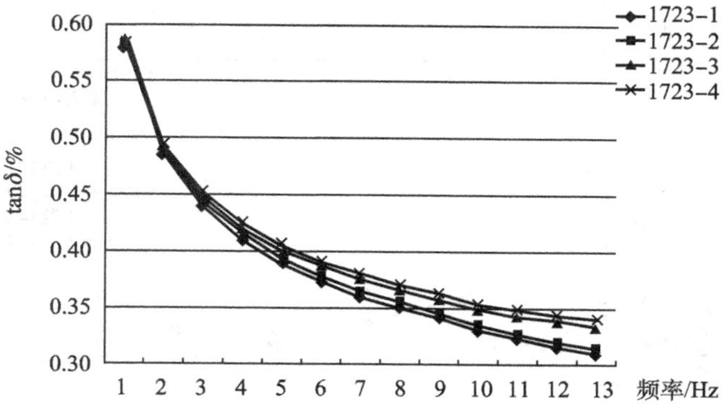

图 1.1.3-5 利用 RPA 频率扫描的 $\tan\delta$ 值来预测支化程度

3. 硫化特性的变化

胶料硫化特性随贮存时间的变化见表 1.1.3-12。

表 1.1.3-12 胶料硫化特性随贮存时间的变化 (MDR，160℃×30 min)

企业名称	牌号	贮存时间/年	ML	MH	t_{s_1}	t'_{10}	t'_{50}	t'_{90}
A	SBR1712E－1	2	93	102	101	102	96	94
	SBR1712E－2	1.5	94	99	94	96	96	96
	SBR1712E－3	1	96	99	104	104	101	98
	SBR1723－1	2	93	102	94	97	95	94
	SBR1723－2	1.5	93	96	99	98	95	97
	SBR1723－3	1	93	99	102	102	99	99
B	SBR1712E－1	2	92	94	101	99	97	101

注：以不同贮存期生胶当时测试数据为基准，其各硫化特性参数记为 100，贮存后的测试值与之比较。

随着贮存时间的延长，硫化特性变化没有规律可循，且变异均无显著差异，可认为是一致的。

4. 硫化胶物理机械性能变化

硫化胶物理机械性能随贮存时间的变化见表 1.1.3-13。

表 1.1.3-13 硫化胶物理机械性能随贮存时间的变化 (145℃×35 min)

企业名称	牌号	贮存时间/年	拉伸强度变化/%	伸长率变化/%	300%模量变化/%
A	SBR1712E－1	2	106	107	101
	SBR1712E－2	1.5	96	101	97
	SBR1712E－3	1	94	99	97
	SBR1723－1	2	106	107	100
	SBR1723－2	1.5	102	102	98
	SBR1723－3	1	96	94	97
B	SBR1712E－1	2	95	101	102

注：以不同贮存期生胶当时的硫化胶物理机械性能测试数据为基准，其各性能参数记为 100，贮存后的测试值与之比较。

随着贮存时间的延长，拉伸强度、伸长率、300%模量没有规律可循，且变异均无显著差异，可认为是一致的。

5. 硫化胶厌氧老化的变化

硫化胶在 RPA 模腔中厌氧高温（29℃×5 min）老化前后的 tanδ 变化如图 1.1.3－6 所示。

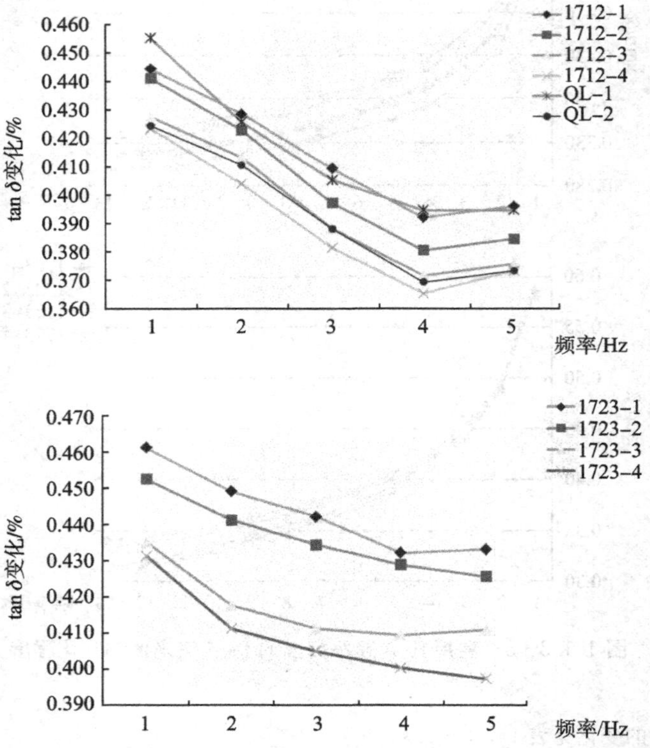

图 1.1.3－6　硫化胶在 RPA 模腔中厌氧高温（200℃ ×5 min）老化前后的 tanδ 变化

硫化胶在 RPA 模腔中厌氧高温（200℃×5 min）老化后，通常弹性模量 G' 会下降（由于链断裂，弹性减小），同时 tanδ 会上升。这两个参数变化得越大，说明该胶料的老化性能越差。

从图 1.1.3－6 可知，随着贮存时间的延长，胶料厌氧热老化性能有劣化的迹象。

6. Payne 效应的变化

Payne 效应指在低应变下（0.1%～15%）填充橡胶的弹性模量随应变的增加而下降的现象，其下降的程度可评估炭黑在胶料中分散的好坏，测试结果如图 1.1.3－7 所示，所有 SBR 1712E、SBR 1723 胶料的 G' 相似，无明显差异。

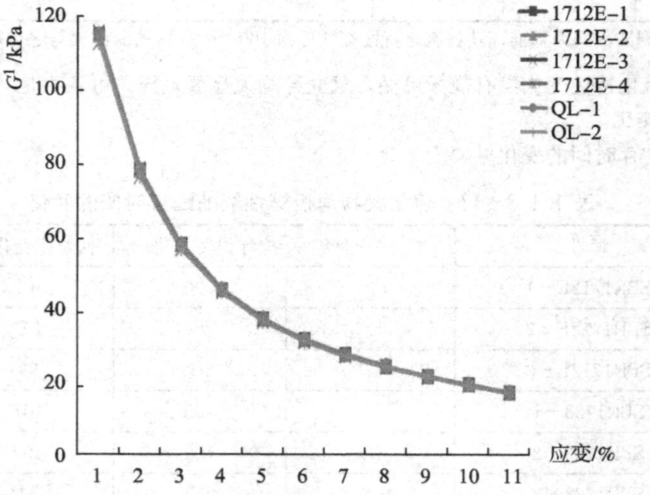

图 1.1.3－7　SBR 1712E Payne 效应的变化

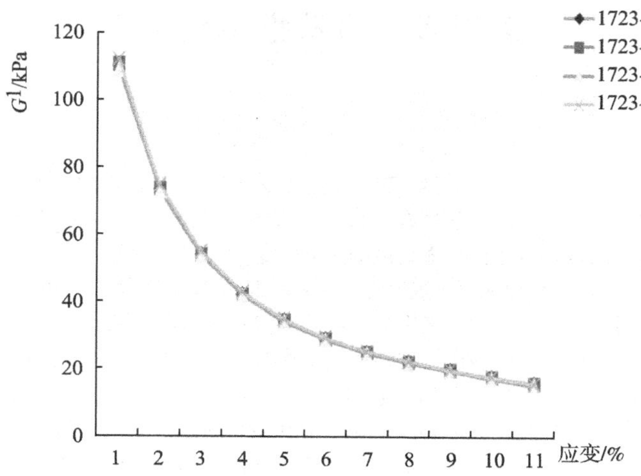

图 1.1.3-7 SBR 1712E Payne 效应的变化（续）

7. 硫化胶生热的变化

硫化胶生热随贮存时间的变化见表 1.1.3-14。

表 1.1.3-14 硫化胶生热随贮存时间的变化

企业名称	牌号	贮存时间/年	30 min 温升/℃
A	SBR1712E－1	2	4.9
	SBR1712E－2	1.5	4.0
	SBR1712E－3	1	3.9
	SBR1712E－4	0	3.0
	SBR1723－1	2	3.8
	SBR1723－2	1.5	3.6
	SBR1723－3	1	3.0
	SBR1723－4	0	2.5
B	SBR1712E－1	2	5.2
	SBR1712E－2	0	3.5

使用 RPA 生热测试程序测试各种硫化胶的温升，可看出，贮存时间越长，其生热越高。

8. 硫化胶滚动阻力的变化

表 1.1.3-15 SBR1712E 与 SBR1723 在 60℃ 下的 tanδ 值

tanδ								
温度/℃	1712E－1	1712E－2	1712E－3	1712E－4	B－1	B－2	轮胎性能	期望
60	0.197	0.197	0.197	0.201	0.202	0.201	滚动阻力	低
温度/℃	1723－1	1723－2	1723－3	1723－4			轮胎性能	期望
60	0.177	0.178	0.177	0.178			滚动阻力	低

使用 RPA2000 橡胶加工分析仪测试温度扫描显示，不管贮存时间长短，可表征轮胎滚动阻力的相同胶种的 60℃ tanδ 基本一致。但是从胶种看，SBR 1723 滚动阻力明显低于 SBR 1712E。

综上所述，除静态物理机械性能、硫化特性、Payne 效应、滚动阻力外，如表 1.1.3-15 所示，其余如门尼黏度、支化度、厌氧热老化以及胶料生热性上两企业所生产的不同牌号丁苯橡胶随贮存时间的延长均有不同程度的劣化趋势。

从贮存期 2 年与贮存期 1 年的差异看，2 年的劣化程度要比 1 年大得多，对胶料加工性能及橡胶制品使用性能产生的影响更甚。1 年性能变异尚可接受，对不饱和度较高的二烯类橡胶生产而言，贮存期以 1 年为宜。

第四节　热塑性弹性体

一、概述

热塑性弹性体（Thermoplastic Elastomer），简称 TPE，是指在常温下具有硫化橡胶的性质（即弹性体的性质），且在高温下又可以塑化变形（即塑料的性质）的高分子材料。TPE 具有硫化橡胶的性质，但不需要硫化。

热塑性弹性体聚合物分子链的结构特点是由化学组成的不同树脂段（也称硬段）和橡胶段（也称软段）构成。硬段的链段间作用力足以形成物理“交联”，这种物理“交联”是可逆的，即在高温下失去约束大分子链段活动的能力，使聚合物在高温下呈现塑性；降至常温时，这些“交联”又恢复，起到类似硫化橡胶交联点的作用。软段则具有较大的链段自由旋转能力，可赋予聚合物在常温下的弹性。软硬段间以适当的次序排列并以适当的方式连接起来。

热塑性弹性体 TPE 包括热塑性橡胶 TPR（Thermoplastic Rubber）和热塑性动态硫化橡胶 TPV（Thermoplastic Dynamic Vulcanizate）。热塑性弹性体具有硫化橡胶的物理机械性能和塑料的工艺加工性能，由于不需要再像橡胶那样经过热硫化，因而使用简单的塑料加工机械即可制成最终产品，使橡胶工业生产流程缩短了 1/4，节约能耗 25%～40%，提高效率 10～20 倍，是橡胶工业又一次材料和工艺技术革命。热塑性弹性体已广泛应用于制造胶鞋、胶布等日用制品和胶管、胶带、胶条、胶板、胶件以及胶黏剂等各种工业用品，还可替代橡胶用于 PVC、PE、PP、PS 等通用热塑性树脂甚至 PU、PA、CA 等工程塑料改性。

热塑性弹性体按交联性质可以分为物理交联和化学交联两大类。热塑性弹性体按交联性质分类如下：

- 物理交联型
  - 聚集相
    - 接枝型
      - 氯化丁基橡胶接枝苯乙烯
      - 丁基橡胶接枝苯乙烯
      - 丁二烯橡胶接枝苯乙烯
      - 乙丙橡胶接枝苯乙烯
    - 苯乙烯类
      - 对称线型及星型聚苯乙烯-丁二烯嵌段共聚物：Kraton、Solprene 等
      - 非对称线型及星型聚苯乙烯-丁二烯嵌段共聚物
      - 线型及星型聚苯乙烯-丁二烯嵌段共聚物的化学改性类：Kraton G 等
  - 氢键型—聚氨酯类：Pellethane、Estane、Telcar TR 等
  - 结晶相
    - 聚酯类：Hytrel 等
    - 聚烯烃类：ET、TPR、Keltan TP
    - 反式 1，4-聚异戊二烯
    - 间规 1，2-聚丁二烯
    - 乙烯-乙酸乙烯酯共聚物
    - 聚硅氧烷类
    - 聚酰胺类
- 化学交联型
  - 络合离子键型
    - 乙烯-丙烯酸共聚物：Surtyn A 等
    - 丁二烯-苯乙烯-乙烯基吡啶三元共聚物
    - 羧酸型离子聚合体
    - 磺化乙烯-丙烯二元共聚物
  - 可逆共价键型

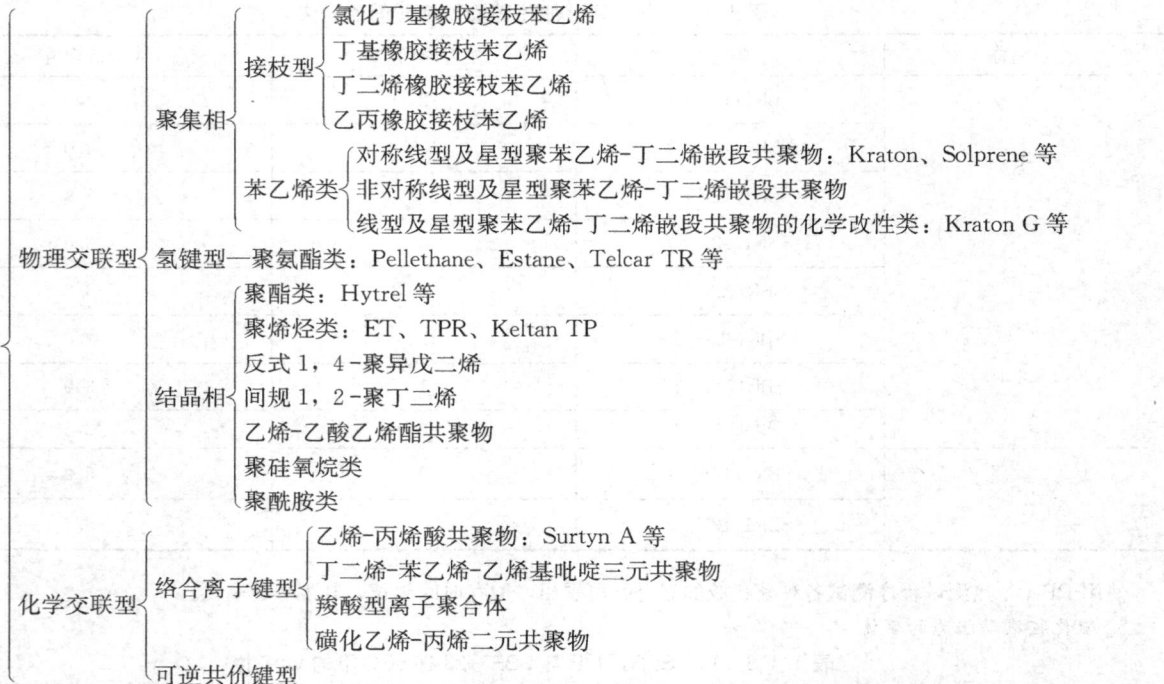

按聚合物的结构可以分为接枝、嵌段和共混三大类，其中共混型还有以交联硫化出现的动态硫化胶（TPV）和互穿网络的聚合物（TPE—IPN）两类。热塑性弹性体按高分子链的结构分类如下：

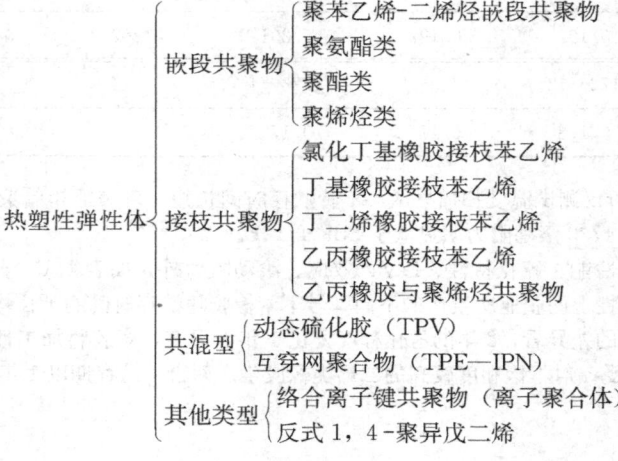

- 热塑性弹性体
  - 嵌段共聚物
    - 聚苯乙烯-二烯烃嵌段共聚物
    - 聚氨酯类
    - 聚酯类
    - 聚烯烃类
  - 接枝共聚物
    - 氯化丁基橡胶接枝苯乙烯
    - 丁基橡胶接枝苯乙烯
    - 丁二烯橡胶接枝苯乙烯
    - 乙丙橡胶接枝苯乙烯
    - 乙丙橡胶与聚烯烃共聚物
  - 共混型
    - 动态硫化胶（TPV）
    - 互穿网聚合物（TPE—IPN）
  - 其他类型
    - 络合离子键共聚物（离子聚合体）
    - 反式 1，4-聚异戊二烯

按热塑性弹性体的制造方法分类如下：

- 热塑性弹性体
  - 嵌段共聚物
    - 苯乙烯-二烯烃类（苯乙烯类）
    - 聚酯类
    - 聚氨酯类
    - 聚酰胺类
  - 弹性体的聚烯烃类（TEOs）
    - 三元乙丙橡胶/聚烯烃
    - 丁腈橡胶/聚氯乙烯
  - 以热塑性塑料为基体的弹性体合金（EAs）
    - 三元乙丙橡胶/聚丙烯
    - 丁腈橡胶/聚丙烯
    - 天然橡胶/聚丙烯
    - 丁基橡胶

此外，还可以按用途将热塑性弹性体分为通用 TPE 和工程 TPE。

热塑性弹性体目前已发展到 10 大类 30 多个品种。目前工业化生产的 TPE 有苯乙烯类（SBS、SIS、SEBS、SEPS）、烯烃类（TPO、TPV）、双烯类（TPB、TPI）、氯乙烯类（TPVC、TCPE）、氨酯类（TPU）、酯类（TPEE）、酰胺类（TPAE）、有机氟类（TPF）、有机硅类和乙烯类等，几乎涵盖了现在合成橡胶与合成树脂的所有领域。TPE 以 TPS（苯乙烯类）和 TPO（烯烃类）为中心获得了迅速发展，两者的产耗量已占到全部 TPE 的 80%左右，双烯类 TPE 和氯乙烯类 TPE 也成为通用 TPE 的重要品种。其他氨酯类（TPU）、酯类（TPEE）、酰胺类（TPAE）、有机氟类（TPF）等则转向了以工程为主。

热塑性弹性体种类与组成见表 1.1.4-1。

表 1.1.4-1 热塑性弹性体种类与组成

种类		结构组成		制法	用途
		硬链段	软链段		
苯乙烯类	SBS	聚苯乙烯	BR	化学聚合	通用
	SIS	聚苯乙烯	IR	化学聚合	通用
	SEBS	聚苯乙烯	加氢 BR	化学聚合	通用、工程
	SEPS	聚苯乙烯	加氢 IR	化学聚合	通用、工程
烯烃类	TPO	聚丙烯	EPDM	机械共混	通用
	TPV－(PP＋EPDM)	聚丙烯	EPDM＋硫化剂	机械共混	通用
	TPV－(PP＋NBR)	聚丙烯	NBR＋硫化剂	机械共混	通用
	TPV－(PP＋NR)	聚丙烯	NR＋硫化剂	机械共混	通用
	TPV－（PP＋IIR)	聚丙烯	IIR＋硫化剂	机械共混	通用
双烯类	TPB（1，2－IR)	聚 1，2-丁二烯		化学聚合	通用
	TPI（反式 1，4－IR)	聚反式 1，4-异戊二烯		化学聚合	通用
	T－NR（反式 1，4－NR)	聚反式 1，4-异戊二烯		天然聚合	通用
	TP－NR（改性顺式 1，4－NR)	聚顺式 1，4-异戊二烯改性		接枝聚合	通用
氯乙烯类	TPVC（HPVC)	结晶 PVC	非结晶 PVC	聚合或共混	通用
	TPVC（PVC/NBR)	PVC	NBR	机械共混 乳液共沉	通用
	TCPE	结晶 CPE	非结晶 CPE	聚合或共混	通用
乙烯类	EVA 型 TPE	结晶 PE	乙酸乙烯酯	嵌段共聚物	通用
	EEA 型 TPE	结晶 PE	丙烯酸乙酯	嵌段共聚物	通用
	离子键型 TPE	乙烯-甲基丙烯酸离聚体		离子聚合	工程
	离子键型 TPE	磺化乙烯-丙烯三元离聚体		离子聚合	通用
	熔融加工型 TPE	乙烯互聚物	氯化聚烯烃	熔融共混	通用
有机氟类 TPF		氟树脂	氟橡胶	化学聚合	通用、工程
有机硅类		结晶 PE	Q 橡胶	机械共混	通用、工程
		PS	聚二甲基硅氧烷	嵌段共聚物	通用、工程
		聚双酚 A 碳酸酯	聚二甲基硅氧烷	嵌段共聚物	工程
		聚芳酯	聚二甲基硅氧烷	嵌段共聚物	工程
		聚砜	聚二甲基硅氧烷	嵌段共聚物	工程

续表

种类		结构组成		制法	用途
		硬链段	软链段		
氨酯类 TPU	TPU—ARES	芳烃	聚酯	加聚	通用、工程
	TPU—ARET	芳烃	聚醚		
	TPU—AREE	芳烃	聚醚和聚酯		
	TPU—ARCE	芳烃	聚碳酸酯		
	TPU—ARCL	芳烃	聚已酸内酯		
	TPU—ALES	脂肪烃	聚酯		
	TPU—ALET	脂肪烃	聚醚		
酯类 TPEE	TPC—EE	酯结构	聚醚和聚酯	缩聚	通用
	TPC—ES		聚酯		
	TPC—ET		聚醚		
酰胺类 TPAE	TPA—EE	酰胺结构	聚醚和聚酯	缩聚	通用
	TPA—ES		聚酯		
	TPA—ET		聚醚		

TPE 性能的主要特点为：

1）可用一般的热塑性塑料成型机加工，例如注塑成型、挤出成型、吹塑成型、压缩成型、递模成型等；

2）能用橡胶注射成型机成型、硫化，时间可由原来的 20 min 左右缩短到 1 min 以内；

3）生产过程中产生的废料（逸出毛边、挤出废胶）和最终出现的废品，可以直接返回再利用；

4）用过的 TPE 旧品可以简单再生之后再次利用，减少环境污染，扩大资源再生来源；

5）不需要硫化，节省能源，以高压软管生产能耗为例，普通橡胶为 188 MJ/kg，TPE 为 144 MJ/kg，可节能 25%以上；

6）自补强能力大，配方大大简化，从而使配合剂对聚合物的影响制约大为减小，质量性能更易掌握。

其缺点为：耐热性不如橡胶，随着温度上升而物性下降幅度较大，因而适用范围受到限制，压缩变形、弹回性、耐久性等同橡胶相比较差，价格上也往往高于同类的橡胶。

代表性热塑性弹性体的加工性如图 1.1.4－1 所示。

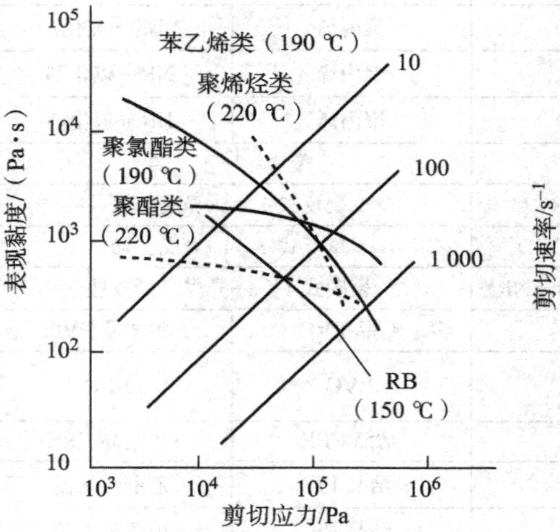

图 1.1.4－1　代表性热塑性弹性体的加工性

热塑性弹性体的基本物性见表 1.1.4－2。

表 1.1.4－2　热塑性弹性体的基本物性

物性	通用型 TPE					工程型 TPE		
	苯乙烯类 TPS	烯烃类 TPO	双烯类 TPB	氯乙烯类		氨酯类 TPU	酯类 TPEE	酰胺类 TPAE
				TPVC	TCPE			
密度/(g·cm⁻³)	0.91～1.20	0.89～1.00	0.91	1.20～1.30	1.14～1.28	1.10～1.25	1.17～1.25	1.01～1.20
硬度	30A～75A	50A～95A	19D～53D	40A～80A	57A～67D	30A～80D	40A～70A	40D～62D
拉伸强度/MPa	9.8～34.3	2.9～18.6	10.8	9.8～10.6	8.8～29.4	29.4～49	25.5～39.2	11.8～34.3

续表

物性	通用型 TPE					工程型 TPE		
	苯乙烯类 TPS	烯烃类 TPO	双烯类 TPB	氯乙烯类		氨酯类 TPU	酯类 TPEE	酰胺类 TPAE
				TPVC	TCPE			
伸长率/%	800～1 200	200～600	710	400～900	180～750	300～800	350～450	200～400
回弹率/%	45～75	40～60		30～70	30～60	30～70	60～70	60～70
耐磨性	△	×	○	△	△	◎	△	○
耐曲挠性	○	Δ	○	○	○	◎	◎	◎
耐热性 (≤)/℃	60	120	60	100	100	100	140	100
耐寒性 (≥)/℃	−70	−60	−40	−30	−30	−65	−40	−40
脆性温度/℃	<−70	<−60	−32～42	−30～40	−20～30	<−70	<−50	<−50
耐油性	×	△	△～○	×～○	○	◎	◎	◎
耐水性	◎～○	◎～○	◎～○	◎～○	◎～○	○～△	○～×	○～△
耐天候性	×～△	○	×～△	△～○	◎	△～○	△	○

注：◎为优，○为良，△为可，×为劣。

二、苯乙烯类 TPE（TPS）

苯乙烯类 TPE（TPS，也有的简称 SBCs），又称为苯乙烯系嵌段共聚物（Styreneic Block Copolymers），为丁二烯或异戊二烯与苯乙烯单体在烷基锂引发剂作用下，经溶液负离子聚合制得的嵌段型共聚物，聚合时以单体加入程序控制嵌段序列。这类热塑性弹性体按其分子链形状有线型与星型之分，星型聚合物一般用于聚合时加入多官能团偶联反应的办法，如采用 1，3，5－三氯代甲基苯三官能团偶联剂与双嵌段活性聚合物反应，生成三臂的星型嵌段共聚物；用四官能团的四氯硅烷或四氯化锡作偶联剂，得到四臂的星型嵌段共聚物。依此类推，可以得到五臂甚至更多臂的星型嵌段共聚物。随偶联剂官能团的增多，反应速度也相应减慢。其结构如图 1. 1. 4－2 所示。

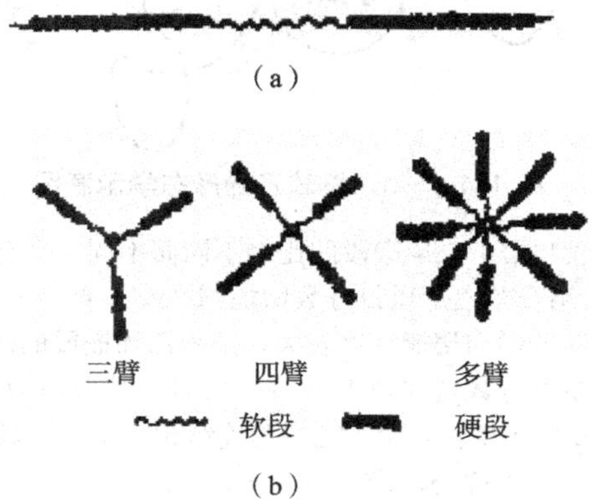

图 1. 1. 4－2 苯乙烯类嵌段共聚热塑性弹性体的线型与星型分子示意图

(a) 线型；(b) 星型

相对来说，星型 TPS 的硬段形成的聚集体更密集有序，其拉伸强度比线型嵌段共聚物高，因此，星型 TPS 更适合于相对高负荷的场合。同时，随着温度的升高，星型嵌段共聚物的拉伸强度下降的幅度小于线型嵌段共聚物，其耐热性更好。嵌段共聚物溶液黏度随分子量的增大而增高，在相同分子量的条件下，线型嵌段共聚物溶液黏度较星型嵌段共聚物的高。

苯乙烯类热塑性弹性体是目前世界产量最大、与 SBR 橡胶性能最为相似的一种热塑性弹性体。目前，SBCs 系列品种中主要有 4 种类型，即：苯乙烯-丁二烯-苯乙烯嵌段共聚物（SBS）、苯乙烯-异戊二烯-苯乙烯嵌段共聚物（SIS）、苯乙烯-乙烯-丁烯-苯乙烯嵌段共聚物（SEBS）、苯乙烯-乙烯-丙烯-苯乙烯型嵌段共聚物（SEPS），其中 SEBS 和 SEPS 分别是 SBS 和 SIS 的加氢共聚物。

因合成方法不同，TPS 有以下 3 种分子结构：

线型 TPS 的分子结构式：

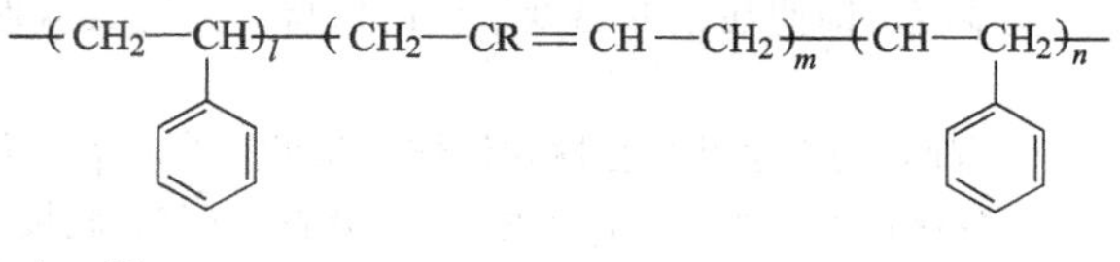

式中，R＝H 时，即中心链段为聚丁二烯；

R＝CH_3 时，即中心链段为聚异戊二烯。

星型 TPS 的分子结构式：

$$+[(CH_2-CH)_{n_1}(CH_2-CH=CH-CH_2)_{m_1}(CH-CH)_{m_2-x}]M_y$$

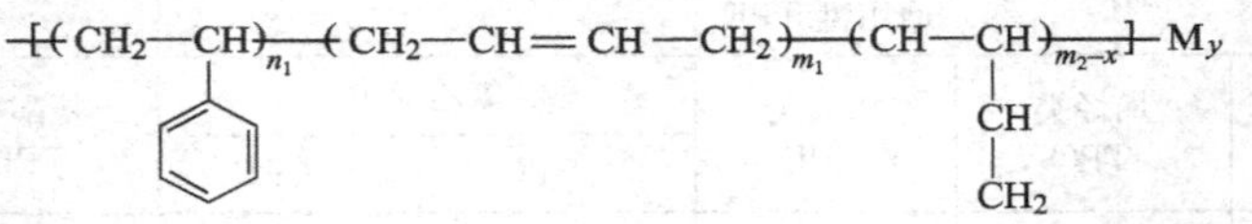

式中，x 一般等于 3 或 4；M 表示硅或锡等；y 为氢原子（0 或 1）。

饱和型 TPS（加氢共聚物）的分子结构式：

$$S_x+(CH_2-CH_2CH_2-CH_2)_m(CH-CH)_n S_x$$

$$(E) \qquad\qquad (B)$$

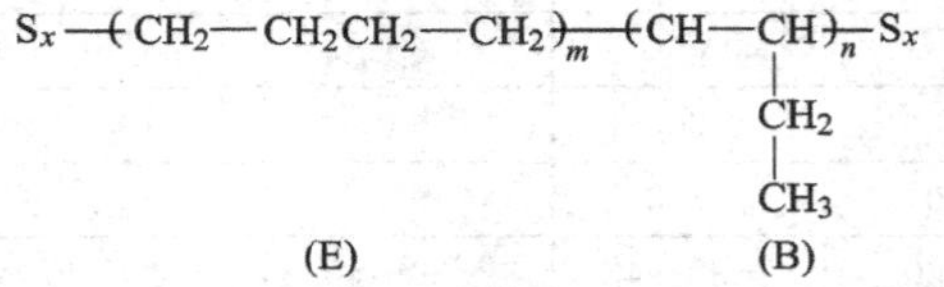

就分子链中聚丁二烯链段而言，其构型有顺式-1，4-结构、反式-1，4-结构和 1，2-结构三种。

嵌段共聚物还有相态结构。聚苯乙烯链段和聚丁二烯链段呈现相分离的两相结构，其中聚苯乙烯相区（相畴）起物理交联点和补强粒子的作用，为分散相；聚丁二烯相区为连续相，聚苯乙烯分散于聚丁二烯基体中，其形态学示意图如图 1.1.4-3 所示。

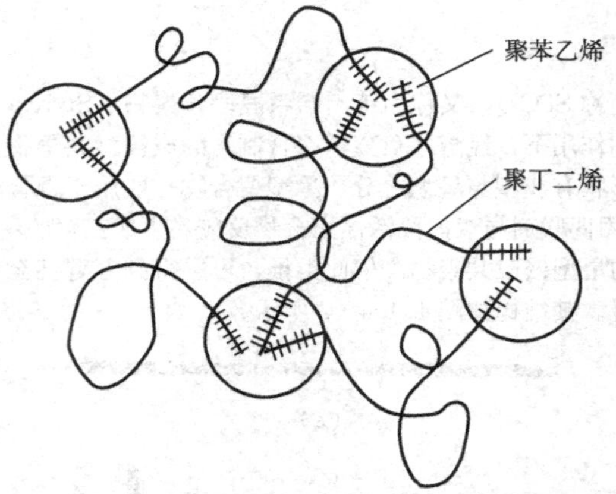

聚苯乙烯

聚丁二烯

图 1.1.4-3　聚苯乙烯形态学示意图

TPS 的性能随大分子中聚苯乙烯嵌段与聚丁二烯嵌段的比例不同而不同。据有关文献报道[10]，当结合苯乙烯质量分数小于 25％时，PS 嵌段呈球状为分散相。结合苯乙烯质量分数增加到 25％～40％时，PS 嵌段呈柱状，且在结合苯乙烯的质量分数为 28％～32％的范围内，由于聚苯乙烯内聚能密度较大，聚苯乙烯嵌段的两端分别与其他聚苯乙烯聚集在一起，形成 10～30 nm 的球状微区。结合苯乙烯质量分数增加到 40％～60％时，其形态为 PS 嵌段与 PB 嵌段的交替层状结构；当结合苯乙烯质量分数继续增加时，则将发生相反转，聚苯乙烯为连续相，聚丁二烯为分散相。

SBS 中丁二烯/苯乙烯单体比对 SBS 硬度的影响如图 1.1.4-4 所示。

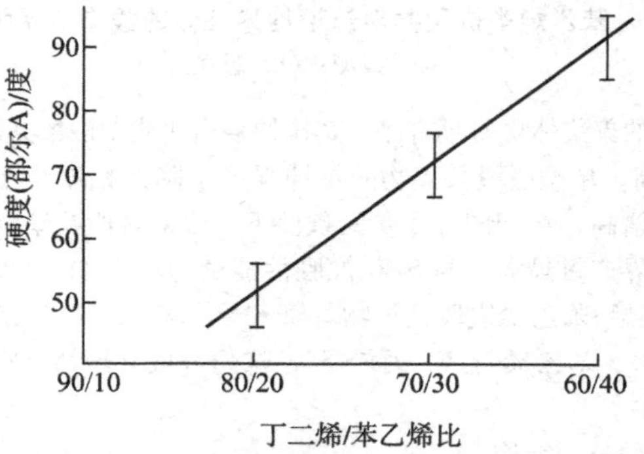

图 1.1.4-4　SBS 中丁二烯/苯乙烯单体比对 SBS 硬度的影响

TPS 因系两相结构而有两个玻璃化温度，即使在很低温度下仍能保持一定的柔软性。星型 SBS 的耐热性比线型 SBS 好，SIS 的黏着性比 SBS 好。

目前世界上 TPS 的产量已达 70 多万吨，约占全部热塑性弹性体产量的一半左右，代表性的品种为苯乙烯—丁二烯—苯乙烯嵌段共聚物（SBS），广泛用于制鞋业，已大部分取代了橡胶，同时在胶布、胶板等工业橡胶制品中的用途也在不断扩大。近年来，以异戊二烯替代丁二烯的嵌段苯乙烯聚合物（SIS）的发展很快，其产量已占 TPS 产量的 1/3 左右，约 90％用在黏合剂方面，用 SIS 制成的热熔胶不仅黏性优越，而且耐热性也好，现已成为美、欧、日各国热熔胶的主要材料。

近年来，还开发了以下新品种的TPS，包括：

1）环氧树脂用的高透明性TPS以及医疗卫生用的无毒TPS等。

2）SBS或SEBS等与PP塑料熔融共混，形成互穿网结构的IPN—TPS；用SBS或SEBS与其他工程塑料形成的IPN—TPS，可以不用预处理而直接涂装，涂层不易刮伤，并且具有一定的耐油性，弹性系数在低温较宽的温度范围内没有什么变化，大大提高了工程塑料的耐寒和耐热性能。

3）苯乙烯类化合物与橡胶接枝共聚也能成为具有热塑性的TPE，已开发的有EPDM/苯乙烯、BR/苯乙烯、Cl—IIR/苯乙烯、NR/苯乙烯等。

4）为提高苯乙烯类热塑性弹性体的使用温度，采用α-甲基苯乙烯取代苯乙烯与丁二烯，共聚而得α-甲基苯乙烯-丁二烯-α-甲基苯乙烯三嵌段共聚物，简称α—MS—B—α—MS，以有机锂为引发剂溶液聚合而成，其玻璃化温度比SBS高，耐热性较好，使用温度范围较宽，且与极性聚合物、油品和填料的相容性也较好，可制成耐热性能优良的复合材料。

2.1 SBS

SBS是由苯乙烯与丁二烯以烷基锂为催化剂进行阴离子聚合制得的三嵌段共聚物，与丁苯橡胶相似，SBS不溶于水、弱酸、碱等极性物质，具有优良的拉伸强度，永久变形小，表面摩擦系数大，低温性能好，电性能优良，加工性能好，并具有橡胶弹性且不需要硫化，适用于作为热熔加工的胶黏剂和密封材料，在制鞋业、聚合物改性、沥青改性、防水涂料、液封材料、电线、电缆、汽车部件、医疗器械部件、家用电器、办公自动化和胶黏剂等方面具有广泛的应用，分为沥青改性用SBS、制鞋业用SBS、胶黏剂用SBS，是苯乙烯类热塑性弹性体（SBCs）中产量最大（占70%以上）、成本最低、应用较广的一个品种，兼有塑料和橡胶的特性。

制鞋业：用SBS代替硫化橡胶和聚氯乙烯制作的鞋底弹性好、色彩美观，具有良好的抗湿滑性、透气性、耐磨性、低温性和耐曲挠性、不臭脚、穿着舒适等优点，对沥青路面、潮湿及积雪路面有较高的摩擦系数。鞋底式样可为半透明的牛筋底或色彩鲜艳的双色鞋底，也可制成发泡鞋底。SBS与S—SBR（溶聚丁苯）、NR橡胶并用制造的海绵，比原来PVC、EVA塑料海绵更富于橡胶触感，且比硫化橡胶要轻，颜色鲜艳，花纹清晰，不仅适于制造胶鞋中底的海绵，也是旅游鞋、运动鞋、时装鞋等一次性大底的理想材料。用SBS制成的价廉的整体模压帆布鞋，其重量比聚氯乙烯树脂鞋轻15%～25%，摩擦系数高30%，具有优良的耐磨性和低温柔软性。废SBS鞋底可回收再利用，成本适中。

沥青改性：以SBS改性的沥青较之SBR橡胶、胶粉（WRP，Waste Rubber Powder）更容易溶解于沥青中，SBS作为建筑沥青和道路沥青的改性剂可明显改进沥青的耐候性和耐负载性能，是沥青优异的耐磨、防裂、防软和抗滑改性剂。

SBS在沥青改性中的应用包括防水卷材沥青改性以及道路沥青改性两个方面。用SBS改性的沥青防水卷材具有低温屈挠性好，自愈合能力和耐久性好，抗高温流动、耐老化、热稳定性好以及耐冲击等特点，可以大大提高防水卷材的性能、延长其使用寿命，可满足重要建筑物的需要。在桥面（混凝土）、地铁以及地下通道等的市政工程以及水池、水渠等的水利工程方面得到了广泛地应用。

聚合物改性：SBS是较好的树脂改性剂，可与PP、PE、PS、ABS等树脂共混，以改善制品的抗冲击性能和屈挠性能。以SBS改性的PS塑料，不仅可像橡胶那样大大改善抗冲击性，而且透明性也非常好。多用于电气元件、汽车方向盘、保险杠、密封件等。

黏合剂：SBS胶黏剂具有良好的弹性、黏接强度和低温性能，黏度低，抗蠕变性能优于一般EVA类、丙烯酸系黏合剂，在生活中得了广泛的应用。可用于生产鞋用黏合剂、冶金粉末成型剂、裱胶黏合剂、木材快干胶、标签、胶带用胶、一次性卫生用品用胶、复膜黏合剂、密封胶以及用于挂钩、电子元件以及一般强力胶、万能胶以及不干胶等。

SBS在烃类溶剂中具有很好的溶解能力，溶解快、稳定性好，SBS作为黏合剂具有高固含量、快干的特点，减轻了用芳香烃溶剂对人体健康的危害。

其他领域：SBS还可用作玩具、家具和运动设备的主要原料；用作地板材料、汽车座垫材料、地毯底层和隔音材料以及电线和电缆外皮。此外，SBS还可用于水泥加工、汽车制造和房屋内装修以及各种胶管的制造，用于亮油、医疗器件、家用电器、管带以及电线电缆等方面。

按照GB/T 5577—2008《合成橡胶牌号规范》，国产SBS的主要牌号见表1.1.4-3。

表1.1.4-3 国产SBS的主要牌号

新牌号	结构	苯乙烯含量/%	相对分子质量/10^4	备注
SBS 4303	星型	30	18～25	
SBS 4402	星型	40	18～21	
SBS 1301	线型	30	8～12	
SBS 1401	线型	40	8～12	
SBS 796	线型	22	8～11	
SBS 791	线型	30	8～11	
SBS 762	线型	30	8～11	内含二嵌段聚合物
SBS 791H	线型	30	10～13	
SBS 788	线型	35	6～10	

续表

新牌号	结构	苯乙烯含量/%	相对分子质量，10^4	备注
SBS 761	线型	30	14～18	
SBS 792	线型	40	8～11	
SBS 763	线型	20	8～11	
SBS 898	线型/星型	30	26～30	
SBS 768	线型/星型	35	6～10	
SBS 801	星型	30	28～30	
SBS 801－1	星型	30	20～26	
SBS 道改 2＃	星型	30	26～30	
SBS 802	星型	40	18～22	
SBS 803	星型	40	14～18	
SBS 815	星型	40	18～20	填充油 10 份
SBS 805	星型	40	18～20	填充油 50 份，1＃油品
SBS 825	星型	40	18～20	填充油 50 份，2＃油品
SBS 875	星型	40	18～20	填充油 50 份，3＃油品
SEBS 6151		32	20～30	
SEBS 6154		31	14～20	

注：牌号为四位数字的 SBS 产品系中石化北京燕山分公司产品，牌号为三位数字的 SBS 产品系中石化巴陵分公司产品。

SBS 的技术要求见表 1.1.4－4。

表 1.1.4－4　SBS 的技术要求

质量项目与供应商	沥青改性用 SBS	制鞋用 SBS		胶黏剂用 SBS	说明
		非充油 SBS[b]	充油 SBS[c]		
挥发分（⩽）/%	0.5、0.7、1.0	0.5、0.7、1.0	0.5、0.7、1.0	0.5、0.7、1.0	各分 3 级
总灰分（⩽）/%	0.25	0.20	0.20	0.20	
25%甲苯溶液黏度		—	—	1 000～1 300 950～1 450 850～1 850	
苯乙烯含量/%	M[a]±2.0、M[a]±3.0	—	—	36～40	
熔体流动速率/(g · 10 min^{-1})	报告值	报告值	报告值	0.1～5.0	
300%定伸应力（⩾）/MPa	1.8	4.0、3.0	1.6、1.4	3.5	
拉伸强度（⩾）/MPa		26.0、22.0	16.0、14.0	24	
拉断伸长率（⩾）/%	520	700、570	1 000、850	700	
永久变形[d]（⩽）/%		50、55	40、45	55	
硬度（邵尔 A）/度		90、88	65、62	85	

注：[a] M 指供方提供的数据。
[b] 指苯乙烯：丁二烯＝40：60（质量比）的 SBS。
[c] 指填充 50 份油，苯乙烯：丁二烯＝40：60（质量比）的 SBS。
[d] 永久变形未作说明的，均为拉断永久变形，下同。

对于胶黏剂用 SBS，一般来说，热塑性弹性体黏接能力中初黏力取决于橡胶相与基体的相容性。相容性好，有利于胶黏剂浸润基体表面。当苯乙烯含量过高时，会导致初黏力、润湿性下降；而持黏力取决于两相结构中塑料相的形态，即塑料相的“锚”对基体表面的抓覆力，随苯乙烯组分及其相对分子质量的增加而提高。产品中苯乙烯含量应取决于下游用户对初黏力和持黏力的不同要求，不同苯乙烯含量的产品物性数据差别很大。

对于沥青改性用 SBS，SBS 的微观结构的变化对改性沥青的性能影响很大。

各类型 SBS 测试条件见表 1.1.4－5。

表 1.1.4－5　各类型 SBS 测试条件　　　　℃

测试条件	沥青改性（线型）	沥青改性（星型）	制鞋用非充油 SBS	制鞋用充油 SBS[a]	胶黏剂用 SBS
辊筒温度	125±5	130±5	125±5	100±5	125±5
压板和模具温度	155±3	165±3	165±3	165±3	155±3

注：[a] 指填充 50 份油，苯乙烯：丁二烯＝40：60（质量比）的 SBS。

2.2 SIS

SIS 以苯乙烯和异戊二烯为主要原料，采用阴离子聚合方法制得的嵌段共聚物。SIS 是一种无色、无毒、无味、环境友好的高分子聚合物，用于黏合剂、塑料改性与沥青改性等领域，其中黏合剂是最主要的应用领域，用于热熔胶与压敏胶，广泛应用于医疗、电绝缘、包装、固定、标志以及复合材料的层间黏合等方面，诸如卫生用品、产品印刷、单双面胶带、铝箔胶带、布基胶带、标签印刷等方面。

SH/T ××××－××××规定 SIS 牌号按以下规则命名：

第一位字符组：SIS，为苯乙烯-异戊二烯嵌段共聚物产品代号。

第二位字符组：为 SIS 的结构类型。其中，“1”表示线型产品，“4”表示星型产品。

第三位字符组：为 SIS 二嵌段含量范围值。其中，0 代表二嵌段含量为 0，1 代表二嵌段含量为 $0<X<20\%$，2 代表二嵌段含量为 $20\%\leqslant X<27\%$，3 代表二嵌段含量为 $27\%\leqslant X<37\%$，4 代表二嵌段含量为 $37\%\leqslant X<47\%$，5 代表二嵌段含量为 $47\%\leqslant X<57\%$。

第四位字符组：为 SIS 结合苯乙烯含量中值。

示例：

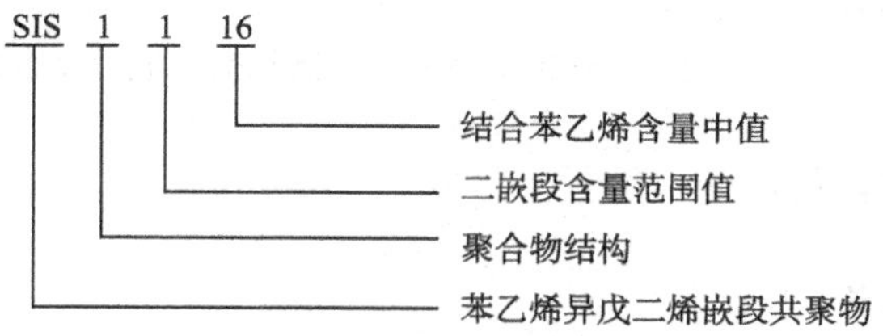

SH/T ××××－××××中 SIS 的技术指标见表 1.1.4－6。

表 1.1.4－6 SIS 的技术指标

项目	牌号				
	SIS 1015	SIS 1116	SIS 1214	SIS 1516	SIS 4319
挥发分（质量分数，≤）/%	0.70				
灰分（质量分数，≤）/%	0.20				
黄色指数（≤）	6.0				
25%甲苯溶液黏度/(mPa·s)	由供方提供				—
结合苯乙烯含量（质量分数）/%	15.0±2.0	16.0±2.0	14.0±2.0	16.0±2.0	19.0±2.0
二嵌段含量（质量分数）/%	—	16.5±2.0	25.0±2.0	50.0±3.0	30.0±3.0
熔体质量流动速率/(g·10 min^{-1})	8.0～12.0	8.0～14.0	8.0～14.0	8.0～14.0	10.0～18.0
拉伸强度（≥）/MPa	12.0	10.0	8.0	4.0	6.0
拉断伸长率（≥）/%	1 050	1 050	1 000	1 100	900

2.3 SEBS 和 SEPS

SBS 和 SIS 的最大问题是不耐热，使用温度一般不超过 80℃。同时，其强伸性、耐候性、耐油性、耐磨性等也都无法同橡胶相比。为此，近年来美欧等国对它进行了一系列性能改进，先后出现了 SBS 和 SIS 经饱和加氢的 SEBS 和 SEPS。SEBS（以 BR 加氢作软链段）和 SEPS（以 IR 加氢作软链段）可使抗冲强度大幅度提高，耐天候性和耐热老化性也好。日本三菱化学在 1984 年又以 SEBS（苯乙烯-乙烯-丁二烯-苯乙烯）、SEPS（苯乙烯-乙烯丙烯-苯乙烯）为基料制成了性能更好的混合料。SEBS 和 SEPS 具有优异的弹性和机械强度，可以在－65～120℃的范围内使用，耐油性优于乙丙橡胶，可与氯丁橡胶媲美，还具有优异的耐溶剂、耐药品、耐酸碱性能。因此，SEBS 和 SEPS 不仅是通用热塑性弹性体，也是工程塑料用的改善耐天候性、耐磨性和耐热老化性的共混材料，故而很快发展成为尼龙（PA）、聚碳酸酯（PC）等工程塑料类“合金”的增容剂。

SEBS 是以聚苯乙烯为末端段，以聚丁二烯加氢得到的乙烯-丁烯共聚物为中间弹性嵌段的线性三嵌段共聚物。SEBS 不含不饱和双键，因此具有良好的稳定性和耐老化性，既具有可塑性，又具有高弹性，无须硫化即可加工使用，边角料可重复使用，广泛用于生产高档弹性体、塑料改性、胶黏剂、润滑油增黏剂、电线电缆的填充料和护套料等。

SEBS 具有良好的耐候性、耐热性、耐压缩变形性和优异的力学性能，其主要性能特点包括：

1）较好的耐温性能，其脆性温度≤－60℃，最高使用温度达到 149℃，在氧气气氛下其分解温度大于 270℃；

2）优异的耐老化性能，老化 168 h 后其性能的下降率≤10%，臭氧老化（38℃）100 h 后其性能的下降率≤10%；

3）优良的电性能，其介电常数在 1 000 Hz 为 1.3×10^{-4}，1 000 000 Hz 为 2.3×10^{-4}；体积电阻一分钟为 9×10^{16} Ω·cm，二分钟为 2×10^{17} Ω·cm；

4）良好的溶解性能、共混性能和优异的充油性，能溶于多种常用溶剂中，其溶解度参数在 7.2～9.6 之间，能与多种聚合物共混，能用橡胶工业常用的油类进行充油，如白油或环烷油；

5）无须硫化即可使用的弹性体，加工性能与SBS类似，边角料可重复使用；

6）比重较轻，约为0.91。

其应用领域包括：

1）SEBS具有较好的紫外线稳定性、抗氧性和热稳定性，所以在屋顶和修路用沥青中也可以使用；

2）SEBS与石蜡之间有比较好的相容性，因此可用作纸制品较柔韧表面涂层；

3）在加热时没有明显的剪切流动时温度不敏感，因此它可以作为IPN的模板；

4）共混物的有机溶液可替代天然胶乳制造外科手套等制品，由于SEBS不含不饱和双键，抗氧性、抗臭氧性较天然橡胶更好，且无毒，纯度较高，不含蛋白质，更适于作为医疗卫生用品。

SEBS共混物可以采用注射、挤出及吹塑等热塑性加工方法制造各种物件。SEBS与SBS在产品结构方面有所不同，在加工温度也略有不同。在加工温度方面，SBS加工温度一般在150～200℃之间，而SEBS一般在190～260℃之间；SBS加工时，要求剪切速率较低，而SEBS加工时要求剪切速率较高；注塑成型时，SBS一般采用适中的剪切速率，挤出成型一般采用低压缩比的螺杆，而SEBS加工时，宜采用高注塑率和高压缩比的螺杆。

2.4　油品对TPS性能的影响

以SEBS为例，常规配方以SEBS+PP+油+碳酸钙+润滑剂+抗氧剂组成，以常规双螺杆共混造粒。加到TPS中的油，通常为石蜡油与环烷油。

2.4.1　油品物性对TPS性能的影响

1. 黏度对TPS性能的影响

油品黏度对TPS性能的影响见表1.1.4-7。

表1.1.4-7　油品黏度对TPS性能的影响

硬度	机械性能	压缩变形	手感爽滑
油黏度越高，TPS硬度反而越低；充同样黏度的石蜡油硬度比环烷油更低	油黏度对机械性能无明显影响，充环烷油比石蜡油更好	常温下，黏度越低反而压缩变形更好，充环烷油比石蜡油更好	黏度越低爽滑度越好，充石蜡油比环烷基更爽滑

充环烷油的TPS硬度要略高点，推测可能是因为环烷油与SEBS中的EB段相容性更好，导致环烷油对塑料相的软化作用降低，这也是为什么充环烷油TPS的机械性能更好的缘故。

充不同黏度的石蜡油对TPS的机械性能影响不大。

对于TPS的加工流动性来说，通常充黏度小的油品TPS流动性更好。同样黏度的石蜡油比环烷油流动性更好。

2. 充油量对TPS性能的影响

综合性能来看，充油量是SEBS的1～1.6倍为最佳。充油量还取决于SEBS的分子量，如果分子量大就需要多充油，但不宜过量，以SEBS能正常塑化为度。充油过量，削弱了SEBS分子间、SEBS与PP间的相互吸引力，导致机械性能下降；反过来，充油量过少，SEBS不能充分塑化，与PP及其他填料等的分散不良，也会导致机械性能下降。这也是经常会遇到的高分子量的SEBS反而强度不高的原因。

3. 闪点对TPS性能的影响

闪点的高低决定了油品分子量大小，通常黏度小的油闪点低。同样黏度的环烷油比石蜡油闪点要低。

闪点主要影响TPS的热失重性能，一般要求热失重小，即需要选择高闪点的石蜡油。在加工时，如果闪点低，还会在挤出口型处挥发出烟雾，影响生产环境。

4. 碳型比例对TPS性能的影响

如前所述，环烷油和石蜡油对TPS的性能有着不同的影响。除此之外，环烷油比石蜡油的充油速度更快。充油速度也与油温、SEBS比表面积及SEBS分子量有关。

5. 色度对TPS性能的影响

色度最直观的影响是TPS材料的外观，当使用色度值高的油品，得到的TPS材料更加接近材料的本色。色度高的油品未脱除的小分子物更少，对制品通过VOC检测更有帮助。

2.4.2　充油工艺参数对TPS的性能的影响

1. 充油温度

油温越高，吸油速度越快，但油温过高，充油后的SEBS容易黏连，不容易在料斗下料，一般油温以10～30℃为宜。通过高混机充油，夏天时间可以略短，冬天时间可以略长，通过摩擦使SEBS有一定的温升，方便充油。如果在北方，气温很低，则要考虑预先把油加热。

2. 充油顺序

类似PVC加增塑剂，SEBS充油要先进行，然后再加其他助剂，尤其是填料要最后加，主要是为了防止填料对油品的吸收。

3. 充油后停放

油增塑SEBS是一个缓慢的过程，不管后续通过提高混炼温度或者增强螺杆组合，都不能达到充油后长期停放的增塑效果。SEBS充油后长期停放，使塑化更加均匀、TPS材料更透亮、表观更好。

一般经济停放时间为 8 h。

4. 不同 SEBS 混用时的充油

在高、低分子量SEBS搭配使用的场合，充油程序较为烦琐，需要分别对SEBS充油：一般分子量大的SEBS应多充点油，分子量小的SEBS少充点油。如果将不同分子量的SEBS混合在一起后同时充油，制品表面会出现因内应力引起的翘曲。

5. 充油喷雾装置

充油喷雾装置的使用主要是提高了油品与SEBS的接触面积，对于提高充油速率、充油的均匀性都有帮助。

2.5 TPS 的供应商

2.5.1 SBS 的供应商

国内 SBS 供应商的生产情况见表 1.1.4-8。

表 1.1.4-8 2006～2009 年国内各 SBS 装置产量情况

序号	供应商	产量/(吨·年$^{-1}$)			
		2006 年	2007 年	2008 年	2009 年
1	中石化燕山分公司	86 185	88 015	79 103	9.09 万
2	中石化巴陵分公司	128 950	138 167	111 030	10.28 万
3	中石化茂名分公司	73 423	75 373	86 153	14.21 万
合计		288 558	301 555	276 286	33.58 万

SBS 的国内供应商还有中石油独山子分公司等。

SBS 的国外与台湾地区供应商见表 1.1.4-9。

表 1.1.4-9 SBS 的国外与台湾地区供应商

供应商	产能/(万吨·年$^{-1}$)	供应商	产能/(万吨·年$^{-1}$)
Kraton Polymers 公司	42.3	日本 Kraton 弹性体公司	4.5
美国 Dexco 聚合物公司	6.0	日本弹性体公司	3.5
美国埃尼弹性体公司	4.5	日本旭化成公司	1.5
美国普利司通/费尔斯通公司	3.0	日本合成橡胶公司	0.5
墨西哥 Negromex 公司	3.0	韩国锦湖石化公司	3.5
比利时阿托菲纳安特卫普公司	10.5	韩国 LG 化学公司	5.0
德国迪高莎公司	1.2	中国台湾合成橡胶公司	5.4
意大利埃尼化学公司	9.0	中国台湾奇美实业股份公司	10.0
西班牙 Dynasol 弹性体公司	9.0	中国台湾李长荣化学工业公司	12.0
罗马尼亚 Carom 公司	1.0	中国台湾英全化工公司	6.0
俄罗斯 Voronezhsyntezkachuk 公司	3.0		

SBS 的国外供应商还有美国 Shell Chem、美国 Phillips Petro、意大利 Enichem 等各国厂商。

2.5.2 SIS 的供应商

国内 SIS 供应商的生产情况见表 1.1.4-10。

表 1.1.4-10 国内 SIS 供应商近几年的产量和产能

序号	供应商	产量/(万吨·年$^{-1}$)			产能/(万吨·年$^{-1}$)
		2005 年	2013 年	2014 年	2014 年
1	巴陵石化	0.8	2.55	3.7	4
2	宁波欧瑞特		0.6	0.9	1～2
3	宁波科元		0.2	—	2
4	山东聚圣		2.37	2.45	3
5	台橡（南通）实业有限公司		2.4	2.8	4
6	茂密众和		0.25	0.8	3
7	珠海澳圣		0.14	—	0.5
合计		0.8	8.51	10.65	17.5～18.5

SIS 国外及中国台湾地区生产情况见表 1. 1. 4－11。

表 1. 1. 4－11　国外及中国台湾地区 SIS 供应商产能

序号	供应商	生产能力[a]/(万吨·年$^{-1}$)	技术来源	生产地点
1	科腾聚合物公司	42.1	Shell 技术	欧洲、美国
2	Versalis S. P. A	9.0	Phillips 技术	意大利
3	瑞翁公司	3.0	自有技术	日本
4	科腾/JSR	4.2	Shell 技术	日本
5	台橡	3.5	原 Dexco 技术	美国
6	李长荣	2	—	中国台湾

注：[a] 科腾、Versalis S. P. A、科腾/JSR 的产能数据包括 SBS、SEBS 等在内。

2. 5. 3　SEBS 与 SEPS 的供应商

巴陵石化 SEBS 产品性能指标见表 1. 1. 4－12。

表 1. 1. 4－12　巴陵石化 SEBS 产品性能指标

项目	YH－561	YH－501	YH－502	YH－503	YH－504	YH－602
结构	线型	线型	线型	线型	线型	星型
苯乙烯含量/wt%	34%	30%	30%	33%	30%	35%
扯断拉伸强度/MPa	25	20	25	25	25	26
300%定伸应力/MPa	5.5	4.0	4.8	6.0	6.0	4.5
扯断伸长率/%	500	500	500	500	600	500
硬度（邵尔 A)/度	82	75	75	77	76	90
25℃时，10%甲苯溶液黏度/(MPa·s)	1 200	500	1 200	1 500		800
熔体流动速率 200℃，5 kg（/MFR)/		0.25				

巴陵石化 SEBS 产品性能特点：

YH－561 是针对低硬度弹性体而专门设计的牌号，与其他 SEBS 相比，具有突出的弹性回复和高充油下的拉伸强度。将 YH－561 与各种石蜡级白油按 1：3－4.2（重量比）混合，可直接生产不同邵尔硬度 A6－18 的弹性体制品。YH－561 可满足大多数软质玩具用弹性体的要求，加工应用简单，制品表面干爽无油润感。

YH－501 为低分子量的线型 SEBS，具有流动性好、熔融黏度低的特点，可用于生产热熔（压敏）胶与塑料改性等方面。用 YH－501 生产的热熔压敏胶具有初黏力、剥离力适中，内聚力好的特点，可用于生产包装保护膜等；在 YH－501 中加入适量的 SIS，能有效提高其热熔压敏胶的初黏力和剥离强度，可制备高性能的压敏胶。YH－501 生产的热熔胶具有流动性能好、耐蠕变性能较好、耐老化、内聚强度高的特点，可用于生产高档地毯、防滑地垫的背面胶；亦可生产用于木材、纸张、纤维织物、皮革、金属、塑料等黏接的热熔胶。YH－501 亦可用于 PP、PS、LDPE、HDPE、PPO 等的增韧改性，可显著改善低温脆性，用于改性 PP 时，还可保持材料的透明性。改性塑料的用量通常为 5%～20%。

YH－502 的分子量中等，加工弹性较大，具有良好的透明性，适合于塑料改性、邵 A20～40 度的软质弹性体、透明软质玩具如果冻蜡烛、片材、根据热溶胶黏度要求可与 SIS 配混生产热溶胶、玻璃密封胶、部分塑料的改性、抗振材料等部分用于改善其他牌号的加工性与力学性能平衡性，而用于共混材料。以 YH－502 与 15＃白油按 1：10～15 配比生产的果冻蜡膏体透明、无色、无味，燃烧时不流淌，无烟无毒，燃烧时间比一般蜡烛长 3～4 倍；不潮解，贮存期长，且可调香、调色，比传统蜡烛更美观。YH－502 生产热熔胶时基础配方与 YH－501 基本相同，生产的热熔胶内聚力优于 YH－501，但熔融黏度较高，通过增加填充油可改善热熔胶的熔融黏度。

YH－503 分子量是线型 SEBS 中最高的，高填充下的力学性能优秀，与 PP 共混时形成的双 INP 网络完整，主要用于共混产品。YH－503 主要用于共混弹性体的基础材料，如各种包覆材料、密封条、抗振材料、道路标志油漆、其他弹性体的补强、塑料增韧改性等。YH－503 在加工时可与大多数塑料共混，不同塑料对其最终制品的性能有不同的影响，如在 YH－503 共混材料中加入粉状 PPO 时强化了苯乙烯与丁二烯的相分离，弹性体的耐温性能、力学性能、刚性、表面的滑爽感明显增强；在其中加入适量的 α－甲基苯乙烯和丙烯腈的共聚物时制品表面不黏。

YH－504 为线型中分子量产品，其特点是分子量和拉伸强度适中，吸油能力介于 YH－503 和 YH－602 之间，具有较高的拉伸强度及较好加工性，主要用于电线电缆的绝缘、屏蔽护套共混料的生产，也可用于塑料改性等方面。

星型结构的 YH－602 的加工流动性好，制品表面粗糙度高、弹性回复佳。利用 YH－602 良好的配混加工性能和适中的力学性能可生产各种弹性体，主要是对弹性回复要求高的制品，如密封材料（如建筑门窗密封条、地板和墙壁缝隙密封条）、文体用品等，也可根据实际需要用于塑料改性、改善包覆材料的表面性能和可加工性。

台橡南通实业有限公司 SEBS 产品性能指标见表 1. 1. 4－13。

表 1.1.4-13 台橡南通实业有限公司 SEBS 产品性能指标

规格	台橡 Taipol SEBS 产品性能指标						
	6150	6151	6152	6153	6154	6159	7131
结构	线型	线型	线型		线型	线型	马来酸酐接枝 SEBS/线型
苯乙烯含量/%	29	32	29	29	31	29	29
二嵌段物/%	<1	<1	<1	<1	<1	<1	<1
熔融流动指数（g·10 min^{-1}，230℃/5 kg）	—	—	4	—	—	—	—
10%甲苯溶液黏度/(cP·s①)		1 700			370	—	—
20%甲苯溶液黏度/(cP·s)	1 600		400	2 000～2 900		—	—
灰分/%	0.5	0.5	0.5	0.5	0.5	0.5	0.5
挥发分/%	<0.5	<0.5	<0.5	<0.5	<0.5	<0.5	<0.5
比重/(g·cm^{-3})	0.91	0.91	0.91	0.91	0.91	0.91	0.91
拉伸强度/MPa（kg·cm^{-2}）	22（200）	—	24（240）	22（220）	—	—	>15（150）
扯断伸长率/%	500	—	500	500	—	—	500
硬度（邵尔 A)/度	76	—	76	76	—	—	72
形态	粉状	粉状	多孔胶粒	粉状	粉状	粉状	密实颗粒

美国科腾聚合物有限责任公司部分 SEBS 与 SEPS 产品性能指标见表 1.1.4-14。

表 1.1.4-14 美国科腾聚合物有限责任公司部分 SEBS 与 SEPS 产品性能指标

规格	SEBS				SEPS
	1650E	1651E	1652E	1654E	1701E
结合苯乙烯含量/%	27.7～30.7	30.0～33.0	28.2～30.0	28.5～31.5	33.2～36.6
10%甲苯溶液黏度（25℃)/(Pa·s)	1.0～1.9	1.5		0.25～0.50	
20%甲苯溶液黏度（25℃)/(Pa·s)			0.40～0.53		
总可萃取物/%	≤1.0	≤1.6	≤1.0	≤1.6	
挥发分/%	≤0.5	≤0.5	≤0.6	≤0.5	≤0.5
抗氧剂含量/%	≥0.03	≥0.03	≥0.03	≥0.03	≥0.03
灰分/%	0.4～0.6	0.3～0.5		0.35～0.55	
相对密度/(g·cm^{-3})	0.91	0.91	0.91	0.92	0.91
熔融指数（230℃/5kg)			6		
硬度（邵尔 A)/度			69		
300%定伸应力/MPa	5.6		4.8		
拉伸强度/MPa	35		31		
扯断伸长率/%	500		500		

欧洲聚合体公司（Polimeri Europa)（即原意大利埃尼化学公司（Enichem)）部分 SEBS 产品性能指标见表 1.1.4-15。

表 1.1.4-15 ENICHEM SEBS 产品性能指标

规格	2311	2312	2314	2315
结构	线型	线型	线型	线型
苯乙烯/橡胶比例	30/70	30/70	31/69	32/88
分子量	低	中低	中	高
熔融指数/(g·10 min^{-1})	6	<1	<1	<1
拉伸强度/MPa				25
300%定伸应力/MPa				5

① 1 cP·s=1 mPa·s。

续表

规格	2311	2312	2314	2315
扯断伸长率/%				500
硬度（邵尔A）/度	75	75	79	68
外观	片状粒子	片状粒子	粉状粒子	粉状粒子

注：本表数据来源于网络，未核实，请读者谨慎使用。

日本可乐丽SEPTON SEBS性能及物性见表1.1.4-16。

表1.1.4-16　日本可乐丽SEPTON SEBS性能及物性

类型	牌号	结合苯乙烯含量/%	密度/(g·cm⁻³)	硬度（邵尔A）/度	100%定伸应力/MPa	拉伸强度/MPa	扯断伸长率/%	熔融流动指数/(g·10 min⁻¹)		甲苯溶液黏度/(mPa·s)			形态
								230℃，2.16 kg	200℃，10 kg	5%	10%	15%	
SEP	1001	35	0.92	80	—	2	<100	0.1	1	—	70	1220	颗粒
	1020	36	0.92	70	—	1.2	<100	—	1.8	—	42	—	粉末
SEPS	2002	30	0.91	80	3.2	11.2	480	70	100	—	—	25	颗粒
	2004	18	0.89	67	2.2	16	690	5	—	—	—	145	颗粒
	2005	20	0.89	—	—	—	—	不流动		40	1700	—	粉末
	2006	35	0.92	—	—	—	—	不流动		27	1220	—	粉末
	2007	30	0.91	80	3.0	16.7	580	2.4	4	—	17	70	颗粒
	2063	13	0.88	36	0.4	10.8	1200	7	22	—	29	140	颗粒
	2104	65	0.98	98	—	4.3	<100	0.4	22	—	—	23	颗粒
SEEPS	4033	30	0.91	76	2.2	35.3	500	<0.1	<0.1	—	50	390	粉末
	4044	32	0.91	—	—	—	—	不流动		22	460	—	粉末
	4055	30	0.91	—	—	—	—	不流动		90	5800	—	粉末
	4077	30	0.91	—	—	—	—	不流动		300	—	—	粉末
	4099	30	0.91	—	—	—	—	不流动		670	—	—	粉末
SEEPS—OH	HG252	28	0.90	80	3.0	23	500	26	—	—	—	70	颗粒
SEBS	8004	31	0.91	80	2.3	31.6	560	<0.1	<0.1	—	40	—	粉末
	8006	33	0.92	—	—	—	—	不流动		42	—	—	粉末
	8007	30	0.91	77	3.5	29	550	2	—	—	20	—	粉末/颗粒
	8076	30	0.91	72	1.1	2.9	530	65	—	—	—	21	颗粒
	8104	60	0.97	98	12.9	32.8	500	—	1	—	—	80	颗粒
检测方法		ISO 1183　ISO 48			ISO 37			ISO 1133		甲苯溶液 30℃			

注：本表数据来源于网络，未核实，请读者谨慎使用。

日本旭化成SEBS产品性能指标见表1.1.4-17。

表1.1.4-17　日本旭化成SEBS产品性能指标

品名	H1221	H1052	H1031	H1041	H1051	H1043	H1141	H1053	H1272	M1943	M1911	M1913	N505
密度	0.89	0.89	0.91	0.91	0.93	0.97	0.91	0.91	0.90	0.90	0.92	0.92	0.94
熔融指数/(g·10 min⁻¹)	—	3	17	0.3	—	—	22	—	—	—	—	—	4
硬度（邵尔A）/度	42	67	82	84	96	72	84	79	35	67	84	84	69
拉伸强度/MPa	9.5	11.8	12.7	21.6	32.3	10.3	2.7	24.6	18.6	10.8	21.6	21.6	3.3
扯断伸长率/%	980	700	650	650	600	20	520	550	950	650	650	600	780
300%定伸应力/MPa	1.0	2.5	3.2	3.4	8.3	—	2.8	4.8	1.0	2.9	4.1	4.4	2.1
S/EB/wt%	12/88	20/80	30/70	30/70	42/58	67/33	30/70	29/71	35/65	20/80	30/70	30/70	30/70
外观	粒状	粒状	粒状	粒状	粒状	粒状	粒状	粒状	粒状	粒状	粒状	粒状	粒状

续表

品名		H1221	H1052	H1031	H1041	H1051	H1043	H1141	H1053	H1272	M1943	M1911	M1913	N505
应用	PP 改性	E	E	G	E	G		G	E	G	G	G	G	
	PS 或工程塑料改性		G		E	G			E	G	E	E	E	
	兼容性	G	G	G	E	G	E	G	E	G	E	E	E	
	皮革	E	E	E							G	G	G	
	黏性和密封性	G		G	E	G		E	E			E	E	E（专用于胶黏剂规格）
	未加工材料的橡胶改性	G	G		G				G	E		G	G	

注：本表数据来源于网络，未核实，请读者谨慎使用。

旭化成公司的 SEBS 品牌为 TUFTEC，主要有两个系列：H－series 和 M－series。H－series 主要优点为：良好的橡胶弹性，高挠［弯］曲模量，较低的密度，良好的耐候性，良好的耐化学性，良好的电性能。M－series 是通过马来酸酐改性的 SEBS，主要优点为：和各种工程塑料有良好的兼容性，同各种金属及塑料有良好的共挤黏性。最近几年，旭化成推出了部分选择性氢化的 SBBS，即 P 系列产品。旭化成另有特殊牌号 SBBS，规格为 N505，专用于胶黏剂行业，主要优点为：与增黏树脂有良好的兼容性、良好的耐热稳定性。基于 SBBS N505 可以设计出一些具有特殊性能的胶黏剂配方。

REPSOL 集团西班牙 DYNASOL SEBS 产品性能指标见表 1.1.4－18。

表 1.1.4－18 REPSOL 集团西班牙 DYNASOL SEBS 产品性能指标

规格	6110	6120	6140	6170
结构	线型	线型	线型	线型
苯乙烯含量/%	30	30	31	33
分子量	低	中	中	高
溶液黏度/(cP·s)	500	1 800	350	1 500
比重/(g·cm^{-3})	0.91	0.91	0.91	0.91
熔融指数	<1	<1	<1	<1
硬度（邵尔 A)/度	75	75	75	75

注：本表数据来源于网络，未核实，请读者谨慎使用。

SEBS 规格对照表见表 1.1.4－19。

表 1.1.4－19 SEBS 规格对照表

TPE GRADE	TSRC	KRATON	YH	DYNASOL	KURARAY	ASAHI
TPE 牌号	SEBS－6150	Kraton G－1650	YH－501	Calprene H 6120	Septon S－8004	Tuftec SEBS H1077F
	SEBS－6151	Kraton G－1651	YH－503	Calprene H 6170	Septon S－8006	Tuftec SEBS H1285
	SEBS－6152	Kraton G－1652	YH－502	Calprene H 6110	Septon S－8007－	TuftecSEBS H1053
	SEBS－6154	Kraton G－1654	YH－504	Calprene H 6140－		

三、聚烯烃类 TPE

聚烯烃类 TPE（Polyolefin Thermoplastic Elastomer）是一类由橡胶和聚烯烃树脂组成的混合物，包括机械共混型和化学接枝型两大类。机械共混型有部分结晶的专用乙丙橡胶与聚烯烃树脂直接机械共混型和无规乙丙橡胶与聚烯烃树脂动态硫化共混型两类。动态硫化共混型又可分为动态部分硫化型和动态全硫化型。

聚烯烃类 TPE 的形态可以以橡胶为连续相、树脂为分散相或以橡胶为分散相、树脂为连续相，或者两者都呈连续相的互穿网络结构。随着相态的变化，共混物的性能也随之而变：如橡胶为连续相，其性能近似硫化胶；如树脂为连续相，其性能近似塑料。

3.1 TPO

聚烯烃类 TPE 是以 PP 为硬链段和 EPDM 为软链段的共混物，简称 TPO（Olefinic Thermoplastic Elastomers）。由于它比其他 TPE 的比重轻（仅为 0.88），耐热性高达 100℃，耐天候性和耐臭氧性也好，因而成为 TPE 中发展很快的品种。现在，TPO 已成为美日欧等汽车和家电领域的主要橡塑材料，特别是在汽车领域的应用已占到其总产量 3/4，用其制造的汽车保险杠已基本取代了原来的金属和 PU。

TPO是乙丙橡胶与聚烯烃（通常多为聚丙烯）在密炼机、单螺杆挤出机或双螺杆挤出机上，直接通过机械共混制得的。聚丙烯/乙丙橡胶的配比一般为5～60/100，最好为20～35/100。

TPO中的乙丙橡胶是未硫化的部分结晶的"专用级"乙丙橡胶，要求有较长的聚乙烯链段或较高的分子量，当其含量大于50%时，橡胶相为连续相，聚烯烃类树脂为分散相，TPO的流动性大大下降，不易制得柔软的材料，且其强度和耐介质等性能有较大的局限性。提高TPO的力学性能、热特性，或者使之具有导电性和阻燃性等新功能的方法，通常是在TPO中添加无机或有机填充剂。近年来粉末分散的纳米复合TPO材料引人注目，因为纳米填充剂可以大幅度增加表面积和减少粒子间的距离，产生许多意想不到的新功能。

近年来随着人们对电子射线的认识越来越深入，电子束辐射技术已经成为高分子材料改性的有力技术手段，利用电子射线生产TPO正变为热点。通过电子射线、辐射交联等后硫化手段提高TPO性能值得国内业界高度重视。

TPO的典型技术指标见表1.1.4-20。

表1.1.4-20　TPO的典型技术指标

项目	指标	项目	指标
透明性	半透明	硬度：JIS A/度 邵尔D/度	61～95 10～41
相对密度	0.88		
维卡软化温度（250g）/℃	52～147	压缩永久变形（72℃×22 h）/%	49～72
脆性温度/℃	<−70	回弹性/%	45～55
线膨胀率/（$\times10^{-4}$·℃$^{-1}$）	1.4～1.6	电导率（1 000 Hz）/S/cm	2.2
100%定伸应力/MPa	2.25～10.6	介电损耗角正切（1 000 Hz）	0.001 0～0.001 2
拉伸强度/MPa	3.23～14.2	介电强度/（kV·mm^{-1}）	18～20
拉断伸长率/%	240～250	体积电阻率/（Ω·cm）	10^{16}
撕裂强度/（kN·m^{-1}）	59.8～93.1	吸水率（24 h）/%	0.02

注：详见《橡胶原材料手册》，于清溪、吕百龄等编写，化学工业出版社，2007年1月第2版，P294。

TPO大多粒料为黑色或本色，可根据需要添加各种颜料制成不同颜色的制品，也可加入抗氧剂、软化剂、填充剂等。商品TPO可根据制品的使用要求，提供耐油型、阻燃型、电稳定型以及静电涂料等各种品级的特殊配合料。

边角废料可回收重复加工使用，一般掺入比例不超过30%。

TPO可采用热塑性塑料的加工设备进行加工成型，加工成型温度和压力一般应略高一些，其可以注射成型、挤出成型，也可用压延机加工成板材或薄膜，并可吹塑成型。

TPO除用于汽车工业保险杠、挡泥板、方向盘、垫板及电线电缆工业上耐热性与环境要求较高的绝缘层和护套外，也用于胶管、输送带、胶布、包装薄膜，以及家用电器、文体用品、玩具等模压制品，特别是在医疗领域替代热固性橡胶制品更清洁卫生，将成为未来发展的趋势。

3.2　TPV

3.2.1　EPDM TPV

1973年出现了动态部分硫化的TPO，由美国Uniroyal公司以TPR的商品名首先上市，多年以两位数增长。特别是在1981年美国Mansanto公司开发成功以Santoprene命名的完全动态硫化型的TPO之后，性能又大为改观，最高使用温度可达120℃。这种动态硫化型的TPO简称为TPV（Thermoplastic Rubber Vulcanizate)，主要是对TPO中的PP与EPDM混合物在熔融共混时，加入能使其硫化的交联剂，利用密炼机、螺杆挤出机等机械高强度的剪切力，使完全硫化的微细EPDM交联橡胶的粒子充分分散在PP基体之中。硫化剂一般采用有机过氧化物，也可与硫黄硫化体系并用，用量较动态部分硫化的TPO大；乙丙橡胶的质量分数最好为60%～80%。

与嵌段共聚热塑性弹性体的硬段是分散相、软段是连续相不同，在TPV中，塑料是连续相，橡胶作为分散相，且软段与硬段都是独立的聚合物，通过交联橡胶的"粒子效应"，使TPO的耐压缩变形、耐热老化、耐油性等性能都得到明显改善，甚至达到了CR橡胶的水平，因而人们又将其称为热塑性硫化胶。其主要性能特点为：

1）压缩永久变形比TPO大有改善，而且也优于EPDM和CR；
2）耐油性优于TPO，耐油、耐溶剂性能类似氯丁橡胶；
3）耐候性能和耐臭氧性能优异，氙灯老化时间为1 000 h和2 000 h，强伸性能变化很小；
4）耐热、耐寒，连续工作的最高温度135℃，最低温度−60℃，与EPDM相当，优于CR；
5）电性能优良；
6）优越的抗动态疲劳性，抗屈挠性能优良，特别是抗屈挠割口增长性佳；
7）良好的耐磨性和很高的撕裂强度；
8）有多种特殊性能的混合料（导电、阻燃、FDA、医用等）可供用户选用；
9）无须硫化，边角料可以重复利用多次；
10）可以热熔接；
11）着色性好；

12）可以与塑料或其他热塑性弹性或 e 硫化的橡胶共挤出；
13）新开发的闭孔发泡技术，可制造相对密度低至 0.2 的海绵制品。
TPV 与 TPO 压缩永久变形的对比见图 1.1.4－4 所示。

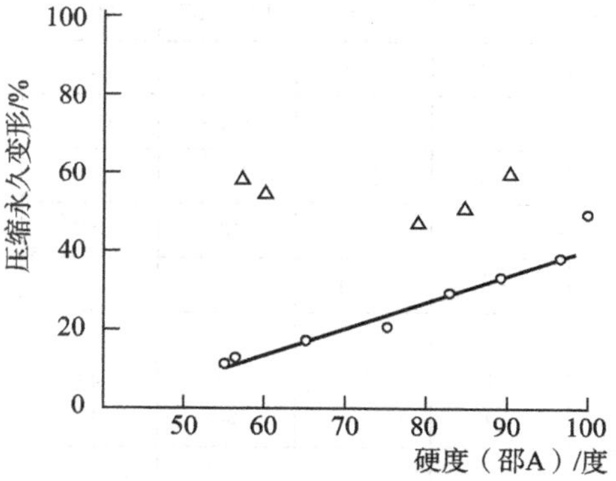

图 1.1.4－4 TPV（Samtoprene）与 TPO 的压缩永久变形对比（70℃ ×22 h，ε＝25%）

Δ—TPO；○—TPV

TPV 与 TPO 耐油性的对比见图 1.1.4－5 所示。

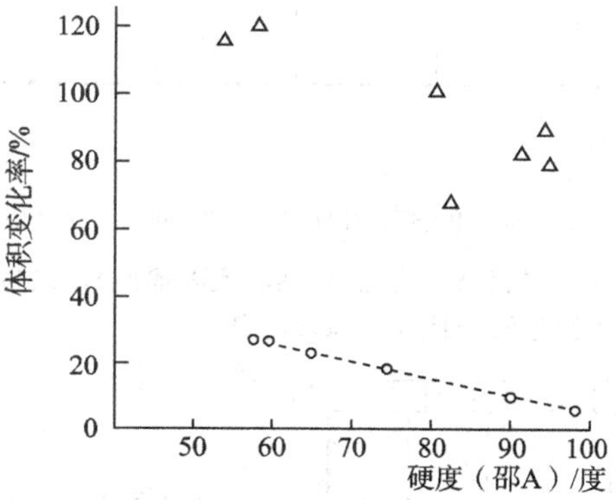

图 1.1.4－5 TPV（Santoprene）与 TPO 耐油性对比（1＃油，70℃ ×168 h）

Δ—TPO；○—TPV

TPV 与 EPDM、CR 压缩永久变形的对比见图 1.1.4－6 所示。

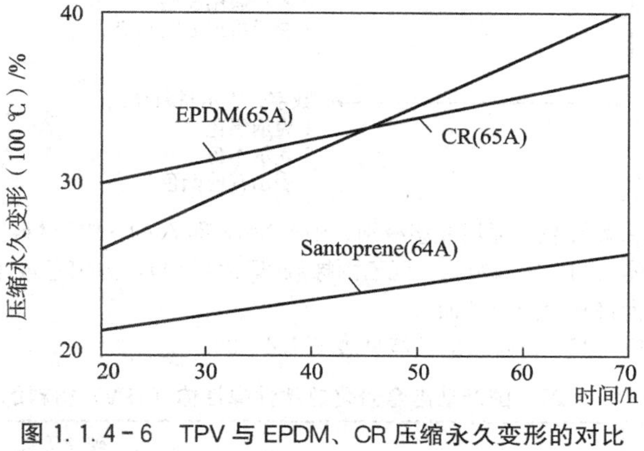

图 1.1.4－6 TPV 与 EPDM、CR 压缩永久变形的对比

TPV 的典型技术指标见表 1.1.4－21。

表 1.1.4－21 TPV 的典型技术指标

项目	Sontoprene						Geotast		
	201—64 101—64	201—73 101—73	201—80 101—80	201—87 101—87	203—40 103—40	203—50 103—50	701—80	701—87	703—40
相对密度	0.97	0.98	0.97	0.98	0.95	0.94	1.09	1.07	1.05
硬度：邵尔 A/度	64	73	80	73			80	87	
邵尔 D/度					40	50			40

续表

项目	Sontoprene						Geotast		
	201−64 101−64	201−73 101−73	201−80 101−80	201−87 101−87	203−40 103−40	203−50 103−50	701−80	701−87	703−40
100%定伸应力/MPa	2.3	3.2	4.8	6.9	8.6	10.0	5.4	6.8	10.3
拉伸强度/MPa	6.9	8.3	11.0	15.9	19.0	27.6	11.0	14.1	19.3
拉断伸长率/%	400	375	450	530	600	600	310	380	470
永久变形/%	10	14	20	33	48	61	15	21	31
撕裂强度/(kN·m^{-1})	10.2	13.3	13.1	23.3		63.7	48	58	69
压缩永久变形（168 h）[a]/%							33	39	48
25℃	20	24	29	36	44	47	（100℃×22 h）		
100℃	36	40	45	58	47	70			
屈挠疲劳[b]，达断裂的周数	＞340 万			—	—	—			
脆性温度/℃	−60	−63	−63	−61	−57	−34	−40	−40	−36
耐磨（NBS）[c]指数/%	—	54	84	201	572	＞600			
耐油性（125℃×700 h，3＃油）体积溶胀率/%							10	12	15

注：[a] ASTM 试验方法 D 395。
[b] Monsanto 疲劳试验机疲劳至破坏试验。
[c] NBS 为美国国家标准。
详见《橡胶原材料手册》，于清溪、吕百龄等编写，化学工业出版社，2007 年 1 月第 2 版，P294。

国产动态全硫化热塑性弹性体（TPV）材料（三元乙丙橡胶/聚丙烯型），以材料的硬度作为命名的特征性能，辅以材料的加工性能，如注塑、挤出以及材料的颜色两个特征来综合命名。

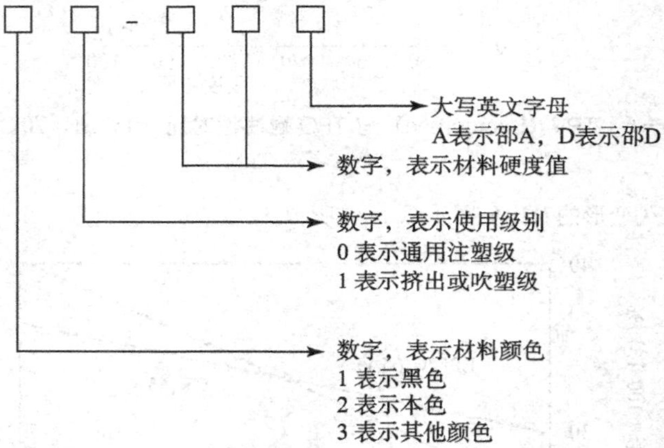

示例，如 10－73 A，表示是一款黑色、通用注塑级别、硬度为 73 邵 A 的 TPV 材料。

国产动态全硫化热塑性弹性体（TPV）材料（三元乙丙橡胶/聚丙烯型），为黑色或本色（浅黄色或白色）固体颗粒，粒子的尺寸为 2～5 mm，并且不允许夹带杂质及油污。

国产动态全硫化热塑性弹性体（TPV）材料的性能见表 1.1.4－22。

表 1.1.4－22　国产动态全硫化热塑性弹性体（TPV）材料的性能

测试项目	单位	硬度等级						
		A	B	C	D	E	F	G
邵尔硬度	邵尔 A/D	40～49A	50～59A	60～65A	70～75A	76～85A	86～92A	40～45D
密度	g/cm^3	0.89～0.98	0.89～0.98	0.89～0.98	0.89～0.98	0.89～0.98	0.89～0.98	0.89～0.98
断裂拉伸强度	MPa	≥4.0	≥5.0	≥6.0	≥8.0	≥10.0	≥12.0	≥14.0
断裂伸长率	%	≥350	≥350	≥400	≥400	≥450	≥450	≥450
100%定伸强度	MPa	≥1.3	≥1.6	≥2.1	≥3.2	≥4.0	≥5.5	≥9.0
撕裂强度	kN/m	≥13	≥18	≥21	≥30	≥41	≥58	≥90

续表

测试项目		单位	硬度等级						
			A	B	C	D	E	F	G
压缩永久变形		%	≤28	≤32	≤35	≤42	≤48	≤50	≤65
IRM 903 油体积膨胀率		%	≤100	≤98	≤95	≤80	≤70	≤55	≤45
耐热老化性	拉伸强度变化率	%	≤15	≤15	≤15	≤15	≤15	≤20	≤20
	断裂拉伸强度变化率	%	≤20	≤20	≤20	≤20	≤20	≤25	≤25
加热失重		%	≤1.0						
总有机物含量		μgC/g	≤50.0						
冷凝组分（雾化）		mg	≤2.0						
燃烧特性		mm/min	HB	HB	HB	HB	HB	HB	HB

TPV 使用时不需要配料即可进行加工应用，因颗粒料会含有水分，加工前宜进行干燥处理，可避免或减少制品出现气泡等。

EPDM TPV 可以挤出、注塑、吹塑、压延成型，主要应用于汽车用防尘罩、密封条、软管、电线、家用电器以及工具运动器材和日用制品。

1）防尘罩。

汽车防尘罩以往使用 CR（由 CR320→耐热耐寒专用 CR），由平板硫化工艺发展到注射硫化，生产工序繁多，硫化耗时长，废次品率高。自 20 世纪 80 年代初 Santoprene 问世以来，TPV 与硫化橡胶争夺市场的第一个主打产品便是汽车防尘罩。经过 20 多年的竞争，TPV 防尘罩已确立在汽车工业的地位，正在逐渐取代 CR 防尘罩。

2）密封条。

1998 年，德国戴姆勒—奔驰汽车首次制定新型的 A 级系列汽车的后侧窗密封条使用 Santoprene，2000 年 DSM 公司开始为一些汽车配套生产该公司的 TPV “Sarlink”。目前，奔驰、克莱斯勒、梅德塞斯、大众、奥迪、通用、富特、雷诺、本田、丰田等在三角窗、玻璃导槽、车窗、车门外侧、发动机盖、行李箱等密封条都设计和使用 EPDM TPV，有些还采用发泡 TPV 和复合密封条。

3）软管。

以 PP 为内管，聚酯为增强层，外层胶包覆的 PP/TPV 复合软管，通过 TPV 和热熔胶（例如 Day chem. International, Inc 的 Numel 热熔胶）共挤出，使外层胶 TPV 与聚酯线牢固黏合（剥离强度达 4 kN/m）。

通过适当的其他黏合剂，与 TPV 共挤出，TPV 与尼龙、芳纶和镀铜钢丝都能良好黏合。

4）电线电缆。

EPDM TPV 代替 EPDM 硫化胶作为耐热电缆护套已在国外生产多年，国内因价格问题并未广泛使用。TPV 在国内已用于生产汽车点火线护套替代以前使用的硅橡胶和 EPDM。

5）注塑制品。

许多家电和生活用品以及其他工业制品，现在已越来越多选用 EPDM TPV，大多数采用注塑成型生产。

此外，利用 TPV 的耐油性，现已用其替代 NBR、CR 制造各种耐油制品。TPV 还可以与 PE 共混，同 SBS 等其他 TPE 并用，互补改进性能，在汽车上用作齿轮、齿条、点火电线包皮、耐油胶管、空气导管以及高层建筑的抗裂光泽密封条材料，还可以应用于电线电缆、食品和医疗等领域，其增长幅度大大超过 TPS。

3.2.2 TPSiV

TPSiV ® 是前道康宁公司 Multi－base 生产的一种热塑性有机硅弹性体（TPV）材料，结合了 TPU（或其他热塑性材料）与完全交联的硅橡胶的属性与优点。在动态硫化或交联过程中，有机硅橡胶相分散在 TPU 塑料相中，形成稳定的水滴形态。由于硅橡胶和 TPU 的溶解度参数差异较大，需使用适当的增容剂才能实现这一稳定形态。在交联反应期间不会生成任何副产品，也不使用增塑剂，因此 TPSiV ® 的气味很淡。与其他 TPV 一样，TPSiV ® 具有热塑性，可重复回收使用。

以 TPU 为基材的 TPSiV ® 结合了聚氨酯出色耐磨性的优点以及硅酮橡胶较低的摩擦系数和较高的使用温度特性。TPSiV ® 有较宽的硬度范围，邵氏硬度为 50A～80A，同时兼具不同的特性，如：高机械强度、低压缩形变、出色的抗水解性和紫外线颜色稳定性。以 TPU 为基材的 TPSiV ® 广泛应用于电子产品附件、密封件及软触感部件，可通过重叠模塑工艺与 PC 聚碳酸酯及 ABS 塑料一起成型。

所有 TPSiV ® 产品都能够提供独特的丝滑柔软触感以及与聚碳酸酯和 ABS 等极性塑料基材的结合性能。TPSiV 4000 系列可提供浅颜色产品的 UV 稳定性及耐化学品性能；4200 系列产品适用于黑色和暗色，可实现更高的耐化学腐蚀性和力学性能；4100 系列产品可提供最佳的压缩变形和高温性能。

TPSiV ® 各系列产品的特性见表 1.1.4－23。

表 1.1.4-23　TPSiV ® 各系列产品的特性

	4000 系列	4100 系列	4200 系列
紫外线稳定性	* * * * *	*	*
着色性	* * * * *	* * * * *	* * * * *
力学性能	* * *	* * * * *	* * * * *
耐用性	* * *	* * *	* * * * *
压缩形变	* * *	* * * * *	* * *
高温性能	* * *	* * * * *	* * *
耐化学腐蚀性	* * *	* * * * *	* * * * *
重叠模塑性能	* * * * *	* * * * *	* * * * *

注：* * * * * —最佳性能，* * * —良好性能，* —仅用于黑色和暗色制品。

TPSiV ® 4000 系列产品的物性指标见表 1.1.4-24。

表 1.1.4-24　TPSiV ® 4000 系列产品的物性指标

特性	单位	测试方法	4000—50A	4000—60A	4000—70A	4000—80A
比重	g/cm³	ISO 1183	1.13	1.10	1.09	1.11
硬度	邵尔 A	ISO 868	47.60	60.80	67.40	76.20
收缩度	%	Multibase	0.2—0.4	0.1—0.3	0.1—0.3	0.1—0.3
MFI（190℃，10 kg）	g/10 min	ISO 1133	56.00	20.40	20.60	12.50
拉伸强度	MPa	ISO 37	4.40	6.20	5.60	8.80
100%定伸应力	MPa	ISO 37	1.50	2.30	3.10	4.90
扯断伸长率	%	ISO 37	712.00	624.00	478.00	426.00
Taber 耐磨性	mg/1 000 r	ASTM D3389	155.00	89.00	134.00	64.00
撕裂强度	kN/m	ISO 34	20.10	29.70	28.40	42.70
弯曲强度	MPa	ISO 178	0.74	1.51	1.89	2.62
弹性模量	MPa	ISO 178	14.02	24.48	30.84	43.40
压缩形变 23℃	%	ISO 815	25.40	33.58	33.85	25.70
压缩形变 70℃	%	ISO 815	76.76	87.02	82.80	73.30
CLTE	μm/m℃	ISO 11359	289.50	300.80	275.40	296.20
紫外线后的 ΔE[a]	ΔE	ISO 4892	2.02	3.87	5.62	1.17

注：[a] 紫外线气候测试方法：ISO 4892—2（氙弧灯）；灯功率 0.55 W/m²@ 340 nm，黑色面板温度 70℃，空气温度 40℃，相对湿度 50%，水喷雾 18/102 min。

TPSiV ® 4100 系列产品的物性指标见表 1.1.4-25。

表 1.1.4-25　TPSiV ® 4100 系列产品的物性指标

特性	单位	测试方法	4000—50A	4000—60A
比重	g/cm³	ISO 1183	1.18	1.19
硬度	邵尔 A	ISO 868	64.00	71.60
收缩度	%	Multibase	0.1—0.3	0.1—0.3
MFI（190℃，10 kg）	g/10 min	ISO 1133	10.00	13.20
拉伸强度	MPa	ISO 37	8.90	11.40
100%定伸应力	MPa	ISO 37	2.80	3.90
扯断伸长率	%	ISO 37	830.00	689.00
Taber 耐磨性	mg/1 000 r	ASTM D3389	51.00	64.00
撕裂强度	kN/m	ISO 34	44.61	51.10
弯曲强度	MPa	ISO 178	1.46	2.26
弹性模量	MPa	ISO 178	27.30	28.57
压缩形变 23℃	%	ISO 815	15.00	8.70
压缩形变 70℃	%	ISO 815	44.97	42.80
CLTE	μm/m℃	ISO 11359	277.80	247.40

TPSiV ® 4200 系列产品的物性指标见表 1.1.4-26。

表 1.1.4-26 TPSiV ® 4200 系列产品的物性指标

特性	单位	测试方法	4200—50A	4200—60A	4200—70A	4200—80A
比重	g/cm³	ISO 1183	1.19	1.18	1.18	1.19
硬度	邵尔 A	ISO 868	54.00	62.80	72.80	82.60
收缩度	%	Multibase	0.2—0.4	0.1—0.3	0.1—0.3	0.1—0.3
MFI（190℃，10 kg）	g/10 min	ISO 1133	待定	19.20	27.00	54.00
拉伸强度	MPa	ISO 37	7.00	6.30	14.50	15.40
100%定伸应力	MPa	ISO 37	2.00	2.80	3.90	7.80
扯断伸长率	%	ISO 37	602.00	480.00	554.00	330.00
Taber 耐磨性	mg/1 000 r	ASTM D3389	86.00	95.00	65.00	56.00
撕裂强度	kN/m	ISO 34	26.20	27.80	48.60	59.50
弯曲强度	MPa	ISO 178	18.30	2.32	2.35	4.68
弹性模量	MPa	ISO 178	30.00	23.24	32.84	64.64
压缩形变 23℃	%	ISO 815	16.00	20.46	22.30	28.20
压缩形变 70℃	%	ISO 815	64.87	71.80	75.00	83.80
CLTE	μm/m℃	ISO 11359	256.10	237.10	229.70	214.50

3.2.3 TPV 的新发展

增容技术的开发和应用，突破了只有溶解度参数相近或表面能差值小的聚合物共混才能获得性能优良的共混材料的传统观念，从而大大地扩大了热塑性动态硫化共混材料的发展前景。1985 年，Monsanto 公司利用增容技术开发了完全动态硫化型的 PP/NBR—TPV，它以马来酸酐与部分 PP 接枝，用胺处理 NBR 形成胺封末端的 NBR，在动态硫化过程中可以形成少量接技与嵌段共聚物，可取代 NBR 用于飞机、汽车、机械等方面的密封件、软管等。这种共混材料由于两种材料极性不同，彼此不能相溶，因而在共混需时加入 MAC 增容剂。MAC 增容剂主要有：亚乙基多胺化合物，如二亚乙基三胺或三亚乙基四胺，还有液体 NBR 和聚丙烯马来酸酐化合物等。

马来西亚 1988 年开发成功了 PP/NR TPV，它的拉伸和撕裂强度都很高，压缩变形也大为改善，耐热可达 100～125℃。同期，还研发出 PP/ENR—TPV，它是使 NR 先与过氧乙酸反应制成环氧化 NR，再与 PP 熔融共混而得，性能优于 PP/NR—TPV 和 PP/NBR—TPV，用于汽车配件和电线电缆等方面。在此期间，英国出现了 PP/IIR—TPV、PP/CI-IR—TPV。美国开发了 PP/SBR、PP/BR、PP/CSM、PP/ACM、PP/ECO 等一系列熔融共混物，还开发出综合性能更好的 IPN 型 TPO。德国制成了 PP/EVA，使 PP 与各种橡胶的共混都取得了成功。

目前，以共混形式采用动态全硫化技术制备的 TPE 已涵盖了 11 种橡胶和 9 种树脂，可制出 99 种橡塑共混物。其硫化的橡胶交联密度已达 7×10^{-5} mol/mL（溶胀法测定），即有 97%的橡胶被交联硫化，扯断伸长率大于 100%，拉伸永久变形不超过 50%。以 AES 公司（Monsanto）生产的代表性品种 Santoprene（EPDM/PP－TPV）和 Geolast（NBR/PP－TPV）为主，广泛用于汽车、机械、电气、建筑、食品、医疗等各领域。全球 TPO/TPV 的消耗量已达 36 万吨以上，TPO 占烯烃基 TPE 总产量的 80%～85%，TPV 占 15%～20%。

近年来，又在 TPV 的基础上推出了接枝型聚烯烃热塑性弹性体，也称聚合型 TPO，使 TPV 的韧性和耐高低温等性能出现了新的突破。接枝型聚烯烃热塑性弹性体是指通过接枝共聚使两种聚合物反应生成接枝共聚物，如丁基橡胶和聚烯烃接枝的聚烯烃热塑性弹性体，是将丁基橡胶用苯酚树脂接枝到聚乙烯链上，丁基橡胶为软链段，聚烯烃为硬链段，利用聚乙烯的结晶形成物理“交联”。乙丙橡胶与聚氯乙烯接枝共聚物由美国 HooKer Chemical 公司 1981 年建成生产，商品名为 Rucodur。

3.2.4 TPV 的制备方法

TPV 的制备方法主要包括以下 3 种：

（1）动态硫化 TPV

在低比例的热塑性塑料基体中混入高比例橡胶，再与硫化剂一起混炼的同时使弹性体发生化学交联，形成的大量橡胶微粒分散到少量塑料基体中，所以 TPV 的强度、弹性、耐热性、抗压缩永久变形显著提高，热塑性、耐化学性及加工稳定性也明显改善。

（2）反应器直接制备 TPV

Basell 公司采用特种催化剂在聚合阶段制备软聚合物，大大降低了产品的成本；Exxon Mobil 公司开发新型反应器制得 TPOs（柔性聚烯烃），结合茂金属技术，具有硬度和抗冲击的平衡。

反应器直接制备 TPV，采用乙烯单体替代 EPDM，省去了合成橡胶粉碎和共混挤出过程，故生产成本低，目前欧美国家已经开始使用反应器直接制备热塑性聚烯烃来逐渐替代混合型热塑性聚烯烃。

（3）茂金属催化剂合成 TPV

20 世纪 90 年代，茂金属催化体系用于橡胶工业化生产，是合成橡胶最突出的进展之一。茂金属催化乙丙橡胶与传统乙丙橡胶相比具有产物的平均相对分子质量分布窄，产品纯净、颜色透亮，聚合结构均匀的特点。尤其是，通过改变茂金属结构可以准确地调节乙烯、丙烯和二烯烃的组成，在很大范围内调控聚合物的微观结构，从而合成具有新型链结构的、不同用途的产品。自 1997 年开始工业化生产至今，全球茂金属催化乙丙橡胶产能已达 20 万吨/年以上。茂金属催化合成的氢化丁腈橡胶价格比传统方法合成也要低很多。茂金属催化合成橡胶性能特殊，以此为基础合成 TPO 具有更好性能，可以承受较高温度，并具有较高的熔体强度、良好的加工性能及较佳的终端产品使用性能。

近年来国外许多新型高性能 TPO 结合了茂金属技术，如杜邦公司、DOW 化学等合作开发 TPO 复合物和合金新技术，即以茂金属催化的聚烯烃弹性体为基础。

部分动态硫化热塑性弹性体（TPV）的制备特点见表 1.1.4－27。

表 1.1.4－27　部分动态硫化热塑性弹性体（TPV）的制备特点

TPV 类型	TPV 名称	制备特点
非极性橡胶/非极性树脂型 TPV	（1）EPDM/PP－TPV	A. 质量比为 20/80～80/20 B. 硬度为 35A～50D C. 硫化体系可用硫黄/促进剂、过氧化物和酚醛树脂，以酚醛树脂硫化体系取得最高力学性能和流变加工性能的平衡 D. 在密炼机中共混，180～200℃下混合 5 min E. 共混物具有优异的耐臭氧、耐天候、耐热老化性能，以及耐压缩变形、耐油性、耐热性和耐动态疲劳等性能
	（2）NR/PE－TPV 和 NR/PP－TPV	A. 质量比为 30/70～70/30，并以其调节硬度 B. 一般采用过氧化物或有效硫黄硫化体系，防止 NR 硫化返原 C. 共混条件：NR/PE－TPV 为 150℃×4 min，NR/PP－TPV 为（165～185℃）×5 min D. 物理机械性能好，耐热、耐溶剂及耐热氧化，加入少量 EPDM、CPE、CSM 或马来酸酐改性 PE、环化 NR 更可大大提高物理机械性能
	（3）IIR/PP－TPV	硫化体系以酚醛树脂、硫黄为主，加入 EPDM 可提高物理机械性能，改善弹性和流动性，一般多用 IIR/EPDM/PP－TPV 三元共混物
极性橡胶/非极性树脂型 TPV	（4）NBR/PP－TPV	A. 质量比为 30/70～70/30，可制得耐油、耐热、耐老化的共混物 B. 为使 NBR 与 PP 充分混合，需要增容，增容方法有：（1）加入嵌段共聚物；（2）PP 改性官能化，即用羟甲基酚醛树脂、马来酸酐或羟甲基马来酸酐改性 PP，使之与 NBR 就地生成 NBR－PP 嵌段共聚物；提高改性 PP 与 NBR 活性，使用活性大的端胺基液体 NBR
	（5）ACM/PP－TPV	耐热和耐低温性能好，需要使用 MAPP（马来酸酐改性 PP）提高兼容性，一般不超过 5%，以防止热塑性和物理性能下降
非极性橡胶/极性树脂型 TPV	（6）EPDM/PA－TPV	A. 动态硫化温度 190～300℃，共混温度应高于尼龙 6（PA）的软化点 B. 硫化剂用过氧化物，金属化合物用硬脂酸锌、硬脂酸钙、氧化锌、氧化镁等 C. 需要采用增容剂，以马来酸酐与尼龙 6 的胺基进行反应而制备的 TPV，具有优异的耐溶剂性和耐化学腐蚀性
	（7）EPDM/PBT－TPV	通常用过氧化物交联，具有良好的拉伸和压永性能。一般以 EPDM 中接枝 3%的丙烯酸类单体（丁基丙烯酸、甘油丙烯酸）降低 EPDM 与聚对苯二甲酸丁二醇酯（PBT）的界面能力，达到相容目的
极性橡胶/极性树脂型 TPV	（8）ACM/PBT－TPV	丙烯酸橡胶和聚酯树脂可以制备耐烃类溶剂的 TPV。热塑性树脂可用聚对苯二甲酸乙二醇酯（PET）、聚对苯二甲酸丁二醇酯（PBT）或聚碳酸酯（PC）
	（9）NBR/PA－TPV	具有极好的耐高温、耐油、耐溶剂等性能。不同丙烯腈的 NBR 与不同熔点的聚酰胺（PA），可在广泛的比例范围内共混，制出多种不同的 NBR/PA－TPV

TPV 应用领域包括：在汽车工业用作汽车密封条、密封件系列、汽车防尘罩、挡泥板、通风管、缓冲器、波纹管、进气管等，用作汽车高压点火线，可耐 30～40 kV 电压，可满足 UL94 V0 阻燃要求；在消费用品中可用作手动工具、电动工具、除草机等园艺设备的零部件，家用电器上使用的垫片、零件，剪刀、牙刷、鱼竿、运动器材、厨房用品等产品的手柄握把，化妆品、饮料、食品、卫浴用品、医疗用具等产品的各类包装，各种轮子、蜂鸣器、管件、皮带等接头的软质部件，针塞、瓶塞、吸管、套管等软胶件，电筒外壳、儿童玩具、玩具轮胎、高尔夫袋、各类握把等；在电子电器方面可用作各种耳机线外皮，耳机线接头，矿山电缆、数控同轴电缆、普通及高档电线电缆绝缘层及护套，电源插座、插头与护套等，电池、无线电话机外壳及电子变压器外壳护套，船舶、矿山、钻井平台、核电站及其他设施的电力电缆线的绝缘层及护套等；在交通器材方面可用于道路、桥梁伸缩缝，道路安全设施、缓冲防撞部，集装箱密封条等；在建筑建材方面可用作动力部件密封条，建筑伸缩缝、密封条，供排水管密封件、水灌系统控制阀等。

近来，汽车密封条采用 EPDM TPV 有迅速增加的趋势，其首要原因是环保的要求。传统的 EPDM 密封因其硫化体系中使用产生致癌的亚硝基胺化合物的促进剂（BZ、TRA、TT、DTDM 等），虽然已采用环保的替代品（DBZ、ZDTP、DTDC 等），但仍有忧虑。操作油和炭黑以及某些助剂还存在致癌 PAHs（多环芳烃）。传统的 PVC 或 TPVC 密封材料，因含卤素和邻苯二甲酸酯也在环保禁/限之列。而 EPDM TPV 不存在上述环保问题。其次，从环保的角度，要求汽车橡塑制品提高重新利用率（30%→70%），传统 EPDM 硫化胶敌不过 EPDM TPV。此外，TPV 无须混炼和硫化。可以与硬质塑料（PE、PP）共挤出生产彩色封条，耐 UV 性优良，可生产高硬度制品（比 EPDM 简便），而且按角可以热熔接。

3.3 聚烯烃类 TPE 的供应商

聚烯烃类 TPE 的供应商有：美国 AES 公司（Advanced Elastomer Systems L. P.，Geolast、Santoprene、Trefsin 和 Vyram 的 TPV），美国 APA 公司（Advanced polymer Alloys，Alcryn 卤化聚烯烃热塑性弹性体），美国 Monsanto 公司、意大利 Montepolymeri 公司、DSM 公司、热塑性橡胶系统公司（TRS）等。

四、双烯类 TPE

4.1 TPI

双烯类 TPE 主要为天然橡胶的同分异构体，故又称为热塑性反式天然橡胶 T－NR。早在 400 年前，人们就发现了这种材料，称为古塔波橡胶、巴拉塔橡胶。这种 T－NR 用作海底电缆和高尔夫球皮等虽已有 100 余年历史，但因呈热塑性状态，结晶性强，可供量有限，用途长期未能扩展。

1963 年以后，美、加、日等国先后以有机金属触媒制成了合成的 T－NR——反式聚异戊二烯橡胶，称为 TPI。它的化学结构同异戊二烯橡胶（IR）刚好相反，反式聚合链节占 99%，结晶度 40%，熔点 67℃，同天然产的古塔波和巴拉塔橡胶极为类似。因此，已开始逐步取代天然产品，并进一步发展到用于整形外科器具、石膏替代物和运动保护器材。近年来，利用 TPI 优异的结晶性和对温度的敏感性，又成功地开发作为形状记忆橡胶材料，备受人们青睐。

从结构上来说，TPI 是以高的反式结构所形成的结晶性链节作为硬链段，再与其余无规聚合链节形成的软链段结合而构成的热塑性橡胶。同其他 TPE 相比，优点是物理机械性能优异，又可硫化；缺点是软化温度非常低，一般只有 40～70℃，用途受到限制。

目前，国际上只有加拿大 Polysar 和日本 Kurary 两家在生产，产量估计有万吨左右。我国青岛科技大学在近期也开发成功 TPI，并进行了使用试验，获得国家技术发明二等奖。另外，我国正在开发中的还有大量产于湘、鄂、川、贵一带杜仲树上的杜仲橡胶，它也是一种反式-1，4-聚异戊二烯天然橡胶，资源丰富，颇具发展潜力。

4.2 TPB

1974 年，日本 JSR 公司开发成功 BR 橡胶（顺式-1，4-聚丁二烯）的同分异构体——1，2-聚丁二烯，简称 TPB，也称 RB 树脂。TPB 是含 90%以上 1、2 位聚合的聚丁二烯橡胶。微观构造系由结晶的 1，2-聚合的全同、间同结构链节作为硬链段与无规聚合链节形成的软链段结合而构成的嵌段聚合物。目前世界上只有日本一家生产，虽其耐热性、机械强度不如橡胶，但以良好的透明性、耐天候性和电绝缘性以及光分解性，广泛用于制鞋、海绵、光薄膜以及其他工业橡胶制品等方面，年需求量已超过 2.7 万吨。

TPB 可在 75～110℃的熔点范围之内任意加工，既可用以生产非硫化注射成型的拖鞋，也可以利用硫化发泡制造运动鞋、旅游鞋等的中底。它较之 EVA 海绵中底不易塌陷变形，穿着舒适，有利于提高体育竞技效果。TPB 制造的薄膜具有良好的透气性、防水性和透明度，易于光分解，十分安全，特别适于家庭及蔬菜、水果保鲜包装之用。

TPB、TPI 同其他 TPE 的最大不同点在于可以进行硫化，解决了一般 TPE 不能用硫黄、过氧化物硫化，而必须采用电子波、放射线等特殊手段才能交联的问题，从而改进了 TPE 的耐热性、耐油性和耐久性不佳等缺点。

五、氯乙烯类 TPE

这类 TPE 分为热塑性聚氯乙烯和热塑性氯化聚乙烯两大类，前者称为 TPVC，后者称为 TCPE。

5.1 热塑性聚氯乙烯（Polyvinyl Chlpride Thermoplastic Elastomer）

热塑性聚氯乙烯，简称 TPVC。TPVC 主要是改性 PVC 的弹性体，其制造方法包括[10]：

（1）合成高聚合度 PVC 树脂（HPVC）。通用型 PVC 的聚合度最高在 1 300～1 500，HPVC 的聚合度则大于 1 700，随着分子量的增大，分子链间的缠结增多；同时，合成 HPVC 时温度较低，因此其结晶相的比例高于通用型 PVC。以上两者使 HPVC 具有的物理交联结构在添加增塑剂的情况下具有一定的弹性，成为热塑性弹性体。

（2）引入支化或交联结构。将 PVC 通过降解、辐射、共聚、接枝、直接加交联剂等手段，使 PVC 大分子含有一定的支化或轻度交联结构，从而使 PVC 具有热塑性弹性体的性质。

（3）与其他弹性体共混。分为乳液共沉和机械共混两种形式。机械共混主要是在制造软聚氯乙烯时，经悬浮乳酸聚合使之含有凝胶并与部分交联 NBR 掺混制得的共混物（PVC/NBR）。

TPVC 实际说来不过是软 PVC 树脂的延伸物，只是因为压缩变形、耐屈挠、抗蠕变性得到很大改善，从而形成了类橡胶状的 PVC。这种 TPVC 可视为 PVC 的改性品和橡胶的代用品，具有一般热塑性弹性体的特性，又保持了聚氯乙烯优良的耐燃性、耐候性好、耐油性等性能。

TPVC 的典型技术指标见表 1.1.4－28。

表 1.1.4－28　TPVC 的典型技术指标

项目	指标	项目	指标
相对密度	1.15～1.38	拉断伸长率/%	300～500
脆性温度/℃	－60～－38	硬度（JIS A)/度	40～90
100%定伸应力/MPa	2.5～7.5	压缩永久变形/%（70℃×22 h）	38～52
拉伸强度/MPa	10.8～21.6		

注：详见《橡胶原材料手册》，于清溪、吕百龄等编写，化学工业出版社，2007 年 1 月第 2 版，P317。

TPVC 主要用于制造胶管、胶板、胶布等橡胶制品。目前 70%以上消耗在汽车领域，如汽车的方向盘、雨刷条等。其他用途，电线约占 75%，建筑防水胶片占 10%左右，近年来，又开始扩展到家电、园艺、工业以及日用作业雨衣等方面。

国际市场上大量销售的主要是 PVC 与 NBR、改性 PVC 与交联 NBR 的共混物。PVC 与其他聚合材料的共混物，如 PVC/EPDM、PVC/PU、PVC/EVA 的共混物，PVC 与乙烯、丙烯酸酯的接技物等，也都相继问世投入生产。

5.2　热塑性氯化聚乙烯（Chlorinated Polyethylene Thermoplastic Elastomer）

热塑性氯化聚乙烯，简称 TCPE。TCPE 是采用水相悬浮法、溶液法或固相法将聚乙烯氯化得到。根据含氯量不同（从 15%～73%），门尼黏度可以从 34 变化到 150，其物理状态也从塑料、弹性体变成半弹性皮革状硬质聚合物。热塑性弹性体 CPE 的氯含量为 16%～24%。

TCPE 具有难燃性、耐臭氧性及良好的耐药品性，与聚氯乙烯等树脂相容性好。其典型技术指标见表 1.1.4－29。

表 1.1.4－29　TCPE 的典型技术指标

项目	指标	项目	指标
透明性	半透明	拉断伸长率/%	180～650
相对密度	1.13～1.28	硬度：JIS A/度 邵尔 D/度	60～85 45～70
脆性温度/℃	－70～－20		
100%定伸应力/MPa	0.98～2.9	介电常数（1 000 Hz）	6.7～7.9
300%定伸应力/MPa	1.08～13.7	介电强度/(kV · mm^{-1})	14.1～14.3
拉伸强度/MPa	8.8～34.2	体积电阻率/(Ω · cm)	10^{14}～10^{15}
		吸水率（24 h)/%	0.3～2.0

注：详见《橡胶原材料手册》，于清溪、吕百龄等编写，化学工业出版社，2007 年 1 月第 2 版，P317。

TCPE 可以胺类、过氧化物硫化剂交联。

TCPE 广泛用于电缆、胶管、汽车配件及防水卷材等方面。我国已成为仅次于美国的世界 TCPE 最大的生产、消费国。

CM 橡胶与 CPE 树脂共混的、带有 TPE 功能的 TCPE，也开始得到应用。今后，TPVC 和 TCPE 有可能成为代替部分 NR、BR、CR、SBR、NBR 和 PVC 塑料的新型橡塑材料。

TCPE 的供应商有：德国 Hoechsl 公司（Hostlil－Z)、美国 Dow Chemical 公司（Dow CPE)、日本昭和业化、大阪曹达工业等。

5.3　熔融加工型热塑性弹性体（Melt Processible Thermoplastic Elastomer）

熔融加工型热塑性弹性体也称熔融加工型橡胶，简称 MPR，是由乙烯互聚物与氯化聚烯烃组成的合金，其乙烯聚合物组成在混合过程中原位部分硫化。MPR 由美国杜邦公司于 1985 年投入市场，商品名为 Alcryn。

MPR 具有热塑性弹性体的一般性质，可用增塑剂软化、填料补强，室温下近似硫化的氯丁橡胶、丁腈橡胶，硬度为 50～80（邵尔 A)，其主要特性为：具有较好的黏度和熔体强度，可以挤出、压延、注压、吹塑、模压成型；良好的耐油性和耐化学药品性；优异的耐天候、耐臭氧和耐紫外线的性能；着色性好，颜色稳定性高。

MPR 主要用于建筑和汽车的窗密封、管道、涂胶布、密封垫片、汽车零部件、电缆护套、电线套管、复杂外形的挤出件、仪器控制板垫片和吹塑汽车行李箱等。

六、聚酯类 TPE（Thermoplastic Polyester Elastomer）

聚酯类 TPE，也称为共聚多醚类热塑性弹性体（Copolyester Thermoplastic Elastomer），简称为 TPC，是一种线型的嵌段共聚物，由二羧酸及其衍生物、长链二醇（相对分子质量为 600～6 000）与低分子二醇通过熔融酯交换反应制得。其制法为：以二甲基对苯二甲酸酯、1，4-丁二醇和聚环氧丁烷二醇为原料，经交换酯化反应共缩聚而得，在制备过程中可以适量加入扩链剂和稳定剂，扩链剂可为二羧酸的芳香酯化合物，稳定剂有胺类和酚类等，所得共聚物以结晶的聚对苯二甲酸丁二醇酯（PBT）短链段为硬段，由对苯二甲酸与聚丁二醇醚缩合而成的无定型长链段聚醚或聚酯为软段。结晶相赋予聚合物强度和热塑性，无定型相则赋予聚合物弹性，改变两相比例，即可调节聚合物的硬度、模量、熔点、耐化学腐蚀性等。

聚酯类 TPE 还可以分为含有酯键和醚键软段的热塑性聚酯弹性体，简称 TPC－EE；含有聚酯软段的热塑性聚酯弹性体，简称 TPC－ES；含有聚醚软段的热塑性聚酯弹性体，简称 TPC－ET，也称为 TPEE。

其分子结构为：

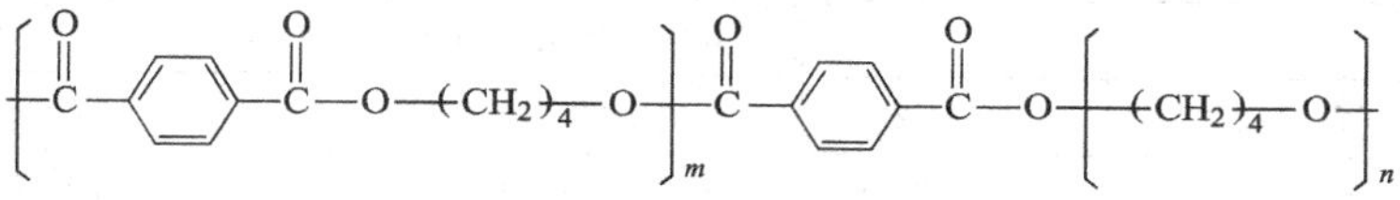

其形态结构示意图 1.1.4－7 所示。

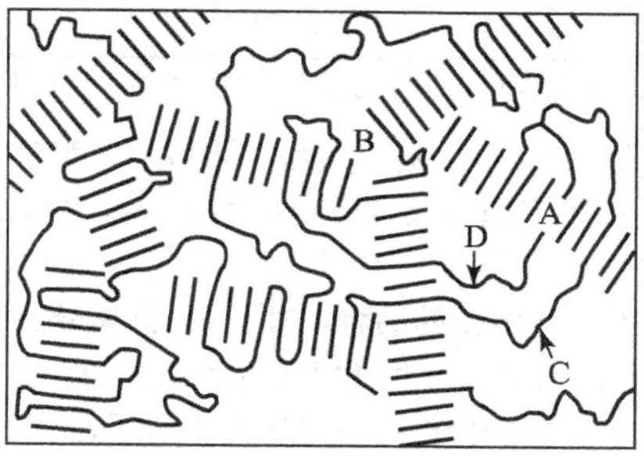

图 1.1.4－7 TPC 的形态结构

A—结晶微区，B—微晶连接区，C—聚合物软段，D—未结晶硬段

聚酯类 TPE 硬段的熔点约为 200℃，软段的 T_g 约为－50℃，所以这种热塑性弹性体使用的温度范围较宽。TPEE 具有很宽的硬度范围，通过对软、硬段比例的调节，其硬度可以在 32～82（邵尔 D）内任意调节。

聚酯类 TPE 的最大特点是低应变下其拉伸应力比相同硬度的其他聚合物制品大，与 TPU 相比，TPEE 的拉伸模量与压缩模量要高得多，因此其制件壁厚可以做得更薄，如杜邦公司生产的 Hytrel 40D、55D、63D、72D 4 种硬度的产品，其拉伸强度为 25～39 MPa，伸长率为 350%～450%，100%定伸应力为 6.4～28.3 MPa。

聚酯类 TPE 热变形温度与耐热温度高[10]，在 110℃和 140℃连续加热 10 h 基本不失重，在 160℃和 180℃连续加热 10 h 失重也分别只有 0.05%和 0.10%。等速升温曲线表明，TPEE 在 250℃开始失重，到 300℃累计失重 5%，至 400℃则发生明显失重。因此，TPEE 使用上限温度非常高，短期使用温度更高，能适应汽车生产线上的烘漆温度（150～160℃）。TPEE 在高低温下机械性能损失小，在 120℃以上使用，其拉伸强度远远高于 TPU。此外，TPEE 还具有出色的耐低温性能，其脆性温度低于－50℃，大部分 TPEE 可在－40℃下长期使用。

TPEE 具有极佳的耐油性，在室温下能耐大多数极性液体，但不耐卤代烃（氟利昂除外）及酚类。TPEE 对大多数有机溶剂、燃料及气体具有优良的抗溶胀性能和抗渗透性能，对燃油的渗透性仅为氯丁橡胶、氯磺化聚乙烯橡胶、丁腈橡胶等耐油橡胶的 1/300～1/3。

TPEE 因大分子中含有酯键而具有不同程度的水解性。PEG－PBT 型 TPEE 正是利用了它易于水解降解的特性用作生物支架材料植入体内。其在水中的降解机理是，H_2O 分子进攻 PEG、PBT 之间的酯键而使其断裂，降解产物为 PEG 和低分子量的 PBT，降解速率受组成、温度、pH 值、酶等因素影响，PEG 含量、温度、pH 值越高，降解速率越高，通过调节 PEG、PBT 组分含量可满足不同用途对降解速率的要求。

TPEE 与 TPU 相比，具有更好的回弹性，在交变应力作用下，滞后小，生热低，使用寿命长，可用于制造铁轨减震块。

聚酯类 TPE 弹性好，抗屈挠性优异，低温韧性优良，低温缺口冲击强度优于其他热塑性弹性体；耐磨型与 TPU 相当；耐天候老化良好，和大多数热塑性弹性体一样在紫外光作用下会降解，需配合紫外光吸收剂。在室温以上，TPEE 弯曲模量很高，低温时又不像 TPU 那样过于坚硬，因而适宜制作悬臂梁或扭矩型部件，特别适合制造耐高温部件。在低应变条件下，TPEE 具有优异的耐疲劳性能，且滞后损失小，使该材料成为制造齿轮、胶辊、挠性联轴节、皮带等多次循环负载条件下使用的制品的理想材料。缺点是硬度大，不易制出柔软的制品，同时耐压缩变形一般，常温下耐水性较好，但耐热水性和耐强酸性都较差。

聚酯类 TPE 的典型技术指标见表 1.1.4－30。

表 1.1.4－30 聚酯类 TPE 的典型技术指标

项目	聚醚型	聚酯型	项目	聚醚型	聚酯型
透明性	乳白色不透明		撕裂强度/(kN·m^{-1})	98～205	112～279
相对密度	1.12～1.26	1.22～1.30	硬度：JIS A/度	89～99	96～99
熔点/℃	170～218	198～323	邵尔 D/度	38～68	48～78
热变形温度（负荷 0.45 MPa)/℃	43～132	65～140	压缩永久变形/%	50～60	60～62
			回弹性/%	59～78	56～60

续表

项目	聚醚型	聚酯型	项目	聚醚型	聚酯型
维卡软化温度/℃	120～199	165～200	介电常数（1 000 Hz）	3.8～5.2	3.7～4.5
脆性温度/℃	≤-60	≤-50	介电损耗角正切（1 000 Hz）	0.004～0.01	0.002～0.08
100%定伸应力/MPa	7.8～25.9	13.7～32.7	介电强度/(kV · mm^{-1})	20～30	25～30
300%定伸应力/MPa	12.1～29.4	18.1～38.8	体积电阻率/(Ω · cm)	2×10^{12}～5×10^{14}	1×10^{14}～7×10^{14}
拉伸强度/MPa	20.6～52.9	30.4～47.5	吸水率（23℃，63%相对湿度，24 h）/%	0.48	0.28～0.40
拉断伸长率/%	420～690	390～540			

注：详见《橡胶原材料手册》，于清溪、吕百龄等编写，化学工业出版社，2007 年 1 月第 2 版，P310。

聚酯类 TPE 有的牌号品级已配合为耐热老化型、耐天候型、水解稳定型和延燃烧型的胶料，一般使用时不需要进行配合，只需根据产品要求选用加工方法，按照该牌号品级规定的加工条件进行加工即可。加工前需要干燥，因聚酯类弹性体易吸水。

近年来，为改善 TPEE 的性能，还出现了许多新的品种，如：1）抗紫外光系列，TPEE 用于户外制品或汽车内外饰件，均需进行抗 UV 改性，否则易粉化降解。目前，有些 TPEE 品种按大众汽车的 PV1303 标准能达到 4 级以上且没有表面析出现象。2）高分子量系列，TPEE 在双螺杆挤出机的高剪切力作用下容易发生降解，高分子量系列 TPEE 可以保证在挤出成型后仍具有较高的分子量，并可用于吹塑制品及制造汽车安全气囊、进气管等。3）低硬度、高耐热、高性能 TPEE，杜邦公司的 Hytrel G3548L、DSM 公司的 EM401 等低硬度产品仍无法同时满足低硬度、高耐热、高性能要求，以适应汽车、电线电缆、高性能密封件等的应用要求。

聚酯类 TPE 主要用于液压软管、管线包覆层、密封垫圈、密封条、铁道用冲头导向卸料板，以及用于制造文体活动车、农用车、军用雪泥车的履带，输送高温物料和耐化学腐蚀的输送带，旋转成型法浇筑小型轮胎，汽车密封件与动态减震垫等要求苛刻的产品。

聚酯类 TPE 的供应商有：美国杜邦公司（Hytrel）、卢森堡 E. I. Du Pont de Nemours 公司（Valox）、荷兰 Akzo Chemie 公司（Hytrel）、日本 Toyobo 公司（Arnitel）等。

七、聚氨酯类 TPE（Urethane Thermoplastic Elastomers）

聚氨酯类 TPE 是由与异氰酸酯反应的氨酯硬链段与聚酯或聚醚软链段相互嵌段结合的热塑性聚氨酯橡胶，简称 TPU，是一种（AB）n 型线形嵌段共聚物，A 为分子量较大（1 000～6 000）的聚酯或聚醚，B 为含 2～12 个直链碳原子的二醇，AB 链段间用二异氰酸酯［通常是二苯甲烷二异氰酸酯（MDI）］连接。聚氨酯交联结构有两类：一是聚氨酯的高极性使分子间通过氢键作用形成结晶区，结晶区起类似交联点的作用；二是大分子链间存在轻度交联。聚氨酯的这种交联结构使其在常温下具有高的强度。随着温度的上升和下降，这两种交联结构具有可逆性，赋予聚氨酯热塑性。

聚氨酯热塑性弹性体按原料分有聚酯型、聚醚型、聚碳酸酯型、端羟基聚丁二烯型等，按用途分有弹性体、氨纶切片、胶黏剂树脂、热熔胶、油墨连接料树脂等。此外，还有半热塑型和全热塑型之分，前者是大分子链间存在着由于氢键而产生的物理交联，后者则存在轻度的化学交联。

聚氨酯热塑性弹性体的制备一般采用预聚法，即先将双端为羟基的聚酯或聚醚二醇低聚物与二异氰酸酯反应，得到一异氰酸酯为端基的预聚物和过量二异氰酸酯的混合物，然后再与扩链剂（低分子二元醇或二元胺）反应，得到由高极性的聚氨酯或聚脲链段（硬段）与聚酯或聚醚链段（软段）交替组成的嵌段共聚物——热塑性聚氨酯弹性体。

热塑性聚氨酯弹性体的分子结构为：

$$-[A]_m-[B]_n-$$

其中：A为软段

B为硬段

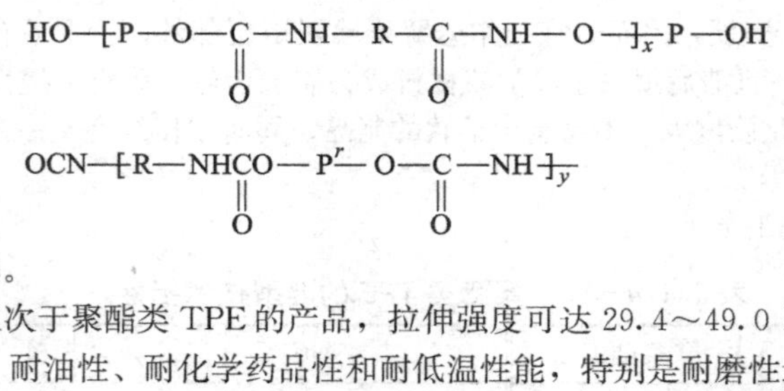

式中，P、P′ 为烷基，R 为芳基。

TPU 是现有 TPE 中强度仅次于聚酯类 TPE 的产品，拉伸强度可达 29.4～49.0 MPa（硬度 60A～80D），具有优异的机械强度、耐磨性、耐屈挠性、耐油性、耐化学药品性和耐低温性能，特别是耐磨性最为突出。TPU 在较长时间负荷作用下，应力—应变曲线下降幅度较小，适宜在长期负荷的恶劣环境中使用。缺点是耐热性、耐热水性、耐压缩性较差，外观易变黄（需配紫外线吸收剂），加工中易黏模具。聚醚型的 TPU 比聚酯型的低温性能好。

TPU 的典型技术指标见表 1.1.4 - 31。

表 1.1.4-31 TPU 的典型技术指标

项目	聚酯型	聚醚型	项目	聚酯型	聚醚型
透明性	透明	透明	介电常数（1 000 Hz）	5.71	4.70
维卡软化温度/℃	190	180	介电强度/(kV·mm^{-1})	16	24.8
脆性温度/℃	<-70	<-70	体积电阻率/(Ω·cm)	3.6×10^{12}	1.0×10^{13}
100%定伸应力/MPa	8.8	8.8	耐磨性	优	良
300%定伸应力/MPa	15.7	16.6	耐溶剂（燃料、油、脂）	良/优	中
拉伸强度/MPa	44.1	34.3	耐天候	良	中/良
拉断伸长率/%	600	650	抗霉性	劣/中	优
撕裂强度/(kN·m^{-1})	117.6	107.8	低温性能	良	优
硬度（JIS A）	92	92	耐水性	中/良	良/优
压缩永久变形/%	40	35	耐水蒸气	中	良/优
回弹性/%	45	45			

注：详见《橡胶原材料手册》，于清溪、吕百龄等编写，化学工业出版社，2007 年 1 月第 2 版，P305。

TPU 中添加云母粉、玻璃纤维等可以提高胶料的耐热性，也可与其他热塑性弹性体、极性的塑料和橡胶共混来改善性能。

TPU 的加工一般采用注射成型和挤出成型，也可配制成溶液，用于成膜、涂布、喷涂和浸渍等。由于 TPU 吸湿性强，故加工前必须进行干燥，干燥温度一般为 80～100℃，干燥时间为 1～3 h。

TPU 在欧美等国主要用于制造滑雪靴、登山靴等体育用品，并大量用以生产各种运动鞋、旅游鞋，消耗量很大。TPU 还可通过注塑和挤出等成型方式生产汽车、机械以及钟表等零件，并大量用于高压胶管（外胶）、纯胶管、薄片、传动带、输送带、电线电缆、胶布等产品。其中注塑成型占到 40%以上，挤出成型约为 35%。

近年来，为改善 TPU 的工艺加工性能，还出现了许多新的易加工品种，如：1）适于双色成型，能增加透明性和高流动、高回收的，可提高加工生产效率的制鞋用 TPU；2）用于制造透明胶管的低硬度的易加工型 TPU；3）供作汽车保险杠等大型部件专用的、以玻璃纤维增强的可提高刚性和冲击性的增强型 TPU；4）在 TPU 中加入反应性成分，在热塑成型之后，通过熟成，形成不完全 IPN（由交联聚合物与非交联聚合物形成的 IPN）的发展十分迅速，这种 IPN-TPU 又进一步改进了 TPU 的物理机械性能；5）TPU/PC 共混型的合金型 TPU，更提高了汽车保险杠的安全性能。此外，还有高透湿性 TPU、导电性 TPU、可生物降解 TPU、耐高温 TPU（长期使用温度在 120℃以上），并且出现了专用于人体、磁带、安全玻璃等方面的 TPU。

TPU 的供应商有：德国的 Bayer、BASF 公司，英国的 ICI、Anchor、Davathane 公司（Davathane），美国的 AES 公司（Advanced Elastomer SystemsL. P，Santoprene、Trefsin 和 Vyram）、美国杜邦陶氏弹性体公司（Pellethane）、Mobay，日本的 Elasto：an、Polyurethane，BASF 公司与亨兹曼等公司在上海漕泾化学工业区的合资工厂、烟台万华聚氨酯股份有限公司（宁波）、拜耳公司在上海的生产基地等。

八、聚酰胺类 TPE（Polyamide Thermoplastic Elastomer）

聚酰胺类 TPE，简称 TPA（或 TPAE），主要是以尼龙-6、尼龙-66、尼龙-11、尼龙-12 等为硬链段和以无规聚醚、聚酯或聚醚酯（如聚乙二醇、聚丙二醇）为软链段构成的一系列尼龙型热塑弹性体。硬段和软段的比例从 90∶10 到 10∶90，各嵌段的长度和相对的量决定了弹性体的物理化学性能。

聚酰胺类 TPE 以内酰胺、二羧酸和聚醚二醇经酯交换共缩聚制得。其分子结构为：

$$HO\text{-}\!\!\left[\left[CO\text{—}NH\text{-}(CH_2)_p\right]_m CO\text{-}(CH_2)_{10}\text{-}CO\text{-}\left[O\text{-}(CH_2)_4\right]_n\right]_l\text{—}OH$$

其中，$p=5$ 或者 11。

聚酰胺类 TPE 与聚氨酯类 TPE 类似，在较宽的温度范围内是坚韧耐磨的。聚酰胺类 TPE 实际上已远离橡胶类别，缺乏弹性，价格也较高。主要优点是保留了尼龙树脂的各个长处，如强韧性、耐化学品性、耐磨性、消声性等。为使之进一步高性能化，又出现了 TPA 和 TPU 的合金共混物以及与 ABS 树脂复合共混的双色成型物等。

聚酰胺类 TPE 的典型技术指标见表 1.1.4-32。

表 1.1.4-32 聚酰胺类 TPE 的典型技术指标

项目	指标	项目	指标
透明性	半透明	撕裂强度/(kN·m^{-1})	98～176
相对密度	0.91～1.01	硬度：JIS A/度 邵尔 D/度	>85 37～68
熔点/℃	151～171		

续表

项目	指标	项目	指标
脆性温度/℃	<－70	回弹性/%	55～60
100%定伸应力/MPa	6.8～18.6	介电常数（1 000 Hz）	2.7～3.3
300%定伸应力/MPa	11.8～31.4	介电损耗角正切（1 000 Hz）	0.03～0.08
拉伸强度/MPa	14.7～37.2	体积电阻率/(Ω·cm)	10^{11}～10^{19}
拉断伸长率/%	350～500		

注：详见《橡胶原材料手册》，于清溪、吕百龄等编写，化学工业出版社，2007 年 1 月第 2 版，P311。

聚酰胺类 TPE 的熔体强度高，适于挤出、吹塑和热成型。加工前必须彻底干燥，通常配合填料、润滑剂、脱模剂、紫外线稳定剂和着色剂等，与多种工程塑料可相容。聚酰胺类 TPE 主要用于制造消音齿轮、汽车部件、工业用胶管、管道、运动鞋底、网球拍、电线电缆护套、电子元件等，也用于热熔性胶黏剂、金属粉末涂料及工程塑料的抗冲改性剂等，产品主要向高性能化、工程化方向发展。

聚酰胺类 TPE 的供应商有：德国 Emser Werke 公司（Ely1256）、德国 Atom Chemie 公司（PEBA）、德国 Hüls（XR3808、K4006）、美国 EMS－American Griton 公司（Grilamide ELY）、日本油墨化学等。

九、乙烯共聚物热塑性弹性体

乙烯共聚物热塑性弹性体主要包括热塑性乙烯-乙酸乙烯酯弹性体与热塑性乙烯-丙烯酸乙酯弹性体。

9.1 热塑性乙烯-乙酸乙烯酯弹性体（Thermoplastic Ethylene-vinylacetate Elastomer）

热塑性乙烯-乙酸乙烯酯弹性体由乙烯和乙酸乙烯酯单体在高温高压下自由基共聚或高压本体共聚制得，简称 EVA，乙酸乙烯酯含量在 10%～35%（质量分数）。

EVA 的拉伸永久变形较大，与软质树脂相近，其主要特性为：低温性能、耐候性、耐臭氧性优良；撕裂强度、耐应力龟裂性好。

EVA 的典型技术指标见表 1.1.4－33。

表 1.1.4－33　EVA 的典型技术指标

项目	VA 12[a]	VA 33[b]	项目	VA 12	VA 33
相对密度	0.935	0.95	拉伸强度/MPa	19.6	9.8
熔融流动指数/(g·10 min^{-1})	2.5	43	拉断伸长率/%	750	900
维卡软化温度/℃	60	45	耐应力龟裂性/h	1 000 以上	1 000 以上
脆性温度/℃	≤－60	≤－60	热导率/[W·(m·k)$^{-1}$]	0.3	0.35

注：[a] VA 含量 12%。
[b] VA 含量 33%。
详见《橡胶原材料手册》，于清溪、吕百龄等编写，化学工业出版社，2007 年 1 月第 2 版，P312。

EVA 因具有较好的拉伸强度和抗冲击强度，适于制作板材、汽车零部件、软管、电线电缆包覆材料、鞋底、垫圈和填缝材料以及食品包装薄膜等。

EVA 的供应商有：美国杜邦公司（EVA）、日本东洋曹达工业公司、日本住友化学工业工业、日本三菱油化公司、日本合成化学工业公司等。

9.2 热塑性乙烯-丙烯酸乙酯弹性体（Thermoplastic Ethylene Ethylacrylate Elastomer）

热塑性乙烯-丙烯酸乙酯弹性体是乙烯与丙烯酸酯共聚物中的一种，简称 EEA。

EEA 的性能与 EVA 相似，引入丙烯酸乙酯共聚单体使弹性体的柔软性增加、软化温度降低。

EEA 与 EVA 的性能对比见表 1.1.4－34。

表 1.1.4－34　EEA 与 EVA 的性能对比

项目	EVA				EEA				
	注射级和吹塑级			吹塑级	注射级			挤出级和吹塑级	
	乙酸乙烯酯结合量/%				丙烯酸乙酯结合量/%				
	12	18	33	9.5	5.5	6.5	18	15	20
熔融指数/(g·10 min^{-1})	2.5	2.5	25.0	0.8	8.0	8.0	6.0	1.5	2.2
相对密度	0.935	0.94	0.95	0.928	0.946	0.938	0.931	0.930	0.933
拉伸强度/MPa	19	19	9.9	19	17	12	11	15	14
拉断伸长率/%	750	750	900	725	50	200	700	700	750

续表

项目	EVA				EEA				
	注射级和吹塑级			吹塑级	注射级			挤出级和吹塑级	
	乙酸乙烯酯结合量/%				丙烯酸乙酯结合量/%				
	12	18	33	9.5	5.5	6.5	18	15	20
刚性/MPa	66	30	6.9	76	—		—	—	
刚性（中等割线）/MPa	—	—	—	—	483	276	35	52	28
冲击强度/(J·m^{-2})	0.28	0.28	0.18	—	—	—	—	—	—
硬度（邵尔 D）	—	—	—	—	56	50	32	32	29
维卡软化温度/℃	65.6	58.9	48.9	77.8	—	—	60	—	—
脆性温度/℃	<−106	<−106	<−106	<−106			−105	9	—
应力龟裂（50%破坏点）/h	>1 000	>1 000	>1 000	—	—	—	>1 000	—	—

注：详见《橡胶原材料手册》，于清溪、吕百龄等编写，化学工业出版社，2007 年 1 月第 2 版，P312。

EEA 具有优异的坚韧性和好的低温性能，可用作汽车护板、柔性软管、家庭用具、包装薄膜、电器接头覆盖物等。

十、热塑性天然橡胶（Thermoplastic Natural Rubber）

热塑性天然橡胶简称 TPNR，可以通过机械共混和接枝方法制得，前者得到的热塑性天然橡胶简称 TPNR blend，后者简称 TPNR graft，均由马来西亚生产。

10.1 共混型热塑性天然橡胶

共混型热塑性天然橡胶由天然橡胶 SMRL 或相当的浅色品级的橡胶和聚丙烯或聚乙烯，在密炼机中按要求比例进行共混，并加入适量有机过氧化物（如过氧化二异丙苯），温度升至树脂的熔点，然后加入防老剂制得。

共混物的配比见表 1.1.4-35。

表 1.1.4-35 共混型热塑性天然橡胶的配比

组成	配合量/份							
天然橡胶 SMRL（5 L）	65	60	50	40	65	60	50	40
聚丙烯	35	40	50	60	17.5	20	25	30
高密度聚乙烯	—	—	—	—	17.5	20	25	30
过氧化二异丙苯	0.39	0.36	0.30	0.24	0.39	0.36	0.30	0.24
防老剂	1	1	1	1	1	1	1	1

注：详见《橡胶原材料手册》，于清溪、吕百龄等编写，化学工业出版社，2007 年 1 月第 2 版，P314。

共混型热塑性天然橡胶的结构与动态硫化法制得的聚烯烃热塑性弹性体相类似，分为软品级、中间品级和硬品级三类。其中天然橡胶 80/聚丙烯 20，硬度 70 A，有较好的弹性。硬度 50D[a] 的，需加入中流动品级 EVA28%，在密炼机中共混制得，也可用较软的低密度聚乙烯；硬品级的天然橡胶 15/聚丙烯 85，制备时加硫化剂过氧化物的同时添加 N，N′－间亚苯基双马来酰亚胺。

注：原文为 50 A，可能有误。

共混型热塑性天然橡胶的主要特性为：较好的低温性能和较高的软化温度；低温下具有较高的冲击强度；耐酸碱和盐溶液；比热塑性聚氨酯弹性体有更低的相对密度。

共混型热塑性天然橡胶的典型技术指标见表 1.1.4-36。

表 1.1.4-36 共混型热塑性天然橡胶的典型技术指标

<table>
<tr><td>相对密度</td><td colspan="2">硬度（邵尔）/度</td><td colspan="2">拉伸强度/MPa</td><td>拉断伸长率/%</td></tr>
<tr><td>0.91</td><td colspan="2">50A～60D</td><td colspan="2">5.9～19.6</td><td>200～500</td></tr>
<tr><td colspan="6">软品级共混型热塑性天然橡胶的典型技术指标</td></tr>
<tr><td>项目</td><td colspan="5">指标</td></tr>
<tr><td>硬度（邵尔 A）/度</td><td>50</td><td>60</td><td>70</td><td>80</td><td>90</td></tr>
<tr><td>100%定伸应力/MPa</td><td></td><td>2.6</td><td>3.7</td><td>4.7</td><td>6.4</td></tr>
<tr><td>拉伸强度/MPa</td><td>5.7</td><td>8.0</td><td>10.0</td><td>11.0</td><td>12.8</td></tr>
<tr><td>拉断伸长率/%</td><td>350</td><td>300</td><td>300</td><td>330</td><td>330</td></tr>
</table>

续表

项目	指标				
撕裂强度/(kN·m^{-1})	21	21	27	25	25
拉伸永久变形/%		13	16	20	23
压缩永久变形/%					
23℃×22 h	25	27	25	37	39
70℃×22 h	80	38	40	50	55
7 天油中体积溶胀率/%					
ASTM1＃油，23℃		14	9	9	7
ASTM2＃油，23℃		19	13	12	9
ASTM3＃油，23℃		71	53	47	35
ASTM1＃油，100℃		101	80	67	61
ASTM2＃油，100℃		151	123	108	82
ASTM3＃油，100℃		190	164	139	116
中间品级共混型热塑性天然橡胶的典型技术指标					
挠曲模量/MPa	330	400	600		
屈服应力/MPa	8.5	10.5	12.6		
拉伸强度/MPa	20	23	25		
悬臂梁式冲击强度（−30℃）/(J·m^{-1})					
1 mm 槽口端部半径	＞640	＞640	420		
0.25 mm 槽口端部半径	300	450	105		
硬品级共混型热塑性天然橡胶的典型技术指标					
添加物	HVA−2	HVA−2	树脂	HVA−2	
挠曲模量/MPa	900	900	900	1 100	
屈服应力/MPa	16	19	19	24	
拉伸强度/MPa	650	200	660	630	
悬臂梁式冲击强度（−30℃）/(J·m^{-1})					
1 mm 槽口端部半径	＞640	250	260	120	
0.25 mm 槽口端部半径	400	90	—	—	

注：详见《橡胶原材料手册》，于清溪、吕百龄等编写，化学工业出版社，2007 年 1 月第 2 版，P315～316。

10.2　接枝型热塑性天然橡胶

接枝型热塑性天然橡胶是利用天然橡胶主链的双键与偶氮二羧基化聚苯乙烯（azodicarboxylated polystyrene）在高剪切混炼机中掺混，混炼温度在偶氮二羧基化聚苯乙烯熔点以上时，起偶联反应接枝制得。偶联反应如下：

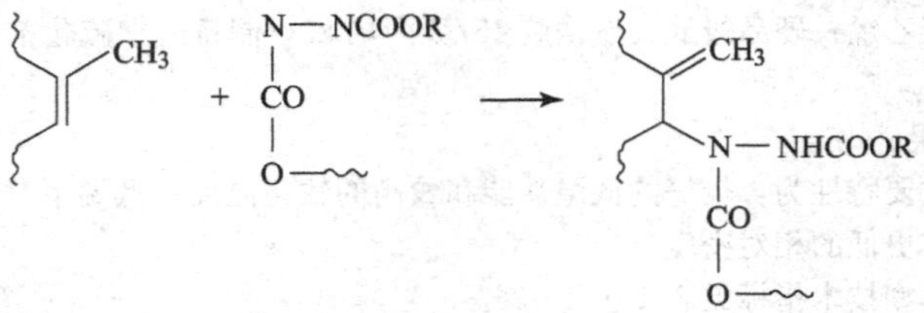

接枝型热塑性天然橡胶的典型技术指标见表 1.1.4－37。

表 1.1.4－37　接枝型热塑性天然橡胶的典型技术指标

相对密度	硬度（邵尔 A）/度		拉伸强度/MPa		拉断伸长率/%
0.94	40～95		9.8～24.5		300～800
代表性配合胶料的技术指标					
组成和性能	指标				
接枝型热塑性天然橡胶（40%PS）	100	100	100	100	100
结晶聚苯乙烯（PS）	38	30	20	30	30
环烷烃油	20	20	20	30	30

续表

组成和性能	指标				
白垩粉					10
熔融流动指数（190℃，2.16 kg）/(g·10 min^{-1})	6	11	11	27	21
100%定伸应力/MPa	4.1	3.6	3.0	2.0	2.7
300%定伸应力/MPa	9.9	10.0	7.0	6.6	7.6
拉伸强度/MPa	10.8	11.9	9.5	10.0	10.5
拉断伸长率/%	335	355	370	410	370

注：详见《橡胶原材料手册》，于清溪、吕百龄等编写，化学工业出版社，2007 年 1 月第 2 版，P316。

接枝型热塑性天然橡胶的性能处于苯乙烯-丁二烯嵌段共聚物的范围之内，因而可替代苯乙烯-丁二烯嵌段共聚物使用。

十一、聚硅氧烷类热塑性弹性体（Polysiloxane Based Thermoplastic Elastomer）

聚硅氧烷类热塑性弹性体是以聚二甲基硅氧烷为软段，聚苯乙烯、聚双酚 A 碳酸酯等为硬段的嵌段共聚物。聚硅氧烷类热塑性弹性体具有优良的低温柔顺性、电性能、耐臭氧性、耐候性等，无须补强和硫化，能在较宽的温度范围内使用。

11.1 聚苯乙烯-二甲基硅氧烷嵌段共聚物（Block Copolymer of Polystyrene-polydimethyl）

聚苯乙烯-二甲基硅氧烷嵌段共聚物为美国 Dow Chemical 公司开发，是聚苯乙烯与聚二甲基硅氧烷短嵌段多次交替的嵌段共聚物，由六甲基环三硅氧烷和活性 α，ω-二锂聚苯乙烯在极性溶剂中开环聚合而得。当共聚物中二甲基硅氧烷嵌段链节含量超过 65%时，共聚物表现为热塑性弹性体。其分子结构为：

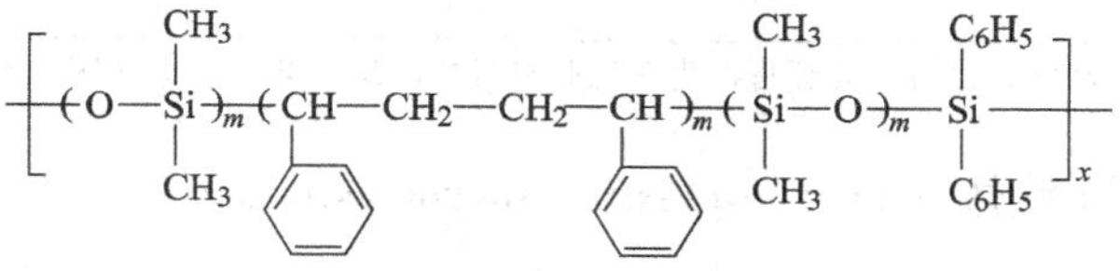

共聚物的性能取决于分子量和硬、软段的比例，随着硬段聚苯乙烯含量增加，共聚物的应力增加，伸长率下降。

由 α-甲基苯乙烯取代苯乙烯制得的聚 α-甲基苯乙烯-二甲基硅氧烷嵌段共聚物，拉伸强度明显增大，耐热性能提高。

11.2 聚二甲基硅氧烷-双酚 A 碳酸酯嵌段共聚物（Polydimethylsiloxane &Polybiphenol A Carbonate Block Copolymer）

聚二甲基硅氧烷-双酚 A 碳酸酯嵌段共聚物为美国 GE 公司研发，由双酚 A 和 α，ω-二氯端基二甲基硅氧烷低聚体的混合物在吡啶存在下进行光气化，然后再在二氯甲烷溶液中进行嵌段共聚制得。其分子结构为：

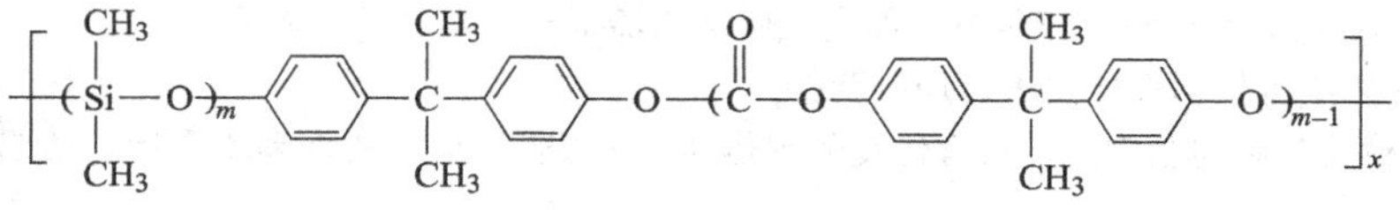

共聚物中聚碳酸酯的含量一般为 35%～85%，含量更高时，共聚物呈皮革状。

聚二甲基硅氧烷-双酚 A 碳酸酯嵌段共聚物的电性能优良，抗电晕、透气性良好，主要用于制造富氧空气膜、涂料、胶黏剂等。

11.3 聚二甲基硅氧烷-芳酯嵌段共聚物（Polydimethylsiloxane &Polyaromaticester Block Copolymer）

聚二甲基硅氧烷-芳酯嵌段共聚物的分子结构为：

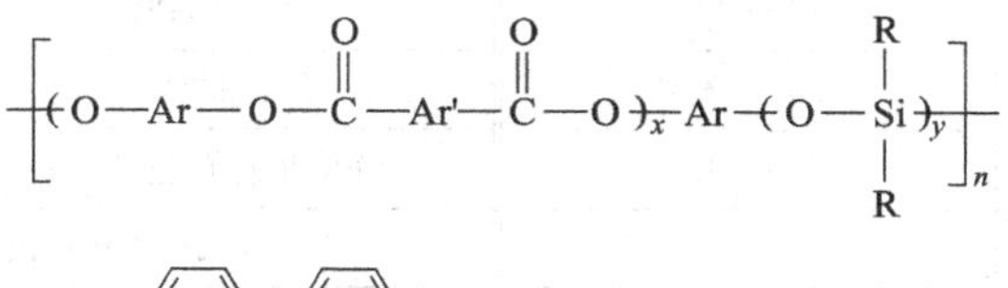

式中，Ar、Ar′代表芳基，即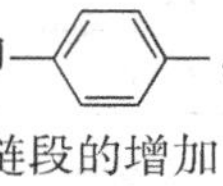，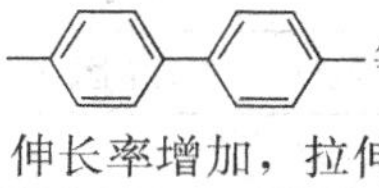等；R 代表 CH_3 或 C_6H_5。

共聚物随嵌入的硅氧烷链段的增加，伸长率增加，拉伸强度下降。聚二甲基硅氧烷-芳酯嵌段共聚物具有良好的物理机械性能、耐水性和热氧化稳定性，并能在－100～250℃温度范围内保持橡胶弹性。

11.4 聚砜-二甲基硅氧烷嵌段共聚物（Polysulfone-polydimethylsiloxane Block Copolymer）

聚砜-二甲基硅氧烷嵌段共聚物为美国 Union Carbide 公司研发，是以端羟基聚砜和端二甲氨基聚二甲基硅氧烷预聚物在氯苯中反应制得的嵌段共聚物。共聚物以聚砜为硬段，聚二甲基硅氧烷为软段，其分子结构为：

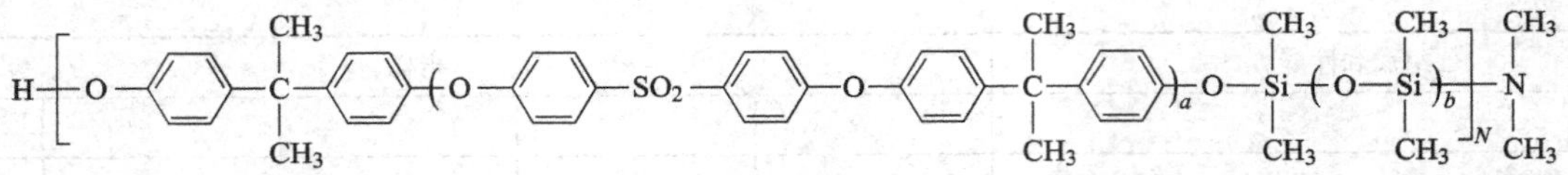

共聚物中聚砜含量应少于 70%（质量分数），聚二甲基硅氧烷含量至少在 50%（质量分数）以上。后者含量越高，弹性越好，含 65%以上聚二甲基硅氧烷嵌段链节的共聚物具有优异的回弹性和良好的机械强度，最高使用温度可达 170℃。

11.5 硅橡胶-聚乙烯共混物（Silicone Rubber-polyethylene Blend）

硅橡胶-聚乙烯共混物由聚甲基硅氧烷和聚乙烯机械共混制得，聚甲基硅氧烷为分散相，聚乙烯为连续相，共混物两相间有少量接枝和交联，适用于注压和挤出成型。其典型技术指标见表 1.1.4-38。

表 1.1.4-38 硅橡胶-聚乙烯共混物与聚乙烯、聚甲基硅氧烷的典型技术指标

项目	硅橡胶-聚乙烯共混物	聚乙烯（Dow 130）	聚硅氧烷（Silastic 55）
拉伸强度/MPa	9.96	15.18	8.96
拉断伸长率/%	550	760	600
模量/MPa	31.05	82.74	—
体积电阻率/(Ω·cm)	4×10^{15}	4×10^{16}	5×10^{14}
介电常数			
1 000 Hz	2.5	2.4	3.0
1 000 kHz	2.6	2.4	—
介电损耗角正切			
1 000 Hz	0.001 9	0.001 1	0.001 5
1 000 kHz	0.001 4	0.002 0	—

注：详见《橡胶原材料手册》，于清溪、吕百龄等编写，化学工业出版社，2007 年 1 月第 2 版，P319。

十二、有机氟类热塑性弹性体（Thermoplastic Fluoroelastomer）

有机氟类热塑性弹性体简称 TPF，由日本大金工业公司开发，以一含氟共聚物（氟橡胶）为软段，另一含氟共聚物（氟树脂）为硬段的嵌段共聚物，在常温下具有橡胶的弹性，温度高于硬段熔点时表现出热塑性。其制法为在引发剂和有机碘化合物 [I $(CF_2)_4$I] 存在下，加入 A 单体组分进行自由基乳液聚合，有机碘化合物的作用是对自由基聚合生成的分子链末端部分活化，然后加入 B 单体组分继续聚合，得到嵌段共聚物。

TPF 的分子结构为：

$$I—B—A—(CF_2)_4—A—B—I$$

式中，A 嵌段：偏氟乙烯、六氟丙烯和四氟乙烯；

B 嵌段：四氟乙烯、乙烯和少量第三组分（如全氟甲基乙烯基醚、六氟异丁烯等）。

A、B 嵌段中的单体组成可根据性能要求而加以调整。

TPF 的性能介于氟橡胶和氟树脂中间，具有优良的耐热性、耐候性、耐介质性和不燃性，透明无毒。其典型技术指标见表 1.1.4-39。

表 1.1.4-39 TPF 的典型技术指标

项目	指标	项目	指标
透明性	无色半透明	硬度（JIS A）	61～67
相对密度	1.84～2.0	压缩永久变形/%	10
熔点/℃	160～220	回弹性/%	10
100%定伸应力/MPa	1.47～3.43	介电常数（1 000 Hz）	5.7～7.7
300%定伸应力/MPa	2.9～4.9	介电损耗角正切（1 000 Hz）	0.06～0.07
拉伸强度/MPa	～14.7	介电强度/(kV·mm^{-1})	19
拉断伸长率/%	600～1 000 以上	体积电阻率/(Ω·cm)	10^{13}～10^{14}
撕裂强度/(kN·m^{-1})	19.6～29.4		

注：详见《橡胶原材料手册》，于清溪、吕百龄等编写，化学工业出版社，2007 年 1 月第 2 版，P320。

TPF 具有一般热塑性弹性体的特性，也可采用与氟橡胶相同的硫化体系如过氧化物和多元醇体系进行硫化，还可采用辐射交联改善制品的耐热性和力学性能。

TPF 广泛应用与化工和机械行业，特别适用于要求无毒、透明、耐热、耐腐蚀的半导体，应用于医药、生物、食品、

电子、纤维以及土木建筑等领域，主要用于制作高性能超低渗透性汽车燃油胶管、软管、导管、热收缩管、薄膜板、涂层、导线被覆、热熔性胶黏剂、密封胶和氟橡胶改性等。

TPF 的供应商有：日本大金工业公司，其有两个牌号：Daiel TPF T 530，以偏氟乙烯-六氟丙烯共聚物其软段，以四氟乙烯-乙烯共聚物为硬段；Daiel TPF T 630，以偏氟乙烯-六氟丙烯共聚物其软段，以聚偏氟乙烯为硬段。

第五节　胶乳与液体橡胶

一、胶乳

聚合物在水介质中形成的相对稳定的胶体多分散体系称为胶乳，胶乳一般可分为两大类：橡胶胶乳和树脂胶乳。橡胶胶乳因来源不同，又分为天然胶乳和合成胶乳。天然胶乳从橡胶树中采集得到，合成胶乳多都是用乳液聚合方法制备，如丁苯胶乳、丁腈胶乳等；也可用分散方法来制备某些非乳液聚合的合成胶乳，如丁基胶乳、异戊胶乳、乙丙胶乳等。后者是将合成橡胶溶于溶剂中，再用乳化剂分散，然后除去溶剂制得。

胶乳主要用于生产避孕套、手套、海绵、气球、胶丝、胶黏剂、帘布浸渍、涂料、地毯、胶管、造纸、纺织、无纺布等各个工业领域，各种类型的乳胶制品已达 30 000 种以上。胶乳制品常用的加工工艺有浸渍、压出、注模、发泡、喷涂、涂胶等。

SH/T 1500—1992《合成胶乳 命名及牌号规定》参照采用 ISO/DIS 1629—1985《橡胶和胶乳——命名法》及 ISO 2348—1981《合成胶乳——代号制定》标准，规定了合成胶乳的命名方法，以及按标称总固物含量、标称结合共聚单体含量、主要使用特征和根据具体情况增加的附加特征制定的相应牌号。合成胶乳分类与代号见表 1.1.5-1。

表 1.1.5-1　合成胶乳分类与代号

合成胶乳	代号	合成胶乳	代号
丙烯酸-丁二烯胶乳	ABRL	丁苯胶乳	SBRL
丁二烯胶乳	BRL	苯乙烯氯丁二烯胶乳	SCRL
氯丁胶乳	CRL	羧基丁腈胶乳	XNBRL
丁基胶乳	IIRL	羧基丁苯胶乳	XSRRL
异戊胶乳	IRL	羧基丁二烯胶乳	XBRL
丁腈胶乳	NBRL	羧基氯丁胶乳	XCRL
丁吡胶乳	PBRL	乙烯丙烯和二烯烃三元共聚胶乳	EPDML
丁苯吡啶胶乳	PSBRL	乙丙胶乳	EPML
其中，“R”表示聚合物的主链中含有不饱和碳链的合成胶乳；“M”表示主链中含有亚甲基型饱和碳链的合成胶乳；“X”表示聚合物链中含有羧基取代基的合成胶乳；“L”表示胶乳。			

胶乳以质量分数计的标称总固物含量，在牌号中用第一位数字表示，见表 1.1.5-2。

表 1.1.5-2　标称总固物含量的表示

总固物含量/%	代表数字	总固物含量/%	代表数字	总固物含量/%	代表数字
≤20.0	1	40.0～49.9	4	≥70	7
20.0～29.0	2	50.0～59.9	5		
30.0～39.9	3	60.0～69.9	6		

聚合物所含的以质量分数计的标称结合共聚单体含量，在牌号中用第二位数字表示，见表 1.1.5-3。

表 1.1.5-3　标称结合共聚单体含量的表示

结合共聚单体含量/%	代表数字	结合共聚单体含量/%	代表数字	结合共聚单体含量/%	代表数字
≤20.0	1	40.0～49.9	4	≥70	7
20.0～29.0	2	50.0～59.9	5		
30.0～39.9	3	60.0～69.9	6		

用聚苯乙烯或一种丁苯共聚物补强的丁苯胶乳，则其结合共聚单体含量应包括补强共聚物中的结合苯乙烯含量，在尾标上以大写英文字母 Y 表示。

合成胶乳的主要使用特征表示方法见表 1.1.5-4。

表 1.1.5-4　合成胶乳的主要使用特征表示方法

主要使用特征	代表字母	主要使用特征	代表字母
通用型	A	印染工业用	H
地毯工业用	B	涂料工业用	I
造纸工业用	C	轮胎工业及橡胶制品骨架材料浸渍用	J
海绵制品工业用	D	胶乳水泥用	K
纺织工业用	E	胶乳沥青用	L
胶乳制品工业用	F	农业用	M
胶黏剂用	G	食品工业用	N

如主要使用特征不能区分产品牌号时，在其后再加短线及一位阿拉伯数字表示附加特征。

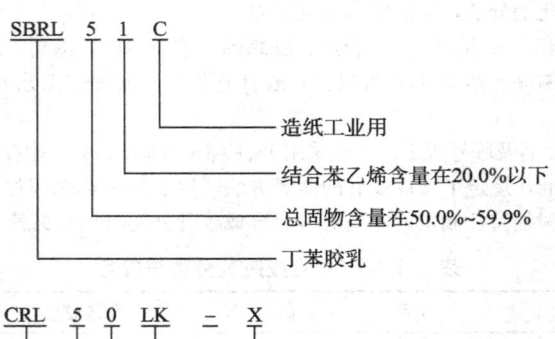

如：

SBRL　5　1　C
- C —— 造纸工业用
- 1 —— 结合苯乙烯含量在20.0%以下
- 5 —— 总固物含量在50.0%~59.9%
- SBRL —— 丁苯胶乳

CRL　5　0　LK　–　X
- X —— 附加特征的数字
- LK —— 胶乳沥青、胶乳水泥用
- 0 —— 无共聚单体
- 5 —— 总固物含量在50.0%~59.9%
- CRL —— 氯丁胶乳

SBRL　6　3　A　Y
- Y —— 已予补强
- A —— 通用型
- 3 —— 结合苯乙烯含量在30.0%~39.9%
- 6 —— 总固物含量在60.0%~69.9%
- SBRL —— 丁苯胶乳

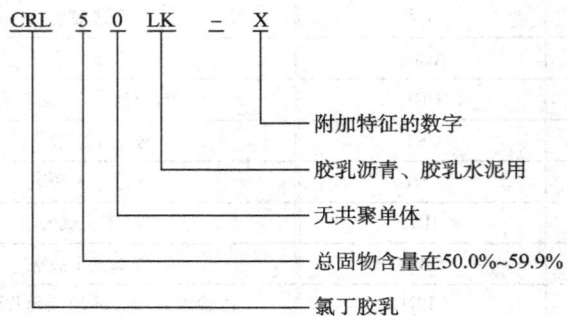

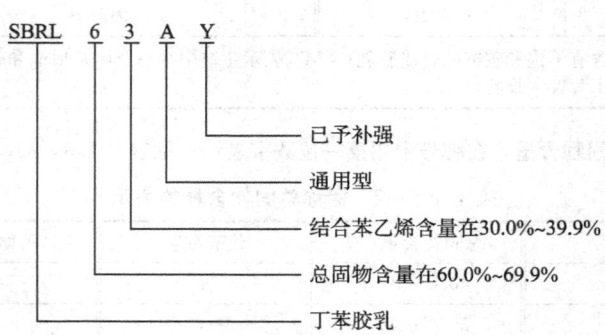

合成胶乳的性能比较见表 1.1.5-5。

表 1.1.5-5　合成胶乳的性能比较

胶乳类别		橡胶弹性	耐溶剂性	耐水性	柔软性	耐老化性	热密封性	耐燃系	改性自由度
合成胶乳	SBRL	◎	△	○	◎	△	△	△	○
	NBRL	○	◎	○	◎	△	△	△	○
	CRL	◎	○	○	◎	◎	△	△	△
合成树脂乳液	聚乙酸乙烯酯乳液	×	△	△	△	△	△	△	△
	聚丙烯酸酯乳液	△	○	○	○	◎	△	△	◎
	聚乙烯-乙酸乙烯酯乳液	△	△	△	○	○	△	△	○
	偏氯乙烯乳液	×	◎	△	△	△	◎	◎	△

注：◎—优，○—良，△—可，×—差。

天然胶乳从橡胶树中采割出来时，总固物含量一般为20%～40%。由乳液聚合制得的胶乳，总固物含量一般在28%左右，平均粒径为40 μm。对浸渍和海绵制品，要求胶乳的总固物含量达到60%；其他工艺一般要求固含量在63%～70%。因此，胶乳均须经浓缩，天然胶乳的浓缩方法有离心浓缩、膏化浓缩、蒸发浓缩和电滗浓缩；合成胶乳由于粒径过小，采用离心法浓缩困难，主要采用膏化法和蒸发法。由于合成胶乳胶体粒子小，浓缩后胶乳黏度将大大提高，使胶乳失去流动性而呈糊状，因此必须在工艺上将胶乳的小颗粒附聚成较大的颗粒，才能使胶乳在高浓度下仍有较好的流动性。所谓附聚，就是使胶乳非稳定化，导致胶乳颗粒增大，颗粒增大后，总表面积减小，表面张力降低，胶乳稳定性得到恢复和提高。附聚有化学附聚和物理附聚两类，前者控制较困难较少采用，后者最常用的是冷冻附聚法和压力附聚法。

胶乳是多分散性的胶体体系，具有流动性，黏度比干胶低很多，即使是浓缩胶乳，其黏度也仅为0.1 Pa·s，而干胶的黏度高达10^9 Pa·s，其加工工艺和配合技术与干胶不同。胶乳配合剂有两大类，一类是改善胶乳制品的性能和成本的配合剂，如硫化剂、促进剂、活性剂、防老剂、填充补强剂、软化剂、着色剂等，其中补强填充剂多用陶土等无机填料，炭黑仅用于着色而无补强作用；另一类是改善胶乳性质，使其具有一定工艺性能的专用配合剂，如分散剂、乳化剂、稳定剂、增稠剂、湿润剂、凝固剂等。加工时，需将胶乳配制成配合胶乳。一些粉末状配合剂直接加入胶乳中会引起胶体粒子脱水凝固，为使配合剂加入后不影响胶体的稳定性和加工性，须先将配合剂制成水分散体、乳浊液或水溶液。配合胶乳的一般要求是：①固体配合剂必须先配制成水分散体或水溶液；②不溶于水的油类或其他液体配合剂须配制成乳浊液；③胶体配合用水必须经过软化或蒸馏处理，以免水中的钙离子、镁离子等金属离子影响胶乳的稳定性。制备配合剂分散体用的设备为球磨机、振荡球磨机、胶体磨等，制备时需加入适量的分散剂（或乳化剂）、稳定剂和水。

薄壁制品、软管、胶丝等用硫化或半硫化胶乳生产。胶乳的硫化在胶乳状态下进行，硫化后胶乳仍保持胶乳状态，是橡胶硫化的一种特殊形式。胶乳硫化方法有硫黄硫化、秋兰姆硫化、有机过氧化物硫化和辐射硫化等。硫黄硫化是最普遍采用的方法，操作简单，易于控制；秋兰姆硫化耐老化性能优越，硫化胶乳的稳定性、凝胶的性能和成膜性能比较好，但产品永久变形大；有机过氧化物硫化所得胶膜的透明度高、耐热性好；辐射硫化是利用放射性同位素（Co^{60}、γ射线）或电子射线的能量使橡胶交联。

配合好的硫化或半硫化胶乳，可以通过模型浸渍方法生产薄壁制品，用发泡方法生产胶乳海绵制品，用压出方法生产胶丝、医用输血胶管及听诊器胶管等。

总之，胶乳制品的加工工艺和配合技术需根据胶乳的胶体化学特性，包括胶乳的组成、浓度、胶体粒子大小及其分布、粒子的表面性质、pH值、黏度、稳定性、表面张力和湿润性等因素以及配合剂对胶体化学特性的影响综合考虑、选用。

1.1 天然胶乳

天然胶乳按用途可分为通用天然胶乳和特种天然橡胶。特种天然胶乳为专用胶乳，如高浓度天然胶乳（干胶含量64%以上）、阳离子胶乳、耐寒胶乳、纯化胶乳和接枝胶乳等。

天然胶乳按浓缩方法可分为离心浓缩胶乳、膏化浓缩胶乳和蒸发浓缩胶乳。

天然胶乳按保存系统可以分为：①高氨浓缩天然胶乳，浓缩后只用氨保存的离心浓缩胶乳，碱度（按胶乳计）至少为0.6%（质量分数）；②低氨浓缩天然胶乳，浓缩后用氨和其他保存剂保存的离心浓缩胶乳，碱度（按胶乳计）不超过0.29%（质量分数）；③中氨浓缩天然胶乳，浓缩后用氨和其他保存剂保存的离心浓缩胶乳，碱度（按胶乳计）至少为0.30%（质量分数）；④高氨膏化浓缩天然胶乳，浓缩后只用氨保存的膏化浓缩胶乳，碱度（按胶乳计）至少为0.55%（质量分数）；⑤低氨膏化天然胶乳，浓缩后用氨和其他保存剂保存的膏化浓缩胶乳，碱度（按胶乳计）不超过0.35%（质量分数）。

天然胶乳按生产方法分为全部或部分用氨保存的离心法浓缩天然胶乳和膏化法浓缩天然胶乳，以及巴西橡胶树高氨型浓缩天然胶乳制成的硫化胶乳。

1.1.1 浓缩天然胶乳

胶乳从橡胶树中采割出来时，一般含有20%～40%的橡胶烃，其余主要是水和非橡胶物质，必须加入适量的保存剂（主要是氨），以保持胶乳的稳定性，防止自然凝固，然后进行浓缩。浓缩的方法有离心法、膏化法、蒸发法和电滗法四种。

离心法是胶乳通过离心机进行浓缩的方法，制得的胶乳称为离心浓缩天然胶乳（Centrifuged Concentrate Latex），浓度可达60%以上；膏化法是在天然胶乳中加入膏化剂浓缩而成，制得的胶乳为膏化浓缩天然胶乳（Creamed Concentrate Latex），浓度可达60%以上；蒸发法是通过加热使胶乳中的水分蒸发浓缩而成，制得的胶乳为蒸发浓缩天然胶乳（Reverfex Concentrate Latex），浓度可达65%以上；电滗法是将胶乳注入装有渗透膜的槽中，槽的两端以导电水介质为电极，加以适当电位，使橡胶胶体粒子向阳极迁移、聚集，形成一层浓缩胶乳，然后用刮板将这层浓缩胶乳刮下，所得浓缩胶乳称为电滗法浓缩天然胶乳（Decanted Concentrate Latex）。电滗法生产成本过高，尚未工业化生产。

浓缩天然胶乳的主要特性为：贮存稳定性好；薄膜强度高、湿凝胶强度高；伸长率大，弹性好；胶乳质量因橡胶树栽培地区、季节变化有所不同。

以浓缩天然胶乳为原料，制造的浸渍制品有避孕套、手套、指套、气球奶嘴和炸药袋等，压出制品有胶丝、输血胶管、听诊器胶管等，模型制品有防毒面具、压风呼吸罩等，发泡制品有海绵制品等，以及无纺布、防水布、纤维、纸张、胶乳水泥、胶乳沥青、涂料、胶黏剂、地毯背衬、人造革、印染和食品工业等。

GB/T 8289—2008《浓缩天然胶乳 氨保存离心或膏化胶乳 规格》修改采用ISO 2004：1997《浓缩天然胶乳 氨保存离心或膏化胶乳 规格》，适用于巴西橡胶树胶乳离心或膏化法生产的浓缩天然胶乳。

浓缩天然胶乳技术要求见表 1.1.5－6。

表 1.1.5－6　浓缩天然胶乳技术要求

项目	限值					检验方法
	高氨	低氨	中氨	高氨膏化	低氨膏化	
总固体含量（质量分数，≤）[a]/%	61.5	61.5	61.5	66.0	66.0	GB/T8298
干胶含量（质量分数，≤）[a]/%	60.0	60.0	60.0	64.0	64.0	GB/T8299
非胶固体（质量分数，≤）[b]/%	2.0	2.0	2.0	2.0	2.0	
碱度（NH_3）按浓缩胶乳计算（质量分数）/%	0.6 最小	0.29 最大	0.3 最小	0.55 最小	0.35 最大	GB/T8300
机械稳定度（≥）/s	650	650	650	650	650	GB/T8301
凝块含量（质量分数，≤）/%	0.03	0.03	0.03	0.03	0.035	GB/T8291
铜含量/总固体（≤）/(mg·kg^{-1})	8	8	8	8	8	GB/T8295
锰含量/总固体（≤）/(mg·kg^{-1})	8	8	8	8	8	GB/T 8296
残渣含量（质量分数，≤）/%	0.10	0.10	0.10	0.10	0.10	GB/T8293
挥发脂肪酸（VFA）值（≤）	0.08	0.20	0.20	0.20	0.20	GB/T8292
KOH 值（≤）	1.0	1.0	1.0	1.0	1.0	GB/T8297

注：[a] 总固体含量或者干胶含量，任选一项。
[b] 总固体含量与干胶含量之差。
如果浓缩胶乳加入氨以外的其他保存剂，则应说明这些保存剂的名称、化学性质和大约用量；浓缩胶乳不应含有在生产的任何阶段加入的固定碱。

天然胶乳在贮存运输中，温度应保持在 2～35℃，注意防水、防晒；胶乳的氨含量应保持在 0.7%以上，低于此值时，则不易保存。

1.1.2　硫化胶乳

硫化胶乳指橡胶粒子内部的橡胶分子已发生交联的胶乳。《GB/T 14797.1—2008 浓缩天然胶乳 硫化胶乳》适用于巴西橡胶树所产的，浓缩后高氨保存的胶乳制备的硫化胶乳，不适用于配合胶乳、合成胶乳和其他特种胶乳。硫化胶乳中除了必不可少的硫化剂和硫化助剂外，不应加有填充剂。

硫化胶乳的质量要求见表 1.1.5－7。

表 1.1.5－7　硫化胶乳的质量要求

项目	限值
总固体含量（质量分数，≥）/%	60.0
碱度（按胶乳含氨计，质量分数，≥）/%	0.60
黏度（27℃，≤）/(mPa·s)	60
机械稳定度（≥）/s	700
溶胀度/%	80～90

1.1.3　改性天然胶乳（Modified Natural Latex）

天然胶乳改性方法有物理改性和化学改性两大类。前者主要是天然胶乳通过与其他合成胶乳共混而改善其性能；后者是通过化学方法如接枝、环氧化、卤化等进行改性。

1. 天甲胶乳（Natural Rubber and Methyl Methacrylate Graft Latex）

天甲胶乳是天然胶乳与甲基丙烯酸甲酯接枝聚合得到的改性胶乳，由含有引发剂过氧化苯甲酰的甲基丙烯酸甲酯乳浊液在不断搅拌下加入到天然胶乳中，再加入四亚乙基五胺水溶液作活化剂，使天然橡胶与甲基丙烯酸甲酯发生接枝共聚，生成以异戊二烯单元为主链、甲基丙烯酸甲酯为支链的接枝聚合物，最后加入防老剂分散体。

天甲胶乳薄膜具有优良的韧性和硬度，其耐磨性、耐溶剂性、耐光性、耐热老化性、耐疲劳性和耐屈挠龟裂等性能均优于天然胶乳。天甲胶乳橡胶分子中含有极性的甲基丙烯酸甲酯和非极性的橡胶烃成分，其主要用途是作不同性质基材表面之间的胶黏剂，如用于橡胶与聚氯乙烯、合成纤维、皮革、金属等的黏合，可以替代轮胎帘线浸胶胶乳丁吡胶乳；也可用作胶乳制品的补强剂和硬化剂；用天甲胶乳制造的海绵制品，可大大降低产品密度而不损害其刚度和负荷能力。

2. 羟胺改性胶乳（Hydroxylamine Modified Latex）

天然胶乳在贮存与运输期间其橡胶分子上的醛基会缩合而产生交联，使橡胶的门尼黏度增大，在刚离心好的浓缩胶乳中按干胶量加入 0.15%中性的硫酸羟胺或盐酸羟胺，封闭醛基，使之不再发生醛基的缩合反应，所得胶乳基本上保持最初的橡胶门尼黏度，故羟胺改性胶乳也称恒黏胶乳。

羟胺改性胶乳适于制造注模法海绵和胶黏剂。因其硫化胶的定伸应力低，也可用于浸渍手套和气球。

3. 肼—甲醛胶乳（Hydrazine-Formaldehyde Modified Latex）

肼—甲醛胶乳是含有肼—甲醛胶乳缩合树脂作补强剂的胶乳。其制法是先在高氨胶乳中加入固定碱作稳定剂，通过吹气法将胶乳中的氨含量降至0.1%～0.2%，再加入足量的甲醛和水合肼，在一定温度下在胶乳体系中形成具有高分散度的肼与甲醛缩合树脂，即肼—甲醛胶乳，简称HF胶乳。

HF胶乳有较高的黏度，硫化后胶膜硬度较大，定伸应力、拉伸强度、撕裂强度和抗溶剂性等都有所提高。

4. 环氧化天然胶乳（Epoxy Natural Rubber Latex）

环氧化天然胶乳是胶乳经适当稳定剂处理后，在严格控制反应温度、胶乳浓度、酸碱度等条件下与环氧化试剂反应，在橡胶分子主链的双键上引入环氧基而形成的，代号ENR。

同环氧化天然橡胶一样，环氧化天然胶乳制品的气密性、耐油性、黏合性好，与多种聚合物胶乳（如氯丁胶乳、丁腈胶乳和聚氯乙烯乳液等）相容性好，可用于制造气密性好的军用手套、耐油性优良的耐油手套以及胶黏剂等。

5. 其他改性胶乳

其他改性胶乳包括天然胶乳与丙烯腈的接枝共聚物，其耐油性能比普通天然胶乳有很大提高；天然胶乳与苯乙烯的接枝共聚物可作补强剂，此外，还有异构化天然胶乳、环化天然胶乳、卤化天然胶乳、耐寒天然胶乳和羧基天然胶乳等，但多处于试验开发阶段。

1.1.4 天然胶乳的供应商

天然胶乳的供应商有：广东省广垦橡胶集团有限公司、海南天然橡胶产业集团股份有限公司、云南农垦集团有限责任公司、云南省农垦工商总公司、云南高深橡胶有限公司、西双版纳中景实业有限公司、上海锐池国际贸易有限公司（Sritong Group (China) Company Limited）等。

1.2 丁苯胶乳

1.2.1 丁苯胶乳（Styrene-Butadiene Rubber Latex）

商品丁苯胶乳与生产块状橡胶的胶乳有较大差异，总固含量较高，达30%～69%；胶乳粒径较大，达170～700 nm；生胶门尼黏度高，凝胶含量高达20%～90%；结合苯乙烯含量也较高，为13%～85%。通常丁苯胶乳的结合苯乙烯含量为23%～25%，结合苯乙烯含量在80%～85%的称高苯乙烯丁苯胶乳（SBR－HSL）。一般方法制得的丁苯胶乳总固含量为30%～35%，要求较高总固含量的丁苯胶乳需在聚合后采用附聚方法，近几年则采用快速乳液聚合直接制取。

丁苯胶乳的典型技术指标见表1.1.5－8。

表1.1.5－8 丁苯胶乳的典型技术指标

项目	低温聚合	高温聚合
合成方法	自由基乳液聚合	自由基乳液聚合
固形物中结合苯乙烯含量 w/%	14～44	23.5～48.0
乳化剂	脂肪酸皂、磺酸钠等阴离子体系	
总固物/%	21～70	27～59
黏度/(mPa·s)	500～1 400（60%～70%固形物）	
表面张力/(mN·m^{-1})	30～40（60%～70%固形物）	
平均粒径/μm	0.06～0.30	0.06～0.22
pH值	9.5～11.0	9.0～11.0
门尼黏度ML（1+4），100 ℃	48～150	30～140
拉伸强度[a]/MPa	10.1～26.5	1.9～13.0
拉断伸长率[a]/%	400	700

注：[a] 纯胶硫化的结果；详见《橡胶原材料手册》，于清溪、吕百龄等编写，化学工业出版社，2007年1月第2版，P236。

丁苯胶乳胶体粒子比天然胶乳小，因而需要较多的稳定剂，硫化速度比天然胶乳慢，硫黄用量需相应增加。因丁苯胶乳粒子小，适于浸胶，但湿凝胶性能比天然胶乳低得多，因而不宜用作浸渍制品。丁苯胶乳易与天然胶乳混合用作海绵制品，也可单独使用制造泡沫橡胶。丁苯胶乳广泛用于轮胎帘线浸胶、纸张浸渍、涂层、涂料、纤维处理、胶黏剂、地毯背衬以及建筑用胶乳沥青、胶乳水泥和颜料载体等。

1.2.2 羧基丁苯胶乳（Carboxylated Styrene-Butadiene Rubber Latex）

羧基丁苯胶乳是在丁二烯、苯乙烯中引入各种第三单体，在酸性（pH＝2～4）乳液中采用阴离子型乳化剂，如烷基芳基磺酸盐、烷基磺酸盐或硫酸盐，进行共聚改性的丁苯胶乳，第三单体有丙烯酸、甲基丙烯酸等。

羧基丁苯胶乳橡胶分子结构为：

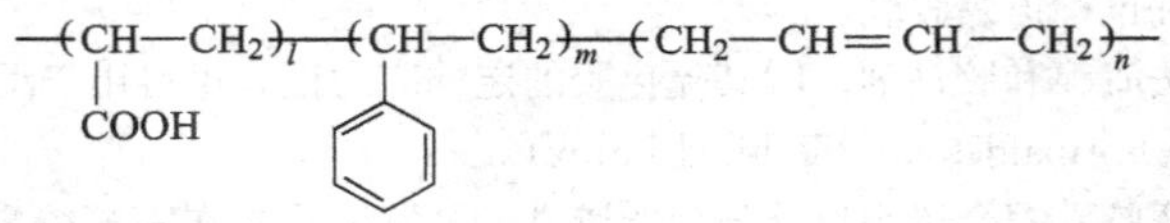

因在聚合物分子链上引入了亲水性的极性羧基，羧基丁苯胶乳在水分散体系中具有更好的机械稳定性、冻融稳定性、与颜料的相容性，且提高了胶乳的耐油性，胶膜强度高，有较高的黏合强度。羧基丁苯胶乳与其他胶黏剂、增黏剂的共混性也很好。

由于羧基活性高易于交联，除硫黄硫化体系外，可以二价金属氧化物如氧化锌来进行交联，也可以氧化锌－促进剂、氧化锌－促进剂－硫黄和氧化锌－环氧树脂等硫化体系进行硫化。

羧基活性高，能彼此交联自硫化，不宜在高温下处理加工。

羧基丁苯胶乳主要用于纸张加工、无纺布处理、地毯背衬、装饰用织物（如窗帘、桌布等）被覆、印色和印花、泡沫橡胶、胶黏剂以及人造革、防雨布等的处理，还用于制鞋、建筑材料、皮革、纤维和木材加工等工业的黏合。

GB/T 25260.1—2010《合成胶乳 第 1 部分：羧基丁苯胶乳（XSBRL）56C、55B》适用于以苯乙烯、丁二烯、不饱和羧酸为主要单体，采用乳液聚合方法制得的造纸用和地毯用羧基丁苯胶乳。

羧基丁苯胶乳的技术指标见表 1.1.5－9。

表 1.1.5－9　羧基丁苯胶乳的技术指标

项目		XSBRL56C			XSBRL55B		
		优等品	一等品	合格品	优等品	一等品	合格品
用途		造纸用			地毯用		
总固物含量（质量分数）/%(≥)		48.0			48.0		
黏度/(mPa·s)(≤)		300			300		
pH 值		6.0～8.0			6.0～8.0		
残留挥发性有机物含量（质量分数）/%(≤)		0.02	0.05	0.10	0.02	0.05	0.10
凝固物含量（质量分数）	325 目，%（≤）	0.01	0.03	0.06			
	120 目，%（≤）				0.01	0.03	0.06
机械稳定性（质量分数）/%(≤)		0.01		0.05	0.01		0.05
钙离子稳定性（质量分数）/%(≤)		0.03	0.05	0.08	0.03	0.05	0.08
表面张力/(mN·m^{-1})		40～55			40～55		

1.2.3　丁苯吡胶乳（Pyridine Styrene-Butadiene Rubber Latex）

丁苯吡胶乳是丁二烯、苯乙烯、α-乙烯基吡啶或 5-乙基-α-乙烯基吡啶的三元共聚物，采用间歇聚合，聚合温度为 40～70 ℃，转化率接近 100%，是乙烯基吡啶类胶乳（vinyl-pyridine latex）的主要品种。乙烯基吡啶类胶乳还有丁二烯与 α-甲基-5-乙烯基吡啶的二元共聚物，称丁吡胶乳（butadiene vinyl-pyridine rubber latex）。

丁苯吡胶乳中各单体丁二烯∶苯乙烯∶α-乙烯基吡啶一般为 70∶15∶15（质量比）。其分子结构为：

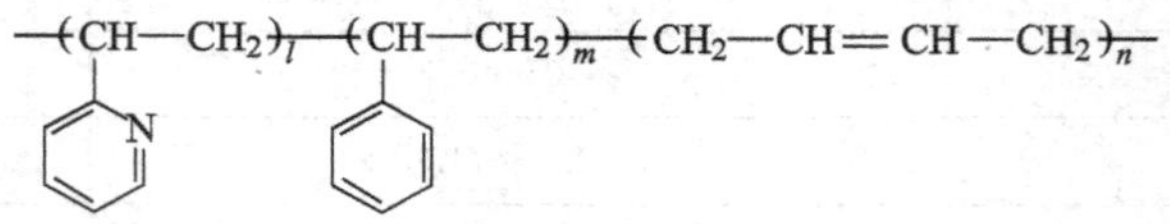

由于聚合物分子链中引入了极性的吡啶基团，与天然胶乳和其他胶乳相比，其与人造丝的黏合力提高了 0.5 倍，与尼龙和聚酯纤维的黏合力提高了 2 倍，主要用于橡胶制品纤维骨架材料的浸渍，特别是轮胎帘线的浸渍。

丁苯吡胶乳的典型技术指标见表 1.1.5－10。

表 1.1.5－10　丁苯吡胶乳的典型技术指标

项目	低温聚合	pH 值	9.5～11.6
合成方法	自由基乳液聚合	机械稳定性/%	2.06
组成：结合苯乙烯/% 乙烯基吡啶/%	15～20 15	化学稳定性（对 NaCl）/%	5～6
		冻融稳定性/%	0.1
乳化剂	脂肪酸皂、磺酸钠等阴离子体系	热稳定性/%	0.23
总固物/%	40～42	残留单体（α-乙烯基吡啶）（g·L^{-1}）g/L	0.79

续表

项目	低温聚合	pH 值	9.5～11.6
相对密度	0.98	门尼黏度 ML (1+4), 100 ℃	33
黏度/($mPa \cdot s^{-1}$)	10～45	H 抽出/($kN \cdot m^{-1}$) 老化前 老化后	 15.3～16.9 13.4～14.1
表面张力/($mN \cdot m^{-1}$)	41～55		
平均粒径/μm	0.06～0.20		

注：详见《橡胶原材料手册》，于清溪、吕百龄等编写，化学工业出版社，2007 年 1 月第 2 版，P250。

1.2.4　丁苯胶乳的供应商

羧基丁苯胶乳的供应商见表 1.1.5－11。

表 1.1.5－11　羧基丁苯胶乳的供应商（一）

供应商	牌号	总固含量/%	结合苯乙烯/%	干胶密度/($g \cdot cm^{-3}$)	黏度/($mPa \cdot s$)	表面张力/($mN \cdot m^{-1}$)	粒径/μm	门尼黏度	pH 值	用途
美国 MC 公司 Larmix	4950	34				59	0.1	H	9.5	高苯乙烯、背衬
	7345	50	85	1.05	50	61	0.1	H	11	高苯乙烯、背衬
	16111	42	50					25	11	
	16123	52	85	1.05	280	43	0.09		11	高苯乙烯
	16310B	51	50	0.99	320	67	0.1	70	11.5	浸渍、纤维
	16320	53	30					H	11	
	16340	52							9.5	
	16350	52						H	11	高苯乙烯
	18940	51	43	0.99	340	62	0.19	80	11.3	浸渍、打浆添加
	18010	53	69	1.01	260	40.5	0.09	100	9.8	地毯背衬
	19704	52.5	50	0.98	400	64	0.09	100	9.5	地毯背衬
	21480	51	37	0.97	300	48	0.1	200+	9.5	地毯背衬

表 1.1.5－11　羧基丁苯胶乳的供应商（二）

供应商	牌号	总固含量/%	干胶密度/($g \cdot cm^{-3}$)	黏度/($mPa \cdot s$)	表面张力/($mN \cdot m^{-1}$)	pH 值	用途或说明
中石油兰州分公司	丁苯－50	>43	0.9～1.0	200～1500		10～13	纸加工、印染
	造纸胶乳	>42	1.0～1.05	<50	<45	8～10	纸加工
	XSBRL－6500	>50		>50	<45	8～10	地毯背衬
	XSBRL－46C	49～51		<200	40～60	7～9	纸加工
	XSBRL－45B	49～51		<200	40～55	8～10	地毯背衬
中石化上海高桥分公司	XSBRL－45B	≥44		20～60		≥10	
	丁苯－5050	≥44		20～60		≥10	纸加工
	丁苯－4060	≥46		≤100		≥8	
	丁苯－5050P	≥45		≤100		8.5～11.5	羧基胶乳一级品
		≥44		≤100		8～12	羧基胶乳二级品

丁苯胶乳的供应商还有：上海高桥巴斯夫分散体有限公司（Styrofan）、美国固特异轮胎和橡胶公司（Goodyear Tire & Rubber Co.，Pliolite 丁苯胶乳和 Pliocord 丁苯吡胶乳）、美国 Ameripol Synpol 公司（Rovene 丁苯胶乳、羧基丁苯胶乳和丁苯吡胶乳）、美国杜邦陶氏弹性体公司（UCAR 丁苯胶乳）、美国通用特种聚合物公司（Gen Corp Speciality Polymers，Genflow 丁苯胶乳和 Gen Tac 丁苯吡胶乳）、意大利 Polimeti Europe S. r. l 公司（Europrene 丁苯胶乳和羧基丁苯胶乳）、德国巴斯夫公司（BASF AG，Butanol、Butafan、Styronal 和 Stufofan 丁苯胶乳和羧基丁苯胶乳）、德国 Synthomer 公司（Synthomer 丁苯胶乳）、日本合成橡胶（JSR 胶乳和羧基丁苯胶乳）、日本瑞翁公司（Nipol 丁苯胶乳和羧基丁苯胶乳）、南非 Karbochem 公司（Sentrachem 丁苯胶乳和羧基丁苯胶乳）、巴西 Nitriflex S. A. Industria e Comercio 公司（Nitriflex L 丁苯胶乳、Nitriflex NTL 和 Nitriflex VP 羧基丁苯胶乳）、韩国锦湖石油化学公司（羧基丁苯胶乳）、俄罗斯 Omask 合成橡胶

（Omask Kauchuk Co.，丁苯胶乳）、俄罗斯 SK Premyer 公司（丁苯胶乳）、俄罗斯 Voronezhsyntezkachuk 公司（丁苯胶乳）、波兰 Firma Chemiczna “Dwory” SA 公司（LBSK 羧基丁苯胶乳）等。

1.3 丁腈胶乳

1.3.1 丁腈胶乳（Acrylonitrile－Butadiene Rubber Latex）

丁腈胶乳由丁二烯和丙烯腈乳液共聚后减压浓缩至所需的总固物含量并过滤制得。商品丁腈胶乳与生产块状丁腈橡胶的胶乳不同，其单体转化率通常较高，达 95%以上，胶体粒子中的橡胶分子支化、凝胶含量较高。

由于橡胶分子链中含有腈基，具有良好的耐油性、耐化学药品性，与纤维、皮革等极性物质有良好的黏合力，与淀粉、干酪素、乙烯基树脂、酚醛树脂、尿素树脂、脲醛树脂等极性高分子物质有良好的相容性。丁腈胶乳的胶体粒子比天然胶乳小，易于渗透到织物中，但胶膜的脱水收缩倾向较大。胶膜拉伸强度、定伸应力和撕裂强度低于天然胶乳，但优于丁苯胶乳。硫化速度比天然胶乳慢。

丁腈胶乳的典型技术指标见表 1.1.5－12。

表 1.1.5－12　丁腈胶乳的典型技术指标

项目	指标	项目	指标
组成	结合丙烯腈含量 15%～45%	黏度/(mPa·s)	12～1 800（总固物 40%～60%）
乳化剂	脂肪酸钠、磺酸钠等阴离子体系	平均粒径/μm	0.05～0.18 0.005～0.010（织物用）
总固物/%	45～55	表面张力/(mN·m^{-1})	35～55
相对密度	0.98～1.01	pH 值	9～10

注：详见《橡胶原材料手册》，于清溪、吕百龄等编写，化学工业出版社，2007 年 1 月第 2 版，P255。

丁腈胶乳在非硫化制品方面可用于纸浆添加剂、纸张加工、无纺布、表面涂层、石棉制品添加剂及胶黏剂等；硫化制品方面可用于制造耐油手套、耐油薄膜、耐油胶管、橡胶丝等。

1.3.2 羧基丁腈胶乳（Carboxylated Acrylonitrile-Butadiene Rubber Latex）

羧基丁腈胶乳是丁腈胶乳的改性产品，是在聚合时引入甲基丙烯酸三元共聚制得的，也可再加入苯乙烯单体制得四元共聚物。

羧基丁腈胶乳在丁二烯、丙烯腈之外引入羧基第三单体，使胶乳在较高的固含量下保持机械稳定性，同时进一步提高了活性和黏合强度。

羧基丁腈胶乳的典型技术指标见表 1.1.5－13。

表 1.1.5－13　羧基丁腈胶乳的典型技术指标

项目	指标	项目	指标
组成	丙烯酸 0.5%～10.0%（质量分数）	平均粒径/μm	0.04～0.12
总固物/%	35～50	表面张力/(mN·m^{-1})	31～55
相对密度	0.99～1.01	pH 值	6.5～9.5
黏度/(mPa·s)	12～150（总固物 40%～45%）		

注：详见《橡胶原材料手册》，于清溪、吕百龄等编写，化学工业出版社，2007 年 1 月第 2 版，P255。

羧基丁腈胶乳可与硫黄和金属氧化物（如 ZnO）等交联，也可用酚醛树脂、脲醛树脂、环氧树脂和多胺等硫化。

羧基丁腈胶乳主要用于制造浸渍耐油工业手套、纤维处理、纸加工、无纺布、胶黏剂、地毯背衬等。

1.3.3 丁腈胶乳的供应商

丁腈胶乳的供应商有：镇江南帝化工有限公司、河北鸿泰、上海强盛、东营奥华、华兰科技、美国固特异轮胎和橡胶公司（Goodyear Tire & Rubber Co.，Chemigum 丁腈胶乳）、美国 Eliokem 公司（Chemigum 丁腈胶乳）、美国通用特种聚合物公司（Gen Corp Speciality Polymers，Gencryl 羧基丁腈胶乳）、日本瑞翁公司（丁腈胶乳与羧基丁腈胶乳）、日本武田化学工业公司（Takeda Chemical Iudustries，Croslene 羧基丁腈胶乳）、德国 Synthomer 公司（Synthomer 丁腈胶乳）、意大利 Polimeri Europe S.r.l 公司（Europrene Latice 丁腈胶乳）、巴西 Nitriflex S.A. Industria e Comercio 公司（Nitriflex NTL 丁腈胶乳）等。

1.4 氯丁胶乳（Polychloroprene Rubber Latex 或 Chloroprene Latex）

氯丁胶乳由 2-氯-1，3-丁二烯单体乳液聚合制得，如与其他单体如苯乙烯、丙烯腈、甲基丙烯酸等进行乳液共聚，则得到相应的共聚物氯丁胶乳。商品氯丁胶乳的 pH 值为 12，总固含量为 34.5%～61%，胶乳粒径为 50～190 nm。氯丁胶乳聚合物的分子结构为：

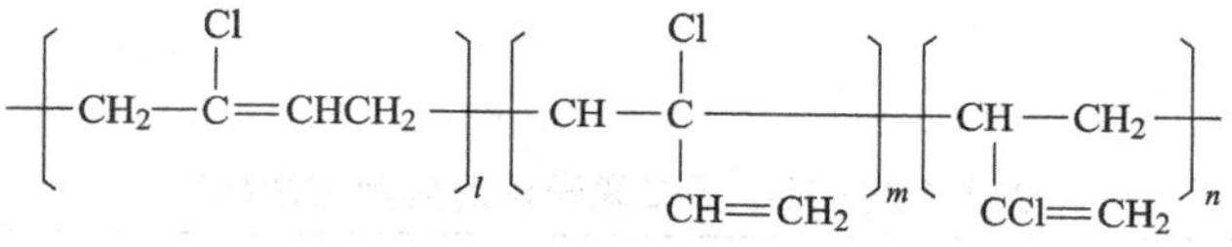

1,4-加成　　1,2-加成　　3,4-加成

l: 97.9%　　m: 1.1%　　n: 1.0%

氯丁胶乳室温下是流动性液体，冷却至 10 ℃以下，黏度上升，接近 0 ℃时膏化，0 ℃以下冻结、凝固、破乳，凝固的胶乳不能通过加热恢复原状。氯丁胶乳具有优异的综合性能，有较强的黏合能力，成膜性能较好，湿凝胶和干胶膜具有较高的强度，又有耐油、耐溶剂、耐热、耐臭氧老化等性能，因而应用广泛。但氯丁胶乳耐寒性差，电绝缘性低，易变色，储存性能差，室温下只能存放 18 个月，这是由于在储存过程中有氯放出，生成 HCl，中和乳化剂松香酸钠所致。

氯丁胶乳可以分为通用型和特种型两类。通用型氯丁胶乳为均聚物、阴离子、凝胶型；特种型氯丁胶乳有凝胶型和溶胶型，包括与苯乙烯、丙烯腈、甲基丙烯酸等共聚改性氯丁胶乳。交联型胶乳凝胶含量高、门尼黏度高，非交联溶胶型胶乳门尼黏度低。

氯丁胶乳在配合时必须加入稳定剂，如氢氧化钠、氢氧化钾等。一般以金属氧化物作为硫化剂，与干胶不同，不宜使用氧化镁，因为氧化镁会使胶乳失去稳定性；促进剂一般用二苯基硫脲并用二苯胍（二苯胍可活化二苯基硫脲）、促进剂二硫代氨基甲酸钠或二硫代氨基甲酸钠与秋兰姆并用。通用型氯丁胶乳耐寒性差，可加入酯类耐寒增塑剂，如己二酸酯或油酸丁酯等。可用酚醛树脂、脲醛树脂、聚氯乙烯补强，效果良好。

氯丁胶乳广泛应用于浸渍制品、涂料、纸处理、胶黏剂及水泥沥青改性等。因氯丁胶乳干胶膜具有与天然胶乳相似的柔软性和拉伸强度、定伸应力、拉断伸长率，又有很好的耐臭氧老化性、耐化学药品性及很小的透气性，特别适于制造气象气球、工业手套、家用手套和织物涂胶等。

HG/T 3317—2014《氯丁二烯胶乳 CRL 50LK》适用于以氯丁二烯为单体、阳性皂为乳化剂，经乳液聚合而制得的阳离子氯丁二烯胶乳。该胶乳为高度凝胶型聚合物，中等结晶，具有良好的气密性、抗水性、粘接性及耐候性、耐化学试剂等性能，主要作为涂料、油膏等防水建材使用。

氯丁二烯胶乳 CRL 50LK 的技术指标见表 1. 1. 5 - 14。

表 1. 1. 5 - 14　氯丁二烯胶乳 CRL 50LK 的技术指标

项目	优等品	合格品
总固物含量（质量分数）/%（≥）	50	48
表观黏度/(mPa·s)（≤）	35	
表面张力/(mN·m⁻¹)（≤）	50	

注：本表数据以最终公开发布的标准为准。

其他国产氯丁胶乳的典型性能见表 1. 1. 5 - 15。

表 1. 1. 5 - 15　其他国产氯丁胶乳的典型性能

胶乳类型	总固含量/%	密度/(g·cm⁻³)	pH 值	黏度/(mPa·s)	表面张力/(mN·m⁻¹)	凝胶情况	湿凝胶性能		储存稳定性	硫化速度	硫化胶特性		
							强度	伸长率			强度	伸长率	结晶速度
通用型	49～50	1.10	＞11	＜25		高度			半年以上	中等	极大	大	快
耐寒型	48～50	1.10	＞11	＜25		中上			半年以上	中等	大	大	慢
浓缩型	58～60		＞11	＜50		高度			3 个月以上	中等	大		快

氯丁二烯与少量苯乙烯共聚可制得耐寒型氯丁胶乳；与丙烯腈共聚可以改善耐芳香族溶剂的性能；与丙烯酸类化合物共聚可以制得羧基氯丁胶乳，具有良好的粘接性能、成膜性和弹性。

氯丁胶乳的供应商有：重庆长寿捷园化工有限公司、山西合成橡胶集团有限责任公司、山纳合成橡胶有限责任公司、美国杜邦陶氏弹性体公司（Neprene）、日本电气化学工业公司（Denki Kagaku Kogyo K. K，Denka Chloroprene）、日本东曹、德国朗盛、法国埃尼等。

1.5　丁二烯胶乳（Polybutadiene Rubber Latex 或 Butadiene Rubber Latex）

丁二烯胶乳由丁二烯单体经乳液聚合、浓缩制得；也有把聚丁二烯橡胶制成溶液，加入乳化剂分散于水相中，然后除去溶剂，浓缩制得。

丁二烯胶乳硫化速度快，宜采用硫黄/氧化锌/促进剂 MZ（2-硫醇基苯并噻唑锌盐）硫化体系硫化，硫化后有返原现象，但耐老化性能较好。

丁二烯胶乳主要用作丙烯腈-丁二烯-苯乙烯共聚树脂（ABS 树脂）的基础胶乳，也用来与天然胶乳并用制造海绵、胶黏剂等。由于 ABS 树脂中结合苯乙烯和丙烯腈都接枝于橡胶主链上，因此对丁二烯胶乳的粒径及其分布、凝胶含量均有一定要求。

丁二烯胶乳的典型技术指标见表 1.1.5-16。

表 1.1.5-16　丁二烯胶乳的典型技术指标

项目	直接聚合型	橡胶乳化型
制取方法	自由基乳液聚合	阴离子溶液聚合制得的块状胶溶于溶剂后乳化制得
组成		
顺式-1，4-结构含量/%		90 以上
反式-1，4-结构含量/%	60	
乙烯基含量/%	20	
乳化剂	油酸钾	—
总固物/%	58～60	63
黏度/(mPa·s)	25～200	
平均粒径/μm	0.2	
表面张力/(mN·m^{-1})	45～50	31
pH 值	10.3～11.0	10.6

注：详见《橡胶原材料手册》，于清溪、吕百龄等编写，化学工业出版社，2007 年 1 月第 2 版，P264。

丁二烯胶乳的供应商有：日本合成橡胶公司（JSR）等。

1.6　其他合成胶乳

1.6.1　异戊胶乳（Polyisoprene Rubber Latex）

异戊胶乳是将异戊橡胶用溶剂溶解，以松香酸钾皂水溶液进行乳化，然后除去溶剂，浓缩制得。

异戊胶乳与天然胶乳相似，胶体粒子平均粒径较大，橡胶分子中不含支化结构，只有微量凝胶，含少量的表面活性剂和防老剂。异戊胶乳机械稳定性高，化学稳定性差，但不会出现天然胶乳的腐败现象；含非橡胶成分少，纯度高，质量均一，易于制取透明制品；硫化胶膜拉伸强度低，伸长率大，性能一般不如天然胶乳，能部分取代天然胶乳。

异戊胶乳的典型技术指标见表 1.1.5-17。

表 1.1.5-17　异戊胶乳的典型技术指标

项目	指标	项目	指标
制取方法	阴离子溶液聚合制得的块状胶溶于溶剂后乳化制得	相对密度	0.93～0.94
组成	顺式-1，4 结构含量 85%以上	平均粒径/μm	0.65～0.75
乳化剂	松香酸钾	表面张力/(mN·m^{-1})	31～44
总固物/%	60～65	pH 值	10.0～10.5

注：详见《橡胶原材料手册》，于清溪、吕百龄等编写，化学工业出版社，2007 年 1 月第 2 版，P265。

丁二烯胶乳的供应商有：美国 Shell 化学公司（Cariflex）、日本制铁化学工业公司等。

1.6.2　丁基胶乳（Isoprene—Isobutylene Rubber Latex）

丁基胶乳是先将丁基橡胶溶于溶剂中制成溶液，加入乳化剂制成乳化液，再除去溶剂并浓缩后制得的。

丁基胶乳聚合物的化学惰性高，其机械稳定性和化学稳定性很好；具有优良的耐老化性、耐臭氧性、耐化学药品性等；有极佳的耐透气性和耐透水性。

丁基胶乳的典型技术指标见表 1.1.15-18。

表 1.1.5-18　丁基胶乳的典型技术指标

项目	指标	项目	指标
制取方法	阴离子淤浆法聚合制得的块状胶溶于溶剂后乳化制得	相对密度	0.95～0.96
		黏度/(mPa·s)	900～1 500
组成	异戊二烯含量 1.5%～2.0%（摩尔分数）	平均粒径/μm	500
乳化剂	阴离子型	表面张力/(mN·m^{-1})	20～38
总固物/%	55～62	pH 值	5.5～5.6

注：详见《橡胶原材料手册》，于清溪、吕百龄等编写，化学工业出版社，2007 年 1 月第 2 版，P266。

丁基胶乳主要用于浸渍防毒手套等制品，也用于抗腐蚀涂层和食品包装涂层等。

1.6.3　乙丙胶乳（Ethylene-Propylene Rubber Latex）

乙丙胶乳包括二元和三元共聚乙丙胶乳，是将二元或三元乙丙橡胶溶于溶剂后，加入乳化剂使之在水中乳化，然后除去溶剂，经浓缩后制得。

因乙丙橡胶是饱和烃或含少量双键，因而具有优异的耐臭氧性、耐热老化性、耐候性、耐化学药品性和电绝缘性。

乙丙胶乳的典型技术指标见表 1.1.5－19。

表 1.1.5－19　乙丙胶乳的典型技术指标

项目	浓缩方法		项目	浓缩方法	
	离心法	膏化法		离心法	膏化法
总固物/%	60.3	54.2	平均粒径/μm	64	630
乳化剂含量/%	1.9	2.3	pH 值	10.2	10.3
表面张力/(mN・m^{-1})	39.7	35.9	机械稳定性/%	0.2	0.2

注：详见《橡胶原材料手册》，于清溪、吕百龄等编写，化学工业出版社，2007 年 1 月第 2 版，P267。

乙丙胶乳一般采用过氧化物硫化；三元乙丙胶乳可以用硫黄硫化，配用秋兰姆、硫代氨基甲酸盐超速促进剂。

乙丙胶乳主要用作防腐涂层和织物浸渍等，也用于纸张涂胶和涂料。

1.6.4　聚硫胶乳（Polysulfide Rubber Latex）

聚硫胶乳是聚硫橡胶在水介质中形成的分散体。聚硫胶乳呈弱碱性，粒子较大（2～15 μm），相对密度也较大（1.3～1.4），沉降迅速，但搅拌后又能分散，其机械稳定性好。

聚硫胶乳可以和许多树脂乳液如聚烯烃、聚酯、环氧树脂、酚醛树脂、聚氯乙烯、偏氯乙烯、聚氨酯树脂等以任何比例混合并用。

聚硫胶乳和聚硫橡胶一样具有良好的耐臭氧、耐油、耐化学药品和耐低温性能，对钢铁、硅酸盐水泥、玻璃、木材等材料有良好的粘接性，主要用作石油工业、建筑工业中的耐油涂层、防腐涂层和密封填料，特别适于用作非金属油罐的防渗涂料。

聚硫胶乳的供应商有：美国 Thiokol 化学公司（Thiokol）等。

1.6.5　丙烯酸酯乳液（Acrylate Emulsion，Acrylic Latex）

丙烯酸酯乳液由丙烯酸酯经乳液聚合而得，也可以由丙烯酸酯与乙烯、苯乙烯或丁二烯乳液共聚制得。丙烯酸酯单体包括丙烯酸乙酯、甲基丙烯酸甲酯和丙烯酸正丁酯等。酯基碳链越长，制品的柔软性和耐屈挠性越好。其分子结构为：

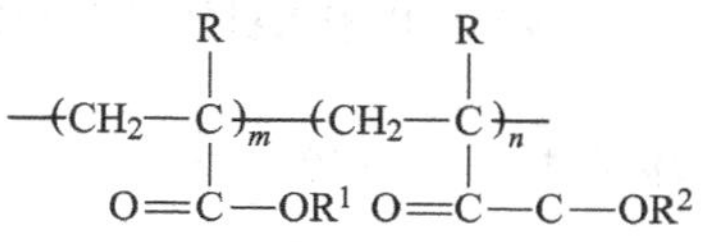

R：H，CH_3

$R^1=R^2$或$R^1\neq R^2$

R^1和R^2：CH_3，C_2H_5，n=C_4H_9等

丙烯酸酯乳液耐候性、耐污染性良好，对光和热变色少，适于室外使用；具有优良的黏着性，可粘接多种不同性质的材料；耐水性、耐碱性优于乙酸乙烯类乳液。丙烯酸酯乳液易着色，工艺性能良好。

丙烯酸酯乳液的典型技术指标见表 1.1.5－20。

表 1.1.5－20　丙烯酸酯乳液的典型技术指标

项目	指标	项目	指标
总固物/%	33～60	平均粒径/nm	70～700
相对密度	1.06～1.07	pH 值	2.0～9.0
黏度/(mPa・s^{-1})	30～170	最低成膜温度/℃	－5～78
表面张力/(mN・m^{-1})	4～60	玻璃化温度 T_g/℃	－50～85

丙烯酸酯乳液主要用作胶黏剂、纤维背涂层、无纺布黏结、纸张浸渍、皮革涂层、涂料、水性油墨，以及水泥添加剂、建筑工业防腐基料等。

丙烯酸酯乳液的供应商有：美国杜邦陶氏弹性体公司（UCAR 丙烯酸酯乳液、乙烯基-丙烯酸酯乳液、苯乙烯-丙烯酸酯乳液）、日本瑞翁公司、日本武田化学工业公司、三井东亚化学等。

1.6.6　聚乙酸乙烯酯类乳液（Polyvinyl Acetate Emulsion）

聚乙酸乙烯酯乳液，也称聚乙酸乙烯乳液，由乙酸乙烯酯（即乙酸乙烯）单体单独或与少量其他单体（如丙烯酸酯、马来酸酯、乙烯等）乳液聚合或共聚合制得。其分子结构为：

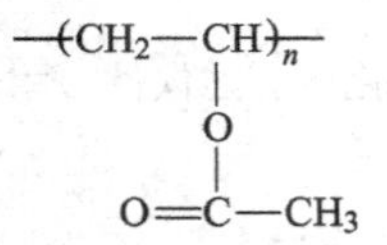

均聚物

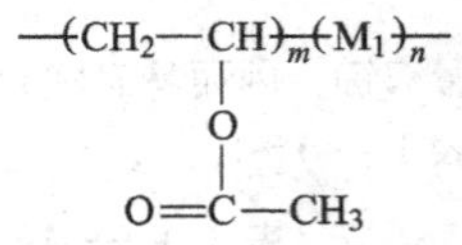

M_1：丙烯酸酯、马来酸酯、乙烯等

聚乙酸乙烯酯类乳液加工性良好，其主要特性为：对各种不同性质的材料具有较强的粘接力，但干胶膜弹性较小，耐水性较；乙酸乙烯酯－丙烯酸酯共聚物或乙酸乙烯酯－乙烯共聚物乳液在高温时（50 ℃）蠕变小，耐热黏合力强，耐酸碱性好。

聚乙酸乙烯酯类乳液的典型技术参数见表 1.1.5－21。

表 1.1.5－21 聚乙酸乙烯酯类乳液的典型技术指标

<table>
<tr><td colspan="6">聚乙酸乙烯酯类乳液的典型技术指标</td></tr>
<tr><td>总固物/%</td><td colspan="2">黏度/(mPa·s)</td><td colspan="1">粒径/μm</td><td colspan="2">pH 值</td></tr>
<tr><td>50～60</td><td colspan="2">300～1 000</td><td colspan="1">0.1～0.5</td><td colspan="2">4～7</td></tr>
<tr><td colspan="6">聚乙酸乙烯酯类乳液干胶膜的典型技术指标</td></tr>
<tr><td>项目</td><td colspan="3">乙酸乙烯酯/乙烯</td><td colspan="2">乙酸乙烯酯/丙烯酸酯</td></tr>
<tr><td>组成 w/%</td><td>4</td><td>10</td><td>20</td><td>15</td><td>25</td></tr>
<tr><td>拉伸强度/MPa</td><td>7.0</td><td>4.0</td><td>0.49</td><td>5.9</td><td>2.8</td></tr>
<tr><td>拉断伸长率/%</td><td>210</td><td>340</td><td>1 220</td><td>200</td><td>300</td></tr>
<tr><td>硬度（Swark）</td><td>27</td><td>16</td><td>2</td><td>24</td><td>12</td></tr>
<tr><td>最低成膜温度/℃</td><td>9</td><td>2</td><td></td><td>10</td><td>5</td></tr>
<tr><td>脆性温度/℃</td><td>10</td><td>0</td><td>−15</td><td>10</td><td>15</td></tr>
<tr><td>热焊接（热封）温度/℃</td><td>120</td><td>105</td><td>60</td><td>120</td><td>110</td></tr>
</table>

注：详见《橡胶原材料手册》，于清溪、吕百龄等编写，化学工业出版社，2007 年 1 月第 2 版，P272。

HG/T 2405—2005《乙酸乙烯酯—乙烯共聚乳液》适用于木材加工、纺织涂布、水泥改性、复合包装、卷烟、涂料、建筑用乙酸乙烯酯－乙烯共聚乳液。

乙酸乙烯酯—乙烯共聚乳液的产品性能指标见表 1.1.5－22。

表 1.1.5－22 乙酸乙烯酯—乙烯共聚乳液的产品性能指标

项目	指标
外观	乳白色或微黄色乳状液，无粗颗粒和异物及沉底物
pH 值	4.0～6.5
不挥发物含量/%（≥）	54.5
黏度（25 ℃）/(mPa·s)	$M^{a}\pm0.4M$
残存乙酸乙烯酯含量/%（≤）	0.5
稀释稳定性/%（≤）	3.5
粒径/μm（≤）	2.0
最低成膜温度/℃（≤）	5
乙烯含量/%	$N^{b}\pm2$

注：[a] M 为黏度范围中间值。
[b] N 为乙烯含量范围中间值。

聚乙酸乙烯酯类乳液作胶黏剂使用时，需加入增黏剂、增塑剂、填充剂、防腐剂和消泡剂等。主要用于胶黏剂、涂料、纸涂层、无纺布、地毯、建筑、制鞋、皮革等，在汽车中还可用于制造空气和油的过滤器。

乙酸乙烯酯—乙烯共聚乳液的供应商有：北京东方石油化工有限公司有机化工厂等。

1.6.7 聚氨酯胶乳（Polyurethane Rubber Latex）

聚氨酯胶乳指聚合物分子中含有氨基酯的一系列聚氨酯聚合物的胶体水分散体。

聚氨酯胶乳的主要特性为干胶膜强度高、耐磨，耐溶剂、耐候、耐老化性能优越，主要用于涂料、薄膜、胶黏剂和织物浸胶等，也可用于浸渍制品。

聚氨酯胶乳的供应商有：日本保土谷化学公司（Aizlax）等。

1.6.8 氟橡胶胶乳（Fluoroelastomer Latex）与含氟树脂乳液

氟橡胶胶乳具有突出的热稳定性、化学稳定性和抗氧化性，主要用作纤维胶黏剂、涂层、浸渍石棉垫片和盘根、模制材料等。

含氟树脂乳液，如聚四氟乙烯乳液则用于金属及其他材料的涂层，具有不粘、不吸潮、摩擦系数低和耐磨等特点。

氟橡胶胶乳与含氟树脂乳液的供应商有：美国3M公司、美国杜邦公司、日本大金公司、日本旭硝子公司等。

1.6.9 聚氯乙烯胶乳（Pdyvlnyl Chloride Latex）

聚氯乙烯胶乳是氯乙烯与少量其他单体共聚物的胶体水分散体。聚氯乙烯均聚物不能成膜，需引入第二组分进行共聚来降低其熔融温度，常用的共聚单体有丙烯酸酯、马来酸酯等。

聚氯乙烯胶乳主要用于纤维工业、纸及纸板涂层、纸浆添加剂、纸张浸渍、地毯背浆、胶黏剂及水基油墨等，也可利用其耐燃性制作各种阻燃制品。

1.6.10 聚偏氯乙烯胶乳（Polyvinylidene Chloride Latex）

聚偏氯乙烯胶乳主要是偏氯乙烯与乙烯、丙烯腈、丙烯酸及甲基丙烯酸的共聚胶乳，其橡胶分子链中无定型和结晶两种形态并存，因此有良好的成膜性。

聚偏氯乙烯胶乳耐化学药品性、耐氧和水蒸气的渗透性、不燃性和耐水性优良，因而广泛用于防潮纸、合成纤维、薄膜、铝箔、纸板、水泥养护及涂料等方面。

聚偏氯乙烯胶乳的典型技术参数见表1.1.5-23。

表1.1.5-23 聚偏氯乙烯胶乳的典型技术指标

总固物/%	相对密度	黏度/(mPa·s)	表面张力/(mN·m^{-1})	平均粒径/nm	成膜温度/℃
50～55	1.17～1.30	7～15	33～46	70～200	5～80

注：详见《橡胶原材料手册》，于清溪、吕百龄等编写，化学工业出版社，2007年1月第2版，P274。

二、液体橡胶

2.1 概述

液体橡胶（liquid rubber）一般是指数均分子量为500～10 000的低分子量线性聚合物，在常温下呈可流动的黏稠状液态，其黏度随分子量大小以及分子构型而改变，经过适当的化学反应可形成三维网状结构，获得和普通硫化胶类似的物理机械性能。液体橡胶的品种繁多，所有的固体橡胶品种几乎都有相应的低分子量液体橡胶。

液体橡胶在常温下具有流动性且本体黏度范围较宽，可以使用浇注工艺硫化成型，因而加工简便，易于实现连续化、自动化生产，不需要大型设备，可提高生产率，降低动力消耗。含有官能团的液体橡胶由于活性官能团的存在，更容易扩链和交联成固态硫化橡胶，可在常温下短时间内达到三维立体结构，大幅度提高物性。液体橡胶可以直接加填充剂和补强剂用作橡胶制品，也可以加到热固性树脂及其他聚合物中进行改性。液体橡胶的活性官能团还可以与其他基团反应，形成各种结构的新型材料。

液体橡胶广泛用作导弹固体推进剂的黏合剂、特别胶黏剂、涂料涂层、密封材料、防水防腐材料、电子电器绝缘材料、电子屏蔽浇注材料、热固性树脂改性剂、橡胶增塑剂以及各种工业用橡胶制品。

各种液体橡胶的发展史大体与相应的固体橡胶同步。1923年，H. V. Hardman将天然橡胶降解首次制得液体橡胶；1925年，不含官能团的液体聚丁二烯问世并开始商品化生产；1929年，美国Thiokol化学公司生产液体聚硫橡胶；随后液体聚胺酯橡胶、液体硅橡胶相继出现。但当时液体橡胶的应用还不广泛，直到20世纪50年代，液体聚硫橡胶用于火箭固体燃料的胶黏剂后，由于航天技术的推动，液体橡胶的生产技术和应用研究才得到较大的发展。20世纪50年代后期，带有活性端基的第二代液体橡胶出现，特别是20世纪60年代初Uraneck和Hsieh发表遥爪聚合物合成技术后，液体橡胶得到了迅速发展。这段时间的产品只用于军工工业，直到20世纪70年代才开拓了液体橡胶在民用领域的研究，液体聚丁二烯的生产已具相当规模。到20世纪80年代，美、日等发达国家液体橡胶的民用量已经大大超过军工用量，占总用量的90%。目前，全球各种液体橡胶的生产能力估计已达200 kt/a。

对于无活性官能团的液体橡胶来说，它们的分子结构与固体橡胶相同，只是分子量比固体橡胶小而已。带活性官能团的液体橡胶包括分子链内具有活性侧基的液体橡胶和遥爪型液体橡胶。前者的活性官能团沿分子主链无规则分布，后者的活性官能团处在分子链的端部。从理论上讲，每个遥爪型液体橡胶的官能度应该为2，即每个分子的两端各有一个活性官能团。但事实上这类液体橡胶分子中的活性官能团数目从2～6个不等。也就是说，遥爪型液体橡胶产品是由不同官能度的分子组成的混合体，因此通常所说的液体橡胶的官能度实际是指平均官能度。不同的聚合方法，所得产物的平均官能度是有区别的。阴离子聚合法的官能度$f \leqslant 2$，而自由基聚合产物的官能度$f \geqslant 2$，这可能是由于后者聚合物烯丙基上氢被羟基或羧基等取代。

液体橡胶的分子量界限目前没有一个严格的规定，早期一般认为液体橡胶是一种分子量为10 000以下的黏稠状可流动液体，现在也有人将液体橡胶看作在室温下具有流动性的聚合物。同样，液体橡胶的分子量分布也并不是严格地限定在某一范围，通常分子量分布比固体橡胶的要窄。液体橡胶的分子量分布与合成方法也有很大的关系，自由基聚合的液体橡胶分子量分布比离子聚合的液体橡胶要宽。

液体橡胶是低分子量的高分子化合物，在室温下具有流动性，受外力作用时不但表现出黏性，还表现出弹性和塑性，即其既具有流动性又具有形变行为，这种流动性和形变行为强烈地依赖于液体橡胶的分子结构和外界条件（如环境温度和作用力等）。当黏度较大的液体橡胶在外力作用下以较低的流速在较大截面流道中流动时，由于流道壁面的黏附作用及橡胶分子的无序运动和内聚力，其流动受到牵制，在流动截面上沿垂直于流动方向流速分布不均，越接近于壁面流速越小。

液体橡胶的本体黏度（η_a）是表征其流变行为的主要参数，它与相对分子质量（M_n）及其分布、官能团种类和数量、支化度和链长以及剪切速率、温度等有关。剪切速率对液体橡胶的 η_a 有影响，在高剪切速率下呈非牛顿流体行为；而在低剪切速率下表现出牛顿流体行为，即遵守经验公式：

$$\eta_a = kM_n$$

式中，k 为与温度有关的常数。

低分子量液体橡胶的流动行为符合阿累尼乌斯关系：

$$1/\eta_a = A\exp(-E/RT)$$

随温度升高 η_a 下降。聚合物的支化对 η_a 有影响，短支链有助于推开大分子，使柔性增加，η_a 下降；长支链则妨碍大分子的内旋转，使 η_a 升高。对于活性官能团来说，它们的极性与 η_a 有很大关系，极性增加，剪切黏度急剧上升，活化能大幅度增大，其影响大于 M_n 对 η_a 的影响。

各种液体橡胶由于所含的官能团不同，因此需采用不同的硫化体系，其硫化速度和交联程度依赖于活性端基的活性以及官能度等结构特性。液体橡胶的交联特性与其分子结构有关，无活性官能团的液体橡胶与普通的固体橡胶一样，加入硫化剂、促进剂可使分子之间产生交联。这类液体橡胶只能在分子链的中间部位发生交联，而分子的末端则成为自由链端，其硫化胶的交联结构与对应的固体硫化橡胶的相同。加工时，可以将配合剂与液体橡胶混合，再采用设备将其注入模具，加温硫化成型。同时，也可以将它与固体橡胶共混并进行硫化，此时液体橡胶也会参与固体橡胶的硫化过程。遥爪型液体橡胶硫化的基本特点是依赖活性官能团和硫化剂的化学反应进行扩链和交联，硫化胶的交联结构中不含自由链端，所得硫化胶的交联点间分子量一般比普通橡胶大；同时，交联网络结构规整有序，交联结构中无短链，所以硫化胶的柔软性很好。

液体橡胶的分类方法有：

①按主链结构分，液体橡胶可以分为聚二烯烃类、二烯烃共聚物类、聚烯烃类。聚二烯烃类包括聚丁二烯、聚异戊二烯、聚氯丁二烯等。二烯烃共聚物类包括丁苯橡胶、丁腈橡胶等系列。聚烯烃类包括乙丙橡胶、聚异丁烯、丁基橡胶、聚硫橡胶、聚氨酯橡胶、硅橡胶等系列。

②按有无活性官能团及活性官能团所在位置，液体橡胶可分为三类：第一类是无官能团液体橡胶；第二类是所含官能团在聚合物分子链中呈无规分布者；第三类是聚合物分子链两端带有官能团（如羟基、羧基、卤基、异氰酸酯基、氨基等）者，即所谓的遥爪型聚合物，这类液体橡胶利用其链端具有反应活性的官能团交联固化，交联网络非常规整，没有自由链末端，性能优异。

遥爪型液体橡胶的末端官能团根据其反应性可分为 3 种：

低反应性：—OH，═C═O，—Cl，—NR2

中反应性：$—CH_2Cl$，—CHO，—COOH，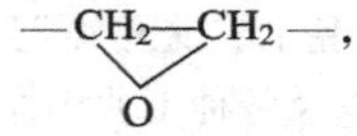，—Br

高反应性：—OOH，—SH，—NCO，—Li，$—NH_2$

遥爪型二烯类液体橡胶的端基一般为—OH、—COOH、—Br，最常用的为—OH。端基的反应性越高，在储存和填充剂混合时越易出问题。

液体橡胶的制备方法主要有降解法和聚合法。降解法通过将固体橡胶降解来制取液体橡胶，聚合法则是采用单体聚合的方法来制取。大部分液体橡胶采用聚合法制取，降解法一般用以制备液体天然橡胶。聚合法按反应机理可分为自由基聚合法、离子聚合法、配位聚合法、链末端化学转化法等；按反应介质系统可分乳液聚合和溶液聚合两大体系。

1）自由基聚合法：适用于遥爪型液态聚合物的制备，需选择带官能团或能产生官能团的化合物作引发剂或链转移剂引发单体聚合，偶合终止即得到遥爪型聚合物。

2）离子聚合法：单体先在引发剂的作用下生成低分子聚合物或“活性”聚合物，然后再进行链终止或使其链端的“活性”中心转化为适当的官能团。所用的引发剂为碱金属、萘钠络合物或有机锂化合物。

3）配位聚合法：采用传统的催化聚合，可得到 1，4 结构大于 70% 的液体聚丁二烯。所用的催化体系为三烷基锂。

4）聚合物降解法：在一定条件下，使含双键的高分子聚合物通过氧化降解来制取。

5）链端官能团化学转化法：是通过链端基的进一步反应而得，例如端羟基聚丁二烯的羟基在一定温度下能与活泼的有机二酸酐发生开环酯化反应，从而使其部分或者全部转化为羧基，从而制得端羧羟基聚丁二烯或端羧基聚丁二烯。俄罗斯科学院的 K. A. DUBKOV 和 S. V. SEMIKOLENOV 等把相对分子质量为 128 000 的丁二烯置于温度为 160～230 ℃、压力为 3～6 MPa 的甲苯溶液中和一氧化二氮进行反应，得到了相对分子质量分布狭窄的带羰基官能团的液体橡胶。

对液体橡胶的主要改性方向有两个：一是提高聚合物的饱和度，以增加其稳定性；二是通过与活性官能团反应改变聚合物分子结构，以得到新的性能。

1）加氢改性。

通过对不饱和性液体橡胶主链上的双键进行部分或全部加氢，可以制得饱和性液体橡胶，提高了其耐老化性能和耐热性。加氢用的催化剂有两类：一类是负载型金属催化剂，如用新型 Rh－Ru 双金属加氢催化剂对液体丁腈橡胶（LNBR）加氢，可以得到耐热、耐油增塑剂液体氢化丁腈橡胶（LHNBR）；另一类是可溶性无载体催化剂，如环烷酸镍－三异丁基铝。不同的催化剂和工艺条件下，聚合物的氢化程度也不同，加氢后的性能也有很大的差异。

2）链端官能团的反应改性。

端官能团液体橡胶可利用端基的活性，与其他化合物反应，制备出具有新性能的液体橡胶。例如，用二异氰酸酯和含官能团的醇类化合物改性的端羟基聚丁二烯，其结构特点是分子链端嵌入了氨基甲酸酯，从而提供了许多有价值的性能。

端羟基聚丁二烯可用多种 α-环氧化合物，如环氧氯丙醇、苯基缩水甘油醚或烯丙基缩水甘油醚、顺丁烯二酸酐等进行改性，制得链端含不同官能团的液体聚丁二烯。用端羟基聚丁二烯与二酸酐反应，部分羟基转化为羧基，可以制得端羟羧基聚丁二烯液体橡胶。采用过氧甲酸原地法对端羟基聚丁二烯液体橡胶（HTPB）进行环氧化，可以得到环氧化产物 EHTPB，EHTPB 用于环氧树脂改性时有较好的共混相容性，能显著提高环氧树脂固化物的柔韧性和耐热性。

3）接枝改性。

液体橡胶可以根据性能要求，在聚合物的主链上接枝改性。如接上极性或非极性链段、刚性或柔性链段，都能使液体橡胶的性能得到较大改进。如用丙烯腈单体和端羟基液体聚丁二烯制成接枝共聚物，可大大提高端羟基液体聚丁二烯橡胶的物理机械性能。

液体橡胶的配合也需要加入填充剂、纤维补强剂、软化剂等配合剂，但与固体橡胶不完全相同。液体橡胶的填充剂的作用在于增加强度，降低成本，改善工艺性能，提高使用性能以及控制制品的外观色彩等。用炭黑作填充剂时，炭黑的品种对固化物的物性有较大的影响。对于带羟基的液体橡胶，低结构炭黑有利于获得高定伸强度、硬度和稳定的伸长率，其用量为 30～60 份。二氧化硅、碳酸钙、氧化锌、陶土、氧化铝、云母粉等也可用作液体橡胶的填充剂。

液体橡胶以纤维作补强剂具有显著的特点，橡胶与纤维的黏着性可以显著增强，同时维持较低的橡胶黏度。纤维补强液体橡胶还可提高制品的弹性、强度、耐疲劳性、化学稳定性等性能。液体橡胶的纤维补强剂主要有棉线、玻璃纤维、合成纤维碎屑等。

液体橡胶也可以充油，比如在加有 50 份炭黑的胶料中，添加 10 份操作油可降低黏度，其胶料伸长率可增加到 400%，仅抗张力略有降低。液体橡胶也可以添加沥青、煤焦油等作软化剂。

液体橡胶的固化剂一般包括链扩展剂和交联剂。为了获得性能良好的硫化胶，必须根据液体橡胶的末端官能团选择适宜的链扩展剂和交联剂。交联体系多采用氢给予体（—OH、—SH、—NH_2、—COOH、—COSH、—$CONH_2$、—SO_2NH_2、>NOH 等）和氢接受体（—NCO、O、S、N 等）的加成反应体系。

液体橡胶硫化的交联位置有分子末端官能团和分子链内官能团两类。单体低聚合液体橡胶，官能团分布在分子链内，没有端官能团。其硫化体系和固体橡胶是一样的。一般乙烯类橡胶用硫黄加促进剂、硫黄给予体、过氧化物等硫化。带端官能团的液体橡胶交联与固体橡胶交联之间有较大差别。带端官能团的液体橡胶的交联特点表现在大多液体橡胶依赖于端基与交联剂发生化学反应。常用的有：

1）端羟基液体橡胶——用二或多异氰酸酯类，最常见的为甲苯二异氰酸酯。

2）端羧基液体橡胶——用双环氧化物类，常见的如（二甲基氮丙啶）氧化膦。

3）端溴基液体橡胶——用叔胺类，一般为甲基五亚乙基六胺。

4）端硫醇基液体橡胶——用丙烯酸酯＋胺类，有三甲醇丙基三丙烯酸、二乙烯基乙二醇二丙烯酸酯。

交联剂的用量根据液体橡胶的平均官能度来确定；液体橡胶相对分子质量一般都较低，通过添加较多的交联剂才能使橡胶分子链增长和交联；同时某些液体橡胶的硫化不需要加热，在室温下就能产生交联作用。

与固体橡胶完全不同，液体橡胶由于具有流动性，黏度一般比较小，因此加工比较容易。它的加工可以自动连续进行，不需要大型设备，因而节省动力消耗，减低了劳动强度。液体橡胶的成型加工可采用注压成型、注射成型、传递成型、压缩成型、回转成型、浇注成型、喷雾涂布等。在选择加工方法时应该特别注意液体橡胶的黏度及其对温度的影响。

混合多采用涂料磨等进行。一次混合是将液体橡胶和配合剂先混合好，若混入气泡则进行脱气脱泡。二次混合是将液体橡胶成分和固化剂及各种添加剂在液态下进行混合，是调节橡胶固化条件的最重要的工艺工程。然后脱气，继而成型加工。采用混合机械，混合、脱气、成型同时完成，不像固体橡胶需要另外进行硫化。当不需要将固体填料进行混合分散时，可直接从二次混合开始而免去一次混合。

液体橡胶由于与其他物质黏附力强，其在一次混合时常遇到混合体系的黏度增高以及易变成坚硬的膏状物的现象，且分散越好，硬化越快。因此需要具有剪切应力较大的混合设备，通常采用三辊油漆研磨机。但因胶料以很大的表面暴露在大气中，所以体系物料必须保持干燥，故有必要发展在惰性气体中使橡胶与填料连续混合的设备。

液体橡胶的加工工艺过程如图 1.1.5－1 所示。

液体橡胶主要用作高硬度橡胶制品的增塑剂（反应性操作油）、胶黏剂、涂料、油漆、沥青改性、树脂改性、密封嵌缝材料等，各种液体橡胶的主要用途见表 1.1.5－24。

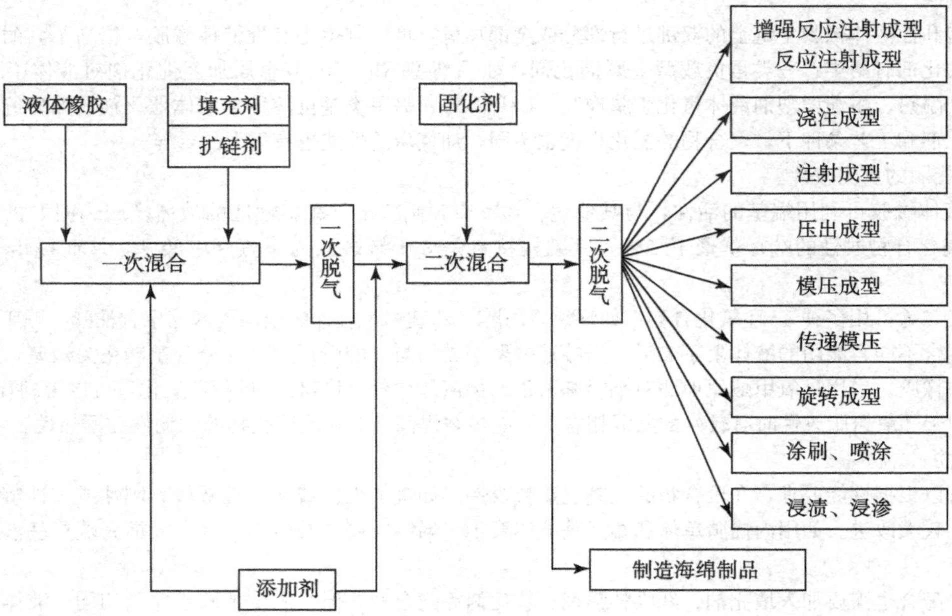

图 1.1.5-1　液体橡胶的加工工艺过程示意图

表 1.1.5-24　液体橡胶的主要用途

分类	用途	双烯和烯烃类	聚硫类	胺酯类	硅酮类
涂料、密封胶和胶黏剂	1. 涂料、涂覆剂	+	+	+	
	2. 胶黏剂、黏合剂	+	+	+	
	3. 混凝土胶黏剂，树脂混凝土	+	+		
	4. 火箭固体燃料黏结剂、兵器炸药黏合剂	+	+		
	5. 防水、耐化学药品涂膜	+	+	+	
	6. 建筑用密封胶	+	+	+	+
	7. 汽车前玻璃胶黏密封胶	+	+	+	+
橡胶制品	8. 电子零部件	+		+	+
	9. 医用材料	+		+	
	10. 牙科印痕材料、造型用弹性铸模			+	
	11. 制鞋材料			+	
	12. 地板料			+	
	13. 工业用弹性材料（车辆用安全件、汽车保险杠）		+	+	
	14. 工业用橡胶制品（胶带、胶管、密封件）	+		+	+
	15. 轮胎（实心胎、自行车胎、农工轮胎）			+	
	16. 翻胎胎面材料			+	
非橡胶工业制品	17. 橡胶塑料用改性剂	+	+	+	
	18. 各种发泡体			+	
	19. 合成革、弹性纤维			+	
	20. 皮革含浸材料			+	
	21. 纸加工、纤维处理	+			
	22. 道路铺装橡胶沥青改性剂	+			
	23. 土壤稳定剂、改良剂	+			

1）在涂料、密封胶和胶黏剂的应用。

液体橡胶涂层，具有坚韧、抗冲击等优点，已广泛应用于低温涂料、防腐涂料、电绝缘涂料、水溶性涂料、电泳涂料以及密封、灌封、涂覆和浇注等领域。以端异氰酸酯为端基的聚丁二烯、丁腈液体橡胶在耐腐蚀聚氨酯弹性涂层、电子灌封及建筑防水涂料领域具有广阔的应用前景。HTBN 作为常温固化耐烧蚀涂料，具有突出的耐烧性、优良的柔性和工艺性，可应用于固体火箭发动机。羟端基型 HTPB 液体橡胶可用作绝缘密封材料制造橡塑电缆。

液体橡胶作为黏合剂应用是其最具价值的领域之一。航空航天工业中广为应用的 CTPB、CTBN、HTPB、HTBN 固体推进剂黏合剂，就是利用各种端官能团液体橡胶作为高能燃料与氧化剂反应，生成二氧化碳和水产生推力；同时可将金属铝粉、过氯酸铵等氧化剂、安定剂、燃速催化剂黏结起来，得到高低温下都具有一定强度的固体药柱。在民用黏合剂领域，液体橡胶亦展示出其广阔的发展空间。由于液体橡胶作为无溶剂胶黏剂，因而具有无环境污染，能浇注，可室温固化，高弹性，可填充大量补强剂、填充剂或油类等优点，从而广受重视。CTBN 与环氧树脂的高分子合金在高剪切力作用下对铝板仍然有很好的黏结性，还可用作阻尼黏合剂和能量吸收树脂。

2）在橡胶制品的应用。

液体橡胶由于流动性好，可以用浇注和注射成型工艺制备出形状复杂、尺寸精度高和性能好的橡胶制品，还可用于制造各种发泡体。其制品应用上从医用材料、制鞋材料、工业制品（如齿形带、胶辊、安全件到慢速轮胎），又进一步扩展到电子信息领域。

液体橡胶可用作反应性增塑剂和软化剂。液体天然橡胶可作为 NR 复合材料的反应型增塑剂，加工时起着软化剂的作用，对炭黑有良好的渗润性，有助于炭黑聚集体的破裂，并使炭黑在橡胶本体中均匀分散。

由于液体橡胶能够改善胶料对黏着对象的浸润性，所以它可以作为增黏剂使用。液体丁腈橡胶由于存在极性端基和侧链上的氰基，所以具有良好的黏结性。羧基化液体异戊二烯可以充分湿润橡胶与金属界面，增加界面结合力，又可以与金属之间形成化学黏合作用，增强橡胶与金属的黏着性能。借助液体橡胶对填料的黏附力，可对填料进行表面包覆改性，进而提高其与聚合物本体的相互作用。

3）在非橡胶工业制品的应用。

将活性端基液体橡胶用作环氧树脂、酚醛树脂、不饱和聚酯树脂等的增韧改性剂有大量的研究报道。用电子湮没寿命谱法研究材料的自由体积变化，合理的相分离与树脂在固化过程中产生微孔结构，是橡胶增韧树脂的主要机理。橡胶在树脂中要起到很好的增韧作用，必须符合下列条件：a）橡胶能很好地溶解于未固化的树脂体系中，并能在树脂凝胶过程中析出第二相，分解于基体树脂中。b）橡胶的分子结构中必须含有能与树脂基体反应的活性基团，使得分散的橡胶相与基体连续相界面有较强的化学键合作用。由于含端基的液体橡胶可在这些树脂中形成分散的橡胶颗粒，并与这些树脂产生键合，故当受到冲击等外力作用时，可在分散相中产生大量银纹，形成微裂纹或剪切带，吸收应变能，起到增韧作用。

液体橡胶用于环氧树脂方面的增韧一直是研究热点。早期用于 EP 增韧改性的液体橡胶主要是带活性官能团的丁腈橡胶。由于液体丁腈橡胶带上可与 EP 中的环氧基反应的基团，可能会形成嵌段聚合物，同时带有极性极强的—CN 基，与 EP 有较好的混溶性，这样就对 EP 的增韧改性起到了很好的效果。国内外对端羧基液体丁腈橡胶（CTBN）改性 EP 的研究较多，发现增韧效果受 CTBN 的相对分子质量、添加量、丙烯腈的含量、固化剂的种类和基体种类等因素的影响。端官能团的液体聚丁二烯橡胶也可作为 EP 的增韧改性剂。它们相比端官能团的液体丁腈橡胶有两大优点：首先它们原料丰富，生产成本要低得多；其次液体丁腈橡胶含有可能致癌的丙烯腈，使得它的使用范围有一定的限制，而液体聚丁二烯橡胶并不存在这种危险。但无论是液体丁腈橡胶还是液体聚丁二烯橡胶，由于结构中都含有比较多的双键，使得它们改性 EP 的产品容易在氧气或者高温下降解；另外由于双键的存在，故更容易发生氧化反应和进一步的交联，使材料失去弹性和延展性。丙烯酸酯液态橡胶对环氧树脂增韧改性效果明显，又由于主链不含双键，具有良好的抗热氧化作用，也不含可能致癌的丙烯腈，成为国内外研究的热点。传统改性方法将环氧树脂和液体橡胶按一定的比例混合均匀后，加入固化剂在一定的温度下进行反应，所得材料的两相间有部分键合作用。但这种方法通常以牺牲机械强度和降低 T_g 来增韧 EP。为了克服这个缺点，研发了具有互穿网络（IPN）结构的材料或者具有纳米级别的复合材料。如将 CTBN 放到邻苯酚醛的聚缩水甘油醚（CNE）和 4，4′-二氨基二苯砜（DDS）的混合液中，在 2-甲基咪唑（2—MI）和过氧化二异丙苯（DCP）存在下，分别进行反应，形成具有 IPN 结构的材料。所得材料的应力更加分散，增加了组分间的作用力，冲击强度可以提高 2～3 倍，同时能保持其他性能不下降，甚至有所提高。也可通过在无规羧基液体丁腈橡胶（CRBN）改性的 EP 中加入质量分数为 2*t*%的 SiO_2 纳米颗粒制得纳米复合材料，由于橡胶和 SiO_2 颗粒很好地分散在 EP 基体中，沿冲击方向的裂纹遇到 SiO_2 颗粒扩展受阻、钝化，可吸收更多的冲击功，使所得的复合材料具有理想的冲击性能和模量，而且 T_g 大大提高，其耐热性能有了很大的改善，由于该复合材料制得的两相界面结合强度高，易使基体本身发生塑性变形。

液体橡胶也广泛用于 CE 的增韧改性。用于增韧 CE 的液体橡胶主要有端氨基丁腈共聚物、端酚基或端环氧基丁腈橡胶和 CTBN 等。用液体 CTBN 增韧氰酸酯树脂（CE），可大幅度提高 CE 树脂的冲击强度，10 份 CTBN 时冲击强度比纯 CE 树脂提高了 150%，且只牺牲较少的耐热性，最大失重速率对应的温度比纯 CE 只下降了 3.5 ℃。而且 CTBN 与 CE 树脂基体的界面比较模糊，形成良好的相容界面，分散的 CTBN 粒子尺寸为 2～3 μm 时，共混物力学性能最佳。用液体无规羧基丁腈橡胶（CRBN）增韧 CE 具有更佳的增韧效果，然而，CTBN 的加入通常会牺牲 CE 部分的模量和热稳定性，为了克服上述缺点，将质量分数为 0.5*t*%的膨润土加到 CE/CTBN（100/10）体系中制得复合材料，不仅提高了模量，还提高了冲击强度。

除此以外，液体橡胶还被广泛用作其他高分子材料的增韧改性剂等。如用液体天然橡胶（LNR）增韧尼龙 6，使用乳化分散的方法制得尼龙 6/LNR 均相混合物，当尼龙 6/LNR 的比例为 85/15 时混合物具有最佳的增韧效果，可提高冲击强度达 35%；用 HTPB 作为聚醚砜（PES）超滤薄膜的表面改性添加剂；具有 IPN 结构的聚氧化乙烯（PEO）/HTPB 复合材料等。总之，由于液体橡胶具有良好的流动性和各种活性基团的存在，它可以与各种高分子材料有很好的相容性和键合作用，从而必将越来越多地应用到各种树脂的改性中。

液体橡胶在革制品、纸加工、纤维处理上也都有较大发展潜力。

液体橡胶是具有广泛用途的材料，加工工艺易于实现机械化、连续化和自动化，可降低劳动强度和能耗，节约成本；无溶剂和排水污染，可改善作业环境；通过分子的扩链交联，可在宽广范围内调节硫化速度和硫化胶的物性。尽管如此，液体橡胶的生产费用还是比相应的固体橡胶高，某些物理性能还达不到固体橡胶的水平，如强度和耐挠性都不如固体橡胶；同时产率偏低，原料价格也相对要高。这些因素都限制着它在民用领域的大规模应用。为了进一步开发应用液体橡胶，提高液体橡胶的市场竞争力，尚需：

1）努力降低原料价格：通过开发新的合成方法、溶剂体系及催化引发体系，对未反应的单体和用过的溶剂进行回收利用，从而降低成本。

2）自从第二代液体橡胶端官能团液体橡胶的出现，液体橡胶才得到广泛应用。据报道，带有 OH、COOH、Br、NH_2 等官能团的端官能团液体橡胶，其物性已达到固体橡胶的水平。由于活性端官能团的存在，液体橡胶具有了很多特殊的性能。端官能团液体橡胶虽已得到广泛认可，但真正工业化的品种极少，远不能满足应用需要。开发应用新的具有特殊功能的端官能团液体橡胶品种，是液体橡胶发展的一个方向。同时也需加强对端官能团液体橡胶的研究，对其进行化学或共混改性，特别是对端官能团液体橡胶固化结构、形态与性能的关系研究，制备出性能优良的固化产物，以适用不同领域的应用。

3）在加工工艺方面要全面实现机械化、连续化、自动化。液体橡胶采用浇铸法、注射法加工是橡胶工业生产方式的一次技术革命，突破了固体橡胶加工的传统工艺，开拓了新的橡胶制品生产途径。如果能完善这方面的工作，可以大大降低橡胶制品的生产成本。

2.2 液体聚丁二烯橡胶

2.2.1 液体 1，4-聚丁二烯橡胶

液体聚丁二烯橡胶有无官能团和带官能团两类。而带官能团的又分无规官能团和端基官能团。目前带官能团的液体聚丁二烯橡胶主要有无规羧基液体聚丁二烯橡胶、端羟基液体聚丁二烯橡胶（HTPB）、端羟羧聚丁二烯液体橡胶（HCTPB）、端羧基液体聚丁二烯橡胶（CTPB）、端卤基液体聚丁二烯橡胶等。其结构式为：

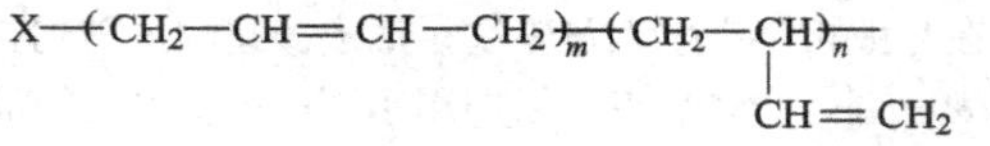

式中，X 为 H、COOH、OH、Br、Cl、I 等。

液体聚丁二烯橡胶可以采用自由基聚合、阴离子聚合、配位聚合、官能团部分转化法等方法制得。自由基聚合制备端官能团采用含有所需官能团的过氧化物或偶氮化合物作引发剂，通过产生的自由基进行链引发、链增长，其后进行双基偶合的链终止。使用阴离子聚合法制备时可采用带所需官能团的有机锂引发剂，通过两端进行链增长，然后用环氧化物、二氧化碳等进行链终止，并用氯化氢酸化处理将端基转化成所需官能团。使用官能团部分转化法可制备 HCTPB，因 HTPB 的链端带有活泼的羟基，在一定温度下，能与活泼的有机二酸酐发生开环酯化反应，从而使其部分转化为羧基而得 HCTPB。另外，端卤基液体聚丁二烯橡胶还可采用溶液调聚聚合制备，这种方法是以链转移常数大的含卤素化合物为溶剂或调聚剂，通过链转移反应进行链终止。

液体聚丁二烯橡胶的主要特性为：具有优异的弹性；电绝缘性良好。其典型技术指标见表 1.1.5-25。

表 1.1.5-25 液体聚丁二烯橡胶的典型技术指标

项目	自由基聚合			阴离子聚合	
官能团	无	OH	COOH	无	COOH
化学结构 顺式-1，4-结构含量/% 反式-1，4-结构含量/% 1，2-结构含量/%	 15 20 65	 60 20 20	 20 60 20	 74 25 1	
相对分子质量	1 000～4 000	2 800～3 000	3 000～4 000	650～3 600	1 900～8 600
相对分子质量分布			1.5～1.6	2.1	
黏度（25 ℃）/（Pa·s）	0.15～17.00	0.50～17.90	3.50	0.60～14.00	
平均官能度 f	1.92	1.30	2.00	2.00	
卤素含量/%	1.90	1.50	—	—	

遥爪型液体聚丁二烯橡胶的典型技术指标

项目	端羧基	端羟基	端溴基
平均相对分子质量	3 000	4 000	3 700

续表

项目	端羧基	端羟基	端溴基
拉伸强度/MPa 20 ℃ ≥100 ℃	 14 9	 21 15	 17 10
拉断伸长率/% 20 ℃ ≥100 ℃	 335 195	 550 350	 490 350
撕裂强度/(kN·m^{-1}) 20 ℃ ≥100 ℃	 35 (25) —	 60 37	 53 40
硬度（邵尔 A） 20 ℃ ≥100 ℃	 80 72	 72 66	 73 46
回弹性/% 20 ℃ ≥100 ℃	 33 45	 40 50	 40 45

注：详见《橡胶原材料手册》，于清溪、吕百龄等编写，化学工业出版社，2007 年 1 月第 2 版，P333。

无官能团的液体聚丁二烯由于含有不饱和键，如用作薄膜，可在加热升温的情况下以自动氧化的方法固化，也可以在室温下用加入金属干燥剂的方法固化。带羧基（包括无规和端羧基）的液体聚丁二烯则用多环氧基化合物、多氮丙啶基化合物、酸酐或金属氧化物等进行交联固化。端羟基液体聚丁二烯橡胶可用过氧化物、硫化物或异氰酸酯类化合物等交联固化，最常用的是甲苯二异氰酸酯，其交联固化有一步法和两步法之分：一步法就是扩链剂、交联剂、固化催化剂、补强剂和其他配合剂混合、脱气后浇注到模具中进行固化；两步法是先将端羟基液体聚丁二烯橡胶与异氰酸酯反应，生成末端带有异氰酸酯基的预聚物，然后在 60 ～70 ℃下脱气，再与扩链剂、交联剂、固化催化剂以及其他配合剂混合，注入模具进行固化。端卤基液体聚丁二烯多用多官能度的胺扩链和交联固化，以叔胺最理想，如甲基五亚乙基六胺（MPEHA）。

液体聚丁二烯主要用作涂料、热固性树脂、其他橡胶或树脂的添加剂。

1）无官能团的液体聚丁二烯具有卓越的物理和电学性能，自问世后即在电子和电力工业中获得了广泛的应用。

2）无规羧基液体聚丁二烯橡胶可用作固体火箭推进剂的胶黏剂，也可制作其他胶黏剂或浇注制品。

3）端基液体聚丁二烯具有良好的黏结性、相容性和弹性等物理性能，因此还广泛用作密封材料、胶黏剂、环氧树脂和其他高分子材料的改性剂以及浇注制品。

A. 端羟基液体聚丁二烯（HTPB）可用于浇注轮胎、防震材料、绝缘套管、皮带及形状复杂的异形制品；用于耐低温涂料、防腐涂料、电绝缘涂料和水溶性涂料等；可用于粘接橡胶与聚酯、金属的胶黏剂，其特点是无溶剂，且可常温硫化；用作橡胶和塑料的改性剂，可提高橡胶与塑料的塑性、柔性、抗冲击性和固化性能；用于封装电气元件使之防震防潮等。

B. 端羧基液体聚丁二烯（CTPB）具有优良的耐寒性和弹性，良好的粘接性、介电性能和耐水性，与通用橡胶和填料的相容性好，主要用于密封材料、涂料、胶黏剂和浇注制品，以及环氧树脂和其他高分子材料的改性剂，火箭固体推进剂的胶黏剂等。

C. 端羟羧聚丁二烯液体橡胶（HCTPB）综合了 HTPB 和 CTPB 的特点，这使其在推进剂中应用不但能保持 HTPB 的优异力学性能，而且还可有效地改善 HTPB 推进剂压力指数偏高和环境敏感性强等状况。

D. 端卤基液体聚丁二烯与其他橡胶的相容性好，能在室温或加热下硫化，可配制用于木材、金属、混凝土和玻璃等的优良胶黏剂、密封材料和防水材料。如用炭黑或二氧化硅补强后，可制取抗拉强度较高、弹性较好的工业制品、浇注和模压制品，以及管件和槽罐的衬里材料等。

此外，CTPB 能大幅提高环氧树脂的冲击强度；CTPB/EP 制得的复合材料的热稳定性、拉伸强度、模量、冲击强度、平面应力断裂韧度和弯曲强度都有不同程度的提高；HTPB/TDI/CB 复合材料可以制备导电薄膜；PEO/HTPB 可以制得具有 IPN 结构的复合材料等。

2.2.2 液体 1，2-聚丁二烯橡胶

液体 1，2-聚丁二烯橡胶是丁二烯单体在溶液中经钠催化剂作用聚合，在聚合阶段引入带官能团的化合物而形成末端官能团的遥爪型聚合物。其分子结构为：

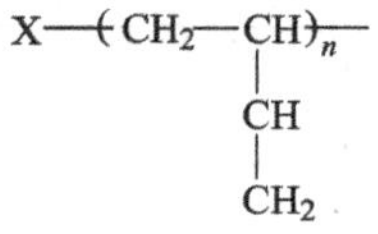

式中，X 为 H、OH 或 COOH。

液体 1，2-聚丁二烯橡胶分子量分布非常窄，可生产均一性要求高的制品；添加催化剂可交联得到高硬度的树脂；电绝缘性能良好；硫化胶的弹性比通常的液体聚丁二烯橡胶低。其典型技术指标见表 1.1.5-26。

表 1.1.5-26　液体 1，2-聚丁二烯橡胶的典型技术指标

项目	活性配位阴离子聚合	活性阴离子聚合	
官能团	无	OH	COOH
化学结构 1，2-结构含量/% 反式 1，4-结构含量/%	 60～90 5～30	 85～90 5～10	 85～90 5～10
相对密度	0.86～0.89	0.88	0.89
数均分子量	1 000～4 000	1 000～2 000	1 000～2 000
黏度/(Pa·s)	2.2～200	3～55	5～60
流动点/℃	−15～23	3～23	7～20

注：详见《橡胶原材料手册》，于清溪、吕百龄等编写，化学工业出版社，2007 年 1 月第 2 版，P335。

液体 1，2-聚丁二烯橡胶主要用于天然橡胶、二元乙丙橡胶、三元乙丙橡胶、氯丁橡胶、丁腈橡胶和丁苯橡胶以过氧化物硫化的软化剂，也用于涂料作干性油、橡胶或树脂的改性剂、胶黏剂等。

元庆国际贸易有限公司代理的法国 CRAY VALLEY 公司的乙烯基改性聚丁二烯均聚物 RICON 153D 的物化指标为：

成分：1，2-聚丁二烯聚合物分散于合成硅酸钙中；外观：乳白色粉末；CAS 号：9003－17－2；活性含量：(65±2)%；相对密度：1.35 g/cm³；压缩密度（lb/cu ft ASTM D1895）：31.8。

本品是低分子量的液体聚丁二烯树脂，是优秀的加工助剂，有适度的高乙烯基官能团来获得高反应性，具有卓越的疏水性及优秀的加工特性。本品有聚合结构，提供与饱和及不饱和弹性体的卓越相容性，特别是以烯烃为基础的弹性体及热塑性弹性体；本品也可以看作一种共交联剂，可提供卓越的交联密度，且不会影响硫化速度。

本品主要用于要求得到高交联密度及改善加工性能的压出及模压制品。

美国克雷威利公司（Cray Valley）液体聚丁二烯产品牌号见表 1.1.5-27。

表 1.1.5-27　美国克雷威利公司（Cray Valley）液体聚丁二烯产品牌号

供应商	行业	应用领域	过氧化物硫化体系		硫黄硫化体系	
			推荐产品	描述	推荐产品	描述
金昌盛	胶管/胶带	促进橡胶同极性材料（如金属、尼龙帘线、塑料）之间的粘接	Ricobond 1756 Ricobond 1756HS Poly bd 2035TPU Poly bd 7840TPU SR307	马来酸化聚丁二烯 马来酸化聚丁二烯分散体 聚丁二烯 TPU 聚丁二烯 TPU 聚丁二烯丙烯酸酯	Ricobond 1731 Ricobond 2031 Ricobond 1731HS Poly bd 2035TPU Poly bd 7840TPU	马来酸化聚丁二烯树脂 马来酸化聚丁二烯树脂 马来酸化聚丁二烯分散体 聚丁二烯 TPU 聚丁二烯 TPU
		降低压缩永久变形	Ricon 153 Ricon 153D Ricon 154 Ricon 154D	聚丁二烯树脂 聚丁二烯树脂分散体 聚丁二烯树脂 聚丁二烯树脂分散体	Ricon 153 Ricon 153D Ricon 154 Ricon 154D	聚丁二烯树脂 聚丁二烯树脂分散体 聚丁二烯树脂 聚丁二烯树脂分散体
		提高高温撕裂强度	Ricon 154	聚丁二烯树脂		
	电线/电缆	提高耐老化性能、耐水性和介电性能	Ricon 154 Ricon 154D Ricobond 1756 Ricobond 1756HS	聚丁二烯树脂 聚丁二烯树脂分散体 马来酸化聚丁二烯树脂 马来酸化丁二烯分散体		
	胶辊	提高同骨架的粘接性能	Ricobond 1756 Ricobond 1756HS	马来酸化聚丁二烯树脂 马来酸化聚丁二烯分散体	Ricobond 1731 Ricobond 1731HS	马来酸化聚丁二烯树脂 马来酸化聚丁二烯分散体
	轮胎	提高橡胶同帘线之间的粘接			Ricobond 1731 Ricobnd 1731HS Ricobond 2031 Poly bd 2035TPU Poly bd 7840TPU	马来酸化聚丁二烯树脂 马来酸化聚丁二烯分散体 马来酸化聚丁二烯树脂 聚丁二烯 TPU 聚丁二烯 TPU

续表

供应商	行业	应用领域	过氧化物硫化体系		硫黄硫化体系	
			推荐产品	描述	推荐产品	描述
	轮胎	提高雪地性能和抗湿滑性能			Ricon 100 Ricon 130 Ricon 154	聚丁二烯树脂 聚丁二烯树脂 聚丁二烯树脂
	TPE (PP/EPDM)	提高交联密度和耐溶剂性能，降低压缩永久变形和聚合物分解	SR307	聚丁二烯丙酸酯		

液体聚丁二烯橡胶的供应商还有：美国杜邦公司、Deverfex Ltd.、Phillips Petroleum Co.、General Tire & Rubber Co.、Hystl Development、ARCO Chemical Co.、Goodrich Chemical Co.、Thiokol Chemical Co.，日本的出光石油化学、住友化学工业、日本石油化学、东洋曹达工业，德国 Chemische Werke、Hüls A. G.，法国 Hüls，加拿大 Polysar Ltd. 等。

液体 1，2-聚丁二烯橡胶的供应商还有：美国 Colorado Chemical Specialities Inc.、Summit Chemical，日本瑞翁、日本曹达、日本石油化学等。

2.3 液体丁苯橡胶

液体丁苯橡胶可采取自由基聚合法或阴离子聚合法制得，目前有无活性官能团和带端羟基两种产品。结构式为：

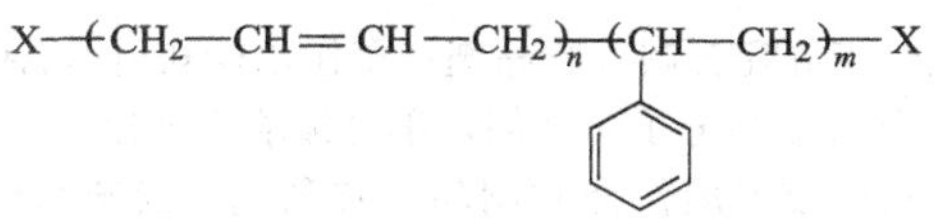

式中，X 为 H、OH。

液体丁苯橡胶采用自由基聚合法制备时，可用芳烃过氧化氢或过硫酸钾作引发剂，用十二硫醇等作相对分子质量调节剂；制备带端羟基的产品则用含羟基官能团的偶氮化合物或过氧化氢作引发剂。聚合物的相对分子质量主要取决于单体浓度和引发剂或调节剂浓度比。

阴离子聚合以有机金属作为引发剂引发丁二烯、苯乙烯聚合制取链端含有金属锂的活性聚合物，然后用羟基取代链端的金属锂离子得到 HTBS。用阴离子法制备无官能团的液体丁苯橡胶时需加无规剂来调节苯乙烯在聚合物链上的分布状态。

液体丁苯橡胶的典型技术指标见表 1.1.5-28。

表 1.1.5-28 液体丁苯橡胶的典型技术指标

项目	非遥爪	遥爪	项目	非遥爪	遥爪
末端官能团	无	—OH	化学结构：（丁二烯单元）1，2-结构/%	70	20
分子量	2 000～15 000	4 500	反式-1，4-结构/%		60
结合苯乙烯/%	25	25	顺式-1，4-结构/%		20

注：详见《橡胶原材料手册》，于清溪、吕百龄等编写，化学工业出版社，2007 年 1 月第 2 版，P336。

端羟基液体丁苯橡胶可用过氧化物、硫化物或异氰酸酯类化合物等交联固化。

液体丁苯橡胶与某些通用橡胶的相容性好，可掺混使用，而且可添加填充剂和油品。由于这些混合组分分散均匀，浇注流动性好，可用于层压制品、注射成型橡胶制品、清漆、胶黏剂、封装材料等，也常用作丁苯橡胶、丁腈橡胶和氯丁橡胶的增塑剂，可用作橡胶和树脂的改性剂，还可用作耐低温、防腐防水等的特种涂料。

液体丁苯橡胶的供应商有：美国 American Sythetic Rubber Co.、Phillips Petroleum Co.、ARCO Chemical CO.、Richardson 公司等。

2.4 液体丁腈橡胶

液体丁腈橡胶一般是由自由基聚合法或阴离子聚合法制备。随着遥爪聚合的发展，已经成功合成出有端羧基、端羟基、端巯基、端氨基等多种遥爪型液体丁腈橡胶。分子结构为：

$$X[(CH_2-CH=CH-CH_2)_m(CH_2-\underset{\displaystyle CN}{\underset{|}{CH}})_n]X$$

式中，X 为 H，COOH，OH，SH，NH_2。

无官能团的液体丁腈橡胶的制备用过氧化二异丙苯和硫酸亚铁为氧化还原引发剂，松香皂为乳化剂，叔十二碳硫醇为调节剂进行。自由基聚合法制备遥爪型液体丁腈橡胶使用含所需活性官能团的偶氮化合物或过氧化氢引发剂受热分解产生自由基，从而引发共聚单体丁二烯和丙烯腈单体的链增长，然后按双基终止原理生成。特别的是端巯基液体丁腈橡胶以二硫化二异丙基黄原酸酯为链转移剂，得到端黄原酸酯基的丁腈共聚物后，再通过高温裂解使黄原酸酯端基转化为巯基。另外也有用阴离子聚合法制备遥爪型液体丁腈橡胶，工业上多用自由基聚合法。端基液体丁腈橡胶多用过氧化物、硫化物或异氰酸酯类化合物等交联固化，也可直接混入环氧树脂、酚醛树脂中，再经固化达到改性目的。

液体丁腈橡胶由于含有丙烯腈，因此具有很好的耐油性和极性，又具有流动性，可用于配制胶黏剂、导电胶和导热胶。经过氢化改性的液体丁腈橡胶具有更好的耐油性和更高的耐热性。

液体丁腈橡胶的典型技术指标见表 1.1.5－29。

表 1.1.5－29　液体丁腈橡胶的典型技术指标

项目	非遥爪	遥爪	项目		非遥爪	遥爪
末端官能团	无	有	化学结构：(丁二烯单元)	1，2-结构/%	12～20	12～20
结合丙烯腈/%	0～27	0～27		反式-1，4-结构/%	60～64	60～64
相对密度	0.907～0.960	0.944～0.962		顺式-1，4-结构/%	20～24	20～24
黏度/(Pa·s)	40～350	0.9～600.0	羧基浓度（质量分数）/%			1.90～2.41
官能团数		1.85～2.01				

注：详见《橡胶原材料手册》，于清溪、吕百龄等编写，化学工业出版社，2007 年 1 月第 2 版，P338。

端羧基液体丁腈橡胶固化剂用环氧树脂-胺、碳化二亚胺、三（2-甲基氮丙啶）氧化膦（MAPO）以及甲苯二异氰酸酯（TDI）-三（2-甲基氮丙啶）氧化膦等。端巯基液体丁腈橡胶硫化体系有环氧树脂-胺、甲基二异氰酸酯-有机金属化合物、二氧化铅和过氧化锌、叔丁基过氧化苯甲酸酯、三甲醇丙基三丙烯酸酯（TMPTA）、二乙烯基乙二醇二丙烯酸酯（DEGDA）和 2，4，6-三（二甲氨基）苯酚（DMP－30）、2-乙基咪唑（EMI－24）等。端羟基液体丁腈橡胶用环氧树脂固化。

液体丁腈橡胶可与酚醛树脂、环氧树脂等配合制成胶黏剂；用作水轮机叶片涂层；与其他橡胶相容性好，用作增塑剂不易被溶剂抽出；并可与防老剂 D 接枝共聚成高分子防老剂，不易被溶剂抽出。

端羟基、端羧基和端氨基的液体丁腈橡胶可用作橡胶制品、胶黏剂、封装材料，也可以作为各种高分子材料的改性剂，还可以用于耐低温、防腐防水、电绝缘等特种涂料。

端巯基液体丁腈橡胶与羧基液体丁腈橡胶相比，具有更好的耐油性，但不耐甲乙酮类溶剂的侵蚀。端巯基液体丁腈橡胶可用作汽车阀盖、电机填缝料、木制品的胶黏剂、煤气表零件的隔膜、压电陶瓷蜂鸣器元件胶黏剂、耐高压耐高低温绝缘灌封材料以及浇注耐油橡胶制品等，还可用于制取具有优良耐水性的改性环氧树脂。

端胺基液体丁腈橡胶主要用于环氧树脂、端羧基和端羟基聚丁二烯的改性，也可单独用于胶黏剂、密封材料，或与其他材料配合制取浇注制品，还可作为高分子材料共混的增溶剂。此外，还可作为耐油聚氨酯弹性体的中间体，经扩链交联后能制成耐油性、弹性好的新型聚氨酯材料。

按照 GB/T 5577－2008《合成橡胶牌号规范》，国产液体丁腈橡胶的主要牌号见表 1.1.5－30。

表 1.1.5－30　国产液体丁腈橡胶的主要牌号

牌号	结合丙烯腈质量分数/%	特性黏度
NBR 1768－L	17～20	8～13
NBR 2368－L	23～27	8～13
NBR 3068－L	30～40	8～13
NBR 3071－L	30～35	8～10
NBR 3072－L	30～35	10～13

液体丁腈橡胶的供应商有：美国 ARCO Chemical Co.、美国 Goodrich Chemical Co.、日本宇部兴产、中石油兰州分公司等。

2.5　液体氯丁橡胶

液体氯丁橡胶（LCR）由 2-氯丁二烯乳液自由基聚合而得，遥爪型液体氯丁橡胶较难制取，一般来说两端无官能团基，但也有末端官能团类。其结构为：

$$\left[CH_2-\underset{\underset{Cl}{|}}{C}=CH-CH_2 \right]_n$$

液体氯丁橡胶的耐候性好，具有难燃和易黏合的特点，同时也有一定的耐油性。液体氯丁橡胶的固化是利用聚合物本身的硫化活性点烯丙基氯、γ—碳上的活性氢和双键三种反应；或者利用末端官能团进行扩链或交联实现固化，如端羧基液体氯丁橡胶可以用多价金属氧化物反应固化。

液体氯丁橡胶的典型技术指标见表 1.1.5－31。

表 1.1.5-31 液体氯丁橡胶的典型技术指标

项目	非遥爪	遥爪		项目	非遥爪	遥爪	
末端官能团	无	—OH	S—CS—OR	黏度/(Pa·s)	50～100	40～80	10
官能团数		≥2		分子量	2 500		3 500
相对密度	1.23～1.25		1.24	玻璃化温度 T_g/℃	−39		−39
结晶性		无		挥发分	<1	<1	<1
结晶速度	极慢～快		极慢				

注：详见《橡胶原材料手册》，于清溪、吕百龄等编写，化学工业出版社，2007 年 1 月第 2 版，P340。

液体氯丁橡胶主要用于无溶剂型胶黏剂、涂膜防水材料、密封材料、浇注橡胶制品和高分子材料改性等领域。胶黏剂有耐热性热熔型胶黏剂和双组分常温固化型胶黏剂；浇注橡胶制品如浇注海绵、封装材料以及消声和减振材料等。高分子材料改性领域包括用作橡胶的反应性软化剂、树脂的抗冲改性剂、沥青改性剂等。

端羧基液体氯丁橡胶与金属氧化物和各种树脂配合可制得黏合性好、耐热性优良的双面黏合带，用以制造带黏衬的皮革；掺用于各种橡胶中，可改进撕裂强度、耐热性和黏着性；用于沥青改性，可以改进沥青的耐热性、耐寒性，提高强伸性能和黏合性。

液体氯丁橡胶的供应商有：美国杜邦公司（Neoprene）、日本电气化学工业（LCR）等。

2.6 液体聚异戊二烯橡胶

液体聚异戊二烯橡胶有液体天然橡胶（LNR）和合成的液体异戊二烯橡胶（LIR）两种。结构为：

$$X\!-\!\!\left(CH_2-\overset{\displaystyle CH_3}{\overset{|}{C}}=CH-CH_2\right)_n\!\!-\!X$$

式中，H、OH、COOH。

早期液体天然橡胶为解聚的黏稠液体，相对分子质量低于 6 000。目前，联合国工业开发组织研究确定用化学方法制造液体天然橡胶，即在胶乳相利用苯肼和空气氧化—还原反应解聚制得。

液体异戊二烯橡胶是阴离子或配位阴离子溶液的低聚物。在聚合阶段引入带官能团的化合物可制得带官能团的产品。此外，也可将液体聚异戊二烯橡胶功能化制得含官能团的产品。如用 N_2O 作氧化剂将液体聚异戊二烯橡胶中的双键部分氧化制得不同分子量含羰基的液体橡胶。

LIR 具有以下聚合物特征：1）低分子量→可作反应性增塑剂，加入 LIR 有利于炭黑在橡胶中的分散，这也是使 NR/BR 体系综合性能得以提高的主要原因之一；2）低玻璃化温度；3）无色、透明、无味，无残留卤素；4）黏着性极好。

LIR 与 LNR 的典型技术指标见表 1.1.5-32。

表 1.1.5-32 LIR 与 LNR 的典型技术指标

LIR 的典型技术指标					
项目	未改性 LIR	羧基改性 LIR	项目	未改性 LIR	羧基改性 LIR
羧基含量（每 100 单位异戊二烯）/%	无	1.0～3.5	溶液黏度，Pa.s（20%甲苯溶液，25℃，BL 型粘度计）		0.013～0.017
数均分子量/(×10^4)	2.9～4.7	2.5	熔融黏度/(Pa·s)	74～480	98～180
分子量分布	约 2		挥发分 w/%	0.45	0.45
相对密度	0.91	0.92	碘值，g/100 g	368	0.45
解聚 LNR 的典型技术指标					
相对密度	灰分/%	挥发分/%	黏度/(Pa·s)	重均分子量	
0.92	0.5～1.2	0.1	40～400	40 000～155 000（155 000 的为半固体）	

注：详见《橡胶原材料手册》，于清溪、吕百龄等编写，化学工业出版社，2007 年 1 月第 2 版，P329～330。

由于 LIR 具有以上特点，可用作胶黏剂和密封材料，还广泛用于橡胶和树脂的改性材料。如 LIR 可等量部分替代 NR 在轿车轮胎三角胶中的应用，它在对胶料物理性能影响不大的情况下降低门尼黏度，提高炭黑分散性，节省混炼能耗，改善挤出、成型和黏合工艺性能，减少由于半成品挺性大造成的胎圈窝气现象，成品轮胎的高速性能和耐久性能基本不变。

液体聚异戊二烯橡胶用硫黄硫化，如是带官能团的则可用金属氧化物、胺类等交联。

液体天然橡胶已广泛用于封装料、密封剂、填缝料、胶黏剂、能变形的橡胶模型以及硬质橡胶料等。液体天然橡胶可以作为 NR 共混物的增容剂，可有效降低 NR 和其他组分间的界面张力，增加相容性。另外，液体天然橡胶还可以制成遥爪型液体天然橡胶，这使得它的用途更加宽广。如用不同相对分子质量和环氧值的环氧化液体天然橡胶（ENR）去增韧 PVC，发现相对分子质量小、环氧值为 15%（摩尔分数）的 ENR 有较好的增韧效果，综合性能极佳。

液体聚异戊二烯橡胶的供应商有：美国 Hardman 公司（Isolene LIR 与 DPR 解聚 LNR）等。

2.7 液体聚硫橡胶

液体聚硫橡胶大多采用 2，2-二氯乙基缩甲醛为单体，与多硫化钠经乳液缩合先制得高相对分子质量的聚硫胶乳，在缩合中为了得到一定程度的交联结构，一般还加入了少量 1，2，3-三氯丙烷交联，然后在亚硫酸钠和硫氢化钠存在的条件下，经裂解得到末端带有巯基的液体聚硫橡胶。通过亚硫酸钠及硫氢化钠的比例和用量调节液体聚合物的相对分子质量，相对分子质量一般为 1 000～7 500。聚硫橡胶主要用作密封材料、填缝材料、腻子、涂料等。

液体聚硫橡胶的典型结构式：

$$HS\!-\!\!\left[(CH_2)_2-O-CH_2-O-(CH_2)_2-S_2\right]_n\!(CH_2)_2-O-CH_2-O-(CH_2)_2-SH$$

液体聚硫橡胶的主要性能特点是：1）优秀的耐溶剂性能，耐多种化学药品；2）当采用特殊配合，在有适当底涂条件下，它对金属、水泥及玻璃的黏合性能较好；3）液体聚硫橡胶也较耐氧化和臭氧化。

液体聚硫橡胶的典型技术指标见表 1.1.5-33。

表 1.1.5-33 液体聚硫橡胶的典型技术指标

项目	指标	项目	指标
外观	棕褐色均匀黏稠状液体	闪点/℃	214～235
相对密度	1.27～1.31	燃烧点/℃	240～246
黏度（25 ℃）/(Pa·s)	1～140	交联剂（三氯丙烷等）(质量分数)/%	0.2～2.0
平均相对分子质量	1 000～7 500	折射率	1.56～1.57
流动点/℃	−16～−12		

注：详见《橡胶原材料手册》，于清溪、吕百龄等编写，化学工业出版社，2007 年 1 月第 2 版，P346。

液体聚硫橡胶分子中无不饱和键，链上有活性基团巯基（—SH），在常温或加热下能与多种氯化物、金属过氧化物、有机过氧化物、重铬酸盐、环氧树脂、二异氰酸酯等反应生成弹性的固态橡胶，常用的固化剂为过氧化铅、对醌二肟、二硝基苯、过氧化二异丙苯和重铬酸铵等。液体聚硫橡胶配制浇注料时，为使填料混合均匀，采用三辊研磨机加工，过氧化铅等硫化剂可先用三辊研磨机制成硫化膏。

由于聚硫橡胶的分子链是饱和的，含有硫原子，因此具有优越的耐油、耐溶剂、耐老化、耐冲击等性能，以及低透气率和优良的低温屈挠性。早期在军工业中用作飞机整体油箱的衬里、填缝材料和固体火箭推进剂的黏结剂。后来广泛用作民用的弹性密封胶，用于汽车、火车、船舶以及建筑等领域，特别是在复层玻璃上面效果非常好。液体聚硫橡胶还可用作皮革的浸渍剂、印刷胶辊、齿科印痕材料、丁腈橡胶硫化剂、环氧树脂的改性剂。

按照 GB/T 5577—1985《合成橡胶牌号规定》，国产液体聚硫橡胶的主要牌号见表 1.1.5-34。

表 1.1.5-34 国产液体聚硫橡胶的主要牌号

牌号	单体类型	交联剂质量分数/%	相对分子质量，10^4[a]
T_L 1201	二氯乙基缩甲醛	2	800～1 200
T_L 1202	二氯乙基缩甲醛	2	1 800～2 200
T_L 1204	二氯乙基缩甲醛	2	3 500～4 500
T_L 1105	二氯乙基缩甲醛	1	4 500～5 500
T_L 1100	二氯乙基缩甲醛	1	11 000～15 000
T_L 1505	二氯乙基缩甲醛	0.5	4 000～6 000
T_L 2105	氯乙基氯丙基羟基醚 二氯乙基缩甲醛	1	4 500～5 500
T_L 3204	二氯丁基缩甲醛 二氯乙基缩甲醛	2	3 000～5 000

注：[a] 原文如此。

液体聚硫橡胶的供应商有：美国 Products Research & Chemical 公司（Permafrol）、美国 Morton Internation 公司（Thiokol LP），日本积水化学公司，葫芦岛化工研究院等。

2.8 液体聚胺酯橡胶

液体聚氨酯橡胶通常是由低聚物多元醇和多异氰酸酯制备成预聚体，然后加入扩链剂进行扩链，而后经浇铸成型加热硫化而形成最终产品。又名浇铸型聚氨酯橡胶（CPU），为综合物性最佳的液体橡胶，有末端官能团类，如巯基封端的液体聚氨酯橡胶（MTPU）等。

超过 50%的聚氨酯橡胶用作发泡材料，其中软质类的橡胶状和硬质类的塑料状分别占 2/3 和 1/3，软质泡沫材料主要用作各种交通工具的隔音材料、坐垫、寝具、衣料、建材及夹套材料，已完全取代乳胶海绵。聚氨酯橡胶除用于运动鞋、家具、家电之外，现已大量用来制造齿形带、节能带、胶管和各种慢速轮胎，如自行车胎、农机轮胎和工业轮胎等。用液体聚胺酯橡胶浇注成型的轮胎具有可实现连续化和自动化生产，生产和使用过程中不产生废料、无污染等优点。

液体聚氨酯橡胶与聚硫、有机硅类液体橡胶相比，具有较高的弹性，优异的黏结性和良好的耐龟裂、耐磨损、耐天候以及耐化学药品等性能，是制造无溶剂型密封胶、涂料涂层的良好材料，特别适用于在混凝土抗冲耐磨、水轮机叶片抗气蚀、设备构件抗磨蚀、混凝土裂缝修补后受应力抗疲劳强度的应用。液体聚氨酯橡胶能在常温快速固化，施工简单，表面平整光滑，是颇有前途的建筑密封胶。液体聚氨酯橡胶也可用作胶黏剂，丁腈羟液体聚氨酯橡胶与金属的黏结强度可达到10.31 MPa。

2.9 液体硅橡胶

2.9.1 加成硫化型液体硅橡胶

1. 概述

加成硫化型液体硅橡胶是指官能度为 2（或 2 以上）的含乙烯基端基的二甲基硅氧烷在铂化合物的催化作用下，与多官能度的含氢硅烷起加成反应，从而发生链增长和链交联的一种硅橡胶，生胶为液态，聚合度在 1 000 以上，通常称为液体硅橡胶，简称 LSR（或 LTV），其分子结构为：

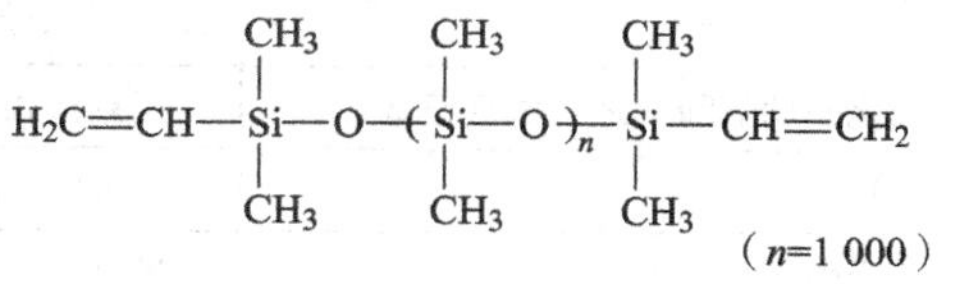

加成硫化型液体硅橡胶是司贝尔（Speier）氢硅化反应在硅橡胶硫化的一个重要发展与应用。其原理是由含乙烯基的硅氧烷与多 Si—H 键硅氧烷，在第八族过渡金属化合物（如 Pt 等）催化下进行氢硅化加成反应，形成新的 Si—C 键，使线型硅氧烷交联成网络结构，反应过程如图 1.1.5－2 所示。

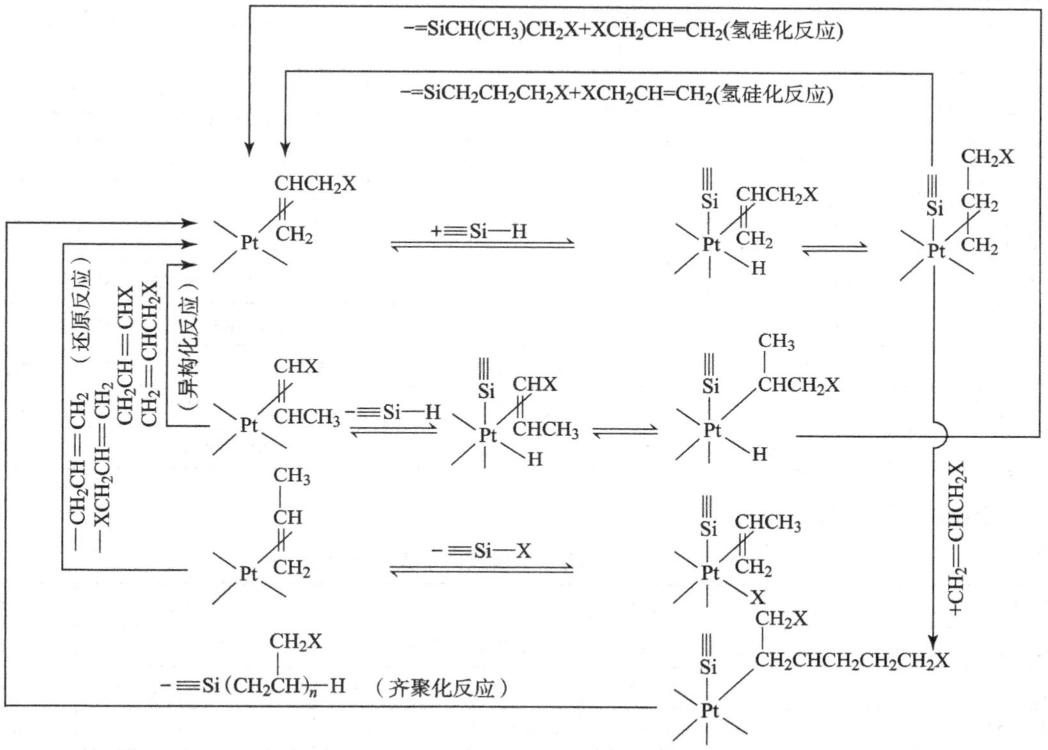

图 1.1.5－2 铂催化加成反应机理

由于氢硅化反应理论上不生成副产物，且具有高转化率、交联密度及速度易控制等特点，故制得的硅橡胶综合性能更佳。LSR 除保持了硅橡胶固有的典型特性，如优越的电绝缘性、使用温度范围广和在恶劣环境下的长期耐候老化性等外，还有以下特点：

1）液体硅橡胶不含溶剂和水分，对环境无污染；胶料以两组分供应，均经过滤、排气处理；两组分混合料在正常室温下可存放 24 h 以上，冷却放置甚至可达 2 d 以上，不需要再行洁化。

2）工艺简便、快捷：①两组分胶料以 1∶1 混合，配料工艺简便；②对于模压制品，从配料到成品，一步完成，工艺大幅简化；③硫化速度快，硫化周期为普通橡胶的 1/20～1/12；④除非要求制品具有特低的耐压缩永久变形性，一般不需要后硫化；⑤收缩率较低，一般在千分之几以下；⑥制品着色工艺简便；⑦一般情况下成品无须修边。

3）由于工艺的简化和硫化方法的改变，无论模压制品还是挤出制品，均可以轻型机械替代重型机械，厂房面积大大减小，自动化操作程度高，能耗可降低约 75%；但相对于固体模压机来说，模具费用较高。

LSR 与 RTV 的特性比较见表 1.1.5-35。

表 1.1.5-35　LSR 与 RTV 的特性比较

性能	室温硫化硅橡胶 RTV	加成硫化型液体硅橡胶 LSR
硫化前	低黏度（700 mm^2/s），腻子状	低黏度（500 mm^2/s），腻子状
配比（基础聚合物/交联剂，w）	100：0.5～100：10	100：3～100：100
适用期	取决于催化剂用量，一般较短	比较长，且易控制
硫化速度	取决于催化剂用量，湿度影响大，温度影响小	温度影响大，高温下可快速硫化，湿度无影响
深部硫化	部分产品不行	各类产品均可
硫化副产物	醇、水、氢等	无（理论上）
催化剂中毒	无	不能接触含 N、P、S 等有机物，Sn、Pb、Hg、Bi、As 等离子化合物，含炔及多元烯化合物
电绝缘性	硫化初期下降，之后恢复正常	无副产物，不影响电绝缘性
线收缩率/%	<1.0	<0.2
耐热性	在密闭系统中差	较好

液体注射成型硅橡胶（LSR）与高温过氧化物硫化混炼型硅橡胶（HTV）的特性比较见表 1.1.5-36。

表 1.1.5-36　液体注射成型硅橡胶（LSR）与高温过氧化物硫化混炼型硅橡胶（HTV）的特性比较

项目		液体注射成型硅橡胶 LSR	高温过氧化物硫化混炼型硅橡胶 HTV
基础聚合物	分子结构	$ViMe_2SiO(Me_2SiO)nSiMe_2Vi$	$ViMe_2SiO(Me_2SiO)n(MeViSiO)mSiMe_2Vi$ Vi 含量（mol）：0.05%～5.00%
	聚合度	n=200～1 500	$n+m$=3 000～10 000
	黏度/($mm^2\cdot s^{-1}$)	500～100 000	1×10^6 以上
交联剂		$-(Me_2SiO)_n(MeHSiO-)_m$	有机过氧化物
催化剂		铂系化合物（配合物）	也可用铂化合物作催化剂
填料		白炭黑、硅藻土、石英粉等	白炭黑、硅藻土、石英粉等
硫化	特性	温度影响大，可通过催化剂调节	温度有影响，取决于过氧化物分解温度
	副产物	理论上无，实际上有少量氢气产生	过氧化物分解产物
	中毒	可被含 N、P、S 等化合物中毒	游离基终止剂等

加成硫化型液体硅橡胶的典型技术指标见表 1.1.5-37。

表 1.1.5-37　液体硅橡胶的典型技术指标

项目	单组分	双组分	项目	单组分	双组分
相对密度	1.04～1.30	1.0～1.5	介电强度/($kV\cdot mm^{-1}$)	21～23	20～30
硬度（JIS）	15～30	20～80	体积电阻率/($\Omega\cdot cm$)	4.2×10^{14}～4.9×10^{15}	1×10^{14}～1×10^{16}
拉伸强度/MPa	0.78～2.45	1.96～7.80	热导率/[$W\cdot(m\cdot k)^{-1}$]	0.105	0.17～0.29
撕裂强度/($kN\cdot m^{-1}$)	5.00～7.84	2.94～19.60	热收缩率/%		0～0.5
拉断伸长率/%	300～1 000	50～350			

注：详见《橡胶原材料手册》，于清溪、吕百龄等编写，化学工业出版社，2007 年 1 月第 2 版，P348。

液体硅橡胶因为其黏度低，可以生产各种形状和结构复杂、精密度高的橡胶制品；制造过程飞边少，人工少，效率高，损耗小。同时，液体硅橡胶具有其他液体橡胶无可比拟的耐热性、耐寒性、耐天候老化性以及耐电绝缘性和耐化学药品性，具有良好的透气性、不收缩性、柔软性，因此，液体硅橡胶在汽车、建筑、电子电力、医疗保健、机械工程等领域得到了广泛应用，如耐高温的液体硅橡胶用于汽车动力装置材料，用作高层建筑的密封胶取代其他密封材料等。

2. 加成硫化型液体硅橡胶的配合与加工

加成硫化型液体硅橡胶按其包装方式可分为单组分及双组分两类；按其硫化条件可分为室温硫化及加热硫化两类；按

其硫化后的形态，可分为橡胶型及凝胶型两类。加成硫化型液体硅橡胶也可分为气相法液体硅橡胶与沉淀法液体硅橡胶，市售的绝大部分为气相法液体硅橡胶，也有少部分是沉淀法的，一般用于生产电脑的键盘膜和按键等。

(1) 配合

LSR 的配合非常简单，由基础聚合物（主要为含有两个或两个以上乙烯基的聚二有机硅氧烷，如双端乙烯基聚二甲基硅氧烷等）、填充剂、交联剂、催化剂、反应抑制剂以及必要的添加剂等组成。通常把上述包括基础聚合物在内的各种配合剂分成两种组分配合，一种含有催化剂，另一种含有交联剂，使用时将两个组分混合，在一定的条件下硫化成型。当基础聚合物中的部分甲基被苯基取代后，可提高硅橡胶的抗辐射、耐高低温及折射率等性能；当部分甲基被 $CF_3CH_2CH_2$— 基取代后，可提高耐油耐溶剂性能，并降低折射率。

填充剂主要是采用气相法白炭黑，并以三甲基封端的聚硅氧烷作表面处理剂。经表面处理的气相法白炭黑，除用以补强外，还可以增大黏度，这种黏度的增大比较稳定，较少受时间的影响而变化。

交联剂是液体硅橡胶双组分中其中一组分的主要成分，由氢端基官能度至少为 2 的聚硅氧烷组成，它与乙烯基基团发生加成反应，形成交联结构使胶料固化。用量不能过大，否则耐热性会降低。

催化剂主要为有机铂的络合物，较新的发展是导入了含乙烯基的低分子聚硅氧烷的配位化合物，但用量极小。

反应抑制剂用于调整加成硫化型液体硅橡胶的储存期及适用期，延长储存稳定性。凡能使铂催化及中毒，导致硫化不良的物质，均可用作反应抑制剂，包括含 N、P、S 等有机物，Sn、Pb、Hg、Bi、As 等离子化合物，含炔及多元烯化合物。一般多用炔类化合物，也可采用含胺、锡、磷等的化合物。

其他添加剂包括着色剂、脱模剂等。

配料后，要经过三辊涂料研磨机研磨，以破坏填料的聚集，改善硫化胶的物理机械性能和胶料的流动性，通常还需进行热处理、过滤，包装出厂使用。虽然在配合胶料中已经加入了适当的反应抑制剂，如果存放不当，仍有可能导致室温下部分橡胶自硫化。

(2) 加工

LSR 的最大特点就是高温下可以很快的速度进行硫化，硫化时间是一般橡胶硫化时间的 1/20～1/10，而又不致烧焦。

液体硅橡胶的注射模压既不同于普通硅橡胶，也不同于塑料。与其他橡胶注压相比，在注压前液体硅橡胶不需要塑化，黏度低得多，而硫化极快。与塑料相比，液体硅橡胶的黏度和塑料的"熔融"黏度相近，但它是热固性的，而不是热塑性的。

从工艺上看，液体硅橡胶主要应用在注压、挤出和涂覆方面。主要的挤出制品是电线、电缆，涂覆制品是以各种材料为底衬的硅橡胶布或以纺织品补强的薄膜，注压则为各种模型制品。由于其流动性能好、强度高，更适宜制作模具和浇注仿古艺术品等。由于硫化中没有副产物，生胶的纯度很高且生产过程中洁净卫生，液体硅橡胶尤其适合制造要求高的医用制品。

3. 加成硫化型液体硅橡胶的品种与用途

LSR 按应用及特征分类见表 1.1.5 - 38。

表 1.1.5 - 38 LSR 的用途与性能

用途	包装方式		硫化条件		硫化胶形态		自黏性	脱模性	高强度	阻燃性	导电性	导热性	透明性
	单组分	双组分	室温	加热	橡胶	凝胶							
灌封	○	○	○	○	○	○	○			○		○	○
粘接、涂料	○	○	○	○			○		○	○	○	○	○
软模具		○	○	○	○			○	○				
液体注射成型	○	○		○	○				○		○		
光纤涂料		○		○	○								○
芯片涂料	○	○		○	○	○	○					○	○
阻燃	○	○	○	○	○			○		○			
按键													
导电											○		
导热		○		○	○			○				○	
凝胶	○	○	○	○		○					○	○	○

注：○—表示有商品。详见《有机硅合成工艺及产品应用》，幸松民、王一璐编著，化学工业出版社，2000 年 9 月第 1 版，P663，表 11 - 31。

液体注射成型（LIM）硅橡胶，通常以双包装形式提供给用户，使用时只需将 A、B 两组分按等体积或等质量混匀即可投入注射成型机。液体注射成型硅橡胶（LIMS）的品级与性能见表 1.1.5 - 39。

表 1. 1. 5－39　液体注射成型硅橡胶的品级与性能

类型	外观		黏度/(Pa·s)		相对密度(25 ℃)	硬度(JIS A)	拉伸强度/MPa	伸长率/%	撕裂强度/(kN·m^{-1})	压缩永久变形/%
	A	B	A	B						
通用	半透明	半透明	200	200	1.10	50	5.4	350	12	15
	透明	透明	400	400	1.12	50	6.4	450	25	20
	褐白色	褐白色	50	40	1.55	70	6.4	150	7	10
透明高强度	透明	透明	60	60	1.10	10	3.9	800	15	30
	透明	透明	200	200	1.10	20	6.4	1 000	30	30
	透明	透明	350	350	1.10	30	9.8	800	35	20
	透明	透明	700	700	1.10	40	9.8	600	35	20
	透明	透明	700	700	1.13	50	9.8	600	40	20
	透明	透明	600	700	1.15	60	7.8	300	35	25
	透明	透明	700	500	1.10	70	6.9	450	30	25
高硬度高强度高透明	褐白色	褐白色	600	450	1.30	80	6.9	200	15	25
	透明	透明	75	45	1.03	55	5.9	350	15	30
阻燃	黑色	黑色	700	700	1.40	50	5.9	350	15	30
	黑色	黑色	500	500	1.25	50	7.4	350	20	15
导电	黑色	黑色	膏状	膏状	1.05	30	2.9	350	5	35
耐寒	透明	透明	800	800	1.15	55	8.8	300	35	20
耐热	褐白色	褐白色	1 000	1 000	1.27	55	6.9	300	15	6
	黑色	褐白色	200	200	1.15	50	9.8	500	35	15
γ射线	白色	透明	350	350	1.10	30	9.8	800	35	20
杀菌	白色	透明	600	700	1.15	60	7.8	300	35	25
耐溶剂	赤褐色	白色	1 500	1 500	1.30	40	5.4	350	15	15

注：详见《有机硅合成工艺及产品应用》，幸松民、王一璐编著，化学工业出版社，2000 年 9 月第 1 版，P671，表 11－41。

广州英珀图化工有限公司代理的日本信越液体注射成型硅橡胶 KEG－2000 系列、KE－1950 系列、KE－2014 系列等，其性能指标见表 1. 1. 5－40。

表 1. 1. 5－40　日本信越液体注射成型硅橡胶（一）

牌号			快速固化、透明、高强度				快速固化、透明、高强度	
			KEG－2000－40 (A/B)	KEG－2000－50 (A/B)	KEG－2000－60 (A/B)	KEG－2000－70 (A/B)	KEG－2001－40 (A/B)	KEG－2001－50 (A/B)
固化前	外观	A	半透明	半透明	半透明	半透明	半透明	半透明
		B	半透明	半透明	半透明	半透明	半透明	半透明
	黏度[a]/(Pa·s)	A	1 300	1 500	1 600	1 200	1 300	1 500
		B	1 300	1 500	1 600	1 200	1 300	1 500
固化后[b]	外观		透明	透明	透明	透明	透明	透明
	密度（23 ℃）/(g·cm^{-3})		1.13	1.13	1.13	1.13	1.12	1.13
	硬度（A 型，杜罗硬度计）		40	50	60	70	40	50
	拉伸强度/MPa		9.6	11.1	10.5	10.2	11.0	11.8
	扯断伸长率/%		640	580	450	350	700	530
	撕裂强度（渐增型）/(kN·m^{-1})		32	40	40	35	32	40
	压缩永久变形[c]（150 ℃×22 h）/%		6	8	9	7	6	8
	线收缩率/%		2.7	2.6	2.6	2.6	2.7	2.6
	体积电阻率/(TΩ·m)		50	50	50	50	50	50

表 1.1.5-40 日本信越液体注射成型硅橡胶（二）

牌号			透明、高强度					
			KE—1950—10（A/B）	KE—1950—20（A/B）	KE—1950—30（A/B）	KE—1950—35（A/B）	KE—1950—40（A/B）	KE—1950—50（A/B）
固化前	外观	A	半透明	半透明	半透明	半透明	半透明	半透明
		B	半透明	半透明	半透明	半透明	半透明	半透明
	黏度[a]/(Pa·s)	A	60	150	250	500	480	680
		B	60	150	250	500	480	680
固化后[d]	外观		透明	透明	透明	透明	透明	透明
	密度（23 ℃）/(g·cm^{-3})		1.08	1.10	1.10	1.12	1.12	1.13
	硬度（A型，杜罗硬度计）		13	20	32	36	42	52
	拉伸强度/MPa		3.9	6.4	8.8	9.8	9.8	9.3
	扯断伸长率/%		700	900	700	700	650	550
	撕裂强度（渐增型）/(kN·m^{-1})		10	25	25	30	35	40
	压缩永久变形[e]（150 ℃×22 h）/%		12	15	22	36	20	28
	线收缩率/%		2.3	2.1	2.0	2.2	2.1	2.0
	体积电阻率/(TΩ·m)		10	10	10	10	10	10

表 1.1.5-40 日本信越液体注射成型硅橡胶（三）

牌号			透明、高强度		一般用		
			KE—1950—60（A/B）	KE—1950—70（A/B）	KE—1935（A/B）	KE—1987（A/B）	KE—1988（A/B）
固化前	外观	A	半透明	半透明	半透明	半透明	半透明
		B	半透明	半透明	半透明	半透明	半透明
	黏度[a]/(Pa·s)	A	730	750	80	700	600
		B	740	750	45	700	450
固化后[d]	外观		透明	透明	高透明	高透明	高透明
	密度（23 ℃）/(g·cm^{-3})		1.14	1.15	1.03	1.15	1.15
	硬度（A型，杜罗硬度计）		60	70	55	55	62
	拉伸强度/MPa		7.8	7.8	5.9	8.3	7.8
	扯断伸长率/%		380	350	350	430	250
	撕裂强度（渐增型）/(kN·m^{-1})		35	40	8.0	35	35
	压缩永久变形[e]（150 ℃×22 h）/%		22	50	30	50	49
	线收缩率/%		1.9	2.1	3.2	2.1	2.2
	体积电阻率/(TΩ·m)		10	10	10	100	100

表 1.1.5-40 日本信越液体注射成型硅橡胶（四）

牌号			析油用			
			KE—2014—30（A/B）	KE—2014—40（A/B）	KE—2014—50（A/B）	KE—2014—60（A/B）
固化前	外观	A	乳白色半透明	乳白色半透明	乳白色半透明	乳白色半透明
		B	乳白色半透明	乳白色半透明	乳白色半透明	乳白色半透明
	黏度[a]/(Pa·s)	A	900	1 400	200	2 400
		B	800	1 400	200	2 400

续表

牌号		析油用			
		KE−2014−30 (A/B)	KE−2014−40 (A/B)	KE−2014−50 (A/B)	KE−2014−60 (A/B)
固化后[f]	外观	半透明	半透明	半透明	半透明
	密度 (23 ℃)/(g·cm^{-3})	1.12	1.13	1.14	1.14
	硬度（A 型，杜罗硬度计）	30	40	50	60
	拉伸强度/MPa	8.4	8.8	10.2	9.7
	扯断伸长率/%	750	600	560	450
	撕裂强度（渐增型）/(kN·m^{-1})	25	30	31	39
	压缩永久变形[e]（150 ℃×22 h）/%	19	30	24	20
	线收缩率/%	2.2	2.1	2.0	2.0
	体积电阻率/(TΩ·m)	50	50	50	50

注：[a] 旋转黏度计。
[b] 胶片固化条件：150 ℃×5 min+150 ℃×1 h。
[c] 胶片固化条件：150 ℃×10 min+200 ℃×4 h。
[d] 胶片固化条件：120 ℃×5 min+150 ℃×1 h。
[e] 胶片固化条件：120 ℃×10 min+150 ℃×1 h。
[f] 胶片固化条件：150 ℃×10 min。

加成硫化型液体硅橡胶的供应商还有：中山聚合、东莞正安、广东森日、深圳迈高、前道康宁、德国瓦克、迈图等。

2.9.2 室温硫化硅橡胶（Room Temperature Vulcanized Silicone Rubber）

室温硫化硅橡胶是相对分子质量较低有活性端基或侧基的稠状液体，代号 RTV，其分子结构为：

$$X-O\!\left(\begin{array}{c}R\\|\\Si\\|\\R\end{array}\!-O\right)_n\!-X$$

R＝甲基，乙烯基　　$X=Si(CH_3)_xY_{3-x}$

$Y=H \cdot Cl \cdot OR \cdot CH=CH_2$

室温硫化硅橡胶按硫化机理可分为缩合型 RTV 和加成型 RTV；按商品包装形式有单组分 RTV 和双组分 RTV。单组分 RTV 是基础胶、填料、交联剂（含有能水解的多官能团硅氧烷）、催化剂在无水条件下混合均匀，密封包装，使用时挤出与空气中水分接触，使胶料中的官能团水解形成不稳定羟基，进行缩合反应交联成弹性体。后者是将基础胶和交联剂或催化剂分开包装，使用时按一定比例混合后进行缩合反应或加成反应。

RTV 除具有热硫化型硅橡胶优异的耐高低温、耐氧化、耐臭氧、电绝缘性、生理惰性、耐烧蚀、耐潮湿等特性外，还具有使用方便，就地成型、不需专门的加热加压设备等优点，作胶黏剂使用时不用表面处理剂即可进行黏合，且可适当改变填料、添加剂和聚合物的结构组成，特别是各种交联剂、催化剂的选用，可制成性能多样的多种硅橡胶制品，广泛应用于电子、电器、仪器、航空航天、建筑、汽车、化工、轻工、船舶、医学、高能物理、国防军工等工业部门，作为灌注、包封、粘接、密封填充、绝缘、抗震、防潮材料应用。

1. 室温硫化硅橡胶的类别

(1) 单组分室温硫化硅橡胶

单组分室温硫化硅橡胶的硫化反应，先是交联剂接触空气中的水分后，可水解的官能团迅速发生水解反应，生成硅醇。硅醇及室温硫化硅胶的—OH 发生缩合反应，生成的水又使交联剂水解，再缩合，呈三维网络交联，硫化成橡胶。以脱醋酸型为例：

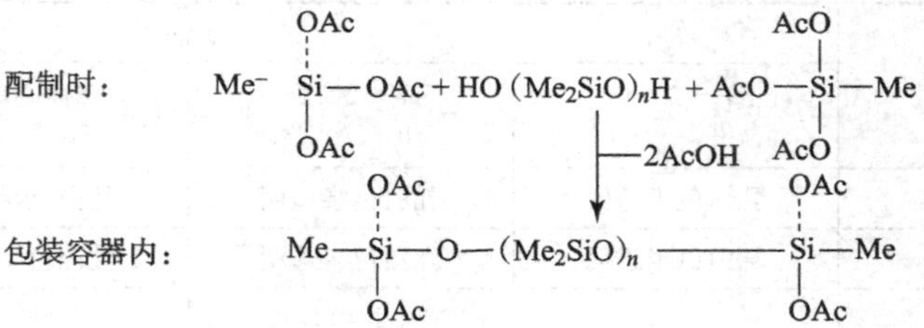

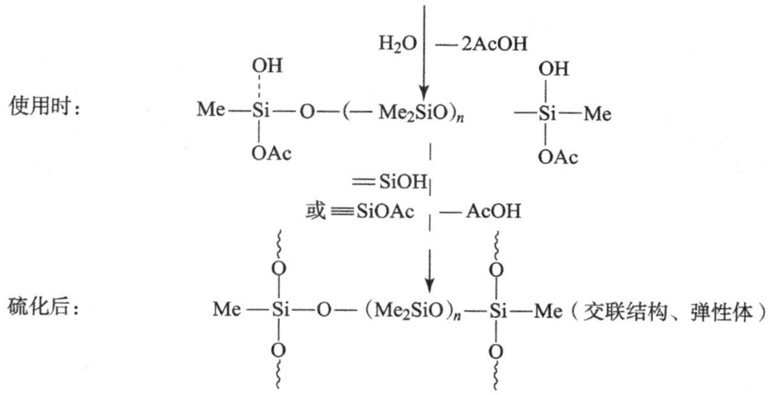

单组分室温硫化硅橡胶随交联剂类型不同，可分为脱酸型和非脱酸型。前者使用较为广泛，所用交联剂为乙酰氧基类硅氧烷（例如甲基三乙酰氧基硅烷或甲氧基三乙酰氧基硅烷），在硫化过程中放出副产物乙酸，对金属有腐蚀作用。非脱酸缩合硫化型种类较多，如以烷氧基（例如甲基三乙氧基硅烷）为交联剂的脱醇缩合硫化型，仅靠空气中的水分作用，硫化缓慢，需加入烷基钛酸酯类的硫化促进剂，硫化时放出醇类，无腐蚀作用，适合作电气绝缘制品；以硅氮烷为交联剂的脱胺缩合硫化，硫化时放出有机胺，有臭味，对铜有腐蚀；此外，还有以丙酮肟、丁酮肟为交联剂的脱肟硫化，脱酰胺硫化，硫化速度快的脱酮硫化型等。

单组分室温硫化硅橡胶常用交联剂见表 1.1.5－41。

表 1.1.5－41　单组分室温硫化硅橡胶所用典型交联剂

型号	交联剂	催化剂	脱出小分子
脱羧酸型	$MeSi(OAc)_3$（甲基三乙酰氧基硅烷）		AcOH（醋酸）
脱肟型	$MeSi(ON{=}CMe_2)_3$（甲基三丙酮肟基硅烷）	二月桂酸二丁基锡	$Me_2C{-}N{-}OH$（丙酮肟）
脱醇型	$MeSi(OMe)_3$（甲基三甲氧基硅烷）	钛络合物	CH_3OH（甲醇）
脱胺型	$MeSi(NHC_6H_{11})_3$（甲基三环已胺基硅烷）		$C_6H_{11}NN_2$（环已胺）
脱酰胺	$MeSi\left(N\begin{matrix}COCH_2\\Me\end{matrix}\right)_3$ （甲基三（N—甲基乙酰胺基）硅烷）		MeCONHMe（N—甲基乙酰胺）
脱丙酮型	$MeSi\left(\begin{matrix}OC{=}CH_2\\\vert\\Me\end{matrix}\right)_3$ （甲基三（异丙烯氧基）硅烷）	胍基硅烷	MeCOMe（丙酮）
脱羟胺型	$MeSi(ONEt_2)_3$（甲基三（二乙基羟胺基）硅烷）		Et_2NOH（二乙基羟胺）

单组分室温硫化硅橡胶按产品模量高低，可分为低模量（脱酰胺型）、中模量（适于作建筑密封胶）和高模量（脱醇型）。根据产品实用性能，单组分室温硫化硅橡胶可以分为通用类和特殊类两大品种，其中特殊类包括阻燃型、表面可涂装型、防霉型和耐污染型等。

单组分室温硫化硅橡胶对多种材料（如金属、玻璃、陶瓷等）有良好的黏结性，使用方便，一般不需称量、搅拌、除泡等操作。硫化从表面开始，逐渐向内部进行。

单组分室温硫化硅橡胶主要用作胶黏剂，在建筑工业中作为密封填隙材料使用。

（2）双组分室温硫化硅橡胶

双组分室温硫化硅橡胶通常是将生胶、填料与交联剂混为一个组分，生胶、填料与催化剂混成另一组分，使用时将两个组分经计量后进行混合。

双组分室温硫化硅橡胶的交联是由生胶的羟基在催化剂（有机锡盐，如二丁基二月桂酸锡、辛酸亚锡等）作用下与交联剂（烷氧基硅烷类，如正硅酸乙酯或其部分水解物）上的硅氧基发生缩合反应，可分为脱乙醇缩合交联、脱氢缩合交联、脱水缩合交联和脱羟胺缩合交联等，以脱醇型最为常见。

脱醇型：

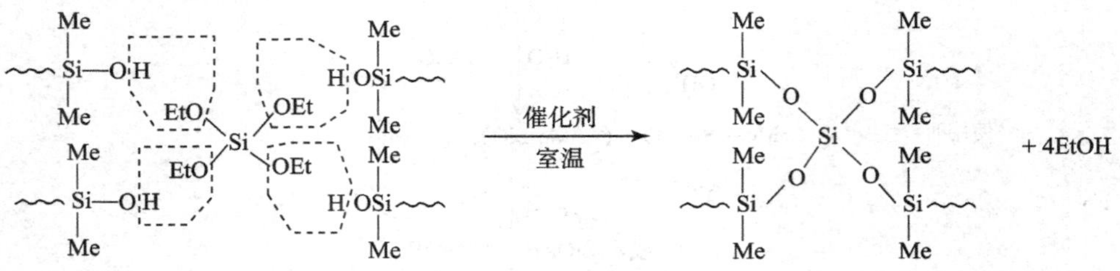

脱羟胺型：

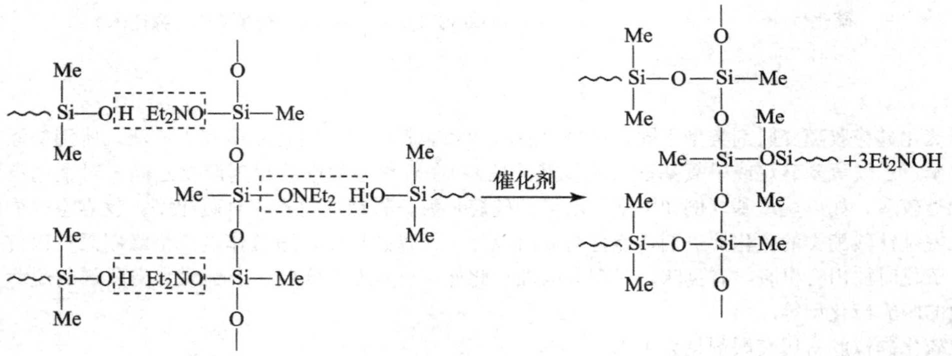

脱氢型：

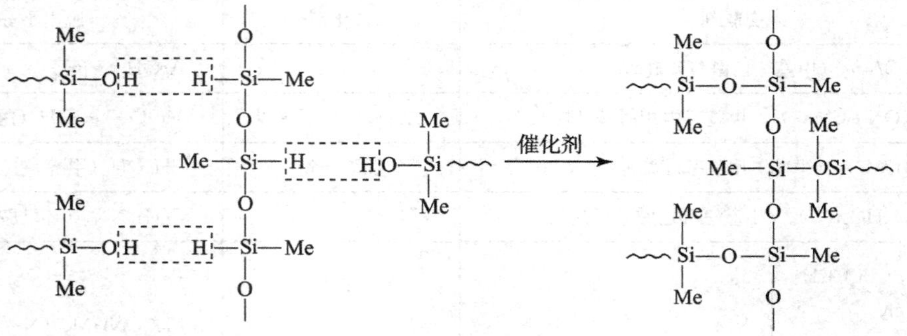

脱水型：

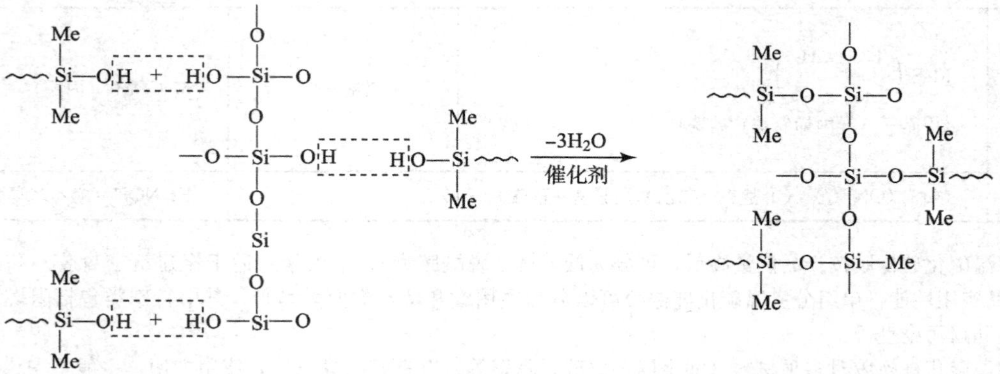

双组分室温硫化硅橡胶的硫化时间主要取决于催化剂用量，催化剂用量大，硫化速度快。此外，环境温度越高，硫化速度也越快。双组分室温硫化硅橡胶硫化时无内应力，不收缩、不膨胀；硫化时缩合反应在内部和表面同时进行，不存在厚制品深部硫化困难问题。催化剂二丁基二月桂酸锡对铜有腐蚀作用，采用氧化二丁基锡［$(C_4H_9)_2SnO$］或氧化二辛基锡［$(C_8H_{17})_2SnO$］与正硅酸乙酯［$Si(OC_2H_5)_4$］的回流产物作硫化体系，硫化胶与铜接触存放 1 年未发现腐蚀。

双组分室温硫化硅橡胶对其他材料无黏合性，与其他材料黏合时需采用表面处理剂作底涂。

双组分室温硫化硅橡胶一般用作制模、灌封材料等。

2. 室温硫化硅橡胶的技术标准与工程应用

(1) 室温硫化硅橡胶的基础配方

室温硫化硅橡胶的基础配方见表 1.1.5－42。

表 1.1.5-42 室温硫化硅橡胶基础配方（一）

原材料名称	室温硫化硅橡胶[a]					
	107（A、B）	106	SD—33	SDL—1—41	SDL—1—35	SDL—1—43
MVQ	100	100	100	100	100	100
氧化铁						
硫化剂 BPO						
二月桂酸二丁基锡	1.0	1.0	2.0	2.0	2.0	1.2
正硅酸乙酯	3.0	3.0	2.5	2.5	2.5	2.0
气相白炭黑						
白炭黑						
硫化条件						

注：[a] 详见《橡胶工业手册·第三分册·配方与基本工艺》，梁星宇等，化学工业出版社，1989 年 10 月（第一版，1993 年 6 月第 2 次印刷），P319～320 表 1-370～372。

表 1.1.5-42 室温硫化硅橡胶硬度测试配方[b]（二）

组分名称	质量份数				
	RTV—106	RTV—133	RTV—135	RTV—141	RTV—143
温硫化甲基硅橡胶	100				
二月桂酸二丁基锡	1.0	2.0	2.0	2.0	1.2
正硅酸乙酯	3.0	2.5	2.5	2.5	2.0

注：[b] 详见 GB/T 27570—2011《室温硫化甲基硅橡胶》。

（2）室温硫化甲基硅橡胶的技术标准

GB/T 27570—2011《室温硫化甲基硅橡胶》适用于缩合型室温硫化甲基硅橡胶，其基础胶由八甲基环四硅氧烷、二甲基硅氧烷混合环体或二甲基二氯硅烷的水解产物为原料缩合而成。

缩合型室温硫化甲基硅橡胶的型号按英文简称、代号和黏度代码顺序由三部分或其前两部分组成。示例：RTV—107—2。

其中 RTV—107 型按黏度的不同分为常用规格和特殊规格，其他型号不分规格。RTV—107 型常用规格按黏度的不同分为三种规格：黏度代码 2 表示产品黏度范围为（20 000±2 000）mPa·s；黏度代码 5 表示产品黏度范围为（50 000±4 000）mPa·s；黏度代码 8 表示产品黏度范围为（80 000±6 000）mPa·s。RTV—107 型特殊规格用 107—TX 表示，其中 X 以下式表示：

$$X=\text{黏度实测值}/10\ 000$$

其中，当 $X<0.095$ 时，按 GB/T 8170 规定进行修约，修约后取一位有效数字，且在表述时省略小数点，如 $X=0.055$ 则表示为 107—T006；

当 $0.095\leqslant X<0.95$ 时，按 GB/T 8170 规定进行修约，修约后取一位有效数字，且在表述时省略小数点，如 $X=0.55$ 则表示为 107—T06；

当 $X\geqslant 0.95$ 时，按 GB/T 8170 规定进行修约，修约后取整数表述，如 $X=5.5$ 则表示为 107—T6；又如 $X=55$ 则表示为 107—T55。

RTV—107 型室温硫化甲基硅橡胶技术要求见表 1.1.5-43。

表 1.1.5-43 RTV—107 型室温硫化甲基硅橡胶技术要求

项目	RTV—107—2		RTV—107—2		RTV—107—2		RTV—107—TX
	一等品	合格品	一等品	合格品	一等品	合格品	合格品
外观	无色透明黏稠液体						
黏度（25 ℃）/(mPa·s)	20 000±2 000		50 000±4 000		80 000±6 000		规定值*
浊度，NTU/(≤)	3.0	7.0	3.0	7.0	3.0	7.0	7.0
挥发分（150 ℃，3 h）/%(≤)	1.00	2.00	1.00	2.00	1.00	2.00	2.00
表面硫化时间/h（≤）	1.0	2.0	1.0	2.0	1.0	2.0	2.0
相对分子质量分布	实测值						

注：*为典型值±典型值×10%。

RTV—106、RTV—133、TV—135、RTV—141、RTV—143 型室温硫化甲基硅橡胶技术要求见 1.1.5-44。

表 1.1.5-44 RTV-106、RTV-133、TV-135、RTV-141、RTV-143 型室温硫化甲基硅橡胶技术要求

项目	RTV-106	RTV-133	RTV-135	RTV-141	RTV-143
外观	灰白色流动黏稠膏状物	乳白色流动液体	白色流动液体	乳白色流动液体	白色流动液体
黏度（25 ℃）/（mPa·s）	10 000～150 000	2 500～3 500	6 000～12 000	6 000～12 000	20 000～35 000
挥发分（150℃，3 h）/%（≤）	3.0	1.0	2.0	1.0	2.0
硫化胶硬度（邵尔 A）/度（≥）	25	20	30	30	35
硫化胶拉伸强度/MPa（≥）	1.1	0.4	1.1	1.1	2.0
硫化胶拉断伸长率/%（≥）	150	100	150	150	120

室温硫化甲基硅橡胶硫化胶的电性能的技术要求见 1.1.5-45。

表 1.1.5-45 室温硫化甲基硅橡胶硫化胶的电性能的技术要求

项目	指标					
	RTV-106	RTV-107	RTV-133	RTV-135	RTV-141	RTV-143
介质损耗因数（1 MHz）（≤）	5×10^{-3}	5×10^{-4}	8×10^{-4}	5×10^{-3}	5×10^{-3}	5×10^{-3}
介电常数（1 MHz）（≤）	3.3	3.0	3.0	3.5	3.0	3.5
体积电阻率/（Ω·m）（≥）	1×10^{11}					
电气强度/（MV·m）（≥）	18	17	15	17	17	17

（3）室温硫化型硅橡胶的配合与加工

室温硫化型硅橡胶根据使用要求制成不同黏度的胶料，按黏度可分为流体级、中等稠度级和稠度级。流体级胶料具有流动性，适宜浇注、喷枪操作，如果要求更低黏度胶料（灌注狭小缝隙时），可在胶料中渗入甲基三乙氧基硅烷或它的低聚体，也可用甲基硅油 201 进行稀释。中等稠度的胶料其黏度正好能充分流动而不致完全淌下来，可获得表面平滑的制品，适于涂胶和浸胶用。稠度级胶料具有油灰状稠度，可用手、刮板或嵌缝刀操作，也可用压延法将它涂覆在各种织物上。

近年来，随着应用面的扩大，出现了高黏结性、高强度、高伸长、低模量、阻燃型、耐油型以及快速固化型等新品种。

1）配合。

①硫化剂。单组分室温硫化硅橡胶主要依赖空气中的水分进行交联反应，胶料在使用前应密闭储存。在双组分室温硫化硅橡胶中（除加成反应系统），含端羟基的硅橡胶常用的硫化剂为硅酸酯（如正硅酸乙酯）和钛酸酯类（如钛酸正丁酯）等，催化剂主要使用有机锡盐，如二丁基二月桂酸锡、辛酸亚锡等；调节硫化剂和催化剂的用量可改变硫化速度，硫化剂的用量一般为 1～10 份，催化剂的用量一般为 0.5～5.0 份。

②补强填充剂。室温硫化硅橡胶也必须加白炭黑作为补强剂，否则强度比热硫化型的更低。其配合方法同热硫化型。

2）加工。

①单组分室温硫化型硅橡胶。

单组分室温硫化型硅橡胶在室温下接触空气中的湿气从表面开始硫化，然后通过水分的扩散而向内逐渐硫化。空气的湿度对硫化速度有决定性的影响，湿度越大，硫化越快。当气候比较干燥、湿度很小时，可喷水增大空气中的水分，使之达到实际需要的硫化速度。

用于黏合时，不用表面处理即对玻璃、陶瓷、金属、木材、塑料和硫化硅橡胶等具有良好的黏合性能。过厚的制品内部硫化需要很长的时间，因此对制品的厚度（或密封的深度）有一定的限制，厚度一般不宜超过 10 mm，如需超过 10 mm 时可采用多次施工的方法。

②双组分室温硫化硅橡胶。

双组分室温硫化硅橡胶宜储存在阴凉干燥处，避免阳光直晒。储存时间如超过 4 个月，检验后方可使用。

在液体或中等稠度的室温硫化硅橡胶胶料中加入催化剂，用手工搅拌使之分散，待混合均匀后，将胶料置于密闭容器中抽真空，在 0.67～2.67 kPa 下维持 3～5 min，以排除气泡。当使用稠厚级橡胶时，可采用炼胶机、捏合机或调浆机将催化剂混入胶料。催化剂可用称量法或容量法量取。由于催化剂用量一般只有 0.5～5.0 份，因此应注意混合均匀。室温硫化型硅橡胶混入催化剂后即逐渐交联而固化，因此应根据需要量配制。如有剩余，可存放于低温处（如冰箱中），延长使用时间。

用于织物涂覆时，可用普通芳香族溶剂如甲苯或二甲苯来溶解胶料，制备成硅橡胶胶浆。此时，可按下列方法加入催化剂：Ⅰ. 在涂胶之前加入胶料中；Ⅱ. 加在涂胶织物的另一面，让催化剂渗过布层使橡胶交联；Ⅲ. 在涂胶之前加在织物要涂胶的面上。第一种方法限定了操作时间，否则胶料将固化而不能使用，后两种方法操作时间不受胶料固化时间的限制。

室温硫化硅橡胶用于各种硫化的硅橡胶及其与金属、非金属（如玻璃、玻璃钢、聚乙烯、聚酯等）之间的黏结时，胶

黏剂由甲、乙两组分配制而成。甲组分为含有适量补强填充剂、少量钛白粉和氧化铁的糊状硅橡胶；乙组分为硫化体系，由多种硫化剂（正硅酸乙酯、钛酸丁酯等）和催化剂（二丁基二月桂酸锡等）组成；使用前将两组分按质量比 9∶1 充分混合均匀即可。该胶黏剂的活性期为 40 min（20 ℃，相对湿度为 65%），如欲延长活性期，可减小催化剂用量，但用量不得小于 1 份，否则黏结性变差；催化剂用量过多，会导致硫化胶耐热性能降低。黏结工艺在常温下加压或不加压完成。被黏合物表面应去除污垢，并用丙酮或甲苯等清洗，然后在金属或非金属表面先涂上一层表面处理剂，在室温下干燥 1～2 h（具体时间应视当时的温度和湿度而定）后，即可涂胶黏剂进行黏合。采用表面处理剂处理的表面，在 1 周内涂胶时不影响黏合效果。

双组分室温硫化硅橡胶固化时间随硫化剂和催化剂的用量而变，从十几分钟到 24 小时，升高或降低温度可缩短或延长固化时间。室温硫化型硅橡胶制品一般不需要在烘箱内进行二段硫化，但由于硫化过程中会产生微量挥发性物质，厚制品可采用多次浇注法，即每次浇注或填充 10～15 mm 厚度，待失去流动性后放置 30 min，再继续浇注或填充。若厚制品的使用温度高于 150 ℃，最好室温硫化后再经 100 ℃热处理，以除去挥发性物质，提高制品的耐热性。

室温硫化硅橡胶的供应商主要有：蓝星星火、广州天赐、德国瓦克、前道康宁、日本信越等。

2.10　液体乙丙橡胶

液体乙丙橡胶是低相对分子质量的乙烯-丙烯共聚物或乙烯-丙烯-共轭二烯三元共聚物。目前主要采用茂金属催化剂合成液体乙丙橡胶。液体乙丙橡胶可以用过氧化物、硫黄和树脂硫化体系进行交联。

由于液体乙丙橡胶具有黏度低、耐老化性好的特点，除用于橡胶和树脂的改性剂、增塑剂和油品添加剂之外，还可用于适合现场施工的喷涂型和涂敷型密封剂，并广泛用于制造室温硫化的防水膜片、密封垫片等。加入 10 份液体乙丙橡胶，通常会使胶料的门尼黏度下降 15 个门尼黏度单位，特别适合解决高硬度高填充炭黑子午线轮胎胎面胶因高门尼黏度而不易混炼、挤出及 100%卤化丁基橡胶内衬层胶易收缩、低自黏性等问题。

2.11　液体聚异丁烯和液体丁基橡胶

液体聚异丁烯（IM）是异丁烯单体的低分子液态均聚物，可用活性阳离子聚合法制备。早在 50 多年前已出现，现在美德两国均有生产，相对分子质量大小从 200 到 50 000 等多种。

由于高饱和度、长链大分子结构使液体聚异丁烯具有良好的吸震性、低气透性、低温柔软性等特点。较低相对分子质量的可用作密封胶、润滑油添加剂、聚合物改性剂；较高相对分子质量的广泛用作各种增黏材料、填缝材料、表面保护材料、改性添加材料和密封材料等。

聚异丁烯由于没有不饱和键和活性官能团，所以不易硫化，用硫黄与有机过氧化物如二叔丁基过氧化物交联才能获得一定的力学性能，需炭黑补强。为了改进这个缺点，近年来出现了以其为基料与异戊二烯共聚的液体丁基橡胶（IIR）及其卤化改性的共聚（X－IIR），用以代替聚异丁烯，使得它的用途不断扩大。

HG/T ××××－××××《中分子量聚异丁烯》适用于采用路易斯（Lewis）酸催化聚合工艺生产的黏均相对分子质量为 20 000～100 000 的中分子量聚异丁烯，该产品主要用于制造各种密封胶、热熔胶等工业黏合剂，还可用作绝缘材料、防水材料及油品添加剂等。

中分子量聚异丁烯按分子量划分不同的牌号，由两个字符组组成，其中，字符组 1：聚异丁烯的代号即“PIB”；字符组 2：聚异丁烯的相对分子质量，由三位数字组成，用每个相对分子质量段的中值表示，相对分子质量为 30 000～40 000 时特征信息表示为 350，相对分子质量每增大 10 000 设置一个特征信息。

示例：

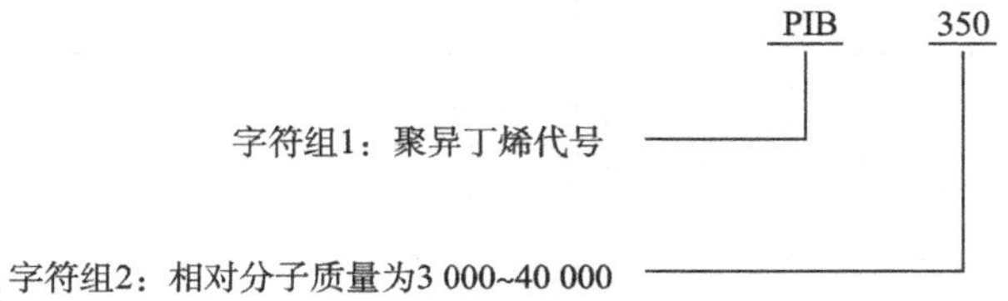

中分子量聚异丁烯技术指标见表 1.1.5－46，详见 HG/T ××××－××××。

表 1.1.5－46　国产中分子量聚异丁烯产品技术指标

项目	PIB－250	PIB－350	PIB－450	PIB－550	PIB－650	PIB－750	PIB－850	PIB－950
挥发分（质量分数）/%(≤)	0.3	0.3	0.3	0.3	0.3	0.3	0.3	0.3
针入度（1/10 mm）（≤）	270	200	170	160	150	130	120	100
相对分子质量分布（≤）	3.0	3.0	3.0	3.0	3.2	3.2	3.4	3.5
黏均相对分子质量/($\times 10^4$)	2～3	3～4	4～5	5～6	6～7	7～8	8～9	9～10

中分子量聚异丁烯的供应商及主要牌号见表 1.1.5－47。

表 1.1.5－47　中分子量聚异丁烯的供应商及主要牌号

供应商	产品牌号	黏均相对分子质量典型值/范围值（Mv）	供应商	产品牌号	黏均分子量典型值/范围值（Mv）
德国巴斯夫	B10	40 000	吉林石化	JHY－3Z	30 000～40 000
	B11	49 000		JHY－4Z	40 000～50 000
	B12	55 000		JHY－5Z	50 000～60 000
	B13	65 000		JHY－6Z	60 000～70 000
	B14	73 000		JHY－7Z	70 000～80 000
	B15	85 000		JHY－8Z	80 000～90 000
日本新日石	3T	30 000		JHY－9Z	90 000～100 000
	4T	40 000	浙江顺达	SDG－8250	20 000～30 000
	5T	50 000		SDG－8350	30 000～40 000
	6T	60 000		SDG－8450	40 000～50 000
山东鸿瑞	HRD－350			SDG－8550	50 000～60 000
	HRD－450			SDG－8650	60 000～70 000
	HRD－550			SDG－8750	70 000～80 000
	HRD－650			SDG－8850	80 000～90 000
	HRD－750			SDG－8950	90 000～100 000
	HRD－850				
	HRD－950				

2.12 液体氟橡胶

液体氟橡胶通常是用偏氟乙烯与六氟丙烯经自由基聚合制备。其分子结构为：

$$\lbrace CF_2-CH_2 \rbrace_m \lbrace \underset{}{\overset{CF_3}{\overset{|}{C}}}F-CF_2 \rbrace_n$$

日本大金工业公司最先开发出液体氟 26 橡胶。液体氟橡胶的耐药品、耐高温、耐天候老化性能和液体硅橡胶差不多，优于其他橡胶。

液体氟橡胶目前主要用作氟橡胶的增塑剂。美国杜邦公司用 Viton 型氟橡胶制成了密封/填缝胶专用的液体氟橡胶，称为 Pelseal OP，它大大改善了氟橡胶的耐寒性能，可以耐－40 ℃的低温，而且不需要单独的硫化剂活化。

液体氟橡胶的典型技术指标见表 1.1.5－48。

表 1.1.5－48　液体氟橡胶的典型技术指标

项目	指标	项目	指标
数均相对分子质量	约 3 000	介电常数 10^2 Hz 10^5 Hz	 11.4 10.5
相对密度	1.75～1.77		
折射率	1.37		
比热容（80 ℃）/[J·(g·℃)$^{-1}$]	1.51	介电损耗角正切 10^2 Hz 10^5 Hz	 2.6×10^{-3} 8.0×10^{-2}
黏度（60 ℃）/(Pa·s)	50		
挥发分（200 ℃×2 h）/%	约 2		
		体积电阻率/(Ω·cm)	1.8×10^{12}

注：详见《橡胶原材料手册》，于清溪、吕百龄等编写，化学工业出版社，2007 年 1 月第 2 版，P348。

2.13 液体聚（氧化丙烯）【Liduid Poly（Oxy-Propylene）】

液体聚（氧化丙烯）由丙二醇（PG）在碱催化剂作用下一环氧丙烯开环聚合制得。除丙二醇外，有时采用丙三醇和三甲醇丙烷，或环氧丙烯/环氧乙烯混合物替代环氧丙烯共聚，有末端官能团类。

液体聚（氧化丙烯）的分子结构为：

$$X-RO \lbrace \overset{CH_3}{\overset{|}{C}}H-CH_2O \rbrace_n R-X$$

X：OH，$Si(CH_3)(OCH_3)_2$

端羟基液体聚（氧化丙烯）与多价异氰酸酯反应可以生成聚氨酯弹性体材料。与聚氨酯弹性体相比，液体聚（氧化丙烯）的强度、弹性、耐热性都较好，且成本相对较低。

液体聚（氧化丙烯）的典型技术指标见表 1.1.5-49。

表 1.1.5-49 液体聚（氧化丙烯）的典型技术指标

项目	环氧丙烯均聚物		（环氧乙烯/环氧丙烯）共聚物
羟基	二醇	三醇	三醇
数均相对分子质量	400～3 000	400～4 000	
黏度/(Pa·s)	0.04～0.52	0.25～0.70	0.75～1.50
羟基当量/(mgKOH·g^{-1})	35～300	40～400	24～60
pH 值	5.0～8.0	5.0～8.0	5.0～8.0
闪点/℃	180～250	200～210	200～210

注：详见《橡胶原材料手册》，于清溪、吕百龄等编写，化学工业出版社，2007 年 1 月第 2 版，P341。

液体聚（氧化丙烯）主要用于聚氨酯成型、热硬化型树脂和弹性密封材料等。

液体聚（氧化丙烯）的供应商有：日本三井东亚化学、三洋化成正业、旭电化工业、武田药品工业等。

2.14 液体聚（氧化四亚甲基）乙二醇【Liquid Poly（Oxy-Tetramethylene）Glycol】

液体聚（氧化四亚甲基）乙二醇，简称 PTMG，是环氧丁烷二醇的低聚物，由氢呋喃在强酸催化下开环聚合制得，也可由二氯化丁烷和 1，4-丁二醇反应制得。

液体聚（氧化四亚甲基）乙二醇的分子结构为：

$$HO\!+\!CH_2—CH_2—CH_2—CH_2—O\!+_m\!H$$

其主要特性为：可以通过两端的羟基与多价异氰酸酯或羧基反应称为聚酯或聚氨酯；其交联硫化胶具有耐磨性、耐撕裂性优良的特点；耐水解、耐菌型、耐霉菌性好。

液体聚（氧化四亚甲基）乙二醇的典型技术指标见表 1.1.5-50。

表 1.1.5-50 液体聚（氧化四亚甲基）乙二醇的典型技术指标

项目	指标		项目	指标	
平均相对分子质量	1 000	2 000	闪点/℃（≥）	204	204
相对密度	0.976	0.973	羟基当量/(mgKOH·g^{-1})	107～118	53～59
比热容/[kJ·(kg·K)$^{-1}$]	2.19	2.11	酸值/(mgKOH·g^{-1})（≤）	0.05	0.05
黏度（40 ℃）/(Pa·s)	29	120	水分 w/%（≤）	0.03	0.03
凝固点/℃	19	22			

注：详见《橡胶原材料手册》，于清溪、吕百龄等编写，化学工业出版社，2007 年 1 月第 2 版，P341。

液体聚（氧化四亚甲基）乙二醇主要为弹性纤维和聚氨酯注射成型用，也用于涂料和合成皮革等。

液体聚（氧化四亚甲基）乙二醇的供应商有：三菱化成工业、三洋化成工业等。

2.15 液体聚烯烃乙二醇（Liquid Polyolefin Glycol）

液体聚烯烃乙二醇的分子结构为：

$$HS\!+\!C_2H_4OCH_2OC_2H_4SS\!+_n\!C_2H_4OCH_2OC_2H_4SH$$

其主要特性为：与多价异氰酸酯反应可生成聚氨酯弹性体；具有饱和烃主链，与液体丁二烯橡胶和液体聚（氧化丙烯）、液体聚（氧化四亚甲基）乙二醇相比，耐水性、耐候性及耐热氧化性较好；电绝缘性、耐药品性优良；对金属与硫化橡胶之间的黏着性好。

其典型技术指标见表 1.1.5-51。

表 1.1.5-51 液体聚烯烃乙二醇的典型技术指标

项目	黏稠状	液状	项目	黏稠状	液状
黏度/(Pa·s)	1.3±0.3（100℃）	50～100（30 ℃）	热导率/[W·(m·k)$^{-1}$]	0.45	
相对密度	0.804	0.870	羟基当量/(mgKOH·g^{-1})	40～55	40～55
熔点/℃	60～70		碘值/[g·(100 g)$^{-1}$]	<5	<5
体积膨胀系数/K^{-1}	7.4×10^{-4}	7.4×10^{-4}	水分 w/%	<0.1	<0.1

注：详见《橡胶原材料手册》，于清溪、吕百龄等编写，化学工业出版社，2007 年 1 月第 2 版，P341。

液体聚烯烃乙二醇主要用于电气绝缘材料、油漆材料、聚合物改性、胶黏剂以及聚合物原料等。

液体聚烯烃乙二醇的供应商有：日本三菱化成工业等。

2.16　液体聚（ε-己内酯）【Liquid Poly（ε-Caprolactone）】

液体聚（ε-己内酯）是 ε-己内酯在乙二醇存在下，经开环聚合制得。其分子结构为：

$$H\!-\!\!\left[O-(CH_2)_5-CO\right]_m O-R-O\!\left[CO-(CH_2)_5-O\right]_n H$$

液体聚（ε一己内酯）作为聚酯类弹性体，屈挠性、耐水性和低温特性优良。

液体聚（ε一己内酯）主要用于聚氨酯、涂料和树脂改性。

其典型技术指标见表 1.1.5-52。

表 1.1.5-52　液体聚（ε一己内酯）的典型技术指标

项目	涂料用	聚氨酯用	高分子量类型
形状	告状、液状、黏稠状	黏稠状	
相对分子质量	550～2 000	2 000～4 000	1 万～10 万
熔点/℃	－10～50	35～60	50
羟基当量/(mgKOH · g^{-1})	54～240	26～54	
玻璃化温度 T_g/℃			－60
液体聚（ε-己内酯）改性环氧树脂			
项目	涂料用	聚氨酯用	高分子量类型
环氧当量	200～240	500～1 500	2 100～3 100
熔点/℃	液状	30～60	61～81
黏度（25 ℃）/(Pa · s)	7～9		
羟基当量/(mgKOH · g^{-1})	1.4～94	85～155	125～175

液体聚（ε-己内酯）改性苯乙烯-烯丙醇树脂					
项目	指标		项目	指标	
不挥发分/%	70±1	60±1	羟基当量/(mgKOH · g^{-1})	90～125	50～70
黏度	S—W	W—Z	酸值/(mgKOH · g^{-1})	≤1	≤1

注：详见《橡胶原材料手册》，于清溪、吕百龄等编写，化学工业出版社，2007 年 1 月第 2 版，P343。

第六节　粉末橡胶

一、概述

按照英国标准 BS 2955 的定义，粒径小于 1 mm 的聚合物称为粉末聚合物。粉末橡胶泛指粒径小于 1 mm、具有良好流动性的生胶粒子或者补强剂填充的复合材料粒子，是传统的块状橡胶的补充。1930 年，美国 Dunlop 公司公开了第一份关于粉末橡胶的专利。1956 年，美国 Goodrich 公司首次生产出了粉末丁腈橡胶。此后，Goodrich 公司又开发出了粉末丁苯橡胶，DuPont 公司开发出了粉末乙丙橡胶和粉末硅橡胶，美国埃索公司开发出了粉末丁基橡胶，美国 Firestone 公司开发出了填充炭黑的溶聚丁苯粉末橡胶，英国哈里逊公司开发出了粉末天然橡胶。此后，粉末橡胶得到了较快的发展，目前几乎所有橡胶胶种均能实现粉末化。

橡胶的粉末化，不仅能简化橡胶加工工艺，减少能耗，降低加工成本，还能使橡胶加工实现连续化、大型化、自动化，使橡胶加工机械实现轻型化。

粉末橡胶按生产方法分类：

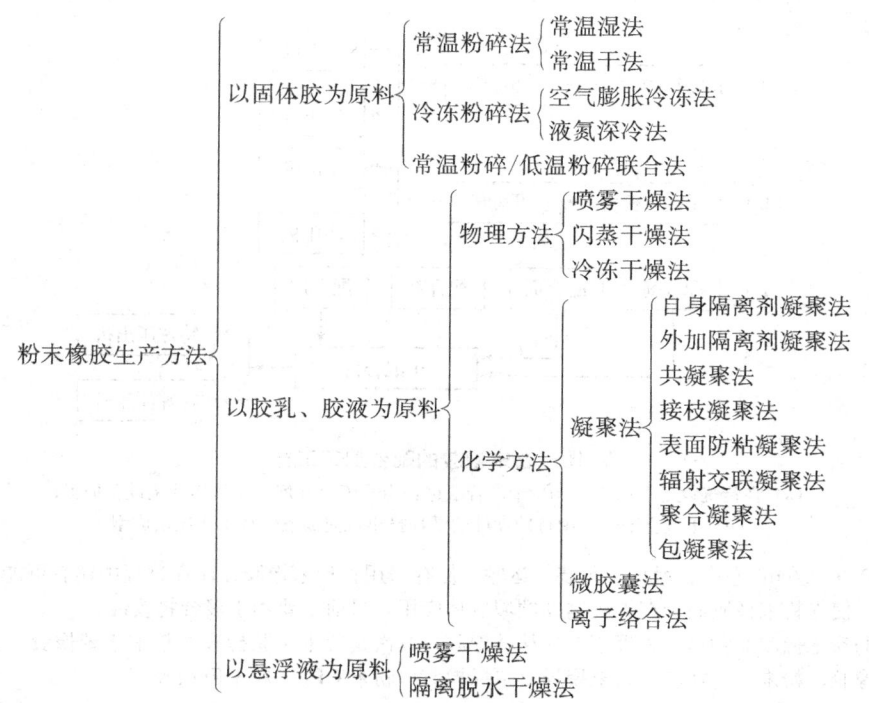

- 粉末橡胶生产方法
  - 以固体胶为原料
    - 常温粉碎法
      - 常温湿法
      - 常温干法
    - 冷冻粉碎法
      - 空气膨胀冷冻法
      - 液氮深冷法
    - 常温粉碎/低温粉碎联合法
  - 以胶乳、胶液为原料
    - 物理方法
      - 喷雾干燥法
      - 闪蒸干燥法
      - 冷冻干燥法
    - 化学方法
      - 凝聚法
        - 自身隔离剂凝聚法
        - 外加隔离剂凝聚法
        - 共凝聚法
        - 接枝凝聚法
        - 表面防粘凝聚法
        - 辐射交联凝聚法
        - 聚合凝聚法
        - 包凝聚法
      - 微胶囊法
      - 离子络合法
  - 以悬浮液为原料
    - 喷雾干燥法
    - 隔离脱水干燥法

粉末橡胶的生产原料，橡胶组分来源可以是块状橡胶、胶乳、胶液、橡胶悬浮液；辅料包括隔离剂、乳化剂、填料、防老剂，有时还添加一些硫化剂、促进剂、软化剂等。生产方法包括块状橡胶粉碎法，胶乳、胶液喷雾干燥法，胶乳闪蒸干燥法、冷冻干燥法、凝聚法、微胶囊法等。无论是何种方法制造的粉末橡胶，在加工过程中均需进行防粘隔离处理，以保证粉末橡胶具有自由流动性，在储存、运输过程不发生粘连。常用的隔离技术包括：1）加隔离剂法。隔离剂包括胶乳在凝聚过程中反应自发产生的隔离剂，也包括从外部加入的隔离剂。从外部加入的隔离剂一般用量为3～5份，包括有机隔离剂，如二甲基硅油及相容性的热塑性树脂（如聚氯乙烯、聚乙烯醇、聚苯乙烯、淀粉）等有机聚合物；也有无机隔离剂，如白炭黑、炭黑、滑石粉、碳酸钙、硬脂酸盐等；淀粉一黄原酸盐是新型隔离剂，具有补强和促进硫化的作用。2）胶乳接枝法。胶乳凝聚成粉前，在橡胶粒子表面接枝上一层玻璃化温度高于室温的聚合物，如聚苯乙烯等。3）表面氯化法。对凝出的橡胶粒子以氯、硫酸处理，使胶粒表面形成树脂薄膜，失去黏性。4）表面交联法。胶乳凝聚成粉后，使已加入胶乳中的硫化剂、促进剂发生与橡胶的交联反应，使胶粒表面失去黏性。5）辐射交联法。对胶乳进行辐射处理，使橡胶发生交联反应，从而使胶粒表面失去黏性。6）微胶囊包覆法等。

粉末橡胶按粒径可以分为四个等级：

1）粗胶粉，粒径为550～1 400 μm（12～30目）；

2）细胶粉，粒径为300～550 μm（30～48目）；

3）精细胶粉，粒径为75～300 μm（48～200目）；

4）超细胶粉，粒径小于75 μm（大于200目）。

粉末橡胶有三大应用领域：

1）橡胶制品领域，如用于制造轮胎、管材、片材、异型材、垫片、传送带等。

2）黏合剂领域，因粉末橡胶比表面积大，具有易溶解于溶剂，溶解时间短的特点。

3）聚合物改性领域，广泛用作PS、SAN、ABS、PVC、PP、PE、PBT、PET、EVA、酚醛树脂、环氧树脂等的改性剂。

一般共混改性采用40目以上，粒径0.3 mm左右的粉末橡胶。用粉末橡胶加工橡胶制品时，通常采用粒径0.5 mm左右（30目以下）的粉末橡胶至1～10 mm的胶粒。如果粒径小于0.5 μm，则因胶粒过细，操作中粉尘大，预混能耗大，且会导致胶料离散分层。

粉末橡胶的胶料制备广泛使用预混合的加工方法，可采用传统橡胶加工设备和加工技术进行配合加工。粉末橡胶的配合加工工艺方式如图所示。

干混合也称预混合，即将粉末橡胶和配方中的各种配合剂在粉末状态下进行充分掺混，一般采用各种高速混合机进行干混，如Fielder强力快速混合机。如用开炼机直接混炼粉末橡胶，因其包辊时间长，效率不如块状橡胶高，而经预混合后的配合胶料进行混炼则效率大幅提高。粉末橡胶可以用密炼机直接与配合剂进行混炼，但经预混合后效率可提高3～4倍。

除以固体橡胶为原料粉碎后制备的粉末橡胶外，其余粉末橡胶的生产一般采用高温聚合工艺，单体转化率也远高于低温聚合，所合成的橡胶凝胶、支化度高，仅适于用作塑料的抗冲改性剂等。此外，粉末橡胶与块状橡胶组分上的差别导致了它们在性能上有一定的差异，粉末橡胶添加有一定的隔离剂，有些隔离剂的存在对粉末橡胶性能有负面影响，特别是用量较大时（>5质量份），粉末橡胶与其对应的块状橡胶相比性能差异就会加大；粉末橡胶的堆积密度较小，为0.35 g/cm³，

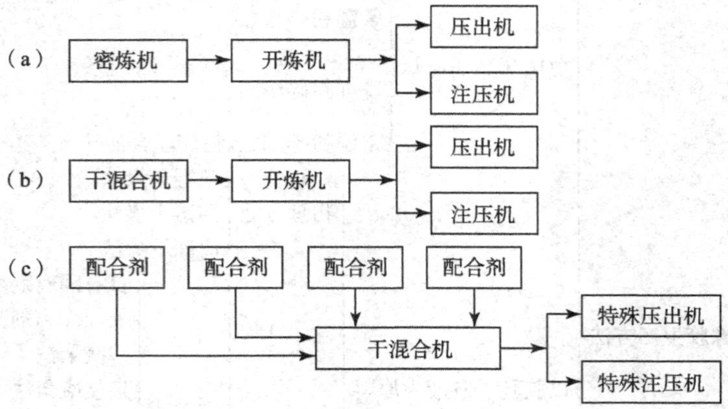

图　粉末橡胶的配合加工工艺

(a) 在传统设备上加工；(b) 干混合喂进，由开炼机开炼，然后用传统设备加工；
(c) 干混合喂进，由特殊设计的螺杆挤出机完成混炼加工、压出成型

而块状橡胶一般在 0.97 g/cm^3 左右，增加了包装、运输、储存费用；粉末橡胶在储存过程中还有可能重新结团，失去自由流动性。以上原因，使得粉末橡胶尚未在橡胶制品领域成功应用，目前主要用于聚合物改性。

目前产量最大的粉末橡胶品种是粉末聚丁二烯接枝橡胶，其次是粉末丁腈橡胶、粉末丁苯橡胶。其他品种还有粉末氯丁橡胶、粉末乙丙橡胶、粉末丁基橡胶、粉末聚异戊二烯橡胶、粉末 CPE、粉末氟橡胶等。

二、粉末丁腈橡胶

2.1　概述

粉末丁腈橡胶（P—NBR）具有优良的耐化学药品性、耐油性和耐水解性，最初是作为在硬质、半硬质 PVC 中的抗冲改性剂和非抽出增塑剂使用和出现的。P—NBR 是塑料优良的抗冲改性剂，特别适用于软硬 PVC、EVA、PU、ABS 和酚醛树脂，P—NBR 改性的塑料具有低温屈挠性、抗疲劳性和高耐磨性等特点。

国外 P—NBR 研究始于 20 世纪 50 年代，1956 年美国 B F Goodrich 公司开发研制了商品化的 P—NBR，牌号是 Hycar 1411，用于 PVC 增韧和摩擦材料的改性。目前生产 P—NBR 的公司有德国朗盛公司、法国欧诺公司、日本瑞翁公司、韩国 LG、巴西 Nitriflex 等。我国对 P—NBR 的研制始于 20 世纪 70 年代，兰州石化化工研究院采用喷雾干燥技术研究了 P—NBR，能够生产交联型、半交联型和非交联型 3 种不同丙烯腈含量的 P—NBR。黄山华兰科技有限公司于 2004 年建成年产 3000 t 的 P—NBR 装置，可生产微交联、半交联以及全交联的 P—NBR 产品。

部分交联型高丙烯腈含量的粉末丁腈橡胶与酚醛树脂有很好的相容性，能改善酚醛树脂的拉伸强度、伸长率和抗冲击强度，起到增塑的作用。用于摩擦材料时，可以提高摩擦材料的摩擦系数，还可以降低磨耗和噪声。在摩擦材料中，P—NBR 也是一种使填充剂和石棉等纤维相互黏结的黏合剂。

P—NBR 用于 PVC 改性时，可以提高硬质 PVC 异型挤出材料的抗冲击强度，用于人造革制品能提高革面的黏结力，用于 PVC 压延薄膜可以使膜具有更好的弹性，用于 PVC 电线电缆产品，能提高其韧性和耐寒性。

P—NBR 还可以用于改性环氧树脂，制造结构胶黏剂，等等。

P—NBR 的隔离剂为碳酸钙和 PVC，摩擦材料用产品主要添加 10%左右的碳酸钙，PVC 改性主要添加 10%～15%的 PVC。

目前正在开发的还有用于类似 PVC/ABS、PVC/CM、PVC/MBS 等高性能合金的 P—NBR 相容剂。

2.2　工程应用

国产 P—NBR 的牌号与技术指标见表 1.1.6－1。

表 1.1.6－1　国产 P—NBR 的牌号与技术指标

质量项目与供应商	P—NBR3305	P—NBR3307	P—NBR3316	P—NBR3810	P—NBR3812	P—NBR3814	P—NBR3816
结合丙烯腈含量/%（质量分数）	33.0±2.0			38.0±2.0			
门尼黏度，ML（1＋4）100 ℃	50±10	70±10	165±15	95±15	120±10	140±10	165±15
过筛率（质量分数）/%（≥）	98.0（0.90 mm）		98.0（0.45 mm）				
挥发分（质量分数）/%（≤）	1.00						

2.2.1 摩擦材料

汽车、火车及其他机动车辆与传动机械用的制动刹车材料，要求摩擦系数高、磨损率低、抗热衰退性能好、寿命长，刹车噪声小、制动平稳、不伤耦合面。

摩擦材料生产工艺有干法混合生产工艺、塑炼混合生产工艺和湿法生产工艺，其中干法混合生产工艺最为简单、优越。在干法混合生产工艺和塑炼混合生产工艺中经常使用半交联、交联型粉末丁腈橡胶，在湿法生产工艺中使用非交联型粉末丁腈橡胶。酚醛树脂的溶解度参数为10.5，结合丙烯腈含量40%的丁腈橡胶的溶解度参数为9.9，所以应选用高丙烯腈含量的粉末丁腈橡胶。摩擦材料中常用的粉末丁腈橡胶牌号有：日本瑞翁公司生产的HF－01，加拿大宝兰山公司的Krynac 1411、Krynac 1402H83，美国固特异公司的P8D、P615－D、P7D，国产的PNBR4002。以美国固特异公司的牌号为例，选用方案见表1.1.6-2。

表 1.1.6-2 摩擦制品用粉末丁腈橡胶的选择

粉末丁腈橡胶牌号	聚合物性能结构		丁酮溶液		粉末橡胶技术指标		生产工艺	摩擦制品
	结合丙烯腈含量/%	结构	溶解能力	特性黏数	门尼黏度	粉末粒径/mm		
P615－D	33	线型	高	低	50	0.3～0.8	湿法加工	制动衬面
P7D	33	支链	低	高	85	0.3～0.8	半湿法和干法加工	制动衬面、垫圈
P8D	33	支链交联	中	中	85	0.25～0.50	干法加工	垫圈

粉末丁腈橡胶在摩擦材料中的应用配方见表1.1.6-3。

表 1.1.6-3 摩擦材料配方

材料	日本配方[a]	加拿大宝兰山公司推荐的配方			美国固特异公司推荐的配方	国内配方（干法混合）	
		干法混合	塑炼混合			载重汽车制动器衬片	载重汽车制动器衬片、盘式制动器衬垫
			橡胶单用	橡胶与树脂并用			
石棉	31.6	43.0	60.0	67.5	35～40	45.0	36
α-纤维	27.0						
酚醛树脂	20.0	19.4		8	7～10	18.0	22
丁苯橡胶						2.0	
HF－01	1.6						
Krynac 1411		2.2					
Krynac 1402H83			30.0				
Krynac 1402				16.3			
P8D					10～20		
PNBR4002						1.6	4
氧化锌			1.5	3.4			
硬脂酸			0.3				
促进剂 NOBS			0.45		0.2～0.4		
促进剂 TMTD				0.1			
促进剂 TRA				0.1			
硫黄			1.5	0.3	0.2～0.4		
防焦剂 CTP			0.15				
摩擦性能调节剂	19.8					33.4	38
摩擦粉		5.4					
重晶石粉		30.0	6.1				
填料				3.4			
炭黑					7～10		
黄铜屑					7～10		

续表

材料		日本配方[a]	加拿大宝兰山公司推荐的配方			美国固特异公司推荐的配方	国内配方（干法混合）	
			干法混合	塑炼混合			载重汽车制动器衬片	载重汽车制动器衬片、盘式制动器衬垫
				橡胶单用	橡胶与树脂并用			
摩擦材料性能								
布氏硬度		32.3					25.7	28.5
冲击强度/(kJ·m⁻¹)		5.3					4.3	5.8
摩擦系数	100 ℃	0.39					0.37	0.46
	150 ℃	0.41					0.37	0.46
	200 ℃	0.43					0.39	0.44
	250 ℃	0.43					0.42	0.46
	300 ℃	0.36					0.35	0.43
摩损率/(10^{-7} cm^3·m^{-1})	100 ℃	0.10					0.15	0.11
	150 ℃	0.08					0.12	0.13
	200 ℃	0.23					0.13	0.28
	250 ℃	0.21					0.21	0.37
	300 ℃	0.22					0.42	0.32

注：[a] 日本三菱建材株式会社在早期推出的摩擦材料 LB－15，采用干法生产工艺。

2.2.2 改性 PVC

改性 PVC 软制品通常采用半交联型粉末丁腈橡胶如 P83、P8A、PNBR4003，或采用非交联型粉末丁腈橡胶如 PNBR4001、P8B－A、P612－A、P615－D，与 EVA 相比，半交联型粉末丁腈橡胶改性 PVC 材料在耐磨性、耐曲挠性、回弹性、柔韧性、耐油性、耐溶剂性、加工性和熔融稳定性等方面都比较好，可以改善制品的耐低温曲挠、低温脆性，提高耐老化性能，提高耐磨性，改善永久变形、降低蠕变，提高耐油性和耐溶剂性，起到非抽出增塑剂的作用，改善防滑性，拓宽加工温度。

粉末丁腈橡胶改性 PVC 的应用配方见表 1.1.6－4。

表 1.1.6－4 粉末丁腈橡胶改性 PVC 的应用配方

材料	鞋底		耐油电缆	硬质 PVC 异型材[d]
	配方 1	配方 2		100
PVC	100[a]	100	45.50（K=70）	
PNBR	10～30[b]	30	54.50[c]	3
DOP	40			
DBP	30			
DINP		95		
环氧大豆油		5		
稳定剂	3～5	4		5
二盐基亚磷酸铅			5.00	
有机亚磷酸盐		1		
润滑剂	0.3～0.6			0.6
加工改性剂				4
硬脂酸			0.25	
抗冲改性剂（Acryloidk 120）			5.00	
螯合剂				0.5
填料	20			
补强剂				4
防老剂	1～2			
Vanstay 5515ND			1.00	

续表

材料	鞋底		耐油电缆	硬质 PVC 异型材[d]
	配方 1	配方 2		100
Kemamide E			0.50	
Sb_2O_3			3.00	
Santouor A			0.20	
Aminox			0.50	
颜料	适量			
改性 PVC 材料性能				
100%定伸应力/MPa		3.1		
300%定伸应力/MPa			13.9	
拉伸强度/MPa	14.4	15.9	16.2	36.51
扯断伸长率/%	373	450	390	
硬度，邵尔 A	75	55	92	
磨耗量（1.61 km)/cm^3	0.2			
DIN 磨耗/mm^3		96		
De Mattia 曲挠/次（至 2 mm 切口的曲挠次数）		>30 000		
室温下燃油中浸泡 24 h 后的体积变化率/%		0.5		
100 ℃下燃油中浸泡 24 h 后的质量变化率/%		0.5		
维卡软化点/℃				>77.5
100 ℃尺寸变化率/%				±3
抗冲击强度/MPa				>2.9

注：[a] PVC，SG－3 型。

[b] 半交联型 PNBR，交联度 50%～70%，门尼黏度 60～90。

[c] P83。

[d] 粉末丁腈橡胶用作硬质 PVC 异型材的抗冲击改性剂比 CPE 好，使用相同配方，用 CPE 的异型材抗冲击强度只有 1.0 MPa；加入粉末丁腈橡胶后型材的维卡软化点会下降。

2.2.3 改性 ABS 制减振垫片

减振垫片用于汽车刮水板的外层和挡风玻璃下的前置隔板，要求减振垫片在汽车的一般寿命期间（10 年）能保持外观和性能不变。减振垫片处于车辆的外露部位，在太阳直射下它的温度有时能达到 70～80 ℃，因此，增塑剂的任何损失都将导致减振垫片的收缩、龟裂。

改性 ABS 减振垫片配方与物性见表 1.1.6－5。

表 1.1.6－5 改性 ABS 减振垫片配方与物性

汽车减振垫片的配方			
材料	用量	材料	用量
PVC（悬浮，K＝70）	5	Ba/Ca 稳定剂	1.5
ABS	20	有机磷酸钙稳定剂	0.5
粉末丁腈橡胶（交联型）	25	二氧化钛	5
DOP	20	硬脂酸钙	0.5
环氧大豆油	5		
ABS 减振片硫化胶的物理机械性能			
硬度，邵尔 A	85	拉伸强度/MPa	20.1
100%定伸应力/MPa	10.8	扯断伸长率/%	280

2.3 粉末丁腈橡胶的供应商

粉末丁腈橡胶的供应商见表 1.1.6－6。

表 1.1.6-6　粉末丁腈橡胶的供应商（一）

供应商	类型	牌号	丙烯腈含量/%	门尼黏度 ML（1+4）100 ℃	密度/(g·cm⁻³)	平均粒径/mm	隔离剂	备注
朗盛	粉状线型	拜耳模[a]N 34.52	33.0	45	0.98	0.70	硬脂酸钙	溶于丙二醇，也可溶于有机溶剂中，用于做垫圈
		拜耳模 N 34.82	33.0	70	0.98	0.70	硬脂酸钙	
		拜耳模 N 33114	33.0	110	0.98	0.60	白炭黑	
	粉状预交联	拜耳模 N XL 32.12	31.5	47.5	1.01	0.40	白炭黑	热塑改性，尤其用于 PVC
		拜耳模 N XL 3364VP[b]	33.0	55	1.00	0.40	白炭黑	
		拜耳模 N XL 32.61VP[b]	33.0	55	1.00	0.40	PVC	
		拜耳模 N XL 38.43	34.0	115	1.04	0.12	碳酸钙	刹车片、离合片

注：[a] 朗盛商标拜耳模（Baymod）。
[b] 试生产牌号。

表 1.1.6-6　粉末丁腈橡胶的供应商（二）[a]

供应商	类型	牌号	ACN 含量	门尼黏度	灰分/%	挥发分/%	粒径/mm	结构、隔离剂或玻璃化温度
日本瑞翁（NIPOl）		1401LG	41	70～90			9.5	T_g：−18 ℃
		1411	38	N/A			0.1	T_g：−19 ℃
		1432T	33	75～90			9.5	T_g：−25 ℃、−35 ℃
		1442	33	75～90			9.5	T_g：−25 ℃、−35 ℃
		1492P80	32	70～85			1	T_g：−28 ℃
		1472X	27	32～35			9.5	T_g：−28 ℃、−31 ℃
日本合成橡胶（JSR）		PN20HA	41	80			≤20 目	碳酸钙 15 份
		PN30A	35					
韩国 LG 公司		NBR P8300	32	57			≤1 mm 至少 93%	PVC
		NBR P6300	33	87			≤1.2 mm 至少 93%	碳酸钙
法国欧诺公司		P83	33	57			0.6	PVC
		P8BA	33	87			0.6	PVC
		P35	35	45			0.6	碳酸钙
		P89	33	57			0.6	PVC
		P7400	33	55			1.2	碳酸钙
		P86F	33	55			0.4	碳酸钙
		P8D	33	85			0.6	碳酸钙
		P7D	33	96			0.8	碳酸钙
		P615DS	33	50			0.8	碳酸钙
法国 Goodgear S. A（Chemngum）		N705D_2	33	86				
		N71D_2ZS	32	91				
		N8$B_1$$D_3$	32	80				
		N6$l_2$$B_1$A−2S	33	25				
		N8B_1−A_3	33	80				
		N8−1 A_3	33	80				
		N615−1D_2−2S	33	50				

续表

供应商	类型	牌号	ACN含量	门尼黏度	灰分/%	挥发分/%	粒径/mm	结构、隔离剂或玻璃化温度
加拿大 Polysar (Krynac)	研磨法	1122	33	75	5.0	0.8	0.85	交联，滑石粉
		1402H82	33	70	3.0	1.0	0.85	非交联碳酸钙，炭黑
		1402H24F	33	50	0.8	1.0	0.8	PVC
		1402H83	30～34	50	3.0	1.0	0.85	硬脂酸钙，白炭黑
		1403H176	20	50	1.5	1.0	0.8	硬脂酸钙
	喷雾干燥	1411	38	115	6.0	0.8	0.18	滑石粉 8～10 份
		1122	33	75	5.0	0.8	0.45	滑石粉
		1122P	33	75	0.8	0.8	0.45	PVC
		34.50p	34	50			≤35 目	含 1.8%的除尘剂
		34.80p	34	80			≤35 目	含 1.8%的除尘剂
俄罗斯		SKN－40AOP	40					
		SKN－26AOP	26					
		SKN－18AOP	18					
美国 Goodyear (Chemgum)		N8K1	32	80	9.0			交联
		P5D	39	80～95		0.7	0.5	碳酸钙 9.5 份
		P7D	33	85			0.3～0.8	碳酸钙 8.5 份
		P8D	32	80		1.2	0.25～0.50	碳酸钙 9.0 份
		P83	33	36～50		1.2	0.5	PVC9.5 份
		P8B－A	33	72～88		0.7	0.5	PVC9.5 份
		PFC	33	36～50		1.2	0.5	PVC9.5 份
		P612－A	33	20～30		0.7	0.5	PVC9.5 份
		P615－D	33	43～57		0.7	0.5	碳酸钙 9.5 份
		P608－D	33	70～86		0.7	0.5	碳酸钙 9.5 份
		P715－C	33	39～51		0.7	0.5	硅胶，硬脂酸盐
		P28						
		P35						
美国 Goodrich (Hyear)		1411	41	115				交联
		1412×2	33	70				非交联
		1422	33	70				交联
		1422×110	33	75				交联
		1442－80	33	80				
		1422×8	33	67				
		1431P－65	41	65				
		1432P－80	33	80				
		1434P－80	21	80				
		1452P－50	33	50				
		1492P－80	33	80				
		1401H－80	41	80				
		1401H－123	41	50				
		1402－H82	33	70				
		1402－H23	33	50				
		1402－H120	33	30				
		1403－H121	29	50				

续表

供应商	类型	牌号	ACN含量	门尼黏度	灰分/%	挥发分/%	粒径/mm	结构、隔离剂或玻璃化温度
CIAGO20（Goodrich 和 AKZONV 的合资公司）（Hyear）		1411	41	115			0.6	交联
		1422	33	70				交联
		1442×110	33	75				交联
		1412×2	33	70				非交联
		1401H80	41	80				
		1402H22	33	70				
		1402H23	33	50				
		1402H82	33	70				
		1402H83	33	50				
		1403H84	29	80				
巴西 Nitriflex 公司		NP—1021	30	80			≤1 mm，99%	
		NP—6021	33	80				
		NP—1121	30	80				
		NP—2121	33	48				
		NP—2163	33	38				
		NP—2021	33	47				
		NP—2130	39	57				
		NP—2150	39	88				
		NP—2170	28	57				
		NP—3183NV	33	38				
		NP—6000	33	115				
		NP—2007	30	94				
		NP—3083	33	38				
		NP—6121	33	80				
		NP—2174	33	68				

注：[a] 详见《粉末橡胶》，黄立本等主编，化学工业出版社，2003 年 3 月，P126 表 13—12。

三、粉末丁苯橡胶

3.1 概述

粉末丁苯橡胶（P—SBR）可分为粉末乳聚丁苯橡胶（PESBR）、粉末溶聚丁苯橡胶（PSSBR）和粉末热塑性丁苯橡胶（P—SBS）三个品种。

早期的商品 P—SBR 含有大量的填充剂，使用最多的是以炭黑为填料的 P—SBR，现在已可生产与块状丁苯橡胶性能相当的各种 P—SBR，可直接用于制造橡胶制品，包括轮胎、胶管、胶带、胶鞋、工业胶布等；也可用于聚合物改性、沥青改性、黏合剂等。

用于橡胶制品的粉末丁苯橡胶多为填充型，填充剂包括炭黑、木质素、白炭黑、陶土、碳酸钙等，有时也添加有硫化剂、促进剂等助剂，多为乳液共沉制得。用于改性的粉末丁苯橡胶多为无填充型。

3.2 工程应用[9]

酚醛树脂制造摩擦材料时，除了使用粉末丁腈橡胶作为改性剂外，在制造火车刹车片时有时需加入一定量的粉末丁苯橡胶。

粉末丁苯改性酚醛树脂的摩擦材料配方见 1.1.6－7。

表 1.1.6－7　粉末丁苯改性酚醛树脂的摩擦材料配方

材料	1#	2#	3#	4#
丁苯橡胶改性酚醛树脂[a]	22	22	22	22
硬脂酸	0.5			

续表

项目	温度/℃	1		2		3		4	
铜纤维		1		2		3		3	
GH 纤维		40							
重晶石		20							
焦宝土		5							
钾长石		4							
碳酸钙		5		4		3		3	
氧化镁		0.5							
石墨		2							
项目	温度/℃	摩擦材料性能							
摩擦系数[b]	100	0.49	0.48	0.51	0.51	0.52	0.51	0.52	0.51
	150	0.48	0.49	0.50	0.53	0.50	0.53	0.50	0.53
	200	0.47	0.51	0.48	0.52	0.51	0.53	0.49	0.52
	250	0.47	0.51	0.48	0.48	0.50	0.51	0.48	0.49
	300	0.43		0.47		0.51		0.47	
磨耗/[10^{-7} cm^3 · (N · m)$^{-1}$]	100	0.21		0.20		0.18		0.26	
	150	0.23		0.34		0.18		0.41	
	200	0.41		0.45		0.23		0.46	
	250	0.49		0.52		0.32		0.49	
	300	0.64		0.63		0.49		0.62	
缺口冲击强度/(kJ · m^{-2})		2.77		3.12		3.52		3.58	
洛氏硬度 (R)		69		72		74		60	

注：[a] 1～3♯配方中粉末丁苯橡胶的含量为 5%，4♯配方中粉末丁苯橡胶的含量为 5%；橡胶相中含有 5%的硫黄，3%的苯并噻唑二硫醚。

[b] 每个试样的摩擦系数数据中，第一列为升温值，第二列为降温值。

3.3 粉末丁苯橡胶的供应商

P—SBR 的供应商见表 1.1.6－8。

表 1.1.6－8 P—SBR 的供应商[a]

供应商	商品名	牌号	组成	用途
德国 Hüls 公司	Buna EM	BT7370	SBR1712（无油）＋75 份 N339	轮胎、橡胶制品
		BT4570	SBR1502＋70 份 N539	橡胶制品、注射制品
		BT6570	SBR1712（无油）＋75 份 N539	橡胶制品、注射制品
		BT5250	SBR1502＋50 份 N234	轮胎、橡胶制品
		BT5150	SBR1502＋50 份 N110	橡胶制品
		BT5162	SBR1502＋40 份 N110＋20 份高活性白炭黑	轮胎、橡胶制品
德国 PKV 粉末橡胶联合有限公司	EPB	H－EPB Ⅰ	SBR1552 100，N234 48，油 11，ZnO 5，硬脂酸 1，6PPD 1，TMQ 1，树脂 3	
		F－EPB Ⅱ	比 H－EPB Ⅰ增加 TBBS 1.6，MBTS 0.2，硫黄 1.6	
		F－EPB Ⅲ	SBR 100，白炭黑 75，Si－69 6，油 25，ZnO 3，硬脂酸 1，6PPD 1.5，石蜡 1	
		F－EPB Ⅳ	比 F－EPB Ⅲ增加 CBS 1.5，DPG 2，硫黄 1.5	
		F－EPB Ⅴ	NB 50，SBR 50，N234 50，油 50，ZnO 3，硬脂酸 2，6PPD 2，TMQ 1，石蜡 1，TBBS 1.2，MBTS 0.3，硫黄 2	

注：[a] 详见《粉末橡胶》，黄立本等主编，化学工业出版社，2003 年 3 月，P133 表 14－3～4。

3.4 粉末 MBS

粉末 MBS 是在丁苯基础胶乳上接枝甲基丙烯酸甲酯、苯乙烯，接枝胶乳经凝聚、水洗、喷雾干燥制得 MBS 树脂颗粒，其表观密度 0.25～0.40 g/cm^3，密度 1.02～1.18 g/cm^3，粒度为 99%以上通过 16 目筛，挥发分<1%。日本三菱人造丝公司产品牌号见表 1.1.6－9。

表 1.1.6－9　MBS 的供应商[a]

牌号	特征与用途
C—100	透明性好，色调稍带蓝色，适用于薄膜制品、平板和透明板材
C—102	耐弯曲发白性能好，色调带有黄色，适用于异型材挤出成型
C—110	透明性、耐弯曲发白性能最好，色调近于无色，适用于透明性和耐弯曲发白性要求较高的制品
C—201	抗冲击性能良好，色调稍带蓝色，适用于除吹塑瓶外要求耐冲击强度高的薄膜和平板
C—202	色调带黄色，其余与 C—201 相近
C—223	抗冲击性能最好，尤其是低温抗冲击性能最好，不透明，最适用于异型和注射制品

注：[a] 详见《粉末橡胶》，黄立本等主编，化学工业出版社，2003 年 3 月，P181。

P—SBR 的供应商还有：加拿大 Polysar 公司和比利时公司，商品名为 Krylene；美国 B. F. Goodrich 公司，商品名为 Solprepe414；美国 Philips 公司，商品名为 Solprepe411 等。

四、粉末氯丁橡胶

粉末氯丁橡胶主要用于代替块状和粒状胶生产注压垫片、密封件、减振器、液压胶管、黏合剂等，还可以用于连续硫化生产的门窗密封条、电缆等。

文献介绍的日本东洋曹达公司生产的粉末氯丁橡胶牌号与主要技术指标见表 1.1.6－10。

表 1.1.6－10　粉末氯丁橡胶牌号与技术指标

项目		B—30	B—10	B—11	Y—20E	E—33	R—22L
粒径	最大/μm	1 000	1 000	1 000	1 000	1 000	1 000
	平均/μm	400	190	270	330	190	220
休止角/(°)		57	65	47	75	48	43
堆积密度/(g·cm⁻³)		0.56	0.54	0.54	0.46	0.48	0.52
挥发分/%		0.30	0.50	0.38	0.26	0.28	0.35
灰分/%		0	0.10	0.05	0.07	0.01	0.04
凝胶含量/%		0.42	1.46	1.30	38.8	5.60	1.94

朗盛公司生产的粉末氯丁橡胶牌号见表 1.1.6－11。

表 1.1.6－11　朗盛公司粉末氯丁橡胶牌号

牌号	特征	牌号	特征
Baypren 210P	硫醇调节，低黏度，中等结晶	Baypren 214P	硫醇调节，预交联型
Baypren 220P	硫醇调节，中等黏度，中等结晶	Baypren 610P	硫调节，低黏度，中等结晶
Baypren 110P	硫醇调节，低黏度，低结晶	Baypren 7110P	硫调节，中等黏度，中等结晶
Baypren 130P	硫醇调节，高黏度，低结晶		

注：表 2.1.1－45 与表 2.1.1－46 详见《粉末橡胶》，黄立本等主编，化学工业出版社，2003 年 3 月，P162 表 16－10～11。

粉末氯丁橡胶的供应商还有：法国 Distugil 公司，牌号为 Butaclor 等。

五、粉末天然橡胶（PNR）

粉末天然橡胶（Powder Natural Rubber）又称为自由流动天然橡胶（Free—Flowing Natural Rubber）。制造方法有：

喷雾法，胶乳浓缩后加入一定量的白炭黑作为隔离剂，喷雾干燥制得，胶粒粒径在 0.5～2.0 mm。

絮凝法，胶乳浓缩后，加入酪蛋白并以硫酸铝作絮凝剂，将絮凝出的胶粒滤出，以白炭黑为隔离剂干燥制得，胶粒粒径为 2～4 mm。

机械造粒法，在胶乳中加入少量蓖麻油等作隔离剂，凝固后用挤压机造粒，然后用次氯酸钠进行表面处理防止互相粘连，胶粒粒径为 2～6 mm。

粉末天然橡胶可用于高度自动化的工厂进行胶料的生产，但实际上多用于黏合用的胶浆、沥青改性剂等。

马来西亚哈里森公司（Harrisons & Crossfield Ltd.）用 Pulfatex 法、Mealorub 法等，从天然胶乳中经沉淀干燥，生产 PNR，其产品型号规格见表 1.1.6－12。

表 1.1.6-12　哈里森公司粉末天然橡胶型号规格

类型	商品牌号	门尼黏度	灰分/%	主要用途
标准型	Crusoe S	70±5	8	通用
非标准型	Crusoe NS	100±10	8	胶浆

注：详见《橡胶原材料手册》，于清溪、吕百龄等编写，化学工业出版社，2007 年 1 月第 2 版，P23～24。

粉末天然橡胶的供应商还有：英国 Gulhrie Estates Ltd.、美国 H. A. Astlett 公司等。

六、其他粉末橡胶

其他粉末橡胶，包括炭黑填充的粉末天然橡胶、木质素填充的粉末天然橡胶、白炭黑填充的粉末天然橡胶，粉末聚丙烯酸酯橡胶，粉末聚降冰片烯橡胶，粉末聚异戊二烯橡胶，粉末氯化聚乙烯与粉末氯磺化聚乙烯，粉末氟橡胶，粉末乙烯/丙烯/亚乙烯基降冰片烯橡胶，粉末丁基橡胶，粉末聚异丁烯，等等，还包括 PS 改性用粉末聚丁二烯接枝橡胶、AS 改性用粉末聚丁二烯接枝橡胶以及 PA、PBT 改性用粉末聚丁二烯接枝橡胶，粉末热塑性丁苯接枝橡胶、AS 改性用粉末丁苯接枝橡胶，ABS 用粉末丁腈接枝橡胶、粉末羧基丁腈橡胶，粉末丙烯酸酯接枝橡胶，粉末氯丁接枝橡胶，粉末乙丙橡胶/苯乙烯接枝共聚物，乙丙橡胶/氯乙烯接枝共聚物，氯化丁基/苯乙烯接枝共聚物，丁基橡胶/聚乙烯接枝共聚物，等等。

第七节　共混改性复合弹性体

聚合物的共混改性是指聚合物与其他有机、无机材料通过物理方法混合制备成宏观均匀的混合物，用以改善单一聚合物的工艺性能、使用性能和技术经济性能等的过程，其所得产物称为聚合物共混物或共混改性复合弹性体。

传统的橡胶共混理论包括聚合物相容性理论、橡胶共混物的结构形态理论、橡胶共混物中组分聚合物的共交联理论、橡胶共混型 TPE 理论等，随着增容技术的发展，只有溶解度参数相近或表面能差值小的聚合物共混才能获得性能优良的共混材料的传统观念已被突破，从而大大地拓宽了共混材料的发展前景。

共混改性复合弹性体依其共混的方法可以分为机械共混与乳液共沉两种。商品化的共混改性复合弹性体，包括部分牌号的合成橡胶，如充油、充炭黑母胶，特别是硅橡胶、氟橡胶等特种橡胶多以混炼母胶的形式供应，部分热塑性弹性体以及橡胶混炼胶等。橡胶混炼胶是针对橡胶制品的不同使用环境、不同用途要求，通过产品开发、配方设计、混炼加工而制成的半成品原料。用户使用混炼胶只需要通过简单的加工及硫化成型工艺即可以生产出满足既定要求的橡胶制品。可免去自己加工混炼的工序，减少中间环节，可以更好控制生产过程，最大限度地提高生产效率；同时节省技术开发的时间与资金投入，快速把握市场机会，提高市场竞争力。

此外，借助与低分子化合物或低聚物的反应性共混，实现橡胶改性的研究，越来越受到重视。这些低分子化合物或低聚物普遍含有活泼的反应性原子或基团，这些原子或基团能在共混过程中或共混物的硫化过程中与橡胶大分子发生接枝、嵌段共聚反应或者交联反应，从而起到对橡胶改性的作用。橡胶与低分子或低聚物共混，不仅能够改善橡胶的力学强度，也能改善其他性能，如天然橡胶与马来酸酐共混，生成天然橡胶的马来酸酐接枝共聚物，使其硫化胶的定伸应力提高 10 倍以上，耐动态疲劳弯曲次数提高近 3 个数量级，耐热老化性也显著改善。又如低聚丙烯酸酯与丁腈橡胶共混，在引发剂存在下前者能与后者发生交联反应，不仅显著提高了丁腈硫化胶的力学强度，还改善了丁腈胶与金属的黏合强度。

一、机械共混

1.1　预硫化混炼胶

1.1.1　预硫化胎面

HG/T 4123—2009《预硫化胎面》适用于天然胶及合成胶预硫化胎面，不适用于有骨架层的预硫化胎面及聚氨酯复合的预硫化胎面。

预硫化胎面按断面形状分为矩形、翼形和双弧形预硫化胎面，如图 1.1.7-1 所示。

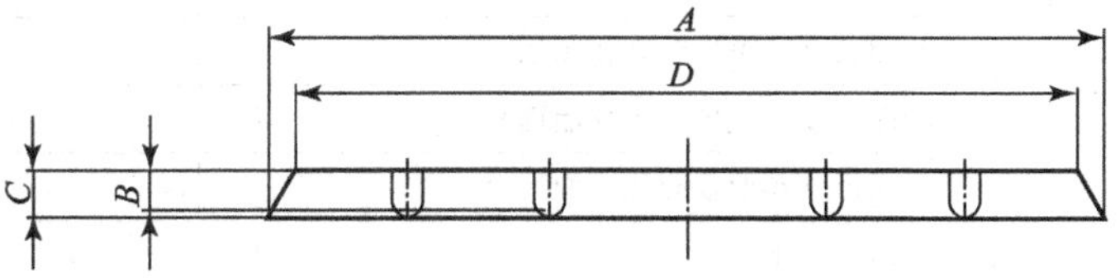

(a)

图 1.1.7-1　预硫化胎面的分类

(a) 矩形预硫化胎面

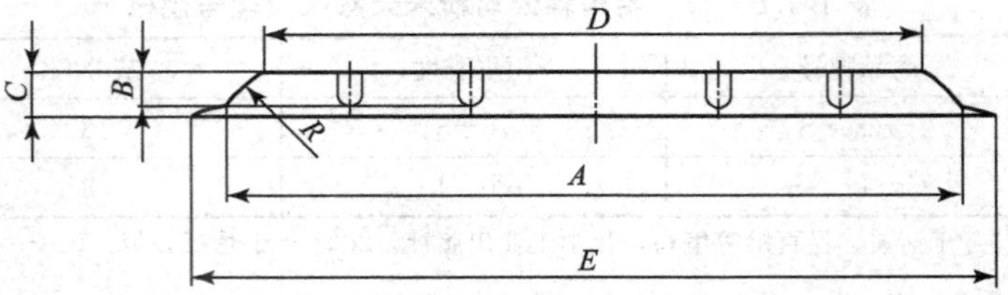

（b）

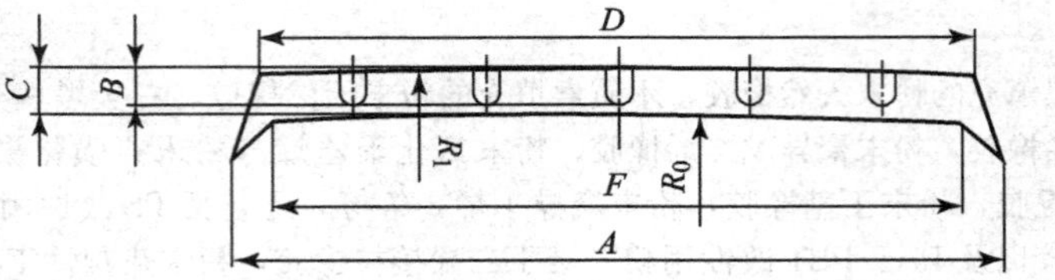

（c）

图 1.1.7－1　预硫化胎面的分类（续）

（b）翼形预硫化胎面；（c）双弧形预硫化胎面

预硫化胎面的尺寸偏差见表 1.1.7－1。

表 1.1.7－1　预硫化胎面的尺寸偏差

预硫化胎面断面类型	项目		偏差
模具接缝处胎面厚度公差不大于 0.5 mm			
预硫化胎面两边的厚度公差不大于 0.5 mm			
矩形预硫化胎面	胎面基部宽度	A	$\pm A\times2\%$
	胎冠（测量点）花纹深度	B	$\pm B\times4\%$
	胎面厚度	C	$\pm C\times4\%$
	胎面宽度（条形预硫化胎面）	D	$\pm D\times1.5\%$
	胎面长度（条形预硫化胎面）	L	$\pm L\times1\%$
	胎面宽度（环形预硫化胎面）	D	$\pm D\times1\%$
	内直径（环形预硫化胎面）	Φ	$\pm\Phi\times1\%$
翼形预硫化胎面	胎面基部宽度	A	$\pm A\times2\%$
	胎冠（测量点）花纹深度	B	$\pm B\times4\%$
	胎面厚度	C	$\pm C\times4\%$
	胎面宽度（条形预硫化胎面）	D	$\pm D\times1.5\%$
	胎面长度（条形预硫化胎面）	L	$\pm L\times1\%$
	胎面宽度（环形预硫化胎面）	D	$\pm D\times1\%$
	内直径（环形预硫化胎面）	Φ	$\pm\Phi\times1\%$
	翼长	$(E-A)/2$	±1 mm
	翼根部厚	S	±0.2 mm
双弧形预硫化胎面	胎面基部宽度	A	$\pm A\times2\%$
	胎冠（测量点）花纹深度	B	$\pm B\times4\%$
	胎面厚度	C	$\pm C\times4\%$
	胎面宽度（条形预硫化胎面）	D	$\pm D\times1.5\%$
	胎面长度（条形预硫化胎面）	L	$\pm L\times1\%$
	胎面宽度（环形预硫化胎面）	D	$\pm D\times1\%$
	内直径（环形预硫化胎面）	Φ	$\pm\Phi\times1\%$
	胎冠弧度半径	R_1	±1 mm
	胎面基部弧度半径	R_0	±0.5 mm
	胎面基部弧度与胎侧夹角	L_1	±1°

预硫化胎面分常规预硫化胎面和高速预硫化胎面，其硫化胶物理机械性能见表 1.1.7-2。

表 1.1.7-2 预硫化胎面硫化胶物理机械性能指标

项目	常规预硫化胎面	高速预硫化胎面
硬度（邵尔 A）/度	≥60	≥60
胎面硬度不匀度（邵尔 A）/度	±2	±1
拉伸强度/MPa	≥17	≥18
300%定伸应力/MPa	≥6	≥7
拉断伸长率/%	≥400	≥470
撕裂强度（新月型试样）/($kN \cdot m^{-1}$)	≥80	≥100
压缩生热/℃	—	≤35
阿克隆磨耗/[$cm^3 \cdot (1.61\ km)^{-1}$]	≤0.25	≤0.2
老化系数（100℃×24 h）	≥0.70	≥0.75

1.1.2 预硫化缓冲胶

HG/T 4124—2009《预硫化缓冲胶》适用于预硫化法翻新轮胎用的缓冲胶。HG/T 4124—2009 将预硫化缓冲胶分为硫化温度在 115～120 ℃的常规预硫化缓冲胶与硫化温度在 100 ℃及以下的低温预硫化缓冲胶。

常温下，将两块长 200 mm 以上的预硫化缓冲胶轻压贴合后用手拉，应撕不开。预硫化缓冲胶的尺寸偏差要求见表 1.1.7-3。

表 1.1.7-3 预硫化缓冲胶的尺寸偏差要求

项目	偏差
厚度	±0.15 mm
宽度	±4.0 mm

预硫化缓冲胶硫化胶的物理机械性能见表 1.1.7-4。

表 1.1.7-4 预硫化缓冲胶硫化胶的物理机械性能

项目	常规预硫化缓冲胶	低温预硫化缓冲胶
门尼焦烧时间 t_5（100 ℃）/min	≥15	≥4
硫化条件	120 ℃×t_{90}	100 ℃×t_{90}
硬度（邵尔 A）/度	≥50	≥50
拉伸强度/MPa	≥18	≥20
300%定伸应力/MPa	≥6	≥6
拉断伸长率/%	≥450	≥470
撕裂强度（新月型试样）/($kN \cdot m^{-1}$)	≥80	≥100
黏合强度（胶—胎体胶）/($kN \cdot m^{-1}$)	≥12	≥12
老化系数 K（70 ℃×48 h）	—	≥0.70
老化系数 K（100 ℃×24 h）	≥0.6～0	—

1.1.3 预硫化混炼胶的供应商

预硫化混炼胶的供应商有：乐山市亚轮模具有限公司、北京多贝力轮胎有限公司、常州逸和橡胶制品有限公司、重庆超科实业发展有限公司、四川省新都三益翻胎有限公司等。

1.2 特殊牌号的合成橡胶

1.2.1 朗盛 Keltan ® 9565Q（满足动态应用的高弹性 EPDM）

众所周知，天然橡胶的弹性是所有橡胶中最好的，但是耐热老化性能较差，汽车减振制品如发动机支座、衬套、缓冲接头、拉杆等大多由天然橡胶制成。随着汽车工业的发展，由于发动机机室空间尺寸较小，加上内部空气流动空间减少、尾气排放标准监管力度加大，发动机罩内空间温度逐年升高，上述减振制品实际工作环境温度已超过天然橡胶的温度使用范围。EPDM 具有耐热、耐臭氧、耐天候老化的特性，但是拉伸强度低、耐疲劳性和弹性不足。

朗盛 Keltan ® 9565Q EPDM，以超高相对分子质量半结晶型的 EPDM 为基体，其相对分子质量分布较窄，以降低因分子链末端悬摆而产生的阻尼；同时添加了 5 份 NR 与 50 份无色石蜡油，其中 NR 以 10～5 nm 的微晶形式均匀分布在 EPDM 基体中，起到抑制动态下裂纹增长的作用，使 Keltan ® 9565Q EPDM 的动态性能得到大幅改善。

Keltan ® 9565Q 中，NR 在 EPDM 中的分散分布如图 1.1.7-2 所示。

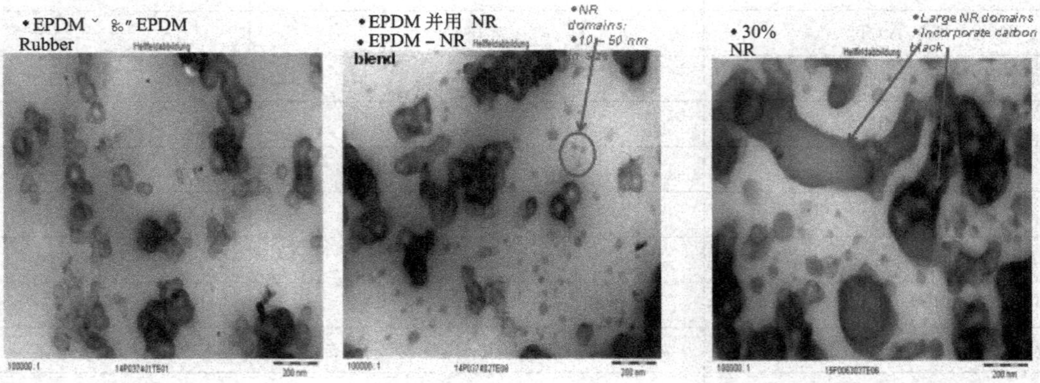

EPDM　　并用5份NR并以纳米级分散　　常规的并用30份NR并以微米级分散

图 1.1.7-2

0.5 MPa 应力时超高分子量 EPDM 用撕裂分析仪测得的疲劳寿命次数与 NR 添加量的关系如图 1.1.7-3 所示。

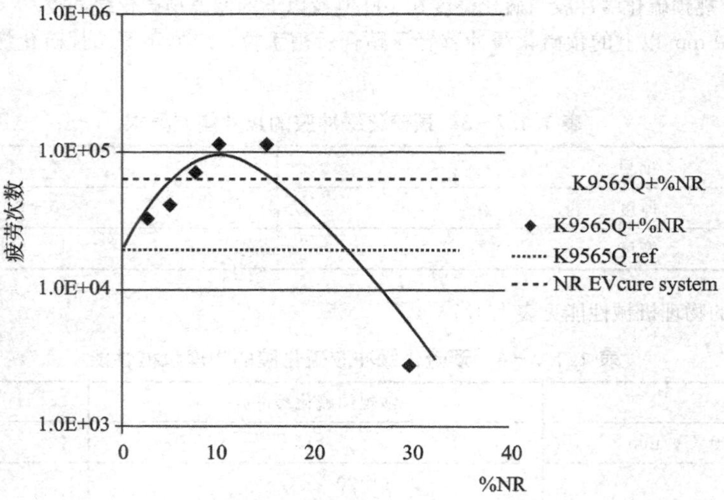

图 1.1.7-3　EPDM 中 NR 添加量与疲劳寿命关系

由图 1.1.7-3 可见，当 NR 添加量为 10 份时，EPDM 的疲劳寿命达到最大值。

应用 Keltan ® 9565Q EPDM 与 NR 的减振制品配方见表 1.1.7-5。

表 1.1.7-5　减振制品用 Keltan ® 9565Q EPDM 与 NR 配方

原材料	EPDM 配方	原材料	NR 配方	NR－EV 配方
Keltan ® 9565Q	150	NB－SVR CV60	100	100
N550	50	N772	—	30
N772	—	N990	50	—
Par. oil	5	Oil Naphth Light	5	5
ZMBI	1	IPPD	2	2
TMQ	0.75	Wax	2	2
Sulfur－80%	0.64	ZnO	3	3
ZnO	5	St. a	2	2
St. a	1.5	CBS－80%	1.875	—
MBT－80%	0.42	TBBS	—	2
TMTD	0.88	TBzTD－80%	—	4.55
		Sulfur－80%	1.875	0.64
合计	215.19		167.75	151.19

硫化胶拉伸性能和老化后的拉伸性能对比如图 1.1.7－4 所示。

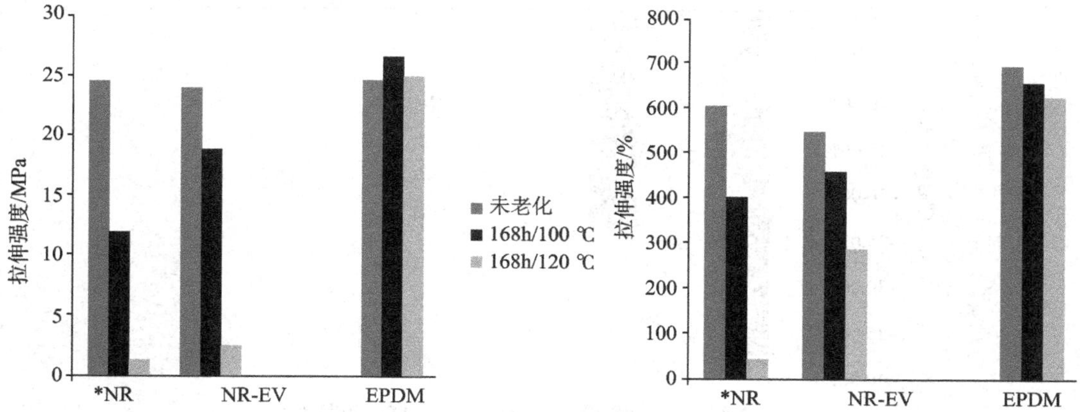

图 1.1.7－4 硫化胶老化前后拉伸性能变化

压缩永久变形性能对比如图 1.1.7－5 所示。

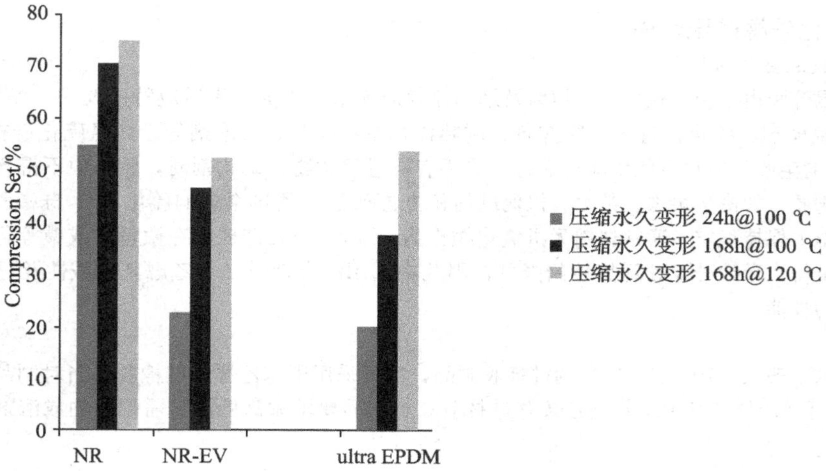

图 1.1.7－5 硫化胶压缩永久变形对比

200 Hz 下的 tan δ 对比如图 1.1.7－6 所示。

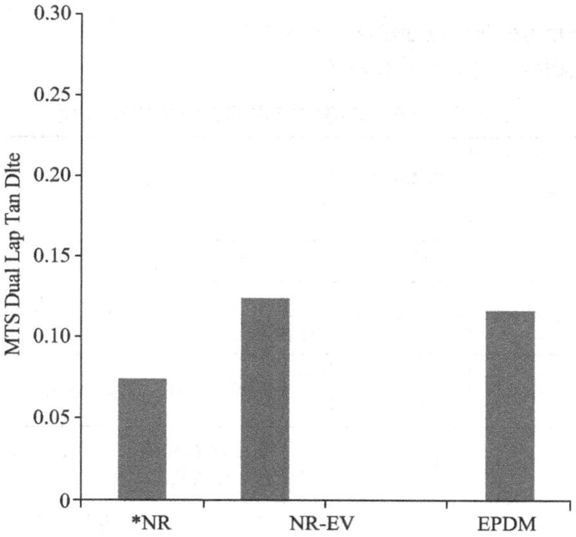

图 1.1.7－6 200 Hz 下硫化胶 tan δ 对比

由图 1.1.7－6 可见，Keltan ® 9565Q EPDM 配方硫化胶具有接近 NR 的较低的 tan δ 值。

23 ℃下动态模量与 60 ℃动态模量变化率的对比如图 1.1.7－7 所示。

由图 1.1.7－7 可见，EPDM 的性能受温度变化影响很小。NR 的应力结晶有助于提高模量，但在较高温度下结晶度减小，进而模量降低。

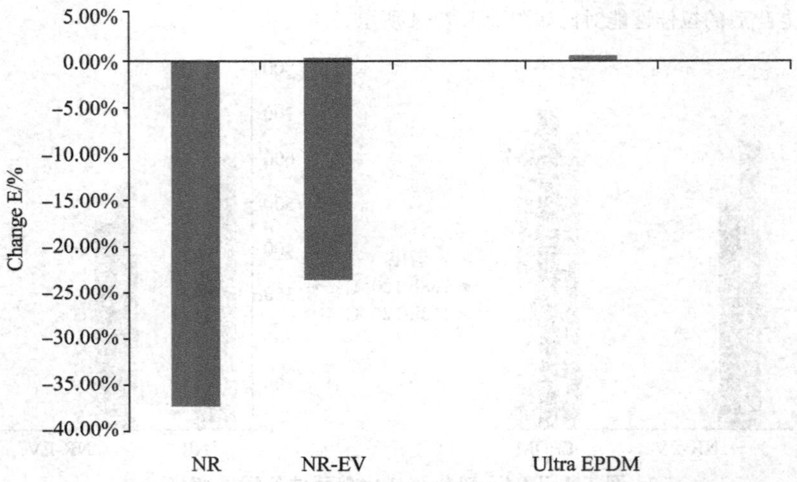

图 1.1.7－7　23℃与 60℃下硫化胶动态模量变化对比

1.3　混炼胶或母胶

1.3.1　高温硫化硅橡胶混炼胶

1. 高温硫化硅橡胶混炼胶的配合

高温硫化硅橡胶混炼胶由生胶、硫化剂、填料及结构控制剂等组分组成。为适应特殊要求，提供性能各异的混炼胶，还需加入增塑剂、内脱模剂、硫化促进剂、防焦剂、耐热添加剂、颜料、发泡剂等。高温硫化硅橡胶配方设计需考虑：1）硅橡胶为饱和度高的生胶，通常不能用硫黄硫化，采用有机过氧化物作硫化剂时，胶料中不得含有能与过氧化物分解产物发生作用的活性物质（如槽法炭黑、某些有机促进剂和防老剂等），否则会影响硫化。2）硅橡胶制品一般在高温下使用，其配合剂应在高温下保持稳定，通常选用无机氧化物作为补强剂。3）硅橡胶在微量酸或碱等化学试剂的作用下易引起硅氧烷键的裂解和重排，导致硅橡胶耐热性的降低，因此在选用配合剂时必须考虑其酸碱性及过氧化物分解产物的酸性，以免影响硫化胶的性能。

（1）生胶的选择

对于使用温度要求一般（－70～250 ℃）的硅橡胶制品，都可采用甲基乙烯基硅橡胶；当对制品的使用温度要求较高（－90～300 ℃）时，可采用低苯基甲基苯基乙烯基硅橡胶；当制品要求耐高低温又需耐燃油或溶剂时，则应当采用氟硅橡胶。

（2）硫化剂

用于热硫化硅橡胶的硫化剂主要包括有机过氧化物、脂肪族偶氮化合物、无机化合物和高能射线等，其中最常用的是有机过氧化物。这是因为有机过氧化物一般在室温下比较稳定，但在较高的硫化温度下能迅速分解产生自由基，从而使硅橡胶产生交联。

高温硫化硅橡胶也可以铂化合物为催化剂以加成反应方式交联。

高温硫化硅橡胶常用的过氧化物硫化剂见表 1.1.7－6。

表 1.1.7－6　硅橡胶常用的过氧化物硫化剂

硫化剂	用量/份	硫化温度/℃	用途	用量（乙烯基硅橡胶模压制品）（乙烯基摩尔分数为 0.001 5）
过氧化苯甲酰（BP）	4～6，0.5～2.0	110～135	通用型、模压蒸气连续硫化、黏合	0.5～1.0 份
双-（2，4-二氯过氧化苯甲酰）（DCBP）	4～6，0.5～2.0	100～120	通用型、模压、热空气硫化、蒸气连续硫化	1～2 份
过氧化苯甲酸特丁酯（TB-PB）	0.5～1.5	135～155	通用型、海绵、高温、溶液	0.5～1.0 份
过氧化二叔丁基（DTBP）	0.5～1.0	160～180	甲基乙烯基硅橡胶专用、模压厚制品、含炭黑胶料	1～2 份
过氧化二异丙苯（DCP）	0.5～1.0	150～160	甲基乙烯基硅橡胶专用、模压厚制品、含炭黑胶料、蒸气硫化、黏合	0.5～1.0 份
2，5-二甲基-2，5 二叔丁基过氧化己烷（DBPMH）	0.5～1.0	160～170	甲基乙烯基硅橡胶专用、模压厚制品、含炭黑胶料、黏合	0.5～1.0 份

这些过氧化物按其活性高低可以分为两类：一类是通用型，活性较高，对各种硅橡胶均能起硫化作用；另一类是乙烯基专用型，活性较低，仅能够对含乙烯基的硅橡胶起硫化作用，随着乙烯基质量分数的增大，过氧化物用量应减小。

过氧化物的用量受生胶品种、填料类型和用量、加工工艺等多种因素的影响，只要能达到所需的交联度，应尽量少用硫化剂。胶浆、挤出制品胶料及胶黏剂用胶料中过氧化物用量应比模压用胶料中的大。某些场合下采用两种过氧化物并用，可减小硫化剂用量，并可适当降低硫化温度，提高硫化效应。

高温硫化硅橡胶除常用上述过氧化物硫化外，还可用高能射线进行辐射硫化，辐射硫化也是按自由基机理进行的。当生胶中的乙烯基摩尔分数较高（0.01）或与其他橡胶并用时，也可以用硫黄硫化，但性能极差。

(3) 补强填充剂

未经补强的硅橡胶硫化胶强力很低，只有 0.3 MPa 左右，没有实际使用价值。加入适当的补强剂可使硅橡胶硫化胶的强度达到 14 MPa，这对提高硅橡胶的性能，延长制品的使用寿命是极其重要的。硅橡胶补强填充剂的选择要考虑到硅橡胶的高温使用及用过氧化物硫化（特别是用有酸碱性的物质）对硅橡胶的不利影响。

硅橡胶用的补强填充剂按其补强效果的不同可分为补强剂和填充剂。前者的粒径为 10～50 nm，比表面积为 70～400 m^2/g，补强效果较好；后者粒径为 300～1 000 nm，比表面积在 30 m^2/g 以下，补强效果较差。

硅橡胶的补强填充剂主要是白炭黑。气相法白炭黑为硅橡胶最常用的补强剂之一，由它补强的胶料，硫化胶的机械强度高、电性能好。用沉淀法白炭黑补强的胶料机械强度稍低，介电性能（特别是受潮后的介电性能）较差，但耐热老化性能较好，混炼胶的成本低。用有机硅化合物或醇类作浸润剂（即结构控制剂）处理白炭黑胶料，胶料的机械强度较高，混炼和返炼工艺性能好，硫化胶的透明度也好，广泛应用于医用制品中；此外，胶料的黏合性也好，溶解性优良，可用于黏着和制作胶浆。

硅橡胶常用的填充剂有硅藻土、石英粉、氧化锌、三氧化二铁、二氧化钛、硅酸锆和碳酸钙等。

(4) 结构控制剂

采用气相法白炭黑补强的硅橡胶胶料贮存过程中会变硬，塑性值下降，逐渐失去加工工艺性能，这种现象称作“结构化”效应。为防止和减弱这种“结构化”倾向而加入的配合剂称为“结构控制剂”。结构控制剂通常为含有羟基或硼原子的低分子有机硅化合物和醇类化合物，常用的有二苯基硅二醇、甲基苯基二乙氧基硅烷、四甲基亚乙基二氧二甲基硅烷、低分子羟基硅油及硅氮烷、聚乙二醇等。

(5) 其他配合剂

1) 耐热添加剂

硅橡胶在大气中加热到 200～250 ℃时，通常会发生侧链有机基氧化、主链 Si—O—Si 键裂解以及交联等反应导致硅橡胶失效。加入某些金属氧化物或其盐以及某些元素的有机化合物，可大大改善硅橡胶的耐热空气老化性能，其中最常用的为三氧化二铁，一般用量为 3～5 份。其他如氢氧化铁、辛酸铁、有机硅二茂铁、硅醇铁、二氧化钛、氧化锰、二氧化铈、碳酸铈、锆酸钡等也有类似的效果。加入少量（少于 1 份）的喷雾炭黑也能起到提高耐热性的作用。金属氧化物对硅橡胶耐热性的影响见表 1.1.7－7。

表 1.1.7－7 金属氧化物对硅橡胶耐热性的影响（一）

金属氧化物	二段硫化后			300 ℃×24 h 老化后			300 ℃×72 h 老化后			300 ℃×168 h 老化后		
	A	B	C	A	B	C	A	B	C	A	B	C
—	50	6.67	290	92	3.14	10	95	—	—	—	—	—
Ce_2O_3	51	6.47	270	53	4.70	180	58	3.82	130	65	4.41	120
V_2O_5	51	6.76	260	58	4.41	170	65	3.24	110	78	4.12	80
MnO_2	49	6.27	290	54	4.90	190	70	4.41	110	71	3.82	110
Cu_2O	52	7.45	250	55	3.92	160	69	4.60	150	73	3.82	120
CoO	48	6.47	270	60	4.31	120	67	3.72	120	85	3.33	40
Cr_2O_3	47	5.78	270	54	5.10	210	63	3.43	100	86	3.63	40
NiO	51	6.86	290	52	5.78	200	60	4.51	160	—	—	—

注：A—硬度（邵尔 A），B—拉伸强度（MPa），C—扯断伸长率（%）。详见《有机硅合成工艺及产品应用》，幸松民、王一璐编著，化学工业出版社，2000 年 9 月第 1 版，P564，表 10－17。

表 1.1.7－7 金属氧化物对硅橡胶耐热性的影响（二）

金属氧化物	起始				300 ℃×72 h 老化后				300 ℃×168 h 老化后			
	硬度 JIS A	扯断伸长率/%	拉伸强度/MPa	失重	硬度 JIS A	扯断伸长率/%	拉伸强度/MPa	失重	硬度 JIS A	扯断伸长率/%	拉伸强度/MPa	失重
空白	48	525	12.9	68								
CeO_2	50	470	9.8	34	56	130	3.4	10	74	100	3.6	−17
Fe_2O_5	48	520	9.1	42	56	195	4.7	−8	74	135	4.4	−14
Fe_3O_4	48	450	8.8	47	76	100	5.0	−13	91	50	4.8	−21

续表

金属氧化物	起始				300 ℃×72 h 老化后				300 ℃×168 h 老化后			
	硬度 JIS A	扯断伸长率/%	拉伸强度/MPa	失重	硬度 JIS A	扯断伸长率/%	拉伸强度/MPa	失重	硬度 JIS A	扯断伸长率/%	拉伸强度/MPa	失重
TiO_2	52	495	10.8	50	72	100	4.9	−10	82	70	4.6	−15
MnO	50	415	8.8	52	64	145	4.4	−10	80	90	4.4	−19
ZnO	52	455	10.6	56	70	110	4.6	−12	84	60	4.9	−20
$ZnCO_5$	52	475	10	54	70	115	4.3	−13	86	65	4.3	−19

注：详见《有机硅合成工艺及产品应用》，幸松民、王一璐编著，化学工业出版社，2000 年 9 月第 1 版，P583，表 10－30。胶料配方为：甲基乙烯基硅橡胶 100，气相法白炭黑 40，结构控制剂 8，DBPMH（100 份混炼胶 0.5 份）；一段硫化：165 ℃×10 min，二段硫化：200 ℃×4 h。

2）着色剂

硅橡胶常用着色剂有：氧化铁（三氧化二铁），红色；镉黄（二氧化镉），黄色；铬绿（三氧化二铬），绿色；炭黑，黑色；钛白粉（二氧化钛），白色；群青，蓝色。

3）发泡剂

制备硅橡胶海绵制品时常用的发泡剂有 N，N′-二亚硝基五亚甲基四胺（发泡剂 H）、N，N′-二甲基-N，N′-二亚硝基对苯二甲酰胺（发泡剂 BL－353）、对氧双苯磺酰肼等（发泡剂 OB）等。发泡剂 H 分解温度为 200 ℃，混入脂肪酸后分解温度可降至 130 ℃；发泡剂 BL－353 分解温度为 80～100 ℃；发泡剂 OB 约在 150 ℃开始熔化并分解出氮气及水蒸气。化学发泡剂因易于产生胺类等致癌物，其使用正逐步受到限制。目前硅橡胶行业已开始倾向于采用物理发泡剂，孔径均匀，对于硅橡胶制品的硬度影响小。

4）其他

硅橡胶胶料中加入少量（一般少于 1 份）四氟乙烯粉，可改善胶料的压延工艺性能及成膜性，提高硫化胶的撕裂强度；加入硼酸酯和含硼化合物如三乙酰氧基硼，如同生胶中引入硼氧烷基团一样，可有效提高硫化胶对各种基材的黏结性；异氰酸烃基硅烷、有机硅酸酯过氧化物及烷基氢硅氧烷等，也可提高硅橡胶对金属等表面的黏合；采用比表面积较大的气相法白炭黑补强时，加入少量（3～5 份，乙烯基质量分数一般为 0.10 左右）高乙烯基硅油，胶料经硫化后，抗撕裂性能可提高至 30～50 kN·m^{-1}。

2. 高温硫化硅橡胶混炼胶类别

硅橡胶无味无毒，使用温度宽广，有很好的耐候性，在高温和严寒时仍然能保持原有的强度和弹性，有的硅橡胶完美地平衡了物理机械性能和化学性质，因而能满足许多苛刻应用场合的要求，是应用广泛的特种合成橡胶之一。自 20 世纪 90 年代以来，国内硅橡胶产能年均增长 10%以上。目前，国内硅橡胶混炼胶生产企业有不同用途的各类硅橡胶混炼胶的生产，产品牌号众多，用途广泛。

硅橡胶混炼胶以线性高聚合度聚有机硅氧烷生胶添加填料、各种助剂加工制得。硅橡胶混炼胶一般分为气相法硅胶和沉淀法硅胶。气相法硅胶生产使用由四氯化硅和空气燃烧制得的气相法白炭黑，粒径小，比表面积大，挥发分小；沉淀法硅胶生产使用由硅酸钠为原料制得的沉淀法白炭黑，粒径大，比表面积小，挥发分含量高。所得硅胶的主要区别为：

1）沉淀法硅胶拉伸时会发白，而且不能拉的很长；气相法硅胶拉伸时不会发白，拉断伸长率比较大，有的可达 700%以上。

2）气相法硅胶扯断强度、撕裂强度、伸长率都比沉淀法硅胶好。

3）气相法硅胶外观透明；沉淀法硅胶外观不透明或半透明。

4）气相法硅胶比沉淀法硅胶生产成本高。

目前，国产甲基乙烯基硅橡胶混炼胶产品大致可分为 37 类 106 个牌号，详见表 1.1.7－8。

表 1.1.7－8　甲基乙烯基硅橡胶混炼胶的分类与型号

分类		型号	
通用型	普通制品用胶	8850、8851、8852	
	普通模压制品胶	7850、7851、7861、7871、9130、9140、9150、9160、9170、9180	TY－5151、TY5751、TY5951
	按键胶	9230、9240、9250、9260、9270、9280、9330、9340、9350、9360、9370、9380、9430、9440、9450、9460、9470、9480	TY7151
	高档模压制品胶	9530、9540、9550、9560、9570、9580、9931、9941、9951、9961、9971、9981	
密封件		3350、3351、3352、3353	

续表

分类		型号	
电线电缆	挤出电线胶	5770、6770、7770	
	阻燃挤出电线胶	9960E、9961E、9962E、9963E	
	耐热挤出电线胶	8961、8971	TY4366
	电缆接头胶	8641	
	标准挤出胶	9770、9771	TY5971、TY5171
气相胶	普通气相胶	4440、4450、4460、4470、4480	TY4771、TY4971、TY4171 系列
	高抗撕气相胶	5541、5551、5561、5571	TYS771
	过橄榄油		TY976
	较高透明		TY971 系列
	普通透明		TY171 系列
奶嘴	普通奶嘴胶	4442、4452	TY1841 系列
	高档奶嘴胶	4441、4451	
绝缘		2260、2261、2262、2263	
耐高温		2151、2152、2153	TY3961、TYD171、TY3751
阻燃		8750、8751、8752、8753、8760	TY26E9、TY24E9、TY23E9、TY2961
胶辊	通用胶辊胶	2772、2773	
	送纸胶辊胶	2741	
	气相胶辊胶	2770	
泳帽		9120、9920	
耐水蒸气	耐水蒸气胶	6650	TYA151
	耐高温水蒸气胶	6651	
低压缩永变		2061、2062	TY9241
导电		2170	
汽车用		2660、2661	
耐油型			TYB171
沉淀胶	高档		TY856 系列、TY651 系列
	通用型		TY351 系列、XHG151
自润滑			TYC231、TYC131

国产硅橡胶混炼胶的分类与系统命名法由硅橡胶类别、特征性能和特征符号组成。硅橡胶类别根据硅橡胶分子链的化学组成，由 GB/T 5576—1997 规定“Q”组硅橡胶代号组成。硅橡胶混炼胶的特征性能有硬度、拉伸强度等。硅橡胶混炼胶的拉伸强度本身不高（一般在 4～12 MPa)，而不同硬度、不同类型的混炼胶之间的拉伸强度并没有明显的区别。因此在命名规则里特征性能只由硬度表征。硬度以测定值为基础，由数值部分二位数字代码表示，如硬度为（30±3 或者 30±5）邵尔 A，表示为 30。特征符号由硅橡胶混炼胶的重要性能、用途或附加说明组成，各特征符号之间用“/”隔开，推荐使用的特征符号及其含义见表 1.1.7-9。

表 1.1.7-9 特征符号及其含义

字母代号	重要性能或用途	说明
S	高强度	拉伸强度≥12 MPa
T	高抗撕	撕裂强度≥52 $kN \cdot m^{-1}$
E	导电	体积电阻率≤10^{-2} Ω · cm
H	导热	热导率≥4 W/(m · K)
F	阻燃	阻燃性应达到 UL94 V—0 级
I	绝缘	体积电阻率≥10^{14} Ω · cm
V	耐电压	击穿电压≥17 $kV \cdot mm^{-1}$

续表

字母代号	重要性能或用途	说明
L	低压缩永变	—
O	耐油、耐溶剂性	—
A	耐水蒸气	—
W	耐臭氧或耐天候	—
M	医用	—
G	一般用途	—
N	奶嘴	—
U		补强填料为气相法生产的二氧化硅（白炭黑）
P		补强填料为沉淀法生产的二氧化硅（白炭黑）
UP		补强填料为气相法和沉淀法生产的二氧化硅（白炭黑）的混合

命名示例：

硅橡胶混炼胶应储存在通风、干燥、防直接日光照射的室内，储存期为 3 个月。

（1）一般用途硅橡胶混炼胶

一般用途硅橡胶混炼胶，即通用型（一般强度型）硅橡胶混炼胶，由乙烯基硅橡胶与补强剂等组成，硫化胶物理性能属中等，是用量最大、通用性最强的一类胶料。

国产一般用途甲基乙烯基硅橡胶混炼胶，代号为 VMQ 20－G。按硬度分为 8 个牌号：VMQ 20－G、VMQ 30－G、VMQ 40－G、VMQ 50－G、VMQ 60－G、VMQ 70－G、VMQ 80－G、VMQ 90－G。

国产一般用途甲基乙烯基硅橡胶混炼胶产品的性能要求与试验方法见表 1.1.7－10。

表 1.1.7－10　一般用途甲基乙烯基硅橡胶混炼胶产品的性能要求与试验方法

	VMQ 20－G	VMQ 30－G	VMQ 40－G	VMQ 50－G	VMQ 60－G	VMQ 70－G	VMQ 80－G	VMQ 90－G	试验方法
外观	混炼良好、质地均匀，无明显杂质								目视法
密度/(g·cm^{-3})	1.05～1.09	1.07～1.11	1.10～1.14	1.13～1.17	1.16～1.20	1.19～1.23	1.20～1.24	1.21～1.25	GB/T 533
硬度（邵尔 A)/度	18～22	28～32	38～42	48～52	58～62	68～72	78～82	88～92	GB/T 531.1
拉伸强度/MPa	≥3.0	≥4.5	≥6.5	≥7.0	≥7.0	≥7.0	≥6.0	≥5.0	GB/T 528（Ⅰ型裁刀）
拉断伸长率/%	≥600	≥500	≥420	≥320	≥250	≥200	≥120	≥100	GB/T 528（Ⅰ型裁刀）
拉断永久变形/%	≤10.0	≤8.0	≤8.0	≤8.0	≤6.0	≤6.0	≤6.0	≤8.0	GB/T 528（Ⅰ型裁刀）
撕裂强度/(kN·m^{-1})	≥12.0	≥12.0	≥16.0	≥18.0	≥18.0	≥16.0	≥16.0	≥18.0	GB/T 529（直角裁刀）

注：采用双二五含量为 25%的不含含氢硅油的膏状物作为硫化剂，添加量为 2%；硫化条件：170 ℃×10 min；各项指标均为一次硫化后的数据【国外供应商一般均在二段硫化后（200 ℃×4 h）进行性能测试】。

（2）电线电缆用硅橡胶混炼胶

电线电缆用硅橡胶混炼胶主要采用甲基乙烯基硅橡胶生胶为基础材料，选用电绝缘性能良好的气相法白炭黑为补强剂和其他改性助剂，经混炼、出片制得，用于电线电缆绝缘或护套用的硅橡胶混炼胶。电线电缆用硅橡胶混炼胶具有良好的挤出工艺性能，按用途可分为普通型、抗撕型、阻燃型和耐火型。耐火型硅橡胶混炼胶（Fire Resistant Silicone Rubber）是指在温度 500 ℃以上、有焰或无焰燃烧条件下即可结壳，形成陶瓷状固体，起到隔绝热源、火源及水源等作用，但在常温下仍然保持硅橡胶特性的硅橡胶混炼胶。

电线电缆用硅橡胶混炼胶产品的型号及名称见表 1.1.7-11。

表 1.1.7-11 产品型号及名称

序号	型号	名称
1	HTV—P	电线电缆用普通型硅橡胶混炼胶
2	HTV—K	电线电缆用抗撕型硅橡胶混炼胶
3	HTV—Z	电线电缆用阻燃型硅橡胶混炼胶
4	HTV—N	电线电缆用耐火型硅橡胶混炼胶

电线电缆用硅橡胶混炼胶应混炼良好，质地均匀，无明显杂质。电线电缆用硅橡胶混炼胶的性能见表 1.1.7-12。

表 1.1.7-12 电线电缆用硅橡胶混炼胶的性能

序号	检验项目	单位	要求			
			HTV—P	HTV—K	HTV—Z	HTV—N
1	拉伸强度	MPa	≥6.0	≥8.0	≥6.0	≥6.0
2	拉断伸长率	%	≥200	≥250	≥200	≥200
3	空气烘箱老化： 老化温度 老化时间	 ℃ h	 200±2 240	 200±2 240	 200±2 240	 200±2 240
3.1	拉伸强度	MPa	≥4.0	≥5.0	≥4.0	≥4.0
3.2	拉断伸长率	%	≥120	≥130	≥120	≥120
4	撕裂强度	kN·m^{-1}	≥20	≥30	≥20	≥30
5	20 ℃时体积电阻率	Ω·m	≥1.0×1 012	≥1.0×1 011	≥1.0×1 011	≥1.0×1 012
6	击穿强度	MV/m	≥20	≥18	≥18	≥20
7	热延伸： 温度 处理时间 机械应力	 ℃ min MPa	 250±3 15 0.2	 250±3 15 0.2	 250±3 15 0.2	 250±3 15 0.2
7.1	载荷下的伸长率	%	≤175	≤175	≤175	≤175
7.2	冷却后永久变形	%	≤25	≤25	≤25	≤25
8	氧指数	%	—	—	≥30	—
9	耐火试验： 供火温度 供火时间	 ℃ min	 — —	 — —	 — —	 950 90
9.1	2 A 熔断器	—	—	—	—	不断
9.2	指示灯	—	—	—	—	不熄

（3）高抗撕、高强度硅橡胶混炼胶

高抗撕、高强度硅橡胶混炼胶采用甲基乙烯基硅橡胶或低苯基甲基苯基乙烯基硅橡胶为基材，以比表面积较大的气相法白炭黑或经过改性处理的白炭黑作补强剂，并通过加入适宜的加工助剂和特殊添加剂等综合性配合改进措施，改进交联结构，提高撕裂强度。

聚有机硅氧烷以 Si—O—Si 键为主链，Si 原子上连有甲基和少量乙烯基，分子柔性大，未加补强剂时，分子间作用力弱，物理机械性能较差，尤其是撕裂强度只能达到 5～10 kN·m^{-1}，拉伸强度仅有 0.4 MPa，使得硅橡胶制品在需要高拉伸强度、高撕裂强度的应用领域使用受限。

生胶的相对分子质量越大，硅橡胶的拉伸强度越大。一般有：1）高乙烯基含量和低乙烯基含量的硅橡胶并用，当并用胶的乙烯基摩尔分数低于 0.15%时，选用合适的并用比会明显提高并用胶的抗撕裂性能。例如，乙烯基摩尔分数为 0.15%的硅橡胶和乙烯基摩尔分数为 0.06%的硅橡胶按 50/50 并用时，并用胶的乙烯基摩尔分数为 0.105%，此时撕裂强度最高，达到 45.8 kN·m^{-1}。当并用胶中乙烯基摩尔分数超过 0.15%时，硅橡胶并用比对硫化胶的撕裂性能影响不大。2）不同乙烯基含量的硅橡胶并用胶的交联密度随乙烯基含量的变化规律反映了硫化胶的交联结构由“分散交联”向“集中交联”转变。硅橡胶并用胶的乙烯基摩尔分数在 0.15%以内，并用硫化胶的撕裂强度随乙烯基含量的增大而先增后降，而并用胶的交联密度与其撕裂强度成反比。

随着气相法白炭黑比表面积的增大，硅橡胶的硬度、拉伸强度逐渐增大，而断裂伸长率逐渐减小。有文献指出，添加的气相法白炭黑质量分数为 0.26～0.29，表面羟基个数在 1.1～1.4 之间时，有效补强体积最大，补强效果最好。也有文献指出，硅橡胶的拉伸强度、撕裂强度、邵尔 A 硬度均随着混炼胶中沉淀法 SiO_2 用量的提高而增加，当 SiO_2 与生胶质量比达到 0.4 后，增加趋势变缓；硅橡胶拉断伸长率随着 SiO_2 质量分数先增加后减小，即 SiO_2 与生胶质量比小于 0.4 时，拉断伸长率随着质量分数的增加而增加，但当与生胶质量比达到 0.4 后，便开始减小。

在加入气相法白炭黑过程中，气相法白炭黑添加到一定程度，会使胶料产生结构化现象，使硅橡胶加工困难甚至无法加工，所以需要加入一些结构控制剂。羟基硅油是硅橡胶补强中常用的一种结构控制剂。随着羟基硅油用量的增加，硅橡胶的硬度、拉伸强度均逐渐降低，而断裂伸长率却随羟基硅油用量的增加而逐渐增大。

目前，瓦克公司 R420/60 硅橡胶的拉伸强度接近 11 MPa，国内其他企业硅橡胶的拉伸强度可达到 10 MPa 左右；在撕裂强度方面，合盛硅业股份有限公司的合盛 HS—5260 与合盛 HS—5270 硅橡胶的撕裂强度可达 55 kN·m^{-1}，国内其他企业硅橡胶的撕裂强度可达到 35 kN·m^{-1}左右。

国产高抗撕、高强度硅橡胶混炼胶分为：

耐撕裂型——撕裂强度≥35 kN·m^{-1}为中抗撕型，以 Tm 表示；撕裂强度≥45 kN·m^{-1}为高抗撕型，以 T 表示。

高拉伸强度型——拉伸强度≥8 MPa 为中强度型，以 Sm 表示；拉伸强度≥10 MPa 为高强度型，以 S 表示。

国产高抗撕、中抗撕气相硅橡胶混炼胶的性能要求和试验方法见表 1.1.7-13。

表 1.1.7-13　国产高抗撕、中抗撕气相硅橡胶混炼胶的性能要求和试验方法

项目	VMQ 40Tm	VMQ 50Tm	VMQ 60Tm	VMQ 60T	VMQ 70Tm	VMQ 70T	VMQ 80Tm	试验方法
外观	透明或半透明，混炼良好，质地均匀，无明显杂质							目视法
撕裂强度/(kN·m^{-1})(≥)	35	35	35	45	35	45	35	GB/T 529（直角裁刀）
硬度，邵尔 A	40±2	50±2	60±2		70±2		80±2	GB/T531.1
密度/(g·cm^{-3})	1.08～1.12	1.12～1.16	1.17～1.19		1.19～1.23		1.20～1.24	GB/T 533
拉伸强度/MPa（≥）	8.5	9.0	9.0		9.0		8.0	GB/T 528（Ⅰ型裁刀）
拉断伸长率/%（≥）	650	500	400		350		300	GB/T 528（Ⅰ型裁刀）
拉断永久变形/%（≤）	8	8	8		8		8	GB/T 528（Ⅰ型裁刀）
门尼黏度 ML（1+4）100 ℃	13～16	17～22	18～23		21～35		25～40	GB/T 1232.1
回弹/%（≥）	60	55	55		45		45	GB/T 1681

注：称取一定质量的混炼胶样品，按照比例（0.7%）加入 2，5-二甲基-2，5-双（叔丁基过氧基）已烷（含量≥95%），在开炼机上开炼至硫化剂均匀吃进。将开炼好的试样放入已经预热好的相应试片模具中。将平板硫化机温度设置为 175 ℃，压力设置为大于等于 15 MPa，加压时间应根据材料的硫化特征进行设定，确保材料在加工过程中能充分硫化。制成的试样应平整光洁、厚度均匀、无气泡。试样尺寸应符合各试样检测项目的规定。将制成试样放置在干净干燥的容器中冷却至室温后检测。下同。

国产高强度、中强度气相硅橡胶混炼胶的性能要求和试验方法见表 1.1.7-14。

表 1.1.7-14　国产高强度、中强度气相硅橡胶混炼胶的性能要求和试验方法

项目	VMQ 40Sm	VMQ 40S	VMQ 50Sm	VMQ 50S	VMQ 60Sm	VMQ 60S	VMQ 70Sm	VMQ 70S	VMQ 80Sm	试验方法
外观	透明或半透明，混炼良好，质地均匀，无明显杂质									目视法
拉伸强度/MPa（≥）	8.0	10.0	8.0	10.0	8.0	10.0	8.0	10.0	8.0	GB/T 528（Ⅰ型裁刀）
硬度，邵尔 A	40±2		50±2		60±2		70±2		80±2	GB/T531.1
密度/(g·cm^{-3})	1.11～1.14		1.14～1.17		1.15～1.19		1.19～1.23		1.20～1.24	GB/T 533
拉断伸长率/%（≥）	600		500		400		350		300	GB/T 528（Ⅰ型裁刀）
拉断永久变形/%（≤）	8		8		8		8		8	GB/T 528（Ⅰ型裁刀）
撕裂强度/(kN·m^{-1})(≥)	20		20	25	20	30	20	30	20	GB/T 529（直角裁刀）
门尼黏度 ML（1+4）100 ℃	13～16		17～22		18～23		21～35		25～40	GB/T 1232.1
回弹/%（≥）	60		55		50		45		45	GB/T 1681

(4) 耐热型硅橡胶混炼胶

耐热系列采用甲基乙烯基硅橡胶或低苯基甲基苯基乙烯基硅橡胶，使用 BP 或 DBPMH 硫化时，可用于模压成型；使用 DCBP 时，可用于挤出成型。制得的硫化胶可在−55～260 ℃范围内使用，主要用于汽车用火花塞护垫及密封垫片。

耐热型硅橡胶混炼胶的性能指标见表 1.1.7-15。

表 1.1.7-15 耐热型硅橡胶混炼胶的性能指标

性能			耐热型		
			KE650−U	KE660−U	KE670−U
硫化前	外观		赤褐色	茶褐色	茶褐色
	相对密度 (25 ℃)		1.17	1.25	1.31
	可塑度 (Williams，返炼 10 min 后)		295	310	350
硫化剂	名称		DCBP	DCBP	DCBP
	用量/份		1.3	1.2	1.1
硫化胶	200 ℃×4 h	线收缩率/%	2.7	2.5	2.0
		硬度 (JIS A)	50	60	70
		拉伸强度/MPa	11.8	9.8	8.3
		扯断伸长率/%	500	330	240
		撕裂强度/(kN·m^{-1})	21	17	18
		压缩永久变形 (180 ℃×22 h)/%	36	15	15
	体积电阻率 (常态)/(Ω·cm)		4×10^{16}	3×10^{15}	2×10^{15}
	介电常数 (常态)/(kV·mm^{-1})		25	26	26

注：详见《有机硅合成工艺及产品应用》，幸松民、王一璐编著，化学工业出版社，2000 年 9 月第 1 版，P573，表 10-22。

(5) 不需二段硫化硅橡胶混炼胶

不需二段硫化的混炼胶采用乙烯基质量分数较高的甲基乙烯基硅橡胶，通过控制生胶和配合剂的 pH 值，加入特殊添加剂，并以 DTBP 作硫化剂制得，广泛应用于制取厚制品及压缩变形小的 O 型圈、密封垫片、胶辊等。

典型耐热及不需二段硫化硅橡胶混炼胶的性能指标见表 1.1.7-16。

表 1.1.7-16 典型耐热及不需二段硫化硅橡胶混炼胶的性能指标

性能			不需二段硫化型				
			KE742−U	KE752−U	KE762−U	KE772−U	KE782−U
硫化前	外观		淡黄色	灰白色	灰白色	灰白色	灰白色
	相对密度 (25 ℃)		1.17	1.30	1.36	1.40	1.43
	可塑度 (Williams，返炼 10 min 后)		170	200	220	250	320
硫化剂	名称		DTBP	DTBP	DTBP	DTBP	DTBP
	用量/份		4.0	2.8	2.7	2.7	2.7
硫化胶	200 ℃×4 h	线收缩率/%	3.6	2.7	2.6	2.6	2.5
		硬度 (JIS A)	40	50	60	70	80
		拉伸强度/MPa	5.4	6.9	7.4	8.3	8.8
		扯断伸长率/%	350	300	280	230	190
		撕裂强度/(kN·m^{-1})	8	9	11	13	14
		压缩永久变形 (180 ℃×22 h)/%	11	12	12	12	13
	体积电阻率 (常态)/(Ω·cm)		1×10^{16}	2×10^{15}	1×10^{15}	1×10^{15}	2×10^{15}
	介电常数 (常态)/(kV·mm^{-1})		26	29	26	26	29

注：详见《有机硅合成工艺及产品应用》，幸松民、王一璐编著，化学工业出版社，2000 年 9 月第 1 版，P573，表 10-22。

(6) 耐疲劳型硅橡胶混炼胶

通用硅橡胶的物理机械性能及动态耐疲劳性能较差，而高速发展的电脑、通信器材、遥控器等产品对长寿命、低形变橡胶按键提出了越来越高的要求。耐疲劳型混炼胶一般由乙烯基封端的甲基乙烯基硅橡胶制得，硫化后具有优异的耐冷热交变性，压缩变形小，抗氧化、耐臭氧及回弹性好，可加工成任意形状，并易与导电硅橡胶制成一体化制品。日本信越公司耐疲劳硅橡胶混炼胶产品的性能见表 1.1.7-17。

表 1.1.7-17 日本信越公司耐疲劳硅橡胶混炼胶产品的性能

性能	高耐疲劳型			中耐疲劳型			通用
	KE—5141—U	KE—5151—U	KE—5161—U	KE—9411—U	KE—9511—U	KE—9611—U	KE—951—U
外观	乳白色半透明	乳白色半透明	乳白色半透明	乳白色半透明	乳白色半透明	乳白色半透明	乳白色半透明
相对密度（25 ℃）	1.09	1.11	1.12	1.11	1.14	1.14	1.15
可塑度（Williams，返炼 10 min 后）	160	170	175	175	200	205	255
硬度（JIS A）	40	50	60	40	50	59	51
扯断伸长率/%	550	480	410	390	290	290	330
拉伸强度/MPa	7.9	8.1	8.1	6.4	7.1	6.6	8.0
撕裂强度/(kN·m^{-1})	14	19	15	9	8	10	9
回弹性/%	82	77	71	73	73	73	75
压缩永久变形（150 ℃×22 h)/%	7	6	6	4	4	4	10
线收缩率/%	3.9	3.7	3.9	3.9	3.5	3.4	4.0
抗疲劳性[a]（来回)/百万次	6～10	4～8	2～4	3～5	2～3	1.5～2.0	4～5

注：[a] 使用“Mattia”抗疲劳试验机，测定条件为 100%伸长，5 个来回/s。

详见《有机硅合成工艺及产品应用》，幸松民、王一璐编著，化学工业出版社，2000 年 9 月第 1 版，P577，表 10-25。

（7）辊筒用硅橡胶混炼胶

复印机固定辊要求具有良好的弹性、耐热性、传热性、不黏性、尺寸稳定性、耐磨性、抗静电性以及胶层与金属辊芯的良好黏结性；加压辊要求具有耐热性、传热性、胶层硬度稳定性、不黏性、耐油性、尺寸稳定性及抗蠕变性。辊筒用橡胶混炼胶通常使用乙烯基含量较高的硅橡胶生胶，以气相法白炭黑与石英粉作填料以满足耐磨性及传热性的要求。接触硅油的辊筒，使用甲基乙烯基硅橡胶可减少或避免胶层溶胀。日本信越公司辊筒用硅橡胶混炼胶产品的性能见表 1.1.7-18。

表 1.1.7-18 日本信越公司辊筒用硅橡胶混炼胶产品的性能

			KE650—U	KE660—U	KE670—U	KE742—U	KE752—U
硫化前	外观		淡黄色	灰白色	淡黄色	淡黄色	灰白色
	相对密度（25 ℃）		1.16	1.57	1.09	1.30	1.35
	可塑度（Williams，返炼 10 min 后）		270	370	150	125	260
硫化剂	名称		DBPMH	DBPMH	DCP	DCP	DTBP
	用量/份		0.0	1.5	3.0	3.0	4.0
硫化胶	200 ℃×4 h	线收缩率/%	3.5	2.4	—	—	3.1
		硬度（JIS A）	60	80	43	28	70
		拉伸强度/MPa	9.8	9.3	5.2	3.9	7.8
		扯断伸长率/%	280	125	240	450	145
		撕裂强度/(kN·m^{-1})	—	—	6	8	—
		压缩永久变形（180 ℃×22 h)/%	8	11	6	16	6

注：详见《有机硅合成工艺及产品应用》，幸松民、王一璐编著，化学工业出版社，2000 年 9 月第 1 版，P579，表 10-26。

（8）导电型硅橡胶混炼胶

采用甲基乙烯基硅橡胶，以乙炔炭黑或金属粉末、金属纤维作填料，选择高温硫化或加成型硫化方法，可得到导电型硅橡胶制品。根据体积电阻率，导电硅橡胶可分为 4 个品级：1）弱导电品级，1×(10^7～10^{10}) Ω·cm；2）低导电品级，1×(10^4～10^6) Ω·cm；3）中导电品级，1×(10^2～10^3) Ω·cm；4）高导电品级，<50 Ω·cm。日本东芝有机硅公司的 XE 系列导电硅橡胶混炼胶产品的性能见表 1.1.7-19。

表 1.1.7-19 日本东芝有机硅公司的 XE 系列导电硅橡胶混炼胶产品的性能

性能	A5004	A4904	A4704	A6004	A6001	A6002	A6003	A6005
硬度（JIS A）	20	25	30	40	35	35	35	35
拉伸强度/MPa	3.6	4.4	4.7	3.9	2.7	3.0	3.9	5.4
扯断伸长率/%	420	470	520	500	550	680	590	520
撕裂强度/(kN·m^{-1})	19	16	20	16	3	13	16	20
压缩永久变形/%	9	12	9	13	25	20	13	15
相对密度（25 ℃）	1.07	1.09	1.08	1.03	1.02	1.02	1.02	1.02
体积电阻率（常态)/(Ω·cm)	1.0×10^7	2.4×10^6	4.0×10^3	16	48	39	19	9

注：详见《有机硅合成工艺及产品应用》，幸松民、王一璐编著，化学工业出版社，2000 年 9 月第 1 版，P580，表 10-27。

（9）导热型硅橡胶混炼胶

硅橡胶的导热系数在 100 ℃下可达 0.20～0.30 W/(m·K)，约为其他橡胶的两倍，这也是硅橡胶内部升温快、硫化时间短以及制成电线后电流通量高的原因。硅橡胶充入导热性填料（如 BN、氧化铝、氧化镁、碳酸镁、氧化锌、Si_3N_4、白炭黑及金属粉等）后，导热系数可高达 4 W/(m·K)。

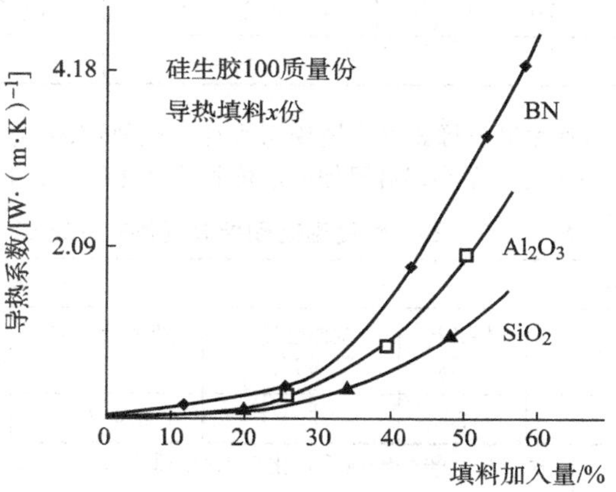

图 1.1.7-8　不同填料加入量下硅橡胶导热系数变化

填料的添加量对硅橡胶导热系数的影响

日本信越公司导热型硅橡胶混炼胶产品的性能见表 1.1.7-20。

表 1.1.7-20　日本信越公司导热型硅橡胶混炼胶产品的性能

项目	硫化前			硫化剂		硫化胶性能		
	外观	相对密度（25 ℃）	可塑度（Williams）（返炼 2 h 后）	名称	用量/份	硬度/（JIS A）	拉伸强度/MPa	扯断伸长率/%
指标	淡青色	1.90	450	DCBP	1.0	81	3.0	120

（10）阻燃型硅橡胶混炼胶

采用甲基乙烯基硅橡胶，添加含卤或铂化合物作阻燃剂组成的胶料，具有良好的抗燃性。日本信越公司阻燃型硅橡胶混炼胶产品的性能见表 1.1.7-21。

表 1.1.7-21　日本信越公司阻燃型硅橡胶混炼胶产品的性能

			KE5606—U	KE5612—U	KE5618—U	KE5601—U	KE5608—U	KE5609—U
硫化前	外观		灰白色	灰黑色	白色	淡黄色	灰白色	白色
	相对密度（25 ℃）		1.47	1.47	1.3	1.24	1.29	1.35
	可塑度（Williams，返炼 10 min 后）		230	250	330	350	320	450
硫化剂	名称		DCP	DCP	DCBP $(ClC_6H_4COO)_2$	DCBP	DCBP	DCBP
	用量/份		1.3	1.3	1.5 0.8	1.5	1.5	1.8
硫化胶	200 ℃×4 h	线收缩率/%	3.0	2.6	—	3.0	2.9	—
		硬度（JIS A）	52	59	80	68	64	65
		拉伸强度/MPa	6.1	8.3	9.2	6.7	6.3	6.4
		扯断伸长率/%	550	310	130	510	365	420
		撕裂强度/(kN·m^{-1})	16	16	11	35	21	25
		压缩永久变形（180 ℃×22 h)/%	15	15	—	50	40	—
	体积电阻率（常态）/(Ω·cm)		2×10^{15}	1×10^{16}	—	—	5×10^{15}	5×10^{15}
	介电常数（常态）/(kV·mm^{-1})		27	28	—	—	27	27
	阻燃性（UL—94）		V—0	V—0	V—0	—	—	—

注：详见《有机硅合成工艺及产品应用》，幸松民、王一璐编著，化学工业出版社，2000 年 9 月第 1 版，P582，表 10-29。

（11）耐高、低温型硅橡胶混炼胶

通用型硅橡胶的脆化温度为－60～－70 ℃，采用低苯基甲基苯基乙烯基硅橡胶，脆性温度达－120 ℃，在－90 ℃下仍具有弹性。各种硅橡胶的脆化温度见表 1.1.7－22。

表 1.1.7－22　各种硅橡胶的脆化温度

硅橡胶种类	通用 VMQ	高强度 VMQ	超低温 PVMQ	氟硅橡胶 FVMQ
脆化温度（ASTM D748）/℃	－73	－78	－118	－68

使用硅硼生胶配制的混炼胶，或者使用硅氮橡胶（主链中引入环二硅氮烷的一类硅橡胶），硫化后具有优异的耐高温性能，在 482 ℃下老化 24 h，仍能保持弹性。耐高温硅硼橡胶混炼胶的性能见表 1.1.7－23。

表 1.1.7－23　耐高温硅硼橡胶混炼胶的性能

项目	混炼胶配方				硫化胶性能			
	硅硼生胶	气相法白炭黑	Fe_2O_5	DCBP（50%）	拉伸强度/MPa	断裂伸长率/%	硬度（邵尔 A）/度	低温工作极限温度/℃
指标	100	20	10	2	5.4	406	57	－54

注：详见《有机硅合成工艺及产品应用》，幸松民、王一璐编著，化学工业出版社，2000 年 9 月第 1 版，P585，表 10－32。

（12）耐油、耐溶剂型硅橡胶混炼胶

主要采用氟硅橡胶和腈硅橡胶混炼胶，一般分为通用型和高强度型两大类。耐油、耐溶剂型硅橡胶混炼胶的性能见表 1.1.7－24。

表 1.1.7－24　耐油、耐溶剂型硅橡胶混炼胶的性能

配方与项目		氟硅橡胶					腈硅橡胶	
		空白	1	2	3	4	$NCCH_2CH_2$ 25%	$NCCH_2CH_2$ 50%
氟硅橡胶			95	95	95	92		
腈硅橡胶							100	100
甲基乙烯基硅橡胶		100	5	5	5	5		
气相法白炭黑（经 D_4 处理）		40	40	40	40	40	50	50
Fe_2O_5		5		5			5	5
TiO_2						10	10	10
ZnO					10			
$Ph_2Si(OH)_2$							5	5
DBPMH		0.8	0.8	0.8	0.8	0.8	1.5	1.5
硬度（JIS A）		54	76	75	78	79	53	60
拉伸强度/MPa		7.8	7.6	8.5	8.6	8.3	6.5	7.2
扯断伸长率/%		280	150	170	157	167	279	229
永久变形/%		3	3	6	3	3	0	0
压缩永久变形（150 ℃×24 h）/%		24.8	32.7	29.6	29.1	32.8		
氟硅橡胶：200 ℃×192 h 腈硅橡胶：200 ℃×72 h	硬度（JIS A）		80	80	80	84		
	拉伸强度/MPa		4.6	6.7	6.1	6.5	5.6	
	扯断伸长率/%		123	150	128	118	251	
	永久变形/%		7	7	0	0		
氟硅橡胶：250 ℃×144 h 腈硅橡胶：250 ℃×72 h	硬度（JIS A）	47		80				
	拉伸强度/MPa	47		80			4.7	
	扯断伸长率/%	280		90			228	
	永久变形/%	0		0				

续表

配方与项目		氟硅橡胶					腈硅橡胶	
		空白	1	2	3	4	$NCCH_2CH_2$ 25%	$NCCH_2CH_2$ 50%
氟硅橡胶（RP－1 燃油中 150 ℃×24 h） 腈硅橡胶（TC－1 油中 180 ℃×24 h）	硬度（JIS A）		67	65	68	68		
	拉伸强度/MPa		5.8	5.8	6.4	6.9		2.3
	扯断伸长率/%	280		90				173
	体积膨胀/%		15.2	15.8	14.6	14.4	51.5	10.5
	质量增加/%		7.9	8.5	7.5	7.3		6.9
－50 ℃下压缩耐寒系数（压缩 20%）		0.81	0.55	0.57	0.54	0.43		

注：详见《有机硅合成工艺及产品应用》，幸松民、王一璐编著，化学工业出版社，2000 年 9 月第 1 版，P587，表 10－33。

（13）耐辐照型硅橡胶混炼胶

通用型硅橡胶在辐照剂量达到 5×10^5 GY（5×10^7 rad）时，性能变差，逐渐失去弹性。生胶侧基引入苯基可提高耐辐照性能。耐辐照硅橡胶制品由高苯基含量的甲基乙烯基苯基硅橡胶制得。耐辐照甲基乙烯基苯基硅橡胶的性能见表 1.1.7－25。

表 1.1.7－25 耐辐照甲基乙烯基苯基硅橡胶的性能

拉伸强度/MPa			扯断伸长率/%		
辐照前	辐照 1×10^6GY 后	辐照 5×10^6GY 后	辐照前	辐照 1×10^6GY 后	辐照 5×10^6GY 后
10.3	8.0	6.4	500	350	80

注：详见《有机硅合成工艺及产品应用》，幸松民、王一璐编著，化学工业出版社，2000 年 9 月第 1 版，P588，表 10－34。

若硅橡胶生胶主链引入亚芳硅基结构，则可使硅橡胶获得更佳的耐辐照性能。耐辐照亚苯基硅橡胶混炼胶的性能见表 1.1.7－26。

表 1.1.7－26 耐辐照亚苯基硅橡胶混炼胶的性能

材料			配方	
混炼胶	亚苯基硅橡胶		100	
	气相法白炭黑		25	
	$Ph_2Si(OH)_2$		1.5	
	BP 膏状物		0.2	
	DBPMH		0.4	
硫化胶性能				
项目		辐照前	辐照 5×10^6GY 后	辐照 1×10^7GY 后	辐照 2×10^7GY 后
硫化胶	硬度（JIS A）	86	86	86	—
	拉伸强度/MPa	9.4	5.9	4.3	1.3
	扯断伸长率/%	368	125	56	20
	永久变形/%	3	—	0	—

注：详见《有机硅合成工艺及产品应用》，幸松民、王一璐编著，化学工业出版社，2000 年 9 月第 1 版，P588，表 10－35。

（14）耐水蒸气型硅橡胶混炼胶

硅橡胶耐低压水蒸气（120～130 ℃）的性能优于通用橡胶，广泛用于高压锅密封垫、蒸汽管道及阀门的衬里、食品加工用密封垫圈等。

但硅橡胶的 Si—O—Si 带有电负性，可被水侵蚀而慢慢分解，在温度超过 150 ℃的高压蒸汽作用下，硅氧烷主链降解较快，橡胶性能很快变差。采用高纯度的气相法白炭黑，除去配合剂中的离子型杂质，提高交联密度，并加强二段硫化，可提高硅橡胶的耐水蒸气性能。

日本信越公司耐水蒸气型硅橡胶混炼胶的性能见表 1.1.7－27。

表 1.1.7－27 日本信越公司耐水蒸气型硅橡胶混炼胶的性能

项目		KE7623－U	KE7723－U	KE7511－U	KE7611－U
硫化前	外观	淡黄色	淡黄色	淡黄色	灰白色
	相对密度（25 ℃）	1.22	1.18	1.14	1.15
	可塑度（Williams，返炼 10 min 后）	300	295	210	200

续表

项目			KE7623－U	KE7723－U	KE7511－U	KE7611－U
硫化剂	名称		DBPMH	DBPMH	DBPMH	DBPMH
	用量/份		0.5	0.5	0.6	0.6
硫化胶	200 ℃×4 h	线收缩率/%	3.9	4.1	—	4.0
		硬度（JIS A）	61	70	50	60
		拉伸强度/MPa	9.3	9.8	8.8	9.0
		扯断伸长率/%	330	320	370	360
		撕裂强度/(kN·m^{-1})	—	18	—	17
		压缩永久变形（180 ℃×22 h）/%	8	8	7	7

注：详见《有机硅合成工艺及产品应用》，幸松民、王一璐编著，化学工业出版社，2000 年 9 月第 1 版，P589，表 10-36。

（15）自润滑（析油）型硅橡胶混炼胶

自润滑的甲基乙烯基硅橡胶，在一定时间内，制品表面可析出硅油，起自润滑作用。自润滑型硅橡胶混炼胶甚至无须二段硫化，物理机械性能良好，使用温度范围在－55～250 ℃，可用于压制需要自润滑性能的硅橡胶接头、密封圈及垫圈等汽车橡胶制品。

日本信越公司自润滑型硅橡胶混炼胶的性能见表 1.1.7-28。

表 1.1.7-28　日本信越公司自润滑型硅橡胶混炼胶的性能

项目			KE503－U	KE5042－U	KE505－U
硫化前	外观		白色	白色	灰白色
	相对密度（25 ℃）		1.10	1.14	1.19
	可塑度（Williams，返炼 10 min 后）		155	185	190
硫化剂	名称		DBPMH	DBPMH	DBPMH
	用量/份		2.0	2.0	2.0
硫化胶	200 ℃×4 h	线收缩率/%	3.2	3.6	3.2
		硬度（JIS A）	24	43	47
		拉伸强度/MPa	5.4	7.4	6.6
		扯断伸长率/%	600	500	330
		撕裂强度/(kN·m^{-1})	18	22	19
		压缩永久变形（180 ℃×22 h）/%	15	10	15

注：详见《有机硅合成工艺及产品应用》，幸松民、王一璐编著，化学工业出版社，2000 年 9 月第 1 版，P591，表 10-38。

（16）自黏型硅橡胶混炼胶

添加了聚硼硅氧烷或 H_3BO_3 及其衍生物的硅橡胶混炼胶，经过氧化物硫化后，若将其互相接触，能发生二次凝聚而黏连。利用这一特性制成的自黏性胶带，无须打底即可与金属表面良好地黏合，已广泛用作大型高压电机、变压器及电缆绝缘材料。自黏型硅橡胶混炼胶的性能见表 1.1.7-29。

表 1.1.7-29　自黏型硅橡胶混炼胶的性能

混炼胶配方		硫化胶性能	
甲基乙烯基硅橡胶	100	硬度（JIS A）	55～60
气相法白炭黑	50	拉伸强度/MPa	8.8～9.8
聚硼硅氧烷	6	撕裂强度/(kN·m^{-1})	40
$(Me_2SiNH)_n$，$n=3$，4	6	扯断伸长率/%	600～650
高乙烯基含量硅油	6	压缩永久变形/%	8～15
Fe_2O_3	3	自黏强度/MPa	0.18～0.20
DCBP	2	介电强度/(kV·mm^{-1})	16～18

注：详见《有机硅合成工艺及产品应用》，幸松民、王一璐编著，化学工业出版社，2000 年 9 月第 1 版，P592，表 10-39。

（17）热收缩型硅橡胶混炼胶

甲基乙烯基硅橡胶中加入具有一定熔融温度或软化温度的热塑性树脂，硅橡胶胶料的热收缩率可达 35%～50%。常用的热塑性树脂有亚苯基或甲基苯基硅树脂、聚乙烯及聚甲基丙烯酸等。热收缩硅橡胶制品广泛用于屏蔽电器部件，绝缘电缆及汇流排，处理电线电缆接头及终端等方面。

除此之外，硅橡胶混炼胶还有海绵型硅橡胶混炼胶（包括阻燃性海绵胶、超高频硫化海绵胶）、荧光型硅橡胶及医用级混炼胶等品种。随着硅橡胶用途的不断开发，胶料的品种牌号日渐增多，过多的牌号会造成生产、储运和销售工作的混乱。有些供应商已相应地将多个品种分成几种典型的基础胶和几种特性添加剂（包括颜料、硫化剂等）出售，使用者根据需要，按一定配方和混合技术分别配伍，即得最终产品。这种方法不但使品种简单明了，而且生产批量大，质量稳定，成本降低，也提高了竞争性。

3. 硅橡胶混炼胶的供应商

氟硅橡胶混炼胶的供应商见表 1.1.7-30。

表 1.1.7-30 氟硅橡胶混炼胶的供应商（一）

供应商	规格型号	硬度范围（邵尔 A）	拉伸强度/MPa	拉断伸长率/%	撕裂强度/（kN·m^{-1}）	压缩永久变形 177 ℃×22 h	说明
深圳冠恒	氟硅混炼胶 AFS—R—M1000	40～80	7～12	150～600	15～60	<14	通用型氟硅橡胶，与高抗撕型、高回弹型、低压变型等并用可用于耐油、耐溶剂的极端环境

表 1.1.7-30 氟硅橡胶混炼胶的供应商（二）

供应商	规格型号	硬度范围（邵尔 A）	拉伸强度/MPa	拉断伸长率/%	表干时间/min	说明
深圳冠恒	单组分室温硫化氟硅密封胶 AFS—RTV—1000	30～65	1.5～4.0	150～250	5～30	室温固化，可用于喷涂、刷涂、浸涂等操作，也可直接用于不规则部分的密封、修理等

表 1.1.7-30 氟硅橡胶混炼胶的供应商（三）

供应商	规格型号	相对分子质量（万）	乙烯基含量（质量分数）/%	密度/（g·cm^{-3}）	挥发分/%（180 ℃×3 h）	说明
深圳冠恒	热固化型氟硅弹性体 AFS—R—H1000	20～180	0.05～1.00	1.29～1.30	<3	热固化型氟硅弹性体，相对分子质量高，呈半固体透明状，适用于耐油耐介质等极端环境

表 1.1.7-30 氟硅橡胶混炼胶的供应商（四）

供应商	规格型号	黏度/（Pa·s）	pH 值	封端	挥发分/%（180 ℃×3 h）	说明
深圳冠恒	室温固化型氟硅弹性体 AFS—R—H1000	0.5～210.0	5.5～7.0	羟基封端	<3	可室温固化，适用于腻子、黏结剂、密封剂，也可用作工业助剂

硅橡胶混炼胶的供应商还有：江西蓝星星火、东莞市朗晟硅材料有限公司、深圳市安品有机硅材料有限公司、江苏天辰硅材料有限公司、合盛硅业股份有限公司、迈高精细高新材料（深圳）有限公司、江苏东爵公司、江苏宏达公司、新安天玉公司、中山聚合、东莞正安、广东森日、日本信越、瓦克公司、前道康宁公司、迈图公司等。

1.3.2 商品混炼胶

1. 杭州顺豪橡胶工程有限公司

杭州顺豪橡胶工程有限公司供应的东庆橡胶特种高性能混炼胶见表 1.1.7-31。

表 1.1.7-31 东庆橡胶特种高性能混炼胶（一）

项目	P 系列 NBR 混炼胶						NB 系列 NBR 混炼胶		
	P189A	P189B	P289	P255	P230	P280	NB601	NB701	NB801
特点与用途	油封胶料	浅色密封圈	O 型圈胶料	低硬度密封	油封胶料	高硬度 O 型圈	液压气动系统 O 型圈		
拉伸强度 Ts/MPa	21	20	20	20	22	22	17.5	17.8	18.3
拉断伸长率 Eb/%	490	457	250	550	360	229	360	336	328
硬度 HS（JIS A）	75	70	70	55	68	88	60	70	80

续表

项目	P系列 NBR 混炼胶							NB系列 NBR 混炼胶	
	P189A	P189B	P289	P255	P230	P280	NB601	NB701	NB801
热老化试验：	120 ℃×70 h							125 ℃×70 h	
拉伸强度变化率/%	+6	+6	+6	+6	+6	+10	3.4	2.1	0.8
拉断伸长率变化率/%	−19.8	−17.0	−22.6	−28.8	−34.3	−24.5	−18.6	−12.3	−16.5
硬度变化率/%	+4	+4	+4	+4	+4	+2	+4	+4	+3
耐 ASTM1＃油试验：	120 ℃×70 h							125 ℃×70 h	
硬度变化率/%	+2	+4	+3	+2	+5	+2	+2	+2	+1
体积变化率/%	−3.2	−3.1	−3.5	−1.7	−2.3	−2.3	−5.7	−4.6	−3.9
耐 IRM903＃油试验：	120 ℃×70 h								
硬度变化率/%	−2	−2	−2	−2	−2	−2	−4	−3	−3
体积变化率/%	+4.3	+4	+3.9	+2.3	+3.5	+3.5	+6.2	+5.3	+4.5
压缩永久变形 CS/%	120 ℃×70 h							125 ℃×70 h	
	18	18.5	18.5	16	19.3	17	9	11	12
脆性温度/℃	−45	−45	−45	−45	−45	−45	−40	−40	−40

注：P 系列与 NB 系列 NBR 混炼胶复合 HG/T 2579—2008《普通液压系统用 O 形橡胶密封圈材料》的要求。

表 1.1.7-31　东庆橡胶特种高性能混炼胶（二）

项目	HR系列 HNBR 混炼胶										
	HR520	HR620	HR720	HR820	HR559	HR723	HR2630	HR−5	HR8001	HR901	HR950
特点与用途	耐冷冻剂 A134、耐热、耐油、耐 H_2S、耐酸碱、低压缩变形				黑色燃油胶管	绿色耐燃油	绿色耐冷冻剂	黑色高强度耐冷冻剂	高硬度O型圈	高硬度油田密封	
拉伸强度 Ts/MPa	26.5	28.4	27.8	29.8	15	16	17	27	18	28	31
拉断伸长率 Eb/%	365	321	274	225	420	550	250	300	250	250	240
硬度 HS（JIS A）	50	60	70	80	55	72	70	62	80	90	95
热老化试验：	150 ℃×70 h										
拉伸强度变化率/%	2.5	5.1	3.6	0.5	+15	+13	+11	+8	+4	+6	+6
拉断伸长率变化率/%	−6.8	−6.3	−5.2	−8.1	−13.5	−17.2	−7.6	−11.7	−17	−14.8	−14.8
硬度变化率/%	+4	+3	+3	+3	+3	+4	+3	+4	+2	+4	+4
耐 ASTM1＃油试验：	150 ℃×70 h										
硬度变化率/%	+3	+2	+2	+2	+2	+3	+2	+2	+1	+2	+2
体积变化率/%	−2.4	−1.1	−2.2	−2.2	−6.1	−3.5	−3.5	−3	−3.7	−3	−3
耐 IRM903＃油试验：	150 ℃×70 h										
硬度变化率/%	−6	−6	−5	−5	−2	−2	−2	−2	−2	−2	−2
体积变化率/%	+8.6	+7.2	+7.5	+6.2	+13	+8	+8	+7.5	+9	+7.5	+7.5
压缩永久变形 CS/%	150 ℃×70 h										
	22	20	20	23	28	21	23	22	25	22	22
脆性温度/℃	−50	−50	−50	−50	−45	−45	−45	−45	−45	−45	−45

表 1.1.7-31　东庆橡胶特种高性能混炼胶（三）

项目	AB 系列 ACM 混炼胶			AK 系列 AEM 混炼胶			VK 系列 EVM 耐高温耐油混炼胶			NP 系列 CR 混炼胶	
	AB630	AB730	AB830	AK640	AK740	AK840	VK650	VK750	VK850	NP610	NP710
特点与用途	各种耐高温耐油密封件和胶管			各种耐高温耐油密封件和胶管			各种耐高温耐油O型圈和密封件			各种耐油密封件防尘罩	
拉伸强度 Ts/MPa	10.5	11.4	10.4	16.5	14.4	15	16.5	14.3	15.4	19.5	18.8

续表

项目	AB 系列 ACM 混炼胶			AK 系列 AEM 混炼胶			VK 系列 EVM 耐高温耐油混炼胶			NP 系列 CR 混炼胶	
	AB630	AB730	AB830	AK640	AK740	AK840	VK650	VK750	VK850	NP610	NP710
拉断伸长率 E_b/%	365	270	195	365	260	215	355	279	232	495	420
硬度 HS (JIS A)	60	70	80	60	70	80	60	70	80	60	70
热老化试验：	150 ℃×70 h						175 ℃×70 h			120 ℃×70 h	
拉伸强度变化率/%	2.0	6.8	0.7	1.3	0.6	1.4	2.5	1.1	0.6	3.4	2.5
拉断伸长率变化率/%	−3.6	−5.4	−6.3	−6.8	−10.2	−9.7	−8.3	−5.4	−3.3	−8.6	−3.5
硬度变化率/%	+4	+6	+5	+4	+3	+3	+4	+3	+3	+6	+7
耐 ASTM1♯油试验：	150 ℃×70 h						175 ℃×70 h			120 ℃×70 h	
硬度变化率/%	0	+2	+2	+4	+3	+3	+3	+4	+3	0	+2
体积变化率/%	−3.3	−2.1	−2.7	−5.4	−5.1	−4.6	−3.2	−3.5	−3.1	−0.53	−2.9
耐 IRM903♯油试验：	150 ℃×70 h						175 ℃×70 h			120 ℃×70 h	
硬度变化率/%	−10	−7	−5	−13	−14	−14	−6	−5	−5	−22	−20
体积变化率/%	+13.6	+12.2	+10.8	+33.6	+34.2	+34.0	+11.2	+9.6	+8.6	+72	+66
压缩永久变形 CS/%	150 ℃×70 h						175 ℃×70 h			120 ℃×70 h	
	26	30	28	22	23	25	23	19	17	22	18
脆性温度/℃	−25	−25	−25	−40	−40	−40	−40	−40	−40	−40	−40

表 1.1.7-31 东庆橡胶特种高性能混炼胶（四）

项目	PU 混炼胶			EN 系列 EPDM 混炼胶					耐热输送带胶料	
	PU45	PU70	PU80	EN470	EN570	EN670	EN770	EN870	T1203	EP702
特点与用途	耐磨液压动态密封			各种耐高低温橡胶制品及电线电缆					低烟无卤阻燃	低成本耐高温长寿命
拉伸强度 Ts/MPa	23.5	24.3	26.4	11.5	12.2	13.5	14.3	12.4	13	12
拉断伸长率 Eb/%	565	480	336	658	622	565	480	336	260	630
硬度 HS (JIS A)	45	70	80	40	50	60	70	80	70	60
热老化试验：	120 ℃×70 h			150 ℃×70 h					185 ℃×96 h	
拉伸强度变化率/%	+15	+14	+12	6.5	5.6	2.5	1.1	0.6	−15.4	−16.5
拉断伸长率变化率/%	−24.5	−24.5	−24.5	−28.2	−16.7	−18.3	−15.4	−13.3	−22.7	−4.5
硬度变化率/%	+6	+5	+5	+5	+6	+4	+6	+6	+5	+2
耐 ASTM1♯油试验：	120 ℃×70 h			150 ℃×70 h						
硬度变化率/%	+4	+5	+5							
体积变化率/%	−7.2	−5.3	−6.4							
耐 IRM903♯油试验：	120 ℃×70 h			150 ℃×70 h						
硬度变化率/%	−6	−8	−5							
体积变化率/%	+23.1	+22.5	+21.2							
压缩永久变形 CS/%	120 ℃×70 h			150 ℃×70 h						
	8	6	11	16	15	13	11	14		
脆性温度/℃	−50	−50	−50	−40	−40	−40	−40	−40		

注：T1203 符合 GB/T 20021《帆布芯耐热输送带》要求。

表 1.1.7－31 东庆橡胶特种高性能混炼胶（五）

项目	电缆护套及绝缘胶料系列							F 系列 FKM 混炼胶			
	T1202	EP704	T1204	CR7023	M94	EP501B	EP501D	F60H	F60L	F70L	F80H
特点与用途	低烟无卤阻燃耐油	中低压绝缘和护套	高压绝缘无卤阻燃	氯丁胶电缆护套	耐老化耐酸碱中低压电缆冷缩管	击穿电压大于 30 kV/mm；电缆插拔件绝缘层	体积电阻小于 1 000 Ω；电缆插拔件导电层	耐溶剂密封圈	绿色耐溶剂密封圈	耐高温 O 型圈，	油封专用
拉伸强度 Ts/MPa	11	11	11.5	13	10	11.5	12	9.5	8.3	14.8	14.6
拉断伸长率 Eb/%	180	450	236	431	720	680	602	395	395	325	265
硬度 HS（JIS A）	80	70	78	75	46	48	64	60	60	70	80
热老化试验：	135 ℃×168 h（EP704），158 ℃×168 h（T1202）							250 ℃×70 h			
拉伸强度变化率/%	2.5	2.1	5.2	10.5				+12	+6	+6.6	+6.2
拉断伸长率变化率/%	－8.5	－13.5	－6.5	－16				－18.2	－11.5	－14.5	－12.3
硬度变化率/%	+3	+2	+4	+6				+3	+4	+3	+3
耐 ASTM1＃油试验：											
硬度变化率/%											
体积变化率/%											
耐 IRM903＃油试验：											
硬度变化率/%											
体积变化率/%											
压缩永久变形 CS/%								15	16	19	21
脆性温度/℃								－30	－30	－30	－30

注：T1202 符合 GB/T 5013.7－2008《额定电压 450/750V 及以下橡皮绝缘电缆第 7 部分：耐热乙烯-乙酸乙烯酯橡皮绝缘电缆》中 IE3 的要求；EP704、CR7023 符合 MT818.1－2009《煤矿用电缆第 1 部分：移动类软电缆一般规定》；T1204 符合 TB/T 1481－2010《机车车辆电缆 第 1 部分：额定电压 3 kV 及以下标准壁厚绝缘电缆》的要求。

表 1.1.7－31 东庆橡胶特种高性能混炼胶（六）

项目	NBR/PVC 系列橡塑合金胶料								车辆门窗密封条胶料		
	NT/NC2870HD（环保型）	NT/VC 3470	NT/VC 3474	NT/VC 3455	NT/VC 34710	BV260	BV360	BV460	RE801	FR801	FR650
特点与用途	汽车用胶管、密封件，纺织、印刷用胶辊，电缆护套；超高耐油，超低硬度等					印刷、印染、纺织用耐油耐臭氧耐介质低硬度胶辊			密封条	无卤阻燃防火	无卤阻燃防火
NBR：PVC	70/30	70/30	70/30	55/45	70/30						
DOP 填充量/份	0	0	40	0	100						
拉伸强度 Ts/MPa						3.5	5.4	7.4	9.6	10	11
拉断伸长率 Eb/%						638	586	450	265	236	430
硬度 HS（JIS A）						20	30	40	80	80	65
热老化试验：						100 ℃×70 h			85 ℃×168 h		
拉伸强度变化率/%						－5	－3.5	－3.2	5.1	6.5	8.2
拉断伸长率变化率/%						－15	－12	－6	－12	4.1	－9.5
硬度变化率/%						+7	+5	+5	+2	+1	+2
耐正己烷：						23 ℃×70 h					
体积变化率/%						+4.5	+3.4	－1.2			
压缩永久变形 CS/%									22	23	12
脆性温度/℃									－40	－40	－40

注：RE801 符合 GB/T 21282－2007《乘用车用橡塑密封条的要求》；FR801、FR650 符合 GB/T 27568－2011《轨道交通车辆门窗橡胶密封条》的要求。

2. 福州国台橡胶有限公司

福州国台橡胶有限公司的标准化商品混炼胶见表 1.1.7－32。

表 1.1.7-32 福州国台橡胶有限公司的标准化商品混炼胶

项目	NBR 混炼胶									EPDM 混炼胶					CR 混炼胶					
	NS405	NS505	NS605	NS624	NS705	NS724	NS805	NS825	NS905	ME40Z	ME50Z	ME60Z	ME70Z	ME80Z	CR40	CR50	CR55	CR60	CR65	CR70
硫化条件	160 ℃×10 min									170 ℃×10 min					160 ℃×15 min					
密度 SG/(g·cm⁻³)															1.28	1.41	1.43	1.40	1.41	1.44
拉伸强度 Ts/MPa	7.5	13.2	15.7	15.6	15.7	17.3	15.9	17.5	19.7	10.4	10.3	10.0	10.5	13.9	10.9	11.6	12.9	13.1	12.6	14.1
拉断伸长率 Eb/%	770	710	720	500	380	500	270	290	220	890	660	630	490	340	690	600	460	430	370	340
硬度 HS (JIS A)	41	50	60	68	73	72	80	81	90	41	53	60	72	81	39	50	55	61	65	69
热老化试验:	100 ℃×72 h									125 ℃×72 h					100 ℃×72 h					
拉伸强度变化率/%	−12	+4	+6	+9	+4	+3	+3	+7	+3	−19	−17	−12	+4	+7	+4	+2		0		0
拉断伸长率变化率/%	−35	−32	−28	−26	−27	−29	−26	−25	−8	−31	−30	−38	−41	−46	−12	−13		−23		−15
硬度变化率/%	+4	+3	+5	+4	+4	+5	+5	+3	+2	+9	+7	+8	+6	+4	+5	+8		+7		+4
耐 ASTM1#油试验:	100 ℃×72 h														100 ℃×72 h					
拉伸强度变化率/%	+7	+5	+7	+4	+9	+4	+8	+7	+8						−11	−8		−5		+2
拉断伸长率变化率/%	−25	−34	−24	−26	−27	−18	−21	−25	−15						−27	−23		−19		−15
硬度变化率/%	+3	+4	+3	+4	+4	+10	+3	+4	+1						+2	+3		+2		+2
体积变化率/%	−14	−13	−9	−8	−7	−7	−5	−5	−2						−14	−10		−7		−3
耐 IRM903#油试验:	100 ℃×72 h														100 ℃×72 h					
拉伸强度变化率/%	−14	−13	−1	+1	+3	−6	−2	−3	−3						−49	−43		−54		−23
拉断伸长率变化率/%	−12	−10	−9	−13	−12	−13	−12	−11	−8						−42	−38		−38		−28
硬度变化率/%	−12	−8	−6	−5	−4	−7	−3	−2	−4											
体积变化率/%	+15	+8	+3	+4	+8	+10	+4	+5	+3						+85	+76		+65		+60
压缩永久变形 CS:																				
(100 ℃×24 h)/%	29	26	28	26	23	21	16	20	15											
(100 ℃×22 h)/%	35	31	30	30	28	25	24	27	25	51	45	50	52	50	42	44		42		39

混炼胶供应商还有：广东省东莞市太平洋橡塑制品有限公司、柳州市大新实业有限公司、广州市穗昶橡塑有限公司、上海道氟化工科技有限公司、长泓胶业集团（长欣胶业（上海）有限公司）、奉化联邦橡胶有限公司、西北橡胶塑料研究设计院橡塑公司、陕西省石油化工研究设计院高分子材料研究所、西北橡胶塑料研究设计院新拓公司、无锡联源橡塑制品有限公司等。

进口混炼胶供应商有：上海宁城高分子材料有限公司、上海立深行国际贸易有限公司等。

二、乳液共沉

乳液共沉是橡胶工业传统的使用橡胶密炼机、开炼机、连续的螺杆式混炼机等高耗能装备进行干法共混的替代技术之一。利用这一方法，SBR 1800 系列低温乳聚充油充炭黑丁苯母炼胶曾经商品化生产。但由于生产过程中炭黑污染合成橡胶装置，炭黑在复合材料中的分散不好且均需加入乳化剂导致复合材料的物理机械性能降低，填充量也不大，该牌号的产品已基本停产。

2.1　CEC 弹性体复合材料[11]

CEC 弹性体复合材料由美国卡博特公司通过与海福乐密炼系统集团（HF Mixing Group）合作开发的连续液相混炼密炼机采用独特的连续液相混合凝固工艺制备的 NR 炭黑母炼胶，其生产过程如图 1.1.7-9 所示。

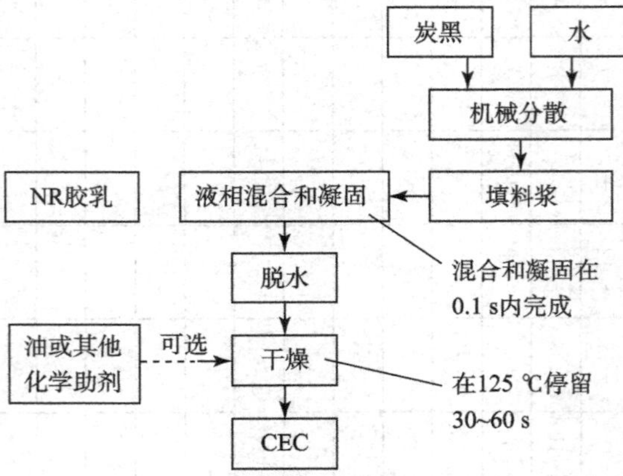

图 1.1.7-9　CEC 的生产工艺流程

CEC 弹性体复合材料，将炭黑以机械方式充分分散在水中（不加任何表面活性剂）制得炭黑浆，炭黑浆注入高速转动的搅拌机内与天然胶乳流连续混合，在室温与强烈的紊流条件下，天然胶与炭黑的混合和凝固在不到 0.1 s 的时间内机械完成，在此过程中不添加任何化学添加剂。凝固物经挤出机脱水后，连续喂入干燥机进一步将其水分降低至 1%以下，材料在干燥机内停留的时间为 30～60 s。在整个干燥过程中，材料温度只在很短的一段时间（5～10 s）内达到 140～150 ℃，避免 NR 发生热氧降解。在干燥过程中，还加入少量的防老剂，也可选择性地加入一些小料，如氧化锌、硬脂酸和蜡等。干燥后的材料即可进行压片、切割、造粒，被包装为由扁平胶条组成的疏松的大胶包。

CEC 胶料的混炼能耗比普通干法混炼低很多，同时炭黑在胶料中的分散也大大优于干法混炼，填料网络化受到抑制，胶料中的油含量越大时其与干法混炼胶料相比的佩恩效应差别越大。因此，CEC 硫化胶的滞后损耗、应力-应变、耐曲挠疲劳和耐磨性都比干法混炼胶有了显著改善。使用 CEC 弹性体复合材料与干法混炼相比具有以下特点：

（1）采用相同配方时，CEC 硫化胶 100%、300%定伸应力与干法混炼胶相近，拉伸强度略高，拉断伸长率略大，硬度低 1.5～2.5 度。

（2）填充少量易分散炭黑时耐磨性与干法混炼胶相当；填充分散性较差的大比表面积和低结构炭黑时，特别是在炭黑填充量较大的情况下，CEC 硫化胶优于干法混炼胶。炭黑填充量对 CEC 和干法混炼胶耐磨性能的影响如图 1.1.7-10 所示。

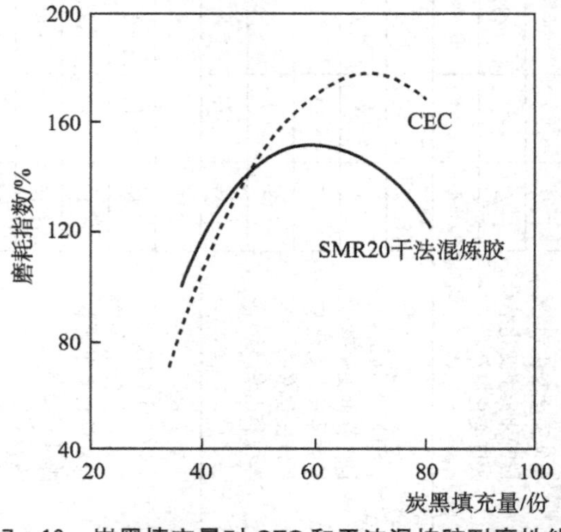

图 1.1.7-10　炭黑填充量对 CEC 和干法混炼胶耐磨性能的影响

高填充量胶料的耐磨性能下降可能涉及多种机理，诸如含胶率下降、硬度迅速增大和耐疲劳劣化，但炭黑分散性差对耐磨性下降起着十分重要的作用。

(3) CEC 胶料的回弹值比干法混炼胶相对高 5%～10%；60 ℃时的 tan δ 降低了 7%，含油（油用量 5～30 份）、高油（油用量 10～30 份）配方此数值提高到 9%和 11.5%。据报道，轮胎带束层边缘温度升高 10 ℃，将使轮胎寿命缩短 60%～70%。较高的回弹值和较低的滞后损失使得 CEC 胶料的生热较低：CEC 胎面胶的温升比干法混炼胶低 10 ℃，耐久寿命高 17%。

(4) 与干法混炼胶相比，CEC 胶料的耐切割性能明显提高，如图 1.1.7-11 所示。

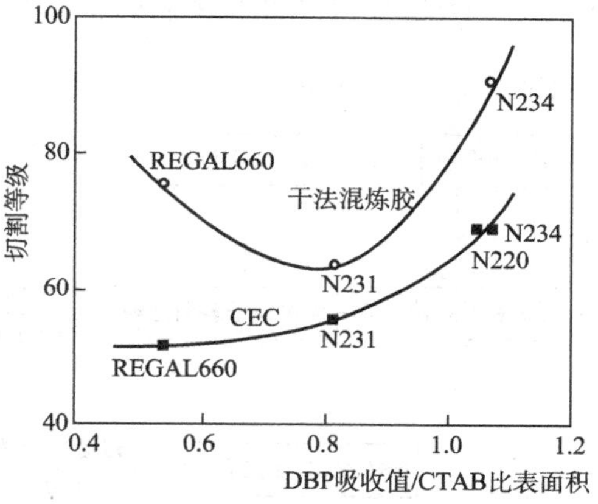

图 1.1.7-11 CEC 和干法混炼胶耐切割性对比

一般低结构炭黑可赋予胶料更高的撕裂强度，但在干法混炼胶中由于其分散性很差，这一优点被抵消了，但是 CEC 胶料却可将低结构炭黑改善耐切割性的潜能发挥出来。

(5) CEC 胶料的平均压缩疲劳寿命比干法混炼胶提高 90%以上。这一优点将大大提高某些橡胶制品，如减振制品、雨刮器、胶带和轮胎胎侧的使用寿命。

这种 CEC 弹性体复合材料的制备，与传统的乳液共沉复合材料生产方法的不同之处在于：

1) 炭黑浆制备过程中未加入乳化剂。

2) 胶乳破乳的方式为机械破乳，而非通常的电化学破乳。

3) 实际上以炭黑为隔离剂，生产过程未加入其他隔离剂。

4) 以橡胶组分质量份为 100 份计，炭黑的填充量一般小于 100 份，以 50～70 份为最佳。

2.2 木质素补强丁腈橡胶母胶

木质素是造纸工业的废弃物，是一种主要由碳、氢、氧三元素组成的天然高分子化合物，其结构单元为愈创木基苯丙烷、紫丁香基苯丙烷、对羟基苯丙烷，经羟甲基化改性，其分子结构类似于固化的三维网状酚醛树脂。木质素补强丁腈橡胶母胶由羟甲基化改性木质素与丁腈胶乳乳液共沉后制得。

本品适合于高定伸、高硬度、低变形的耐油配方；不需要使用间－甲－白或钴盐体系即可与钢丝、纤维等骨架材料可靠黏合。

木质素补强丁腈橡胶母胶供应商见表 1.1.7-33。

表 1.1.7-33 木质素补强丁腈橡胶母胶供应商

供应商	牌号	密度/(g·cm^{-3})	含胶率/%(以 NBR 计)	NBR 中的丙烯腈含量/%	NBR 门尼黏度	硫化胶物理机械性能指标			
						300%定伸/MPa	拉伸强度/MPa	伸长率/% (≥)	硬度(邵尔 A)
广州林格高分子材料科技有限公司	LN 5033	1.22～1.26	50	33	55±5	8.7±0.5	22±2	600	80±2

测试配方：NBR3355 50，LN5033 100、纳米氧化锌 3、硬脂酸 1、CBS 1.5、T.T 0.2、S 2。

2.3 共沉法 NR/无机粒子复合材料

华南理工大学王炼石、张安强利用乳液共沉技术制备了一系列的共沉法天然橡胶/无机粒子复合材料，包括共沉法 NR/高岭土复合材料、共沉法 NR/纳米碳酸钙复合材料和溶胶-凝胶法 NR/SiO_2 纳米复合材料。

制备共沉法天然橡胶/无机粒子复合材料所用原料为天然橡胶（NR）胶乳、无机粒子、表面处理剂和凝聚剂。其制备过程是首先将无机粒子淤浆加入夹套加热反应釜，或将无机粉体和无离子水加入反应釜通过搅拌制成无机粒子淤浆，在搅拌中加入表面处理剂对无机粒子进行表面处理，加入天然胶乳，升温至 80～90 ℃，恒温搅拌 1 h 左右，加入絮凝剂，NR 包藏着无机粒子凝聚共沉，以颗粒或粉末析出，出料，滤去水分，用自来水洗涤 3～4 次，用离心脱水机脱除水分，用挤出机挤出干燥或烘房干燥至恒重，即获得 NR/无机粒子复合材料。

天然胶乳可以是未经浓缩的天然胶乳，也可以是浓缩天然胶乳。无机粒子包括高岭土、纳米碳酸钙、轻质碳酸钙或造纸废料白泥。无机粒子原料最好采用其工业生产的半成品——淤浆，例如进入干燥工序前的高岭土淤浆、轻质或纳米碳酸钙淤浆、造纸白泥淤浆，也可以采用相应的无机粉体，但要制成淤浆后才能与 NR 胶乳混合。因此采用工业制备无机粒子的半成品淤浆生产 NR/无机粒子复合材料具有工艺简便、节能节时、生产成本较低的优点。所用无机粒子表面处理剂是商品化表面活性剂或稀土盐水溶液。所用凝聚剂是氯化钙水溶液，也可以采用氯化铝、氯化锌的水溶液。

对于 NR/二氧化硅（SiO_2）纳米复合材料，所用原料是硅溶胶或硅酸钠。在 NR 胶乳/硅溶胶或硅酸钠混合液中加入酸的水溶液，硅溶胶或硅酸钠即就地生成 SiO_2 纳米粒子，同时混合体系发生凝聚共沉形成 NR/SiO_2 纳米复合材料。

根据无机粒子用量的不同，共沉法 NR/无机粒子复合材料的粒径分布为 1.0～0 mm，出料时不会堵塞反应釜的出料阀，且干燥工艺简便。

制备共沉法 NR/无机粒子的工艺流程如图 1.1.7－12 所示。

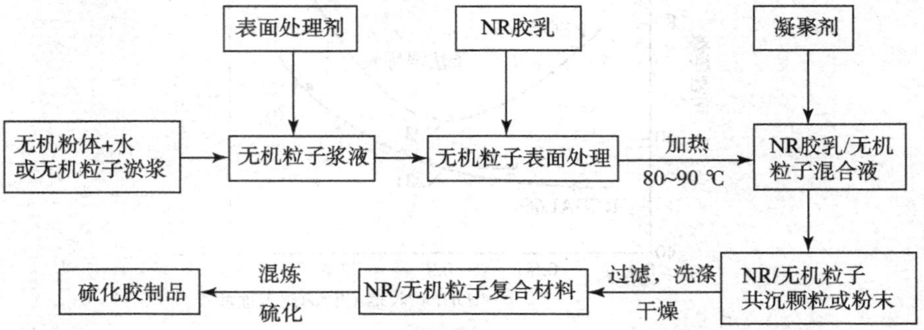

图 1.1.7－12　制备共沉法 NR/无机粒子复合材料的工艺流程

用共沉法制备 NR/无机粒子复合材料的优点是所需设备简单、容易操作。在反应釜中无机粒子以浆液状态存在，易于对其粒子进行表面处理。经表面处理的无机粒子以乳液或悬浮液状态存在，易于与 NR 胶乳均匀混合，故无机粒子在 NR 基体中分散非常均匀。共沉法 NR/无机粒子复合材料干燥后为颗粒状或粉末状。与传统的块状橡胶加工工艺相比，共沉法 NR/无机粒子复合材料可省去切胶、塑炼和与填料混炼等工序，节能省时，降低生产成本，与硫化剂混炼方便，能耗低，无粉尘飞扬造成环境污染之虞。无机粒子在混炼胶中具有极好的分散性，混炼胶质量高，硫化胶制品的物理机械性能优良等优点。

2.3.1　共沉法 NR/高岭土复合材料

分别用羧酸盐水溶液和稀土盐水溶液对高岭浆液的高岭土粒子进行表面处理，用其制备共沉法 NR/改性高岭土复合材料和 NR/稀土掺杂高岭土复合材料，其硫化胶的物理机械性能如表 1.1.7－34 和表 1.1.7－35 所示。

表 1.1.7－34　共沉法 NR/改性高岭土复合材料硫化胶的物理机械性能

改性高岭土用量/phr	20	40	60	80	100	150
100%定伸应力/MPa	1.4	2.3	3.5	3.8	4.6	7.1
300%定伸应力/MPa	2.2	5.3	5.7	6.2	7.8	9.7
拉伸强度/MPa	25.8	27.0	23.7	21.0	20.4	15.2
扯断伸长率/%	735	651	650	642	607	594
撕裂强度/($kN \cdot m^{-1}$)	30.2	43.8	34.8	35.2	32.9	30.5
永久变形/%	16	32	44	52	60	72
硬度（邵尔 A）	54	58	64	70	73	81

表 1.1.7－35　共沉法 NR/稀土掺杂高岭土复合材料硫化胶的物理机械性能

稀土掺杂高岭土用量/phr	25	40	50	75	100	125	200
100%定伸应力/MPa	1.2	3.4	1.4	2.1	2.9	3.6	6.8
300%定伸应力/MPa	3.9	9.8	4.2	4.8	5.8	7.1	10.8
拉伸强度/MPa	31.2	32.8	31.3	26.6	26.1	21.0	13.1
扯断伸长率/%	740	550	740	720	640	550	350
撕裂强度/($kN \cdot m^{-1}$)	31.0	37.8	31.4	40.8	35.4	33.1	30.5
永久变形/%	68	48	80	92	108	110	125
硬度（邵尔 A）	56	65	60	60	68	70	74

比较表 1.1.7－34 和表 1.1.7－35 的数据可见，NR/稀土掺杂高岭土复合材料硫化胶的拉伸强度显著高于 NR/改性高岭土复合材料硫化胶。

块状 NR/高岭土干粉混炼胶料硫化胶在拉伸过程中试样的表面会出现应力发白，但共沉法 NR/改性高岭土复合材料硫化胶和共沉法 NR/稀土掺杂高岭土复合材料硫化胶的物理机械性能不会出现应力发白现象。

2.3.2 共沉法 NR/纳米碳酸钙复合材料

共沉法 NR/纳米碳酸钙复合材料硫化胶的物理机械性能如表 1.1.7-36 所示。

表 1.1.7-36 共沉法 NR/纳米碳酸钙复合材料硫化胶的物理机械性能

纳米碳酸钙用量/质量份	25	50	75	100	125	150	175	200
100%定伸应力/MPa	2.2	2.7	2.6	3.0	3.0	3.8	4.5	3.6
300%定伸应力/MPa	5.5	6.2	5.8	6.8	6.8	8.5	9.3	7.2
拉伸强度/MPa	23.9	21.9	19.1	18.4	17.5	17.7	13.9	14.5
扯断伸长率/%	674	644	597	559	564	554	485	445
撕裂强度/($kN \cdot m^{-1}$)	15	16	28	32	34	35	37	42
永久变形/%	76.5	82.9	89.4	88.4	63.4	65.7	59.5	51.2
硬度（邵尔 A）	60	62	68	70	71	77	78	80

2.3.3 溶胶一凝胶法 NR/SiO_2 纳米复合材料

溶胶-凝胶法 NR/SiO_2 纳米复合材料硫化胶的物理机械性能如表 1.1.7-37 所示。特别值得一提的是，用溶胶-凝胶法 NR/SiO_2 纳米复合材料制备的硫化胶具有透光性。

表 1.1.7-37 溶胶-凝胶法 NR/SiO_2 纳米复合材料硫化胶的物理机械性能

纳米 SiO_2 含量/phr	0	5	10	15	20	40
300%定伸应力/MPa	2.2	2.9	4	4.1	4.2	4.2
拉伸强度/MPa	15.9	22	30.1	27.3	26.5	25
扯断伸长率/%	725	780	820	800	780	740
撕裂强度/($kN \cdot m^{-1}$)	28	52	60	65	75	101
永久变形/%	60	80	100	95	90	80
硬度（邵尔 A）	60	65	70	72	75	75

2.4 丁腈橡胶/聚氯乙烯共沉胶

2.4.1 概述

NBR 的耐热、耐油、耐天候老化性能的改进研究一直是人们关注的重点，期望有一种既耐油，又耐天候老化（类似于 EPDM 的耐热耐天候老化性能）的橡胶品种出现。对 NBR 的研究包括：

1）采用镉镁硫化体系提高 NBR 的耐温性，可由 120 ℃提高到 135 ℃。

2）采用高分子不易挥发的聚酯类、聚醚类增塑剂（如 Vulkanol OT），减少增塑剂的抽出，提高其高低温性能。

3）采用高促低硫或过氧化物硫化体系，改善胶料的压缩变形性能。

4）采用高 CAN 含量提高胶料的耐油性。

5）采用特殊防老剂，改善耐热老化和耐臭氧老化性能等。

早在 1936 年，Konard 就阐述了 NBR/PVC 共混胶的基本理论，这种共混胶的主要优点就是兼有 PVC 的耐臭氧性、NBR 的可交联性和耐油性。中国对 NBR/PVC 共混胶的研究始于 20 世纪 70 年代，90 年代开始工业化应用。丁腈橡胶/聚氯乙烯共混胶（Nitrile Rubber－Polyvinylchloride Blend，Arcylonitrile Butadiene Rubber－Polyvinylchloride Blend）是以丁腈橡胶为主掺入 20%～50%的聚氯乙烯树脂共混而得，以 NBR/PVC 表示。丁腈橡胶/聚氯乙烯共混胶的制法有机械共混和乳液共沉两种，前者是将丁腈橡胶和聚氯乙烯树脂在开炼机或密炼机上直接共混而得，分散均匀程度不如后者；后者是将丁腈胶乳和聚氯乙烯乳液按比例掺混，并加入稳定剂，搅拌均匀后共凝聚制得。机械共混又有高温、中温、低温三种方法。高温共混，在高于聚氯乙烯熔点（150～180 ℃）下共混；中温共混，先将聚氯乙烯在液体增塑剂中溶胀后再与丁腈橡胶共混，共混温度低于聚氯乙烯的熔点；低温共混，先将丁腈橡胶经塑炼包辊后再慢慢加入聚氯乙烯树脂进行共混。一般的，NBR 与 PVC 机械共混时，工艺温度应当控制在 160～170 ℃之间，低于 160 ℃ PVC 塑化不充分，高于 170 ℃ PVC 开始分解。目前商品化生产的 NBR/PVC 需采用乳液共沉法生产。

其特性为：

1）耐臭氧和耐天候老化性能通常比丁腈橡胶显著提高，如表 1.1.7-38 所示。

表 1.1.7-38 NBR/PVC 配方的耐臭氧性能

配方号 B4X	35	36	37	38	39	40	41
	K870	K870	K870	K870	K870	K870－70 K825－30	K870－50 K825－50
防老剂 IPPD（4010NA）	—	2	2	2	—	2	2

续表

配方号 B4X	35	36	37	38	39	40	41
防老剂 NBC	—	—	—	1	—	—	—
微晶石蜡	—	—	3	3	3	3	3
静态 50 pphm，40 ℃，60%湿度							
拉伸 20%							
1 天	0	0	0	0	0	0～3	0
2 天	0	0	0	0	0	0～3	0
5 天	0	0	0	0	0	0～3	0
拉伸 30%							
1 天	0	0	0	0	0	2	0
2 天	0	0	0	0	0	3	0
3 天	3～0	0	0	0	0	4	3～0
4 天	4～0	0	0	0	0	4	3～0
5 天	5～0	0	0	0	0	5	4～0
拉伸 50%							
1 天	3	0	0	0	3	4	4
2 天	5	2	3	0	5	5	5
3 天		3	4	0			
4 天		4	5	2			
静态 100 pphm，40 ℃，60%湿度							
拉伸 20%							
1 天	2	0	0	0	0	2～0	0～0
2 天	3	0	0	0	2	2～0	0～2
3 天	3	0	0	0	2	3	0～2
4 天	3	0	0	0	3	3	0～3
5 天	4	0	0	0	3	3	2～3
拉伸 30%							
1 天	2	0	0	0	2	2	2～0
2 天	3	0	0～2	0	3	3	3～2
3 天	4	0～2	2～2	0	4	3	3～2
4 天	4	0～3	2	2	4	4	5～3
5 天	5	0～3	3	2	4～5	4	5～3
静态 200 pphm，40 ℃，60%湿度							
拉伸 20%							
1 天	0	0	0	0	0	0	0
2 天	3	0	2～0	0	3	3	3
3 天	5	0	3～0	0	5	3	3
4 天		0	3～2	0		3	3
5 天		0	3～2	0		4	4
拉伸 30%							
1 天	0	0	0	0	0	3～2	0
2 天	4	3～0	3	0	4	5～4	3
3 天	5	3～0	3	2	5	5	3
4 天		4～2	4～3	3			4

注：K870 基本配合为：Perbunan NT/VC 3470 100，快压出炭黑 FEF 40，热裂法炭黑 MT 20，DOP 15，硫黄 0.3，促进剂 TMTD 2.5，促进剂 CBS（CZ）2.5，氧化锌 5，硬脂酸 1。

2）良好的耐油和耐燃油性，耐油性、耐化学药品性能比通常丁腈橡胶有所改善。

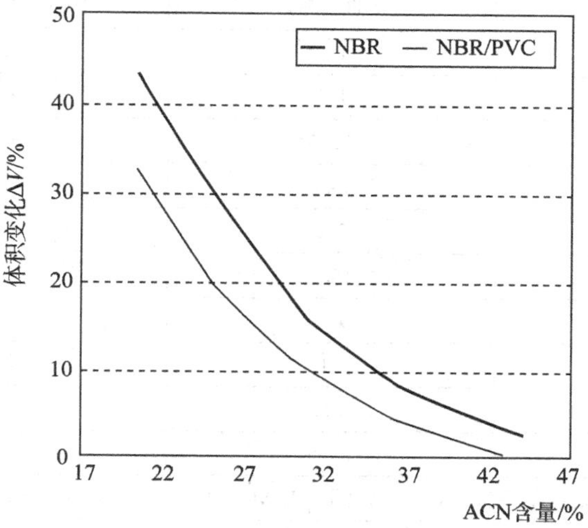

图 1.1.7-13 NBR与NBR/PVC（70∶30）在ASTM No.3油中的性能比较

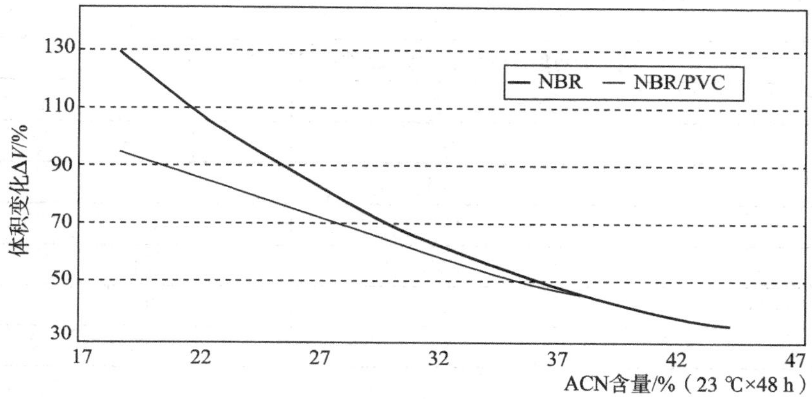

图 1.1.7-14 NBR与NBR/PVC（70∶30）在燃油C中的性能比较

3）极佳的耐磨性和抗撕裂性。

	阿克隆磨耗	抗撕裂性（C型）/(kN·m^{-1})
NBR	0.2	35
NBR/PVC	0.02	55

4）比通常丁腈橡胶提高了阻燃性。

5）优异的挤出/压延和模压工艺性能，色泽鲜亮稳定。

6）耐水；比通常的聚氯乙烯改善了低温特性、耐油性、伸长率等。

7）CR胶的密度为1.23 g·cm^{-3}，NBR/PVC的密度为1.08 g·cm^{-3}，对于同一产品，若用NBR/PVC取代CR，即可节约材料耗用15%～20%。

NBR/PVC的不足之处是低温特性、弹性降低，压缩变形增大。此外，与普通的NBR/PVC相比，XNBR/PVC具有较高的定伸应力、拉伸强度、抗撕裂性能和耐磨性；同时，吉门（Gehman）扭矩测定的硫化橡胶低温刚性数据，XNBR/PVC胶料和所有的NBR胶料的t_{100}低温值几乎是相等的。NBR、NBR/PVC、XNBR/PVC性能比较见表1.1.7-39。

表 1.1.7-39 NBR、NBR/PVC、XNBR/PVC性能比较

配方材料与项目	NBR（554）	NBR/PVC（557）	XNBR/PVC（559）
Perbunan NT 3445	100.0	—	—
Perbunan NT/VC 3470	—	100.0	—
XC 773（XNBR∶PVC=70∶30）	—	—	100.0
活性氧化锌	1.0	1.0	1.0
硬脂酸	1.0	1.0	1.0

续表

配方材料与项目	NBR（554）	NBR/PVC（557）	XNBR/PVC（559）
防老剂 TNP	1.0	1.0	1.0
硫黄	1.5	1.5	1.5
Picco 100（聚苯乙烯树脂）	10.0	10.0	10.0
Hisil233（白炭黑）	55.0	55.0	55.0
聚乙二醇 4000	2.5	2.5	2.5
DOP	15.0	15.0	15.0
MBTS	1.8	1.8	1.8
促进剂 PZ	0.15	0.15	0.15
胶料黏度 ML（1+4）100 ℃	125	133	124
门尼焦烧时间 t_5（125 ℃）/min	7.75	9.5	7
伽佛式（Garvay）口型挤出（Royle 1/2″，104 ℃，70 r/min）			
线速度/(cm · min^{-1})	127	157	160
口型膨胀/%	18	5	14
外观	B_4	A_{10}	A_{10}
硫化胶物理机械性能（硫化条件：165 ℃×6 min）			
硬度（邵尔 A)/度	70	84	89
100%定伸应力/MPa	1.2	3.0	5.4
200%定伸应力/MPa	2.6	5.7	11.4
拉伸强度/MPa	13.8	15.4	18.9
扯断伸长率/%	830	680	480
撕裂强度（口型 C)/(kN · m^{-1})	32.3	56.8	59.8
磨耗（NBS)/%	51	59	71
低温脆性温度			
吉门 t_{10}	−29.8	−11.5	−10.3
t_{100}	−36.5	−26.8	−34.3
静态臭氧老化（55 pphm，拉伸 20%，40 ℃）			
48 h	2	0	0
72 h	3	0	0
100 h	4	0	0
120 h	5	0	0
168 h	—	0	0
吉门 t_5	−25	−21.5	
t_{10}	−27.5	−25.5	
t_{100}	−36.5	−44	
100 ℃×70 h 热空气老化			
硬度变化（邵尔 A)/度	+12	+7	
拉伸强度变化率/%	+2	+7	
扯断伸长率变化率/%	−19	−20	
120 ℃×168 h 热空气老化			
硬度变化（邵尔 A)/度	+6	0	
拉伸强度变化率/%	0	+10	
扯断伸长率变化率/%	−41	−61	

续表

配方材料与项目	NBR（554）	NBR/PVC（557）	NBR/PVC（559）
121℃×18 h ASTM 2#油中浸渍后			
硬度变化（邵尔 A）/度	+11	+10	
拉伸强度变化率/%	+6	+7	
扯断伸长率变化率/%	−10	−25	
体积变化/%	−10.6	−13	

NBR/PVC 的配合原则上与普通 NBR 相同。由于 PVC 使 NBR/PVC 具有较高的硬度和模量，高补强硬质炭黑也较难分散，一般采用补强性较小的炭黑即可获得良好的物理机械性能。常用的白色填料有白炭黑、陶土、碳酸钙和滑石粉等，推荐使用表面处理碳酸钙，以减少对增塑剂的吸附，保证良好的加工性能。白色胶料中加入少量炭黑作为着色剂时，对产品整体的防紫外线和其他性能有正面作用。NBR/PVC 常用的增塑剂有 DOP、DBP、DOS 等。聚酯类增塑剂能提高 NBR/PVC 胶料的耐温性；磷酸酯类增塑剂可提高 NBR/PVC 胶料的阻燃性；蜡状低分子聚乙烯既可作为增塑剂，又可作为加工助剂便于产品的挤出、压延、模压，并使最终制品获得表面光亮的外观。对于需大量添加增塑剂的制品，则可选用预增塑的 NBR/PVC 牌号。

开炼机混炼温度为 40～50℃。

NBR/PVC 主要用于电线电缆护套，油管和燃油管外层胶，皮辊和皮圈，汽车模压零件，微孔海绵，发泡绝热层，安全靴和防护涂层等。

2.4.2 NBR/PVC 技术标准与典型应用

1. NBR/PVC 的典型技术指标

按照 GB/T 5577—2008《合成橡胶牌号规范》，国产丁腈橡胶/聚氯乙烯共沉胶的主要牌号见表 1.1.7 - 40，大部分丁腈橡胶供应商都有 NBR/PVC 产品供应。

表 1.1.7 - 40 国产 NBR/PVC 的主要牌号

牌号	NBR/PVC 质量比	结合丙烯腈质量分数/%
NBR/PVC 8020	80/20	24～26
NBR/PVC 7030	70/30	20～24

NBR/PVC 的典型技术指标见表 1.1.7 - 41。

表 1.1.7 - 41 NBR/PVC 的典型技术指标

NBR/PVC 的典型技术指标		
项目	聚氯乙烯含量 30%～35%（w）	聚氯乙烯含量 15%（w）
门尼黏度 ML（1+4）100 ℃	30～43	30～38
门尼焦烧 ML（1）125 ℃ t_s/min	17～21	17～22
相对密度	1.06～1.15	1.01～1.05
NBR/PVC 硫化胶的典型技术指标		
100%定伸应力/MPa	1.96～4.20	1.6～1.96
200%定伸应力/MPa	7.8～10.9	6.2～7.8
拉伸强度/MPa	14.7～16.9	14.7～16.9
拉断伸长率/%	480～650	580～650
硬度（JIS A）	58～70	58～60
压缩永久变形（100 ℃×70 h）/%	32～45	26～36
脆性温度/℃	−51～−25	−51～−30
耐臭氧老化（500×10^{-6}，40 ℃，20%伸长）	50 h 无龟裂	A−2～A−4（50 h）

注：详见《橡胶原材料手册》，于清溪、吕百龄等编写，化学工业出版社，2007 年 1 月第 2 版，P112～113。

2. NBR/PVC 的典型应用

（1）NBR/PVC 用于燃油胶管

燃油胶管防渗层材料一般采用氟胶（FKM）、氢化丁腈橡胶。内层胶可以选用 AEM、CSM、ECO 等；也有采用尼龙材料的，但柔性较差、密封不佳；欧洲常用 NBR/PVC 材料。外层胶一般选用 NBR/PVC、CR、ECO、CSM 等。

NBR/PVC 用于燃油胶管的配方见表 1.1.7 - 42。

表 1.1.7-42 NBR/PVC 用于燃油胶管的配方

配方材料及项目	燃油胶管内层胶配方			耐酸性汽油的防渗层胶料配方	低成本常规胶管配方	
	配方	英国 BLS22RU49 标准				
		3 级	4B 级			
Perbunan NT/VC 4370（NBR∶PVC=70∶30）	100.0					
Perbunan NT/VC 3470（NBR∶PVC=70∶30）					100.0	
XC 773（XNBR∶PVC=70∶30）						100.0
高饱和丁腈 Therban C4367（ACN43%，饱和度 95%）				100.0		
Krylene 1502（丁苯橡胶）					30.0	30.0
中粒子热裂法炭黑 N907	60.0					
中粒子热裂法炭黑 N990				20.0		
快压出炉黑 N550	40.0			50.0		
高耐磨炭黑 N330					35.0	35.0
Ultramoll 2（白炭黑）	20.0					
Hisil 233（白炭黑）					25.0	25.0
磷酸三甲苯酯	10.0					
醚硫醚增塑剂（Vulkanol OT）				10.0		
DOP					20.0	20.0
TP 90B（聚酯增塑剂）					10.0	10.0
Vulkanox ZMB	2					
Permanax	2					
Santoflex 13（防老剂 DMBPPD）				2.0		
Wingstay 100（二芳基对苯二胺混合物）					1.0	1.0
防老剂 124					1.0	1.0
微晶蜡					2.0	2.0
古马隆					5.0	5.0
Wingstack 95（增黏树脂）					5.0	5.0
ZnO	5.0			5.0	4.0	4.0
硬脂酸	1.0				1.0	1.0
乙二醇					1.5	1.5
TMTD	1.0			1.25	1.75	1.75
MD					1.75	1.75
CBS				2.0		
Santocure MOR	1.5					
TETD				1.25		
二硫代吗啉	1.5					
MC 硫黄	0.5			0.4	1.75	1.75
合计	244.5			192.9		
门尼黏度 ML（1+4）100 ℃	68			74	40	40
门尼焦烧时间 t_5（125 ℃）/min	8			17.4	20	8
硫化胶性能						
硫化条件	165 ℃×15 min			165 ℃×12 min	165 ℃×10 min	
硬度（邵尔 A）/度	82	60～75	60～80	61	72	180
100%定伸应力/MPa	11.1			2.4		

续表

配方材料及项目	燃油胶管内层胶配方			耐酸性汽油的防渗层胶料配方	低成本常规胶管配方	
	配方	英国 BLS22RU49 标准				
		3 级	4B 级			
拉伸强度/MPa	13.8	8	10	17.4	13.6	16.9
扯断伸长率/%	230	200	250	540	400	350
压缩永久变形（100 ℃×24 h）/%	27	50	50	50（120 ℃×22 h）		
撕裂强度/(kN·m⁻¹)	66	65	65		32	37
磨耗（NBS）/%					95	180
120 ℃×70 h 热空气老化						
硬度变化（邵尔 A）/度	+7	1～15	1～15	+9		
拉伸强度变化率/%	+17	−20	−20	−6		
扯断伸长率变化率/%	−85	−50	−50	−18		
耐 ASTM NO.1 油（120 ℃×70 h）						
硬度变化（邵尔 A）/度	+13		−5～+30			
拉伸强度变化率/%	+24		−20			
扯断伸长率变化率/%	−38		−50			
体积变化/%	−2		−15～+5			
耐 ASTM NO.3 油（120 ℃×70 h）						
硬度变化（邵尔 A）/度	+3		−10～+10			
拉伸强度变化率/%	+17		−20			
扯断伸长率变化率/%	−30		−50			
体积变化/%	0		−15～+15			
耐 ASTM 燃油 C（60 ℃×70 h）						
硬度变化（邵尔 A）/度	−17	−25	−25			
拉伸强度变化率/%	−30	−40	−40			
扯断伸长率变化率/%	−13	−30	−30			
体积变化/%	+15	+30	+30			
含 15%甲醇的 ASTM 燃油中（60 ℃×70 h）						
硬度变化（邵尔 A）/度	−16	−25	−25			
拉伸强度变化率/%	−18	−50	−50			
扯断伸长率变化率/%	−26	−40	−40			
体积变化/%	+10	+45	+45			

（2）NBR/PVC 用于输送带面胶和中间层胶

NBR/PVC 用于输送带面胶和中间层胶的配方见表 1.1.7－43。

表 1.1.7－43 NBR/PVC 用于输送带面胶和中间层胶的配方

配方材料与项目	输送带面胶胶料配方				输送带中间层胶胶料配方
XC 773（XNBR：PVC=70：30）	97.0	97.0	97.0	97.0	
Perbunan NT/VC 3470B					100.0
防老剂 IPPD（4010NA）	1.0	2.0	1.0	1.0	
防老剂 124		1.5	1.0		
防老剂 BLE	1.0			1.0	
防老剂 Vulkanox DDA					1.5
微晶蜡		2.0		2.0	
高耐磨炭黑 N330	65.0	60.0		10.0	

续表

配方材料与项目	输送带面胶胶料配方				输送带中间层胶胶料配方
快压出炉黑 N550			50.0		
沉淀法白炭黑					30.0
白色填料 Zeolex 23				35.0	
聚酯增塑剂 TP 90B	15.0	10.0	5.0	8.0	
DOP	12.0	15.0			25.0
Plasticator 80		15.0			
Plasticator FH（聚醚）			10.0		
聚醚类增塑剂 Vulkanol FH					10.0
增塑剂 磷酸二苯辛酯				20.0	
阻燃剂 Kenplast 'G'			8.0		
三氧化二锑				7.0	6.0
均匀剂 Struktol 60 NS	5.0		5.0	4.0	
二甘醇					0.3
ZnO					5.0
硬脂酸	1.0	2.0		1.0	1.0
促进剂 MBTS	1.5	1.3		1.5	
促进剂 TMTM	0.3	0.2		0.3	
促进剂 MD			1.0		
促进剂 TMTD			0.5		
促进剂 CBC（CZ）					1.2
促进剂 D					0.8
助硫化剂 krynac PA 50	6.0	6.0	6.0	6.0	
硫黄	1.5	1.5	1.25	1.25	2.4
门尼黏度 ML（1+4）100℃	40.5	25.0	45.0	29.0	45（MS140 ℃（+5））
门尼焦烧时间 t_5（125 ℃）/min	9	7	12.75	9.5	
硫化特性					
t_{10}/min					12
t_{90}/min					22
伽佛口型挤出（Royle 1/4″，104 ℃，70 r/min）					
线速度/(cm · min^{-1})	228	218	193	166	
口型膨胀/%	15.1	14.7	38	59	
外观	A_{10}	A_{10}	A_{10}	A_{10}	
硫化胶物理机械性能					
硫化条件	145 ℃×15 min				160 ℃×20 min
硬度（邵尔 A）/度	84	64	74	61	57
100%定伸应力/MPa	6.4	3.7	5.6	2.7	
200%定伸应力/MPa	12.4	8.3	10.5	4.6	
300%定伸应力/MPa	15.3	14.6	18.1	11.7	
拉伸强度/MPa	15.3	14.6	18.1	11.7	17.9
扯断伸长率/%	280	360	400	430	675
撕裂强度（口型 C）/(kN · m^{-1})	39.2	37.2	48.0	31.4	
压缩永久变形（20 ℃×22 h）/%	46.2	51.7	40.0	32.7	
脆性温度/℃	−29	−40	−21	−31	

续表

配方材料与项目	输送带面胶胶料配方				输送带中间层胶胶料配方
磨耗					
NBS/%	449	472	404	154	
Taber，轮 H18	0.278	0.277	0.164	0.250	
DIN/mm³	171	163	145	175	
与 PVC 黏合/(N·25 mm)⁻¹					435～555
与 CR 黏合/(N·25 mm)⁻¹					200
静态臭氧老化（55 pphm，拉伸 20%，40 ℃）					
24 h	2	0	0	0	
48 h	4	0	1～2	0	
72 h	4	0	2	0	
96 h	4	0	3	0	
120 h	4	0	3	0	
144 h	4	0	3	0	
168 h	4	0	3	0	
旋转功率损失（恒重负荷 20 kg·m）					
25 ℃	2.58	2.97	2.72	2.68	
50 ℃	2.82	3.28	3.16	2.72	
75 ℃	2.95	3.42	3.37	2.73	
100 ℃	3.00	3.40	3.36	2.69	
旋转功率损失（恒重偏转 1.9 mm）					
25 ℃	6.61	12.49	—	6.61	
50 ℃	8.65	6.02	8.49	3.51	
75 ℃	5.38	3.83	4.81	2.29	
100 ℃	3.66	2.54	3.23	1.62	
低温脆性温度/℃					
吉门 t_2	−5	−10	8	−10	
t_5	−19	−26	−4	−21	
t_{10}	−25	−31	−9	−25	
t_{100}	−41	−43	−24	−37	
体积电阻/(Ω·cm)	2.7～4.40×10³	4.99～7.27×10³	2.1～1.4×10³	1.47～1.43×10⁷	
100 ℃×70 h 热空气老化					
硬度（邵尔 A)/度	90	80	82	78	
100%定伸应力/MPa		19.6	23.5	11.0	
拉伸强度/MPa	22.9	19.6	23.5	14.5	
扯断伸长率/%	60	110	100	180	
耐 ASTM NO. 2 油（70 ℃×70 h）					
硬度（邵尔 A)/度	77	85	85	80	
100%定伸应力/MPa	10.3	7.8	8.2	4.7	
拉伸强度/MPa	15.5	15.5	18.7	13.4	
扯断伸长率/%	200	290	340	390	
体积膨胀/%	−9.2	−13.1	−5.7	−10.2	
耐 ASTM NO. 3 油（70 ℃×24 h）					
硬度（邵尔 A)/度	85	81	85	75	

续表

配方材料与项目	输送带面胶胶料配方				输送带中间层胶胶料配方
100%定伸应力/MPa	8.1	5	7.3	4.0	
200%定伸应力/MPa	14.1	9.4	13.2	6.5	
拉伸强度/MPa	15.3	14.2	18.5	13.0	
扯断伸长率/%	240	340	370	370	
体积膨胀/%	−5.5	−8.9	−2.8	−5.7	

(3) NBR/PVC 用于纺织橡胶配件

NBR/PVC 用于纺织橡胶配件的配方见表 1.1.7-44。

表 1.1.7-44　NBR/PVC 用于纺织橡胶配件的配方

配方材料与项目	纺织皮辊胶料参考配方	纺织皮圈外层胶参考配方	纺织皮圈内层胶参考配方
Perbunan NT/VC 3470B	100.0	100.0	
Perbunan NT 3445			100.0
高耐磨炭黑 HAF			50.0
沉淀法白炭黑	28.0	15.0	
二氧化钛	10.0	15.0	
增塑剂（聚硫醚）	10.0		
磷酸酯类增塑剂		15.0	
TE−80（操作油）	1.0		
硬脂酸		0.5	1.5
氧化锌	5.0	5.0	5.0
防老剂 2246	2.0	1.5	1.5
促进剂 MBTS（DM）	1.5	1.5	1.0
促进剂 TMTD		0.1	1.0
硫黄	10.0	3.0	1.5
门尼黏度 ML（1+4）100 ℃	76	43	
门尼焦烧时间 t_5（125 ℃）/min	25	12	
硫化胶物理机械性能			
硫化条件	165 ℃×30 min	166 ℃×10 min	
硬度（邵尔 A）/度	57	58	
100%定伸应力/MPa	3.8	2.2	
拉伸强度/MPa	18.3	19.7	
扯断伸长率/%	300	480	
撕裂强度/(kN·m^{-1})	49（B型）	54（C型）	
压缩永久变形（70 ℃×22 h）/%	37	37	
NBS 磨耗指数/%	357		
耐臭氧老化性能（50 pphm，拉伸 50%，40 ℃）首次裂口时间/h		>168	
100 ℃×70 h 热空气老化			
硬度变化（邵尔 A）/度	+14	+5	
拉伸强度变化率/%	−4	−22	
扯断伸长率变化率/%	−50	−23	

Perbunan NT/VC 3470 作为纺织皮辊皮圈材料，具有极佳的挤出性能，产品色泽稳定，表面电阻小，耐油耐天候老化，不易龟裂。

(4) NBR/PVC 用于电缆护套

NBR/PVC 用于电缆护套配方见表 1.1.7-45。

表 1.1.7-45 NBR/PVC 用于电缆护套配方

配方材料与项目	NBR/PVC 黑色电缆护套（符合澳大利亚国家标准 C—362）	NBR/PVC 电缆护套
Perbunan NT/VC 3470B	100.0	
Perbunan NT/VC 3470		100.0
ZnO	5.0	5.0
硬脂酸	0.8	1.0
防老剂 Vulkanox DDA	2.0	
防老剂 TMQ（RD）		2.0
防老剂 MBI		2.0
马来酸二丁基锡	3.0	
石蜡	5.0	3.0
快压出炭黑 FEF	10.0	10.0
沉淀法白炭黑	15.0	30.0
石英粉	90.0	
滑石粉		40.0
三氧化二锑	5.0	5.0
增塑剂 DOP	10.0	
磷酸二苯基甲苯酯	10.0	
三苯磷酸酯		20.0
促进剂 TMTD	2.5	2.5
促进剂 MBTS（DM）	1.0	2.0
硫黄	0.3	0.2
合计	261.1	222.7
密度/(g·cm^{-3})	1.51	
门尼黏度 ML（1+4）100 ℃	63	74
门尼焦烧时间 t_5（125 ℃）/min	26	16.5
硫化胶物理机械性能		
硫化条件	蒸汽 200 ℃×60″	
硬度（邵尔 A）/度	70	76
100%定伸应力/MPa		5.7
300%定伸应力/MPa	3.8	
拉伸强度/MPa	11.0	14.2
扯断伸长率/%	760	530
拉伸变形（BS 6899）/MPa	17	
撕裂强度（DIN 53507）/(N·mm^{-1})	19	
撕裂强度（ASTM D—470）/(N·mm^{-1})	9.5	
DIN 磨耗/mm^3		215
80 ℃×7 d 氧弹老化性能变化		
硬度变化（邵尔 A）/度	+1	
拉伸强度变化率/%	+1	
扯断伸长率变化率/%	−21	

续表

配方材料与项目	NBR/PVC 黑色电缆护套（符合澳大利亚国家标准 C－362）	NBR/PVC 电缆护套
127 ℃×42 h 空气弹老化性能变化		
硬度变化（邵尔 A)/度	＋3	
拉伸强度变化率/%	＋3	
扯断伸长率变化率/%	－32	
100 ℃×7 d 热空气老化性能变化		
硬度变化（邵尔 A)/度	－2	
拉伸强度变化/MPa	＋10	
扯断伸长率变化/%	－28	
110 ℃×7 d 热空气老化性能变化		
硬度变化（邵尔 A)/度	＋5	
拉伸强度变化/MPa	＋11	
扯断伸长率变化/%	－34	
120 ℃×10 d 热空气老化性能变化		
硬度变化（邵尔 A)/度	＋5	
拉伸强度变化/MPa	＋10	
扯断伸长率变化/%	－41	
100 ℃×24 h ASTM No. 2 油中老化		
拉伸强度变化/MPa	＋21	
扯断伸长率变化/%	－21	

（5）NBR/PVC 用于胶辊与海绵制品

NBR/PVC 用于胶辊与海绵制品配方见表 1.1.7－46。

表 1.1.7－46　NBR/PVC 用于胶辊与海绵制品配方

配方材料与项目	低硬度印刷胶辊配方	阻燃胶辊配方	阻燃海绵保温管配方	低密度闭孔阻燃海绵配方
Krynac NV－866－20	280.0			
Perbunan NT/VC 3470		100.0		
拜耳 NBR/PVC－Krynac 851（NBR：PVC：DOP＝50：50：25)			75.0	
拜耳 NBR－Krynac 34E50			40.0	
Krynac NV 850				100.0
PVC			20.0	
聚酯 G－25	40.0			
氧化锌	3.0	5.0	5.0	3.0
硬脂酸	1.0	1.0	1.0	2.0
二氧化钛	5.0	5.0		15.0
三氧化二铁		4.0		
滑石粉			30.0	
硬质陶土				15.0
沉淀法白炭黑	10.0	15.0		20.0
热裂法炭黑 MT990			40.0	
氢氧化铝（Apyral B90)			15.0	
三氧化二锑		8.0		15.0

续表

配方材料与项目	低硬度印刷胶辊配方	阻燃胶辊配方	阻燃海绵保温管配方	低密度闭孔阻燃海绵配方
黑色油膏	25.0	30.0		
氯化石蜡－40		25.0	10.0	15.0
磷酸酯增塑剂		60.0		
软化剂 TKP（亚磷酸三甲苯酯）			10.0	
软化剂 DPO（磷酸二苯基辛酯）			10.0	
塑解剂 Akrplast T（锌盐和高分子类混合物）			1.0	
防老剂 CD	1.0			
防老剂 TMQ（RD）		1.5		
防老剂 PVI		1.0		
促进剂 MBTS（DM）	1.0	1.0		0.8
MBTS（活化剂和除味剂）				1.0
促进剂 MBT（M）			1.0	
促进剂 D			1.0	
促进剂 EZ			1.0	
促进剂 BZ			0.8	
TMTD	1.0	1.0		
二硫代吗啉	1.5			
TETD	1.0			
硫黄	0.5	0.5	0.6（Rhenogran－80）	1.2
发泡剂 ADC/K（Porofor ADC/K）			10.0	
发泡剂 ADC/R（Porofor ADC/R）			10.0	
Vulcacel BN（类似 ADC 的发泡剂）				12.0
防焦剂 CTP（Vulkalent E/C）			0.6	
合计			282	201.5
门尼黏度 ML（1＋4）100 ℃	9	13		
门尼焦烧时间 t_5（125 ℃）/min	25	18		
硫化胶物理机械性能				
硫化条件	165 ℃×8 min	145 ℃×90 min		
硬度（邵尔 A）/度	22	42		
100%定伸应力/MPa	0.6	1.4		
200%定伸应力/MPa		2.2		
300%定伸应力/MPa		2.7		
拉伸强度/MPa	4.4	6.8		
扯断伸长率/%	660	490		
燃烧性		自熄		

NBR/PVC 用于胶辊除了具有耐油、抗静电作用之外，还具有极优的抗撕裂、抗磨损性能，易于磨削、抛光等加工。

NBR/PVC 用于海绵制品，发泡均匀，耐油耐天候性能优异，手感好，富于挺性和弹性。特别是，机械加工性能优异是 NBR/PVC 海绵制品的最大特点。

（6）NBR/PVC 用于工业模压制品

NBR/PVC 用于工业模压制品配方见表 1.1.7－47。

表 1.1.7-47　NBR/PVC 用于工业模压制品配方

配方材料与项目	阻燃橡胶地板配方	燃油衬垫配方	防尘护套配方
Perbunan NT/VC 3470	100.0		100.0
Perbunan NT/VC 4370		100.0	
热裂法炭黑 MT990		70.0	
快压出炭黑 N550		40.0	50.0
沉淀法白炭黑	55.0		
陶土	15.0		
表面处理碳酸钙			15.0
硬脂酸	1.0	1.0	0.5
硬脂酸钙	2.0		
氧化锌	3.0	5.0	3.0
防老剂 MB	1.5		
防老剂 Naugard 445		2.0	
防老剂 IPPD（4010NA）		1.0	1.5
微晶蜡		3.0	3.0
DOP		20.0	15.0
磷酸三甲苯酯	20.0		
乙二醇	1.5		
硫化剂 DTDM	1.0	1.5	3.0
硫化剂 MD		1.5	
促进剂 TMTD	0.8	1.0	2.0
硫黄	1.5	0.5	0.5
合计	202.3	246.5	193.5
密度/(g·cm^{-3})	1.4		
门尼黏度 ML（1+4）100 ℃	115	56	47
门尼焦烧时间 t_5（125 ℃）/min	16	11	10
硫化胶物理机械性能			
硫化条件	170 ℃×5 min	160 ℃×9 min	166 ℃×6 min
硬度（邵尔 A）/度	90	78	71
100%定伸应力/MPa	9.6		
300%定伸应力/MPa	13.2		
拉伸强度/MPa	14.3	10.9	16
扯断伸长率/%	395	295	365
撕裂强度（C 型）/(kN·m^{-1})	74		830（N）
撕裂强度（DIN 53507）/(kN·m^{-1})	19		
DIN 磨耗（53516）/mm^3	298		
压缩永久变形（ASTM B 25%）（170 ℃×10′硫化）			
（室温×22 h）/%	28		
（70 ℃×22 h）/%	59		
压缩永久变形（100 ℃×70 h）/%		42	
压缩永久变形（ASTM B 法）（166 ℃×12′硫化）（100 ℃×24 h）/%			34
耐臭氧（200 pphm，40 ℃，拉伸 30%）		5 天无裂口	
吉门扭转/℃			−24

续表

配方材料与项目	阻燃橡胶地板配方	燃油衬垫配方	防尘护套配方
100 ℃×70 h 热空气老化性能变化			
硬度（变化）（邵尔 A）/度		+5	71°
拉伸强度（变化率）/MPa（%）		+10	16.3 MPa
扯断伸长率（变化率）/%		−35	240%
100 ℃×7 d 热空气老化性能变化			
硬度（邵尔 A）/度	93		
100%定伸应力/MPa	14.8		
拉伸强度/MPa	16.9		
扯断伸长率/%	215		
100 ℃×70 h ASTM No.1 油中老化性能变化			
硬度（邵尔 A）/度			74
拉伸强度/MPa			16.8
扯断伸长率/%			212
体积变化/%			−13
100 ℃×70 h ASTM No.3 油中老化性能变化			
硬度（邵尔 A）/度			70
拉伸强度/MPa			16
扯断伸长率/%			255
体积变化/%			−0.5
100 ℃×70 h 燃油 C 中老化性能变化			
硬度变化（邵尔 A）/度		−10	
拉伸强度变化率/%		−30	
扯断伸长率变化率/%		−29	
体积变化/%		+13	

2.4.3 NBR/PVC 的供应商

朗盛 NBR/PVC 共混胶商品牌号见表 1.1.7－48。

表 1.1.7－48 朗盛 NBR/PVC 共混胶商品牌号

牌号	丙烯腈含量/%（基料）	NBR/PVC	门尼黏度 ML（3+4）100 ℃	密度/（g·cm^{-3}）	稳定剂
Perbunan NT/VC 2870	19.1∶1	70/30	73∶10	1.07	非污染
Perbunan NT/VC 3470	23.8∶1	70/30	64∶9	1.06	
Perbunan NT/VC 2870B	19.6∶1	70/30	64∶9	1.06	
Perbunan NT/VC 3470B	23.8∶1	70/30	64∶9	1.06	
Perbunan NT/VC 4370B	30.1∶1	70/30	60∶9	1.06	

2.5 丁腈橡胶/三元乙丙橡胶共混物（Nitrile Rubber-Ethylene-Propylene Terpolymerblend）

丁腈橡胶/三元乙丙橡胶共混物系丁腈橡胶胶乳与三元乙丙橡胶胶液按要求比例掺混后共凝聚制得，三元乙丙橡胶的共混比为 30～60 份，简称 NBR/EPDM 共混物，可以提高丁腈橡胶的耐热性和耐老化性能。

其特性为：优良的耐油性、耐候性和耐臭氧老化性；可使用硫黄促进剂硫化体系硫化；与其他橡胶硫化黏合性好；由于丁腈橡胶、三元乙丙橡胶的极性和不饱和度相差悬殊，为使其共硫化，需注意选择硫化促进剂的品种和用量。

NBR/EPDM 主要用于汽车软管保护层、丙烷气胶管、粉尘覆盖物等橡胶制品。

NBR/EPDM 的典型技术指标见表 1.1.7－49。

表 1.1.7－49　NBR/EPDM 的典型技术指标

NBR/EPDM 的典型技术指标			
丁腈橡胶/三元乙丙橡胶（质量比）	70/30	60/40	40/60
门尼黏度 ML（1＋4）100 ℃	48	50	52
相对密度	1.01	0.99	0.96
NBR/EPDM 硫化胶的典型技术指标			
项目	指标	项目	指标
300%定伸应力/MPa	9.8～13.7	耐老化性（100 ℃×70 h）伸长率变化率/%	－36～－24
拉伸强度/MPa	16.2～19.1	脆性温度/℃	－56～－43
拉断伸长率/%	400～550	耐油性（1# 油）体积增加/%	13～44
撕裂强度/(kN·m^{-1})	34.3～40.2	耐臭氧老化 静态（80 pphm，40 ℃，40%伸长） 动态（50 pphm，40 ℃，0.30%伸长）	 168 h 发生龟裂 216 h 发生龟裂
硬度（JIS A）	67～71		
压缩永久变形（100 ℃×70 h）/%	49～64		

注：详见《橡胶原材料手册》，于清溪、吕百龄等编写，化学工业出版社，2007 年 1 月第 2 版，P116。

日本合成橡胶公司已有商品生产，牌号为 JSR NE。

第八节　橡胶的简易鉴别方法

橡胶种类的简易识别方法见表 1.1.8－1

表 1.1.8－1　各种橡胶的简易鉴别方法表

橡胶	橡胶的简易鉴别方法		
	外观	燃烧	浓硫酸浸渍试验
天然橡胶（NR）	淡黄～茶褐，半透明	易燃，黑烟，暗黄色火焰，变软	红褐～灰褐色，变硬，变脆
聚异戊二烯橡胶（IR）			
丁苯橡胶（SBR）	淡黄～淡褐，半透明		褐色～黑色、红褐色，变硬，变脆
丁腈橡胶（NBR）			褐色～红褐色，崩碎，树脂化
氢化丁腈橡胶（HNBR）			
聚丁二烯橡胶（BR）	淡黄～淡褐，半透明		
氯丁橡胶（CR）	淡黄～淡褐，半透明	自熄性	变黑，盐酸气泡，硬化
丁基橡胶（IIR）	无色，透明～半透明	易燃	几乎无变化，表面稍变软
三元乙丙橡胶（EPDM）	白色，不透明	易燃	几乎无变化
硅橡胶（SI）	白色，半透明	易燃	软化或溶解
氟橡胶（FPM）	白色，不透明	自熄性	几乎无变化
氯磺化聚乙烯胶（CSM）	白色，透明～半透明	自熄性	几乎无变化
丙烯酸酯橡胶（ACM）	无色，透明～半透明	易燃	软化或溶解
聚氨酯橡胶（PUR）	淡黄色，透明	易燃	软化或溶解

橡胶种类的其他简易识别方法见表 1.1.8－2：

表 1.1.8－2　橡胶种类的其他简易识别方法[h]

橡胶种类	铜焰法	燃烧试验		无机酸浸渍试验[a]		显色法			斑点试验[d]		
		燃烧特性	气味及其他	浓硫酸	热硝酸	试剂 1[b]		试剂 2[c]	试纸 A[e]	试纸 B[f]	试纸 C[g]
						开始	加热后				
氯丁橡胶	绿焰	不燃	盐酸味	硬化	分解	黄	淡黄绿	红	红	不变	红
氯化丁基橡胶	绿焰	难燃	盐酸味、软化	无变化	不分解	—	—	—			
氟橡胶	无	不燃	—	无变化	不分解	—	—	—			

续表

橡胶种类	铜焰法	燃烧试验		无机酸浸渍试验[a]		显色法			斑点试验[d]		
		燃烧特性	气味及其他	浓硫酸	热硝酸	试剂1[b]		试剂2[c]	试纸A[e]	试纸B[f]	试纸C[g]
						开始	加热后				
乙丙橡胶	无	易燃	烷烃味、软化	无变化	不分解	—	—	—			
丁基橡胶	无	易燃	石油气味、黏性	无变化	不分解	黄	淡蓝	绿	不变	黄	浅绿
丁腈橡胶	无	易燃	特殊臭味	硬化	分解	橙	红	绿	绿	浅褐色	黄绿
丁苯橡胶	无	易燃	苯乙烯味、黑烟	硬化	分解	绿黄	绿	绿	不变	褐	蓝绿
硅橡胶	无	易燃	有白烟	软化、溶解	分解	黄	黄	—			
聚硫橡胶	无	易燃	亚硫酸味	软化、溶解	分解	—	—	—			
天然橡胶	无	易燃	黏性	软化、溶解	分解	褐	蓝紫	绿	不变	褐	蓝
聚异戊二烯橡胶	无	易燃	黏性	软化、溶解	分解	绿蓝	深蓝绿	绿			
聚丁二烯橡胶	无	易燃	黏性	软化、溶解	分解	亮绿	蓝绿	—			
氯丁橡胶/丁腈橡胶混合物									红/绿	浅褐色	绿

注：[a] 试样需浸泡 30～60 min，观察外观和是否有气体发生。

[b] 试剂 1，将对二甲氨基苯甲醛 1 g 和氢醌（即对苯二酚）1 g 溶于 100 mL 无水甲醛中，加入浓盐酸 5 mL 和乙二醇 10 mL，密度为 0.851 g/cm^3，可调节甲醇和乙二醇的量来控制密度。

[c] 试剂 2，将柠檬酸钠 2 g、柠檬酸 0.2 g、溴甲酚绿 0.03 g 和间胺黄 0.03 g 溶于 500 mL 蒸馏水中。

[d] 斑点试验，将试样放在电炉的加热铁片表面上分解，用湿润过试剂的试纸放在试样上方 5 mm 处，观察颜色。

[e] 试纸 A：醋酸铜 2.0 g、间胺黄 0.25 g、甲醇 500 mL，将滤纸浸后干燥；试剂 A：氯化联苯胺 2.5 g、甲醇 500 mL、蒸馏水 500 mL，溶后加入 0.1%对苯二酚水溶液 10 mL。

[f] 试纸 B：普通滤纸；试剂 B：蒸馏水 80 mL 加入浓硫酸（密度 1.84 g/cm^3）15 mL，加 5.0 g 黄色氧化汞，加热至沸腾，冷却后加 100 mL 蒸馏水。

[g] 试纸 C：对二甲氨基苯甲醛 3.0 g、对苯二酚 0.05 g、100 mL 乙醚，将滤纸浸后干燥；试剂 C：三氯乙酸 30 g，加 100 mL 异丙醇。

[h] 详见《高分子分析手册》，董炎明编著，中国石化出版社，2004 年 3 月第 1 版，P135～136 表 5-10～11。

天然橡胶还可以通过韦伯（Weber）试验进行进一步的定性分析，因溴化的橡胶能与苯酚形成各种有色化合物。取约 0.05 g 用丙酮萃取过的试样放在试管中，加入 5 mL10%（体积比）溴的四氯化碳溶液，在水浴中缓慢升温至沸点，继续加热直至无痕量的溴。然后加入 5～6 mL10%苯酚的四氯化碳溶液，进一步加热 10～15 min，几分钟内出现紫色说明是天然橡胶，详见表 1.1.8-3。

表 1.1.8-3 不同橡胶的韦伯效应

橡胶品种	苯酚溶液中的颜色	接着滴入其他溶剂中的颜色			
		氯仿	醋酐	醚	醇
烟片	紫色	浅紫色	浅紫色	浅紫色	浅紫色
绉片	紫色	浅紫色	浅紫色	灰棕色	浅紫色
天然胶乳	棕紫色	红橙色	灰黄色	黄棕色	橙黄色
巴拉塔树胶	深红色	浅紫色	红紫色	灰棕色	黑棕色
聚硫橡胶	灰草黄色	灰黄色	灰黄色	浅黄色	灰草黄色
美国 Goodrich 丁腈橡胶	橙棕色	黄色	黄橙色	无色	柠檬黄
朗盛丁腈橡胶	黄棕色	暗黄色	黄色带白色沉淀	黄色带白色沉淀	黄色带棕色沉淀
氯丁橡胶	红棕色	红紫色	白色带棕色沉淀	棕色带黑色沉淀	白色带棕色沉淀
丁苯橡胶	绿灰色	几乎无色，略带混浊			

注：详见《高分子分析手册》，董炎明编著，中国石化出版社，2004 年 3 月第 1 版，P137 表 5-13。

第九节 橡胶材料技术分类系统

1.1 汽车用橡胶材料分类系统

HG/T 2196—2004《汽车用橡胶材料分类系统》修改采用 ASTM D 2000：2001（SAE J 200：2001）《汽车用橡胶材料

分类系统》，其中 ASTM D 2000 中引用的 ASTM 的试验方法，除 ASTM D 865 和 ASTM D 925 外，均转化为国家标准试验方法；ASTM D 2000 中引用的耐液体试验方法 ASTM D 471 与国家标准耐液体试验方法 GB/T 1690 的试样尺寸不同；ASTM D 2000 中引用的 ASTM D 5964《橡胶的惯例——用 IRM 902 和 IRM 903 替代油来替换 ASTM 2 号油和 ASTM 3 号油》，HG/T 2196－2004 未引用。

ASTM D 2000，美国材料试验学会标准《汽车用橡胶制品标准分类系统》（Standard Classification System for Rubber Products in Automotive Applications），最初的版本 1962 年颁布，现在使用的是 ASTM D 2000：2005。后来制定的其他橡胶制品标准分类系统内容基本与 ASTM D2000 相同。例如，SAE J200 美国汽车工程师协会标准《橡胶材料分类系统》、BS 5176 英国标准《硫化橡胶分类系统规范》、日本橡胶测试标准 JIS K380－1999、国际标准 ISO 4932－1982E：（Rubber，Vulcanized—Classification Part1：Description of the classification System）。

汽车用橡胶材料分类系统旨在为工程技术人员在选择通用的商品橡胶材料时提供指导，并提供一种使用简单的“标注”代码（Line call-out）来规定商品橡胶材料的方法。该系统对用于汽车用（不限于）硫化橡胶制品的单一或并用的天然橡胶、再生胶和合成橡胶材料进行了分类。分类系统中所有橡胶制品的性能都能用特有的材料代号列出，材料代号由类型和级别确定，其中类型以耐热为基础，级别以耐油溶胀为基础，类型和级别与表述附加要求的数字一起就可以完整地说明所有弹性体材料的性能。该分类系统使用前缀字母“M”，表示本分类系统以国际单位制（SI）为基础；当汽车用橡胶材料分类系统的条款与某一特定产品的详细规范相抵触的情况下，后者优先。

标注代码包括文件名称、前缀字母 M、品级数、材料代号（类型和级别）、硬度及拉伸强度，以及相应的后缀。标注代码示例：

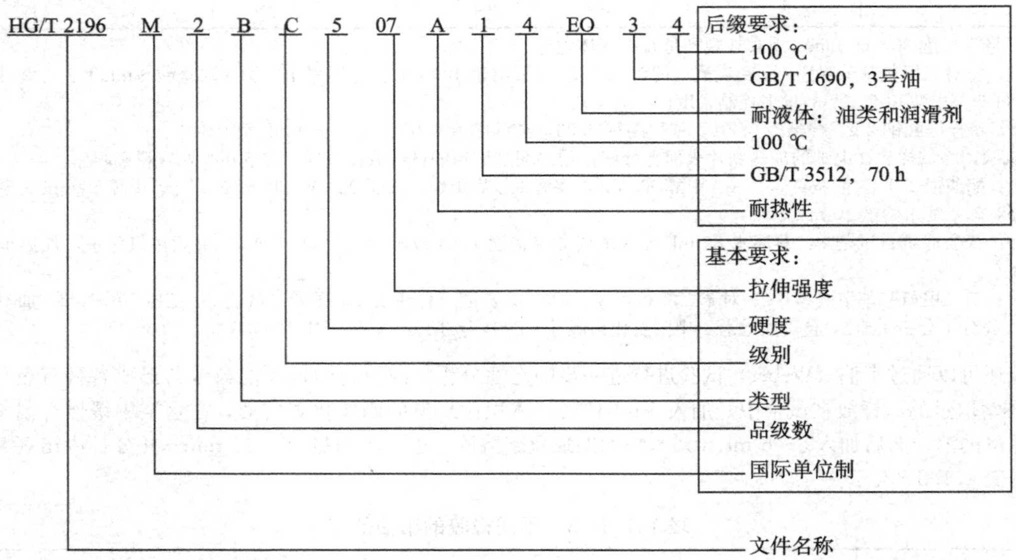

在此例中，基本要求耐热和耐液体被后缀要求取代了。但是，对压缩永久变形为 80%这一要求，因它不包括在后缀要求内，就不能被取代，而应符合表 1.1.9－8 的规定。

类型是根据以在适当的温度下经 70 h 耐热后拉伸强度变化率不超过±30%，拉断伸长率变化率不超过－50%，硬度变化不超过±15 度来确定的。级别是在 70 ℃、100 ℃、125 ℃、150 ℃（油稳定的上限温度）下，于 3 号油中浸泡 70 h 后材料的溶胀性能来确定的。1 号油的苯胺点指标为（124±1)℃，模拟高黏度润滑油；2 号油的苯胺点指标为（93±1)℃，可模拟多数液压油；3 号油的苯胺点指标为（69.5±1)℃，可模拟煤油、轻柴油等。实验测试表明，IRM 902 油和 IRM 903 油对硫化橡胶的溶胀（体积膨胀率）比 2 号油和 3 号油略小。类型和级别用表 1.1.9－1 所列举的字母来表示。

表 1.1.9－1　类型和级别

温度所确定的类型的基本要求		根据体积膨胀确定级别的基本要求	
类型	试验温度/℃	级别	体积膨胀（最大）/%
A	70	A	无要求
B	100	B	140
C	125	C	120
D	150	D	100
E	175	E	80
F	200	F	60
G	225	G	40

续表

温度所确定的类型的基本要求		根据体积膨胀确定级别的基本要求	
类型	试验温度/℃	级别	体积膨胀（最大）/%
H	250	H	30
J	275	J	20
K	300	K	10

注：以耐热性为基础的类型的选择应理解为是通常可从商品橡胶中预期的固有耐热性的体现。同样，级别的选择也是通常可从商品橡胶中预期的体积溶胀范围。

当顾客需要或者供方认为必要时，可用 IRM 902 油、IRM 903 油分别替代 2 号油和 3 号油。IRM 902 油、IRM 903 油参见 ASTM D 5964，这两种油与 2 号油和 3 号油相似但又不完全相同，由于其溶胀特性不同并有可能会影响胶料的分类，因此，IRM 902 油和 IRM 903 油对 2 号油和 3 号油的可替代性尚未确立。

类型和级别的字母代号后跟着的三位数字，表示硬度和拉伸强度。例如，505 的第一个数字表示硬度，5 表示硬度为 50±5，6 表示硬度为 60±5。后两个数字表示最小拉伸强度，如 05 表示拉伸强度为 5 MPa，14 表示拉伸强度为 14 MPa。对于期望硬度和拉伸强度的市售材料的相互关系通过表 1.1.9－6 中的扯断伸长率的值就可以确定。

品级数——由于基本要求并非都能充分地表示出所有必要的质量要求，因此通过前缀品级数系统对差异或补充要求进行规定。品级数 1 表示仅基本要求是必须达到的，而无须有后缀要求。除 1 而外的其他品级数，都用以指明差异或补充要求，并以“适用的后缀品级数”列入表 1.1.9－6～表 1.1.9－29 基本要求下的最后一栏。品级数作为材料的前缀写在类型和级别字母的前面。

后缀字母——后缀字母及其含义见表 1.1.9－2。

表 1.1.9－2 后缀字母的含义

后缀字母	要求的试验	后缀字母	要求的试验
A	耐热	H	耐屈挠
B	压缩永久变形	J	耐磨耗
C	耐臭氧或耐天候	K	黏合强度
D	耐压缩．变形	M	耐燃
EA	耐液体（水）	N	抗冲击
EF	耐液体（燃油）	P	耐污染
EO	耐液体（油类和润滑剂）	R	回弹性
F	耐低温	Z	任何特殊要求，需详细说明
G	抗撕裂		

后缀数字——每一后缀字母后最好应跟有两个后缀数字。第一个后缀数字总是表示试验方法；试验时间为试验方法的一部分，并可以从表 1.1.9－3 查出。第二个后缀数字，如果使用的话，则总表示试验温度，并可以从表 1.1.9－4 查出。在需要用到三位数字时，可用一短横将其分开，例如：A1—10、B4—10、F1—11 等。

汽车用橡胶材料分类系统以按材料规范提供的材料为基础，这些材料用单一或并用的天然橡胶、再生胶和合成橡胶与其他配合剂一起制成，所加配合剂的种类和数量应保证生产的硫化胶符合规定的要求；所有的材料及其制造质量应符合良好的商业惯例；最终产品应没有孔隙、薄弱部分、气泡、杂质及其他影响使用性的缺陷。除了 FC、FE、FK 及 GE 材料外，材料表中的各种数据都是以黑色橡胶胶料为基础，而且得不到不同颜色胶料的可比数据。

表 1.1.9－6～表 1.1.9－29 所示的物理性能的基本要求以从标准实验室试样上所获得的数据为基础，试样是按适用的试验方法进行制备和试验的。从成品上制备的试样，其试验结果与从标准试样上所得的结果可能不同。

注：当标准试样是按 GB/T 9865.1 从成品上切取时，经供需双方协商可允许有 10%范围内的偏差（仅限于拉伸强度值和伸长率值），允许这一偏差是因为当试样从成品上制备并进行拉伸强度和伸长率试验时，接合、纹理、打磨对材料的影响。由于加工方法或是由于从成品上获取适当的试样有困难而造成差别时，供需双方可协商出一双方均可接受的偏差。这可通过将标准试样的试验结果与从实际成品上获取试样的试验结果进行比对来完成。

汽车用橡胶材料分类系统将现有的材料都列入表中相应的材料部分，并给出了每一种材料的硬度和拉伸强度及其相应的拉断伸长率值。由于类型和级别的编排需要，材料的耐热和耐油老化要求会重复出现。此外，压缩永久变形值也作为基本要求加以规定，以确保适当的硫化。

仅在需要确定为满足使用要求所必需的质量时，才规定后缀要求。这些后缀要求由各种品级数来表示。描述这些后缀要求的后缀字母和后缀数字可以单独使用，也可组合使用。对于某一需要规定的给定材料而言，并非所有的后缀数值都要用到。

注：以 A14 和 E034 为例说明后缀字母和数字的用途。后缀字母 A（表 1.1.9－2）表示耐热性，后缀数字 1（表 1.1.9－

3）表示要按试验方法 GB/T 3512 进行 70 h，后缀数字 4（表 1.1.9－4）表示试验温度 100 ℃。同样，后缀 E034 表示按试验方法 GB/T 1690 在 100 ℃下进行 70 h 的耐 3 号油试验。

ASTM D2000 所列各种硫化橡胶的性能范围很广，如 AA 材料（危括 NR、再生橡胶、SBR、BR、IIR、EP、IR——耐热老化试验条件为 70 ℃×70 h、无耐油要求）的基本性能中，根据硬度可分为 30、40、50、60、70、80、90 度七个硬度等级，每个硬度等级的硫化橡胶的拉伸强度又可分若干级，如硬度为 60 度的 NR 硫化橡胶的拉伸强度分为 3、6、7、8、10、14、17、21、24 MPa 九级。每个硬度和拉伸强度级硫化橡胶中，其耐热空气老化后的性能变化、压缩永久变形性能，还可以选取 1 至 8 级的性能组合（表中有推荐的选用组别）。以耐热空气老化后性能变化为例：1 组的无要求；2 组的硬度变化最大为±15 度，拉伸强度变化最大为－30%，扯断伸长率变化最大为－50%；而 4 组、5 组的分别为 10 度、－25%和－25%。

丁腈橡胶的分类更广，它被分别列于 BF（一般要求、耐低温）、BG、BK（高耐油）和 CH（耐高温）四类橡胶材料中。前三类的耐热老化条件为 100 ℃×70 h，CH 材料的耐热老化条件为 125 ℃×70 h。其一般的耐油性能要求不同，在不同性能组合中差别更大。可见在确定丁腈橡胶的性能指标时，可以有多种不同的选择。如不同的丁腈橡胶类别（BF、BG、BK 或 CH），不同的硬度以及在相同硬度下的不同拉伸强度、耐热老化、耐油（包括标准试验、燃油、加醇汽油和酸性油等）压缩永久变形等性能的组合。其差别有时是很大的。但要注意，有的性能有时是不可以兼得的，如低的脆性温度和高的耐 ASTM NO.3 油性能是有矛盾的；耐臭氧、耐燃油或加醇汽油与低的压缩永久变形也不易同时获得。

1.1.1 试验方法

有关的试验方法见表 1.1.9－3。

表 1.1.9－3　试验方法

要求或后缀字母	基本要求和第一个后缀数字								
	基本要求	1	2	3	4	5	6	7	8
拉伸强度、拉断伸长率	GB/T 528 Ⅰ型裁刀	—	—	—	—	—	—	—	—
邵尔 A 硬度	GB/T 531	—	—	—	—	—	—	—	—
后缀字母 A 耐热	—	GB/T 3512，70 h	ASTM D 865，70 h	ASTM D 865，168 h	GB/T 3512，168 h	GB/T 3512，1 000 h	ASTM D865，1 000 h	—	—
后缀字母 B 压缩永久变形，从胶片上切取标准试样	—	GB/T 7759，22 h B 型密实试样	GB/T 7759，70 h B 型密实试样	GB/T 7759，22 h B 型叠合试样	GB/T 7759，70 h B 型叠合试样	GB/T7759，1 000 h B 型密实试样	GB/T7759，1 000 h B 型叠合试样	—	—
后缀字母 C 耐臭氧和耐天候	—	GB/T 11206，耐臭氧老化[a]方法 D	GB/T 11206[b]，耐天候老化方法 D	GB/T 11206，耐臭氧老化[a]方法 C	—	—	—	—	—
后缀字母 D 耐压缩、变形	—	GB/T 7757	—	—	—	—	—	—	—
后缀字母 EO 耐油	—	GB/T 1690，1 号标准油，70 h	GB/T 1690，2 号标准油，70 h	GB/T 1690，3 号标准油，70 h	GB/T 1690，1 号标准油，168 h	GB/T 1690，2 号标准油，168 h	GB/T 1690，3 号标准油，168 h	GB/T 1690，101 液体，70 h	GB/T 1690，表 28 专门规定的油，70 h
后缀字母 EF 耐燃油	—	GB/T 1690，标准燃油 A，70 h	GB/T 1690，标准燃油 B，70 h	GB/T 1690，标准燃油 C，70 h	GB/T 1690，标准燃油 D，70 h	GB/T 1690，85%体积百分比的标准燃油 D 加上 15%体积百分比的改性乙醇，70 h	—	—	—
后缀字母 EA 耐含水液体	—	GB/T 1690，蒸馏水，70 h[c]	GB/T 1690，等体积的蒸馏水和试剂级的乙二醇，70 h[d]	—	—	—	—	—	—

续表

要求或后缀字母	基本要求和第一个后缀数字								
	基本要求	1	2	3	4	5	6	7	8
后缀字母 F 耐低温	—	GB/T 15256，B 型试样 3 min[e]	GB/T 6036，5 min，T_2、T_5、T_{10}、T_{50}或T_{100}	GB/T 15256，B 型试样 22 h[e]	GB/T 7758，50 mm 裁刀，50%伸长，回缩 10%，最小	GB/T 7758，50 mm 裁刀，50%伸长，回缩 50%，最小	—	—	—
后缀字母 G 抗撕裂	—	GB/T 529，新月型裁刀	GB/T 529，直角型裁刀	—	—	—	—	—	—
后缀字母 H 耐屈挠	—	GB/T 1687	—	—	—	—	—	—	
后缀字母 J 耐磨耗[f]	—	—	—	—	—	—	—	—	—
后缀字母 K 黏合强度	—	GB/T 11211	GB/T 7760	硫化后进行黏合	—	—	—	—	—
后缀字母 M 耐燃[f]	—	—	—	—	—	—	—	—	—
后缀字母 N 抗冲击[f]	—	—	—	—	—	—	—	—	—
后缀字母 P 耐污染	—	ASTM D 925，方法 A	ASTM D 925，方法 B，控制板	—	—	—	—	—	—
后缀字母 R 回弹性	—	GB/T 7042	—	—	—	—	—	—	—
后缀字母 Z 特殊要求[f]	—	—	—	—	—	—	—	—	—

注：[a] 质量保持率的评价按该标准附录 NA 进行。

[b] 耐候试验时间为六周。试验地点和年份由供需双方协商。

[c] 应使用蒸馏水，除非省略乙醇浸泡，体积的增加用排水法计算，在测定拉伸强度的变化、伸长率的变化和硬度的变化时，试样浸入浸泡液后，液面在试管的 3/4 处。30 min 后测量。用蒸馏水冷却，省略丙酮浸泡。

[d] 用等体积的蒸馏水和试剂级的乙二醇。除非省略乙醇浸泡，体积的增加用排水法计算，在测定拉伸强度的变化、伸长率的变化和硬度的变化时，试样浸入浸泡液后，液面在试管的 3/4 处。30 min 后测量。用蒸馏水冷却，省略丙酮浸泡。

[e] GB/T 15256 中规定的冷冻时间为 5 min。

[f] 试验方法待定。

表 1.1.9-4　表示试验温度的后缀数字

有关的后缀要求	第二个后缀数字	试验温度/℃[a]
A、B、C、EA、EF、EO、G、K	11	275
	10	250
	9	225
	8	250
	7	175
	6	150
	5	125
	4	100
	3	70
	2	38
	1	23
	0	—[b]

续表

有关的后缀要求	第二个后缀数字	试验温度/℃[a]
F	1	23
	2	0
	3	−10
	4	−18
	5	−25
	6	−35
	7	−40
	8	−50
	9	−55
	10	−65
	11	−75
	12	−80

注：[a] 试验温度以 GB/T 2941 为基础。
[b] 在室外试验时是指环境温度。

1.1.2 抽样和检验

除非另有规定，一检验批量应为在同时交付检验的由同一材料制成的所有产品。

当需要验证以汽车用橡胶材料分类系统为基础的规范的一致性时，供货方应按照采购方在订货时提出的要求提供足够数量的样品进行所规定的试验。应当保证样品是取自检验批所用的同一批或同一辊胶料并具有相同的硫化程度。

1.1.3 各种材料的基本要求和附加要求

汽车用橡胶材料分类系统的材料代号及满足材料要求（类型和级别）的最常用的聚合物类型见表 1.1.9-5。

表 1.1.9-5 满足材料要求的最常用聚合物类型

HG/T 2196（ASTM D 2000/SAE J200）分类系统中的材料代号（类型和级别）	最常用的聚合物类型
AA	NR、SBR、IR、IIR、BIIR、CIIR、EPM、EPDM、BR、再生 RBR
AK	T
BA	SBR、IIR、BIIR、CIIR、EPM、EPDM
BC	CR、CM
BE	CR、CM
BF	NBR
BG	NBR、AU、EU
BK	NBR
CA	EPM、EPDM
CE	CSM、CM
CH	NBR、CO、ECO
DA	EPM、EPDM
DE	CSM、CM
DF	ACM
DH	ACM、HNBR
EE	AEM
EH	ACM
EK	FZ
FC	PVMQ
FE	MQ
FK	FVMQ

续表

HG/T 2196（ASTM D 2000/SAE J200）分类系统中的材料代号（类型和级别）	最常用的聚合物类型
GE	VMQ
HK	FKM
KK	FFKM

注：再生 RBR——再生橡胶；AEM——丙烯酸酯-乙烯共聚物；MQ（MQ、VMQ、PVMQ）——硅橡胶；FVMQ——氟硅橡胶；FKM——氟橡胶；FFKM——全氟弹性体。

1. A 类型材料

AA 材料的基本要求和附加（后缀）要求见表 1.1.9-6。

表 1.1.9-6 AA 材料的基本要求和附加（后缀）要求（HG/T 2196 表 6）

邵尔 A 硬度（±5 度）/度	拉伸强度（最小）		拉断伸长率（最小）/%	耐热（GB/T 3512）（70 ℃×70 h）	耐液体（GB/T 1690，3 号油，70 ℃×70 h）	压缩永久变形（GB/T 7759，密实试样，70 ℃×22 h）	适用的后缀品级数
	MPa	Psi					
30 30 30	7 10 14	1 015 1 450 2 031	400 400 400	硬度变化：±15 度 拉伸强度变化率：±30% 拉断伸长率变化率：最大−50%	无要求	压缩永久变形：最大 50%	2，4 2，4 2，4
40 40 40 40 40	7 10 14 17 21	1 015 1 450 2 031 2 466 3 046	400 400 400 500 600				2，4 2，4 2，4 2，4 2，4
50 50 50 50 50 50 50 50	3 6 7 8 10 14 17 21	435 870 1 015 1 160 1 450 2 031 2 466 3 046	250 250 400 400 400 400 400 500				2 2 2，3 2，3 2，3，4，5 2，3，4，5 2，3，4，5 2，3，4，5
60 60 60 60 60 60 60 60 60	3 6 7 8 10 14 17 21 24	435 870 1 015 1 160 1 450 2 031 2 466 3 046 3 481	250 250 300 300 350 400 400 400 500				2 2 2，3 2，3 2，3，4，5 2，3，4，5 2，3，4，5 2，3，4，5 2，3，4，5
70 70 70 70 70 70 70 70	3 6 7 8 10 14 17 21	435 870 1 015 1 160 1 450 2 031 2 466 3 046	150 150 200 200 250 300 300 350				2 2 2，3 2，3 2，3，4，5 2，3，4，5 2，3，4，5 2，3，4，5
80 80 80 80 80	3 7 10 14 17	435 1 015 1 450 2 031 2 466	100 100 150 200 200				2 2 2 2 2
90 90 90	3 7 10	435 1 015 1 450	75 100 125				2 2 2

续表

AA 材料后缀要求								
后缀要求	品级 1[a]	品级 2	品级 3	品级 4	品级 5	品级 6	品级 7	品级 8
A13 耐热（GB/T 3512，70 ℃×70 h） 硬度变化（最大）/度 拉伸强度变化率（最大）/% 拉断伸长率变化率（最大）/%		 ±15 ±30 −50		 ±10 −25 −25	 ±10 −25 −25			
B13 压缩永久变形（最大）/% （GB/T 7759，B 型密实试样，70 ℃×22 h）			25	25	25			
B33 压缩永久变形（最大）/% （GB/T 7759，B 型叠合试样，70 ℃×22 h）			50	50	50			
C12 耐臭氧（质量保持率[b]，最小）/% （GB/T 11206，方法 D）		85	＋	85	＋			
C20 耐天候老化（质量保持率[b]，最小）/% （GB/T 11206，方法 D）		85	85	85	85			
EA14 耐水体积变化率（最大）/% （GB/T 1690，100 ℃×70 h）		10	10	10	10			
F17 耐低温（GB/T 15256，程序 A，在−40 ℃下经 3 min 后无裂纹）		合格	合格	合格	合格			
G21 抗撕裂（GB/T 529，直角试样裁刀） 拉伸强度在 7.0 MPa 以下（最小）/(kN·m^{-1}) 拉伸强度超过 7.0 MPa（最小）/(kN·m^{-1})			 22 26	 22 26	 22 26			
K11 黏合强度（GB/T 11211，最小）/MPa		1.4	2.8	1.4	2.8			
K21 黏合强度（GB/T 7760，最小）/(kN·m^{-1})		7	7	7	9			
P2 耐污染（ASTM D 925，方法 B，控制板）		合格	合格	合格	合格			

注：[a] 品级 1 只有基本要求，没有后缀要求。
[b] 质量保持率的判定标准见该标准附录 NA。
[c] ＋ 该要求适用，可买到具有这些特性的材料，但数值尚未确定。

AK 材料的基本要求和附加（后缀）要求见表 1.1.9-7。

表 1.1.9-7　AK 材料的基本要求和附加（后缀）要求（HG/T 2196 表 7）

邵尔 A 硬度（±5 度）/度	拉伸强度（最小）		拉断伸长率（最小）/%	耐热（GB/T 3512）（70 ℃×70 h）	耐液体（GB/T 1690，3 号油，70 ℃×70 h）	压缩永久变形（GB/T 7759，密实试样，70 ℃×22 h）	适用的后缀品级数
	MPa	Psi					
40	3	435	400	硬度变化：±15 度 拉伸强度变化率：±30% 拉断伸长率变化率：最大−50%	体积变化：最大 10%	压缩永久变形：最大 50%	2
50	3	435	400				2
60	5	725	300				2
70	7	1 015	250				2
80	7	1 015	150				3
90	7	1 015	100				3

AK 材料后缀要求								
后缀要求	品级 1[a]	品级 2	品级 3	品级 4	品级 5	品级 6	品级 7	品级 8
A14 耐热（GB/T 3512，100 ℃×70 h） 硬度变化（最大）/度 拉伸强度变化率（最大）/% 拉断伸长率变化率（最大）/%		 ＋15 −15 −40	 ＋15 −15 −40					
B33 压缩永久变形（最大）/% （GB/T 7759，B 型叠合试样，70 ℃×22 h）		50	50					

续表

后缀要求	品级 1[a]	品级 2	品级 3	品级 4	品级 5	品级 6	品级 7	品级 8
EO14 耐液体（GB/T 1690，1 号油，100 ℃×70 h） 拉伸强度变化率（最大)/% 拉断伸长率变化率（最大)/% 硬度变化（最大)/度 体积变化（最大)/%		1 + + −3～+5	+ + + −3～+5					
EO34 耐液体（GB/T 1690，3 号油，100 ℃×70 h） 拉伸强度变化率（最大)/% 拉断伸长率变化率（最大)/% 硬度变化（最大)/度 体积变化（最大)/%		−5～+10 −30 −50 +	5～+10 −30 −50 +					
F17 耐低温（GB/T 15256，程序 A，在−40 ℃下经 3 min 后无裂纹）		合格						
Z（特殊要求）任何特殊要求应详细规定，包括试验方法								

注：[a] 品级 1 只有基本要求，没有后缀要求。
[b] +该要求适用，可买到具有这些特性的材料，但数值尚未确定。

2. B 类型材料

BA 材料的基本要求和附加（后缀）要求见表 1.1.9-8。

表 1.1.9-8 BA 材料的基本要求和附加（后缀）要求（HG/T 2196 表 8）

邵尔 A 硬度（±5 度)/度	拉伸强度（最小）		拉断伸长率（最小)/%	耐热（GB/T 3512)（100 ℃×70 h）	耐液体（GB/T 1690，3 号油，100 ℃×70 h）	压缩永久变形（GB/T 7759，密实试样，70 ℃×22 h）	适用的后缀品级数
	MPa	Psi					
20[a]	6	870	400	硬度变化：±15 度 拉伸强度变化率：±30% 拉断伸长率变化率：最大−50%	无要求	压缩永久变形：最大 50%	3
30 30 30	7 10 14	1 015 1 450 2 031	400 400 400				2 2，3，4，5 2，3，4，5
40 40 40 40	3 7 10 14	435 1 015 1 450 2 031	300 300 400 400				2，8 2，8 2，3，4，5，6 2，3，4，5
50 50 50 50	7 10 14 17	1 015 1 450 2 031 2 466	300 400 400 400				2，8 2，3，4，5，6 2，3，4，5 2，3，4，5
60 60 60 60 60 60	3 6 7 10 14 17	435 870 1 015 1 450 2 031 2 466	250 250 300 350 400 400				8 8 2，8 2，3，4，5，6 2，3，4，5，6 2，3，4，5，6
70 70 70 70 70 70 70	3 6 7 8 10 14 17	435 870 1 015 1 160 1 450 2 031 2 466	150 150 200 200 250 300 300				8 8 2，8 8 2，3，4，5，6 2，3，4，5 2，3，4，5
80 80 80	7 10 14	1 015 1 450 2 031	100 150 200				2，7 2，4 2，4
90 90 90	3 7 10	435 1 015 1 450	75 100 125				7 2，7 2，4
[a] 在现有的基础上，材料具有独特的 20～25 度的邵尔 A 硬度。							
BA 材料后缀要求							

续表

后缀要求	品级 1[a]	品级 2	品级 3	品级 4	品级 5	品级 6	品级 7	品级 8
A14 耐热（GB/T 3512，100 ℃×70 h） 硬度变化（最大）/度 拉伸强度变化率（最大）/% 拉断伸长率变化率（最大）/%			 +10 −25 −25	 +10 −25 −25				
B13 压缩永久变形（最大）/% （GB/T 7759，B 型密实试样，70 ℃×22 h）			25			25		25
C12 耐臭氧（质量保持率[b]，最小）/% （GB/T 11206，方法 D）		100	100	100	100	100	100	100
F17 耐低温（GB/T 15256，程序 A，在−40 ℃下经 3 min 后无裂纹）		合格	合格	合格	合格			
F19 耐低温（GB/T 15256，程序 A，在−55 ℃下经 3 min 后无裂纹）			合格		合格			
K11 黏合强度（GB/T 11211，最小）/MPa			1.4	1.4	1.4	1.4		
K21 黏合强度（GB/T 7760，最小）/(kN·m^{-1})			7	7	7			
K31 黏合强度（硫化后进行黏结）			c	c	c			
Z（特殊要求）任何特殊要求应详细规定，包括试验方法								

注：[a] 品级 1 只有基本要求，没有后缀要求。
[b] 质量保持率的判定标准见该标准附录 NA。
[c] 后缀字母 K31 表示材料应没有对黏合强度剂有害的或可能有害的表面状态和组分。

BC 材料的基本要求和附加（后缀）要求见表 1.1.9-9。

表 1.1.9-9　BC 材料的基本要求和附加（后缀）要求（HG/T 2196 表 9）

邵尔 A 硬度（±5 度）/度	拉伸强度（最小）		拉断伸长率（最小）/%	耐热（GB/T 3512）（100 ℃×70 h）	耐液体（GB/T 1690，3 号油，100 ℃×70 h）	压缩永久变形（GB/T 7759，密实试样，100 ℃×22 h）	适用的后缀品级数
	MPa	Psi					
30	3	435	300	硬度变化：±15 度 拉伸强度变化率：±30% 拉断伸长率变化率：最大−50%	体积变化：最大 120%	压缩永久变形：最大 80%	2，5
30	7	1 015	400				2，5
30	10	1 450	400				2，5
30	14	2 031	500				2
40	3	435	300				2
40	7	1 015	400				2，5
40	10	1 450	500				2，5
40	14	2 031	500				2，5
40	17	2 466	500				2
50	3	435	300				2，5
50	7	1 015	300				2，5
50	10	1 450	350				2，5，6
50	14	2 031	400				2，5，6
50	17	2 466	450				2，6
50	21	3 046	500				2，6
50	24	3 481	500				2，6
60	3	435	300				3，5
60	7	1 015	300				3，5
60	10	1 450	350				3，5，6
60	14	2 031	350				3，6
60	17	2 466	400				3，6
60	21	3 046	400				3，6
60	24	3 481	400				3，6
70	3	435	200				3，5
70	7	1 015	200				3，5
70	10	1 450	250				3，5，6
70	14	2 031	300				3，5，6
70	17	2 466	300				3，6
70	21	3 046	300				3，6

续表

邵尔 A 硬度（±5 度）	拉伸强度（最小） MPa	拉伸强度（最小） Psi	拉断伸长率（最小）/%	耐热（GB/T 3512）（100 ℃×70 h）	耐液体（GB/T 1690，3 号油，100 ℃×70 h）	压缩永久变形（GB/T 7759，密实试样，100 ℃×22 h）	适用的后缀品级数
80	3	435	100				4
80	7	1 015	100				4
80	10	1 450	100				4
80	14	2 031	150				4
90	3	435	50				
90	7	1 015	100				4
90	10	1 450	150				4
90	14	2 031	150				4

BC 材料后缀要求

后缀要求	品级 1[a]	品级 2	品级 3	品级 4	品级 5	品级 6	品级 7	品级 8
A14 耐热（GB/T 3512，100 ℃×70 h） 硬度变化（最大）/度 拉伸强度变化率（最大）/% 拉断伸长率变化率（最大）/%		+15 −15 −40	+15 −15 −40	+15 −15 −40	+15 −15 −40	+15 −15 −40		
B14 压缩永久变形（最大）/% （GB/T 7759，B 型密实试样，100 ℃×22 h）		35	35	35	35	35		
C12 耐臭氧（质量保持率[b]，最小）/% （GB/T 11206，方法 D）		100	100	100	100	100		
C20 耐天候老化（质量保持率[b]，最小）/% （GB/T 11206，方法 D）		+	+	+	+	+		
EO14 耐液体（GB/T 1690，1 号油，100 ℃×70 h） 硬度变化（最大）/度 拉伸强度变化率（最大）/% 拉断伸长率变化率（最大）/% 体积变化（最大）/%		±10 −30 −30 −10～+15	±10 −30 −30 −10～+15	±10 −30 −30 −10～+15	±10 −30 −30 −10～+15	±10 −30 −30 −10～+15		
EO34 耐液体（GB/T 1690，3 号油，100 ℃×70 h） 拉伸强度变化率（最大）/% 拉断伸长率变化率（最大）/% 体积变化（最大）/%		−70 −55 +120	−60 −50 +100	−45 −30 +80	−60 −60 +100	−60 −50 +100		
F17 耐低温（GB/T 15256，程序 A，在−40 ℃下经 3 min 后无裂纹）		合格	合格	合格		合格		
F19 耐低温（GB/T 15256，程序 A，在−55 ℃下经 3 min 后无裂纹）					合格			
G21 抗撕裂（GB/T 529，直角试样裁刀） 拉伸强度在 7.0 MPa 以下（最小）/（kN·m^{-1}） 拉伸强度在 7.0～10 MPa 以下（最小）/（kN·m^{-1}） 拉伸强度超过 10 MPa（最小）/（kN·m^{-1}）		22 26 26	22 26 26	22 26 26	 26	 26		
K11 黏合强度（GB/T 11211，最小）/MPa		1.4	1.4	1.4	1.4	2.8		
P2 耐污染（ASTM D 925，方法 B，控制板）		+	+	+				
Z（特殊要求）任何特殊要求应详细规定，包括试验方法								

注：[a] 品级 1 只有基本要求，没有后缀要求。
[b] 质量保持率的判定标准见该标准附录 NA。
[c] + 该要求适用，可买到具有这些特性的材料，但数值尚未确定。

BE 材料的基本要求和附加（后缀）要求见表 1.1.9-10。

表 1.1.9-10　BE 材料的基本要求和附加（后缀）要求（HG/T 2196 表 10）

邵尔 A 硬度（±5 度）/度	拉伸强度（最小）		拉断伸长率（最小）/%	耐热（GB/T 3512）（100 ℃×70 h）	耐液体（GB/T 1690，3 号油，100 ℃×70 h）	压缩永久变形（最大）/%（GB/T 7759，密实试样，100 ℃×22 h）	适用的后缀品级数
	MPa	Psi					
40	3	435	500	硬度变化：±15 度 拉伸强度变化率：±30% 拉断伸长率变化率：最大−50%	体积变化最大 80%	40	2
40	7	1 015	500			40	2
50	3	435	350			40	2
50	6	870	350			40	2
50	7	1 015	400			40	2
50	10	1 450	400			40	2，3
50	14	2 031	400			40	2
60	3	435	300			40	2
60	6	870	300			40	2
60	7	1 015	350			40	2
60	10	1 450	350			40	2，3
60	14	2 031	350			40	2
70	3	435	200			50	2
70	6	870	200			50	2
70	7	1 015	250			50	2
70	10	1 450	250			50	2，3
70	14	2 031	250			50	2
70	17	2 466	250			50	2
80	7	1 015	100			50	2
80	10	1 450	100			50	2
80	14	2 031	150			50	2
80	17	2 466	150			50	2
90	7	1 015	100			50	2
90	10	1 450	100			50	2
90	14	2 031	150			50	2

BE 材料后缀要求

后缀要求	品级 1[a]	品级 2	品级 3	品级 4	品级 5	品级 6	品级 7	品级 8
A14 耐热（GB/T 3512，100 ℃×70 h） 硬度变化（最大）/度 拉伸强度变化率（最大）/% 拉断伸长率变化率（最大）/%		 15 −15 −40	 15 −15 −40					
B14 压缩永久变形（最大）/%（GB/T 7759，B 型密实试样，100 ℃×22 h）		25	25					
C12 耐臭氧（质量保持率[b]，最小）/%（GB/T 11206，方法 D）		100	100					
C20 耐室外天候老化（质量保持率[b]，最小）/%（GB/T 11206，方法 D）		+	+					
EO14 耐液体（GB/T 1690，1 号油，100 ℃×70 h） 硬度变化（最大）/度 拉伸强度变化率（最大）/% 拉断伸长率变化率（最大）/% 体积变化（最大）/%		 ±10 −30 −30 −10～15	 ±10 −30 −30 −10～15					
EO34 耐液体（GB/T 1690，3 号油，100 ℃×70 h） 拉伸强度变化率（最大）/% 拉断伸长率变化率（最大）/%		 −50 −40	 −50 −40					
F17 耐低温（GB/T 15256，程序 A，在−40 ℃下经 3 min 后无裂纹）		合格						
F19 耐低温（GB/T 15256，程序 A，在−55 ℃下经 3 min 后无裂纹）			合格					

续表

后缀要求	品级 1[a]	品级 2	品级 3	品级 4	品级 5	品级 6	品级 7	品级 8
G21 抗撕裂（GB/T 529，直角试样裁刀） 拉伸强度超过 10 MPa（最小）/(kN·m^{-1})			26					
K11 黏合强度（GB/T 11211，最小）/MPa			1.4					
Z（特殊要求）任何特殊要求应详细规定，包括试验方法								

注：[a] 品级 1 只有基本要求，没有后缀要求。
[b] 质量保持率的判定标准见该标准附录 NA。
[c] ＋ 该要求适用，可买到具有这些特性的材料，但数值尚未确定。

BF 材料的基本要求和附加（后缀）要求见表 1.1.9-11。

表 1.1.9-11 BF 材料的基本要求和附加（后缀）要求（HG/T 2196 表 11）

邵尔 A 硬度（±5 度）/度	拉伸强度（最小）		拉断伸长率（最小）/%	耐热（GB/T 3512）（100 ℃×70 h）	耐液体（GB/T 1690，3 号油，100 ℃×70 h）	压缩永久变形（GB/T 7759，密实试样，100 ℃×22 h）	适用的后缀品级数
	MPa	Psi					
60	3	435	200	硬度变化：±15 度 拉伸强度变化率：±30% 拉断伸长率变化率：最大−50%	体积变化最大 120%	压缩永久变形：最大 80%	2
60	6	870	200				2
60	7	1 015	250				2
60	8	1 160	250				2
60	10	1 450	300				2
60	14	2 031	350				2
60	17	2 466	350				2
70	3	435	150				2
70	6	870	150				2
70	7	1 015	200				2
70	8	1 160	200				2
70	10	1 450	250				2
70	14	2 031	250				2
70	17	2 466	250				2
80	3	435	100				2
80	7	1 015	100				2
80	10	1 450	125				2
80	14	2 031	125				2

BF 材料后缀要求

后缀要求	品级 1[a]	品级 2	品级 3	品级 4	品级 5	品级 6	品级 7	品级 8
B14 压缩永久变形（最大）/% （GB/T 7759，B 型密实试样，100 ℃×22 h）		25						
B34 压缩永久变形（最大）/% （GB/T 7759，B 型叠合试样，100 ℃×22 h）		25						
EO14 耐液体（GB/T 1690，1 号油，100 ℃×70 h） 硬度变化（最大）/度 拉伸强度变化率（最大）/% 拉断伸长率变化率（最大）/% 体积变化（最大）/%		 ±10 −25 −45 −10～10						
EO34 耐液体（GB/T 1690，3 号油，100 ℃×70 h） 硬度变化（最大）/度 拉伸强度变化率（最大）/% 拉断伸长率变化率（最大）/% 体积变化（最大）/%		 −20 −45 −45 0～60						
F19 耐低温（GB/T 15256，程序 A，在−55 ℃下经 3 min 后无裂纹）		合格						
K11 黏合强度（GB/T 11211，最小）/MPa		b						
P2 耐污染（ASTM D 925，方法 B，控制板）		＋	＋	＋				
Z（特殊要求）任何特殊要求应详细规定，包括试验方法								

注：[a] 品级 1 只有基本要求，没有后缀要求。
[b] 在硫化过程中能黏合到金属上的材料适用。由于橡胶材料应用极广，而且最终使用要求又不相同，所以未注具体数值。GB/T 11211 及其要求应由买卖双方协商而定。

BG 材料的基本要求和附加（后缀）要求见表 1.1.9－12。

表 1.1.9－12　BG 材料的基本要求和附加（后缀）要求（HG/T 2196 表 12）

邵尔 A 硬度 (±5 度)/度	拉伸强度（最小）		拉断伸长率（最小）/%	耐热 (GB/T 3512) (100 ℃×70 h)	耐液体 (GB/T 1690，3 号油，100 ℃×70 h)	压缩永久变形（最大）/% (GB/T 7759，密实试样，100 ℃×22 h)	适用的后缀品级数
	MPa	Psi					
40	7	1 015	450	硬度变化：±15 度 拉伸强度变化率：±30% 拉断伸长率变化率：最大－50%	体积变化 最大 40%	压缩永久变形： 最大 50%	2，5
40	10	1 450	450				2，5
50	3	435	300				2，5
50	6	870	300				2
50	7	1 015	350				2，5
50	8	1 160	350				2
50	10	1 450	300				2，3，4，5
50	14	2 031	350				2，3，4，5
50	21	3 046	400				3，4
60	3	435	200				2，5
60	6	870	200				2
60	7	1 015	250				2，5
60	8	1 160	250				2
60	10	1 450	300				2，5
60	14	2 031	300				2，3，4，5
60	17	2 466	350				2
60	21	3 046	350				3，4
60	28	4 061	400				3，4
70	3	435	150				2，5
70	6	870	150				2
70	7	1 015	200				2，5
70	8	1 160	200				2
70	10	1 450	250				2，5
70	14	2 031	250				2，3，4，5
70	17	2 466	300				2，3
70	21	3 046	350				3，4
70	28	4 061	400				3，4
80	3	435	100				6，7
80	7	1 015	100				6，7
80	10	1 450	125				6，7
80	14	2 031	125				3，4，6，7
80	21	3 046	300				3，4
80	28	4 061	350				3，4
90	3	435	50				6，7
90	7	1 015	100				6，7
90	10	1 450	100				6，7

BG 材料后缀要求

后缀要求	品级 1[a]	品级 2	品级 3	品级 4	品级 5	品级 6	品级 7	品级 8
A14 耐热（GB/T 3512，100 ℃×70 h） 硬度变化（最大）/度 拉伸强度变化率（最大）/% 拉断伸长率变化率（最大）/%				 ±15 ±15 －15	 ±15 －20 －40	 ±15 －20 －40		
B14 压缩永久变形（最大）/% (GB/T 7759，B 型密实试样，100 ℃×22 h)		25	50	50	25	25	25	
B34 压缩永久变形（最大）/% (GB/T 7759，B 型叠合试样，100 ℃×22 h)		25			25	25		
C12 耐臭氧（质量保持率[b]，最小）/% (GB/T 11206，方法 D)			+	+				
C20 耐室外天候老化（质量保持率[b]，最小）/% (GB/T 11206，方法 D)			+	+				
EA14 耐水（GB/T 1690，100 ℃×70 h） 硬度变化/度 体积变化（最大）/%		 ±10 ±15					 ±10 ±15	

续表

后缀要求	品级 1[a]	品级 2	品级 3	品级 4	品级 5	品级 6	品级 7	品级 8
EF11 耐液体（GB/T 1690，标准燃油 A，23 ℃×70 h）								
硬度变化（最大）/度		±10					±10	
拉伸强度变化率（最大）/%		−25					−25	
拉断伸长率变化率（最大）/%		−25					−25	
体积变化（最大）/%		−5～10					−5～10	
EF21 耐液体（GB/T 1690，标准燃油 B，23 ℃×70 h）								
硬度变化（最大）/度		−30～0					−30～0	
拉伸强度变化率（最大）/%		−60					−60	
拉断伸长率变化率（最大）/%		−60					−60	
体积变化（最大）/%		0～40					0～40	
EO14 耐液体（GB/T 1690，1 号油，100 ℃×70 h）								
硬度变化（最大）/度		−5～10	−7～5	−7～5	−5～15	−5～15	−5～5	
拉伸强度变化率（最大）/%		−25	−20	−20	−25	−25	−25	
拉断伸长率变化率（最大）/%		−45	−40	−40	−45	−45	−45	
体积变化（最大）/%		−10～5	−5～10	−5～5	−10～5	−10～5	−10～5	
EO34 耐液体（GB/T 1690，3 号油，100 ℃×70 h）								
硬度变化（最大）/度		−10～5	−10～5	−10～5	−15～0	−20～0	−10～5	
拉伸强度变化率（最大）/%		−45	−35	−35	−45	−45	−45	
拉断伸长率变化率（最大）/%		−45	−40	−40	−45	−45	−45	
体积变化（最大）/%		0～25	16～35	0～6	0～35	0～35	0～25	
F16 耐低温（GB/T 15256，程序 A，在−35 ℃下经 3 min 后无裂纹）							合格	
F17 耐低温（GB/T 15256，程序 A，在−40 ℃下经 3 min 后无裂纹）		合格				合格		
F19 耐低温（GB/T 15256，程序 A，在−55 ℃下经 3 min 后无裂纹）			合格	合格	合格			
K11 黏合强度（GB/T 11211，最小）/MPa		c	c	c	c	c	c	
P2 耐污染（ASTM D 925，方法 B，控制板）			合格	合格				
Z（特殊要求）任何特殊要求应详细规定，包括试验方法								

注：[a] 品级 1 只有基本要求，没有后缀要求。
[b] 质量保持率的判定标准见该标准附录 NA。
[c] 在硫化过程中能黏合到金属上的材料适用。由于橡胶材料应用极广，而且最终使用要求又不相同，所以未注具体数值。GB/T 11211 及其要求应由买卖双方协商而定。
[d] ＋ 该要求适用，可买到具有这些特性的材料，但数值尚未确定。

BK 材料的基本要求和附加（后缀）要求见表 1.1.9－13。

表 1.1.9－13 BK 材料的基本要求和附加（后缀）要求（HG/T 2196 表 13）

邵尔 A 硬度（±5 度）/度	拉伸强度（最小）		拉断伸长率（最小）/%	耐热（GB/T 3512）（100 ℃×70 h）	耐液体（GB/T 1690，3 号油，100 ℃×70 h）	压缩永久变形（GB/T 7759，密实试样，100 ℃×22 h）	适用的后缀品级数
	MPa	Psi					
60	3	435	200	硬度变化：±15 度 拉伸强度变化率：±30% 拉断伸长率变化率：最大−50%	体积变化最大 10%	压缩永久变形：最大 50%	4
60	6	870	200				4
60	7	1 015	250				4
60	8	1 160	250				4
60	10	1 450	300				4
60	14	2 031	350				4
60	17	2 466	350				4
70	3	435	150				4
70	6	870	150				4
70	7	1 015	200				4
70	8	1 160	200				4
70	10	1 450	250				4
70	14	2 031	250				4
70	17	2 466	300				4

续表

邵尔 A 硬度（±5 度）/度	拉伸强度（最小）		拉断伸长率（最小）/%	耐热（GB/T 3512）（100 ℃×70 h）	耐液体（GB/T 1690，3 号油，100 ℃×70 h）	压缩永久变形（GB/T 7759，密实试样，100 ℃×22 h）	适用的后缀品级数
	MPa	Psi					
80	3	435	100				4
80	7	1 015	100				4
80	10	1 450	125				4
80	14	2 031	125				4
90	3	435	50				4
90	7	1 015	100				4
90	10	1 450	100				4

BK 材料后缀要求

后缀要求	品级 1[a]	品级 2	品级 3	品级 4	品级 5	品级 6	品级 7	品级 8
A24 耐热（ASTM D 865，100 ℃×70 h） 硬度变化（最大）/度 拉伸强度变化率（最大）/% 拉断伸长率变化率（最大）/%				 ±10 −20 −30				
B14 压缩永久变形（最大）/% （GB/T 7759，B 型密实试样，100 ℃×22 h）				25				
B34 压缩永久变形（最大）/% （GB/T 7759，B 型叠合试样，100 ℃×22 h）				25				
EF11 耐液体（GB/T 1690，标准燃油 A，23 ℃×70 h） 硬度变化（最大）/度 拉伸强度变化率（最大）/% 拉断伸长率变化率（最大）/% 体积变化（最大）/%				 ±5 −20 −20 ±5				
EF21 耐液体（GB/T 1690，标准燃油 B，23 ℃×70 h） 硬度变化（最大）/度 拉伸强度变化率（最大）/% 拉断伸长率变化率（最大）/% 体积变化（最大）/%				 −20～0 −50 −50 0～25				
EO14 耐液体（GB/T 1690，1 号油，100 ℃×70 h） 硬度变化（最大）/度 拉伸强度变化率（最大）/% 拉断伸长率变化率（最大）/% 体积变化（最大）/%				 ±5 −20 −20 −10～0				
EO34 耐液体（GB/T 1690，3 号油，100 ℃×70 h） 硬度变化（最大）/度 拉伸强度变化率（最大）/% 拉断伸长率变化率（最大）/% 体积变化（最大）/%				 −10～5 −20 −30 0～5				
K11 黏合强度（GB/T 11211，最小）/MPa				b				
Z（特殊要求）任何特殊要求应详细规定，包括试验方法								

注：[a] 品级 1 只有基本要求，没有后缀要求。

[b] 在硫化过程中能黏合到金属上的材料适用。由于橡胶材料应用极广，而且最终使用要求又不相同，所以未注具体数值。GB/T 11211 及其要求应由买卖双方协商而定。

3. C 类型材料

CA 材料的基本要求和附加（后缀）要求见表 1.1.9 - 14。

表 1.1.9-14 CA 材料的基本要求和附加（后缀）要求（HG/T 2196 表 14）

邵尔 A 硬度（±5 度）/度	拉伸强度（最小）		拉断伸长率（最小）/%	耐热（GB/T 3512）（125 ℃×70 h）	耐液体（GB/T 1690，3 号油，150 ℃×70 h）	压缩永久变形（GB/T 7759，密实试样，100 ℃×22 h）	适用的后缀品级数
	MPa	Psi					
30 30	7 10	1 015 1 450	500 500	硬度变化：±15 度 拉伸强度变化率：±30% 拉断伸长率变化率：最大−50%	无要求	压缩永久变形：最大 60%	2 2
40 40 40	7 10 14	1 015 1 450 2 031	400 400 400				2 2 2
50 50 50 50	7 10 14 17	1 015 1 450 2 031 2 466	300 300 350 350				3 4 4 4
60 60 60	7 10 14	1 015 1 450 2 031	250 250 250				3 4 4
70 70 70	7 10 14	1 015 1 450 2 031	200 200 200				3 4，5 4，5
80 80 80	7 10 14	1 015 1 450 2 031	150 150 150				6 7，8 7，8
90 90	7 10	1 015 1 450	100 100				6 7，8

CA 材料后缀要求

后缀要求	品级 1[a]	品级 2	品级 3	品级 4	品级 5	品级 6	品级 7	品级 8
A25 耐热（ASTM D 865，125 ℃×70 h） 硬度变化（最大）/度 拉伸强度变化率（最大）/% 拉断伸长率变化率（最大）/%		10 −20 −40	10 −20 −40	10 −20 −40	10 −20 −40	10 −20 −40	10 −20 −40	10 −20 −40
B44 压缩永久变形（最大）/%（GB/T 7759，B 型叠合试样，100 ℃×70 h）		35	50					
B35 压缩永久变形（最大）/%（GB/T 7759，B 型叠合试样，125 ℃×22 h）		70	70	70	50	70	70	50
C32 耐臭氧（GB/T 11206，暴露，方法 C）		合格	合格	合格	合格	合格	合格	合格
EA14 耐水（GB/T 1690，100 ℃×70 h）体积变化（最大）/%		±5	±5	±5	±5	±5	±5	±5
F17 耐低温（GB/T 15256，程序 A，在−40 ℃下经 3 min 后无裂纹）		合格	合格	合格	合格	合格	合格	合格
F18 耐低温（GB/T 15256，程序 A，在−50 ℃下经 3 min 后无裂纹）		合格	合格	合格	合格		合格	
F19 耐低温（GB/T 15256，程序 A，在−55 ℃下经 3 min 后无裂纹）				合格				
G11 抗撕裂（GB/T 529，新月形试样裁刀，最小）/（kN·m^{-1}）		17	26	26	26	26	26	26
G21 抗撕裂（GB/T 529，直角试样裁刀，最小）/（kN·m^{-1}）		17	26	26	26	26	26	26
K11 黏合强度（GB/T 11211，最小）/MPa			1.4	2.8	2.8	1.4	2.8	2.8
P2 耐污染（ASTM D 925，方法 B，控制板）		合格	合格	合格	合格	合格	合格	合格
R11 压缩回弹性（GB/T 7042，最小）/%		70	50	60				
Z（特殊要求）任何特殊要求应详细规定，包括试验方法								

注：[a] 品级 1 只有基本要求，没有后缀要求。

CE 材料的基本要求和附加（后缀）要求见表 1.1.9-15。

表 1.1.9-15　CE 材料的基本要求和附加（后缀）要求（HG/T 2196 表 15）

邵尔 A 硬度（±5 度）/度	拉伸强度（最小）		拉断伸长率（最小）/%	耐热（GB/T 3512）（125 ℃×70 h）	耐液体（GB/T 1690，3 号油，125 ℃×70 h）	压缩永久变形（GB/T 7759，密实试样，70 ℃×22 h）	适用的后缀品级数
	MPa	Psi					
50	14	2 031	400	硬度变化：±15 度 拉伸强度变化率：±30% 拉断伸长率变化率：最大－50%	体积变化：最大 80%	压缩永久变形：最大 80%	2，3
60	10	1 450	350				2，3
60	14	2 031	400				2，3
60	17	2 466	400				2，3
70	7	1 015	200				2，3
70	10	1 450	250				2，3
70	14	2 031	300				2，3
70	17	2 466	300				2，3
80	7	1 015	200				2，3
80	10	1 450	250				2，3
80	14	2 031	250				2，3

CE 材料后缀要求

后缀要求	品级 1[a]	品级 2	品级 3	品级 4	品级 5	品级 6	品级 7	品级 8
A16 耐热（GB/T 3512，150 ℃×70 h） 硬度变化/度 拉伸强度变化率/% 拉断伸长率变化率（最大）/%		 ±20 ±30 －60						
B15 压缩永久变形（最大）/% （GB/T 7759，B 型密实试样，125 ℃×22 h）		60	80					
C12 耐臭氧（质量保持率[b]，最小）/% （GB/T 11206，方法 D）		＋	＋					
C20 耐室外天候老化（GB/T 11206）		＋	＋					
F19 耐低温（GB/T 15256，程序 A，在－55 ℃下经 3 min 后无裂纹）		合格	合格					
P2 耐污染（ASTM D 925，方法 B，控制板）		合格	合格					
Z（特殊要求）任何特殊要求应详细规定，包括试验方法								

注：[a] 品级 1 只有基本要求，没有后缀要求。
[b] 质量保持率的判定标准见该标准附录 NA。
[c] ＋ 该要求适用，可买到具有这些特性的材料，但数值尚未确定。

CH 材料的基本要求和附加（后缀）要求见表 1.1.9-16。

表 1.1.9-16　CH 材料的基本要求和附加（后缀）要求（HG/T 2196 表 16）

邵尔 A 硬度（±5 度）/度	拉伸强度（最小）		拉断伸长率（最小）/%	耐热（GB/T 3512）（125 ℃×70 h）	耐液体（GB/T 1690，3 号油，125 ℃×70 h）	压缩永久变形（GB/T 7759，密实试样，70 ℃×22 h）	适用的后缀品级数
	MPa	Psi					
60	3	435	200	硬度变化：±15 度 拉伸强度变化率：±30% 拉断伸长率变化率：最大－50%	体积变化：最大 30%	压缩永久变形：最大 50%	2，3
60	6	870	200				2，3
60	7	1 015	250				2，3
60	8	1 160	250				2，3
60	10	1 450	300				2，3，5，6
60	14	2 031	350				2，3
60	17	2 466	350				2，3
70	3	435	150				2，3
70	6	870	150				2，3
70	7	1 015	200				2，3
70	8	1 160	200				2，3
70	10	1 450	250				2，3
70	14	2 031	250				2，3，5，6
70	17	2 466	300				2，3

续表

邵尔 A 硬度（±5 度）/度	拉伸强度（最小）		拉断伸长率（最小）/%	耐热（GB/T 3512）（125 ℃×70 h）	耐液体（GB/T 1690，3 号油，125 ℃×70 h）	压缩永久变形（GB/T 7759，密实试样，70 ℃×22 h）	适用的后缀品级数
	MPa	Psi					
80	3	435	100				3，4
80	7	1 015	100				3，4
80	10	1 450	125				3，4
80	14	2 031	125				3，4，5，6
90	3	435	50				3，4
90	7	1 015	100				3，4
90	10	1 450	100				3，4，5，6

CH 材料后缀要求

后缀要求	品级 1[a]	品级 2	品级 3	品级 4	品级 5	品级 6	品级 7	品级 8
A25 耐热（ASTM D 865，125 ℃×70 h） 硬度变化/度 拉伸强度变化率（最大）/% 拉断伸长率变化率（最大）/%		0～15 −25 −50	0～15 −25 −50	0～15 −25 −50	0～10 −10 −40	0～10 −20 −30		
B14 压缩永久变形（最大）/% （GB/T 7759，B 型密实试样，100 ℃×22 h）		25	25	25	30	25		
B34 压缩永久变形（最大）/% （GB/T 7759，B 型叠合试样，100 ℃×22 h）		25	25		30	25		
C12 耐臭氧（质量保持率[b]，最小）/% （GB/T 11206，方法 D）					100	100		
C20 耐室外天候老化（GB/T 11206，方法 D）					+	+		
EF31 耐液体（GB/T 1690，标准燃油 C，23 ℃×70 h） 硬度变化/度 拉伸强度变化率（最大）/% 拉断伸长率变化率（最大）/% 体积变化/%		0～30 −60 −60 0～50		−30～0 −60 −60 0～50	−20～0 −50 −60 0～40	−20～0 −50 −50 0～40		
EO15 耐液体（GB/T 1690，1 号油，125 ℃×70 h） 硬度变化/度 拉伸强度变化率（最大）/% 拉断伸长率变化率（最大）/% 体积变化/%		0～10 −20 −35 −15～5		0～10 −20 −35 −15～5				
EO16 耐液体（GB/T 1690，1 号油，150 ℃×70 h） 硬度变化/度 拉伸强度变化率（最大）/% 拉断伸长率变化率（最大）/% 体积变化/%			0～10 −20 −40 −15～5					
EO35 耐液体（GB/T 1690，3 号油，125 ℃×70 h） 硬度变化/度 拉伸强度变化率（最大）/% 拉断伸长率变化率（最大）/% 体积变化/%		±10 −15 −30 0～25		±10 −15 −30 0～25				
EO36 耐液体（GB/T 1690，3 号油，150 ℃×70 h） 硬度变化/度 拉伸强度变化率（最大）/% 拉断伸长率变化率（最大）/% 体积变化/%			±10 −35 −30 0～25		−5～10 −10 −50 0～10	−5～10 −15 −40 0～15		
F14 耐低温（GB/T 15256，程序 A，在−18 ℃下经 3 min 后无裂纹）					合格			
F16 耐低温（GB/T 15256，程序 A，在−35 ℃下经 3 min 后无裂纹）				合格				

续表

后缀要求	品级 1[a]	品级 2	品级 3	品级 4	品级 5	品级 6	品级 7	品级 8
F17 耐低温（GB/T 15256，程序 A，在 −40 ℃下经 3 min 后无裂纹）		合格				合格		
K11 黏合强度（GB/T 11211，最小）/MPa		c	c	c	c			
Z（特殊要求）任何特殊要求应详细规定，包括试验方法								

注：[a] 品级 1 只有基本要求，没有后缀要求。

[b] 质量保持率的判定标准见该标准附录 NA。

[c] 在硫化过程中能黏合到金属上的材料适用。由于橡胶材料应用极广，而且最终使用要求又不相同，所以未注具体数值。GB/T 11211 及其要求应由买卖双方协商而定。

[d] ＋ 该要求适用，可买到具有这些特性的材料，但数值尚未确定。

4. D 类型材料

DA 材料的基本要求和附加（后缀）要求见表 1.1.9－17。

表 1.1.9－17　DA 材料的基本要求和附加（后缀）要求（HG/T 2196 表 17）

邵尔 A 硬度（±5 度）/度	拉伸强度（最小）		拉断伸长率（最小）/%	耐热（GB/T 3512）（150 ℃×70 h）	耐液体（GB/T 1690，3 号油，150 ℃×70 h）	压缩永久变形（GB/T 7759，密实试样，150 ℃×22 h）	适用的后缀品级数
	MPa	Psi					
50	7	1 015	300	硬度变化：±15 度 拉伸强度变化率：±30% 拉断伸长率变化率：最大−50%	无要求	压缩永久变形：最大 50%	2
50	10	1 450	300				2
50	14	2 031	350				2
60	7	1 015	250				2，3
60	10	1 450	250				2，3
60	14	2 031	300				2，3
70	7	1 015	200				2，3
70	10	1 450	200				2，3
70	14	2 031	200				2，3
80	7	1 015	150				2，3
80	10	1 450	150				2，3
80	14	2 031	150				2，3

DA 材料后缀要求

后缀要求	品级 1[a]	品级 2	品级 3	品级 4	品级 5	品级 6	品级 7	品级 8
A26 耐热（ASTM D 865，150 ℃×70 h）								
硬度变化（最大）/度		10	10					
拉伸强度变化率（最大）/%		−20	−20					
拉断伸长率变化率（最大）/%		−20	−20					
B36 压缩永久变形（最大）/%（GB/T 7759，B 型叠合试样，150 ℃×22 h）		40	25					
C32 耐臭氧（GB/T 11206，暴露，方法 D）		合格	合格					
EA14 耐水（GB/T 1690，100 ℃×70 h）体积变化（最大）/%		±5	±5					
F19 耐低温（GB/T 15256，程序 A，在 −55 ℃下经 3 min 后无裂纹）		合格	合格					
G11 抗撕裂（GB/T 529，新月形试样裁刀，最小）/(kN·m⁻¹)		17	17					
G21 抗撕裂（GB/T 529，直角试样裁刀，最小）/(kN·m⁻¹)		17	17					
K11 黏合强度（GB/T 11211，最小）/MPa			1.4					
P2 耐污染（ASTM D 925，方法 B，控制板）		合格	合格					
R11 压缩回弹性（GB/T 7042，最小）/%		60	60					
Z（特殊要求）任何特殊要求应详细规定，包括试验方法								

注：[a] 品级 1 只有基本要求，没有后缀要求。

DE 材料的基本要求和附加（后缀）要求见表 1.1.9-18。

表 1.1.9-18 DE 材料的基本要求和附加（后缀）要求（HG/T 2196 表 18）

邵尔 A 硬度（±5 度）/度	拉伸强度（最小）		拉断伸长率（最小）/%	耐热（GB/T 3512）（150 ℃×70 h）	耐液体（GB/T 1690，3 号油，150 ℃×70 h）	压缩永久变形（GB/T 7759，密实试样，125 ℃×22 h）	适用的后缀品级数
	MPa	Psi					
60 60 60	10 14 17	1 450 2 031 2 466	350 400 400	硬度变化：±15 度 拉伸强度变化率：±30% 拉断伸长率变化率：最大−50%	体积变化：最大 80%	压缩永久变形：最大 80%	2 2，3 2，3，4
70 70 70 70	7 10 14 17	1 015 1 450 2 031 2 466	200 250 300 300				2 5 6
80 80 80	7 10 14	1 015 1 450 2 031	200 200 250				2
90 90	10 14	1 450 2 031	150 150				5

DE 材料后缀要求

后缀要求	品级 1[a]	品级 2	品级 3	品级 4	品级 5	品级 6
A16 耐热（GB/T 3512，150 ℃×70 h） 硬度变化/度 拉伸强度变化率/% 拉断伸长率变化率（最大）/%		 15 30 −30	 15 30 −30	 15 30 −30		 15 30 −30
B15 压缩永久变形（最大）/%（GB/T 7759，B 型密实试样，125 ℃×22 h）		55	35	25	35	30
C12 耐臭氧（GB/T 11206）		b	b	b	b	b
EO36 耐液体（GB/T 1690，3 号油，150 ℃×70 h） 体积变化（最大）/%		70	70		60	
F16 耐低温（GB/T 15256，程序 A，在−35 ℃下经 3 min 后无裂纹）		合格			合格	
F17 耐低温（GB/T 15256，程序 A，在−40 ℃下经 3 min 后无裂纹）			合格	合格		合格
Z（特殊要求）任何特殊要求应详细规定，包括试验方法						

注：[a] 品级 1 只有基本要求，没有后缀要求。
[b] 该要求适用，并可买到具有这些特性的材料，但数据尚未确定。

DF 材料的基本要求和附加（后缀）要求见表 1.1.9-19。

表 1.1.9-19 DF 材料的基本要求和附加（后缀）要求（HG/T 2196 表 19）

邵尔 A 硬度（±5 度）/度	拉伸强度（最小）		拉断伸长率（最小）/%	耐热（ASTM D 865）（150 ℃×70 h）	耐液体（GB/T 1690，3 号油，150 ℃×70 h）	压缩永久变形（GB/T 7759，密实试样，150 ℃×22 h）	适用的后缀品级数
	MPa	Psi					
40	6	870	225	硬度变化：±15 度 拉伸强度变化率：±30% 拉断伸长率变化率：最大−50%	体积变化：最大 60%	80	2
50	7	1 015	225			80	2
60	8	1 160	175			80	2
70 70	6 8	870 1 160	100 150			90 80	5 2
80 80	6 8	870 1 160	100 150			90 80	5 3
90	7	1 015	125			85	3

续表

DF 材料后缀要求								
后缀要求	品级 1[a]	品级 2	品级 3	品级 4	品级 5	品级 6	品级 7	品级 8
A26 耐热（ASTM D 865，150 ℃×70 h） 硬度变化（最大）/度 拉伸强度变化率（最大）/% 拉断伸长率变化率（最大）/%		 10 −25 −30	 10 −25 −30	 10 −25 −30	 10 −25 −30			
B16 压缩永久变形（最大）/% （GB/T 7759，B 型密实试样，150 ℃×22 h）		50	60	75	80			
B36 压缩永久变形（最大）/% （GB/T 7759，B 型叠合试样，150 ℃×22 h）		75	80	85				
C12 耐臭氧（质量保持率[b]，最小）/% （GB/T 11206，方法 D）		+	+	+	+			
C20 耐天候老化（GB/T 11206，方法 D）		+	+	+	+			
EO16 耐液体（GB/T 1690，1 号油，150 ℃×70 h） 硬度变化/度 拉伸强度变化率（最大）/% 拉断伸长率变化率（最大）/% 体积变化/%		 −8～15 −20 −30 −5～10	 −8～10 −20 −30 −5～10	 −8～10 −20 −30 −5～10	 −8～10 −20 −30 −5～10			
EO36 耐液体（GB/T 1690，3 号油，150 ℃×70 h） 硬度变化（最大）/度 拉伸强度变化率（最大）/% 拉断伸长率变化率（最大）/% 体积变化（最大）/%		 −30 −60 −40 50	 −30 −60 −30 50	 −30 −60 −30 50	 −30 −60 −50 +50			
F14 耐低温（GB/T 15256，程序 A，在−18 ℃下经 3 min 后无裂纹）			合格	合格	合格			
F15 耐低温（GB/T 15256，程序 A，在−25 ℃下经 3 min 后无裂纹）		合格						
K11 黏合强度（GB/T 11211，最小）/MPa		1.4	1.4	1.4	1.4			
Z（特殊要求）任何特殊要求应详细规定，包括试验方法								

注：[a] 品级 1 只有基本要求，没有后缀要求。
[b] 质量保持率的判定标准见该标准附录 NA。
[c] ＋ 该要求适用，可买到具有这些特性的材料，但数值尚未确定。

DH 材料的基本要求和附加（后缀）要求见表 1.1.9－20。

表 1.1.9－20　DH 材料的基本要求和附加（后缀）要求（HG/T 2196 表 20）

邵尔 A 硬度（±5 度）/度	拉伸强度（最小）		拉断伸长率（最小）/%	耐热（ASTM D 865）（150 ℃×70 h）	耐液体（GB/T 1690，3 号油，150 ℃×70 h）	压缩永久变形（GB/T 7759，密实试样，150 ℃×22 h）	适用的后缀品级数
	MPa	Psi					
40	7	1 015	300	硬度变化：±15 度 拉伸强度变化率：±30% 拉断伸长率变化率：最大−50%	体积变化：最大 30%	60	2
50	8	1 160	250			60	2
60	8	1 160	200			60	2
60	9	1 306	200			60	2
60	14	2 031	250			40	4
70	6	870	100			75	5
70	8	1 160	200			60	3
70	10	1 450	200			60	3
70	16	2 321	250			40	4
80	6	870	100			75	5
80	8	1 160	175			60	3
80	10	1 450	175			60	3
80	20	2 900	150			40	4
90	10	1 450	100			60	3
90	20	2 900	100			45	3

续表

DH 材料后缀要求								
后缀要求	品级 1[a]	品级 2	品级 3	品级 4	品级 5	品级 6	品级 7	品级 8
A26 耐热（ASTM D 865，150 ℃×70 h） 硬度变化（最大）/度 拉伸强度变化率（最大）/% 拉断伸长率变化率（最大）/%		10 −25 −30	10 −25 −30	10 −15 −25	10 −25 −30			
B16 压缩永久变形（最大）/% （GB/T 7759，B 型密实试样，150 ℃×22 h）		30	30		60			
B36 压缩永久变形（最大）/% （GB/T 7759，B 型叠合试样，150 ℃×22 h）		50	50	35				
C12 耐臭氧（质量保持率[b]，最小）/% （GB/T 11206，方法 D）		+	+	+	+			
C20 耐天候老化（GB/T 11206，方法 D）		+	+	+	+			
EO16 耐液体（GB/T 1690，1 号油，150 ℃×70 h） 硬度变化/度 拉伸强度变化率（最大）/% 拉断伸长率变化率（最大）/% 体积变化/%		−5～10 −20 −30 ±5	−5～10 −20 −30 ±5	−5～10 −20 −30 −10～5	−5～10 −20 −40 ±5			
EO36 耐液体（GB/T 1690，3 号油，150 ℃×70 h） 硬度变化（最大）/度 拉伸强度变化率（最大）/% 拉断伸长率变化率（最大）/% 体积变化（最大）/%		−15 −40 −40 25	−15 −30 −30 25	−15 −40 −30 25	−15 −40 −40 25			
F13 耐低温（GB/T 15256，程序 A，在−10 ℃下经 3 min 后无裂纹）			合格		合格			
F14 耐低温（GB/T 15256，程序 A，在−18 ℃下经 3 min 后无裂纹）		合格						
F17 耐低温（GB/T 15256，程序 A，在−40 ℃下经 3 min 后无裂纹）				合格				
K11 黏合强度（GB/T 11211，在硫化时黏合，最小）/MPa		1.4	1.4		1.4			
Z（特殊要求）任何特殊要求应详细规定，包括试验方法								

注：[a] 品级 1 只有基本要求，没有后缀要求。
[b] 质量保持率的判定标准见该标准附录 NA。
[c] + 该要求适用，可买到具有这些特性的材料，但数值尚未确定。

5. E 类型材料

EE 材料的基本要求和附加（后缀）要求见表 1.1.9－21。

表 1.1.9－21　EE 材料的基本要求和附加（后缀）要求（HG/T 2196 表 21）

邵尔 A 硬度（±5 度）/度	拉伸强度（最小）		拉断伸长率（最小）/%	耐热（ASTM D 865）（175 ℃×70 h）	耐液体（GB/T 1690，3 号油，150 ℃×70 h）	压缩永久变形（GB/T 7759，密实试样，150 ℃×22 h）	适用的后缀品级数
	MPa	Psi					
50 50 50 50	8 10 12 14	1 160 1 450 1 740 2 031	400 500 500 500	硬度变化：±15 度 拉伸强度变化率：±30% 拉断伸长率变化率：最大−50%	体积变化：最大 80%	压缩永久变形：最大 75%	2 2
60 60 60 60	6 8 12 14	870 1 160 1 740 2 031	200 300 300 400				4 3，4，5 3 3

续表

邵尔 A 硬度（±5 度）/度	拉伸强度（最小）		拉断伸长率（最小）/%	耐热（ASTM D 865）（175 ℃×70 h）	耐液体（GB/T 1690，3 号油，150 ℃×70 h）	压缩永久变形（GB/T 7759，密实试样，150 ℃×22 h）	适用的后缀品级数
	MPa	Psi					
70	8	1 160	200				3，4，5
70	10	1 450	200				4
70	12	1 740	300				3
80	10	1 450	200				4
80	12	1 740	200				3，4
80	14	2 031	200				3，4，5
80	16	2 320	200				3
90	6	870	100				4
90	10	1 450	100				3
90	14	2 031	100				

EE 材料后缀要求

后缀要求	品级 1[a]	品级 2	品级 3	品级 4	品级 5	品级 6	品级 7	品级 8
A47 耐热（GB/T 3512，175 ℃×168 h）								
硬度变化（最大）/度			10	20	10			
拉伸强度变化率（最大）/%			−30	−30	−30			
拉断伸长率变化率（最大）/%			−50	−65	−50			
B46 压缩永久变形（最大）/%（GB/T 7759，B 型叠合试样，150 ℃×70 h）			50	75	50			
B37 压缩永久变形（最大）/%（GB/T 7759，B 型叠合试样，175 ℃×22 h）			50	75	50			
EO16 耐液体（GB/T 1690，1 号油，150 ℃×70 h）								
硬度变化/度			−10～5	−10～5	−10～5			
拉伸强度变化率（最大）/%			−25	−25	−25			
拉断伸长率变化率（最大）/%			−35	−35	−35			
体积变化/%			±15	±10	±10			
EO36 耐液体（GB/T 1690，3 号油[b]，150 ℃×70 h）								
拉伸强度变化率（最大）/%			−60	−50	−50			
拉断伸长率变化率（最大）/%			−55	−50	−50			
体积变化（最大）/%			70	60	50			
EA14 耐水（GB/T 1690，100 ℃×70 h）体积变化（最大）/%			15	15	15			
F17 耐低温（GB/T 15256，程序 A，在−40 ℃下经 3 min 后无裂纹）			合格	合格	合格			
G21 抗撕裂（GB/T 529，直角试样裁刀，最小）/（kN·m^{-1}）			20	20				

注：[a] 品级 1 只有基本要求，没有后缀要求。

[b] 由于系列数据在统计学上未获支持，硬度值的变化被省略。

EH 材料的基本要求和附加（后缀）要求见表 1.1.9－22。

表 1.1.9－22　EH 材料的基本要求和附加（后缀）要求（HG/T 2196 表 22）

邵尔 A 硬度（±5 度）/度	拉伸强度（最小）		拉断伸长率（最小）/%	耐热（ASTM D 865）（175 ℃×70 h）	耐液体（GB/T 1690，3 号油，150 ℃×70 h）	压缩永久变形（GB/T 7759，密实试样，150 ℃×22 h）	适用的后缀品级数
	MPa	Psi					
40	7	1 015	250	硬度变化：±15 度 拉伸强度变化率：±30% 拉断伸长率变化率：最大−50%	体积变化：±30%	75	3
50	8	1 160	175			75	3
60	6	870	100			75	3
60	9	1 306	150			75	3
70	6	870	100			75	3
70	9	1 306	125			75	3
80	7	1 015	100			75	3

续表

EH材料后缀要求								
后缀要求	品级1[a]	品级2	品级3	品级4	品级5	品级6	品级7	品级8
A27 耐热（ASTM D 865，175 ℃×70 h） 硬度变化（最大）/度 拉伸强度变化率（最大）/% 拉断伸长率变化率（最大）/%			 10 −30 −40					
B17 压缩永久变形（最大）/% （GB/T 7759，B型密实试样，175 ℃×22 h）			60					
B37 压缩永久变形（最大）/% （GB/T 7759，B型叠合试样，175 ℃×22 h）			60					
EO16 耐液体（GB/T 1690，1号油，150 ℃×70 h） 硬度变化/度 拉伸强度变化率（最大）/% 拉断伸长率变化率（最大）/% 体积变化/%			 ±5 −20 −30 ±5					
EO36 耐液体（GB/T 1690，3号油，150 ℃×70 h） 硬度变化（最大）/度 拉伸强度变化率（最大）/% 拉断伸长率变化率（最大）/% 体积变化（最大）/%			 −20 −40 −30 25					
F14 耐低温（GB/T 15256，程序A，在−18 ℃下经3 min后无裂纹）			合格					
F25 耐低温（GB/T 6036，T100）/℃			合格					
K11 黏合强度（GB/T 11211，最小）/MPa			1.4					
Z（特殊要求）任何特殊要求应详细规定，包括试验方法								

注：[a] 品级1只有基本要求，没有后缀要求。

EK材料的基本要求和附加（后缀）要求见表1.1.9-23。

表1.1.9-23 EK材料的基本要求和附加（后缀）要求（HG/T 2196表23）

邵尔A硬度（±5度）/度	拉伸强度（最小）		拉断伸长率（最小）/%	耐热（GB/T 3512）（150 ℃×70 h）	耐液体（GB/T 1690，3号油，150 ℃×70 h）	压缩永久变形（GB/T 7759，密实试样，150 ℃×22 h）	适用的后缀品级数
	MPa	Psi					
50	9	1305	125	硬度变化：±15度 拉伸强度变化率：±30% 拉断伸长率变化率：最大−50%	体积变化：±10%	60	2
70	10	1 450	125			60	2
80	10	1 450	100			60	2

EK材料后缀要求								
后缀要求	品级1[a]	品级2	品级3	品级4	品级5	品级6	品级7	品级8
A17 耐热（GB/T 3512，175 ℃×70 h） 硬度变化/度 拉伸强度变化率（最大）/% 拉断伸长率变化率/%		 ±10 −25 −20～30						
A18 耐热（GB/T 3512，200 ℃×70 h） 硬度变化/度 拉伸强度变化率（最大）/% 拉断伸长率变化率/%		 −15～10 −60 −10～40						
B17 压缩永久变形（最大）/% （GB/T 7759，B型密实试样，175 ℃×22 h）		60						

续表

后缀要求	品级 1[a]	品级 2	品级 3	品级 4	品级 5	品级 6	品级 7	品级 8
B26 压缩永久变形（最大）/% （GB/T 7759，B 型密实试样，150 ℃×70 h）		50						
C32 耐臭氧（GB/T 11206，方法 C）		合格						
EA14 耐水（GB/T 1690，100 ℃×70 h） 硬度变化/度 体积变化（最大）/%		 −5～10 0～20						
EF31 耐液体（GB/T 1690，标准燃油 C，室温下 70 h） 硬度变化/度 拉伸强度变化率（最大）/% 拉断伸长率变化率（最大）/% 体积变化（最大）/%		 −20～5 −50 −50 40						
EO16 耐液体（GB/T 1690，1 号油，150 ℃×70 h） 硬度变化/度 拉伸强度变化率（最大）/% 拉断伸长率变化率（最大）/% 体积变化（最大）/%		 −10～5 −10 −20 10						
EO36 耐液体（GB/T 1690，3 号油，150 ℃×70 h） 硬度变化/度 拉伸强度变化率（最大）/% 拉断伸长率变化率（最大）/% 体积变化（最大）/%		 −15～0 −20 −20 10						
F19 耐低温（GB/T 15256，程序 A，在－55 ℃下经 3 min 后无裂纹）		合格						
F49 耐低温（GB/T 7758，在－55℃下经 10 min 后，回缩 10%，最小[b]）		合格						

注：[a] 品级 1 只有基本要求，没有后缀要求。
[b] ASTM D 1329 采用 38.1 mm 的裁刀，GB/T 7758 采用 50 mm 的裁刀。

6. F 类型材料

FC 材料的基本要求和附加（后缀）要求见表 1.1.9－24。

表 1.1.9－24　FC 材料的基本要求和附加（后缀）要求（HG/T 2196 表 24）

邵尔 A 硬度（±5 度）/度	拉伸强度（最小）		拉断伸长率（最小）/%	耐热（GB/T 3512）（200 ℃×70 h）	耐液体（GB/T 1690，3 号油，150 ℃×70 h）	压缩永久变形（GB/T 7759，叠合试样，175 ℃×22 h）	适用的后缀品级数
	MPa	Psi					
30	3	435	350	硬度变化：±15 度 拉伸强度变化率：±30% 拉断伸长率变化率：最大−50%	体积变化：最大 120%	60	2
30	5	725	400			60	2
40	7	1 015	400			60	3
50	7	1 015	400			60	3
50	8	1 160	500			80	4
60	7	1 015	300			60	3
60	8	1 160	400			80	3
70	7	1 015	200			60	3

FC 材料后缀要求

后缀要求	品级 1[a]	品级 2	品级 3	品级 4	品级 5	品级 6	品级 7	品级 8
A19 耐热（GB/T 3512，225 ℃×70 h） 硬度变化（最大）/度 拉伸强度变化率（最大）/% 拉断伸长率变化率（最大）/%		 10 −40 −40	 10 −40 −40	 10 −50 −50				

续表

后缀要求	品级 1[a]	品级 2	品级 3	品级 4	品级 5	品级 6	品级 7	品级 8
B37 压缩永久变形（最大）/% (GB/T 7759，B 型叠合试样，175 ℃×22 h)		40	45	60				
C12 耐臭氧（质量保持率[b]，最小）/% (GB/T 11206，方法 D)		+	+	+				
C20 耐天候老化（GB/T 11206，方法 D）		+	+	+				
EA14 耐水（GB/T 1690，100 ℃×70 h） 硬度变化/度 体积变化（最大）/%		 ±5 ±5	 ±5 ±5	 ±5 ±5				
EO16 耐液体（GB/T 1690，1 号油，150 ℃×70 h） 硬度变化/度 拉伸强度变化率（最大）/% 拉断伸长率变化率（最大）/% 体积变化/%		 −10～0 −50 −30 0～20	 −15～0 −50 −50 0～20	 −15～0 −50 −50 0～20				
F1−11 耐低温（GB/T 15256，程序 A，在−75 ℃下经 3 min 后无裂纹）		合格	合格	合格				
G11 抗撕裂（GB/T 529，新月形试样裁刀） 强度在 7.0 MPa 以下（最小）/(kN·m^{-1}) 强度在 7.0～10.5 MPa（最小）/(kN·m^{-1})		5	17	26				
Z（特殊要求）任何特殊要求应详细规定，包括试验方法								

注：[a] 品级 1 只有基本要求，没有后缀要求。
[b] 质量保持率的判定标准见该标准附录 NA。
[c] + 该要求适用，可买到具有这些特性的材料，但数值尚未确定。

FE 材料的基本要求和附加（后缀）要求见表 1.1.9-25。

表 1.1.9-25 FE 材料的基本要求和附加（后缀）要求（HG/T 2196 表 25）

邵尔 A 硬度（±5 度）/度	拉伸强度（最小）		拉断伸长率（最小）/%	耐热（GB/T 3512）（200 ℃×70 h）	耐液体（GB/T 1690，3 号油，150 ℃×70 h）	压缩永久变形（GB/T 7759，密实试样，175 ℃×22 h）	适用的后缀品级数
	MPa	Psi					
30 30	3 7	435 1 015	400 500	硬度变化：±15 度 拉伸强度变化率：±30% 拉断伸长率变化率：最大−50%	体积变化：最大±80%	60 60	2 5
40	8	1 160	500			60	3
50	8	1 160	500			80	4

FE 材料后缀要求

后缀要求	品级 1[a]	品级 2	品级 3	品级 4	品级 5
A19 耐热（GB/T 3512，225 ℃×70 h） 硬度变化（最大）/度 拉伸强度变化率（最大）/% 拉断伸长率变化率（最大）/%		 10 −60 −60	 10 −40 −60	 15 −40 −60	 ±10 −50 −50
B37 压缩永久变形（最大）/% (GB/T 7759，B 型叠合试样，175 ℃×22 h)		45	50	65	35
C12 耐臭氧（质量保持率[b]，最小）/% (GB/T 11206，方法 D)		+	+	+	
C20 耐天候老化（GB/T 11206，方法 D）		+	+	+	
EA14 耐水（GB/T 1690，100 ℃×70 h） 硬度变化/度 体积变化/%		 ±5 ±5	 ±5 ±5	 ±5 ±5	 ±5 ±5
EO16 耐液体（GB/T 1690，1 号油，150 ℃×70 h） 硬度变化/度 拉伸强度变化率（最大）/% 拉断伸长率变化率（最大）/% 体积变化/%		 −10～0 −50 −50 0～20	 −10～0 −50 −50 0～20	 −10～0 −50 −50 0～20	 −10～0 −40 −40 0～20

续表

后缀要求	品级 1[a]	品级 2	品级 3	品级 4	品级 5
EO36 耐液体（GB/T 1690，3 号油，150 ℃×70 h） 硬度变化（最大）/度 体积变化（最大）/%			+ 80	−40 80	65
F19 耐低温（GB/T 15256，程序 A，在−55 ℃下经 3 min 后无裂纹）		合格	合格	合格	
G11 抗撕裂（GB/T 529，新月形试样裁刀） 强度在 7.0 MPa 以下（最小）/(kN·m⁻¹) 强度在 7.0～10.5 MPa（最小）/(kN·m⁻¹)		9	22	26	25
K11 黏合强度（GB/T 11211）		+	+	+	
K21 黏合强度（GB/T 7760）		+	+	+	
K31 硫化后黏合强度		c	c	c	c
P2 耐污染（ASTM D 925，方法 B，控制板）		合格	合格	合格	

注：[a] 品级 1 只有基本要求，没有后缀要求。
[b] 质量保持率的判定标准见该标准附录 NA。
[c] 后缀 K31 指材料应没有对黏合强度剂有害或可能有害的表面状态和组分。
[d] ＋该要求适用，可买到具有这些特性的材料，但数值尚未确定。

FK 材料的基本要求和附加（后缀）要求见表 1.1.9 - 26。

表 1.1.9 - 26　FK 材料的基本要求和附加（后缀）要求（HG/T 2196 表 26）

邵尔 A 硬度（±5 度）/度	拉伸强度（最小）		拉断伸长率（最小）/%	耐热（GB/T 3512）（200 ℃×70 h）	耐液体（GB/T 1690，3 号油，150 ℃×70 h）	压缩永久变形（GB/T 7759，叠合试样，175 ℃×22 h）	适用的后缀品级数
	MPa	Psi					
60	6	870	150	硬度变化：±15 度 拉伸强度变化率：±30% 拉断伸长率变化率：最大−50%	体积变化：最大±10%	50	2

FK 材料后缀要求

后缀要求	品级 1[a]	品级 2	品级 3	品级 4	品级 5	品级 6	品级 7	品级 8
A19 耐热（GB/T 3512，225 ℃×70 h） 硬度变化（最大）/度 拉伸强度变化率（最大）/% 拉断伸长率变化率（最大）/%		15 −45 −45						
C12 耐臭氧（质量保持率[b]，最小）/%（GB/T 11206，方法 D）		+						
C20 耐天候老化（GB/T 11206，方法 D）		+						
EF31 耐液体（GB/T 1690，标准燃油 C，23 ℃×70 h） 硬度变化/度 拉伸强度变化率（最大）/% 拉断伸长率变化率（最大）/% 体积变化/%		−15～0 −60 −50 0～25						
EO36 耐液体（GB/T 1690，3 号油，150 ℃×70 h） 硬度变化/度 拉伸强度变化率（最大）/% 拉断伸长率变化率（最大）/% 体积变化/%		−10～0 −35 −30 0～10						
F19 耐低温（GB/T 15256，程序 A，在−55 ℃下经 3 min 后无裂纹）		合格						
Z（特殊要求）任何特殊要求应详细规定，包括试验方法								

注：[a] 品级 1 只有基本要求，没有后缀要求。
[b] 质量保持率的判定标准见该标准附录 NA。
[c] ＋ 该要求适用，可买到具有这些特性的材料，但数值尚未确定。

7. G 类型材料

GE 材料的基本要求和附加（后缀）要求见表 1.1.9-27。

表 1.1.9-27 GE 材料的基本要求和附加（后缀）要求（HG/T 2196 表 27）

邵尔 A 硬度（±5 度）/度	拉伸强度（最小） MPa	拉伸强度（最小） Psi	拉断伸长率（最小）/%	耐热（GB/T 3512）（225 ℃×70 h）	耐液体（GB/T 1690，3 号油，150 ℃×70 h）	压缩永久变形（GB/T 7759，叠合试样，175 ℃×22 h）	适用的后缀品级数
30	3	435	300	硬度变化：±15 度 拉伸强度变化率：±30% 拉断伸长率变化率：最大−50%	体积变化：最大 80%	50	2
30	5	725	400			50	2
30	6	870	400			50	8
40	3	435	200			50	2
40	5	725	300			50	2
40	6	870	300			50	8
50	3	435	200			50	3
50	5	725	250			70	4，5
50	6	870	250			50	5
50	8	1 160	400			60	9
60	3	435	100			50	3
60	5	725	200			70	4，5
60	6	870	200			50	5
70	3	435	60			50	6
70	5	725	150			50	7
70	6	870	150			50	5
80	3	435	50			50	6
80	5	725	150			50	7
80	6	870	100			50	5

GE 材料后缀要求

后缀要求	品级 1[a]	品级 2	品级 3	品级 4	品级 5	品级 6	品级 7	品级 8	品级 9
A19 耐热（GB/T 3512，225 ℃×70 h）									
硬度变化（最大）/度		10	10	10	10	10	10	10	10
拉伸强度变化率（最大）/%		−25	−25	−30	−25	−25	−25	−25	−30
拉断伸长率变化率（最大）/%		−30	−30	−30	−30	−30	−30	−25	−30
B37 压缩永久变形（最大）/%（GB/T 7759，B 型叠合试样，175 ℃×22 h）		25	30	50	25	30	30	25	40
C12 耐臭氧（质量保持率[b]，最小）/%（GB/T 11206，方法 D）		+	+	+	+	+	+	+	+
C20 耐天候老化（GB/T 11206，方法 D）		+	+	+	+	+	+	+	+
EA14 耐水（GB/T 1690，100 ℃×70 h）									
硬度变化/度		±5	±5	±5	±5	±5	±5	±5	±5
体积变化（最大）/%		±5	±5	±5	±5	±5	±5	±5	±5
EO16 耐液体（GB/T 1690，1 号油，150 ℃×70 h）									
硬度变化/度		−10～0	−15～0	−15～0	−15～0	−15～0	−15～0	−10～0	−10～0
拉伸强度变化率（最大）/%		−30	−20	−20	−20	−20	−20	−30	−30
拉断伸长率变化率（最大）/%		−30	−20	−20	−20	−20	−20	−20	−30
体积变化/%		0～15	0～10	0～15	0～10	0～10	0～15	0～15	0～10
EO36 耐液体（GB/T 1690，3 号油，150 ℃×70 h）									
硬度变化（最大）/度			−30	−35	−30	−40	−40	+	−30
体积变化（最大）/%		60	60	60	60	60	60	60	60
F19 耐低温（GB/T 15256，程序 A，在 −55 ℃下经 3 min 后无裂纹）		合格	合格	合格	合格	合格	合格	合格	合格
G11 抗撕裂（GB/T 529，新月形试样裁刀） 强度在 7.0 MPa 以下（最小）/(kN·m⁻¹) 强度在 7.0～10.5 MPa（最小）/(kN·m⁻¹)		5	6	9	9	5	9	9	25

续表

后缀要求	品级 1[a]	品级 2	品级 3	品级 4	品级 5	品级 6	品级 7	品级 8	品级 9
K11 黏合强度（GB/T 11211）		+	+	+	+	+	+	+	+
K21 黏合强度（GB/T 7760）		+	+	+	+	+	+	+	+
K31 硫化后黏合强度		c	c	c	c	c	c	c	c
P2 耐污染（ASTM D 925，方法 B，控制板）		合格	合格	合格	合格	合格	合格	合格	合格
Z（特殊要求）任何特殊要求应详细规定，包括试验方法									

注：[a] 品级 1 只有基本要求，没有后缀要求。
[b] 质量保持率的判定标准见该标准附录 NA。
[c] 后缀 K31 指材料应没有对黏合强度剂有害或可能有害的表面状态和组分。
[d] + 该要求适用，可买到具有这些特性的材料，但数值尚未确定。

8. H 类型材料

HK 材料的基本要求和附加（后缀）要求见表 1.1.9 - 28。

表 1.1.9 - 28　HK 材料的基本要求和附加（后缀）要求（HG/T 2196 表 28）

邵尔 A 硬度（±5 度）/度	拉伸强度（最小）		拉断伸长率（最小）/%	耐热（ASTM D 865）（250 ℃×70 h）	耐液体（GB/T 1690，3 号油，150 ℃×70 h）	压缩永久变形（GB/T 7759，叠合试样，175 ℃×22 h）	适用的后缀品级数
	MPa	Psi					
60	7	1 015	200	硬度变化：±15 度 拉伸强度变化率：±30% 拉断伸长率变化率：最大−50%	体积变化：最大 10%	压缩永久变形：最大 35%	2，4，6
60	10	1 450	200				2，4，6
60	14	2 031	200				2，4，6
70	7	1 015	175				2，4，6
70	10	1 450	175				2，4，6
70	14	2 031	175				2，4，6
80	7	1 015	150				2，4，6
80	10	1 450	150				2，4，6
80	14	2 031	150				2，4，6
90	7	1 015	100				3，5，7
90	10	1 450	100				3，5，7
90	14	2 031	100				3，5，7

HK 材料后缀要求

后缀要求	品级 1[a]	品级 2	品级 3	品级 4	品级 5	品级 6	品级 7	品级 8
A1—10 耐热（GB/T 3512，250 ℃×70 h）								
硬度变化（最大）/度		10	10			10	10	
拉伸强度变化率（最大）/%		−25	−25			−25	−25	
拉断伸长率变化率（最大）/%		−25	−25			−25	−25	
A1—11 耐热（GB/T 3512，275 ℃×70 h）								
硬度变化（最大）/度				10	10	−5～10	−5～10	
拉伸强度变化率（最大）/%				−40	−40	−40	−40	
拉断伸长率变化率（最大）/%				−20	−20	−20	−20	
B31 压缩永久变形（最大）/%（GB/T 7759，B 型叠合试样，23 ℃×22 h）						15	20	
B37 压缩永久变形（最大）/%（GB/T 7759，B 型叠合试样，175 ℃×22 h）		50	30					
B38 压缩永久变形（最大）/%（GB/T 7759，B 型叠合试样，200 ℃×22 h）		50	50	50	50	15	20	
C12 耐臭氧（GB/T 11206，方法 D）		无龟裂	无龟裂	无龟裂	无龟裂	无龟裂	无龟裂	
C20 耐天候老化（GB/T 11206，方法 D）		无龟裂	无龟裂	无龟裂	无龟裂	无龟裂	无龟裂	
EF31 耐液体（GB/T 1690，标准燃油 C，23 ℃×70 h）								
硬度变化/度		±5	±5	±5	±5	±5	±5	
拉伸强度变化率（最大）/%		−25	−25	−25	−25	−25	−25	
拉断伸长率变化率（最大）/%		−20	−20	−20	−20	−20	−20	
体积变化（最大）/%		0～10	0～10	0～10	0～10	0～10	0～10	

续表

后缀要求	品级 1[a]	品级 2	品级 3	品级 4	品级 5	品级 6	品级 7	品级 8
EO78 耐液体（GB/T 1690，101 液体[b]，200 ℃×70 h） 硬度变化/度 拉伸强度变化率（最大）/% 拉断伸长率变化率（最大）/% 体积变化/%		 －15～5 －40 －20 0～15	 －15～5 －40 －20 0～15	 －15～5 －40 －20 0～15	 －15～5 －40 －20 0～15			
EO88 耐液体（GB/T 1690，SAE 2 号液与 7700 共混液[c]，200 ℃×70 h） 硬度变化/度 拉伸强度变化率（最大）/% 拉断伸长率变化率（最大）/% 体积变化（最大）/%						 －15～5 －40 －20 25	 －15～5 －40 －20 25	
F17 耐低温（GB/T 15256，程序 A，在－25 ℃下经 3 min 后无裂纹）		合格			合格	合格		
F17 耐低温（GB/T 15256，程序 A，在－40 ℃下经 3 min 后无裂纹）				合格				
Z（特殊要求）任何特殊要求应详细规定，包括试验方法								

注：[a] 品级 1 只有基本要求，没有后缀要求。
[b] 101 号工作液为 99.5%葵二酸二辛酯（质量比）和 0.5%吩噻嗪（质量比）
[c] SAE 2 号液与 7700 共混液可以从 AKZO Nobel chemicals Inc. 5 livingstone Avenue. DebbsFerry，NY 10522，1－800－666－1200 购得。

9. K 类型材料

KK 材料的基本要求和附加（后缀）要求见表 1.1.9－29。

对比表 1.1.9－30、表 1.1.9－31 和表 1.1.9－32，我们会发现对同一产品制定的两个标准 GB 7038－1986（已废止）和 HG/T 2579－2008，从数字看 GB 7038－1986 的指标和 HG/T 2579－2008 的指标大体接近，但 HG/T 2579－2008 中热空气老化和耐液体的试验条件分别由 100 ℃×24 h 和 125 ℃×24 h 改为 100 ℃×70 h 和 125 ℃×70 h，试验条件和 ASTM D2000－05 相同。对普通液压系统的胶料性能指标，应该执行 HG/T 2579－2008。

表 1.1.9－29　KK 材料的基本要求和附加（后缀）要求（HG/T 2196 表 29）

邵尔 A 硬度（±5 度）/度	拉伸强度（最小）		拉断伸长率（最小）/%	耐热（GB/T 3512）（300 ℃×70 h）	耐液体（GB/T 1690，IRM903 油[a]，150 ℃×70 h）	压缩永久变形（GB/T 7759，叠合试样，200 ℃×22 h）
	MPa	Psi				
80	11	1 595	125	硬度变化：±15 度 拉伸强度变化率：±30% 拉断伸长率变化率：最大－50%	体积变化：最大 10%	压缩永久变形：最大 25%

注：[a] 从 ASTM headquarter. Request RR：D11－1090 可得到其支持数据。IRM903 油可参见 ASTM D 5944。

1.1.4　汽车用橡胶材料分类系统与具体产品标准的关系[12]

针对各种橡胶制品分别制定的相应的国家标准或行业标准或企业标准，有的与 ASTM D 2000 内的指标相当，有的标准指标比 ASTM D 2000 更高或者内容更多，使这些产品更适合其特殊的使用条件和延长产品的使用寿命。以 O 形橡胶密封圈丁腈橡胶材料和丁腈橡胶油封橡胶材料性能指标为例。

表 1.1.9－30　普通液压系统用 O 形橡胶密封圈胶料（GB 7038—1986）

胶料级别	A 组			B 组		
指标名称	HN6364	HN7445	HN8435	HN6363	HN7443	HN8433
硬度（邵尔 A 型）/度	60±5	70±5	80±5	60±5	70±5	80±5
拉伸强度（≥）/MPa	9	11	11	9	11	11
扯断伸长率（≥）/%	300	220	150	300	220	150
压缩永久变形[a]（≤）/%	40	35	35	50	50	50
热空气老化试验条件	100 ℃×24 h			125 ℃×24 h		
硬度（邵尔 A 型）变化（≤）/度	10	10	10	10	10	10
拉伸强度变化（≤）/%	－15	－15	－20	－15	－15	－20
扯断伸长率变化（≤）/%	－35	－35	－35	－40	－35	－35

续表

胶料级别	A组			B组		
浸1＃标准油试验条件	100 ℃×24 h			125 ℃×24 h		
硬度（邵尔A型）变化/度	−3～7	−3～7	−3～7	−5～10	−5～10	−5～10
体积变化/%	−10～5	−8～6	−8～6	−12～5	0～20[b]	−10～5
浸3＃标准油试验条件	100 ℃×24 h			125 ℃×24 h		
硬度（邵尔A型）变化/度	−10～0	−10～0	−10～0	−15～0	−15～0	−15～0
体积变化/%	0～15	0～15	0～15	0～20	0～20	0～20
脆性温度（≤）/℃	−40	−40	−35	−25	−25	−25

注：[a] A组为100 ℃×24 h，B组为100 ℃×22 h。
[b] 可能有误。

表1.1.9-31　用于普通液压系统的胶料性能（HG/T 2579—2008、Ⅰ类硫化胶性能要求

指标名称		指标			
		YI6455	YI7445	YI8535	YI9525
硬度（IRHD或邵尔A）/度		60±5	70±5	80±5	88−4+5
拉伸强度（≥）/MPa		10	10	14	14
扯断伸长率（≥）/%		250	200	150	100
压缩永久变形（B型试样100 ℃×22 h)(≤)/%		30	30	25	30
热空气老化（100 ℃×70 h）					
硬度变化/度（≤）		0～10	0～10	0～10	0～10
拉伸强度下降率（≤）/%		−15	−15	−18	−18
扯断伸长率下降率（≤）/%		−35	−35	−35	−35
耐液体（100 ℃×70 h）					
1＃标准油	硬度变化/度	−3～8	−3～7	−3～6	−3～6
	体积变化率/%	−10～5	−8～5	−6～5	−6～5
3＃标准油	硬度变化/度	−14～0	−14～0	−12～0	−12～0
	体积变化率/%	0～20	0～18	0～16	0～16
脆性温度（≤）/℃		−40	−40	−37	−35

表1.1.9-32　用于普通液压系统的胶料性能（HG/T2579—2008、Ⅱ类硫化胶性能要求）

指标名称		指标			
		YII6454	YII7445	YII8535	YII9524
硬度（IRHD或邵尔A）/度		60±5	70±5	80±5	88−4+5
拉伸强度（≥）/MPa		10	10	14	14
扯断伸长率（≥）/%		250	200	150	100
压缩永久变形（B型试样125 ℃×22 h)(≤)/%		35	30	30	35
热空气老化（125 ℃×70 h）					
硬度变化（≤）/度		0～10	0～10	0～10	0～10
拉伸强度下降率（≤）/%		−15	−15	−18	−18
扯断伸长率下降率（≤）/%		−35	−35	−35	−35
耐液体（125 ℃×70 h）					
1＃标准油	硬度变化/度	−5～10	−5～10	−5～8	−5～8
	体积变化率/%	−10～5	−10～5	−8～5	−8～5
3＃标准油	硬度变化/度	−15～0	−15～0	−12～0	−12～0
	体积变化率/%	0～24	0～22	0～20	0～20
脆性温度（≤）/℃		−25	−25	−25	−25

燃油用O形橡胶密封圈胶料的GB/T 7527—1987和HG/T 3089—2001的指标基本相同。

对照丁腈橡胶油封性能指标的几个标准，单从数字看差别不大，但HG/T 2811—1996《旋转轴唇形密封圈橡胶材料》和JIS B2402—4—2002的热空气老化和耐液体的试验条件改变了，而且JIS B2402—4—2002耐液体的检测项目更多，更接近ASTM D 2000的内容。下面列出GB 7040—1986（已废止）、HG/T 2811—1996和JIS B2402—4—2002的性能指标进行比较，并列出ASTM D 2000相应的性能指标作为参考，见表1.1.9-33～表1.1.9-35。

表1.1.9-33 丁腈橡胶油封性能指标

标准	GB 7040—1986			HG/T 2811—1996		
胶料代号	SN7453A	SN7453B	SN8433	XAⅠ7453	XAⅡ8433	XAⅢ8433
性能指标						
硬度（邵尔A型）/度	70±5	70±5	80±5	70±5	80±5	70±5
拉伸强度（≥）/MPa	11	11	11	11	11	11
扯断伸长率（≥）/%	250	250	150	250	150	200
压缩试验条件（压缩率20%）	100 ℃×22 h			100 ℃×70 h	100 ℃×70 h	120 ℃×70 h
压缩永久变形（≤）/%	50	50	50	50	50	70
热空气老化试验条件[a]	100 ℃×24 h	125 ℃×24 h	100 ℃×24 h	100 ℃×70 h	100 ℃×70 h	120 ℃×70 h
硬度（邵尔A型）变化（≤）/度	10	10	10	0～15	0～15	0～10
拉伸强度变化（≤）/%	−20	−20	−20	−20	−20	−20
扯断伸长率变化（≤）/%	−30	−30	−35	−50	−40	−40
耐油试验条件[a]	100 ℃×24 h	100 ℃×24 h	100 ℃×24 h	100 ℃×70 h	100 ℃×70 h	120 ℃×70 h
1#标准油体积变化/%	−10～5	−10～5	−10～5	−10～5	−8～5	−8～5
3#标准油体积变化/%	0～20	0～20	0～20	0～25	0～25	0～25
脆性温度（≤）/℃	−40	−25	−25	−40	−35	−25

注：[a] 热空气老化和耐液体的试验条件都有所改变。

表1.1.9-34 JIS B2402—2—2002丁腈橡胶油封胶料性能指标

胶料代号	60度A材料	60度A材料	60度A材料	70度B材料
硬度（邵尔A型）/度				
拉伸强度（≥）/MPa				
扯断伸长率（≥）/%				
压缩永久变形（100 ℃×70 h)(≤)/%	50	50	50	70
耐ASTM 1#标准油，试验条件	100 ℃×70 h			120 ℃×70 h
拉伸强度变化（≤）/%	−20	−20	−20	−20
扯断伸长率变化（≤）/%	−40	−40	−40	−30
硬度（邵尔A型）变化（≤）/度	−5～10	−5～10	−5～10	−5～5
体积变化率/%	−10～5	−10～5	−10～5	−5～5
耐ASTM 3#标准油，试验条件	100 ℃×70 h			120 ℃×70 h
拉伸强度变化（≤）/%	−35	−35	−35	−30
扯断伸长率变化（≤）/%	−35	−35	−35	−40
硬度（邵尔A型）变化（≤）/度	−15～0	−15～0	−15～0	−15～0
体积变化率/%	0～25	0～25	0～25	0～25
热空气老化试验条件	100℃×70 h			120℃×70 h
拉伸强度变化（≤）/%	−20	−20	−20	−20
扯断伸长率变化（≤）/%	−50	−50	−50	−40
硬度（邵尔A型）变化（≤）/度	15	15	15	10
低温曲挠试验（−35 ℃×5 h）	−13℃无破坏	−13℃无破坏		

表 1.1.9－35　ASTM D 2000 中不同丁腈橡胶材料（70°A）的性能指标

指标名称[a]	BF2	BG2	BG4	BK4	CH2	CH3
硬度（邵尔 A 型）/度	70±5	70±5	70±5	70±5	70±5	70±5
拉伸强度（≥）/MPa	10	10	10	10	10	10
扯断伸长率（≥）/%	250	250	250	250	250	250
压缩永久变形（100 ℃×22 h）(≤)/%	25	25	50	25	25	25
耐 ASTM 1#标准油，试验条件，70 h	100 ℃	100 ℃	100 ℃	100 ℃	125 ℃	150 ℃
拉伸强度变化（≤）/%	－25	－25	－20	－20	－20	－20
扯断伸长率变化（≤）/%	－45	－45	－40	－20	－35	－40
硬度（邵尔 A 型）变化（≤）/度	±10	－5～10	－7～5	±5	0～10	0～10
体积变化率/%	－10～10	－10～5	－5～5	－10～0	－15～5	－15～5
耐 ASTM 3#标准油，试验条件，70 h	100 ℃	100 ℃	100 ℃	100 ℃	125 ℃	150 ℃
拉伸强度变化（≤）/%	－45	－45	－35	－20	－15	－35
扯断伸长率变化（≤）/%	－45	－45	－40	－30	－30	－35
硬度（邵尔 A 型）变化（≤）/度	－20	－10～5	－10～5	－10～5	±10	±10
体积变化率/%	0～60	0～25	0～6	0～5	0～25	0～25
热空气老化试验条件，70 h	100 ℃**	100 ℃[b]	100 ℃	100 ℃	125 ℃	125 ℃
拉伸强度变化（≤）/%	±30	±30	±15	－20	－25	－25
扯断伸长率变化（≤）/%	－50	－50	－15	－30	－50	－50
硬度（邵尔 A 型）变化（≤）/度	±15	±15	±5	±10	0～15	0～15
耐低温[c]/℃	－55	－40	－55		－40	

注：[a]

①BF2 执行标准为 ASTM D2000－05 M_2BF B14 E014 E034 F19（BF 为耐低温丁腈橡胶）。

②BG2 执行标准为 ASTM D2000－05 M_2BF B14 E014 E034 F17（BG 为通用型丁腈橡胶）。

③BG4 执行标准为 ASTM D2000－05 M_4BG A14 B14 E014 E034 F19（BG 为通用型丁腈橡胶）。

④BK4 执行标准为 ASTM D2000－05 M_4BK A24 B14 E014 E034（BK 为高耐油丁腈橡胶）。

⑤CH2 执行标准为 ASTM D2000－05 M_2CH A25 B14 E015 E035 F17。

⑥CH3 执行标准为 ASTM D2000－05 M_3CH A25 B14 E016 E036。

[b] 为基本要求。

[c] 测试标准为 D2137 方法 A，9.3.2。

符合 ASTM D 2000 和各种国家标准或行业标准所列的技术性能要求，只是最低要求，达到了才叫合格材料，并不是说不可超越或不可能超越，这种超越也有着实际的需要。如载重卡车在高速行驶时，内衬层的温度可以升高至 125～135℃；摩托车在高速行驶时油缸内的液压油可升温至 150～160℃，经廻流冷却后的油温仍有 125～130℃。这就要求相关产品的性能达到这样的要求。对于研究人员来说，了解材料在更严苛试验条件下的性能变化，进而判断产品在恶劣条件下的使用寿命和安全与否是非常必要的。

超越 ASTM D 2000 中所列的性能指标的例子是很多的。例如，BS 1154 是英国标准《天然橡胶胶料（优质）》，表 1.1.9－36 与表 1.1.9－37 列出 ASTM D 2000 中 AA 材料的性能指标和 BS 1154 Z 系列通用机械零件的天然橡胶胶料性能指标以及某些天然橡胶胶料的实际测试结果。从中我们可以看到，ASTM D 2000 中的指标是完全可以超越的。

表 1.1.9－36　天然橡胶胶料的性能指标

指标名称	5－115		5－116		5－127		5－128	
	指标	实测	指标	实测	指标[a]	实测	指标[b]	实测
硬度（邵尔 A)/度	50±5	51	60±5	62	46～55	51.5	56～65	58.5
拉伸强度（≥）/MPa	21	28.7	21	26.2	17	27.7	17	27.6
扯断伸长率（≥）/%	500	—	400	—	500	625	400	575
热空气老化后性能变化情况（70 ℃×70 h）								
硬度（邵尔 A)(≤)/度	10	2	10	3				
拉伸强度变化（≤）/%	－25	－3	－25	－5	－10	－8	－10	－0.1
扯断伸长率变化（≤）/%	－25	－6	－25	－7	－15	－8	－15	－7

续表

指标名称	5—115		5—116		5—127		5—128	
	指标	实测	指标	实测	指标[a]	实测	指标[b]	实测
热空气老化后性能变化情况（70 ℃×168 h）								
硬度（邵尔 A)(≤)/度		3		3				
拉伸强度变化（≤)/%		−2		−7				
扯断伸长率变化（≤)/%		−8		−10				
热空气老化后性能变化情况（100 ℃×70 h）								
硬度（邵尔 A)(≤)/度		4		5				
拉伸强度变化（≤)/%		−18		−15				
扯断伸长率变化（≤)/%		−12		−14				

注：[a] BS 1154 Z50。
[b] BS 1154 Z60。

表 1.1.9-37 高质量工程元件——橡胶弹簧、联轴节、支撑垫、支座和衬套等天然橡胶胶料的实测性能[a]

配方号	6—3	6—15	6—26	6—40
硬度（邵尔 A)/度	38	48	57	67
拉伸强度（≥)/MPa	23	26	24	20
扯断伸长率（≥)/%	670	590	510	420
压缩永久变形（70 ℃×24 h）（压缩率 25%，恢复 60 min）	7	9	9	10
热空气老化后性能变化情况（70 ℃×3 d）				
硬度（邵尔 A)(≤)/度	1	1	2	1
拉伸强度变化（≤)/%	7	0	−2	−5
扯断伸长率变化（≤)/%	−3	−4	−6	−14
热空气老化后性能变化情况（70 ℃×7 d）				
硬度（邵尔 A)(≤)/度	1	2	2	1
拉伸强度变化（≤)/%	2	−2	−4	−5
扯断伸长率变化（≤)/%	−3	−4	−7	−16
热空气老化后性能变化情况（100 ℃×3 d）				
硬度（邵尔 A)(≤)/度	1	2	2	2
拉伸强度变化（≤)/%	−12	−9	−14	−14
扯断伸长率变化（≤)/%	−4	−5	−11	−24

注：[a] 取 140 ℃×90 min 硫化条件的物性，与 153 ℃×30 min 的性能差别不大。

由于机械设备技术水平的提高，对丁腈橡胶密封产品的性能提出了更高的要求，有一些企业和公司制定的产品标准中，某些性能指标高于 ASTM D 2000 的指标。表 1.1.9-38 列出了某些国家和公司汽车用丁腈橡胶密封制品的指标和实测值，表 1.1.9-39 列出部分超越 ASTM D 2000 指标的配方性能实例。

表 1.1.9-38 某些丁腈橡胶密封制品胶料的性能指标和实测值

配方号[a]	5—297		5—451		5—452		5—455	
	指标	实测	指标	实测	指标	实测	指标	实测
硬度（邵尔 A)/度	—	72	60～75	75	—	70	72±5	72
拉伸强度（≥)/MPa	9	20.9	8.23	9.6	8.23	9.26	10.29	15.44
扯断伸长率（≥)/%	—	250	300	420	200	260	125	200
热空气老化条件	120 ℃×72 h		135 ℃×70 h		149 ℃×70 h		135 ℃×70 h	
硬度（邵尔 A）（≤)/度	5	3	15	7	—	14	7	3
拉伸强度变化（≤)/%	−10	−3.4	−20	7	−20	18	−20	12
扯断伸长率变化（≤)/%	−25	−12	−50	−36	−50	−42	−35	−19

注：[a]
①5—297 为 BGR（英国汽油技术要求，British Gas Requirement）。
②5—451 为美国福特（Ford）汽车公司标准的丁腈橡胶胶料，编号 ESE—M20—147A。
③5—452 为美国福特（Ford）汽车公司标准的丁腈橡胶胶料，编号 GM 6107。
④5—445 为美国卡脱皮拉汽车公司标准的丁腈橡胶胶料，编号 IE—741。

表 1.1.9－39　超出 ASTM D 2000 技术性能要求的丁腈橡胶胶料配方性能实例

配方号[a]	5－270	5－271	5－272	5－298	5－299	5－300
硬度（邵尔 A)/度	66	73	75	67	73	72
拉伸强度（≥)/MPa	14.6	16.4	16.7	14.4	12.25	12.45
扯断伸长率（≥)/%	530	330	220	530	310	350
热空气老化条件	120 ℃×168 h	150 ℃×70 h	150 ℃×70 h	150 ℃×70 h	150 ℃×70 h	150 ℃×70 h
硬度（邵尔 A)（≤)/度	12	11	10	6	6	5
拉伸强度变化（≤)/%	13	0	－1	－36	－5	1
扯断伸长率变化（≤)/%	－28	－46	－31	－45	－29	－11
压缩永久变形试验条件	100 ℃×70 h	150 ℃×70 h	150 ℃×70 h	150 ℃×22 h	150 ℃×22 h	150 ℃×22 h
永久变形/%	13	41	29	42.5	25.1	13.9

注：[a] 耐油耐液体性能略。

[b] 表 1.1.8－36～表 1.1.8－39 内容摘自谢忠麟、杨敏芳编的《橡胶制品实用配方大全》第二版（2004 年），表中只以配方号表示，并只列出部分性能，要了解配方和其他性能，请参阅《大全》原著。

工程橡胶件都是在小变形下使用的，通常拉伸、压缩变形不大于 25%，纯剪切变形不超过 75%。在橡胶小变形时，可认为它的应力与应变呈线性关系，即可用单一的弹性常数 G 来描述。虽然工程橡胶件对所用胶料都有最基本的性能要求，但更注重的是产品在使用时所承受的载荷与变形量。表 1.1.9－40 所示为公路桥梁板式橡胶支座胶料性能指标。表 1.1.9－41 所示为橡胶件的许用应力，其数据是参考国外资料并结合我国橡胶件的实际运用情况确定的。对于具体的产品则有更多的技术要求，如对不同种类和型号的减振器就有如下技术要求：额定负荷（Z 向、Y 向、X 向）、动刚度（Z 向、Y 向、X 向）、阻尼比、Z 向破坏负荷、产品质量，以及在额定变形下的疲劳寿命。之所以规定工程橡胶件的许用应力和变形量，是因为橡胶工程件的变形量与其使用寿命密切相关。实验结果表明，橡胶件的静变形量由 2.2% 增加至 6.0% 时，橡胶件达损坏为止的疲劳寿命也随形变量的增大而迅速降低，在所研究的变形范围内，寿命差别可达 40∶1 之巨。

表 1.1.9－40　桥梁板式橡胶支座胶料性能指标

	JT/T4－9.3[a]		美国 AASHTO 规定[b]		ISO6446－85	
	CR	NR	CR	NR	CR	NR
硬度（IRHD)/度	60±3	60±3	60±5	60±5	60±5	60±5
拉伸强度（≥)/MPa	17.0	17.5	17.15	17.15	15	15.5
扯断伸长率（≥)/%	400	400	350	400	350	400
橡胶与钢板黏接剥离强度（>)/(kN·m^{-1})	7	7	7.14	7.14	7	7
压缩试验条件 永久变形（≤)/%	70 ℃×22 h 20	70 ℃×22 h 25	100 ℃×22 h 35	70 ℃×22 h 25	70 ℃×22 h 20	70 ℃×22 h 30
耐臭氧老化	(25～50) ×10^{-8} 伸长 20% 40 ℃×96 h 无龟裂	(25～50) ×10^{-8} 伸长 20% 40 ℃×96 h 无龟裂	100×10^{-8} 38 ℃×100 h 无龟裂	1×10^{-8} 38 ℃×100 h 无龟裂	5×10^{-8} 38 ℃×100 h 无龟裂	25×10^{-8} 38 ℃×100 h 无龟裂
热空气老化试验条件 硬度（邵尔 A)（≤)/度 拉伸强度变化（≤)/% 扯断伸长率变化（≤)/%	100 ℃×70 h 15 40 15	70 ℃×168 h 15 20 ±10	100 ℃×70 h 15 40 15	70 ℃×70 h 25 25 10	100 ℃×70 h 15 40 15	70 ℃×168 h 15 20 10
聚四氟乙烯板与橡胶剥离强度（>)/(kN·m^{-1})	4	4				
脆性温度（≤)/℃	－40	－50	－25	－40	－25	－40

注：[a] 中国交通部公路桥梁板式橡胶支座技术条件。不得使用任何再生的硫化橡胶。

[b] 美国各州公路运输工作者协会的标准。

表 1.1.9-41 橡胶件的许用应力 N/mm²

变形形式	静载荷	短时间冲击载荷	持续动载荷
拉伸	0.4～1.5[a]	0.4～1.0	0.2～0.4
压缩	2～5[b]	1.5～5	1～1.5
平行剪切	1～2	1～2	0.3～0.5
旋转剪切[c]	2	2	0.3～1.0
扭转剪切[d]	2	2	0.3～0.5

注：[a] 取小于 1 *G*。
[b] 取 4～5 *G*。
[c] 销套的同轴扭转。
[d] 扭转橡胶垫圈的剪切。

橡胶件受力时的变形量，主要由其结构、形状决定。但橡胶材料的模量也是重要的影响因素，硫化橡胶的弹性模量和剪切模量与硫化橡胶的硬度呈线性关系。改变硫化橡胶的硫化程度和交联密度，也可以改变硫化橡胶的模量。

1.2 防振橡胶制品用橡胶材料

HG/T 3080—2009《防振橡胶制品用橡胶材料》适用于一般以防止或缓冲振动及冲击的传递为目的而使用的硫化橡胶制品，不适用于硬质橡胶、海绵橡胶织物或其他纱线增强的橡胶。

防振橡胶制品的橡胶材料，根据使用目的，分为五类，见表 1.1.9-42。

表 1.1.9-42 防振橡胶制品用橡胶材料分类

类别	用途
A	一般的硫化橡胶（不包括 B、C、D、E）
B	要求具有耐油性能的硫化橡胶
C	要求具有耐候性能（以及轻度耐油性能）的硫化橡胶
D	要求具有振动衰减性能的硫化橡胶
E	要求具有耐热性能的硫化橡胶

防振橡胶制品的橡胶材料代号如表 1.1.9-43～表 1.1.9-47 所示，用橡胶材料的类型和静态剪切弹性模量值的 10 倍整数值（单位 MPa）并列作为代号。防振橡胶制品的橡胶材料性能必须符合表 1.1.9-43～表 1.1.9-47 的一般要求，特殊要求只适用于特殊规定，当同一性能的特殊要求和一般要求不一致时，则采用特殊要求。

防振橡胶制品的橡胶材料分类标记示例：A16，A10—b_1r_1，D12—r_2

说明：

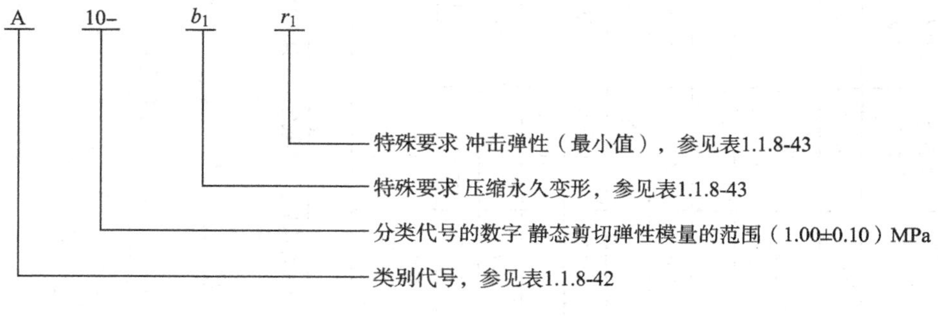

表 1.1.9-43

代号	一般要求					特殊要求									
	静态剪切弹性模量/MPa	拉断伸长率最小值/%	老化试验（70 ℃×72 h）		压缩永久变形（70 ℃×24 h）最大值/%	压缩永久变形		r_1 冲击弹性最小值/%	d 动态倍率最大值	老化试验（70 ℃×72 h）		老化试验（100 ℃×72 h）		c 臭氧老化 40 ℃×24 h×50×10⁻⁸，伸长率 20%
			25%伸长应力变化率/%	拉断伸长率变化率最小值/%		b_1（70 ℃×24 h）最大值/%	b_2（100 ℃×24 h）最大值/%			a_1[a] 硬度变化量邵尔 A	a_2 拉断伸长率变化率最小值/%	a_3[a] 硬度变化量邵尔 A	a_4 拉断伸长率变化率最小值/%	
A05	0.50±0.10	500	−10～30	−50	50	25	50	75	1.5	(0～7)	−25	(0～15)	−40	肉眼观察无龟裂
A06	0.60±0.10	500	−10～30	−50	50	25	50	75	1.5	(0～7)	−25	(0～15)	−40	
A07	0.70±0.10	500	−10～30	−50	50	25	50	70	1.5	(0～7)	−25	(0～15)	−40	
A08	0.80±0.10	400	−10～30	−50	50	25	50	70	1.7	(0～7)	−25	(0～15)	−40	
A09	0.90±0.10	400	−10～30	−50	50	25	50	70	1.7	(0～7)	−25	(0～15)	−40	
A10	1.00±0.10	400	−10～30	−50	50	25	50	65	1.7	(0～7)	−25	(0～15)	−40	
A11	1.10±0.11	400	−10～30	−50	50	25	50	65	2.0	(0～7)	−25	(0～15)	−40	
A12	1.20±0.12	400	−10～30	−50	50	25	50	65	2.0	(0～7)	−25	(0～15)	−40	
A13	1.30±0.13	400	−10～30	−50	50	25	50	60	2.0	(0～7)	−25	(0～15)	−40	
A14	1.40±0.14	300	−10～30	−50	50	25	50	55	2.0	(0～7)	−25	(0～15)	−40	
A16	1.60±0.16	300	−10～30	−50	50	25	50	50	3.0	(0～7)	−25	(0～15)	−40	
A18	1.80±0.18	250	−10～30	−50	50	25	50	45	3.0	(0～7)	−25	(0～15)	−40	
A20	2.00±0.20	250	−10～30	−50	50	25	50	40	3.0	(0～7)	−25	(0～15)	−40	

注：[a] 是指括号内的数值为特殊要求；不规定静态剪切弹性模量时，只限于规定其硬度时适用。

表 1.1.9-44

代号	一般要求						特殊要求		
	静态剪切弹性模量/MPa	拉断伸长率最小值/%	耐油试验 3 号标准油 100 ℃×72 h 体积变化率最大值/%	老化试验（100 ℃×72 h） 25%伸长应力变化率/%	老化试验（100 ℃×72 h） 拉断伸长率变化率最小值/%	压缩永久变形（100 ℃×24 h）最大值/%	压缩永久变形 b_1（100 ℃×24 h）最大值/%	老化试验（70 ℃×72 h） a_1[a] 硬度变化量 邵尔 A	c 臭氧老化 40 ℃×24 h×50×10^{-8}，伸长率 20%
B05	0.50±0.10	400	40	−10～100	−50	50	25	(0～15)	肉眼观察无龟裂
B06	0.60±0.10	400	40	−10～100	−50	50	25	(0～15)	
B07	0.70±0.10	400	40	−10～100	−50	50	25	(0～15)	
B08	0.80±0.10	400	40	−10～100	−50	50	25	(0～15)	
B09	0.90±0.10	400	40	−10～100	−50	50	25	(0～15)	
B10	1.00±0.10	300	40	−10～100	−50	50	25	(0～15)	
B11	1.10±0.11	300	40	−10～100	−50	50	25	(0～15)	
B12	1.20±0.12	300	40	−10～100	−50	50	25	(0～15)	
B13	1.30±0.13	300	40	−10～100	−50	50	25	(0～15)	
B14	1.40±0.14	250	40	−10～100	−50	50	25	(0～15)	
B16	1.60±0.16	250	40	−10～100	−50	50	25	(0～15)	
B18	1.80±0.18	200	40	−10～100	−50	50	25	(0～15)	
B20	2.00±0.20	150	40	−10～100	−50	50	25	(0～15)	

注：[a] 是指括号内的数值为特殊要求；不规定静态剪切弹性模量时，只限于规定其硬度时适用。

表 1.1.9-45

代号	一般要求							特殊要求		
	静态剪切弹性模量/MPa	拉断伸长率最小值/%	耐油试验 3 号标准油 100 ℃×72 h 体积变化率最大值/%	老化试验（100 ℃×72 h）		臭氧老化 40 ℃×72 h×50×10⁻⁸，伸长率 20%	压缩永久变形 100 ℃×24 h 最大值/%	压缩永久变形 b_1（100 ℃×24 h）最大值/%	老化试验（70 ℃×72 h）a_1[a] 硬度变化量邵尔 A	c 臭氧老化 40 ℃×24 h×50×10⁻⁸，伸长率 20%
				25%伸长应力变化率/%	拉断伸长率变化率最小值/%					
C05	0.50±0.10	500	120	−10~100	−50	肉眼观察无龟裂	60	35	(0~15)	肉眼观察无龟裂
C06	0.60±0.10	500	120	−10~100	−50		60	35	(0~15)	
C07	0.70±0.10	400	120	−10~100	−50		60	35	(0~15)	
C08	0.80±0.10	400	120	−10~100	−50		60	35	(0~15)	
C09	0.90±0.10	400	120	−10~100	−50		60	35	(0~15)	
C10	1.00±0.10	350	120	−10~100	−50		60	35	(0~15)	
C11	1.10±0.11	350	120	−10~100	−50		60	35	(0~15)	
C12	1.20±0.12	350	120	−10~100	−50		60	35	(0~15)	
C13	1.30±0.13	300	120	−10~100	−50		60	35	(0~15)	
C14	1.40±0.14	250	120	−10~100	−50		60	35	(0~15)	
C16	1.60±0.16	250	120	−10~100	−50		60	35	(0~15)	
C18	1.80±0.18	250	120	−10~100	−50		60	35	(0~15)	
C20	2.00±0.20	200	120	−10~100	−50		60	35	(0~15)	

注：[a] 是指括号内的数值为特殊要求；不规定静态剪切弹性模量时，只限于规定其硬度时适用。

表 1.1.9-46

代号	一般要求					特殊要求							
	静态剪切弹性模量/MPa	拉断伸长率最小值/%	老化试验（70 ℃×72 h）		压缩永久变形（70 ℃×24 h）最大值/%	压缩永久变形		r_2 冲击弹性最大值/%	L 损耗系数 tanδ 最小值	老化试验 20 ℃×72 h a_1[a] 硬度变化量邵尔 A	老化试验（100 ℃×72 h）		c 臭氧老化 40 ℃×24 h×50×10^{-8}，伸长率 20%
			25%伸长应力变化率/%	拉断伸长率变化率最小值/%		b_1（70 ℃×24 h）最大值/%	b_2（100 ℃×24 h）最大值/%				a_3[a] 硬度变化量邵尔 A	a_4 拉断伸长率变化率最小值/%	
D05	0.50±0.10	500	−10~30	−40	50	25	50	40	0.2	(0~7)	(0~10)	−40	肉眼观察无龟裂
D06	0.60±0.10	500	−10~30	−40	50	25	50	40	0.2	(0~7)	(0~10)	−40	
D07	0.70±0.10	500	−10~30	−40	50	25	50	40	0.2	(0~7)	(0~10)	−40	
D08	0.80±0.10	400	−10~30	−40	50	25	50	40	0.2	(0~7)	(0~10)	−40	
D09	0.90±0.10	400	−10~30	−40	50	25	50	40	0.2	(0~7)	(0~10)	−40	
D10	1.00±0.10	400	−10~30	−40	50	25	50	40	0.2	(0~7)	(0~10)	−40	
D11	1.10±0.11	400	−10~30	−40	50	25	50	40	0.2	(0~7)	(0~10)	−40	
D12	1.20±0.12	350	−10~30	−40	50	25	50	40	0.25	(0~7)	(0~10)	−40	
D13	1.30±0.13	350	−10~30	−40	50	25	50	40	0.25	(0~7)	(0~10)	−40	
D14	1.40±0.14	350	−10~30	−40	50	25	50	40	0.25	(0~7)	(0~10)	−40	
D16	1.60±0.16	300	−10~30	−40	50	25	50	40	0.25	(0~7)	(0~10)	−40	
D18	1.80±0.18	300	−10~30	−40	50	25	50	40	0.25	(0~7)	(0~10)	−40	
D20	2.00±0.20	200	−10~30	−40	50	25	50	40	0.25	(0~7)	(0~10)	−40	

注：[a] 是指括号内的数值为特殊要求；不规定静态剪切弹性模量时，只限于规定其硬度时适用。

表 1.1.9 - 47

	静态剪切弹性模量/MPa	拉断伸长率最小值/%	老化试验（125 ℃×72 h）		压缩永久变形	压缩永久变形			老化试验（125 ℃×72 h）		老化试验（150 ℃×72 h）		c
			25%伸长应力变化率/%	拉断伸长率变化率最小值/%	(100 ℃×24 h) 最大值/%	b_1 (125 ℃×24 h) 最大值/%	b_2 (150 ℃×24 h) 最大值/%	r_1 冲击弹性最小值/%	a_1[a] 硬度变化量邵尔 A	a_2 拉断伸长率变化率最小值/%	a_3[a] 硬度变化量邵尔 A	a_4 拉断伸长率变化率最小值/%	臭氧老化 40 ℃×72 h×50×10^{-8}，伸长率 20%
E05	0.50±0.10	500	−10～60	−50	50	60	70	40	(0～10)	−35	(0～15)	−40	肉眼观察无龟裂
E06	0.60±0.10	500	−10～60	−50	50	60	70	40	(0～10)	−35	(0～15)	−40	
E07	0.70±0.10	400	−10～60	−50	50	60	70	40	(0～10)	−35	(0～15)	−40	
E08	0.80±0.10	400	−10～60	−50	50	60	70	40	(0～10)	−35	(0～15)	−40	
E09	0.90±0.10	300	−10～60	−50	50	60	70	40	(0～10)	−35	(0～15)	−40	
E10	1.00±0.10	300	−10～60	−50	50	60	70	40	(0～10)	−35	(0～15)	−40	
E11	1.10±0.11	300	−10～60	−50	50	60	70	40	(0～10)	−35	(0～15)	−40	
E12	1.20±0.12	250	−10～60	−50	50	60	70	40	(0～10)	−35	(0～15)	−40	
E13	1.30±0.13	250	−10～60	−50	50	60	70	40	(0～10)	−35	(0～15)	−40	
E14	1.40±0.14	250	−10～60	−50	50	60	70	40	(0～10)	−35	(0～15)	−40	

注：[a] 是指括号内的数值为特殊要求；不规定静态剪切弹性模量时，只限于规定其硬度时适用。

本章参考文献

[1] 彭政等．天然橡胶改性研究进展［J］．高分子通报：2014，5（181）：41－47.

[2] 杨晓勇．中国特种氟橡胶研究进展［J］．高分子通报：2014，5（181）：10－14.

[3] 徐炳强，常甲兵．丙烯酸酯橡胶聚合物牌号介绍及配方应用设计，韧客知道．

[4] 蔡聪育等．可逆交联橡胶的研究进展，2015 年全国橡塑中心年会暨《橡塑技术与装备》创刊 40 周年庆典资料汇编，163－170.

[5] 焦书科等．热可逆共价交联反应及其研究进展［J］．高分子通报：1999（3）：115－120.

[6] 卓倩等．一种环境友好橡胶——配位交联橡胶的研究进展［J］．材料导报 A：综述篇，2011 年 4 月（上）（25）：140－144.

[7] 黄立本等．粉末橡胶［M］．北京：化学工业出版社，2003.

[8] 白子文，胡水仙等．热塑性弹性体（TPE）简述，山西化工，2014，34（3）：39－43 与 2014，34（4）：29－33.

[9] 王梦蛟等．连续相混炼工艺生产的 NR 炭黑母炼胶，轮胎工业，2004，24（3）：135－143.

[10] 吴向东．ASTM D2000・橡胶制品胶料性能标准化及其他，《中国橡胶百年．广州论坛论文集》，2015.

第二章　骨架材料

由于橡胶的弹性大，弹性模量较低，在外力作用下极易产生变形。因此橡胶制品一般均需用纺织材料或金属材料作骨架，以增加橡胶制品的强度和抗形变的能力。轮胎、胶管、胶带、胶鞋等绝大多数的橡胶制品都离不开骨架材料，骨架的主要作用是支撑负荷和保持制品形状。

橡胶制品对骨架材料性能的要求是：强度高、伸长率适当、耐屈挠疲劳和耐热性能好、吸湿性小以及能与橡胶基质很好地黏合等。

由骨架材料增强的橡胶制品在实际使用中，受到多种应力的作用，如轮胎在行驶过程中，轮胎帘线承受拉伸、压缩、弯曲、剪切等各种应力作用，因此，骨架材料除应具有良好的静态力学性能外，还必须具有优异的动态力学性能。表征动态力学性能的物理量一般包括：动态模量、往复拉伸性能、弯曲疲劳性能、骨架-橡胶复合材料动态疲劳性能等。

各种骨架材料的基本性能见表 1. 2. 1 - 1。

表 1.2.1-1　橡胶工业常用骨架材料的基本性能（一）

项目 \ 品种		棉纤维	黏胶纤维	锦纶 6	锦纶 66	涤 纶	维 纶	玻璃纤维
断裂强度/(N·den⁻¹)(gf·den⁻¹)	干态	0.025～0.041 (2.6～4.2)	0.033～0.051 (3.4～5.2)	0.063～0.093 (6.4～9.5)	0.058～0.093 (5.9～9.5)	0.062～0.088 (6.3～9.0)	0.059～0.093 (6.0～9.5)	0.064～0.15 (6.5～15)
	湿态	0.032～0.063 (3.3～6.4)	0.024～0.040 (2.5～4.1)	0.058～0.078 (5.9～8.0)	0.062～0.088 (6.3～9.0)	0.062～0.088 (6.3～9.0)	0.049～0.084 (5.0～8.5)	—
断裂伸长率/%	干态	7～8	7～15	16～25	15～22	7～17	8～22	3～5
	湿态	7～11	20～30	20～30	20～23	7～17	8～26	—
相对结节强度/%		90～100	40～60	60～70	60～70	80	40～50	12～25
初始模数/(N·den⁻¹)(gf·den⁻¹)		0.67～0.91 (68～93)	1.08～1.57 (110～160)	0.26～0.49 (27～50)	0.39～0.59 (40～60)	0.88～1.57 (90～160)	0.69～2.45 (70～250)	2.16 (220)
相对密度/(g·cm⁻³)		1.54	1.50～1.52	1.14	1.14	1.38	1.26～1.30	2.52～2.55
吸湿率/%		8.5	11.0	4.6	4.5	0.4	3.0～5.0	0
耐热性	软化温度/℃	—	120 ℃以上强度开始下降	180	230～235	238～240	220～230	330 ℃×24 h后强力下降 20%
	熔融温度/℃	—	—	215～220	250～260	255～260	—	
	分解温度/℃	150	260～300	—	—	—	—	

表 1.2.1-1　橡胶工业常用骨架材料的基本性能（二）

项目	棉	强力人造丝		尼龙		涤纶	芳纶	玻璃纤维	钢丝
		高强度黏胶纤维	波里诺西克	尼龙 66	尼龙 6				
相对密度/(g·cm⁻³)	1.54	1.52	1.52	1.14	1.14	1.38	1.44	2.54	7.85
单丝平均直径/μm	15	8	8	25	25	25	12	—	—
单丝平均细度/dtex	1.6	1.8	1.8	6.7	6.7	5.7	1.7	—	—
断裂强度/MPa	230	685	850	850	850	1 100	2 750	2 250	2 750
(cN·tex⁻¹)	15	40	50	85	80	80	190	85	35
断裂伸长率/%	8	10	6	16	19	13	4	5	2.5
初始模量/(cN·tex⁻¹)	225	600	800	500	300	850	4 000	2 150	1 500
收缩率（150 ℃)/%	0	0	0	5	6	11	0.2	0	—
160 ℃收缩率,%		0		6.8		6.0	0～0.2	0	0
蠕变率/%		1.4		0.4		0.3	<0.03	<0.03	<0.03

注：各种骨架材料的基本物理性能（二）详见《橡胶原材料手册》，于清溪、吕百龄等编写，化学工业出版社，2007 年 1 月第 2 版，P624 表 3 - 18 - 12 与 P637 表 3 - 19 - 21。

常用纤维之间的性能对比见表 1.2.1-2。

表 1.2.1-2 常用纤维之间的性能对比

强度：干强度 湿强度	尼龙 6>涤纶、维纶>人造丝>棉纤维 涤纶>尼龙 6、维纶>棉纤维>人造丝
耐热性	涤纶>维纶>尼龙 6>人造丝>棉纤维
吸湿性	人造丝>棉纤维>维纶>尼龙 6>涤纶
伸长率	尼龙 6>涤纶>人造丝>维纶>棉纤维
与橡胶的黏着性	棉纤维>人造丝>尼龙 6、涤纶、维纶

常用纤维材料耐蒸汽老化性能见表 1.2.1-3。

表 1.2.1-3 常用纤维材料耐蒸汽老化性能

时间	10 min		30 min		50 min	
名称	强力保持率/%	伸长保持率/%	强力保持率/%	伸长保持率/%	强力保持率/%	伸长保持率/%
聚酯	99	105	97	101	96	102
尼龙 6	89	123	83	119	84	159
尼龙 66	99	120	96	117	98	123
人造丝	93	109	91	109	86	125
维纶	熔融	—	熔融	—	熔融	—

骨架材料的主要用途见表 1.2.1-4。

表 1.2.1-4 骨架材料的主要用途

纤维名称	主要用途	主要特征
棉纤维	胶管、V 带、胶布	体积、价格
人造丝	乘用胎、胶布、胶管	强度、价格、体积、弹性模量
尼龙 6	卡车胎、输送带、胶布	强度、价格、韧性
尼龙 66	卡车及飞机胎、输送带、胶布	强度、价格、韧性
聚酯	乘用胎、V 带、胶管	强度、价格、弹性模量
维尼龙	输送带、胶管、胶布	强度、价格、弹性模量
聚芒酰胺	轮胎、胶管	强度、弹性模量
钢丝	卡车胎、乘用胎、输送带	强度、刚度、弹性模量
玻璃纤维	子午胎缓冲层、同步带	强度、刚度、弹性模量

第一节 钢 丝

一、概述

橡胶工业中所用的金属骨架材料分为两类，一类是作为橡胶制品的结构配件，如模制品中的金属配件及胶辊铁芯等；另一种是作为橡胶制品的结构材料，如钢丝、钢丝绳和钢丝帘布等，用于轮胎、输送带和高压胶管等。

钢丝的优点是具有较高的拉伸强度，导热性好，耐热性优良和尺寸稳定性好。钢丝的强度受温度的影响很小，从图 1.2.1-1 中可看出，当锦纶和人造丝已达到熔点时，钢丝还能保持其原强度的 93%左右。

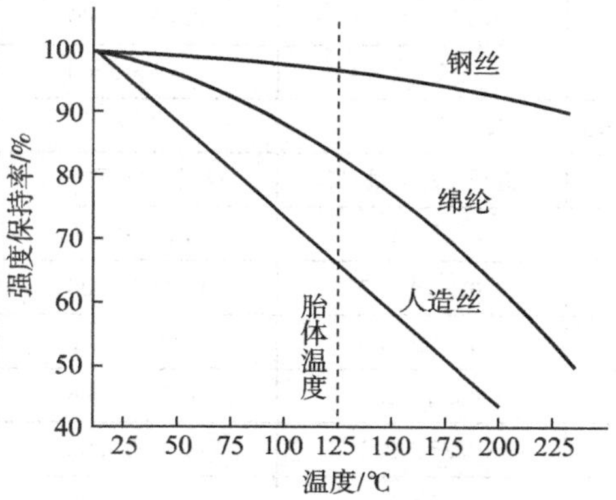

图 1.2.1-1 骨架材料不同温度下的强度保持率

钢丝的主要缺点是弹性和耐疲劳性较差，不易与橡胶黏合。影响钢丝与橡胶黏合的主要因素一为钢丝镀层，二为橡胶胶料配方中的黏合体系。钢丝镀层包括镀层厚度和镀层成分。对大多数橡胶黏合配方而言，镀层铜含量 70%时，镀层厚度要求小于 0.21 μm；高铜含量（74%）与低镀铜层厚度（0.13 μm）结合能够获得良好的黏合效果。钢丝帘线内部中心股钢丝表面镀锌，有助于防止钢丝锈蚀。在钢丝表面先镀一层 20×10^{-5} mg/mm^2 的锌层可以改善钢丝与胶料的黏合。高温黏合性能较好的镀层的铜锌比例为（75～60）：(20～40)；采用 Cu/Zn/Co 三元合金镀层可以改善黏合性能，特别是老化后的黏合性能。

表征钢丝的性能指标一般包括：

1）线密度，指单丝、股或钢帘线单位长度的质量，以 g/m 表示。

2）捻向，钢帘线中的单丝、股的螺旋绕向。当股或钢帘线呈垂直状态时，螺旋绕向与字母 S（或 Z）中心部分倾斜方向相同则称为“S”捻或左手捻（“Z”捻或右手捻）。

3）捻距，钢帘线中的股（单丝）或股中的单丝绕其中心旋转 360°的轴向距离。

4）平直度，是指钢帘线在自由状态下，帘线所呈现的弯曲度，即规定长度的钢帘线在特定的距离内不偏离其中心轴的特性。测定钢帘线平直度的方法有 1 m 垂下法、弓距法、6 m 平行线法，作为简易测定法一般采用 1 m 垂下法。6 m 平行线法是用 6 m 长的钢丝帘线置于距离为 75 mm 的两根平行线的平面上，钢丝帘线不应与任何一根平行线相碰。

5）残余扭矩，是指从线轴上拉出 6 m 长钢丝帘线置于平面上，一端固定，一端放松任其自由旋转时，所旋转的转数。普通结构钢丝帘线为 0～±3 转；高伸长帘线为 0～±5 转。

6）破断力，是指在规定条件下，拉伸帘线直至破断时，帘线所能承受的最大拉力值。

7）刚性，是指钢丝帘线的抗弯曲性能，用在给定条件下产生弯曲变形所需要的弯矩来表示。

8）弹性，指在去除外加的变形力后，钢帘线依靠自身的材质、结构等特性趋于立即恢复原始尺寸和形状的性能。

9）松散度，切断钢帘线时，其末端的散开程度。

钢丝的特点是密度大，强度高，初始模量高，延伸率小、尺寸稳定性好，耐热性好，耐腐蚀性差。对钢丝的性能要求是：镀层色泽均匀，与橡胶有良好的黏着性能；表面必须清洁，无油污和其他污物；柔软性和耐疲劳性必须良好；必须保持平直，有挺性，不卷曲，不退捻，剪切后端头不松散。

二、轮胎钢丝帘线

轮胎钢丝的拉伸强度必须在 2 400 N/mm^2 以上。轮胎钢丝帘线主要用于轮胎胎体与带束层，钢丝帘线的单丝（钢丝）均采用冷拔高碳钢盘条制造，熔喷钢丝尚无工业化应用。钢丝对盘条、拉制、电镀、储存、使用均有较高的要求，不允许在钢丝的表面与内部出现氧化点。钢丝的直径目前大部分采用 0.175～0.38 mm，也有用到 0.15 mm 的，一般较细的钢丝用于胎体，较粗的则用于带束层。

GB/T 11181－2003《子午线轮胎用钢帘线》将子午线轮胎用钢帘线按强度等级分为普通强度钢帘线（NT）和高强度钢帘线（HT）两种类型；按结构特性分为普通结构钢帘线、开放型钢帘线（OC）、密集型钢帘线（CC）和高伸长型钢帘线（HE）四种类型。其中，开放型钢帘线是指单丝间有周期性的间隙，使橡胶得以渗入其中的一种钢帘线；密集型钢帘线是指由一组单丝按相同捻向和捻距捻制而成且具有最小横断面积的一种钢帘线；高伸长型钢帘线是指捻距相对较小，股间相对较松，伸长率相对较高的一种钢帘线。普通强度钢帘线和普通结构钢帘线不必标注，高强度钢帘线、开放型钢帘线、密集型钢帘线和高伸长型钢帘线应在钢帘线的结构表示式后分别标注 HT、OC、CC、HE。

轮胎钢帘线采用 YB/T 170.2 中规定的或其他相应牌号的盘条制造。盘条的化学成分及钢丝镀层要求见表 1.2.1－5。

表 1.2.1－5　盘条的化学成分及钢丝镀层要求

<table>
<tr><td colspan="6">盘条的化学成分</td></tr>
<tr><td rowspan="2">钢帘线强度级别</td><td colspan="5">化学成分（质量分数）/%</td></tr>
<tr><td>C</td><td>Si</td><td>Mn</td><td>P</td><td>S</td></tr>
<tr><td>NT</td><td>0.70～0.75</td><td>0.15～0.30</td><td>0.40～0.60</td><td>≤0.02</td><td>≤0.02</td></tr>
<tr><td>HT</td><td>0.80～0.85</td><td>0.15～0.30</td><td>0.40～0.60</td><td>≤0.02</td><td>≤0.02</td></tr>
<tr><td colspan="4">钢丝镀层要求</td><td colspan="2" rowspan="2">每千克钢丝的镀层重量 Wg/kg</td></tr>
<tr><td>镀层类型</td><td>单丝直径 d/mm</td><td>镀层 Cu 含量/%</td><td>镀层厚度 T/μm</td></tr>
<tr><td rowspan="3">普通镀层</td><td><0.20</td><td>67.5±2.5</td><td>0.20±0.06</td><td colspan="2" rowspan="6">$W=T/(0.235\times d)$</td></tr>
<tr><td>0.20～0.30</td><td>67.5±2.5</td><td>0.24±0.06</td></tr>
<tr><td>>0.30</td><td>67.5±2.5</td><td>0.30±0.06</td></tr>
<tr><td rowspan="3">低铜镀层</td><td><0.20</td><td>63.5±2.5</td><td>0.20±0.06</td></tr>
<tr><td>0.20～0.30</td><td>63.5±2.5</td><td>0.24±0.06</td></tr>
<tr><td>>0.30</td><td>63.5±2.5</td><td>0.30±0.06</td></tr>
</table>

盘条化学成分中：C—增加硬度、强度，每增加 1% C 拉伸强度约增加 100 kg/mm²；Si—增加强度、硬度，每增加 1% Si 拉伸强度约增加 10 kg/mm²；Mn—增加钢丝的强韧性，增加硬度，黏性不损失，热处理时经常添加；P—对钢有害元素，增加脆性（冷脆），易于偏折；S—对钢有害元素，增加脆性（热脆）。

钢丝拉制后，钢丝直径与拉断强度的关系见图 1.2.1-2。

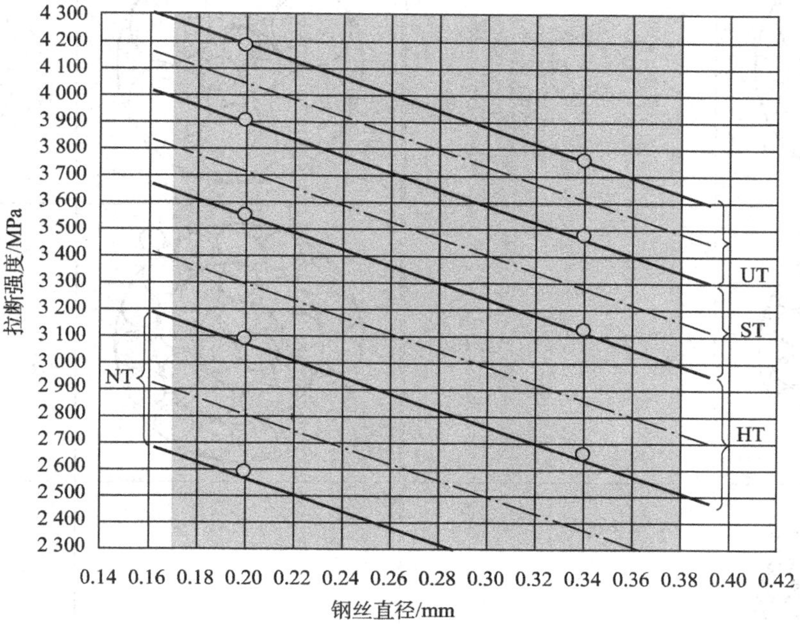

图 1.2.1-2　钢丝直径与拉断强度的关系

钢丝镀铜层厚度、镀铜层质量与钢丝直径的关系见图 1.2.1-3。

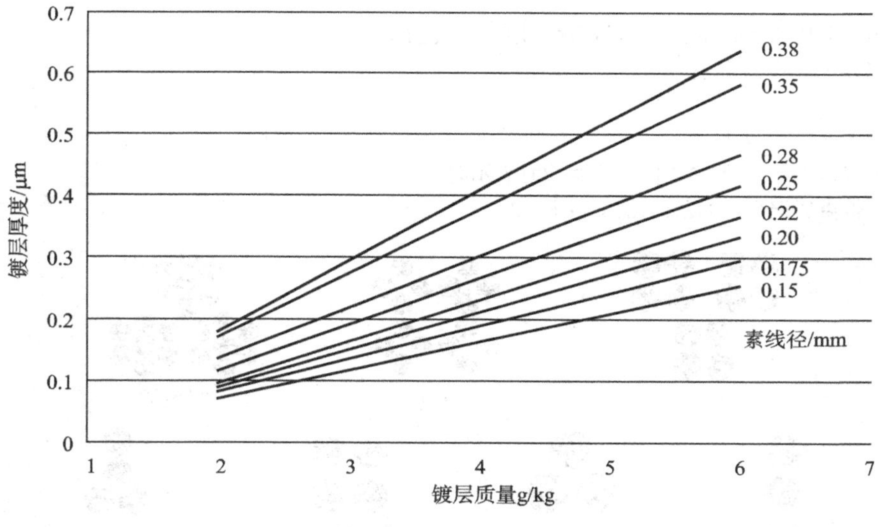

图 1.2.1-3　钢丝镀铜层厚度、镀铜层质量与钢丝直径的关系

将几根钢丝按一定结构与捻度捻合在一起成为钢帘线，钢帘线可以有芯线，也可以无芯线；可以有外缠线，也可以没有外缠线。外缠线的目的是使钢帘线中的所有钢丝聚集更紧密不致松散，并改善钢帘线的疲劳性能与橡胶的黏着性能，但采用适宜的捻法也可以解决上述问题。

钢帘线结构的标记方法：

$$\frac{(N\times F)\ \times D}{\text{最内层}}+\frac{(N\times F)\ \times D}{\text{中间层}}+\frac{(N\times F)\ \times D}{\text{最外层}}+\frac{F\times D}{\text{外缠线}}$$

N——股数；F——单丝根数；D——单丝公称直径，以 mm 表示。

钢帘线结构的表示方法如表 1.2.1-6 所示。

表 1.2.1-6　钢帘线结构的表示方法

构造	表示	构造	表示
	4×0.25 或 1×4×0.25		3×0.20+6×0.28 或 1×3×0.20+6×0.28
	7×4×0.175+0.15 或 7×4×0.175+1×0.15 或 1×4+6×4×0.175+1×0.15		3+9+15×0.175+0.15 或 1×3×9+15×0.175+1×0.15
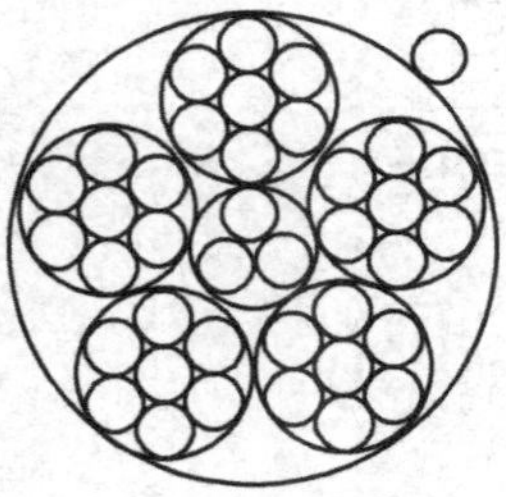	3+5×7×0.15+0.15 或 1×3+5×7×0.15+1×0.15		

捻转方向及捻距，以从芯线向外层进行的顺序，用“/”表示。

如：7×4×0.175+0.15　　结构
S/Z/S　　捻转方向
10/20/3.5　　捻距
S10/Z20/S3.5　　捻转方向和捻距同时表示时

常用轮胎胎体、带束层钢帘线的断面结构如图 1.2.1-4。

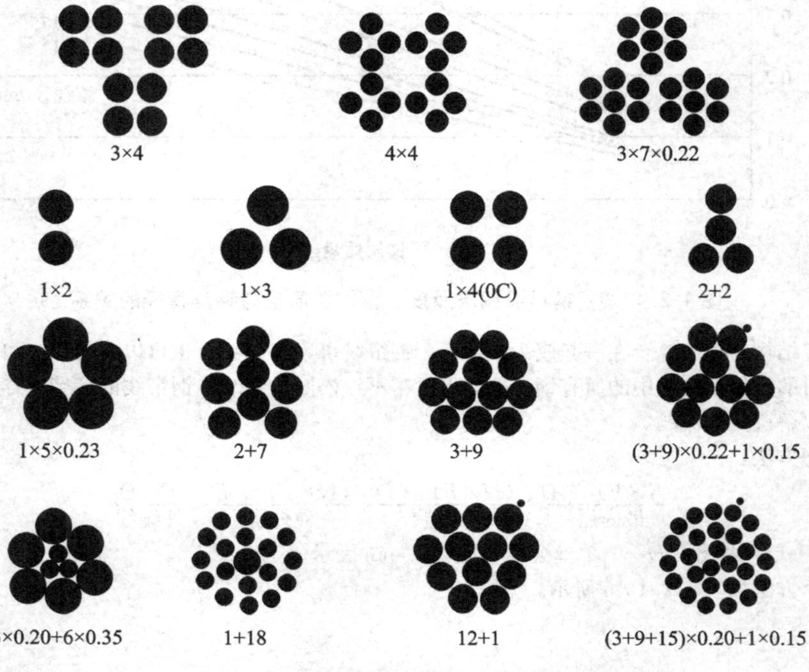

图 1.2.1-4　常用轮胎胎体、带束层钢帘线的断面结构

轮胎钢丝帘线的规格与性能见表 1.2.1-7，有关轮胎钢丝帘线的其他技术条件详见 GB/T 11181—2003。

表 1.2.1-7　轮胎钢丝帘线的规格与性能（Ⅰ）

钢帘线结构	捻距（±5%）/mm	捻向	粗度（±5%）/mm	破断力(最小)/N	线密度（±5%）/(g·m^{-1})	定长 (BS40/BS60)/m
2+1×0.28	∞/16	—S	0.700	470	1.470	13 000
2+1×0.30	∞/16	—S	0.750	520	1.680	10 000
4×0.25OC	14	S	0.640	520	1.560	13 000
2+2×0.25	∞/14	—S	0.650	520	1.550	12 500
2+2×0.28	∞/16	—S	0.730	625	1.940	10 000
2+2×0.30	∞/16	—S	0.780	700	2.230	8 000
2+2×0.38	∞/16	—S	1.000	1 055	3.600	5 000
5×0.25	10	S	0.670	660	1.950	10 000
3×0.15+6×0.27	9/10	SZ	0.850	1 000	3.170	6 400
3×0.20+6×0.35	10/18	SZ	1.130	1 590	5.340	3 500
2+7×0.22	6.3/12.5	SS	0.830	920	2.740	7 200
2+7×0.22+0.15	6.3/12.5/5	SSZ	1.080	920	2.900	5 200
2+7×0.28	8/16	SS	1.060	1 370	4.450	4 300
2+7×0.28+0.15	8/16/3.5	SSZ	1.330	1 370	4.640	3 300
12×0.22+0.15CC	12.5/3.5	SZ	1.180	1 200	3.840	4 000
12×0.22CC	12.5	S	0.910	1 200	3.640	5 800
3×0.20/9×0.175CC	10	S	0.750	840	2.490	8 000
3×0.20/9×0.175CC+0.15CC	10/5	SZ	1.020	840	2.650	6 000
3×0.20/9×0.20CC	12.5	S	0.880	1 060	3.170	7 000
3×0.20/9×0.20CC+0.15CC	12.5/5	SZ	1.110	1 060	3.330	5 000
3+9×0.175+0.15	5/10/3.5	SSZ	1.000	780	2.490	6 000
3+9×0.22	6.3/12.5	SS	0.920	1 200	3.650	5 000
3+9×0.22+0.15	6.3/12.5/3.5	SSZ	1.170	1 200	3.850	4 000
0.20+18×0.175CC	10	Z	0.900	1 250	3.730	6 000
0.20+18×0.175CC	12.5	Z	0.900	1 250	3.710	6 000
0.22+18×0.20CC	12.5	Z	1.020	1 620	4.840	4 700
0.25+18×0.22CC	16	Z	1.130	1 960	5.850	4 000
3+9+15×0.175	5/10/16	SSZ	1.070	1 720	5.200	4 000
3+9+15×0.175+0.15	5/10/16/3.5	SSZS	1.340	1 720	5.420	3 100
3+9+15×0.22	6.3/12.5/18	SSZ	1.350	2 700	8.240	2 700
3+9+15×0.22+0.15	6.3/12.5/18/3.5	SSZS	1.620	2 700	8.500	2 000

表 1.2.1-7　轮胎钢丝帘线的规格与性能（Ⅱ）

钢帘线结构	捻距 (±5%)/mm	捻向	粗度 (±5%)/mm	破断力 (最小) /N	线密度 (±5%)/(g·m^{-1})	定长 (BS40/BS60)/m
2×0.30HT	14	S	0.600	405	1.120	16 300
2+1×0.28HT	∞/16	—S	0.700	535	1.470	13 000
2+1×0.30HT	∞/16	S	0.750	605	1.680	10 000
2+2×0.25HT	∞/14	—S	0.650	590	1.550	12 500
2+2×0.28HT	∞/16	—S	0.730	710	1.940	10 000
2+2×0.30HT	∞/16	—S	0.780	800	2.230	8 100
2+2×0.32HT	∞/16	—S	0.830	900	2.570	7 000

续表

钢帘线结构	捻距（±5%）/mm	捻向	粗度（±5%）/mm	破断力（最小）/N	线密度（±5%）/(g·m⁻¹)	定长（BS40/BS60）/m
2+2×0.35HT	∞/16	—S	0.940	1 050	3.030	6 000
3+2×0.30HT	∞/16	—S	0.900	1 000	2.790	6 000
3+2×0.35HT	∞/18	—S	1.070	1310	3.820	4 800
3×0.20+6×0.35HT	10/18	SZ	1.130	1 820	5.340	3 500
2+7×0.20HT	5.6/11.2	SZ	0.760	870	2.260	8 200
2+7×0.20+0.15HT	5.6/11.2/3.5	SSZ	1.030	870	2.440	5 900
2+7×0.22HT	6.3/12.5	SS	0.830	1 060	2.740	7 200
2+7×0.22+0.15HT	6.3/12.5/5	SSZ	1.080	1 060	2.900	5 200
2+7×0.28HT	8/16	SS	1.060	1 560	4.450	4 300
2+7×0.28+0.15HT	8/16/3.5	SSZ	1.330	1 560	4.640	3 200
2+7×0.35HT	9/18	SS	1.330	2 300	6.940	2 800
12×0.22HT	12.5	S	0.910	1 410	3.640	5 800
12×0.22+0.15CCHT	12.5/5	SZ	1.180	1 410	3.810	4 000
3×0.20/9×0.175CCHT	10	S	0.750	960	2.490	8 000
3×0.20/9×0.175+0.15CCHT	10/5	SZ	1.020	960	2.650	6 000
3×0.22/9×0.20CCHT	12.5	S	0.880	1 220	3.170	7 000
3×0.22/9×0.20+0.15CCHT	12.5/5	SZ	1.110	1 220	3.330	5 000
3×0.27/9×0.25+0.15CCHT	14/5	SZ	1.290	1 800	5.080	3 600
3×0.32/9×0.30+0.15CCHT	18/5	SZ	1.490	2 410	7.190	2 600
3×0.35/9×0.32+0.15CCHT	18/5	SZ	1.660	2 730	8.300	2 000
3+9×0.175+0.15HT	5/10/3.5	SSZ	1.000	890	2.490	6 000
3+9×0.22+0.15HT	6.3/12.5/3.5	SSZ	1.170	1 410	3.850	4 000
3+9×0.25HT	7/14.5	SS	1.020	1 750	4.710	4 600
3+9×0.25+0.15HT	7/14.5/5	SSZ	1.310	1 750	4.890	3 500
3+8×0.33HT	10/18	SS	1.38	2 530	7.55	2 600
0.20+18×0.175CCHT	10	Z	0.900	1 440	3.730	6 000
0.22+18×0.20CCHT	12.5	Z	1.020	1 860	4.840	4 700

表 1.2.1-7　轮胎钢丝帘线的规格与性能（Ⅲ）

钢帘线结构	捻距（±5%）/mm	捻向	粗度（±5%）/mm	破断力（最小）/N	破断伸长率/%	线密度（±5%）/(g·m⁻¹)	定长（BS40/BS60）/m
3×4×0.22HE	3.15/6.3	SS	1.180	940	5.5+/−1.5	3.950	4 100
4×4×0.22HE	3.5/5	SS	1.320	1260	5.5+/−1.5	5.400	3 100
3×6×0.22HE	3.5/6.3	SS	1.500	1 410	6.5+/−1.5	6.050	2 450
3×7×0.20HE	3.9/6.3	SS	1.390	1 360	6.5+/−1.5	5.850	2 800
3×7×0.22HE	4.5/8	SS	1.520	1 650	6.5+/−1.5	6.950	2 400
3×2×0.35	3.9/10	SS	1.420	1 030	5+/−1.5	4.890	2 700
4×2×0.35	3.9/10	SS	1.590	1 370	5+/−1.5	6.500	2 100

轮胎钢丝帘线供应商有：贝卡尔特管理（上海）有限公司、江苏兴达钢帘线股份有限公司、山东大业股份有限公司、嘉兴东方钢帘线有限公司、山东胜通钢帘线有限公司、高丽制钢贸易（上海）有限公司等。

三、其他钢丝

3.1　胎圈钢丝

力车胎胎圈钢丝为镀锌钢丝，所用钢材为 70 钢。

GB/T 14450—2008《胎圈用钢丝》修改采用 ISO/DIS 16650：2004，适用于轮胎胎圈钢丝束所用的碳素圆钢丝。轮胎胎圈钢丝用盘条应按 YB/T 170.1 的规定，其化学成分应按 YB/T 170.2、YB/T 170.4 中相应牌号的规定；钢丝公称直径为 0.78～2.10 mm；钢丝的最小断后伸长率为 5%，钢丝屈服强度与抗拉强度之比，NT 应大于 80%，HT 应大于 85%。

钢丝直径及允许偏差见表 1.2.1-8。

表 1.2.1-8　钢丝直径及允许偏差　mm

公称直径	允许偏差	不圆度
d≤1.65	±0.02	≤0.02
d>1.65	±0.03	≤0.03

注：中间规格直径钢丝按照相邻较大直径规定执行。

胎圈钢丝按强度级别分为两类：普通强度，NT；高强度，HT。钢丝化学成分（熔炼分析）应在表 1.2.1-9 的范围内。

表 1.2.1-9　钢丝化学成分（熔炼分析）

强度级别	化学成分/%				
	C	Si	Mn	P	S
NT	0.65～0.77	0.10～0.30	0.30～0.80	≤0.030	≤0.030
HT	0.77～0.90	0.15～0.30	0.30～0.80	≤0.025	≤0.020

钢丝的抗拉强度应符合表 1.2.1-10 限值。

表 1.2.1-10　钢丝抗拉强度

钢丝直径 d/mm	NT σ_b/MPa	HT σ_b/MPa
0.78≤d<0.95	1 900	2 150
0.95≤d<1.25	1 850	2 050
1.25≤d<1.70	1 750	
1.70≤d≤2.10	1 500	

注：抗拉强度按公称直径计算。

钢丝应能承受表 1.2.1-11 中的最少扭转次数而不断裂。

表 1.2.1-11　钢丝最少扭转次数

强度级别	钢丝直径 d/mm	扭转次数/(次/360°)	试样标距/mm
NT	d<1.00	50	L=200 d
	1.00≤d<1.30	25	L=100 d
	1.30≤d<1.42	22	
	d≥1.42	20	
HT	d<1.00	50	L=200 d
	1.00≤d<1.82	20	L=100 d
	d≥1.82	15	

3 m 长的钢丝应在两条相距 600 mm 的平行线内保持平整，不得呈“S”形。

钢丝在 9 m 的长度上围绕自身轴线旋转角度不得大于 360°。

钢丝的镀层分为黄铜、紫铜、低锡青铜和高锡青铜四种，不推荐紫铜。其化学成分应符合表 1.2.1-12 中的限值，紫铜镀层的化学成分由供需双方协商确定。

表 1.2.1-12　钢丝的镀层化学成分

镀层组分	化学成分/%		
	Cu	Sn	Zn
黄铜	67.0～77.0	—	23.0～33.0
低锡青铜	≥97.0	0.3～3.0	—
高锡青铜	80.0～7.0<9	>3.0～20.0	—

钢丝镀层厚度及允许偏差应符合表 1.2.1-13 中的限值。

表 1.2.1-13　钢丝镀层厚度及允许偏差

镀层类别	镀层厚度/μm	镀层参考重量 g/kg
黄铜	0.15±0.05	(0.685±0.228)/*d*
紫铜	0.12±0.05	(0.548±0.228)/*d*
青铜	0.12±0.07	(0.548±0.320)/*d*

直径 1.00 mm 的胎圈钢丝黏合力指标不小于 685 N，其他规格黏合力指标由供需双方协商确定。胎圈钢丝与橡胶黏合力试验配方为：2＃烟片胶（两段塑炼）100.0、一级氧化锌 25.0、硫黄 6.0、松焦油 5.0、促进剂 MBTS(DM) 1.0、半补强炭黑 60.0、轻质碳酸钙 150.0、三氧化二铁 10.0，合计 357.0。混炼使用 6 英寸开炼机，混炼辊温 45±5 ℃，一次投料量为配方量的 4 倍。混炼程序为：

$$生胶\xrightarrow{2\ min}DM\xrightarrow{1\ min}ZnO\xrightarrow{2\ min}碳酸钙\xrightarrow{10\ min}松焦油\xrightarrow{3\ min}1/2\ 炭黑\xrightarrow{2\ min}$$

$$三氧化二铁\xrightarrow{1\ t}1/2\ 炭黑\xrightarrow{2\ min}硫黄\xrightarrow{3\ min}薄通五次\xrightarrow{4\ min}下片$$

混炼时间合计为 30 min。

硫化条件为：硫化温度 142 ℃，硫化时间 40 min 或 60 min，硫化时平板压力为 196 N/cm² 以上。

测试时的拉伸速率为 200±10 mm/min。

黏合力试验配方的物理机械性能见表 1.2.1-14。

表 1.2.1-14　黏合力试验配方的物理机械性能

硫化条件，137 ℃×30 min	
扯断强度/MPa	≥6
伸长度/%	≥300
硬度（邵尔 A)/度	80±5

3.2　胶管用金属线材

在胶管中所使用的金属骨架材料有单根镀铜钢丝、扁平钢丝、一般碳钢丝、铁丝、不锈钢丝、钢丝帘线和钢丝绳等。编织胶管和缠绕胶管等高压胶管一般使用不同直径的单根镀铜钢丝或钢丝绳，部分用于输油的大口径胶管以扁平钢丝作骨架材料，一般碳钢丝作为吸引胶管支撑骨架材料，铁丝为夹布胶管或吸引胶管的铠装增强材料，输油胶管、挖泥船胶管则采用钢丝帘线。

对胶管用金属线材总的性能要求是：强度高、韧性好、延伸率小；用于高压胶管的钢丝还应具有良好的抗脉冲疲劳性能。此外，对金属线材的外观要求，还需注意粗细均匀；钢丝绳捻度要均匀、表面光泽，以及无锈蚀、油污等影响质量的缺陷；对镀铜或镀锌等金属丝，其表面涂层应均匀，并不应有发毛、锈斑等现象。

3.2.1　胶管钢丝

1. 镀铜钢丝

胶管钢丝使用的钢丝直径为 0.20～2.40 mm，盘条应符合 GB 4354 技术要求，表面镀黄铜，镀层厚度一般为 0.14～0.3 μm，镀层中铜含量为 68%±4%。胶管用钢丝镀层除了采用铜锌合金外，也有采用镀锌层的，镀锌量一般为每公斤钢丝 2～3 g。

钢丝断裂总伸长率应不小于 2%，也可由供需双方协商确定。

直径 0.20～0.80 mm 部分钢丝给出了四个强度级，应按下列方法归类：①低强度（LT），2 150～2 450 Mpa；②标准强度（ST），2 450～2 750 Mpa；③高强度（HT），2 750～3 050 Mpa；④超高强度（SHT），3 050～3 350 Mpa。直径 1.00～2.40 mm 部分钢丝给出了三个强度级，应按下列方法归类：①低强度（LT），1 770～1 860 Mpa；②标准强度（ST），1 860～1 950 Mpa；③高强度（HT），1 950～2 150 Mpa。

胶管用钢丝的规格和性能见表 1.2.1-15，其余技术条件详见 GB/T 11182—2006《橡胶软管增强用钢丝》。

表 1.2.1-15　胶管用钢丝的规格和性能

公称直径 /mm	公差 /mm	抗拉强度 /MPa	扭转（≥) /次	反复弯曲（≥) /次	打结强度率（≥) /%
0.20	±0.010	2 150～2 450	70	125	58
		2 450～2 750	70		
		2 750～3 050	65		
		3 050～3 350	60		

续表

公称直径/mm	公差/mm	抗拉强度/MPa	扭转（≥）/次	反复弯曲（≥）/次	打结强度率（≥）/%
0.25	±0.010	2 150～2 450	70	125	58
		2 450～2 750	70	125	
		2 750～3 050	65	105	
		3 050～3 350	60	75	
0.30		2 150～2 450	65	105	
		2 450～2 750	60	95	
		2 750～3 050	60	85	
		3 050～3 350	50	60	
0.35		2 150～2 450	65	60	
		2 450～2 750	60	60	
		2 750～3 050	60	55	
		3 050～3 350	50	50	
0.40	±0.015	2 150～2 450	65	55	58
		2 450～2 750	60	55	
		2 750～3 050	60	50	
		3 050～3 350	50	45	
0.42		2 150～2 450	60	50	
		2 450～2 750	60	50	
		2 750～3 050	50	45	
0.46		2 150～2 450	60	45	
		2 450～2 750	60	45	
		2 750～3 050	50	40	
0.50		2 150～2 450	60	40	50
		2 450～2 750	60	35	
		2 750～3 050	50	30	
0.56		2 150～2 450	60	35	
		2 450～2 750	60	30	
		2 750～3 050	50	25	
0.60		2 150～2 450	60	30	
		2 450～2 750	50	25	
0.65		2 150～2 450	55	25	
		2 450～2 750	50	20	
0.70		2 150～2 450	50	20	
		2 450～2 750	50	20	
0.75	±0.020	2 150～2 450	50	20	
		2 450～2 750	50	20	
0.78		2 150～2 450	40	15	
0.80		2 150～2 450	40	15	

续表

公称直径/mm	公差/mm	抗拉强度/MPa	扭转（≥）/次	反复弯曲（≥）/次	打结强度率（≥）/%
1.00	±0.02	1 770～1 860	28	14	—
		1 860～1 950	25		
		1 950～2 150	23		
1.20		1 770～1 860	25	14	
		1 860～1 950	24		
		1 950～2 150	23		
1.40		1 770～1 860	24	14	
		1 860～1 950	23		
		1 950～2 150	22		
1.60		1 770～1 860	23	13	
		1 860～1 950	20		
		1 950～2 150	19		
1.80		1 770～1 860	22	12	
		1 860～1 950	20		
		1 950～2 150	19		
2.00		1 770～1 860	20	10	
		1 860～1 950	20		
		1 950～2 150	19		
2.20		1 770～1 860	18	10	
		1 860～1 950	18		
		1 950～2 150	17		
2.40		1 770～1 860	18	10	
		1 860～1 950	18		
		1 950～2 150	17		

2. 胶管用扁平钢丝

胶管用扁平钢丝规格与性能见表 1.2.1－16。

表 1.2.1－16　胶管用扁平钢丝规格与性能

宽度/mm	厚度/mm	最小破断力/kN
8.00±0.12	0.800±0.015	9.31～11.17
10.00±0.15	0.800±0.015	11.66～13.92
12.00±0.18	0.800±0.015	13.99～16.75

注：详见《橡胶原材料手册》，于清溪、吕百龄等编写，化学工业出版社，2007 年 1 月第 2 版，P678 表 3－22－15。

3. 胶管用一般碳钢丝

用于吸引胶管（或大口径胶管）的金属螺旋线，一般为冷拉圆形碳构钢丝，其含碳量为 0.35%～0.60%。这类钢丝的性能要求，应具有适宜的模量和强度，良好的韧性，以免钢丝在缠螺圈过程中发生脆断。为了防止钢丝表面锈蚀，可在加工过程中涂以防锈镀层（如经硫酸处理等）。常用的碳钢丝规格和性能列于表 1.2.1－17。

表 1.2.1－17　胶管用碳钢丝的规格主要性能

钢丝直径/mm	公差/mm	拉伸强度(≥)/MPa（kgf·mm^{-2}）	弯曲次数(≥)/次	钢号
2.0	±0.06	784（80）	5	25～35
2.6	±0.06	686（70）	3	25～35
3.2	±0.08	784（80）	2	40～50
4.0	±0.08	784（80）	2	40～50
5.0	±0.08	784（80）	2	40～50

4. 镀锌铁丝（低碳钢丝）

这类铁丝主要用作耐压夹布胶管或耐压吸引胶管的铠装增强材料。其拉伸强度和扭转次数应达到规定指标，铁丝表面的镀层需均匀，不应有裂纹、斑等缺陷，并保持清洁，防止锈蚀。常用的镀锌铁丝规格和性能列于表 1.2.1－18。

表 1.2.1－18　胶管用镀锌铁丝的规格和性能

直径/mm	拉伸强度/MPa（kgf·mm^{-2}）	扭转次数（L=150）	直径/mm	拉伸强度/MPa（kgf·mm^{-2}）	扭转次数（L=150）
1.60	343～490（35～50）	37	4.00	343～490（35～50）	15
2.00	343～490（35～50）	30	5.00	343～490（35～50）	12
2.50	343～490（35～50）	24	6.00	343～490（35～50）	10
3.15	343～490（35～50）	19			

5. 不锈钢丝

这类钢丝具有不易锈蚀的特性，但由于不锈钢丝与普通钢丝相比价格较高，且强度又不太高，因此，通常仅用作特殊用途的胶管骨架材料（或作保护层），如用于接触腐蚀性介质的胶管等。

3.2.2　高压胶管用钢丝帘线

高压胶管用钢丝帘线的规格和性能见表 1.2.1－19。

表 1.2.1－19　高压胶管用钢丝帘线的规格和性能

直径/mm	帘线结构	破断力/kN	百米重/kg	用途
9.0	7×7×7×0.33	55.00	26.3	排泥胶管
5.1	7×19×0.34	22.00	10.3	排泥胶管
3.0	7×7×0.34	7.50	3.9	排泥胶管
1.2	7×3×0.2	1.60	0.53	高压缠绕胶管
0.96	7×3×0.16	1.05	0.34	高压缠绕胶管
0.60	3×9×0.15	0.50	0.16	高压缠绕胶管

3.3　橡胶制品用钢丝供应商

橡胶制品用钢丝供应商有：河南铂思特金属制品有限公司、杭州天伦集团有限公司、贵州钢绳股份有限公司、山东诸城大业金属制品有限责任公司、天懋集团山东天轮钢丝股份有限公司、张家港港达金属制品有限公司、河北金宝集团、南通贝斯特钢丝有限公司、江阴华胜特钢制品厂、巩义市恒星金属制品厂、江阴鑫鑫钢丝制品厂、衡水中亚金属制品有限公司等。

四、钢丝绳

钢丝绳可用于制造大型输送带、三角带、同步带、橡胶、聚氨酯胶带和胶管等。

4.1　输送带用镀锌钢丝绳

输送带用镀锌钢丝绳钢丝用盘条应符合 GB/T 4354 的规定，其硫、磷质量分数各不得大于 0.030%；钢丝公称直径为 0.20～1.30 mm；钢丝的公称抗拉强度分为 1 960 MPa、2 060 MPa、2 160 MPa、2 260 MPa、2 360 MPa 和 2 460 MPa 六种，钢丝实测抗拉强度应不低于公称抗拉强度的 95%。

输送带用钢丝绳均为开放式结构，开放式结构是指股中同一层钢丝之间及绳中外层股之间有一定均匀间隙的结构。输送带用钢丝绳按其结构分为 6×7－WSC、6×19－WSC 和 6×19W－WSC，如图 1.2.1－5 所示。其中 6×7－WSC 结构的直径范围为 2.5～5.9 mm，6×19－WSC 结构的直径范围为 4.5～15.0 mm，6×19W－WSC 结构的直径范围为 5.0～15.0 mm。钢丝绳按抗拉强度分为普通强度级、高强度级、特高强度级；按镀锌层重量级分为 H 级、A 级和 B 级。钢丝绳的捻法为交互捻，按捻法可以分为右交互捻（Z）和左交互捻（S）两种，交货时一般应按左、右捻各半。详见 GB/T 12753－2008。

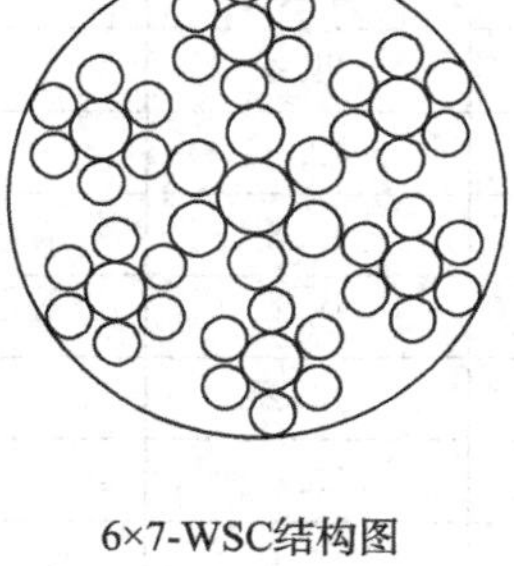
6×7-WSC结构图

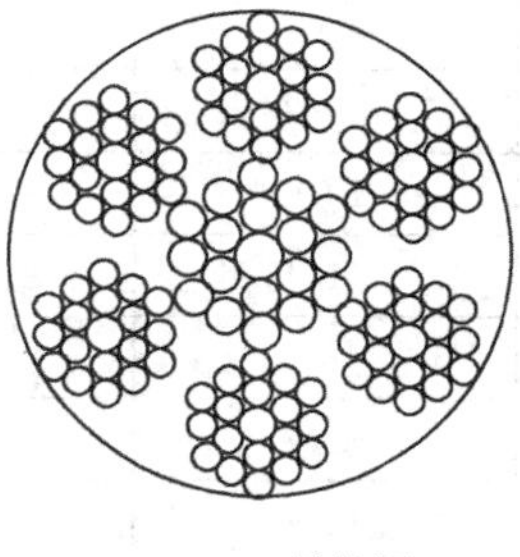
6×19-WSC结构图

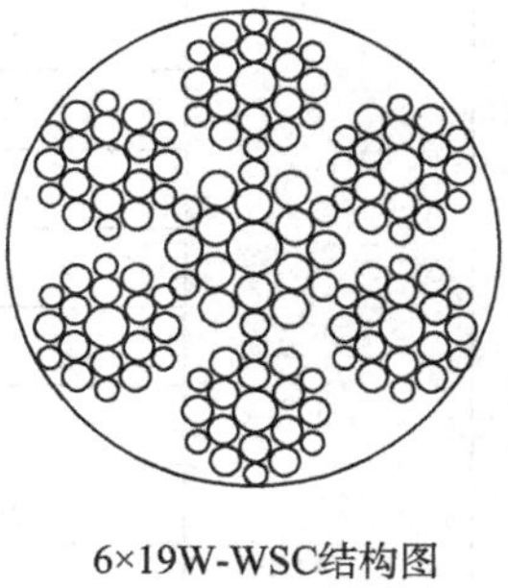
6×19W-WSC结构图

图 1.2.1－5　输送带用镀锌钢丝绳断面结构

镀锌层重量级见表 1.2.1 - 20。

表 1.2.1 - 20 镀锌层重量级

钢丝直径 d/mm	锌层质量不小于/(g · m^{-2})		
	H 级	A 级	B 级
0.20～1.30	80×d	60×d	30×d

钢丝绳中钢丝的公称抗拉强度级见表 1.2.1 - 21。

表 1.2.1 - 21 钢丝绳中钢丝的公称抗拉强度级

钢丝直径 d/mm	钢丝公称抗拉强度/MPa		
	普通强度级	高强度级	特高强度级
0.20～0.40	2 260	2 360	2 460
>0.40～0.60	2 160	2 260	2 360
>0.60～0.95	2 060	2 160	2 260
>0.95～1.30	1 960	2 060	2 160

直径大于等于 0.50 mm 的钢丝应做扭转试验，钢丝的最小扭转次数应符合表 1.2.1 - 22 中的限值。对于公称直径小于 0.50 mm 的钢丝，用打结拉伸试验代替扭转试验，所能承受的拉力应不低于其公称破断力的 55%。

表 1.2.1 - 22 钢丝的最小扭转次数

钢丝直径 d/mm	最小扭转次数		
	普通强度级	高强度级	特高强度级
0.50～0.60	29	28	27
≥0.60～0.70	28	27	26
≥0.70～0.80	27	26	25
≥0.80～0.90	26	25	24
≥0.90～0.95	25	24	23
≥0.95～1.30	24	23	22

输送带用镀锌钢丝绳部分规格型号见表 1.2.1 - 23。

表 1.2.1 - 23 输送带用镀锌钢丝绳部分规格型号

结构	允许偏差/%	钢丝绳直径/mm	钢丝绳最小破断拉力/kN			参考质量/[kg · (100 m)$^{-1}$]
			普通强度级	高强度级	特高强度级	
6×7－WSC	+5 −2	2.5	5.3	5.5	5.8	2.4
		2.6	5.5	6.0	6.5	2.7
		2.7	6.4	6.7	7.0	2.9
		2.8	6.8	7.2	7.6	3.2
		2.9	7.5	7.7	8.0	3.4
		3.0	8.0	8.5	9.0	3.7
		3.1	8.8	9.5	10.0	3.9
		3.2	9.5	10.0	10.5	4.1
		3.3	10.3	10.8	11.4	4.4
		3.4	10.6	11.1	12.0	4.6
		3.5	11.4	12.0	12.8	4.9
		3.6	12.0	12.7	13.2	5.3
		3.7	12.7	13.2	14.2	5.5
		3.8	13.7	14.3	15.0	6.0
		3.9	14.0	14.8	15.8	6.3

续表

结构	允许偏差/%	钢丝绳直径/mm	钢丝绳最小破断拉力/kN			参考质量/[kg·(100 m)$^{-1}$]
			普通强度级	高强度级	特高强度级	
6×7—WSC	+5 −2	4.0	14.5	15.2	16.3	6.5
		4.1	15.3	16.2	17.4	6.8
		4.2	15.9	16.6	17.8	7.1
		4.3	16.8	17.8	19.0	7.5
		4.4	17.5	18.5	19.7	7.7
		4.5	18.2	19.3	20.7	8.1
		4.6	19.2	20.1	21.3	8.4
		4.7	19.6	20.8	22.5	8.7
		4.8	20.4	21.5	23.2	9.2
		4.9	21.5	22.7	24.1	9.5
		5.0	22.2	23.3	24.9	9.8
		5.1	23.4	24.2	25.7	10.4
		5.2	24.5	25.6	26.7	10.6
		5.3	25.2	26.1	27.5	11.1
		5.4	26.2	27.5	28.7	11.5
		5.5	27.5	28.5	29.7	12.1
		5.6	28.1	29.0	30.1	12.5
		5.7	28.5	29.6	30.8	13.0
		5.8	29.2	30.7	31.3	13.4
		5.9	30.0	31.7	32.5	14.1
6×19—WSC	+5 −2	4.5	18.2	18.6	19.3	7.8
		4.8	20.0	20.7	21.2	8.7
		5.0	22.5	23.2	23.9	9.8
		5.4	25.2	26.1	27.0	11.2
		5.6	27.5	28.7	29.9	12.1
		5.8	29.6	31.0	31.6	13.2
		6.0	31.0	32.3	33.3	13.9
		6.2	33.1	34.4	35.7	14.8
		6.4	34.5	36.2	37.4	15.7
		6.8	39.3	41.0	42.7	18.0
		7.2	43.0	45.0	47.1	19.9
		7.6	48.8	51.0	53.0	22.5
		8.0	53.2	55.3	57.2	24.4
		8.4	56.4	59.0	62.4	26.7
		8.8	63.2	66.2	68.3	29.4
		9.0	65.0	68.0	71.0	30.8
		9.2	67.8	71.1	73.9	32.1
		9.6	73.6	77.2	79.7	34.8
	+4 −2	10.0	78.7	82.3	86.3	37.8
		10.4	84.8	88.5	92.5	40.5
		10.8	90.0	94.0	97.7	43.1
		11.2	98.3	101	104	46.4
		11.6	104	108	112	50.8

续表

结构	允许偏差/%	钢丝绳直径/mm	钢丝绳最小破断拉力/kN			参考质量/[kg·(100 m)⁻¹]
			普通强度级	高强度级	特高强度级	
6×19－WSC	+4 −2	12.0	110	114	118	53.4
		12.2	112	116	121	54.0
		12.4	116	121	126	55.9
		12.6	121	125	130	58.1
		12.8	124	129	135	58.9
		13.0	128	133	139	62.0
		13.2	132	137	143	64.0
		13.4	135	140	146	65.5
		13.6	141	146	152	68.0
		13.8	145	150	155	70.0
		14.0	148	154	160	71.5
		14.5	156	162	168	76.1
		15.0	165	172	180	81.3
6×19W－WSC	+5 −2	5.0	23.0	23.7	24.5	10.3
		5.6	30.0	30.8	31.5	13.3
		6.0	33.2	34.3	34.8	14.9
		6.6	39.6	41.2	41.8	17.7
		7.0	44.7	46.5	47.0	19.9
		7.2	47.2	49.1	49.5	20.8
		7.6	52.8	55.0	55.5	23.6
		8.0	57.2	59.3	60.0	26.7
		8.3	60.0	62.3	63.0	28.4
		8.7	66.3	69.0	70.0	31.0
		9.1	73.0	76.3	77.0	33.7
		10.0	84.0	87.5	88.3	38.9
	+4 −2	10.5	91.5	95.2	96.5	42.9
		11.0	101	104	106	47.1
		11.5	105	109	112	51.5
		12.0	114	118	120	56.1
		12.5	122	127	132	60.2
		13.0	131	138	143	65.3
		13.5	140	146	154	70.2
		14.0	150	157	164	73.9
		14.5	154	162	170	79.5
		15.0	167	175	184	86.0

4.2 同步带用钢丝绳

同步带用钢丝绳规格型号见表 1.2.1－24。

表 1.2.1－24　同步带用钢丝绳规格型号

结构	钢丝绳直径/mm	捻距/mm	破断力/N	单位长度质量 g/m
3×3×0.04	0.16	2.50	27.5	0.091
7×3×0.06	0.36	3.00	142	0.45
3×3×0.10	0.40	5.35	169	0.60
7×3×0.08	0.48	4.50	218	0.85
7×7×0.06	0.54	4.50	307	1.10
7×7×0.10	0.90	8.10	883	3.30

4.3　胶管用钢丝绳

GB/T 12756—1991《胶管用钢丝绳》适用于胶管骨架增强材料用镀锌钢丝绳，制绳钢丝用钢应符合 GB 699 标准中的规定，其硫、磷质量分数各不得大于 0.030%，镀锌层质量应不小于 10 g/m^2。钢丝的抗拉强度应符合表 1.2.1-25 中的限值。

表 1.2.1-25　胶管用钢丝绳钢丝的抗拉强度

钢丝直径/mm	抗拉强度/MPa	弯曲圆弧半径/mm	最小反复弯曲次数	最小扭转次数
0.7	1 860	1.75	8	28
0.8	—	2.5	13	28

钢丝绳的捻制方法为同向捻，交货时左同向捻和右同向捻各半。钢丝绳的结构分为1×7 和1×19 两类。如图 1.2.1-6 所示。

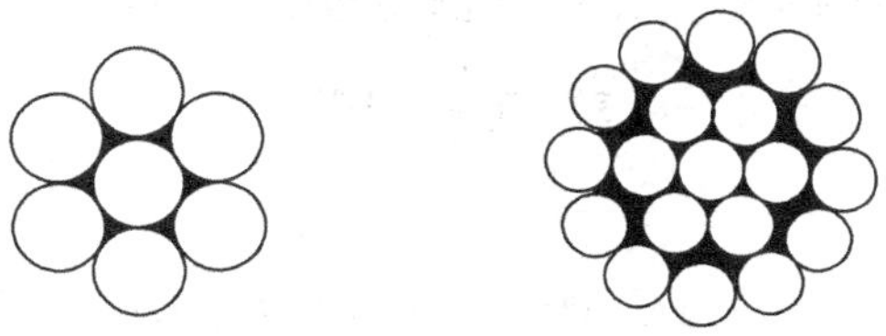

1×7结构图　　1×19结构图

图 1.2.1-6　胶管用钢丝绳断面结构

胶管用钢丝绳规格型号见表 1.2.1-26，详见 GB/T 12756—1991。

表 1.2.1-26　胶管用钢丝绳

结构	钢丝绳		钢丝公称直径/mm	钢丝总横断面积(参考)/mm^2	钢丝绳最小破断拉力/kN	钢丝绳百米参考质量/[kg·(100 m)$^{-1}$]
	公称直径/mm	允许偏差/mm				
1×7	2.1	+0.20 0	0.7	2.79	4.67	2.27
1×19	3.5	+0.20 −0.05	0.7	7.41	12.40	6.02
	4.0	+0.20 −0.05	0.8	9.66	16.17	7.85

4.4　镀锌钢丝绳的供应商

镀锌钢丝绳的供应商有：江苏法尔胜集团公司、衡水中亚金属制品有限公司等。

第二节　纤　　维

一、概述

1.1　纤维的分类

纤维的分类如下：

- 纤维
  - 天然纤维：棉、毛、丝和麻等
  - 化学纤维
    - 人造纤维
      - 再生纤维素纤维：粘胶纤维、铜氨纤维
      - 再生蛋白质纤维：酪素纤维、玉米蛋白纤维
      - 纤维素酯纤维：二醋酯纤维、三醋酯纤维
    - 合成纤维
      - 杂链纤维：聚酰胺纤维（如聚己内酰胺即尼龙 6、聚己二酰己二胺即尼龙 66、聚对苯二甲酰对苯二胺即芳纶）、聚酯纤维、聚氨酯弹性纤维
      - 碳链纤维：聚丙烯腈纤维、聚乙烯醇、缩甲醛纤维、聚氯乙烯纤维、聚烯烃纤维、含氟纤维（如聚四氟乙烯纤维）

1.2　纤维的主要性能指标

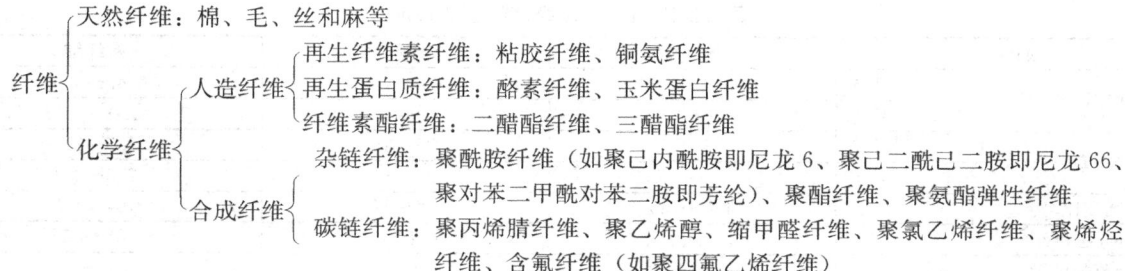

1）纤度：表示纤维粗细的指标称纤度，有以下三种表示方法。

①支数：单位质量（以 g 计）的纤维所具有的长度称支数，一般用每克纤维所具有的支数来表示。如 1 g 纤维长100 m，

称 100 支，记作 100 N · m。对于同一种纤维，支数越高表示纤维越细。但不同纤维，由于密度不同，粗细不能用支直接比较。

②细度：一定长度纤维所具有的质量，细度的单位是特克斯（tex）简称特，是指 1 000 m 长纤维所具有的克数；质量若以 10^{-1} g 计，则称分特（dtex）。纤维越细，细度越小。

③旦（denier）符号 D 或 d，指 9 000 m 长纤维所具有的质量克数称“旦”，如 9 000 m 长的纤维重 3 g，即 3 d。

以上三种表示方法之间的换算关系如下：旦数×支数＝9 000；特数×支数＝1 000；旦数＝9/10×分特数。

2）强度，也称为相对强度，指每特（或分特）纤维被拉断时所受的力，用以下公式表示：

$$P=\frac{F}{D}\text{，单位为 N}\cdot\text{tex}^{-1}\text{或 N}\cdot\text{dtex}^{-1}\text{。}$$

式中　P——断裂强度；

F——纤维被拉断时的负荷；

D——纤维纤度。

纤维的强度有干、湿强度之分。

3）断裂伸长率：指纤维或试样在拉伸至断裂时的长度比原来增加的百分数，一般用 ε 表示：

$$\varepsilon=\frac{L-L_0}{L_0}\times100\%$$

式中　L_0——纤维原长；

L——纤维拉伸至断裂时的长度。

4）初始模量：纤维的初始模量通常采用纤维延伸原长 1%时的应力值表示，单位 N/tex、m N/tex、N/m²。弹性模量大的纤维尺寸稳定性好，不易变形，制成的织物抗皱性好。

5）回弹率：将纤维拉伸产生一定伸长（一般为 2%、3%、5%），然后除去负荷，经松驰一定时间后，测定纤维弹性回缩后的伸长，可恢复的弹性伸长与总伸长之比称之为回弹率。

$$\text{回弹率（\%）}=\frac{L_D-L_R}{L_D-L_0}\times100\%$$

式中　L_0——纤维原来长度，mm；

L_D——纤维拉伸后长度；

L_R——纤维除去负荷，经一定时间恢复后的长度。

6）吸湿性：纤维吸湿性是指在标准温度和湿度（20±3 ℃，相对湿度 65%±3%）条件下纤维的吸水率，一般用回潮率（R）或含湿率（M）两种指标表示。

$$\text{回潮率（\%）}=\frac{G_0-G}{G}\times100\%$$

$$\text{含湿率(\%)}=\frac{G_0-G}{G_0}\times100\%$$

式中　G——纤维干燥后的质量；

G_0——纤维未干燥时的质量。

二、常用纤维的组成与性能

2.1　天然纤维

天然纤维主要包括棉纤维、麻纤维、毛纤维等。其中棉纤维在橡胶工业中的用量曾占主要地位，但目前它仅占纤维总用量的 5%左右。其主要成分是纤维素，是一种碳水化合物，分子式为（$C_6H_{10}O_5$）$_n$，式中的聚合度 n 一般可达 10 000～15 000，含量占 90%～94%；其次是水分、脂肪、蜡质、蛋白质、果胶及灰分等。棉纤维较粗，强度较低，延伸率较低，弹性较差，耐高温性差（120 ℃下强度下降 35%），但与橡胶黏着性能好，湿强度较高。

棉纤维已很少单独用于要求高强力的橡胶制品中，主要用于与合成纤维复合，增加黏合性。

天然纤维的基本性能见表 1.2.2－1。

表 1.2.2－1　天然纤维的基本性能

项目		棉纤维	羊毛纤维	麻纤维
断裂强度/（N · tex^{-1}）	干态	0.26～0.43	0.088～0.15	0.49～0.57
	湿态	0.20～0.56	0.067～0.145	0.51～0.68
断裂伸长率/%	干态	3～7	25～35	1.5～2.3
	湿态	—	25～50	2.0～2.4
湿/干强度比/%		110～130	76～96	104～118
相对环扣强度/%		70	80	80～85
相对结节强度/%		90～100	85	—
回弹率（延伸 2%时）/%		74.45（5%）	99.63（20%）	48
初始模量[a]/（N · tex^{-1}）		5.98～8.18	0.968～2.2	17.6～22
密度/（g · cm^{-3}）		1.54	1.32	1.54～1.55

续表

项目	棉纤维	羊毛纤维	麻纤维
回潮率/%			
20 ℃时，65%相对湿度	7	16	13
20 ℃时，65%相对湿度	24～27	22	
公定回潮率[b]/%	11.1	15	12
耐热性	不软化，不熔融，在 120 ℃ 5 h 下发黄，150 ℃分解	100 ℃开始变黄，130 ℃分解，300 ℃碳化	200 ℃分解
耐日光性	强度稍有下降	发黄，强度下降	强度几乎不下降
耐酸性	热稀酸、冷浓酸可使其分解，在冷稀酸中无影响	在热硫酸中会分解	热酸中受损伤，浓硫酸中膨润溶解
耐碱性	在氢氧化钠溶液中膨润（丝光化），但不损伤强度	在强碱中分解，弱碱对其有损伤	耐碱性好
耐溶剂性[c]	不溶于一般溶剂	不溶于一般溶剂	不溶于一般溶剂
耐虫蛀、耐霉菌性	耐虫蛀，不耐霉菌	耐霉菌，不耐虫蛀	尚好
耐磨性	尚好	一般	

注：[a] 初始模量由100%伸长所需应力定义，从伸长 2%时的应力外推得到。

[b] 公定回潮率是指为了计重和核价需要，对纤维材料在标准温度（20±3 ℃）和相对湿度（65%±3%）条件下平衡后材料的吸水率做的统一规定，为贸易术语。

[c] 一般溶剂：乙醇、乙醚、苯、丙酮、汽油和四氯乙烷等，下同。

详见《橡胶原材料手册》，于清溪、吕百龄等编写，化学工业出版社，2007 年 1 月第 2 版，P616 表 3-18-2。

2.2 黏胶纤维

黏胶纤维是人造纤维的一种，也称人造丝，以木材、棉绒等的天然纤维素为原料，经化学处理与机械加工制成，主要品种有普通黏胶纤维和高强度黏胶纤维，橡胶工业用的仅是具有高强度、高模量的高强度黏胶纤维。

黏胶纤维的基本化学组成与棉纤维相同，因此有些性能与棉纤维类似。由于黏胶纤维的聚合度仅有 550～650，较棉纤维低，分子链的取向度也较小，因此某些性能较棉纤维差，如其湿强度不像棉纤维大于干强度，而是大大低于干强度，大约只有 60%；吸水率较大，一般可达 10%左右，吸水后膨胀，其织物在水中变硬；黏胶纤维的弹性、耐磨性、耐碱性、与橡胶的黏着性也较差。黏胶纤维在输送带中一般不使用，因为水分极易从暴露的人造丝织物边部吸入，导致输送带早期损坏。

但是黏胶纤维细长，所以相对强度、初始模量较高，尺寸稳定性好；内摩擦较小，高温下强度损失小，导热性也较好，故使用时生热小、耐疲劳性和耐热性均比棉纤维优越，并且耐有机溶剂。其中三超人造丝帘线的强度为普通人造丝的 1.2～1.3 倍；耐疲劳性为普通人造丝 1.3～1.4 倍。

针对黏胶纤维的不足，近年开发成功一种新型超高模数人造丝——富强纤维，主要是提高了大分子的取向度、结构均匀，其性能与棉纤维接近，其特性是强度高、延伸率小、结晶性大，可用于子午线轮胎。

黏胶纤维的基本性能见表 1.2.2-2。

表 1.2.2-2 黏胶纤维的基本性能

项目		短纤维		长丝		高模量	
		普通	强力	普通	强力	短纤维	长丝
断裂强度/(N·tex^{-1})	干态	0.22～0.27	0.32～0.37	0.15～0.20	0.3～0.46	0.31～0.46	0.19～0.26
	湿态	0.12～0.18	0.24～0.29	0.07～0.11	0.22～0.36	0.23～0.37	0.11～0.17
断裂伸长率/%	干态	16～22	19～24	10～24	7～15	7～14	8～12
	湿态	21～29	21～29	24～35	20～30	8～15	9～15
湿/干强度比/%		60～65	70～75	45～55	70～80	70～80	55～70
相对环扣强度/%		25～40	35～45	30～65	40～70	20～40	—
相对结节强度/%		35～50	45～60	45～60	40～60	20～25	35～70
回弹率（延伸 3%时）/%		55～80	60～80	60～85	55～80		
初始模量/(N·tex^{-1})		2.6～6.2	4.4～7.9	5.7～7.5	9.68～14.1	6.2～9.68	5.3～8.8
密度·(g·cm^{-3})		1.50～1.52					

续表

项目	短纤维		长丝		高模量	
	普通	强力	普通	强力	短纤维	长丝
回潮率/%						
20 ℃时，65%相对湿度	12～14					
20 ℃时，65%相对湿度	25～30					
公定回潮率/%	13					
耐热性	不软化，不熔融，260～300 ℃开始变色分解					
耐日光性	强度下降					
耐酸性	热稀酸、冷浓酸能使其强度下降至溶解；5%盐酸、11%硫酸以下对纤维强度无影响					
耐碱性	强碱可使其膨润，强度降低；2%以下氢氧化钠溶液对其强度无影响			强碱可使其膨润，强度降低；4.5%以下氢氧化钠溶液对其强度无影响		
耐溶剂性	不溶于一般溶剂，溶于铜胺溶液、铜乙二胺溶液					
耐虫蛀、耐霉菌性	耐虫蛀性优良，耐霉菌性差					
耐磨性	较差					

注：详见《橡胶原材料手册》，于清溪、吕百龄等编写，化学工业出版社，2007 年 1 月第 2 版，P617 表 3-18-3。

2.3 合成纤维

合成纤维具有优良的物理、机械和化学性能，如强度高、密度小、弹性高、耐腐蚀、质轻、保暖、电绝缘性好及不霉蛀等，某些特种合成纤维还具有耐高温、耐低温、耐辐射、高弹度、高模量等特殊性能。橡胶工业中常用的有锦纶（尼龙、聚酰胺纤维），涤纶（的确良、聚酯纤维）和维纶纤维（聚乙烯醇纤维）。橡胶工业中使用的特种合成纤维包括：耐高温纤维，主要品种有玻璃纤维、芳纶（B纤维）、碳纤维；耐腐蚀纤维，主要品种有聚四氟乙烯纤维、阻燃纤维等。此外，聚丙烯纤维（丙纶），在橡胶工业中主要用作垫布。

2.3.1 聚酰胺纤维

橡胶工业中主要使用尼龙 6 和尼龙 66，与黏胶纤维相比，强度高 1.5～1.8 倍，吸湿率较低，耐疲劳性较高，耐冲击性能优越；但初始模量低，热收缩性大，尺寸稳定性差，与橡胶的黏着性差，不能用于子午线轮胎的带束层和 V 带等。

尼龙 6 和尼龙 66 相比，两者的强度大致相等；尼龙 66 熔点比尼龙 6 高，耐干、湿热性能较优；初始模量及尺寸稳定性尼龙 66 较优，回弹性或蠕变率也较尼龙 6 好；与橡胶的黏着性尼龙 6 较好。一般汽车轮胎使用尼龙 66 作骨架材料，摩托车胎、力车胎使用尼龙 6 作骨架材料。

聚酰胺纤维的基本性能见表 1.2.2-3。

表 1.2.2-3　聚酰胺纤维的基本性能

项目		尼龙 6 纤维			尼龙 66 纤维		
		短纤维	长丝		短纤维	长丝	
			普通	强力		普通	强力
断裂强度/(N·tex^{-1})	干态	0.38～0.62	0.42～0.56	0.56～0.84	0.31～0.63	0.26～0.53	0.52～0.84
	湿态	0.32～0.55	0.37～0.52	0.52～0.70	0.26～0.54	0.23～0.46	0.45～0.70
断裂伸长率/%	干态	25～60	28～45	16～25	16～66	25～65	16～28
	湿态	27～63	36～52	20～30	18～68	30～70	18～32
湿/干强度比/%		83～90	84～92	84～92	80～90	85～90	85～90
相对环扣强度/%		65～85	75～95	70～90	65～85	75～95	70～90
相对结节强度/%		—	80～90	60～70	—	80～90	60～70
回弹率（延伸 3%时）/%		95～100	98～100		100（延伸 4%时）		
初始模量/(N·tex^{-1})		0.7～2.6	1.8～4.0	2.4～4.4	0.88～4.0	0.44～2.1	1.9～5.1
密度/(g·cm^{-3})		1.14			1.14		
回潮率/%							
20 ℃时，65%相对湿度		3.5～5.0	4.2～4.5				
20 ℃时，65%相对湿度		8.0～9.0	6.1～8.0				
公定回潮率/%		4.5	4.5				

续表

项目	尼龙 6 纤维			尼龙 66 纤维		
	短纤维	长丝		短纤维	长丝	
		普通	强力		普通	强力
耐热性	软化点 180 ℃，熔点 215～220 ℃			150 ℃发黄，230～235 ℃软化，熔点 250～260 ℃		
耐日光性	强度显著下降，纤维发黄			强度显著下降，纤维发黄		
耐酸性	16%以上的浓盐酸、浓硫酸、浓硝酸可使其部分分解而溶解			耐弱酸，溶于并部分分解于浓盐酸、硫酸、硝酸		
耐碱性	在 50%氢氧化钠溶液、28%氨水里，强度几乎不下降			在室温下耐碱性良好，但高于 60 ℃时，碱对纤维有破坏作用		
耐溶剂性	不溶于一般溶剂，但溶于酚类（酚、间甲酚等）、浓甲酸中，在冰醋酸中膨润，加热可使其溶解			不溶于一般溶剂，但溶于某些酸类化合物和 90%甲酸中		
耐虫蛀、耐霉菌性	有良好抗性			良好		
耐磨性	优良					

注：详见《橡胶原材料手册》，于清溪、吕百龄等编写，化学工业出版社，2007 年 1 月第 2 版，P619，表 3-18-5。

聚酰胺纤维的耐热性见表 1.2.2-4。

表 1.2.2-4 聚酰胺纤维的耐热性

项目	尼龙 6	尼龙 66	项目	尼龙 6	尼龙 66
最高熨烫温度/℃	150	205	最适宜的定型温度/℃	190	225
开始塑性流动温度/℃	160	220	强度降至零时的温度/℃	195	240
软化点温度/℃	180	235	熔点/℃	215～220	250～260

详见《橡胶工业手册．第一分册．生胶与骨架材料》，谢遂志等，化学工业出版社，1989 年 10 月（第一版，1993 年 6 月第 2 次印刷），P1115 表 23-6。

2.3.2 聚酯纤维

目前主要品种是聚对苯二甲酸乙二酯纤维，强度稍低于锦纶，回弹性接近羊毛，耐热性、耐疲劳性、尺寸稳定性和耐水性等都很好，耐磨性仅次于锦纶，因此聚酯可用于 V 带、输送带及胶管类产品。但它与橡胶的黏合比人造丝和尼龙等都要困难，并由于疲劳生热量大易引起胺化、水解等降解反应而降低帘线的强度，其降低程度依硫化促进剂和防老剂不同差异很大。

聚酯纤维的基本性能见表 1.2.2-5。

表 1.2.2-5 聚酯纤维的基本性能

项目		短纤维	长丝	
			普通	强力
断裂强度/(N·tex^{-1})	干态	0.42～0.57	0.38～0.53	0.55～0.79
	湿态	0.42～0.57	0.38～0.53	0.55～0.79
断裂伸长率/%	干态	35～50	20～32	7～17
	湿态	35～50	20～32	7～17
湿/干强度比/%		100	100	100
相对环扣强度/%		75～95	85～98	75～90
相对结节强度/%		—	40～70	70～80
回弹率（延伸 3%时）/%		90～95	95～100	
初始模量/(N·tex^{-1})		2.2～4.4	7.9～14.1	
密度/(g·cm^{-3})		1.38		

续表

项目	短纤维	长丝	
		普通	强力
回潮率/%			
20 ℃时，65%相对湿度	0.4～0.5		
20 ℃时，65%相对湿度	0.6～0.7		
公定回潮率/%	0.4		
耐热性	软化点 238～240 ℃，熔点 255～260 ℃		
耐日光性	强度几乎不降低		
耐酸性	35%盐酸、75%硫酸、60%硝酸以下对其强度无影响，在 96%硫酸中分解		
耐碱性	在 10%氢氧化钠溶液、28%氨水里，强度几乎不下降；遇强碱时分解		
耐溶剂性	不溶于一般溶剂，溶于热间甲酚、热二甲基甲酰胺及 40 ℃的苯酚-四氯乙烷混合液		
耐虫蛀、耐霉菌性	良好		
耐磨性	优良（仅次于聚酰胺纤维）		

注：详见《橡胶原材料手册》，于清溪、吕百龄等编写，化学工业出版社，2007 年 1 月第 2 版，P619 表 3-18-5。

2.3.3 聚乙烯醇纤维

聚乙烯醇纤维以帆布为主广泛用于工业部门。作为橡胶制品用织物，具有人造丝和尼龙中间性能的长纤维维尼纶多用于输送带帆布的经线，而其短纤维多用于胶管。

它是现有合成纤维中吸湿率最大的一个品种，吸湿率可达 4.5%～5.0%，与棉纤维相近；耐磨性是棉纤维的 5 倍，强度和初始模量是棉纤维的 1.5～2 倍但不如锦纶；耐化学腐蚀性好，不仅耐酸碱而且耐一般有机溶剂，耐日晒、不腐烂、不发霉。其主要缺点耐热性稍差，尤其是耐湿热性差，在橡胶制品中织物裸露硫化时会产生“树脂化”现象降低制品强度，适用于胶管、胶带、胶鞋等制品。

聚乙烯醇纤维的基本性能见表 1.2.2-6。

表 1.2.2-6 聚乙烯醇纤维的基本性能

项目		短纤维		长丝	
		普通	强力	普通	强力
断裂强度/(N·tex^{-1})	干态	0.40～0.57	0.60～0.75	0.26～0.36	0.53～0.84
	湿态	0.28～0.46	0.47～0.60	0.18～0.28	0.44～0.75
断裂伸长率/%	干态	12～26	11～17	17～22	9～22
	湿态	12～26	11～17	17～25	10～26
湿/干强度比/%		72～85	78～85	70～80	75～90
相对环扣强度/%		65	65～70	80	40～50
相对结节强度/%		40	35～40	88～94	62～65
回弹率（延伸 3%时）/%		70～85	72～85	70～90	70～90
初始模量/(N·tex^{-1})		2.2～6.2	6.2～9.24	5.3～7.9	6.2～15.8
密度/(g·cm^{-3})		1.26～1.30			
回潮率/%					
20 ℃时，65%相对湿度		4.5～5.0	3.5～4.5	3.0～5.0	
20 ℃时，65%相对湿度		10～12			
公定回潮率/%		5			
耐热性		软化点 220～230 ℃，熔点不明显			
耐日光性		强度稍有下降			
耐酸性		浓盐酸、浓硫酸、浓硝酸能使其膨润分解，10%盐酸、30%硫酸以下对纤维强度无影响			
耐碱性		在 50%氢氧化钠溶液中强度几乎不下降			
耐溶剂性		不溶于一般溶剂，在酚、热吡啶、甲酚、浓甲酸里膨润或溶解			
耐虫蛀、耐霉菌性		良好			
耐磨性		良好			

注：详见《橡胶原材料手册》，于清溪、吕百龄等编写，化学工业出版社，2007 年 1 月第 2 版，P620～621 表 3-18-6。

2.3.4 芳纶（B 纤维）

合成纤维中近年来最引人注意的莫过于芳纶，全称聚芳基聚酰胺纤维，ISO2076—1977（E）将其定义为由酰胺键连接的“由芳香族基组成的合成线型高分子，其酰胺键的85%以上与2个芳香族基直接结合者，亦包括酰胺键的50%以下被酰亚胺键置换者。”芳纶主要分为两种：间位芳酰胺纤维和对位芳酰胺纤维。前者以耐热性、难燃性和耐化学品性优异而著称，如Nomex、Conex、Metamax、Tenilon等品牌，后者以高强力、高弹性模量和耐热性为特点，例如Kevlar、Twaron、Techonra等品牌。

芳纶纤维强力和弹性都很高，强度可达2.8 GPa，初始模数可达61 GPa，而钢丝的相应数值为2.3 GPa、200 GPa，聚酯为1 GPa、20 GPa。芳纶纤维的耐热性极为优异，热收缩也比较小，耐屈挠、耐冲击性也很优秀，适用于子午线轮胎和带束斜交轮胎的缓冲层、帘布层。

几种主要芳纶纤维的结构式如下。

尼龙6T的结构式为：

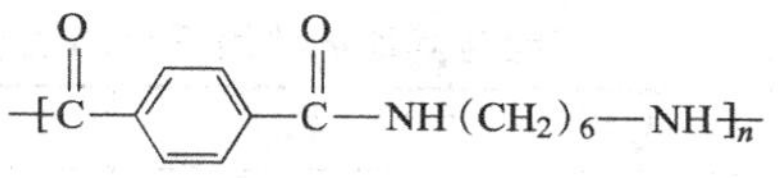

MXD-6的结构式为：

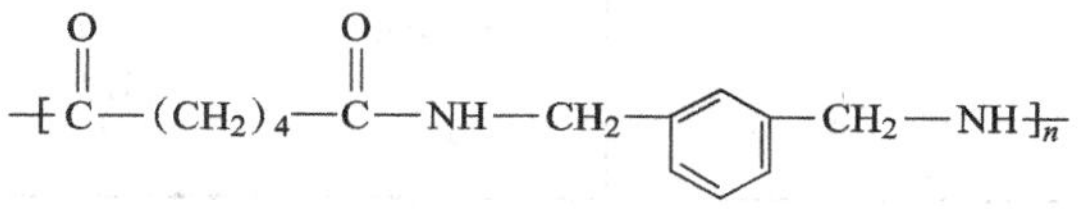

芳纶1313的结构式为：

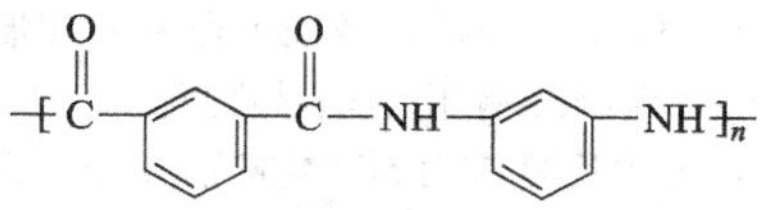

芳纶1414的结构式为：

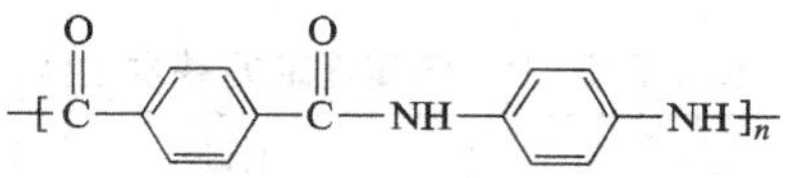

芳纶14的结构式为：

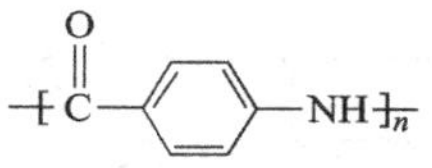

X—500的结构式为：

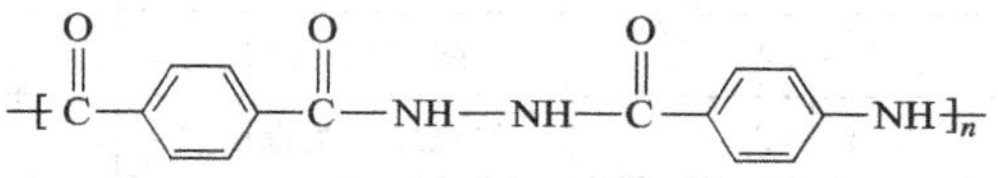

几种主要芳纶纤维的性能见表1.2.2-7。

表1.2.2-7 主要芳纶纤维的性能

项目	尼龙6T	MXD-6	芳纶1313（诺曼克斯）	芳纶1414（凯芙拉）	芳纶14（凯芙拉49）	X-500
化学名称	聚对苯二甲酰己二胺纤维	聚己二酰间苯二胺纤维	聚间苯二甲酰间苯二胺纤维	聚对苯二甲酰对苯二胺纤维	聚对苯甲酰胺纤维	聚对苯二甲酰对氨基苯甲酰胺纤维
相对密度/($g \cdot cm^{-3}$)	1.21	1.22	1.38	1.43	1.46	1.47
玻璃化转变温度 T_g/℃	180	90	270	340		
断裂强度/($N \cdot tex^{-1}$)	0.4	0.69～0.85	0.48	1.8～1.9	1.4～1.5	1.3～1.5
弹性模量/ ($N \cdot tex^{-1}$) ($Kgf \cdot mm^{-2}$)	4.05～7.29 500～900	6.43～7.23 800～900	8.53～13.49 1 200～1 900	41.14～47.99 6 000～7 000	80.58～90.65 12 000～13 500	58.7～70.7 8 800～10 600
断裂伸长率/%	18	15～22	17	3～5	1.6	3～4
回弹率/%	4.5	4.5～5.5	4.2～4.9	2.0	2.0	2.0

续表

项目	尼龙6T	MXD-6	芳纶1313（诺曼克斯）	芳纶1414（凯芙拉）	芳纶14（凯芙拉49）	X-500
熔点/分解点/℃	370/350	243/—	410/370	600/500	550/500	—/525
零强度的温度/℃	—	—	440	455	—	—
常用最高使用温度/℃	175	80～85	200～230	240	240	240
极限氧指数（LOI）	—	—	26.5～30	26	24.5	—
特征与应用	帘子线	帘子线	耐高温	高模量	高模量	高模量

注：详见《橡胶原材料手册》，于清溪、吕百龄等编写，化学工业出版社，2007年1月第2版，P621～622表3-18-7～8。

芳纶与其他橡胶用纤维的性能对比见表1.2.2-8。

表1.2.2-8　芳纶与其他橡胶用纤维的性能对比

项目	芳纶	钢丝	锦纶	聚酯	粘胶丝
断裂强度/(CN·tex^{-1})	190	30～50	86	82	40～50
强度/MPa	2 760	2 800	1 000	1 150	680～850
弹性模量/(N·tex^{-1})	44	18～25	4.6	9.7	6～8
密度/(Mg·m^{-3})	1.44	7.85	1.14	1.38	1.52
断裂伸长率/%	4.0	2.0	17.0	14.5	6～10

2.3.5　玻璃纤维

玻璃纤维按其化学成分可分为E玻璃、C玻璃、S玻璃，橡胶工业用的玻璃纤维由E玻璃经熔融纺制而成。玻璃纤维是直径5～9 μm的细玻璃丝，其强度高，耐热、耐水、耐化学药品性优异，但动态屈挠性、与橡胶黏着性和耐磨性差。

璃纤维的延伸度很小，尺寸稳定性优异，外力反复作用不产生滞后现象，因此部分地用于V带、同步传动带，也可用于子午线轮胎及带束斜交轮胎的缓冲层。

玻璃纤维的基本性能指标见表1.2.2-9。

表1.2.2-9　玻璃纤维的基本性能

项目	指标	项目	指标
断裂强度/(N·tex^{-1})	0.57～1.3	耐热性	在300 ℃下经2 h后强度下降20%，在480 ℃下降30%，846 ℃熔融
湿/干强度/%	85～95		
相对环扣强度/%	30～60	耐酸性	在氢氟酸、浓盐酸、浓硫酸及热磷酸中受腐蚀
相对结节强度/%	12～25	耐碱性	受强碱侵蚀，但耐弱碱
延伸率/%	3～5	耐溶剂性	不溶于有机溶剂
初始模量/(N·tex^{-1})	19.4	耐其他药品性	良好
相对密度/(g·cm^{-3})	2.52～2.55	耐虫蛀、耐霉菌性	良好
吸湿率（20 ℃，65%相对湿度）/%	0	耐磨性	差

注：详见《橡胶原材料手册》，于清溪、吕百龄等编写，化学工业出版社，2007年1月第2版，P623表3-18-10。

2.3.6　碳纤维

碳纤维是有机纤维经碳化而得的纤维状碳。碳纤维具有极高的弹性模量，近年来多用于制作高尔夫球杆、钓鱼竿及航空部件等纤维增强塑料（FRP）制品。

碳纤维在要求低伸长和高尺寸稳定性的胶带、耐热性胶带、导电性胶带等带类制品中将有一定的应用前景。

三、帘线

帘子线简称帘线，主要用作织造帘布的经线材料。帘子线的材料有棉纤维、人造丝、聚酰胺纤维、聚酯纤维、聚乙烯醇纤维、玻璃纤维、芳香族聚酰胺纤维等，其性能各不相同，需根据橡胶制品的性能要求以及成本等因素予以选择。

棉帘线是将棉纤维纺成单纱，再将多根单纱捻合成一股，然后再将两股或多股线合股加捻成一根帘线。合成纤维帘线，以尼龙6为例：在尼龙6树脂中，加入耐热剂制成相对黏度大于3的切片，经熔体纺丝成多孔粗纤度纤维，将两股合股，加捻成93 tex/2或140 tex/2或更粗帘线。

棉帘线用棉纤维的纤度、每根帘线包含的股数和每股线所含纱的根数来表示，如27 tex/5×3（37 N·m/5×3）表示每根帘线由3股各含5根纤度为27 tex（37 N·m）的纱线捻合而成。合成纤维帘线用纤维的纤度、每根帘线包含的股数来表示，如186.7 tex/2（1 680 d/2）表示每根帘线由2股纤度为186.7 tex（1 680 d）的单丝捻合而成。

橡胶用各种帘线的技术参数见表1.2.2-10。

表 1.2.2-10　橡胶用各种帘线的技术参数

纤维类型	规格型号	强度(≥)/N	断裂伸长率/%	定荷伸长率(44.1 N)/%	直径/mm	H 抽出（≥）/(N·cm^{-1})	干热收缩率/%(160 ℃×10 min)	说明
棉帘线	27 tex/5×3	98	14±1.5		0.80			用于低速、农机轮胎等使用条件要求不高的制品
人造丝帘线	183.3tex/2	126～237	4.8～15.2	1.1～3.3				按强度分 5 种
	183.3 tex/3							
	244.4 tex/2							
	244.4 tex/3							
锦纶 66 帘线	930dtex/2	127.4～137.2	20.5±2	8.5±1.0	0.53±0.05	98.0	≤5	
	1400dtex/2	205.8～215.6	21.5±2		0.65±0.05	117.6	≤5	
	1870dtex/2	264.6～284.2	22.0±2		0.74±0.05	127.4	≤5	
	2100dtex/2	294.0～313.6	22.0±2		0.78±0.05	137.2	≤5.5	
	1400dtex/3	294.0～313.6	22.0±2		0.78±0.05	137.2	≤5.5	
锦纶 6 帘线	2100dtex/2	294.0～313.6	23.0±2		0.78±0.05	156.8	≤7.5	
	1870dtex/2	259.7～279.3	23.0±2		0.75±0.05	147.0	≤7.5	
	1400dtex/3	294.0～313.6	23.0±2		0.78±0.05	156.8	≤7.5	
	1400dtex/2	196.0～215.6	23.0±2		0.65±0.05	127.4	≤7.5	
	930dtex/2	127.4～137.2	22.0±2	9.5±1.0	0.55±0.05	98.0	≤7.5	
聚酯帘线 普通型	1100dtex/2	140.0	15.0±2.0	4.5±1.0	0.56±0.03	125.0	≤3.5	
	1100dtex/3	205.0	15.0±2.0		0.66±0.03	140.0	≤3.5	
	1440dtex/2	180.0	15.0±2.0		0.61±0.03	130.0	≤3.5	
聚酯帘线 尺寸稳定型	1440dtex/3	260.0	15.0±2.0		0.74±0.03	147.0	≤3.5	
	1670dtex/2	205.0	15.0±2.0		0.66±0.03	140.0	≤3.5	
	1670dtex/3	305.0	15.0±2.0		0.80±0.03	180.0	≤3.0	
	2200dtex/2	280.0	15.0±2.0		0.75±0.03	170.0	≤3.0	
	2500dtex/2	330.0	15.0±2.0		0.80±0.03	180.0	≤3.0	
	1100dtex/2	137.0	15.0±2.0	4.5±1.0	0.56±0.03	125.0	≤2.0	
	1100dtex/3	202.0	15.0±2.0		0.66±0.03	140.0	≤2.0	
	1440dtex/2	180.0	15.0±2.0		0.61±0.03	130.0	≤2.0	
	1670dtex/2	202.0	15.0±2.0		0.66±0.03	140.0	≤2.0	
	2200dtex/2	270.0	15.0±2.0		0.75±0.03	170.0	≤2.0	
维纶帘线	34/3/2	67	22	8 (19.6 N)	0.59		2.5	仅在力车胎、摩托车胎、小型农机胎中有应用
	34/2/2	46	22		0.51			
	29/2/2	36	21		0.48			

注：[a] 锦纶帘线黏合强度测试配方：NR（烟片）100，防老剂 CPPD(4010) 1，St.a 2，促 M 0.8，ZnO 4，半补强 40，S 2.5，松焦油 3；详见 GB/T 9101—2002、GB/T 9102—2002。

[b] 聚酯帘线黏合强度测试配方：1＃NR 90，SBR 1500 10，St.a 2，促 MBTS(DM) 1.2，促 T.T 0.03，ZnO 8，N330 35，S 2.5，黏合剂 A 0.8，黏合剂 RS 0.96；详见 GB/T 19390—2003。

四、工业线绳

工业线绳由高模量、低收缩、断伸小、耐疲劳性强的聚酯、芳纶帘线机织而成，经浸胶和热拉伸处理，主要用于胶带、胶管的制造。其中用于切割式 V 带、多楔带的多为聚酯硬线绳；用于包布式 V 带的多为聚酯软线绳；胶管线用于纤维编织胶管。

4.1　传动带用帘线与线绳

4.1.1　V 带和多楔带用浸胶聚酯线绳

V 带、多楔带用浸胶聚酯线绳品名结构示例如下：

普通型浸胶聚酯软线绳	1 100 dtex	2×3	/SZ
①	②	③④	⑤⑥

①一表示浸胶聚酯线绳的品种；②一dtex 为纤度代号，示例表示用 1100dtex 聚酯工业长丝生产；③、④一表示线绳结构，初捻股数为 2 股，复捻为 3 股；⑤、⑥一表示线绳初捻、复捻的加捻方向。

表示捻向捻度的方向分 Z 捻与 S 捻两种，线绳捻回的方向是顺时针的称为 S 捻，加捻方向为逆时针的称为 Z 捻，如下图所示：

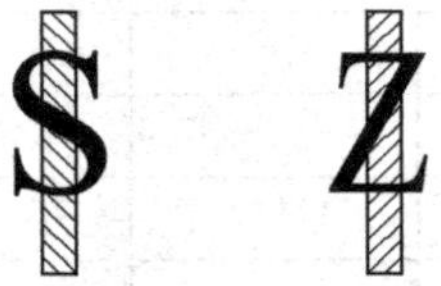

S捻向　　Z捻向

1. 浸胶聚酯软线绳

HG/T 2821.2—2012《V 带和多楔带用浸胶聚酯线绳 第 2 部份 软线绳》将浸胶聚酯软线绳分为高模低缩型浸胶聚酯软线绳和普通型浸胶聚酯软线绳。高模低缩型浸胶聚酯软线绳物理性能指标见表 1.2.2－11，普通型浸胶聚酯软线绳物理性能指标见表 1.2.2－12。

表 1.2.2－11　高模低缩型浸胶聚酯软线绳物理性能指标

测试项目	单位	线绳结构（1100dtex）								
		2×3	3×3	2×5	4×3	5×3	6×3	8×3	9×3	12×3
断裂强力(≥)	N	420	630	680	850	1 020	1 200	1 680	1 860	2 400
断裂伸长率	%	9.5±1.5	9.5±1.5	9.5±1.5	9.5±1.5	9.5±1.5	10.0±1.5	10.0±2.0	10.0±2.0	10.0±2.0
定负荷伸长率	%	200 N 3.1±0.5	200 N 2.0±0.5	200 N 2.2±0.5	300 N 2.4±0.6	300 N 2.0±0.6	400 N 2.2±0.6	500 N 2.4±0.6	500 N 2.3±0.6	500 N 2.0±0.6
直径	mm	0.90±0.10	1.20±0.10	1.24±0.10	1.36±0.10	1.55±0.10	1.65±0.10	1.95±0.15	2.10±0.15	2.40±0.15
定长度质量	g/100 m	73±3	110±4	121±4	145±5	185±6	217±7	287±10	327±15	436±15
干热收缩率 (150 ℃×3 min)	%	2.8±0.5	2.7±0.5	2.7±0.5	2.6±0.5	2.6±0.5	2.5±0.5	2.5±0.6	2.5±0.6	2.5±0.6
黏合强度(≥)	N/cm	240	260	280	300	320	350	400	420	480

表 1.2.2－12　普通型浸胶聚酯软线绳物理性能指标

测试项目	单位	线绳结构（1100dtex）								
		2×3	3×3	2×5	4×3	5×3	6×3	8×3	9×3	12×3
断裂强力(≥)	N	440	640	740	860	1 070	1 300	1 730	1 900	2 500
断裂伸长率	%	11.0±1.3	11.5±1.5	11.5±1.5	11.5±1.5	11.5±1.5	11.5±1.5	11.5±1.5	11.5±2.0	11.5±2.0
定负荷伸长率	%	200 N 3.6±0.5	200 N 2.5±0.5	200 N 2.3±0.5	300 N 2.8±0.6	300 N 2.4±0.6	400 N 2.5±0.6	500 N 2.6±0.6	500 N 2.3±0.6	500 N 1.7±0.6
直径	mm	0.90±0.10	1.20±0.10	1.24±0.10	1.36±0.10	1.55±0.10	1.65±0.10	1.95±0.15	2.10±0.15	2.40±0.15
定长度质量	g/100 m	73±3	110±4	121±4	145±5	185±6	217±7	287±10	327±15	436±15
干热收缩率 (150 ℃×3 min)	%	3.8±0.5	3.8±0.5	3.8±0.6	3.8±0.6	3.8±0.5	3.8±0.6	3.8±0.6	3.8±0.6	3.8±0.6
黏合强度(≥)	N/cm	240	260	280	300	320	350	400	420	480

2. 浸胶聚酯硬线绳

HG/T 2821.1—2013《V 带和多楔带用浸胶聚酯线绳　第 1 部分：硬线绳》将浸胶聚酯硬线绳分为高模低缩型浸胶聚酯硬线绳和普通型浸胶聚酯硬线绳。高模低缩型浸胶聚酯硬线绳物理性能指标见表 1.2.2－13，普通型浸胶聚酯硬线绳物理性能指标见表 1.2.2－14。

表 1.2.2-13　高模低缩型浸胶聚酯硬线绳物理性能指标

测试项目	单位	线绳结构（1100dtex）							
		1×3	2×3	3×3	2×5	3×5	4×3	6×3	6×5
断裂强力(≥)	N	200	420	630	680	1 000	850	1 200	2 000
断裂伸长率	%	9.5±1.5	9.5±1.5	9.5±1.5	9.5±1.5	9.5±1.5	9.5±1.5	10.0±1.5	10.0±2.0
定负荷伸长率	%	100 N 3.3±0.5	200 N 3.1±0.5	200 N 2.0±0.5	200 N 1.9±0.5	300 N 2.0±0.5	300 N 2.3±0.5	400 N 2.2±0.5	500 N 1.8±0.5
直径	mm	0.68±0.10	0.95±0.10	1.15±0.10	1.25±0.10	1.50±0.10	1.35±0.10	1.65±0.10	2.15±0.15
定长度质量	g/100 m	38±3	73±4	110±4	123±4	185±6	146±5	222±7	365±10
干热收缩率 150 ℃×3 min	%	2.8±0.5	2.8±0.5	2.8±0.5	2.8±0.5	2.7±0.5	2.7±0.5	2.5±0.5	2.5±0.5
干热收缩力 150 ℃×3 min	N	9.0±3.0	20.0±5.0	30.0±6.0	32.0±6.0	38.0±8.0	35.0±8.0	42.0±8.0	62.0±10.0
黏合强度(≥)	N/cm	170	280	320	360	400	370	420	520

注：干热收缩力指标为参考指标。

表 1.2.2-14　普通型浸胶聚酯硬线绳物理性能指标

测试项目	单位	线绳结构（1100dtex）							
		1×3	2×3	3×3	2×5	3×5	4×3	6×3	6×5
断裂强力(≥)	N	210	440	650	720	1 050	860	1 250	2 100
断裂伸长率	%	9.5±1.5	9.5±1.5	9.5±1.5	9.5±1.5	9.5±1.5	9.5±1.5	9.5±1.5	10.0±2.0
定负荷伸长率	%	100 N 3.3±0.5	200 N 3.1±0.5	200 N 2.0±0.5	200 N 1.9±0.5	300 N 2.0±0.5	300 N 2.3±0.5	400 N 2.2±0.5	500 N 1.8±0.5
直径	mm	0.68± 0.10	0.95± 0.10	1.15± 0.10	1.25± 0.10	1.50± 0.10	1.35± 0.10	1.65± 0.10	2.15± 0.15
定长度质量	g/100 m	38±3	73±4	110±4	123±4	185±6	146±5	222±7	365±10
干热收缩率 150 ℃×3 min	%	4.0±0.5	4.4±0.5	4.4±0.5	4.4±0.5	4.4±0.5	4.4±0.5	4.4±0.5	4.4±0.5
干热收缩力 150 ℃×3 min	N	8.0±3.0	18.0±5.0	26.0±6.0	28.0±6.0	42.0±8.0	35.0±8.0	48.0±8.0	68.0±10.0
黏合强度(≥)	N/cm	170	280	320	360	400	370	420	520

注：干热收缩力指标为参考指标。

线绳黏合强度试验用配方可在表 1.2.2-15 所示的配方中根据线绳使用情况选用其一测试。

表 1.2.2-15　线绳黏合强度试验用配方

软线绳黏合强度试验用配方		硬线绳黏合强度试验用配方	
配合剂	质量份	配合剂	质量份
20 号天然生胶	70.00	氯丁橡胶（CR）1212	100.00
丁苯橡胶（SBR）1502	30.00	顺丁橡胶（BR）9000	3.00
氧化锌（含量≥99.7%）	5.00	工业氧化镁	4.00
硬脂酸	2.00	硬脂酸	1.00
硫化促进剂 MBTS(DM)	1.20	炭黑 N774	25.00
硫化促进剂　TMTD	0.03	炭黑 N330	15.00
白炭黑（沉淀法）	15.00	白炭黑（沉淀法）	15.00
炭黑 N774	25.00	黏合剂　A	2.50
炭黑 N330	15.00	黏合剂　RS	3.50
黏合剂　A	2.50	氧化锌（含量≥99.7%）	5.00
黏合剂　RS	3.50	合计	174.0
硫黄	2.20		
合计	171.43		

硫化条件为：(150±1) ℃×30 min，硫化压力为 3.5 MPa。

3. 耐热多楔带用浸胶聚酯线绳

随着汽车行业对相关配套的零部件性能要求不断提高，耐热多楔传动带所采用的橡胶类型和骨架材料进入升级换代时期，三元乙丙橡胶逐步取代氯丁橡胶，相应的 EPDM 浸胶线绳逐步取代 CR 浸胶线绳。

耐热多楔带用浸胶聚酯硬线绳，是针对三元乙丙橡胶为基材的高性能多楔汽车皮带所定制的具有特殊性能的骨架材料，基于耐热多楔带特殊的使用环境，要求与之配套的浸胶聚酯线绳在持续受热条件下仍具备良好的尺寸稳定性；此外，由于三元乙丙橡胶的自黏合互黏性差，要求浸胶聚酯线绳与之有较高的黏结强度，以满足多楔带耐疲劳性能要求，延长其使用寿命。

HG/T 4772—2014《耐热多楔带用浸胶聚酯线绳》规定，耐热多楔带用浸胶聚酯线绳是使用高模量低收缩型聚酯工业长丝通过加捻、浸胶、定型等生产工艺处理，适用于以三元乙丙（EPDM）橡胶为基材耐热多楔带制造的浸胶骨架材料产品。

耐热多楔带用浸胶聚酯线绳的物理性能见表 1.2.2-16。

表 1.2.2-16　耐热多楔带用浸胶聚酯线绳的物理性能

项目	单位	线绳结构（1100 dtex）			
		1×3	2×3	3×3	2×5
断裂强力(≥)	N	200	420	630	700
断裂伸长率	%	8.5±1.5	8.5±1.5	8.5±1.5	8.5±1.5
定负荷伸长率	%	68 N 1.9±0.5	180 N 2.6±0.5	—	—
		100 N 3.0±0.5	200 N 2.9±0.5	200 N 1.9±0.5	200 N 1.8±0.5
直径	mm	0.70±0.10	0.95±0.10	1.15±0.10	1.25±0.10
定长度质量	g/100 m	38±3	74±4	110±4	123±4
干热收缩率	%	2.9±0.4	2.9±0.4	2.9±0.4	2.9±0.4
干热收缩力	N	10.0±3.0	26.0±5.0	35±6.0	38±6.0
黏合强度(≥)	N/cm	180	300	340	370

耐热浸胶线绳黏合强度试验用橡胶配方见表 1.2.2-17。

表 1.2.2-17　耐热浸胶线绳黏合强度试验用配方

原料	用量/份
三元乙丙胶 EPDM 4045	100.00
ZnO	5.00
硬脂酸	1.00
硫黄	1.50
促进剂 MBTS(DM)	1.30
促进剂 CBS(CZ)	1.50
炭黑 N330	35.00
白炭黑	13.00
黏合剂 RA（A 含量为 50%）	4.00
黏合剂 RS	4.00
合计	166.30

硫化条件：硫化温度（160±1）℃；硫化时间 30 min；硫化压力 3.5 MPa。

4.1.2　传动带用芳纶线绳

1. V 带和多楔带用浸胶芳纶线绳

HG/T 4393—2012《V 带和多楔带用浸胶芳纶线绳》将浸胶芳纶线绳根据物理性能分为：浸胶芳纶软线绳，用于包布式传动带；浸胶芳纶硬线绳，用于切割式传动带、多楔带。

V 带、多楔带用浸胶芳纶线绳的标记包括品种、原丝规格、结构、捻向等内容，如：

浸胶芳纶软线绳　1 100 dtex　2×3　/SZ
①　②　③④　⑤⑥

①-表示浸胶芳纶线绳的品种；②- dtex 为纤度代号，示例表示用 1100dtex 芳纶工业长丝生产；③、④-表示线绳结构，初捻股数为 2 股，复捻为 3 股；⑤、⑥-表示线绳初捻、复捻的加捻方向。

浸胶芳纶软线绳的物理性能见表 1.2.2－18。

表 1.2.2－18　浸胶芳纶软线绳的物理性能

项目	单位	线绳结构												
		830dtex	1100dtex			1670dtex								
		1×2	1×2	1×3	2×3	1×2	1×3	1×5	2×3	2×5	3×3	3×4	3×5	4×5
断裂强力(≥)	N	280	320	485	940	480	680	1 150	1 400	2 400	2 100	2 850	3 500	4 600
断裂伸长率(≤)	%	3.8	4.0	4.0	4.5	4.5	4.5	4.5	4.5	4.5	4.5	4.8	5.0	5.5
100 N 定负荷伸长率(≤)	%	1.0	1.5											
200 N 定负荷伸长率(≤)	%			1.8	1.5	2.2	1.5	1.3	1.0					
600 N 定负荷伸长率(≤)	%										1.5			
800 N 定负荷伸长率(≤)	%									2.3		2.0		
1 000 N 定负荷伸长率(≤)	%												2.5	
1 700 N 定负荷伸长率(≤)	%													2.5
1%定伸长负荷(≥)	N	60	70	110	200	80	140	220	280	480	390			
2%定伸长负荷(≥)	N											1 000	1 200	1 600
直径	mm	0.35±0.05	0.55±0.05	0.65±0.05	0.90±0.10	0.65±0.05	0.85±0.05	1.23±0.05	1.25±0.05	1.60±0.10	1.50±0.10	1.75±0.15	2.00±0.15	2.30±0.15
定长度质量	g/100 m	18±5	23±5	35±5	80±10	35±5	55±5	113±5	115±5	190±10	185±10	230±15	300±15	400±15
剥离附胶率(≥)	%	80	80	80	80	80	80	80	80	80	80	80	80	80
剥离力(≥)	N	8	10	15	40	20	20	30	45	50	50	60	60	80

浸胶芳纶硬线绳的物理性能见表 1.2.2－19。

表 1.2.2－19　浸胶芳纶硬线绳的物理性能

项目	单位	线绳结构												
		830dtex	1100dtex			1670dtex								
		1×2	1×2	1×3	2×3	1×2	1×3	1×5	2×3	2×5	3×3	3×4	3×5	4×5
断裂强力(≥)	N	270	310	480	900	480	650	1 100	1 350	2 400	2 100	2 700	3 500	4 500
断裂伸长率(≤)	%	3.8	4.0	4.0	4.5	4.5	4.5	4.5	4.5	4.5	4.5	4.6	5.0	5.2
100N 定负荷伸长率(≤)	%	1.0	1.5											
200N 定负荷伸长率(≤)	%			1.6	1.3	2.0	1.5	1.2	1.0					
600N 定负荷伸长率(≤)	%										1.5			
800N 定负荷伸长率(≤)	%									2.2		2.0		
1 000N 定负荷伸长率(≤)	%												2.3	
1 700N 定负荷伸长率(≤)	%													2.5
1%定伸长负荷(≥)	N	70	80	120	200	80	150	140	290	480	400			
2%定伸长负荷(≥)	N											1 050	1 250	1 700
直径	mm	0.35±0.05	0.55±0.05	0.65±0.05	0.90±0.10	0.65±0.05	0.85±0.05	1.23±0.05	1.25±0.05	1.60±0.10	1.50±0.10	1.75±0.15	2.00±0.15	2.30±0.15
定长度质量	g/100 m	18±5	25±5	35±5	80±10	35±5	55±5	113±5	115±5	190±10	185±10	230±15	300±15	400±15
剥离附胶率(≥)	%	85	85	85	85	85	85	85	85	85	85	85	85	85
剥离力(≥)	N	8	10	15	40	20	20	30	45	50	50	60	60	80

浸胶芳纶线绳黏合强度试验用配方见表 1.2.2－20。

表 1.2.2-20　浸胶芳纶线绳黏合强度试验用配方

原料	用量/份
1 号烟片	80.00
丁苯橡胶（SBR）1502	20.00
ZnO（含量≥99.7%）	5.00
硬脂酸	2.00
炭黑 N330	35.00
N，N′-间亚苯基双马来酰亚胺	0.50
P-90 树脂	2.00
促进剂 MBS	1.25
促进剂 CBS(CZ)	1.00
不溶性硫黄	3.30
防老剂 TMQ(RD)	1.00
黏合剂 A	2.50
黏合剂 RS	2.20
合计	155.75

硫化条件：硫化温度（168±1）℃；硫化时间 25 min；硫化压力 10 MPa。

2. 聚氨酯传动带用芳纶线绳

聚氨酯传动带用芳纶线绳的规格与性能见表 1.2.2-21。

表 1.2.2-21　聚氨酯传动带用芳纶线绳的规格与性能

项目	规格			
	1×3	2×3	2×5	3×5
组织规格	1670dtex/1680×1×3 S200 Z170	1670dtex/1680×2×3 Z190 S90	1670dtex/1680×2×5 Z150 S150	1670dtex/1680×3×5 Z130 S100
断裂强度(>)/N	700	1 400	2 000	3 300
断裂伸长率(<)/%	4	5	6	6
定负荷伸长率(<)/%				
200 N	1.1	—	—	—
400 N	—	1.6	—	—
800 N	—	—	2.2	—
1 000 N	—	—	—	1.8
干重/[g·100 m)$^{-1}$]	55	115	195	280
直径/mm	0.85	1.30	1.65	1.90

注：本表数据引自德国 F+W 公司，聚氨酯传动带用芳纶线绳采用聚氨酯浸渍处理；详见《橡胶原材料手册》，于清溪、吕百龄等编写，化学工业出版社，2007 年 1 月第 2 版，P670 表 3-21-25～26。

4.1.3　同步带用浸胶玻璃纤维绳

同步带用浸胶玻璃纤维绳是指使用无碱连续玻璃纤维，经加捻、合股等工艺制造，并经过特殊的浸胶处理，使其被应用为同步带制造骨架材料的玻璃纤维绳。

HG/T 3781－2014《同步带用浸胶玻璃纤维绳》规定，浸胶玻璃纤维绳的产品标记包括玻璃纤维类型、单丝直径、原丝线密度、结构、捻度、捻向等内容。如：

EC	9	110.	1/11.	83	S
①	②	③	④	⑤	⑥

①表示无碱连续玻璃纤维。

②表示单丝直径为 9 μm。

③表示原丝线密度为 110 tex。

④表示初捻/复捻股数各为 1 股和 11 股。

⑤表示捻度为 83 捻。

⑥表示最后复捻的方向为S捻。

同步带用浸胶玻璃纤维绳的型号规格与物理化学性能见表1.2.2-22。

表1.2.2-22 同步带用浸胶玻璃纤维绳的型号规格与物理化学性能

规格型号	直径/mm	线密度/tex	断裂强力/N		捻度捻/m	可燃物含量/%	断裂伸长率/%	黏合强度/(N·cm⁻¹)	
			最小值	平均值				最小值	平均值
EC9110.1/0.135.S/Z	0.23±0.05	135±15	73	85	135±15	19.0±3.0	2.5±0.8	70	90
EC9110.1/2.142.S/Z	0.45±0.08	270±30	150	180	142±12	19.0±3.0	2.5±0.8	110	150
EC9110.1/3.142.S/Z	0.55±0.08	400±20	210	260	142±12	18.5±2.5	2.6±0.8	160	226
EC9110.1/6.83.S/Z	0.80±0.08	800±60	420	480	83±12	18.5±2.5	2.7±0.7	165	240
EC9110.1/10.83.S/Z	1.05±0.07	1 350±95	640	780	83±12	18.5±2.5	2.7±0.7	220	330
EC9110.1/13.83.S/Z	1.20±0.08	1 765±65	830	1 000	83±12	18.5±2.5	2.9±0.7	270	400
EC9110.1/14.83.S/Z	1.25±0.10	1 885±85	850	1 050	83±12	18.5±2.5	2.7±0.7	270	400
EC9220.1/7.83.S/Z	1.20±0.10	1 885±85	830	980	83±12	18.5±2.5	2.7±0.7	270	380
EC9220.1/13.39.S/Z	1.75±0.20	3 150±150	1 215	1 500	39±11	17.5±2.5	3.0±1.0	280	450
EC9220.2/8.39.S/Z	1.95±0.15	3 600±300	1 820	2 200	39±11	17.5±2.5	3.0±0.8	320	380
EC9220.2/13.39.S/Z	2.45±0.15	6 000±500	2 425	3 000	39±11	17.5±2.5	3.0±0.8	360	400
EC9220.3/12.39.S/Z	3.00±0.30	9 600±800	3 530	4 000	39±11	18.5±2.5	3.3±1.0	370	550

注：最小值是指单值。

浸胶玻璃纤维绳的定负荷伸长率见表1.2.2-23。

表1.2.2-23 浸胶玻璃纤维绳的定负荷伸长率

规格型号	30 N负荷伸长率/%	60 N负荷伸长率/%	90 N负荷伸长率/%	150 N负荷伸长率/%	200 N负荷伸长率/%	300 N负荷伸长率/%	500 N负荷伸长率/%	1000 N负荷伸长率/%
EC9110.1/0.135.S/Z	0.80±0.20							
EC9110.1/2.142.S/Z		0.85±0.20						
EC9110.1/3.142.S/Z			0.90±0.20					
EC9110.1/6.83.S/Z				0.90±0.20				
EC9110.1/10.83.S/Z					0.70±0.20			
EC9110.1/13.83.S/Z						0.80±0.20		
EC9110.1/14.83.S/Z						0.85±0.20		
EC9220.1/7.83.S/Z						0.85±0.20		
EC9220.1/13.39.S/Z							0.70±0.20	
EC9220.2/8.39.S/Z							0.70±0.20	
EC9220.2/13.39.S/Z								0.85±0.35
EC9220.3/12.39.S/Z								1.00±0.35

浸胶玻璃纤维绳的黏合强度试验配方为：氯丁橡胶（CR1212）100、丁二烯橡胶（BR9000）3、N774炭黑25、N330炭黑30、防老剂TMQ（RD）1.5、硬脂酸1、促进剂MBTS（DM）1、氧化镁（含量≥99.7%）4、氧化锌（含量≥99.7%）5，合计170.5。硫化时，每根浸胶玻璃纤维绳的预张力为0.1 N（试样共20根，合计2.0 N±0.2 N）。硫化条件为（150±1）℃×30 min，硫化压力3.5 MPa。测定黏合强度时，夹持器的移动速度为200 mm/min。

4.2 胶管用帘线与线绳

帘线与线绳是胶管中普遍使用的骨架材料，与帆布、帘布相比，纤维线使用方便，加工简单。采用纤维编织（或缠绕）的胶管与夹布结构胶管比较，线材的强度可得到充分利用，具有管体轻便柔软、承压强度较高、弯曲性能好等优点。

胶管工业对纤维线的性能要求是：强度高、伸长小、线径（粗度）细、捻度均匀、热稳定性好，耐弯曲疲劳性能优良；外观上还要求线粗细均匀、表面不受污染等。胶管中常用的纤维线有棉线、粘胶线（人造丝）、维纶线、绵纶线、涤纶线和玻纤线等等。

4.2.1 胶管用棉线

棉线的加工比较方便，与橡胶的黏合较好，因此在中低压纤维编织（或缠绕）胶管中使用较为普遍，缺点是强度不如化纤线。胶管常用的棉线规格、结构和性能列于表 1.2.2-24。

表 1.2.2-24　胶管常用棉线的规格、结构和性能

规格结构＼性能	线径/mm	捻度/(捻·m⁻¹)		断裂强力（≥）/(N·根⁻¹)(kgf·根⁻¹)	断裂伸长率（≤）/%
		初捻	复捻		
36N/2×3	0.46±0.04	480～520	280～300	29 (3.0)	10
36N/3×3	0.60±0.04	360～400	220～260	47 (4.8)	10
36N/5×3	0.78±0.04	320～360	200～240	78 (8.0)	12
37N/4×3	0.70±0.04	650	250	78 (8.0)	10
37N/5×3	0.81±0.04	710	380～400	98 (10)	15.5

4.2.2　胶管用粘胶线

粘胶线具有强度高，延伸率小，以及耐热、耐疲劳和尺寸稳定性能好等优点。与相同直径的棉线比较，其断裂强度要高得多，适用于制造一般用途的中、低压纤维编织（或缠绕）胶管。粘胶线一般需经浸浆处理后使用，以提高与橡胶的黏着性能。常用粘胶线的规格、结构和性能列于表 1.2.2-25。

表 1.2.2-25　胶管用（部分）粘胶线的规格、结构和性能

规格结构＼性能	线径/mm	捻度/(捻·m⁻¹)		断裂强力(≥)/(N·根⁻¹)(kgf·根⁻¹)	断裂伸长率(≤)/%
		初捻	复捻		
1650den/1	0.50±0.03	210±20	—	69 (7)	11
1650den/1×2	0.78±0.03	200±20	185±20	137 (14)	13
1650den/1×3	1.0±0.03	200±20	180±20	206 (21)	13

4.2.3　胶管用维纶线

维纶线的综合性能优于棉线，其断裂强度比棉线高1倍，可不经特殊处理获得良好的黏合性能，缺点是湿热性能较差。胶管生产过程中应防止线层裸露，切忌线层与蒸汽直接接触，以免发生“树脂化”。胶管常用维纶线的规格、结构和性能列于表 1.2.2-26。

表 1.2.2-26　胶管用（部分）维纶线的规格、结构和性能

规格结构＼性能	线径/mm	捻度/(捻·m⁻¹)		断裂强力(≥)/(N·根⁻¹)(kgf·根⁻¹)	断裂伸长率(≤)/%	回潮率/%
		初捻	复捻			
34N/1×3	0.15	250～270		34 (3.5)	11	5～7
34N/1×5	0.22	230～250		64 (6.5)	12	5～7
34N/3×3	0.53	200～220	390～410	108 (11.0)	11	5～7
34N/5×3	0.75	320～360	200～240	142 (14.5)	15	5～7

4.2.4　胶管用锦纶线

锦纶线具有强度高、耐疲劳性能好等优点，其综合性能优于粘胶纤维线和维纶线。但由于锦纶线的模数较低，尺寸稳定性较差，因此不宜用于尺寸稳定要求高、管体变形小的胶管。常用的锦纶线规格、结构和性能列于表 1.2.2-27。

表 1.2.2-27　胶管用（部分）锦纶线的规格、结构和性能

规格结构＼性能	线径/mm	捻度/(捻·m⁻¹)		断裂强度(≥)/(N·根⁻¹)(kgf·根⁻¹)	10%负荷下延伸率(≤)/%	断裂伸率(≤)/%	150 ℃下收缩率(≤)/%
		初捻	复捻				
840den/1/3	0.70	375±10	225±10	177 (18)	3.5	18	6
840den/1/4	0.85	375±10	225±10	226 (23)	3.5	18	6
840den/2/3	1.10	285±10	145±10	353 (36)	5.0	18	6
840den/2/4	1.20	285±10	145±10	471 (48)	5.0	18	6
840den/2/5	1.40	285±10	145±10	549 (56)	5.0	18	6

4.2.5　胶管用涤纶线

涤纶线的强伸性能与锦纶线基本相似，具有延伸率低、尺寸稳定好的优点。胶管用涤纶线的规格、结构和性能列于表 1.2.2-28。

表 1.2.2-28　胶管用（部分）涤纶线的规格、结构和性能

规格结构＼性能	线径/mm	捻度/(捻·m⁻¹)		断裂强度(≥)/(N·根⁻¹)(kgf·根⁻¹)	10%定负荷下伸长率（≤）/%	断裂伸长率（≤）/%	150 ℃下收缩率（≤）/%
		初捻	复捻				
840den/1/3	0.65	300±10	185±10	118 (12)	1.2	15	6
840den/1/4	0.75	375±10	225±10	157 (16)	1.2	15	6
840den/2/3	1.00	285±10	145±10	245 (25)	1.2	15	6
840den/2/4	1.20	285±10	145±10	333 (34)	1.2	15	6
840den/2/5	1.30	285±10	145±10	412 (42)	1.2	15	6

4.2.6　胶管用聚酯浸胶纤维线

聚酯浸胶纤维线是较理想的胶管骨架材料，与其他纤维相比，聚酯纤维在经高温蒸汽硫化后，强力保持率最高，受热后强力下降很小，基本可以忽略；且伸长变化率最小。由于高强聚酯浸胶线具有优异的性能，因此被广泛应用在各种纤维编织或缠绕胶管中，如汽车制动胶管、空调管、军工用胶管等。高强聚酯浸胶线的缺点是在高温蒸汽下易发生胺解，使其性能下降，使用高强聚酯浸胶线制造胶管时，胶料配方中应做适当调整。

HG/T 4394—2012《胶管用浸胶聚酯线》适用于汽车胶管用浸胶聚酯线和非浸胶热定型聚酯线，胶管用聚酯线根据采用的聚酯长丝特性可分为普通型聚酯线和高模低缩型聚酯线，根据应用特性可分为低伸长聚酯线和低收缩聚酯线。

胶管用聚酯线的标记包括下列内容：产品规格、产品品种、浸胶聚酯线或非浸胶热定型聚酯线。示例：

1110dtex　S/K/HS/HK　J/B
①　②③④⑤　⑥⑦

①表示产品规格。②③④⑤表示产品品种；其中，S 表示普通型低伸长聚酯线，K 表示普通型低收缩聚酯线，HS 表示高模低缩型低伸长聚酯线，HK 表示高模低缩型低收缩聚酯线。⑥、⑦表示浸胶聚酯线或者非浸胶热定型聚酯线；其中，J 表示浸胶聚酯线，B 表示非浸胶热定型聚酯线。

普通型低伸长浸胶聚酯线和非浸胶热定型聚酯线的物理性能见表 1.2.2-29。

表 1.2.2-29　普通型低伸长浸胶聚酯线和非浸胶热定型聚酯线的物理性能

项目	单位	产品规格					
		1100dtex	1440dtex	1670dtex	2200dtex	3300dtex	4400dtex
断裂强力(≥)	N	70	90	105	140	210	280
断裂伸长率	%	10.0±1.5	10.0±1.5	10.0±1.5	10.0±1.5	10.0±1.5	10.0±1.5
捻度公差	T/m	±10	±10	±10	±10	±10	±10
定长度质量	g/100 m	12.0±1.0	15.0±1.0	18.0±1.5	24.0±2.0	36.0±2.0	48.0±2.0
干热收缩率	%	3.0±0.7	3.0±0.7	3.0±0.7	3.0±0.7	3.0±0.7	3.0±0.7
黏合强度(≥)	N/cm	55	60	70	75	95	125

注：[a] 非浸胶热定型聚酯线不考核黏合强度指标。
[b] 特殊产品可根据客户的要求协商。

普通型低收缩浸胶聚酯线和非浸胶热定型聚酯线的物理性能见表 1.2.2-30。

表 1.2.2-30　普通型低收缩浸胶聚酯线和非浸胶热定型聚酯线的物理性能

项目	单位	产品规格				
		1100dtex	1670dtex	2200dtex	3300dtex	4400dtex
断裂强力(≥)	N	70	105	140	210	280
断裂伸长率	%	18.0±2.0	18.0±2.0	18.0±2.0	18.0±2.0	18.0±2.0
捻度公差	T/m	±10	±10	±10	±10	±10
定长度质量	g/100 m	12.0±1.0	18.0±1.5	24.0±2.0	36.0±2.0	48.0±2.0
干热收缩率	%	1.2±0.5	1.2±0.5	1.2±0.5	1.2±0.5	1.2±0.5
黏合强度(≥)	N/cm	55	70	75	95	125

注：[a] 非浸胶热定型聚酯线不考核黏合强度指标。
[b] 特殊产品可根据客户的要求协商。

高模低缩型低伸长浸胶聚酯线和非浸胶热定型聚酯线的物理性能见表 1.2.2-31。

表 1.2.2－31 高模低缩型低伸长浸胶聚酯线和非浸胶热定型聚酯线的物理性能

项目	单位	产品规格			
		1100dtex	1440dtex	1670dtex	2200dtex
断裂强力(≥)	N	70	90	105	140
断裂伸长率	%	10.0±1.5	10.0±1.5	10.0±1.5	10.0±1.5
捻度公差	T/m	±10	±10	±10	±10
定长度质量	g/100 m	12.0±1.0	15.0±1.0	18.0±1.5	24.0±2.0
干热收缩率	%	2.0±0.4	2.0±0.4	2.0±0.4	2.0±0.4
黏合强度(≥)	N/cm	55	60	70	75

注：[a] 非浸胶热定型聚酯线不考核黏合强度指标。
[b] 特殊产品可根据客户的要求协商。

高模低缩型低收缩浸胶聚酯线和非浸胶热定型聚酯线的物理性能见表 1.2.2－32。

表 1.2.2－32 高模低缩型低收缩浸胶聚酯线和非浸胶热定型聚酯线的物理性能

项目	单位	产品规格			
		1100dtex	1440dtex	1670dtex	2200dtex
断裂强力(≥)	N	70	90	105	140
断裂伸长率	%	18.0±2.0	18.0±2.0	18.0±2.0	18.0±2.0
捻度公差	T/m	±10	±10	±10	±10
定长度质量	g/100 m	12.0±1.0	15.0±1.0	18.0±1.5	24.0±2.0
干热收缩率	%	0.8±0.3	0.8±0.3	0.8±0.3	0.8±0.3
黏合强度(≥)	N/cm	55	60	70	75

注：[a] 非浸胶热定型聚酯线不考核黏合强度指标。
[b] 特殊产品可根据客户的要求协商。

胶管用浸胶聚酯线黏合强度试验用橡胶配方见表 1.2.2－33。

表 1.2.2－33 胶管用浸胶聚酯线黏合强度试验用配方

原料	用量/份
3 号烟片	70.00
丁苯橡胶（SBR）1502	30.00
氧化锌（含量≥99.7%）	5.00
硬脂酸	2.00
硫化促进剂 MBTS（DM）	1.20
硫化促进剂 TMTD	0.03
白炭黑（沉淀法）	15.00
炭黑 N330	40.00
黏合剂 A	2.50
黏合剂 RS	3.50
硫黄	2.20
合计	171.43

胶管用浸胶聚酯线黏合强度试验用橡胶硫化条件为：硫化温度（150±1）℃；硫化时间 30 min；硫化压力 3.5 MPa。

4.2.7 胶管用芳纶纤维

随着胶管工作环境越来越苛刻，国外许多公司开发芳纶胶管将其应用于汽车、石油、化学、航空和海洋等领域。

芳纶纤维属苯基刚性分子，分子链完全处于伸直的刚硬状态，其苯环对酰胺官能团上的氢原子有屏蔽作用，纤维表面缺少活性，使得芳纶与橡胶的黏结比较困难。芳纶与橡胶粘合的处理方法多采用两次或一次 RFL 浸渍法。近年来则多采用经表面活化处理的复丝加捻制成帘线，然后浸渍一次 RFL 即可获得与橡胶良好的黏合性能。

HG/T 4733－2014《橡胶软管用浸胶芳纶线》规定，橡胶软管用浸胶芳纶线根据其加工工艺分为浸胶芳纶线和非浸胶芳纶线；根据采用的对位芳纶工业丝特性分为普通型芳纶线和高强型芳纶线。

橡胶软管用芳纶线的标记包括下列内容：产品规格、产品品种、浸胶芳纶线或非浸胶芳纶线。示例：

1110dtex　ST/HS　J/B
①　②③　④

①表示产品规格。②、③表示产品品种；其中，ST 表示普通型芳纶线，HS 表示高强型芳纶线。④表示浸胶芳纶线或者非浸胶芳纶线；其中，J 表示浸胶芳纶线，B 表示非浸胶芳纶线。

普通型浸胶芳纶线的物理性能见表 1.2.2-34。

表 1.2.2-34　普通型浸胶芳纶线的物理性能指标

序号	项目	单位	933dtex	1110dtex	1670dtex
1	断裂强力(>)	N	160	195	290
2	断裂伸长率(≤)	%	3.7	3.7	3.7
3	捻度	T/m	130±10	120±10	95±10
4	定长度质量	g/100 m	9.50±0.37	11.30±0.44	16.80±0.67
5	干热收缩率(≤)	%	0.2	0.2	0.2
6	黏合强度(≥)	N/cm	60	65	80

注：非标准产品可根据客户的要求协商。

高强型浸胶芳纶线的物理性能见表 1.2.2-35。

表 1.2.2-35　高强型浸胶芳纶线的物理性能

序号	项目	单位	933dtex	1110dtex	1670dtex
1	断裂强力(>)	N	185	220	320
2	断裂伸长率(≤)	%	3.7	3.7	3.7
3	捻度	T/m	130±10	120±10	95±10
4	定长度质量	g/100m	9.50±0.37	11.30±0.44	16.80±0.67
5	干热收缩率(≤)	%	0.2	0.2	0.2
6	黏合强度(≥)	N/cm	60	65	80

注：非标准产品可根据客户的要求协商。

普通型非浸胶芳纶线的物理性能见表 1.2.2-36。

表 1.2.2-36　普通型非浸胶芳纶线的物理性能

序号	项目	单位	933dtex	1110dtex	1670dtex
1	断裂强力(>)	N	180	220	330
2	断裂伸长率(≥)	%	3.3	3.3	3.5
3	捻度	T/m	130±10	120±10	95±10
4	定长度质量	g/100m	9.33±0.37	11.1±0.44	16.7±0.67
5	干热收缩率(≤)	%	0.2	0.2	0.2

注：非标准产品可根据客户的要求协商。

高强型非浸胶芳纶线的物理性能见表 1.2.2-37。

表 1.2.2-37　高强型非浸胶芳纶线物理性能指标

序号	项目	单位	933dtex	1110dtex	1670dtex
1	断裂强力(>)	N	205	240	350
2	断裂伸长率(≥)	%	3.2	3.2	3.2
3	捻度	T/m	130±10	120±10	95±10
4	定长度质量	g/100m	9.33±0.37	11.11±0.44	16.7±0.67
5	干热收缩率(≤)	%	0.2	0.2	0.2

注：非标准产品可根据客户的要求协商。

橡胶软管用浸胶芳纶线黏合强度试验用橡胶配方见表 1.2.2-38。

表 1.2.2-38　橡胶软管用浸胶芳纶线黏合强度试验用配方

原料	用量/份
国标胶 1 号	70.00
丁苯橡胶（SBR）1502	30.00
氧化锌（含量≥99.97%）	5.00
硬脂酸	2.00
硫化促进剂 MBTS（DM）	1.20
硫化促进剂 TMTD	0.03
白炭黑（沉淀法）	15.00
N330 炭黑	40.00
黏合剂 A	2.50
黏合剂 RS	3.50
硫黄	2.20
合计	171.43

橡胶软管用浸胶芳纶线黏合强度试验用橡胶硫化条件为：硫化温度（150±1）℃；硫化时间 30 min；硫化压力 3.5 MPa。

4.3　橡胶工业用线绳供应商

橡胶用工业线绳供应商见表 1.2.2-39。

表 1.2.2-39　橡胶用工业线绳供应商

供应商	规格型号				
	浸胶聚酯软线绳	浸胶聚酯硬线绳	胶管线	包胶聚酯硬线绳	其他
吴江宏达线绳有限公司	√	√	√	√	

橡胶用工业线绳供应商还有：青岛正元线绳制品有限公司、无锡朗润特种纺材科技有限公司、浙江尤夫高新纤维股份有限公司、浙江古纤道新材料股份有限公司、烟台泰和新材料股份有限公司、金华市亚轮化纤有限公司、青岛天邦线业有限公司、安徽朗润新材料科技有限公司等。

五、帘布

帘线经机织、浸胶（间苯二酚一甲醛树脂与胶乳的混合液）和热拉伸处理制成帘布。帘布主要由经线组成，是负荷的承受者；纬线稀少而细小，主要作用是将经线连接在一起，使经线在帘布中均匀排列不致紊乱。

帘布主要用于轮胎和胶带制品中。因此要求帘布具有强度高、耐疲劳、耐冲击、伸长率尽可能低、耐热稳定性好、与橡胶黏着性好、耐老化及易加工等。橡胶工业中常用的帘布有棉帘布、黏胶丝帘布、合成纤维帘布等。在选用帘布时，应依据制品的结构、使用条件和经济效果综合考虑。

帘布的规格型号通常用四位数字表示，前两位数字表示帘布单根经线的强度，后两位数字表示帘布中经线的密度，即沿经线垂直方向上每 10 cm 距离内经线的根数。如 1070 表示帘布单根帘线强度为 98 N/根，经线的密度为 70 根/10 cm；8546 表示帘布单根帘线强度为 83.3 N/根，经线的密度为 46 根/10 cm。

5.1　棉帘布

棉帘布的强度低、耐热性差，多用于低速轮胎、农机轮胎及其他使用条件不高的制品中，目前已基本由合成纤维帘布替代。

几种常用的棉帘布规格见表 1.2.2-40。

表 1.2.2-40　几种常用的棉帘布规格

规格	经线组织	拉伸强度/MPa	伸长率/%	密度/mm	10 cm 内密度/根	
					经线	纬线
1098	37N/5×3	1.0	14	0.82	98	8
1088	37N/5×3	1.0	14	0.80	88	8
1070	37N/5×3	1.0	14	0.82	70	16

续表

规格	经线组织	拉伸强度/MPa	伸长率/%	密度/mm	10 cm内密度/根	
					经线	纬线
1063	37N/5×3	1.0	14	0.80	68	16
1040	37N/5×3	1.0	14	0.80	40	30
9098	37N/5×3	0.9	14	0.83	98	8
9070	37N/5×3	0.9	14	0.83	70	16
8598	37N/5×3	0.85	14	0.83	98	8
8570	37N/5×3	0.85	14	0.83	70	16
8546	37N/5×3	0.85	14	0.83	46	32

5.2　黏胶帘布

由黏胶纤维织成，其帘线强度较高，尺寸稳定性和耐热性较好。几种主要黏胶帘线见表 1.2.2-41。

表 1.2.2-41　几种常用的黏胶帘线

黏胶帘线品种	单丝强力/N	黏胶帘线品种	单丝强力/N
强力黏胶帘线	1.1～1.3	三超黏胶帘线	1.70～1.75
一超黏胶帘线	约 1.4	四超黏胶帘线	>2.0
二超黏胶帘线	1.55～1.58	超高模量黏胶帘线	>2.4

二超型和三超型黏胶帘线规格主要有：1650den、1650den/2、2200den、2200den/2 等几种。其中 1650den/2、2200den/2 分别表示由 2 根 1 650 den 和 2 根 2 200 den 的单丝捻成的帘线。黏胶帘布原多用于乘用轮胎、轻型载重轮胎、农机轮胎及其他制品。黏胶帘布吸湿率高，公定含湿率为 13%，湿态下的强度低、伸长变形大，与橡胶的黏合性能差，目前国内轮胎企业已不采用。

黏胶帘线的规格与性能见表 1.2.2-42。

表 1.2.2-42　黏胶帘线的规格与性能

项目	强力丝	一超	二超	三超[a]		高模量[b]
	183.3tex/2	183.3tex/2	183.3tex/2	183.3tex/2	183.3tex/2	183.3tex/2
断裂强度/N	126	137	162	172	185	237
44.1 N 定负荷伸长率/%	3.1	4.2	2.7～3.3	2.3	3.3	1.1
断裂伸长率/%	11.1	14.8	14	15	15.2	4.8

注：[a] 德国生产。
[b] 日本生产。

5.3　锦纶帘布

5.3.1　锦纶 66 浸胶帘子布

锦纶 66 浸胶帘子布组织规格见表 1.2.2-43，详见 GB/T 9101—2002《锦纶 66 浸胶帘子布》。

表 1.2.2-43　锦纶 66 浸胶帘子布组织规格

项目	单位	规格										
		930dtex/2	1400dtex/2			1870dtex/2			2100dtex/2		1400dtex/3	
		V_3	V_1	V_2	V_3	V_1	V_2(加密)	V_2	V_1	V_2	V_1	V_2
经密	根/10 cm	60	100	74	52	88	74	68.4	88	74	88	74
边经密	根/10 cm	≤63	≤105	≤78	≤55	≤92	≤78	≤72	≤92	≤78	≤92	≤78
纬密	根/10 cm	14	8	10	14	9	9	9	9	9	8	10
纬纱规格（棉）	tex	28～30	28～30	28～30	28～30	28～30	28～30	28～30	28～30	28～30	28～30	28～30

续表

项目	单位	规格										
		930dtex/2	1400dtex/2			1870dtex/2			2100dtex/2		1400dtex/3	
		V_3	V_1	V_2	V_3	V_1	V_2(加密)	V_2	V_1	V_2	V_1	V_2
接头布长度	cm	10	10	10	10	10	10	10	10	10	10	10
幅宽	cm	145±3	145±3	145±3	145±3	145±3	145±3	145±3	145±3	145±3	145±3	145±3
布长	m	L≥500										

注：
[a] L 等于各品种规定长度，如需方有特殊长度要求，可按其要求长度生产。
[b] 930dtex/2－V_3，1400dtex/2－ V_1、V_2、V_3，L 均为 1 160 m。
[c] 1870dtex/2－ V_1，1870dtex/2－ V_2（加密），L 均为 900 m。
[d] 1870dtex/2－ V_2，L 均为 1 360 m。
[e] 2100dtex/2－ V_1、V_2，1400dtex/3－ V_1、V_2，L 均为 770 m。
[f] 除 930dtex/2－V_3 外，其余品种的 L 均有 580 m 匹长。
[g] 布长 L≥500 m 适用于一等以上品级。

锦纶 66 浸胶帘子布物理性能见表 1.2.2－44。

表 1.2.2－44　锦纶 66 浸胶帘子布物理性能

项目		930dtex/2			1400dtex/2			1870dtex/2			2100dtex/2			1400dtex/3		
		优等品	一等品	合格品	优等品	一等品	合格品	优等品	一等品	合格品	优等品	一等品	合格品	优等品	一等品	合格品
断裂强度(≥)/(N·根$^{-1}$)		137.2	132.3	127.4	215.6	211.7	205.8	284.2	274.4	264.6	313.6	303.8	294.0	313.6	303.8	294.0
定负荷伸长率/%	44.1 N(4.5 kgf)	8.5±0.6	8.5±0.8	8.5±1.0												
	66.6 N(6.8 kgf)				8.5±0.6	8.5±0.8	8.5±1.0									
	88.2 N(9.0 kgf)							8.7±0.6	8.7±0.8	8.7±1.0						
	100 N(10.2 kgf)										9.0±0.6	9.0±0.8	9.0±1.0	9.0±0.8	9.0±1.0	9.0±1.2
黏着强度（H 抽出法）(≥)/(N·cm^{-1})		107.8	98.0	98.0	137.2	127.4	117.6	156.8	137.2	127.4	156.8	147.0	137.2	156.8	147.0	137.2
撕裂强力不匀率(≤)/%		3	4	5	3	4	5	3	4	5	3	4	5	3	4	5
断裂伸长不匀率(≤)/%		5	6	7	5	6	7	5	6	7	5	6	7	5	6	7
附胶量/%		5.0±0.9	5.0±1.2	5.0±1.5	5.0±0.9	5.0±1.2	5.0±1.5	5.0±0.9	5.0±1.2	5.0±1.5	4.5±1.0			4.0±0.5		
断裂伸长率/%		20.5±2			21.5±2			22±2			22±2			22±2		
直径/mm		0.53±0.05			0.65±0.05			0.74±0.05			0.78±0.05			0.78±0.05		
捻度/[捻·(10 cm)$^{-1}$]	初捻 (Z)	46.0±1.5			39.0±1.5			32.0±1.5			32.0±2.0			32.0±2.0		
	复捻 (S)	46.0±1.5			37.0±1.5			32.0±1.5			32.0±2.0			32.0±2.0		
干热收缩率(≤)/%		5			5			5			5.5			5.5		

H 抽出测试胶料配方为：天然橡胶（烟片胶）100、半补强炭黑 40、氧化锌 4、硫黄 2.5、促进剂 MBT（M）0.8、硬脂酸 2、松焦油 3、防老剂 A 0.75、防老剂 D 0.75，合计 153.8。硫化条件为：硫化温度（136±2)℃，硫化时间 50 min，硫化模具压力 2.1～3 MPa。

锦纶 66 浸胶帘子布外观质量要求见表 1.2.2－45。

表 1.2.2－45　锦纶 66 浸胶帘子布外观质量要求

序号	项目	优等品	一等品	合格品
1	断经/(根·卷$^{-1}$)	不允许	≤3	≤5
2	浆斑/(个·卷$^{-1}$)	不允许	≤5	≤10

续表

序号	项目	优等品	一等品	合格品
3	劈缝/m	不允许	≤1	≤3
4	经线连续粘并/m	不允许	≤30 累计不超过 5 处	≤50 累计不超过 5 处

注：[a] 卷长以 580 m 计，布面平整，卷装整齐，不允许有油污疵点。
[b] 浆斑系指面积 4～10 cm^2。
[c] 1 cm^2 以下的浆点，一等品允许有 80 个/卷～160 个/卷。
1～4 cm^2 以下的浆点，一等品允许有 25 个/卷～50 个/卷。
[d] 外观质量如有特殊情况，影响轮胎厂压延质量时，双方协商解决。

5.3.2 锦纶 6 轮胎浸胶帘子布

锦纶 6 轮胎浸胶帘子布组织规格见表 1.2.2-46，详见 GB/T 9102—2003《锦纶 6 轮胎浸胶帘子布》。

表 1.2.2-46 锦纶 6 轮胎浸胶帘子布组织规格

项目		单位	规格/(dtex·股$^{-1}$)											
			2 100/2		1 870/2		1 400/3		1 400/2			930/2		
			V_1	V_2	V_1	V_2	V_1	V_2	V_1	V_2	V_3	V_1	V_2	V_3
经密		根/10 cm	88	74	88	74	88	74	100	74	52	126	94	60
边经密		根/10 cm	92	78	92	78	92	78	105	78	55	130	98	64
纬密		根/10 cm	8	10	8	10	8	10	8	10	16	10	12	14
纬纱线密度		tex	28～30（棉纱或其他收缩率较小的纱线）											
布长		m	L[a]±2%											
幅宽		M	145±3											
布头	纬纱股数	股	2～10（28～30tex 的棉纱或其他收缩率较小的纱线）											
	纬密	根/10cm	42～45											
	长度	cm	10											

注：[a] 需方对经、纬密规格有特殊要求，可由供需双方协商确定。
[b] 布长 L 为 180 m 的倍数或视设备而定，需方如有特殊要求，可由供需双方协商确定。

锦纶 6 轮胎浸胶帘子布物理性能见表 1.2.2-47。

表 1.2.2-47 锦纶 6 轮胎浸胶帘子布物理性能

项目		2100dtex/2			1870dtex/2			1400dtex/3			1400dtex/2			930dtex/2		
		优等品	一等品	合格品	优等品	一等品	合格品	优等品	一等品	合格品	优等品	一等品	合格品	优等品	一等品	合格品
断裂强度(≥)/(N·根$^{-1}$)		313.6	303.8	294.0	279.3	269.5	259.7	313.6	303.8	294.0	215.6	205.8	196.0	137.2	132.3	127.4
定负荷伸长率/%	100 N(10.2 kgf)	9.5±0.5	9.5±0.8	9.5±1.0				9.5±0.5	9.5±0.8	9.5±1.0						
	88.2 N(9.0 kgf)				9.5±0.5	9.5±0.8	9.5±1.0									
	66.6 N(6.8 kgf)										9.5±0.5	9.5±0.8	9.5±1.0			
	44.1 N(4.5 kgf)													9.5±0.5	9.5±0.8	9.5±1.0
黏着强度（H 抽出法）(≥)/(N·cm^{-1})		176.4	166.6	156.8	166.6	156.8	147.0	176.4	166.6	156.8	147.0	137.2	127.4	117.6	107.8	98.0
撕裂强力变异系数(≤)/%		3.8	5.0	6.3	3.8	5.0	6.3	3.8	5.0	6.3	3.8	5.0	6.3	3.8	5.0	6.3
断裂伸长变异系数(≤)/%		6.3	7.5	8.8	6.3	7.5	8.8	6.3	7.5	8.8	6.3	7.5	8.8	6.3	7.5	8.8
附胶量/%		4.5±1.0														
断裂伸长率/%		23.0±2.0												22.0±2.0		
直径/mm		0.78±0.03	0.78±0.04	0.78±0.05	0.75±0.03	0.75±0.04	0.75±0.05	0.78±0.03	0.78±0.04	0.78±0.06	0.65±0.03	0.65±0.04	0.65±0.06	0.55±0.03	0.55±0.04	0.55±0.06

续表

项目		2100dtex/2			1870dtex/2			1400dtex/3			1400dtex/2			930dtex/2		
		优等品	一等品	合格品	优等品	一等品	合格品	优等品	一等品	合格品	优等品	一等品	合格品	优等品	一等品	合格品
捻度/(T·m^{-1})	初捻（Z）	320±15			330±15			320±15[a]			370±15			460±15		
	复捻（S）	320±15			330±15			320±15			370±15			460±15		
干热收缩率(≤)/%		6.0	6.5	7.5	6.0	6.5	7.5	6.0	6.5	7.5	6.0	6.5	7.5	6.0	6.5	7.5
含水率(≤)/%		1.0														

注：原 GB/T 9102—2003《锦纶 6 轮胎浸胶帘子布》表 2 中 1400dtex/3 合格品一栏中初捻值为 370±15，可能有误。

黏合强度测试胶料配方为：天然橡胶（烟片胶）100、半补强炭黑 40、氧化锌 4、硫黄 2.5、促进剂 MBT（M）0.8、硬脂酸 2、松焦油 3、防老剂 CPPD（4010）或 6PPD（4020）1，合计 153.3。硫化条件为：硫化温度（136±2)℃，硫化时间 50 min，硫化时模具压强3 MPa，预加张力 1.96 N/根。

锦纶 6 轮胎浸胶帘子布外观质量要求见表 1.2.2-48。

表 1.2.2-48　锦纶 6 轮胎浸胶帘子布外观质量要求

序号	项目		单位	优等品	一等品	合格品
1	断经		根/卷[a]	0	≤3	≤5
2	浆斑	4～10 cm^2	个/卷	0	≤5	≤10
		1～4 cm^2		<25	25～50	—
		≤1 cm^2		<80	80～160	>160
3	劈缝		m/卷	0	≤1（累计）	≤2（累计）
4	经线连续粘并		m	0	≤30 累计不超过 5 处	≤50 累计不超过 5 处

注：[a] 劈缝是相邻两根经线因纬线连续断裂而造成在≥4 cm 长度内没有纬线连接。

[b] 经线连续粘并是相邻两根经线由固化了的浸胶液粘连在一起的缺陷。

[c] 卷以 540 m 的布长计算。

由于锦纶帘线的强度高、耐疲劳、耐冲击性能好，所以使用 840den/2 帘布制造轮胎时，8 层帘布相当于 10 层级棉帘布层；用 1260den/2 帘布制造轮胎时，6 层帘布相当于 10 层级棉帘布层。

锦纶帘子布储存期一般为半年，储存期间注意防潮，避免阳光直射，超过储存期的锦纶帘布可采用二次浸渍及热伸张处理。帘子布开包后应立即使用，压延后要尽快使用。

帘子布压延过程中，加热辊筒温度要求在 105 ℃左右，以保持帘布的含水率不大于 1%；压延必须有张力，以 1400dtex/2 为例，压延张力以 9.8 N/根左右为宜。

硫后后充气过程中，充气压力以 0.7 MPa 为宜，充气结束后轮胎温度要求降至锦纶帘布的玻璃化转变温度以下（40 ℃左右）。

锦纶帘布经处理后，其与橡胶的黏着性、尺寸稳定性和热稳定性均有所提高，但耐疲劳性有所下降，主要用于各种轮胎和胶带中。

5.3.3　锦纶 6 浸胶力胎帘子布

FZ/T 55001—2012《锦纶 6 浸胶力胎帘子布》适用于制造力车胎、电瓶车胎、摩托车胎所用的锦纶 6 浸胶力胎帘子布。锦纶 6 浸胶力胎帘子布的组织规格见表 1.2.2-49。

表 1.2.2-49　锦纶 6 浸胶力胎帘子布的组织规格

	700dtex×1 (630den/1)	930dtex×1 (840den/1)	930dtex×1×2 (840den/1×2)	1170dtex×1 (1050den/1)	1400dtex×1 (1260den/1)	1870dtex×1 (1680den/1)
经密/[根·(10 cm)$^{-1}$]	M_1±1.5					
纬密/[根·(10 cm)$^{-1}$]	M_2±1					
纬纱线密度（棉）/tex	28～30					
幅宽/cm	M_3±2					
卷长/m	L(1±2%)					

注：[a] M_1 为经密的中心值，M_2 为纬密的中心值，M_3 为幅宽的中心值，由供需双方协商确定；L 表示浸胶帘布卷长，由供需双方协商确定。

[b] 布头的纬纱是股数为 5～7 股的玻璃纤维、棉纱或收缩率小的纤维组成，纬密为 45～55 根/10 cm，长度为 15～20 cm。

锦纶 6 浸胶力胎帘子布的性能指标见表 1.2.2－50。

表 1.2.2－50　锦纶 6 浸胶力胎帘子布的性能指标

项目	700dtex×1 (630den/1)			930dtex×1 (840den/1)			930dtex×1×2 (840den/1×2)			1170dtex×1 (1050den/1)			1400dtex×1 (1260den/1)			1870dtex×1 (1680den/1)		
	优等品	一等品	合格品	优等品	一等品	合格品	优等品	一等品	合格品	优等品	一等品	合格品	优等品	一等品	合格品	优等品	一等品	合格品
断裂强力/(N·根$^{-1}$)	50.0	48.0	45.0	70.0	68.0	66.0	137.0	132.0	127.0	90.0	86.0	82.0	107.0	102.0	97.0	137.0	132.0	128.0
44 N 定负荷伸长率/%							8.0±0.8	8.0±1.0	8.0±1.0							8.0±0.8	8.0±1.0	8.0±1.0
33 N 定负荷伸长率/%													8.0±0.8	8.0±1.0	8.0±1.0			
28 N 定负荷伸长率/%										8.0±0.8	8.0±1.0	8.0±1.0						
22.6 N 定负荷伸长率/%				7.5±0.8	7.5±1.0	7.5±1.0												
17 N 定负荷伸长率/%	7.5±0.8	7.5±1.0	7.5±1.0															
黏着强度(≥)/(N·cm^{-1})	43	39	35	54	49	44	98	93	88	65	60	55	70	65	60	83	78	74
附胶量/%	4.2±1.0	4.2±1.2		4.2±1.0	4.2±1.2		4.2±1.0	4.2±1.2		4.2±1.0	4.2±1.2		4.2±1.0	4.2±1.2		4.2±1.0	4.2±1.2	
断裂强力变异系数(≤)/%	5.0	6.0	6.5	5.0	6.0	6.5	5.0	6.0	6.5	5.0	6.0	6.5	5.0	6.0	6.5	5.0	6.0	6.5
干热收缩率(≤)/%	4.5																	
捻度/(捻·m^{-1}) 初捻/复捻	260±15			210±15			280±15			200±15			190±10			160±10		

黏合强度测试埋线深度采用 10 mm。胶料配方为：天然橡胶（烟片胶）100、半补强炭黑 40、氧化锌 4、硫黄 2.5、促进剂 MBT（M）0.8、硬脂酸 2、松焦油 3、防老剂 A 0.75、防老剂 D 0.75，合计 153.8。硫化条件为：硫化温度（136±2)℃，硫化时间 50 min，硫化时模具压力 9.8 MPa，预加张力 1.96 N/根。H 抽出测试时的拉伸速率为（300±5）mm/min。

5.4　轮胎用聚酯浸胶帘子布

聚酯帘布的特点是耐热和热稳定性好，伸长率较低，湿强力高，但耐疲劳性和强度不及锦纶帘布，而且耐老化性能较差，成本较高，与橡胶的黏合性也差，所以在橡胶工业中的应用不如锦纶帘布广泛。主要用于乘用轮胎，也可用于飞机轮胎。

轮胎用聚酯浸胶帘子布的帘线，分为普通型与尺寸温度稳定性，详见 GB/T 19390－2003《轮胎用聚酯浸胶帘子布》。轮胎用聚酯浸胶帘子布组织规格见表 1.2.2－51。

表 1.2.2－51　轮胎用聚酯浸胶帘子布组织规格

项目		单位	组织规格																
			1100dtex/2			1100dtex/3			1440dtex/2			1440dtex/3		1670dtex/2			1670dtex/3	2200dtex/2	2500dtex/2
			E1	E2	E3	E1	E2	E3	E1	E2	E3	E1	E2	E1	E2	E3	E1	E1	E1
经线密度		根/10 cm	100	74	52	100	74	52	100	74	52	90	74	100	74	52	90	90	90
边经线密度		根/10 cm	104	78	55	104	78	55	104	78	55	94	78	104	78	55	94	94	94
纬线密度		根/10 cm	8	10	14	8	10	14	8	10	14	8	10	8	10	14	8	8	8
纬线材料及线密度（弹力纬纱）		tex	28～40																
织物布卷长度		m	1 080±20																
织物布卷幅宽		cm	145±2																
接头布	纬线密度	根/10 cm	42～45																
	长度	cm	≈10																

注：[a] 织物布卷长度也可根据用户要求调节，生产布卷长度为 180 m 整倍数的帘子布。
[b] 纬线以（5～10）股线密度（28～30）tex 棉纱或其他收缩率较低的纱线作纬线。

普通型聚酯浸胶帘子布的理化性能见表 1.2.2－52。

表 1.2.2－52　普通型聚酯浸胶帘子布的理化性能

项目		单位	帘线规格							
			1100dtex/2	1100dtex/3	1440dtex/2	1440dtex/3	1670dtex/2	1670dtex/3	2200dtex/2	2500dtex/2
断裂强力		N/根	≥140.0	≥205.0	≥180.0	≥260.0	≥205.0	≥305.0	≥280.0	≥330.0
44.4 N 定负荷伸长率		%	4.5±1.0							
58.0 N 定负荷伸长率		%			4.5±1.0					
66.6 N 定负荷伸长率		%		4.5±1.0			4.5±1.0			
88.2 N 定负荷伸长率		%				4.5±1.0			4.5±1.0	
100 N 定负荷伸长率		%						4.5±1.0		4.5±1.0
断裂伸长率		%	15.0±2.0	15.0±2.0	15.0±2.0	15.0±2.0	15.0±2.0	15.0±2.0	15.0±2.0	15.0±2.0
黏合强度（H—抽出）		N/10 mm	≥125.0	≥140.0	≥130.0	≥147.0	≥140.0	≥180.0	≥17.0	≥180.0
断裂强力变异系数 CV		%	≤5.0	≤5.0	≤5.0	≤5.0	≤5.0	≤5.0	≤5.0	≤5.0
断裂伸长率变异系数 CV		%	≤6.5	≤6.5	≤6.5	≤6.5	≤6.5	≤6.5	≤6.5	≤6.5
附胶量		%	3.5±1.0	3.5±1.0	3.5±1.0	3.5±1.0	3.5±1.0	3.0±1.0	3.0±1.0	3.0±1.0
细度	直径	mm	0.56±0.03	0.66±0.03	0.61±0.03	0.74±0.03	0.66±0.03	0.80±0.03	0.75±0.03	0.80±0.03
	线密度	mg/10 m	2 500±20	3 750±30	3 250±30	4 900±40	3 750±30	5 600±50	4 900±40	5 550±50
捻度	初捻（Z 向）	T/m	450±15	370±15	400±15	330±15	370±15	300±15	330±15	300±15
	复捻（S 向）	T/m	450±15	370±15	400±15	330±15	370±15	300±15	330±15	300±15
干热收缩率		%	≤3.5	≤3.5	≤3.5	≤3.5	≤3.5	≤3.5	≤3.5	≤3.5
下机回潮率		%	≤0.25	≤0.25	≤0.25	≤0.25	≤0.25	≤0.25	≤0.25	≤0.25
开包回潮率		%	<1.0	<1.0	<1.0	<1.0	<1.0	<1.0	<1.0	<1.0

尺寸稳定型聚酯浸胶帘子布的理化性能见表 1.2.2－53。

表 1.2.2－53　尺寸稳定型聚酯浸胶帘子布的理化性能

项目		单位	帘线规格				
			1100dtex/2	1100dtex/3	1440dtex/2	1670dtex/2	2200dtex/2
断裂强力		N/根	≥137.0	≥202.0	≥180.0	≥202.0	≥270.0
44.1 N 定负荷伸长率		%	4.5±1.0				
58.0 N 定负荷伸长率		%			4.5±1.0		
66.6 N 定负荷伸长率		%		4.5±1.0		4.5±1.0	
88.2 N 定负荷伸长率		%					4.5±1.0
断裂伸长率		%	15.0±2.0	15.0±2.0	15.0±2.0	15.0±2.0	15.0±2.0
黏合强度（H-抽出）		N/10 mm	≥125.0	≥140.0	≥130.0	≥140.0	≥170.0
断裂强力变异系数 CV		%	≤3.5	≤3.5	≤3.5	≤3.5	≤3.5
断裂伸长率变异系数 CV		%	≤5.5	≤5.5	≤5.5	≤5.5	≤5.5
附胶量		%	3.5±1.0	3.5±1.0	3.5±1.0	3.5±1.0	3.5±1.0
细度	直径	mm	0.56±0.03	0.66±0.03	0.61±0.03	0.66±0.03	0.75±0.03
	线密度	mg/10 m	2 500±20	3 750±30	3 250±30	3 750±30	5 000±40
捻度	初捻（Z 向）	T/m	450±15	370±15	400±15	370±15	330±15
	复捻（S 向）	T/m	450±15	370±15	400±15	370±15	330±15
干热收缩率		%	≤2.0	≤2.0	≤2.0	≤2.0	≤2.0
下机回潮率		%	≤0.25	≤0.25	≤0.25	≤0.25	≤0.25
开包回潮率		%	<1.0	<1.0	<1.0	<1.0	<1.0

聚酯帘线黏合强度（H抽出）测试配方：1#NR 90，SBR 1500 10，St.a（200型一级）2，促MBTS（DM）(优等品) 1.2，促T.T（优等品）0.03，ZnO（间接法一级）8，N330 35，S 2.5，黏合剂A 0.8，黏合剂RS 0.96，总计150.49。H试片尺寸为25 mm×10 mm×10 mm。硫化条件为温度（138±2)℃，时间50 min，硫化时模具压力3 MPa。

聚酯浸胶帘子布弹力纬纱主要技术指标见表1.2.2-54。

表1.2.2-54 聚酯浸胶帘子布弹力纬纱主要技术指标

项目	芯线线密度/dtex	芯线捻度/(T·m^{-1})	成发质量百分比/%	断裂强力/N		断裂伸长率/%		线密度/[g·(100 m)$^{-1}$]
				芯线	外缠线	芯线	外缠线	
技术指标	220	Z向700～800	芯线52，外缠线48	2.10～3.50	1.10～1.90	220～360	4.5～9.5	2.18～2.32

注：[a] 芯线材料为锦纶66。
[b] 外缠线材料为棉纱。

聚酯浸胶帘子布外观要求见表1.2.2-55。

表1.2.2-55 聚酯浸胶帘子布外观指标

项目	断经	浆斑		劈缝	经线连续粘并
		<1 cm^2	(1～4) 1 cm^2		
要求	≤3根/卷	≤80个/卷	≤25个/卷	累计长度≤1m/卷	一处长度≤10 m，每卷累计不超过5处
		总数不应超过100个/卷			

聚酯帘子布采用常规的间甲胺乳液（RFL）浸渍处理与橡胶的黏合难以达到理想效果，在聚酯帘子布生产过程中，通常采用以下浸渍体系：

1）封闭异氰酸酯、环氧树脂浸渍体系，该体系适用于双浴法，即聚酯帘子布经第一浴（由环氧树脂、封闭异氰酸酯等组成的浸渍液）浸渍和热处理后，再经第二浴（RFL浸渍液）浸渍和热处理；

2）Vulcabond E浸渍体系，即氯酚类化合物水性浸渍液，同类产品有胶黏剂RP和DENABOND（日本瑞翁公司生产），该体系主要适用于单浴法，由氯酚类化合物水性浸渍液直接混入RFL浸渍液中，进行单浴浸渍；

3）纤维表面活化处理，即使用封闭异氰酸酯、环氧树脂、油酸酯、三醇缩水甘油醚等，在纺丝过程中未拉伸的单丝涂上纺丝油剂后直接浸渍，也可以在拉伸后的单丝上浸渍或在拉伸后即将卷取前的单丝上浸渍，还可以在加捻后的帘线上或在帘线加捻过程中浸渍。经活化处理后的帘线织成帘子布后，再用RFL浸渍液浸渍处理。

聚酯帘子布使用过程中需要注意防止胺解。天然橡胶中的脂肪酸、酯类等杂质易引起聚酯帘线的降解；胶料中的硫化促进剂如秋兰姆类促进剂对聚酯帘线的胺解影响最显著，次磺酰胺类促进剂影响较小，噻唑类促进剂影响最小；防老剂的不同品种对聚酯帘线的胺解也有不同影响。

5.5 维纶帘布

维纶帘布与橡胶的黏着性好、强度高、尺寸稳定性较好、成本低，但耐湿热性和耐疲劳性较差，生产操作困难（发硬）。维纶帘布目前主要用于自行车胎、摩托车胎和小型农业机车胎、V带等制品。

维纶帘布的规格与性能见表1.2.2-56。

表1.2.2-56 维纶帘布的规格与性能

项目	帘线规格		
	34/3/2	34/2/2	29/2/2
断裂强度/(N·根$^{-1}$)	67	46	36
断裂伸长率/%	22	22	21
19.6 N定负荷伸长率/%	8	8	16
直径/mm	0.59	0.51	0.48
干热收缩率（160 ℃×10 min)/%	2.5	2.5	2.5

注：详见《橡胶原材料手册》，于清溪、吕百龄等编写，化学工业出版社，2007年1月第2版，P641表3-19-31。

5.6 芳纶帘布

芳纶目前主要用于工程轮胎、赛车胎、高级乘用车胎等，其典型的组织规格见表1.2.2-57。

表 1.2.2-57 芳纶帘布的典型组织规格

项目	规格		
	1100dtex/2 23EPI	1670dtex/2 20EPI	1670dtex/3 18EPI
经线密度/[根·(10 cm)$^{-1}$]	90	78	71
边密度/[根·(10 cm)$^{-1}$]	92	80	73
纬线密度/[根·(10 cm)$^{-1}$]	9	8	8
纬纱（纯棉纱）/英支	19～21	19～21	15～17
布长/m	$L(1\pm2\%)$，L 根据客户要求商定		
布幅/cm	140		
布头 5～10 合股线 纬密/[根·(10 cm)$^{-1}$] 长度/cm	 棉纱 42～45 10		

芳纶浸胶帘布性能见表 1.2.2-58。

表 1.2.2-58 芳纶浸胶帘布性能

项目		规格		
		1100dtex/2 23EPI	1670dtex/2 20EPI	1670dtex/3 18EPI
断裂强度(≥)/(N·根$^{-1}$)		340	500	750
200 N 定负荷伸长率/%		3.0±0.5	2.5±0.5	2.0±0.5
1%定伸长负荷(≥)/N		50	90	120
黏着强度(≥)/(N·cm^{-1})		130	150	170
断裂伸长率/%		5.0±0.5		
断裂强度不匀率(≤)/%		4		
断裂伸长率不匀率(≤)/%		6		
直径/mm		0.58±0.02	0.70±0.02	
捻度	初捻（Z 向）/[捻·(10 cm)$^{-1}$]	39.0±1.0	31.5±1.0	27.0±1.0
	复捻（S 向）/[捻·(10 cm)$^{-1}$]	39.0±1.0	31.5±1.0	27.0±1.0
干热收缩率(≤)/%		0.3		

注：表 2.2.2-7、表 2.2.2-7 内容详见《橡胶原材料手册》，于清溪、吕百龄等编写，化学工业出版社，2007 年 1 月第 2 版，P637 表 3-19-22～23。

5.7 玻璃纤维浸胶帘布

玻璃纤维耐疲劳性能差，因此仅限于用在受屈挠作用下的橡胶制品中。玻璃纤维帘线的主要规格与性能见表 1.2.2-59。

表 1.2.2-59 玻璃纤维帘线性能

项目	ECG 纤维	帘线	
		ECG 150 10/0	ECG 150 10/3
断裂强度/(N·tex^{-1})	1.35	1.06	0.99
断裂强度/(N·根$^{-1}$)	—	351	977
断裂伸长率/%	4.76	4.83	4.84
模量/(N·tex^{-1})	28.40	22.84	20.37
相对密度/(g·cm^{-3})	2.55		

玻璃纤维和橡胶的黏合性较差，需要经过偶联剂、浸润剂和浸渍剂的处理。偶联剂一般为氨基硅烷或硫醇基硅烷，浸润剂有淀粉一油型、树脂型及石蜡型三种，浸渍剂采用与尼龙浸渍相同的 RFL 体系。

5.8 帘子布的供应商

帘子布的供应商有：神马实业股份有限公司、山东天衡化纤股份有限公司、山东海龙博莱特化纤有限责任公司、青州众成化纤制造有限公司、张家港骏马化纤股份有限公司、江苏海阳化纤有限公司、科赛（青岛）尼龙有限公司、张家港市远程化纤有限公司、无锡市太极实业股份有限公司等。

六、帆布

帆布常用于输送带、胶管、胶布、胶鞋等制品中，其编制结构根据用途不同而异：

1）平纹结构，单根经线与单根纬线交织；

2）牛津式结构，即变化平纹结构，两根经线与单根纬线交织；

3）直经直纬结构，即在直经纱骨架中，经线呈直线状态承受拉应力，在直经纱上下布置直线纬纱，经纱和纬纱又通过被称为捆绑系统的另一种经纱编织成一个整体；

4）紧密编织结构，也称整体带芯结构，由经线、纬线的复合层构成。

规格型号表示中，P 为尼龙，B 为棉，E 为涤纶。

橡胶工业常用帆布与普通布的结构一样，只是线比较粗，多为经纬线密度较大的平纹布，纬线和经线的强度相同，一般密度也相同，但也有用经纬线密度不相同的帆布。

帆布的规格表示与帘布类似，如 118.4×122.2×36 N·m/5×5 表示该帆布的经纬线密度分别为 118.4 根/10 cm 和 122.2 根/10 cm，帘线由 5 股各含 5 根纤度为 36 N·m 的纱线捻合而成；118.4×122.2×140tex/5×2×140tex/3 表示该帆布的经纬线密度分别为 118.4 根/10 cm 和 122.2 根/10 cm，经线由 2 股各含 5 根纤度为 140tex 的纱线捻合而成，纬线由 3 根纤度为 140tex 的单丝捻合而成。

橡胶工业用帆布可以分为棉帆布和合成纤维帆布，其中合成纤维帆布又可分为六种类型，包括：a）锦纶浸胶帆布，代号为“NN”，其径向和纬向均为锦纶 6 纤维；b）涤锦浸胶帆布，代号为“EP”，其径向为聚酯纤维，纬向为锦纶 66 纤维；c）EE 系列浸胶聚酯帆布，包括普通型与耐高温型（EE-TNG）；d）PP 系列；e）PVC 整芯带带芯织物，以涤纶或芳纶为经线，以锦纶或棉纱为纬线；f）其他。主要用于矿用输送带、钢铁厂用输送带等橡胶制品的骨架材料。

6.1　棉帆布

棉帆布具有与橡胶的黏着性好、湿强力高、成本低等优点，在一些使用条件要求不高的橡胶制品中仍较广泛应用。

橡胶工业用棉帆布代表性品种技术条件见表 1.2.2-60，详见 GB/T 2909—1994《橡胶工业用棉帆布》。

注：该标准目前已被 GB/T 2909—2014《橡胶工业用棉本色帆布代替》。

表 1.2.2-60　橡胶工业用棉帆布代表性品种技术条件

编号	幅宽/cm	匹长/m	纱特×股/(英制支数·股$^{-1}$)		密度/[根·(10 cm)$^{-1}$]		断裂强力(≥)[N·(5 cm×20 cm)$^{-1}$][(kgf·(5 cm×20 cm)$^{-1}$]		断裂伸长率/%		厚度/mm	干燥重量/(g·m^{-2})	回潮率/%
			经线	纬线	经向	纬向	经向	纬向	经向	纬向			
102	81、91.5、100、120、132	100±3	58×9 (10/9)	58×8 (10/8)	102	56	3 530 (360)	1 860 (190)	32	11	1.75±0.10	850	
103-A	81、91.5、100、120、132	100±3	28×18 (21/18)	28×12 (21/12)	98	62	3 530 (360)	1 615 (165)	32	11	1.70±0.10	790	
103-B	81、91.5、100、120、132	100±3	28×18 (21/18)	58×8 (10/8)	98	56	3 530 (360)	1 665 (170)	32	11	1.70±0.10	790	
104	81、91.5、100、120、132	100±3	58×9 (10/9)	58×6 (10/6)	100	62	3 430 (350)	1 570 (160)	32	11	1.70±0.10	790	
105	81、91.5、100、120、132	100±5	28×12 (21/12)	28×12 (21/12)	85	90	2 055 (210)	2 255 (230)	31	15	1.25±0.10	640	
106	81、91.5、100、120、132	100±5	28×10 (21/10)	28×10 (21/10)	132	92	2 450 (250)	2 255 (230)	30	12	1.20±0.10	700	
107	81、91.5、100、120、132	100±5	28×10 (21/10)	28×10 (21/10)	93	86	1 960 (200)	1 960 (200)	30	12	1.20±0.10	670	
108	81、91.5、100、120、132	100±5	29×10 (20/10)	29×10 (20/10)	132	90	2 450 (250)	2 255 (230)	30	12	1.25±0.10	695	
201	81、91.5、100、120、132	100±5	28×8 (21/8)	28×8 (21/8)	70	70	880 (90)	930 (95)	27	14	0.82±0.10	300	
202	81、91.5、100、120、132	100±5	28×8 (21/8)	28×8 (21/8)	138	110	1 910 (195)	1 570 (160)	30	14	1.10±0.10	550	
203-A	81、91.5、100、120、132	100±5	28×8 (21/8)	28×8 (21/8)	100	105	1570 (160)	1765 (180)	34	14	1.05±0.10	490	8.0
203-B	81、91.5、100、120、132	100±5	28×8 (21/8)	28×8 (21/8)	98	102	1 470 (150)	1 665 (170)	20	14	1.02±0.10	480	
203-C	81、91.5、100、120、132	100±5	29×8 (20/8)	29×8 (20/8)	98	102	1 470 (150)	1 665 (170)	28	14	1.02±0.10	480	
204	81、91.5、100、120、132	100±5	28×8 (21/8)	28×8 (21/8)	110	106	1665 (170)	1765 (180)	31	14	1.05±0.10	520	
205	81、91.5、100、120、132	100±5	28×8 (21/8)	28×8 (21/8)	88	88	1 275 (130)	1 370 (140)	28	14	1.05±0.10	420	
206-A	81、91.5、100、120、132	100±5	28×6 (21/6)	28×6 (21/6)	115	120	1 370 (140)	1 520 (155)	31	16	0.92±0.10	420	
206-B	81、91.5、100、120、132	100±5	28×6 (21/6)	28×6 (21/6)	115	110	1 370 (140)	1 420 (145)	31	16	0.95±0.10	406	
206-C	81、91.5、100、120、132	100±5	28×6 (21/6)	28×6 (21/6)	71	71	830 (85)	880 (90)	12	11	0.90±0.10	205	
207-A	81、91.5、100、120、132	100±5	28×5 (21/5)	28×5 (21/5)	116	120	1 075 (110)	1 175 (120)	30	15	0.82±0.07	340	
207-B	81、91.5、100、120、132	100±5	28×5 (21/5)	28×3+3 (21/3+3)	116	92	1 075 (110)	1 175 (120)	22	11	0.82±0.07	340	
207-C	81、91.5、100、120、132	100±5	28×5 (21/5)	28×5 (21/5)	115	110	1 030 (105)	1 125 (115)	21	17	0.85±0.07	325	

续表

编号	幅宽/cm	匹长/m	纱特×股/(英制支数·股$^{-1}$)		密度/[根·(10 cm)$^{-1}$]		断裂强力(≥)[N·(5 cm×20 cm)$^{-1}$][(kgf·(5 cm×20 cm)$^{-1}$]		断裂伸长率/%		厚度/mm	干燥重量/(g·m^{-2})	回潮率/%
			经线	纬线	经向	纬向	经向	纬向	经向	纬向			
208	81、91.5、100、120、132	100±5	28×5 (21/5)	28×5 (21/5)	114	116	1 030 (105)	1 125 (115)	27	17	0.80±0.07	320	
209	81、91.5、100、120、132	100±5	28×5 (21/5)	28×5 (21/5)	105	100	930 (95)	980 (100)	23	15	0.82±0.07	300	
210	81、91.5、100、120、132	100±5	28×5 (21/5)	28×5 (21/5)	157	123	1 570 (160)	1 370 (140)	32	17	0.90±0.09	420	
211	81、91.5、100、120、132	100±5	28×4 (21/4)	28×4 (21/4)	134	126	980 (100)	1030 (105)	26	16	0.75±0.07	320	
212	81、91.5、100、120、132	100±5	28×4 (21/4)	28×4 (21/4)	122	132	880 (90)	1075 (110)	24	15	0.75±0.07	270	
213	81、91.5、100、120、132	100±5	28×4 (21/4)	29×4 (20/4)	155	135	1 175 (120)	1 075 (110)	28	15	0.75±0.07	325	
214	81、91.5、100、120、132	100±5	28×3 (21/3)	28×3 (21/3)	169	161	880 (90)	930 (95)	28	15	0.70±0.05	300	
215	81、91.5、100、120、132	100±5	28×3 (21/3)	28×3 (21/3)	150	160	830 (85)	880 (90)	25	14	0.68±0.05	265	
216	81、91.5、100、120、132	100±5	28×3 (21/3)	28×3 (21/3)	135	126	635 (65)	685 (70)	17	13	0.65±0.05	220	
217	81、91.5、100、120、132	100±5	28×2 (21/2)	28×2 (21/2)	163	170	490 (50)	585 (60)	14	13	0.50±0.05	185	
218	81、91.5、100、120、132	100±5	28×2 (21/2)	28×2 (21/2)	152	150	450 (46)	510 (52)	12	12	0.50±0.05	170	
219	100、132、135	100±5	28×3 (21/3)	28×4 (21/4)	260	98	1 470 (150)	880 (90)	30	10	0.90±0.10	364	
220	81、91.5、100、120、132	100±5	28×3 (21/3)	28×3 (21/3)	155	157.5	830 (85)	880 (90)	25	14	0.68±0.05	265	
221	156、162、170	100±5	28×2 (21/2)	28×2 (21/2)	196.5	157.5	685 (70)	585 (60)	17	10	0.50±0.05	195	

注：[a] 编号用三位数字表示。第一位数字表示品种类别：1-重型帆布；2-轻型帆布。第二、三位数字表示顺序号。
[b] 匹长、幅宽和断裂伸长率标准值也可根据用途要求，供需双方另行确定。

6.2 黏胶帆布

全黏胶型帆布由于湿强度低等原因，在制品中的应用逐渐减少。多数的黏胶帆布是黏胶与锦纶或维纶交织而成的帆布，如黏胶（经线）/锦纶（纬线）交织型帆布。纬线采用锦纶可改善帆布的横向强度、伸长率和弹性，能增大胶带的成槽性和抗撕裂性能。

6.3 合成纤维帆布

一般分为锦纶帆布和锦纶与其他纤维的交织帆布两大类。锦纶帆布即经纬线都是锦纶线，一般长程高强力输送带多采用锦纶帆布。锦纶交织帆布分别是以锦纶作纬线以其他线作经线或以锦纶作经线的以其他线作纬线的交织而成的帆布。若以锦纶作纬线的交织帆布，则可利用锦纶的弹性好、伸长大、强度高等特点，增大输送带的成槽性、横向柔软性、耐冲击抗撕裂和耐疲劳等性能，即避免经向伸长大的缺点又提高输送带的使用寿命。这种交织帆布中含有与橡胶黏着好的其他纤维线，就可不用浸胶乳处理。以锦纶作经线的交织帆布，便可充分发挥锦纶的高强度作用。

FZ/T 13010－1998《橡胶工业用合成纤维帆布》将橡胶工业用合成纤维帆布分为两大类：涤棉帆布，其经向为聚酯纤维（涤纶），纬向为锦纶 66，代号 EP；锦纶帆布，其经向和纬向均为锦纶 6，代号为 NN。

6.3.1 EP 本色帆布

EP 本色帆布的技术要求见表 1.2.2-61。

表 1.2.2-61 EP 本色帆布的技术要求

项目 \ 规格		单位	EP-80						EP-100					
			优等品		一等品		合格品		优等品		一等品		合格品	
			经向	纬向	经向	纬向	经向	纬向	经向	纬向	经向	纬向	经向	纬向
结构		dtex	1 100×1	930×1	1 100×1	930×1	1 100×1	930×1	1 100×1	930×1	1 100×1	930×1	1 100×1	930×1
密度		根/10 cm	120±2	76±2	120±2	76±2	120±2	76±2	160±2	86±2	160±2	86±2	160±2	86±2
断裂强度(≥)	平均值	N·mm^{-1}	95	55	90	50	90	45	125	60	120	55	115	50
	最低值		85	50	80	45	75	40	110	55	105	50	100	45
断裂伸长率		%	≥18	≤25	≥18	≤25	≥18	≤25	≥18	≤25	≥18	≤25	≥18	≤25
平方米干重		g/m^2	230±10		240±10		250±10		280±10		290±10		300±10	
厚度		mm	0.55±0.05						0.55±0.10					
宽度		mm	$900_{-20}^{\ 0}$～$1\,750_{-20}^{\ 0}$						$900_{-20}^{\ 0}$～$1\,750_{-20}^{\ 0}$					
长度		mm/卷	810_{0}^{+10}						810_{0}^{+10}					

续表

项目 \ 规格	单位	EP-125						EP-150					
		优等品		一等品		合格品		优等品		一等品		合格品	
		经向	纬向	经向	纬向	经向	纬向	经向	纬向	经向	纬向	经向	纬向
结构	dtex	1 670×1	1 400×1	1 670×1	1 400×1	1 670×1	1 400×1	1 100×2	1 870×2	1 100×1	1 870×1	1 100×2	1 400×2
密度	根/10 cm	145±2	72±2	145±2	72±2	145±2	72±2	148±2	54±2	148±2	54±2	148±2	54±2
断裂强度(≥) 平均值	N·mm^{-1}	170	78	165	75	160	70	255	80	215	75	205	75
断裂强度(≥) 最低值	N·mm^{-1}	155	70	150	65	145	60	200	75	190	70	180	65
断裂伸长率	%	≥18	≤30	≥18	≤30	≥18	≤30	≥18	≤30	≥18	≤30	≥18	≤30
平方米干重	g/m^2	350±15		360±15		370±15		440±15		450±15		460±15	
厚度	mm	0.75±0.10						0.80±0.10					
宽度	mm	900$_{-20}^{0}$～1 750$_{-20}^{0}$						900$_{-20}^{0}$～1 750$_{-20}^{0}$					
长度	mm/卷	810$_{0}^{+10}$						810$_{0}^{+10}$					

项目 \ 规格	单位	EP-200						EP-250					
		优等品		一等品		合格品		优等品		一等品		合格品	
		经向	纬向	经向	纬向	经向	纬向	经向	纬向	经向	纬向	经向	纬向
结构	dtex	1 100×2	1 400×2	1 100×2	1 400×2	1 100×2	1 400×2	1 100×4	1 870×2	1 100×4	1 870×2	1 100×4	1 100×2
密度	根/10 cm	162±2	44±2	162±2	44±2	162±2	44±2	102±2	38±2	102±2	38±2	102±2	38±2
断裂强度(≥) 平均值	N·mm^{-1}	250	95	245	90	235	85	325	110	315	100	305	95
断裂强度(≥) 最低值	N·mm^{-1}	225	85	220	80	210	75	300	100	290	85	280	80
断裂伸长率	%	≥18	≤30	≥18	≤30	≥18	≤30	≥18	≤30	≥18	≤30	≥18	≤30
平方米干重	g/m^2	520±15		530±15		540±15		650±15		660±20		670±20	
厚度	mm	0.90±0.15						1.25±0.15					
宽度	mm	900$_{-20}^{0}$～1 750$_{-20}^{0}$						900$_{-20}^{0}$～1 750$_{-20}^{0}$					
长度	mm/卷	405$_{0}^{+10}$						405$_{0}^{+10}$					

项目 \ 规格	单位	EP-300						EP-350					
		优等品		一等品		合格品		优等品		一等品		合格品	
		经向	纬向	经向	纬向	经向	纬向	经向	纬向	经向	纬向	经向	纬向
结构	dtex	1 100×4	1 870×2	1 100×4	1 870×2	1 100×4	1 870×2	1 670×3	1 870×2	1 670×3	1 870×2	1 670×3	1 870×2
密度	根/10 cm	130±2	38±2	130±2	38±2	130±2	38±2	132±2	38±2	132±2	38±2	132±2	38±2
断裂强度(≥) 平均值	N·mm^{-1}	390	110	380	100	370	95	450	110	440	100	430	95
断裂强度(≥) 最低值	N·mm^{-1}	370	100	365	85	355	80	425	100	415	90	405	85
断裂伸长率	%	≥18	≤30	≥18	≤30	≥18	≤30	≥18	≤30	≥18	≤30	≥18	≤30
平方米干重	g/m^2	750±20		760±20		770±20		830±20		840±20		850±30	
厚度	mm	1.4±0.10						1.45±0.20					
宽度	mm	900$_{-20}^{0}$～1 750$_{-20}^{0}$						900$_{-20}^{0}$～1 750$_{-20}^{0}$					
长度	mm/卷	405$_{0}^{+10}$						405$_{0}^{+10}$					

项目 \ 规格	单位	EP-400						EP-500					
		优等品		一等品		合格品		优等品		一等品		合格品	
		经向	纬向	经向	纬向	经向	纬向	经向	纬向	经向	纬向	经向	纬向
结构	dtex	1 100×2	1 400×2	1 100×2	1 400×2	1 100×2	1 400×2	1 100×4	1 870×2	1 100×4	1 870×2	1 100×4	1 100×2
密度	根/10 cm	162±2	44±2	162±2	44±2	162±2	44±2	102±2	38±2	102±2	38±2	102±2	38±2
断裂强度(≥) 平均值	N·mm^{-1}	250	95	245	90	235	85	325	110	315	100	305	95
断裂强度(≥) 最低值	N·mm^{-1}	225	85	220	80	210	75	300	100	290	85	280	80
断裂伸长率	%	≥18	≤30	≥18	≤30	≥18	≤30	≥18	≤30	≥18	≤30	≥18	≤30

续表

项目＼规格	单位	EP－400						EP－500					
		优等品		一等品		合格品		优等品		一等品		合格品	
		经向	纬向	经向	纬向	经向	纬向	经向	纬向	经向	纬向	经向	纬向
平方米干重	g/m²	520±15		530±15		540±15		650±15		660±20		670±20	
厚度	mm	0.90±0.15						1.25±0.15					
宽度	mm	900_{-20}^{0}～$1\ 750_{-20}^{0}$						900_{-20}^{0}～$1\ 750_{-20}^{0}$					
长度	mm/卷	405_{0}^{+10}						405_{0}^{+10}					

6.3.2　NN 本色帆布

NN 本色帆布的技术要求见表 1.2.2－62。

表 1.2.2－62　NN 本色帆布的技术要求

项目＼规格	单位	NN－80						NN－100					
		优等品		一等品		合格品		优等品		一等品		合格品	
		经向	纬向	经向	纬向	经向	纬向	经向	纬向	经向	纬向	经向	纬向
结构	dtex	930×1	930×1	930×1	930×1	930×1	930×1	930×1	930×1	930×1	930×1	930×1	930×1
密度	根/10 cm	148±2	70±2	148±2	70±2	148±2	70±2	170±2	78±2	170±2	78±2	170±2	78±2
断裂强度(≥) 平均值	N·mm⁻¹	95	55	90	50	85	45	110	55	105	55	100	50
断裂强度(≥) 最低值	N·mm⁻¹	85	50	80	45	75	40	90	50	85	50	80	40
断裂伸长率	%	25	25	25	25	25	25	25	25	25	25	25	25
平方米干重	g/m²	200±10		210±10		220±10		240±10		250±10		260±10	
厚度	mm	0.55±0.10						0.55±0.10					
宽度	mm	900_{-20}^{0}～$1\ 750_{-20}^{0}$						900_{-20}^{0}～$1\ 750_{-20}^{0}$					
长度	mm/卷	800_{0}^{+10}						800_{0}^{+10}					

项目＼规格	单位	NN－125						NN－150					
		优等品		一等品		合格品		优等品		一等品		合格品	
		经向	纬向	经向	纬向	经向	纬向	经向	纬向	经向	纬向	经向	纬向
结构	dtex	1 400×1	1 400×1	1 400×1	1 400×1	1 400×1	1 400×1	1 870×1	1 870×1	1 870×1	1 870×1	1 870×1	1 870×1
密度	根/10 cm	122±2	60±2	122±2	60±2	122±2	60±2	108±2	56±2	108±2	56±2	108±2	56±2
断裂强度(≥) 平均值	N·mm⁻¹	125	65	120	60	115	55	150	80	145	75	140	70
断裂强度(≥) 最低值	N·mm⁻¹	115	60	110	55	105	45	130	70	125	65	120	60
断裂伸长率	%	25	30	25	30	25	30	25	30	25	30	25	30
平方米干重	g/m²	260±15		270±15		280±15		310±15		320±15		330±15	
厚度	mm	0.70±0.10						0.90±0.10					
宽度	mm	900_{-20}^{0}～$1\ 750_{-20}^{0}$						900_{-20}^{0}～$1\ 750_{-20}^{0}$					
长度	mm/卷	800_{0}^{+10}						800_{0}^{+10}					

项目＼规格	单位	NN－200						NN－250					
		优等品		一等品		合格品		优等品		一等品		合格品	
		经向	纬向	经向	纬向	经向	纬向	经向	纬向	经向	纬向	经向	纬向
结构	dtex	1 870×1	1 870×1	1 870×1	1 870×1	1 870×1	1 870×1	1 400×2	1 870×1	1 400×2	1 870×1	1 400×2	1 870×1
密度	根/10 cm	162±2	60±2	162±2	60±2	160±2	60±2	126±2	60±2	126±2	60±2	126±2	60±2
断裂强度(≥) 平均值	N·mm⁻¹	220	88	215	85	210	80	260	95	255	90	250	85
断裂强度(≥) 最低值	N·mm⁻¹	200	80	195	75	190	70	245	85	240	80	235	75
断裂伸长率	%	35	30	35	30	35	30	35	30	35	30	35	30
平方米干重	g/m²	380±20		400±20		410±20		480±20		490±20		500±20	
厚度	mm	0.90±0.15						0.95±0.15					
宽度	mm	900_{-20}^{0}～$1\ 750_{-20}^{0}$						900_{-20}^{0}～$1\ 750_{-20}^{0}$					
长度	mm/卷	400_{0}^{+10}						400_{0}^{+10}					

续表

项目 \ 规格		单位	NN-300						NN-400					
			优等品		一等品		合格品		优等品		一等品		合格品	
			经向	纬向	经向	纬向	经向	纬向	经向	纬向	经向	纬向	经向	纬向
结构		dtex	1 870×2	1 400×2	1 870×2	1 400×2	1 870×2	1 400×2	1 870×3	1 870×2	1 870×3	1 870×2	1 870×3	1 870×2
密度		根/10 cm	120±2	44±2	120±2	44±2	120±2	44±2	110±2	36±2	110±2	36±2	110±2	36±2
断裂强度(≥)	平均值	N·mm^{-1}	335	95	325	95	315	90	430	110	410	105	390	100
	最低值		305	90	295	85	285	80	400	100	380	95	360	90
断裂伸长率		%	35	30	35	30	35	30	40	30	40	30	40	30
平方米干重		g/m^2	600±25		615±25		630±25		760±30		780±30		800±30	
厚度		mm	1.35±0.20						1.70±0.20					
宽度		mm	900_{-20}^{0}～$1\ 750_{-20}^{0}$						900_{-20}^{0}～$1\ 750_{-20}^{0}$					
长度		mm/卷	400_{0}^{+10}						400_{0}^{+10}					

项目 \ 规格		单位	NN-500					
			优等品		一等品		合格品	
			经向	纬向	经向	纬向	经向	纬向
结构		dtex	1 870×4	1 870×2	1 870×4	1 870×2	1 870×4	1 870×2
密度		根/10 cm	112±2	38±2	112±2	38±2	112±2	38±2
断裂强度(≥)	平均值	N·mm^{-1}	540	115	530	105	520	100
	最低值		510	105	500	95	485	90
断裂伸长率		%	40	30	40	30	40	30
平方米干重		g/m^2	1 120±50		1 170±50		1 300±60	
厚度		mm	1.80±0.30					
宽度		mm	900_{-20}^{0}～$1\ 750_{-20}^{0}$					
长度		mm/卷	400_{0}^{+10}					

6.3.3 合成纤维本色帆布外观质量要求

合成纤维本色帆布外观质量要求见表 1.2.2-63。

表 1.2.2-63 合成纤维本色帆布外观质量要求

疵点名称		优等品	一等品	合格品
损伤性疵点		布面不允许有破洞、撕裂或磨损疵点	布面不允许有破洞、撕裂或磨损疵点	布面不允许有破洞、撕裂或磨损疵点
布面油污疵点 A	处（>1 cm^2）/卷	不允许	≤2	2<A<5
	个（<1 cm^2）/卷	不允许	<10	≥10
油经 L	cm/卷长	≤5	5≤L<10	<20
松边		不允许	不允许	≤1/4 匹长
大结头		不允许	不允许	不允许
跳纱		不允许	不允许	不允许
缺纬		不允许	不允许	缺 1 纬每匹不超过 2 次，每卷不超过 5 次
毛边长度/mm		≤4	≤4	≤5
布面平整度		布面平整，两边与中间松紧一致	布面平整，两边与中间松紧一致	布面平整，两边与中间松紧一致

6.3.4 EP 浸胶帆布

EP 浸胶帆布的技术要求见表 1.2.2-64。

表 1.2.2-64　EP 浸胶帆布的技术要求

项目＼规格	单位	EP-80						EP-100					
		优等品		一等品		合格品		优等品		一等品		合格品	
		经向	纬向	经向	纬向	经向	纬向	经向	纬向	经向	纬向	经向	纬向
结构	dtex	1 100×1	930×1	1 100×1	930×1	1 100×1	930×1	1 100×1	930×1	1 100×1	930×1	1 100×1	930×1
密度	根/10 cm	155±2	76±2	155±2	76±2	155±2	76±2	194±2	86±2	194±2	86±2	194±2	86±2
断裂强度(≥) 平均值	$N \cdot mm^{-1}$	110	50	105	45	100	40	137	55	132	50	128	45
断裂强度(≥) 最低值	$N \cdot mm^{-1}$	95	45	90	40	85	35	118	50	110	45	105	40
10%定负荷伸长率(≤)	%	1.5		1.5		1.5		1.5		1.5		1.5	
断裂伸长率	%	≥14	≤45	≥14	≤45	≥14	≤45	≥14	≤45	≥14	≤45	≥14	≤45
干热收缩率(150 ℃×30 min)	%	5.0	0.5	5.0	0.5	5.0	0.5	5.0	0.5	5.0	0.5	5.0	0.5
干热收缩率不匀率(≤)	%	10		10		10		10		10		10	
黏合强度(≥)	$N \cdot mm^{-1}$	7.8		7.8		7.5		7.8		7.8		7.5	
平方米干重	g/m^2	300±10		310±10		320±10		340±15		350±15		360±15	
厚度	mm	0.55±0.05						0.55±0.05					
宽度	mm	800_{-20}^{0}～$1\ 400_{-20}^{0}$						800_{-20}^{0}～$1\ 500_{-20}^{0}$					
长度	mm/卷	800_{0}^{+10}						800_{0}^{+10}					

项目＼规格	单位	EP-125						EP-150					
		优等品		一等品		合格品		优等品		一等品		合格品	
		经向	纬向	经向	纬向	经向	纬向	经向	纬向	经向	纬向	经向	纬向
结构	dtex	1 670×1	1 400×1	1 670×1	1 400×1	1 670×1	1 400×1	1 100×2	1 870×1	1 100×2	1 870×1	1 100×2	1 870×1
密度	根/10 cm	170±2	72±2	170±2	72±2	170±2	72±2	166±2	56±2	166±2	56±2	166±2	56±2
断裂强度(≥) 平均值	$N \cdot mm^{-1}$	165	70	160	65	150	60	206	75	200	70	185	65
断裂强度(≥) 最低值	$N \cdot mm^{-1}$	145	60	140	55	130	50	176	68	170	60	155	55
10%定负荷伸长率(≤)	%	1.5		1.5		1.5		1.5		1.5		1.5	
断裂伸长率	%	≥14	≤45	≥14	≤45	≥14	≤45	≥14	≤45	≥14	≤45	≥14	≤45
干热收缩率(150 ℃×30 min)	%	5.0	0.5	5.0	0.5	5.0	0.5	5.0	0.5	5.0	0.5	5.0	0.5
干热收缩率不匀率(≤)	%	10		10		10		10		10		10	
黏合强度(≥)	$N \cdot mm^{-1}$	7.8		7.8		7.5		7.8		7.8		7.5	
平方米干重	g/m^2	425±20		435±20		445±20		530±20		540±20		550±20	
厚度	mm	0.60±0.05						0.70±0.05					
宽度	mm	8 000−20～1 5000−20						8 000−20～1 5500−20					
长度	mm/卷	800_{0}^{+10}						800_{0}^{+10}					

项目＼规格	单位	EP-200						EP-250					
		优等品		一等品		合格品		优等品		一等品		合格品	
		经向	纬向	经向	纬向	经向	纬向	经向	纬向	经向	纬向	经向	纬向
结构	dtex	1 100×2	1 400×2	1 100×2	1 400×2	1 100×2	1 400×2	1 100×4	1 870×2	1 100×4	1 870×2	1 100×4	1 870×2
密度	根/10 cm	186±2	44±2	186±2	44±2	186±2	44±2	120±2	38±2	120±2	38±2	120±2	38±2

续表

项目＼规格		单位	EP-200						EP-250					
			优等品		一等品		合格品		优等品		一等品		合格品	
			经向	纬向	经向	纬向	经向	纬向	经向	纬向	经向	纬向	经向	纬向
断裂强度(≥)	平均值	$N\cdot mm^{-1}$	246	85	240	80	230	75	330	105	310	90	295	85
	最低值		220	75	215	70	205	65	290	95	270	80	255	75
10%定负荷伸长率(≤)		%	1.5		1.5		1.5		1.5		1.5		1.5	
断裂伸长率		%	≥15	≤45	≥15	≤45	≥15	≤45	≥15	≤45	≥15	≤45	≥15	≤45
干热收缩率(150 ℃×30 min)		%	5.0	0.5	5.0	0.5	5.0	0.5	5.0	0.5	5.0	0.5	5.0	0.5
干热收缩率不匀率(≤)		%	10		10		10		10		10		10	
黏合强度(≥)		$N\cdot mm^{-1}$	7.8		7.8		7.5		7.8		7.8		7.5	
平方米干重		g/m^2	600±20		630±20		650±20		780±30		790±30		800±30	
厚度		mm	0.80±0.05						1.07±0.10					
宽度		mm	$800_{-20}^{\ 0}\sim1\ 600_{-20}^{\ 0}$						$800_{-20}^{\ 0}\sim1\ 600_{-20}^{\ 0}$					
长度		mm/卷	$800_{\ 0}^{+10}$						$800_{\ 0}^{+10}$					

项目＼规格		单位	EP-300						EP-350					
			优等品		一等品		合格品		优等品		一等品		合格品	
			经向	纬向	经向	纬向	经向	纬向	经向	纬向	经向	纬向	经向	纬向
结构		dtex	1 100×4	1 870×2	1 100×4	1 870×2	1 100×4	1 870×2	1 670×3	1 870×2	1 670×3	1 870×2	1 670×3	1 870×2
密度		根/10 cm	146±2	38±2	146±2	38±2	146±2	38±2	150±2	38±2	150±2	38±2	150±2	38±2
断裂强度(≥)	平均值	$N\cdot mm^{-1}$	350	105	340	90	335	85	400	105	390	90	380	85
	最低值		320	95	310	80	305	75	370	95	360	80	350	75
10%定负荷伸长率(≤)		%	1.5		1.5		1.5		1.5		1.5		1.5	
断裂伸长率		%	≥15	≤45	≥15	≤45	≥15	≤45	≥15	≤45	≥15	≤45	≥15	≤45
干热收缩率(150 ℃×30 min)		%	5.0	0.5	5.0	0.5	5.0	0.5	5.0	0.5	5.0	0.5	5.0	0.5
干热收缩率不匀率(≤)		%	10		10		10		10		10		10	
黏合强度(≥)		$N\cdot mm^{-1}$	7.8		7.8		7.5		7.8		7.8		7.5	
平方米干重		g/m^2	860±30		870±30		880±30		1 000±35		1 010±35		1 020±35	
厚度		mm	1.20±0.10						1.26±0.10					
宽度		mm	$800_{-20}^{\ 0}\sim1\ 600_{-20}^{\ 0}$						$800_{-20}^{\ 0}\sim1\ 600_{-20}^{\ 0}$					
长度		mm/卷	$400_{\ 0}^{+10}$						$400_{\ 0}^{+10}$					

项目＼规格		单位	EP-400						EP-500					
			优等品		一等品		合格品		优等品		一等品		合格品	
			经向	纬向	经向	纬向	经向	纬向	经向	纬向	经向	纬向	经向	纬向
结构		dtex	1 670×4	1 870×2	1 670×4	1 870×2	1 670×4	1 870×2	1 670×6	1 400×3	1 670×6	1 400×3	1 670×6	1 400×3
密度		根/10 cm	125±2	38±2	125±2	38±2	125±2	38±2	104±2	45±2	104±2	45±2	104±2	45±2
断裂强度(≥)	平均值	$N\cdot mm^{-1}$	465	105	455	95	450	90	570	125	560	115	550	110
	最低值		425	95	415	85	410	80	520	116	515	105	515	106

续表

项目＼规格	单位	EP-400						EP-500					
		优等品		一等品		合格品		优等品		一等品		合格品	
		经向	纬向	经向	纬向	经向	纬向	经向	纬向	经向	纬向	经向	纬向
10%定负荷伸长率(≤)	%	1.5		1.5		1.5		2.5		2.5		2.5	
断裂伸长率	%	≥15	≤45	≥15	≤45	≥15	≤45	≥15	≤40	≥15	≤40	≥15	≤40
干热收缩率(150 ℃×30 min)	%	6.0	0.5	6.0	0.5	6.0	0.5	6.0	0.5	6.0	0.5	6.0	0.5
干热收缩率不匀率(≤)	%	10		10		10		10		10		10	
黏合强度(≥)	N·mm^{-1}	7.8		7.8		7.5		7.8		7.8		7.5	
平方米干重	g/m^2	1 040±40		1 050±40		1 060±40		1 300±50		1 310±50		1 320±50	
厚度	mm	1.40±0.10						1.50±0.14					
宽度	mm	800_{-20}^{0}～$1\,600_{-20}^{0}$						800_{-20}^{0}～$1\,600_{-20}^{0}$					
长度	mm/卷	400_{0}^{+10}						400_{0}^{+10}					

6.3.5 NN 浸胶帆布

NN 浸胶帆布的技术要求见表 1.2.2-65。

表 1.2.2-65 NN 浸胶帆布的技术要求

项目＼规格	单位	NN-80						NN-100					
		优等品		一等品		合格品		优等品		一等品		合格品	
		经向	纬向	经向	纬向	经向	纬向	经向	纬向	经向	纬向	经向	纬向
结构	dtex	930×1	930×1	930×1	930×1	930×1	930×1	930×1	930×1	930×1	930×1	930×1	930×1
密度	根/10 cm	175±2	70±2	175±2	70±2	175±2	70±2	196±2	78±2	196±2	78±2	196±2	78±2
断裂强度(≥) 平均值	N·mm^{-1}	110	50	105	45	100	40	130	50	125	50	125	45
断裂强度(≥) 最低值	N·mm^{-1}	100	45	95	40	90	35	115	45	110	45	105	40
10%定负荷伸长率(≤)	%	2.5		2.5		2.5		2.5		2.5		2.5	
断裂伸长率	%	20	60	20	60	20	60	20	60	20	60	20	60
干热收缩率(150 ℃×30 min)	%	5.5	0.5	5.5	0.5	5.5	0.5	5.5	0.5	5.5	0.5	5.5	0.5
干热收缩率不匀率(≤)	%	10		10		10		10		10		10	
黏合强度(≥)	N·mm^{-1}	7.8		7.8		7.5		7.8		7.8		7.5	
平方米干重	g/m^2	260±10		270±10		280±10		290±12		300±12		310±12	
厚度	mm	0.45±0.05						0.50±0.05					
宽度	mm	800_{-20}^{0}～$1\,400_{-20}^{0}$						800_{-20}^{0}～$1\,400_{-20}^{0}$					
长度	mm/卷	800_{0}^{+10}						800_{0}^{+10}					

项目＼规格	单位	NN-125						NN-150					
		优等品		一等品		合格品		优等品		一等品		合格品	
		经向	纬向	经向	纬向	经向	纬向	经向	纬向	经向	纬向	经向	纬向
结构	dtex	1 400×1	1 400×1	1 400×1	1 400×1	1 400×1	1 400×1	1 870×1	1 400×1	1 870×1	1 400×1	1 870×1	1 400×1
密度	根/10 cm	150±2	60±2	150±2	60±2	150±2	60±2	135±2	68±2	135±2	68±2	135±2	68±2
断裂强度(≥) 平均值	N·mm^{-1}	155	60	150	55	145	50	178	68	175	65	175	60
断裂强度(≥) 最低值	N·mm^{-1}	135	50	130	45	125	40	160	60	155	55	155	50
10%定负荷伸长率(≤)	%	2.5		2.5		2.5		2.5		2.5		2.5	

续表

项目＼规格	单位	NN-125						NN-150					
		优等品		一等品		合格品		优等品		一等品		合格品	
		经向	纬向	经向	纬向	经向	纬向	经向	纬向	经向	纬向	经向	纬向
断裂伸长率	%	20	60	20	60	20	60	20	50	20	50	20	50
干热收缩率(150 ℃×30 min)	%	5.5	0.5	5.5	0.5	5.5	0.5	5.5	0.5	5.5	0.5	5.5	0.5
干热收缩率不匀率(≤)	%	10		10		10		10		10		10	
黏合强度(≥)	$N\cdot mm^{-1}$	7.8		7.8		7.5		7.8		7.8		7.5	
平方米干重	g/m^2	330±15		340±15		350±15		390±20		410±20		420±20	
厚度	mm	0.55±0.05						0.65±0.05					
宽度	mm	$800_{-20}^{\ 0}$～$1\ 400_{-20}^{\ 0}$						$800_{-20}^{\ 0}$～$1\ 400_{-20}^{\ 0}$					
长度	mm/卷	$800_{\ 0}^{+10}$						$800_{\ 0}^{+10}$					

项目＼规格	单位	NN-200						NN-250					
		优等品		一等品		合格品		优等品		一等品		合格品	
		经向	纬向	经向	纬向	经向	纬向	经向	纬向	经向	纬向	经向	纬向
结构	dtex	1 870×1	1 870×1	1 870×1	1 870×1	1 870×1	1 870×1	1 400×2	1 870×1	1 400×2	1 870×1	1 400×2	1 870×1
密度	根/10 cm	176±2	60±2	176±2	60±2	176±2	60±2	145±2	60±2	145±2	60±2	145±2	60±2
断裂强度(≥) 平均值	$N\cdot mm^{-1}$	230	80	225	75	225	70	285	80	280	75	275	70
断裂强度(≥) 最低值	$N\cdot mm^{-1}$	215	70	210	65	205	60	260	70	255	65	250	60
10%定负荷伸长率(≤)	%	2.5		2.5		2.5		2.5		2.5		2.5	
断裂伸长率	%	25	40	25	40	25	40	25	40	25	40	25	40
干热收缩率(150 ℃×30 min)	%	5.5	0.5	5.5	0.5	5.5	0.5	5.5	0.5	5.5	0.5	5.5	0.5
干热收缩率不匀率(≤)	%	10		10		10		10		10		10	
黏合强度(≥)	$N\cdot mm^{-1}$	7.8		7.8		7.5		7.8		7.8		7.5	
平方米干重	g/m^2	490±20		510±20		520±20		560±25		590±25		620±25	
厚度	mm	0.80±0.05						0.90±0.10					
宽度	mm	$800_{-20}^{\ 0}$～$1\ 600_{-20}^{\ 0}$						$800_{-20}^{\ 0}$～$1\ 600_{-20}^{\ 0}$					
长度	mm/卷	$400_{\ 0}^{+10}$						$400_{\ 0}^{+10}$					

项目＼规格	单位	NN-300						NN-400					
		优等品		一等品		合格品		优等品		一等品		合格品	
		经向	纬向	经向	纬向	经向	纬向	经向	纬向	经向	纬向	经向	纬向
结构	dtex	1 870×2	1 400×2	1 870×2	1 400×2	1 870×2	1 400×2	1 870×3	1 870×2	1 870×3	1 870×2	1 870×3	1 870×2
密度	根/10 cm	136±2	44±2	136±2	44±2	136±2	44±2	120±2	36±2	120±2	36±2	120±2	36±2
断裂强度(≥) 平均值	$N\cdot mm^{-1}$	375	90	345	85	330	80	470	90	445	85	440	80
断裂强度(≥) 最低值	$N\cdot mm^{-1}$	350	80	320	75	305	70	440	80	415	75	410	70
10%定负荷伸长率(≤)	%	2.5		2.5		2.5		2.5		2.5		2.5	
断裂伸长率	%	25	40	25	40	25	40	25	40	25	40	25	40
干热收缩率(150 ℃×30 min)	%	5.5	0.5	5.5	0.5	5.5	0.5	6.0	0.5	6.0	0.5	6.0	0.5
干热收缩率不匀率(≤)	%	10		10		10		10		10		10	

续表

项目＼规格	单位	NN－300						NN－400					
		优等品		一等品		合格品		优等品		一等品		合格品	
		经向	纬向	经向	纬向	经向	纬向	经向	纬向	经向	纬向	经向	纬向
黏合强度(≥)	N·mm^{-1}	7.8		7.8		7.5		7.8		7.8		7.5	
平方米干重	g/m^2	690±30		710±30		720±30		830±35		860±35		880±35	
厚度	mm	1.20±0.10						1.35±0.12					
宽度	mm	800$_{-20}^{\ 0}$～1 600$_{-20}^{\ 0}$						800$_{-20}^{\ 0}$～1 600$_{-20}^{\ 0}$					
长度	mm/卷	400$^{+10}_{\ 0}$						400$^{+10}_{\ 0}$					

项目＼规格	单位	NN－500					
		优等品		一等品		合格品	
		经向	纬向	经向	纬向	经向	纬向
结构	dtex	1 870×4	1 870×2	1 870×4	1 870×2	1 870×4	1 870×2
密度	根/cm	120±2	38±2	120±2	38±2	120±2	38±2
断裂强度(≥) 平均值	N·mm^{-1}	565	105	555	100	545	95
断裂强度(≥) 最低值	N·mm^{-1}	520	90	515	85	505	80
10%定负荷伸长率(≤)	%	3.0		3.0		3.0	
断裂伸长率	%	25	40	25	40	25	40
干热收缩率(150 ℃×30 min)	%	6.0	0.5	6.0	0.5	6.0	0.5
干热收缩率不匀率(≤)	%	10		10		10	
黏合强度(≥)	N·mm^{-1}	7.8		7.8		7.5	
平方米干重	g/m^2	1 200±50		1 250±50		1 300±50	
厚度	mm	1.40±0.14					
宽度	mm	800$_{-20}^{\ 0}$～1 600$_{-20}^{\ 0}$					
长度	mm/卷	200+100					

6.3.6　合成纤维浸胶帆布外观质量要求

合成纤维浸胶帆布外观质量要求见表 1.2.2－66。

表 1.2.2－66　合成纤维浸胶帆布外观质量要求

疵点名称	优等品	一等品	合格品
损伤性疵点	布面不允许有破洞、撕裂或磨损疵点	布面不允许有破洞、撕裂或磨损疵点	1）布面不允许有破洞、撕裂或磨损疵点； 2）磨损疵点 1～4 cm^2 每卷不超过 5 点，每卷指 200 m
浆斑疵点	(1) ＜1 cm^2 时，每卷不得超过 30 个； (2) 1～4 cm^2 时，每卷不得超过 10 个	1）＜1 cm^2 时，每卷不得超过 30 个； 2）1～4 cm^2 时，每卷不得超过 15 个	1）＜1 cm^2 时，每卷不得超过 45 个； 2）1～4 cm^2 时，每卷不得超过 25 个
明显浆色不匀	均匀	基本均匀	基本均匀
打裥印	不允许	不允许	打裥长度每卷印痕不得超过 5 m
缺纬	不允许	不允许	缺 1 根纬线每卷不得超过 5 次
油渍（油经、油污）	不允许	1）布面明显可擦除的油经 5 cm 及以下时，每卷累计长度不得超过 1 m； 2）布面可擦除的油污＜1 cm 时，每卷不得超过 10 个	(1) 布面明显可擦除的油经 5 cm 及以下时，每卷累计长度不得超过 3 m； (2) 布面可擦除的油污＜1 cm 时，每卷不得超过 20 个

续表

疵点名称	优等品	一等品	合格品
毛边长度/mm	≤3	≤3	≤4
布面平整度	布面应平衡，不允许有二边紧，中间松或一边松一边紧	布面应平整，不允许有二边紧，中间松或一边松一边紧	布面应平整，不允许有二边紧，中间松或一边松一边紧
卷取	(1) 布卷单侧凹凸不得超过 20 mm； (2) 布卷双侧凹凸不得超过 10 mm	(1) 布卷单侧凹凸不得超过 25 mm； (2) 布卷双侧凹凸不得超过 15 mm	(1) 布卷单侧凹凸不得超过 30 mm； (2) 布卷双侧凹凸不得超过 20 mm

6.3.7　EE 涤纶浸胶帆布

涤纶浸胶帆布按经向断裂强度可分为 100、125、150、200、250、300、350、400、500 等规格，数字前冠以 EE 表示。涤纶浸胶帆布的物理性能见表 1.2.2-67。

表 1.2.2-67　涤纶浸胶帆布的物理性能

项目	EE100		EE125		EE150		EE200		EE250	
	经向	纬向	经向	纬向	经向	纬向	经向	纬向	经向	纬向
断裂强度(≥)/(N·mm^{-1})	135	45	160	58	200	63	240	72	310	81
10%定负荷伸长率(≤)/%	1.5		1.5		1.5		1.5		1.5	
断裂伸长率/%	≥14	≤45	≥14	≤45	≥14	≤45	≥14	≤45	≥14	≤45
干热收缩率(≤)/%	5.0	0.5	5.0	0.5	5.0	0.5	5.0	0.5	5.0	0.5
黏合强度(≥)/(N·mm^{-1})	7.8		7.8		7.8		7.8		7.8	
橡胶覆盖率(≥)/%	80		80		80		80		80	
平方米干重(≤)/(g·m^{-2})	400		500		560		650		840	
经向卷曲度(≥)/%	2		2		4		4		6	
厚度公差/mm	±0.05		±0.05		±0.05		±0.05		±0.10	

项目	EE300		EE350		EE400		EE500		评价方法
	经向	纬向	经向	纬向	经向	纬向	经向	纬向	
断裂强度(≥)/(N·mm^{-1})	340	81	390	81	450	86	560	90	6.3.1
10%定负荷伸长率(≤)/%	1.5		1.5		1.5		1.5		6.3.1
断裂伸长率/%	≥14	≤45	≥14	≤45	≥14	≤45	≥14	≤45	6.3.1
干热收缩率(≤)/%	5.0	0.5	5.0	0.5	6.0	0.5	6.0	0.5	6.3.2
黏合强度(≥)/(N·mm^{-1})	7.8		7.8		7.8		7.8		6.3.3
橡胶覆盖率(≥)/%	80		80		80		80		6.3.3
平方米干重(≤)/(g·m^{-2})	915		1070		1240		1400		6.3.4
经向卷曲度(≥)/%	6		6		6		6		6.3.5
厚度公差/mm	±0.10		±0.12		±0.12		±0.14		6.3.6

注：[a] 经向卷曲度为参考指标。
[b] 非标准规格产品技术条件指标可根据客户要求协商。

涤纶浸胶帆布的外观质量技术条件评价项目、评价指标见表 1.2.2-68。

表 1.2.2-68　涤纶浸胶帆布的外观质量技术条件评价项目、评价指标

外观项目	单位	技术条件指标
破洞、撕裂		不允许
磨损（1～4 cm^2）	点/200 m	≤3
浆色	m/200 m	≤3
打裥	m/200 m	≤2
缺纬（缺 1 根线，大于 1/2 幅宽）	次/200 m	≤2

续表

外观项目		单位	技术条件指标
毛边长度（成品幅宽≤145 cm）		mm	≤4
毛边长度（成品幅宽>145 cm）		mm	≤7
浆斑胶斑	≤1 cm^2	个/200 m	≤22
油渍	5 cm 及以下可擦除的油经	m/200 m	≤1
	油污面积<1 cm^2	个/200 m	≤10
	油污面积≥1 cm^2	个/200 m	不允许
成型不良	布卷单侧凹凸	mm	≤25
	布卷双侧凹凸	mm	≤15
纬斜		%	±3
弓纬		%	±3
幅宽公差		mm	±10
卷长公差		%	±1

测试黏合强度、橡胶覆盖率的试验胶料配方见表 1.2.2-69。

表 1.2.2-69　测试黏合强度、橡胶覆盖率的试验胶料配方

序号	原料	质量/g
1	20 号天然生胶	90.0
2	丁苯橡胶 SBR 1502	10.0
3	硬脂酸	2.0
4	防老剂 BLE	2.0
5	氧化锌（含锌量≥99.7%）	4.0
6	硫化促进剂 MBTS(DM)	1.2
7	硫化促进剂 TMTD	3.0
8	松焦油	3.0
9	N660 炭黑	35.0
10	黏合剂 A	0.8
11	黏合剂 RS	1.0
12	硫黄	2.5
13	合计	154.5

硫化条件：硫化温度（150±2）℃，硫化时间 25 min，硫化压力 3 MPa。

6.3.8　PP 浸胶帆布

PP 浸胶帆布典型技术指标见表 1.2.2-70。

表 1.2.2-70　PP 浸胶帆布典型技术指标

项目		PP80		PP100		PP125		PP150		PP200		PP300	
		经向	纬向	经向	纬向	经向	纬向	经向	纬向	经向	纬向	经向	纬向
结构/dtex		1 100×1	1 100×1	1 100×1	1 100×1	1 670×1	1 670×1	1 100×2	1 100×2	1 670×2	1 100×2	1 100×4	1 100×3
密度/[根·(10 cm)$^{-1}$]		155±2	68±2	194±2	70±2	170±2	66±2	166±2	54±2	126±2	56±2	137±2	40±2
断裂强度/[(N·mm^{-1})]	平均值	105	45	132	50	160	65	200	68	240	75	340	85
	最低值	90	35	110	45	140	55	170	60	215	70	310	80
10%定负荷伸长率/%		1.5		1.5		1.5		1.5		1.5		1.5	
断裂伸长率/%		≥12	≤65	≥12	≤45	≥12	≤45	≥12	≤45	≥12	≤45	≥14	≤45

续表

项目	PP80		PP100		PP125		PP150		PP200		PP300	
	经向	纬向	经向	纬向	经向	纬向	经向	纬向	经向	纬向	经向	纬向
干热收缩率/%（150 ℃×30 min）	≤5	≤0.5	≤5	≤0.5	≤5	≤0.5	≤5	≤0.5	≤5	≤0.5	≤5	≤0.5
黏合强度/(N·mm^{-1})	≥7.8											
平方米重量/(g·m^{-2})	310±10		370±15		470±20		540±20		630±20		880±30	
厚度/mm	0.45±0.05		0.55±0.05		0.60±0.05		0.65±0.05		0.75±0.09		1.10±0.10	
幅宽/cm	600_{-20}^{0}～1 400_{-20}^{0}											
长度/(m·$卷^{-1}$)	800_{0}^{-10}		400_{0}^{-10}									

6.3.9　直经直纬结构合成纤维帆布

直经直纬结构织物经线由主经（粗经、直经），细经（编织经）两个系统组成，同时纬线采用较粗的结构设计，从而实现直经直纬的织物效果。该织物具有强度高、变形小的优点，主要应用于耐高温、阻燃、耐腐蚀等特殊规格输送带。

（一）浸胶芳纶直经直纬帆布

目前国内外对浸胶芳纶直经直纬帆布没有统一的名称，杜邦 Kevlar 一般称为 KPP，帝人 Twaron 一般称为 DPP，国内大部分厂家均称为 APP，A 代表 Aramid（芳纶）的简称，P 代表 Polyamide（尼龙）的简称。

浸胶芳纶直径直纬帆布根据其经线断裂强度分为 APP 500、APP 800、APP 1000、APP 1250、APP 1400、APP 1600、APP 1800、APP 2000、APP 2500、APP 3000、APP 3200 等规格。浸胶芳纶直经直纬帆布的物理性能见表 1.2.2－71。

表 1.2.2－71　浸胶芳纶直经直纬帆布的物理性能

项目	APP500		APP800		APP1000		APP1250		APP1400		APP1600	
	经向	纬向	经向	纬向	经向	纬向	经向	纬向	经向	纬向	经向	纬向
断裂强度(≥)/(N·mm^{-1})	600	150	960	150	1 200	150	1 500	190	1 680	190	1 980	190
断裂伸长率(≤)/%	5.0	45	5.0	45	5.0	45	5.0	45	5.0	45	5.0	45
10%定负荷伸长率(≤)/%	1.0		1.0		1.0		1.0		1.0		1.0	
干热收缩(≤)/%	1.0	1.0	1.0	1.0	1.0	1.0	1.0	1.0	1.0	1.0	1.0	1.0
黏合强度(≥)/(N·mm^{-1})	7.8		7.8		7.8		7.8		7.8		7.8	
平方米干重(≤)/(g·m^{-2})	1 140		1 320		1 485		1 650		1 780		2 060	
厚度/mm	1.9±0.20		2.0±0.20		2.3±0.20		2.4±0.20		2.5±0.20		2.8±0.20	
幅宽公差/mm	−0/+20		−0/+20		−0/+20		−0/+20		−0/+20		−0/+20	

项目	APP1800		APP2000		APP2500		APP3000		APP3200	
	经向	纬向	经向	纬向	经向	纬向	经向	纬向	经向	纬向
断裂强度(≥)/(N·mm^{-1})	2 160	190	2 400	190	3 000	190	3 600	270	3 800	270
断裂伸长率(≤)/%	5.0	45	5.0	45	5.0	45	5.0	45	5.0	45
10%定负荷伸长率(≤)/%	1.0		1.0		1.0		1.0		1.0	
干热收缩(≤)/%	1.0	1.0	1.0	1.0	1.0	1.0	1.0	1.0	1.0	1.0
黏合强度(≥)/(N·mm^{-1})	7.8		7.8		7.8		7.8		7.8	
平方米干重(≤)/(g·m^{-2})	2 260		2 720		3 160		3 760		4 070	
厚度/mm	3.1±0.20		4.1±0.20		4.5±0.20		4.8±0.20		5.8±0.20	
幅宽公差/mm	−0/+20		−0/+20		−0/+20		−0/+20		−0/+20	

注：非标准规格产品技术条件指标可根据客户要求协商。

浸胶芳纶直经直纬帆布的外观质量技术条件见表 1.2.2－72。

表 1.2.2－72　浸胶芳纶直经直纬帆布外观质量技术条件

项目	单位	技术条件指标	评价方法
断经		不允许	6.4
油污疵点		不允许	6.4
色泽不均匀		不允许	6.4
经线接头		不允许	6.4
浆斑（4～10 cm^2）	个/200 m	≤5	6.4

黏合强度的试验胶料配方见表 1.2.2－73。

表 1.2.2－73　黏合强度的试验胶料配方

序号	原料	质量/g
1	1 号天然生胶	90.0
2	丁苯橡胶 SBR 1500	10.0
3	硬脂酸	2.0
4	氧化锌（含锌量≥99.7%）	8.0
5	硫化促进剂 MBTS(DM)	1.2
6	硫化促进剂 TMTD	0.03
7	N330 炭黑	35.0
8	黏合剂 A	0.8
9	黏合剂 RS	0.96
10	硫黄	2.5
合计		150.49

硫化条件：硫化温度（150±2）℃，硫化时间 25 min，硫化压力 3 MPa。

山东海龙博莱特化纤有限公司生产的直经直纬浸胶帆布，以芳纶为直经，以尼龙为纬线和细经，可以代替钢丝作输送带、油田采油机上代替钢丝绳作传动带。其典型技术指标见表 1.2.2－74。

表 1.2.2－74　直经直纬浸胶帆布典型技术指标

项目	DEP－1000		DEP－1250		DEP－1600		DEP－2000		DEP－2500	
	经向	纬向	经向	纬向	经向	纬向	经向	纬向	经向	纬向
断裂强度平均值(≥)/($N \cdot mm^{-1}$)	1 100	135	1 350	165	1 700	205	2 150	245	2 700	285
定负荷伸长率(≤)/%	1.6	—	1.6	—	1.6	—	1.6	—	1.6	—
断裂伸长率(≤)/%	5	40	5	40	5	40	5	40	5	40
干热收缩率(≤)/%	1.5	0.5	1.5	0.5	1.5	0.5	1.5	0.5	1.5	0.5
干重/($g \cdot m^{-2}$)	1 370×(1.00±0.03)		1 920×(1.00±0.03)		2 340×(1.00±0.03)		2 900×(1.00±0.03)		3 650×(1.00±0.03)	
厚度/mm	2.00±0.15		2.40±0.15		2.60±0.15		2.90±0.15		3.20±0.15	
黏着强度(≥)/($N \cdot mm^{-1}$)	7.8									

（二）E（P）P

E（P）P 的直经为涤纶，纬线和细经为尼龙。其典型技术指标见表 1.2.2－75。

表 1.2.2－75　E（P）P 典型技术指标

型号	平方米质量/($g \cdot m^{-2}$)	OLBO 型号	断裂强度/($N \cdot mm^{-1}$)		断裂伸长率/%	厚度/mm
			经向	纬向		
E（P）P200	500	EPP053.22A	220	45	19	1.45
E（P）P250	800	EPP090.14A	300	45	19	1.60
E（P）P315	1060	EPP098.22A	375	45	19	1.80

续表

型号	平方米质量/(g·m⁻²)	OLBO 型号	断裂强度/(N·mm⁻¹)		断裂伸长率/%	厚度/mm
			经向	纬向		
E (P) P400	1340	EPP124.08A	500	70	19	2.00
E (P) P600	1600	EPP139.07A	600	70	19	2.30
E (P) P630	1750	EPP154.06A	700	66	21	2.80
E (P) P800	2100	EPP199.02A	820	145	21	2.95
E (P) P1000	2760	EPP250.02A	1055	105	21	3.70
E (P) P1200	3200	EPP300.11A	1320	200	21	4.10
E (P) P1400	3400	EPP301.02A	1480	100	21	4.15
E (P) P1600	4400	EPP372.01A	1630	100	21	5.40
E (P) P1800	4400	EPP380.04A	1800	140	21	5.40

注：本表技术指标引自德国 OLBO 公司，详见《橡胶原材料手册》，于清溪、吕百龄等编写，化学工业出版社，2007 年 1 月第 2 版，P649 表 3-20-6。

6.3.10 PVC 轻型输送带用单丝帆布

PVC 轻型输送带用单丝帆布的典型物理性能指标见表 1.2.2-76。

表 1.2.2-76 PVC 轻型输送带用单丝帆布的典型物理性能指标

项目	EE—70/MO		EE—80/MO	
	经向	纬向	经向	纬向
纤维类型	涤纶纤维	涤纶单丝	涤纶纤维	涤纶单丝
规格/dtex	1 100/1	直径 0.25 mm	1 100/1	直径 0.28/0.30 mm
组织结构	平纹	平纹	平纹	平纹
密度/[根·(10 cm)⁻¹]	138±2	120±2	172±2	128±2
断裂强度(>)/[daN·(5 cm)⁻¹]	425	125	460	180
断裂伸长率/%	30±3	42±4	33±4	40±4
干重/(g·m⁻²)	265±10		340±15	
厚度/mm	0.45±0.05		0.50±0.05	

注：本表数据引自德国 WALRF 公司，详见《橡胶原材料手册》，于清溪、吕百龄等编写，化学工业出版社，2007 年 1 月第 2 版，P650 表 3-20-9 (a)、(b)。

6.3.11 输送带用浸胶涤棉帆布

HG/T 4235—2011《输送带用浸胶涤棉帆布》适用于输送带用普通浸胶涤棉帆布、耐热浸胶涤棉帆布，其他橡胶制品用浸胶涤棉帆布也可参照适用。

输送带用普通浸胶涤棉帆布、耐热浸胶涤棉帆布的物理性能指标见表 1.2.2-77。

表 1.2.2-77 输送带用普通浸胶涤棉帆布、耐热浸胶涤棉帆布的物理性能指标

项目	通浸胶涤棉帆布		耐热浸胶涤棉帆布	
	经向	纬向	经向	纬向
断裂强度平均值(≥)[N·(5 cm)⁻¹]	3 500	1 600	3 500	1 600
断裂伸长率(≥)/%	15	15	15	15
10%定负荷伸长率(≤)/%	2.0	—	2.0	—
干热收缩率 (150 ℃×30 min)(≤)/%	2.5	0.5	2.5	0.5
黏合强度(≥)/(N·mm⁻¹)	4.5		5.0	
平方米干重/(g·m⁻²)	630±50		670±50	
含水率(≤)/%	2.0		2.0	
厚度/mm	1.30±0.10		1.30±0.10	
幅宽/mm	(800～1 600)±10		(800～1 600)±10	

剥离力测定贴胶配方：20＃标准胶 20.0、丁苯 1502 80.0、氧化锌（含锌量≥99.97%）5.0、硬脂酸 2.0、促进剂

MBTS（DM）1.5、促进剂 TT 0.2、防老剂 BLE 2.0、松焦油 6.0、通用炭黑 30.0、半补强炭黑 15.0、树脂（古马隆）8.0、硫黄 2.3，合计 172.5。硫化条件：150 ℃×25 min。测试剥离力时等速拉伸速度为（100±10）mm/min。

6.3.12　输送带整体织物带芯

带芯是输送带重要的骨架材料，它所用的原料和结构直接影响输送带的性能，如承载能力、强力、伸长等。由于普通输送带用的整体织物带芯采用的原料类型较多，如锦纶 6、锦纶 66、涤纶和芳纶等；在我国织物带芯所用的纤维材料一般为涤纶、锦纶和棉纤维，其他高性能纤维材料在我国的骨架材料中几乎没有商业应用，行业内一般参考 MT317－2002《煤矿用输送带整体织物带芯》标准。

锦纶的耐疲劳性能好、耐磨性好、强度高、寿命长，用锦纶制成的输送带带体薄、强力高、抗冲击性能好，但是由于其模量小，纵向定负荷伸长率大，导致了输送带的“跑长”，因此锦纶织物芯只适用于短距离的输送带。锦纶在输送带中应用的主要是锦纶 6 和锦纶 66，锦纶 66 的耐热性能好，可以用于高性能和高品质的输送带中。

涤纶制成的输送带带体模量高、伸长率小、抗冲击性能好，主要用于输送距离大、要求尺寸稳定性好的输送带，但是涤纶带芯的软化点为 238～240 ℃，只能用于输送 200 ℃以下的物料。

玻璃纤维带芯耐热性能好、尺寸稳定性好、强力高、耐高温，在 300 ℃高温中应用短时间内不受影响，经 24 h 后强度下降 20%，在 480 ℃时强度仅下降 30%，846 ℃熔融，能输送 200～800 ℃的高温物料。但是玻璃纤维的刚性大，在织造时有一定难度，所以应用还很少。

芳纶具有许多优异的力学性能与热学稳定性，它的强度是同等尺寸钢丝的 5 倍，模量是钢丝与玻璃纤维的 2～3 倍，而重量却只有钢丝的五分之一～六分之一，伸长比锦纶和涤纶都小，分解温度在 500 ℃以上，耐热、难燃，收缩率与蠕变率近似于无机纤维，抗腐蚀性好，尺寸稳定性好，芳纶输送带在保持不低于普通纤维输送带带体强度的情况下质量可减少 30%～600%，是输送带的新型理想骨架材料，但是芳纶的刚性大，在受到反复的拉伸压缩后纤维易断裂，大大缩短了其使用寿命。

1. 普通输送带用整体织物带芯

整体带芯是输送带专用的骨架材料，又称为紧密结构织物，是由经纱和纬纱多层斜行交织而成的结构复杂的织物。整体带芯是不分层的结构，综合性能优于多层带芯。整体带芯的抗层间剪切的能力强，有承受瞬间巨大冲击的能力，机械接头的强度高。

为了提高整体带芯性能，通过改性手段改变锦纶和涤纶分子链的结构来提高强力、改善尺寸稳定性。鼓励实用新型材料如碳纤维、玻璃纤维、芳纶纤维，以获得性能优越、轻质的产品。

一条长 200 m、宽 1 050 mm、带芯受力线为 3 层的带芯，由其经线材质为聚酯纤维、纬线材质为聚酰胺纤维的受力线构成，经向全厚度拉伸强度为 800 N · mm^{-1}，具体见标记示例：

200　SW　(3)　E　P　800　1050

- 1050——带芯宽度
- 800——带芯经向公称全厚度拉伸强度
- P——带芯纬线受力线材质为聚酰胺纤维
- E——带芯经线受力线材质为聚酯纤维
- (3)——带芯受力线层数
- SW——整体织物带芯
- 200——带芯长度

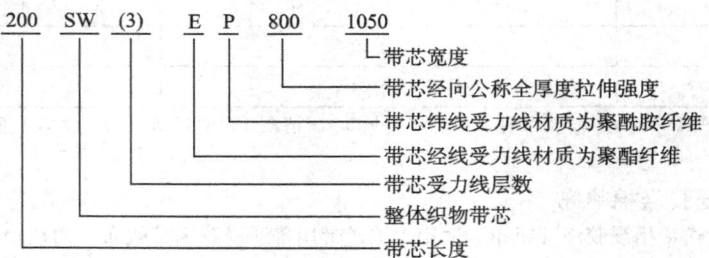

带芯经向受力线可按强力级别要求选用聚酰胺或聚酯等纤维，带芯纬向受力线应采用聚酰胺纤维或具有比聚酰胺纤维更高强度且更大拉伸变形性能的纤维。带芯材质的字母代号为：B—棉纤维；P—聚酰胺纤维；E—聚酯纤维；D—芳香族聚酰胺纤维。

带芯由一层或多层整体织物带芯构成。带芯的层数应符合表 1.2.2－78 的规定。

表 1.2.2－78　不同带芯型号对应层数

项目	规格型号									
	400	500	630	800	1000	1250	1400	1600	1800	2000
层数(≤)	3				4					

带芯的棉纤维含量应符合表 1.2.2－79 的规定。

表 1.2.2－79　带芯棉纤维含量

项目	规格型号									
	400	500	630	800	1000	1250	1400	1600	1800	2000
经向(≥)	20%				15%	10%				
纬向(≥)	45%							35%		25%

带芯的宽度可由供、需双方协商确定，带芯宽度极限偏差指标应符合表 1.2.2-80 的规定。

表 1.2.2-80 带芯宽度极限偏差

项目	带芯宽度	
	≤1 000 mm	>1 000 mm
极限偏差	±10 mm	±1%

带芯的单卷长度由供需双方商定，每卷带芯长度的极限偏差为总长度的±0.5%，中间不应拼接。

带芯经、纬向全厚度拉伸强度和受力线断裂伸长率应符合表 1.2.2-81 的规定。

表 1.2.2-81 带芯经、纬向全厚度拉伸强度和受力线断裂伸长率

项目	单位	规格型号									
		400	500	630	800	1000	1250	1400	1600	1800	2000
经向全厚度拉伸强度(≥)	N/mm	500	600	800	960	1 380	1 776	1 954	2 398	2 640	3 000
经向受力线断裂伸长率(≥)	%	10									
纬向全厚度拉伸强度(≥)	N/mm	360				480	530	560			670
纬向受力线断裂伸长率(≥)	%	18									

2. PVC 输送带整体带芯

PVC 输送带整体带芯典型物理性能指标见表 1.2.2-82。

表 1.2.2-82 PVC 输送带整体带芯典型物理性能指标

型号	规格	干重/(g·m^{-2})	断裂强度/(N·mm^{-1})		厚度/mm	层数
			经向	纬向		
500	PBPb、EBPb	1 860～2 400	560～600	150～180	6～7	3
630	EBPb、EpBPb	2 560～3 200	720～800	280～450	7～8	3
800	PBPb	3 300～3 900	840～1 060	430～560	8～9	3
	EBPb					3
	EpBPb					3
1000	PBPb	3 600～4 200	1 050～1 300	430～550	9～10	3
	EBPb					3
	EpBPb					4
	EPBPb					4
1250	EBPb	4 800～5 600	1 400～1 600	500～600	10～11	4
	EpBpb					4
	EPBPb					4
1600	EBPb	6 000～7 300	1 900～2 100	600～800	12～13	4
	EpBPb					5
2000	EBPb	7 500～8 300	2 300～2 500	590～740	14～16	4
	EpBPb					5

注：[a] 本表数据引自德国 OLBO 公司，详见《橡胶原材料手册》，于清溪、吕百龄等编写，化学工业出版社，2007 年 1 月第 2 版，P650 表 3-20-11。

[b] P—尼龙，B—棉线，E—涤纶；大写为经线、纬线，小写为吊线（细经）。

6.3.13 V 带用涤棉布

（略）

6.3.14 传动带用广角布

用于三角传动带的广角包布能有效延长三角带的使用寿命，广角布属于平纹组织织物，其外观不同于普通帆布的两组纱线成 90°的垂直相交，而是两组纱线成 120°或 60°相交织，在 120°角的方向具有很大的延展性，而在 60°角方向具有很高的强度。用来作多楔带和农机带的外包层，使其 120°角的中线和传动带的长度方向一致包覆，制成的传动带柔软耐正反屈曲，其表现出卓越的耐反向屈挠疲劳及耐磨性，用广角涤棉帆布作外包的传动带，在寿命试验中其包布磨损寿命可以提高 120%以上，带体综合寿命也提高了一倍多。

传动带用广角布的供应商有：浙江国力纺织有限公司等。

6.3.15　同步齿形带用弹力布

同步带骨架材料一般用玻璃纤维、芳纶等高模量材料，带齿表面一般采用尼龙 66 高弹力布擦氯丁胶做保护。

齿形带用弹力布的供应商有：浙江国力纺织有限公司等。

6.3.16　橡胶水坝用浸胶水坝布

（略）

6.4　帆布的供应商

橡胶用帆布的供应商有：青州众成化纤制造有限公司、山东海龙博莱特化纤有限责任公司、无锡市太极实业股份有限公司、浙江国力纺织有限公司、泰州市泰帆工业用布有限公司、亚东工业（苏州）有限公司、烟台泰和新材料股份有限公司等。

七、其他骨架增强材料

7.1　无纺布

由于帆布编织时比较致密，贴胶、擦胶工艺时胶料渗入织物中比较困难，近年来无纺布的应用受到普遍重视，如用于轮胎子口包布等。

7.2　鞋用网眼布

随着行业发展和消费观念的改变，各种新型材料越来越多的应用于制鞋工业，网眼布就是其中最重要的品种之一。由于网眼布具有透气、轻便、价廉等优点，网眼布已成为制鞋行业普遍大量使用的主要材料之一，在鞋帮面上大面积应用网眼布材料，特别是运动鞋和休闲鞋等产品的使用情况更为广泛。

网眼布按产品用途分为帮面用网眼布和衬里用网眼布。

网眼布外观质量要求见表 1.2.2－83。

表 1.2.2－83　鞋用网眼布外观质量

项目	帮面用网眼布	衬里用网眼布
破损	不应有	不应有
网眼规格	均匀一致	均匀一致
色差	≥4 级	轻微，不影响美观
平整度	平整无褶皱，厚度均匀	平整无褶皱，厚度均匀
表面整洁度	无明显抽纱或断纱、起毛（球）、污染和杂质	无明显抽纱或断纱、起毛（球）、污染和杂质

注：[a] 色差根据 GB/T 3920—2008 纺织品 色牢度试验的方法进行计算。

[b] 以上针对同一件（卷）布，未列入的外观质量问题由供需双方协商解决。

网眼布物理性能技术要求见表 1.2.2－84。

表 1.2.2－84　鞋用网眼布物理性能

项目	单位	技术要求	
		帮面用网眼布	衬里用网眼布
拉力（经/纬）	N/2.5 mm	≥200/250	≥150/200
伸长率（经/纬）	%	≥50～80/90～130	≥70～120/100～150
撕裂力（经/纬）	N	≥50/65	≥50/65
耐磨性能（干法）	次	≥5 万次（无破损）	≥4 万次（无破损）
可绷帮性	N	≥300	≥280
耐折性能	次	≥4 万次（无起毛、断纱和破损）	≥3 万次（无起毛、断纱和破损）
缝合强度	$N \cdot mm^{-1}$	≥5	≥4
耐黄变[a]	级/6 h	≥4	≥4
摩擦色牢度[b]	级	干摩擦≥4.0，湿摩擦≥3.5	干摩擦≥4.0，湿摩擦≥3.5

注：[a] 只对白色或浅色材料进行试验。

[b] 只对深色材料进行试验。

7.3　复合织物

主要是镀铜钢帘线（或镀锌钢丝绳）与浸胶纤维以绞编方式编织而成的整体织物。复合织物多用于运输矿砂、水泥的胶带，通常分为全钢丝织物，纤维纬线织物（经线为钢丝帘线，纬线为聚酯帘线）和纤维经线织物（纬线为钢丝帘线，经线为尼龙帘线）。

纤维经线织物有两种类型：普通型，其经线为尼龙帘线，纬线为普通钢丝帘线；专用型，其经线为尼龙帘线，纬线为高伸长钢丝帘线。钢丝帘线作为保护层，比普通帆布输送带具有耐剥离、耐冲击的性能。

纤维纬线织物，其经线采用高伸长钢丝帘线，纬线一般采用涤纶帘线，用纤维纬线织物制造的输送带一般用于输送距离较长，耐剥离和耐冲击要求不太高的场合，如输送矿砂、水泥等。

全钢丝织物，其经线和纬线均使用高伸长钢丝帘线，使用这种织物的输送带具有优异的耐切割和抗冲击性能。

7.3.1　输送带用耐撕裂浸胶钢帘子布

（略）

橡胶用复合织物供应商见表 1.2.2 - 85。

表 1.2.2 - 85　橡胶用复合织物供应商

供应商	型号	规格	镀层	钢丝破断力（≥）/N	横向强度范围/（N·mm⁻¹）	纬向间距/mm	经向间距/mm	产品宽度/mm	产品长度/（m·卷⁻¹）
天津市宏隆织物厂	BN—HE	3×4×0.22	铜	940	30～370	2～25	12～15	240～3 000	30～300
		3×7×0.20	铜	1 360	50～540				
		3×7×0.22	铜	1 650	60～660				
		4×7×0.25	铜	3 025	120～750				
		1×7×0.33	锌	1 080	40～400				
	BN—RE	2+2×0.25	铜	560	20～220				
		2+2×0.38	铜	980	35～390				
		3×0.2+6×0.35	铜	1 850	70～740				

橡胶用复合织物供应商还有：邢台国邦特钢有限公司等。

第三章　交联剂、活性剂、促进剂

第一节　概　　述

一、硫黄交联体系

橡胶的硫化反应机理非常复杂，除生成硫黄交联键外，还存在环化、主链改性等副反应。据相关文献报道，天然橡胶单纯用硫黄硫化的硫化胶结构如图 1.3.1－1 所示。

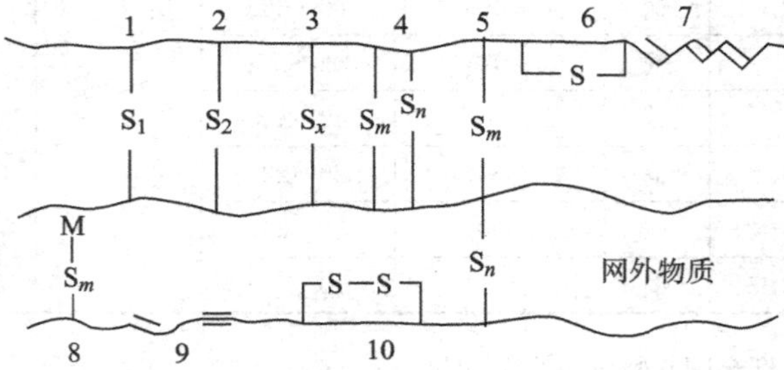

1—单硫交联键；2—双硫交联键；3—多硫交联键（x=3～6）；4—连位交联键（m、n=1～6）；5—双交联键；6—分子内一硫环化物；7—共轭三烯；8—侧挂基团；9—共轭双烯；10—分子内二硫环化物；M—其他基因

图 1.3.1－1　天然橡胶单纯用硫黄硫化的硫化结构

表 1.3.1－1　硫化胶[a]的结构分析

硫化时间/h	网络中的结合硫/%	交联密度[b]/（$1/2M_C^{-1}\times10^5$）	交联效率[c] E	每个交联键中的平均硫原子数	环状结合硫/%
2	1.68	1.0	53	12～13	76～77
4	3.46	2.1	53	16	79～81
7	5.93	4.2	47	7～8	83～85
24	8.89	7.1	43	2～3	93～95

注：[a] 配方为 NR 100、硫黄 10，硫化温度 140 ℃；详见《现代橡胶工艺学》，杨清芝主编，中国石化出版社，1997 年 6 月第 1 版第 1 次印刷，P91 表 2－2；

[b] 交联密度，就是单位体积交联点数目，≈$1/(2M_C)$，交联相对分子质量 M_C 指两个交联点之间链段的平均相对分子质量；交联密度可以以化学法、力学法、平衡溶胀法测得；

[c] 交联效率 E=摩尔结合硫黄/克硫化胶/(摩尔交联键/克硫化胶)＝硫黄原子数/交联键数。

无促进剂的硫黄硫化交联效率很低，在硫化初期生成一个交联键需要 53 个硫原子，在硫化后期也仍需要 43 个硫原子才能生成一个交联键，在硫化胶中有大量一硫环化物。随着硫化时间的增加，硫化胶中结合硫的数量、交联密度以及交联效率都增加，而多硫交联键变短，即每个交联键中的硫原子数减少，环化结构的结合硫含量增高。有研究表明，环化结构的硫和交联键中多余的硫使硫化胶的耐老化性能变差。因而，发展了含有促进剂、活性剂的硫黄硫化体系，包括普通硫黄硫化体系、有效硫化体系、半有效硫化体系、高温快速硫化体系等。硫黄硫化的反应机理见图 1.3.1－2。

普通硫黄硫化体系（CV），是指二烯类橡胶通常硫黄用量范围的硫化体系。普通硫黄硫化体系得到的硫化胶网络中 70%以上是多硫交联键（—S_x—），具有较高的主链改性。其特点是硫化胶具有良好的初始疲劳性能，室温条件下具有优良的动静态性能，最大的缺点是不耐热氧老化，硫化胶不能在较高温度下长期使用。对 NR，一般促进剂的用量为 0.5～0.6 份，硫黄用量为 2.5 份。

有效硫化体系（EV）一般采取的配合方式有两种：(1) 高促、低硫配合，提高促进剂用量（3～5 份），降低硫黄用量（0.3～0.5 份），促进剂用量/硫黄用量＝(3～5)/(0.3～0.5)≥6；(2) 无硫配合，即硫载体配合，如采用 TMTD 或 DTDM（1.5～2 份）作为硫化剂。有效硫化体系的特点是硫化胶网络中单 S 键和双 S 键的含量占 90%以上；硫化胶具有较高的抗热氧老化性能；起始动态性能差，用于高温静态制品如密封制品、厚制品、高温快速硫化体系。

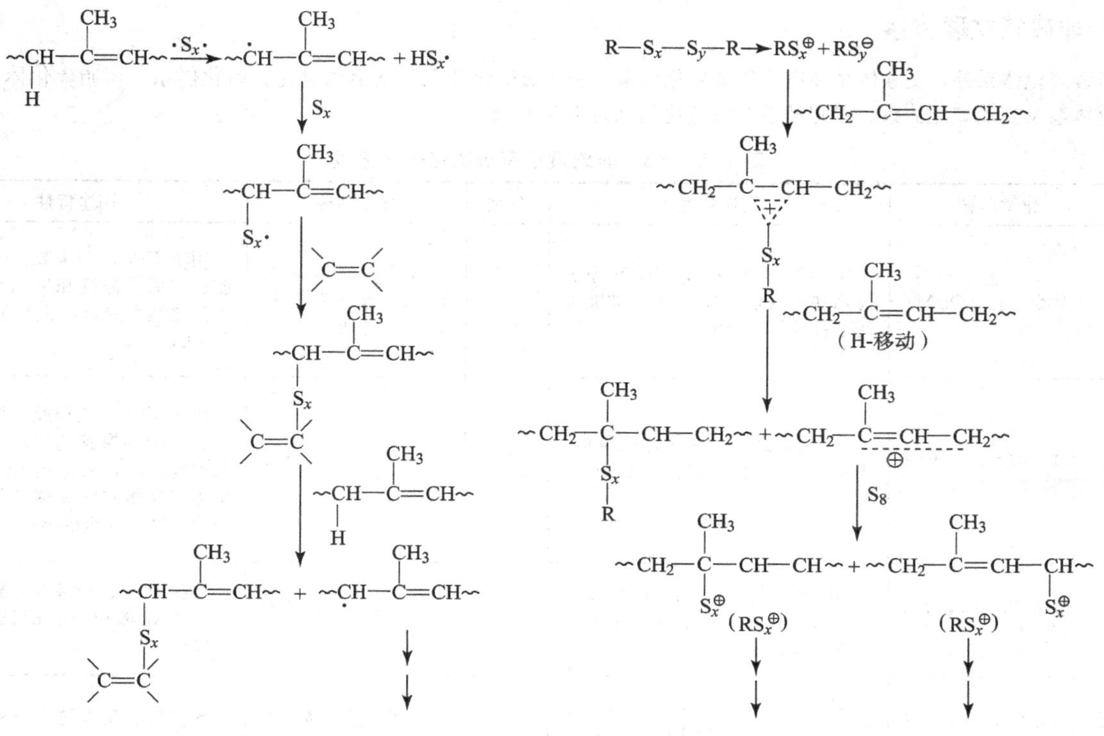

硫黄硫化的自由基反应机理　　硫黄硫化的离子反应机理

图 1.3.1-2　硫黄硫化的反应机理

半有效硫化体系（SEV），是一种促进剂和硫黄的用量介于 CV 和 EV 之间的硫化体系，所得到的硫化胶既具有适量的多硫键，又有适量的单、双硫交联键，从而综合平衡了硫化胶的抗热氧老化和动态疲劳性能，主要用于有一定的使用温度要求的动静态制品。一般采取的配合方式有两种：(1) 促进剂用量/硫用量＝1.0/1.0＝1（或稍大于 1)；(2) 硫与硫载体并用，促进剂用量与 SEV 中一致。

NR、SBR 的三种硫化体系配合见表 1.3.1-2。

表 1.3.1-2　NR、SBR 的普通硫黄硫化体系、有效硫化体系与半有效硫化体系[a]

NR 的普通硫黄硫化体系、有效硫化体系与半有效硫化体系						SBR 的普通硫黄硫化体系、有效硫化体系与半有效硫化体系			
配方成分	CV	EV		SEV		配方成分	CV	EV	SEV
		高促低硫	无硫配合	高促低硫	硫\硫载体并用				
S	2.5	0.5	—	1.5	1.5	S	2.0	—	1.2
NOBS	0.6	3.0	1.1	1.5	0.6	TBBS(NS)	1.0	1.0	2.5
TMTD	—	0.6	1.1	—	—	TMTD	—	0.4	—
DTDM	—	—	1.1	—	0.6	DTDM	—	2.0	—
交联剂类型与硫化胶结构成分									
$-S_1-$,%	0−10	40～50		0～20		$-S_1-$,%	30～40	80～90	50～70
$-S_2-$,% $-S_x-$,%	90−100	50～60		80～100		$-S_2-$,% $-S_x-$,%	60～70	10～20	30～50

注：a　$-S_1-$表示单硫交联键，$-S_2-$表示双硫交联键，$-S_x-$表示多硫交联键，详见《现代橡胶工艺学》，杨清芝主编，中国石化出版社，2003 年 7 月第 3 次印刷，P119～120 表 2-21、表 2-22。

平衡硫化体系（Equilibrlun Cure，简称 EC），是指用 Si69 四硫化物在与硫黄、促进剂等物质的量比条件下使硫化胶的交联密度处于动态常量状态，把硫化返原降低到最低程度或消除了返原现象，于 1977 年由 S. Woff 发现。平衡硫化体系(EC) 的硫化胶与 CV 硫化胶的不同之处在于：在较长的硫化周期内，其交联密度是恒定的。因而 EC 体系赋予硫化胶优良的耐热氧老化性能和耐疲劳性能，具有高强度、高抗撕裂性和生热低等优点，因此在需长寿命耐动态疲劳的制品如工程巨胎等方面有重要应用。

二、非硫黄交联体系

除硫黄硫化体系外，交联体系还有非硫黄硫化体系。非硫黄硫化体系包括金属氧化物硫化体系、树脂硫化体系、过氧化物硫化体系及其他硫化体系。非硫黄系有机硫化剂见表 1.3.1－3。

表 1.3.1－3　非硫黄系有机硫化剂一览表

分类	化学名称	用途特性	分类	化学名称	用途特性
醌二肟类	对醌二肟（QDM）	IIR 用，与铅丹或 MBTS 等氧化剂并用效果更佳，FDA 批准可用于各种 IIR 制品	有机过氧化物	2，5－二甲基－2，5－二（叔丁基过氧基）－3－己炔	用于 EPR、硅橡胶、聚氨酯橡胶、二烯类橡胶和聚乙烯，可改善汽化性和臭味，但交联效率不如 DCP
	对，对－二苯甲酰苯醌二肟（BQDM）	IIR 用，比 CM 硫化速度稍慢，不易焦烧，使用方便（FDA 批准）		1，4－双叔丁基过氧二异丙基苯	用于 EPR、硅橡胶、聚氨酯橡胶、二烯类橡胶和聚乙烯，若交联温度高时，用量比 DCP 少 1/3 即可得到相同的交联效果，焦烧安全性好，臭味也小
硫化用树脂	烷基苯酚甲醛树脂（活化型）	IIR 用树脂硫化剂，耐热性优异，易于硫化，需添加卤化弹性体或金属卤化物		叔丁基过氧化碳酸异丙酯	用于 EPR、硅橡胶、聚氨酯橡胶、二烯类橡胶、EVA 树脂的交联
	溴化烷基苯酚甲醛树脂（活化型）	IIR 用树脂硫化剂，不需添加起硫化促进作用的卤化弹性体或金属卤化物，加工性及耐老化性好	多胺类	六亚甲基二胺氨基甲酸盐（HMDAC）	氟橡胶、聚丙烯酸酯橡胶和氯化聚乙烯的硫化剂
有机过氧化物	1，1－双（二叔丁基过氧基）－3，3，5－三甲基环己烷	对 EPR、硅橡胶、聚氨酯橡胶、二烯类橡胶、EVA 树脂的交联有效，比其他过氧化物交联温度低，且臭味小		*N*，*N′*－二肉桂叉－1，6－己二胺（DCMDA）	用途与 HMDAC 相同，加工安全性好
	二叔丁基过氧化物	适于厚制品硫化，拉伸强度、伸长率和压缩永久变形等性能好（FDA 批准）		亚甲基双邻氯苯胺（MOCA）	聚氨酯橡胶硫化剂，环氧树脂固化剂
	叔丁基异丙苯基过氧化物	用于 EPR、硅橡胶、聚氨酯橡胶、二烯类橡胶、聚乙烯的交联，但有挥发性，有难闻臭味	其他	六氟异丙叉二苯酚（HFPBP）	氟橡胶硫化剂
	过氧化二异丙苯	对 EPR、硅橡胶、聚氨酯橡胶、二烯类橡胶、聚乙烯可产生牢固交联，赋予硫化胶以优异的透明性、耐热性和耐压缩永久变形性。交联效率高，挥发性低，但硫化中产生难闻臭味并容易残留在制品中（FDA 批准）		二羟基苯酮（PHBP）	氟橡胶硫化剂
				苄甲基三苯基氯化磷（BTPPC）	氟橡胶硫化剂，与 HFPBP、PHBP 并用
	2，5－二甲基－2，5－二（叔丁基过氧基）己烷	用于 EPR、硅橡胶、聚氨酯橡胶、二烯类橡胶和聚乙烯，可改善汽化性和臭味，但交联效率不如 DCP		苯甲酰胺	ACM 硫化剂，特别适用于不含氯的类型，硫化速度快

注：详见《橡胶工业手册．第三分册．配方与基本工艺》，梁星宇等编写，化学工业出版社，1989 年 10 月（第 1 版，1993 年 6 月第 2 次印刷），P68 表 1－57。

非硫黄硫化体系交联反应机理见表 1.3.1－4。

各种橡胶用主要硫化体系见表 1.3.1－5。

表 1.3.1－4　非硫黄硫化体系交联反应机理

交联体系	交联反应机理	适用橡胶	一般用量
有机过氧化物交联	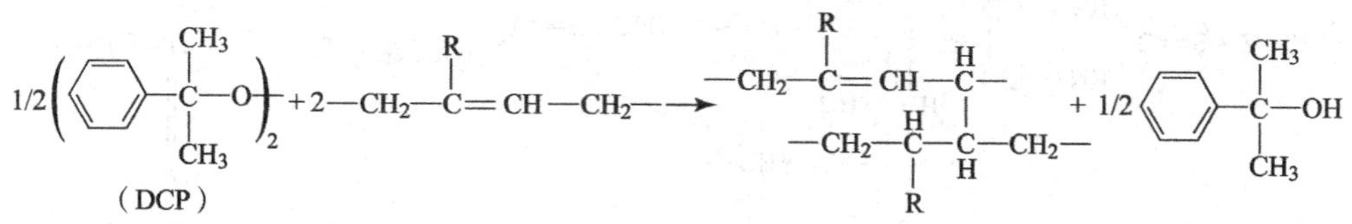 $1/2\left(\text{C}_6\text{H}_5-\overset{\text{CH}_3}{\underset{\text{CH}_3}{\text{C}}}-\text{O}-\right)_2 + 2\,-\text{CH}_2-\overset{R}{\text{C}}=\text{CH}-\text{CH}_2- \longrightarrow -\text{CH}_2-\overset{R}{\text{C}}=\text{CH}-\text{CH}_2- \cdots + 1/2\,\text{C}_6\text{H}_5-\overset{\text{CH}_3}{\underset{\text{CH}_3}{\text{C}}}-\text{OH}$ （DCP）	二烯类橡胶、氯化聚乙烯橡胶、EVM、聚醚橡胶、丙烯酸酯橡胶、硅橡胶、氟橡胶、聚氨酯橡胶	1.0～3.0
金属氧化物交联	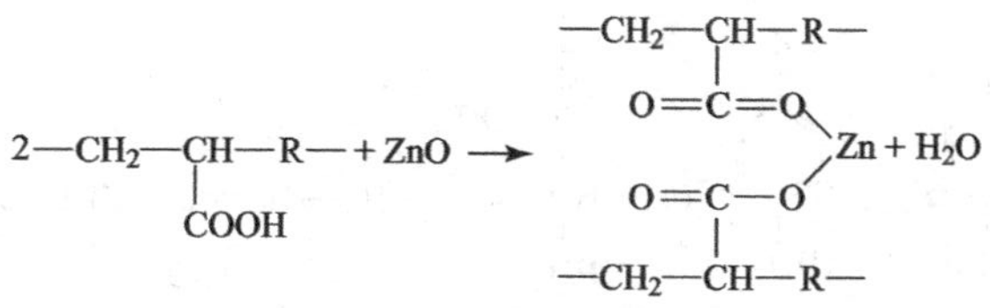 $2\,-\text{CH}_2-\overset{\text{COOH}}{\text{CH}}-\text{R}- + \text{ZnO} \longrightarrow -\text{CH}_2-\text{CH}-\text{R}-\ \text{(O=C-O-Zn-O-C=O)}\ -\text{CH}_2-\text{CH}-\text{R}- + \text{H}_2\text{O}$	氯磺化聚乙烯、聚醚橡胶	5～40
多胺类交联	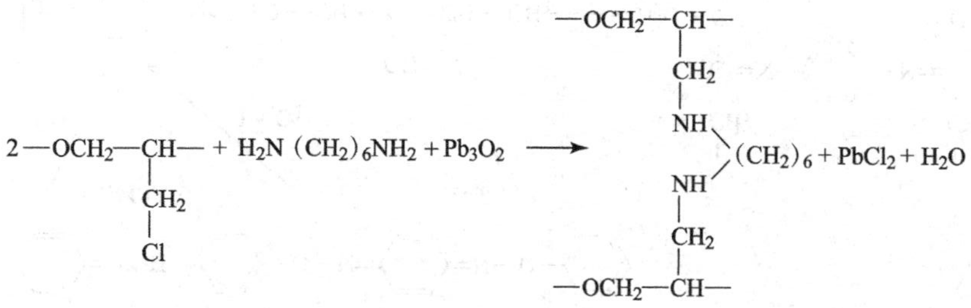 $2\,-\text{OCH}_2-\overset{\text{CH}_2\text{Cl}}{\text{CH}}- + \text{H}_2\text{N}(\text{CH}_2)_6\text{NH}_2 + \text{Pb}_3\text{O}_2 \longrightarrow -\text{OCH}_2-\text{CH}-\text{CH}_2-\text{NH}-(\text{CH}_2)_6-\text{NH}-\text{CH}_2-\text{CH}-\text{OCH}_2- + \text{PbCl}_2 + \text{H}_2\text{O}$	氟橡胶、丙烯酸酯橡胶、聚氨酯橡胶、聚醚橡胶	0.75～2.0

续表

交联体系	交联反应机理	适用橡胶	一般用量
醌二肟类交联	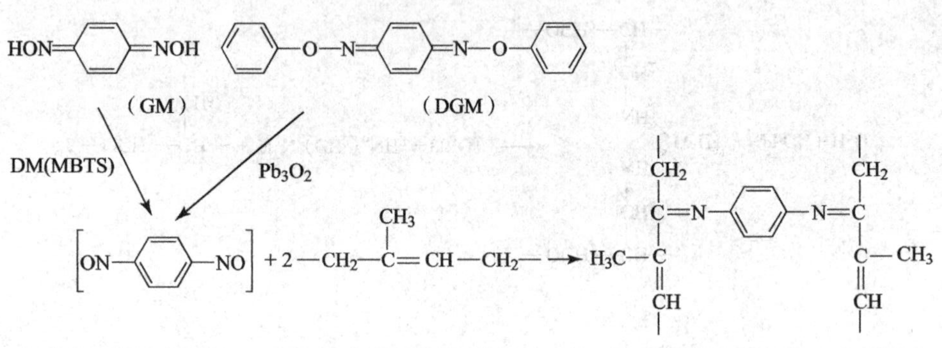	二烯类橡胶、丁基橡胶、乙丙橡胶、聚硫橡胶	GM：1～8， MBTS(DM)：1～6， DGM：1～10， 铅丹：5～20
树脂交联	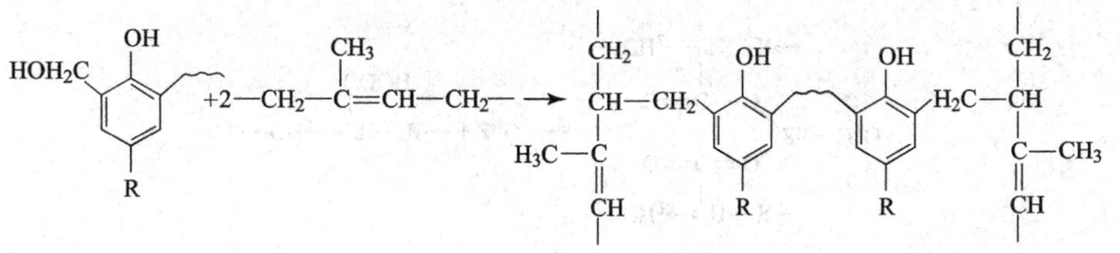	丁基橡胶、聚醚橡胶、乙丙橡胶	5～12
乙撑硫脲交联	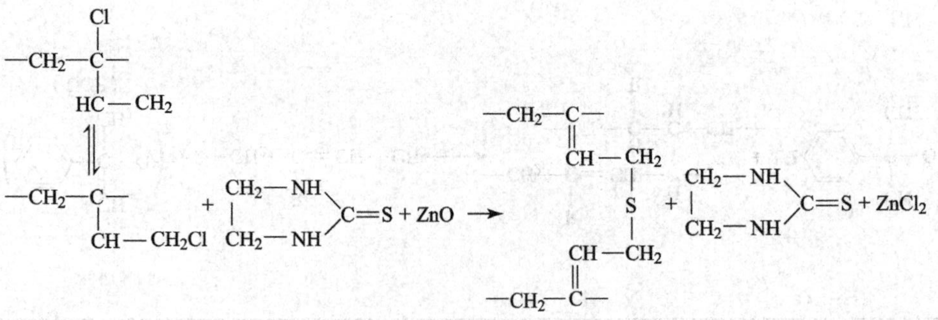	氯丁橡胶、氯磺化聚乙烯、聚醚橡胶	0.25～1.0

表 1.3.1-5　各种橡胶用主要硫化体系

项目	硫黄硫化体系	过氧化物	金属氧化物	多官能胺	对醌二肟	羟甲基树脂	氯化物	偶氮化合物	聚异氰酸酯	金属硅化合物	放射线
二烯类橡胶	√	√			√		√		√		√
氯丁橡胶	(√)		√								
丁基橡胶					√	√					
乙丙橡胶	√ (EPDM)	√			√	√					
乙烯/乙酸乙烯酯橡胶		√									√
硅橡胶	(√)	√						(√)	√		√
聚氨酯橡胶	√	√		√						√	
氯磺化聚乙烯			√			(√)					
氟橡胶 (CFM)		√		√							
氯醚橡胶			√								
聚丙烯酸酯橡胶		√		√							
羧基橡胶			√			√					
乙烯基吡啶橡胶							√				
氯化聚乙烯	√	√									
聚硫橡胶		√			√						

注：1. 详见《橡胶工业手册．第三分册．配方与基本工艺》，梁星宇等编写，化学工业出版社，1989 年 10 月（第 1 版，1993 年 6 月第 2 次印刷），P88 表 1-77。
2. (√) 可作硫化剂，但未工业化。

三、硫化方法与硫化体系的新发展

3.1　高温硫化

新近发展的注射硫化、电缆连续硫化和超高频硫化等，都建立在高温快速硫化的基础上。随着硫化温度升高，正硫化交联密度下降，超过正硫化点后，交联密度下降加剧，温度高于 160 ℃时，交联密度下降最为明显。因为在高温下，促进剂硫醇锌盐的络合物的催化裂解作用增强，尽管结合硫保持常量，但硫黄的有效性下降，如表 1.3.1-6 所示。

表 1.3.1-6　NR 硫化胶与 SBR/BR 并用胶的交联密度与硫化温度的关系[a]

NR 硫化胶的交联密度与硫化温度的关系				SBR/BR 并用胶的交联密度与硫化温度的关系（CBS(CZ)　1.0，S　2.0）			
硫化温度/℃	140	160	180	硫化温度/℃	170	190	205
硫化时间/min	360	120	60	硫化时间/min	20	15	10
总结合硫×10^4 mol/g 硫化胶	5.4	5.47	5.44	交联密度 ($1/2M_c^{-1}\times10^5$)	5	4.3	4.1
E，硫黄交联效率参数	27.0	37.7	50.4				
($E'-1$)，参加主链改性的硫原子数	24.2	36.5	49.0				
$E-(E'-1)$，每个交联键结合的硫原子数	3	1	1				

注：[a] 详见《现代橡胶工艺学》，杨清芝主编，中国石化出版社，2003 年 7 月第 3 次印刷，P123 表 2-26、表 2-27。

由表 1.3.1-6 可见，高温硫化对天然橡胶或其并用胶的物性影响较大，但对合成橡胶的影响程度较小。

3.2　硫化体系的新发展[3]

近年来，橡胶硫化的主要研究内容是硫化过程本身及硫化胶制品在使用过程中的生态问题以及完善硫化工艺、降低焦烧和返原倾向、推广冷硫化等。对防止硫化剂特别是硫黄在成品中的喷霜也给予了一定的关注，在通过选择适宜的硫化体系及硫化条件在改进硫化胶及制品性能方面也取得了一些成就。

3.2.1　降低使用硫化体系时的生态危害

不饱和橡胶的硫化体系中通常都含有硫黄，故目前正在采取一系列措施，以防止硫黄在称量等过程中的飞扬，如采用造粒工艺。

通常采用硫黄与二环戊二烯、苯乙烯及其低聚物的共聚物来消除硫黄喷霜。也有人曾建议过用硫黄与高分子树脂的并用物、硫黄在环烃油中的溶解液、含硫低聚丁二烯、硫黄与 5-乙烯-双环［9.2.1］庚-2-烯及四氢化茚等的反应产物。向硫黄混炼胶中添加 N-三氯甲基次磺基对氨基苯磺酸盐可减少喷霜。乙烯与 α-烯烃的共聚物、α-烯烃橡胶以及乙丙橡胶可用含 Cl、S 或 SO_2 基的双马来酰亚胺衍生物硫化，而不用硫黄硫化。

亚硝基胺的生态危害性是众所周知的。橡胶加工中，亚硝基胺主要在硫化过程中产生，仲胺类促进剂硫化中形成仲胺，再与硝基化试剂反应生成亚硝基胺；但伯胺类促进剂（包括 CBS、TBBS 等）无亚硝基产生。因此，以仲胺为基础的促进剂因会生成挥发性亚硝基胺而具有危险性。危险性最小的是二苄基二硫代氨基甲酸锌及二硫化二苄基秋兰姆。次磺酰胺类以及二硫化四甲基秋兰姆及其他低烷基秋兰姆类促进剂可限量（0.4%～0.5%）使用。对于轮胎胶料则常使用促进剂 DCBS（DZ）(N，N′-二环己基-2-苯并噻唑次磺酰胺)，也可采用二硫化与四苄基秋兰姆双马来酰亚胺的并用物。不含氮原子的黄原酸衍生物与少量常用促进剂的并用物不会生成亚硝基胺。以二烷基（$C_{1\sim5}$）氧硫磷酰基三硫化物与 N-三氯甲基次磺酰基苯基次磺酰胺和二硫化苯并噻唑（促进剂 MBTS（DM））以及二苄基二硫代氨基甲酸锌等的并用物作促进剂也不会生成亚硝基胺。使用维生素 C 及维生素 E 添加剂可降低通用硫化体系中亚硝基胺的生成量。从生态观点来看，用以 1，1′-二硫代双（4-甲基哌嗪）及其他哌嗪的衍生物为主的促进剂取代胺类促进剂是适宜的，将秋兰姆和脲类并用，以及使用含 2%～15%多噻唑、15%～50%双马来酰亚胺，15%～45%次磺酰胺及 20%～55%硫黄的混合物均可减少亚硝基胺的生成。建议用烷基二硫代磷酸盐作为三元乙丙橡胶的硫化促进剂，不会生成亚硝基胺。用氨或正胺对填料与 ZnO 进行预处理可阻止生成亚硝基胺。往聚丁二烯异丁苯橡胶的硫黄硫化并用胶料中加入少量 CaO、$Ca(OH)_2$ 及 $Ba(OH)_2$ 也能阻止生成亚硝基胺。

此外，改变反应条件、阻隔氧气等氧化剂，也可以阻止、减少亚硝基胺化合物的生成，如轮胎硫化采用氮气硫化等。

助剂预分散母粒近年来发展迅速，这种技术以 EPDM、EVM、AEM、ACM、ECO 等橡胶为载体，把高含量的促进剂以及少量的软化油和分散剂等通过混合密炼到挤出造粒的成型工艺，获得预分散橡胶助剂产品。解决了橡胶工厂小料称量不准、粉尘飞扬、分散不均等长期困扰企业发展品质不稳的弊端。同时提高了计量准确性，减少混炼能耗，缩短分散速度，改善分散均匀性，提高混炼效率，减少配料员接触助剂时带来的毒性。

预分散母粒按功能可分为硫化剂类、促进剂类、活性剂类、着色剂类、防老剂类和一些特殊的预分散体。预分散母粒一般由以下几部分组成：粉体（橡胶配合剂有效成分）、软化油（增塑剂）、加工助剂与橡胶载体。

制备预分散母粒，粉体的影响因素主要有：①比表面积。比表面积过大，预分散母粒门尼值太高；比表面积过小，则失去了做预分散母粒的意义。为此，需要控制和检测粉体的密度、灰分、外观、含硫量、吸油值、筛余物、粒径分布等指标。②粉体的表面润湿性。需尽量增加粉体的表面润湿性，减少润滑油的加入量。③粉体的表面能。需要通过表面处理降低粉料表面能，消除和减少粉体的 Panye 效应。④粉体的吸附特性，需要防潮。⑤粉体的表面电性。由粉体表面的荷电离子决定，影响表面能、吸附特性等。

预分散母粒中的软化油的主要作用是润湿粉体，降低门尼值，主要影响因素为软化油的运动黏度以及与载体的相容性。分散剂的作用有分散、润滑、隔离、防止母胶粒粘连的作用，需选择熔点低的产品。

橡胶载体具有“热软化”特性：常温下黏度高，便于储存、运输，母胶粒不粘块；高温混炼时迅速变软，易于吃粉、分散。橡胶载体决定了预分散母粒与配方材料的相容性、储存稳定性以及加工性能，选用时一般要求：①选用饱和的弹性体，具有一定的化学惰性；②应具有极性兼容性；③具有相对较高的可塑性，如 SBR（一般选择浅色充环保油的型号）、EPDM/EVM（选择充油的牌号）、IIR（一般只有 IIR 的硫化树脂才采用 IIR 做载体，用于橡胶内胎）、NBR（用于有耐油需求的制品，一般选择低门尼牌号）。国外一般选用 EPDM 作为用于饱和橡胶的预分散母粒载体，选用 EVM 作为用于不饱和橡胶的预分散母粒载体。因硬脂酸锌熔点为 118～125 ℃，国内也有部分企业选用硬脂酸锌作为预分散母粒的载体，一般硬脂酸锌用量为百分之十几，加入 5%左右的软化油，采用熔融滴落造粒方式，预分散母粒颗粒无挤出造粒过程的切断痕迹。

3.2.2 改进硫化胶的工艺及使用性能

近年来，用以改进硫化胶，特别是不饱和橡胶性能的硫化体系的品种显著增加。

1. 不饱和橡胶

(1) 新型硫化剂

可以用邻苯二甲酸及偏苯三酸的 Ca、Mg、Zn 及其他两价金属盐来硫化羧基橡胶。含此类金属盐的胶料抗焦烧，其硫化胶的强度可达 18 MPa 以上。以 $Fe(OH)_3$ 作促进剂并用三乙醇胺可硫化丁二烯、丙烯腈及异丙氧基羰基甲基丙烯酸甲酯的共聚物，所得硫化胶可用于制备耐油和耐苯的制品。

用多功能乙烯酯可使丁腈橡胶交联。用过氧化物硫化这些橡胶时，常用丙烯酸或二甲基丙烯酸苯酯和萘酯作共硫化剂，所得硫化胶具有耐热性及高耐磨性。常用季戊四醇四乙烯酯来降低硫化温度。

可以用以乙烯硫脲为基础的新型硫化剂硫化丁腈橡胶、丁基橡胶、氯丁橡胶及三元乙丙橡胶。使用低分子量的酚醛树脂硫化丁腈橡胶可生成互穿网络，从而起到增强作用。醌单肟（Na、Zn、Al）盐及对醌二肟（Na、Zn）盐可用于硫化顺丁橡胶。

常用乙烯基三甲氧基硅烷来硫化二元乙丙橡胶及三元乙丙橡胶。在过氧化酚醛低聚物存在下的过氧化物硫化可改进三元乙丙胶的高温性能及物理机械性能。也可用含过氧基的环氧齐聚物硫化三元乙丙橡胶；同时，可降低炭黑胶料的黏度，硫化胶的强度性能得到改善。

烷氧端基聚硅氧烷常用于聚丙烯与三元乙丙共混胶的动态硫化，所得热塑性弹性体具有高耐热性。

(2) 新型硫化促进剂

羧基丁腈橡胶的硫化是采用硫代磷酸二硫化物与促进剂 MBTS (DM) 或 *N*-氧化二乙烯-2-苯并噻唑次磺胺并用物。二甲苯与蒽的二硝基氧化衍生物可将硫化速率提高 1～3 倍，而硫化温度仅为 60～80 ℃ (原需 140～160 ℃)，所得硫化胶可耐热氧老化。为了加速羟基丁腈橡胶的硫化，也有使用双 (二异丙基) 硫代磷酸三硫化物的，可制得高交联密度的硫化胶。

使用含芳香取代基或双键的苯并咪唑衍生物不仅可以提高丁腈橡胶的耐热氧老化性能，而且可提高强度及耐动态疲劳性能。此外还常往丁腈胶料中加入与杂环有共轭双键的苯并咪唑衍生物，从而使橡胶的强度及耐热氧老化性能提高，动态性能得到改善。

往丁腈橡胶 CKH—26 中加入二磷或多磷酰氢化物，往丁腈橡胶 CKH—18 中加入有机二硫代磷酸酐可加速硫化并使硫化胶保持稳定。由六次甲基二胺与硫黄缩聚可制得用于异戊橡胶及丁二烯橡胶的新型聚合物硫化促进剂。此种硫化促进剂具有宽域的硫化平坦区，可使硫化胶的物理机械性能得到改善。异戊二烯橡胶 CKH—3 及丁腈橡胶 CKH—26 常采用烷基三乙基氨溴化物作共硫化剂。

建议采用以脂肪芳香酸和脂肪族酸或醇为基础的酯类和 2-(2′，4′-二硝基苯基) 硫代苯并噻唑新型硫化剂，其分解诱导期在 160 ℃时为 140～165 min。

为了提高不饱和橡胶的硫化速率，常常添加第二促进剂，如丁醛与苯胺的缩合物等。硫化天然橡胶与丁苯橡胶的并用胶时，在使用秋兰姆的同时，还并用 1-苯基-2，4-二缩二脲。可用 2-(2，4-二硝基苯基) 硫醇基苯并噻唑与第二促进剂硫化天然橡胶，所得硫化胶的性能与用 2-苯并噻唑-N-硫代码啉硫化的相似，为了提高天然橡胶的耐疲劳寿命，常往该促进剂中加入酰胺基磷酸酯低聚物。在 1，3-丁二烯和 2-乙烯吡啶共聚物存在条件下，天然橡胶的硫化速率加快，同时，硫化胶的强度增高。丁二烯橡胶和丁腈橡胶的硫化速率也可用此种方法提高，且焦烧倾向降低。

往三元乙丙橡胶中加入水杨基亚胺铜及苯胺的衍生物可使硫化速率提高 0.2～0.5 倍。同时，硫化胶强度提高，耐多次形变疲劳性能及耐热性改善。

使用脂肪酸的磷酸盐化烷基酰胺可提高丁苯硫化胶的强度 (1 倍)。如在硫黄中加入二烷基二硫代磷酸钠及多季铵盐，则在硫化异戊橡胶时有协同效应，硫化胶强度达 23.6 MPa。

天然橡胶和丁苯橡胶的新型硫化剂是 2-间二氮苯次磺酰胺，与一般次磷酰胺促进剂相比，它们可使硫化速率提高得更快、硫化程度更高及诱导期更长。

丁基橡胶在热水中的“冷”硫化除使用二枯基过氧化物外，还可添加醌醚。在 60 ℃时硫化时间为 9 d，在 95 ℃下则分别为 12 h 和 3 h。

(3) 降低焦烧速率的新方法

近十年来，为了降低焦烧速率，使用了许多新型化合物。四苄基二硫化秋兰姆与次磺酰胺的并用物以及 2-吡嗪次磺酰胺对大多数用硫黄硫化的橡胶有效。对于丁苯橡胶与丁二烯橡胶的并用胶，建议使用四甲基异丁基一硫化秋兰姆。对丁腈橡胶与二元乙丙橡胶的并用胶建议使用二甲基丙烯酸锌。丁腈橡胶和异戊橡胶用过氧化物硫化时使用酚噻嗪极其有效，而硫化三元乙丙橡胶时有效的是酚噻嗪及 2，6-二特丁基-甲酚。

(4) 降低返原性

建议使用二乙基磷酸的衍生物来降低返原性。此外，还可使用六次甲基双 (硫代硫酸) 钠、五氯-β-羟基乙基二硫化物、双 (柠檬酰胺) 与三十碳六烯的并用物、二苯基二硫代磷酸盐 (Ni、Sn、Zn)、1-苯基-2，4-二硫脲及 1，5-二苯基-2，4-二硫脲与 N-环己基苯并噻唑次磺酰胺的并用物等。

使用含 0.1%～0.25%的双 (2，5-多硫代)-1，3，4-噻二嗪、0.5%至 0.3%双 (马来酰亚胺) 及 0.5%～3%次磺酸胺的并用物也很有效。使用含硫黄及烯烃基的烷氧端基硅烷硫化剂则没有返原现象。

使用脂肪酸锌和芳香酸锌盐的并用物不仅可以减轻返原，而且还可以改进硫化胶的动态性能。加入 1，3 双 (柠檬亚氨甲基) 苯不仅可以减轻返原，同时还可提高硫化胶的抗撕裂性及强度。

(5) 使用硫黄硫化活性剂的新途径

通常将 ZnO (3～5 质量份) 与硬脂酸 (1 份) 加以组合作为硫黄硫化的活性剂。目前使用各种方法来降低氧化锌的用量，甚至取代氧化锌。例如，将促进剂 MBT (M) 与促进剂 TT 和 ZnO、硬脂酸的并用物加热至 100～105 ℃可使胶中 ZnO 含量降低至 2 质量份。

有时，也使用经聚合物表面活性剂溶液处理后的 SiO_2 和 ZnO 并用物，这样，可降低 ZnO 用量，也曾采用过以 ZnO “包覆”的无机填料。

在某些场合，可采用电池生产中的下脚料取代 ZnO，也可采用 Ca、Zn 及二氧化硅的并合物。

2. 饱和橡胶

近年来，人们开发了许多新型硫化体系用于饱和橡胶的硫化。例如，用树脂硫化氢化丁腈橡胶时添加马来酰亚胺可降低焦烧危险性。

有人推出了硫化饱和三元乙丙橡胶的新型共硫化剂，即脂肪族双 (烯丙基) 烷烃二元醇及双 (烯丙基) 聚乙烯醇等。使用这些共硫化剂可以提高硫化速率并改进硫化胶的物理机械性能。

3. 含卤素橡胶

为了完善含卤素橡胶的硫化，科技人员作了许多研究工作。用金属氧化物硫化含氯橡胶，其交联键都很脆弱。很多研究旨在克服这一缺点，如建议往 ZnO 及 MgO 中添加二硬脂酸二胺［$RNH(CH_2)_3NH_2$］.$2C_{17}H_{3}COOH$，后者可改善力学性能。

许多含氯橡胶，如氯丁橡胶、氯化丁基橡胶、氯磺化聚乙烯橡胶及氯醚橡胶等硫化时使用 2，5-二硫醇基-1，3，4-噻二嗪的有机多硫衍生物与 MgO 的并用物。

如果在氯丁胶料中含有用硅烷处理过的白炭黑，则可以多硫有机硅烷及硫脲衍生物作为硫化体系。这样制得的硫化胶具有高抗撕性能。

硫化氯丁橡胶时常用多胍替代 ZnO。载于分子筛上的新型硫化剂 2-硫醇-3-四基-4-氧噻唑硫醇可使橡胶的耐疲功性及耐热性增高，它可代替有毒性的乙烯硫脲。也可用含硫黄、秋兰姆及低聚胺的硫化体系来硫化氯丁橡胶。在使用 3-氯-1，2-环氧丙烷与秋兰姆共聚的低聚物硫化氯丁橡胶时，胶料的焦烧稳定性提高，硫化胶的物理机械性能也有所改善。

也有建议用乙烯硫脲作为氯丁橡胶的硫化剂（它也可用于硫化三元乙丙橡胶）。

在许多研究工作中都讨论了氯丁橡胶新的硫化方法。包括用金属硫化物取代金属氧化物，使改性填料参与硫化过程。

例如，用硫化氢处理的 K354 炭黑，硫含量为 6%～8%，它也可与金属（Ba、Mo、Zn 等）硫化物及氯丁橡胶作用，在填料表面生成交联键。与含 ZnO 及 MgO 的批量生产的硫化橡胶相比，前者橡胶的强度提高了 50%，抗疲劳性能提高了 1.5 个数量级，永久变形减少到 2%，硬度耐热氧老化和耐油、耐化学腐蚀性均得到提高。

使用含氯丁橡胶，以乙烯双（二硫代氨基甲酸）铵改性的气相白炭黑及炭黑 K345（50 质量份）的体系，也能达到上述效果。与用 ZnO 和 MgO 硫化的批量生产的橡胶相比，试验硫化胶的强度、抗撕性能及耐磨性能均有提高，动态疲劳性能提高 1.5 个数量级，耐热性及耐酸性提高了 2～9 倍。

使用经特殊处理的气相白炭黑（30 质量份）作为氯丁橡胶的填充剂，可根本改善氯丁橡胶的所有力学性能。先用 $SiCl_4$ 处理气相白炭黑，在其表面生成 $OSiCl_3$ 基，取代 OH 基。然后用乙烯双（二硫代氨基甲酸）锌及乙烯双（二硫化秋兰姆）的螯合盐改性之。使用此种体系的橡胶，其强度比批量生产的橡胶要高 5 MPa，永久变形为 3%～6%，试验橡胶的耐磨性能比批量胶的要高 1.5 倍，而耐疲劳性能则提高 2 倍。

氯化丁基橡胶、溴化丁基橡胶以及异烯烃和 n-烷基苯乙烯的含氯、含溴共聚物可以用二（五甲撑四硫化秋兰姆）和 ZnO 硫化。特-己基过氧化苯甲酸酯可用于硫化卤化丁基橡胶，此时，不会释放有毒气体甲基溴。氯化和溴化丁基橡胶硫化胶以及异烯烃与烷基苯乙烯的含氯及含共聚物在以添加胺盐的三嗪硫醇胺盐硫化时，硫化胶具有高强度及高耐热性。

含无机填料的氯化丁基橡胶可用烷基苯基二硫化物与二邻苯二酚硼盐的二-邻-甲基胍盐硫化。将金属硫化物与用于氯化丁基橡胶硫化的硫黄硫化体系组合也有良好的效果，此时，在橡胶配方中应含炭黑及 10 份用氨改性的气相白炭黑，其硫化胶的强度可由 18 MPa 增至 22 MPa，永久变形降至 8%，撕裂强度为 101 kN/m（批量生产橡胶为 86 kN/m），耐磨性几乎提高了 2 倍，耐疲劳性能提高了 3 倍以上。对氯醚橡胶及氯磺化聚乙烯及其共聚物也有类似的效果。氯化丁基橡胶硫化时也使用金属硫化物，但要在脱水沸石参与下进行。沸石具有高吸附性，它可吸收释放出来的气体，从而使硫化胶较为密实，并改善了性能。例如，强度从 18 MPa 增至 24 MPa，撕裂强度为 90 kN/m（批量生产的橡胶为 46 kN/m），耐磨性提高了 1 倍，而耐多次形变疲劳性提高了两个数量级。

含氯橡胶（氯丁橡胶、氯磺化聚乙烯等）可用对醌二肟、软锰矿及 $FeCl_3.6H_2O$ 的并用物进行低温硫化。

4. 硅橡胶

一般认为，硅橡胶硫化体系的选择是非常有限的，但有关硅橡胶硫化的专利却不少。大多数专利涉及室温硫化。当橡胶用作密封或其他目的时常要求室温硫化。此种硫化要求使用带胶层的储槽、电镀槽，在电器表面需涂上绝缘层。

硅橡胶室温硫化最简便的方法是使用表面有 OH 基的白炭黑。此类填料在有疏质子溶剂条件下用含氯七甲基环四硅氧烷处理。在催化剂月桂酸二丁基锡存在下填充气相白炭黑的聚二甲基硅氧烷-α，ω-二醇也能室温硫化。某些种类的聚硅氧烷可在经含硅端羟基齐聚物处理后的白炭黑存在下硫化。

含硅端烷氧基饱和弹性体在使用含硫的抗氧剂时能自硫化，生成硅氧键。硫化胶的耐热性良好。

与填料改性无关的硅橡胶室温硫化的一般原则在有关文献中有所阐述：

1）在由带 OH 端基的生胶和 $RSiX_3$（式中 X 为羟基、亚胺基、硅氮基或乙二酰胺基）型交联剂组成的“单组分”体系中生成交联键。这些基团在空气中的水份作用下水解，生成 OH 基，此后无须催化剂通过缩聚便生成 Si—O—Si 键。

2）于催化剂（Pt，Sn，Ti 的衍生物）参与下在含有能相互作用的含活性基团的两种硅橡胶组成的“双组分”体系中生成交联键网络。

3）在有填料、无催化剂时，两种或多种硅橡胶的端基可能会相互作用。

事实上，第 2、第 3 种情况是性质相同，但含有不同活性基团的自硫化胶料。

目前，大量专利描述了这些过程的不同方面。但其中大多数只在细节上有所不同。例如一种可打印 12×10^4 次、用于激光打印机的橡胶（强度为 5 MPa），是不用催化剂的甲基硅橡胶或二苯基硅橡胶，甚至其他硅橡胶。由含端羟基和三甲基硅的两种二甲基硅橡胶与七甲基乙烯基硅橡胶及炭黑组成的体系也可进行硫化。此外，硫化反应也可在含端羟基的有机硅橡胶与带 $ON=CR_2$ 交联剂的聚硅氧烷的混合胶料中进行。端羟基二甲基硅橡胶在无水分时可用硅烷的二、三及四官能衍生物硫化。

含硅烷醇端基的有机硅橡胶可在无机填料存在条件下用乙烯基（三羟基）硅烷硫化。含三甲基硅烷醇端基的硅橡胶在催化剂存在下，可用乙烯基三甲氧基硅氧烷硫化。硫化条件为 20 ℃×7 d。所得硫化胶强度达 5.6 MPa。此种胶料用于制作涂层及黏合剂，也可用于电子、医疗及食品工业。

由含烯烃端基的聚硅氧烷，含 SiH 基的聚硅氧烷、催化剂及硅氧烷胶黏剂组成的胶料也可硫化。其硫化胶与热塑性塑料和树脂的黏结性极好。在 Pt 催化剂及 NH_3 存在下，有一种含烯烃基的聚硅氧烷的混合胶料也可硫化，硫化胶的压缩永久变形很低。

N-杂环硅烷，如双（三烷基羟基硅烷基烯基氧化）吡啶，是金属、塑料黏结的增黏剂。在 Pt 催化剂及填料存在下，它们可用于硫化端乙烯基硅氧烷及聚羟基硅氧烷的混合胶料。硫化反应持续时间为 7 d。与铝黏结的剪切强度为 3.8 MPa。

3.2.3 无交联剂下的橡胶共硫化

含有各种可反应官能团的橡胶（性能不同）在有无害特殊硫化剂下便可共硫化，这不仅对硅橡胶的低温硫化是可行的，而且也适用于其他橡胶的高温硫化。如氯化天然橡胶与羟基丁腈橡胶共硫化，可制得耐油、耐磨橡胶。氯化丁基橡胶与羟基丁腈橡胶在 180 ℃下不用硫化剂便可共硫化。羟基丁腈橡胶与氯磺化聚乙烯橡胶，包括填充炭黑的胶料也可共硫化。聚氯乙烯与氢化丁腈橡胶的并用胶在 180～200 ℃下可共硫化，生成胺基和醚基交联键。环氧化天然橡胶和氯磺化聚乙烯填充炭黑的胶料，在无硫化剂时可共硫化。硫化胶的强度及撕裂强度极高，且耐磨性好。在无交联剂的情况下，环氧化天然橡胶与氯丁橡胶及羧基丁腈橡胶的并用胶可共硫化。聚氯乙烯与羧基丁腈橡胶在 180 ℃下共硫化，硫化胶的耐油、耐磨性都高。

因此，选择带活性官能基的配对橡胶，在无特殊交联剂的情况下进行共硫化，是近年来为解决硫化产生的生态问题和改善硫化胶性能的主要方向之一。

第二节 交 联 剂

一、ⅣA 族元素

1.1 硫黄

1.1.1 普通硫黄

CAS 号为 7704－34－9，外观为淡黄色脆性结晶或粉末，有特殊臭味，相对分子质量为 32.06，蒸汽压为 0.13 kPa，闪点为 168 ℃，熔点为 114 ℃，沸点为 444.6 ℃，密度为 2.36 g/cm^3，不溶于水，微溶于乙醇、醚，易溶于二硫化碳。

硫黄有多种同素异形体，斜方硫又叫菱形硫或 α-硫，在 95.5 ℃以下最稳定，密度为 2.07 g/cm^3，熔点为 112.8 ℃，沸点为 445 ℃，质脆，不易传热导电；单斜硫又称 β-硫，在 95.5°以上时稳定，密度为 1.96 g/cm^3；弹性硫又称 γ-硫，无定形，不稳定，易转变为 α-硫。斜方硫和单斜硫都是由 S8 环状分子组成，液态时为链状分子组成，蒸气中有 S8、S4、S2 等分子，1 000 ℃以上时蒸气由 S2 组成。

本品化学性质比较活泼，硫单质既有氧化性又有还原性，能跟氧、氢、卤素（除碘外）、金属等大多数元素化合，生成离子型化合物或共价型化合物。

硫黄粒径不应过小（低于 3～5 μm），否则在混炼中容易结团，使分散困难。

GB/T 2449.1－2006《工业硫黄》适用于石油炼厂气、天然气等回收制得的工业硫黄，也适用于焦炉气回收以及由硫铁矿制得的工业硫黄。对工业硫黄的技术要求见表 1.3.2－1。

表 1.3.2－1 GB/T 2441.1－2006 工业硫黄技术要求

项目		优等品	一等品	合格品
硫（S）（以干基计），w（≥）/%		99.95	99.50	99.0
水分（≤）/%		2.0	2.0	2.0
灰分质量分数[a]（≤）/%		0.03	0.10	0.20
酸度（以 H_2SO_4 计）（以干基计），w(≤)/%		0.003	0.005	0.02
有机物（以 C 计）（以干基计），w(≤)/%		0.03	0.30	0.80
砷（As）（以干基计），w(≤)/%		0.0001	0.01	0.05
铁（Fe）（以干基计），w(≤)/%		0.003	0.005	—
筛余物[a]/%	粒径＞150 μm	0	0	3.0
	粒径（75～150）μm	0.5	1.0	4.0

a 筛余物指标仅用于粉状硫黄。

ISO 8332：1997 对可溶性硫黄（斜方硫）的技术要求见表 1.3.2－2。

表 1.3.2-2 ISO 8332：1997 可溶性硫黄（斜方硫）技术要求

项目			W 等	X 等	Y 等	Z 等
油质量分数（以 H_2SO_4 计）(≤)/%			无	1	2.5	5
酸质量分数(≤)/%			0.05	0.05	0.05	0.05
挥发分质量分数(≤)/%			0.30	0.45	0.50	0.55
灰分质量分数[a](≤)/%			0.40	0.40	0.40	0.40
筛余物质量分数/%	63 μm[b]	≤	20	未检出	未检出	未检出
	125 μm[b]	≤	0.2	0.2	0.2	0.2
	180 μm	≤	0.02	0.02	0.02	0.02
矿物质/%			无	1±0.25	2.5±0.5	5±0.75
砷(≤)/(mg·kg^{-1})			5	5	5	5

[a] 无机盐包覆的硫黄，如碳酸镁或二氧化硅包覆，可能比给出的技术要求高；
[b] 干燥情况下的总计。

硫黄的供应商见表 1.3.2-3。

表 1.3.2-3 硫黄的供应商

供应商	规格型号	外观	S 含量(≥)/%	加热减量(≤)/%	灰分(≤)/%	酸度(≤)/%（以 H_2SO_4 计）
宁波硫华聚合物有限公司	S—80GE F200		99.5	0.5	0.3	
山西阳泉五彩化工有限公司	工农牌	淡黄色粉末	99.5～99.95	1.0	0.10	0.01
山东尚舜化工有限公司	预分散 S—80	黄色颗粒				
锐巴化工	S—80 GE	淡黄色颗粒	80	0.5	0.3	
	S—80 GS			0.5	0.3	
亚特曼化工有限公司	S—80	淡黄色颗粒				

供应商	有机物含量(≤)/%	砷含量（≤）/%	铁含量（≤）/%	200 目筛余物（≤）/%	说明
宁波硫华聚合物有限公司				0.5（63 μm）	EPDM/EVM 为载体
山西阳泉五彩化工有限公司	0.40	0.025	0.0025	1.0（100 目）	
山东尚舜化工有限公司					80%S、20%EPDM 载体和表面活性剂
锐巴化工					EPDM/EVM 为载体
亚特曼化工有限公司					

1.1.2 不溶性硫黄（IS）

CAS 号为 9035—99—8，可燃的黄色粉末，因其不溶于二硫化碳而得名，也称为无定形硫，无毒，经普通硫黄在高温下熔融、汽化后热聚合，通入含稳定剂的介质中骤冷、凝固、粉碎制得，密度为 1.92 g/cm³，熔点大于 110 ℃。不溶性硫黄本质上是一种亚稳态聚合物，其分子链上的硫原子数高达 108 以上（有文献认为其分子量为 100 000～300 000），有聚合物的黏弹性和相对分子质量分布，因此也称弹性硫或聚合硫。

本品可防止胶料喷霜，主要应用于硫黄用量大的橡胶制品中。使用不溶性硫黄配方的加工温度不应超过 100 ℃，不溶性硫黄作为一种亚稳态，当温度升高以及在碱性物质作用下，它会很快转变为可溶性的斜方硫；温度高于 90 ℃，时间过长，也会使不溶性硫黄向可溶性硫黄转化。不溶性硫黄极易带有静电。以特殊的分散剂与表面活性剂制成预分散剂，可以使不溶性硫黄在橡胶中得到快速、良好的分散。

橡胶用不溶性硫黄分为非充油型和充油型不溶性硫黄，HG/T 2525—2011《橡胶用不溶性硫黄》对不溶性硫黄的技术要求见表 1.3.2-4。

ISO 8332：1997 对不可溶性硫黄（无定形）的技术要求见表 1.3.2-5。

不溶性硫黄的供应商见表 1.3.2-6。

表 1.3.2-4　HG/T 2525-2011　橡胶用不溶性硫黄的技术要求

项目	指标					
	非充油型		充油型			
	IS60	IS90	IS-HS 70-20	IS-HS 60-33	IS60-10	IS60-05
外观	黄色粉末		黄色不飞扬粉末			
元素硫的质量分数(≥)/%	99.50		79.00	66.00	89.00	94.00
不溶性硫的质量分数(≥)/%	60.00	90.00	70.00	60.00	54.00	57.00
油的质量分数/%	—		19.00～21.00	32.00～34.00	9.00～11.00	4.00～6.00
热稳定性	—		75.0	75.0	—	—
酸度（以 H_2SO_4 计）的质量分数(≤)/%	0.05					
加热减量（60 ℃）的质量分数(≤)/%	0.50					
灰分的质量分数(≤)/%	0.30					
筛余物（150 μm）的质量分数(≤)/%	0.10					

表 1.3.2-5　ISO 8332：1997 不可溶性硫黄（无定形）的技术要求

项目		F 等	G 等	L 等	M 等	N 等	P 等
不溶性硫黄质量分数(≤)/%		75	63	90	70	50	40
酸质量分数(≤)/%		0.40	0.01	0.50	0.55	0.60	0.65
挥发分质量分数(≤)/%		0.50	0.20	0.50	0.3	0.3	0.3
灰分质量分数[a](≤)/%		0.30	0.01	0.30	0.30	0.30	0.30
筛余物质量分数/%	63 μm[b]	未检出	未检出	4.0	未检出	未检出	未检出
	125 μm[b]	未检出	未检出	0.2	0.2	0.2	0.2
	180 μm　≤	0.1	0.2	0.02	0.02	0.02	0.02
总硫质量分数/%		80±1	≥99	≥99	80±1	65±1	65±1
矿物油质量分数(≤)/%		20±1	无	无	20±1	35±1	50±1
热返原（总硫）(≤)/%		25	50	50	50	50	50
砷(≤)/(mg·kg^{-1})		5	5	5	5	5	5

注：[a] 无机盐包覆的硫黄，如碳酸镁或二氧化硅包覆，可能比给出的技术要求高；
[b] 干燥情况下的总计。

表 1.3.2-6　不溶性硫黄的供应商

供应商		规格型号	外观	元素硫总含量(≥)/%	不溶性硫含量(≥)/%（占元素硫含量）	油含量/%	酸度（以 H_2SO_4 计）(≤)/%	灰分(≤)/%	加热减量(≤)/%（60 ℃）	筛余物(≤)/%（150 μm）	热稳定性(≥)/% 120 ℃×15 min（不溶性硫余值）
宁波硫华		IS60-75GE F500	黄色颗粒	98.5	60	EPDM/EVM 载体		0.3	0.5	0.5	
山东尚舜化工	充油型普通不溶性硫黄	IS 8010	黄色粉末	89～91		10.0±1.0	0.05	0.30	0.50	1.0	
		IS 7720		79～81		20.0±1.0					
		IS 7520		79～81		20.0±1.0					
		IS 7020		79～81		20.0±1.0					
		IS 6033		66～68		33.0±1.0					
		IS 6010		89～91		10.0±1.0					
		IS 6005		94～96		5.0±1.0					
	充油型高热稳定性不溶性硫黄	HS OT-10	黄色粉末	89～91	90	10.0±1.0	0.05	0.30	0.50	1.0	(105 ℃×15 min：75)
		HS OT-20		79～81	90	20.0±1.0					

续表

供应商		规格型号	外观	元素硫总含量(≥)/%	不溶性硫含量(≥)/%(占元素硫含量)	油含量/%	酸度（以 H_2SO_4 计）(≤)/%	灰分(≤)/%	加热减量(≤)/%(60 ℃)	筛余物(≤)/%(150 μm)	热稳定性(≥)/% 120 ℃×15 min（不溶性硫余值）
天津东方瑞创	充油型高分散型不溶性硫黄	IS－6005	黄色粉末	95.0	60.0	5.0±0.5	0.05	0.10	0.30	0.20	—
		IS－6010		90.0	60.0	10.±1.0	0.05	0.10	0.30	0.20	—
		HS－8010		89～91	90.0	10.±1.0	0.05	0.10	0.50	0.20	(105 ℃×15 min：75)
		HS－7020		79～81	90.0	20.0±1.0	0.05	0.10	0.50	0.20	
		HS－6033		66～67	90.0	33.0±1.0	0.05	0.10	0.50	0.20	50 (105 ℃×15 min：80)
		HD OT－20		79～81	90.0	20.0±1.0	0.05	0.10	050	0.20	
锐巴化工	预分散型	IS－75 GE	淡黄色颗粒	98.5	60.0		0.05	0.3	0.5	0.3	EPDM 载体
		IS－75 GS		98.5	60.0		0.05	0.3	0.5	0.3	SBR 载体

1.1.3 胶体硫黄与包覆硫黄

通过胶体磨上的研磨或者从胶体溶液中硫黄的沉淀析出而获得的胶体硫黄，是一种十分细微的微粒，适合用于橡胶胶浆与胶乳，很少沉降，并能很好分散。

硫黄经无机盐如碳酸镁或二氧化硅等包覆处理，可提高硫黄在橡胶中的分散性，并减少硫黄自身的结团现象，在混炼过程中的分散效果较好，同时可减轻加工过程中的粉尘飞扬，保护环境，保护操作人员。

元庆国际贸易有限公司代理的德国 D. O. G 公司 L95 胶质硫黄的物化指标为：

成分：99.5%可溶性硫黄以 0.5%分散剂涂覆；外观：黄色无尘粉末；相对密度（20 ℃）：2.0；储存性：室温干燥至少两年。

本品以分散剂涂覆硫黄，可防止储存、运送和掺合时结块，以及避免粉尘飞扬现象；本品易掺合及均匀分散，无局部过硫化现象，可制得耐老化的硫化胶；适用于天然橡胶、合成橡胶及乳胶，在 NBR 中有相当优异的分散性。

用量：一份 L95 相等于一份硫黄。

1.2 硒和碲

硫黄用于天然橡胶和各类合成橡胶，是通用硫化剂；硒和碲用于天然橡胶和丁苯橡胶作第二硫化剂，单用不起交联作用。硒为红色至灰色粉末，密度为 4.26 g/cm³，熔点为 217 ℃；碲为灰色粉末，密度为 6.24 g/cm³，熔点为 452 ℃，碲的活性比硒差。在胶料中的用量为：硒，0.04～0.08；碲，0.04～0.08。

硒和碲在硫黄硫化体系中使用时，能缩短硫化时间，提高定伸应力，改善拉伸强度和耐磨性，但会降低伸长率；能防止过硫和喷霜；在无硫秋兰姆硫化体系中使用能改善耐老化性能。

硒和碲有毒，不宜用于与食品接触的制品。

二、含硫化合物

含硫化合物，也称硫载体，在硫化过程中能释放出活性硫，故又称“硫黄给予体”。含硫化合物用于半有效硫化体系时，能显著改善制品的耐热性能。用作交联剂的含硫化合物见表 1.3.2－7。

表 1.3.2－7 用作交联剂的含硫化合物

名称	化学结构	性状		
		外观	密度/(g·cm⁻³)	熔点/℃
二氯化二硫（一氯化硫）	sulfur monochloride Cl—S—S—Cl	黄红色液体，有刺激性、窒息性恶臭，在空气中强烈发烟。遇水分解为硫、二氧化硫、氯化氢。熔点－80 ℃，沸点 137.1 ℃，密度 1.688 g/cm³。本品室温下稳定，100 ℃时分解为相应单质，300 ℃时则完全分解。用作橡胶的低温硫化剂、粘结剂和发泡剂		
二氯化硫	sulfur dichloride Cl—S—Cl	暗红色或淡红色液体，有刺激性臭味，熔点－78 ℃，59.6 ℃分解，密度 1.621 g/cm³。本品为酸性腐蚀品，溶于水且剧烈反应		
二硫代二吗啉（DTDM）	详见本节 2.1			

续表

名称	化学结构	性状		
		外观	密度/(g·cm^{-3})	熔点/℃
四硫代二吗啉（硫化剂THDM）	morpholine tetrasulfide 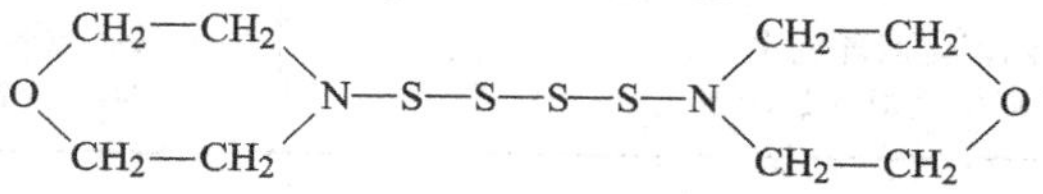	淡黄粉末		114
4，4′-六硫代二吗啉（硫化剂 HTDM）	详见本节 2.3			
N，N′-二硫化二已内酰胺（硫化剂 CLD、DTDC）	详见本节 2.2			
三硫化双（二乙基硫化磷酰）	bis（diethyl thiophosphoryl）trisulphide 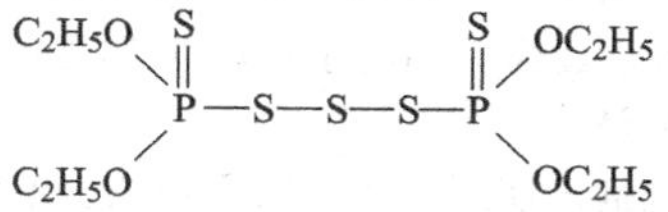	乳白粉末	1.44	
脂肪族多硫化物（硫化剂VA－7）	详见本节 2.4			
烷基苯酚一硫化物	alkylphenolmonosulfide	棕色树脂状	1.11～1.12	45～55（软化）
烷基苯酚二硫化物（硫化剂 VTB－710 或 Vulta 5）	Alkylphenodisulfide 详见本节 5.2	棕色树脂状粉末或固体，结合硫含量28%左右，密度为 1.1～1.4 g/cm^3，软化点温度为 70～95 ℃。本品能够改善氯化丁基胶活性，使其同步均匀硫化，提高硫化效率，减少制品次品率；还可作为增黏剂用于丁苯/丁腈并用胶，提高丁苯/丁腈并用胶操作性能，改善混炼胶的加工性能		
二环已基四硫代二嗪	dicyclohexyl tetrathiazin 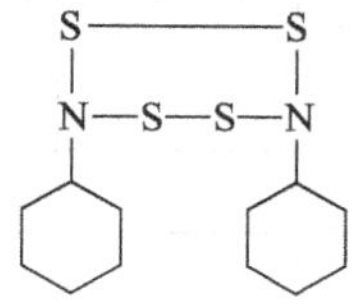	片状结晶		128.5
双（3-三乙氧基硅烷丙基）四硫化物（Si－69）	详见第本手册第二部分．第八章 1.1.1、硅烷偶联剂 KH－845－4（Si－69），双－［丙基三乙氧基硅烷］－四硫化物、双－（γ-三乙氧基硅基丙基）四硫化物			
异丙基黄原酸酯多硫化合物	异丙基黄原酸多硫化物不含氮，不产生亚硝胺；与 TBzTD 并用替代 TMTD 可用于 NR、SBR 的制品，有助于提高耐磨性。主要用于汽车密封件、胶管、鞋底等产品中			

注：详见《橡胶原材料手册》，于清溪、吕百龄等编写，化学工业出版社，2007 年 1 月第 2 版，P367～368。

应避免人体皮肤及眼部接触含硫化合物。

一氯化硫可用于常温硫化，将橡胶薄制品浸入一氯化硫中或把一氯化硫直接加入胶乳中即可硫化。一氯化硫和二氯化硫不宜用于氯丁橡胶；由于有毒，有刺激性气味，也不宜用于与食物接触的制品。

Si－69 用作硫化剂时，一般用于轮胎等厚制品。

此外，含二硫、四硫、六硫的秋兰姆类促进剂也常用作无硫或低硫配合的交联剂。常用的含硫化合物的有效硫含量见表 1.3.2－8。

表 1.3.2－8　常用的含硫化合物的有效硫含量

名称	有效含硫量/%	名称	有效含硫量/%	名称	有效含硫量/%
二硫化四甲基秋兰姆（TMTD）	13.3	四硫化四甲基秋兰姆（TMTS）	31.5	二硫化二吗啉（DTDM）	13.6
二硫化四乙基秋兰姆（TETD）	11.0	四硫化双环五次甲基秋兰姆（TRA）	25	苯并噻唑二硫化吗啉（MDB）	13.0

2.1　促进剂 DTDM

化学名称：4，4′-二硫代二吗啉。

结构式：

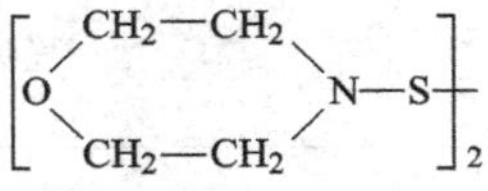

分子式：$C_8H_{16}N_2O_2S$；相对分子质量：236.27；CAS 号：103－34－4；密度：1.32～1.38 g/cm³；白色粉末（颗粒），溶于苯、四氯化碳，稍溶于丙酮、汽油，难溶于乙醇、乙醚，不溶于水，遇无机酸或无机碱分解，在常温下储存稳定。无毒，有鱼腥味。触及皮肤或黏膜能引起强而持久的辛辣感。

本品可用作天然橡胶和合成橡胶的硫化剂和促进剂。使用本品胶料不喷霜、不污染、不变色、易分散；用于有效和半有效硫化体系时所得硫化胶耐热性能和耐老化性能良好；在硫化温度下能释放活性硫，有效硫含量为 27%，硫化温度范围宽（140～180 ℃，也有文献认为可达到 200 ℃），操作安全，单独使用时硫化速度慢，与噻唑类、秋兰姆类、次磺酰胺类及二硫代氨基甲酸盐类并用能提高硫化速度。按照 DTDM 的特殊化学结构，在硫化温度下，除了释放出活性硫外，同时分解出具有仲胺结构特征的吗啉自由基，这种自由基具有胺类防老剂的耐热抗氧性能，而且能延迟焦烧时间，起硫后加快硫化速度。所以，DTDM 兼有硫化剂、促进剂、防老剂和防焦剂的综合性能，但在硫化过程中会产生致癌的亚硝胺化合物。

本品尤其适用丁基橡胶，主要用于制造轮胎、丁基内胎、胶带和耐热橡胶制品，也用于高速公路的沥青稳定剂。在天然橡胶、异戊橡胶中通常用量为 1.0～2.0 份；在丁苯橡胶、丁腈橡胶中用量为 1.25～1.50 份；在丁基橡胶中用量为 2.0～2.5 份；在乙丙橡胶中用量为 0.5～1.5 份。

DTDM 和四硫代吗啉粉尘与空气的混合物有爆炸的危险，宜避光、密闭储存。

促进剂 DTDM 的供应商见表 1.3.2－9。

表 1.3.2－9　促进剂 DTDM 的供应商

供应商	规格型号	纯度(≥)/%	初熔点(≥)/℃	加热减量(≤)/%	灰分(≤)/%	筛余物(63 μm)(≤)/%	20 ℃时的密度/(g·cm⁻³)	堆积密度/(g·cm⁻³)	活性含量/%	备注
宁波硫华	DTDM－80GE F200	96	120	0.5	0.5	0.8	1.10		80	EPDM/EVM 为载体
鹤壁联昊	粉料	96.0	120.0	0.40	0.40	0.50	1.330	0.550～0.600		
	防尘粉料	95.0	120.0	0.40	0.40	—	1.330	0.550～0.600		
	直径 2 mm 颗粒	95.0	120.0	0.40	0.40	—	1.330	0.550～0.600		
锐巴化工	DTDM－80 GE	96.0	120.0	0.3	0.5	0.6	1.150		80	EPDM 载体
	DTDM－80 GS	96.0	120.0	0.3	0.5	0.6	1.150		80	SBR 载体

2.2　硫化剂 CLD（DTDC）

化学名称：N，N′-二硫化二已内酰胺。

结构式：

N－N′－caprolactam disulfide

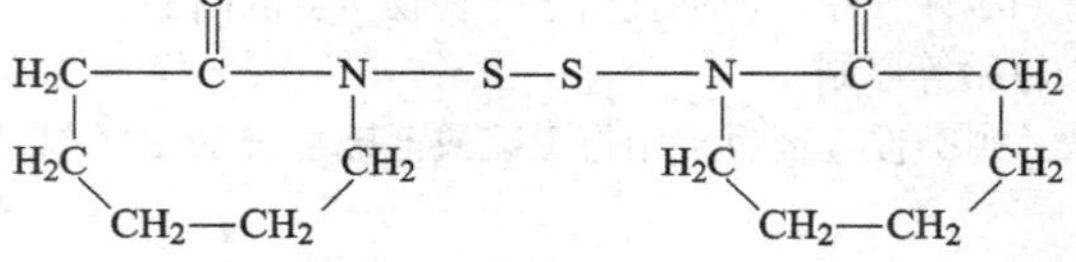

分子式：$C_{12}H_{20}N_2O_2S_2$；相对分子质量：288.43；CAS 号：23847－08－7；溶于苯、四氯化碳，稍溶于丙酮、汽油，难溶于乙醇、乙醚，不溶于水，纯品为乳黄色粉末，密度为 1.3 g/cm³，熔点为 100 ℃，有毒，常温下储存稳定，可引起

皮肤过敏肿胀。

本品主要用作天然橡胶、丁苯橡胶、丁腈橡胶的硫化剂，是替代 DTDM 的无亚硝胺的环保型硫化剂，易分散，操作安全。硫化胶具有良好的力学性能，抗硫化返原，耐热，耐老化，压缩永久变形小。适用于制造电线、电缆、耐热制品、厚制品和医用栓塞等。因具有不喷霜、焦烧安全、硫化速度快的特点，是轮胎等大型模型橡胶制品、耐热橡胶制品、卫生橡胶制品及彩色橡胶制品的最佳硫化剂。通常用量：在 SBR、NBR 中用量为 0.75～2.0 份；在 IIR 中用量为 1.5～2.5 份；在 NR 中用量为 1.8～2.2 份。

硫化剂 CLD 的供应商见表 1.3.2－10。

表 1.3.2－10　硫化剂 CLD 的供应商

供应商	商品名称	外观	初熔点(≥)/℃	含量(≥)/%	硫含量/%	灰分(≤)/%	加热减量(≤)/%	63 μm 筛余物(≤)/%	密度/(g·cm^{-3})	备注
宁波硫华	CLD—80GE F500	灰白色颗粒	120	97	21.0—24.0	0.5	0.5	0.8	1.12	EPDM/EVM 为载体
济南正兴	DTDC	白色或者乳黄色粉末	120			0.5	0.5			

2.3　硫化剂 HTDM

化学名称：4，4′-六硫代二吗啉。

分子式：$C_8H_{16}N_2O_2S_6$；淡黄色针状结晶，熔点为 116～120 ℃，密度为 1.32～1.38 g/cm^3，溶于苯、四氯化碳，相溶于丙酮、汽油，难溶于乙醇、乙醚，不溶于水。

结构式：

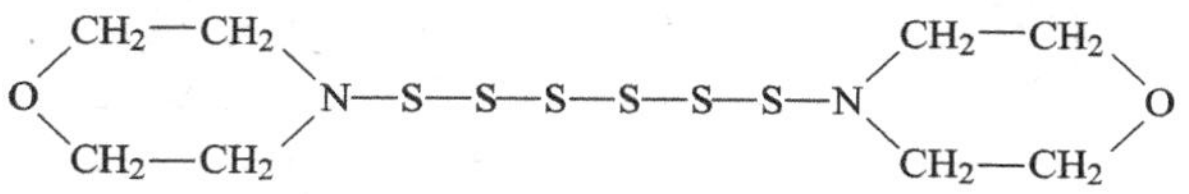

本品用作天然胶及合成胶的硫化剂、促进剂。作硫化剂时，在硫化温度下能释放活性硫，含量约为 53%，操作安全。相比 DTDM 胶料，其硫化温度的范围宽（140～180 ℃），而且具有优异的抗还原性，能提高硫化胶的物理机械性能和耐老化性能。使用本品的胶料不喷霜、不污染、不变色。与秋兰姆、噻唑类促进剂并用，可提高硫化速度。作硫化剂时添加量为 1～2 份，作促进剂时添加量为 0.5～2 份。

硫化剂 HTDM 的供应商见表 1.3.2－11。

表 1.3.2－11　硫化剂 HTDM 的供应商

供应商	外观	熔点(≥)/℃	加热减量(≤)/%	灰分(≤)/%	筛余物/%，≤(150 μm)
三门峡邦威化工	浅黄色针状晶体	116.0	0.50	0.50	0.01

2.4　硫化剂 VA—7（JL—1）

化学名称：脂肪族多硫化物，脂肪族醚多硫化物。

分子式：$(C_5H_{10}O_2S_4)_n$；相对分子质量：296.54×n；纯品为黄色黏稠液体，稍有硫醇气味，密度为 1.42～1.47 g/cm^3，26.7 ℃时的黏度为 5～20 Pa·s。储藏稳定。

结构式：

aliphatic polysulfid

—R—S_4—R—

R 为脂肪族醚　或 $(C_2H_4—O—CH_2—O—C_2H_4—S—S—S—S)_n$

本品为天然橡胶、丁苯橡胶、丁腈橡胶及其他不饱和橡胶的硫化剂，在橡胶中极易分散，受热流动性和分散性加强。用本品比用硫黄交联效率高，交联时形成更多的单硫键和双硫键，多硫健比硫黄硫化大大减少。由于没有硫黄析出喷霜的危险，用量可高达 5～7 份。硫化胶拉伸强度大、变形小，耐老化、耐热性能好，高温下的力学性能保持良好。本品主要用于制造电线电缆，由于没有游离硫，可以保护铜色，防止铜害。本品可代替或部分代替硫化剂 DTDM 使用，避免或减少 DTDM 的亚硝胺致癌物质生成。也可用于制造轮胎的白胎侧胶料。

本品在橡胶制品中的一般用量为 2～3 份。

硫化剂 VA—7 的供应商见表 1.3.2－12。

三、醌类化合物

醌类化合物在胶料中易分散，硫化速度快，定伸应力高；由于临界温度低，有焦烧倾向；使用醌类硫化的胶料与金属黏合性能好。

表 1.3.2－12　硫化剂 VA－7 的供应商

供应商	规格型号	外观	含量（硫）(≥)/%	灰分(≤)/%	加热减量(≤)/%	总氯量(≤)/%	pH 值	载体
三门峡邦威化工	一级品	微黄色油状液体	48～52		1.0	4.0	6～8	
	合格品		47～54		2.0	4.0	6～8	
济南正兴橡胶助剂有限公司	Ⅰ型	微黄色油状液体	48～52	6～8	2.0	4.0	6～8	
	Ⅱ型	淡黄色粉末或颗粒	32～36	30	2.0	3.0	6～8	白炭黑

醌类化合物有毒，其粉尘和空气的混合物有爆炸危险；不宜配用硬脂酸、槽黑等酸性物质；有污染性，不宜用于白色或浅色制品。

用作交联剂的醌类化合物见表 1.3.2－13。

表 1.3.2－13　用作交联剂的醌类化合物

名称	化学结构	性状		
		外观	密度	熔点/℃
对醌二肟（QDO）	详见本节 3.3			
对-二苯甲酰苯醌二肟（DBQD）	*p*-dibenzoylquinonedioxime 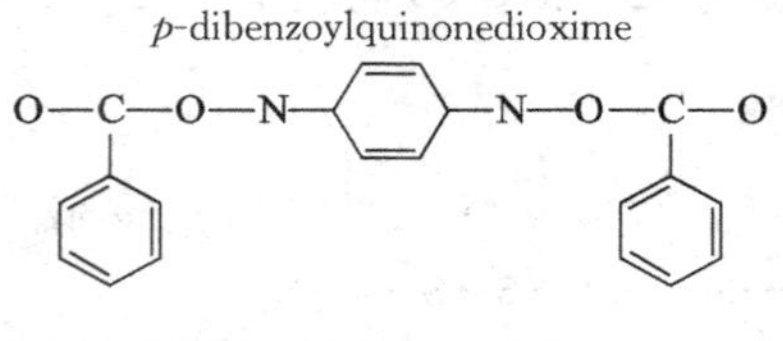	紫灰色粉末，密度为 1.37 g/cm³，分解温度大于 200 ℃。本品无毒，作为橡胶硫化剂，用于天然橡胶和丁苯等合成橡胶，特别适用于丁基橡胶。性能与对醌二肟相近，但由于结构中含有苯甲酰基，故比对醌二肟具有更强的硫化迟效性，不易焦烧。也用作金属氧化物硫化剂的促进剂		
四氯代对苯醌	tetrachloro-*p*-benzoquinone 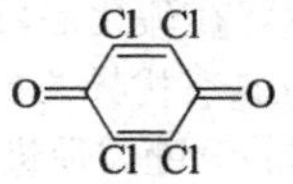	金黄粉末，密度为 1.97 g/cm³，熔点为 289 ℃，对水生生物有极高毒性，吸入有害		
聚对二亚硝基苯	poly-*p*-dinitrosobenzene 	棕色粉末，密度为 1.3 g/cm³，熔点为 52 ℃，闪点为 103.5 ℃，沸点为 259.7 ℃。本品是低温硫化氯化橡胶的促进剂，亦可作为 IIR 的活性剂，会产生轻微的变色，几乎无味且不会产生喷霜		
1，4-双（β-羟基乙氧基）苯（对苯二酚-双（β-羟乙基）醚，聚氨酯扩链剂 HQEE）	详见本节 3.1			

注：详见《橡胶原材料手册》，于清溪、吕百龄等编写，化学工业出版社，2007 年 1 月第 2 版，P370。

醌类化合物适用于天然橡胶、丁苯橡胶等，特别适用于丁基橡胶，用于制造胶布、水胎、电线、电缆的绝缘层及耐热垫圈，也可用于自硫化型胶黏剂。

在丁基橡胶中使用时，用量为 1.0～2.0 份，并配以 6.0～10.0 份 PbO_2 或 Pb_3O_4，也可配用 2.0～4.0 份促进剂 MBTS（DM）；在聚硫橡胶中使用时，用量为 1.5 份左右，并配以 0.5 份 ZnO。

3.1　聚氨酯扩链剂 HQEE

化学名称：对苯二酚-双（β-羟乙基）醚。

分子式：$C_{10}H_{14}O_4$；相对分子质量：198.22；CAS 号：104－38－1；密度：1.34 g/cm³。

结构式：

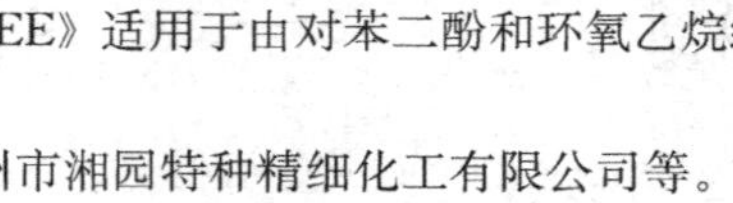

HG/T 4228－2011《聚氨酯扩链剂 HQEE》适用于由对苯二酚和环氧乙烷缩合制成的聚氨酯扩链剂 HQEE。聚氨酯扩链剂 HQEE 的技术要求见表 1.3.2－14。

聚氨酯扩链剂 HQEE 的供应商有：苏州市湘园特种精细化工有限公司等。

表 1.3.2-14　聚氨酯扩链剂 HQEE 的技术要求

项目	指标
外观	白色粉末
初熔点(≥)/℃	98.0
水分(≤)/%	0.10
纯度[a] (GC)(≥)/%	98.0
羟值，mg(KOH)/g	555±5

a　根据用户要求检验项目。

3.2　聚氨酯扩链剂 HER

化学名称：间苯二酚一双（β-羟乙基）醚。

分子式：$C_{10}H_{14}O_4$；相对分子质量：198.22；CAS 号：102—40—9。

结构式：

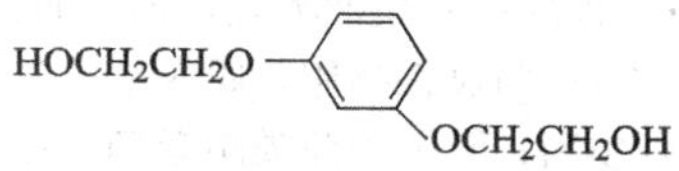

HG/T 4229—2011《聚氨酯扩链剂 HER》适用于由间苯二酚和环氧乙烷缩合制成的聚氨酯扩链剂 HER。聚氨酯扩链剂 HER 的技术要求见表 1.3.2-15。

表 1.3.2-15　聚氨酯扩链剂 HER 的技术要求

项目	指标
外观	白色粉末
初熔点(≥)/℃	83.0
水分(≤)/%	0.10
纯度[a] (GC)(≥)/%	98
羟值，mg(KOH)/g	555±5

注：[a] 根据用户要求检验项目。

聚氨酯扩链剂 HER 的供应商有：苏州市湘园特种精细化工有限公司等。

3.3　对醌二肟（QDO）

分子式：$C_6H_6O_2N_2$；相对分子质量：138；CAS 号：105—11—3；纯品为淡黄色针状结晶，工业品为浅灰色粉末，密度为 1.2～1.4 g/cm³，240 ℃分解。本品有毒、可燃，可快速分散于橡胶中，但比其他促进剂分散慢。

结构式：

p-quinonedioxime

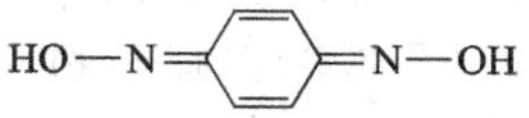

本品是一种并用氧化剂如红铅用于 NR、SBR，多硫及特殊 IIR 之无硫硫化的超速促进剂，丁基橡胶胶黏剂的硫化剂。本品可用噻唑类促进剂活化，当与 MBTS 或红铅并用时在室温下不加硫黄可迅速硫化。要提高加工安全性可与硫黄、秋兰姆类、噻唑类及二硫代氨基甲酸盐类并用。所得硫化胶具有高定伸应力，非常好的耐老化性及好的电性能。本品也可用作橡胶与金属的黏合剂。本品主要用于丁基橡胶制品，特别是内胎；还可用作分析试剂等。参考用量为 1～3 份。

本品有毒，操作时应佩戴合成橡胶手套和防尘口罩，防止皮肤接触和吸入，远离明火和高温热源。阴凉通风处密闭储存。保质期 12 个月，过期复检合格仍可使用。运输过程中防止雨淋和暴晒，不能与强氧化剂混运。

对醌二肟的供应商见表 1.3.2-16、表 1.3.2-17。

表 1.3.2-16　对醌二肟的供应商（一）

供应商	外观	含量(≥)/%	分解温度/℃	乙醇溶解试验	加热减量(≤)/%	灼烧残渣(≤)/%
三门峡邦威化工	浅黄至浅棕色结晶	95	230～240	合格	0.2	0.5

表 1.3.2-17　对醌二肟的供应商（二）

供应商	型号规格	活性含量/%	剂型	颜色	备注
元庆国际贸易有限公司（法国 MLPC）	BQD 30 DS (1)	30	石英-高岭土	灰白-土黄色	分散固体
	BQD 30 DX (2)	30	二甲苯	棕色	分散泥浆
	BQD 50 HU (3)	50	水	灰白-土黄色	分散泥浆

四、有机过氧化物

有机过氧化物的分解及交联均为自由基反应，过氧化物硫化剂用量随胶种不同而不同。含羧基的过氧化物（过氧化二苯甲酰）的特点是对酸的敏感性小，分解温度低，炭黑会严重干扰交联。不含羧基的过氧化物（如过氧化二异丙苯）的特点是对酸的敏感性大，分解温度高，对氧的敏感性较小。

将 1 克分子的有机过氧化物能使多少克分子橡胶单元链节产生化学交联定义为过氧化物的交联效率，若 1 克分子的过氧化物能使 1 克分子的橡胶单元链节交联，规定其交联效率为 1。则：SBR 的交联效率为 12.5，BR 的交联效率为 10.5，EPDM、NBR、NR 的交联效率为 1，IIR 的交联效率为 0。

过氧化物硫化体系中，ZnO 起催化脱氢作用（部分文献认为其作用是提高胶料的耐热性而不是活化剂是不科学的，可参考半导体物理、磷光体和半导体固相催化和相转移催化等有关文献；另，苏联科学家主张表面催化作用），一般用量为 5 份左右；硬脂酸会阻碍过氧化物的交联，少量使用可提高 ZnO 在橡胶中的溶解度和分散性，一般为 0.5 份左右。

HVA-2（*N*，*N'*-邻亚苯基-二马来酰亚胺）、三烷基三聚氰酸酯（TAIC）、不饱和羧酸盐等是过氧化物硫化体系中的助交联剂，用量为 1～3 份。过氧化物硫化体系中加入硫黄可以提高硫化胶的拉断伸长率，一般不超过 0.3 份，并应同时加入次磺酰胺类促进剂，否则严重干扰交联。操作油应以石蜡油为宜，环烷油、芳香油会干扰交联。

部分文献提到：在过氧化物硫化体系中，加入少量碱性物质，如 MgO、三乙醇胺等，可以提高交联效率；酸性物质使自由基钝化，应避免使用槽法炭黑和白炭黑等酸性填料；胺类和酚类防老剂，也容易使自由基钝化，降低交联效率，使用时不宜超过 2 份，如再增多，应增加过氧化物的用量；软化剂尤其不饱和的或酸性的软化剂也会降低过氧化物的活性，以石蜡油为宜。

一般地，配方中各种材料的影响表现为对化学反应速度等的影响。酸性物质、防老剂、芳烃化合物对过氧化物硫化体系的影响主要是其分子中的活泼 H 与过氧化物分解产生的自由基反应，中止了自由基链增长反应，而不是所谓的钝化作用。从反应动力学分析，可以看作两种反应速度之比：

$$K_1【RH】【过氧化物】/(K_2【M】【过氧化物】)=K_1【RH】/(K_2【M】)$$

其中，K_1 为聚合物与过氧化物自由基的化学反应速度常数；

K_2 为干扰物（如防老剂、脂肪酸、芳烃等）与过氧化物自由基的反应速度常数；

【*RH*】为聚合物的物质的量浓度，如【NR】=100/68=1.47；如 HNBR，假定其丙烯腈含量为 40%，残余双键为 1%，则【HNBR】=100/54×60%×1%=0.01。

【*M*】为干扰物的物质的量浓度，如【硬脂酸】=1/284=0.0035。

相对于 NR 的过氧化物硫化，$K_1\times1.47/(K_2\times0.0035)=420(K_1/K_2)$，可见，硬脂酸即使对反应速度有所影响，其影响也十分微小。

相对于 HNBR 的过氧化物硫化，$K_1\times0.01/(K_2\times0.0035)=2.857(K_1/K_2)$，可见硬脂酸对 HNBR 的干扰比对 NR 的干扰大 147 倍。如果丁二烯的 K_1 比异戊二烯的 K_1 小，实际干扰将更大一些。此外，还应考虑干扰物的活性（K_2）、浓度等因素的影响。实践中，BPO、双 2，4 等含酰基的过氧化物、酸对其影响较小，如加入胺则会发生爆炸性反应。许多过氧化物交联的聚合物也都可以加入白炭黑补强，只要加入活性剂与白炭黑表面的羟基反应予以屏蔽即可，如，硅橡胶＋白炭黑＋羟基硅油、白炭黑＋二甘醇（甘油、PEG、Si－69 等）。应该说，酸性和碱性或其他活性化合物，如防老剂、脂肪酸、芳烃油等对过氧化物的交联有干扰，应注意避免；不同饱和度的聚合物，其干扰的程度不同。

硫化温度应高于过氧化物的分解温度，硫化时间一般为过氧化物半衰期的 6～10 倍。过氧化物体系硫化温度系数比硫黄硫化体系的高，温度每升高 10 ℃，硫化速度约提高 2 倍（硫黄硫化体系提高 1 倍）。另一方面，胶料焦烧性能也如此：例如，混炼胶焦烧时间在 125 ℃下为 10 min；如果在 95 ℃下，硫黄体系为 80 min（10 min×2^3），过氧化物硫化体系为 270 min（10 min×3^3）。所以，在低温下，过氧化物硫化体系更为安全。实践中，硫黄硫化体系混炼胶储存半年常发生自硫，而过氧化物胶料几乎不发生自硫。

用 2，4-二氯过氧化苯甲酰交联的硅橡胶，可以采用热空气硫化。此外，一般过氧化物硫化体系胶料，都不能采用热空气硫化或在空气介质中直接蒸汽硫化，因为空气中的氧与橡胶中产生的自由基结合，会使橡胶大分子断链，接触空气硫化的制品表面也会出现明显的发黏。在采用直接蒸汽硫化时，为排除硫化罐中空气的影响，需排气 5 次以上。

在含酰基过氧化物胶料中，有安息香酸分解物存在，易导致硫化胶水解，为此，硅橡胶过氧化物硫化时，常采用二段硫化方式，一般第一段为模型硫化，第二段是对制品进行高温（150～200 ℃）长时间后处理，以除去制品中残留的过氧化物、挥发残留酸，使硫化胶结构得以稳定。

常用过氧化物硫化剂的半衰期见表 1.3.2-18。

表 1.3.2-18 常用过氧化物硫化剂的半衰期

商品名称	化学名称	相对分子质量	有效官能团	半衰期为 10 h 的温度/℃	半衰期为 1 min 的温度/℃	硫化物臭气
硫化剂 BPO	过氧化二苯甲酰	242	1	74	130	无
	1，1-双（二叔丁基过氧基）-3，3，5-三甲基环己烷	302	1	90	148	几乎无

续表

商品名称	化学名称	相对分子质量	有效官能团	半衰期为 10 h 的温度/℃	半衰期为 1 min 的温度/℃	硫化物臭气
	2，5-二甲基-2，5-二（苯甲酰过氧）基己烷	386	1	100	162	
硫化剂 BIPB	1，4-双叔丁基过氧二异丙基苯	338	2	113	175	几乎无
	过氧苯甲酸叔丁酯（叔丁基过氧苯甲酸酯）	194	1	104	170	
硫化剂 DCP	过氧化二异丙苯	270	1	117	171	大
硫化剂 BCPO	叔丁基异丙苯基过氧化物	208	1	120	176	中等
双 2，5、硫化剂 AD	2，5-二甲基-2，5-二（叔丁基过氧基）己烷	209	1	118	179	几乎无
硫化剂 DTBP (引发剂 A)	二叔丁基过氧化物	146	1	124	186	挥发性很大，注意混炼
硫化剂 TBPH－3	2，5-二甲基-2，5-二（叔丁基过氧基）-3-己炔	286	2	135	193	几乎无

注：详见《橡胶工业手册．第三分册．配方与基本工艺》，梁星宇等编写，化学工业出版社，1989 年 10 月（第 1 版，1993 年 6 月第 2 次印刷），P67 表 1-56。

有机过氧化物一般有毒，易燃烧爆炸，应储存于避光、避火的环境下，还应注意避免撞击。

有机过氧化物主要用作硅橡胶和乙丙橡胶的交联剂，一般用量为 1.5～3.0 份。

4.1　硫化剂 BPO

化学名称：过氧化二苯甲酰。

结构式：

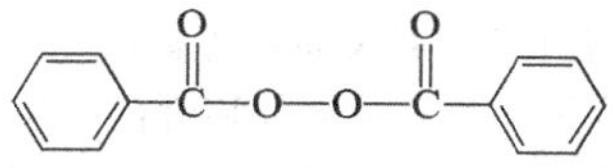

分子式：$C_{14}H_{10}O_4$；CAS 号：94－36－0；相对分子质量：242.23；白色结晶，性质极不稳定；熔点：103～106 ℃；沸点：80 ℃；密度（25 ℃）：1.16 g/mL；闪点：>230 ℉；低毒。储存条件：2～8 ℃，并应注入 25%～30%的水。

爆炸物危险特性：与还原剂、硫、磷等混合可爆；干燥时摩擦、光照、受热、撞击可爆。

可燃性危险特性：遇有机物、还原剂、硫、磷等易燃物及明火、光照、撞击、高热可燃；燃烧产生刺激烟雾。

本品是在胶黏剂工业应用最广泛的引发剂，用作丙烯酸酯、醋酸乙烯溶剂聚合，氯丁橡胶、天然橡胶、SBS 与甲基丙烯酸甲酯接枝聚合，不饱和聚酯树脂固化，有机玻璃胶黏剂等的引发剂；还可作为硅橡胶和氟橡胶的硫化剂、交联剂；也可用作漂白剂和氧化剂。

粉末型产品主要用作丙烯酸系树脂、MMA 树脂等的聚合引发催化剂；近几年正在推广作为快速黏合剂应用于高速公路工程等方面，糊型产品用作聚酯树脂成型加工的固化催化剂；液型则作为聚合催化剂用于制备聚苯乙烯树脂。

硫化剂 BPO 的供应商有：阿克苏诺贝尔等。

4.2　硫化剂 DTBP（引发剂 A）

化学名称：过氧化二叔丁基，二叔丁基过氧化物。

结构示意图：

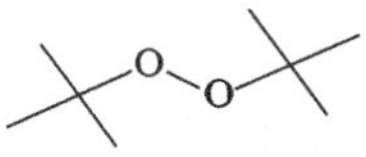

分子式：$C_8H_{18}O_2$；相对分子质量：146.23；密度（20 ℃）：0.794 g/cm^3；熔点：－40 ℃；沸点：111 ℃；闪点：9 ℃；折射率：1.3890；无色至微黄色透明液体，不溶于水，与苯、甲苯、丙酮等有机溶剂混溶。有强氧化性，易燃，常温下较稳定，对撞击不敏感，其蒸气与空气形成爆炸性混合物。

本品是有机过氧化物中最稳定者之一。作为交联剂，可用于硅橡胶、合成橡胶和天然橡胶、聚乙烯、EVA 和 EPT 等，适合于厚橡胶制品硫化。拉伸强度、伸长率和耐压缩及永久变形性能好；本品也可用作不饱和聚酯的高温固化剂；用作乙烯基、双烯基单体的聚合引发剂；用于聚丙烯高速纺丝（丙纶）工业中，作相对分子质量调节剂；用于油品添加剂和变压器油的降凝剂。

硫化剂 DTBP 的供应商有：兰州助剂厂、东营市海京化工有限公司等。

4.3　硫化剂 DCP

化学名称：过氧化二异丙苯。

结构式：

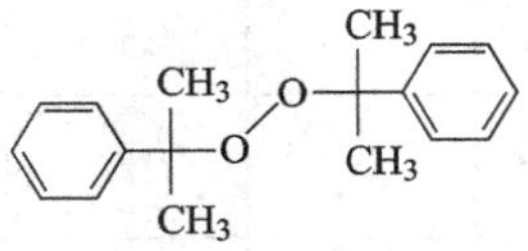

分子式：$C_{18}H_{22}O_2$；相对分子质量：270.37；CAS 号：80—43—3；熔点：41～42 ℃；沸点：130 ℃；密度（20 ℃）：1.56 g/mL；在 170 ℃时的半衰期为 1 min，白色结晶，见光逐渐变成微黄色。

本品为强氧化剂，主要用作饱和橡胶的硫化剂，但是需要大幅提高硫化温度，不适用于无模硫化与酸性配方，酸性配方需要加入 MgO 或者其他碱性物质来调节，临界温度为 160 ℃。

本品还可用作不饱和聚酯的固化交联剂；聚合反应的引发剂；用作聚乙烯树脂交联剂，交联的聚乙烯用作电缆绝缘材料，不仅具有优良的绝缘性和加工性能，而且可提高其耐热性，用量为 2.4 份；可使乙烯一醋酸乙烯共聚物（EVA）泡沫材料形成细微均匀的泡孔，同时提高制品的耐热性和耐候性。

硫化剂 DCP 的供应商见表 1.3.2-19。

表 1.3.2-19　硫化剂 DCP 的供应商

供应商	外观	纯度(≥)/%	熔点/℃	说明
江苏太仓塑料助剂厂有限公司	白色晶体	99	≥39.0	

4.4　交联剂 BIPB

化学名称：1，4-双叔丁基过氧异丙基苯。

分子式：$C_{20}H_{34}O_4$；相对分子质量：338.5；CAS 号：25155—25—3；熔点：44～48 ℃；密度：0.974 g/cm³。

一般 DCP 硫化产品，气味难闻，交联剂 BIPB 可 1∶1（或 2∶3）替代 DCP，产品几乎无任何异味，故俗称无味 DCP，特别适合用于对气味要求严格之制品。

本品可作为硅橡胶、乙烯-醋酸乙烯共聚物（如 EVA 发泡）、氯化聚乙烯橡胶（CM）、乙丙橡胶（EPM 与 EPDM）、氯磺化聚乙烯、四丙氟橡胶（TP—2）、饱和氢化丁腈（HNBR）等橡胶和塑料的交联剂，操作过程中及制成的制品中无刺激性臭味。可提高硫化胶的耐热性，改善压缩变形，改善低温屈挠性能。安全加工温度（ts_2＞20 min）为 135 ℃，典型交联温度（t_{90}≈12 min）为 175 ℃。一般用量为 1.5～6 份，视胶种、制品厚度、硫化温度等适当调整；在 EPDM 中使用时应先熔解或者采用高温混炼，否则因熔解不良，会造成制品表面有针形晶体喷霜现象，用量不多于 3 份，与助交联剂 TMPTMA、TAIC 并用，可使喷霜现象减少。

交联剂 BIPB 的供应商见表 1.3.2-20。

表 1.3.2-20　交联剂 BIPB 的供应商

供应商	商品名称	外观	有效含量/%	气味	储存要求	说明
金昌盛（阿克苏诺贝尔）	PERKADOX 14	白色结晶片状	96	无	避火、避热，不高于 25 ℃储存	通过 FDA 认证，可用于要求无毒的或食品级、医药级橡胶制品

4.5　硫化剂 AD（双 2，5）

化学名称：2，5-二甲基-2，5-二（叔丁基过氧基）己烷。

结构示意图：

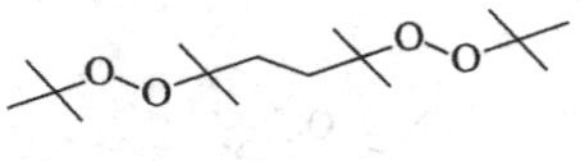

分子式：$C_{16}H_{34}O_4$；相对分子质量：290.44；CAS 号：78—63—7；密度：0.847 g/cm³；熔点：6 ℃；沸点（1 标准大气压）：487.9 ℃。

本品主要用作聚合物的引发剂和降解剂，硅橡胶、聚氨酯橡胶、乙丙橡胶和其他橡胶的硫化剂。

硫化剂 AD 的供应商见表 1.3.2-21。

表 1.3.2-21　硫化剂 AD 的供应商

供应商	商品名称	外观	有效含量/%	气味	说明
金昌盛	TRIGONOX 101				

阿克苏诺贝尔过氧化物产品牌号见表 1.3.1-22。

表 1.3.2-22　阿克苏诺贝尔过氧化物产品牌号

供应商	牌号		化学名称	分子量	含量/%	形态	主要载体	安全加工温度/℃	典型交联温度/℃	FDA
金昌盛	双二五 QS：TX1011P	Trigonox 101	2，5-二甲基-2，5-双（叔丁基过氧）己烷	290				135	175	177.2600
		Trigonox 101—50D	2，5-Dimethyl-2，5-di（tert-butylperoxy）hexane［78—63—7］		92	液体				
		Trigonox 101—45B			50	粉末	二氧化硅			
		Trigonox 101—45D			45	颗粒	碳酸钙、二氧化硅			
		Trigonox 101—45S			45	粉末	碳酸钙、二氧化硅			
	无味 DCP	Perkadox 14s—fl	双-（叔丁基过氧化异丙基）苯	338	96	固体薄片		135	175	
		Perkadox 14s—40A	Di（tert-butylperoxysopropyl）benzene［25155—25—3］		40	颗粒	EVA			
	DCP	Perkadox BC—FF	过氧化二异丙苯	270	99	晶体		130	170	177.2600
		Perkadox BC—40B	Dicumyl Peroxide［80—43—3］		40	颗粒粉末	碳酸钙、二氧化硅			
	双二四 QS：OPC—IP—50S	Perkadox PD—50S	过氧化二-（2，4-二氯苯甲酰）	380	50	膏状	硅油	65	90	177.2600
			Di（2，4-dichlorobenzoyl）peroxide［133—14—2］							

五、树脂类化合物

本类硫化剂是 NR 和各种合成橡胶的硫化剂，特别适用于不饱和度低、难于硫化的橡胶。硫化胶可改善抗干热、抗压缩变形、抗臭氧性能；不喷霜，模量高，不污染模具；应在其软化点温度以上混入胶料，能改善工艺操作性能。树脂类化合物一般有微毒，不宜用于与食物接触的制品。树脂类化合物广泛用于制造耐热制品，如硫化胶囊、输送带、垫圈、水泵隔膜、胶黏剂和耐热包装材料等。密胺甲醛树脂也用于乳胶制品。

树脂硫化体系使硫化胶中形成热稳定性较高的 C—C 交联键，显著地提高了硫化胶的耐热性和化学稳定性，还具有好的耐屈挠性、压缩永久变形小的特点。树脂类硫化剂常用的品种有烷基酚醛树脂、环氧树脂，其中烷基酚醛树脂主要包括硫化树脂 201，化学名称：溴化对-特辛基苯酚甲醛树脂；硫化树脂 202，化学名称：对-叔辛基苯酚甲醛树脂；硫化树脂 2402，化学名称：对-叔丁基苯酚甲醛树脂。

树脂硫化的特点是：

1）硫化速度慢、硫化温度要求高，一般使用含结晶水的金属氯化物如 $SnCl_2 \cdot 2H_2O$、$FeCl_2 \cdot 6H_2O$、$ZnCl_2 \cdot 1.5H_2O$ 与含卤弹性体作活化剂，加速硫化反应，改善胶料性能。其中 $SnCl_2$ 能降低反应介质的 pH 值，使其容易破坏树脂中的氢键，有利于邻亚甲基醌型结构中间产物的生成，提高了树脂的活性；$SnCl_2$ 还可直接使橡胶分子双键极化，使其更容易与树脂分子发生交联；但 $SnCl_2$ 容易造成设备的腐蚀。

2）树脂的硫化活性与许多因素有关，如与树脂中羟甲基的含量（不小于 3%）、树脂的相对分子质量、苯环上取代基等有关。

3）ZnO 在使用金属卤化物的场合下不宜使用，因其影响金属卤化物发挥活性作用，而且会增大永久变形；在以含卤弹性体作活性剂的场合，加入 ZnO 能增加耐热性，降低永久变形。

4）硫黄、促进剂 D、促进剂 MBTS（DM）、促进剂 TMTD、促进剂 CBS（CZ）及胺类防老剂，都会降低树脂硫化效率，其中以胺类防老剂和促进剂 D 的影响最为严重。在该体系中，以酚类防老剂为佳。

5）叔丁基（或叔辛基）苯酚甲醛树脂以及镁螯合的叔丁基酚醛树脂，其粉尘-空气混合物有爆炸危险，有微毒。

6）树脂硫化适用于高温硫化，硫化温度可高达 300 ℃，但通常为 160～190 ℃，用量为 3.0～15.0 份。

用作交联剂的树脂类化合物见表 1.3.2-23。

5.1 烷基酚醛树脂

常用烷基酚醛树脂硫化剂品种和特性见表 1.3.2－24。

表 1.3.2－23　用作交联剂的树脂类化合物

名称	化学结构	性状		
		外观	密度	熔点/℃
苯酚甲醛树脂（2123 树脂）	Phenol-formaldehyde resin 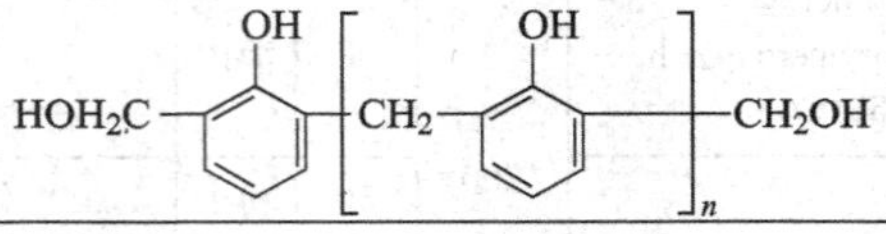	黄棕色透明或半透明固体或粉状，由苯酚、甲醛在酸性介质中缩聚而成的一种热塑性酚醛树脂，能溶于乙醇，软化点为 95～110 ℃		
烷基苯酚甲醛树脂	Alkylphenol-formaldehyde resin 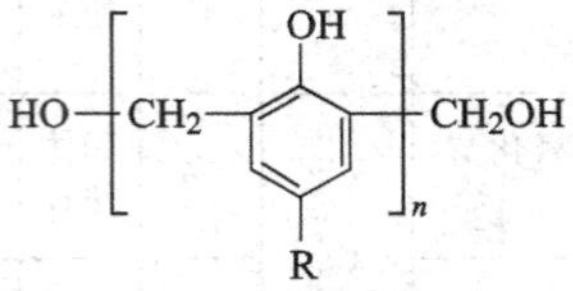	黄色至褐色透明块状固体，软化点随品种而异，在 70～105 ℃之间。本品系烷基化催化剂存在下，用二异丁烯（或三聚丙烯、四聚丙烯）使苯酚烷基化，然后在酸性催化剂下，将烷基苯酚与甲醛水溶液缩合制得。除用作硫化剂外，本品还用于乙丙橡胶、丁苯橡胶、丁基橡胶胶黏剂的增黏，其效果优于歧化松香和古马隆树脂，并与其结构及分子量分布有关：一般，烷基的碳原子数越多、支链越多的树脂，与橡胶的相容性越大，增黏效果越好。常用的有对叔丁基酚醛树脂和对叔辛基酚醛树脂，一般用量为 8～10 质量份		
对叔丁基苯酚甲醛树脂（橡胶促进剂 M4、101 树脂、2402 树脂、204 增黏树脂）	*p-tert*-Butylphenolformaldehyde resin 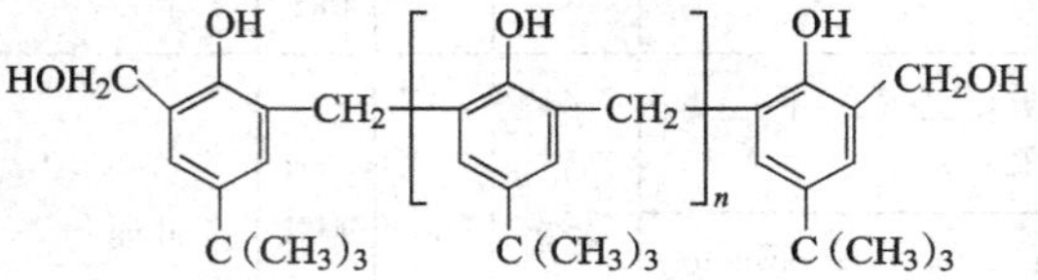	本品是丁基胶、天然胶、丁苯胶、硅橡胶等的硫化剂，特别适用于丁基胶的硫化，可以提高硫化胶的耐热性，具有变形小、耐热性好、抗张强度大、伸长率小等优良性能，主要用于制造耐热丁基胶制品，参考用量为 5～10 份。该树脂与氯丁胶相容性好，配制的氯丁胶胶黏剂可使胶黏剂耐热性能提高，增加附着力，特别适用于氯丁接枝胶等鞋用黏剂。用作增黏剂时，与萜烯树脂混合配用效果更优良		
叔辛基苯酚甲醛树脂（202 树脂）	*tert*-Octylphenolformaldehyde resin 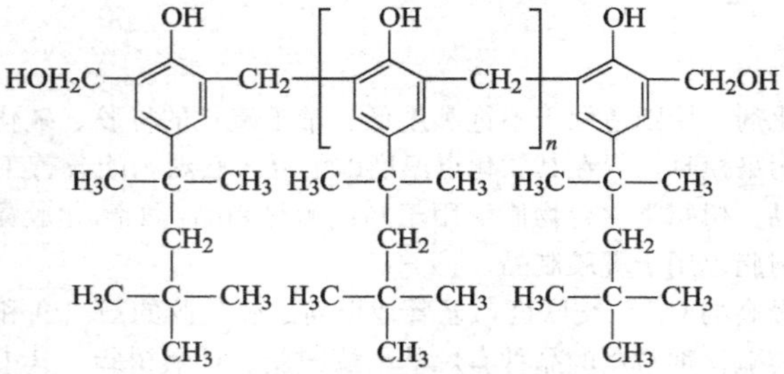	浅黄至棕黄色透明树脂状固体，密度为 1.04 g/cm³，熔点为 75～90 ℃，羟甲基含量≥6%，是天然橡胶、丁基橡胶、丁苯橡胶、丁腈橡胶和其他橡胶的硫化剂，但主要用于丁基橡胶，用金属氯化物（如氯化锌）或含氯化合物（如氯磺化聚乙烯）活化。硫化温度为 93～204 ℃，用量为 0.2%～20%。该产品的性能同叔丁基苯酚甲醛树脂相似，但含本品的硫化胶其物理机械性能比含对叔丁基苯酚或硫黄硫化胶更好		
溴甲基烷基苯酚甲醛树脂	Bromomethyl alkylated phenolformakdehyde resin	块状固体	1.0～1.1	49～57
溴甲基对叔丁基苯酚甲醛树脂	Bromomethyl-*p-tert*-butyl phenol formaldehyde resin 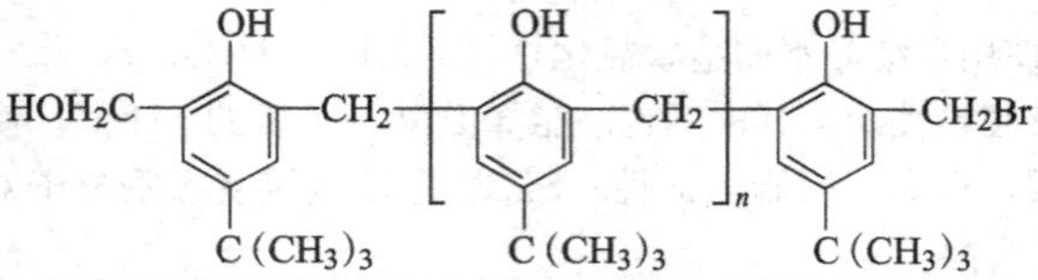	黄棕色透明树脂		62～78
溴甲基对叔辛集苯酚甲醛树脂（201 树脂）	Bromomethyl-*p-tert*-octyl phenol formaldehyde resin 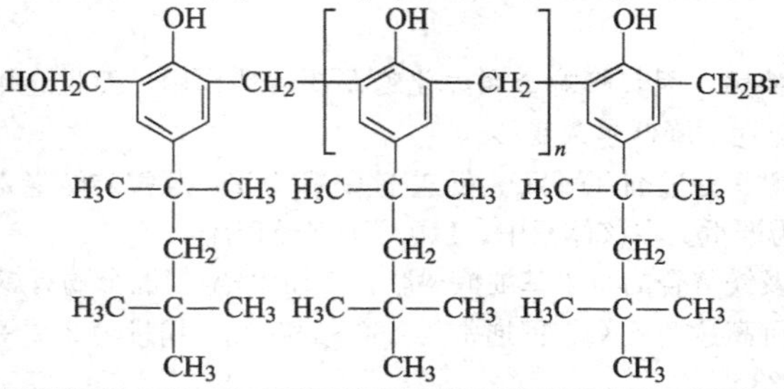	黄棕色透明块状或粒状固体，平均分子量约 1 000，密度为 1.06 g/cm³，软化点为 54～67 ℃，溴含量＜4.0%，羟甲基含量≥6.0%，本品主要用作压敏胶黏剂的增黏树脂和交联剂，也用作丁基橡胶、氯化丁基橡胶的硫化剂，参考用量为 5～15 份		

续表

名称	化学结构	性状		
		外观	密度	熔点/℃
含硫烷基酚醛树脂	Alkyl phenol formaldehyde resin with sulfur 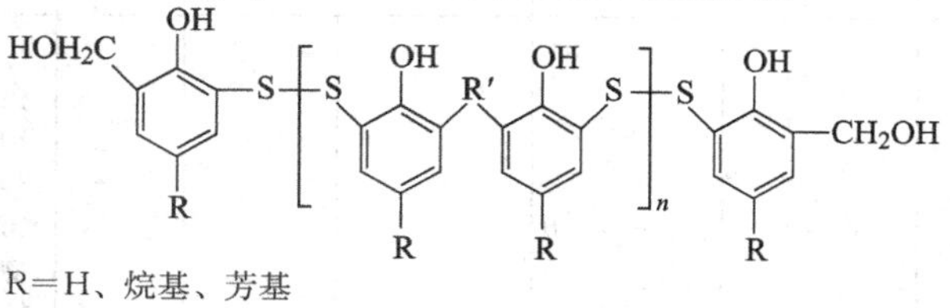 R=H、烷基、芳基 R′=CH_2—O—CH、CH_2 n=0～2	深褐色固体		80～95
镁螯合的对叔丁基酚醛树脂（添加聚氯丁二烯）	Magnesium Chelating-*p-tert*-butylphenol formaldehyde resin (with polychloroprene) 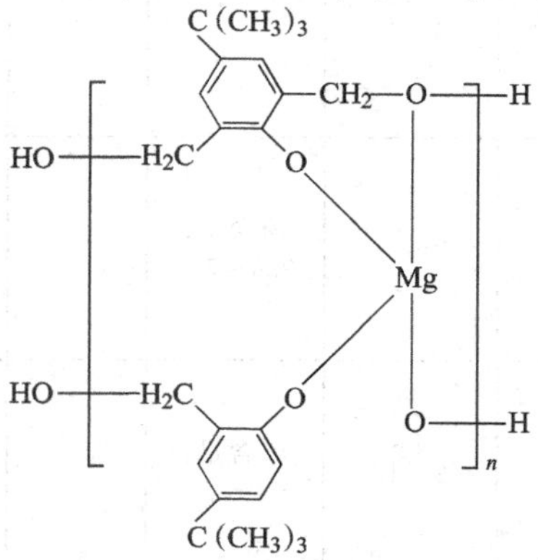	黄绿色粒状		
2，6－二羟基－4－氯代苯酚树脂	2，6－Dihydroxy methyl－4－chlorophenol resin 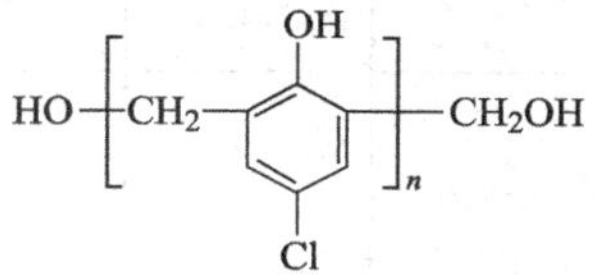			
苯酚二醇树脂	Resin of the penol dialcohol	黄棕色半透明树脂		80～90（软化）
密胺甲醛树脂（三聚氰胺甲醛树脂）	Melamine-formaldehyde resin 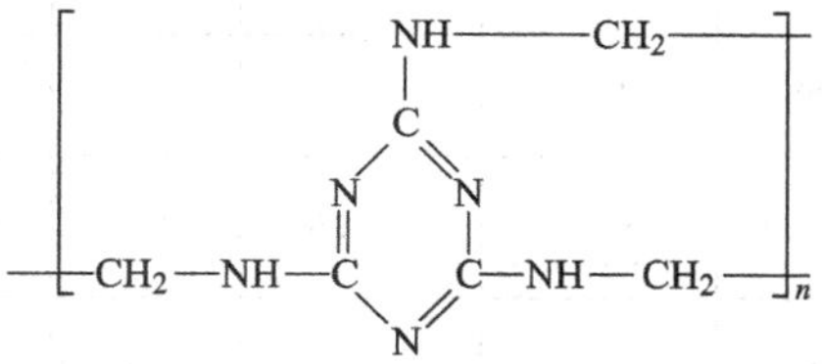	黄白粉末	1.57	70（软化点）

注：详见《橡胶原材料手册》，于清溪、吕百龄等编写，化学工业出版社，2007年1月第2版，P379～381。

表 1.3.2－24　常用烷基酚醛树脂硫化剂品种和特性

树脂品种	适用橡胶类型	硫化温度范围/℃	树脂品种	适用橡胶类型	硫化温度范围/℃
苯酚甲醛树脂 2123	IIR	150～180	溴甲基烷基苯酚甲醛树脂	IIR	166～177
烷基苯酚甲醛树脂	IIR、NR、SBR、NBR	150～180	环氧树脂硫化剂	主要用于羧基橡胶和 CR，硫化胶耐屈挠、生热小，与黄铜黏结性好，但耐热性差；用量为 8～9 份，并用金属氧化物作活性剂	
叔丁基苯酚甲醛树脂 2402	IIR、NR、SBR、NBR	125～300			

注：详见《橡胶工业手册．第三分册．配方与基本工艺》，梁星宇等编写，化学工业出版社，1989年10月（第1版，1993年6月第2次印刷），P109 表 1－102。

烷基酚醛树脂硫化剂供应商见表 1.3.2－25。

表 1.3.2－25　烷基酚醛树脂硫化剂供应商

供应商	商品名称	外观	软化点/℃	羟甲基含量/%	游离酚/%	水份(≤)/%	灰分(≤)/%	说明
山西省化工研究所	HY－2045	浅黄绿色透明块（片）状物	85～95	10.0～14.0				对特辛基酚醛硫化树脂，相当于国外同类产品 SP－1045 树脂。使用 HY－2045 树脂时需并用 CR（5%～10%）或金属卤化物（2%～5%）作活化剂，如果与 HY－2055 一起使用可以不加活化剂。用量为 8～12 份
	HY－2048	黄色透明片状物	80～95	6～9				用量为 8～12 份；应用时需要加入 CR 胶或金属卤化物作活化剂；相当于美国 10581
	HY－2055	橙黄色至红棕色透明块（片）状	85～95	9～13	溴含量：3.6～5.2			溴化对-特辛基酚醛硫化树脂，用量为 1～8 份，相当于国外同类产品 SP－1055 树脂
	HY－2056	黄色至红棕色透明块（片）状	80～90	9～13	溴含量：6.0～7.5			高溴化对-特辛基酚醛硫化树脂，用量为 1～8 份，相当于国外同类产品 SP－1056 树脂
宜兴国立	GL－201	黄色至红褐色块状物	75～95	≥6.0	溴含量：≥4.0	1.0		IIR 中用量为 12～15 份，CR 中为 5 份
	GL－202	浅黄色至褐色透明块状物	75～95	≥8.0			1.0	用量为 8～12 份；硫化时需与 CR（5%～10%）或金属卤化物（2%～5%）并用
	GL－2402	黄色至褐色块状物	80～120	≥8.0	≤3.0	1.0	1.0	
济南正兴	硫化剂 101 树脂	浅黄透明块状固体	85～115	9～15	≤0.5		0.3	
上海圣莱科特	硫化树脂 SP1045	黄色片状	80～95	8～1				
金昌盛	硫化树脂 2402	浅黄色片状	90～120	8～3	≤1.5	1.0	1.0	
	硫化树脂 LS2045	黄色至褐色块状物	80～100	≥8.0	≤3.0	1.0	1.0	
	硫化树脂 LS2055	黄色至褐色块状物	80～120	≥10.0	≤3.0	1.0	1.0	

5.2　烷基苯酚二硫化物树脂

本品含有活性硫，纯品树脂硫含量为 30.1%，软化点为 95～105 ℃。硫含量越高，树脂软化点越高，密度越大。通常情况下，树脂密度为 1.1～1.4 g/cm³，软化点温度为 70～95 ℃。

本品可用作天然胶和合成橡胶的给硫体类硫化剂，在半有效和有效硫化体系中部分或全部代替硫黄、DTDM 等给硫体；由于本品带有烷基酚基团，所以具有增黏和抗氧化的功效，还能用作稳定剂、分散剂和增塑剂，改善硫化胶的黏合性能；用于轮胎的高温硫化，可将硫化温度提高到 185～190 ℃，硫化效率提高 30%。

在硫化并用胶时，硫化同步性好；硫化胶不喷霜，拉伸强度高，并具有优良耐热性能。主要用于轮胎的内层胶、胎侧、胎面胶、三角胶等，也用于密封垫、传送带、汽车胶管、减震等制品。本品硫化过程中不像 DTDM 产生亚硝胺物质。

烷基苯酚二硫化物树脂的供应商见表 1.3.2－26。

表 1.3.2-26　烷基苯酚二硫化物树脂的供应商

供应商	商品名称	外观	软化点/℃	硫含量/%	密度/($g \cdot cm^{-3}$)	灰分/%(800 ℃×2 h)	说明
金昌盛	LONGSUN WP5	浅黄至棕色片状物	85～105	27～30			用量为 0.5～5 份
山西省化工研究所	HY－211	浅黄至棕色片状物	85～110	27～29			用量为 0.5～5 份，性能相当于国外产品 TB－7 树脂
济南正兴橡胶助剂有限公司	RPS2	棕色黏性固体	50～60	21.8～23.8			类似 Vultac－2
	RPS5A	微黄色粉末	—	23～25		≤2	类似 Vultac－5
	RPS5B	灰至蓝色颗粒	55～70	23～25	1.1～1.4	≤2	类似 Vultac－5
	RBS700	微黄色粉末	95～105	28～30	1.1～1.4	≤2	类似 Vultac－700
	RBS710	棕色树脂状或粉末	75～95	26.4～28.4	1.1～1.4	≤2	类似 VTB－710

烷基苯酚二硫化物国外牌号有：Vultac－2、Vultac－5、Vultac－700、VTB－710 等。

六、金属氧化物

金属氧化物硫化体系主要用于 CR、CIIR、CSM、XNBR、CO、T 等橡胶，尤其是 CR 和 CIIR，常用金属氧化物硫化。常用的金属氧化物是氧化锌和氧化镁。

1）最佳并用比为 ZnO∶MgO＝5∶4。单独使用氧化锌，硫化速度快，容易焦烧；单独使用氧化镁，硫化速度慢。

2）CR 中广泛使用的促进剂是亚乙基硫脲（Na－22），它能提高 GN 型 CR 的生产安全性，并使物性和耐热性得到提高。

3）如要提高胶料的耐热性，可以提高氧化锌的用量（15～20 份）；若要制耐水制品，可用氧化铅代替氧化镁和氧化锌，用量高至 20 份。

金属氧化物在橡胶中难以分散，制成预分散剂有助于其分散。

MgO 由碱式碳酸镁、氢氧化镁经煅烧制得，除用作硫化剂外，还可用作耐热制品的补强剂、活性剂、含卤橡胶的吸酸剂（稳定剂）。工业轻质氧化镁分为两类，Ⅰ类主要用于塑料、橡胶、电线、电缆、燃料、油脂、玻璃陶瓷灯工业，Ⅱ类主要用于橡胶轮胎、胶黏剂、制革及燃油抑矾剂等工业。工业轻质氧化镁的技术指标见表 1.3.2-27，详见 HG/T 2573－2012《工业轻质氧化镁》。

表 1.3.2-27　MgO 的技术指标

项目	Ⅰ类			Ⅱ类		
	优等品	一等品	合格品	优等品	一等品	合格品
氧化镁（以 MgO 计）(≥)/%	95.0	93.0	92.0	95.0	93.0	92.0
氧化钙（以 CaO 计）(≤)/%	1.0	1.5	2.0	0.5	1.0	1.5
盐酸不溶物含量(≤)/%	0.10	0.20	—	0.15	0.20	—
硫酸盐（以 SO_4^{2-} 计）含量(≤)/%	0.2	0.6	—	0.5	0.8	1.0
筛余物（150 μm 试验筛）(≤)/%	0	0.03	0.05	0	0.05	0.10
铁（Fe）含量(≤)/%	0.05	0.06	0.10	0.05	0.06	0.10
锰（Mn）含量(≤)/%	0.003	0.010	—	0.003	0.010	—
氯化物（以 Cl^- 计）含量(≤)/%	0.07	0.20	0.30	0.15	0.20	0.30
灼烧减量(≥)/%	3.5	5.0	5.5	3.5	5.0	5.5
堆积密度(≤)/($g \cdot mL^{-1}$)	0.16	0.20	0.25	0.20	0.20	0.25

MgO 的供应商见表 1.3.2-28。

七、有机胺类

有机胺类主要用于氟橡胶、丙烯酸酯橡胶和聚氨基甲酸酯橡胶的交联剂，也用作合成橡胶改性剂以及天然橡胶、丁基橡胶、异戊橡胶、丁苯橡胶的硫化活性剂。

有机胺类交联剂适用于高温短时间硫化，硫化胶抗返原性好，高温硫化一般采用两段硫化工艺，第一段模压硫化，第二段热空气硫化。适用于制造耐高温、耐腐蚀的特种橡胶制品和密封件，也可用于大型载重轮胎。

表 1.3.2－28　MgO 的供应商

供应商	商品名称		外观	MgO 含量(⩾)/%	CaO 含量(⩽)/%	盐酸不溶物(⩽)/%	硫酸盐含量（以 SO_4^{2-} 计)(⩽)/%	铁、锰含量(⩽)/%
金昌盛（日本神岛公司）	STARMAG 150		白色粉末	98.0				
运城运盛化工	活性氧化镁系列	RS－180	白色粉末	97.5	0.5	0.1		0.05
		RS－150		97.5	0.5	0.1		0.05
		RS－120		97.5	0.5	0.2		0.05
		RS－100		97.5	0.5	0.2		0.05
		RS－80		97.5	0.5	0.2		0.05
	轻质氧化镁系列	RS－01		93.5	0.5	0.2	0.2	0.05
		RS－02		95	1	0.1	—	0.06
		RS－03		93.5	1	0.13	—	0.13
		RS－04		93	1.5	0.15	0.5	0.25
		RS－05		92	1.5	0.2	0.8	0.25
		RS－08		95	0.2	0.2	1	0.03
	预分散	MgO－70 GE						
宁波硫华	MgO－75GE F140			93				

供应商	商品名称		氯化物(以 Cl^- 计)/(⩽)/%	灼烧减量(⩽)/%	堆积密度（⩽）/(g·cm^{-3})	碘值/(mL·g^{-1})	比表面(BET)/(m^2·g^{-1})	说明
金昌盛（日本神岛公司）	STARMAG 150				0.48	150	145	用量为 2～15 份。纯度高、杂质少，特适用于对重金属要求严格之制品
运城运盛化工	活性氧化镁系列	RS－180		10	0.25	180		
		RS－150		10	0.25	150		
		RS－120		10	0.25	120		
		RS－100		10	0.25	100		
		RS－80		10	0.25	80		
	轻质氧化镁系列	RS－01		5.0	0.25			
		RS－02		3.5	0.20			
		RS－03		5.0	0.25			
		RS－04		5.0	0.20			
		RS－05		3.5	0.25			
		RS－08		5	0.25			
	预分散	MgO－70 GE						
宁波硫华	MgO－75GE F140			4.0	1.90（真密度）			EPDM/EVM 为载体

有机胺类交联剂配合用量为 1.0～5.0 份，通常用量为 1.5～3.5 份，用作助硫化剂或活性剂时用量低于 1.0 份。有机胺类交联剂胶料用热辊混炼时容易焦烧，配料时宜在最后加入，胶料应在 24 h 内用完，储存期不宜过长。

用作交联剂的有机胺类化合物见表 1.3.2－29。

表 1.3.2-29　用作交联剂的有机胺类化合物

名称	化学结构	性状		
		外观	密度	熔点/℃
三亚甲基四胺	triethylene tetramine $H_2N—C_2H_4—NH—C_2H_4—NH—C_2H_4—NH_2$	淡黄黏稠液体	0.982	12
四亚甲基五胺	tetraethylene pentamine $H_2N—C_2H_4—NH—C_2H_4—NH—C_2H_4—NH—C_2H_4—NH_2$	淡黄黏稠液体	0.999	151～152（沸点）
己二胺（六亚甲基二胺）	hexamethylene diamine $H_2N(CH_2)6NH$	白色片状结晶，有氨臭味，毒性较大，是剧烈腐蚀性产品。熔点为 42～45 ℃，闪点为 90.7 ℃。己二胺是强的有机碱，能与亲电性化合物如 H、卤代烷、羟基等化合物发生反应。主要用于生产聚酰胺，如尼龙 66、尼龙 610 等；也用于合成二异氰酸酯；以及用作脲醛树脂、环氧树脂等的固化剂、有机交联剂，橡胶硫化促进剂。己二胺产品易潮解，可燃。应装入密封的镀锌马口铁皮桶内，储存温度不宜超过 30 ℃。储存期不得超过三个月		
亚甲基双邻氯苯胺（3，3′-二氯-1，4-二氨基二苯基甲烷，聚氨酯橡胶硫化剂 MOCA）	详见本节 7.4			
对，对-二氨基二苯基甲烷（甲撑二苯胺，DDM 或 MDA）	*p* · *p*-diaminodiphenyl methane 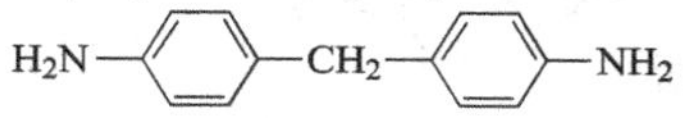	白色结晶粉末，密度为 1.15 g/cm³，熔点为 89～90 ℃，沸点为 232 ℃，有毒。可用作聚氨酯弹性体的扩链剂，也用作氯丁橡胶及胶乳的硫化促进剂，在天然橡胶、丁苯橡胶中用作噻唑促进剂和活性剂。还可用作氯丁橡胶、丁基橡胶、天然橡胶、丁苯橡胶的抗氧剂，老化防护性能中等；也是作用较强的活性剂		
六亚甲基二胺氨基甲酸盐（己二胺氨基甲酸盐）	hexamethylene diamine carbamate $H_2N—C(=O)—NH—(CH_2)_6—NH—C(=O)—NH_2$	白色粉末，密度为 1.15 g/cm³，熔点为 55～160 ℃，是一种有毒的硫化剂。主要用作氟橡胶、乙烯丙烯酸酯橡胶和聚氨基甲酸酯胶的硫化剂，也用作合成橡胶改性剂以及天然橡胶、丁基橡胶、异戊橡胶、丁苯橡胶的硫化活性剂。使用后可使橡胶制品保持鲜艳色彩		
乙二胺氨基甲酸盐（2# 硫化剂）	ethylene diamine carbamate $H_2N—CH_2—CH_2—NH—O—C(=O)—NH_2$	白色细微粉末，密度为 1.37 g/cm³，熔点为 145～155 ℃。本品主要用作氟橡胶的硫化剂		
N，*N*′-双肉桂醛缩-1，6-己二胺（3# 硫化剂、N，N′-双肉桂醛缩-1，6-己二胺、N，N′-二次肉桂基-1，6-己二胺）	*N*，*N*′-dicinnamylidene-1，6-hexanediamine 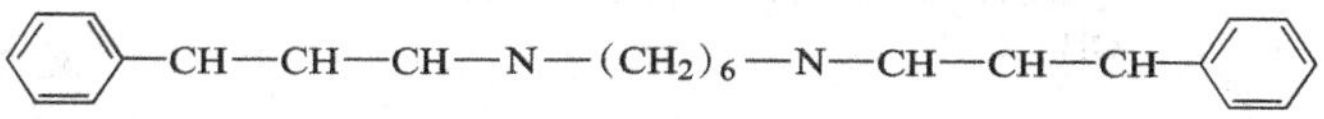	褐色粗粉，密度为 0.92 g/cm³，熔点为 82～88 ℃。用作氟橡胶、丙烯酸酯类橡胶的硫化剂，硫化氟橡胶时可避免硫化胶产生气孔。氟橡胶中，在炭黑胶料中用量为 2～3 份，在矿物填料胶料中为 3～4 份。通常采用 149 ℃一段模压硫化 30 min，204 ℃二段热空气硫化 24 h		

续表

名称	化学结构	性状		
		外观	密度	熔点/℃
N，*N*′-二（2-呋喃亚甲基）-1，6-己二胺（*N*，*N*′-双呋喃亚甲基己二胺）	*N*，*N*′-bis（furfurylidene）hexa-methylenediamine 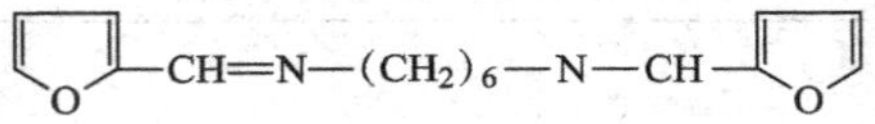	白色粉末，稍有氨味，有吸湿性，在光和空气作用下变黑，密度为 1.23 g/cm³，熔点为 44～46 ℃。主要用作维通型（Viton）氟橡胶的硫化剂，硫化速度快、操作安全性高，在硫化及加工过程中不产生气泡，硫化胶性能优良。在以炭黑为填料的胶料中，一般用量为 2～3 份；在矿物填料的胶料中，一般用量为 3～4 份		
水杨基亚胺铜（硫化剂 CSI）	copper salicylimine 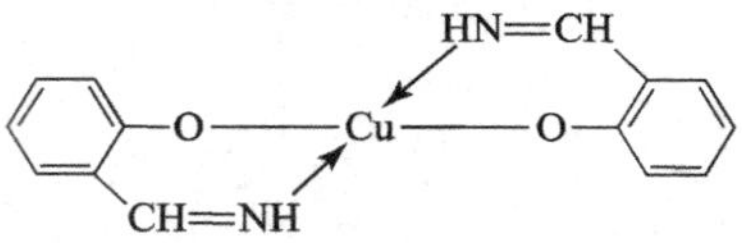	深绿色结晶粉末，熔点为 207～217 ℃。主要用作氟橡胶的硫化剂；往三元乙丙橡胶中加入本品及苯胺的衍生物可使硫化速率提高 0.2～0.5 倍，硫化胶强度提高，耐多次形变疲劳性能及耐热性改善		
3，3′-二氯联苯胺	3，3′-dichlorobenzidine 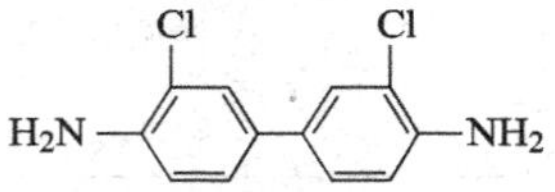	棕褐色针状结晶，易氧化，密度为 1.25 g/cm³，熔点为 132～133 ℃，对人为可疑致癌物中等毒性		
N-甲基-*N*，4-二亚硝基苯胺	*N*-methyl-*N*，4-dinitrosoaniline 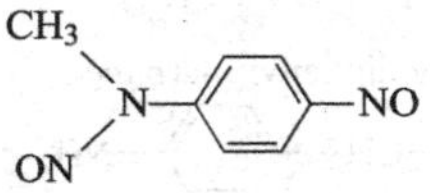	黄绿色片状或叶状结晶，能随水蒸气挥发，密度为 1.145 g/cm³，熔点为 92.5～93.5 ℃（87～88 ℃）。易燃，按《危险货物品名表》属自燃物品，中等毒性		
N-(2-甲基-2-硝基丙基)-4-亚硝基苯胺	*N*-(2-methyl-2-nitropropyl)-4-nitrosoaniline 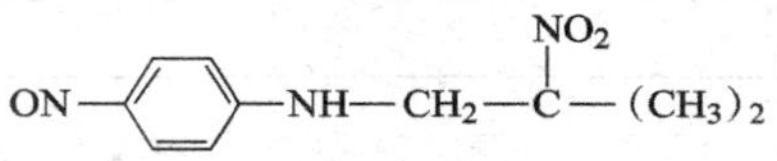	奶油色粉末	1.95	
三异丙醇胺	triisopropanolamine 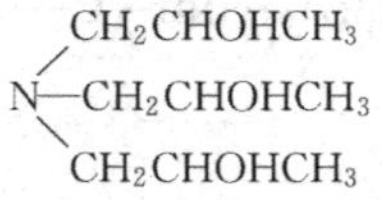	白色结晶体或固体粉末，密度为 0.991 g/cm³，熔点为 45～46 ℃，在橡胶中主要用作聚氨酯橡胶的扩链剂，可以完全取代三乙醇胺的作用，并能起到更好的效果；也用作化妆品的乳化剂，也是一种水泥外加剂。刺激眼睛，对水生生物有害		
三羟甲基氨基甲烷	trihydroxy methylamino methane 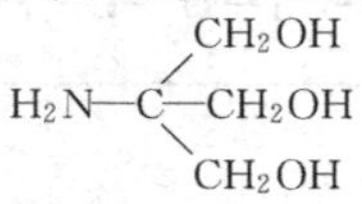	白色结晶颗粒		168～172
N，*N*′-双亚水杨基-1，2-丙二胺	*N*，*N*′-disalicylidene-1，2-propane diamine 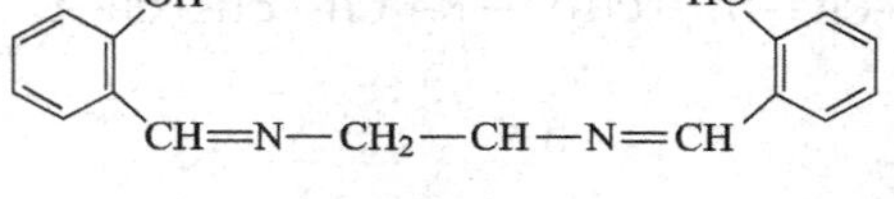	琥珀色液体	1.03～1.07	48

续表

名称	化学结构	性状		
		外观	密度	熔点/℃
N，*N′*-间亚苯基双马来酰亚胺	*N*，*N′*－*m*－Phenylene bismalenimide 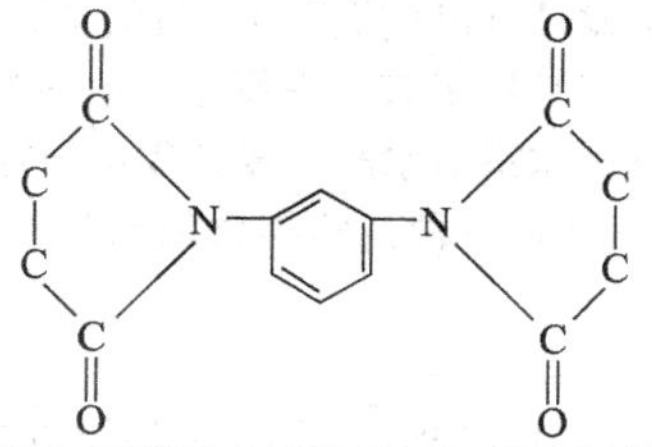	黄色结晶粉末，密度为 1.44 g/cm³，熔点为 204～205 ℃，可用作 NR 厚制品的硫化剂，也可用作过氧化物硫化的 EPDM 的共硫化剂，在氯丁橡胶中可改善加工安全性提高硫化胶的耐热性		
4，4′-二硫代双（*N*－苯基马来酰亚胺）	4，4′－dithio bis（*N*－phenylmaleimide） 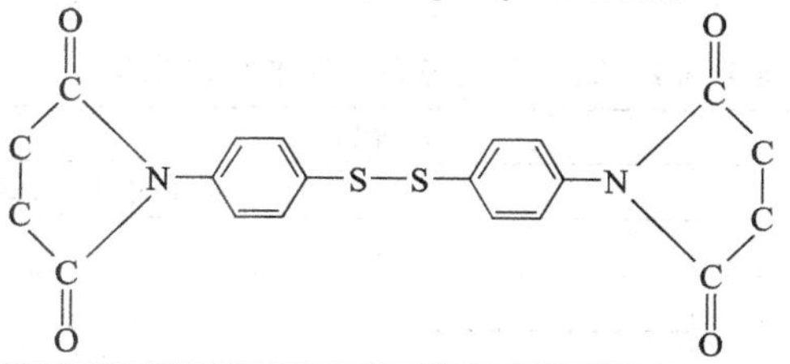	淡黄色粉末		157
脂环铵盐	alicyclic amine salt	白色粉末	1.23	145～155
3，5-二氨基-4-氯苯甲酸异丁酯（扩链剂 BW1604）	详见本节 7.5			

注：详见《橡胶原材料手册》，于清溪、吕百龄等编写，化学工业出版社，2007 年 1 月第 2 版，P382～384。

有机胺类交联剂有氨味，有毒，不宜用于与食物接触的制品；可燃，其粉尘-空气混合物有爆炸危险。

7.1　1＃硫化剂

化学名称：六亚甲基氨基甲酸二胺。

结构式：

$$H_2N—(CH_2)_6—HN—\overset{\displaystyle O}{\overset{\|}{C}}—OH$$

分子式：$C_7H_{16}N_2O_2$；相对分子质量：160.00；CAS 号：143—06—6；易溶于水，不溶于乙醇、丙酮。

1＃硫化剂主要用作氟橡胶、乙烯聚丙烯酸酯橡胶和聚氨基甲酸酯胶的硫化剂；也用作合成橡胶改性剂以及天然橡胶、丁基橡胶、异戊橡胶、丁苯橡胶的硫化活性剂，可使橡胶制品保持鲜艳色彩；同时也是 AEM（VAMAC）的交联剂。AEM 胶料最常用的硫化体系为 HMDC（六亚甲基氨基甲酸二胺）与 DOTG（二邻甲苯胍）或 DPG（二苯胍）的并用体系。通常用量为 2.0～4.0 份。

1＃硫化剂的供应商见表 1.3.2－30。

表 1.3.2－30　1＃硫化剂的供应商

供应商	商品名称	外观	初熔点(≥)/℃	含量(≥)/%	活性含量/%	灰分(≤)/%	加热减量(≤)/%	63 μm 筛余物，(≤)/%	密度/(g·cm⁻³)	备注
宁波硫华	HMDC－70G/AEMD F200	白色颗粒	155	99	70	0.5	0.5	0.3	1.10	AEM 为载体
咸阳三精	1＃硫化剂	白色粉末	155	99.5			0.2	平均粒径：＜10 μm		

7.2　三聚氰胺

化学名称：1，3，5-三嗪-2，4，6-三胺，俗称密胺、蛋白精。

结构式：

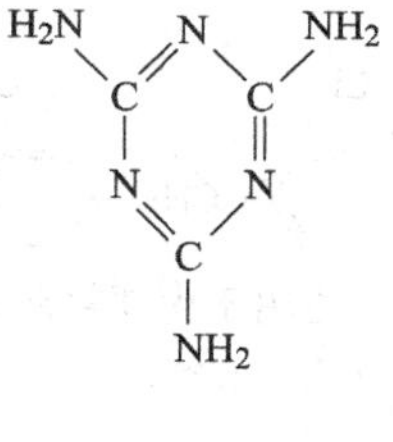

化学式：$C_3H_6N_6$；相对分子质量：126.12；CAS 号：108－78－1。白色、单斜晶体，几乎无味。在 345 ℃的情况下分解。熔点：＞300 ℃(升华)；相对密度：1.573316；相对蒸气密度（空气＝1）：4.34；饱和蒸气压：6.66 kPa；水中溶解度（20 ℃）：0.33 g。

溶解性：不溶于冷水，溶于热水，微溶于水、乙二醇、甘油、(热）乙醇，不溶于乙醚、苯、四氯化碳。

本品不可燃，在常温下性质稳定。水溶液呈弱碱性（pH 值＝8)，与盐酸、硫酸、硝酸、乙酸、草酸等都能形成三聚氰胺盐。在中性或微碱性情况下，与甲醛缩合而成各种羟甲基三聚氰胺，但在微酸性中（pH 值为 5.5～6.5）与羟甲基的衍生物进行缩聚反应而生成树脂产物。遇强酸或强碱水溶液水解，胺基逐步被羟基取代，先生成三聚氰酸二酰胺，进一步水解生成三聚氰酸一酰胺，最后生成三聚氰酸。本品是一种三嗪类含氮杂环有机化合物，广泛用作化工原料，对身体有害，不可用于食品加工或食品添加物。

本品可用作 ACM 的硫化剂。

GB/T 9567－1997《工业三聚氰胺》idt JIS K 1531－1982（87)，适用于以尿素为原料制得的工业三聚氰胺。工业三聚氰胺的技术指标见表 1.3.2－31。

表 1.3.2－31　工业三聚氰胺的技术指标

项目	优等品	一等品
外观	白色粉末，无杂物混入	
纯度(≥)/%	99.8	99.0
水分(≤)/%	0.1	0.2
pH 值	7.5～9.5	
灰分(≤)/%	0.03	0.05
甲醛水溶解试验 浊度（高岭土浊度）≤ 色度（Hazen）单位—（铂-钴色号）≤	 20 20	 30 30

7.3　聚氨酯扩链剂 MCDEA

化学名称：4，4－亚甲基一双（3－氯－2，6－二乙基苯胺)。

分子式：$C_{21}H_{28}Cl_2N_2$；相对分子质量：379.37；CAS 号：106246－33－7。

结构式：

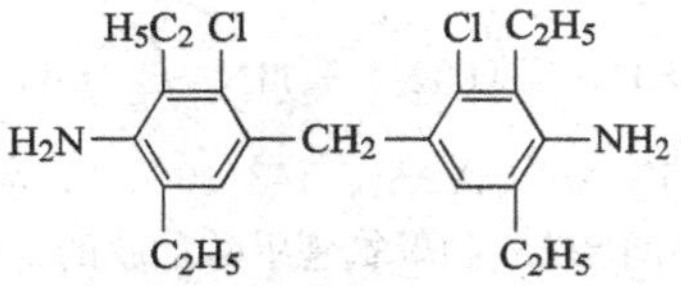

HG/T 4230－2011《聚氨酯扩链剂 MCDEA》适用于以 3－氯－2，6－二乙基苯胺、甲醛在酸性介质中制成的聚氨酯扩链剂 MCDEA，聚氨酯扩链剂 MCDEA 的技术要求见表 1.3.2－32。

表 1.3.2－32　聚氨酯扩链剂 MCDEA 的技术要求

项目	指标
外观	白色结晶粉末或颗粒
初熔点(≥)/℃	87.0
纯度（HPLC)(≥)/%	98.0
水分(≤)/%	0.15
固态密度[a]（24 ℃)/(g·cm^{-3})	1.21～1.23

a　根据用户要求检验项目。

聚氨酯扩链剂 HER 的供应商有：苏州市湘园特种精细化工有限公司等。

7.4　聚氨酯橡胶硫化剂 MOCA

化学名称：3，3′-二氯-4，4′-二氨基二苯基甲烷。

分子式：$C_{13}H_{12}Cl_2N_2$；相对分子质量：267.2；密度：1.39 g/cm^3；CAS 号：101－14－4。

结构式：

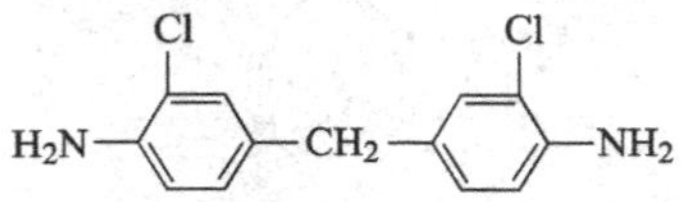

HG/T 3711－2012《聚氨酯橡胶硫化剂 MOCA》适用于由邻氯苯胺、甲醛在酸性介质中反应制得的聚氨酯橡胶硫化剂 MOCA。聚氨酯橡胶硫化剂 MOCA 的技术要求见表 1.3.2－33。

表 1.3.2-33　聚氨酯扩链剂 MOCA 的技术要求

项目	指标	
	Ⅰ型	Ⅱ型
外观	白色针状结晶或片状	淡黄色颗粒或粉末
初熔点(≥)/℃	102.0	97.0
熔融色泽(≤)/号	3	4+
水分(≤)/%	0.15	0.20
固态密度[a] (24 ℃)/(g·cm^{-3})	1.43～1.45	
胺值/(mmol·g^{-1})	7.4～7.6	
游离胺含量[a](≤)/%	1.0	
纯度 (HPLC)(≥)/%	95.0	86.5
丙酮不溶物(≤)/%	0.04	

[a] 根据用户要求检验项目。

聚氨酯橡胶硫化剂 MOCA 的供应商有：苏州市湘园特种精细化工有限公司、江苏省滨海县星光化工有限公司、安徽祥龙化工有限公司等。

7.5　扩链剂 BW1604

化学名称：3，5-二氨基 4-氯苯甲酸异丁酯。

分子式：$C_{11}H_{15}ClN_2O_2$；CAS 号：32961-44-7；外观呈类白色片状或深褐色片状。

结构式：

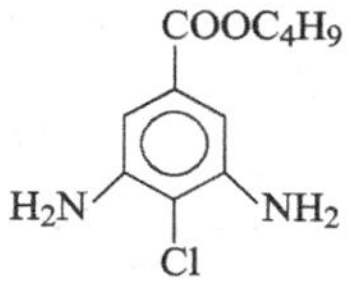

本品主要用作聚氨酯橡胶的扩链剂。

扩链剂 BW1604 的供应商有：三门峡市邦威化工有限公司。

7.6　橡胶硫化剂 BMI

化学名称：二苯甲烷马来酰亚胺。

结构式：

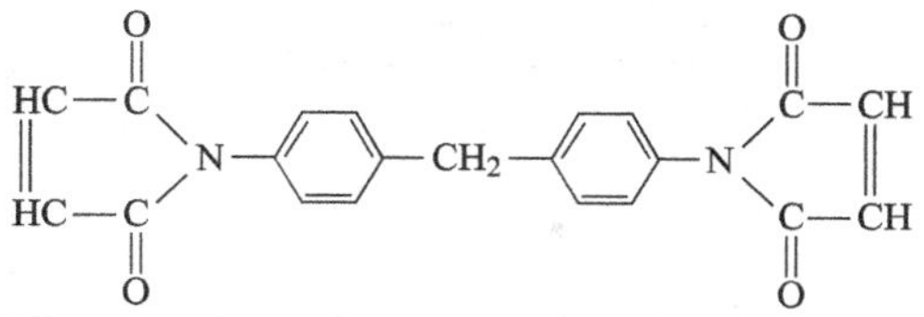

分子式：$C_{21}H_{14}N_2O_4$；相对分子质量：358.37；淡黄色粉末，无污染，可溶于甲苯、丙酮中，不溶于石油醚、水中。本品在常温常压下不溶解、不挥发、不升华、无毒、无味，无燃烧、爆炸危险，可在干燥通风处长期存放。

本品能在高低温（-200～260 ℃）下赋予材料突出的机械性能、高电绝缘性、耐磨性、耐老化及防化学腐蚀、耐辐射性、高真空中的难挥发性以及优良的粘结性、耐湿热性和无油自润滑性，是多种高分子材料及新型橡胶的卓越改性剂，还可作为其他高分子化合物的交联剂、偶联剂和固化剂等。

橡胶硫化剂 BMI 的供应商见表 1.3.2-34。

表 1.3.2-34　橡胶硫化剂 BMI 的供应商

供应商	外观	熔点/℃	加热减量(≤)/%(75～80 ℃)×2 h	酸值(≤)/mg(KOH)/g
咸阳三精科技股份有限公司	浅黄色粉末	152～160	1	1.0
陕西杨晨新材料科技有限公司	浅黄色粉末	152～160	1	1.0

7.7　促进剂 HDC-70

化学组成：70%六亚甲基二胺氨基甲酸酯分散在 AEM 中。

白色至灰色颗粒，氮含量：11.5～13.0%；门尼黏度：33～47；储存性：室温干燥至少一年。

本品为 AEM/ACM 用胺类硫化剂，是聚合物预分散的粉末，其软质和无粉尘之颗粒形态可避免水汽的吸附，且易于操作和分散。用量为 1～3 份。

促进剂 HDC－70 的供应商有：元庆国际贸易有限公司（德国 D. O. G，牌号 DEOVULC HDC－70）。

八、其他硫化剂

8.1　异氰酸酯

异氰酸酯类化合物主要用作聚氨酯橡胶交联剂，硫化胶抗撕裂、耐热、黏合性能好，压缩变形小，用于制造耐高温橡胶制品、泡沫橡胶制品和胶黏剂，可用促进剂 PZ（DDMC）和氧化钙等物质改善硫化效率。

配合量为 10～20 份。高温硫化时胶料流动性大，易膨胀变成海绵，故脱模必须冷却至 100 ℃以下进行。

用作交联剂的异氰酸酯类化合物见表 1. 3. 2－35。

异氰酸酯类化合物有毒，不宜用于与食物接触的制品；应避免与人体皮肤和眼睛接触。

异氰酸酯类化合物吸水性强，需储存在无水、无其他溶剂的密闭容器中，储存期不超过一年。

表 1. 3. 2－35　用作交联剂的异氰酸酯类化合物

名称	化学结构	性状		
		外观	密度	熔点/℃
2，4－甲苯二异氰酸酯（TDI）	toluene 2，4－diisocyanate 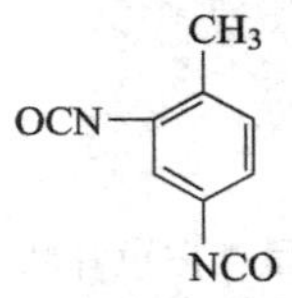	无色到淡黄色透明液体，有强烈的刺激气味，密度为 1.22 g/cm³，熔点为 19.5～21.5 ℃，本品可燃，有毒，具刺激性，具致敏性。储存时避免受热、潮湿空气		
甲苯二异氰酸酯二聚体（TD）	dimer of tolune 2，4－diisocyanate 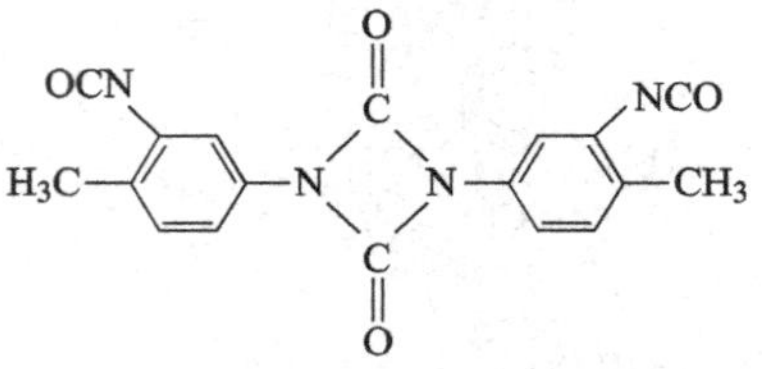	白色粉末，熔点为 156～158 ℃，混炼型聚氨酯橡胶的硫化剂，还可用作丁腈橡胶的增硬剂		
二（对异氰酸苯基）甲烷（二苯甲烷二异氰酸酯、MDI）	di(*p*-isocyanatophenyl)methane 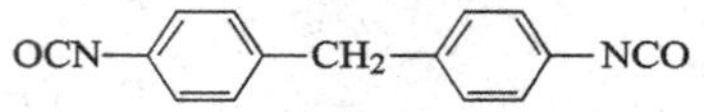	白色至淡黄色熔触固体，加热时有刺激性臭味。密度为 1.19 g/cm³，熔点为 40～41 ℃，有毒，蒸气压比 TDI 的低，对呼吸器官刺激性小，空气中最高容许浓度为 0.20 mg/m³。主要用于合成聚氨酯胶黏剂和密封剂。储存于阴凉、通风的库房内，远离火种、热源。长期储存，库温不宜超过 20 ℃。严格防水、防潮，避免日光直射		
联亚甲苯基二异氰酸酯（二甲基联苯二异氰酸酯、TODI）	ditolylene diisocyanate 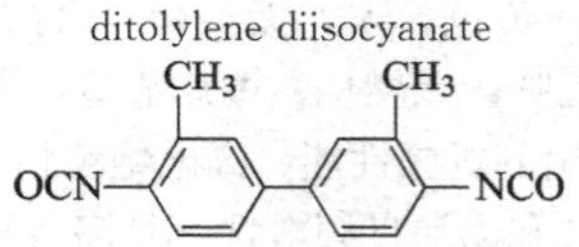	淡黄色片状物	1.197	70～72
3，3′－二甲基二苯甲烷－4，4′－二异氰酸酯（4，4′－二异氰酸基－3，3′－二甲基二苯基甲烷、DMMDI）	3，3′－dimethyldiphenylmethane－4，4′－diisocyanate 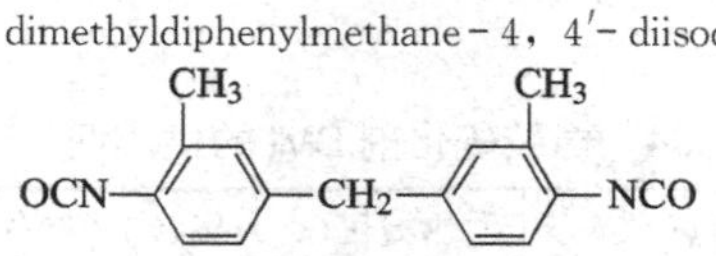	白至黄色固体	1.2	32.5～33.5
联甲氧基苯胺二异氰酸酯（DADI）	dianisidine diisocyanate(3，3′－dimethoxy－4，4′－diphenyl diisocyanate) 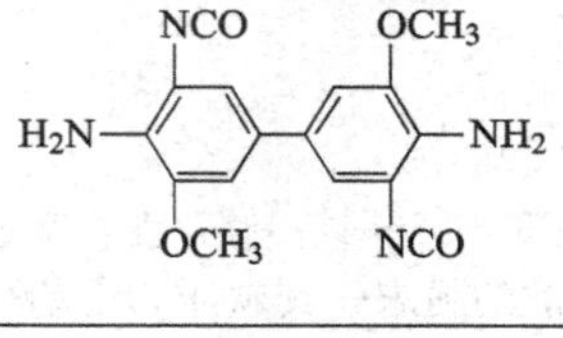	灰棕色片状或粉末	1.20	121～122

续表

名称	化学结构	性状		
		外观	密度	熔点/℃
脲烷交联剂（LH—420）	urethane vulacnizer 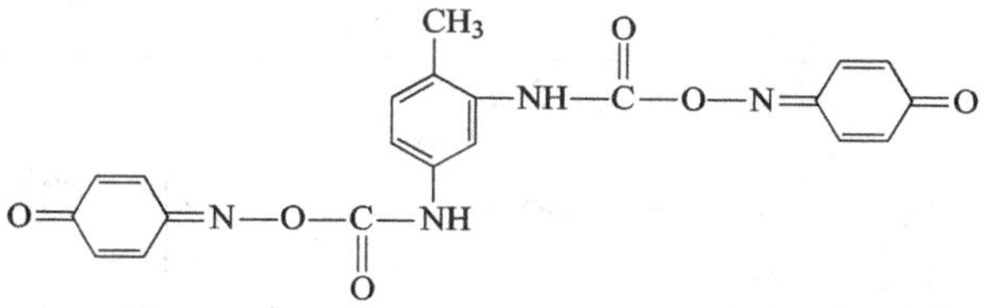	橘黄粉末		166～168
多亚甲基多苯基多异氰酸酯（聚亚甲基聚苯基异氰酸酯、PAPI）	详见本节 8.1.5			

注：详见《橡胶原材料手册》，于清溪、吕百龄等编写，化学工业出版社，2007 年 1 月第 2 版，P386～387。

多亚甲基多苯基多异氰酸酯（PAPI）

也称为聚亚甲基聚苯基异氰酸酯，结构式为：

多亚甲基多苯基多异氰酸酯（PAPI）

polymethylene polyphenylisocyanate

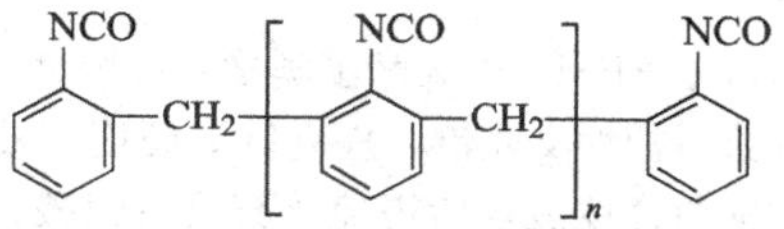

GB 13658—1992《多亚甲基多苯基异氰酸酯》适用于苯胺经缩合、光汽化制造的多亚甲基多苯基异氰酸酯，其技术指标见表 1.3.2-36。

表 1.3.2-36 多亚甲基多苯基异氰酸酯的技术要求

项目	指标		
	优等品	一等品	合格品
外观	棕色液体		深褐色黏稠液体
异氰酸根（—NCO）含量/%(*m*/*m*)	30.5～32.0	30.0～32.0	29.0～32.0
黏度（25 ℃）/mPa·s	100～250	100～400	100～600
酸度（以 HCl 计）/%（*m*/*m*） ≤	0.10	0.20	0.35
水解氯含量/%(*m*/*m*) ≤	0.2	0.3	0.5
密度（25 ℃）/(g·cm^{-3})	1.220～1.250		

8.2 甲基丙烯酸酯

甲基丙烯酸酯类化合物主要用作聚乙烯、乙烯基聚合物、丙烯酸聚合物的交联剂；聚丁二烯、氯丁橡胶、三元乙丙橡胶、丁腈橡胶、异戊橡胶、丁苯橡胶在使用过氧化物硫化体系时，可用作共交联剂。

甲基丙烯酸酯类化合物在混炼时有增塑效果，硫化后有增硬效果。

用作交联剂的甲基丙烯酸酯类化合物见表 1.3.2-37。

表 1.3.2-37 用作交联剂的甲基丙烯酸酯类化合物

名称	化学结构	性状		
		外观	相对密度	沸点/℃
乙二醇二甲基丙烯酸酯	ethylene glycol dimethacrylate $CH_2{=}C(CH_3){-}COO{-}CH_2{-}CH_2{-}COO{-}C(CH_3){=}CH_2$	水白液体，密度为 1.051 g/cm^3，沸点为 98～110 ℃，主要用作乙烯-丙烯酸甲酯橡胶、聚丙烯酸酯橡胶的交联剂		
三缩四乙二醇二甲基丙烯酸酯（美国沙多玛 SR209NS、TEGDMA）	tetraethylene glycol dimethacrylate $CH_2{=}C(CH_3){-}COO{-}(CH_2{-}CH_2)_4{-}COO{-}C(CH_3){=}CH_2$	液体	1.080	220

续表

名称	化学结构	性状		
		外观	相对密度	沸点/℃
聚乙二醇二甲基丙烯酸酯	polyethylene glycol dimethacrylate $H_2C=C(CH_3)-COO-(CH_2-CH_2)_n-COO-C(CH_3)=CH_2$	无色透明液体	1.11	200
四氢糠基甲基丙烯酸酯（甲基丙烯酸四氢糠基酯）	tetrahydrofurfuryl methacrylate 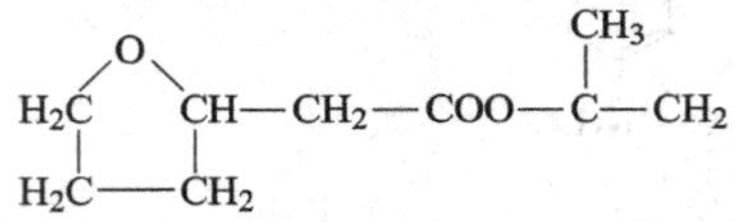	液体	1.044	52
丁二醇二甲基丙烯酸酯	butylene glycol dimethacrylate $H_2C=C(CH_3)-COO-CH_2-CH_2-CH_2-CH_2-COO-C(CH_3)=CH_2$	液体	1.01	290
三羟甲基丙烷三甲基丙烯酸酯（助交联剂 TMPTMA）	详见本节 8.2.2			
二甲基丙烯酸锌（甲基丙烯酸锌）	详见本节 8.2.1			

注：详见《橡胶原材料手册》，于清溪、吕百龄等编写，化学工业出版社，2007 年 1 月第 2 版，P388。

应储存于阴凉、干燥处，避光保存。

8.2.1　甲基丙烯酸锌、丙烯酸锌

丙烯酸锌适用于 NBR、SBR、BR、EPDM、EPM、丙烯酸酯类橡胶等胶种，作为过氧化物硫化体系的助交联剂，可以增加交联密度，提高硫化速度，硫化制品可获得盐性交联键，提高制品硬度，较大幅度改善曲挠性能，提高弹性。也可用于硫黄硫化体系，提高硫化胶拉伸强度，改善曲挠性能，所得硫化胶具有耐酸、耐碱、耐油、耐腐蚀、耐高温性能。用于模压制品时，易黏模，加入内脱模剂后会改善。丙烯酸锌也可用作橡胶与金属的黏合增进剂。

甲基丙烯酸锌为白色粉末，相对分子质量为 235，熔点为 250 ℃，分子结构如下：

zinc dimethacrylate

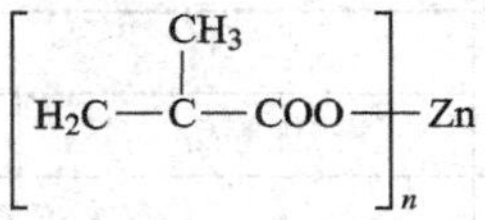

甲基丙烯酸锌的综合性能优于丙烯酸锌，本品是橡胶助硫化剂和耐热添加剂，在硫化过程中形成金属离子交联键，可提高硫化胶的拉伸强度和撕裂强度，改善高低温性能，提高弹性与抗压缩变形性能，硫化胶具有耐酸、碱、耐油、耐腐蚀、耐高温的性能。

1）能明显提高过氧化物硫化橡胶的交联效率和交联密度，在低用量的过氧化物硫化体系下，甲基丙烯酸锌对三元乙丙橡胶具有良好的增强效果，其用量的增加会显著提高硫化胶的硬度和强度，且保持了较高的伸长率。

2）甲基丙烯酸锌能够加快白炭黑填充天然橡胶的硫化速度，对胶粉填充天然橡胶具有明显的增强作用。

3）甲基丙烯酸锌提高了丁腈橡胶硫化胶的力学性能和耐热氧老化性能。对于硫黄硫化体系，使硫化平坦期延长；对于过氧化物硫化体系，则使之缩短。

4）当其用量超过 10 份时，对橡胶具有显著的补强效果。甲基丙烯酸锌补强的 NBR、HNBR 和 EPDM 等具有优异的物理性能、独特的松弛特性和艳丽的色彩，其中对 HNBR 拉伸强度可达 50 MPa，具有高模量、高强度、高抗撕裂、高耐磨、高耐热和耐有机溶剂等特性，是生产高品级工业胶辊、密封件和坦克履带衬垫的理想材料。甲基丙烯酸锌补强橡胶时，一方面生成橡胶一金属离子交联键，另一方面在过氧化物自由基引发下自身发生均聚反应，生成纳米网络结构，是甲基丙烯酸锌能够发挥补强作用的主要原因。

5）动态性能极佳、黏附力强。

甲基丙烯酸锌在过氧化物硫化的乙丙同步带、胶辊、密封件制品中有广泛应用。配方中通常用量为 5～20 份。

丙烯酸锌类交联剂的供应商见表 1.3.2－38。

表 1.3.2－38　丙烯酸锌类交联剂的供应商

供应商	商品名称	化学名称	外观	密度/(g·cm^{-3})	酸值(mg(KOH)/g)	含量(≥)/%	含水(≤)/%	ZnO 含量/%	说明
金昌盛（美国克雷威利公司）	Dymalink 633/416	丙烯酸锌	白色粉末		0.2～14	95			用量为 1～40 份。633 含有防焦剂，使用更安全
	Dymalink 634	甲基丙烯酸锌	白色粉末	1.481					用量为 1～30 份

续表

供应商	商品名称	化学名称	外观	密度/(g·cm^{-3})	酸值(mg(KOH)/g)	含量(≥)/%	含水(≤)/%	ZnO含量/%	说明
西安有机化工厂	ZDMA	甲基丙烯酸锌							
济南正兴		丙烯酸锌	白色粉末		1%水溶液的pH值：5～7	98	2	≥37	灰分：≤38%；细度：≥60目

8.2.2 丙烯酸酯

1. 助交联剂 TMPTMA（助交联剂 PL400）

化学名称：三羟甲基丙烷三（2. 甲基丙烯酸）酯，三羟甲基丙烷三甲基丙烯酸酯。

结构式：

trimethylol propane trimethacrylate

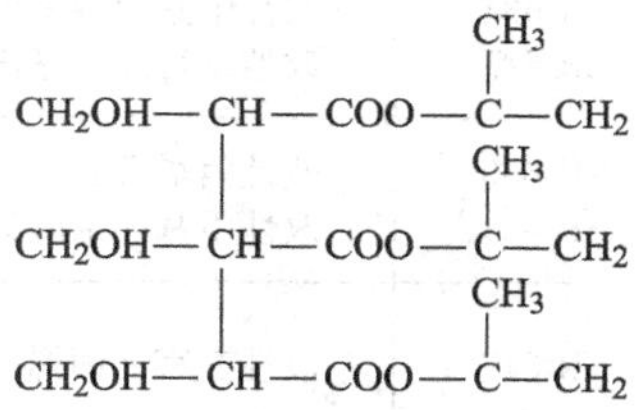

分子式：$C_{18}H_{25}O_5$；相对分子质量：338.40；CAS号：3290－92－4；无色或微黄色透明液体；熔点：－25 ℃；沸点：>200 ℃；密度：1.06 g/mL；折射率（n20D）：1.472（lit.）。

主要用作：

1）过氧化物硫化体系的助交联剂，在氟橡胶等用DCP进行硫化时，若添加剂为1%～4%时本品作为助硫化剂，可缩短硫化时间，提高硫化程度，减少DCP用量，提高制品的机械强度、耐磨性、耐溶剂和抗腐蚀性能等。在氟橡胶、含卤橡胶的硫化过程中，TMPTMA分子中的双键不仅参与硫化交联反应，还可以作卤化氢（HF、HCl等）的受体，吸收硫化过程中释放出的卤化氢，不仅提高了制品质量，而且减少了硫化时胶料对模具的腐蚀。

2）混炼时有增塑作用，硫化有增硬作用，每一份可增加邵尔A硬度0.8～1度。作助交联剂时，1～4份；在EVA发泡制品中，0.5～1.0份；在高硬度制品中，可使用10～30份。还可应用于透明的橡胶制品。

3）用作聚乙烯、聚丁烯、聚氯乙烯、聚丙烯、聚苯乙烯、CPE和EVA等多种热塑性塑料的助交联剂。通过TMPTMA和有机过氧化物（如DCP等）进行热、光和辐照交联，可消除DCP的异味，减少DCP用量，还可显著提高交联剂制品的耐热性、耐溶剂性、耐候性、抗腐蚀性和阻燃性，同时改善机械性能和电性能。通常聚乙烯、聚氯乙烯、CPE等热交联，添加TMPTMA为1%～3%，DCP为0.5%～1%；对于辐照（或光）交联PE等，添加少量TMPTMA也能明显改善产品的性能，提高交联度和交联的深度；发泡PE制品，添加少量TMPTMA（0.5～1）进行交联发泡，可消除DCP交联的异味，同时改善了产品的品质；对于难以交联的PVC，最好采用PVC/EVA共混改性，即在PVC中再添加10%～20%的CPE或EVA共混改性，能更好地改善制品的性能。

储存温度为16～27 ℃，避免阳光直射。避免与氧化剂、自由基接触。可用深色的PE桶储存，容器中应留有一定空间以满足阻聚剂对氧气的需要。在六个月内使用有最好的效果。

助交联剂TMPTMA的供应商见表1.3.2－39。

表1.3.2－39 助交联剂TMPTMA的供应商

供应商	外观	颜色（APHA）	密度/(g·cm^{-3})	酸值(mg(KOH)/g)	水份/%	说明
金昌盛	无色透明液体	≤100	1.060～1.070	≤0.2	≤0.1	

2. 抗返原剂 Dymalink 1100

成分：丙烯酸酯；外观：透明液体或经干燥浓缩的粉状产品（DLC）；颜色（APHA）：50；折射率（25 ℃）：1.4801；密度（25 ℃）：1.162 g/cm^3；表面张力：39 dynes/cm；黏度（25 ℃）：520 cps。

本品是多官能丙烯酸酯类抗硫化返原的共交联剂，应用于硫黄硫化体系中，是高温硫化的助剂，与NR、IR、NBR、SBR、BR、EPDM、CIIR相容，经长时间硫化及老化后物性损失低，对焦烧及硫化速度影响极小，硫化胶具有较小的生热性，对现有配方的硫化胶性能没有影响，可保持制品的定伸强度及抗拉强度。

主要应用于高温硫化制品、模压制品，如引擎底座、汽车的散热冷却管、轮胎等，用量为2～5份。

抗返原剂Dymalink 1100的供应商为：元庆国际贸易有限公司代理的法国CRAY VALLEY公司产品。

美国克雷威利公司（Cray Valley）生产的甲基丙烯酸锌、丙烯酸锌、丙烯酸酯产品牌号见表1.3.2－40。

8.3 硫酮

硫酮类交联剂是氯丁橡胶以及氯丁橡胶并用胶的专用硫化剂，可减少配方中金属氧化物的用量，所得硫化胶耐热老化性能优良。硫酮类交联剂可单用，也可与秋兰姆类并用，一般用量为 0.2～2 份。主要用于制造胶管、胶带、电缆等产品。

表 1.3.2-40　美国克雷威利公司（Cray Valley）生产的甲基丙烯酸锌、丙烯酸锌、丙烯酸酯产品牌号

供应商	行业	应用领域	过氧化物硫化体系		硫黄硫化体系	
			推荐产品	描述	推荐产品	描述
金昌盛	胶管/胶带	促进橡胶同极性材料（如金属、尼龙帘线、塑料）之间的黏结	SR633 SR634 Ricobond 1756	改性丙烯酸锌 改性甲基丙烯酸锌		
		降低压缩永久变形	SR 522 SR 519	改性双官能丙烯酸酯 改性三官能甲基丙烯酸脂		
		提高模量和交联密度	SR 517	改性三官能丙烯酸脂		
		提高高温撕裂强度	SR 634 SR 521	改性甲基丙烯酸酯 改性二官能甲基丙烯酸酯		
		提高抗动态疲劳性能	SR 633 SR 634	改性丙烯酸锌 改性甲基丙烯酸锌		
	电线/电缆	提高耐老化性能、耐水性和介电性能	SR 517	改性三官能丙烯酸脂		
		提高挤出速率	SR 521	改性双官能甲基丙烯酸酯		
	胶辊	提高耐磨和耐热性能	SR 516 SR 633 SR 634	改性双官能甲基丙烯酸酯 改性丙烯酸锌 改性甲基丙烯酸锌		
		提高同骨架的黏结性能	SR 633 SR 634	改性丙烯酸锌 改性甲基丙烯酸锌		
	轮胎	提高交联效率，活化交联反应			SR 709	单甲基丙烯酸锌
		抗硫化返原剂			SR 534 SR 534D	多官能丙烯酸酯 多官能丙烯酸酯分散体
	TPE（PP/EPDM）	提高交联密度和耐溶剂性能，降低压缩永久变形和聚合物分解	SR 517HP SR 519HP	改性甲基丙烯酸脂 改性丙烯酸酯		
	混炼型聚氨酯	提高硬度、撕裂强度、伸长率和加工性能	SR 350 SR 231 SR 297	三羟甲基丙烷三甲基丙烯酸酯 二乙二醇二甲基丙烯酸酯 1，3-丁二醇二甲基丙烯酸酯		

用作交联剂的硫酮类化合物见表 1.3.2-41。

表 1.3.2-41　用作交联剂的硫酮类化合物

名称	化学结构	性状		
		外观	相对密度	熔点/℃
3-甲基四氢噻唑-2-硫酮（硫化剂 MTT）	详见本节 8.3.1			
4，6-二甲基全氢化-1，3，5-三嗪-2-硫酮	4，6-dimethylperhydro-1，3，5-triazinethicn-2 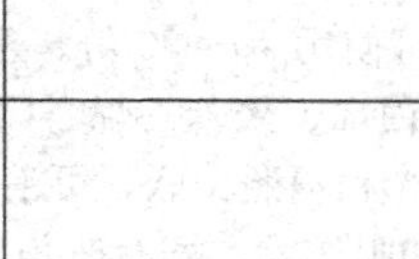	白色粉末		184

续表

名称	化学结构	性状		
		外观	相对密度	熔点/℃
3-氨基-1，2，4-二硫氮杂戊环-5-硫酮	3-amino-1，2，4-dithiazolidinethio-5 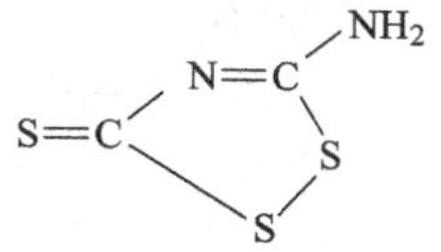	黄绿色粉末	1.69	166（分解）

注：详见《橡胶原材料手册》，于清溪、吕百龄等编写，化学工业出版社，2007年1月第2版，P389～390。

8.3.1　硫化剂 MTT

化学名称：3-甲基四氢噻唑-2-硫酮，3-甲基-2-噻唑烷硫酮，3-甲基噻唑啉-2-硫酮，噻唑硫酮，噻唑烷硫酮。

分子式：$C_4H_7NS_2$；相对分子质量：133.22；CAS号：1908－87－8；密度（20 ℃）：1.35～1.39 g/cm³；灰白色粉末，溶于甲苯、甲醇、微溶于丙酮，不溶于汽油和水。

分子结构式：

3-methylthiazolidine-thion-2

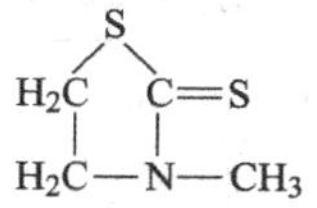

本品是一种噻唑类杂环化合物，含有活性硫原子，主要用作含卤素的高分子聚合物交联剂，适用于氯化丁基橡胶、氯丁橡胶的硫化交联，还可用作氯丁橡胶的高效促进剂。本品与Na－22相比，保持了Na－22硫化氯丁橡胶所具有的良好物理性能和耐老化性能的同时，还改进了胶料的焦烧性能和操作安全性，并具有硫化速率较快的特征。本品在橡胶中易分散、不污染、不变色，通常用于制造电缆，胶布、胶鞋、轮胎、艳色制品。

硫化剂 MTT 的供应商见表 1.3.2-42。

表 1.3.2-42　硫化剂 MTT 的供应商

供应商	外观	初熔点(≥)/℃	加热减量(≤)/%	灰分(≤)/%	筛余物(≤)/%	
					150 μm	63 μm
淮南市科迪化工科技有限公司	灰白色粉末	60	0.5	0.5	0.1	0.5

本品应储存在阴凉干燥、通风良好的地方。包装好的产品应避免阳光直射，有效期1年。

8.3.2　促进剂 SD

化学名称：5，5-二硫化二（1，3，4-噻二唑-2-硫酮）。

结构式：

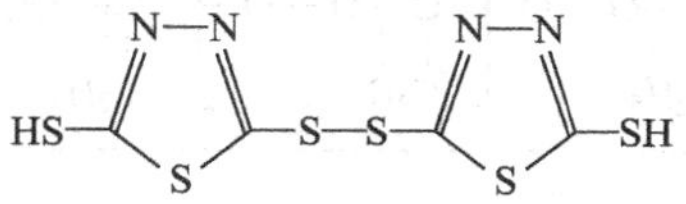

分子式：$C_4H_2N_4S_6$；相对分子质量：298；CAS号：72676－55－2；熔点：162 ℃；密度：1.9 g/cm³；硫含量：64%。

本品是 NR、IR、BR 和 SBR 的载硫硫化剂，也是一种取代 ETU 应用在氯丁橡胶中的优秀促进剂，特别适用于硫醇调节型的氯丁橡胶。本品一般用量为0.9～1.25份，与胍类促进剂并用具有协同效果（特别是DPG，用量约0.25份），可以添加少量的硫黄（约0.25份）以改善压缩变形及耐油溶胀性。可以使用 MBTS 和 PVI 延长焦烧时间。使用本品，可以减少 ZnO 的用量且不会造成硫化胶物性的改变。

促进剂 SD 的供应商见表 1.3.2-43。

表 1.3.2-43　促进剂 SD 的供应商

供应商	型号规格	活性含量/%	颜色	滤网/μm	弹性体	门尼黏度 ML(1+4)80 ℃	密度/(g·cm⁻³)	邵尔硬度
元庆国际贸易有限公司（法国 MLPC）	SD 75 GA F250	75	N（淡黄色）	250	E/AA	10～50	1.45～1.51	64

注：N—本色，P—加色料；GA—乙烯丙烯酸酯弹性体颗粒。

8.4　其他

用作交联剂的其他类型化合物见表 1.3.2-44。

表 1.3.2－44　用作交联剂的其他类型化合物

名称	化学结构	性状		
		外观	相对密度	熔点/℃
苯基．三乙氧基硅烷	phenyl triethoxysilane 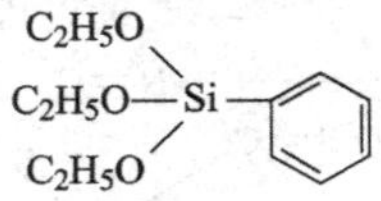	无色液体	0.993	233.5 （沸点）
甲基．三乙酰氧基硅烷	methyl triacetoxysilane 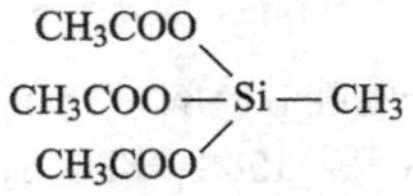	纯品在较低温度下为白色结晶体，有较浓的醋酸气味，可溶于醋酸酐，遇水会交联，并产生醋酸，溶点为 40.5 ℃，密度为 1.16～1.17 g/cm³，折射率为 1.4045～1.4055，主要用作室温硫化硅橡胶的交联剂，一般与乙基三乙酰氧基硅烷、四甲氧基硅烷复配使用；也可用于塑料、尼龙、陶瓷、铝等与硅橡胶的黏合		
聚乙烯基三乙氧基硅烷	polyvinyl triethoxysilane			
糠醛丙酮缩合物	condensate of furfural and acetone			
二苯甲酮	benzophenone 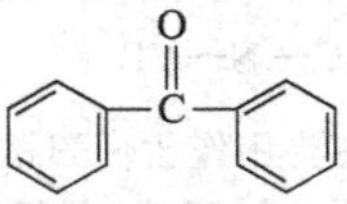	白色有光泽的棱形结晶	1.11	48.5
丁酮氧化物	oxidation product of methylethylketone 化学成分为下述混合物： 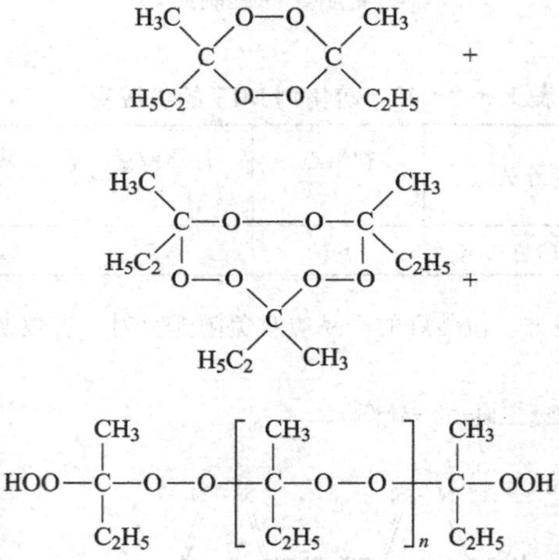	液体		55～60 （闪点）
氨基三嗪衍生物	amino-triazine derivate	黄色 浆状液体	1.20	
双叠氮基甲酸丁二醇酯（TBAF）	tetramethylene bis(azido-formate) 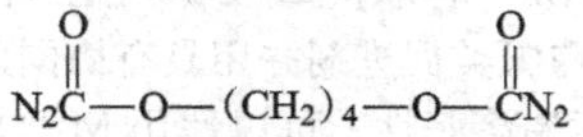	白色 结晶固体		33
正硅酸乙酯（silicoacetate）（TEOS）	详见本节 8.4.7			
邻氯甲苯	alphachlorotoluene 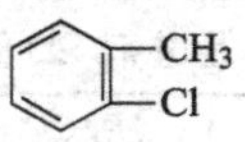	无色透明 油状液体	1.08	158.5 （沸点）
亚甲基双邻氯苯胺（MOCA）［4,4′-亚甲基双（2-氯苯胺）］	methylene bisortho chloroaniline 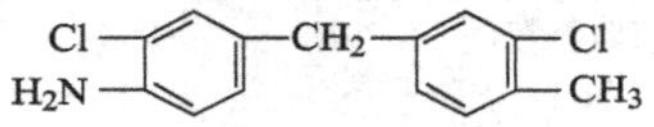	白色至淡黄色疏松针晶，加热变黑色，微有吸湿性，密度为 1.44 g/cm³，熔点为 101～104 ℃，用作浇注型聚氨酯橡胶的硫化剂，聚氨酯涂料胶黏剂的交联剂，也可用作环氧树脂的固化剂。用作聚氨酯橡胶的硫化剂时，用量一般是预聚体中游离异氰酸基当量的 85%～100%		

续表

名称	化学结构	性状		
		外观	相对密度	熔点/℃
三氟乙酸铬	trifluorochromic acetate			
四苯基锡	tetraphenyl stannum 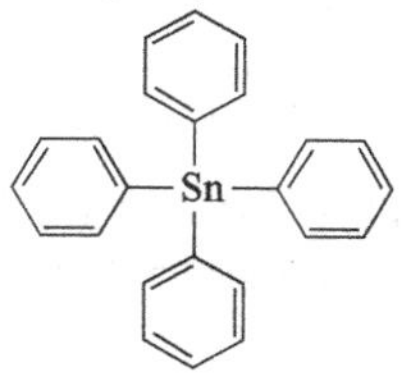	无色结晶	1.490	223～229
2，4，6－三（二甲氨基甲基）苯酚	2，4，6－tris(dimethylaminomethyl)phenol 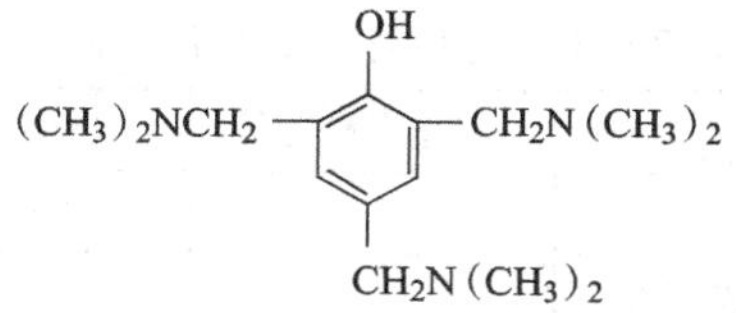	臭味无色油状液体	0.969	沸点：130～135 分解温度：200

注：详见《橡胶原材料手册》，于清溪、吕百龄等编写，化学工业出版社，2007年1月第2版，P390～391。

硅烷类化合物主要用作硅橡胶的室温交联剂；糠醛丙酮缩合物用作过氧化物硫化乙丙橡胶的共交联剂，一般用量为0.7份；二苯甲酮是氟橡胶低温快速硫化剂；丁酮氧化物一般用作橡胶室温硫化的活性剂，一般用量为0.1～5份；三嗪衍生物是聚氨酯橡胶热硫化剂；TBAF可用于各类橡胶有硫、无硫配合；邻氯甲苯用于合成橡胶；三氟乙酸铬用于亚硝基橡胶，一般用量为5.0份；四苯基锡用于三嗪橡胶；三（二甲氨基甲基）苯酚用于聚氨酯、聚酰胺和聚硫橡胶，用作低温固化剂时用量为2.0～10.0份，作固化促进剂时用量为0.1～1.0份。

邻氯苯胺用于聚氨酯橡胶。芳香族二胺作为聚氨酯的扩链剂，主要用于TDI系列预聚物的硫化成型。芳香族二胺的碱性比脂肪族二胺的弱，与—NCO的反应活性较低，有适中的凝胶时间，并能赋予弹性体良好的物理机械性能。用作浇注型聚氨酯（CPU）的芳香族二胺，一般在其分子中引入位阻基团或吸电子取代基，以降低活性，提供适宜的可浇注时间。

8.4.1 TCY（硫化剂F）

化学名称：2，4，6-三巯基-s-均三嗪，三嗪三硫醇，三聚硫氰酸，三嗪硫醇衍生物。

结构式：

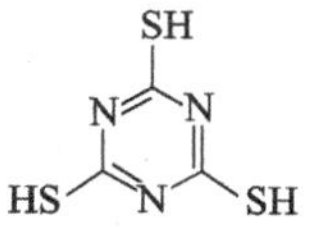

分子式：$C_3H_3N_3S_3$；相对分子质量：177.3；CAS号：638－16－4；黄色粉末，不溶于水，微溶于甲醇、丙酮。安全无毒性。

本品适用于ACM、CO、ECO、CR、CM橡胶与NBR/PVC等橡塑共混材料的硫化剂，分解温度≥330±10℃，与促进剂TMTD、DPG或多脲化合物并用，硫化速度快，硫化胶物理性能优良。为了改善含有TCY胶料的储存稳定性，加入适量CTP/PVI，可防止焦烧。TCY具有增加橡胶与金属的黏合强度的趋势。

用量：

ACM：0.7～2.1份TCY与0.6～1.9份ZDBC和1.2份CTP与2.5～3.5份硫黄并用；ECO：0.7～1.4份TCY与1.2份CTP和4份MgO并用；CIIR、BIIR：1.4～2.9份TCY与0.4～0.7份MgO并用；NBR/PVC共交联：1.4～2.9份TCY与1～2份DBD并用。

硫化剂TCY的供应商见表1.3.2-45。

表1.3.2-45 硫化剂TCY的供应商

供应商	商品名称	外观	密度/(g·cm⁻³)	含量(≥)/%	活性含量/%	加热减量，(≤)/%	灰分(≤)/%	筛余物(63 μm)(≤)/%	分解温度(≥)/℃	说明
金昌盛	TCY	黄色粉末				0.5	0.5			用量为0.7～1.5份
宁波硫华	TCY－70GEO F140	黄色颗粒	1.45	97	70	0.5	0.3	0.5	320	ECO为载体
咸阳三精	TCY	黄色粉末				0.5	0.3			

8.4.2　交联剂TAC

化学名称：三烯丙基氰脲酸酯，三聚氰酸三烯丙酯，2，4，6-三（烯丙氧基）-1，3，5-三嗪。

结构式：

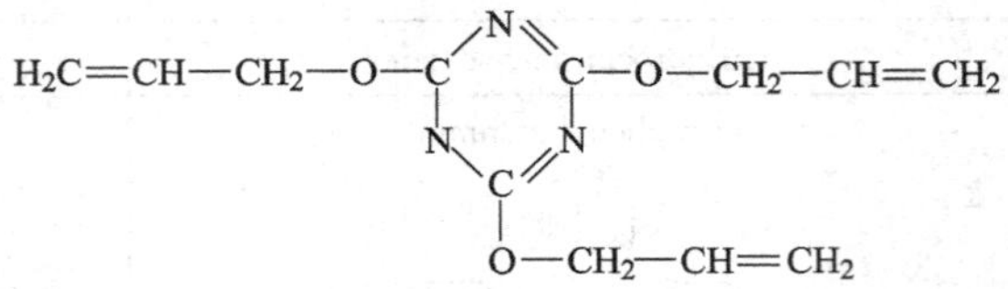

分子式：$C_{12}H_{15}O_3N_3$；相对分子质量：249.27。本品为三官能团化合物，可作为橡胶和塑料的硫化和辅助交联剂。主要用作高度饱和橡胶如EPM、EPDM、CM的硫化剂，不饱和聚酯的固化剂，还可在聚烯烃辐射交联中作光敏剂。一般用量为1～1.5份。

交联剂TAC的供应商见表1.3.2-46。

表1.3.2-46　交联剂TAC的供应商

供应商	商品名称	外观	含量(≥)/%	凝固点/℃	加热减量/%	灰分/%
华星（宿迁）化学有限公司	交联剂TAC	白色液体	99	26～28		
	交联剂TAC	白色粉末或块状				30

8.4.3　共交联剂TAIC

化学名称：三烯丙基异氰脲酸酯、三烯丙基异三聚氰酸酯。

结构式：

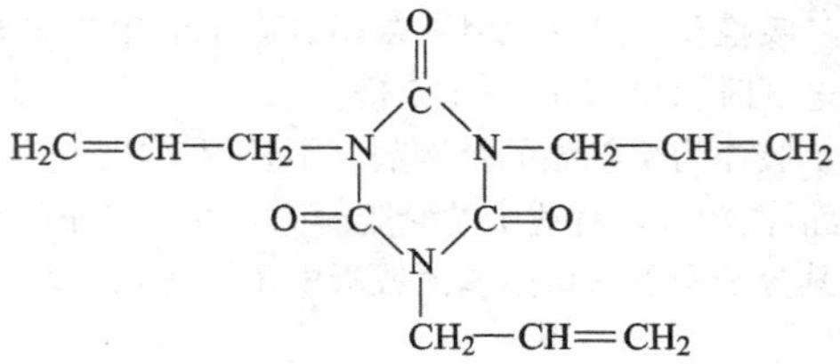

分子式：$C_{12}H_{15}N_3O_3$；相对分子质量：249.2688；CAS号：1025－15－6；密度：1.11 g/cm³；熔点：26～28 ℃；沸点：119～120 ℃。

用途：1）在聚乙烯、聚丙烯、聚氯乙烯、聚苯乙稀的X射线或紫外线辐照交联和改性中，可提高耐热性、机械强度、耐腐蚀性、耐溶剂性等。

2）饱和橡胶EPM、EPDM、CR、CSM、CM、氟橡胶、硅橡胶、聚氨脂等的助交联剂，用TAIC作助交联剂进行交联（与DCP等并用），一般用量为0.5～3份，可显著缩短硫化时间，提高机械性能、耐磨性、耐候性和耐溶剂性。

3）不饱和聚酯玻璃钢的交联剂。

4）聚苯乙稀的内增塑剂。

在一般橡胶制品中用作交联助剂时，用量为2～3份；在EVA发泡制品中，用量为1～2份；在高硬度制品中，用量为5～15份。

共交联剂TAIC的供应商见表1.3.2-47。

表1.3.2-47　共交联剂TAIC的供应商

供应商	规格型号	外观	密度/(g·cm⁻³)	凝固点℃	有效含量/%	酸值[a]，≤(mg(KOH)/g)	灰分/%	说明
金昌盛	TAIC	白色粉状	约1.3		70			可减少DCP硫化时的臭味
华星（宿迁）化学有限公司	交联剂TAIC	白色粉末或块状					30	
	交联剂TAIC	微黄色油状液体或晶体		21.5～26.5	98	0.5		
咸阳三精科技股份有限公司		微黄色油状液体或晶体			95	1.0		

注：酸值是指中和1 g试样所消耗的氢氧化钾的毫克数，它表征了试样中游离酸的总量，测定方法参见ASTM D2849、DIN 53402。

8.4.4　双酚AF（六氟双酚A）

化学名称：六氟异亚丙基二酚。

结构式：

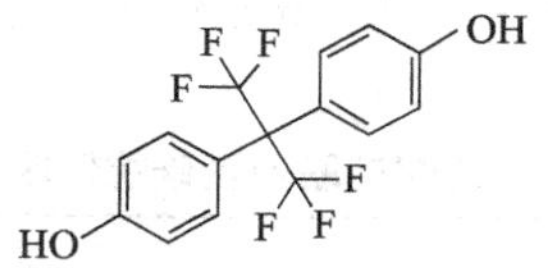

分子式：$C_{15}H_{10}F_6O_2$；相对分子质量：336.23；CAS号：1478—61—1；熔点：159～164 ℃；闪点：205 ℃。加热到510 ℃可分解燃烧，白色粉末或晶体，微溶于水，能溶于乙醇、乙醚中。本品主要用作氟橡胶硫化促进剂，也可用作医药中间体。

双酚 AF 作为氟胶硫化剂，一般与促进剂 BPP（苄基三苯基氯化磷）配合使用。本品操作应用简单，硫化速度快，硫化胶抗张强度高、压缩永久变形小，抗化学腐蚀及热稳定性佳等优良性能。

双酚 AF 作为单体，可用于合成特殊的聚酰亚胺、聚酚胺、聚酯、聚碳酸酯以及其他聚合物，适用于高温合成物、电子材料、气体渗透膜等。

用量：双酚 AF 2～3.5 份，促进剂 BPP 0.5～1 份。

双酚 AF 的供应商见表 1.3.2-48。

表 1.3.2-48　双酚 AF 的供应商

供应商	商品名称	外观	有效含量/%	说明
金昌盛（杜邦）	双酚 AF	浅灰或赭褐色粉末	>99	用量 2～3.5 份，与 0.5～1 份促进剂 BPP（苄基三苯基氯化磷）配合用作氟胶硫化剂，具有硫化速度快，压缩永久变形小，抗化学腐蚀与热稳定性佳等性能

8.4.5　噻二唑硫化交联剂

化学名称：2，5-二巯基-1，3，4-噻二唑衍生物。

本品国外品牌有 ECHO. A（美国）、TDD（德国）。

本品主要用作含卤聚合物如氯化聚乙烯、聚氯乙烯、氯醇橡胶、氯丁橡胶、氯磺化聚乙烯橡胶、氯化丁基橡胶的硫化交联剂，配方中可以用芳烃油作增塑剂（硫脲硫化系统和过氧化物硫化体系不能用芳烃油作增塑剂）。本品硫化温度低，可作单组分硫化体系，硫化速度比 Na—22 硫化快，正硫化时间短，生产过程不喷霜、不焦烧，操作安全；操作过程及制成的成品中无刺激性气味，可在硫化罐中无模硫化；硫化胶具有阻燃、耐高温、耐寒、耐臭氧、耐油、压缩永久变形小、撕裂强度高的特点，与过氧化物硫化体系硫化胶性能基本相同，撕裂强度大于过氧化物硫化体系硫化胶。

噻二唑硫化交联剂的供应商见表 1.3.2-49。

表 1.3.2-49　噻二唑硫化交联剂的供应商

供应商	规格型号	外观	密度（25 ℃）/(g·cm⁻³)	熔点（m，p）/℃	固含量（assy）/%	加热减量（60 ℃）/%
烟台恒鑫化工科技有限公司	ECHO	微黄色粉末	1.40～1.45	205～215	>97	≤3

8.4.6　硅烷交联剂

硅烷交联剂由烷基三氯硅烷、乙烯基三氯硅烷、苯基三氯硅烷与醋酸酐或丁酮肟反应、中和、提纯制得，包括：

甲基三乙酰氧基硅烷，CAS号：4253—34—3，结构简式：$CH_3Si(OOCCH_3)_3$，相对分子质量：220.254。

乙基三乙酰氧基硅烷，CAS号：17689—77—9，结构简式：$CH_3CH_2Si(OOCCH_3)_3$，相对分子质量：234.281。

丙基三乙酰氧基硅烷，CAS号：17865—07—5，结构简式：$CH_3CH_2CH_2Si(OOCCH_3)_3$，相对分子质量：248.308。

乙烯基三乙酰氧基硅烷，CAS号：4130—08—9，结构简式：$CH_2=CHSi(OOCCH_3)_3$，相对分子质量：232.265。

乙烯基三丁酮肟硅烷，CAS号：2224—33—1，结构简式：$CH_2=CHSi[ON=C(CH_3)CH_2CH_3]_3$，相对分子质量：313.472。

苯基三丁酮肟基硅烷，CAS号：2224—33—1，结构简式：$C_6H_5Si[ON=C(CH_3)CH_2CH_3]_3$，相对分子质量：363.532。

硅烷交联剂属于通用型硅烷交联剂，其应用十分广泛，主要有：室温硫化硅橡胶的硫化剂、交联剂，也应用于塑料、尼龙、陶瓷、玻璃等新材料与硅橡胶黏结的促进剂。

硅烷交联剂的技术要求见表 1.3.2-50。

硅烷交联剂的供应商有：湖北新蓝天新材料股份有限公司、浙江衢州硅宝化工有限公司；参加单位为荆州江汉精细化工有限公司、浙江华进科技股份有限公司、湖北德众化工有限公司等。

1. 甲基三甲氧基硅烷

分子式：$C_4H_{12}O_3Si$；相对分子质量：136.22；CAS号：1185—55—3。本品为无色透明液体，密度为 0.955 g/cm³，

沸点为 102 ℃，折射率为 1.3695～1.3715，闪点为 11 ℃，水溶性 decomposes，可溶于甲醇、乙醇、酮类和苯中，遇水会水解交联并生产甲醇。

表 1.3.2-50　硅烷交联剂基硅烷偶联剂的技术要求

项目	指标					
	甲基三乙酰氧基硅烷	乙基三乙酰氧基硅烷	丙基三乙酰氧基硅烷	乙烯基三乙酰氧基硅烷	乙烯基三丁酮肟硅烷	苯基三丁酮肟基硅烷
外观	透明	透明	透明	透明	透明	透明
色度（Pt-Co)(≤)/号	100	100	100	150	100	60
密度（20 ℃)/(g·cm⁻³)	1.1550～1.1750	1.1300～1.1500	1.1020～1.1220	1.1570～1.1770	0.980～1.000	1.0200～1.0400
折射率，n_D^{25}	1.3950～1.4150	1.4010～1.4210	1.4200～1.4400	1.4100～1.4300	1.4535～1.4735	1.4850～1.5050
单体含量(≥)/%	85.0	90.0	90.0	85.0	90.0	90.0
二三聚体含量(≤)/%	10.0	5.0	5.0	10.0	5.0	5.0
有效成分(≥)/%	95.0	95.0	95.0	95.0	95.0	95.0
可水解氯（≤)/10～4%	50	50	50	50	50	50

分子结构式：

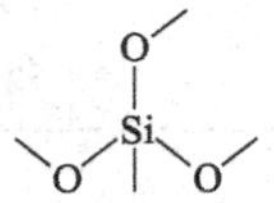

本品对眼睛和皮肤有一定的刺激性，一旦接触必须用大量的水清洗。使用时需佩戴防护眼睛、面罩、防护手套。

甲基三甲氧基硅烷的供应商有：南京辰工有机硅材料有限公司等。

2. 正硅酸乙酯（TEOS）

化学名称：硅酸乙酯，硅酸四乙酯，亚硅酸乙酯，四乙氧基硅烷，原硅酸四乙酯。

分子式：Si（OC_2H_5)$_4$；相对分子质量：208.33；CAS 号：78－10－4；常温下为无色或淡黄色透明液体，有类似乙醚的臭味。熔点：－77 ℃；沸点：168.5 ℃；密度：0.9346 g/cm³。它对空气较稳定，微溶于水，在纯水中水解缓慢，在酸或碱的存在下能加速水解作用；与沸水作用得到没有电解质的硅酸溶胶。在潮湿空气中变浑浊，静置后澄清。能与乙醇、丙酮等有机溶剂互溶。本品为易燃液体，在高温下、空气中可产生爆炸性蒸气。吸入其蒸气可致中毒。

结构式：

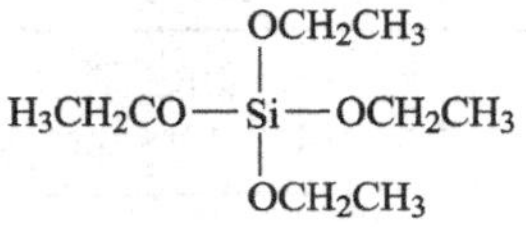

本品广泛应用于机械制造用高档防腐涂料及耐热涂料，有机合成、电讯机械等行业，用作油漆涂料的黏结剂、室温硫化硅橡胶的交联剂、精密铸造的黏结剂及陶瓷材料的黏结剂。作为室温硫化硅橡胶的交联剂时常与二月桂酸二丁基锡配合；用作酚醛-丁腈胶黏剂的交联剂时可提高耐热性。

正硅酸乙酯的供应商见表 1.3.2-51。

表 1.3.2-51　正硅酸乙酯的供应商

供应商	牌号	二氧化硅含量/%	酸度（以 HCl 计)(≤)/%	密度/(g·cm⁻³)
无锡鸿孚硅业科技有限公司	硅酸乙酯－28	28～29	0.01	0.929～0.936
	硅酸乙酯－40	40～42	0.1	1.04～1.07

8.4.7　硫化剂 TBP 75GA

化学组成：聚合物。

结构式：

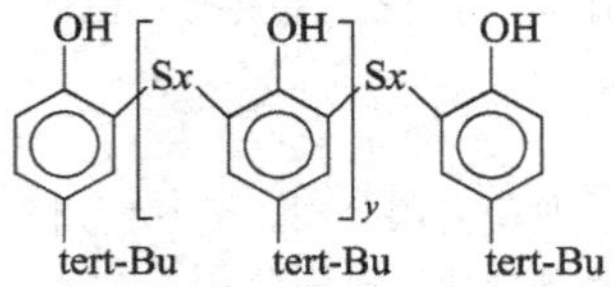

CAS 号：60303－68－6；熔点：110 ℃；密度：1.15 g/cm³。

本品不污染、不变色、不喷霜、无气味，本品不含氮，不产生亚硝胺化合物。适用于 NR、IR、SBR、BR、NBR 及

EPDM，可取代 TMTD 用作载硫硫化剂，硫含量约为 15%，能预防硫化返原；本品有酚的功能，可作为轻型的抗氧化剂；还具有增黏的特性。

主要应用于 EPDM 密封条、轮胎、防震及其他工业制品。

硫化剂 TBP 75GA 的供应商见表 1.3.2-52。

表 1.3.2-52 硫化剂 TBP 75GA 的供应商

供应商	型号规格	活性含量/%	颜色	滤网/μm	弹性体	门尼黏度 ML(1+4)60 ℃	相对密度/(g·cm⁻³)
元庆国际贸易有限公司（法国 MLPC）	TBP 75 GA F100	75	N（浅棕色）	100	E/AA	40	1.15

注：N—本色；P—加色料；GA—乙烯丙烯酸酯弹性体颗粒；BA—乙烯丙烯酸酯弹性体块状。

第三节 活 性 剂

凡能增加促进剂活性，减少促进剂用量或缩短硫化时间的物质称为硫化活性剂。活性剂可以分为无机活性剂和有机活性剂两类。无机活性剂主要有金属氧化物、氢氧化物和碱式碳酸盐等；有机活性剂主要有脂肪酸、胺类、皂类及部分促进剂的衍生物等。

硫化活性剂一览表见表 1.3.3-1。

表 1.3.3-1 硫化活性剂一览表[1]

分类	品名	用途与特性	分类	品名	用途与特性
金属氧化物类	氧化锌	NR、合成橡胶和胶乳用，分散性好，大量添加有补强作用	脂肪酸类	硬脂酸	NR、合成橡胶（IIR 除外）和胶乳用，酸性促进剂的活化剂（FDA 批准）
	活性氧化锌	NR、合成橡胶和胶乳用，活性高，促进效果好		油酸	与硬脂酸相同（FDA 批准）
	表面处理氧化锌	对 NBR 有补强性，活性大，焦烧性小，耐老化好，定伸高		月桂酸	与硬脂酸相同（FDA 批准）
	碳酸锌（透明氧化锌、复合氧化锌）	透明配方用，活性大（FDA 批准）		硬脂酸锌	NR、BR、SBR、NBR 和胶乳用，酸性促进剂的活化剂（FDA 批准）
	氧化镁（煅烧氧化镁）	焦烧性小，对 NR、BR、SBR、NBR 都有活性（秋兰姆体系除外），CR 的硫化剂	有机胺、乙二醇类	三乙醇胺	活化 SBR 的硫化，改善硅酸盐类填充剂及无机白色填充剂的分散性（FDA 批准）
	一氧化铅（密陀僧）[2]	NR、BR、SBR、NBR 都可使用，在秋兰姆类促进剂中有迟延作用，焦烧性小；CR、CSM 的硫化剂；含卤橡胶硫化时的受氧剂		二甘醇	白色补强填充剂的活性剂，德国允许用作接触食品橡胶制品的助剂
	四氧化三铅（铅丹）[2]	与一氧化铅性能相同，但效力大	其他硫化活性剂	聚对二亚硝基苯[3]	秋兰姆类、噻唑类+硫黄体系的活化剂；加到 IIR 中热处理，可调节塑性
	碱式碳酸铅（铅白）[2]	用于 NR、SBR、NBR，是噻唑类促进剂活化		四氯苯醌	1）与对醌二肟并用，作 IIR 硫化剂； 2）与对醌二肟、MBTS 并用时，焦烧与硫化速度都快
	氢氧化钙（消石灰）	代替 ZnO，与 ZnO 并用可提高硬度；在含氟橡胶（CFM）中与 MgO 并用		三甲基丙烯酸三羟甲基丙烷酯	在橡胶、聚烯烃的过氧化物硫化中作交联剂，加工时为增塑剂，改善制品永久变形，对提高弹性、硬度、电性能等有良好效果

注［1］：详见《橡胶工业手册．第三分册．配方与基本工艺》，梁星宇等编写，化学工业出版社，1989 年 10 月（第 1 版，1993 年 6 月

第 2 次印刷），P85 表 1－70。

[2]：欧盟的 REACH 已将铅及其化合物列入 SVHC 清单；欧盟《关于在电子电气设备中限制使用某些有害物质的第 2002/95/EC 号指令》（RoHS 指令），要求从 2006 年 7 月 1 日起，各成员国应确保在投放于市场的电子和电气设备中限制使用铅、汞、镉、六价铬、多溴联苯和多溴二苯醚六种有害物质；94/62/EC 指令要求所有流通于欧洲市场的包装及其材料中的镉、铅、汞及六价铬四种物质含量总和不得超过 100 ppm（1 ppm＝10^{-6}）；2006/66/EC 指令要求电池及蓄电池不得含有汞超过总重的 0.0005%、镉超过总重 0.002%，但钮扣电池的水银含量不得大于 2%；另外，若电池、蓄电池及钮扣电池的汞含量超过 0.0005%，镉含量超过 0.002%，铅含量超过 0.004%，则须有重金属含量及分类处理之标示；挪威 PoHS 指令即《消费性产品中禁用特定有害物质》提出的受限制的 18 种物质包括 Pb（铅及其化合物），读者应当谨慎使用。

[3]：聚对二亚硝基苯是致癌物质，读者应当谨慎使用。

一、无机活性剂

常用的无机活性剂见表 1.3.3－2。

表 1.3.3－2　常用的无机活性剂

名称	外观	相对密度	熔点/℃
氧化锌	白色粉末	5.6	
碳酸锌	白色结晶粉末	4.42	300（分解）
轻质氧化镁	白色疏松粉末	3.20～3.23	
碳酸镁	白色粉末	2.19	
氧化钙	白色粉末	3.35	
氢氧化钙	白色粉末	2.24	
一氧化铅（黄丹）	黄色粉末	9.1～9.7	
二氧化铅	棕色粉末	9.38	290（分解）
四氧化三铅（红丹）	橙红色粉末	8.3～9.2	500～530（分解）
碱式碳酸铅（铅白，$Pb(OH)_2.2PbCO_3$）	白色粉末	6.5～6.8	
碱式硅酸铅	白色粉末	5.8	
氯化亚锡	白色或半透明晶体	3.95	246
氧化镉	红棕色粉末	7.0	

注：详见《橡胶原材料手册》，于清溪、吕百龄等编写，化学工业出版社，2007 年 1 月第 2 版，P445～446。

氧化锌是最重要、应用最广泛的无机活性剂，既能加快硫化速度又能提高硫化程度；既是活性剂，又可以用作补强剂和着色剂；在氯丁橡胶中还可用作硫化剂。

氧化镁也用作氯丁橡胶硫化剂；作为活性剂，能改善胶料的抗焦烧性能；在丁腈橡胶中可用作补强剂。

氧化钙除用作活性剂外，也是一种干燥剂，常用作消泡剂。

氧化铅是防护放射线橡胶制品的重要配合剂，因其有毒，密度大，一般制品中不常用。

氯化亚锡主要用作酚醛树脂硫化丁基橡胶时的活性剂。

氧化镉主要用作高耐热硫化体系的活性剂。

1.1　氧化锌

白色或微黄色球形或链球形微细粉末，相对密度为 5.6，粒径在 0.1 μm 以下，比表面积大于 45 m^2/g，易分散在橡胶或胶乳中。无嗅、无味。不溶于稀酸、氢氧化钠和氯化铵溶液。是一两性氧化物，在空气中能缓缓吸收二氧化碳和水，生成碱式碳酸锌。高温时呈黄色，冷时恢复白色。

氧化锌按制备方法可以分为直接法氧化锌与间接法氧化锌。

直接法氧化锌也称湿法，用锌灰与硫酸反应生成硫酸锌，再将其与碳酸钠或氨水反应，以制得的碳酸锌和氢氧化锌为原料，经水洗、沉淀、干燥、煅烧、冷却、粉碎制得氧化锌。

间接法氧化锌由熔融锌氧化而得或由粗氧化锌冶炼成锌再经高温空气氧化而得，有以锌锭为原料的法国法，以锌矿石为原料的美国法和湿法三种。其中法国法将电解法制得的锌锭加热至 600～700 ℃熔融后，置于耐高温坩埚内，使之在 1 250～1 300 ℃高温下熔融汽化，导入热空气进行氧化，生成的氧化锌经冷却、旋风分离，将细粒子用布袋捕集，即制得氧化锌成品。美国法将焙烧锌矿粉（或含锌物料）与无烟煤（或焦炭悄）、石灰石按 1∶0.5∶0.05 比例配制成球，在 1 300 ℃经还原冶炼，矿粉中氧化锌被还原成锌蒸气，再通入空气进行氧化，生成的氧化锌经捕集，制得氧化锌成品。

氧化锌主要用作橡胶或电缆的补强剂、活化剂（天然橡胶），白色胶的着色剂和填充剂，天然橡胶和氯丁橡胶的硫化剂。颗粒细小的活性氧化锌（粒径 0.1 μm 左右），还可用作聚稀烃等塑料的光稳定剂。合成氨生产中用作催化剂等。橡胶中使用的氧化锌一般为以锌锭为原料的间接法生产；活性氧化锌一般采用以锌灰、硫酸、碳酸钠和氨水为原料的湿法制造；高分散氧化锌是层状结构有机分散载体与氧化锌的插层产物，比表面积大，分散等级高，活化效率高；有机锌是经过化学反应合成的以有机碳化合物为核，氧化锌为壳的核壳结构复合微球，反应界面活性高，相对密度是氧化锌的 1/2，尤其适用于丁基胶、卤化丁基胶等对氧化锌分散要求高的胶种。

常温下，普通氧化锌是白色的；而纳米氧化锌呈微黄色，色泽鲜亮。高温时，氧化锌不论是普通形式还是纳米形式，颜色均很黄，温度降低时颜色变浅。纳米氧化锌由于其颗粒表面存在吸附氧及羟基氧，而这两种氧的数量会随着时间的变化而变化，比如水分的吸附及空气中氧气的再吸附与剥离等，引起颗粒中氧化锌分子及电子跃迁能级的变化，因此，纳米氧化锌的颜色会逐渐变浅；当纳米氧化锌含杂质较多，如铁、锰、铜、镉等，会使氧化锌的颜色在微黄色中显出土白色。此外，纳米氧化锌经碱式碳酸锌煅烧而得，如果碱式碳酸锌未能完全分解，纳米氧化锌的颜色也会显得白一些，因为碱式碳酸锌为纯白色。在南方与北方生产，或在潮湿的雨天与干燥的天气下生产，也会影响纳米氧化锌颜色。因为纳米氧化锌可与湿空气及二氧化碳反应生成碱式碳酸锌，发生了煅烧过程的逆反应。这种变化对产品质量的影响有多大尚难断定，因为碱式碳酸锌本身也具有一定的活化能力，适于在脱硫剂及橡胶行业使用。

在透明橡胶制品中若加入氧化锌，因其折射率较大（2.01～2.03），即使少量也会使制品混浊、透光性降低，因此需使用碱式碳酸锌全部或部分代替氧化锌。

本品在橡胶中主要用作硫化活性剂，在 CR 中也用作硫化剂。ZnO 在不同的硫化体系中作用不同，在硫黄促进剂体系中其作用是脂肪酸与 ZnO 生成锌盐，更易分散于橡胶中，并与促进剂、硫黄形成络合物（中间活性化合物），实验证明硬脂酸锌可起同样的作用（可参考络合物化学和酸碱理论及其在有机化学中的应用、三元络合物及其在分析化学中的应用等有关文献）。

氧化锌对硫化胶有良好的热稳定性作用。在硫化或老化过程中，多硫键断裂，产生的硫化氢会加速橡胶的裂解，但氧化锌可与硫氢基团反应，形成新的交联键，使断裂的橡胶大分子链重新键合，形成了动态稳定的硫化网络，提高了硫化胶的耐热性。因此，在要求耐热的橡胶制品配方中应当适当增加氧化锌的用量。

汽车胶管中，大众 TL52361 标准要求 150 ℃级冷水管中锌含量≤0.02%，因为胶管中的锌与冷却液中的金属防蚀添加剂反应生成不溶性沉淀物，会堵塞发动机中的“毛细管道”，使发动机和冷却系统的温度越来越高。锌主要来源于氧化锌和含锌的促进剂，如 BZ、EZ、PZ 等，所以该等胶管只能采用过氧化物硫化体系。

1.1.1　间接法氧化锌

GB/T 3185—1992 对氧化锌（间接法）的技术要求见表 1.3.3-3。

表 1.3.3-3　氧化锌（间接法）的技术指标要求

项目	指标					
	BA01—05（Ⅰ型）（橡胶用）			BA01—05（Ⅱ型）（涂料用）		
	优级品	一级品	合格品	优级品	一级品	合格品
氧化锌（以干品计）(≥)/%	99.70	99.50	99.40	99.70	99.50	99.40
金属物（以 Zn 计）(≤)/%	无	无	0.008	无	无	0.008
氧化铅（以 Pb 计）(≤)/%	0.037	0.05	0.14	—	—	—
锰的氧化物（以 Mn 计）(≤)/%	0.0001	0.0001	0.0003	—	—	—
氧化铜（以 Cu 计）(≤)/%	0.0002	0.0004	0.0007	—	—	—
盐酸不溶物(≤)/%	0.006	0.008	0.05	—	—	—
灼烧减量(≤)/%	0.2	0.2	0.2	—	—	—
筛余物（45 μm 网眼）(≤)/%	0.10	0.15	0.20	0.10	0.15	0.20
水溶物(≤)/%	0.10	0.10	0.15	0.10	010	0.15
105 ℃挥发物(≤)/%	0.3	0.4	0.5	0.3	0.4	0.5
吸油量(≤)/[g·(100 g)$^{-1}$]	—	—	—	14	14	14
颜色[a]（与标准样比）	—	—	—	近似	微	稍
消色力[a]（与标准样比）(≤)/%	—	—	—	100	95	90

注：[a] Ⅱ型“颜色”“消色力”的标准样提供单位：兰州化工原料厂。

ISO 9298：1995 对氧化锌（间接法）的技术要求见表 1.3.3-4。

表 1.3.3-4　ISO 9298：1995 氧化锌技术要求（B1a 典型值）

序号	项目	数值
1	铅质量分数/%	0.004
2	镉质量分数/%	0.001
3	表面积/($m^2\cdot g^{-1}$)	4.0
4	氧化锌质量分数/%	99.5

续表

序号	项目	数值
5	挥发分质量分数/%	0.25
6	筛余物 45 μm 孔径/%	0.01
7	酸/碱度（以 H_2SO_4 计）/[g · 100 g)$^{-1}$]	0.05
8	铜质量分数/%	0.0005
9	锰质量分数/%	0.0005
10	盐酸不溶物/%	0.01
11	水不溶物/%	0.01

1.1.2 直接法氧化锌（湿法）

GB/T 3494—1996 将直接法氧化锌分为 X、T 类别，分别用于橡胶与涂料等工业部门，见表 1.3.3-5，各牌号氧化锌的化学成分和物理性能见表 1.3.3-6。

表 1.3.3-5 直接法氧化锌的分类、级别和牌号

类别	级别	牌号	主要用途
X	一级	ZnO—X1	主要用于橡胶等工业部门
	二级	ZnO—X2	
T	一级	ZnO—T1	主要用于涂料等工业部门
	二级	ZnO—T2	
	三级	ZnO—T3	

表 1.3.3-6 直接法氧化锌的化学成分和物理性能

指标项目	ZnO—X1	ZnO—X2	ZnO—T1	ZnO—T2	ZnO—T3
氧化锌（以干品计），不小于/%	99.5	99.0	99.5	99.0	98.0
氧化铅（PbO），不大于/%	0.12	0.20	—	—	—
氧化镉（CdO），不大于/%	0.02	0.05	—	—	—
氧化铜（CuO），不大于/%	0.006	—	—	—	—
锰（Mn），不大于/%	0.0002	—	—	—	—
金属锌	无	无	无	—	—
盐酸不溶物，不大于/%	0.03	0.04	—	—	—
灼烧减量，不大于/%	0.4	0.6	0.4	0.6	—
水溶物，不大于/%	0.4	0.6	0.4	0.6	0.8
筛余物（45 μm 试验筛），不大于/%	0.28	0.32	0.28	0.32	0.35
105 ℃挥发物，不大于/%	0.4	0.4	0.4	0.4	0.4
遮盖力，不大于/(g · m^{-2})	—	—	150	150	150
吸油量，不大于/[g · (100 g)$^{-1}$]	—	—	18	20	20
消色力，不小于/%	—	—	100	95	95
颜色（与标准样品比）	—		符合标样		

注：如有特殊要求，由供需双方协商。

1.1.3 活性氧化锌

用稀硫酸与普通氧化锌反应制得硫酸锌，再与碳酸钠反应制得碳酸锌，在 400 ℃下煅烧制得活性氧化锌，相对密度为 5.2～5.47，粒径为 0.05 μm，小于普通氧化锌的 0.1～0.27 μm。

由于活性氧化锌具有粒径小、比表面积大、表面有一定活性的特点，加入后能使橡胶具有良好的耐磨性，耐撕裂性和弹性。同时较大幅度地减少氧化锌用量时，胶料的硫化特性和硫化胶的各项物理性能均不受影响。此外，在某些需要限制锌总含量的卫生、医疗橡胶以及某些透明、半透明橡胶制品中必须使用粒子细、活性大的活性氧化锌，可以减少氧化锌的用量，并满足这些产品的特殊要求。

工业活性氧化锌的国外标准有 ISO 9298：1995（E）《橡胶化合物组分—氧化锌—测试方法》、美国材料协会标准 ASTM D 4295—89（1999）《橡胶化合物原料——氧化锌的标准分类》及德国拜耳公司的产品技术要求。

HG/T 2572—2012《活性氧化锌》修改采用 ISO 9298：1995（E）《橡胶化合物组分一氧化锌一测试方法》适用于湿法制得的活性氧化锌，主要用于橡胶或电缆的补强剂、活性剂（天然橡胶）、天然橡胶和氯丁橡胶的硫化剂，还可以用于陶瓷、电子、催化剂等行业。活性氧化锌的技术要求见表 1.3.3-7。

表 1.3.3-7　活性氧化锌的技术要求

项目	指标
氧化锌（ZnO）w/%	95.0～98.0
105 ℃挥发物 w(≤)/%	0.8
水溶物 w(≤)/%	1.0
灼烧减量 w/%	1～4
盐酸不溶物 w(≤)/%	0.04
铅（Pb）w(≤)/%	0.008
锰（Mn）w(≤)/%	0.0008
铜（Cu）w(≤)/%	0.0008
镉（Cd）w(≤)/%	0.004
筛余物（45 μm 试验筛）w(≤)/%	0.1
外形结构	球状或链球状
比表面积(≥)/(m^2 · g^{-1})	45

活性氧化锌的其他标准见表 1.3.3-8。

表 1.3.3-8　活性氧化锌的其他标准指标

	ISO 9298：1995（E）《橡胶化合物组分—氧化锌—测试方法》Wet-process class C1d	ASTM D 4295—89（1999）《橡胶化合物原料—氧化锌的标准分类》chemical	德国拜耳公司产品的技术要求
氧化锌（ZnO）含量/%	≥93.0	≥95.0	93～95
水分(≤)/%			
水溶物含量(≤)/%	1.0		1
灼烧失量(≤)/%			1～6
硫含量(≤)/%		0.15	
硫酸盐含量(≤)/%			0.4
氯化物含量(≤)/%			0.1
105 ℃挥发性物质含量(≤)/%	0.5	0.50	
盐酸不溶物含量(≤)/%	1.0		
氧化铅（以 Pb 计）含量(≤)/%	0.001	0.1	0.003
氧化锰（以 Mn 计）含量(≤)/%	0.001		0.001
氧化铜（以 Cu 计）含量(≤)/%	0.001		0.001
镉（Cd）含量(≤)/%	0.001	0.05	
酸碱度，g(H_2SO_4)/100 g	0.2		
细度（45 μm 试验筛筛余物）(≤)/%	0.2	0.10	0.2（60 μm 试验筛筛余物）
比表面积(≥)/(m^2 · g^{-1})	40.0	40.0	
堆积密度(≤)/(g · mL^{-1})			
平均粒径（μm）			约 50
23 ℃下密度/(g · cm^{-3})			约 5.6

1.1.4　氧化锌的供应商

氧化锌的供应商见表 1.3.3-9。

表 1.3.3-9　氧化锌的供应商

供应商	规格型号	外观	氧化锌（以干品计）(≥)/%	氧化铅（以 Pb 计）(≤)/%	锰的氧化物（以 Mn 计）(≤)/%	氧化铜以 Cu 计(≤)/%
宁波硫华	ZnO－80GE F140	白色颗粒	99.7			
江苏爱特恩	间接法 ZnO	白色粉末	99.7	0.037	0.0001	0.0002
	活性 ZnO	淡黄色粉末	95.0	0.001	0.0005	0.0001
	高分散 ZnO	白色粉末	80.0	0.001	0.0005	0.0001
	有机锌	白色粉末或颗粒	25.0±3.0	0.02	0.0003	0.0003
山东尚舜	预分散 ZnO－80	白色颗粒				
沃特兰亭锌事业部			99.4－99.7	0.14	0.0003	0.0007
青岛昂记橡塑科技有限公司	金固 730		99.7	0.005	0.0001	0.0002
	优级品		99.7	0.037	0.0001	0.0002
锐巴化工	ZnO－80 GE	白色颗粒	99.7	0.001	0.0001	0.0001
	ZnO－80 GS	白色颗粒	99.7	0.001	0.0001	0.0001
供应商	盐酸不溶物(≤)/%	灼烧减量(≤)/%	筛余物 325 目(45 μm)(≤)/%	比表面积 BET/($m^2 \cdot g^{-1}$)	加热减量(≤)/%	说明
宁波硫华		0.3				EPDM/EVM 为载体
江苏爱特恩	0.006	0.2	0.10	4～6	0.3	
			0.05	20～60	0.7	分 4 级
		11.0	0.05	35±5	0.7	
			0.1（200 目）		2.0	
山东尚舜	80%精选 ZnO、20%EPDM 载体和表面活性分散剂					
沃特兰亭锌事业部	0.05	0.2	0.2		0.5	分 3 级
青岛昂记橡塑科技有限公司	0.006	0.2	0.1		0.3	
	0.006	0.2	0.1		0.3	
锐巴化工	ZnO－80 GE					
	ZnO－80 GS					

氧化锌的供应商还有：洛阳市蓝天化工厂、山西丰海纳米科技有限公司、上海京华化工厂有限公司、宝鸡天科纳米材料技术有限公司等。

1.2　四氧化三铅

四氧化三铅，分子式：Pb_3O_4；相对分子质量：686.60。欧盟的 REACH 已将铅及其化合物列入 SVHC 清单，读者应当谨慎使用。HG/T 4503－2013《工业四氧化三铅》适用于工业四氧化三铅，该产品主要用于高精密电子工业、高档免维护铅酸蓄电池、高档水晶制品、高档光学玻璃、陶釉、陶瓷、压电元件、燃料、有机合成的氧化剂、橡胶着色、蓄电池、医药、合成树脂等。工业四氧化三铅的技术要求见表 1.3.3-10。

表 1.3.3-10　工业四氧化三铅的技术要求

项目	指标
四氧化三铅（Pb_3O_4）w(≥)/%	97.16
二氧化铅（PbO_2）w(≥)/%	33.90
干燥减量 w(≤)/%	0.1
硝酸不溶物 w(≤)/%	0.1
水溶物 w(≤)/%	1.0
铁（Fe）w(≤)/%	0.0015

续表

项目	指标
铜（Cu）$w(\leqslant)/\%$	0.0012
筛余物（38.5 μm）$w(\leqslant)/\%$	0.75
粒径（D_{90}）$(\leqslant)/\mu m$	10

四氧化三铅的供应商有：界首市骏马工贸有限公司等。

1.3　氢氧化钙

氢氧化钙又称消石灰、熟石灰、碱性石灰，由生石灰加水消化制得，为白色粉末，相对密度为 2.211。

本品在橡胶中用作活化剂、碱性无机促进剂、填充剂，多用于再生胶胶料，能防止胶料产生气孔。

元庆国际贸易有限公司代理的德国 D. O. G 公司 DEOVULC 0H 氢氧化钙（氟橡胶专用）的物化指标为：

外观：白色粉末状；灰分：73%～77%；筛余物：<0.2%（63 μm 筛网），0.0（100 μm 筛网）；相对密度（20 ℃）：2.2；储存性：原封、室温干燥至少一年。

适用于氟橡胶，作为酸中和剂及硫化活性剂；本品细度细，提供了更高的活性和没有斑点的分散性；具有碱性，在氟橡胶双酚硫化体系中可作氢氟酸的吸收剂，能大大改善氟橡胶混炼加工分散性，达到最佳的物性；在弹性体中有很好的结合及分散。

用量为 5～8 份，6 份本品可与 3 份氧化镁及填充剂一起加入。因氢氧化钙易吸湿，从密封盒中取出的氢氧化钙要立即使用。

二、有机活性剂

常用的有机活性剂见表 1.3.3－11。

表 1.3.3－11　常用的有机活性剂

名称	化学结构	性状		
		外观	相对密度	熔点/℃
氢氧化四乙铵	tetraethyl ammonium hydroxide $(C_2H_5)_4NOH$	固体	1.171	123
油酸二丁胺	dibutyl ammonium oleate $C_{17}H_{33}—\overset{O}{\overset{\Vert}{C}}—O—NH_2(C_4H_9)_2$	深琥珀色液体	0.88	102 （闪点）
二苄基胺（促进剂 DBA）	dibenzy lamine 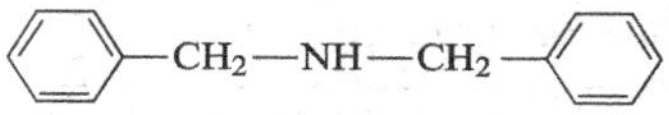	淡黄色液体	1.02～1.03	−26（熔点） 300（沸点）
乙醇胺	monoethanolamine $H_2N—CH_2—CH_2—OH$	无色透明液体	1.017～1.021	10.5
二乙醇胺	diethanolamine $HN(CH_2—CH_2—OH)_2$	透明黏稠液体	1.088～1.095	28
三乙醇胺	详见本手册第一部分第八章 1.3.2			
二甘醇	diethylene glycol $CH_2—CH_2—OH$ | O | $CH_2—CH_2—OH$	无色透明液体	1.117～1.120	290 （闪点）
三甘醇	triethylene glycol $CH_2—O—CH_2—CH_2—OH$ | $CH_2—O—CH_2—CH_2—OH$	无色透明液体	1.121～1.135	160 （闪点）

续表

名称	化学结构	性状		
		外观	相对密度	熔点/℃
聚乙二醇	详见本手册第一部分第八章 1.3.1			
辛酸	caprylic acid $CH_3(CH_2)_5COOH$	油状液体	0.910	16.7
月桂酸	lauricacid $CH_3(CH_2)_{10}COOH$	白色固体	0.85	40～50
蓖麻酸	ricinoleic acid $CH_3(CH_2)_5CHOHCH_2CH{=}CH(CH_2)_7COOH$	液体	0.940	5.5
硬脂酸	详见本节 2.1			
油酸	oleic acid $CH_3(CH_2)_7CH{=}CH(CH_2)_7COOH$	淡黄色 油状液体	0.89～0.90	8～17 185（闪点）
亚油酸	linoleic acid $CH_3(CH_2)_4CH{=}CHCH_2CH{=}CH(CH_2)_7COOH$	无色液体	0.901	−12
豆油脂肪酸	soybean fatty acid	黄色至琥 珀色油状 液体		22～30 （滴点）
棉籽油脂肪酸	fatty acid of cottonseed oil	淡黄色 半固体		32～37 （滴点）
亚麻籽油脂肪酸	fatty acid of linseed oil	浅黄色液体		17～22 （滴点）
椰子油脂肪酸	coconut fatty acid	浅色液体		22～25 （滴点）
动物脂肪酸	tallow fatty acid	有色固体		38～43 （滴点）
氢化鱼油脂肪酸	hydrogenated fish fatty acid	白色至淡 黄色固体		
月桂酸锌	zinc laurate $CH_3(CH_2)_{10}COO{-}Zn{-}OOC(CH_2)_{10}CH_3$	乳白色粉末	1.09	104
硬脂酸铅	详见本手册第一部分第四章第二节 3.3.1			
硬脂酸锌	详见本手册第一部分第四章第二节 3.3.4			
油酸铅	lead oleate $CH_3(CH_2)_7CH{=}CH(CH_2)_7COO$ Pb $CH_3(CH_2)_7CH{=}CH(CH_2)_7COO$	浅褐色固体	1.34	
水杨酸铅	lead salicy late 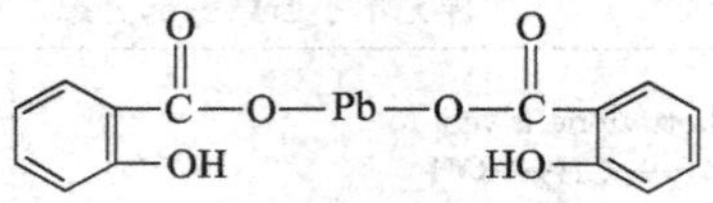	乳白色 结晶粉末	2.36	
DM－$ZnCl_2$－$CdCl_2$ 络合物 （活性剂 NH－1）	dibenzothiazole disulfide-zinc chloride- cadmium chloride comple 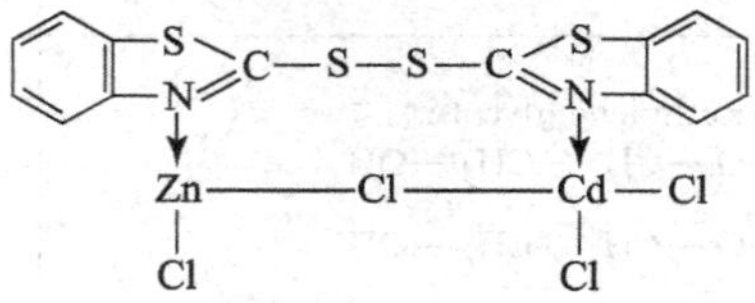	淡黄色粉末		213～220

续表

名称	化学结构	性状		
		外观	相对密度	熔点/℃
M－$ZnCl_2$ 络合物	mercaptobenzothiazole-zinc chloride complex	黄色粉末	1.85	235
DM－$ZnCl_2$ 络合物（活性剂 NH－2）	dibenzothiazole disulfide-zinc chloride complex	黄色粉末	1.85	235
尿素	urea 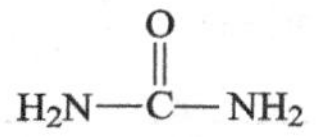	白色粉末	1.31	130
三烯丙基氰脲酸酯	trially lcyanurate 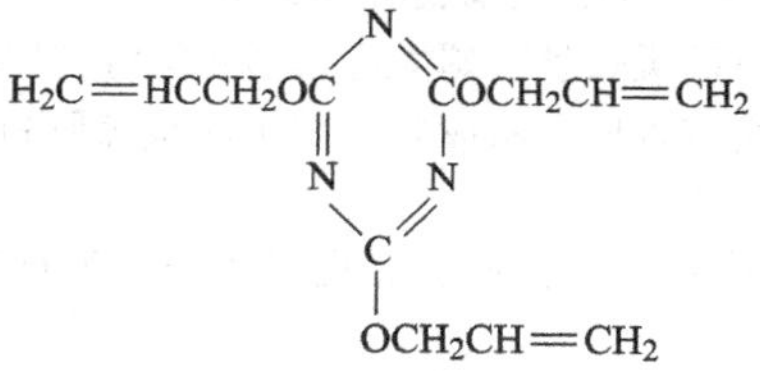	白色、淡黄色透明液体或白色结晶		24～26（凝点）
三烯丙基异氰脲酸酯	trially lisocyanurate 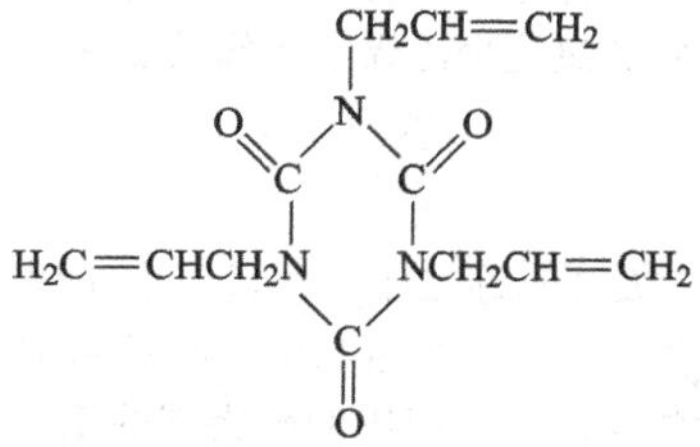	微黄色黏稠液体	1.15	
苯偏三酸三烯丙酯	trially ltrimellatate 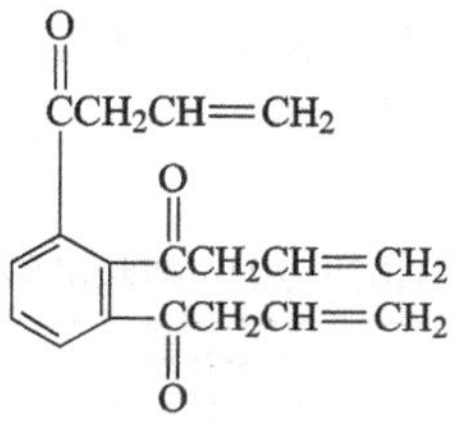	苍黄色液体	1.16	
三甲基丙烯酸三羟甲基丙烷酯	trimethylol propane trimethacrylate 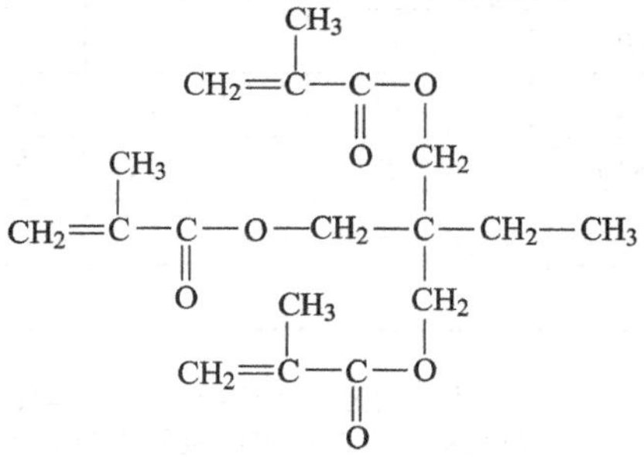	淡黄色液体		200（沸点）
二甲基丙烯酸 1，3-亚丁基二醇酯	1，3－buty lideneglycol dimethacry late 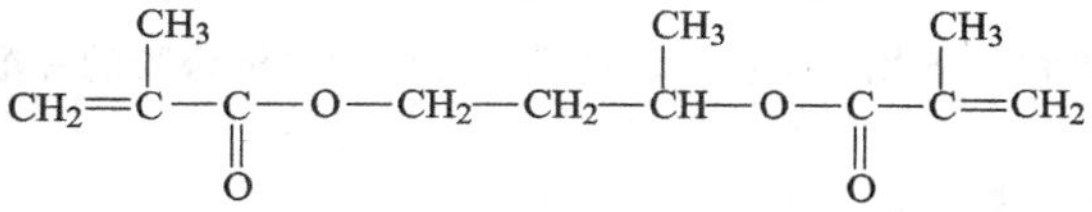	淡黄色液体	1.009	290（沸点）
二甲基丙烯酸乙二醇酯	ethy leneglycol dimethacry late 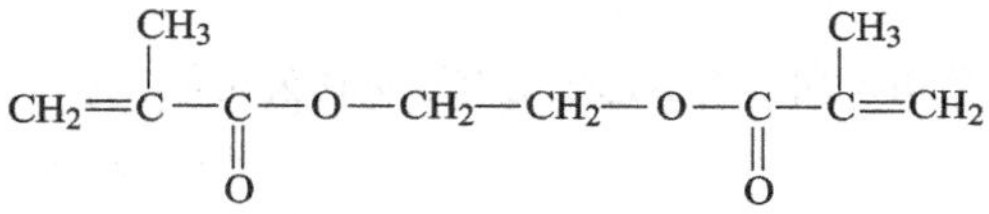	水白色液体	1.05	260（沸点）

续表

名称	化学结构	性状		
		外观	相对密度	熔点/℃
三羟甲基丙烷三甲基丙烯酸甲酯—硅酸盐混合物	trimethylol propane trimethacrylate-silicate blend	不飞扬粉末	1.23	
N，*N′*-双亚糠基丙酮	*N*，*N′*- bis(furfurylidene)acetone 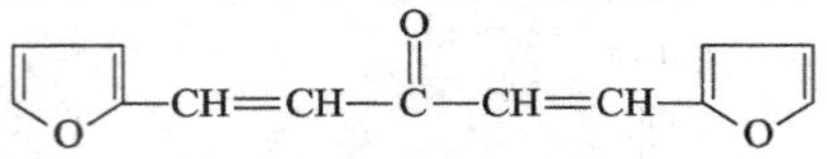	黄色粉末	1.07～1.30	60～61

注：详见《橡胶原材料手册》，于清溪、吕百龄等编写，化学工业出版社，2007 年 1 月第 2 版，P450～452。

胺类活性剂用于天然橡胶和丁苯橡胶，也可用于再生胶或胶乳，其中二乙醇胺还可用于氯丁橡胶、丁腈橡胶及其胶乳。胺类活性剂对噻唑类促进剂有良好的活性。噻唑类、秋兰姆类可提高胺类对黄原酸类促进剂的活化作用。

醇类活性剂可用于非炭黑补强的天然橡胶、合成橡胶及其胶乳，用于白炭黑胶料时，不仅能起活化作用，还有防水作用，能稳定高硬度胶料的硬度。

脂肪酸类用于天然橡胶、除丁基橡胶外的合成橡胶及其胶乳，也可用作增塑剂和软化剂，加入后有助于橡胶分子断链，便于加工。

脂肪酸盐用于天然橡胶、合成橡胶及其胶乳，但不适用于丁基橡胶。脂肪酸盐对硫化速度差异大的并用胶料还可用作稳定剂，对耐磨性要求高的胶料可作为增塑剂，硬脂酸锌还用作脱模剂和隔离剂。

酯类在过氧化物硫化的三元乙丙橡胶、丁腈橡胶和氯化聚乙烯中用作共交联剂，还可以用作不饱和聚酯的固化剂，辐射交联聚烯烃的光敏剂和高分子材料的胶黏剂。

2.1 硬脂酸

工业品分一级（旧称三压，经过三次压榨）、二级（旧称二压，经过二次压榨）和三级（旧称一压，经过一次压榨或不经过压榨）。为 45%硬脂酸与 55%软脂酸的混合物，并含有少量油酸，略带脂肪气味。一级和二级硬脂酸是带有光泽或含有晶粒的白色蜡状固体；三级硬脂酸是淡黄色蜡状固体。橡胶用的硬脂酸的碘值为 7～9，熔点为 52.5～63.5 ℃，相对密度为 0.9～1.02。

油酸虽也能起活化作用，但会降低硫化胶的老化性能，所以一般不宜采用。

在低硫高促的有效硫化体系中常采用月桂酸代替硬脂酸。增加硬脂酸用量，可以使交联键与单硫键数目增多，提高抗硫化返原性，降低压缩永久变形。

GB 9103—2013 对硬脂酸的技术要求见表 1.3.3-12。

表 1.3.3-12　GB 9103—2013 硬脂酸技术要求

指标名称	1840 型		1850 型		1865 型		橡塑级
	一等品	合格品	一等品	合格品	一等品	合格品	
C_{18}含量[a](≥)/%	38～42	25～45	48～55	46～58	62～68	60～70	—
碘值(≤)/[g·(100 g)$^{-1}$]	1.0	2.0	1.0	2.0	1.0	2.0	8.0
酸值，mg(KOH)/g	205～211	202～214	205～210	202～211	201～209	200～209	190～225
皂化值[b]/[mg·(100 g)$^{-1}$]	206～212	203～215	206～211	203～212	202～210	200～210	190～224
凝点/℃	53.0～57.0		54.0～58.0		57.0～62.0		≥52.0
105 ℃挥发物(≤)/%	0.1						0.2

注：[a] C_{18}含量指十八烷酸的含量。

[b] 高分子材料中酯基的测定可以通过皂化反应来实现。即将试样在氢氧化钾存在下加热回流，酯基水解成酸和醇，然后以酸标液滴定剩余的氢氧化钾。皂化值定义为 1 g 试样中的酯（包括游离酸）反应所需的氢氧化钾的毫克数。该法适用于酯类树脂和含有酯类（如磷酸酯）添加剂的高分子材料。必须注意，这种方法得到的皂化值包括了酸值，所以酯基真正消耗的氢氧化钾的毫克数应为皂化值减去酸值。

表 1.3.3-12 中 1850 型、1865 型硬脂酸一般用于化妆品、食品，可作为评价橡胶的标准物质；1840 型硬脂酸质量相当于分析纯试剂。

ISO 8312：1999 对硬脂酸的技术要求见表 1.3.3-13。

一般认为，应使用较高 C_{18}含量的硬脂酸，也有认为可使用普通级别的；硬脂酸的碘值越低越好；硬脂酸的酸值应控制在合理的范围内，酸值波动范围越小越好。

硬脂酸的供应商有：山东清新化工有限公司、烟台宏泰达化工有限责任公司等。

表 1.3.3-13　ISO 8312：1999 硬脂酸技术要求

项目	A类				B类	
	硬脂酸	硬脂酸	硬脂酸	硬脂酸	硬脂酸/棕榈酸	硬脂酸/棕榈酸
	很低碘值	低碘值	中碘值	高碘值	65/30	40/50
碘值/[g·(100 g)$^{-1}$]	0～5	5～10	10～20	>20	<2	<2
酸值，mg(KOH)/g	200～210					
皂化值/[mg·100 g)$^{-1}$]	200～210					
凝点/℃	40～60	40～60	40～60	40～60	50～70	50～70
C_{16}～C_{18}脂肪酸(≥)/%（包括不饱和脂肪酸）	80	80	80	80	90	90
105 ℃挥发物(≤)/%	0.15	0.5	0.5	0.5	0.5	0.5
550 ℃灰分(≤)/%	0.2	0.2	0.2	0.2	0.1	0.1
无机酸（≤），0.01 mol/dm^3/100 g（以 HCl 计）	20					
铜(≤)/(mg·kg^{-1})	5					
锰(≤)/(mg·kg^{-1})	5					
铁(≤)/(mg·kg^{-1})	50					
镍(≤)/(mg·kg^{-1})	50					
不饱和脂(≤)/%	1	3	3	3	0.2	0.5

2.2　锌皂混合物

适用于二烯橡胶，尤其是天然橡胶中，使用直链脂肪烃酸（C_8～C_{10}）的锌皂盐时，赋予胶料良好的抗硫化返原性，在厚制品的硫化过程中防止过硫，提高定伸应力、减少动态生热，并能明显降低胶料的门尼黏度，适当减少硬脂酸、氧化锌的用量。对炭黑和白炭黑胶料均具有增塑、润滑、分散效果，改善加工性能。

活性剂锌皂混合物的供应商见表 1.3.3-14。

表 1.3.3-14　活性剂锌皂混合物

供应商	商品名称	化学组成	外观	熔点/℃	锌含量/%	说明
山西省化工研究所	SL－273	优化组成的脂肪酸锌皂混合物	暗白色粉末（粒）	80～110（软化点）	≤19.6	参考用量为 1～3 份，性能相当于外同类产品 AKT－73
华奇（中国）化工有限公司	多功能硫化活性剂 SL－5047	特殊结构脂肪酸锌皂	白色至灰白色颗粒	103～113（滴落点）	≤15	主要应用于轮胎胎面、胎面基部胶及其他橡胶制品

第四节　促　进　剂

凡是能促使硫化剂活化，加速硫化剂与橡胶分子间的交联反应，从而达到缩短硫化时间和降低硫化温度的物质称为硫化促进剂。

促进剂可以按 pH 值分为酸性（A 型）、碱性（B 型）和中性促进剂（N 型）。其中酸性促进剂包括噻唑类、秋兰姆类、二硫代氨基甲酸盐类、黄原酸盐类；中性促进剂包括次磺酰胺类、硫脲类；碱性促进剂包括：胍类、醛胺类。

习惯上还以促进剂 MBT（M）对 NR 的硫化速度为准超速，作为标准来比较促进剂的硫化速度。比 MBT（M）快的属于超速或超超速级，比 MBT（M）慢的属于慢速或中速级。慢速级促进剂，包括促进剂 H、促进剂 Na－22 等，140 ℃下对 NR 达到正硫化的时间为 90～120 min；中速级促进剂，包括促进剂 D 等，140 ℃下对 NR 达到正硫化的时间约为 60 min；准速级促进剂，包括促进剂 MBT（M）、促进剂 MBTS（DM）、促进剂 CBS（CZ）、促进剂 DCBS（DZ）、促进剂 NOBS 等，140 ℃下对 NR 达到正硫化的时间约为 30 min；超速级促进剂，包括促进剂 TMTD、促进剂 TMTM 等，140 ℃下对 NR 达到正硫化的时间为数分钟；超超速级促进剂，包括促进剂 ZDMC、促进剂 ZDC 等。

促进剂由不同的官能基团组成，包括促进基团、活化基团、硫化基团、防焦基团、辅助防焦基团、亚辅助防焦基团、结合辅助防焦基团等。

促进基团

在硫化过程中，促进剂分解出促进基团①起促进作用，如：

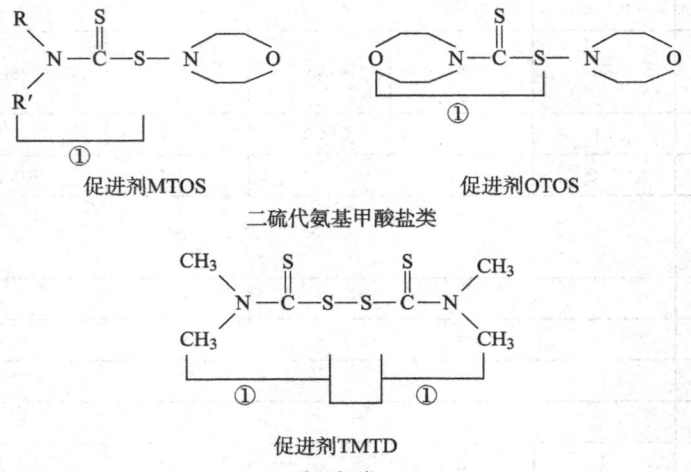

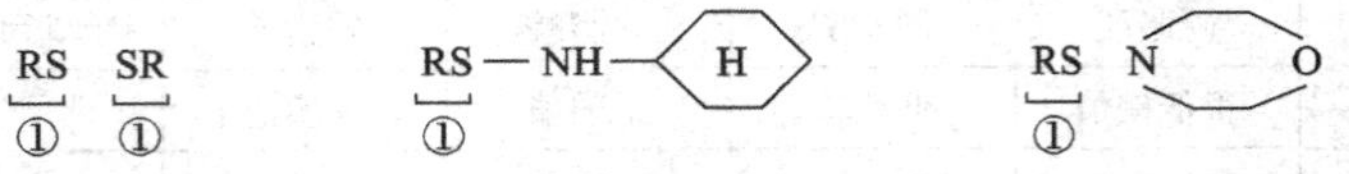

促进剂MBTS（DM）　促进剂CBS（CZ）　促进剂NOBS

噻唑类　次磺酰胺类

式中，R 为苯并噻唑基。又如：

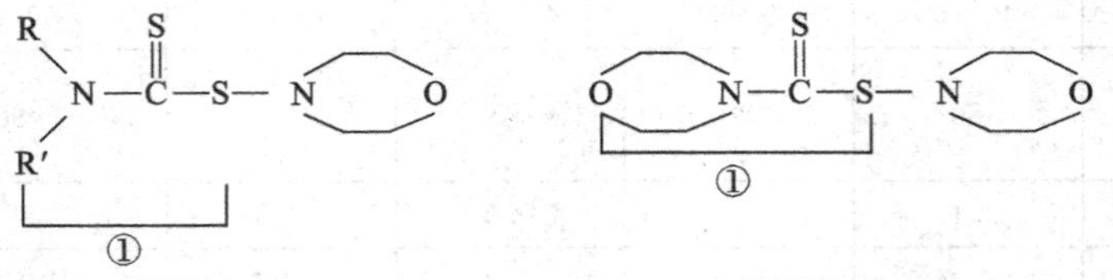

促进剂MTOS　促进剂OTOS

二硫代氨基甲酸盐类

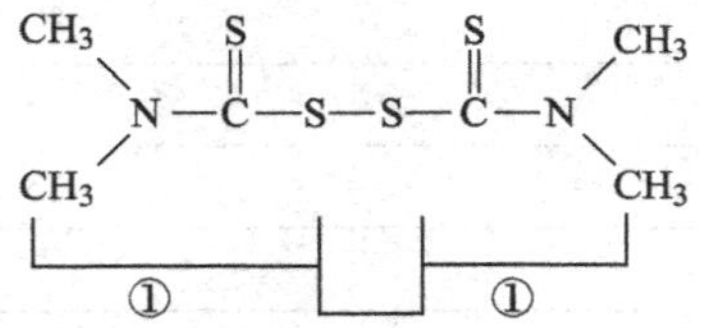

促进剂TMTD

秋兰姆类

活化基团

促进剂在硫化过程中释放出的氨基化合物具有活化作用，称为活化基团②，如：

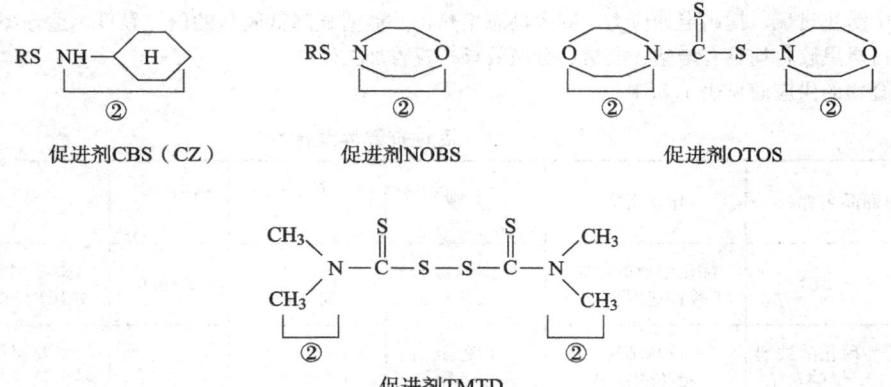

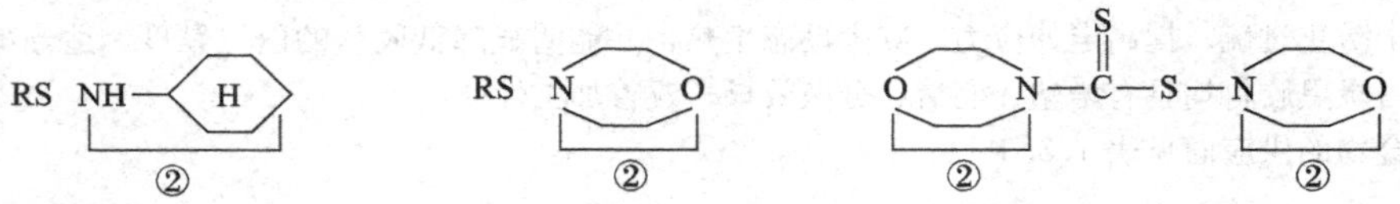

促进剂CBS（CZ）　促进剂NOBS　促进剂OTOS

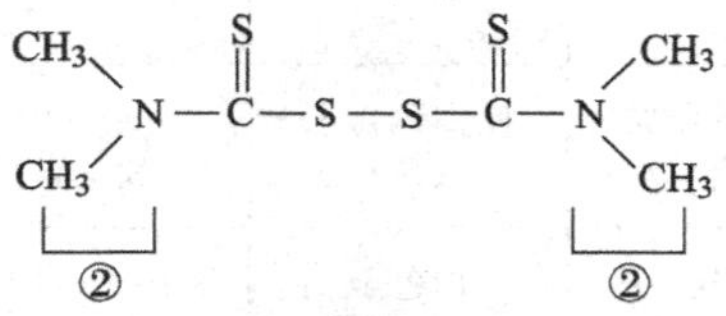

促进剂TMTD

硫化基团

在硫化时，硫黄给予体（或称硫载体）如促进剂 TMTD、促进剂 DTDM、促进剂 MDB、促进剂 TRA 等分解释放出活性硫原子参与交联反应，这种含硫基团称为硫化基团。

防焦基团、辅助防焦基团、亚辅助防焦基团与结合辅助防焦基团

促进剂中有三种防焦基团，分别是－SN＜、＞NN＜和－SS－，它们可抑制硫形成多硫化物，并在低温下减少游离硫的形成。辅助防焦基团是指直接连接次磺酰胺中的氮和连接氧的酸性基团，它们可增强多硫化物形成防焦基的效能。六种辅助防焦基团是：羰基、羧基、磺酰基、磷酰基、硫代磷酰基和苯并噻唑基。

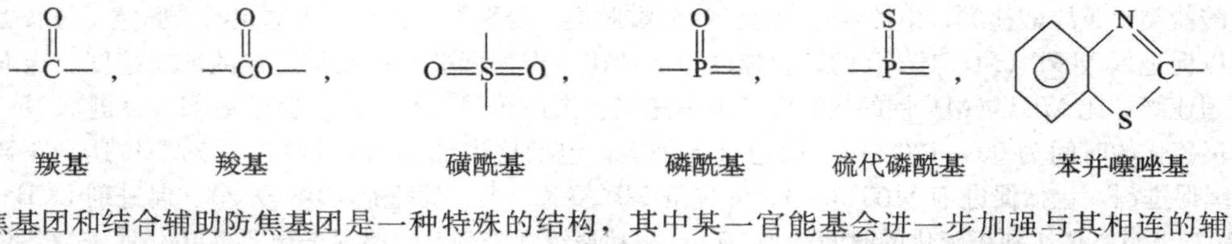

羰基　羧基　磺酰基　磷酰基　硫代磷酰基　苯并噻唑基

亚辅助防焦基团和结合辅助防焦基团是一种特殊的结构，其中某一官能基会进一步加强与其相连的辅助基的防焦功能，这个基团称为亚辅助防焦基，亚辅助防焦基与辅助防焦基的结合称为结合辅助防焦基团。例如，CBSA（*N*-异丙基硫-*N*-环己基苯并噻唑次磺酰胺）中的苯并噻唑基团③增强了辅助防焦基－$SO_2$④的效能，所以称之为亚辅助防焦基团，苯并噻唑基③与磺酰基④的结合⑤称为结合辅助防焦基团。

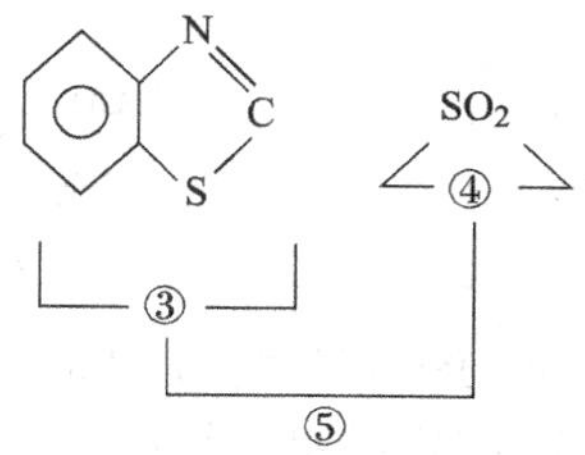

常用促进剂的结构与特点：

Ⅰ．噻唑类

结构通式为：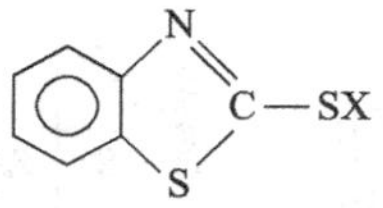 X—氢、金属原子或其他有机基团

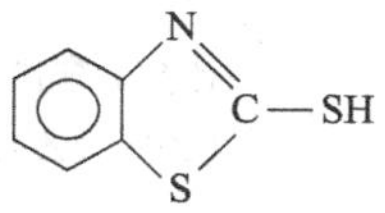

巯基苯并噻唑MBT（M）

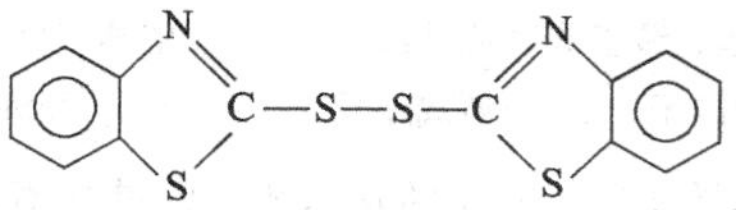

二硫化苯并噻唑MBTS（DM）

本类促进剂属于酸性、准速级促进剂，硫化速度快；MBT（M）仅有一个促进基团，临界分解温度为125 ℃，焦烧时间短，易焦烧；MBTS（DM）有一个防焦基团、两个促进基团，焦烧时间长，生产安全性好；硫化曲线平坦性好，过硫性小，硫化胶具有良好的耐老化性能，应用范围广。本类促进剂被炭黑吸附不明显，宜和酸性炭黑配合，槽黑可以单独使用，炉黑要防焦烧；无污染，可以用作浅色橡胶制品；有苦味，不宜用于食品工业；MBTS（DM）、MBT（M）对CR有延迟硫化和抗焦烧作用，可作为CR的防焦剂，也可用作NR的塑解剂。

Ⅱ．次磺酰胺类

一般结构式为：

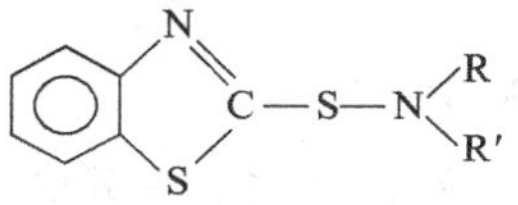

R为有机基团
R′为氢原子或有机基团

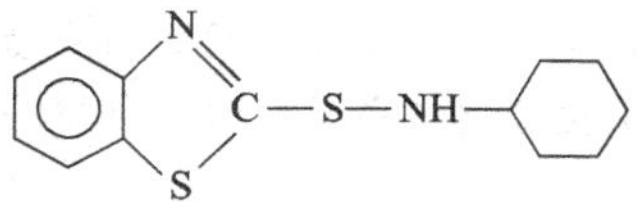

N–环已基苯并噻唑次磺酰胺CBSC（CZ）

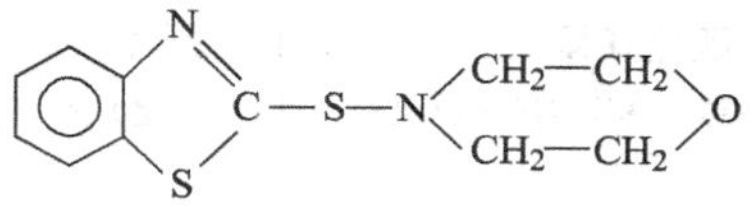

氧二乙烯基苯并噻唑次磺酰胺（NOBS）

次磺酰胺类与噻唑类促进剂相比，其促进基团相同，但又比噻唑类多了一个防焦基团和活化基团；其促进基团是酸性的，活化基团是碱性的，所以次磺酰胺类促进剂是一种酸、碱自我并用型促进剂，兼有噻唑类促进剂的优点，又克服了焦烧时间短的缺点。其特点是：焦烧时间长，硫化速度快，硫化曲线平坦，硫化胶综合性能好；宜与炉法炭黑配合，有充分的安全性，利于压出、压延及模压胶料的充分流动性；适用于合成橡胶的高温快速硫化和厚制品的硫化；与酸性促进剂（TT）并用促进效果更好。

一般说来，次磺酰胺类促进剂诱导期的长短与和胺基相连基团的大小、数量有关，基团越大，数量越多，诱导期越长，防焦效果越好。其变化规律如表1.3.4–1所示。

表1.3.4–1　次磺酰胺类促进剂的迟效性与基团的关系

促进剂	胺基上取代基	(135 ℃)焦烧时间/min	促进剂	胺基上取代基	(135 ℃) 焦烧时间/min
AZ	二乙基	18～23	NOBS	吗啉基（一硫化）	28～32
CBS (CZ)	环已基		MDB	吗啉基（二硫化）	
TBBS (NS)	叔丁基		DCBS (DZ)	二异丙基	40

Ⅲ．秋兰姆类

一般结构式为：

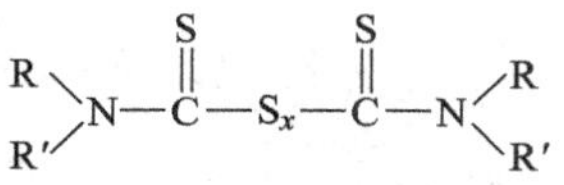

x=1～6
R，R′为烷基、芳基、环烷基等

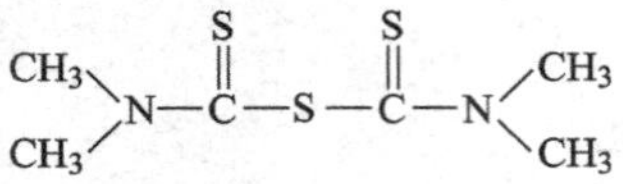

一硫化四甲基秋兰姆（TMTM）

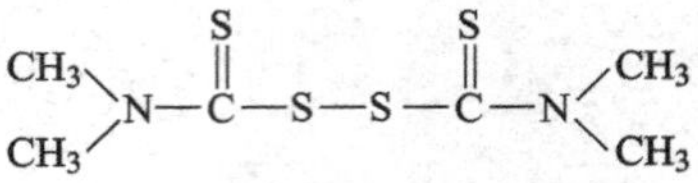

二硫化四甲基秋兰姆（TMTD）

本类促进剂属超速级酸性促进剂，硫化速度快，焦烧时间短，应用时应特别注意焦烧倾向；一般不单独使用，而与噻唑类、次磺酰胺类并用；秋兰姆类促进剂中的硫原子数大于或等于 2 时，可以作硫化剂使用，用于无硫硫化时制作耐热胶种，硫化胶的耐热氧老化性能好。

Ⅳ. 二硫代氨基甲酸盐类

一般通式如下：

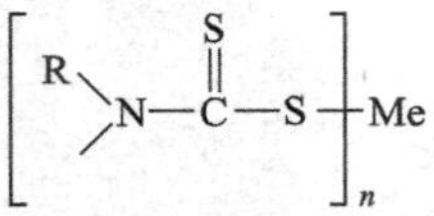

R,R'为烷基、芳基或其他基团
Me为金属离子；*n*为金属离子价

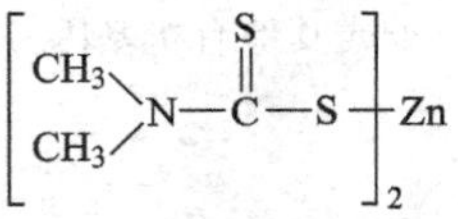

二甲基二硫代氨基甲酸锌
（ZDMC或PZ）

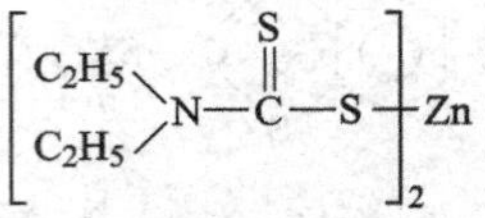

二乙基二硫代氨基甲酸锌
（ZDC、ZDEC或EZ）

本类促进剂与秋兰姆类相比，除了活化基团、促进基团相同之外，还含有一个过渡金属离子，使橡胶不饱和双键更容易极化，因此本类促进剂属超超速级酸性促进剂，硫化速度比秋兰姆类更快，诱导期极短，适用于室温硫化和胶乳制品的硫化，也可用于低不饱和度橡胶如 IIR、EPDM 的硫化。

Ⅴ. 胍类

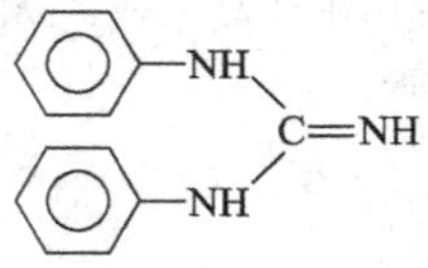

二苯胍（D、DOPG）

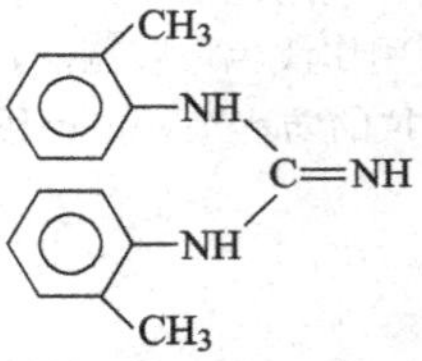

二邻甲苯胍（DOTG）

本类促进剂是碱性促进剂中用量最大的一种，其结构特点是有活化基团，没有促进基团和其他基团，因此硫化起步慢，操作安全性好，硫化速度也慢；适用于厚制品（如胶辊）的硫化，但产品易老化龟裂，且有变色污染性；一般不单独使用，常与 MBT（M）、MBTS（DM）、CBS（CZ）等并用，既可以活化硫化体系又克服了自身的缺点，只在硬质橡胶制品中单独使用。

Ⅵ. 硫脲类

结构通式为：

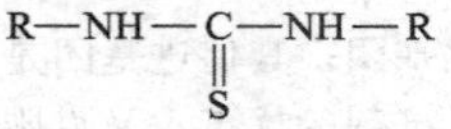

R 为烷基或芳基

本类促进剂的促进效能低，抗焦烧性能差，除了用于 CR、CO、CPE 的促进交联外，其他二烯类橡胶很少使用，主要品种有 Na－22。

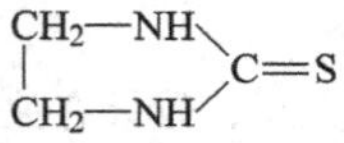

亚乙基硫脲
（Na—22、ETU）

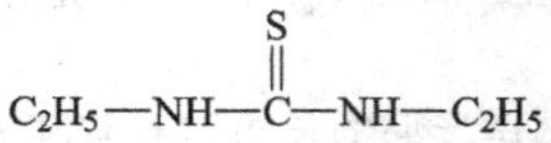

N,N'–二乙基硫脲（DETU）

Ⅶ. 醛胺类

本类促进剂是醛和胺的缩聚物，是一种弱碱性促进剂，促进速度慢，无焦烧危险，一般与其他促进剂如噻唑类等并用，主要品种有促进剂 H（六亚甲基四胺）、乙醛胺（也称 AA 或 AC）等。

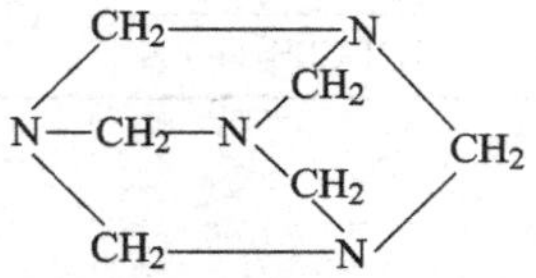

促进剂H（六亚甲基四胺）

Ⅷ. 黄原酸盐类

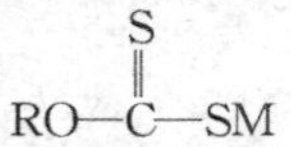

R 为烷基或芳基，M 为金属原子 Na、K、Zn 等

本类促进剂是一种酸性超超速级促进剂，硫化速度比二硫代氨基甲酸盐还要快，主要用于低温胶浆和胶乳工业，主要品种有异丙基黄原酸锌（ZIX）。

促进剂化学分类如下：

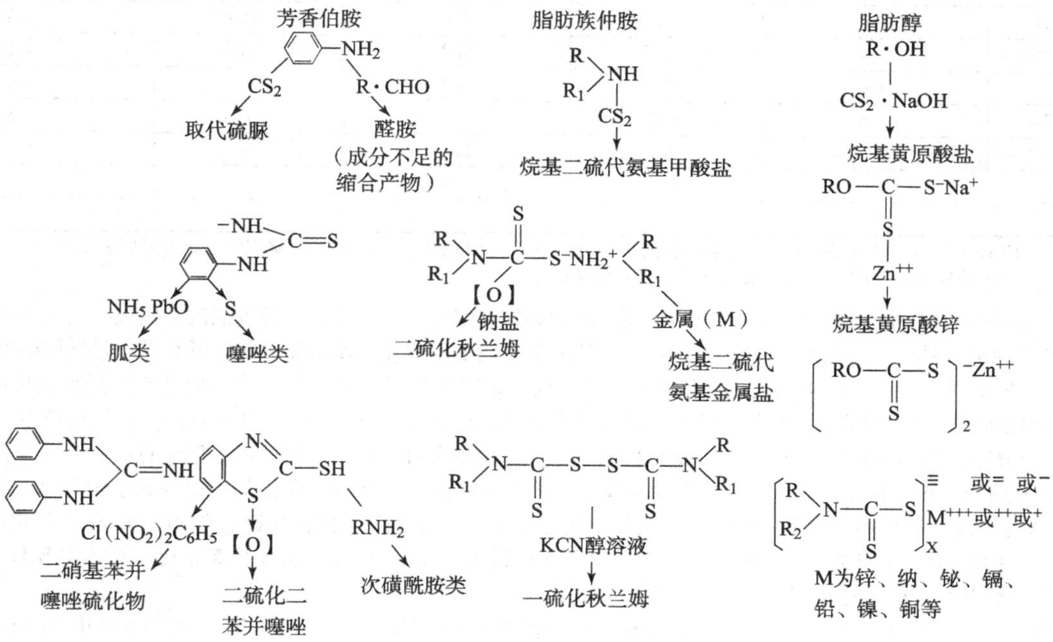

促进剂化学分类图

下图为不同种类促进剂对二烯类橡胶的硫化效果示意图[1]：

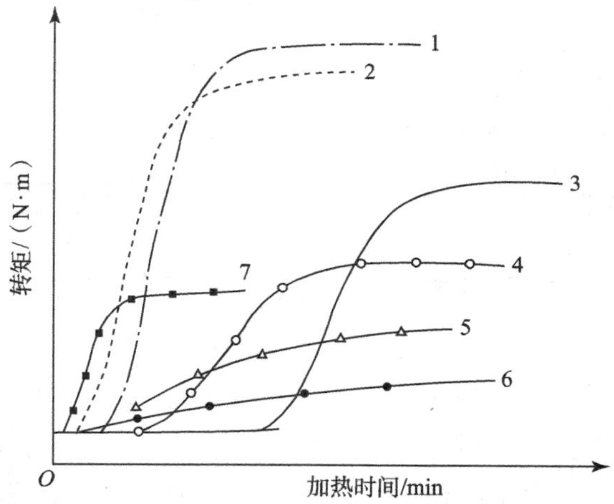

图 1.3.4-1　不同种类促进剂的硫化曲线（等量配合）

1—秋兰姆类；2—二硫代氨基甲酸盐类；3—次磺酰胺类；4—噻唑类；5—硫脲类；6—胍类；7—黄原酸类

总的来说，对于强调焦烧安全性的胶料配方，可选用次磺酰胺类促进剂；对于要求快速硫化的胶料配方，可选用秋兰姆类和二硫代氨基甲酸盐类促进剂。次磺酰胺类促进剂可制得拉伸强度、扯断伸长率较高的硫化胶；单独使用噻唑类促进剂，所得硫化胶的拉伸强度、扯断伸长率要比使用次磺酰胺类促进剂的低，但并用胍类促进剂，所得硫化胶的拉伸强度、扯断伸长率可达次磺酰胺类促进剂同等水平。与次磺酰胺类、噻唑类促进剂相比，秋兰姆类和二硫代氨基甲酸盐类促进剂可制得定伸应力较高的硫化胶，但拉伸强度、扯断伸长率却要比使用次磺酰胺类、噻唑类促进剂的低。

混炼胶的喷霜会给后续成型工序造成不良影响，并降低产品的外观质量，因此需要避免。促进剂喷霜与橡胶的相溶性有关，一般非极性橡胶如 EPDM 容易喷霜，而极性的 CR、NBR 难于喷霜。在促进剂中，TMTD、ZnMDC 与橡胶的相溶性较差，易喷霜。

白色和彩色橡胶制品使用促进剂 MBT、MBTS、TMTD、ZnMDC 及促进剂 H 较好，而次磺酰胺类和胍类促进剂易引起变色。透明橡胶制品则以 ZTC、ZnEPDC、ZnPDC 为宜。

促进剂的急性毒性大小顺序为：胍类＞二硫代氨基甲酸盐类＞秋兰姆类＞噻唑类、次磺酰胺类。食品、医疗用橡胶制品一般使用二硫代氨基甲酸盐类、秋兰姆类、次磺酰胺类。噻唑类促进剂 MBT、MBTS 等和胍类促进剂 DPG 等有苦味，不宜用于与食物接触的橡胶制品。

部分促进剂在 EPDM 胶料中单独使用时无喷霜的极限用量见表 1.3.4-2。

表 1.3.4－2　部分促进剂在 EPDM 胶料中单独使用时无喷霜的极限用量[2]

促进剂	不喷霜的极限用量/份	促进剂	不喷霜的极限用量/份	促进剂	不喷霜的极限用量/份
MBT（M）	3.0	TBT	2.0	TTCU	0.1
MBTS（DM）	1.0	TS	0.2	TTFE	0.2
MZ	3.0	PZ	0.2	TRA	0.4
CBS（CZ）	2.6	EZ	0.4	MDB	0.8
MSA	2.0	BZ	2.0	64	1.0
M－60	3.0	PX	0.6		
TET	0.6	TTTE	0.6		

注：配方为 EPDM 100，活性碳酸钙 50，高耐磨炭黑 50，环烷油 50，氧化锌 5，硬脂酸 1，硫黄 2，促进剂见表 1.3.4－2；160 ℃平板半硫化，23 ℃、50%湿度下储存约一个月；根据目测与放大镜观察评价。

实践中，往往采用两种或两种以上的促进剂并用，以达到提高促进效能的目的，促进剂的并用包括以下类型：

Ⅰ. A/B 型并用体系　称为互为活化型，常用的 A/B 体系一般采用噻唑类作主促进剂，胍类或醛胺类作副促进剂。

Ⅱ. N/A、N/B 并用型　一般采用次磺酰胺类作主促进剂，采用秋兰姆类或胍类为第二促进剂来提高次磺酰胺的硫化活性，加快硫化速度。并用后体系的焦烧时间比单用次磺酰胺短，但比 MBTS(DM)/D 体系焦烧时间仍长得多，且成本低，缺点是在中、高硫黄用量时硫化平坦性差（在低硫体系，如 0.3 份左右时，硫化平坦型还是很好的）。

Ⅲ. A/A 并用型　称为相互抑制型，主要作用是降低体系的促进活性。其中主促进剂一般为超速或超超速级，焦烧时间短；另一 A 型能起抑制作用，改善焦烧性能。但在硫化温度下，仍可充分发挥快速硫化作用。如 ZDC 单用时，焦烧时间为 3.5 min，若用 ZDC 与 MBT（M）并用，焦烧时间可延长到 8.5 min。与 A/B 并用体系相比，A/A 并用体系的硫化胶的抗张强度低，伸长率高，多适用于快速硫化体系。

以下图 1.3.4－2～图 1.3.4－7 为促进剂 MBTS（DM）/促进剂 D、促进剂 CZ/促进剂 D、促进剂 MBTS（DM）/促进剂 CZ、促进剂 CZ/促进剂 TT、促进剂 MBTS（DM）/促进剂 TT、促进剂 TT/促进剂 D 并用效果示意图。

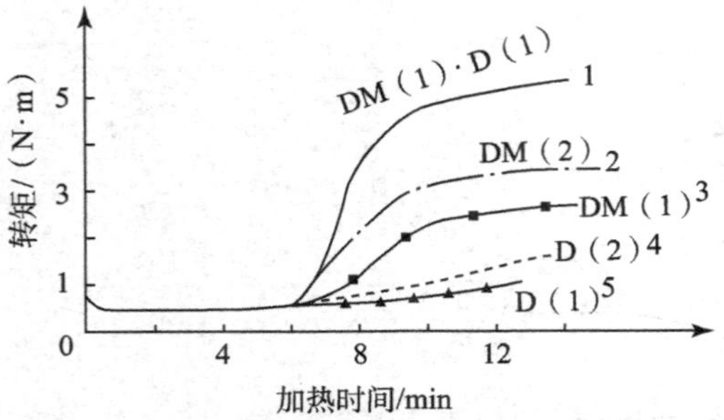

图 1.3.4－2　促进剂 DM/促进剂 D 并用效果

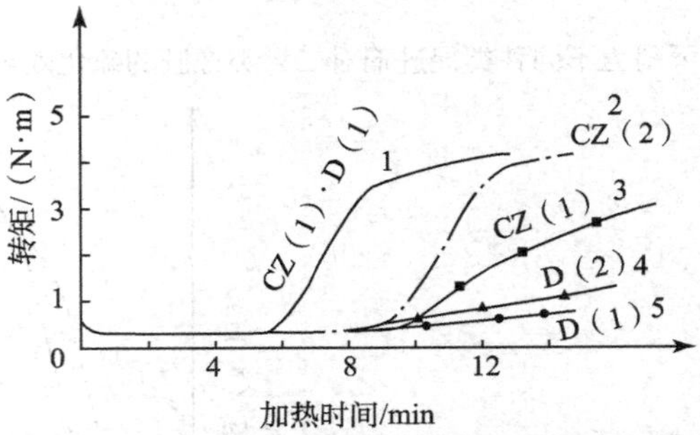

图 1.3.4－3　促进剂 CZ/促进剂 D 并用效果

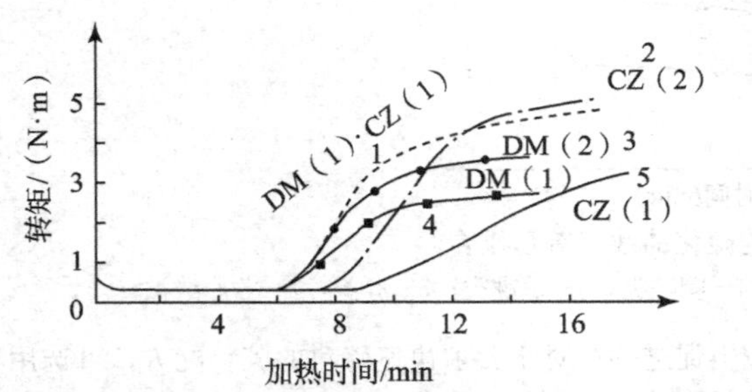

图 1.3.4－4　促进剂 DM/促进剂 CZ 并用效果

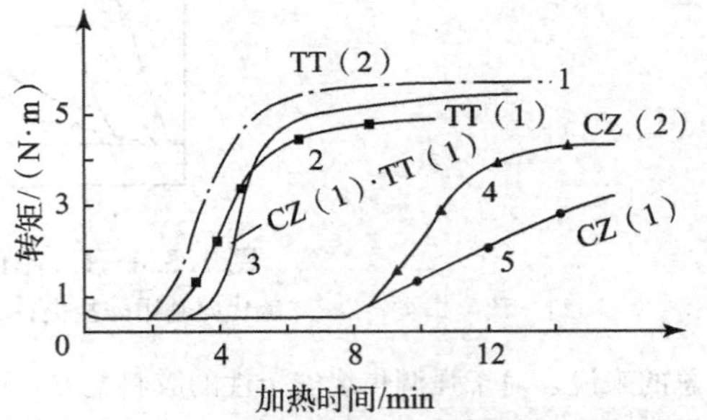

图 1.3.4－5　促进剂 CZ/促进剂 TT 并用效果

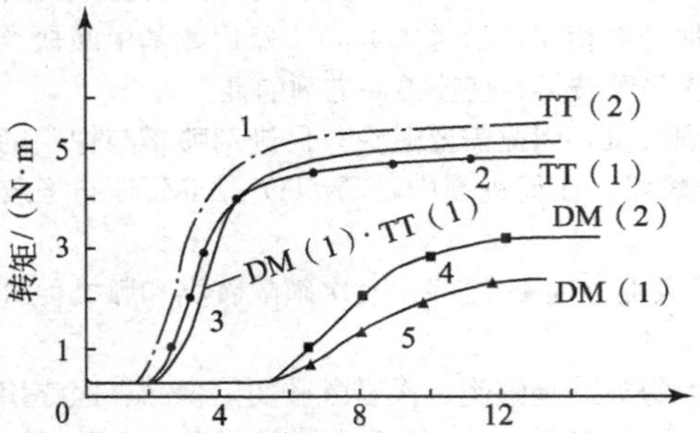

图 1.3.4－6　促进剂 DM/促进剂 TT 并用效果

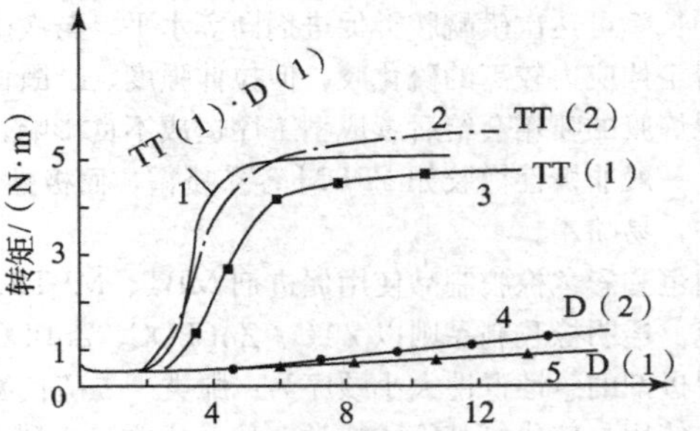

图 1.3.4－7　促进剂 TT/促进剂 D 并用效果

图中括号内的数字为促进剂的用量，所选用的配方为：NR 100，硬脂酸 3，ZnO 5，HAF 40，S 2，促进剂用量如图所示。

一、二硫代氨基甲酸盐类

二硫代氨基甲酸盐类促进剂见表 1.3.4－3。

表 1.3.4－3　用作促进剂的二硫代氨基甲酸盐类化合物

名称	化学结构	性状		
		外观	相对密度	熔点/℃
二甲基二硫代氨基甲酸二甲胺（DMC）	dimethyl ammonium dimethyl dithiocarbamate 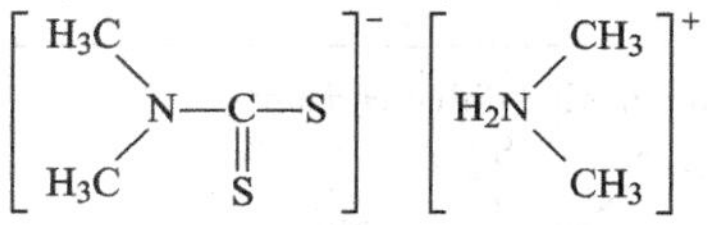	淡黄色片状或白色粉末		120～130
二乙基二硫代氨基甲酸二乙基．甲基胺（TFB）	diethylmethylammonium-diethyl dithiocarbamate 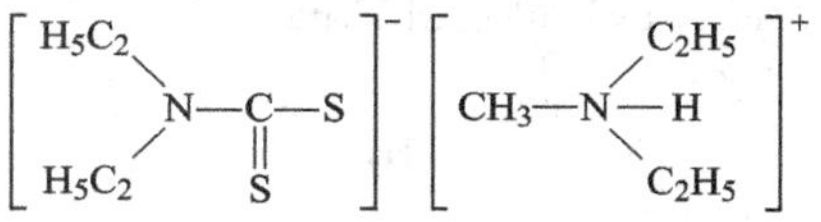	棕黑色液体	1.02～1.03	
二丁基二硫代磷酸胺（AT）	ammonium-dibutyl dithiophosphate 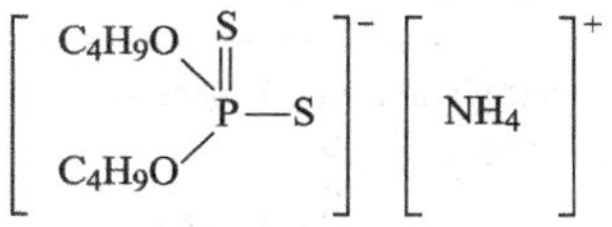	白色结晶粉末	1.04	98～104
二乙基二硫代氨基甲酸二乙铵（DDCN）	diethyl ammonium dimethyl dithiocarbamate 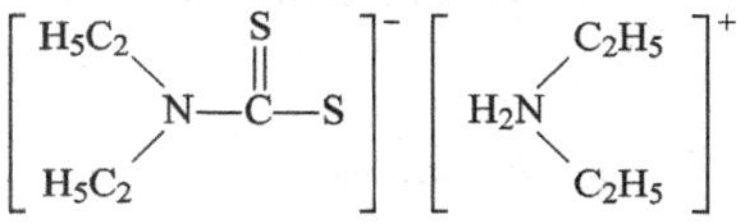	白色或浅黄色结晶	1.1～1.2	81～84
二乙基二硫代氨基甲酸二丁铵（DBUD）	dibutylammonium dibutyl dithiocarbamate 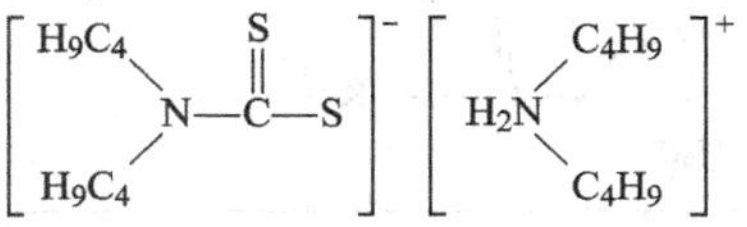	黄褐色结晶固体		45～50
N′-(1，5-亚戊基)-二硫代氨基甲酸-*N*-(1，5-亚戊基）铵（PPD）	*N*－pentamethylene ammonium pentamethylene dithiocarbamate 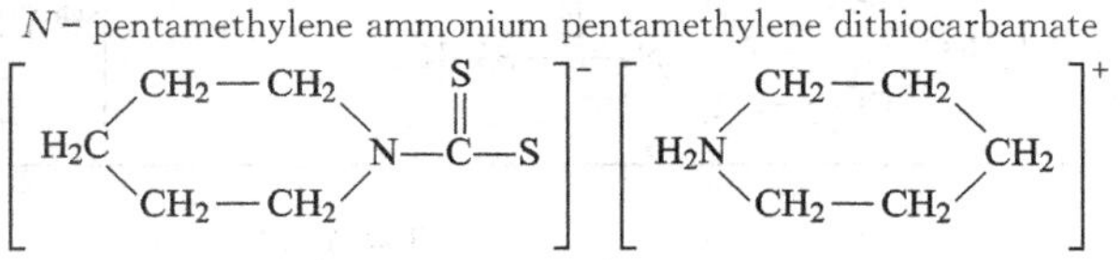	乳白色粉末	1.15～1.20	160
环己基乙基二硫代氨基甲酸-*N*-环己基乙基铵（促进剂 774）	*N*－cyclohexylethyl ammonium cyclohexylethyl dithiocarbamate 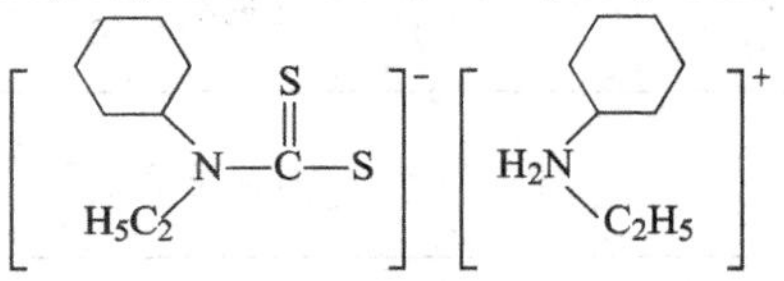	淡黄色结晶粉末	1.08～1.11	90
二丁基二硫代氨基甲酸二甲基．环己基铵（RZ100）	dimethyl cyclohexylammonium dibutyl dithiocarbamate 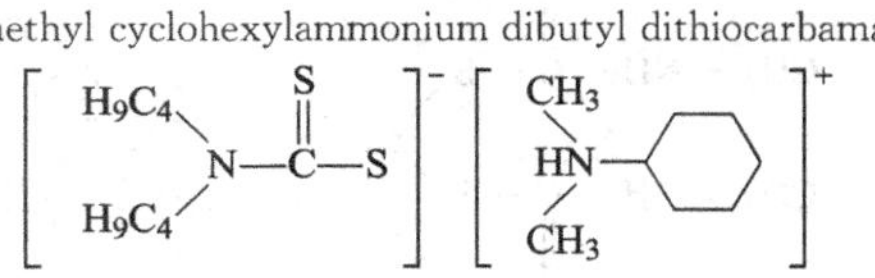	褐色透明液体	0.96	

续表

名称	化学结构	性状		
		外观	相对密度	熔点/℃
甲基五亚甲基二硫代氨基甲酸甲基哌啶（MP）	pipecolin methylpentamethylene dithiocarbamate 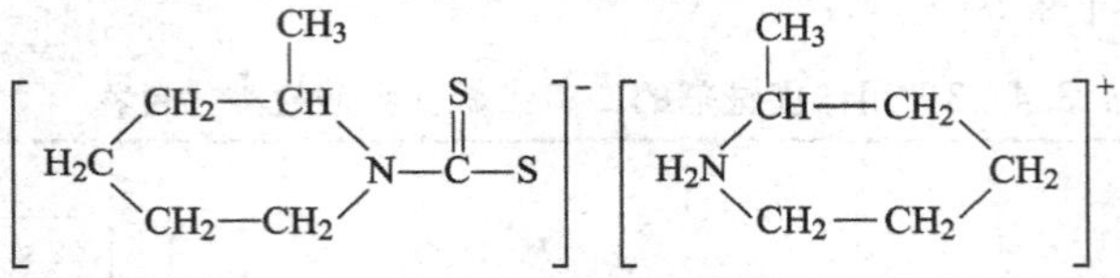	黄白色粉末	1.16	118
二硫化碳和 1，1′-亚甲基二哌啶反应产物（R—2）	reaction product of carbondisulfide and 1，1′- methylenedipiperidene	灰白色片状	1.08～1.14	55
二甲基二硫代氨基甲酸钠（SMC）	sodium dimethyl dithio carbamate 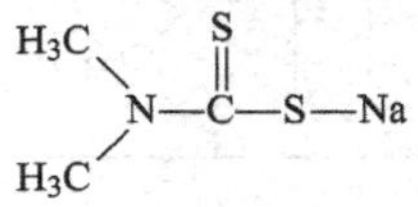	白色结晶粉末	1.17	120～122
二乙基二硫代氨基甲酸钠（SDC）	sodium diethyl dithiocarbamate 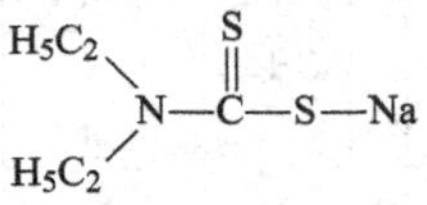	白色至无色片状结晶	1.30～1.37	95～98.5
二丁基二硫代氨基甲酸钠（TP、SDBC）	详见本节 1.12			
环戊烷二硫代氨基甲酸钠（SPD）（或 1，5-亚戊基二硫代氨基甲酸钠、五亚甲基二硫代氨基甲酸钠）	sodium pentamethylene dithiocarbamate 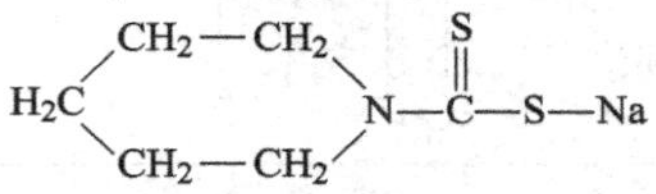	乳白色结晶粉末	1.42	280
环己基乙基二硫代氨基甲酸钠（WL）	sodium ethylcyclohexyl dithiocarbamate 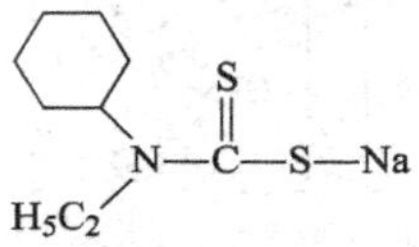	橙黄色吸湿性粉末	1.25	90
二丁基二硫代氨基甲酸钾（PDD）	potassium dibutyl dithiocarbamate 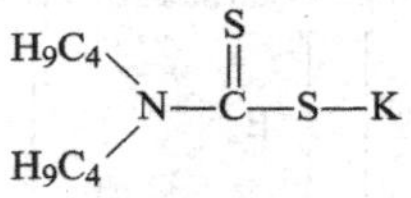	淡黄色液体	1.10	
五亚甲基二硫代氨基甲酸钾（促进剂 87）	potassium pentamethylene dithiocarbamate 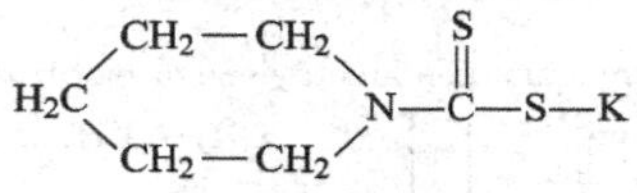	琥珀色液体	1.19	
二甲基二硫代氨基甲酸铜（CDD）	详见本节 1.9			
二甲基二硫代氨基甲酸锌（PZ）	详见本节 1.1			
二乙基二硫代氨基甲酸锌（ZDC）	详见本节 1.2			
N，*N*′-（1，2-亚乙基）二硫代氨基甲酸锌（UCB）	zinc *N*，*N*′- ethylene dithiocarbamate 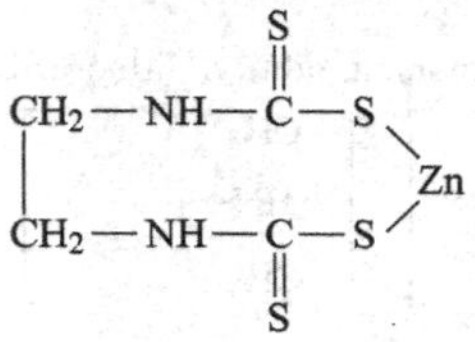	乳白色或淡青色粉末		240（溶解并分解）

续表

名称	化学结构	性状		
		外观	相对密度	熔点/℃
二丁基二硫代氨基甲酸锌（BZ）	详见本节 1.3			
二戊基二硫代氨基甲酸锌（DAZ）	zinc diamyl dithiocarbamate 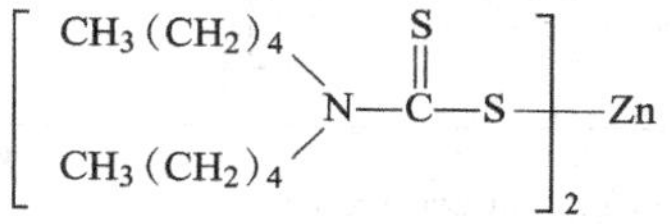	淡黄色液体	0.99	
二苄基二硫代氨基甲酸锌（ZBEC）	详见本节 1.5			
1，5-亚戊基二硫代氨基甲酸锌（ZPD）	zinc pentamethylene dithiocarbamate 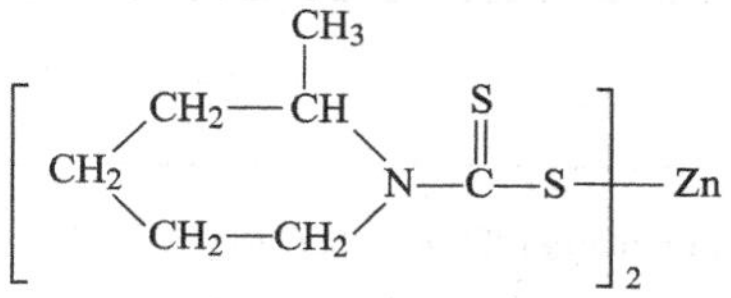	白色粉末	1.55	225～235
2，4-二甲基-1，5-亚戊基二硫代氨基甲酸锌（ZMPD）	zinc 2，4-dimethyl pentamethylene dithiocarbamate 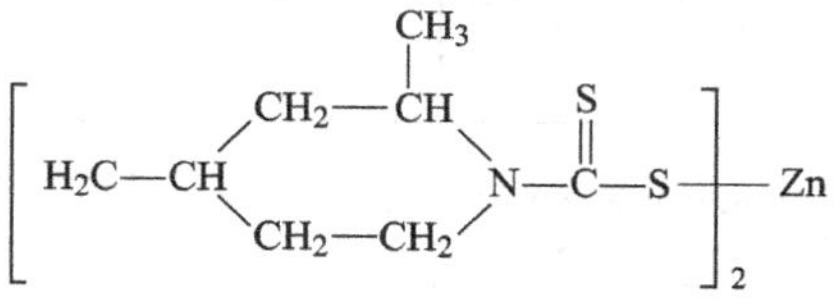	淡黄褐色粉末	1.55～1.60	84～98
甲基苯基二硫代氨基甲酸锌（促进剂 Z）	zinc methyl phenyl dithiocarbamate 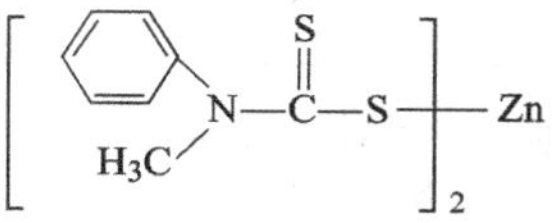	无色粉末	1.53	230
乙基苯基二硫代氨基甲酸锌（PX）	详见本节 1.4			
二乙基二硫代氨基甲酸镉（CED）	cadmium diethyl dithiocarbamate 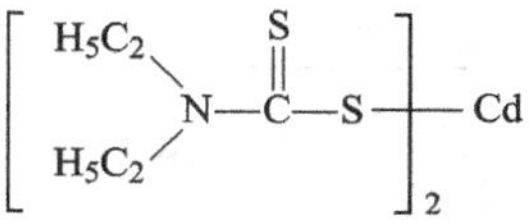	白色至乳白色	1.48	63～69（分解）
1，5-亚戊基二硫代氨基甲酸镉（CPD）	cadmium pentamethylene dithiocarbamate 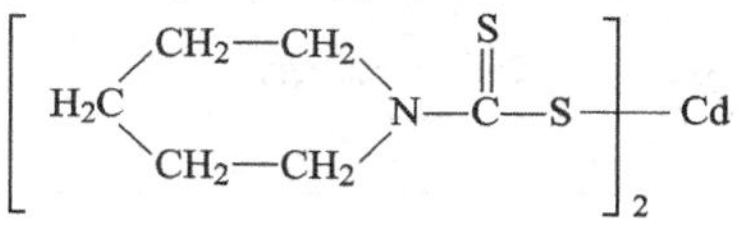	白色或淡黄色粉末	1.82	240～245
二甲基二硫代氨基甲酸铅（LMD）	lead dimethyl dithiocarbamate 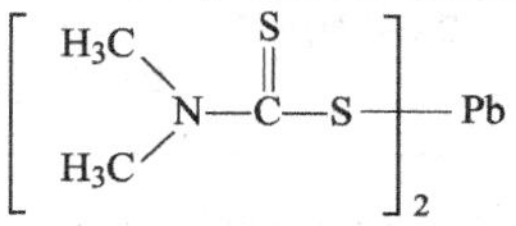	白色至淡黄色粉末	2.43	320（分解）
二乙基二硫代氨基甲酸铅（LED）	lead diethyl dithiocarbamate 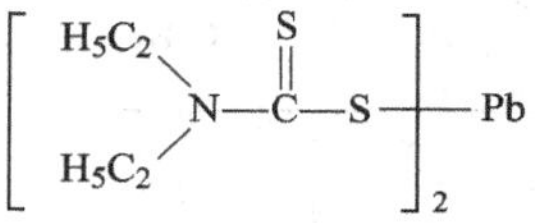	浅灰色粉末	1.87	206～207

续表

名称	化学结构	性状		
		外观	相对密度	熔点/℃
1，5-亚戊基二硫代氨基甲酸铅（LPD）	lead pentamethylene dithiocarbamate 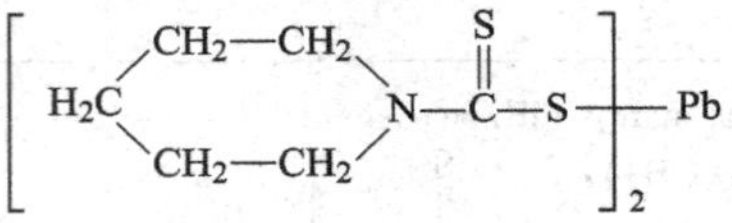	灰白色粉末	2.29	230～240
二戊基二硫代氨基甲酸铅（LDAC）	lead diamyl dithiocarbamate 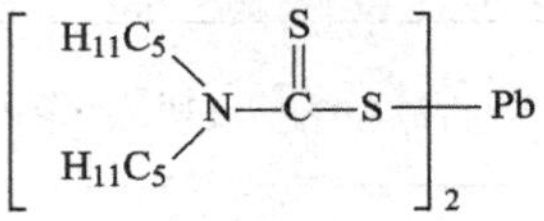	淡黄色液体	1.10	
二甲基二硫代氨基甲酸铋（促进剂 TTBI、BDMC）	详见本节 1.10			
二甲基二硫代氨基甲酸硒（SML）	selenium dimethyl dithiocarbamate 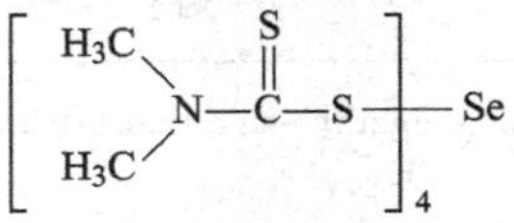	黄橙色粉末	1.55～1.61	138～172
二乙基二硫代氨基甲酸硒（SL）	selenium diethyl dithiocarbamate 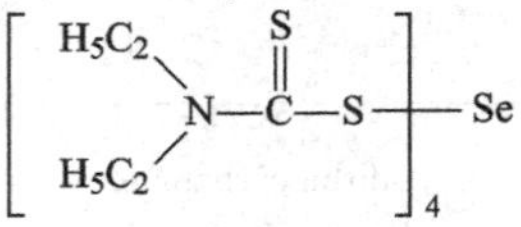	黄橙色粉末	1.29～1.35	62
二丁基二硫代氨基甲酸硒（Novac）	selenium dibutyl dithiocarbamate 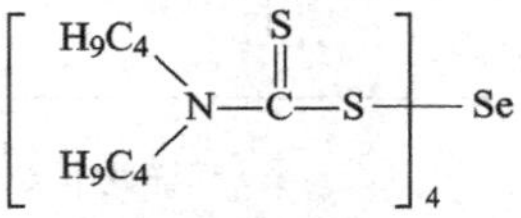	深红色液体	1.11	
二乙基二硫代氨基甲酸碲（促进剂 TDEC、TEL）	详见本节 1.6			
二甲基二硫代氨基甲酸铁（TTFE）	详见本节 1.11			
二甲基二硫代氨基甲酸-2，4-二硝基苯酯（Safex）	2，4-dinitrophenyl dimethyl dithiocarbamate 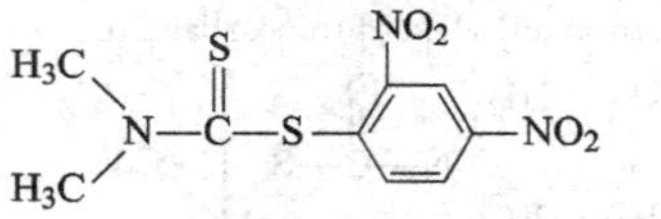	淡黄色结晶粉末	1.57	140～145
二甲基二硫代氨基甲酸二甲胺基甲酯（DAMD）	dimethy laminomethyl dimethyl dithiocarbamate 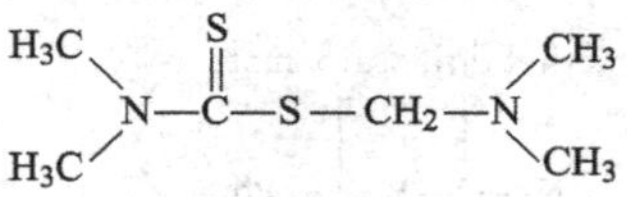			
N，N-二乙基二硫代氨基甲酸苯并噻唑（促进剂 E）	benzothiazole-N，N-diethyl dithiocarbamate 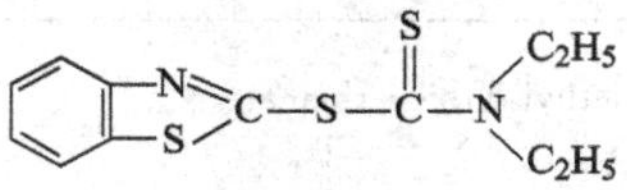	黄棕色粉末	1.27	69～71
O，O-二丁基二硫代磷酸锌（ZBPT）	详见本节 1.8			

续表

名称	化学结构	性状		
		外观	相对密度	熔点/℃
二丁基二硫代氨基甲酸锌与二丁胺的络合物（ZBUD）	zinc dibutyl dithiocarbamate-dibutylamine complex 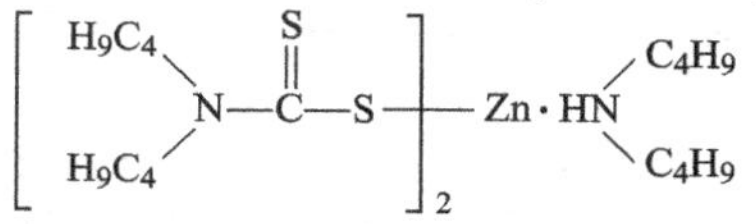	褐黄色液体	1.090～1.095	
1，5-亚戊基二硫代氨基甲酸锌与哌啶的络合物（ZPD）	zinc pentamethylene dithiocarbamate-piperidine complex 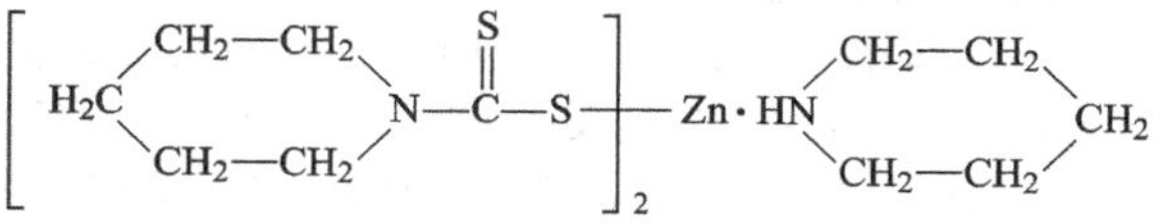	白色粉末	1.45	140～150
乙基苯基二硫代氨基甲酸锌和环己基乙基胺的络合物（DB—1）	zinc ethyl phenyl dithiocarbamate-cyclohexyl ethyl amine complex 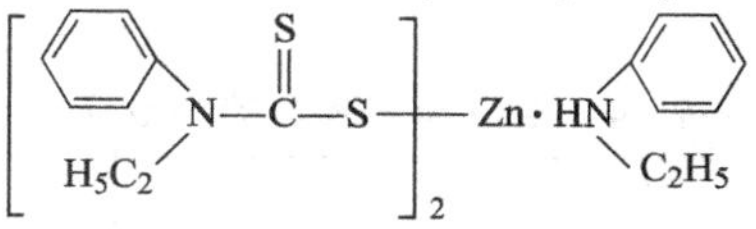	白色粉末	1.3	109
氨基二硫代磷酸盐（AT）	aminodithiophosphate	白色结晶粉末	1.04	98～104
二戊基二硫代氨基甲酸镉（AM—CA）	cadmium diamyl dithiocar bamate 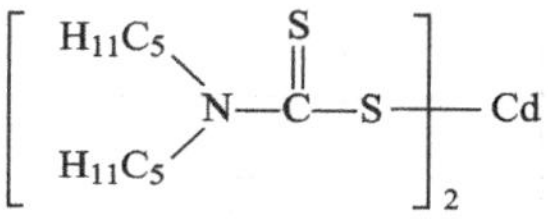	浅琥珀色液体	1.08	157（闪点）
活性二硫代氨基甲酸盐（BUEI）	activated dithiocarbamate	浅红棕色液体	1.01	40（闪点）

注：详见《橡胶原材料手册》，于清溪、吕百龄等编写，化学工业出版社，2007 年 1 月第 2 版，P422～428。

二硫代氨基甲酸盐类是活性特别高的超速促进剂，常用于低温、快速硫化，其中铵盐活性最高，与钠盐、钾盐均为水溶性促进剂，用于乳胶制品的用量为 0.5～3 份，一般配成 20%～40%的水溶液使用；二硫代氨基甲酸盐类促进剂中常用的为锌盐，活性比铵盐低，有一定的工艺安全性，对噻唑类、秋兰姆类促进剂有较强的活化作用，用量为 0.1～1 份，可加少量 TMTD、MBTS（DM）、防焦剂或防老剂 MB 抑制活性，改善工艺安全性。

配合胶料在停放过程中易焦烧，终炼胶应尽快使用。

二硫代氨基甲酸盐类促进剂的粉尘和空气的混合物有爆炸危险，有的有中等毒性，使用时应避免与皮肤、眼部接触。

由于铁能促使二硫代氨基甲酸盐类促进剂分解，不能存放于铁制容器中。

图 1.3.4－8 为二硫代氨基甲酸盐类不同促进剂硫化效果示意图：

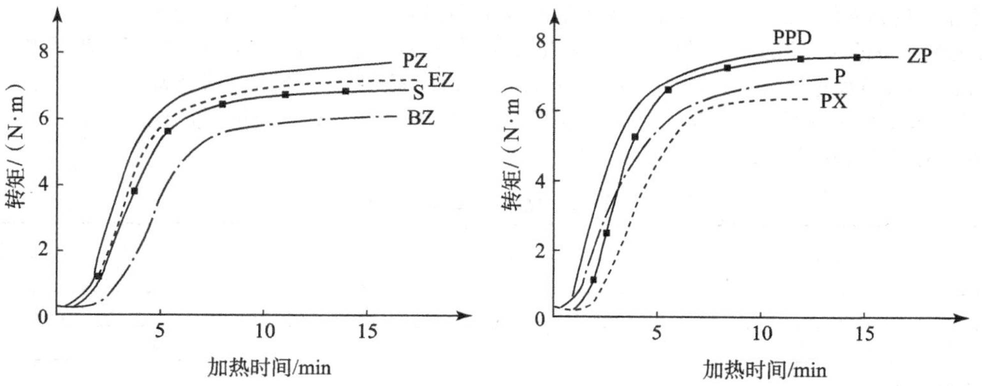

图 1.3.4－8　二硫代氨基甲酸盐类促进剂硫化曲线（140 ℃）

配方为：NR 100，硬脂酸 3，ZnO 5，HAF 40，S 2，促进剂 1。

1.1　促进剂 ZDMC（PZ）

化学名称：二甲基二硫化氨基甲酸锌。

结构式：

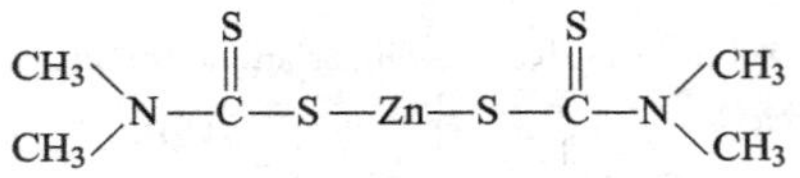

分子式：$C_6H_{12}N_2S_4Zn$；相对分子质量：305.4；CAS 号：137－30－4；相对密度：1.65～2.00。白色粉末（颗粒）或浅黄色粉末、无味、无毒，溶于稀碱、二硫化碳、苯、丙酮和二氯甲烷，微溶于氯仿，难溶于乙醇、四氯化碳、乙酸乙酯。

本品是天然胶与合成胶用超速促进剂，也是乳胶制品常用促进剂。特别适用于对压缩变形有要求的丁基胶和要求耐老化性能优良的丁腈胶，也适用于三元乙丙胶。硫化临界温度为 100 ℃；活性与 TMTD 相近，但低温时活性较强；焦烧倾向大，混炼时易引起早期硫化。本品对噻唑类和次磺酰胺类促进剂有活化作用，可作第二促进剂。与 MBTS（DM）并用时，随 MBTS（DM）用量增加，抗焦烧性能有所改善。本品无味、无毒、不污染、不变色，适用于胶布、食品及医药用（已得到美国 FDA 的批准）橡胶制品。在三元乙丙胶、丁基胶等制品中效果显著。在 NR 中作主促进剂时的用量为 0.6～1.0 份，用作副促进剂时为 0.1～0.2 份；在 SBR、NBR 中作主促进剂时的用量为 0.6～1.2 份，用作副促进剂时为 0.1～0.2 份；EPDM 中的用量为 1.5～2.5 份。

促进剂 ZDMC 的供应商见表 1.3.4－4。

表 1.3.4－4　促进剂 ZDMC 的供应商

供应商	规格型号	纯度(≥)/%	初熔点(≥)/℃	加热减量(≤)/%	锌含量/%	筛余物(63 μm)(≤)/%	油含量/%	20 ℃时的密度/(g·cm⁻³)	堆积密度或备注/(g·cm⁻³)
宁波硫华聚合物有限公司	ZDMC－75GE－F140	97	242	0.5	20.5～22.0	0.5		1.45	EPDM/EVM 为载体
鹤壁联昊	粉料	97.0	240.0	0.40	20.5～22.0	0.30	—	1.700	0.380～0.420
	防尘粉料	96.0	240.0	0.40	20.5～22.0	0.30	1.0～2.0	1.700	0.380～0.420
	直径 2 mm 颗粒	96.0	240.0	0.40	20.5～22.0	—	—	1.700	0.410～0.450

1.2　促进剂 EZ（ZDC、ZDEC）

化学名称：二乙基二硫代氨基甲酸锌。

结构式：

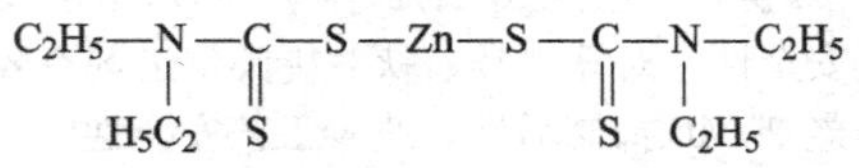

分子式：$C_{10}H_{20}N_2S_4Zn$；相对分子质量：361.88；CAS 号：14324－55－1。白色或浅黄色结晶粉末，相对密度为 1.41，溶于 1%的氢氧化钠水溶液、二硫化碳、苯、氯仿，微溶于乙醇，不溶于汽油。

本品用作天然橡胶和各种合成橡胶的超速促进剂，是二硫代氨基甲酸锌盐促进剂的代表品种，也用作胶乳的非水溶性促进剂，对胶乳的稳定性影响很小；本品是噻唑类和次磺酰胺类促进剂的良好活性剂。本品不污染，不变色、无臭、无味、无毒，适用于白色和艳色制品、透明制品，主要用于制造医疗用品、胶布和自硫化制品等。

ZDEC 可改善硫化胶的拉伸强度和回弹性，在 NR 和 IR 中应加入抗氧剂以提高耐热性能。在 NR 中作主促进剂时的用量为 0.6～1.0 份，用作副促进剂时为 0.1～0.2 份；在 SBR、NBR 中作主促进剂时的用量为 0.6～1.2 份，用作副促进剂时为 0.1～0.2 份；EPDM 中的用量为 1.5～2.5 份；在干胶乳料中为 0.5～1 份，硫化要低于 125 ℃。

促进剂 ZDEC 的技术要求见表 1.3.4－5。

表 1.3.4－5　促进剂 ZDEC 的技术要求

项目	指标
外观	白色粉末
初熔点(≥)/℃	175.0
加热减量（100±2）℃(≤)/%	0.40
筛余物（150 μm)(≤)/%	0.10
(63 μm)(≤)/%	0.30
纯度(≥)/%	97.0

促进剂 EZ 的供应商见表 1.3.4-6。

表 1.3.4-6 促进剂 EZ 的供应商

供应商	规格型号	纯度(≥)/%	初熔点(≥)/℃	终熔点(≥)/℃	加热减量(≤)/%	锌含量%	筛余物(63 μm)(≤)/%	油含量/%	20 ℃时的密度/(g·cm⁻³)	堆积密度或备注/(g·cm⁻³)
宁波硫华聚合物有限公司	ZDEC-75GE F140	97	174		0.5	17.0~19.0	0.5		1.25	EPDM/EVM为载体
鹤壁联昊	粉料	97.0	174.0	178.0~183.0	0.40	17.0~19.0	0.50	—	1.420	0.380~0.420
	防尘粉料	96.0	173.0	178.0~183.0	0.40	17.0~19.0	0.50	1.0~2.0	1.420	0.380~0.420
	直径 2 mm 颗粒	96.0	173.0	178.0~183.0	0.40	17.0~19.0	—	—	1.420	0.410~0.450
山东尚舜化工有限公司	白色或淡黄色粉末		174.0		0.20	17.0~19.0	0.10(150 μm)			
天津市东方瑞创	粉料		174.0		0.30	17.0~19.0		—		
	加油粉料		174.0		0.40	17.0~19.0		1.0-2.0		
锐巴化工	ZDEC-80 GE	97	174.0		0.5	17.0~19.0	0.5		1.25	EPDM 载体

促进剂 ZDEC 的供应商还有：濮阳蔚林化工股份有限公司、武汉径河化工有限公司等。

1.3 促进剂 ZDBC（BZ）

化学名称：二丁基二硫代氨基甲酸锌。

结构式：

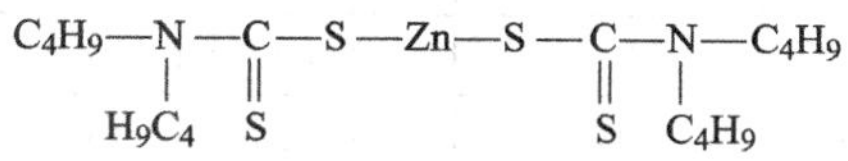

分子式：$C_{18}H_{36}N_2S_4Zn$；相对分子质量：474.09；CAS 号：136-23-2。白色粉末（颗粒），密度为 1.24 g/cm³，溶于二硫化碳、苯、氯仿、乙醇、乙醚，不溶于水和稀碱，储存稳定。

本品是天然胶、合成胶及乳胶用超速促进剂，在干胶中的活性比 ZDEC 大。含有本品的预硫化胶乳可以储存一周而不致有早期硫化现象，是噻唑类促进剂的良好活化剂。本品在硫化胶中还能起到防老剂的作用，能改善硫化胶的耐老化性能，不变色、不污染、易分散。

促进剂 ZDBC 的技术要求见表 1.3.4-7。

表 1.3.4-7 促进剂 ZDBC 的技术要求

项目	指标
外观	白色粉末
初熔点(≥)/℃	104.0
加热减量 (70±2) ℃(≤)/%	0.40
筛余物 (150 μm)(≤)/% (63 μm)(≤)/%	0.10 0.30
纯度(≥)/%	97.0

促进剂 ZDBC 的供应商见表 1.3.4-8。

促进剂 ZDBC 的供应商还有：濮阳蔚林化工股份有限公司、武汉径河化工有限公司等。

1.4 促进剂 ZEPC（PX）

化学名称：乙基苯基二硫代氨基甲酸锌。

结构式：

表 1.3.4－8　促进剂 ZDBC 的供应商

供应商	规格型号	纯度(≥)/%	初熔点(≥)/℃	终熔点(≥)/℃	加热减量(≤)/%	锌含量/%	筛余物(63 μm)(≤)/%	油含量/%	20 ℃时的密度/(g·cm⁻³)	堆积密度/(g·cm⁻³)
鹤壁联昊	粉料	97.0	104.0	112.0	0.40	13.0～15.0	0.50	—	1.270	0.380～0.420
	防尘粉料	96.0	103.0	112.0	0.40	13.0～15.0	0.50	1.0～2.0	1.270	0.380～0.420
	直径 2 mm 颗粒	96.0	103.0	112.0	0.40	13.0～15.0	—	—	1.270	0.410～0.450
山东尚舜	白色或淡黄色粉末		104.0		0.40	16.5～18.5	0.20(150 μm)		1.24	

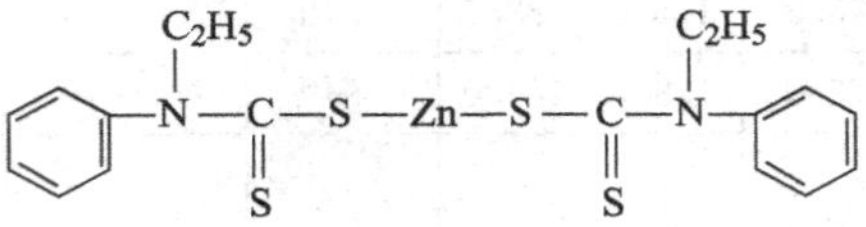

分子式：$C_{18}H_{20}N_2S_4Zn$；相对分子质量：458.02；CAS 号：14634－93－6；相对密度：1.50。白色或淡黄色粉末，溶于热的氯仿、苯，微溶于汽油、苯、甲苯、热的酒精，不溶于丙酮、四氯化碳、乙醇和水。

本品系超速促进剂，抗焦烧性能优良，与促进剂 MBTS（DM）并用时抗焦烧性能增加。本品的硫化临界温度较低，活性较秋兰姆类促进剂高，在 80～125 ℃的范围内可供天然橡胶、丁苯橡胶等各种类型的橡胶硫化使用，特别适用于胶乳的硫化，在储存过程中对胶乳的黏度影响不大。因其不污染、不变色、无臭、无味、无毒，可用于制造与食物接触的浸渍胶乳制品、胶乳海绵、医疗用品、胶布、自硫胶浆以及其他透明和艳色制品等。

促进剂 ZEPC 的供应商见表 1.3.4－9。

表 1.3.4－9　促进剂 ZEPC 的供应商

供应商	规格型号	初熔点(≥)/℃	加热减量(≤)/%	锌含量/%	筛余物（63 μm）(≤)/%	添加剂/%
江苏连连化学股份有限公司	一级品	195.0	0.50	12.5～15.5	0.50	
	乳胶级	195.0	0.50	13.0～15.0	0.50	
天津市东方瑞创橡胶助剂有限公司	粉料	205.0	0.30	13.0～15.0		
	加油粉料	205.0	0.40	13.0～15.0		1.0～2.0

1.5　促进剂 ZBEC（ZBDC）

化学名称：二苄基二硫代氨基甲酸锌。

结构式：

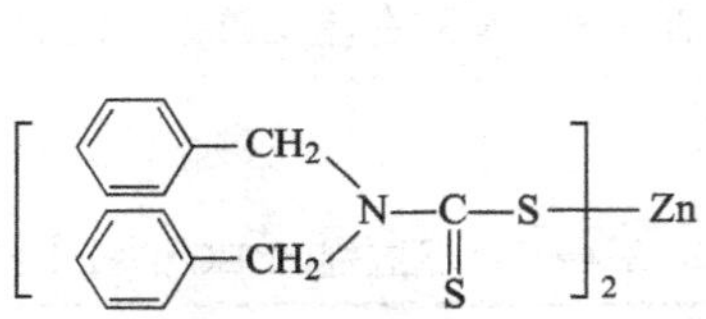

分子式：$C_{30}H_{28}N_2S_4Zn$；相对分子质量：610.17；CAS 号：14726－36－4；白色粉末。本品是一种主或助（超）促进剂，活性温度较低，可替代 ZDEC、ZDBC、ZDMC 使用，也可作为噻唑类、次磺酰胺类的优良活性剂。适用于天然胶与合成胶，也可应用于 NR 与 SBR 乳胶制品中。本品是一种安全的仲胺基二硫代氨基甲酸盐类促进剂，不致癌，在所有二硫代氨基甲酸锌盐类促进剂中，ZBEC 具有最长的焦烧时间，在乳胶制品中具有较好的抗早期硫化作用。EPDM 中用量为 0.8～2.5 份；NR、SBR、NBR 中用量为 0.8～2.0 份。

促进剂 ZBEC 的技术要求见表 1.3.4－10。

表 1.3.4－10　促进剂 ZBEC 的技术要求

项目	指标		
	粉末	油粉	颗粒
外观	白色粉末	白色粉末	白色颗粒
初熔点(≥)/℃	180.0	176.0	178.0
加热减量（100±2)℃(≤)/%	0.30	0.50	0.30
锌含量/%	10.0～12.0	10.0～12.0	10.0～12.0

续表

项目	指标		
	粉末	油粉	颗粒
筛余物（150 μm）(≤)/%	0.10	0.10	—
筛余物（63 μm）(≤)/%	0.50	0.50	—
纯度[a](≥)/%	97.0	95.0	96.0

a　纯度为根据用户要求的检测项目。

促进剂 ZBEC 的供应商见表 1.3.4-11。

表 1.3.4-11　促进剂 ZBEC 的供应商

供应商	规格型号	纯度(≥)/%	初熔点(≥)/℃	终熔点(≥)/℃	加热减量(≤)/%	锌含量/%	筛余物(63 μm)(≤)/%	油含量/%	20 ℃时的密度/(g·cm^{-3})	堆积密度或备注/(g·cm^{-3})
宁波硫华	ZBEC-70GE F140	97	180		0.5	10.0～11.5	0.5		1.22	EPDM/EVM为载体
鹤壁联昊	粉料	97.0	180.0	190.0	0.40	10.0～12.0	0.50	—	1.420	0.380～0.420
	防尘粉料	96.0	179.0	190.0	0.40	10.0～12.0	0.50	1.0～2.0	1.420	0.380～0.420
	直径 2 mm 颗粒	96.0	179.0	190.0	0.40	10.0～12.0	—	—	1.420	0.410～0.450
天津市东方瑞创	粉料		180.0		0.30	10.0～12.0				
	加油粉料		180.0		0.40	10.0～12.0		1.0-2.0		

1.6　促进剂 TDEC

化学名称：二乙基二硫代氨基甲酸碲。

结构式：

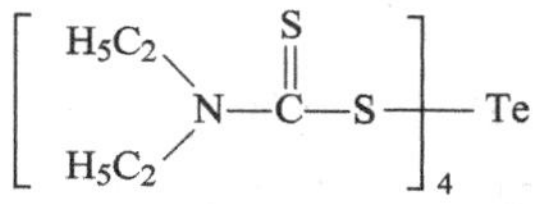

分子式：$C_{20}H_{40}N_4S_8Te$；相对分子质量：721；CAS 号：20941-65-5；黄色粉末；相对密度：1.48。溶于氯仿、苯和二硫化碳，微溶于酒精和汽油，不溶于水。

TDEC 在 EPDM 和 IIR 中与噻唑类、秋兰姆类、二硫代氨基甲酸盐类促进剂并用可加速硫化，少量 TDEC 即可缩短硫化时间。此外，由于大量软化油可降低硫化速率，因此，TDEC 特别适合用在高含油软胶料中，如低硬度实心 EPDM 密封条或海绵密封条。与噻唑类、秋兰姆类及二硫代氨基甲酸盐类并用作辅助促进剂，为防止喷霜，建议用量不超过 0.5 份。主要用于汽车和建筑密封条，汽车胶管，耐蒸汽、耐酸胶管，电缆护套，绝缘制品等。

促进剂 TDEC 的供应商见表 1.3.4-12。

表 1.3.4-12　促进剂 TDEC 的供应商

供应商	规格型号	外观	初熔点/℃	密度/(g·cm^{-3})	含量(≥)/%	活性含量/%	碲含量/%	加热减量(≤)/%	63 μm筛余物(≤)/%	备注(添加剂)
宁波硫华	TDEC-75GE F140	橙黄色颗粒	108	1.23	98	75	16.5～19.0	0.5	0.5	EPDM/EVM为载体
天津市东方瑞创	粉料	黄色粉末	105.0	1.48			16.5～19.0	0.50	0.50	
	加油粉料		105.0	1.48			16.5～19.0	0.50	0.50	0.1～2.0
锐巴化工	TDEC-75 GE	黄色	105.0	1.20	98	75	16.5～19.0	0.5	0.5	EPDM 载体

1.7　促进剂 ZDTP

化学名称：二烷基二硫代磷酸锌。

分子式：$C_{24}H_{52}O_4S_4P_2Zn$；分子量：660.25；CAS 号：68649-42-3。

结构式：

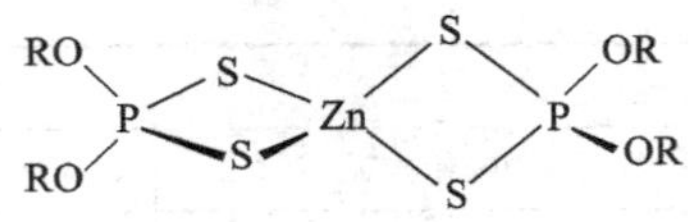

（R=alkyl）

ZDTP 在含有硫黄、氧化锌、噻唑类和秋兰姆类促进剂的 EPDM 中用作特殊促进剂，交联程度高，最大推荐用量时硫化胶不喷霜。ZDTP 的母胶加工安全，储存稳定。作为有效硫化体系的组分，可用作 NR、IR、BR、NBR、IIR 等的硫化促进剂，硫化胶耐热性好。在硫黄硫化 EPDM 和 NR 胶料中作副促进剂与次磺酰胺类、噻唑类和秋兰姆类促进剂并用。硫化过程中不会产生有害亚硝胺。在 NR 中的用量为 2～3 份；在 SBR、NBR 中的用量为 2～3 份；在 EPDM 中的用量为 2～3 份。主要用作模压和挤出制品如胶片、轮胎缓冲层、橡胶护舷、密封条等。

促进剂 ZDTP 的供应商见表 1.3.4－13。

表 1.3.4－13　促进剂 ZDTP 的供应商

供应商	规格型号	外观	密度/(g·cm⁻³)	含量/%	硫含量/%	锌含量/%	磷含量/%	甲醇不溶物/%	pH 值	备注
宁波硫华	ZDTP－50GE F500	乳白色颗粒	1.23	纯度≥97 活性含量 50%	18.5～20.5					EPDM/EVM 为载体
三门峡邦威化工	琥珀色透明液体		1.06～1.15	—	14.0～18.0	8.5～10.0	7.2～8.5	—	5.5～7.5	
	浅白色粉末或颗粒		1.21～1.31	68.5～71.5（纯度）	—	—	5.0～6.0	28.5～31.5	—	

促进剂 ZDTP 的供应商还有：天津市东方瑞创橡胶助剂有限公司等。

1.8　促进剂 ZBPD

化学名称：O，O-二丁基二硫代磷酸锌。

结构式：

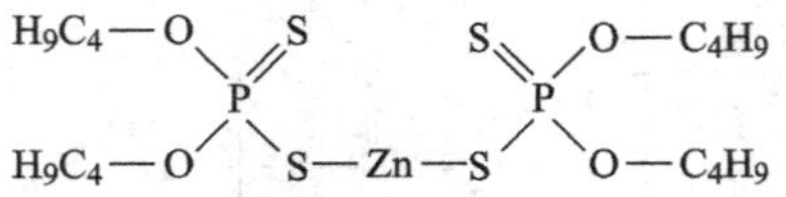

分子式：$C_{16}H_{36}O_4P_2S_4Zn$；相对分子质量：548.07；CAS 号：6990－43－8。ZBPD 是一种快速硫化助促进剂，适用于 NR 与 EPDM。在含有硫黄、氧化锌、噻唑类和秋兰姆类促进剂的 EPDM 中用作特殊促进剂，不喷霜、硫化速度快、交联程度高。ZBPD 无胺基结构，硫化过程中不会产生有害亚硝胺。ZBPD 用于制造与食品接触的制品时，需参照 BgVV ⅩⅪ 中 4 类规定，在 FDA 中尚无规定。

通常用量为 2～4 份，在填充量大的配方中用量可以为 5 份。在 NR 中的用量为 ZBPD 2.0～3.4 份、TMTM 0.3～0.6 份、MBTS 0.6～0.9 份、硫黄 0.3～0.6 份；在 EPDM 中的用量为 ZBPD 2.0～3.4 份、TMTD 0.3～1.0 份、MBT 0.6～1.9 份、硫黄 1.2～3.2 份。

促进剂 ZBPD 的供应商见表 1.3.4－14。

表 1.3.4－14　促进剂 ZBPD 的供应商

供应商	规格型号	外观	密度/(g·cm⁻³)	纯度/%	活性含量/%	硫含量/%	锌含量/%	磷含量/%	甲醇不溶物/%	备注
宁波硫华	ZBPD－50GE F140	淡黄色半透明颗粒	1.18		50	10.7				EPDM/EVM 为载体
天津市东方瑞创	液体	琥珀色透明液体	1.21～1.30	99.5		22.0～23.6	11.4～13.2	10.5～11.7	—	
	70%SiO_2 粉料	浅白色粉末	1.60	68.5～71.5		16.2～16.5	8.0～9.2	7.4～8.2	28.5～31.5	

促进剂 ZBPD 的供应商还有：南京友好助剂化工有限责任公司等。

1.9　促进剂 CDD（CUMDC）

化学名称：二甲基二硫代氨基甲酸铜。

分子式：$C_6H_{12}S_4Cu$；分子量：303.97；CAS 号：137－29－1；相对密度：1.70～1.78。大于 300 ℃开始分解。不溶于水、汽油和乙醇，溶于丙酮、苯和氯仿。

结构式：

copper dimethyl dithiocarbamate

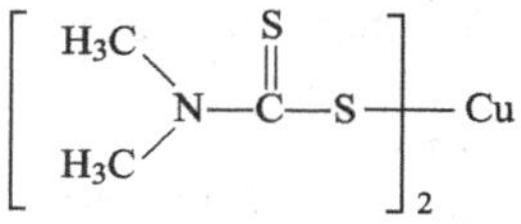

本品为深棕色粉末，稍有气味，有毒。CDMC 用作天然橡胶和合成橡胶的快速硫化剂。在黑色和深色制品中是一种安全的二级硫化剂。可用于 SBR 的 C. V. 体系。储藏稳定。

促进剂 CDD 的供应商见表 1.3.4-15。

表 1.3.4-15　促进剂 CDD 的供应商

供应商	规格型号	分解温度(≥)/℃	加热减量(≤)/%	铜含量/%	筛余物(≤)/%		油含量/%
					150 μm	63 μm	
鹤壁联昊	加油粉料	300	0.5	19.0～22.0	0.10	0.50	1.0～2.0
	颗粒		0.5		—	—	—

1.10　促进剂 TTBI（BDMC）

化学名称：二甲基二硫代氨基甲酸铋。

分子式：$C_9H_{18}BiN_3S_6$；分子量：569.63；CAS 号：21260－46－8；黄色粉末；相对密度：2.01～2.07；溶于苯、氯仿、二硫化碳、四氯化碳，不溶于水；燃烧温度：240 ℃。

结构式：

bismuth dimethyl dithiocarbamate

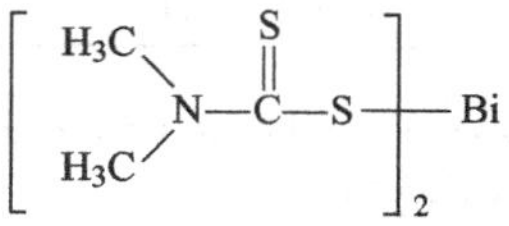

用作天然橡胶、合成橡胶及胶乳的高温快速硫化促进剂，可用于秋兰姆无硫硫化体系。主要用于制造电线、工业制品、胶带和压出制品等。还可作为卤化橡胶的稳定剂、通用硫化胶的热稳定剂等。

促进剂 TTBI 的供应商见表 1.3.4-16。

表 1.3.4-16　促进剂 TTBI 的供应商

供应商	规格型号	初熔点(≥)/℃	加热减量(≤)/%	铋含量/%	灰分(≤)/%	筛余物(≤)/%	添加剂/%
濮阳蔚林	加油粉料	230	0.5	33.0～38.0	40.0～45.0	0.10	0.0～2.0
	粉料		0.5		40.0～45.0	0.10	—

1.11　促进剂 TTFE

化学名称：二甲基二硫代氨基甲酸铁。

分子式：$C_9H_{18}N_3S_6Fe$；分子量：416.5；CAS 号：14484－64－1；褐色粉末，密度约 1.64 g/cm^3；微溶于水，溶于氯仿、吡啶、乙腈。

结构式：

ferric dimethyl dithiocarbamate

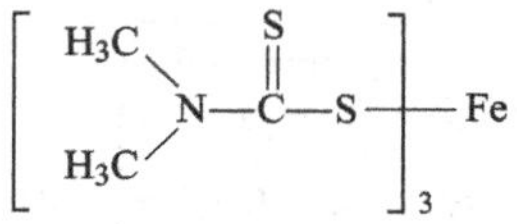

超速促进剂，主要用于 NR、IR、BR、SBR、NBR 和 EPDM。

促进剂 TTFE 的供应商见表 1.3.4-17。

表 1.3.4-17　促进剂 TTFE 的供应商

供应商	规格型号	初熔点(≥)/℃	加热减量(≤)/%	灰分(≤)/%	筛余物(≤)/%		添加剂/%
					150 μm	63 μm	
濮阳蔚林	加油粉料	240	0.5	22	0.10	0.50	0.1～2.0
	粉料		0.5	22	0.10	0.50	—

1.12　促进剂 TP（SDBC）

化学名称：二丁基二硫代氨基甲酸钠。

结构式：

sodium dibutyl dithiocarbamate

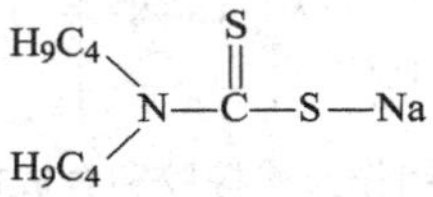

由二正丁胺和二硫化碳在氢氧化钠存在下反应而成二乙基二硫代氨基甲酸钠。分子式：$C_9H_{18}NS_2Na$；相对分子质量：227；CAS 号：136－30－1。常温下为橙黄至橙红色黏性透明液体。相对密度：1.075～1.09；闪点：109.6 ℃。无毒，能与水和醇混溶，不溶于烃和氯代烃类溶剂。不宜与铁制品接触，不能储于铁制容器中。

促进剂 TP 为天然胶、丁苯胶、氯丁胶及其胶乳用超促进剂，因能与水混溶，主要用于制造胶乳制品，如海绵橡胶制品、薄壁浸渍制品、医疗用品、气球、自硫胶浆和胶布等。其硫化速度较二硫代氨基甲酸氨盐慢，焦烧时间长。与二乙基二硫代氨基甲酸钠相比，促进效力更高，可使硫化在常温进行，硫化平坦性也较好。为了提高胶乳胶料的硫化速度，多与不溶于水的促进剂二硫代氨基甲酸锌或 TMTM、TMTD 并用，所得硫化胶柔软透明，制品强力高，耐老化性能好。使用本品时需用氧化锌活化，但不必加脂肪酸。若硫化速度过高，可用防老剂 MB 或防焦剂加以抑制。本品对噻唑类促进剂有活化作用，可与秋兰姆类、噻唑类和胍类促进剂并用。作为噻唑类的第二促进剂使用时，其配合量比促进剂 TMTD、PZ 少。在胶乳胶料中一般用量为 0.5～2 份，配用的硫黄为 2～1 份。

用于与食品接触的橡胶制品，需参照 FDA、BgVV 有关章节中的规定。

促进剂 TP 的供应商见表 1.3.4－18。

表 1.3.4－18　促进剂 TP 的供应商

供应商	外观	含量/%	密度/(g·cm^{-3})	pH 值	游离 NaOH/%
天津市东方瑞创	淡黄绿色至浅棕色透明液体	40～42	1.075～1.09	8～10	0.05～0.5

促进剂 TP 的供应商还有：武汉福德化工有限公司、美国 Du Pont 公司，英国 Anchor、Rohinson 公司，法国 Prchim 公司，日本大内新兴、住友化学公司，意大利 Bozzetto 公司等。

二、黄原酸类

黄原酸类促进剂见表 1.3.4－19。

表 1.3.4－19　用作促进剂的黄原酸类化合物

名称	化学结构	性状		
		外观	相对密度	熔点/℃
异丙基黄原酸钠（SIP）	sodium isopropyl xanthate 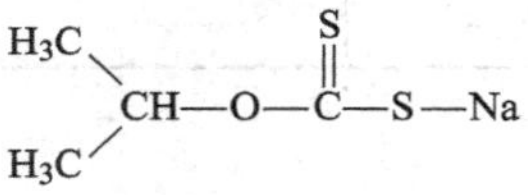	白色或淡黄色结晶	1.38	126
正丁基黄原酸钾（KBX）	详见本节 2.1			
异丙基黄原酸钾（Enax）	potassium isopropyl xanthate 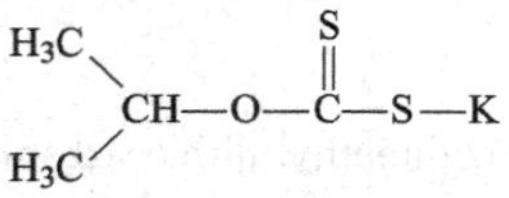	黄色粉末		
乙基黄原酸锌（ZEX）	zinc ethyl xanthate 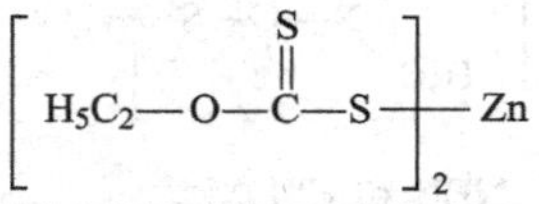	白色至淡黄色粉末	1.56	加热即分解
异丙基黄原酸锌（ZIP）	zinc isopropyl xanthate 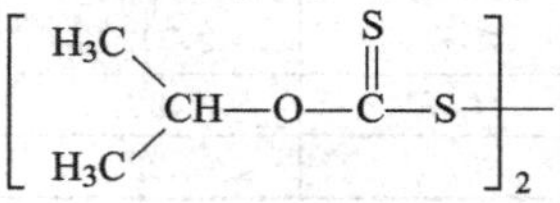	乳白色或淡黄色粉末，相对密度为 1.10～1.55，110 ℃熔融并分解。本品是作用较强的超促进剂，可用于室温硫化胶乳制品和胶浆。硫化临界温度为 100 ℃，硫化温度不宜超过 110 ℃，否则有分解倾向。本品会降低胶乳稳定性，在胶乳中使用时应加入稳定性。在自硫胶浆中宜与二乙基二硫代氨基甲酸二乙铵掺用。除用于制造胶乳浸渍制品、模型制品、模型制品及胶浆外，还可用于胶丝及防水织物等。一般用量为 1～2.5 份		

续表

名称	化学结构	性状		
		外观	相对密度	熔点/℃
正丁基黄原酸锌（ZBX）	zinc butyl xanthate 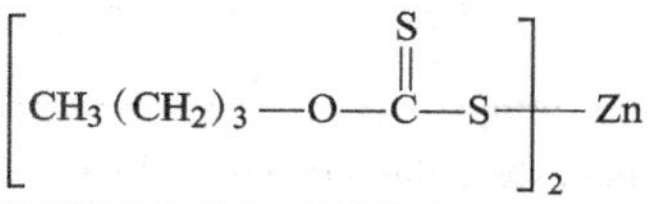	白色粉末	1.40	110
二硫化二异丙基黄原酸酯（DIP）	isopropyl xanthate disulfide 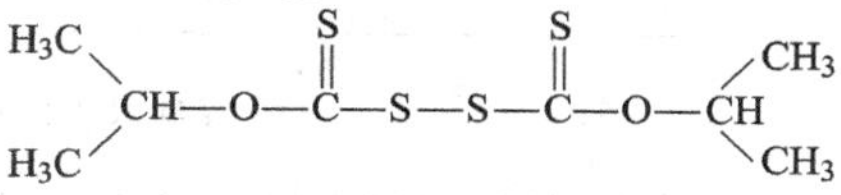	为淡黄色至黄绿色粒状结晶，相对密度为 1.28，熔点≥52 ℃，不溶于水，溶于乙醇、丙酮、苯、汽油等有机溶剂，可引起皮肤过敏肿胀。天然橡胶及胶乳、丁苯橡胶及胶乳、丁腈橡胶和再生胶用超促进剂。主要用于制造胶布、医疗和手术用橡胶制品，胶鞋、防水布、自流胶浆及胶乳制品等。一般用量为 2.0 份，也可作为氯丁橡胶调节剂丁和不溶性硫黄稳定剂使用		
二硫化二丁基黄原酸酯（CPB）	dibutyl xanthate disulfide 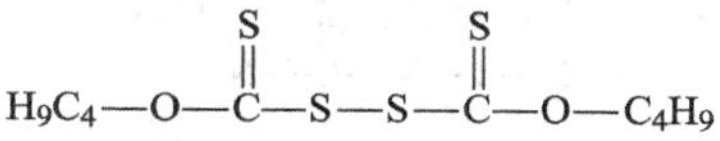	琥珀色液体，相对密度为 1.17，溶于汽油、苯、丙酮、氯乙烷，不溶于水。储存稳定。用作天然胶乳、丁苯胶乳、天然橡胶、丁苯橡胶、再生胶的超促进剂。不适宜高温硫化。主要用于制造胶布、医疗和外科手术用橡胶制品，胶鞋、防水布、自硫胶浆及胶乳制品等		
二硫化二乙基黄原酸酯	$C_6H_{10}O_2S_4$	CAS 号为 502－55－6，不溶性硫黄稳定剂、选矿药剂、超促进剂		

注：详见《橡胶原材料手册》，于清溪、吕百龄等编写，化学工业出版社，2007 年 1 月第 2 版，P437～438。

黄原酸类促进剂由醇、二硫化碳在碱性介质中反应制得，是一类活性特别高（超过二硫代氨基甲酸盐类）的超速促进剂，由于硫化速度快，硫化平坦范围窄，只用于低温硫化。槽法炭黑、陶土及酸性配合剂不能抑制其活性，而酰胺、秋兰姆、噻唑和二硫代氨基甲酸盐类促进剂则能增加其活性。

一般用量为 0.5～2 份。使用黄原酸类促进剂配合的终炼胶应当尽快使用，胶乳和胶浆宜随用随调，不能长时间储存。

黄原酸类促进剂有不愉快气味，对皮肤、眼睛、呼吸道黏膜有刺激作用。

促进剂 KBX

化学名称：正丁基黄原酸钾。

分子结构式为：

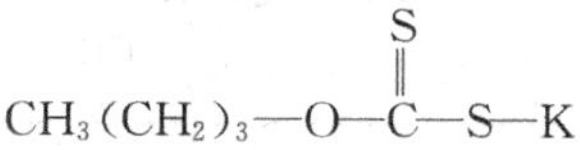

淡黄色结晶粉末，有特殊气味，遇水或热即分解，需储藏于阴凉干燥处（最好在 10 ℃以下）。主要用于制造低温（室温）硫化的橡胶制品，如胶浆、防水布等。

三、秋兰姆类

秋兰姆类促进剂见表 1.3.4－20。

表 1.3.4－20　用作促进剂的秋兰姆类化合物

名称	化学结构	性状		
		外观	相对密度	熔点/℃
一硫化四甲基秋兰姆（促进剂 TMTM）	详见本节 3.3			
一硫化四丁基秋兰姆（促进剂 TBTS）	tetrabutyl thiuram monosulfide 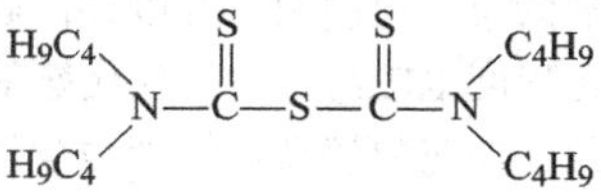	纯品为棕色液体，微具气味，相对密度为 0.98～0.99。本品的固体产品（含本品 12.5%，陶土 87.5%）为淡黄色粉末，相对密度为 2.16。性能与促进剂 TMTM 基本上相似。在天然胶中单独使用时，硫化平坦性变窄，但在操作温度下有明显的后效性。在丁苯胶中硫化平坦性较宽，也不易焦烧。是噻唑类促进剂的良好活性剂，也可与醛胺类和胍类促进剂并用。在橡胶中不变色、不污染。后效性较大，不适于低硫配合		

续表

名称	化学结构	性状		
		外观	相对密度	熔点/℃
一硫化四异丁基秋兰姆（促进剂 TiBTM）	详见本节 3.5			
一硫化双（1，5-亚戊基）秋兰姆（PMTM）	dipentamethylene thiuram monosulfide 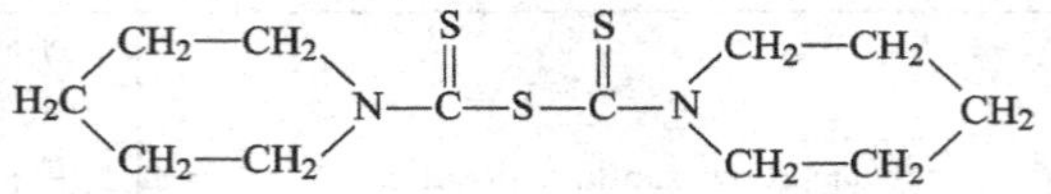	黄色结晶粉末	1.38	110～117
二硫化四甲基秋兰姆（促进剂 TMTD）	详见本节 3.1			
二硫化四乙基秋兰姆（促进剂 TETD）	详见本节 3.2			
二硫化四丁基秋兰姆（促进剂 TBTD）	tetrabutyl thiuram disulfide 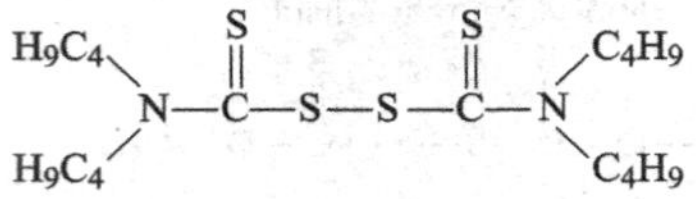	暗褐色油状液体	1.05	20（凝点）
二硫化双（1，5-亚戊基）秋兰姆（PTD）	dipentamethylene thiuram disulfide 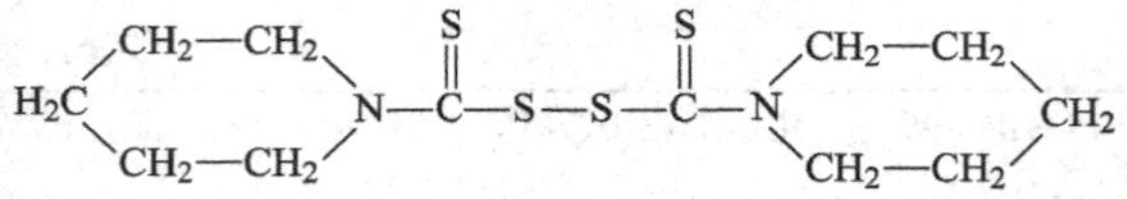	乳白色粉末	1.39	110～112
二硫化二甲基二苯基秋兰姆（DDTS、J—75）	详见本节 3.10			
二硫化二乙基二苯基秋兰姆（TE）	详见本节 3.7			
四硫化四甲基秋兰姆（TMTT）	tetramethyl thiuram tetrasulfide 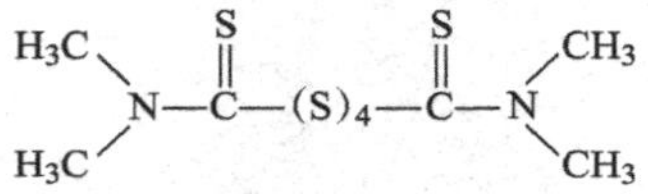	灰黄色粉末		90
四硫化双（1，5-亚戊基）秋兰姆（DPTT）	详见本节 3.8			
六硫化双（1，5-亚戊基）秋兰姆（六硫化双五亚甲基秋兰姆、DPTH）	详见本节 3.9			
二硫化四苄基秋兰姆（TBzTD）	详见本节 3.4			

注：详见《橡胶原材料手册》，于清溪、吕百龄等编写，化学工业出版社，2007 年 1 月第 2 版，P416～417。

秋兰姆类为二硫化氨基甲酸钠的衍生物，是一类非污染的超速促进剂，其活性介于二硫代氨基甲酸盐和噻唑类之间。为了得到较宽的硫化平坦性，减少焦烧危险，硫化温度不宜过高（最好为 135 ℃左右）。二硫化秋兰姆或多硫化秋兰姆在硫化温度下能释放出活性硫，常用作无硫硫化的硫化剂；一硫化秋兰姆不能释放出活性硫，不能用于无硫配合。促进剂 MBT（M）及防老剂 MB 对秋兰姆类促进剂有抑制活性的作用，碱性促进剂和二硫代氨基甲酸盐类促进剂能增加其活性。

秋兰姆类促进剂用作噻唑类和次磺酰胺类促进剂的第二促进剂，可以提高硫化速度；与次磺酰胺类促进剂并用时，初期能延迟硫化起步，起硫后硫化反应速度很快，硫化程度也较高；与二硫代氨基甲酸盐并用时，同样能稍延迟硫化起步。

秋兰姆类促进剂在硫黄正常用量范围内，硫化胶定伸应力较高，物理力学性能较优良；如硫化温度不很高，耐老化性能也较好；如硫黄用量较低，硫化胶变形小、生热低、抗返原性和耐老化性能均较好。

多硫化秋兰姆可用于氯磺化聚乙烯；在以氧化锌/硫脲作硫化体系的氯丁橡胶中，可作为防焦剂使用。

秋兰姆类促进剂用作主促进剂时一般用量为 0.15～3 份；用作第二促进剂时用量为 0.05～0.5 份；二硫化、多硫化秋兰姆用于无硫配合时，用量可达 2～4 份。

秋兰姆类促进剂有一定毒性，应避免与皮肤和眼睛接触，其粉尘和空气的混合物有爆炸危险。

TBzTD 是该类促进剂中不产生亚硝基胺的品种。

图 1.3.4-9 为秋兰姆类不同促进剂硫化效果示意图。

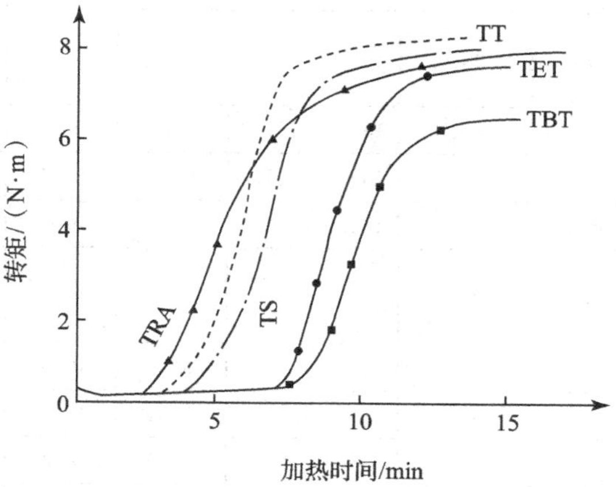

图 1.3.4-9　秋兰姆类促进剂的硫化曲线（硫化仪，140 ℃）

配方为：NR 100，硬脂酸 3，ZnO 5，HAF 40，S 2，促进剂 1。

3.1　促进剂 TMTD（TT）

化学名称：二硫化四甲基秋兰姆。

结构式：

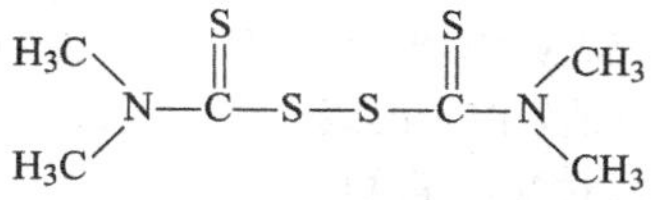

分子式：$C_6H_{12}N_2S_4$；相对分子质量：240.43；CAS 号：137－26－8；白色至灰白色粉末（颗粒），相对密度为 1.29，能溶于苯、丙酮、氯仿、二硫化碳，微溶于乙醇、乙醚、四氯化碳，不溶于水、汽油或稀碱，与水共热生成二甲胺和二硫化碳。对呼吸道与皮肤有刺激作用。

本品在大多数硫黄硫化体系中用作主促进剂、副促进剂，常与噻唑类促进剂并用；因在 100 ℃以上缓缓分解出游离硫，故可作硫化剂（硫黄给予体，有效硫黄含量约 13.3%）。本品硫化临界温度为 100 ℃，硫化速度快，易焦烧，在无硫及有效硫化体系中有极好的硫化平坦性；硫化胶具有良好的抗热老化及抗压缩变形性能；在非炭黑硫化胶中具有良好的颜色保持性；是硫化 EPDM 较好的副促进剂；在氯丁胶的硫化过程中与 *N*，*N*-亚乙基硫脲并用，可用作延迟剂。主要用于制造轮胎、内胎、胶鞋、电缆等，用量一般为 1.0～3.0 份。在农业上用作杀菌剂和杀虫剂，也可用作润滑油添加剂。

HG/T 2334—2007《硫化促进剂 TMTD》适用于二甲胺、二硫化碳、氢氧化钠或氨水经氧化或电解制得的促进剂 TMTD。促进剂 TMTD 的技术要求见表 1.3.4-21。

表 1.3.4-21　促进剂 TMTD 的技术要求

项目	指标	
	一等品	合格品
外观（目测）	白色，淡灰色粉末或粒状	
初熔点(≥)/℃	142.0	140.0
灰分(≤)/%	0.30	0.40
加热减量(≤)/%	0.30	0.30
筛余物[a]（150 μm）(≤)/%	0.0	0.1
纯度[b](≥)/%	96.0	

[a] 筛余物不适用于粒状产品；

[b] 根据用户要求检测项目。

促进剂 TMTD 的供应商见表 1.3.4-22。

3.2　促进剂 TETD

化学名称：二硫化四乙基秋兰姆。

结构式：

表 1.3.4-22　促进剂 TMTD 的供应商

供应商	规格型号	纯度（≥）/%	初熔点（≥）/℃	终熔点（≥）/℃	灰分（≤）/%	加热减量（≤）/%	筛余物（63 μm）（≤）/%	20 ℃时的密度/（g·cm⁻³）	堆积密度或备注/（g·cm⁻³）
宁波硫华	TMTD－80GE F140	98	142		0.4	0.5	0.5	1.16	EPDM/EVM 为载体
鹤壁联昊	粉料	97.0	142.0	150.0～157.0	0.30	0.40	0.50	1.425	0.340～0.380
	防尘粉料	96.0	142.0	150.0～157.0	0.30	0.40	0.50	1.425	0.340～0.380
	直径 2 mm 颗粒	96.0	142.0	150.0～157.0	0.30	0.40	—	1.425	0.340～0.380
山东尚舜	粉状、粒状、油粉	96.0	140.0		0.30	0.30	0.1（150 μm）	1.29	
天津市东方瑞创	粉料		142.0		0.30	0.30			
	加油粉料				0.30	0.40	添加剂：1.0%～2.0%		
	颗粒				0.30	0.30	粒径：1.0～3.0 mm		
锐巴化工	TMTD－80 GE	98	142	165	0.3	0.4	0.5	1.15	EPDM 载体
	TMTD－80 GS	98	142	165	0.3	0.4	0.5	1.15	SBR 载体

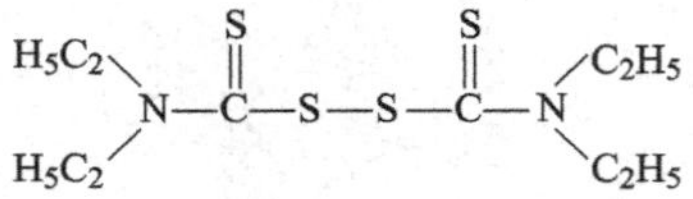

分子式：$C_{10}H_{20}N_2S_4$；相对分子质量：296.5；CAS 号：97－77－8；淡黄色或灰白色粉末，无味。相对密度为 1.27～1.30，不溶于水、稀酸和稀碱，微溶于乙醇和汽油，溶于丙酮、苯、甲苯、二硫化碳和氯仿，本品对皮肤和黏膜有刺激作用，使用本品时应避免接触眼睛和皮肤，有一定毒性。储藏稳定。

本品是 NR、BR、SBR、NBR、IIR 及胶乳的超促进剂和硫化剂，有效硫含量为 11%；作用与 TMTD 相似，但焦烧性能较好。本品是噻唑类促进剂优良的第二促进剂，对酸类、胍类促进剂也有高活化作用。由于熔点低，在软胶料中也能获得良好的分散性，不污染、不变色；在硫黄调节型氯丁胶中可用作塑解剂。本品还可用作杀菌剂、杀虫剂。通常用于制造电缆、胶布、胶鞋、内胎、艳色制品等。

HG/T 2344－2012《硫化促进剂 TETD》适用于以二硫化碳、二乙胺为主要原料反应制得的硫化促进剂 TETD。促进剂 TETD 的技术要求见表 1.3.4-23。

表 1.3.4-23　促进剂 TETD 的技术要求（1992 版）

项目	指标		
	优等品	一等品	合格品
外观（目测）	淡黄色或灰白色粉末		
初熔点(≥)/℃	66.0	66.0	65.0
加热减量(≤)/%	0.30	0.40	0.50
灰分(≤)/%	0.25	0.30	0.35
筛余物（0.85 mm）(≤)/%	无		

促进剂 TETD 的供应商见表 4.3.4-24。

表 1.3.4-24　促进剂 TETD 的供应商

供应商	规格型号	纯度（≥）/%	初熔点（≥）/℃	终熔点（≤）/℃	灰分（≤）/%	加热减量（≤）/%	筛余物（840 μm）（≤）/%	添加剂/%	20 ℃时的密度/（g·cm⁻³）	堆积密度或备注/（g·cm⁻³）
宁波硫华	TETD－75GE F200	98	66		0.3	0.5	0.5（63 μm）		1.02	EPDM/EVM 为载体
鹤壁联昊	晶型料	98.0	66.0	70.0	0.30	0.40	0		1.500	0.600～0.650

续表

供应商	规格型号	纯度(≥)/%	初熔点(≥)/℃	终熔点(≤)/℃	灰分(≤)/%	加热减量(≤)/%	筛余物(840 μm)(≤)/%	添加剂/%	20 ℃时的密度/(g·cm⁻³)	堆积密度或备注/(g·cm⁻³)
天津市东方瑞创	晶型料		66.0		0.30	0.30	0.00	—		
	加油晶型料				0.40	0.40	0.00	1.0～2.0		
	颗粒				0.40	0.30	—	—	粒径：2.50 mm	

3.3 促进剂 TMTM（TS）

化学名称：一硫化四甲基秋兰姆。

结构式：

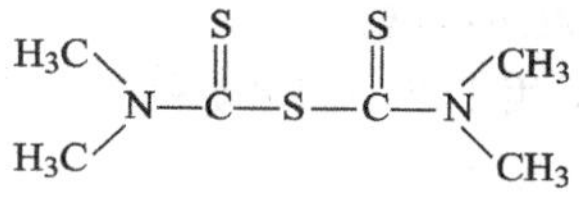

分子式：$C_6H_{12}N_2S_3$；相对分子质量：208.36；CAS 号：97－74－5；黄色粉末（颗粒）；相对密度：1.37～1.40。无毒、无味，溶于苯、丙酮、二氯乙烷、二硫化碳、甲苯、氯仿，微溶于乙醇和乙醚，不溶于汽油和水。

本品为不变色、不污染的超速促进剂，主要用于天然橡胶和合成橡胶。活性较促进剂 TMTD 低 10%左右，硫化胶拉伸应力也略低；后效性比二硫化秋兰姆和二硫代氨基甲酸盐类促进剂都大，抗焦烧性能优良；使用本品时硫黄用量范围较大；本品可单独使用，也可与噻唑类、次磺酰胺类、醛胺类、胍类等促进剂并用，是噻唑类促进剂的活性剂；在通用型（GN－A 型）丁基胶中有延迟硫化的作用；在胶乳中与二硫代氨基甲酸盐并用时，能减少胶料早期硫化的倾向；本品不能分解出活性硫，不能用于无硫配合。硫化临界温度为 121 ℃，燃烧温度为 140 ℃。

促进剂 TMTM 的技术要求见表 1.3.4－25。

表 1.3.4－25 促进剂 TMTM 的技术要求

项目	指标		
	粉末	油粉	颗粒
外观	黄色粉末	黄色粉末	黄色颗粒
初熔点(≥)/℃	104.0	103.0	103.0
加热减量（75±2）℃(≤)/%	0.50	0.50	0.50
灰分（750±25）℃(≤)/%	0.50	0.50	0.50
筛余物（150 μm)(≤)/%	0.10	0.10	—
筛余物（63 μm)(≤)/%	0.50	0.50	—
纯度[a]（HPLC)(≥)/%	96.0	95.0	95.0

[a] 纯度为根据用户要求的检测项目。

促进剂 TMTM 的供应商见表 1.3.4－26。

表 1.3.4－26 促进剂 TMTM 的供应商

供应商	规格型号	纯度(≥)/%	初熔点(≥)/℃	终熔点(≥)/℃	灰分(≤)/%	加热减量(≤)/%	筛余物(63 μm)(≤)/%	油含量/%	20 ℃时的密度/(g·cm⁻³)	堆积密度/(g·cm⁻³)
鹤壁联昊	粉料	97.0	104.0	107.0～112.0	0.30	0.40	0.50	—	1.400	0.410～0.450
	防尘粉料	96.0	104.0	107.0～112.0	0.30	0.40	0.50	1.0～2.0	1.400	0.410～0.450
	直径 2 mm 颗粒	96.0	103.0	107.0～112.0	0.30	0.40	—	—	1.400	0.410～0.450
山东尚舜	粉状、粒状		104.0		0.30	0.30	0			
	预分散型									
天津市东方瑞创	粉料		105.0		0.30	0.30		—		
	加油粉料				0.40	0.40		1.0～2.0		
	颗粒				0.30	0.30		—	粒径：1.0～3.0 mm	
锐巴化工	TMTM－80 GE	97.0	104.0	110	0.30	0.40	0.30		1.15	
	TMTM－80 GS	97.0	104.0	110	0.30	0.40	0.30		1.15	

3.4　促进剂 TBzTD

化学名称：二硫化四苄基秋兰姆。

结构式：

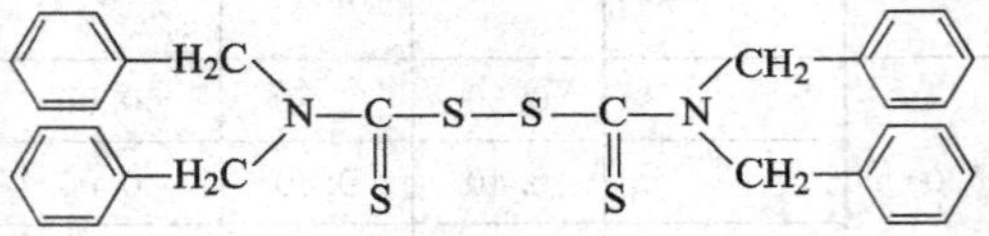

分子式：$C_{30}H_{28}S_4N_2$；相对分子质量：554；CAS 号：10591－85－2。TBzTD 促进天然橡胶和合成橡胶硫化时具有加工安全性高且硫化速度快的特点。TBzTD 符合德国关于亚硝胺毒性的《危险物质技术规则》TRGS 552 的要求，在硫化过程中不会释放出致癌性亚硝胺化合物；加入噻唑类或次磺酰胺类促进剂会减缓硫化过程，焦烧和硫化时间会缩短，硫化程度没有显著增加；碱性促进剂如醛胺类和胍类对其具有活化作用；无硫或低硫硫化胶具有极高的耐热性。用量为：用作主促进剂时 0.2～2.0 份与 0.9～2.8 份硫黄并用；用作第二促进剂时 0.2～0.5 份和 1.1～1.6 份 MBTS 并用；无硫硫化用于耐热性制品时，2.4～3.8 份和 0.53～1.1 份 MBTS 并用。

HG/T 4234－2011《硫化促进剂 TBzTD》适用于以二硫化碳和二苄胺为主要原料经缩合反应制得的促进剂 TBzTD。促进剂 TBzTD 的技术要求与试验方法见表 1.3.4－27。

表 1.3.4－27　促进剂 TBzTD 的技术要求与试验方法

项目	指标	试验方法
外观	浅黄色粉末或颗粒	目测
初熔点(≥)/℃	128	GB/T 11409－2008
加热减量（65～70 ℃)(≤)/%	0.30	
灰分（800±25 ℃)(≤)/%	0.30	
筛余物[a](150 μm)(≤)/%	0.10	
(63 μm)(≤)/%	0.50	
纯度[b]（HPLC)(≥)/%	96.0	HG/T 4234－2011

[a] 粒状产品不检测筛余物；

[b] 纯度为根据客户要求检测的项目。

促进剂 TBzTD 的供应商见表 1.3.4－28。

表 1.3.4－28　促进剂 TBzTD 的供应商

供应商	规格型号	外观	初熔点(≥)/℃	含量(≥)/%	活性含量/%	灰分(≤)/%	加热减量(≤)/%	63 μm 筛余物(≤)/%	密度/(g·cm⁻³)	备注
宁波硫华	TBzTD－70GE F140	淡黄色颗粒	130	96	70	0.3	0.3	0.3	1.12	EPDM/EVM 为载体
山东尚舜	促进剂 TBzTD	白色或淡灰色粉末	128.0			0.30	0.30	0.50	1.33	
	预分散型	浅灰色颗粒							1.134	75%TBzTD、25% EPDM 载体和表面活性分散剂
锐巴化工	TBzTD－75 GE	淡黄色颗粒	130	96	70	0.3	0.3	0.1	1.15	EPDM 作载体

促进剂 TBzTD 的供应商还有：濮阳蔚林化工股份有限公司、连云港连连化学有限公司、天津市东方瑞创橡胶助剂有限公司等。

3.5　促进剂 TiBTM

化学名称：一硫化四异丁基秋兰姆。

分子式：$C_{18}H_{36}N_2S_3$；分子量：376；CAS 号：204376－00－1。本品为黄色晶型粉末。无臭、无味。溶于苯、丙酮、二氯乙烷、二硫化碳、甲苯，微溶于乙醇和乙醚，不溶于汽油和水。储存稳定。

结构式：

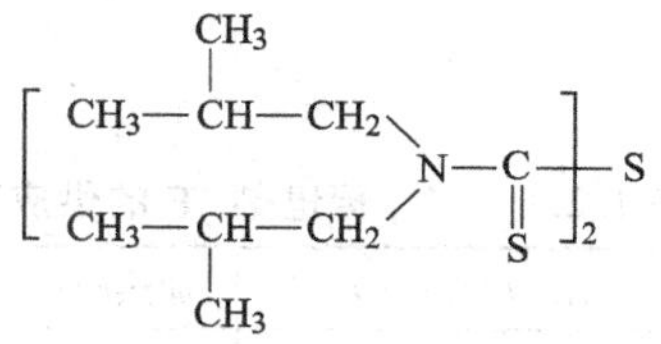

促进剂 TiBTM 是一种绿色环保型橡胶硫化促进剂，是 TMTM 的替代品，不产生致癌的亚硝铵。本品既可用作次磺酰胺类促进剂的第二促进剂，又具有防焦剂功能，广泛应用于天然橡胶、异戊橡胶、丁苯橡胶、顺丁橡胶、三元乙丙橡胶和丁腈橡胶等的硫化加工中。

促进剂 TiBTM 的供应商见表 1.3.4-29。

表 1.3.4-29 促进剂 TiBTM 的供应商

供应商	外观	初熔点(≥)/℃	加热减量(≤)/%	灰分(≤)/%	筛余物(840 μm)(≤)/%
三门峡邦威化工	黄色晶型料	62.0	0.30	0.30	0.00

3.6 促进剂 TiBTD

化学名称：二硫化二异丁基秋兰姆。

结构式：

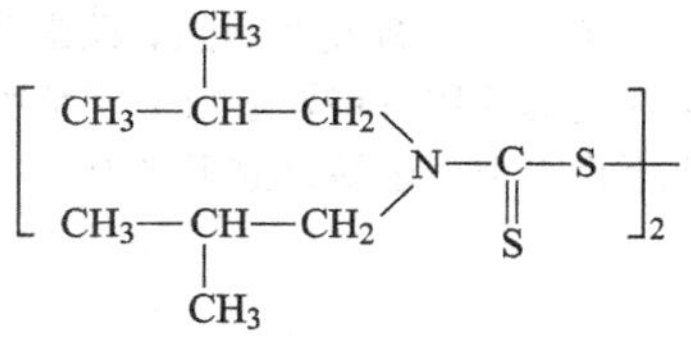

分子式：$C_{18}H_{36}N_2S_4$；相对分子质量：408.75；CAS 号：3064—73—1。淡黄色晶形粒（颗粒），无臭、无味，相对密度为 1.17～1.30，溶于苯、丙酮、二氯乙烷、二硫化碳、甲苯、氯仿，微溶于乙醇和乙醚，不溶于汽油和水。储藏稳定。

本品为超速促进剂，适用于 NR、IR、BR、SBR、NBR、IIR 和 EPDM 及其胶乳。性质类似于 TT、TETD，但发泡性与焦结性低。硫化性能好但强度低。无硫时也具有硫化作用并且耐热、无发泡性，产品抗压性强。本品在橡胶中易分散、不污染、不变色，通常用于制造电缆、胶布、胶鞋、内胎、艳色制品等。

作主促进剂时，需配以氧化锌活化。作助促进剂时，对噻唑、醛胺和胍类促进剂均有活化作用。作促进剂使用时，最宜硫化温度为 120～145 ℃；作硫化剂使用时，最宜硫化温度为 140～160 ℃。作主促进剂、助促进剂、硫化剂时，用量分别为 0.5～2.0、0.05～0.5、3.0～5.0 份。因熔点较低，粉状物料放置容易结块，但不影响使用效果。

促进剂 TiBTD 的供应商见表 1.3.4-30。

表 1.3.4-30 促进剂 TiBTD 的供应商

供应商	型号规格	外观	初熔点(≥)/℃	加热减量(≤)/%	灰分(≤)/%	筛余物（840 μm）(≤)/%	添加剂/%	粒径/mm
天津市东方瑞创	晶型料	淡黄色晶型料（颗粒）	65.0	0.30	0.30	0.00	—	—
	加油晶型料			0.40	0.40	0.00	1.0～2.0	—
	颗粒			0.40	0.40	—	—	2.50
濮阳蔚林化工股份有限公司	晶型料	淡黄色晶型料（颗粒）	65.0	0.30	0.30	0.00	—	—
	加油晶型料			0.50	0.30	0.00	1.0～2.0	—
	颗粒			0.40	0.30	—	—	2.50

3.7 促进剂 TE

化学名称：二硫化二乙基二苯基秋兰姆。

结构式：

diethyl-diphenyl thiuram disalfide

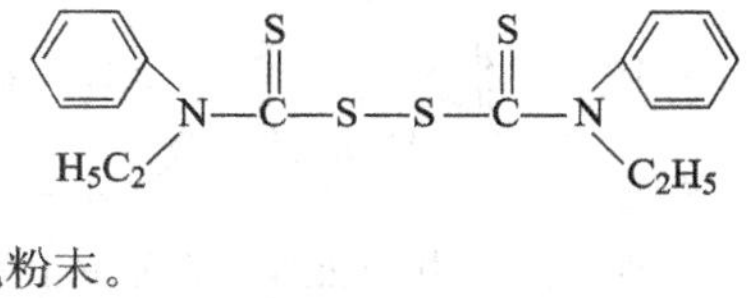

相对密度：1.33；熔点：174 ℃；白色粉末。

本品用于天然胶和二烯类合成胶，硫化速度快，抗硫化返原，不喷霜，抗焦烧，在硫黄硫化体系中与次磺酰胺并用，综合平衡性好，可提高硫化胶拉伸强度和拉断伸长率，改善硫化胶的热撕裂和半成品加工工艺。也可用于过氧化物硫化体系。适用于大型厚制品，如轮胎、减震器、支撑座等。本品无毒无味，可用于与卫生食品接触的橡胶制品，是致癌促进剂

TMTD的代用品，用量为 1～3 份。

促进剂 TE 的供应商见表 1.3.4-31。

表 1.3.4-31　促进剂 TE 的供应商

供应商	外观	熔点(≥)/℃	加热减量(≤)/%	灰分(≤)/%	筛余物(120 目)(≤)/%
陕西岐山县宝益橡胶助剂有限公司	淡黄色粉末	135	0.5	0.5	0.1

3.8　促进剂 DPTT（TRA）

化学名称：四硫化双（1，5-亚戊基）秋兰姆，四硫化双五甲撑秋兰姆。

结构式：

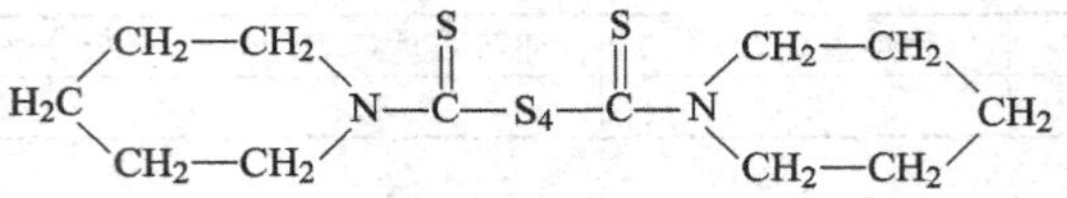

分子式：$C_{12}H_{20}N_2S_6$；相对分子质量：384.66；CAS 号：120－54－7。淡黄色粉末（颗粒），无味、无污染、无毒，溶于氯仿、苯、丙酮，不溶于水。

本品用作天然橡胶、合成橡胶及胶乳的辅助促进剂；由于加热时能分解出游离硫，故也可用作硫化剂，有效含硫量为其质量的 28%，用作硫化剂时，在操作温度下比较安全，硫化胶耐热、耐老化性能优良；本品在氯磺化聚乙烯橡胶、丁苯橡胶、丁基橡胶中可作主促进剂；当与噻唑类促进剂并用时特别适用于丁腈胶，硫化胶压缩变形和耐热性能均优；制造胶乳海绵时宜与促进剂 MZ 并用；本品易分散于干橡胶中，也易分散于水中。一般用于制造 EPDM 和 IIR 的耐热制品、电缆等，通常用量为 0.35～3.5 份。

促进剂 DPTT 的供应商见表 1.3.4-32。

表 1.3.4-32　促进剂 DPTT 的供应商

供应商	规格型号	初熔点(≥)/℃	终熔点(≥)/℃	灰分(≤)/%	加热减量(≤)/%	筛余物(63 μm)(≤)/%	油含量/%	20 ℃时的密度/(g·cm⁻³)	堆积密度/(g·cm⁻³)	含量(≥)/%	活性含量/%	备注
宁波硫华	DPTT－70GE F140	115		0.5	0.3	0.5		1.25		96	70	EPDM/EVM 为载体
鹤壁联昊	粉料	113.0	135.0	0.30	0.40	0.50	—	1.500	0.400～0.440			
	防尘粉料	112.0	135.0	0.30	0.40	0.50	1.0－2.0	1.500	0.400～0.440			
	直径 2 mm 颗粒	112.0	135.0	0.30	0.40	—	—	1.500	0.400～0.440			
山东尚舜	预分散 DPTT－75							1.22±0.05				75% DPTT 与橡胶预混物
咸阳三精	DPTT	110		0.3	0.3							

3.9　促进剂 DPTH

化学名称：六硫化双五亚甲基秋兰姆，六硫化双（1，5-亚戊基）秋兰姆，六硫化双五甲撑秋兰姆。

分子式：$C_{12}H_{20}N_2S_8$；相对分子质量：448.76；CAS 号：971－15－3；淡黄色粉末；相对密度：1.50。本品无味、无毒，溶于氯仿、苯、丙酮、二硫化碳，微溶于汽油与四氯化碳，不溶于水、稀碱。

结构式：

dipentamethylene thiuram hexasulfide

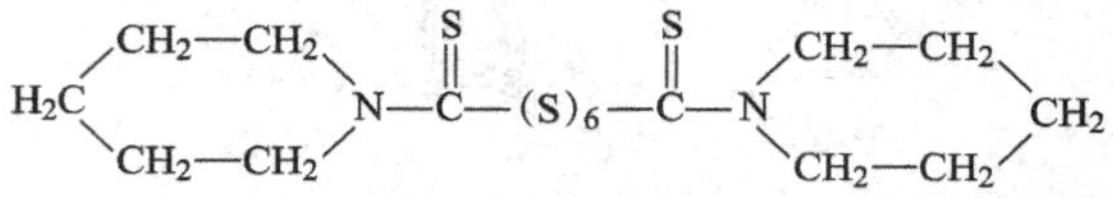

本品用作天然橡胶、合成橡胶及胶乳的辅助促进剂。由于加热时能分解出游离硫，故也可用作硫化剂，有效含硫量为其质量的 28%。用作硫化剂时，在操作温度下比较安全，硫化胶耐热、耐老化性能优良。本品在氯磺化聚乙烯橡胶、丁苯橡胶、丁基橡胶中可作主促进剂。当与噻唑类促进剂并用时特别适用于丁腈胶，硫化胶压缩变形和耐热性能均优。制造胶乳海绵时宜与促进剂 MZ 并用。本品易分散于干橡胶中，也易分散于水中。不污染。一般用于制造耐热制品、电缆等。

HG/T 4779—2014《硫化促进剂六硫化双五亚甲基秋兰姆（DPTH）》适用于以硫黄粉、二硫化碳、六氢吡啶为主要原料制得的硫化促进剂 DPTH。促进剂 DPTH 的技术要求见表 1.3.4-33。

表 1.3.4-33　促进剂 DPTH 的技术要求

项目	指标
外观	淡黄色粉末
初熔点(≥)/℃	112.0
加热减量（70±2)℃(≤)/%	0.30
灰分（750±25)℃(≤)/%	0.50
筛余物（150 μm)(≤)/% （63 μm)(≤)/%	0.10 0.50
纯度[a]（HPLC 法)(≥)/%	95.0

[a] 纯度为根据用户要求的检测项目。

促进剂 DPTH 的供应商有：连云港连连化学有限公司、濮阳蔚林化工股份有限公司、鹤壁联昊化工股份有限公司等。

3.10　促进剂 DDTS（J—75）

化学名称：二硫化二甲基二苯基秋兰姆。

结构式：

dimethyl diphenyl thiuram disulfide

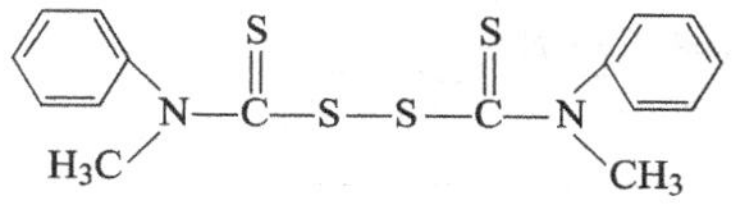

分子式：$C_{16}H_{16}N_2S_4$；相对分子质量：364.57；CAS 号：53880—86—7；相对密度：1.33。灰白色粉末（颗粒），能溶于苯、三氯甲烷，不易溶于丙酮、乙醇、四氯化碳、乙酸乙酯，不溶于汽油和水。本品无味、不吸湿、储存稳定。

DDTS 为迟效性促进剂，适用于天然橡胶、丁苯橡胶、异戊橡胶、顺丁橡胶和丁腈橡胶。主要作为第二促进剂与促进剂 TMTD、TMTM 或二硫代氨基甲酸锌并用，改善胶料的加工安全性。本品不污染，不变色，在胶料中易分散，适用于浅色和彩色制品、短时快速硫化模塑品、浸渍制品及织物挂胶等。

促进剂 DDTS 的供应商见表 1.3.4-34。

表 1.3.4-34　促进剂 DDTS 的供应商

供应商	规格型号	纯度(≥)/%	初熔点(≥)/℃	终熔点(≥)/℃	灰分(≤)/%	加热减量(≤)/%	筛余物(63 μm)(≤)/%	油含量/%	20 ℃时的密度/(g·cm⁻³)	堆积密度/(g·cm⁻³)
天津市东方瑞创	粉料	96.0	180.0	184.0	0.30	0.40	0.50	—	1.400	0.340～0.360
	防尘粉料	95.0			0.30	0.40	0.50	0.5～2.0		
	直径 2 mm 颗粒	95.0			0.30	0.40	—	—		
鹤壁市荣欣助剂有限公司	粉料	97	180.0		0.30	0.40	0.50	—		
	防尘粉料				0.30	0.40	0.50	1.0～2.0		
	颗粒				0.30	0.40		—	粒径：1.5～2.5 mm	

四、噻唑类

噻唑类促进剂见表 1.3.4-35。

表 1.3.4-35　用作促进剂的噻唑类化合物

名称	化学结构	性状		
		外观	相对密度	熔点/℃
2-巯基苯并噻唑（促进剂 MBT(M)）	详见本节 4.1			
二硫化二苯并噻唑（促进剂 MBTS(DM)）	详见本节 4.2			

续表

名称	化学结构	性状		
		外观	相对密度	熔点/℃
2-硫醇基苯并噻唑二甲胺盐	dimethyl ammonium salt of 2 - mercapto benzothiazole 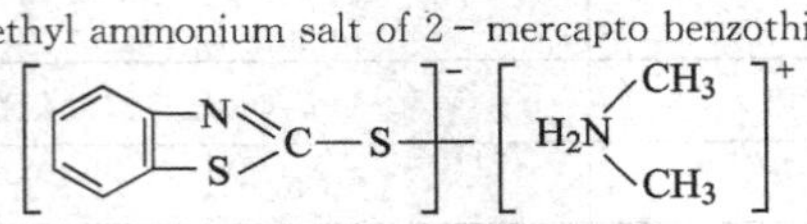	深褐色油状液体	1.125～1.150	
2-硫醇基苯并噻唑环己胺盐（促进剂 MH）	cyclhexylamine salt of 2 - mercaptobenzothiazole 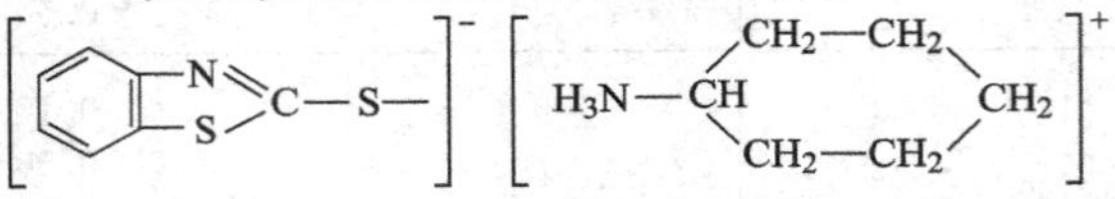	黄白色粉末		153
2-硫醇基苯并噻唑钠盐（GNA、M-Na）	sodium salt of 2 - mercapto benzothiazole 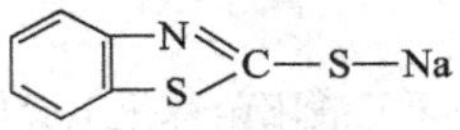	淡黄色结晶粉末		280
2-硫醇基苯并噻唑钾盐（M-K）	potassium salt of 2 - mercapto benzothiazole 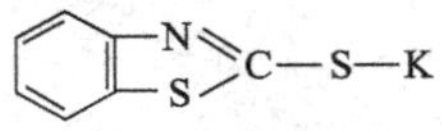	琥珀色物体	1.28	
2-硫醇基苯并噻唑铜盐（M-Cu）	cupric salt of 2 - mercapto benzothiazole 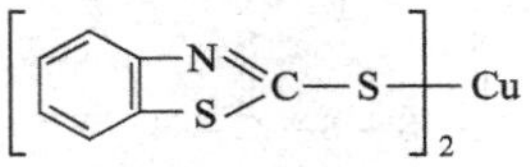	赤黄色粉末	1.60	300（分解）
2-硫醇基苯并噻唑锌盐（促进剂 MZ）	详见本节 4.3			
2-（2，4-二硝基苯基硫代）苯并噻唑（促进剂 DBM）	2 -（2，4 - dinitrophenylthio）benzothiazole 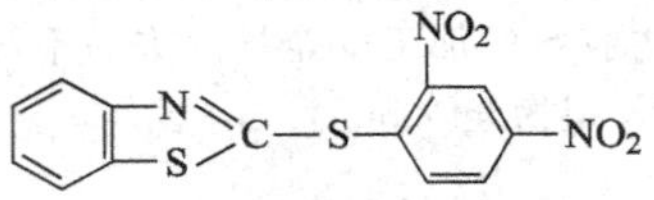	黄色粉末	1.61	155
1，3-双（2-苯并噻唑基硫醇甲基）脲（El－60）	1，3 - bis（2 - denzothiazolyl mercaptomethy）urea 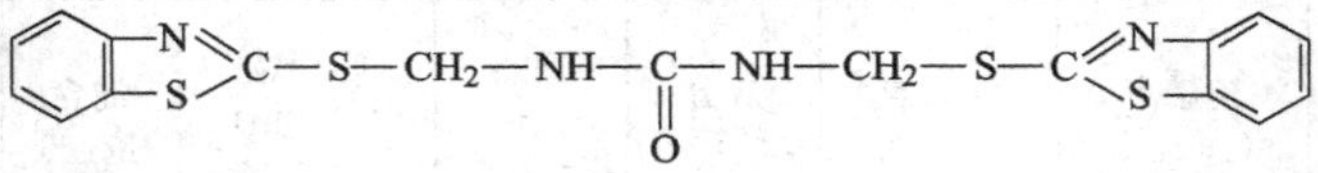	米黄色粉末	1.35～1.41	220
1-（*N*，*N*-二乙基氨甲基）- 2 -苯并噻唑基硫酮	1 -（*N*，*N* - diethyl aminomethy Dbenzothiazolyl thione - 2） 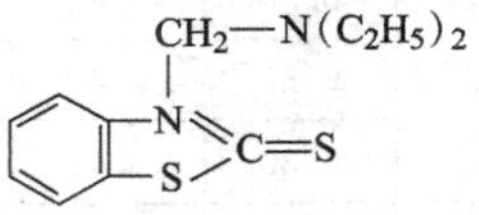	黄色结晶粉末		86～87
2-硫醇基噻唑啉（2－MT）	2 - mercaptothiazoline 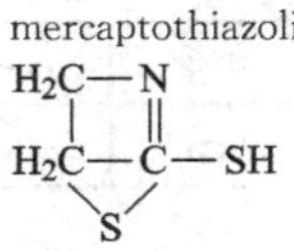	白色粉末	1.50	104～105
四氢噻唑- 2 -硫酮（NEDAC）	thiazolidinethion - 2 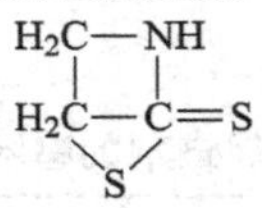	淡黄色片状物		65
双（4，5－二甲基噻唑）二硫化物和双（4－乙基噻唑）二硫化物的混合物（MEED）	mixture of bis（4，5 - dimethyl thiazole）and bis（4 - ethyl thiazole）disulfide 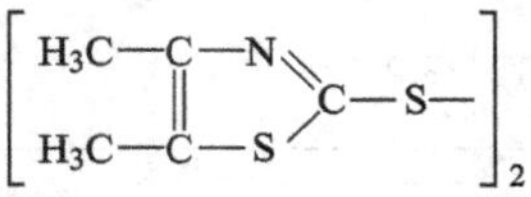 和 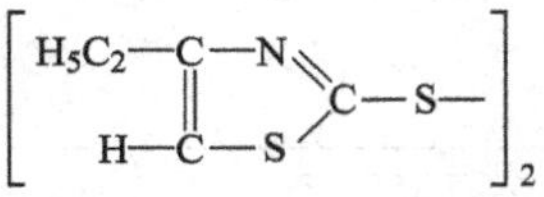	深褐色液体	1.31	

注：详见《橡胶原材料手册》，于清溪、吕百龄等编写，化学工业出版社，2007 年 1 月第 2 版，P403～405。

噻唑类促进剂的硫化特性较好，活性不如二硫代氨基甲酸盐类和秋兰姆类，但抗焦烧性能较好，硫化胶性能优良。由于硫化速度较慢，故配合中应适当增加促进剂和硫黄的用量，硫化温度也应适当提高。

噻唑类促进剂通常与碱性促进剂，如二硫代氨基甲酸盐或秋兰姆类促进剂并用，并用体系可显著改善硫化特性和硫化胶性能。作主促进剂时用量为 1.0～2.0 份，作第二促进剂时用量为 0.2～0.5 份。

噻唑类促进剂有苦味，不宜用于与食物接触的制品。

图 1.3.4－10 为噻唑类不同促进剂硫化效果示意图。

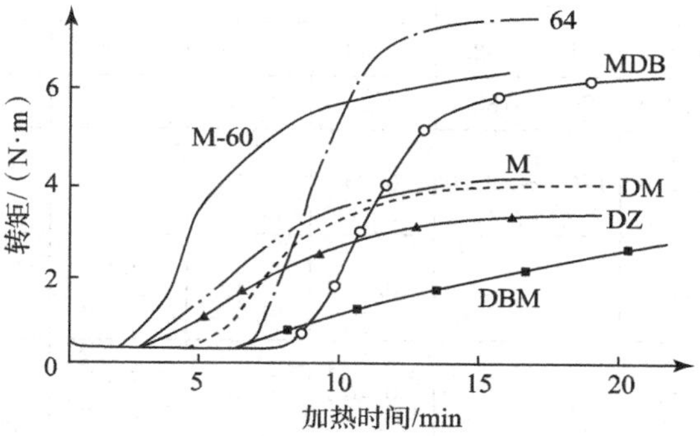

图 1.3.4－10　噻唑类促进剂的硫化曲线（硫化仪，140 ℃）

配方为：NR 100，硬脂酸 3，ZnO 5，HAF 40，S 2，促进剂 1。

4.1　促进剂 MBT（M）

化学名称：2-巯基（硫醇基）苯并噻唑。

结构式：

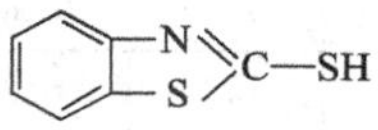

分子式：$C_7H_5NS_2$；相对分子质量：167.23；CAS 号：149－30－4。淡黄色或灰白色粉末、颗粒，微臭，有苦味，无毒，相对密度为 1.42～1.52，易溶于乙酸乙酯、丙酮、氢氧化钠及碳酸钠的稀溶液中，溶于乙醇，不易溶于苯，不溶于水和汽油；呈粉尘时，爆炸下限为 21 g/m^3。

本品属快速、非污染性促进剂，硫化平坦性较好，适用于橡胶及乳胶；与副促进剂 TMTD、TETD、DPG 并用可获得低温硫化特性，诸如醛胺类和胍类等碱性促进剂以及秋兰姆类和二硫代氨基甲酸盐类促进剂对 MBT 均有活化作用；MBT 赋予硫化胶较好的抗老化特性；在无硫黄硫化胶料中，MBT 用作防焦剂；在 CR 胶料中用作硫化延迟剂。主要用于制造轮胎、胶带、胶鞋和其他工业橡胶制品，但不能用作食品材料。用作 NR 和 SBR 的主促进剂时，用量为 1.0～2.0 份与 2.0～3.0 份；用作第二促进剂时用量为 0.2～0.5 份；在 IIR 中 0.5～1 份与 0.5～1.5 份 TMTD 和 1～2 份硫黄并用。硫化临界温度为 125 ℃。

GB/T 11407－2013《硫化促进剂　2-巯基苯并噻唑（MBT）》适用于以硫黄、二硫化碳与苯胺或者硝基苯为原料经高压反应生成的硫化促进剂 MBT，与以邻硝基氯苯、硫化钠、硫黄、二硫化碳为原料在常压下合成的硫化促进剂 MBT。硫化促进剂 MBT 的技术要求见表 1.3.4－36。

表 1.3.4－36　促进剂 MBT 的技术要求

项目	指标	合格品
外观	灰白色至淡黄色粉末或粒状	目测
初熔点/℃	≥170.0	GB/T 11409－2008
加热减量的质量分数/%	≤0.30	
灰分的质量分数/%	≤0.30	
筛余物[a]（150 μm）的质量分数/%	≤0.10	
纯度[b]的质量分数/%	≥97.0	GB/T 11407－2013

a　筛余物不适用于粒状产品；
b　根据用户要求检验项目。

促进剂 MBT 的供应商见表 1.3.4－37。

4.2　促进剂 MBTS（DM）

化学名称：二硫化二苯并噻唑。

结构式：

表 1.3.4-37　促进剂 MBT 的供应商

供应商	规格型号	纯度(≥)/%	活性含量/%	初熔点(≥)/℃	终熔点(≥)/℃	灰分(≤)/%	加热减量(≤)/%	筛余物(63 μm)(≤)/%	油含量/%	20 ℃时的密度/(g·cm⁻³)	堆积密度或备注/(g·cm⁻³)
宁波硫华	MBT－80GE F140	98	80	171		0.5	0.3	0.5		1.20	EPDM/EVM 为载体
鹤壁联昊	粉料	97.0		171.0	176.0～183.0	0.30	0.40	0.50	—	1.525	0.400～0.440
	防尘粉料	96.0		170.0	176.0～183.0	0.30	0.40	0.50	1.0～2.0	1.510	0.400～0.440
	直径 2 mm 颗粒	96.0		170.0	176.0～183.0	0.30	0.40	—	—	1.510	0.400～0.440
山东尚舜	粉状或粒状			170.0		0.40	0.40	0.10 (150 μm)		1.42～1.52	
	油粉			170.0		0.40	0.45	0.10 (150 μm)		1.42～1.52	
	预分散 MBT－80									1.25±0.05	80%M、20% EPDM 载体和表面活性剂
天津市东方瑞创	粉料			171.0		0.30	0.30				
	加油粉料					0.30	0.50		1.0～2.0		
	颗粒					0.30	0.30			粒径：1.0～3.0mm	
锐巴化工	MBT－80 GE	98	80	171.0	175～182	0.5	0.3	0.5		1.20	EPDM 载体
	MBT－80 GS	98	80	171.0	175～182	0.5	0.3	0.5		1.20	SBR 载体

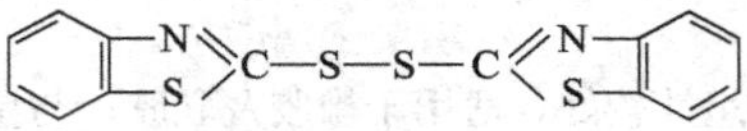

分子式：$C_{14}H_8N_2S_4$；相对分子质量：332.44；CAS 号：120－78－5；相对密度：1.45～1.54。灰白色或淡黄色粉末（颗粒），微有苦味，毒性很小，储存稳定，可溶于苯、乙醇、四氯化碳，不溶于汽油、水和乙酸乙酯。

本品是天然胶及多种合成胶常用促进剂，硫化速度适中，硫化平坦性较好，硫化温度较高，有显著的后效性，不会早期硫化，操作安全，易分散，不污染，硫化胶耐老化；本品单独使用硫化速度慢，通常与秋兰姆、二硫代氨基甲酸盐、醛胺类、胍类促进剂并用；在氯丁胶中可以起到增塑剂、延迟剂的作用，是 G 型氯丁胶的优良抗焦烧剂。主要用于制造轮胎、胶管、胶鞋、胶布等工业品。硫化临界温度为 130 ℃。用作 NR 和 SBR 主促进剂时，用量为 1.0～2.0 份与 2.0～3.0 份硫黄并用；在 IIR 使用时，用量为 0.25～1 份与 1～2 份硫黄并用。

GB/T 11408－2013《硫化促进剂　二硫化二苯并噻唑（MBTS）》适用于由硫化促进剂 MBT 以氧气、亚硝酸钠、双氧水、氯气等为氧化剂制得的硫化促进剂 MBTS。硫化促进剂 MBTS 的技术要求见表 1.3.4-38。

表 1.3.4-38　促进剂 MBTS 的技术要求

项目	指标	合格品
外观	灰白色至淡黄色粉末或粒状	目测
初熔点/℃	≥164.0	GB/T 11409－2008
加热减量的质量分数/%	≤0.40	
灰分的质量分数/%	≤0.50	
筛余物[a]（150 μm）的质量分数/%	≤0.10	
游离 MBT 的质量分数/%	≤1.0	GB/T 11408－2013
纯度[b]的质量分数/%	≥95.0	

a　筛余物不适用于粒状产品；
b　根据用户要求检验项目。

促进剂 MBTS 的供应商见表 1.3.4-39。

表 1.3.4－39　促进剂 MBTS 的供应商

供应商	规格型号	纯度(≥)/%	初熔点(≥)/℃	终熔点(≥)/℃	灰分(≤)/%	加热减量(≤)/%	筛余物(63 μm)(≤)/%	油含量/%	20 ℃时的密度/(g·cm⁻³)	堆积密度或备注/(g·cm⁻³)
宁波硫华	MBTS－75GE F140	98	170		0.4	0.3	0.5		1.32	EPDM/EVM为载体
鹤壁联昊	粉料	96.0	170.0	171.0～179.0	0.30	0.40	0.50	—	1.540	0.350～0.390
	防尘粉料	95.0	169.0	171.0～179.0	0.30	0.40	0.50	1.0～2.0	1.540	0.350～0.390
	直径 2 mm 颗粒	95.0	169.0	171.0～179.0	0.30	0.40	—	—	1.540	0.350～0.390
山东尚舜	粉状、粒状、油粉		166.0		0.50	0.50	0.10(150 μm)		1.45～1.54	
	预分散MBTS－75(米色颗粒)								1.26±0.05	75%DM、25%EPDM载体和表面活性分散剂
天津市东方瑞创	粉料		167.0		0.30	0.30				
	加油粉料				0.30	0.50		1.0～2.0		
锐巴化工	MBTS－75 GE	98.0	170		0.3	0.2	0.5		1.20	EPDM 载体
	MBTS－75 GS	98.0	170		0.4	0.2	0.5		1.20	SBR 载体

4.3　促进剂 ZMBT（MZ）

化学名称：2-硫醇基苯并噻唑锌盐。

结构式：

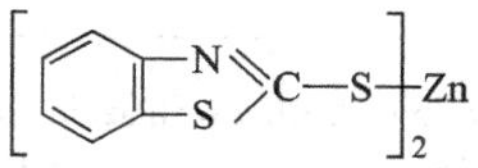

分子式：$C_{14}H_8N_2S_4Zn$；相对分子质量：398.00；CAS号：155－04－4；相对密度：1.70；淡黄色粉末（颗粒），微有苦味，无毒，可溶于氯仿、丙酮，部分溶于苯、乙醇、四氯化碳，不溶于汽油、水和乙酸乙酯，分解温度为 300 ℃，储存稳定期超过两年，遇强酸或强碱溶液即分解。

本品为高速硫化促进剂，对橡胶不具有变色性，主要在乳胶中与 ZDMC 或 ZDEC 并用作主促进剂，硫化临界温度为 138 ℃，不易产生早期硫化，硫化平坦性较宽，在胶乳中具有调节体系黏度的功能，用 ZMBT 硫化的胶乳薄膜具有较高的模量；此外在泡沫胶中不用增加硫化时间也可获得良好的抗压缩形变特性；在干胶上使用，其特性类似于 MBT，但焦烧性能略有改进。本品操作安全，易分散、不污染、不变色，与 TP 并用时硫化胶耐老化性能好。主要用于制造轮胎、胶管、胶鞋、胶布等橡胶制品。

促进剂 ZMBT 的技术要求见表 1.3.4－40。

表 1.3.4－40　促进剂 ZMBT 的技术要求

项目	指标	
	ZMBT—2	ZMBT—15
外观	白色或淡黄色粉末	白色或淡黄色粉末
加热减量(≤)/%	0.40	0.40
锌含量/%	16.0～22.0	15.0～18.0
游离 MBT/%	≤2.0	14.0～18.0
筛余物（150 μm)(≤)/%	0.10	0.10
筛余物（63 μm)(≤)/%	0.50	0.50

注：游离 MBT 的含量除以上两种规格外，也可以根据用户要求进行调整。

促进剂 ZMBT 的供应商见表 1.3.4－41。

表 1.3.4-41　促进剂 ZMBT 的供应商

供应商	规格型号		初熔点(≥)/℃	锌含量(≤)/%	游离M/%	加热减量(≤)/%	筛余物(63 μm)(≤)/%	20 ℃时的密度/(g·cm^{-3})	堆积密度/(g·cm^{-3})
鹤壁联昊	粉料/ZMBT（MZ）—15		200.0	15.0～18.0	14.0～18.0	0.40	0.50	1.700	0.470～0.510
	低游离 M 粉料/ZMBT—2		200.0	16.0～22.0	0.0～2.0	0.40	—	1.780	0.470～0.510
天津市东方瑞创	MZ—5	粉料	200.0	16.0～22.0	5.0	0.30			
		加油粉料				0.50		添加剂：1.0%～2.0%	
	MZ—15	粉料		15.0～18.0	15.0	0.30			
		加油粉料				0.50		添加剂：1.0%～2.0%	

促进剂 ZMBT 的供应商还有：东北助剂化工有限公司、濮阳蔚林化工股份有限公司等。

五、次磺酰胺类

次磺酰胺类促进剂见表 1.3.4-42。

表 1.3.4-42　用作促进剂的次磺酰胺类化合物

名称	化学结构	性状		
		外观	相对密度	熔点/℃
N-叔丁基-2-苯并噻唑基次磺酰胺（促进剂 TBBS(NS)）	详见本节 5.4			
N-叔辛基-2-苯并噻唑基次磺酰胺（促进剂 BSO）	*N*-*tert*-octyl-2-benzothiazole sulphenamide 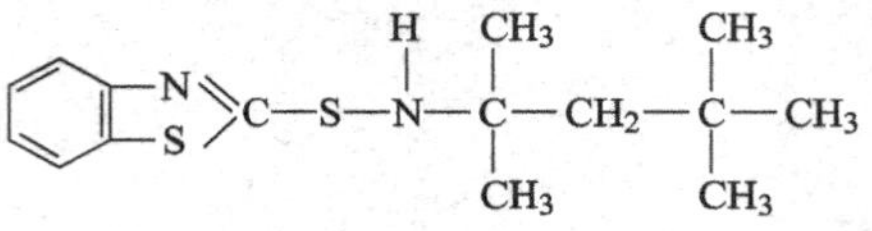	乳白色颗粒	1.14	100
N，*N*-二甲基-2-苯并噻唑基次磺酰胺（ARZ）	*N*，*N*-dimethyl-2-benzothiazole sulphenamide 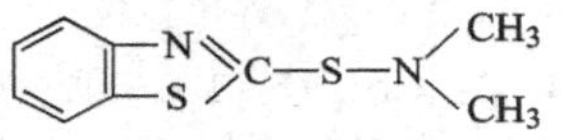	白色粉末	1.43～1.54	121～122
N，*N*-二乙基-2-苯并噻唑基次磺酰胺（促进剂 AZ）	*N*，*N*-diethyl-2-benzothiazole sulphenamide 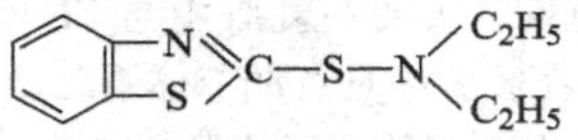	深褐色油状液体	1.17～1.18	230（自燃）
N，*N*-二异丙基-2-苯并噻唑基次磺酰胺（促进剂 DIBS）	*N*，*N*-diisopropyl-2-benzothiazole sulphenamide 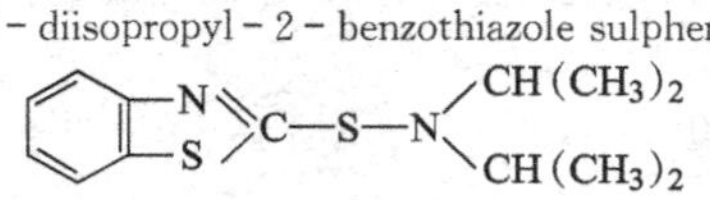	淡黄白色粉末	1.21～1.23	55～59
N-环己基-2-苯并噻唑次磺酰胺（促进剂 CBS(CZ)）	详见本节 5.1			
N，*N*-二环己基-2-苯并噻唑基次磺酰胺（促进剂 DCBS(DZ)）	详见本节 5.3			
N，*N*-双（2-苯并噻唑硫代）环己胺（CBSA）	*N*，*N*-bis(2-benzothiazolelethio)cyclohexylamine 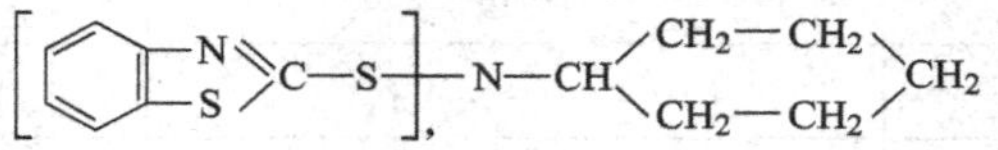	无色结晶	1.135	133～134
N-六亚甲基-2-苯并噻唑次磺酰胺	*N*-hexamethylene-2-benzothiazole sulphenamide 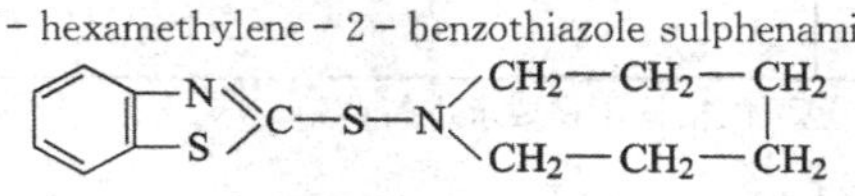	黄色结晶粉末		92

续表

名称	化学结构	性状		
		外观	相对密度	熔点/℃
2-(4-吗啉基硫代）苯并噻唑次磺酰胺（促进剂 NOBS）	详见本节 5.2			
N-氧联二亚乙基硫代氨基甲酰-*N*′-氧联二亚乙基次磺酰胺（促进剂 OTOS）	详见本节 5.5			
2-(2，6-二甲基-4-吗啉基硫代）苯并噻唑（促进剂 26）	2-(2，6-dimethyl-4-morpholinothio) benzothiazole 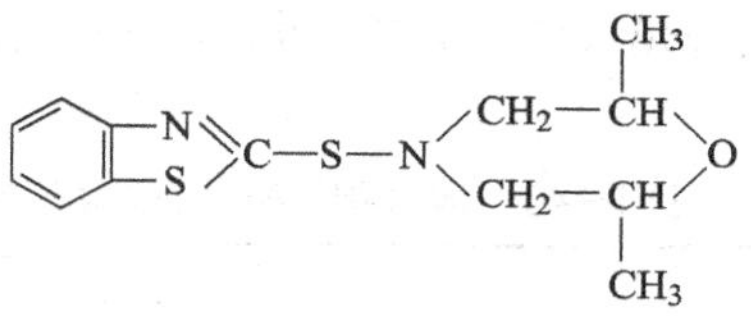	白色至淡黄色粉末	1.23～1.29	88
2-(4-吗啉基二硫代）苯并噻唑（促进剂 MDB）	2-(4-morpholingldithio)benzothiazole 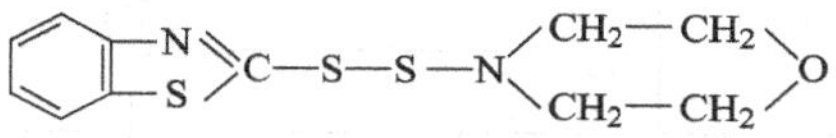	淡黄色粉末	1.51	125
N-亚糠基-2-苯并噻唑次磺酰胺	*N*-furfurylidenebenzothiazole sulphenamide 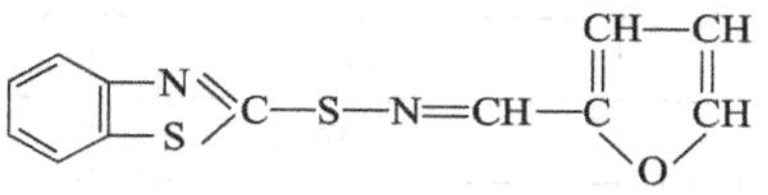	棕黄色结晶粉末		114～115
N-叔丁基-2-双苯并噻唑次磺酰胺（促进剂 TBSI）	详见本节 5.6			

注：详见《橡胶原材料手册》，于清溪、吕百龄等编写，化学工业出版社，2007 年 1 月第 2 版，P410～412。

次磺酰胺类促进剂是促进剂 MBT（M）的衍生物，迟效性促进剂，诱导期长，胶料不易焦烧，较宽的硫化平坦性，工艺安全性好；其硫化胶交联度高，力学性能、耐老化性能优良。其中，促进剂 TBSI 是该类促进剂中不产生亚硝基胺的新品种。

一般用量为 0.5～2.5 份，可并用胍类、秋兰姆类促进剂。

次磺酰胺类促进剂分解温度低，混炼温度过高会分解失效。水分会促进次磺酰胺类促进剂分解，应在阴凉、干燥条件下保存，储存时间不宜过长。

图 1.3.4-11 为次磺酰胺类不同促进剂硫化效果示意图。

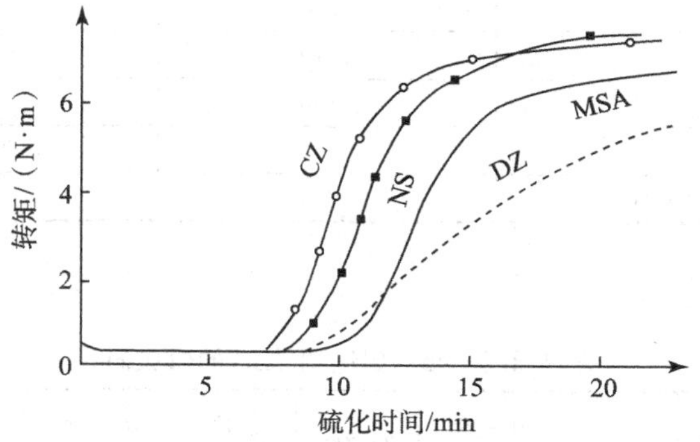

图 1.3.4-11　次磺酰胺类促进剂的硫化曲线（140 ℃）

配方为：NR 100，硬脂酸 3，ZnO 5，HAF 40，S 2，促进剂 1。

5.1　促进剂 CBS（CZ）

化学名称：*N*-环己基-2-苯并噻唑次磺酰胺。

结构式：

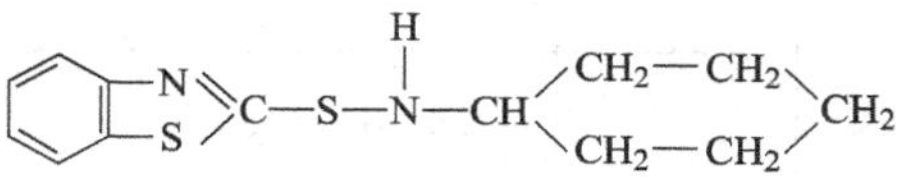

分子式：$C_{13}H_{16}N_2S_2$；相对分子质量：264.39；CAS 号：95－33－0；相对密度：1.31～1.34。灰白色粉末（颗粒）或淡黄色粉末，稍有气味，无毒，易溶于苯、甲苯、氯仿、二硫化碳、二氯甲烷、丙酮、乙酸乙酯，不易溶于乙醇，不溶于水、稀酸、稀碱和汽油。

本品是一种高度活泼的后效促进剂，抗焦烧性能优良，加工安全，硫化时间短。在硫化温度 138 ℃以上时促进作用很强；常与 TMTD、DPG 或其他碱性促进剂配合作第二促进剂，碱性促进剂如秋兰姆类和二硫代氨基甲酸盐类可增强其活性。在低硫硫化中可单用，亦可与二硫代氨基甲酸盐类或秋兰姆类促进剂并用，所得硫化胶有很好的耐老化性能和耐压缩永久变形性能；CBS 并用二硫代氨基甲酸盐类促进剂和秋兰姆类促进剂后胶料的焦烧时间会明显缩短；硫脲类促进剂对 CBS 有明显的二次促进作用，尤其在低硫黄胶料中；而在含硫醇类促进剂和秋兰姆类促进剂的胶料中，CBS 能延迟焦烧，提高加工安全性。本品主要用于制造轮胎、胶管、胶鞋、电缆等工业橡胶制品。用量为 0.5～2 份。

HG/T 2096－2006《硫化促进剂 CBS》对应于 ISO 11235：1999《橡胶配合剂　次磺酰胺促进剂　试验方法》（非等效），适用于 2-硫醇基苯并噻唑（硫化促进剂 MBT(M)）和环己胺制得的硫化促进剂 CBS。硫化促进剂 CBS 的技术要求见表 1.3.4-43。

表 1.3.4-43　促进剂 CBS 的技术要求

项目	指标		
	优等品	一等品	合格品
外观（目测）	灰白色、淡黄色粉末或颗粒		
初熔点(≥)/℃	99.0	98.0	97.0
加热减量的质量分数(≤)/%	0.20	0.30	0.50
灰分的质量分数(≤)/%	0.20	0.30	0.40
筛余物[a]（63 μm）的质量分数(≤)/%	0.00	0.05	0.10
甲醇不溶物的质量分数(≤)/%	0.50	0.50	0.80
纯度[a]的质量分数(≥)/%	97.0		95.0
游离胺[a]的质量分数(≤)/%	0.50		

[a] 根据用户要求检验项目。

硫化促进剂 CBS 即将执行的技术要求见表 1.3.4-44。

表 1.3.4-44　促进剂 CBS 的新的技术要求

项目	指标		
	粉末	油粉	颗粒
外观	灰白色至淡黄色粉末或粒状		
初熔点(≥)/℃	98.0	97.0	97.0
加热减量(≤)/%	0.40	0.50	0.40
灰分(≤)/%	0.30	0.30	0.30
筛余物（150 μm）(≤)/%	0.10	0.10	—
甲醇不溶物(≤)/%	0.50	0.50	0.50
游离胺[a](≤)/%	0.50	0.50	0.50
纯度[a]（滴定法、HPLC 法）(≥)/%	96.5	95.0	96.0

[a] 为根据用户要求检验项目。

促进剂 CBS 的供应商见表 1.3.4-45。

表 1.3.4-45　促进剂 CBS 的供应商

供应商	规格型号	纯度(≥)/%	初熔点(≥)/℃	灰分(≤)/%	甲醇不溶物(≤)/%	游离胺(≤)/%	加热减量(≤)/%	筛余物(63 μm)(≤)/%	油含量/%	20 ℃时的密度/(g·cm⁻³)	堆积密度或备注/(g·cm⁻³)
鹤壁联昊	粉料	97.0	98.0	0.30	0.50	0.50	0.40	0.50	—	1.270	0.410～0.450
	防尘粉料	96.0	97.0	0.30	0.50	0.50	0.40	0.50	1.0～2.0	1.270	0.410～0.450
	直径 2 mm 颗粒	96.0	97.0	0.30	0.50	0.50	0.40	—	—	1.270	0.410～0.450
宁波硫华	灰白色颗粒	98.0	96	0.4		1.0	0.5	0.1		1.05	EPDM/EVM 载体

续表

供应商	规格型号	纯度(≥)/%	初熔点(≥)/℃	灰分(≤)/%	甲醇不溶物(≤)/%	游离胺(≤)/%	加热减量(≤)/%	筛余物(63 μm)(≤)/%	油含量/%	20 ℃时的密度/(g·cm^{-3})	堆积密度或备注/(g·cm^{-3})
山东尚舜	粉状、粒状	97.0	97.0	0.30	0.50	0.50	0.30	0.10(150 μm)		1.31～1.34	
锐巴化工	CBS－80 GE	98.0	97.0	0.4		1.0	0.5	0.1		1.05	EPDM 载体
	CBS－80 GS	98.0	97.0	0.4		1.0	0.5	0.1		1.05	SBR 载体

促进剂 CBS 的供应商还有：科迈化工股份有限公司、东北助剂化工有限公司、山东阳谷华泰化工股份有限公司、河南省开仑化工有限责任公司、濮阳蔚林化工股份有限公司、天津市东方瑞创橡胶助剂有限公司等。

5.2　促进剂 NOBS（MBS）

化学名称：*N*-氧二乙撑基-2-苯并噻唑次磺酰胺，*N*-氧联二亚乙基-2-苯并噻唑基次磺酰胺，2-(4-吗啉基硫代)苯并噻唑次磺酰胺。

结构式：

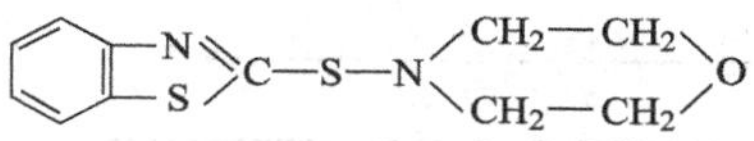

分子式：$C_{11}H_{12}N_2S_2O$；相对分子质量：252.30；CAS 号：102－77－2；淡黄色或橙黄色晶型颗粒，无毒，微有氨味；熔点：86～88 ℃；相对密度：1.34～1.40；受热 50 ℃以上逐渐分解，溶于苯、丙酮、氯仿，不溶于水、稀酸、稀碱。

本品为次磺酰胺类促进剂，是一种后效高速硫化促进剂。可用作大多数橡胶硫化的促进剂，但不宜用于氯丁橡胶；易分散，硫化后的产品不喷霜、颜色变化小，可用于轮胎、内胎、胶鞋、胶带等制品。用量为 0.5～2.5 份。硫化临界温度为 138 ℃以上。

GB/T 8829－2006《硫化促进剂 NOBS》对应于 ISO 11235：1999《橡胶配合剂　次磺酰胺类促进剂　试验方法》（非等效），适用于 2-硫醇基苯并噻唑（硫化促进剂 MBT(M)）和吗啉制得的硫化促进剂 NOBS。促进剂 NOBS 的技术要求见表 1.3.4-46。

表 1.3.4-46　促进剂 NOBS 的技术要求

项目	指标		
	优等品	一等品	合格品
外观	淡黄色或橙黄色颗粒		
初熔点(≥)/℃	81.0	80.0	78.0
加热减量的质量分数(≤)/%	0.40	0.50	0.50
灰分的质量分数(≤)/%	0.20	0.30	0.40
甲醇不溶物的质量分数(≤)/%	0.50	0.50	0.80
纯度[a]的质量分数(≤)/%	97.0		—
游离胺[b]的质量分数(≤)/%	0.50		

a、b　根据用户需要测定的项目。

促进剂 NOBS 的供应商见表 1.3.4-47。

表 1.3.4-47　促进剂 NOBS 的供应商

供应商	规格型号	外观	初熔点(≥)/℃	灰分(≤)/%	加热减量(≤)/%	甲醇不溶物(≤)/%	游离胺(≤)/%
濮阳蔚林化工股份有限公司			80	0.3	0.3		
天津市东方瑞创橡胶助剂有限公司		淡黄色或橙色颗粒	80	0.30	0.30	0.50	0.50
锐巴化工	NOBS－80 GS	淡黄色颗粒	80	0.30	0.30	0.30	0.50

5.3　促进剂 DCBS（DZ）

化学名称：*N*，*N*-二环己基-2-苯并噻唑基次磺酰胺。

结构式：

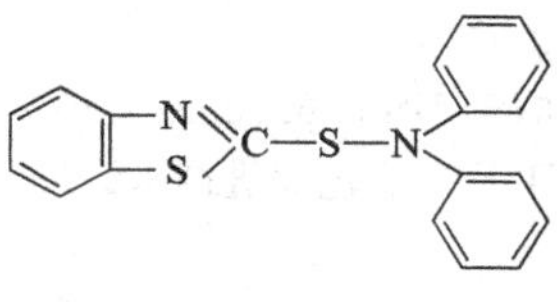

分子式：$C_{19}H_{26}N_2S_2$；相对分子质量：346.56；CAS 号：4979－32－2；相对密度：1.26；米色粉状或颗粒，溶于丙酮等有机溶剂，不溶于水。

本品是 NR、BR、SBR 和 IR 的后效性促进剂。在次磺酰胺类促进剂中，DCBS（DZ）的基团最大、数量最多，所以防焦烧最好，焦烧时间最长；其硫化胶物理性能和动态性能均较好；有利于改善橡胶与镀黄铜钢丝帘线的黏合性能，因此，促进剂 DCBS（DZ）被广泛应用于子午线轮胎的胎体帘布胶和胎圈补强带附胶等配方中。一般用量为 0.5～2.0 份。

HG/T 4140－2010《硫化促进剂 DCBS》适用于由二环己胺、硫化促进剂 MBT 经氧化制成的促进剂 DCBS。促进剂 DCBS 的技术要求见表 1.3.4－48。

表 1.3.4－48　促进剂 DCBS 的技术要求

项目	指标
外观	浅黄色至粉红色粉末或颗粒
初熔点(≥)/℃	97.0
加热减量的质量分数(≤)/%	0.40
灰分的质量分数(≤)/%	0.40
环己烷不溶物的质量分数(≤)/%	0.50
游离胺[a]的质量分数(≤)/%	0.40
纯度[a]的质量分数(≤)/%	98.0

[a] 根据用户要求检验项目。

促进剂 DCBS（DZ）的供应商见表 1.3.4－49。

表 1.3.4－49　促进剂 DCBS（DZ）的供应商

供应商	规格型号	熔点(≥)/℃	灰分(≤)/%	游离胺含量(≤)/%	游离 MBTS(≤)/%	加热减量(≤)/%	筛余物(60 目)(≤)/%	纯度/%	密度/(g·cm^{-3})	备注
宁波硫华	DCBS－80GE F140	98	0.4	0.4		0.5	63 μm 筛余物含量≤0.1%	98		EPDM/EVM 为载体
青岛华恒	粉状	99	0.4	0.4	0.4	0.4	10	97		
	圆柱状颗粒	98	0.4	0.4	0.4	0.4		97		
山东尚舜	粉状、粒状	97.0	0.40	0.40		0.40	环己烷不溶物含量≤0.50%	98.0	1.26～1.32	

促进剂 DCBS（DZ）的供应商还有：天津市科迈化工有限公司、天津市东方瑞创橡胶助剂有限公司等。

5.4　促进剂 TBBS（NS）

化学名称：N－叔丁基－2－苯并噻唑基次磺酰胺。

结构式：

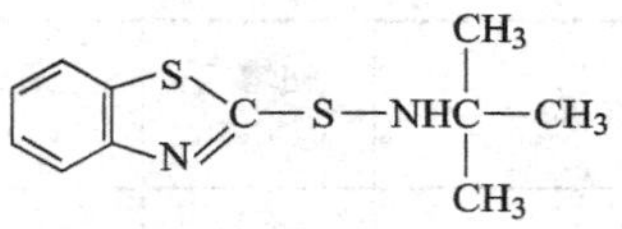

分子式：$C_{11}H_{14}N_2S_2$；相对分子质量：238.37；CAS 号：95－31－8；奶白色或淡黄褐色粉末；相对密度：1.26～1.32；溶于苯、氯仿、二硫化碳、丙酮、甲醇、乙醇，难溶于汽油，不溶于水、稀酸、稀碱。

本品是 NR、BR、IR、SBR 及其并用胶的后效性促进剂，尤其适用于含碱性较强的炭黑胶料。本品低毒高效，操作温度下安全，抗焦烧性强、硫化速度快，定伸应力高，是 NOBS 理想的替代品，具有优异的综合性能，被称为标准促进剂。广泛用于子午线轮胎的生产；可同醛胺、胍类、秋兰姆类促进剂并用；与防焦剂 PVI 并用时，构成良好的硫化体系。主要用于轮胎、胶鞋、胶管、胶带、电缆的制造生产。NR 中用量为 0.5～1.0 份与 2.5～3.5 份硫黄并用；SBR 中用量为 1.0～1.4 份与 0.2 份秋兰姆类促进剂、1.5～2.5 份硫黄并用。

GB/T 21840－2008《硫化促进剂 TBBS》对应于 JIS K 6220－2：2001《橡胶用配合剂　试验方法　第 2 部分：有机硫化促进剂及有机硫化剂》（非等效），适用于由叔丁胺、硫化促进剂 MBT 经氧化制成的硫化促进剂 TBBS。TBBS 的技术要求见表 1.3.4－50。

表 1.3.4－50　GB/T 21840－2008 TBBS 的技术要求

项目	指标	项目	指标
外观	白色或黄色粉末、粒状	筛余物[a]的质量分数（150 μm）/%	≤0.10
初熔点/℃	≥104.0	甲醇不溶物的质量分数/%	≤1.0
加热减量的质量分数/%	≤0.40	游离胺[b]的质量分数/%	≤0.50
灰分的质量分数/%	≤0.30	纯度[c]的质量分数/%	≥96.0

a　筛余物不适用于粒状产品；
b、c　指标为根据用户要求检测项目。

GB/T 21840－2008 规定，TBBS 自生产之日起储存期为 6 个月。ISO 相关技术要求 TBBS 的最初不溶物含量应小于 0.3%，该材料应在室温下储存于密闭容器中，每 6 个月检查一次不溶物含量，若超过 0.75%，则废弃或重结晶。

促进剂 TBBS（NS）的供应商见表 1.3.4－51。

表 1.3.4－51　促进剂 TBBS（NS）的供应商

供应商	规格型号	初熔点（≥）/℃	灰分（≤）/%	添加剂/%	甲醇不溶物（≤）/%	加热减量（≤）/%	筛余物（63 μm）（≤）/%	红外光谱≥	密度/（g·cm⁻³）	含量（≥）/%	说明
宁波硫华	TBBS－80GE F200	106	0.3			0.3	0.5		1.08	98	EPDM/EVM为载体
濮阳蔚林	粉料	105.0	0.30			0.3	0.50				
	加油粉料	105.0	0.30	0.1～2.0		0.5	0.50	85.0			
	颗粒	104.0	0.30			0.3	—				
山东尚舜	粉状、粒状	104.0	0.40		1.0	0.40	0.10（150 μm）		1.26～1.32	96	
天津市东方瑞创	粉料	105.0	0.30		1.0	0.30					
	加油粉料		0.30	0.1～2.0		0.50					
	颗粒		0.30			0.30			粒径：1.0～3.0 mm		
锐巴化工	TBBS－80 GE	106.0	0.30						1.08	98	
	TBBS－80 GS	105.0	0.30		1.0	0.3	0.5		1.08	98	

5.5　促进剂 OTOS

化学名称：*N*-氧联二亚乙基硫代氨基甲酰-*N*′-氧联二亚乙基次磺酰胺。

结构式：

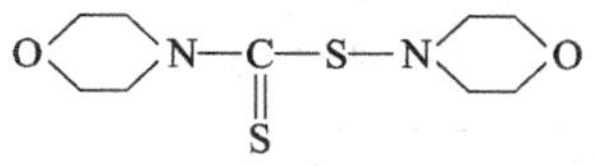

分子式：$C_9H_{16}N_2O_2S_2$；相对分子质量：248.4；CAS 号：13752－51－7；灰白色结晶粉末；密度：1.35 g/cm³。本品是 NR、SBR、EPDM 和其他通用橡胶的主促进剂，硫化后效性和加工安全性比促进剂 MBT（M）、MDB 等苯并噻唑、次磺酰胺类促进剂好。硫化临界温度为 149 ℃。使用本品高温硫化 NR 时，有很好的抗返原性能，制品的耐热性高。

促进剂 OTOS 的供应商见表 1.3.4－52。

表 1.3.4－52　促进剂 OTOS 的供应商

供应商	规格型号	初熔点(≥)/℃	灰分(≤)/%	添加剂%	加热减量(≤)/%	筛余物（840 μm）(≤)/%
濮阳蔚林	粉料	130.0	0.50		0.50	0
	加油粉料	130.0	0.50	0.1～2.0	0.50	0

5.6　促进剂 TBSI

化学名称：*N*-叔丁基-双（2-苯并噻唑）次磺酰胺。

结构式：

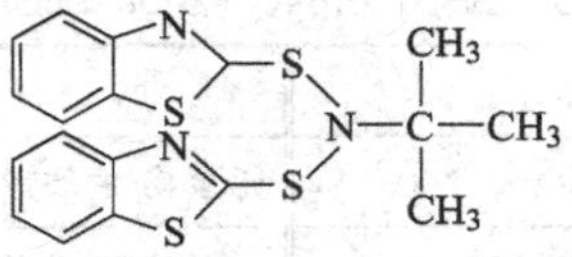

分子式：$C_{18}H_{17}N_3S_4$；相对分子质量：403.61；白色粉末；相对密度：1.35；熔点大于 128 ℃。本品是一种伯胺基类促进剂，在硫化过程中不会产生亚硝胺类致癌物质，与仲胺类次磺酰胺类和 TBBS（NS）相比，它具有更好的焦烧安全性、较慢的硫化速度、较好的硫化平坦性。硫化胶的模量高，动态性能好，生热低。其用量与其他次磺酰胺类的促进剂相当。

促进剂 TBSI 的供应商见表 1.3.4－53。

表 1.3.4－53　促进剂 TBSI 的供应商

供应商	初熔点(≥)/℃	灰分(≤)/%	加热减量(≤)/%	筛余物（150 μm)(≤)/%
海城市化工助剂厂	128.0	0.50	0.50	0.3

六、胍类

胍类促进剂见表 1.3.4－54。

表 1.3.4－54　用作促进剂的胍类化合物

名称	化学结构	性状		
		外观	相对密度	熔点/℃
二苯胍（促进剂 DPG）	详见本节 6.1			
三苯胍（促进剂 TPG）	triphenyl guanidine 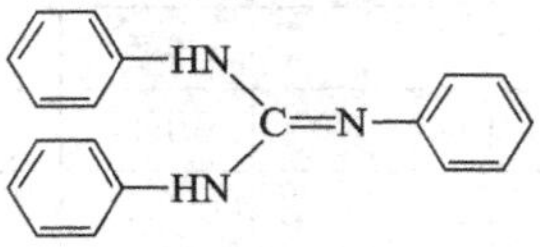	白色粉末	1.10	141～142
二邻甲苯胍（促进剂 DOTG）	详见本节 6.2			
邻甲苯基二胍（BG）	*o*-tolylbiguanidine 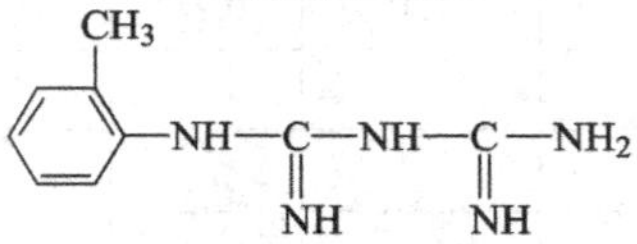	白色粉末	1.17	140
N－苯基－*N'*－甲苯基－*N'*－二甲苯基胍（PTX）	*N*－phenyl－*N'*－tolyl－*N''*－xylylguanidine 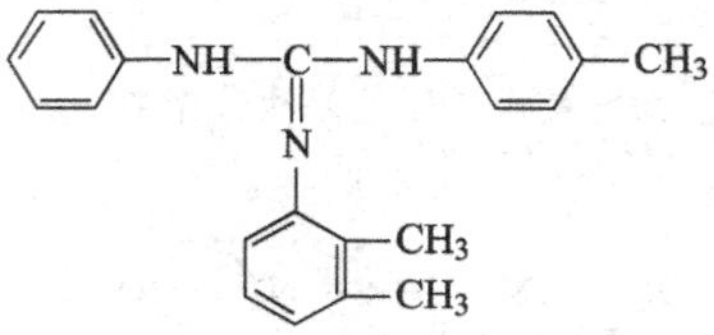	褐色树脂状物		
苯基邻甲苯基胍（POTG）	phenyl－*o*－tolylguanidine 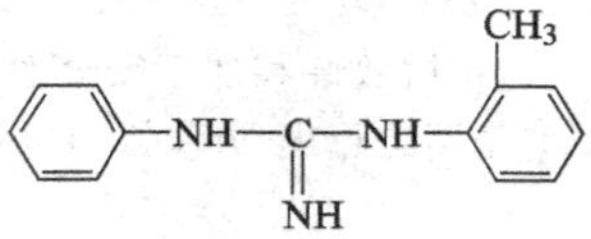	白色粉末	1.10	
邻苯二酚硼酸二邻甲苯基胍盐（BX）	di－*o*－tolylguanidine salt of dicatechol borate 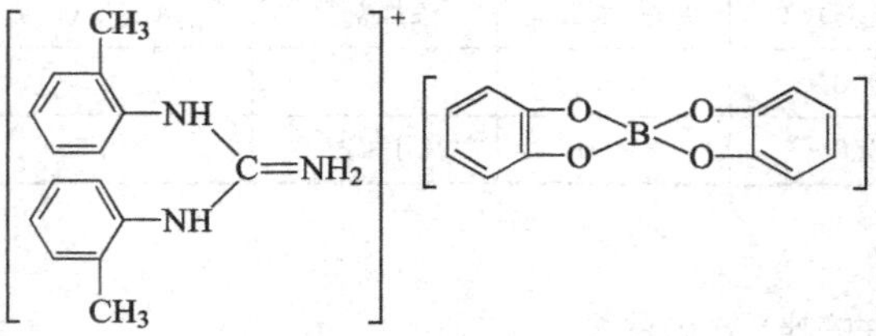	浅棕色结晶粉末	1.14	16.5

续表

名称	化学结构	性状		
		外观	相对密度	熔点/℃
苯二甲酸二苯胍（P）	diphenyl guanidine phthalate 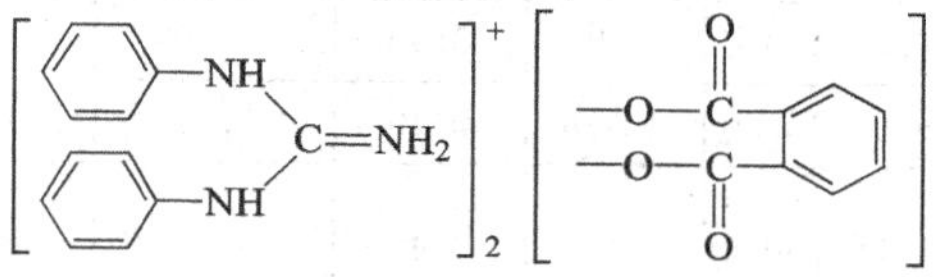	白色粉末	1.20～1.23	178

注：详见《橡胶原材料手册》，于清溪、吕百龄等编写，化学工业出版社，2007 年 1 月第 2 版，P400～401。

胍类促进剂活性较低，促进作用较慢，适用于厚制品。通常用作第二促进剂，对噻唑类促进剂的活化作用很强，并用后对硫化胶的性能有较大改善；对二硫代氨基甲酸盐类促进剂也有一定的活化作用，但很少并用；对次磺酰胺类促进剂的活化作用很小。

胍类促进剂作主促进剂时用量为 1.0～1.5 份，作噻唑类促进剂的第二促进剂时用量为 0.1～0.5 份。需配用氧化锌作活性剂，硬脂酸多于 1 份时，能迟延硫化，降低拉伸强度。

胍类促进剂在氯丁橡胶中兼有增塑作用。

6.1　促进剂 DPG（D）

化学名称：二苯胍。

结构式：

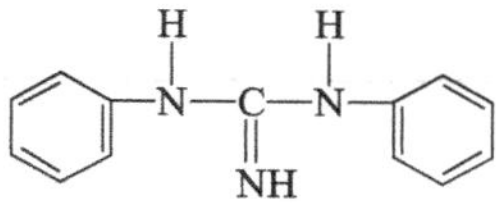

分子式：$C_{13}H_{13}N_3$；相对分子质量：211.27；CAS 号：102—06—7；相对密度：1.08～1.19；白色或灰白色粉末，无味，无毒，易溶于丙酮、乙酸乙酯，溶于苯、乙醇，微溶于四氯化碳，不溶于水和汽油。

在 NR 和 SBR 的配料中，DPG 与噻唑类以及次磺酰胺类促进剂并用作副促进剂；DPG 储存稳定性优于二硫代氨基甲酸盐类及秋兰姆类促进剂，但不那么活泼；DPG 的焦烧时间很长，硫化速度较慢，它会导致轻微变色，因而不能用于浅色制品中，除非用作活性剂；单独使用 DPG 时其硫化胶的抗热氧老化性较差（需要使用有效防老剂）；DPG 能有效地活化硫醇类促进剂；DPG 对丁基橡胶 IIR 和乙丙橡胶 EPDM 没有硫化促进效果；在采用氟硅化物发泡工艺的乳胶中，DPG 用作辅助凝胶剂（泡沫稳定剂）。用量：作主促进剂时 1～2 份与 2.5～3.5 份硫黄并用；用作第二促进剂时 0.1～0.25 份与 0.75～1 份硫醇类促进剂和 2.5 份硫黄并用。临界温度为 141 ℃。本品只要用于含有白色填料的橡胶制品。

HG/T 2342—2010《硫化促进剂 DPG》适用于由二苯硫脲、氧气、氨水，在稀乙醇介质或水介质下制成的硫化促进剂 DPG。促进剂 DPG 的技术要求见表 1.3.4－55。

表 1.3.4－55　促进剂 DPG 的技术要求

项目	指标
外观	白色或灰白色粉末或颗粒
初熔点/℃	≥144.0
加热减量的质量分数/%	≤0.30
灰分的质量分数/%	≤0.30
筛余物[a]（150 μm）的质量分数/%	≤0.10
纯度[b]的质量分数/%	≥97.0

[a] 筛余物不适用于粒状产品；
[b] 指标为根据用户要求检测的项目。

促进剂 DPG 的供应商见表 1.3.4－56。

表 1.3.4－56　促进剂 DPG 的供应商

供应商	规格型号	纯度（≥）/%	初熔点（≥）/℃	终熔点（≥）/℃	灰分（≤）/%	加热减量（≤）/%	筛余物（63 μm）（≤）/%	油含量/%	20 ℃时的密度/（g·cm⁻³）	堆积密度或备注/（g·cm⁻³）
宁波硫华	DPG－80GE F140	96	145		0.4	0.3	0.1		1.05	EPDM/EVM 为载体

续表

供应商	规格型号	纯度(≥)/%	初熔点(≥)/℃	终熔点(≥)/℃	灰分(≤)/%	加热减量(≤)/%	筛余物(63 μm)(≤)/%	油含量/%	20 ℃时的密度/(g·cm^{-3})	堆积密度或备注/(g·cm^{-3})
鹤壁联昊	粉料	97.0	144.0	146.0～150.0	0.40	0.40	0.50	—	1.180	0.405～0.450
	防尘粉料	96.0	144.0	146.0～150.0	0.40	0.40	0.50	1.0～2.0	1.180	0.405～0.450
	直径 2 mm 颗粒	96.0	144.0	146.0～150.0	0.40	0.40	—	—	1.180	0.405～0.450
山东尚舜	粉状、粒状、油粉	97.0	144.0		0.30	0.30	0.10 (150 μm)		1.08～1.19	
	预分散 DPG (D)－7								1.10±0.05	75%DPG、25% EPDM 载体和表面活性剂
天津市东方瑞创	粉料		145.0		0.30	0.30				
	加油粉料				0.40	0.40		1.0～2.0		
	颗粒				0.30	0.30		粒径：1.5～2.0 mm		
锐巴化工	DPG－80GE	97.0	144.0		0.40	0.40				

6.2 促进剂 DOTG

化学名称：二邻甲苯胍。

结构式：

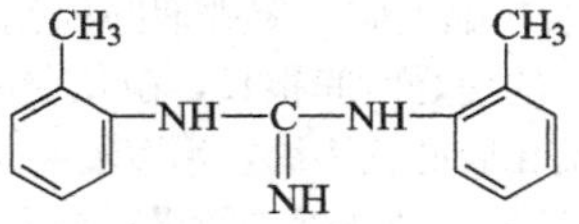

分子式：$C_{15}H_{17}N_3$；相对分子质量：239.32；CAS 号：97－39－2；灰白色粉末，味微苦，无臭；相对密度：1.01～1.02；溶于氯仿、丙酮、乙醇，微溶于苯，不溶于汽油和水。

本品活性与促进剂 D 极为相似，硫化临界温度为 141 ℃，硫化起步很慢，硫化速率也相对较慢。单独使用 DOTG 会引起严重的硫化返原，因此需要并用有效的防老剂。本品是酸性促进剂，与硫醇类、次磺酰胺类、秋兰姆类以及二硫代氨基甲酸盐类促进剂并用时能获得协同效应和二次促进效应，尤其是噻唑类、次磺酰胺类促进剂的重要活性剂，与促进剂 MBT (M) 并用有超促进剂的效果，交联密度和硫化速率都有所提高，硫化胶力学性能和抗老化性能良好。DOTG 在硫化胶中没有喷霜现象。主要用于厚壁制品、胎面胶、缓冲胶、胶辊覆盖胶等。

用量：NR 中 0.8～1.2 份与 2.5～4 份硫黄并用；SBR 中 0.1～0.4 份与 1～1.5 份硫醇类及 1.5～2.5 份硫并用；NBR 中 0.05～0.4 份与 0.8～1.5 份次磺酰胺促进剂和 1.5～2.4 份硫黄并用。

促进剂 DOTG 的供应商见表 1.3.4－57。

表 1.3.4－57 促进剂 DOTG 的供应商

供应商	商品名称	外观	密度/(g·cm^{-3})	熔点/℃	含量(≥)/%	活性含量/%	灰分(≤)/%	加热减量(≤)/%	63 μm 筛余物(≤)/%	备注(添加剂/%)
宁波硫华	DOTG－75GA F140	灰白色颗粒	1.10	175～178	96	75	0.5	0.5	0.5	ACM/EVM 为载体
天津市东方瑞创	粉料	灰白色粉末		170.0			0.30	0.30		—
	加油粉料						0.40	0.40		1.0～2.0

七、硫脲类

硫脲类促进剂见表 1.3.4－58。

表 1.3.4-58 用作促进剂的硫脲类化合物

名称	化学结构	性状		
		外观	相对密度	熔点/℃
1，2-亚乙基硫脲（促进剂 ETU）	详见本节 7.1			
N，*N'*-二乙基硫脲（促进剂 DETU）	详见本节 7.2			
N，*N'*-二异丙基硫脲	*N*，*N'*- diisopropyl thiourea 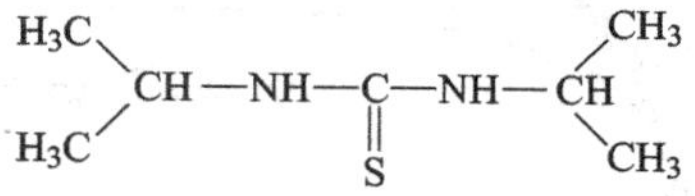	白色 结晶粉末		143～145
N，*N'*-二正丁基硫脲（促进剂 DBTU）	详见本节 7.3			
N，*N'*-二月桂基硫脲（促进剂 LUR）	*N*，*N'*- dilauryl thiourea 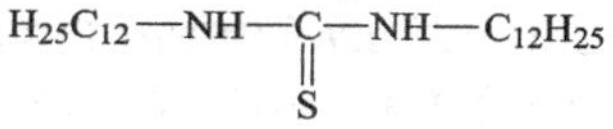	淡黄色 片状固体		54
N，*N'*-二苯基硫脲（促进剂 CA、DP-TU）	详见本节 7.4			
N，*N'*-二邻甲苯基硫脲（促进剂 A-22 或促进剂 DOTU）	*N*，*N'*- diorthotolylthiourea 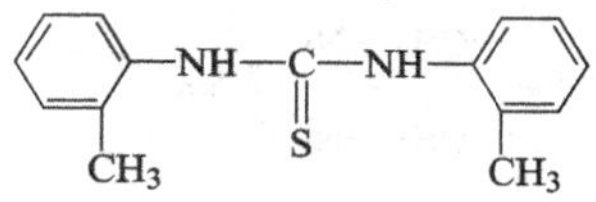	白色粉末		149～153
N，*N'*-二糠基硫脲（促进剂 DFTU）	*N*，*N'*- difurfuryl thiourea 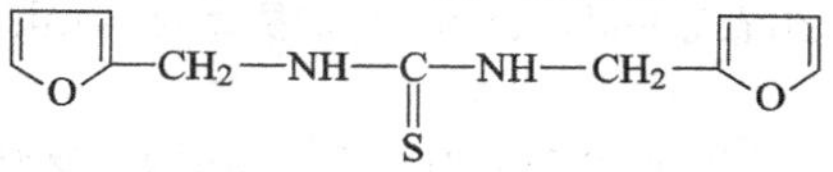	棕色 蜡状固体	1.23	67～72
N，*N*，*N'*-三甲基硫脲（促进剂 TMU 或促进剂 EF_2）	*N*，*N*，*N'*- trimethyl thiourea 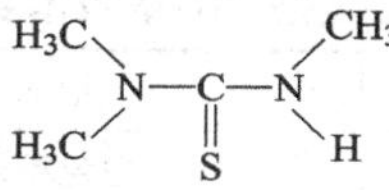	白色至淡黄色粉末	1.20～1.26	68～78
二甲基硫脲（促进剂 DMTU）	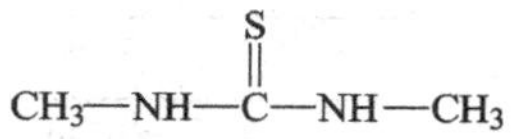 二甲基硫脲（DMTU）		1.03～1.07	
四甲基硫脲（Na-101）	tetramethyl thiourea 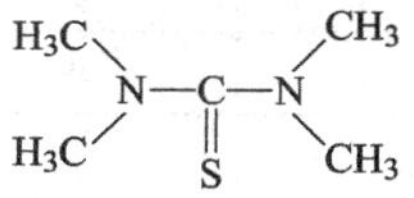	片状固体	1.2	70
N，*N'*-二甲基-*N'*-乙基硫脲（促进剂 B）	*N*，*N'*- dimethyl - *N'*- ethyl thiourea 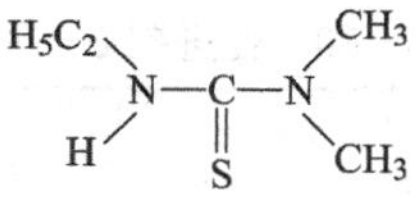	红褐色液体	1.03～1.07	
改性硫脲	modified thiourea	乳白色粉末	1.40	240
二烷基硫脲	dialkyl thiourea 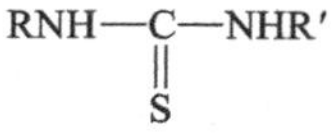 R，R'为烷基	琥珀色液体	1.01	

注：详见《橡胶原材料手册》，于清溪、吕百龄等编写，化学工业出版社，2007 年 1 月第 2 版，P396～397。

硫脲类促进剂是氯丁橡胶、氯磺化聚乙烯、氯醚橡胶、丙烯酸酯橡胶的优良促进剂，硫化剂宜配用氧化镁或氧化锌等金属氧化物。硫脲类促进剂在一般制品中用量为 0.25～1.5 份；在耐水氯丁橡胶制品中为 0.2～0.5 份配以氧化铅 10～20 份；在耐高温氯丁橡胶制品中用量可增加到 4.0 份。

硫脲类促进剂促进作用慢且易焦烧，在一般胶料中很少使用。在天然橡胶、丁苯橡胶中可用作第二促进剂，一般用量为0.3～1.5份，配以0.3～1.5份促进剂MBTS（DM），以改善抗焦烧性能。

图1.3.4-12为几种硫脲类促进剂在丁基橡胶中的硫化效果示意图：

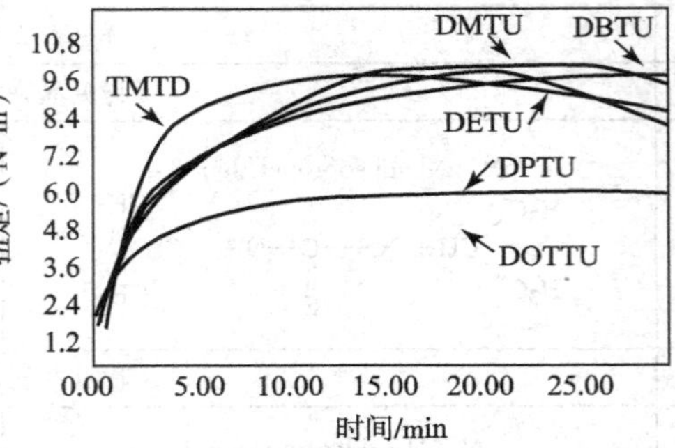

图1.3.4-12　180 ℃下的硫化曲线图

配方为：丁基橡胶100、TMTD 1.0、MBTS 0.5、硫黄2.0、硫脲类促进剂4.0

7.1　促进剂ETU（Na—22）

化学名称：1，2-亚乙基硫脲、2-硫醇基咪唑啉、乙烯硫脲、乙撑硫脲。

结构式：

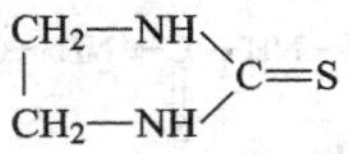

分子式：$C_3H_6N_2S$；相对分子质量：102.17；CAS号：96—45—7；相对密度：2.00；白色粉末，溶于乙醇，微溶于水。味苦，致癌。对制品不污染，储存稳定。本品是氯丁橡胶CH型和W型以及氯乙醇橡胶、聚丙烯酸醋橡胶制品的专用促进剂。用于电线、电缆、管带、胶鞋、雨鞋、雨衣等制品，也用于生产抗氧剂、杀虫剂、染料药物和合成树脂的化学品中间体。通常用量为0.1～2份。

HG/T 2343—2012《硫化促进剂ETU》适用于以二硫化碳和乙二胺为主要原料反应制得的硫化促进剂ETU。促进剂ETU的技术要求见表1.3.4-59。

表1.3.4-59　促进剂ETU的技术要求和试验方法

项目		指标	合格品
外观		白色粉末	目测
初熔点/℃		≥195.0	GB/T 11409—2008
加热减量的质量分数/%		≤0.30	
灰分的质量分数/%		≤0.30	
筛余物[a]的质量分数/%	150 μm	≤0.10	
	63 μm	≤0.50	
纯度[a]的质量分数/%		≥95.0	HG/T 2343—2012

[a] 根据用户要求检验项目。

促进剂ETU的供应商见表1.3.4-60。

表1.3.4-60　促进剂ETU的供应商

供应商	规格型号	纯度（≥）/%	初熔点（≥）/℃	终熔点（≥）/℃	灰分（≤）/%	加热减量（≤）/%	筛余物（63 μm）（≤）/%	油含量/%	20 ℃时的密度/（g·cm⁻³）	堆积密度或备注/（g·cm⁻³）
宁波硫华	ETU—80GE F140	98	195		0.4	0.3	0.3		1.15	EPDM/EVM为载体
鹤壁联昊	粉料	97.0	195.0	198.0～200.0	0.30	0.30	0.50	—	1.430	0.350～0.420
	防尘粉料	96.0	194.0	198.0～200.0	0.30	0.30	0.50	1.0～2.0	1.430	0.350～0.420
	直径2 mm颗粒	96.0	194.0	198.0～200.0	0.30	0.30	—	—	1.430	0.350～0.420

续表

供应商	规格型号	纯度(≥)/%	初熔点(≥)/℃	终熔点(≥)/℃	灰分(≤)/%	加热减量(≤)/%	筛余物(63 μm)(≤)/%	油含量/%	20 ℃时的密度/(g·cm⁻³)	堆积密度或备注/(g·cm⁻³)
山东尚舜	白色结晶粉末		193.0		0.30	0.30	0.1(150 μm)		2.00	
山东尚舜	预分散 ETU－75									75%ETU、25% EPDM载体和表面活性剂
锐巴化工	ETU－80 GE	98.0	195		0.5	0.3	0.3		1.14	80%ETU、20% EPDM载体和表面活性剂

7.2　促进剂 DETU

化学名称：*N*，*N′*-二乙基硫脲。

分子式：$C_5H_{12}N_2S$；相对分子质量：132.2272；CAS号：105－55－5。二乙基硫脲为白色或淡黄色细颗粒或粉末，相对密度为1.100，熔点为70 ℃以上，有吸湿性，易溶于乙醇、丙酮，可溶于水，难溶于汽油。该物质具有刺激性。对眼睛、黏膜和皮肤有刺激作用。遇明火、高热可燃。

结构式：

N，*N′*- diethyl thiourea

$$H_5C_2—NH—\underset{\underset{S}{\|}}{C}—NH—C_2H_5$$

二乙基硫脲在橡胶工业中广泛用作促进剂。这类促进剂的促进效力低且抗焦烧性能差，故对二烯类橡胶来说现已很少使用，但在某些特殊情况下，如用秋兰姆硫化物等硫黄给予体硫化时，具有活性剂的作用。硫脲类促进剂对于氯丁胶的硫化具有独特的效能，可制得抗张强度、硬度、压缩变形等性能良好的氯丁硫化胶。二乙基硫脲与Na－22相比，焦烧及硫化均快，但硫化平坦性较好。本品易分散，不喷霜。用量较大时，可进行高温高速硫化，特别适用于压出制品的连续硫化。本品也是丁基橡胶用促进剂，三元乙丙橡胶的硫化活性剂。在天然胶和丁苯胶中能活化噻唑类和次磺酰胺类促进剂，对天然胶、氯丁胶、丁腈胶和丁苯胶有抗氧化作用。

二乙基硫脲还可用作黑色金属在酸溶液中的高效缓蚀剂。二乙基硫脲在化学清洗时的另一大用途是作为铜溶解促进剂：锅炉系统的凝汽器和给水加热器往往由铜合金制成，当铜合金被腐蚀时，在比铜更活泼的钢材表面会析出金属铜而结垢。这种金属铜用通常的酸溶液清洗，几乎不能去除。这时，若有二乙基硫脲之类的铜离子掩蔽剂与酸共存，就可以明显改善酸清洗液的除铜效果。可以单独加入酸溶液中用作黑色金属的缓蚀剂，也可与氨基磺酸和柠檬酸配合，制成固体清洗剂。

促进剂DETU的供应商见表1.3.4－61。

表1.3.4－61　促进剂DETU的供应商

供应商	型号规格	外观	初熔点(≥)/℃	加热减量(≤)/%	灰分(≤)/%	筛余物(250 μm)(≤)/%	添加剂/%
喜润化学工业丨上海雷虹工贸有限公司		白色粉末	74	0.5	0.3	0.5	
天津市东方瑞创橡胶助剂有限公司	晶型料	白色晶型料	74.0	0.30	0.30		—
天津市东方瑞创橡胶助剂有限公司	加油粉料	白色晶型料	74.0	0.40	0.40		1.0～2.0

7.3　促进剂 DBTU

化学名称：*N*，*N′*-二正丁基硫脲。

结构式：

N，*N′*- dibutyl thiourea

$$CH_3(CH_2)_3—NH—\underset{\underset{S}{\|}}{C}—NH—(CH_2)_3CH_3$$

分子式：$C_9H_{20}N_2S$；相对分子质量：188.3；CAS号：109－46－6；相对密度：1.061；熔点：63～65 ℃。白色至淡黄色结晶粉末，溶于酒精、乙醇，微溶于二乙醚，难溶于乙醚，不溶于水。

本品系氯丁胶用快速硫化促进剂，性能与ETU和DETU相近，适用于硫化温度较低的胶料，制品物理性能较好。对天然胶、丁苯胶、丁基胶、三元乙丙胶的硫化亦有促进作用。也是天然胶、氯丁胶、丁腈胶和丁苯胶的抗臭氧剂。不污染、不变色。主要用于电线、工业制品和海绵制品等。

促进剂 DBTU 的供应商见表 1.3.4－62。

表 1.3.4－62　促进剂 DBTU 的供应商

供应商	型号规格	外观	初熔点(≥)/℃	加热减量(≤)/%	灰分(≤)/%	筛余物(840 μm)(≤)/%	添加剂
天津市东方瑞创	粉料	白色晶型粉末	60.0	0.30	0.30	0.00	—
	加油粉料			0.50	0.30	0.00	0.1～2.0

7.4　促进剂 CA（DPTU）

化学名称：*N*，*N*′-二苯基硫脲。

结构式：

N，*N*′- diphenyl thiourea

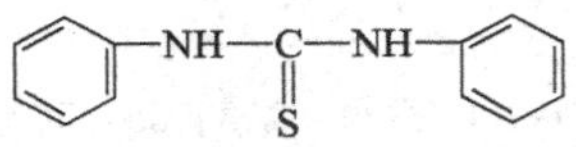

分子式/结构式：$C_{13}H_{12}N_2S$；相对分子质量：228.31；CAS 号：102－08－9；相对密度：1.32；熔点：154～156 ℃。片状结晶（从乙醇中重结晶），易溶于醇、乙醚、丙酮、环己酮、四氢呋喃等，微溶于 PVC 用的各种增塑剂，不溶于二硫化碳，碱性水溶液中溶解，在酸性水溶液中析出。非常苦。摩擦时发光。

本品系硫化速度较快的一种促进剂，硫化临界温度为 80 ℃，温度在 100 ℃以上时活性较高，混炼时需注意避免早期硫化。所得制品坚韧，抗张强度和抗曲疲劳性能优良，但制品受光变色。主要用于天然胶乳、氯丁胶乳制品和天然胶胶浆，亦可用于制造水胎、补胎胶、工业制品、胶鞋等。本品也用作乳液聚合法聚氯乙烯的热稳定剂，特别适用于软质 PVC 制品，不能与铅、镉等稳定剂并用，否则会导致制品变色。

促进剂 CA 的供应商见表 1.3.4－63。

表 1.3.4－63　促进剂 CA 的供应商

供应商	型号规格	外观	纯度(≥)/%	初熔点(≥)/℃	加热减量(≤)/%	灰分(≤)/%	筛余物(63 μm)(≤)/%	杂质/(个·g⁻¹)	添加剂/%
天津市东方瑞创	粉料	白色粉末		148.0	0.30	0.30	0.50		—
	加油粉料				0.50	0.30	0.50		0.1～2.0
鹤壁市荣鑫助剂有限公司		白色粉末	98.0	148.0	0.30	0.30	0.30	20	

八、醛胺类

醛胺类促进剂见表 1.3.4－64。

表 1.3.4－64　用作促进剂的醛胺类化合物

名称	化学结构	性状		
		外观	相对密度	熔点/℃
六亚甲基四胺（促进剂 H）	详见本节 8.1			
乙醛氨（1-氨基乙醇、α-氨基乙醇、乙醛氨、促进剂 AA、促进剂 AC）	acetaldehyde-ammonia condensate OH | CH_3—CH—NH_2	白色结晶粉末	1.6	93～97
丁醛丁胺缩合物（促进剂 833）	butylaldehyde-butylamine condensate $(CH_3—CH—N—C_4H_9)_n$	琥珀色半透明液体	0.86	115.6（闪点）
三亚丁烯基四胺（CT—N）	tricrotonylidene tetramine 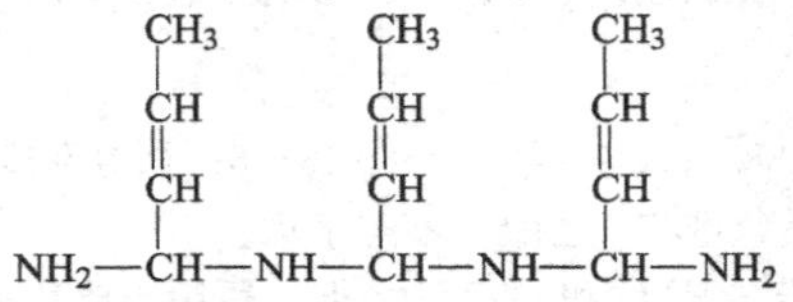	棕色黏稠油状液体	1.02	

续表

名称	化学结构	性状		
		外观	相对密度	熔点/℃
三乙基三亚甲基三胺（EFA）	triethyl trimethylene triamine $(C_2H_5N{=}CH_2)_3$	深褐色 黏稠液体	1.10	
甲醛苯胺缩合物（A—10）	formaldehyde－*p*－toluidine condensate 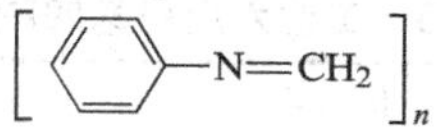	棕色黏稠物	1.12～1.16	51
甲醛对甲苯胺缩合物（A—17）	formaldehyde－*p*－toluidine condensate 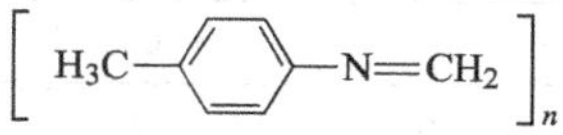	灰白色粉末	1.11～1.17	178～204
乙醛苯胺缩合物（A—77）	acetaldehyde-aniline condensate 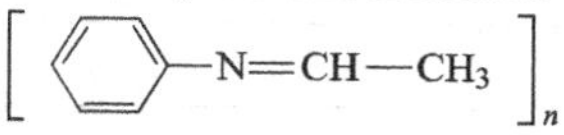	深棕色 黏性液体		55～85
正丁醛苯胺缩合物（促进剂 808）	详见本节 8.2			
庚醛苯胺反应产物（A—20）	heptaldehyde-aniline reaction product 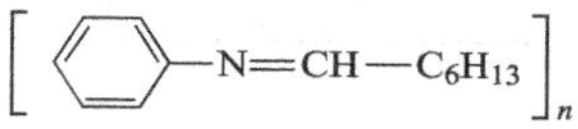	深棕色液体	0.93～0.94	
丁醛和亚丁基苯胺反应产物（A—32）	butyraldehyde-butylidene-aniline reaction product	琥珀色 半透明液体	1.01	
乙醛甲醛苯胺缩合物（A—19）	acetaldehyde-formaldehyde-aniline condensate	棕色 树脂状粉末	1.17	75～85
丁醛乙醛苯胺反应产物（A—16）	butyraldehyde-acetaldehyde-aniline reaction product	红棕色 油状液体	1.01～1.07	85 （闪点）
α-乙基-β-丙基丙烯醛与苯胺缩合物（促进剂 576）	*α*－ethyl－*β*－propylacnolein-aniline condensate 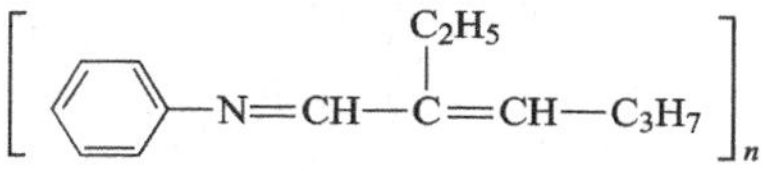	深琥珀色 液体	0.99～1.02	
多亚乙基多胺（促进剂 TR）	polyethylene polyamine $H_2\text{[}(CH_2)_2{-}NH\text{]}_n(CH_2)_2{-}NH_2$	黄色至红棕色 液体	0.99	
醛胺缩合物	aldehyde-amine condensate	浅色或橘黄色 液体		

注：详见《橡胶原材料手册》，于清溪、吕百龄等编写，化学工业出版社，2007 年 1 月第 2 版，P393～394。

醛胺与醛氨类促进剂常用作噻唑类、秋兰姆类和二硫代氨基甲酸盐类的第二促进剂，配方用量一般为 0.5～5 份，通常用量为 1～1.5 份。

醛胺缩合物有特殊气味，需在隔绝空气下储存。

有微毒，不宜用于与食物接触的制品。

8.1　促进剂 HMT（H、乌洛托品）

化学名称：六亚甲基四胺、六次甲基四胺。

结构式：

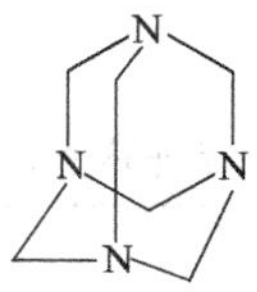

分子式：$(CH_2)_6N_4$；相对分子质量：140.19；CAS 号：100－97－0；白色吸湿性结晶粉末或无色有光泽的菱形结晶体，可燃。熔点为 263 ℃，如超过此熔点即升华并分解，但不熔融。升温至 300 ℃时放出氰化氢，温度再升高时，则分解为甲烷、氢和氮。相对密度：1.331（20/4 ℃）；闪点：250 ℃。有挥发性，几乎无臭，味甜而苦，有毒有害。可溶于水、氯仿、乙醇，难溶于四氯化碳、丙酮、苯和乙醚，不溶于石油醚、汽油。在弱酸溶液中分解为氨及甲醛。与火焰接触时，立即燃烧并产生无烟火焰。其粉尘与空气混合物有爆炸危险。

本品主要用作第二促进剂，在胶料中易分散，不污染、不变色，氧化锌可增加其活性，陶土和炭黑对它有抑制作用，主要用于透明和厚壁制品；用作亚甲基给予体，可以与各种间苯二酚给予体和白炭黑组成各种 HRH 直接黏合体系，用于橡胶与钢丝或纤维的黏合；做酚醛树脂的固化剂时，用量为 10%。临界温度为 140 ℃。

GB/T 9015—1998《工业六次甲基四胺》适用于由氨和甲醛生产的工业六次甲基四胺，工业六次甲基四胺的技术指标见表 1.3.4-65。

表 1.3.4-65　工业六次甲基四胺的技术指标

项目	优等品	一级品	合格品
纯度(≥)/%	99.3	99.0	98.0
水分(≤)/%	0.5		1.0
灰分(≤)/%	0.03	0.05	0.08
水溶液外观	合格		—
重金属（以 Pb 计）(≤)/%	0.001		—
氯化物（以 Cl^- 计）(≤)/%	0.015		—
硫酸盐（以 SO_4^{2-} 计）(≤)/%	0.02		—
铵盐（以 NH_4^+ 计）(≤)/%	0.001		—

促进剂 HMT 的供应商见表 1.3.4-66。

表 1.3.4-66　促进剂 HMT 的供应商

供应商	外观	纯度(≥)/%	灰分(≤)/%	水分(≤)/%	重金属(以 Pb 计)(≤)/%	氯化物(以 Cl^- 计)(≤)/%	硫酸盐(以 SO_4^{2-} 计)(≤)/%	铵盐(以 NH_4 计)(≤)/%	筛余物(170 目)/%	说明
宜兴国立	白色粉末	94	0.6～2.5	0.5					≤0.3	
济南正兴	白色结晶粉末	98.0	0.5	2						

8.2　促进剂 808

化学组成：正丁醛苯胺缩合物。

结构式：

$$C_6H_5—N=CH—CH_2—CH_2—CH_3$$

分子式：$nC_{10}H_{13}N$；相对分子质量：$147\times n$；CAS 号：6841—20—1。棕红色或琥珀色黏稠油状液体，有特殊气味。不溶于水，溶于乙醇，甲苯，丙酮，乙醚等有机溶剂。隔绝空气时储藏稳定，否则储藏过久，色泽变深，相对密度增加，但不影响促进效力。

本品主要用于含卤聚合物如氯化聚乙烯、聚氯乙烯、氯醇橡胶、氯丁橡胶、氯磺化聚乙烯橡胶、氯化丁基橡胶，在硫化过程中与噻二唑硫化交联剂配合使用，添加比例为促进剂 808∶噻二唑硫化交联剂为 0.8∶2.5；本品也可单独使用在乳胶丝的生产配方中以及厌氧胶固化过程中作为促进剂。本品硫化临界温度为 120 ℃，最宜硫化温度范围为 120～160 ℃。

促进剂 808 的供应商见表 1.3.4-67。

表 1.3.4-67　促进剂 808 的供应商

供应商	密度(20 ℃)/(g·cm^{-3})	闪点/℃	折射率（20 ℃）
烟台恒鑫	1.004～1.009	≥170	1.500～1.510

九、胺类

胺类促进剂见表 1.3.4-68。

表 1.3.4-68　用作促进剂的胺类化合物

名称	化学结构	性状		
		外观	相对密度	熔点/℃
二正丁胺（PF）	di-*n*-butyl amine $CH_3—(CH_2)_3—NH—(CH_2)_3—CH_3$	无色液体	0.767	159 （沸点）
N-环己基乙胺（HX）	cyclohexylethyl amine 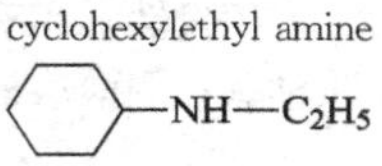	无色至淡黄色液体	0.873	174.6 （沸点）

续表

名称	化学结构	性状		
		外观	相对密度	熔点/℃
二苄基胺（DBA）	dibenzylamine 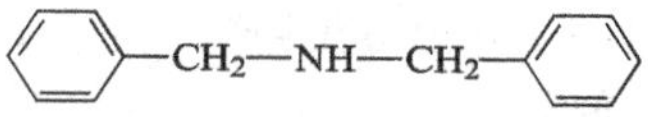	无色至淡黄色液体	1.02～1.03	300（沸点）
对，对′-二氨基二苯甲烷（促进剂 Na-11、防老剂 DDM）	*p*，*p*′- diamino diphenyl methane 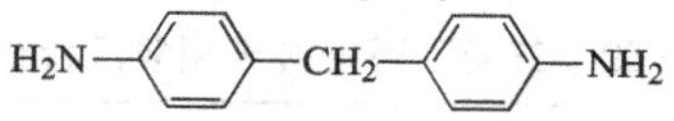	银白色片状结晶	1.15	92～93
糠胺（FA）	furfurylamine 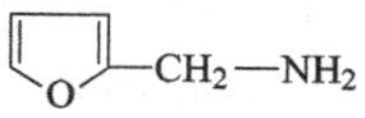	无色至淡黄色液体	1.049	145（沸点）
四氢糠胺（THFA）	tetrahydro furfurylamine 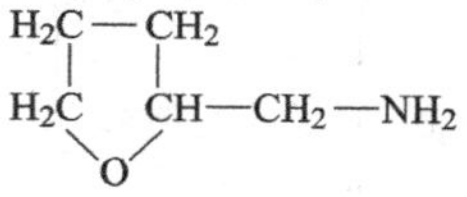	无色至淡黄色液体	0.9748	63（闪点）
N-甲基糠胺（MFA）	*N*- methyl furfurylamine 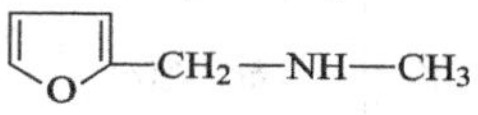	无色至淡黄色液体	0.988	
N-甲基四氢糠胺（MTFA）	*N*- methyl tetrahydro furfurylamine 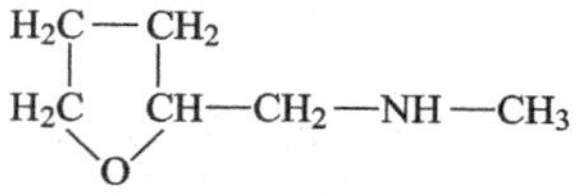	无色至淡黄色液体	0.929	59（闪点）
亚甲基二苯二胺（MDDA）	methylene diphenyl diamine 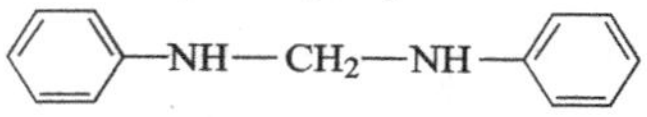	棕色树脂状固体	1.15	55～60
三（1，2-亚乙基）二胺（TEDA）	triethylene diamine 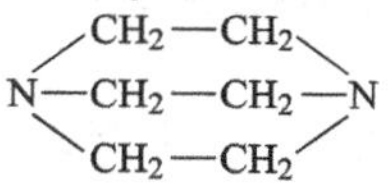	无色或白色晶体，相对密度为 1.14，熔点为 158～159 ℃。在叔胺类催化剂中，三亚乙基二胺是最重要的一个品种，可广泛地用于各种聚氨酯泡沫塑料（包括软质、半硬质、硬质聚氨酯泡沫塑料、微孔弹性体）、涂料、弹性体等。在一步法发泡工艺中，三亚乙基二胺的重要性尤其显著。一方面由于它的活性高，用量较小；另一方面是它对凝胶反应和发泡反应都有较强的催化作用，尤以对聚氨酯与羟基的催化作用（氨酯形成反应、凝胶反应）选择性更强		
促进剂 STAG	仲胺络合物	浅蓝色粉末	1.26	130
甲苯二胺络合物（MPDA）	m-pnenylennediamine salt complex	乳白色液体	1.11	
间苯二甲酸氢二甲胺（CPA）	demethylammonium hydrogen isophthalate	白色粉末	1.35	190
硫代二嗪（NP）	thiadiazine	白色粉末	1.35	90～105
氧杂二嗪硫酮和相关物络合物（DATU）	complex oxadiazine thione and related materials	棕黄色片状物	1.25	73～77
烷基胺（PA）	alkylamine	浅黄色黏性液体	0.93	215～225（沸点）

注：详见《橡胶原材料手册》，于清溪、吕百龄等编写，化学工业出版社，2007 年 1 月第 2 版，P439～440。

胺类是最早使用的促进剂，弱碱性。现一般不单独使用，常用作第二促进剂或硫化活性剂，对噻唑类、二硫代氨基甲酸盐类和黄原酸类促进剂有活化作用；槽法炭黑、陶土和脂肪酸对其有抑制作用。一般用量为 0.5～2.0 份。

有变色性，不宜用于白色或浅色制品。

十、其他

10.1　复配型促进剂

复配的促进剂，如促进剂 F，由促进剂 MBTS（DM）、D 和 H 组成的混合物；促进剂 V，由促进剂 D 和 DBM（2，4-二硝基苯硫代苯并噻唑）组成的混合物，美国、日本、国内均有生产。

10.1.1　三元乙丙橡胶专用复配促进剂

三元乙丙橡胶专用复配促进剂的供应商见表 1.3.4-69。

表 1.3.4-69　三元乙丙橡胶专用复配促进剂的供应商

供应商	商品名称	化学组成	产地	外观	熔点/℃	特点	说明
金昌盛	ACCEL EM33	各种促进剂混合物	日本川口	淡黄色粉末	≥65	不喷霜，较好的焦烧与硫化特性，硫化速度中等偏上	用量 1～2 份；模压制品 2～3 份，第三单体含量低的 EPDM 和浅色及连续硫化制品需用 2～5 份
	EG－4/EG－5	高效率促进剂混合物	锐巴化工	淡黄色粉末		不喷霜，环保，亚硝胺含量低	用量 2～6 份，EG－5 比 EG－4 稍快，硫化胶气味小
	EG－75 GE	二苄基二硫代氨基甲酸锌、环保型秋兰姆类、次磺酰胺类促进剂混合物	锐巴化工	淡黄色颗粒		低 VOC，不喷霜，环保，无亚硝胺，焦烧安全性好，流速中等偏上，低压缩变形	ML(1＋4)50 ℃：30～60，EPDM/EVM 载体。用量按照粉体换算；一般 3～7.5 份
宁波硫华	LHG－80GE F140	二硫代磷酸锌、苯并噻唑、次磺酰胺类促进剂的增效组合	密度：1.12 g/cm^3	淡黄色颗粒，以 EPDM/EVM 为载体		不喷霜，低焦烧危险；不产生亚硝胺；较高的交联密度，低压缩永久变形；适用于快速硫黄硫化体系	挤出制品用量 4～7 份，并用硫黄 0.8～1.5 份；其他制品用量 3～6 份，并用硫黄 0.8～1.5 份；硫化胶气味小；适用于挤出制品，例如型材和密封条
	EG3M－75GE F140	二硫代氨基甲酸盐、苯并噻唑、秋兰姆和硫脲类传统促进剂的增效组合	密度：1.20 g/cm^3	淡黄色颗粒，以 EPDM/EVM 为载体		能提高 EPDM 的硫化速率，在橡胶制品中可以避免吐霜的现象	用量 2～6 份；尤其适用于挤出制品，例如型材和密封条；硫化胶具有较低的异味

元庆国际贸易有限公司代理的德国 D. O. G 三元乙丙橡胶专用复配促进剂有：

①EG－3 EPDM 促进剂（不喷霜）。

成分：高效率促进剂之混合物；外观：淡黄色粉末；相对密度：1.4（20 ℃）；污染性：无；储存性：原封室温至少一年。

本品在胶料中易掺和及分散，硫化时不会引起表面喷霜现象；在高温加硫能缩短硫化时间，并可提高 EPDM 的硫化效率；可降低制品压缩变形，提高耐高温老化性能。可应用于过氧化物及硫黄并用体系。

用法：与 1～2 份硫黄同时加入使用。

用量：

胶料组成		EG－3（份）	硫黄（份）
DCP－EPDM	黑色制品	5	2
4%*EN*－EPDM	黑色制品	4～5	2～1.5
8%*EN*－EPDM	黑色制品	3～4	2～1
浅色制品		5～6	1.5

注：EN 代表碘值。

②DEOVULC BG 187V EPDM 促进剂（无亚硝胺/不喷霜）。

成分：结合噻唑和二硫代磷酸盐之混合促进剂；外观：米色无粉尘粉末；密度（20 ℃）：1.34～1.46 g/cm^3；总硫量：18.5%～21.5%；储存性：室温干燥至少两年。

本品应用在不含亚硝胺的硫化制品中（主要为 EPDM），不会产生喷霜且无污染；可以藉由添加 ZBEC 或 TBzTD 或 CBS 来缩短硫化时间；不可用于与食品接触的制品。

用量：黑色胶料 4～6 份，浅色胶料 6～8 份；添加硫黄促进剂可以 0.8～2 份，最好 1.2～1.5 份。

③DEOVULC BG 287 EPDM 促进剂（无亚硝胺/压变好）。

成分：协同结合不同的促进剂；外观：米色无粉尘粉末；密度（20 ℃）：1.42～1.46 g/cm³；总硫量：20.0%～21.6%；储存性：室温干燥至少两年。

本品适用于无亚硝胺的硫化制品（主要为 EPDM），不会产生喷霜及污染，且提供快速硫化，硫化胶具有良好的热稳定性及压缩变形；可以应用在所有的制造加工技术，如挤压和注射成型。用于连续硫化（无压）时，建议与 Deostab 并用。

用量：黑色胶料 4～6 份，浅色胶料 5～7 份。硫黄用量：0.8～1.5 份。

10.1.2　耐黄变促进剂

元庆国际贸易有限公司代理的台湾 EVERPOWER 公司 MAC 6 耐黄变促进剂的物化指标为：

组成：次磺酰胺类、硫代磷酸锌类、硫代氨基甲酸盐类等的均匀混合物；外观：淡白灰色颗粒；相对密度：1.23；熔点：>130 ℃；含水量：<1%；储存期限：一年（室温）。

本品针对白色胶料耐紫外线照射及耐候性的要求，白度可达 4 级以上，长期放置亦不会变黄，抗 UV 性佳。适用于任何白色鞋材、鞋底、白色胶板等。

使用说明：与硫黄（S—80）的用量比例为 1∶1.2。

配方实例：SKI—3S 20、SBR 1502 20、BR 60、HI—SIL 40、A—ZnO 5、St. a 1、DEG 3、PEG 1、CPL 1、40/60 0.5、R—103 钛白粉 10。

连云港锐巴化工有限公司生产的 LS—4（A）与 LS—4—50 GE（预分散型）耐黄变促进剂的物化指标为：

成分：高效促进剂混合物；外观：白色粉末；松密度（g—l）：550；储存期：室温、干燥环境下至少一年。

LS—4（A）耐黄变促进剂对白色胶料有较好耐黄变效果，耐黄变性能可达到 4～4.5 级。也可用于彩色胶料，不污染、不变色。本品用于白色及彩色橡胶制品中，耐热性好，不会产生色差；在胶料中溶解度大，用量不超过 6 PHR，不喷霜。LS—4（A）用量为 1.5～2 PHR，其他促进剂可不加，作为主促进剂和硫黄（1.8～2 PHR）、TS（0.1～0.3 PHR）并用即可，使用方便。LS—4（A）硫速快，应注意防止焦烧，适当调整活性剂（DEG、PEG）用量。适用于 NR、BR、SBR、NBR、EPDM 胶料中，特别适用于鞋底、橡胶地毯、橡胶地板等彩色橡胶制品行业。

用量：1.5～2 PHR（鞋底行业）；2～4 PHR（地毯地板行业）。

10.2　其他促进剂

其他促进剂见表 1.3.4－70。

表 1.3.4－70　其他促进剂

名称	化学结构	性状		
		外观	相对密度	熔点/℃
50%邻苯二酚无水甲醇溶液（CM）	50% solution of catechol in anhydrous methano 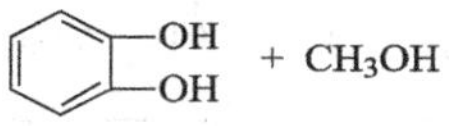	紫褐色液体	0.985	58 （闪点）
三乙醇胺与妥尔油反应产物（Ridacto）	trietanolamine-tall oil reaction product	褐色液体	1.05	360 （沸点）
哌啶（六氢吡啶）（CW—1015）	piperidine 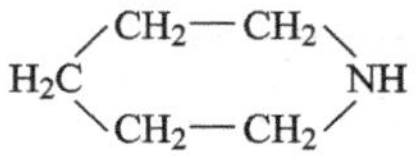	无色 透明液体	0.86	106 （沸点）
硫氢嘧啶（Thiate A）	thiohydropyrimidine 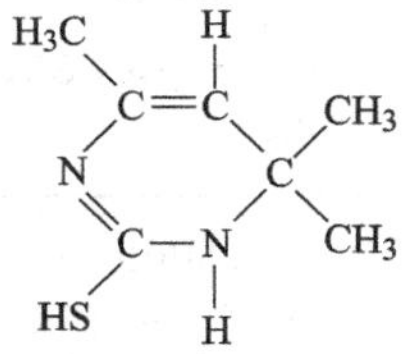	白色 结晶粉末	1.09～1.15	250
糠醛胺（Vulcazol A）	furfuramide 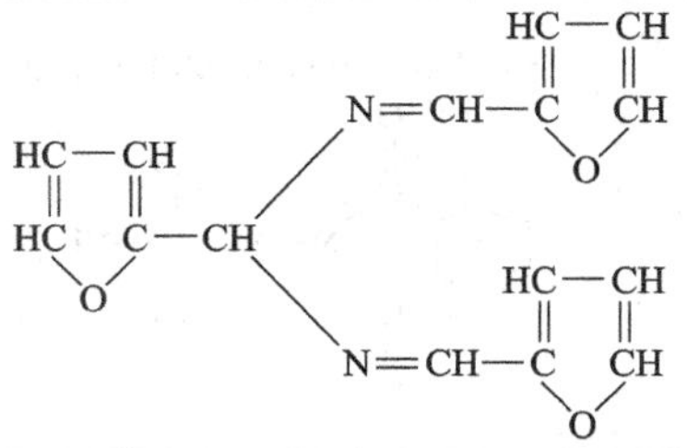	黄褐色粉末	1.15	110

注：详见《橡胶原材料手册》，于清溪、吕百龄等编写，化学工业出版社，2007 年 1 月第 2 版，P443。

第五节　防焦剂和抗返原剂

一、防焦剂

能防止胶料在加工过程中早期硫化（焦烧）的物质称为防焦剂。对防焦剂的要求是能迟延胶料的起硫时间，确保加工的安全性，增加胶料或胶浆的储存稳定性，但不影响胶料的其他硫化特性和硫化胶的物理机械性能。

防焦剂见表 1.3.5－1。

表 1.3.5－1　防焦剂

名称	化学结构	性状		
		外观	相对密度	熔点/℃
N-亚硝基二苯胺（防焦剂 NA）	*N*－nitroso-diphenylamine 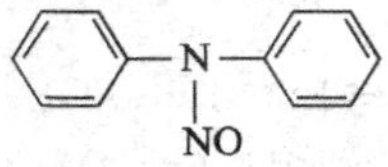	黄色至棕色粉末或片状结晶体	1.24	66.5
邻苯二甲酸酐（苯酐，PA）	phthalic anhydride 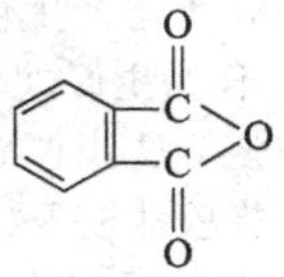	白色针状晶体	1.53	130.8
苯甲酸（BA）	benzoic acid 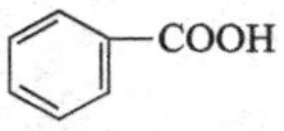	白色结晶	1.27	120
N-环己基硫代邻苯二甲酰亚胺（CTP）	详见本节 1.1			
2-硝基丙烷（2－NTP）	2－nitropropane 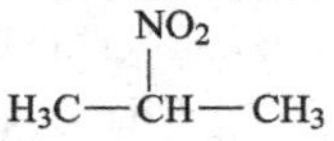	无色透明油状液体	0.99	120.3（沸点）
1-氯-1-硝基丙烷（CNP）	l-chloro-l-nitropropane 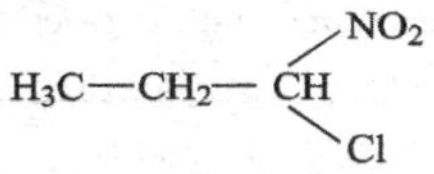		1.21	139～145（沸点）
水杨酸（SA）	详见本节 1.2			
乙酰水杨酸（ASA，阿司匹林）	acetylsalicylic acid 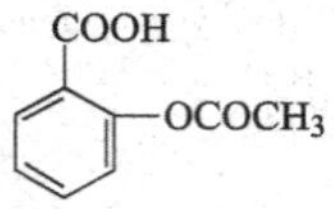	乳白色粉末	1.28	131
邻苯二甲酸（PTA）	*o*－phthalic acid 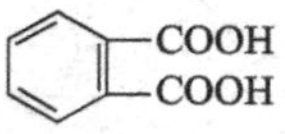	无色片状结晶	1.593	234
N-三氯甲基硫代邻苯二甲酰亚胺（TCT）	*N*－trichloromethy(thiophth hlimide) 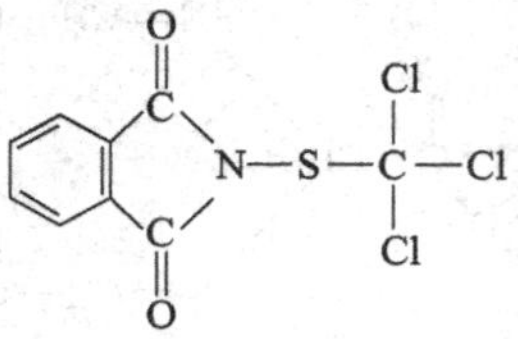	白色结晶		177

续表

名称	化学结构	性状		
		外观	相对密度	熔点/℃
苹果酸（BA）	malic acid HOCHCOOH | CH_2COOH	白色粉末	1.6	100
乙酸钠（SAT）	sodium acetate H_3C—COONa	白色结晶	1.4～1.53	324
1，3-二氯-5，5-二甲基乙内酰脲（DCDD）	1，3-dichloro-5，5-dimethyl hydantoin 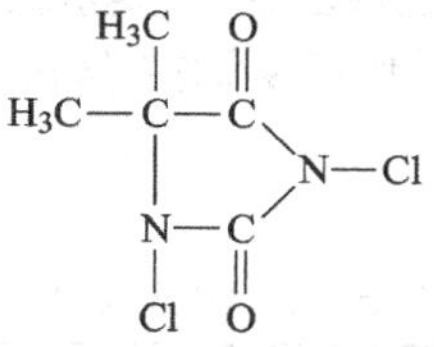	白色粉末	1.5	132～134
二苯基硅二醇（DPS）	diphenyl silandiol 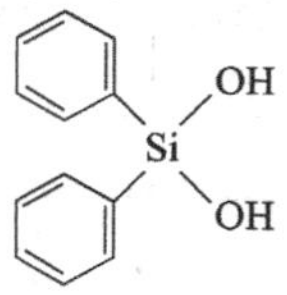	白色 针状结晶		140～141 （失水分解）
N-吗啉硫代邻苯二甲酰亚胺（MTP）	*N*-(morpholinothio)phthalimide 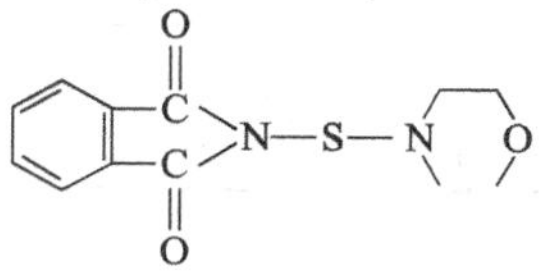	褐色 结晶粉末	1.59	136～147
马来酸（MA）	maleic acid HO—C(=O)—CH=CH—C(=O)—OH		1.21	139～145
N-苯基-*N*-[（三氯甲基）硫代] 苯磺酰胺（防焦剂 E）	详见本节 1.3			

注：详见《橡胶原材料手册》，于清溪、吕百龄等编写，化学工业出版社，2007 年 1 月第 2 版，P549～551。

目前使用的防焦剂的品种主要是硫氮类。常用的防焦剂为 PVI（CTP），其他防焦剂还有有机酸如水杨酸、邻苯二甲酸酐（PA）等。有机酸、酸酐类防焦剂的主要品种与特性见表 1.3.5-2。

表 1.3.5-2 有机酸、酸酐类防焦剂的主要品种与特性

名称	用途与特性	名称	用途与特性
邻苯二甲酸酐	用于 NR、SBR、NBR，对各种促进剂都有防焦烧作用，在碱性促进剂中特别有效，用量为 0.1～0.5 份；在无硫黄的秋兰姆硫化中无效；非污染，不喷霜（FDA 批准）	苯甲酸	效果同邻苯二甲酸酐（FDA 批准），有使未硫化橡胶稍稍软化的作用
水杨酸	效果同邻苯二甲酸酐，用量为促进剂的 25%～50%（FDA 批准）	乙酰水杨酸	用于 NR

注：详见《橡胶工业手册．第三分册．配方与基本工艺》，梁星宇等编写，化学工业出版社，1989 年 10 月（第 1 版，1993 年 6 月第 2 次印刷），P86 表 1-71、P88 表 1-76。

防焦剂 NA、PA、CTP 有轻微污染性，不宜用于浅色、白色制品。NA、PA、CTP、SA 和 MA 等防焦剂有毒性，不宜用于与食物接触的制品。

防焦剂一般用量为 0.1～1.0 份，但 DPS 可用到 10 份。

部分防焦剂可燃，其粉尘与空气的混合物有爆炸危险。

1.1　防焦剂 PVI（CTP）

化学名称：*N*-环已基硫代邻苯二甲酰亚胺。

结构式：

N-(cyclohexylthio)phthalimide

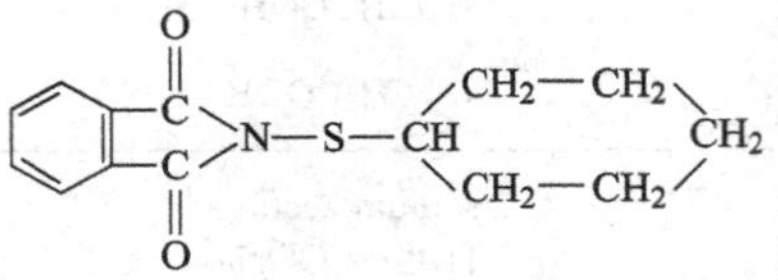

分子式：$C_{14}H_{15}O_2SN$；相对分子质量：261.34；CAS 号：17796－82－6；白色粉末（颗粒）；相对密度：1.25～1.35；熔点：93～94 ℃；溶于丙酮、苯、甲苯、乙醚、乙酸乙酯、热四氯化碳、热醇，微溶于汽油，不溶于煤油和水。本品为非污染助剂，但对白色胶料轻度着色，可提高胶料的储存稳定性，防止存放时胶料自硫，对已经经受高热或局部焦烧的胶料具有再生复原作用。

防焦剂 PVI 的供应商见表 1.3.5－3。

表 1.3.5－3　防焦剂 PVI 的供应商

供应商	规格型号	纯度(≥)/%	初熔点(≥)/℃	灰分(≤)/%	加热减量(≤)/%	筛余物(63 μm)(≤)/%	20 ℃时的密度/(g·cm^{-3})	堆积密度或备注/(g·cm^{-3})
宁波硫华	CTP－80GE F500	98	85				1.1	EPDM/EVM 为载体
鹤壁联昊	粉料	96.0	90.0	0.10	0.40	0.50	1.330	0.600～0.650
	防尘粉料	95.0	90.0	0.10	0.40	0.50	1.330	0.600～0.650
	直径 2 mm 颗粒	95.0	90.0	0.10	0.40	—	1.330	0.600～0.650
山东尚舜	白色或淡黄色结晶粉末	96.0	89.0	0.30	0.50			

1.2　邻羟基苯甲酸（水杨酸、SA）

分子式：$C_7H_6O_3$；相对分子质量：138.12；相对密度：1.443。

结构式：

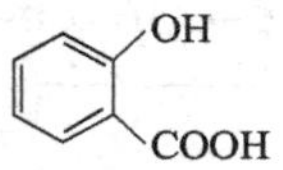

水杨酸主要用于医药、燃料、香料、橡胶、食品等工业。

HG/T 3398－2003《邻羟基苯甲酸（水杨酸）》列示的对水杨酸的技术要求见表 1.3.5－4。

表 1.3.5－4　水杨酸的技术要求

项目	指标
外观	浅粉红色至浅棕色结晶粉末
干品初熔点(≥)/℃	156.0
邻羟基苯甲酸含量(≥)/%	99.0
苯酚含量(≤)/%	0.20
灰分(≤)/%	0.30

1.3　防焦剂 E

化学名称：*N*-苯基-*N*-［(三氯甲基）硫代］苯磺酰胺。

结构式：

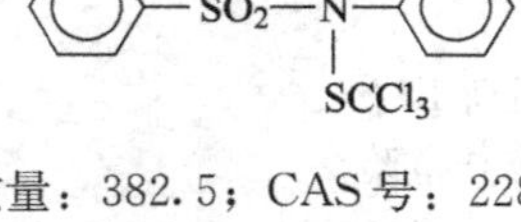

分子式：$C_{13}H_{10}S_2O_2NCl_3$；相对分子质量：382.5；CAS 号：2280－49－1；熔点：110 ℃；相对密度：1.68；不污染，不变色，不产生亚硝胺化合物。

黄色或白色粉末，部分溶于苯、乙酸乙酯，微溶于汽油，不溶于水。

本品可用作天然橡胶、合成橡胶的防焦剂，尤其适用于 EPDM、NBR 和 HNBR，是不饱和橡胶硫黄硫化体系中最有效的防焦剂之一，显著延长焦烧时间，但不影响硫化速度，同时提高 EPDM 和 NBR 胶料的硫化交联密度，提高定伸应力，减小压缩变形。在硫化过程中不会产生有害物质，也可在要求不含亚硝胺的制品中用作第二促进剂。

本品特别适用于秋兰姆硫化体系，并可作为第二促进剂，减少硫化时间，提高生产效率。

本品不污染、不变色，可用于浅色制品。本品主要用于模压及挤出制品等，如汽车密封条。一般用量为 0.6～1.6 份。

防焦剂 E 的供应商见表 1.3.5－5。

表 1.3.5－5　防焦剂 E 的供应商

供应商	型号规格	活性含量/%	颜色	滤网/μm	弹性体	门尼黏度 ML(1+4)50 ℃	相对密度	邵尔硬度
元庆国际贸易有限公司（法国 MLPC）	PBS－R	80	P（淡粉红色）	500	E/AA	40	1.15	40

注：N—本色；P—加色料；GA—乙烯丙烯酸酯弹性体颗粒。
防焦剂的供应商还有：三门峡市邦威化工有限公司。

二、抗返原剂

各种促进剂在天然橡胶中的抗硫化返原能力的顺序如下：

MBTS(DM)＞NOBS＞TMTD＞DCBS(DZ)＞CBS(CZ)＞D

2.1　硫化剂 PDM（HVA－2）

多功能抗硫化返原剂，化学名称：*N*，*N*-间苯撑双马来酰亚胺。

结构式：

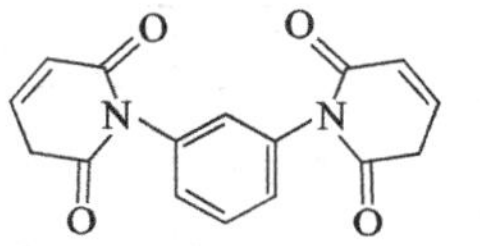

分子式：$C_{14}H_8N_2O_4$；相对分子质量：268.23；CAS 号：3006－93－7；黄色或棕色粉末，可溶于二氧六环、四氢呋喃和热丙酮中，不溶于石油醚、氯仿、苯和水中。

本品在橡胶加工过程中既可作硫化剂，也可作过氧化物体系的助硫化剂，还可以作为防焦剂和增黏剂；既适用于通用橡胶，也适用于特种橡胶和橡塑并用体系；特别适用于天然橡胶的大规格厚制品及各种橡胶杂品。在天然胶中，与硫黄配合，能防止硫化返原，改善耐热、耐老化，降低生热，提高橡胶与帘线、金属的黏合强度和硫化胶模量；用于斜交载重轮胎的胎肩胶、缓冲层等配方，可缓解轮胎肩空；在过氧化物硫化体系（包括氯化聚乙烯）中，本品能够改善交联程度和耐热性，降低压缩永久变形；本品属无硫硫化剂，用于电缆橡胶，它可代替噻唑类、秋兰姆等含硫硫化剂，缓解铜导线和铜电器因接触含硫硫化剂生成硫化铜污染发黑的问题。作为防焦剂时用量为 0.5～1.0 份，作为硫化剂时用量为 2～3 份，改善压缩变形时用量为 1.5 份，提高黏合强度时用量为 0.5～5.0 份。

硫化剂 PDM 的供应商见表 1.3.5－6。

表 1.3.5－6　硫化剂 PDM 的供应商

供应商	商品名称	筛余物(150 μm)(≤)/%	密度/(g·cm^{-3})	熔点(≥)/℃	含量(≥)/%	加热减量(75～80 ℃×2 h)(≤)/%	灰分(≤)/%	说明
金昌盛	HVA－2		1.44	195		0.5	0.5	
宁波硫华	PDM－75GE F140	0.3 (63 μm)	1.25	195	97	0.5	0.5	EPDM/EVM 为载体
山西省化工研究所	HV－268			195		1.0		相当于美 HVA－2
鹤壁联昊	硫化剂 PDM	0.1	0.95	198		0.5	0.5	
咸阳三精科技股份有限公司	HA－8		1.44	196		0.5	0.5	

2.2 1，3-双（柠康酰亚胺甲基）苯

分子式：$C_{18}H_{16}O_4N_2$；分子量：324；CAS 号：119462－56－5。

结构式：

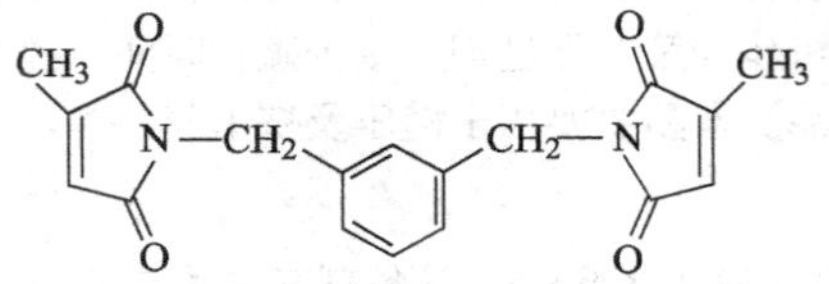

本品适用于硫黄硫化的天然橡胶、异戊橡胶、丁苯橡胶、顺丁橡胶、丁基橡胶等通用及等种合成橡胶，能明显改善过硫情况下的硫化返原现象。本品以耐热稳定的碳一碳交联键补偿因返原而损失的硫黄交联键，保持交联密度，从而使硫化橡胶的物理性能保持不变，提高耐热老化性能，降低动态生热。

本品适用于子午线轮胎、斜交胎、实心胎、胶辊、大型制品、耐热制品等橡胶制品，对改善轮胎的耐久性能、高速性能和耐磨性都有着重要作用；对提高橡胶杂件的质量也非常有效。本品也用于高硫帘布胶配方中，降低动态生热，提高耐老化性，使镀黄铜钢丝帘线的黏合性能在使用期间保持良好。本品也可以用于胶囊硫化配方中，减少或不用硫黄，消除模具发臭的问题。使用本品可提高硫化温度，从而提高生产效率，同时不降低橡胶制品的使用性能。本品对胶料的焦烧时间，硫化速度和物理性能无影响，因此使用本品无须调整原来的配方和生产工艺。

推荐用量：普通硫化体系：≤0.75phr；半有效硫化体系：≤0.5phr；有效硫化体系：≤0.4phr；高硫配方：≤0.75phr。

1，3-双（柠康酰亚胺甲基）苯的供应商见表 1.3.5-7。

表 1.3.5-7 1，3-双（柠康酰亚胺甲基）苯的供应商

供应商	型号规格	外观	活性组分(≥)/%	初熔点(≥)/℃	终熔点/℃	灰分(≤)/%	加热减量(≤)/%
三门峡邦威化工	BW900	灰白色粉末		75	80～90	0.3	0.5
济南正兴橡胶助剂有限公司	ZXK－900	灰白色粉末	85	75	80～90	0.3	0.5

2.3 六甲撑双硫代硫酸钠二水合物

化学名称：二水合六亚甲基-1，6-二硫代硫酸二钠盐。

分子式：$C6H_{12}S_4O_6Na_2 \cdot 2H_2O$；CAS 号：5719－73－3；相对密度：1.39。

本品为优良的抗硫化返原剂和后硫化稳定剂，具有耐热、耐老化、耐硫黄硫化返原、耐疲劳和动态稳定性；也可用作黏合增进剂，提高镀铜钢丝与胶料的黏合性能。本品主要用于轮胎钢丝帘布、子口、三角胶等胶料中：用于钢丝帘布胶时，可以同时改善抗返原性能和黏合性能；用于轮胎侧胶中，可以改善抗返原性能并保持良好的耐屈挠性能；用于厚制品或厚度有变化的制品（特别是动态条件下使用的厚制品）中，可以使整个制品达到均一的硫化状态；用于半有效硫化体系硫化制品中，可改善制品的耐疲劳性，保持动态稳定性；以及用于对撕裂、黏合性能与抗返原性能要求很高的制品。一般用量：1.0～2.5 份。

六甲撑双硫代硫酸钠二水合物的供应商见表 1.3.5-8。

表 1.3.5-8 六甲撑双硫代硫酸钠二水合物的供应商

供应商	型号规格	外观	纯度(≥)/%	熔点/℃	水分/%	氯化物（以 NaCl 计）(≤)/%	筛余物（150 μm）(≤)/%
三门峡邦威化工	BW901	白色粉末	95		8.5～10.0	1.0	0.05
济南正兴橡胶助剂有限公司	ZXK－HTS	白色粉末	95	133	8.5～10.0	0.5	0.05
华奇（中国）化工有限公司	SL－9008	白色粉末	95		8～11		

六甲撑双硫代硫酸钠二水合物的供应商还有：富莱克斯公司的后硫化稳定剂 DURALINK HTS 等。

2.4 高级脂肪酸锌盐

本品为聚合型高分子有机锌盐，乳白色至灰白色颗粒，熔点为 90～108 ℃，密度为 1.2～1.3 g/cm³，活性结合锌含量为 16%～20%。

本品具有良好的硫化活性及抗硫化返原性，主要应用于二烯类橡胶（NR、SBR、BR）等，能够改善硫化胶交联键的降解，提高交联密度，提高交联网络的热稳定性。在硫化温度和高的使用温度下，可以防止硫化胶力学性能下降，在过硫的情况下可以保持良好的物理机械性能。此外，本品具有内润滑性，可降低混炼胶的门尼黏度，改善胶料流动性和填料的分散性能，提高混炼效率。并可提高胶料的焦烧安全性和加工安全性。含有本产品的硫化胶，其定伸应力、硬度提高，生热或疲劳温升显著降低。动态载荷或高温下的胶料其压缩变形减少，使用寿命显著增加。老化后胶料的定伸应力、拉伸强度、撕裂强度的保持率提高，磨耗减少。通常用量为1～3份。

高级脂肪酸锌盐的供应商见表1.3.5-9。

表1.3.5-9 高级脂肪酸锌盐的供应商

供应商	型号规格	外观	密度/(g·cm^{-3})	熔点/℃	氧化锌含量(≤)/%	灰分/%	说明
济南正兴橡胶助剂有限公司	ZXK－1018	乳白色至灰白色粉末	1.1～1.3	96～108	16～20	16～20	
无锡市东材科技	DC－273	白色粉末或粒子	①适用于二烯橡胶，尤其是天然橡胶中，赋予胶料良好的抗硫化返原性，在厚制品的硫化过程中防止过硫，提高定伸应力、减少动态生热，并能明显降低胶料的门尼黏度，可适当减少硬脂酸的用量，具有良好的硫化活性作用，易溶于橡胶网络，通过改变胶料硫化时形成的交联键结构，提高胶料耐热氧稳定性，从而赋予硫化橡胶良好的抗硫化返原性。 ②本品亦可改善胶料的流动性，可延长硫化还原时间，提高模量，降低高温下的压缩变形率等优点。 ③本品的使用特别对降低动态生热效果明显，用于轮胎胎面胶配方，硫化胶的压缩生热较低，说明其能有效降低轮胎胶料的动态生热，降低轮胎使用时的内部温度，使轮胎不易出现鼓包、脱层以及爆胎等质量问题。 ④在使用白炭黑作填充的胶料中，加入本品，可适当减少硅烷偶联剂的用量，硫化胶的物理性能不受影响。 ⑤在胶料混炼时加炭黑前加入。 用量1～5份。			≤16.0	性能相当于国外同类产品 Struktol AKTIVATOR－73A

此外，常用的抗返原剂还包括：Si-69、1，6-双（*N*，*N′*-二苯并噻唑氨基甲酰二硫）已烷、脂肪族羧酸锌和芳香族羧酸锌皂混合物等。其中脂肪族羧酸锌和芳香族羧酸锌皂混合物，是基于烷烃、芳香烃羧酸的锌盐混合物，含有较高活性和极性的芳基时，能够有效抗硫化返原。

本章参考文献

[1] 王作龄．促进剂的应用技术[J]．世界橡胶工业，2000，27(5)：49～57.

[2] 王作龄．促进剂的应用技术(续)[J]．世界橡胶工业，2000，27(6)：52～57.

[3] 江畹兰．橡胶硫化体系[J]．世界橡胶工业，2006，33(5)：16～21.

第四章 防护体系

第一节 防 老 剂

- 防老剂
  - 胺类
    - 酮胺——6-乙氧基-2，4-三甲基-1，2-氢化喹啉（防老剂 AW）
    - 醛胺——乙醛和α-萘胺缩合物（防老剂 AH 或 AP）
    - 二芳基仲胺类
      - 苯基萘胺——N-苯基-α-萘胺，N-苯基-β-萘胺（防老剂 D）
      - 二苯胺——4，4-二甲氧基二苯胺
      - 对苯二胺——N-苯基-N′-异丙基对苯二胺（防老剂 4010NA）
    - 烷基芳基仲胺类——N，N′-二苯基亚乙基二胺（防老剂 DED）
    - 芳香二伯胺类——对二铵基二苯甲烷（防老剂 DDM）
  - 酚类
    - 取代一元酚——2，6-二叔丁基-4-甲基苯酚（防老剂 264）
    - 多元酚——二叔丁基对苯二酚、二羟基联苯（（防老剂 D0D）
    - 硫代双取代酚——4，4-硫代双（6-叔丁基）间甲酚
    - 烷撑双取代酚及多取代酚——2，2′-亚甲基双（4-甲基-6-叔丁苯酚（防老剂 2246）
  - 杂环类——α-巯基苯并咪唑（防老剂 MB）
  - 其他类——二丁基二硫代氨基甲酸镍（防老剂 NBC）
  - 反应性防老剂
    - 加工型反应性防老剂
      - 芳香亚硝基类——亚硝基二苯胺（NDPA）
      - 烯丙基取代酚——2，4，6-三烯丙基酚（TAP）
      - 马来酰亚胺类——N－苯氨基苯基马来酰胺
    - 高分子防老剂——胺类防老剂与环氧二烯烃聚合物接枝（防老剂 BAO－1）
  - 腊类——石蜡、微晶蜡

橡胶或橡胶制品在加工、存储和使用的过程中，由于受内、外因素的综合作用，性能逐渐下降，以至于最后丧失使用价值，这种现象称为橡胶的老化。老化过程是一种不可逆的化学反应，伴随着外观、结构和性能的变化。

橡胶老化的现象多种多样，橡胶品种不同，使用条件不同，表现出的老化现象也不相同。例如：生胶长期存储后会变硬、变脆或者发粘；天然橡胶的热氧老化、氯醇橡胶的老化使制品变软发粘；聚丁二烯橡胶的热氧老化，丁腈橡胶、丁苯橡胶的老化使制品变硬变脆；不饱和橡胶的臭氧老化、大部分橡胶的光氧老化导致制品龟裂（臭氧老化与光氧老化的龟裂形状有所不同）；制品受到水解的作用而发生断裂或受到霉菌作用而导致发霉、出现斑点等。

橡胶老化导致硫化胶在物理化学性能上的变化，包括：密度、导热系数、玻璃化温度、熔点、折射率、溶解性、熔胀性、流变性、相对分子质量、相对分子质量分布的变化；耐热、耐寒、透气、透水、透光等性能的变化；拉伸强度、伸长率、冲击强度、弯曲强度、剪切强度、疲劳强度、弹性、耐磨性出现下降；绝缘电阻、介电常数、介电损耗、击穿电压等电性能的变化，一般导致电绝缘性下降。

橡胶老化首先是一种分子结构上的变化，包括：1）分子间产生交联，相对分子质量增大，在外观上的表现为变硬变脆；2）分子链降解（断裂），相对分子质量降低，在外观上的表现为变软变粘；3）分子结构上发生其他变化，如主链或侧链的改性、侧基脱落、弱键断裂等。

导致橡胶老化的原因主要有内因和外因两个方面。内因包括橡胶的分子结构中存在双键及活泼氢原子易参与反应；橡胶大分子链中的弱键，就氧化稳定性来说，各种取代基团按下列顺序排列：$CH<CH_2<CH_3$，薄弱环节越多越易老化；支化的大分子比线型的大分子更容易氧化；交联键有—S—、—S_2—、—Sx—、—C—C—等类型，交联键不同，硫化胶耐老化性不同，其中—Sx—最差；橡胶中常存在变价金属，如 Fe、Co、Ni 等，若超过 3 ppm 就会大大加快橡胶的老化。外因包括热、电、光、机械力、高能辐射等物理因素；氧、臭氧、空气中的水汽、酸、碱、盐等化学因素；细菌、真菌等生物因素。在实际中往往是上述几个因素同时发挥作用，且使用条件、地区不同这些因素的作用也不同，因此橡胶的老化是个复杂的过程。其中最常见、影响最大、破坏性最强的因素是热、氧、光氧、机械力、臭氧，归结起来就是热氧老化、光氧老化、臭氧老化、疲劳老化，其中热氧老化是主因。

以臭氧老化为例，若橡胶分子主链上含有双键，如 NR、BR、SBR、NBR、CR 等二烯类橡胶，容易受到外界臭氧的攻击：

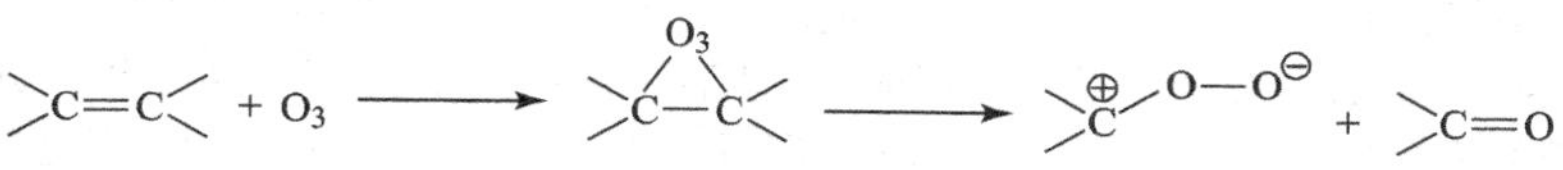

（很不稳定）

臭氧从垂直于拉伸应力的方向上攻击橡胶表面，与双键发生化学反应，使得橡胶表面龟裂产生裂纹，并沿纵深破坏，如下图所示。

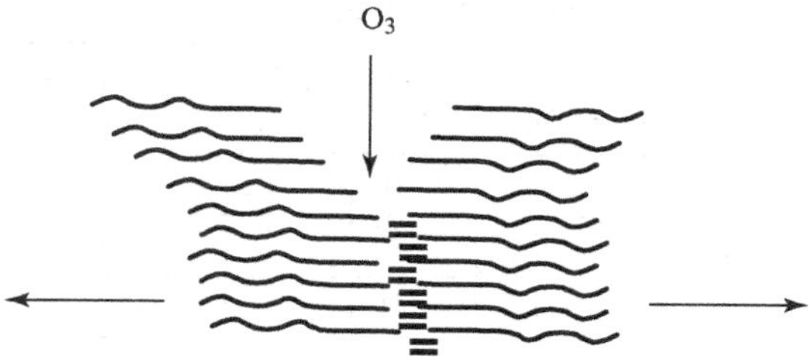

图

常用的橡胶老化防护方法有：1）物理防护法，如在橡胶中加入石蜡、橡塑共混、涂上涂料等；2）化学防护法，通过加入化学防老剂延缓橡胶老化反应的进行。

一切能防止氧对聚合物氧化破坏的试剂均称为抗氧剂，即防老剂。防老剂按抗氧化机理分类可分为自由基终止型防老剂，如胺类、酚类等；氢过氧化物分解剂或预防型防老剂、辅助型防老剂，如秋兰姆类、硫酯类、磷酸酯类等。防老剂按化学结构可分为胺类、酚类、杂环类及其他类。防老剂按防护效果可分为抗氧、抗臭氧、抗疲劳、抗有害金属和抗紫外线等防老剂。

其中胺类防老剂防护效果最突出、品种最多，对热氧老化、臭氧老化、重金属及紫外线的催化氧化以及疲劳老化都有显著的防护效果。这类防老剂的防护效果是酚类防老剂不可比拟的，远优于酚类防老剂。其缺点是有污染性，不宜用于白色或浅色橡胶制品。胺类防老剂又可细分为酮胺类、醛胺类、二芳仲胺类、二苯胺类、对苯二胺类以及烷基芳基仲胺类六个类型。综合性能最好的是对苯二胺类防老剂，又称为“4000”系防老剂，其代表性品种为 IPPD（4010NA）、6PPD（4020）和 77PD（4030）等，这类防老剂不仅抗氧、抗臭氧、也抗屈挠龟裂。

酚类防老剂的优点是无污染性、不变色，适用于浅色或彩色橡胶制品，其缺点是防护效果差。酚类防老剂可分为取代一元酚类，多元酚类，硫化二取代酚类以及烷撑二取代酚类等。

杂环及其他类防老剂中主要品种是苯并咪唑型和二硫代氨基甲酸盐类，最重要的是防老剂 MB 及其锌盐 MBZ，主要用于防止热氧老化，也能有效的防止铜害，不具有污染性，常用于浅色、彩色及透明的橡胶制品、泡沫胶乳制品等。

反应性防老剂、高相对分子质量防老剂统称为非迁移性防老剂。非迁移性防老剂是指在橡胶中能够持久地发挥防护效能的防老剂，其特点是难抽出、难迁移、难挥发。反应性防老剂，是防老剂分子以化学键的形式结合在橡胶的网构之中，使防老剂分子不能自由迁移，也就不发生挥发或抽出现象，因而提高了防护作用的持久性，包括：1）在加工过程中防老剂与橡胶化学键合。在热硫化过程中，某些基团（如亚硝基、烯丙基以及马来酰亚胺基等）能够与链烯烃橡胶发生化学反应，若将这些基团事先链接在防老剂分子结构上，则通过这些基团就可把防老剂分子结合于橡胶网构之中。2）在加工前将防老剂接枝到橡胶上。这类防老剂由胺类或酚类防老剂与液体橡胶反应，使防老剂分子接枝在大分子上；也可将胺类防老剂与含有活泼基团的聚合物（如环氧聚合物或亚磷酸酯化的烯烃聚合物）反应制得。如：胺类防老剂与环氧二烯烃聚合物化学接枝，这种高分子防老剂称为 BAO—1，它的化学结构类似于防老剂 IPPD（4010NA）。与一般防老剂比较，这种高分子防老剂在 BR 或 SBR 中有突出的防护效果，原因是在高分子防老剂结构中含有羟基，它直接处于活性芳香仲胺基团附近，产生了抗氧的协同效应；同时在橡胶结构中的高分子防老剂使两种聚合物的自由基有机会进行再结合。3）在橡胶合成过程中，将具有防护功能的单体与橡胶单体共聚。

两种或两种以上防老剂并用，往往可以产生对抗效应、加和效应或协同效应。1）对抗效应，指两种防老剂并用时的防护效果小于单独使用时的防护效果之和，即对抗效应，也就是一种防老剂对另一种防老剂产生负面影响的现象，又称为“反协同效应”。2）加和效应，两种防老剂并用时的防护效果等于单独使用时的防护效果之和，称为加和效应。如将链断裂型防老剂芳胺或酚类化合物与金属离子钝化剂、过氧化物分解剂和紫外线吸收剂等预防型抗氧剂并用时，它能对聚合物起抗热氧和防止其光氧化的作用，如果再加入一种抗臭氧剂，则还可以提高聚合物的耐臭氧性；又如采用不同挥发度或不同空间位阻程度的两种酚类化合物并用时，可以在很宽广的范围内，发挥它们抗氧化的加和效果；有时在配方中使用一种高浓度防老剂时，会引起氧化强化效应（助氧化效应），而当采用几种低浓度的防老剂并用时，即可以避免氧化强化效应，又可以发挥加和的抗氧作用。3）协同效应，当防老剂并用时，它们的总效能超过它们各自单独使用时的加和效能时，称为协同效应或超加和效应，协同效应又分为均协同效应、杂协同效应与自协同效应。均协同效应，指几种稳定机理相同，但活性不同的防老剂并用时所产生的协同效应，如两种活性不同的防老剂并用时，其中高活性防老剂给出氢原子，捕捉自由基终止老化链反应，而低活性的防老剂可以供给高活性的防老剂氢原子使之再生，从而提高了并用效果。杂协同效应，指几种稳定机理不同的防老剂并用时产生的协同效应，如链反应终止型防老剂与破坏氢过氧化物型防老剂的并用。由于破坏氢过氧化物型防老剂在反应过程中破坏了氢过氧化物，使体系中难于生成引发老化反应的自由基，从而减缓了老化链增长反应，因此减少了链反应终止型防老剂的消耗。同时，链反应终止型防老剂能够减少反应过程氢过氧化物的生成量，从而又减少了破坏氢过氧化物型防老剂的消耗，实现两者的相互保存。自协同效应，是指对于同一分子具有两种或两种以上的稳定机理者，如某些胺类防老剂还具有金属离子钝化剂的作用；二烷基二硫代氨基甲酸盐衍生物，即是氢过氧化物分解剂，又是金属离子钝化剂；炭黑即是游离基抑制剂，也是光屏蔽剂。此外，抗氧剂和紫外光吸收剂，炭黑和含硫抗氧剂并用时，都可以产生协同效应。

常用防老剂类型的特性比较见表 1.4.1－1。

表 1.4.1－1　常用防老剂类型的特性

类别	自然老化	抗氧活性	抗臭氧活性	热老化	屈挠老化	铜害老化	变色性	污染性	挥发性	溶解度	化学稳定性	典型代表
酮胺类	4			4—6	1—4	2		1—3				BLE
丙酮二苯胺反应产物		5	3		5—6		2	2	3	不喷霜	氧化	
醛胺类	2—4			4	1—2	1		1—3				AH
仲胺类	4			4	4	1		2				D
对苯二胺类	4			4	1—4	4—5		1—2				IPDD (4010NA)
二烷基对苯二胺		5	5—6		3—5		1	1	5—6	不喷霜	氧化程度大	
芳基烷基对苯二胺		6	5—6		6		1	1—2	3—6	不喷霜	氧化	
二芳基对苯二胺		6	3—6		6		1	2	3—6	不喷霜	氧化	
烷基化二苯胺类		3—5	0—1		3		2—3	3	5—6	不喷霜	轻微氧化	
芳基萘胺类		5	0—1		5		2	2—3	5—6	不喷霜	氧化	
聚合的二氢喹啉类		3	3		3		3	5	5	不喷霜	氧化	
一元受阻酚类		3—5	0		3		3—5	3—5	3—5	不喷霜	稳定	
双酚类		3—6	0—1		3		3	3	5—6	不喷霜	轻微氧化	
多元酚类		3—6	0—1		3		3—5	5	6	不喷霜		
苯酚硫化物		3—5	0—1		3		3	3	5—6	不喷霜	轻微氧化	
取代酚类	2—3			1—3	1—2	1		5—6				SP
亚烷基二取代酚	4			4	2—3	2—3		4—5				2 246
亚磷酸酯		3—5	0		3		5	5	5—6	不喷霜	水解	

注：[a] 详见《橡胶工业手册．第三分册．配方与基本工艺》，梁星宇等，化学工业出版社，1989 年 10 月（第一版，1993 年 6 月第 2 次印刷），P184 表 1-204、P187 表 1-211。

[b] 1—最差；2—差；3—中等、不良；4—良好；5—优良；6—最好。

各种抗氧剂抗氧效能的比较见表 1.4.1－2。

表 1.4.1－2　各种抗氧剂的抗氧效能[a]

防老剂	老化箱老化 70 ℃×72 h[b] 拉伸强度[c]/MPa	氧弹老化 70 ℃×1.334 kNO$_3$×48 h 拉伸强度[c]/MPa	防老剂	老化箱老化 70 ℃×72 h[b] 拉伸强度[c]/MPa	氧弹老化 70 ℃×1.334 kNO$_3$×48 h 拉伸强度[c]，MPa
无抗氧剂	12.0	5.0	N，N′-二-β-萘基对苯二胺	24.0	20.0
β-萘酚	12.5	6.8	N，N′-二苯基对苯二胺	24.5	22.0
对苯二酚	16.0	12.5	苯基-β-萘基亚硝基胺	17.6	18.5
对苯二酚-苯胺	17.0	17.5	对氨基酚	16.0	12.0
联苯胺	13.5	13.5	N-苯基-α-萘胺	20.0	19.0
间苯二胺	17.5	6.5	N-苯基-β-萘胺	19.0	17.5

续表

防老剂	老化箱老化 70 ℃×72 h[b] 拉伸强度[c]/MPa	氧弹老化 70 ℃×1.334 kNO$_3$×48 h 拉伸强度[c]/MPa	防老剂	老化箱老化 70 ℃×72 h[b] 拉伸强度[c]/MPa	氧弹老化 70 ℃×1.334 kNO$_3$×48 h 拉伸强度[c]，MPa
对，对′-二胺二苯甲烷	13.5	6.5	硫代二苯胺	22.0	18.0
乙醛-苯胺缩合物	14.0	12.0	对羟基二苯胺	21.5	20.0
3-羟基丁醛-苯胺缩合物	18.0	14.5			

注：[a] 详见《橡胶工业手册．第三分册．配方与基本工艺》，梁星宇等，化学工业出版社，1989 年 10 月（第一版，1993 年 6 月第 2 次印刷），P185 表 1-205。

[b] 原文为 7 h，按 GB/T 3512 的规定，老化时间一般选为 24、48、72、96、168 h 或者 168 h 的倍数，此处暂修改为 72 h；

[c] 实验胶料为天然橡胶，抗氧剂用量 0.5%，未经老化的硫化胶拉伸强度为 24～25 MPa。

常用橡胶与防老剂举例见表 1.4.1-3。

表 1.4.1-3　常用橡胶与防老剂举例[a]

胶种	耐热老化防老剂	耐臭氧老化防老剂	抗疲劳老化防老剂	抗紫外线防老剂	抗有害金属防老剂
NR	防老剂 AH、D、DNP、TMQ(RD)、IPDD(4010NA)、264	防老剂 AW、防老剂 IPDD(4010NA)、防老剂 AW 或 IPDD(4010NA)＋1～2%蜡、2%TMQ(RD)＋1% H、TMQ(RD)＋CPPD(4010)。	防老剂 AW、TMQ(RD)、H、IPDD(4010NA)、4010，1 份左右，易喷霜；2.2 份 AW 或 TMQ(RD)＋1 份 H、7 份 BA＋0.5 份 H、1 份 D＋0.5 份 H，无喷霜；3.1 份 DBH＋0.5 份 SP，非污染。	1. 防老剂 DBH、DAPD、NBC 及双酚类防老剂，用量 1～2 份； 2. 紫外线吸收剂 UV-9、UV-P，用量 0.1～0.5 份。	1. 防老剂 AP、DNP、AW、TMQ(RD)，效果较好； 2. 防老剂 264，非污染，效果一般。
SBR	防老剂 AH、DNP、D、CPPD(4010)、TMQ(RD)、425、XW[b]				
NBR	同上	NBC、IPDD(4010NA)、DBH、酮一芳胺缩合物。			
CR	防老剂 AH、D、TMQ(RD)、50%D＋25%4，4-二甲氧基二苯胺＋25%防老剂 H、65%D＋35%N，N′-二苯基对苯二胺、425	防老剂 IPDD(4010NA)、CPPD(4010)或与蜡并用、DAPP 或与蜡并用、NPC、DBH 或与蜡并用。			
IIR		烷基萘-甲醛缩合物(10～20%)。			

注：[a] 详见《橡胶工业手册．第三分册．配方与基本工艺》，梁星宇等，化学工业出版社，1989 年 10 月（第一版，1993 年 6 月第 2 次印刷），P185～186，表 1-206～210。

[b] 原文如此，4，4-硫代双（3-甲基-6-叔丁基苯酚），一般称为防老剂 BPS、防老剂 WX。

由于防老剂能够抑制橡胶的氧化性降解，在天然橡胶混炼过程中，应当晚些加入；而对合成橡胶，早些加入防老剂可以避免环化反应的发生。

一、胺类防老剂

甲基苯胺对位取代基对防护效果的影响见表 1.4.1-4a，在对位上连有供电子基团（如 CH_3O—）时，防护效能提高；当对位上连有吸电子基团时，随着其吸电子能力的提高，防护效能降低。

表 1.4.1-4a　取代基对甲基苯胺防护效能的影响

不同取代基的甲基苯胺	防氧化效率	不同取代基的甲基苯胺	防氧化效率
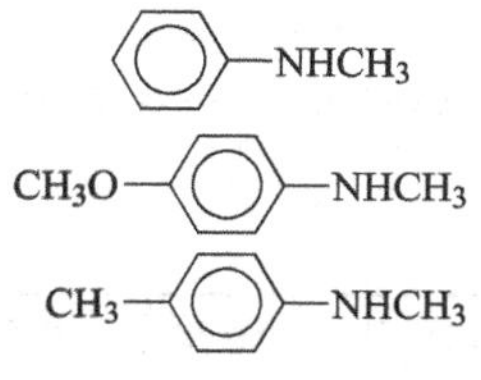	0.67 4.60 1.42	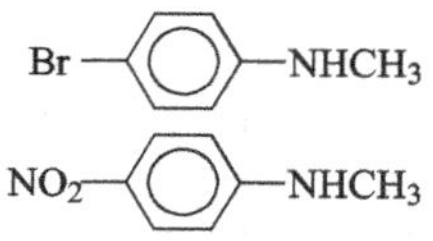	0.45 0.01

不同取代基的对苯二胺对汽油热氧化的防护效能，见表 1.4.1-4b。与一元胺的情况相似，当取代基为吸电性基团时，防护效能降低，为供电性基团时，防护效能提高。这是因为供电性基团有利于氨基中活泼氢的转移，使链转移自由基终止的缘故。就丁基取代基而言，防护效果的顺序为：叔丁基、1—甲基丙基≥异丁基＞正丁基，这说明空间位阻对防护效能也产生影响，即空间位阻大，防护效能高。

表 1.4.1－4b　取代基对甲基苯胺防护效能的影响

取代基 R 的种类	摩尔效率，% 	取代基 R 的种类	摩尔效率，% 
H	25	$CH_3-C(CH_3)_2-$	96
$CH_3CH_2CH_2CH_2-$	38	$(CH_3)_2N-CH_2CH_2-C(CH_3)-$	137
$CH_3-CH(CH_3)-CH_2-$	40	$NC-C(CH_3)_2-$	31
$CH_3-CH_2CH(CH_3)-$	100		

为了说明仲胺类防老剂的催化抑制机理，有人测定了它们的化学计量抑制系数 f（每摩尔防老剂消除的自由基数），如表 1.4.1－4c 所列。在二苯胺中，当苯环的对位氢原子被叔碳烷基取代时，防老剂捕捉自由基的数量提高；当苯环上有吸电子基团时，降低了防老剂清除自由基的能力，甚至完全破坏了催化抑制活性，如（5）、（7）、（8）。

表 1.4.1－4c　部分仲胺、羟胺及氮氧自由基在 130 ℃石蜡油中的化学计量抑制系数 f

序号	化合物	f	序号	化合物	f	序号	化合物	f
1	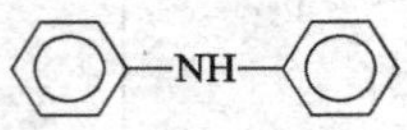	41	6	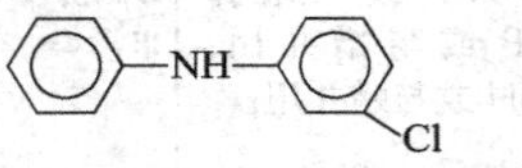	17	11	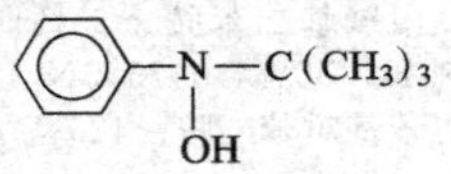	95
2	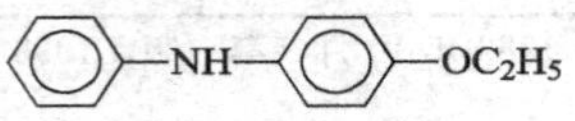	36	7	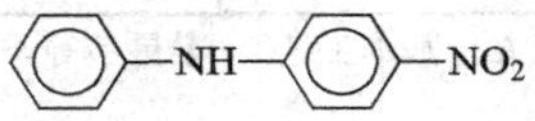	0	12	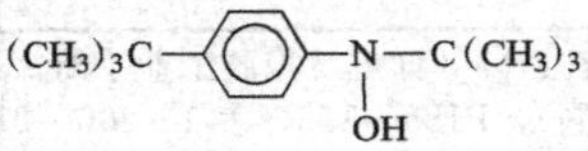	250
3	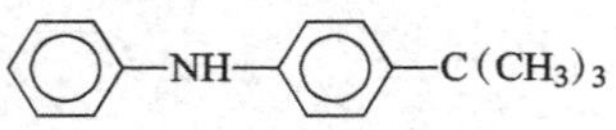	53	8	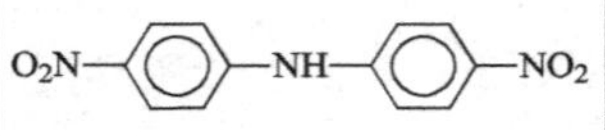	0	13	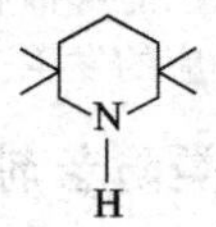	420
4	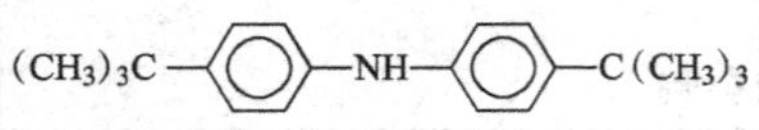	52	9	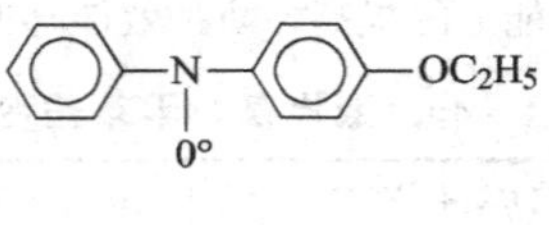	26	14	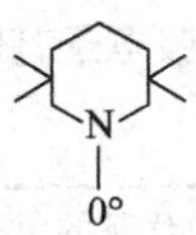	510
5	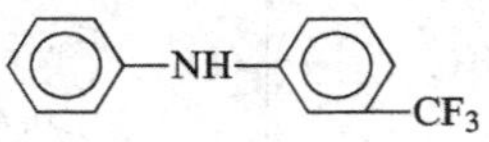	0	10	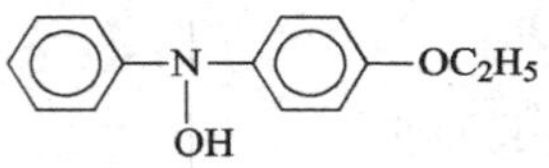	35	15	$(CH_3)_3C-N(O^\circ)-C(CH_3)_3$	225

注：表 2.4.1－4a、表 2.4.1－4b、表 2.4.1－4c 详见《现代橡胶工艺学》，杨清芝主编，中国石化出版社，2003 年 7 月第 3 次印刷，P288～290 表 4－15、表 4－16、表 4－17。

（一）胺类防老剂

胺类防老剂见表 1.4.1－5。

表 1.4.1-5 胺类防老剂

名称	化学结构	性状		
		外观	相对密度	熔点，℃
N-苯基-α-萘胺（防老剂 A）	*N*—pbenyl—*α*—naphthylamine 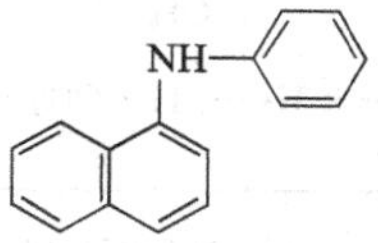	黄褐色至紫色结晶块状	1.16～1.17	52
N-苯基-β-萘胺（防老剂 D）	*N*—phcnyl—*β*—naphthylaminc 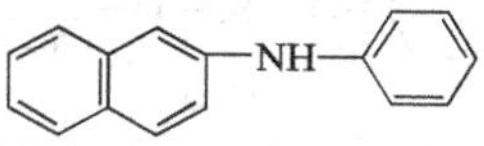	浅灰色至棕色粉末	1.18	104
N-对羟基苯基-β-萘胺	*N*—*p*—hydroxyphenyl—*β*—naphthylamine 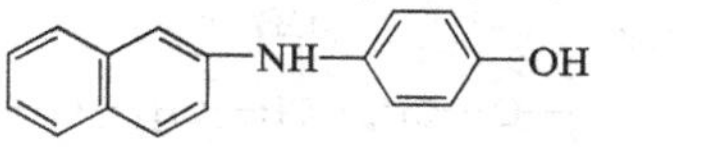	浅灰色结晶粉末		128～135
N-对甲氧基苯基-α-萘胺（防老剂 102）	*N*—*p*—methoxypbenyl—*α*—naphthylamine 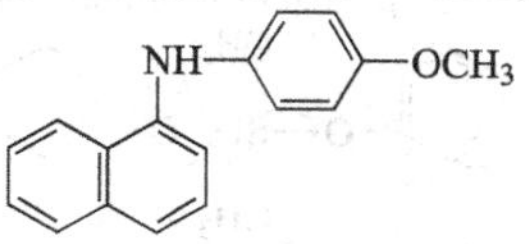	褐色粉末		100.5
辛基化二苯胺（防老剂 ODA）	详见本节 1.1.15			
壬基化二苯胺	nonylated diphenylamine	褐色液体	0.95	
二苯胺与二异丁烯的反应产物	reaction product of dipheny lamine and diisobutylene	白色结晶粉末		92～103
二烷基化二苯胺（防老剂 WH—DI）	dialkylated diphenylamine 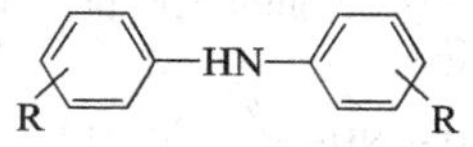 R=C_7H_{15}~C_9H_{19}	结晶或红褐色液体	0.97	150～223（沸点）
对异丙基二苯胺	*p*—isopropoxy diphenylamine 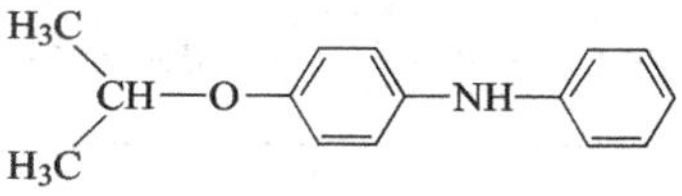	灰色至黄褐色片状	1.12～1.18	80～86
4，4′-双（α，α′-二甲基苄基）二苯胺（防老剂 KY—405）	详见本节 1.1.13			
苯乙烯化二苯胺的缩合物	mixture of styrenated diphenylamine 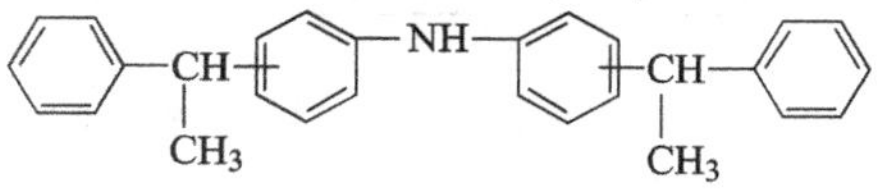	红褐色黏性液体	0.95～1.09	190～320（沸点）
对羟基二苯胺	*p*—hydroxy diphenylamine 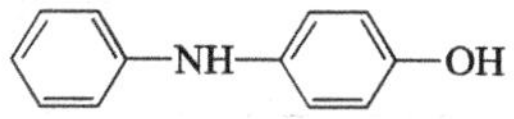	白色结晶粉末		74
对，对′-二甲氧基二苯胺	*p*—*p*′—diamino diphenylamine 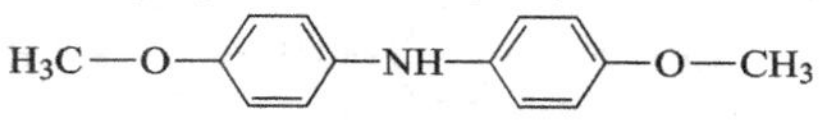	褐色粉末	1.25	103

续表

名称	化学结构	性状		
		外观	相对密度	熔点，℃
2 -羟基- 1，3 -双（4 -苯氨基苯氧基）丙烷（C—47）	2—hydroxy—1，3—bis（4—phenylaminophenyloxy）propeme 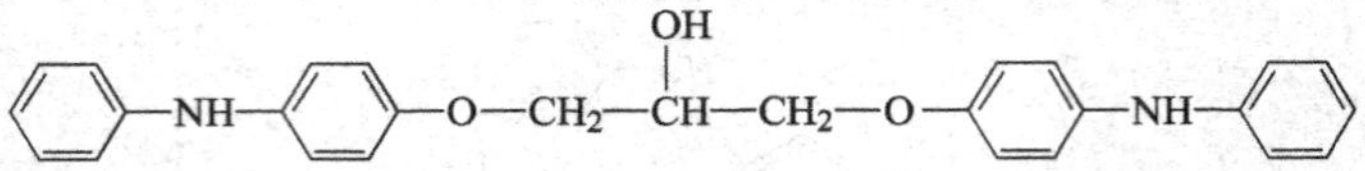	白色结晶粉末		145
二甲基双（4 -苯氨基苯氧基）硅烷（C—1）	dimethyl bis（4—phenylamino phenyloxy）silane 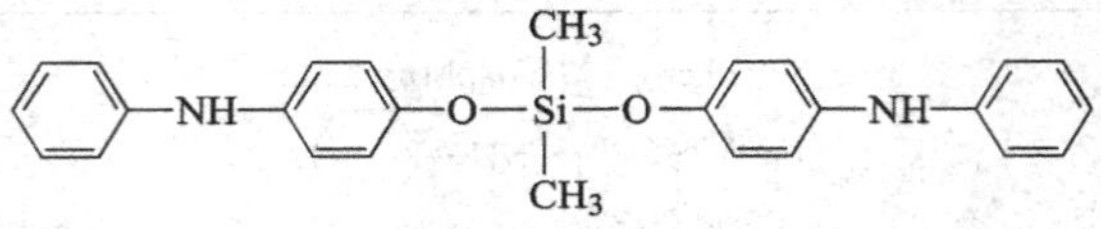	白色结晶粉末		107
2-羟基- 1，3-双［4-(β-萘氨基）苯氧基］丙烷（C—49）	2—hydroxyl—1，3—bis［*A*—（*β*—naphthylamino）phcnyloxy］propane 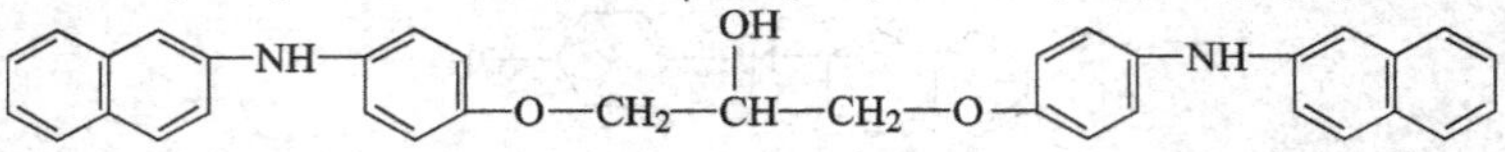	浅灰色结晶粉末		163～164
二甲基双［4 -（β -萘氨基）苯氧基］硅烷（C—41）	dimethyl—bis［4—（*β*—naphthylamino）phenyloxy］silane 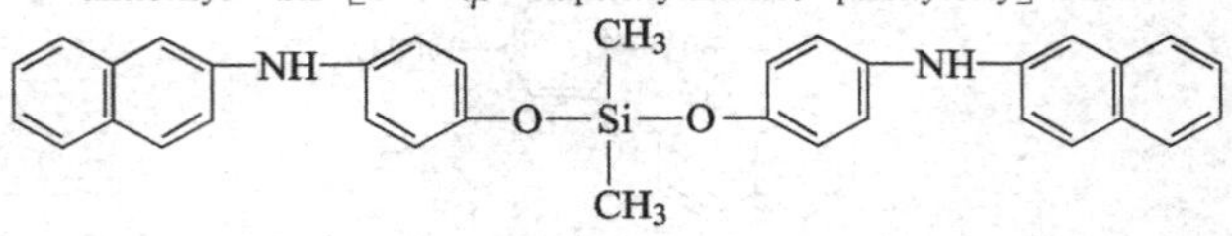	白色或浅玫瑰色结晶		141～142
对，邻－二氨基二苯胺	*p*—*o*′—diamino diphenylamine 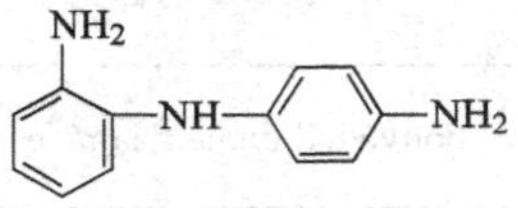		1.29	125～129
＊N，N′-二（β -萘基）对苯二胺（防老剂 DNP）	详见本节 1.1.7			
＊N，N′-二仲丁基对苯二胺（防老剂 DBPD）	*N*，*N*′—di—*sec*—butyl—*p*—phenylene diamine 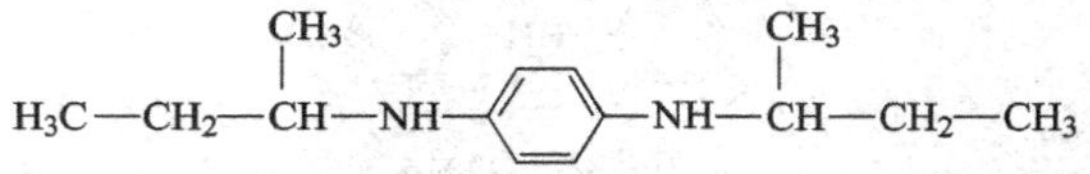	红色透明液体	0.94	15
＊N，N′-双（1，4 -二甲基丁基）对苯二胺（66）	*N*，*N*′—bis（1，4—dimethyl butyD—*p*—phenylene diamine） 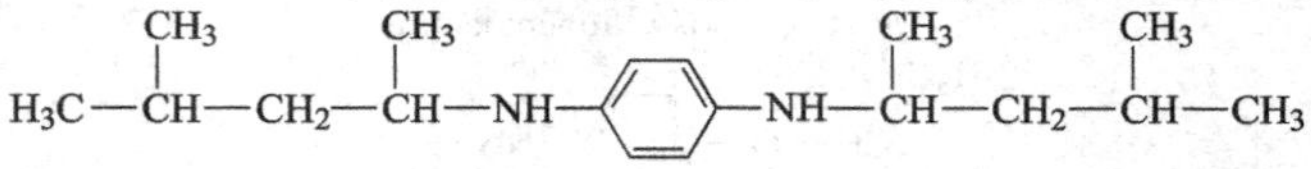	深红色黏液或蜡状物	0.92	212～217（沸点）
＊N，N′-双（1，4 -二甲基戊基）对苯二胺（防老剂 77PD、4030）	详见本节 1.1.10			
＊N-（1，3 -二甲基丁基）- N′-苯基对苯二胺（防老剂 6PPD（4020））	详见本节 1.1.3			
＊N－环己基- N′-苯基对苯二胺（防老剂 CPPD(4010)）	详见本节 1.1.1			
＊N－异丙基- N′-苯基对苯二胺（防老剂 IPPD(4010NA)）	详见本节 1.1.2			
＊N -异丙基- N′-对甲苯基对苯二胺（甲基防老剂 4010NA）	*N*—isopropyl—*N*′—methyl phenyl—*p*—phenylenc diamine 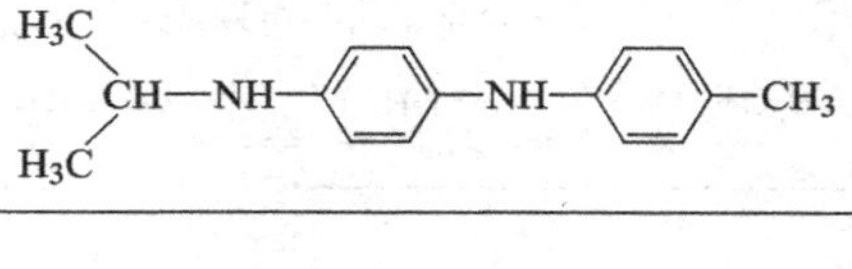	灰紫色结晶粉末		

续表

名称	化学结构	性状		
		外观	相对密度	熔点，℃
*N，N'-双（1-甲基庚基）对苯二胺（防老剂 288）	*N*，*N'*—bis（1—methylbeptyl）—*p*—phenylene diamine 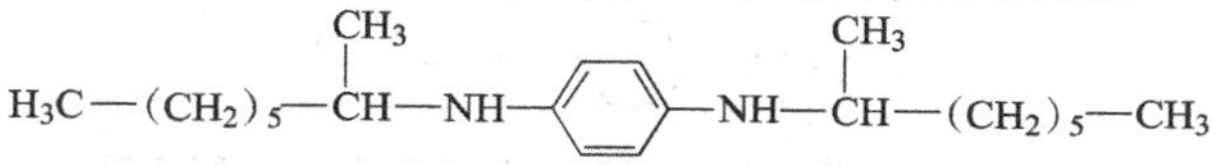	棕红色黏性液体	0.912	25.5（结晶点）
*N，N'-双（1-乙基-3-甲基戊基）对苯二胺（防老剂 88）	*N*，*N'*—bis（1—ethyl—3methyl pentyD—*p*—phenylene diamine） 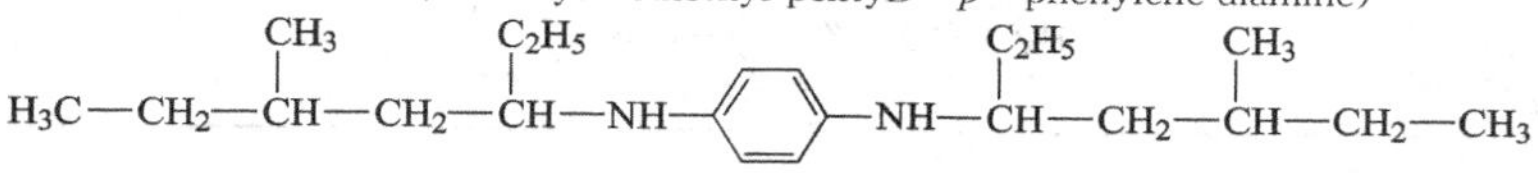	红褐色液体	0.87～0.93	390（沸点）
*N，N'-二苯基对苯二胺（防老剂 H）	详见本节 1.1.6			
*N-异丁基-N'-苯基对苯二胺（防老剂 BPPD）	*N*—isobutyl—*N*—phenyl—*p*—phenylene diamine 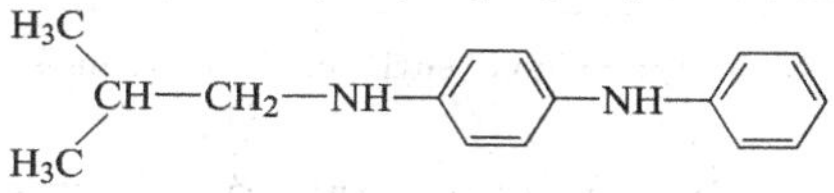	浅黑色固体	1.049	43.3
*N-己基-N'-苯基对苯二胺（防老剂 HPPD）	*N*—hexyl—*N'*—phenyl—*p*—phenylene diamine 	红色固体	1.015	40～50
*N-苯基-N'-β-萘基对苯二胺（Polnox 66）	*N*—phenyl—*N'*—*β*—naphthyl—*p*—phenylene diamine 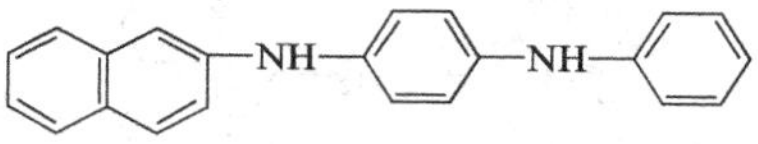	银灰色粉末	1.2	165
*N-仲辛基-N'-苯基对苯二胺（防老剂 688）	详见本节 1.1.9			
*N-（对甲苯基磺酰基）-N'-苯基对苯二胺（防老剂 TPPD）	详见本节 1.1.8			
*N，N'-二甲基-N，N'-二（1-甲基丙基）对苯二胺（32）	*N*，*N'*—dimethyl—*N*，*N'*—di—（methyl propyl）*p*—phenylene diamine 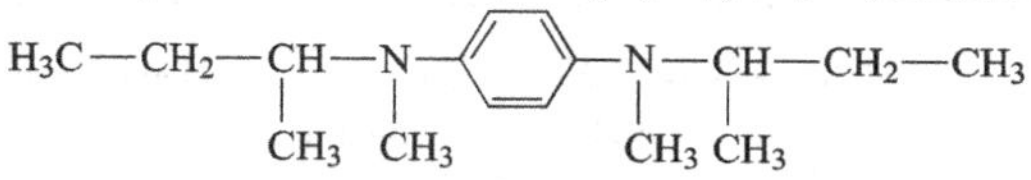	红褐色液体	0.933	
*N-苯基-N'-（3-甲基丙烯酰氧基-2-羟基丙基）对苯二胺（防老剂 G-1）	*N*—phenyl—*N'*—（3—methacryloyloxy—2—hydroxy propyl）—*p*—phenylene diamine 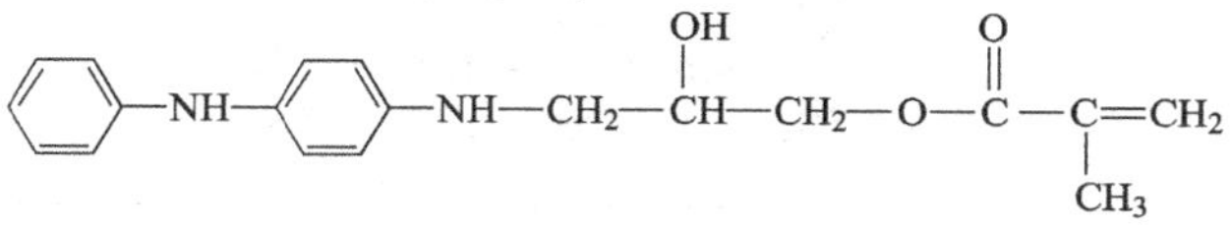	紫灰色粉末	1.29	>115
*N-辛基-N'-苯基对苯二胺与防老剂 TMQ（RD）的复配物（防老剂 8PPD）	详见本节 1.1.11			
*对苯二胺烷基和芳基衍生物的混合物（混Ⅰ）	blend of alkyl and derivatives of *p*—phenylene diamine			
*二芳基对苯二胺混合物（混Ⅱ）	mixed diaryl *p*—phenylene diamine			

续表

名称	化学结构	性状		
		外观	相对密度	熔点，℃
＊N－环己基对甲氧基苯胺（防老剂 CMA）	N－cyclobexyl－*p*－methoxyaniline 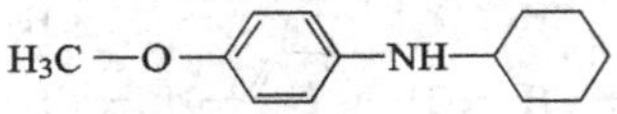	白色结晶粉末		40（凝固）
＊N－环己基对乙氧基苯胺（防老剂 CEA）	N－cyclohexyl－*p*－ethoxyaniline 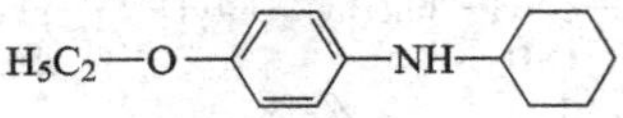	白色结晶粉末		56
N－烷基-N′-苯基对苯二胺（C－789）	N－alkyl－N′－phenyl－*p*－phenylene diamine 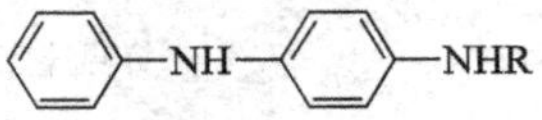 $R=C_7H_{15}\sim C_9H_{19}$	黄绿色至红褐色油状黏性液体		170～312（沸点）
N－（4-苯氨基苯基）甲基丙烯酰胺（防老剂 NAPM）	N－（4－anilino phenyl）methylacrylamide） 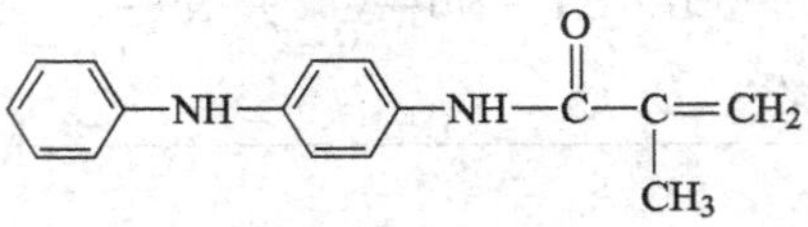	浅灰色粉末		100～106
＊N，N′-二（甲苯基）对苯二胺（防老剂 3100、DTPD）	详见本节 1.1.5			
N，N，N′，N′-四苯基-二氨基甲烷（防老剂 350）	N，N，N′，N′－tetraphenyldiaminomethane 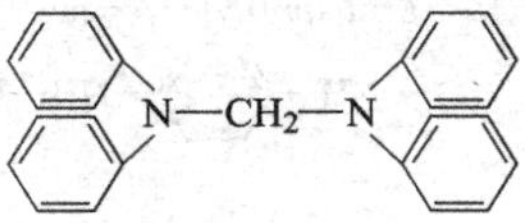	白色粉末	1.04～1.06	26～36
＊二乙酰二苯脎	diacetyl diphenyl osazone 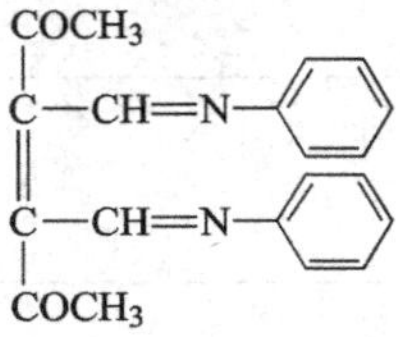	黄白色粉末	1.12	200～215
N-甲苯基-N′-二甲苯基对苯二胺与N，N′-双（二甲苯基）对苯二胺的混合物（防老剂 PPD－B）	mixture of N－tolune－N′－xylene－*p*－phenylene diamine and N，N′－dixylene－*p*－phenylene diamine 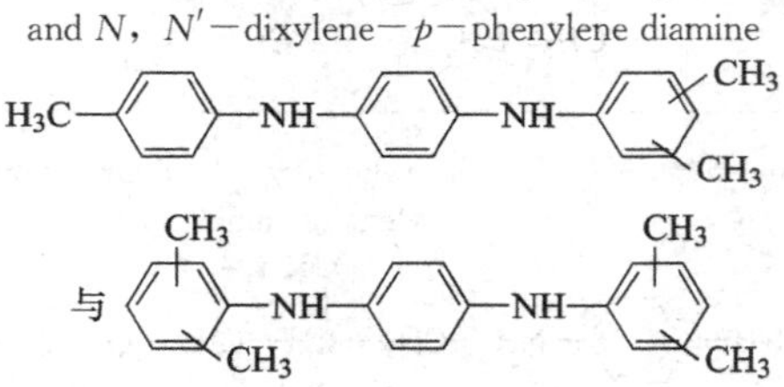			
防老剂 D、防老剂 H 和 4，4′-二甲氧基二苯胺的混合物	blend of antioxidant D、antioxidant H and 4，4′－dimethyloxy diamine	灰色细粉		83
N，N′-二苯基乙二胺（防老剂 DED）	N，N′－diphenyl ethylene diamine 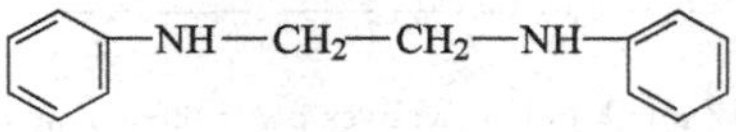	浅棕色粒状	1.14～1.21	55
N，N′-二邻甲苯基乙二胺（防老剂 DTD）	N，N′－di－*o*－tolylethylene diamine 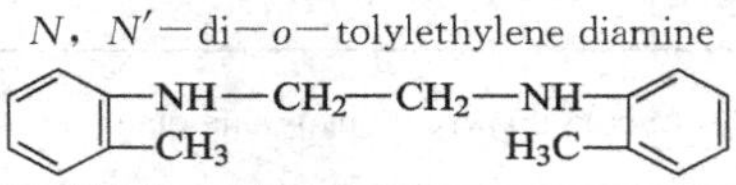	紫褐色粒状	1.25	64.4

续表

名称	化学结构	性状		
		外观	相对密度	熔点，℃
N，N′-二苯基丙二胺（防老剂 DPD）	*N*，*N*′—diphenyl propylene diamine 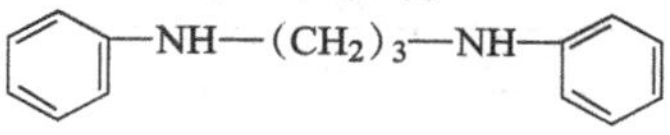	红棕色黏稠液体	1.05～1.07	25（流动点）
聚亚甲基聚苯胺（PA—65）	polymethylene polyphenylamine	深琥珀色固体		71
对，对′—二氨基二苯甲烷（防老剂 DDM）	*p*，*p*′—diamino diphenyl methane 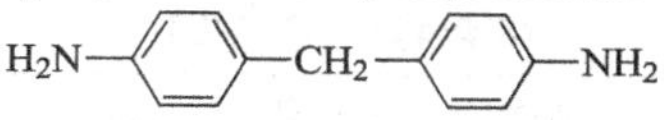	银白色片状结晶	1.14	92～93

注：＊防老剂具有抗臭氧作用；详见《橡胶原材料手册》，于清溪、吕百龄等编写，化学工业出版社，2007 年 1 月第 2 版，P457～460。

本类防老剂遇光变色，属污染型防老剂，不宜用于白色或浅色制品。

本类防老剂中，防老剂 D 中的游离 β-萘胺有致癌性，应谨慎使用。

取代二苯胺类防老剂有较好的抗屈挠疲劳性能，用于胶乳也有很好的稳定作用。

4000 系列防老剂与萘胺类防老剂以及微晶石蜡并用能产生很强的协同效应。4000 系列抗臭氧效能最好、用途最广的是 IPPD（4010NA），但易被水抽出，而 6PPD（4020）不会被抽出，所以凡与水有可能接触的制品，已更多地使用 6PPD（4020）。

烷基和芳基置换的联氨（腙和脎）是非污染型防老剂，也具有一定的抗臭氧作用，但其效能远不及对苯二胺类防老剂，由于具有不污染的特性，仍有实用意义。

一般用量为 0.5～5.0 份，通常用量为 1.0～2.5 份。

1.1 防老剂 CPPD(4010)

化学名称：N-环已基- N′-苯基对苯二胺。

结构式：

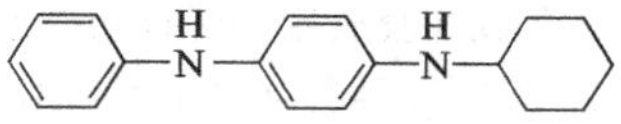

分子式：$C_{18}H_{22}N_2$，相对分子质量：266.38，相对密度 1.29 g/cm³，熔点 110 ℃，CAS 号：202—984—9，本品纯品为白色粉末，暴露在空气中或日光下颜色逐渐变深，但不影响性能，熔点：103～115 ℃。本品属于对苯二胺类橡胶防老剂，是一种高效防老剂。对臭氧、风蚀和机械应力引起的曲挠疲劳有卓越的防护性能，对氧、热、高能辐射和铜害等也有显著的防护作用。对硫化无影响，分散性良好，适用于深色的天然橡胶和合成橡胶制品，最好与防老剂 TMQ(RD) 并用，强化其防老性能。可用于制造飞机、汽车的外胎、胶带、电缆和其他工业橡胶制品中；还可用作聚丙烯、聚酰胺的热稳定剂；亦可用于燃料油中。本品有污染性，不宜用于浅色及艳色制品，对皮肤和眼睛有一定刺激性。

防老剂 CPPD(4010) 的供应商见表 1.4.1－6。

表 1.4.1－6 防老剂 CPPD(4010) 的供应商

供应商	外观	纯度(≥)/%	干品初熔点(≥)/℃	加热减量(≤)/%	灰分(≤)/%	筛余物(100 目)(≤)/%	说明
中国石化集团南京化学工业有限公司	浅灰色至青灰色粉末		108	0.40	0.30	0.50	

1.2 防老剂 4010NA（IPPD）

化学名称：N-异丙基- N′-苯基对苯二胺。

结构式：

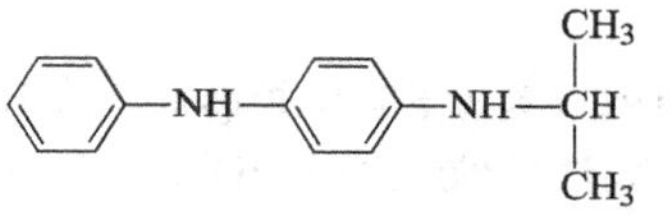

分子式：$C_{15}H_{18}N_2$，相对密度 1.17 g/cm³，熔点 70 ℃，相对分子质量：226.32，灰紫色至紫褐色片状或粒状固体，溶于油类、丙酮、苯、四氯化碳、二硫化碳和乙醇，难溶于汽油，不溶于水。暴露于空气及阳光下会变色。本品是天然橡胶、合成橡胶通用型优良防老剂；对臭氧、屈挠龟裂的防护性能特佳；也是热、氧、光等和一般老化的优良防护剂。胶乳制品慎用。

GB/T 8828—2003《防老剂 4010NA》对应于 JIS K 6220—3：2001《橡胶用配合剂 试验方法 第 3 部分：防老剂》（非等效），适用于由 RT 培司（4-氨基二苯胺）与丙酮缩合而制得的防老剂 IPPD（4010NA）。防老剂 IPPD（4010NA）的技术要求见表 1.4.1-7。

表 1.4.1-7 防老剂 IPPD（4010NA）的技术要求

项目	指标	
	优等品	一等品
纯度/%（面积归一）（≥）	95.0	92.0
熔点(≥)/℃	71.0	70.0
加热减量(≤)/%	0.50	
灰分(≤)/%	0.30	

防老剂 IPPD（4010 NA）的供应商见表 1.4.1-8。

表 1.4.1-8 防老剂 IPPD（4010 NA）的供应商

供应商	外观	纯度(≥)/%（面积归一法）	熔点(≥)/℃	加热减量(≤)/%	灰分(≤)/%	说明
黄岩浙东	灰紫色至紫褐色粒状	95.0	70.0	0.50	0.30	
山东尚舜	紫褐色至黑褐色颗粒或片状	96.0	45.0（凝固点）	0.50	0.15	

1.3 防老剂 6PPD（4020）

化学名称：N-（1，3-二甲基丁基）-N′-苯基对苯二胺。

结构式：

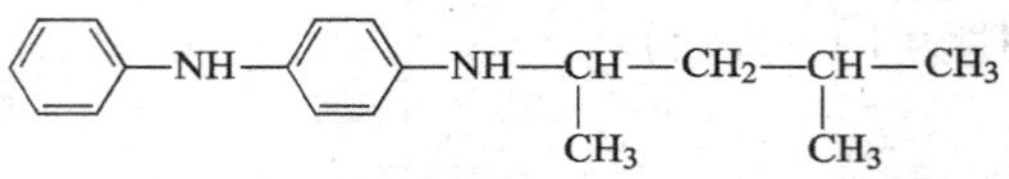

分子式：$C_{18}H_{24}N_2$，相对密度 0.986～1.00 g/cm³，熔点 40～45 ℃，溶于苯、丙酮、乙酸、乙酸乙酯、二氯乙烷及甲苯，不溶于水。纯品 6PPD 为白色固体，置于空气中会逐渐氧化成褐色固体。工业品为紫褐色至黑褐色颗粒或片状，温度超过 35～40 ℃时会慢慢结块。本品是天然橡胶、合成橡胶通用型优良防老剂；对臭氧、屈挠龟裂、日晒龟裂的防护性能特佳；也是热、氧、光等和一般老化的优良防护剂，对铜锰等有害金属有较强的抑制作用。本品与橡胶的相溶性较好，不易喷霜，不易挥发，毒性低，适用于各类合成橡胶和天然橡胶。在胶料中分散性好，对胶料有软化作用，对硫化影响不大。可用于轮胎等各类橡胶制品，也可作为聚乙烯、聚丙烯、丙烯酸树脂的热氧稳定剂。注意防潮，避免与皮肤直接接触。胶乳制品慎用。

防老剂 6PPD（4020）的供应商见表 1.4.1-9。

表 1.4.1-9 防老剂 6PPD（4020）的供应商

供应商	外观	纯度(≥)/%（面积归一法）	结晶点(≥)/℃	加热减量(≤)/%	灰分(≤)/%	说明
黄岩浙东	紫褐色至黑褐色颗粒状或片状	95.0	44.0	0.50	0.30	
山东尚舜	紫褐色至黑褐色颗粒或片状	96.0	45.0（凝固点）	0.50	0.10	

1.4 防老剂 7PPD

化学名称：N-（1，4-二甲基戊基）-N′-苯基对苯二胺。

结构式：

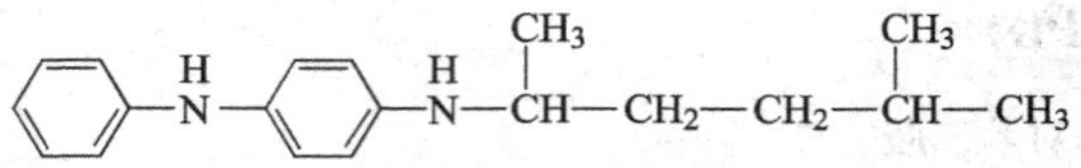

防老剂 7PPD 由 4-氨基二苯胺与甲基异戊基甲酮在催化剂存在下，加氢烷基化制得。分子式：$C_{19}H_{26}N_2$，相对分子质量：282.40，CAS 号：3081-01-4。

本品为天然橡胶及各种合成橡胶制品的有效抗臭氧老化防护助剂，由于其分子量较防老剂 IPPD（4010NA）和 6PPD（4020）高，基本不溶于水，抗水溶性方面，明显优于防老剂 IPPD（4010NA）和 6PPD（4020）。防老剂 7PPD 是液体，易于分散，在橡胶中的溶解度非常高，浓度较高也不会出现喷霜，也不容易从胶料析出。7PPD 具有毒性小，性能优异，几乎不溶于水的特点，非常适合乳聚丁苯胶的生产、储存和加工。可以单独使用于环境潮湿、臭氧老化性能要求苛刻的场合，如电线电缆、橡胶减震、汽车用橡胶制品中具有良好的应用前景。

由于 7PPD 价格奇高，国内外主要用于与防老剂 6PPD 复配成（6PPD/7PPD 复配物）EPPD（国内）、BLEND、Santoflex134PD 等使用，不但可以发挥 7PPD 优异的耐抽提性能，又可以降低成本。

防老剂 7PPD 的技术要求见表 1.4.1-10。

表 1.4.1－10　橡胶防老剂 7PPD 的技术要求

项目	指标
外观	暗红色液体
纯度（GC 法）(≥)/%	95.0
4－氨基二苯胺含量(≤)/%	1.0
加热减量（68±2)℃(≤)/%	0.50
灰分（750±25)℃(≤)/%	0.10

防老剂 7PPD 的供应商有：安徽圣奥化学科技有限公司、江苏圣奥化学科技有限公司等。

1.5　防老剂 DTPD（3100）

化学名称：N，N′-二苯基对苯二胺、N，N′-二甲苯基对苯二胺、N－苯基- N′-甲苯基对苯二胺混合物。

分子结构式：

N，N′- ditolyl - *p* - phenylenediamine

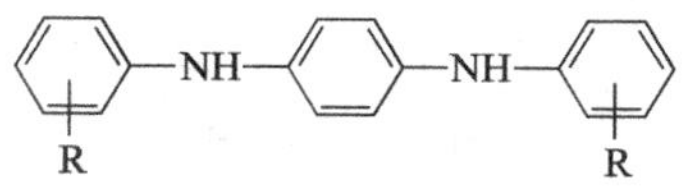

（R=H,CH_3）

CAS 号：68953－84－4，相对密度 1.085～1.2 g/cm³。DTPD 在两边的苯环上引进一个或两个甲基后，在橡胶中的溶解度增加，喷霜性降低，允许在胶料中有较大的用量；其碱性较小，对硫化和焦烧基本无影响，是对苯二胺类中污染性及变色性最低的防老剂。

防老剂 DTPD 抗臭氧、抗曲挠龟裂性能远好于防老剂 A、D，初始抗曲挠龟裂作用弱于 IPPD（4010NA）或 6PPD（4020），但长期抗曲挠龟裂好；抗金属毒害性优于 IPPD（4010NA）或 6PPD（4020），是氯丁橡胶的优良抗臭氧剂。与防老剂 IPPD（4010NA）或 6PPD（4020）1：1 并用，一方面可减轻 IPPD（4010NA）或 6PPD（4020）使制品外观发红的趋势；另一方面，由防老剂 IPPD（4010NA）或 6PPD（4020）提供制品早期的短期防护作用，DTPD 则起长期的防护作用，是提高轮胎使用寿命最好的抗臭氧体系之一，特别适合于使用条件苛刻的载重胎、越野胎以及各种子午线轮胎及斜交胎中应用。用量 1～3 份。

HG/T 4233－2011《防老剂 DTPD（3100）》适用于以对苯二酚、邻甲苯胺和苯胺缩合制成的防老剂 DTPD（3100），防老剂 DTPD 的技术要求见表 1.4.1－11。

表 1.4.1－11　防老剂 DTPD 的技术要求

项目	指标	试验方法
外观	棕灰色至黑色片状或颗粒状	目测
初熔点(≥)/℃	92.0～98.0	GB/T 11409－2008
加热减量(≤)/%	0.30	GB/T 11409－2008
灰分(≤)/%	0.30	GB/T 11409－2008
含量（GC)(≥)/%	90.0	HG/T 4233－2011

防老剂 DTPD 的供应商见表 1.4.1－12。

表 1.4.1－12　防老剂 DTPD 的供应商

供应商	商品名称	外观	熔点/℃	加热减量（65 ℃)/%	灰分（750 ℃)/%
金昌盛	防老剂 DTPD	棕灰色颗粒	90～100	≤0.5	≤0.3
宜兴国立	防老剂 DTPD（3100）	棕灰色颗粒	90～100	≤0.5（65 ℃×3 h）	≤0.3（800±25 ℃）

1.6　防老剂 H（PPD、DPPD）

化学名称：N，N′-二苯基对苯二胺、二苯基四苯基二胺、1，4－二苯胺基苯、1，4－二苯氨基苯。

分子结构式：

N，N′- diphenyl - *p*—phenylene diamine

分子式：$C_{18}H_{16}N_2$，相对分子质量：260.34，CAS NO：74－31－7，熔点：130～152 ℃，沸点：220～225 ℃，密度：1.18～1.22 g/cm³，灰色粉末状或片状，暴露于空气中或日光下易氧化变色，遇热稀盐酸变绿，与硝酸、二氧化氮和亚硫酸

钠作用变成葡萄红及深红色。可燃，无毒，与皮肤接触可能致敏。对水生生物有害，可能对水体环境产生长期不良影响。

国外牌号有 Vulkanox DPPD（德国）、Antage DP（日本）。

本品用于 NR、SBR、NBR、BR、IIR、IR 等橡胶、胶乳中，可使其具有良好的耐多次曲挠和防龟裂性能。提高定伸应力，增强对热氧、臭氧以及铜、铁、锰等有害金属的防护作用，对硫化无影响，有污染性，会使胶料变色，参考用量 0.2～0.3 份。常与防老剂 A、CPPD（4010）、IPPD（4010NA）等并用；与防老剂 D 并用可解决深色橡胶制品的多种老化问题。此外，也用作聚乙稀、聚丙稀等塑料的抗氧剂。

防老剂 H 的供应商见表 1.4.1－13。

表 1.4.1－13　防老剂 H 的供应商

供应商	外观	初熔点/℃	密度/(g·cm⁻³)	加热减量(≤)/%	灰分(≤)/%	说明
青岛正好助剂有限公司	浅褐色至浅棕色粉末	130～140		0.40	0.40～0.50	

1.7　防老剂 DNP（DNPD）

化学名称：N，N′-二（β-萘基）对苯二胺。

结构式：

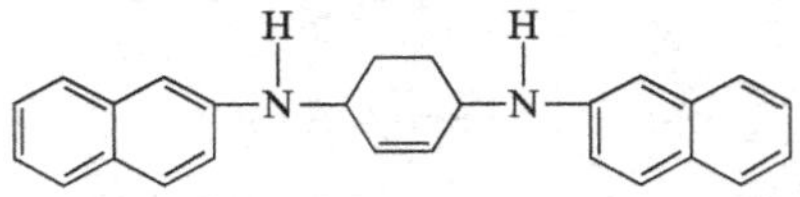

分子式：$C_{26}H_{20}N_2$，相对分子质量：360.46，相对密度 1.26 g/cm³，熔点 235 ℃，灰色粉末晶体，长久遇光颜色逐渐变为暗灰色。本品是橡胶、乳胶和塑料的抗氧剂。有优越的耐热老化、耐天然老化和抗铜、锰等有害金属作用，在丁苯胶中有防紫外光的功能。本品既可单用，也可与其他防老剂并用。亦可用作 ABS、聚甲醛、聚酰胺类工程塑料的耐热防老剂。

防老剂 DNP 的供应商见表 1.4.1－14。

表 1.4.1－14　防老剂 DNP 的供应商

供应商	外观	熔点(≥)/℃	密度/(g·cm⁻³)	加热减量(≤)/%	灰分(≤)/%	筛余物(150 μm)(≤)/%	说明
黄岩浙东	灰色粉末	225	1.26	0.50	0.50	0.01	

1.8　防老剂 TPPD

化学名称：N-（对甲苯基磺酰基）-N′-苯基对苯二胺。

结构式：

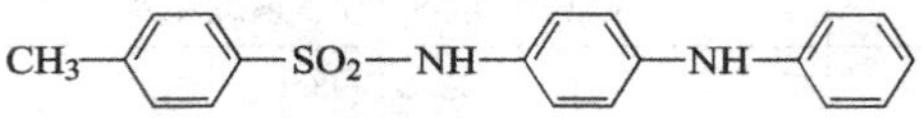

分子式：$C_{19}H_{18}N_2O_2S$，相对分子质量：338.4，相对密度 1.32 g/cm³，熔点 135 ℃，灰色粉末，无毒，储藏稳定。

本品是 CR、NR、BR、SBR 等橡胶及其胶乳用防老剂，对臭氧、氧老化的防护作用良好，亦能抑制铜害和锰害，特别适用于防护 CR 老化期间所释放的氯对纤维材料的破坏作用。本品易分散，可直接加入橡胶，亦可制成水分散体加入胶乳。本品用于 CR 橡胶时，若与防老剂 ODA 并用，耐热性能最佳，也可降低未硫化 CR 的塑性，使压延时的收缩率减少，因而有助于调整半成品的尺寸。本品主要用于制造胶布，电绝缘制品和浅色工业制品，在 CR 橡胶中一般用量为 1～2 份。

防老剂 TPPD 的供应商见表 1.4.1－15。

表 1.4.1－15　防老剂 TPPD 的供应商

供应商	外观	熔点(≥)/℃	密度/(g·cm⁻³)	加热减量(≤)/%	灰分(≤)/%	筛余物(150 μm)(≤)/%	说明
华星（宿迁）化学有限公司	灰色粉末或颗粒	135	1.32	0.30	0.50		

1.9　防老剂 OPPD（688）

化学名称：N-仲辛基-N′-苯基对苯二胺。

结构式：

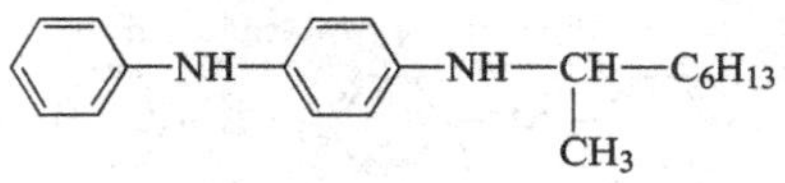

暗棕褐色粘稠液体，密度：1.003 g/cm³，凝固点：10 ℃，沸点：430 ℃。

本品生产销售时一般添加固体填料，以降低其黏度，可以与白炭黑、碳酸钙等混配使用。本品是 NR、合成橡胶通用型胺类防老剂，抗臭氧效果等同于防老剂 6PPD（4020）和 IPPD（4010NA），抗氧化效果强于防老剂 TMQ（RD）。国内开发出的 8PPD 就是防老剂 688 与防老剂 TMQ（RD）复配产品，在轮胎、电缆中应用性能优于防老剂 TMQ（RD）。对屈挠龟裂亦有良好的防护作用。与橡胶的相容性良好，挥发性低。适用于轮胎、密封胶条、胶管、胶带及各种工业橡胶制品。

1.10 防老剂 77PD（防老剂 4030）

化学名称：N，N′-双（1，41，4-二甲基戊基）对苯二胺。

结构式：

N，*N*′- bis（1，4 - dimethyl pentyl）- *p* - phenylene diaenine

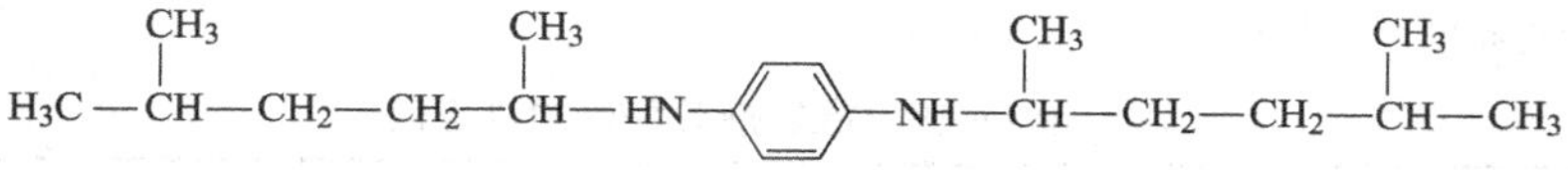

分子式：$C_{20}H_{36}N_2$，相对分子质量：304.50，CAS 号：3081－14－9，相对密度 0.894～0.906 g/cm³，红褐色液体，沸点 237 ℃。

本品为天然橡胶及各种合成橡胶的有效抗臭氧老化防护助剂，静态下抗臭氧老化效果极佳，明显优于抗臭氧老化性能优异的防老剂 IPPD（4010NA）和 6PPD（4020），但是抗动态屈挠作用不大。因而特别适用于长时间在低速、静态条件下工作的胶料，如航空轮胎、工程轮胎、高铁和桥梁橡胶减震器、农用装备车胎以及车用结构支架、固定胶管、密封条等。

防老剂 77PD 是液体，易于分散，在橡胶的溶解度非常高，加上其分子量较高，要比防老剂 IPPD（4010NA）和 6PPD（4020）要高，因而即使高浓度也不会出现喷霜，也不容易从胶料析出。可以单独使用于抗静态臭氧老化性能要求苛刻的某些橡胶制品。在电线电缆、橡胶减震、汽车用橡胶制品和一些特殊环境下的橡胶制品中应用具有良好的市场前景。

防老剂 77PD 的技术要求见表 1.4.1-16。

表 1.4.1-16 防老剂 77PD 的技术要求

项目	指标
外观	棕红色油状液体
纯度（≥）/%	94.0
加热减量（≤）/%	0.50
灰分（≤）/%	0.10
黏度，mPa·S（25 ℃）	56～85

防老剂 77PD 的供应商有：安徽圣奥化学科技有限公司、江苏圣奥化学科技有限公司等。

1.11 防老剂 8PPD

化学名称：N-辛基-N′-苯基对苯二胺。

结构式：

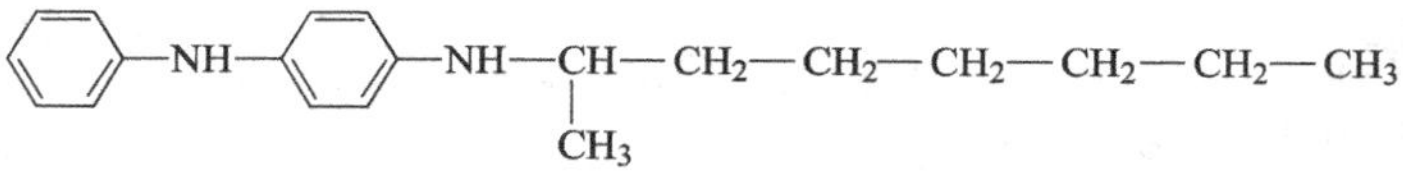

防老剂 8PPD 由 4-氨基二苯胺（4－APDA）与 2-辛酮缩合还原制得。分子式：$C_{20}H_{28}N_2$，相对分子质量：296.43，CAS 号：15233－47－3。

本品是一种性能优异的对苯二胺类防老剂，与橡胶相溶性好，挥发性低，有促进硫化的作用。本品用于天然胶和合成胶生产过程中，也可用以轮胎、汽车门窗的密封胶条、胶管、胶带及其他黑色工业制品和润滑油中，具有良好的抗臭氧和耐屈挠老化性能。国外主要应用在丁苯橡胶合成工业中，国内主要用于与防老剂 TMQ 复配使用。防老剂 8PPD 是液体，易于分散，在橡胶的溶解度非常高，其分子量较防老剂 IPPD（4010NA）和 6PPD（4020）高，即使浓度较高也不会出现喷霜，也不容易从胶料析出。

防老剂 8PPD 不含亚硝基化合物，是新一代绿色环保型橡胶防老剂，针对丁苯橡胶生产工艺现状开发，克服了丁苯橡胶后处理过程中低温掺混助剂相溶性问题，解决了胶料生成过程中稀酸水溶液抽提防老剂损失和污染问题，解决了使用有毒有害防老剂的安全问题。防老剂 8PPD 几乎不溶于水，非常适合乳聚丁苯胶的生产、储存和加工。

防老剂 8PPD 的技术要求见表 1.4.1-17。

表 1.4.1-17 防老剂 8PPD 的技术要求

项目	指标
外观	暗褐色粘稠液体
纯度（≥）/%	96.0
4－ADPA 含量（≤）/%	0.6
加热减量（≤）/%	0.50
灰分（≤）/%	0.10

防老剂 8PPD 的供应商有：安徽圣奥化学科技有限公司、江苏圣奥化学科技有限公司等。

1.12 抗氧剂 DAPD

化学组成：二芳基对苯二胺混合物。

国外商品名：Antigene DTP Wingstay100 AZ

长期抗臭氧剂，氯丁胶的特佳抗臭氧剂；抗金属毒害性是对苯二胺类防老剂中最强的；对疲劳裂口有抑制作用，无迁移污染性，对硫化和焦烧几乎无影响；允许在胶料中有较大的用量。与防老剂 OD 并用，是提高轮胎使用寿命理想的抗臭氧体系，是轮胎工业用高效防老剂，特别适用于载重胎、越野胎。

抗氧剂 DAPD 的供应商见表 1.4.1－18。

表 1.4.1－18 抗氧剂 DAPD 的供应商

供应商	外观	熔点(≥)/℃	加热减量(≤)/%	灰分(≤)/%	筛余物（150 μm）/(≤)/%	说明
华星（宿迁）化学有限公司	棕灰色颗粒	90	0.50	0.30		

1.13 防老剂 KY－405

化学名称：4，4′-双（α，α′-二甲基苄基）二苯胺、4，4-二（苯基异丙基）二苯胺。

分子结构式：

4，4′- bis（a，a′- dimethyl bcnzyl）- diphenylamine

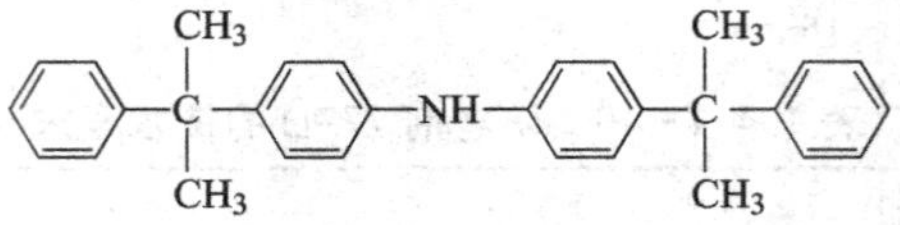

相对分子质量：405.58，白色粉末，密度：1.11～1.18 g/cm³，熔点：90～95 ℃，热分解温度：272 ℃。

国外牌号有 Permanax CD（英国）、Permanax 49（法国）、Nocrac CD（日本）。

本品用作 CR、SBR、IIR、NR、PU 等橡胶制品与胶黏剂的非污染型胺类防老剂，对因热、光、臭氧等引起的老化防护效能好。可以代替防老剂 D、MB、TMQ（RD）、264 等，对于 CR 效果特别显著。一般用量 0.5 份即可替代 1.5 份防老剂 D 或 1.0 份防老剂 MB。

防老剂 KY—405 的供应商见表 1.4.1－19。

表 1.4.1－19 抗氧剂 KY—405 的供应商

供应商	外观	熔点/℃	密度/(g·cm⁻³)	加热减量(≤)/%	灰分(≤)/%	说明
青岛正好助剂有限公司	白色或灰白色粉末	≥90 ℃		0.10	0.08	

1.14 防老剂 HS－911

化学名称：4，4′-二苯异丙基二苯胺。

结构式：

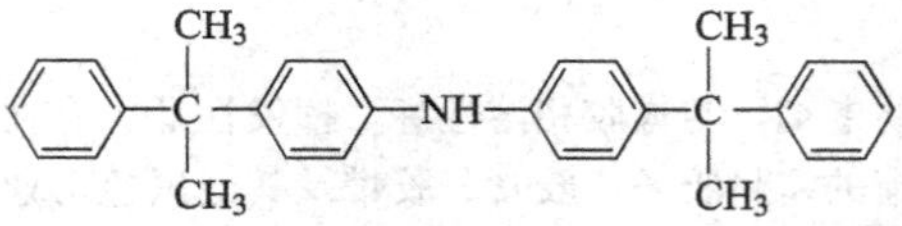

分子式：$C_{30}H_{31}N$，相对分子质量：405。

本品高效无毒，是取代有致癌作用的防丁、防甲和 TMQ（RD）等品种理想的防老剂。适用于 NR、IR、SBR、NBR、IIR、CR 及其并用胶，对 CR 防热老化特别有效，还可用于塑料工业。本品不仅对硫化胶热老化、光老化、臭氧老化以及在多次变形条件下的破坏具有防护作用，而且对变价金属、重金属起一定的钝化作用；由于污染较轻微，可应用于一般彩色电线电缆的绝缘和护套橡皮及一般彩色橡胶制品，代替防老剂 264、SP、2264、MB、DNP 等非污染性防老剂。在炭黑胶料中具有胺类抗氧剂性能，不喷霜。本品可单独使用，亦可与其他防老剂配合使用，在橡胶中的用量一般为 2～3 份。

防老剂 HS—911 的供应商见表 1.4.1－20。

表 1.4.1－20 防老剂 HS—911 的供应商

供应商	外观	密度/(g·cm⁻³)	有效含量(≥)/%	加热减量(≤)/%	灰分(≤)/%	筛余物(150 μm)/(≤)/%
华星（宿迁）化学有限公司	近白色或淡灰色粉末或颗粒状		34	0.7		

1.15 防老剂 ODA（OD、ODPA）

化学组成：辛基化二苯胺，二苯胺取代衍生物。

分子结构式：

octylated diphenylamine

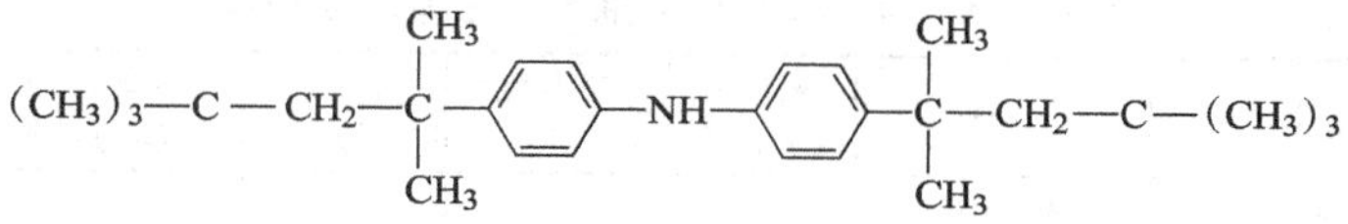

浅棕色或灰色蜡状颗粒，密度：0.98～1.12 g/cm³，熔点：85～90 ℃。低毒。

国外牌号有 Pennox A（美国）、Permanax ODPA（德国）、Nonox OD（英国）、Antage OD（日本）。

本品主要用作 CR、NBR、NR、SBR 等橡胶与聚烯烃、润滑油的抗氧剂和胶黏剂的防老剂，对热氧屈挠、龟裂有防护作用。耐热性优于其他防老剂，在氯丁胶中应用有更突出的耐热作用，若与防老剂 TPPD 并用，耐热性能更佳，能降低氯丁橡胶的门尼黏度，因而助于调整半成品的尺寸并能提高氯丁胶在储藏运输过程中的稳定性；也是氯丁橡胶胶黏剂首选的防老剂之一。主要用于制造轮胎、内胎、电缆、橡胶地板、热圈及海绵制品等。用量 0.5～2.0 份。

防老剂 ODA 的供应商见表 1.4.1-21。

表 1.4.1-21　防老剂 ODA 的供应商

供应商	商品名称	化学组成	外观	密度/(g·cm⁻³)	熔点/℃	灰分(≤)/%	加热减量(≤)/%	说明
上海敦煌化工厂	防老剂 ODA	辛基化二苯胺						
宜兴市日新化工有限公司			灰色或浅棕色粉末	0.99	75～85		1.3	
华星（宿迁）化学有限公司	ODA		浅白色粉末或颗粒状		85	0.3	0.5	
	ODA		褐色蜡状物或颗粒		75	0.5	1.3	
	ODA－40	60%碳酸钙	棕褐色粉末或颗粒			32.5～34.7	7.0	
金昌盛（美国 chemtura 公司）	防老剂 445	二苯胺取代衍生物	白灰色到白色粉末	1.14				防紫外线老化引起的变色效果显著，适用于 EPDM、CR、NBR、ACM 胶种。

1.16　防老剂 DFC-34

化学组成：34%的 4，4－二苯乙烯化二苯胺＋66%轻钙。

本品系二苯胺类衍生物，与美国固特异的 Wingstay－29 属同类型产品，具有高效、无毒、无污染、防老化性能优良和价格低廉的优点。本品对硫化胶热氧老化、臭氧氧化及在曲挠条件下的破坏具有保护作用，并能钝化变价的有害金属，挥发性小等优点，是取代防甲、防丁、SP、BLE 等防老剂的理想品种。通过胎面胶性能对比试验证明，耐老化性能与防甲、防丁相似，对混炼胶的硫化性能无影响，抗天候老化性能优良。可广泛用于 SBR、NBR、BR 等各种合成橡胶和 NR 制品中，也是塑料加工的良好抗氧剂。通常用量为 1～5 份。

防老剂 DFC－34 的供应商见表 1.4.1-22。

表 1.4.1-22　防老剂 DFC－34 的供应商

供应商	外观	有效含量(≥)/%	堆积密度/(g·cm⁻³)	筛余物（20 μm）/%	说明
黄岩浙东	浅褐色粉末	34	0.68±0.05	全部通过	

1.17　防老剂 D-50

化学名称：N-羟基-苯乙烯化二苯胺-甲基苯基酮。

本品存放时外观颜色会逐渐变深，但效能不变。本产品不含萘胺物质，是传统型防老剂 D（丁）的换代产品。

防老剂 D-50 的供应商见表 1.4.1-23。

表 1.4.1-23　防老剂 D－50 的供应商

供应商	商品名称	外观	密度/(g·cm⁻³)	初熔点(≥)/℃	灰分(≤)/%	加热减量(≤)/%	说明
山东迪科化学科技有限公司	防老剂 D-50	灰白色至棕色粉末			33.0	2.0	

1.18　橡胶防老剂复合三号

化学名称：N-羟基-苯乙烯化二苯胺。

本品存放时外观颜色会逐渐变深，但效能不变。本产品不含萘胺物质，是防老剂甲的替代品。

橡胶防老剂复合三号的供应商见表 1.4.1－24。

表 1.4.1－24　橡胶防老剂复合三号的供应商

供应商	商品名称	外观	密度/(g·cm⁻³)	初熔点(≥)/℃	灰分(≤)/%	加热减量(≤)/%	盐酸不溶物(≤)/%	说明
山东迪科化学科技有限公司	防老剂复合三号	灰白色至棕色粉末				2.0	1.50	

1.19　防老剂 CEA，化学名称：N－环己基对乙氧基苯胺

结构式：

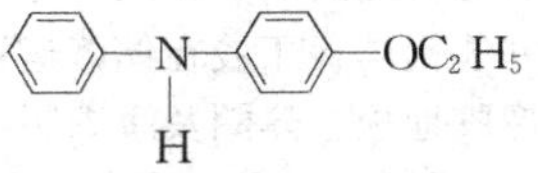

熔点：58.5～60.5 ℃，白色粉末。本品主要用作橡胶防老剂，耐臭氧老化和耐热、耐氧、耐屈挠等性能较好，适用于天然橡胶、合成橡胶和胶乳的各种浅色工业橡胶制品。污染性极小，制品经日光暴晒后不变色。

防老剂 CEA 的供应商有：黄岩浙东橡胶助剂化工有限公司等。

1.20　防老剂 6PPD 和 7PPD 复配物

化学组成：防老剂 6PPD 和防老剂 7PPD 按规定比例加热复合制得的产品。

橡胶防老剂 6PPD 与 7PPD 复配物是一种复合型橡胶防老剂，用作合成聚合物稳定剂，也可用于天然和合成橡胶中的高活性抗氧剂。对热、氧、臭氧、天候老化均有防护效果，对金属的催化氧化有抑制作用，同时又具有优良耐曲挠龟裂性，在静态应用中配合混合蜡，选择适当的温度，可用作长效防老剂。在橡胶制品和轮胎生产过程中，不影响纺织品或钢帘线黏合。本品具有强效抗臭氧和抗氧化特性，故胶料有极好的抗高温疲劳和抗屈挠性能，与橡胶相溶性好，挥发性和迁移性小，可阻止铜、锰等有害金属的催化降解。

防老剂 6PPD 与 7PPD 复配物是 R-芳基-对苯二胺和 R′-芳基-对苯二胺按一定比例复配而成的。由于引进了有效的 R 和 R′基团，使该产品在加入橡胶中不含产生亚硝基化合物的伯胺，是新一代绿色环保型橡胶防老剂。防老剂 6PPD 与 7PPD 复配物具有价格低，毒性小，性能优异，几乎不溶于水的特性。本品室温为液体，故用于合成橡胶后处理时，易于分散，配制与使用操作十分简便。本品在橡胶的溶解度非常高，不易喷出，非常适合乳聚丁苯胶的生产、储存和加工。橡胶防老剂 6PPD 与 7PPD 复配物克服了丁苯橡胶后处理过程中低温掺混助剂相溶性问题，解决了胶料生成过程中稀酸水溶液抽提防老剂损失和污染问题，解决了使用其他防老剂有毒有害的安全问题。防老剂 8PPD 在提高丁苯橡胶产品质量和安全性的同时，降低了生产成本，对国内外丁苯橡胶及下游的轮胎和橡胶制品行业的发展起到积极的促进作用。

防老剂 6PPD 与 7PPD 复配物的技术要求见表 1.4.1－25。

表 1.4.1－25　防老剂 6PPD 与 7PPD 复配物的技术要求

项目	指标
外观	黑色液体
有效组分(≥)/%	96.00
6PPD 含量(≥)/%	36.67
7PPD 含量(≥)/%	55.10
灰分(≤)/%	0.10
加热减量(≤)/%	0.30
黏度（75 ℃)/SUS	70～85

防老剂 6PPD 和 7PPD 复配物的供应商有：安徽圣奥化学科技有限公司、江苏圣奥化学科技有限公司等。

1.21　防老剂 8PPD 与 TMQ（RD）的复配物

化学组成：N-辛基-N′-苯基对苯二胺与防老剂 TMQ（RD）的复配物。

结构式：

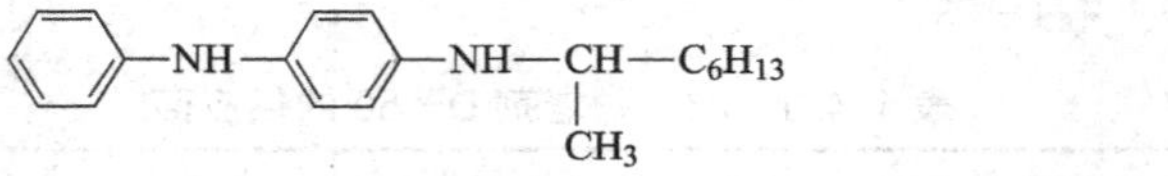

+ TMQ（RD）

本品为暗棕色黏稠液体，相对密度 1.024 g/cm³。橡胶防老剂 8PPD 与 TMQ 复配物是一种复合型橡胶防老剂，主要应用在合成橡胶工业中，本品为多组份复合型产品，具有酮胺类防老剂和对苯二胺类防老剂特性，并能发挥出两种防老剂的协同作用，对热、氧、臭氧、气候老化均有防护效果，对金属的催化氧化有抑制作用，同时又是优良有抗臭氧和曲挠龟裂的防老剂，它广泛用作橡胶防老剂，特别是丁苯橡胶中作稳定剂。也可在橡胶制品中如电线、电缆中使用，可等量代替防甲、防丁和 TMQ（RD），但后期老化性能接近 IPPD（4010NA）和 6PPD（4020）。

防老剂 8PPD 与 TMQ 的复配物的技术要求见表 1.4.1－26。

表 1.4.1－26　防老剂 8PPD 与防老剂 TMQ 的复配物的技术要求

项目	指标
外观	暗褐色黏稠液体
8PPD 纯度(≥)/%	73
黏度（25 ℃)/mPa·S	1 700～2 200
加热减量(≤)/%	0.50
灰分(≤)/%	0.10

防老剂 8PPD 与 TMQ 的复配物的供应商见表 1.4.1－27。

表 1.4.1－27　防老剂 8PPD 的供应商

供应商	外观	4－ADPA 含量(≤)/%	加热减量(≤)/%(70±2 ℃)	灰分(≤)/%	密度/(g·cm^{-3})(25 ℃)	黏度/mPa·S(25 ℃)
江苏圣奥化学科技有限公司	暗褐色黏稠状液体	0.8	0.50	0.10	1.000～1.031	1 700～2 200

防老剂 8PPD 与 TMQ 的复配物的供应商还有：安徽圣奥化学科技有限公司等。

1.22　防老剂 TAPPD

化学名称：2，4，61，4－三－（1，41，4－二甲基戊基－对苯二胺）1，4－1，3，51，4－三嗪。

结构式：

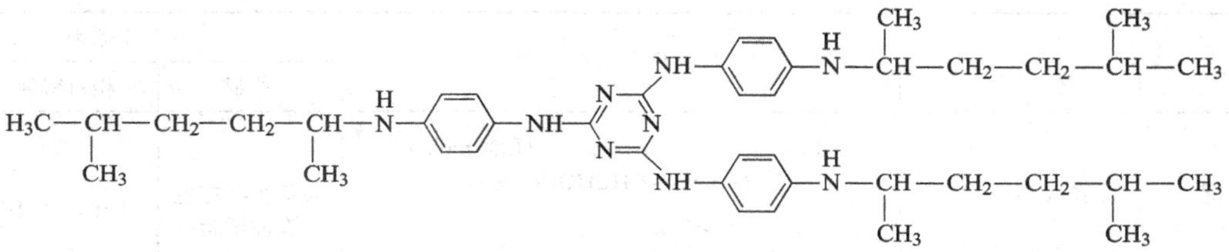

防老剂 TAPPD 由 N－（1，4－二甲基戊基）－对苯二胺与三氯三嗪在催化剂存在下合成制得。分子式：$C_{42}H_{63}N_9$，相对分子质量：693.92，CAS 号：121246－28－4。

本品特点如下：1）迁移性小，挥发性低的性质，不易损耗，作用持久；2）对接触面不会产生污染和变色；3）不溶于水，在酸性溶液中也几乎是不会抽出；4）在各种溶剂等液体中长时间浸渍后仍可保持橡胶制品的特性；5）长期耐热性优良，与现在广泛使用的 6PPD 相比，热老化后的伸长率较高；6）TAPPD 具有优异的静态臭氧防护性能，可延长屈挠疲劳寿命，同时还是一种优异的抗氧剂。

防老剂 TAPPD 最突出的特点是具有不变色性、抗老化持久和环保性能。由于三嗪环的特征结构，氮含量高，防老剂 TAPPD 还具有优异的耐热性。防老剂 TAPPD 被认为是动态和静态橡胶制品抗氧和抗臭氧的理想防老剂，TAPPD 赋予硫化胶的静态臭氧防护效果比 6PPD 好。在轮胎炭黑胎侧胶料中，TAPPD 赋予胶料焦烧安全性，而 6PPD 则降低了胶料焦烧安全性

TAPPD 另外一个优秀的性能是非污染型，由于大部分抗臭氧剂都以对苯二胺类为基础，对胶料污染严重。以三嗪为基础的 TAPPD 的独特之处在于它具有优异的臭氧防护性能并且不污染。三嗪类抗臭氧剂性能与烷基一芳基对苯二胺类抗臭氧剂的相似，而且这种抗臭氧剂的臭氧化机理也与烷基一芳基对苯二胺类抗臭氧剂相似。三嗪类抗臭氧剂的一个特点是与臭氧反应活性很大，而且由于它们的分子尺寸大限制了其迁移性，因此具有优异的长时间防护效果。

防老剂 TAPPD 的技术要求见表 1.4.1－28。

表 1.4.1－28　橡胶防老剂 TAPPD 的技术要求

项目	指标
外观	深紫色至黑色颗粒
纯度（HPLC 法)(≥)/%	91.0
加热减量（68±2）℃(≤)/%	0.70
灰分（825±25）℃(≤)/%	0.70
初熔点/℃	63.0～73.0

防老剂 TAPPD 的供应商有：安徽圣奥化学科技有限公司、江苏圣奥化学科技有限公司等。

1.23　反应性不抽出防老剂 MC（SF－98）

化学名称：N－4(苯胺基苯基)马来酰亚胺。

结构式：

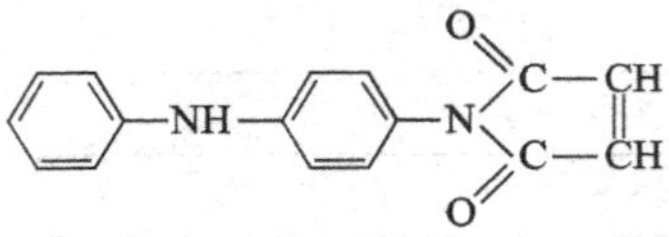

红色结晶粉末，溶于丙酮，不溶于水。

本品用于天然胶及各种成合胶，是一种反应性耐热老化、介质抽提、无迁移污染性防老剂，可替防老剂代 IPPD（4010NA）、6PPD（4020），用量及硫化条件和 IPPD（4010NA）类防老剂相同，一般为 2 份。

防老剂 MC 的供应商见表 1.4.1－29。

表 1.4.1－29　防老剂 MC 的供应商

供应商	外观	熔点 (≥)/℃	加热减量/%（≤） (75～80 ℃×2 h)	灰分 (≤)/%
咸阳三精科技股份有限公司	红色粉末	145	0.5	0.5
陕西杨晨新材料科技有限公司	红色粉末	140	0.5	0.5

（二）醛胺反应生成物

醛胺反应生成物类防老剂见表 1.4.1－30。

表 1.4.1－30　醛胺反应生成物类防老剂

名称	化学结构	性状		
		外观	相对密度	熔点/℃
3－羟基丁醛－α－萘胺（高分子量） (防老剂 AH)	aldol－α－naphthylamine（High mol.） 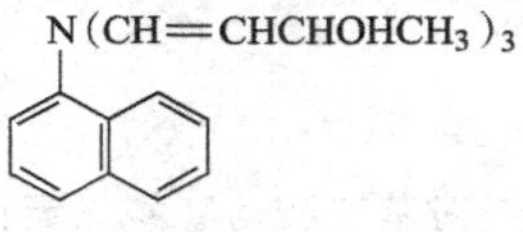	淡黄至红棕色 脆性树脂	1.15～1.16	65～75 (软化点)
3－羟基丁醛－α－萘胺（低分子量） (防老剂 AP)	aldol－α－naphthylamine（Low mol.） 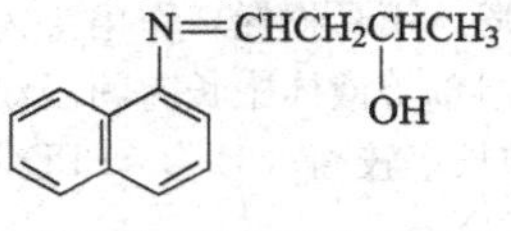	棕黄色粉末	0.98	143
乙醛和苯胺反应产物（防老剂 AA）	reaction product of acetaldehyde and aniline 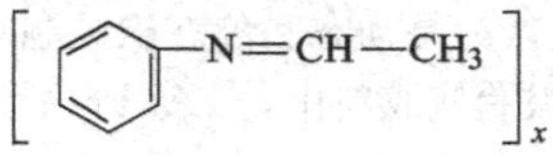	棕色 树脂状粉末	1.15	60～80
丁醛和苯胺的反应产物（防老剂 BA）	reaction product of butyraldehyde and aniline 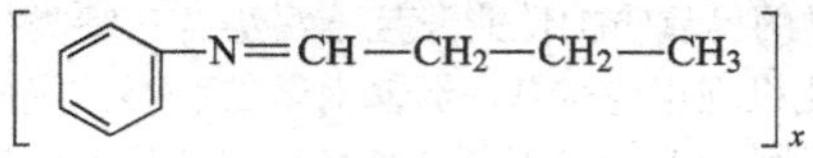	琥珀色液体	1.00～1.04	150 (闪点)
丁醛与α-萘胺的反应产物	reaction product of butendehyde and aniline 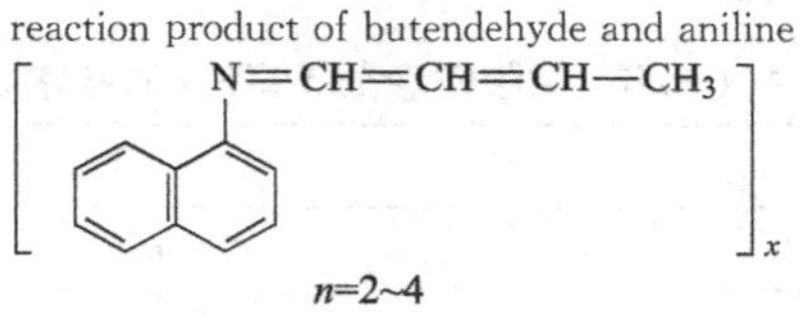	褐色树脂		85～90

注：详见《橡胶原材料手册》，于清溪、吕百龄等编写，化学工业出版社，2007 年 1 月第 2 版，P463～464。

醛胺类防老剂不易喷霜，对臭氧、屈挠龟裂没有防护作用；遇光变色，属污染型防老剂，不宜用于白色的或浅色制品。在天然橡胶、合成橡胶和胶乳中抗热、氧性能良好。可单用，也可与防老剂 A、防老剂 MB、防老剂 IPPD（4010NA）并用。单用时一般用量为 0.5～5.0 份，最好 1.0～2.5 份。

微有毒性，不宜用于与食物接触的制品。

（三）酮胺反应生成物

酮胺反应生成物类防老剂见表 1.4.1-31。

表 1.4.1-31　酮胺反应生成物类防老剂

名称	化学结构	性状		
		外观	相对密度	熔点/℃
2，2，4-三甲基-1，2-二氢化喹啉聚合物（防老剂 TMQ(RD)）（树脂状）	详见本节 1.3.3			
*6-乙氧基-2，2，4-三甲基-1，2-二氢化喹啉（防老剂 AW）	详见本节 1.3.1			
2，2，4′-三甲基-1，2-二氢化喹啉聚合物（防老剂 124）（粉末状）	polymerized 2，2，4′—trimethyl—1，2—dihydroquinoline 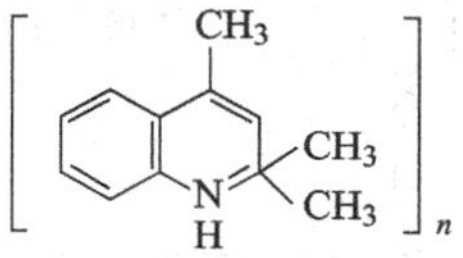	灰白色粉末	1.01～1.08	114
6-苯基-2，2，4-三甲基-1，2-二氢化喹啉（PTMDQ）	6—phenyl—2，2，4—trimethyl—1，2—dihydroquinoline 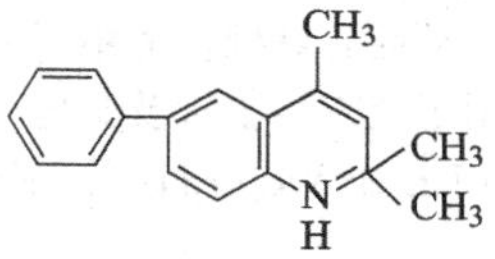	暗褐色蜡状物	1.04～1.11	80
6-十二烷基-2，2，4-三甲基-1，2-二氢化喹啉（DTMDQ）	6—dodecyl—2，2，4—trimethyl—1，2—dihy droquinoline 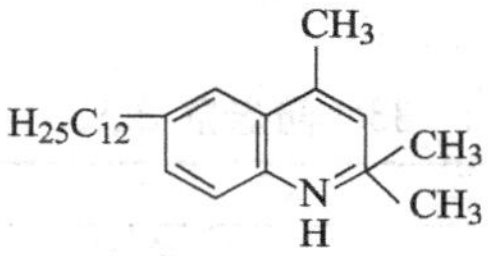	深色黏稠液体	0.90～0.96	121（闪点）
丙酮和二苯胺低温反应产物（AM）	low temperature reacion. product of aoetone and diphenylamine 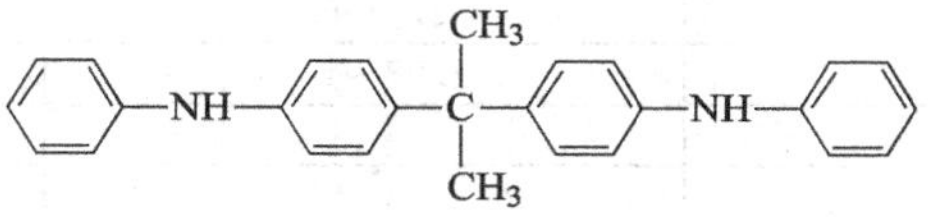	淡黄色或深褐色树脂粉末	1.13	85～95
丙酮和二苯胺高温反应产物（防老剂 BLE）	详见本节 1.3.2			
丙酮和苯基-β-萘胺低温反应产物（防老剂 APN）	low temperature reaction product of acetone and phenyl—β—naphthylamine	灰黄褐色粉末	1.16	120
二苯胺、丙酮、醛反应产物（防老剂 BXA）	reaction product of diphenylamine、ketone and aldehyde	褐色粉末	1.10	85～95

注：*防老剂具有抗臭氧作用；详见《橡胶原材料手册》，于清溪、吕百龄等编写，化学工业出版社，2007 年 1 月第 2 版，P465～466。

酮胺反应生成物类防老剂有污染性，但不显著，在浅色制品中可少量使用。

3.1　防老剂 AW

化学名称：6-乙氧基-2，2，4-三甲基-1，2-二氢化喹啉。

结构式：

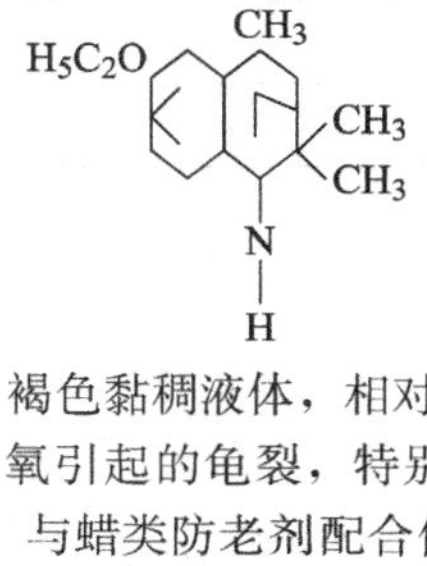

分子式：$C_{14}H_{19}ON$，相对分子质量：217.31，褐色黏稠液体，相对密度 1.029～1.031 g/cm³，沸点 169 ℃，无毒，较稳定，长期保存不变质。本品可防止橡胶制品由臭氧引起的龟裂，特别适用于动态条件下使用的橡胶制品。与防 H、防丁、防 CPPD（4010）等配合使用，可增强其效能；与蜡类防老剂配合使用可增强抗氧化的效能。但有污染性，不适用于浅色、艳色的制品。本品对脂肪食品亦有较好的抗氧化酸败作用。

防老剂 AW 的供应商见表 1.4.1-32。

表 1.4.1-32　防老剂 AW 的供应商

供应商	规格型号	外观	软化点/℃	密度/(g·cm^{-3})	加热减量(≤)/%	灰分(≤)/%
黄岩浙东	防老剂 AW（液）	深褐色黏性物			0.30	0.10
	防老剂 AW（粉）	棕褐色粉末				

3.2　防老剂 BLE

化学组成：丙酮和二苯胺高温缩合物，9，9-二甲基吖啶。

结构式：

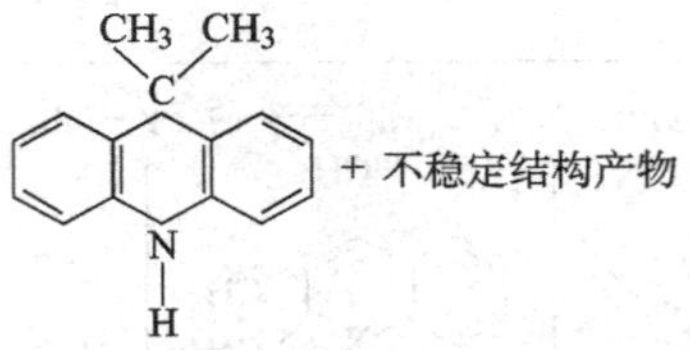

分子式：$C_{15}H_{15}N$，相对分子质量：209.3，无毒，相对密度 1.09。易溶于丙酮、苯等有机溶剂，不溶于水。

本品是一种通用的橡胶防老剂，对热氧和屈挠、疲劳老化有良好的防护效能，对臭氧老化及天候老化也有一定的防护作用。对硫化无影响，在胶料中易分散，对胶料流动性有好处。适用于天然橡胶及丁苯、丁腈、氯丁、顺丁等合成橡胶及其胶乳。广泛用作轮胎胎面、胎侧及内胎，也可用于胶带、胶管及其他一般工业橡胶制品。本品有污染性，在光照下的制品不宜使用，不适用于白色或艳色制品。防老剂 BLE 加入到胶料中，不仅能够起到防老化的效果，还能增进橡胶与金属的粘合。

HG/T 2862－1997《防老剂 BLE》适用于丙酮与二苯胺经常压法高温缩合的产物防老剂 BLE。防老剂 BLE 的技术要求见表 1.4.1-33。

表 1.4.1-33　防老剂 BLE 的技术要求

项目	指标	
	一等品	合格品
外观	深褐色黏稠体，无结晶析出	
黏度/Pa·S(30 ℃)	2.5～5.0	5.1～7.0
密度(ρ)/(g·cm^{-3})(20 ℃)	1.08～1.10	1.08～1.12
灰分(≤)/%	0.3	0.3
挥发分(≤)/%	0.4	0.4

防老剂 BLE 的供应商见表 1.4.1-34。

表 1.4.1-34　防老剂 BLE 的供应商

供应商	规格型号	外观	黏度/Pa·S(30 ℃)	密度/(g·cm^{-3})(20 ℃)	加热减量(≤)/%	灰分(≤)/%	BLE 含量(≤)/%	载体类型
黄岩浙东	BLE－C	浅棕色粉末			3.0		33.1	
	BLE－W	棕色粉末			3.0		66.1	
	液体 BLE	深褐色黏稠体	2.5～7.0	1.08～1.12	0.30			
天津市东方瑞创	液体	深褐色黏稠体	2.5～5.0	1.08～1.10	0.4	0.3	99.9	—
	BLE－C				2.0		33.0	碳酸钙
	BLE－W				2.0		66.0	白炭黑
	BLE－75				3.0		75.0	活性载体

3.3　防老剂 TMQ（RD）

化学名称：2，2，4-三甲基-1，2-二氢化喹啉聚合物。

结构式：

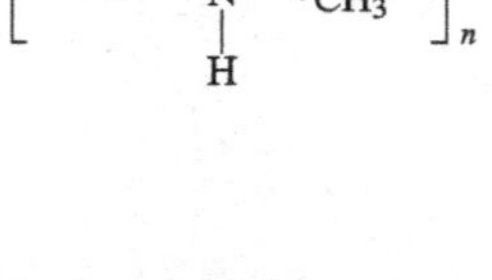

分子式：($C_{12}H_{15}N$) n，n=2～4，相对分子质量：(173.26)×n，CAS号：26780－96－1，相对密度 1.05 g/cm³，琥珀色至浅棕色片状或粒状固体，能溶于苯、氯仿、二硫化碳及丙酮中国，不溶于水。本品毒性小，污染性低，与橡胶相溶性好。本品可燃，储运时注意防火、防潮。

GB/T 8826－2011《橡胶防老剂 TMQ》适用于由苯胺和丙酮在催化剂存在下缩聚而成的防老剂 TMQ。防老剂 TMQ 的技术要求和试验方法见表 1.4.1－35。

表 1.4.1－35　防老剂 TMQ（RD）的技术要求和试验方法

项目	指标		试验方法
	优等品	一等品	
外观	琥珀色至浅棕色片状或粒状		目测
软化点/℃	80～100		GB/T 11409－2008
加热减量的质量分数(≤)/%	0.30	0.50	
灰分的质量分数(≤)/%	0.30	0.50	
乙醇不溶物质量分数(≤)/%	0.20	0.30	GB/T 8826－2011
异丙基二苯胺含量[a](≤)/%	0.50	—	
二、三、四聚体总量[a](≥)/%	40	—	

注：[a] 根据用户要求检测项目。

防老剂 TMQ（RD）的供应商见表 1.4.1－36。

表 1.4.1－36　防老剂 TMQ（RD）的供应商

供应商	外观	软化点/℃	密度/(g·cm⁻³)	加热减量(≤)/%	灰分(≤)/%	说明
黄岩浙东	琥珀色片状	80～100	1.05	0.50	0.50	
山东尚舜	琥珀至棕色片状	80～100	1.05	0.50	0.50	

二、酚类防老剂

酚类防老剂中的取代基不同，对其抑制氧化的能力有很大的影响：推电子取代基（甲基、叔丁基、甲氧基等）的导入，可显著提高其抑制氧化的能力；吸电子取代基（硝基、羧基、卤素等）的导入，可降低其抑制氧化的能力。取代基位置及体积不同，防护效能也有很大差别：位阻效应大的，防护效能好，受阻酚可以终止两个过氧自由基；受阻作用小的苯酚只能终止 1.2 个过氧自由基；未受阻苯酚所产生的稳定性较差的苯氧自由基，除发生各种副反应外，还会引发新的链反应，加速老化过程。

苯酚对位的烷基取代基，随着从正烷基到异烷基、叔烷基支化程度的提高，防护效能下降，如表 1.4.1－37 所示。

表 1.4.1－37　对位取代基的支化对受阻酚防护效能的影响

结构	R	相对效能[b]
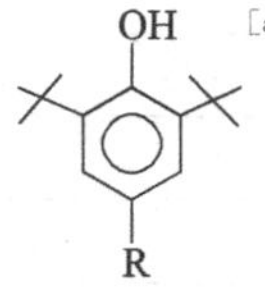 [a]	正丁基	100
	异丁基	61
	叔丁基	26

注：[a] 苯环上的×表示叔丁基，后文同。
[b] 在 100 ℃的油中，含量为 0.1%（质量份）时的评价。

近来的研究表明，表 1.4.1－37 的差异不是由于苯氧自由基的稳定性不同引起的的，而是可能与烷基苯酚氧化的自由基反应过程中产生的邻烷基过氧环已二烯酮有关，这种化合物比它的对位异构体——对烷基过氧环已二烯酮容易产生分解，形成新的引发自由基。2－甲基－4，6－叔丁基苯酚形成的邻烷基过氧环已二烯酮在 75 ℃分解，对烷基过氧环已二烯酮在 125 ℃分解。烷基苯酚氧化形成的邻、对位烷基过氧环已二烯酮之比，与取代基的支化程度及取代位置相关，支化程度大，邻位烷基过氧环已二烯酮比例高。

受阻酚通常指在两个邻位上有叔碳烷基取代基的苯酚。取代基的体积稍小时，通常认为是部分受阻酚。不同取代基受阻酚对未硫化聚异戊二烯橡胶的防护效能如表 1.4.1－38 所示。由于受阻酚防老剂可产生稳定的苯氧自由基，消除 2 摩尔过氧自由基并主要生成稳定的对烷基过氧环已二烯酮，因而它们对所有的聚合物都是有效的防老剂，广泛使用于聚烯烃塑料及油的防老化与稳定，只有少数的受阻酚使用于橡胶的防老化，主要原因之一是它们的高挥发性。

表 1.4.1-38 受阻酚对未硫化聚异戊二烯橡胶的防护效能[a]

R	门尼黏度保持率/%	颜色	R	门尼黏度保持率/%	颜色
无添加	<20	—	$—CH_2SH$	85	黄色
$—CH_3$（防老剂 264）	91	很轻微褐色	$—CH_2P(O)(OC_{18}H_{35})_2$	65	很轻微褐色
$—CH_2ph$	53	褐色	$—CH_2SCH_2—$	90	很轻微褐色
$—CH(CH_3)ph$	<20	褐色	$—CH_2—$	88	黄色
$—C(CH_3)_2ph$	<20	轻微褐色	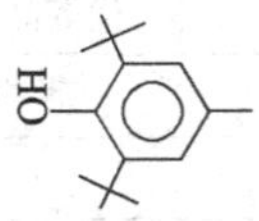	100	嫩黄色
—t-Bu	<20	轻微褐色	$—\{CH_2CH_2C(O)OCH_2\}_4C$	80	很轻微褐色
$—CH_2N(Bu)_2$	82	黄色	$—CH_2CH_2C(O)OC_{18}H_{37}$	65	很轻微褐色

注：[a] 添加 1 份，在温度为 70 ℃，老化 10 天后测得。

2-叔丁基苯酚、2，4-二叔丁基苯酚、2，4-二（1-甲基苯甲基）苯酚、2，4-二（1-甲基苯甲基）-6-甲基苯酚、2-叔丁基-4-甲基苯酚等部分受阻酚对未硫化的聚异戊二烯橡胶来说是较差的防老剂，但却是丁苯橡胶和丁腈橡胶的有效防老剂，尤其是与亚磷酸酯并用时效果更好，广泛地使用于鞋、海绵等浅色橡胶制品中。

由烷基化苯酚缩合成的双酚，连接双酚的基团按下列顺序使双酚在硫化 NR 及未硫化 IR 中的防护效能降低：

邻亚甲基>对亚甲基≥硫代>对亚烷基>对亚异丙基。

邻亚甲基连接的双酚，由于苯环上的取代基不同及亚甲基上的氢原子被取代与否，对其防护效能有很大的影响，详见表 1.4.1-39。

表 1.4.1-39 邻亚甲基双酚上的取代基对其在硫化 NR 及未硫化 IR 中防护效能的影响

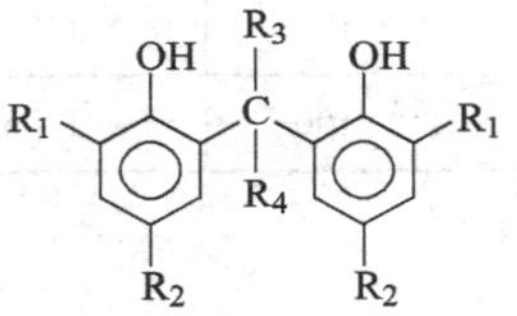

在双酚上的取代基				相对防护效能[a]	变色程度[b]	门尼黏度保持率/%[c]	颜色
R1	R2	R3	R4				
叔丁基	甲基	H	H	100	100	92	带粉红的褐色
叔丁基	乙基	H	H	87	60	—	—
叔丁基	甲基	正丙基	H	77	100	41	褐色
叔丁基	甲基	甲基	甲基	13	0	<20	很轻微褐色
环己基	甲基	H	H	73	60	—	—
环己基	叔丁基	H	H	20	0	—	—
1，1-二甲基苯甲基	甲基	H	H	50	30	—	—
甲基	甲基	H	H	57	120	60	—
甲基	甲基	甲基	H	67	20	—	—
甲基	甲基	异丙基	H	93	0	—	—
叔丁基	甲基	甲基	H	—	—	<20	中褐色
叔丁基	甲基	乙基	H	—	—	<20	中褐色
叔丁基	甲基	异丙基	H	—	—	47	浅褐色
叔丁基	甲基	苯基	H	—	—	<20	浅黄色
叔辛基	叔辛基	H	H	—	—	<20	浅黄色
叔丁基	甲基	C（R3，R4）=S		—	—	<20	暗褐色

注：[a] 基于 70 ℃，2.1 MPa 氧压的氧弹中老化 6、11、16 天后的拉伸强度及回弹保持率，并以防老剂 2246 的效果为 100。

[b] 未添加的作为 0，添加防老剂 2246 的作为 100。

[c] 在 70 ℃老化 10 天后测得。

由上表可见，当双酚上的烷基取代基按如下规律变化时：1）提高对位取代基的体积；2）降低邻位取代基的体积；

3）链接双酚亚甲基上氢原子被取代，其防护效能降低。

取代基对对亚甲基双酚在硫化 NR 及未硫化 IR 中防护效能的影响见表 1.4.1－40。

表 1.4.1－40　对亚甲基双酚上的取代基对其在硫化 NR 及未硫化 IR 中防护效能的影响

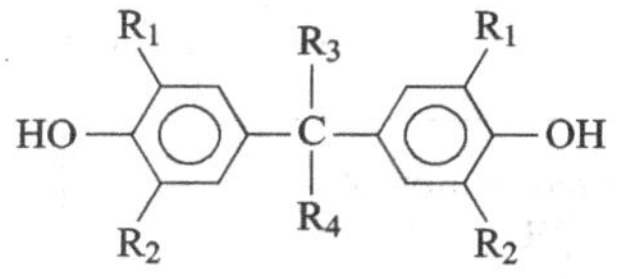

（a）

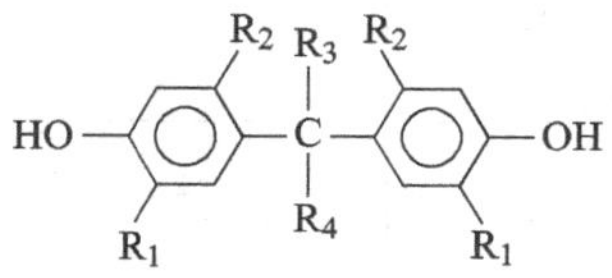

（b）

R1	R2	R3	R4	相对防护效能[a]	变色程度[b]	门尼黏度保持率/%[c]	颜色
在（A）上的取代基							
叔丁基	甲基	H	H	77	170	80	黄色
叔丁基	叔丁基	H	H	63	230	87	黄色
甲基	甲基	H	H	57	200	—	—
甲基	甲基	异辛基	H	27	100	—	—
叔丁基	H	H	H	60	0	＜20	浅褐色
叔丁基	叔丁基	H	H	—	—	43	褐色
叔丁基	叔丁基	H	H	—	—	＜20	浅褐色
叔丁基	叔丁基	H	H	—	—	＜20	浅褐色
叔丁基	甲基	甲基	H	—	—	35	黄色
在（B）上的取代基							
叔丁基	甲基	丙基	H	67	30	＜20	很轻微的褐色
叔丁基	甲基	异丙基	H	60	60	—	—
叔丁基	甲基	C（R3、R4）＝S		67	0	88	很轻微的褐色

注 a、b、c 同表 1.4.1－39。

表 1.4.1－37、表 1.4.1－38、表 1.4.1－39、表 1.4.1－40 详见《现代橡胶工艺学》，杨清芝主编，中国石化出版社，2003 年 7 月第 3 次印刷，P291～296 表 4－19、4－20、4－23、4－24。

（一）取代酚类

取代酚类防老剂见表 1.4.1－41。

表 1.4.1－41　取代酚类防老剂

名称	化学结构	性状		
		外观	相对密度	熔点/℃
对叔丁基苯酚（PTBP）	*p*－*tert*－butyl phenol 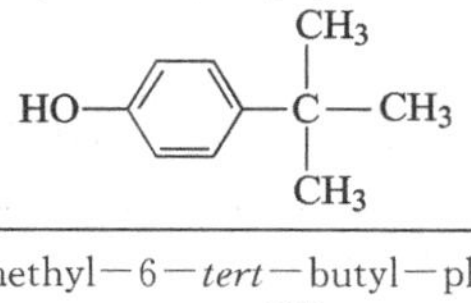	白色片状	0.916（100 ℃时）	97（凝固点）
3－甲基－6－叔丁基苯酚（MTBP）	3－methyl－6－*tert*－butyl－phenol 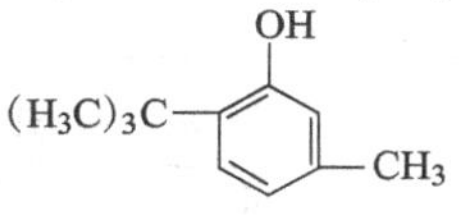	透明液体	0.960～0.966	237～245（沸点）155.5（闪点）
2，6－二叔丁基苯酚	2，6－di－*tert*－butyl phenol 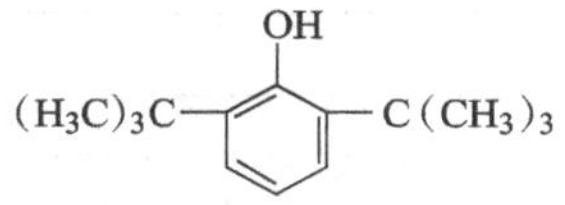	淡黄色结晶	0.914	37
2，4－二甲基－6－叔丁基苯酚	2，4－dimethyl－6－*tert*－butyl phenol 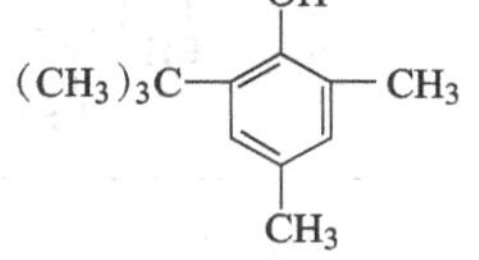	黄橙色液体		250（沸点）

续表

名称	化学结构	性状		
		外观	相对密度	熔点/℃
2，6－二叔丁基－4－甲基苯酚（防老剂 264）	详见本节 2.1.2			
2，4，6－三叔丁基苯酚	2，4，6－tri－*tert*－butyl phenol 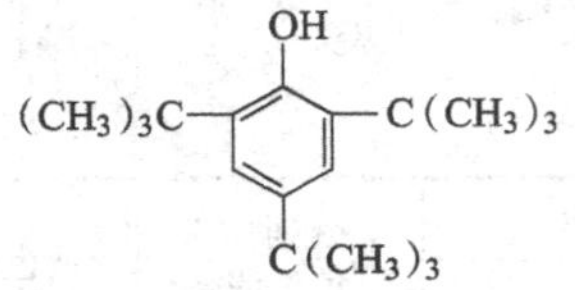	黄白色结晶粉末		135
2－甲基－4，6－二壬基苯酚	2－methyl－4，6－dinonyl phenol 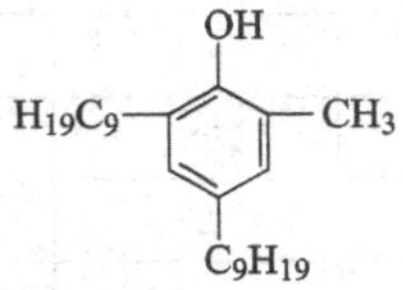	浅褐色粉末		
2，6－二（十八烷基）－4－甲基苯酚（防老剂 DOPC）	2，6－dioctadecyl－4－methyl phenol 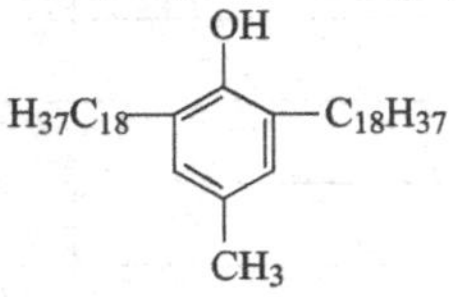	黄色黏稠液体		
2－（α－甲基环己基）－4，6－二甲基苯酚（WSL）	2－（α－methyl cyclohexy）－4，6－dimethyl phenol 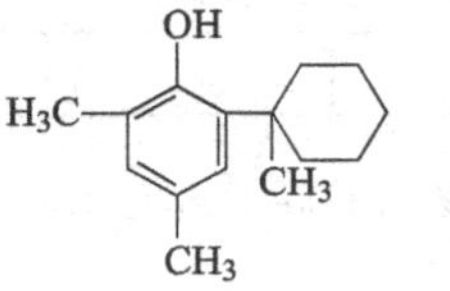	透明无色液体	1.00	
丁基化羟基苯甲醚（BHA）	butylated hydroxyanisol	白色蜡状物		48
丁基化羟基甲苯	butylated hydroxytoluene	白色结晶	1.048	69～72
2，6－二叔丁基－α－甲氧基对甲酚（防老剂 762）	2，6－di－*tert*－butyl－α－methoxy－*p*－methyl－phenol 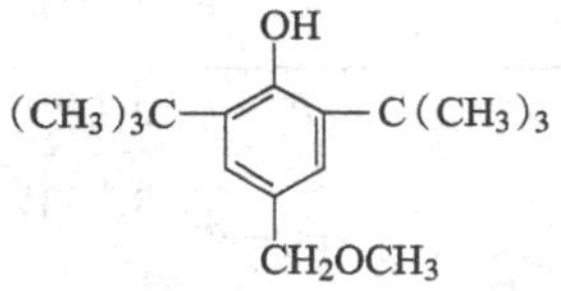	白色粉末	1.073	101
壬烯基－2，4－二甲基苯酚（WSO）	nonylene－2，4－xylonol	白色结晶粉末	1.00	168
对苯基苯酚	para－pbecyl phenol 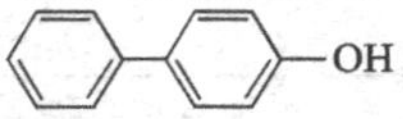	白色粉末	1.20	165
苯乙烯化苯酚（防老剂 SP）	详见本节 2.1.1			
2，6－二（α－甲基苄基）－4－甲基苯酚（PCS）	2，6－di（α－methyl－benzyl）－4－methyl phenol 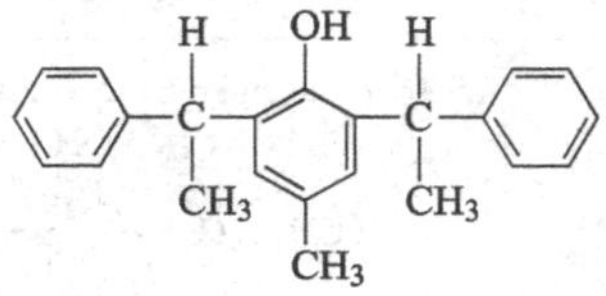	浅棕色油状液体		242（沸点）

续表

名称	化学结构	性状		
		外观	相对密度	熔点/℃
三叔丁基对苯基苯酚（Zalba）	tri—*tert*—butyl—*p*—phenyl phenol 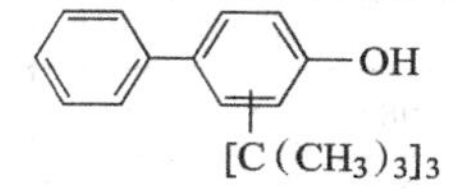	白黄色粉末	1.27～1.29	
2，6-二叔丁基-4-苯基苯酚	2，6—di—*tert*—butyl—4—phenyl phenol 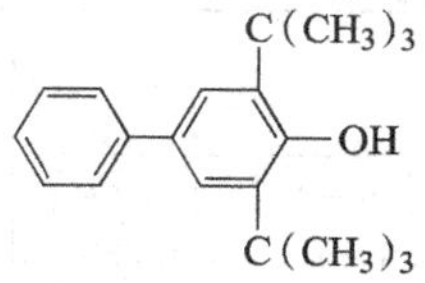	白色结晶粉末	1.27	102～103
4-羟甲基-2，6-二叔丁基苯酚	4—hydroxymethyl—2，6—di—*tert*—butyl phenol 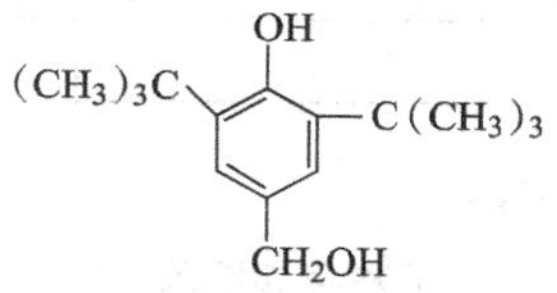	白色结晶粉末		140～141
2，6-二叔丁基—α—二甲氨基对甲酚（AN—3）	2，6—di—*tert*—butyl—α—dimethyl amino—*p*—cresol 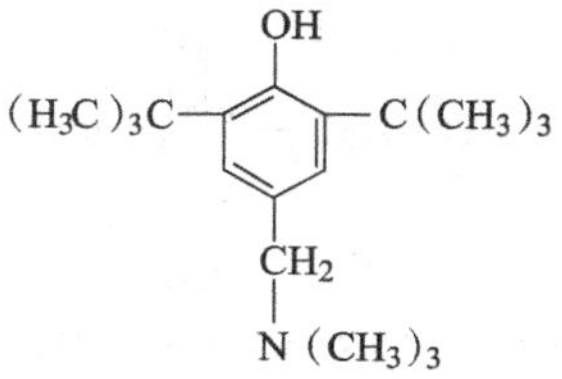	白黄色结晶粉末	0.970	94
3-（3，5-二叔丁基-4-羟基苯基）丙酸十八酯（防老剂 1076）	octadecyl 3—（3，5—di—*tert*—buty）—4—hydroxy pbenyDpropionate 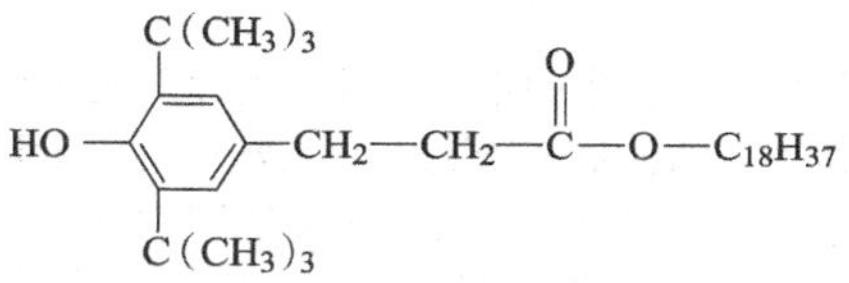	白色结晶粉末		49～52
四［3-（3，5-二叔丁基-4-羟基苯基）丙酸］季戊四醇酯（防老剂 1010）	tetrakis methylene（3，5—di—*tert*—butyl—4—hydroxy）hydrocinnamate 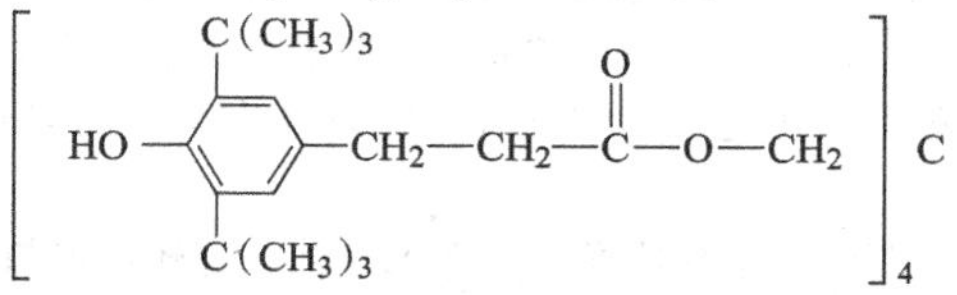	白色粉末		120

注：详见《橡胶原材料手册》，于清溪、吕百龄等编写，化学工业出版社，2007 年 1 月第 2 版，P468～470。

本类防老剂防护效能弱，一般用于对耐老化要求不高的制品。通常用量为 0.5～3.0 份。

1.1　防老剂 SP

化学名称：苯乙烯化苯酚。

结构式：

styrenated phenol

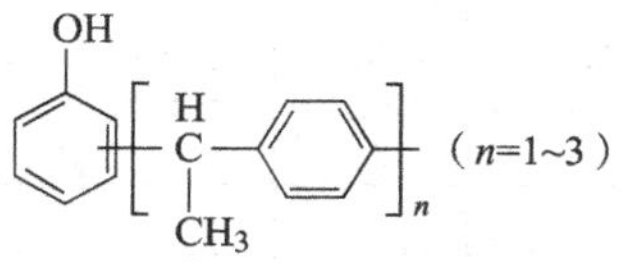

分子式：$C_{22}H_{22}On$（n=2 时），淡黄色黏稠液体，相对密度 1.07～1.09 g/cm^3，闪点＞180 ℃，沸点＞250 ℃，溶于乙醇、丙酮、脂肪烃、芳烃、二氯乙烷等有机溶剂，不溶于水，易乳化。本品为非污染不变色防老剂，防止硫化胶变色，能提高制品的耐热氧化性能，特别适用于白色、浅色、彩色橡塑制品，一般用量 0.5～4.0 份。在塑料工业中，为聚烯烃、聚甲醛的抗氧剂，用量一般为 0.01～0.5 份。

防老剂 SP 的供应商见表 1.4.1－42。

表 1.4.1－42　防老剂 SP 的供应商

供应商	商品名称	外观	折射率（25 ℃）	密度（20 ℃）/(g·cm⁻³)	黏度（30 ℃）/MPa·S	SP 含量（≥）/%	载体类型	水分（≤）/%	灰分（≤）/%
金昌盛	防老剂 SP	浅黄色透明黏稠液体	1.5985—1.6020	1.07～1.09	30～50				
	防老剂 SP－P	白色粉末				70			
黄岩浙东	防老剂 SP－C	白色至灰色颗粒或粉末				30			
天津市东方瑞创橡胶助剂有限公司	防老剂 SP	微黄色透明黏稠液体	1.5990—1.6015	1.065—1.088		99.99	—	1.5	0.05
	防老剂 SP－C	白色粉末				33.0	碳酸钙	0.8	
	防老剂 SP－65					65.0	白炭黑	3.0	

1.2　防老剂 264（抗氧剂 T501、BHT）

化学名称：2，6-二叔丁基-4-甲基苯酚、二丁基羟基甲苯。

结构式：

2，6－di－*tert*－butyl－4－methyl phenol

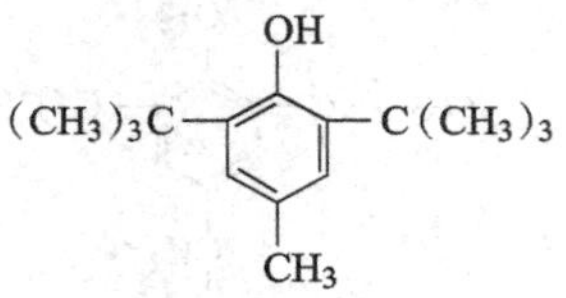

分子式：$C_{15}H_{24}O$，相对分子质量：220.36，CAS 号：128－37－0，密度：1.048 g/cm³，熔点：70～71 ℃，沸点：257～265 ℃，闪点：126.6 ℃，折射率：1.485 9，黏度（80 ℃）：3.47 MPa·s，本品微溶于苯、甲苯、丙酮、乙醇、四氯化碳、乙酸乙酯和汽油，不溶于水及稀烧碱溶液，可燃，无毒，无臭、无味，挥发性较大。纯品为白色结晶，遇光颜色变黄，并逐渐加深，影响使用效果。

本品是通用型酚类抗氧剂，是非污染防老剂中的重要品种，能抑制或延缓塑料或橡胶的氧化降解而延长使用寿命，在橡胶中易分散，可以直接混入橡胶或作为分散体加入胶乳中，是常用的橡胶防老剂，广泛用于 NR、各种合成胶及其胶乳中。本品对热、氧老化有一定的防护作用，也能抑制铜害；单独使用没有抗臭氧能力，但与抗臭氧剂及蜡并用可防护气候的各种因素对硫化胶的损害；在丁苯胶中亦可作为胶凝抑制剂；本品不变色，亦不污染，可用于制造轮胎的白胎侧等白色、艳色和透明的各种橡胶及其胶乳制品，以及日用、医疗卫生、胶布、胶鞋等橡胶制品。在橡胶中一般用量 0.5～3 份，当用量增至 3～5 份时亦不会喷霜。本品还可做为合成橡胶后的处理和存储时的稳定剂。

本品在 PE、PVC（用量 0.01%～0.1%）及聚乙烯基醚中是有效的稳定剂；在 PS 及其共聚物中有防止变色和机械强度损失的作用；在赛璐珞塑料中，对于热和光引起的纤维素酯及纤维素醚的老化有防护效能，用量 1%；在合成纤维中，本品是丙纶的热稳定剂。

本品在油品中溶解度高，不产生沉淀、不易挥发、无毒无腐蚀，有较高的抗氧化性能，能有效地改善油品的抗氧化安定性，阻止氧化酸性产物、沉淀物的形成，防止润滑油、燃料油的酸值或黏度的上升，对绝缘油、透平油、新油、再生油、劣化不严重的运行油均有效；在电器用油中亦不会影响油品介电性能；是国标 GB/T7595－2000 和 GB/T7596－2000 中的法定添加剂，用量一般为 0.3%～0.5%。

本品还可用于动植物油脂以及含动植物油脂的食品中，作为食品添加剂延迟食物的酸败；还可应用于油墨、黏合剂、皮革、铸造、印染、涂料和电子工业中；也是化妆品、医药等的稳定剂。

防老剂 264 的供应商见表 1.4.1－43。

表 1.4.1－43　防老剂 264 的供应商

供应商	规格型号	外观	含量/%	密度/(g·cm⁻³)	初熔点（≥）/℃	游离酚（≤）/%	灰分（≤）/%	加热减量（≤）/%	硫酸盐含量（≤）/%	重金属含量（≤）/(mg·kg⁻¹)	砷含量（≤）/(mg·kg⁻¹)
连云港宁康化工有限公司		白色晶体		1.048	69.0	0.01	0.005	0.05	0.002	5	1
天津市东方瑞创橡胶助剂有限公司	工业级	白色结晶	99.0	1.048	69.0—70.5	0.012	0.01	0.5	0.002	—	—
	食品级		99.9				0.01	0.5	0.002	0.000 4	0.000 1

国外牌号有洋樱（德国）、拜耳（德国）等。

（二）硫化双取代酚

硫代双取代酚类防老剂见表 1.4.1－44。

表 1.4.1－44　硫代双取代酚类防老剂

名称	化学结构	性状		
		外观	相对密度	熔点/℃
2，2′-硫代双（4－甲基-6－叔丁基苯酚）（防老剂 2246—S）	详见本节 2.2.1			
4，4′-硫代双（3－甲基-6－叔丁基苯酚）（抗氧剂 300R、BTH）	详见本节 2.2.2			
2，2′-硫代双（4－特辛基苯酚）（抗氧剂 2244S）	详见本节 2.2.3			
硫代双（3，5－二叔丁基-4－羟基苄）（防老剂亚甲基—4426—S）	thio bis（3，5—di—*tert*—butyl—4—benzyl phenol） 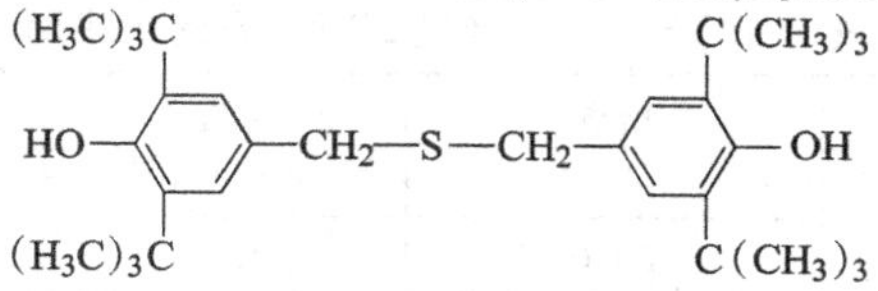	白色结晶粉末		143
4，4′-硫代双（2－甲基-6－叔丁基苯酚）（防老剂 736）	4，4′—thio bis（2—methyl—6—*tert*—butyl phenol） 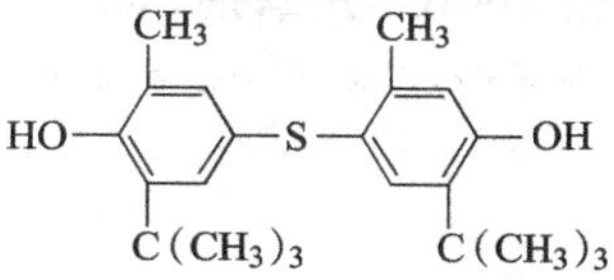	白黄色结晶粉末	1.084	124
硫代双（二仲戊基苯酚）（L）	thio—bis（di—*sec*—amyl phenol） 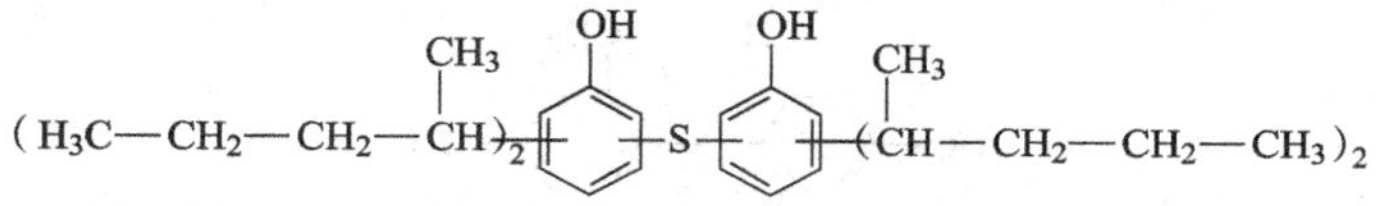	浅黑色黏稠液体	0.96～1.02	
2，2′-硫代双［4－甲基-6（α—甲基苄基）苯酚］	2，2′—thio bis［4—methyl—6—（α—methyl benzyl）phenol］ 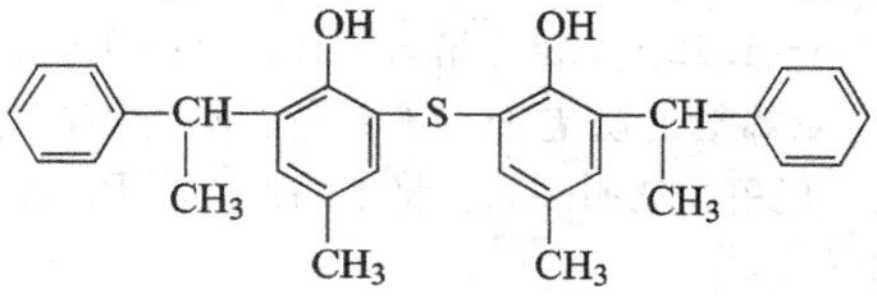	浅红色结晶粉末		99～114
3，3′-硫代双（2，6－二叔丁基-4－丙酸乙酯）（GIA 08—288）	3，3′—thio bis（2，6—di—*tert*—butyl—4—ethyl propionate） 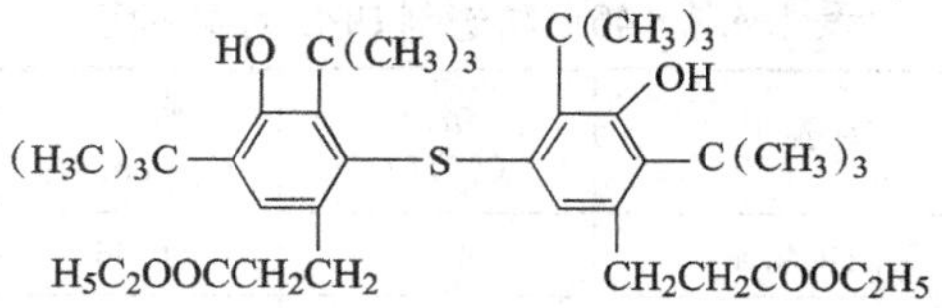	白色结晶粉末		67
1，1′-硫代双（2－萘酚）（CAO—30）	1，1′—thio bis（2—naphthol） 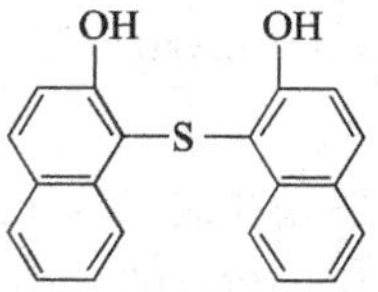	白色结晶粉末		215
二邻甲酚一硫化物（CM）	di—α—cresol monosulfide			
二烷基苯酚硫化物（E）	dialkyl phenolic sulfide			
苯酚硫化物（CC）	phenolic sulfide			

注：详见《橡胶原材料手册》，于清溪、吕百龄等编写，化学工业出版社，2007 年 1 月第 2 版，P472～473。

硫代双取代酚类防老剂防护效能较取代酚及多元酚类防老剂高，属于非污染型防老剂，但是在丁基橡胶中如用量较大且暴晒则颜色略变深。一般用量 1.0～2.0 份。

2.1 防老剂 2246－S（抗氧剂 LK－1081）

化学名称：2，2′-硫代双（4-甲基-6 叔丁基苯酚）。

结构式：

2，2′- thio bis（4 - methl - 6 - *tert* - butyl phenol）

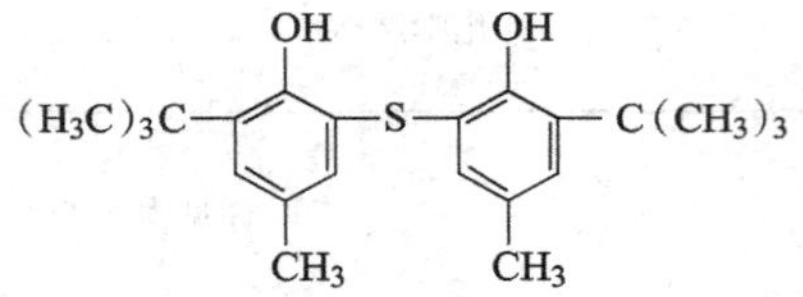

分子式：$C_{22}H_{30}O_2S$，相对分子质量：358.5，CAS 号：90－66－4，白色或米色结晶粉末，熔点 79～84 ℃，无味，溶于常用有机溶剂，不溶于水。

本品属于硫代双酚类主抗氧剂，是一种受阻酚类抗氧剂，亦有抗臭氧作用，是一种多用途、无污染、不着色性抗氧剂，可单独使用或与硫醚协同并用。本品是 BR、SBR、CR、NBR 等合成橡胶和 PE、PB、PS、ABS 树脂等塑料的通用抗氧剂；也是 EPM、EPDM、交联 PE 的加工和长效热稳定剂。本品与碳黑、烷基酚或亚磷酸酯类并用有协同效果。

防老剂 2246－S 的供应商见表 1.4.1-45。

表 1.4.1-45 防老剂 2246－S 的供应商

供应商	外观	熔点(≥)/℃	密度/(g · cm⁻³)	加热减量(≤)/%	灰分(≤)/%	说明
北京化工三厂	深绿色粉末	85.0	1.26	0.50	20	

2.2 防老剂 BPS（WX、BTH、抗氧剂 300R、抗氧剂 300）

化学名称：4，4′-硫代双（3-甲基-6-叔丁基苯酚），硫双（3-甲基-6-叔丁基苯酚），4，4′-硫代双（6-特丁基间甲酚），4，4′-硫双（2-叔丁基-5-甲基苯酚）。

结构式：

4，4′- thio bis（3 - methyl - 5 - *tert* - butyl phenol）

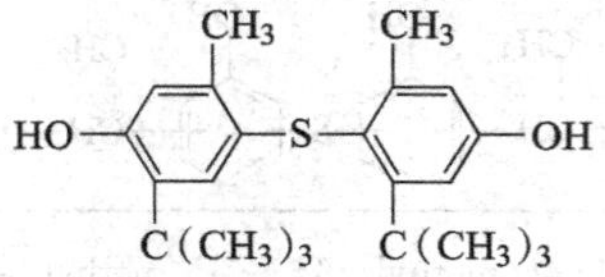

相对分子质量：358.55，相对密度 1.06～1.12 g/cm³，熔点：161～164 ℃，白色或灰白色粉末，毒性低。

本品主要用作 NR、二烯类合成橡胶及聚烯烃的防老剂。不着色、不污染，对硫化基本无影响。耐热、耐候性优良，常用于一般制品及胶乳，特别适用于白色、艳色及透明制品。将本品加入到 PE 及 PB 中，可防止树脂在混炼、挤出及注射成型等工序中发生老化，并能改进制品耐候性。

防老剂 BPS 的供应商见表 1.4.1-46。

表 1.4.1-46 防老剂 BPS 的供应商

供应商	外观	熔点(≥)/℃	密度/(g · cm⁻³)	加热减量(≤)/%	灰分(≤)/%	说明
广州合成材料研究院有限公司	灰白色粉末	85.0	1.26	0.50	20	
三门峡市邦威化工有限公司	类白色粉末	160～165		0.5		

本品国外类似产品牌号有：Santonox BM，Santowhite crystals 等。

2.3 防老剂 2244S

化学名称：2，2′-硫代双（4-特辛基苯酚），2，2′-硫代双［4-（1，1，3，3-四甲基丁基）苯酚］。

分子式：C28H42O2S，分子量：442.70，CAS 号：3294－03－9，类白色粉末。

结构式：

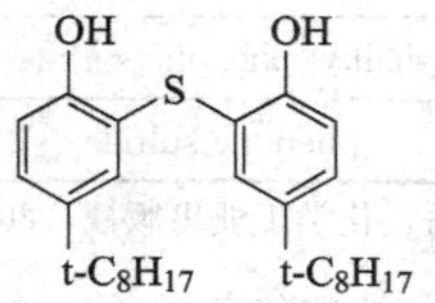

防老剂 2244S 的供应商见表 1.4.1-47。

表 1.4.1-47　防老剂 2244S 的供应商

供应商	外观	熔点(≥)/℃	密度/($g \cdot cm^{-3}$)	加热减量(≤)/%	灰分(≤)/%	说明
三门峡市邦威化工有限公司	类白色粉末	133～136		0.5		

（三）亚烷基取代酚及多取代酚

亚烷基取代酚类及多取代酚类防老剂见表 1.4.1-48。

表 1.4.1-48　亚烷基取代酚类及多取代酚类防老剂

名称	化学结构	性状		
		外观	相对密度	熔点/℃
4，4′-二羟基联苯（防老剂 DOD）	4，4′—dihydroxy diphenyl 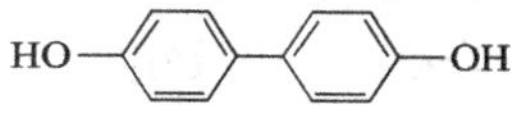	灰色粉末	1.37	260
4，4′-双（2，6-二叔丁基苯酚）（EA712）	4，4′—bis（2，6—di—*tert*butyl phenol） 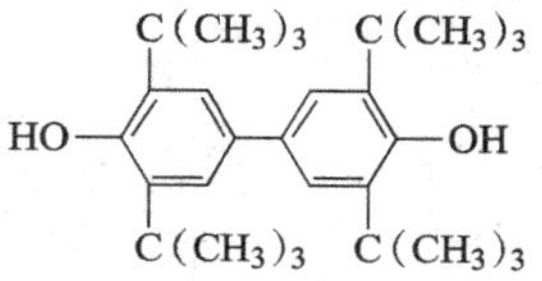	淡黄色结晶粉末	1.029	186
2，2′-亚甲基双（4，6-二甲基苯酚）（BMP）	2，2′—methylene bis（4，6—dimethyl phenol） 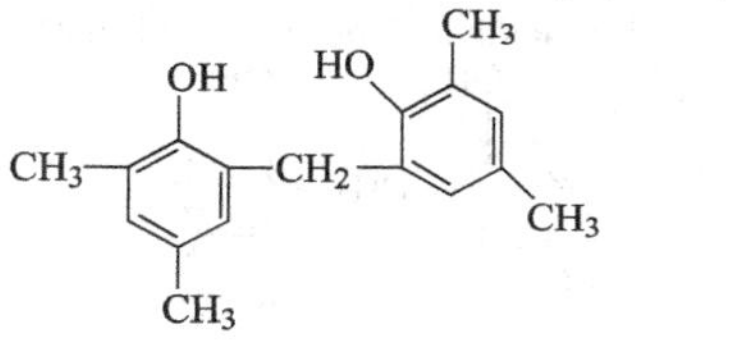	白色结晶粉末	1.1	127
2，2′-亚甲基双（4-甲基-6-叔丁基苯酚）（防老剂 2246）	详见本节 2.3.1			
2，2′-亚甲基双（4.6-二叔丁基苯酚）聚合物（防老剂 2246A）	详见本节 2.3.2			
2，2′-亚甲基双（4-乙基-6-叔丁基苯酚）（防老剂 425）	2，2′—methylene bis（4—ethyl—6—*tert*—butyl phenol） 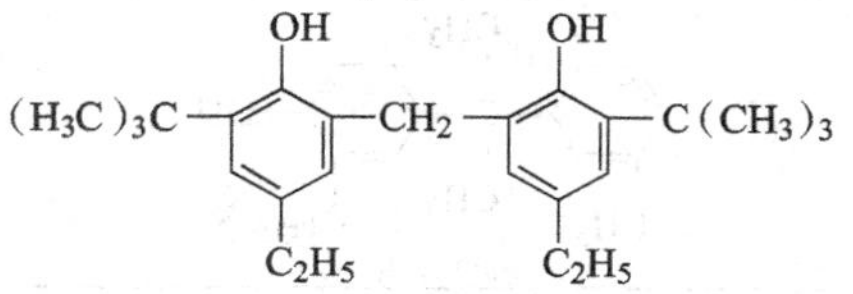	白黄色粉末	1.10	125
4，4′-亚甲基双（6-叔丁基邻甲苯酚）（EA720）	4，4′methylene bis（6—*tert*—butyl—*o*—cresol） 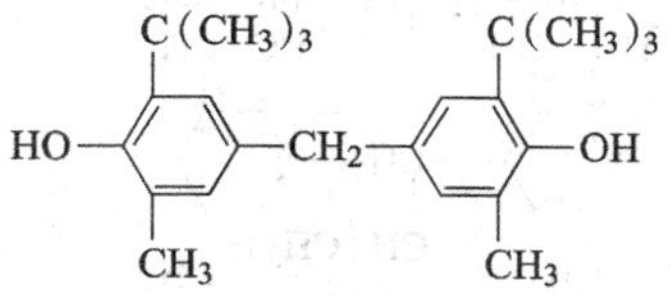	白黄色结晶粉末	1.087	102
4，4′-亚甲基双（2，6-二叔丁基苯酚）（AN—2）	4，4′—methylene bis（2，6—di—*tert*—butyl phenol） 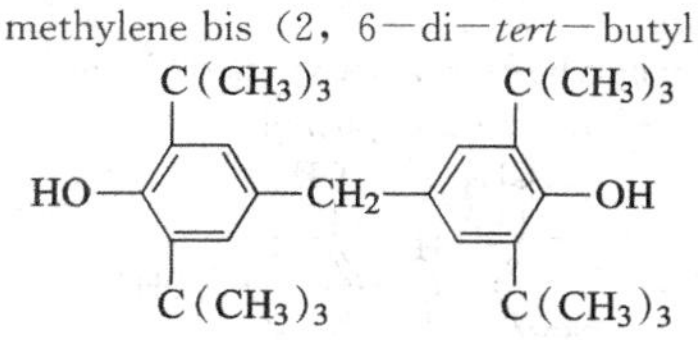	淡黄色结晶粉末	0.990	154

续表

名称	化学结构	性状		
		外观	相对密度	熔点/℃
2，2′-亚甲基双（4-甲基-6-壬基苯酚）（NX—101）	2，2′—methylene bis（4—methyl—6—nonyl phenol） 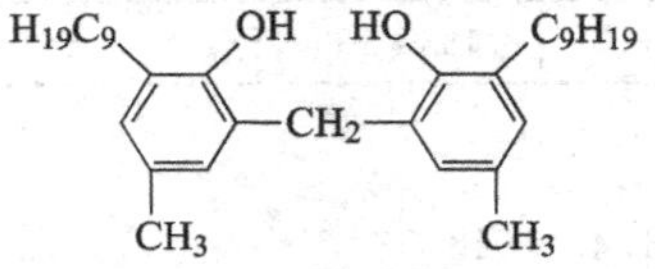	琥珀色 黏稠液体	0.96	126 （沸点）
2，2′-亚甲基双（4-甲基-6-环己基苯酚）（ZKF）	2，2′—methylene bis（4—methyl—6—cyclohexyl phenol） 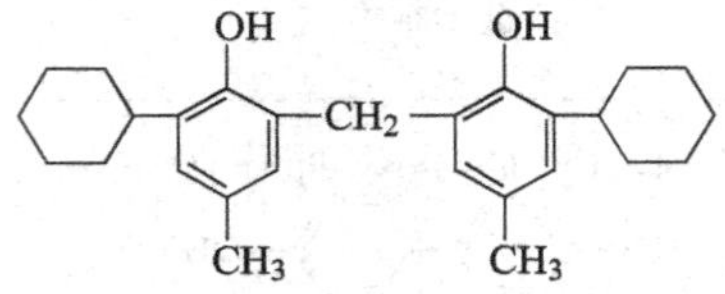	白色 结晶粉末	1.08	118
2，2′-亚甲基双［4-甲基-6-（α—甲基环己基）苯酚］（防老剂WSP）	2，2′—methylene bis［4—methyl—6—（*a*—methly cyclohexyl）phenol］ 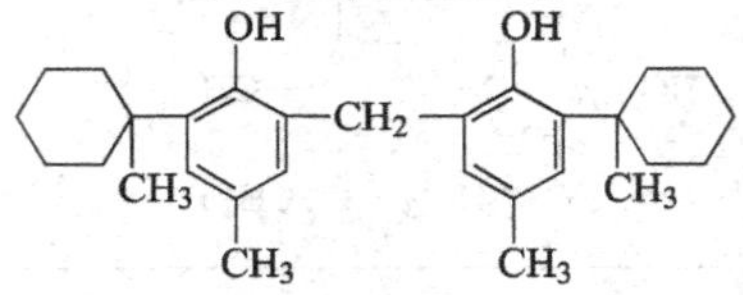	白色 结晶粉末	1.17	130
1，1′-亚甲基双（2-萘酚）（防老剂 112）	1，1′—methylene bis（2—naphthol） 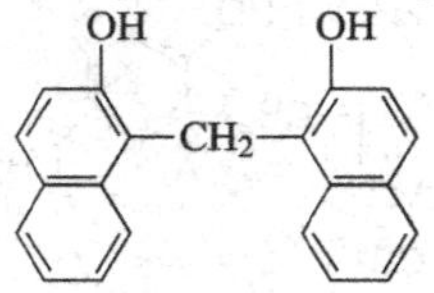	白色 结晶粉末		198
二羟苯基丙烷（双酚 A）	dihydroxyphenyl propane 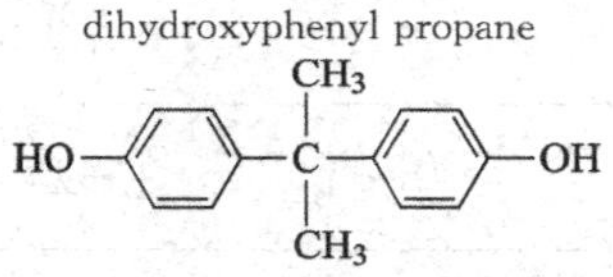	无色 结晶粉末		156～157
2，2′-双（3-甲基-4-羟基苯基）丙烷（双酚 C）	2，2′—bis（3—methyl—4—hydroxyphenyl）propane 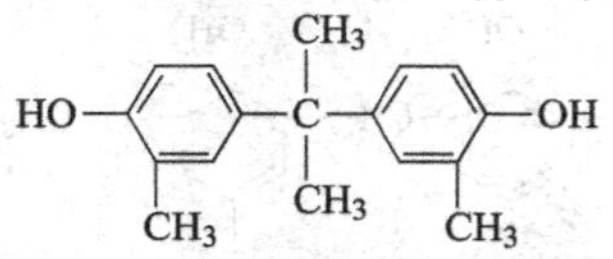			
2-甲基-3，3-双（3，5-二甲基-2-羟基苯基）丙烷（NKF）	2—methyl—3，3—bis（3，5—dimethyl—2hydroxyphenyl）propene 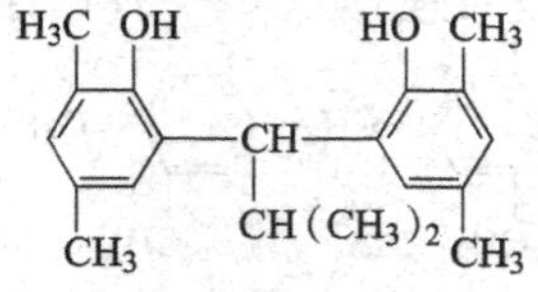	白色 结晶粉末	1.2	162
4，4′-亚丁基双（3-甲基-6-叔丁基苯酚）（W—300）	4，4′—butylidene—bis（3—methyl—6—*tert*—butyl phenol） 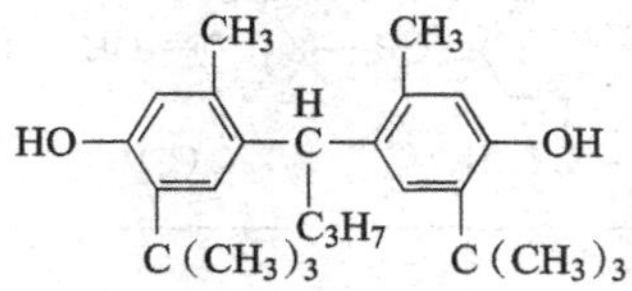	白色粉末	1.08～1.09	208～212

续表

名称	化学结构	性状		
		外观	相对密度	熔点/℃
双（4-羟基苯基）环己烷（W）	bis（4—hydroxy phenyl）cyclohexane 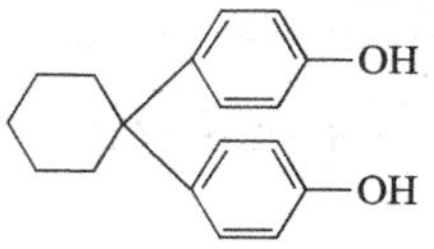	白色粉末	1.23～1.27	175
1，1，3-三（2-甲基-4-羟基-5-叔丁基苯基）丁烷（CA）	1，1，3—tris（2—methyl—4—hydroxy—5—*tert*—butyl phenol）butane 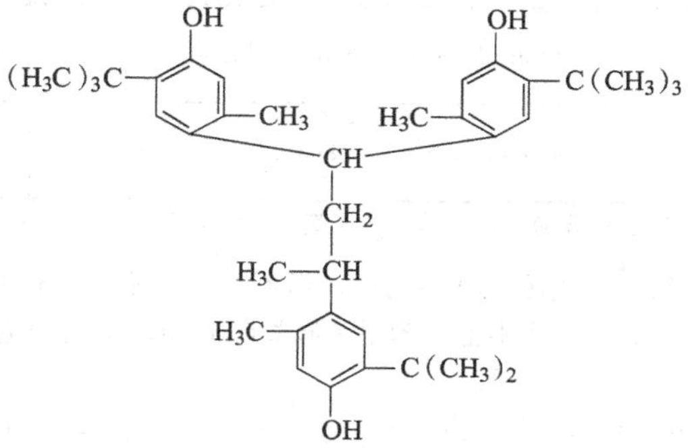	白色结晶粉末	0.5	185～188
1，3，5-三甲基-2，4，6-三（3，5-二叔丁基-4-羟基苯基）苯（抗氧剂330）	1，3，5—trimethyl—2，4，6—tris（3，5—di—*tert*—butyl—4—hydroxy benzyl）benzene 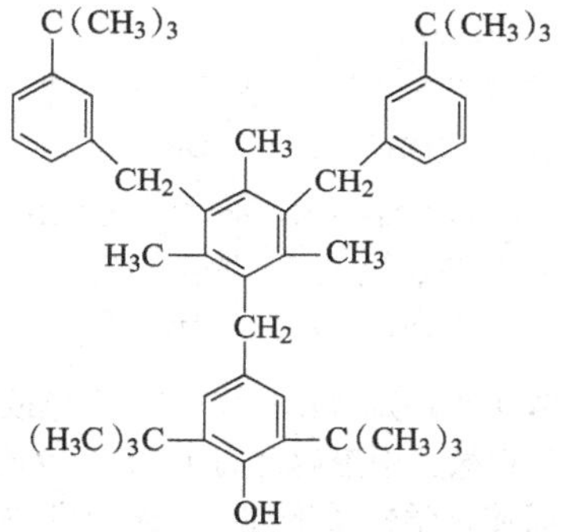	白色粉末		244
三（3，5-二叔丁基-4-羟基苯基）异氰尿酸酯（抗氧剂3114）	tri（3，5—di—*tert*—butyl—4—hydroxy benzyl）isoeyanurate 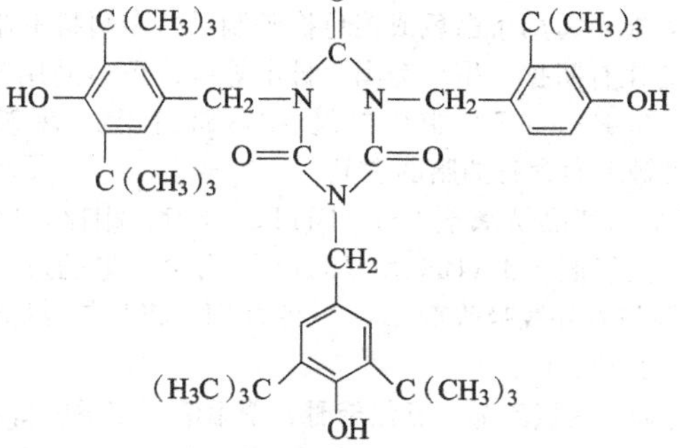	白色粉末	1.03	221
N，N′-双（3，5-二叔丁基-4-羟基苄基）甲胺	*N*，*N*—bis（3，5—di—*tert*—butyl—4—hydroxybenzyl）methylamine 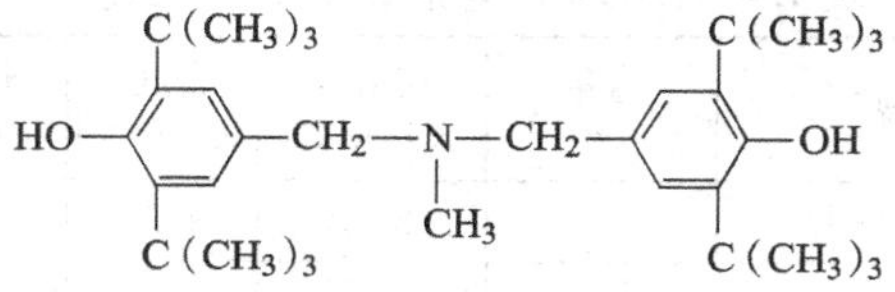	白色结晶粉末		176～178

续表

名称	化学结构	性状		
		外观	相对密度	熔点/℃
烷基苯酚与六亚甲基四胺的反应产物（BC−1）	reaction. product of alky lated phenol and bexamethylene tetramine 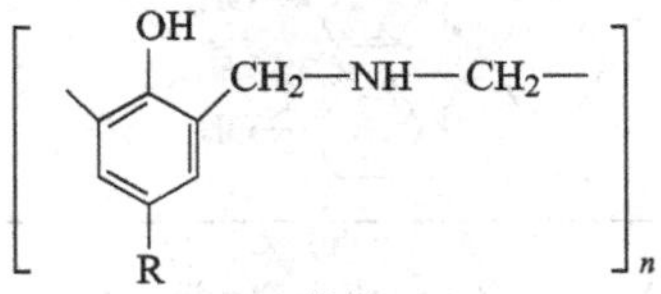 R烷基	黄褐色液体		
多丁基双酚 A 混合物	polybutylated bis phenol A blend	琥珀色液体	0.945～0.965	
一烷基化双酚的混合物（防老剂651）	monoalkylated bis phenol blend	白色黏稠物		

注：详见《橡胶原材料手册》，于清溪、吕百龄等编写，化学工业出版社，2007 年 1 月第 2 版，P475～478。

亚烷基取代酚类及多取代酚类防老剂属于非污染型防老剂，但不变色性不及取代酚类防老剂；具有优良的抗氧性能，防护效能介于取代酚和胺类防老剂之间，有的甚至不低于苯基萘胺类防老剂；抗屈挠龟裂性能较差；热水蒸煮制品时会被抽出，丧失防护效能。

一般用量为 0.5～2.0 份，通常用量为 0.75～1.5 份。

3.1　防老剂 2246（BKF、抗氧剂 2246）

化学名为 2，2′-亚甲基双（4-甲基-6-叔丁基苯酚）。

结构式：

2，2′−methylene bis（4−methyl−6−*tert*−butyl phenol）

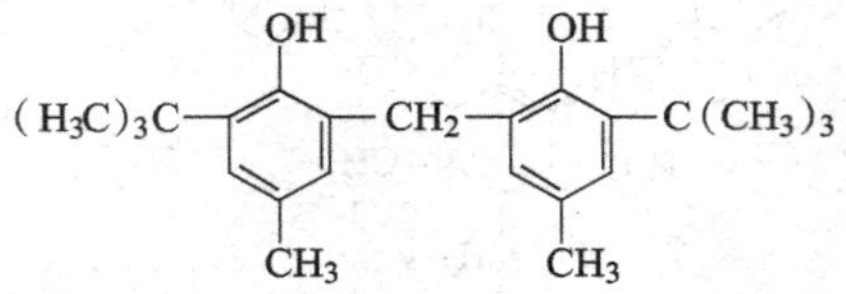

化学式：$C_{23}H_{32}O_2$，相对分子质量：340.5，CAS 号：119−47−1，白色或乳白色结晶粉末，熔点：125～133 ℃，密度：1.04～1.09 g/cm³，稍有酚味，无毒。本品在橡胶中溶解度高于 2%，在有机溶剂（如甲醇、乙醇、苯、丙酮、乙酸乙酯、氯仿）中溶解优良。由于其受阻酚结构而使化学性质惰性，存储稳定性好，长期放置呈微红色，但不影响其在油品、橡胶、塑料使用中的抗氧防老性能。

本品属于受阻酚类抗氧剂，是酚类抗氧剂中较优良的品种之一，对几乎所有聚合物的热降解均有良好的稳定作用。本品不喷霜，挥发性极低，对制品无污染、不着色，对热氧、天候老化、屈挠老化及对变价金属的防护作用优良，尤其是对日光下的橡胶制品老化起了最大的防护效能，适用于白色或艳色橡胶制品。在塑料工业中，对氯化聚醚、耐冲击 PS、ABS 树脂、聚甲醚、纤维树脂的热老化和光老化有防护作用。美国、日本等国许可本品用于食品包装材料。日本的最高允许用量为：聚乙烯和聚丙烯 0.1%、聚苯乙烯 0.4%、AS 树脂 0.6%、ABS 树脂 2%、聚氯乙烯 2%。美国 FDA 规定本品用于聚烯烃用量不得超过 0.1%，制品不得接触表面含有油脂的食品。

本品的抗氧防老化性能优越，与同系列产品抗氧剂 264（BHT、T501）相比，通过对比试验得出，在原使用抗氧剂 264（BHT、T501）的配方中，只需使用抗氧剂 264（BHT、T501）三分之一量的抗氧剂 2246，即可达到甚至超过原使用抗氧剂 264（BHT、T501）的效果。若能与紫外线吸收剂 UV-326 并用，将与其发挥优越的协同效应。本品也可作为石油产品的抗氧添加剂，油溶性好，不易挥发损失。

本品应用于聚丙烯、聚乙烯、聚苯乙烯、聚氯乙烯、氯化聚醚、聚甲醛、聚酰胺等行业中通常用量为 0.1%～1.0%；在聚丙烯造粒时若与抗氧剂 DLTP 并用，用量为 0.075%；在 ABS 塑料中用量为 0.12%～3%；在橡塑制品中，用量为 3%～5%。

防老剂 2246 的供应商见表 1.4.1-49。

表 1.4.1-49　防老剂 2246 的供应商

供应商	外观	含量/%	初熔点(≥)/℃	密度/(g·cm⁻³)	加热减量(≤)/%	灰分(≤)/%	筛余物（100 目）(≤)/%
山东迪科化学科技有限公司	深绿色粉末		85.0	1.26	0.50	20	
天津市东方瑞创橡胶助剂有限公司	白色结晶粉末	99.0	124.0		0.50	0.10	0.20

3.2　防老剂 2246A（抗氧剂 2246A）

化学名称：2，2′-亚甲基双（4，6-二叔丁基苯酚）聚合物。

本品为白色粉末，无味无毒，不溶于水。抗氧剂 2246A 为性能卓越的酚类高效非污染型抗氧剂，在橡胶工业中，抗氧剂 2246A 是合成橡胶和天然胶的理想抗氧剂。加入抗氧剂 2246A 的橡胶制品可抗热氧老化，防止光照臭氧老化和多次变形的破坏，并能钝化可变价金属的盐类。常用于浅色和有色橡胶制品。

防老剂 2246 的供应商见表 1.4.1-50。

表 1.4.1-50　防老剂 2246 的供应商

供应商	外观	熔点(≥)/℃	密度/(g·cm^{-3})	加热减量(≤)/%	灰分(≤)/%	说明
三门峡市邦威化工有限公司	白色粉末			1.0	27	

（四）多元酚

多元酚类防老剂见表 1.4.1-51。

表 1.4.1-51　多元酚类防老剂

名称	化学结构	性状		
		外观	相对密度	熔点/℃
2，5-二叔丁基对苯二酚（DBH）	2，5—di—*tert*—butyl hydroquinone 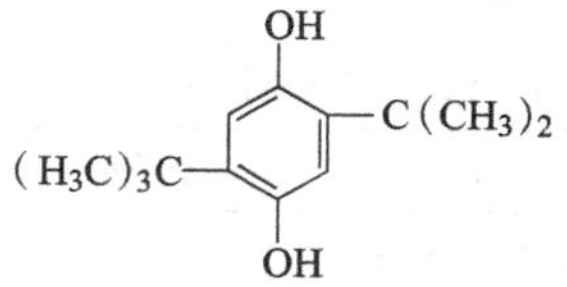	灰白色结晶粉末	1.09	200
2，5-二叔戊基对苯二酚（防老剂 DAH）	2，5—di—*tert*—amyl hydroquinmone 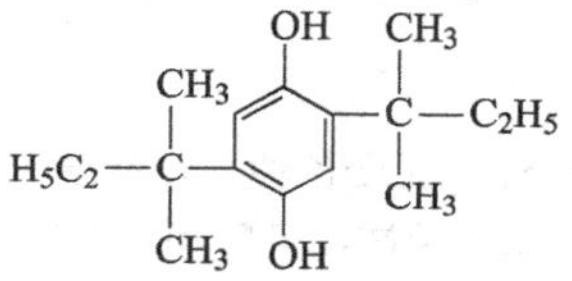	灰白色粉末	1.02～1.08	172
对苯二酚一甲基醚（HMM）	hydroquinone mono methyl ether（*p*—Methoxy phenol） 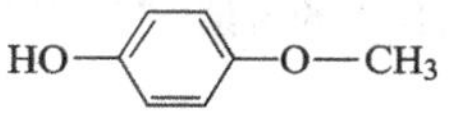	白色结晶		54
2-叔丁基-4-羟基苯甲醚与 3-叔丁基-4-羟基苯甲醚的混合物（防老剂 BHA）	aminture of 2，and 3—*tert*—butyl—4—hydroxyanisole 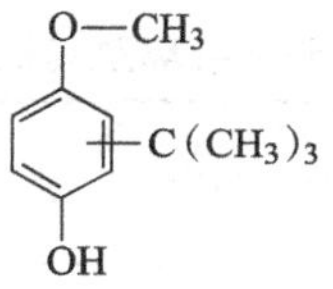	白红棕色蜡状片		48（凝固点）
对二甲氧基苯	*p*—dimethyoxy benzene 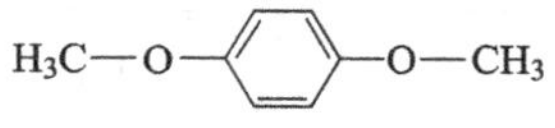	浅褐色片状		58（凝固点）
邻苯二酚	catechol 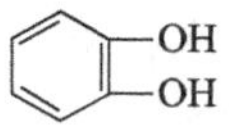	白色片状		103.5
对苯二酚一苄醚（防老剂 MBH）	hydroquinone mono benzylether 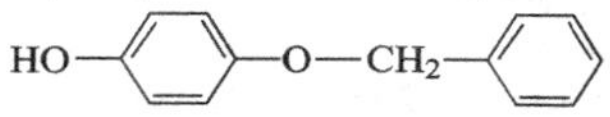	浅褐色粉末	1.23～1.29	108～115
对苯二酚二苄醚（防老剂 DBH）	详见本节 2.4.1			
酸丙酯（PG）	propyl gallate 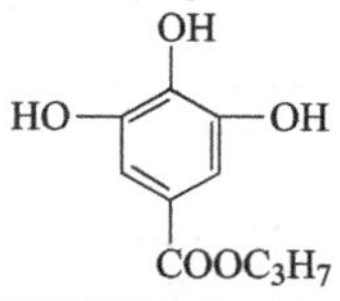	白色粉末		146

注：详见《橡胶原材料手册》，于清溪、吕百龄等编写，化学工业出版社，2007 年 1 月第 2 版，P480～481。

多元酚类防老剂属非污染型防老剂，但其不变色能力不及取代酚；抗氧防护效能高于取代酚。一般用量为 0.5～1.0 份。

4.1　防老剂 DBH

化学名称：1，4-二苄氧基苯、对苯二酚二苄醚、对二苄氧基苯、二苯甲氧基苯、氢醌二苄醚。

结构式：

hydroquinone bibenzyl ether

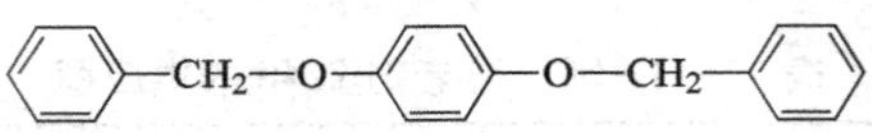

分子式，$C_{20}H_{18}O_2$，相对分子质量：290.36，CAS 号，621—91—0，白色至土白色粉末；难溶于乙醇、汽油和水，溶于丙酮、苯及氯苯；熔点：125～130 ℃，纯度≥98.0%。

本品主要用作中等程度的防老剂，主要用于制造海绵橡胶制品。

防老剂 DBH 的供应商有：郑州四季化工产品有限公司等。

4.2　抗氧剂 CPL

化学组成：聚合型受阻酚化合物。

酚类防老剂中较优良的品种之一，属于多酚类，CAS 号：68610－51－5。适用于 NR、IR、BR、SBR、NBR、CR 以及乳胶行业和塑料行业。本品分子量大，不易挥发，在橡胶中不喷霜、不污染，保护效力持久；含本品的浅色橡胶制品即使长时间光照，颜色也基本保持不变。本品通过 FDA 认证，可用于人体长时间接触及食品级橡胶制品。

抗氧剂 CPL 的供应商见表 1.4.1－52。

表 1.4.1－52　抗氧剂 CPL 的供应商

供应商	商品名称	产地	外观	分子量	密度/(g·cm^{-3})	灰分/%	说明
金昌盛	抗氧剂 CPL	美国 chemtura	乳白色粉末	600～700	1.04	≤0.5	用量 0.5～1.5 份

4.3　防老剂 WL

化学组成：苯酚共聚物。

外观：白色粉状，比重（20 ℃）：1.2，无污染性，无变色性，在低温干燥处至少可存储一年。

本品为一种具有极佳热安定性，挥发性甚低，无污染性之老防剂，有抗氧化、耐臭氧、耐热及耐曲挠龟裂之功能，分散性良好，对硫化特性无影响，可应用于 NR、SBR、BR、IR、CR、NBR、IIR 等胶料中，适用于耐高温制品如：鞋类、球类、色胎及轮胎胎侧等。用量 1～3 份。

防老剂 WL 的供应商有：元庆国际贸易有限公司代理的台湾 EVERPOWER 公司产品等。

三、杂环及其他防老剂

杂环及其他防老剂见表 1.4.1－53。

表 1.4.1－53　杂环及其他防老剂

名称	化学结构	性状		
		外观	相对密度	熔点/℃
2-硫醇基苯并噻唑（防老剂 MB）	详见本节 3.1			
2-硫醇基苯并噻唑锌盐（防老剂 MBZ）	详见本节 3.3			
2-萘硫酚	2—thionaphthol 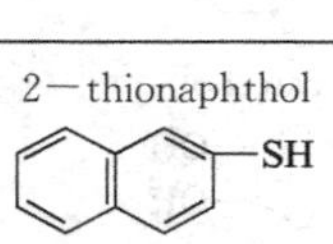	淡黄色粉末		76
*二乙基二硫代氨基甲酸镍（NEC）	nickel diethyl dithiocarbamate 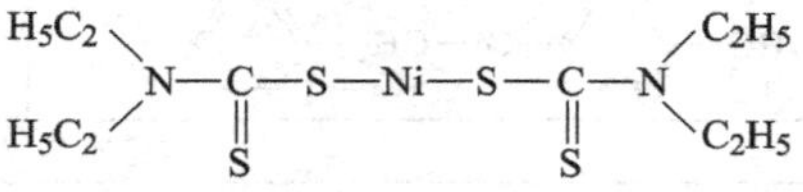	绿色粉末		230
*二丁基二硫代氨基甲酸镍（防老剂 NBC）	详见本节 3.4			
1，5-亚戊基二硫代氨基甲酸镍（Ni. P. D.）	nickel pentamethylene dithiocarbamate 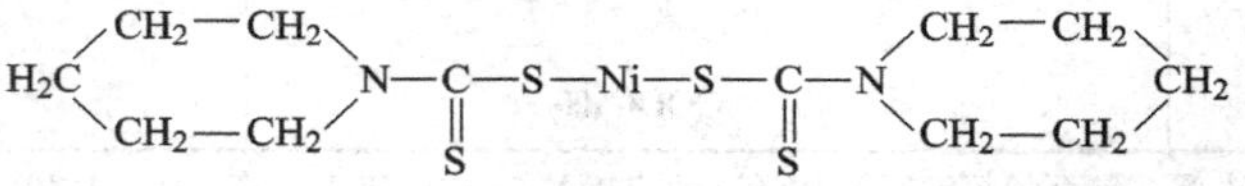	淡绿色粉末	1.42	

续表

名称	化学结构	性状		
		外观	相对密度	熔点/℃
*异丙基黄原酸镍（NPX）	nickel isopropyl xanthate 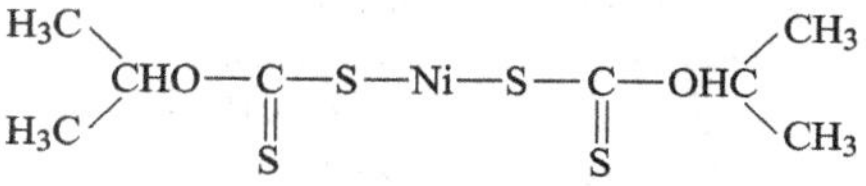	黄绿色粉末		110
*三丁基硫脲（TBTU）	tri—butyl thiourea 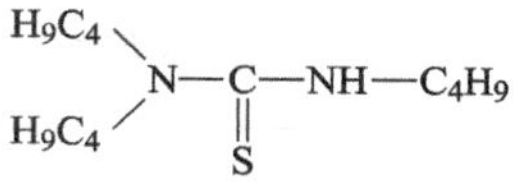	琥珀色液体	0.938	
亚磷酸三苯酯（TPP）	triphenyl phosphite 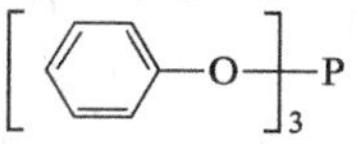	透明油状或结晶		25
三（壬基化苯基）亚磷酸酯（防老剂 TNP）	详见本节 3.5			
α—甲基苄基苯基亚磷酸酯混合物	mixture of α—methyl benzylated phenyl phosphite 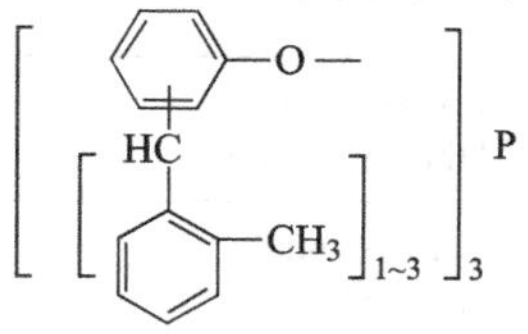	黄色黏稠液体		—5（凝固点）
3，5-二叔丁基-4-羟基苄基磷酸二乙酯（抗氧剂 1222）	diethyl 3，5—di—*tert*—butyl—4—hydroxy benzyl phosphonate 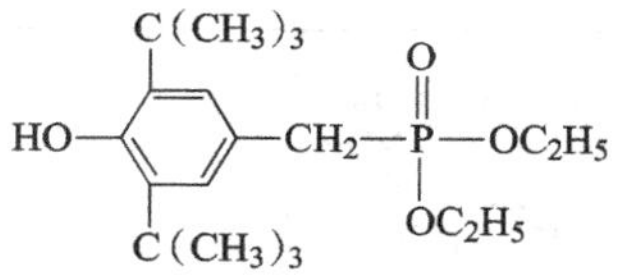	白黄色粉末		117～119
双（对壬基苯酚）苯酚亚磷酸酯（T—215）	bis（*p*—nonylated phenol）phenol phosphite 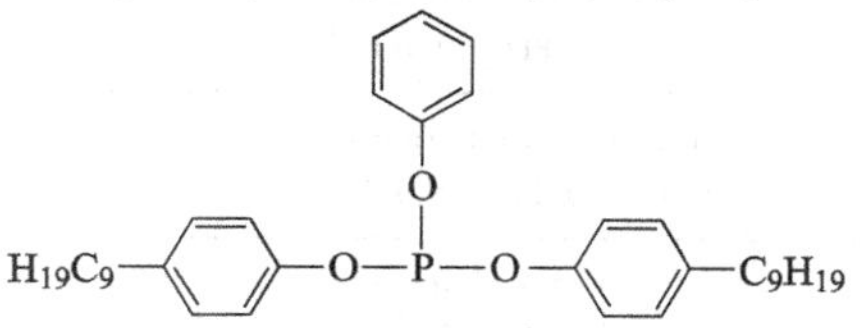	透明液体	1.025	—5（凝固点）
单水杨酸甘油酯	glyceryl salicylate 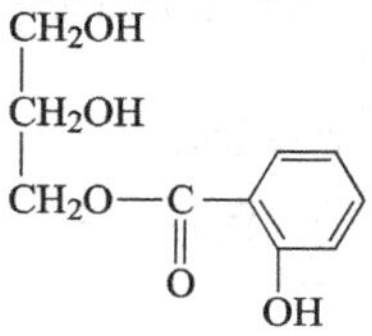	透明黏稠液体	1.28	
硫二丙酸二月桂酯（防老剂 DLTP）	dilauryl thiodipropionate 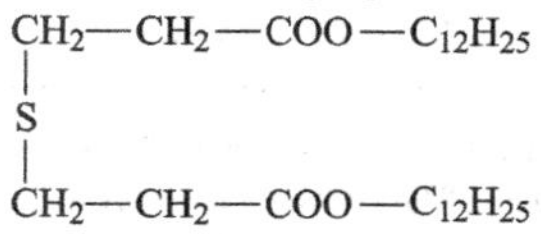	白色结晶粉末		39.5～42
硫二丙酸二（十八酯）（防老剂 DSTP）	dioctadecyl thiodipropionate 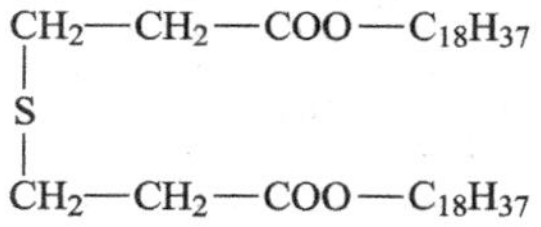	白色结晶粉末		64.5～67.5

续表

名称	化学结构	性状		
		外观	相对密度	熔点/℃
2-（4-羟基-3，5-叔丁基苯胺）-4，6-双（正辛硫）-1，3，5-三嗪（565）	2—（4—hydroxy—3，5—di—*tert*—butyl aniline）—4，6—bis（*n*—octyl thio）—1，3，5—triazine 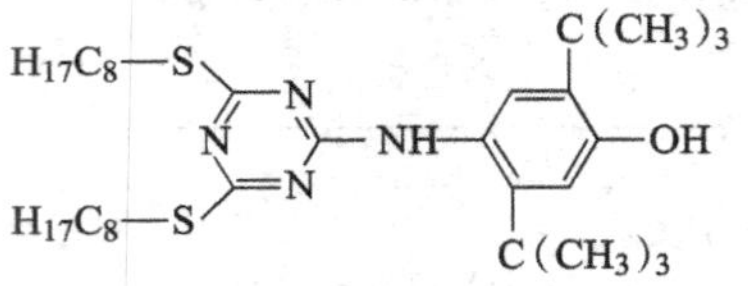	白色粉末		94～97
4，6-双（4-羟基-3，5-二叔丁基苯氧基）-2-正辛硫基-1，3，5-三嗪（858）	4，6—bis（4—hydroxy—3，5—di—*tert*—butyl phenoxy）—2—*n*—octylthio—1，3，5—triazine 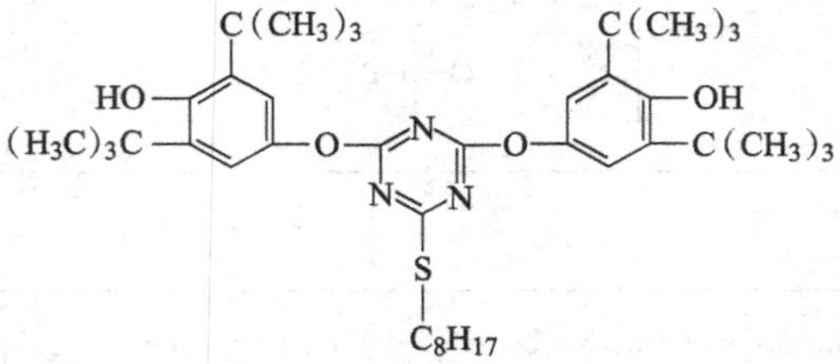	白色粉末		135～140
聚碳化二亚胺（防老剂 PCD）	polycarbodiimide ［HN═C═NH］	棕色粉末	1.05	70～80（软化点）
碳化二亚胺（防老剂 CD）	carbodiimide HN═C═NH	黄褐色结晶	0.95	40
二苯胺与二异丁烯反应产物	reaction product of diphenylamine and diisobutylene	浅褐色蜡状颗粒	0.99	75～85
苯乙酮肟	acetophenone oxime 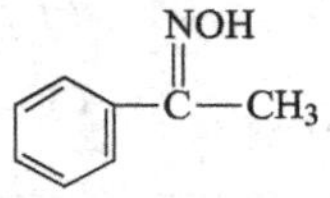	无色结晶		60～61
*乙醛肟	acetaldehyde oxime $CH_3CH═NOH$	无色液体		115～116（沸点）
*丁醛肟	butyraldehyde oxime $H_2C_3CH═NOH$	无色液体		149～150（沸点）
*丙酮肟	acetone oxime $(CH_3)_2C═NOH$	白色结晶		61
*甲基异丁基酮肟	methyl isobutyl ketoxime 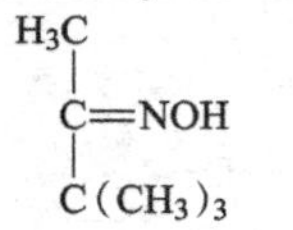	无色液体		178～179（沸点）
*5-甲基-3-庚酮肟	5—methyl—3—heptanone oxime 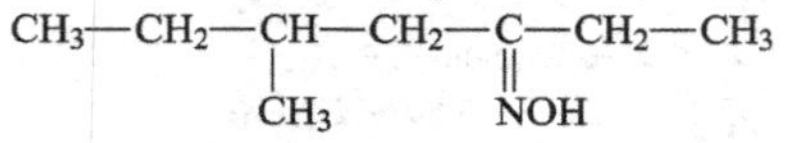	无色液体		95～97（沸点）
*5-甲基-2-己酮肟	5—methyl—2—hexanone oxime 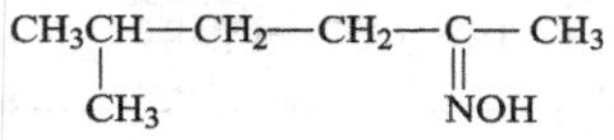	无色液体		196～198（沸点）
对亚硝基二苯胺（NDPA）	*p*—nitroso—diphenylamine 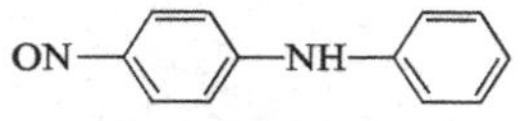			

续表

名称	化学结构	性状		
		外观	相对密度	熔点/℃
N，N′-二乙基对亚硝基苯胺（DENA）	N，N′—diethyl—*p*—nitroso—phenylamine 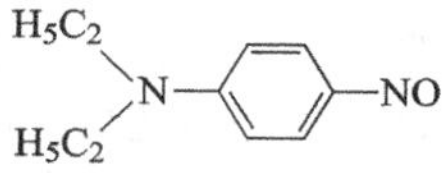			
聚羟基对苯二甲酸锌（防老剂 998）	详见本节 3.7			

注：* 防老剂具有抗臭氧作用；详见《橡胶原材料手册》，于清溪、吕百龄等编写，化学工业出版社，2007 年 1 月第 2 版，P482～484。

苯并咪唑类防老剂是不污染、不变色，抗氧、耐热性能优良的防老剂，在天然橡胶、合成橡胶和胶乳中防护效能中等。

金属镍的二硫代氨基甲酸盐和黄原酸盐除能起抗氧作用外，还有一定的抗臭氧效能，特别是防老剂 NBC，是丁腈橡胶的特效抗臭氧剂。

亚磷酸酯类防老剂有良好的抗氧、耐热效能，主要用作丁苯橡胶的稳定剂。

脂类防老剂与酚类防老剂并用有良好的协同效应。

NDPA 和 DENA 是反应性防老剂，加入胶料后能与橡胶分子产生化学结合，成为橡胶网络结构的一部分，不会被水或溶剂抽出，也不会因高温挥发，故能在制品中长期起防护作用。

3.1 防老剂 MB（MBI）

化学名称：2-巯基苯并咪唑、2-硫醇基苯骈咪唑。

结构式：

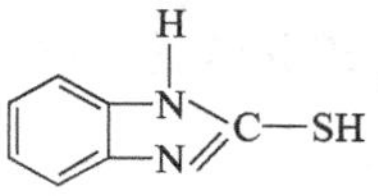

分子式：$C_7H_6N_2S$，相对分子质量：105.16，CAS NO：583—39—1，相对密度 1.40～1.44 g/cm^3，熔点 285 ℃，溶于乙醇、丙酮和乙酸乙酯，难溶于石油醚、二氯甲烷，不溶于四氯化碳、苯、水，本品为白色粉末，无臭，但有苦味，是存储安定性良好的第二防老剂。

本品用作天然橡胶、二烯烃类合成橡胶及胶乳的抗氧剂，也可用于聚乙烯等塑料。对氧、天候老化及静态老化等具有防护效能，也能较有效地防护铜害和克服制品硫化时过硫引起的不良；本品可单独使用，也可与其他防老剂（如 DNP、AP 及其他非污染性防老剂）并用，可获得明显的协同效果；特别适合于含有超速促进剂的胶料以及不含有硫黄但含有 TMTD 的耐热胶料，不含硫黄但含较多 TMTD 的胶料会被 MBI 活化；MBI 并用促进剂 CBS 或 MBT 或者秋兰姆类，二硫代氨基甲酸盐类促进剂时起防焦剂的作用，提高胶料的加工安全性和储存稳定性。本品在橡胶中易分散，在阳光下不变色，略有污染性。单独使用时用量一般为 0.6～1.5 份，改善耐热时用量 1.5～2 份，当用量超过 2 份时，会产生喷霜现象；在乳胶发泡制品中的用量为 0.5 份。

防老剂 MB 的供应商见表 1.4.1-54。

表 1.4.1-54 防老剂 MB 的供应商

供应商	规格型号	外观	纯度(≥)/%	初熔点(≥)/℃	灰分(≤)/%	加热减量(≤)/%	油含量(添加剂)/%	筛余物(63μm)(≤)/%	20 ℃时的密度/(g·cm^{-3})	堆积密度或备注/(g·cm^{-3})
宁波硫华	MBI－80GE F140	白色颗粒	98	292	0.25	0.3			1.17	EPDM/EVM 为载体
鹤壁联昊	粉料	白色粉末	96.0	295.0	0.40	0.40		0.50	1.400	0.400～0.450
	防尘粉料		95.0	295.0	0.40	0.40	1.0～2.0	0.50	1.400	0.400～0.450
	直径 2 mm 颗粒		95.0	295.0	0.40	0.40		—	1.400	0.400～0.450
黄岩浙东		淡黄色或白色粉末		285～290	0.4～0.5	0.4～0.5		0.1 (150 μm)		
天津瑞创	粉料	白色粉末		290	0.30	0.30		0.10 (150 μm)		
	加油粉料			290	0.40	0.40	1.0—2.0			

3.2 防老剂 MMB（MMBI）

化学名称：2-硫醇基甲基苯并咪唑。

结构式：

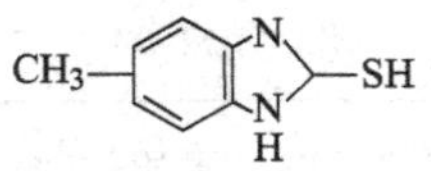

分子式：$C_8H_8N_2S$，相对分子质量 164.23，CAS 号：53988－10－6，相对密度 1.33 g/cm³，溶于乙醇、丙酮和乙酸乙酯，难溶于石油醚、二氯甲烷，不溶于四氯化碳、苯及水中。纯品为白色粉状结晶，无毒，有苦味，储藏稳定。

本品为非污染性防老剂重要品种，主要用于 NR、SBR、BR、NBR 及胶乳中。在橡胶中易分散，但溶解度不大，在日光下不变色，略有污染性。与其他防老剂并用有协同作用；应用于无硫硫化时，能得到良好的耐热性；也可用作氯丁胶硫化促进剂及胶料的热敏剂。单独使用时用量一般为 1～1.5 份，当用量超过 2 份时，会产生喷霜现象。在乳胶泡沫橡胶中的用量为 0.5 份。因本品有苦味，不宜用于食品接触的橡胶制品中。

防老剂 MMB 的供应商见表 1.4.1－55。

表 1.4.1－55　防老剂 MMB 的供应商

供应商	规格型号	外观	含量(≥)/%	初熔点(≤)/℃	加热减量(≤)/%	灰分(≤)/%	密度/(g·cm⁻³)	筛余物(150 μm)(≤)/%	说明
宁波硫华	MMBI－70GE F200	灰白色颗粒	97	273	0.30	0.25	1.17		EPDM/EVM 为载体
黄岩浙东		淡黄色或灰白色结晶粉末		250～270	0.40～0.50	0.40～0.50		0.10	
天津市东方瑞创	粉料	淡黄色或灰白色结晶粉末		≥250	0.40	0.40		0.0	
	加油粉料			≥250	0.50	0.50		0.1	添加剂 1－2

3.3　防老剂 MBZ，化学名称：2－硫醇基苯并咪唑锌盐

结构式：

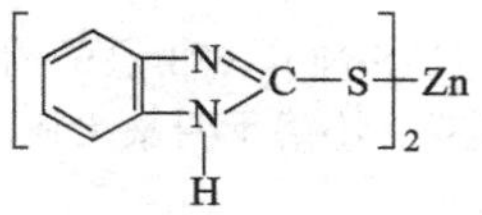

分子式：$C_{14}H_{10}N_4S_2Zn$，相对分子质量：363.77，CAS NO：3030－82－6，相对密度 1.63～1.64 g/cm³，熔点 300 ℃，可溶于丙酮、乙醇，不溶于苯、汽油、水，本品为灰白色粉末，无毒、无臭，有苦味，储藏稳定。

本品为非污染性防老剂品种之一，在性能上和防老剂 MB 相似，用于 NR、SBR、BR、NBR 等橡胶，抗热老化作用明显，通常和胺类、酚类防老剂并用，具有协同效应。与促进剂 MBT（M）、MBTS（DM）一起使用时，可以抑制有害金属的加速老化作用。通常用于透明橡胶制品，浅色和艳色橡胶制品。

防老剂 MBZ 的供应商见表 1.4.1－56。

表 1.4.1－56　防老剂 MBZ 的供应商

供应商	规格型号	纯度(≥)/%	初熔点(≥)/℃	灰分(≤)/%	加热减量(≤)/%	锌含量(≤)/%	油含量/%	筛余物(≤)/%(150 μm)	20 ℃时的密度/(g·cm⁻³)
鹤壁联昊	粉料		300.0		1.50	18.0～20.0		0.50	1.100
	防尘粉料		300.0		1.50	18.0～20.0	1.0～2.0	0.50	1.100
天津市东方瑞创	粉料		240		0.50	18.0～20.0		0.50	
	加油粉料		240		0.50	18.0～20.0		0.50	添加剂 1－2

3.4　防老剂 MMBZ（ZMTI、ZMMBI）

化学名称：2－硫醇基甲基苯并咪唑锌盐。

结构式：

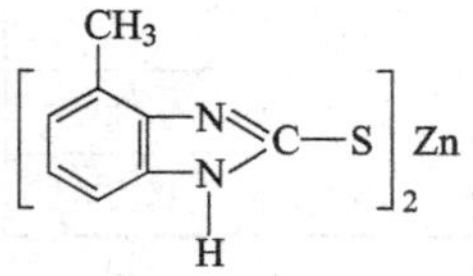

分子式：$C_{16}H_{16}N_4S_2Zn$，分子量：391.38，CAS 号：61617－00－3。本品为白色粉末，无毒、无臭，有苦味。可溶于丙酮、乙醇、不溶于苯、汽油、水。储藏稳定。

本品为非污染性防老剂品种之一，在性能上和防老剂 MBZ 相似，用作天然胶、丁苯胶、顺丁胶、丁腈胶等合成橡胶，抗热老化作用明显，通常和胺类、酚类防老剂并用具有协同效应，提高耐热氧老化性能，可用于丁晴胶。与促进剂 MBT (M)、MBTS (DM) 一起使用时，具有抑制有害金属的加速老化作用。通常用于透明橡胶制品，浅色和艳色橡胶制品。

本品在橡胶中易分散，无污染，是浅色、艳色及透明橡胶制品防护助剂的最佳选择品种之一。对混炼胶硫化特性的影响明显小于防老剂 MB，通常不必因使用本品而调整硫化体系。本品在天然胶乳发泡制品中可作辅助敏化剂使用，泡沫结构均匀，效果比 MB 好。

防老剂 MMBZ 的供应商见表 1.4.1-57。

表 1.4.1-57 防老剂 MMBZ 的供应商

供应商	规格型号	外观	初熔点(≥)/℃	加热减量(≤)/%	锌含量/%	筛余物(≤)/%(150 μm)	添加剂
范县蔚华化工有限公司		白色粉末	270.0	0.5	16～18	0.1	
天津市东方瑞创橡胶助剂有限公司	粉料	白色粉末	300	1.25	18～20	0.10(200 目)	—
	加油粉料		300	1.25	18～20		1.0～2.0

3.5 防老剂 NBC

化学名称：二叔丁基二硫代氨基甲酸镍。

结构式：

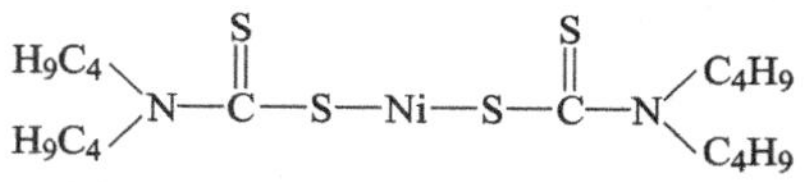

分子式：$C_{18}H_{36}N_2S_4Ni$，相对分子质量：467.5，CAS 号：13927-77-0，相对密度约 1.26 g/cm³，熔点 83 ℃，深绿色粉末，储藏稳定。本品主要用作 NBR、CR、CSM、CO、SBR，IR 抗臭氧剂。本品在 NBR、SBR 中对臭氧和天候老化龟裂及屈挠龟裂有较好的防护作用，是 NBR 的特效抗臭氧剂，但无抗氧化效能，需与优良的抗氧剂并用；在氯丁橡胶中能提高胶料耐热性能，减少胶料在阳光下的变色现象，对硫化稍有迟缓作用；在用金属氧化物硫化的 CSM 胶料中也是一种热稳定剂。本品在胶料中易分散，可使胶料着绿色，但不污染。在 CR 橡胶中一般用量为 1～2 份，在 NBR、SBR 中为 0.5～3 份。

防老剂 NBC 的供应商见表 1.4.1-58。

表 1.4.1-58 防老剂 NBC 的供应商

供应商	规格型号	外观	初熔点(≥)/℃	密度/(g·cm⁻³)	锌含量/%	加热减量(≤)/%	添加剂/%	灰分(≤)/%
黄岩浙东		深绿色粉末	85.0	1.26		0.50		20
华星（宿迁）		深绿色粉末或颗粒	83			0.30		20
天津市东方瑞创	粉料	橄榄绿色粉末	86.0		11.8～13.2	0.50	—	
	加油粉料		86.0		11.8～13.2	0.50	0.1～2.0	

3.6 防老剂 TNP（TNPP）

化学名称：亚磷酸三壬基苯酯、三（壬基苯基）亚磷酸酯、亚磷酸三（壬基苯酯）。

结构式为：

tri（nonylated phenyl）phosphite

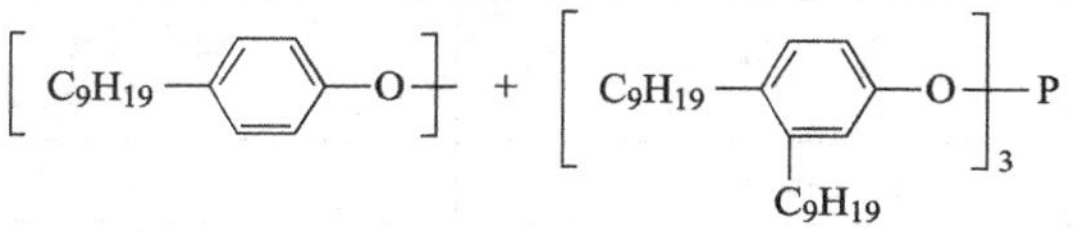

分子式：$C_{99}H_{177}O_3P$，相对分子质量：1 446.436 6，相对密度 0.97～0.995 g/cm³，CAS 号：3050-88-2，琥珀色粘稠液体。无臭无味。

本品为非污染性耐热抗氧化防老剂，用于天然橡胶、合成橡胶、胶乳、塑料作稳定剂和抗氧剂。

防老剂 TNP 的供应商有：河北坤源塑胶材料有限公司、常州市武进雪堰万寿化工有限公司、上海朗瑞精细化学品有限公司、衢州市瑞尔丰化工有限公司等。

3.7 抗氧化剂 TH-CPL（防老剂 616，抗氧剂 Wingstay-L）

化学名称：对甲酚和双环戊二烯共聚物、4-甲基-苯酚与二环戊二烯和异丁烯的反应产物、对甲苯酚和双环戊二烯的丁基化反应物。

分子式：$C_{10}H_{12} \cdot C_7H_8O \cdot C_4H_8$，CAS号：68610−51−5，本品为淡乳色粉末或淡黄色至褐色透明片状物，易溶于苯，甲苯等有机溶剂，不溶于水，熔点：105 ℃，密度：1.1 g/mL。

本品不脱色、无污染，主要应用于浅色橡胶制品与乳胶制品中，FDA 批准本品可以接触食品。

本品作为防老剂，在橡胶中通常用量为 2～3 份。

抗氧化剂 TH−CPL 的供应商见表 1.4.1−59。

表 1.4.1−59　抗氧化剂 TH−CPL 的供应商

供应商	外观	密度/(g·cm⁻³)	初熔点(≥)/℃	游离酚(≤)/%	灰分(≤)/%	加热减量(≤)/%	说明
广州黎昕贸易有限公司	灰白色粉末	1.1	115		0.5		

元庆国际贸易有限公司代理的台湾 EVERPOWER 公司防老剂 EPNOX HPL 的物化指标为：

成分：对甲酚和双环戊二烯共聚物，外观：乳白色至微黄色颗粒，分子量：600～700，松密度：360（pw−）/600（pel）kg/m^3，比重（20 ℃）：约 1.04 g/cm^3（固体熔化）。产品储存于明凉、干燥且通风良好处，在妥善保存情况下可保存 4 年。

本品是一种不变色、无污染之抗氧化剂，易分散于水溶液系统中，加工时具高活性及低挥发性，对异戊二烯和丁二烯聚合物具有防护作用。应用于增黏剂、黏合剂及密封剂时，可作为天然橡胶、乳胶、丁苯橡胶、羧酸丁苯乳胶、ABS、ASA、MBS、SBS、SIS、CR、NBR 及 BR 之稳定剂；用于橡胶丝、地毯背乳胶制品和发泡制品，可耐抽出及耐蒸煮。可用于与食品接触的制品。

建议使用合适之保护设备，避免过量接触本品，使用本品后，应彻底洗净。

3.8　防老剂 998

化学名称：聚羟基对苯二甲酸锌。

本品为一种性能优良的抗氧剂，具有不变色，不污染、无毒害，耐热氧老化、耐热水萃取、不挥发等特点。该品可广泛的应用于各种天然橡胶、合成橡胶、浅色橡胶（氟橡胶除外）或塑料中，吸收紫外线光的能力较强，防止光对橡胶或制品的催化氧化作用，在起到抗氧化作用的同时，又可起到其他防老化的效果，并可用作有机物质的稳定剂。特别适用于浅色橡胶制品，与防老剂 1010 性能相当。

防老剂 998 的供应商有：三门峡市邦威化工有限公司。

3.9　防老剂 PTNP（TPS−2）

结构式：

淡黄色粘稠液体或白色粉末，比重为 0.97−0.995，溶于丙酮、甲苯、乙醇等有机溶剂，不溶于水，储存稳定，不变色、不污染、廉价，是橡胶制品适应环保要求的新型防老剂。

本品可作为天然胶、合成胶及其胶乳的防老剂和稳定剂，不仅可提高橡胶的耐热性、耐油性、耐寒性、抗焦烧性，与橡胶的相容性和加工工艺性能也很好。在 PVC 及其橡塑并用材料中作增塑剂使用效果极佳。已用于轮胎、胶管、胶布、食品胶、彩色透明胶、PVC 制品，及各类油封。用法与用量：0.5～0.8 份 TPS−2 在天然胶中相当于 1 份 TMQ（RD）和 1 份 MB 并用；在丁苯胶中相当于 0.5 份 CPPD（4010）和 2 份 TMQ（RD）并用；在丁晴胶中，相当于 1.5 份 4010；在顺丁胶中相当于 1.5 份 264。

防老剂 PTNP 的供应商见表 1.4.1−60。

表 1.4.1−60　防老剂 PTNP 的供应商

供应商	外观	加热减量(75～80 ℃×2 h)(≤)/%	酸值(≤)/(mgKOH·g⁻¹)
咸阳三精科技股份有限公司	白色粉末	0.5	0.5
陕西杨晨新材料科技有限公司	白色粉末	0.5	0.5

3.10　抗臭氧防喷霜剂

元庆国际贸易有限公司代理的台湾 EVERPOWER 公司的抗臭氧防喷霜剂有：

3.10.1　EP−9 抗臭氧防喷霜剂

成分：预分散综合抗臭氧剂与聚合物裁体复配，外观：棕色颗粒，比重（20 ℃）：1.2，熔点>65 ℃，含水量：<0.3%，门尼黏度 ML（1+4）100 ℃：≤31，储存性：正常状态下 1 年。

本品能有效降低雨季喷霜发生机率，在抗臭氧测试中有显著效果。本品有轻微变色性，适用于黑色与深色系中，不适用于浅色系中。用量 1～2 份。

3.10.2　EP-10抗臭氧防喷霜剂

成分：聚合型酚类衍生物与二氧化硅混合物，外观：白色半透明颗粒，比重（20 ℃）：1.12，熔点＞65 ℃，含水量：＜0.2%，储存性：正常状态下1年。

本品作为天然橡胶、合成橡胶的抗氧剂，具有耐热、耐氧化、耐臭氧、耐紫外线、耐水解、不污染等特性，可与酚类防老剂并用。在合成橡胶中用作不变色的稳定剂，对硫化无影响；能防止橡胶加工过程中产生树脂化现象。本品不喷霜，适合于各种艳色制品。用量2～4份。

四、预防型防老剂

防老剂按化学结构可分为五大类，包括胺类（芳胺）、酚类（受阻酚）、硫醚和硫醇类、磷酸酯类和亚磷酸酯类、杂环类及其他。其中受阻酚和芳胺是两类最有效的防老剂，但由于芳胺的毒性（致癌、不孕）、颜色污染和对聚烯烃较差的相容性，仅限于用于不大考虑毒性和颜色污染的橡胶制品。

防老剂根据其作用机理又可以分为主防老剂和预防型防老剂，两者配合使用效果优于使用单一防老剂。主防老剂如胺类和受阻酚类是通过与自由基发生化学反应从而阻止有机材料的降解。预防型防老剂，也称辅助抗氧剂，包括亚磷酸酯和硫代酯等，可以分解有机材料降解时形成的氢过氧化物。由于辅助抗氧剂总是和主防老剂配合使用，因此也常被称为“增效剂”。

4.1　抗氧剂CA

化学名称：1，1，3-三（2-甲基-4-羟基-5-叔丁基苯基）丁烷。

结构式：

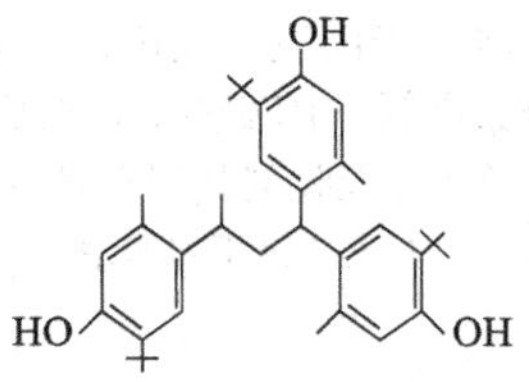

分子式：$C_{37}H_{52}O_3$，相对分子质量：544.82，CAS NO：1843—03—4，白色粉末。相对分子质量544，熔点181 ℃能溶于乙醇、甲醇、丙酮或乙酸乙酯等溶剂中。

本品为高效酚类抗氧剂，适用于PP、PE、PVC，聚酰胺、ABS树脂、聚苯乙烯和纤维素塑料。挥发性低，热稳定性高，不污染、不着色，高温加工不分解，可显著改变制品的耐热及抗氧性能。本品还具有抑制铜害作用，亦应用于聚烯烃的电缆制品。与DLTDP、DSTDP和紫外线吸收剂并用有良好的协同效应。一般用量为0.02%～0.5%。

抗氧剂CA的供应商见表1.4.1-61。

表1.4.1-61　抗氧剂CA的供应商

供应商	商品名称	外观	粒径	初熔点/℃	铁含量(≤)/PPM	灰分(≤)/%	加热减量(≤)/%
天津市力生化工有限公司	抗氧剂CA	白色粉末	1 mm	181	10	0.05	1.0

4.2　抗氧剂1010

化学名称：四（β-（3，5-二叔丁基-4-羟基苯基）丙酸季戊四醇酯。

分子式：$C_{73}H_{108}O_{12}$，相对分子质量：1177.63，结构式：

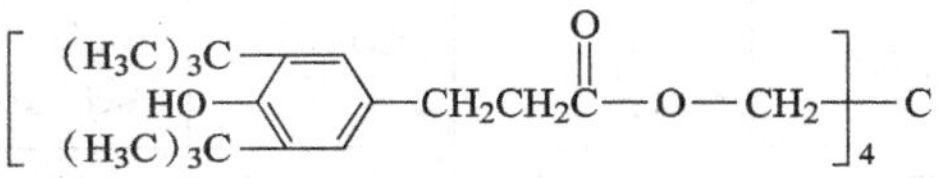

HG/T 3713—2010《抗氧剂1010》适用于以2，6—二叔丁基酚为原料，经对位加成后再进行酯交换反应所制备的含锡（以下称为A型）和不含锡（以下称为B型）抗氧剂1010。抗氧剂1010的技术要求见表1.4.1-62。

表1.4.1-62　抗氧剂1010的技术要求

项目		指标（A型）	指标（B型）
外观		白色粉末或颗粒	白色粉末或颗粒
熔点范围/℃		110.0～125.0	110.0～125.0
加热减量(≤)/%		0.50	0.50
灰分(≤)/%		0.10	0.10
溶解性		清澈	清澈
透光率	425 nm(≥)/%	96.0	95.0
	500 nm(≥)/%	98.0	97.0

续表

项目	指标（A 型）	指标（B 型）
主含量(≥)/%	94.0	94.0
有效组分(≥)/%	98.0	98.0
锡含量[a]($\times 10^{-6}$)(≤)/%	—	2

注：[a] 锡含量为型式检验。

抗氧剂 1010 的供应商有：上海金海雅宝精细化工有限公司、天津力生化工有限公司、天津市晨光化工有限公司、山东省临沂市三丰化工有限公司、营口市风光化工有限公司、上海汽巴高桥化学有限公司、北京极易化工有限公司、青岛丰华灏龙化工助剂有限公司、北京迪龙化工有限公司等。

4.3 抗氧剂 3114

化学名称：异氰脲酸（3，5-二叔丁基-4-羟基苄基酯）。

分子式：$C_{48}H_{69}O_6N_3$，相对分子质量：784.08，CAS NO.：27676－62－6，结构式：

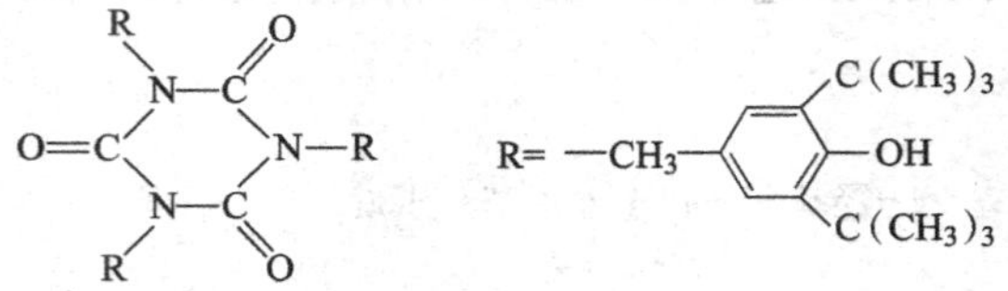

本品为三官能团大分子型受阻酚类抗氧剂，能溶于丙酮、氯仿、二甲基聚酰胺苯及乙醇等溶剂中。适用于 PP、PE、PS、PVC，聚酰胺、ABS 树脂、聚苯乙烯和纤维素塑料。挥发性低，热稳定性高，不污染、不着色，耐抽出，可显著改变制品的耐热氧老化性能。与 DLTDP、DSTDP 和紫外线吸收剂并用有良好的协同效应。一般用量为 0.01～0.25 份。

HG/T 3975－2007《抗氧剂 3114》适用于以 2，6－二叔丁基苯酚、多聚甲醛、氰尿酸为主要原料合成制得的抗氧剂 3114。抗氧剂 3114 的技术要求见表 1.4.1－63。

表 1.4.1－63 抗氧剂 3114 的技术要求

项目		指标
外观		白色粉末
熔点范围/℃		218.0～225.5
挥发分(≤)/%		0.30
灰分(≤)/%		0.05
溶解性		清澈
透光率	425 nm(≥)/%	95.0
	500 nm(≥)/%	97.0
含量(≥)/%		98.0

抗氧剂 3114 的供应商见表 1.4.1－64。

表 1.4.1－64 抗氧剂 3114 的供应商

供应商	商品名称	外观	熔点范围/℃	灰分(≤)/%	加热减量(≤)/%	透光率(≥)/%	
						425 nm	500 nm
天津市合成材料工业研究所	抗氧剂 3114	白色粉末	218～221	0.10	0.10	95.0	97.0

抗氧剂 3114 的供应商还有：宁波金海雅宝化工有限公司、天津市力生化工有限公司等。

4.4 抗氧剂 1076

化学名称：β-（3，5-二叔丁基-4-羟基苯基）丙酸十八碳醇酯。

分子式：$C_{35}H_{62}O_3$，相对分子质量：530.86，结构式：

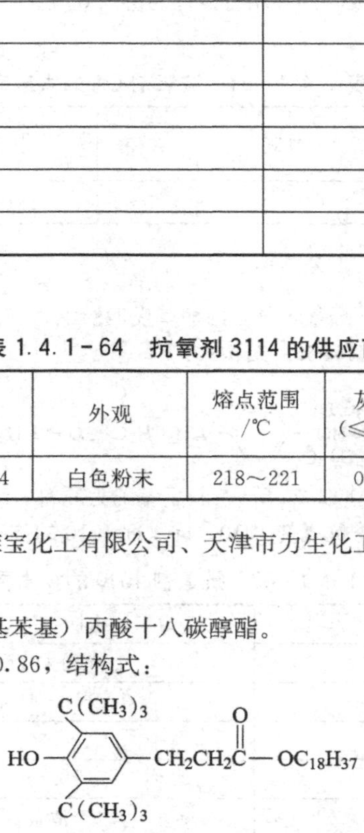

HG/T 3795－2005《抗氧剂 1076》适用于以 2，6-叔丁基苯酚，十八碳醇为主要原料合成的抗氧剂 1076。抗氧剂 1076 的技术要求见表 1.4.1－65。

表 1.4.1-65 抗氧剂 1076 的技术要求

项目		指标
外观		白色
挥发分(≤)/%		0.20
熔点范围/℃		50.0～55.0
灰分(≤)/%		0.10
溶液澄清度		澄清
透光率	425 nm(≥)/%	97.0
	500 nm(≥)/%	98.0
含量(≥)/%		98.0

抗氧剂 1076 的供应商有：上海汽巴高桥化学有限公司、宁波金海雅宝化工有限公司、天津市力生化工有限公司、天津市晨光化工有限公司、山东省临沂市三丰化工有限公司、营口市风光化工有限公司等。

4.5 抗氧剂 1135

化学名称：β-(3，5-二叔丁基-4-羟基苯基) 丙酸 C_7～C_9 醇酯。

分子式：$C_{24\sim26}H_{40\sim44}O_3$，相对分子质量：376.57～404.62，结构式：

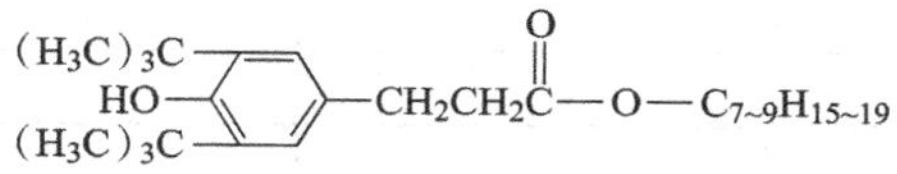

HG/T 4141—2010《抗氧剂 1135》适用于以 2，6-叔丁基苯酚为原料，经与丙烯酸甲酯加成后再和 C_7～C_9 醇进行酯交换反应所制备的抗氧剂 1135。抗氧剂 1135 的见表 1.4.1-66。

表 1.4.1-66 抗氧剂 1135 的技术要求

项目	指标
外观	无色或淡黄色透明液体
色度 (≤)/(Pt-Co) 号	100
溶解性	清澈
水分(≤)/%	0.1
酸值(≤)/(mgKOH·g^{-1})	1.0
纯度 (GC 法)(≥)/%	98.0

抗氧剂 1135 的供应商有：上海金海雅宝精细化工有限公司、青岛丰华灏龙化工助剂有限公司、山东省临沂市三丰化工有限公司、天津市海佳科技有限公司、上海汽巴高桥化学有限公司等。

4.6 抗氧剂 1098

化学名称：N，N′-双-(3-(3-5-二叔丁基-4-羟基苯基) 丙酰基) 己二胺。

结构式：

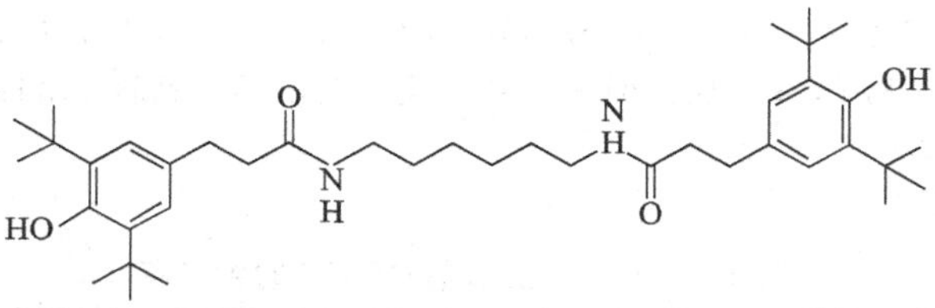

分子式：$C_{40}H_{64}N_2O_4$，相对分子质量：636.96，CAS NO：23128—74—7，本品是一种不变色，不污染，耐热氧化，耐萃取的高性能通用抗氧剂，主要用于聚酰胺、聚烯烃、聚苯乙烯、ABS 树脂、缩醛类树脂、聚氨酯以及橡胶等聚合物中，特别适用于聚酰胺聚合物和纤维。本品与亚磷酸酯类、硫代酯类抗氧剂及受阻胺类光稳定剂配合使用，有良好的协同效应，用量在 0.05%～1.0%之间。

抗氧剂 1098 的供应商见表 1.4.1-67。

表 1.4.1-67 抗氧剂 1098 的供应商

供应商	商品名称	外观	纯度(≥)/%	熔点范围/℃	灰分(≤)/%	加热减量(≤)/%	透光率(≥)/%	
							425 nm	500 nm
天津市力生化工有限公司	抗氧剂 1098	白色粉末或颗粒	98	155.0～161.0	0.1	0.5	97	98

4.7　抗氧剂 DLTDP

化学名称：硫代二丙酸双十二醇酯。

结构式：

$$\left[H_{25}C_{12}-O-\overset{\overset{\displaystyle O}{\|}}{C}-CH_2CH_2\right]_2 S$$

分子式：$C_{30}H_{58}O_4S$，相对分子质量：514.84，CAS NO：123－28－4，白色粉末或晶状物，本品具分解氢过氧化物功能，同时使与之并用的酚类主抗氧剂再生。可作为 PE、PP、PVC、ABS 树脂、PVC 等的辅助抗氧剂。不污染、不着色，高温加工不分解，可显著改变制品的耐热及抗氧性。与酚类抗氧剂（如 1010、1076、CA 等）和紫外线吸收剂并用，具良好的协同效应。一般用量 0.05～0.5 份。

HG/T2564—2007《抗氧剂 DLTDP》适用于以硫代二丙酸和十二醇为原料生产的抗氧剂 DLTDP。抗氧剂 DLTDP 的技术要求见表 1.4.1－68。

表 1.4.1－68　抗氧剂 DLTDP 的技术要求

项目	指标
外观	白色颗粒或粉末
结晶点/℃	39.5～41.5
酸值(以 KOH 计)(≤)/mg·g^{-1}	0.05
灰分(≤)/%	0.01
熔融色度（≤)/(Pt－Co）号	60
铁含量(以 Fe 计)/(≤)	3×10^{-4}
挥发分(≤)/%	0.05

抗氧剂 DLTDP 的供应商见表 1.4.1－69。

表 1.4.1－69　抗氧剂 DLTDP 的供应商

供应商	商品名称	外观	纯度(≥)/%	结晶点/℃	酸值(≤)/mgKOH·g^{-1}	铁含量(≤)/PPM	灰分(≤)/%	加热减量(≤)/%	熔融颜色(Pt—Co)/号（≤)
天津力生	抗氧剂 DLTDP	白色颗粒或粉末		39.5～41.5	0.05	3	0.10	0.05	

4.8　抗氧剂 DTDTP

化学名称：硫代二丙酸双十三醇酯。

结构式：

$$\left[H_{27}C_{13}-O-\overset{\overset{\displaystyle O}{\|}}{C}-CH_2CH_2\right]_2 S$$

分子式：$C_{32}H_{62}O_4S$，相对分子质量：542.9，CAS NO：10595－72－9，本品熔点：≤－24 ℃，沸点：265 ℃，为液体辅助抗氧剂，与树脂相容性好，适用于聚烯烃、ABS 及 PVC 等，与酚类抗氧剂并用具有协同效应。毒性极小，大白鼠经口 LD50>10 g/Kg。一般用量 0.05～0.5 份。

抗氧剂 DTDTP 的供应商见表 1.4.1－70。

表 1.4.1－70　抗氧剂 DTDTP 的供应商

供应商	商品名称	外观	密度/(g·cm^{-3})	酸值(≤)/mgKOH·g^{-1}
天津市力生化工有限公司	抗氧剂 DTDTP	无色或浅黄色液体	0.931～0.941	0.05

4.9　抗氧剂 DSTDP

化学名称：硫代二丙酸双十八醇酯。

分子式：$C_{42}H_{82}O_4S$，相对分子质量：683.15，结构式：

$$S\begin{cases} CH_2CH_2COOC_{18}H_{37} \\ CH_2CH_2COOC_{18}H_{37} \end{cases}$$

HG/T 3741－2004《抗氧剂 DSTDP》适用于以硫代二丙酸和十八醇为原料生产的抗氧剂 DSTDP。抗氧剂 DSTDP 的技术要求见表 1.4.1－71。

表 1.4.1－71　抗氧剂 DSTDP 的技术要求

项目	指标
外观	白色颗粒或粉末
熔点范围/℃	63.5～68.5
酸值(≤)/mgKOH · g^{-1}	0.05
皂化值(≤)/(mgKOH · g^{-1})	160～170
色度/(Pt－Co)号(≤)	60
灰分(≤)/%	0.01
加热减量(≤)/%	0.05
筛余物(2 mm)(≤)/%	2.0

抗氧剂 DSTDP 的供应商有：天津市力生化工有限公司等。

4.10　抗氧剂 TPP

化学名称：亚磷酸三苯酯。

分子式：$C_{18}H_{15}O_3P$，相对分子质量：310.28，结构式：

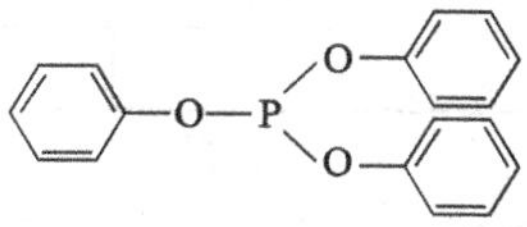

HG/T 3876－2006《抗氧剂 TPP》适用于以苯酚和三氯化磷反应而生成并经真空蒸馏提纯的抗氧剂 TPP。抗氧剂 TPP 的技术要求见表 1.4.1－72。

表 1.4.1－72　抗氧剂 TPP 的技术要求

项目	指标
外观	浅黄色透明液体
色度/(Pt－Co)号(≤)	50
密度 (25 ℃)/g · ml^{-1}	1.180 0～1.190 0
折射率，n_D^{25}	1.586 0～1.590 0
酸值(≤)/(mgKOH · g^{-1})	0.5

抗氧剂 TPP 的供应商有：深圳泛胜塑胶助剂有限公司、艾迪科精细化工（常熟）有限公司等。

4.11　抗氧剂 TNPP

化学名称：亚磷酸三壬基苯酯。

分子式：$C_{45}H_{59}O_3P$，相对分子质量：689.00，结构式：

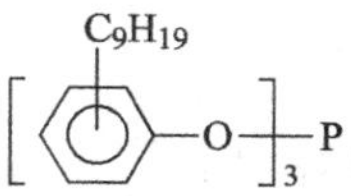

HG/T 3877－2006《抗氧剂 TNPP》适用于以壬基酚和三氯化磷反应而生成的抗氧剂 TNPP。抗氧剂 TNPP 的技术要求见表 1.4.1－73。

表 1.4.1－73　抗氧剂 TPP 的技术要求

项目	指标
外观	浅黄色透明液体
色度/(Pt－Co)号(≤)	100
密度(25 ℃)/g · ml^{-1}	0.980 0～0.994 0
折射率/n_D^{25}	1.525 5～1.528 0
酸值(≤)/(mgKOH · g^{-1})	0.15
黏度 (25 ℃)/mPa · S	3 500～7 000
磷含量/%	4.1～4.5

抗氧剂 TPP 的供应商有：深圳泛胜塑胶助剂有限公司、艾迪科精细化工常熟有限公司、淄博市淄博峰泉化工有限公司等。

4.12　抗氧剂 626

化学名称：双（2，4-二叔丁基苯基）季戊四醇二亚磷酸酯。

分子式：$C_{33}H_{50}O_6P_2$，相对分子质量：604.69，结构式：

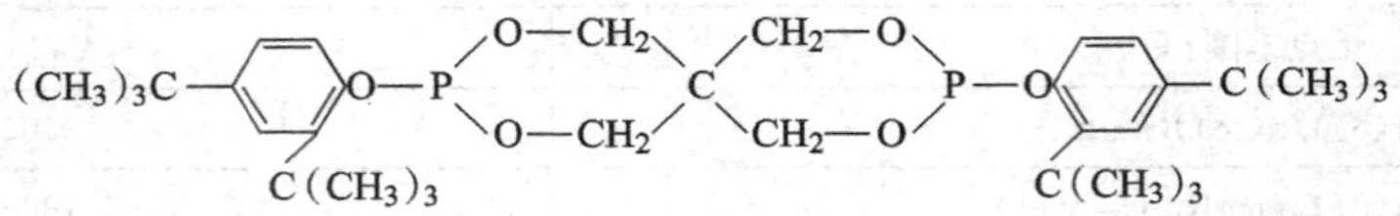

HG/T3974—2007《抗氧剂 626》适用于以 2，4—二叔丁基苯酚、季戊四醇与三氯化磷合成法制得的抗氧剂 626。抗氧剂 626 的技术要求见表 1.4.1-74。

表 1.4.1-74　抗氧剂 626 的技术要求

项目	指标
外观	白色粉末或颗粒
熔点范围/℃	170.0～180.0
加热减量（80 ℃）(≤)/%	1.0
酸值（以 KOH 计）(≤)/mg·g^{-1}	1.0
游离 2，4-二叔丁基苯酚(≤)/%	1.0
主含量(≥)/%	95.0

注：抗氧剂 626 通常含≤1%的抗水剂。

4.13　抗氧剂 618

化学名称：二亚磷酸季戊四醇硬脂醇酯。

分子式：$C_{41}H_{82}O_6P_2$，相对分子质量：733.00，结构式：

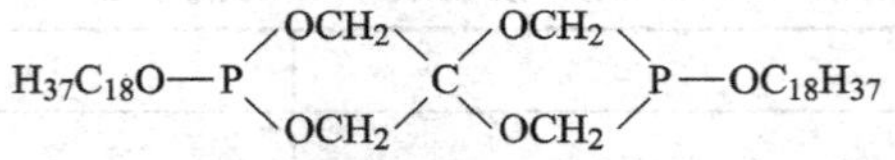

HG/T3878—2006《抗氧剂 618》适用于以季戊四醇、十八醇和亚磷酸三苯酯为原料，通过酯交换反应而生成的抗氧剂 618。抗氧剂 618 的技术要求见表 1.4.1-75。

表 1.4.1-75　抗氧剂 618 的技术要求

项目	指标
外观	白色片状或粉状固体
酸值计(≤)/(mgKOH·g^{-1})	0.5
磷含量/%	7.3～8.2

抗氧剂 618 的供应商有：深圳泛胜塑胶助剂有限公司、艾迪科精细化工（常熟）有限公司等。

4.14　抗氧剂 168

化学名称：亚磷酸三（2，4-叔丁基苯基）酯。

分子式：$C_{42}H_{63}O_3P$，相对分子质量：646.92，结构式：

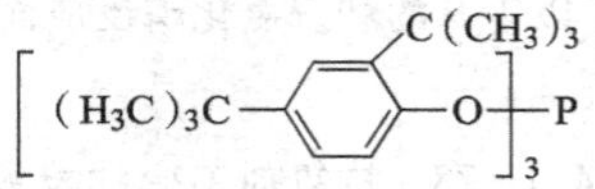

HG/T 3712—2010《抗氧剂 168》适用于以 2，4—叔丁基苯酚与三氯化磷合成法制得的抗氧剂 168。抗氧剂 168 的技术要求见表 1.4.1-76。

表 1.4.1-76　抗氧剂 168 的技术要求

项目		指标
外观		白色粉末或颗粒
熔点范围/℃		183.0～187.0
加热减量(≤)/%		0.30
溶解性		清澈
透光率	425 nm(≥)/%	98.0
	500 nm(≥)/%	98.0

续表

项目	指标
酸值(≤)/(mgKOH·g^{-1})	0.30
主含量(≥)/%	99.0
游离 2，4-叔丁基苯酚含量(≤)/%	0.20
抗水解性能	合格

抗氧剂 168 的供应商有：上海金海雅宝精细化工有限公司、天津力生化工有限公司、天津市晨光化工有限公司、山东省临沂市三丰化工有限公司、营口市风光化工有限公司、上海汽巴高桥化学有限公司、北京极易化工有限公司、青岛丰华灏龙化工助剂有限公司、北京迪龙化工有限公司等。

4.15 抗氧剂 MD-1024

化学名称：1，2-双［β-（3，5-二叔丁基-4-羟基苯基）丙酰］肼。

相对分子质量：552.78，CAS 号：32687—78—8

本品为金属离子钝化剂（金属螯合剂）或抗氧剂，适用于聚烯烃、尼龙、聚酯、纤维素树脂和合成橡胶等。在 HDPE 中效果尤为明显。可单独使用或与抗氧剂 1010 并用。

抗氧剂 MD—1024 的供应商见表 1.4.1-77。

表 1.4.1-77 抗氧剂 MD—1024 的供应商

供应商	商品名称	外观	纯度(≥)/%	粒径	熔点范围/℃	灰分(≤)/%	加热减量(≤)/%	透光率(≥)/%	
								425 nm	500 nm
天津市合成材料工业研究所	MD—1024		98.0	≥120 目	≥224 ℃	0.10	0.50	96.0	98.0

抗氧剂的国外供应商主要有：美国雅宝公司、美国阿彻丹尼尔斯米德兰公司、巴斯夫公司、拜耳公司（Bayer）、嘉吉公司、汽巴特种化学品公司（Ciba）、科宁公司、康普顿公司（Crompton）、氰特工业公司、丹尼斯克科特公司、伊立欧公司（Eliokem）、Fairmount、富兰克斯（Flexsys）美国分部、固特异轮胎和橡胶、大湖化学品公司（Great Lakes Chemical）、Hampshire 公司、Merisol 公司、诺誉公司（Noveon）、PMP 发酵品公司、罗氏公司、斯克耐克塔迪公司、十拿公司、R. T. 范德比尔特（R. T. Vanderbilt）公司、哈威克（Harwick）化学公司、阿克隆（Akron）化学公司、孟山都（Monsanto）、阿克苏—诺贝尔（Akso—Nobel）、罗姆哈斯公司等。

五、物理防老剂

5.1 概述

蜡是化学性质稳定的饱和烷烃，分子式可表示为 C_nH_{2n+2}，橡胶防护蜡由石蜡和微晶蜡组成。石蜡主要由直链的 C18 至 C50 的混合饱和烷烃组成。微晶蜡较少直链烷烃，含比较复杂的支链结构，由 C25 至 C85 的混合饱和烷烃组成。

石蜡的结构示意图 1.4.1-1 所示。

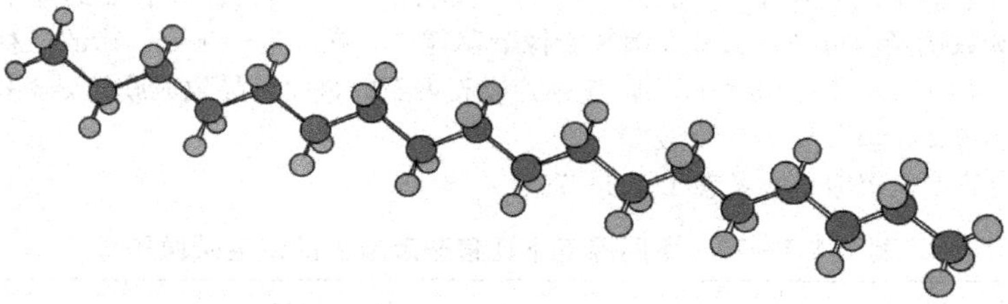

图 1.4.1-1 石蜡的结构示意图

微晶蜡的结构示意图 1.4.1-2 所示。

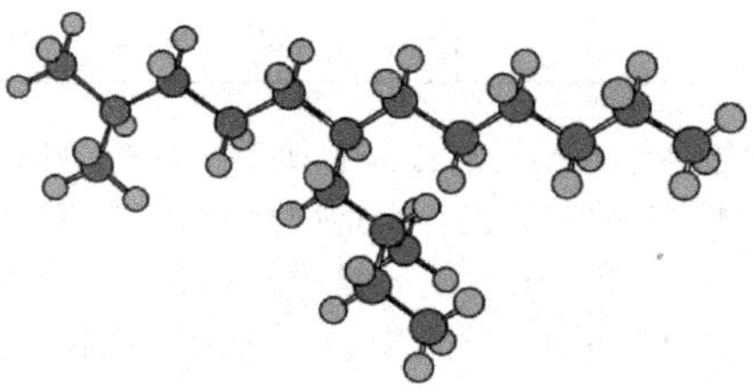

图 1.4.1-2 微晶蜡的结构示意图

石蜡和微晶蜡的物化性质异同见表 1.4.1-78，石蜡、微晶蜡和混合蜡形成的蜡膜的臭氧老化示意见图 1.4.1-3。

表 1.4.1-78 石蜡和微晶蜡的物化性质

石蜡	微晶蜡
低熔点（48～70 ℃）	高熔点（>70 ℃）
白色	颜色较深
比较硬	比较软
比较脆	韧性较好
半透明	不透明

防护蜡对臭氧的防护机理是：经混炼、硫化的高温，防护蜡溶解在橡胶中；硫化后冷却，在橡胶内部形成过饱和蜡溶液。橡胶内部与表面间的浓度梯度导致蜡分子向橡胶表面不断迁移，在橡胶表面形成一层厚度均匀、结构紧密、较强韧性和黏附力薄膜，能起到使橡胶不与臭氧气体接触的屏障作用，从而延缓臭氧老化。

防护蜡仅在其含量高于溶解度时才会迁移。影响防护蜡防护性能的主要因素有蜡的碳原子数分布、正异构烷烃比例、使用温度、交联度、配合剂、胶料种类、载荷、填料和软化剂等。迁移速率 α 与温度成正比，与分子量（碳数）成反比，与分子结构复杂程度成反比。其中，碳原子数分布和正异构烷烃比例是关键因素。

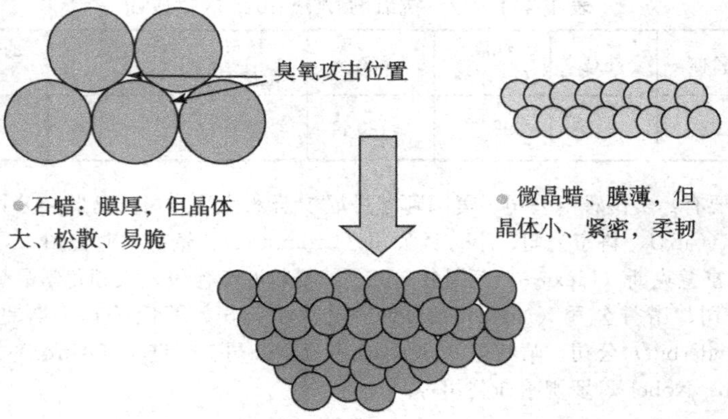

图 1.4.1-3 晶型对蜡膜的影响

一般认为，当橡胶制品使用温度低于−5 ℃时，由于活化分子稀少，臭氧不会对硫化胶发生化学作用；使用温度在 55 ℃以上时，臭氧分解成氧气。因此橡胶制品的使用温度在−5～55 ℃时，臭氧才会对橡胶具有老化作用。蜡成膜的最佳温度范围为 10～50 ℃，正好在臭氧有破坏能力的温度范围之内。在 0 ℃时，只有 C18～C26 碳数较小的烷烃才能出现在橡胶表面；高碳数烷烃因可动性差而未能有效迁移至表面。在 40 ℃以上时，析出在橡胶表面的基本为 C30 以上的烷烃，此时其具有良好的可动性；低碳数烷烃因可动性很高而溶解于橡胶基体中。在−5～10 ℃，蜡的迁移速度慢，由低碳数直链烷烃形成的蜡膜致密性较差；45～55 ℃蜡的溶解度大，迁移到橡胶表面的量少，导致成膜效果不佳，且由于温度过高，防护蜡容易融化。因此这两个温度范围臭氧防护效果较差。

0～50 ℃迁移速度最大的烷烃碳原子数见表 1.4.1-79。

表 1.4.1-79 不同温度下迁移速度最大的烷烃碳原子数

温度/℃	具有最大迁移速度的烷烃碳原子数	温度/℃	具有最大迁移速度的烷烃碳原子数	温度/℃	具有最大迁移速度的烷烃碳原子数
0	23～24	25	27～28	50	38～39
10	25～26	40	32～33		

在不同温度的环境下，防护蜡防护效果并不相同，所以应选用不同牌号的防护蜡，以适合使用需求。轮胎用防护蜡碳原子分布要求碳数全（C20～C40）；一般是“双峰”式的，可适应热带和寒带的不同使用条件。

为了能够更好的对臭氧的攻击提供防护，迁移至表面的蜡膜必须符合如下特性：持续性、不易渗透、均匀性、柔韧性、美观。要达到如上的特性，防护蜡需要良好平衡的配方组成，并能提供较宽温度的防护。防护蜡与普通石蜡的对比见表 1.4.1-80。

表 1.4.1-80 防护蜡与普通石蜡的对比

	防护蜡	普通石蜡
温度保护范围	宽	窄
表面外观	好	差
迁移性	持续稳定迁移至表面	迅速迁移至表面
蜡膜特征	致密/柔韧	松散/脆

防护蜡使用中常与化学抗氧剂并用，用量宜超过在橡胶中的溶解度，通常用量为 1.0～1.5 份。防护蜡一般对静态的臭氧龟裂有防护效果，但由于化学抗臭氧剂在蜡中的溶解度较在橡胶中高，而且蜡的迁移速度又较化学抗臭氧剂快，胶料加入防护蜡后有助于化学抗臭氧剂的扩散，因此防护蜡与化学抗臭氧剂并用时，制品动态条件下的抗臭氧龟裂的性能也有显著提高。

5.2 石蜡

5.2.1 粗石蜡

CAS 号：8002－74－2，软化点：47～64 ℃，密度约 0.9 g/cm^3，无臭无味，为白色或淡黄色半透明固体，是非晶体，但具有明显的晶体结构。

石蜡是以石油、页岩油或其他沥青矿物油的减压馏分油为原料，经过溶剂精制、溶剂脱蜡脱油、精制、成型和包装制得的一种固态高级烷烃混合物，主要成分的分子式为 CnH_2n_{+2}，其中 n＝17～35。主要组分为直链烷烃，还有少量带个别支链的烷烃和带长侧链的单环环烷烃；直链烷烃中主要是正二十二烷（$C_{22}H_{46}$）和正二十八烷（$C_{28}H_{58}$）。

GB/T 1202－1987《粗石蜡》适用于以含油蜡为原料，经发汗或溶剂脱油，不经精制脱色所得到的粗石蜡，适用于橡胶制品、蓬帆布、火柴及其他工业原料，其技术要求见表 1.4.1-81。

表 1.4.1-81 粗石蜡技术要求和试验方法

项目		质量指标						试验方法
		50 号	52 号	54 号	56 号	58 号	60 号	
熔点/℃	不低于	50	52	54	56	58	60	GB/T 2539
	低于	52	54	56	58	60	62	
含油量（不大于）/%		2.0						GB/T 3554
色度(不低于)/号		－10						GB/T 3555
嗅味(不大于)/号		3						SH/T 0414
机械杂质及水分		无						注

注：机械杂质及水分测定：将约 10 g 蜡放入容积为 100～250 ml 的锥形瓶内，加入 50 ml 初馏点不低于 70 ℃的无水直馏汽油，并在振荡下于 70 ℃水浴内加热，直到石蜡熔解为止，将该溶液在 70 ℃的水浴内放置 15 min 后，溶液中不应呈现眼睛可以看见出的浑浊、沉淀或水分。允许溶液有轻微乳光。

5.2.2 半精炼石蜡

半精炼石蜡为颗粒状白色固体，其相对密度随熔点的上升而增加。产品化学稳定性好，含油量适中，具有良好的防潮和绝缘性能，可塑性好。半精炼石蜡生产的蜡烛火焰集中，无烟，不流泪。用于制蜡烛，蜡笔，蜡纸，一般电讯器材以及轻工、化工原料等。GB/T 254－2010《半精炼石蜡》适用于以含油蜡为原料，经发汗或溶剂脱油，再经白土或加氢精制所得到的半精炼石蜡，主要用于制造蜡烛、蜡笔、包装用纸、文教用品、一般电讯材料及木材加工、轻工、化工原料等方面，其技术要求见表 1.4.1-82。

表 1.4.1-82 半精炼石蜡技术要求和试验方法

项目		质量指标											试验方法
		50 号	52 号	54 号	56 号	58 号	60 号	62 号	64 号	66 号	68 号	70 号	
熔点/℃	不低于 低　于	50 52	52 54	54 56	56 58	58 60	60 62	62 64	64 66	66 68	68 70	70 72	GB/T 2539
含油量 w(不小于)/%		2.0											GB/T 3554
颜色（不小于）/ 赛波特颜色		＋18											GB/T 3555
光安定性（不大于）/号		6			7								SH/T 0404

续表

项目		质量指标											试验方法
		50 号	52 号	54 号	56 号	58 号	60 号	62 号	64 号	66 号	68 号	70 号	
针入度	（100 g，25 ℃），1/10 mm 不大于	23											GB/T 4985
	（100 g，35 ℃），1/10 mm	报告											
运动黏度（100 ℃），mm^2/s		报告											GB/T 265
嗅味(不大于)/号		2											SH/T 0414
水溶性酸或碱		无											SH/T 0407
机械杂质及水		无											目测[a]

注：[a] 将约 10 g 蜡放入容积为 100～250 mL 的锥形瓶内，加入 50 mL 初馏点不低于 70 ℃的无水直馏汽油馏分，并在振荡下于 70 ℃水浴内加热，直到石蜡熔解为止，将该溶液在 70 ℃水浴内放置 15 min 后，溶液中不应呈现眼睛可以看到的浑浊、沉淀或水。允许溶液有轻微乳光。

5.2.3　全精炼石蜡

纯石蜡是很好的绝缘体，其电阻率为 1013－1017 Ω·m，比除某些塑料（尤其是特氟龙）外的大多数材料都要高；石蜡也是很好的储热材料，其比热容为 2.14～2.9 $J.g^{-1}\cdot K^{-1}$，熔化热为 200～220 $J.g^{-1}$。根据加工精制程度不同，可分为全精炼石蜡、半精炼石蜡和粗石蜡 3 种。每类蜡又按熔点，一般每隔 2 ℃，分成 50、52、54、56、58、60、62 共 7 个牌号。

GB/T 446－2010《全精炼石蜡》适用于以含油蜡为原料，经发汗或溶剂脱油，再经加氢精制或白土精制所得到的全精炼石蜡，主要用于高频瓷、复写纸、铁笔蜡纸、精密铸造、装饰吸音板等用蜡，其技术要求见表 1.4.1－83。

表 1.4.1－83　全精炼石蜡技术要求和试验方法

项目		质量指标										试验方法
		52 号	54 号	56 号	58 号	60 号	62 号	64 号	66 号	68 号	70 号	
熔点/℃	不低于 低　于	52 54	54 56	56 58	58 60	60 62	62 64	64 66	66 68	68 70	70 72	GB/T 2539
含油量 w(不大于)/%		0.8										GB/T 3554
颜色(不小于)/赛波特颜色		＋27				＋25						GB/T 3555
光安定性(不大于)/号		4				5						SH/T 0404
针入度（25 ℃），1/10 mm，不大于		19				17						GB/T 4985
运动黏度（100 ℃）/mm^2/s		报告										GB/T 265
嗅味(不大于)/号		1										SH/T 0414
水溶性酸或碱		无										SH/T 0407
机械杂质及水		无										目测[a]

注：[a] 将约 10 g 蜡放入容积为 100～250 mL 的锥形瓶内，加入 50 mL 初馏点不低于 70 ℃的无水直馏汽油馏分，并在振荡下于 70 ℃水浴内加热，直到石蜡熔解为止，将该溶液在 70 ℃水浴内放置 15 min 后，溶液中不应呈现眼睛可以看到的浑浊、沉淀或水。允许溶液有轻微乳光。

5.2.4　微晶石蜡

微晶蜡是一种比较细小的晶体，以减压残渣油为原料，经过溶剂脱沥青、溶剂精制、溶剂脱蜡脱油、精制、成型和包装制得，主要由环烷烃和一些直链烃组成，相对分子质量范围大约是 500～1 000。相比石蜡，其正构烷烃的质量分数较小、异构烷烃和长侧链烷烃质量分数较大。微晶蜡化学性质相对活泼，可以与发烟硫酸、氯磺酸发生反应，而石蜡不会。微晶蜡作为橡胶防护剂时，其迁移到橡胶表面的速度较慢，形成的蜡膜较薄，但蜡膜韧性好、致密、附着性好且不易脱落。若石蜡与微晶蜡按一定比例混合（如正构烷烃：异构烷烃≈25：45），可形成无定型的、致密的、较厚的蜡膜，可以达到良好的防护臭氧的目的。微晶蜡溶于非极性溶剂，不溶于极性溶剂，按滴熔点分为 11 个牌号，可用于食品。SH/T0013－2008《微晶蜡》对应于日本工业标准 JIS K 2235－1991（2006 年确认）《石油蜡》中的微晶蜡技术指标（非等效），适用于由石油的重馏分或减压渣油的溶剂脱沥青油经过溶剂精制、脱蜡、脱油、再经白土或加氢精制得到的微晶蜡，用于军工、电子、冶金和化工等行业的用蜡，主要用于防潮、防腐、粘结、上光、绝缘、钝感、铸模和橡胶防护等，其技术要求见表 1.4.1－84。

表 1.4.1－84　微晶蜡的技术要求和试验方法

项目		质量指标					试验方法
		70	75	80	85	90	
滴熔点/℃	不低于 低　于	67 72	72 77	77 82	82 87	87 92	GB/T8026
针入度 (1/10 mm)	35 ℃，100 g	报告					GB/T 4985
	25 ℃，100 g，不大于	30	30	20	18	14	
含油量 w(≤)/%		3.0					SH/T 0638
颜色(不大于)/号		3.0					GB/T6540
运动黏度（100 ℃）(不小于)/$mm^2 \cdot s^{-1}$		6.0	10				GB/T 265
水溶性酸或碱		无					SH/T 0407

5.2.5　聚乙烯蜡

聚乙烯蜡简称 ACPE，聚乙烯蜡指相对分子质量为 1 500～25 000 的低相对分子质量聚乙烯或部分氧化的低相对分子质量聚乙烯。其呈颗粒状、白色粉末、块状以及乳白色蜡状。具有优良的流动性、电性能、脱模性。

5.2.6　氯化石蜡

氯化石蜡是含氯量 35%以下的氯化石蜡为金黄色或琥珀色粘稠液体，含氯量 50%～70%的为固体粉末，本品不燃、不爆炸、挥发性极微。能溶于大部分有机溶剂，不溶于水和乙醇。加热至 120 ℃以上徐徐自行分解，能放出氯化氢气体，铁、锌等金属的氧化物会促进其分解。氯化石蜡为聚氯乙烯的辅助增塑剂。挥发性低，不燃、无臭、无毒。本品取代一部分主增塑剂，可降低制品成本，并降低燃烧性。主要用于聚氯乙烯电缆料及水管、地板料、薄膜、人造革等，详见本手册第二部分．四（五）.7.8。

5.3　石蜡的供应商

石蜡、晶形蜡的供应商见表 1.4.1－85。

表 1.4.1－85　石蜡、晶形蜡的供应商（一）

供应商	商品名称	化学组成	含油量(≤)/%	滴溶点/℃	凝固点/℃	运动黏度(100 ℃)/$mm^2 \cdot s^{-1}$	灰分(≤)/%	针入度 dmm@25 ℃	说明
连云港锐巴化工	LSB20 龟裂防止剂	精炼石蜡和微晶蜡混合物	1.5		60～66	5.8～6.5 cst	0.1		双峰保护，用量 1～3 份
	RW156 鞋材防护蜡	同上			61～65	8～12 cst			常温保护
	RW158 鞋材防护蜡	同上			62～67	5.5～7.0 cst			中温保护
	RW590 鞋材防护蜡	同上			60～66	5.1～7.2 cst			典型的双峰结构
	RW220 轮胎防护蜡	同上			61～67	6.3～7.5 cst			中高温保护
	RW287 轮胎防护蜡	同上			63～69	6.3～8.2 cst			防止喷霜，宽温保护
	RW216 轮胎防护蜡	同上		80					高温保护
	RW217 轮胎防护蜡	同上							中温保护
	RW391 轮胎防护蜡	同上			62～68	5.4～6.6 cst			
抚顺宏伟特种蜡有限公司	MaxProt 1026				63～69	6.0～8.5		14.0～20.0	
	MaxProt 1028				64.5～69	5.5～7.0		10.0～18.0	
	MaxProt 1031				≥65				
	MaxProt 1032				63～67	5.5～7.0			

续表

供应商	商品名称	化学组成	含油量(≤)/%	滴熔点/℃	凝固点/℃	运动黏度(100 ℃)/$mm^2 \cdot s^{-1}$	灰分(≤)/%	针入度 dmm@25 ℃	说明
抚顺宏伟特种蜡有限公司	MaxProt 1036				70～75				
	MaxProt 1077			81～87					
	MaxProt 1109							50.0～82.0	
	MaxProt 1201				61～65	5.0～7.0		12.0～20.0	
	MaxProt 1206				61～65	9.0～11.0		25.0～40.0	
	MaxProt 1268				58～64				
	MaxProt 2013				61～67	6.0～7.5			
	MaxProt 2015				63～73	6.0～7.5			
	MaxProt 2016				65～71	6.5～8.5			
	MaxProt 2059				63～69	5.5～7.5			
	MaxProt 2106			≥68					
	MaxProt 2130				65～71	6.0～8.5			
	MaxProt 2133				59～66	5.0～6.0			
	MaxProt 2176				64～68	5.0～7.5		14.0～19.0	
	MaxProt 2179				65～75				
	MaxProt 2188			69～76	56～59	5.0～7.0		14.0～180	
	MaxProt 2203			65～70					
	MaxProt 2204				58～63				
	MaxProt 2212				67.5～72.5				
	MaxProt 2213				66～72				
	MaxProt 2215			72～80				12.0～17.0	
	MaxProt 2652				63～69	6.0～7.5			
	MaxProt 2675				64～69	5.5～8.5		12.0～20.0	

表 1.4.1-85　石蜡、晶形蜡的供应商（二）

供应商	项目	XM-128	XM-158	XM-208	XM-108	XM-118
浙江杭州兴茂蜡业有限公司	密度/($g \cdot cm^{-3}$)	0.925～0.935	0.925～0.935	0.925～0.935	0.925～0.935	0.925～0.935
	黏度/($mm^2 \cdot s^{-1}$)	6.5～8.0	5.0～6.5	5.0～6.5	5.5～7.0	6.5～8.5
	凝固点/℃	64～65	60～69	60～69	60～66	64～69
	折射率 n (80 ℃)	1.420～1.440	1.420～1.440	1.420～1.440	1.420～1.430	1.420～1.430
	含油率/%	≤1.5	≤1.5	≤1.5	≤1.5	≤1.5
	灰分/%	≤0.1	≤0.3	≤0.3	≤0.1	≤0.1
	色值	本白或浅黄	本白或浅黄	本白或浅黄	本白或浅黄	本白或浅黄
	最大峰值	C29－C31	C30－C35	C30－C35	C30－C33	C30－C33
	碳数分布	C23－C28：26%～38%	C23－C28：7.0%～26%		C25－C29：18%～26%	C25－C29：28.1%～43.6%
		C29－C38：31%～45%	C29－C38：25%～48%	C20～C40	C30－C33：36%～48%	C30－C33：25.6%～42%
		C32－C38：16%～28%	C32－C38：6.5%～28%		C34－C37：18%～26%	C34－C37：7.4%～26.8%

续表

供应商	项目	XM－128	XM－158	XM－208	XM－108	XM－118
浙江杭州兴茂蜡业有限公司	特性	本品是多种精选石蜡和宽分子量精制微晶蜡的混合物，具有快速分散性，碳数分布均匀、合理，对温度适应性强，具有均衡的迁移性，密闭性和黏附性强，能在橡胶制品表面形成均匀、密闭、坚韧的保护膜，保护橡胶制品免受由臭氧和气候引起的老化、龟裂，有效延长橡胶制品的寿命。		本品是多种精选石蜡和宽分子量精制微晶蜡的混合物，其特征是碳分布呈双峰，具有全方位、全天候遏制臭氧对橡胶制品表面侵蚀的作用。	本品是多种精选石蜡和宽分子量精制微晶蜡的混合物，具有快速分散性，碳数分布均匀、合理，对温度适应性强，具有均衡的迁移性，密闭性和黏附性强，能在橡胶制品表面形成均匀、密闭、坚韧的保护膜，保护橡胶制品免受由臭氧和气候引起的老化、龟裂，有效延长橡胶制品的寿命。	
	使用方法	在混炼初期加入；建议在密炼机上使用，开炼机的炼胶温度要高于其熔点；轮胎 1－4 份，输送带 2－6 份，其他根据胶种不同而定，最高用量 10 份；臭氧实验温度为 45～50 ℃。				

鞋材行业基本属于常温保护，一般情况下，推荐使用 LSB20、RW287，防护效果好，不易喷霜。LSB20 具有宽广的分子量分布和典型的双峰结构，一个在 C27，另一个在 C31，扩散速率中等，属于宽温保护，具有优良的低温和高温保护性能，推荐使用温度范围－5～－45 ℃。

较高端的鞋材，推荐使用 RW156 和 RW158。RW156 等同于 OK1956，黄色至棕色块状软蜡，折光指数@100 ℃（ASTM D1747）：1.425～1.435，碳数分布宽，峰值为 C29，属于常温保护，推荐使用温度范围 10～40 ℃。RW158 是 RW156 的同类产品，但是 RW158 为颗粒状，使用更加方便，碳数分布较宽，峰值为 C31，属于常温保护，推荐使用温度范围 10～45 ℃。在正常添加情况下，RW156 与 RW158 不仅可以起到防护作用而且可以避免喷霜，同时可以降低防老剂的使用量。

RW287 折光指数@100 ℃（ASTM D1747）：1.426～1.435，碳数分布较宽，峰值为 C33，属于中高温保护，推荐使用温度范围 5～45 ℃。

防护蜡在鞋材中的应用配方举例见表 1.4.1－86。

表 1.4.1－86 防护蜡在鞋材中的应用配方举例

配方材料与项目		RW287	RW158	RW156	LSB20
SVR－3L		30.0	30.0	30.0	30.0
BR9000		50.0	50.0	50.0	50.0
SBR1502		20.0	20.0	20.0	20.0
白炭黑 Hisil－255		50.0	50.0	50.0	50.0
环烷油		10.0	10.0	10.0	10.0
ZnO		5.0	5.0	5.0	5.0
硬脂酸		1.0	1.0	1.0	1.0
PEG－4000		5.0	5.0	5.0	5.0
防护蜡		1.0	1.0	1.0	1.0
BHT264		1.0	1.0	1.0	1.0
MBT（M）		0.3	0.3	0.3	0.3
MBTS（DM）		1.5	1.5	1.5	1.5
TS		0.3	0.3	0.3	0.3
S		2.0	2.0	2.0	2.0
门尼黏度 ML（1＋4）100 ℃		32	35	35	33
硫化特性（160 ℃×10 min）	ML/dN.m	1.13	1.17	1.14	1.70
	MH/dN.m	12.63	12.57	12.72	12.55
	t_{20}/sec	134	139	125	137
	t_{90}/sec	243	235	227	231
邵尔 A 硬度/度		61	61	62	61
拉伸强度/MPa		16.5	16.4	16.2	16.1
扯断伸长率/%		602	647	641	636
100%定伸应力/MPa		0.8	0.7	0.8	0.8
300%定伸应力/MPa		14.6	13.7	14.4	13.8
永久变形/%		23	21	25	24

元庆国际贸易有限公司代理的法国 MLPC 公司的防护蜡产品有：

1. Sasol－B21，防雾剂

成分：精炼石蜡和微微晶蜡之混合物。

本品包含大范围的碳数分布，极适用于轮胎，有非常广泛之温度使用范围；蜡类硫化后可在橡胶制品表面形成一物理保护膜，能有效防止臭氧龟裂。符合食品法规 FDA，21CFR 172.886，21CFR 178.3710。

用量 2～4 份。

防雾剂 Sasol－B21 的理化指标见表 1.4.1－87。

表 1.4.1－87　防雾剂 Sasol－B21 的理化指标

	测试方法	单位	规格值	典型值
熔点	ASTM D87	℃	—	71.6
油含量	ASTM D721	%	≤2.0	1.78
针入度（43.3 ℃）	ASTM D1321	0.1 mm	50～82	60
灰分（800 ℃）	ASTM D5667	%	≤0.01	ND
碳数分布 N－paraffinIso－paraffin	ASTM D5442	% %	37～53 47～63	41 59

2. Sasol－B10，龟裂防止剂

成分：精炼石蜡和微微晶蜡之混合物。

本品包含大范围的碳数分布，极适用于轮胎、鞋底，有非常广泛之温度使用范围；蜡类硫化后可在橡胶制品表面形成一物理保护膜，能有效防止臭氧龟裂。符合食品法规 FDA，21CFR 172.886，21CFR 178.3710。

用量 2～4 份。

龟裂防止剂 Sasol－B10 的理化指标见表 1.4.1－88。

表 1.4.1－88　龟裂防止剂 Sasol－B10 的理化指标

	测试方法	单位	规格值	典型值
熔点	ASTM D87	℃	60～65	63.3
油含量	ASTM D721	%	≤1.0	0.38
折射率（80 ℃）	ASTM D1747			1.43
黏度（100 ℃）	ASTM D445	cSt		5.7
非石蜡含量		%	58～68	67

第二节　重金属防护剂、光稳定剂、热稳定剂与防霉剂

由于聚合物降解通常由 UV 辐射、金属杂质（残留在聚合物中的催化剂）、热等引起，因此其他添加剂如 UV 稳定剂、金属螯合剂及热稳定剂与主、辅抗氧剂一并使用可以进一步阻止材料氧化降解。

一、重金属防护剂

可以抑制胶料中微量金属对橡胶催化老化作用的物质，称为重金属防护剂。大多数重金属防护剂同时兼有抗氧或抗臭氧的功能。

重金属防护剂的分类见表 1.4.2－1。

表 1.4.2－1　重金属防护剂分类表

<table>
<tr><th>类别</th><th>重金属防护剂名称</th><th>类别</th><th>重金属防护剂名称</th></tr>
<tr><td>醛胺生成物</td><td>防老剂 AH</td><td rowspan="2">对苯二胺衍生物</td><td>防老剂 CPPD（4010）</td></tr>
<tr><td>酮胺生成物</td><td>防老剂 TMQ（RD）</td><td>防老剂 TPPD</td></tr>
<tr><td>苯基萘胺</td><td>防老剂 A</td><td>烷基芳基仲胺</td><td>防老剂 DED</td></tr>
<tr><td>取代二苯胺</td><td>防老剂 D</td><td rowspan="3">取代酚</td><td>防老剂 DOD</td></tr>
<tr><td rowspan="5">对苯二胺衍生物</td><td>二烷基化二苯胺</td><td>ZKF</td></tr>
<tr><td>防老剂 H</td><td>防老剂 WSP</td></tr>
<tr><td>防老剂 DNP</td><td rowspan="2">咪唑</td><td>防老剂 MB</td></tr>
<tr><td>防老剂 IPPD（4010NA）</td><td>防老剂 MBZ</td></tr>
<tr><td>防老剂 6PPD（4020）</td><td>亚磷酸酯</td><td>TPP</td></tr>
</table>

注：详见《橡胶原材料手册》，于清溪、吕百龄等编写，化学工业出版社，2007 年 1 月第 2 版，P494。

抗铜剂 MDA－5

抗铜剂 MDA－5 主要应用于以聚烯烃（聚乙烯、聚丙烯、乙烯一醋酸乙烯共聚物等）、橡胶为绝缘材料的铜芯电线电缆，添加无机填料及颜料的塑料制品以及石油制品，防止重金属的催化老化作用，延长制品的使用寿命。添加量为 0.1～0.5 份，使用时与抗氧剂 CA、1010 及 DLTP、168 配合效果更好。

抗铜剂 MDA－5 的供应商见表 1.4.2-2。

表 1.4.2-2　抗铜剂 MDA－5 的供应商

供应商	商品名称	外观	纯度(≥)/%	粒径	熔点范围/℃	灰分(≤)/%	挥发份(≤)/%	加热减量(≤)/%	透光率(≥)/%	
									425 nm	500 nm
天津市合成材料工业研究所	MDA－5	白色粉末	98.0	≥120 目	≥240	0.10	0.50	0.50	96.0	98.0

二、紫外线吸收剂与光稳定剂

能有效屏蔽或吸收紫外线，防止光照尤其是紫外线照射引起的高分子材料老化的物质称为紫外线吸收剂，也称为光稳定剂。常用的光稳定剂主要包括：水杨酸酯类，如 BAD、TBS 等；邻羟基二苯甲酮类，如 UV-531 等；苯并三唑类，如 UV-327、UV-326 等；此外还有三嗪类、镍盐、取代丙烯酸类等。炭黑、钛白粉等也是广义的光稳定剂。

光稳定剂多用于制造浅色、透明的橡胶制品。一般用量 0.05～1.0 份，通常用量 0.1～0.5 份。可以在聚合时加入，也可以在混炼时加入，聚合时加入则成为聚合物的一部分，不被抽出、不迁移，具有长效性。

光稳定剂见表 1.4.2-3。

表 1.4.2-3　光稳定剂

名称	化学结构	性状		
		外观	相对密度	熔点/℃
水杨酸苯酯（Salol）	phenyl salicylate 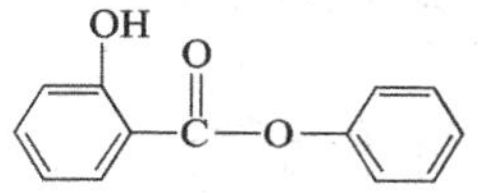	白色结晶粉末		42～43
水杨酸对叔丁基苯酯（TBS）	*p*－*tert*－butyl－phenyl salicylate 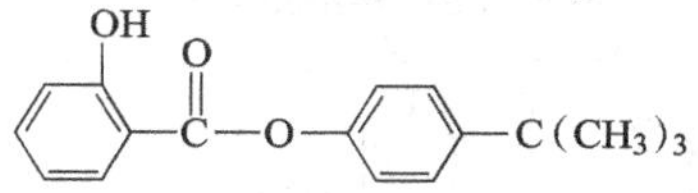	白色结晶粉末		64
对，对'－亚异丙基双酚双水杨酸酯（BAD）	*p*，*p'*－isopropy lidene bisphenol salicylate 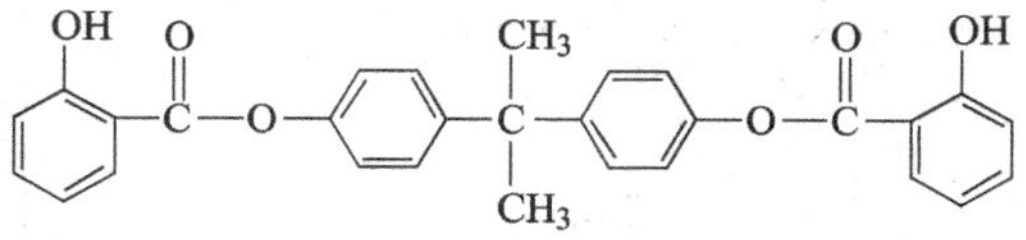	白色粉末		158～161
2-羟基-4-甲氧基二苯甲酮（UV-9）	2－hydroxy－4－metboxy－benzophenone 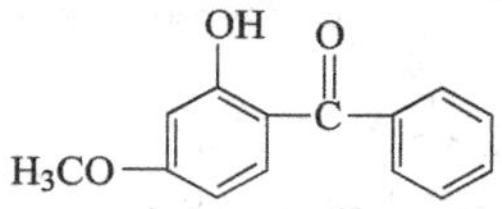	白黄色结晶	1.324	62～65
2-羟基-4-庚氧基二苯甲酮（U－247）	2－hydroxy－4－heptoxy－benzophenone 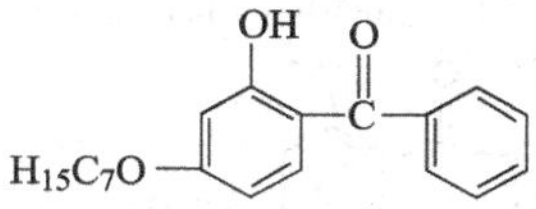	淡黄色粉末		62.5～65
2-羟基-4-正辛氧基二苯甲酮（UV-531）	详见本节 2.3			
2-羟基-4-十二烷氧基二苯甲酮（DOBP）	2－hydroxy－4－do－decyloxy benzophenone 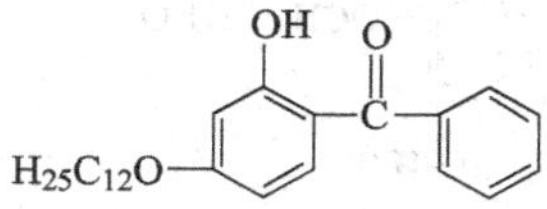	淡黄色片状		43（凝固点）

续表

名称	化学结构	性状		
		外观	相对密度	熔点/℃
4-烷氧基-2-羟基二苯甲酮（OA）	2—hydroxy—4—alkyloxy—benzophenone 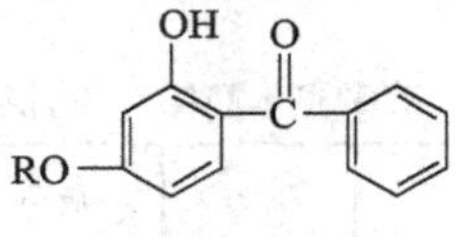 R=C_7H_{15}~C_9H_{18}	淡黄色黏性液体		140~210（沸点）
2-羟基-4-（2-乙基己氧基）二苯甲酮（242）	2—hydroxy—4—（2—ethyl hexyoxy）benzophenone 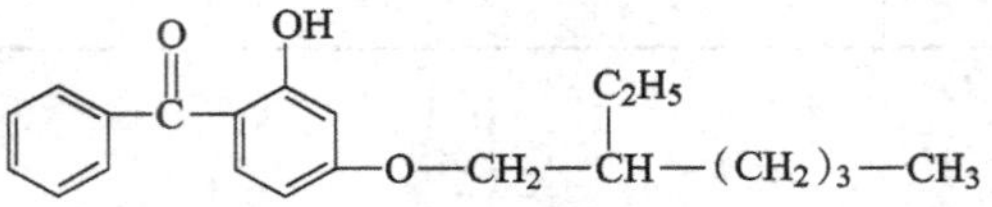	淡黄色黏性液体	1.04~1.05	230~235（沸点）
2-羟基-4-（2-羟基-3-丙烯酰氧基丙氧基）二苯甲酮（A）	2—hydroxy—4—（2—hydroxy—3—acryloxy propyloxy）benzophenone 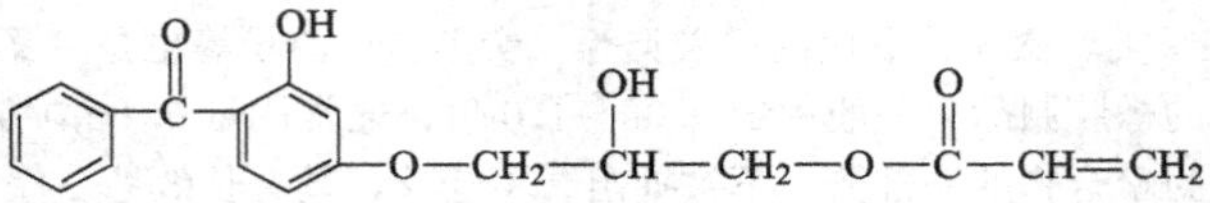	黄色黏性液体		
2-羟基-4-（2-羟基-3-甲基丙烯酰氧基丙氧基）二苯甲酮（MA）	2—hydroxy—4—（2—hydroxy—3—methacryloxy propyloxy）benzophenone 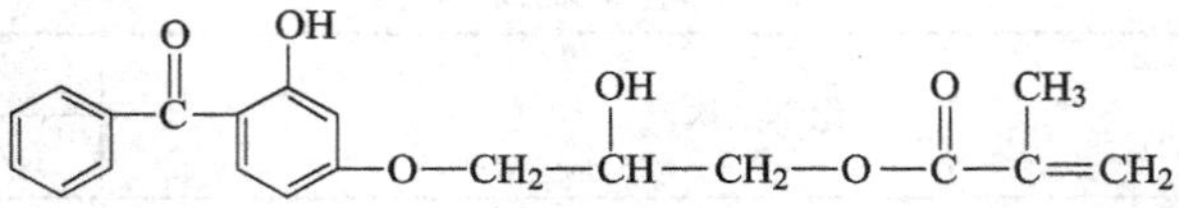	淡黄色黏性液体	1.23	
2，4-二羟基二苯甲酮（UV-0）	2，4—dihydroxy benzophenone 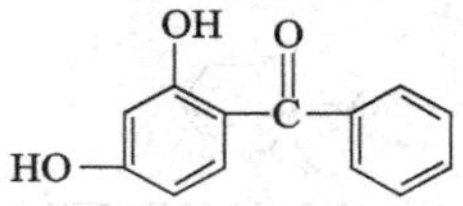	淡黄色针状结晶		138~143
2，2′，4，4′-四羟基二苯甲酮（D—50）	2，2′，4，4′—tetrahydroxy benzophenone 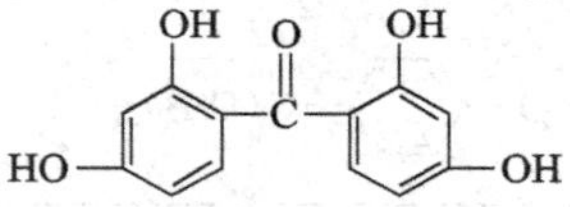	粉末	1.2162	195
2，2′-二羟基-4-甲氧基二苯甲酮（UV-24）	2，2′—dihydroxy—4—methoxy benzophenone 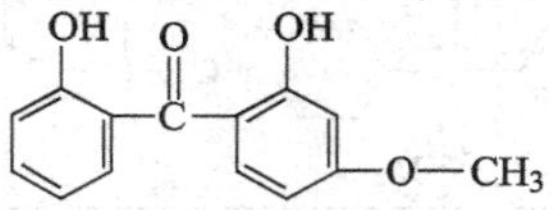	灰黄色结晶		60~70
2，2′-二羟基-4-辛氧基二苯甲酮（UV-314）	2，2′—dihydroxy—4—octyloxy benzophenone 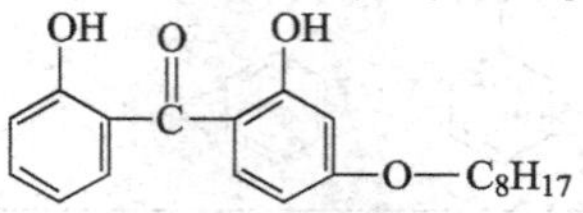	淡黄色结晶粉末		92
2，2′-二羟基-4，4′-二甲氧基二苯甲酮（UV-12）	2，2′—dihydroxy—4，4′—dimethoxy benzophenone 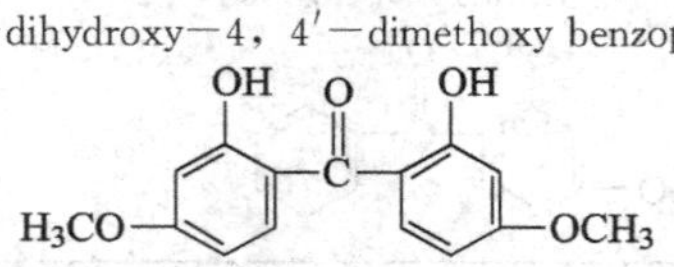	粉末	1.3448	130
2-羟基-4-甲氧基-5-磺基二苯甲酮（三水合物）（UV-284）	2—hydroxy—4—methoxy—5—solfon benzophenone 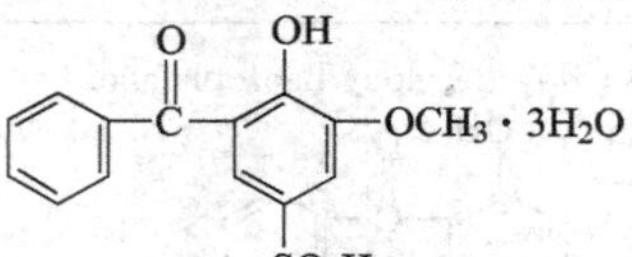	黄色粉末		109~110

续表

名称	化学结构	性状		
		外观	相对密度	熔点/℃
2，2′-二羟基-4，4′-二甲氧基-5-磺酸钠二苯甲酮（DC—49）	2，2′—dihydroxy—4，4′—dimethoxy—5—sodium sulfonate benzophenone 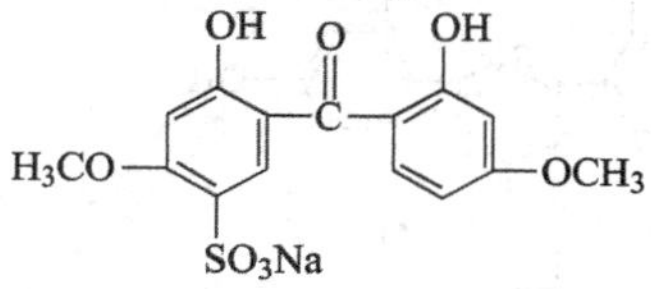	粉末		350
1，3-双（3-羟基-4-苯甲酰基苯氧基）-2-丙醇（C—67）	1，3—bis（3—hydroxy—4—benzoyl phenoxy）propanol—2 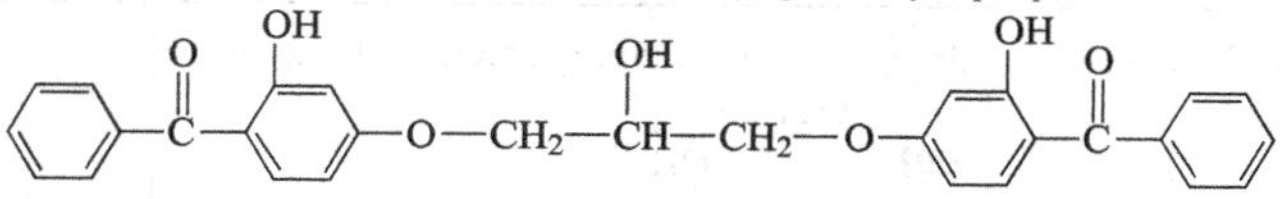	淡黄色结晶粉末		150～151
2-氰基-3，3-二苯基丙烯酸乙酯（N—35）	ethyl—2—Cyano—3，3—diphenyl acrylate 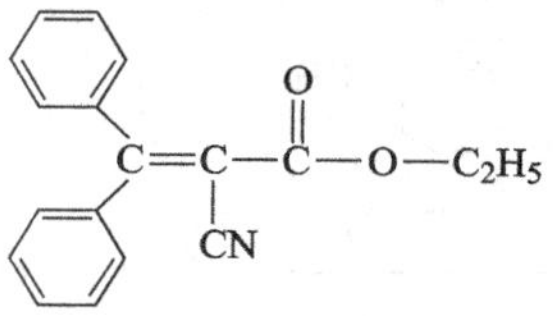	白色结晶粉末	1.1642	96
2-氰基-3，3-二苯基丙烯酸-2′-乙基乙酯（N—539）	2′—ethylhexyl—2—cyano—3，3—diphenyl acrylate 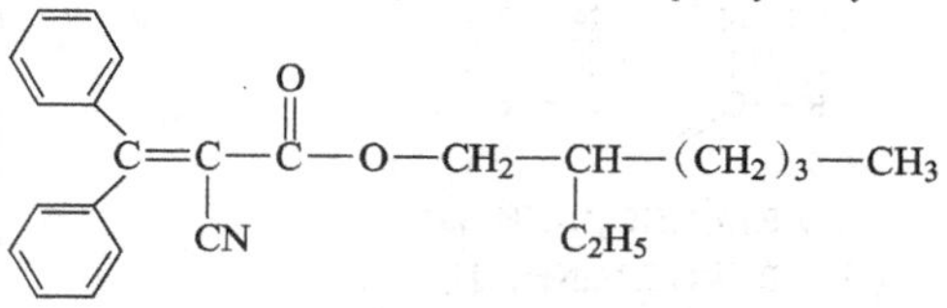	淡黄色液体	1.0478	200（沸点） −10（熔点）
2-（2-羟基-5-甲基苯基）苯并二唑（UV-P）	详见本节 2.4			
2-（2-羟基-3，5-二叔丁基苯基）苯并三唑（320）	2—（2—hydroxy—3，5—di—*tert*—butyl phcnyl）benzotriazole 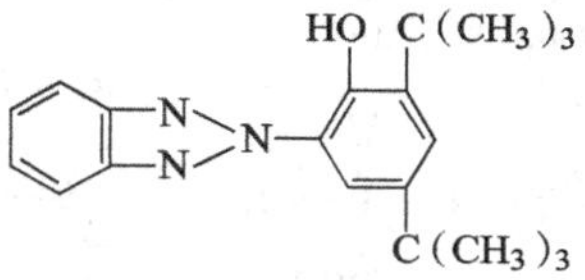	淡黄色结晶粉末		155
2-（2-羟基-3，5-二异戊基苯基）苯并三唑（328）	2—（2—hydroxy—3，5—di—isopentyl phenyl）benzotriazole 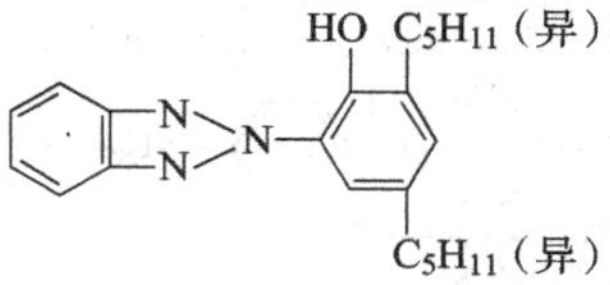	淡黄色粉末		83
2-（2-羟基-3-叔丁基-5-甲基苯基）-5-氯苯并三唑（UV-326）	详见本节 2.1			
2-（2-羟基-3，5-二叔丁基苯基）-5-氯苯并三唑（UV-327）	2—（2—hydroxy—3，5—di—*tert*—butyl phenyl）—5—chlorobenzotriazole 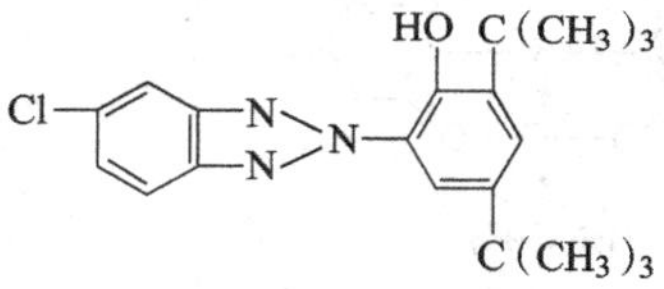	淡黄色粉末		151

续表

名称	化学结构	性状		
		外观	相对密度	熔点/℃
2，4，6-三（2，4-二羟基苯基）-1，3，5-三嗪	2，4，6—tri（2，4—dihydroxy phenyl）—1，3，5—triazine 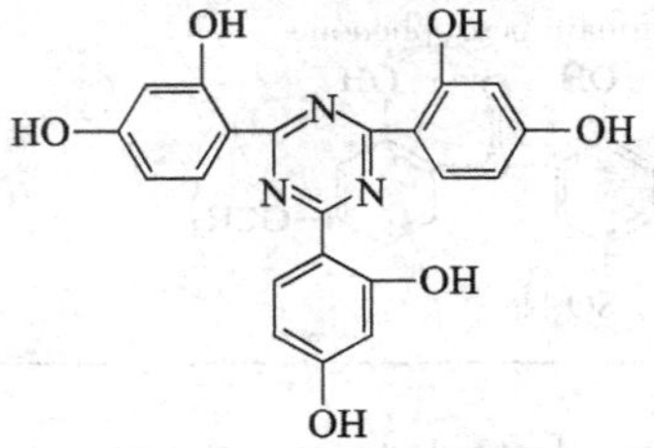	淡黄色粉末		200
2，4，6-三（2-羟基-4-正丁氧基苯基）-1，3，5-三嗪	2，4，6—tris（2—hydroxy—1—*n*—butoxyphenyl）—1，3，5—triazine 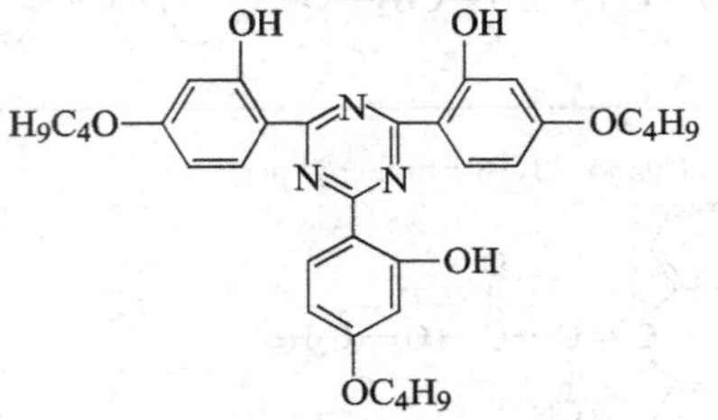	淡黄色粉末		165～166
2，4，6，-三（防老基团）-1，3，5-三吖嗪	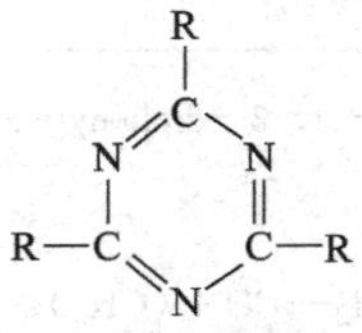 （Ⅰ）R_1为$NHC_6H_4NHC_6H_5$ （Ⅱ）R_2为$OC_6H_4NHC_6H_5$	黑色或淡褐色		Ⅰ、200 Ⅱ、198
双（N，N′二正丁基二硫代氨基甲酸）镍（防老剂 NBC）	见前相关章节			
双（3，5-二叔丁基-4-羟基苄基磷酸单乙酯）镍盐（光稳定剂 2002）	nickel 3，5—di—*tert*—butyl—4—hydroxybenzylphosphonate monoethylate 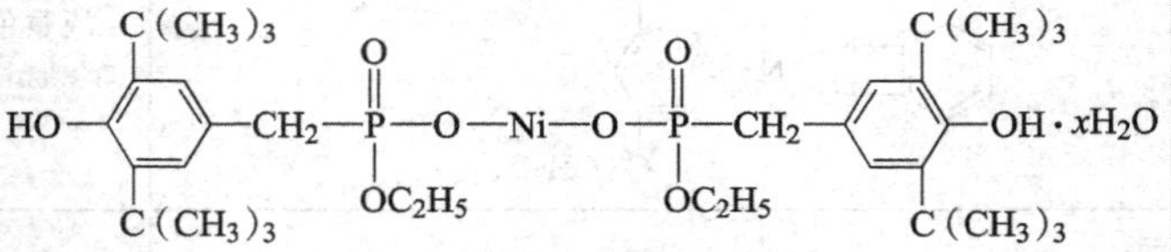	淡黄绿色粉末		180～200
双［2，2′-硫化双（4-叔丁基苯酚）］络镍（NBPS）	nickel complex of 2，2′—thio—bis（4—*tert*—octylphenol） 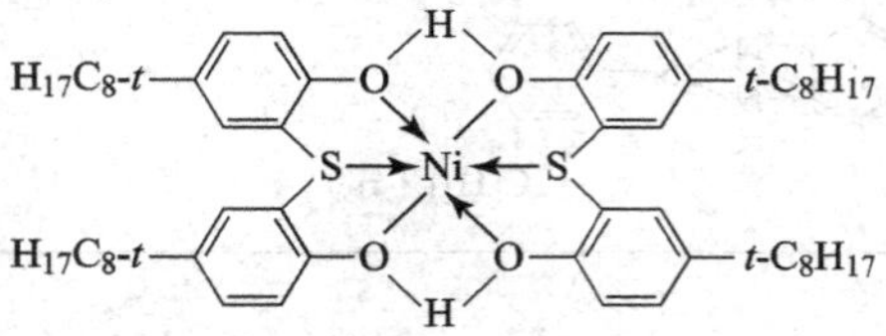	绿色粉末		
2，2′-硫双（4-叔丁基苯酚）与正丁基胺的镍络盐（UV-1084）	nickel complex salt of 2，2′—thio—bis（4—ᵗert_octyl phenol）and *n*—buty lanine 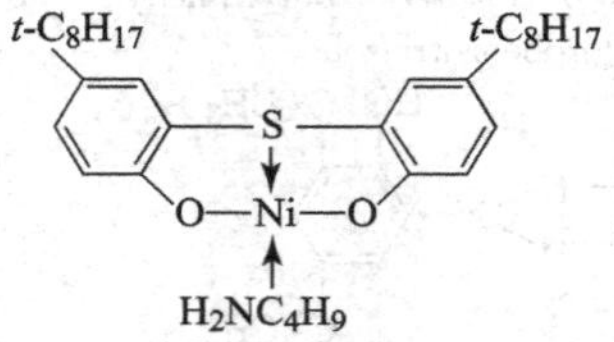	绿色粉末		261

续表

名称	化学结构	性状		
		外观	相对密度	熔点/℃
三异吲哚基苯基四胺络铜（C_T—9）	copper complex of trisoindole benzcne tetra—amine 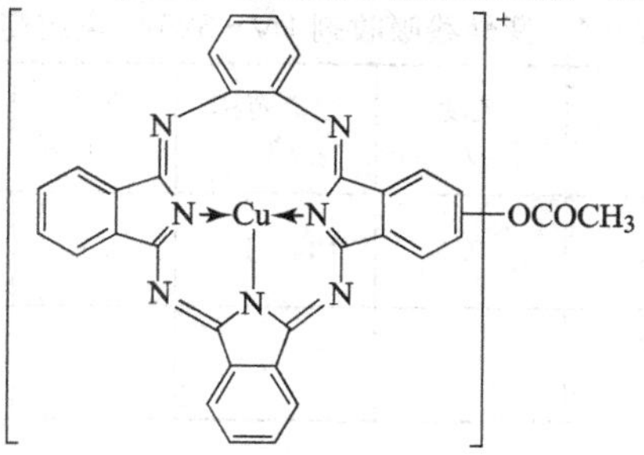	深紫色结晶粉末		400
二（2，2，6，6-四甲基-4-哌啶基）葵二酸酯（光稳定剂770）	详见本节 2.5			
3，5-二叔丁基-4-羟基苯甲酸-2，4-二叔丁基苯酯（光稳定剂120）	2，4—di—*tert*—butylphenyl—3，5—di—*tert*—buryl—4—hydroxybenzoate 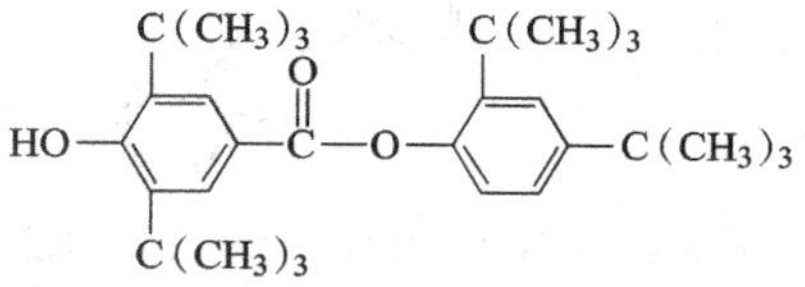	微黄粉末		192～197
间苯二酚单苯甲酸酯（RMB）	reorcinol monobenzoate 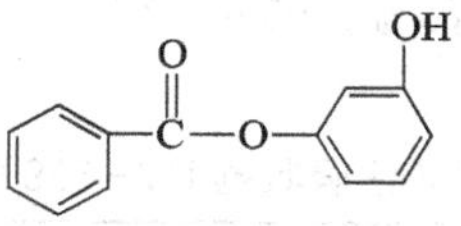	白色结晶粉末		132～135
六甲基磷酸三胺（HPT）	hexamethyl phosphoric triamide 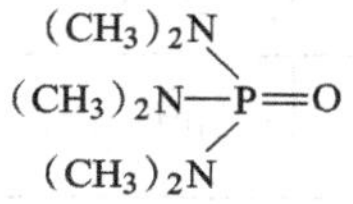	无色透明液体	1.0253	235（沸点）
4-（甲基丙烯酸）-2，2，6，6-四甲基哌啶酯与苯乙烯共聚物（光稳定剂PDS）	（2，2，6，6—tetra methyl—4—*p*—peridine）methy acrylated styrene copolymer 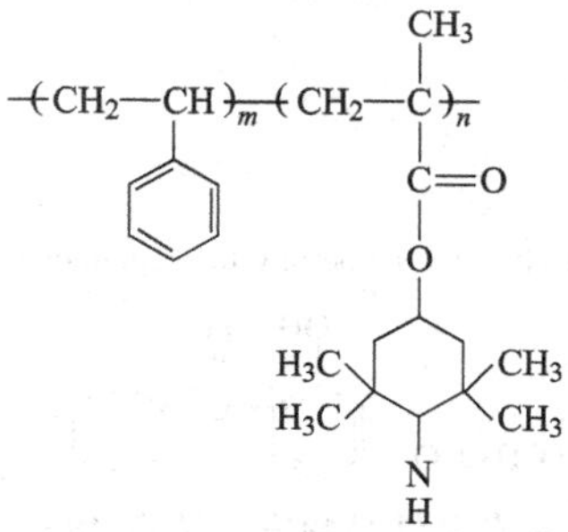	白黄色粉末		110～130
三-（1，2，2，6，6-五甲基哌啶基）-4-亚磷酸酯（光稳定剂GW-540）	tris（1，2，2，6，6-pewtamethyl piperidyl）phosphite $C_{33}H_{45}N_3O_2P$	白色结晶粉末		122～124

注：详见《橡胶原材料手册》，于清溪、吕百龄等编写，化学工业出版社，2007年1月第2版，P495～499。

2.1 紫外线吸收剂 UV-326

化学名称：2-（2-羟基-3-叔丁基-5-甲基苯基）-5-氯代苯并三唑。

结构式：

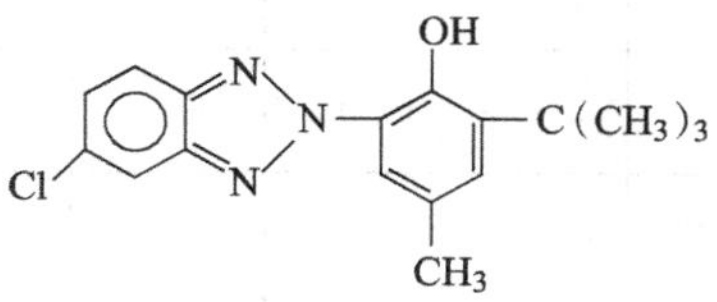

分子式：$C_{17}H_{18}ON_3Cl$，相对分子质量：315.8，淡黄色结晶粉末，熔点 140～141 ℃，CAS NO：3896－11－5，本品能有效地吸收 270－380nm 的紫外光。挥发性小，与树脂相容性好，主要用于聚烯烃、聚氯乙烯、不饱和聚酯、聚酰胺、聚氨酯、环氧树脂、ABS 树脂及纤维素树脂，也适用于天然橡胶、合成橡胶。一般用量为 0.1～0.5 份。

紫外线吸收剂 UV－326 的供应商见表 1.4.2－4。

表 1.4.2－4　紫外线吸收剂 UV－326 的供应商

供应商	商品名称	外观	纯度(≥)/%	熔点范围/℃	灰分(≤)/%	加热减量(≤)/%	透光率(≥)/%	
							450 nm	500 nm
天津市力生化工有限公司	UV－326	浅黄色粉末	99.0	137～141	0.10	0.50	93.0	96.0
南京华立明化工有限公司	UV－326	淡黄色结晶粉末						

2.2　紫外线吸收剂 UV－329

化学名称：2－（2－羟基－5－叔辛基苯基）苯并三唑。

结构式：

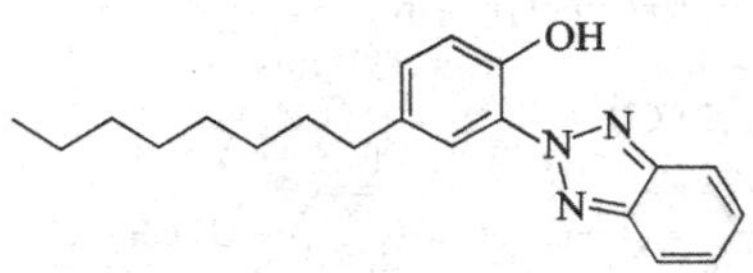

分子式：$C_{20}H_{25}N_3O$，相对分子质量：323.43，CAS NO：3147－75－9，本品能有效地吸收 270－340nm 的紫外光，广泛用于 PE、PVC、PP、PS、PC、丙纶纤维、ABS 树脂、环氧树脂、树脂纤维和乙烯醋酸乙烯酯等方面，并可用于食品包装盒等包装材料。用量：薄制品 0.1～0.5 份，厚制品为 0.05～0.2 份。

紫外线吸收剂 UV－329 的供应商见表 1.4.2－5。

表 1.4.2－5　紫外线吸收剂 UV－329 的供应商

供应商	商品名称	外观	纯度(≥)/%	熔点范围/℃	灰分(≤)/%	加热减量(≤)/%	透光率(≥)/%	
							450 nm	500 nm
天津市力生化工有限公司	UV－329	白色或浅黄色粉末	99.0	101～106	0.10		97.0	98.0
南京华立明化工有限公司		白色粉末						

2.3　紫外线吸收剂 UV－531

化学名称：2－羟基－4－正辛氧基二苯甲酮。

结构式：

2－hydroxy－4－*n*－octoxy benzophenone

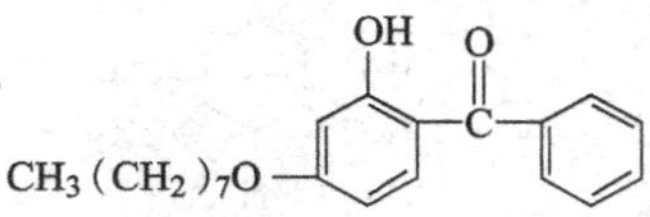

分子式：$C_{21}H_{26}O_3$，相对分子质量：326.44，白黄色结晶粉末，熔点 48～49 ℃，CAS NO：1843－05－6，本品能强烈地吸收 270－330nm 波段的紫外光。挥发性极小，与聚烯烃相溶性好，耐加工温度高。特别适用于 PE、PP、PVC、聚甲基丙烯酸甲酯、聚甲醛、不饱和聚酯、聚氨酯、ABS 树脂、天然橡胶、合成橡胶、乳胶和油漆等。与抗氧剂特别是 DLTDP、2246 并用有显著的协同作用。一般用量为 0.1～0.3 份。

紫外线吸收剂 UV－531 的供应商见表 1.4.2－6。

表 1.4.2－6　紫外线吸收剂 UV－531 的供应商

供应商	商品名称	外观	熔点范围/℃	灰分(≤)/%	加热减量(≤)/%	透光率(≥)/%	
						450 nm	500 nm
天津市力生化工有限公司	UV－531	浅黄色粉末	47.0～49.0	0.1	0.50	90.0	95.0
南京华立明化工有限公司	UV－531	淡黄色针状结晶粉末					

2.4　紫外线吸收剂 UV－P

化学名称：2－（2－羟基－5－甲基苯基）苯并三唑。

结构式：

2－(2－hydroxy－5－methyl phenyl) benzotriazole

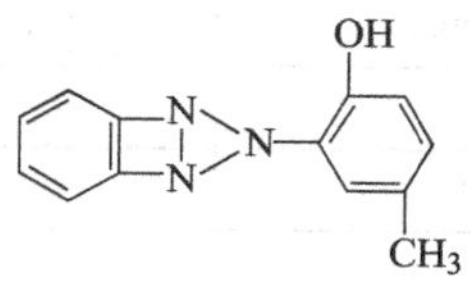

分子式：$C_{13}H_{11}N_3O$，相对分子质量：225.25，淡黄色结晶粉末，相对密度 1.38 g/cm³，熔点 128～130 ℃，CAS NO：2240－22－4，本品能有效吸收 270－340 nm 的紫外光，几乎不吸收可见光，初期着色小，特别适用于无色或浅色制品。广泛用于 PVC、PS、PC、PMMA PE、ABS 树脂、不饱和聚酯、环氧树脂、天然橡胶、合成橡胶等。还可用于涂料和合成纤维，一般用量为 0.1～0.5 份。

紫外线吸收剂 UV－P 的供应商见表 1.4.2－7。

表 1.4.2－7　紫外线吸收剂 UV－P 的供应商

供应商	商品名称	外观	熔点范围/℃	灰分(≤)/%	加热减量(≤)/%	说明
天津市力生化工有限公司	UV－P	浅黄色粉末	128～132	0.1	0.1	
南京华立明化工有限公司	UV－P	白色至淡黄色粉末				

2.5　紫外线吸收剂 770DF（光稳定剂 770）

双（2，2，6，6－四甲基－4－哌啶基）葵二酸酯。

结构式：

di－(2，2，6，5－tetramethyl piperidine－4－) sebacate

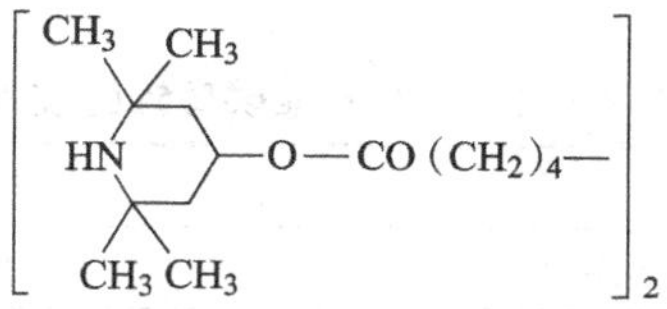

分子式：$C_{28}H_{52}O_4N_2$，相对分子质量：481，淡黄色结晶粉末，熔点 79～86 ℃。作为紫外光吸收剂（特别是光谱范围在 300～400 nm 的光线），可防止橡胶或塑料制品因阳光照射而出现泛黄、龟裂、物理机械性能与电性能下降现象。操作时避免皮肤和眼睛接触，建议戴眼罩和手套。应避光保存。

本品与大多数橡胶与塑料有较好的相容性，能均匀分散于胶料中。本品挥发性低，加工使用时损耗较小；耐热性好，在加工使用过程中不会因温度高而分解或挥发；对制品颜色无任何不良影响。与酚类抗氧化剂并用，效果更好。

适用于鞋底、地板、脚垫、彩色轮胎、浅色橡胶制品和透明橡胶制品，以及 PP、PVC、PC、PE、ACM、EVA、PS、PU 等塑料制品。

用量：橡胶行业，0.2～0.5 份；塑料行业，0.2%～2%。

紫外线吸收剂 770DF 的供应商见表 1.4.2－8。

表 1.4.2－8　紫外线吸收剂 770DF 的供应商

供应商	商品名称	产地	外观	软化温度/℃	密度/(g·cm⁻³)	说明
金昌盛	紫外线吸收剂 770DF	瑞士汽巴	白色结晶颗粒	81～85	1.05	橡胶制品用量 0.2～0.5 份，塑料制品 0.2～2 份。

三、含卤聚合物的热稳定剂

本类产品主要用于 PVC、CPE、CM、CSM、CIIR、BIIR 等含卤聚烯烃与含卤橡胶的热稳定剂。所有含铅类稳定剂均受相关环保法规的限制，读者应谨慎使用。

3.1　三盐基硫酸铅（三碱式硫酸铅）

分子式：$3PbO.PbSO_4.H_2O$，相对分子质量：990.87，白色至微黄色粉末，密度：7.10 g/cm³，味甜有毒易吸湿，不溶于水，无腐蚀性，受阳光变色且自行分解。HG/T2340－2005《三盐基硫酸铅》适用于氧化铅悬浮法加硫酸直接合成的粉状三盐基硫酸铅，三盐基硫酸铅的技术要求见表 1.4.2－9。

表 1.4.2-9　三盐基硫酸铅的技术要求

项目	指标		
	优等品	一等品	合格品
外观	白色粉末无明显机械杂质	白色粉末无明显机械杂质	白色至微黄色粉末无明显机械杂质
铅含量（以 PbO 计）/%	88.0～90.0	88.0～90.0	87.5～90.5
三氧化硫（SO_3）含量/%	7.5～8.5	7.5～8.5	7.0～9.0
加热减量(≤)/%	0.30	0.40	0.60
筛余物（0.075 mm)(≤)/%	0.30	0.40	0.80
白度(≥)/%	90.0	90.0	—

三盐基硫酸铅的供应商见表 1.4.2-10。

表 1.4.2-10　三盐基硫酸铅的供应商

供应商	商品名称	外观	PbO 含量/%	SO_3 含量/%	加热减量(<)/%	筛余物(250 目)/%
川君化工	三盐基硫酸铅	白色或微黄色粉末	87.5～90.5	7.0～9.0	0.30～0.60	<0.30～0.80

三盐基硫酸铅的供应商还有：靖江市天龙化工有限公司、青岛红星化工集团自力实业公司、沈阳皓博实业有限公司、南金金陵化工厂有限责任公司等。

3.2　二盐基亚磷酸铅（二碱式亚磷酸铅）

分子式：$2PbO.PbHPO_3.1/2H_2O$，相对分子质量：742.59，白色至微黄色粉末，密度：6.94 g/cm^3，味甜有毒，不溶于水和有机溶剂，溶于盐酸、硝酸。在 200 ℃左右变成黑色，450 ℃变成黄色。

HG/T 2339－2005《二盐基亚磷酸铅》适用于氧化铅悬浮法加亚磷酸直接合成的粉状二盐基亚磷酸铅，二盐基亚磷酸铅的技术要求见表 1.4.2-11。

表 1.4.2-11　二盐基亚磷酸铅的技术要求

项目	指标		
	优等品	一等品	合格品
外观	白色粉末无明显机械杂质	白色粉末无明显机械杂质	白色至微黄色粉末无明显机械杂质
铅含量（以 PbO 计）/%	89.0～91.0	89.0～91.0	88.5～91.5
亚磷酸（H_3PO_3）含量/%	10.0～12.0	10.0～12.0	9.0～12.0
加热减量(≤)/%	0.30	0.40	0.60
筛余物（0.075 mm)(≤)/%	0.30	0.40	0.80
白度(≥)/%	90.0	90.0	—

二盐基亚磷酸铅的供应商见表 1.4.2-12。

表 1.4.2-12　二盐基亚磷酸铅的供应商

供应商	商品名称	外观	PbO 含量/%	H_3PO_3 含量/%	加热减量/%	筛余物（75 μm)/%
川君化工	二盐基亚磷酸铅	白色细微结晶粉末	88.5～91.5	9.0～12.0	<0.30～0.60	<0.30～0.80

二盐基亚磷酸铅的供应商还有：靖江市天龙化工有限公司、青岛红星化工集团自力实业公司、沈阳皓博实业有限公司、南金金陵化工厂有限责任公司等。

3.3　硬脂酸盐

3.3.1　硬脂酸铅

硬脂酸铅即可作为热稳定剂，也可作为润滑剂，润滑脂的增厚剂，油漆的平光剂等。溶于热的乙醇和乙醚，不溶于水。欧盟的 REACH 已将铅及其化合物列入 SVHC 清单，读者应当谨慎使用。HG/T 2337－1992（2004）《硬脂酸铅（轻质）》适用于工业硬脂酸经皂化后与铅盐进行复分解反应而制得的硬脂酸铅，主要用作聚氯乙烯的稳定剂和润滑剂。硬脂酸铅的技术要求表 1.4.2-13。

表 1.4.2－13　硬脂酸铅的技术指标

项目	指标		
	优等品	一等品	合格品
外观	白色粉末，无明显机械杂质		
铅含量/%	27.5±0.5	27.5±1.0	27.5±1.5
游离酸（以硬脂酸计）(≤)/%	0.8	1.0	1.5
加热减量(≤)/%	0.3	1.0	1.7
熔点/℃	103～110	100～110	98～110
细度（通过 0.075 mm 筛）(≥)/%	99.0	98.0	95.0

3.3.2　硬脂酸钡

硬脂酸钡即可作为热稳定剂，也在机械上用作高温润滑剂，在橡胶制品中用作耐高温脱模剂。不溶于水和乙醇，溶于苯。HG/T 2338－1992（2004）《硬脂酸钡（轻质）》适用于工业硬脂酸经皂化后与钡盐进行复分解反应而制得的硬脂酸钡，主要用作聚氯乙烯的稳定剂和润滑剂。硬脂酸钡的技术要求表 1.4.2－14。

表 1.4.2－14　硬脂酸钡的技术指标

项目	指标		
	优等品	一等品	合格品
外观	白色粉末，无明显机械杂质		
钡含量/%	20.0±0.4	20.0±0.7	20.0±1.5
游离酸（以硬脂酸计）(≤)/%	0.5	0.8	1.0
加热减量(≤)/%	0.5	0.5	1.0
熔点(≥)/℃	210	205	200
细度（通过 0.075 mm 筛）(≥)/%	99.5	99.5	99.0

3.3.3　硬脂酸钙

硬脂酸钙即可作为热稳定剂，还广泛用于聚酯增强塑料制品的润滑剂和脱模剂，以及润滑脂的增厚剂、纺织品的防水剂、油漆的平光剂等。不溶于水，溶于热的苯。HG/T 2424－2012《硬脂酸钙》适用于工业硬脂酸与钙化合物反应制得的硬脂酸钙，结构式为 RCOOCaOOCR（R 为工业硬脂酸中的混合烷基），CAS 号：1592－23－0。硬脂酸钙技术指标与试验方法见表 1.4.2－15。

表 1.4.2－15　硬脂酸钙的技术指标与试验方法

项目	指标			试验方法
外观	优等品	一等品	合格品	HG/T 2424－2012
钙含量/%	白色粉末			
游离酸（以硬脂酸计）(≤)/%	6.5±0.5	6.5±0.6	6.5±0.7	
加热减量(≤)/%	0.5			
熔点/℃	2.0	3.0		
细度（通过 0.075 mm 筛）(≥)/%	149～155	≥140	≥125	
	99.5	99.0		

3.3.4　硬脂酸锌

硬脂酸锌结构式 RCOOZnOOCR（R 为工业硬脂酸中的混合烷基），CAS 号：557－05－1，相对密度 1.05～1.10 g/cm³。硬脂酸锌即可作为热稳定剂，还用作橡胶隔离剂、塑料制品的润滑剂和脱模剂。不溶于水、乙醇和乙醚，溶于酸。HG/T 3667－2012《硬脂酸锌》适用于工业硬脂酸与锌化合物反应制得的硬脂酸锌，根据用途的不同将硬脂酸锌分为两型，其中Ⅰ型主要用于橡胶、塑料等的加工，Ⅱ型主要用于涂料、油漆等。硬脂酸锌技术指标与试验方法见表 1.4.2－16。

表 1.4.2－16　硬脂酸锌的技术指标与试验方法

项目	Ⅰ型		Ⅱ型	
	指标	试验方法	指标	试验方法
外观	白色粉末	HG/T 3667－2012	白色粉末	HG/T 3667－2012
锌含量/%	10.3～11.3		10.3～11.3	
游离脂肪酸（以硬脂酸计）(≤)/%	0.8		—	
加热减量(≤)/%	1.0		—	
熔点/℃	120±5		—	
细度（0.075 mm 筛通过）(≥)/%	99.0		≤40 μm	GB/T 6753.1－2007
分散性（级）	—		8	GB/T 6753.3－1986
附着力（级）	—		2	GB/T 9286－1998
防沉性（级）	—		3	HG/T 3667－2012
透明性（级）	—		2	
消泡性（级）	—		3	

钙、钡、镁均为元素周期表中为ⅡA 族元素，而锌为ⅡB 族元素，硬脂酸锌一般不宜用作含卤弹性体的稳定剂。主要原因是：含卤弹性体的交联主要通过交联剂对大分子链上的卤素发生取代反应进行，反应过程中先脱卤素再交联，但是 Zn^{2+} 的活性较大，导致脱卤素反应快于交联反应，最终导致 CM、PVC 的降解与 CR 的焦烧。Zn^{2+} 也可来源于活性剂 ZnO，所以在 CR 配方中，如果使用 ZnO 与 MgO，均应作为硫化剂后加。

硬脂酸盐的供应商见表 1.4.2－17。

表 1.4.2－17　硬脂酸盐的供应商

供应商	商品名称	外观	密度/(g·cm⁻³)	毒性	Pb、Ba、Ca、Zn 的含量/%	游离酸含量（St.a 计）/%	加热减量(<)/%	熔点/℃	筛余物(75 μm)(<)/%
川君化工	硬脂酸铅	白色粉末	1.37	有毒	27.5±1.5	9.0～12.0	0.3～1.7	98～110	1～5
	硬脂酸钡	白色粉末		有毒	20.0±1.5	<0.5～1.0	0.5～1.0	200～210	0.5～1.5
	硬脂酸钙	白色粉末	1.08	无毒	6.5±0.7	<0.5	2.0～3.0	125～155	0.5～1
	硬脂酸锌	白色粉末	1.095	无毒	9.5～11.5	<2	2	118～125	1（325 目）

硬脂酸盐的供应商还有：南京金陵化工厂有限责任公司、中山市华明泰化工材料科技有限公司、江苏中鼎化学有限公司、东莞市汉维新材料科技有限公司等。

3.4　硬脂酰苯甲酰甲烷

结构式：

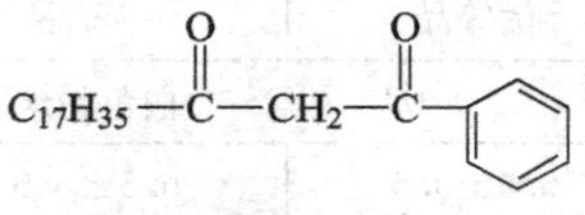

硬脂酰苯甲酰甲烷以苯乙酮、硬脂酸甲酯为主要原材料经缩合、酸化制得，分子式：$C_{26}H_{42}O_2$，相对分子质量：386.60，CAS RN：58461－52－9。

本品为白色或淡黄色晶体粉末，可溶于苯、甲苯、二甲苯、甲醇、乙醚，不溶于水。本品属有机 PVC 辅助热稳定剂，主要配合复合钙锌/复合稀土类热稳定剂使用，能抑制初期着色，防止“锌烧”和提高 PVC 制品热稳定性。

硬酯酰苯甲酰甲烷的技术要求见表 1.4.2－18。

表 1.4.2－18　硬酯酰苯甲酰甲烷的技术要求

项目	指标
外观	白色或淡黄色粉末或颗粒
初熔点(≥)/℃	56.0
加热减量（110±2）℃(≤)/%	0.30
灰分（800±25）℃(≤)/%	0.20
纯度（以 β-二酮总量计）（GC 法）(≥)/%	96.0

硬脂酰苯甲酰甲烷的供应商有：安徽佳先功能助剂股份有限公司、上海石化西尼尔化工科技有限公司等。

四、防霉剂

能有效防止橡胶制品霉菌滋生，达到延长制品使用寿命效果的物质，称为防霉剂。

防霉剂见表 1.4.2-19。

表 1.4.2-19　防霉剂

名称	化学结构	性状		
		外观	相对密度	熔点/℃
邻苯基苯酚	*o*—phenyl phenol 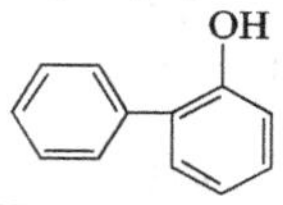	白色 粒状结晶	1.21	55.5～57
邻苯基苯酚钠盐	sodium *o*—phcnyl phcnolate 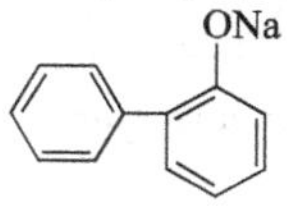	淡黄色粒状	1.29	
N—水杨酸苯胺	salicylamilide 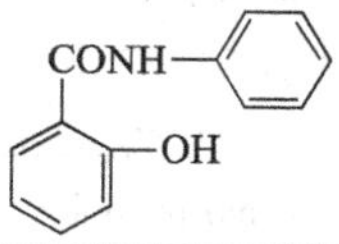	暗红色粉末		132
3，4，5-三溴水杨酸苯胺	3，4，5—tribromosalicylanilide 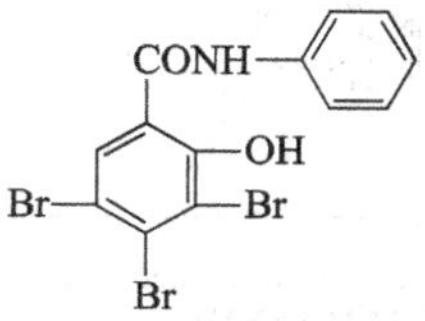	白色粉末		226
5，6-二氯苯并唑啉酮（防霉剂 O）	5，6—dichlorobenzoxazolinone 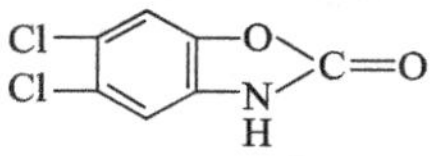	白色粉末		185～192
2，2′-二羟基-5，5′-二氯二苯甲烷	2，2′—dihydroxy—5，5′—dichloro diphenylmethane 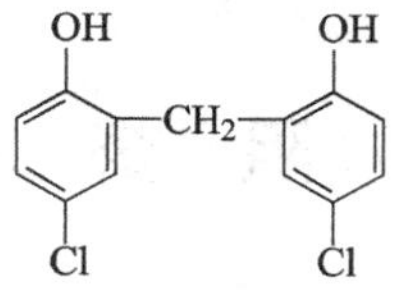	浅灰色粉末	1.40	
2-乙基-2′-乙氧基草酸替苯胺	2—ethyl—2′—ethoxyamido—xalylaniline 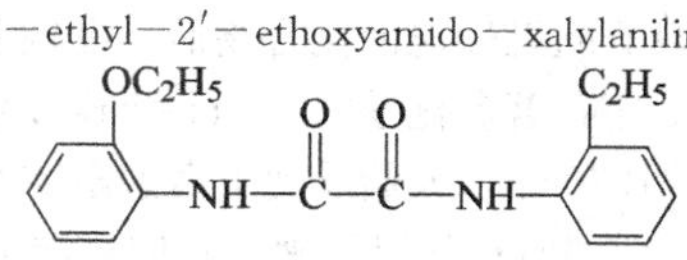	白色 结晶粉末		27
5-叔丁基-3-乙氧基-2′-乙基草酸替苯胺	5—*tert*—butyl—3—ethoxy—2′—ethylamidoxaylaniline 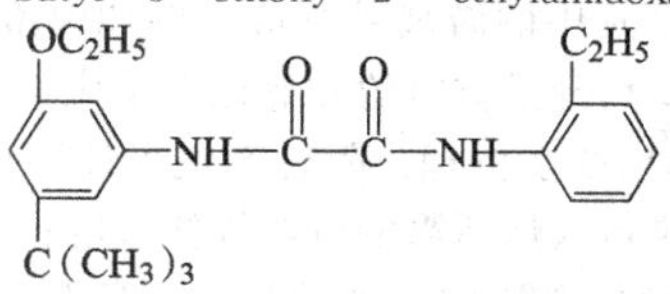	淡灰色粉末		124
促进剂 PZ 和促进剂 MZ 的混合物	blend of zinc dimethyl dithiocarbamate and zinc satf of 2—mercaptobenzothiazole 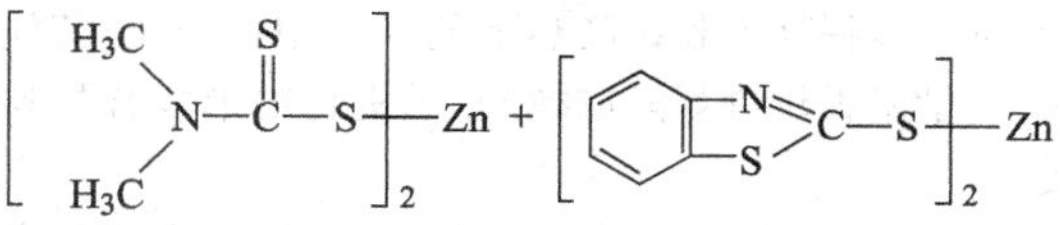	白色粉末		

续表

名称	化学结构	性状		
		外观	相对密度	熔点/℃
五氯苯酚钠	sodium pentachlorophenate 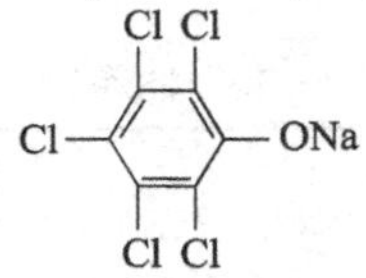	白色结晶粉末		170～174
五氯苯酚（PCP）	pentachlorophenol 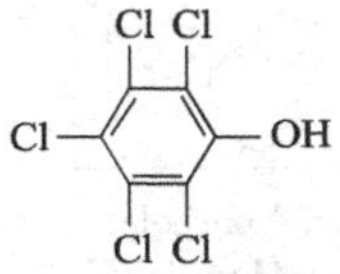	白色粉末		190.2
五氯苯酚月硅酸酯	pentachlorophenol laurate 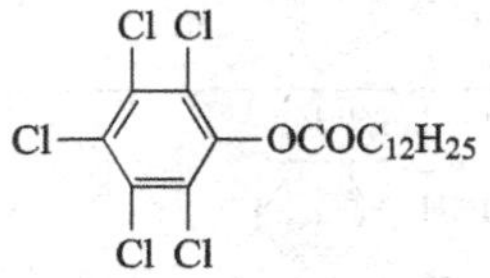	褐色油状物	1.28	
4-氯-2-苯基苯酚	4－chloro－2－phenyl phenol 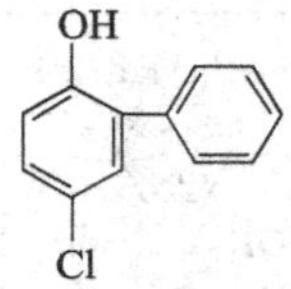	淡黄色黏性液体	1.23	162～178（沸点）
2，3-二甲基环戊烷乙酸	2，3－dimethylcyclopentane acetie acid 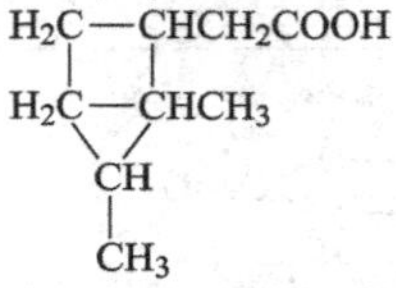	绿色固体		

注：详见《橡胶原材料手册》，于清溪、吕百龄等编写，化学工业出版社，2007 年 1 月第 2 版，P502～503。

第三节　阻　燃　剂

凡能起到使易燃材料的点燃时间增长、点燃自熄、难以点燃等作用的物质称为阻燃剂。阻燃剂的应用可以追溯到 1820 年，Gay. Lussac 在系统地研究了多种可供实用的具有阻燃性能的化合物后，发现了某些铵盐（如硫酸铵、氯化铵）及这些铵盐与硼砂的混合物可用来阻燃纤维素织物。1913 年，著名化学家 W. H. Perkin 采用锡酸盐（或钨酸盐）与硫酸铵的混合物处理织物，使织物获得了较好的耐久阻燃性能。1930 年，人们发现了卤素阻燃剂（如卤化石蜡）与氧化锑的协同阻燃效应。这三项阻燃领域的重要成果被誉为阻燃技术三个划时代的里程碑，它们奠定了现代阻燃化学的基础。

阻燃机理通常可分为三种类型：1）蒸汽相机理：阻燃过程在蒸汽相中起作用。材料中的阻燃剂在受热情况下释放气相化学剂，这种化学剂能阻止包含在火焰形成和蔓延中的游离基反应，例如卤素阻燃剂的阻燃机理。2）凝聚相机理：阻燃主要作用在凝聚相中。在凝聚相中，阻燃剂改变高分子材料的分解化学反应，使其有利于高分子材料转变为残余炭，而不是形成可燃物。例如磷系阻燃剂的阻燃机理。3）混杂机理：阻燃剂也可能以许多其他方式混杂起作用。包括阻燃剂可能产生大量非燃烧气体冲淡供给火焰的氧或冲淡维持火焰所需的可燃气体浓度；阻燃剂的吸热分解可以降低高分子材料的表面温度和阻滞高分子材料的降解；阻燃剂可以增加燃烧体系的热容或者降低可燃物质含量到低于可燃性最低限度的水平，例如氢氧化铝。

橡胶制品采用的阻燃方法主要有：1）采用由多种阻燃剂组成的复合协效阻燃系统，在蒸汽相或凝聚相或同时在两相发挥阻燃功效；2）加入成炭剂及成炭催化剂，以提高橡胶在高热下的成炭率；3）与其他难燃高聚物共混改性；4）以物理或化学手段，提高橡胶的交联密度；5）与纳米无机物复配成橡胶/无机物纳米复合材料；6）在橡胶大分子中引入阻燃元素（卤、磷、氮等）制备本质阻燃橡胶。

在所有阻燃化学物质中，能够对高分子材料起到阻燃作用的主要是元素周期表中Ⅴ族的 N、P、As、Sb、Bi 和Ⅶ族的

F、Cl、Br、I以及B、Al、Mg、Ca、Zn、Sn、Mn、Ti等的化合物。阻燃剂按是否参与合成高分子材料的化学反应，阻燃剂可分为添加型、膨胀型和反应型。

添加型阻燃剂以物理分散状态与高分子材料进行共混而发挥阻燃作用，由于其操作方便且阻燃性能良好，广泛用于高分子材料的阻燃，在塑料工业中成为仅次于增塑剂的第二大助剂。添加型阻燃剂根据其化学组成又可分为无机阻燃剂、有机阻燃剂；添加型有机阻燃剂主要包括卤系阻燃剂（有机氯化物和有机溴化物）、磷系阻燃剂（赤磷、磷酸酯及卤代磷酸酯等）、磷氮系和氮系阻燃剂等，无机阻燃剂主要是三氧化二锑、氢氧化镁、氢氧化铝、硅系阻燃剂等。此外，具有抑烟作用的钼化合物、锡化合物和铁化合物等亦属阻燃剂的范畴。有机阻燃剂与无机阻燃剂相比有阻燃效率高、用量少，对材料的物性和加工性能影响较小的优点，但是热稳定性不好，易析出，易挥发，价格贵，且毒性大，在燃烧时产生大量的黑烟，造成二次污染。无机阻燃剂一般具有热稳定好，不产生腐蚀性气体，不挥发，效果持久，价格低廉等特点，因而得到广泛的应用。目前，氢氧化铝在无机阻燃剂中占据着主导地位，其他还有氧化铝、三氧化二锑、硼化物、红磷等。氢氧化铝的阻燃机理是基于脱水吸热，在材料燃烧温度下能分解释放出结晶水，吸收热量，降低材料表面温度，减慢了材料的燃烧降解速度；同时结晶水挥发，稀释了火焰区气体反应物的浓度。

反应型阻燃剂多为含反应性官能团的有机卤和有机磷的单体。反应型阻燃剂主要是先使参加反应的原料带上阻燃元素，然后在聚合或者缩聚反应过程中参加反应，从而结合到高分子材料的主链或者侧链中去，起到阻燃作用。其特点是阻燃稳定性好，对材料性能影响较小，但操作和加工工艺较复杂，较多用于热固性树脂。目前，全球中85%为添加型阻燃剂，15%为反应型阻燃剂。

膨胀型阻燃剂是由G. Camino等人开发的一类新型阻燃体系，这种阻燃体系常由三个部分组成，即酸源、炭源和发泡源。酸源一般是无机酸或者是能在燃烧时生成酸的盐等，炭源多为炭的多元醇化合物，发泡剂常为胺或酰胺，如聚磷酸胺（APP）/聚脲（PU）、季戊四醇/三聚氰胺就是典型的一例，其阻燃机理如图 1.4.3-1 所示。

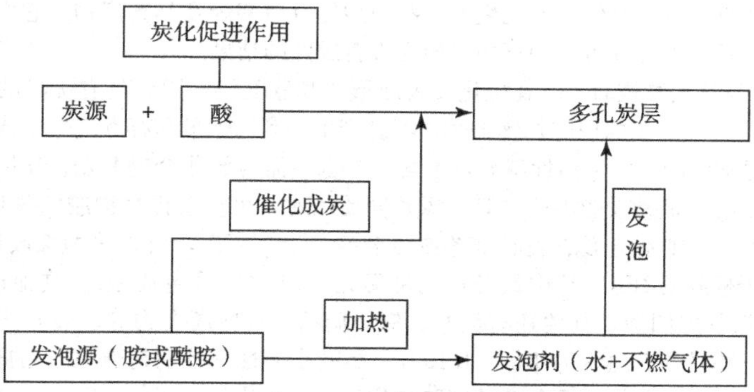

图 1.4.3-1　膨胀型阻燃剂阻燃机理

各类橡胶的氧指数及其适用的阻燃剂见表 1.4.3-1。

表 1.4.3-1　各类橡胶的氧指数及其适用的阻燃剂

橡胶种类	氧指数	适用的阻燃剂
丁苯橡胶	19～21	氯化石蜡/Sb_2O_3
乙丙橡胶	19～21	Sb_2O_3、氧化锆、Al（OH）$_3$、$CaCO_3$、卤类
氯丁橡胶	26～32	Sb_2O_3、硼酸锌、Al（OH）$_3$、$CaCO_3$、TCP
氯磺化聚乙烯	26～30	Sb_2O_3、Dechlorane515、Al（OH）$_3$
氯化聚乙烯	26～30	Sb_2O_3、磷类、Al（OH）$_3$、卤类
丁腈橡胶	20～22	Sb_2O_3、TCP、氯化石蜡
氟橡胶	65	
天然橡胶	19～21	氯化石蜡/Sb_2O_3
硅橡胶	23～26	硅类填充剂

国内外对橡胶的阻燃，相当大部分仍采用卤一锑阻燃系统，所用卤系阻燃剂主要为氯化石蜡一70、氯化石蜡一50、十溴二苯键、六溴环十二烷、四溴双酚A、十溴二苯基乙烷等。卤一锑系统主要是通过在气相捕获活泼自由基而发挥阻燃功效，阻燃效率高，性价比优异。但此系统由于烟和有毒气体生成量高，特别是由于二噁英（dioxin）问题，加上有些卤系阻燃剂本身也危害人类健康和环境，所以卤一锑系统正为人们审慎对待。

无机金属水合物也是橡胶使用最多的阻燃剂之一，其中最主要的是氢氧化铝（ATH）和氢氧化镁（MH）。氢氧化铝作为目前使用量最大的无机阻燃剂，具有无毒、稳定性好，高温下不产生有毒气体，还能减少高分子材料燃烧时的发烟量等优点，且脱水吸热温度较低，约为235～350 ℃，因此在高分子材料刚开始燃烧时的阻燃效果显著。研究发现，氢氧化铝在添加量为40%时，可显著减缓PE（聚乙烯）、PP（聚丙烯）、PVC（聚氯乙稀）及ABS（丙稀睛/丁二烯/苯乙烯共聚物）等的热分解温度，具有良好的阻燃及降低发烟量的效果。但其阻燃效率较低，需要的添加量大。对聚烯烃橡胶，欲使其氧指数达 40%，应加入 170 份的 MH。对三元乙丙橡胶，加入 150～200 份的 ATH 或 MH 时，可具有 UL94V－0 阻燃级。但如在阻燃橡胶中采用 ATH 或 MH 作为消烟剂，则 15～30 份即可凑效。为了有效发挥 ATH 及 MH 在橡胶中的阻燃效能，通常采取如下措施：①阻燃剂的高效化或复配产生协同效应以减少阻燃剂的用量。例如 5～10 份的红磷（包覆型）即可较大幅度提高 ATH 及 MH 的阻燃效率。在某些情况，ATH 与 MH 间也存在协效作用，如在乙烯-丙烯酸酯弹性体中加入 50 份 ATH 及 50 份的 MH，材料的生烟量低，具 UL94V－O 阻燃级。通常采用的增效剂有 Ni、Zn、Mn、Al、Zr、Sb、Fe、Ti 的氧化物，硼酸锌（ZB）、硼酸铵等硼化物，磷化物尤其红磷，有机硅，卤素等。红磷除了作为氢氧化铝的增效剂外，它自已单独还可以用作阻燃剂，其阻燃机理是促进炭化作用，但是它的用量不能过多，而且生烟严重。例如，对天然橡胶，加入 75 份的 MH 和 5 份的红磷，硫化胶的氧指数可达 35%，UL94 阻燃性达 V－O 级。②对阻燃剂进行超细化、表面处理、包覆改性和与高分子材料交联、接枝以增强阻燃剂与橡胶的结合，且对不同的橡胶宜采用不同的表面改性剂。③应有适当的粒径及粒径分布。④用于阻燃橡胶电缆配方时，要特别注意少量杂质对材料电气性能的影响。目前，美国、欧洲及日本 ATH 阻燃剂的用量分别达阻燃剂总用量的 50%～55%、40%～45%及 30%。

磷系阻燃剂主要有聚磷酸铵（APP）、红磷、三芳基磷酸酯、三烷基磷酸酯、卤代磷酸酯等。APP 同时含磷及氮，它可单独用于阻燃橡胶（但效果欠佳），但更常作为酸组分构成膨胀型阻燃剂用于阻燃橡胶。例如，70%乙丙胶、20%AAP、8%三嗪化合物及 2%其他助剂组成的系统，具有 UL 94V－O 阻燃级。在橡胶中以 APP 为阻燃剂时，常将其包覆，且宜采用长键Ⅱ型 APP，并常与其他阻燃剂（如 ATH 等）并用，例如 APP＋ATH 系统是丁基橡胶有效的低毒、低烟阻燃剂。无卤磷酸酯还是橡胶的阻燃增塑剂，用它们阻燃橡胶时，其中芳基能赋与橡胶较好的阻燃性，但材料低温柔顺性降低，烷基的作用则相反，而烷基芳基磷酸酯则能兼顾橡胶的阻燃及低温性能。一般而言，上述磷酸酯用于阻燃橡胶时，挥发性和迁移性均较大，与橡胶相容性也欠佳，用量不宜过大。为了使橡胶达到所需的阻燃级别，很少用单一的磷酸酯，通常与是其他阻燃组分并用。含卤磷酸酯的阻燃作用甚优，因为其中的卤含量很高（30%～50%），磷含量也有 10%左右，不过正在对它们的危害性进行评估。近年来，已经工业化生产一些新型的双磷酸酯及其齐聚物，它们在挥发性、迁移性、热稳定性及水解稳定性方面均较优，且有的已在橡胶中试用，但尚没有成熟的结果。

膨胀型阻燃剂（IFR）受高热或燃烧时，可在硫化胶表面形成膨胀炭层，因而具有优异的阻燃性能，且成炭率与阻燃性间成一定的线性关系。而且，含 IFR 的橡胶在燃烧时，不易产生熔滴，烟量和有毒气体生成量也大幅度降低，有时甚至可低于未阻燃的基材。IFR 通常以磷－氮为活性组分，不含卤，也不需与锑化合物并用。IFR 含有酸源、炭源及发泡源三个组分，各组分单独用于橡胶时，阻燃效能不佳，但三源共同使用时，可显著提高橡胶的氧指数及 UL94V 阻燃等级。以 IFR 阻燃橡胶时，用量比较大，否则不能形成表面全部被覆盖的炭层。所以，对很薄的橡胶制品，IFR 的使用受到局限。现在已开发出了一系列可用于橡胶的 IFR，其中最普通的酸源是 APP（常为包覆型），其他还有磷酸酯、磷酸、硼酸等；最常见的炭源是季戊四醇或双季戊四醇，其他还有淀粉、糖、糊精、某些高聚物等；最方便的发泡源是蜜胺，其他还有脲、双氰胺、聚酰胺等，但三源必须有适宜的比例。IFR 有一定的水溶性（特别是当 APP 的聚合度较低时），被阻燃材料的阻燃性往往不易通过耐水性试验。如果采用聚磷酸蜜胺或焦磷酸蜜胺代替一部分 APP，IFR 的耐水性及耐热性均得以提高。因为聚磷酸蜜胺与焦磷酸蜜胺的氮含量远高于 APP，所以前两者与 APP 及季戊四醇或双季戊四醇即可形成 IFR，而不需另外加入发泡源。如果在被阻燃材料中已有炭源存在，则 IFR 中有时也不必加入炭源。市售的 IFR 都是几种组分的混合物，还有一些所谓单分子 IFR，系集三源于同一分子内。此类 IFR 还多处于实验室研制阶段，只有极小量的工业生产，如季戊四醇双磷酸酯双蜜胺盐即一例。但即使是单分子 IFR，其中三源的比例也很难正好适合，所以使用时还需与其他有关组分复配。膨胀石墨也常用于橡胶中，与 APP 构成 IFR，如 APP/膨胀石墨（4/1，m/m）已用于阻燃丁基橡胶和聚丁二烯橡胶，单一的膨胀型石墨也已用于阻燃天然橡胶与乙烯一醋酸乙烯酯共聚物。

硅系阻燃剂主要有带官能团的聚硅氧烷、聚硅氧烷共聚物及硅氧烷复合材料等，这类阻燃剂都是最近才成为商品销售的，如美国的 RM4 系列，日本的 XC－99－B5654 系列等，它们受高热或燃烧时，可形成含－Si－O－键和/或－Si－C－键的无机保护层，达到高阻燃、低发烟的目的。硅系阻燃剂如与 IFR 并用，可使阻燃显著增效。硅系阻燃剂能赋与材料优良的低温冲击韧性和良好的加工性，已用于某些塑料，也可考虑用于橡胶，但价格较高。

上世纪 80 年代及 90 年代兴起的聚合物/无机物纳米复合材料，开辟了阻燃高分子材料的新途径，被国外有的文献誉为阻燃技术的革命。含 3～5%改性蒙脱土的很多高聚物，以锥形量热仪测得的释热速度可降低 50%～70%，质量损失速度可降低 40%～60%，因而大大降低了小火发展成大火的危险（释热速度是评价材料可燃性的一个重要指标），成为阻燃塑料及橡胶的一个新方向。不过，上述纳米复合材料的氧指数及 UL94V 阻燃性的改善并不显著。为了使材料达到一定的氧指数和 UL94V 阻燃性，可在纳米复合材料中添加一定量的常规阻燃剂，此时所需的阻燃剂可比不含纳米蒙脱土的高聚物所需量降低，即可在达到所需阻燃性的前提下，保持材料较佳的综合性能。

阻燃剂用量一般为 3.0～30.0 份，特殊情况可达 50.0～70.0 份。

一、无机阻燃剂

1.1 氧化锑

分子式：Sb_2O_3，相对分子质量：219.5，白色粉末，无毒，熔点：656 ℃，沸点：1 425 ℃，不溶于水，溶于盐酸、浓硫酸。主要作为阻燃协效剂与含卤化合物配合使用。

少量氧化锑与磷酸三甲苯酯并用，五溴乙苯、氯化石蜡与氧化锑并用，2，2－双（四溴－4－羟基苯基）丙烷、十溴二苯醚与氧化锑并用，能产生协同效应，显著改善阻燃效果。

氧化锑的供应商见表 1.4.3-2。

表 1.4.3-2　氧化锑的供应商

供应商	规格型号	成分/%						白度/%	平均粒径/μm	说明
		Sb_2O_3	As_2O_3	PbO	Fe_2O_3	CuO	Se			
川君化工	高纯型	99.80	0.05	0.08	0.005	0.002	0.004	95	0.3～2.5	
	专用型	99.50	0.06	0.10	0.006	0.002	0.005	93	0.3～2.5	
	通用型	99.00	0.12	0.20	—	—	—	91	—	

1.2　氢氧化铝

分子式：Al（OH)$_3$ 或 $Al_2O_3.3H_2O$，相对分子质量：77.99 或 155.98，白色粉末，密度：2.42 g/cm^3，粒径 0.4～20 μm，不溶于水，溶于酸、强碱。230 ℃开始明显脱水，900 ℃失去水总重的 35%终止；既能阻燃，又可防止发烟。

HG/T 4530—2013《氢氧化铝阻燃剂》适用于以铝土矿为原料制得的氢氧化铝阻燃剂，用于橡胶、塑料、化工、电线电缆、建材等领域。氢氧化铝阻燃剂按产品的粒径不同分为 ATH—1、ATH—2、ATH—3、ATH—4 四型。氢氧化铝阻燃剂的技术要求见表 1.4.3-3。

表 1.4.3-3　氢氧化铝阻燃剂的技术要求

项目	指标							
	ATH—1		ATH—2		ATH—3		ATH—4	
	一等品	合格品	一等品	合格品	一等品	合格品	一等品	合格品
氧化铝（Al_2O_3）w(≥)/%	64.0	63.5	64.0	63.5	64.0	63.5	64.0	63.5
三氧化二铁（Fe_2O_3）w(≤)/%	0.02							
氧化钠（Na_2O）w(≤)/%	0.4							
灼烧减量 w/%	34.0～35.0							
附着水 w(≤)/%	0.3	0.8	0.3	0.8	0.3	0.8	0.3	0.8
白度（≥)/度	93	90	93	90	93	90	93	90
pH（100 g/l 悬浮液）	8.5～10.5							
重金属（Cd+Hg+Pb+Cr^{6+}+As）w(≤)/%	0.010							
粒径（D_{50})/μm	1～4		5～10		11～15		16～20	

氢氧化铝的供应商见表 1.4.3-4。

表 1.4.3-4　氢氧化铝的供应商

供应商	规格型号	成分/%				其他指标			
		Al_2O_3 (≥)	SiO_2 (≤)	Fe_2O_3 (≤)	Na_2O (≤)	灼烧减量(≤)/%	活化度/%	白度/%	平均粒径/μm
川君化工	AH—1	64.5	0.02	0.02	0.4	35			325～3 000 目
	AH—2	64	0.04	0.03	0.5	35			
	AH—3	63.5	0.08	0.05	0.6	35			
	活性氢氧化铝	64	0.04	0.03	0.5	35	98	96	

氢氧化铝阻燃剂的供应商还有：济南泰星精细化工有限公司、合肥中科阻燃新材料有限公司等。

1.3　氢氧化镁

分子式：Mg（OH)$_2$，相对分子质量：58.32，白色粉末，密度：2.36 g/cm^3，脱水温度：350 ℃，不溶于水，溶于酸。既能阻燃，又可消烟。

HG/T 4531—2013《阻燃剂用氢氧化镁》适用于阻燃用氢氧化镁，用于橡胶、塑料、化工、电线电缆、建材等领域。阻燃用氢氧化镁按生产方法分为两类：MP（物理法），以水镁石为原料，经过筛选、粉碎分级、表面处理后的产品；MC（化学法），通过含镁溶液与沉淀剂的常温合成（或氧化镁水合工艺）、水热处理、表面改性等过程生产的产品。阻燃用氢氧化镁的技术要求见表 1.4.3-5。

表 1.4.3-5 氢氧化镁的技术要求

项目	指标									
	MP—1—3	MP—1—5	MP—1—10	MP—1—15	MP—2—3	MP—2—5	MP—2—10	MP—2—15	MC—1—2	MC—2—15
氧化镁（Mg（OH）$_2$）$w(\geqslant)$/%	94.0				91.0				98.0	95.0
干燥减量 $w(\leqslant)$/%	0.5				1.0				0.5	1.0
灼烧失量 $w(\geqslant)$/%	30.0				28.0				30.0	29.0
盐酸不溶物 $w(\leqslant)$/%	2.0				3.0				0.1	0.2
氧化钙（CaO）$w(\leqslant)$/%	1.5				2.0				0.1	0.2
氯化物（以 Cl 计）$w(\leqslant)$/%	—				—				0.08	0.15
铁（Fe）$w(\leqslant)$/%	0.15				0.25				0.005	0.02
比表面积（BET）/$m^2 \cdot g^{-1}$	—				—				10	20
粒径（D_{50}）/μm	3	5	10	15	3	5	10	15	2	15

氢氧化镁的供应商见表 1.4.3-6。

表 1.4.3-6 氢氧化镁的供应商

供应商	规格型号	成分/%									说明
		Mg（OH）$_2$（$\geqslant$）/%	SiO_2（$\leqslant$）/%	Fe_2O_3（$\leqslant$）/%	CaO（$\leqslant$）/%	硫酸根（$\leqslant$）/%	灼烧减量（$\leqslant$）/%	活化度（$\geqslant$）/%	白度（$\geqslant$）/%	平均粒径/μm	
川君化工	氢氧化镁	92	1.6	0.2	0.8		30±2		88	325～3 000 目	
	活性氢氧化镁	92	0.2	0.2	0.8		30±2	98	88		偶联剂改性
连云港市海水化工有限公司	高纯超细氢氧化镁	97—99.6		0.10—0.01（Fe）	0.65—0.08	0.25—0.35	31			3 000 目到纳米	分 4 级
	氢氧化镁								95	10 000 目	
元庆国际贸易有限公司	氢氧化镁 S—7	68.6（MgO）			0.1		30.6		97	1.1	硅烷偶联剂载体

阻燃剂用氢氧化镁的供应商还有：合肥中科阻燃新材料有限公司、丹东松元化学有限公司等。

1.4 硼酸锌

分子式：XznO. YB_2O_3. ZH_2O，既能阻燃又能消烟，可部分替代 Sb_2O_3。硼酸锌的供应商见表 1.4.3-7。

表 1.4.3-7 硼酸锌的供应商

供应商	商品名称	外观	成分/%		游离水/%	灼烧失重（400 ℃）/%	筛余物/%	说明
			B_2O_3	ZnO				
川君化工	3.5 水硼酸锌	白色粉末	48.0±1.5	37.0±1.5	≤1.0	13.5～15.5	按照客户要求	无机阻燃剂，可替代 Sb_2O_3，无毒。
	7 水硼酸锌		41.0±1.5	32.0±1.5	≤1.0	24.0～26.5		
	改性硼酸锌		≥48.0	≥37.0	≤1.0	≥24		
	无水硼酸锌		52.0～56.0	42.0～44.0	≤0.5	≤1.5		

1.5 硼酸钡

分子式 2BaO. 3B_2O_3. nH_2O，n 约为 3，白色粉末，300 ℃时析出水。

1.6 微胶囊化红磷

微胶囊化红磷阻燃剂又称高效包覆红磷阻燃剂，简称 CRP。赤磷含量≥85%，红磷细度 5～10 μm。紫红色粉末，相对密度 2.1，堆积密度 0.6 g/cm^3。较难吸湿，吸水性<1.2%。自燃点≥300 ℃。与树脂和橡胶混合性好，不影响固化或硫化工艺，不放出氨气。电气性能优良。无毒。

本品主要用作胶黏剂和密封剂的添加型无卤阻燃剂，是一种无卤、高效、低烟、无害的阻燃剂，阻燃效果达 UL94 V—0 级。适用于 PET、PC、PBT、PE、PA、PP、EVA 等热塑性树脂，环氧树脂、酚醛树脂、不饱和聚酯等热固性树脂以及聚丁二烯橡胶、乙丙橡胶、纤维制品，参考用量 5～10 份。若与 Al（OH）$_3$ 配合使用，阻燃效果更佳。

微胶囊化红磷的供应商见表 1.4.3-8。

表 1.4.3-8 微胶囊化红磷的供应商

供应商	商品名称	磷含量(≥)/%	红磷含量(≥)/%	白磷含量(≤)/%	游离酸(≤)/%	PH 值(5%水悬浮液)	干燥失量(≤)/%(25 ℃,真空)	筛余物(325 目)(≤)/%
典型值			85	0.005	0.7	9.5～10.0	0.28	10
连云港海水化工	微胶囊化红磷	80						(800 目)

二、有机阻燃剂

2.1 氮系阻燃剂

2.1.1 高氮阻燃剂 MCA (MPP)

化学名称：蜜胺氰尿酸、蜜胺氰尿酸盐（酯）、蜜胺三聚氰酸、三聚氰胺氰尿酸酯、氰尿酸三聚氰胺。

化学式：$C_6H_9N_9O_3$，相对分子质量：255.2，CAS 号：37640－57－6，白色粉末，密度：1.6～1.7 g/cm^3，300 ℃以下稳定，600 ℃以上分解，动摩擦系数（室温）：0.1～0.16，不吸湿，难溶于水和其他有机溶剂，但能较好地分散于油类介质中，无毒、无污染、无臭、无味。

本品兼有阻燃和润滑性能的多功能助剂，其特点是：含氮量高（30%），在橡胶、塑料，特别是在尼龙中适量添加即可起到明显的阻燃作用，加工烟雾小，发烟量少、阻燃等级可达到 UL94V－O 级；热稳定性好，在 300 ℃下长期加热，热损失很低；具有与石墨相似的层状结构，润滑性能良好，可在高温、高压、高载荷、冲击载荷条件下使用，在高温、高速、低温、低速或温差急剧变化的条件下具有稳定的润滑特性。

本品与尼龙树脂相溶性好，对机械性能影响小，加工中不易发生粘模，发泡与结霜等现象，依据对尼龙制品的要求加入量为 20%左右。使用时按一定比例与尼龙混合均匀，在 110 ℃以下，真空干燥 8 小时，使含水量低于 0.1%，干燥后的物料应防止重新吸湿。适宜的注射温度 240～260 ℃，模温 60～70 ℃，注射压力 600～800 MPa，主要应用于 PE、EVA 电缆，热收缩管及 TPV 电缆，对硅橡胶亦有良好阻燃效果。

本品作为阻燃剂应用于橡胶、尼龙、酚醛树脂、环氧树脂、丙烯酸乳液、聚四氟乙烯树脂和其他烯烃树脂中，制造阻燃绝缘等级较高的制品。也可用于配制皮肤化妆品；亦可用作涂料消光剂；其涂膜可以作为防锈润滑膜，钢材拉丝、冲压的脱膜剂，以及普通机械传动部件的润滑膜；还可与聚四氟乙烯、酚醛树脂、环氧树脂、聚苯硫醚树脂等组成复合材料，应用于特殊要求的润滑材料中。

氮系阻燃剂的供应商见表 1.4.3-9。

表 1.4.3-9 氮系阻燃剂的供应商（一）

供应商	商品名称	纯度(≥)/%	水份(≤)/%	外观	pH 值	粒径≤	密度/(g·cm^{-3})	升华温度/℃	热失重/%		说明
									300 ℃	350 ℃	
金昌盛	LS001	99.5		白色粉末	5～7	2 μm	1.5	450	0	3	在 300 ℃时热失重为 0，350 ℃时热失重为 3%，加工过程中耐温性能高，热稳定性好，不褪色、不喷霜、不污染产品。特别适用于不加填料的聚酰胺 PA6 和 PA66，阴燃性能可达到 UL94V－0 级。PA 中用 12～15 份，环氧树脂、合成橡胶中 15～80 份。
河北兴达	阻燃剂 MCA	99.0	0.2	≥95.0(白度,%)	5～7.5	5 μm					

表 1.4.3-9 阻燃剂 MCA 的供应商（二）

供应商	商品名称	纯度(≥)/%	残余氰尿酸(≤)/%	残留三聚氰胺(≤)/%	磷含量(>)/%	氮含量(>)/%	pH 值水悬浮液	密度/(g·cm^{-3})	动摩擦系数(室温)	水溶性(≤)/%	筛余物/%	分解温度
连云港海水化工	MPP				14	38	5.0～6.0	1.80		0.15	≤1(400 目)	>300 ℃
濮阳银太源实业	MCA	99.5	0.1	0.001			6.5～7.5	1.7	0.1－0.16	0.002	≤2(1 500 目)	350 ℃稳定，440 ℃升华而不分解

2.2　磷系和磷氮系阻燃剂

磷酸酯类阻燃剂有低毒，应谨慎使用。

2.2.1　阻燃剂 TCEP

化学名称：磷酸三（2-氯乙基）酯、三氯乙基磷酸酯阻燃增塑剂、磷酸三（β-氯乙酯）、2-氯乙基磷酸双（2-氯乙基）酯、三（β-氯乙基）磷酸酯、磷酸三（2-氯乙基）酯、磷酸三氯乙酯。

tris（β- chloroethyl）phosphate

$$\left[\underset{\underset{\text{Cl}}{|}}{CH_2} - CH_2 - O \right]_2 P{=}O$$

结构式：$(Cl-CH_2-CH_2O)_3P=O$

分子式：$C_6H_{12}O_4Cl_3P$，相对分子质量：285.38，CAS登录号：115－96－8，密度：1.426 g/cm³，凝固点：－64 ℃，沸点：194 ℃，折射率 1.470～1.479，黏度：34～47 mpa.s，热分解温度 240～280 ℃，闪点（开杯）：232 ℃。理论氯含量 37.3%，磷含量 10.8‰，无色或浅黄色油状液体，具有淡奶油味，水解稳定性良好，在 NaOH 水溶液中少量分解，无明显腐蚀性，低毒。

本品结合了磷和氯，是塑料、橡胶制品优良的阻燃剂、增塑剂，广泛用于酚醛树脂、聚氯乙烯、聚丙烯酸酯、聚氨酯软硬发泡制品（刚性聚氨酯泡沫氧指数（OI.）可达 26）、醋酸纤维素、硝基纤维漆、乙基纤维漆及难燃橡胶；橡胶运输带中，所得制品除具有自熄性外，还可改善耐水性、耐酸性、耐候性、耐寒性、抗静电性；作为胶黏剂的添加型阻燃剂，具有优异的阻燃性，优良的低温性和耐紫外光性；还可作为润滑油的特压添加剂，汽油添加剂及金属镁的热冷却剂等。用量为 5～10 份。

阻燃剂 TCEP 的供应商见表 1.4.3-10。

表 1.4.3-10　阻燃剂 TCEP 的供应商

供应商	商品名称	外观	酸值(≤)/(mgKOH·g)	磷含量/%	氯含量/%	水份(≤)/%	密度/(g·cm⁻³)	折射率(n_D^{20})
浙江鸿浩	TCEP	无色或淡黄色油状透明液体	0.20				1.420～1.440	1.470～1.479
淳安千岛湖龙祥			0.20	10.8	36.7	0.10		

2.2.2　阻燃剂 TCPP

化学名称：磷酸三（2-氯丙基）酯。

分子式：$C_9H_{18}O_4C_{l3}P$，相对分子质量：327.4。

纯净的磷酸三（2-氯丙基）酯是无色透明油状液体，密度：1.29 g/cm³，折射率：1.460～1.466，闪点（开口杯法）：220 ℃，黏度：85 mps，氯含量 32.5%，磷含量 9.46%，溶于乙醇、氯仿等有机溶剂，不溶于脂肪烃类，水溶性小于 1%。

本品主要用于软（硬）质聚氨酯泡沫、环氧树脂、聚苯乙烯、聚丙烯酸酯、聚醋酸乙烯脂、醋酸纤维素、乙基纤维素树脂和酚醛塑料，及枪式泡沫填缝剂的生产；用于刚性聚氨酯泡沫中，具有优秀的热导及水解稳定性，特别适合于 ASTM E84（Ⅱ级）；本品用于聚氨酯泡沫、不饱和聚酯树脂及酚醛塑料时，还具有增塑剂的功能。

阻燃剂 TCPP 的供应商见表 1.4.3-11。

表 1.4.3-11　阻燃剂 TCPP 的供应商

供应商	商品名称	外观	酸值(≤)/(mgKOH·g⁻¹)	磷含量/%	氯含量/%	水份(≤)/%	密度/(g·cm⁻³)	折射率(n_D^{20})
浙江鸿浩	TCPP	无色或淡黄色油状透明液体	≤0.05			0.08		
淳安千岛湖龙祥			0.06	9.5	32.5	0.10		

2.2.3　阻燃剂 TDCPP

化学名称：磷酸三（2，3-二氯丙基）酯、2，3-二氯-1-丙醇磷酸酯。

分子式：$C_9H_{15}O_4C_{l6}P$，相对分子质量：430.76，CAS 号：13674－87－8。

结构式：

tri（2，3-dichloropropyl）phosphate

$$\left[Cl-CH_2-CHCl-CH_2-O \right]_3 P{=}O$$

纯净的磷酸三（2，3-二氯丙基）酯是无色透明油状液体，密度（20 ℃）：1.504 g/cm³，折射率（n20D）：1.498，闪点（开口杯法）：251 ℃，凝固点：－6 ℃，开始分解温度：230 ℃，水中溶解度：0.01%（30 ℃），磷含量为 7.2%，氯含量 49.4%；本品溶于乙醇，氯仿等有机溶剂，不溶于脂肪烃类。

本品是磷氯系阻燃剂中阻燃性及持久性最好的品种之一。可广泛用于软、硬质聚氨酯泡沫塑料、聚氯乙烯、环氧树脂、不饱和树脂、聚酯纤维及橡胶、运输带生产中，所得制品除具有自熄性外，还可改善耐光性、耐水性、抗静电及改善制品光泽等性能。

本品一般添加量为：软、硬质聚氨酯泡沫塑料中添加 10%～15%，阻燃效果优于 TCEP；聚氯乙烯中添加 10%，制品可在 1 秒钟内自熄；聚酯纤维整理剂中加入 5%，通过浸渍，制品可达离火自熄。

阻燃剂 TDCPP 的供应商见表 1.4.3-12。

表 1.4.3-12　阻燃剂 TDCPP 的供应商

供应商	商品名称	外观	酸值(≤)/(mgKOH·g^{-1})	磷含量/%	氯含量/%	水份(≤)/%	密度/(g·cm^{-3})	折射率(n_D^{20})	黏度（25 ℃）厘泊
浙江鸿浩	TDCPP	无色或淡黄色油状透明液体	0.10			0.10	1.50±0.01	1.498±0.03	1 600—1 900
淳安千岛湖龙祥			0.20	7.2	49.4	0.10			

2.2.4　阻燃剂 IPPP

化学名称：磷酸三异丙基苯酯、异丙基苯酚磷酸酯、异丙基磷酸酯、磷酸三异丙基苯酯、异丙基三芳基磷酸酯。

分子式：$C_{18}H_{15}R_3PO_4$，相对分子质量：390，CAS NO：68937—41—7，密度：1.3 g/cm^3，熔点：−12～−26 ℃，沸点：364.7 ℃，闪点：174.3 ℃，本品为无色或微黄色透明油状液体，具有很好的抗氧性、热稳定性、防腐作用，可提高制品的耐磨性、耐候性。具有低黏度、低毒、无味、无污染等特点。

本品是是磷酸三甲苯（酚）酯（TCP）的换代产品。广泛用作橡胶和 PVC 阻燃输送带、皮革、篷布、农用地膜、地板材料、电缆、氯丁橡胶制品、丁腈橡胶制品的阻燃增塑剂；环氧树酯的阻燃剂；可用作切削油、齿轮油、压延油的抗压添加剂；用于硝基纤维素、醋酸纤维素、乙基纤维素、聚醋酸乙烯、聚烯烃、聚酯、聚氨酯泡沫塑料、酚醛树酯的阻燃增塑剂；还可以用作汽油、润滑油、液压油添加剂以及金属萃取剂，聚酰亚胺加工改性剂。

阻燃剂 IPPP 的供应商见表 1.4.3-13。

表 1.4.3-13　阻燃剂 IPPP 的供应商

供应商	商品名称	外观	酸值/≤(mgKOH/g)	磷含量/%	氯含量/%	水份(≤)/%	密度/(g·cm^{-3})	折射率(n_D^{20})	黏度（25 ℃）厘泊
浙江鸿浩	IPPP								
淳安千岛湖龙祥			0.20			0.10			

2.2.5　阻燃剂 RDP

化学名称：间苯二酚双（二苯基磷酸酯）。

结构式：

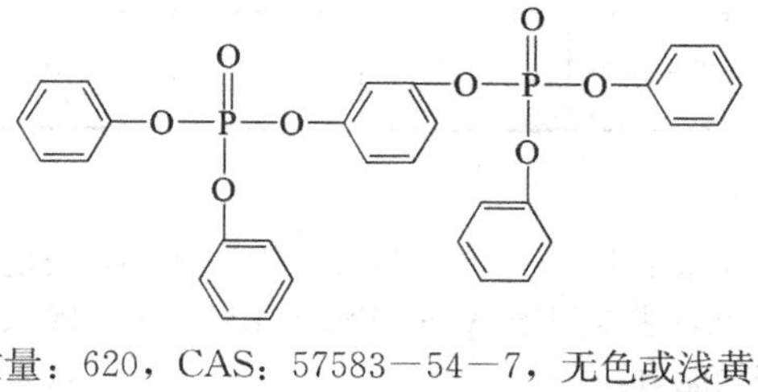

分子式：$C_{30}H_{24}O_8P_2$，相对分子质量：620，CAS：57583—54—7，无色或浅黄色透明液体，本品具有低挥发性和高热阻抗性的特点，主要用于 PU、PC、ABS、PPE、SAN、PP 和 PET 树脂等工程塑料中作阻燃剂。

阻燃剂 RDP 的供应商见表 1.4.3-14。

表 1.4.3-14　阻燃剂 RDP 的供应商

供应商	商品名称	磷含量/%	水份%	密度/(g·cm^{-3})	折射率(n_D^{20})	黏度（25 ℃）/mpa.s
连云港市海水化工有限公司	RDP	10～12	0.1	1.296～1.316		600～800

磷系阻燃剂还有磷酸三甲苯酯、磷酸三苯酯、磷酸三辛酯、磷酸三（1，3-二氯丙基）酯、磷酸三（2，3-二溴丙基）酯等，详见增塑剂相关章节。

2.3　卤系阻燃剂

国际电工委员会（IEC）提出的无卤指令（Halogen—free）中，其对卤素的要求为：氯的浓度低于 900 PPm，溴的浓度低于 900 ppm，氯和溴的总浓度低于 1 500 ppm。本类阻燃剂中，多溴联苯（PBB）、多溴联苯醚（PBDE）包括八溴谜、四溴醚、十溴二苯醚等均被列入欧盟《关于在电子电气设备中限制使用某些有害物质的第 2002/95/EC 号指令》（RoHS 指令）而限制使用，读者应当谨慎使用。

2.3.1　六溴环十二烷

结构式：

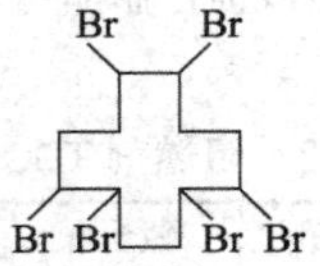

分子式：$C_{12}H_{18}Br_6$，相对分子质量：641.73，CAS 号：25637－99－4，白色或浅灰色粉末。

本品主要作为阻燃剂用于 EPS、XPS、黏结剂、涂料及纺织品上，也可用于 HIPS、橡胶、环氧树脂等材料，热稳定化产品可用于阻燃 HIPS、PP 及 PE 等多种热塑性和热固性聚合物中。

六溴环十二烷的供应商见表 1.4.3－15。

表 1.4.3－15　六溴环十二烷的供应商

供应商	商品名称	溴含量(≥)/%	熔点(≥)/℃	加热减量(≤)/%(105 ℃，2 h)	色度/≤	筛余物(325 目)(≤)/%
连云港海水化工	普通六溴环十二烷	73	175～185	0.5	40	
	热稳定六溴环十二烷	70	180～195			

2.3.2　八溴醚

结构式：

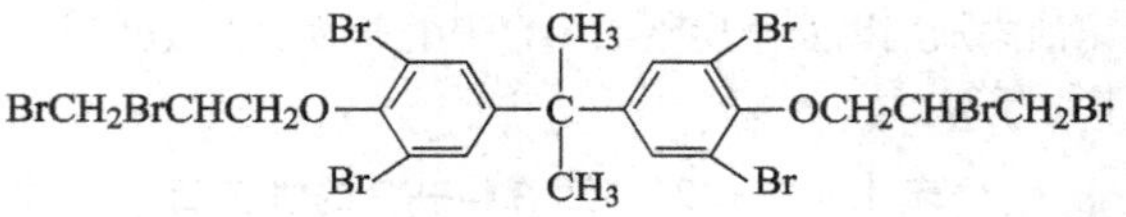

分子式：$C_{21}H_{20}Br_8O_2$，相对分子质量：943.8，CAS 号：21850－44－2，白色粉末或颗粒。

本品主要作为阻燃剂用于 PP、ABS、AS 及 PVC 树脂中，也可以用于丙纶、涤纶、棉纤维及橡胶中，与三氧化二锑并用有协同效应。

八溴醚的供应商见表 1.4.3－16。

表 1.4.3－16　八溴醚的供应商

供应商	商品名称	溴含量(≥)/%	熔点(≥)/℃	丙酮不溶物(≤)/%	密度/(g·cm⁻³)	加热减量(≤)/%(105 ℃，2 h)	色度/≤	筛余物(325 目)(≤)/%
连云港海水化工	八溴醚	67	102～110	0.06		0.3		

2.3.3　溴代三嗪

分子式：$C_{21}H_6Br_9N_3O_3$，相对分子质量：1067，CAS 号：25713－60－4，白色流动性粉末。

本品是一种含溴、氮的添加型阻燃剂，主要用于 ABS、PS、HIPS、PC、PC/ABS、PBT、PET、PE、PVC 中，具有很好的抗冲击、抗迁移及优异的抗紫外线能力。

溴代三嗪的供应商见表 1.4.3－17。

表 1.4.3－17　溴代三嗪的供应商

供应商	商品名称	溴含量(≥)/%	氮含量(≥)/%	熔点(≥)/℃	加热减量(≤)/%(105 ℃，2 h)	5%热失重(≥)/℃	色度/≤	粒径(≤)/μm
连云港海水化工	溴代三嗪	67	4.5	220～230	0.5	380		25

2.3.4　四溴醚

结构式：

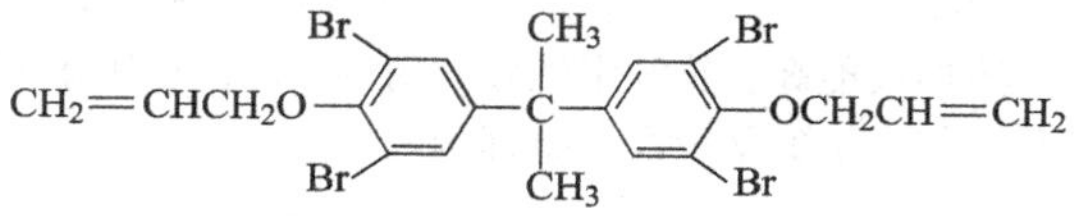

分子式：$C_{21}H_{20}Br_4O_2$，相对分子质量：624，CAS号：25327－89－3，白色粉末。

本品为反应型阻燃剂，主要用于发泡聚苯乙烯、不饱和聚酯、发泡聚酯等材料阻燃，也可与六溴环十二烷配合使用，有协同效应。

四溴醚的供应商见表 1.4.3-18。

表 1.4.3-18　四溴醚的供应商

供应商	商品名称	溴含量(≥)/%	熔点(≥)/℃	加热减量(≤)/%(105 ℃，2 h)	密度/(g·cm⁻³)	说明
连云港海水化工	四溴醚	51	115～120	0.3		

2.3.5　四溴苯酐

化学名称：四溴代邻苯二甲酸酐。

结构式：

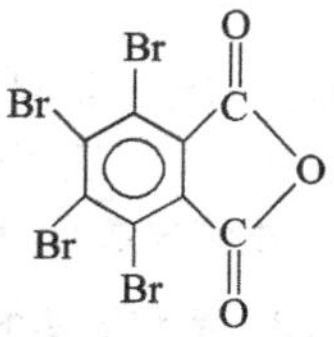

分子式：$C_8Br_4O_3$，相对分子质量：464，CAS号：632－79－1，熔点 279～280 ℃，白色粉末。

本品为反应型阻燃剂，主要用于聚酯、不饱和聚酯、环氧树脂，也可作为添加型阻燃剂用于聚苯乙烯、聚丙烯、聚乙烯和 ABS 树脂。

四溴苯酐的供应商见表 1.4.3-19。

表 1.4.3-19　四溴苯酐的供应商

供应商	商品名称	溴含量(≥)/%	熔点(≥)/℃	加热减量(≤)/%(105 ℃，2 h)	说明
连云港市海水化工有限公司	四溴苯酐	67	270	0.2	

2.3.6　四溴双酚 A

化学名称：4，4′-亚异丙基双（2，6-二溴苯酚）。

结构式：

4，4′- isopropyliden bis（2，6 - dibromophenol）

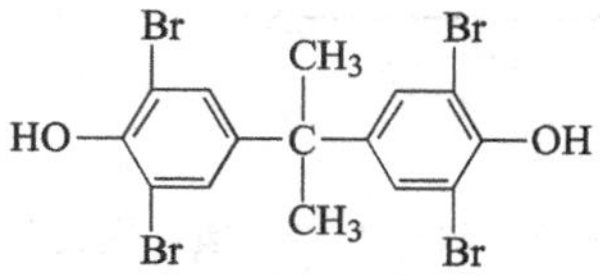

分子式：$C_{15}H_{12}Br_4O_2$，相对分子质量：543.8，CAS号：79－94－7，白色粉末或颗粒。

作为反应型阻燃剂，可用于环氧树酯、聚碳酸酯、酚醛树酯；作为添加型阻燃剂，可用于环氧树酯、酚醛树酯．抗冲聚苯乙烯、ABS树酯、AS树酯、不饱和聚酯、聚氨酯等，同时还可以作为纸张、纤维的阻燃处理剂。

四溴双酚 A 的供应商见表 1.4.3-20。

表 1.4.3-20　四溴双酚 A 的供应商

供应商	商品名称	溴含量(≥)/%	初熔点(≥)/℃	加热减量(≤)/%(105 ℃，2 h)	说明
连云港市海水化工有限公司	四溴双酚 A	58	180	0.3	

2.3.7　十溴二苯醚（十溴联苯醚）

结构式为：

decabromodiphenyl oxide

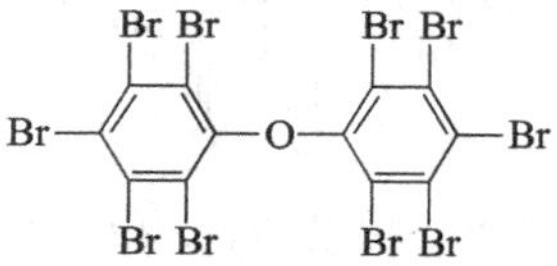

分子式：$C_{12}Obr_{10}$，相对分子质量：959.22，熔点 285 ℃，溴含量 67%～83%。

本品为添加型阻燃剂，溴含量大、阻燃效能高、热稳定性好、用途广泛。适用作 PE、PP、ABS、PBT、环氧树脂、硅橡胶、三元乙丙橡胶及聚酯纤维、棉纤维等纤维的阻燃及后整理剂。

十溴二苯醚的供应商见表 1.4.3－21。

表 1.4.3－21　十溴二苯醚的供应商

供应商	规格型号	外观	溴含量（≥）/%	挥发分（≤）/%	熔点（≥）/℃	游离溴（≤）/ppm	白度/≥	平均粒径（≤）/Mm
济南晨旭化工有限公司	优级品	白色或淡黄色粉末	82.5	0.2	300	20	92	5
	一级品					50	90	10

2.3.8　氯化石蜡、氯化聚乙烯

氯化石蜡、氯化聚乙烯的含氯量在 35%～70%左右，除具阻燃性外，还有良好的电绝缘性，并能增加制品的光泽。随氯含量的增加，其耐燃性、互溶性和耐迁移性增大。氯化石蜡的主要缺点是耐寒性、耐热稳定性和耐侯性较差。

本品即可作为增塑剂、物理防老剂，也可作为阻燃协效剂使用。

低相对分子质量（短链）氯化石蜡已列入 REACH 指令第一至第四批高度关注物质清单（SVHC）中，读者应当谨慎使用。

HG/T 2091－1991《氯化石蜡－42》适用于石蜡烃经氯化、精制后得到的含氯量为 40%～44%的工业氯化石蜡，主要用作聚氯乙烯辅助增塑剂；HG/T 2092－1991《氯化石蜡－52》适用于以平均碳原子数约为 15 的正构液体石蜡经氯化、精制后得到的含氯量为 50%～54%的工业氯化石蜡，主要用作聚氯乙烯辅助增塑剂。氯化石蜡的技术要求见表 1.4.3－22。

表 1.4.3－22　氯化石蜡的技术要求

项目	氯化石蜡－42			氯化石蜡－52		
	优等品	一等品	合格品	优等品	一等品	合格品
外观	黄色或橙黄色黏稠液体			水白色或黄色黏稠液体		
色泽（碘）（≤）/号	3	15	30	100	250	600
密度（50 ℃）/（g·cm^{-3}）	1.13～1.16	1.13～1.17	1.13～1.18	1.23～1.25	1.23～1.27	1.22～1.27
氯含量/%	41～43	40～44		51～53	50～54	50～54
黏度（50 ℃）/MPa·s	140～450	≤500	≤650	150～250	≤300	—
折射率 n_D^{20}	1.500～1.508		—	1.510～1.513	1.505～1.513	—
加热减量（130 ℃，2 h）（≤）/%	0.3		—	0.3	0.5	0.8
热稳定指数[1)] HCl（≤）/%（175 ℃，4 h，氮气 10 L/h）	0.20		0.30	0.10	0.15	0.20

注：至少半年检验一次。

氯化石蜡、氯化聚乙烯的供应商见表 1.4.3－23。

表 1.4.3－23　氯化石蜡、氯化聚乙烯的供应商

供应商	商品名称	外观	氯含量/%	密度/g·cm^{-3}（50 ℃）	50 ℃黏度（≤）/MPa·s	软化点/℃	热稳定指数（≤）/%	折射率	加热减量 130 ℃×2 h/%	粒径
川君化工	氯化石蜡－52	淡黄色黏稠液体	52±2	1.23－1.27	300		0.15	1.505－1.513	≤0.5	
	氯化石蜡－70	白色粉末	70±2			95	0.2		≤1	100 目

卤系阻燃剂还有以下几种。

四氯代邻苯二甲酸酐，Cl 含量 49.6%，熔点 256 ℃，分子结构式：

tetrachlorophthalic anhydride

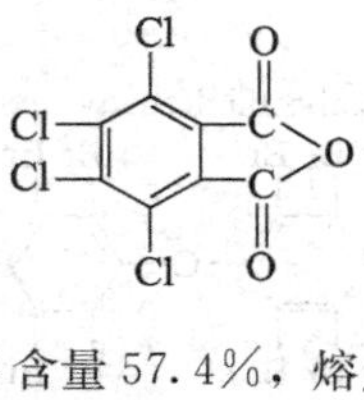

六氯桥亚甲基四氢邻苯二甲酸酐，白色结晶，Cl 含量 57.4%，熔点 240～241 ℃，分子结构式：

hexachloro－endo－methylene－tetsa hydro phthalic anhydride

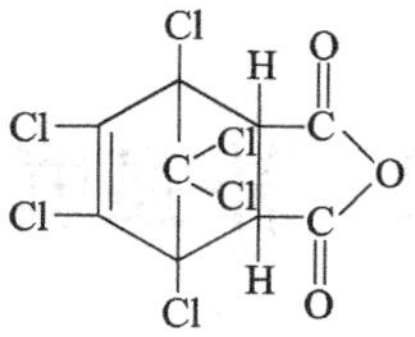

双（2，3-二溴丙基）反丁烯二酸酯（阻燃剂 FR－2），白色结晶粉末，熔点 68～68.5 ℃，分子结构式：

bis（2，3－dibromopropyl）trans－mateate

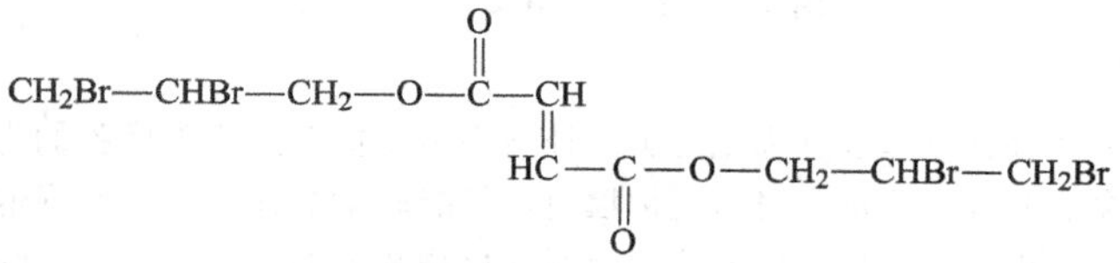

四溴乙烷，淡黄色油状液体，沸点 243.5 ℃，有低毒，应谨慎使用。

四溴丁烷，白色粉末，Br 含量大于 85%，分解温度 150 ℃，分子式：$C_4H_6Br_4$。

2，2-双（四溴-4-羟基苯基）丙烷，白色结晶粉末，熔点 181 ℃，有低毒，应谨慎使用。其分子结构式为：

2，2－bis（tetra bromo－4－hydroxy phenyl）propeme

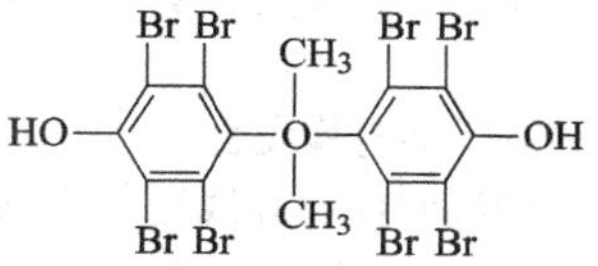

五溴乙苯，白色结晶粉末，Br 含量 79.8%，熔点 136～138 ℃，分子结构式：

pentabromoethyl benzene

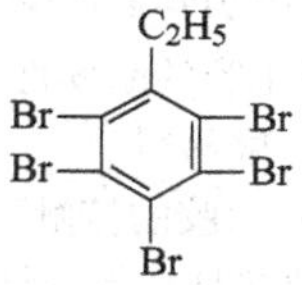

六溴联苯，鳞片状物，Br 含量 75%，熔点 67～68 ℃，分子结构式：

hexabromobiphenyl

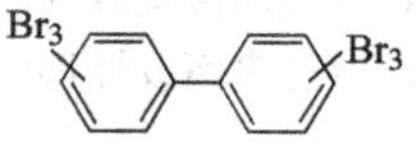

六溴苯，白色结晶粉末，Br 含量 86.9%，熔点 315～320 ℃，分子结构式：

hexabromo－benzene

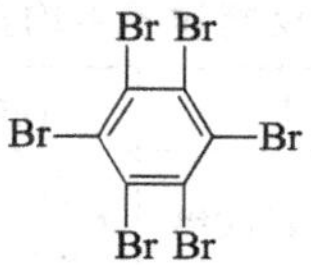

全氟环五癸烷，白色结晶粉末，熔点 485 ℃，相对密度 2.015～2.025 g/cm^3。

2.4　复合阻燃剂

复合阻燃剂的供应商见表 1.4.3－24。

表 1.4.3－24　复合阻燃剂的供应商

供应商	商品名称	外观	有效成分 /%	水分 /%	筛余物（325 目） /%	说明
川君化工	复合阻燃剂	灰白色粉末	≥30	≤1.0	≤1.0	无机阻燃剂，可替代 Sb_2O_3，无毒。

第五章　补强填充材料

第一节　概　　述

补强填充材料按其作用可分为补强型和非补强型两类。补强型填充材料能改善橡胶的力学性能，从而改善橡胶制品的使用性能，延长制品的使用寿命。非补强型填充材料简称填料，仅能起增容作用，起到降低橡胶制品生产成本的目的。补强型填充材料主要包括炭黑、白炭黑、硅酸盐、碳酸盐、金属氧化物及某些有机物；非补强型填充材料主要包括天然无机矿物材料及其改性产品、金属氧化物和氢氧化物等。

除天然橡胶（NR）和氯丁橡胶（CR）等少数自补强橡胶品种外，大部分合成橡胶在不填充补强填料的情况下性能较差，单独使用的价值不大。补强填料在橡胶加工中具有重要而又独特的作用。它可以提高橡胶的力学性能，对非自补强型胶种如丁苯橡胶（SBR）、丁腈橡胶（NBR）等更是不可或缺；可以满足胶料加工工艺要求，减小胶料的收缩率，有利于成型，并有助于胶料在硫化后的形状和尺寸保持稳定；有些品种还具有其他作用，如阻燃、导电、耐热等；可以降低胶料成本。

橡胶对补强填料的要求：1）表面化学活性较强，能与橡胶良好结合，改善硫化胶的物理性能、耐老化性能和黏合性能；2）化学纯度较高，粒子均匀，对橡胶有良好的湿润性和分散性；3）不易挥发，无臭、无味、无毒，有较好的存储稳定性；4）用于白色、浅色和彩色橡胶制品的填料要求不污染、不变色；5）价廉易得。

橡胶也可以用树脂补强，应用比较成熟的主要有酚醛树脂、高苯乙烯树脂、木质素、石油树脂、古马隆树脂等。橡胶和树脂的共混要求为：1）溶解度参数相近，一般要求橡胶与树脂的溶解度参数之差不大于 1；2）共混温度不低于树脂的软化点；3）共混设备以密炼机或双螺杆挤出机为宜，因为它们能满足共混时的温度要求。

橡胶对填料的要求：1）具有化学惰性，不影响硫化胶的耐候性、耐酸碱性和耐水性；2）不明显降低硫化胶的力学性能；3）在橡胶中易混入、易分散，可大量填充；4）价廉易得。

一般来说，补强填料粒径越小，比表面积越大，和橡胶的接触面积也越大，补强效果越好。

固体粉料分无定型和结晶型两类，结晶型又分异轴结晶和等轴结晶两种。异轴结晶（片形或针形等）三轴有显著差异，各向异性；等轴结晶（球形）三轴相似，各向同性。在常用填料中，陶土、石墨属异轴结晶，碳酸钙属等轴结晶。颗粒形状以球形较好，片形或针形填料在硫化胶拉伸时容易产生定向排列，导致硫化胶永久变形增大，抗撕裂、耐磨性能下降。

粉体填料混入橡胶中，粒子被橡胶分子包围，粒子表面被橡胶湿润的程度对补强效果有很大影响。不易湿润的颗粒在橡胶中不易分散，容易结团，降低其补强效能，可以通过表面改性得以解决。

一、填料的粒子平均直径、比表面积

几种补强填充材料的粒子平均直径、比表面积的典型值见表 1.5.1-1。

表 1.5.1-1　补强填充材料粒子平均直径、比表面积的典型值

<table>
<tr><th rowspan="2">项目</th><th rowspan="2">N330</th><th rowspan="2">N660</th><th rowspan="2">气相法
白炭黑</th><th colspan="2">沉淀法</th><th colspan="3">高岭土的粒径分布</th><th colspan="5">碳酸钙的粒径范围</th></tr>
<tr><th>白炭黑</th><th>硅酸铝</th><th>粒径
w/%</th><th>硬质
陶土</th><th>软质
陶土</th><th>项目</th><th>白艳
华O</th><th>白艳
华A</th><th>轻钙</th><th>重钙</th></tr>
<tr><td>低温氮吸附测定的比表面积 m^2/g</td><td>78</td><td>35</td><td>100—500</td><td>40—250</td><td>60—180</td><td>>5 μm</td><td>3</td><td>20</td><td>粒径
/μm</td><td><0.02</td><td>0.1—1</td><td>1—5</td><td>25</td></tr>
<tr><td>粒径（算术平均）nm</td><td>26—30</td><td>49—60</td><td>7—16</td><td>15—100</td><td>20—50</td><td>2—5 μm</td><td>7</td><td>20</td><td colspan="5">其他</td></tr>
<tr><td>DBP 吸油值 $cm^3/100\ g$</td><td>102</td><td>90</td><td>—</td><td>175—285</td><td>170—220</td><td><2 μm</td><td>90</td><td>60</td><td>项目</td><td colspan="2">滑石粉</td><td>天然
硫酸钡</td><td>沉淀
硫酸钡</td></tr>
<tr><td>PH 值</td><td></td><td></td><td>3.6—4.3
在 4%
水溶液中</td><td>6—9
在 5%
水溶液中</td><td>10—12
在 5%
水溶液中</td><td></td><td></td><td></td><td>粒径
/μm</td><td colspan="2">2—6</td><td>15</td><td>0.2—5</td></tr>
</table>

注：详见《橡胶工业手册．第三分册．配方与基本工艺》，梁星宇等，化学工业出版社，1989 年 10 月（第一版，1993 年 6 月第 2 次印刷），P213 表 1-232、P237 表 1-251、P243 表 1-264。

二、不同填料的特殊性能

填料在降低制品成本的同时，可普遍提高其硬度和耐热性。对有些填料而言，还可赋予硫化胶以其他特殊性能，不同填料具有的特殊性能如表 1.5.1－2 所示。

表 1.5.1－2　不同填料具有的特殊性能

性能	填料品种
耐热	铝矾土（水合氧化铝）、石棉、硅灰石、碳酸钙、硅酸钙、炭黑、玻璃纤维、硅酸铝纤维、高岭土、煅烧陶土、云母、氮化硅、氮化硼及滑石粉等
耐化学药品	铝矾土、石棉、云母、滑石粉、高岭土、玻璃纤维、炭黑、硅灰石、煤粉等，其中硫酸钡、二氧化硅可增加耐酸性
电绝缘	石棉、硅灰石、煅烧高岭土、α-纤维素、棉纤维、玻璃纤维、云母、二氧化硅、滑石粉及木粉等
抗冲击	纤维素、棉纤维、中空玻璃微珠及黄麻纤维等
减震	云母、石墨、铁素体、钛酸钾、硬硅钙石、石墨纤维
润滑	滑石粉、二硫化钼、氮化硼（六方晶形）、聚四氟乙烯粉末、尼龙粉末、石墨、氟化石墨等
导热	炭黑、石墨、碳纤维（沥青系）、铝粉、硫酸钡、硫化铝、氧化铝、氧化铜、氧化镁、氧化铍（高毒）、氮化硼、氮化铝、青铜粉（铜锡合金复合体）等
导电	导电炭黑、石墨、碳纤维、金属粉及纤维、镀金属纤维、镀金属玻璃微珠、导电性氧化物（SnO_2 及 ZnO、氧化钼）等
电磁性	钡铁氧体、锶铁氧体及钐钴类（Sm－Co）、钕铁硼（Nd－Fe－B）、钐铁氮类（SmFeN）镍钴类（ALNiFe 和 AL－Ni－Co－Fe）稀土等
压电性	钛酸钡、锆钛酸铅（PZT）、酒石酸钾钠、磷酸二氢铵、人工石英、碘酸锂、铌酸锂、氧化锌及水晶等
阻燃	三氧化二锑、氧化钼、氧化铜、氧化锌、氢氧化铝、氢氧化镁、硼酸锌及水滑石等
脱臭	活性白土、沸石等
防辐射	铅粉、铝粉、硫酸钡、无水硼酸等
吸湿	氧化钙和氧化镁等
消光	二氧化硅、滑石粉、云母等
增重	金属及其化合物、硫酸钡（重晶石）等
隔音	石棉、氧化铁、铅粉、硫酸钡、重晶石
光散射、反射	小玻璃珠、玻璃片、铝箔
磨料	白炭黑、浮石等无机填料（用于擦字橡皮、砂轮、抛光轮等）

部分导热填料的导热系数见表 1.5.1－3。

表 1.5.1－3　部分导热填料的导热系数

填料	导热系数 W/(m. K)	填料	导热系数 W/(m. K)	填料	导热系数 W/(m. K)
$\alpha-Al_2O_3$	29.3	$\beta-Si_3N_4$	20.9	Al	234.5
BeO	251.2	h－BN	28.9	Fe	67.0
AlN	209.3	Ag	418.7	玻璃	1.17
SiC	268.0	Cu	355.9	云母	0.59
MgO	41.9	Au	297.3		

部分导电填料的体积电阻率见表 1.5.1－4。

表 1.5.1－4　部分导电填料的体积电阻率

填料	体积电阻率/Ω. cm	填料	体积电阻率/Ω. cm	填料	体积电阻率/Ω. cm
炭黑	0.10～10	金粉	1.72×10^{-6}	铝薄片	2.9×10^{-6}
超细植物炭黑（EC）粉	0.102	镍粉	7.24×10^{-6}	碳纤维	$(0.7\sim1.8)\times10^{-3}$
乙炔炭黑	0.170	不锈钢粉	7.20×10^{-6}	铝丝	2.9×10^{-6}
石墨粉 C	0.03	TiO_2-SnO_2	1～100	黄铜纤维	$(5\sim7)\times10^{-6}$
银粉 O	1.62×10^{-6}	导电氧化锌	$\geqslant10^2$		

三、填料的光学性质

复合固体材料的反射率 $R=[(n_1-n_2)/(n_1+n_2)]^2$

n_1、n_2 是材料 1、材料 2 的折射率。

制造高透光率的橡胶制品，选用填料时需选用与橡胶折射率相近的填料，这样硫化胶中反射、折射较少，透明性好。表 1.5.1－5 列示了部分填料的折射率。

表 1.5.1－5　部分填料的折射率

填料名称	折射率	填料名称	折射率	填料名称	折射率	填料名称	折射率
沉淀法白炭黑	1.44～1.50	硅酸钙（含水）	1.47～1.50	滑石	1.54～1.59	氢氧化镁	1.54
陶土	1.55～1.57	石棉	1.60～1.71	氧化锌	2.01～2.03	硫化锌	2.37～2.43
轻钙	1.53～1.69	三氧化二铝	1.56	氧化锆	2.4	碱式碳酸锌	1.7
白云石	1.51～1.68	二氧化钛	2.52～2.76	三氧化二锑	2.09～2.29	氧化镁	1.64～1.74
叶腊石	1.53～1.60	立德粉	1.94～2.09	硅藻土	1.52		
云母	1.55～1.59	硫酸钡	1.64～1.65	碱式碳酸镁	1.50～1.53		

四、填料在并用体系中的分布

部分文献提到，在多胶种并用的体系中，炭黑、白炭黑等橡胶配合剂在各胶相中的分布是不均衡的，它们会因橡胶种类、黏度、与配合剂的亲合性，以及配合剂种类、用量以及混炼条件等不同而异，并对共混胶的性能产生重要影响。沉淀法白炭黑，因表面含—OH 较多，易与天然橡胶中蛋白质成分结合，而集中于天然橡胶中。聚丁二烯橡胶因柔软性大和不饱和度高与炭黑的结合力最强；丁基橡胶因不饱和度低与炭黑的结合力最弱。橡胶与炭黑的亲合性按下列顺序递减：

聚丁二烯橡胶＞丁苯橡胶＞氯丁橡胶＞丁腈橡胶＞天然橡胶＞三元乙丙橡胶＞丁基橡胶

但是，以上论述缺乏实验支持。单纯以材料亲合性解释填料在不同橡胶相中的分散性是不合理的，填料在不同橡胶相中的分散更多取决于橡胶的相对分子质量、门尼黏度、非橡胶成分等因素。

第二节　炭　　黑

一、概述

炭黑是准石墨晶体，晶格中碳原子有很小的对称结构，但不象石墨晶体那样整齐排列，将炭黑在没有氧的情况下加热至 2700 ℃时，炭黑则转变成石墨。炭黑石墨化后，粒子直径和结构形态无大变化，微晶的尺寸变大，化学活性下降，与橡胶的结合能力下降，补强能力下降。

橡胶用炭黑的主要生产原料为煤焦油，乙烯焦油，蒽油，天然气，高炉煤气等等。炭黑的生产工艺有炉法、喷雾法、灯烟法、槽法、滚筒法、混气法、热裂法、乙炔法和等离子体法，其中炉法、喷雾法、灯烟法、槽法、滚筒法、混气法为不完全燃烧法，热裂法、乙炔法和等离子体法为热裂解法。目前灯烟法炭黑主要用作涂料着色剂，滚筒法和混气法炭黑主要用于油漆和油墨用色素炭黑，乙炔法炭黑主要用于干电池生产，其他生产工艺方法均在生产橡胶用炭黑中应用。

炉法是在反应炉内，原料烃（液态烃、气态烃或其混合物）与适量空气形成密闭湍流系统，通过部分原料烃与空气燃烧产生高温使另一部分原料烃裂解生成炭黑，在燃烧区域裂解区的下游处采用水急冷来迅速下降温度和终止反应，然后将悬浮在烟气中的炭黑冷却、过滤、收集、造粒成成品炭黑的方法。其中，以气态烃（天然气或煤层气）为主要原料的制造方法称为气炉法（主要产品为软质炭黑），以液态烃（芳烃重油，包括催化裂化澄清油、乙烯焦油、煤焦油馏出物等）为主要原料的制造方法称为油炉法。油炉法由于具有工艺调节方法多、热能利用率高、能耗小及成本低等特点，已成为主要的炭黑制造方法。改变工艺过程参数，如反应器尺寸、原料溶入反应器的方式、原料流速、空气流速、反应温度、加入添加剂和急冷位置，可以获得基本性能各异的炭黑。

喷雾法的原料油是从反应炉的上游端用机械雾化喷嘴喷入的，这种制造方法由前苏联开发。喷雾炭黑具有粒子大、结构极高、填充胶料强度中等和永久变形很小的特点，特别适用于橡胶密封制品。

槽法是在自然通风的火房内，天然气或煤层气通过数以千计的瓷质火嘴与空气进行不完全燃烧而形成鱼尾形扩散火焰，通过火焰还原层与缓慢往复运动的槽钢接触使裂解生成的炭黑沉积在槽钢表面，然后由漏斗上的刮刀将炭黑刮入漏斗内，经螺旋输送器输出、造粒而制成成品炭黑的方法。槽法炭黑补强性能优异，特别适用于 NR，曾在橡胶工业中大量应用。但由于原料气涨价及生产造成的环境污染问题严重，其已在 20 世纪 70 年代基本停产。但槽法炭黑是唯一可用于与食品接触的橡胶用炭黑品种，目前在亚美尼亚还有一家工厂生产。

热裂法是一种不连续的炭黑制造方法，每条生产线设置 2 个内衬耐火材料的反应炉。生产时，先在一个反应炉内通入天然气和空气并燃烧，待反应炉达到一定温度后停止通入空气，使天然气在隔绝空气的条件下热裂解生成炭黑。在该反应炉进行裂解反应时另一个反应炉开始燃烧。每个反应炉均在完成裂解反应且温度降到一定程度后再燃烧加热，如此循环生产。生产出的炭黑与烟气一起冷却，然后将收集到的炭黑进行造粒处理。热裂法炭黑是粒子最大、结构最低的炭黑品种。热裂法炭黑填充的胶料强伸性能较低，但弹性高、硬度和生热低、电导率小，且热裂法炭黑的填充量大，其适用于轨枕垫等要求弹性高、生热低和绝缘性能好的橡胶制品。另外，热裂法炭黑的碳含量大和纯度高，可用于硬质合金、碳素制品的生产。

等离子体法是用等离子体发生器加热反应炉，使其达到极高温度来裂解原料烃（气态烃、液态烃或固态烃）以连续生产炭黑的方法。该法具有以下优点：1）不用原料和燃料加热反应炉，原料烃的利用率高，且可以使用芳烃含量不高的油，能缓解燃料和原料短缺的问题；2）裂解产生的氢气可作化工原料或汽车清洁燃料；3）不产生和排放一氧化碳、二氧化碳、二氧化硫、一氧化氮和二氧化氮等有害废气，有利于环境保护；4）裂解反应生成的尾气少，可以降低炭黑收集系统的投资和运转费用；5）反应炉可达到的温度高且范围宽，有利于产品的多样化。但等离子体法生成炭黑的氛围和产品性质与常规方法相差较大，此法尚处于研发阶段。目前已开发出氮吸附比表面积为 $52\times10^3\sim90\times10^3$ m^2/kg、DBP 吸收值为 $90\times10^{-5}\sim250\times10^{-5}$ m^3/kg、表面没有孔隙且填充胶料物理性能接近常规炭黑的等离子体法炭黑。等离子体法有可能成为今后炭黑生产技术的发展方向之一。

炭黑造粒是经济运输炭黑并使炭黑在散装容器和输送设备中顺畅流动的需要。造粒后的炭黑颗粒必须具有足够的强度，以防止在运输和搬运过程中发生破碎；但同时炭黑颗粒又必须脆弱易碎，以便在胶料的混炼过程中被粉碎并分散。炭黑团块强度（ASTM D 1937）反映了炭黑在散装运输过程中的流动性。炭黑按造粒方法可以分为干法造粒炭黑和湿法造粒炭黑，其中干法造粒工艺造粒效率低，高结构炭黑造粒困难，颗粒坚牢度差，细粉含量多，污染严重，已被逐步淘汰；炭黑湿法造粒是将粉状炭黑与适量的水和粘结剂（少量木质素）在造粒机中搅拌使之粒化，然后将湿法炭黑粒子送入回转干燥机进行干燥，除去水分后制得，湿法造粒粒子便于运输和解决污染。

炭黑的粒径（或比表面积）、结构性和表面活性，一般认为是炭黑的三大基本性质，通常称为补强三要素。

炭黑粒子的大小通常用平均粒径或比表面积表示。橡胶用炭黑的平均粒径一般在 11～500 nm 之间。炭黑的粒径越小（比表面积越大），补强性能越好。测定方法主要有电子显微镜法、低温氮吸附法、碘吸附法以及大分子吸附法。对于经过脱挥发分（837 ℃×1 h）的炭黑来说，碘吸附法所测得的比表面积与其他方法测得的结果一致；如果炭黑未经脱挥发分，则所得结果会受残留在炭黑表面上的油的影响。一般来说，非特种炭黑其氮吸附法测得的比表面积与由电镜显微照片测得的粒子大小之间存在对应关系，由于氮吸附法测定比表面积容易且准确，因此常用它来替代粒子大小的测定。橡胶用炭黑粒径范围在 11～500 nm 之间，比表面积的数值范围为 10～150 m^2/g。

炭黑粒子直径可以由显微照片直接测得，为了得到具有代表性的平均值，必须测量许多粒子，它们的定义常常含糊不清，而且，这样的测量也极为费时。因此，常采用测定着色强度等方法来估算粒子大小。着色强度测定是将炭黑样品与氧化锌及环氧化大豆油相混合，制成黑色或灰色糊状物，然后将此糊状物展开成适于用光电反射仪测量混合物反射率的表面，然后再将测得的反射率与含工业着色参比炭黑糊状物的反射率相比较。当粒子大小一定时，高结构炭黑的着色强度较低。从着色强度和炭黑结构与由电子显微照片测得的粒子大小相关联的统计公式中，可求得平均粒子的大小。

炭黑的比表面积有外表面积、内表面积和总表面积（外表面积和内表面积之和）之分。炭黑粒子在形成过程中，因粒子表面受高温氧化侵蚀形成极细的微孔，这种微孔可以延伸到炭黑粒子的内部。微孔使炭黑的比表面积提高，但由于微孔极细，橡胶分子难以进入。炭黑表面所形成的微孔的多少，定义为炭黑粒子的空隙度（即表面粗糙程度），通常用用 BET 法（即低温氮吸附法）测得的总比表面积与用 CTAB 法（即大分子吸附法，溴化十六烷基三甲基铵）测得的外比表面积之比值来表征。通常要求炭黑表面粗糙度小些，即微孔少些，表面光滑些，对补强有利。一般炉黑表面粗糙度小于槽黑，新工艺炭黑小于普通工艺炭黑。

GB 3778－2011《橡胶用炭黑》参考美国材料与试验协会标准 ASTM D 1765：2005《橡胶用炭黑标准分类系统》，规定橡胶用炭黑命名系统由四个字符组成。第一个字符为 N 或 S，表示炭黑在标准胶料中对硫化速度的影响。N 表示炉法炭黑典型的正常硫化速度，炭黑未经过改变胶料硫化速度的特殊处理；而 S 表示缓慢硫化速度，用于槽法炭黑或已经过降低胶料硫化速度的改性处理的炉法炭黑。N 及 S 符号后有三个数，其中第二位和第三位是任意指定的阿拉伯数字，代表各系列中不同牌号间的区别。第一位数字表示用氮吸附表面积方法测定的炭黑的平均表面积，炭黑按表面积被分成十个组，每组指定一个数字代表，详见表 1.5.2－1。

表 1.5.2－1　炭黑分组

组号	平均氮吸附表面积/$\times10^3$ $m^2\cdot kg^{-1}$
0	＞150
1	120～150
2	100～120
3	70～99
4	50～69
5	40～49

续表

组号	平均氮吸附表面积/$\times 10^3$ $m^2\cdot kg^{-1}$
6	33～39
7	21～32
8	11～20
9	0～10

注：某些炭黑在建立表面积分类系统之前已经被命名，因而其表面积有可能落在指定范围之外。

炭黑的结构度是指炭黑链枝结构的发达程度，也就是炭黑粒子连接成长链并熔结在一起成为聚集体的倾向，通常用单位质量炭黑中聚集体之间的的空隙体积来描述炭黑的结构性。测定这些空隙有两种方法，一种是通过测定填充这一空隙所需要的邻苯二甲酸二丁酯（DBP）的体积，即 DBP 吸油值来表征；另一种是测定其可压缩性，例如空隙容积试验。DBP 吸油值的测定结果受造粒机中对炭黑所作功的大小不同而有所变化，一般来说，增大造粒机的速率，可降低 DBP 吸油值。受压 DBP 试验和空隙容积试验，其试验结果则很少受造粒机工作速率的影响。所谓空隙容积试验，是对经过计量的一定量的炭黑进行恒压压缩，由压缩后的尺寸来计算炭黑颗粒的比容积，然后再减去被碳所占据的容积（由氦密度确定），得到空隙容积。炭黑的 DBP 吸油值范围为 0.3～1.5 cm^3/g，DBP 值越高，表示炭黑结构越高，胶料定伸应力和硬度增加，混炼工艺性能改善。炭黑的结构性通常是指炭黑的一次结构，但也含二次结构的问题。炭黑的一次结构称为聚集体，又称为基本聚熔体或原生结构，是炭黑的最小结构单元，通过电子显微镜可以观察到这种结构。这种结构在橡胶的混炼及加工过程中，除小部分外，大部分被保留，所以可视其为在橡胶中最小的分散单位，因此又称为炭黑的稳定结构。这种一次结构对橡胶的补强及工艺性能有着本质的影响。炭黑的二次结构又称为附聚体、凝聚体或次生结构，在炭黑的收集和造粒过程中形成，是炭黑聚集体间以范德华力相互聚集形成的空间网状结构，这种结构不太牢固，在与橡胶混炼时易被碾压粉碎成为聚集体。根据石墨结晶模型来描述炭黑的结构，聚集体的结构层次为：

元素碳→碳核（六边形）→多核层面→炭黑微晶→炭黑粒子→炭黑的一次结构（聚集体）→炭黑的二次结构（附聚体）

炭黑的结构性与炭黑的品种及生产方法有关，采用高芳香烃油类生产的高耐磨炉黑，有较高的结构性；瓦斯槽黑只有 2～3 个粒子熔聚在一起；而热裂法炭黑几乎没有熔聚现象，其粒子呈单个状态存在。一般将炭黑结构性分为低结构、正常结构和高结构三种。低结构炭黑的每个聚集体可能平均包含 30 个炭黑粒子，而高结构炭黑每个聚集体（横向分布）平均含有的炭黑粒子数可多达 200 个。

炭黑根据其分散性可被分为三类，分别对应着 DBP 吸收值－比表面积图中的 3 个区域，如下图所示。

高结构炭黑含有较多可被橡胶渗入的空隙，因此。混合需要较长时间，但一旦混入，其分散速度较低结构炭黑快。如图 1.5.2－1 所示，比表面积小而结构度高的炭黑（区域Ⅲ）在混炼中容易分散，区域Ⅱ中的炭黑的分散性明显降低，区域Ⅰ中的低结构、高比表面积炭黑采用常规工艺很难分散。

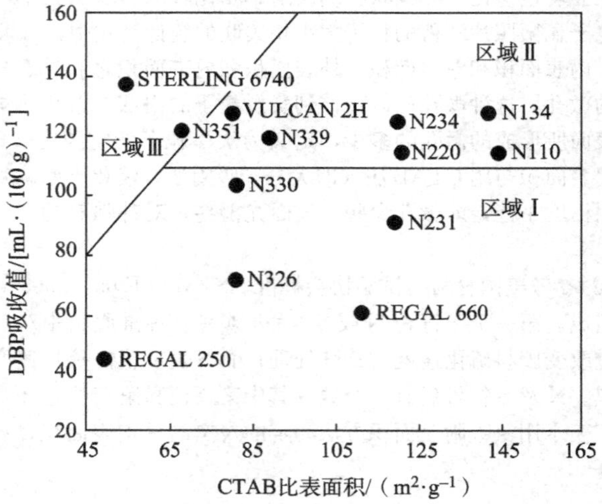

图 1.5.2－1　炭黑形态分布

炭黑的 DBP 吸油值是控制胶料耐磨性能最关键的参数之一。

炭黑粒子表面化学性质与炭黑的化学组成和炭黑粒子的表面状态有关。炭黑主要是由碳元素组成的，含碳量为 90～99%，还有少量氧、氢、氮和硫等元素，其他还有少许挥发分和灰分，构成了炭黑的化学组成。因为碳原子以共价键结合成六角形层面，所以炭黑具有芳香族的一些性质。炭黑表面上有自由基、氢、羟基、羧基、内酯基、醌基等。其中的羟基、羧基、酯基及醌基等含氧基团对炭黑水悬浮液的 PH 值有重要作用，含量高，PH 值小，可延长焦烧时间，减慢硫化速率并使最佳硫化状态下的模量较小，反之亦然。例如槽法炭黑水悬浮液的 PH 值在 2.9～5.5 间，炉法炭黑 PH 值一般在 7～10 间。炭黑粒子表面的化学基团在混炼过程中会与橡胶反应，使结合橡胶增加，从而对硫化胶的某些性能产生影响。

炭黑的其他性质包括炭黑的光学性质、炭黑的密度、导电性等。炭黑密度有真密度和视密度之分，炭黑的倾注密度为视密度，对炭黑的加工及贮运有实际意义。炭黑是一种半导体材料，常用电导率或电阻率表示它的电性能，一般来说，粒子越小，结构度越高，导电性能越好，所以高结构炭黑较正常结构或低结构炭黑具有更好的导电性；炭黑表面粗糙度也影响炭黑的导电性，表面粗糙的炭黑其导电性增加。若通过在惰性气体环境中加热炭黑去除含氧基团，则会使导电性明显减小。

炭黑的纯度通常通过甲苯脱色试验、灰分试验、筛余物试验和含硫量试验判别。甲苯脱色试验可粗略估计炭黑中的可萃取物质的含量，这类萃取物主要为无侧链的稠环芳烃。灰分的形成大多数是因急冷用水和造粒用水中的盐和炭黑原料中的非烃类杂质所致。筛余物（或称筛留残渣）是一类粒径达到能残留在325目筛网上的杂质，其主要来源是反应器中形成的焦炭，反应器中浸蚀下来的难熔碎片，以及从加工设备上脱落下来的金属碎屑。炉黑中的硫来自于炭黑原料，硫含量最高可达2%，大多数以化学结合的形式存在，硫含量不超过1.5%的炭黑不影响橡胶的硫化速率。氧以化学结合的方式存在于炭黑的表面，而氢则分布在整个炭黑颗粒中。

按制造方法分类的炭黑的主要特点为：1）接触法炭黑：包括槽法炭黑、滚筒法炭黑和圆盘法炭黑，含氧量大（平均可达3%），呈酸性，灰分较少（一般低于0.1%）。2）炉法炭黑：含氧量少（约1%），呈碱性，灰分较多（一般为0.2%～0.6%）。3）热裂法炭黑：包括天然气和乙炔的热裂解法炭黑，粒子粗大，补强性低，含氧量低（不到0.2%），含碳量达99%以上，主要用于制造导电聚合物和电池。4）新工艺炭黑：通过调整传统炭黑的粒径分布、聚集体结构、表面化学性质，促进炭黑的可加工性、补强性和其他性能的平衡。

炭黑还可以按其作用分为：1）硬质炭黑：粒径在40 nm以下，补强性高的炭黑，如超耐磨、中超耐磨、高耐磨炭黑等；2）软质炭黑：粒径在40 nm以上，补强性低的炭黑，如半补强炭黑、热裂法炭黑等。

二、普通工艺炭黑

N100系列炭黑也称超耐磨炉黑，粒径11～19 nm，在橡胶用炭黑中其粒径最小，比表面积最大，着色强度最高，补强作用最显著，能赋予硫化胶最好的耐磨性，属于硬质炭黑。缺点是混炼能耗高，分散困难，压延压出不易，抗龟裂和耐热性能不好，加上成本高，应用受到限制，通常仅用于轮胎胎面及其他耐磨橡胶制品。

N200、S200系列炭黑也称中超耐磨炭黑，粒径为20～25 nm，在橡胶用炭黑中其粒径比较小，比表面积比较大，着色强度比较高，补强作用比较好，属于硬质炭黑。缺点是混炼能耗比较高，不易分散，胶料升温快。主要用于轮胎胎面及输送带覆盖胶等要求耐磨的制品。S212也称为中超耐磨代槽炉黑，其粒径为20～25 nm，pH值为3.5～5.5，用油炉法生产，具有槽黑性质，故称为“代槽炉黑”。S212用法类似槽黑，在丁基橡胶和其他不饱和度低的橡胶中补强性能优于一般炉黑，用于黏合胶料有利于橡胶和钢丝帘线的黏合。

N300、S300系列炭黑也称高耐磨炭黑，粒径为26～30 nm，属于硬质炭黑，能兼顾耐磨性和加工性能的要求，是应用最广泛的炭黑品种。主要用于轮胎胎面。其中S300为易混槽黑（EPC），S301为可混槽黑（MPC）。与炉黑相比，槽黑呈酸性，挥发分较高，对硫化有迟延作用。槽黑加工性能不如炉黑，但有较高的拉伸强度和伸长率，抗撕裂和抗割口性能较好，定伸应力和耐磨性不如炉黑，老化性能也比炉黑差。槽黑多用于越野车轮胎胎面和高性能橡胶制品。S315也称为高耐磨型代槽炉黑，其粒径为26～30 nm，pH值为3.5～5.5，用油炉法生产，具有槽黑性质，故称为“代槽炉黑”。S315用法类似槽黑，在丁基橡胶和其他不饱和度低的橡胶中补强性能优于一般炉黑，用于黏合胶料有利于橡胶和钢丝帘线的黏合。

N400系列炭黑也称导电炭黑，粒径为31～39 nm。该系列中的N472是强导电炭黑，具有很高的比表面积和结构，补强作用不很好。适用于飞机轮胎、导电元件及需要消除静电的橡胶制品。该系列炭黑在新的国标中不再列入橡胶用炭黑。

N500系列炭黑粒径40～48 nm，具有中等补强性能和很好的加工性能，特别是赋予胶料较好的挺性和良好的压出性能，故称为快压出炉黑。补强性能优于其他软质炭黑，耐磨性能比槽黑好，胶料耐高温性能及导热性能良好，特别是弹性和复原性好。常用于轮胎帘布层胶、胎侧胶、内胎及压延压出制品，特别是丁基内胎胶料。

N600系列炭黑也称通用炉黑，粒径为49～60 nm，具有中等补强性能和较好的工艺性能，在胶料中易分散，硫化胶撕裂强度和定伸应力较高，耐屈挠、弹性好，但伸长率稍低。主要用于轮胎帘布层胶、内胎、胶管等橡胶制品。

N700系列炭黑也称半补强炉黑，粒径为61～100 nm，具有中等补强性能和良好的工艺性能，赋予胶料良好的动态性能和较低的生热性，大量填充时不会明显降低胶料的弹性。适用于轮胎帘布层胶、内胎、自行车轮胎、减震制品及压出制品。

N900系列炭黑，粒径为200～500 nm，也称为中粒子热裂法炭黑，在橡胶用炭黑中粒径最大，比表面积最小，结构最低。其特点是可以大量填充，胶料加工性能好，硬度低、弹性高、生热低、变形小，耐屈挠、耐老化性能好，但拉伸强度低。适用于丁基内胎、减震制品、电缆及耐油、耐热制品。

天然气半补强炭黑，pH值为8.0～10.5，是除热裂法炭黑之外粒径最大（80～170 nm），结构最低的炭黑品种。其硫化胶伸长率高、生热低、弹性高、耐老化性能良好，多用于轮胎胎体的缓冲层和帘布层胶料以及胶管、电线电缆等压出制品，在胶料中可以大量填充，可代替热裂法炭黑使用。

混气炭黑，pH值为2.9～3.5，是以粗蒽油或蒽油、防腐油为原料，经熔化、汽化后和经预热的焦炉煤气（或发生炉煤气、天然气、煤层气）混合，然后进入和槽法炭黑生产相似的火房中燃烧、裂解，生成炭黑，部分炭黑从槽钢冷却面上收集，另一部分悬浮在烟气中用袋滤器收集，再经混合造粒制得。混气炭黑硫化胶的拉伸强度、伸长率稍低于天然气槽法炭黑，耐磨性与之相当，定伸应力略高。混气炭黑主要用于以天然橡胶和异戊橡胶为主的大型轮胎和越野轮胎胎面胶料，以及其他需要较高强伸性能的橡胶制品中，也可作为着色剂用于油墨、涂料和塑料中。

喷雾炭黑，pH值为8.0～10.0，是以页岩原油为原料，经喷嘴雾化后，供以适量的空气，在特制的反应炉内，于一定的高温下燃烧、裂解制得。喷雾炭黑具有粒子大、结构极高、填充胶料强度中等和永久变形很小的特点，特别适用于橡胶密封制品。

不同胶种通常选用的炭黑品种见表 1.5.2-2。

表 1.5.2-2　胶种与炭黑品种的选用

胶种	SAF	ISAF	HAF	槽黑	FEF	SRF	GPF	热裂法炭黑	FF	HMF
天然橡胶	△	△	△	△	△	△	△	△	△	△
丁苯橡胶	△	△	△	△	△	△	△	△	△	△
丁基橡胶				△	△	△	△			
氯丁橡胶				△	△	△	△	△		
丁腈橡胶				△	△	△	△	△		
丙烯酸酯橡胶					△	△	△			
氯磺化聚乙烯				△	△	△				
顺丁橡胶		△	△	△	△	△				
异戊橡胶		△	△	△	△	△				
聚醚橡胶					△					
乙丙橡胶	△	△	△	△	△	△	△			
聚氨酯橡胶			△			△				
氟橡胶			△	△				△		

注：△为通常选用。

橡胶制品物化性能、加工性能与炭黑品种选用的一般关系如图 1.5.2-2 所示。

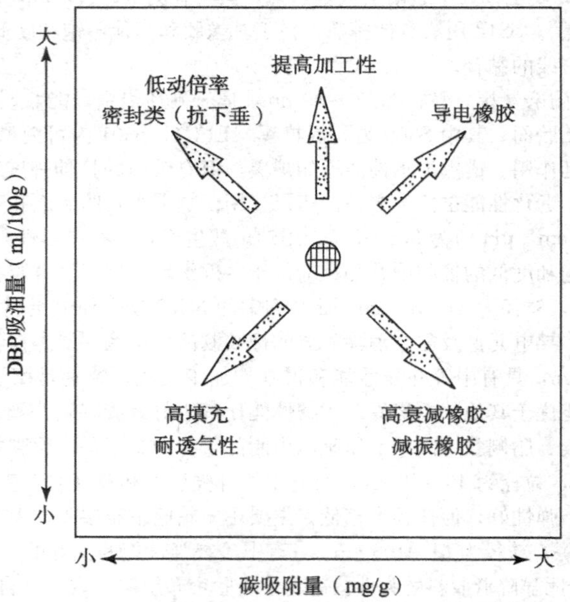

图 1.5.2-2　橡胶制品物化性能、加工性能与炭黑品种的关系

三、新工艺炭黑[1]

新工艺炭黑主要包括低滞后炭黑、反向炭黑、低吸碘值高耐磨炭黑、CRX^{TM}1436 炭黑和炭黑/白炭黑双相填料等。

3.1　低滞后炭黑

低滞后炭黑的特征是聚集体粒径分布相对较宽，结构较高，着色强度较低，主要品种有美国 Sid Richardson 公司生产的胎面用炭黑（SR129）和非胎面用炭黑品种（SR401），大陆炭公司生产的 LH10、LH20 等品种，以及中橡集团炭黑工业研究设计院的 DZ—11、DZ—13、DZ—14。低滞后炭黑补强的橡胶胶料，其特点是定伸应力和弹性较高，滞后和生热较低，混合比较容易，具有良好加工性能。低滞后炭黑 SR129、SR401 与常规炭黑的比较如图 1.5.2-3 和图 1.5.2-4 所示。

部分高性能低滞后新工艺炭黑如 N134、N358 等已列入 GB 3778 与 ASTMD1765 中。

低滞后炭黑与常规炭黑的比较见表 1.5.2-3。

表 1.5.2-3　低滞后炭黑与常规炭黑的比较

项目	SR129	N121	N234	SR401	N330	N550
吸碘值/g·kg^{-1}	117	121	120	58	82	43
吸油值/cm^3·g^{-1}	1.40	1.32	1.25	1.70	1.02	1.21
氮吸附/m^2·g^{-1}	112	122	119	62	78	40

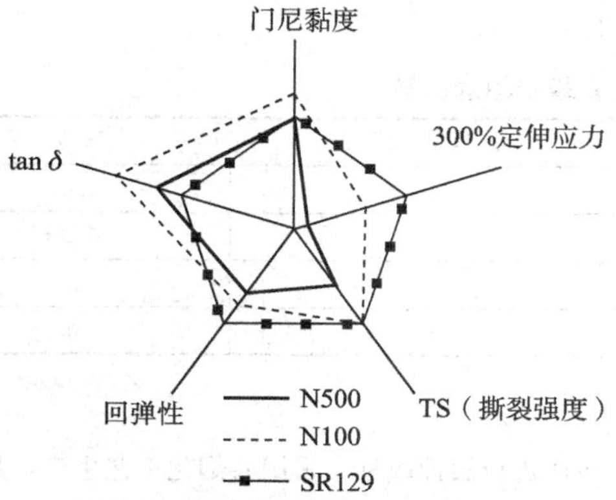

图 1.5.2-3　低滞后炭黑 SR129 与常规炭黑的比较

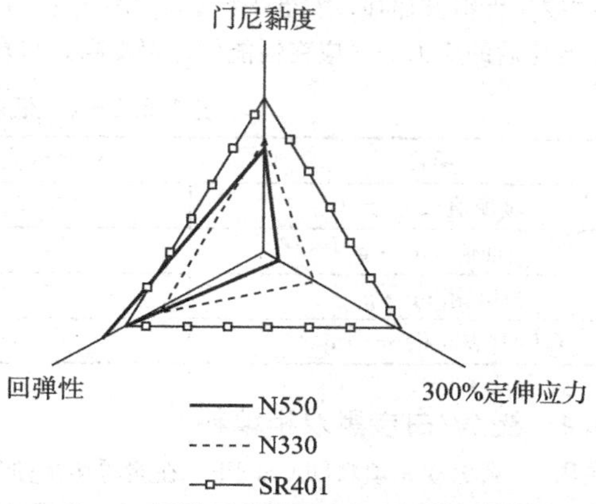

图 1.5.2-4　低滞后炭黑 SR401 与常规炭黑的比较

3.2　反向炭黑

填充胶料的耐磨性主要取决于聚合物—填料的相互作用，这种相互作用与填料的特性，特别是表面活性、形态以及填料在聚合物中的分散有关。普通炭黑的耐磨性能和滞后损失存在着折衷平衡，一方面，高表面积的炭黑在填料和聚合物之间的界面积大，与橡胶基体的相互作用强；另一方面，高表面积炭黑由于聚集体之间平均距离短、引力大，因此无论在宏观上还是在微观上的分散都差，更容易形成填料网络，增大滞后损失。

反向炭黑也称为纳米结构炭黑或转化炭黑。反向炭黑与其物理化学性能相近的传统 ASTM 炭黑相比，其着色强度较低，聚集体尺寸分布较宽，具有更高的表面粗糙度和更大的表面活性。其构成炭黑聚集体一次结构的石墨微晶高度无序化且具有大量的棱边，使其成为具有特别高表面能的活性场，使炭黑与聚合物之间产生很强的机械/物理化学作用。由于反向炭黑的 DBP 值较低，所以硫化胶的 300%定伸应力稍低。反向炭黑在 SBR/BR 胶料中具有以下特点：1）滚动阻力下降了几个百分点；2）耐磨性提高了几个百分点；3）抗湿滑性能保持不变。主要品种有德国德固赛公司生产的 Ecorax，美国卡博特公司生产的 Ecoblack 等。

CRX^{TM}1436 炭黑[2] 由美国卡博特公司开发的 Ecoblack 系列中的一个牌号，是一种具有优化形态的炭黑，与普通炭黑相比具有比表面积小、结构较高且聚集体尺寸分布较宽的特点。CRX1436 炭黑因其表面积较小使填料聚集体的平均距离增大，填料网络化程度较低，因而具有较低的滞后损失，在相同填充量下 CRX1436 的滞后损失比大表面积炭黑 N134 低约 15%。而其耐磨性方面的缺点由其高结构得到补偿，由于聚合物在炭黑聚集体中的吸附作用使高结构炭黑的有效容积较大，聚合物—填料相互作用也较强，在实用填充量范围内随着炭黑用量的增大，耐磨性能得到进一步改善，在苛刻磨耗条件下尤为符合实际情况。因此，CRX1436 可以改善载重轮胎滚动阻力与耐磨性能的平衡。

如图 1.5.2-5 所示为用 Grosch 磨耗和摩擦试验机（GAFT）测试的填充炭黑、白炭黑和 Ecoblack 的胎面胶在不同负荷下的抗湿滑性能。

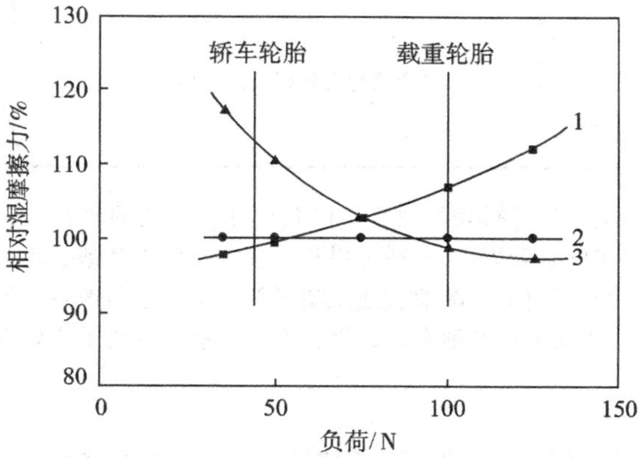

图 1.5.2-5　GAFT 测量的加入不同填料胶料的抗湿滑性能与负荷的关系

条件：温度 3 ℃，速度 1.44 km/h，偏离角 25°，以光滑的磨砂玻璃作摩擦衬底。

1—Ecoblack 炭黑 CRX2000；2—炭黑；3—白炭黑

在以界面润滑相对为主的载重胎对应的高负荷下，炭黑的湿摩擦因素与白炭黑类似，而 Ecoblack 要好得多，这可能是由于其动态性能与流体动力学润滑之间有较好的平衡。在以微观弹性－流体流体动力学润滑起主导作用的桥车轮胎对应的负荷下，白炭黑明显优于炭黑和 Ecoblack。

3.3　低吸碘值高耐磨炭黑

低吸碘值高耐磨炭黑最先由印度 Hi－Tech Carbon 公司开发。其目的是使之具有比软质炭黑 N660 小但是又比 N330 大的粒径，与通常用于轮胎胎体的 N660 炭黑相比，其补强性能较为适中。低吸碘值高耐磨炭黑补强的胶料具有以下特点：1）焦烧安全性得到加强，有助于提高生产效率；2）定伸应力更高，抗屈挠疲劳性能更好，但生热略有升高；3）黏着性能更好，老化后的应力——应变性能保持率提高。与常规炭黑的比较见表 1.5.2－4。

表 1.5.2－4　低吸碘值高耐磨炭黑与常规炭黑的比较

项目	低吸碘值高耐磨炭黑	N330	N660
吸碘值/g · kg^{-1}	58～76	82	36
吸油值/cm^3 · g^{-1}	1.02	1.02	0.90
氮吸附/m^2 · g^{-1}	70～77	82	36
CTAB 表面积/m^2 · g^{-1}	62～70	78	35

3.4　炭黑/白炭黑双相填料[2][3]

炭黑/白炭黑双相填料即 CSDPF，在炭黑生成阶段，以少量白炭黑对炭黑进行表面改性，采用共烟化工艺生产，是美国卡博特公司专门为轮胎研发的补强填充材料。炭黑/白炭黑双相填料有 CRX2124 和 CRX4210 两种牌号，其中 CRX2124 中白炭黑微区精细地分散于填料的聚集体中，CRX4210 中的白炭黑在聚集体表面从而具有较高的白炭黑覆盖率。CRX2124 适用于载重轮胎胎面胶，在大幅度降低滚动阻力的同时保持耐磨性；CRX4210 转为轿车轮胎设计，主要用于改善抗湿滑性能。

两种 CSDPF 的共同特点是具有混杂表面后，填料－填料相互作用弱，而聚合物－填料相互作用强，填料的微观分散得到显著改善。CSDPF 中的白炭黑微区对耐磨性能的负面影响部分地被炭黑微区的高表面活性所抵消，用卡博特磨耗试验机在 7％滑动率下测得的填充 CRX2124 胶料的磨耗指数仅比对应的炭黑低 13％；CRX4210 因填料聚集体上的白炭黑的覆盖率要大得多，需要加入较多的偶联剂来屏蔽白炭黑表面的反应性硅醇基团。尽管 CRX2124、CRX4210 胶料的耐磨性不能达到炭黑胶料的水平，但显著优于添加了高剂量偶联剂的白炭黑胶料。沉淀法白炭黑、CSPDF 与炭黑的比较见表 1.5.2－5，SBR/BR 乘用车轮胎胎面配方中使用 CSPDF 与炭黑（相同用量）的比较见表 1.5.2－6。

表 1.5.2－5　沉淀法白炭黑、CSPDF 与炭黑的比较

项目	沉淀法白炭黑	CSPDF	炭黑
w（硅）/％	47	4～10	
w（碳）/％		80～90	96～99
表面积/m^2 · g^{-1}	130～170	120～170	120～150
吸碘值/g · kg^{-1}		60～120	120～140
吸油值/cm^3 · g^{-1}		1.10～1.60	1.00～1.25

表 1.5.2－6　SBR/BR 乘用车轮胎胎面配方中使用 CSPDF 与炭黑（相同用量）的比较

测试温度/℃	tanδ	
	炭黑	CSPDF
－30	以炭黑配方各相关测试值为 100	127
0		93
20		80
70		60

近年来，在炭黑生成期间或者生成之后进行表面改性，以获得独特性能的研究还包括：1）将马来酸酐接枝于炭黑表面，以提高天然橡胶胶料对聚酰胺帘布的黏着力；2）通过甲基苯胺的原位干法或者湿法聚合对炭黑进行改性；3）通过苯胺的原位湿法聚合对炭黑进行改性；4）通过醌、醌亚胺或二醌亚胺对炭黑进行改性；5）通过氨丙基三乙氧基硅烷和甲酰胺对炭黑进行改性；6）在有丁二烯、乙炔或丙烯酸存在的情况下进行射频等离子体处理。

四、乙炔炭黑

GB/T 3782－?《乙炔炭黑》参考 JIS K1469：2003《乙炔炭黑》（非等效）制定。

GB/T 3782－?《乙炔炭黑》将乙炔炭黑分为：1）粉状品；2）50％压缩品（将粉状乙炔炭黑压缩，使它的视比容达到粉状时的二分之一左右）；3）75％压缩品（将粉状乙炔炭黑压缩，使它的视比容达到粉状时的四分之一左右）；4）100％压缩（将粉状乙炔炭黑压缩，使它的视比容达到粉状时的五分之一左右）。

各等级乙炔炭黑技术指标见表 1.5.2-7。

表 1.5.2-7 乙炔炭黑技术指标

项目	粉状	50%压缩品		75%压缩品	100%压缩品	试验方法
	合格品	优等品	合格品	合格品	合格品	
视比容/($cm^3 \cdot g^{-1}$)	30～50	14～17	13～17	9～12	6～9	GB/T 3781.6
吸碘值/($g \cdot kg^{-1}$)	≥80	≥90	≥80	≥80	≥80	GB/T 3780.1
盐酸吸液量(≥)/($cm^3 \cdot g^{-1}$)	3.9	3.9	3.7	2.9	—	GB/T 3781.8
电阻率(≤)/($\Omega \cdot m$)	3.0	2.5	3.5	5.5	—	GB/T 3781.9
粉体电阻率(≤)/($\Omega \cdot cm$)	—	—	—	—	0.25	GB/T 3782
pH 值	6.8～10	6.8～10	6.8～10	6.8～10	10	GB/T 3780.7
加热减量(≤)/%	0.4	0.3	0.4	0.4	0.4	GB/T 3780.8
灰分(≤)/%	0.3	0.2	0.3	0.3	0.3	GB/T 3780.10
粗粒分(≤)/%	0.03	0.02	0.03	0.03	0.03	GB/T 3781.5
杂质	无	无	无	无	无	GB/T 3780.12

注：产品用于无线电元件时才考核 pH 值，"—" 为不考核技术指标。

乙炔炭黑的供应商有：焦作市和兴化学工业有限公司等。

五、其他碳元素橡胶用补强填充剂

5.1 石墨粉

由天然石墨或人造石墨经粉碎加工制得，是炭的片状结晶物，相对密度 1.9～2.3 g/cm³，粒径 1～38 μm（325～12500 目），能传热、导电、耐高温，用作橡胶填充剂能改善胶料的加工性能和动态力学性能，显著提高阻尼性能。

5.2 碳纳米管

碳纳米管，又名巴基管，是一种具有特殊结构（径向尺寸为纳米量级，轴向尺寸为微米量级，管子两端基本上都封口）的一维量子材料。碳纳米管主要由呈六边形排列的碳原子构成数层到数十层的同轴圆管。层与层之间保持固定的距离，约 0.34 nm，直径一般为 2～20 nm，长度一般在微米量级，长径比可达 1000 以上，因此碳纳米管是典型的一维纳米材料。碳纳米管根据碳六边形沿轴向的不同取向可以将其分成锯齿形、扶手椅型和螺旋型三种。其中螺旋型的碳纳米管具有手性，而锯齿形和扶手椅型碳纳米管没有手性。如图 1.5.2-6 与图 1.5.2-7 所示。

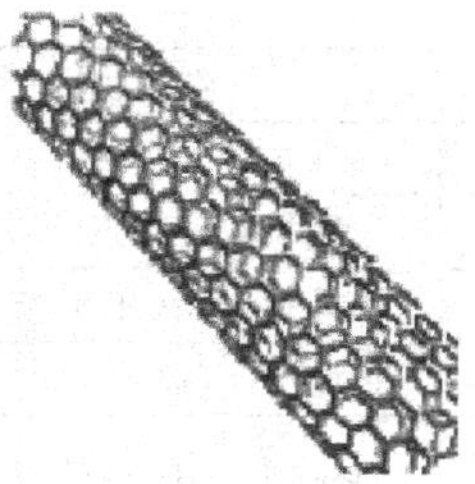

图1.5.2-6 单壁碳纳米管

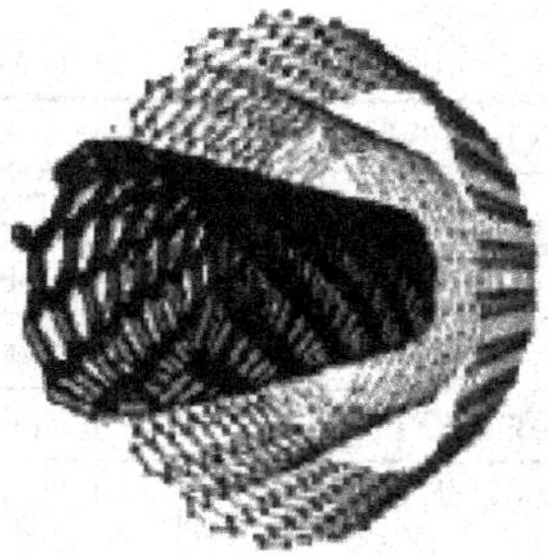

图1.5.2-7 多壁碳纳米管

碳纳米管的模量达 1 Tpa，拉伸强度为 10～60 Gpa；电导率为 10^6 S/m，可通过高电流密度；热导率大于 3 000 W/m·K，具有良好的传热性能。

碳纳米管的比表面积要比炭黑和白炭黑大，典型的碳纳米管比表面积和吸油值见表 1.5.2-8。

表 1.5.2-8 碳纳米管比表面积和吸油值与白炭黑、炭黑的比较

	白炭黑 1 165 MP	炭黑 N234	碳纳米管 CNT/GT300
吸油值/$cm^3 \cdot 100\ g^{-1}$	170	125	462
比表面积/$m^2 \cdot g^{-1}$	165	119	289

有文献报道，在天然胶配方中，添加 1 份碳纳米管可提高拉伸强度 1 MPa；添加 1.5 份碳纳米管可降低阿克隆磨耗指数 25%；添加 1.6 份碳纳米管可提高撕裂强度 21%。在 SBR/BR 并用配方中，添加 1 份碳纳米管可提高拉伸强度 2 MPa；添加 1.5 份碳纳米管可降低阿克隆磨耗指数 20%；添加 3 份碳纳米管硫化胶电阻率可降低 5 个数量级。在 EPDM 中添加 3 份碳纳米管硫化时间缩短 17%，拉伸强度提高 9.5%，撕裂强度提高 17%，硬度提高幅度为 11%。

碳纳米管应用于橡胶制品，可提高胶辊的使用寿命，改进雨刮器的耐磨性，提高输送带覆盖层胶的寿命。

5.3　石墨烯

石墨烯2004年由英国物理学家安德烈·海姆和康斯坦丁·诺沃肖洛夫共同发现，是一种由碳原子以sp2杂化轨道组成六角型呈蜂巢晶格的平面薄膜，只有一个碳原子厚度的二维材料，是自然界最薄却也是最坚硬的纳米材料，是已知强度最高的物质，比钻石还坚硬，强度比世界上最好的钢铁还要高出10倍以上，而密度只有钢材的六分之一。

石墨烯厚度仅为0.335 nm，拉伸强度高达130 Gpa，高于碳纳米管（60 Gpa）；石墨烯具有高导电性，其电阻率仅10^{-6} Ω·cm，常温下其电子迁移率超过15 000 $cm^2/V·s$；单层石墨烯的导热系数高达5 300 W/m·K，高于碳纳米管（3 000～3 500 W/m·K），更高于金刚石（1 000～2 200 W/m·K）。此外，石墨烯的比表面积理论值高达2 630 m^2/g，单层石墨烯具有高透光度，具有有良好的化学稳定性，其堆积密度只有0.08 g/cm^3，滚珠效应明显。

石墨烯具有很大的比表面积，如果能在橡胶中达到分子级分散，可与聚合物形成较强的界面作用，从而显著改善界面载荷传递，达到较好的增强效果。石墨烯表面含有羟基、羧基等官能团，与极性聚合物具有较好的相容性。

有文献报道，在EPDM中添加0.8份石墨烯，硫化时间缩短27%，拉伸强度提高30%，撕裂强度提高9%，175 ℃×72 h老化后邵尔A硬度变化从4度降低到2度，150 ℃×72 h压缩25%B型试样压缩永久变形从26%减小到21.9%。在HNBR中添加0.8份石墨烯，硫化时间缩短30%，拉伸强度提高15%，150 ℃×168 h老化后邵尔A硬度变化从6度降低到4度，150 ℃×72 h压缩25%A型试样压缩永久变形从19%减小到15%。

石墨烯具有超强的导热性，可提高胶料的硫化速率、缩短硫化时间；石墨烯的分子滚珠效应，可提高胶料的流动性，明显改善模压制品的撕边效果；石墨烯稳定的单层碳大苯环晶格分子结构，具有极强的自由基捕捉能力，有利于提高胶料的抗辐射能力，可当特殊防老剂使用。此外，石墨烯具有强大的电子输送结构，可赋予胶料极好的导电性（可达光速的1/300）；应用于橡胶减震材料中，可起到改善产品动态性能和提高使用寿命的作用。

石墨烯的供应商有：宁波墨西科技有限公司、常州第六元素材料科技股份有限公司、美国XG Sciences、美国Angstron Material等。

六、炭黑的技术标准与工程应用

6.1　炭黑的检验配方

GB/T 3780.18—2007《炭黑．第18部分：在天然橡胶（NR）中的鉴定方法》修改采用ASTM D 3192：2005《炭黑在天然橡胶中的鉴定方法》，适用于鉴定各种类型的橡胶用炭黑；GB/T 9579—200《橡胶配合剂．炭黑．在丁苯橡胶中的鉴定方法》修改采用ISO 3257：1992《橡胶配合剂 炭黑 在丁苯橡胶中的鉴定方法》，适用于炭黑在丁苯橡胶中物理机械性能的鉴定；GB/T 15339—2008《橡胶配合剂．炭黑．在丁腈橡胶中的鉴定方法》修改采用ASTM D 3187—2006《橡胶的试验方法 NBR（丙烯腈丁二烯橡胶）的评定》，适用于各种类型的橡胶用炭黑在丁腈橡胶中的鉴定。

炭黑的检验配方见表1.5.2-9。

表1.5.2-9　炭黑的检验配方[1]

在天然橡胶（NR）中的鉴定方法		在丁苯橡胶中的鉴定方法		在丁腈橡胶中的鉴定方法	
材料[a]	质量分数	材料	质量分数	材料	质量分数
1#烟片（GB8089）	100	SBR1500[a]（一级）	100	丁腈橡胶（NBR 2707）	100
氧化锌【X1（GB/T 3494）】	5.00	氧化锌（一级）	3.00	氧化锌（GB/T 3185一级）	3.00
硬脂酸【2000型（GB9103）】	3.00	硬脂酸（一级）	1.00	硬脂酸（GB 9103一级）	1.00
促进剂MBTS（DM）优级品（GB11408）	0.60	促进剂TBBS（NS）[c]（一级）	1.00	促进剂TBBS（HG/T 2744一级）[a]	0.70
硫黄优等品（GB2449）	2.50	硫黄（一级）	1.75	硫黄（GB/T 2449一级）	1.50
炭黑[b]	50	炭黑（N700系列除外）[b]	50	炭黑	40
批次因子： 试验方法A—开炼机　3.00 试验方法B—密炼机　6.00 试验方法C—微型密炼机　0.40		a门尼黏度［50ML（1+4）100 ℃］按GB/T 1232.1测量，作为标准检验用材料的门尼值的绝对值范围应在48～52之间，测量精度限定在±1个门尼单位，黏度最好是在50～51门尼。 b如果使用N700系列炭黑，质量份数采用80.00份，总量变为186.75。 c N—叔丁基-2-苯并噻唑次磺酰胺，该试验应使用粉料，其最初的醚或乙醇不溶解物含量应低于0.3%（质量分数）。该试剂应在室温下密封保存。每6个月应对其中的醚或乙醇不溶解物含量进行检查，如果发现超出了0.73%（质量分数），该试剂应废弃或重结晶。		批量因子： 开炼机[b]　3.00 密炼机（Cam head）[c]　0.50 密炼机（banbury head）[c]　0.43	
a炭黑和橡胶的称量准确至1 g，硫黄和促进剂的称量准确至0.02 g，氧化锌和硬脂酸称量准确至0.1 g。 b鉴定N880系列和N900系列炭黑时，炭黑重量份为75.00。				a N-叔丁基-2-苯并噻唑次磺酰胺。 b用开炼机和实验室大密炼机称量时橡胶和炭黑的称量准确至1.0 g，硫黄和促进剂的称量准确至0.02 g，其他配合剂的称量准确至0.1 g。 c使用微型密炼机时，橡胶和材料混合后称量准确至0.1 g。如采用单独配料，则需称量准确至0.001 g。采用微型密炼机时，推荐对除炭黑之外需进行混合的配料先进行预处理，以提高对这些材料的称量精度。混合时将需混合的材料按比例称量后倒入干粉混合器中，如双锥形搅拌器或V型搅拌器，也可用研钵会槌钵来混合。	

续表

在天然橡胶（NR）中的鉴定方法		在丁苯橡胶中的鉴定方法		在丁腈橡胶中的鉴定方法	
材料[a]	质量分数	材料	质量分数	材料	质量分数
硫化条件					
145±1 ℃×30 min（S系列炭黑硫化时间为50 min）		145±1 ℃×50 min		150±1 ℃×20 min、40 min、60 min	

注：[a] 详见GB/T 3780.18—2007炭黑．第18部分：在天然橡胶（NR）中的鉴定方法、GB/T 9579—2006橡胶配合剂．炭黑．在丁苯橡胶中的鉴定方法、GB/T 15339—2008橡胶配合剂．炭黑．在丁腈橡胶中的鉴定方法。

6.2 硫化试片制样程序

炭黑的硫化试片制样程序见表1.5.2-10。

表1.5.2-10　炭黑的硫化试片制样程序[1]

在天然橡胶（NR）中的鉴定方法			在丁苯橡胶中的鉴定方法			在丁腈橡胶中的鉴定方法		
概述：混炼设备应符合GB6038规定			概述：①配料、混炼和硫化的设备和操作程序按GB/T 6038规定 ②炭黑按GB 3778规定采样 ③炭黑在混炼前应置于（105±2）℃的烘箱中干燥1 h。加热时盛装炭黑试样的敞口器皿尺寸应保证炭黑层厚度大于10 mm。干燥后的炭黑试样置于一个密封的防潮容器中冷却至室温，直至试验时为止 ④标准试验室混炼批量以克计，其质量份数为标准配方的4倍（见表1）。在整个混炼过程中辊距表面的温度应控制在（50±5）℃ ⑤在混炼过程中应调整好辊距，使辊筒间维持良好的堆积胶			概述：①混炼、硫化设备与一般混炼程序与GB/T 6038一致 ②炭黑按GB 3778规定采样 ③炭黑在混炼前应置于（125±2）℃的烘箱中干燥1 h。加热干燥时盛装炭黑试样的敞口器皿尺寸应保证炭黑层厚度不大于10 mm。烘干后的炭黑试样应置于一个密闭防潮的容器中，冷却至室温		
混炼程序	操作时间/min	累积时间/min	混炼程序	操作时间/min	累积时间/min	混炼程序	操作时间/min	累积时间/min
开炼机法——试验方法A （1）混炼时两挡板间操作距离为（200±10）mm，辊筒温度控制在（70±5）℃。混炼时将开炼机辊距调至0.8 mm，生胶不包辊破料1次 （2）将开炼机辊距调至1.4 mm，加入天然胶包于前辊，割刀两次，割刀宽度为辊筒的3/4，从两端交替割刀1次为1刀，每刀间隔时间约20 s （3）调辊距至1.65 mm，加硬脂酸，割刀1次 （4）加入硫黄、促进剂和氧化锌，割刀2次 （5）加入全部炭黑，自由散落到料盘中，胶料表面无明显粉剂后割刀2次。再将辊距距调至1.9 mm，把散落在接料盘中的炭黑全部混入后，割刀3次 注：混炼胶料上有明显粉剂时不准割刀，落到料盘中的粉料应保证全部被混入到胶料中 （6）调辊距0.8 mm，将打卷胶料不包辊竖立通过辊隙6次 （7）调辊距使胶料片厚度不小于6 mm，将折叠的胶料片在辊隙间通过4次	0 2.0 2.5 2.0 7.5 2.0 1.0	0 2.0 4.5 6.5 14.0 16.0 17.0	a）调辊距至1.1 mm，加入丁苯橡胶包于前辊，每30 s从作3/4割刀，从辊筒两端交替进行，时间为2 min b）慢慢地加入硫黄，并均匀地覆盖在橡胶上，时间为2 min c）加入硬脂酸，两端交替作1次3/4割刀，时间为2 min d）匀速地将炭黑加到包辊胶上，当混入约一半炭黑时，调辊距至1.4 mm，作3/4割刀1次，再添加剩余的炭黑。当全部炭黑混入后，调辊距至1.8 mm，两端交替作1次3/4割刀，落在接料盘中的炭黑应全部被加入，时间为10 min e）在辊距为1.8 mm时，加氧化锌和促进剂TBBS（NS），时间为3 min f）两端交替作3次3/4割刀，时间为3 min g）从辊筒上割下胶料，调辊距为0.8 mm，将胶料打卷在辊隙间纵向不包辊通过6次，时间为2 min。以上操作时间总计为24 min h）调辊距使胶料片厚度约6 mm下片，并复核胶料质量。混炼后的胶料质量如果超出（623.86～630.14）g范围，则此辊胶料作废。重新混炼，取足够量的胶料在摆动式圆盘硫化仪上进行测量			开炼机法——方法A （1）调辊温至（50±5）℃，辊距，0.8 mm，将丁腈胶不包辊破料1次 （2）调辊距为1.4 mm，加丁腈橡胶使之包于前辊上 （3）在包辊胶上缓慢、均匀地添加硬脂酸和氧化锌，然后再添加硫黄和促进剂，不割刀 （4）从两端交替割刀3次，割刀宽度为辊筒的3/4，从两端交替割刀1次为1刀，每刀间隔时间约20 s （5）以均匀地速度添加一半炭黑 （6）当这部分炭黑完全混入后，调辊距为1.65 mm，割3刀 （7）均匀的添加剩余的炭黑 （8）当所有的炭黑混入后，割3刀 （9）调辊距到0.8 mm，将胶料打卷并竖立通过辊隙薄通6次 （10）调辊距使胶料片厚度为6 mm，胶料打叠滚压4次 注：混炼胶料上有明显粉剂时不准割刀，落到料盘中的物料应保证全部被混入胶料中 （11）复核胶料的质量并记录，若混炼后的胶料质量与理论值之差	2 3 2 5 2 5 2 3 1	2 5 7 12 14 19 21 24 25

续表

混炼程序	操作时间/min	累积时间/min	混炼程序	操作时间/min	累积时间/min	混炼程序	操作时间/min	累积时间/min
（8）（1）～（7）操作时间为（17.0±0.5）min （9）复核胶料重量并记录，混炼后的胶料质量如果超出（480.9～485.7）g 范围，则此辊胶料作废。如果需要按试验方法 GB/T9869 进行硫化特性测量，从混炼后的胶料中切出足够的胶料 （10）调辊距按胶料片厚度约 2.2 mm 下片 （11）将胶片放在平整、干燥、洁净的金属板上，在（23±3）℃条件下放置（1～24）小时。相对湿度控制在（50±5）%，否则应将胶片存放在阴凉的密封容器中保存，以防吸潮			注：不同添加量时以胶料总量的±0.5%为可损失量的上限 i）调辊距使胶料片厚约 2.2 mm 下片，或按 GB/T 528—1998 中环状试样或其他试片厚度下片 j）混炼后的胶片，硫化前在（23±2）℃停放 2 h～24 h 混炼后的胶料应置于一块平整、干燥、洁净的金属板上冷却至室温。冷却后胶料应用铝箔或其他合适材料包好以防污染			超过 0.5%，即超出（436.4～440.8）g 范围，则此辊胶料作废 （12）调节辊距，使胶料下片厚度约为 2.2 mm，按 GB/T 6038 规定停放		
密炼机法——试验方法 B （1）调整密炼机温度，使（8）出料时的温度在（110～125）℃。关闭出料口，启动电机，提起上顶栓，加入所需的材料，在完成每次操作后放下上顶栓 （2）加入橡胶 （3）加入促进剂 MBTS（DM） （4）加入硬脂酸 （5）加入氧化锌和一半炭黑 （6）加入余下炭黑 （7）加入硫黄，清理密炼机进料口和上顶栓顶部 （8）在第 7 分钟时出料 小计 （9）将开炼机辊距调至 0.8 mm，并维持温度为（70±5）℃，将密炼后胶料不包辊薄通 6 次 （10）调整开炼机辊距为 6 mm 以上，将折叠胶料片在辊隙间通过 4 次 合计 （11）复核胶料重量并记录，如果胶料的质量超出（961.8～971.4）g，废弃该胶料重新混炼。如果需要，从保留的胶料中切出足够的胶料，并根据试验方法 GB/T9869 进行硫化特性测量 （12）启动开炼机，按 2.2 mm 厚度下片 （13）将胶片放在平整、干燥的金属板上，在（23±3）℃条件下放置（1～24）小时。相对湿度控制在（50±5）%，否则应将胶片储存在阴凉的密封容器中保存，以防吸潮	0 0.5 0.5 1.0 1.5 1.5 1.0 1.0 2.0 1.0	0 0.5 1.0 2.0 3.5 5.0 6.0 7.0 7.0 9.0 10.0 10.0				微型密炼机法——方法 B （1）微型密炼机的混炼程序见使用设备的说明书 （2）微型密炼机混炼的起始温度控制在（60±3）℃，转速控制在（60～63）r/min （3）密炼前将橡胶在（50±5）℃的开炼机上薄通 1 次，下片厚度约为 5 mm，胶料切成约 25 mm 宽的胶条 （4）用橡胶条填充密炼室，放下上顶栓，开始计时 （5）塑炼橡胶 （6）提起上顶栓，仔细加入全部已预混好的氧化锌、硫黄、硬脂酸和 TBBS，再加入炭黑，清理干净加料口，放下上顶栓 （7）开始密炼。如有需要立即提起上顶栓，将物料扫进混炼室 （8）关闭电机，提起上顶栓，打开混炼室，卸料。如有需要，立即记录胶料的最高温度 （9）将胶料用温度（50±5）℃，辊距为 0.5 mm 的开炼机薄通一次，再用 3 mm 辊距过两次。为获得良好分散，则需对胶料用辊距为 0.8 mm，温度为（50±5）℃的开炼机薄通六次 （10）复核胶料质量并记录，若混炼后胶料质量与理论值之差超过 0.5%，放弃此胶料 （11）如需进行强伸性能测试，胶料按约 2.2 mm 下片，按 GB/T 6038 规定停放	0 1.0 1.0 7.0	0 1.0 2.0 9.0
微型密炼机法——试验方法 C （1）母胶准备（开炼机混合），（批次因子 4.00）将开炼机辊距调整为 1.4 mm，并将辊温调整、保持在（70±5）℃ （2）加入橡胶并包在前辊上，每边作 2 次 3/4 割刀 （3）调整辊距为 1.65 mm，加入硬脂酸，每边作 1 次 3/4 割刀 （4）加入硫黄、促进剂和氧化锌，每边作 2 次 3/4 割刀 （5）将辊距距调至 0.8 mm，母胶打卷后竖直立通过辊筒 6 次	0 2.0 2.5	0 2.0 4.5				密炼机法——方法 C 初混 （1）按（5）的要求设定密炼机的卸料温度，关闭卸料门，将转子的转速调整为 77 rpm，提起上顶栓 （2）加入一半橡胶和全部氧化锌、炭黑和硬脂酸。再加入另一半橡胶，放下上顶栓密炼 （3）密炼胶料 （4）提起上顶栓，清扫密炼机进料口和上顶栓。再压下上顶栓		

续表

混炼程序	操作时间/min	累积时间/min	混炼程序	操作时间/min	累积时间/min	混炼程序	操作时间/min	累积时间/min
(6) 复核母胶质量并记录，如果母胶质量超出（442.2～446.6）g，废弃该母胶重新混炼 (7) 把开炼机辊距调为 1.5 mm，将母胶压成片状出片 合计 (8) 在（23±3）℃条件下将母胶放置在平整、干燥的金属板上冷却，相对湿度控制在（50±5）%，否则要将冷却后的母胶储存在阴凉的密封容器中保存，以防吸潮 注：这部分母胶要在 6 周内使用，否则要废弃重新准备 (9) 加炭黑（微型密炼机混合）：混合时，微型密炼机起始温度控制在（60±3）℃，空转时的电机转速为（60～63）r/min (10) 从（1）准备的母胶中割下质量为 44.44 g，宽约 20 mm 的胶条 (11) 称取出 20.00 g 炭黑样品 (12) 将母胶胶条填充到密炼室内，并开始计时 (13) 密炼母胶胶条 (14) 加入炭黑，用上顶栓将所有样品加入密炼室中，清理加料口，放下上顶栓 (15) 密炼 合计 (16) 关闭电机，提起上顶栓，从密炼室卸料。如果需要，记录胶料温度 (17) 在室温下将开炼机辊距调为 0.8 mm，将胶料折叠通过开炼机 5 次以上，并保持每次的压延方向一致 (18) 复核胶料质量并记录，如果胶料质量超出（64.12～64.76）g，舍弃该胶料 (19) 若需进行应力应变试验，胶料下片厚度控制在 2.2 mm (20) 若需按 GB/T 9869 试验方法进行硫化特性试验，胶料下片厚度至少控制在 6 mm (21) 将胶片放在平整、干燥的金属板上，在（23±3）℃条件下放置（1～24）h，相对湿度控制在（50±5）%，否则应将胶片冷却后储存在阴凉的密封容器中保存，以防吸潮	2.0 2.0 0.5 1.0 0 0.5 1.0 1.5	6.5 8.5 9.0 10.0 10.0 0 0.5 1.5 3.0 3.0				(5) 密炼温度达到 170 ℃时，或密炼时间达到 6 min 时，都应立即卸料 (6) 复核胶料质量并记录，若混炼后胶料质量与理论值之差超过 0.5%，放弃此胶料 (7) 立即将密炼后胶料通过温度（40±5）℃，辊距为 6.0 mm 的标准实验室开炼机 3 次 (8) 将胶料停放 1～24 h 终混 (9) 将密炼机的温度调整到（40±5）℃，关闭通入转子的蒸汽，全量开启转子的冷却水，以 77 rpm 的速度启动转子，提起上顶栓 (10) 加入 1/2 胶料和已混合的全部硫黄、促进剂，再加入余下的胶料，放下上顶栓 (11) 当密炼胶料温度达到（110±5）℃，或总时间为 3 min 时，立即卸料 (12) 立即将密炼后胶料通过温度（40±5）℃，辊距为 0.8 mm 的标准实验室开炼机薄通 6 次 (13) 调整辊距到 6 mm 以上，沿同一方向不包辊通过辊筒 4 次 (14) 复核胶料质量并记录，若混炼后胶料质量与理论值之差超过 0.5%，放弃此胶料 (15) 如需进行强伸性能测试，胶料按约 2.2 mm 下片，按 GB/T 6038 规定停放		

注：详见 GB/T 3780.18—2007 炭黑．第 18 部分：在天然橡胶（NR）中的鉴定方法、GB/T 9579—2006 橡胶配合剂．炭黑．在丁苯橡胶中的鉴定方法、GB/T 15339—2008 橡胶配合剂．炭黑．在丁腈橡胶中的鉴定方法。

6.3 国产炭黑的技术指标

所有产品的 500 μm 筛余物应≤10 mg/kg；所有产品的 45 μm 筛余物应≤1 000 mg/kg；混气炭黑的灰分的质量分数应≤0.2%，干法造粒炭黑的灰分的质量分数应≤0.5%，湿法造粒炭黑的灰分的质量分数应≤0.7%。

散装湿法造粒炭黑的细粉含量（w）宜≤7%，袋装湿法造粒炭黑的细粉含量（w）宜≤10%.

国产炭黑的典型指标如表 1.5.2-11 所示，详见 GB 3778—2011。

表 1.5.2-11　国产炭黑的典型值

中文名称	ASTM 名称	英文缩写	粒径范围 /mm	吸碘值 /g·kg⁻¹	DBP 吸收值/10^{-5} $m^3 \cdot kg^{-1}$	压缩样吸油值/10^{-5} $m^3 \cdot kg^{-1}$	着色强度 /%	比表面积 (CTAB)/ 10^3 $m^2 \cdot kg^{-1}$	外表面积/ 10^3 $m^2 \cdot kg^{-1}$	总表面积/ 10^3 $m^2 \cdot kg^{-1}$	加热减量 (≤)/%	倾注密度/ $(kg \cdot cm^{-3})$	300%定伸应力差值[a] /MPa
超耐磨炉黑	N110	SAF	11—19	145±8	113±6	91～103	115～131	112～128	107～123	120～134	3.0	345±40	−3.1±1.5
	N115			160±8	113±6	91～103	115～131	121～137	116～132	129～145	3.0	345±40	−3.0±1.5
	N120			122±7	114±6	93～105	121～137	110～126	105～120	119～133	3.0	345±40	−0.3±1.5
新工艺高结构超耐磨炉黑	N121	SAF−HS−NT		121±7	132±7	105～117	111～127	111～127	107～121	115～129	3.0	320±40	0.0±1.5
	N125			117±7	104±6	83～95	117～133	118～134	113～129	115～129	3.0	370±40	−2.5±1.5
新工艺高结构低滞后超耐磨炉黑	N134			142±8	127±7	97～109	123～139	134～150	128～146	135～151	3.0	320±40	−1.4±1.5
	N135			151±8	135±8	110～124	111～127	119～135	—	133～149	3.0	320±40	−0.3±1.5
代槽炉黑（中超耐磨炉黑型）	S212	ISAF−LS−SC	20—25	—	85±6	76～88	107～123	103～119	100～114	113～127	3.0	415±40	−6.3±1.5
	N219			118±7	78±6	69～81	115～131	100～114	—	109～123	2.5	440±40	−3.5±1.5
中超耐磨炉黑	N220	ISAF		121±7	114±6	92～104	108～124	103～117	99～113	107～121	2.5	355±40	−1.9±1.5
低定伸中超耐磨炉黑	N231	ISAF−LM		121±7	92±6	80～92	112～128	104～118	100～114	104～118	2.5	400±40	−4.5±1.5
新工艺高结构中超耐磨炉黑	N234	ISAF−HS−NT		120±7	125±7	96～108	115～131	109～125	105～119	112～126	2.5	320±40	−0.0±1.5
导电炭黑	N293	CF		145±8	100±6	82～94	112～128	109～123	104～118	115～129	2.5	380±40	−5.1±1.5
通用胎面炉黑	N299	GPT		108±6	124±7	98～110	105～121	94～108	90～104	97～111	2.5	335±40	+0.8±1.5
代槽炉黑（超耐磨炉黑型）	S315	HAF−LS−SC	26—30	—	79±6	71～83	109～125	84～96	80～92	83～95	2.5	425±40	−6.3±1.5
低结构高耐磨炉黑	N326	HAF−LS		82±6	72±6	62～74	103～119	74～86	70～82	72～84	2.0	455±40	−3.5±1.5
高耐磨炉黑	N330	HAF		82±6	102±6	82～94	96～112	73～85	69～81	72～84	2.0	380±40	−0.5±1.5
	N335			92±6	110±6	88～100	102～118	83～95	79～91	79～91	2.0	345±40	0.3±1.5
新工艺高结构高耐磨炉黑	N339	HAF−HS−NT		90±6	120±7	93～105	103～119	86～98	82～94	85～97	2.0	345±40	1.0±1.5
	N343			92±6	130±7	98～110	104～120	90～102	85～99	89～103	2.0	320±40	1.5±1.5
高结构高耐磨炉黑	N347	HAF−HS		90±6	124±7	93～105	97～113	81～93	77～89	79～91	2.0	335±40	0.6±1.5
新工艺高结构高耐磨炉黑	N351	T−NT		68±6	120±7	89～101	93～107	68～80	64～76	65～77	2.0	345±40	1.2±1.5
	N356			92±6	154±8	106～118	98～114	85～97	81～93	85～97	2.0	—	1.5±1.5
新工艺超高结构高耐磨炉黑	N358	HAF−VHS−NT		84±6	150±8	102～114	91～105	76～88	72～84	74～86	2.0	305±40	2.4±1.5
新工艺高结构高耐磨炉黑	N375	HAF−HS−NT		90±6	114±6	90～102	107～121	89～101	85～97	86～100	2.0	345±40	0.5±1.5

续表

中文名称	ASTM名称	英文缩写	粒径范围/mm	吸碘值/g·kg^{-1}	DBP吸收值/10^{-5} m^3·kg^{-1}	压缩样吸油值/10^{-5} m^3·kg^{-1}	着色强度/%	比表面积(CTAB)/10^3 m^2·kg^{-1}	外表面积/10^3 m^2·kg^{-1}	总表面积/10^3 m^2·kg^{-1}	加热减量(≤)/%	倾注密度/(kg·cm^{-3})	300%定伸应力差值[a]/MPa
低结构快压出炉黑	N539	FEF－LS	40—48	43±5	111±6	76～86	—	35～47	33～43	34～44	1.5	385±40	－1.2±1.5
快压出炉黑	N550	FEF		43±5	121±7	80～90	—	36～48	34～44	35～45	1.5	360±40	－0.5±1.5
	N582			100±6	180±8	108～120	61～73	70～82	—	74～86	1.5	—	－1.7±1.5
低结构通用炉黑	N630	GPF－LS	49—60	36±5	78±5	57～67	—	29～41	27～37	27～37	1.5	500±40	－4.3±1.5
新工艺低结构炉黑	N642	GPF－LS－NT		36±5	64±5	57～67	—	28～40	—	34～44	1.5	—	－5.3±1.5
高结构通用炉黑	N650	GPF－HS		36±5	122±7	79～89	—	32～44	30～40	31～41	1.5	370±40	－0.6±1.5
通用炉黑	N660	GPF		36±5	90±5	69～79	—	31～43	29～39	30～40	1.5	440±40	－2.2±1.5
全用炉黑	N683	APF		35±5	133±7	80～90	—	31～43	29～39	31～41	1.5	355±40	－0.3±1.5
低结构半补强炉黑	N754	SRF－LS	61—100	24	58±5	52～62	—	21～33	19～29	20～30	1.5	—	－6.5±1.5
非污染低定伸半补强炉黑	N762	SRF－LMNS		27±5	65±5	54～64	—	25～37	23～33	24～34	1.5	515±40	－4.5±1.5
高结构半补强炉黑	N765	SRF－HS		31±5	115±7	76～86	—	29～41	27～37	29～39	1.5	370±40	－0.2±1.5
	N772			30±5	65±5	54～64	—	27～39	25～35	27～37	1.5	520±40	－4.6±1.5
非污染高定伸半补强炉黑	N774	SRF－HMNS		29±5	72±5	58～66	—	26～38	24～34	25～35	1.5	490±40	－3.7±1.5
高定伸半补强炉黑	N787	SRF－HM		30±5	80±5	65～75	—	29～41	27～37	27～37	1.5	440±40	－4.1±1.5
非污染中粒子热裂法炭黑	N907	MTNS	201—500	—	34±5	—	—	7～17	5～13	5～13	1.0	640±40	－9.3±1.5
	N908			—	34±5	—	—	7～17	5～13	5～13	1.0	355±40	－10.1±1.5
中粒子热裂法炭黑	N990	MT		—	43±5	32～42	—	6～16	4～12	4～12	1.0	640±40	－8.5±1.5
低结构中粒子热裂法炭黑	N991	MT－LS		—	35±5	32～42	—	6～16	4～12	4～12	1.0	355±40	－10.1±1.5
天然气半补强				14±5	47±6	—	—	—	11～19	11～19	1.5	—	－8.5±1.5
喷雾炭黑				15±5	120±7	—	—	—	11～19	11～19	2.5	—	－5.4±1.5
混气炭黑					100±6	—	—	68～80	—	84～96	3.5	—	－4.0±1.5

注：[a] 与国产4＃工业参比炭黑（IRC4）300%定伸应力的差值。硫化温度：145±1℃；硫化时间：S系列炭黑和混气炭黑为50 min，其余炭黑为30 min。

其中高耐磨炭黑N330、N375、中超耐磨炭黑N220、N234等多用于轮胎胎面胶；高耐磨炭黑N326、N351等，多用于轮胎带束层胶、胎圈胶、三角胶等；快压出炭黑N550、通用炭黑N660等，多用于轮胎帘布胶、钢丝胶、气密层（内衬层）、胎侧胶、冠带层胶等。

七、炭黑的供应商

7.1　炭黑的供应商

主要生产企业包括：大石桥市辽滨碳黑厂、龙星化工股份有限公司、河北大光明实业集团有限公司、石家庄市新星化炭有限公司、邯郸黑猫炭黑有限责任公司、山西宏特煤化工有限公司、山西立信化工有限公司、天津海豚炭黑有限公司、山西焦化集团有限公司、天津亿博瑞化工有限公司、运城市绛县经济技术开发区天宝化工有限公司、山西远征化工有限责任公司、山西华青实业有限公司、山西恒信化工有限公司、河津市黑宝石炭黑有限公司、山西省绛县恒大化工有限公司、江西黑猫炭黑股份有限公司、宁波德泰化学有限公司、青州市博奥炭黑有限责任公司、金能科技股份有限公司、江西萍乡飞虎炭黑有限公司、山东贝斯特化工有限公司、江西省黑豹炭黑有限公司、枣庄卡博特炭黑有限公司、东营市广北炭黑有限责任公司、福建省南平荣欣化工有限公司、平顶山市奥博特橡塑助剂有限公司、邵阳市飞虎炭黑有限公司、宁夏嘉特炭黑有限公司、嘉峪关大友企业公司华奥炭黑厂、曲靖众一精细化工股份有限公司、四川中橡炭黑研究院、云南云维股份有限公司、重庆星博化工有限公司、茂康股份有限公司等。

7.2　碳纳米管的供应商

碳纳米管供应商见表1.5.2-12。

表1.5.2-12　碳纳米管供应商

供应商	商品名称	规格型号	纯度(≥)/%	内径/nm	长度/μm	模量/Tpa	拉伸强度/Gpa	电导率/S·m^{-1}	导热(>)/w/·m^{-1}·k	说明
山东大展纳米材料有限公司	多壁碳纳米管	Goldtube－300～600	95－98	12－60	0.5－12	1	10－60	106	3 000	分4级

碳纳米管的供应商还有：深圳纳米港有限公司、美国Unidym. Inc（Arrowhead Research子公司）、美国SouthWest Nano Techonologies Inc、美国Cnano Technology Limited、美国Hyperion Catalysis International，Inc、加拿大Kleancarbon，Inc、日本东丽（Toray Industries，Inc）、日本三菱丽阳（Mitsubishi Rayon Co. Ltd.）、日本K. K昭和电工、比利时Nanocyl S. A、德国Bayer MaterialScience AG、法国Arkema Inc等。

7.3　石墨粉的供应商

石墨的供应商有：湖南鲁塘石墨矿、青岛晨阳石墨有限公司、美国Asbury Graphite Mills等。

第三节　橡胶用非炭黑补强填料

一、白炭黑

1.1　概述

橡胶用二氧化硅是多孔性物质，其组成可用$SiO_2 \cdot nH_2O$表示，其中nH_2O是以表面羟基的形式存在，CAS号：10279－57－9，有吸湿性，能溶于苛性碱和氢氟酸，不溶于水、溶剂和酸（氢氟酸除外）。二氧化硅耐高温、不燃、无味、无嗅、具有很好的电绝缘性。由于二氧化硅在橡胶中具有最接近炭黑的补强作用，故称为白炭黑。

白炭黑因制备方法不同可分为沉淀法白炭黑和气相法白炭黑。气相法白炭黑，主要为化学气相沉积（CAV）法，又称热解法、干法或燃烧法生产。其原料一般为四氯化硅、氧气（或空气）和氢气，高温下反应而成。气相法白炭黑不含结晶水，又称为无水二氧化硅，其二氧化硅含量为99.8%以上，平均粒径为8～19 nm，比表面积为130～400 m^2/g，DBP吸油值为1.50～2.00 cm^3/g，相对密度为2.10 g/cm^3，pH值为3.9～4.0，水分为1.0～1.5%。沉淀法白炭黑，又叫硅酸钠酸化法，采用水玻璃溶液与酸反应，经沉淀、过滤、洗涤、干燥和煅烧而得到白炭黑。其二氧化硅含量为87～95%，白度为95%左右，平均粒径为11～100 nm，比表面积为45～380 m^2/g，DBP吸油值为1.6～2.4 cm^3/g，相对密度为1.93～2.05 g/cm^3，水分为4.0%～8.0%。高分散性白炭黑是通过硅烷偶联剂、磷酸酯、钛酸酯等处理的沉淀法白炭黑。

HG/T 3061－2009《橡胶配合剂 沉淀水合二氧化硅》修改采用ISO 5794－1：2005（E）附录《橡胶配合剂 沉淀水合二氧化硅 第一部分：非橡胶试验 二氧化硅的分类和物理、化学性能》，将沉淀水合二氧化硅按比表面积分为六类，见表1.5.3－1。

表 1.5.3－1　沉淀水合二氧化硅的分类

类别	比表面积/$m^2 \cdot g^{-1}$	类别	比表面积/$m^2 \cdot g^{-1}$
A	≥191	D	106～135
B	161～190	E	71～105
C	136～160	F	≤70

白炭黑内部的聚硅氧和外表面存在的活性硅醇基$\left(\mathrm{Si{-}OH},\ \mathrm{Si}\genfrac{}{}{0pt}{}{\diagup \mathrm{OH}}{\diagdown \mathrm{OH}}\right)$及其吸附水使其呈亲水性，在有机相中难以湿润和分散，而且由于其表面存在羟基，表面能较大，聚集体总倾向于凝聚，因而产品的应用性能受到影响。白炭黑的表面改性是利用一定的化学物质通过一定的工艺方法使白炭黑的表面羟基与化学物质发生反应，消除或减少其表面活性硅醇基，使其由亲水性变为疏水性，提高白炭黑与胶料的结合，增大其在聚合物中的分散性。

为提高白炭黑与胶料的结合，目前最常用的方法是将白炭黑与硅烷偶联剂一起使用，通过偶联作用使白炭黑与橡胶之间产生键合。偶联剂使白炭黑填料网络化程度大幅度减轻，弹性模量和损耗模量变小，Payne 效应大大减弱，增大了胶料的流动性，改善了加工性能。硅烷偶联剂 Si－69 改性白炭黑的最佳温度为 140 ℃。

白炭黑是炭黑的一种重要替代品。与炭黑相比，白炭黑粒径更小，比表面积更大，故其硫化胶的拉伸强度、撕裂强度和耐磨性较高。虽然由于白炭黑的表面极性及亲水性使其补强效果及加工性能不如炭黑，且易产生静电，但使用双官能团硅烷偶联剂不仅可以降低胶料的门尼黏度、改善加工性能，而且可以降低生热和滚动阻力、提高耐磨性能及抗湿滑性能。添加白炭黑作为补强剂制成的轮胎不但抓着力大，耐磨性能和抗湿滑性能优秀，而且轮胎滚动阻力比一般轮胎减小 30%，节省燃油 7%～9%，由此产生了低滚动阻力的“绿色轮胎”概念。此外，使用白炭黑补强胶料可以生产透明橡胶制品、彩色轮胎，进一步扩展了其在橡胶工业中的应用范围。

用改进型英国便携式抗滑试验机（BPST）在平滑的湿玻璃表面上测量的抗湿滑性能与轿车轮胎胎面胶中白炭黑-聚合物界面面积密切相关，界面面积越大，抗湿滑性能越好。BPST 指数与轿车轮胎在湿路面上抗湿滑性能试验中获得的最大摩擦因素存在着良好的相关性。抗湿滑性能随胶料中白炭黑界面面积线性提高，而与动态性能无关。填料中白炭黑表面积对胶料抗湿滑性能的影响如图 1.5.3－1 所示。

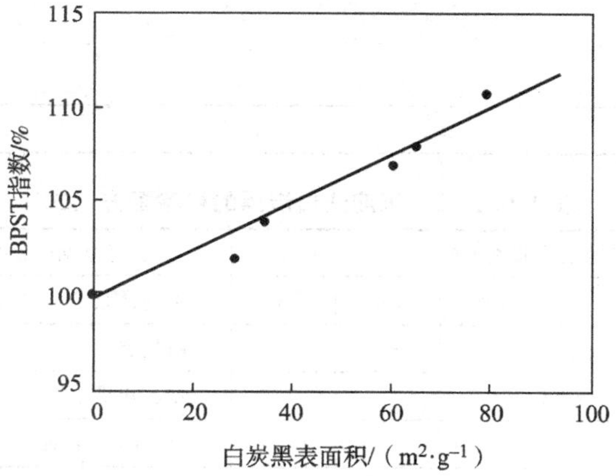

图 1.5.3－1　填料中白炭黑表面积对胶料抗湿滑性能的影响

白炭黑的另一重要用途是用于黏合材料。由于它具有活性硅烷醇表面，是间甲白黏合体系的重要组分，能显著提高橡胶与骨架材料的黏合强度和热老化后黏合强度的保持率。

白炭黑由于比表面积很大，趋向于二次聚集，在空气中极易吸收水分，致使白炭黑表面的羟基间易产生很强的氢键缔合，提高了颗粒间的凝聚力，使其混炼与分散要比炭黑困难得多，还容易生成凝胶，使胶料硬化，混炼时生热大。为此，混炼时白炭黑应分批少量加入，以降低生热；适当提高混炼温度，有利于除掉一部分白炭黑表面吸附水分，降低粒子间的凝聚力；混炼时加入某些可以与白炭黑表面羟基发生反应的物质，如羟基硅油、二苯基硅二醇、硅氮烷等偶联剂；预先将白炭黑表面改性，先屏蔽其表面的部分羟基，均有助于白炭黑在胶料中的分散。

在含白炭黑的胶料配方中软化剂的选择和用量很重要。在 IIR 中往往加入石蜡烃类、环烷烃类和芳香烃类，用量视白炭黑用量多少及门尼黏度大小而异，一般可达 15%～30%。在 NR 中，以植物性软化剂如松香油、妥尔油等软化效果最好，合成的软化剂效果不大，矿物油的软化效果最低。

白炭黑主要向三大类发展：一是“标准”传统白炭黑（LDS）；二是易分散白炭黑（EDS）；三是高分散白炭黑（HDS）。

自绿色轮胎问世以来，白炭黑/硅烷偶联剂体系开始用于胎面，对炭黑工业也提出了挑战，迫使炭黑生产商加大开发力度，研制新型填充剂。炭黑/白炭黑双相填充剂是用卡博特公司开发的独特技术生产的，这种新型填充剂由炭黑相和分散在炭黑相中的白炭黑相构成，其主要特点是提高了烃类弹性体中橡胶与填充剂的相互作用，而降低了填充剂与填充剂的相互作用。该填充剂可改善胶料尤其是轮胎胎面胶的滞后损失与温度之间的关系，大大降低滚动阻力，提高牵引力，同时未降低耐磨性能。

1.2 白炭黑的技术标准与工程应用

1.2.1 白炭黑的检验配方

白炭黑的检验配方见表 1.5.3－2。

表 1.5.3－2 沉淀法白炭黑的检验配方[a]（一）

材料	技术规格	配方（质量份）	
		1#	2#
丁苯橡胶（SBR）1500[a]	GB/T 8655	100	100
沉淀水合二氧化硅（A、B、C、D类）	HG/T 3061	50	—
沉淀水合二氧化硅（E、F类）	HG/T 3061	—	50
氧化锌	GB/T 3185（间接法）	5	5
硬脂酸	200 型（GB 9103）	1	1
聚乙二醇（PEG）4000[b]	分析纯	3	1.5
促进剂 MBTS（DM）[c]	GB/T 11408	1.2	1.2
促进剂 MBT（M）[d]	GB/T 11407	0.7	0.7
促进剂 DPG[e]	HG/T 2342	0.5	0.5
硫黄	GB/T 2449	2	2
合计		163.4	161.9
注：沉淀水合二氧化硅和橡胶的称量准确至 1 g，硫黄和促进剂的称量准确至 0.02 g，氧化锌、硬脂酸和聚乙二醇的称量准确至 0.1 g。			
a SBR1500 吉林化学工业公司产，只要能得出相同的值，也可使用等效的产品； b 聚乙二醇（相对分子质量 4 000）； c 二硫化二苯并噻唑； d 2-硫醇基苯并噻唑； e 二苯胍。			
硫化条件：160 ℃×15 min			

表 1.5.3－2 沉淀法白炭黑的检验配方（二）

乙烯基硅橡胶和氟硅橡胶检验配方[b]					丁腈橡胶检验配方[c]		天然橡胶检验配方[c]	
乙烯基硅橡胶（110－2）	100	100	100	3	丁腈橡胶 26	100	天然橡胶	100
氟硅橡胶	—	—	—	100	白炭黑	40	硬脂酸	2.0
沉淀白炭黑	40－60				喷雾炭黑	80	氧化锌	5.0
2 号气相白炭黑		45－60		40－45	己二酸二丁酯	20	凡士林	4.0
4 号气相白炭黑			40－50		邻苯二甲酸二丁酯	10	促进剂 MBT(M)	0.5
二苯基硅二醇	—	3－6	—	—	硬脂酸	1	促进剂 D	0.7
六甲基环三硅氮烷和八甲基环四硅氧烷混合物	—	—	8－10	—	过氧化二异丙苯	1.7	硫黄	3
羟基氟硅油	—	—	—	2－3			白炭黑	60
三氧化二铁	3－5	3－5	—	3－5				
有机过氧化物	0.5－1	0.5－1	0.5－1	0.5－1				
硫化条件	一段硫化：135 ℃×10 min，压力≥5 MPa；二段硫化：150 ℃×2 h→200 ℃×4 h，中间升温半小时				150±1 ℃×40 min		143 ℃×30～80 min	

注：[a] 详见 HG/T 2404－2008《橡胶配合剂 沉淀水合二氧化硅在丁苯胶中的鉴定》表 1。

[b] 详见《橡胶工业手册．第一分册．生胶与骨架材料》，谢遂志等，化学工业出版社，1989 年 9 月（第一版，1993 年 6 月第 2 次印刷），P559 表 9－20；

[c] 详见《橡胶工业手册．第三分册．配方与基本工艺》，梁星宇等，化学工业出版社，1989 年 10 月（第一版，1993 年 6 月第 2 次印刷），P326～327 表 1－394～396；但以上配方无交联剂、无氧化锌、无填料活化剂，影响白炭黑在胶料中的分散，硫化也不充分，与实用配方相距甚远，难以检验白炭黑的真实补强能力，读者应当谨慎使用。

1.2.2　白炭黑的硫化试片制样程序

白炭黑的硫化试片制样程序见表 2.5.1－3，详见 HG/T 2404－2008《橡胶配合剂 沉淀水合二氧化硅在丁苯胶中的鉴定》mod ISO 5794－2：1998（E）《橡胶配合剂 沉淀水合二氧化硅 第二部分：在丁苯橡胶中的鉴定》。

表 1.5.3－3　白炭黑的硫化试片制样程序

概述：①准备、混炼、硫化的设备按 GB/T 6038 进行。 ②标准的实验室一次混炼量是试验配方量的四倍量，以克为单位。混炼前适当冷却辊筒，使表面起始温度为 25±5 ℃。混合后的质量与混炼前总质量之差不超过＋0.5%～－1.5%。		
程序	操作时间/min	累计时间/min
(1) 将辊距调整为 0.5～0.8 mm，不包辊破料一次。调整辊距为 1 mm，将橡胶包在辊筒上。 (2) 均匀地慢慢加入硫黄，当硫黄被混合后，每隔 30 s 从辊筒两端交替作一次 3/4 割刀，割 6 刀。 (3) 均匀地加入氧化锌，每隔 20 s 从辊筒两端交替作一次 3/4 割刀，割 2 刀。 (4) 均匀地加入硬脂酸，每隔 20 s 从辊筒两端交替作一次 3/4 割刀，割 2 刀。 (5) 加入 1/3 的沉淀水合二氧化硅，每隔 20 s 从辊筒两端交替作一次 3/4 割刀，割 4 刀。 (6) 加入 1/3 的沉淀水合二氧化硅，每隔 20 s 从辊筒两端交替作一次 3/4 割刀，割 4 刀。 (7) 加入 1/3 的沉淀水合二氧化硅后，加入活性剂 PEG，每隔 20 s 从辊筒两端交替作一次 3/4 割刀，割 6 刀。 (8) 慢慢地将促进剂均匀覆盖在橡胶上加入，当全部材料混入后，每隔 15 s 从辊筒两端交替作一次 3/4 割刀，割 4 刀。 (9) 从炼胶机上割下胶片，将辊距调到 0.8～1 mm 之间，不包辊薄通 3 次。 (10) 从炼胶机上割下胶料，调整辊距为 3～3.5 mm 之间，不包辊通过辊间 3 次。 (11) 用刚炼好的胶料制备厚 6 mm 的试片进行硫化特性测量，并将胶料压成 2.2 mm 的胶片，为强伸性能试验作准备。 (12) 硫化前将胶料停放 18～24 h，如有可能，在 GB/T 2941 要求的标准温度和湿度条件下停放。		

1.2.3　白炭黑的技术标准

1. 气相法白炭黑

气相法白炭黑的典型技术指标见表 1.5.3－4。

表 1.5.3－4　气相法白炭黑的典型技术指标

项目	1#	2#	3#	4#	5#
比表面积/$m^2 \cdot g^{-1}$		75～105		≥150	150～200
吸油值/$cm^3 \cdot g^{-1}$	<2.0	2.60～2.90	≥2.90	≥3.46	2.60～2.80
表观密度(≤)/$g \cdot cm^{-3}$		0.05		0.04	0.04～0.05
pH 值	4～6	4～6	3.5～6	3.5～5.5	4～6
加热减量（110 ℃×2 h)(≤)/%	3	3	3	3	1.5
灼烧减量（900 ℃×2 h)(≤)/%	5	5	5	5	3
机械杂质，个数(≤)/2 g	30	20	30	15	20
氧化铝（Al_2O_3)(≤)/%				0.03	
氧化铁（Fe_2O_3)(≤)/%				0.01	
铵盐（以 NH_4^+ 计)(≤)/%		0.03		微量	

气相法白炭黑除 2 号和 5 号可用于硅橡胶外，其余 3 种仅用于涂料、电子及其他工业部门。

2. 沉淀水合二氧化硅

沉淀水合二氧化硅的技术要求和测试方法见表 1.5.3－5，详见 HG/T 3061－2009。

表 1.5.3－5　沉淀水合二氧化硅的技术要求和测试方法

项目	指标		测试方法
	粒/粉状	块状	
二氧化硅含量（干品)(≥)/%	90	90	HG/T 3062
颜色	不次于标样		HG/T 3063
45 μm 筛余物(≤)/%	0.5	0.5	HG/T 30642
加热减量/%	4.0～8.0	5.0～8.0	HG/T 3065

续表

项目	指标		测试方法
	粒/粉状	块状	
灼烧减量（干品）(⩽)/%	7.0	7.0	HG/T 3066
pH 值	5.0～8.0	6.0～8.0	HG/T 3067
总铜含量(⩽)/(mg·kg^{-1})	10	30	HG/T 3068
总锰含量(⩽)/(mg·kg^{-1})	40	50	HG/T 3069
总铁含量(⩽)/(mg·kg^{-1})	500	1000	HG/T 3070
邻苯二甲酸二丁酯吸收值/cm^3·g^{-1}	2.00～3.50	—	HG/T 3072
水可溶物(⩽)/%	2.5	2.5	HG/T 3748
300%定伸应力(⩾)/MPa	5.5	5.5	HG/T 2404
500%定伸应力(⩾)/MPa	13.0	13.0	
拉伸强度(⩾)/MPa	19.0	19.0	
扯断伸长率(⩾)/%	550	550	

注：[a] 颜色比较用标样由供需双方共同商定。
[b] 300%定伸应力、500%定伸应力、拉伸强度、扯断伸长率采用 GB/T 528 中规定的Ⅰ型哑铃型裁刀。
[c] 扯断伸长率高于 600%时，只考核 500%定伸应力；否则，只考核 300%定伸应力。

1.3 白炭黑的供应商

1.3.1 气相法白炭黑

国产气相法白炭黑供应商见表 1.5.3-6。

表 1.5.3-6 气相法白炭黑供应商

供应商	技术指标						技术参考数据		
	SiO_2 含量 (⩾)/%	比表面积/ m^2·g^{-1} (BET)	加热减量/% (105 ℃×2 h)	烧蚀减量 (⩽)/% (以干基计) (1 000 ℃)	pH 值 (4%水悬浮液)	平均原生粒径/ nm	堆积密度/ g·l^{-1}	DOP 吸油值/ cm^3(100 g)$^{-1}$	筛余物 (⩽)/% 45 μm
赢创固赛	99.8	200±25	1.5	1.0	3.7-4.7	12	约 50		

国产气相法白炭黑供应商还有：广州吉必盛科技实业有限公司、卡博特蓝星（九江）化工有限公司、德山化工（浙江）有限公司、德国威凯化学品有限公司（张家港）、上海氯碱化工股份有限公司、山东瑞阳硅业有限公司等。

气相法白炭黑国外品牌有：迪高沙（Degussa，德国）和卡博特（Cabot，美国）等。

1.3.2 沉淀法白炭黑

沉淀法白炭黑供应商见表 1.5.3-7。

表 1.5.3-7 沉淀法白炭黑供应商

供应商	规格型号	技术指标							
		SiO_2 含量 (⩾)/%	比表面积/ m^2·g^{-1} CTAB	加热减量/% 105 ℃×2 h	烧蚀减量 (⩽)/% (以干基计) (1 000 ℃)	pH 值 (5%水悬浮液)	可溶盐 (⩽)/% (硫酸钠)	DBP 吸油/ cm^3·(100 g)$^{-1}$	筛余物 (⩽)/% 45 μm
无锡恒诚硅业	高分散性白炭黑	98	105-215	4.0-8.0	7	5.5-7.5	2.0	1.5-3.5	0.5
	普通型白炭黑	98	165-205 (BET)	4.0-8.0	7	6.0-7.5	2.0	1.5-3.5	0.5
确成硅化学股份有限公司 (Newsil@)	HD115MP	90	115±15 (BET)	4.0-8.0	7.0	5.0-8.0	2.0	2.0-3.5	0.5
	HD165MP	90	165±15 (BET)	4.0-8.0	7.0	5.0-8.0	2.0	2.0-3.5	0.5
	HD200MP	90	200±15 (BET)	4.0-8.0	7.0	5.0-8.0	2.0	2.0-3.5	0.5

续表

供应商		规格型号	技术指标							
			SiO_2含量(≥)/%	比表面积/$m^2\cdot g^{-1}$ CTAB	加热减量/% 105 ℃×2 h	烧蚀减量(≤)/%(以干基计)(1 000 ℃)	pH值(5%水悬浮液)	可溶盐(≤)/%(硫酸钠)	DBP吸油/$cm^3\cdot(100\ g)^{-1}$	筛余物(≤)/% 45 μm
福建省三明正元化工有限公司	粉状	ZL－355	97.0	161～190(BET)	4.0－8.0	6.0	6.0－7.5	1.5	2.2—2.8	0.5
	微珠	ZL355MP							2.2—2.8	
	条粒	ZL－355GR							2.2—2.6	
	粉状	ZL－353	97.0	100～160(BET)	4.0－8.0	6.0	6.0－7.5	1.5	2.2—2.8	0.5
	微珠	ZL353MP							2.2—2.8	
	条粒	ZL－353GR							2.2—2.6	

沉淀法白炭黑供应商的还有：通化双龙化工股份有限公司等。

二、硅酸盐

硅酸盐主要包括陶土、水合硅酸铝、水合硅酸钙、滑石粉、硅灰石粉、云母粉、石棉、长石粉、煤矸石粉、海泡石粉、硅藻土、活性硅粉、硅微粉、粉煤灰等。

2.1　硅酸盐填料

2.1.1　陶土

陶土包括高岭土、瓷土、白土、皂土、蒙脱土、膨润土、凹凸土等，是橡胶工业中用量最大的无机填料，主要成分为氧化铝和二氧化硅的结晶水合物，化学式为 $Al_2O_3.2SiO_2.2H_2O$。

陶土按粒径大小可分为：1）硬质陶土，粒径≤2 μm的占80%以上，粒径≥5 μm的占4%～8%，比表面积为22～26 m^2/g，在橡胶中有半补强作用；2）软质陶土，粒径≤2 μm的占50%～74%，粒径≥5 μm的占8%～30%，比表面积为9～17 m^2/g，在橡胶中无补强作用。

用硬脂酸、硫醇基硅烷、乙烯基硅烷、氨基硅烷、钛酸酯等偶联剂对陶土进行改性，能提高硫化胶的物理机械性能和耐老化性能。近年研究发现，黏土中具有丰富天然资源的蒙脱土和凹凸土等无机填料经适当处理后与橡胶复合，可制成具有优异性能的新型橡胶纳米复合材料。黏土是黏土矿物的聚合体，黏土矿物是具有无序过渡结构的含水层状硅酸盐矿物。黏土具有独特的晶层重叠结构，相邻晶层带有负电荷，因此黏土层间一般吸附着阳离子。与常规聚合物基复合材料相比，新型纳米橡胶复合材料具有以下特点：1）只需很少的补强填料即可使复合材料具有较高的强度、弹性模量和韧性；2）具有优良的热稳定性及尺寸稳定性；3）力学性能有望优于纤维增强聚合物体系，因为黏土可以在二维上起补强作用；4）由于硅酸盐呈片层平面取向，因此膜材有很高的阻隔性；5）我国黏土资源丰富且价格低廉。由于插层型聚合物/黏土纳米复合材料具有较好的综合性能，发展迅速，其应用将越来越广泛。

已有报道的聚合物/黏土纳米复合材料制备方法主要有4种：1）单体嵌入到黏土片层中，然后在外加作用如氧化剂、光、热、引发剂或电子作用下使其聚合；2）主体材料强有力的氧化还原特性使嵌入与原位聚合同步进行，也称自动聚合；3）把聚合物直接嵌入到黏土中；4）通过溶胶-凝胶法可以在聚合物溶液中就地形成黏土层，沉淀干燥后得到嵌入纳米复合材料。总之，制备聚合物/粘土纳米复合材料的方法多种多样。但鉴于粘土的片层结构，制备聚合物/粘土纳米复合材料的有效方法为插层复合法，它是当前材料科学领域研究的热点。其特点是将单体（预聚体）或聚合物插入层状结构的黏土片层中，进而破坏硅酸盐的片层结构，剥离成厚为1 nm，长、宽各为100 nm的基本单元，并使其均匀分散在聚合物基体中，实现高分子与黏土片层在纳米尺度上的复合。

2.1.2　水合硅酸铝

水合硅酸铝化学式为 $x\,SiO_2.Al_2O_3.nH_2O$，又称沉淀硅酸铝，粒径范围由纳米级到微米级，对橡胶有半补强性能，可高填充，胶料有很好的挺性、良好的耐磨性和耐屈挠性能。

水合硅酸铝的典型技术指标见表1.5.3-8。

表1.5.3-8　水合硅酸铝的典型技术指标

相对密度/$(g\cdot cm^{-3})$	表观密度/$(g\cdot cm^{-3})$	SiO_2含量/%	Al_2O_3含量/%	加热减量/%	灼烧减量/%
2.0～2.1	0.25～0.35	45～75	5～21	3～8	5～10

水合硅酸铝的供应商有：上海延达橡塑工程材料公司等。

2.1.3　水合硅酸钙

水合硅酸钙化学式为 $x\,SiO_2.CaO.\,nH_2O$，又称沉淀硅酸钙。白色粉末，无毒无味，不溶于水、乙醇和碱，能溶于酸。本品补强性能仅次于白炭黑，胶料挺性好，有较高的拉伸强度、撕裂强度和耐磨性能，缺点是生热大。

水合硅酸钙作颜料时可替代部分钛白粉。

水合硅酸钙的典型技术指标见表 1.5.3-9。

表 1.5.3-9　水合硅酸钙的典型技术指标

表观密度/(g·cm^{-3})	DBP 吸收值/g·cm^{-3}	pH 值	SiO_2 含量/%	CaO 含量/%	加热减量(≤)/%	灼烧减量/%
0.25～0.35	2.2	8～9	55～65	15～20	1	5～20

2.1.4　滑石粉

滑石粉是一种含水的镁硅酸盐矿物，理论化学式为 $3MgO.4SiO_2.H_2O$，由天然滑石经干法、湿法或高温煅烧而得，是六方或菱形结晶颗粒，质软，具滑腻感，相对密度为 2.7～2.8 g/cm³。粉碎筛选后的颜色有白色、灰白色或淡绿色几种，视其杂质含量而异，以白色为优。主要用作橡胶填充剂、隔离剂及表面处理剂。

GB/T 15342－2012《滑石粉》按滑石粉粉碎粒度的大小，分为磨细滑石粉、微细滑石粉和超细滑石粉三类；按用途将滑石粉分为 9 个品种，其中用于橡胶工业的滑石粉代号为 XJ。磨细滑石粉是指试验筛孔径在 1000～38 μm 范围内，通过率在 95%以上的滑石粉；微细滑石粉是指粒径在 30 μm 以下的累计含量在 90%以上的滑石粉；超细滑石粉是指粒径在 10 μm 以下的累计含量在 90%以上的滑石粉。

橡胶用滑石粉的理化性能要求见表 1.5.3-10。

表 1.5.3-10　橡胶用滑石粉的理化性能要求

项目		一级品	二级品	三级品
细度	磨细滑石粉	明示粒径相应试验筛通过率≥98.0%		
	微细滑石粉和超细滑石粉	小于明示粒径的含量≥90.0%		
水分(≤)/%		0.50		1.00
烧失量（1000 ℃)(≤)/%		7.00	9.00	18.0
水萃取液 pH 值		8.0～10.0		
酸溶物(≤)/%		6.0	15.0	20.0
酸溶性铁（以 Fe_2O_3 计)(≤)		1.00	2.00	3.00
铜（Cu）(≤)/(mg·kg^{-1})		50		
锰（Mn）(≤)/(mg·kg^{-1})		500		

滑石粉的供应商有：山东省平度市滑石矿业有限公司、桂林桂广滑石开发有限公司、辽宁艾海滑石有限公司、广西龙广滑石开发有限公司、广西龙胜华美滑石开发有限公司、莱州市滑石工业有限责任公司等。

2.1.5　硅灰石粉

硅灰石粉的化学成分主要是偏硅酸钙（$CaSiO_3$），由天然硅灰石经选矿、粉碎制得，粒径为 3.5～7.5 μm，相对密度为 2.3～2.9 g/cm³。主要用作橡胶填充剂和白色颜料。

JC/T535－2007《硅灰石》适用于陶瓷、涂料、摩擦材料、密封材料、电焊条等领域使用的硅灰石。硅灰石产品按粒径分为块粒、普通粒、细粉、超细粉和针状粉五类，在橡胶领域使用的是细粉、超细粉，粒径分别为＜38 μm 和＜10 μm；针状粉长径比≥8：1，可以用于汽车刹车片。

硅灰石产品理化性能要求见表 1.5.3-11。

表 1.5.3-11　硅灰石产品理化性能要求

项目	一级品	二级品	三级品	四级品
硅灰石含量(≥)/%	90	80	60	40
二氧化硅含量/%	48～52	46～54	41～59	≥40
氧化钙含量/%	45～48	42～50	38～50	≥30
三氧化二铁含量(≤)/%	0.5	1.0	1.5	—
烧失量(≤)/%	2.5	4.0	9.0	—
白度(≥)/%	90	85	75	—
吸油量/%	18～30（粒径小于 5 μm，18～35）			—
水萃取液酸碱度(≤)	4.6			—
105 ℃挥发物含量(≤)/%	0.5			
细度	细粉、超细粉大于粒径含量≤8.0%			

2.1.6　云母粉

云母粉化学成分为硅酸钾盐，化学式为 K_2Al_4（$Al_2Si_6O_{20}$）$(OH)_4$，相对密度 2.76～3.10 g/cm³。云母粉属于单斜晶系，其结晶呈薄片状，能提高橡胶的阻尼性能，有良好的耐热、耐酸碱和电绝缘性能，还有防护紫外线和放射线的功能，无补强能力，但绢云母有补强作用。云母粉可用于特种橡胶制造耐热、耐酸碱及高绝缘制品，也可用于通用橡胶制造与食品接触的制品。

JC/T 595—1995《干磨云母粉》适用于碎白云母在不加水介质的情况下，经机械破碎磨制而成的云母粉。橡胶用干磨云母粉的粒径应为 45 μm（325 目），其技术性能指标见表 1.5.3-12。

表 1.5.3-12　橡胶用干磨云母粉的技术性能指标

规格	粒度分布	含铁量/%(≤，×10⁻⁶)	含砂量(≤)/%	松散密度/(≤)g·cm⁻³	含水量(≤)/%	白度(≥)
45 μm（325 目）	大于 45 μm 含量小于 2%	400	1.0	0.34	1.0	50

2.1.7　石棉

石棉是指具有高抗张强度、高挠性、耐化学和热侵蚀、电绝缘和具有可纺性的硅酸盐类矿物产品，是天然的纤维状的硅酸盐类类矿物质的总称，下辖 2 类共计 6 种矿物，有蛇纹石石棉、角闪石石棉、阳起石石棉、直闪石石棉、铁石棉、透闪石石棉等。石棉由纤维束组成，而纤维束又由很长很细的能相互分离的纤维组成。石棉具有高度耐火性、电绝缘性和绝热性，是重要的防火、绝缘和保温材料。但是由于石棉纤维能引起石棉肺、胸膜间皮瘤等疾病，许多国家选择了全面禁止使用这种危险性物质。

GB/T 8071—2008《温石棉》定义温石棉是一种含水硅酸镁矿物，矿物学称之为纤维蛇纹石，化学式为 $2SiO_2 \cdot 3MgO \cdot 2H_2O$，理论成分 MgO 占 43.64%，$SiO_2$ 占 43.36%，H_2 占 13.00%。石棉对橡胶有一定的补强作用，突出的优点是隔音、隔热、耐酸碱和绝缘。也可用作隔离剂。

2.1.8　长石粉

长石粉的化学组成是含钠、钾、钙的无水硅酸铝，化学式为 0.9（Na，K）（$AlSi_3O_8$）0.09Ca（$Al_2Si_2O_8$），由天然花岗石经浮选，除去二氧化硅、云母后再经研磨制得。长石粉按钠、钾、钙含量不同可分为钠长石、钾长石，用于胶乳不破坏胶体性质，能防止胶粒的附聚作用。也可用于丁苯橡胶和聚氨酯橡胶的填充剂。

2.1.9　海泡石粉

由天然海泡石矿经精选、粉碎和分级制得，其化学成分为氧化硅和氧化镁的水合物，化学式为 $Mg_8(H_2O)_4[Si_6O_{16}]_2(OH)_4 \cdot 8H_2O$，其中 SiO_2 含量一般在 54%～60%，MgO 含量多在 21%～25%范围内，密度 2～2.5 g/cm³，具有非金属矿物中最大的比表面积（最高可达 900 m²/g）和独特的内容孔道结构，是公认的吸附能力最强的黏土矿物。海泡石粉具有极强的吸附、脱色和分散等性能，亦有极高的热稳定性，耐高温性可达 1500～1700 ℃。

2.1.10　凹凸棒土粉

凹凸棒土粉由凹凸棒石矿物精选加工制得，为一种晶质水合镁铝硅酸盐，相对密度 2.05～2.32 g/cm³，比表面积 9.6～36 m²/g，SiO_2 含量 55.8%～61.4%，Al_2O_3 含量 12.3%～14.3%。凹凸棒土粉具有介于链状结构和层状结构之间的中间结构，晶体呈针状、纤维状或纤维集合状，表面有凹凸沟槽。凹凸棒土粉具有独特的分散、耐高温、抗盐碱等性质和较高的吸附脱色能力，能使压延压出胶料表面光滑。

2.1.11　硅藻土

以天然硅藻土为原料，经粉碎、高温煅烧，除去有机杂质制得。硅藻土主要成分为二氧化硅，SiO_2 含量超过 70%，通常占 80%以上，最高可达 94%，优质硅藻土的氧化铁含量一般为 1%～1.5%，氧化铝含量为 3%～6%。硅藻土粒径 1.1～40 μm，相对密度 1.9～2.35 g/cm³，孔隙度大、吸收性强、化学性质稳定，耐磨、耐热、绝缘、绝热性好。在橡胶中主要用作填充剂、隔离剂，具有易分散、不飞扬，胶料挺性好等特点，适用于制造绝缘、发泡保温制品等。

硅藻土可以参照的工业标准包括 GB 14936—2012《食品安全国家标准 食品添加剂 硅藻土》与 GB/T 24265—2014《工业用硅藻土助滤剂》。

硅藻土的供应商有：青岛川一硅藻土有限公司、青岛三星硅藻土有限公司等。

2.1.12　活性硅粉

以含有 20%SiO_2 的稻壳为原料，经筛选、漂洗、焙烧、球磨、筛分制得。成品 SiO_2 含量≥86%，非晶质、多微孔，相对密度 1.8～2.3 g/cm³，平均粒径约 6μm。活性硅粉具有易分散，胶料挺性好，压出表面光滑，焦烧安全性好，硫化曲线平坦的特点，硫化胶弹性、耐老化性能较好。

2.1.13　硅微粉

硅微粉也称石英粉，由天然石英矿物经粉碎加工制得，SiO_2 含量可达 96%～99.4%，白色或浅灰色粉末，有无定形、微晶型和晶型三种类型。无定形硅微粉相对密度 2.1 g/cm³，平均粒径约 0.1 μm；微晶型硅微粉相对密度 2.65 g/cm³，平均粒径 1.5～9.0 μm；晶型硅微粉相对密度 2.65 g/cm³，平均粒径 8～25 μm。

硅微粉具有耐温性好、耐酸碱腐蚀、导热性差、高绝缘、低膨胀、化学性能稳定等特点。无定形硅微粉表面活性高，补强性能接近于热裂法炭黑；微晶型硅微粉主要用作硅橡胶、胶乳的填充剂；晶型硅微粉主要用作天然橡胶、合成橡胶的填充剂。

2.1.14　粉煤灰

粉煤灰是煤燃烧后从烟气中收捕在锅炉灰池中的沉积物，经粉碎、干燥、筛分制得，灰色细粉，主要成分为硅酸铝，SiO_2 含量 50%～60%，Al_2O_3 含量 20%～30%，还含有少量其他金属氧化物、硫、碳等，相对密度 2.1～2.5 g/cm³。

粉煤灰外观类似水泥，颜色在乳白色到灰黑色之间变化。粉煤灰的颜色可以反映含碳量的多少和差异，在一定程度上也可以反映粉煤灰的细度，颜色越深粉煤灰粒度越细，含碳量越高。粉煤灰有低钙粉煤灰和高钙粉煤灰之分。通常高钙粉煤灰的颜色偏黄，低钙粉煤灰的颜色偏灰。粉煤灰颗粒呈多孔型蜂窝状组织，孔隙率高达 50%～80%，比表面积较大，具有较高的吸附活性、很强的吸水性，适合在橡胶中使用的粒径范围 0.5～50 μm。

2.1.15　硅铝炭黑

硅铝炭黑（SAC）也称煤矸石粉，指以煤矸石为原料，经筛选、粉碎、焙烧（包括活性改性）等工艺制造的，以硅、铝、碳等元素为主要成分，在橡胶中具有一定填充性能的粉状物质。其化学组成类似高岭土，SiO_2 含量为 46%，Al_2O_3 占 27%，相对密度 1.5～2.5 g/cm³。HG/T 2880－2007《硅铝炭黑》将硅铝炭黑分为 SAC－Ⅰ和 SAC－Ⅱ两个品种，其技术要求见表 1.5.3-13。

表 1.5.3-13　硅铝炭黑标准与技术指标

项目	指标	
	SAC－Ⅰ	SAC－Ⅱ
吸碘值，g/kg（≥）	20	30
邻苯二甲酸二丁酯吸收值，10^{-5}m³/kg	30～50	40～60
加热减量(≤)/%	2.0	1.0
150 μm 筛余物(≤)/(mg·kg⁻¹)	200	200
杂质	无	无
pH 值	7～10	7～10
倾注密度(≤)(kg·m⁻³	625	610

硅铝炭黑的供应商有：徐州市江苏省煤矸石综合利用研究所等。

2.1.16　细煤粉

由褐煤、烟煤、无烟煤或石油焦为原料制得。制备微细煤粉有两种方法：干法和湿法。干式粉碎法，即首先将煤炭放在氮气（防止爆炸）保护下破碎、研磨，然后再筛选、分级，并用硬脂酸或其钠盐活化处理。湿法粉碎的特点是，煤炭在水介质中破碎、研磨，同时加入硬脂酸或其钠盐作为抑泡剂，重质焦油（其中的油成分）作为消泡剂，煤粉浮选后，这些添加剂仍残留在煤粉中，可起到偶联活化作用。

相对密度 1.2～1.8 g/cm³。具有密度小、易分散的特点，主要用作填充剂，所得硫化胶永久变形小，生热低。

此外，还有沸石粉、次石墨、透闪石、伊利石等硅酸盐无机矿物材料也可用作橡胶填料。

2.2　硅酸盐的技术标准与工程应用

2.2.1　硅酸盐的检验配方

陶土的检验配方见表 1.5.3-14。

表 1.5.3-14　陶土的检验配方

组分	A 法	B 法
1# 烟片胶	100	100
氧化锌	5	5
促进剂 MBT（M）	0.98	1.2
促进剂 D	0.44	0.5
硫黄	2.30	2.20
陶土	100	100
硫化温度/℃ 硫化时间/min	143±1 7.5、10、15、20、25、30	

注：详见《橡胶工业手册．第三分册．配方与基本工艺》，梁星宇等，化学工业出版社，1989 年 10 月（第一版，1993 年 6 月第 2 次印刷），P327～329 表 1-398～401。

2.2.2 硅酸盐的技术标准

GB/T 14563－2008《高岭土及其试验方法》适用于造纸、搪瓷、橡胶、陶瓷和涂料工业用软质、砂质、煤系高岭土、煅烧高岭土。高岭土产品按工业用途分为造纸工业用高岭土、搪瓷工业用高岭土、橡塑工业用高岭土、陶瓷工业用高岭土和涂料行业用高岭土五类。橡塑工业用高岭土产品类别、代号及主要用途见表 1.5.3－15。

表 1.5.3－15　橡塑工业用高岭土产品类别、代号及主要用途

产品代号	类别	等级	主要用途
XT－0	橡塑工业用	优级高岭土	白色或浅色橡塑制品半补强填料
XT－1		一级高岭土	
XT－2		二级高岭土	一般橡塑制品半补强填料
XT－(D) 0		煅烧优级高岭土	白色或浅色橡塑制品半补强填料
XT－(D) 1		煅烧一级高岭土	
XT－(D) 2		煅烧二级高岭土	

橡塑工业用高岭土粉和煅烧高岭土粉化学成分和物理性能见表 1.5.3－16。

表 1.5.3－16　橡塑工业用高岭土粉和煅烧高岭土粉化学成分和物理性能

项目		高岭土粉			煅烧高岭土粉		
		XT－0	XT－1	XT－2	XT－(D) 0	XT－(D) 1	XT－(D) 2
外观质量要求		白色	灰白色、微黄色及其他浅色	米黄、浅灰等色	白色、无可见杂质，色泽均匀		浅白色，无可见杂质，色泽均匀
白度(≥)		78.0	65.0	—	90.0	86.0	80.0
二苯胍吸着率/%		6.0～10.0		4.0～10.0	—	—	—
PH 值		5.0～8.0					
沉降体积(≥)/ml · g^{-1}		4.0	3.0	—	—	—	—
细度 w/%	125 μm(≤)	0.02		0.05	—	—	—
	45 μm(≤)	—	—	—	0.03	0.05	0.10
	小于 2 μm(≥)	—	—	—	80	70	60
铜 (Cu) w(≤)/%		0.005			—	—	—
锰 (Mn) w(≤)/%		0.01			—	—	—
水分 w(≤)/%		1.50			1.00		
SiO_2 w(≤)/%		—	—	—	55.00		
Al_2O_3 w(≥)/%		—	—	—	42.00		
SiO_2/Al_2O_3 w(≤)/%		1.5		1.8	—	—	—

2.3 硅酸盐的供应商

硅酸盐供应商见表 1.5.3－17。

表 1.5.3－17　硅酸盐供应商

供应商	商品名称	化学组成	成分/%						外观	加热减量/%	平均粒径	PH 值	说明
			SiO_2	Al_2O_3	Fe_2O_3	FeO	TiO_2	P_2O_5					
川君化工	白炭黑		≥90							4.0—8.0	2～3.5 cm^3/g (DBP 吸收值)	5～8	
金昌盛	NCL—302	硅烷改性高岭土	47.7	33.7	0.2	0.3	1.38	0.36	浅白色粉末		200～300 nm	6.5—7.5	白度大，可用于彩色制品

续表

供应商	商品名称	化学组成	成分/%						外观	加热减量/%	平均粒径	PH 值	说明
			SiO_2	Al_2O_3	Fe_2O_3	FeO	TiO_2	P_2O_5					
宁波卡利特	E1		≥70	≥20	灼烧减量≤7%； 吸油值 30～50 g/100 g。				白度≥80	≤0.7	8～12 μm	7～8	专用于汽车密封条
	E2		≥80	≥10	灼烧减量≤7%； 吸油值 30～50 g/100 g。				白度≥75	≤0.7	9～14 μm	7～8	专用于力车胎、胶管、胶带、胶鞋
	E3		≥70	≥25	灼烧减量≤5%； 吸油值 50～70 g/100 g。				白度≥75	≤0.7	2～6μm	7～8	专用于密封条
	E5		≥61	≥31	灼烧减量≤7%； 吸油值 30～50 g/100 g。				白度≥85	≤0.7	5～15 μm	8～10	多功能橡塑增强剂
	E6		≥80	≥10					白度≥70	≤0.7	10～15 μm	7～8	多功能橡塑增强剂
宁波嘉和	JH—200	改性硅酸盐	83—86		灼烧减量≤7%				白色粉末	≤0.8	筛余物≤8% （1 250 目）	6～8	相当于半补强炭黑
	JH—100									≤1			

硅酸盐的供应商还有：茂名高岭土科技有限公司、龙岩高岭土有限公司、淮北金岩高岭土开发有限责任公司、兖矿北海高岭土有限公司、蒙西高岭粉体股份有限公司、山西金洋煅烧高岭土有限公司等。

三、碳酸盐

3.1　碳酸钙

3.1.1　概述

碳酸钙是橡胶工业中用量仅次于陶土的无机填料，橡胶用碳酸钙按制取方法、粒径大小可以分为重质碳酸钙（包括重质活性碳酸钙）、沉淀碳酸钙、活性沉淀碳酸钙与微细沉淀碳酸钙（包括微细沉淀碳酸钙与微细活性沉淀碳酸钙）。

重质碳酸钙又称重钙，由天然大理石、石灰石、白垩、方解石、白云石或牡蛎、贝壳等经粉碎、研磨、筛分制得，其粒径在 400～2 000 目，主要用作填充剂。所谓重钙，与其他碳酸钙在真密度上并无明显区别，其“重”反应在表观密度或者堆积密度等视密度上。

沉淀碳酸钙是将石灰石溶解，生产时，在氢氧化钙溶液中通入 CO_2 生成细小的 $CaCO_3$ 粒子沉淀析出，或者是用 Na_2CO_3 或碳酸铵来生成 $CaCO_3$ 粒子沉淀析出，成品是球状的粒子或者几个球状粒子的聚集体。

未经表面处理的碳酸钙颗粒表面亲水疏油，呈强极性，不能与橡胶等高分子有机物发生化学交联，在橡胶中难以均匀分散，因此不能起到功能填料的作用，相反因界面缺陷在某种程度上会降低制品的部分物理性能。活性碳酸钙的成功应用使碳酸钙的性能发生了质的飞跃，尤其是活性超细碳酸钙具有功能填料的特点，从而大大拓宽了其应用范围，其增韧补强效果极大地改善和提高了产品的性能和质量。

粒径在纳米范围（≤100 nm）的碳酸钙又称之为纳米碳酸钙，是一种最廉价的纳米材料，其具有的特殊量子尺寸效应、小尺寸效应、表面效应等，使其与常规粉体材料相比在补强性、透明性、分散性、触变性等方面都显示出明显的优势，与其他材料微观结合情况也发生变化，从而引起胶料宏观性能的变化。与普通碳酸钙相比，纳米碳酸钙具有表面能高、表面亲水疏油、极易聚集成团的特点，难以在非极性或弱极性的橡胶/树脂体系中均匀分散，随着纳米碳酸钙

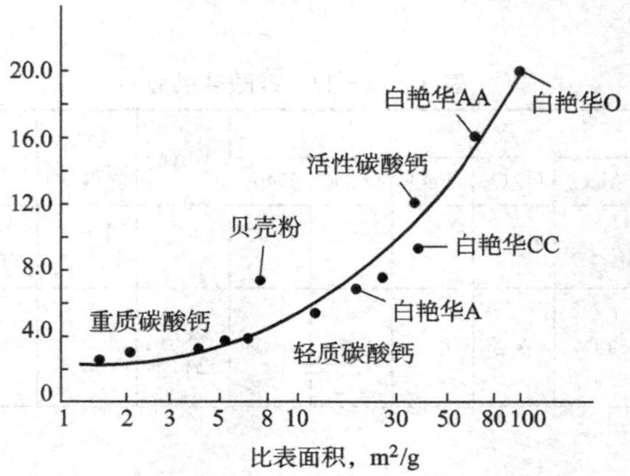

图 1.5.3-2　各种不同碳酸钙对丁苯橡胶拉伸强度的影响

填充量的增大，这些缺点更加明显，过量填充甚至会使制品无法使用。为了降低纳米碳酸钙表面的高势能，提高分散性，并增强其与聚合物的湿润性和亲和力，在使用前往往用脂肪酸对纳米碳酸钙进行活化处理，在其表面形成脂肪酸钙，增加与橡胶/树脂体系接触表面的可湿润性，改善在橡胶/树脂体系中的分散性。这种经表面活化处理的纳米碳酸钙，也称为“白艳华”，其粒径范围为 0.03～0.08 μm，比表面积为 22～50 m^2/g 以上，补强性能有显著提高。

各种不同碳酸钙对丁苯橡胶拉伸强度的影响见下图 1.5.3-2。

陶土呈酸性，对硫化有延迟作用，考虑硫化速率的场合，更多地使用碳酸钙作为填料；但是陶土的化学性质相对碳酸钙更为惰性，尤其是在制品需要耐酸碱的场合，一般使用陶土作为填料。

3.1.2　沉淀碳酸钙的检验配方

沉淀碳酸钙（轻质）的检验配方见表 1.5.3-18。

表 1.5.3-18　沉淀碳酸钙（轻质）的检验配方

沉淀碳酸钙（轻质）的检验配方				
组分	A法	B法	ASTM D—15—71	
1#烟片胶	100	100	天然橡胶	100
氧化锌	5	5	氧化锌	5
硬脂酸	2	3	硬脂酸	3
促进剂 MBT（M）	0.90		促进剂 MBTS（DM）	1
促进剂 D	0.30	0.50	促进剂 D	1
硫黄	2.30	2.20	硫黄	3
碳酸钙	100	100	碳酸钙	75
硫化温度/℃ 硫化时间/min	134±1 5.7.5、10、15、20、25		140 10、20、40、80	

注：详见《橡胶工业手册．第三分册．配方与基本工艺》，梁星宇等，化学工业出版社，1989 年 10 月（第一版，1993 年 6 月第 2 次印刷），P327～329 表 1-398～401。

3.1.3　碳酸钙的技术标准与供应商

1. 重质碳酸钙和活性重质碳酸钙

HG/T 3249.4—2013《橡胶工业用重质碳酸钙》适用于以方解石、大理石或石灰石为原料经研磨制得的橡胶工业用重质碳酸钙和经表面处理制得的橡胶工业用活性重质碳酸钙，在橡胶工业中用作填充剂。橡胶工业用重质碳酸钙分为六种型号：Ⅰ型为 2 000 目，Ⅱ型为 1 500 目，Ⅲ型为 1 000 目，Ⅳ型为 800 目，Ⅴ型为 600 目，Ⅵ型为 400 目。其技术要求见表 1.5.3-19。

表 1.5.3-19　橡胶工业用重质碳酸钙技术要求

指标项目			Ⅰ型 2 000 目	Ⅱ型 1 500 目	Ⅲ型 1 000 目	Ⅳ型 800 目	Ⅴ型 600 目	Ⅵ型 400 目
碳酸钙（$CaCO_3$）（以干基计）w(≥)/%			95.0	95.0	95.0	95.0	95.0	95.0
白度，度(≥)			94	93.5	93.5	93	93	91
细度	粒度	D_{50}(≤)/μm	2.5	3.0	3.5	4.5	—	—
		D_{97}(≤)/μm	6.0	8.0	11.0	13.0	—	—
	通过率（45 μm）		—	—	—	—	97	97
吸油值(≤)/[g·(100 g)$^{-1}$]			39	37	37	35	33	30
比表面积(≥)/$m^2 \cdot g^{-1}$			5.0	3.2	2.5	2.0	1.5	—
活化度，w(≥)/%			95			90		
盐酸不溶物 w(≤)/%			0.25			0.5		
105 ℃下挥发物 w(≤)/%			0.5					
铅（Pb）w(≤)/%			0.001 0					

续表

指标项目	Ⅰ型 2 000 目	Ⅱ型 1 500 目	Ⅲ型 1 000 目	Ⅳ型 800 目	Ⅴ型 600 目	Ⅵ型 400 目
六价铬（Cr（Ⅵ））w(≤)/%	0.000 5					
汞（Hg）w(≤)/%	0.000 1					
砷（As）w(≤)/%	0.000 2					
镉（Cd）w(≤)/%	0.000 2					

注：制造高压锅或电气密封圈用控制铅、六价铬、汞、砷、镉五项有害金属指标。

橡胶工业用重质碳酸钙的供应商有：广西贺州市科隆粉体有限公司、东南新材料股份有限公司等。

2. 普通沉淀碳酸钙

HG/T 2226—2010《普通工业沉淀碳酸钙》适用于以石灰石为原料，用沉淀法制得的普通工业碳酸钙，主要用于橡胶、塑料、造纸和涂料等工业中的填充剂。普通工业沉淀碳酸钙按用途分为橡胶和塑料用、造纸用、涂料用三类。普通工业沉淀碳酸钙技术要求见表 1.5.3-20。

表 1.5.3-20　普通工业沉淀碳酸钙技术要求

项目		指标					
		橡胶和塑料用		涂料用		造纸用	
		优等品	一等品	优等品	一等品	优等品	一等品
碳酸钙（$CaCO_3$）w(≥)/%		98.0	97.0	98.0	97.0	98.0	97.0
pH值（10%悬浮物）(≤)		9.0～10.0	9.0～10.5	9.0～10.0	9.0～10.5	9.0～10.0	9.0～10.5
105 ℃下挥发物 w(≤)/%		0.4	0.5	0.4	0.6	1.0	
盐酸不溶物 w(≤)/%		0.10	0.20	0.10	0.20	0.10	0.20
沉降体积(≥)/$mL \cdot g^{-1}$		2.8	2.4	2.8	2.6	2.8	2.6
锰（Mn）w(≤)/%		0.005	0.008	0.006	0.008	0.006	0.008
铁（Fe）w(≤)/%		0.05	0.08	0.05	0.08	0.05	0.08
细度（筛余物）w(≤)/%	125 μm	全通过	0.005	全通过	0.005	全通过	0.005
	45 μm	0.2	0.4	0.2	0.4	0.2	0.4
白度，度(≥)		94.0	92.0	95.0	93.0	94.0	92.0
吸油值(≤)/[g·(100 g)$^{-1}$]		80	100	—	—	—	—
黑点(≤)/个/g		5					
铅（Pb）w(≤)/%[a]		0.001 0					
铬（Cr）w(≤)/%[a]		0.000 5					
汞（Hg）w(≤)/%[a]		0.000 2					
镉（Cd）w(≤)/%		0.000 2					
砷（As）w(≤)/%[a]		0.000 3					

注：[a] 使用在食品包装纸、儿童玩具和电子产品填料生产上时需控制这些指标。

普通沉淀碳酸钙供应商有：福建省三农碳酸钙公司、常州碳酸钙有限公司、湖北科隆粉体有限公司、建德市天石碳酸钙有限责任公司、建德市正发实业公司等。

3. 活性沉淀碳酸钙

HG/T 2567—2006《工业活性沉淀碳酸钙》适用于采用干法或湿法对沉淀碳酸钙进行表面活化处理生产的工业活性沉淀碳酸钙，主要用作塑料、橡胶、有机树脂等工业的填充剂。工业活性沉淀碳酸钙技术要求见表 1.5.3-21。

表 1.5.3-21　工业活性沉淀碳酸钙技术要求

项目	指标	
	一等品	合格品
碳酸钙质量分数（以干基计）(≥)/%	96.0	95.0
pH值（100 g/L悬浮物）	8.0～10.0	8.0～11.0
105 ℃下挥发物质量分数(≤)/%	0.40	0.60

续表

项目		指标	
		一等品	合格品
盐酸不溶物质量分数(≤)/%		0.15	0.30
筛余物质量分数(≤)/%	75 μm 试验筛	0.005	0.01
	45 μm 试验筛	0.2	0.3
铁 (Fe) 质量分数(≤)/%		0.08	
锰 (Mn) 质量分数(≤)/%		0.006	0.008
白度(≥)/度		92.0	90.0
吸油值(≤)/mL/100 g		60	70
活化度质量分数(≥)/%		96	90

活性沉淀碳酸钙供应商有：常州碳酸钙有限公司、广西桂林金山化工有限责任公司、浙江菱化集团有限公司等。

4. *微细沉淀碳酸钙和微细活性沉淀碳酸钙*

HG/T 2776—2010《工业微细沉淀碳酸钙和工业微细活性沉淀碳酸钙》适用于以石灰石为原料，沉淀法生产的工业微细沉淀碳酸钙和采用活性剂进行表面处理、特殊加工而成的工业微细活性沉淀碳酸钙，主要用于塑料、橡胶、纸张等的填充剂，其技术要求见表 1.5.3 - 22。

表 1.5.3 - 22　工业微细沉淀碳酸钙和工业微细活性沉淀碳酸钙技术要求

项目	指标			
	工业微细沉淀碳酸钙		工业微细活性沉淀碳酸钙	
	优等品	一等品	优等品	一等品
碳酸钙 ($CaCO_3$) w(≥)/%	98.0	97.0	95.0	94.0
pH 值 (10%悬浮物)(≤)	8.0～10.00.4			
105 ℃下挥发物 w(≤)/%	0.4	0.6	0.3	0.5
盐酸不溶物 w(≤)/%	0.1	0.2	0.1	0.2
铁 (Fe) w(≤)/%	0.05	0.08	0.05	0.08
白度，度(≥)	94.0	92.0	94.0	92.0
吸油值(≤)/ml/100 g	100		70	
黑点(≤)/个/g	5			
堆积密度 (松密度)/($g \cdot cm^{-3}$)	0.3～0.5			
比表面积/$m^2 \cdot g^{-1}$	12	6	12	6
平均粒径/μm	0.1～1.0	1.0～3.0	0.1～1.0	1.0～3.0
铅[a] (Pb) w(≤)/%	0.001 0			
铬[a] (Cr) w(≤)/%	0.000 5			
汞[a] (Hg) w(≤)/%	0.000 1			
镉 (Cd) w(≤)/%	0.000 2			
砷[a] (As) w(≤)/%	0.000 3			
活化度，w(≥)/%	—		96	

注：[a] 使用在食品包装纸、儿童玩具和电子产品填料生产上时需控制这些指标。

微细沉淀碳酸钙和微细活性沉淀碳酸钙供应商有：建德市天石碳酸钙有限责任公司、常州碳酸钙有限公司、福建省三农碳酸钙公司、湖北科隆粉体有限公司、建德市正发实业公司、建德市兴隆钙粉有限公司等。

3.2　碳酸镁

水合碱式碳酸镁的分子式为 $xMgCO_3 \cdot yMg(OH)_2 \cdot zH_2O$。碳酸镁的折射率为 1.525～1.530，与天然橡胶非常接近，故适宜于制作透明制品，常用量为 40～100 份。

HG/T 2959—2010《工业水合碱式碳酸镁》修改采用美国军用标准 MIL—DTL—11361 (E) (2007)《碳酸镁》，适用于白云石、卤水和碳酸钠等为原料制得的工业水合碱式碳酸镁，主要用于橡胶、保温材料、塑料和颜料等工业中，作填充剂和补强剂。工业水合碱式碳酸镁的技术要求见表 1.5.3 - 23。

表 1.5.3-23 工业水合碱式碳酸镁的技术要求

项目		指标	
		优等品	一等品
氧化镁（MgO）$w(\geqslant)$/%		40.0～43.5	
氧化钙（CaO）$w(\leqslant)$/%		0.20	0.70
盐酸不溶物 $w(\leqslant)$/%		0.10	0.15
水分 $w(\leqslant)$/%		2.0	3.0
灼烧减量 w/%		54～58	
氯化物（以 Cl 计）$w(\leqslant)$/%		0.10	
铁（Fe）$w(\leqslant)$/%		0.01	0.02
锰（Mn）$w(\leqslant)$/%		0.004	0.004
硫酸盐（以 SO_4 计）$w(\leqslant)$/%		0.10	0.15
细度	0.15 mm $w(\leqslant)$/%	0.025	0.03
	0.075 mm $w(\leqslant)$/%	1.0	—
堆积密度($\leqslant$)/g·mL^{-1}		0.12	0.2

注：水分指标仅适用于产品包装时检验用。

水合碱式碳酸镁的供应商有：寿光市辉煌化工有限责任公司等。

3.3 白云石粉

由天然白云石经选矿、粗碎、中碎、磨粉、分级制得，化学成分为碳酸钙镁，白色或浅灰白色粉末，是碳酸钙与碳酸镁的天然复盐，分子式 $CaMg(CO_3)_2$，相对密度 2.80～2.99 g/cm^3，在橡胶中主要用作填充剂。

四、硫酸盐

4.1 硫酸钡

4.1.1 工业沉淀硫酸钡

GB/T 2899—2008《工业沉淀硫酸钡》修改采用 ISO 3262—3：1998《涂料用填料 规格及试验方法 第 3 部分：硫酸钡粉》，适用于工业沉淀硫酸钡，主要用于涂料、油墨、颜料、橡胶、蓄电池、塑料和铜版纸等行业。

工业沉淀硫酸钡技术指标见表 1.5.3-24。

表 1.5.3-24 工业沉淀硫酸钡技术指标

项目		指标		
		优等品	一等品	合格品
硫酸钡（$BaSO_4$）含量（以干基计）($\geqslant$)/%		98.0	97.0	95.0
105 ℃挥发物($\leqslant$)/%		0.30	0.30	0.50
水溶物含量($\leqslant$)/%		0.30	0.30	0.50
铁（Fe）含量($\leqslant$)/%		0.004	0.006	—
白度($\geqslant$)/%		94.0	92.0	88.0
吸油量/[g·(100 g)$^{-1}$]		10～30	10～30	—
pH 值（100 g/L 悬浮液）		6.5～9.0	5.5～9.5	5.5～9.5
细度（45 μm 试验筛筛余物）($\leqslant$)/%		0.2	0.2	0.5
粒径分布	小于 10 μm($\geqslant$)/%	80	—	—
	小于 5 μm($\geqslant$)/%	60	—	—
	小于 2 μm($\geqslant$)/%	25	—	—

工业沉淀硫酸钡的供应商有：南风化工集团股份有限公司钡业分公司、株洲天隆化工实业有限公司、河北辛集化工集团有限责任公司、陕西富化化工有限责任公司等。

4.1.2 工业改性超细沉淀硫酸钡

HG/T 2774—2009《工业改性超细沉淀硫酸钡》规定的工业改性超细沉淀硫酸钡，主要用于涂料、油墨、蓄电池和铜版纸等行业。

工业改性超细沉淀硫酸钡技术指标见表 1.5.3-25。

表 1.5.3-25 工业改性超细沉淀硫酸钡技术指标

项目		指标	
		优等品	一等品
外观		无定型白色粉末	
硫酸钡（$BaSO_4$）（以干基计）$w(\geqslant)$/%		97.0	95.0
105 ℃挥发物 $w(\leqslant)$/%		0.20	0.30
水溶物含量 $w(\leqslant)$/%		0.50	0.50
铁（Fe）$w(\leqslant)$/%		0.004	0.006
白度(≥)/%		95	92
吸油量/[g·(100 g)$^{-1}$]		20～30	20～35
pH 值（100 g/L 悬浮液）		6.5～9.0	5.5～9.5
粒径	中位粒径 $D_{50}(\leqslant)$/μm	0.5	0.6
	小于 20 μm $c^a(\geqslant)$/%	99.2	99.0

注：c^a—颗粒体积分数,%（见 GB/T 19077.1—2003 的 3.2 条）

4.2 重晶石粉

由天然重晶石经研磨、水洗、干燥、筛分制得，主要成分为硫酸钡，相对密度 4.0～4.6 g/cm³，主要用于橡胶填充剂、着色剂。由于它耐酸碱、相对密度高、隔音效果好，可用于制造耐化学药品、要求高密度的隔音制品。

HG/T 3588—1999《化工用重晶石》对重晶石中硫酸钡含量的测定非等效采用原苏联国家标准 ГОСТ 4682—84（90）《重晶石精矿》，对重晶石中二氧化硅含量的测定（钼蓝分光光度法）非等效采用 ISO 6382：1981《硅含量测定通用方法 还原钼硅酸盐分光光度法》，该标准适用于生产钡盐和立德粉等化工产品用重晶石。

化工用重晶石的技术指标见表 1.5.3-26。

表 1.5.3-26 化工用重晶石技术指标

项目	指标			
	优等品		一等品	合格品
	优—1	优—2		
硫酸钡（$BaSO_4$）含量(≥)/%	95.0	92.0	88.0	83.0
二氧化硅（SiO_2）含量(≤)/%	3.0		5.0	—
爆烈度(≥)/%	60			—

注：[a] 各组分含量以干基计。
[b] 合格品的二氧化硅含量和爆烈度指标按供需合同执行。

化工用重晶石的供应商有：河北辛集钡盐集团有限责任公司、湖南省衡阳重晶石矿等。

4.3 立德粉

立德粉，又名锌钡白，白色结晶性粉末，密度 4.136～4.34 g/cm³，是白色颜料的一种，为硫化锌和硫酸钡的混合物，含硫化锌越多，遮盖力越强，品质也越高。立德粉遇酸易分解产生硫化氢气体，受日光中的紫外线照射 6～7 h 变成淡灰色，放在暗处仍恢复原色。在空气中易氧化，受潮后结块变质。

立德粉不影响硫化，但相对密度大，不易分散。可与碳酸钙并用，用于天然橡胶编织胶管；也可应用于医疗制品和食品包装材料中。

GB/T 1707—2012《立德粉》修改采用 ISO 473：1982《色漆用锌钡白颜料 规格和试验方法》，适用于近似等分子比的硫化锌和硫酸钡共沉淀物经煅烧而成的白色颜料，主要用于涂料、油墨、橡胶和塑料等工业。根据硫化锌含量的不同，产品分为 20%立德粉和 30%立德粉两类。20%立德粉对应的品种为 C201；30%立德粉根据表面处理方式的不同分为四个品种，分别为 B301、B302（表面处理）、B311 和 B312（表面处理）。

立德粉的技术要求见表 1.5.3-27。

表 1.5.3-27 立德粉的技术要求

项目	B301	B302	B311	B312	C201
以硫化锌计的总锌和硫酸钡的总和的质量分数(≥)/%	99				93
以硫化锌计的总锌的质量分数(≥)/%	28		30		18
氧化锌的质量分数(≤)/%	0.8	0.3	0.3	0.2	0.5

续表

项目	B301	B302	B311	B312	C201
105 ℃挥发物的质量分数（≤）	0.3				
水溶物的质量分数(≤)/%	0.5				
筛余物（63 μm 筛孔）的质量分数(≤)/%	0.1			0.05	0.1
颜色	与商定的参照颜料相近				
水萃取液酸碱度	与商定的参照颜料相近				
吸油量/[g·(100 g)$^{-1}$]	商定				
消色力（与商定的参照颜料比）/%	商定				
遮盖力（对比率）	商定				

立德粉的供应商有：湖南京燕化工有限公司、湘潭红燕化工有限公司等。

4.4 石膏粉

白色结晶粉末，由天然石膏经粉碎、加工、筛分制得，化学成分为硫酸钙，化学式 $CaSO_4 \cdot 2H_2O$，相对密度 2.36 g/cm^3，主要用作橡胶和胶乳的填充剂，适用于制造透明橡胶制品和与食物接触的橡胶制品。

五、其他无机物

5.1 冰晶石粉

由天然冰晶石经粉碎、研磨制得，主要化学成分为氟铝酸钠，分子式为 Na_3AlF_6，相对密度 2.9～3.0 g/cm^3，主要用作橡胶与胶乳的耐磨填充剂。

5.2 氧化铁

橡胶用氧化铁作红色着色剂和填充剂。含氧化铁的胶料耐高温、耐酸、耐碱，还能改善橡胶与金属的黏合。

5.3 磁粉

磁粉包括钡铁氧体、锶铁氧体及钐钴类（Sm－Co）、钕铁硼（Nd－Fe－B）、钐铁氮类（SmFeN）镍钴类（ALNiFe 和 AL－Ni－Co－Fe）稀土等，主要用作磁性填充剂，制品磁性随磁粉填充量增加而提高。

其余橡胶用无机填充剂见本章表 1.5.1－2。

六、有机物

有机物用于补强橡胶的，多为合成树脂。树脂加入胶料一般兼有多种功能，如酚醛树脂可用作补强剂、增黏剂、交联剂及操作助剂等，由于其补强效能不及炭黑，仅在特殊情况下使用。

6.1 补强酚醛树脂

酚醛树脂相对密度 1.14～1.21 g/cm^3，用于补强橡胶时，在硫化前起增塑和分散作用，硫化后可提高硫化胶硬度、模量，提高耐磨、耐老化和耐化学腐蚀性能，但压缩变形增大，伸长率与弹性降低。

6.1.1 改性酚醛树脂

该类树脂，分为非自固化树脂与内含固化剂的树脂，前者如补强树脂 205，后者如补强树脂 206。非自固化的补强树脂需并用 HMT、HMMM 等固化剂；改性酚醛树脂在混炼前段加入，固化剂在混炼终炼时加入。内含固化剂的改性酚醛树脂，需在混炼终炼时加入。改性酚醛树脂供应商见表 1.5.3－28。

表 1.5.3－28 改性酚醛树脂供应商（一）

供应商	商品名称	外观	软化点/℃	加热减量/%	灰分(≤)/%	动态黏度/MPa·s	游离酚含量/%	熔点/℃	密度/(g·cm^{-3})	说明
莱芜润达	PF－7103	黄色颗粒	90～115	≤0.5	0.5					本品需要在混炼前加入 HMT 固化剂 10%。用量 5～15 份
山西省化工研究所	补强树脂 206	浅黄色粉末			1.0					用量 6～15 份。内含固化剂 7.5±1.0%
宜兴国立	GL－205	黄色至浅褐色片状物或粒状	92～108	≤0.5 65 ℃	0.5		≤1.0			用量 8～10 份，并用固化剂 1 份

续表

供应商	商品名称	外观	软化点/℃	加热减量/%	灰分(≤)/%	动态黏度/MPa·s	游离酚含量/%	熔点/℃	密度/(g·cm^{-3})	说明
金昌盛	抗撕裂树脂 Alnovol VPN1132（美国氰特）	浅黄色颗粒	115～145（环球法）			300－600（溶解于50%MOP溶液23 ℃）	≤1.0	约100（毛细管法）	1.15	非自固化，用量3～20份，需并用HMT（9：1）、HMMM（7：3）等固化剂

表 1.5.3－28　改性酚醛树脂供应商（二）

供应商	规格型号	化学组成	外观	软化点/℃	加热减量/%（65 ℃）	灰分/%（550±25 ℃）	说明
华奇（中国）化工有限公司	补强树脂SL－2005	非改性的热塑性酚醛树脂	无色至淡黄色颗粒	92～116	—	≤0.1	主要应用于轮胎三角胶及其他橡胶制品
	补强树脂SL－2101	改性的热塑性酚醛树脂	棕褐色颗粒	90～100	≤0.5	≤0.5	
	补强树脂SL－2200	改性的热塑性酚醛树脂	黄色至棕褐色颗粒	90～110	≤0.5	≤0.5	
	补强树脂SL－2201	改性的热塑性酚醛树脂	棕褐色颗粒	80～100	≤0.5	≤0.5	

6.1.2　油改性酚醛补强树脂

油改性酚醛补强树脂供应商见表 1.5.3－29。

表 1.5.3－29　油改性酚醛补强树脂供应商

供应商	商品名称	化学组成	外观	软化点/℃	加热减量/%	固化剂含量/%	灰分(≤)/%	说明
莱芜润达	PF－7101	腰果油改性酚醛树脂	棕红色颗粒	85～105	≤0.5		0.5	本品需要在混炼前加入HMT固化剂10%；用量5～15份
	PF－7102	妥尔油改性酚醛树脂	黄色颗粒	85～105	≤0.5		0.5	本品需要在混炼前加入HMT固化剂10%；用量5～15份
山西省化工研究所	HY－2000	热塑性腰果油改性酚醛补强树脂						本品增硬效果优于HY－2001，其余性能与使用方法与HY－2001相同，性能相当于美国SⅡ公司的SP－6700
	HY－2001	热塑性妥尔油改性酚醛补强树脂	棕红色片状或颗粒	90～100			0.5	用量6～15份，与非改性树脂相比，硬度提高5%～10%，焦烧延迟。本品需并用树脂量5%～10%固化剂，固化温度150 ℃以上；本品在混炼前段加入，固化剂在终炼时加入。性能相当于美国SⅡ公司的SP－6701
	HY－2002	热固型腰果油改性酚醛树脂	褐色粉末			7.5		用量6～15份，150 ℃以上时发生交联反应，相当于国外同类产品DUREZ 12687
宜兴国立	GL－2511	腰果油改性酚醛树脂	棕褐色块状或片状	85～100	≤0.5（65 ℃）			用量8份，并用固化剂1份；在同样用量下比未改性酚醛树脂硬度提高3～4个值
	GL－2521	妥尔油改性酚醛树脂	黄色至红褐色粒状	90～100	≤0.5			用量8份，并用固化剂1份；硫化胶抗撕裂性能优异，可应用于轮胎三角胶中

续表

供应商	商品名称	化学组成	外观	软化点/℃	加热减量/%	固化剂含量/%	灰分(≤)/%	说明
金昌盛	ZY205	妥尔油松香改性热塑性酚醛树脂	黄棕色块（片）状物	92～105			0.5	本品需并用 HMT、HMMM（10∶1）等固化剂，固化温度 150 ℃以上；本品在混炼前段加入，固化剂在终炼时加入；用量 5～15 份
	ZY2000	腰果油改性酚醛树脂	褐色或黑褐色片状或粒状物	91～101			0.5	本品需并用 HMT、HMMM（10∶1）等固化剂，是增硬效果最好的树脂之一。因含有长链脂肪烃链段，较好地改善了固化物的脆性

补强酚醛树脂国外品牌有：美国 Occidental 公司的 Durez 系列、Schenectady 公司的 SP 系列、Summit 公司的 Duphene 系列、Polymer Applications 公司的 PA53 系列、德国 BASF 公司的 Koreforte 系列、法国 CECA 公司的 R 系列等。

6.2　烃类树脂

6.2.1　高苯乙烯树脂

高苯乙烯树脂与 SBR 的相容性很好，可用于 NR、NBR、BR、CR，但不宜在不饱和度低的橡胶中使用，一般多用于各种鞋类部件、电缆胶料及胶辊。高苯乙烯树脂的耐冲击性能良好，能改善硫化胶力学性能和电性能，但伸长率、压缩永久变形、耐热性能下降。高苯乙烯树脂的补强性能与其苯乙烯含量有关，有橡胶状、粒状和粉状。苯乙烯含量 70%的软化温度为 50～60 ℃；苯乙烯含量 85%～90%的软化温度为 90～100 ℃。苯乙烯含量增加，胶料强度、刚度和硬度增加。

高苯乙烯树脂供应商见表 1.5.3－30。

表 1.5.3－30　高苯乙烯树脂供应商

供应商	商品名称	产地	组成	外观	密度/(g·cm^{-3})	灰分(≤)/%	软化温度/℃	说明
金昌盛	S6H	NITRIFLEX	苯乙烯/丁二烯＝82.5/17.5	白色脆屑状	1.04	0.5	45	注射成型制品中硬脂酸添加量不大于 0.5 份方能降低对模具的污染

6.2.2　α－甲基苯乙烯树脂

本品可用作天然橡胶、合成橡胶、EVA 热熔胶、油漆涂料及乳胶用之增黏剂、软化剂、增韧剂、补强剂，也是炭黑的分散剂。适用于彩色轮胎、透明胶带、胶管、橡胶鞋底、辊轮、球类及医疗橡胶制品、热熔胶、油漆涂料等行业。

本品能增进胶料表面黏性，以利于未硫化胶在成型过程中的黏合；能提高硫化胶的拉伸强度、撕裂强度、耐磨性及耐曲挠性能，使胶料加工容易、收缩小。在油漆涂料及聚氨酯抽出薄膜中能提高成膜硬度、完度、光泽度、耐磨性，更好的抗冲击韧性，有较好保色保光效果。在热熔胶中能增加黏性和提高强度，增加与基材的附着力。能提高 EVA 注射成型的光泽度持久性及抗压缩性。可用于 EVA 发泡增加坚挺性，并可用作流动助剂提高胶料流动性，适用于轻量化的 EVA 发泡，不影响硬度。

本品通过美国 FDA 认证。

用法：在橡胶制品中与补强剂一起加入。用量：3～5 份。α－甲基苯乙烯树脂的物化指标见表 1.5.3－31。

表 1.5.3－31　α－甲基苯乙烯树脂的物化指标

供应商型号规格	项目	规格	测试方法
元庆国际贸易有限公司（法国 CRAY VALLEY）W100α-甲基苯乙烯树脂	软化点（Softening Point）	95～105 ℃	R&B（ASTM E28）
	色度（Color Gardner）	<1	ASTM D1544
	碘值（Iodine Number）	<10	ASTM D1959
	酸值（Acid Number）	0.1	DIN53402
	皂化值（Sponification Number）	<1	DIN51559
	比重（Density）	1.05～1.07	DIN51757
	灰分（Ash Content）	＜0.1%	ASTM D2415

6.2.3　其他烃类树脂

其他烃类树脂的供应商见表 1.5.3－32。

表 1.5.3-32　其他烃类树脂供应商（一）

供应商	商品名称	组成	外观	密度/(g·cm⁻³)	灰分(≤)/%	软化温度/℃	说明
上海橡瑞新材料科技有限公司	CREMONE™ 260 树脂	特殊官能基团改性烃类树脂	淡黄色颗粒至琥珀色颗粒	1.06～1.10	0.1	95～110	可有效改善轮胎胎面花纹沟的抗开裂性和抗断裂性，提高橡胶制品老化后的撕裂强度，明显改善扯断伸长率，提高抗疲劳和抗冲击能力，同时起到增强胶料黏性的作用，提高胶料分散的均匀性，延长混炼的焦烧时间，有利于加工安全。用量 2～3 份
	CREMONE™ AO 树脂		淡黄色颗粒		0.1	95～105	可与其他类型的防老剂共同使用，AO 树脂的主要功效是在橡胶产品在使用过程中出现热老氧化的情况时，保证橡胶产品的拉伸强度和硬度，使橡胶产品在使用中不会出现撕裂、扯断、崩块的情况，保持橡胶产品的正常使用。用量 0.8～1.2 份
无锡市东材科技	匀化抗撕裂剂	带功能基团的烃类树脂	淡黄色粒状		≤2	90～120	①缩短混炼时间，降低能耗，对胶料起均匀和增黏作用。②可明显提高制品老化后的撕裂强度，提高制品老化后的扯断伸长率。③可明显改善轮胎胎面花纹沟的抗开裂性和抗断裂性。④能延长混炼焦烧时间，对加工安全有利。⑤能有效提高制品的抗疲劳、冲击能力。⑥适用于轮胎外胎配方，胶带、胶管、运输带，鞋底配方，缓冲胶芯等。用量 2～5 份

表 1.5.3-32　其他烃类树脂供应商（二）

供应商	规格型号	化学组成	外观	pH 值	软化点/℃	酸值/mg(KOH/g)	灰分/%	加热减量/%	说明
华奇（中国）化工有限公司	抗撕裂树脂 SL—6903	天然树脂与石油树脂的混合物	棕色片状或颗粒		95～110	100～110	≤0.5	≤2.0	抗撕裂、抗崩花 & 掉块，主要用于胎面
	模量增硬剂 SL—5190	芳烃衍生物与无机载体的混合物	灰白色至粉红色粉末	7～9				≤2.0	提高模量、增硬，主要用于轮胎胎面、子口、三角胶等及其他橡胶制品

元庆国际贸易有限公司代理的台湾 EVERPOWER 公司 DK-8000 耐磨高弹补强剂的物化指标为：

成分：改性之烯烃高分子聚合物，外观：乳白色颗粒，本品具有优异的耐磨和回弹性能。储存期 2 年，置于室温下、通风干燥处。用量及用法参照见表 1.5.3-33。

表 1.5.3-33　DK-8000 耐磨高弹补强剂的物化指标

配方			
原材料	A#	B#	C#
EVA（VA 28%）	100	100	100
ZnO	1.0	1.0	1.0
$CaCO_3$	5.0	5.0	5.0
BIBP	0.6	0.6	0.6
St. a	0.5	0.5	0.5
AC 发泡剂	2.0	2.0	2.0

续表

配方			
原材料	A#	B#	C#
耐磨剂	—	5.0	—
DK－8000	—	—	7.5
测试结果			
项目	A#	B#	C#
发泡成型条件	175 ℃/350～400S	175 ℃/350～400S	175 ℃/350～400S
硬度（C 型）	54～56	54～56	54～56
比重/(g·cm^{-3})	0.249	0.251	0.248
发泡倍率/%	150	150	150
拉力/(N·mm^{-2})	3.3	3.2	3.4
延伸率/%	295	282	292
撕裂/(N·mm^{-1})	4.5	4.7	4.3
回弹/%	54	49	55
DIN 值/mm^3	415	141	138
压缩率/%	56	55	57
热收缩率/%	1.35	1.45	1.21

6.3 木质素

详见本手册第一部分第一章．第六节．2.2。

七、短纤维

短纤维可分为无机短纤维与有机短纤维。无机短纤维有玻璃纤维、石棉纤维、钢丝纤维等；有机短纤维有棉、麻、毛、丝和纤维素纤维、涤纶、锦纶、维纶、腈纶等。

橡胶工业用来补强橡胶的短纤维是不可纺纤维，即纺织工业中的下料和再生胶工业（废轮胎、废胶带中的织物）中的废纤维。利用短纤维补强橡胶加工工艺简便，硫化胶具有较高的弹性模量、硬度、抗撕裂强度、耐溶胀性和减震等性能，所以国内外橡胶工业把短纤维用于制造中低压胶管、胶带、轮胎胎面以及一些结构复杂的橡胶制品。

影响短纤维补强橡胶的因素包括短纤维的长径比、用量，短纤维在橡胶基质中的分散、取向，短纤维与橡胶基质的黏合，短纤维与胶料的混炼等加工方法。

一般的，短纤维的长度在 2～15 mm、长径比（L/D）在 40～250 为好。在 100 份橡胶中，短纤维用量在 15～30 份之间，其硫化胶具有较高的硬度、定伸应力、撕裂强度和拉伸强度，较小的拉断永久变形，但伸长率降低。为了使短纤维在橡胶中分散均匀，断裂少且有一定的取向，宜先用密炼机短时间混炼，再在开炼机上调节辊距至 1.5 mm 并提高辊温补充混炼一段时间，有利于短纤维的分散，提高各向异性，所得硫化胶的纵向（L）物理机械性能优于横向（T）。

7.1 木质纤维素

木质纤维素是天然可再生木材经过化学处理、机械法加工得到的有机絮状纤维物质，无毒、无味、无污染、无放射性，具有优良的柔韧性及分散性。

木质纤维素不溶于水、弱酸和碱性溶液，pH 值中性，可提高混炼胶的抗腐蚀性。木质纤维素比重小、比表面积大，具有优良的保温、隔热、隔声、绝缘和透气性能，热膨胀均匀不起壳、不开裂。当制品工作温度达到 150 ℃能隔热数天，达到 200 ℃能隔热数十小时，超过 220 ℃也能隔热数小时。

木质纤维素还可以用作增稠剂、吸收剂、稀释剂或载体和填料。

木质纤维素的供应商见表 1.5.3－34。

表 1.5.3－34　木质纤维素的供应商

供应商	规格型号	外观	晶粒尺寸/μm	密度/(g·cm^{-3})	灼烧残渣/(850 ℃×4 h)	pH 值	纤维素含量	筛余物(≤)/%		
								250 μm	100 μm	32 μm
元庆国际贸易有限公司	E 140	黄色粉末状	60～140	1.05～1.45	约 0.5%	5.5±1	约 75%	0.5	0.55	0.85

7.2 棉短纤维

7.2.1 棉粉

棉粉短纤维主体成分是棉，具有棉纤维的理化性能，加入后对胶料的硫化特性基本没有影响，能够提高橡胶传动带的抗湿滑性和降低噪音等。与合成纤维并用可代替其用量的1/3～1/2，在基本不影响性能的基础上降低成本，减轻制品重量。适用于传动带等多种橡胶制品。

CR标准检测配方硫化胶的拉伸力学性能参考指标见表1.5.3-35。填充不同用量棉粉的CR硫化胶拉伸应力-应变曲线见图1.5.3-3。

表1.5.3-35 CR标准检测配方硫化胶的拉伸力学性能参考指标

产品规格	纤维用量	纤维取向方向拉伸性能指标				垂直纤维取向方向直角撕裂强度/(kN/m)
		TSmax/MPa	TSy/MPa	εy/%	TS20/MPa	
棉粉	0	18.2	—	—	1.0	35.1
	10	10.3	4.7	90	1.7	46.1
	20	8.8	7.2	60	3.5	42.3
	30	9.6	9.6	35	7.6	39.2

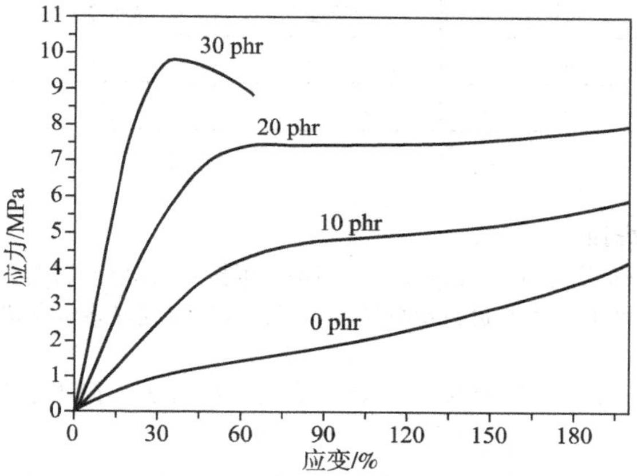

图1.5.3-3 填充不同用量棉粉的CR硫化胶拉伸应力-应变曲线

棉粉的供应商见表1.5.3-36。

表1.5.3-36 棉粉的供应商

供应商	产品规格	纤维长度/mm	含水率/%	外观
黑龙江弘宇短纤维新材料股份有限公司	棉粉	0.3～0.5	≤8.5	灰色纤维状絮团
	白棉粉	0.3～0.5	≤8.5	白色纤维状絮团

7.2.2 棉短切纤维

棉短切纤维主体成分是棉，具有棉纤维的理化性能，多用于低温使用的橡胶制品中，对胶料的硫化特性基本没有影响，能够提高传动型橡胶制品的抗湿滑性能，在农用机械传动带等橡胶制品中应用较多。

CR标准检测配方硫化胶的拉伸力学性能参考指标见表1.5.3-37。

表1.5.3-37 CR标准检测配方硫化胶的拉伸力学性能参考指标

产品规格	纤维用量	纤维取向方向拉伸性能指标				垂直纤维取向方向直角撕裂强度/(kN/m)
		TSmax/MPa	TSy/MPa	εy %	TS20/MPa	
LM—3	0	18.2	—	—	1.0	35.1
	10	6.8	—	—	1.2	37.1
	20	6.5	5.8	70	2.7	40.2
	30	7.2	7.2	42	5.2	43.4
LM—5	20	6.6	6.6	48	3.6	49.3

棉短切纤维的供应商见表1.5.3-38。填充不同用量LM-3的CR硫化胶的拉伸应力-应变曲线见图1.5.3-4。

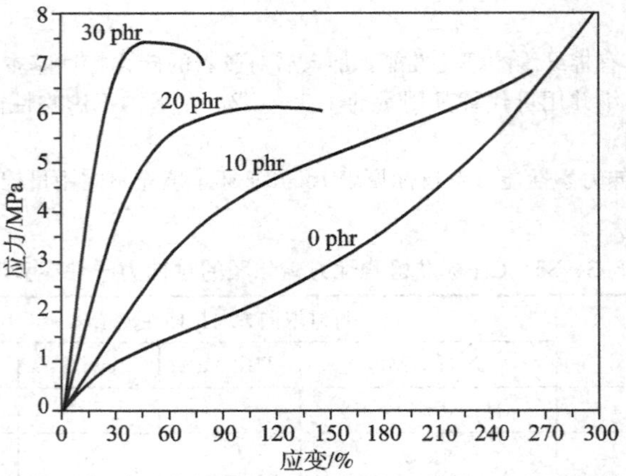

图 1.5.3－4　填充不同用量 LM－3 的 CR 硫化胶的拉伸应力-应变曲线

表 1.5.3－38　棉短切纤维的供应商

供应商	产品规格	纤维长度/mm	含水率/%	外观
黑龙江弘宇短纤维新材料股份有限公司	LM－3	3.0±1.0	≤8.5	黑或蓝色短直纤维
	LM－5	5.0±1.0	≤8.5	

7.3　尼龙短纤维

7.3.1　预处理尼龙 66 短纤维

预处理尼龙 66 短纤维主体成分是尼龙 66，经过预处理制得，可按照常规橡胶混炼工艺进行加工，建议首先采用少量生胶（生胶量的 1/5～1/3）与短纤维制备母胶进行预分散，然后再进行常规混炼。在切边带、多楔带、胶管、密封件等橡胶制品中应用较多。

CR 标准检测配方硫化胶的拉伸力学性能参考指标见表 1.5.3－39。填充不同用量 DN66－1 的 CR 硫化胶拉伸应力-应变曲线见图 1.5.3－5。

表 1.5.3－39　CR 标准检测配方硫化胶的拉伸力学性能参考指标

产品规格	纤维用量	纤维取向方向拉伸性能指标				垂直纤维取向方向直角撕裂强度/(kN/m)
		TSmax/MPa	TSy/MPa	εy/%	TS20/MPa	
DN66－1	0	18.2	—	—	1.0	35.1
	10	7.8	7.8	50	4.6	50.2
	20	9.8	9.8	41	6.2	55.4
	30	11.6	11.6	32	9.1	59.7
DN66－2	20	10.2	10.2	39	6.6	56.7
DN66－3	20	14.1	14.1	34	9.5	67.6

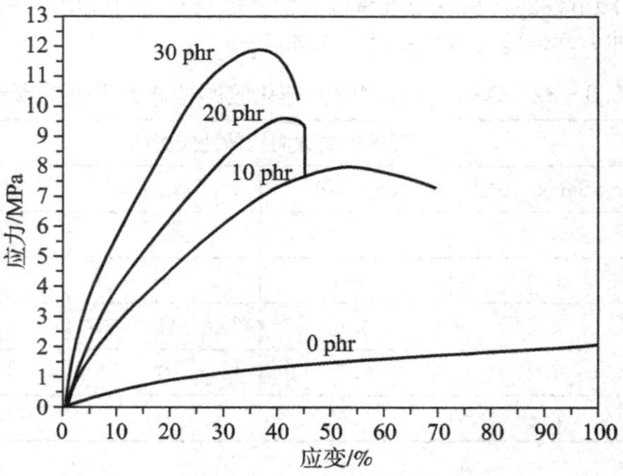

图 1.5.3－5　填充不同用量 DN66－1 的 CR 硫化胶拉伸应力-应变曲线

预处理尼龙 66 短纤维的供应商见表 1.5.3-40。

表 1.5.3-40　预处理尼龙 66 短纤维的供应商

供应商	产品规格	纤维长度/mm	含水率/%	附胶量/%	外观
黑龙江弘宇短纤维新材料股份有限公司	DN66-1	1±0.5	≤4.5	≥7	灰黑色絮状
	DN66-2	2±0.5	≤4.5	≥7	
	DN66-3	3±0.5	≤4.5	≥7	

7.3.2　尼龙 66 短纤维

尼龙 66 短纤维主体成分是尼龙 66，可按照常规橡胶混炼工艺进行加工，在生胶加入后即可加入，在胶料中的分散性很好，对胶料的硫化性能基本没有影响。在切边带、多楔带、胶管、密封件等橡胶制品中应用较多。

CR 标准检测配方硫化胶的拉伸力学性能参考指标见表 1.5.3-41。填充不同用量 FN66-1 的 CR 硫化胶拉伸应力-应变曲线见图 1.5.3-6。

表 1.5.3-41　CR 标准检测配方硫化胶的拉伸力学性能参考指标

产品规格	纤维用量	纤维取向方向拉伸性能指标				垂直纤维取向方向直角撕裂强度/(kN/m)
		TSmax/MPa	TSy/MPa	εy/%	TS20/MPa	
FN66-1	0	18.2	—	—	1.0	35.1
	10	9.8	9.8	90	2.7	51.2
	20	13.5	13.5	60	5.8	60.8
	30	18.1	18.1	45	10.4	70.0
FN66-3	20	22.2	22.2	38	11.2	90.4
FN66-6	20	27.1	27.1	30	20.1	101.4

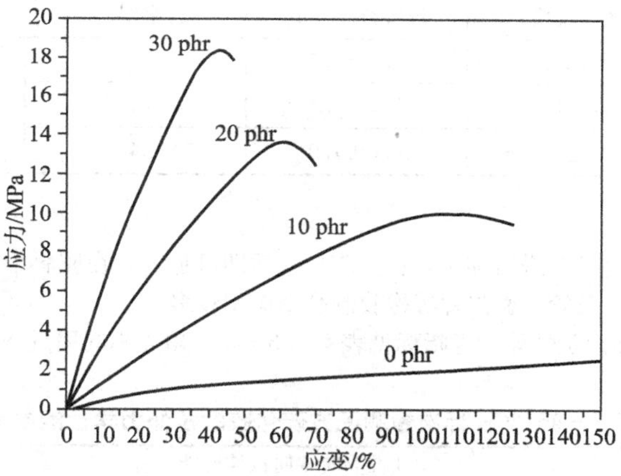

图 1.5.3-6　填充不同用量 FN66-1 的 CR 硫化胶拉伸应力-应变曲线

尼龙 66 短纤维的供应商见表 1.5.3-42。

表 1.5.3-42　尼龙 66 短纤维的供应商

供应商	产品规格	纤维长度/mm	含水率/%	附胶量	外观
黑龙江弘宇短纤维新材料股份有限公司	FN66-1	1.0±0.5	≤4.5	可调	棕红色
	FN66-3	3.0±0.5	≤4.5		
	FN66-6	6.0±1.0	≤4.5		

7.3.3　乙丙橡胶专用型尼龙 66 短纤维

乙丙橡胶专用型尼龙 66 短纤维主体成分是尼龙 66，经特殊处理后在 EPDM 中具有较好的分散性和补强性能，非常适合于 EPDM 基传动带和 EPDM 基的其他橡胶制品的增强。按常规 EPDM 混炼工艺进行加工即可，对胶料的硫化性能基本上没有影响。

EPDM 标准检测配方硫化胶的拉伸力学性能参考指标见表 1.5.3-43。填充不同用量 FN66 乙丙-1 的 EPDM 硫化胶拉伸应力-应变曲线见图 1.5.3-7。

表 1.5.3-43　EPDM 标准检测配方硫化胶的拉伸力学性能参考指标

产品规格	纤维用量	纤维取向方向拉伸性能指标				垂直纤维取向方向直角撕裂强度/(kN/m)
		TSmax/MPa	TSy/MPa	εy/%	TS20/MPa	
FN66 乙丙-1	0	12.1	—	—	1.1	29.4
	10	11.5	11.5	50	5.1	48.7
	20	15.5	15.5	40	7.5	60.6
	30	17.5	17.5	35	13.2	71.3
FN66 乙丙-3	20	19.6	19.6	28	14.5	81.1
FN66 乙丙-6	20	19.4	19.4	27	15.8	97.2

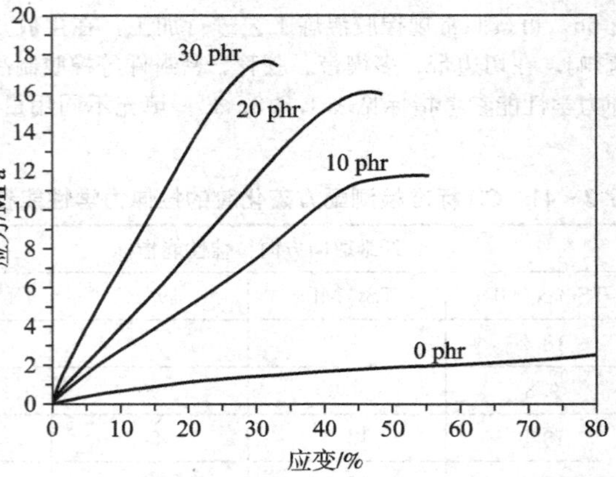

图 1.5.3-7　填充不同用量 FN66 乙丙-1 的 EPDM 硫化胶拉伸应力-应变曲线

乙丙橡胶专用型尼龙 66 短纤维的供应商见表 1.5.3-44。

表 1.5.3-44　乙丙橡胶专用型尼龙 66 短纤维的供应商

供应商	产品规格	纤维长度/mm	含水率/%	附胶量/%	外观
黑龙江弘宇短纤维新材料股份有限公司	FN66 乙丙-1	1.0±0.5	≤4.5	可调	棕红色
	FN66 乙丙-3	3.0±0.5	≤4.5		
	FN66 乙丙-6	6.0±1.0	≤4.5		

7.3.4　尼龙短纤维

尼龙短纤维可按照常规橡胶混炼工艺进行加工，在生胶加入后即可加入，在胶料中的分散性很好，对胶料的硫化性能基本没有影响。在切边带、多楔带、胶管、密封件等橡胶制品中应用较多。

CR 标准检测配方硫化胶的拉伸力学性能参考指标见表 1.5.3-45。填充不同用量 NQ 的 CR 硫化胶拉伸应力-应变曲线见图 1.5.3-8。

表 1.5.3-45　CR 标准检测配方硫化胶的拉伸力学性能参考指标

产品规格	纤维用量	纤维取向方向拉伸性能指标				垂直纤维取向方向直角撕裂强度/(kN/m)
		TSmax/MPa	TSy/MPa	εy/%	TS20/MPa	
NQ	0	18.2	—	—	1.0	35.1
	10	14.2	5.4	100	1.9	48.1
	20	13.5	8.2	62	4.2	57.8

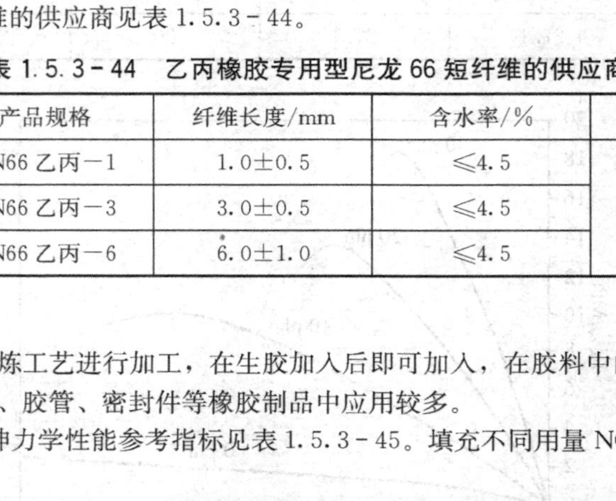

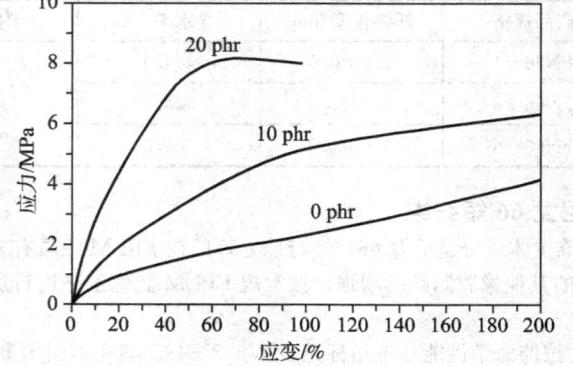

图 1.5.3-8　填充不同用量 NQ 的 CR 硫化胶拉伸应力-应变曲线

尼龙短纤维的供应商见表 1.5.3-46。

表 1.5.3-46　尼龙短纤维的供应商

供应商	产品规格	纤维长度	含水率/%	外观
黑龙江弘宇	NQ	0.3—0.6	≤4.5	棕红色

7.4　聚酯短纤维

7.4.1　预处理聚酯短纤维

预处理聚酯短纤维主体成分是聚酯纤维，具有聚酯的理化性能，在氯丁橡胶中具有很好的分散性和黏合性能，按常规橡胶混炼工艺进行加工即可。在切边带、多楔带、胶管、密封件等橡胶制品中应用较多。

CR 标准检测配方硫化胶的拉伸力学性能参考指标见表 1.5.3-47。填充不同用量 FD-1 的 CR 硫化胶拉伸应力-应变曲线见图 1.5.3-9。

表 1.5.3-47　CR 标准检测配方硫化胶的拉伸力学性能参考指标

产品规格	纤维用量	纤维取向方向拉伸性能指标				垂直纤维取向方向直角撕裂强度/(kN/m)
		TSmax/MPa	TSy/MPa	εy/%	TS20/MPa	
FD—1	0	18.2	—	—	1.0	35.1
	10	10.8	10.8	42	6.1	49.1
	20	18.8	18.8	29	15.1	61.9
	30	24.9	24.9	23	21.2	82.0
FD—3	20	23.3	23.3	19	—	68.9
FD—6	20	19.0	19.0	18	—	74.1

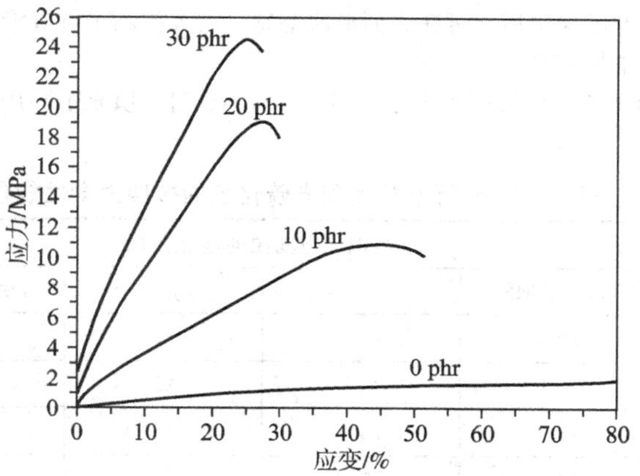

图 1.5.3-9　填充不同用量 FD-1 的 CR 硫化胶拉伸应力-应变曲线

预处理聚酯短纤维的供应商见表 1.5.3-48。

表 1.5.3-48　预处理聚酯短纤维的供应商

供应商	产品规格	纤维长度/mm	含水率/%	附胶量/%	外观
黑龙江弘宇短纤维新材料股份有限公司	FD—1	1.0±0.5	≤3.0	可调	棕红色
	FD—3	3.0±0.5	≤3.0		
	FD—6	6.0±1.0	≤3.0		

7.4.2　聚酯短纤维

聚酯短纤维主体成分是聚酯纤维，具有聚酯的理化性能，在氯丁橡胶中具有很好的分散性和黏合性能，按常规橡胶混炼工艺进行加工即可。在切边带、多楔带、胶管、密封件等橡胶制品中应用较多。

CR 标准检测配方硫化胶的拉伸力学性能参考指标见表 1.5.3-49。填充不同用量 DQ 的 CR 硫化胶拉伸应力-应变曲线见图 1.5.3-10。

表 1.5.3-49　CR 标准检测配方硫化胶的拉伸力学性能参考指标

产品规格	纤维用量	纤维取向方向拉伸性能指标				垂直纤维取向方向直角撕裂强度/(kN/m)
		TSmax/MPa	TSy/MPa	εy/%	TS20/MPa	
DQ	0	18.2	—	—	1.0	35.1
	10	17.3	6.7	65	3.0	46.2
	20	16.9	9.2	42	6.3	56.5

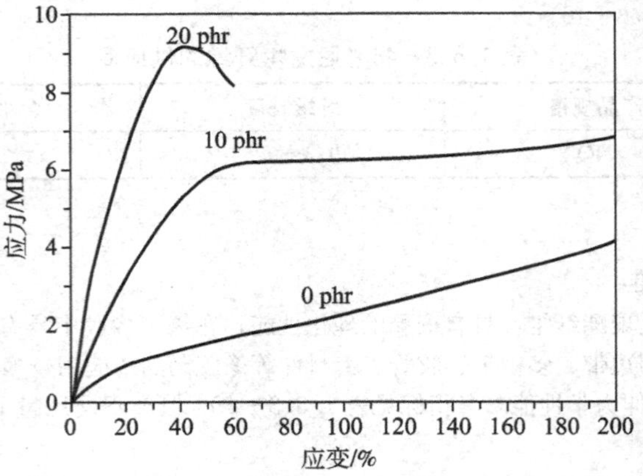

图 1.5.3－10　填充不同用量 DQ 的 CR 硫化胶拉伸应力-应变曲线

聚酯短纤维的供应商见表 1.5.3－50。

表 1.5.3－50　聚酯短纤维的供应商

供应商	产品规格	纤维长度	含水率/%	外观
黑龙江弘宇	DQ	0.3～0.6	≤3.0	棕红色

7.5　芳纶短纤维

7.5.1　预处理芳纶 1414 短纤维

预处理芳纶 1414 短纤维主体成分是芳纶 1414，具有芳纶 1414 的理化性能，使用 3～10 份 PAF 的胶料具有良好的加工性能和力学性能，硫化胶经特殊的磨削加工后，可在表面形成毛感，大大提高了抗湿滑能力。PAF 适用于使用条件较苛刻以及高温使用场合下的传动带及其他橡胶制品。

EPDM 标准检测配方硫化胶的拉伸力学性能参考指标见表 1.5.3－51。填充不同用量 PAF－1 的 EPDM 硫化胶拉伸应力-应变曲线见图 1.5.3－11。

表 1.5.3－51　EPDM 标准检测配方硫化胶的拉伸力学性能参考指标

产品规格	纤维用量	纤维取向方向拉伸性能指标				垂直纤维取向方向直角撕裂强度/(kN/m)
		TSmax/MPa	TSy/MPa	εy/%	TS20/MPa	
PAF—1	0	12.1	—	—	1.1	29.4
	5	8.1	8.1	27	6.6	46.1
	10	13.6	13.6	17	—	55.5
	15	15.8	15.8	15	—	63.4
PAF—3	10	13.2	13.2	16	—	62.8
PAF—6	10	10.7	10.7	14	—	62.1

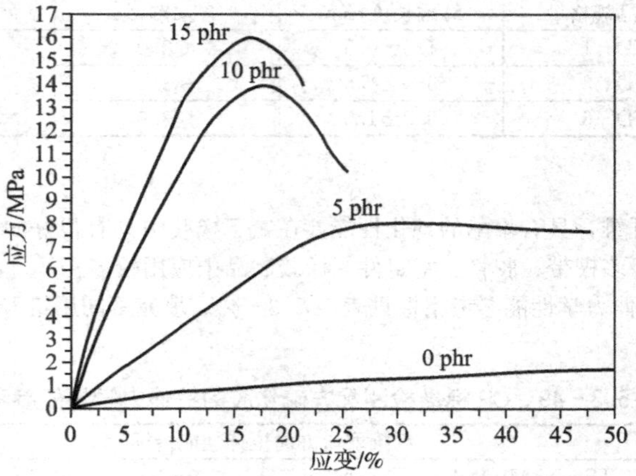

图 1.5.3－11　填充不同用量 PAF－1 的 EPDM 硫化胶拉伸应力-应变曲线

预处理芳纶 1414 短纤维的供应商见表 1.5.3－52。

表 1.5.3-52　预处理芳纶 1414 短纤维的供应商

供应商	产品规格	纤维长度	含水率/%	附胶量/%	外观
黑龙江弘宇短纤维新材料股份有限公司	PAF－1	1.0±0.5	≤3.0	可调	棕黄色
	PAF－3	3.0±1.0	≤3.0		
	PAF－6	6.0±1.0	≤3.0		

7.5.2　芳纶 1414 短纤维

芳纶 1414 短纤维主体成分是芳纶 1414，具有芳纶 1414 的理化性能，使用 3～10 份 PAFD 的胶料具有良好的加工性能和力学性能，硫化胶经特殊的磨削加工后，可在表面形成强烈毛感，大大提高了抗湿滑能力。PAFD 适用于使用条件较苛刻以及高温使用场合下的传动带及其他橡胶制品。

EPDM 标准检测配方硫化胶的拉伸力学性能参考指标见表 1.5.3-53。填充不同用量 PAFD-1 的 EPDM 硫化胶拉伸应力-应变曲线见图 1.5.3-12。

表 1.5.3-53　EPDM 标准检测配方硫化胶的拉伸力学性能参考指标

产品规格	纤维用量	纤维取向方向拉伸性能指标				垂直纤维取向方向直角撕裂强度/(kN/m)
		TSmax/MPa	TSy/MPa	εy/%	TS20/MPa	
PAFD－1	0	9.8	—	—	1.0	28.6
	5	5.6	5.6	22.0	5.5	46.2
	10	8.0	8.0	18.0	—	51.5
	15	12.6	12.6	13.5	—	61.8
PAFD－3	10	15.3	15.3	8.5	—	74.3

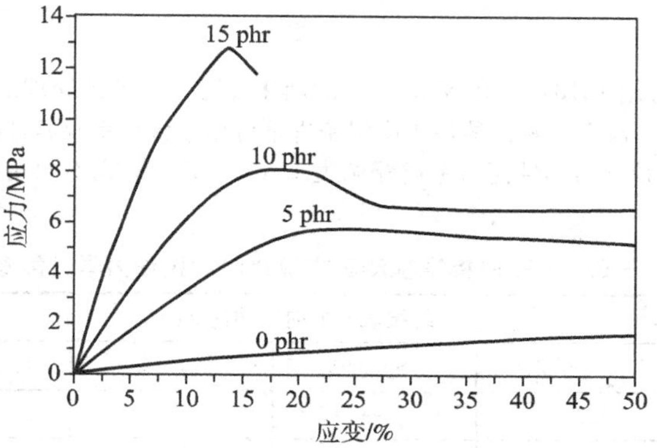

图 1.5.3-12　填充不同用量 PAFD-1 的 EPDM 硫化胶拉伸应力-应变曲线

芳纶 1414 短纤维的供应商见表 1.5.3-54。

表 1.5.3-54　芳纶 1414 短纤维的供应商

供应商	产品规格	纤维长度	含水率/%	附胶量/%	外观
黑龙江弘宇短纤维新材料股份有限公司	PAFD－1	1.0±0.5	≤3.0	可调	棕黄色
	PAFD－3	3.0±1.0	≤3.0		
	PAFD－6	6.0±1.0	≤3.0		

7.5.3　预处理芳纶 1313 短纤维

预处理芳纶 1313 短纤维主体成分是芳纶 1313，具有芳纶 1313 的理化性能。经过预处理的 MAF 在 CR 中具有很好的分散和黏合性能，对胶料的硫化性能基本没有影响。适用于高温条件下应用的传动带及其他橡胶制品。

CR 标准检测配方硫化胶的拉伸力学性能参考指标见表 1.5.3-55。填充不同用量 MAF-1 的 CR 硫化胶拉伸应力-应变曲线图 1.5.3-13。

表 1.5.3-55　CR 标准检测配方硫化胶的拉伸力学性能参考指标

产品规格	纤维用量	纤维取向方向拉伸性能指标				垂直纤维取向方向直角撕裂强度
		TSmax/MPa	TSy/MPa	εy/%	TS20/MPa	
MAF－1	0	18.2	—	—	1.0	35.1
	5	17.8	5.1	112	1.6	44.7
	10	17.8	8.4	65	3.2	48.9
	15	18.7	13.5	38	7.8	53.4
MAF－3	10	16.5	11.4	32	8.4	57.2

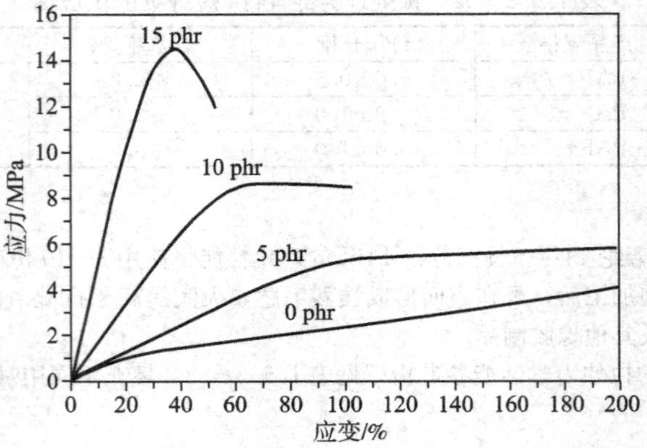

图 1.5.3－13 填充不同用量 MAF－1 的 CR 硫化胶拉伸应力-应变曲线

预处理芳纶 1313 短纤维的供应商见表 1.5.3－56。

表 1.5.3－56 预处理芳纶 1313 短纤维的供应商

供应商	产品规格	纤维长度	含水率/%	外观
黑龙江弘宇短纤维新材料股份有限公司	MAF－1	1.0±0.5	≤5.0	白色
	MAF－3	3.0±1.0	≤5.0	

7.5.4 芳纶 1313 短纤维

芳纶 1313 短纤维主体成分是芳纶 1313，具有芳纶 1313 的理化性能。经过预处理的 SAF 在 EDPM 中具有很好的分散和黏合性能，对胶料的硫化性能基本没有影响。适用于高温条件下应用的传动带及其他橡胶制品。

EPDM 标准检测配方硫化胶的拉伸力学性能参考指标见表 1.5.3－57。填充不同用量 SAF－1 的 EPDM 硫化胶拉伸应力-应变曲线见图 1.5.3－14。

表 1.5.3－57 EPDM 标准检测配方硫化胶的拉伸力学性能参考指标

产品规格	纤维用量	纤维取向方向拉伸性能指标				垂直纤维取向方向直角撕裂强度/(kN/m)
		TSmax/MPa	TSy/MPa	εy/%	TS20/MPa	
SAF－1	0	12.1	—	—	1.1	29.4
	5	9.1	7.0	60	4.6	42.7
	10	10.2	10.2	45	7.5	43.3
	15	12.2	12.2	40	9.2	50.5
SAF－3	10	10.2	10.2	42	8.0	44.8
SAF－6	10	10.1	10.1	40	8.3	41.7

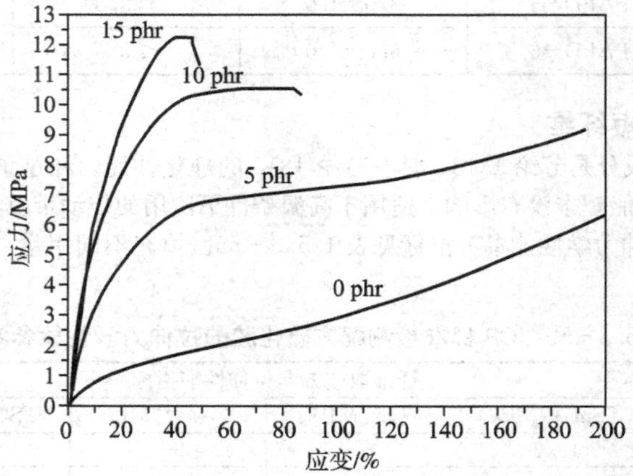

图 1.5.3－14 填充不同用量 SAF－1 的 EPDM 硫化胶拉伸应力-应变曲线

芳纶 1313 短纤维的供应商见表 1.5.3－58。

表 1.5.3-58　芳纶 1313 短纤维的供应商

供应商	产品规格	纤维长度	含水率/%	附胶量	外观
黑龙江弘宇短纤维新材料股份有限公司	SAF−1	1.0±0.5	≤5.0	可调	棕红色
	SAF−3	3.0±1.0	≤5.0		
	SAF−6	6.0±1.0	≤5.0		

7.5.5　预分散芳纶浆粕母胶

预分散芳纶浆粕母胶是高性能超细芳纶浆粕纤维预分散复合物产品，在胶料中加入 3～10 份可明显提高硫化胶的模量和小变形下的定伸应力，是橡胶传动带及其他橡胶制品的有效模量改性助剂。APM 预分散芳纶浆粕，对天然橡胶，合成橡胶（NR/EPDM/CR/NBR/HNBR）及热塑性橡胶起到补强作用，应用于传动带、胶管、垫圈、轮胎等橡胶制品中。

EPDM 标准检测配方硫化胶的拉伸力学性能参考指标见表 1.5.3-59。填充不同用量 APM 的 EPDM 硫化胶拉伸应力-应变曲线见图 1.5.3-15。

表 1.5.3-59　EPDM 标准检测配方硫化胶的拉伸力学性能参考指标

产品规格	APM 用量	纤维取向方向拉伸性能指标				垂直纤维取向方向直角撕裂强度/(kN/m)
		TSmax/MPa	TSy/MPa	εy/%	TS20/MPa	
APM40	0	9.8	—	—	1.0	28.6
	5	12.2	5.5	40	3.0	47.2
	10	10.1	7.7	30	7.0	53.1
	20	12.8	12.8	23	12.6	55.7

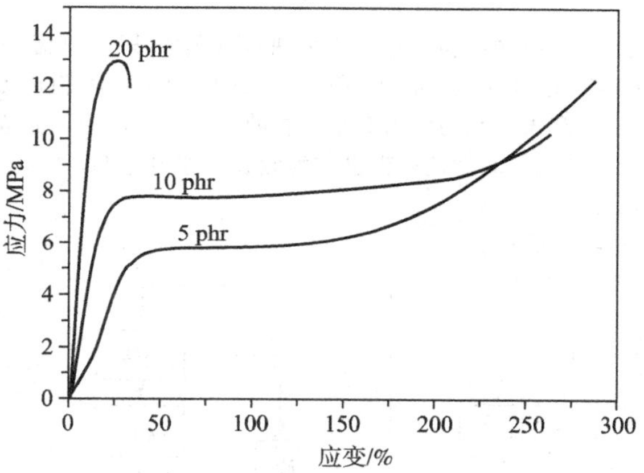

图 1.5.3-15　填充不同用量 APM 的 EPDM 硫化胶拉伸应力-应变曲线

预分散芳纶浆粕母胶的供应商见表 1.5.3-60。

表 1.5.3-60　预分散芳纶浆粕母胶的供应商

供应商	产品规格	纯芳纶浆粕纤维含量/%	含水率/%	外观
黑龙江弘宇	APM40	40	≤3.0	黄色颗粒纤维

7.6　橡胶耐磨耗剂，化学组成：双异丙基硼氧烷聚碳酸脂短纤维

双异丙基硼氧烷聚碳酸脂短纤维是一种多功能橡胶新材料，应用双异丙基硼氧烷聚碳酸脂短纤维能较大幅度提高胎面胶的耐磨耗性、抗屈挠性，撕裂强度亦有所提高；显著、有效地提高补强剂的分散均匀度，降低混炼胶的初始门尼黏度，显著改善胶料的加工流变性能。

主要用于各种轮胎的胎面、胎侧、帘布、胎芯胶中，还可应用于运输带等其他动态橡胶制品中。在混炼胶料配方中以 10 份为宜或根据实际情况上调，并按双异丙基硼氧烷聚碳酸脂短纤维的用量增加硫黄份数 4%，为保证力学性能，减少配方胶料中的操作油 2.5 份。

橡胶耐磨耗剂的供应商见表 1.5.3-61。

表 1.5.3-61　橡胶耐磨耗剂的供应商

供应商	规格型号	外观（目测）	加热减量（105±2）℃×2 h	pH 值
山东迪科化学科技股份有限公司	橡胶耐磨耗剂 SD1513 粒	灰白色至微淡黄色粒状	≤2.0	7.0～9.0
	橡胶耐磨耗剂 SD1513 粉	灰白色至微淡黄色粉状		

第四节　再生胶、胶粉与胶粒

一、概述

1.1　再生胶

橡胶制品中使用再生胶的主要目的是降低成本，获得良好的加工性能。

废旧橡胶的再生理论上有多种方法，包括：物理再生法、化学再生法、微生物脱硫法、力化学再生法等。A. 物理再生是利用外加能量，如力、热一力、冷一力、微波、超声、电子束等，使交联橡胶的三维网络被破碎为低分子的碎片。除微波和超声能造成真正的橡胶再生外，其余的物理方法是一种粉碎技术，即制作胶粉，只能作为非补强性填料来应用。B. 化学再生，是利用化学助剂，如有机二硫化物硫醇、碱金属等，在升温条件下，借助于机械力作用，使橡胶交联键被破坏，达到再生目的。主要的再生剂包括：a）De－link，再生剂 De－link 与 S－S 键反应而不破坏 C－C 键；b）R. V 再生剂法，通过机械剪切作用，使 R. V 橡胶再生剂均匀包裹在废胶粉颗粒表面，经过浸润作用渗入胶粉颗粒中，以降低 S－S 交联键的键能，可有效地在短时间内解开 S－S 交联键而不破坏 S－C 键和 C－C 键，从而使废胶粉部分恢复橡胶物性；c）TCR 再生法，在低温粉碎胶粉中混入少量的增塑剂和再生剂，然后送入粉末混合机中于室温或稍高的温度下进行短时间处理即可。化学再生过程中，要使用大量的化学品，在高温和高压下这些化学品几乎都是难闻和有害的。C. 微生物脱硫法，日本和德国已有专利报道，是将废橡胶粉碎到一定粒度后，将其放入含有噬硫细菌的溶液中，使其在空气中进行生化反应。在噬硫细菌的作用下，橡胶粒子表面的硫键断裂，呈现再生胶的性能。D. 力化学再生法，不使用化学药剂，通过给予废胶热能、压力、剪断力，使硫化胶的硫键（交联点）发生断裂，使废胶粉部分恢复橡胶物性。

成熟的再生胶生产工艺主要有油法（直接蒸气静态法）、水油法（蒸煮法）、高温动态脱硫法，压出法、化学处理法、微波法等。油法、水油法由于污染严重，已被淘汰。我国现在主要应用的再生胶制造方法为高温动态脱硫法（无废水排放），高温高压动态脱硫法是在高温高压和再生剂的作用下通过能量与热量的传递，完成脱硫过程，此法不仅脱硫温度高，而且在脱硫过程中，物料始终处于运动状态。其他还有少量的为低温（加再生剂）力化学法，另有使用双螺杆挤出机的高温力化学法。

再生橡胶生产工艺流程如图 1. 5. 4－1 所示。

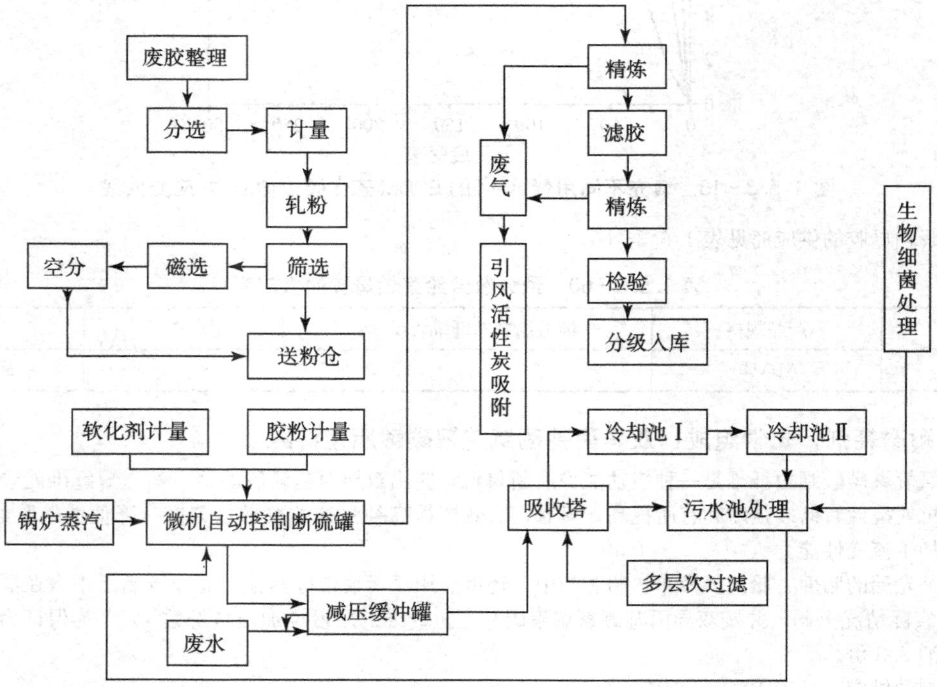

图 1. 5. 4－1　再生橡胶生产工艺流程

GB/T 13460—？《再生橡胶通用规范》对应于日本工业标准 JIS K 6313：2006《再生橡胶》（非等效），按照 GB/T 13460—？的规定，国产再生橡胶命名的规则为：在前缀 R 后应用连字符连接表征产品主要的橡胶品种代号，然后再用连字符连接表征产品所用橡胶制品英文第一个字母。

再生橡胶依据其所含主要橡胶成分和所使用的材料来源进行分类，方法如表 1. 5. 4－1 所示。

表 1.5.4－1　再生橡胶分类

品种	代号	所用材料
再生轮胎橡胶	R－T R－T－W R－T－T R－T－I	废轮胎或废轮胎的特定部件 废轮胎 废载重子午线轮胎胎面 废内胎
再生胶鞋橡胶	R－S	废旧胶面鞋、布面鞋橡胶部分
再生杂胶橡胶	R－M	橡胶制品混合废橡胶
浅色精细再生橡胶	R－N	非黑色废旧橡胶，如浅色废旧胶鞋橡胶等
再生丁基橡胶	R－IIR	废丁基橡胶，如丁基内胎，丁基胶囊等
再生丁腈橡胶	R－NBR	废丁腈橡胶
再生乙丙橡胶	R－EPDM	废乙丙橡胶

其中，再生丁基橡胶，按 GB/T 13460－xxxx 命名代号为 R－IIR，所使用的材料为废旧丁基内胎、胶囊等废旧丁基橡胶制品、边角料。再生丁基橡胶按照原材料的不同、规格、种类分为：A、B、C、D 四级，如表 1.5.4－2 所示。

表 1.5.4－2　再生丁基橡胶的种类、等级及使用原材料

品种	等级	使用原材料
再生丁基橡胶	A 级	大规格废旧丁基内胎、胶囊
	B 级	废旧丁基内胎、胶囊
	C 级	废旧丁基橡胶
	D 级	废旧丁基橡胶

1.2　胶粉与胶粒

胶粉指废旧橡胶制品经粉碎加工处理得到的粉末状橡胶填料。胶粉按制法可以分为常温胶粉、冷冻胶粉及超微细胶粉；按原料来源可以分为轮胎胶粉及鞋胶粉；按活化与否可分为活化胶粉及未活化胶粉；按粒径大小可分为超细胶粉和一般胶粉。

用常温法制得的胶粉，由于是利用机械剪切力进行粉碎，所以胶粉粒子表面有无数的凹凸呈毛刺状态，而用低温冷冻粉碎的胶粉主要是冲击力的作用，胶粉表面比较光滑。冷冻粉碎胶粉与常温粉碎胶粉相比，平均粒径较小，热老化和氧化现象小，故性能略高于常温粉碎法制得的胶粉。但相同粒径的同一种类的这两种胶粉和生胶配合，常温粉碎胶粉由于表面有很多凹凸，表面积较大，对胶粉的表面处理和活化有利，总的来说，两者分别填充的硫化胶物理机械性能相近。

胶粉可以按原料和用途进行分类。GB/T19208－2008《硫化橡胶粉》对应于 ASTM D5603：0：21《再利用硫化颗粒橡胶》(非等效)，适用于由各种硫化橡胶为原料，采用符合国家循环经济要求工艺制造的不同粒径的硫化橡胶粉，硫化橡胶粉依据所用原料的类别和胶粉的特殊用途进行分类，见表 1.5.4－3。

表 1.5.4－3　按胶粉原料和用途的分类

品种	代号	所用材料
轮胎类硫化橡胶粉	A_1	已失去使用价值的子午线轮胎
	A_2	已失去使用价值的斜交轮胎
非轮胎类硫化橡胶粉	B_1	已失去使用价值的丁基橡胶制品
	B_2	已失去使用价值的丁腈橡胶制品
	B_3	已失去使用价值的乙丙橡胶制品
	B_4	已失去使用价值的聚氨酯甲酸酯橡胶制品
公路改性沥青用硫化橡胶粉	C_1	已失去使用价值的全钢子午线轮胎
	C_2	已失去使用价值的其他轮胎类

胶粉也可以按制备方法与粒径进行分类，见表 1.5.4－4。

表 1.5.4-4 胶粉分类

粉碎方法	粒径	表面情况	加工设备
常温胶粉	300～1 400 μm，12～48 目	凹凸不平，有毛刺，利于与胶结合	细碎机
冷冻胶粉	75～300 μm，48～200 目	较平滑	冷冻粉碎装置
超微细胶粉	75 μm 以下，200 目以上		磨盘式胶体碾磨机

注：详见《现代橡胶工艺学》，杨清芝主编，中国石化出版社，2003 年 7 月第 3 次印刷，P77 表 1-34。

不同粒径胶粉对胶料性能的影响见表 1.5.4-5。

表 1.5.4-5 不同粒径胶粉对胶料性能的影响[a]

项目		常温法制得的胶粉[b]					冷冻法制得的胶粉[c]					
粒径	μm	无胶粉	<130	<160	<200	<320	无胶粉	<63	<100	<160	<200	<250
	目数		100	80	60	40		200	120	80	60	50
硬度，邵尔 A		69	70	69	69	69	64[d]	66[d]	66[d]	65[d]	64[d]	64[d]
300%定伸应力/MPa		11.67	10.59	10.95	11.08	10.88	12.5	12.2	12.1	11.4	11.2	11.0
拉伸强度/MPa		30.40	27.85	26.67	27.56	26.28	18.7	18.5	18.0	17.5	17.1	16.8
扯断伸长率/%		611	600	574	581	564	485	475	470	465	455	460
撕裂强度，kN/m		101.0	101.0	94.1	105.9	106.9	55	65	63	62	60	58
回弹率/%		38	37	37	38	37	32	31	32	32	32	32
生热（ΔT）/℃		37	38	37.5	38	37						
阿克隆磨耗（1.61 km），cm^3		0.267	0.310	0.312	0.308	0.290						
曲挠龟裂，万次		16	6	11	12	7						
曲挠裂口（45 千次），mm		11.4	—	—	9.1	—						
拉伸疲劳（ε=150%），千次							9.1	30.5	26.4	22	17.4	15
弯曲疲劳，千次							100	300	240	113	100	90
抗裂口增长，千次							36.5	105	90	74	58	48
磨耗量[e]，cm^3/J							19.2	19.5	19.8	19.8	20.1	20.3

注：[a] 详见《粉末橡胶》，黄立本等主编，化学工业出版社，2003 年 3 月，P285 表 25-2～3。
[b] 配方为天然橡胶 100，中超耐磨炭黑 33，槽黑 15，胎面胶粉 10，硫化条件为 143 ℃×30 min。
[c] 配方为 SBR 75，BR 25，冷冻胎面胶胶粉 40，硫化条件为 143 ℃×40 min。
[d] TM-2。
[e] 指采用杜邦-格拉西里磨耗机进行的试验，以橡胶体积减量与所耗摩擦功之比表示。

在胎面胶中掺用 10 份 100 目以上的胶粉可提高轮胎的行驶里程。胶粉主要用于低档橡胶制品中，如在鞋的中底掺用 100 份以上，胶粉的应用领域包括建材、沥青改性、减震降噪等，可用于轮胎、力车胎、胶管胶带、胶板、防水卷材、屋面材料以及道路胶粉改性沥青和铁路轨枕等产品。

胶粒是以废旧橡胶制品经粉碎制成的 10 目左右的颗粒，主要用作再生胶的原料，也可用于工程橡胶制品、人造草垫层、铺设球场地面及体育跑道等。

二、再生胶与胶粉的技术标准与工程应用

2.1 再生胶与胶粉的试验配方

再生胶与胶粉的试验配方如表 1.5.4-6 所示，详见 GB/T 13460—?、GB/T19208—2008。

表 1.5.4-6 再生胶与硫化橡胶粉的试验配方

再生胶的试验配方						硫化橡胶粉的试验配方			
原材料名称	再生橡胶	再生丁基橡胶	再生丁腈橡胶	再生乙丙橡胶	执行标准	原材料名称	基本配合	试验配方	执行标准
再生橡胶（塑炼后）	300	300	300	300		1#烟片	100	300	GB/T8089—2007
促进剂 TBBS（NS）	2.4	—	2.0	—	HG/T 2744	硫化橡胶粉	50	150	

续表

再生胶的试验配方						硫化橡胶粉的试验配方			
原材料名称	再生橡胶	再生丁基橡胶	再生丁腈橡胶	再生乙丙橡胶	执行标准	原材料名称	基本配合	试验配方	执行标准
促进剂 MBT（M）	—	0.8	—	1.5	GB/T 11407	氧化锌（间接法一级）	7.5	22.5	GB/T3185—1992
促进剂 TMTD		1.7	—	3.0	HG/T 2334	硫黄	3.5	10.5	GB/T2449—2006
氧化锌（间接法一级）	7.5	8.5	9.0	15.0	GB/T 3185	硬脂酸	1.5	4.5	GB/T9103—1998
硬脂酸	1.0	—	3.0	3.0	GB/T 9103	促进剂 MBT（M）	1.5	4.5	GB/T 11407—2003
硫黄	3.5	3.5	4.5	4.5	GB/T 2449	促进剂 NOBS	0.5	1.5	GB/T8829—2006
合计	314.4	314.5	318.5	327.0		3＃芳烃操作油	3	9	

2.2　再生胶与硫化橡胶粉硫化试样制样程序

2.2.1　再生胶硫化试样制样程序

1. 塑炼

调节符合 GB/T6038—2006 规定的开放式炼胶机辊温为（40±5）℃、辊距为（1.50±0.10）mm、两挡板之间距离（150±20）mm（除辊距外炼胶的其他程序的辊温与两挡板之间距离均按此设置）。

取符合标准规定的样品不小于 310 g，将样品投入到炼胶机中完全通过辊筒 3 次，塑练后胶料应放置在平整、清洁、干燥的金属表面冷却至室温。

2. 混炼

概述：按 GB/T6038—2006 标准规定的开放式炼胶机炼胶手法对再生橡胶样品及配合剂进行混炼均匀并出片。

混炼程序：

称取 300 g 素炼后的再生橡胶样品投入炼胶机，反复做 3/4 割刀、折叠下片再过辊动作，使样品分布均匀包裹在辊筒上。

陆续加入将备制好的配合剂，每加一种配合剂反复交替做 3/4 割刀，并在连续割刀允许间隔 20s 的时间内将洒落地盘的配合剂回收到堆积胶中。当堆积胶或辊筒表面上没有明显游离粉时，做全割并折叠下片，用折叠状得试样擦洗、吸附炼胶机底盘散落的配合剂，再竖向投入炼胶机中。待配合剂混炼均匀后薄通、出片。混炼的配合剂加入顺序、辊距要求以及折叠下片参考次数、炼胶持续参考时间见表 1.5.4-7。

表 1.5.4-7　再生橡胶混炼顺序

配合剂名称	折叠下片参考次数/次	炼胶持续参考时间/min	辊距/mm
促进剂	1	1.0	1.50±0.10
氧化锌	1	2.0	
硬脂酸	1	1.0	
硫黄	2	1.5	
薄通	3	1.5	0.80±0.20
出片	1	1.0	1.50～2.00
合计	9	8.0	—

混炼后胶料应放置在平整、清洁、干燥的金属表面冷却至室温，冷却后的胶料应用铝箔或其他合适材料包好以防被其他物料污染。

3. 硫化

按 GB/T6038—2006 标准哑铃状试样标准硫化试片的制备方法进行，硫化条件见表 1.5.4-8。

表 1.5.4-8　硫化条件

分类	硫化温度	硫化时间
再生橡胶硫化	（145±1）℃	10 min、15 min、20 min
再生丁基橡胶	（160±1）℃	40 min、50 min、60 min
再生乙丙橡胶	（160±1）℃	10 min、20 min、30 min
再生丁腈橡胶	（150±1）℃	20 min、30 min、40 min

4. 测定

按 GB/T2941 进行调节，按 GB/T528 用 I 型试样测定拉伸性能、拉伸强度、拉断伸长率，取三个硫化时间中最佳硫化时间的数值。

2.2.2　硫化橡胶粉硫化试样制样程序

1）天然橡胶塑炼、硫化橡胶粉试验配方混炼工艺要求见 1.5.4－9，用符合 GB/T 6038 的混炼机进行混炼，混炼胶停放按 GB/T 6038 的规定进行。

表 1.5.4－9　天然橡胶塑炼、硫化橡胶粉试验配方混炼工艺要求

天然橡胶塑炼工艺要求				
试样名称	试样质量/g	辊距/mm	辊温/℃	塑炼时间/min
1＃烟片胶	800	1.0±0.1	50±5	10
硫化橡胶粉试验配方混炼工艺要求				
原材料名称	辊距/mm	加料时间/min	档板距离/mm	辊温/℃
1＃烟片胶	1.5	2	150±20	50±5
硫化橡胶粉	1.5	2		
促进剂	1.5	1		
氧化锌	1.5	1		
硬脂酸	1.5	1		
芳烃操作油	1.5	1.5		
硫黄	1.5	1.5		
薄通	0.8±0.1	2		
出片	2.5±0.2	1		
总计	—	13	—	—

2）硫化条件：142±1 ℃×8 min、10 min、15 min。

3）按 GB/T 2941 进行调节，按 GB/T 528 用Ⅰ型试样测定定伸应力、拉伸强度、拉断伸长率，取三个硫化时间中最佳硫化时间的数值。

2.3　再生胶与胶粉的技术标准

2.3.1　再生橡胶

再生橡胶的技术要求见表 1.5.4－10，详见 GB/T 13460－?。

表 1.5.4－10　再生橡胶技术要求

性能	要求								
	R－T－W	R－T－I	R－T－T	R－S	R－M	R－N	R－IIR	R－NBR	R－EPDM
外观	再生橡胶应质地均匀，不得含有金属片、木片、砂粒及细小纤维等杂质								
灰分(≤)/%	12	25	—	38	30	—	10	12	20
丙酮抽出物(≤)/%	26	25	—	21	21	—	16	31	31
门尼黏度 ML（1+4）100 ℃(≤)	85	80	—	80	70	—	70	70	65
密度(≤)/$Mg \cdot m^{-3}$	1.26	1.35	—	2.00	1.35	—	1.24	1.35	1.35
拉伸强度(≥)/MPa	8.0	5.5	—	4.6	3.8	—	6.8	7.5	5.5
拉断伸长率(≥)/%	330	220	—	200	180	—	460	280	260

注：凡本标准未做规定者，由各类再生橡胶产品标准规定。
当有要求时，炭黑含量、橡胶总烃含量、铅（Pb）、汞（Hg）、镉（Cd）、六价铬（Cr6＋）、多环芳烃含量等可由供需双方共同商定。

2.3.2　再生丁基橡胶

再生丁基橡胶的技术要求见表 1.5.4－11。

表 1.5.4－11　再生丁基橡胶技术要求

项目	要求			
	A 级	B 级	C 级	D 级
灰分(≤)/%	7.0	8.0	9.0	10.0
丙酮抽提物(≤)/%	11.0	12.0	13.0	14.0

续表

项目	要求			
	A级	B级	C级	D级
密度(≤)/(g·cm⁻³)	1.20	1.20	1.20	1.20
拉伸强度(≥)/MPa	8.5	8.0	7.5	7.0
拉断伸长率(≥)/%	490	480	460	450
门尼黏度 ML (1+4) 100 ℃(≤)	55	60	65	65

2.3.3　浅色精细再生橡胶

HG/T 4609－2014《浅色精细再生橡胶》规定了浅色精细再生橡胶的材料与分类，要求，试验方法，检验规则，包装，标志，运输与储存等内容。

2.3.4　硫化橡胶粉

硫化橡胶粉粒径标识、筛余物及体积密度技术要求见表 1.5.4－12，详见 GB/T19208－2008。

表 1.5.4－12　硫化橡胶粉粒径标识、筛余物及体积密度技术要求

标称产品标号	分类标识 X	零筛孔/μm（对应目数）	筛孔粒径/μm（对应目数）	筛余物(≤)/%	倾注密度/(kg·m⁻³)	
					轮胎类	非轮胎类
10 目	10－X	2 360（8 目）	2 000（10 目）	5	260～460	270～480
20 目	20－X	2 000（10 目）	850（20 目）	5		
30 目	30－X	850（20 目）	600（30 目）	10		
40 目	40－X	600（30 目）	425（40 目）	10		
50 目	50－X	425（40 目）	300（50 目）	10		
60 目	60－X	300（50 目）	250（60 目）	10		
70 目	70－X	250（60 目）	212（70 目）	10		
80 目	80－X	212（70 目）	180（80 目）	10		
100 目	100－X	180（80 目）	150（100 目）	10		
120 目	120－X	150（100 目）	128（120 目）	15		
140 目	140－X	128（120 目）	106（140 目）	15		
170 目	170－X	106（140 目）	90（170 目）	15		
200 目	200－X	90（170 目）	75（200 目）	15		

分类标识中的“－X”表示不同生产原料的种类。

硫化橡胶粉技术指标见表 1.5.4－13。

表 1.5.4－13　硫化橡胶粉技术指标

项目	轮胎类		非轮胎类				公路改性沥青		试验方法
	A_1	A_2	B_1	B_2	B_3	B_4	C_1	C_2	
加热减量(≤)/%	1.0	1.0	1.2	1.2	1.2	1.0	1.0	1.0	GB/T19208－2008
灰分(≤)/%	8	8	12	28	18	15	6	7	GB/T 4498－1997
丙酮抽出物(≤)/%	8	10	10	12	12	12	8	10	GB/T 3516－2006
橡胶烃含量(≥)/%	42	42	45	40	35	45	48	48	GB/T 14837－1993
碳黑含量(≥)/%	26	26	28	—	20	—	28	28	GB/T 14837－1993
铁含量(≤)/%	0.03	0.02	0.05	0.05	0.08	0.03	0.03	0.02	GB/T19208－2008
纤维含量(≤)/%	0	0.5		0.6	0	1	0.5	1	GB/T19208－2008
拉伸强度(≥)/MPa	15		—						GB/T 528
拉断伸长率(≥)/%	500		—						GB/T 528

三、再生胶、胶粉与胶粒的供应商

3.1　再生胶的供应商

本品以废旧胶鞋橡胶部分、各种废旧橡胶制品为原料制成，适用于胶鞋以及其他低档橡胶制品。再生胶的供应商见表 1.5.4－14。

表 1.5.4－14　再生胶的供应商

供应商	规格型号	水分 (≤)/%	灰分 (≤)/%	丙酮抽出物 (≤)/%	拉伸强度 (≥)/MPa	拉断伸长率 (≥)/%	密度/(g・cm^{-3})	门尼黏度 ML（1+4）100 ℃(≤)	说明
南通回力橡胶有限公司	内胎再生胶	1.2	20～32	20～25	6～8	250～280		75～80	分 3 级
	胶鞋再生胶	1.2	38	20	4	220～230		80～85	分 2 级
	乳胶再生胶	1.2	20	20	8	500		75	
广州华盈五金	102 系列								按胶粉目数分 3 级
	104 系列								按胶粉目数分 3 级
广州市河宏橡胶材料有限公司	102 再生胶				9	300			60 目

3.2　浅色再生橡胶的供应商

本品以各类废旧彩色橡胶制品为原料，经分色、整理、加工制成，可用于制造彩色、浅色橡胶制品。浅色再生橡胶供应商见表 1.5.4－15。

表 1.5.4－15　浅色再生橡胶供应商

供应商	规格型号	水分 (≤)/%	灰分 (≤)/%	丙酮抽出物 (≤)/%	拉伸强度 (≥)/MPa	拉断伸长率 (≥)/%	门尼黏度 ML（1+4）100 ℃ (≤)
南通回力橡胶有限公司	乳胶再生胶	1.2	20	20	5	500	75
	白胶再生胶	1.2	43	20	4	360	70

3.3　轮胎再生胶的供应商

本品以废旧轮胎外胎为原料制成，适用于制造轮胎、胶带、胶鞋等橡胶制品；低污染再生胶是以轮胎为原料，使用低污染再生胶和加入污染消除剂生产的再生橡胶。轮胎再生胶供应商见表 1.5.4－16。

表 1.5.4－16　轮胎再生胶供应商

供应商	规格型号	水分 (≤)/%	灰分 (≤)/%	丙酮抽出物 (≤)/%	拉伸强度 (≥)/MPa	拉断伸长率 (≥)/%	ML（1+4）100 ℃ (≤)	密度/(g・cm^{-3})	橡胶烃含量/%	炭黑含量/%	说明
南通回力橡胶有限公司	无味再生胶	1.2	8.5～15	20～25	6.0～11.0	260～350	70～85	1.2～1.3	45～57	26±3	分 5 级
	高强力再生胶	1.2	10～12	20	10～16	330～440	85～90	1.2～1.22	47～57	26±3	分 4 级
	普通再生胶	1.2	10～12	20～25	7～9	280～330	75～80	1.22	47～57	26±3	分 4 级
河北瑞威科技有限公司	环保再生橡胶	在常温常压或高温常压条件下将轮胎胶粉再生，环保指标达到欧盟要求									
广州市河宏橡胶材料有限公司	高强力再生胶				13	420					60 目
	环保再生胶				8	280					60 目

3.4　合成橡胶再生胶的供应商

合成橡胶再生胶包括：(1) 丁基再生橡胶。本品以废旧丁基内胎、丁基胶囊为原料，经60～100目筛网两次过滤，适用于轮胎气密层、丁基内胎、丁基胶囊、防水卷材以及其他丁基橡胶制品。(2) 氯化丁基再生橡胶。本品是由卤化丁基橡胶制品（如医用瓶塞CIIR，BIIR等）为原料制成，基本保持了氯化丁基橡胶的化学特性。(3) 三元乙丙再生橡胶。本品是由EPDM废橡胶（如汽车密封条、集装箱密封条等）为原料制成，基本保持了EPDM的化学特性。

合成橡胶再生胶供应商见表1.5.4-17。

表1.5.4-17　合成橡胶再生胶供应商

供应商	规格型号	水分(≤)/%	灰分(≤)/%	丙酮抽出物(≤)/%	拉伸强度(≥)/MPa	拉断伸长率(≥)/%	门尼黏度/(≤)	密度/(g·cm^{-3})	橡胶烃含量/%	炭黑含量/%	最大滤网目数	PAHs含量(≤)/ppm	说明
河北瑞威	丁基瓶塞再生胶	1.0～1.2	8.0～30.0	15～20	5.5～7.5	360～480	60～85	1.2～1.3					
南通回力橡胶有限公司	丁基再生胶	0.5	9.0～11.0	10	6.8～8.2	450～480	50±5	1.2～1.2	45～57	32±3	60	400～1 000	分4级
	氯化丁基再生胶	0.5	48	20	4	500	50±10	1.45	40±5	0	100	200	
	三元乙丙再生胶	1	20	20	6	300	50±15	1.35	30±5	30±5	100	200	

3.5　胶粉、胶粒的供应商

胶粉、胶粒供应商见表1.5.4-18。

表1.5.4-18　硫化橡胶粉、胶粒供应商

供应商	规格型号	水分(≤)/%	灰分(≤)/%	丙酮抽出物(≤)/%	拉伸强度(≥)/MPa	拉断伸长率(≥)/%	铁含量(≤)/%	纤维含量(≤)/%	密度/(g·cm^{-3})	橡胶烃含量(≥)/%	炭黑含量(≥)/%	说明
南通回力	轮胎胶粉	1.02	8	8.0	10～16	450～500	0.03	0.1	1.25	50	26	按目数分4级
河北瑞威科技有限公司	沥青改性胶粉	胶粉内核保持了硫化胶粉的高弹性，表面经再生剂还原，其比表面积较大、活性较高，提高了胶粉与沥青界面间的亲和性和均匀性，削弱了应力集中效应，缩短了胶粉在沥青中的熔融时间，适用于公路胶粉改性沥青和防水卷材改性沥青										
	沥青改性胶粉Ⅱ	可以完全替代SBS改性沥青，适合道路和防水卷材										
广州华盈五金	全轮胎胶粉											按目数分3级

本章参考文献

[1] 朱永康. 橡胶用补强炭黑发展的新动向 [J]. 弹性体，2008，18 (6)：72-76.

[2] 王梦蛟，等. 轮胎用新补强材料的发展 [J]. 轮胎工业，2004，24 (8)：482-488.

[3] 王梦蛟，杨富祥译. 炭黑分散技术的新进展 [J]. 炭黑工业，2006 (6)：14-23.

第六章　操作油与增塑剂

一、概述

凡是能削弱聚合物分子间的范德华力，降低聚合物分子链的结晶性，增加聚合物分子链的运动性，从而降低其玻璃化转变温度以及未硫化胶黏度和硫化胶硬度的物质叫做增塑剂。增塑剂可以改善胶料的加工性能，使高填充胶料的混炼更为容易，并改善填料的分散性，还可以改善硫化橡胶的屈挠和弹性性能，某些增塑剂还可以提供良好的热空气阻抗或提高导电性。

操作油与增塑剂是橡胶制品中多环芳烃（PAHs）的主要来源之一，欧盟 2005/69/EC 指令《关于某些危险物质和配置品（填充油和轮胎中多环芳烃）投放市场和使用的限制》列出了 8 种 PAH；德国 ZEK 01－08《GS 认证过程中 PAHs 的测试和验证》(2008－01－22) 与美国 EPA 标准列出了 16 种 PAH，其中与 2005/69/EC 指令有 6 种重合，共计 18 种。法规修订案（EU）No 1272/2013 提出，将 PAHs 的检测范围扩大至对包含橡胶或塑料部件的多种消费品中的 PAHs 含量进行限制。

欧盟《关于在电子电气设备中限制使用某些有害物质的第 2002/95/EC 号指令》（RoHS 指令），要求从 2006 年 7 月 1 日起，各成员国应确保在投放于市场的电子和电气设备中限制使用铅、汞、镉、六价铬、多溴联苯和多溴二苯醚六种有害物质；2015 年 6 月 4 日，欧盟官方公报（OJ）发布 RoHS2.0 修订指令（EU）2015/863，正式将四种邻苯二甲酸酯类增塑剂 DEHP、BBP、DBP、DIBP 列入附录 II 限制物质清单中。

此外，还有相当部分增塑剂列入欧洲化学品管理局（ECHA）依据 REACH 法规（《化学品注册、评估、许可和限制》）公布的高度关注物质清单，读者应当谨慎使用。

橡胶与增塑剂的相容性很重要，相容性的预测方法是比较橡胶与增塑剂的溶解度参数（δ）是否相近。溶解度参数也称溶度参数，定义为内聚能密度的平方根，即：$\delta(SP)=(\Delta E/V)^{1/2}$

式中：δ、SP——溶解度参数，ΔE——内聚能，V——体积。

对于非极性非结晶聚合物，可以用溶解度参数相近原则来判断聚合物能否溶于某种溶剂。当 $|\delta p-\delta s|<2$ 时，聚合物可溶于溶剂，否则不溶。前式中 δp 为聚合物的溶解度参数，δs 为溶剂的溶解度参数。对于非极性结晶高分子，这一原则也适用，但前提是往往要加热到接近聚合物的熔点，首先使聚合物结晶结构破坏后才能观察到溶解。

这一原则不适用于极性高分子，但经过修正后也可以适用。方法是采用广义溶解度参数的概念，假定内聚能是色散力、偶极力和氢键力三种力之和，即：$E=E_d+E_p+E_h$，则溶解度参数由三个分量组成：$\delta^2=\delta_d^2+\delta_p^2+\delta_h^2$

式中：下标 d、p、h——分别代表色散力分量、偶极力分量和氢键力分量。

溶解度参数的两种单位的换算关系是：$1\ (MPa)^{1/2}=0.49\ (cal/cm^3)^{1/2}$。

增塑剂根据作用机理可以分为：(1) 物理增塑剂：增塑分子进入橡胶分子内，增大分子间距、减弱分子间作用力，分子链易滑动；(2) 化学增塑剂：又称塑解剂，通过力化学作用，使橡胶大分子断链，增加可塑性，大部分为芳香族硫酚的衍生物，如 2-萘硫酚、二甲苯基硫酚、五氯硫酚等。

增塑剂按来源可以分为：石油系增塑剂、煤焦油系增塑剂、松油系增塑剂、脂肪油系增塑剂、合成增塑剂。

在不考虑氢键和极化的影响下，一般橡胶与增塑剂的溶解度参数相近，相容性好，增塑效果好。

除少数植物油、液体橡胶、齐聚酯类增塑剂外，增塑剂一般都是饱和的。在不饱和橡胶中使用增塑剂时，增塑剂的不饱和性对其与橡胶的相容性有一定影响。增塑剂的不饱和性越高，增塑剂与不饱和橡胶的相容性越好。测定增塑剂不饱和度的方法是测碘值。

苯胺点，即同体积的苯胺与增塑剂混合时混合液呈均匀透明时的温度，主要用于反映各种油类增塑剂对橡胶的溶胀性能或者说相容性。测试苯胺点的油品对象是各种石油基油品，如润滑油、液压油等。ASTM 1＃油的苯胺点指标为 124±1 ℃，模拟高黏度润滑油；ASTM 2＃油的苯胺点指标为 93±1 ℃，可模拟多数液压油；ASTM 3＃油的苯胺点指标为 69.5±1 ℃，可模拟煤油、轻柴油等。ASTM D2000－05（2005 年修订版）原 ASTM NO.2 油和 NO.3 油由 IRM 902 号和 IRM 903 号油代替，实验测试表明，IRM 902 油和 IRM 903 油对硫化橡胶的溶胀（体积膨胀率）比 ASTM NO.2 油和 ASTM NO.3 油略小。其他燃油、增塑酯、制动液等无所谓苯胺点。苯胺点越高，说明增塑剂与苯胺的相容性越差。烷烃苯胺点最高，环烷烃次之，芳香烃最低。最好使用相对分子质量在 235 以上，苯胺点在 35～115 ℃范围内的增塑剂。各种石油基油的苯胺点可参考：耐高、中、低苯胺点油胶料配方的研究【J】，杨翠萍，特种橡胶制品，1986.7 (2)：17～23。

人们通过多年的研究，发现可以通过对石油烃分子的碳链形状结构的描述，来区分石油烃的类型，通常称之为碳型分析数据。其中 Ca 表示芳烃结构中的含碳量，Cn 表示环烷烃结构中的含碳量，Cp 表示链烷烃结构中的含碳量。如果 Cn%≥40%，该油品就是环烷油；如果 Cn%≥50%，该油品就是高纯度的环烷油，如克拉玛依炼油厂的环烷油 KN4010 Cn＝50%；如果 Cp%≥55%，该油品就是石蜡油，如克拉玛依炼油厂的石蜡基油 KP6030 Cp＝70%。

增塑剂的沸程表明油内各组分的沸点，应高于硫化温度。

增塑剂的相对密度随着芳香烃含量及相对分子质量的增加而增加，是区别链烷烃、环烷烃、芳香烃的大致标准，相对密度越大，与橡胶的相容性也越好，一般不应小于 0.095。

流体内部阻力的量度叫黏度，黏度值随温度的升高而降低。大多数润滑油是根据黏度来分牌号的。在某一恒定温度下，测定一定体积的液体在重力作用下流过一个标定好的玻璃毛细管黏度计的时间，黏度计的毛细管常数与流动时间的乘积即为该温度下所测定液体的运动黏度。一般油品物性报告会提供 40 ℃和 100 ℃的运动黏度指标，单位是 mm^2/s。增塑剂的黏度越高，说明油的平均相对分子质量越高，挥发性也越小。V.G.C 称为黏度一密度常数，表示液体在重力作用下流动时内部阻力的量度，其值为相同温度下液体的动力黏度与其密度之比，用以表明密度和黏度的关系，也可以反映出油的成分，一般 V.G.C 值在 0.79～0.85 为石蜡油，0.85～0.90 为环烷油，0.90 以上为芳香油。橡胶油的黏度对橡胶的混炼或者密炼是一个重要参数；同时，黏度与硫化胶的拉伸强度、加工性、弹性和低温性能都有重要的关系。

倾点也称流动点，是指石油产品在规定的实验仪器和条件下，冷却到液体不移动后缓慢加温到开始流动时的最低温度。凝点是指石油产品在规定的实验仪器和条件下，冷却到液面不移动时的最高温度。倾点（凝点）均反应橡胶油的低温使用性能和储运条件，是进行泵油和管道输送的一项重要参数。环烷油倾点（凝点）最低，低温性能最好。

在规定的条件下，将油品加热，随油温的升高，油蒸汽在空气中的浓度也随之增加，当升到某一温度时，油蒸汽和空气组成的混合物中，油蒸汽含量达到可燃浓度，若明火接近这种混合物，它就会闪火，把产生这种现象的最低温度称为石油产品的闪点。闪点是橡胶混炼、加工以及储存时应注意的温度条件，是安全管理上的一个重要指标。

折射率与油的组分及相对分子质量有关，可作为衡量精炼程度的大致标准。链烷烃类折光率最小，芳香烃类的折光率最大，而环烷烃介于两者之间；分子量越大，折光率越大。不同类型的橡胶油之间，只有它们的分子量大致接近的情况下，相互之间才有比较意义。

油品色度用赛波特 Saybolt 颜色号（简称赛氏号）表示，赛氏号是通过这样测试得出的：指当透过试样液柱与标准色板观测对比时，测得的与三种标准色板之一最接近时的液柱高度数值。赛氏号规定为：－16（最深）～＋30（最浅）。按照规定的方法调整试样的液柱高度，直到试样明显地浅于标准色板的颜色为止。无论颜色较深、可疑或匹配，均报告试样的上一个液柱高度所对应的赛波特颜色号。色度高的油品，说明未脱除的小分子物更少，对充油材料通过 VOC 检测更有帮助。色度值高的油品并不能说明油品的耐高温老化和耐光照好，耐高温老化、耐光照好主要还是取决于氢化度，氢化度越高，材料的耐高温老化、耐光照都好。通常环烷油通过氢化更容易达到耐高温老化要求，而石蜡油则氢化度要非常高才能耐高温老化。但氢化度只要不高，不管是石蜡油还是环烷油，一般经 3～5 天阳光照射，色度就从 20 以上降低到 5 左右。通常黏度高的油品，提高氢化度相对来说比较困难，所以我们很少看到黏度高，色度也高的油品。

除此之外，每种油都有一定的相对密度，可用来判断是否混有其他油类；每种油都有一定范围的折射率，可用来检查油的纯度，如掺有其他油，折射率就会发生变化；皂化值用以检验油中杂质含量，皂化值低即表示油中杂质多；油类的酸值用以检查油中游离酸含量，用以判断是否储存过久发生酸败。

近年来，环保型增塑剂的研究和开发是增塑剂领域的一个重点，已商品化的环保型新型增塑剂包括：①生物降解型增塑剂。植物油基型增塑剂是一类高效、无毒可降解型增塑剂，商品名为 Gringsted Soft - N - Safe 的增塑剂已获欧盟许可，可用于制造与人体密切接触的口腔呼吸道方面橡胶制品。②柠檬酸酯类增塑剂。以植物经发酵生产的柠檬酸为原料合成的柠檬酸酯增塑剂是无毒无味的新型环保增塑剂，如乙酰基柠檬酸三丁酯 ATBC，可用于信用卡、口香糖的包装。③环氧化增塑剂。环氧类增塑剂的主要品种有环氧大豆油、环氧乙酰亚麻油酸甲酯、环氧糠油酸丁酯、环氧大豆油酸辛酯等。可用于冷冻设备、机动车、食品包装领域的橡塑制品等。④聚酯类增塑剂是一类性能优异的新型增塑剂，既能提高硫化胶的耐热性、耐油性、抗溶胀性和耐迁移性，又能改善胶料加工工艺性能。

常用增塑剂溶解度参数（SP）见表 1.6.1－1。

表 1.6.1－1　常用增塑剂溶解度参数（SP）

类别	增塑剂	溶解度参数（SP）	类别	增塑剂	溶解度参数（SP）
己二酸酯类	己二酸二辛脂	8.46	脂肪酸酯类	丁氧基乙基月桂酸酯	8.39
	己二酸 8～10 酯	8.79		硬脂酸丁酯	8.25
	己二酸二丁氧乙酯	8.79	磷酸酯类	磷酸三辛酯	8.23
壬二酸酯类	壬二酸二辛脂	8.44		磷酸三丁氧基乙酯	8.57
	壬二酸二-2-乙基丁酯	8.62	邻苯二甲酸酯类	邻苯二甲酸二丁酯	9.41
戊二酸酯类	戊二酸二异癸酯	8.2		邻苯二甲酸丁苄酯	9.88
环氧类	环氧化豆油	8.9		邻苯二甲酸二辛脂	8.23
烃类	石油	7.3		邻苯二甲酸二丁氧乙酯	9.21
	环烷油	7.5～7.9	聚酯类	己二酸酯	9.3
	芳香油	8.0～9.5		壬二酸酯	9.0
	煤油	7.2		戊二酸酯	9.4
	ASTM 1＃油	7.2		癸二酸酯	8.9
	ASTM 3＃油	8.1	癸二酸酯类	癸二酸酯二丁酯	8.68
	氯化石蜡	10.09		癸二酸酯二辛脂	8.45

续表

类别	增塑剂	溶解度参数（SP）	类别	增塑剂	溶解度参数（SP）
偏苯三酸酯类	偏苯三酸三辛酯	9.00	松焦油		8.4
乙二醇酯类	三甘醇酯－C_3C_{10}	8.64	N，N-二甲基油酰胺		
	三甘醇二己酸乙酯	8.51	植物油		8.4
	四甘醇二己酸乙酯	8.58	液体丁腈橡胶		8.8
			松香酯		7.9～8.6

注：溶解度参数，单位（MPa）$^{1/2}$，详见《橡胶工业手册．第三分册．配方与基本工艺》，梁星宇等，化学工业出版社，1989 年 10 月（第一版，1993 年 6 月第 2 次印刷），P293 表 1－317。

各种橡胶常用的增塑剂及其用量见表 1.6.1－2。

表 1.6.1－2　各种橡胶常用的增塑剂及其用量

橡胶	增塑剂品种	用量/份	作用特点
天然橡胶	硬脂酸	2	增塑效果强，对炭黑有很好的分散作用
	松焦油	2～6	能提高黏性，对炭黑有很好的分散作用
	古马隆	4～5	增塑效果强，提高黏性及物理性能
	油膏	10	提高塑性，利于压出，提高弹性及柔软性
	沥青、精制沥青	5	提高胶料的塑性与弹性及物理性能
丁苯橡胶	石油系增塑剂	2～50	含 20 个左右或以上碳的馏分最有效
	古马隆	5～2	软化点为 35～75 ℃的
	松焦油	5～10	
	沥青	5～10	增塑效果强，能提高耐撕裂性，但降低回弹性及定伸应力
	酯类		磷酸三甲苯酯、DBP 均能增加胶料的耐疲劳性
聚丁二烯橡胶	石油系操作油	8～15	超过 15 份即喷出
丁腈橡胶	酯类	15～30	增塑及耐寒效果最好的是己二酸二辛脂、癸二酸二辛脂
	古马隆	10	与丁腈橡胶相容性良好，能提高黏性及物性
	油膏	5～20	适于压出及模型制品，但使物性与耐热、耐老化性不好
	液体丁腈	5～10	相容性最好，不抽出
氯丁橡胶	石油系操作油（轻）	5～20	苯胺点 60～80 ℃相容性好
	油膏	10	可代替部分酯类增塑剂
	酯类	10～15	耐寒制品
	硬脂酸	0.5～2	防止黏辊用
	古马隆	10	综合性能良好
三元乙丙橡胶	石油系操作油	10～15	有良好的工艺性能、自黏性和物性
氯磺化聚乙烯	凡士林或石蜡	3	主要改善工艺性能
聚氨酯橡胶	酯类	5～10	有一定增塑效果，但使性能下降
丁基橡胶	石油系操作油	5～20	改进工艺性能
	酯类	10	己二酸二辛脂、癸二酸二辛脂最耐寒
	沥青、蜡类、凡士林	5	改善工艺性能
氯醚橡胶	酯类	10～15	己二酸二辛脂、癸二酸二辛脂最佳
	古马隆/机油	5/2	
氟橡胶	氟蜡	5～20	不影响交联，相容性好
聚丙烯酸酯橡胶	聚酯		可改进低温性能，但不耐热抽出

注：详见《橡胶工业手册．第三分册．配方与基本工艺》，梁星宇等，化学工业出版社，1989 年 10 月（第一版，1993 年 6 月第 2 次印刷），P294 表 1－319。

多数增塑剂是双效甚至多效的，既是加工助剂，又可以提高胶料的伸长率、降低或者提高硫化胶的硬度、改善黏性等，如表 1.6.1－3 所示。

表 1.6.1-3　各种增塑剂的性能

类别	增塑剂	性能	类别	增塑剂	性能
脂肪酸系增塑剂	棉籽脂酸	1	合成酯类增塑剂	邻苯二甲酸二辛脂	3.7、13
	蓖麻油酸	1		枯茗酸丁酯	9
	月桂酸	1		邻苯二甲酸二丁酯	3.7、9
植物油系增塑剂	胶凝油（磺化油）	1.6、11、13		乳酸丁酯	10
	固体豆油	4		甘油氯苯甲酸酯	10
	妥尔油	3.4、5、13、16		碳酸氯代二丁酯	13
	大豆聚酯	13		蓖麻酸甲酯	2
石油系增塑剂	不饱和物	1		油酸丁酯	3.7、13
	矿物油	3.4、6、7、9、11		葵二酸二丁酯	3.7、13、14
	不饱和沥青	3		油酸甲酯	1.3、7
	某些沥青	7、10、11		磷酸三甲苯酯	2.7、17
煤焦油系增塑剂	煤焦油沥青	1	树脂类增塑剂	古马隆树脂	2、5、7、15
	液体古马隆树脂	3		酚醛树脂	2、3
	烟煤焦油	5.6		紫胶树脂	8
	古马隆树脂	5、11	其他	胺	6
松油系增塑剂	粗制脂松节油	2、4、5、11、13		羊毛脂	7
	松香油	2、5、6		木沥青	8、11
	松香	2、8、11		二苯醚	9
	松焦油	3、4、5、6、7		苯甲酸	8、10
	双戊烯	6、13		苄多硫醚	10
	某些松香	13		石蜡	11
	松香酯	2、14、15			

注：1—改善压出性能，2—提高黏性，3—增加塑性，4—低定伸应力，5—提高拉伸强度，6—改善伸长率，7—软化硫化胶，8—硬化硫化胶，9—提高回弹性，10—抗撕裂性能好，11—滞后损失小，13—改善抗屈挠寿命，14—改善加工性能，15—改善分散性，16—脱模剂，17—阻燃。

二、石油系增塑剂

2.1　概述

本类增塑剂是橡胶加工中使用最多的增塑剂之一，由原油蒸馏制得。主要品种有操作油、三线油、变压器油、机油、轻化重油、石蜡、凡士林、沥青及石油树脂等，其中最常用的是操作油。操作油是石油的高沸点馏分，由相对分子质量在300～600的复杂烃类化合物组成，相对分子质量分布宽。根据油中主要成分的不同，可将操作油分为以下三种：(1) 芳烃油：以芳烃为主，褐色的黏稠状液体，与橡胶的相容性最好，加工性能好，吸收速度快，适用于天然橡胶和SBR、CR、BR等合成橡胶，缺点是有污染性，宜用于深色橡胶制品中；(2) 环烷油：以环烷烃为主，浅黄色或透明液体，与橡胶的相容性较芳烃油差，但污染性比芳烃油小，适用于NR和SBR、EPDM、BR、IIR、CR等多种合成橡胶；(3) 石蜡油：又称为链烷烃油，以直链或支化链烷烃为主。无色透明液体，黏度低，与橡胶的相容性差，加工性能差，吸收速度慢，适用于EPDM、IIR等饱和性橡胶中，污染性小或无污染，宜用于浅色橡胶制品中。

几种石油系增塑剂在各种橡胶中的用量范围见表1.6.1-4。

表 1.6.1-4　石油系增塑剂在各种橡胶中的用量范围

黏度 98.9 ℃（SUS）	链烷烃油 30～750		环烷烃油 30～200		芳香烃油 30～800	
橡胶	配合量/份	适应性	配合量/份	适应性	配合量/份	适应性
天然橡胶	5～10	良好	5～15	良好	5～15	非常良好
丁苯橡胶	5～10	良好	5～15	非常良好	5～50	非常良好
聚丙烯酸酯橡胶		良		良好		非常良好
丁腈橡胶	不适宜	不良	不适宜	不良	5～30	良好
聚硫橡胶	不适宜	不良	不适宜	不良	5～25	良好

续表

黏度98.9 ℃（SUS）	链烷烃油30～750		环烷烃油30～200		芳香烃油30～800	
橡胶	配合量/份	适应性	配合量/份	适应性	配合量/份	适应性
聚丁二烯橡胶（丁基橡胶）	10～25	良好	10～25	良好	不使用	良
聚异戊二烯橡胶	5～10	良好	5～15	良好	5～15	良
二元乙丙橡胶	10～50	良好	10～50	非常良好	10～50	良
三元乙丙橡胶	10～50	良好	10～50	非常良好	10～50	良
氯丁橡胶	不适宜	不良	5～15	非常良好	10～50	非常良好
特征						
低温性能	良好～非常良好		良好		良～不良	
加工性能	良～良好		良好		非常良好	
不污染性	极良好		极良好		不良	
硫化速度	延迟		中间		快	
回弹性	良好～非常良好		良好		良～良好	
弹性	良好～非常良好		良好		良～良好	
拉伸强度	良好		良好		良好	
定伸应力	良好		良好		良好	
硬度	良好		良好		良好	
生热	低～中间		中间		高	

注：详见《橡胶工业手册．第三分册．配方与基本工艺》，梁星宇等，化学工业出版社，1989年10月（第一版，1993年6月第2次印刷），P276表1-289。

2.2　石油系增塑剂的技术标准

2.2.1　变压器油

GB 2536—2011《电工流体 变压器和开关用的未使用过的矿物绝缘油》修改采用IEC 60296：2003《电工流体 变压器和开关用的未使用过的矿物绝缘油》，适用于以石油馏分为原料，经精制后得到的未使用过的含和不含添加剂的矿物绝缘油，不包括由再生油制得的矿物绝缘油，主要用于变压器、开关及需要用油作绝缘和传热介质的类似电气设备。

变压器油的产品标记为：

品种代号　最低冷态投运温度　产品名称　标准号

标记示例：

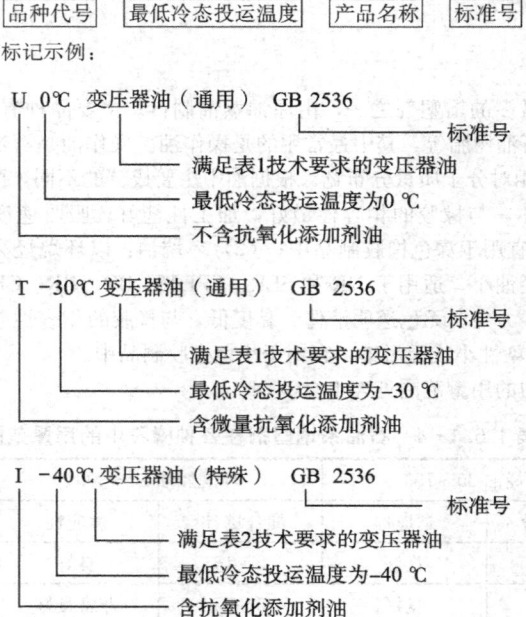

U 0℃ 变压器油（通用） GB 2536
- 标准号
- 满足表1技术要求的变压器油
- 最低冷态投运温度为0 ℃
- 不含抗氧化添加剂油

T -30℃ 变压器油（通用） GB 2536
- 标准号
- 满足表1技术要求的变压器油
- 最低冷态投运温度为-30 ℃
- 含微量抗氧化添加剂油

I -40℃ 变压器油（特殊） GB 2536
- 标准号
- 满足表2技术要求的变压器油
- 最低冷态投运温度为-40 ℃
- 含抗氧化添加剂油

（一）通用变压器油

变压器油（通用）技术要求和试验方法见表1.6.1-5。

表 1.6.1-5　变压器油（通用）技术要求和试验方法

项目	质量指标					试验方法
最低冷态投运温度（LCSET）	0 ℃	−10 ℃	−20 ℃	−30 ℃	−40 ℃	
1. 功能特性[a]						
倾点(≤)/℃	−10	−20	−30	−40	−50	GB/T 3535
运动黏度(≤)/($mm^2 \cdot s^{-1}$)						GB/T 265
40 ℃	12	12	12	12	12	
0 ℃	1 800	—	—	—	—	
−10 ℃	—	1 800	—	V	—	
−20 ℃	—	—	1 800	—	—	
−30 ℃	—	—	—	1 800	—	
−40 ℃	—	—	—	—	2 500[b]	NB/SH/T 0837
水含量[c](≤)/($mg \cdot kg^{-1}$)	30/40					GB/T 7600
击穿电压（满足下列要求之一）(≥)/kv 未处理油 经处理油[d]	 30 70					GB/T 507
密度（20 ℃）(≤)/($kg \cdot m^{-3}$)	895					GB/T 1884、GB/T 1885[e]和 SH/T 0604
介质损耗因素（90 ℃）(≤)	0.005					GB/T 5654[f]、GB/T21216
2. 精制/稳定特性[g]						
外观	清澈透明、无沉淀物和悬浮物					目测[h]
酸值(≤)/(mgKOH/g)	0.01					NB/SH/T 0836
水溶性酸或碱	无					GB/T 259
界面张力(≥)/mN/m	40					GB/T 6541
总硫含量 w/%	无通用要求					GB/T11140、GB/T 17040、SH/T 0253、SH/T 0689、ISO 14596
腐蚀性硫	非腐蚀性					SH/T 0804
抗氧化添加剂含量 w(≤)/% 不含抗氧化添加剂油（U） 含微量抗氧化添加剂油（T） 含抗氧化添加剂油（I）	 测不出 0.08 0.08～0.40					SH/T 0802[j]、SH/T 0792
2-糠醛含量(≤)/($mg \cdot kg^{-1}$)	0.1					NB/SH/T 0812
3. 运行特性[k]						
氧化安定性（120 ℃）						
U 型 164 h　总酸值(≤)/(mgKOH/g)	1.2					NB/SH/T 0811
T 型 332 h　油泥 w(≤)/%	0.8					
I 型 500 h　介质损耗因素（90 ℃）(≤)	0.500					GB/T 5654[f]、GB/T21216
析气性/(m^3/min)	无通用要求					NB/SH/T 0810
4. 健康、安全和环保特性[l]						
闪点（闭口）(≥)/℃	135					GB/T 261
稠环芳烃（PCA）含量 w(≤)/%	3					NB/SH/T 0838
多氯联苯（PCB）含量 w(≤)/%	检测不出[m]					SH/T 0803

注：[a] 对绝缘和冷却有影响的性能。
[b] 运动黏度（−40 ℃）以第一个黏度值为测定结果。
[c] 当环境湿度不大于 50%时，水含量不大于 30 mg/kg 适用于散装交货；水含量不大于 40 mg/kg 适用于桶装或复合中型集装容器(IBC) 交货。当环境湿度大于 50%时，水含量不大于 35 mg/kg 适用于散装交货；水含量不大于 45 mg/kg 适用于桶装或复合中型集装容器(IBC) 交货。
[d] 经处理油指试验样品在 60 ℃下通过真空（压力低于 2.5kPa）过滤流过一个孔隙度为 4 的烧结玻璃过滤器的油。
[e] 有争议时，以 GB/T 1884 和 GB/T 1885 测定结果为准。
[f] 有争议时，以 GB/T 5654 测定结果为准。
[g] 受精制深度和类型及添加剂影响的性能。
[h] 将样品注入 100 ml 量筒中，在 20±5 ℃下目测。有争议时，按 GB/T 511 测定机械杂质含量为无。
[i] 有争议时，以 SH/T 0802 测定结果为准。
[j] 在使用中和/或在高电场强度和温度影响下与油品长期运行有关的性能。
[k] 与安全和环保有关的性能。
[l] 检测不出指 PCB 含量小于 2 mg/kg，其单峰检出限为 0.1 mg/kg。

（二）特殊变压器油

变压器油（特殊）技术要求和试验方法见表 1.6.1－6。

表 1.6.1－6　变压器油（特殊）技术要求和试验方法

项目	质量指标					试验方法
最低冷态投运温度（LCSET）	0 ℃	－10 ℃	－20 ℃	－30 ℃	－40 ℃	
功能特性[a]						
倾点(≤)/℃	－10	－20	－30	－40	－50	GB/T 3535
运动黏度(≤)/($mm^2 \cdot s^{-1}$)						GB/T 265
40 ℃	12	12	12	12	12	
0 ℃	1 800	—	—	—	—	
－10 ℃	—	1 800	—	—	—	
－20 ℃	—	—	1 800	—	—	
－30 ℃	—	—	—	1 800	—	
－40 ℃	—	—	—	—	2 500[b]	NB/SH/T 0837
水含量[c](≤)/($mg \cdot kg^{-1}$)	30/40					GB/T 7600
击穿电压（满足下列要求之一）(≤)/kv						GB/T 507
未处理油	30					
经处理油[d]	70					
密度（20 ℃）(≤)/($kg \cdot m^{-3}$)	895					GB/T 1884、GB/T 1885[e]和 SH/T 0604
苯胺点/℃	报告					GB/T 262
介质损耗因素（90 ℃）(≤)	0.005					GB/T 5654[f]、GB/T21216
精制/稳定特性[g]						
外观	清澈透明、无沉淀物和悬浮物					目测[h]
酸值(≤)/(mgKOH/g)	0.01					NB/SH/T 0836
水溶性酸或碱	无					GB/T 259
界面张力(≥)/($mN \cdot m^{-1}$)	40					GB/T 6541
总硫含量 w(≤)/%	0.15					GB/T11140、GB/T 17040、SH/T 0253、SH/T 0689[i]、ISO 14596
腐蚀性硫	非腐蚀性					SH/T 0804
抗氧化添加剂含量 w/% 含抗氧化添加剂油（I）	0.08～0.40					SH/T 0802[k]、SH/T 0792
2-糠醛含量(≤)/($mg \cdot kg^{-1}$)	0.05					NB/SH/T 0812
运行特性[l]						
氧化安定性（120 ℃）						
I 型 500 h　总酸值(≤)/(mgKOH/g)	0.3					NB/SH/T 0811
I 型 500 h　油泥 w(≤)/%	0.05					
I 型 500 h　介质损耗因素（90 ℃）(≤)	0.050					GB/T 5654[f]、GB/T21216
析气性/($m^{-3} \cdot min^{-1}$)	报告					NB/SH/T 0810
带电倾向(ECT)/($\mu C/m^3$)	报告					DL/T 385

续表

项目	质量指标					试验方法
最低冷态投运温度（LCSET）	0 ℃	−10 ℃	−20 ℃	−30 ℃	−40 ℃	
健康、安全和环保特性[m]						
闪点（闭口）(≥)/℃	135					GB/T 261
稠环芳烃（PCA）含量 w(≤)/%	3					NB/SH/T 0838
多氯联苯（PCB）含量 w(≤)/%	检测不出[n]					SH/T 0803

注：[a] 对绝缘和冷却有影响的性能。

[b] 运动黏度（−40 ℃）以第一个黏度值为测定结果。

[c] 当环境湿度不大于50%时，水含量不大于30 mg/kg适用于散装交货；水含量不大于40 mg/kg适用于桶装或复合中型集装容器（IBC）交货。当环境湿度大于50%时，水含量不大于35 mg/kg适用于散装交货；水含量不大于45 mg/kg适用于桶装或复合中型集装容器（IBC）交货。

[d] 经处理油指试验样品在60 ℃下通过真空（压力低于2.5 kPa）过滤流过一个孔隙度为4的烧结玻璃过滤器的油。

[e] 有争议时，以GB/T 1884和GB/T 1885测定结果为准。

[f] 有争议时，以GB/T 5654测定结果为准。

[g] 受精制深度和类型及添加剂影响的性能。

[h] 将样品注入100 mL量筒中，在20±5 ℃下目测。有争议时，按GB/T 511测定机械杂质含量为无。

[i] 有争议时，以SH/T 0689测定结果为准。

[j] 有争议时，以SH/T 0802测定结果为准。

[k] 在使用中和/或在高电场强度和温度影响下与油品长期运行有关的性能。

[l] 与安全和环保有关的性能。

[m] 检测不出指PCB含量小于2 mg/kg，其单峰检出限为0.1 mg/kg。

（三）低温开关油技术要求和试验方法

（略。）

2.2.2 凡士林

SH/T 0039—1990（1998）《工业凡士林》适用于由高黏度润滑油馏分，经脱蜡所得的蜡膏掺和机械油经白土精制后加入防腐蚀添加剂而得的工业凡士林，该标准将工业凡士林分为1号和2号两个牌号，主要作为橡胶软化剂、金属器件防锈、防锈脂原料使用。

工业凡士林技术要求见表1.6.1－7。

表1.6.1－7　工业凡士林的技术要求和试验方法

项目	质量指标		试验方法
	1号	2号	
外观	淡褐色至深褐色均质无块软膏		目测
滴熔点/℃	45～80		GB 8026
酸值(≤)/(mgKOH/g)	0.1		GB 264
腐蚀[1]（钢片、铜片，100 ℃，3 h）	合格		SY 2710
水溶性酸或碱	无		GB 259
闪点（开口）(≥)/℃	190		GB 3536
运动黏度（100 ℃）/$mm^2 \cdot s^{-1}$	10～20	15～30	GB 265
锥入度（150 g，25 ℃）/0.1 mm	140～210	80～140	ZB E42 009
机械杂质(≤)/%	0.03	0.03	GB 511
水分/%	无	无	GB 512

注：1）腐蚀试验用45号钢片和T2铜片进行。

2.2.3 锭子油

SH/T 0111—1992（1998）《合成锭子油》适用于含烯烃轻质石油馏分，经三氯化铝催化迭合等工艺制得的合成润滑油，主要用于某些机械设备的润滑、冶金工艺用油、润滑脂的原料或其他特殊用途。

合成锭子油技术要求见表1.6.1－8。

表 1.6.1-8　合成锭子油的技术要求和试验方法

项目	质量指标	试验方法
运动黏度(≤)/($mm^2 \cdot s^{-1}$) 　20 ℃ 　50 ℃	 49 12.0～14.0	GB/T 265
酸值(≤)/(mgKOH/g)	0.07	GB/T 264
灰分(≤)/%	0.005	GB/T 508
腐蚀试验（钢片）	合格	SH/T 0328[1)]
水溶性酸或碱	无	GB/T 259
机械杂质(≤)/%	无	GB/T 511
水分/%	无	SH/T 0257
闪点（开口）(≥)/℃	163	GB/T 267
凝点(≤)/℃	−45	GB/T 510
密度（20 ℃）/($kg \cdot m^{-3}$)	888～896	GB/T 1884 或 GB1885

注：1）做腐蚀试验时，以 40 号或 45 号，50 号钢片二块置入试料中 6 h，然后取出悬于空气中 6 h，如此重复试验三遍。

2.2.4　液体石蜡

蜡类对橡胶有润滑作用，可以改善胶料的压延压出性能，模压制品硫化后容易脱模，本身又是物理防老剂，对光、臭氧和水有防护作用，但易喷出制品表面。详见物理防老剂相关章节。

液体石蜡的种类很多，其润滑效果也各不相同。在挤出加工中初期润滑效果良好，热稳定性也较好。但因相溶性差，用量过多时制品易发黏。NB—SH—T 0416—2014《重质液体石蜡》适用于由原油生产的柴油馏分，经尿素脱蜡而制取的重质液体石蜡，主要用于生产加酯剂、增塑剂、合成洗涤剂等产品的原料，其技术要求见表 1.6.1-9。

表 1.6.1-9　重质液体石蜡的技术要求和试验方法

项目	质量指标	试验方法
馏程： 　初馏点(≥)/℃ 　98%馏出温度(≤)/℃	 195 310	GB/T 6536
颜色，赛波特号(≥)	+15	GB/T 3555
芳香烃含量 w(≤)/%	1.0	SH/T 0411
正构烷烃含量 w(≤)/%	92	NB—SH—T 0416—2014
溴值(≤)(gBr/100 g)	2.0	SH/T 0236
闪点（闭口）(≥)/℃	80	GB/T 261
水溶性酸或碱	无	GB/T 259
水分及机械杂质	无	目测[a]

注：[a] 将样品注入 100 mL 量筒中，在 20±5 ℃时观察，应当是透明的，不应有悬浮物和机械杂质及水。遇有争议时须按 GB/T 511 及 GB/T 260 测定。

2.3　石油系增塑剂的供应商

石油系增塑剂的供应商见表 1.6.1-10。

表 1.6.1-10　石油系增塑剂供应商（一）

供应商	规格型号	产品名称	用途	技术参数								性能特点
				运动黏度 mm^2/s		闪点/℃	密度/($g \cdot cm^{-3}$)	凝固点/℃	碳型分析，%			
				100 ℃	40 ℃				CA	CN	CP	
广州大港石油科技有限公司	AL—09	芳烃油	适用于深色制品	10.07		218	0.981	−5	42.9	36.2	20.9	符合欧盟 ROHS、REACH
	AM—18	芳烃油	适用于深色制品	21.63		238	1.004	11	41.1	25.4	33.5	符合欧盟 ROHS、REACH

续表

供应商	规格型号	产品名称	用途	技术参数								性能特点
				运动黏度 mm²/s		闪点/℃	密度/(g·cm⁻³)	凝固点/℃	碳型分析,%			
				100 ℃	40 ℃				CA	CN	CP	
广州大港石油科技有限公司	NL−45	环烷油	适用于浅色、透明橡胶制品，特别适用于热塑性弹性体（TPR、SBS）生产的制品，是浅色鞋底材料的优良软化油（操作油）		46.72	180	0.906	<−20	6	49.4	44.6	符合欧盟 ROHS、REACH、PAHS 第三类要求
	NM−125	环烷油	适用于胶黏剂、黏胶带、烯烃类（SBS、SIS、SEBS 等）的热熔胶黏剂、胶黏带等胶黏制品		152.65	234	0.908 5	<−20	4.7	44.8	50.5	符合欧盟 ROHS、REACH、PAHS 第二类要求
	NM−130	环烷油			168.05	218	0.906 3	<−20	0.3	50	49.7	符合欧盟 ROHS、REACH、PAHS 第一类要求
	PM−100	石蜡油	适用于浅色透明橡胶制品，是乙丙橡胶（EPDM）、丁基橡胶（IIR）的首选操作油和填充油		81.43	258	0.878	−14	3.7	31.1	65.2	符合欧盟 ROHS、REACH、PAHS 第二类要求
	PH−500	石蜡油			506.81	283	0.881 8	−19	0	27	73	符合欧盟 ROHS、REACH、PAHS 第一类要求
	30#	石蜡油	可用于白色、无色透明的特种橡胶制品，也可作为化妆品专用油、黏合剂工业与玻璃密封胶用油等		28.16	232	0.837 5	<−20	0	23	77	符合欧盟 ROHS、REACH、PAHS 第一类要求
	DY−19	环保增塑剂	适用于食用保鲜膜、儿童玩具、电线电缆等环保型 PVC 制品的增塑剂；同时也可用于氯丁橡胶、丁晴橡胶的环保型增塑剂		20.01	210	1.047 5	<−40	—	—	—	可代替邻苯二甲酸酯类的环保增塑剂
	ZL2−322	环保橡胶油	产品 PAHs 指标符合欧盟的环保指令要求，填补国内轮胎环保油的市场空白	21.07		242	0.941 9	−4	12.8	46.5	40.7	是中海沥青股份有限公司第一家授权的总经销商
元庆国际贸易有限公司	低多环芳烃橡胶油 EXTENSOIL 1996 (TDAE)					220	0.950 (15 ℃)					符合欧盟 2005/69/EC 指令

表 1.6.1-10 石油系增塑剂供应商（二）

供应商	项目	环烷油 NA−80 典型值	测试标准	高黏度石蜡油 P−150 典型值	测试标准
元庆国际贸易有限公司（TOTAL）	外观	清澈	IEC PUB 296	清澈	IEC PUB 296
	颜色	+19	ASTM D1500	+1.0	ASTM D1500
	比重	0.884 6	ASTM D1298	0.875	ASTM D1298
	闪点/℃	148	ASTM D92	220	ASTM D92
	倾点/℃	≤−45	ASTM D97	≤−12	ASTM D97

续表

供应商	项目	环烷油 NA－80 典型值	测试标准	高黏度石蜡油 P－150 典型值	测试标准
元庆国际贸易有限公司（TOTAL）	运动黏度： 40 ℃，cst 100 ℃，cst	 8.96 2.30	ASTM D445	 47.0 6.8	ASTM D445
	苯胺点/℃	75.5	ASTM D611	102	ASTM D611
	硫黄含量/%			0.18	ASTM D4294
	残碳量/%			0.06	ASTM D524
	酸值/(mgKOH/g)	0.006	ASTM D974	0.01	ASTM D974
	水含量/ppm	58.0	ASTM D1533		
	黏度比重常数	0.856 2	ASTM D2501	0.01	
	折射率	1.040 5	ASTM D2159		
	碳型分析： 芳香族 Ca/% 环烷族 Cn/% 石蜡族 Cp/%	 3.0 53.0 44.0	ASTM D2140	 4.0 34.0 62.0	ASTM D2140

三、煤焦油系增塑剂

煤焦油系增塑剂与橡胶相容性好，改善胶料的加工性能作用明显。能溶解硫黄，阻止硫黄喷出。缺点是会提高脆性温度，对硫化胶屈挠性能有不利影响。煤焦油系增塑剂多环芳烃含量高，在许多场合或制品中已限制使用，读者应谨慎使用该类增塑剂。

煤焦油系增塑剂主要品种有煤焦油、古马隆、煤焦油沥青等、氧化沥青。其中氧化沥青是为了获得更高的固化点而将沥青进行氧化制得，常用于难处理的高浓度聚丁烯胶料中。

YB/T 5075－2010《煤焦油》适用于高温炼焦时从煤气中冷凝所得的煤焦油，煤焦油的技术要求见表 1.6.1－11。

表 1.6.1－11　煤焦油的技术要求

指标名称	指标	
	1号	2号
密度（ρ_{20}）/(g·cm^{-3})	1.15～1.21	1.13～1.22
水分(≤)/%	3.0	4.0
灰分(≤)/%	0.13	0.13
黏度（E_{80}）(≤)	4.0	4.2
甲苯不溶物（无水基）/%	3.5～7.0	≤9
萘含量（无水基）(≥)/%	7.0	7.0

煤焦油的供应商有：武汉平煤武钢联合焦化公司等。

煤焦油系增塑剂最常使用的是古马隆树脂，它既是增塑剂，又是增黏剂，特别适合于合成橡胶，详见本手册第二部分.七.（六）.2.3。

四、松油系增塑剂

松焦油是干馏松根、松干除去松节油后的残留物质。主要品种有松焦油、松香、松香油、妥尔油等，最常用的包括松焦油、脂松香。松香多用于胶浆和与布面结合的胶料中。

松油系增塑剂在橡胶中易分散，能提高胶料的黏着性、耐寒性，有助于配合剂分散、迟延硫化，对噻唑类促进剂有活化作用，但有污染性，动态生热大。

4.1　脂松香与妥尔油

4.1.1　脂松香

脂松香（简称松香）是从活立木松树采集的松脂经过蒸馏加工蒸除松节油后得到的，是一种无定形透明玻璃状固体树脂，是有机物的混合物，主要化学成分是一元树脂酸，分子式：$C_{20}H_{30}O_2$。松香混合物中大部分为含有两个双键的不饱和酸，如枞酸和海松酸以及它们的衍生物，其酸性对硫化有轻度的迟延效应，可提高丁苯胶的耐磨性。为了降低它们对橡胶老化的负面影响，常进行氢化或者歧化处理。松香因其乳化特性，还广泛应用于合成橡胶丁苯的生产中。其化学组成详见

图 1.6.1-1。

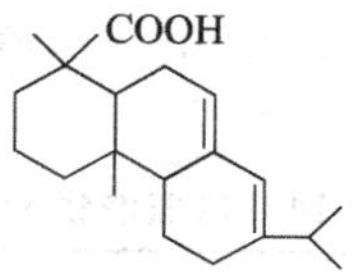

枞酸

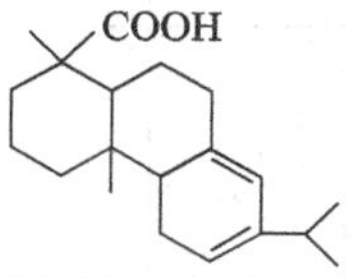

左旋海松酸

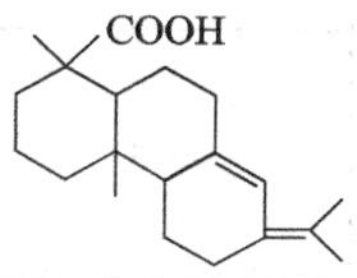

新枞酸

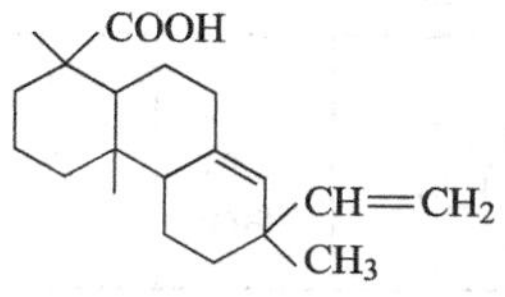

海松酸

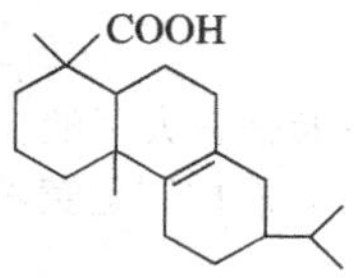

脱氢枞酸

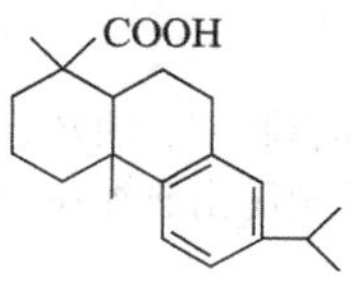

二氢枞酸

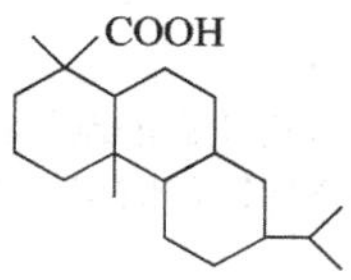

四氢枞酸

图 1.6.1-1　松香的化学组成

GB/T 8145—2003《脂松香》将松香分为特级、1 级、2 级、3 级、4 级、5 级，共 6 个级别，除此以外的松香产品均为等外品。该标准规定的各级别分别近似于 ASTMD 509—1998 规定的以 x、ww、WG、N、M、K 表示的相应级别，但是两者不等同，可作为参考。各级别松香的技术要求见表 1.6.1-12。

表 1.6.1-12　松香的技术要求

级别	外观	颜色		软化点(≥)/℃（环球法）	酸值[a](≥)/(mg·g^{-1})	不皂化物[b](≤)/%	乙醇不溶物(≤)/%	灰分(≤)/%
特	透明	微黄	符合松香色度标准块的颜色要求	76.0	166.0	5.0	0.030	0.020
1		淡黄						
2		黄色		75.0	165.0	5.0	0.030	0.030
3		深黄						
4		黄棕		74.0	164.0	6.0	0.040	0.040
5		黄红						

注：[a] 南亚松松香由于含有部分二元树脂酸，其酸值较高。
[b] 湿地松松香由于含有比较多的二萜中性物质，其不皂物含量比较高。

元庆国际贸易有限公司代理的德国 D. O. G 松香 DEOTACK LRE 环保天然增黏树脂的物化指标为：

成分：液体松香酯，外观：高黏度液体，黏度（25 ℃）：约 35000 m. Pa. s 酸值：约 10 mg KOH/g，颜色（Gardner DGF C—IV 4c）：4～7，本品溶于酯、脂肪族溶剂、丙酮、石油，但不溶于水和醇。储存性：室温干燥至少一年。

本品在涂层的应用，能改善对基材的黏合和对颜料润湿的效果，适用于黏合剂、包装、地板、PSA 或热熔体等领域中的应用。本品通过 FDA 175.105 指令。是合成和天然橡胶的环保增黏剂，便于加工，并能改善炭黑和浅色填料的分散，亦适用于以 SEBS 或 EVA 为基材的热塑性聚合物。

连云港锐巴化工有限公司生产的 RT101 抗撕裂树脂的物化指标为：

成分：松香及脂肪族树脂改性物，外观：浅黄色粒状，软化点：75～95 ℃，灰分≤5%，加热减量≤1%。

主要用于增加胶料黏性，改善填料分散，提高胶料加工工艺性能；可有效提高硫化胶撕裂强度和耐切割性能。适用于载重轮胎、工程轮胎胎面胶及其他橡胶制品。用量 1～3 份。

4.1.2　妥尔油

妥尔油又称妥尔油沥青或浮油沥青，由粗妥尔油经真空精馏精制而成，主要成分为脂肪酸和松香酸的混合物。

4.1.3　脂松香、妥尔油的供应商

脂松香、妥尔油供应商见表 1.6.1-13。

表 1.6.1-13　脂松香、妥尔油供应商

供应商	商品名称	颜色	软化点（环球法）(≥)/℃	酸值(≥)/(mg/g)	松香酸含量(>)/%	脂肪酸含量(>)/%	不皂化物(≤)/%	乙醇不溶物(≤)/%	灰分(≤)/%	说明
湖南华亿创新科技发展邮件公司	妥尔油	≤10		40	40	36	10			分 2 级
	松香		74～76	164～166			5.0～6.0	0.030～0.040	0.020～0.040	分 6 级

4.2 松焦油

松焦油含有多环芳烃，应当谨慎使用。本品为树脂酸、松香酸、酚类和松沥青等的混合物，沸点范围：180～400 ℃，深褐色至亮黑色黏稠液体或半固体。松焦油供应商见表 1.6.1－14。

表 1.6.1－14 松焦油供应商

供应商	商品名称	密度/(g·cm⁻³)	外观	嗯氏黏度/s (85 ℃，100 mL)	挥发分(≤)/% (150 ℃×90′)	水分(≤)/%	灰分(≤)/%	机械杂质(≤)/%	闪点/℃	说明
湖南华亿创新科技发展邮件公司	松焦油	1.02～1.04	棕褐色黏稠液体	250～500	5.0～6.0	0.3	0.3	0.03	77.72	分 3 级

五、脂肪油系增塑剂

脂肪油系增塑剂是由植物油及动物油制取的硬脂酸等脂肪酸、油膏、甘油、蓖麻油、大豆油、硬脂酸锌等。脂肪油系增塑剂能促进填料在橡胶中的分散，使胶料表面光滑，压延压出收缩率小，挺性好，能抑制硫黄喷出，耐光、耐臭氧和电绝缘性能良好。

油膏主要是菜籽油、蓖麻油、大豆油等植物油脂与硫黄、氯化硫、硫化氢、过氧化物或二异氰酸酯等反应而制得的，其中也可能添加其他如矿物油、石蜡油、无机填充剂和无机稳定剂等。通过不同配比的原材料与交联剂在不同温度下反应，制造出不同类型、牌号的油膏。

油膏可提高橡胶制品表面光滑度，改善制品外观，易打磨，触感好；在高弹性胶料中，增加弹性，在填料量增加的情况下，可保持弹性；改善胶料流动性，降低混炼温度，缩短炼胶时间，使胶料均匀填充模具；减少冷流现象，对于挤出成型可减少口型膨胀，降低产品收缩率；对橡胶制品耐曲挠龟裂性能有提高。

油膏可吸收增塑剂或软化剂，抑制喷油，不易挥发、迁移，耐抽出，特别适合生产低硬度制品。挤出制品挤出挺性好，挤出尺寸稳定，易排气，减少气泡生成，应用于丁基胶内胎行业，可改善丁基胶加工性能，改善气密性。用于模压或挤出发泡橡胶，可提高尺寸稳定性，同时改善泡孔均匀性。油膏对磨耗和压缩永久变形有负面影响；不耐碱。可应用于胶辊、发泡橡胶、橡皮擦、内胎等低硬度制品。

一般而言，2 份油膏可取代 1 份增塑剂或软化油，添加量在 15 份以内，对物性影响较小，可维持制品的低硬度和柔软性。若油膏使用量大，而油膏游离硫黄含量又较多，应根据配方，适当减少硫黄使用量。

5.1 油膏

油膏供应商见表 1.6.1－15。

表 1.6.1－15 油膏供应商

供应商	商品名称	外观	丙酮萃取量/%	灰分/%	游离硫/%	加热减量/%	密度/(g·cm⁻³)	说明
金昌盛	FW02 白色油膏	淡黄色蓬松粉体	8～13	2～6	≤2	5.0	1.04	用量 5～30 份
	FW01 白色油膏	浅黄色蓬松粉体	12～17	36～42	≤2	5.0	1.29	
	FB01 棕色油膏	棕色蓬松粉体	25～33	≤0.5	3～5	5.0	1.04	
济南正兴	白油膏	白色海绵状固体	≤25	≤40	≤1.0	2.5～4.0	1.0～1.36	总硫量 22%以下，加锭子油可得半透明油膏，相对密度 1.01～1.04 g/cm³

元庆国际贸易有限公司代理的德国 D. O. G 的油膏有：

①FACTICE AN 泛用型软化剂。

成分：脂肪油以硫黄硫化并附加矿物油，丙酮抽出物：35%～40%，矿物油：15%，灰分：最高 1.5%，游离硫黄：2.0%～3.0%，外观：暗棕色，比重（20 ℃）：1.0，储存性：原封、室温至少一年。

本品可改善胶料压出速度、尺寸安定性及表面光滑；可得较佳的黏结气密性，尤其适用于制造自行车和汽车内胎；可增加回弹性、抗拉强度，改善耐压缩变形性等；发泡制品中可改善排气性及发泡均匀性；可避免因高软化油用量而造成之喷油现象。本品适用于低硬度及发泡制品。

应用：适用于黑色制品橡胶，与 0E－SBR 有很好的相容性。

橡胶/制品	油膏用量/份 压出制品	压延制品	模压制品（压出、注射、传递）
NR、IR、SBR	15～30	15～25	10～20
EPDM IIR	10～20	10～15	3～10

胶辊外层胶	
邵尔 A 硬度 60～70	10
邵尔 A 硬度 50～60	10～20
邵尔 A 硬度 20～50	20～70
邵尔 A 硬度低于 20	70～100
发泡橡胶制品（CR、NBR、EPDM）	10～20
硬质胶（胶木）	5～25

②FACTICE WP 过氧化物专用软化剂（耐温 230 ℃）。

成分：与过氧化物交联之调整型蓖麻油，丙酮抽出物：15%～22%，矿物油：0%，灰分：最高 0.2%，外观：白色，比重（20 ℃）：1.0，储存性：原封、室温至少一年。

本品抗热性高，特别适合高温硫化的胶料；可增加挤出速率，减低橡胶冷流性；提高混炼胶质量，并可用作不可抽出的耐热增塑剂；改善胶料压出速度、尺寸安定性及表面光滑；增加回弹性、抗拉强度，改善压缩变形性等；发泡制品中可改善排气性及发泡均匀性；可避免因高软化油用量而造成之喷油现象。本品适用于低硬度及发泡制品。

应用：本品适用于 EPDM、IIR、NBR、CSM 等各种过氧化物、异氰酸酯或胺类硫化之低硬度橡胶制品；适于避免配方中含有硫和/或氯的胶料。

用量：

A. EPDM、IIR、NBR、CSM 等各种过氧化物硫化橡胶，a）挤出制品：5～15 份；b）模压制品：5～10 份。

B. 在各种橡胶制品中的用量如表 1.6.1－16 所示。

表 1.6.1－16　过氧化物专用软化剂 FACTICE WP 在各种橡胶制品中的用量

	压出制品	压延制品	模压制品（压模、注射、传递成型）
ACM	5～10		5～10
CR/NBR	10～20	10～15	10～5
EC0	5～10		5～10
透明橡胶制品	10～50	10～50	10～50

③FACTICE NC 12 NBR 专用软化剂。

成分：菜籽油以氯化硫交联，不含矿物油；丙酮抽出物：7%～10%；灰分：3%～5%；游离硫黄：≤0.1%；外观：象牙白色；比重（20 ℃）：1.1；储存性：原封、室温至少一年。

本品可以显著改善胶料挤出流动性能、尺寸安定性及制品表面触感；可增进硫化胶的抗臭氧性能，尤其适用于 CR 及 NBR 制品；可增加回弹性、改善抗屈挠龟裂性等；发泡制品中可改善排气性及发泡均匀性；可避免因高软化油用量而造成之喷油现象。本品适用于低硬度及发泡制品。

应用：适用于 CR 及 NBR，生产对耐油性要求一般或者较低的橡胶制品，主要是要增进硫化胶的抗臭氧性能。

	油膏用量/份		
橡胶/制品	压出制品	压延制品	模压制品（压出、注射、传递）
CR、NBR	10～20	10～15	10～15
CSM	/	10	5～10
胶辊外层胶			
邵尔 A 硬度 60～70	10	/	/
邵尔 A 硬度 50～60	10～20	/	/
邵尔 A 硬度 20～50	20～70	/	/
邵尔 A 硬度低于 20	70～100	/	/
纺织物覆胶/发泡橡胶制品（CR、NBR）	10～20	/	/

元庆国际贸易有限公司代理的台湾 EVERPOWER 公司 RA—101 白油膏的物化指标为：

成分：以食用天然植物油、蓖麻油等加工而成，外观：白色，储存性：原封、室温至少一年。

本品作为橡胶加工增塑剂，可促进填充剂在胶料中的分散，使胶料表面光滑，收缩小（尺寸安定性佳）。本品可改善胶料压延、压出和注射性能，还能减少胶料中硫黄的喷出；具有耐日光、耐臭氧龟裂和电绝缘性能；能促进丁苯橡胶硫化，减少促进剂用量；可作为氯丁橡胶（CR）的填充剂，一般用于浅色橡胶制品；增加回弹性、抗拉强度及耐曲挠龟裂等性能；改善发泡制品的排气性及发泡均匀性；可避免因高软化油用量而造成的喷霜现象。

本品主要应用于擦字橡皮、内胎、胶辊、密封圈、鞋底、橡胶杂件等制品。

在各种橡胶制品中的用量如下：

	油膏用量/份		
橡胶/制品	压出制品	压延制品	模压制品（压出、注射、传递）
NR、IR、SBR	15～30	15～25	10～20

CR	10～20	10～15	10～15
CSM	10	10	5～10
EPDM、IIR	10～20	10～15	3～10
胶辊外层胶			
邵尔 A 硬度 60～70		10	
邵尔 A 硬度 50～60		10～20	
邵尔 A 硬度 20～50		20～70	
邵尔 A 硬度低于 20		70～100	

六、合成增塑剂

合成增塑剂主要用于极性较强的橡胶或塑料中，如 NBR、CR。合成增塑剂能赋予胶料柔软性、弹性和加工性能。还可提高制品的耐寒性、耐油性、耐燃性等。合成增塑剂按结构分有以下几种：酯类、环氧类、含氯类和反应性增塑剂。

6.1 酯类

本类增塑剂具有较高的极性，多用于极性橡胶。随着用量的增大，橡胶的物理机械性能下降。NBR 中常用 DOP、TCP 等，作耐寒制品时可用 DOA、DOZ、DBS 等，耐油时可选用聚酯类增塑剂；CR 通常使用 5～10 份石油系增塑剂，但作耐寒制品时，应选用酯类增塑剂，作耐油制品时可选用聚酯类增塑剂；SBR 改善加工性能时，使用石油系增塑剂；提高耐寒性时，可使用脂肪酸类及脂肪二元酸酯类增塑剂；IIR 提高耐寒性时，可选用 DOA、DOS 增塑剂，提高耐油性时，选用聚酯类增塑剂。

6.1.1 邻苯二甲酸酯类

邻苯二甲酸酯类增塑剂与橡胶相容性好，能缩短混炼时间，胶料黏着性和耐水性良好，缺点是易挥发，低温易结晶。

该类增塑剂包括邻苯二甲酸二（2－乙基己基）酯（DEHP）、邻苯二甲酸甲苯基丁酯（BBP）、邻苯二甲酸二丁酯（DBP）、邻苯二甲酸二异丁酯（DIBP）四种列入 RoHS2.0 修订指令（EU）2015/863 附录 II 限制物质清单中。

结构式：

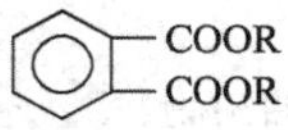

式中 R 为烷基、芳基、环己基等。

（一）邻苯二甲酸二丁酯

GB/T 11405－2006《工业邻苯二甲酸二丁酯》适用于以邻苯二甲酸酐与正丁醇经酯化法制得的 DBP，其分子式：$C_{16}H_{22}O_4$，相对分子质量：278.34（按 2001 年国际相对原子质量）。工业邻苯二甲酸二丁酯技术要求见表 1.6.1－17。

表 1.6.1－17 工业邻苯二甲酸二丁酯技术要求

项目	指标		
	优等品	一等品	合格品
外观	透明、无可见杂质的油状液体		
色度(≤)/(铂-钴)号	20	25	60
纯度(≥)/%	99.5	99.0	98.0
密度（ρ_{20}）/(g·cm^{-3})	1.044～1.048		
酸值（以 KOH 计）(≤)/mg·g^{-1}	0.07	0.12	0.20
水分(≤)/%	0.10	0.15	0.20
闪点(≥)/℃	160		

（二）邻苯二甲酸二异丁酯

HG/T 4071－2008《工业邻苯二甲酸二异丁酯》适用于以邻苯二甲酸酐与异丁醇经酯化法制得的 DIBP，其分子式：$C_{16}H_{22}O_4$，相对分子质量：278.32（按 2005 年国际相对原子质量）。结构式：

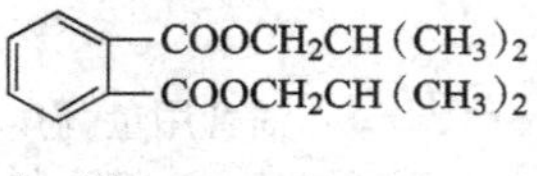

工业邻苯二甲酸二异丁酯技术要求见表 1.6.1－18。

表 1.6.1-18　工业邻苯二甲酸二异丁酯技术要求

项目	指标		
	优等品	一等品	合格品
外观	透明、无可见杂质的油状液体		
色度(≤)/(铂-钴)号	25	35	60
纯度(≥)/%	99.5	99.0	98.5
密度（20 ℃)/(g·cm⁻³)	1.037～1.044		
酸值(≤)/(mgKOH·g⁻¹)	0.06	0.12	0.20
水分(≤)/%	0.10	0.15	0.20
闪点（开口杯法)(≥)/℃	160	155	155

（三）邻苯二甲酸二辛酯

GB/T 11406—2001《工业邻苯二甲酸二辛酯》适用于以邻苯二甲酸酐与辛醇（2-乙基己醇）经酯化法制得的 DOP，其分子式：$C_{24}H_{38}O_4$，相对分子质量：390.52。工业邻苯二甲酸二辛酯技术要求见表 1.6.1-19。

表 1.6.1-19　工业邻苯二甲酸二辛酯技术要求

项目	指标		
	优级品	一级品	合格品
外观	透明、无可见杂质的油状液体		
色度(≤)/(铂-钴)号	30	40	60
纯度(≥)/%	99.5	99	
密度（20 ℃)/(g·cm⁻³)	0.982～0.988		
酸度（以苯二甲酸计)(≤)/%	0.010	0.015	0.030
水分(≤)/%	0.10	0.15	
闪点(≥)/℃	196	192	
体积电阻率×10⁹/(Ω·m)(≥)	1.0	1)	—

注：根据用户需要，由供需双方协商，可增加体积电阻率指标。

（四）邻苯二甲酸二（2-丙基庚）酯（DPHP）

结构式：

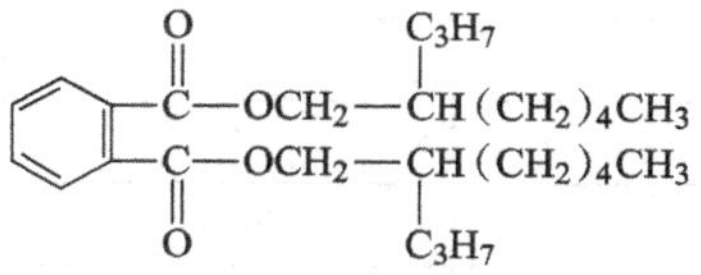

邻苯二甲酸二（2-丙基庚）酯（DPHP）以苯酐和 2-丙基庚醇为原料合成，分子式：$C_{28}H_{46}O_4$，相对分子质量：446.65，CAS 号：53306—54—0。

本品是美国和欧盟认可的环保增塑剂，具有与 PVC 的相容性好，挥发性低，耐久性、耐热性好和增塑剂效率高的特点，可替代 DOP 作为主增塑剂。应用范围广泛，主要应用于汽车内饰、电线电缆、人造革、薄膜等 PVC 制品的加工。

工业邻苯二甲酸二（2-丙基庚）酯的技术要求见表 1.6.1-20。

表 1.6.1-20　工业邻苯二甲酸二（2－丙基庚）酯的技术要求

项目	指标	
	优等品	一等品
外观	透明无可见杂质的油状液体	
色度(≤)/(Pt-Co)号	25	40
纯度（GC 法)(≥)/%	99.5	99.0
闪点（开口杯法)(≥)/℃	210	205
酸值(≤)/(mgKOH·g⁻¹)	0.07	0.10
密度（20 ℃)/(g·cm⁻³)	0.957～0.965	
水分(≤)/%	0.10	0.15
体积电阻率(×10⁹)/(Ω·m)(≥)	10	5

（五）邻苯二甲酸二异壬酯（DINP）

结构式：

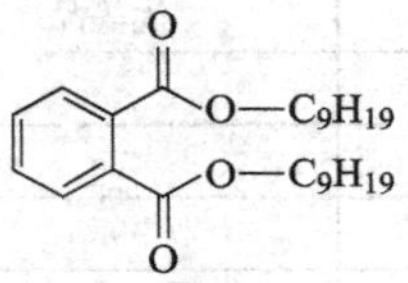

邻苯二甲酸二异壬酯（DINP）以苯酐、异壬醇为主要原料制得，分子式：$C_{26}H_{42}O_4$，相对分子质量：418.60，CAS 号：68515－48－0。

DINP 作为一种主要的增塑剂，广泛的应用于各类的软质 PVC 产品。如电线电缆，薄膜，PVC 皮革，PVC 地板革，玩具，鞋材，封边条，护套，假发，桌布等。

工业邻苯二甲酸二异壬酯的技术要求见表 1.6.1－21。

表 1.6.1－21　工业邻苯二甲酸二异壬酯（DINP）的技术要求

项目	指标
外观	无色至淡黄色无可见杂质的透明油状液体
色度（Pt－Co）(≤)/号	20
纯度（GC 法）(≥)/%	99.0
闪点(≥)/℃	210
酸值(≤)/(KOH－mg/g)	0.06
密度（20 ℃）/(g·cm^{-3})	0.971～0.977
水分(≤)/%	0.10
体积电阻率(×10^{9})/(Ω·m)(≥)	3.0

（六）对苯二甲酸二辛酯

HG/T 2423－2008《工业对苯二甲酸二辛酯》适用于以对苯二甲酸酐与辛醇（2－乙基己醇）经酯化法制得的 DOTP，其分子式：$C_{24}H_{38}O_4$，相对分子质量：390.52。工业对苯二甲酸二丁酯技术要求见表 1.6.1－22。

表 1.6.1－22　工业对苯二甲酸二丁酯技术要求

项目	指标		
	优等品	一等品	合格品
外观	透明、无可见杂质的油状液体		
色度(≤)/(铂-钴)号	30	50	100
纯度(≥)/%	99.5	99.0	98.5
密度（20 ℃）/(g·cm^{-3})	0.981～0.985		
酸值(≤)/(mgKOH·g^{-1})	0.02	0.03	0.04
水分(≤)/%	0.03	0.05	0.10
闪点（开口杯法）(≥)/℃	210		205
体积电阻率[a](≥)/(Ω·m)	2×10^{10}	1×10^{10}	0.5×10^{10}

注：[a] 根据用户要求检测项目。

6.1.2　脂肪二元酸酯类

脂肪二元酸酯类增塑剂耐热性好，有优良的低温性能，耐光、耐水、抗静电性能良好，缺点是迁移性大，易被水抽出。

结构通式：

$$R_1-O-\overset{\overset{O}{\|}}{C}-(CH_2)_n-\overset{\overset{O}{\|}}{C}-O-R_2$$

主要作为耐寒性增塑剂，主要品种有：

己二酸二辛酯（DOA）：具有优异的耐寒性，但耐油性不够好，挥发性大。

壬二酸二辛酯（DOZ）：具有优良的耐寒性，挥发性低，耐热、耐光、电绝缘性好。

癸二酸二辛酯（DOS）：优良的耐寒性、低挥发性及优异的电绝缘性，但耐油性差。

癸二酸二丁酯（DBS）：耐寒性好，但挥发性大，易迁移，易抽出。

（一）己二酸二辛酯

HG/T 3873—2006《己二酸二辛酯》适用于以己二酸与2-乙基己醇为原料经酯化法制得的DOA，其分子式：$C_{22}H_{42}O_4$，相对分子质量：370.57，结构式：

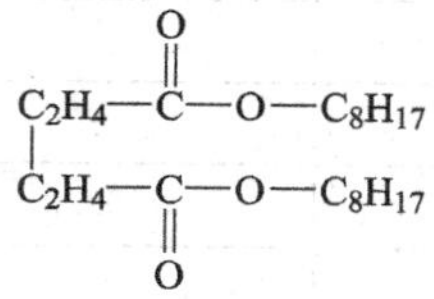

工业己二酸二辛酯技术要求见表1.6.1-23。

表1.6.1-23 工业己二酸二辛酯技术要求

项目	指标		
	优等品	一等品	合格品
外观	透明、无可见杂质的油状液体		
色度(≤)/(铂-钴)号	20	50	120
纯度(≥)/%	99.5	99.0	98.0
酸值(≤)/($mgKOH\cdot g^{-1}$)	0.07	0.15	0.20
水分(≤)/%	0.10	0.15	0.20
密度（20 ℃）/($g\cdot cm^{-3}$)	0.924～0.929		
闪点(≥)/℃	190	190	190

（二）己二酸二异壬酯（DINA）

结构式：

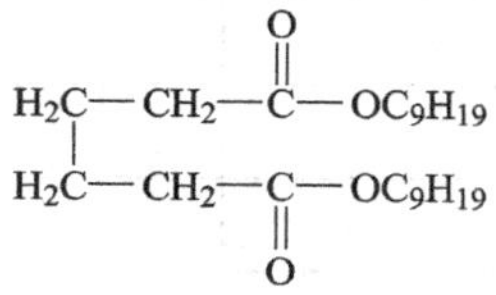

己二酸二异壬酯（DINA）由异壬醇和己二酸为原料合成。分子式：$C_{24}H_{46}O_4$，相对分子质量：398.61，CAS号：33703—08—1。

己二酸二异壬酯具有高稳定性且溶于大部分有机溶剂，是耐寒的增塑剂，它的耐寒性相当于DOA。在PVC制品加工过程中的发烟量比DOA低，挥发损失相当小，符合日益严峻的环保要求。己二酸二异壬酯广泛应用于低温环境下的PVC电线电缆、胶皮胶布、手套、水管、胶鞋等制品的生产，是美国FDA认可的食品包装用增塑剂。

工业己二酸二异壬酯（DINA）的技术要求见表1.6.1-24。

表1.6.1-24 工业己二酸二异壬酯（DINA）的技术要求

项目	指标
外观	透明无可见杂质的油状液体
色度（Pt-Co）(≤)/号	30
纯度(GC法)(≥)/(%)	99.0
酸值(≤)/($mgKOH\cdot g^{-1}$)	0.10
密度（20 ℃）/($g\cdot cm^{-3}$)	0.918～0.926
水分(≤)/%	0.10

（三）癸二酸二辛酯

HG/T 3502—2008《工业癸二酸二辛酯》适用于以葵二酸与辛醇（2—乙基己醇）为原料制得的DOS，其分子式：$C_8H_{16}(COOC_8H_{17})_2$，相对分子质量：426.62，主要用作耐寒增塑剂。工业癸二酸二辛酯技术要求见表1.6.1-25。

表 1.6.1-25　工业癸二酸二辛酯技术要求

项目	指标		
	优等品	一等品	合格品
外观	透明、无可见杂质的油状液体		
色度(≤)/(铂-钴)号	20	30	60
纯度(≥)/%	99.5	99.0	99.0
密度（20 ℃）/(g·cm^{-3})	0.913～0.917		
酸值(≤)/(mgKOH·g^{-1})	0.04	0.07	0.10
水分(≤)/%	0.05		0.1
闪点（开口杯法）(≥)/℃	215	210	205

（四）己二酸二［2-（2-丁氧基乙氧基）乙酯］

分子量：435，浅琥珀色液体，酸值：6.0，颜色（Gardner）：2.0，折射率（25 ℃）：1.445，相对密度（25 ℃）：1.010～1.015 g/cm^3，黏度（22 ℃）：10CPS，凝固点－25 ℃，沸点 350 ℃。

本品是一种高相容、耐低温的增塑剂，应用于高丙烯腈含量的丁腈橡胶、聚氨酯、聚丙烯酸酯橡胶、环氧氯丙烷橡胶、含卤橡胶、EPDM 等，也可单独或者与其他增塑剂并用于乙烯基橡胶或者树脂配方中，也与硝酸纤维素树脂等相容。由于其分子量大，挥发性低，耐抽出性好，在广泛的温度范围内仍保可持增塑效果。可替代 DOP、DBP、DOA、DOS，增塑效果接近，但无致癌物，根据 FDA CFR 177.2600 美国食品安全法规，本品不超过 30 份量可用于与食品接触的制品。

本品主要用于汽车注塑件、食品软管、园艺软管、垫圈、密封垫圈、工业软管、PVC 电线电缆和其他 PVC 制品。

己二酸二［2-（2-丁氧基乙氧基）乙酯］在各种橡胶中的最大添加量见表 1.6.1-26。

表 1.6.1-26　己二酸二［2-（2-丁氧基乙氧基）乙酯］在各种橡胶中的最大添加量

胶种	最大添加量（PHR）	胶种	最大添加量（PHR）
NBR	30	EPM/EPDM	15
PU	30	CR	10
ECO	30	NR	10
ACM	25	SBR	10
聚硫橡胶	15	IIR	5

己二酸二［2-（2-丁氧基乙氧基）乙酯］在橡胶中的增塑效果（以丁腈橡胶中的应用为例）见表 1.6.1-27。

表 1.6.1-27　己二酸二［2-（2-丁氧基乙氧基）乙酯］在丁腈橡胶中的应用

增塑剂用量/份	30.0
拉伸强度/MPa	15.7
扯断伸长率/%	570
邵尔 A 硬度	50
低温 Gehman T10000 PSI）/℃	－57

己二酸二［2-（2-丁氧基乙氧基）乙酯］的供应商有：元庆国际贸易有限公司代理的美国 HallStar 公司的 HALLSTAR TP—95 产品等。

6.1.3　脂肪酸酯类

脂肪酸酯类增塑剂耐寒性极好，耐油、耐水、耐光性良好，还有一定的抗霉作用，挥发性低，无毒。主要品种有油酸酯、季戊四醇脂肪酸酯、柠檬酸酯类。常用品种有油酸丁酯（BO），具有优越的耐寒性、耐水性，但耐侯性、耐油性差。

（一）柠檬酸三丁酯

HG/T 4615—2014《增塑剂 柠檬酸三丁酯》适用于以柠檬酸和正丁醇经酯化法制得的 TBC，分子式：$C_{18}H_{32}O_7$，相对分子质量：360.40，CAS 号：77—94—1。

结构式：

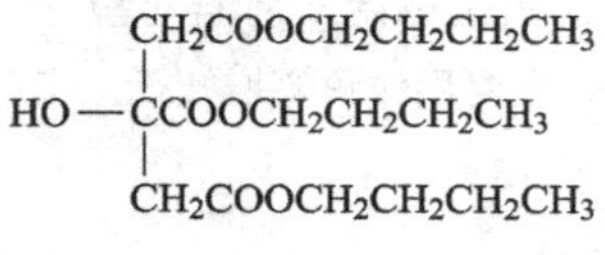

柠檬酸三丁酯技术要求见表 1.6.1-28。

表 1.6.1-28　柠檬酸三丁酯技术要求

项目	指标		
	优等品	一等品	合格品
外观	无色或淡黄色透明均匀液体		
色度(≤)/(铂-钴)号	30	50	50
纯度(≥)/%	99.5	99.0	98.0
密度（20 ℃)/(g·cm⁻³)	1.037 0~1.045 0		
酸值(≤)/(mgKOH·g⁻¹)	0.050		0.10
水分(≤)/%	0.20		
闪点ᵃ（开口杯法)(≥)/℃	180		

注：根据用户要求检测项目。

（二）乙酰柠檬酸三丁酯

HG/T 4616-2014《增塑剂 乙酰柠檬酸三丁酯》适用于以柠檬酸和正丁醇经酯化，用乙酸酐乙酰法制得的 ATBC，分子式：$C_{20}H_{34}O_8$，相对分子质量：402.43，CAS 号：77-90-7。

结构式：

$$CH_3COO-\begin{matrix} CH_2COOCH_2CH_2CH_2CH_3 \\ | \\ CCOOCH_2CH_2CH_2CH_3 \\ | \\ CH_2COOCH_2CH_2CH_2CH_3 \end{matrix}$$

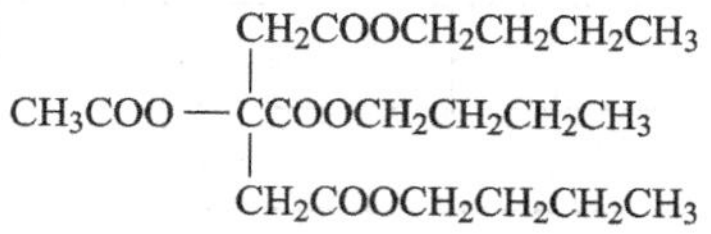

乙酰柠檬酸三丁酯技术要求见表 1.6.1-29。

表 1.6.1-29　乙酰柠檬酸三丁酯技术要求

项目	指标		
	优等品	一等品	合格品
外观	无色或淡黄色透明均匀液体		
色度(≤)/(铂-钴)号	30	50	50
纯度(≥)/%	99.0	98.0	97.0
密度（20 ℃)/(g·cm⁻³)	1.045 0~1.055 0		
酸值(≤)/(mgKOH·g⁻¹)	0.050		0.10
水分(≤)/%	0.20		
闪点ᵃ（开口杯法)(≥)/℃	195		

注：根据用户要求检测项目。

6.1.4　磷酸酯类

磷酸酯类增塑剂有优良的耐寒性、耐光性和阻燃性，耐油、耐水性良好，缺点是挥发性大，易迁移。

结构式：

$$O{=}P\begin{matrix} O-R_1 \\ O-R_2 \\ O-R_3 \end{matrix}$$

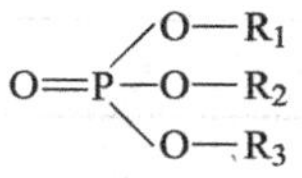

式中 R1、R2、R3 代表烷基、氯代烷基、芳基。

主要用作阻燃增塑剂，用量越大，阻燃性越好；分子中烷基成分越少，耐燃性越好。

常用品种有：磷酸三甲苯酯（TCP）：良好的耐燃、耐热、耐油性及电绝缘性，耐寒性差；磷酸三辛酯（TOP）：耐寒性好，挥发性小，但易迁移，耐油性差。

（一）磷酸三甲苯酯

HGT 2689-2005《磷酸三甲苯酯》对应于日本工业标准 JIS K 6750：1999《磷酸三甲苯酯（TCP）试验方法》（非等效），适用于混合甲酚与三氯化磷反应，再经氯化水解，或混合甲酚与三氯氧磷反应，真空蒸馏而制得的磷酸三甲苯酯，其分子式为 $(CH_3C_5H_4O)_3PO$，相对分子质量：368.36。

结构式：

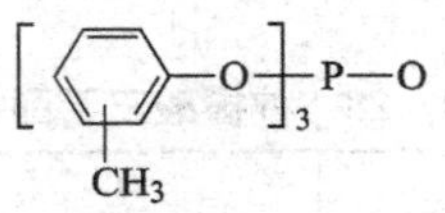

磷酸三甲苯酯技术要求见表 1.6.1-30。

表 1.6.1-30　磷酸三甲苯酯技术要求

项目	指标		
	优等品	一等品	合格品
外观	黄色透明油状液体		
色度(≤)/(铂-钴)号	80	150	250
密度(≤)/(g·cm^{-3})	1.180	1.180	1.190
酸值（以 KOH 计）(≤)/mg·g^{-1}	0.05	0.10	0.25
加热减量(≤)/%	0.10	0.10	0.20
闪点(≥)/℃	230	230	220
游离酚（以苯酚计）(≤)/%	0.05	0.10	0.25
体积电阻率[a](≥)/(Ω·m)	1×10^{9}	1×10^{9}	—
热稳定性[a](≤)/(铂-钴)号	100	—	—

注：根据用户要求检测项目。

（二）异丙苯基苯基磷酸酯

HG/T 2425—1993《异丙苯基苯基磷酸酯》适用于以苯酚、丙烯、三氯氧磷合成的异丙苯基苯基磷酸酯，也适用于以异丙苯酚、三氯氧磷合成的异丙苯基苯基磷酸酯，分子式：$C_{21}H_{21}O_4P$，相对分子质量：368.37，主要用作阻燃增塑剂。异丙苯基苯基磷酸酯技术要求见表 1.6.1-31。

表 1.6.1-31　异丙苯基苯基磷酸酯技术要求

项目	指标		
	优级品	一级品	合格品
外观（目测）	无色、浅黄色透明液体	浅黄色透明液体	透明液体
色度(≤)/APHA	100		
相对密度（d_{20}^{20}）	1.166～1.182	1.167～1.185	
折射率（25 ℃）	1.550～1.555	1.550～1.556	—
黏度（25 ℃）/(Pa·s×10^{-3})	53.5～63.0	45.0～63.0	45.0～80.0
闪点(≥)/℃	220		
酸值(≤)/(mgKOH·g^{-1})	0.1	0.4	0.6
加热减量(≤)/%	0.1	0.2	0.5

6.1.5　偏苯三酸酯类

（一）偏苯三酸三辛酯

HG/T 3874—2006《偏苯三酸三辛酯》适用于以偏苯三酸酐与 2-乙基已醇经酯化法制得的偏苯三酸三辛酯，其分子式：$C_{33}H_{54}O_6$，相对分子质量 546.78，结构式：

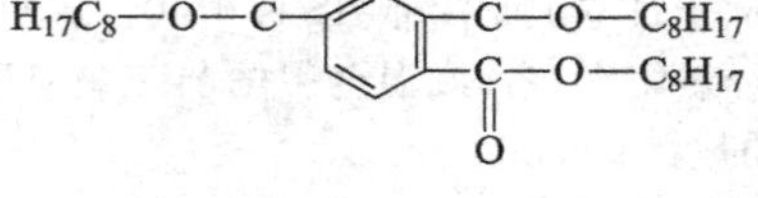

偏苯三酸三辛酯的技术要求见表 1.6.1-32。

表 1.6.1-32　偏苯三酸三辛酯技术要求

项目	指标		
	优等品	一等品	合格品
外观	透明、无可见杂质的油状液体		
色度(≤)/(铂-钴)号	50	80	120
密度/(g·cm^{-3})	0.984～0.991		
酸值(≤)/(mgKOH·g^{-1})	0.15	0.20	0.30
酯含量(≥)/%	99.5	99.0	98.0
体积电阻率(≥)/(10^9 Ω·m^{-1})	5	3	3
水分(≤)/%	0.10	0.15	0.20
闪点(≥)/℃	240		

6.1.6　酯类增塑剂的供应商

酯类增塑剂的供应商见表 1.6.1-33。

表 1.6.1-33　酯类增塑剂供应商

供应商	商品名称	化学名称	外观	折射率(20℃)	分子量	相对密度(25℃)/(g·cm^{-3})	黏度(25℃)/MPa·s	纯度(≥)/%	闪点(≥)/℃	酸度(≤)/%	水分(≤)/%	说明
川君化工	DOP	邻苯二甲酸二辛脂	透明	1.486—14.487	390.3	0.983～0.985	77～82 (20℃)	99.0	205	0.020	0.25	
	DEDB	二乙二醇二苯甲酸酯	淡黄		314.3	1.165～1.175			200			毒性低于 DOP、DBP
	DPGDB	二丙二醇二苯甲酸酯	淡黄		342.3	1.01～1.12			206			毒性低于 DOP、DBP
	DOTP	对苯二甲酸二辛脂	透明		390.6	0.981～0.986			205			增塑效能高于 DOP，适宜用作 PVC 树脂增塑剂
		复合增塑剂	淡黄	1.484—1.488		0.963～0.977	78～82 (20℃)		210			挥发性、迁移性、低毒性优于 DOP
	DINP	邻苯二甲酸二异壬酯	透明	1.484—1.488		0.963～0.977	78～82 (20℃)		210			挥发性、迁移性、低毒性优于 DOP
	DBP	邻苯二甲酸二丁酯	透明		278.4	1.044～1.048			160			
	DINA	己二酸二异壬酯			398	0.917～0.935	37 cps (20℃)		218			可用于食品包装的耐寒增塑剂（还需加 10 份环氧亚麻籽油），低温柔软性与 DOA 大致相当
	ATBC	乙酰柠檬酸三丁酯	透明		402.5	1.040～1.058						适用于食品包装、儿童玩具、医用制品等
金昌盛、广州英珀图化工有限公司 (Hallstar)	TP—95	己二酸二（丁氧基乙氧基乙）酯	琥珀		435	1.010～1.015	10 cps (22℃)		沸点：354℃			凝固点−25℃，可替代 DOP、DOA 等，达到 REACH 的限值要求；通过 FDA 认证 (Part 177.2600 (C) (4) (Ⅳ))，用于重复使用的橡胶制品），用量不超过制品 30%重量可用于食品级产品

酯类增塑剂的供应商还有：河南安庆化工高科技股份有限公司、山东宏信化工股份有限公司、山东齐鲁增塑剂股份有

限公司、浙江建业化工股份有限公司、江苏天音化工有限公司、淮南瑞盈环保材料有限公司、上海彭浦化工厂、淄博蓝帆化工股份有限公司、巢湖香枫塑胶助剂有限公司、合肥市恒康生产力促进中心有限公司、江苏森禾化工科技有限公司、昆山合峰化工有限公司、安徽世华化工股份有限公司等。

6.2 聚酯、聚醚类

相对分子质量在1000～8000的聚酯，主要作耐油增塑剂，挥发性小，迁移性小，耐油、耐水、耐热。主要品种有：癸二酸系列、己二酸系列、邻苯二甲酸系列等。其中癸二酸系列增塑效果好，邻苯二甲酸系列的增塑效果差。

6.2.1 HALLSTAR TP－90B

化学名称：双（2－（2－丁氧基乙氧基）乙氧基）甲烷。

浅琥珀色液体，相对分子量336，酸值：0.05，颜色（Gardner）：5.0，纯度：99.0%，折射率（25 ℃）：1.435，密度（25 ℃）：0.975 g/cm^3，黏度（25 ℃）：10 cps，含水量：0.1%，体积电阻率：3.47×10^9 Ω/cm，介电常数（1kc）：6.6，介质损耗角（1 kc）：0.062。

本品是一种高相容性、耐低温的聚醚增塑剂，应用在多种弹性体中，包括天然橡胶、SBR、IIR、CR、NBR、HNBR、环氧氯丙烷橡胶、含卤橡胶以及PVC等。具有快速增塑能力，对胶料的最终性能影响不大，使用中等浓度（通常为20～30份）可有效发挥作用，不会严重降低橡胶的物理机械性能，在NBR中最大用量为50份。本品也可用做抗静电液；可缓解轻微的焦烧现象，有助于稍微软化焦烧的胶料；亦可作为CR橡胶制品的抗菌剂。用于电泳漆时，是一种低VOC的稀释剂。

本品主要应用于汽车注塑件、刹车片、行李箱、燃油管、园艺软管、工业软管、垫圈、密封垫圈、工业围裙、电线护套、多孔橡胶制品、擦胶胶料和各种模压挤出制品，硫化胶具有优异的低温性能。

其典型的应用参数见表1.6.1－34。

表1.6.1－34 双（2－（2－丁氧基乙氧基）乙氧基）甲烷的典型应用参数

丁腈橡胶中的应用		丁苯橡胶中的应用	
增塑剂/份	30	增塑剂/份	30
拉伸强度/MPa	14.3	拉伸强度/MPa	10.3
扯断伸长率/%	370	扯断伸长率/%	380
邵尔A硬度	58	邵尔A硬度	45
低温（Geham T10000 PSI)/℃	－54	低温（Geham T10000 PSI)/℃	－70

TP－90B在各种橡胶中的最大添加量见表1.6.1－35。

表1.6.1－35 TP－90B在各种橡胶中的最大添加量

胶种	最大添加量（PHR）	胶种	最大添加量（PHR）
NBR	50	NR	40
CR	50	EPM/EPDM	20
SBR	40	BR	10

HALLSTAR TP－90B的代理商有：广州金昌盛科技有限公司、广州英珀图化工有限公司、元庆国际贸易有限公司。

6.2.2 HALLSTAR TP－759 混合性醚酯

琥珀色液体，酸值：1.0，颜色（Gardner）：5.0，羟值：15.0 mgKOH/g，含水率：0.2%，折射率（25 ℃）：1.45，密度（25 ℃）：1.020～1.050 g/cm^3，黏度（25 ℃）：20～35cps，闪点170 ℃，燃点192 ℃。

本品分子量大，是一种具低挥发性、耐热耐寒更好的混合醚酯型增塑剂，与丙烯酸酯橡胶、含氯橡胶、环氧氯丙烷橡胶、HNBR、NBR、PP等具有良好的相容性。耐高温较酯类增塑剂更好，可长期在165 ℃下使用。可替代DOP、DBP、DOA、DOS，增塑效果接近，与胶料相容性好，但无致癌物，通过PAHs认证，符合欧盟环保标准。使用本品的胶料，硫化胶具有优异的低温性能，在经过热老化后仍可维持其物性。

本品主要应用于汽车发动机舱内的橡胶零部件、燃油管、汽车安全带、汽车注塑件、刹车片、行李箱、电线护套、园艺软管、工业软管、传动密封件、垫圈、密封垫圈、工业围裙以及多种模压和注射制品中。

用量5～30份。

其典型的应用参数见表1.6.1－36。

表1.6.1－36 HALLSTAR TP－759 混合性醚酯的典型应用参数

Vamac中的应用		丁腈橡胶中的应用	
增塑剂/份	20.0	增塑剂/份	20
100%定伸应力/MPa	2.1	100%定伸应力/MPa	1.4

续表

Vamac 中的应用		丁腈橡胶中的应用	
拉伸强度/MPa	12.4	拉伸强度/MPa	11.6
扯断伸长率/%	480	扯断伸长率/%	410
邵尔 A 硬度	69	邵尔 A 硬度	68
脆性温度/℃	−37	脆性温度/℃	−42
老化后扯断伸长率/%	200	热空气老化/120 ℃×70 h 重量改变/%	−6.0
		老化后扯断伸长率/%	150

HALLSTAR TP−759 混合性醚酯的代理商有：广州金昌盛科技有限公司、广州英珀图化工有限公司、元庆国际贸易有限公司。

Hallstar 增塑剂应用配方举例见表 1.6.1-37。

表 1.6.1-37　Hallstar 增塑剂应用配方举例

配方材料与项目	TP−95	TP−90B	TP−759
NBR 3345F	100	100	100
Vamac　G			
增塑剂	20	20	20
N 550			68
N 660	65	65	
Nauga 445			2.0
ST1801	1.0	1.0	1.5
Armeen18D			0.5
Kadox 920	5.0	5.0	
Vanfrevam			1.0
S	0.4	0.4	
Vulcofac ACT			1.8
Diak 1#			1.5
CBS（CZ）	1.5	1.5	
MBTS（DM）	2.0	2.0	
门尼黏度 ML（1+4）121 ℃	28.37	27.43	22
硫化胶物化性能			
硬度（邵尔 A）	60	61	76
拉伸强度/MPa	13.8	14.4	14.2
扯断伸长率/%	495	490	205
Tg/℃	−44.8	−49.2	−43.8
热失重/%	−3.5	−11	−5.4
	100 ℃×70 h		175 ℃×168 h
耐油溶剂			
	ASTM 1#，125 ℃×70 h		ASTM 1#，150 ℃×168 h
体积变化/%	−11.3	−12.1	0.2
重量变化/%	−10.5	−10.9	−1.2
	IRM 903，125 ℃×70 h		IRM 903，150 ℃×168 h
体积变化/%	0.5	0.5	50
重量变化/%	−0.8	−0.5	37

6.2.3　EOTACK 0DL 耐抽出增塑剂

成分：芳香族聚醚之衍生物，外观：白色粉状，比重：1.3（20 ℃），灰分：27.5±1%，储存性：原封室温至少一年以上。

本品为食品级增塑剂，适用于各种橡胶如 NR、SBR、NBR、CR、IIR、CM、CSM 等；可提高胶料之成型黏着性，可帮助炭黑及浅色填充剂分散；特别适用于 NBR、CR 等，可大量添加，可降低增塑剂抽出；可提高橡胶的耐油性，不会被一般燃料油及矿物油抽出，可改善溶胀性能，特别适用于耐油制品。

用量 5～25 份，与橡胶一起加入。

德国 D. O. G 公司 EOTACK 0DL 耐抽出增塑剂的代理商有：元庆国际贸易有限公司。

6.2.4 其他聚酯、聚醚类增塑剂

其他聚酯、聚醚类增塑剂的供应商见表 1.6.1－38。

表 1.6.1－38 其他聚酯、聚醚类增塑剂的供应商

供应商	商品名称	化学组成	外观	密度/(g·cm^{-3})(25 ℃)	物性	说明
金昌盛	LF－30		无色透明液体	0.983～0.985	色泽：≤50 总酯含量：≥99.0% 酸值：≤0.15 mgKOH/g 闪点：≥210 ℃ 水分：≤0.15% 折光指数：1.487～1.490 重金属（以 Pb 计）≤3 ppm 砷（As）≤3 ppm 黏度（25 ℃）：65 MPa·s 体积电阻率≥1.0×10^{10} Ω·m	本品不含“邻苯甲酸酯类”的环保无毒增塑剂，符合欧美最新环保 要求。作为合成橡胶的主增塑剂。如 NBR、CR、CSM、CPE、ECO 等，可用于制作食品包装材料、儿童软质玩具、医用制品等产品，其电性能优良，具有良好的耐寒性、耐热性、耐抽出性，增塑效率高。电性能优良

广州金昌盛科技有限公司代理的其他美国 Hallstar 公司增塑剂牌号见表 1.6.1－39 和图 1.6.1－2。

表 1.6.1－39 美国 Hallstar 公司部分增塑剂牌号

代理商	规格型号	用途	备注
金昌盛	环保 TegMer812	用于丙烯酸酯橡胶的超高温增塑剂	适用于极性橡胶
	环保 Paraplex A－8200	适用于 NBR、NBR/PVC 等胶辊，对于极性溶剂有很好的耐寒性能	
	Paraplex A－8000/226	通用型耐燃油增塑剂	
	PlastHall p－900	改善 NBR、NBR/PVC 胶辊表面性能，改善水性油墨附着力	
	PlastHall p－7046	NBR 胶辊高耐油增塑剂	
	PlastHall100/425	适用于低极性胶（NR、SBR、BR、EPDM）的超低温度高效增塑剂	适用于 SBR、SS-BR、BR、NR、IIR 等低极性胶种
	PlastHall DTDA/185	耐黄变增塑剂	
	StarTrack A－900	耐湿滑产品	

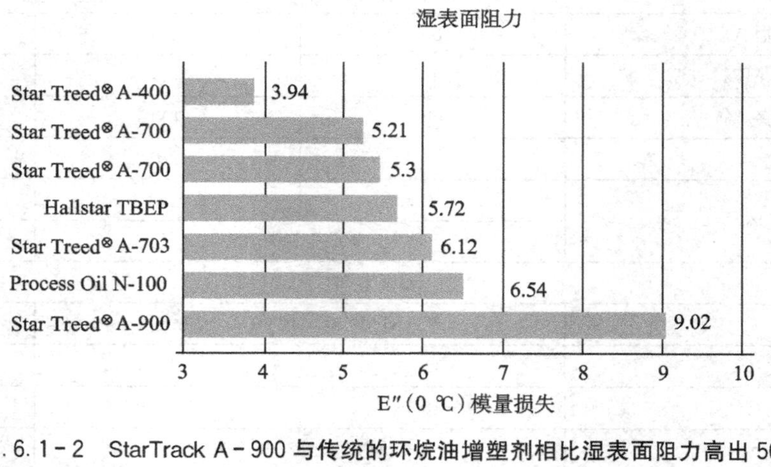

图 1.6.1－2 StarTrack A－900 与传统的环烷油增塑剂相比湿表面阻力高出 50%

广州英珀图化工有限公司代理的其他美国 Hallstar 公司增塑剂牌号见表 1.6.1－40。

表 1.6.1-40 美国 Hallstar 公司部分增塑剂牌号

代理商	规格型号	用途	备注
广州英珀图化工有限公司	Plasthall 226	化学名称：己二酸乙二醇醚，挥发性低，抗烃类性能极佳，类似于 TP−95 产品，具有耐高温、耐高压、极好的耐低温、耐抽出等性能，通过 FDA 认证，性价比高	在宽广的温度范围内是 NBR、CR、HNBR、ECO、CPE、ACM、AEM 等的有效增塑剂。主要应用于胶管、密封件、电缆、胶带、护套等行业
	Plasthall 209	极好的耐低温性能，抗静电，符合美国军标 MIL−E−5272C ASC，具杀菌作用。类似于 TP−90 产品	适用胶种：NBR、XNBR、CR、ECO、HNBR、ACM、CM 等。主要应用于纺织橡胶、胶管、密封件、空气弹簧、石油橡胶、胶辊等行业
	Plasthall 4141	一种单体增塑剂，分子量 430，与所有合成橡胶都表现出极佳的相容性。本品将低挥发性与高功效相结合，用于氯丁胶中可赋予产品很好的耐低温性能（低温脆性温度可达−60 ℃）。本品通过 FDA 认证	适用胶种：NBR、HNBR、CR、CM、CSM、聚丙烯酸酯橡胶等。主要应用于车用鞋靴、输送带、燃油软管、水封条等
	Plasthall 7050	一种单体增塑剂，分子量 450，与所有的天然和合成橡胶都表现出极佳的相容性。与其他单体增塑剂相比，本品对油和溶剂的抵抗力极佳	
	TegMeR 809/812	优良的耐高低温性能、高耐抽出性、尤其适用于特种橡胶。同其他增塑剂相比，在热老化后重量损失较低，低温冲击性能大大改善，压缩变形率低，在介质老化试验中重量、体积改变等同于其他类似产品	适用胶种：NBR、ACM、AEM、HNBR、ECO、VAMAC 等。主要应用于密封件、汽车胶管等行业
	Paraplex A−8000/A−8200/A−9000	一种高分子量聚酯。与其他聚合体增塑剂相比，具有最佳的低温性能。还可提供比单体增塑剂更佳的抗挥发性和抗迁移性能。耐高低温、耐油及耐溶剂性能良好，并有极好的耐潮湿环境能力	适用胶种：NBR、NBR/PVC、CPE、CR、ECO、ACM、HNBR 等。主要应用于密封件、印刷胶辊、汽车胶管等行业
	Paraplex G−25	超高分子量癸二酸类聚酯增塑剂，提供极佳的抗化学介质（汽油、清洁剂、肥皂水等）萃取性，以及对各种基材的无迁移性；良好的耐热性，在高温环境下长期连续使用能够持久地保持材料的物理机械性能	适用胶种：NBR、CPE、CR、ECO、ACM、HNBR 等。主要应用于高温制品、石油橡胶、胶辊、密封件等行业
	Paraplex G−30	是一种低分子量高分子型增塑剂，在很广阔的环境范围中（特别是高湿度、高温和暴露在户外）与各类乙烯基树脂具有卓越的相容性。具有典型的低分子量增塑剂性能：快速稀释、优良的干混合特征、低黏度和良好的周期属性。添加本品的胶料在户外暴露情况下具有优异的耐久性和电性能，适合于高温绝缘电线电缆	

6.3 环氧类

本类增塑剂主要包括环氧化油、环氧化脂肪酸单酯和环氧化四氢邻苯二甲酸酯等。环氧增塑剂在它们的分子中都含有环氧结构，具有良好的耐热、耐寒、耐光性能，迁移性、挥发性低，电性能良好。

环氧化油类包括环氧化大豆油、环氧化亚麻子油等，环氧值较高，一般为 6%～7%，其耐热、耐光、耐油和耐挥发性能好，但耐寒性和增塑效果较差；环氧化脂肪酸单酯包括环氧油酸丁酯、辛酯、四氢糠醇酯等，环氧值大多为 3%～5%，一般耐寒性良好，且塑化效果较 DOA 好，多用于需要耐寒和耐侯的制品中；环氧化四氢邻苯二甲酸酯的环氧值较低，一般仅为 3%～4%，但它们却同时具有环氧结构和邻苯二甲酸酯结构，因而改进了环氧油相容性不好的缺点，具有和 DOP 一样的比较全面的性能，热稳定性比 DOP 好。

注：环氧值定义为 100 g 试样中环氧基的摩尔数，可以利用环氧基与氯化氢或溴化氢的加成反应来测定。

6.3.1 环氧大豆油

HG/T 4386−2012《增塑剂 环氧大豆油》适用于以大豆油和双氧水为原料，经环氧化制得的环氧大豆油，平均相对分子质量为 1000，其结构式：

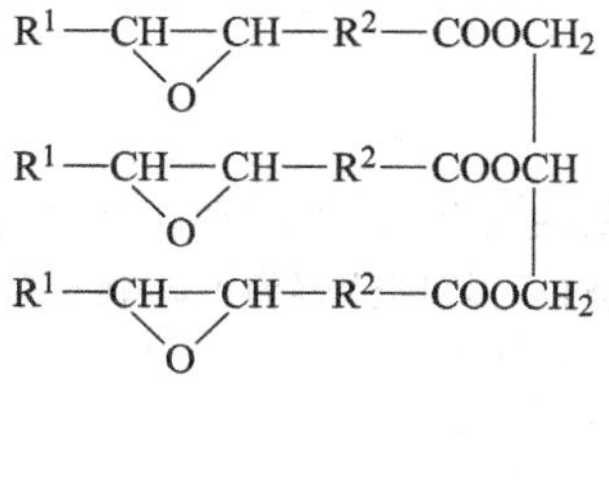

注：R^1、R^2 为 C 原子数 6～10 的烃。

环氧大豆油的技术要求见表 1.6.1－41。

表 1.6.1－41　环氧大豆油的技术要求和试验方法

	指标	试验方法
外观	淡黄色透明液体	目测
色度(≤)/(铂-钴)号	170	GB/T 1664－1995
酸值(≤)/(mgKOH·g^{-1})	0.6	GB/T 1668－2008
环氧值(≥)/%	6.0	GB/T 1677－2008 中盐酸-丙酮法
碘值(≤)/%	5.0	GB/T 1676－2008
加热减量(≥)/%	0.2	GB/T 1669－2001
密度（20 ℃)/(g·cm^{-3})	0.988～0.999	GB/T 4472－1984 中 2.3.1
闪点(≥)/℃	280	GB/T 1671－2008

6.3.2　环氧脂肪酸甲酯

HG/T 4390－2012《增塑剂 环氧脂肪酸甲酯》适用于以脂肪酸甲酯和双氧水为原料，在催化剂存在下，经环氧化制得的环氧脂肪酸甲酯，其结构式：

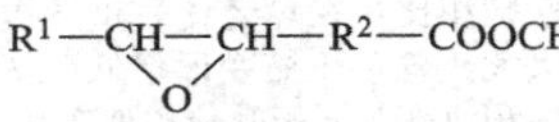

注：R^1、R^2 为 C 原子数 6～10 的烃。

环氧脂肪酸甲酯的技术要求见表 1.6.1－42。

表 1.6.1－42　环氧脂肪酸甲酯的技术要求和试验方法

	指标	试验方法
外观	浅黄色透明液体	目测
色度(≤)/(铂-钴)号	170	GB/T 1664－1995
酸值(≤)/(mgKOH·g^{-1})	0.7	GB/T 1668－2008
环氧值(≥)/%	3.7	GB/T 1677－2008 中盐酸-丙酮法
碘值(≤)/%	7.0	GB/T 1676－2008
加热减量(≥)/%	0.5	GB/T 1669－2001
密度（20 ℃)/(g·cm^{-3})	0.910～0.930	GB/T 4472－1984 中 2.3.1
闪点(≥)/℃	280	GB/T 1671－2008

环氧类增塑剂的供应商有：浙江嘉澳环保科技股份有限公司、广州市海珥玛植物油脂有限公司、广州市新锦龙塑料助剂有限公司、桐乡市化工有限公司、江阴市向阳科技有限公司、江苏卡特新能源有限公司等。

6.4　含氯类

含氯类增塑剂也是阻燃增塑剂。本类增塑剂主要包括氯化石蜡、氯化脂肪酸酯和氯化联苯。氯化脂肪酸酯类增塑剂多为单酯增塑剂，因此，其互溶性和耐寒性比氯化石蜡好。随氯含量的增加阻燃性增大，但会造成定伸应力升高和耐寒性下降；氯化联苯除阻燃性外，对金属无腐蚀作用，遇水不分解，挥发性小，混合性和电绝缘性好，并有耐菌性；氯化石蜡详见本手册第二部分．四．（五）．7.8。

低相对分子质量（短链）氯化石蜡已列入 REACH 指令第一至第四批高度关注物质清单（SVHC）中，读者应当谨慎使用。

6.5　反应性增塑剂

本类增塑剂分子在硫化温度下可与橡胶大分子反应，或本身聚合，如端基含有乙酸酯基的丁二烯、相对分子质量在 2 000～10 000 之间的异戊二烯低聚物；液体橡胶，如液体 NBR、低相对分子质量 CR 等；由 CCl_4、$CHBr_3$ 作调节剂合成的苯乙烯低聚物，可作 IR、NBR、SBR、BR 的增塑剂；氟蜡（低相对分子质量偏氟氯乙烯和六氟丙烯聚合物）可作氟橡胶的增塑剂。详见液体橡胶相关章节。

七、塑解剂

塑解剂可以缩短塑炼时间，减少能耗，降低共混成本（时间和能耗可以节省多达 50%）；提高不同批次混炼胶间的均一性；促进不同橡胶基体之间的混合，提高分散性。好的塑解剂不影响胶料的硫化特性和硫化胶的物理机械性能，在胶料中易分散，无毒、无味、无污染、不变色。

塑解剂包括化学增塑剂与物理塑解剂。常用的化学塑解剂大部分是芳香族硫醇衍生物及其锌盐与二硫化物，噻唑类促进剂 MBT（M）、MBTS（DM）以及二枯基过氧化物等对天然橡胶也有一定的塑解作用，一般来说，随温度升高塑解作用增强。不饱和脂肪酸皂盐是重要的物理塑解剂，不改变橡胶分子碳链的长度，通过其润滑效果部分替代化学塑解剂，且在橡胶中具有更好的溶解性。

橡胶在机械力与热、氧的作用下的塑解过程如图 1.6.1-3 所示。

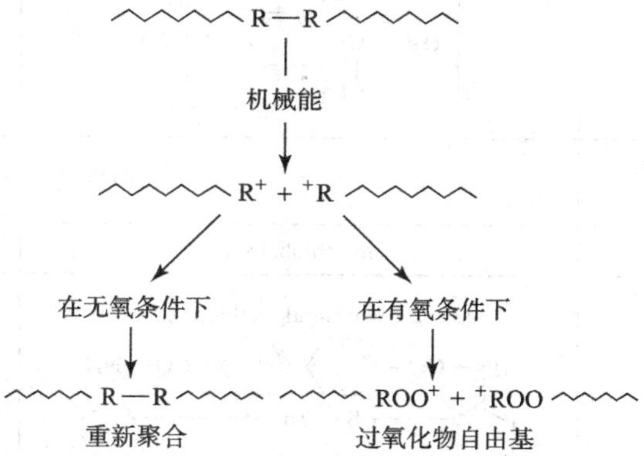

图 1.6.1-3　橡胶的塑解过程

所有塑解剂都可以降低橡胶热氧化裂解的反应温度，在低温时充当自由基的接受体，或者通过生成伯碳自由基促进橡胶分子链的断裂。为了改善可操作性并使塑解剂在胶料中获得更好的分散，塑解剂一般均以蜡或脂肪酸衍生物为载体制成粒状。部分塑解剂中会加入活化剂，使裂解在更低的温度下进行，并可以加速裂解反应速度。活化剂为酮肟、酞菁蓝或乙酰丙酮与金属（铁、钴、镍、铜等）形成的螯合物。这些螯合物通过在金属原子与氧分子之间形成不稳定的共价键，使 O—O 键的活化能降低，使氧原子变得活泼。由于活化剂的活性较高，与塑解剂并用时用量极少。

塑解剂也可以制成分散体加入到天然橡胶胶乳中，同样具有良好的分散性，使橡胶裂解至干燥时所需的黏度。生产低黏或者恒黏天然橡胶系列产品时，也使用塑解剂制成分散体加入到天然橡胶原乳中。

由于合成橡胶的双键数目较少（SBR、NBR），在碳链中存在着能够稳定双键的吸电子官能团（CR、SBR、NBR），在温度较高时乙烯基侧链官能团会阻滞塑解反应循环（NBR、SBR、CR），由于缺乏结晶性而使得生胶强度较低（SBR），与天然橡胶相比较难发生塑解，需要增加塑解剂的用量并提高塑炼温度。正因如此，大多数合成橡胶以不饱和脂肪酸皂盐进行物理塑解，聚合物碳链同时也不受破坏。

塑解剂应当在混炼的初始阶段加入到胶料中，待塑解剂溶入橡胶中再加入填料。

7.1　化学塑解剂

化学塑解剂见表 1.6.1-43。

表 1.6.1-43　化学塑解剂

名称	化学结构	性状		
		外观	相对密度	熔点/℃
2-萘硫酚（2—TN）	2 - thionaphthod 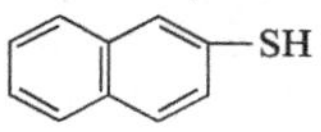	淡黄色片状	0.92	50
二甲苯基硫酚（TX）	thio xylenol 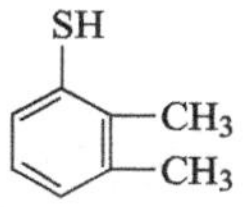	淡黄色 荧光液体	0.9～1.0	74～82 （闪点）
三氯硫酚（TCTP）	trichlorothiophenol 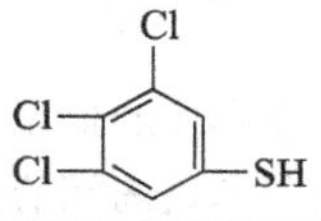	淡黄色 颗粒或片状		75～96
五氯硫酚（PCTP）	详见本节 7.1.1			
五氯硫酚锌盐（PCTPZ）	详见本节 7.1.1			
4-叔丁基邻甲苯硫酚（BTC）	4 - tert - butyl - o - thiocresol 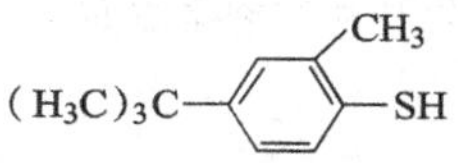	无色 低黏度液体	0.87～0.90	

续表

名称	化学结构	性状		
		外观	相对密度	熔点/℃
4-叔丁基硫酚锌（BTPZ）	zinc tert-butyl-thiopenate 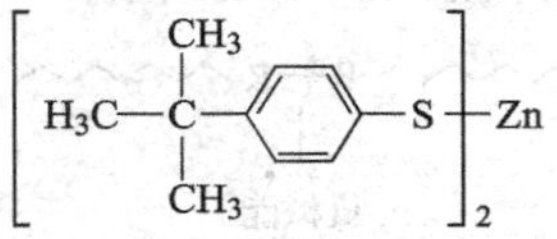	白色粉末	1.41～1.80	
2，2′-二苯甲酰氨基二苯基二硫化物（DBMD、DBD）	详见本节 7.1.1			
硫代苯甲酸锌（TBZ）	zinc thiobenzate	淡黄色粉末		110～113
2-苯甲酰氨基硫酚锌盐（BTPZ）	zinc 2-benzamido-thiophenate 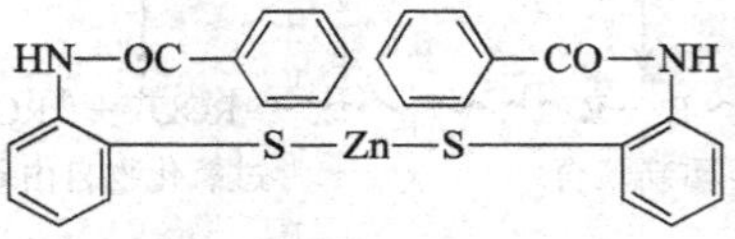	灰白至黄色粉末		190
二甲苯基二硫化物混合物（DDM）	dixylene disulfide ixture	黄棕色液体	1.12	
2，4-二亚硝基间苯二酚（DTRC）	2，4-aintroso resorcinol 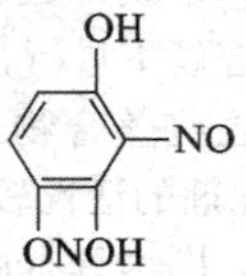	暗黄色粉末		
高分子量油溶性磺酸（SSAO）	oil solution sulfonic acid，hihg moleculer weight	红褐色液体	0.90～0.93	
磺化石油产品混合物（以石油作载体）（MSPP）	mixture of sulfonated petroleum products in a petroleum oil carrier	液体		

注：详见《橡胶原材料手册》，于清溪、吕百龄等编写，化学工业出版社，2007 年 1 月第 2 版，P539～540。

硫酚及其锌盐对天然橡胶和合成橡胶有塑解作用，对胶浆有稳定作用，对噻唑类、秋兰姆类促进剂有活化作用。

除塑解剂 DBD 外，其余硫酚及其锌盐塑解剂是低温塑解剂，可用于开炼机混炼，其中 SSAO 是高效塑解剂，还有防止焦烧的作用。

塑解剂在天然橡胶中的一般用量少于 1.0 份；在合成橡胶用量为 1.0～6.0 份，通常用量为 1.0～3.0 份。

塑解剂有刺激作用，应避免与皮肤和眼睛接触。

7.1.1　五氯苯硫酚与其锌盐

五氯苯硫酚（Pentachlorphenol）已列入挪威 PoHS 指令即《挪威产品法典．消费性产品中禁用特定有害物质》中，读者应当谨慎使用。

结构式：

pentachlorothiophenol

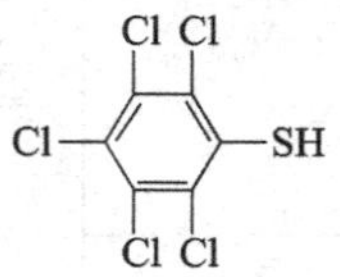

五氯苯硫酚

zinc salf of pentachlorothiophenol

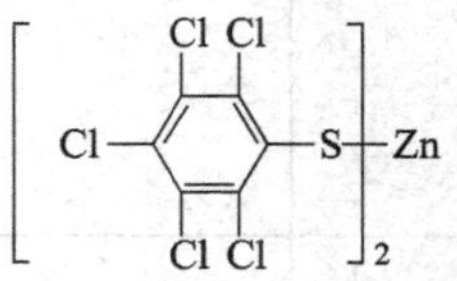

五氯苯硫酚锌盐

五氯苯硫酚的分子式：C_6HCl_5S，相对分子质量：282.4021，CAS：133－49－3，熔点：200～210 ℃，相对密度 1.83 g/cm^3，有松节油气味的灰色或灰黄色粉末。五氯苯硫酚锌盐分子量 628.16，CAS 号：117－97－5，为灰白色粉末，无臭味，相对密度 2.38 g/cm^3，分解温度 335～340 ℃。

本品为 NR、CR、NBR、SBR 和 IR 的化学塑解剂，以及含合成胶成分较高的废橡胶的再生剂。适用于高温塑炼和低温塑炼，在 100～180 ℃温度范围下能充分发挥其效能，硫黄可终止其塑解作用。本品毒性小，不污染，硫化胶无臭味，对胶料的物性和老化性能无影响。五氯苯硫酚与其锌盐塑解剂供应商见表 1.6.1－44。

表 1.6.1-44　五氯苯硫酚与其锌盐塑解剂供应商

供应商	规格型号	外观	含量(≥)/%	加热减量(≤)/%	灰分(≤)/%	筛余物(≤)/%	说明
莱芜市瑞光橡塑助剂厂	五氯苯硫酚	灰白色至灰黄色粉末	96.0	0.5	0.5	0.5	
	五氯苯硫酚锌盐	灰白色至灰黄色粉末	96.0	0.5	0.5	0.5	用量 0.1～0.4 份
河北瑞威科技有限公司		棕褐色粒状或片状，微弱气味					用量 0.1～0.3 份

7.1.2　塑解剂 DBD（SS、P—22），化学组成：2，2′-二苯甲酰氨基二苯基二硫化物及其与活性剂、惰性载体、有机分散剂的混合物

结构式：

2，2′—dibenzamido diphenyl disulfide

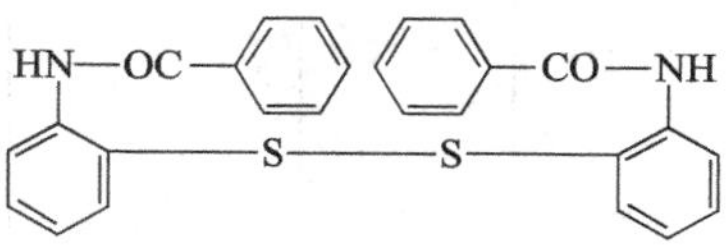

分子式：$C_{26}H_{20}N_2O_2S_2$，相对分子质量：456.6，CAS 号：135—57—9，毒性低，无污染，溶于苯、乙醇、丙酮和其他有机溶剂，不溶于水。与皮肤接触会引起皮炎。用作天然橡胶和丁苯类合成橡胶的塑解剂，不喷霜，对制品老化性能无影响。本品是高温塑解剂，塑炼温度 70 ℃以上时有效，150～160 ℃时性能最佳。干燥凉爽下保存，有效期 4 年。

塑解剂 DBD 供应商见表 1.6.1-45。

表 1.6.1-45　塑解剂 DBD 供应商

供应商	商品名称	外观	含量/%	初熔点/℃	灰分(≤)/%	密度/(kg·m^{-3})	加热减量(≤)/%	筛余物(≤)/%	说明
沈阳有机化工二厂	劈通 22								
金昌盛	RP—66 化学塑解剂	蓝色无尘颗粒		60（滴落点）	19	1300			金属络合物和 DBD 混合物，对 NR 起化学塑解作用，用量少，成本低。NR 用量为 0.1～0.5 份，不饱和合成橡胶为 1.5～3 份
	RP—68 环保化学塑解剂	蓝色粒状		55（滴落点）		1800			DBD 含量 40%，符合欧盟 REACH，NR 用量 0.1～0.5 份
莱芜市瑞光橡塑助剂厂	环保塑解剂 A—86	蓝灰色或绿色颗粒			18		1.0		
	塑解剂 P—22（DBD）	白色或浅黄色粉末		136～150	0.5		0.5	0.5	
天津市东方瑞创	DBD	白色或淡黄色粉末	98.0	136～142	0.50		0.50	0.50	
	DBD—50	蓝灰色柱状固体	50.0	55（软化点）	1.0		0.50	—	
	DBD—40	蓝灰色柱状固体	40.0		1.0		0.50	—	
无锡市东材科技有限公司	塑解剂 A86	蓝灰色锭剂		50～60	16～18		0.5		用量为 0.1～0.5 phr

7.2　物理塑解剂

7.2.1　金属络合物

本品主要成分为锌皂盐，无毒、无臭、无污染，不易燃，对胶料物理性能无影响。金属络合物塑解剂供应商见表 1.6.1-46。

表 1.6.1-46　金属络合物塑解剂供应商

供应商	商品名称	外观	水分/%	分解温度/%	温度范围	说明
金昌盛	PC 塑解剂	灰色或青灰色粉末	≤2	>200	较高与较低温度均适合	宜在生胶破料后第一次薄通时慢慢加入；NR 用量为 0.2～0.3 份，NBR 为 0.5～1.0 份，IIR 为 1.0 份；与五氯硫酚效果接近
无锡市东材科技有限公司	塑解剂 DS－T－1	浅灰至墨绿色粉末	≤3			通用型复合化学塑解剂，由于它不含五氯硫酚，故无毒，对人体无害。它在橡胶塑炼时可有效促进橡胶分子链的断裂，并保护断裂所生成自由基 不再重新结合形成大分子，因而可以有效地提高生胶的塑炼效果，并提高胶料可塑性的稳定性，并有利于其他配合剂在胶中的分散性，保证同批混炼胶料各部位塑炼 的均匀性。对天然胶推荐用料为 0.2～0.3 phr（取决于要求塑炼程度）对合成橡胶用量应适当加大，一般用量为佳 0.5～1.0 phr

7.2.2　高分子脂肪酸锌皂混合物

作为增塑剂用于 NR、SBR、NBR、IR；对发泡制品可改善泡孔的均匀性。高分子脂肪酸锌皂混合物供应商见表 1.6.1-47。

表 1.6.1-47　高分子脂肪酸锌皂混合物供应商（一）

供应商	商品名称	外观	熔点/℃	灰分/%	ZnO 含量/%	碘值 (gI_2/100 g)	游离酸含量/%	说明
连云港锐巴化工	物理塑解剂 RF－50	米黄色片状	96～105	≤13		40～50		用量 1～5 份
	低熔点物理塑解剂 RF－50							低熔点（85 ℃）起物理塑解作用，适用于开炼机塑炼
宜兴国立	增塑剂 A		96～103	12～14.5	12～14	40～50	≤0.1	用量为 2～3 份
莱芜瑞光	分散剂 FS－200	浅黄色颗粒	98～108	12～14	12～14	40～50		
无锡市东材科技	塑解剂 DC－W	米色粒状固体	90～103	12～14.5				同 Struktol ® A50，用量一般为 2～3 phr

表 1.6.1-47　高分子脂肪酸锌皂混合物供应商（二）

供应商	规格型号	化学组成	外观	熔点/℃	滴落点/℃	锌含量/%	灰分/%	碘值	说明
华奇（中国）化工有限公司	增塑剂 SL－5050	高分子量脂肪酸金属皂盐的混合物	白色至黄色粒状	95～105	—	8～12	12～14	—	
	物理塑解剂 SL－5055	高分子量脂肪酸金属皂盐的混合物	白色至浅黄色粒状	95～105	—	8～12	12～14	40～50	
	物理塑解剂 SL－5060	高分子量脂肪酸金属皂盐的混合物	类白色粒状	—	75～95	—	18.5～21.5	—	

由元庆国际贸易有限公司代理的德国 D.O.G 物理塑解剂的物化指标：

①DISPERGUM 24 环保型咀嚼剂（半化学性）

成分：高活性氧化催化剂以脂肪酸锌盐为载体之混合物

外观：淡棕色颗粒

比重：1.1（20 ℃）

滴熔点：110±5 ℃

储存性：室温、干燥至少一年。

本品能快速溶于橡胶中，迅速地掺合及分散；可在不同温度范围下使用于开炼机或密炼机；含有高效的氧化催化剂及锌皂，可急速降低橡胶门尼黏度，大大缩短塑炼时间，降低成本、工时及能源消耗，有突出的经济效益；可减少密炼机的损耗。须单独和生胶使用，若加入其他配合剂，即停止塑解，因此易于控制门尼黏度。本品适用于 NR、IR、SBR、BR、NBR、IIR 及并用胶等，但不适用于 CR。

用法：与橡胶一起加入，用量：1～3 份。

应用效果举例：

A. 对开炼机 80 ℃塑炼天然橡胶所需时间比较见表 1.6.1-48。

表 1.6.1-48　环保型咀嚼剂 DISPERGUM 24 对开炼机 80 ℃塑炼天然橡胶所需时间

门尼黏度 ML（1+4）100 ℃	加 1.0 份 D-24	未加
黏度降至 50 所需时间	3 min	9 min

B. 对密炼机 120 ℃塑炼（60%NR、40%BR）的门尼黏度比较见表 1.6.1-49。

表 1.6.1-49　环保型咀嚼剂 DISPERGUM 24 对密炼机 120 ℃塑炼（60%NR、40%BR）的门尼黏度比较

门尼黏度 ML（1+4）100 ℃	加 1.5 份 D-24	未加
塑炼前	62	62
过 4 min	34	
过 8 min		57

②DISPERGUM 36 环保型咀嚼剂（全化学性）

成分：高活性氧化催化剂与有机和无机添加剂之结合物

外观：灰绿色颗粒

比重：1.3（20 ℃）

滴熔点（Dropping point）：60 ℃

储存性：室温、干燥至少一年。

本品能快速溶于橡胶中，迅速地掺合及分散；可在不同温度范围下使用于开炼机或密炼机；含有高效的氧化催化剂及锌皂，可急速降低橡胶门尼黏度，大大缩短塑炼时间，降低成本、工时及能源消耗，有突出的经济效益；适用于天然橡胶及合成橡胶等。

用量 0.05～1 份，与橡胶一起加入。

Dispergum 36 和 Dispergum 24 在开炼机塑炼天然橡胶之比较见表 1.6.1-50。

表 1.6.1-50　Dispergum 36 和 Dispergum 24 在开炼机塑炼天然橡胶之比较

门尼黏度 ML（1+4）100 ℃	塑解作用（80 ℃）			塑解作用（120 ℃）		
经过	纯 NR	D-24	D-36	纯 NR	D-24	D-36
0 min	99	—	—	99	—	—
3 min	73	65	53	72	60	53
6 min	64	60	46	72	51	43
9 min	59	55	43	73	48	35
12 min	56	53	39	72	47	29

③DISPERGUM 40 环保型咀嚼剂（全化学性、不含锌）

成分：高活性氧化催化剂与有机和无机添加剂之结合物（不含锌，不含五氯硫酚等致癌物）

外观：蓝黑色颗粒

比重：1.2（20 ℃）

滴熔点（Dropping point）：87～100 ℃

储存性：室温、干燥至少一年。

本品在混炼或塑炼的第一分钟即能快速溶于橡胶中，迅速地掺合及分散；可在不同温度范围下使用于开炼机或密炼机；含有高效的氧化催化剂及锌皂，可急速降低橡胶门尼黏度，大大缩短塑炼时间，降低成本、工时及能源消耗，有突出的经济效益；本品尤适用于温度 90～150 ℃时密炼机之塑炼；适用于天然橡胶及合成橡胶等黑色胶料配方中，特别是轮胎；可避免因任何半化学及全化学塑解剂所引起的物理性能下降现象，并可提高天然橡胶混炼后的回弹性。

用量 0.1～0.5 份，与橡胶一起加入。

第七章　加工型橡胶助剂

添加低用量就能明显改善胶料的加工性能，但并不显著影响产品物性的称为橡胶的加工助剂。早在橡胶加工初始阶段，硬脂酸、硬脂酸锌、羊毛脂就已被看作是有效改善橡胶胶料流动性的物质。由于硬脂酸在合成橡胶中的溶解度有限，以及某些产品需要解决复杂的加工工艺问题，促进了更多加工助剂的开发、应用。

加工助剂的名目、种类繁多，作用于混炼阶段加工助剂的功能主要是降低黏度、生热、能耗，缩短混炼时间，抑制凝胶和焦烧，帮助配合剂分散、混炼均匀等；作用于压延、压出阶段加工助剂的功能主要是提高挤出与压延流动性、减小口型膨胀、改善胶片平整光滑性、黏着性、返炼性等；作用于硫化阶段加工助剂的功能主要是提高模压、注压、注射、挤出连续硫化流动性、快速充模、抗返原、易脱模、减少模具污染等；作用于后工序阶段加工助剂的功能主要是抑制喷霜，保证制品的尺寸精度，提高物性指标，改善外观质量，提高制品的批次稳定性等。

现代加工助剂多为两亲的脂肪酸及其衍生物，其结构通式可以表示为：

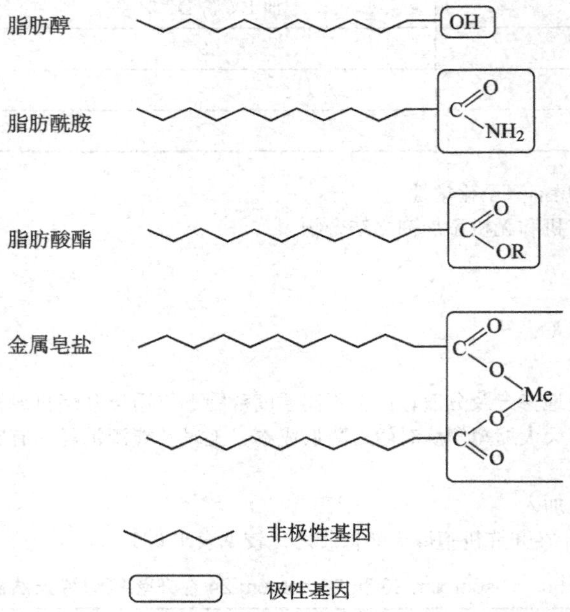

重要的脂肪酸见表 1.7.1-1。

表 1.7.1-1　常用脂肪酸

脂肪酸	碳链长度	双键数	脂肪酸	碳链长度	双键数
棕榈酸	16	0	蓖麻油酸	18	1
硬脂酸	18	0	亚油酸	18	2
油酸	18	1	亚麻酸	18	3
芥酸	22	1			

蓖麻油、椰油、鲱鱼油、橄榄油、棕榈核油、豆油、动物脂油、棉花籽油、花生油、亚麻油、棕榈油、菜籽油、葵花油等均为脂肪酸的原料来源。

脂肪酸酯通过脂肪酸与不同的醇反应制得，原料所用的酸和醇的碳链长度在 C20～C34 之间。脂肪酸酯除润滑效果好外，还可以改善胶料的分散性和浸润性，改善制品的表面光泽，有助于提高耐磨性，而不会削弱黏结性能。

在天然脂中，从棕榈叶中提取的棕榈蜡传统上用作氟橡胶的润滑剂，也是合成上光剂的一种原料；褐煤蜡是一种化石蜡，由褐煤通过萃取得到。

金属皂盐是通过脂肪酸盐（如钾）与金属盐（如二氯化锌）在水溶液中反应沉降生成。金属皂盐也可以通过将脂肪酸与金属氧化物、氢氧化物和碳酸化合物直接反应制得。6～8 个碳原子的脂肪酸皂盐在水中具有适当的溶解度，主要作为表面活性剂使用；8～10 个碳原子的脂肪酸皂盐主要作为抗硫化返原剂使用；C16～C18 饱和与不饱和的脂肪酸皂盐主要作为改善胶料流动性的加工助剂使用。为了在橡胶中取得更好的溶解性以及更低的熔点，多采用不饱和脂肪酸为原料。最重要的金属皂盐是锌和钙的皂盐。钙皂盐较少影响交联反应和焦烧，多用于含卤橡胶配方。硬脂酸锌具有高结晶性，在橡胶中的溶解性低，需要注意喷霜，常用作隔离剂。金属皂盐同时也是一种良好的浸润剂，在高剪切速率下可改善胶料的流动性，在未受剪切时可保持胶料较高的黏度。此外，不饱和脂肪酸皂盐可通过其润滑效果部分替代化学塑解剂，且在橡胶中具有更好的溶解性。

脂肪醇通过脂肪酸还原得到，主要用作内润滑剂，减小黏度，也可作为分散剂和隔离剂用于专用产品中。硬脂酸醇易喷霜。

脂肪酸酰胺由脂肪酸或它们的脂与氨或者酰胺反应制得。脂肪酸酰胺会影响焦烧安全性，需特别注意。硬脂酸、油酸和芥酸的酰胺往往用作热塑性体系的润滑剂。芥酸酰胺可减少丁苯硫化胶的摩擦系数。

加工助剂的用量一般为 1～5 份，多数情况下为 2 份，用量多时，易喷霜。某些增塑剂可能会减少加工助剂在橡胶中的溶解度，并使加工助剂喷霜。加工助剂一般应当在混炼阶段的最后加入。

一、均匀剂

主要作用是改善不同黏度和不同极性聚合物的相容性，化学成分上大多是脂肪烃树脂、环烷烃树脂和芳香烃树脂等不同极性的低分子树脂的混合物，通过软化和浸润聚合物的界面来促进混合，同时也能促进对填料的吃粉与分散，避免填料结块。当用均匀剂部分替代增塑剂时，还能增加生胶强度，减少增塑剂的迁移和喷霜。

用作均匀剂的树脂原料主要包括烃类树脂和酚类树脂：

烃类树脂，包括：苯并呋喃－茚树脂、石油树脂、萜类树脂、沥青、焦油及其共聚物。例如高苯乙烯和松香以及它们的盐、酯与其他衍生物。高苯乙烯、聚辛烷等也用来作主要起增硬作用的补强剂。聚辛烷由环辛烯的复分解反应制得，具有高度结晶性，熔融时具有低黏度，可提高胶粒的流动性，因其热塑性特性，易于加工，日益重要，目前已经在生胶强度及挤出的尺寸稳定性十分重要的场合有所应用。

酚类树脂，如烷基酚、甲醛树脂、烷基酚与乙炔缩合后的产物、木质素以及一些改性产品等。

对于部分单组分橡胶胶料，比如难加工的丁基橡胶，使用均匀剂可以帮助填料分散，改善黏着性等物理特性，还可获得较低的气体渗透性。

均匀剂通常在混炼的初始阶段加入，用量为 4～5 份，对于难混炼的聚合物则需加入 7～10 份。

均匀剂的供应商见表 1.7.1-2。

表 1.7.1-2　均匀剂的供应商（一）

供应商	商品名	化学组成	软化点/℃	密度/(g·cm^{-3})	灰分(≤)/%	形态	说明
连云港锐巴化工	均匀剂增黏剂 RH－100	深色芳香及脂肪族树脂混合物	100.0	1.1	2.0	黑棕色，粒状	只适用于深色或黑色橡胶制品。用于轮胎气密层、内胎及胶囊可提高制品气密性。用量 1～10 份，通过 PAHs18 项认证
	浅色均匀剂增黏剂 RH－150	浅色脂肪烃树脂混合物	100.0	1.0	0.5	浅黄色，粒状	用量 1～5 份，无污染性，适用于浅色胶料
青岛昂记	胶匀素 Q502	改性石油树脂之混合物				无尘棕黄色粉剂	用量 4～10 份
济南正兴	ZXJ－40		95～105		2	黑色颗粒	
	ZXJ－3010		95～110		2	黑色块状	
	ZXJ－3020		85～105		0.5	浅黄色颗粒	又名 60NS、60NSF
	ZXJ－3030		90～105		0.5	黄色颗粒	又名 51NS

表 1.7.1-2　均匀剂的供应商（二）

供应商	规格型号	化学组成	外观	软化点/℃	灰分/%	说明
华奇（中国）化工有限公司	均匀剂 SL－100	烃类树脂的混合物（普通型）	深黑色锭剂	96～109	≤2.0	主要应用于轮胎气密层及其他橡胶制品
	均匀剂 SL－400	烃类树脂的混合物（环保型）	深黑色锭剂	96～109	≤2.0	

元庆国际贸易有限公司代理的台湾 EVERPOWER 公司环保均匀增黏剂 RH－100AN 的物化指标为：

成分：脂肪族碳氢化合物之聚合体，外观：浅黄颗粒，色度：6，软化点：100±4 ℃，储存性：室温及正常干燥条件下储存期至少为二年。本品符合欧盟及德国关于多环芳烃（PAHs）可允许限值的规定。

本品为低分子量均匀增黏剂，能有效增进不同黏度或不同极性橡胶（如 CR、SBR 等）间的均匀混合。在高填充配方中，能有效改善填料在橡胶中的混合与分散，经过短时间混炼后胶料的显微镜照片即显示极佳的分散效果；可提供生胶适当的黏性及加工性，以便混炼、压出和压延时的操作；可缩短胶料混炼时间，减少能源的消耗；加入 2 份本品抗张强度约提高 5%，加入 4 份抗张强度约提高 15%，伸长率提高 10%；溶解在橡胶中呈半透明状，不影响原有色系。

本品应用于运动鞋底和鞋面黏合时，如鞋底采用红外线处理，本品为指定的免打粗剂；广泛应用于各型轮胎胎面，提高胎面耐磨 20%以上；也可用作橡塑并用时的均匀增黏剂，如应用于 NBR 与 PVC 共混；应用于 EVA、PVC 造粒，可提高塑料的回弹性及表面平坦性；在热熔胶与热熔压敏胶黏剂中可用作增黏剂，如应用于路标漆的配方中。

用法：混炼时与填充剂一起加入，用量：3～5 份。

均匀剂的供应商还有：嘉拓（上海）化工贸易有限公司、美国耀星公司代理的 Schill & Seilacher Struktol AG 公司的产品等。

二、分散剂

分散剂的作用是解决混炼中粉料的分散，即粉粒之间、粉粒与弹性体之间的分散，减少混炼时间。分散剂主要为脂肪酸酯、金属皂盐、脂肪醇或其混合物，通过润湿粉粒与弹性体的表面，使不同性质的粉粒之间或粉粒与弹性体之间减小相对位移的阻力，达到粉粒均匀分散到胶料中的目的。加入分散剂还能消除黏辊现象，改善脱模效果，特别适用于复杂模具的制品。

2.1　炭黑分散剂

化学组成：金属皂类混合物、表面活性剂与金属皂类混合物。

炭黑分散剂的供应商见表 1.7.1－3。

表 1.7.1－3　炭黑分散剂的供应商

供应商	商品名称	密度/($kg \cdot m^{-3}$)	滴落点(或熔点)/℃	ZnO/%	形态	pH 值	灰分(≤)/%	说明
连云港锐巴化工	RF－40	1100	95	8.5	浅黄色粒状			FDA 产品，用量 1～5 份
宜兴卡欧	AT－B							
青岛昂记	胶易素 T－78				淡褐色、黄棕色颗粒			用量 1.5～2.5 份
济南正兴	ZXF－1010		96～106	10	浅黄色颗粒		10.5	不适用于含卤素橡胶
	ZXF－1013		96～106	12～13	浅黄色颗粒		14	
	ZXF－1016		105～115	12～14	白色或者灰白色颗粒	6～8	14	
	ZXF－1020		100～115	12～13	浅灰色粉末		25	
	ZXF－1030		100	12～13	浅灰色颗粒	6～8	30	
	ZXF－2010 A/B				浅灰白至浅黄色		10	用于含卤素橡胶
	ZXF－2020 A/B						25	
	ZXF－2030 A/B						30	
无锡市东材科技	FS－210A				白色或微黄色粒子		20.0	①对硫化体系不发生干扰，并可有效防止喷霜，可明显改善硫化胶的耐磨性及耐屈挠性能，大幅提高制品品质。②胶料混炼时在加炭黑前加入效果更佳，用量 1～5 份。③适用于 NR 和各类合成胶（除氟橡胶和硅橡胶）
	FS－210B				白色或灰白色粒子		20.0	
青岛昂记	黏合分散剂 AJ－II	合成表面活性剂之金属皂基、官能高分子树脂、有机酚及活性无机物之混合物等			白色粉状	既具有帮助炭黑等材料在橡胶中均匀分散的功能，又具有增加胶料与尼龙帘线等骨架材料黏合的作用。用量 3～8 份		

2.2 白炭黑分散剂

化学组成：高分子饱和脂肪酸锌盐、表面活性剂与金属皂类混合物。

白炭黑分散剂的供应商见表 1.7.1-4。

表 1.7.1-4 白炭黑分散剂的供应商（一）

供应商	商品名称	熔点/℃	化学组成	形态	灰分/%	说明
连云港锐巴化工	RF—70	≥58	脂肪酸锌皂和脂肪酸酯	浅白色粉状或片状	≤17	用量 1～2 份，CR 胶种 2～6 份
青岛昂记	胶富丽 B—52		表面活性剂之金属皂基混合物	浅黄色粉粒		生胶用量的 1.5%～2.5%
	胶富丽 B—52A		表面活性剂之金属皂基混合物	白色无飞扬粉粒		用量 1.5～3.0 份
	白炭黑分散剂 W—225		金属皂盐、脂肪醇及无机载体等混合物	白色或淡黄色粉状		建议使用 2～3 份，推荐用量 2.5 份
无锡市东材科技	DST100		脂肪酸金属皂、表面活性剂的混合物	浅黄色粒子	≤20	在胶料混炼初期加白炭黑前加入。用量 2～5 份
	DST200		不含锌的脂肪酸皂和酯类的复合物	浅黄色或黄色粒子	≤12	
元庆国际贸易有限公司（德国 D. O. G）	DISPERGUM GT	95～110（滴熔点）	锌皂类和脂肪酸酯及无机分散剂的混合物	米黄色或米色颗粒	15.5～17.5（950 ℃×2 h）	比重：1.1（20 ℃），污染性：无。 本品可以改善白色和黑色填充剂的分散性，适用于胎面胶；由于锌的含量减少，本品比一般锌皂类更能加速改善流动性能，在混炼操作中更节省能源；有润滑剂作用，并可降低胶料门尼黏度；减少胶料黏辊现象；提高压出及压延速率，并使表面光滑；增加注射成型产量，减少不良率；能延长加工安全时间，因此允许提高硫化温度，可得较高产量；本品在 SBR、BR、NR 胶料中效果最显著。用量 3～5 份，与橡胶及填充剂一起加入

表 1.7.1-4 白炭黑分散剂的供应商（二）

供应商	规格型号	化学组成	外观	滴落点/℃	锌含量/%	加热减量/%	有机物含量%
华奇（中国）化工有限公司	白炭黑分散剂 SL—5044	脂肪酸锌皂盐混合物	黄色颗粒	91～101	≤ 8.5	—	—
	白炭黑分散剂 SL—5046	不含锌盐的新型白炭黑活性剂	白色至浅黄色粉末	—	—	≤2.5	≥50

2.3　其他无机填料分散剂

表 1.7.1－5　其他无机填料分散剂的供应商

供应商	商品名称	熔点/℃	化学组成	形态	说明
河北瑞威科技有限公司	RWF－R			白色颗粒，微弱气味	用量 1～5 份；可促进填料的分散，改善胶料流动性，快速降低门尼黏度，缩短混炼时间，提高加工效率
青岛昂记	塑固金 RT－602		无机材料复合多种有机材料	白色或淡黄色粉体	100 目筛余物≤1.0 %，105 ℃游离水分≤1.0 %，pH 值 7.5～10.5，吸油值(50±20)mL/100 g。本品能增进辅料与胶料的相容性，显著改善硫化胶的力学性能。用量为 4～8 份

元庆国际贸易有限公司代理的德国 D. O. G 填料分散剂 DEOSOLH 的物化性能指标为：

成分：脂肪酸酯及高分子蜡与惰性填料之乳化混合物，外观：淡灰色片状，比重：1.1（20 ℃），污染性：无，储存性：原封、室温至少一年。

本品在混炼过程中，对橡胶大分子有很好的润滑作用，降低了聚合物分子之间的摩擦生热，可显著降低炼胶耗能；适量的惰性填充剂避免了白色填料结块而导致的填料分散不均，显著提高分散性能；对炭黑和轻质填料有好的分散作用，压延、压出时便利了胶料加工；乳化增塑剂在高温下分解产生的少量水气降低了胶料的内部生热，以防焦烧，产生的少量水分在混炼过程中被蒸发；可防止橡胶胶料黏辊；优秀的润滑性提高了胶料的挤出速率，降低了生产成本。

用量 1～10 份，混合时与填料一起加入。

分散剂的供应商还有：嘉拓（上海）化工贸易有限公司、美国耀星公司代理的 Schill & Seilacher Struktol AG 公司的产品等。

三、流动助剂

流动助剂可以分为两类，一类称为流动排气剂，通过降低橡胶与加工设备金属表面之间摩擦力，改善挤出成型橡胶制品的加工性能，其成分主要为低相对分子质量聚乙烯和聚丙烯。压延、压出时，部分流动排气剂从胶料中迁出至表面，在加工设备表面与胶料之间形成润滑薄膜，减小胶料与腔壁的摩擦，发生滑壁现象。一类称为流动分散剂，其成分主要为羊毛脂、脂肪酸、金属皂盐、脂肪酸酯、脂肪酸酰胺和脂肪酸醇等。

流动分散剂的作用机理包括内润滑和帮助填料分散。内润滑是流动分散剂与橡胶相容性存在一定差异，由于溶解度有限而发生微观相分离，聚集形成层状或多层状胶束结构。与层状的润滑剂（如石墨）结构相似，层状胶束间弱的分子间作用力易于破坏，在剪切力的作用下会产生相互间的滑动，使胶料黏度降低，流动性提高。另一方面，流动分散剂极性基团吸附在极性填料表面，非极性端伸至橡胶中，减小填料与橡胶之间的界面张力，使填料更容易分散在橡胶之中，同时降低了填料粒子之间的相互作用，不易聚集，填料网络结构降低。

好的流动分散剂，添加 5 份左右于 NR 或 SBR 中，可获得表 1.7.1－6 所示效果。

表 1.7.1－6　流动分散剂的性能

应用工艺	应用效果	NR	SBR
混合	混炼能量节约	17%	
传递模压	注射量增加	57%	14%
压出	压出能量节约	15%	16%
	压出量提高	180%	150%
	压出表面质量提升		压出表面质量提升
注射、模压	注射量约增加	200%	70%
	注射作业时间节省	30%	40%

流动助剂的供应商见表 1.7.1－7。

表 1.7.1-7 流动排气剂的供应商

供应商	商品名称	化学组成	外观	密度/(g·cm^{-3})	加热减量(≤)/%	挥发分(≤)/%	灰分(≤)/%	变色性	说明
锐巴化工	PW 流动排气剂	碳氢化物及表面活性剂之混合物	白色粉末(颗粒)	0.95	3	5		75	用量 2～5 份
	RL－10	饱和脂肪酸衍生物的混合物	白色粒状	1.150	3	5	25	65	通用型流动分散剂，适用胶种广，省成本
	RL－12	饱和脂肪酸酯的衍生物	浅白色粒状	1.100	3	5	20	61	通用型流动助剂，适用胶种广
	RL－16	脂肪酸酰胺和脂肪酸皂的混合物	浅黄色粒状	1.000	3	5	15	100	适用于 CR/IIR，改善加工时黏辊，提高流动分散性；后段加入时作为内脱模剂，改善脱模性能
	RL－20	脂肪酸衍生物的混合物	乳白色粒状	1.000	3	5	20	90	适用于 EPDM 高填充配方，提高挤出和流动分散性能
	RL－22	饱和脂肪酸酯	白色粒状	1.000	3	5	25	60	适用于 NBR/HNBR/ACM/CSM，改善极性胶料的流动分散性
	RL－28	特殊化合物	灰色粒状	1.100	3	5	25	60	适用于氟胶，改善流动和脱模性能
河北瑞威	RWL－R		乳白色或淡黄色颗粒，微弱气味						用量 1～6 份
宜兴卡欧	AT－P 流动排气剂	表面活性剂、脂肪酸衍生物和烃类润滑剂的混合物	浅黄色或黄色颗粒		3	4	16±2		用量 2～5 份
三门华迈化工产品有限公司	通用型流动分散剂 HM－4	高分子量脂肪酸酯和高分散物料的混合物	白色或浅黄色颗粒	1.15	滴落点：55℃				用量 2 份左右。混炼前段加入，可以达到较佳的分散效果；在混炼后段加入，可以达到较佳的脱模效果
	爽滑剂 HM－18	以植物油为原料加工制得	白色颗粒		本品与树脂相容性较好，对热氧、紫外线较稳定，具有典型的极性与非极性结构，能在物质界面形成单分子膜，具有抗黏结、爽滑、流平、防水、防湿、放沉淀、抗污损、抗静电及分散等功效。可提高挤出效率及外观质量，增加橡胶制品表面的光洁度，防止灰尘在制品表面的附积，用于 CR/ACM/CSM/FKM 可改善胶料混炼黏辊特性，用于热塑性弹性体及其他橡胶产品可防止产品互相黏连。建议用量为 0.5～2 份				
	流动排气剂 HM－617	高分散物料及表面活性剂的混合物	白色微珠或粉末状	1.00	滴落点：100℃				用量 3 份左右，混炼前段加入

续表

供应商	商品名称	化学组成	外观	密度/(g·cm^{-3})	加热减量(≤)/%	挥发分(≤)/%	灰分(≤)/%	变色性	说明
无锡市东材科技	DOFLOW系列	高碳醇类、酯类以及脂肪酸及其衍生物的混合物	白色或浅黄色颗粒	灰分：≤30%，加热减量：≤3.0%。用量：2～5 份 本品可改善橡胶胶料的流动及分散，降低胶料门尼黏度；明显改善胶料的压延、挤出等加工工艺性能，使胶料表面光滑无气孔并缩短挤出时间，明显改善模具制品脱模性能；改善成品尺寸稳定性、发泡制品之均匀性以及减少收缩；缩短胶料的混合时间，可避免胶料黏着在混合机及压延机的滚筒上，可减少焦烧的危险。DOFLOW 系列适用于 NR 和各种合成胶，广泛应用于轮胎及各种橡胶制品					
	DL24	碳氢化合物之混合物	白色粒状	灰分：≤12% 加热减量：≤3.0% 用量：1～5 份					可防止胶料黏筒，减少焦烧现象，尤其是在高填料配方中，有很好的增塑效果，在挤出和转模的时候，模具在低压下就能快速充模，改善了脱模性
	DL12	高分子量脂肪酸盐和碳氢化合物之混合物	白色颗粒	灰分：≤20% 加热减量：≤3.0% 用量：1～5 份					对炭黑、白炭黑、碳酸钙等补强填充剂及各种促进剂、防老剂在胶料中具有高效混合与分散作用。可快速降低门尼黏度，缩短混炼时间，并提高胶料流动性及脱模性。本产品为中性，不影响加硫胶硫化速度，也可用于过氧化物硫化
	DL18	高分子量脂肪酸盐和碳氢化合物之混合物	棕黄色颗粒	灰分：≤20% 加热减量：≤3.0% 用量：1～3 份					可迅速降低黏度，改善填料分散，使各个批次间胶料质量均匀稳定，特别适合于挤出的胶料配方，而且对于传模和注模硫化也有许多益处。因含有“锌”可作为硫化活性剂而减少硬脂酸与氧化锌的用量
	流动剂DC－L10	脂肪酸及其衍生物、优化润滑剂的混合物	乳白色或微黄色粒子	灰分：≤12.0% 加热减量：≤3.0% 用量：2～5 份					在配方中适量添加，可改善制品的物理机械性能，不会影响黏合。在胶料混炼初期和其他小料一起加入。可用于天然橡胶和各类合成橡胶的加工生产，亦可用于氟橡胶
	流动剂DC－L11	脂肪酸及其衍生物、润滑剂、表面活性剂的复合物		灰分：≤10.0% 加热减量：≤3.0% 用量：2～5 份					
	排气剂DC236	碳氢化物及表面活性剂之混合物	白色粉状或细粒状	熔点：100±5℃				无	用量 2～5 份
	排气剂DC－P85	优化的表面活性剂、脂肪酸衍生物和润滑剂等之混合物	黄色或淡黄色粒子	灰分：≤20.0% 加热减量：≤3.0%					

续表

供应商	商品名称	化学组成	外观	密度/(g·cm^{-3})	加热减量(≤)/%	挥发分(≤)/%	灰分(≤)/%	变色性	说明
元庆国际贸易有限公司（德国D. O. G）	流动分散剂 DISPERGUM PT	浓缩饱和及不饱和脂肪酸锌盐混合物	灰棕色或米色颗粒	比重：1.1（20℃），灰分：12%～14%（950℃×2H）：滴熔点（Dropping point）：95～110℃；污染性：无。 本品有润滑剂作用，并可降低胶料门尼黏度，因此可以节约能源、改善填充剂和其他配合剂的分散；由于含有脂肪酸锌盐成分，故可减少硬脂酸及氧化锌的用量；减少胶料黏辊现象；提高压出及压延速率，并使表面光滑；增加注射成型产量，减少不良率；能延长加工安全时间，因此允许提高硫化温度，可得较高产量；本品在SBR、BR、NR胶料中效果最显著					用量2～5份，与其他配合剂一起加入，适用于轮胎胶料混炼、压出成型、复杂模压、发泡橡胶及注射成型等
	流动咀嚼剂 DISPERGUM R	不饱和脂肪酸锌盐与润滑剂结合物	灰棕色至棕色颗粒	比重：1.0（20℃），滴熔点（Dropping point）：97±5℃，污染性：无。 本品具有润滑剂咀嚼剂的，使混炼和加工便利，且有助于配合剂的分散；由于降低了操作温度而有助于节约能源及减少机械磨损。由于含有脂肪酸锌盐成分，故可减少硬脂酸及氧化锌的用量；减少干胶料黏于辊筒的情形；减少胶料黏辊现象；提高压出及压延速率，并使表面光滑；增加注射成型产量，减少不良率；能延长加工安全时间，因此允许提高硫化温度，可得较高产量；可改善CR之储存安定性及发泡橡胶之均匀性					用量：一般橡胶2～5份，CR中2～3份，过氧化物硫化体系中2份。与其他配合剂一起加入，适用于压出成型、复杂模压、发泡橡胶及注射成型等
	流动分散剂（食品级）DISPERGUM ZK	特定的脂肪酸锌和钾盐组合	浅灰色或米色颗粒	灰分：13.0%～14.4%（2 h于950℃×2 h），滴熔点：90～100℃，密度：1.1 g/cm^3（20℃） 本品是锌和钾皂的组合，适用于轻质填料和炭黑填充体系；对高金属填料的填充也能达到优异的分散性，缩短混炼时间；在模压过程中，可改善混炼胶的流动性；本品适用于所有标准弹性体如NR、SBR、EPDM和NBR					用量2～5份，德国食品法规（BFR recommendation XXI）允许，美国联邦法规规范FDA－CFR Title 21，Part177.2600已登记
	分散剂和外部润滑剂 DEOGUM 379	甲基－12－羟基硬脂酸	白色片状	酸值：10 mgKOH/g，熔点：45～52℃。 本品添加低剂量可用作内部润滑剂；在高剂量时提供一个干的润滑薄膜，可以减小摩擦系数，在挤出成型时通常可以观察到高光泽度					用量2～10份，适用于TPE和PVC
	流动分散剂 DEOFLOW AP	脂肪酸酯结合润滑剂之混合物	米色粒状	密度：1.0 g/cm^3（20℃），灰分：<0.5%（950℃×2 h），软化点：96～108℃。 本品对填充剂有分散作用，在没有咀嚼剂或活性剂作用的硫化过程中，可以改善胶料的流动和挤出性能					用于会造成干扰的含水和锌的加工助剂，会影响加工的合成橡胶制品。用量2～6份
元庆国际贸易有限公司（台湾EVERPOWER）	流动排气剂 CH 236	碳氢化合物及表面活性剂之混合物	白色细粒状	比重（25℃）：0.86，无变色性，在低温干燥处储存无限制。 用法：混合时与药品一起加入，用量2～5份。适用于NR、SBR、BR、CR、EPDM、NBR等各种橡胶及TPR、EVA及各种塑料（如PVC、PE、PP、ABS等）					本品可降低胶料门尼黏度，增加胶料流动性及分散性；帮助制品离模及气泡之排除，降低复杂模具中制品之缺胶现象，且不影响黏结；减少不良率，降低人工成本，亦可节省电力；增加压出速度及成品之表面光滑性；改善成品尺寸安定性、发泡均匀性，减少收缩

续表

供应商	商品名称	化学组成	外观	密度/(g·cm^{-3})	加热减量(≤)/%	挥发分(≤)/%	灰分(≤)/%	变色性	说明
青岛昂记橡塑科技有限公司	胶易素 T－78	合成表面活性剂之金属皂基混合物	淡褐色/黄棕色颗粒	适用胶种：NR、IR、BR、SBR、NBR、CR、IIR、EPDM、FKM、CSM、ACM等，可广泛应用于轮胎、胶带、胶管、压出注射橡胶制品、发泡橡胶制品及模压橡胶制品等。 推荐用量：①以炭黑用量及表面积大小决定添加量，例：a）以 HAF 用量之 3.0±1.0%使用；b）以 SRF 用量之 2.05±1.0%使用。②以生胶用量的 1.5%～2.5%使用。③于 CR 之应用宜以一般量的 2～3 倍使用					①本品兼具化学及物理塑解作用，提高混炼效率，缩短混炼周期；②改善胶料的流动性与填料分散性，尤其适用于冷喂料挤出工艺；③改善炭黑的分散性，可适当增加炭黑的用量，降低原材料的成本；④改善各配方材料的相容性，有助于减少喷霜现象的发生。⑤提高胶料批次间质量稳定性；⑥降低胶料门尼黏度，改善压延、压出工艺性能，对门尼焦烧时间、硫化特性、硬度、定伸应力、拉伸强度等物理机械性能和老化性能均无影响，且能明显改善耐磨耗性能；⑦用量仅为其他同类产品用量的一半；⑧用于阻燃橡胶制品，可提高阻燃指标
	胶易素 T－78A	合成表面活性剂之金属皂基、官能高分子之混合物	淡褐色/黄棕色粉末或颗粒	本品为复合型高效能分散助剂，可迅速降低混炼胶的门尼黏度，提高胶料可塑性，增加炭黑及无机填料的分散度，提高胶料的均一性，缩短混炼周期，提高压延压出速度，达到既提高了设备利用率，也提高了产品质量，并降低了生产成本。 适用胶种：NR、IR、BR、SBR、NBR、CR、IIR、EPDM 等，可广泛用于轮胎胎面、内胎、气密层、胶管、胶带等各种胶料配方中，尤其是高填充胶料配方中作用明显。 一般推荐用量：100 份生胶用 1.5～2.5 份					
	胶易素 T－78E	合成表面活性剂之金属皂基、官能高分子之混合物	淡褐色/黄棕色颗粒	本品为经济型高效能分散助剂，对硫化系统不发生干扰并对物理机械性能均无影响。适用胶种：NR、IR、BR、SBR、NBR、CR、IIR、EPDM等，可广泛用于各种轮胎胎面、内胎、气密层等各种轮胎胶料配方中。 一般推荐用量：以生胶用量的 1.5～2.5 份为好					①本品是一种对炭黑及无机填料具有双重分散作用的分散助剂，不仅具有内部和外部润滑作用，还具有官能高分子的化学键合作用，是一种复合型高效能分散助剂，用以改善胶料中粉剂的分散性，尤其是对炭黑的分散性；②可有效地缩短混炼时间、提高压延、压出速度，降低压出温度，提高设备利用系数、降低能耗、降低成本；③可降低压延、压出温度，提高加工操作的安全性，提高压出、压延半成品的合格率，提高压出、压延制品的致密性、光洁性，减少成品缺陷，提高产品合格率，提高产品质量；④适量加入可有效抑制胶料喷霜；⑤可提高混炼胶的均一性，提高成品的耐磨性能、屈挠性能等，提高产品质量稳定性

四、消泡剂

常温常压下连续硫化的橡胶制品，如密封胶条等，需要在配方中加入消泡剂（干燥剂），消泡剂的主要成分通常是 CaO，相对分子质量 56.08。CaO 吸收水汽生成氢氧化钙，这使得橡胶制品可在无压条件下连续挤出硫化时，避免由于水蒸气的存在使胶料出现海绵性缺陷，因此该产品特别适合用于需要在热空气、硫化床、盐浴或微波设备中连续硫化的挤出胶料中，如汽车或建筑用密封条。也可用于防止在 PVC（尤其干式）混合时气泡的形成。由于可使泡孔结构更均一，CaO 还可用于发泡制品，特别是微孔海绵橡胶制品。

HG/T 4183—2011《工业氧化钙》适用于主要用于化工合成、电石制造、塑料橡胶制造以及烟气脱硫等行业的工业氧化钙。工业氧化钙分为四个类别：Ⅰ类产品为化工合成用；Ⅱ类Ⅰ类产品为电石用；Ⅲ类产品为塑料橡胶用；Ⅳ类产品为烟气脱硫用。工业氧化钙的技术要求见表 1.7.1－8。

表 1.7.1－8　工业氧化钙的技术要求

项目	指标			
	Ⅰ类	Ⅱ类	Ⅲ类	Ⅳ类
外观	白色、灰白色粉末			白色、黄褐色 50～120 mm 块状固体
氧化钙（CaO）$w(\geqslant)/\%$	92.0	90.0	85.0	82.0
氧化镁（MgO）$w(\geqslant)/\%$	1.5			1.6
盐酸不溶物 $w(\leqslant)/\%$	1.0	0.5		1.8
氧化物 $w(\leqslant)/\%$				1.8
铁（Fe）$w(\leqslant)/\%$	0.1			
硫（S）$w(\leqslant)/\%$				0.18
磷（P）$w(\leqslant)/\%$				0.02
二氧化硅（SiO_2）$w(\leqslant)/\%$				1.2
灼烧减量 $w(\leqslant)/\%$	4.0	4.0		
细度：（0.038 mm 试验筛筛余物）$w(\leqslant)/\%$ （0.045 mm 试验筛筛余物）$w(\leqslant)/\%$ （0.075 mm 试验筛筛余物）$w(\leqslant)/\%$	 5.0 1.0	2.0	用户协商	
生烧过烧 $w(\leqslant)/\%$				6.0

储存后如发现 CaO 颗粒已经吸水、膨胀，应停止使用。

消泡剂氧化钙的供应商见表 1.7.1－9。

表 1.7.1－9　消泡剂的供应商

供应商	商品名	化学组成	外观	CaO 含量 $(\geqslant)/\%$	加热减量 $(\leqslant)/\%$	水分吸收率 $(\geqslant)/\%$	筛余物 38 μm $(\leqslant)/\%$	说明
金昌盛（韩国 HWASUNG）	除湿消泡剂 AN 200/600	CaO 与精制去氧特种油和表面活性剂的混合物	灰白颗粒/粉末	75	25	20	≤0.5 400 目	海绵橡胶用量 3～5 份；PVC 产品用 2～5 份；固体橡胶产品用 5～10 份
宁波硫华	CaO—80GE F200	以 EPDM/EVM 等为载体	灰白颗粒	96			0.1	用量 2～10 份
锐巴化工	CaO—80 GE	EPDM	灰白颗粒	97	20	20	0.1	挤出、模压均可

元庆国际贸易有限公司代理的德国 D. O. G 公司的 DEOSEC PD—F 除湿消泡剂（食品级）的物化指标为：

成分：氧化钙和最高 5%的矿物油，外观：淡灰色粉末，灰分（950 ℃×2 h）：92%～98%，密度（20 ℃）：3.2 g/cm³，CaO 残留量 0.063 mm：＜ 0.05%，储存性：室温、干燥至少一年。

本品中的矿物油可以抑制粉尘的产生，本品与胶料的相容性良好，分散性佳；胶料中的水分可以用本品来化合，避免加工过程因水分所产生的气孔现象。已获德国食品法规（BgW Recommendation XXI）认可、美国联邦法规（FDA—CFR Title 21，Part177）登记。

用量：2～12 份，主要应用在连续注射和无压硫化加工（如 UHF、热空气、LCM 等）的制品上。

元庆国际贸易有限公司代理的德国 D. O. G 公司的硫化稳定剂 DEOSTAB 适用于氧化钙配方，可改善配方中因添加氧化钙而产生的不利影响。其理化指标为：

成分：交联之脂肪油添加特殊之稳定剂，外观：白色研磨粉末，比重（20 ℃）：1.1，灰分：5.0%～7.0%，储存性：原封室温至一年以上。

本品适用于含氧化钙之配方中，可改善因添加氧化钙而产生之负面影响，并可改善抗压缩变形，使硫化曲线稳定。

用量 0.5～2P 份，与橡胶一起加入。

氧化钙的供应商还有：杭州稳健钙业有限公司、新疆天业（集团）有限公司、内蒙古白雁湖化工股份有限公司、建德市天石碳酸钙有限责任公司、常数大众钙化物有限公司、建德市云峰碳酸钙有限公司、建德市鑫伟钙业有限公司、建德市兴隆钙粉有限公司等。

五、增黏剂

与天然橡胶相比，大多数合成橡胶黏度都较低，增黏剂能够改善未硫化胶各接触表面的相互融合，从而改善成型时胶料的自黏性，也可同时改善胶料的流动性。在高填充的天然橡胶配方中也会用到增黏剂。

增黏剂用量一般不低于 2.0 份。

5.1　天然增黏树脂

5.1.1　萜烯树脂及其衍生物

本品是用松节油 α-蒎烯和 β-蒎烯，在路易斯酸催化剂的作用下，经阳离子聚合而得到的从液体到固体的一系列线形颗粒或者片状的聚合物，淡黄色透明、脆性的热塑性颗粒状或者片状固体，无毒、无臭。聚合时，α-蒎烯和 β-蒎烯的环丁烷开环，形成聚烷基化合物。详见图 1.7.1-1。

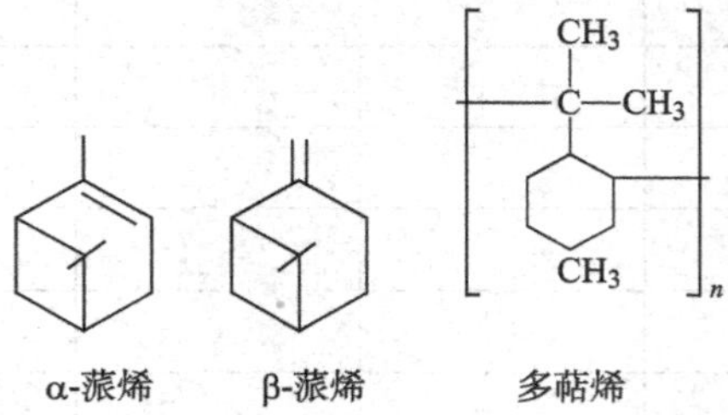

图 1.7.1-1　α-蒎烯、β-蒎烯与多萜烯

α-蒎烯和 β-蒎烯也可与其他单体（如：苯乙烯、苯酚、甲醛等）进行阳离子共聚合生成萜烯-苯乙烯、萜烯-苯酚等萜烯基树脂。萜烯树脂的分子式（$C_{10}H_{16}$）n，平均分子量 650～1 250。本品是一种优良的增黏剂，具有黏结力强、抗老化性能好、内聚力高、耐热、耐光、耐酸、耐碱、耐臭、无毒等优良性能。

本品对氧、热、光比较稳定，电绝缘性强，耐稀酸、耐碱。易溶于苯，甲苯、松节油、汽油等，不溶于水、甲醇和乙醇。萜烯树脂是一种新型优良的增黏剂，增黏性能优于松香及松香改性物和石油树脂等。萜类树脂具有一定的抗氧化能力，可改善橡胶的老化特性。

热塑性萜烯酚醛树脂能改善氯丁橡胶及其胶黏剂的黏着性，可产生很高的黏结强度，并有极好的稳定性。

萜烯树脂的供应商见表 1.7.1-10。

表 1.7.1-10　萜烯树脂的供应商

供应商	规格型号	外观	软化点/℃	酸值(≤)/(mgKOH/g)	碘值 gBr/100 g	皂化值(≤)/(mgKOH/g)	密度/(g·cm⁻³)	熔融黏度(≤)/MPa·s	灰分(≤)/%
濮阳市昌誉石油树脂有限公司	TR90－120	淡黄色透明颗粒	80～120	0.5	40～65	1.5	1.02～1.12	90	0.03

元庆国际贸易有限公司代理的韩国 KOLON 公司 KPT－1520G 抗湿滑树脂的物化指标为：

外观：浅棕色颗粒状，软化点（环球法）：110～120 ℃。

本品是一种萜烯酚树脂，可以强化轮胎的抓地性能。当在天然橡胶或合成橡胶的胎面胶中使用本品时，在高温或低温环境下皆可以改善抓地性能。

用量与用法：建议使用密炼机采用高温（≥130 ℃）混炼。用于胎面胶的用量为 2～10 份，若树脂用量高于 10 份，硫化胶的耐磨性将会迅速下降。

颗粒状的树脂在炎热的气候或储存在近热源的环境下会产生结块现象。建议储存在室内，并保持温度不要超过 40 ℃。本品应在生产后的一年内使用完毕。

5.1.2　松香及其衍生物

用作增黏树脂的松香及其衍生物，包括线形木松香、松香酯、松香甘油酯、脱氢松香酸、松香季戊四醇酯等。

详见本手册第一部分．第六章．4.1。

5.2　石油树脂

石油树脂相对密度 0.97～1.08 g/cm³，一般可分为 C_5（脂族类）、C_9（芳香烃类）、DCPD（环脂二烯类）、脂肪族/芳香族共聚树脂（C_5/C_9）、C_5 加氢石油树脂、C_9 加氢石油树脂及纯单体等七种型态，其组成分子皆是碳氢化合物，故又称之为碳氢树脂。

C_5 石油树脂还可进一步分为通用型、调和型和无色透明型 3 种；C_5 石油树脂软化点多在 100 ℃左右，主要作为增黏剂用于 NR 和 IR 胶料中。C_9 石油树脂按原材料预处理（精馏与粗馏）及软化点分为 PR1 和 PR2 两种型号和多种规格；低软化点的 C_9 石油树脂主要用作轮胎和其他橡胶制品的增黏剂，软化点在 120 ℃以上的 C_9 石油树脂还可用作橡胶补强剂。DCPD 树脂又有普通型、氢化型和浅色型 3 种之分，软化点为 80～100 ℃，用于轮胎、涂料和油墨。C_5/C_9 石油树脂软化点为 90～100 ℃，主要用于 NR 和 SBR 等橡胶和苯乙烯型热塑性弹性体。氢化的 DCPD 树脂软化点可高达 100～140 ℃，主要用于各种苯乙烯型热塑性弹性体和塑料中。

若以 2 份石油树脂代替 1 份松香，则可改善硫化橡胶的动态性能，耐磨性也可得到改善，它们在橡胶中的用量一般为 3～5 份。

5.2.1　C_5 树脂

本品主要由五个碳原子的双烯烃，如间戊二烯，异戊二烯等通过一定的温度压力和在催化剂作用下经聚合反应而成的低相对分子质量聚合物，平均相对分子质量 1 000～2 500，淡黄色或浅棕色片状或粒状固体，密度：0.97～1.07 g/cm³，软化点：70～140 ℃，折射率：1.512。溶于丙酮、甲乙酮、醋酸乙酯、三氯乙烷、环己烷、甲苯、溶剂汽油等。具有良好的增黏性、耐热性、安定性、耐水性、耐酸碱性，增黏效果一般优于 C_9 树脂。与酚醛树脂、萜烯树脂、古马隆树脂、天然橡胶、合成橡胶，尤其与丁苯橡胶相容性好。可燃、无毒。本品主要用于轮胎等橡胶制品的混炼，也可作为补强剂、软化剂、填充剂等，还用作配制压敏胶、热熔压敏胶、热熔胶和橡胶型胶黏剂的增黏树脂。

C_5 树脂的供应商见表 1.7.1-11。

表 1.7.1-11　C_5 树脂的供应商

供应商	规格型号	外观	软化点/℃	酸值(≤)/(mgKOH/g)	溴值/(gBr/100 g)	蜡雾点(≤)/℃	密度/(g·cm⁻³)	熔融黏度(≤)/MPa·s	灰分(≤)/%
濮阳市昌誉石油树脂有限公司	CY1102	淡黄色颗粒状	85～108	1.00	30～50	138	0.96～0.98	250	0.03
天津市东方瑞创橡胶助剂有限公司	PR－80	片状或颗粒状棕色固体	70～80	0.50			0.97～1.07		0.10
	PR－90		80～90	0.50					0.10
	PR－90		90～100	0.50					0.10

元庆国际贸易有限公司代理的法国 CRAY VALLEY 公司 Wingtack 纯 C_5 树脂的物化指标为：

灰分：0.0，颜色（Gardner，50%甲苯溶液）：1.7，烯烃比（远红外线 FTIR）：0.23，分子量 Mn：1100，分子量 Mw：170，软化点：98 ℃，比重（25 ℃）：0.94，玻璃化温度 T_g（中间值）：55 ℃，玻璃化温度 T_g（起点）：49 ℃。

热稳定性（10 g×5 h×177 ℃）：老化后颜色值：8，结皮：0%，重量损失：2.3%。

一种低色度的片状浅黄色脂肪族树脂，其黏性、剥离强度和黏结强度等参数做到了出色的平衡。颜色浅、气味和挥发性低。另外，产品还具有熔融黏度低、比重低和在混合温度下色彩稳定性好的特点。

本品与大部分橡胶、聚烯烃及石蜡的相容性最佳，和氯化丁基橡胶、丁腈橡胶、聚丁二烯橡胶、聚异丁烯、SBS、SBR、PVC、EVA（VA>28%）、压敏黏合剂（PSAs）亦可相容，通常溶于低至中极性的溶剂。

本品主要用于黏合剂、热熔胶、压敏黏合剂、马路黄白线等涂料、密封胶、轮胎、输送带、胶管、鞋底、球类、滚轮等橡胶制品。

元庆国际贸易有限公司代理的韩国 KOLON 公司 SU100S 氢化 C_5 树脂的物化指标为：

本品为由 C_5/循环碳氢水聚合的白色热塑性树脂，主要用途为热熔黏结剂（HMA），热熔压力感应黏结剂（HMPSA）的增黏剂，因为其良好的耐热性与基础聚合物的黏合剂有良好的相容性，如乙烯-乙酸乙烯酯（EVA）、苯乙烯-异戊二烯-嵌段共聚物（SIS）等。本品透明度佳，不会影响色泽，可降低 EVA 发泡硬度，适用于吸震材料。本品可用于与食品接触的制品。

本品在炎热气候或存放靠近热源，可能会集结成块状，应室内存放，保持温度不超过 30 ℃。

其技术指标见表 1.7.1-12。

表 1.7.1-12　SU100S 氢化 C_5 树脂的技术指标

项目	指标值	实测值	测试方法
软化点（环球法）/℃	97～06	100	ASTM E28
颜色（50%甲苯溶液，HAZEN）	≤50	25	ASTM D1209
相对密度（20 ℃）/(g·cm^{-3})	1.08		ASTM D71
酸值/(mgKOH/g)	0.04		ASTM D974
BRF(160 ℃)/cps BRF(180 ℃)/cps	680 190		
分子量（GPC，Mw）	540		G. P. C.

5.2.2　C_9 树脂

C_9 石油树脂又称芳烃石油树脂，由乙烯装置副产物的碳九馏分为原料，经聚合反应而生成的分子量介于 300～3 000 的低相对分子质量聚合物，浅黄色至棕褐色片状或粒状固体，具有酸值低，混溶性好，耐水、耐乙醇和耐化学品、绝缘等特性，对酸碱具有化学稳定，并有调节黏性和热稳定性好的特点。C_9 石油树脂分为热聚、冷聚、焦油等类型，其中冷聚法产品颜色浅、质量好，平均相对分子质量 2 000～5 000，淡黄色至浅褐色片状、粒状或块状固体，透明而有光泽，密度：0.97～1.04 g/cm^3，软化点：80～140 ℃，折射率：1.512，闪点：260 ℃，酸值：0.1～1.0，碘值 30～120。

轮胎和橡胶主要使用低软化点的 C_9 石油树脂，对橡胶硫化过程没有大的影响，起到增黏、补强、软化的作用。

HG/T 2231－1991《石油树脂》适用于以石油裂解 C_9 馏分为原料经催化聚合生产的芳烃石油树脂，将石油树脂按原料预处理工艺分为两类：PR－1，精馏；PR－2，粗馏。石油树脂软化点用阿拉伯数字表示，其代号和温度范围见表 1.7.1-13。

表 1.7.1-13　石油树脂的代号和温度范围

代号	软化点/℃	代号	软化点/℃
90	>80～90	120	>110～120
100	>90～100	130	>120～130
110	>100～110	140	>130～140

PR－1 石油树脂的理化性能见表 1.7.1-14。

表 1.7.1-14　PR－1 石油树脂的理化性能

项目		PR1－90			PR1－100			PR1－110			PR1－120			PR1－130			PR1－140		
		优等品	一等品	合格品	优等品	一等品	合格品	优等品	一等品	合格品	优等品	一等品	合格品	优等品	一等品	合格品	优等品	一等品	合格品
软化点/℃		>80～90			>90～100			>100～110			>110～120			>120～130			>130～140		
颜色号	试样：甲苯＝1：1(≤)	10	11	12	10	11	12	10	11	12	11	12	14	11	12	14	11	12	14
	试样：甲苯＝1：8.5(≤)	6	7	8	6	7	8	6	7	8	7	8	10	7	8	10	7	8	10
酸值(≤)/(mgKOH/g)		0.1	0.5	1.0	0.1	0.5	1.0	0.1	0.5	1.0	0.1	0.5	1.0	0.1	0.5	1.0	0.1	0.5	1.0
灰分(≤)/%		0.1																	
溴值/(gBr/100 g)		根据用户需要协商确定																	

PR－2 石油树脂的理化性能见表 1.7.1-15。

表 1.7.1-15　PR－2 石油树脂的理化性能

项目		PR2－90		PR2－100		PR2－110		PR2－120		PR2－130	
		一等品	合格品	一等品	合格品	一等品	合格品	一等品	合格品	一等品	合格品
软化点/℃		>80～90		>90～100		>100～110		>110～120		>120～130	
颜色号	树脂：甲苯＝1：1(≤)	17	—	17	—	17	—	17	—	17	—
	树脂：甲苯＝1：8.5(≤)	12	—	12	—	12	—	12	—	12	—
酸碱度（pH）		6～8									
灰分(≤)/%		0.1	0.5	0.1	0.5	0.1	0.5	0.1	0.5	0.1	0.5

C_9 树脂的供应商见表 1.7.1-16。

表 1.7.1-16　C_9 树脂的供应商

供应商	规格型号	化学组成	外观	软化点/℃	酸值(≤)/(mgKOH/g)	溴值/(gBr/100 g)	正庚烷值 25 ℃/mL	熔融黏度(≤)/MPa · s	灰分(≤)/%	说明
濮阳昌誉	CYH80(热聚)		淡黄色颗粒	75～80	0.5	70～155(I值)	20	400～800	0.03	
	CYL100(冷聚)		淡黄色颗粒	90～100	0.1～0.5	25～50	20	400～600	0.1	
金昌盛	P90 增黏树脂	改性芳香树脂	淡黄色颗粒	95±5	<0.1	≤30				2～8 份，适用于开炼机混炼
	P110S 增黏树脂	改性芳香树脂	淡黄色颗粒	110±5	<0.1	<30				2～8 份
	SU100 透明树脂	氢化芳香树脂	乳白色粒状	100±5	<0.05				0.01	2～8 份
	LS506 增黏树脂	改性脂肪烃树脂	浅黄色颗粒	100±4	≤1	密度：0.95～1.05 g/cm³ 色度（号）：≤5				
	LS509 抗撕裂树脂	二氢、四氢二十酸及石油树脂改性物	浅黄色粒状或块状	75～95	加热减量≤1%	①本品可增加胶料黏性，改善填料分散，提高胶料工艺性能；②有效提高硫化胶撕裂强度和耐切割性能；③显著提高鞋底抗湿滑性能			5	适用于载重和工程轮胎胎面及鞋底。用量 1～8 份
山东一诺	C_9 石油树脂			110～140	0.5				0.1	
天津市东方瑞创	PR－80		棕色固体	80～90	0.50				0.10	
	PR－90			90～100	0.50				0.10	
	PR－90			100～110	0.50				0.10	

5.3　古马隆-茚树脂

古马隆-茚树脂简称古马隆，又称苯并呋喃-茚树脂、香豆酮树脂、氧茚树脂、煤焦油树脂，相对密度 1.05～1.10 g/cm³，是第一种用作加工助剂的合成树脂，主要由聚合茚组成，由煤焦油，碳九馏分重组分和乙烯焦油为原料，经聚合反应而生成的低相对分子质量的聚合物。其共聚物的结构单元有二甲基茚、苯并呋喃、甲基苯并呋喃、苯乙烯以及甲基苯乙烯。详见图 1.7.1-2。

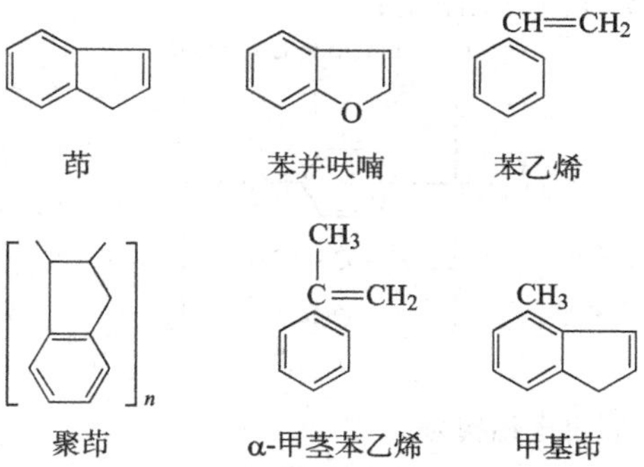

图 1.7.1-2　古马隆的主要结构单元

古马隆具有良好的溶解性、互溶性、耐水性、绝缘性、对酸碱有化学稳定性，还具有黏结性能好、导热性能低等特点。软化点为 5～30 ℃的黏稠状液体古马隆，在除丁苯橡胶以外的合成橡胶和天然橡胶中作增塑剂、黏着剂及再生橡胶的再生剂；软化点在 35～75 ℃的黏性淡黄色到深褐色颗粒状、块状、片状热塑性的固体树脂，主要可用作增塑剂、黏着剂或辅助补强剂；软化点在 75～135 ℃的脆性固体古马隆树脂，可用作增塑剂和补强剂。

轮胎和橡胶主要使用低软化点的古马隆树脂，起到增黏、补强、软化、分散的作用。

古马隆树脂在各种橡胶中的用量范围见表 1.7.1-17。

表 1.7.1－17　古马隆树脂在各种橡胶中的用量范围

胶种	用量/份	备注	胶种	用量/份	备注
天然橡胶	4～5		天然橡胶/氯丁橡胶	4～6	并用 DBP
天然橡胶/聚丁二烯橡胶	5～7	最好与油类并用	天然橡胶/丁苯橡胶	3～5	并用松焦油
丁腈橡胶	10～25		氯丁橡胶	10	

注：详见《橡胶工业手册．第三分册．配方与基本工艺》，梁星宇等，化学工业出版社，1989 年 10 月（第一版，1993 年 6 月第 2 次印刷），P279 表 1－294。

YB/T 5093－2005《固体古马隆－茚树脂》适用于由重苯、精重苯或脱酚酚油为原料经聚合、蒸馏或经聚合、蒸吹所得的固体古马隆－茚树脂。固体古马隆－茚树脂的技术要求见表 1.7.1－18。

表 1.7.1－18　固体古马隆－茚树脂的技术要求

指标名称		指标		
		特级	一级	二级
外观颜色（按标准比色液）	不深于	3	3	7
软化点（环球法）/℃		80～100		
酸碱度（酸度计法）/pH		5.0～9.0	5.0～9.0	4.0～10.0
水分(≤)/%		0.3	0.3	0.4
灰分(≤)/%		0.15	0.5	1.0

古马隆树脂的供应商见表 1.7.1－19。

表 1.7.1－19　古马隆树脂的供应商

供应商	规格型号	外观	软化点/℃	酸值(≤)/(mgKOH/g)	碘值/(gI/100 g)	pH 值	密度/(g·cm^{-3})	灰分(≤)/%	水分(≤)/%
濮阳市昌誉石油树脂有限公司	古马隆树脂	淡黄色到深褐色颗粒	70～80	1.00	80～160		1.02～1.12	0.1	

古马隆树脂的供应商还有：上海宝钢化工有限公司等。

5.4　酚醛增黏树脂

酚醛树脂增黏剂是具有热塑性的聚烷基化线型酚醛清漆树脂，其对位取代基通常是 C_4～C_{12} 的烷基基团，绝大多数情况下是叔基的 C8～C9 烷烃基团，取代基的大小与构型决定树脂与橡胶的相容性，相容性越高，胶料的黏度就越低，未硫化胶接触表面的流动就得到更大改善。酚醛树脂增黏剂的相对分子质量一般为 600～1800，熔点为 80～110 ℃，通常用量为 3～15 份。高熔点的树脂应在混炼的早期加入，确保其熔融并在橡胶中充分分散；低熔点的树脂可以与填料一并加入，以便充分利用其对填料的浸润与分散性能。增黏树脂相对较晚加入，有助于获得更好的成型黏着。

本类产品包括增黏树脂 203，化学组成：对－叔－辛基苯酚甲醛树脂；增黏树脂 204，化学组成：叔丁基酚醛增黏树脂；改性烷基酚增黏树脂，化学组成：不同结构烷基酚与甲醛和改性剂经多步缩合制得的热塑性树脂等。

叔丁基酚醛增黏树脂（增黏树脂 204）的分子结构为：

tert butyl phenolic resin

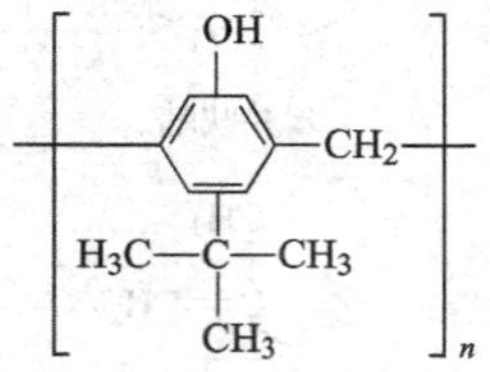

n=0,1,2,3

辛基苯酚甲醛树脂（增黏树脂 203）的分子结构为：

octyl phenolic resin

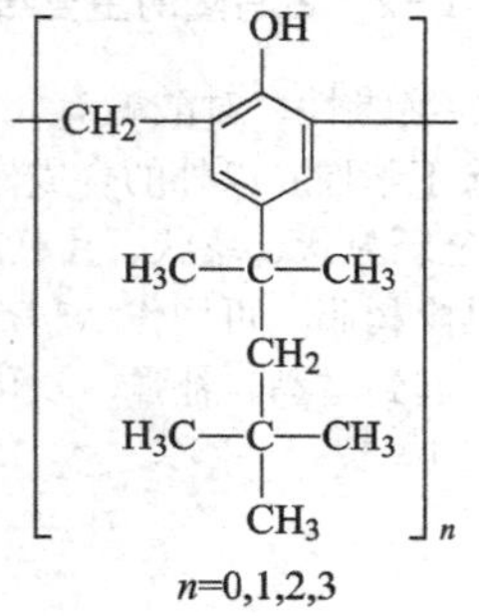

n=0,1,2,3

酚醛增黏树脂的供应商见表 1.7.1-20。

表 1.7.1-20　酚醛增黏树脂的供应商（一）

供应商	商品名称	外观	软化点/℃	酸值/(mgKOH/g)	羟甲基含量/%	游离酚/%	加热减量/%	灰分/%	说明
山西省化工研究所	HY—203	浅黄色或浅褐色粒状物	85～104	55±10				≤0.5	辛基酚醛增黏树脂，用量 2～10 份，相当于美国 SP1068
山西省化工研究所	HY—209 乙丙胶增黏树脂	黄色至棕色粒状物	60～85				≤1.0	≤1.0	烷基酚醛树脂，提高 EPDM、SBR、BR 等合成橡胶的自黏性，改善 EPDM 的加工性能，相当于美国 SP1077
宜兴国立	增黏树脂 203	浅黄色至浅褐色粒状	86～99	55±10	≤1.0			≤0.5	
宜兴国立	增黏树脂 204	黄色至褐色块状或粒状	118～144	≤60		≤2.0		≤1.0	
宜兴国立	增黏剂 GLR	棕褐色粒状	120～140 环球法				≤0.5 65 ℃×2 h	≤0.5 550±25 ℃	用量 2～5 份，增黏性能优于叔丁基苯酚甲醛树脂，与叔丁基苯酚乙炔树脂相当
金昌盛	增黏树脂 203/204	黄色至褐色块状或粒状	118～144	≤60		≤2.0		≤1.0	非常适合不饱和二烯烃胶种

表 1.7.1-20　酚醛增黏树脂的供应商（二）

供应商	规格型号	化学组成	外观	软化点/℃	加热减量 105 ℃/%	灰分/%(550±25 ℃)	说明
华奇(中国)化工有限公司	超级增黏树脂 SL—T421	对叔丁基酚醛树脂	棕色颗粒	135～150	≤0.5	—	主要应用于轮胎，包括胎面、胎侧、胎肩、子口、三角胶、胎体、带束等，及其他橡胶制品，胶黏剂
	超级增黏树脂 SL—1401	对叔丁基苯酚甲醛树脂	黄色至棕褐色颗粒	125～145	≤0.5	≤0.5	
	增黏树脂 SL—1402	对叔丁基苯酚甲醛树脂	黄色至棕褐色颗粒	120～140	≤0.5	≤0.5	
	增黏树脂 SL—1403	改性对叔丁基苯酚甲醛树脂	黄色至黄褐色颗粒	130～145	≤0.5	≤0.5	
	增黏树脂 SL—1405	改性对叔丁基苯酚甲醛树脂	黄色至黄褐色颗粒	118～132	≤0.5	≤0.5	
	增黏树脂 SL—1408	烷基酚醛树脂	淡黄色至琥珀色颗粒	130～145	≤0.5	≤0.5	
	增黏树脂 SL—1410	对叔丁基苯酚甲醛树脂	黄色至黄褐色颗粒	120～145	≤0.5	—	
	增黏树脂 SL—1801	特辛基苯酚甲醛树脂	白色至浅黄色颗粒	80～105	—	≤0.2	
	增黏树脂 SL—1805	烷基苯酚甲醛树脂	浅黄色至琥珀色颗粒	120～140	—	≤0.2	
	增黏树脂 SL—1806	烷基苯酚甲醛树脂	白色至浅黄色颗粒	110～120	≤1.0	≤0.5	

元庆国际贸易有限公司代理的韩国 KOLON 公司长效酚醛树脂 KPT—F1360 的物化指标为：

外观：浅褐色锭片，软化点（环球法）：130～145 ℃，比重（25 ℃）：1.00—1.06，酸值：60～90 mgKOH/g，灰分（800 ℃×1 h）：≤0.1%。

本品是一种油溶性、非热反应性烷基苯酚树脂，可提供胶料优越的初黏性及优越的持续黏着性。本品和标准辛基酚醛树脂比较，可提供未硫化的合成或天然橡胶胶料优越的黏着性。特别推荐使用于需求成型黏着性之物品，如轮胎、输送带、三角皮带、滚筒、胶管、橡胶/纺织品等。

用量2～10PHR，详见表1.7.1-21。

表1.7.1-21　长效酚醛树脂KPT-F1360的物化指标

胶料配方		KPT-F1360	空白组
SBR（Buna SL 751，充芳烃油37.5份）		137.50	137.50
N330		70.00	70.00
ZnO		3.00	3.00
St. a		1.00	1.00
防护蜡		2.00	2.00
6PPD		3.00	3.00
硫黄		2.00	2.00
CBS		1.00	1.00
KPT-F1360		5.00	—
测试结果			
门尼黏度ML（1+4）100 ℃		54.7	55.2
焦烧时间（125 ℃）	t_2	5.45	6
	t_{50}	14.2	12.5
	t_{90}	16.7	14.5
黏着性	2 h	4.7	2.1
	1天	4.95	2.3
	3天	4.7	2.2

5.5　烷基酚乙炔树脂

烷基酚乙炔树脂适用于天然胶和各种合成橡胶，增加胶料之间黏性，黏性保持时间久（数周），优于一般酚醛树脂和石油树脂，特别适合潮湿、高温、特低温等恶劣环境下，胶料黏性保持好，利于半成品的储存加工。

本品可以增加轮胎胎面在干燥、湿滑及冰雪覆盖路面上的摩擦系数，可减少弹性模量和增加损耗角正切Loss tangent（tanδ），在弹性模数、硬度减少的同时，磨耗损失保持几乎不变，可增加地面抓地力。用于翻胎行业，即使胶料经过长时间停放后，仍可保持良好的黏性，改善翻胎加工中因黏结不佳而造成的产品缺陷。本品对橡胶与金属、纤维的黏结有增进作用。

用量2～5份时，对胶料硫化特性几乎不影响。本品分子量大，软化点较高，最好在混炼初期加入。粉状较适合溶于汽油中制成固含量2%～50%的汽油胶浆，涂刷或擦拭在不黏的胶片表面以增加黏性。

可适用于轮胎（特别是子午线轮胎），胶管、胶带、翻胎、防腐蚀衬里等行业。

烷基酚乙炔树脂的供应商见表1.7.1-22。

表1.7.1-22　烷基酚乙炔树脂的供应商

供应商	商品名称	化学组成	外观	软化点/℃（环球法）	灰分/%（550±25 ℃）	溶解性	说明
莱芜润达	PF-7001	对叔丁基苯酚聚乙炔树脂	棕红色颗粒	135～150		可溶于烃类溶剂	产品组成、性能与Koresin相同。对混炼胶能提供显著长效增黏效果；对硫化无影响；几乎不影响硫化胶的物理特性；可提高橡胶产品在高温和动态负荷下的抗老化性能。用量2～5份
金昌盛（LONGSUN STR）	超级增黏树脂	对叔丁基苯酚聚乙炔树脂	褐色片状或颗粒	120～140	≤0.5	可溶于烃类溶剂	用量2～5份
山西省化工研究所	HY-2006超级增黏树脂	热塑性多元烷基苯酚-甲醛树脂	棕黄至黄褐色粒状或片状	120～140	≤0.5		增黏性能与乙炔增黏树脂水平相当

元庆国际贸易有限公司代理的德国 D. O. G 烷基酚增黏树脂的物化指标为：

DEOTACK RS 高效增黏剂：

成分：烷基酚树脂，外观：微黄色颗粒，软化点：107～117 ℃，储存性：室温、干燥至少二年。本品的类似产品有 Koresin。

本品对于 NR、SBR、BR 等有极好之相容性，可改善压出特性，同时促进填料的分散，提高硫化胶的强度和耐磨性；对橡胶分子有很强的湿润能力，通过表面或内部的扩散，赋予橡胶之间、半成品之间极高的黏结特性，用量 3 份时，所获得之高黏着性可达 96 小时，故胶料长时间储存仍保持可用状态；较低的软化点解决了其他同类产品因软化点过高而可能引起的分散不均问题；超级增黏树脂优秀的耐水蚀性，提高了轮胎在高速旋转情况下的安全性；改善加工中因折痕气泡造成不良的问题。本品适用于所有需要高黏度的物品，如输送带、滚筒、软管、胶管、橡胶/纺织品、V 型皮带及轮胎等。

用量 2～6 份，与补强剂一起加入。

烷基酚乙炔树脂国外品牌还有：德国巴斯夫生产的 KORESIN 树脂。

其他增黏剂还有：

树脂酸胺树脂，微红棕色固体，相对密度 1.075～1.085 g/cm³，软化点 57.2～65.6 ℃，本品对噻唑类和秋兰姆类促进剂有活化作用。

树脂酸锌树脂，固体，相对密度 1.15～1.162 g/cm³，熔点 133～160 ℃。

烷基酚硫化物，琥珀色脆性固体，软化点 105±3 ℃，分子结构为：

alkyl phcnol sulfide

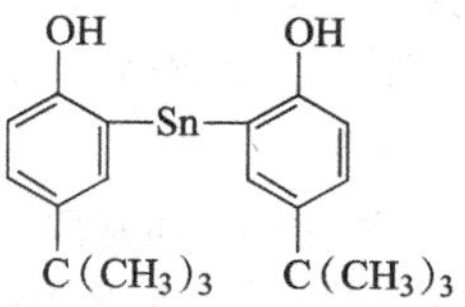

以及氯化石蜡油等。

第八章　其他功能助剂

一、偶联剂

增进无机粉体填料和橡胶基体结合的助剂叫做偶联剂，也常用作无机粉体填料的表面改性剂。经偶联剂表面改性处理的无机粉体填料，在橡胶、塑料中易分散，补强能力得到提高，胶料的工艺性能和产品的物理机械性能也可以得到改善。

偶联剂是一类具有两种不同性质官能团的物质，其分子结构的最大特点是分子中含有化学性质不同的两个基团，一个是亲无机物的基团，易与无机物表面起化学反应；另一个是亲有机物的基团，能与合成树脂或其他聚合物发生化学反应或生成氢键溶于其中。按偶联剂的化学结构及组成可以分为硅烷类、酯类（包括锆酸酯、磷酸酯）、胺类和有机铬络合物四大类，此外还有镁类偶联剂和锡类偶联剂。

铬络合物偶联剂开发于20世纪50年代初期，是由不饱和有机酸与三价铬离子形成的金属铬络合物，合成及应用技术均较成熟，而且成本低，但品种比较单一。

锆酸酯类偶联剂是含铝酸锆的低分子量的无机聚合物，不仅可以促进不同物质之间的黏合，而且可以改善复合材料体系的性能，特别是流变性能，该类偶联剂既适用于多种热固性树脂，也适用于多种热塑性树脂。

1.1　硅烷偶联剂

其中硅烷偶联剂是一类在分子中同时含有两种不同化学性质基团的有机硅化合物，其经典产物可用通式 Y－R－Si－X_3 表示。式中，Y为非水解基团，包括链烯基（主要为乙烯基），以及末端带有Cl、NH_2、SH、环氧、N_3、（甲基）丙烯酰氧基、异氰酸酯基等官能团的烃基，即碳官能基；X为可水解基团，包括Cl、OMe、OEt、$OC_2H_4OCH_3$、$OSiMe_3$ 及OAc等。由于这一特殊结构，在其分子中同时具有能和无机质材料（如白炭黑等含硅化合物、金属等）化学结合的反应基团及与有机质材料（橡胶、树脂等）化学结合的反应基团，可以用于表面处理。

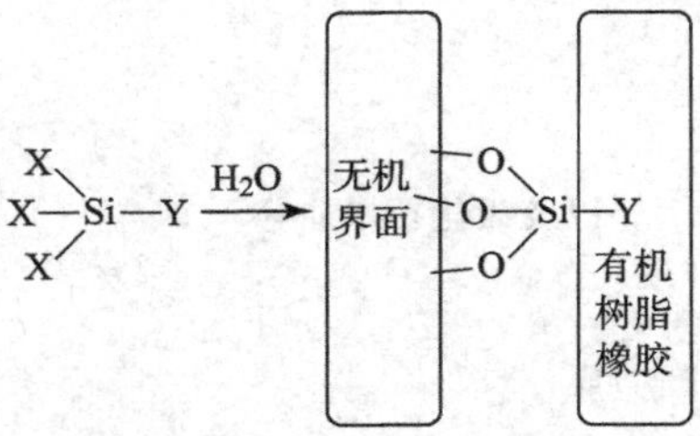

偶联剂作用机理：水解以在无机与有机界面间形成键合，促进界面整合，增强性能。

图 1.8.1－1　偶联剂作用机理示意图

硅烷必须与水反应后才能起偶联剂作用：首先硅烷的硅氧基部分水解产生三硅醇基，然后三硅醇基再与无机粉体材料表面缩聚形成化学键或氢键，实现偶联。所有硅烷都能与水或醇反应，反应速率取决于硅烷的种类。

选用硅烷偶联剂的一般原则

硅烷偶联剂的水解速度取于硅官能团 Si－X，而与有机聚合物的反应活性则取于碳官能团 C－Y。因此，对于不同基材或处理对象，选择适用的硅烷偶联剂至关重要。选择的方法主要通过试验，预选并应在既有经验或规律的基础上进行。例如，在一般情况下，不饱和聚酯多选用含 CH_2＝CMeCOOVi 及 CH_2－$CHOCH_2O$ 的硅烷偶联剂；环氧树脂多选用含 CH_2CHCH_2O 及 H_2N 硅烷偶联剂；酚醛树脂多选用含 H_2N 及 H_2NCONH 硅烷偶联剂；聚烯烃多选用乙烯基硅烷；使用硫黄硫化的橡胶则多选用烃基硅烷等。由于异种材料间的黏结强度受到一系列因素的影响，诸如润湿、表面能、界面层及极性吸附、酸碱的作用、互穿网络及共价键反应等，因而，光靠试验预选有时还不够精确，还需综合考虑材料的组成及其对硅烷偶联剂反应的敏感度等。为了提高水解稳定性及降低改性成本，硅烷偶联剂中可掺入三烃基硅烷使用；对于难黏材料，还可将硅烷偶联剂交联的聚合物共用。

硅烷偶联剂用作增黏剂时，主要是通过与聚合物生成化学键、氢键，润湿及表面能效应，改善聚合物结晶性、酸碱反应以及互穿聚合物网络的生成等而实现的。增黏主要围绕3种体系：即①无机材料对有机材料；②无机材料对无机材料；③有机材料对有机材料。对于第一种黏结，通常要求将无机材料黏结到聚合物上，故需优先考虑硅烷偶联剂中Y与聚合物所含官能团的反应活性。

各种硅烷偶联剂适用的树脂类型见表1.8.1－1。

表 1.8.1－1　各种硅烷偶联剂适用的树脂类型

官能团的种类	有效	效果优异
氨基	聚乙烯、聚丙烯、聚碳酸酯、氨基甲酸乙酯、PBT. PET、ABS、氨基甲酸乙酯、聚酰亚胺、EPMS架桥、聚丙烯腈树脂、氯丁二烯树脂、丁基树脂、聚[illegible]硫化合物、氨基甲酸乙酯树脂	聚苯乙烯、丙烯、聚氯乙烯、尼龙、三聚氰胺、苯酚、环氧烷、呋喃
巯基	聚乙烯、聚丙烯、聚苯乙烯、聚氯乙烯、氨基甲酸乙酯、ABS、苯酚、环氧烷、氨基甲酸乙酯、聚酰亚胺、聚丁二烯树脂、聚异戊间二烯树脂、EPDMPO架桥、SBN、聚丙烯腈树脂、环氧树脂、氯丁二烯树脂	EPMS架桥、聚硫化合物、氨基甲酸乙酯树脂

续表

官能团的种类	有效	效果优异
异丁基	丙烯、聚碳酸酯、氨基甲酸乙酯、酞酸二烯丙酯、EPMS架桥	聚乙烯、聚丙烯、聚苯乙烯、ABS、不饱和聚酯、EPDMPO架桥
环氧基	聚乙烯、聚丙烯、聚苯乙烯、聚氯乙烯、聚碳酸酯、尼龙、苯酚、氨基甲酸乙酯、聚酰亚胺、不饱和聚酯、SBN、聚丙烯腈树脂、环氧树脂、丁基树脂、聚硫化合物、酞酸二烯丙酯	丙烯、氨基甲酸乙酯、PBT. PET、ABS、三聚氰胺、环氧烷、呋喃、氨基甲酸乙酯树脂
丙烯基	聚乙烯、聚丙烯、聚苯乙烯、丙烯、聚碳酸酯、氨基甲酸乙酯、酞酸二烯丙酯、EPMS架桥	ABS、不饱和聚酯、EPDMPO架桥
氯丙基	ABS、环氧烷	
脲基	苯酚、氨基甲酸乙酯、聚酰亚胺	尼龙
硫化基	SBN、聚丙烯腈树脂、环氧树脂、氯丁二烯树脂、聚硫化合物、氨基甲酸乙酯树脂	EPMS架桥
异氰酸	聚碳酸酯、尼龙、PBT. PET、ABS、三聚氰胺、苯酚、环氧烷、聚酰亚胺、呋喃、氨基甲酸乙酯树脂	氨基甲酸乙酯、氨基甲酸乙酯
乙烯基	酞酸二烯丙酯、不饱和聚酯、EPMS架桥、EPDMPO架桥	聚乙烯、聚丙烯

硅烷偶联剂对各种无机原材料的有效性见表1.8.1-2。

表1.8.1-2　硅烷偶联剂对各种无机原材料的有效性

有效程度	无机原材料
效果优异	玻璃、二氧化硅、氧化铝
相当有效	滑石粉、白陶土、铝、氢氧化铝、铁、云母
稍微有效	石棉、氧化钛、氢化锌、氧化铁
完全无效	石墨、碳黑、碳酸钙

硅烷偶联剂的使用方法

硅烷偶联剂的主要应用领域之一是处理有机聚合物使用的无机填料。后者经硅烷偶联剂处理，即可将其亲水性表面，转变成亲有机表面，既可避免体系中粒子集结及聚合物急剧稠化，还可提高有机聚合物对补强填料的润湿性，通过碳官能团硅烷还可使补强填料与聚合物实现牢固键合。硅烷偶联剂的使用效果，与硅烷偶联剂的种类及用量、基材的特征、树脂或聚合物的性质以及应用的场合、方法及条件等有关。

硅烷偶联剂用量计算

被处理物（基体）单位比表面积所占的反应活性点数目以及硅烷偶联剂覆盖表面的厚度是决定基体表面硅基化所需偶联剂用量的关键因素。为获得单分子层覆盖，需先测定基体的SiOH含量。多数硅质基体的SiOH含量为4～12个/m^2，因而均匀分布时，1mol硅烷偶联剂可覆盖约7500m^2的基体。具有多个可水解基团的硅烷偶联剂，由于自身缩合反应，多少要影响计算的准确性。此外，基体表面的SiOH数，也随加热条件而变化。例如，常态下SiOH数为5.3个/m^2的硅质基体，经在400 ℃或800 ℃下加热处理后，则SiOH值可相应降为2.6个/m^2或1个/m^2。使用湿热盐酸处理基体，则可得到高SiOH含量；使用碱性洗涤剂处理基体表面，则可形成硅醇阴离子。

硅烷偶联剂的使用方法包括表面处理法及整体掺混法。前法是用硅烷偶联剂稀溶液处理基体表面；后法是将硅烷偶联剂原液或溶液，直接加入由聚合物及填料配成的混合物中，因而特别适用于需要搅拌混合的物料体系。

表面处理法

表面处理法需将硅烷偶联剂配制成稀溶液，以利与被处理表面进行充分接触。所用溶剂多为水，醇或水醇混合物，并以不含氟离子的水及价廉无毒的乙醇、异丙醇为宜。除氨烃基硅烷外，由其他硅烷配制的溶液均需加入醋酸作水解催化剂，并将pH值调至3.5～5.5。长链烷基及苯基硅烷由于稳定性较差，不宜配成水溶液使用。氯硅烷及乙酰氧基硅烷水解过程中，将伴随严重的缩合反应，也不适于制成水溶液或水醇溶液使用。对于水溶性较差的硅烷偶联剂，可先加入0.1%～0.2%质量分数的非离子型表面活性剂，而后再加水加工成乳液使用。为了提高产品的水解稳定性与经济效益，硅烷偶联剂中还可掺入一定比例的非碳官能团硅烷。处理难黏材料时，可使用混合硅烷偶联剂或配合使用碳官能团硅氧烷。

配好处理液后，可通过浸渍、喷雾或刷涂等方法处理。一般说，块状材料、粒状物料及玻璃纤维等多用浸渍法处理；粉末物料多采用喷雾法处理；基体表面需要整体涂层的，则采用刷涂法处理。

整体掺混法

整体掺混法是在填料加入前，将硅烷偶联剂原液混入树脂或聚合物内。因而，要求树脂或聚合物不得过早与硅烷偶联剂反应，以免降低其增黏效果。此外，物料固化前，硅烷偶联剂必须从聚合物迁移到填料表面，随后完成水解缩合反应。为此，可加入金属羧酸酯作催化剂，以加速水解缩合反应。此法对于宜使用硅烷偶剂表面处理的填料，或在成型前树脂及填料需经混匀搅拌处理的体系，尤为方便有效，还可克服填料表面处理法的某些缺点。在大多数情况下，掺混法效果亚于表面处理法。掺混法的作用过程是硅烷偶剂从树脂迁移到纤维或填料表面，然后再与填料表面作用。因此，硅烷偶联掺入树脂后，须放置一段时间，以完成迁移过程，而后再进行固化，方能获得较佳的效果。从理论上推测，硅烷偶联剂分子迁移到填料表面的量，仅相当于填料表面生成单分子层的量，故硅烷偶联剂用量仅需树脂质量的 0.5%～1.0%。在复合材料配方中，当使用与填料表面相容性好、且摩尔质量较低的添加剂时，要特别注意投料顺序，须先加入硅烷偶联剂而后加入添加剂，才能获得较佳的结果。

部分硅烷储存时会有少许沉淀，使用前稍加振荡，不影响使用效果。

国产硅烷偶联剂 20 世纪 60 年代最早由辽宁盖县化工厂生产，所以硅烷偶联剂采用 KH 代号，生产的品种为 KH－550、KH－560、KH－590，这三种代号沿用至今。目前在国内主要有 KH－845－4、Si996、RSi－b、Si996－b、KH－590 这几种型号。

硅烷产品各供应商有不同的命名与牌号，其对照表见表 1.8.1－3。

表 1.8.1－3　硅烷产品牌号对照表

CAS 号	化学名称	前道康宁	德固萨	威科	信越	联合化学	南京辰工
3069－21－4	十二烷基三甲氧基硅烷						CG－1231
2530－83－8	十二烷基三乙氧基硅烷						CG－1232
1185－55－3	甲基三甲氧基硅烷			A－163			CG－8030
4253－34－3	甲基三乙氧基硅烷						CG－8031
78－08－0	乙烯基三乙氧基硅烷	L－6518	VTEO	A－151	KBE1003	V4910	CG－151
2768－02－7	乙烯基三甲氧基硅烷	Z－6300	VTMO	A－171	KBM1003	V4917	CG－171
1067－53－4	乙烯基三（β-甲氧基乙氧基硅烷）						CG－172
5089－70－3	γ-氯丙基三乙氧基硅烷	L－6376		A－143	K4351		CG－230
2530－87－2	γ-氯丙基三甲氧基硅烷	Z－6076			KBM703	C3300	CG－231
18171－19－2	γ-氯丙基甲基二甲氧基硅烷	TBD					CG－221
40372－72－3	双-［γ-（三乙氧基硅）丙基］四硫化物	Z－6940	Si69	A－1289		B2494	CG－619
4420－74－0	γ-巯丙基三甲氧基硅烷	Z－6032	MTMO	A－189	KBM803	M8500	CG－590
14814－09－6	γ-巯丙基三乙氧基硅烷			A－1891			CG－580
919－30－2	γ-氨丙基三乙氧基硅烷	Z－6011	AMEO	A－1100	KBE903	A0750	CG－550
1760－24－3	N-（β-氨乙基）-γ-氨丙基三甲氧基硅烷	Z－6020	DAMO	A－1120	KBM603	A0700	CG－792
5089－72－5	N-（β-氨乙基）-γ-氨丙基三乙氧基硅烷	Z－6021			KBE603		CG－791
3069－29－2	N-（β-氨乙基）-γ-氨丙基甲基二甲氧基硅烷		1411	A－2120	KBM602	A0699	CG－602
13822－56－5	γ-氨丙基三甲氧基硅烷	Z－6094	AMMO	A－1110	KBM903	A0800	CG－551
3179－76－8	γ-氨丙基甲基二乙氧基硅烷	Z－6015	1505			A0742	CG－902
2530－83－8	γ-［（2，3）-环氧丙氧］丙基三甲氧基硅烷	SH－6040	GLYMO	A－187	KBM403		CG－560
65799－47－5	γ-［（2，3）-环氧丙氧］丙基甲基二甲氧基硅烷	Z－6044					CG－561
3388－04－3	2-（3，4-环氧环已基）乙基三甲氧基硅烷						CG－186
2530－85－0	γ-（甲基丙烯酰氧）丙基三甲氧基硅烷	Z－6030	MEMO	A－174	KBM503	M8550	CG－570
14513－34－9	γ-（甲基丙烯酰氧）丙基甲基二甲氧基硅烷						CG－571
21142－29－0	γ-甲基丙烯酰氧基丙基三乙氧基硅烷						CG－572

1.1.1　氨基硅烷偶联剂

氨基硅烷偶联剂由烷氧基硅烷、液氨、乙二胺等为主要原料经置换反应制得。包括：

γ-氨丙基三甲氧基硅烷，CAS 号：13822－56－5，结构简式：$(CH_3O)_3Si(CH_2)_3NH_2$，相对分子质量：179.29。

γ-氨丙基三乙氧基硅烷，CAS 号：919－30－2，结构简式：$(CH_3CH_2O)_3Si(CH_2)_3NH_2$，相对分子质量：221.37。

γ-氨丙基甲基二乙氧基硅烷，CAS 号：3179－76－8，结构简式：$(CH_3CH_2O)_2CH_3Si(CH_2)_3NH_2$，相对分子质量：191.35。

N-（β-氨乙基）-γ-氨丙基三甲氧基硅烷（KH－792），CAS 号：1760－24－3，结构简式：$(CH_3O)_3Si(CH_2)_3NH(CH_2)_2NH_2$，相对分子质量：222.36。

N-（β-氨乙基）-γ-氨丙基甲基二甲氧基硅烷（KBM－602），CAS 号：3069－29－2，结构简式：$(CH_3O)_2CH_3Si(CH_2)_3NH(CH_2)_2NH_2$，相对分子质量：206.36。结构式为：

N—β— (aminoethyl) —γ—aminopropyl methyl dimethoxy silane

$$H_2NCH_2CH_2NH—CH_2CH_2CH_2—\underset{|}{\overset{CH_3}{Si}}—(OCH_3)_2$$

氨基硅烷偶联剂为通用型硅烷偶联剂，应用十分广泛，主要有：用于处理无机填料填充塑料和橡胶，能改善填料在树脂中的分散性及黏结力，改善工艺性能和提高填充塑料和橡胶的机械、电气和耐候性能；适用于玻璃纤维的表面处理，能大大提高玻璃纤维复合材料的强度和湿态下的机械性能；用做增黏剂，能提高密封剂、胶黏剂和涂料的黏结强度、耐水性、耐高温、耐气候等；用作纺织助剂，与有机硅乳液并用可提高毛纺织物的使用性能，使之穿着舒适、防皱、防刮、防水、防静电、耐洗等；用于生化、环保方面，可制备硅树脂固胰酶载体，使固胰酶附着到玻璃基材表面，并得以继续使用，提高了生物酶的利用率，避免了污染和浪费。

随着塑料、橡胶、玻璃纤维、胶黏剂和助剂行业的不断发展，氨基硅烷偶联剂在塑料、橡胶、玻璃纤维、胶黏剂和助剂产品中的作用不断提高，特别是在绿色、环保、节能的塑料行业中的应用不断扩大，能大幅度增强塑料的干湿态抗弯强度，抗压强度，剪切强度等物理力学性能，能够满足塑料、玻璃纤维、胶黏剂和助剂行业对一些特殊性能的需要。

氨基硅烷偶联剂的技术要求见表 1.8.1-4。

表 1.8.1-4 氨基硅烷偶联剂的技术要求

项目	指标				
	γ-氨丙基三甲氧基硅烷	γ-氨丙基三乙氧基硅烷	γ-氨丙基甲基二乙氧基硅烷	N-（β-氨乙基）-γ-氨丙基三甲氧基硅烷	N-（β-氨乙基）-γ-氨丙基甲基二甲氧基硅烷
外观	无色至淡黄色透明液体				
色度(Pt-Co)(≤)/号	50				
密度（20 ℃)/(g·cm^{-3})	1.007～1.027	0.935～0.955	0.905～0.925	1.010～1.030	0.960～0.980
折射率/n_D^{25}	1.416 5～1.426 5	1.413 5～1.423 5	1.420 0～1.430 0	1.438 0～1.448 0	1.440 0～1.455 0
纯度（GC)(≥)/%	95.0				

氨基硅烷偶联剂的供应商还有：南京曙光硅烷化工有限公司等。

硅烷偶联剂 KH-550（Si1100）结构式：

γ- aminopropyl trietboxy silane

$H_2NCH_2CH_2CH_2Si\ (OC_2H_5)_3$

化学名称：γ-氨丙基三乙氧基硅烷，CAS 号：919－30－2，无色至淡黄色透明液体，相对密度 0.94 g/cm^3，沸点 217 ℃。

本品主要用于矿物填充的酚醛、聚酯、环氧、PBT、聚酰胺、碳酸酯等热塑性和热固性树脂；也可用于聚氨酯、环氧、腈类、酚醛胶黏剂和密封材料；也适用于聚氨酯、环氧和丙烯酸乳胶涂料。

本品国外牌号有：A—1100（美国威科）、Z—6011（前美国道康宁公司）、KBE—903（日本信越化学工业株式会社）、Dynasylan ® ameo（德国德固萨）等。

1.1.2 不饱和硅烷偶联剂

不饱和硅烷偶联剂主要为以甲基丙烯酸盐、烷氧基硅烷等为主要原料，经取代反应制得的甲基丙烯酰氧基官能团的不饱和硅烷偶联剂；以乙炔、含氢氯硅烷等为主要原料，经加成、取代等反应制得的乙烯基官能团的不饱和硅烷偶联剂。包括：

γ-甲基丙烯酰氧基丙基三甲氧基硅烷，CAS 号：2530—85—0，结构式：$CH_2=C\ (CH_3)\ COO\ (CH_2)_3Si\ (OCH_3)_3$，相对分子质量：248.35。

γ-甲基丙烯酰氧基丙基三乙氧基硅烷，CAS 号：21142－29－0，结构式：$CH_2=C\ (CH_3)\ COO\ (CH_2)_3Si\ (OCH_2CH_3)_3$，相对分子质量：290.43。

乙烯基三甲氧基硅烷（A—171），CAS 号：2768—02—7，结构式：$CH_2=CHSi\ (OCH_3)_3$，相对分子质量：148.23，相对密度 0.965 g/cm^3，无色透明液体。可用作玻璃纤维的表面处理剂，经处理的玻璃纤维与橡胶和树脂有良好的黏合性能。

乙烯基三乙氧基硅烷（A－151），CAS 号：78－08－0，结构式：$CH_2=CHSi\ (OCH_2CH_3)_3$，相对分子质量：190.31。

乙烯基三（2-甲氧基乙氧基）硅烷，CAS 号：1067—53—4，结构式：$CH_2=CHSi\ (OCH_2CH_2OCH_3)_3$，相对分子质量：280.4。

乙烯基三甲氧基硅烷低聚物，CAS 号：131298－48－1，结构式：$CH_3O\ (C_3H_6O_2Si)_nCH_3$，相对分子质量：102.15n+46.06。

乙烯基三乙酰氧基硅烷（A—151），无色透明液体，相对密度 0.894 g/cm^3，沸点 160.5 ℃。可用作玻璃纤维的表面处理剂，经处理的玻璃纤维与橡胶和树脂有良好的黏合性能。结构式为：

vinyltriacetoxy silane

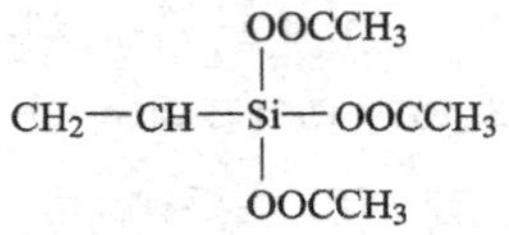

乙烯基三氯硅烷（A－150），无色或淡黄色液体，相对密度 1.264 g/cm³，沸点 91 ℃。结构式为：

vinyltrichloro silane

$CH_2=CHSiCl_2$

不饱和类硅烷偶联剂是用途较广泛、用量也较大的一类硅烷偶联剂产品。广泛运用于：①用作特种橡胶（硅橡胶、乙丙橡胶、氯丁橡胶、氟橡胶）的黏结促进剂，用于室温固化的丙烯酸系涂料的交联剂，可提高光纤涂料憎水性和黏结性；②由于硅烷交联聚乙烯具有优异的电性能，良好的耐热性和耐应力开裂性，因此被广泛地用于制造电缆、耐热管材、耐热软管及薄膜；③用于提高无机填料在塑料、橡胶及涂料的浸润及分散性，主要用于不饱和聚酯、聚乙烯、聚丙烯树脂、玻璃纤维增强塑料的玻纤表面处理，使用经不饱和硅烷偶联剂处理过的玻璃纤维，能改善其与树脂的黏结性能，大大提高玻璃纤维增强复合材料的机械强度、电气、耐水、耐候等性能；④还可用于乙烯-醋酸乙烯共聚物、氯化聚乙烯，乙烯-丙烯酸-乙酯共聚物的交联；也可与丙烯酸系涂料共聚，制成特种外墙涂料，称之为硅丙外墙涂料；也可与多种单体（如：乙烯、丙烯、丁烯等）共聚，或与相应树脂接枝聚合，制成特种用途的改性高聚物。

不饱和硅烷偶联剂的技术要求见表 1.8.1－5。

表 1.8.1－5　不饱和硅烷偶联剂的技术要求

项目	指标					
	γ-甲基丙烯酰氧基丙基三甲氧基硅烷	γ-甲基丙烯酰氧基丙基三乙氧基硅烷	乙烯基三甲氧基硅烷	乙烯基三乙氧基硅烷	乙烯基三（2-甲氧基乙氧基）硅烷	乙烯基三甲氧基-硅烷低聚物
外观	无色至淡黄色液体					
色度（Pt-Co)(≤)/号	35					—
密度（20 ℃)/(g·cm⁻³)	1.040～1.060	0.975～0.995	0.960～0.980	0.895～0.915	1.030～1.050	1.050～1.070
折射率/n_D^{25}	1.425 0～1.435 0	1.420 0～1.430 0	1.388 0～1.398 0	1.391 5～1.401 5	1.421 0～1.431 0	1.415 0～1.425 0
黏度（20 ℃)(≤)/(mPa·s)	—					10.0
游离氯(≤)/(mg·kg⁻¹)	25	—				
纯度(≥)/%	95.0					—
二氧化硅含量/%	—					53～55

不饱和硅烷偶联剂的供应商有：南京曙光硅烷化工有限公司等。

1. 硅烷偶联剂 A172

化学名称：乙烯基一三（2－甲氧基乙氧基）硅烷，分子式：$CH_2=CHSi(OCH_2CH_2OCH_3)$，相对分子质量：280.39，CAS 号：1067－53－4，相对密度 1.04 g/cm³，沸点 285 ℃，无色透明液体。

本品可提高无机填料填充的 EPDM、交联聚乙烯或树脂的电气性能和机械强度，特别是在湿态下其效果更显著；可做陶土和含硅无机填料的表面处理剂，以共混法加入；用本品改性氢氧化铝、氢氧化镁无机阻燃剂，可缓解粒子聚结现象，改善表面改性不充分、分散不均匀问题；提高交联、无机填料填充聚酯等复合材料在干湿态下的机械强度，并降低交联聚酯模压料的吸湿性；本品可提高纤维单丝与树脂的干湿态下黏结力。

本品适用于各种橡胶（如 BR、SBR、EPDM）、聚烯烃（Polyolefin）、热固性和热塑性树脂（如 TPR、EVA）及纤维素（Cellulosics），可应用于透明鞋底、电线电缆等橡胶制品、TPR 与 EVA 制品及印刷油墨等。

硅烷偶联剂 A172 的供应商见表 1.8.1－6。

表 1.8.1－6　硅烷偶联剂 A172 的供应商

供应商	商品名称	外观	沸点/℃	密度/(g·cm⁻³)	凝固点/℃	蒸汽压（20 ℃）/mmHg	折射率	水溶性	污染性	变色性	说明
金昌盛	偶联剂 A172	无色透明液体	285	1.04	<70	<5		溶解很慢	无	无	用量 1～2 份
南京品宁偶联剂有限公司	偶联剂 A172	无色透明液体	285	1.033			1.4270	溶解度 5%			

2. 硅烷偶联剂 KH－570（Si174）

结构式：

γ-（methacryloxy）propyltrimethoxy zilane

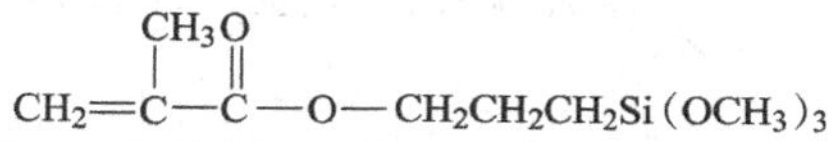

化学名称：γ-（甲基丙烯酰氧基）丙基三甲氧基硅烷，CAS 号：2530－85－0，无色至淡黄色透明液体，相对密度 1.045 g/cm³，沸点 255 ℃。

本品主要用于提高玻纤增强聚酯树脂的强度及湿态的机械强度和电气性能；应用于电线电缆行业，改善消耗因子及比电感容抗；用于交联丙烯酸型树脂提高黏结剂和涂料的黏结性和耐久性。

本品国外牌号有：A－174（美国威科）、Z－6030（前美国道康宁公司）、KBM－503（日本信越化学工业株式会社）、dynasylan ® memo（德国德固萨）等。

1.1.3　环氧硅烷偶联剂

环氧硅烷偶联剂以烯丙基缩水甘油醚、1，2-环氧-4-乙烯基环己烷、含氢硅烷等为主要原料经硅氢加成反应制得，包括：

3-（2，3-环氧丙氧）丙基三甲氧基硅烷，CAS 号：2530－83－8，结构简式：$(CH_2OCH)CH_2O(CH_2)_3Si(OCH_3)_3$，相对分子质量：236.34。

3-（2，3-环氧丙氧）丙基三乙氧基硅烷，CAS 号：2602－34－8，结构简式：$(CH_2OCH)CH_2O(CH_2)_3Si(OCH_2CH_3)_3$，相对分子质量：278.39。

3-（2，3-环氧丙氧）丙基甲基二甲氧基硅烷，CAS 号：65799－47－5，结构简式：$(CH_2OCH)CH_2O(CH_2)_3SiCH_3(OCH_3)_2$，相对分子质量：220.34。

3-（2，3-环氧丙氧）丙基甲基二乙氧基硅烷，CAS 号：2897－60－1，结构简式：$(CH_2OCH)CH_2O(CH_2)_3SiCH_3(OCH_2CH_3)_2$，相对分子质量：248.37。

2-（3，4-环氧环己烷）乙基三甲氧基硅烷（A－186），CAS 号：3388－04－3，结构简式：$(C_6H_9O)(CH_2)_2Si(OCH_3)_3$，相对分子质量：246.35，沸点 310 ℃。结构式：

β－（3，4－epoxycyclohexyl）ethyl trimethoxy silane

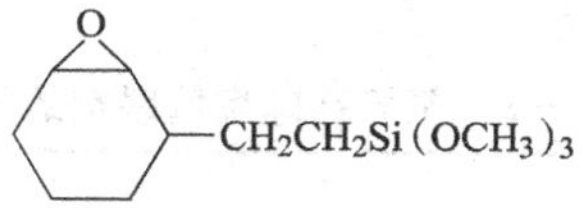

本品在水性体系中表现出长期储存稳定性，是硅烷偶联剂中的主要品种之一，广泛用于硫化硅橡胶、塑料、电子元件密封胶和胶黏剂行业，适用于多种聚酯塑料、密封剂、涂料等材料，特别适用于环氧树脂类材料，它可以改善双组分环氧密封剂、丙烯酸胶乳、密封剂、聚氨酯塑料、环氧涂料的黏合力。也用于制取含环氧烃基的黏底涂料，合成环氧烃基硅油等。

随着橡胶、塑料、电子元件等行业的不断发展，产品在胶料、塑料和电子元件中的作用不断提高，特别是在绿色、环保、节能的环氧树脂、酚醛树脂、聚氨酯等聚酯材料行业中的应用不断扩大，通过自身的基团作用，在黏结界面形成强力较高的化学键，大大改善了黏结强度，增加了无机材料的填充量，降低了生产成本，提高了聚酯材料的耐水性和耐候性，从而减少了环境污染。

环氧硅烷偶联剂的技术要求见表 1.8.1－7。

表 1.8.1－7　环氧硅烷偶联剂的技术要求

项目	指标				
	3-（2，3-环氧丙氧）丙基三甲氧基硅烷	3-（2，3-环氧丙氧）丙基三乙氧基硅烷	3-（2，3-环氧丙氧）丙基甲基二甲氧基硅烷	3-（2，3-环氧丙氧）丙基甲基二乙氧基硅烷	2-（3，4-环氧环己烷）乙基三甲氧基硅烷
外观	无色透明液体				
色度（Pt－Co)(≤)/号	50				
密度（20 ℃）/(g·cm⁻³)	1.060～1.080	0.995～1.015	1.010～1.030	0.970～0.990	1.057～1.077
折射率/n_D^{25}	1.422 0～1.432 0	1.422 0～1.432 0	1.425 0～1.435 0	1.426 0～1.436 0	1.443 0～1.453 0
游离氯(≤)/(mg·kg⁻¹)	100	—			
纯度(≥)/%	95.0				

环氧硅烷偶联剂的供应商有：南京曙光硅烷化工有限公司、荆州江汉精细化工有限公司、湖北武大有机硅新材料有限

公司、金坛樊氏有机硅有限公司等。

硅烷偶联剂 KH－560（Si187）结构式：

γ－glycidylpropyltrimethoxy silane

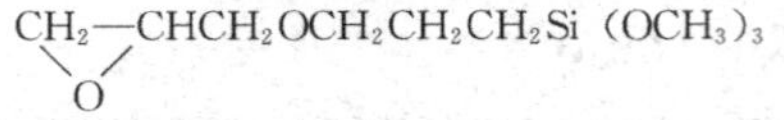

化学名称：γ-缩水甘油基丙基三甲氧基硅烷、γ-（2，3-环氧丙氧）丙基三甲氧基硅烷，CAS 号：2530－83－8，无色至淡黄色透明液体，相对密度 1.06 g/cm³，沸点 290 ℃。

本品主要应用于胶黏剂行业，可提高胶黏剂的附着力。

本品国外牌号有：A－187（美国威科）、Z－6040（前美国道康宁公司）、KBM－403（日本信越化学工业株式会社）、dynasylan ® glymo（德国德固萨）等。

1.1.4　氯烃基硅烷偶联剂

氯烃基硅烷偶联剂以含氢硅烷、氯丙烯和醇等为主要原料经反应制得。包括：

3-氯丙基三甲氧基硅烷（A－143），CAS 号：2530－87－2，结构简式：$Cl(CH_2)_3Si(OCH_3)_3$，相对分子量：198.7，沸点 192 ℃。

3-氯丙基甲基二甲氧基硅烷，CAS 号：18171－19－2，结构简式：$Cl(CH_2)_3Si(OCH_3)_2CH_3$，相对分子量：182.7。

3-氯丙基三乙氧基硅烷，CAS 号：5089－70－3，结构简式：$Cl(CH_2)_3Si(OCH_2CH_3)_3$，相对分子量：240.8。

3-氯丙基甲基二乙氧基硅烷，CAS 号：13501－76－3，结构简式：$Cl(CH_2)_3Si(OCH_2CH_3)_2CH_3$，相对分子量：210.8。

氯烃基硅烷偶联剂在橡塑、纺织、印刷以及军事等行业中有广泛应用：①是制备硅烷偶联剂如含硫硅烷偶联剂、氨基硅烷偶联剂、甲基丙烯酸酰氧类硅烷偶联剂等多种产品的绿色环保工艺中的主要原料。②作为一种橡胶加工助剂，用来偶联各种卤代橡胶中的无机填料，如氯丁橡胶、氯磺化聚乙烯等卤代橡胶，以改善他们的物理性能和机械性能；用于合成具有较低渗透性、滚动阻力及较高弹性、伸长率的硫化橡胶中，在军事上可用作防弹实心轮胎。③可用于制备特种硅油。④用在塑料工业中，可有效地抑制聚氯乙烯（PVC）增塑剂的渗析，使 PVC 长期保持清洁、卫生。⑤还可以用作聚氨酯泡沫塑料的吸收剂，提高泡沫塑料的耐候性。⑥在纺织工业中，用来合成含季铵盐阳离子有机硅化合物，用作防霉菌、防臭整理剂，具有特殊的杀菌、防臭、抗静电及表面活性，使织物柔软、具有弹性，防止织物发黄，提高织物的染色性能。⑦在印刷工业中，可制成负电性调色剂，用于静电复印、图像显影等方面。

氯烃基硅烷偶联剂的技术要求见表 1.8.1－8。

表 1.8.1－8　氯烃基硅烷偶联剂的技术指标

项目	指标			
	3-氯丙基三甲氧基硅烷	3-氯丙基甲基二甲氧基硅烷	3-氯丙基三乙氧基硅烷	3-氯丙基甲基二乙氧基硅烷
外观	无色至淡黄色透明液体			
色度（Pt－Co）(≤)/号	30			
密度（20 ℃）/(g·cm⁻³)	1.072～1.086	1.019～1.029	0.990～1.007	0.973～0.983
折射率/n_D^{25}	1.414 0～1.424 0	1.419 0～1.429 0	1.415 0～1.420 0	1.418 0～1.428 0
纯度(≥)/%	98.0	97.0	98.0	97.0
可水解氯(≤)/10^{-4}%(m/m)				

氯烃基硅烷偶联剂的供应商有：南京曙光硅烷化工有限公司、荆州市江汉精细化工有限公司、淄博市临淄齐泉工贸有限公司、江西晨光新材料有限公司、日照岚星化工工业有限公司、曲阜晨光化工有限公司等。

1.1.5　巯基硅烷偶联剂

巯基硅烷偶联剂以含硫化合物、硅氧烷等为主要原料经反应制得，包括：

3—巯丙基三甲氧基硅烷，CAS 号：4420—74—0，结构简式：$HS(CH_2)_3Si(OCH_3)_3$，相对分子量：196.3。

3—巯丙基三乙氧基硅烷，CAS 号：14814—09—6，结构简式：$HS(CH_2)_3Si(OCH_2CH_3)_3$，相对分子量：238.4。

巯基硅烷偶联剂属于通用型硅烷偶联剂，应用十分广泛，主要有：①在橡胶和塑料工业中，常用于处理白炭黑、炭黑、玻璃纤维、云母等无机填料，能有效提高制品的力学性能和耐磨性能。如应用在白炭黑作为补强剂的硫化橡胶体系中，有相当好的补强效果，可提高胶料的机械性能，尤其是耐磨性，降低永久变形。在轮胎胎面胶中应用时，硅烷中的烷氧基与白炭黑表面的硅羟基结合，而硫则与橡胶结合，形成牢固的网络结构，可显著降低轮胎的滚动阻力，提高轮胎抗老化性、耐磨性和耐候性等。②用于金、银、铜等金属表面处理，可增强其表面的耐腐蚀性、抗氧化性以及增强其与树脂等高分子的黏结性，对金属表面具有优异的保护性能，如用作黏合促进剂，用于将橡胶组合物黏合到例如玻璃和金属之类的基质上。③用于交联聚乙烯中，其效果比乙烯基类的硅烷偶联剂效果更好。④纺织上，可用于织物的防皱防缩整理剂。

巯基硅烷偶联剂的技术要求见表 1.8.1-9。

表 1.8.1-9 巯基硅烷偶联剂的技术要求

项目	指标	
	3-巯丙基三甲氧基硅烷	3-巯丙基三乙氧基硅烷
外观	无色透明液体	无色透明液体
Pt-Co 色度(≤)	25	25
密度 (20 ℃)/(g·cm^{-3})	1.040～1.060	0.980～1.000
折射率 (25 ℃)	1.430 0～1.450 0	1.428 0～1.438 0
纯度(≥)/%	95.0	95.0

巯基硅烷偶联剂的供应商有：湖北武大有机硅新材料股份有限公司、荆州江汉精细化工有限公司、江苏南京曙光硅烷化工有限公司、江西晨光新材料有限公司等。

硅烷偶联剂 KH-590 结构式：

γ-mercaptopropyl trimetboxy silane

$HSCH_2CH_2CH_2Si\ (OCH_3)_3$

化学名称：γ-巯丙基三甲氧基硅烷，分子式：HS $(CH_2)_3Si\ (OCH_3)_3$，相对分子质量：238.4，CAS 号：4420－74－0，相对密度 1.06 g/cm^3，沸点 219 ℃，无色或淡黄色透明液体，本品常用于处理 SiO_2 等无机填料，在橡胶中起填料活化剂、偶联剂、交联剂、补强剂的作用。

硅烷偶联剂 KH－590 的供应商见表 1.8.1-10。

表 1.8.1-10 硅烷偶联剂 KH－590 的供应商

供应商	商品名称	外观	沸点 ℃	密度/(g·cm^{-3})	折射率	黏度 cst
南京曙光化工集团	Si189	无色或淡黄色透明液体				
南京品宁偶联剂有限公司	KH－590	淡黄色至黄色透明液体	93	1.040±0.005	1.440 0±0.000 5	2

本品国外牌号有：A－189（美国威科）、Z－6062（前美国道康宁公司）、KBM－803（日本信越化学工业株式会社）、dynasylan ® mtmo（德国德固萨）等。

1.1.6 烃基硅烷偶联剂

烃基硅烷偶联剂以丙基三氯硅烷，辛基三氯硅烷（或十二烷基三氯硅烷、十六烷基三氯硅烷）为主要原料，经酯化反应制得。包括：

丙基三甲氧基硅烷，CAS 号：1067－25－0，结构简式：$CH_3CH_2CH_2Si\ (OCH_3)_3$，相对分子量：164.27。

丙基三乙氧基硅烷，CAS 号：2550－02－9，结构简式：$CH_3CH_2CH_2Si\ (OCH_2CH_3)_3$，相对分子量：206.35。

辛基三甲氧基硅烷，CAS 号：3069－40－7，结构简式：$CH_3\ (CH_2)_7Si\ (OCH_3)_3$，相对分子量：234.41。

辛基三乙氧基硅烷，CAS 号：2943－75－1，结构简式：$CH_3\ (CH_2)_7Si\ (OCH_2CH_3)_3$，相对分子量：276.49。

十二烷基三甲氧基硅烷，CAS 号：3069－21－4，结构简式：$CH_3\ (CH_2)_{11}Si\ (OCH_3)_3$，相对分子量：290.51。

十六烷基三甲氧基硅烷，CAS 号：16415－12－6，结构简式：$CH_3\ (CH_2)_{15}Si\ (OCH_3)_3$，相对分子量：346.62。

甲基三甲氧基硅烷（A－163），无色透明液体，相对密度 0.950～0.954 g/cm^3。结构式为：

methyl trimethoxy silane

$CH_3Si\ (OCH_3)_3$

烃基硅烷偶联剂属于通用型硅烷偶联剂，其应用十分广泛，主要有：用于处理无机填料填充塑料和橡胶，能改善填料在树脂、橡胶及塑料中的分散性及黏结力，改善前述高分子材料的工艺加工性能、提高填充塑料和橡胶的机械、电气及耐候性能；应用于玻璃纤维的表面处理，能大大提高玻璃纤维复合材料的强度和湿态下的机械性能；用做黏结促进剂，能提高密封剂、胶黏剂和油漆涂料的黏结强度、耐水性及耐候性等；与有机硅乳液并用可用于纺织物整理助剂，并赋予纺织物柔软、抗静电、防水、挺括等特异性能；用于建筑材料的防水、防腐、防渗及防污；用于金属表面处理能够提高金属的防腐及增加与表面涂层的结合力，减少环境污染和加工成本。

烃基硅烷偶联剂的技术要求见表 1.8.1-11。

表 1.8.1－11　烃基硅烷偶联剂的技术要求

项目	指标					
	丙基三甲氧基硅烷	丙基三乙氧基硅烷	辛基三甲氧基硅烷	辛基三乙氧基硅烷	十二烷基三甲氧基硅烷	十六烷基三甲氧基硅烷
外观	无色透明液体					
色度（Pt－Co)(≤)/号	20					
密度（20 ℃)/(g·cm^{-3})	0.933 0～0.943 0	0.887～0.897	0.902 0～0.912 0	0.874 0～0.884 0	0.885 0～0.895 0	0.884 0～0.894 0
折射率/n_D^{25}	1.386 0～1.396 0	1.391 0～1.401 0	1.412 0～1.422 0	1.409 0～1.419 0	1.422 0～1.432 0	1.435 0～1.445 0
纯度(≥)/%	97.0	97.0	96.0	95.0	95.0	95.0
可水解率(≤)/10%～4%(m/m)	30	30	30	30	30	30

烃基硅烷偶联剂的供应商有：荆州市江汉精细化工有限公司、南京曙光硅烷化工有限公司、江西晨光新材料有限公司、曲阜晨光化工有限公司、淄博市临淄齐泉工贸有限公司、日照岚星化工工业有限公司等。

1.1.7　硅烷偶联剂 KH－845－4（Si－69）

化学名称：双-［丙基三乙氧基硅烷］-四硫化物、双-（γ-三乙氧基硅基丙基）四硫化物

结构式：

$$(C_2H_5O)_3—Si—CH_2CH_2CH_2—S_4—CH_2CH_2CH_2—Si—(OC_2H_5)_3$$

分子式：$C_{18}H_{42}Si_2O_6S_4$，相对分子质量 538.95，CAS 号：40372－72－3，略带乙醇气味的黄色透明液体。平均硫链长 3.6～3.9，结合硫含量大于 88%，游离硫含量小于 2%。本品在改善无机填料与橡胶相容性的同时，还可以改善胶料的加工性能，提高硫化胶的力学性能，减小轮胎滚动阻力、压缩生热、磨耗和永久变形等。

HG/T 3742－2004《双-［丙基三乙氧基硅烷］-四硫化物硅烷偶联剂》适用于以 γ-氯丙基三乙氧基硅烷、硫氢化钠、硫黄、工业合成乙醇等为原料合成的双-［丙基三乙氧基硅烷］-四硫化物硅烷偶联剂。

双-［丙基三乙氧基硅烷］-四硫化物硅烷偶联剂的技术指标见表 1.8.1－12。

表 1.8.1－12　双-［丙基三乙氧基硅烷］-四硫化物硅烷偶联剂的技术要求

项目	指标
外观	黄色透明液体
密度（20 ℃)/(g·cm^{-3})	1.080～1.090
闪点(≥)/℃	100
总硫含量/%	22.7±0.8
氯含量(≤)/%	0.4
杂质含量(≤)/%	4.0

本品适用的填料包括白炭黑、滑石粉、黏土、云母粉、陶土等含羟基填料，适用的橡胶包括 NR、IR、SBR、BR、NBR、EPDM 等含双键的聚合物。一般用量为白炭黑添加量的 5%～13%，陶土、云母粉等添加量的 3%～6%。

硅烷偶联剂 KH－845－4 的供应商见表 1.8.1－13。

表 1.8.1－13　硅烷偶联剂 KH－845－4 的供应商

供应商	商品名称	外观	闪点(≥)/℃	密度/(g·cm^{-3})	折光率	总硫含量/%	氯含量/%	杂质含量(≤)/%	说明
宁波硫华聚合物有限公司	Si69－50GE F200	淡黄色半透明颗粒	100	1.30		≥22.5	≤0.6		EPDM/EVM 为载体
南京曙光化工集团	Si1289	黄色透明液体							
南京品宁偶联剂有限公司	KH－845－4	黄色至褐色透明液体		1.08	1.49				
浙江金茂橡胶助剂品有限公司	JM－Si69	黄色透明液体	100	1.080～1.090		22.7±0.8		4.0	

续表

供应商	商品名称	外观	闪点(≥)/℃	密度/(g·cm⁻³)	折光率	总硫含量/%	氯含量/%	杂质含量(≤)/%	说明
天津市东方瑞创	Si69	淡黄色透明液体	100	1.080±0.020		22.5±0.8	0.4	4.0	
锐巴化工	Si−69−50 GS	淡黄色	100	1.30		22.5	≤0.5		EPDM 载体

本品国外牌号有：A−1289（美国威科）、Z−6940（前美国道康宁公司）、Si69（德国德固萨）等。

天津市东方瑞创橡胶助剂有限公司的硅烷偶联剂 Si69F，为双−（γ-三乙氧基硅基丙基）四硫化物与有机分散剂的共混物，与 Si69 同效，但操作更加便捷，属于液体 Si69 的浅色预分散体。其技术指标见表 1.8.1-14。

表 1.8.1-14　硅烷偶联剂 Si69F 的技术指标

供应商	外观	Si69 含量/%	加热减量（105 ℃）(≤)/%	灼烧残余物%
天津市东方瑞创	淡黄色固体粉末	33.0	2.0	24.0±2.0

1.1.8　硅烷偶联剂 Si996（Si1589）

化学名称：双-［丙基三乙氧基硅烷］-二硫化物、双（三乙氧基硅基丙基）二硫化物

结构式：

$$(C_2H_5O)_3—Si—CH_2CH_2CH_2—S_2—CH_2CH_2CH_2—Si—(OC_2H_5)_3$$

分子式：$C_{18}H_{42}Si_2O_6S_2$，相对分子质量：474.82，CAS 号：56706−10−6，淡黄色透明液体，本品适用的填料包括白炭烟、硅酸盐、白垩等含羟基填料，适用的橡胶包括 NR、IR、SBR、BR、NBR、EPDM 等含双键的聚合物。本品可改善无机填料与橡胶相容性，提高填料的补强作用，显著改善硫化胶的力学性能，减小滚动阻力、压缩生热、磨耗及永久变形等；消除填料对硫化速度、交联程度的影响；降低胶料的门尼黏度，改善胶料的加工性能；同时对硫化返原也有一定的缓解作用。与 KH−845−4 相比，由于本品具有较低活性的二硫烷官能团，因此可以提供更可靠的焦烧安全性。

HG/T 3740−2004《双-［丙基三乙氧基硅烷］-二硫化物 硅烷偶联剂》适用于以 γ-氯丙基三乙氧基硅烷、硫氢化钠、硫黄、工业合成乙醇等为原料合成的双-［丙基三乙氧基硅烷］-二硫化物硅烷偶联剂。

双-［丙基三乙氧基硅烷］-二硫化物硅烷偶联剂的技术指标见表 1.8.1-15。

表 1.8.1-15　双-［丙基三乙氧基硅烷］-二硫化物硅烷偶联剂的技术要求

项目	指标
外观	黄色透明液体
密度（20 ℃）/(g·cm⁻³)	1.025～1.045
闪点(≥)/℃	100
总硫含量/%	13.5～15.5
氯含量(≤)/%	0.4
杂质含量(≤)/%	4.0

硅烷偶联剂 Si996 的供应商见表 1.8.1-16。

表 1.8.1-16　硅烷偶联剂 Si996 的供应商

供应商	商品名称	外观	闪点(≥)/℃	密度/(g·cm⁻³)	总硫含量/%	氯含量/%	杂质含量(≤)/%
南京曙光化工集团	Si1289	黄色透明液体					
浙江金茂橡胶助剂品有限公司	JM−Si75	黄色透明液体	100	1.025～1.045	13.5～15.5	≤0.4	4.0
天津市东方瑞创	Si75	淡黄色透明液体	100	1.040±0.020	15.0±1.0	0.4	4.0

本品国外牌号有：A−1589（美国威科）、Z−6820（前美国道康宁公司）、Si75/X266（德国德固萨）等。

1.1.9　硅烷偶联剂 RSi−b（Si1289cb50）

化学组成：双-［丙基三乙氧基硅烷］-四硫化物与 N 330 炭黑的混合物（1：1），黑色固体颗粒，适用的填料包括白炭黑、滑石粉、黏土、云母粉、陶土等含羟基填料，适用的聚合物包括 NR、IR、SBR、BR、NBR、EPDM 等含有双键的橡胶及它们的并用胶。本品能改善填料与橡胶的相容性，提高填料的补强能力，显著改善硫化胶的机械性能、耐磨性能，减

小滞后损失、压缩生热、永久变形等；消除填料对硫化速度、交联程度的影响；降低胶料的门尼黏度，改善加工性能；同时对硫化返原也有一定的抑制作用。

HG/T 3739－2004《双-［丙基三乙氧基硅烷］-四硫化物与 N－300 炭黑的混合物硅烷偶联剂》适用于双-［丙基三乙氧基硅烷］-四硫化物与炭黑复配制成的硅烷偶联剂。

双-［丙基三乙氧基硅烷］-四硫化物与 N－300 炭黑的混合物硅烷偶联剂的技术指标见表 1.8.1-17。

表 1.8.1-17　双-［丙基三乙氧基硅烷］-四硫化物与 N－300 炭黑的混合物硅烷偶联剂的技术要求

项目	指标
外观	黑色粒状固体
总硫含量/%	11.0～13.0
加热减量(≤)/%	2.0
灰分/%	11.0～12.0
丁酮不溶物/%	49.0～55.0

硅烷偶联剂 RSi－b 的供应商见表 1.8.1-18。

表 1.8.1-18　硅烷偶联剂 RSi－b 的供应商

供应商	商品名称	外观	丁酮不溶物/%	加热减量/%	总硫含量/%	灰分/%
浙江金茂橡胶助剂品有限公司	JM－Si69C	黑色固体颗粒	49.0～55.0	≤2.0	11.0～13.0	11.0～12.0

本品国内供应商还有：南京曙光化工集团有限公司、天津市东方瑞创橡胶助剂有限公司等。

国外牌号有：X50－s（德国德固萨）、Z－6945（前美国道康宁）等。

1.1.10　硅烷偶联剂 Si996－b（Si1589cb50）

化学组成：双-（γ-三乙氧基硅基丙基）二硫化物与炭黑的混合物（1：1），黑色固体颗粒，适用的填料包括白炭烟、硅酸盐、白垩等，适用的聚合物包括橡胶包括 NR、IR、SBR、BR、NBR、EPDM 等。

硅烷偶联剂 Si996－b 的供应商见表 1.8.1-19。

表 1.8.1-19　硅烷偶联剂 Si996－b 的供应商

供应商	商品名称	外观	丁酮不溶物%	加热减量/%	总硫含量/%	灰分/%
浙江金茂橡胶助剂品有限公司	JM－Si75C	黑色固体颗粒	49.0～55.0	≤2.0	7.0～8.5	12.0～13.5

本品国外牌号有：Si75－s/X266－s（德国德固萨）等。

1.1.11　双-［丙基三乙氧基硅烷］-四硫化物与白炭黑的混合物硅烷偶联剂

化学组成：双-［丙基三乙氧基硅烷］-四硫化物与白炭黑的混合物硅烷偶联剂

HG/T 3743－2004《双-［丙基三乙氧基硅烷］-四硫化物与白炭黑的混合物硅烷偶联剂》适用于双-［丙基三乙氧基硅烷］-四硫化物与白炭黑复配制得的硅烷偶联剂。双-［丙基三乙氧基硅烷］-四硫化物与白炭黑的混合物硅烷偶联剂的技术指标见表 1.8.1-20。

表 1.8.1-20　双-［丙基三乙氧基硅烷］-四硫化物与白炭黑的混合物硅烷偶联剂的技术要求

项目	指标
外观	白色粉末
总硫含量/%	11.0～13.0
加热减量(≤)/%	2.0
灰分/%	52.0～62.0
丁酮不溶物/%	49.0～55.0

本品供应商有：南京曙光化工集团有限公司等。

1.1.12　硅烷偶联剂 MTPS（A－1010）

化学名称：甲基三叔丁基过氧基硅烷，分子式 $CH_3Si(OOC_4H_9)_3$，分子量 310，无色或淡黄色透明液体，相对密度 0.944 8 g/cm³，折射率 0.944 8，沸点 50 ℃，分解温度 147.5 ℃，使用时不得加热到 100 ℃以上，达到其分解温度时会剧烈分解发生爆炸。结构式为：

methyltri－tert－butylperoxy silane

$$CH_3-Si(OOC(CH_3)_3)_3$$

$$\begin{array}{c} OOC(CH_3)_3 \\ | \\ CH_3-Si-OOC(CH_3)_3 \\ | \\ OOC(CH_3)_3 \end{array}$$

本品适用于酚醛树脂、合成橡胶、聚乙（丙烯）等。储存于阴凉、通风、干燥的库房内，温度不高于 30 ℃，防热、防潮、避光，储存期 1 年。

1.1.13　其他硅烷偶联剂

常用其他硅烷偶联剂还有：

苯胺甲基三甲氧基硅烷，透明黄色液体，结构式为：

anilinomethyl trimethoxy silane

$$C_5H_5NHCH_2Si(OCH_3)_3$$

苯胺甲基三乙氧基硅烷，淡黄色油状液体，结构式为：

anilinomethyl triethoxy silane

$$C_5H_5NHCH_2Si(OC_2H_5)_3$$

甲基三乙酰氧基硅烷，无色透明液体，相对密度 1.077 g/cm^3，沸点 40.5 ℃。结构式为：

methyltriacetoxy silane

$$\begin{array}{c} OOCCH_3 \\ | \\ CH_3-Si-OOCCH_3 \\ | \\ OOCCH_3 \end{array}$$

γ-脲基丙基三乙氧基硅烷（A－1160），相对密度 0.91 g/cm^3，结构式为：

γ－urcidopropyl triethoxy silane

$$H_2N-\overset{\overset{\large O}{\|}}{C}-NHCH_2-CH_2CH_2Si(OC_2H_5)_3$$

γ-脲基硫代丙基三羟基硅烷（QZ－8－5456），无色或淡黄色，市售商品为50%的水溶液，相对密度 1.190 g/cm^3，结构式为：

γ－amidnothiopropyltrihydroxy silane

$$H_2N-\overset{\overset{\large NH}{\|}}{C}-S-CH_2CH_2CH_2Si(OH)_3$$

盐酸 N′-（3-乙烯基苄基）-β-氨基-γ-三甲基硅烷丙基胺（QZ－8－5069），市售商品为含硅烷 50%的甲醇溶液，相对密度 0.93 g/cm^3，结构式为：

N′－（3－vinyl－benzyl）－*β*－amino ethyl－*γ*－trimethoxy silylpropylamine hydrochloride

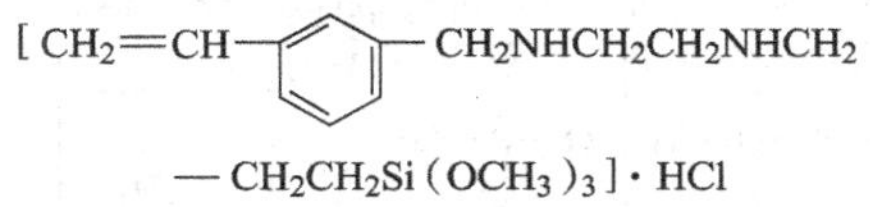

γ-（多亚乙基氨基丙基三甲氧基硅烷）（SH－6050），售商品为含硅烷 50%的液体，相对密度 0.91 g/cm^3，结构式为：

γ－（polyethyleneamino）propyl trimethoxy silane

$$H_2N\ (CH_2CH_2NH)_nCH_2CH_2CH_2Si\ (OCH_3)_3$$

1.2　钛酸酯类偶联剂

钛酸酯类偶联剂包括四种基本类型：①单烷氧基型，这类偶联剂适用于多种树脂基复合材料体系，尤其适合于不含游离水、只含化学键合水或物理水的填充体系；②单烷氧基焦磷酸酯型，该类偶联剂适用于树脂基多种复合材料体系，特别适合于含湿量高的填料体系；③螯合型，该类偶联剂适用于树脂基多种复合材料体系，由于它们具有非常好的水解稳定性，这类偶联剂特别适用于含水聚合物体系；④配位体型，该类偶联剂用在多种树脂基或橡胶基复合材料体系中都有良好的偶联效果，它克服了一般钛酸酯偶联剂用在树脂基复合材料体系的缺点。

钛酸酯类偶联剂见表 1.8.1－21。

表 1.8.1－21 钛酸酯类偶联剂

名称	化学结构	性状		
		外观	相对密度	闪点/℃
三异硬脂酰基钛酸异丙酯（NDZ－101）	isopropyl trisostearcyl titanate 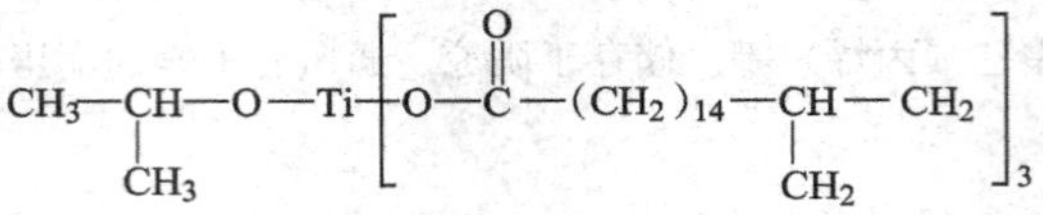	红棕色油状液体	0.989 7	179
二异硬脂酰基钛酸亚乙酯（KR－201）	diisostearoyl ethylene titanate 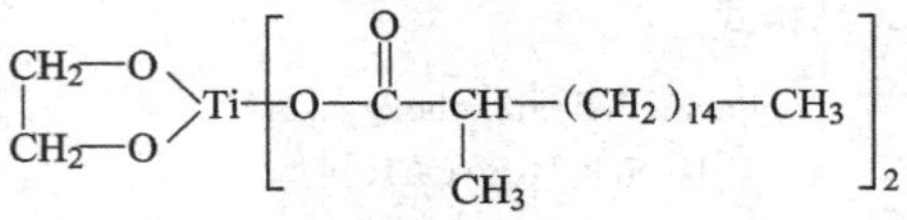			
二油酰基钛酸亚乙酯（OL－T 671）	dioleoyl ethylene titanate 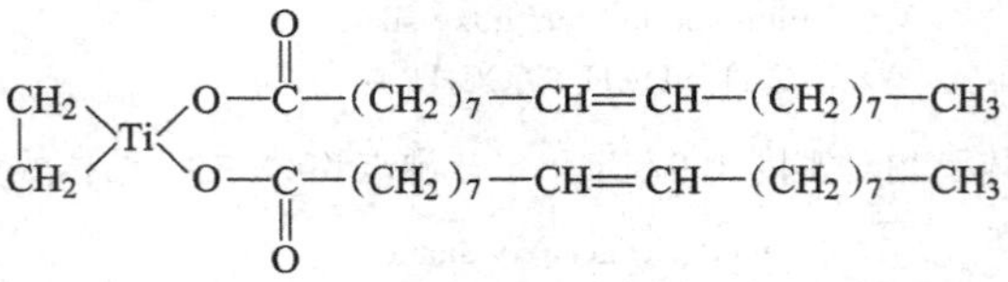	红棕色油状液体	0.9796	120
二（亚磷酸二辛脂基）钛酸四异丙酯（KR－41B）	tetraisopropyl di（dioctylpho-sphito） titanate 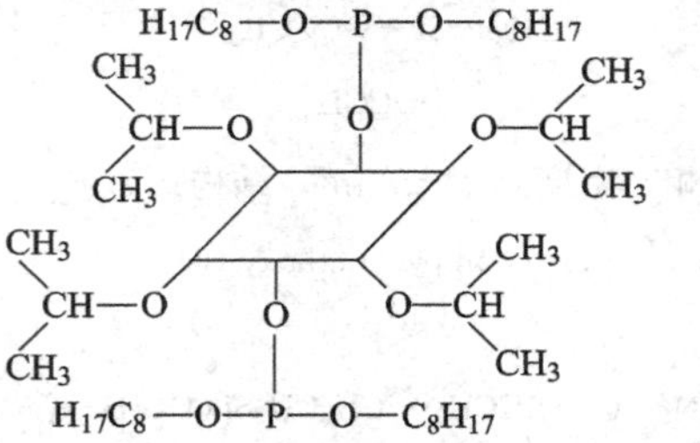			
三油酰基钛酸异丙酯（NDZ－105）	isopropyl trioleoy titanate 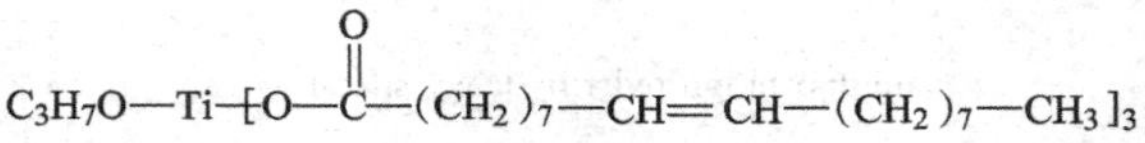	红色液体	0.984	197
三（二辛基磷酰氧基）钛酸异丙酯（NDZ－102）	isopropyl tri（dioctylphosphato） titanate 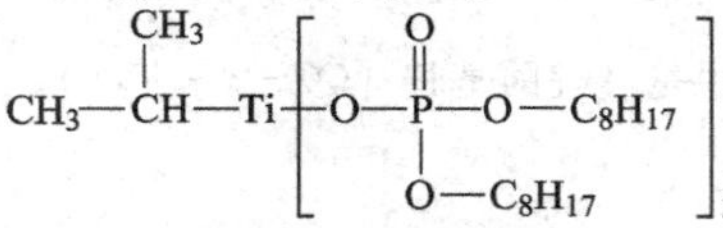	米黄色高黏度液体	1.03	150
三（二辛基焦磷酰氧基）钛酸异丙酯（NDZ－201）	isopropyl tri（dioctylpyrophosphato） titanate 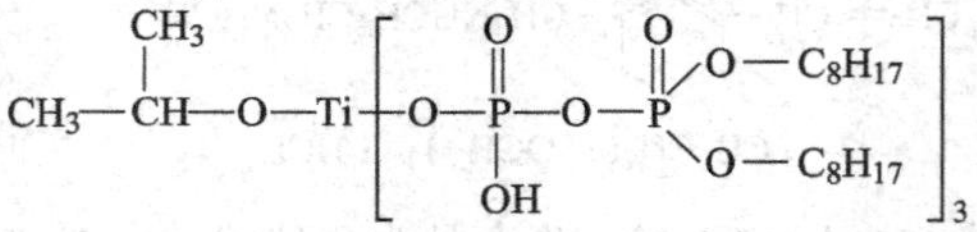	黄色至琥珀色半透明黏稠液体	1.05	210（分解）
三（十二烷基苯磺酰基）钛酸异丙酯（KR－95）	isopropyl tridodecylbenzesulfonyl titanate 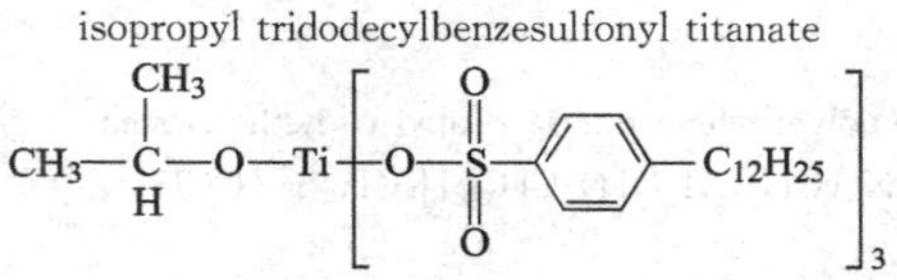			
4-氨基苯磺酰基二（十二烷基苯磺酰基）钛酸异丙酯（KR－26s）	isopropyl 4－aminobenzenesulfonyl di（dodecylbenzenesulfonyl） titanate 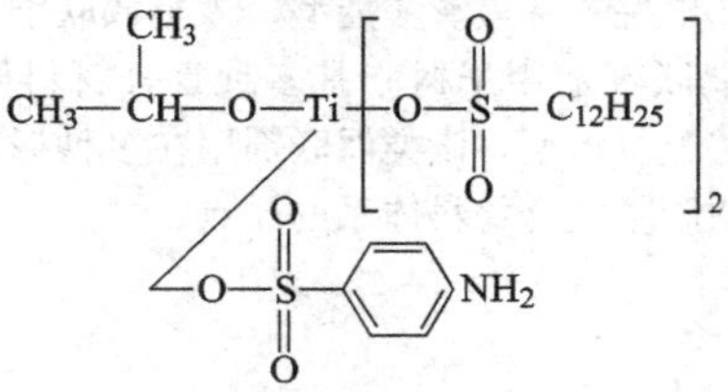	灰色液体	1.12	24

续表

名称	化学结构	性状		
		外观	相对密度	闪点/℃
二（二辛基磷酸氧基）钛酸亚乙酯（KR−212）	di（dioctylphosphato）ethylene titanate 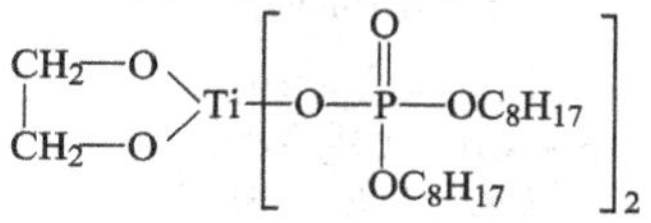	橘红色液体	1.08	21
二（二辛基焦磷酰氧基）钛酸羟基乙酸交酯盐（KR−138s）	titanium di（dioctylpyrophosphato）oxyacetate 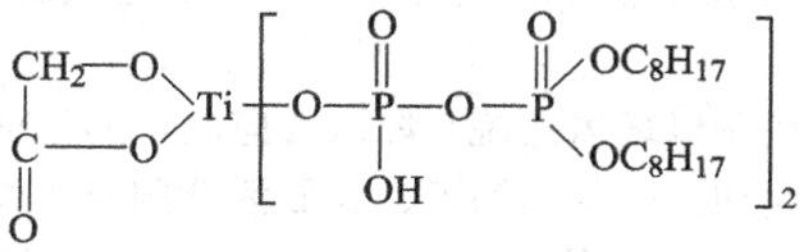	黄色液体	1.12	38
二（双十三烷基亚磷酸酯）四辛氧基酞	tetraoctyloxytitanium di（ditridecylphosphite）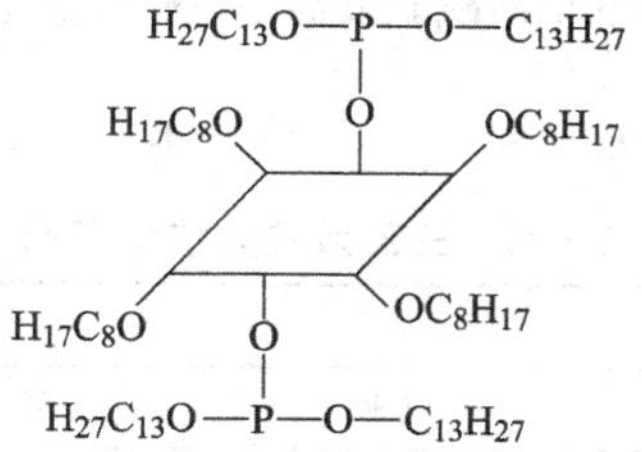	溶液	0.92	82
二（二月桂酸亚磷酸酯）四辛氧基酞	tetroctyloxytitanium di（dilaurylphosphite）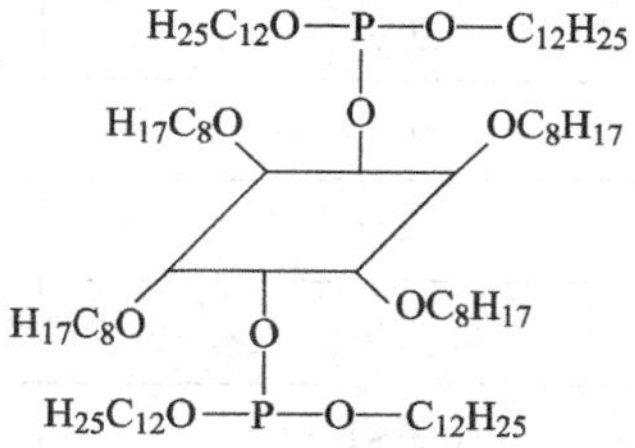			

注：详见《橡胶原材料手册》，于清溪、吕百龄等编写，化学工业出版社，2007年1月第2版，P583～584。

单烷氧基型钛酸酯偶联剂（如NDZ−101）易水解，作改性剂时要求粉体材料含水率低于0.4%；焦磷酸酯型钛酸酯偶联剂（如NDZ−201）适合于处理具有物理或化学结合水的粉体材料；螯合剂型钛酸酯偶联剂（如KR−212、KR−138s）具有高的水解稳定性，可用于很潮湿的物料及聚合物的水溶液体系中。

1.3 其他填料活化剂

1.3.1 聚乙二醇

分子式：HO（CH_2CH_2O）nH，CAS号：25322−68−3，蜡状物或粉末，熔点55～61 ℃。

橡胶中一般使用较高相对分子质量的聚乙二醇，主要作为酸性填料如白炭黑、陶土的活化剂使用。本品可屏蔽填料如白炭黑表面的−OH，改善填料分散性；中和酸性填料，提高硫化速度。本品活性较DEG（二甘醇）柔和，不易焦烧；三乙醇胺类易引起变色，而PEG−4000不会引起变色，是白炭黑活性剂中较好品种。也可作为各种硫化促进剂的活性剂，特别是对噻唑类促进剂有很好的活化作用，可提高硫化胶的拉伸强度，降低压缩永久变形；并可帮助制品离模，改善产品外观。

聚乙二醇的供应商见表1.8.1-22。

表1.8.1-22 聚乙二醇的供应商

供应商	商品名称	产地	分子量	外观	有效含量/%	密度/（g·cm⁻³）	说明
金昌盛	PEG 4000	韩国	3 000～3 700	白色片状，无毒无味	99	1.03～1.12	白炭黑用量的1/10～1/12
	PEG 6000	韩国	5 500～7 000	白色片状，无毒无味	99	1.01～1.10	白碳黑用量的1/10
三门华迈	PEG 4 000		4 000～4 500	白色片状	99	1.03～1.12	

1.3.2　三乙醇胺

分子式：$C_6H_{15}NO_3$，相对分子质量：149.188 2，沸点：360 ℃，熔点：21.2 ℃，密度：1.1242～1.1258 g/cm^3，折射率：1.482～1.485。

结构式：

triethanolamine

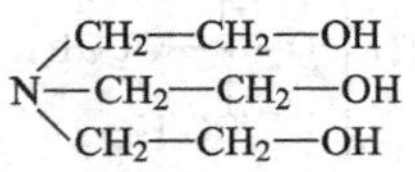

无色至淡黄色透明粘稠微有氨味液体，有刺激性，低温时成为无色至淡黄色立方晶系晶体，露置于空气中时颜色渐渐变深，易溶于水。具吸湿性，能吸收二氧化碳及硫化氢等酸性气体。纯三乙醇胺对钢、铁、镍等材料不起作用，而对铜、铝及其合金有较大腐蚀性。

HG/T 3268－2002《工业用三乙醇胺》适用于以环氧乙烷与氨水反应制得的工业用三乙醇胺，Ⅰ型产品主要用于医药中间体及日用化工行业，Ⅱ型产品主要用于金属加工、皮革加工、表面活性剂及水泥增强剂等。HG/T 3268－2002《工业用三乙醇胺》中的Ⅰ型产品等效采用美国军用标准（美军标）A－A－59231（1998）《工业用乙醇胺（一乙醇胺和三乙醇胺），技术规格》。

本品在橡胶中主要用作白炭黑、陶土等酸性填料的酸碱调节剂，一般用量为填料的 3%左右。本品也用作酸性促进剂的活化剂。易引起变色。

三乙醇胺的规格型号与技术指标见表 1.8.1－23。

表 1.8.1－23　三乙醇胺的技术指标

项目	指标	
	Ⅰ型	Ⅱ型
三乙醇胺含量(≥)/%	99.0	75.0
一乙醇胺含量(≤)/%	0.50	由供需双方协商确定
二乙醇胺含量(≤)/%	0.50	由供需双方协商确定
水分(≤)/%	0.20	由供需双方协商确定
色度/Hazen 单位（铂-钴色号）(≤)	50	80
密度 ρ_{20}/(g·cm^{-3})	1.122～1.127	—

1.3.3　活化剂 ZTS（TM、ZBS），化学名称：对甲苯亚磺酸锌

结构式：

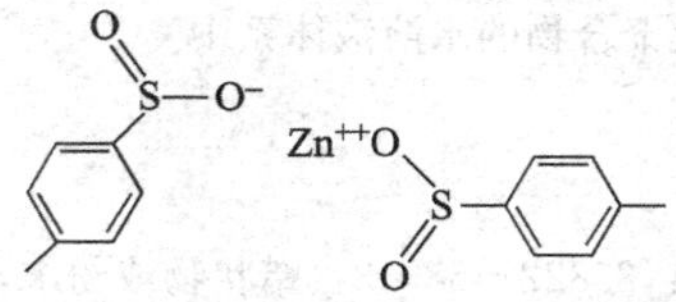

分子式：$C_{14}H_{14}O_4S_2Zn$，分子量：375.78，CAS 号：24345－02－6。

主要用于农药、塑料、橡胶等。用作填料、阻燃剂、AC 发泡剂的活化剂，可明显改善制品性能。一般用量为 1.5～2.0 份，与发泡剂一起加入。

活化剂 ZTS 的供应商见表 1.8.1－24。

表 1.8.1－24　活化剂 ZTS 的供应商

供应商	外观	含量(≥)/%	初熔点(≥)/℃	加热减量(≤)/%	铁含量(≤)/ppm	重金属(≤)/ppm	密度/(g·cm^{-3})	筛余物(≤)/%(63 μm)
三门华迈	白色粉末	98	215	0.30	5	10	1.2	0.5

1.3.4　醇类与胺类混合物

本品对白炭黑和白土有很好的分散作用和活化效果，可提高硫化速度。可作为二次促进剂使用，缩短硫化时间，提高物理性能。可替代 PEG 4000（聚乙二醇）和 DEG（二甘醇）等白炭黑活性剂，也可并用。

用法：炼胶前段与白炭黑等填充料一起加入。

醇类与胺类混合物供应商见表 1.8.1-25。

表 1.8.1-25　醇类与胺类混合物的供应商

供应商	商品名称	化学组成	外观	密度/(g·cm^{-3})	说明
金昌盛	白炭黑活性剂 LS 450	高沸点醇类与胺类混合物	白色粉末	1.4	白炭黑用量的 3%～6%

元庆国际贸易有限公司代理的台湾 EVERPOWER 公司填料活化剂 AL 450 的物化指标为：

成分：高沸点醇类及胺类混合物之衍生物，外观：白色之粉末，比重（20 ℃）：1.39，污染性：无，变色性：无，储存性：在低温干燥处无限制。

本品可提高加工安全性，延长焦烧时间，防止焦烧；对白炭黑和白土有很好的活化效果和分散作用；可作为第二促进剂使用，缩短硫化时间；可提高硫化胶的物性（如撕裂强度、定伸强度、硬度及弹性）；在橡胶中可形成特殊之网状结构，防止物料迁移造成喷霜；能稳定高硬度胶料的硬度及有防水功能。

本品主要用于天然橡胶、合成橡胶、TPR 及 EVA 等作为为白炭黑的活化剂和分散剂，在 TPR 及 EVA 发泡制品中可帮助发泡剂均匀发泡。

在混炼初期与白炭黑等一起加入效果尤佳。作活化剂使用时是补强剂（白炭黑、白土）用量之 3%～6%；作第二促进剂使用时，为 1～2 份。

二、黏合增进剂

纯橡胶的橡胶制品往往难以满足实际使用需要，多数橡胶制品需要使用骨架材料作为主要受力部分复合制造，骨架材料同时也对橡胶制品在使用中形状的稳定起着重要作用。橡胶与骨架材料的牢固结合，不仅可以保护骨架材料，骨架材料的增强作用也才能得到充分的发挥。

橡胶制品对骨架材料的要求各异，以材质分主要有金属、天然纤维和合成纤维，以结构分主要有帆布、绳、帘线等。不同的复合制品应选择不同的黏合剂。黏合剂的种类如表 1.8.1-26 所示。

表 1.8.1-26　橡胶黏合剂的种类

<table>
<tr><th colspan="2">类型</th><th>工艺特征</th><th>典型品种</th><th>黏合材料</th></tr>
<tr><td colspan="2">胶黏剂</td><td>喷、贴、刷</td><td>异氰酸酯橡胶胶黏剂
天然橡胶胶黏剂
丁苯橡胶胶黏剂
丁腈橡胶胶黏剂
氯丁橡胶胶黏剂
丁基橡胶胶黏剂</td><td>金属、木材
橡胶、织物
混凝土</td></tr>
<tr><td colspan="2">浸渍黏合体系</td><td>浸渍</td><td>RFL 体系</td><td>橡胶、织物</td></tr>
<tr><td rowspan="8">直接黏合体系</td><td>间-甲-白体系</td><td rowspan="8">混炼、配合</td><td>黏合剂 A、黏合剂 RS 等</td><td rowspan="4">橡胶、黄铜、锌、织物</td></tr>
<tr><td>钴盐体系</td><td>硼酰化钴、新癸酸钴、环烷酸钴、硬脂酸钴、金属复盐等</td></tr>
<tr><td>改性木质素体系</td><td>改性木质素 LTN 150</td></tr>
<tr><td>三嗪体系</td><td>2-氯-4-氨基-6（间羟基苯氧基）-1，3，5 均三嗪（SW）等</td></tr>
<tr><td rowspan="4">其他</td><td>CaO</td><td>用于氟橡胶与金属的直接黏合</td></tr>
<tr><td>Fe_2O_3</td><td>用于橡胶与金属的直接黏合，也可用于硅橡胶硫化胶之间的黏合</td></tr>
<tr><td>单磺酰硫脲</td><td>用于丁腈橡胶与金属的直接黏合</td></tr>
<tr><td>防老剂 BLE</td><td>用于硫黄硫化的丁腈橡胶、氯丁橡胶与镀铜钢丝的直接黏合</td></tr>
</table>

骨架材料的表面处理及与橡胶基质的黏合是十分重要的问题。在过去的几十年里，人们对橡胶黏合机理进行了很多研究，但至今尚没有达成统一的认识。对橡胶与骨架材料黏合机理的研究主要有以下几种：

①吸附理论。吸附理论是最为流行的黏合理论。这种理论认为黏结物和被黏物之间是通过吸附作用黏结在一起的。黏合力主要是由黏合界面附近的黏合体系分子或是原子相互吸附，产生范德华力而黏合在一起的。黏合的过程主要分为两个方面，首先，黏合剂分子通过分子运动，迁移到被黏物的分子表面，加压和高温有利于该过程的进行；其次，当分子运动到被黏物表面达到足够小的距离时，范德华力就开始起作用，并随着距离的减少逐渐增大。吸附理论将黏合看作是一个以

分子间力为基础的表面过程，该理论认为分子间作用力是黏合力的主要形式之一。但是吸附理论并不是普遍适用的，不能解释橡胶与镀铜钢丝的直接黏合体系的黏合。

②机械理论。机械理论认为黏合是通过黏合剂渗透到被黏物粗糙的表面，在被黏物的表面生成钩合、锚合等机械力使得黏合剂与被黏物结合在一起。黏合剂黏结经过表面处理的材料的效果比表面光滑的材料的效果要好的多。但是，机械理论无法解释表面光滑的材料，如玻璃、金属的黏结。

③化学键理论。化学键理论是目前最系统、最古老的理论。化学键理论是指两相材料之间通过在黏合界面处形成化学键获得的牢固的黏合。化学键力远远大于分子间作用力，能够产生很好的黏合强度。化学键理论已经被多种实验事实所证实，如橡胶与镀铜钢丝黏合。

④扩散理论。扩散理论又称为分子渗透理论，是指两相材料的相互黏结是通过分子扩散的作用完成的，扩散使得两相界面相差致密的黏合层，进而将两相材料结合起来。这种扩散作用是在黏合界面处相互渗透进行的。扩散导致两相材料之间没有明显的黏合界面，只有一个过渡区的存在，黏合体系能够借助扩散获得良好的黏合性能。该理论能够很好的解释具有良好相容性的高分子之间的黏合，但是无法解释橡胶－金属之间的黏合。

⑤静电理论。静电理论又称双电层理论，是指在干燥的环境下，两相材料在界面处有放电和发光的现象。但是很多科学家认为这种理论并没有直指黏合的本质。而且通过静电产生的黏合力只占有总黏合力的很少一部分，对黏合的作用是微不足道的。另外，静电理论无法解释属性相同或相近两相材料之间的黏合。

橡胶与金属的黏合最早可以追溯到 1850 年，主要经历了硬质橡胶法、酚醛树脂法、镀黄铜法或黄铜法、卤化橡胶法等。目前，在橡胶制品中橡胶与金属黏合的方法主要是在橡胶的硫化过程中将橡胶与金属黏结起来。至今，国内外已开发出多种性能优异的胶黏剂，如 Chemlok、Tylok、Metalok、Thixon、Chemosil（汉高）系列、Megum（麦固姆）系列等。特别是 Chemlok 系列胶黏剂，在橡胶工业黏合领域有较广泛的应用。

①硬质橡胶法是人们在 1860 年前后发现的，主要是在金属的表面贴一层硫黄用量较高硬质橡胶，然后在其表面黏上复合材料进行硫化即可。这种方法至今在大型胶辊中还具有广泛的应用。虽然这种方法制造的产品有着较好的黏合效果，但是使用温度一般不能超过 70 ℃。而且这种工艺需要较长时间的硫化，与铜或铜合金不能很好地黏合。

②镀黄铜法是一种不需要黏合剂，就可以实现橡胶与金属黏合的一种黏合方法，是英国查理斯等人在 1862 年对橡胶与镀黄铜黏合研究之后才逐渐发展起来的。最初这种方法主要是应用在发动机的减震橡胶上。现在在轮胎的钢丝帘线上也在采用这种方法。镀黄铜法最主要的特点就是在硫化温度下，橡胶与镀铜钢丝的黏合与橡胶的硫化同时发生，而且不需要在钢丝的表面涂布黏合剂。其缺点主要是受到钢丝的表面性质决定的，而且有些大型制品的表面镀铜困难。

③酚醛树脂法是在第二次世界大战后发展起来的。酚醛树脂法橡胶与金属的黏合被认作是通过金属表面的化学吸附发生的，即黏结物与被黏物之间发生黏合时，金属键或离子键形成键合，发生特殊的反应。这种吸附一般认为是酚类有机化合物的络合反应或是类似的反应。

④卤化橡胶法是雷蒙德·瓦纳在 1932 年对溴化橡胶的黏合实验进行了研究，而发展起来的。卤化橡胶黏合体系被认为是有着良好的热可塑性，并且随着硫化自身不发生固化反应。最显著的优点是其可以以液体的状态长时间储存，使用范围广泛。

⑤橡胶与金属黏合的直接黏合法。橡胶与金属的直接黏合法是指橡胶胶料在硫化过程中，橡胶与金属在界面处实现黏合的方法。目前，常用的直接黏合体系主要有间-甲-白黏合体系、有机钴盐、木质素、有机钴盐/白炭黑及三嗪黏合体系等。

到目前为止，在橡胶与镀铜钢丝黏合过程中产生的硫化层如何增强橡胶与镀铜钢丝之间的黏合强度仍然不是很清楚，普遍接受的观点是在橡胶与镀铜钢丝的黏合过程中，在黏合界面处形成 Cu_xS 层，x 值为 1.90～1.97。有机钴盐促进橡胶与镀铜钢丝黏合如图 1.8.1－1 所示。

橡胶与镀铜钢丝的黏合过程主要经历黏合界面的形成、稳定和黏合三个过程[1]。在橡胶的硫化前，胶料与镀铜钢丝之间只是物理上的接触，形成单调的接触界面。随着橡胶的硫化，橡胶中的硫黄向镀铜钢丝迁移，在橡胶与镀铜钢丝的界面处形成非计量系数的 Cu_xS，并且形成的 Cu_xS 向橡胶层迁移，与硫化的橡胶形成互锁的结构，提高了橡胶与镀铜钢丝的黏合。

在橡胶与镀铜钢丝的黏合过程中，橡胶硫化与黏合界面形成的反应是相互协同、相互促进的。橡胶与硫黄的反应历程：

$$Rub+Sy \rightarrow Rub-Sy$$
$$Rub-Sy+Rub \rightarrow Rub-Sy-Rub$$

橡胶与镀铜钢丝的黏合过程：

$$CuZn+2S \rightarrow Cu_xS+ZnS$$
$$Cu_xS+Rub-Sy \rightarrow Cu_x-S-Sy-Rub$$

两种反应的协同进行是由硫黄的用量、Cu_xS 的产生速率和黄铜层的厚度决定的。在胶料配方中必须要加大硫黄的用量，以满足橡胶的硫化过程和黏合过程中硫黄的消耗。同时要在胶料配方中要配用迟效性促进剂，防止硫化反应过早进行，影响黏合界面的生成。

Van Ooij[2] 在早期的研究中指出，橡胶与镀铜钢丝之间的黏合主要是通过 Cu_xS 层的建立，而且其黏合强度取决于硫化

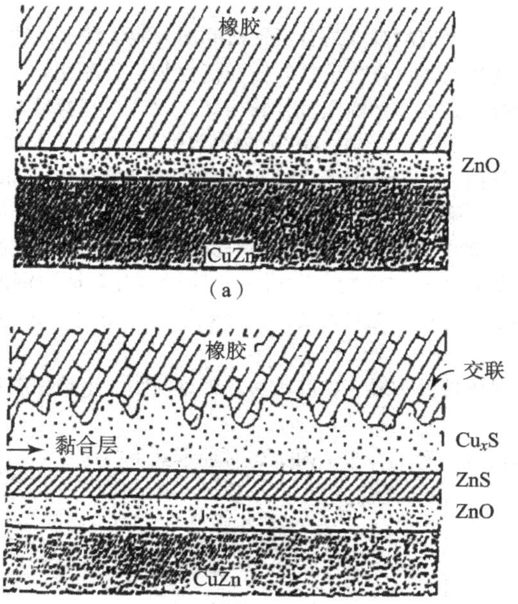

图 1.8.1-1　橡胶与镀铜钢丝黏合的机理

(a) 硫化前；(b) 硫化后

物层的厚度，即取决于镀黄铜层中铜的含量。随着橡胶硫化的进行 Cu_xS 层逐渐向橡胶层增长，与胶料形成强烈的机械互锁结构。Hotaka 等人[3]通过在橡胶硫化的过程中，在橡胶与镀铜钢丝的黏合界面处放入一张滤纸，将橡胶与黏合界面分开。研究发现在硫化之前，在钢丝的表面有 CuS 的形成，随着硫化的进行，CuS 逐渐脱硫形成具有黏合能力的 Cu_xS；他们还发现在产生 Cu_xS 的过程中，会有 FeS 和 ZnS 的生成，这两者对于黏合是没有贡献的，但是 ZnS 对于保持 Cu_xS 的黏合效果有着巨大的贡献。

另一方面，有相关文献报道，在橡胶的硫化交联的过程中，在黏合界面处能够形成 Cu—Sy—R 化学键，增强了橡胶与镀铜钢丝之间的黏合强度。在黏合的过程中，橡胶的硫化与黏合界面的形成过程中，都有硫黄的参与，因此橡胶的硫化与黏合界面的形成必须是同步进行的。如果硫化时间过短，橡胶的硫化过程中，硫黄被过多的消耗，导致黏合过程中的硫黄的量减少，降低了黏合强度；同样的，如果硫化过程中黏合消耗的硫黄过多，橡胶就有可能存在硫化不熟的现象。因此，与镀铜钢丝黏合的胶料要有较长的硫化时间，确保橡胶的硫化与黏合界面的形成过程同步进行[4]。

A. 间－甲－白直接黏合体系

间－甲－白直接黏合体系是由亚甲基的给予体 HMMM（六甲氧基甲基密胺）或甲醛给予体 HMT（六亚甲基四胺）、间苯二酚单体或树脂型的间苯二酚给予体和白炭黑组成，又被称作 HRH 黏合体系。HRH 黏合体系适用于多种骨架材料的黏合，如合成纤维、天然纤维及镀黄铜、镀铜等。最典型的 HRH 黏合体系的组成是间苯二酚 2.5～3.8 份，HMT1.5～2.5 份，白炭黑 15 份[5]。其黏合机理被认为是间苯二酚作为甲醛或是亚甲基的接受体，在硫化温度下，与亚甲基发生低聚缩合，形成酚醛型黏合树脂，该树脂能够继续发生反应。

当橡胶与金属表面进行黏合的时候，酚醛树脂中含有的羟基和羟甲基有着较强的极性，能够与金属表面的极性分子产生键合，从而将橡胶与金属黏结起来[6]。组分中的白炭黑作为一种黏合增进剂，而且白炭黑表面的硅羟基结构能够吸附橡胶基体中的自由水，减少了水对黏合界面的破坏，同时白炭黑的酸性表面能够延迟橡胶的硫化时间，使得橡胶能够保持较长时间的流动，增大了橡胶与金属的接触面积，提高了橡胶与金属的黏合[7~8]。

HRH 黏合体系的主要优点是可以控制橡胶与骨架材料黏合反应的历程，使得橡胶的硫化、橡胶与骨架材料之间的黏合同步发生。但是，由于间-甲-白体系有着较强的极性，在橡胶基体中较难分散，容易喷霜；高温时，间苯二酚升华，有刺激性气味，危害人体健康，对环境有一定的污染[9]。为了解决这一问题，国内外研究了一些新型的黏合剂，如 RE（间苯二酚与乙醛的低聚物，摩尔比为 2：1）、RA－65（65%的六甲氧基甲基蜜胺 HMMM 与加载体复配而成）、RS（间苯二酚与硬脂酸的共融物，摩尔比 1：1）、RS－11、R－80、RC 等。其中 RA－65 的黏合效果较好，而且适用于天然橡胶、聚丁二烯橡胶和丁苯橡胶与镀铜钢丝帘线及各种裸露钢丝的黏合[10]；由黏合剂 A 和多元酚缩合制得的预缩聚树脂型的新型黏合剂 AB－30，含有大量的甲氧基、酚基和羟甲基结构，硫化时，黏合剂 AB－30 能够与橡胶发生交联，形成三维网络结构，迁移到材料表面，有着良好的黏合效果[11]。

间-甲-白体系黏结强度比钴盐体系高，附胶量高二级，但耐老化性能偏低。

B. 有机钴盐增黏体系

有机钴盐是橡胶与镀铜钢丝或是钢丝帘线黏合的专用黏合增进剂，可以单独用于橡胶与镀铜钢丝的黏合。目前，国内外常用的有机钴盐主要有硼酰化钴、葵酸钴、硬脂酸钴、环烷酸钴等。在有机钴盐的增黏过程中，起黏合作用的主要是钴离子。

关于有机钴盐增进黏合的机理，较为普遍的观点是有机钴盐的加入能够促进活性产物 Cu_xS 的生成，调整 Cu_xS 的生成速率。不同有机钴盐的调节能力是不同的，各种有机钴盐的反应活性为：硼酰化钴>新癸酸钴>环烷酸钴>硬脂酸钴[12]。在钴盐体系黏合剂中，硼酰化钴和新癸酸钴由于钴的质量分数相对比较高，有着较高的活性，得到了广泛的应用，特别是硼酰化钴还具有良好的防老化效果[13]。一般来说，在 100 份的橡胶中，金属钴的含量应该为 0.3 份左右[14]。若钴离子的量过大，会加速形成大量的非活性的硫化铜，黏合强度下降，而且会加速橡胶老化。如果加入的钴离子量过小，在黏合界面处很难生成硫化亚铜层，使得黏合性能下降[15~17]。

镀层中铜锌的比例也是决定黏合效果的重要因素。金属铜是相对比较活泼的金属，如果使用纯金属铜，反应非常剧烈，迅速产生硫化亚铜，难以与橡胶的硫化速率匹配。镀层中的锌能够有效抑制铜的活性，使得生成硫化亚铜的速率降低；同时，锌能够与硫黄发生反应形成硫化锌，也起到增强黏合效果的作用[18]；最后，锌能够与钢丝形成原电池的形式，有效地保护了钢丝不被腐蚀[19]。

钴盐黏合体系对天然橡胶最佳，异戊橡胶和顺丁橡胶其次，丁基橡胶、丁腈橡胶和氯丁橡胶较差。

C. 木质素黏合体系

木质素的结构单元为愈疮木基苯丙烷、紫丁香基苯丙烷、对羟苯基苯丙烷：

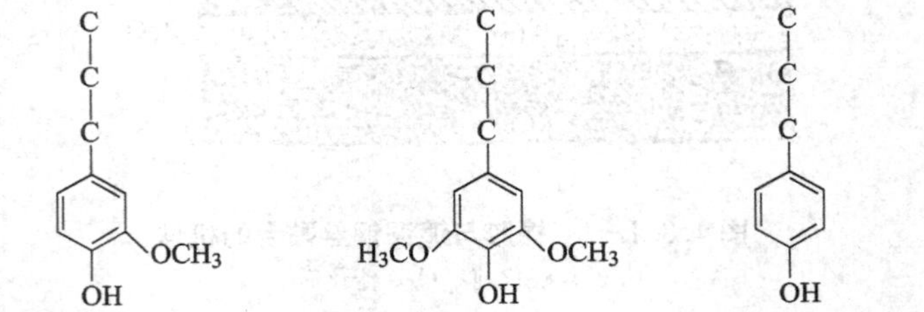

愈疮木基苯丙烷　　紫丁香基苯丙烷　　对羟苯基苯丙烷

木质素经羟甲基化改性，其分子结构类似于固化的三维网状酚醛树脂，其黏合机理类似于间－甲－白体系，具有无毒、无污染，老化后黏合强度保持率高等特点，可单用，也可与白炭黑并用。

D. 三嗪体系

三嗪体系是一种单组份直接黏合体系，是在 20 世纪 70 年代逐渐发展起来的。相比于有机钴盐，有着较好的耐老化效果，比间－甲－白黏合体系简单，在胶料加工过程中不易喷霜，容易分散，加工过程中不冒白烟，具有良好的焦烧安全性。用于橡胶与镀铜钢丝和聚酯帘线的黏合，可以作为制造轮胎、胶管、密封件等的黏合剂。

用作黏合体系三嗪衍生物的化学结构如下：

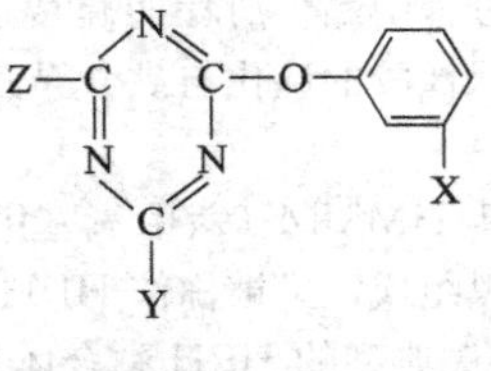

式中，X 为氨基、羟基、卤素原子；Y 为氯原子或是巯基；Z 为氨基。具有代表性的是 2-氯-4-氨基-6（间羟基苯氧基）-1，3，5 均三嗪（SW）。均三嗪的结构与苯环结构非常相似，分子可以形成共轭结构；同时苯氧基上的氧原子使得苯环上的电子云密度升高，胶料或金属表面的亲电试剂容易在苯氧基的临对位发生亲电反应，从而使得橡胶与镀铜钢丝发生黏合。三嗪黏合体系中，硫黄的用量一般为 3 份左右，而且三嗪组分要在炼胶的初期加入[20]。

E. 其他黏合体系

a）氧化物。氧化钙，主要用于氟橡胶，可与金属直接黏合，一般配合为：氟橡胶 100、炉法炭黑 60、氢氧化钙 6、氧化镁 3、氧化钙 5。黏结前金属表面应经喷砂处理并烘干。

氧化铁主要用于橡胶与金属的直接黏合，详见本手册第一部分第五章．第二节．6.2 与第二章．第一节．3.1。氧化铁也可用于硅橡胶硫化胶之间的黏合，常用的胶黏剂配方举例如下：乙烯基硅橡胶 100、气相法白炭黑 35、三氧化二铁 5、硼酸正丁酯 3、膏状硫化剂 DCBP 3。

b）单磺酰硫脲，为硫脲衍生物，结构通式为 $RSO_2NHSNHC_6H_5$（R 为芳基或烷基），可用作促进剂与黏合增进剂，室温下由硫酰胺钠盐与硫氰酸苯酯反应制得，无毒，可用于药品制剂，主要用于丁腈橡胶与金属的直接黏合。

c）BLE，既是防老剂，也可用于硫黄硫化的丁腈橡胶或氯丁橡胶与镀铜钢丝的直接黏结，黏结水平与在间-甲-白体系相近，在过氧化物交联体系中则无效。

2.1　间-甲-白体系黏合剂

在间-甲-白黏合体系黏合剂中，黏合剂 A、黏合剂 RA 和黏合剂 RH 等为“亚甲基给予体”，在硫化过程中释放出亚甲基；间苯二酚、黏合剂 RS、黏合剂 RE 和黏合剂 RS—11 等为“亚甲基接受体”，在硫化过程中能和“亚甲基给予体”释放出来的亚甲基进行树脂化反应。黏合剂 RL、黏合剂 RH、黏合剂 SW 和黏合剂 AB—30 的分子结构中同时包含亚甲基给予体和亚甲基接受体。

黏合剂 RP 和黏合剂 RP—L 是聚酯帘布、线绳的浸渍剂。

2.1.1　间苯二酚（R—80）及其混合物

本品属于亚甲基接受体，需与 2.5 份黏合剂 A、黏合剂 RA 树脂等亚甲基给予体配合使用，本品应在混炼前段投入，亚甲基给予体应在混炼终炼时投入。本品比纯间苯二酚在胶料中易分散，减少冒烟，遇空气颜色变暗，但不影响黏合性能。

HG/T 2188—1991《橡胶用胶黏剂 RS》适用于间苯二酚与硬脂酸共熔制得的间苯二酚给予体黏合剂。胶黏剂 RS 的技术要求见表 1.8.1-27。

表 1.8.1-27　胶黏剂 RS 的技术要求

项目	指标
外观	灰色或浅褐色片状
间苯二酚含量/%	58.0～62.0
灰分/%	≤0.10
密度/(g·cm^{-3})	1.102～1.160

间苯二酚及其混合物的供应商见表 1.8.1-28。

表 1.8.1-28　间苯二酚及其混合物的供应商

供应商	商品名称	化学组成	外观	间苯二酚含量/%	灰分/%	密度/(g·cm^{-3})	分解温度/℃	说明
宜兴国立	黏合剂 RS	间苯二酚-硬脂酸 2∶1 共熔体	灰色或浅褐色片状	58～62	≤0.10	1.102～1.160		用量 2～5 份
	黏合剂 RK	间苯二酚衍生物与活性填料的 1∶1 混合物	白色或浅棕色粉末，有醋酸味			1.55	140	用量 8 份，黏合剂 A2.3～4.6 份，白炭黑 10～30 份，最适合 CR 制品
	黏合剂 RL	间苯二酚与黏合剂 A 的混合物	高黏性棕色液体			1.2		RL3～5 份或更高与白炭黑组成间-甲-白黏合体系；存放后有甲醛气味说明已失效
常州曙光	黏合剂 RS—11	间苯二酚与无机或有机载体的复合物	灰白色至红棕褐色粉末		42～48			无粉尘，易分散。存储时间长，会因空气氧化由白色变成棕色，但不影响黏合性能
	黏合剂 RS	间苯二酚和硬脂酸按一定比例的熔体	白色至红棕色片状	58～62	0.10	1.102～1.160		
	黏合剂 RL	间苯二酚与黏合剂 A 按一定比例的复合物	棕红色高黏度液体	43～47		1.15～1.25		RL 是间甲双组分复合黏合剂，在任何温度下混炼，都容易在胶料中均一分散。在 20 ℃下存储 6 个月，高温时有树脂化的危险
锐巴化工	R—80 GS	80%间苯二酚	白色颗粒	65～75	0.10	1.15		橡胶和钢丝黏合

2.1.2　黏合剂 RF

化学组成：间苯二酚甲醛预缩合树脂。

本品替代间苯二酚，用作橡胶与钢丝帘线或纤维的黏合增进剂，游离苯酚含量低于 1%，可减轻升华现象及烟雾，减少刺激性气味的产生，减轻对环境的污染。

硫化胶表现出比间苯二酚更好的耐老化特性，特别是热老化后的H抽出有一定改善。

黏合剂RF的供应商见表1.8.1-29和表1.8.1-30。

表1.8.1-29　黏合剂RF的供应商（一）

供应商	商品名称	化学组成	外观	软化点/℃	熔点/℃	动态黏度/(MPa·s)	游离苯酚/%	密度/(g·cm^{-3})	说明
金昌盛（ALLNEX美国）	ALLNEX PN759酚醛树脂	改性苯酚酚醛树脂	淡黄色粒状	83～118 环球法	62～82 毛细管法	500～1 500（溶解于50% MOP溶液，23 ℃）	<1	1.25	用量2～5份；与固化剂HMMM1：1并用，本品在混炼前段加入，HMMM在混炼后段加入
宜兴国立	GLR－20	改性间苯二酚甲醛树脂	棕黑色粒状	99～109					用量2～5份，并用2～5份的黏合剂RA、RA－65或其他亚甲基给予体
常州曙光	黏合剂RFS－20		深红棕色粒状	95.0～109.0				1.220～1.260	

表1.8.1-30　黏合剂RF的供应商（二）

供应商	规格型号	化学组成	外观	软化点/℃	湿气含量/%	游离酚/%	说明
华奇（中国）化工有限公司	黏合剂SL－3020	改性间苯二酚甲醛树脂	红棕色颗粒	99～109	≤0.7	≤5.0	主要应用于轮胎如胎体、带束、过渡层及其他橡胶制品
	黏合剂SL－3022	改性间苯二酚甲醛树脂	红棕色颗粒	95～109	≤1.0	≤6.0	
	黏合剂SL－3023	改性间苯二酚甲醛树脂	红棕色颗粒	95～109	≤1.0	≤8.0	
	黏合剂SL－3030	改性间苯二酚甲醛树脂	红棕色至棕褐色颗粒	95～110	≤1.0	≤8.0	
	黏合剂SL－3090	改性间苯二酚甲醛树脂	红棕色颗粒	90～105	≤1.0（加热减量）	—	
	黏合剂SL－3061	间甲酚甲醛树脂	黄色至琥珀色颗粒	92～107	≤2.0	—	
	黏合剂SL－3062	改性间苯二酚甲醛树脂	橙色至红棕色颗粒	90～110	≤2.0	—	
	黏合剂SL－3005	改性酚醛黏合树脂	无色至淡黄色颗粒	95～105	≤0.7（加热减量）	—	
	黏合剂SL－3006	改性酚醛黏合树脂	无色至橙色颗粒	95～115	—	≤1.0	

2.1.3　黏合剂RE

化学组成：间苯二酚乙醛预缩合树脂，也称6＃树脂，主要用做酚醛树脂类型黏合体系的次甲基接受体；也可单独使用作为胶料的增黏剂，提高胶料黏性。

本品由过量的间苯二酚与含量为40%的乙醛水溶液在酸性条件下缩合，脱水后制得。本品易溶于水、丙酮，不溶于苯、甲苯、正庚烷，易吸湿，应存储于干燥风凉处。本品是一种亚甲基接受体，需与2.5份黏合剂A、黏合剂RA树脂等亚甲基给予体配合使用，本品应在混炼前段投入，次甲基给予体应在混炼终炼时投入。

黏合剂RE与黏合剂A并用，可提高间-甲-白体系的耐热老化、抗动态疲劳和耐湿性能。

HG/T 2189－1991《橡胶用胶黏剂RE》适用于间苯二酚与乙醛在酸催化条件下缩合而得的产物黏合剂RE，黏合剂RE的技术要求见表1.8.1-31。

表 1.8.1-31　黏合剂 RE 的技术要求

项目	指标
外观	暗红棕色半透明琥珀状固体
软化点/℃	60～85
密度/(g·cm^{-3})	1.295～1.335

黏合剂 RE 的供应商见表 1.8.1-32。

表 1.8.1-32　黏合剂 RE 的供应商

供应商	商品名称	外观	软化点/℃	密度/(g·cm^{-3})	说明
常州曙光	黏合剂 RE	暗红棕色半透明琥珀状固体	65.0～80.0	1.295～1.335	
宜兴国立	黏合剂 RE	暗红棕色半透明琥珀状固体	60～85	1.295～1.335	用量 2～5 份

2.1.4　黏合剂 RH

化学组成：间苯二酚与六次甲基四胺络合物，分子式：$C_6H_4(OH)_2 \cdot (CH_2)_6N_4$，相对分子质量：250.31，分解温度 120 ℃。

结构式：

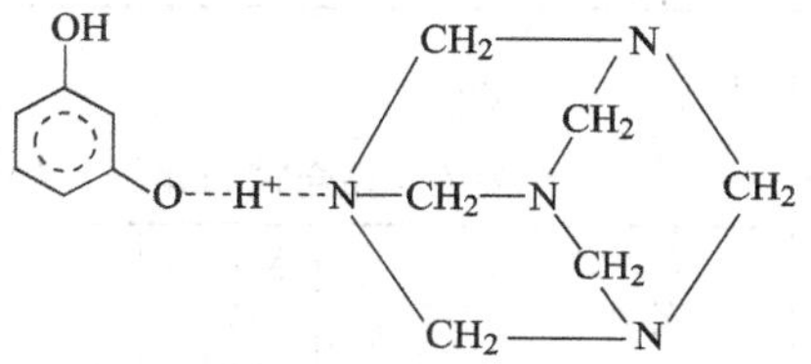

间苯二酚与六亚甲基四胺水溶液在 50 ℃下络合，过滤、洗涤、干燥后即得成品。本品主要用做酚醛树脂类型黏合体系的次甲基给予体；也可单独使用，做胶料增硬剂。本品微溶于水，几乎不溶于有机溶剂，在 110～120 ℃会发生缩合反应，放出胺生成不溶性树脂。本品可单组份使用，或作为亚甲基给予体派和亚甲基接受体使用，一般在混炼后期胶温 90 ℃以下加入。

HG/T 2190—1991《橡胶用黏合剂 RH》适用于间苯二酚与六次甲基四胺络合而得的产物——黏合剂 RH，黏合剂 RH 的技术要求见表 1.8.1-33。

表 1.8.1-33　黏合剂 RH 的技术要求

项目	指标
外观	粉红色或淡褐色粉末
加热减量/%	≤1.0
细度（80 目筛筛余物）/%	≤1.0
氮含量/%	21.5±1.0

黏合剂 RH 的供应商见表 1.8.1-34。

表 1.8.1-34　黏合剂 RH 的供应商

供应商	商品名称	外观	加热减量/%	氮含量/%	筛余物/(%，80 目)	说明
宜兴国立	黏合剂 RH	粉红色或淡褐色粉末	≤1.0	21.5±1.0	≤1.0	用量 2～3 份
常州曙光	黏合剂 RH	白色至微黄色或微红色	≤1.0	20.5～22.5	≤1.0	用量 4 份左右

2.1.5　橡胶黏合剂 A（黏合剂 HMMM、密胺树脂）

化学名称：六甲氧基甲基密胺、六羟甲基三聚氰胺六甲醚、2，4，6-三［双（甲氧基甲基）氨基］-1，3，5-三嗪、2，4，6-三［双（甲氧基甲基）氨基］-1，3，5-三嗪六甲氧基甲基蜜胺。

结构式：

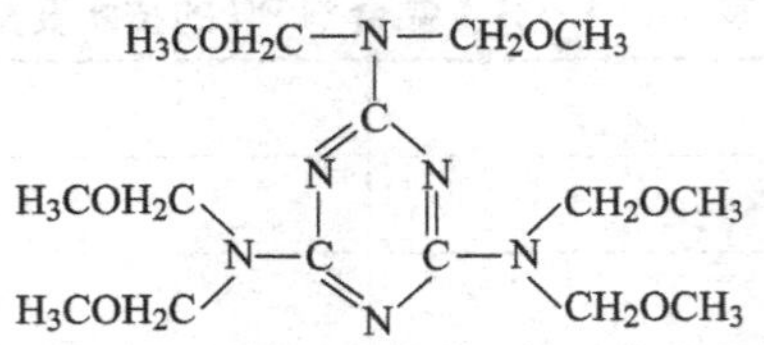

分子式：$C_{15}H_{30}N_6O_6$，相对分子质量，390.4353，CAS 号：3089－11－0，密度：1.205～1.220 g/cm³，沸点：487 ℃，闪点：248.3 ℃，蒸汽压：1.23E－09 mmHg。

黏合剂 A 由三聚氰胺在甲醛水溶液中溶解，制得六羟甲基蜜胺，再与甲醇缩合，经脱水分离制得。本品是一种亚甲基给予体，需与 2～5 份 GLR－18、GLR－19、GLR－20、RE 树脂等亚甲基接受体配合使用，亚甲基接受体应在混炼前段投入，本品应在混炼终炼时投入。本品在胶料中易分散，比六甲基四胺加工性能优异。

HG/T 2191－1991《橡胶用黏合剂 A》适用于通过密胺的羟甲基化和醚化后制得的六甲氧基甲基密胺型次甲基给予体黏合剂，橡胶用黏合剂 A 的技术要求见表 1.8.1－35。

表 1.8.1－35　黏合剂 A（黏合剂 HMMM）的技术要求

项目	指标
外观	无色透明液体或蜡状体
游离甲醛含量/%	≤5.0
结合甲醛含量/%	≥40.0
密度/(g·cm⁻³)	1.205～1.220

黏合剂 A（黏合剂 HMMM）的供应商见表 1.8.1－36。

表 1.8.1－36　黏合剂 A（黏合剂 HMMM）的供应商

供应商	商品名称	化学组成	外观	灰分/%（850 ℃）	水份/% 共沸蒸馏法	结合甲醛含量/%	游离甲醛含量/%	筛余物/%，325 目湿法	说明
宜兴国立	黏合剂 A		无色透明液体或蜡状			≥40	≤5.0		用量 1.5～3 份
常州曙光	黏合剂 A					≥40	≤5.0		
	RA－65	65%的黏合剂 A 与载体复配	白色粉末	29～35	≤5.0	≥40	≤0.1	≤0.3	用量 2～5 份
	黏合剂 RA	黏合剂 A 与无机或有机载体复配	白色粉末	30～38	≤4.5	≥40	≤0.1	≤0.3	用量 2～5 份
	黏合剂 HMMM72	黏合剂 A 与无机或有机载体复配	白色粉末	24.0～30.0	≤5.0	≥40.0	≤0.1	≤1.0	
	黏合剂 CS963	多甲氧基甲基三聚氰胺树脂	无色透明黏稠状液体			≥43.0	≤0.1		比黏合剂 A 易分散，具有更低的游离甲醛，更高的黏合活性，更好的存储稳定性和环保性能
	黏合剂 CS964	CS963 与无机或有机载体的复合物	白色流动性粉末	29.0～35.0	≤4.5		≤0.1	≤0.3	同 RA－65 相比具有更好的操作性和分散性，更低的粉尘量，可避免局部或短时温度过高引起的黏合剂提前固化；同橡胶有更好的相容性，减少喷霜现象；固化时有更高的交联度；具有更低的游离醛，对皮肤无刺激性
宁波硫华聚合物有限公司	HMMM－50GE								
	HMMM－50								

2.1.6　黏合剂 RC

本品由 AB-30（以三聚氰胺树脂为母体经接枝共聚而反应生成的复杂化合物，兼具甲醛给予体和甲醛接受体的双重功能）与无机或有机载体按一定比例混合制得。本品兼具甲醛给予体及甲醛接受体的双重功能，属间-甲-白黏合体系，适用于橡胶与各种骨架材料包括镀锌钢丝、镀铜钢丝、聚酯等的黏合，也特别适用于氟橡胶与帆布、尼龙、芳纶的黏合，使用时可并用白碳黑 10～15 份，或并用钴盐 0.5 份。

黏合剂 RC 的供应商见表 1.8.1-37。

表 1.8.1-37　黏合剂 RC 的供应商

供应商	商品名称	外观	加热减量/%	灰分/%	筛余物（80 目）/%	说明
黄岩东海	黏合剂 RC	白色粉末	≤6.0	21.5±1.0	≤1.0	用量 3～5 份
常州曙光	黏合剂 RC	白色至微黄色粉末	≤4.5	30.0～38.0		用量 4～6 份

2.1.7　三聚氰胺化合物

本品为六甲氧甲基蜜胺与多元酚的衍生物，是黏合剂 A 与多元酚加热熔融，搅拌排料，冷至室温得到的蜡状体。适用于橡胶与镀铜钢丝、玻璃纤维、人造丝、聚酯及聚酰胺等骨架材料的黏合，特别是应用于氟橡胶与帆布、尼龙、芳纶的黏合，效果更为突出。本品在胶料中易分散，可提高胶料的塑性，生热低，不污染胶料，老化后具有良好的黏合保持性；本品具有亚甲基接受体与给予体双重功能，单组份使用，并用白炭黑 10～15 份，如与钴盐体系并用，黏合效果更佳。

三聚氰胺化合物的供应商见表 1.8.1-38。

表 1.8.1-38　三聚氰胺化合物的供应商

供应商	商品名称	外观	有效含量/%	加热减量/%	pH 值	密度/(g·cm^{-3})	说明
宜兴国立	黏合剂 AS—88	白色蜡状固体			6.5～7.5	1.20±0.04	高温不变色；老化后黏合性能保持良好；溶于汽油，可加入汽油胶浆中使用。一般用量 1～3 份，强烈的刺激性气味
	黏合剂 EA	白色粉状	≥65.0	≤6.0 (80 ℃×1 h)			一般用量 3～53 份，特别适用于氟胶与骨架材料的黏合
常州曙光	AB—30	白色蜡状固体		≤1.0		1.160～1.260	用量 4 份左右。在胶料中易分散，可提高胶料的塑性，生热低，不污染胶料，老化后具有良好的黏合保持性

2.1.8　间苯二酚及苯乙烯与甲醛的反应产物（SL—3020 树脂）

结构式：

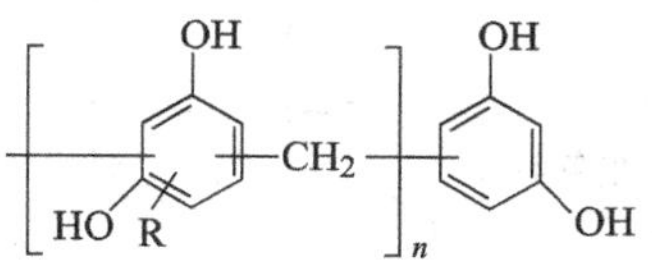

式中，R 为氢或芳烷基或苯乙烯。

由于橡胶一段混炼的温度有时可高达 160～180 ℃，间苯二酚在这个温度下会产生显著的冒烟现象（R—80 开始大量失重温度为 150 ℃），所以通常情况下，间苯二酚一般在二段混炼时加入。因 SL—3020 树脂经预缩合改性，开始失重温度接近 200 ℃，所以 SL—3020 树脂可以在一段混炼时加入；SL—3020 树脂相比 R—80 具有更好动态性能；焦烧安全性比 R—80 高，硫化时间较长，能获得更好的黏合性能、更高的硬度和动态模量。

SL—3020 树脂用于间甲黏合体系的用量为 1.5～2.0 份，与 HMMM 的比例为 1：1.0～1.5，过多的 HMMM 会延长硫化时间。一般应在二段混炼时加入。

SL—3020 树脂的供应商见表 1.8.1-39。

表 1.8.1-39　SL-3020 树脂的供应商

供应商	商品名称	外观	软化点/℃（环球法）	加热减量/%	pH 值（50%乙醇溶液）	游离酚含量/%
华奇（中国）化工有限公司	SL—3020 树脂	红棕色颗粒	99～109	≤0.7	4～6	≤5

属于间-甲-白黏合体系的黏合剂还有：

黏合剂 RA，是六甲氧基甲基密胺与活性填料的混合物。

黏合剂 RP，化学名称 2，6-二（2，4-二羟苯甲基）-4-氯苯酚，白色粉末，熔点 180～200 ℃，分子结构式：

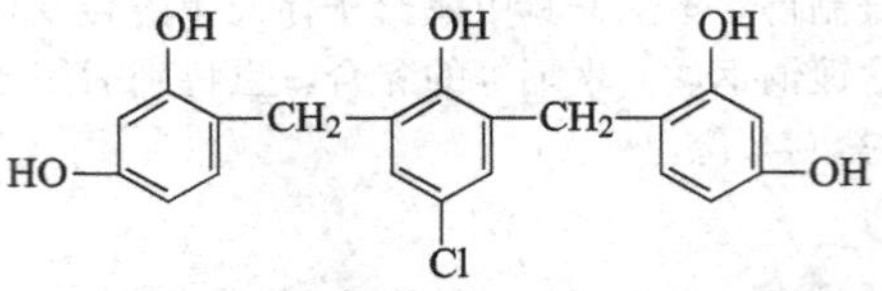

黏合剂 RP—L，是对氯酚、间苯二酚与甲醛的共聚物，褐色液体。

黏合剂 SW，化学名称 2-氨基-4-氯-6-间羟基苯氧基三嗪，灰白色或淡黄色粉末，相对密度 1.28 g/cm^3，熔点 200 ℃，分子结构式：

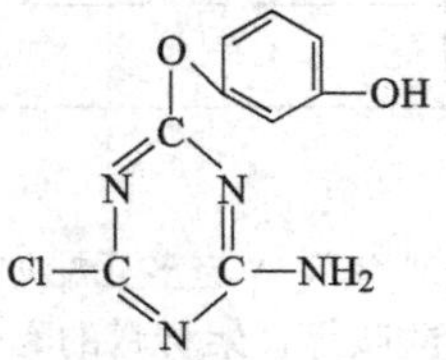

2.2　钴盐黏合体系

钴盐体系黏合剂对促进剂类型十分敏感，通常与次磺酰胺类促进剂配合，与间－甲－白体系能产生协同效应。

在钴盐体系黏合剂中，综合性能最好的是硼酰化钴和新癸酸钴，特别是硼酰化钴还具有良好的防老化效果。

钴盐体系黏合剂一般用量为 0.15～1.0 份。

2.2.1　环烷酸钴 RC-N10

又名：萘酸钴、石油酸钴、环已烷酸钴、六氢苯甲酸钴。

结构式：

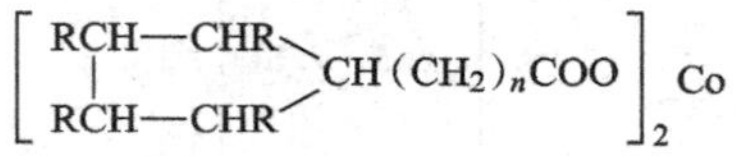

式中，R 为（CH）H 或 H。

通式：$(C_nH_{2n-1}COO)_2Co$，式中 n 约为 7～18，CAS 号：61789—51—3。

钴是一种可变价金属，具有离子高低价态的迁移所需能量相近和较易从环烷酸的羧基中脱离的特性。本品主要用作橡胶与镀铜、镀锌钢丝的黏合增进剂。

环烷酸钴 RC—N10 的供应商见表 1.8.1-40。

表 1.8.1-40　环烷酸钴 RC-N10 的供应商

供应商	商品名称	外观	软化点/℃	钴含量/%	加热减量(105 ℃×2 h)/%	庚烷不溶物/%	酸值(按萃取环烷酸)/(mgKOH/g)	说明
上海长风化工厂	固体环烷酸钴 CF—N10	褐紫蓝色粒状固体	70	10±0.5	≤1.0			用量 2.6～3.5
浙江金茂橡胶助剂品有限公司	JM—N10 固体环烷酸钴	蓝紫色粒状	80～100	10±0.5	≤1.5	≤0.2	190～245	

2.2.2　新癸酸钴

分子通式：$C_9H_{19}CO_2CoCO_2C_nH_{2n+1}$（$2\leqslant n\leqslant 13$），CAS 号：27253—31—2。

结构通式：

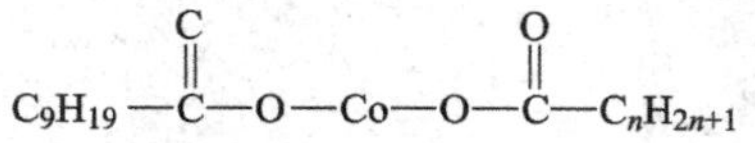

直接黏合增进剂，用量为 1～2 份。

HG/T 4073—2008《新癸酸钴》适用于亚钴碱性化合物与以新葵酸为主的混合羧酸进行皂化反应而制得的以新癸酸钴为主的羧酸钴盐混合物产品。新癸酸钴根据用户对产品检测项目的不同要求分为两型：A 型产品测软化点；B 型产品测终熔点。新癸酸钴的技术要求见表 1.8.1-41。

表 1.8.1－41　新癸酸钴的技术要求

项目	指标	
	A 型	B 型
外观	蓝紫色粒状	
钴含量/%	20.5±0.5	20.5±0.5
加热减量/%	≤1.0	≤1.0
终熔点/℃	—	80～110
软化点/℃	80～100	—

新癸酸钴的供应商见表 1.8.1－42。

表 1.8.1－42　新癸酸钴的供应商

供应商	商品名称	外观	软化点 ℃	钴含量/%	加热减量（105 ℃×2 h)/%
上海长风化工厂	CF－D20	蓝紫色粒状	85～100	20.5±0.5	≤1.0
浙江金茂橡胶助剂品有限公司	JM－D20L	蓝紫色粒状	80～100	20.5±0.5	≤1.0
	JM－D20H		100～120		

新癸酸钴的供应商还有江阴市三良化工有限公司、镇江迈特新材料化工有限公司等。

2.2.3　硼酰化钴

分子通式：$(C_nH_{2n+1}O_3Co)_3B$（3≤n≤13），CAS 号：68457－13－6，相对密度 1.1～1.4 g/cm³。

结构通式：

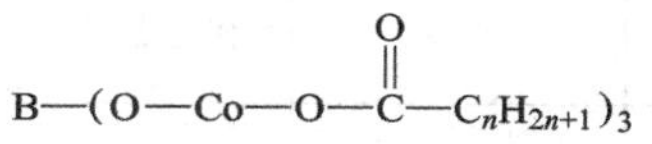

本品为橡胶与镀铜、镀锌钢丝的黏合促进剂。具有黏合力强，耐热、耐蒸汽、耐盐水和防止金属腐蚀，抗老化性好，使用方便等特点。适用于 NR、BR、SBR 及其并用胶，是子午线轮胎、钢丝增强输送带和钢丝编织或缠绕胶管及其他橡胶和金属复合制品的直接黏合增进剂。用量 0.8～1.0 份。

HG/T 4072－2008《硼酰化钴》适用于亚钴碱性化合物与以新葵酸为主的混合羧酸进行皂化反应后再进行硼酰化反应制得的钴盐混合物。硼酰化钴根据钴含量的不同分为两型：BCo23 型表示钴含量为 22.5±0.7 的产品；BCo16 型表示钴含量为 15.5±0.5 的产品。硼酰化钴的技术要求见表 1.8.1－43。

表 1.8.1－43　硼酰化钴的技术要求

项目	指标	
	BCo23 型	BCo16 型
外观	蓝紫色粒状	
钴含量/%	22.5±0.7	15.5±0.5
加热减量/%	≤1.5	—
庚烷不溶物/%	8.0±1.0	—
硼（定性鉴别）	有	有

硼酰化钴的供应商见表 1.8.1－44。

表 1.8.1－44　硼酰化钴的供应商

供应商	商品名称	外观	钴含量 /%	加热减量 (105 ℃×2 h)/%	庚烷不溶物 %
川君化工	硼酰化钴	蓝紫色颗粒	22.5±0.5	≤1.5	≤9.0
上海长风化工厂	CF—B23	蓝紫色粒状	22.5±0.7	≤1.5	8±1
浙江金茂橡胶助剂品有限公司		蓝紫色粒状	22.5±0.5	≤1.5	8.0±1.0

硼酰化钴的供应商还有江阴市三良化工有限公司、镇江迈特新材料化工有限公司等。

2.2.4　硬脂酸钴

结构式为：

$$CH_3(CH_2)_{16}\overset{O}{\overset{\|}{C}}-O-Co-O-\overset{O}{\overset{\|}{C}}(CH_2)_{16}CH_3$$

硬脂酸钴（RC—S95）由亚钴碱性化合物与硬脂酸中和反应制得。分子式 $C_{36}H_{70}CoO_4$，相对分子质量：578.32，CAS 号：1002—88—6，红紫色颗粒，软化点 80～100 ℃。

硬脂酸钴可用作聚氯乙烯、陶瓷颜料等的热稳定剂；在有机合成中用作有机物的氧化催化剂；还可用作涂料的活性催干剂；但主要是钢帘线和橡胶黏合的一种钴盐黏合促进剂。

硬脂酸钴的技术要求见表 1.8.1－45。

表 1.8.1－45　硬脂酸钴的技术要求

项目	指标
外观	红紫色颗粒
钴含量/%	9.60 ± 0.22
加热减量（105±2）℃/%	≤1.5
终熔点/℃	80～100
灰分（700±25）℃/%	≤13.4
密度/(g·cm⁻³)	1.05 ± 0.22

硬脂酸钴的供应商见表 1.8.1－46。

表 1.8.1－46　硬脂酸钴的供应商

供应商	商品名称	外观	软化点 ℃	钴含量/%	加热减量（105 ℃×2 h)/%	灰分（550 ℃)/%
浙江金茂橡胶助剂品有限公司	JM—S95 硬脂酸钴	紫红色粒状	80～100	9.5±0.6	≤2.0	≤13.8

硬脂酸钴的供应商还有江阴市三良化工有限公司、大连爱柏斯化工有限公司等。

钴盐体系黏合剂还有以下几种：

M 钴盐（Co—MBT），青绿色粉末，分子结构式为：

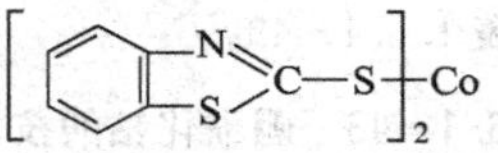

促进剂 CZ 与氯化钴的络合物（$CoCl_2$－CBS(CZ)），淡红紫色结晶粉末，分子结构式为：

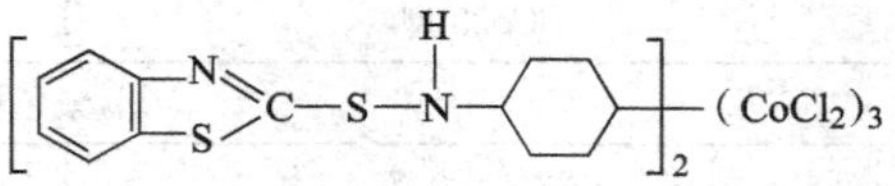

促进剂 CZ 与硝酸钴的络合物[$(Co(NO_3)_2$－CBS(CZ)]，淡红紫色结晶粉末，分子结构式为：

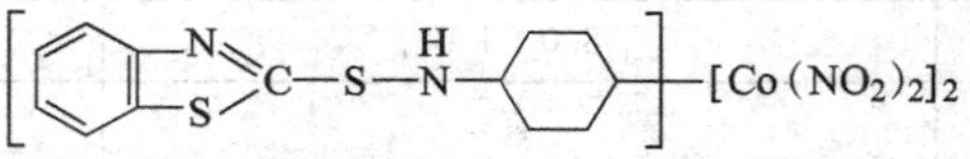

促进剂 CZ 与乙酸钴的络合物[$(Co(CH_3COO)_2$－CBS(CZ)]，紫色结晶粉末，分子结构式为：

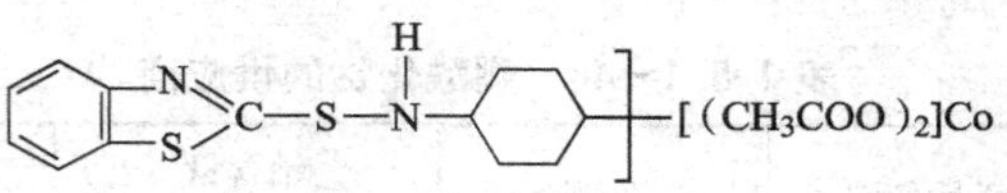

二甲基二硫代氨基甲酸钴，深黄绿色粉末，分子结构式为：

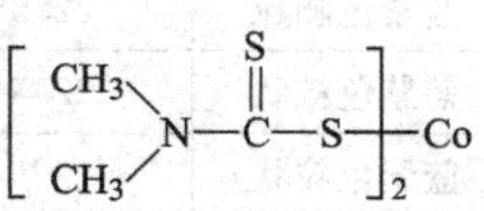

二丁基二硫代氨基甲酸钴，黄绿色粉末，分子结构式为：

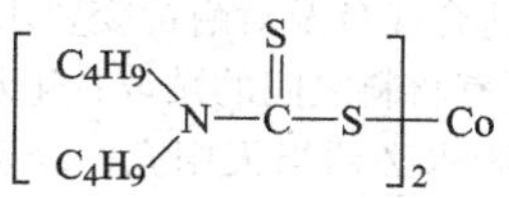

树脂酸钴（RC－R9），褐色片状。

2.3 改性木质素

木质素的结构单元为愈创木基苯丙烷、紫丁香基苯丙烷、对羟基苯丙烷，经羟甲基化改性，其分子结构类似于固化的三维网状酚醛树脂，是一种无毒无害、新型的橡胶黏合增进剂，可单用，也可与白炭黑并用。木质素还可以作为轻质半补强填充剂、无机填料活化剂、协同阻燃剂使用。

改性木质素的供应商见表 1.8.1－47。

表 1.8.1－47 改性木质素的供应商

供应商	商品名称	外观	密度/（$g \cdot cm^{-3}$）	筛余物（47μm，/%）	加热减量/%	pH值	Fe含量/（$mg \cdot kg^{-1}$）	多环芳烃甲醛含量	说明
广州林格高分子材料科技有限公司	LTN 150	黄色至棕色粉末	1.7	≤0.5	≤6.0	5.8～6.5	≤800	不得检出	用量 10～15 份，具有 6 份以上间苯二酚-甲醛树脂或者 0.8～1 份钴盐的黏合作用

2.4 对亚硝基苯

结构式：

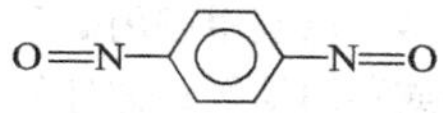

分子式：$C_6H_4O_2N_2$，分子量：138，CAS 号：9003－34－3.

本品为橡胶与金属、棉纤维的黏合增进剂，也可作为低温硫化 CR 的促进剂，IIR 的活性剂。本品会产生轻微的变色，几乎无味，不会喷霜。

对硝基苯的供应商见表 1.8.1－48。

表 1.8.1－48 对硝基苯的供应商

供应商	规格型号	活性含量/%	剂型	颜色	备注
元庆国际贸易有限公司（法国 MLPC）	PPDN 30 DX	30	二甲苯溶剂	棕色	有害物质
	PPDN 50 HU	50	水基	棕色	有害物质

2.5 橡胶-金属热硫化黏合剂

胶黏剂就是由于界面的黏附和物质的内聚等作用，而使两种或两种以上的制件（或材料）连接在一起的天然的或合成的、有机的或无机的一类物质，也叫黏合剂、黏结剂。胶黏剂必须满足如下要求：

①不论是何种状态，在涂布时应呈现液态；②对被黏物表面能够充分浸润；③在施工条件下，能从液体向固体进行状态转变，形成坚韧的胶层；④固化后有一定的强度，可以传递应力，抵抗破坏；⑤能够经受一定的时间考验。

胶黏剂的组成因其来源不同而有很大差异，有一些单纯的树脂或橡胶溶于溶剂中，就能将两种或两种以上同质或异质的制件连接在一起，这类物质即可以称为黏合剂。但是作为一类商品或制品，为满足综合性能的要求，尚需加入一系列辅助成分。总的来说，胶黏剂的组成包括粘料、固化剂、促进剂、增塑剂、增韧剂、稀释剂、溶剂、填料、偶联剂、防老剂、阻燃剂、增黏剂、阻聚剂等。除了粘料是不可缺少的之外，其余的组分则要视性能要求决定加入与否。

迄今为止，已经问世的胶黏剂牌号纷杂、品种繁多，尚无统一的分类方法。常见的分类方法有如下几种：①按基料或主成分分类，包括无机黏合剂和有机黏合剂，有机黏合剂又分为天然与合成两大类；②按物理形态分类，有胶液、胶糊、胶粉、胶棒、胶膜、胶带等；③按固化方式分类，有水基蒸发型、溶剂挥发型、热熔型、化学反应型、压敏型；④按受力情况分类，有结构黏合剂、非结构黏合剂。⑤按用途分类，有通用黏合剂、高强度黏合剂、软质材料用黏合剂、热熔型黏合剂、压敏胶及胶粘带、特种黏合剂。

其中，水性胶黏剂是以树脂为黏料，以水为溶剂或分散剂，取代对环境有污染的有毒有机溶剂，而制备成的一种环境友好型胶黏剂。现有水基胶黏剂并非 100%无溶剂的，可能含有有限的挥发性有机化合物作为其水性介质的助剂，以便控制黏度或流动性。优点主要是无毒害、无污染、不燃烧、使用安全、易实现清洁生产工艺等，缺点包括干燥速度慢、耐水性差、防冻性差。使用水性胶黏剂的注意事项一般包括：①水性胶黏剂必须避光存放在 5～40 ℃通风的室内环境中；②水性胶黏剂无味、不燃烧、耐黄变达 4.5 级以上，适合浅色及对耐黄变要求较高的材料，胶刷可以用温水清洗；③水性胶黏剂除 PE 与 PP 材料外，适合于目前鞋类使用的所有材料之间的贴合；④水性胶黏剂可以兑不超过 5%的水，但要充分搅拌均匀，否则胶水分层会影响胶着效果，兑水后的胶水必须当天用完；⑤水性胶黏剂要用塑料容器装，不可用铁制容器装，否则会影响胶水的耐黄变系数；⑥水性胶黏剂因为挥发较慢，一定要加 5%的水性固化剂，而且要搅拌 5～8 min，使其充分混合均匀，加了固化剂的胶水必须在 4 小时内用完，隔天不可使用；⑦水性胶黏剂烘干温度在 50～60 ℃之间，烘干时间 3～5 min；⑧水性胶黏剂不可添加油性固化剂，否则易造成死胶或胶水结块，不能使用；⑨水性胶黏剂涂刷时要薄而均匀，不可太厚，烘干后可以清晰看到材料底层，如果看到的是白白的一层，那说明胶水刷太厚了；⑩如果经烘干后贴合的胶水有拉丝现象，则说明胶水没有干透，可能是温度不够，烘干时间太短，以及固化剂加太少或者搅拌不够均匀；⑪水性胶黏剂一般只要涂刷一道胶，如果是疏松多孔结构材料，可以薄薄地上二道胶，每道胶必须干透后再上第二遍胶，否则底胶没有干透影响胶着性能，反而容易引起开胶；⑫开胶的鞋子最好使用专用的补胶胶水，小面积补胶室温自干 5 min 可以用手压合，大面积要过烘箱，经压机压合；⑬使用水性胶黏剂要配备以下工具：气动或电动搅拌器、塑料调胶容器、塑料盛胶容器。

厌氧胶黏剂（anaerobe）简称厌氧胶，是利用氧对自由基阻聚原理制成的单组份密封黏合剂，既可用于黏结又可用于密封，又名绝氧胶、嫌气胶、螺纹胶、机械胶。厌氧胶与氧气或空气接触时不会固化，当涂胶面与空气隔绝并在催化的情况下便能在室温快速聚合而固化，所谓“厌氧”是指这种胶使用时无须要氧。厌氧胶的组成成分比较复杂，以不饱和单体为主要组成成分，还会有芳香胺、酚类、芳香肼、过氧化物等。近年来，国外厌氧胶的配方不断推陈出新，日臻完善，受到机械行业的青睐。其特点为：①大多数为单体型，黏度变化范围广，品种多，便于选择；②无须称量、混合、配胶，使用极其方便，容易实现自动化作业；③室温固化，速度快，强度高、节省能源、收缩率小、密封性好，固化后可拆卸；④性能优异，耐热、耐压、耐低温、耐药品、耐冲击、减震、防腐、防雾等性能良好；⑤胶缝外溢胶不固化，易于清除；⑥无溶剂，毒性低，危害小，无污染。厌氧胶用途广泛，密封，锁紧、固持、黏结、堵漏等均可，在航空航天、军工、汽车、机械、电子、电气等行业有着很广泛的应用。厌氧胶存储稳定，胶液存储期一般为三年。

厌氧胶黏剂由多种成分组成，特别是单体千变万化，其中每种成分的变化都有可能获得新的性能，因此厌氧胶的品种甚多，其分类方法也不统一。一般情况下可按单体的结构、单体的类别和强度、黏度分类，也有按用途分类的。较常见的分类方法是按单体的结构和用途可分为四类：①醚型，以双甲基丙烯酸三缩四乙二醇酯为代表的结构；②醇酸酯，常见的有双甲基丙烯酸多缩乙二醇酯、甲基丙烯酸羟乙酯或羟丙酯等；③环氧酯，为各种结构的环氧树脂与甲基丙烯酸反应的产物，常见的有双酚 A 环氧酯（如国产 Y－150、GY－340 等是环氧酯与多缩乙二醇酯的混合物）；④聚氨酯，由异氰酸酯、甲基丙烯酸羟烷基酚和多元醇的反应产物（如美国的乐泰 372、国产的 GY－168、铁锚 352 和 BN－601 等）。实际上厌氧胶的产品很多是混合物或是复杂的组成物，是难以简单分类的。

厌氧胶的使用步骤为：①表面处理，包括：除锈→除油污→清洗→干燥，除锈可用机械或化学方法进行，除油污、清洗使用适当的有机溶剂（如丙酮、溶剂汽油）浸泡清洗二至三次即可；②涂厌氧胶，施以足量的厌氧胶以填满空隙；③装配，应尽快定位，定位后不能再移动工件；④固化，一般 1 h 厌氧胶可达到使用强度，24 h 达到最大强度。

使用厌氧胶的注意事项：①厌氧胶不能用金属、玻璃等不透气的容器盛装，而需用透气性（低密度聚乙烯）的容器，并且最多只能装 2/3 瓶；②厌氧胶应存储在阴凉、干燥的地方，不能暴晒；③适合于金属之间的黏结，不适合用塑料、木、纸等多孔性材料。对于钢铁、铜及其合金等活性金属表面黏结固化决、强度高。对于不锈钢、锌、镉等惰性金属表面固化慢、强度低；④固化条件须满足下面两个条件：隔绝氧气，间隙一般要求小于 0.2 mm；活性引发中心，如金属、促进剂；⑤拆除时若黏结力过大，可将部件加热到 200～300 ℃趁热拆卸；也可用厌氧胶专用清除剂或丙酮中浸泡长时间后进行拆卸。

市售的橡胶-金属热硫化黏合剂，其硫化前施工一般程序包括以下几个步骤。

金属表面的预处理

正确处理金属表面对于获得坚固的优黏结是最重要的因素。首先通过碱液洗涤或溶剂脱脂除去污物，对铁类金属表面用 40 号或 50 号钢砂进行喷砂处理，对于非铁类金属用石英砂或铝砂进行喷砂处理，最后用溶剂对金属脱脂。

金属表面也可采用磷酸铁或磷酸锌、铬酸盐处理以及酸或碱液清洗的方法进行处理。

保证清洗溶剂的清洁。黏结失败常常是因为采用了不清洁的清洗溶剂。请仔细按照生产商的说明操作。清洗溶液脏了要及时更换。保持清洗溶液在规定的浓度和温度。同时金属浸渍的时间长短要符合规定的要求。

混合与稀释

首先用桨式搅拌器充分搅拌胶黏剂，如需稀释，则在连续搅拌下将稀释剂缓慢加至胶黏剂中。溶剂型胶黏剂一般采用丁酮（MEK）或甲基异丁基甲酮（MIBK）作为稀释剂。水性胶黏剂一般使用去离子水或蒸馏水作为稀释剂。

采用喷涂或浸涂工艺，要保证持续搅拌稀释后的胶黏剂，以防止分散的固体沉入罐底。黏度越低，固体越容易沉入罐底。

胶黏剂的涂覆

涂刷——对于涂刷操作，一般使用不稀释的胶黏剂。为获得所需膜厚度，刷上较厚的一层湿膜而不过多地涂刷。

浸涂—— 一般使用不稀释的胶黏剂或按生产商说明用稀释剂按比例稀释胶黏剂。

喷涂—— 一般需稀释，使胶黏剂粘度达到 17～22 秒（2 号蔡氏杯）。

干燥

胶黏剂涂胶后一般在 15～26 ℃下充分干燥，温度越低，干燥时间越长。或在 82 ℃下强制干燥 5 min。干燥温度一般不得超过 121 ℃。

橡胶-金属热硫化黏合剂的供应商见表 1.8.1－49。下文仅列出部分牌号胶黏剂的部分操作要点，使用胶黏剂时应按照供应商提供的技术资料实施。

美国陶氏罗门哈斯橡胶-金属热硫化黏合剂 Thixon[R]、Megum[R] 产品应用指南见表 1.8.1－49。

表 1.8.1－49　美国陶氏罗门哈斯橡胶-金属热硫化黏合剂 Thixon[R]、Megum[R] 产品应用指南

橡胶	橡胶特殊性能的固化处理	底涂	面涂	单涂
天然橡胶（NR） 丁苯橡胶（SBR） 聚异戊二稀橡胶（IR） 顺丁橡胶（BR） 及其并用胶	标准型	Megum 3276 Thixon P—II—EF	Thixon 520—PEF Megum 538	Thixon 2000
	耐乙二醇或热溶剂	Thixon P—6—EF	Megum 538	
氯丁橡胶（CR）		Megum 3276 Thixon P—II—EF Thixon P—6—EF	Thixon 520—PEF Megum 538	Thixon 2000
氢化丁腈橡胶（H—NBR）	硫黄硫化	Megum 3276 Thixon P—II—EF Thixon P—6—EF	Thixon 520—PEF Megum 538	Megum 3276 Thixon 715 A/B
	过氧化物硫化			Thixon 715 A/B
丁腈橡胶（NBR）	标准型	Megum 3276 Thixon P—II—EF	Thixon 520—PEF Megum 538	Megum 3276 Thixon 715 A/B
	耐高温及耐油			
丁腈与聚氯乙稀并用（NBR/PVC）		Megum 3276 Thixon P—11—EF	Thixon 715A Megum 538	
羧化丁腈橡胶（XNBR）				
三元乙丙橡胶（Copolymers and Terpolymers）	硫黄硫化	Thixon P—11—EF	Megum 538	Thixon 2000
	过氧化物硫化		Thixon 511	
丁基橡胶（IIR）		Megum 3276 Thixon P—11—EF	Megum 538	Thixon 2000
氯磺化聚乙烯橡胶（CSM）		Megum 3276 Thixon P—11—EF	Megum 538	Thixon 2000
丙烯酸酯橡胶（ACM）		Megum 3276 Thixon P—11—EF	Megum 538	Megum 3276 Thixon 715 A/B
Vamac[R]（AEM） 乙烯基丙烯酸弹性体（杜邦产品）		Thixon P—6—EF Thixon P—11—EF	Thixon OSN—2—EF—V	Thixon 715 A/B
氟橡胶（FKM）	胺、双酚硫化			Megum 3290—1 Thixon 300/301
	过氧化物硫化			
硅橡胶（VMQ）				Thixon 305 Thixon 304—EF
氯醚、氯醇橡胶（ECO、CO）		Megum 3270	Megum 538	Thixon 715 A/B
混炼型聚氨酯（PU）				Thixon 715 A/B
浇注型型聚氨酯（PU）				Thixon 422 Thixon 403/404
热塑型型聚氨酯（TPU）				Thixon 403/404
Hytrel[R] 热塑性弹性体 TPEE				Thixon 403/404 （withpreheating）

橡胶-金属热硫化黏合剂的供应商如表 1.8.1－50～表 1.8.1－53 所示。

表 1.8.1－50　橡胶-金属热硫化黏合剂的供应商（一）

供应商	商品名称	特性与使用方法
上海康克诗化工有限公司、广州金昌盛科技有限公司［代理美国陶氏罗门哈斯国际贸易（上海）有限公司 Thixon^{R}、Megum^{R} 产品］	Thixon P－20－EF	一种热硫化型底涂胶黏剂，与 Thixon 面涂组成双涂体系用于大部分弹性体与各类基材之间的黏结。本品也可用作为黏结丁腈橡胶的单涂层胶黏剂。本品可黏合的金属基材包括热轧和冷轧钢、不锈钢合金、黄铜、铝和镀锌金属。 本品适用于所有通用的模压和硫化技术。所用硫化温度为 100～205 ℃。涂胶后的金属件可在 162 ℃下预固化 5 min 而不会影响黏结质量。干燥后的胶膜在转移模工艺和注射模工艺过程中，耐冲刷性能佳。 干膜厚度为 8 μm 时本品大约可覆盖 18 m^2/kg。本品的配方中不含有高于检出限的铅（或其他重金属）、氯化溶剂和破坏臭氧的化学物质。黏结件耐热、盐雾、油和水浸
	MEGUM 3276	一种热硫化型底涂胶黏剂，与 Thixon 面涂组成双涂体系用于大部分弹性体与各类基材之间的黏结。本品也可用作为黏结丁腈橡胶和丙烯酸酯橡胶的单涂层胶黏剂。本品可黏合的金属基材包括热轧和冷轧钢、不锈钢合金、黄铜、铝和镀锌金属。 本品具有优异的干膜稳定性。涂有本品的金属件如果未受到污染可以存储几周。 本品适用于所有通用的模压和硫化技术。所用硫化温度为 100～205 ℃。涂胶后的金属件可在 162 ℃下预固化 5 min 而不会影响黏结质量。干燥后的胶膜在转移模工艺和注射模工艺过程中，耐冲刷性能佳。 干膜厚度为 8 μm 时大约可覆盖 18 m^2/kg。本品配方中不含有高于检出限的铅（或其他重金属）、氯化溶剂和破坏臭氧的化学物质
	Thixon 2000－EF	一种溶剂型胶黏剂，可以单独用作面涂，也可以与 Thixon P－11－EF 或 P－6－EF 底涂组成双涂体系。本品黏结适用范围很广，包括天然橡胶、丁苯橡胶、氯丁橡胶、三元乙丙橡胶、丁基橡胶和丁腈橡胶。 本品配方中不含有高于检出限的铅（或其他重金属）、氯化溶剂和破坏臭氧的化学物质
	Thixon P－11－EF	一种热硫化型底涂胶黏剂，与 Thixon 面涂组成双涂体系用于大部分弹性体与各类基材之间的黏结。也可用作为黏结丁腈橡胶和聚丙烯酸酯橡胶的单涂层胶黏剂。可黏合的金属基材包括热轧和冷轧钢、不锈钢合金、黄铜、铝和镀锌金属。 本品具有优异的干膜稳定性。涂有本品的金属件如果未受到污染可以储存几周。 本品适用于所有通用的模压和硫化技术。所用硫化温度为 100～205 ℃。涂胶后的金属件可在 162 ℃下预固化 5 分钟而不会影响黏结质量。干燥后的胶膜在转移模工艺和注射模工艺过程中，耐冲刷性能佳。 干膜厚度为 8 μm 时每加仑本品大约可覆盖 636 平方英尺。本品配方中不含有高于检出限的铅（或其他重金属）、氯化溶剂和破坏臭氧的化学物质。黏结件耐热、盐雾、油和水浸
	Thixon P－7－6－EF	一种金属预涂的底涂胶黏剂。当干膜厚度为 2.54 μm(0.1 mil)时，每加仑本品可涂覆 297 平方米(3 200 平方英尺/加仑)。 最高金属板温度：199 ℃/390℉。 耐丁酮双面擦拭：小于 4
	MEGUM 3340－A/B	一种双组分单涂层胶黏剂，由反应性聚合物、颜料、甲基异丁基甲酮（MIBK）和丁酮（MEK）组成。本品不含需要申报浓度的铅和其他有毒的重金属。推荐用于极性弹性体与金属和其他刚性材的硫化黏合。适用的弹性体包括：NBR、HNBR、ACM 等，用于黏合热和冷钢辊、不锈钢、铝和黄铜与热塑性弹性体如聚酰胺和聚酯。 在 20 ℃/68℉下的干燥时间大约为 30 min。提高干燥温度可以缩短干燥时间，如在 80 ℃/176℉温度下强制干燥可缩短干燥时间为 5 min。 本品适用于所有常用的成型和固化方式，推荐固化温度为 120～205 ℃（250 ℉～400 ℉）。 本品有优异的干膜稳定性，涂有本品的金属件如果未受到污染可以储存几周。本品与 MEGUM 3340－1 相比较，双组分体系的最大优点在于改善了单组分产品的储存时间。当产品存储于较高温度的环境下，该优点尤其重要。 使用本品的干膜厚度为 3～15 μm(0.1～0.6 密耳)，干膜厚度为 10 μm（0.4 密耳）时，每加仑本品大约可覆盖 530 平方英尺（14 平方米/公斤）
	RoBond TR－3295	一种水性单涂胶黏剂，推荐用于氟橡胶和聚丙烯酸酯与金属或其他的固体材料的热硫化黏结。 使用去离子水或蒸馏水作为稀释剂。不要剧烈搅拌胶水以避免空气侵入。空气侵入会带来泡沫，使胶水使用时变的困难。 浸涂施工时，先用一份 RoBond TR－3295 加一份水稀释（至约 3.5%的固体含量），也可以进一步地用一份 RoBond TR－3295 加两份水稀释（至约 2%的固体含量）。需要做试验来决定符合施工要求的最佳稀释比例。必须注意浸涂容器中的胶水寿命不等同于实际产品保质期，它与不同的工艺参数和工厂周围环境有关。金属表面温度不超过 100℉（37 ℃）。特别注意：胶黏剂溶液的温度千万不要超过 85℉（29 ℃）。 喷涂施工时，用一份的 RoBond TR－3295 加最多八份的去离子水稀释，喷涂后立刻在 68 ℉～78 ℉（20～25 ℃）温度下干燥 30 min 后。注意不要使干燥温度超过 250 ℉（121 ℃）。 1 加仑 RoBond TR－3295 在得到干膜厚度为 0.75 密耳（19.05 μm）时，可涂覆大约 111 平方英尺

续表

供应商	商品名称	特性与使用方法
上海康克诗化工有限公司、广州金昌盛科技有限公司（代理美国陶氏罗门哈斯国际贸易（上海）有限公司 Thixon^R^、Megum^R^ 产品）	Thixon 814－2	本品适合于 EPDM（硫黄硫化或过氧化物硫化）或丁基橡胶与金属的热硫化黏结。Thixon 814－2 需要添加特殊的底胶，Thixon P－6－EF。 本品也能用于硫化或非硫化黏结 EPDM、丁基橡胶、天然橡胶或丁苯橡胶。在这种情况下，推荐涂一层 Thixon 814－2 在底物上。 使用指南： ①表面预处理：最好的表面预处理方式包括砂纸打磨（0.3～0.4 mm 砂纸）或金刚砂（120 目）喷砂处理，预先和事后在四氯乙烷中蒸气脱脂。施工前，室内干燥 30 min。 ②Thixon 814－2 施工： 在使用前和稀释时，Thixon 814－2 必须很好的搅拌。 首先，金属上必须涂一层 Thixon P－6－EF 底胶（参见 Thixon P－6－EF 技术指标），室温下干燥 30～60 min。然后，用任何一种通常的方法涂上一层 Thixon 814－2。 * 刷涂施工：不稀释或用 25 份芳烃（沸点 120～130 ℃）稀释 100 份 Thixon 814－2。 * 浸涂施工：无须稀释。 * 喷涂施工：用 50 份二甲苯稀释 100 份 Thixon 814－2。 建议干燥薄膜的厚度为 10～12 微米。例如，由非稀释的 Thixon 814－2 获得。 ③预烘：Thixon 814－2 不需要预烘
	Thixon™—715－A/B	一种半透明状双组分单涂层胶黏剂，推荐用于低或高丙烯腈含量的丁腈橡胶（NBR）与聚丙烯酸酯、混炼型聚氨酯（硫黄或过氧化物硫化）和氯醚橡胶（ECO 和 CO）弹性体之间的黏合，也可用于与大多数已经过机械或化学处理的金属或塑料基材黏合。 用 Thixon 715 获得的黏合件具有优异的耐热、水、溶液和油性能。 使用指南： ①表面预处理 金属表面的最佳处理方法包括用粒径 0.3～0.4 mm 的砂粒喷砂或用 120 目金刚砂喷砂，喷砂前后均需在三氯乙烯中进行蒸气脱脂。建议有色金属采用有色金属砂粒（例如氧化铝）喷砂。金属表面也可采用适当的化学处理法处理。 对于塑料表面，可酌情采用化学或机械处理方法。 ②混合 将 100 份质量的 Thixon 715－A 与 3 份质量的 Thixon 715－B 混合。当 B 组分完全溶解后获得的混合物如果在室温下存储可使用 1 个月，如果冷冻存储使用期甚至更长一些。 ③涂覆 涂覆的干膜厚度取决于特定的用途。一般来说，干膜厚度为 3～4 微米效果最佳。Thixon 715 混合物可通过涂刷或浸渍涂覆；对于喷涂，用 1 份稀释剂（1 份丁酮和 1 份乙醇的混合物）稀释 1 份 Thixon 715－A＋ Thixon 715－B 混合物。 ④干燥 Thixon 715 胶膜至少应在室温下干燥 30 min。还必须在 130 ℃下预焙 10～15 min（由蓝色转为浅绿色），以避免在转移模和注射模压过程中被冲刷。 对于辊涂之类的静态模压，不一定要预焙
	Thixon 520－P－EF	溶剂型胶黏剂，与 Thixon 底涂一道使用的面涂胶黏剂，用于天然橡胶、丁苯橡胶、氯丁橡胶、丁基橡胶和丁腈橡胶与金属之间的黏结。 本品以芳香溶剂，例如甲苯或二甲苯作为稀释剂。 本品可以通过涂刷、浸渍或喷涂的方式涂敷。涂覆本品时应控制干膜厚度在 8～13 μm。 涂刷——对于涂刷操作，不稀释。 浸渍——对于浸渍操作，用 1 份稀释剂稀释 3 或 4 份 Thixon 520－P－EF。 常规空气喷涂——用 1 份稀释剂稀释 2 份 Thixon 520－P－EF，使其黏度达到 22 s（2 号蔡氏杯）。 胶膜的干燥：在继续操作之前在 60 ℉～80 ℉下充分干燥胶膜 30 min。温度越低，干燥时间越长。在 180 ℉下强制干燥 5 min 可缩短胶膜干燥时间。干燥温度不得超过 250 ℉。 膜压和硫化：可与所有普通的模压和硫化技术一道使用。所用硫化温度为 250 ℉～450 ℉。 预焙：涂膜后的芯件可在 320 ℉下预焙 5 min 不会影响黏结质量。 本品具有优异的干膜稳定性。涂有本品的芯件如果不受到污染可以存储几个月。本品在传递模塑和注射模压过程中无卷翘倾向。干膜厚度为 0.4 密尔时，每加仑本品大约可覆盖 639 平方英尺。本品的配方中不含有高于检出限的铅（或其他重金属）、氯化溶剂和破坏臭氧的化学物质。黏结件能耐盐雾和水浸
	Thixon™—511－EF	一种与 Thixon P－11－EF 底涂一道使用的热硫化型面涂胶黏剂，用于黏合天然橡胶、丁苯橡胶、三元乙丙橡胶、氯丁橡胶、Hypalon1、丁基橡胶和丁腈橡胶。本品也可用于未硫化的橡胶与已硫化的橡胶之间的黏结。本品可用于开放式蒸汽或高压硫化罐的硫化工艺。 使用指南： ①稀释剂——采用甲苯或二甲苯作为稀释剂。 ②胶黏剂的涂覆： 涂刷——对于涂刷操作不稀释。为获得所需的膜厚度，一次涂上较厚的湿膜而不要过多地涂刷。 浸渍——为使胶膜厚度达到 12～18 μm，用 1 份稀释剂稀释 3 份 Thixon 511－EF 以使黏度达到 25 s（2 号蔡氏杯）

续表

供应商	商品名称	特性与使用方法
上海康克诗化工有限公司、广州金昌盛科技有限公司（代理美国陶氏罗门哈斯国际贸易（上海）有限公司 Thixon^{R}、Megum^{R} 产品）	Thixon™—511—EF	常规空气喷涂——对于喷涂操作，用 1 份稀释剂稀释 2 份 Thixon 511—EF，以使黏度达到 20 秒（2 号蔡氏杯）。 ③胶膜的干燥 在继续操作以前先对胶膜进行干燥。在 16～27 ℃下干燥 30 分钟，温度越低则干燥时间越长。在 82 ℃下强制干燥 5 分钟可缩短干燥时间。干燥温度不得超过 121 ℃。 ④模压和硫化 本品适用于常用的模压和硫化方法。涂胶件可在 160 ℃下预焙 5 分钟而不会影响黏结性能。 本品具有优异的干膜稳定性，涂覆本品的涂胶件，不被污染的情况下可以存储几个月。本品胶膜在传递模塑和注射模压过程中，耐冲刷性能好。干膜厚度为 12.7 μm 时每加仑本品大约可覆盖 40 m²。本品的配方中不含有高于检出限的铅（或其他重金属）、氯化溶剂和破坏臭氧的化学物质。正确制备的黏合件能耐热、盐雾和水浸
	Thixon™ 422	一种将浇注型聚氨酯黏合到金属基材上的单组分胶黏剂。本品具有极优异的耐高温性能。正确制备的黏合件能耐油、盐雾和水浸。 使用指南： ①采用丙二醇醚醋酸酯或 Thixon 917 混合溶剂作为稀释剂。 ②胶黏剂的涂覆： 本品可以通过涂刷、浸渍或喷涂的方式涂覆。厚厚地涂沫 Thixon 422 以使干膜厚度达到 0.5～1.5 密尔。 常规空气喷涂——对于喷涂操作，用最多 4 份（按体积计）乙酸苯汞稀释 2 份 Thixon 422，以使其黏度达到 18～20 s（2 号蔡氏杯）。采用其他溶剂会产生裂纹。 ③胶膜的干燥： 在继续操作之前在室温（60 ℉～80 ℉）下充分干燥胶膜 30～50 min。 ④烘箱预焙 为了获得最佳黏合效果，将覆膜后的芯件放入通风良好的强制空气对流烘箱内于 200℉～220℉下预焙 0.5～3 h。本品可在 220℉下预焙 8 h 而不会影响黏合质量。 ⑤膜压和硫化 本品可与所有普通的模压和硫化技术一道使用。所用硫化温度为 190℉～220℉。制备聚氨酯时，将预聚物和硫化剂预热至推荐温度。在 5 mm 汞柱真空下对预聚物脱气。将硫化剂和聚氨酯倒在一块，充分混合。然后浇注聚氨酯。并根据聚氨酯聚合物所需的时间和温度周期在烘箱内硫化零件。 干膜厚度为 0.5 密尔时，每加仑 Thixon 422 大约可覆盖 448 平方英尺。本品具有优异的干膜稳定性，覆有本品的零件如果不受到污染，使用之前可以存储 2 周
	Thixon 403/404	一种双组分胶黏剂，可作为单涂用于浇注型及热塑性聚氨酯与金属的在低温条件下的黏结，也可以作为底涂，配合面涂 Thixon 405、Thixon 423 或 412/514 使用。Thixon 430/404 可黏结各种基材：金属、木材、尼龙塑料、密度板、环氧树脂、水泥及各种金属合金。 使用指南： ①以二甲苯、甲苯或丁酮作为稀释剂。 ②混合 Thixon 403 与 Thixon 404 按 1∶1 体积比混合 1～2 min。室温下，为暗琥珀色的均匀溶液。 ③胶黏剂的涂覆 刷涂：不稀释直接刷涂。为保证膜厚，建议刷两遍。 浸涂：用稀释剂稀释，Thixon 403/404 混合物：丁酮或甲苯＝3 或 4∶1。浸涂几次，以保证干膜厚度达到 25.4～50.8 μm。 常规空气喷涂：3 份胶黏剂，2 份稀释剂，粘度 17～19 s（2 号蔡氏杯）。 ④胶膜的干燥： 在室温下（15～26 ℃）充分干燥 20～30 min，然后涂胶第二遍。温度越低，干燥时间越长。50 ℃干燥 10～20 min。 ⑤预固化 100 ℃下预固化 3 h，不会影响黏结强度；在 100 ℃下预固化超过 3 h，可涂刷 Thixon 405 作为面涂。 ⑥模压和硫化 本品适用于通用硫化工艺，硫化温度为室温至 120 ℃。 本品具有优异的干膜稳定性，涂胶件如果不受到污染使用之前可以停放 2 周，不会影响黏结。干膜厚度为 25.4 μm时，涂覆面积 6.7 m²/kg。黏合件能耐磨，耐油和耐溶剂
	Thixon 305	一种溶剂型单涂胶黏剂，用于硅橡胶（有机硅化合物）与金属的热硫化黏结。 使用指南： ①表面预处理 注意保持处理液的清洁，黏结失败常常是采用了被污染的处理液。请遵照供应商提供的说明操作，处理液一旦受污染请立即更换，请保持处理液指定的浓度和温度。另外，金属浸入的时间长短要符合规定的要求。该产品对湿度敏感，只允许大约 0.1%的湿度。如果产品混浊，请不要使用! ②混合和稀释 稀释剂使用 VM&P 石脑油（芳香烃溶剂，沸点为 120～135 ℃）或无水乙醇作为稀释剂。在持续搅拌下慢慢地将稀释剂加入到胶黏剂中

续表

供应商	商品名称	特性与使用方法
上海康克诗化工有限公司、广州金昌盛科技有限公司（代理美国陶氏罗门哈斯国际贸易（上海）有限公司 Thixon^{R}、Megum^{R} 产品）	Thixon 305	③涂胶 本品可以用刷涂、浸涂或喷涂等涂胶工艺。 刷涂——为了获得需要的干膜厚度，1份（体积份，下同）Thixon 305要用5～10份的稀释剂稀释。 浸涂——1份 Thixon 305要用10份稀释剂稀释。 常规气动喷涂一1份 Thixon 305要用5份稀释剂稀释。 ④Thixon 305的着色 首先，稀释 Thixon 305；然后，加入定量的染料混合均匀。混合好即可使用。 ⑤胶膜的干燥 室温下（15～27 ℃）放置约20～30 min，Thixon 305膜就会完全干燥。温度越低，干燥时间越长。在82 ℃下干燥，只需要5 min。注意：干燥温度不要高于120 ℃/250°F。 ⑥预固化 涂层可以在160 ℃/320°F下烘烤时间可以达到10 min，这不影响黏结质量。 ⑦成型和固化 Thixon 305适用于所有的常见成型和固化方法，推荐固化温度为121～204 ℃之间（250°F～400°F）。 Thixon 305有优异的干膜稳定性，如果不受污染，Thixon 305的涂层可以停放好几周。Thixon 305膜耐冲刷性能好。正确使用，黏结件可以耐油温高达300°F（149 ℃）的润滑油
	Mor—Flock 6007	一种单组分湿气固化型胶黏剂，用于绒毛和未硫化弹性体的黏结。本品对EPDM弹性体的黏结效果特别好。 本品在使用前，必须储存于密闭容器中，远离湿气。任何未使用的胶水必须用氮气或干空气完全覆盖并密闭容器来防止胶水的早期硫化。必须用密闭系统将胶水用泵打入使用点来保证胶水在使用前不与湿气接触。 必须保证弹性体表面不被油、脱模剂、灰尘或其他的污染物沾污。 在使用前，罐内的黏合剂应该混合搅拌1 h。在使用过程中，该胶黏剂应该以一个很低的速度继续搅拌来保持产品的均匀性。 用二甲苯、甲苯或PMA作为稀释剂。用刷涂、喷涂方法施工于挤出条。建议最小湿膜厚度为2～4密耳（50.8～101.6 μm）。 黏胶剂应该在烘箱温度大于350 °F（176 ℃）下烘烤3～4分钟
	CATAL-YSEUR^{R} CA 07	植绒胶水催化剂与单组分植绒胶水混合使用，以此使之加速固化。本品可用于湿气固化和加热固化系统。它被推荐与 Mor-Flock 6007 和 Polyflock 98UK 共同使用，用于 TPO/TPE/TPV 基材。 本品催化剂非常活泼，只有在需要时才加入混合。当使用单组份胶水如 Mor—Flock 6007，产品必须冲氮气保护后盖紧容器。容器开盖后必须在24小时内用完。一段时间后，产品黏度会增加50%或更多，但黏结强度不受影响。 加入量视烘箱条件而定。先加入1%（重量比）本产品至需要加速固化的胶水中，然后搅拌15 min。然后在生产流水线上做试验以具体确定增加或减少%量。注意不要使本产品的加入量大于2%。 存储于未开封原始状态容器中的产品保质期为6个月。存储温度为65和95°F之间。存储于阴凉、干燥和通风良好的场所，远离热源、发火装置和太阳直射。不使用时要盖好盖子密封。容器在打开、取料、混和、倾倒和出空之前，应放置在地面并固定好
	Polyflock P893A、B	聚氨酯双组份植绒胶黏剂。主要用于汽车密封的弹性体（主要为EPDM）。 使用本产品前，组分A和B在20 ℃左右必须分别混合均匀。然后按配比分别称重组分A和B，将它们混合在一起完全搅拌均匀。 本产品可以用刷涂的方法施于基材上，然后进行植绒（聚酰胺或聚酯绒毛），胶膜在红外下或通过热空气烘道时发生交联。当植绒产品冷却后，绒毛与基材会黏结的很好；然而，2～3天后才能达到最佳效果。 使用后的设备必须用类似丁酮的溶剂清洗
广州诺倍捷化工科技有限公司	溶剂型热硫化黏合剂 CIL-BOND 24	可实现橡胶与各种基材单涂黏合，黏结性能媲美双涂

表 1.8.1-51 橡胶—金属热硫化黏合剂的供应商（二）

供应商	牌号	用途	固含量/%	黏度/(Pa·s×10⁻³)	相对密度/(g·cm⁻³)
洛德橡胶化学（上海）有限公司（开姆洛克、Chemlok®）	CH205	NBR与金属热硫化黏结及作为金属表面之底涂胶黏剂	22.0～26.0	85～165	0.92～0.97
	CH218	浇注型聚氨酯与金属热硫化黏结	18.5～20.5	750～1 050	0.95～0.99
	CH220	NR、通用合成橡胶与金属热硫化黏结	23.0～27.0	135～300	1.00～1.10
	CH234B	NR、通用合成橡胶与金属热硫化黏结	23.0～26.5	450～800	1.066～1.102

续表

供应商	牌号	用途	固含量/%	黏度/(Pa·s×10⁻³)	相对密度/(g·cm⁻³)
洛德橡胶化学（上海）有限公司（开姆洛克、Chemlok®）	CH236A	NR、通用合成橡胶与金属热硫化黏结	16.0～19.0	300～700	0.99～1.03
	CH238	EPDM、通用合成橡胶与金属热硫化黏结	16.0～19.0	200～800	0.90～0.95
	CH250	NR、通用合成橡胶与金属热硫化黏结	23.5～27.5	200～550	1.11～1.16
	CH252	NR、通用合成橡胶与金属热硫化黏结	17.5～20.5	250～850	1.26～1.32
	CH402	NR、通用合成橡胶与织物热硫化黏结	13.5～16.5	100～350	1.18～1.26

表 1.8.1-52 橡胶—金属热硫化黏合剂的供应商（三）

供应商	类型	应用工艺或胶种	CILBOND 牌号	用途	特点
上海乐瑞固化工有限公司（CILBOND）	胶管与传动带黏合剂	同步带 V 带、多楔带	12、83、62、89	尼龙布涂上黏合剂	其强力和耐热老化，溶剂，动态疲劳性能提高很多，可黏 HNBR、CR、EPDM
		线绳、纤维、钢丝	83、80、89	有 RFL 或没有	适于尼龙、聚脂、芳纶、玻纤、钢丝其黏合力、耐溶剂、耐热及柔韧性更好
		输送带、履带	89、80	接头、修补、硫化	可以低温黏结已硫化橡胶或未硫化橡胶相互之间的黏结
		帘线增强胶管	83、80、89	浸涂于帘线表面	橡胶和帘线黏合强度提高，即使在高温高压下，同时耐高温，耐溶剂等
		硅氟胶管	36、65	涂于织布表面	耐高温，耐热介质，黏合强力高
	模压制品中的运用	NR、SBR、CR、BR、ECO、CSM、ACM AND Vamac	24、23、1424 单涂黏合剂	减震橡胶、轴套、实芯轮胎、液压减震、护弦、阀门、疏浚管业、履带、桥梁房屋支座、止水带	耐 200 ℃高温；模具零污染；抗动态和静态抗疲劳，可折弯；耐乙二醇：160 ℃，1 000 h；耐沸水、耐盐雾，也可用于后硫化
		IIR、EPDM、NR、MPU、TPE、EVA、ECO、CPE、ACM、NBR、AMC	89 单涂黏合剂	防腐衬里、阀门、胶辊、扭力减震器、汽罐垫、车窗密封条	可以低温硫化，60 ℃以上就能反应耐溶剂，不但适用常规硫化，对于后硫化效果也非常好，胶黏剂膜柔韧性好
		NR、IIR、EPDM、CSM、AMC、ECO、CPE、ACM、NBR	80、83 高性能面涂	液压轴套、扭力减震器（TVD's）和其他联轴器、泵的衬里、胶辊、油封及汽缸垫	和底涂 12，62 配合应用，各种物理和化学性能可以获得最佳的耐热、耐油脂、耐乙二醇、耐盐雾及耐沸水性能。耐乙二醇可以至 160 ℃
		VMQ、FKM、NBR、ACM、AEM	36 单涂	硅胶制品油封、汽缸垫、轴封阀门、胶辊	黏合力强、耐环境、耐高温、黏合剂耐冲刷
		VMQ、FKM、HNBR、ACM、AEM	65W 单涂	硅胶制品、氟胶制品	耐热好、和 12 配合使用更耐高温、耐热的乙二醇
		各种型号氟胶	33A/B 双组份单涂黏合剂	油封、轴封、汽缸垫、阀门、胶辊	各种硬度及双酚硫化或胺类硫化，以及过氧化物硫化，特别适合后硫化
		NBR、ACM、AEM、ECO	62 W 单涂黏合剂，也可作为高性能底涂	油封、密封制品、常和面涂配合 70 W、80、89、36 一起使用	水基环保，适用于所有基材耐盐雾，也可以用于极性橡胶的后硫化，优异的耐溶剂及耐高温
			10、12 底涂	作为底涂和面涂 80、89、70、24 配合应用	耐冲刷，耐预固化 160 ℃，30 min，无模具污染，适合于各种基材的黏结

续表

供应商	类型	应用工艺或胶种	CILBOND 牌号	用途	特点
上海乐瑞固化工有限公司（CILBOND）	刹车片（摩擦材料）黏合剂		62	盘式刹车片	真正的水基黏合剂，优异的耐热性能，酚类化合物与金属之间的黏结，在 300 ℃时，进行剪切测试，可获得很好的黏结效果，瞬间耐高温 750 ℃
			6895	鼓式刹车片	各种粘度可调适用于喷涂、辊涂、刷涂、耐油、耐柴油、合成燃料及盐雾

表 1.8.1－53　橡胶—金属热硫化黏合剂的供应商（四）

供应商	规格型号	产地	用途	备注
金昌盛	硅胶黏合剂 34T	日本信越	用于黏合硅橡胶与金属、塑胶、玻璃纤维。有机硅产品为防粘、易脱模，要与底材黏合，必须使用硅橡胶黏合剂。 应用：①以扫或浸涂方法，将本品涂于底材上，在室温下放置 30～45 min 待完全固化；②如加温至 105～150 ℃，放置 10～30 min 即可固化。一定要黏合剂完全固化后再包胶	用于胶辊行业中硅橡胶与金属铁芯黏合效果较好，不会出现一般黏合剂用于硅橡胶中所出现的脱层、起泡或粗细不均等问题，且硅橡胶与金属黏性保持时间长久
	热硫化型胶黏剂 Megum™ 538	美国 DOW 公司	适用弹性体：NR、SBR、IR、BR、EPDM、IIR、NBR、CR 等；适用基材：钢、不锈钢、铝及铝合金、铜及铜合金等金属、聚酰胺、聚缩醛和聚酯等塑料	一种通用型的面涂胶黏剂，与 Megum 或 Thixon 底涂胶黏剂组成双涂体系，用于橡胶与金属或其他硬质基材之间的热硫化黏结。特别适用于难粘橡胶及低硬度 橡胶的黏结。Megum 538 的配方中不含有高于检出限的铅或其他有毒重金属
	Thixon™ P－11－EF		如前述	如前述
	Thixon™520－P－EF			
	Thixon™－511－EF			

三、发泡剂与助发泡剂

发泡剂可以分为物理发泡剂与化学发泡剂，化学发泡剂包括有机发泡剂和无机发泡剂。无机发泡剂主要有碳酸铵、碳酸钠、碳酸氢钠、氯化铵和亚硝酸钠等，除少量使用在皮球类空心制品外，现已不再大量应用。有机发泡剂主要有以下几类：(1) 偶氮化合物，如发泡剂 AC、偶氮二异丁腈等；(2) 磺酰肼类化合物，如苯磺酰肼、对甲苯磺酰肼等；(3) 亚硝基化合物，如发泡剂 H 等；(4) 脲基化合物，如尿素、对甲苯磺酰基脲等。

在发泡过程中，凡与发泡剂并用，能调节发泡剂分解温度和分解速度的物质，或能改进发泡工艺、稳定泡沫结构和提高发泡质量的物质，是助发泡剂。助发泡剂的化学成分一般为尿素、氨水、硬脂酸、甘油、油酸的复合物或者尿素衍生物、表面改性尿素、有机硅衍生物、明矾等。

物理发泡剂主要为可膨胀微球等。化学发泡剂因易于产生胺类等致癌物，其使用正逐步受到限制。目前发泡制品行业已开始倾向于采用物理发泡剂，孔径均匀，对于橡胶制品的硬度影响小。

3.1　无机发泡剂

无机发泡剂见表 1.8.1－54。

表 1.8.1－54　无机发泡剂

	碳酸铵	碳酸氢铵	碳酸氢钠	碳酸钠	亚硝酸钠	氯化铵
外观	半透明白色结晶粉末	白色结晶粉末	白色粉末	与碳酸氢钠类似，但效率低。有强吸湿性，吸水后成硬块。主要用于制造橡皮球一类空心橡胶制品	白色至淡黄色结晶粉末	白色结晶粉末
分解温度	30 ℃左右开始分解，55 ℃以上分解加剧	36～60 ℃	100 ℃左右缓慢分解，140 ℃迅速分解		320 ℃	

续表

<table>
<tr><th></th><th>碳酸铵</th><th>碳酸氢铵</th><th>碳酸氢钠</th><th>碳酸钠</th><th>亚硝酸钠</th><th>氯化铵</th></tr>
<tr><td>分解产物</td><td>NH_3、CO_2、H_2O</td><td>NH_3、CO_2、H_2O</td><td>CO_2</td><td></td><td>N_2、H_2O</td><td></td></tr>
<tr><td>发气量/($cm^3 \cdot g^{-1}$)</td><td>700～980</td><td>700～850</td><td>267</td><td rowspan="3">与碳酸氢钠类似，但效率低。有强吸湿性，吸水后成硬块。主要用于制造橡皮球一类空心橡胶制品</td><td></td><td></td></tr>
<tr><td>用量 w/%</td><td>5～15</td><td>5～15</td><td>5～15；需配入5～10%的硬脂酸作助发泡剂</td><td></td><td></td></tr>
<tr><td rowspan="2">特点</td><td>与橡胶不易混合；开孔，气泡孔径不均匀；碱性，会加快硫化速度</td><td>微孔，气泡均匀；对硫化速度无影响</td><td>细小、均匀的微孔</td><td rowspan="2">易氧化成硝酸钠；常与氯化铵并用；主要用于制造橡皮球一类空心橡胶制品</td><td rowspan="2">在空气中易潮解，350 ℃升华。不单独作发泡剂使用，常与碳酸氢钠、碳酸钠、亚硝酸钠并用</td></tr>
<tr><td colspan="4">由于分解温度较低，分散不良，一般用来制造开孔和粗孔的海绵制品</td></tr>
</table>

3.1.1　碳酸氢铵

GB 6275—86《工业用碳酸氢铵》适用于以氨水吸收二氧化碳制得的工业碳酸氢铵，主要用于制药、日用化工、皮革、橡胶、电镀以及试剂等工业的原料。

工业用碳酸氢铵的技术要求见表 1.8.1-55。

表 1.8.1-55　工业用碳酸氢铵的技术要求

指标名称	指标
外观	白色粉状结晶
碳酸氢铵含量/%	99.2～101.0
氯化物（Cl）含量/%	（≤）0.007
硫化物（S）含量/%	（≤）0.000 2
硫酸盐（SO_4）/%	（≤）0.007
灰分含量/%	（≤）0.008
铁（Fe）含量/%	（≤）0.002
砷（As）含量/%	（≤）0.000 2
重金属（以Pb计）含量/%	（≤）0.000 5

注：产品中允许有防结块剂。

3.1.2　碳酸氢钠

GB/T 1606—2008《工业碳酸氢钠》对应于俄罗斯国家标准 ГОСТ 2156：1976（1992）《碳酸氢钠的技术条件》（非等效），将工业碳酸氢钠分为三类：Ⅰ类用于化妆品行业；Ⅱ类用于日化、印染、鞣革、橡胶等行业；Ⅲ类用于金属表面处理行业。

橡胶用碳酸氢钠的技术要求见表 1.8.1-56。

表 1.8.1-56　橡胶用碳酸氢钠的技术要求

指标名称	指标
总碱量（以 $NaHCO_3$ 计）w/%	（≥）99.0
干燥减量 w/%	（≤）0.15
pH 值（10 g/l 水溶液）	8.5
氯化物（以 Cl 计）w/%	（≤）0.20
铁（Fe）w/%	（≤）0.002
水不溶物 w/%	（≤）0.02
硫酸盐（以 SO_4 计）w/%	（≤）0.05
钙（Ca）w/%	（≤）0.03
砷（As）w/%	（≤）0.000 1
重金属（以 Pb 计）w/%	（≤）0.000 5

橡胶用碳酸氢钠的供应商有：锡林郭勒苏尼特碱业有限公司、青岛碱业股份有限公司、自贡鸿鹤化工股份有限公司、桐柏博源新型化工有限公司、湖北宜化集团有限责任公司、山东海化集团有限公司小苏打厂等。

3.2　有机发泡剂

有机发泡剂见表 1.8.1－57。

表 1.8.1－57　有机发泡剂

名称	化学结构	性状		
		外观	相对密度	发气量/(cm³/g)
偶氮氨基苯（发泡剂 DAB）	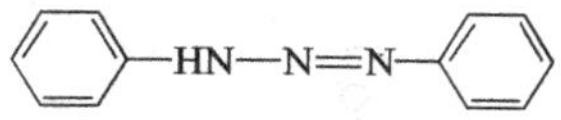	暗棕色结晶粉末	1.17	113
偶氮二甲酰胺（发泡剂 AC、ADC）	详见本书第 3.2.1 节			
偶氮二异丁腈（发泡剂 AZIB、AZDN）	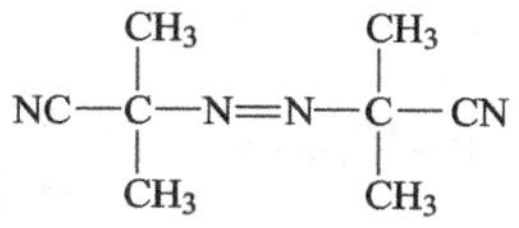	白色结晶粉末	1.11	130
偶氮二甲酸二异丙酯	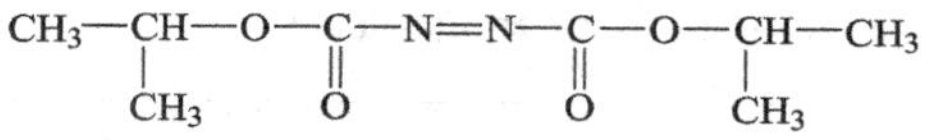	橙色油状液体		200～350
偶氮二甲酸二乙酯	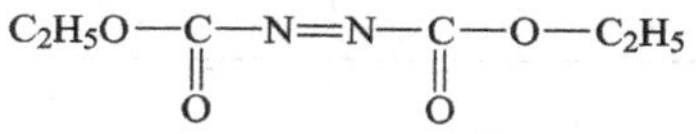	红色油状液体		190
偶氮二羧酸钡	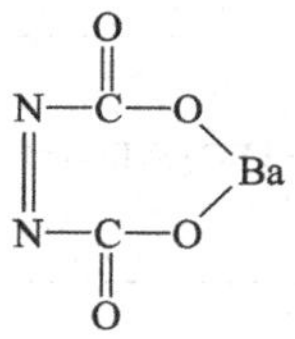	淡黄色粉末		177
苯磺酰肼（发泡剂 BSH）	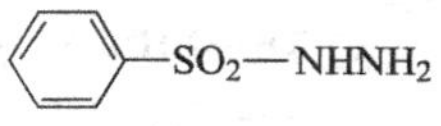	白色至淡黄色结晶粉末	1.43	115～130
对甲苯磺酰肼（发泡剂 TSH）	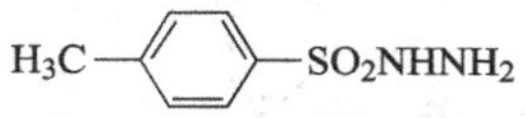	白色结晶粉末	1.42	110～125
甲苯-2，4-二磺酰肼	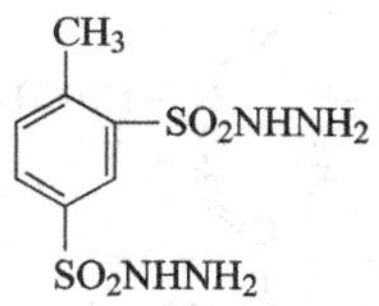	微细结晶粉末		190
苯基-1，3-二磺酰肼（发泡剂 BDSH）	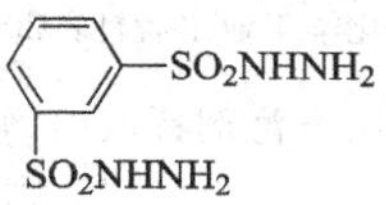	白色结晶粉末		170
二苯磺酰肼醚（发泡剂 OBSH）	详见本书第 3.2.2 节			
二亚硝基五亚甲基四胺（发泡剂 H、DPT、BN）	详见本书 3.2.3 节			

续表

名称	化学结构	性状		
		外观	相对密度	发气量/(cm^3/g)
N，N′-二甲基-N，N′-二亚硝基对苯二甲酰胺（发泡剂 BL－353）	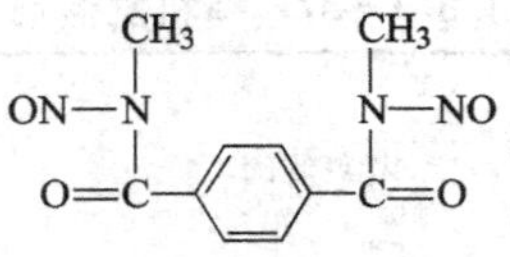	淡黄色结晶粉末	1.14	180
尿素	urea 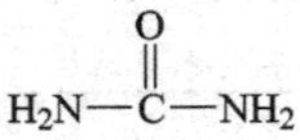	白色结晶	1.34	187
对甲苯磺酰氨基脲（发泡剂 RA）	详见本书第 3.2.4 节			
对，对一氧双（苯磺酰氨基脲）（发泡剂 BH）	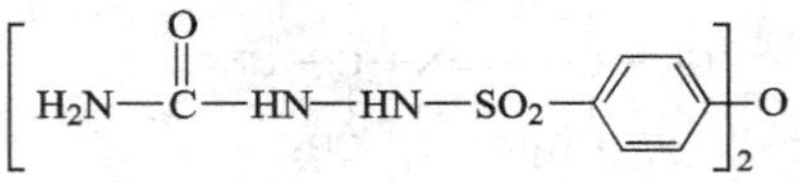	粉末		145
缩二脲和脲	$(NH_2CO)_2NH$ 和 NH_2CONH_2	白色细微粉末	1.45	
对甲苯磺酰叠氮（发泡剂 TSAZ）	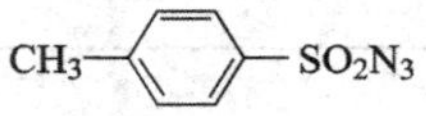	淡橙色液体		220
苯磺酰叠氮（发泡剂 SAZ）	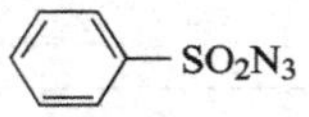	油状液体		131.6
对甲苯磺酰丙酮胺（发泡剂 TSAH）	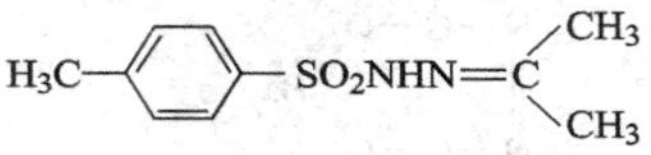			150
3，3′-二磺酸肼二苯砜	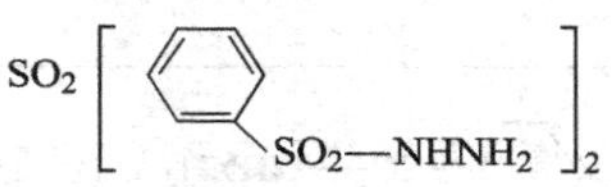	白色结晶粉末		276
噻三唑衍生物（发泡剂 TR），如：5-氨基-1，2，3，4-噻三唑吗啉衍生物	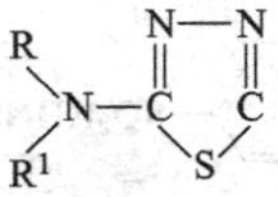			130
三肼基三嗪	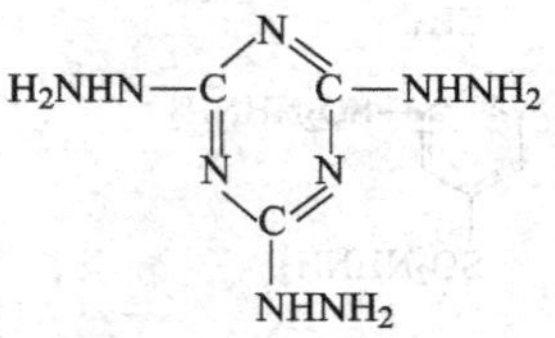	无色结晶		180～200

注：详见《橡胶原材料手册》，于清溪、吕百龄等编写，化学工业出版社，2007 年 1 月第 2 版，P567～569。

偶氮类发泡剂在受热分解时均释放出 N_2，磺酰肼类发泡剂释放出 N_2 和水蒸气，亚硝基化合物释放出 N_2、CO 和 CO_2，脲基化合物释放出 NH_3 和 CO_2。

使用时应注意：偶氮类发泡剂有中等毒性，对皮肤有刺激作用，其粉尘/空气混合物有爆炸危险。磺酰肼类发泡剂一般无毒，也无污染性。亚硝基化合物在胶料中易分散，工艺操作安全，对胶料性能无影响；但易燃，与酸雾接触亦能着火，属于弱性炸药，在冲击与摩擦时易爆炸，应注意操作安全，避免与无机酸和明火接近。脲基类发泡剂无污染，能加速硫化，使用时应调整硫化体系。

有机类发泡剂一般用量为配方总量的0.5%～10%。

多数发泡剂对皮肤有刺激作用，使用时应避免与皮肤接触。

3.2.1　偶氮化合物

发泡剂 ADC（AC），化学名称：偶氮二甲酰胺。

结构式：

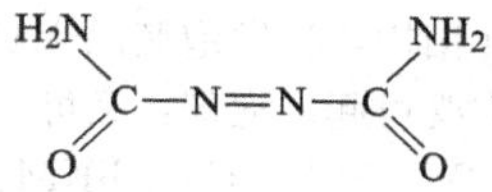

分子式：$C_2H_4N_4O_2$，相对分子质量：116.08，相对密度 1.65 g/cm³，CAS号：123－77－3。可用于各种橡胶如 CR、EPDM、IIR、NBR（NBR/PVC）和 SBR 的发泡，特别是用于微小均匀的细孔发泡。粉状发泡剂 ADC 具有相对较高的发泡温度（200～210 ℃），加入少量的发泡活化剂，可以使 ADC 的发泡温度有效降低。如，低温 ADC 发泡剂（145～150 ℃分解）是 ADC 与尿素类助发泡剂的混合物；中温 ADC 发泡剂（160～170 ℃分解）是 ADC 与硬脂酸锌等的混合物。此外，还有不同粒径的 ADC 混合物，如 2～5 μm 和 10 μm 左右的；ADC 与分散剂如 DBP 的糊状混合物等。本品不会增加发泡产品的异味。本品属于第八批高度关注物质（SVHC）候选清单中的物质之一，应谨慎使用。

HG/T 2097－2008《发泡剂 ADC》适用于以尿素、水合肼为原料经缩合、氧化而制得的发泡剂 ADC。发泡剂 ADC 的技术要求见表 1.8.1－58。

表 1.8.1－58　发泡剂 ADC 的技术要求

项目		指标		
		优等品	一等品	合格品
外观		淡黄色粉末		
发气量（20 ℃，101 325 Pa）/mL·g^{-1}		≥220	≥210	≥200
细度	筛余物（筛孔 38 μm）/%	≤0.05	≤0.10	≤0.20
	平均粒径（以 D_{50}表示）/μm	用户协商指标		
分解温度/℃		≥200		
加热减量/%		≤0.15	≤0.25	≤0.30
灰分/%		≤0.10	≤0.10	≤0.20
pH 值		6.5～7.5		
纯度/%		≥97.0		

注：平均粒径为用户协商指标；纯度为抽检指标。

偶氮化合物的供应商见表 1.8.1－59。

表 1.8.1－59　偶氮化合物的供应商

供应商	商品名称	化学组成	外观	纯度/%	灰分/%	发气量/(ml/g)（20 ℃，760 mmHg）	分解温度/℃	粒径/μm	筛余物(≤)/% 38 μm	说明
杭州海虹精细化工有限公司	TPR－H	AC 与碳酸氢钠的混合物	淡黄色粉末			200±5	210±4	9～14		
	HH138	AC 与碳酸氢钠的混合物	淡黄色粉末			180±5	136±4	9～14		
宁波硫华	Actmix ® ADC－75GE	偶氮二甲酰胺	黄色颗粒	≥98	≤0.1		200～210	6～8	0.1	1～10 份
锐巴化工	AC－3000－75 GE	AC 与 EPDM 混合物	黄色颗粒	≥98	≤0.1	200±5	200±4	9～14		

发泡剂 ADC 的供应商还有：宜宾天原集团股份有限公司、江苏索普（集团）有限公司、元庆国际贸易有限公司代理的 SOPO 公司 AC 发泡剂等。

3.2.2　磺酰肼类化合物

发泡剂 OBSH，化学名称：4，4－氧代双苯磺酰肼，二苯磺酰肼醚。

结构式：

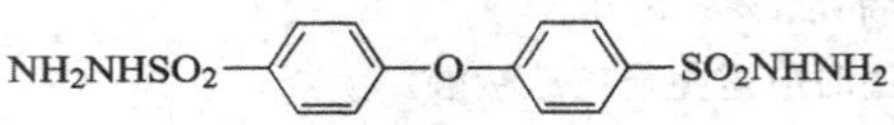

$$NH_2NHSO_2 - \bigcirc - O - \bigcirc - SO_2NHNH_2$$

分子式：$C_{12}H_{14}O_5H_4S_2$，相对分子质量 358.39，相对密度 1.52 g/cm³，CAS 号：80−51−3，本品为白色无臭细微晶体。在 120 ℃温度下就可以开始发泡，释放出 N_2，相对毒性较小，不污染制品，是磺酰肼常用发泡剂，能与其他发泡剂并用，由于用途广泛，又称为万能发泡剂。添加 Pb 盐、Cd 盐、Zn 盐可以降低其分解温度。

单用本品时，可产生细微、优质、均匀的气孔结构，且发泡制品无臭、无味、无污染、不脱色，特别适用于要求无气味及浅色发泡制品。在一定情况下，在固化机制中既可起发泡剂，又可起交联剂的作用。

可适用于天然橡胶和各种合成橡胶（如：EPDM、SBR、CR、FKM、IIR、NBR）和热塑性产品（如 PVC、PE、PS、ABS），也可于橡胶—树脂混合料中使用。所得发泡制品具有良好的绝缘性，可应用于电线、电缆的制造。

通常用量为 2～15 份。

发泡剂 OBSH 的供应商见表 1.8.1−60。

表 1.8.1−60　发泡剂 OBSH 的供应商

供应商	商品名称	外观	初熔点（≥）/℃	加热减量（≤）/%	灰分（≤）/%	纯度（≥）/%	发气量/(ml/g)(20 ℃，760 mmHg)	分解温度/℃	粒径/μm	说明
宁波硫华	OBSH−75GE	白色颗粒	≥161	≤0.3	≤0.3	≥98			63 μm 筛余物≤0.1%	EPDM/EVM 为载体
金昌盛	OBSH	白色粉末		≤0.5		≥98	120～130	140～160	300 目	用量 1～6 份
	OBSH−75 GE		≥155	≤0.3	≤0.5	≥75				EPDM 载体
杭州海虹	发泡剂 OBSH	白色无臭细微晶体		≤0.5			130±5	150±4	10	

3.2.3　亚硝基化合物

发泡剂 H（DPT），化学名称：二亚硝基五次甲基四胺。

结构式：

$$\begin{array}{c} CH_2-N-CH_2 \\ ON-N \quad\quad CH_2 \quad N-NO \\ CH_2-N-CH_2 \end{array}$$

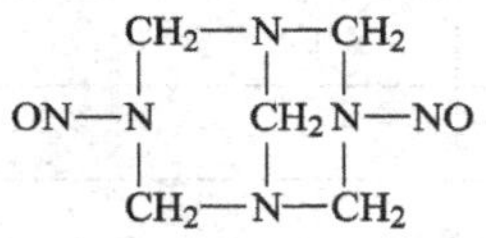

分子式：$C_5H_{10}N_6O_2$，相对密度 1.4～1.45 g/cm³，相对分子质量 186，CAS：101−25−7。发泡剂 H 广泛应用于橡胶发泡，如天然橡胶、丁苯橡胶、丁腈橡胶等，不变色、不污染；发泡剂 H 在增塑 PVC 模压制品、吹塑发泡中也有广泛应用。发泡时通常添加一些助剂，如经表面处理的尿素、缩二脲、水杨酸、邻苯二甲酸、多元醇等，来降低发泡剂 H 的分解温度，使其在 120～190 ℃范围内产生气体。发泡剂 H 分解时会放出大量热，用于厚制品时需小心处理。通常用量为 1～10 份。

亚硝基化合物发泡剂的供应商见表 1.8.1−61。

表 1.8.1−61　亚硝基化合物发泡剂的供应商

供应商	商品名称	密度/(g·cm⁻³)	外观	纯度/%	发气量/(mL·g⁻¹)	分解温度/℃	熔点/℃	灰分/%	加热减量/%	63 μm 筛余物/%	说明
宁波硫华聚合物有限公司	DPT40/PE	1.25	淡黄色片状	≥98			207	≤0.3	≤0.3	≤0.1	EPDM/EVM 为载体
杭州海虹精细化工有限公司	发泡剂 H		微黄色结晶性固体粉末		280±5	209±4					不变色，无污染

3.2.4　脲基化合物

发泡剂 RA，化学名称：对甲苯磺酰氨基脲。

结构式：

$$H_3C - \bigcirc - SO_2NHNH - \underset{\underset{O}{\|}}{C} - NH_2$$

分子式 $C_8H_{11}N_3O_3S$，CAS：10396－10－8。

发泡剂 H 分解温度高，与本品配合使用，能够使发泡剂 H 分解温度下降至 120～125 ℃，并能有效去除发泡剂 H 分解残留的气味。本品用量和发泡剂 H 用量的比例达到 1：1 时，所得制品基本无发泡剂 H 分解所产生的味道，可以改善泡孔均匀性，不变色、无污染。与发泡剂 AC 配合使用，可改善泡孔均匀性。本品无臭味，吸湿性低，在胶料中分散性良好。

适用于 NR、SBR、EPDM、NBR、高苯乙烯与橡胶共混胶的发泡。

发泡剂 RA 的供应商见表 1.8.1－62。

表 1.8.1－62　发泡剂 RA 的供应商

供应商	商品名称	外观	发气量 /(mL·g^{-1})	分解温度 /℃	熔点 /℃	说明
杭州海虹精细化工有限公司	发泡剂 RA	白色无臭结晶性粉末	140±5	240±4	41～42	分解残物对物料无污染
金昌盛	发泡助剂 LONGSUN FA	白色粉末，无臭味				用量 1～5 份

3.2.5　可膨胀微球发泡剂

可膨胀微球是瑞典阿克苏诺贝尔公司产品，商品名 EXPANCEL®。EXPANCEL® 微球是一种微小的球状塑料颗粒。微球由一种聚合物的壳体和它包裹着的气体组成。当加热时，热塑性壳体软化，壳体中的气体膨胀，使微球的体积增大。如图 1.8.1－2 所示。

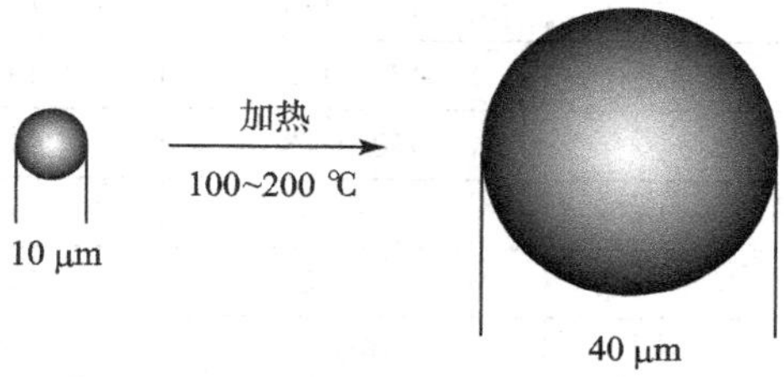

图 1.8.1－2　微球膨胀示意图

膨胀后的微球尺寸可达 20～150 μm。微球具有高的回弹性，已膨胀的微球容易压缩，当压力释放后，微球又回复到原有的体积。微球的回弹性，使它可承受多次循环加压/卸压而不破裂，故 EXPANCEL® 微球也是一种优秀的吸收冲击材料。

EXPANCEL® 微球有温度范围从 80～190 ℃的各种不同膨胀温度等级的产品，各种等级的微球有不同的热机械性能。EXPANCEL® 微球应避免在很高温度下存放。

可膨胀微球的应用领域包括：

①发泡剂

EXPANCEL® WU 和 DU 是未膨胀的微球，可作为一种发泡剂。加热微球，可使其体积胀大，达到原先的 30～50 倍。

该特性可以应用在网丝印刷和凹版印刷的油墨中，在纸张、壁纸和织物上获得一种三维的图形。

在挤出和注塑加工时，EXPANCEL® 微球提供一个可控制和确定的发泡过程。发泡后微球是一种 100％的封闭体，其大小约 100 μm。

其他领域的应用，包括有汽车工业用的修补涂料和密封胶、纸张、纸板、染料、织物、无纺织物的喷染和浸渍。

②减轻重量

EXPANCEL® WE 和 DE 微球，膨胀后的密度低至 30 kg/m^3（114 g/加仑），兼备低密度和回弹性，使它们与其他轻质填料相比，在减轻重量和改进性能方面尤为出色。

在人造大理石中，少量的 EXPANCEL® 微球（1.5％的重量份）能减轻制品的重量，减少破碎的风险和降低加工成本。在聚酯胶泥中添加 1％重量份的微球，可使胶泥的密度从 1 800 kg/m^3 降至 1 100 kg/m^3，胶泥的打磨性也得以改进。采用加入 EXPANCEL® 微球来降低密度的其他应用，有聚氨酯浇铸聚合物、油漆、丙烯酸密封胶和嵌缝料。

③性能改进剂

在热固性聚合物固化前加入未膨胀的微球，能减少空隙、空洞和表面的缺陷。由于固化过程中，微球的膨胀可保持内部的压力，而使制品表面的性能得以改善。

在各种聚酯胶泥配方中加入预膨胀的 EXPANCEL® 微球后，呈现奶油状或膏状，使用上更为方便。

在聚氨酯模型的填缝材料中添加微球后，改进了打磨性。

在人造大理石材料中添加很少量的 EXPANCEL® 微球后，使它成为稍有弹性的材料，能够耐更长时间的冷/热循环。

可膨胀微球发泡剂的牌号见表 1.8.1－63。

表 1.8.1-63　可膨胀微球发泡剂的牌号

供应商	品 名	粒径/μm D(0.5)	热分解性能			抗溶剂性能
			起始发泡温度/ (Tstart,℃)	最大发泡温度/ (Tmax,℃)	TMA 密度/ (kg·m⁻³)	
金昌盛（瑞典阿克苏诺贝尔公司）	551 DU 40	10～16	95～100	139～147	≤17	3
	461 DU 20	6～9	100～106	137～145	≤30	4
	461 DU 40	9～15	98～104	142～150	≤20	4
	051 DU 40	9～15	108～113	142～150	≤25	4
	031 DU 40	10～16	80～95	120～135	≤12	3
	053 DU 40	10～16	96～103	138～146	≤20	3
	093 DU 120	28～38	120～130	188～203	≤6.5	5
	909 DU 80	18～24	120～130	175～190	≤10	5
	920 DU 40	10～16	123～133	170～180	≤17	5
	920 DU 80	18～24	123～133	180～195	≤14	5
	920 DU 120	28～38	122～132	194～206	≤14	5
	930 DU 120	28～38	122～132	191～204	≤6.5	5
	950 DU 80	18～24	138～148	188～200	≤12	5
	951 DU 120	28～38	133～143	190～205	≤9	5
	980 DUX 120	25～40	158～173	215～235	≤14	5
	007 WUF 40	10～16	91～99	138～143	≤15	3
	031 WUF 40	10～16	80～95	120～135	≤12	3
	461 WE 20d36	20～30	15±2	36±4	4.2±0.45	3
	461 WE 40d36	30～35	15±2	36±4	4.2±0.45	3
	921 WE 40d24	35～55	10±1.5	24±3	4.2±0.45	5
	461 DET 40d25	35～55			25±3	4
	920 DET 40d25	35～55			25±3	5
锐巴化工	EXPANCEL-50 GE					

3.3　助发泡剂

助发泡剂有尿素类助发泡剂、聚硅氧烷与聚烷氧基醚共聚物和明矾等。

尿素类助发泡剂包括 A 型助发泡剂、N 型助发泡剂、M 型助发泡剂等尿素衍生物。

A 型助发泡剂化学成分为尿素复合体。在加热条件下，依次将氨水、硬脂酸、甘油等加入到尿素的水溶液中，充分搅拌制成，尿素与硬脂酸的用量比为 2:1。N 型助发泡剂制法同 A 型助发泡剂，但未加工粉碎，为无规则条状物，氮含量 27%～31%。M 型助发泡剂组分中以油酸代替硬脂酸。

A 型助发泡剂为极细粉末，无毒，相对密度 1.13～1.15 g/cm³，用作发泡剂 H 的助发泡剂，分散性良好，对硫化有促进作用。用量于发泡剂 H 大体相同，用量加大时，发泡效果增加，促进作用明显。N 型、M 型的用途、用法与 A 型助发泡剂相同。

聚硅氧烷与聚烷氧基醚共聚物即发泡灵 L-520，用作聚醚型聚氨酯橡胶发泡的泡沫稳定剂，用量为 1%，其分子结构式为：

$$\begin{bmatrix} \begin{matrix} CH_3 & CH_3 \\ Si-O-Si-O \\ CH_3 & O \end{matrix} \end{bmatrix}_r \begin{bmatrix} \begin{matrix} CH_3 & CH_3 \\ Si-O-Si-O \\ CH_3 & C_2H_5 \end{matrix} \end{bmatrix}_p \begin{bmatrix} \begin{matrix} CH_3 & CH_3 \\ Si-O-Si-O \\ CH_3 & C_2H_5 \end{matrix} \end{bmatrix}_q [(OC_3H_6)(OC_2H_4)]_n C_4H_9$$

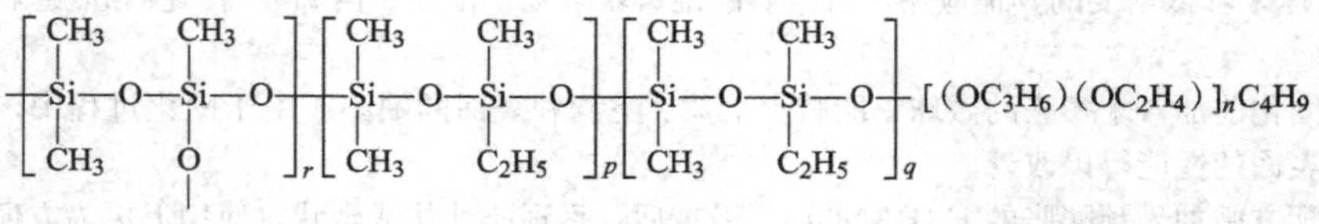

明矾用作助发泡剂时，与发泡剂 H 及小苏打并用，并用比为 25:11:45 时效果最好。

3.3.1　EVA 发泡专用快熟助剂

元庆国际贸易有限公司代理的台湾 EVERPOWER 公司 FS-300L EVA 发泡专用快熟助剂的物化指标为：

成分：纳米级氧化锌、交联助剂、发泡助剂与 EVA 胶粒的复合体，外观：白色颗粒，比重：约 1.23，熔点：>90 ℃，含水量：<0.5%，门尼黏度 ML（1+4）100 ℃：≤26，存储期：正常环境下一年。

本品针对 EVA 中高温发泡剂具有有效缩短发泡成型时间、提高生产效率与物性的作用。建议用量：2～3 份。

FS—300L EVA 发泡专用快熟助剂测试配方见表 1.8.1-64。

表 1.8.1-64　EVA 发泡专用快熟助剂测试配方

材料	配方 A	配方 B
EVA 7350	100	100
$CaCO_3$	20	20
ZnO	0.8	0.8
St. a	0.5	0.5
DCP	0.7	0.7
AC—发泡剂	3.5	3.5
FS—300L	—	2
测试结果：160 ℃(×10 min)		
ML（lb—in）	0.16	0.16
MH（lb—in）	1.42	1.72
ts_1	5.41	2.46
tc_{50}	3.45	2.17
tc_{90}	7.00	4.41

四、抗静电剂

由于聚合物的体积电阻率一般高达 10^{10}～10^{20} Ω/cm^2，易积蓄静电而发生危险。抗静电剂多系表面活性剂，可使聚合物表面亲水化，离子型表面活性剂还有导电作用，因而可以将静电及时导出。

抗静电剂按化学性质可以分为阳离子型、阴离子型和非离子型表面活性抗静电剂；按使用方式可以分为外涂型和内混型。外涂型抗静电剂是指涂在高分子材料表面所用的一类抗静电剂，多为阳离子型抗静电剂，也有一些为两性型和阴离子型抗静电剂，一般使用前先用水或乙醇等将其调配成质量分数为 0.5%～2.0%的溶液，然后通过涂布、喷涂或浸渍等方法使之附着在高分子材料表面，再经过室温或热空气干燥而形成抗静电涂层。内混型抗静电剂是指在制品的加工过程中添加到树脂内的一类抗静电剂，以非离子型和高分子永久型抗静电剂为主，阴、阳离子型在某些树脂品种中也可以添加使用，使用时按质量分数为 0.3%～3.0%的比例将抗静电剂与树脂机械混合后再加工成型。各种抗静电剂分子除可赋予高分子材料表面一定的润滑性、降低摩擦系数、抑制和减少静电荷产生外，不同类型的抗静电剂不仅化学组成和使用方式不同，作用机理也不同。

阳离子抗静电剂通常是些长链的烷基季铵衍生物，在极性高分子材料如硬质聚氯乙烯和苯乙烯类聚合物中效果很好，但对热稳定性有不良影响，这类抗静电剂通常不得用于与食物接触的制品中。

阴离子抗静电剂通常是些烷基磺酸、磷酸或二硫代氨基甲酸的碱金属盐，如烷基磺酸钠，主要用于聚氯乙烯、苯乙烯类树脂、聚对苯二甲酸乙二醇酯和聚碳酸酯中，应用效果与阳离子抗静电剂相似。

非离子型抗静电剂是用量最大的一类抗静电剂，如乙氧基化脂肪族烷基胺、乙氧基化烷基酸胺及甘油一硬脂酸酯(GMS)。乙氧基化烷基胺可用于与食物接触的制品中，市售的乙氧基化烷基胺区别在于烷基链的长度和不饱和度的大小。

4.1　季铵盐类

4.1.1　抗静电剂 SN

化学名称：十八烷酰胺乙基·二甲基·β-羟乙基铵的硝酸盐。

CAS 号：86443—82—5

分子结构式：

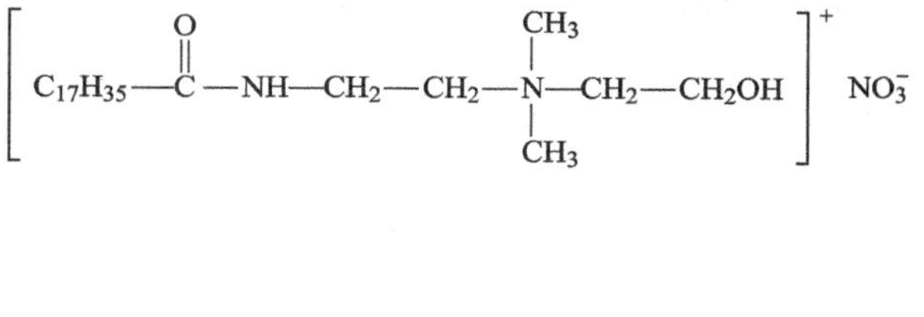

本品为阳离子表面活性剂，浅黄色至棕色油状粘稠物，pH 值：6.0～8.0（1％水溶液，20 ℃），在室温下易溶于水和丙酮、丁醇、苯、氯仿、二甲基甲酰胺、二氧六环、乙二醇、甲基（乙基或丁基）等，在 50 ℃时可溶于四氯化碳、二氯乙烷、苯乙烯等。对 5％的稀酸稀碱稳定，当温度提高到 180 ℃以上时会分解。

本品可作为聚氯乙烯、聚乙烯薄膜及塑料制品的静电消除剂，使用前应将抗静电剂 SN 溶于适当的溶剂中后与少量塑料原料混合、干燥，推荐用量为塑料重量的 0.5％～2％；也可用作丁腈橡胶制造纺丝皮辊的静电消除剂。

抗静电剂 SN 的供应商见表 1.8.1－65。

表 1.8.1－65　抗静电剂 SN 的供应商

供应商	商品名称	外观	季铵盐含量/％	说明
海安县国力化工有限公司	抗静电剂 SN	红棕色透明黏稠液体	48±2	

季铵盐类抗静电剂还有：

十八酰胺丙基-二甲基·β-羟乙基铵三磷酸二氢盐（抗静电剂 SP），淡黄色液体，分子结构式为：

$$\left[\begin{matrix} & O & & CH_3 \\ & \| & & | \\ H_{35}C_{17}-C-NH-(CH_2)_3-N-C_2H_5OH \\ & & & | \\ & & & CH_3 \end{matrix} \right]^+ H_2PO_4^-$$

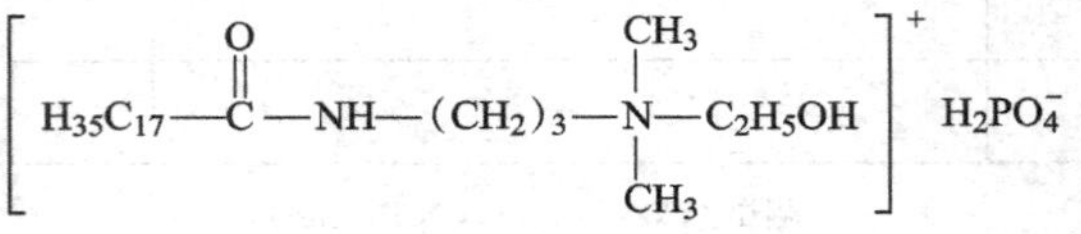

季铵盐和丁醇的混合物（抗静电剂 P－6629），橘黄色液体。

十八烷基三甲基氯化铵（三甲基十八烷基氯化铵、十八烷基三甲基铵三氯化物），分子结构式为：

$$\left[C_{18}H_{37}N(CH_3)_3 \right]^+ Cl^-$$

4.2　合成酯类或脂肪酯

合成酯类或脂肪酯抗静电剂的供应商见表 1.8.1－66。

表 1.8.1－66　合成酯类或脂肪酯抗静电剂的供应商

供应商	商品名称	化学组成	产地	外观	闪点/℃	密度/(g·cm^{-3})	黏度（20 ℃）/MPa·s	说明
金昌盛	抗静电液 AW－1	合成酯类或脂肪酯	德国 SSCS	淡黄色液体	215	1.10	140	适用于矿物质做填料的 NBR、SBR 和 NR 制品，NBR 硫化胶表面电阻可达 10^6 Ω；与脂肪烃、油类不相容；用量大时，会降低硫化胶硬度。用量 3～15 份

合成酯类或脂肪酯抗静电剂还有硬脂酸聚氧化乙烯酯（抗静电剂 PES）等，其分子结构式为：

$$C_{17}H_{35}COO(CH_2CH_2O)_3H$$

4.3　乙氧基化脂肪族烷基胺类

乙氧基化脂肪族烷基胺类抗静电剂的供应商见表 1.8.1－67。

表 1.8.1－67　乙氧基化脂肪族烷基胺类抗静电剂的供应商

供应商	商品名称	外观	密度/(g·cm^{-3})	黏度（20 ℃）/MPa·s	说明
浙江省临安市永盛塑料化工厂	HBS－160	淡黄色至黄色黏稠液体			用量 2～6 份，可用于 PVC 输送带、胶管胶布胶辊等

五、再生剂

指能使废橡胶再生的物质，包括软化剂和活化剂两种。

软化剂又称膨胀剂或增塑剂，它是可以起增塑作用的低沸点物质，如双戊烯、双萜烯等；或是可以起膨胀作用的高沸点物质，如古马隆、松焦油、妥尔油等。

活化剂是对再生起催化作用的物质，它能缩短再生时间，减少软化剂用量并能改善再生胶性能。应用最广的有硫酚及其锌盐和芳香二硫化物等。

再生剂的供应商见表 1.8.1－68。

表 1.8.1-68 再生剂的供应商

供应商	商品名称	外观	软化点/℃	加热减量/%	灼烧余量/%	备注
河北瑞威科技有限公司	RV1101	白色或浅黄色粒状、片状、粉状，微弱气味				可将废胶边还原为混炼胶状态，无须添加硫黄和促进剂可直接硫化成型；适用于 NR、BR、SBR、NBR、EPDM、IIR 等硫黄硫化体系的浅色制品
	RV2101	深灰色粒状、粉状，微弱气味				RV1101 的升级产品
	RV3101	浅灰色粉状，微弱气味				RV2101 的升级产品；相比 RV2101 的用量小，效率更高
	PTC—R	土黄色粉状，微弱气味	74～87	≤11	≤23	适合 NR、BR、SBR、NBR、EPDM、IIR 等硫黄硫化体系和其他硫化体系的橡胶制品，硫化时需要添加硫化剂和促进剂；常温、高温再生条件均可
	PTC—R（Ⅱ）					PTC—R 的升级产品
	RDS—R	浅黄色粉状，微弱气味				非硫黄硫化橡胶再生还原剂，可将过氧化物硫化体系的橡胶再生还原
	RDS—IIR	黄褐色粉粒状，微弱气味				丁基橡胶再生还原剂，工艺简单，无污染，不喷霜，可保持原胶较高的物化性能
	RDS—FKM	白色粉状，微弱气味				氟橡胶再生还原剂，常温常压下，用开炼机或精炼机将氟橡胶再生还原
	RDS—ACM	黑色粉状，微弱气味				聚丙烯酸酯橡胶再生剂，常温常压下，用开炼机或精炼机将聚丙烯酸酯橡胶再生还原
	RDSiR	浅黄色粉状，微弱气味				硅橡胶再生剂，常温常压下，用开炼机或精炼机将硅橡胶再生还原
	RW1000	粉状				环保型橡胶高温再生活化剂，加速解交联和稳定橡胶结构，多环芳烃含量 0.13 ppm
	RW2000	粉状				绿色橡胶高温再生活化剂，加速解交联和稳定橡胶结构，不含多环芳烃

六、除味剂或芳香剂

6.1 化学除味剂

该类助剂带有螯合低分子的功能团，降低各种溶剂、助剂及树脂单体的挥发性，可迅速消除不愉快臭味。

化学除味剂的供应商见表 1.8.1-69。

表 1.8.1-69 化学除味剂的供应商

供应商	商品名称	产地	可处理的气味来源	说明
金昌盛	CS-1	美国	氯、增塑剂、硫醇、硫黄、汽油、煤焦油、树脂及单体	1. 与增塑剂或溶剂混合搅拌均匀后，再添加到体系中； 2. 在再生胶中添加，混炼时加入再生胶用量的万分之三； 3. CS-1 用量为 0.01%～0.015%； CS-15 用量为 1‰
	CS-15		苯、酯、酮、醇、甲醛等	

6.2 物理吸附剂

本类产品一般为具有单孔结构的无机硅酸盐材料加工而成，通过吸附吸收刺激性化学品的挥发分达到去除异味的功能，特别适用于一些使用再生料二次加工的产品。

物理吸附剂的供应商见表 1.8.1-70。

表 1.8.1－70　物理吸附剂的供应商

供应商	商品名称	外观或组成	可处理的气味来源	说明
宁波嘉和新材料科技有限公司	JH－100A	白色粉末	游离苯、氨、甲醛、氯等	用量 0.3%～0.8%
宁波卡利特新材料科技有限公司	除味富氧剂 E4	硅铝酸盐	苯、二甲苯、TVOC 等吸附率达 90%	也可用作补强填充材料
三门华迈化工产品有限公司	除味剂 HM－86	经表面特殊处理的单孔结构的无机硅酸盐	水分、苯、氨、甲醛、氯等废气	用量 0.8%，混炼后段与硫化剂一起加入
青岛昂记	塑固金 RT－500	白色或淡黄色粉体	能显著吸收各种橡胶或再生胶制品所散发出的异味	用量 0.4～0.8 份，主要适用于轮胎、输送带、胶管及橡胶杂件等

6.3　芳香剂

芳香剂能掩盖橡胶和配合剂的特殊气味，常用的芳香剂有甲基紫罗兰酮、二甲苯麝香、酮麝香、癸子麝香、氧杂萘邻酮、3-甲氧基-4-羟基苯甲醛、水杨酸苯酯、水杨酸甲酯等，分别具有紫罗兰香气、麝香气、香茅香气、香草豆香气等。芳香剂应在混炼结束前与硫黄同时加入胶料，一般用量为 0.1～0.5 份。

水杨酸苯酯除能散发冬青油气味外，还能吸收紫外线。

七、色母与色浆

物质的颜色都是其反光的结果。白光是混合光，由各种色光按一定的比例混合而成。如果某物质在白光的环境中呈现黄色（比如纳米氧化锌），那是因为此物体吸收了部分或者全部的蓝色光。物质的颜色是由于其对不同波长的光具有选择性吸收作用而产生的。不同颜色的光线具有不同的波长，而不同的物质会吸收不同波长的色光。物质也只能选择性的吸收那些能量相当于该物质分子振动能变化、转动能变化及电子运动能量变化的总和的辐射光。换句话说，即使是同一物质，若其内能处在不同的能级，其颜色也会不同。

良好的橡胶着色剂应有强的着色力和遮盖力，还要有强的耐候性和良好的分散性，对制品的力学性能和老化性能无不良影响。着色剂通常分为无机着色剂和有机着色剂两大类。无机着色剂耐热、耐晒性能好，遮盖力强，耐溶剂性能优良；有机着色剂品种多、色泽鲜艳、着色力强、透明性好、用量少，但耐热、耐有机溶剂性能差。

着色剂的性能包括：

1）着色力，表示着色剂本身的色彩影响整个混合物颜色的能力，着色力越大，着色剂的用量越少，着色成本越低。着色力与着色剂本身的特性相关，与其粒径也有关系，一般地说，着色力随粒径的减小而增大。

2）遮盖力，是指颜料涂于物体表面时，遮盖该物体表面底色的能力。遮盖力越大，透明性越差。无机着色剂的遮盖力比较大，仅用于不透明制品；有机颜料和染料的遮盖力小，适用于透明制品。

3）耐热性，是指在橡胶加工温度下着色剂的颜色或性能的变化，大多数无机着色剂的耐热性都比较好；能够较好地满足加工需求；有机着色剂一般耐热性稍差，使用时必须依据加工条件选择适宜的品种。

4）分散性，将颜料加工成色母料，主要是为了改善颜料的分散性及操作性。

5）耐光性和耐候性，耐光性通常指着色剂本身的光稳定性（耐晒性），也称耐光牢度。无机着色剂的耐光性通常要比有机着色剂好，在有机着色剂中，酞菁系、喹吖啶酮系、二恶嗪、异吲哚满酮等有机颜料的耐光性堪与无机颜料近似；对于长期在户外使用的橡胶制品，耐候性是选择着色剂的重要依据。耐光性和耐候性互有联系，虽然有时着色剂耐光性较好，但当日光与大气中的水分同时作用时则抗褪色性差，例如镉黄。这一般是由着色剂的化学结构决定的，但在一定程度上依赖于其在聚合物中的浓度。颜料耐光性与颜料使用浓度的关系遵循下面的经验法则，即随有机颜料浓度的下降（特别是淡色）耐光性也降低；无机颜料则相反，浓色易变黑，淡色不易发生变化。

国际 GB 730－65（日晒牢度蓝色标准）将有关颜料的耐晒牢度分为 8 级，详见表 1.8.1－71。

表 1.8.1－71　颜料的耐晒牢度

1 级	2 级	3 级	4 级	5 级	6 级	7 级	8 级
特劣	劣	可	中	良	优	超	特超

6）耐迁移性，是指着色橡胶制品与其他固、液、气态物质接触时，着色剂有可能和上述物质发生的物理和化学作用，表现为着色剂从橡胶内部移动到制品的自由表面上或被抽提到与之接触的物质中。着色剂的迁移有下述三种类型：a）溶剂抽出，即在水和有机溶剂中渗色；b）接触迁移，造成对相邻物体的污染；c）表面喷霜。着色剂的迁移性与其溶解度参数密切相关。如果着色剂在聚合物中溶解度小，而在水、有机溶剂或相邻物质中的溶解度大，就容易被抽出和产生接触迁移。表面喷霜则是由于着色剂热加工时在聚合物中的溶解度较大，而常温下溶解度较小，因而逐渐结晶析出造成的。

无机颜料由于不溶于聚合物，也不溶于水和有机溶剂，它们在聚合物中的分散是非均匀相的，不会产生上述各种迁移现象。与此相反，有机颜料在聚合物和其他有机物中都有程度不等的溶解性，比较容易发生迁移。对有机颜料而言，它在各种聚合物中的耐迁移性必须一一进行实验才能确定。一般地说，有机酸的无机盐（色淀颜料）迁移性比较小；相对分子质量较高者比较低者迁移性小。例如低分子的单偶氮颜料的迁移性比双偶氮或缩合偶氮颜料要大得多。

7）化学稳定性，主要指它们的耐酸性、耐碱性、耐醛性等。

8）电气性能，对于着色剂而言，导致制品电绝缘性降低的原因主要是由于颜料表面的残余电解质，而并非颜料本身。因此，某些含可溶性盐的颜料不适用于电缆。通常碳黑、钛白粉、铬黄、酞菁蓝等颜料的电气性能较好，常用于电线电缆料中。

9）1993 年美国约 22 个州限制使用重金属（主要包括镉、铅、硒等）着色剂；欧共体于 1995 年也颁发了禁令。尽管如此，重金属颜料仍然在一定领域内使用。事实上，要完全废弃重金属颜料仍面临着技术和成本方面的挑战。替代品 HMF（无重金属）着色剂的应用性能差距尤为突出。

橡胶调色基本配合见表 1.8.1－72。

表 1.8.1－72　橡胶调色基本配合

颜色	生胶基本配合	颜料品种与数量
白色	1＃NR 80、BR 20	A100 钛白粉 20～25
大红色	1＃NR 100	橡胶大红 LC 2～5
红色	1＃NR 100	立索尔宝红 1.5～3、氧化铁红 5～8
粉红色	1＃NR 100	立德粉 20～30、橡胶大红 LC 0.1～0.3
绿色	1＃NR 100	酞青绿 3～6
绿色带蓝光	1＃NR 80、BR20	酞青蓝 0.2～0.4、酞青绿 0.5～1.2、胺黄 0.5
草绿色	1＃NR 80、BR20	立德粉 10～15、铬黄 1.5～2、群青 4～5
啡色	1＃NR 100	联苯胺黄 0.5、氧化铁红 4～8、炭黑 0.1～0.5
灰色	1＃NR 100	立德粉 15～20、炭黑 0.2～0.5、群青 0.1～0.3
米色	1＃NR 100	立德粉 15～20、氧化铁红 0.15～0.3、铬黄 0.2
黄色	1＃NR 100	立德粉 10～20、联苯胺黄 0.2～0.5
颜色	生胶基本配合	颜料品种与数量
黑色	1＃NR 100	N660 炭黑 8～15
墨绿色	1＃NR 100	酞青蓝 2.5～3、酞青绿 2.5～3
玫瑰红色	1＃NR 100	橡胶大红 LC 0.15、立索尔宝红 1.0
红棕色	1＃NR 100	橡胶大红 LC 2.0、立索尔宝红 3.0
橄榄色	1＃NR 100	铬黄 2.4、N660 炭黑 0.5、立索尔宝红 2.5
橙色	1＃NR 100	橡胶大红 3118 0.5、耐晒黄 4.5
蓝色	1＃NR 100	立德粉 15～20、酞青蓝 1～2.5
天蓝色	1＃NR 100	立德粉 15～30、酞青蓝 0.1～0.6

实践中，一般使用用途与使用方法分为色母、色浆与乳胶着色剂。

高浓度复合型橡胶色母供应商见表 1.8.1－73。

表 1.8.1－73　高浓度复合型橡胶色母供应商

供应商	商品名称	颜色	耐光性/级	耐热性/℃	耐迁移性/级	耐酸性/级	耐碱性/级	耐水性/级	耐油性/级	备注
上海三元橡塑色材有限公司	红 R－2158	艳红	7	200	4	5	5	4	4	红相
	红 R－2366	玫红	7	250	5	5	5	5	5	蓝相
	黄 Y－2310	黄色	7	200	4	5	5	5	5	红相
	黄 Y－2006	黄色	7	200	5	5	5	5	5	红相
	蓝 B－8905	纯蓝	7	200	5	5	5	5	5	红相
	蓝 B－2063	蓝色	7	200	5	5	5	5	5	绿相
	绿 G－8910	绿色	7	200	5	5	5	5	5	黄相
	绿 G－8919	草绿	6	200	5	5	5	5	5	黄相
	棕 BR－8963	红棕	7	200	5	5	5	5	5	红相
	棕 BR－2053	黄棕	6	180	4	4	4	4	4	黄相
	灰 GR－2355	蓝灰	7	200	5	5	5	4	5	蓝相
	紫 P－9003	紫色	7	200	5	5	5	5	5	红相
	黑 BL－2510	黑色	8	200	5	5	5	5	5	环保型

高浓度复合型橡胶色母-乳胶着色剂供应商见表 1.8.1-74。

表 1.8.1-74　高浓度复合型橡胶色母-乳胶着色剂供应商

供应商	商品名称	颜色	耐光性/级	耐热性/℃	耐迁移性/级	耐酸性/级	耐碱性/级	耐水性/级
上海三元橡塑色材有限公司	红 7672	玫红	8	250	4～5	5	5	5
	黄 7309	金黄	7	200	4	4	4	4
	蓝 7311	深蓝	8	200	5	5	5	5
	紫 7310	深紫	8	200	5	5	5	5
	绿 7305	深绿	8	200	5	5	5	5
	黑 7331	黑	8	200	5	5	5	5
	白 9204	白	7	180	5	5	5	5

八、橡胶制品表面处理剂

为了使橡胶制品表面美观，延长制品存储时间和使用寿命，某些产品（如雨靴等）在成型后需在其表面喷涂亮油等涂料，硫化后涂料在橡胶制品的表面形成一层强韧的薄膜，在使橡胶制品外观鲜丽光亮的同时具有耐寒、耐热、耐日光老化和耐化学药品等性能。常用的表面处理剂一般使用脂肪烃或芳香烃溶剂，配合颜料、防护体系等制成。对橡胶制品表面处理剂的要求为：①涂膜生成迅速，与橡胶结合牢固；②涂膜的膨胀系数与橡胶制品相近，富有弹性，使用时不发生涂膜龟裂、起皱、剥落等现象；③涂膜本身耐老化。

目前使用的橡胶制品表面处理剂主要有三种：①油类涂料＋催干剂＋着色剂＋溶剂，如：亚麻仁油 100、硫黄 0.5、氧化铅 4.5、油溶黑 9、200＃溶剂汽油 100、120＃工业汽油 666.70。②橡胶型透明亮油，其配合为：顺丁橡胶 100、硬脂酸锌 2、防老剂 2246 3、促进剂 D 1、促进剂 TMTD 1、硫黄 1、工业汽油 3000。③树脂型亮油，其配合为：389＃醇酸树脂 100、515＃三聚氰胺树脂 2.381、二甲苯 16.666、汽油 714.28。

在三种表面处理剂中，目前以油性涂料为主，其主要成分是各种干性油，大部分为不饱和脂肪酸，常用的有亚麻仁油（主要成分为亚麻油酸，即顺－3，12－十八碳二烯酸）、梓油【即青油，主要成分为亚麻酸（9，12，15－十八碳三烯酸）、亚油酸（顺－9，12－十八碳二烯酸）和油酸（顺－9－十八碳烯酸）】、桐油【主要成分是桐油酸（9，11，13－十八碳三烯酸）的甘油酯】等，其不饱和度越高，干燥越快。亚麻仁油的干性稍次于梓油、桐油，制成的亮油漆膜柔韧、弹性好，不易老化，耐久性比桐油好，但耐光性较差，漆膜容易变黄，原因是亚麻仁油中含蛋白质等杂质较多，故使用前需先经漂洗。梓油碘值较高，干性比亚麻仁油快。桐油因含有三个共轭双键，易被氧化和聚合，制成的亮油具有快干，漆膜坚韧、耐光、耐碱等优点，但易起皱失光、早期老化失去弹性，因此常与其他干性油并用。

催干剂用以改善干燥效果，常用的有 Co、Mn、、Pb 的树脂酸和环烷酸盐。

注：本节引自《橡胶原材料手册》，于清溪、吕百龄等编写，化学工业出版社，2007 年 1 月第 2 版，P705～706。

九、其他

9.1　硅胶耐热剂

硅胶耐热剂的供应商见表 1.8.1-75。

表 1.8.1-75　硅胶耐热剂的供应商

供应商	商品名称	化学组成	外观	烧蚀量/(1 000 ℃×1 h，%)	溶解性	说明
金昌盛	耐热剂	氧化铈混合物	浅黄色粉末	＜1	不溶于水，难溶于无机酸	可使硅胶制品的耐高温性能提高到 250～300 ℃，且高温老化后物理性能优良；硅胶产品热挥发性小，不产生明显雾气；每 10 份增加硬度值 1，对硬度影响小；可显著降低制品的压缩永久变形。用量 3～5 份

9.2　N-苯基马来酰亚胺（NPMI）

分子式：$C_{10}H_7NO_2$，分子量：173.17，CAS 号：941－69－5，黄色粉末，有较强的刺激性气味，难溶于水、石油醚，溶于一般有机溶剂，特别易溶于丙酮、乙酸乙酯、苯。

NPMI 主要应用于高分子材料（ABS、PVC、PMMA 等）中作为耐热改性剂；也可作为聚丙烯、聚氯乙烯的交联剂使用；含有 NPMI 的黏合剂，能够改善金属和橡胶的黏合作用；还可以作为涂料、感光树脂、橡胶促进剂、绝缘漆的原料使用，是重要的医药、农药、燃料中间体。

NPMI 作为一种热塑性树脂的优良耐热改性剂，已广泛应用于先进复合材料基体树脂和胶黏剂的研制，具有可加工性、易成型性、热熔性、强韧性、耐冲击性等优良特性。ABS 和 15%的 NPMI 共混，可制得超耐热 ABS，耐热性提高 35 ℃以上。在聚氯乙烯中添加 NPMI 25%，热变形温度可提高 50 ℃；在聚脂酸乙烯中添加 NPMI 25%，可提高到 70 ℃以上。NPMI 与聚苯乙烯、聚甲基丙烯酸甲脂、聚酰胺等热塑性树脂制成塑料合金，都可以有效地提高各类树脂的性能。

另外，NPMI 是一种水中生物回避剂，用含 15%的涂料喷涂的钢制品，放在海水中 8 个月不长海蛎子和海藻。同时，作为广谱杀菌剂，在农药领域也有很好的应用前景，在胶黏剂橡胶助剂等领域亦有广阔用途。

N—苯基马来酰亚胺的供应商见表 1.8.1－76。

表 1.8.1－76　N-苯基马来酰亚胺的供应商

供应商	外观	含量/%	初熔点/℃	加热减量，/%	灰分/%
三门峡邦威化工	黄色粉末	⩾99	⩾87	⩽0.3	⩽0.3

9.3　气密性增进剂，化学名称：双异丙基氧化物——碳素

气密性增进剂为双异丙基氧化物与层片碳素的复合物。主要适用于轿车子午线轮胎、无内胎全钢载重子午线轮胎溴化或氯化丁基胶气密层，丁基胶内胎、天然胶/丁苯胶并用胶内胎，以及密封圈、密封条、密封件、密封防水材料等各类气密性橡胶制品中。可增强胶料气密性，延长轮胎和各类气密性橡胶制品的使用寿命，并降低胶料成本。配合使用后，与原配方相比，各项物理机械性能相当，定伸应力、撕裂强度有所提高。

本品为粒状，无粉尘飞扬，易称量，且无毒、无污染。与其他配合剂有很好的相容性。本品在混炼初期加入。在轿车子午线轮胎和全钢载重子午线轮胎气密层胶中加入 10 份气密性增进剂 SD1517，同时减去 2.5 份操作油。

气密性增进剂的供应商见表 1.8.1－77。

表 1.8.1－77　气密性增进剂的供应商

供应商	规格型号	外观	加热减量/（105±2 ℃）×2 h	pH 值	盐酸不溶物含量
山东迪科化学科技股份有限公司	SD1517	黑色粒状	⩽2.0%	7.0～9.5	⩽10

9.4　EVA 专用耐磨剂

元庆国际贸易有限公司代理的 DIN—150A EVA 专用耐磨剂的物化指标为：

成分：硅烷类偶联剂与聚合物载体，外观：白色颗粒，比重：大约 1.1，软化点：>50 ℃，门尼黏度：⩽22，存储期：1 年。

本品可有效提高 EVA 发泡制品的耐磨性，在 DIN NBS 耐磨测试中具有显著效果。对过氧化物交联体系有效，对硫黄硫化体系效果不显著。

用量及用法：配方加入 3～8 份，通常用量为 6 份。

9.5　喷霜抑制剂

青岛昂记橡塑科技有限公司生产的抑霜胶 T—16，其组成为经表面活化均匀剂处理之特殊氧化延迟剂，外观：黄褐色块状，适用胶种：NR、BR、SBR、NBR、IR、EPDM、IIR 等。

抑霜胶 T—16 具有优异的防止喷霜效果；同时，可以降低胶料门尼黏度，改善胶料流动性，增加制品表面光泽度。

一般推荐用量：1～5 份。

本章参考文献

[1] 森邦夫，吴绍吟译．橡胶粘合机理的基本见解 [J]. 橡胶译丛，1995 (6)：28～34.

[2] W. J. van Ooij. *Surf. Sci.* 68，1 (1977) .

[3] T. Hotaka and Y. Ishikawa，RUBBER CHEM. TECHNOL. 80，61 (2007) .

[4] 刘豫皖．黏合体系对全钢载重子午线轮胎胎体钢丝粘合性能的影响 [J]. 轮胎工业，2010，30 (5)：283～286.

[5] 齐景霞，高红．提高钢丝编织胶管粘合性能的胶料制备 [J]. 天津化工，2010，24 (3)：40～43.

[6] 蒲启君．橡胶与骨架材料的粘合机理 [J]. 橡胶工业，1999，46 (11)：683～695.

[7] Kaelble D H. Rheology of adhesion. Rubber Chem. and Technol [J]. 1972，45 (6)：1604.

[8] Ooij WJ V. Mechanism of rubber-brass adhesion，Part 1：X-ray photoelectron spectroscopy study of the rubber-to-brass interface. Kautschuk Gummi Kunststoffe，1997，30 (10)：739.

[9] 李庄，李强，等．增黏剂 PN759 在橡胶与钢丝帘线黏合中的应用研究 [J]. 世界橡胶工业，2010，37 (11)：11～14.

[10] 王宇翔．黏合剂 RA—65 在子午线轮胎中的应用性能研究 [J]. 轮胎工业，2005，25.

[11] 薛广智，徐川大．新橡胶黏合剂 AB—30 [J]. 橡胶工业，1994，41：214.

[12] 江畹兰．钴、镍含水硅酸盐对橡胶-镀铜钢丝帘线体系增黏作用的研究 [J]. 世界橡胶工业，2009，36 (11)：

16～18.
［13］张建勋，李盈彩．钴盐在钢丝帘线粘合体系中的应用［J］．轮胎工业，2003，23（1）：23～28.
［14］盖雪峰．钴盐用量对橡胶与镀铜钢丝帘线黏合性能的影响［J］．轮胎工业，1997，17（9）：531～534.
［15］蒲启君，严忠庆，赵忠礼，等．钴盐黏合剂 RC 系列的特性及其应用［J］．橡胶工业，1991，38（5）：260.
［16］W. J. van Ooij. Fundamental aspects of rubber adhesion to brass-plated steel tire cords1Rubber Chem. and Technol.，1979，52（3）：605.
［17］W. J. van Ooij. Mechanism and theories of rubber adhesion to steel tire cords. An Overview，1984，57（3）：421.
［18］张卫昌，增强橡胶与金属骨架材料的粘合技术［J］．橡胶科技市场，2009，（5）：20～24.
［19］W. S. Fulton，RUBBER CHEM. TECHNOL. 79，790（2006）．
［20］黄小安译．单一体系氯三嗪粘合增粘剂替代以钴为基础的粘合体系［J］．轮胎工业，1995，15（10）：595～600.

第二部分　橡胶工厂装备

第一章 概　　述

橡胶工厂装备是指对橡胶（天然、合成）进行原材料加工、成型、硫化的装备，是橡胶工业的重要组成部分，是进行橡胶制品生产的重要生产资料。

橡胶机械的性能技术，是表征橡胶工业发展水平的重要指标之一。在橡胶制品生产企业里，橡胶机械的设备技术水平高低，紧密关联着企业的效率、成本和质量稳定性。

在世界橡胶工业近200年的发展历史中，一方面，橡胶加工过程对机械化的需求，带来橡胶机械从无到有、从简单到复杂、从单一到复合的功能；另一方面，橡胶机械的发展给橡胶加工拓展了更优化的工艺条件。20世纪中后期开始的全球汽车子午线轮胎的迅猛发展，促使橡胶机械向高精度、高速度、大规格容量、系统联动、PLC和计算机系统自动控制的技术方向发展，给橡胶轮胎和制品生产带来了高效率、低成本和消耗、自动化生产的规模优势。

21世纪以来，对“绿色”橡胶轮胎和制品的需求，涌现出一批新材料和新的工艺方法，引领橡胶机械新一轮的创新发展。目前在炼胶、部件、成型、硫化等橡胶制品生产的各个工序，新型橡胶装备彰显更加安全生产、更加稳定质量、更高生产能力、更低能耗成本、更可靠自动化，甚至无人智能化的先进生产力，为橡胶工业的绿色创新发展担当着先进制造的强有力根基作用。

橡胶加工装备归于化工机械门类，但由于橡胶的粘弹性影响着加工过程的各个方面，对温度、压力、时间这“三要素”有着特定要求，为之加工服务的橡胶机械又具有区别于其他门类加工机械的特性。随着橡胶工业的发展壮大，今天的橡胶机械已经自成体系。可以预见，随着今后橡胶工业的进一步发展，橡胶加工新材料和新技术会越来越多，满足其工艺要求的新型或新结构橡胶机械将会不断涌现。

一、橡胶机械分类

橡胶机械按橡胶制品加工工艺过程可以分为：

- 炼胶设备
  - 开炼机
  - 密炼机
  - 连续混炼机械
- 成型设备
  - 挤出机
  - 压延机
  - 各类成型机
- 硫化设备
  - 轮胎定型硫化机
  - 平板硫化机
    - 间歇式平板硫化机
    - 连续平板硫化机
  - 鼓式硫化机
  - 硫化罐
  - 乳胶制品硫化设备
  - 微波硫化设备
- 实验设备
- 检验检测设备

橡胶机械按使用范围可以分为：

- 通用设备
  - 炼胶设备
    - 间歇式混炼
      - 开炼机
      - 密炼机
    - 连续式混炼
      - 单螺杆挤出机
      - 双螺杆挤出机
      - 双混合转子
  - 压延压出设备
    - 压延机
    - 挤出机
- 部件生产设备
  - 裁断设备
    - 纤维帘帆布裁断设备
      - 立式
      - 卧式
      - 窄布式
    - 钢丝帘布裁断设备
      - 90°裁断
      - 斜裁
      - 小角度裁断
        - 0°
        - 15°
  - 轮胎钢丝圈等各种部件生产设备
- 轮胎专用设备
  - 轮胎成型设备
    - 斜交胎成型机
    - 子午线轮胎成型机
    - 工程胎成型机
    - 力车胎成型机
  - 轮胎硫化设备
    - 外胎硫化设备
    - 内胎硫化设备
    - 垫带硫化设备
- 制品生产设备
  - 橡胶制品成型设备
    - 输送带专用成型设备
    - 胶管专用成型设备
    - 胶带专用成型设备
    - 胶鞋专用成型设备
    - 注射成型设备
    - 乳胶制品成型设备
  - 橡胶制品硫化设备
    - 通用硫化设备
    - 乳胶制品硫化设备
    - 特种硫化设备
- 翻胎设备
- 再生胶设备
- 检验检测设备
- 三废处理设备

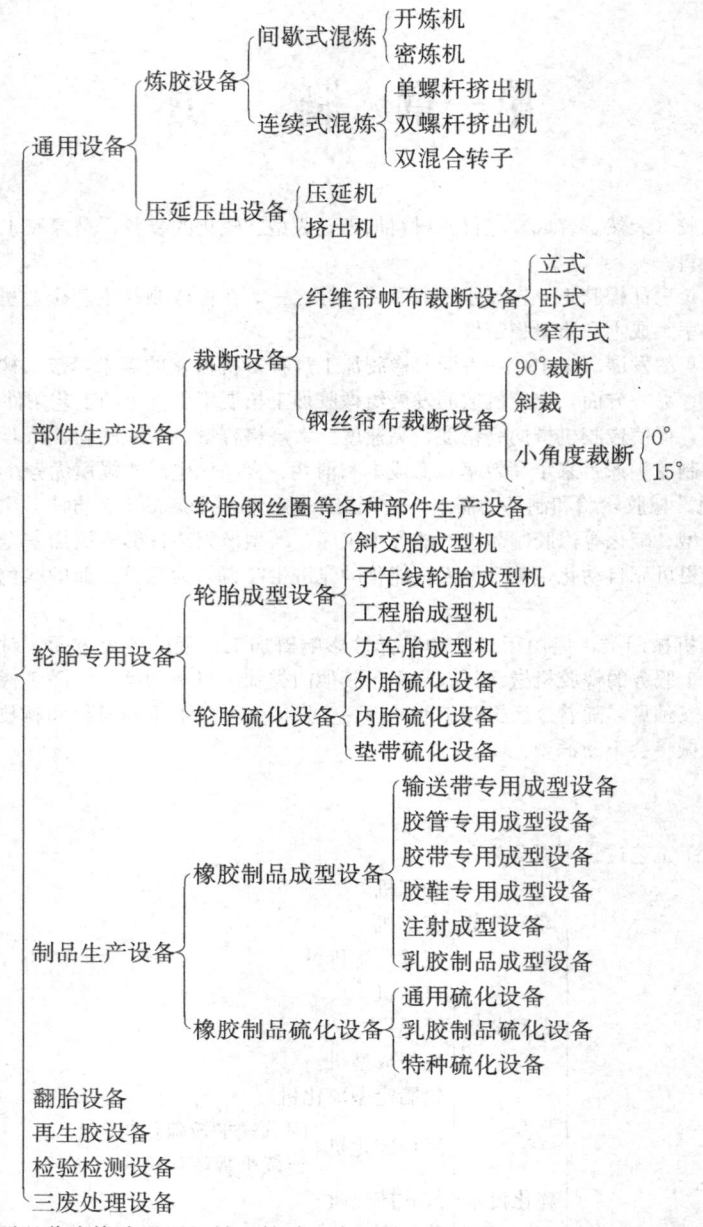

橡胶机械还可以按用途可以分为橡胶通用机械、轮胎生产机械、力车胎生产机械、轮胎翻修机械、胶管生产机械、胶带生产机械、胶鞋生产机械、胶乳制品生产机械、再生胶机械、橡胶制品检验机械、其他机械。

橡胶机械的产品型号按照 GB/T 12783 的规定，由产品代号，规格参数（代号）、设计代号三部分组成，如图 2.1.1－1 所示。

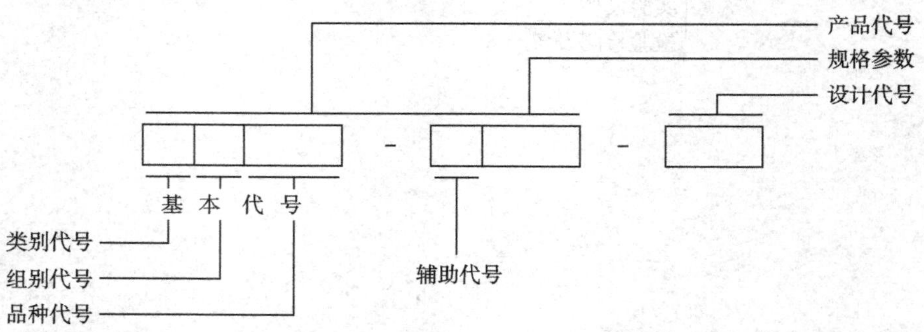

图 2.1.1－1　橡胶机械的产品型号表示方法

二、橡胶机械的特点

橡胶机械有下列方面的特点。

1. 动力介质种类多

除了在常见产品加工中使用电能以外，还普遍使用压力能和热能，如压缩（真空）空气、常温冷却水、动力水、液压油、蒸汽、过热水、氮气等。凡是与胶料加工有关的设备，如密炼机、开炼机、压延机、挤出机以及硫化设备，其动力装置都具有结构复杂、组成系统庞大的特点。

2. 低速重载和大功率消耗设备多

块状的原料橡胶，加入各种粉状、粒状、液体配合剂，制造成具有各种复杂形状的橡胶制品，在加工过程要得到很大的剪切应力来发生组分均布和胶料形变，消耗能量巨大。由于橡胶的黏弹特性以及对加工过程对温度的敏感性，因此凡是加工胶料的设备又都具有大功率和低速输出的特点。在有炼胶工序的橡胶制品企业中，炼胶工序设备消耗的动力能源，普遍占全厂总能耗的35%～40%。

3. 同一类设备品种类型多规格多

橡胶制品分为轮胎、胶管、胶带、胶板、密封件、胶鞋、胶布等等不同门类不同规格，橡胶制品生产一般都包含有炼胶、部件生产、成型、硫化四个工序，但不同橡胶制品生产各工序使用的橡胶机械都有不同的特点：在原材料加工和压型工序普遍使用密炼机、开炼机、压延机和挤出机及相关辅助设备；而在橡胶制品的部件制备、成型、硫化工序，则不同橡胶制品加工设备的结构形式有其自身的要求和特点，即使是同一制品用的某一类设备，也因系列规格不同而有参数范围或结构方面的差异。

4. 操作参数多变

在橡胶制品生产中，橡胶装备要根据制品的系列规格及工艺具体要求，进行操作参数的调整改变，如速比、速度、温度、压力、张力、辊距、周期等。因此，在橡胶机械结构设计上需要适应一定范围的参数调整。更重要的是，一旦主机的操作参数改变，辅助设备或联动线的操作参数也往往要作出调整，因此，自动化操作在橡胶装备运行、生产质量、效率中发挥着非常重要的作用，以保障操作参数调整的便捷性、协调性和稳定性。

三、我国橡胶机械发展历程和产品分布

20世纪80年代之前，我国是一个橡胶机械产业极为薄弱和落后的国家。1970年，全国仅有橡机企业21家，包括太原化工厂新华分厂、沈重及4个机修厂、1个农机修配厂和上海的5个小型橡机企业，仅能生产斜交胎设备和简单橡胶机械；到1975年，国有橡机企业发展到36家，但产品依然没有多大的进步。

20世纪70年代后期，我国子午线轮胎从国外引进技术和装备的开端，给橡胶机械产业注入了发展内涵。在原化工部组织领导下，集橡胶机械产业之力，以国际先进技术为导向，展开重点橡胶机械的研发设计与项目攻关协作。1975年，上海引进了A型和B型轮胎定型硫化机；1982年，又成套引进了国外已经使用了约30年的二手半钢子午线轮胎工艺技术和设备。随后，国内整个橡胶工业进入了引进高潮。通过40多年的努力，从引进、模仿到创新，国产橡机技术水平迅速提升。特别是21世纪以来，汽车工业的发展，带动我国橡胶工业的发展进入了快车道，以子午线轮胎为龙头的各类橡胶制品发展迅猛，橡胶机械产业迎来了前所未有的发展机遇，不但满足和支持了广大制品企业的新增产能需要，同时也瞄准国际先进技术水平加大创新研发，应用成果令世人瞩目。

目前，我国橡胶机械产业已经有能力从原材料进厂开始，至半成品、成型、硫化、终检设备全过程提供加工设备，其中大部分能全自动化生产操作，从通用橡胶加工机械、成套子午线生产机械、管带机械、力车胎机械到再生胶机械等，国产橡机已经具有全球竞争力。至今，国产橡胶装备已覆盖如下种类：

1）炼胶设备，包括具有现代性能的从1.7升到650升各规格全覆盖，相切转子和啮合转子全规格覆盖，交流变频调速和直流调速，可满足不同炼胶工艺要求；性能完善的密炼机上、下辅机；叠加式密炼机，即两台不同容量的啮合转子密炼机上下串联叠加；由一台密炼机和多台开炼机组成的SSM一步法低温炼胶系统；钻孔温控、液压调距开炼机，大功率开炼机，不同驱动方式的开炼机；炼胶设备系统之间，开始应用AGV、RFID及ARP等智能物流技术和设备，提高炼胶车间整体生产自动化水平等。

2）螺杆挤出机械，包括驱动系统改进的热喂料挤出机；全系列销钉机筒冷喂料挤出机；各种组合二、三、四复合挤出机；冷喂料挤出机；排气冷喂料挤出机；橡塑发泡挤出机；硅橡胶挤出机；可冷却到40℃以下的胎面和其他制品联动线等。

3）帘布覆胶设备，包括Φ700×1 800S型四辊压延机；改进型Φ610×1 730三辊和四辊压延机；大张力现代化压延联动装置；钢丝帘布压延联动系统；钢丝帘布挤出法生产线；聚酯帘布挤出法生产线等。

4）帘布裁断机械，包括自动操纵卧式裁断机；帘布自动裁断接头机；高台或卧式裁断机；大、小角度钢丝帘布裁断机等。

5）轮胎机械，包括改进型方钢丝圈挤出缠绕生产线；一次可卷成1～6个六角形钢丝圈生产线；内衬层/密封层无张力压延生产线及电子辐射预硫化生产线；斜交胎胶囊反包成型机；半钢子午线轮胎两次法及一次法成型机；半钢子午线轮胎无人操作一次法成型机；全钢载重子午线轮胎两次法成型机，以及二鼓、三鼓、四鼓一次法成型机；农用子午线轮胎和工程子午线轮胎一次法及二次法成型机；36″～212″全系列机械式和液压式轮胎定型硫化机；高速/耐久性试验机、动/静平衡试验机、X光检验机、激光散斑无损检测系统、轮胎均匀性/偏心度试验机等。

6）力车胎机械，包括包叠式硬边自行车胎成型机；弹簧反包和胶囊反包力车胎成型机；内胎挤出、装气门嘴、接头生产线；自行车多层隔膜液压硫化机；摩托车胎定型硫化机；高效节能液压双层力车内胎硫化机组；内胎硫化机器人操控等。

7）胶管机械：包括夹布胶管成型机、纤维缠绕成型机、钢丝缠绕成型机、钢丝编织胶管成型机、包缠/解出水布机、胶管硫化罐等。

8）输送带机械，包括织物芯输送带张力成型机；PVC/PVG 阻燃输送带生产线；挤出法覆盖胶热帖生产线；压延法覆盖胶热帖生产线；高性能钢丝绳输送带生产线；高性能输送带液压平板硫化机；鼓式硫化机等。

9）传动带机械，包括可成型普通 V 带、风扇带、同步带和多楔带的多功能 V 带成型机；线绳 V 带成组成型切割机；包布 V 带单鼓成型机；线绳 V 带双鼓成型机；切割 V 带（同步带、切割 V 带同步带）双鼓切割机；双工位、四工位线绳 V 带包布机；胶套硫化罐；鄂式平板硫化机；V 带鼓式硫化机；同步带、多楔带磨削机；V 带测长磨削机等。

10）轮胎翻修机械，包括高/低压充气检查机；激光散斑检查机；X 射线检验机；仿形充气磨胎机；数控磨胎机；条形及环形预硫化胎面硫化机；胎面挤出缠贴生产线；多功能削磨贴合机；预硫化胎面翻新轮胎硫化罐；包封套硫化机；活络模子午线轮胎翻新硫化机等。

11）再生胶机械，包括轮胎破碎机；常温磨盘式粉碎机；节能型开炼机；废全钢子午线轮胎胶粉成套生产线；超低温冷冻法胶粉生产线；再生胶动态脱硫罐；再生胶常压连续脱硫工艺和设备；单、双螺杆脱硫机；微波脱硫再生工艺设备；适用于生产丁基再生胶的密闭式捏炼机；适用于特种橡胶再生胶的双螺杆剪切脱硫机等。

四、橡胶机械的未来发展方向

人工智能、机器人技术、物联网、3D 打印和新型材料的发展成果，催生着新技术革命。以自下而上对传统工业进行智能化改造为特征的德国工业 4.0，自上而下通过信息产业带动工业发展的美国工业资源智能整合互联网，以能源和效率为着眼点从改善社会基础设施切入进行社会创新的日本工业 4.0 等为模板，结合中国橡胶工业实际，开展橡胶工业流程再造需要橡胶机械行业发挥先导性的基础支撑作用。在市场要求与资源约束条件下，以《中国制造 2025》为行动纲领，以自动化融合信息化的“两化融合”为发展方向，或者将成为橡胶机械行业未来发展的自觉选择。

未来橡胶机械的设备和系统，将体现这些先进性：

1）模块化、柔性化的生产系统，适应小批量、多样化的生产组织。

2）生产设备单元全自动化或是智能化操作，机器参数和生产数据数字化输入输出进入信息化网络交互交换。

3）主机的辅助设备功能进一步延伸扩展，生产线更加连续流畅，人工干预和辅助生产时间大量减少。

4）集人工智能、机器人和信息化技术一体的专用生产物流系统，成橡胶机械的新军一族。

5）新材料、新工艺的发展，催生颠覆式概念的橡胶机械新型式。

预测未来，如下橡胶机械产品将呈现可观的市场需求：

1）密炼机与挤出机一体化技术进一步发展，连续挤出橡胶混炼生产线呈现实用性和可以改善环境、降低能耗、提高质量、提高生产效率等优势，使胶料混炼由间歇式向连续化生产转变；低温炼胶、低温滤胶（混炼胶加硫后滤胶）技术得到更为广泛的应用。

2）满足各种新材料开发应用需要的专用密炼技术与装备得到更大发展，如适用于乳液共沉复合材料的连续液相混炼密炼机，适用于 TPV 材料反应性混炼的恒功率恒温啮合型密炼机，适用于高硬度如刹车片材料混炼的密炼机，适用于再生或生物材料与塑料复合混炼的密炼机等。

3）精确计量要求从炼胶系统向下游工序延伸，挤出机的精确供料装置和控制，可以进一步提高汽车轮胎胶部件尺寸精度、刹车胶管的尺寸精度；胶胚挤切机在密封件、杂件等领域的应用也将进一步提高，既可以满足制品的精度要求，也节省了大量人力成本和材料。

4）挤出法钢丝帘布生产线，在线完成挤出帘布与裁断接头的钢丝带束或钢丝胎体生产，适合小批量多规格变换的轮胎生产要求。

5）挤出法纤维窄冠带生产线，窄冠带帘线无裸露覆胶、尺寸精确、无接头，与传统生产方式相比，不需要帘布压延后的两道以上裁断、接头工序，是高质量、高效率、低消耗的新工艺方法。

6）智能化轮胎模块集成制造系统，以成型机为核心，模块化单元生产部件，按步序向成型机实时递送部件和自动成型，胎胚成型一条即输送硫化机硫化一条；伺服控制技术和变径成型工装技术，在生产节拍中可实时变换不同规格轮胎成型，柔性地适应小批量多规格的大生产。

7）摩托车胎、胶管、运输带、V 带、胶鞋等制品生产全自动化设备和连续生产线，将助于橡胶制品企业技术改造和经营转型。

8）废橡胶再生领域，需要从清洗、粉碎、筛选、脱硫、包装实现全封闭的连续自动化生产设备，以及废水、废气、粉尘、噪声处理设备。

9）轮胎的高温充氮硫化技术将得到更广泛的应用。非蒸汽硫化工艺试验展示了更简化的硫化动力系统、更节省能源的前景，有望将来得到应用。

10）机器人系统（含 AGV 自动导引车、RGV 有轨制导小车、EMS 电动单轨系统、智能机械手等）将会在许多橡胶制品生产线上或生产线与生产线之间取代人进行抓取、运送、堆垛等作业，还可应用在涂胶浆、打磨等工位，解决危险场合、繁重体力岗位机代人的要求，并满足均衡、快速生产的要求，提高全员劳动生产率。

11）应用于汽车热塑性弹性体制品、胶鞋底的 3D 打印设备将会进入生产企业。华南理工大学龚克成提出，生物合成技术有可能以液相方式现场拉伸纺丝制造出强度超过蛛丝的新型人造纤维，结合石墨烯材料，将来有可能实现轮胎的 3D 打印。

第二章　炼胶生产线

当今的炼胶车间，普遍采用以炼胶主机和辅助设备组成的自动化联动生产线的形式进行生产。炼胶生产线由炼胶设备加炼胶辅助设备组成，配方材料可以通过计算机程序控制、自动化精确称量并自动输送到密炼机混炼室，混炼按工艺条件进行参数控制。

通过施加机械力、热的作用，把生胶、炭黑和各种助剂捏合成混炼胶的设备，称为炼胶设备，炼胶设备主要分开放式炼胶机（下称开炼机）和密闭式炼胶机（下称密炼机）。

炼胶设备分类与产品型号见表 2.2.1-1。

表 2.2.1-1　炼胶设备分类与产品型号

类别	组别	品种		产品代号		规格参数	备注
		产品名称	代号	基本代号	辅助代号		
橡胶通用机械	切胶机械	立式切胶机	L（立）	XQL		总压力/kN	
		卧式切胶机	W（卧）	XQW			
		切胶条机	T（条）	XQT		胶片最大宽度/mm	
	胶浆搅拌机械	立式胶浆搅拌机	L（立）	XBL		工作容积/L	
		卧式胶浆搅拌机	W（卧）	XBW			
	密闭式炼胶机械	椭圆形转子密闭式炼胶机		XM		总容积×转子转速（L）×（r/min）	双速的转速以“低速×高速”表示，无机调速的转速以“低速～高速”表示
		圆柱形转子密闭式炼胶机	Y（圆）	XMY			
		橡胶加压式捏炼机		XN			
	开放式炼胶机械	开放式炼胶机		XK		前辊筒直径/mm	
		压片机	Y（压）	XKY			
		热炼机	R（热）	XKR			
		破胶机	P（破）	XKP			
		粗碎机	C（粗）	XKC			
		粉碎机	F（粉）	XKF			
		洗胶机	X（洗）	XKX			
		精炼机	J（精）	XKJ			
	胶片冷却装置	悬挂式胶片冷却装置	G（挂）	XPG		胶片最大宽度/mm	

我国现行炼胶设备及其辅助设备的技术标准见表 2.2.1-2。

表 2.2.1-2　炼胶设备及其辅助设备的技术标准

序号	标准号	技术标准名称	其他说明
1	GB/T 9707-2010	密闭式炼胶炼塑机	
2	GB 25433-2010	密闭式炼胶炼塑机安全要求	
3	HG/T 2148-2009	密闭式炼胶炼塑机检测方法	
4	GB/T 12784-1991	橡胶塑料加压式捏炼机	
5	GB/T 13577-2006	开放式炼胶机炼塑机	
6	GB 20055-2006	开放式炼胶机炼塑机安全要求	
7	HG/T 2149-2004	开放式炼胶机炼塑机检测方法	
8	HG/T 2602-2011	立式切胶机	液压和气动传动

续表

序号	标准号	技术标准名称	其他说明
9	HG/T 2037-2011	胶浆搅拌机	
10	GB/T 25938-2010	小料自动配料称量系统	
11	GB/T 25939-2010	密炼机上辅机系统	

第一节　开炼机

开炼机是开放式炼胶机的简称，是最早出现的炼胶设备，已有 200 年以上的历史。虽然使用开炼机混炼周期长，粉尘飞扬大，混炼质量也不稳定，但因其通用性和结构简单，仍被广泛应用于各类橡胶加工企业。

从 20 世纪末以来，传统的开炼机有了丰富的技术进步内涵。在安全保护和控制、辊筒温度控制、液压精密调距控制、自动翻胶和自动投料控制、滚动轴承应用、大功率变速控制、液压马达传动等技术的发展应用，大大提升了开炼机的综合性能水平，使炼胶均匀性提高，同时还拓展了更大规格容量的机型满足大型炼胶生产的需求。

一、用途、型号和分类

开炼机主要用于橡胶的热炼、压片、塑炼、混炼和破胶，也可用于再生胶的粉碎、捏炼和精炼。在开炼机系列中，破胶机、粉碎机、精炼机、捏炼机主要用作再生胶生产，与普通开炼机在辊筒的辊面形状、前后辊直径、辊面长度、主电机输入功率上有较大差别。开炼机的用途分类和有关辊筒表面形状在表 2.2.1-3 中列举。普通开炼机前后辊直径一致，一般为光滑辊面；但 Φ660×2 130 热炼机的后辊为沟纹辊面，用于对高填充、高硬度胶料的预热、粗炼、供胶，前后辊速比为 1.20～1.50，开炼机横压力值也较大，达到 15 000 N/cm。

表 2.2.1-3　开炼机的用途分类和有关辊筒表面形状

开炼机名称	辊面形状	用　途
开炼机	光滑	胶料热炼供胶，生胶塑炼和胶料混炼
压片机	光滑	用于密炼机卸料压片
热炼机	光滑/沟纹	胶料预热或粗炼
破胶机	光滑/沟纹	生胶塑炼前的破胶粉碎机
粉碎机	沟纹/沟纹	废旧橡胶块的破碎再生胶捏炼机
再生胶捏炼机	光滑	再生胶粉的捏炼
精炼机	腰鼓形	清除再生胶中的硬杂物

二、开炼机的构造

2.1　基本结构和形式

开炼机主要由前、后辊筒轴承，机架，压盖，传动装置，速比齿轮，调距装置，润滑系统，辊温调节装置和紧急制动装置等组成。

开炼机的主要工作部件是前、后辊筒，前后两个辊筒由辊筒轴承支撑安装在左、右两个机架上；左、右压盖两端由螺栓固定在机架顶部，构成力的闭环压紧固定后辊轴承座，而与前辊轴承座顶面保留一定间隙，使其能够在机架上前后滑动，以便调节辊距。

调距装置安装在机架的前侧（操作侧）。

辊温调节装置用以加热或冷却辊筒，以满足工艺要求。加热冷却介质的通口位于辊筒的非传动端侧。

安全装置：在两辊筒的上方操作者最容易接触到的地方设有紧急停车装置的安全拉杆，一旦碰到人体可立即制动辊筒停转；在前辊筒轴承的前端装有安全垫装置，以保护开炼机主要零件在机器超负荷或发生故障时不受损坏。

传动装置带动前、后辊筒以一定的速比相对回转，机架和传动装置安装在底座上；辊温调节装置用以加热或冷却辊筒，以满足工艺要求。

2.2　开炼机的传动方式

开炼机按照其结构特点，可以分为开式传动开炼机、集中传动式开炼机、双电机传动式开炼机、整体式传动开炼机、角传动开炼机、液压马达传动开炼机等。

2.2.1　开式传动开炼机

开式传动开炼机主要应用于中小机型（辊筒直径 Φ560 以下），其调距装置多数为手动式，根据工艺要求也可以采用电动自动控制式。在前辊筒装有安全垫片，保护过载时机器不受损。轴承润滑采用干油或稀油润滑。这种设备的特点是：大驱动齿轮具有储能作用，因此在炼胶过程不容易出现蹩车、使用可靠、成本低。缺点是开式齿轮传动噪音较大、不易维护、寿命短、机器占地面积大。如图 2.2.1-1 所示。

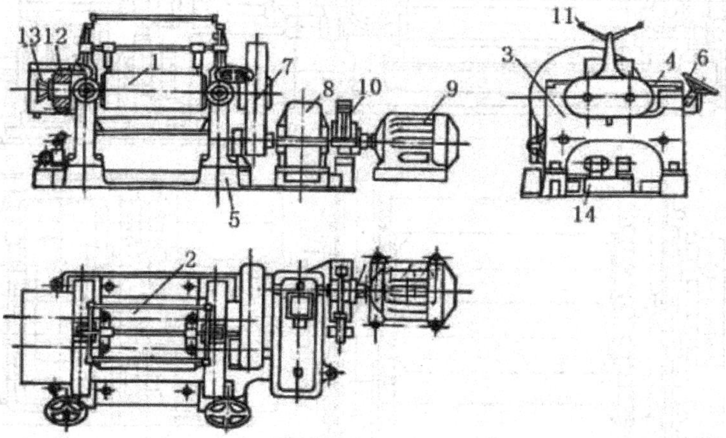

图 2.2.1-1　开放式传动炼胶机

1—前辊筒；2—后辊筒；3—机架；4—压盖梁；5—底座；6—调距装置；7—大驱动齿轮；8—减速机；9—电机；10—紧急抱闸；11—安全拉杆；12—速比齿轮；13—回水漏斗；14—油箱

2.2.2　集中传动式开炼机

这种开炼机的前、后辊筒由电机 6 通过大型封闭式齿轮减速机 7 和万向联轴 5 节驱动。辊筒轴承采用大型自动调芯滚柱轴承，电动调距。它的特点是结构紧凑，将速比齿轮和大驱动齿轮都纳入一个大型减速机内，与辊筒的连接采用万向联轴节，传动轴轴线与辊筒轴线的交角可达 8°～10°。传动效率高，噪声小，润滑良好，寿命长，维护方便，辊筒直径 Φ660 及以上的大型机普遍采用这种传动形式。

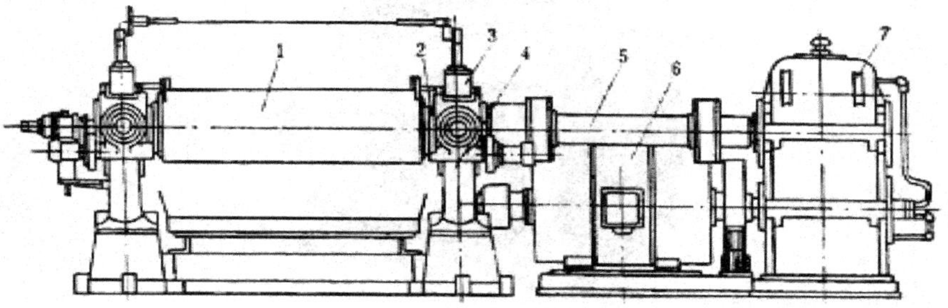

图 2.2.1-2　集中传动式开炼机

1—辊筒；2—轴承；3—压盖；4—机架；5—万向联轴节；6—电机；7—减速机

实物如图 2.2.1-3 所示。

图 2.2.1-3　集中传动式开炼机实物图

2.2.3　双电机传动式开炼机

双电机传动式开炼机（如图 2.2.1-4 所示）的特点是辊筒 1 由两台电机 9 通过封闭式减速机 6 中的两组减速系统分别减速后，由万向联轴节 7 带动。这种设备开炼机也装备了电动调距装置和液压辊筒安全装置 8。辊筒轴承为自动调芯滚子轴承或滑动轴承。由于采用双电机驱动，减速机中取消了速比齿轮和大驱动齿轮，同时两个辊筒的速比可以由电机的转速进行控制，速比调整范围较大。采用这种减速系统使机器结构紧凑，传动效率高，维护方便，可适应各种工艺加工的要求。缺点是制造成本较高。

2.2.4　整体式传动开炼机

整体式传动开炼机（如图 2.2.1-5 所示）的结构特点是，电动机安装在辊筒下方，减速器的传动齿轮安装在右机架内

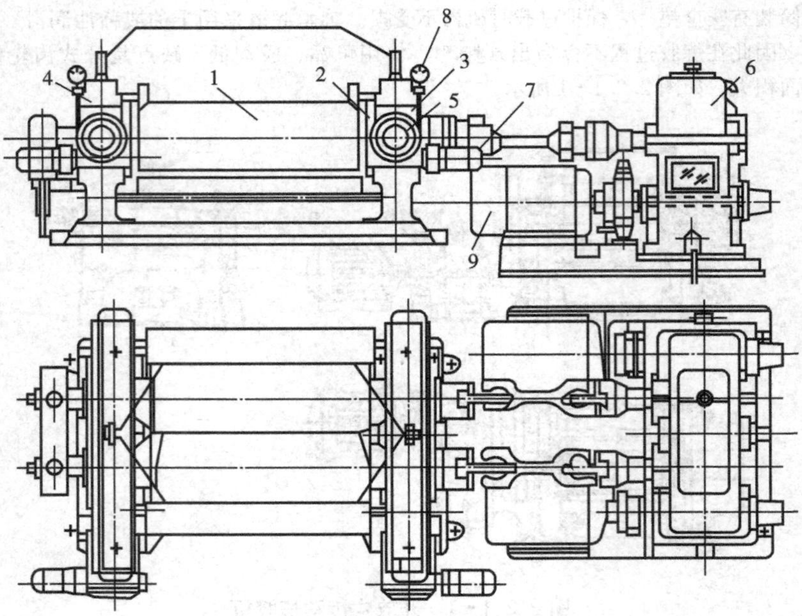

图 2.2.1－4　双电机传动式开炼机

1—辊筒；2—轴承；3—机架；4—压盖；5—电动调距装置；
6—减速机；7—万向联轴节；8—液压安全装置；9—电机

部，整个机器安装在整体的铸铁底座上。其传动方式与传统结构开炼机相比只是传动系统各部件安装位置的变化。整体式开炼机的特点是结构紧凑，占地面积小，质量小，安装方便，外形美观。缺点是维护、检修不便，驱动齿轮和速比齿轮仍为开式齿轮传动，寿命短。其结构如图 2.2.1－6 所示。

图 2.2.1－5　整体式传动开炼机

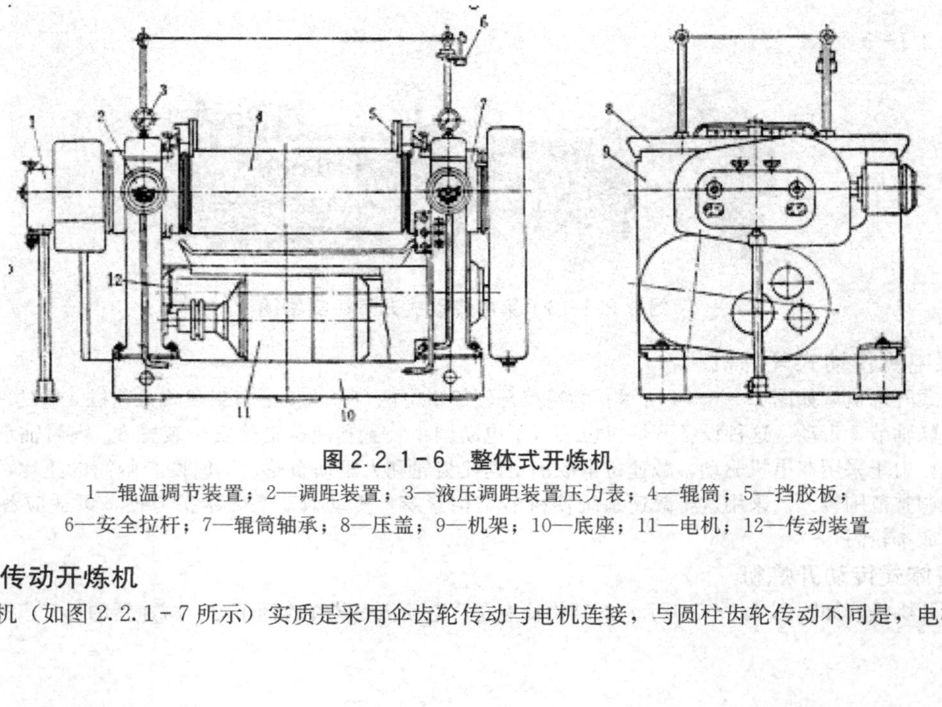

图 2.2.1－6　整体式开炼机

1—辊温调节装置；2—调距装置；3—液压调距装置压力表；4—辊筒；5—挡胶板；
6—安全拉杆；7—辊筒轴承；8—压盖；9—机架；10—底座；11—电机；12—传动装置

2.2.5　角传动开炼机

角传动开炼机（如图 2.2.1－7 所示）实质是采用伞齿轮传动与电机连接，与圆柱齿轮传动不同是，电机轴线垂直于辊筒轴线，由此命名为角传动。其特点是纵向尺寸缩小，占地面积少，结构紧凑。但是圆锥齿轮传动噪声较大，在大功率传动中，这种噪声更为明显，另外圆锥齿轮使用寿命低。

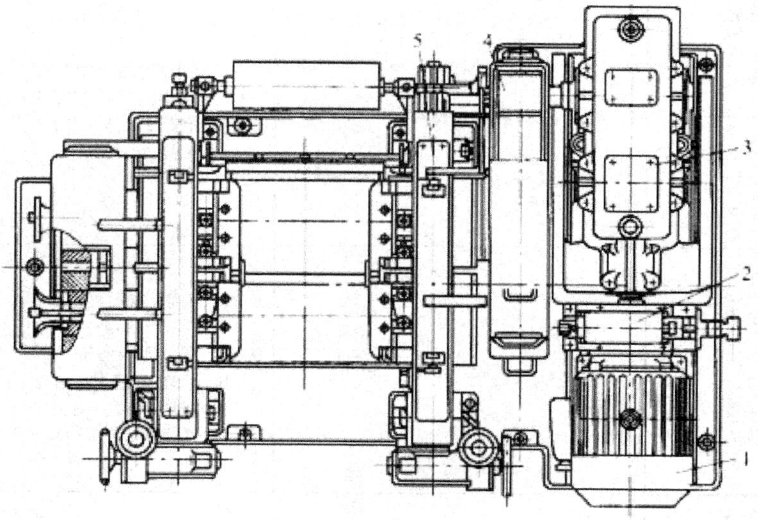

图 2.2.1-7　角传动开炼机

2.2.6　液压马达传动开炼机

这种开炼机采用液压马达传动装置，前、后辊筒各由独立的液压马达驱动，线速度和速比可以通过液压系统控制，大范围满足炼胶工艺要求。液压马达直联辊筒的一端，使整机结构简单而紧凑，传动效率高，机械噪声低，辊筒安全保护也更可靠，但制造成本较高。液压马达传动开炼机在国外较多，大型开炼机都采用液压马达驱动。

2.3　主要零部件

2.3.1　辊筒

辊筒是开炼机的主要工作零件。它必须具有足够的强度、硬度和导热性能。其材料一般采用冷硬铸铁。这种材料表层坚硬、耐磨、耐腐蚀、内部韧性好、强度大、易导热、制造容易、造价低。冷硬铸铁辊筒分为普通冷硬铸铁和合金冷硬铸铁。

在行业标准 HG/T 3018-2012 中，规定了普通冷硬铸铁辊筒标记代号 LTG-P，合金冷硬铸铁辊筒标记代号 LTG-H；规定了辊筒白口深度和表面硬度，见表 2.2.1-4。

表 2.2.1-4　辊筒白口深度及表面硬度（HG/T 3018-2012）

项目		辊筒直径/mm			
		≤250	≥250～400	≥400～500	≥500
白口深度		3～13	4～20	4～22	5～24
工作表面硬度	普通冷硬铸铁	62～72 HSD			
	合金冷硬铸铁	68～78 HSD			
辊面表面硬度	普通冷硬铸铁	26～36 HSD			
	合金冷硬铸铁	35～48 HSD			

辊筒的机械性能：灰口部分的抗拉强度为 180～220 MPa，抗弯强度为 360～400 MPa，抗压强度不低于 1 400 MPa；白口部分的弹性模量为 1 400 MPa；对称循环下的弯曲机械强度为 140 MPa。

开炼机的用途不同，辊筒的工作表面形状也不同，具体列举于表 2.2.1-5 中。

表 2.2.1-5　辊筒工作表面形状及其特点

辊筒工作表面形状	用途	结构特点
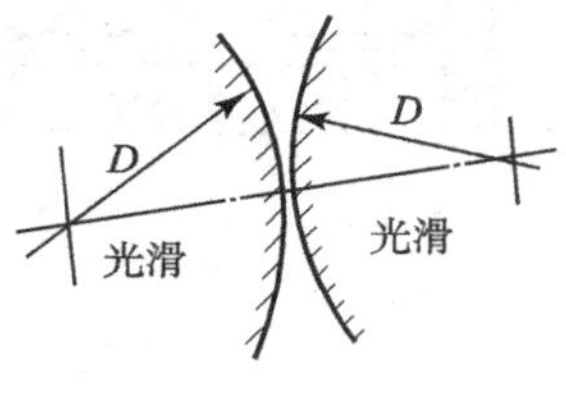	塑炼、混炼、热炼、压片、精炼等	a）精炼机辊筒为腰鼓形，腰鼓度： 前辊为 0.15～0.375，后辊为 0.075 b）其余为圆柱形

续表

辊筒工作表面形状	用途	结构特点
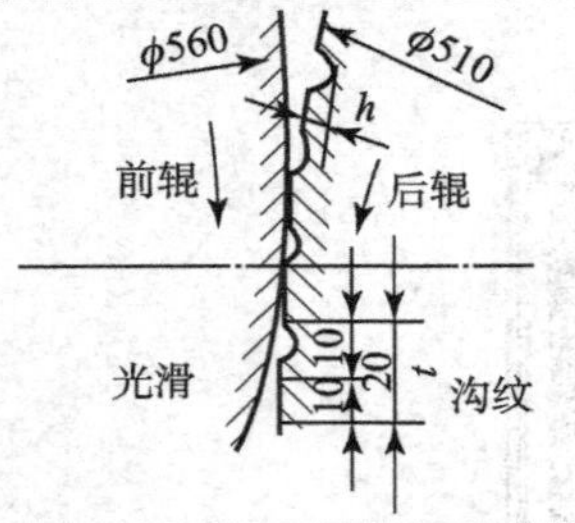	破胶、粉碎	a）前辊光面 b）后辊沟槽：左旋 4～11°，$z=80$； 槽距 $t=15\sim25$； 棱高 $h=2.5\sim3$
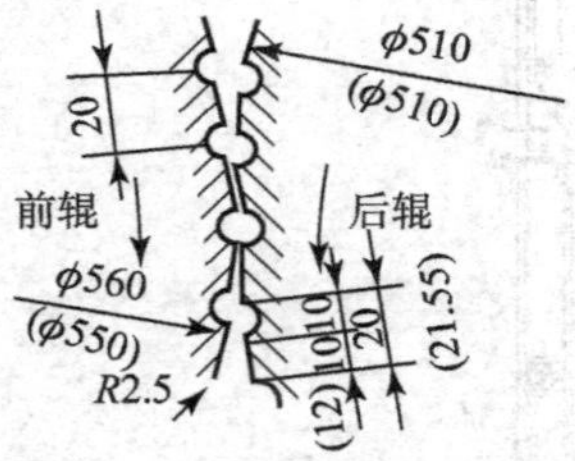	破胶、洗胶	a）前辊沟槽：左旋 4°，$z=88\sim120$ 槽距 $t=14\sim25$ 槽深 $R=2.5$ b）后辊沟槽：左旋 4°，$z=80$； 槽距 $t=10\sim15$； 棱高 $h=2.5\sim3$
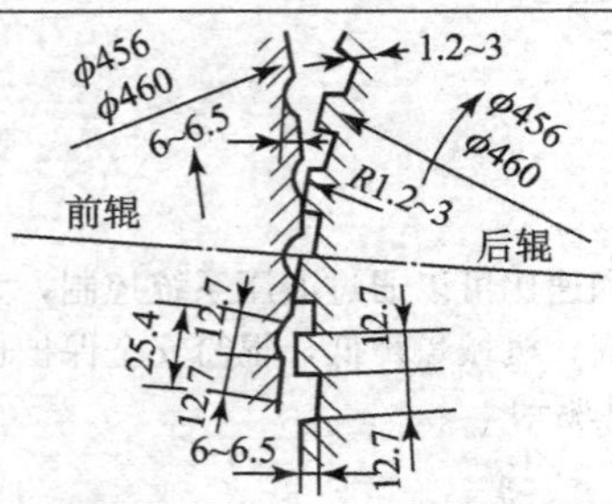	粗碎	a）前辊沟槽：左旋 10°，$z=56\sim57$ 棱高 $h=6\sim6.5$ 槽深 $R=1.2\sim3$ b）后辊沟槽：左旋 10°，$z=56\sim57$； 槽距 $t=25.4$； 棱高 $h=6\sim6.5$
	热炼	a）前辊光面 b）后辊沟槽：右旋 4°，槽距 $t=20$， 棱高 $h=4$；辊面分 8 等分， 其中 4 等分为沟槽
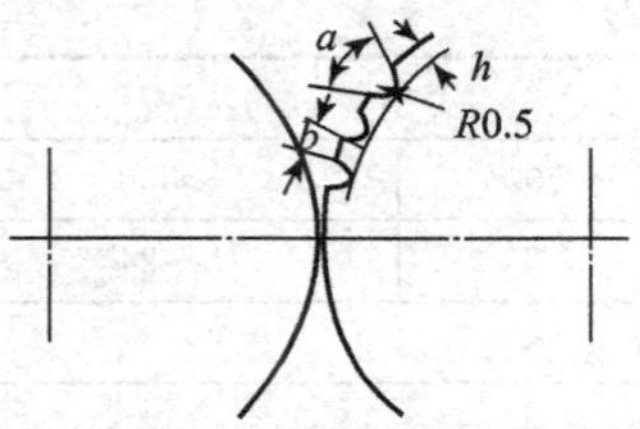	热炼	a）前辊光面 b）后辊满沟槽：右旋 3°0′31″， $\alpha=80°$，$h=5$，$b=1.5$

辊筒内部结构有两种：中空辊筒和钻孔辊筒，如图 2.2.1－8 所示。

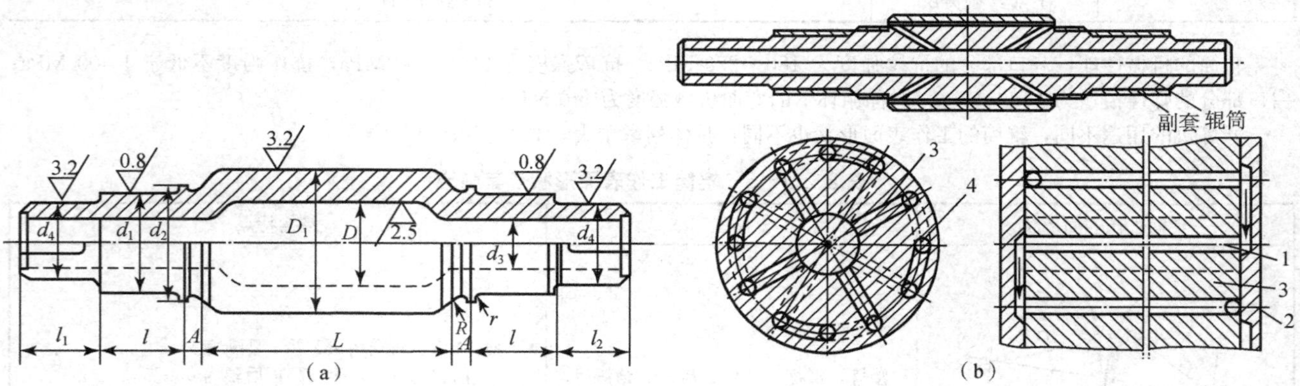

图 2.2.1－8　中空辊筒和钻孔辊筒

(a) 中空辊筒；(b) 钻孔辊筒

1—辊筒；2—密封盖板；3—斜孔；4—直孔

钻孔辊筒相比中空辊筒其传热方面有如下优点：传热面积约为中空辊筒的两倍，传热能力大得多，辊筒传热快，表面温度均匀，且易于调节温度。

辊筒各部分尺寸关系如表 2.2.1-6 所示。

表 2.2.1-6　辊筒各部分尺寸关系

部位	尺寸关系	部位	尺寸关系
辊筒工作部分长度	$L=(1.3\sim3.2)D$[a]	辊筒轴颈长度	$l=(1.05\sim1.35)d_1$
辊筒轴颈直径（滑动轴承）	$d_1=(0.63\sim0.7)D$	连接部分轴颈长度[b]	$l_1=(0.85\sim1.0)d_1$
辊筒内径	$D_1=(0.55\sim0.62)D$ 需作强度计算	油沟尺寸	$A=(0.07\sim0.12)D$
辊筒连接部分直径	$d_4=(0.83\sim0.87)d_1$	圆角	$R=(0.06\sim0.08)d_1$
辊筒肩部直径	$d_2=(1.15\sim1.2)d_1$	圆角	$r_1=(0.05\sim0.08)d_1$

注 [a] 用于塑炼、混炼、热炼、压片时，$L=(2.2\sim3.2)D$；用于洗胶、破胶、精炼及粉碎时，$L=(1.3\sim1.6)D$。
[b] 滚动轴承的装配轴颈长度，根据轴承尺寸参数来决定。

2.3.2　辊筒调温装置

辊筒的调温装置有两种：一种是开放式调温装置；另一种是封闭式调温装置。开放式调温装置结构简单，冷却水从一根喷水管插入辊筒内腔，从大约 Φ3 mm 孔喷出到辊筒工作段的内空腔进行热交换，然后经辊筒中空孔流出接水端，进入回水管道。水温可随时用手感知，水管堵塞便于发现和清理，其缺点是耗水量大。封闭式调温装置的辊筒端是封闭的，接旋转接头通进、出介质；介质流体通过旋转接头连接的插管，进入辊筒内腔，从喷射孔出来与辊筒进行热交换；特点是介质在辊筒内强制循环，传热较均匀效率高，适用于蒸汽加热或通水冷却。

开炼机工作时，一般控制胶温 70～90℃范围，辊筒一般用冷却水温度 20～ 32℃为适宜，太低水温会造成胶料在辊面打滑。

根据大连橡胶塑料机械股份有限公司产品，开炼机冷却水的参考耗量见表 2.2.1-7。

表 2.2.1-7　开炼机冷却水消耗（参考）量　　单位：m^3/h

型号	XK-160	XK-250	XK-360	XK-400	XK-450	XK-550	XK-560	XK-610	XK-660	XK-710
消耗量	0.35～0.55	1.36～2	2.23～3.6	3.2～5.2	4.4～7	7.7～12	8～12	8.7～15	8.7～15	8.7～15

影响开炼机冷却效果的因素包括：

1）冷却水的流量大小和传热面积的大小，对辊筒冷却有很大的关联。

2）辊筒内腔进水管要装喷头，以便提高冷却水的给热系数。

3）要严格控制冷却水的质量，冷却水中不应含有盐类或其他脏杂物质，此类物质沉淀后，就会形成水垢，增加热阻，降低传热系数。

4）辊筒在使用时，要经常清洗，定期去垢。非钻孔辊筒的中空内腔可放入钢块，辊筒转动时钢块冲击内腔壁，以便清除内部的沉淀物，提高传热性能。

5）采用钻孔辊筒可以提高传热面积，同时使冷却水的流速增大，从而提高传热效能。

6）在设计时保证辊筒强度的前提下，减少辊筒的壁厚，降低辊筒的热阻，增大辊筒传热面积，也有利于提高传热性能，但必须保证辊筒的强度。

2.3.3　辊筒轴承

开炼机辊筒轴承承受负荷大，速度低，温度高，这就要求轴承耐磨、承载能力强、使用寿命长、制造安装方便。辊筒轴承主要采用滑动轴承和滚动轴承。

滑动轴承是 21 世纪以前开炼机辊筒使用最多的一种轴承，轴承结构简单，制造方便，成本低。一般滑动轴承采用铅青铜或尼龙作轴衬材料，用润滑油或润滑脂润滑，采用尼龙轴瓦的滑动轴承导热性能差，热膨胀大，因此应在轴承座内设置冷却结构。滑动轴承的结构如图 2.2.1-9 所示。

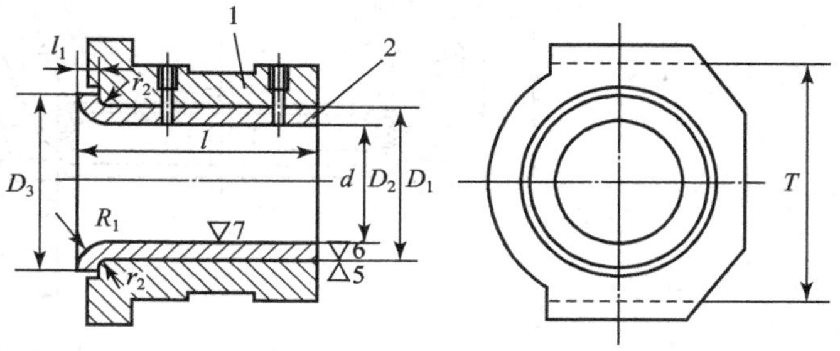

图 2.2.1-9　滑动轴承结构
1—轴承体；2—轴瓦

滚动轴承具有使用寿命长、摩擦损失小、节能、安装方便、维护容易、润滑油消耗量少，但造价高，适用于胶片精度要求较高、或辊距要求精确控制的工艺。轴承产品的发展，已经在低速重载设备中越来越多应用，所以现代开炼机越来越多采用滚动轴承，尤其是大型开炼机。开炼机安装滚动轴承的结构如图 2.2.1-10 所示。

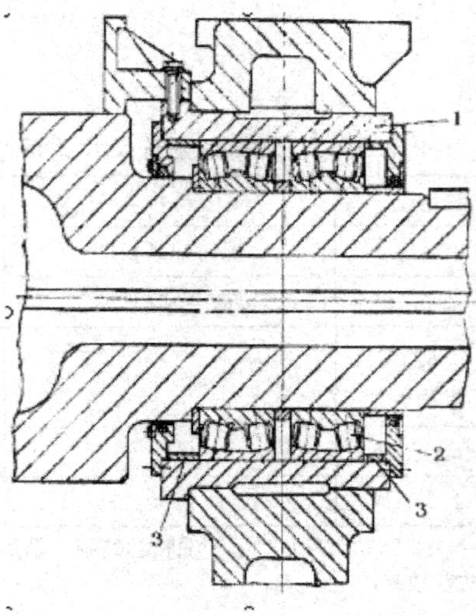

图 2.2.1-10　滚动轴承安装结构

1—轴承座；2—双列向心球面滚子轴承；3—定距套

2.3.4　安全装置

为了保护人身和设备的安全，开炼机设置了安全装置，要求符合我国强制安全标准：GB 20055-2006 开放式炼胶机炼塑机安全要求。

1. 人身安全装置

开炼机的结构虽然比较简单，但是由于操作人员在转动的辊筒旁工作，使用时存在很多不安全因素，相对于其他橡胶加工设备来说，开炼机比较容易发生人身安全事故或出现机械故障，因此，GB 20055-2006 要求所有开炼机必须安装断电制动方式的制动装置。在前、后辊筒上方有安全拉绳、操作侧带停车压杆、非操作侧设防护杠，设有 4 个急停按钮。当出现操作危险时，只要触动安全拉杆 绳或紧急制动按钮，设备便会立刻制动，刹车后辊筒转动不超过 1/6 周。停车后 2 秒内，自动启动反转，反转角度在 60°～90°之间。

紧急制动装置一般有机械制动装置和电气制动装置两种。

采用的机械制动装置是断电式电磁抱闸的方式对运行部件实施机械制动，断电制动方式工作机理是：开炼机在操作时，若发生意外险情，操作人员只要触动控制部件（安全拉绳、压杆、按钮或脚踏开关），即可实现切断主电机电源并制动。

断电机械制动装置的结构如图 2.2.1-11 所示。电磁铁 3 的线圈在接通电源时连杆 2 被提起，两闸瓦松脱；若电磁线圈断电，连杆 2 受重锤的作用被拉下，经各个杆件的作用，两闸瓦会紧紧抱住联轴节，实现紧急制动。比较通电制动装置，断电机械制动装置电磁线圈长时间通电、线圈发热严重，易损坏、使用寿命低。

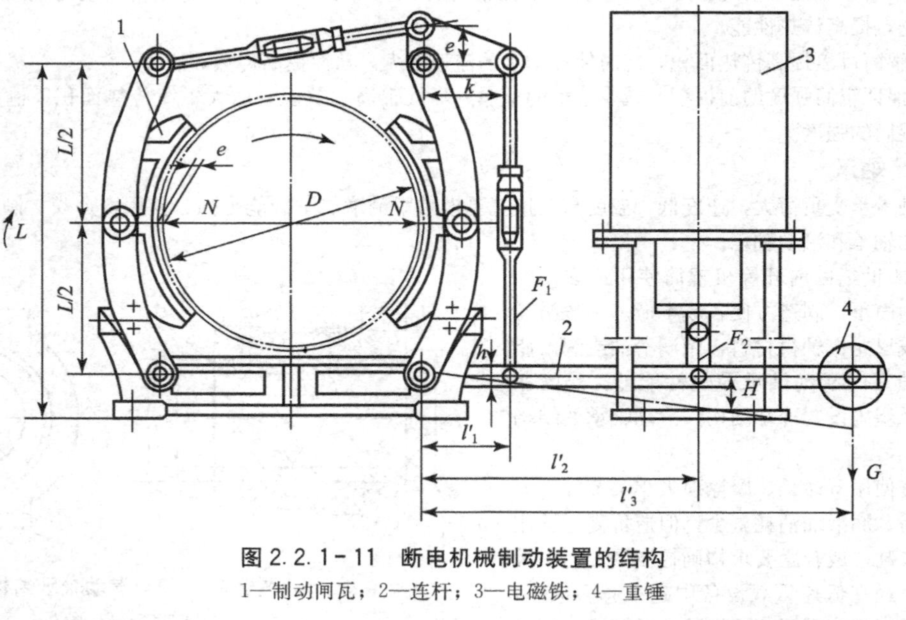

图 2.2.1-11　断电机械制动装置的结构

1—制动闸瓦；2—连杆；3—电磁铁；4—重锤

电气制动装置的工作机理是，当启动紧急按钮（或拉杆）时，通过改变对主电机的电气控制，使电机内产生反向力矩，达到制动转子的目的。在开炼机中，这种制动装置并不单独使用，而是作为机械制动的补充，增强制动能力。根据反向力矩方式的不同，电气制动装置分为：能耗制动、自励发电制动和反接制动。

2. 设备安全装置

设备安全装置是为保护开炼机主要零部件在机器发生意外情况而过载时不受损坏。其基本机理是：当过载时，安装在前辊筒轴承座上与调距螺杆之间的安全装置起作用，从而使辊距放大，减少了辊筒的受力，确保辊筒安全。

(1) 安全垫片

当开炼机辊筒受到横压力过大时，安装在前辊筒轴承座 8 上与调距螺杆 3 之间的安全垫片 9 被剪切而断裂，从而使辊筒的辊距放大，这样辊筒受到的横压力下降，以免辊筒断裂，从而保护了辊筒。其结构如图 2.2.1－12 所示。

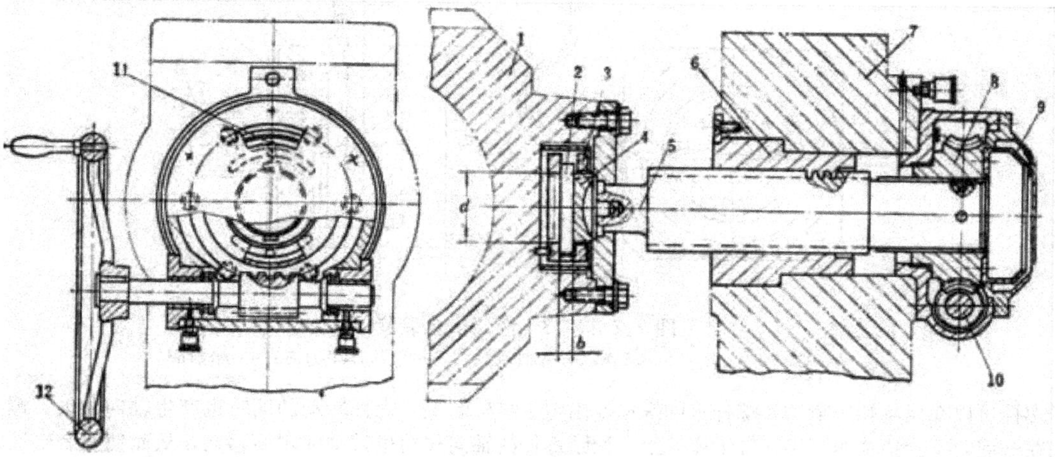

图 2.2.1－12　辊筒安全装置结构

1—前辊筒；2—安全垫片；3—安全垫片座；4—球面座；5—调距螺杆；6—调距螺母；7—机架；8—涡轮；9—刻度盘；10—蜗杆；11—指针；12—手轮

安全垫片的技术要求是：材料应采用铸铁 HT150；厚度误差不大于 0.05 mm；每批材料要经过试验后确定其厚度；安全垫片的破坏载荷为每个轴承最大水平横压力的 1.5 倍。安全垫片厚度 b 可按下式计算：

$$b=Q/\pi d\tau_0$$

Q 为开炼机的最大许用横压力，d 为安全垫片直径，τ_0 约为 160～180 N/mm^2。

根据大连橡胶塑料股份有限公司开炼机产品，开炼机安全垫片尺寸和破坏载荷的参考值见表 2.2.1－8。

表 2.2.1－8　开炼机安全垫片尺寸和破坏载荷

开炼机规格/mm	安全垫片厚/mm	破坏直径/mm	破坏载荷/kN
Φ360×900	11～16	Φ85	600
Φ400×900	11～16	Φ85	600
Φ450×900	12～17	Φ95	800
Φ550×900	16～23	Φ95	1 100
Φ560×510×800	16～23	Φ95	1 100
Φ610×2 000	18～25	Φ95	1 500
Φ660×2 130	21～30	Φ95	1 800
Φ710×2 200	25～35	Φ95	1 800

(2) 液压安全装置

液压缸安全装置安装在前辊筒轴承座 1 与调距螺杆 4 之间。当横压力过大时，液压缸 2 中的油压上升，电触点压力表 5 指针与调定最大横压力值的触点相接触时，机器立刻停止运行，并放大辊距，使辊筒受到的横压力下降。该装置不用更换零件，而且操作者可随时观察到横压力的变化，便于控制。缺点是不易维护，当漏油时即失灵。其结构如图 2.2.1－13 所示。

2.3.5　调距装置

炼胶过程经常要调整辊距以适应各种炼胶工艺的要求。调距装置的结构可分为手动、电动和液压三种。

1. 手动调距装置

图 2.2.1－14 为手动调距装置的结构。手转动手轮 1，即转动了蜗杆 2，调距螺杆 3 与涡轮 4 滑接，涡轮转动带动螺杆

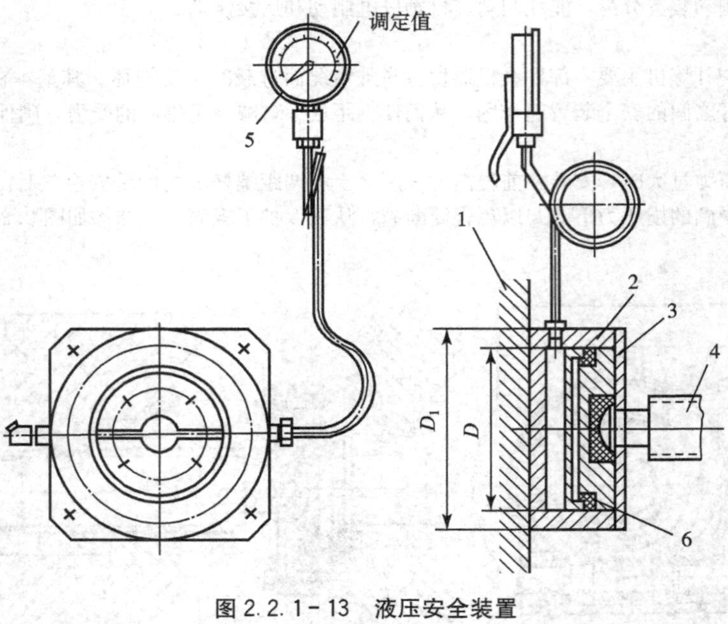

图 2.2.1－13　液压安全装置

1—轴承座；2—油缸；3—活塞；4—调距螺杆；5—电接点压力表；6—密封圈

转动，同时螺杆可以在涡轮孔中滑动。螺杆上的螺母 6 固定于机架 5 上，螺杆转动的同时也产生轴向移动。螺杆与安全垫片座 7 铰接在一起，安全垫片座固定在轴承座 8 上。调距螺杆的轴向移动也带动前辊筒移动，从而使两个辊筒之间产生距离，辊筒之间的辊距由刻度盘 11 反映出来。

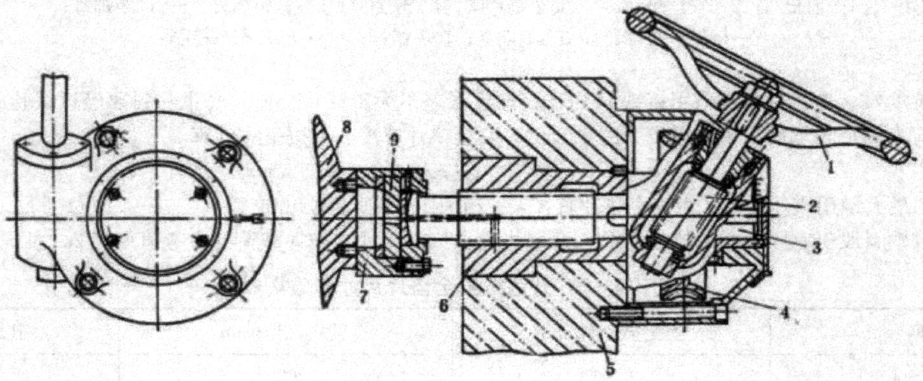

图 2.2.1－14　手动调距装置结构

1—手轮；2—蜗杆；3—调距螺杆；4—涡轮；5—机架；6—螺母；7—安全垫片座；8—轴承座；9—垫片

2. 电动调距装置

电动调距装置是由电机通过摆线行星齿轮减速机驱动调距螺杆转动代替手动，其结构如图 2.2.1－15 所示，其运行的原理与手动式调距装置相似。

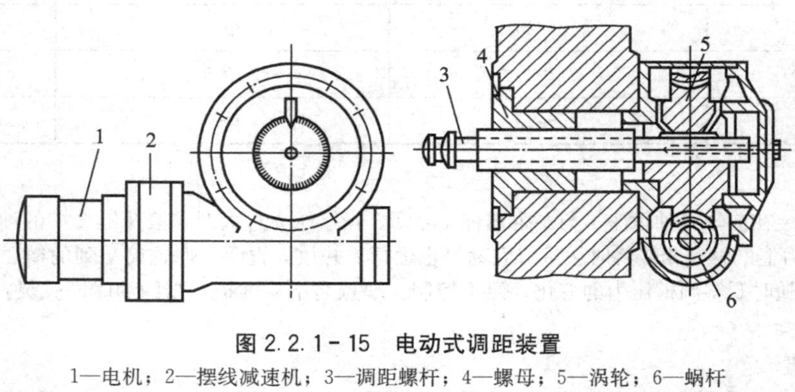

图 2.2.1－15　电动式调距装置

1—电机；2—摆线减速机；3—调距螺杆；4—螺母；5—涡轮；6—蜗杆

3. 液压调距装置

液压调距装置采用单级叶片泵，通过增压油缸 5 使压力增至 25～38 MPa 作用在前辊筒轴承座 1 上，靠球面座 2 使辊筒辊距缩小。辊距放大时，通过降低油缸压力，在胶料压力下使前辊筒移动，活塞退回。液压调距装置结构比电动调距装置简单，操作方便，外形美观。液压调距装置通过液压系统的控制，不但使辊筒过载时安全保护更可靠，还可以精确控制辊距精度，满足均匀混炼的工艺要求。但是密封性能要求较高，液压系统造价较高。其结构如图 2.2.1-16 所示。

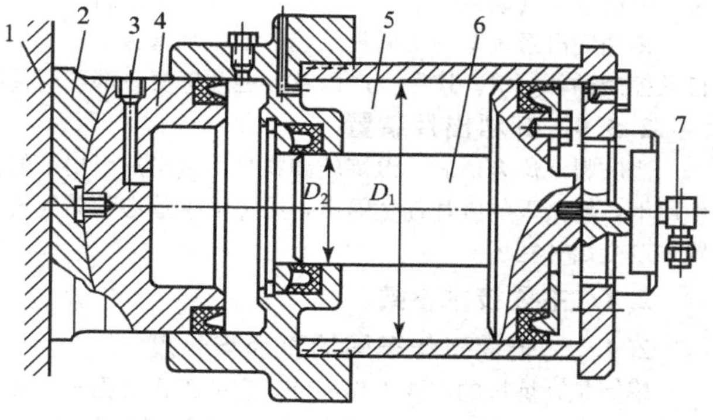

图 2.2.1-16 液压调距装置

1—前轴承座；2—球面座；3—注油孔；4—活塞筒；5—油缸；6—活塞；7—液压系统接头

2.3.6 挡胶板

挡胶板安装在开炼机两辊筒之间，其主要作用是用于挡住胶料向辊筒两端溢出，同时该装置还可以用于翻胶，将挡胶板与辊筒表面倾斜一定角度，胶料移动时将会沿辊筒轴向方向移动，从而使胶料翻动，还可用作确定压片宽度的工具。挡胶板采用 MC 尼龙材料加工。挡胶板如图 2.2.1-17 所示。

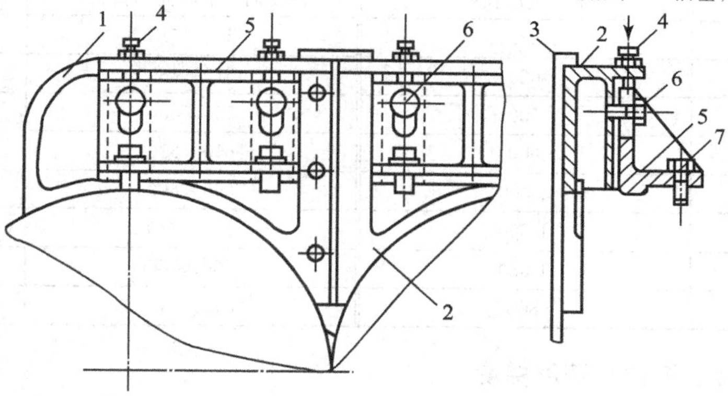

图 2.2.1-17 挡胶板

1—前挡胶板；2—后挡胶板；3—中挡胶板；4，6，7—螺栓；5—支架

2.3.7 翻胶装置

翻胶装置作为附属设备，配套安装在压片机左右两个压盖上，以机械翻胶代替人工割胶、打三角包和翻胶等操作，使压片机翻胶操作机械化，减轻劳动强度。

翻胶装置的结构如图 2.2.1-18 所示。主要由压辊 1、牵引辊 2、双向螺纹螺杆 4、导杆 5、摆动辊 13 及传动装置等组成。可采用变速传动来自动调节控制。

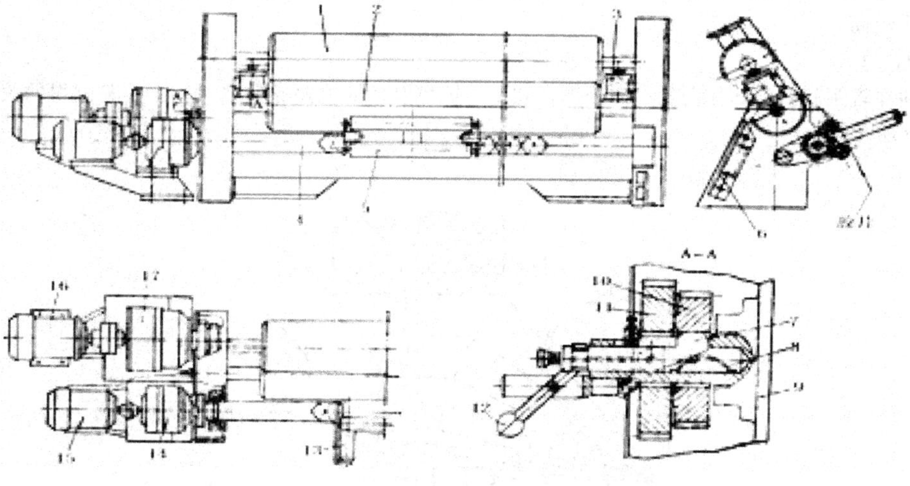

图 2.2.1-18 翻胶装置

1—压辊；2—牵引辊；3—气缸；4—双向螺纹螺杆；5—导杆；6—导胶辊；7—键；8—弹簧片；9—机架；10，11—齿轮；12—手柄；13—摆动辊；14，17—行星摆线减速机；15，16—电机

2.3.8 润滑装置

开炼机的润滑分干油润滑和稀油润滑。

干油润滑指通过干油泵、压力表、分配器、油管和注油器组成的系统，均匀地注入辊筒轴承中。干油泵的形式有手压

泵、电动泵和气动泵，电动和气动泵可由自动控制注油。

稀油润滑系统是一个循环系统，由循环油泵、压力控制阀和压力表、溢流阀、油管、油箱、滤油器、油冷器等组成，自动控制循环润滑。连续生产以及大型开炼机，都采用稀油循环润滑。

2.3.9　卸料出片装置

当胶料混炼合适时，混炼胶卸料是通过出片引出来的。出片装置位于包胶辊筒的下方，静止的两把切刀与转动辊筒的作用下，切割下的胶片连续输出，用传动带输送到其他机台上。根据对不同宽度胶片的要求，可调整刀片之间相对距离位置来改变出片宽度。

2.4　主要技术参数

2.4.1　辊筒工作表面的直径与长度

辊筒是开炼机的主要工作零件。它的工作表面直径和长度是表示设备规格和生产能力的重要参数之一。我国开炼机的规格已经形成系列，见表 2.2.1－9。用户可根据生产品种、生产能力要求、与上游及下游生产要求的能力来选型匹配。

表 2.2.1－9　开炼机辊筒规格　　单位：mm

前辊筒×后辊筒（直径）	工作辊面长度	前辊筒×后辊筒（直径）	工作辊面长度
160×160	320	560×510	800
250×250	620	610×480	800
300×300	700	550×550	1 500
360×360	900	610×610	2 000
400×400	1 000	660×660	2 130
450×450	1 200	710×710	2 200
560×510	1 530	760×760	2 340
560×560	800	810×810	2 540

2.4.2　辊筒工作速度、速比与速度梯度

辊筒的工作速度与速比是开炼机的重要参数，这个参数应根据被加工的物料性质、工艺要求、生产安全、机械效率与劳动强度等条件进行选取。

辊筒工作速度指的是辊筒线速度，以 V 表示；速比指的是两辊筒线速度之比，以 f 表示；速度梯度指的是在辊筒辊距处，沿着辊距 e 方向的速度变化率，以 $V_{梯}$ 表示。

辊筒速比：　$f=V_1/V_2$

速度梯度：　$V_{梯}=(V_1-V_2)/e=V_2/e(f-1)$

辊筒的速度提高，速比增大，辊距缩小，速度梯度则增大，速度梯度增大对胶料的剪切变形和机械作用强度也增大，有利于炼胶。但是速度、速比过大，由于胶料温度升高，会导致炼胶效果下降。

普通开炼机的速比在制造出厂时已经固定；对于特殊要求工艺需要速比多变时，可以选配一双调速电机，或一双液压马达来拖动前、后辊筒。

2.4.3　横压力

横压力是胶料在辊距间对辊筒作用的径向压力，它是开炼机设计的重要参数之一。由实验测得的胶料对辊筒的压力分布如图 2.2.1－19 所示。

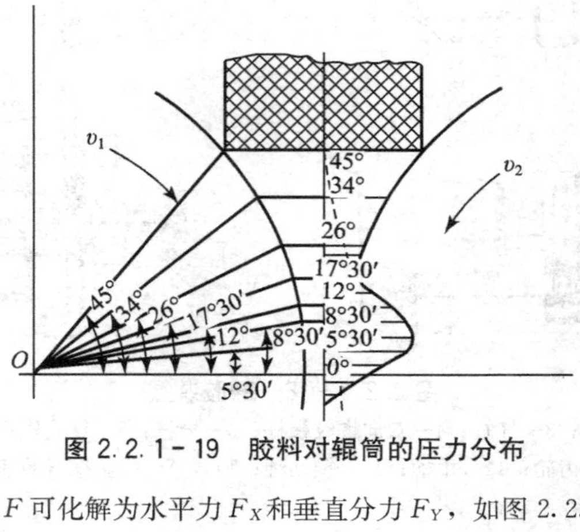

图 2.2.1－19　胶料对辊筒的压力分布

炼胶时胶料对辊筒的径向作用力 F 可化解为水平力 F_X 和垂直分力 F_Y，如图 2.2.1－20 所示：不同规格用途的开炼机其横压力值见表 2.2.1－10。

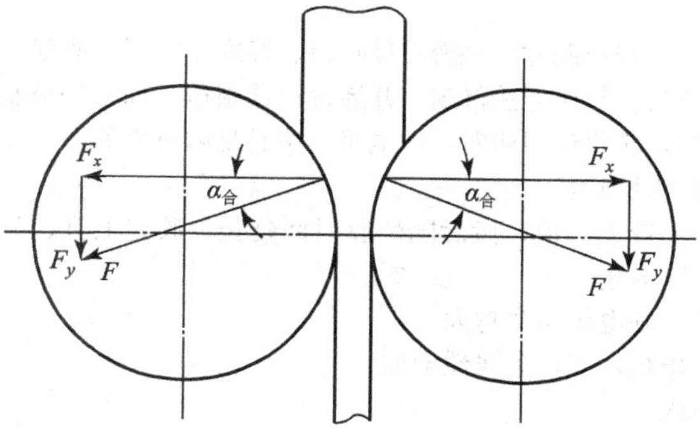

图 2.2.1-20 胶料对辊筒的径向作用力 F

表 2.2.1-10 不同规格用途的开炼机的横压力值

开炼机规格/(cm×cm)	工艺用途	单位横压力/P (N/cm)
Φ100×250	实验用	3 500
Φ160×320	实验用	5 000
Φ250×620	塑炼、混炼、热炼	5 500
Φ300×610	塑炼、混炼、热炼	6 000
Φ350×900	塑炼、混炼、热炼	7 000
Φ400×1 000	塑炼、混炼、热炼	8 000
Φ450×1 200	塑炼、混炼、热炼	9 000
Φ550×1 500	塑炼、混炼、热炼	10 000
	压片	7 000
Φ650×2 100	塑炼、混炼、热炼	11 000～12 000
	热炼（沟纹辊）	15 000
	压片	8 000
Φ550×800	破胶、粉碎	15 000

影响横压力大小的因素有：被加工的胶料的性质、温度、辊距、辊筒规格、速比及操作方法。通过实验表明这些因素对横压力有如下的影响：

1）胶料硬度越大，横压力越大；混炼或热炼硬胶料时的横压力比塑炼天然胶时大；

2）胶料温度越低，横压力越大；不预热的胶料炼胶时比预热到 70℃后的胶料炼胶时的横压力大，如冷态破胶的横压力比预热炼胶的横压力大 10%～15%；

3）辊距越小，横压力越大；但开始炼胶时，辊筒辊距不宜过大，过大的辊距中间会进入较多的胶料，横压力也会过大；

4）辊筒工作速度与速比越大，胶料在短时间内产生大的变形，横压力会相应增加；但与此同时胶料温度也会升高，使横压力相应减小，以上两方面有相互抵消的作用，因而横压力变化不大；

5）开始炼胶时，胶料应向辊筒传动端投料，可防止因辊筒横压力过大导致主电机输出扭矩超负荷而停机。

2.4.4 生产能力

开炼机生产能力是规格选型的重要参数之一，选型时一般都以一份胶的投料重量，来衡量选择开炼机规格的大小。生产能力与辊筒尺寸直接相关，直径和长度越大的生产能力越大，同一大小开炼机应用于不同胶料和工艺的生产能力会有差异。

1. 炼胶周期一次投料的开炼机单位生产能力用经验式表达为

$$Q = KDL\mu$$

式中，K 为经验系数，一般 $K=0.006\ 5\sim0.008\ 5$。

D 为辊筒直径，cm；L 为辊筒工作面长度，cm。

μ 为胶料密度，kg/cm^2。

2. 连续炼胶时的生产能力表达式为

$$Q = 60\ V\ H\ \mu\psi$$

式中，Q 为生产能力，kg/h；V 为辊筒线速度，m/min；H 为胶片厚度，cm；μ 为胶料密度，kg/m^2；ψ 为系数，取值 0.85～0.9。

我国开炼机的生产能力已经形成系列，用户可参照制造供应商的产品参数选型。

2.4.5　电机功率

由于开炼机工作时电机功率大小与胶料配方、一份胶投料量、温度、辊距、速度、速比等操作条件有关，至今还没有定量计算公式，而是采用实验测试分析、类比方法得到。开炼机设计制造厂商已经分析了大量数据，各种用途和不同规格开炼机的电机功率，已经形成了系列，实践证明所匹配的电机功率是足够可靠的。

如下操作过程对开炼机功率有较大影响：

1）投料后，电机功率很快上升至最大峰值，然后随炼胶时间延长、胶温上升、胶料塑性增加变粘而逐步下降，最大功率峰值可比排胶时段的低功率高 2～3 倍。

2）辊距越小，胶料受剪切越大，则电机功率越大。

3）辊筒的速度和速比提高时，电机功率也呈线性增加。

4）胶料温度越低，电机功率越大。

2.4.6　开炼机主要性能参数一览

我国开炼机的参数、性能已经形成系列化。国产开炼机的性能参数见表 2.2.1－11。

表 2.2.1－11　开炼机主要性能参数

辊筒规格 直径×直径×长度	前、后辊筒 速比	前辊筒线速度/ (m/min)	主电机功率/kw	一批次投料量/kg	用途
160×160×320	1：(1.2～1.35)	8	7.5	2～4	塑炼、混炼 与热炼
250×250×620	1：(1.1～1.3)	13	22	10～15	
300×300×700		14	30	10～15	
360×360×900		15	37	20～25	
400×400×1 000		18	55	25～35	
450×450×1 200		30	50	35～50	
550×550×1 500	1：(1.05～1.3)	26	110	50～60	塑炼、混炼
560×510×1 530			160		热炼（供胶）
610×610×2 000	1：(1.05～1.3)	30	155	80～110	压片
660×660×2 130	1：(1.05～1.3)	30	180	140～160	压片
660×660×2 130	1：(1.05～1.3)	30	240	70～120	热炼
710×710×2 200	1：(1.05～1.3)	30	280	160～190	压片
760×760×2 340	1：(1.05～1.3)	30	355	230～260	压片
810×810×2 540	1：(1.05～1.3)	30	450	310～350	压片
450×450×620	1：(2.5～3.5)	10	45	300kg/h	旧橡胶、生胶的初碎
560×510×800	1：(1.2～3)	25	95	2 000 kg/h	旧橡胶的初碎
			75		生胶破碎
610×480×800	1：(1.5～3)	20	75	150 kg/h	旧橡胶的粉碎
		23		300 kg/h	再生胶的精炼

GB/T 13577－2006《开放式炼胶机炼塑机》规定：开炼机空转时主电机功率不得大于额定功率的 15%，辊筒轴承体温度不得有骤升现象且最大温升不得大于 20℃；带负荷运转时，辊筒、减速器轴承体温升不得超过 35℃、40℃；开炼机整机紧急制动时，前辊筒继续转动行程不得大于辊筒周长的 1/4，其传动装置应能在点动控制下进行反转。GB/T 13577－2006 列举的开炼机性能参数见表 2.2.1－12 及表 2.2.1－13。

表 2.2.1－12　开炼机主要参数性能和应用（一）

项目	规格型号特征											
辊筒直径× 辊面长度 mm	Φ160× 320	Φ250× 620	Φ300× 700	Φ360× 900	Φ400× 1 000	Φ450× 1 200	Φ550× 1 500	Φ610 ×2 000	Φ660 ×2 130	Φ710 ×2 200	Φ760 ×2 340	Φ810 ×2 540
工艺用途	塑炼、混炼、热炼、压片							随投料量与主电机功率的不同有不同的用途，详见 GB/T 13577				

续表

项目	规格型号特征											
横压力 N/cm		5 500	6 000	7 000	8 000	9 000	10 000	10 000	12 000	12 000	12 000	13 000
前后辊速比	1∶1.2～1.35	1∶1.00～1.30					1∶1.04～1.30					
前辊线速度 m/min，≥	8	13	14	15	17	22	24	26	28 22	26		
一次投料量 kg	2～4	10～15	15～20	20～25	25～35	30～50	50～60	90～120	140～160 70～120	190～220	230～260	310～350
主电机功率 Kw，≤	7.5	22	30	37	55	75	132 180	160	280	350	355	450

表 2.2.1-13 开炼机主要参数性能和应用（二）

项目	规格型号特征						
辊筒直径×辊面长度，mm	400×400×600	450×450×620	560×510×800		560×560×800	610×480×800	
工艺用途	废胶与生胶破碎或粉碎	废胶与生胶破碎	废橡胶破碎	生胶破碎	再生胶精炼	废橡胶粉碎	再生胶精炼
前后辊速比	1∶1.2～3.0	1∶2.5～3.5	1∶1.2～3.0	1∶1.25～1.35	1∶1.5～1.8	1∶1.50～3.20	
前辊线速度，m/min	18	10	24		24	20	23
生产能力，kg/h	400	300	2 000	2 000	300	150	300
主电机功率 kW	55	45	95	75	110	75	

三、开炼机的安装试车、维护检修

3.1 安装试车

开炼机是一种低速重载设备，安装地的设备基础要求足够坚固，安装精度一定要保证技术规范要求。

1）大型开炼机要有钢筋混凝土设备基础，混凝土强度不低于 C 25，螺孔二次浇灌的混凝土强度不低于 C 30。要严格执行建筑方面规定的养护期，严禁未过养护期就进行设备就位。

2）设备就位调整就绪后，检查安装基准精度：

①左、右机架对称，轴承座装配水平面的平面度、垂直面的平面度，不得低于 GB/T 1184－1996 中公差等级 7 级精度。

②前辊筒轴承与压盖之间留有间隙，配合精度应符合 GB/T 1801－2009 中的规定。

③速比齿轮侧隙与接触面积按 GB/T 10095.1－2008 进行检验。

④万向联轴器联接端的同轴度≤0.2 mm，弹性柱销或其他形式联轴器的同轴度 Φ0.1 mm，两个半联轴器端面之间的间隙一般为 3～5 mm。

⑤进入设备试车的阶段，通电检查、安全检查确认通过后，从点动、空负荷连续、直至负荷试车，并进行观察和测试：安全装置应灵敏可靠、电机电流在额定参数范围、系统无泄漏、距离机器动力源 1 米噪声≤85 分贝、轴承无异常响声、轴承温度应≤60℃、润滑系统（减速机、辊筒轴承）油温＜60℃。

3.2 日常维护

日常关注方面有：安全保护装置的灵敏可靠性、轴承温度和声音、电机电流大小、清洁和无泄漏、润滑部位不失油。一旦发现异常，应停机处理。

3.2.1 检查维修

定期检查项包括以下几个方面。

1）检查减速机和齿轮：监听轴承部位声音、观察齿轮磨损状况、油位不足时加油、观察油质异常时换油。

2）检测调距装置，保证刻度盘指针是否与实际辊距相符。

3）测试电机绝缘值和其他电气元件参数；保洁电控柜，柜内吹尘、柜外清洁。

4）测量掌握辊筒轴颈与轴瓦之间的间隙。

5）测量刹车片厚度，适时更换新片保证刹车性能。

6）发现隐患或掌握磨损趋势时，计划修理。

要通过维保制度和工具手段，监控掌握易磨损零部件的磨损状况，当发现磨损量达到一定的程度时，就要计划修理更换。

3.2.2　主要零部件的质量标准

(1) 辊筒轴颈与轴瓦

辊筒的工作表面和轴颈表面，粗糙度 Ra≤1.6 μm；辊筒轴颈的圆度、圆柱度公差应符合 7 级精度公差规定；辊筒轴颈的同轴度公差为 Φ0.03 mm。

(2) 辊筒轴承

轴瓦的内表面粗糙度 Ra≤1.6 μm；轴瓦的内表面圆度、圆柱度公差应符合 7 级精度公差规定。

(3) 辊筒轴颈与轴瓦的配合间隙

因各制造厂开炼机产品的实际尺寸可能有所不同，表 2.2.1-14 中数据仅供参考。

表 2.2.1-14　开炼机辊筒轴颈与轴瓦间隙

辊筒直径/mm	Φ450	Φ550	Φ660
轴颈直径/mm	Φ300	Φ360	Φ420
铜轴瓦配合间隙/mm			
干油润滑	0.35～0.45	0.40～0.50	0.45～0.55
稀油润滑	0.30～0.40	0.35～0.45	0.40～0.50
尼龙轴瓦配合间隙/mm	0.90～0.10	1.00～1.10	1.00～1.20

注：如果采用的是滚珠轴承，轴颈尺寸可能分别是 Φ300、Φ350、Φ450，轴承座内孔公差采用 H7，辊筒轴颈公差采用 k6。

经长期使用后必然会出现磨损，辊筒轴颈与轴瓦之间的间隙变大，当达到表 2.2.1-15 中的数值时，应该进行大修理。

表 2.2.1-15　开炼机磨损至最大配合间隙的允许值

辊筒直径/mm	Φ450	Φ550	Φ660
轴颈直径/mm	Φ300	Φ360	Φ420
铜轴瓦磨损至最大间隙/mm	1.0	1.2	1.5
尼龙轴瓦磨损至最大间隙/mm	1.9	2.1	2.3

(4) 辊筒轴颈与轴承轴瓦的接触精度

机器全新时，或进行大修理后，均要求辊筒轴颈与轴承轴瓦的接触应均匀，用涂色法检查时，圆周接触角≥120°；轴向接触面为铜轴瓦≥70%，尼龙轴瓦≥50%。

(5) 轴瓦与轴承座的过盈配合间隙，见表 2.2.1-16 给出的参考值。

表 2.2.1-16　轴瓦与轴承座的过盈配合间隙

辊筒直径/mm	Φ450	Φ550	Φ660
过盈量/mm			
铜轴瓦	0.026～0.087	0.026～0.087	0.028～0.095
尼龙轴瓦	0.81～0.96	0.91～1.1	1～1.16

(6) 速比齿轮允许的磨损程度

速比齿轮属于开式传动，较容易磨损。当磨损量不大于齿厚的 1/5 时，可以将其工作面作调换使用；当磨损量太大时，应进行更新。

(7) 联轴器装配的形位精度要求

电机输出轴与减速机输入轴的联轴器，传递的是扭矩，不存在磨损，但要密切注意两半联轴器的同轴度和端面距离。同轴度公差要求≤Φ0.1 mm，两个半联轴器端面之间的间隙一般为 3～5 mm，不能过小。

(8) 刹车装置允许的磨损程度

当刹车片磨损至新的刹车片厚度的 1/2 时，应进行更新。

(9) 调距装置允许的磨损程度

保证调距的蜗轮蜗杆（或其他传动零件）正反方向啮合均匀，齿的磨损量最大不要超过新齿厚的 1/5，否则应更新。

3.3　开炼机的安全运行

目前，大部分开炼机都需要人手协同机器操作，人身事故和设备事故发生还是比较容易发生，因此保证开炼机安全运行是日常重要的工作。以下是开炼机安全运行注意事项。

1) 辊筒的加热冷却，必须在辊筒转动条件下缓慢进行，不得在静止状态下通入加热或冷却介质，防止因局部温度突变使辊筒产生温度应力，而产生裂纹甚至断裂。辊筒温度太低时，不能马上进行加料操作，开始前一般要用点蒸汽预热，或用些软的胶料过一下辊，让辊筒温度在不低于 30℃时，才正常投料。

2）投料要在辊筒靠传动端侧加入，投料总量不要超过规定的重量。

3）如果是液压辊距控制，辊筒距离一开始可大些，然后逐步调小到适合的辊距。

4）调节辊距应左右一致，以免损伤辊筒和轴承；减小辊距时，要注意避免碰辊。

5）经常校对调距装置的刻度盘指针示值，校定保证与实际辊距相符。

6）要落实润滑责任制，严防缺油造成的事故发生。

7）生产中一旦发生辊筒轴瓦（轴承）温度骤升时，不准立即停车（否则发生烧轴瓦事故），也不准立即加大冷却水的通入（否则发生辊筒断裂事故），此时应立刻调大辊距，卸下负载胶料，让辊筒继续转动，逐渐降至常温时，方可停机。

四、开炼机的供应商

开炼机的主要设备供应商见表 2.2.1-17。

表 2.2.1-17　开炼机的主要设备供应商

供应商	开炼机的规格参数							
	Φ160～Φ400	Φ450 ×1 200	Φ550 ×1 500	Φ610 ×2 000	Φ660 ×2 130	Φ710 ×2 200	Φ760 ×2 340	Φ810 ×2 540
大连橡胶塑料机械股份有限公司			√	√	√	√	√	√
益阳橡胶塑料机械集团有限公司			√	√	√	√	√	√
四川亚西橡塑机器有限公司		√	√	√	√			
无锡双象橡塑机械有限公司	√	√	√	√	√			
大连第二橡塑机械有限公司	√	√	√	√	√			
上海思南橡胶机械有限公司	√	√	√	√	√			
广州市番禺橡胶机械厂有限公司		√	√	√				

第二节　密炼机

密闭式炼胶机简称密炼机。1916 年问世的开始带上顶栓和卸料装置的 F 型，是真正有意义的密炼机。从此，生胶与各种橡胶配合剂才真正能在密闭空间内，在设定的温度、压力条件下混炼，炼胶周期缩短，混炼均匀性提高，环境得到改善。因此，橡胶行业普遍采用密炼机作混炼，采用开炼机作补充混炼。

随着橡胶配方新材料的应用发展，配方工艺特点对密炼机性能不断提出了新要求。一百年来，密炼机的性能改进主要在转子类型、混炼室结构、上顶栓和下顶栓的驱动、炼胶控制、热交换温控等方面，密炼机朝高速度、高压力、低温度、大容量、可调速方向发展，从而提高了炼胶均匀性和高效能。

一、用途、型号和分类

当前，密炼机已形成用途多样、性能可组合的产品系列。习惯上，可按下列方法分类和结构区分：

1）按转子端面形状分为椭圆形转子密炼机（切线型密炼机或剪切型密炼机）、圆柱形转子密炼机（啮合型密炼机）、三角形转子密炼机。椭圆形转子密炼机又称为切线型转子密炼机，包括二棱、三棱、四棱、六棱等 转子形式，圆柱形转子密炼机又称为啮合型转子密炼机。切线型转子和啮合型转子密炼机的炼胶工作原理不同。

2）按转子转速分为低速密炼机（⩽20 rpm）、中速密炼机（20～40 rpm）和高速密炼机（⩾50 rpm）。

3）按上顶栓的压力分为低压、高压和变压密炼机。

4）按卸料方式和结构分为滑动式和摆动式卸料门、翻转式卸料。

5）按混炼室结构分为夹套式混炼室、喷淋式混炼室、钻孔式混炼室等。

6）按一小一大两个混炼室的上下串接叠加式。

7）按转子转速变化与否分为单速、双速与变速密炼机。

8）按转子有无速比，分为异步转子、同步转子密炼机。

密炼机的发展进步，带来炼胶操作时间大幅缩短，从早期的母炼胶周期 8～15 min，普遍已经缩短至 1.5～3.5 min，甚至有的达 1～1.5 min。

现代炼胶生产多采用密炼机系统，即上游配套炭黑、化工原料、油料和生胶的自动配料称量输送系统，下游配套混炼胶出片、冷却输送系统，还有粉尘烟气收集处理系统，使整个炼胶工序实现全自动控制清洁生产，炼胶车间黑、臭、乱、危险的落后面貌已经成为历史。

二、密炼机的构造

2.1 基本结构和形式

密炼机由底座、密炼室、转子、加料加压机构（上顶栓）、卸料机构（下顶栓）、传动装置、加热与冷却装置、液压控制系统、电气和温度控制系统、润滑系统等组成。对于按转子形式分为椭圆形转子密炼机和圆柱型转子密炼机两大类，其型号、规格、转子结构，不同制造商的产品有些差异，各自有自己的产品类型和系列。

2.1.1 椭圆形转子密炼机

椭圆形转子密炼机用途最广，全球拥有量居首。主要制造商有德国 WP、美国 Fareel、日本神钢、意大利 POMINI、我国大连橡胶塑料机械股份有限公司和益阳橡胶塑料机械集团等，但以美国 Farrel 公司的 F 型为代表。2010 年，德国 H. F 集团公司并购了 W. P、Farrel、POMINI。

1. 现代密炼机结构

自 20 世纪 70 年代以来，国际上生产密炼机的公司对密炼机作了很多改进，重新制定产品系列，并重新设计机器的结构。国内密炼机制造商也以引进技术为参考，在 20 世纪 90 年代以来大力开展自主创新设计，使密炼机的性能大大地提高。20 世纪 90 年代以来国内外密炼机的技术进步，较好地支持了 21 世纪橡胶工业的发展。

以 F 型密炼机为例，典型的结构如图 2.2.2-1 所示。前、后密炼室和侧壁用楔板紧固，再用螺栓连接，拆卸和装配容易。密炼室周边钻孔，冷却水在这些孔道中高速循环流动，大大改进了冷却效果。卸料装置为摆动式的卸料门，加快了密炼机的排料速度，适应快速密炼机的要求；同时采用锁紧机构提高了下顶栓的密封性能。转子轴颈采用液压式自动密封装置（液压式端面密封装置，检测 FYH 密封装置），可根据密炼室内压力大小调节密封装置的比压，使轴颈密封良好，避免漏料和污染环境。

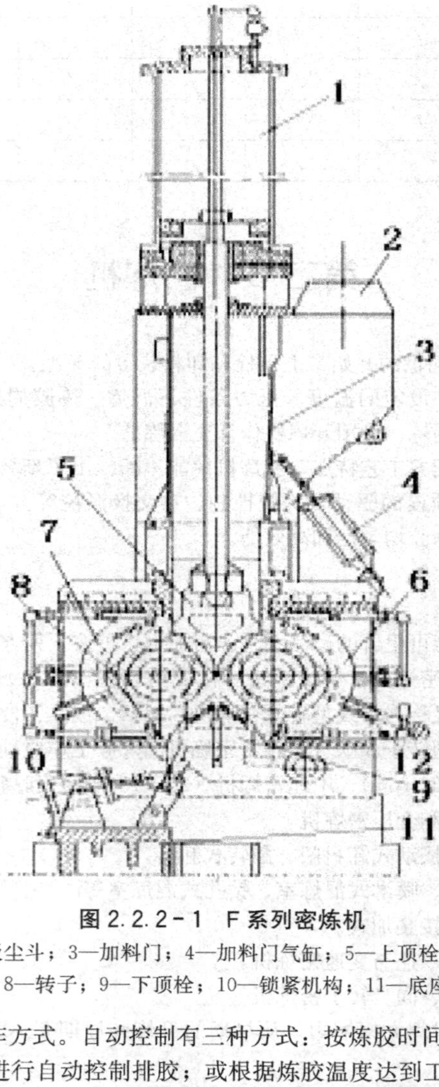

图 2.2.2-1 F 系列密炼机

1—气缸；2—吸尘斗；3—加料门；4—加料门气缸；5—上顶栓；6—前密炼室；
7—后密炼室；8—转子；9—下顶栓；10—锁紧机构；11—底座；12—注油口

F 系列密炼机有手动和自动两种操作方式。自动控制有三种方式：按炼胶时间进行自动控制排胶；或根据各种胶料所消耗的炼胶能量，利用自动功率积分仪进行自动控制排胶；或根据炼胶温度达到工艺极限值时进行控制排胶。这三种方式可互补监控，确保炼胶质量。国内 20 世纪 90 年代末以来，新制造的密炼机大部分采用了智能炼胶自动控制，对橡胶制品企业保有的旧密炼机系统也进行了升级改造，使炼胶过程的人工干预大大减少，更好地保证了炼胶过程的稳定性。

2. 加压式捏炼机

这是一种在椭圆形转子密炼机基础上发展起来的密炼机，旧称翻斗式密炼机，如图 2.2.2-2 所示。这种密炼机由密炼室、转子、压料装置、机架、底座和冷却加热系统等组成，但是它没有卸料装置和卸料门。卸料时，上顶栓提起后，密炼室通过翻转机构向外翻转 140°或 110°，将炼好的胶料从密炼室中倒出。翻斗式密炼机体积小，安装方便，但密炼室冷却效果较差，为了降低胶料在密炼室中的生热，一般转子转速、压砣对物料的单位压力都相应减低。

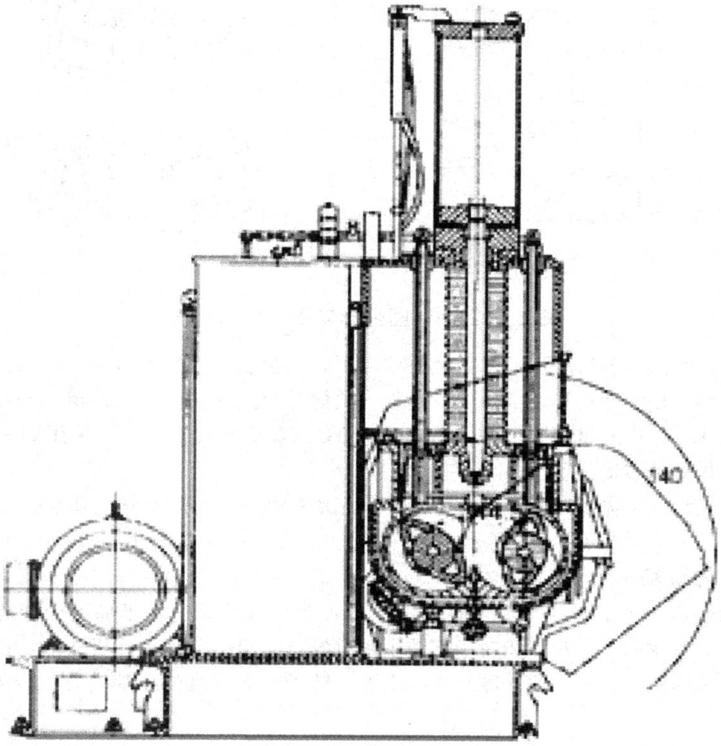

图 2.2.2-2 翻转式密炼机

2.1.2 圆柱形转子密炼机

以英国的 K 型密炼机为例，其结构如图 2.2.2-3 所示。它的转子断面形状呈圆柱形，工作原理和特性与其他密炼机不同。圆柱形转子表面有一个大螺旋棱和两个小螺旋棱，两个转子的长突棱旋向相同且螺旋推进角相等，大约为 40°～42°。转子相向等速回转。工作时两个转子的螺旋棱相啮合，即一个转子的突棱进入另一个转子的凹槽，并形成左右 3 mm 的间隙，物料在间隙中被塑炼或混炼，所以也被称为啮合型密炼机。

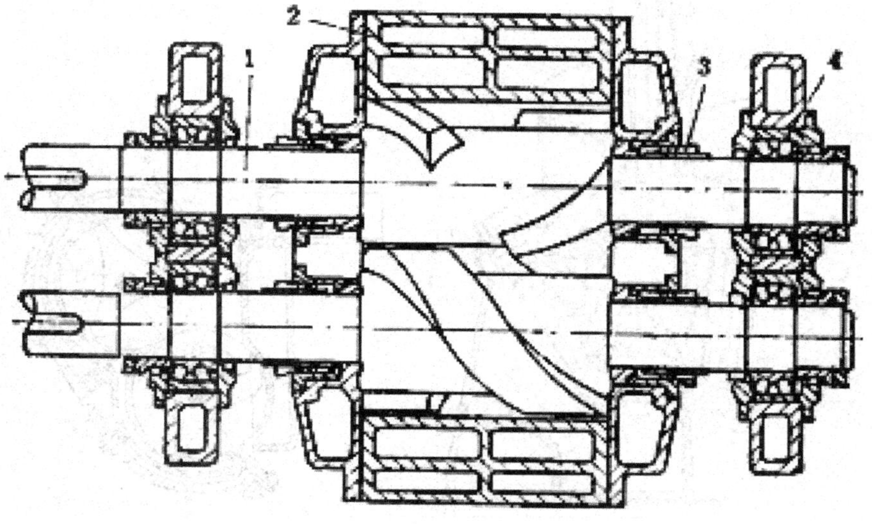

图 2.2.2-3 圆柱形转子密炼机密炼室剖面图

1—转子；2—密炼室；3—密封装置；4—机架

工作时两转子以等速相对回转，但转子螺旋凸棱的表面与另一个转子螺旋凹槽底部的圆周速度不等，构成类似于开炼机的速比，因此，其工作原理在一定程度上与开炼机相似，由于两个转子转速较高，故剪切作用比开炼机大。此外，螺旋棱产生的轴向力使被加工的物料沿转子轴向移动，使密炼室中两端的物料向中心移动，促使混炼或塑炼均匀，如图 2.2.2-4 所示。

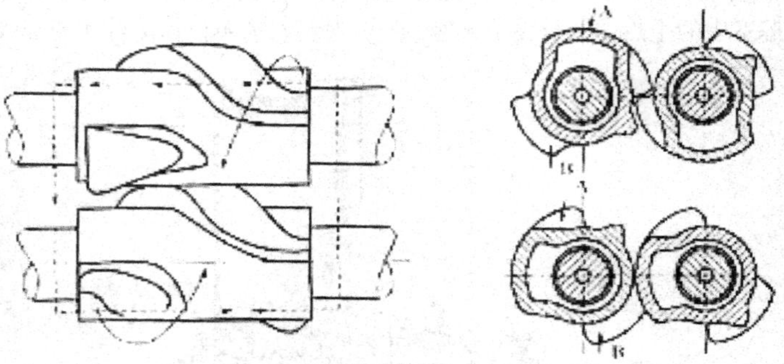

（a）　　　　　　（b）

图 2.2.2-4　圆柱形转子工作示意图

这种密炼机混炼效果好，混炼壁不易磨损，机器维修费用低，寿命长，无局部过热，排料温度低，易于控温。可实现母胶与硫磺的一次混炼，有利于热敏性物料及生热快、难于分散物料的混炼。在低滚动阻力的绿色轮胎制造中，配方中采用高配比的白炭黑和硅烷偶联剂，炼胶过程要求控制温升在 160℃（反应温度）以下，采用圆柱形密炼机比椭圆形密炼机较好保证工艺条件，因此被越来越多地采用。

但是，圆柱形转子密炼机因转子体积较大，使配方设计填充系数趋小，一般不超过 0.65。此外，接纳胶料投入与排出的效率较低、自洁性差。

2.1.3　三角形转子密炼机

这种密炼机的基本结构如图 2.2.2-5 所示。它的转子的断面呈三角形，适用于加工少量对温升特别敏感的橡胶或塑料。密炼室内的两根转子呈上下排列，上转子相对于下转子稍有偏斜。密炼室支撑在机架上，正面用液压缸控制着用于排料的翻转门开启与关闭。三角形转子设置了通入冷却水的空腔。转子的形状可消除轴向力。转子的转速较低，炼胶时发热量少，冷却水消耗量较少。

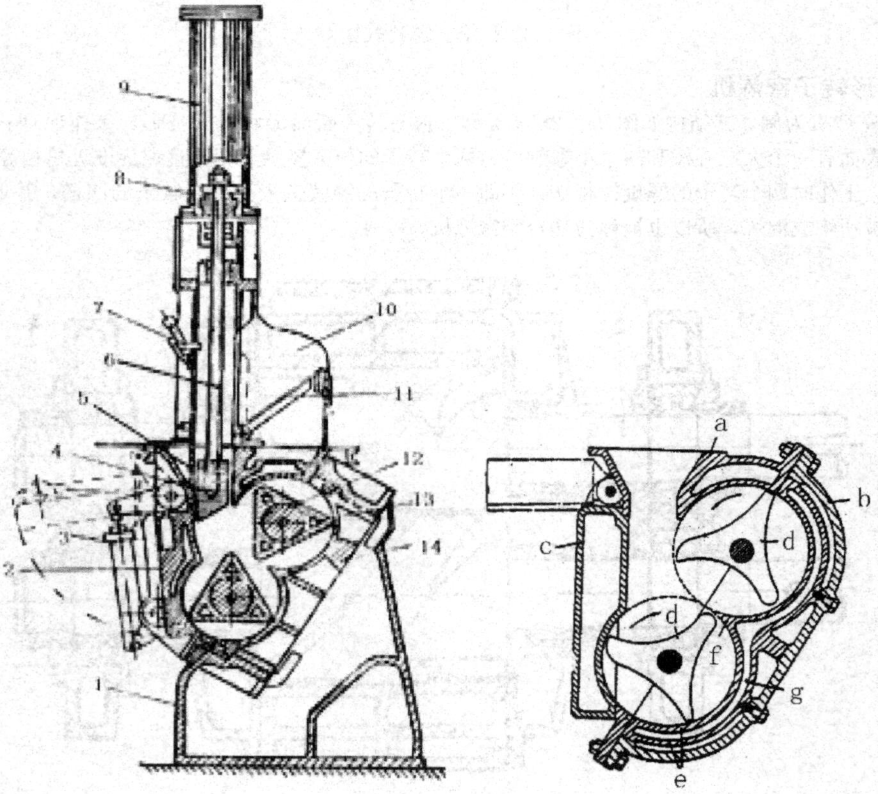

图 2.2.2-5　三角形转子密炼机

1—机架；2—翻转门；3—液压缸；4—上顶栓；5—混炼室储斗；6—活塞杆；7—定位器；8—活塞；9—气缸；10—加料斗；11—加料门；12—转子；13—冷却空腔；14—密炼室壁

三角形转子密炼机的转子如图 2.2.2-6 所示，其工作部分的截面形状为三角形。转子工作表面的左右两部分各有三条旋向相反（螺旋角为 30°）的突棱，这些突棱在转子中部汇交形成 120°的夹角。

这种类型的转子由于突棱的排列及构造左右对称，不能使胶料产生轴向移动，降低了混合效果。较易清理混炼室及转子，维修拆卸方便，生热少，主要用于高温敏感的物料。

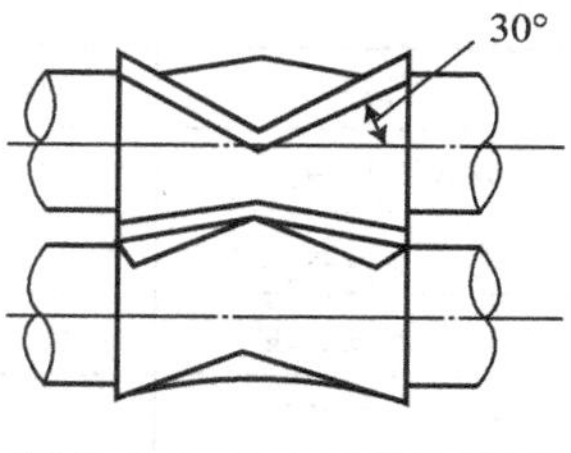

图 2.2.2-6　三角形转子示意图

2.2　密炼机的传动方式

密炼机的工作环境比较恶劣，工作过程中又有高峰负荷，因此对电动机的要求较高：1）瞬时过载系数要大于 2.48，有耐超负荷特性；2）起动转矩大；3）可以正、反转；4）用封闭式电动机。密炼机两个转子的转速，如果前、后转子转速不同，用速比齿轮来满足要求，速比固定不变；同步转子无速比，而是双输出齿轮传动。对双速密炼机多采用双速电动机，变速密炼机则采用直流电动机或交流电机变频控制来驱动。

密炼机在工作过程中消耗掉大量的能量，转子的转速并不高（一般 6～60 转/分），而电机的的转速很高（一般的额定转速为 750 转/分或 1 500 转/分），这就要求密炼机的传动系统具有大功率和大传动比等特点。

早期的密炼机有过半封闭齿轮传动、行星减速机传动等，因其传动效率较低、润滑不良，或传动扭矩不够大等原因，现代密炼机已不采用这些传动形式。

密炼机的传动从早期的普通减速机→大驱动齿轮（开式）→速比齿轮（开式）的传统结构，改为大驱动齿轮在内的减速机→速比齿轮（开式）结构，称“半封闭式”。为了提高传动效率和性能，现代密炼机普遍采用“闭式传动”，一个箱体集中了减速、驱动、速比齿轮，用一对柱销式或刚性联轴器连接前、后转子轴端。

在工作容积 370 立升及以上的大型密炼机方面，有双电机和单电机驱动的形式。以 Farrel 技术为代表的密炼机采用单电机驱动，不存在一个电机主传动、一个电机跟随从动的时间差，驱动性能可靠，出力效率高。当前，国内外的大功率电机制造已经很成熟，密炼机应采用单电机传动。

因此，单电机＋减速机双出轴的闭式传动系统（如图 2.2.2-7 所示），是密炼机传动的最好形式。这种传动将所有传动齿轮速比齿轮集中在减速机内，提高了齿轮装配精度，并实行集中稀油自动润滑控制，改善了齿轮使用条件；单输入、双输出轴采用联轴器与电机、转子轴直联。“闭式传动”有效提高了传动效率，并减轻了转子轴承的负荷，紧凑了密炼机布局，但减速机比较大而且复杂。目前大多数大型密炼机采用这种减速器。

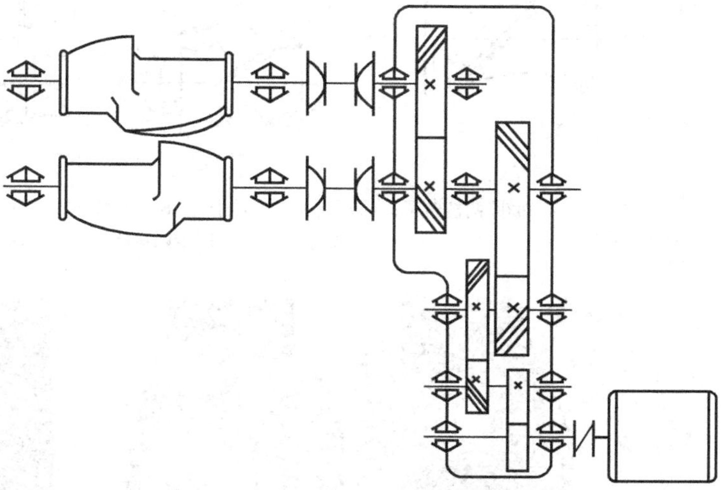
图 2.2.2-7　双出轴闭式传动方式

2.3　主要零部件

2.3.1　转子

1. 转子外形尺寸

转子是密炼机的主要零件，它的结构与形状直接影响密炼机的工作性能、生产效率和炼胶的质量。椭圆形转子的构型可分为：两棱转子、三棱转子、四棱转子和六棱甚至是八棱转子，它们各有自己的工艺特点，用户要根据配方工艺特点来选配。

转子突棱的相位按圆周均布，两端呈螺旋形向中心前进，一端左旋，另一端右旋，互不相干；一端长一端短，互不相连；一对转子之间，长棱与短棱相对。转子结构特征的主要特征参数主要由转子工作部分最大回转直径及长度、突棱的长度、突棱的螺旋角、突棱顶的宽度等。转子各部分尺寸是根据转子工作部分回转直径来确定的。其主要外形尺寸如图 2.2.2-8 与表 2.2.2-1 所示。

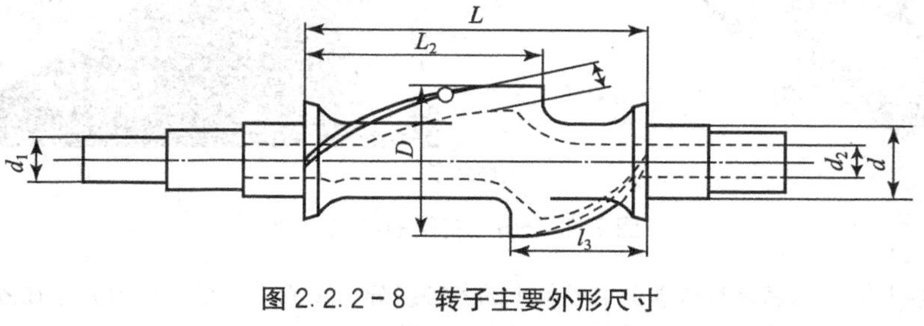

图 2.2.2-8　转子主要外形尺寸

表 2.2.2－1　两棱转子的主要外形尺寸

名称	符号	数值	名称	符号	数值
最大回转直径	D	D	螺旋棱部分壁厚	S	$S=$（0.085～0.09）D
工作部分长度	l	$l=$（1.45～1.7）D	转子轴颈直径	d	$d=$（0.51～0.58）D
短螺旋棱长度	l_1	$l_1=$（0.38～0.43）D	传动端直径	d_1	$d_1=$（0.8～0.95）D
长螺旋棱长度	l_2	$L_2=$（0.70～0.72）D	内孔直径	d_2	$d_2=$（0.4～0.6）D

转子的结构类型如图 2.2.2－9 所示。转子剖面示意图如图 2.2.2－10 所示。

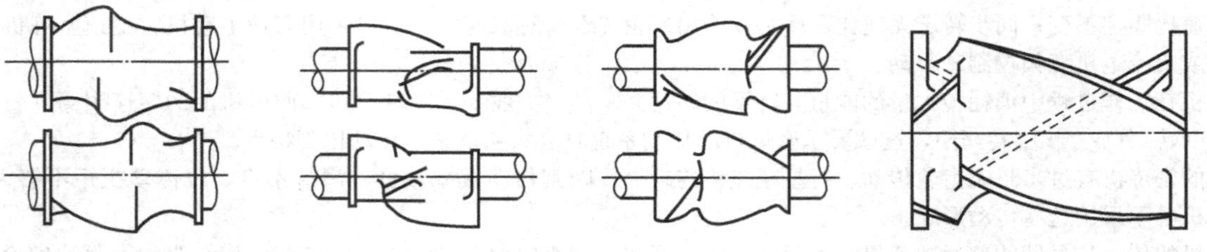

(a)　(b)　(c)　(d)

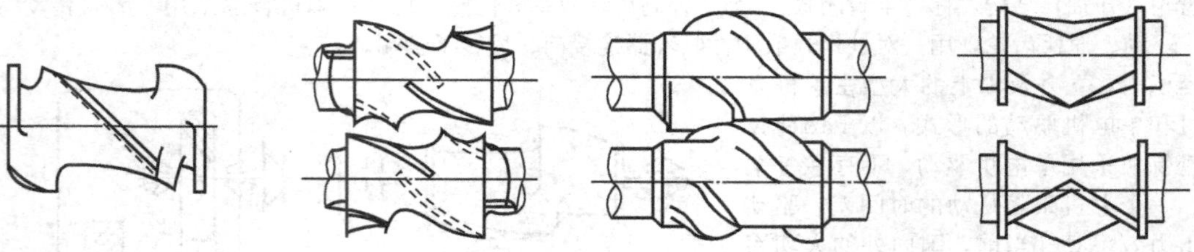

(e)　(f)　(g)　(h)

(a) 椭圆两棱转子；(b) 椭圆四棱转子（GK－N 系列）；(c) 椭圆四棱转子（F 系列）；(d) 椭圆六棱转子；
(e) ZZ2 转子；(f) 同步四棱转子；(g) 圆筒形转子；(h) 三棱形转子

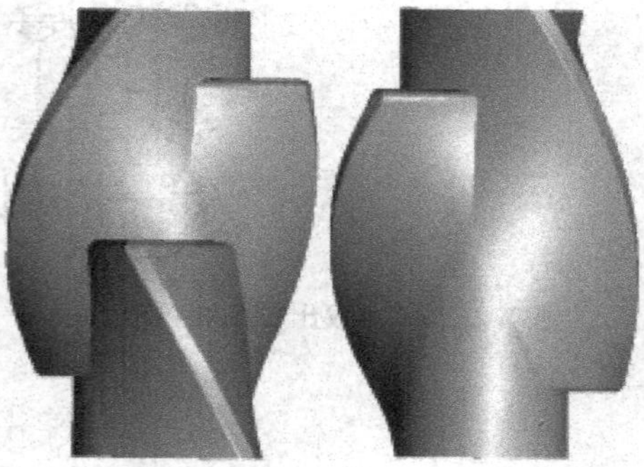

三棱同步转子

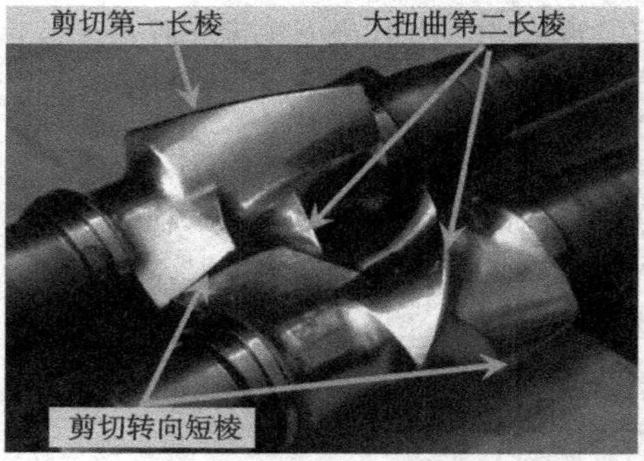

四棱非对称异速分散型低温转子

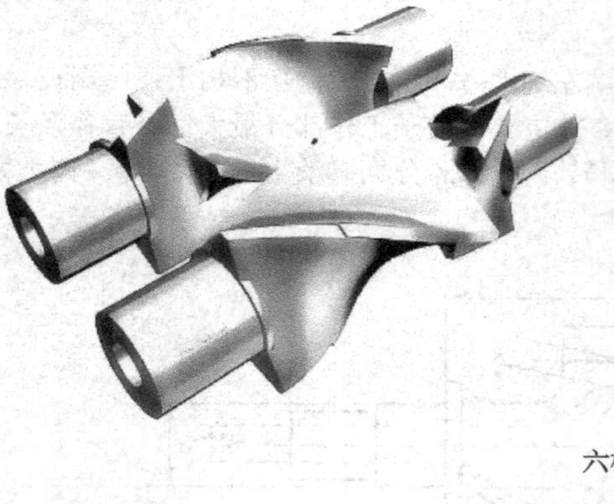

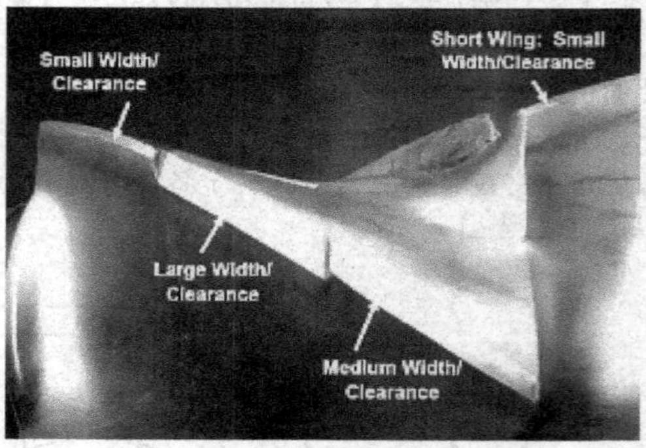

六棱转子

图 2.2.2－9　转子的结构类型

要炼一份质量好的胶料，要求密炼机既能分散胶料中的各种组分，又能使各组分均匀分布在胶料内每一处。对椭圆形转子密炼机，决定分散和分布作用的主要因素是转子的螺旋棱参数。

转子每旋转一周，二棱转子棱间实现一次“啮合”，四棱转子可实现两次，六棱转子可实现三次。对于四棱转子来说，

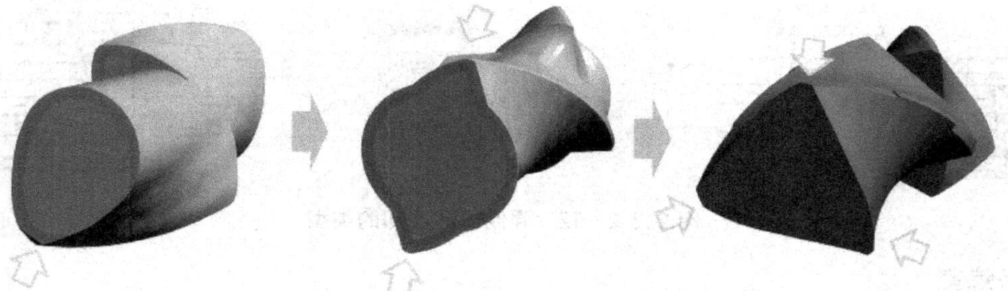

图 2.2.2-10　转子剖面示意图

螺旋棱较宽的剪切作用大，棱的几何角度参数（一般在 35°～40°范围）较大的对胶料的横向推进混合作用较大，使胶料分布得更均匀。同步转子就是基于这一特性设计的。

据国外有关在 F270 密炼机生产的比对应用评估：用 ST 转子比二棱转子增加生产率 10.6%、胶料均匀性提高 15%。基于 ST 转子创新的 NST 转子于 21 世纪初问世，NST 转子比 ST 转子增加生产率 5.9%、胶料均匀性提高 65%。

当前，国内外大部分密炼机制造商提供的都是四棱转子，二棱转子一般是对有提出要求的用户提供。表 2.2.2-2 列举了各种转子的用途特点。

表 2.2.2-2　转子分类和特点

用途特点 / 转子分类	母炼	终炼	工艺特点
2W、4W－H	适用		剪切强，分散快，温升较快上升。多段母炼生产的周期较短
ZZ2、SZ		最多选用	剪切温和，分布均匀作用较好，温升较好控制
ST、TB	适用	适用	保证剪切分散时兼顾分布均匀性
NST、VCMT	适用	适用	进一步提高分布均匀作用，温升平和，在高配比白炭黑混炼时更优越

2. 转子的材料

密炼机转子工作时直接和被加工物料接触，并对物料进行强烈剪切和搅拌，因此要求转子应具有足够的强度、刚度、耐磨性和良好的传热性能。自从绿色轮胎用高配比白炭黑配方以来，还要求与胶料接触表面必须耐腐蚀。转子材料一般采用铸钢（ZG45Ⅱ），突棱顶部堆焊一层厚度 3～8 mm 的耐磨硬质合金，硬度 HRC55－62，其余工作表面堆焊或喷涂厚度 2～3 mm的耐磨合金，或者焊后镀铬，镀铬厚 0.1 mm。此外某些高性能的密炼机转子还有以优质合金钢材料或不锈钢材料制造的。

3. 转子的冷却形式

密炼机炼胶期间胶料产生的热量必须大部分被导出，其中转子的导热效果起着重要的作用，而转子冷却方式对导出胶料热量有很大影响。过去转子冷却方式大多数采用喷淋冷却的中空转子形式，如图 2.2.2-11 所示。但是因棱顶不能很好的冷却，再加上内腔形状复杂不便加工，致使传热系数低，所以冷却效果较差。

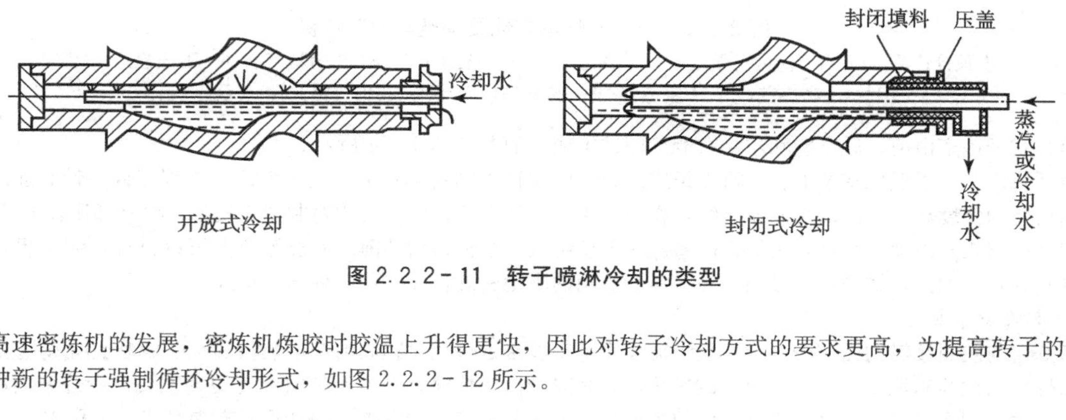

图 2.2.2-11　转子喷淋冷却的类型

随着高速密炼机的发展，密炼机炼胶时胶温上升得更快，因此对转子冷却方式的要求更高，为提高转子的冷却效果，出现了各种新的转子强制循环冷却形式，如图 2.2.2-12 所示。

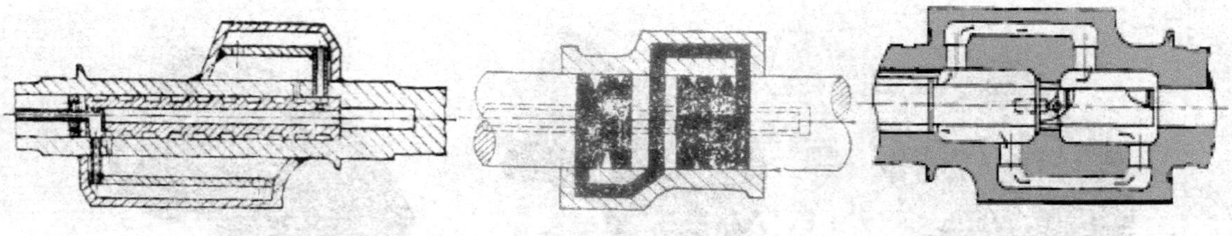

图 2.2.2－12　强制循环冷却的类型

2.3.2　密炼室

1. 密炼室的材质与结构

密炼室也是密炼机的另一主要工作部件，密炼室内壁与转子一样，在炼胶过程直接与胶料和物料接触，受到强烈的摩擦及化学物质的腐蚀。因此，其材料为铸钢（ZG45），为保证其耐磨性，在密炼室内壁堆焊 5～6mm 耐磨硬质合金，硬度不低于 HRC50，或用镶装不锈钢衬套、表面喷涂、表面镀铬等方法提高其耐磨性耐腐蚀性。密炼室的结构可分为：前后组合式、上下对开式、开闭式（亮翅式）、倾斜式和翻转式等，如图 2.2.2－13 所示。

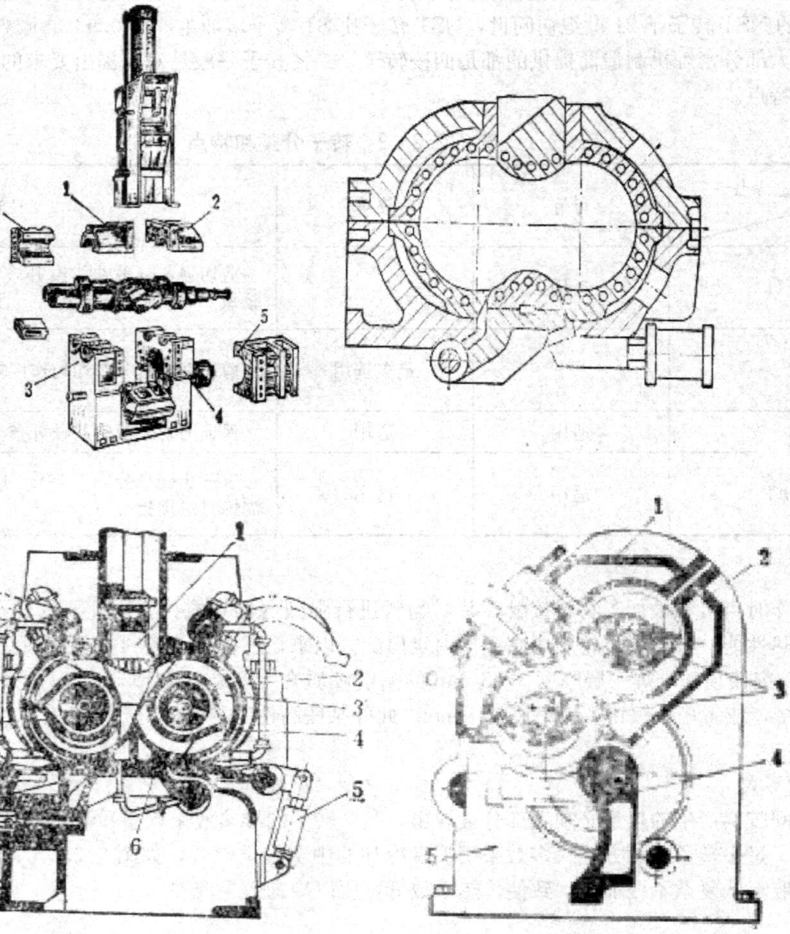

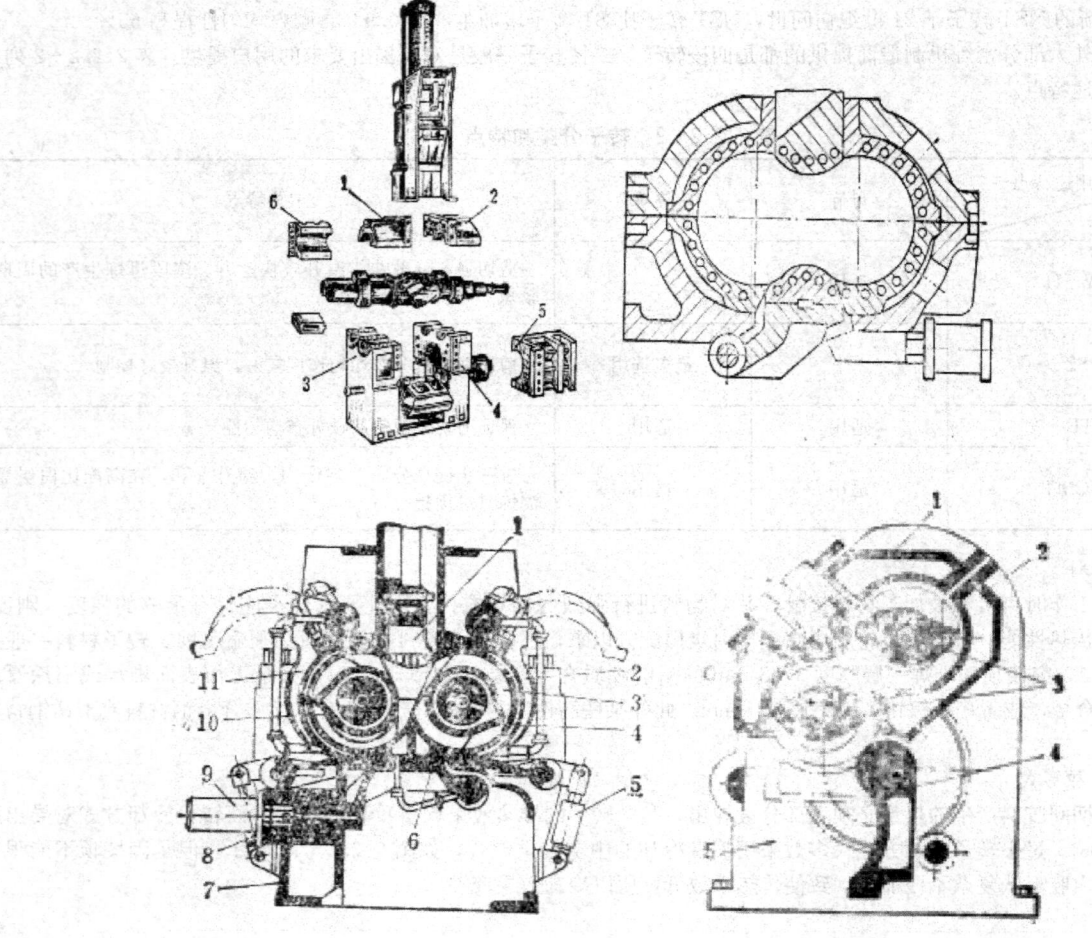

图 2.2.2－13　密炼室其他结构类型的密炼机

1—上顶栓；2，11—可开闭的正面壁；3—密炼室；4，10—转子；5，8，9—液压筒；6—下顶栓；7—机座

1—上密炼室；2—下密炼室；3—转子；4—下顶栓；5—机座；6—上顶栓

前后组合式密炼室由前、后室壁和左、右侧壁四件组成，如图 2.2.2－14 所示。

上下对开式由上、下混炼室及上、下机壳组成。分界面在转子轴线位置上，上下混炼室为焊接件，带有通冷却水的夹套，为提高内壁的强度和增大冷却水回流路线，在夹套中焊有加强筋。此种结构对制造、安装和检修都比较方便。

开闭式（亮翅式）由前、后可开闭的正面壁及两侧壁组成。这种结构的前、后混炼室壁可以打开，便于更换物料品种时进行清理和检查。因此，结构比较复杂。一般实验室用的小型密炼机才采用此种结构形式。

2. 密炼室的冷却方式

由于密炼室与胶料接触的面积较大，一般考虑让密炼室能带走炼胶过程胶料产生热量的 60%。因此密炼室的冷却方式及结构对密炼机的性能和炼胶质量有着重要的影响，尤其对于高压快速大功率密炼机显得更为重要。密炼室的冷却方式与结构较多，过去采用水浸式或喷淋式冷却，已很少使用，近代的密炼机的密炼室冷却形式有夹套式、钻孔式等。

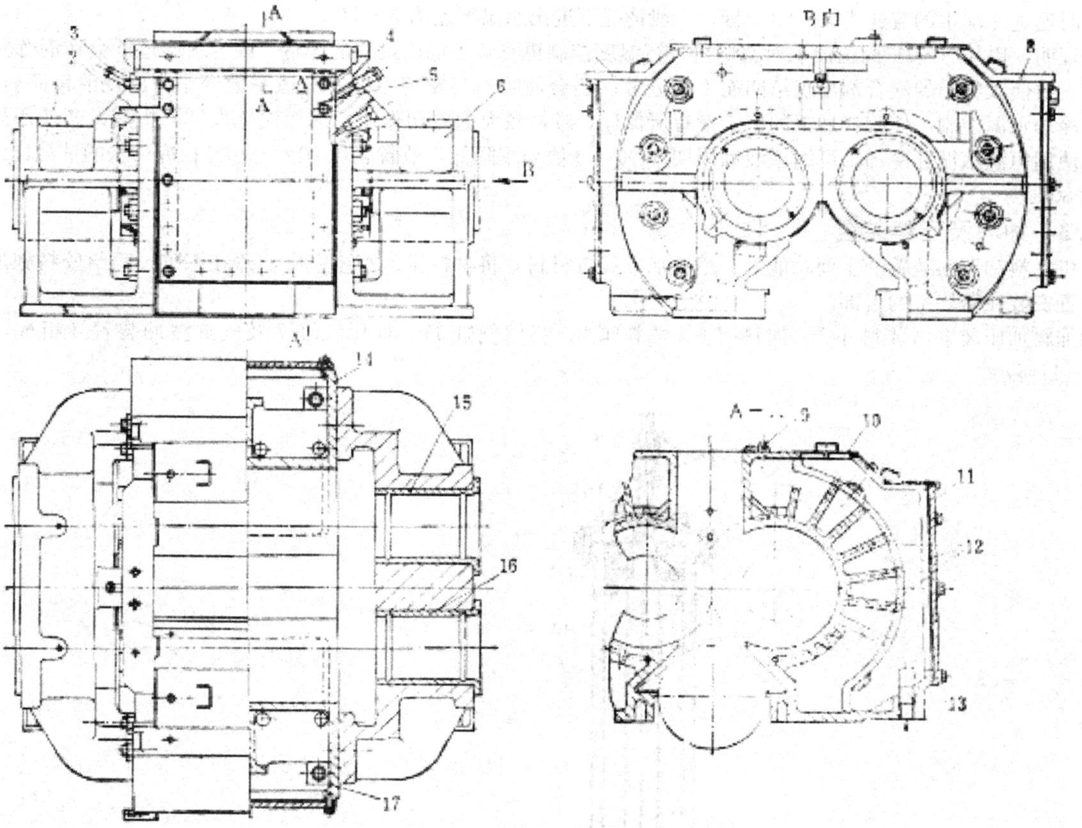

图 2.2.2－14 前后组合式密炼室

1，6—侧面壁；2—左托架；3，4—管子；5—右托架；7，8—壳盖；9—密封压板；10—上盖；11—侧盖；12—加强筋；13—管子；14，17—正面壁；15，16—轴套

（1）夹套式

密炼室壁为一夹套，夹套间设置许多隔板，夹套分为两半（如图 2.2.2－15 所示），冷却水由分别对密炼室壁的上半部和下半部进行冷却。这种冷却方式可以增大冷却面积，增加冷却水的流速，提高冷却效果。但因为密炼室壁较厚，冷却效果不是太理想。

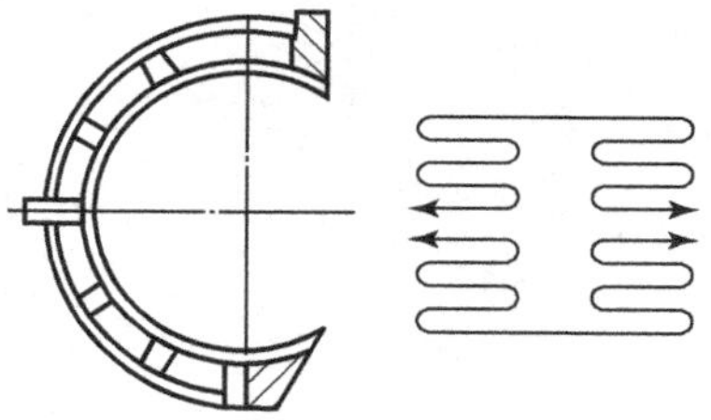

图 2.2.2－15 夹套式密炼室机构示意

（2）钻孔式

如图 2.2.2－16 所示，在密炼室壁内沿着轴向方向钻了许多小孔，冷却水沿孔道循环流动，对密炼室壁分上下两或左右半部进行冷却。这种冷却方式及结构的最大特点是：1）孔道比较靠近密炼室内壁，导热距离短；2）孔道截面面积小水流速度较快，导热系数较大；3）温度反应速度快；4）传热面积较大。以净容积 370L 的密炼机来看，钻孔式的传热面积可达 792 m^2。钻孔式密炼室的冷却介质在孔道流动方式可分为：大孔串联式、小孔并联式和小孔串联式 3 种。

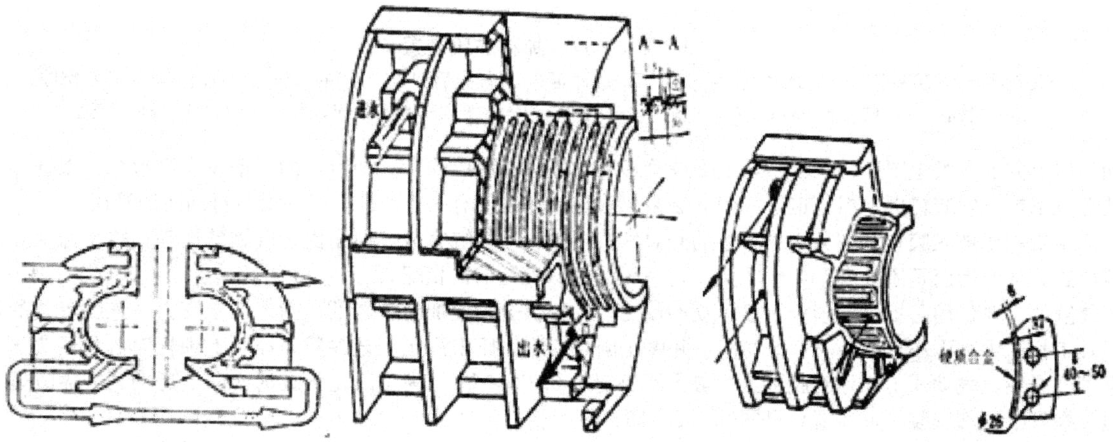

（a）（b）（c）

图 2.2.2－16 钻孔式密炼室

（a）大孔串联式；（b）小孔并联式；（c）小孔串联式

混炼时通进冷却水的流速为 3～4 米/秒，一般情况下进出水温度差为 3～5℃。

实践证明，以 40～60℃的恒温水对密炼机进行温度控制更有益于混炼过程的进行。因为水温过低会在混炼室剪切壁上出现结露，致使胶料中的配合剂出现结团而不利分散；还会使胶料与密炼室壁的摩擦系数变小，出现滑移而剪应力下降。保持混炼冷却水温控制，使胶料加工的稳定性有所保证，维持较大的剪切作用而缩短混炼周期、提高设备使用效率。据文献报道，使用恒温水循环冷却，可缩短混炼周期 50%；峰值功率降低，节省能耗 10%～20%；冷却水的消耗比传统方式减少量可达 80%。

2.3.3 加料及压料装置

密炼机加料和压料装置的主要功能是：用于加入配方材料，将材料压入密炼室中，并在炼胶过程给胶料施加一定的压力。该装置安装在密炼室的上部。

气动加料加压装置由装料斗 1、加料门 3、填料箱 2、料门气缸 17、加压气缸 7 及气缸缓冲装置 5 组成，其结构如图 2.2.2－17所示。

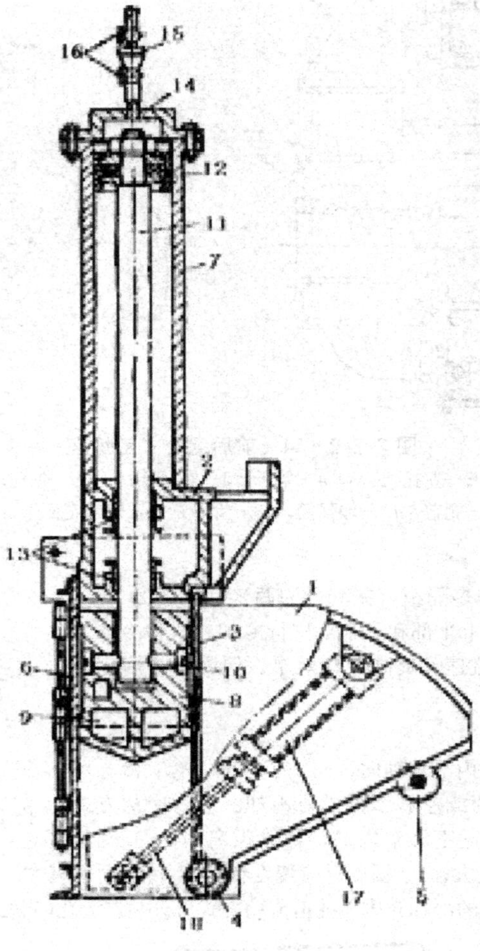

图 2.2.2－17　加料加压装置

1—装料斗；2—填料箱；13—加料门；4—轴；5—缓冲辊；6—加料后门；7—气缸；8—上顶栓；9—冷却水空腔；10—销轴；11，18—活塞杆；12—活塞；13—填料；14—气缸盖；15—油壶；16—阀门；17—料门气缸

在加料口上方安有吸尘罩，可在吸尘罩上安置管道和抽风机，用以除尘；加料斗的后壁设有方形孔，根据操作需要可将方形孔盖板拿掉，安装辅助加料管道，一般安装炭黑管道；在侧面有一小圆孔，以便安装自动注油管道。

加料门主要用于加入胶料和部分小料，它的开启和关闭由料门气缸完成。但是由于气缸的运动往往冲击大，现在有的已改为液压缸。加料后门是添加大宗粉料的接口，一般与密炼机上辅机相配。

加压气缸的主要作用是提供上顶栓上下运动的动力，并提供上顶栓加压胶料的压力。加压压力是炼胶工艺的重要参数之一，气缸工作压力需不小于 0.70～0.8 Mpa，并由比例阀控制加压来满足工艺参数，控制上顶栓对胶料压力至 0.6 Mpa 可调。据国外介绍，气动式上顶栓对胶料压力最大不要超过 0.422 Mpa。为了防止气缸活塞向上运动到缸盖时速度过快而撞击缸盖，在气缸顶部安装缓冲装置，见图 2.2.2－18。

随着高速高压密炼机的出现，加压装置已采用了液压油缸，而油缸不能安装在气缸的位置，因为油缸漏油进入密炼室会影响混炼胶的质量，一般都使用两个油缸，并安装在加料加压装置的侧面，如图 2.2.2－19 所示。

不管是气动式还是液压式的压料装置，上顶栓对胶料压力在 0.6 Mpa 以下可调，使用户能选择最佳的工艺参数。

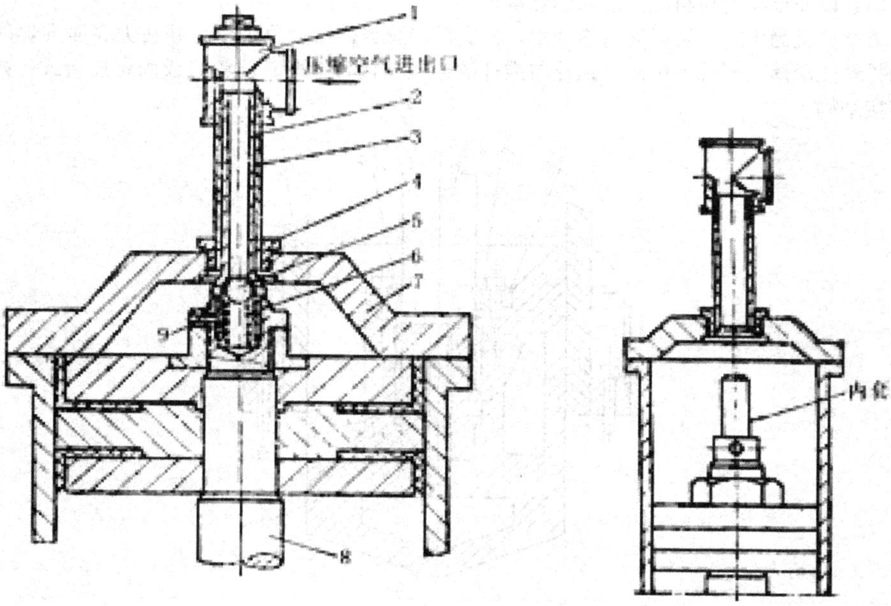

图 2.2.2－18　加压气缸缓冲装置

1—管接头；2—缓冲器外套；3—缓冲器内套；4—连接块；
5—钢球；6—弹簧；7—气缸；8—活塞杆；9—安全销

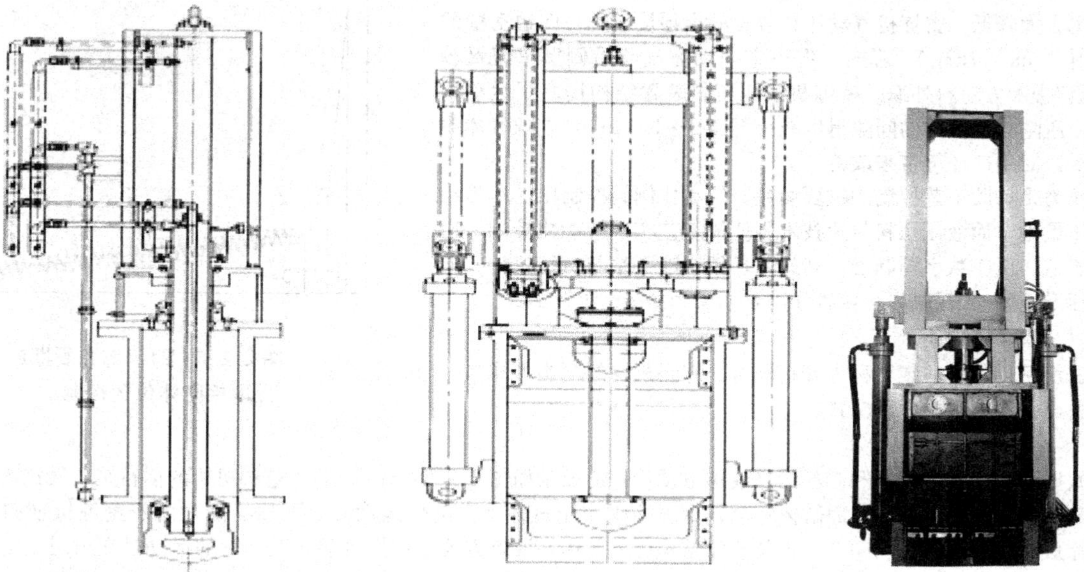

图 2.2.2－19　液压加压的加料加压装置

液压压料装置早在 20 世纪 50 年代上海橡胶机械厂就开发用在 50 L 密炼机上，国外研究液压压料装置的技术是在 20 世纪 80 年代中期，真正被运用在实际生产是在 20 世纪 90 年代。进入 21 世纪以来，液压压料装置已经越来越多应用。实际应用表明，液压压料装置有以下特点：

1）采用伺服阀控制压力，响应速度快，上顶栓能在炼胶过程中自动上下移动寻找压力平衡位置，对胶料的压力始终保持设定压力值，这一稳定的工艺参数对炼胶质量是很有利的。

2）由于压力稳定，有缩短炼胶周期的空间，对提高产量是有利的。

3）由改用不可压缩流体液压驱动上顶栓替代压缩空气系统驱动，同比压缩空气系统消耗的综合能源成本费用降低 40％～45％。

4）在改善环境方面：① 消除了压缩空气的排放噪音；② 液压驱动上顶栓平稳得多，使井口段的动态气流吸/排引起的“喷粉”减少，现场粉尘污染小得多；③压料时由伺服压力闭环控制，上顶栓浮动时对井口板减少撞击力，高频噪声有所下降。

5）液压压料装置的制造成本比气动高。

上顶栓一般为铸造件而且为中空，可以通入冷却水，其底部与胶料接触处呈尖形，并且在这个部位堆焊硬质合金。上部设置一或两个斜面，以便堆积的粉料能滑落入密炼室中。

上顶栓一般为铸造件且为中空，可以通入冷却水，其底部与胶料接触处呈尖形，并在尖表面堆焊硬质合金。上部设置斜面，以使堆积的粉料能滑落入密炼室中。上顶栓与推杆的连接结构，一般有球铰式或固定连接式，如图 2.2.2－20 所示为一种推杆固定连接结构。

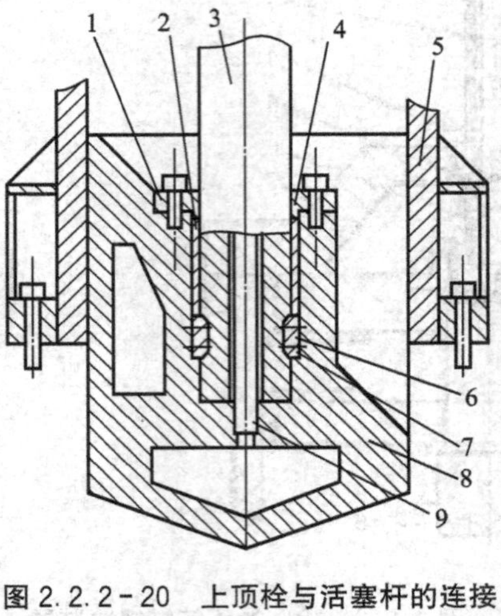

图 2.2.2－20　上顶栓与活塞杆的连接

1—法兰压盖；2—压环；3—推杆；4—密封圈；5—加料门座；6—密封圈

推杆固定连接压砣结构与球铰式的相比，压砣升/降运动精度较高，炼胶浮动阶段晃动幅度大大受限，与进料井口板碰撞和磨损就减少了，机械噪音也大大降低。密炼机气动压料装置的上顶栓压砣与四边室壁的间隙一般有 3 mm，压砣升/降时，混炼室内动态气流沿侧壁窜流量较大，容易吸/排配方粉料外逸。密炼机液压压料装置结构提高了运动精度和刚性，压砣与室壁间的间隙得以减小至 1.0～1.5 mm，外逸气体粉尘得以减少，对生产环境带来改善。

胶料压力是炼胶工艺控制的重要参数。气动比例阀控制压砣压力给工艺提供了柔性，而液压压料装置技术则使该工艺实现智能化控制。通过位置传感器、压砣数字控制器，高速闭环控制液压站与执行机构，实现压砣快速升/降、轻轻触底、位置浮动，如图 2.2.2－21 所示。

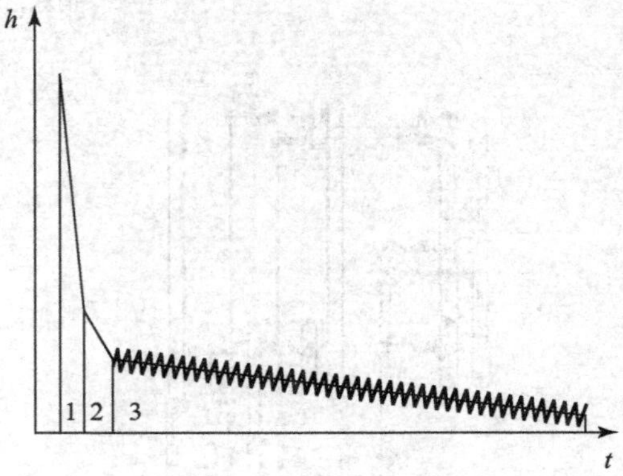

图 2.2.2－21　炼胶周期的上顶栓陀体位置控制

2.3.4　卸料机构

开闭密炼室排料口的装置称为卸料装置。卸料机构的结构形式有三种：滑动式、摆动下落式和翻斗式。

1. 滑动式卸料装置

滑动式卸料机构是由气缸和卸料门（或称下顶栓）组成（如图 2.2.2－22 所示）。这种机构的运行是：气缸通入压缩空气之后，气缸活塞杆固定不动，而缸体运动。下顶栓固定于缸体上，缸体运动时，下顶栓随之沿着密炼机轴向做往返运动，从而完成卸料门的开启和闭合。该装置的结构比较简单，维修方便，使用可靠，但是它的运动是在滑道上滑动，同时下顶拴的周边与密炼室接触面积大，因此摩擦力较大，运行速度慢；并且，排料时容易存有余胶，容易引起卸料口密封不严的问题。

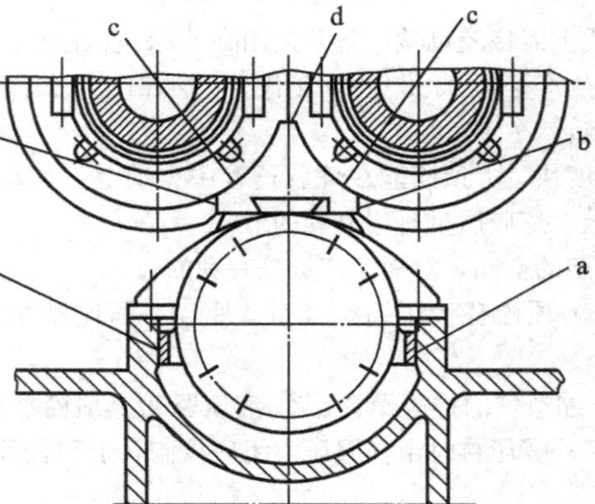

图 2.2.2－22　滑动式下顶栓结构

2. 摆动下落式卸料装置

随着快速密炼机的出现，缩短了混炼时间，要求加快加料的速度，摆动下落式卸料机构卸料速度大大地快于滑动式，开闭时间一次只需 2～3 秒，密封性能好，因此新型密炼机基本上都采用这种卸料机构。摆动下落式卸料机构是由下顶栓、支座、锁紧机构和驱动装置组成，如图 2.2.2－23 所示。

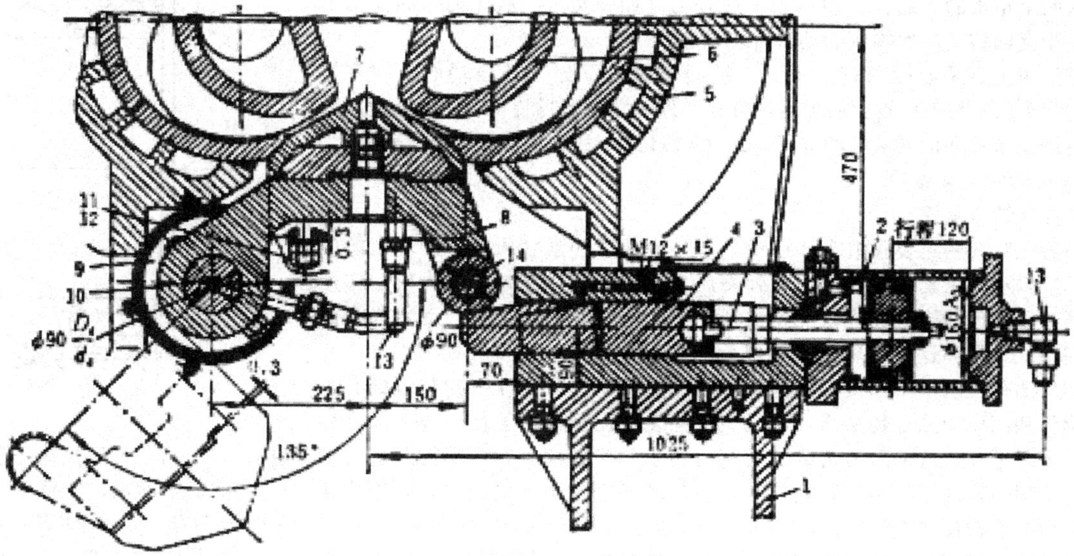

图 2.2.2－23　楔板锁紧的摆动下落式卸料装置

1—底座；2—油缸；3—活塞杆；4—楔板；5—密炼室；6—转子；7—下顶栓；8—下顶栓座；9—旋转油缸；10—轴；11—浮动螺栓；12—弹簧；13—冷却水管；14—滚子

下顶栓浮动地固定在支座上，支座与旋转轴固定连接，旋转轴与驱动装置连接。开启时，支座在重力和旋转轴的驱动下带着下顶栓下落，并绕旋转轴摆动 120°～135°。闭合时，旋转轴驱动支座绕轴回转摆动，直至下顶栓与卸料口闭合，锁紧机构进行锁紧。

摆动下落式卸料装置的锁紧机构有两种形式：插板式锁紧机构（如图 2.2.2－24 所示）和铰支锁紧机构（如图 2.2.2－25 所示）。插板锁紧机构适合于中小型规格密炼机；铰支锁紧机构主要用于大型密炼机。插板式锁紧机构的锁板与支座的自锁角为 $\alpha=10°\sim12°$，铰支锁紧机构的自锁角为 $\alpha=6°$左右。

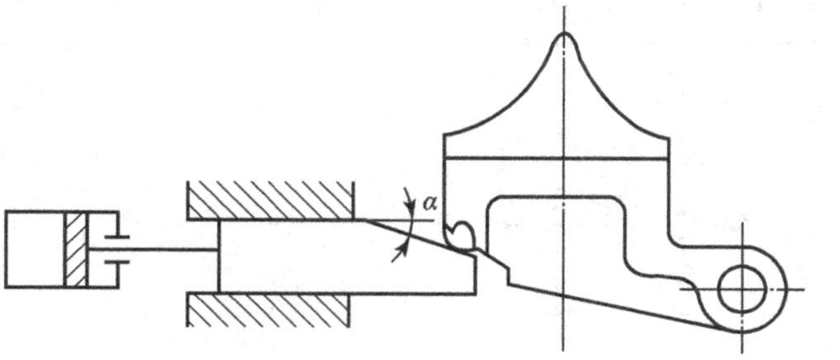

图 2.2.2－24　插板式锁紧的摆动式下顶栓

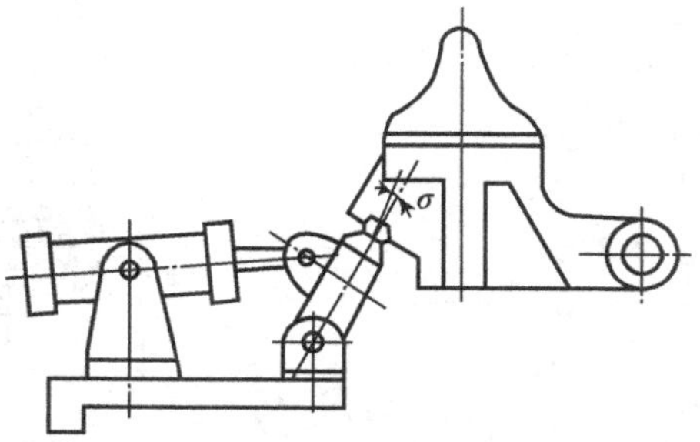

图 2.2.2－25　铰支式锁紧的摆动式下顶栓

摆动下落式卸料装置的旋转轴驱动装置有旋转油缸和油缸-齿条-齿轮两种，如图 2.2.2－26 所示。

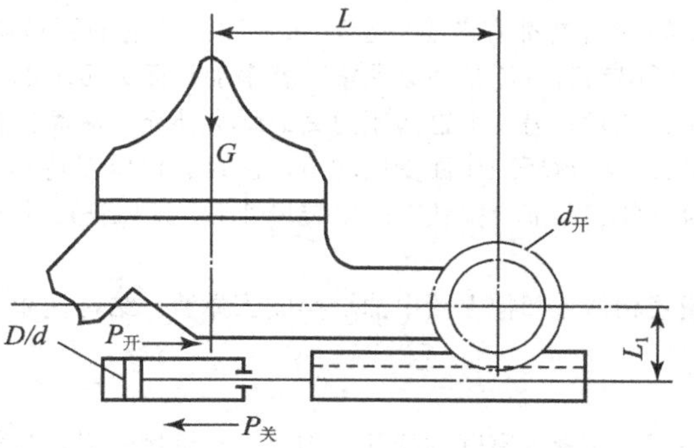

图 2.2.2－26　摆动下落式卸料装置的动力机构——油缸-齿条-齿轮

2.3.5　密封装置

密炼机的密炼室是密闭的，工作时，转子轴颈与密炼室侧壁之间的环形间隙会由于气流的流动将粉末带出，并引起其他物料的漏泄，为了阻止漏泄，在这个间隙处必须设置密封装置。早期密炼机密封装置采用过填料密封、反螺纹密封、迷宫密封，现代密炼机主要采用端面密封装置，是将两个精密的平面在介质压力下或外力（如弹簧力、液压力）的作用下相互贴紧并相互回转运动而构成的动密封装置。

现代密炼机主要采取端面密封方式。端面密封可以分为外压端面密封（如图 2.2.2－27 所示）与内压端面密封两种方式。外压端面密封装置有螺栓弹簧压紧式、拨叉弹簧压紧式和拨叉液压油缸压紧式（FYH 式）和直接油压式。

1. 外压端面密封装置

（1）螺栓弹簧压紧式

螺栓弹簧压紧式密封装置由安装在转子上的转动环和紧紧压在转动环上的压紧环（静环）以及对压紧环施加压力的弹簧压力机构组成。在弹簧压力机构作用下，转动环和压紧环的接触面产生一定的压力，阻止物料的泄漏。转动环为表面经淬火的钢件；压紧环是由铜环和钢环组合的零件，与转动环接触处为铜环，并且设置注润滑油孔，以减少面接触的磨损。当密炼机工作时，在密封装置处有少量膏状的物料和润滑油混合物溢出。但是，这种装置在密炼机运行一段时间之后会出现密封效果下降，这是因为密炼机运行时转子的串动，压紧环不能跟进转动环的串动产生间隙，这些间隙被物料填入，引起端面密封不严的结果，随着快速密炼机的应用，这种现象更为明显。

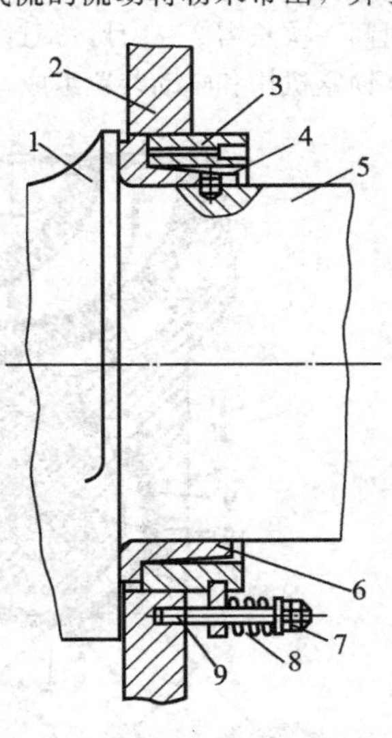

图 2.2.2－27　外压式端面密封结构

1—转子；2—侧面壁；3—静环（压紧环）；4—紧固螺钉；5—转子轴颈；6—动环；7—螺母；8—弹簧；9—螺栓

该密封装置适用于低压低速密炼机，具有结构简单、密封可靠，使用寿命长（保持良好的润滑时，可用 2～3 年）的特点，但使用时要求有良好的维护。

（2）拨叉液压油缸压紧式

拨叉液压油缸压紧式（简称 FYH）的结构如图 2.2.2－28 所示，由油缸 10、压紧环（静环）6、转动环（动环）7、拨叉 3 等零件组成。油缸的缸体与叉板固定在一起，压缩弹簧 2 对插板产生一定的预紧力。工作时油缸通入压力油，由于活塞杆不能移动，而缸体移动，从而带动叉板移动，叉板中间的螺栓 5 起着杠杆支点作用，使叉板运动的力转化为对压紧环的压力。

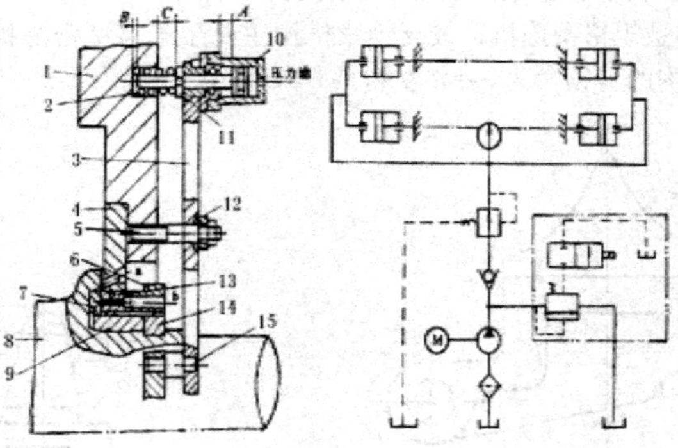

图 2.2.2－28　"FYH" 端面密封装置

1—侧面壁；2—弹簧；3—拨叉；4—硬质合金衬板；5—双头螺栓；6—静环；7—动环；8—转子；9—轴套；10—油缸；11—圆螺母；12—螺母；13—铜环；14—发兰盘；15—销柱

液压式端面密封装置在每个转子的密封处都安装了一套，四个油缸的进油管被串联起来，并都通入一定压力的液压油，叉板对压紧环的压力相等。当转子串动时，压紧环会紧紧跟着串动，而叉板上的油缸缸体也在不断地串动，这样缸体内的液压压力会不断变化，缸体内压力低时，另一个缸体压力高的就会补充，从而保持压紧环和转动环的接触面始终压力不变。液压式端面密封装置的优点是：各密封环工作面受压均恒，密封面比压保持相当稳定，同时工作时可以调整，密封可靠、维修方便。安装油缸和叉板时，务必保证自由状态的安装尺寸 C，即保证尺寸 A 大于尺寸 B。

（3）拨叉弹簧压紧式

其结构形式与拨叉液压油缸压紧式相似，即把上图中油缸换成了弹簧。结构简单，压力较小适用与中小型密炼机和加压式捏炼机。

（4）油缸直压式

固定在密炼机转子端面的动环与固定在密炼室壁的静环，构成一对机械密封，分布在外端面的 4 个并联油压缸直接向静环施加压力，使静环密封面压紧动环的密封面。在动、静环接触面之间，注入高压润滑油，起减少磨擦，减少生热，保证良好密封作用。油缸直压式密封装置结构简单，压力均等，密封面受力平衡，有很好的密封效果，大量使用在新型和大型密炼机中（图 2.2.2－29 所示）。

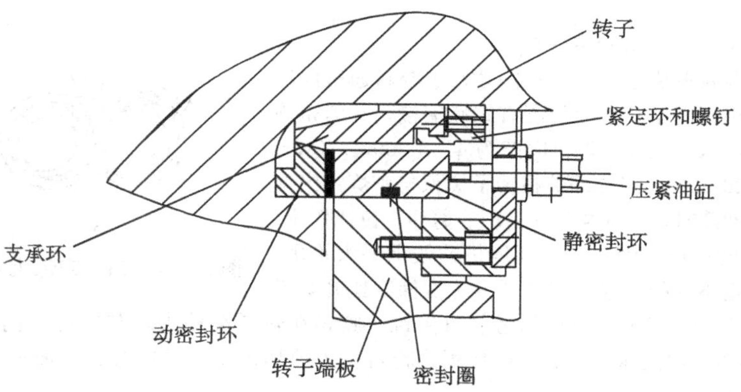

图 2.2.2－29　油缸直压式密封结构示意图

2. *内压端面密封装置*

内压端面密封装置也称为内压端面接触式自动密封装置，如图 2.2.2－30 所示为内压端面接触式自动密封装置它由挡板 1、外密封圈 2、固定螺钉 3、内密封圈 4、内套圈 5、弹簧 6、调节螺钉 7、压板 8 和压板螺钉 9 及 O 型密封圈 10、软化油接管和润滑油管等组成。

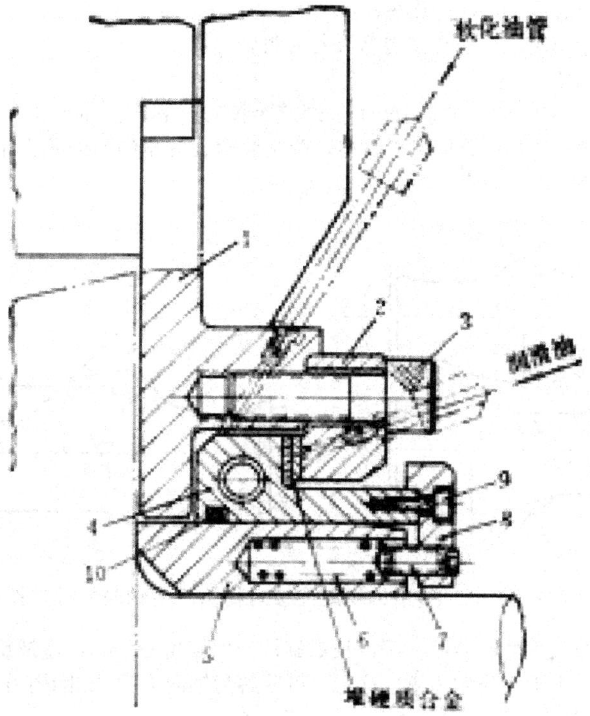

图 2.2.2－30　内压端面接触式自动密封装置

1—挡板；2—外密封圈；3—固定螺钉；4—内密封圈；5—套圈；
6—弹簧；7—调节螺钉；8—压板；9—固定螺钉；10—O 型圈

内压端面接触式自动密封，主要是依靠密炼室在混炼时的胶料向外挤出时的压力使内密封圈始终压紧在外密封圈上，以达到良好的密封效果。在每个密封圈上装有三个软化油口，两个润滑油入口，软化油的作用是使橡胶变成粘流态。润滑油用来润滑内外密封圈接触面，两种油的注入压力可达 60 MPa。

这种密封装置可由胶料的压力变化而自动调整内密封圈的压紧程度，密封效果较好。适用于高压快速密炼机上的密封装置。

2.4　密炼机的工作原理与主要性能参数

密炼机的主要性能参数有密炼室总容积、密炼室工作容积、填充系数、转子结构型式、转子转速、生产能力、压砣对物料的单位压力、主电机传动功率、外形尺寸、重量等。划分密炼机的规格型号，密炼室总容积为第一参数，转子转速为第二参数。

2.4.1　密炼机的工作原理

密炼机对物料的捏炼作用可分为转子突棱顶与密炼室内壁之间及两个转子之间两方面的四种作用来讨论，包括：①转子外表面与密炼室内壁间的捏炼作用；②两转子间的混合搅拌、折卷作用；③转子的轴向往返切割、搅拌作用；④上下顶栓分流、剪切和交换作用。

1. 转子外表面与密炼室内壁间的捏炼作用

转子表面与密炼室内壁间形成了一个环形间隙，当胶料通过此环形间隙时，则受到捏炼作用。由于转子表面制有螺旋突棱，它与密炼室形成的间隙是变化的（如 XM—50 密炼机间隙为 4～80 mm，XM—250 密炼机间隙为 2.5～120 mm），最小间隙在转子棱顶与密炼室内壁之间。当胶料通过此最小间隙时，受到强烈的挤压、剪切、拉伸作用，这种作用与开炼机两辊距的作用相似，但比开炼机的效果要大得多。这是由于转动的转子与固定不动的室壁之间胶料的速度梯度比开炼机大得多，而且，转子突棱与密炼室壁所形成的透射角尖锐。胶料在转子突棱尖端与密炼室内壁之间边捏炼边通过，同时，还受到转子其余表面的类似滚压作用。这些作用使胶料发生剪切形变，各组分在生胶中分散、分布。如图 2.2.2-31 所示。

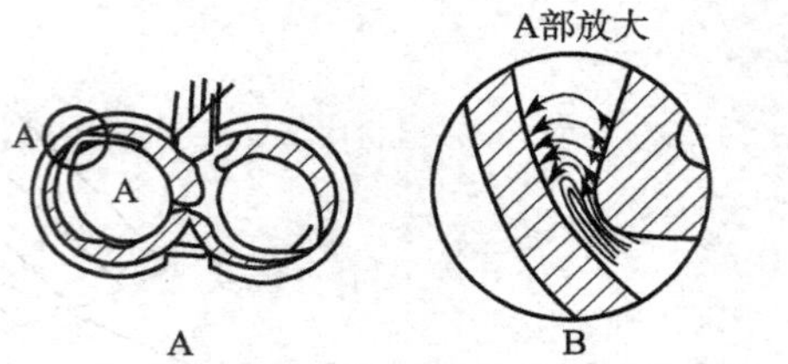

图 2.2.2－31　密炼机中流线和填充情况示意图

转子外表面与密炼室内壁间的捏炼作用以椭圆型转子密炼机尤为明显。

2. 两转子之间的混合搅拌、折卷作用

两转子的椭圆形表面各点与转子轴心线的距离不等，因而具有不同的圆周速度。因此两转子间的间隙和速比不是一个恒定值，而是处处不同、时时变化的。速度梯度最大值和最小值相差达几十倍，可使胶料受到强烈的剪切、挤压、搅拌作用。又由于两转子相位不同，其相对位置也是时刻变化的，使胶料在两转子间的容量也经常变化，被转子突棱从前部高压区推向后部低压区折卷，产生强烈的混合、搅拌作用。

两转子之间的混合搅拌、折卷作用，以啮合型密炼机尤为明显。

3. 转子的轴向往返切割、搅拌作用

胶料在转子上不仅会随转子做圆周运动，同时转子的螺旋突棱对物料产生轴向的推移作用，因此胶料还会沿轴向移动。由图 2.2.2－32 右面的突棱螺旋的受力分析可以看出，两突棱螺旋升角的不同其作用也不同，这样胶料在转子的轴向往复移动就形成了切割捏炼的作用。

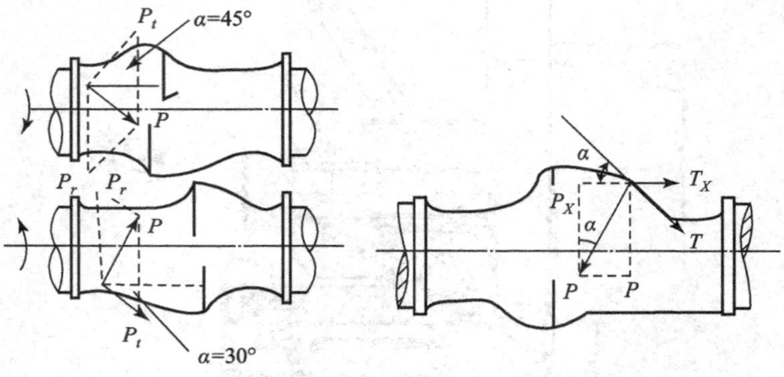

图 2.2.2－32　转子的螺旋突棱对物料产生轴向的推移作用

每个转子都有方向不同、长短不一的螺旋棱，假设长螺旋棱的螺旋角 $\alpha=30°$，短螺旋棱的螺旋角 $\alpha=45°$。当转子旋转时，转子螺旋棱表面对胶料产生一个垂直作用力 P，这个力可分解为轴向力 P_x 和圆周力 P_α。

圆周力 P_α 使胶料绕转子轴线转动，$P_\alpha=P\cos\alpha$

轴向力 P_x 使胶料沿转子轴线移动，$P_x=P\sin\alpha$

因为胶料与转子表面的摩擦力 T 企图阻止胶料轴向移动，故要使胶料产生轴向移动条件是：

$$P_x>T_x$$

$$P\cdot\sin\alpha>P\cdot\tan\rho\cdot\cos\alpha$$

$$P\cdot\tan\alpha>P\cdot\tan\rho$$

$$\tan\alpha>\tan\rho$$

$$\alpha>\rho$$

ρ—为胶料与转子金属表面的摩擦角，随胶料温度变化而变。一般情况下，胶料与金属表面的摩擦角 $\rho=37\sim38°$。这样即可得出胶料在转子上的运动情况为：

在转子长螺旋段　$\because\alpha=30°$，$\therefore\alpha<\rho$

即 $P_x<T_x$，因此对胶料不会产生轴向移动，仅产生圆周运动，起着送料作用及滚压揉搓作用。

在转子短螺旋段　$\because\alpha=45°$，$\therefore\alpha>\rho$

即 $P_x>T_x$，因此胶料使产生轴向移动，对胶料往复切割。

由于一对转子的螺旋长段和短段是相对安装的，从而促使胶料从转子一端移动另一端；而另一端转子又使胶料作相反方向移动，同时也有胶料从一个转子折卷向另一个转子翻越，如此来回推移和翻滚搅拌胶料，使各配方组分在胶料中均匀分布。

4. 上下顶栓分流、剪切和交换作用

由于上、下顶栓顶部的分流作用，同步或异步转子都可使胶料在左右密炼室中进行折卷捣换。其中一侧转子前面的部分胶料（高压区）被挤压到对面密炼室转子后面（低压区）。彼此往复捣换，如同两台相邻开炼机连续倒替混炼。

为了有效交换，一个转子必须把胶料直接拨到相对应的转子棱顶后部间隙中。否则，因压力平衡性阻止交换。这就要求两转子转到适当位置进行交换，这取决于速比。

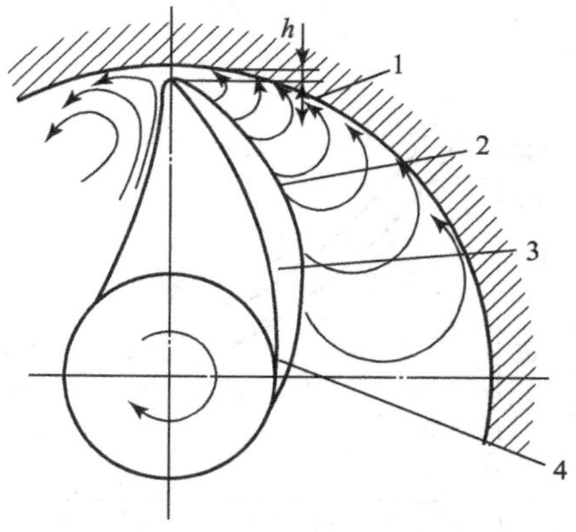

图 2.2.2-33　“S”转子捏炼示意图

1—密炼室壁；2—小曲率半径棱的圆弧；3—小曲率半径棱的圆弧；4—转子

此外，在转子外形的设计上有将突棱的工作面的圆弧曲率半径选的小些，即“S”转子，如图 2.2.2-33 所示。这样就会使棱的圆弧面与密炼室内壁形成的工作区的容积由大逐渐变小，胶料通过时，挤压力增加；棱的另一面设计成凹形的，工作区的容积由小变大，更易流动，增加了紊流态。

2.4.2　密炼机总容积、净容积、工作容积、填充系数和一次投料量

密炼室总容积为由密炼室、卸料门关闭、上顶栓降下形成的空腔的容积；净容积是密炼室总容积减去密炼室中两个转子的体积，是决定密炼机生产能力大小的主要参数；工作容积是指容纳一份配方材料的体积空间，填充系数是实际装填料的体积与密炼室净容积之百分比。

密炼机净容积＝密炼机总容积-两转子容积

密炼机净容积是生产能力大小的主要参数，GB9709－2010 规定的密炼机总容积的标准系列为：1 L、1.5 L、(1.7 L)、5 L、25 L、30 L、50 L、80 L、(75 L)、90 L、110 L、135 L、160 L、190 L、270 L、(250 L)、370 L、400 L、650 L，其中括号中的系列为保留规格。

密炼机净容积 V 乘以填充系数 φ 定义为密炼室的工作容积，表征密炼机的一次投料量，如图 2.2.2-34 所示。

工作容积＝密炼机净容积 $V\times$ 填充系数 φ

填充系数 φ 根据转子形式、密炼机规格、压砣压力的大小、密炼室磨损程度、炼胶配方确定，一般填充系数范围：切线型两棱转子 70%～80%、四棱转子 75%～85%，啮合型转子 65%～75%。转子与密炼室壁在生产过程中会磨损，所以这个容量并不是固定的，实际生产配方填充系数需要在使用周期内随时间延长而逐渐调高。

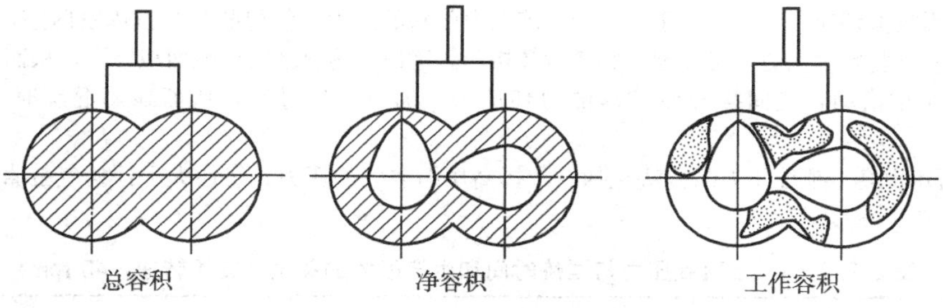

图 2.2.2-34　密炼机容积示意图

密炼机的一次投料量＝$V\times\varphi\times\rho$

ρ 为混炼胶的比重，密炼机生产企业一般选值为 1.2，但橡胶制品的实际值一般在 1.15～1.55。

2.4.3　转子转速与速比

密炼机转子的转速可采用低速、中速、高速。转子转速的选择应根据橡胶加工工艺的要求和实际使用条件而定。一般用于一段混炼的密炼机转子转速可以适当高一些，二段混炼（终炼）应采用低速。

密炼机转子转速越高，胶料变形越快，捏炼效果越好，混炼时间越短，生产能力越高，胶料温升越快。一般来说，在胶料温升可控原则下，提高转速是提高生产能力最有效的途径之一。转速与炼胶时间和生产能力的关系见表 2.2.2-3，转速与混炼时间的关系见图 2.2.2-35，转速与密炼机功率的关系见图 2.2.2-36。

表 2.2.2-3　转速与炼胶时间和生产能力的关系

转子转速/rpm	20	40	60	80
混炼时间比/%	133	100	64	48
生产能力比/%	80	100	140	160

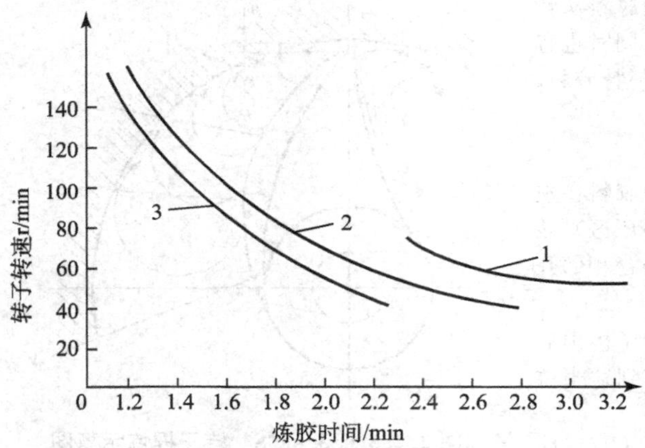

图 2.2.2-35　转子转速与混炼时间的关系

1—上顶栓压力为 2.25 kgf/cm²；2—上顶栓压力为 4.22 kgf/cm²；3—上顶栓压力为 5.98 kgf/cm²

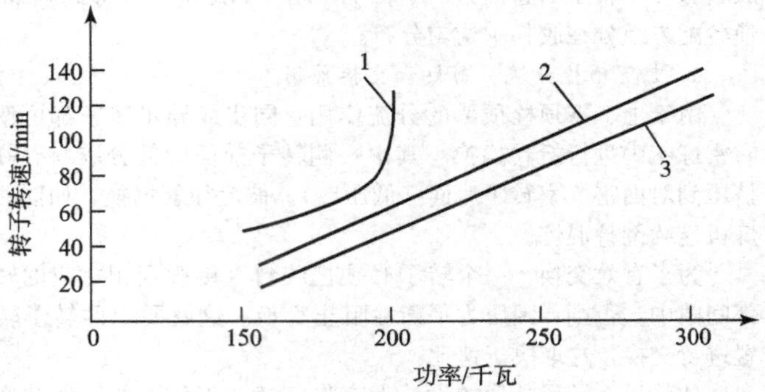

图 2.2.2-36　转子转速与功率的关系

1—上顶栓压力为 2.25 kgf/cm²；2—上顶栓压力为 4.22 kgf/cm²；3—上顶栓压力为 5.98 kgf/cm²

混炼时，必须保持胶温在一定限度内，转子转速过快将使物料温度迅速上升，黏度下降，影响剪切效果，同时也降低了胶料的分散度，因此必须迅速散热。采用高转速炼胶时，必须增大冷却面积和提高水压与流速，强化冷却效率。

在第一段混炼时，一般排胶温度应控制在 130～160℃以下，否则除了会引起分散不良外，还容易使胶料发生化学反应，如出现热裂解、凝胶等现象。最终混炼为防止焦烧，一般排胶温度控制在 100℃以下。

一般椭圆形转子密炼机两个转子，异步的转速是不同的，快转子与慢转子的转速之比称为速比，其值由速比齿轮来定，又称名义速比。另外，两转子工作表面各处因回转半径不同而形成了不断变化的线速度之比，称为实际速比。密炼机转子的经验速比通常为 1∶1.15～1∶1.18。同步转子密炼机，其转子速比为 1∶1。

2.4.4　转子棱顶与密炼室内壁间隙

炼胶时，对胶料起分散作用的主要是在转子棱顶与密炼室内壁间隙之间形成的高剪切区域内。间隙 h 的大小直接影响胶料的剪切速率与剪切应力。h 过大或过小都会对炼胶效果造成不良影响。在使用过程中，h 过大的应对措施是：①补焊；②增加一次投料量。

2.4.5　上顶栓压力

在混炼过程中上顶栓对胶料的单位面积的静压力称为上顶栓压力。增加上顶栓对胶料的压力，可以提高胶料中的流体静压力，虽然不直接影响剪切应力，但是由于减少了密炼室内胶料的空隙，使得胶料与密炼室内壁，转子，上、下顶栓等之间，以及胶料内部各种物料之间更加迅速地互相接触和挤压。这使得物料之间接触面积增大，从而减少了胶料与密炼室内壁及胶料与转子表面的滑动，能间接导致较高的剪切应力，加速分散过程，从而缩短混炼时间，提高了密炼机的功效。

如表 2.2.2-4 所示提高上顶栓压力的方法包括：①提高压缩空气的压力；②加大上顶栓气缸直径；③采用液压代替风压。

表 2.2.2-4　上顶栓压力与混炼时间和生产能力的关系（转子转速：40 rpm）

压力类型	上顶栓对胶料的单位压力/MPa	混炼时间比/%	生产能力比/%
低压	＜1.75	100	100
中压	≤2.45	84	120
高压	4.90	70	143

2.4.6　功率

密炼机是一种捏炼强度极大的混合设备，在混炼物料的过程中要消耗大量的能量。电动机功率消耗主要用来完成胶料捏炼过程中的剪切、搅拌混合和机器各转动部分的摩擦，以前二者为主。密炼机消耗功率特征如图 2.2.2-37 所示：

由橡胶和炭黑组成的简单胶料，其混炼功率曲线的二次幂峰可粗略看作为混合点。随后生胶塑解，炭黑进一步分散，胶料黏度下降。如果在达到二次幂峰值时停止混炼，则胶料的模量可能已经达到其最大值，若要获得最大拉伸强度，则需进行二次混炼。

假定胶料在黏度不变、等温条件下捏炼，则转子单位长度上的功率消耗可表示为：

$$N=4\cdot\eta\cdot v^2B/h$$

式中，N——转子单位上的功率消耗；

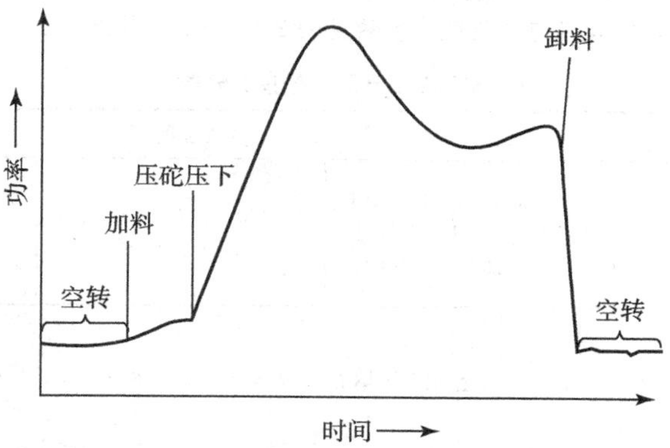

图 2.2.2－37　密炼机功率曲线示意图

η——胶料的黏度；

v——转子棱顶的回转线速度；

B——转子棱顶宽度；

h——转子棱顶与密炼室内壁间隙。

但是，橡胶属非牛顿型流体，对一台特定的密炼机来说，其功率消耗表示为：

$$N=Cv^{k+1}$$

式中，k——胶料特性系数，$k<1$；

V——转子棱顶回转线速度；

C——系数。

密炼机功率消耗受多种因素影响，主要有下面几个：

1）密炼机工作容量越大，其功率消耗越多；

2）密炼机功率消耗与转子棱顶和密炼室内壁间隙 h 成反比，h 越小，N 越大，其关系如图 2.2.2－38 所示；

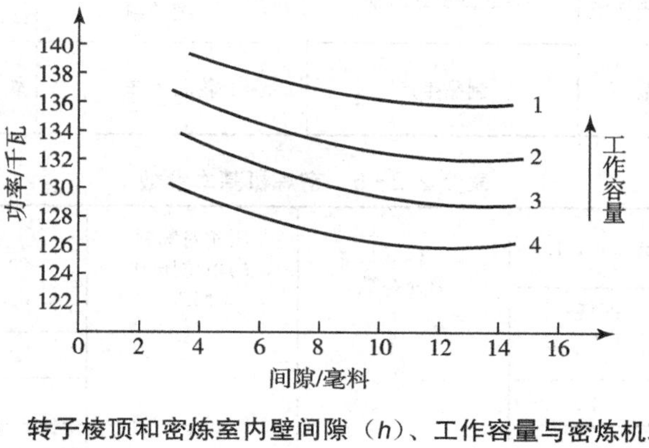

图 2.2.2－38　转子棱顶和密炼室内壁间隙（h）、工作容量与密炼机功率的关系

3）转子棱顶宽 B 越大，密炼机功率消耗越大；

4）功率与转子转速近似成正比；

5）上顶栓压力的增加，会导致功率消耗的增加；

6）转子由两个螺旋棱增加至四个螺旋棱、六个螺旋棱时，加剧了胶料在捏炼中的分流和增加了胶料的剪切次数，故增加了功率消耗。

2.4.7　密炼机主要性能参数一览

1. 密炼机的基本参数

GB/T 9707－2010《密闭式炼胶炼塑机》规定，规格 30 L 以上密炼机的主电机，应采用 IP44（直流为 IP54）以上防护等级，可以在有粉尘的环境中正常工作。规格 80 L 以上密炼机，在工作过程中，不提起压砣可向密炼室内加入液态物料。密炼机的压料装置和卸料装置应可靠、操作方便，并便于清理；密炼机应有显示密炼机内部物料温度的装置；生产用密炼机的密炼室内表面、卸料门和压砣与物料接触的表面，应进行耐磨化处理，表面硬度不得低于 40HRC。

密炼机空转时，所消耗的功率不得超过主电机额定功率的 15%，转子轴承和减速器轴承的温度不得有骤升现象，其温升不得超过 20℃；负荷运转时，转子轴承、减速器轴承温升不得超过 40℃，其最高温度限值为 80℃。整机运转时，不得有较大的震动即周期性的噪声。

密炼室、转子、压砣内腔进行水压试验时，其试验压力不得低于工作压力的 1.5 倍，持续时间不得少于 30 min，并不得渗漏。采用钻孔式加热或冷却的密炼室、卸料门应进行 3 MPa 水压试验或热压试验，热压试验条件是密炼室蒸汽压力

0.3 MPa，持续时间不得少于 30 min，并不得渗漏。

GB/T 9707—2010 中列举的密炼机规格与主要性能参数见表 2.2.2-5、表 2.2.2-6。

表 2.2.2-5　密炼机分类

项目	参数和特征				
混炼室 工作容积	1 L、1.5 L、(1.7 L)、5 L、	25 L、30 L、50 L、80 L、(75 L)、90 L、110 L、135 L、160 L、190 L、	270 L、(250 L)、370 L、400 L	650 L	560+320 串接式
配方胶料 重量	工作容积 L×填充系数 K（一般 0.65～0.8）×配方胶料密度				
转子 工作速度	6～60 rpm		6～60 rpm	5～50 rpm	5～50 rpm
转子形式	切线型	切线型、啮合型，两棱或 4 棱	切线型、啮合型，4 棱有速比或 4 棱无速比（同步转子）	切线型，4 棱有速比	啮合型，4 棱无速比
上顶栓 驱动形式	气动	气动或液压	液压	液压	液压
上顶栓表面 实际压力	可调	可调，max 60 N/cm^2	可调，max 60 N/cm^2		
主传动 电机功率	24～60		270L：1 500 kw 370～400 L：2 500 kw	2×2 500 kw	1 500 kw+1 000 kw
转子 速度控制	定速或变速控制	定速或变速控制	直流或交流变频控制	直流或交流变频控制	直流或交流变频控制
适用条件	实验室	制品生产	轮胎生产	轮胎大规模生产	绿色轮胎生产

表 2.2.2-6　密炼机基本参数

规格	密炼机总容积（±4%），L		密炼机填充系数	压砣对物料的单位压力 MPa	转子转速 rpm	每转消耗功率 kw/rpm
	二棱	四棱				
1	1	0.93	0.55～0.80	0.40～0.60	20～150	
1.5	1.45	1.35				
(1.7)	1.7	/				
5	5	4.65				
30	30	27		0.20～0.45	40 80	1.8～2.5
50	50	46			40 80	3.3～4.0
60	60	56			30 80	4.4～5.0
(75)	75	/	0.60～0.70	0.20～0.40	35 40 70	3.1～4.0

续表

规格	密炼机总容积（±4%），L		密炼机填充系数	压砣对物料的单位压力 MPa	转子转速 rpm	每转消耗功率 kw/rpm
	二棱	四棱				
80	80	74	0.55～0.80	0.35～0.53	40	5.2～6.6
					60	
					80	
90	90	84			30	5.6～6.6
					40	
					60	
					80	
110	105	99			30	6.1～7.8
					40	
					60	
					80	
135	135	125			20	8.0～8.4
					30	
					40	
					60	
160	160	147			20	11.2～13.3
					30	
					40	
					60	
190	190	174			20	14～17
					30	
					40	
					60	
(250)	250	/	0.50～0.60	0.16～0.21	20	12.5
270	270	245	0.55～0.80	0.40～0.53	20	20～26
					30	
					40	
					60	
370 400	/	400	0.55～0.80	0.40～0.53	20	33.8～38.0
					30	
					40	
					50	
					60	
650	/	672			20	
					30	
					40	
					50	

2. 加压式捏炼机的基本参数

GB/T 12784—1991《橡胶塑料加压式捏炼机》规定，加压式捏炼机的压砣对物料的压力不得小于 0.15 MPa；整机空转时，主电机所消耗的功率不应超过额定功率的 12%；整机运转时，转子轴承和减速器轴承的温度不应有骤升现象，空转时其温升不得超过 20℃。捏炼机混炼室、压砣等与物料接触表面应具有耐磨、耐腐蚀性能，捏炼机转子凸棱及棱侧表面硬度不应低于 40 HRC。

捏炼机混炼室、转子、压砣等各热传导零部件进行水压试验时，其试验压力不应低于工作压力的 1.5 倍，持续 15 min 不得渗漏；整机的冷却（加热）管路系统进行水压试验时，其试验压力不应低于工作压力的 1.5 倍，持续 5 min 不得渗漏。

GB/T 12784—1991 中列举的加压式捏炼机的规格与性能见表 2.2.2－7。

表 2.2.2－7　加压式捏炼机主要参数性能和应用

规格	捏合总容积 （±5%） L	密炼总容积 （±5%） L	主电机 功率 kw	主动转子转速 （±5%） rpm	混炼室 翻转角度
10	25	10	11 15 22	32	≥110°
20	45	20	22 30 37	32	
35	75	35	37 55	30	
（50）	110	50	55 75		
55	125	55	55 75 90 119		
75	180	75	75 90 110		
110	250	110	110 132 160 185		
150	325	150	110 160 185 220		

注：转子可以无级调速，括号内为保留规格。

三、密炼机的新发展

密炼机的发展方向可以归结为两大、两高、一低，即大功率、大容量，高速、高压，低单位能耗。密炼机主要的技术难点是如何更好地解决低温混炼以及混炼室壁与转子端面、加料门与加压机构、混炼室壁与下顶栓接触端面的密封问题。为更大范围地满足各种加工对象、各种炼胶工艺的要求，20 世纪 80 年代以来还出现了剪切型调距转子密炼机、啮合型调距转子密炼机、混合型高剪切（其中一半是剪切型，一半是啮合型）转子密炼机等。

国际上的炼胶设备，以海福乐密炼系统集团（HF Mixing Group，合并了 W&P、Farrel、Pomini）为例，其炼胶设备分为剪切型密炼机（N 系列，Banbury®）、啮合型密炼机（Intermix®，E 系列及 VIC™ 系列）、双螺杆挤出机（Convex™）、连续混炼机（FCM™&LCM）和混炼车间自动化系统（Advise®）。

其中 Intermix® E 系列及 VIC™ 系列使用 PES 5 转子，具有独特的几何设计；VIC™ 系列转子啮合间隙可变，因此具有独特的橡胶加工能力。

海福乐（H.F）密炼系统集团开发的两台啮合型转子密炼机上下垂直串联生产线（见图 2.2.2－39），下辅机配以 Convex™ 双螺杆挤出机（如图 2.2.2－40 所示）压片＋胶片冷却线，实现了自动、连续、快速冷却胶片的一次法低温连续混炼技术，单位工时产量可提高 19%，能源消耗降低 37%，减少了原料处理，消除了一段、二段混炼胶的停放存储问题，是轮胎生产炼胶技术新的里程碑。目前，在欧洲某轮胎公司，用 320E/550ET 串联密炼机生产线能生产混炼胶达 160 吨/天。

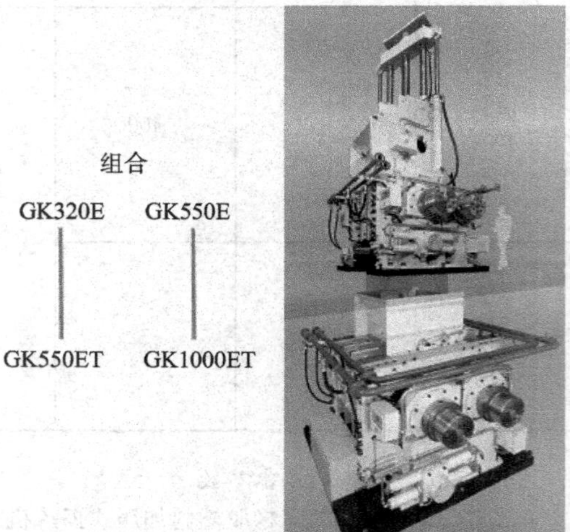

图 2.2.2－39　两台密炼机的垂直组合

图 2.2.2-40　Convex™双螺杆挤出机

其 Intermix® E 系列密炼机和 Farrel CP Ⅱ™系列连续密炼机系统分别用于 TPV 材料的分批次和连续反应性混炼，密炼室温控需恒温，分批次反应性混炼流程如图 2.2.2-41 所示。

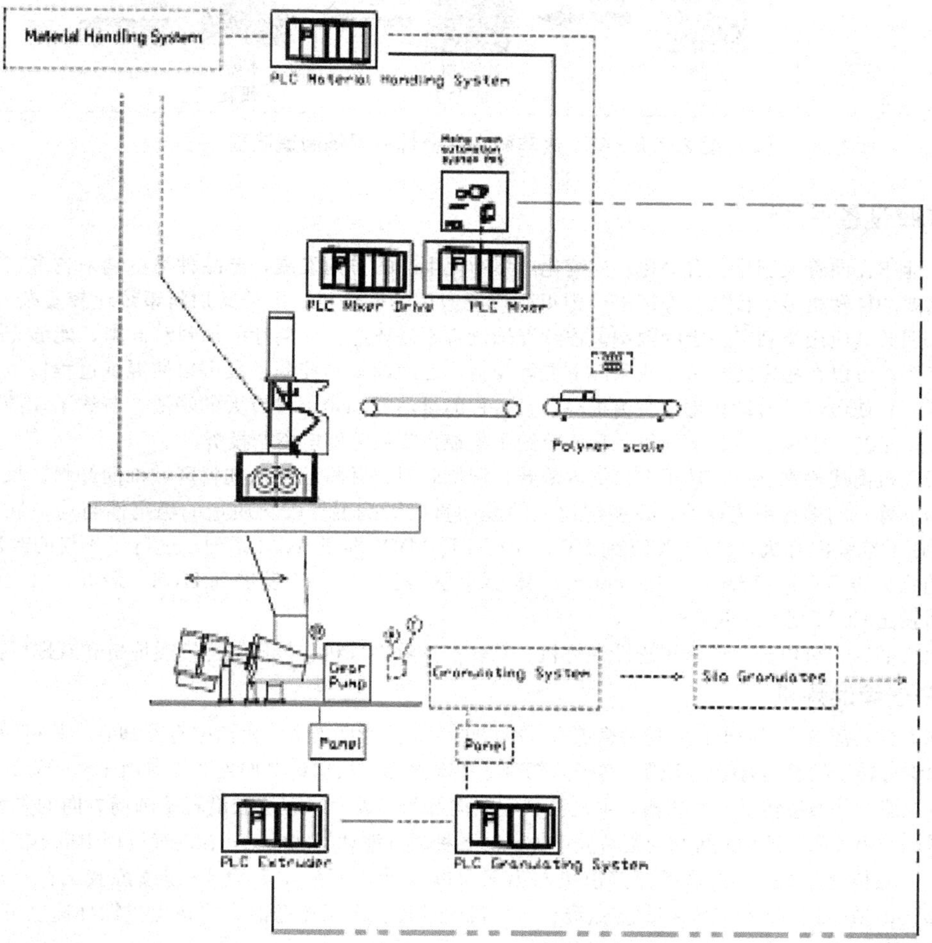

图 2.2.2-41　TPV 材料的分批次反应性混炼

汽车刹车片制造采用混炼工艺时，因其硬度较普通橡胶高得多，在密炼机转子转速 45/45～50/50 rpm 范围内，主电机扭矩输出比橡胶要高 20%左右，因此，密炼机需要采用独特的设计，Intermix® E 系列密炼机可以实现对刹车片材料的混炼，其工艺流程如图 2.2.2-42 所示。

此外，Intermix® E 系列密炼机还可以实现对塑料与再生材料、生物材料复合的混炼。

21 世纪以来，我国益阳橡胶塑料机械集团有限公司、大连橡胶塑料机械股份有限公司大力投入研发，已经开发出上下垂直串联式密炼机组、550 L 以上的大容量啮合型转子密炼机等，满足绿色轮胎生产配方的炼胶工艺。

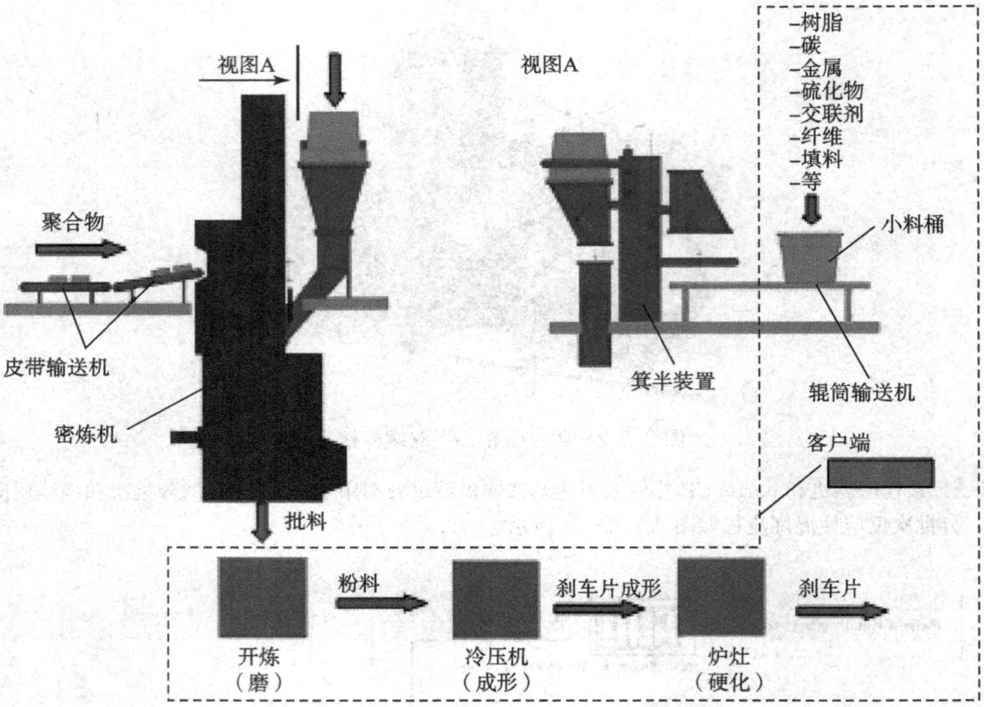

图 2.2.2-42 汽车刹车片密炼机混炼制造流程

四、连续炼胶设备[1][2][3]

现代的橡塑工业正在向着大型化、自动化、连续化、集约化生产的方向发展，产品种类也越来越多，这就需要适应橡塑工业飞速发展需要的橡塑机械。目前在橡塑工业中得到广泛应用的密炼机，由于其加料系统比较复杂，不能连续工作，维护也比较复杂，因此其应用受到了一定的限制。连续混炼设备不需要进行周期性的加料和卸料，能够充分利用设备的混炼能力，提高生产率；可以在稳定的机械和热条件下混炼胶料，运用调整和控制手段可以使混炼过程按最佳水平进行，有利于制品质量的提高；使混炼的自动化程度大为提高，且过程能量消耗稳定，没有大的峰值，节约了能源；同时降低了劳动强度，简化了生产工艺，省去了上、下辅机，从而节约了土地，降低了固定资产投资。

连续式混炼机以机筒代替密炼室，转子在机筒内旋转，混炼胶料，并将胶料从加料区域推向卸料区域。连续混炼机的特点是混炼质量与混炼机的供料系统有关，原料配比上的波动直接影响混炼胶料质量的稳定性与均一性。经过多年的发展，Farrel 公司研制的连续混炼机，已由 FCM 到 FTX、KCM 到 MVX 再到 ACM 系列，进行了 4 代的改进。生产 G 型密炼机，历史同样的悠久的 W&P（Werner&Pfeiderer），其连续混炼机也由 ZSK 发展到 EVK。最近，意大利 Pirelli 公司又在前者的基础上研发出 CCM 型连续混炼机。

连续式混炼机按照结构可以分为单转子连续混炼机、双转子连续混炼机、传递式连续混炼机和双螺杆挤出机。

4.1 单转子连续混炼机

最早的连续混炼机以密炼式圆筒形机筒代替密炼室，机筒的内表面为圆锥形，机筒壁有冷却腔、胶料加料口以及其他组分的加料口。在圆锥形转子的表面有螺旋沟槽，转子内部通冷却水冷却，从加料口加入的物料由于转子旋转而被拉入转子与机筒的间隙中进行混炼，并通过转子上的螺槽，推动胶料逐渐向卸料口移动。混炼胶沿转子圆周方向的混炼作用最为强烈，沿转子轴线向的混炼作用较弱。这种混炼机对混炼胶中加入的各种成分波动特别敏感，在混炼过程中也不能保证均匀混炼。

VMI-AZ 公司通过将传送混合式单螺杆挤出机与齿轮泵联合使用开发了 iCOM-连续炼胶工艺（如图 2.2.2-43、2.2.2-44、2.2.2-45 所示）。混炼在 Shark© 传送混合挤出机中进行。由于传送混合式挤出机螺杆速度可变，因此炼胶的效率能够因胶料的不同而得到优化。配合剂则通过能够测量重量的进料装置添加。iCOM© 工艺与分批次炼胶相比明显地降低了生产成本并提高的胶料质量，特别是胶料的硫化特性稳定性。

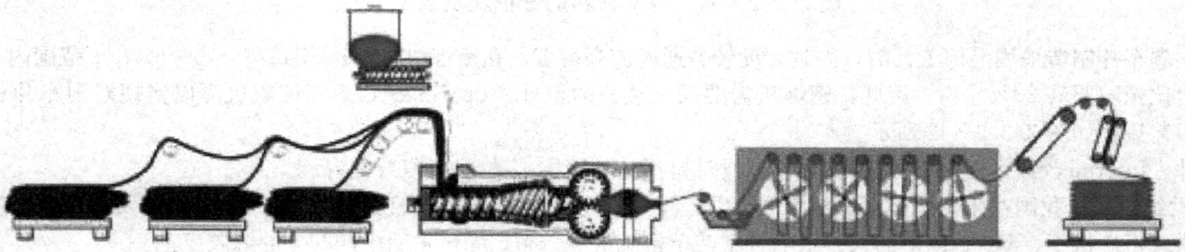

图 2.2.2-43 iCOM©-VMI 连续炼胶生产线

图 2.2.2-44 iCOM© 送料装置

图 2.2.2-45 iCOM©-shark 150 传送混合挤出机

4.2 双转子连续混炼机

双转子连续混炼机是一种混合性能优异，工艺适应性强的高速、高效橡塑混合机械，具有较好的分散混合性能和脱排气性能，在橡塑工业中已得到越来越广泛的应用。

4.2.1 FCM 连续混炼机

双转子连续混炼机是一种既能连续工作，又保持了密炼机的混合特性的新型橡塑混炼机械。美国 Farrel 公司在 20 世纪 60 年代就推出了一种用于对添加了炭黑的橡胶进行混炼的 FCM 连续混炼机。密炼机的一端装有加料斗，原材料通过该加料斗进入密炼机，其对应端上装有一个卸料门，混炼好的胶料通过该卸料门排出。这种 FCM 具有优异的混炼性能，特别适合于高填充物的分散混合，生产效率高。FCM 配有适于不同混合目的的转子，因此对工艺的适应性强。

早期的连续混炼机只有一个加料口，靠两个计量加料装置同时向加料口加料，如图 2.2.2-46 所示。

这种结构对某些物料组合（如熔融温度相差大的两种物料）的混合效果不好，也不易于去除湿气和挥发物。后期混炼机采取二次加料的方式解决这个问题。

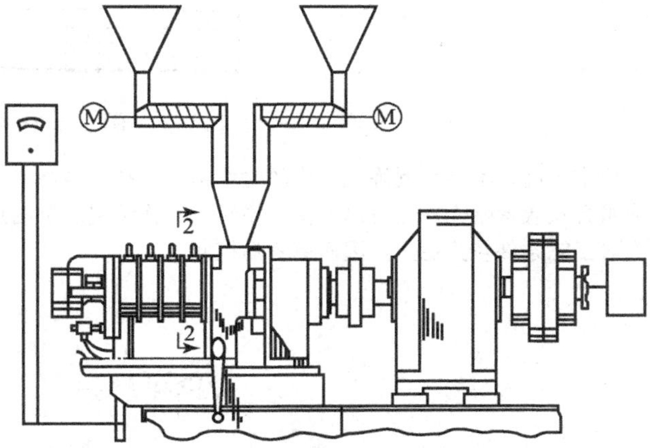

图 2.2.2-46 连续混炼机

双转子连续混炼机两个转子与本伯里密炼机密炼室内的布置相似，转子长度较小，两个转子相对旋转。转子上有一类似于挤出机螺杆的供料段，其主要用途是将物料推进密炼室内。与供料段相邻的是正、反螺旋状棱，它的主要用途是保障胶料得到充分混炼。除此之外，转子还有椭圆形翼，它的用途是向卸料口推挤胶料。早期混炼机的转子只有一个螺纹输送段和一个混炼段，如图 2.2.2-47 与 2.2.2-48 所示，相比于拥有两个混炼段的转子，它的混合能力较低，转子工作转速较高，物料排出的温度也要高一些。为了提高混合的效率，新型转子采用多混炼段和新的螺旋棱型式。混炼机的两个转子转速不同，速比在 1∶1.10～1.15。新型混炼机由于转子型式的改进，两个转子的转速相同也可以得到很好的混合效果。

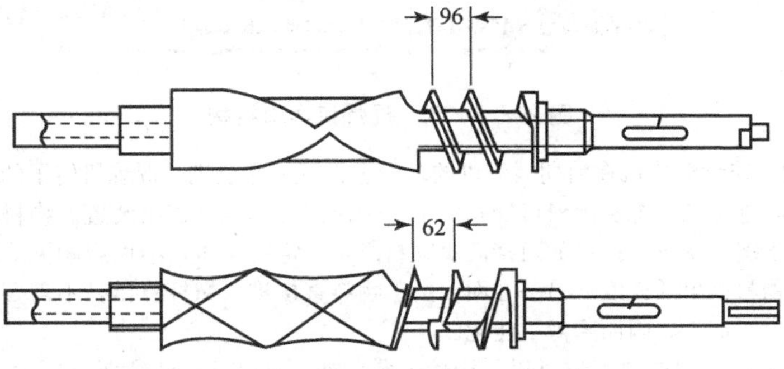

图 2.2.2-47 标准型转子（适用于所有目的的混合）

早期的混炼机采用控制卸料门开启度的方式来控制混炼腔物料的压力和混合程度，如图 2.2.2-49 所示。这种控制方式结构简单，容易操作，但是控制精度不高，适用于控制精度要求不高的场合。

混炼机的混炼室安装在底座的导轨上，如图 2.2.2-50 所示。这样会方便露出转子来清理和维修，但混炼室一端的密

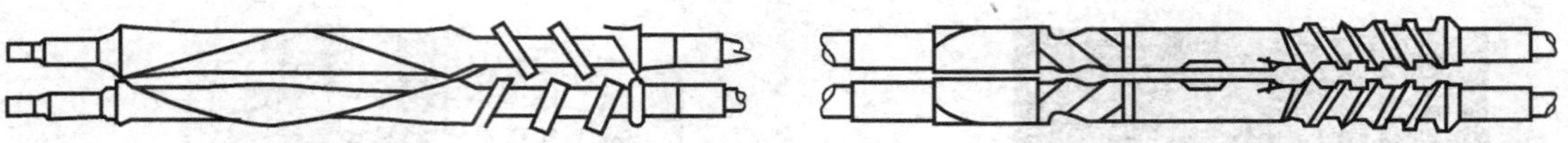

适用于对温度敏感的物料（混合不强烈）　　适用于高挥发成分，特别适合于分散困难的物料

图 2.2.2－48　双转子连续混炼机的转子

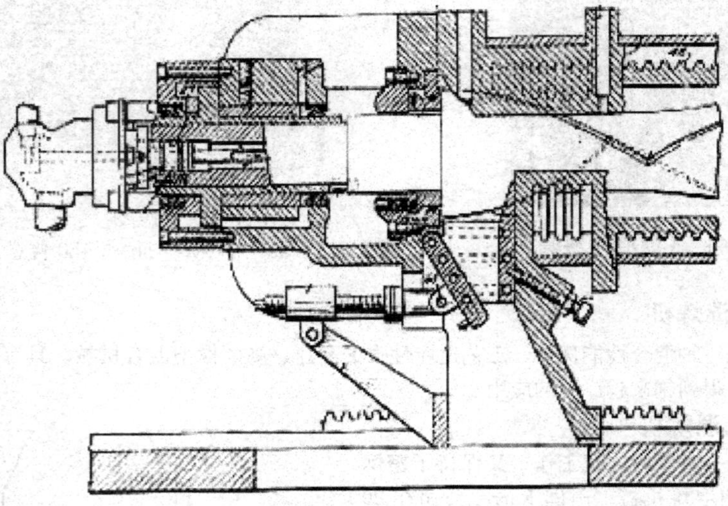

图 2.2.2－49　混炼机卸料门

封要求很高，不能在混炼机工作的时候出现漏料。混炼室在导轨上移动来露出转子也使得混炼机长度增加。如果将机筒做成组合式或者蛤壳式也可以方便更换转子。连续混炼机的加热冷却采用了密炼机类似的系统，但由于连续工作，温度、压力等工艺条件较为稳定，因而更容易控制。

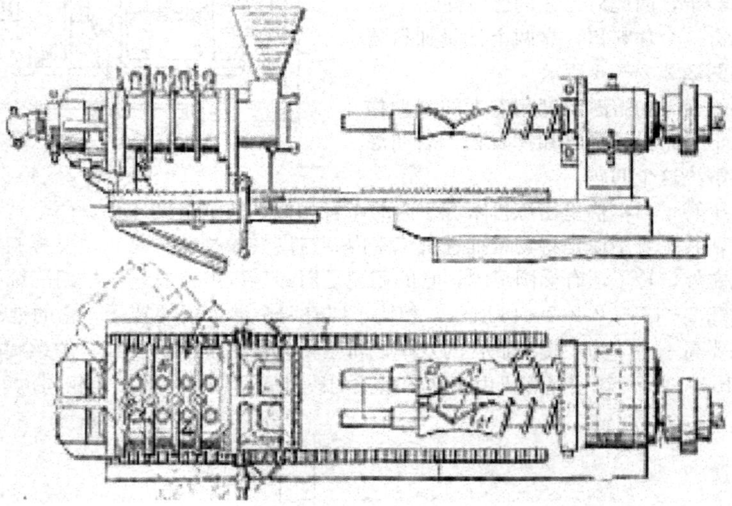

图 2.2.2－50　混炼机导轨机构

20 世纪七十、八十年代，连续混炼机在前期混炼机的基础上作了一些改进。混炼机转子的螺棱采用了新形式以提高对物料的混合作用。最主要的改进是在混炼机出料口处安装了一个横向的单螺杆挤出装置。物料从混炼挤出料口排出后直接进入到螺杆挤出装置中，由于螺杆螺纹对排料的阻挡而对物料产生一定的背压，继而影响混炼腔中物料的混合程度，通过控制螺杆的转速也可以控制物料排出的速度；另一方面，由于物料直接进入螺杆挤出，不需要重复加热和运输，也不会被污染和氧化，可以直接进行后续加工，因而降低了能耗。

在出料口控制物料的压力和排出的速度也可以采用熔体泵，如图 2.2.2－51 所示，因而可以省去混炼机二阶的螺杆排料装置，结构更为简单。通过螺杆挤出和熔体泵来对物料建压，可以控制物料在混炼腔中的混合度，稳定排料压力，直接进入后续加工，但同时也使混炼机结构更复杂了一些。这时期的混炼机没有采取二次加料的形式，也没有很好地解决排气问题。

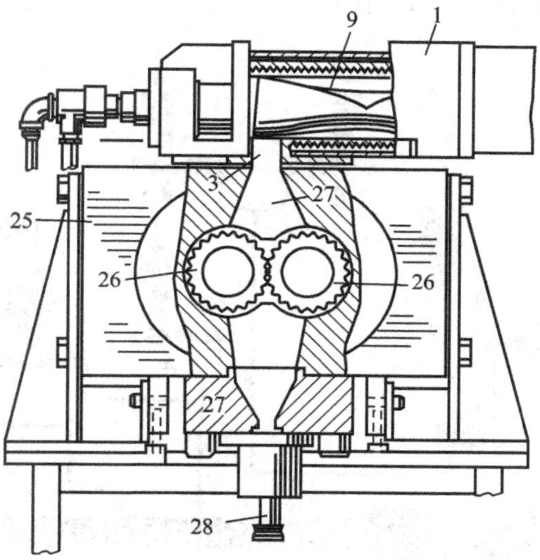

图 2.2.2-51　熔体泵

新型的连续混炼机转子有两处加料，两个加料段，两个混炼段，如图 2.2.2-52 所示。第二个加料段的上方开了一个口专门用来排气，而通过与转子垂直布置的螺杆加料装置向转子中间的孔加料。这样的结构更利于物料的排气，也使二次加料不受排出气体的影响，加料可靠稳定。采用二次加料扩大了混炼机加工物料的范围，可以混合加工熔融温度不同或相差较大的两种物料，也可以混合含有高挥成分的物料。混炼机中，物料的混合度由前后混炼段末端的两个调节门来控制。调节门开合的程度会影响物料流动的阻力，这样物料在混炼腔中受分散和分布混合的次数会增加，直到达到一定的混合程度才能流向转子的下一个工作段。二次加料后再次通过调节门来控制混合料的混合度，使物料的混合效果更好。机筒为剖分式，便于清理螺杆，更换转子和机筒内衬，也便于各功能元件变换位置，以得到适于不同物料的转子构型。因而适应性好，对产品质量易于控制。如果螺杆也为组合式，也可以提高混炼机加工的灵活性。

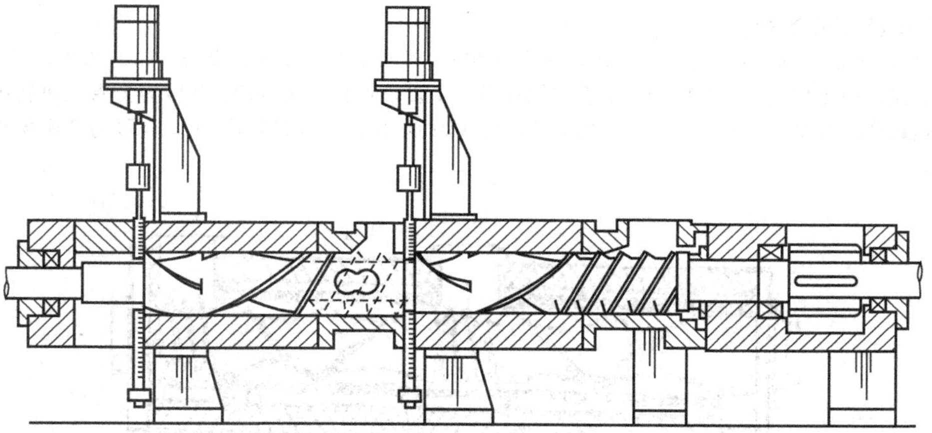

图 2.2.2-52　新型连续混炼机

Farrel CP Ⅱ™系列连续密炼机系统见图 2.2.2-53。

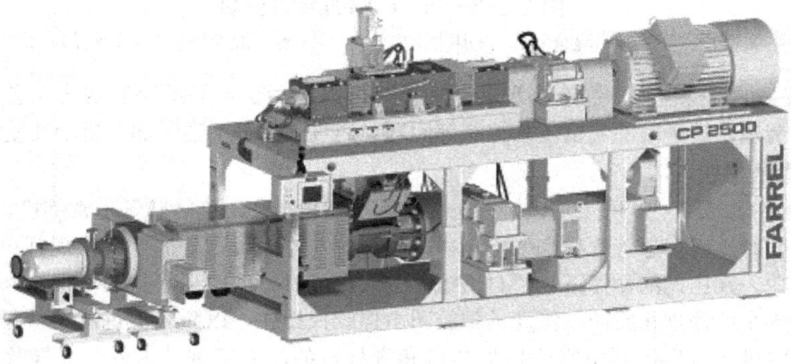

图 2.2.2-53　Farrel CP Ⅱ™系列连续密炼机系统

利用连续密炼机系统对 TPV 材料进行连续反应性混炼流程如图 2.2.2－54 所示。

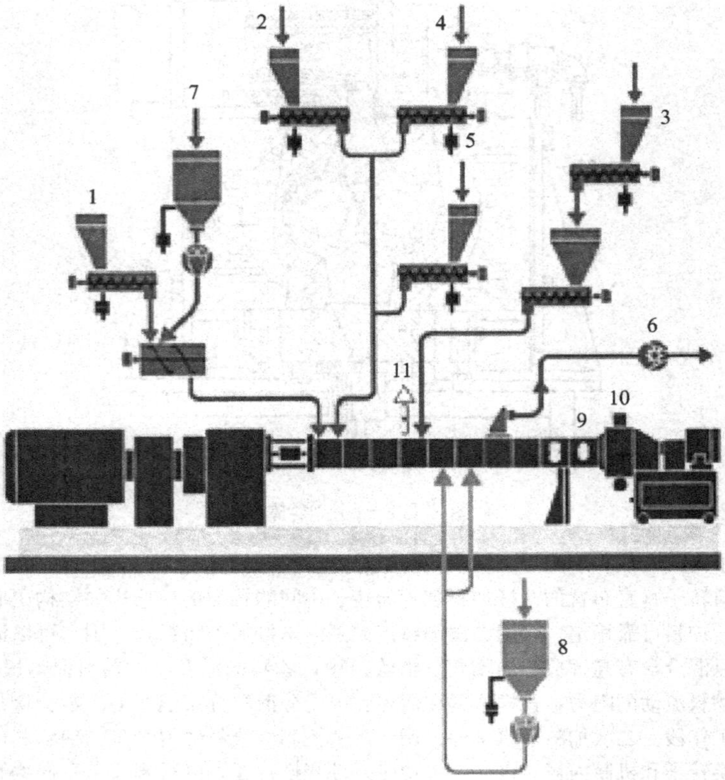

图 2.2.2－54　TPV 材料的连续反应性混炼流程示意图

4.2.2　LCM 连续混炼机

LCM（Long Continuous Mixer）是意大利 Pomini 公司在 FCM 的基础上改进而成的，如图 2.2.2－55 所示，它的转子加长，有两个混炼段，两个加料口。A 段为非啮合双螺杆段，主要是物料的输送段；B 段为类密炼机转子段，用于组分的分散合物料的预热；C 段为双螺杆段，对应第二加料口，某些添加剂由这一加料口加入，D 段为类密炼机转子段，此段物料熔融、混合。

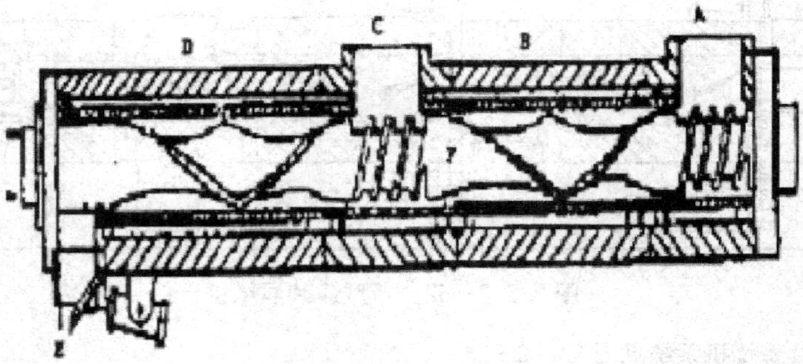

图 2.2.2－55　LCM 连续混炼机

A—主加料口；B—第一混合室；C—附加加料口；D—第二混合室；E—卸料门；F—转子

FCM（LCM）具有较强的混炼能力，配有多种转子构型，可以适用于不同的物料混合工艺条件。但是 FCM（LCM）也存在着自洁性差、不易清理、转子段的温度不易控制等问题，而且它们都不适于加工流动性差的物料。

4.2.3　MVX 连续混炼机

MVX 连续混炼机（如图 2.2.2－56 所示）包括一台装有两个三角形相对旋转转子的密炼机，该密炼机与一台挤出机紧密配置，使混炼和挤出可同时进行。尽管这种密炼机当初是为塑料工业而设计，但后来发现其更适合橡胶工业。加料及压料装置采用简单的气动压砣，在压砣的作用下物料自由流动进入混炼时。压砣往复运动可保持物料流动所需的压力。当物料进入混炼室后，将成为六个滚动堆积胶团，滚动堆积胶团由挡胶板挡住，以防未混炼物料短循环。密炼机转子不具备轴向排胶能力，胶料从混炼室进入挤出机则由密炼机加料口和排料口的压差实现。水分、空气及混发型气体由螺杆后端排出。其生产效率与挤出速度有关。挤出机机头端部可以安装胶条输送装置或造粒装置。这种 MVX 连续混炼挤出机适合加工一些特殊橡胶或预混粉料。

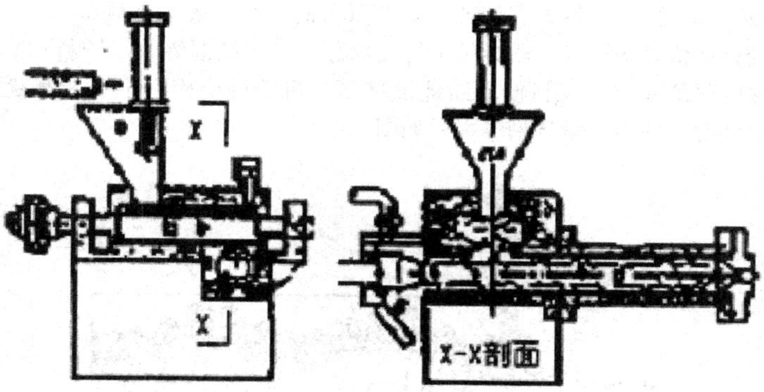

图 2.2.2-56　MVX 连续混炼机

4.2.4　其他类型的双转子连续混炼机

如图 2.2.2-57、2.2.2-58 所示的连续混炼机是由 ИМФедоткин 和 ВАИзвеков 发明的，主要是由一对转子和一个螺杆组成，螺杆上有一个隔胶块，这个隔胶块把螺杆分为两段，一段起到输送物料进转子和预混合的作用，另一端用于输送混炼好的物料到机头以及补充混炼。物料由一端的加料口加入，由螺杆输送到转子中，物料在转子中混炼一段时间后，物料又被送入螺杆的另一段，然后被送入机头排出。这种连续混炼机只适合流动性较好的物料的混炼挤出。

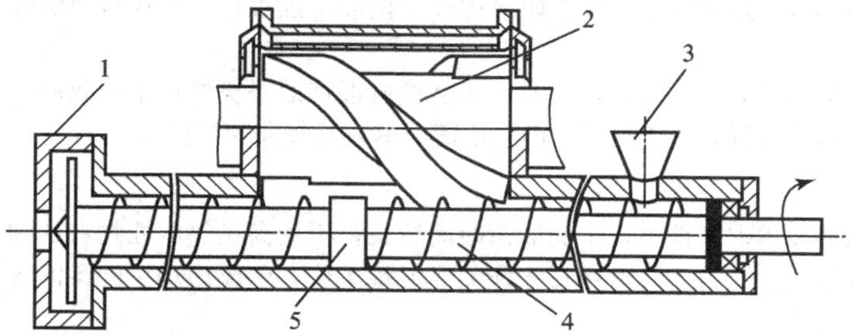

图 2.2.2-57　连续混炼机

1—挤出口型；2—转子；3—加料口；4—螺杆；5—隔胶块

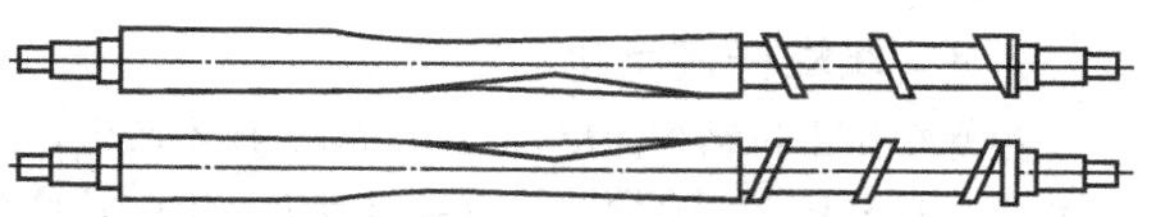

图 2.2.2-58　转子螺杆组合式连续混炼机转子结构示意图

4.3　传递式连续混炼机

传递式连续混炼机（如图 2.2.2-59 所示）实际上是一种特殊的螺杆挤出机，由英国 Frenkel 公司和美国 Uneroy 公司联合研制开发。

这种连续混炼机的结构特点是在机筒内壁设有与螺杆相适应的、不断变化的螺纹槽。当螺杆螺纹槽的容量逐渐减少时，机筒螺纹槽则相应地逐渐增大，相反，当螺杆螺纹槽逐渐增大时，机筒螺纹槽就逐渐减小，如此不断循环变化，形成若干个剪切区，将胶料从螺杆与机筒的螺纹中往返传递，使胶料在螺杆与机筒之间形成若干薄层状态，而获得充分混炼。

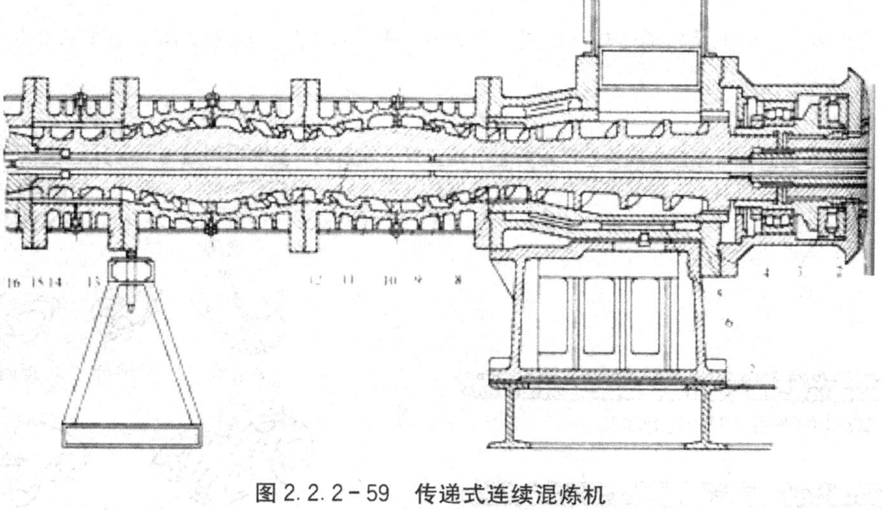

图 2.2.2-59　传递式连续混炼机

1—传动轴；2—轴承座；3—径向推力轴承；4—加料段外壳；5—衬套；6—冷却腔；7—机架；8—螺杆；9—混炼段；10—夹套；11—水腔；12—螺杆冷却水管；13—压出段外套；14—夹套；15—夹套腔；16—机头

其螺杆分为三段：第一段为胶料部分，设置有带锥度的平面沟槽；第二段为混炼部分，所设置的沟槽深度由深变浅，以至于零，每条沟槽的深浅变化起伏多次；第三段为压出排胶部分。在连续混炼时，胶料在螺杆的转动作用下沿着螺杆沟槽向前输送，由于螺杆沟槽深度逐渐变浅，胶料便不断地被挤压到机筒的沟槽之中。接着就沿着机筒壁上的沟槽向前移动，与此同时又被逐渐地挤压到螺杆的另一段沟槽中去，如图 2.2.2 - 60 所示。

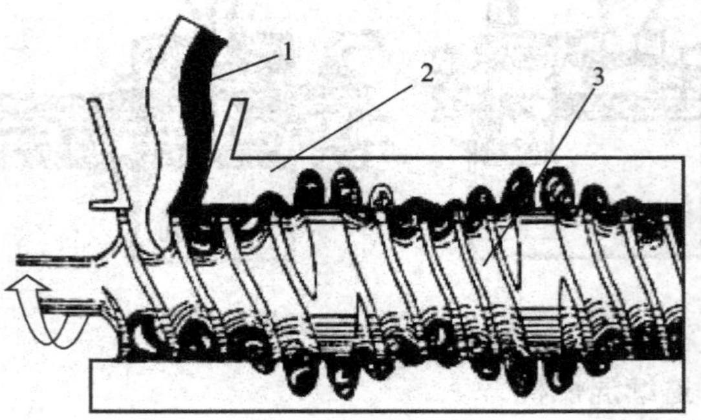

图 2.2.2 - 60　传递式连续混炼机工作原理图

1—胶料；2—机筒；3—螺杆

新开发的传递式连续混炼机，与多头螺杆多段相对应的还设有多头螺纹机筒区段，称为多节传递混炼区段。此区段开始有一普通的喂料区段，而后跟随一普通的计量区段。喂料区段还可以增加单个阻隔螺纹区段或增加螺钉，并在传递混炼区段内部增加阀门设计。

这种设备的优点是机座面积较小；使用阀门控制橡胶的塑化效果较好，对高黏度天然橡胶混炼效果更好；生产效率较高；机筒内和螺杆上的自洁能力强，而且在混炼段的机筒可以打开，便于检修，但它不适合填充量较大的胶料。

4.4　双螺杆挤出机

单螺杆挤出机结构简单、易于制造、成本较低，但物料在单螺杆挤出机中的滞留时间较长，不能满足热敏性物料的加工要求，且剪切能力有限。只有经过改进，即配备具有良好混合能力的新型螺杆才能完成混炼工作，因此出现了配备混炼螺杆的单螺杆挤出机，如销钉螺杆挤出机和屏障螺杆挤出机等。

双螺杆挤出机能对胶料产生强烈的剪切作用，物料在双螺杆挤出机腔内滞留时间仅为单螺杆挤出机的一半。最早用于聚合物加工的双螺杆挤出机是在 20 世纪 30 年代出现的。现代双螺杆挤出机是在 20 世纪 60 年代初发展起来的。双螺杆挤出机作为连续混炼机，可以用于聚合物的共混改性、填充改性和增强改性。随着人们对双螺杆挤出机的不断研究，出现了很多种双螺杆挤出机，如非啮合异向双螺杆挤出机（主要用于混合、脱挥、脱水、废旧塑料回收和反应挤出）、啮合异向双螺杆挤出机（主要用于 PVC 的挤出造粒和成型）、啮合同向双螺杆挤出机等。其中啮合同向双螺杆挤出机在聚合物改性方面，以其优异的混合性能和灵活多变的积木式结构，得到越来越广泛的应用，啮合同向双螺杆挤出机可以说是目前最成功的连续混炼机之一。

同向双螺杆挤出技术开始于 19 世纪 60 年代，第一台用于塑料成型的啮合同向双螺杆挤出机，是在 20 世纪 30 年代由意大利 Lavorazione Materie Plastiche（LMP）公司的 Roberto Colombo 研制的。此后，同向双螺杆挤出机在结构和功能上不断提高，并且逐渐应用到连续混炼过程中，具有转速高、输送能力强、计量加料性能优异、混炼塑化效果好、排气性能良好和自洁性强以及灵活多变的螺杆组合等优点，可以适应不同的配方要求和加工工艺条件，因而在塑料工业中得到很广泛的应用。

同向双螺杆挤出机有两根同向旋转的螺杆（如图 2.2.2 - 61 所示），螺杆由可拆卸螺块和螺杆轴构成，螺杆结构与螺杆上安装的捏合盘如图 2.2.2 - 62 所示。

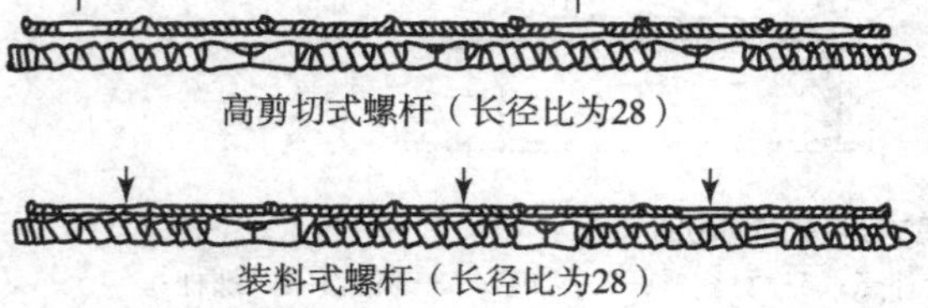

图 2.2.2 - 61　同向双螺杆挤出机螺杆示意图

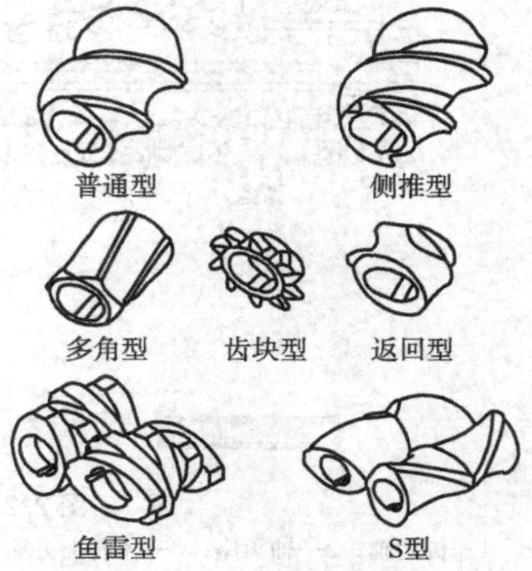

图2.2.2 - 62　同向双螺杆挤出机螺杆捏合盘示意图

同向双螺杆挤出机（如图 2.2.2-63 所示）的两根螺杆通常紧密啮合且共轭，以提高挤出机的自洁能力，这种螺杆结构对热敏性物料尤为重要。啮合同向双螺杆挤出机在结构上具有以下特点：1）混炼部位设计的表面积与体积之比较大；2）设备是积木式的，可按特殊的加工任务设计机械构型；3）加工任务可分为独立的单元作业；4）胶料所受剪切力在螺杆沟槽截面上的分布基本上是均匀的。在啮合同向双螺杆挤出机中，所有胶料经受基本相同的剪切力，从而使胶料得到均匀的分散与混炼，剪切力的大小可以通过改变螺杆几何形状和控制操作条件来调整。其配合剂计量喂料采用减量计量装置，各个喂料器都受系统控制。炭黑等填充剂都从机器的侧部喂料口加入，在传递很短的距离后送入混炼段；油类增塑剂可在加入填充剂前或后加入，由此控制胶料的黏度。啮合同向双螺杆挤出机广泛用于不同塑料间、塑料与橡胶间的共混改性，其特点如下：1）优良的喂料能力；2）优异的分散混合和分布混合性能；3）良好的自洁能力；4）灵活多变的组合设计；5）胶料停留时间可控；6）优良的排气性能。

图 2.2.2-63 同向平行双螺杆混炼挤出机

FTX 双螺杆挤出机（如图 2.2.2-64 所示）由 FCM 发展而来，该机的长径比几乎不受限制，有各种配置，可加工多种聚合物，但这种挤出机的螺杆冷却困难，不适于混炼温度敏感的物料。

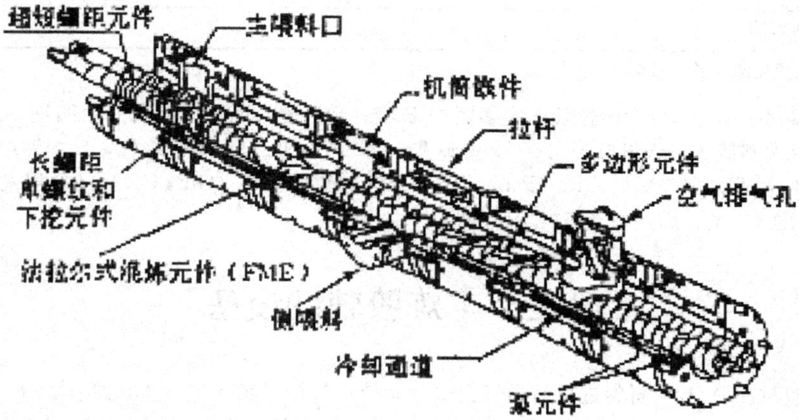

图 2.2.2-64 FTX 双螺杆挤出机

新型差速双螺杆结构的连续混炼机（如图 2.2.2-65 所示）是橡胶混炼的一种新形式。差速双螺杆连续混炼机的两根螺杆异向旋转，一根为双头螺纹，另一根为单头螺纹。单根螺杆为圆柱、等距、等深螺杆。两根螺杆的螺距不相等，单头螺纹螺杆与双头螺纹螺距之比为 1∶2，以达到异向旋转是能正确啮合，不产生干涉的目的。为了进一步提高混炼的均匀性，其机头采用双孔板结构的连续混炼机头。

多螺杆挤出机是螺杆挤出机的发展方向之一。华南理工大学和北京化工大学对三螺杆挤出机进行了模拟研究，利用三螺杆动态混炼挤出机进行橡塑共混。三螺杆挤出机可分为两种形式：一种为三螺杆一字型排列；一种为正三角形排列，如图 2.2.2-66 所示。

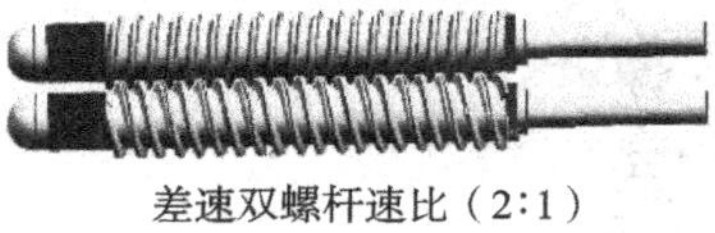

差速双螺杆速比（2:1）

双孔板结构混炼机头

图 2.2.2-65 新型差速双螺杆挤出机

三螺杆一字型排列

螺杆正三角形排列

图 2.2.2-66 三螺杆挤出机螺杆排列示意图

三螺杆挤出机啮合区多，碾压面积成倍增大，运转中对物料构成了高效的挤压、破碎、揉捏、压延和拉伸作用。由于高效的混捏作用，使三螺杆挤出机无须单螺杆或双螺杆的大直径，大长径比就可获得同等的生产能力。

此外，可能的发展方向还包括借鉴塑料挤出机结构类似同向往复式销钉双螺杆挤出机（Buss）、异向旋转锥形双螺杆挤出机、串联式磨盘挤出机等相互组合的形式，以期研发出新的适于橡胶混炼用的螺杆混炼机。

人们对橡胶的连续混炼已进行了多年的研究。由于橡胶的粉末化、粒状化技术问题以及成本问题，至今连续混炼设备的应用一直受到很大的制约。但是随着流动性好的原材料以及新型的连续加工设备的采用，连续混炼必将开辟混炼工艺的新领域，连续混炼设备必将成为未来炼胶设备的主要发展方向之一。

五、密炼机的供应商

密炼机的主要供应商见表 2.2.2－8。

表 2.2.2－8　密炼机的主要供应商

供应商	密炼机的工作容量				
	1 L、1.5 L、(1.7 L)、5 L	25 L、30 L、50 L、80 L、(75 L)、90 L、110 L、135 L、160 L、190 L	270 L、(250 L)、370 L、400 L	650 L	560＋320 串接式
大连橡胶塑料机械股份有限公司		√	√	√	√
益阳橡胶塑料机械集团有限公司	√	√	√		√
绍兴精诚橡塑机械有限公司		√			
四川亚西橡塑机器有限公司		√	√		
广州市番禺橡胶机械厂有限公司		√			
上海思南橡胶机械有限公司	√	√			
大连华韩橡塑机械有限公司	√	√	√		
大连嘉美达橡塑机械有限公司	√	√	√		
青岛科高橡塑机械装备有限公司	√				

注：订购时，应与供应商交流，并选择转子类型。

密炼机的国外供应商还包括：海福乐密炼系统集团的 F 型、WP 型、E 型，英国弗兰西斯·肖公司（Francis Shaw Co.）的 K 型密炼机，意大利依·科未里奥公司（Comerio Ercole SPA）的 MA 型密炼机，日本神户制钢所（Kobe lco）的 BB 型、D 型、F 型密炼机，意大利伯米尼公司（Pomini）、西班牙魁克斯公司（Guix Co.）的挑担式密炼机（GK 和 F 的结合）、苏联布尔什维克厂的 PC 型、椭圆型密炼机等。

第三节　炼胶辅助设备

炼胶辅助设备主要包括：1）炭黑材料进厂后的气力输送系统，包括炭黑解包、压送罐、贮仓、气力输送设备；2）以密炼机为中心的上辅机系统、下辅机系统，它们与密炼机主机构成生产线，由智能化炼胶控制系统联动控制，形成安全、环保、全自动的连续生产；3）橡胶破碎机、切胶机，胶浆制备用的搅拌机等。

密炼机与相应辅助设备的一般布置如图 2.2.3－1 所示。

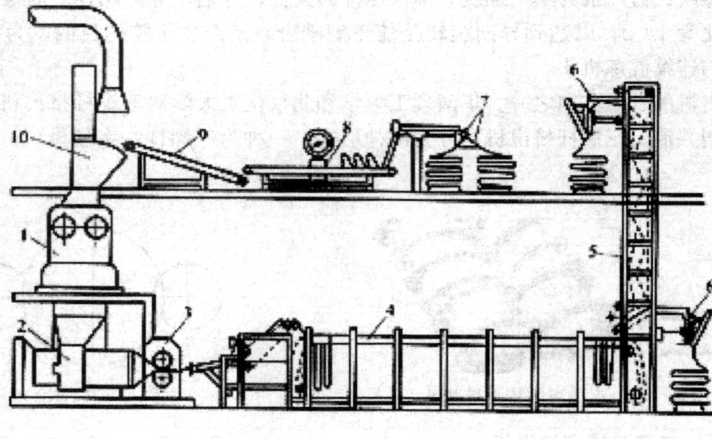

图 2.2.3－1　密炼机与相应辅助设备的布置示意图

1—密炼机；2—双螺杆压片挤出机；3—辊筒压片机；4—悬挂式胶片冷却生产线；5—皮带输送机；6—摆动叠片机；7—接取供料机；8—皮带秤；9—加料输送带；10—加料斗

一、上辅机系统

密炼机上辅机系统将橡胶原料以流体、粉体、块状物的形态输送进密炼机密炼室。流体使用压力泵以及重力输送；粉体的输送介质使用压缩空气，为经过除油（含油≤0.1 mg/cm^3）、露点低于−40℃）、过滤除尘（含尘粒径≤0.1 μm）的干燥洁净空气，气源压力不低于 0.7 MPa；块状物一般采用带式输送。密炼机的上辅机系统包括气力输送装置、压送罐、贮仓、螺旋输送机、炭黑秤与粉料秤、胶片导开机、胶料秤、油料秤，各称量装置的动态允许误差均要求≤0.2%FS。

上辅机自动称量、自动投料系统如图 2.2.3-2 所示。

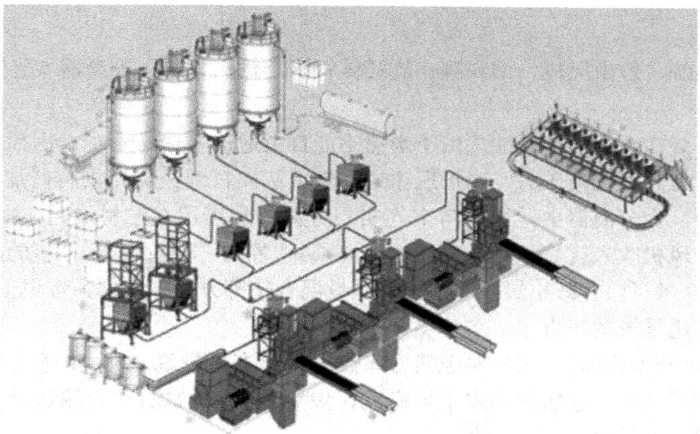

图 2.2.3-2　上辅机自动称量、自动投料系统

上辅机系统的数据信息处理、管理功能如图 2.2.3-3 所示。

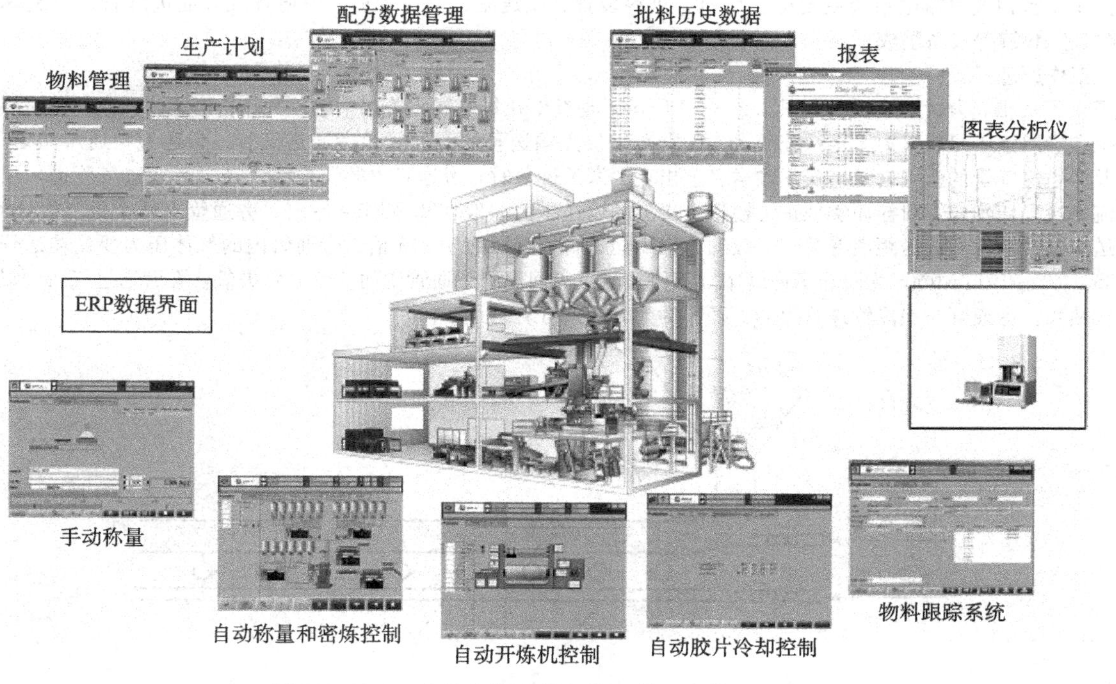

图 2.2.3-3　密炼车间布局与信息处理、管理示意图

1.1　炭黑气力输送系统

1.1.1　炭黑气力输送系统的分类

常用的炭黑气力输送系统有炭黑负压气力输送系统、炭黑正压稀相气力输送系统和炭黑正压密相气力输送系统。

1. 炭黑负压气力输送系统

(1) 组成

炭黑负压气力输送系统一般由供料装置、加料罐、输送管道、分离器（袋滤器）、贮料罐、风机等组成。有时为消除高压风机产生的噪声，还装设消音器。

(2) 工作原理

该系统的风机作为气源设备装在系统的末端。当风机工作时，系统中的输送管道内即形成负压，整个输送管道长度上产生压差。此时，管道入口的炭黑和空气一起被吸入管道，在管道中移动，最后到达管道末端的分离设备。在分离设备上炭黑和空气实现分离，炭黑留在贮料罐内，净化后的空气经风机排入大气。

（3）炭黑负压气力输送系统的特点

1）适宜于输送干的、松散的、活动性好的炭黑。进料方便，加料罐构造简单；2）管道和设备的不严密处不会产生炭黑飞扬；3）管道内炭黑和空气成流态化运动，炭黑对管道的磨损较小；4）系统设备较简单、使用和维修简便；5）输送能力和输送距离受到真空度的限制，仅限于在输送距离小于 50 米，输送能力小于 4 吨/小时情况下使用。

受输送能力和输送距离的限制，因而也就限制了该系统的推广应用。

2. 炭黑正压稀相气力输送系统

（1）组成

炭黑正压稀相气力输送系统一般由风机、加料罐、旋转供料阀、输送管道、分离器（袋滤器）、贮料罐等设备组成。

（2）工作原理

系统的风机作为气源设备装在系统的进料端。由于炭黑不能自由地进入输送管道，因而必须使用有密封压力的供料装置。风机工作时，管道中的压力高于大气压力，属正压输送。炭黑从加料罐经旋转供料器加入到输送管道中，压缩空气和炭黑混合后被输送至分离器中。在分离器中，炭黑与空气实现分离，炭黑留在贮料罐内，净化后的空气经风机排入大气。该系统一般采用通风机或罗茨风机吹入空气，输送气压为 0.05 Mpa 左右，单管输送。为防止输送过程炭黑在管道中堵塞，常采取提高输送速度（大于 10 米/秒）、减小炭黑与空气的质量混合比等方法。故称为炭黑正压稀相气力输送系统。

（3）炭黑正压稀相气力输送系统的特点

1）系统设备较简单、使用和维修简便；2）输送能力和输送距离有所提高；3）由于炭黑被高速气流带走，颗粒相互间及其与管壁的碰撞使管道磨损严重，且料粒破损不可避免，炭黑破碎率增加；4）输送用空气量大，因而能耗也大。虽然降低输送速度有所改善，但又极易引起管道堵塞。

因为炭黑破碎率高、消耗空气量大、管道易磨损和堵塞，故该系统的应用也受到影响。

3. 炭黑正压密相气力输送系统

（1）组成

炭黑正压密相气力输送系统主要由空压机、供料装置、压送罐、输送管道、旁通管及旁通进气管、分配阀、分离器（袋滤器）、贮料罐等设备组成。

（2）工作原理

炭黑正压密相气力输送系统（如图 2.2.3－4 所示）是近十几年发展完善起来的一种输送形式。该系统与炭黑负压气力输送系统和炭黑正压稀相气力输送系统的最大区别在于炭黑输送管的旁通管及旁通进气管。旁通管中通入的是压缩空气。旁通管及旁通进气管的作用就是当炭黑输送管道出现堵塞的迹象时，旁通管中的压缩空气经过旁通进气管进入炭黑输送管道，气流将炭黑切割成短料拴而实现正常输送。炭黑的输送压力一般在 0.2 MPa 左右。旁通管上两个进气管之间的距离，与被输送炭黑的物性和输送距离有关，一般约为炭黑输送管道直径的 5～15 倍。旁通管内的气体压力要比输送管道内的输送压力高 0.01～0.05 MPa，为防止旁通管中气流停止时炭黑回流到旁通管中而使旁通管失效，在旁通进气管中设置了单向阀和过滤喷嘴。旁通管与炭黑输送管道的直径比约为 d：D＝1：8～1：10。

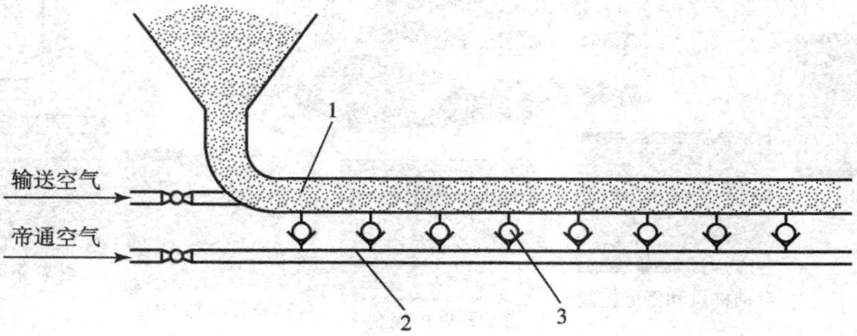

图 2.2.3－4　炭黑正压密相气力输送示意图

1—炭黑输送主管；2—旁通管；3—空气助推器

（3）炭黑正压密相气力输送系统的特点

1）适用于炭黑从一处向几处分散输送。供料点是一个，而终点的卸料点可以是一个或几个，所以一套炭黑气力输送系统可以向不同车间的不同密炼机的配料系统供料。2）炭黑混合比和输送距离可大大增加。从输送机理上讲，输送距离增加，阻力加大，这只需相应提高空气的压力即可。空气压力提高，空气重度增大，也能保证提高输送能力。旁通管及旁通进气管的设置，使炭黑的输送浓度即混合比的大幅度增加成为可能。低的炭黑输送速度和高的炭黑混合比又使得炭黑破碎率的大幅度降低成为可能。3）消耗的空气即能耗较少。炭黑易从排料口排出，分离器（袋滤器）构造简单，无须大型分离器。4）通过检漏装置很容易根据漏气处喷出的炭黑判断破损漏气位置。5）炭黑压送装置结构比较复杂，对单压送罐形式只能实现间歇压送，只有当双压送罐串联或并联使用时才能实现连续输送，这无形中会增加设备投资。

由于炭黑正压密相气力输送系统克服了炭黑负压气力输送系统和炭黑正压稀相气力输送系统的缺点，特别是输送距离长、输送能力高、炭黑破碎率低、能耗少、管道不易堵塞等突出的优点，因而代表了炭黑气力输送系统的发展方向。

1.1.2　主要零部件

1. 供料装置

炭黑的包装形式有三种：太空包、小包装袋、槽车。根据各橡胶企业的现状和自身的发展，首先应考虑设计适合太空包和小包装袋均可投料的双工位供料装置。该装置以人工解包投料为主，同一装置上设有两个工位，分别对应太空包投料和小包装袋投料。同时该装置必须配备袋滤器，以便将投料口飞扬的炭黑及时收集回用，保持工作环境的清洁。另外，为了运输的方便和减少包装费用，炭黑散装槽车的使用正有日益扩大的趋势。槽车以重力卸料为主，内部分割成几个独立的室，用以盛装不同种类的炭黑，槽车下部对应设有各自的卸料口，槽车卸料口对准投料口后，投料口升降气缸升起，压紧槽车的卸料口法兰，此时即可进行槽车卸料。

2. 压送装置

炭黑颗粒小、易飞扬，同时作为橡胶的填充材料，炭黑品种多，用量大。良好的工作环境和越来越高的炼胶质量要求使得炭黑密相气力输送装置成为炼胶的必选设备。炭黑密相气力输送装置的关键设备是炭黑压送装置。该装置由发送罐和压送管路及控制阀门组成。它在压力下工作，要求能均匀送料并保证气密。有单罐压送和双罐压送两种形式。单发送罐只能间歇工作，向发送罐加料时不输送，输送时不能加料。双发送罐由两个发送罐并联组合使用，交替工作来实现连续供料。发送罐的工作原理是利用压缩空气将容器内已流态化的炭黑送入输送管道输送，由加料、充气、压送、清洗四个基本过程组成一个工作周期。通过计算机自动检测料位变化、压力变化实现连续输送。为保证在稳定的输送状态下能保证按规定时间可靠地反复装料和压送，应考虑采用料位计、压力传感器、定时器三者同时使用的控制方法，即所谓的三保险控制方法，定时器作为备用，一旦因事故导致料位失灵或压力波动而失控时，定时器即起作用。

发送罐的出料口与输送管道通过牛角变径管连接，并在牛角变径管尾部引入压缩空气。输送压力与输送炭黑的性能、实际输送距离、管路弯头数量等有关，通常输送压力为 0.25 MPa 左右。炭黑进入密闭的发送罐中后，首先进行流态化，而后进行压送。

如果是单发送罐，则属于间歇输送，由于是间歇输送，在每次输送的终结期，密相输送的诸多优点如低速、高浓度、炭黑破碎率低等，实际上不存在。其炭黑流动状态属于稀相悬浮式输送；

如果是双压送罐，可实现交替输送，则属于连续输送。当一个罐在装料时，另一个罐正好在送料，反之也一样。这样密相气力输送的优点可以充分发挥出来。但这样的组合使投资增加，且占用空间大。因此，在确定是单罐间歇输送还是双罐连续输送时，应全面分析考虑。

3. 炭黑输送管道

气力输送管道有单管输送管道和双管输送管道两种形式。由于单管气力输送属于稀相悬浮式气力输送，不能满足输送炭黑的工艺条件，所以已经逐渐淘汰。而双管输送可以实现密相气力输送，所以已经越来越多地采用。输送管道的材料有塑料管、不锈钢管、橡胶管、铝合金外管加橡胶内管，不管采用哪种材料，都应满足内表面要光滑、避免粗糙、防静电、质量轻、不生锈等功能。常见的用于输送炭黑双管输送管道是旁通管外置式输送管道。

旁通管外置式输送管道的特点就是外置的旁通管每隔一定距离与炭黑输送主管连通，但连通是单向的，即只能将旁通管的压缩空气进入到炭黑输送主管，反之不可。为此在连通管上装有一系列空气助推器，见图。当炭黑输送管道内由于炭黑沉积引起输送压力升高时，高压空气及自动从旁通管内喷入到压力升高位置后部，直到将炭黑沉积稀释疏通。这种管道形式可实现密相输送，又较好地解决了炭黑输送时可能产生堵塞的问题，因而目前炭黑的输送基本上采用该形式。

4. 分离器

分离器的作用是将炭黑和空气分离，炭黑留在贮料仓中，空气经除尘净化后排出。在炭黑气力输送系统中，分离器又称除尘器，分离器是很重要的一个部件。分离形式为电磁脉冲滤袋。滤袋采用防水、防油、防静电材料。分离器的处理风量应根据炭黑的特性、输送压力、输送速度、输送管道几何参数等计算确定，一般为 2 000～4 000 m^3/h。

1.2　配方材料称量投料系统

配方材料称量投料系统（下称投料系统）是密炼机的在线辅助设备，由炭黑储斗和称量输送系统、生胶和胶片称量输送系统、油料称量和输送系统、自动化智能控制系统组成。

投料系统是复杂而庞大的，本世纪以来智能控制技术和绿色轮胎的发展，促进了上辅机技术进步，能在如下方面满足现代炼胶生产要求：

1）管理控制配方材料的称量输送；

2）显示当前配方胶料的数据、代码和提示动态信息；

3）根据配方工艺控制密炼机加工过程，可以由时间、温度、能量或瞬时功率控制，也可运行智能炼胶系统软件；

4）当设备的监控环节不正常或出现设备故障时，给出报警信号并显示报警位置，给出对策代码；

5）对进入系统的原材料和输出配方胶料，具有识别防差错、输出编码等可追溯性功能；

6）具有工厂信息化系统要求的数据输出和接口。

1.2.1　炭黑称量输送系统

每台生产母炼胶的密炼机都需要一套炭黑称量输送系统，该系统位于密炼机投料口上方，由炭黑日储罐、喂料设备、炭黑秤、后加料装置、除尘装置组成。

炭黑日储罐的数量，根据需用炭黑的种类确定，并合理布局，罐的容积应根据批次中的一种炭黑分量大小，以及厂房结构空间来确定。对于净容量400 L密炼机的标准厂房，13～16 m^3/个的罐容积是比较合适的。炭黑日储罐的下部以圆锥形或近似圆锥形居多，出口一般与给料机（如螺旋输送机、气力输送流槽等）直接相连。

炭黑日储罐的加料有两种形式：一种是工厂的炭黑储仓气力输送加料；另一种是在日储罐的上方进行炭黑太空包的解包加料。前者是密闭式，后者在解包口配吸风除尘净化装置。目前，大型橡胶加工企业多采用前者方式，认为对环境管理有利；也有采用后者方式，考虑的优越性是减少炭黑粒子破碎、节省投资、减少维护费和降低能耗，实践证明后者的生产现场环境也能管理得很好。

炭黑日储罐是常压容器标准设计，材料为碳钢或不锈钢。如选碳钢材料，内表面应涂防静电油漆；如选不锈钢材料，内表面应抛光。不同制品、不同生产规模、不同厂房的炼胶车间，炭黑罐容积范围在6～30 m^3。

为配合炭黑自动输送和输送的安全，日储罐应配备料位计、压力传感器、压力平衡阀等检测仪器，料位信息要传送到自动控制系统管控。

由于炭黑的力学性能、流动性、水分含量、粉粒大小等物性差异较大，使炭黑在日储罐内极易出现料拱或鼠洞等问题，增加了炭黑从贮仓内排出的困难。料拱和鼠洞均为黏性物料的特征，料拱现象发生在整体流动料斗的排料后期，在日储罐的锥部出现并逐渐增强；鼠洞现象发生在中心流动的日储罐中，在一开始就会出现。炭黑在日储罐内出现料拱或鼠洞，除了与炭黑的性质有关外，还与日储罐的形状和结构尺寸、仓壁倾角及出料口的大小等因素有关，尤其是出料口段不能设计成截面对称形状，一般可由上段圆筒接下段非对称的不规则筒体组成，可有效去除炭黑起拱。除了合理正确的设计日储罐外，还可采用辅助方式，设法破坏炭黑的起拱条件或者在料拱（或鼠洞）形成之后立即破拱，破拱装置就是解决该问题比较好的方法。

1.2.2　喂料设备

1. 螺旋输送机

螺旋输送机的螺旋面目前多数采用钢板围焊或经过特殊拉伸而成。螺槽内表面和螺旋表面涂有防粘的环氧树脂涂料。根据被输送炭黑的特性和输送螺旋的实际长度，可设计为等距螺旋、断续螺旋或变距螺旋。对于黏性大的炭黑，甚至应该采用带状螺旋输送来减小黏附面。但在转速、公称直径相同的条件下，带状螺旋输送能力明显要小于同规格螺旋输送机。如表2.2.3-1所示。

表2.2.3-1　螺旋输送机主要技术参数

螺旋规格/mm	Dg100	Dg150	Dg200	Dg250	Dg300
螺距/mm	一般选取与螺旋外径相等，最大不超过1.5倍螺旋外径				
减速器速比	25	25	25	29	25～29
电机功率/kw	1.5	2.2	3	4	5.5
出口蝶阀直径/mm	DN 100	DN 150	DN 200	DN 250	DN 300
轴端密封形式	填料密封，密封材料：浸油四氟乙烯盘根F10×10				

白炭黑应该采用螺旋输送机作为加料设备。

2. 气力流槽

气力流槽是利用物料的位能，炭黑经压缩空气“流态化”并在炭黑本身重量的作用下进行输送。压缩空气进入空气室，通过过滤板均匀地进入物料室，完成炭黑流态化输送。气力流槽只能将炭黑从高处输送到低处，流槽倾角一般为5°～20°。

气力流槽结构简单，输送效率高，适用范围广，常用炭黑都采用这种输送，但白炭黑不合适。

气力流槽对炭黑的破碎率是所有输送方式中最小的。其输送能力取决于流槽截面积、倾角、压缩空气流量、空气压力、过滤板材质和厚度以及气隙。过滤板有各种纤维制成的过滤板和塑料微孔板。输送炭黑所用的过滤板一般采用三防针刺毡（防油、防水、防静电）压制而成。

气力流槽的输送能力可由下列公式计算：

$$Q=3\,600F\nu\rho\varphi$$

式中，Q——气力流槽的输送能力，t/h；

F——流槽物料室横截面积，m^2；

ν——炭黑在物料室中的运动速度，m/s。实际运动速度是由流槽的倾斜角度、炭黑的内磨擦性能、黏性、压缩空气流量和压力等因素决定，其速度一般在0.75～2.0 m/s；

ρ——炭黑的松散密度，t/m^3；

φ——炭黑在物料室内填充系数，一般取φ=0.2～0.5。

气力流槽适用于炼胶工厂炭黑储罐向密炼机上辅机炭黑日储罐、日储罐向炭黑秤喂料和进密炼机加料等场合。但由于气力流槽内的气体需分离出来，故需考虑在流槽的出口配置炭黑和气体分离设备。

1.2.3　炭黑秤设备

其作用是从喂料装置送来的炭黑进行累计称量，并投入到备料斗中。

炭黑秤由碳钢秤斗、称重传感器及称重仪表等组成。其中碳钢秤斗内衬防静电锦纶胶布，通过气缸振动抖动内衬，使排料干净。

用于高速大容量密炼机的炭黑秤要满足较快的称量速度，对于工作容量 370 L 左右的密炼机，必须在 90 秒内完成一批次炭黑用量的称量。

为保证炭黑称量实际误差可靠控制，要求秤的技术指标合理保证。对于工作容量 370 L 左右的密炼机，炭黑秤的技术指标：

最大称量值：$W=150$ kg

最小称量值：$W\times5\%=7.5$ kg

称量精度静态：全量程的±0.1%

称量精度动态：全量程的±0.25%

量程分度：0.1 kg

精度分布状态：基于 2 个 σ（西格玛）

1.2.4　后加料装置

后加料装置的作用是将碳黑投入到密炼机中。包括顺料筒、检量斗（备料用）、料位检测、卸料阀等装置，顺料筒斜槽底部衬胶板，通过振动胶板方式下料。卸料阀用于出现异常情况时的排料出口。

1.2.5　油料称量设备及注油装置

其作用为对油料进行累计称量，并注入到密炼机中。油料采用电加热或蒸汽加热两种形式，调节输送油料的黏度，采用温度传感器及数字显示仪表控制其温度。蒸汽加热采用薄膜调节阀控制蒸汽的通、断。油箱内温度要达到 60～80℃范围。

为保证油料称量的实际精度，一是称量时采用双阀控制快、慢速加油，二是秤的技术指标合理保证。对于工作容量 370 L 左右的密炼机的油料秤的技术指标：

称量能力：80 kg

最小称量值：0.5 kg

称量动态精度：±25 g

量程分度：0.01 kg

精度分布状态：基于 2 个 σ（西格玛）

注油装置由集油罐、注油泵、液压单向阀、电磁阀、料位计、压力表组成。集油罐带加热和保温设施。注油泵出口处接压缩空气清洁管路系统，注油后通压缩空气吹油管，保证注油干净。

对于高速大容量密炼机，要求注油压力：≥2.5 MPa，注油能力：≥168 L/min，每份注油时间：<8 S。

1.3　胶料输送称量系统

主要由胶块提升机、胶片切胶机、胶片导开机、胶料秤、胶料投料运输带等组成。

1）胶片导开机负责将胶片拉开。胶片切胶机将胶片拉开并切成小片，要求切刀匀速，输送皮带速度可调。

2）胶料秤对胶料进行称量，并将称量好的胶料输送到投料运输带上。由电动辊筒、减速机、蜗轮蜗杆驱动薄型无接头皮带、四支剪切梁传感器、不锈钢护板等组成。对于工作容量 370 L 左右的密炼机，胶料秤的技术指标：

称量能力：350 kg

称量精度：称量能力×0.15%

量程分度：0.1 kg

3）胶料投料运输带的作用是备一车料，需要时将胶料投入到密炼机中，长度要比胶料秤长 0.5 米，以保证所备的胶料都进入投料准备。主要由电动辊筒、减速机、蜗轮蜗杆驱动薄型无接头皮带、不锈钢护板等组成，由光电开关控制停、送。投料运输带速度要可调，对于 F370 密炼机，投料能力要在 12 秒内把批胶料（350 kg 左右）投入密炼室内（因为 F370 密炼机能够在 15 秒内完成开门—投料—关门）。

1.4　小粉料称量系统

小粉料称量系统是密炼机非在线的辅助设备，用于配方中化工材料的解包、密闭输送、称量、包装、标识。这里描述的小粉料称量系统，适用于橡胶配方的粉状、粒状等非易燃易爆化工材料的自动称量配料。

小粉料称量系统由解包装置、顺料斗、储料斗、送料器、单料秤、校验秤、接料封口装置、批料代码生成打印装置、机架支承、电气和自动控制系统组成。当前的技术产品已经达到无人智能化控制水平。

1.4.1　解包装置

解包斗一般由碳钢板制成，内壁涂防静电的耐磨涂层。斗的容积一般为 600～700 L，斗内带有 30 目筛网。对于容易结团材料的解包斗，要有碎化手段。解包斗上方带有独立的吸尘罩和管道，

加料门必须带有电控门锁，由编码识别信号控制门锁。当确认识别的信息正确时，加料门才能自动打开，材料才能进

入解包斗。信息不对称时，发出声光报警信号。

每个解包斗设有低料位显示和声光报警，提示需要加料作业。

1.4.2 储料斗

要用不锈钢或其他耐腐蚀材料制造，输出段为不规则多面筒体，有防静电耐磨损的橡胶衬里，相应有破拱、破井装置，并加以间歇性敲抖。

每个储料斗要有高/低料位计，储量达到控制料位时，发出声光报警。

1.4.3 输出送料器

粉状材料用电磁振动送料器用于粉状材料，整个振动给料器为密封防尘型，可实现周期内分段调速控制给料，以保证称量精度。

粘滞型材料用螺旋送料器。螺旋主体要采用不锈钢或其他耐腐蚀材料制造，螺旋送料器的推进可变速控制，使材料料顺畅、快速、均匀地向电子秤斗上加料。

1.4.4 单料秤

包括秤斗、称重传感器和仪表、秤台。称量斗与每个加料器之间用柔性（防静电耐磨的夹布橡胶）封闭连接。自动扣除皮重称量材料，按设定自动卸料到校验秤内。普通粉料秤斗内壁涂防静电耐磨损的有机涂层，粘滞性材料的秤斗内用软橡胶衬里，斗上有气吹抖动装置，保证顺畅、完全地快速卸料。国产单料秤的技术指标：

称量范围：0～20 kg

分辨率：0.001 kg

称量静态精度：±0.025%

称量动态精度：±0.05%（全量程）

1.4.5 校验秤

校验秤用于检验批料重量，由秤斗、称重传感器和仪表、秤台组成。校验秤与单料秤之间要用防静电的柔性橡胶材料连接，秤斗内用导静电耐磨损的软橡胶衬里，斗上有气吹抖动装置，保证顺畅、完全地快速卸料。国产校验秤的技术指标：

批料称量（校验秤）：0～50 kg

称量的批料最大偏差：±20 g（全量程）

称量周期：40～60 S/批料，根据粉料特性有所差异

1.4.6 接料封口装置

包含接料台、气动夹口装置、脚踏开关、薄膜袋的热封口装置。

1.4.7 批料代码生成打印装置

完成每一批料的卸料以后，能自动生成打印一张对应的批料代码，供操作人员用作批料的标识。

1.4.8 小粉料称量系统除尘净化回收系统

每个解包投料斗、给料口采用独立除尘，吸尘料回落到相应贮料斗内获得再利用。

独立除尘器为脉冲反吹袋式除尘器，配有脉冲反吹阀和脉冲控制仪、复膜三防滤料滤袋，壳体由炭钢焊接制成，除尘器收集的尘料回落到相应料斗内获得再利用。

在输出批料处，设有集中除尘器，除尘器为脉冲反吹袋式除尘器，配有脉冲反吹阀和脉冲控制仪、复膜三防滤料滤袋，壳体由炭钢焊接制成，除尘器收集的混合料装袋收集处理。

除尘效果：经袋滤器除尘后，除尘效率> 99.95%，净化排放应符合当地排放标准。一般情况下，尾气排放含尘量应≤12 mg/m³。

1.5 上辅机的除尘净化和回收系统

在每个炭黑日储罐的解包口，设除尘收集器，由一套负压除尘系统进行尘气分离净化处理。

密炼机生产投入的炭黑，会产生炭黑飞尘，投入化工小料也有飞尘产生；配方胶料中的含油组分在混炼室内会高温雾化。因此，从密炼机投料口往外排的含尘气体具有细微性、带油雾、黏附性、带静电、吸附后不易清灰，并带爆炸性的特点，在除尘器材料选择、结构参数设计、自动控制方面，设计时要充分应对。

在密炼机加料装置设粉尘收集器，由一套独立的除尘分离系统处理，每一份配方投料的粉尘被收集后，分离的粉尘当即在线通过返回输送机送回下一份炭黑秤里（当前国产设备的在线返回还不够可靠，生产中一般都收集在除尘分离器里，再作集中清理）。

橡胶工厂炼胶生产用的除尘器，一般有袋滤式和滤筒式；不管采用哪种，都要求除尘效率> 99.95%，净化排放应符合当地环保标准。一般情况下，排放的炼胶颗粒物≤12 mg/m³。

二、下辅机系统

密炼机的下辅机系统主要包括压片开炼机、螺杆挤出压片机、胶片冷却生产线，其作用是将密炼机排出的混炼胶经补充混炼（或特殊炼胶的加硫混炼）、压片、浸隔离剂、风干后，温度冷却至43℃以下收片停放。

密炼机下辅机系统的组成及规格与密炼机的型式、规格和工厂布置密切相关。一般密炼机布置在单独的平台上。平台

下面布置压片设备。炼好的胶料通过密闭通道靠自重直接落在压片设备上。通过压片机将胶料压成一定宽度和厚度的胶片，胶片通过隔离剂水槽、胶片冷却装置冷却并叠放在料盘上，从而使整个炼胶过程联动化和自动化，有利于降低工人的劳动强度，改善操作环境，提高自动化水平和生产效率。

小型密炼机、翻转式密炼机也可采用平装方式，密炼机和压片机布置在一层。密炼机排出的胶料通过运输带或斗式提升机运至压片机上。

2.1 压片设备

目前常用的压片设备有开炼机压片或双螺杆挤出压片两种形式。压片用的开炼机或双锥螺杆挤出压片机规格与所配密炼机的规格相匹配。

2.1.1 开炼机压片

最早用于密炼机排料压片的设备是开炼机压片。它与一般开炼机的区别在于它的辊面形状为光滑面，其辊筒速比为1.07～1.08. 其工作原理是密炼机炼好的胶料在两个相对回转的辊筒上依不同线速度在摩擦力的作用下被拉入辊距，通过辊距断面的缩小，使胶料受到剪切与挤压，使之进行补充炼胶，然后压成所需宽度和厚度的胶片。故开炼机压片是间隙操作，20世纪还需人工进行翻胶、下片等的操作，自动化程度低，胶片尺寸和质量由于受到人为因素的影响不稳定。目前国内橡胶机械厂已开发了系列的自动翻胶装置，能够取代人工操作；对多台串或并联的开炼机，通过联动自动输送和自动翻胶装置，能够实现从接取下胶、翻胶、出胶片的生产。但是，有些母炼配方胶料从密炼机卸出时不完全粘团，会有松散的小胶团弹落到接取的开炼机周围，造成环境污染。

压片开炼机的规格性能和选用，请参考开放式炼胶机的相关章节。

2.1.2 双螺杆挤出压片机

双螺杆挤出压片机用于接取密炼机卸出的胶料、挤出输送胶料和进行压片作业，它可以间歇性接取密炼机排出的批料、动态控制胶料压片的平衡连续输出，自动化程度高；在挤出压片过程，胶料所带的热量可被带走部分，一般情况下，密炼机排胶的温度相对于压片出口的胶温，可降低10～15℃。

该机位于密炼机下方，密炼机批次排落下的胶料直接进入螺杆入口端的料斗中，由螺杆输送进入一对辊筒机头，压成工艺尺寸的胶片输出。机器的速度可以调节，以适应不同的混炼周期。

1. 基本结构

主要包括接料槽、挤出装置、辊筒压片装置、干油润滑系统、减速器、联轴器、水温控制系统、底座、电机和电气控制系统等部分组成。双螺杆挤出压片机的结构布局，不同制造商的产品有不同形式，如图2.2.3-5所示为其中一种结构和工作原理示意图。

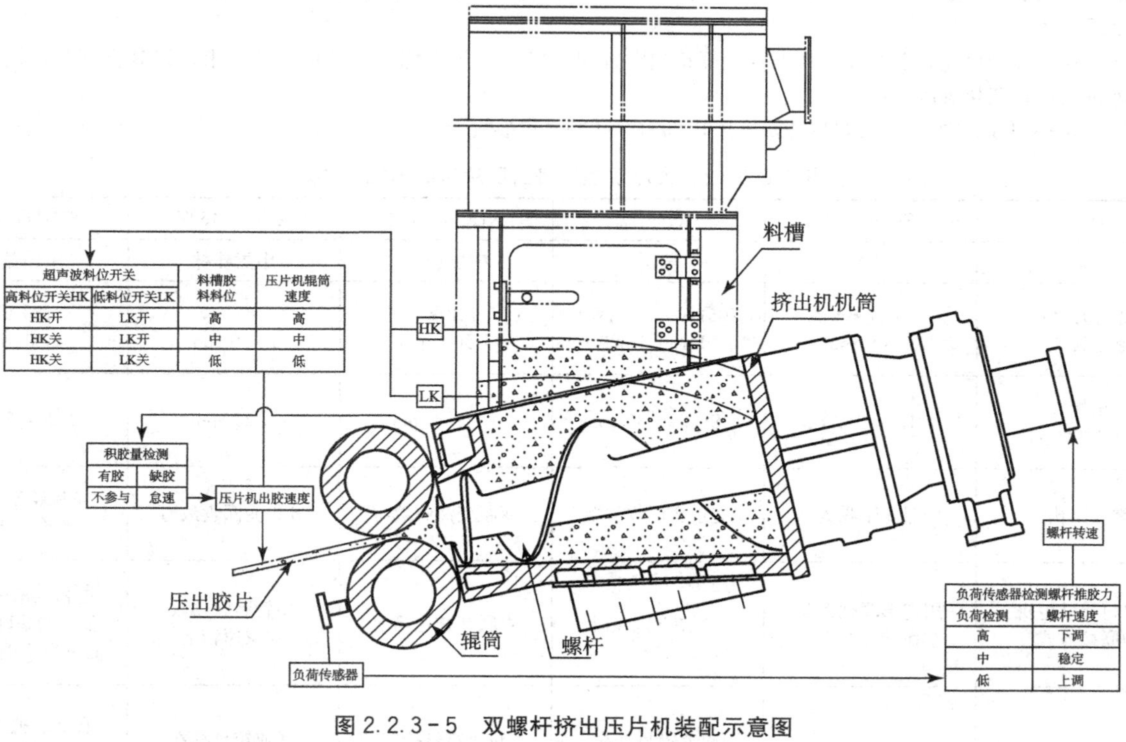

图 2.2.3-5 双螺杆挤出压片机装配示意图

(1) 加料槽

加料槽为钢板焊接结构，存储胶料供螺杆输送。加料槽沿高度方向设有两组超声波料位计，按加料槽内存胶多少，其输出数据为参数，调整压片机的辊筒转速快或慢，来缓冲平衡胶料的输送量，使密炼机的间歇卸料能够不间断地压成确定尺寸的胶片。

（2）挤出装置

主要由两根螺杆、机筒、轴承、轴承座、挡胶板等组成。两根螺杆是主要工作零件，螺杆工作部分和料斗内表面喷焊硬质合金，使用寿命长。螺杆由一台直流或交流变频电机驱动，通过减速机和齿轮驱动两根螺杆作同步异向向内啮合转动，可无级调速。

双螺杆挤出压片机螺杆有等径变距收敛性螺杆、锥形变深变距收敛螺杆。锥形双螺杆结构比等径变距的平行式双螺杆具有更强的螺杆吃胶能力和更大的胶料输送能力，还较好地解决了平行式双螺杆挤出压片机胶料易起拱堵胶而中断生产的问题，更能适应大容量、快速密炼机炼胶生产的需要。因此，锥形双螺杆结构被普遍采用。

（3）压片装置

压片装置主要由上、下辊筒，调距装置、测力传感器及左、右支架等组成。上、下辊筒是主要工作零件。通过电机、减速器、联轴器驱动两辊筒相对转动进行工作。

辊筒材料为冷硬铸铁制成，坚硬耐磨，辊筒圆周钻孔通水冷却．辊筒两端由滚动轴承支撑，两辊之间的距离通过调距装置将上辊筒拉起进行调节．正常工作时，辊距调节范围为 3～12 mm，调节速度一般在 20～30 mm/min；当清理积胶时，最大辊距可调节至 200 mm，调节速度可达一般在 50～60 mm/min。调距装置还设有安全装置，以保证调距装置和辊筒不受损坏。

压片装置设有紧急停车装置，发生事故时，拉动紧急停车装置的拉线，压片辊即刻停止运转，同时螺杆也随之停止运转。为了显示并保证两边辊缝间隙，左、右两支架各设置了一个位移传感器。

为了确保螺杆挤出的胶量和压片辊压出胶量一致，在左、右支架上各安装一个压力传感器，当积胶过多时，会导致胶料压力增加，并经辊筒、轴承座，传到压力传感器，通过压力传感器将信号输出，控制挤出装置电机的转速，即进行螺杆转速的调节。

（4）减速器

压片装置由一个减速器驱动，挤出装置一般有两种传动：一种是一个减速器驱动一根螺杆，另一根螺杆由速比齿轮传动。

（5）热水循环温控装置

一般双螺杆压片机带有水温控制装置，用于调节、控制工艺操作水温。

（6）润滑系统

润滑系统包括：挤出减速器润滑系统、压片减速器润滑系统和干油润滑系统，分别用于不同润滑部位的润滑。压片减速器润滑系统、挤出减速器润滑系统主要由齿轮泵、滤油器、流量开关、压力表、冷却器等组成。流量开关是能够发出两位接点信号的仪表，它以输送信号的方式报警，供设备联锁之用。干油润滑系统用于螺杆和辊筒轴承座润滑。

2. *主要参数*

目前，我国橡胶机械企业开发制造的双螺杆挤出压片机，已经满足密炼机下辅机工艺要求，以其良好的自动化性能，辅助密炼机实现智能化炼胶生产。

表 2.2.3-2 中列出多种锥形双螺杆挤出压片机的常见形式和参数。

表 2.2.3-2　锥形双螺杆挤出压片机的形式和参数

型号	SPB-800	TSS-12	XJX-S330Z	XJX-S450Z	SSGJ416/936
产地	日本	美国	中国桂林	中国桂林	中国益阳
挤出电机功率/额定转速	186 kw 1 500 rpm	200HP（149KW） 115-1 150/1 500 rpm	132 kw 1 500 rpm	185 kw 1 500 rpm	180 kw 1 500rpm
挤出螺杆转速范围/rpm	1.4～18.3	28～28～36 rpm	～23.8 rpm	～26 rpm	2.2～22 rpm
螺纹结构	变深变距收敛型	变距变深收敛型	变距变深收敛型	等距变深收敛型	不等距不等深，啮合收敛式
挤出机传动电机的联接方式	用齿形联轴器联在减速箱上	直联在减速箱上	直联在减速箱上	用轮胎联器联在减速箱上	电机与减速箱有各自的基础平台，通过半联轴器相联
减速箱装配于螺杆的形式	减速箱安装在倾角 15°平台上	减速箱悬挂在主倾角 12°螺杆上，可上下摆动	减速箱悬挂在主螺杆上，可上下摆动	减速箱悬挂在主螺杆上，可上下摆动	有 2 套独立的减速箱和悬挂锥（速比）箱，以万向联轴器相连

续表

型号	SPB-800	TSS-12	XJX-S330Z	XJX-S450Z	SSGJ416/936
产地	日本	美国	中国桂林	中国桂林	中国益阳
压片电机 功率/转速	186 KW 1 500 rpm	200HP (149KW) 115～1 150/1 550 rpm	132kw, 1 500rpm	200 kw 1 500 rpm	180 kw 1 500 rpm
压片机传动电机的连接方式	电机通过齿形联轴器在减速箱上	直联在减速箱上	直联在减速箱上	电机直联在减速箱上方	电机装在底座上，通过半联轴器与减速相连
压片机减速箱与辊筒的装配特点	减速箱固定在水平平面	减速箱悬挂在下辊筒上，可上下摆动	减速箱悬挂在下辊筒上，可上下摆动	减速箱悬挂在下辊筒上，可上下摆动	减速箱悬挂在下辊筒上，可上下摆动
压片机架形式	支承双辊压片，立式前倾15°	支承双辊压片，立式前倾12°	支承双辊压片，立式前倾12°	支承双辊压片，立式前倾12°	支承双辊压片，立式前倾15°
压片辊筒 工作直径×长度/mm	Φ760×1 050	Φ500×1 150	Φ410×1 000	Φ510×1 065	Φ500×1 100
压片辊筒 工作转速范围/rpm	2～27.4	2.4～23/35	～26.8	～ 26	2.5 ～ 25
工作辊距/ 最大辊距/mm	2～7/300	3～11/300	3～10/300	3～11/300	3～12/300
调距方式	电动调距	液压调距	电动调距	电动调距	电动调距
挡胶板宽 / 胶片宽，mm	720～750/800	720～750	650/700	720～750/800	720～750/800
产量 t/h (比重 1.15)	9	11	9	12	11

2.2　胶片冷却机组

经压片后的胶料进入胶片冷却机组进行冷却，目的是降低胶片温度和涂隔离剂，避免胶片存放时相互黏结和发生自硫，并被在线定量切割（或折叠）叠片停放，以供下道工序使用。

2.2.1　主要结构

胶片冷却机组由接取输送机（带字码打印装置和纵直切刀装置）、隔离剂槽、提升输送机、挂胶输送冷却机、摆片折叠装置、机架、电气控制系统组成。

胶片从挤出压片机输出后，首先进入带式（耐热）接取输送机上，由旋转切刀分割一定的宽度、字码轮印制胶料代码印痕，然后进入隔离剂槽。

与皂液隔离剂接触部份的槽、辊筒等均为耐腐蚀的不锈钢制作，工作时隔离剂通过管道泵连续循环使用。

隔离剂使用后，温度升高，需采取冷却降温措施。一般在皂液槽内设有冷却装置。

提升输送机下部要带接排水槽，接取胶片表面的隔离剂水滴汇集并引回隔离剂槽。凡能接触到隔离剂的提升机零部件，都要求使用耐腐蚀材料。出口设牵引机构，强制胶片顺利进入挂胶输送冷却机的开口。

挂胶输送冷却装置的冷却段是封闭式风冷箱。挂杆链条由电机减速机机构驱动。全封闭分段组装，一侧装有冷却风机，对侧装有排气风口，两端各装有一个检查门（设安全开关控制），箱底挂链下方满铺钢板，胶片在冷却箱内的停留时间，要保证温度降到工艺规定。胶片出入口处设操作台。

经冷却的胶片，母炼胶上行至二楼、终炼胶下行至一定高度、进入自动摆片折叠装置。自动摆片叠片切片装置包括空胶盘自动输送机构、摆胶机构、收胶升降机构、胶垛称量、自动裁断、输出机构、两工位存胶机构等组成。胶片经自动摆片叠片切片装置处理，定量堆垛在存胶板上，带编码号运输到存放区。

机组各部分之间，由相互联系的控制操作实现。各段的输送速度均要匹配可调，相应的各种安全保护装置及安全防护装置应齐全可靠。

除了以上的形式结构以外，在此介绍一种 VMI 研制的胶片冷却生产线，包括通道式与悬臂式。通道式胶片冷却生产线处理胶片宽度可达 1 200 mm，生产能力可达每小时 11 吨。悬臂式胶片冷却生产线的核心是一个电气驱动单向转动的冷却齿杆（悬臂式）和一个浸胶装置。冷却齿杆的长度，也就是杆的有效长度可根据用户需要调整。VMI 悬臂式冷却生产线组合可以从一个配六个风扇的冷却齿杆及单一胶条堆垛到一个多功能的胶片冷却系统，可处理胶条、胶片、穿孔胶片以及切割的宽大胶片，如图 2.2.3－6 所示。MHD（高密度）堆胶机能够以很高的速度完成非常精确的堆胶操作，通过托盘、箱子的运输，使整个过程实现自动化操作，如图 2.2.3－7 所示。

图 2.2.3－6　带有 MHDIII 堆胶装置的通道式胶片冷却机

图 2.2.3－7　配有 MHD 堆胶机、箱子/托盘

传送带和胶条终端裁刀的悬臂式胶片冷却机

根据客户不同的需求，胶片冷却机可选部件包括：压痕式胶料打印机、热轧纵切机、自动热冷取样装置（如图 2.2.3－8 所示）、浸胶箱里的多余浸液吹干装置、自动悬臂清洗装置、胶料追踪和称重系统、托盘处理系统（平托盘或者箱式托盘，如图 2.2.3－9 所示）。

图 2.2.3－8　自动冷取样装置并配置在堆胶装置中

图 2.2.3－9　自动平托盘处理系统

在通道式或悬臂式胶片冷却生产线的末端，可选用的堆胶设备包括：钟摆式堆胶机，该机器可自由堆放胶片和/或胶条，如图 2.2.3－10 所示；MHD Ⅲ堆胶机，该机器具有广泛的堆胶能力和较高的堆胶速度；RCP 堆胶机，该机器可快速准确地堆垛非常宽大的胶条和胶片；MHD 500 堆胶机，适合悬臂式胶片冷却机，该机器具有广泛的堆胶能力和较高的堆胶速度；WWE 200 堆胶机，可堆胶最大宽度为 200 mm 的一个或两个胶条；HP 堆胶机，用于在平整的托盘上堆垛可控的胶片和胶条。

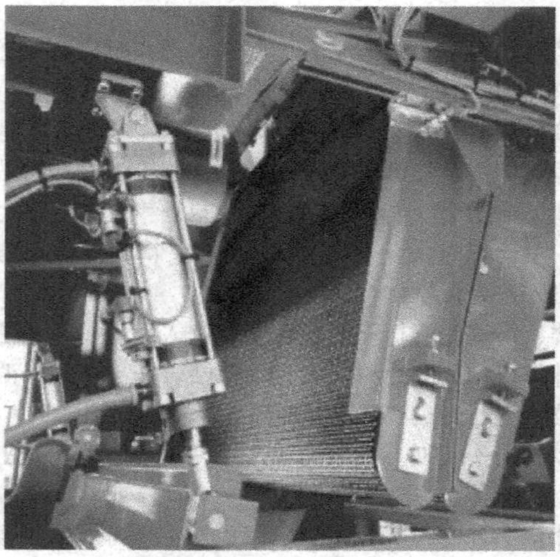

图 2.2.3－10　钟摆式堆胶机

2.2.2　主要参数

按密炼机排胶量的大小，相应适配的胶片冷却机组参数有所不同，用户选用时需按个性定制。当前用量最多的是配净容积 270 L、370 L 左右的密炼机，有关技术参数如表 2.2.3－3 所示。

表 2.2.3－3　适用于 270 L/370 L 密炼机的胶片冷却机组的技术参数

技术特征	参数
胶片宽度	800 mm
胶片厚度	4～12 mm，标准 8mm
胶片接取线速度	可调，～43 m/min
胶片收取线速度	可调，～36 m/min
入口胶片温度最大值	160℃
隔离剂温度	≤60℃
悬挂杆间距	大约 152 mm
悬挂胶片高度	Max 1 400 mm
出口胶片温度	≤40℃，或不高于室温 5℃
胶片输出方式	母炼胶上行送片、摆片、称量、堆垛裁断； 终炼胶下行 送片、摆片、称量、堆垛裁断。
胶片堆垛重量	每板胶片重 1 000 kg
胶片堆垛称量装置	称量范围～1 500 kg，称量精度 0.1%
生产能力	≥12 t/h
装机容量	≈20 kW
动力源	三相：380 V±10%、50 Hz Air：0.7 MPa 循环水：常温，0.3 MPa

三、炼胶生产线设备的安装维护保养

3.1　切胶机的安装维护保养

3.1.1　日常维护

1. 开车前的检查

1）检查刀台内及机台周围有无杂物；2）清擦导轨并加注润滑脂；3）检查液压油量是否足够；4）检查切胶刀有无损坏，刀座落刀槽内的软铅应视其使用情况而更换；5）检查切胶刀上下限位开关，以防失灵。

2. 运行时的维护

1）检查液压系统工作是否正常，有无异常振动和泄漏；2）所切胶料必须达到工艺规程规定的温度；3）发现胶料中带有杂物，应及时清除，严禁被混入其他物料中。

3. 生产结束后的工作

1）生产结束后，应将切胶刀落至底部；2）关闭电源及各种阀门，清理机台及周围卫生；3）向下班交代本班设备运行情况。

4. 安全注意事项

1）检查待切胶块中是否夹有各种杂物，以免损坏机器；2）检查所切天然橡胶包块是否达到规定工艺温度要求；3）当控制系统失灵、发现胶块夹带硬异物或有危及人身安全及设备安全的紧急情况时，应紧急停车处理。

3.1.2　润滑规则

1）新机器液压油箱使用抗磨液压油 N32，油量至游标尺所示高度，使用 200 h 后应对液压系统进行清洗，并更换新油。正常生产时，每半年清洗换油一次。

2）切实做好液压油的“五定”“三过滤”，过滤网为 100～120 目。

3）刀架与两侧导轨槽每个工作日加钙基润滑脂 2G—3 一次，适量。

3.1.3　常见故障和处理方法

切胶机常见故障及处理方法见表 2.2.3－4。

表 2.2.3-4　切胶机常见故障及处理方法

故　障	原　因	处理方法
接头、阀门漏油	油压过高，密封不良	调整油压，更换密封圈
刀架断裂	刀架有铸造缺陷或材质不良	更换刀架
	刀架固定螺栓松动	更换刀架紧固螺栓
油泵发热	油中有污物	清洗后更换新油
	吸油管泄漏	更换吸油管
	吸油过滤网堵塞	清洗或更换过滤网
油压偏低	溢流阀调压偏低	重新调整
	吸油管泄漏或堵塞	更换或清洗吸油管
	皮碗、密封圈老化，损坏或安装不当	更换或检测调整

3.1.4　检修

在设备使用维护中，要掌握好零部件的磨损和潜在失效情况，适时进行修理。如表 2.2.3-5 所示。

表 2.2.3-5　切胶机的修理和质量标准

部位	问题和缺陷	修复方式方法	质量标准
油缸	内孔表面磨损	镗加工	内孔表面粗糙度 1.6 μm、圆度、圆柱度公差 0.04 mm、同轴度公差值为 0.10 mm 端面对内孔轴向的垂直度 0.15 mm 修复后进行水压试验，试验压力为 7.5 MPa，持续 10 min，不得有泄漏
	内孔表面出现局部缺陷	采用涂、镀等新工艺方法修补后加工	
柱塞	外圆表面磨损或精度超差较小时	用车、磨加工方法修复	外圆表面粗糙度 1.6 μm、圆度、圆柱度公差 0.02 mm、直线度公差 0.06 mm、同轴度公差值为 0.06 mm 与油缸的配合为 H_9/f_9 与堆胶盘配合的端面垂直度公差 0.04 mm
	磨损严重或精度超差较大	堆焊或涂镀后车、磨加工。为提高使用寿命，以堆焊、涂镀高耐磨材料为宜	
堆胶盘	与柱塞配合内孔超差	采用镶套法修复	内孔轴端面的垂直度公差 0.15 mm 内孔与柱塞的配合为 H_8/js_7 内孔轴对滑瓦座平面的平行度公差 0.5 mm 装配后堆胶盘与刀台的同轴度公差值为由 0.5 mm，向前空运行时速度不低于 1.33 m/min，切胶时速度不低于 0.66 m/min，返回时速度不低于 2.44 m/min，每切胶一次的时间不超过 80 S
刀片			刃部的表面粗糙度 1.6 μm 刀片表面应平滑光洁，不得有裂纹、毛边、腐蚀等缺陷 刀刃部分的硬度为 HRC58～64，同一刀刃部分的硬度差 HRC3
液压系统	阀的动作不灵、动作不到位	细心拆检、检查油质、清洗表面	按相反方向，用 6 MPa 压力进行试验，持续 5 min 不得有泄漏 电磁阀的升降动作要灵敏，阀杆位置准确，且无泄漏 油缸装配后，以 0.15 MPa 的试验压力进行无负荷试验，应保持运行平稳、灵活

3.1.5　试车与验收

1. 试车前的准备工作

1）制定试车方案，试车小组人员落实；2）试车现场应整洁，各种安全防护措施齐全好用，清除堆胶盘与切胶刀之间的杂物；3）油箱加入 N32 抗磨液压油，加入量不少于规定值；检查各润滑部位是否完好；4）检查堆胶盘，试验行程开关和紧急停车开关，要求定位准确，灵敏可靠；5）盘车检查油泵是否转动灵活；6）检查、紧固各部位螺栓；7）指定专人作好试车记录。

2. 试车

空负荷试车：1）启动油泵，观察旋转方向是否正确；2）检查泵体及电动机，应无异常振动；3）检查四通电磁阀及其他阀门工作是否正常；4）检查输油管路及各接头有无渗油现象；5）检查堆胶盘往复行程是否符合要求；6）试验堆胶盘动作，大修后往返次数不少于 20 次，中修后不少于 10 次。

负荷试车：1）空负荷试车正常后，即可进行负荷试车，连续切胶时间不少于 4 h；2）测定切胶周期是否符合要求；3）检查油泵及阀门工作是否正常；4）储油箱油温不应高于 60℃。

3. 验收

经试车小组鉴定，设备符合检修质量标准和工艺要求，即可办理验收手续，交付使用。试车验收结束，检修部门应将检修记录整理后，交设备管理部门，连同试车记录和竣工验收单一起存档。

3.2 上辅机系统的维护检修

3.2.1 日常维护

1）观察系统风压、电压是否符合要求。

2）每班观察各叉道阀及蝶阀是否转动灵活。

3）检查上位机是否正常启动及传送数据。

4）检查炭黑压送是否正常顺利。

5）观察除尘器是否有超压现象（压差偏大）。

6）系统中有一个压送罐正在输送时，不得断电复位。

7）解包机室工作完毕以后必须清扫关门，停车断电。

8）压送罐向日罐输送时，必须等待其正常结束，不得中途复位。

9）各控制柜不得敞门工作。

3.2.2 定期检查和维护保养

日常定期检查应严格执行表 2.2.3－6 要求事项，发现异常情况及时安排修理。

表 2.2.3－6 上辅机定期检查保养要求

部件装置/系统	方式	检查保养周期					
		每班	每天	每周	每月	每半年	每年
系统无泄漏	目视		○				
各点压力表	目视，表压无升高		○				
除尘率监控	集尘量分析			○			
炭黑秤	校准检验			○			
油料秤	校准检验			○			
胶片秤	校准检验			○			
蝶阀	目视，信号动作正常		○				
过滤器	清洁			○			
输送器	清除清洁，换易损件						
螺旋输送器	润滑			○			
压缩空气	目视	○					
信号灯	目视	○					
电气控制系统柜	保洁吹扫					○	

维护要求：1）保证计量准确才能投入生产；2）出现泄漏及时修理；3）发现异物或堵塞及时清理疏通；4）压缩空气潮湿立即排凝；5）发现信号灯不亮立即更换；6）发现潜在问题时计划停产修理。

3.2.3 常见故障和处理方法

常见故障和处理方法如表 2.2.3－7 所示。

表 2.2.3－7 密炼机上辅机常见故障及处理方法

故障	原因	处理方法
压送管超压，炭黑无法输送	旁吹风管不起作用	检查旁吹风管，各处气动截止阀，以及滤芯和通风量，必要时须更换
	管道局部堵塞内衬破裂	检查更换内衬破裂的管路
	管道叉道转换阀不到位引起堵塞	检查叉道转换阀
	压送罐微孔板不透气	更换微孔板
	压送罐及管道内有异物造成堵管	拆卸活动部件清除异物
大罐中炭黑无法输送到压送罐中	炭黑结块	利用旁吹风进行破拱
	螺旋输送器堵	清理螺旋输送器
	中间过度斗堵塞	敲打清空中间过渡斗

续表

故　障	原　因	处理方法
日用罐中炭黑无法到粉秤	日用罐中炭黑结块	破拱
	螺旋输送器堵	清理螺旋输送器
炭黑库无法正常启动	某一叉道阀没到位	检查沿线各叉道阀
	管线中压力不正常	检查各处压力，使其恢复到标定值
	所选择大罐已满	选择另一大罐
炭黑输送无法正常终止	管道中确有炭黑，压力降不下来	等待其自动清空管道
	压送罐微孔板脏堵	更换微孔板

3.2.4　试车与验收

参加试车成员应熟悉上辅机结构、工作原理、安全要求，现场设备和环境清洁光亮，试车内容包括单机启动、整机空负荷运转、投料试车。试过程发现任何问题时应立即停止，整改完好后方可恢复进行试车。如表 2.2.3-8 所示。

表 2.2.3-8　上辅机试车程序

步序	检查验证	质量要求
1	检查各部件装置、管线接口	安装符合设备要求，无开放口，容器内无任何杂物
2	检查压缩空气系统	压缩空气干净、干燥，系统压力符合，控制风压稳定
3	检查设备润滑	各润滑点得到良好的润滑
4	检查电气控制系统	确认符合安装规范，然后通电
5	检查各装置的状态，校对控制程序和信号	动作顺序和方向正确，信号与动作相符，动作灵活、到位
6	校检炭黑、油料、胶片称量装置	静态精度符合设备技术规范
7	油料系统加油、升温加热、校检料位信号	升温至工艺温度，上下料位信号正确
8	炭黑输入日储罐，校验料位信号	上、下料位信号正确
9	检查胶料称量切片和输送速度	切片轻快、动作协调、速度可调
10	检查除尘系统	风压符合设备要求
11	系统模拟控制检验	所有动作顺序、状态正确无误
12	系统按配方批次量投料称重测试，在投料斗的外排口接取物料，装入口袋进行实物重量校验。测试最少 3 次	实物重量的误差在设定值的动态精度范围内
14	评估试车结果	结果符合技术规范要求，则等待与密炼机一起联动试车。

3.3　密炼机的维护检修

3.3.1　安装技术要求

到达用户现场的密炼机，密炼室、减速箱、电机都是独立的部件，在基础平台上，就位找平找正到总装配精度要求后，进行地脚螺钉的混凝土浇灌。

设备就位前，基础平台必须经过混凝土养护期达到负荷强度。设备就位一般是以减速箱为基准部件，电机与密炼室通过联轴器与减速箱的输入、输出轴找平找正相连接。安装精度的公差大小，应符合密炼机制造商提供的技术数据。如表 2.2.3-9 所示。

表 2.2.3-9　密炼机安装技术数据

项目	数据	说明
安装测量仪	水平仪　精度 0.02 mm 百分表　精度 0.02 mm 经纬仪　精度 0.02 mm 钢直尺　长度 1 m	
单件起吊器具的能力	Max30 吨/件	440 净容积以下密炼机
安装就位部件	密炼室总成、电机、减速箱、温控装置、液压站	管道、电缆、信号线等在各部件就位后对接
基准部件	减速箱	
水平精度要求	0.04 mm/m	
电机端联轴器同轴度	0.10 mm	电机轴相对于减速箱输入轴

续表

项目	数据	说明
电机与减速箱的半联轴器端面距离	7～9 mm	
转子端联轴器同轴度	0.10 mm	密炼室总成相对于减速箱输出轴
转子与减速箱的半联轴器端面距离	40～44 mm（规格小的该数据减少）	见相应的技术说明书
齿轮啮合精度	齿面接触≥85%	浇灌地脚螺栓前检查

3.3.2　日常维护

1. 开车前的检查（指新密炼机投产、修理、或日常中非连续冷态下启动运行前）

1）全面检查各处连接件、紧固件是否连接可靠。

2）检查各润滑油路是否畅通，检查机器内外是否有异物或妨碍运转的物件。

3）主机开动前，先开动各润滑油泵，冷却水泵。

4）检查开车前各部温度、油压、风压、水压。

5）开启液压站，检查上顶栓、卸料装置、喂料门排料门是否灵活、迅速；插、抽锁动作是否到位，全部动作是否准确可靠；同时检查各油路无泄漏。

6）开启主机、减速器和主电机等冷却系统的进水和排水阀门，先低速运转，检查电机转向是否正确，慢慢地提高转速，运转 10 min 以上方可压料。

2. 运行时的维护

1）在投产的第一个星期内，需随时拧紧密炼机各部位的紧固螺栓，以后则每月要拧紧一次。

2）当机器的压砣处在上部位置，卸料门处在关闭位置和转子在转动情况下，方可打开加料门向密炼室投料。

3）当密炼机在混炼过程中因故临时停车时，在故障排除后，必须将密炼室内胶料排出后方可启动主电机。

4）密炼室的加料量不得超过设计能力，满负荷运转的电流一般不超过额定电流，瞬间过载电流一般为额定电流的 1.5～1.8 倍，过载时间不大于 10 s。

5）加料时投放胶块质量不得超过 20 Kg/块，塑炼时生胶块的温度需在 30℃以上。

6）主电机停机后，关闭润滑电机和液压电机，切断电源，再关闭气源和冷却水源。

7）在低温（室外 0℃以下）情况下，为防止管路冻坏，需将冷却水从机器各冷却管路内排除，并用压缩空气将冷却水管路喷吹干净。

3. 停车后的工作

1）生产结束后，密炼机尚处热态，需经 15～20 min 空运转后才能停机。空运转时仍需向转子端面密封装置注油润滑。

2）停机时，卸料门处在打开位置，打开加料门插入安全销，将压砣提到上位自动插入压砣安全销。开机时按相反程序进行工作。

3）清除加料口、压砣和卸料门上的黏附物，清扫工作场地，除去转子端面密封装置油粉料糊状混合物。

4）切断机器动力源和冷却水源。

4. 维修和保养安全注意事项

1）凡维修保养作业前，必须切断一切动力源和控制电源，挂“禁止开机”警示牌在通电手柄上。

2）密炼室中充满胶料情况下，因停电等临时故障而停车时，须先提起压坨，转子反转并卸料，以免第二次启动过载。

3）检查和清理加料口时，必须将压坨提起并插入安全销之后进行。

4）对于摆动式卸料门，停放时在卸料门两侧有两个防止卸料打开的螺栓，务必事先用液压系统将卸料门置于关门位置，并用锁紧装置将卸料门锁紧。此时将两螺栓旋至不影响卸料门开启的位置。

5）应经常检查转子密封装置的润滑情况，检查润滑油箱的油量、减速器和液压站油箱的油位，确保润滑点润滑和液压工作正常，避免形成干摩擦。

6）保证设备的安全联锁和保护电气可靠，不得擅自旁路。

3.3.3　润滑规则

密炼机润滑规则如表 2.2.3－10 所示。

表 2.2.3－10　密炼机润滑规则

主要润滑部位	油轴类	润滑形式	润滑（更换）周期
减速箱	N220 齿轮油	系统循环	首次 750 h，以后 4 000 h
转子轴承	润滑脂	自动注油	每个炼胶周期注 1 次
转子密封密封面软化	N460 液压油	高压自动注油	每个炼胶周期注 1 次
	工艺油	高压自动注油	每个炼胶周期注 1 次
下顶栓转轴轴承	润滑脂	集中润滑	每天一次
加料门转轴及插销	润滑脂	集中润滑	每天一次

续表

主要润滑部位	油轴类	润滑形式	润滑（更换）周期
上顶栓	润滑脂	油脂枪注油	每天一次
齿轮联轴器		注入	每月检查，适时加油
旋转接头	润滑脂	油脂枪注油	60 天一次
液压站	N460 液压油	系统循环	适时加油

3.3.4　定期检查保养规程

在密炼机生命周期，要得到良好的保养维护和修理，才能连续生产无故障运行。通过落实日常巡检、定期专检，发现异常情况及时处理或上报，事前做好长周期维护检修计划并落实，是密炼机保持高运转率的必须条件。如表 2.2.3－11 所示，列举了密炼机定期检查和维护的内容。

表 2.2.3－11　密炼机定期检查和维护规程

部件装置/系统	方式	检查保养周期					
		每班	每天	每周	每月	每半年	每年
主机运转平稳性能	目视、监听	○					
各部分连接螺栓	紧固				○		
地脚螺栓	紧固					○	
各润滑点	目视	○					
水（气）系统的压力	目视	○					
电机、控制参数和曲线	目视	○					
转子密封装置的压力	目视	○					
转子密封装置的润滑状况	计量油耗和软化物量分析		○				
加料门、上顶栓、卸料门、卸料门锁紧的动作正确与否	目视、操作	○					
上顶栓杆的润滑良好与否	目视	○					
上顶栓杆润滑加油	注润滑脂			○			
加料门轴、卸料门轴、卸料门锁紧装置润滑	注润滑脂		○				
检查下顶栓与密炼室的配合	目测、间隙测量				○		
密炼室壁和转子间隙测量	仪器测量						○
传动装置润滑油温和压力	目视	○					
传动齿轮的啮合质量	红丹法					○	
液压○系统油温和压力	目视	○					
油系统箱体	清洁过滤加油					○	
温控装置温度和压力	目视	○					
下顶栓热电偶校准	与温度计实测排胶温度比对		○				
压力和温度表校验				○			
系统管路清洁	冲洗吹，清污垢					○	
电气控制柜清洁	吹扫					○	
电机电气绝缘和安全	检测维护				○		
指示灯保全更换			○				

3.3.5　试车与验收

在上辅机、下辅机、胶片冷却机组通过独立试车和校验、认定符合投料试车条件后，方可进行密炼机试车。

参加试车成员应熟悉密炼机结构、工作原理、安全要求，现场设备和环境清洁光亮，试车内容包括子系统启动、整机空负荷运转、投料试车、连续负荷试车。试过程发现任何问题时应立即停止，整改完好后方可恢复进行试车。如表 2.2.3－12 所示。

表 2.2.3－12 密炼机试车程序

步序	检查验证方法内容	质量要求
1	完成了上辅机、下辅机和胶片冷却机组的独立投料试车	评估合格。与密炼机的通信可靠，构成完整的系统
2	检查各处连接件、紧固件	齐全、紧固
3	检查润滑系统油路、介质水管路	无开放点，连接牢靠，进水端水压符合规定
4	手动盘车，电机至少转动 5 圈，装上联轴节，再盘车观察转子转动 1 圈以上	无任何异常声音，手感轻松自如
5	冷却水系统和润滑油系统启动，运转 2 h，观察记录初始和运行温度、压力、流量，以及管路节点	无泄漏、无异常声音、符合规定数据
6	液压系统启动，观察记录初始温度、油压、流量，以及管路节点；放空系统中的空气	无泄漏、无异常声音、符合规定数据
7	温控系统启动和升温，观察记录初始温度和进水压力、设定各段温度和升温时间	无泄漏、无异常声音、符合规定数据
8	检查上顶栓、下顶栓、锁紧装置、加料门的动作和位置	升降、移动、摆动的动作畅顺、动作和位置正确
9	检查各系统安全防护装置	信号灯亮正确、超限发出警报、紧急刹车灵敏
10	主机启动，由慢速阶段至快速阶段，空运转 2 h，每 15 分钟检查记录一次水压和流量、冷却装置装置进出口温差、轴承监控点温度、润滑油泵压力和油温、液压油泵压力和油温、电机电流	参数符合要求值，所有轴承温度上升≤20℃，所有监控点无任何超限报警
11	设定密封环面压力为 0.1 MPa，使用研磨油膏进行密封环研磨，此时转子以最高速度空运转	密封环配合表面的宽度，沿 360°至少连续接触≥67% 研磨运转 1 小时后，拆出密封环检查，如果没有达到接触质量指标，重新用研磨油膏再次研磨，重复至合格为止
12	距离电机、减速箱、油泵、密炼室等声源 1 000 mm 处，测量噪声	≤ 85 db
13	投入混炼洗机胶 2 份，检查记录各监控点数据	所有数据处正常值，无任何超限
14	按配方设计重量投料，检查记录各监控点数据和有关曲线，检验胶料均匀性	所有数据处正常值，无任何超限。测取胶料分布均匀性
15	按配方设计重量的±2，5% 投料，检查记录各监控点数据，检验胶料	所有数据处正常值，无任何超限。测取胶料分布均匀性
16	对比分析已投料试验胶料	优选出最佳配方量
17	按最佳配方重量连续投料负荷试车 72 h（可分段累加，但最小段时间应≥3.5 h），每 0.5 h 检查记录各监控点数据，检验胶料，统计停机时间	所有数据处正常值，无任何超限；测取胶料分布均匀性，符合质量要求；分析停机原因，因故障引起的停机率≤2%。
18	试车结果评估和验收	符合技术规范则验收合格，整理和移交试车记录、评估结果

注："规定数据"按照设备说明书、机器参数，以及用户的工艺规程。

3.4 双螺杆挤出压片机的维护检修

3.4.1 日常维护

1. 日常维护保养要点

1）在使用设备时，不要超过铭牌或说明书所标定的设计能力、额定功率。2）定期检查各部件的紧固情况和运行当中是否有异常现象。3）定期对设备各润滑部位注入润滑油脂或更换润滑油。4）每天检查各介质管路是否畅通，润滑部位打油是否正常，冷却水系统冷却效果是否良好等。5）经常检查轴承有无异常和杂音，各减速箱齿轮啮合情况。6）每半年检查一次设备的水平度和联轴器的同轴性，并对出现的问题分析原因并予以彻底解决。7）定期检查螺杆挤出机的工作情况。8）保持设备本身及周围环境的干净、整洁。

2. 操作注意事项

1）尽量不要使设备长时间空转，以保护推力轴承。2）操作过程中，要注意挤出机及辊筒机头的同步性。3）在负荷运行期间，辊距必须保持在 3～10 mm 范围内，而且两端的辊距应相等，误差不得大于 0.1 mm/m·4）对设备进行冷却时，注意不可使温度有任何突变，以 5 r/min 运行螺杆和辊筒，每分钟温度变化不超过 1℃。5）应在低速下启动设备然后逐渐调至正常速度。6）经常观察电机的电流、速度变化情况及电机温度。

3. 停机后的工作

1）将螺杆机筒里的残留胶料排净后停车，不可过多空转。2）清除机台余胶及杂物。3）若设备停产时间较长，则关闭水、风阀门，在冬天时需放空管道及机体内的冷却水。4）清理机台卫生，并做好交接班工作。

4. 紧急情况下停车

1）除发生人身或设备事故外，不允许使用安全拉绳停机。

2）如果遇到停机后挤胶区仍填满胶料的情况下，此时要启动设备，必须采取以下措施：①启动螺杆前，首先启动辊筒；②调宽辊距；③停机时间较长或机内有胶料，应将辊筒打开将凉胶取出后方可按正常辊距要求生产，防止意外设备故障（鼓垫片）。

3.4.2 定期检查规程

定期检查是设备管理和维护的基础内容，要与日常维护、定期修理改造工作结合起来；对于检查时发现的问题隐患，作计划进行修理或改造。如表 2.2.3－13 所示。

表 2.2.3－13　双螺杆挤出压片机定期检查内容

部件装置/系统	方式	检查保养周期					
		每班	每天	每周	每月	每半年	每年
运转平稳性能	目视、监听	○					
各部分连接螺栓	紧固				○		
地脚螺栓	紧固					○	
各润滑点	目视	○					
水（气）系统的压力	目视	○					
电机、控制参数和曲线	目视	○					
润滑良好与否	目视	○					
润滑点加油	注润滑脂		○				
润滑油脂系统管路和部件	疏通清洁、换不良件					○	
传动装置润滑油温和压力	目视	○					
传动齿轮的啮合质量	红丹法					○	
轴承	监听			○			
螺杆与机筒	测量磨损间隙					○	
辊筒与挡胶板	测量磨损间隙					○	
油系统箱体	清洁过滤加油					○	
温控装置温度和压力	目视	○					
传感器	校验			○			
辊筒平行精度 0.1 mm/m	调整和校验			○			
系统管路清洁	冲洗吹，清污垢					○	
电气控制柜清洁	吹扫					○	
电机电气绝缘和安全	检测维护				○		
指示灯保全更换			○				

3.4.3 常见故障和处理方法

我国的双螺杆挤出压片机早期主要从国外引进，仍有许多在正常运行。因此在常见故障及处理表中，用英文描述报警显示。如表 2.2.3－14 所示。

表 2.2.3－14　双螺杆挤出压片机常见故障及处理方法

报警显示	处 理 方 法 说 明
1. SCREW DRIVE TROUBLE	螺杆驱动单元故障，遵照驱动说明手册的故障复位步骤复位
2. ROLL DRIVE TROUBLE	压片机驱动单元故障，遵照驱动说明手册的故障复位步骤复位
3. SHEAR PLATE BROKEN	剪切盘破裂，更换后按报警复位按钮
4. BANE UPPER LIMIT	压力超上限，螺杆停止，压力减小后螺杆速度恢复到正常速度
5. BANK LOWER LIMIT	压力低于下限
6. LEVEL SENSOR TROUBLE	料斗斜槽传感器（料位计）故障，检查料位计，清理探头
7. NO EXTRUSION (HIGH)	料斗槽显示高料位而胶料被正常挤出，胶料被担起

续表

报警显示	处理方法说明
8. NO EXTRUSION (LOW)	同上
9. GAP DRIVE TROUBLE	辊间隙驱动单元故障，遵照驱动说明手册的故障复位步骤复位
10. GAP UPPER　LIMIT	辊筒间距草稿上限
11. GAP LOWER LIMIT	辊筒间距草稿下限
12. PLC ERROR	PLC 故障，遵照 PLC 说明手册解决故障，按报警复位按钮
13. PLC BATTERY DOWN	PLC 电池电压低于额定值，遵照 PLC 说明手册的步骤更换电池
14. EMERGENCY　ETOP	急停按钮被按下，安全检查后，恢复正常启动，按报警复位按钮
15CHUTE DOOR OPEN	挤出机料斗门被打开，禁止密炼机排料
16. BANK DETECT ERROR	光电探测开关故障，清理探头或更换，按报警复位按钮
17. HOPPER HIGH LEVEL	高料位，禁止密炼机排料
18. SCREW G/R LOW FLOW	螺杆齿轮减速箱润滑油流量低于下限，检查油流量，按报警复位按钮
19. SCREW G/R LOW PRESS	螺杆齿轮减速箱润滑油压力低于下限，检查油流量，按报警复位按钮
20. ROLL G/R LOW FLOW	压片机齿轮减速箱润滑油流量低于下限，检查油流量，按报警复位按钮
21. ROLL G/R LOW PRESS	压片机齿轮减速箱润滑油压力低于下限，检查油流量，按报警复位按钮
22. SCREW G/R HIGH TEMP	螺杆齿轮减速箱轴承温度超温，检查处理
23. ROLL G/R HIGH TEMP	压片机齿轮减速箱轴承温度超温，检查处理
24. RUBBLE STICHWG	胶料粘贴在辊筒表面上。检查处理
25. GREASSE LOW LEVEL	润滑脂油位低，加注润滑脂

3.4.4　检修

双螺杆挤出压片机的修理和质量标准如表 2.2.3－15 所示。

表 2.2.3－15　双螺杆挤出压片机的修理和质量标准

部位	问题和缺陷	修复方式方法	质量标准
螺杆	螺纹表面的硬质合金面局部或全部磨损，或产生严重的裂纹、脱落	局部磨损、裂开或脱落，允许只进行局部修复；全面磨损则重新喷焊镍基合金粉（GNI－WC20）	硬度 HRC50～60 表面要求平整光滑并进行抛光处理，不允许有大于 0.1 mm 的凹坑 用手锤敲打喷焊表面，不允许有裂开或剥落现象 修复后螺纹底径与外径相对轴承装配的轴径处，同轴度允差不大与 0.8 mm
机筒	内筒表面的硬质合金面局部或全部磨损，或产生严重的裂纹、脱落	局部磨损、裂开或脱落，允许只进行局部修复； 全面磨损则重新喷焊镍基合金粉（GNI－WC20）	硬度 HRC50～60 表面要求平整光滑并进行抛光处理，不允许有大于 0.1 mm 的凹坑 用手锤敲打喷焊表面，不允许有裂开或剥落现象 修复后，筒孔相对于轴承装配孔的同轴度允差不大与 0.8 mm
挡胶板	磨损、变形	调整、更新	挡胶板圆弧与压片辊筒圆弧间的间隙，在工作长度内的间隙公差不大于 0.1 mm/m 挡胶板圆弧与压片辊筒圆弧之间间隙，应符合设备说明书要求。一般为下辊筒间 0.2～0.5 mm、上辊筒间 0.7 mm

3.4.5　试车与验收

1. 试车前的准备工作

1）设备大修后应成立试车小组制定试车方案。2）准备好必要的技术资料，指定专人做试车记录。3）试车过程中的维护保养工作由大修部门负责。4）检查确认设备各部位控制、润滑及所需水、风是否均具备试车条件。5）检查机腔内有无杂物。6）检查螺杆与衬套间隙并使之符合随机设备手册间隙标准。7）检查调整辊筒与挡胶板之间隙，使之符合随机设备手册间隙标准。

2. 试车

1）空负荷试车：①确认各部位润滑良好后方可开机；②空转时间不得超过 1 min，先由低速启动逐渐达到正常转速；③检查螺杆与衬套有无啃刮现象；④检查各部螺栓有无松动现象；⑤检查各轴承有无异常振动和声音。

2）负荷试车：①负荷试车不少于 2 h；②检查各部运转是否正常，各轴承温度不得超过 65℃，电流不得超过额定值；③负荷试车后，要继续运转 3～5 min，以排净机腔内的胶料；④清理现场，做到工完、料净、场地清。

3. 验收

1）经试车小组鉴定，设备符合检修质量标准和工艺规程要求，即可办理验收手续，交付使用。2）试车验收结束后，检修部门应将检修记录整理好，交设备管理部门，连同试车记录和竣工验收单一起存档。

3.5　胶片冷却装置的维护检修

3.5.1　日常维护和定期检查内容

胶片冷却装置定期检查内容如表 2.2.3－16 所示。

表 2.2.3－16　胶片冷却装置定期检查内容

部件装置/系统	方式	检查保养周期					
		每班	每天	每周	每月	每半年	每年
运转平稳性能	目视、监听	○					
各部分连接螺栓	紧固				○		
地脚螺栓	紧固					○	
各润滑点	目视	○					
电机、控制参数和曲线	目视	○					
润滑良好与否	目视	○					
润滑点加油	注润滑脂		○				
挂链润滑	涂润滑脂			○			
挂胶杆是否完好无变形	目视		○				
切胶刀	目视、调整		○				
标志号装置	目视、调整		○				
隔离剂系统	保证无泄漏		○				
润滑油脂系统管路和部件	疏通清洁、发现不良件换新					○	
传动装置润滑油温和压力	目视	○					
传动齿轮的啮合质量	红丹法					○	
传动辊轴承声音	监听			○			
系统管路清洁	冲洗吹，清污垢					○	
电气控制柜清洁	吹扫					○	
电机电气绝缘和安全	检测维护				○		
指示灯保全更换	损坏及时更换		○				

3.5.2　润滑规则

润滑部位及注意事项如表 2.2.3－17 所示。

表 2.2.3－17　润滑部位及注意事项

润滑加油部位	加油方法	数量	润滑油种类	加油周期
减速箱和无级变速箱	油壶			三个月检查和加/换一次
轴承	油枪	数滴	钙基润滑脂	每周加一次
气控系统油雾器	油壶	0.5 kg	46# 润滑油	每周加一次
各种链条	涂抹		钙基润滑脂	每周加一次
齿轮副	涂抹		钙基润滑脂	每周加一次
压辊轴等部位	涂抹		钙基润滑脂	每周加一次

3.5.3　常见故障和处理方法

胶片冷却装置常见故障和处理方法如表 2.2.3－18 所示。

表 2.2.3－18　胶片冷却装置常见故障和处理方法

故　障	原因分析	处理方法
摆线针轮减速箱不转	电机线圈烧毁	更换电机
	减速箱部分损坏	检查、修理、更换
摆线针轮减速箱不转	负荷过大	检查运输带、链条等部分是否有阻止减速箱转动的故障存在

续表

故　障	原因分析	处理方法
推进气缸推不到位	风压不足	调整风压
	推进部分电控阀故障	检修电控阀
	气缸内部活塞密封件漏风	拆开检修活塞及密封件
	气缸轴变形	拆下检修或更换新轴
挂胶杆挂不住胶	挂胶杆变形	整修挂胶杆
	胶冷运输链推进气控部分不到位	检查气控部位的风缸轴及棘轮的位置，并适当调整
	压胶辊压不住胶	调整压胶辊与挂胶杆之间的距离，使之压胶正常

3.5.4　检修方法及质量标准

1. 大网带

1）链板齐全平整，钎子不打弯，钎子两头固定牢固；2）链轮完好，运动平稳；3）支撑滚子运动平稳。

2. 皂泵、挂胶杆及推进链条

1）不泄漏，达到一定压力；2）挂胶杆不弯曲；3）链条销轴不松动；4）推进气缸动作灵活。

3.5.5　试车与验收

1）空车运转平稳，可进行负荷试车；2）胶片不褶；3）各部运动灵活。

3.5.6　维护检修安全注意事项

1）检修各部位机械部位时，必须切断该部位的控制电源。2）对辊类轴承及链轮等传动部位加油脂时，该部位应停止运转。3）检修设备时，禁止在垂直位置上下同时工作。4）检修气控部分元件时，必须关闭该控制部分的风源，并使系统压力降为零。5）减速箱及各传动辊的螺栓必须全部紧固。6）检修结束后，必须清理检修现场。

3.6　袋式除尘器的维护检修

3.6.1　日常维护

1）机台操作工每班负责清理除尘器回收的炭黑及粉尘。

2）当班操作工负责除尘器周围的环境卫生，保持现场清洁。

3）维修人员每班要巡检除尘器的运转情况，定期对润滑部位进行润滑。

4）电气维修人员每班对控制仪、脉冲阀进行检查，对失灵的控制仪、脉冲阀进行调整、修理或更换。

5）定期检查电气控制部分，对老化的电线电缆进行更换。

6）每 6 个月更换一次除尘布袋（密炼机、双螺杆除尘器）。

7）每月清理一次除尘管路过滤网及管道内杂物，以保证除尘效果良好。

8）对除尘器的泄漏点及时整修，杜绝泄漏。

9）润滑人员定期更换减速箱及油雾器内的油料，保证油料清洁。

3.6.2　检修

1. 检修周期和检修内容

检修周期为 6 个月，包括更换除尘器内所有的过滤布袋，更换老化的喷吹软管，检查脉冲阀的喷吹功能。

2. 检修方法及质量标准

1）将电气控制开关拉下，进风阀门关闭，打开除尘器检修门，把喷吹管固定螺栓松开，取出喷吹管，再将布袋压板拆除，把布袋从最底层开始取出，取出的布袋要用包装袋包好，待处理后备用。

2）把落在除尘器平台上的炭黑用吸尘器清理干净。

3）把新布袋套入骨架，布袋口的毛毡压条要紧靠骨架口。

4）把安装好的布袋依次装入除尘器内安装压板、喷吹管。

5）安装完后，要检查除尘器的喷吹管方向是否正确，喷吹孔是否对准布袋，压板螺栓是否拧紧。

3.6.3　试车与验收

1. 试车前的准备

1）将控制仪开关打到手动控制，启动螺旋输送器，将储存仓的炭黑排出。2）启动风机，运行 10 min，并检查风机转向是否正确。

2. 试车

1）把控制开关打到自动控制，启动自动按钮，进行空载试车。2）除尘器运转后，检查有无漏风现象，脉冲阀是否动作。3）空载运转 10 min 后，若没有异常现象，交付生产使用。

3.6.4　维护检修安全注意事项

1）巡检设备时必须注意身体各部位不得接触电源线及设备转动部位。2）进行设备维修时，登高作业必须注意安全，系好安全带，并有专人监护。3）严禁在除尘器设备上动火，确须动火的零部件应拆卸到安全地带操作，并按消防规定，有消防人员监护进行电气焊操作，操作结束后，有消防人员确认可以安装后方可进行，并需要消防当事人书面签字。4）设备在更换过滤袋等方面较大的检修时，检修人员应配带防尘面具。5）设备检修时，必须关闭相关的电源，并悬挂检修警示牌，有专人监护。6）检修结束后，清理现场，作到工完、料清、场地净。

四、炼胶辅助设备的供应商

炼胶辅助设备的主要供应商如表 2.2.3－19 所示。

表 2.2.3－19　炼胶辅助设备的主要供应商

供应商	炼胶辅助装备							
	立式切胶机		筛选机	胶浆搅拌机	小料自动配料称量	密炼机上辅机系统	密炼机下辅机系统	胶片冷却线
	液压	气动						
软控股份有限公司					√	√		
北京万向新元科技股份有限公司					√	√		
北京马赫天诚科技有限公司					√	√		
中国化学工业桂林工程有限公司						√	√	√
广州华工百川科技有限公司					√	√	√	
桂林市君威机电科技有限公司						√	√	
大连橡胶塑料机械股份有限公司							√	√
正将自动化设备（江苏）有限公司						√	√	
绍兴精诚橡塑机械有限公司	XQL－90		XQL－30					√
大连华韩橡塑机械有限公司			√					
青岛汇才机械制造有限公司	√							
沈阳威玲橡塑机械开发有限公司	√		√					
广州市番禺橡胶机械厂有限公司	√				√			

本章参考文献

［1］王薇．橡胶连续混炼设备与技术［J］．橡胶工业．2003，50（4）：237～240．
［2］董博宇，李翱，等．混炼装备的研究现状与发展［J］．橡塑技术与装备．2005，31（4）：26～31．
［3］汪传生，吕春蕾．橡塑共混设备现状及发展趋势［J］．橡胶工业．2009，56（5）：316～319．

第三章　压延压出设备

第一节　压延机

一、用途、型号和分类

橡胶压延机及其联动装置是轮胎生产过程的重点设备之一，属于高精度大容量成套设备。压延机 19 世纪中叶开始应用橡胶生产的是两辊和三辊压延机，到了 1880 年开始使用四辊压延机。随着生产的发展，与压延机相配套使用的联动生产装置不断涌现。特别近几十年来，由于汽车工业的发展，高速公路的出现，对轮胎的质量要求日益提高，加上尼龙帘布、聚酯帘布、钢丝帘布及其他新型骨架材料的应用，对压延机提出了许多新的要求，促使压延机及其联动装置向着高精度高效率及高自动化的方向迅速发展。当前，已出现 φ1 015×3 000 mm 压延机；压延线速度达到 120 m/min～180 m/min，个别已达到 250 m/min（塑料压延）；压延半成品的精度可达±0.002 5 mm（塑料压延）。国产压延设备也已经能够生产 Φ900×2 800 S 型四辊压延机，大张力压延联动装置已能实现钢丝帘布、钢丝绳带芯压延生产。

橡胶压延设备的分类与产品型号见表 2.3.1-1。

表 2.3.1-1　橡胶压延设备的分类与产品型号

类别	组别	品种		产品代号		规格参数	备注
		产品名称	代号	基本代号	辅助代号		
橡胶通用机械	橡胶压延机械	橡胶压延机		XY			
		钢丝帘布压延机	G（钢）	XYG		辊筒数量、辊筒排列方式、辊面宽度（mm）	
		橡胶压型压延机	X（型）	XYX			
		压延联动装置		XY	F		
		钢丝帘布压延联动装置	G（钢）	XYG	F	配套使用的压延机辊筒数量、辊筒排列方式、辊面宽度（mm）	
		贴隔离胶联动装置	T（贴）	XYT	F		
		压延生产线		XY	X		
		钢丝帘布压延生产线	G（钢）	XYG	X		
		贴隔离胶生产线	T（贴）	XYT	X		
		压延法内衬层生产线	N（内）	XYN	X		

现行压延机的技术标准如表 2.3.1-2 所示。

表 2.3.1-2　压延机的技术标准

序号	标准号	技术标准名称	其他说明
1	GB/T 13578—2010	橡胶塑料压延机	
2	GB 25434—2010	橡胶塑料压延机安全要求	
4	HG/T 2147—2011	橡胶压型压延机	
4	HG/T 2150—2009	橡胶塑料压延机检测方法	

橡胶压延机主要用于：纺织物（帘布帆布及细布）的贴胶与擦胶；钢丝帘布的贴胶；胶料的压片及压型；帘布贴隔离胶片和多层胶片的贴合等。

压延机种类较多，按照工艺用途可以分为贴胶压延机、擦胶压延机、压片压延机、压型压延机、贴合压延机；按辊筒数量可以分为两辊压延机、三辊压延机、四辊压延机、五辊压延机、异径五辊压延机和多辊压延机；按辊筒排列方式可以 I 型压延机、Γ 型（或 F 型）压延机、L 型压延机、Z 型压延机、斜 Z 型压延机、S 型压延机、△型压延机、T 型压延机等，如图 2.3.1-1 所示：

棍筒个数		2	3			4			5
辊筒排列型式	型式	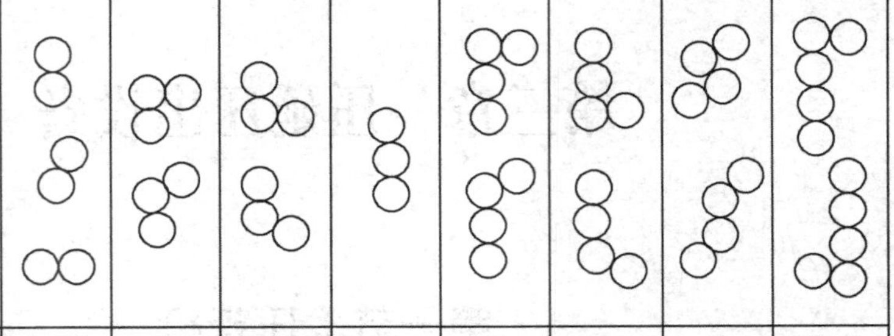							
	符号	I、W	Γ	L	I	Γ	L	S	P、L

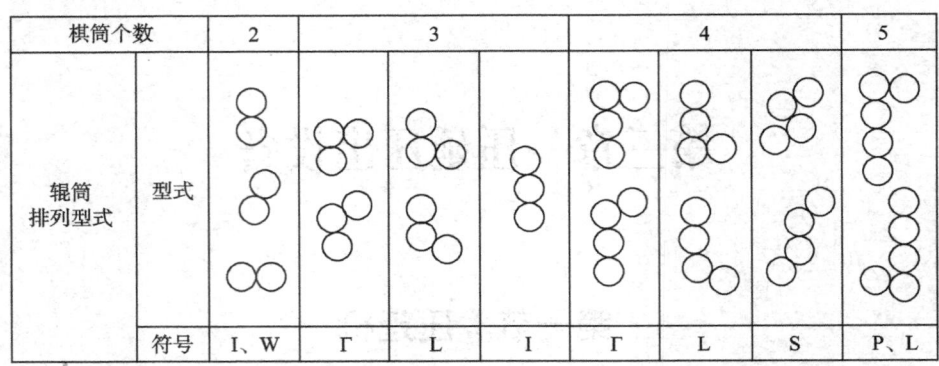

图 2.3.1－1　压延机辊筒排列形式

压延机还可按照配置与精度可以分为普通型、精密型压延机。精密压延机除了具有普通压延机的主要零部件和装置外，还具有以下特点：①采用镜面辊筒，可使辊筒在工作温度（如：180℃）状态下，其辊面的径跳≤0.001 mm，粗糙度在 Ra 在 0.025 以下，保证了压延的纵向精度。②调距装置由伺服电机驱动或液压调距机构，使辊筒间隙的调整更加精准。③使辊筒工作表面的温度控制在±1℃。④增加了一套提高压延精度的装置，改进了传动系统和主要零部件结构，并提高制造精度。如采用了对压延精度有重要影响的钻孔辊筒、辊温自动控制系统、辊筒轴交叉装置、预负荷装置（即拉回装置或零间隙装置）及反弯曲装置等。⑤对压延制品的厚度进行适时在线监测和对压延机与制品厚度有关的系统进行自动闭环反馈控制，使制品的厚度精度得到极大的改善。

橡胶压延机常用的压延工艺如图 2.3.1－2 所示，为了使压延前的热炼胶料能得到进一步的混炼捏合和均化，通常胶料要预先通过 1～2 个具有一定速比的配对辊筒的炼胶。

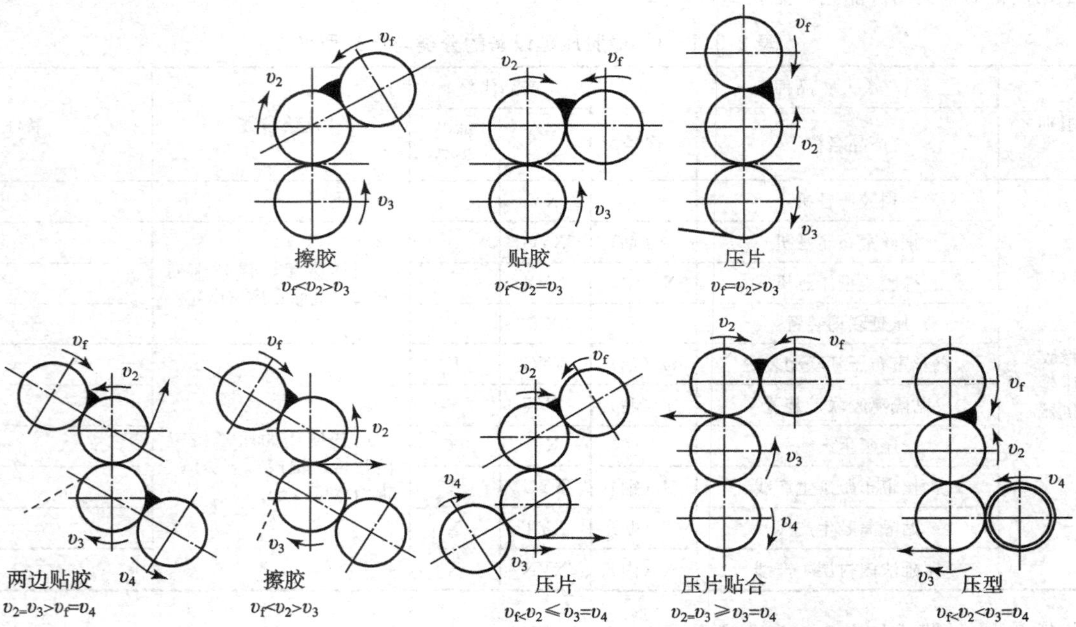

图 2.3.1－2　三辊压延机工艺过程、四辊压延机工艺过程

常用的三辊和四辊压延机排列及工作形式如图 2.3.1－3 所示：

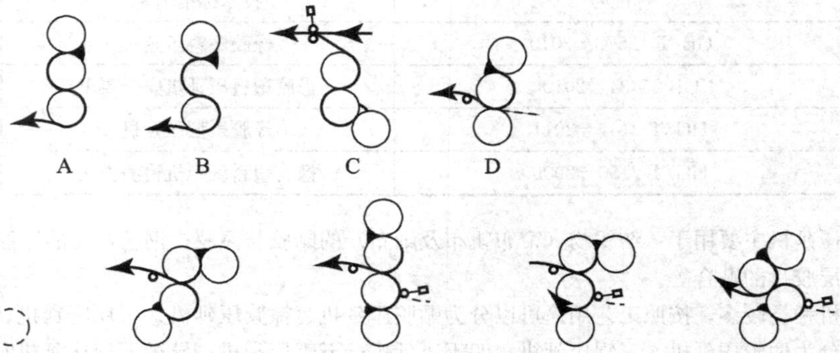

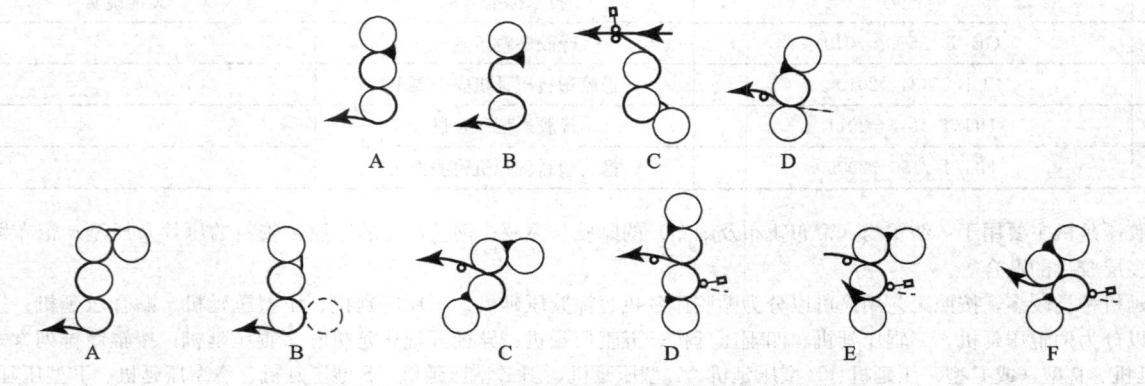

图 2.3.1－3　三辊和四辊压延机排列及工作形式

三辊压延机排列及工作形式：A，主要用于压片；B，主要用于压型；C，主要用于垫布压延；D，主要用于擦胶或单面贴胶。

四辊压延机排列及工作形式：A，倒 L 型，主要用于压片；B，L 型，主要用于压型；C，S 型，主要用于贴合；D、E、F，I 型、倒 L 型、S 型，主要用于两面挂胶。

S 排列的主要优点一是各辊相对独立，互不干扰，易调节间距；二是易拆卸检修。L 排列的主要优点是供料方便，便于观察存料情况。

二、压延机的构造

2.1　基本结构

橡胶压延机主要由辊筒、辊筒轴承、辊距调整装置、机架、辊温调节装置、润滑系统、传动系统和控制系统、液压系统组成，主机如图 2.3.1－4 以及 2.3.1－5 所示。

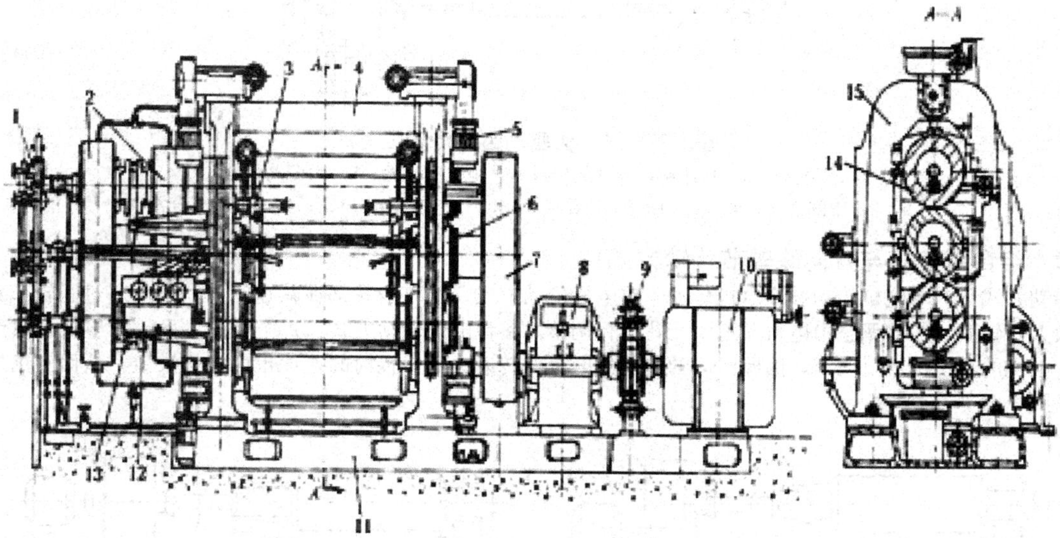

图 2.3.1－4　三辊普通型压延机

1—辊温调节装置；2—变速齿轮；3—挡胶板；4—横梁；5—调距装置；6—辊筒滑动轴承；7—驱动齿轮；8—减速箱；9—制动器；10—电机；11—底座；12—润滑装置；13—离合器；14—辊筒；15—机架

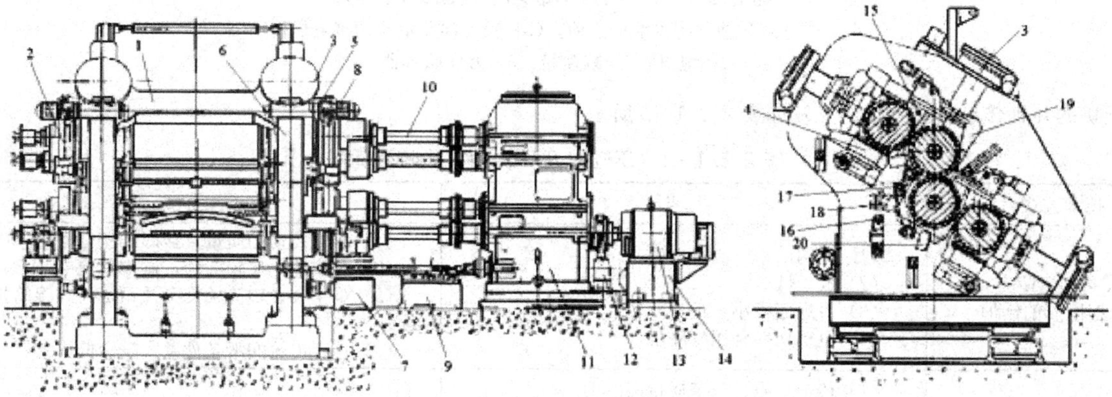

图 2.3.1－5　四辊精密压延机（S 型）

1—辊筒；2—辊筒轴承；3—调距装置；4—轴交叉装置；5—拉回装置（预负荷）；6—机架；7—稀油润滑系统；8—干油润滑系统；9—液压系统；10—万向联轴节；11—减速器；12—减速器润滑系统；13—电机；14—电机底座；15—挡胶板；16—扩布器；17—刺气泡装置；18—弧形扩布辊；19—切边装置；20—测量装置

2.2　传动方式

压延机的传动系统为满足压延工艺与操作要求而配置，其特点是：在一定范围内变速（或无级调速），能在慢速和快速的条件下运行；速比可调，辊筒的转速可以有速比，也可以是等速，以满足一台压延机能完成擦胶、贴胶、压胶等不同的工艺要求。压延机的传动方式按电动机数目可分为单台电动机驱动和多台电动机驱动；按电动机种类可以分为直流电动机驱动和交流变频电动机驱动；按变换速比的方法可分为速比齿轮装在辊筒的一侧或两侧、用离合器或销子变换速比的方式，以及速比齿轮装在变速箱内经万向联轴节传动辊筒，用变速器变换速比的方式；按结构形式可以分为用大小驱动齿轮传动的方式和用万向联轴节与联合减速器传动的方式。

2.2.1　大驱动齿轮和速比齿轮传动

这种传动方式与开炼机类似，但是为了适应多种工艺要求有的压延机装有两套速比齿轮如图 2.3.1-6 所示。速比可通过离合器进行转换。

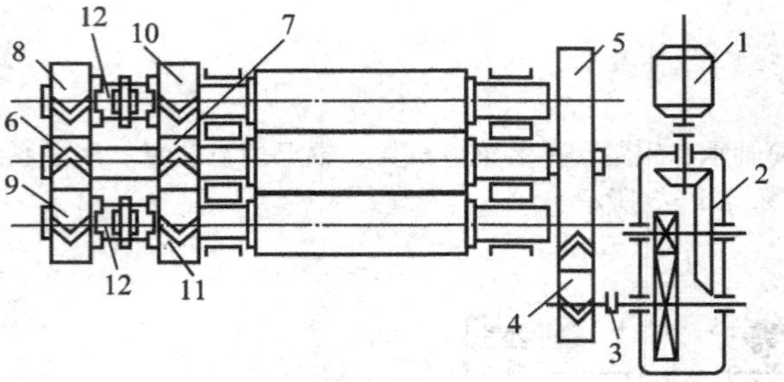

图 2.3.1-6　大驱动齿轮传动压延机

1—电机；2—减速箱；3—联轴节；4—小驱动齿轮；5—大驱动齿轮；
6，7—中间速比齿轮；8，10—上速比齿轮；9，11—下速比齿轮；12—齿形离合器

2.2.2　组合减速箱与万向联轴节传动方式

这种传动方式分为单电机传动和多电机传动。单电机传动方式，所有齿轮都在减速箱内，辊筒通过联轴节传动，减速箱的体积较大，辊筒转速的调整由电机转速的变化进行调整。多台电机传动方式，每个辊筒各由一台电机通过组合减速箱传动，每台电机的转速都可以调节，因此辊筒的转速由电机的转速决定，辊筒的速比也由电机决定，从而辊筒的速比可任意调整。如图 2.3.1-7 所示。

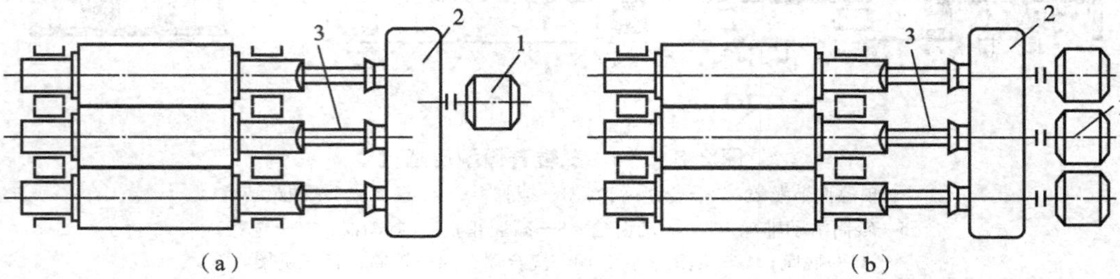

图 2.3.1-7　用万向联轴器传动的压延机

(a) 用万向联轴器的单电机传动；(b) 用万向联轴器的多电机传动
1—电机；2—减速箱；3—万向联轴器

压延机的几种传动方式特点的比较如表 2.3.1-3 所示。

表 2.3.1-3　压延机几种传动方式特点比较

传动方式	优点	缺点
大、小驱动齿轮与速比齿轮传动	(1) 结构简单、制造方便 (2) 成本低 (3) 占地面积小，重量较轻 (4) 电机功率利用较经济	(1) 齿轮传动的质量直接影响压延质量 (2) 变换速比比较麻烦，操作不便 (3) 难于装设辊筒轴交叉及预负荷等辊筒挠度补偿装置 (4) 速比齿轮润滑条件差，寿命低
多台电机组合减速箱及万向联轴节传动	(1) 传动平稳，压延质量高 (2) 变换速比方便 (3) 便于装设辊筒挠度补偿装置，提高压延精度 (4) 速比齿轮寿命长 (5) 速比可在规定范围内无级调节适应多种工艺的要求	(1) 结构较复杂 (2) 成本高 (3) 重量增大，占地面积也增大 (4) 电机功率有的不充分，总功率较大
单台电机组合减速箱及万向联轴节传动	(1) 传动平稳，压延质量高 (2) 变换速比方便 (3) 便于装设辊筒挠度补偿装置，提高压延精度 (4) 速比齿轮寿命长 (5) 电机功率利用较好	(1) 结构较复杂 (2) 成本高 (3) 速比固定，种类少，不适应更多工艺要求 (4) 重量增大，占地面积也增大

2.3　主要零部件

2.3.1　辊筒

辊筒是直接完成压延制品的零件，它直接影响压延制品的精度、质量和生产率。辊筒的工作表面必须具有很高的耐磨性和精细的表面粗糙度；辊筒本体必须具有足够的强度和刚度，良好的导热性能。压延机辊筒材料与开炼机辊筒基本相似，一般采用表面硬度高，芯部有一定强度和韧性的冷硬铸铁，加入合金铬、钼或镍以增加冷硬层硬度、机械强度、耐磨性和耐热性。除冷硬铸铁，有采用铸钢或锻钢制造。还有用复合材料制造的，辊筒的外周用硬质钢材（淬硬钢、高合金钢等），内部用软质钢材（铸钢、低合金钢等）。

1. 基本要求

由于压延工艺要求比炼胶工艺要求严格，因此对辊筒还有以下特殊要求：①辊筒有足够的刚度和尺寸精度，变形要小，确保在重载作用下弯曲变形不超过许用值，要求抗拉强度 $\sigma \geqslant 20$ kN/mm²，抗弯强度 $\sigma_w \geqslant 40$ kN/mm²；②辊筒工作表面应具有足够的硬度，一般要求达到肖氏硬度 65°～75°；③同时应具有较好的抗腐蚀能力和抗剥落能力，以确保辊筒工作表面具有较好的耐磨性、耐腐蚀性；④辊筒表面要经过研磨的精加工，粗糙度 Ra 值不大于 0.8 μm；⑤辊筒的材料应具有良好的导热性；辊筒工作部位的壁厚应均匀一致，内孔必须经机械加工，以免造成传热不均匀；⑥辊筒的结构与几何形状应确保在连续运转中，沿辊筒工作表面全长温度分布均匀一致，并且有最大的传热面积；辊筒有效工作表面温度与规定值的偏差，中空辊筒为±5℃，钻孔辊筒为±1℃；加热冷却管路经 1.5 倍工作压力的水压（或油压）试验时，保压10 min 不应有渗漏现象。⑦使用可靠，经济合理。

2. 辊筒材料

（1）冷硬铸铁辊筒的外表层系冷硬铸铁组织

冷硬层厚度一般为 15～20 mm，包括过渡层，厚度共达 30～40 mm。辊筒内层及轴颈部分为灰口铁或球墨铸铁，具有较好的韧性和较高的强度。

与其他材料相比，冷硬铸铁价廉，加工增塑材料时，粘辊现象较轻。如果设计合理，浇注得法，经过适当时效处理和精密加工，冷铸辊筒一般能够满足压延成型对辊筒提出的刚度、精度、表面粗糙度和耐磨性等要求。

但冷铸铁的组织不太均匀，在较高的蒸汽压力或采用油介质加热情况下，往往会产生泄漏现象。同时，其刚度也较低，因此，这种材料并不是最理想的辊筒材料。

（2）球墨冷铸铁辊筒

这种辊筒的弹性模数高，刚性好。这是一种价廉物美的材料。但铸造工艺较复杂。

当前精密橡胶压延机用得较多的辊筒材料，是采用包含有球磨铸铁的复合铸铁精密铸造，弹性模量 E≥17 000Da N/mm²。

（3）铸钢辊筒

铸钢优于冷硬铸铁，它的弹性模数较大，可以承受较大的负荷，因而可将辊筒壁做得薄一些，以获得较好的导热性；由于其组织较紧密，可以采用低黏度流体（如热油等）作为导热介质。因此，生产硬聚氯乙烯薄膜和片材时，常常推荐采用铸钢辊筒。

但用于加工增塑材料时则容易发生粘辊现象，因此，橡胶压延机很少采用。

铸钢辊筒的表面硬度较低，需进行特殊处理。比如：表面镀硬铬等。

（4）铬铝合金锻钢辊筒

铬铝合金锻钢做的辊筒虽然比前述辊筒材料的力学性能优越，如其弹性模数较大，由于其昂贵，同时在加工增塑材料时粘辊现象严重，故一般用于重负荷与实验室小型压延机。

综上所述，比较几种辊筒材料，冷硬铸铁辊筒对橡胶压延机是性价比比较高的选择。

（三）结构形式

压延机辊筒结构形式有两种，即中空式辊筒和钻孔式辊筒，其结构与开炼机辊筒相似。

（1）中空式辊筒

中空式辊筒根据制造方法不同分整体式和组合式两种。中空式辊筒结构较简单，制造较方便，成本低；但辊壁较厚，传热面积小，传热效率差；沿辊筒长度上的温度分布不一致，辊筒表面中部与边上的温差有时大于 10℃。

（2）钻孔式辊筒

钻孔式辊筒，是在辊筒表面淬火层附近，但需避开淬火层，沿其圆周钻孔并与中心孔相通。钻孔部分的硬度要均匀，以防止钻偏。钻孔辊筒的加热冷却形式分为单钻孔和成组钻孔两种，成组钻孔方式加快了蒸汽和冷却水的流动速度，传热效果好，如图 2.3.1－8 所示。钻孔辊筒在其工作部分端面冷硬层以下沿圆周钻有多个直孔与斜孔，并与中心孔相通，两端钻孔用密封盖板挡住以形成循环通道。一般采用 3～5 个钻孔组成一个循环组，成组的循环的钻孔辊筒具有可以减少辊筒两端的斜孔数量，提高冷却或加热介质流速的优越性。

由于钻孔辊筒的特殊特点及现代橡胶工业的要求，压延机大量地采用了钻孔辊筒。与同规格中空辊筒比，钻孔辊筒工作面与传热面间的距离（厚度）大大减少，热阻力小，因此传热效率高，易于调节温度；钻孔辊筒中央部位与两端的厚度一致（中空辊筒两端的厚度略大），工作部分表面温度两端温差不超过±1℃，均匀一致，有利于提高半成品质量；辊筒断面面积大，其刚度有了很大提高。钻孔辊筒导热平稳，辊面温度均匀，温度反应快，易于实现温度的自动化控制。

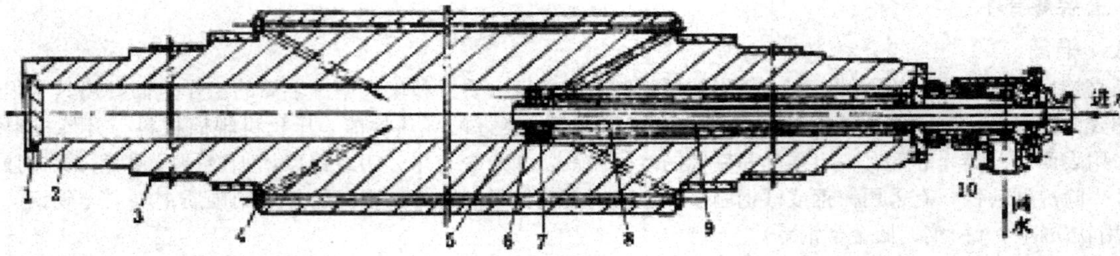

图 2.3.1－8　钻孔辊筒加热冷却装置

1—压盖；2—辊筒；3—钢套；4—钻孔封盖；5—固定环；6—可动环；7—密封环；8—调整杆；9—进水管；10—旋转接头

2.3.2　辊筒轴承

压延机辊筒轴承的工作情况对压延制品精度与压延机正常运转有密切关系。压延机辊筒承受着强大的工作负荷，这些负荷最终全部由辊筒两端的轴承来承受。因此，辊筒轴承所承受的载荷是很大的，一般可达 10～100 t 以上。再加上辊筒转速低，工作温度高，因此，工作条件十分恶劣。一般说来，辊筒轴承应满足下列要求：①承载能力要大，轴瓦和轴颈之间摩擦系数要小，以确保辊筒轴承寿命长，功率损耗小；②传热性能好，热膨胀系数小，以确保轴承的散热和轴承间隙；③轴颈和轴瓦的间隙选择和油孔开设要合理，确保轴颈和轴瓦之间具有良好的润滑状态和回转精度。

目前压延机所用的轴承有滑动轴承和滚动轴承两类。

1. 滑动轴承

辊筒滑动轴承的结构如图 2.3.1－9 所示：

压延机滑动轴承的结构与开炼机的大体相同，但它具有如下特点：轴承体较小；采用稀油强制润滑与冷却，并配有过滤冷却设备；轴衬由扇形轴瓦构成，由于轴承所在位置不同，轴瓦角度也不同；同一台压延机不同辊筒的轴承不能互换；精度要求高，轴承的间隙需要减至最低限度，以减少半制品误差。

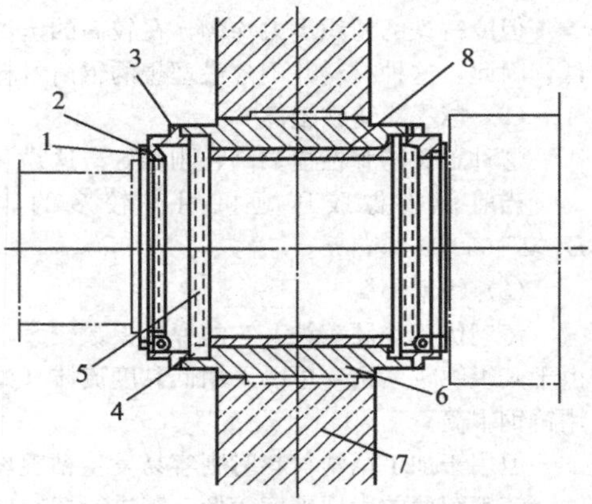

图 2.3.1－9　辊筒滑动轴承的结构示意图

1—压盖；2—油封；3—外侧半压盖；4—高压石棉橡胶垫；5—挡油环；6—轴承体；7—机架；8—轴衬

滑动轴承由轴承体和轴瓦组成，为了适应稀油润滑，还应设置挡油环密封圈和轴承体上的集油槽。滑动轴承轴瓦的要求是：具有较高的耐磨性和强度；油孔和油沟的位置要合理；实现合理的润滑；轴瓦与轴承体之间不产生相对的转动或移动；散热性能好。轴瓦的材料通常采用锡青铜：ZQSn10－1、ZQSn8－12、ZQSn10－10、ZQSn5－25、ZQSn 7－17 等。其中 ZQSn10－1 和 ZQSn8－12 应用较广。尤其是 ZQSn10－1 是一种较好的减摩材料，因为这种合金里含有 Cu_3，所以硬度高、耐磨性强，比较适用于做辊筒那样的重载轴承。

为了润滑、密封的可靠和加工制造方便，近代压延机都采用整体式轴承体结构，轴承体的内孔形状由轴瓦的外形结构而定，而其外形则根据工作性质和使用要求确定。压延机的辊筒轴承体外形有固定式、移动式和自动调心移动式等几种结构。①固定式轴承体。固定式轴承体在整机装配调整后轴承位置就固定在机架窗孔而不再活动。通常用楔块调整定位。S 型四辊压延机的Ⅲ号辊筒和三辊压延机的中辊轴承通常就是这种结构。②移动式轴承体。移动式轴承体即在装配后轴承体可以沿着机架滑槽移动，以实现辊距的调节。四辊压延机的Ⅰ、Ⅱ号辊筒轴承和三辊压延机的Ⅰ号辊轴承体通常采用这种形式。③自动调心式移动式轴承体。既能通过调距装置相对机架滑槽移动，又能通过轴线交叉装置相对机架滑槽的某一方向转动一个角度。四辊压延机的Ⅳ号辊筒三辊压延机的Ⅲ号辊筒轴承体通常为这种结构形式。

辊筒轴承通常采用稀油进行强制循环润滑和冷却。稀油通过油孔引入后，由油沟进行输送和分配。开设油孔应注意：①油孔一般在不加压区或同时在不加压区和加压区各设一个；②设置一个油孔时，油孔的位置以设置在轴瓦加压区中点前方 90°～120°范围内较好，而且油孔应在油沟（一般为轴向开设）的偏前方；③当辊筒没有拉回装置时，单进油孔就不行，必须开设两个进油孔。因为当辊筒空运转时，辊筒在自重作用下位于最低位置，正好把油孔堵死，油无法进去。所以为同时考虑辊筒空转和负荷运转时的润滑，必须开设两个进油孔。无论滑动或滚动轴承，由于采用强制冷却，会造成辊筒两端温度低于中央部位，这对生产会带来十分不良的影响，所以轴承的温度必须保证适当的高温。视压延工艺要求不同，一般在 60～110℃，并采用温度自动调节装置来控制。润滑油要采用适应高温度而且不易老化的高级润滑油。一般当油在 100℃时，应有 100～150 秒的赛式黏度，并加入一定数量的防锈剂和过酸化抑制剂才能使用。

滑动轴承作为压延机辊筒轴承使用已有较长的历史和比较成熟的使用经验。早期的压延机使用较多。其优点包括滑动轴承结构简单、加工制造容易，制造成本低。但采用滑动轴承也存在着比较严重的缺点：①无功损失大，效率低。据估计，压延机驱动功率约20%消耗在滑动轴承的摩擦损失上；②精度低，对制品精度影响大；③轴瓦的磨损大、寿命低，维修工作量大。

2. 滚动轴承

在新型压延机中采用预负荷、反弯曲等装置使辊筒轴承的附加载荷大大增加，以及考虑节能、维修方面的因素，很多压延机采用滚动轴承取代滑动轴承。采用滚动轴承具有如下优点：①体积小（长度小）。采用滚动轴承代替滑动轴承时，由于滚动轴承的宽度比滑动轴承小，因此在保证相同刚性的前提下，辊筒工作表面长度可以增加或在保证辊筒具有等同的工作表面长度而其直径可以相应减小。如辊筒直径为φ550 mm的辊筒，当采用滑动轴承时，辊筒工作表面长度为1 450 mm，但改用滚动轴承后，工作表面长度就可以增加到1 800 mm。②精度高。辊筒与滚动轴承的同心度好，间隙小，不产生像滑动轴承那样因受力使受压区轴瓦变形而影响制品精度的问题，因此，能提高压延制品的精度和压延制品的最小厚度。③无功损失小、效率高。用滚动摩擦代替滑动摩擦，机器的无功损失小、效率高，可节能10%～20%。如对直径为φ550 mm的辊筒，传动功率可减少30%。④辊筒轴颈不磨损。由于滚柱轴承的内圈和轴颈是热压配合而固定的，因而避免了采用滑动轴承时辊筒轴颈和轴瓦的磨损问题；同时，辊筒轴颈的表面状态对轴承的寿命没有影响，不需镶配特别的钢套。⑤寿命长。由于压延机辊筒的速度比较慢，属于低速轴，故采用滚柱轴承可以有很长的寿命，据资料介绍，辊筒使用滚柱轴承连续运转十年以上其回转精度不变，这就大大减轻了轴承维修的工作量。⑥滚柱轴承承载能力大。但滚动轴承制造技术和安装技术要求高，产品成本高。

压延机滚动轴承大都为径向承载能力大并可承受部分轴向负荷的圆锥滚柱轴承或双列圆柱滚子轴承，其安装的结构如图2.3.1-10所示：

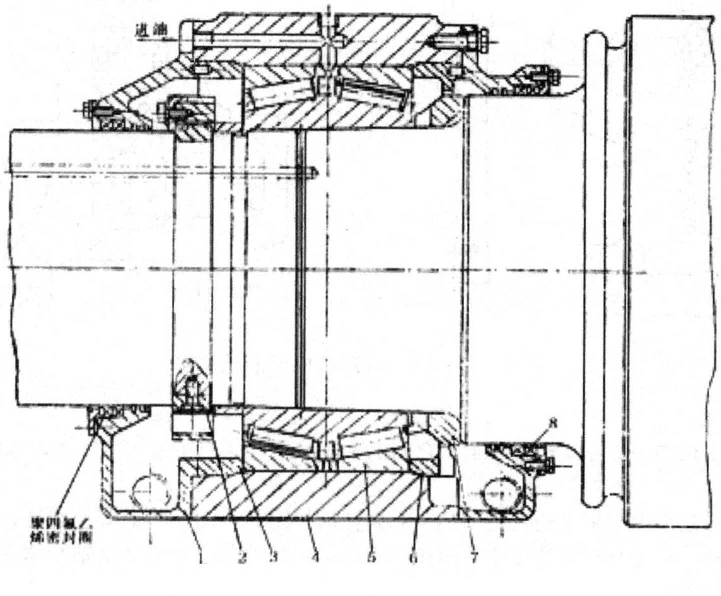

图 2.3.1-10 辊筒滚动轴承的安装

1—油槽；2，3，6，7—挡圈；4—轴承体；5—滚动轴承；8—聚四氟乙烯密封圈

采用滚动轴承需注意下列事项：在轴颈装配滚动轴承时，轴承内环须用油或电感加热，再套装在轴颈上；根据工作温度及受热膨胀大小，选择滚动轴承内外环与滚柱之间的游隙大小；要有良好的润滑条件，润滑油必须经过过滤，清洁；应使辊筒两端轴颈工作温度基本相同，特别应注意加热端温度不要过高，以免影响轴承的游隙。

2.3.3 机架

压延机机架通常采用优质铸铁或结构钢焊接制造，为减轻重量，机架各零件均为空心结构，适当设置加强筋以增加其强度和刚度。其结构型式随辊筒数量和排列形式的变化而不同。左右两个机架安装在底座上，上部用横梁连接，构成一个整体。如图2.3.1-11所示，几种典型压延机机架的结构型式。

2.3.4 辊筒调距装置

辊筒调距装置（简称调距装置）用于调节辊筒之间的距离。根据用途不同，调距范围一般在0.1～20 mm之间。对调距装置的要求：操作灵活方便，准确可靠，能进行粗调和细调，结构紧凑和维护方便。大型压延机辊筒距离可张开的最大值可达40 mm。

调距装置根据驱动方式可分为：手动机械式、电动机械式和液压式。液压伺服控制的全液压调距装置是近年来发展的新装置，它的特点是：调节速度快、操作安全、效率高，但大多数使用者对液压系统的维护保养水平限制了其使用推广，随着液压传动技术的发展，液压调距装置越来越多被高精密压延机采用。

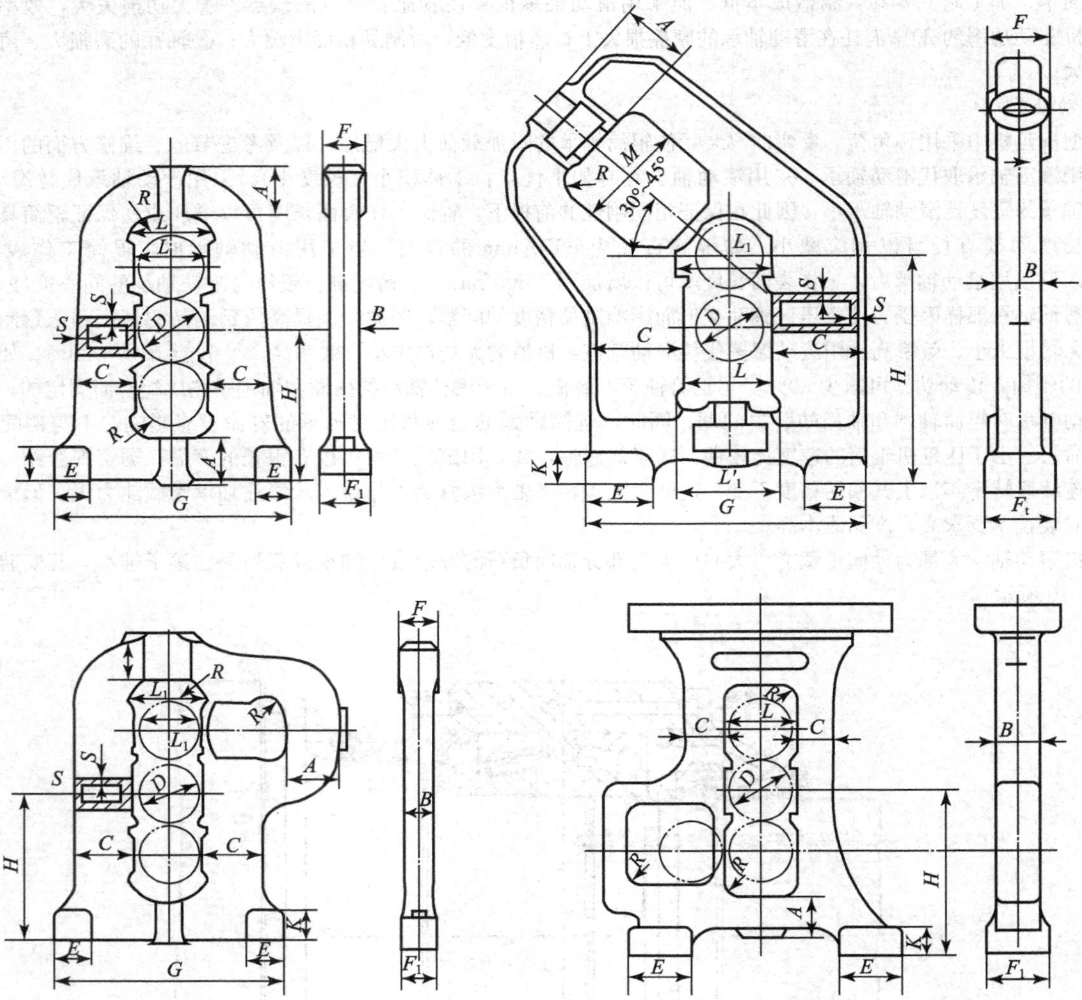

图 2.3.1－11　压延机机架的结构形式

1. 手动机械式调距装置

这种型式的调距装置结构如图 2.3.1－12 所示。它们由手轮和电机减速箱组成精调和粗调的功能，一般电动用于粗调，而手轮用于精调。

当双向电机转动时，通过齿轮，伞齿轮，主轴和两对涡轮蜗杆副的传动，转动调距螺杆，调距螺杆与固定在机架上的螺母配合使螺杆作轴向移动。螺杆与轴承体用压盖连接一起，螺杆的轴向运动也带动轴承体在机架上的运动，而轴承体的运动即可改变两辊筒之间的辊距。

手轮调距时，将离合器脱离电机传动的齿轮，这样手轮直接转动伞齿轮而进行精细的调距。

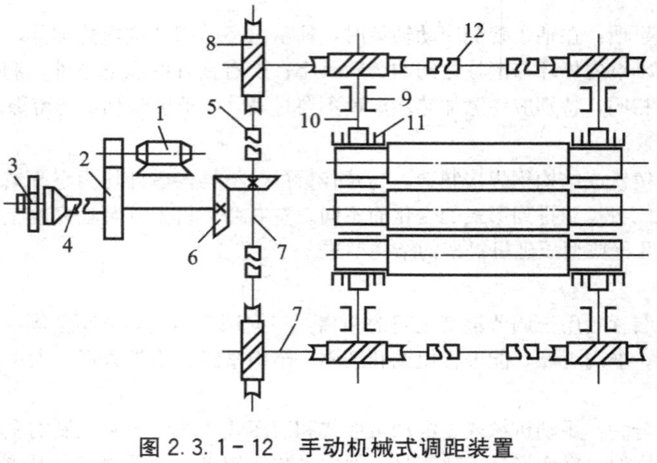

图 2.3.1－12　手动机械式调距装置

1—电机；2—齿轮；3—手轮；4，5，12—离合器；6—伞齿轮；7—主轴；
8—涡轮蜗杆传动副；9—轴承；10—调距螺杆；11—轴承座

2. 电动机械式调距装置

辊筒调距是压延机作业中一项很频繁的操作，现代压延机辊筒的调距大多采用单独电机传动，调距时有快调和慢调的要求。因此，调距电机应满足下列要求：电机转速可调；电机同步性好，即两端同时调距时相互间转速误差要小；电机外形小、重量轻，便于安装；能适应自控调距和反馈调节。

目前多数调距装置选用变极交流电机（双速、三速及多速）。调距装置的减速箱构通常采用蜗杆蜗轮，行星齿轮及摆线针轮等减速装置，有的还采用谐波传动（又名一齿差）减速器作为调距传动机构，使整个调距装置结构更加紧凑。

电动机械式调距装置如图 2.3.1-13 所示。辊筒左右两端可以成对调节，也可以单独调节，由于采用了绕线式电机故可以保证左右同步作业。另外通过变速器内的两个电磁离合器（采用联锁控制）进行快、慢两种速度的选择，为了防止调距过大使辊筒送到机械损伤，在机架外侧装有限位开关，在辊筒辊距达到 20 mm 时，触及限位开关，电机自动停止转动。

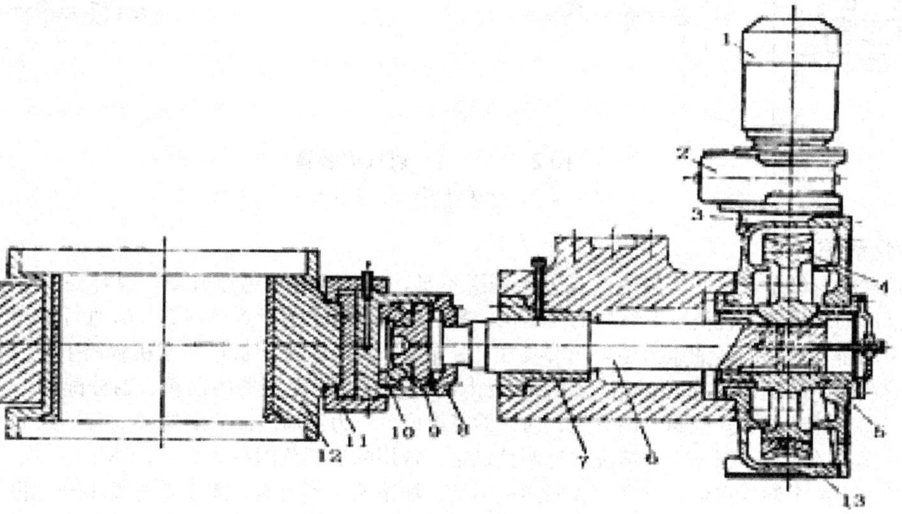

图 2.3.1-13　电动机械式调距装置

1—电机；2—变速器；3—行星齿轮减速箱；4—涡轮；5—键；6—调距螺杆；7—螺母；8—压盖；9—止推块；10—止推轴承；11—夹板；12—轴承体；13—蜗杆

3. 全液压调距装置

工作时的移动速度：在升高和降低时均为约 60 mm/min。

全液压辊距调节装置，与其他调距装置相比，有如下优点：① 没有传动齿轮间隙，而且左右两端辊筒可水平均衡地同时动作，调距精度大幅提高；② 液压动作快速敏捷，大幅减少调距所需时间；③ 与测厚系统相连接，可迅速反应调节辊距几乎无滞后；④ 过载时能快速打开辊筒避免危险，无须安全板的损耗，并自动恢复工作位置。以 S 型四辊 φ610×1 800 压延机为例，作不同调距装置的技术性能对比如下：

表 2.3.1-4　不同调距装置的技术性能

比较性能	电动机械式	全液压式
行程	50 mm	40/80/120 mm（全行程可调）
仪器精度		0.02
位置重现性		0.02
紧急打开速度	2 mm/min	10 mm/s
过载时快速打开	不可以	可以
对每个轴承座位置精度		±0.05
调距速度	0.5 mm/min	1 mm/s（可调）
测厚反馈控制	可以	可以
压延辊平行度调节	不可以	可以

2.3.5　刺气泡装置

在 2、3 号辊筒各装配一套划气泡装置，用于去除压延辊面与压延胶片之间的气体。划气泡装置主要有针式和圆刀式，其中圆刀式结构是一种可绕刀柄自由旋转的、工作时气缸伸出加力的园盘刀装置，装配在可换向直线运动组件上，相对于压延辊筒平行往复运动。直线运动副可采用无杆气缸，也可以采用电动丝杆螺母的结构。直线运动副通过支承架固定在压延机左右墙板上。丝杆螺母直线运动副式如图 2.3.1-14 所示。

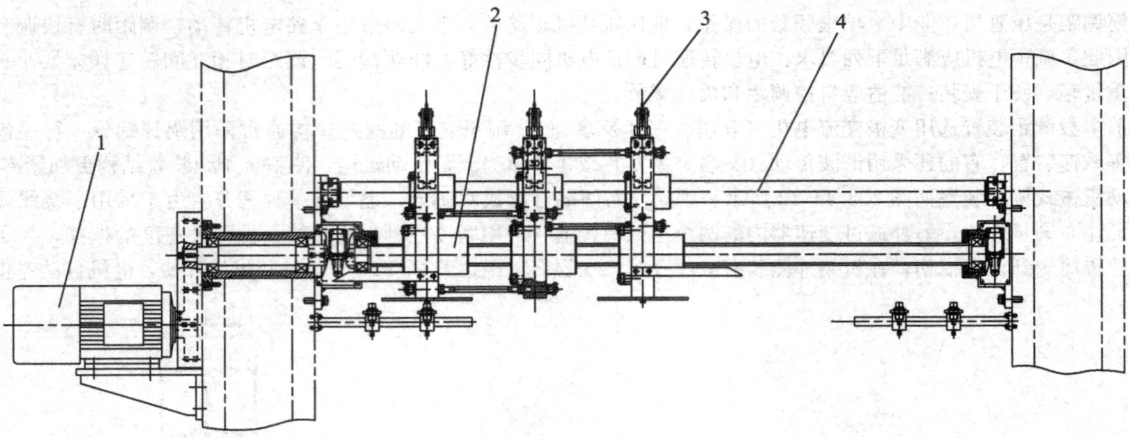

图 2.3.1－14　划气泡装置

1—电机；2—丝杆螺母副；3—刀轮；4—导向杆

2.3.6　润滑系统

压延机属于重载精密设备，生产运转时一旦发生润滑不足，轴承温度会急速升高，很容易发生运动表面机械粘结事故。因此，不管是滑动轴承还是辊筒轴承结构的压延机，都必须保证每个润滑点得到充分的油润滑。

现代压延机采用自动控制的稀油压力循环润滑装置，分布左、右各一套，保证压延机辊筒上左、右每个润滑点（辊筒轴承、预负荷、辊弯曲）的润滑油循环供给。润滑系统由油泵、带冷热交换器的油箱、油分配器、油管及其配件、液位计、压力控制器、油温控制器、安全阀、调节阀、油滤器等组成。压力油通过油分配器和油管进入润滑点，每个油路上有调节阀调节油量和压力的大小，根据个体情况进行调整设定，常用的油压范围在 0.2～0.4 Mpa。

润滑安全防护：当某个润滑点油温过高，或回油量不足、油箱油位不足时，系统首先发出声光报警；当超过规定时间（一般设定控制在 3～5 分钟内）未能及时排除情况，则触动主机电气控制系统使压延机自动停机，以保护辊筒和轴承不会损坏。

表 2.3.1－5 是大连橡胶塑料机械股份有限公司的压延机润滑装置的主要性能参数。

表 2.3.1－5　压延机润滑装置的主要性能参数

轴承形式	滑动（铜瓦）	滑动（铜瓦）	滑动（铜瓦）	滑动（铜瓦）	滑动（铜瓦）	滑动（铜瓦）	滚动轴承（滚柱）
每个轴承油耗（约）/（L/min）	0.5	1.0	1.5～2.0	2.0	2～2.5	2.0～3.0	0.5～1.0
常用油压/Mpa	0.1～0.3	0.1～0.3	0.1～0.3	0.2～0.3	0.2～0.3	0.2～0.4	0.2～0.5
润滑油牌号	HG－11 饱和汽缸油	HG－11 饱和汽缸油	HG－38 过热汽缸油	HG－38 过热汽缸油	HG－52 饱和汽缸油	N220 工业齿轮油	N320 工业齿轮油
代用油牌号		HG－52 饱和汽缸油				HJs－28 轧钢机油	
油加热方式	蒸汽加热	蒸汽加热	蒸汽加热	蒸汽加热	蒸汽加热	电加热	电加热
油冷却方式	油箱内回形管通水，或冷却器通水						

注：等同特性参数的油品可替代。

2.3.7　辊筒温控系统

压延温度是压延生产的一个重要工艺参数，不同压延配方工艺参数会有所不同，一般分布在 80～120℃范围内。早期压延机采用直接蒸气加热和通水冷却，虽然结构很简单，但辊筒表面温度忽高忽低，甚至过热或过冷，压延帘布质量就很不稳定。现代压延机已经采用温度可调的辊筒温度自动控制装置，温控系统对实际温度变化的反应敏捷，使辊筒工作表面温度的分布精度，能精确控制到±1℃，很好地满足各种压延工艺要求。

过热水式温度控制装置是现代压延机常用的辊筒温控装置，整套装置分为四个回路，每个回路控制 1 个辊筒。辊筒工作表面温度由热电阻测量进水或回水温度的信号，输入温度控制仪与设定值作比较，输出比较信号来改变气动薄膜阀的气压，驱动调节阀门的开度大小，从而控制加热或冷却介质的输入流量。

1 个储水罐用于系统储存足够的软化水或蒸馏水；每个回路单元控制一个辊筒，管路通径 NP16，管件采用法兰连接。主要元件组成如下：

① 用于加热的热交换器，适用于于产生 100℃的热水。② 用于调节上述热交换器产生热水的温度调节装置，主要有二通调节阀、带直接安装的定位器的气压伺服驱动、铸铁过滤器、铸铁截断阀。③ 冷凝水排放阻断装置，主要由铸铁阀体冷凝水排放装置和过滤器、止逆阀、截断阀组成。④ 冷却换热器，冷却水的最高温度为 25℃。⑤ 气动伺服驱动三通阀，用于调节压延辊筒内部的循环水的温度。采用铸铁阀体，主要由气压定位器、铸铁过滤器、铸铁截断阀组成。⑥ 用于向冷却热交换器输送热水的装置，主要由铸铁截断阀、NP16 铸铁过滤器组成。⑦ 1 个离心式水泵。⑧ 1 个膨胀容器。膨胀罐向各个回路不断补充水量来维持系统压力，使过热水不致因超温汽化；如系统超压过大时，膨胀罐的安全阀会自动开启排压。膨胀罐内有预热器和水位控制器。

辊筒温度控制系统包括：温度控制仪表、PLC 和通讯，调节控制器、启动/停车按钮、信号灯、电压表及转换器、泵的远端备用电机、主开关、断路器、辅助回路的变压器，集中安排在控制柜里。

2.4 压延机压延精度的控制方法及装置

2.4.1 挠度与压延机工作过程辊筒的受力分析

从压延机压延出来的胶片（或胶布）总会产生厚薄不均的现象，即中间厚两边薄呈腰鼓形的断面。产生这种误差的原因主要是由于辊筒受到横压力的作用后，产生的弹性弯曲，即在材料力学中称为挠度而引起的。影响挠度的因素包括：

(1) 辊筒在压延负荷作用下弹性变形的影响

压延机的辊筒在工作时承受着很大的横压力，在横压力作用下辊筒将产生弹性变形。辊筒变形所产生的挠度致使辊筒间隙沿辊筒长度方向发生变化，从而使所压延的制品呈现厚度不一的断面形状。

(2) 沿辊筒工作长度温度差的影响

压延机的操作温度相对较高，若辊筒在工作时沿辊筒工作表面温度的分别不均匀时，则辊筒各部位的温度变形也将不同。通常情况下，压延辊筒的中部温度要高于其两端的温度，因而辊筒中部的温度变形大于两端的温度变形，致使制品出现中间薄两端厚的形状。

(3) 辊筒辊颈与轴承孔之间间隙的影响

当辊筒采用滑动轴承时，为保证正常运行，辊筒辊颈与轴瓦之间留有一定间隙。在工作时由于辊筒的负荷变化，辊筒辊颈转子轴瓦内的间隙也会发生变化，从而影响到辊距的准确与稳定，使制品在纵向厚度产生不均匀。

(4) 辊筒制造精度与传动的影响

压延机辊筒在加工时其外轮廓形状的不规整、回转中心的偏摆等都会使辊筒间距随着辊筒回转半径不同而变化，导致制品沿纵长呈现厚薄不均的波浪状。

(5) 牵引张力的影响

压延后的制品在联动线的牵引力作用下，会引起制品边缘部分收缩，这样会导致成型的半成品的横断面厚度不均匀。牵引力过大会导致压延制品在成型为半成品后，由于拉力松弛而使制品产生收缩或难以摊平，直接影响到制品的质量；牵引力过小，则易使制品起皱，同样不能应用于成型工序。

2.4.2 辊筒挠度的补偿办法

为了获得厚度均匀的压延制品需要对辊筒在工作时产生的挠度采取补偿措施，挠度的补偿办法有：中高度法、辊筒轴交叉法、辊筒反弯曲法。每种方法都有各自的特性，为达到预期的补偿效果，常常将这几种方法中的两种或三种联合使用。

1. 中高度法

中高度法即把辊筒的工作表面加工成凸形面和凹形面，是一种最简单，应用最早最广泛的补偿方法。它的最大直径 D 和最小直径 D′的差值 k，称为辊筒中高度值，即：$k=D-D'$；k/2 称为凹凸系数。采用有中高度辊筒进行压延加工时可以局部地补偿辊筒受载产生的挠度影响。如图 2.3.1-15 所示。

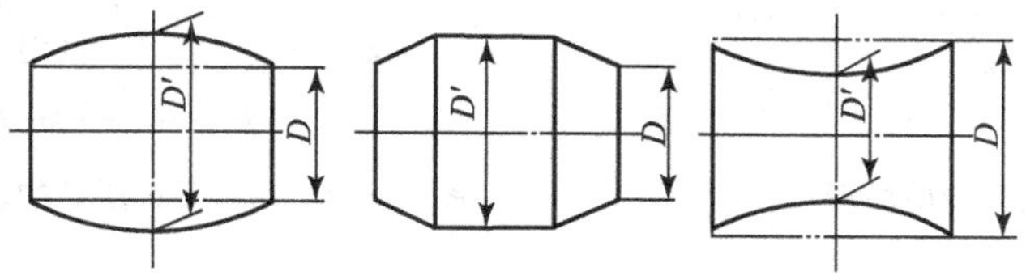

图 2.3.1-15 中高度辊筒的工作表面

2. 辊筒轴交叉法

辊筒轴交叉法是采用专门机构，使一个辊筒的轴线与相配辊筒的轴线由平行状态偏移成交叉 状态，从而使两个相配辊筒工作表面之间的辊距改变（从中间向两端逐渐增大），达到补偿辊筒挠度的目的，其补偿值可达到 0.3 mm 左右，如图 2.3.1-16 所示。另外，轴交叉法可以改变两辊间的辊距来适应各种压延工艺要求，即挠度补偿量是可调的，因此这种挠度补偿法得到广泛应用。

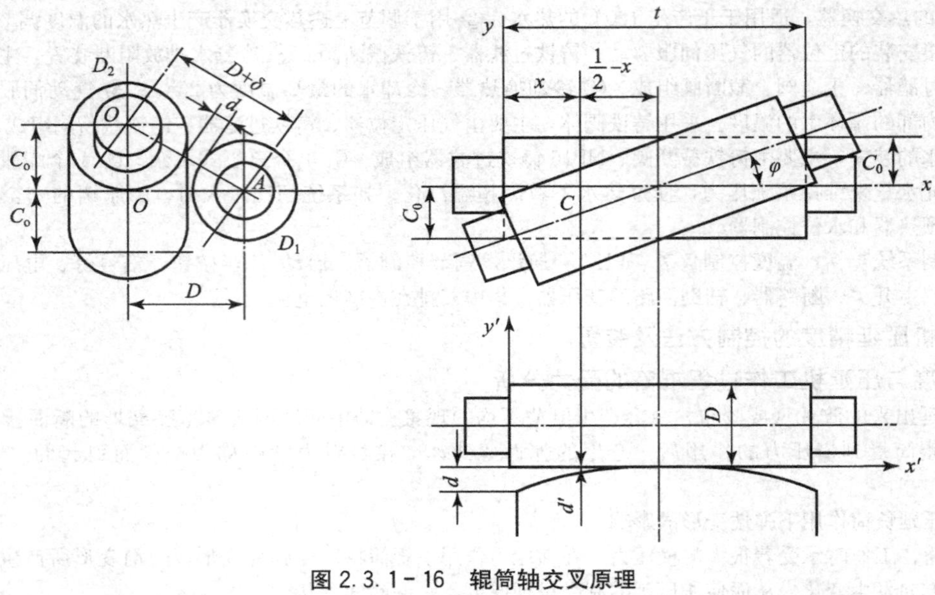

图 2.3.1－16　辊筒轴交叉原理

3. 反弯曲法

辊筒反弯曲法又称预负荷法或预弯曲法，这种方法是在压延机运行前预先施力与辊筒两端支撑附近，使辊筒产生一定程度的弹性变形，其方向与辊筒在工作载荷下产生变形的方向相反，如图 2.3.1－17 所示。

2.4.3　辊筒压延精度补偿装置

1. 辊筒轴交叉装置

辊筒轴交叉装置设置的位置及交叉的方向与压延机辊筒的数量用途及排列形式有关。如三辊压延机的轴交叉装置一般设置在供料辊（1 号辊）上，也有设置在下辊（3 号辊）上；四辊压延机多用于两面贴胶作业，故一般设在 1 号和 4 号辊上，如图 2.3.1－18 所示：

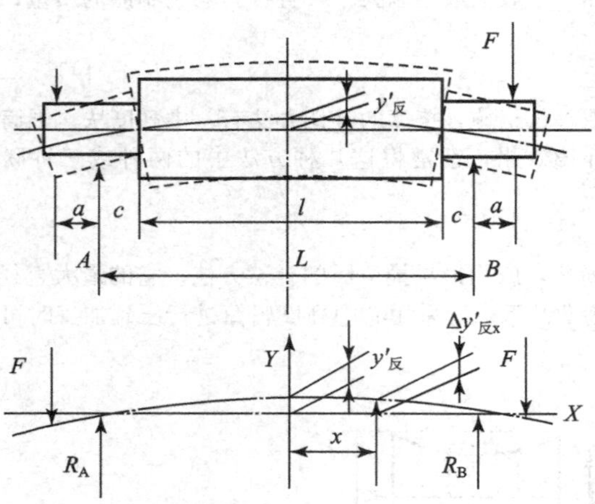

图 2.3.1－17　辊筒反弯曲原理

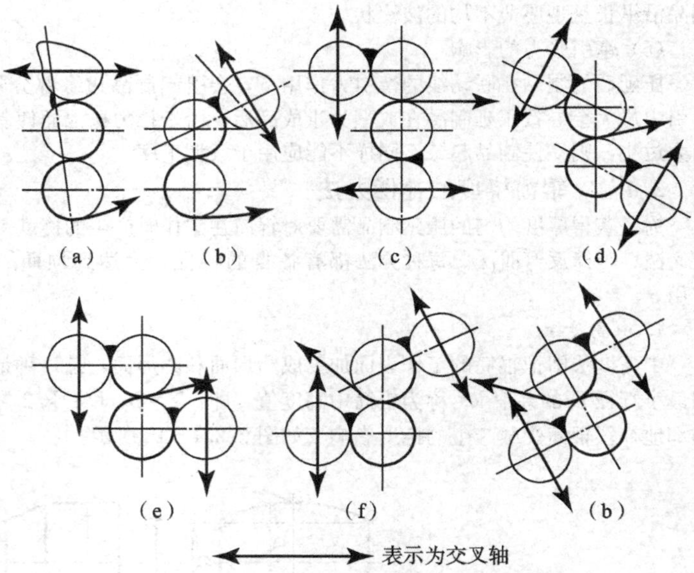

图 2.3.1－18　各种压延的轴交叉装置安装位置

轴交叉装置的结构形式有：楔块式、液压式、弹簧式和螺杆式。

(1) 楔块式轴交叉装置

楔块式轴交叉装置分为双楔块和单楔块式两种。双楔块式轴交叉装置如图 2.3.1－19 所示。双楔快式轴交叉装置在辊筒轴承体的上、下面均装有楔块 5。电机输出轴装有小齿轮 2，在其上啮合两个相对转动的大齿轮 1。大齿轮的输出轴装有蜗杆，它与涡轮 7 啮合，涡轮轴内螺纹孔与带有楔块 5 的螺杆 8 相配合。当电机转动时，上部螺杆和下部螺杆作相反方向移动。轴承体与垫板和弧形垫块固定，当楔块移动时，轴承体便上下移动。这种结构的特点是动作可靠，不需施加外力即可定位，但传动系统比较复杂，楔块的磨损较大，应保证滑动楔面和螺杆良好的润滑。

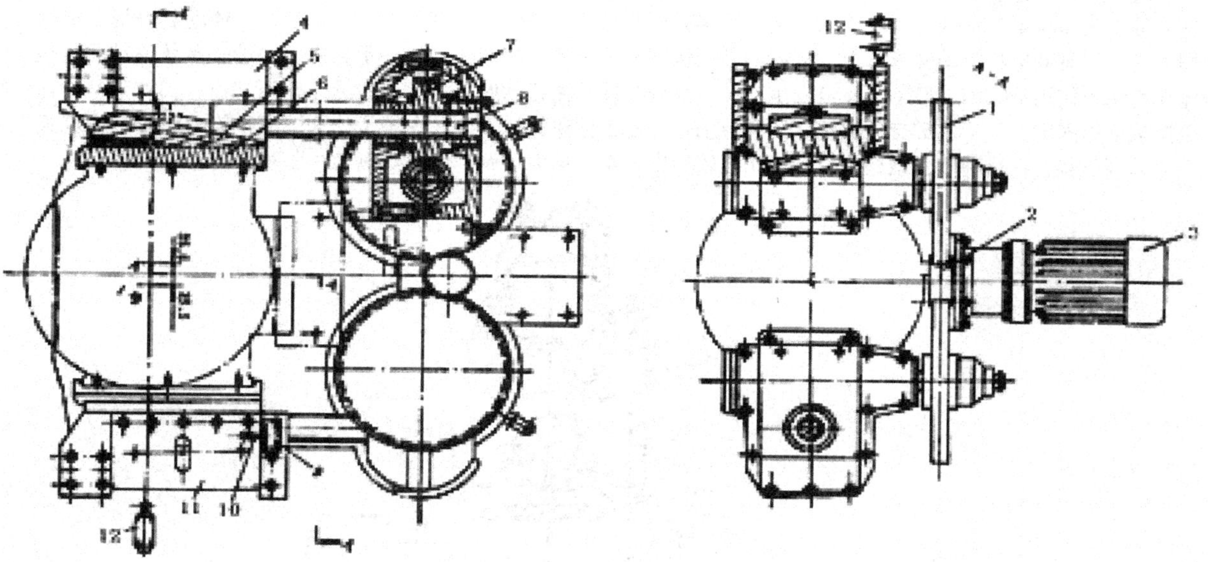

图 2.3.1-19　双楔块式轴交叉装置

1—大齿轮；2—小齿轮；3—电机；4，11—导向板；5—楔板；6—弧面垫块；7—涡轮；8—螺杆；9—标尺；10—指针；12—限位开关

单楔块式轴交叉装置如图 2.3.1-20 所示：

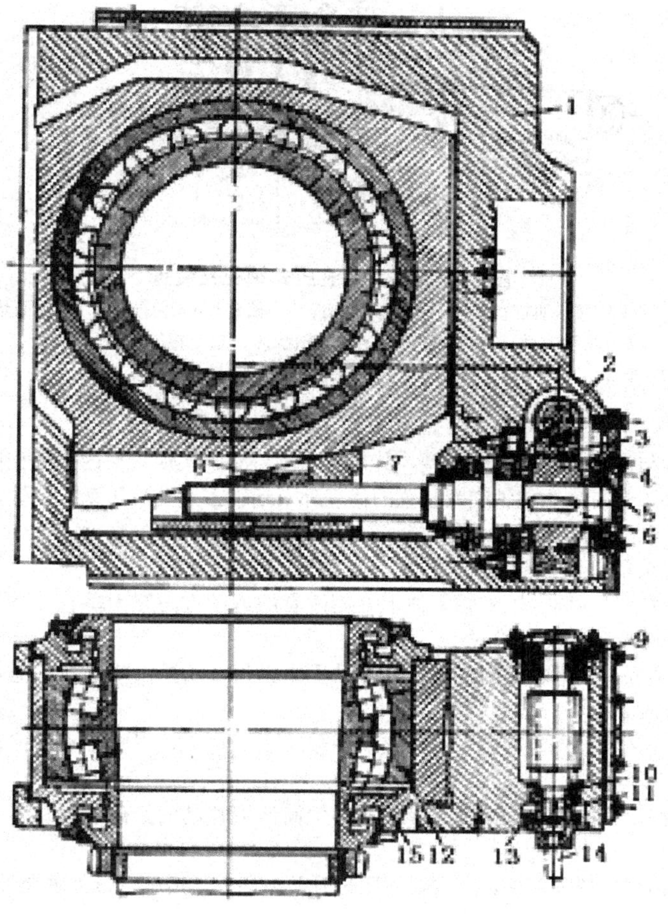

图 2.3.1-20　单楔块式轴交叉装置

1—轴承体；2—止推轴承；3—止推环；4—涡轮；5，10—径向轴承；6—螺杆；7—楔块；8—螺母；9—径向止推轴承；11—单头蜗杆；12—双列向心滚珠轴承；13—齿轮联轴节；14—蜗杆传动轴；15—轴承座

（2）液压式轴交叉装置

这种轴交叉装置由传动部分、液压部分及自动调心部分组成，其结构如图 2.3.1－21 所示。传动装置带动涡轮及涡轮上的螺母转动，驱动螺杆带动轴承体上、下移动。液压部分与传动部分形成一个平衡力系，协助轴承体移动和定位，防止轴承体在切线力作用下，调节好轴交叉量发生移位。当调节轴承体移动时，液压油缸处于泄压状态，而调节完毕，油缸重新充压把轴承体固定。为了使轴交叉后辊筒轴颈与轴衬的配合性质保持不变，在轴承体上下部位设有弧形垫块和弧形支撑面组成自动调心装置。这种装置结构简单，动作比较稳定，定位压力可调，但需要附设一套液压装置。

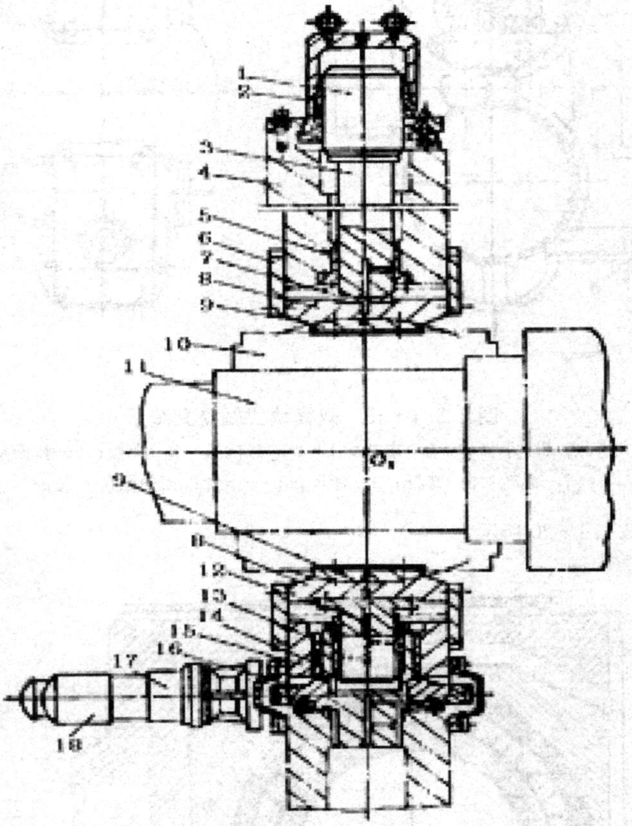

图 2.3.1－21　液压式轴交叉装置

1—柱塞；2—油缸；3—压杆；4—机架；5—轴套；6—导向板；7—弧面垫；8—弧面支撑；9—弧面垫块；10—轴承体；11—辊筒；12—螺杆；13—螺母；14—铜套；15—涡轮轴；16—涡轮；17—摆线减速箱；18—电机

（3）弹簧式轴交叉装置

弹簧式轴交叉装置的结构与液压式的同属一类型，其交叉动作与液压式轴交叉的原理相同，只是用弹簧的作用力代替液压缸的作用力。这种结构除了具有液压式轴交叉装置的优点外，还省去一套液压系统。蝶形弹簧的作用力大小可由调节螺杆和调节螺母。如图 2.3.1－22 所示。

轴交叉装置使用时应注意事项：

1）轴交叉装置与调距装置都设在同一辊筒轴承体上，而两者的运动方向互为垂直。因此，装有轴交叉装置的辊筒轴承体的结构必须满足能在两个方向运动的要求。

2）为保证辊筒轴交叉时轴颈与轴承轴瓦的接触良好，轴承体必须采用弧面垫块或其他可使轴承体偏移的措施，以保证辊筒轴线偏移后轴承体能随轴颈作相应的偏转。

3）对于有定位压力的轴交叉装置，为避免轴承体上弧面垫块受压过大，影响轴承体偏转，作轴交叉时最好在没有定位压力的情况下进行。

4）为保证轴交叉时使辊筒以辊筒中心点为圆心偏转，使辊筒两端移动的距离必须相等。即应注意轴承体位移量刻度指示器。

5）为避免轴交叉过量而损坏机器零部件，必须设置限位开关或用其他措施对最大轴交叉量进行限制。

2. 预负荷装置

预负荷装置又称零间隙装置或拉回装置。在采用滑动轴承时这种装置用于消除轴承体和辊筒轴颈间的间隙，防止由于负荷的变化而影响压延精度。这种装置是在辊筒轴承体外侧分别施加作用力，将辊筒拉紧保持在一个固定位置上，并使辊筒轴颈与轴承轴瓦保持稳定接触，消除由于加料不均调距变速温度变化等因素产生的负荷变化而引起辊筒浮动或位移。

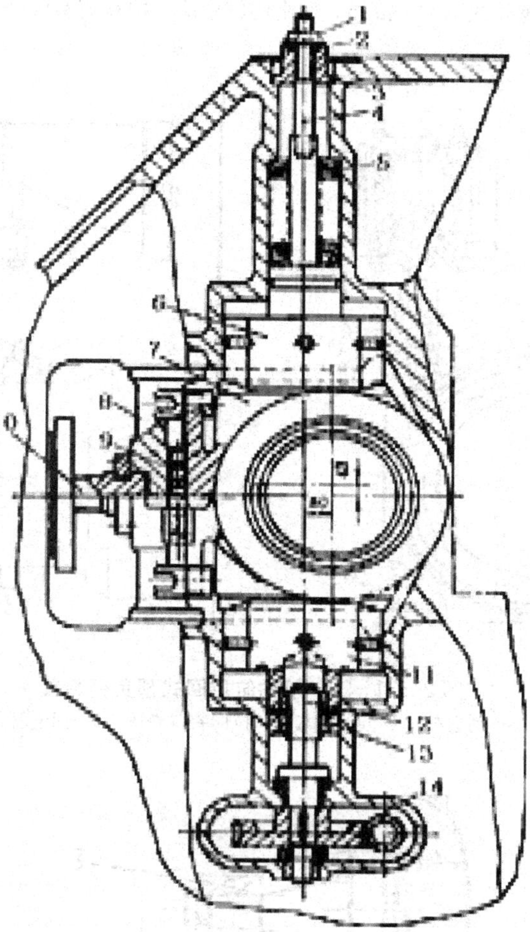

图 2.3.1-22　弹簧式轴交叉装置

1—调节螺母；2—推力轴承；3—支座；4—调节螺杆；5—蝶形弹簧；
6—上支撑块；7—轴承体；8—滑块；9—钢球；10—调距螺杆；11—下支撑块；
12—螺杆；13—轴套；14—涡轮

预负荷装置一般设置在辊筒两端，对于Ⅰ型、“倒 L”型、斜“倒 L”型等三辊，因为下辊的辊筒重力方向与负荷方向一致可不设预负荷装置，只在中、上辊装设预负荷装置。对四辊压延机可在每个辊筒上设置预负荷装置。但有些压延机在供料比较均匀，负荷变化不大的情况下，又在 3＃、4＃辊筒上装有其他补偿装置，往往只在 2＃辊装设预负荷装置。如图 2.3.1-23 所示。

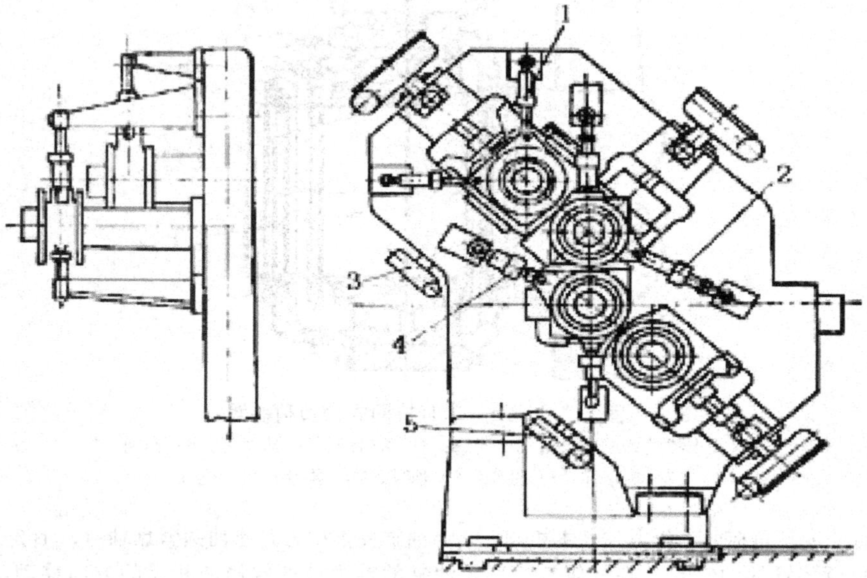

图 2.3.1-23　预负荷装置在 S 型压延机上的布置

1—预负荷装置；2，4—反弯曲装置；3，5—轴交叉装置常用的预负荷装置有液压式和弹簧式两种。液压式使用比较广泛，按其类型可分为双缸拉回式如图 2.3.1－24 所示和单缸拉回式，如图 2.3.1－25 所示。

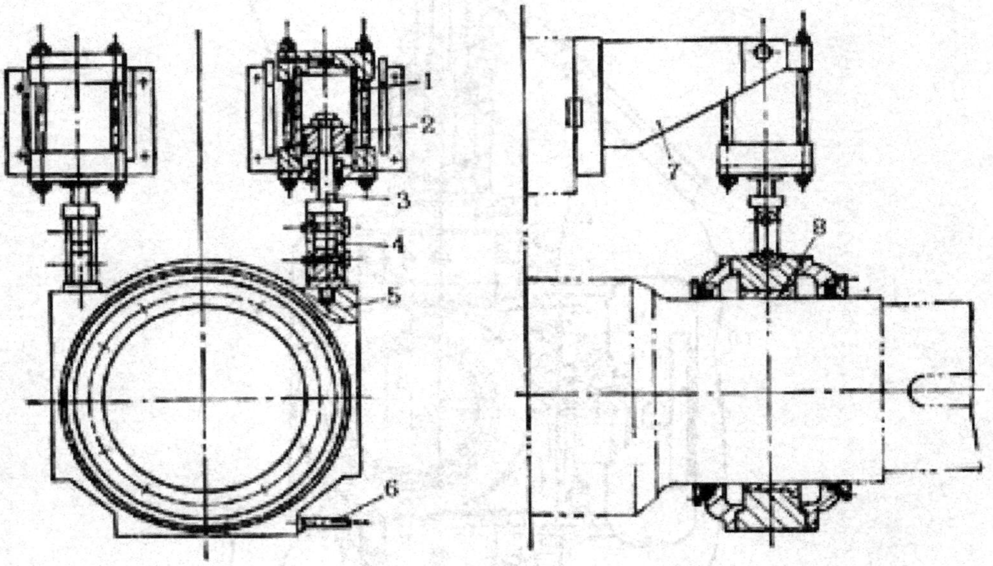

图 2.3.1－24　双油缸拉回式预负荷装置

1—油缸；2—活塞；3—活塞杆；4—连接板；5—拉回装置壳体；6—回油管；7—支撑座；8—轴瓦

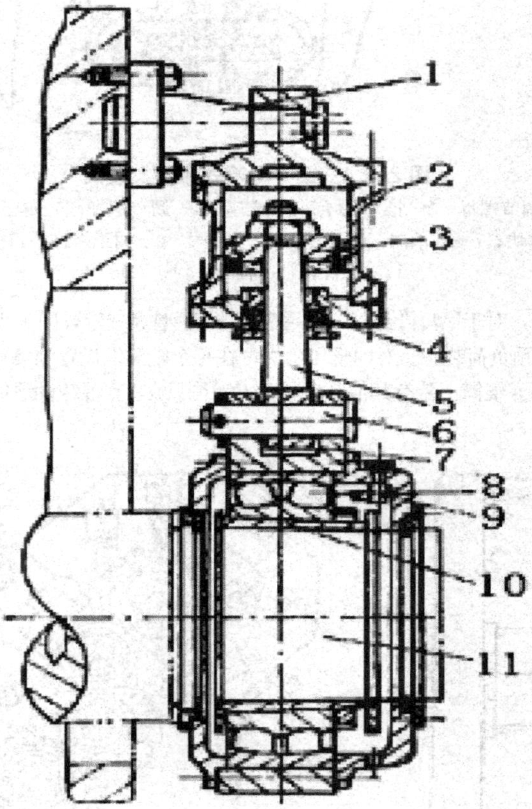

图 2.3.1－25　单缸拉回式预负荷装置

1—支撑轴；2—油缸；3—活塞；4—密封圈；5—活塞杆；6—销轴；
7—轴承体；8—轴承；9—油嘴；10—锥套；11—辊筒

单缸拉回和双缸拉回预负荷的工作方式基本相同，均由油缸提供拉力并使轴颈紧靠轴衬，不会因负荷变化而产生浮动。双缸推顶式预负荷装置的油缸安装在两辊筒之间，油缸的推力使两辊筒向相反的方向移动，使辊筒轴颈与轴衬靠紧。

预负荷装置使用要求：

1）为保证辊筒轴颈与轴承轴衬的接触区域内在热膨胀后仍有最小间隙，辊筒转动时又不会抖动，其预负荷作用力应大于自重。

2）在用液压传动时，应保证液压缸不减压或减压到某一规定值时能自动补充压力，以免工作时由于供胶中断而造成辊筒互碰。

3）在同一辊筒上同时安装轴交叉和预负荷装置时，预负荷装置应保证轴交叉装置的安装方便。

4）预负荷装置应与调距装置轴承润滑系统联锁控制，保证在调距时不受调距螺杆与螺母间隙的影响，并使辊筒轴承在工作区域工作。

5）预负荷装置的支撑结构应满足辊筒在轴向间隙范围内串动。

3. 反弯曲装置

反弯曲装置的结构与预负荷装置的基本相同，但反弯曲装置有两个作用。第一作用是，能部分的补偿辊筒在负荷下产生的挠度；第二作用是，可以使辊颈固定在工作位置实现“零间隙”。

采用反弯曲法补偿辊筒的挠度比中高度法和轴交叉法比较接近辊筒挠度曲线，故有一定的优异性，但是过大的反弯曲负荷对辊筒轴承影响太大，同时反弯曲补偿的挠度又不大，因此在较多情况下，反弯曲与轴交叉联合使用。

反弯曲装置的结构常为液压式，分为单油缸拉杆式和双油缸式。单缸拉杆式的结构如图 2.3.1－26 所示。它的结构比较简单，和预负荷装置非常相似，只是它施加与滚筒轴颈上的作用力较预负荷装置的要大。拉杆将辊筒两端的反弯曲支撑杆连在一起，通过油缸的作用，使两个支承杆的一端同时往里或往外移动，在此外力作用下，迫使辊筒产生微量弯曲。调节油缸的压力，便可使辊筒产生大小不同的弯曲量，从而获得不同的辊筒挠度补偿值。

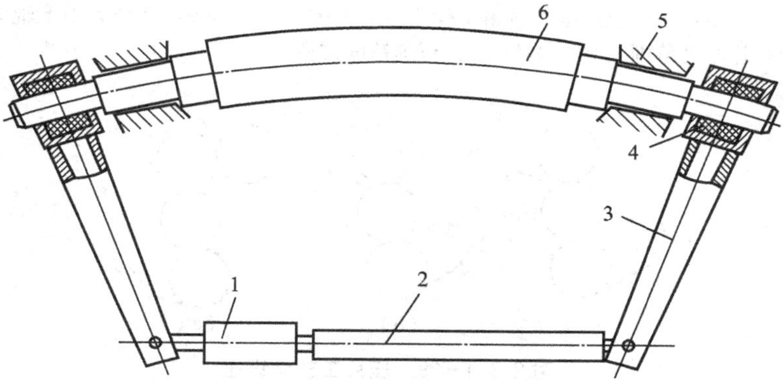

图 2.3.1－26 单油缸拉回式反弯曲装置示意图

1—油缸；2—拉杆；3—支撑杆；4—反弯曲轴承；5—主轴承；6—辊筒

双缸反弯曲装置的结构如图 2.3.1－27 所示，该装置的油缸装在两侧机架上，并与反弯曲轴承相连接。反弯曲补偿挠度值也是通过调节油缸的压力进行控制。

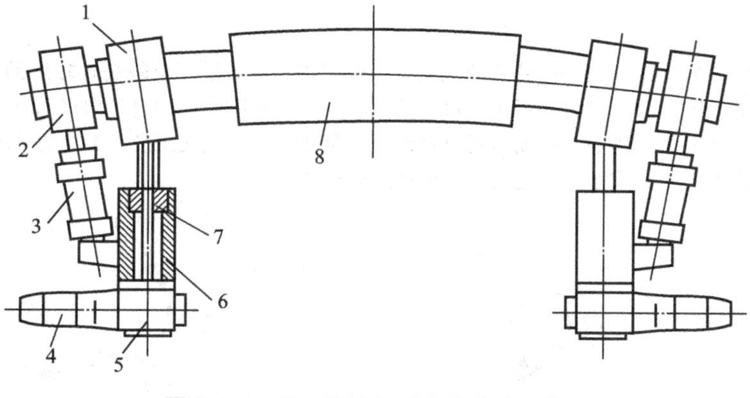

图 2.3.1－27 双油缸反弯曲装置示意图

1—主轴承；2—反弯曲轴承；3—油缸；4—电机；5—减速箱；6—调距螺杆；7—机架；8—辊筒

反弯曲装置使用时应注意事项：

1）由于考虑辊筒和轴承的热膨胀、辊筒和轴承的相对运动、辊筒工作表面长度、轴承宽度和机架侧面对底面垂直度加工误差等，在辊筒轴肩和轴承端面之间留有相当大的间隙（通常每边 5～6 mm）。因此反弯曲装置的结构必须允许辊筒在该间隙范围内移动，且不影响其工作性能。

2）在辊筒上设置轴线交叉装置时，反弯曲装置的结构必须允许辊筒在轴线交叉范围内任意调节，且不影响其工作性能（不影响轴线交叉装置的工作）。

3）反弯曲装置的液压传动系统在辊筒没有松距的情况下不能卸载，以免辊筒相互碰撞。

为满足上述要求，反弯曲装置通常采用铰链机构，其液压或弹簧调节范围必须与辊距调节范围和轴线交叉调节范围相适应，反弯曲装置和辊距调节装置的动力系统应联锁控制。

2.5 压延工艺类型与主要技术参数

2.5.1 压延工艺类型

在压延过程中胶料的形变如图 2.3.1-28 所示：

未硫化混炼胶是一种粘弹体，兼有黏性和弹性两种性质。胶料在压延机上的压延过程，经历弹性形变（AB 段），黏弹性形变（BC 段）和黏性流动（CD 段）。通过压延机辊筒即外力取消后，胶料进行回复，包括弹性回复（DE 段），黏弹性回复（EF 段），热弹性回复（FG 段）和永久变形（GH）段。

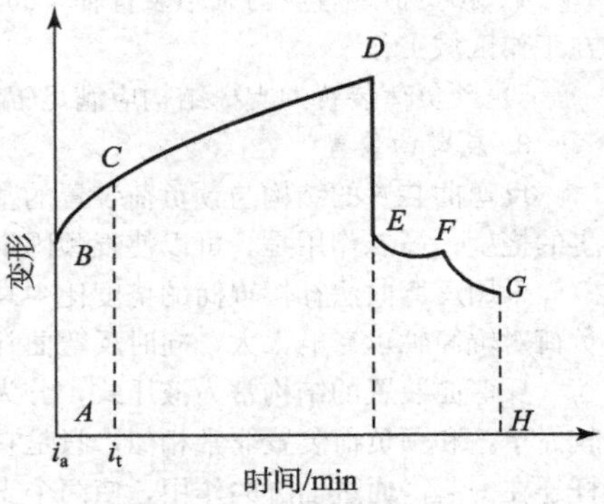

图 2.3.1-28　聚合物的形变时间曲线

辊筒转速很慢时，变形时间远大于胶料的松驰时间，形变主要为黏性流动变形，胶料表现出良好的流动性，容易压延成型；辊筒转速很快时，变形时间远小于胶料的松弛时间，形变主要为弹性变形，胶料表现出流动性差，弹性大，难以压延成型。提高胶料温度，会提高大分子的运动速度，缩短胶料的松弛时间，相当于减慢转速，或延长形变时间。

1. 压片

压片是利用压延机一次成型断面厚度小于 3 mm 的胶片。压片成型工艺分三辊压延法和四辊压延法，其中：①三辊压延法适用于胶片厚度范围0.2～3 mm，又分为中下辊无积料法和中下辊有积料法；②四辊压延法适用于胶片厚度范围 0.04～0.1 mm，压延精度较高。

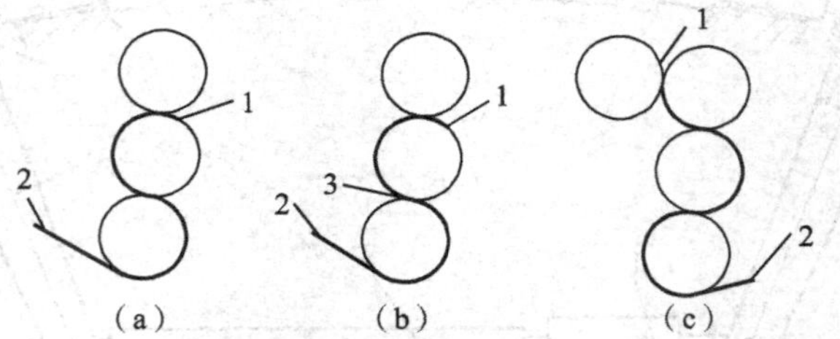

图 2.3.1-29　压片工艺示意图

（a）中下辊无积料法；（b）中下辊有积料法；（c）四辊压延法

1—胶料；2—压延后胶片；3—辊筒间堆积胶

影响压片质量的因素包括：①辊温高胶料黏度低，流动性好，收缩率低，表面光滑，过高会产生汽泡。②辊速快，生产效率高，收缩率大，可塑性大和含胶率低的配方辊速可快些。③胶料种类对压延特性影响很大，天然橡胶易压延。

2. 贴合

贴合是用压延机将两层薄胶片贴合成一层胶片的工艺，一般用于制造质量要求较高，较厚的胶片的贴合以及两种不同胶料组成的胶片或夹布层胶片的贴合。贴合压延工艺可分为：①两辊压延贴合。贴合后厚度可达 5 mm，不适宜厚度 1 mm 以下的胶片，压延精度低。②三辊压延贴。辅助压辊直径取下压辊的 2/3，线速度要一致。③四辊压延贴合。可一次同时压延贴合两片新胶片。生产效率高，质量好工艺简单，但压延效应大。

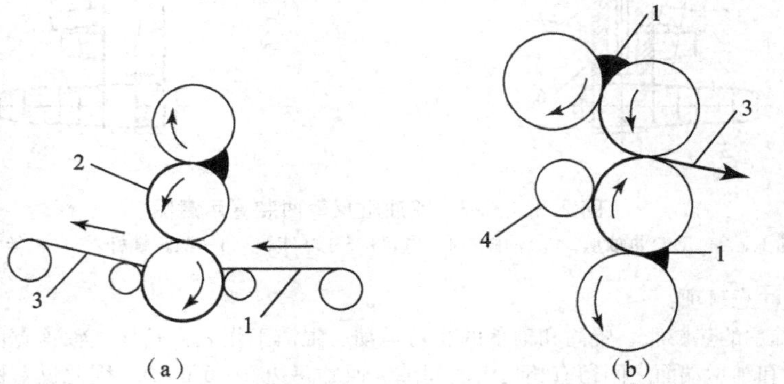

图 2.3.1-30　贴合工艺示意图

（a）三辊压延机贴合；（b）四辊压延机贴合

1—一次胶片；2—二次胶片；3—贴合后胶片；4—压辊

3. 压型

压型是指将热炼后的胶料压制成具有一定断面形状或表面具有某种花纹的胶片的工艺。

压延机可分为两辊、三辊和四辊，其中各有一个表面带花纹的辊。胶料要求塑性好，弹性低，收缩率小。工艺要求提高辊温、降低辊速或急冷。

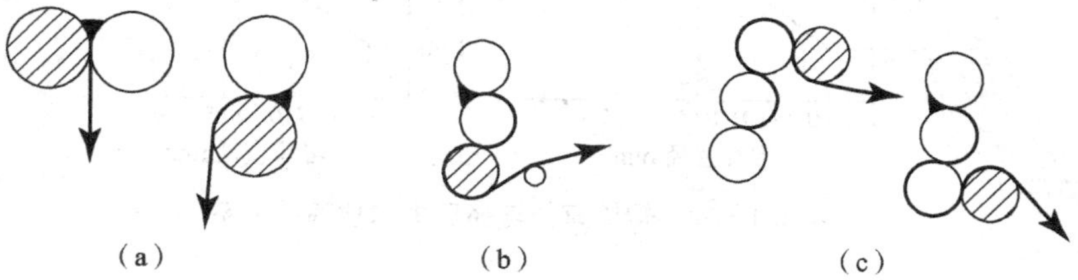

图 2.3.1-31 压型工艺示意图

(a) 两辊压延机压型；(b) 三辊压延机压型；(c) 四辊压延机压型

(图中画剖面线者为带花纹辊筒)

4. 挂胶

纺织物的挂胶是用压延机在纺织物上挂上一层薄胶的一种压延工艺。制成的挂胶帘布或挂胶帆布作为橡胶制品的骨架层，如轮胎外胎的尼龙挂胶帘布。目的是使制品中纺织物的线与线、层与层之间通过胶料的作用相互紧密牢固地结合成整体，共同承受应力作用；减少相互间的位移和摩擦生热，并使应力分布均匀；还可以提高胶布的弹性和防水性能，保证制品具有良好的使用性能。特点是胶料对纺织物的渗透性好，附着力高，胶层厚度均匀。挂胶工艺分为贴胶、压力贴胶和擦胶。

(1) 贴胶

贴胶是使纺织物和胶片通过压延机等速旋转的两个辊筒之间，在辊筒的挤压力作用下贴合在一起，制成胶布的挂胶方法。三辊压延机一次只能完成单面贴胶。四辊压延机一次可完成纺织物的双面贴胶，效率高，应用广泛。

贴胶压延法的优点是压延速度快，生产效率高，由于两辊间摩擦力小，对纺织物损坏小，胶布表面附胶厚而均匀。缺点是渗透性差附差力小，易产生汽泡。适用于薄的纺织物或经纬线密度稀的纺织物（如帘布）。

(2) 压力贴胶

压力贴胶与贴胶相似，唯一差别是在辊筒入口处有少量积存胶料，以增加对纺织物的挤压和渗透，提高胶料对纺织物的附着力。

(3) 擦胶

擦胶是压延时利用辊筒之间速比的作用将胶料挤擦进入纺织物缝隙中的挂胶方法。擦胶的胶料浸透程度大，胶料与织物附着力较高，但易擦损坏织物，适用于密度大的纺织物。擦胶所用设备三辊压延机，$v_2>v_1=v_3$，速比范围为 1∶1.3～1.5∶1，中辊温度高于上、下辊温度。擦胶压延分包擦法和光擦法。

1) 包擦法的中间辊表面全部被胶料包覆，胶厚 1.5～2.0 mm（细布）和 2.0～3.0 mm（帆布），织物从中辊通过时只有部分胶料附着在织物表面上。优点是渗透性强，附着力大，对织物损伤相对小。适用薄细帆布和平纹细布的挂胶。

2) 光擦法的中辊只有半周包胶，织物从中辊通过时全部胶料附着在织物表面上。优缺点是附着胶较厚，但对相对织物损伤相对小。适用厚度大的帆布的挂胶。

影响擦胶压延工艺的主要因素包括：①压延温度高，可塑料性、流动性、渗透性和附着力高。压延温度由生胶不同而异，一般为 90～110℃。②辊速快，生产效率高，渗透性差，附着力小；速比大提高渗透力和附着力，改善擦胶效果。③胶料可塑性好，有利于压延成型，提高渗透力和附着力，改善擦胶效果。

2.5.2 主要技术参数

压延机主要参数有：辊筒数目及其排列型式，辊筒工作部分的直径与长度，辊筒速比，辊筒线速度与生产能力，压延制品的最小厚度和厚度公差，辊筒横压力以及功率等。

1. 辊筒工作部分直径与长度

辊筒是压延机的主要零件，其工作部分的直径与长度表示机器的规格，也标志设备能够加工制品的最大幅宽和生产能力。辊筒直径越大，横压力越大，所需驱动功率也越大，几乎成直线关系。

辊筒工作部分的长度与直径之比称为长径比，它是反映辊筒刚度的重要数据。长径比越大，辊筒刚度越低，则挠度增大，影响压延精度。因此选择恰当的长径比是很重要的。一般应根据压延制品的精度，胶料的品种、性质及可塑性，横压力等因素确定合理的长径比，然后再选定符合系列标准的辊筒直径。压延制品最大幅宽与辊筒工作部分长度比值为 0.8～0.9；加工可塑度高的胶料辊筒长径比取为 2.5～2.7，加工可塑度低的胶料取长径比为 2.0～2.2。为了增加压延幅宽，可以采用复合浇铸冷硬铸铁辊筒，可增加辊筒长径比，从而增加压延幅宽。

为了增加压延幅宽，可以采用复合浇铸冷硬铸铁辊筒，可增加辊筒长径比，从而增加压延幅宽。采用复合浇铸的辊筒是压延机重要改进之一，这种辊筒具有如下特点：辊径和辊筒挠度相同时，约可增大辊筒工作宽度 20%，扩大压延制品幅

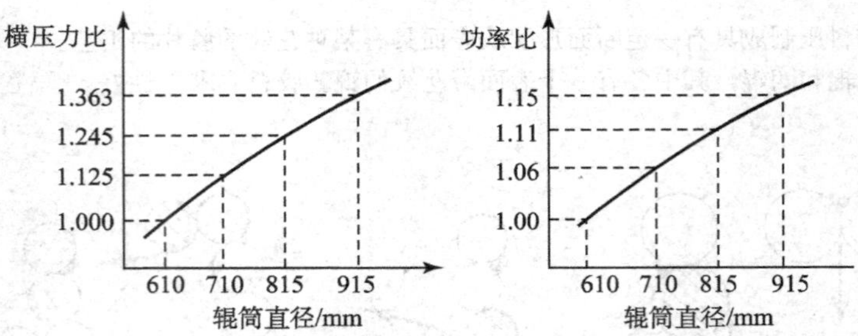

图 2.3.1－32　辊筒直径与横压力和功率的关系

宽；辊筒工作面长度及辊筒挠度相同时，可以减小辊径，同时可降低辊距间的横压力与驱动功率；辊筒工作长度与辊径相同时，可减小辊筒挠度，提高压延精度。

近年来，人们正在采用各种办法突破原有辊筒长径比的限制，趋向增大长径比，以降低功率消耗，避免设备结构大型化和复杂化。

在实际使用中，由于各个辊筒工作温度辊距和辊距间的积胶不同，产生的横压力也不同。为使结构合理，在辊筒挠度允许范围内，受力大的辊筒用大直径，受力小的辊筒用小直径，以利于节能和提高压延精度。为此，近年来出现了大、小直径搭配使用的异径辊压延机。

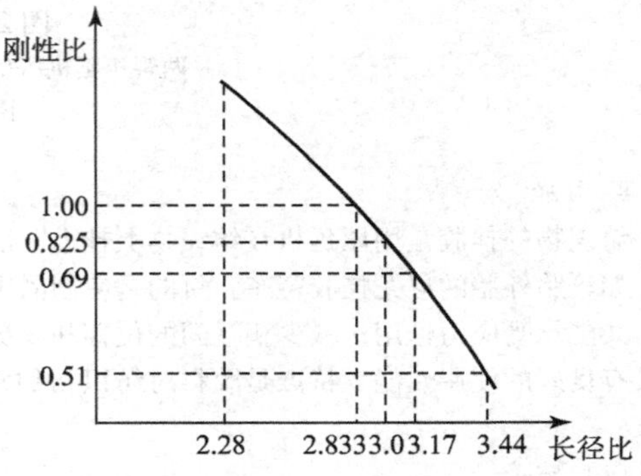

图 2.3.1－33　φ610 mm 辊筒的长径比与刚度的关系

2. 辊筒线速度与速比

辊筒线速度是指压延机辊筒的圆周线速度。由于压延机各辊筒的线速度不同，因此，辊筒线速度一般以压延出制品的辊筒线速度为准。

线速度是衡量压延机生产能力和压延机组技术水平的一个重要参数。根据压延工艺的要求，选择压延机辊筒速度时应满足：最低线速度应能满足慢速起动，操作调整的方便与安全（如递布、引头、检测包辊胶片厚度等）的要求；正常工作速度则应满足生产需要，并有较大的调速范围，以适应不同压延工艺和制品的需要。

辊筒速比与压延工艺、操作方法、胶料性质有关。为了使胶料可塑度均匀和清除胶料中的气泡，通常供胶辊筒速比为 1∶1.1～1∶1.5。对于擦胶作业，为使胶料易于渗入纺织物，擦胶辊筒速比为 1∶1.2～1∶1.5。对于薄而强度低的纺织物则应选用 1∶1.2～1∶1.4 的速比。对于压片、压型、贴合等作业采用速比为 1∶1 的等速压延。

3. 横压力 P

压延机的横压力与开炼机相似，对压延机各工作部件的强度、刚度影响很大，也是关系着安全可靠、高精度压延生产的重要因素之一。

胶料通过压延机辊筒辊隙时，胶料的厚度逐渐由大变小，而压力逐渐上升，如图 2.3.1－34 所示。

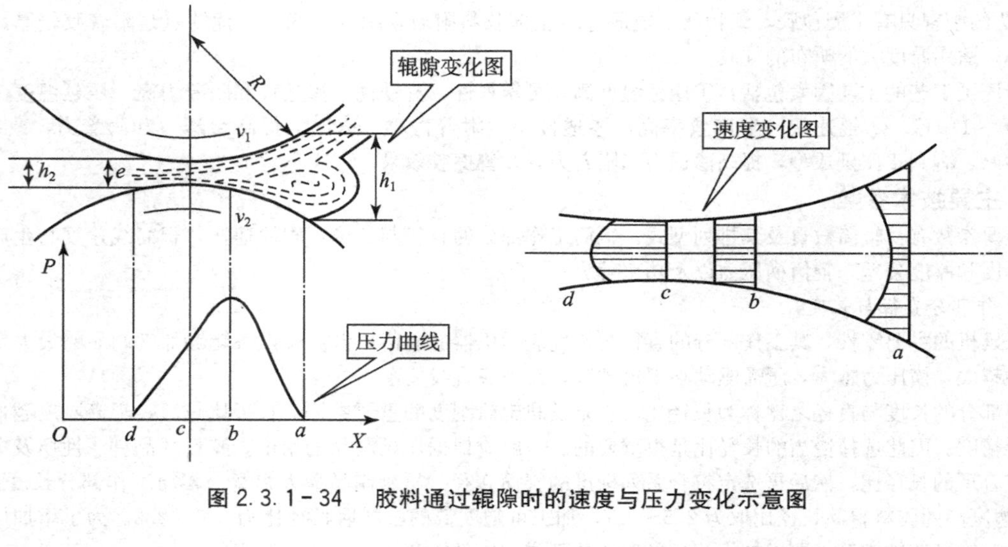

图 2.3.1－34　胶料通过辊隙时的速度与压力变化示意图

胶料通过辊隙时，在 a，b 区域，中间慢，两边最快；到达 b 点时，速度相同，压力达到最大值；c 点处，中间速度开始变快，压力逐渐地下降；直至 d 点胶片厚度不再增加，压力降为零。

影响横压力的因素包括：①加工胶料的种类和性能；②压延制品的厚度；③辊筒直径和压延宽度；④加胶的包角大小（即进料口处存料量）；⑤辊筒的速度（熔料量、摩擦发热）；⑥辊筒的温度；⑦加胶的方法（连续或间歇）。

目前在压延机设计过程中，一般采用类比经验数据和实际测量等来确定横压力值。国产压延机设计时推荐采用的单位横压力如下：

φ700×1 800 mm 压延机　　P—70 MPa

φ610×1 730 mm 压延机　　P—60 MPa

φ450×1 200 mm 压延机　　P—50 MPa

φ360×1 120 mm 压延机　　P—45 MPa

压延机是连续化生产，在保证定量恒温均匀地供料且操作参数不变的情况下，横压力在压延过程中基本维持一定值。

4. 压延制品的最小厚度及其公差（精度）

压延制品越来越薄，精度要求越来越高，产量越来越大，是压延机的发展趋势。提高压延半成品的精度，对压延半成品质量和橡胶制品的经济性具有十分重大的意义。影响压延精度的因素有：

1）辊筒在负荷作用下的弹性变形的影响。

2）辊筒工作表面的温度差的影响。

3）剥离牵引张力的影响。

4）辊筒轴瓦和轴颈间的间隙的影响。

5）供料量的变化的影响。

6）传动系统的振动的影响。

7）辊筒加工制造精度的影响。

8）控制系统的水平的影响。

因此，压延制品的最小厚度和公差是表征压延机精度和质量的重要参数之一，是一个综合性的指标。

5. 功率消耗

压延机功率消耗的特点是：①传动功率大。由于压延机属重型机械，加上辊筒的转速较高，所以，传动功率是很大的。②功率消耗比较稳定。由于压延机上被加工的胶料已经预热软化，横压力较小，胶料又是一次通过辊距，压延前后胶料的变形也不大，故操作是比较稳定的，不像开炼机那样出现高峰负荷。

（1）单台电动机传动时的功率计算

Ⅰ. 按辊筒线速度计算

$$N = a \cdot L \cdot v$$

Ⅱ. 按辊筒数目计算

$$N = K \cdot L \cdot n$$

式中，a、K——计算系数；

L——辊筒工作部分长度；

v——压延线速度；

n——辊筒个数。

以上两式的共同缺点是没有考虑被加工胶料的性质和加工方法，以及辊筒的直径对功率的影响，而它们对功率消耗的影响又是十分大的，所以上述两个公式需要修正。

Ⅲ. 类比计算

借助已知若干机台特性和功率消耗，计算出计算系数 a 和 K，再用上式计算设计（未知）压延机的功率。

（2）多台电动机传动时的功率计算

一台压延机由于各个辊筒所在位置不同，工艺用途不同，转动线速度不同，在压延过程中各辊消耗的功率不同。在一般条件下，进料辊要比贴合辊所消耗的功率大。

Ⅰ. 压延时两辊筒消耗功率与辊筒的线速度成正比，若两辊筒线速度分别为 V_1、V_2，功率分别为 N_1、N_2，则：

$$N_1/N_2 = V_1/V_2$$

Ⅱ. 贴胶时所消耗的功率仅为总功率的 6%

$$N_{贴} = 0.06 N_{总}\ \eta$$

式中，$N_{贴}$——贴胶辊功率；

$N_{总}$——有效总功率；

η——传动总效率。

根据以上两点，就可以计算出各个辊筒所占的功率。

6. 生产能力

压延机的生产能力可以按单位时间压延半成品重量（kg/h）、长度（m/h）或面积（m^2/h）计算。不论用哪一种表示方法，都必须首先确定压延半成品的速度。取得速度的方法有二种。一种是按辊筒的线速度计算，同时考虑半成品的超前系数。另一种是按压延半成品实际速度取平均值。

（1）超前系数

所谓超前，如图 2.3.1－35 所示：

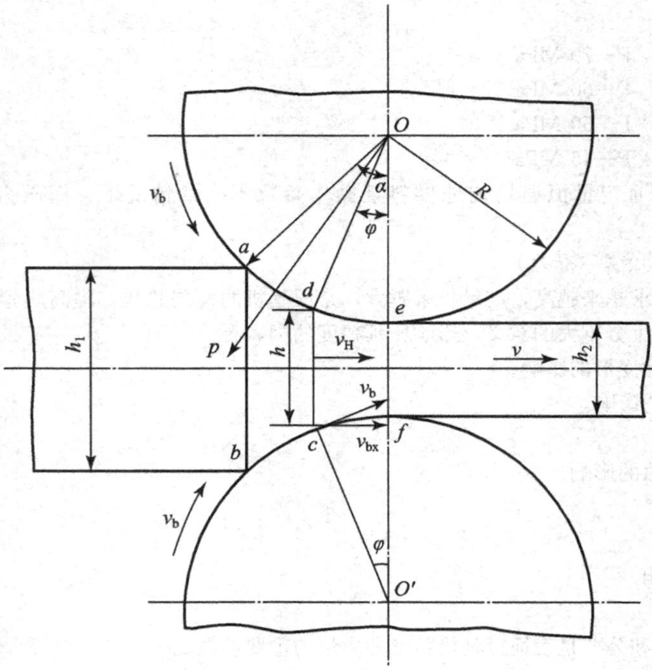

图 2.3.1－35　压延超前现象示意图

在 abcd 这个区域内，胶料的运动速度低于辊筒的线速度，称为胶料对辊筒的滞后，abcd 区域称为滞后区。在 cdef 区域时，胶料运动速度大于辊筒的线速度，称为胶料对辊筒的超前，cdef 区域称为超前区。超前区和滞后区的交界面称之为临界面即 cd 面，即胶料运动速度等于辊筒的线速度的面，其厚度为 h，co’或 do 与辊筒中心线的夹角 φ 称为超前角。

假定压延材料从辊距中引出后其厚度等于辊距的大小。经过推导，可以得出如下结果：

Ⅰ. 超前角 φ：

$$\sin\varphi=\frac{1}{4}\left(2\sqrt{\frac{h_1-h_2}{R}}-\frac{h_1-h_2}{\mu\cdot R}\right)$$

Ⅱ. 超前系数　$\rho=V/V_b$

$$\rho=1+\frac{4R}{h_2}\left(\frac{\varphi}{2}\right)^2=1+\frac{R}{h_2}c$$

Ⅲ. 相对超前

$$S=\frac{v-v_b}{v_b}=\rho-1=\frac{R}{h_2}v_b$$

式中，μ——摩擦系数；

V——胶料运动速度；

V_b——辊筒运动速度。

（2）生产能力

Ⅰ. 按压延半成品重量计算

$$Q=60vhb\gamma\rho \qquad kg/h$$

式中，v——辊筒线速度，m/min；

h——压延半成品厚度，m；

b——压延半成品宽度，m；

γ——压延半成品重度，kg/m；

ρ——压延半成品超前系数，可采用上式计算，一般可取 $\rho=1.1$。

Ⅱ. 按压延半成品长度计算

$$Q=60v\rho \qquad \text{m/h}$$

式中符号与上式同。

机器的实际生产能力，要考虑机器时间利用系数 a，一般在固定一种胶料生产时 $a\approx0.92$；经常变换胶种生产时 $a=0.7\sim0.8$。按实际生产能力计算时上两式要乘以 a。

2.5.3　压延机主要性能参数一览

1. 压延机

GB/T 13578—2010《橡胶塑料压延机》规定，国产压延机的工作环境要求为温度：5～40℃，湿度不大于 85%，环境海拔不大于 1 000 m，电源为 380 V、3P+N+PE、50 Hz。

压延机辊筒材料一般选用冷硬铸铁，辊筒工作表面粗糙度 Ra 值不大于 0.8 μm。辊筒有效工作表面温度与规定值的偏差，中空辊筒为±5℃，钻孔辊筒为±5℃。加热冷却管路经 1.5 倍工作压力的水压（或油压）试验时，保压 10 min 不应有渗漏现象。

装配好的压延机辊筒工作表面相对于轴颈的径向跳动不大于 0.2 mm。压延机空转时，主电机消耗功率不得大于额定功率的 15%。压延机在不加热情况下空转时，辊筒轴承温度不得有骤升现象，温升不超过 20℃。压延机带负荷运转时，辊筒轴承的回油温度不大于 75℃。

GB/T 13578—2010 中列举的橡胶压延机基本参数与用途见表 2.3.1-6。

表 2.3.1-6　橡胶压延机的基本参数与用途

规格型号	辊筒尺寸/mm		辊筒个数	辊筒线速度/(m/min)		辊筒速比	主电机功率/Kw	制品最小厚度/mm	制品厚度公差/mm	用途
	直径	工作面长度		最低	最高					
XY—2I630	230	630 (700)	2	2	10	1∶1	7.5	0.5	0.02	压延胶鞋鞋底、鞋面围条等
XY—2I700			2	1	10	1∶1	5.5	0.5		鞋底、鞋面围条、靴面
XY—3I630			3	2	10	1∶1∶1	15	0.2		压延力车胎胎面、胶管和胶带胶片，织物贴胶等
						1∶1∶1.21				压片、压型
XY—4Γ630			4	4	10	1∶1.5；1.5∶1	15	0.2		压片、压型
						1∶1∶1∶1	11			
							22	0.5		压延钢丝帘布
XY—2I800	360	800	2	8	35		30	0.8	0.03	压延轮胎隔离胶片及一般胶片
XY—3F		900 或 1 120	3	8	20	1∶1∶1 或 0.73∶1∶1	55	0.2	0.02	幅宽小于等于 950 mm 胶布的擦胶或贴胶，压片
XY—4F			4	8	20		60	0.2		压延橡胶
				4	12	0.73∶1∶1∶0.73	60	0.5		压延钢丝帘布
XY-2I1300	400	1 300	2		40			0.5	0.03	压延胶片
XY-2I		700 或 920	2					0.2	0.02	
XY-3F			3							
XY-4F			4							
	450	600	2		45			0.2	0.02	压延磁性胶片
		1 000	4							压延钢丝帘布
XY-3I1200		1 200	3	10	40	1∶1∶1 或 1∶1.5∶1	75	0.2	0.02	压片、擦胶、贴胶
XY-4S1200			4	4	40	无级	37×4	0.1	0.02	轮胎内衬层胶片
	500	1 300	4		50			0.2	0.02	压延钢丝帘布
	550	1 000	2		20			0.4	0.02	压延磁性胶片
XY-4S1300		1 300	4		50	无级	55×2 75×2	0.2		压延钢丝帘布
		1 500	3		50					帘布贴胶、擦胶
		(1 700)	3	5	50		110	0.2		压延橡胶
			4	5	60		160			压延橡胶

续表

规格型号	辊筒尺寸/mm		辊筒个数	辊筒线速度/(m/min)		辊筒速比	主电机功率/Kw	制品最小厚度/mm	制品厚度公差/mm	用途
	直径	工作面长度		最低	最高					
	610	1 400	2		40			0.2	0.02	压延胶片
		1 500	2		30			0.5	0.03	压延板材
		1 500	4		50			0.2	0.02	压延钢丝帘布
XY－3I1730		1 730	3	6	50	1∶1∶1 或 1∶1.4∶1	132	0.2	0.02	压片、擦胶、贴胶
XY－4Γ1730			4	6	60	1∶1.4∶1.4∶1.4 或 1∶1.4∶1.4∶1	160	0.2	0.02	帘布双面贴胶、压片、贴合等
XY－4S1730						无级	90×2 110×2			帘布双面贴胶等
		1 800	3		50			0.2	0.02	压延橡胶
	700	1 800	3	6	60		300	0.2	0.02	压延橡胶
XY－4S1800			4	7	70	无级	400 (90×4)	0.2	0.02	帘布双面贴胶等
	750	2 000 或 2 400	2		70			0.2	0.02	压延橡胶
			3							
			4							
XY－4S2500	800	2 500	3		60			0.2	0.02	帘、帆布双面贴胶、压片
			4	4	60	无级	132×4			

2. 压型压延机的基本参数

橡胶压型压延机主要用于胶鞋大底、鞋面和围条等部件的生产。HG/T 2147－2011《橡胶压型压延机》中列举的基本参数见表 2.3.1－7。

表 2.3.1－7　压型压延机的基本参数

辊筒尺寸/mm		辊筒最大线速度/(m/min)	主电机最小功率/kw	制品最大压型厚度/mm
直径	辊面宽度			
160	530	7.5	3.0	5
230	630	10	5.5	7
	700			

注：230 mm 直径可有 5%的变动量。

三、压延联动系统

橡胶压延联动系统是围绕压延机配置，安装与控制复杂的一套设备，也称为压延联动生产线，以实现：①纺织物（帘布、帆布、网眼布等）等的贴胶与擦胶；②钢丝帘布的贴胶；③胶料的压片与压型（压花）；④帘布贴隔离胶片和多层胶片的贴合；⑤胶带（分层带、PVC 带、PVG 带）表面贴覆盖胶等各种功能。橡胶压延联动系统是实现压延作业中不可缺少的重要组成部分，它直接影响压延制品的质量及机器的自动化程度，也反映压延作业线的技术先进程度。

压延联动系统由各自独立的单元设备所组成。根据压延机的结构特点、工艺过程以及用途，压延联动装置可分为：两辊压延联动装置、三辊压延联动装置、联合三辊压延联动装置、四辊压延联动装置、钢丝帘布压延联动装置、贴隔离胶联动装置、密封胶片联动装置、运输带成型压延联动装置、棉或人造丝帘布浸胶或尼龙帘布浸胶与压延联动装置，以及其他压延联动装置。

压延机联动系统已采用计算机作为压延机各个压延联动装置的总体控制，对压延过程进行检测和控制，包括速度、张力、湿度、温度、厚度、宽度等，将压延全过程的信息量在荧屏显示，同时对压延时机器故障给予及时显示和报警，从而使压延机的操作与控制变得十分容易，使生产效率及产品质量等指标有了很大提高。

3.1　纤维压延联动系统

纤维帘布压延联动线主要用于帘、帆布一次两面贴胶的连续化生产，专用性强，生产效率高。此外，也可用于帆布擦胶等工艺操作。

帘、帆布四辊压延联动装置也有各种不同的流程、规格与结构，但都具有保证连续压延作业所需要的导开装置、接头硫化机、前牵引装置、前储布装置、干燥牵引装置、干燥装置、张力调节装置、扩幅装置、冷却装置、冷却牵引装置、后储布装置、后牵引装置、卷取装置以及定中心装置、计长装置等，有的还配有自动测厚装置，如图 2.3.1－36 和图 2.3.1－37 所示。

在前、后储布区中的帘（胶）布张力，由前、后储布装置液压系统预先设定的油压值控制。

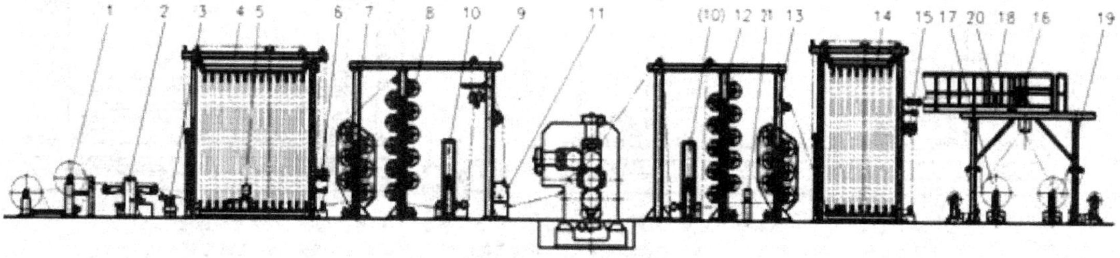

图 2.3.1－36　Γ型纤维压延机组流程示意图

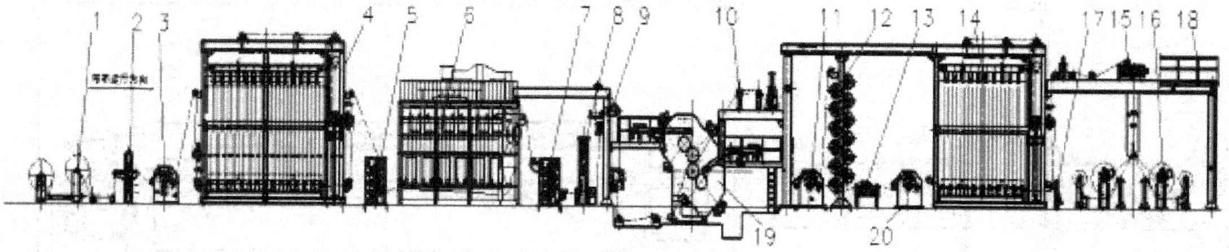

图 2.3.1－37　S 型纤维压延机组流程示意图

3.1.1　导开装置

用于放置和导开帘布帆布卷，导开轴本身无动力，由后继的牵引机拖动，在布卷直径由大逐渐减小的导开过程中，需要保持适当的张力，以使帘布平整、无褶地导开。所以，一般在导开轴端部设阻尼制动器，以防止布卷惯性自转引起布卷松开；同时保证帘布导出时具有一定的张力。在导开轴端，带平面摩擦制动盘、磁粉制动器、电磁制动器或气动摩擦制动器等，已产生一定的导开张力。平面摩擦制动盘的导开装置结构简单操作方便安全可靠，但导开张力由人工控制不能保持恒定。采用张力轴承可以测量布卷的张力，而后将张力转换成相应的电信号，控制磁粉制动器或其他阻尼制动器，可以实现自动调节。如图 2.3.1－38 所示。

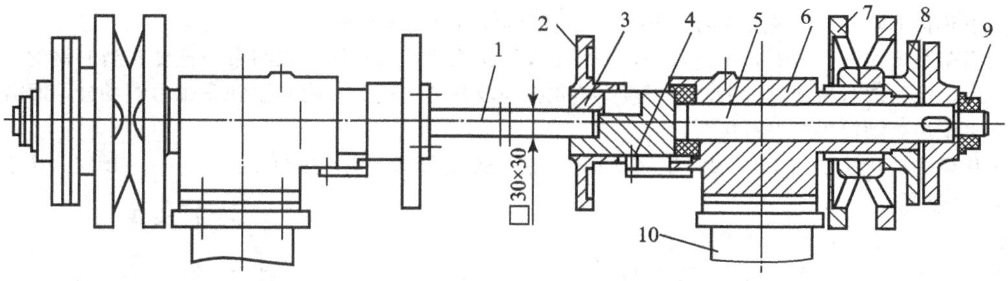

图 2.3.1－38　导开架

1—方轴；2，7—手轮；3—导键；4—滚轮；5—轴；6—轴承座；8—摩擦制动盘；9—螺母；10—机架

导开装置的导开架上可同时放置两卷帘布。为使联动装置连续运行，当一卷帘布导开完后，将其布尾与另一卷帘布的布头互相搭接，中间放一条胶片，用硫化接头机加压加热硫化，连接成一体，使导开装置能保持不断地供给帘布。如图 2.3.1－39 所示。

为了使导出的帘、帆布能够对正流程中心，有的还在导开架的下方安装有纠偏装置，以便随时调控。纠偏装置通常采用气液方式、电液方式或电电方式工作。

3.1.2　平板硫化接头装置

本机供帘布接头硫化用。导开装置上的帘布由前牵引装置牵引送布。导开帘布由计长装置计数并定长发信号准备接头。前后帘布卷首尾相接时，帘布中间用胶条贴合，通过上下板加热压进行硫化，使其牢固连接。在硫化机中加压硫化 60 s 左右，便可以运行新的布卷。如图 2.3.1－40 所示。

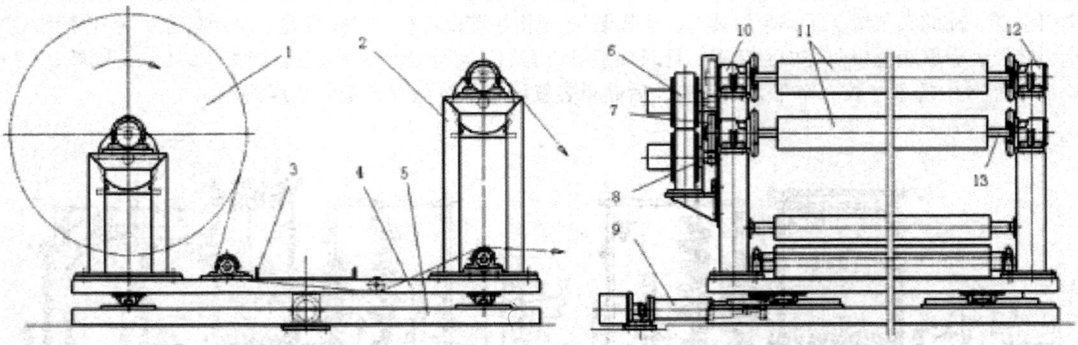

1. 1#导开机构　2. 2#导开机构　3. 操作踏板　4. 移动底座　5. 固定底座　6. 磁粉制动器　7. 大速比齿轮　8. 小速比齿轮　9. 电动推杆　10. 传动端安全夹头　11. 导开芯轴　12. 非传动端安全夹头　13. 导开方钢

图 2.3.1－39　导开装置结构示意图

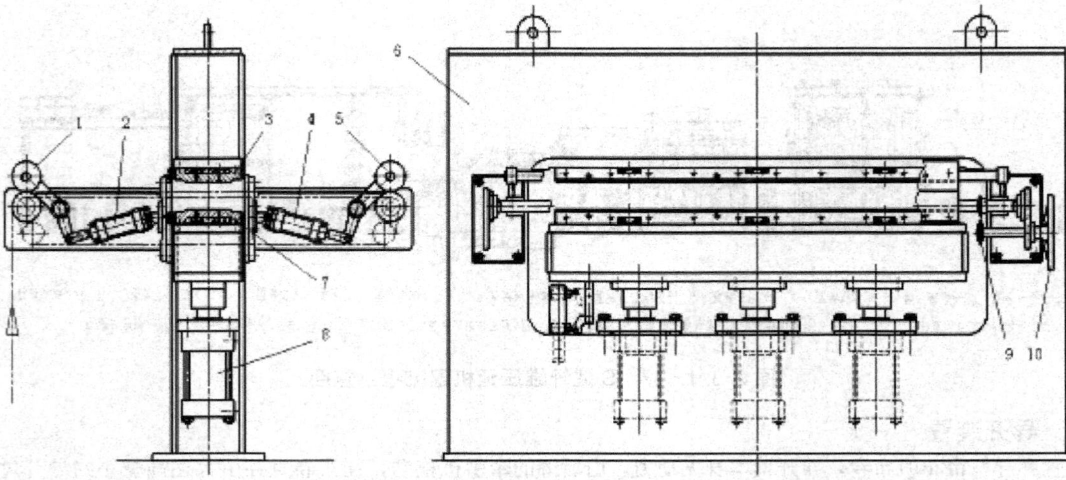

1、5. 压辊　2、4. 气缸　3. 上热板　6. 机架　7. 下热板　8. 油缸　9. 链轮　10. 手轮

图 2.3.1－40　平板硫化接头装置结构示意图

本机主要由上下两块电热平板、油缸、油压系统及压紧装置等所组成。上电热平板固定，下电热平板与油缸活塞连接，可作上升移动，下降是藉可动部分的自重而下。上下平板由装有电加热器供电加热，平板温度由热电偶控制。当相关的帘布首尾与接头胶条已经搭接好时，下热板上升，与上热板合拢、加恒定压力，并开始计时保温保压；到了预定硫化时间，油缸卸压，下热板下降复位，接头硫化工作结束，可以继续进行后续作业。

棉帘布浸胶机多数工作速度较低，张力较小，一般不设置接头机，而采用一根与帘布宽度相当的钢丝，将布头穿缝在一起，通过设备后，在卷取时将钢丝拆下。平板接头硫化机橡胶粘结的接头不耐高温和高张力的场合，而需要用于高温高张力的场合，则多采用缝纫接头机进行接头。

平板接头硫化机的硫化温度为 160～200℃，采用电加热，温度可调设置。热板压力为 1～4 MPa，油压缸设定。

3.1.3　牵引装置

牵引机装置于牵引送布。前牵引装置主要用于把导开架上的帘布送入前储布装置，以保证压延联动装置的连续运转；后牵引装置则用于在切割胶布后，将后储布装置中的胶布拉出送到卷取装置进行卷取，并控制后储布装置的活动框架位置，以保持用于联动装置的连续运行和控制卷取张力。如图 2.3.1－41所示。

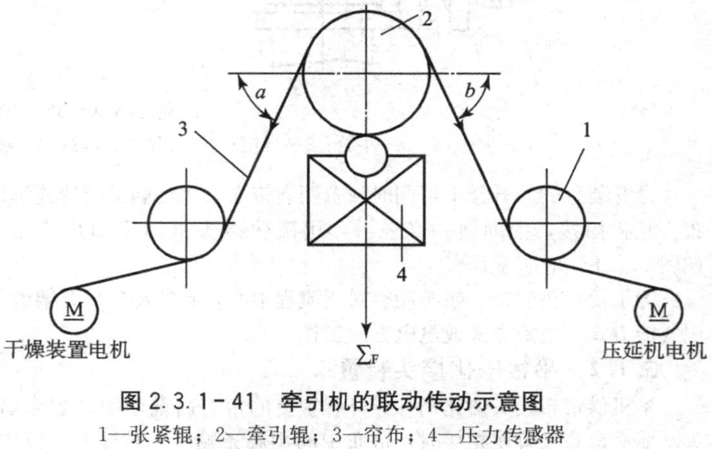

图 2.3.1－41　牵引机的联动传动示意图

1—张紧辊；2—牵引辊；3—帘布；4—压力传感器

牵引装置的结构有：立式、卧式及三辊、四辊等形式。下图所示为三辊牵引机，它由带动力的橡胶辊和两个张紧辊组成。

如图 2.3.1－42、图 2.3.1－43 和图 2.3.1－44 所示为前牵引、后牵引和干燥牵引装置。

牵引装置也是张力电气自动反馈调节系统。

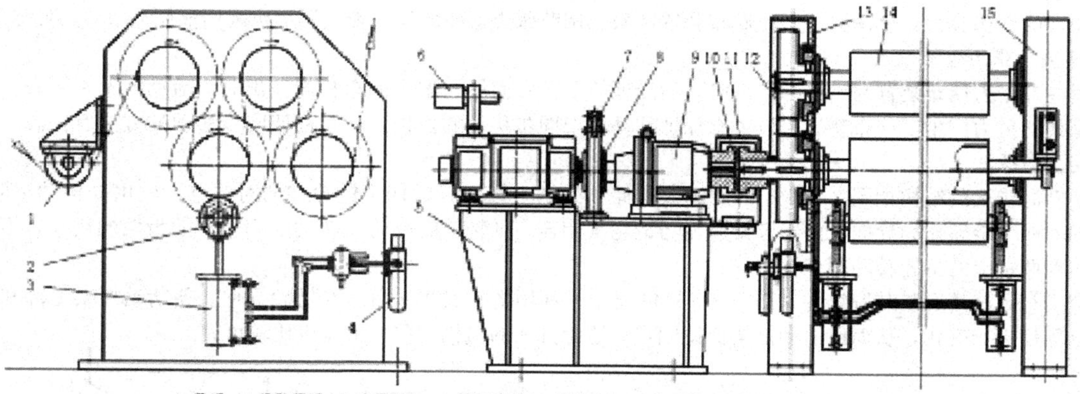

1. 导辊　2. 橡胶压辊　3. 夹紧气缸　4. 气控系统　5. 传动底座　6. 电动机　7. 制动器　8、10. 联轴器
9. 减速器　11. 安全罩　12. 传动齿轮　13. 传动端机架　14. 牵引辊　15. 非传动端机架

图 2.3.1－42　前牵引装置结构示意图

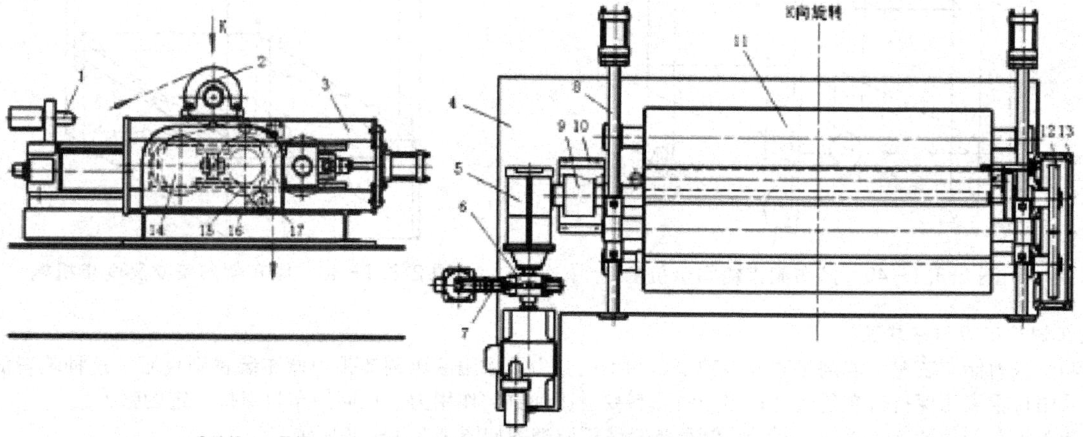

1. 电动机　2. 导辊　3、8. 支架　4. 底座　5. 减速器　6、9. 联轴器　7. 制动器　10、13. 安全罩
11. 夹紧辊　12. 齿轮　14、15. 牵引辊　16. 链轮链条副　17. 剥离辊

图 2.3.1－43　后牵引装置结构示意图

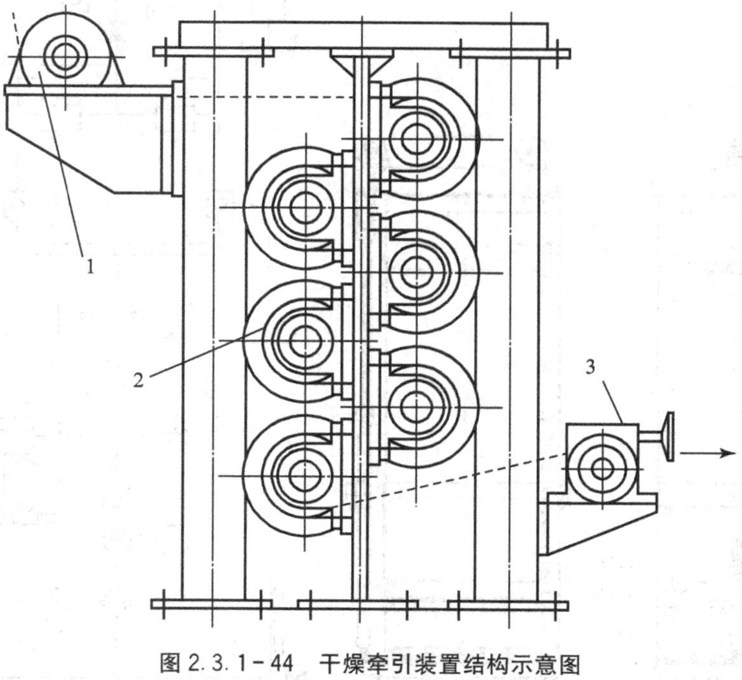

图 2.3.1－44　干燥牵引装置结构示意图

3.1.4　前、后储布装置

在纤维压延生产线中，设有前、后储布装置，用来储存帘布或压延贴胶后的挂胶帘布，使生产线保持连续运转状态，

以提高生产效率和产品质量。

储布装置的结构分为：重锤调节张力储布装置和液压调节张力储布装置。现代压延机采用液压调节张力储布装置。

1. 重锤调节张力储布装置

当重锤调节张力储布装置开始储存布料时，活动框架下移；而储布架中的布料被拉出时，活动框架则上升。布料的张力由活动框架的重力产生。储布装置上设置有保证活动框架同步移动的机构，活动框架同步移动的方法有：齿轮啮合同步法和链条交叉布置法。

齿轮啮合同步法的结构如图 2.3.1-45 所示。在储布架的上部设置的四个链轮和两对圆锥齿轮由三根轴串联相啮合；储布架下部的四个链轮作为导向。由于圆锥齿轮与链轮轴相连，则轴上的链轮的转动受到另外的齿轮的约束，不能自行转动，从而达到两轴上的链轮转动同步。

链条交叉布置法的同步装置结构如图 2.3.1-46 所示。利用链轮交叉装置，经链轮导向，使活动框架上部和下部的链轮等长，以等量进行变化，从而使活动框架保持同步。这种方式的结构简单，工作也比较可靠。

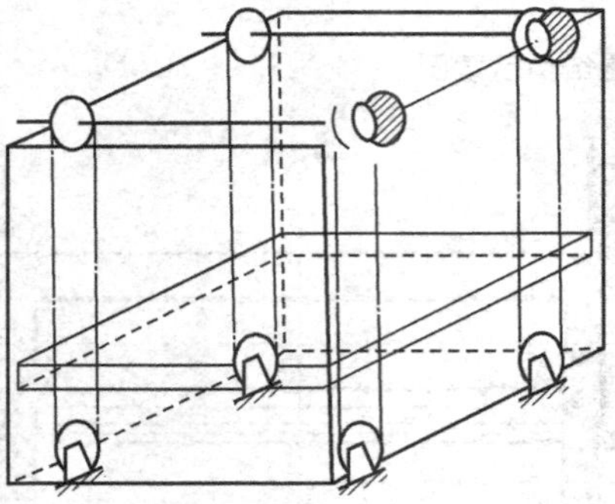

图 2.3.1-45 储布架齿轮同步机构

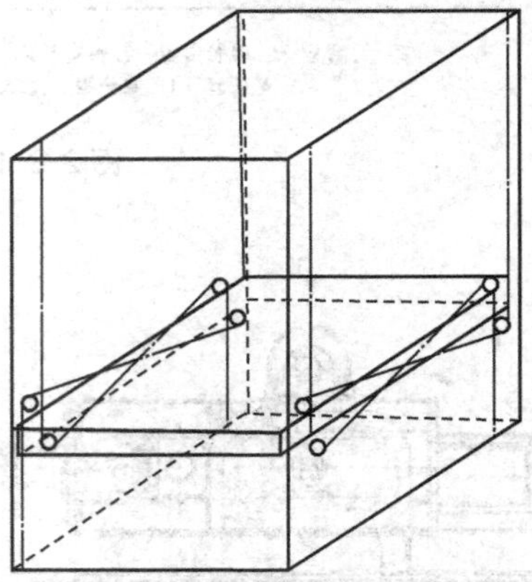

图 2.3.1-46 储布架链条交叉同步机构

2. 液压调节张力储布装置

重锤调节张力储布装置不能满足调节各种帘布的不同张力，采用液压调节张力储布装置则克服了这种装置的不足。储布时可以采用自重液压保持帘布的张力；出布时布料要克服油缸的作用力，从而使布料保持一定的张力。

储布装置示意图如图 2.3.1-47 所示，储布装置液压原理图如图 2.3.1-48 所示。

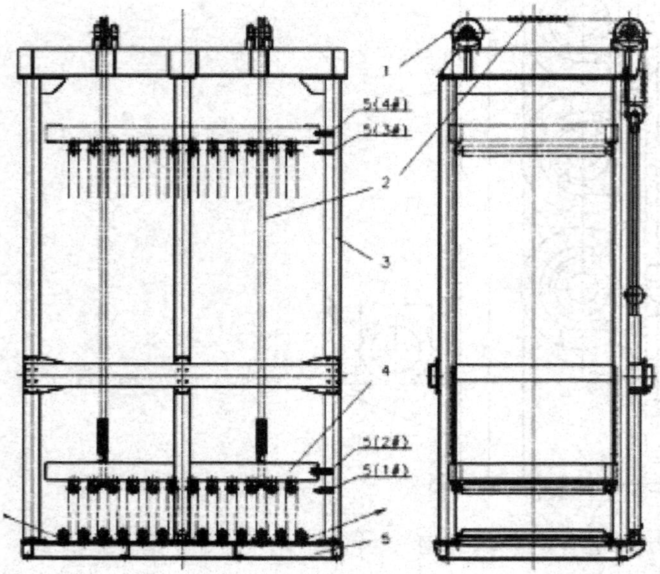

图 2.3.1-47 储布装置示意图

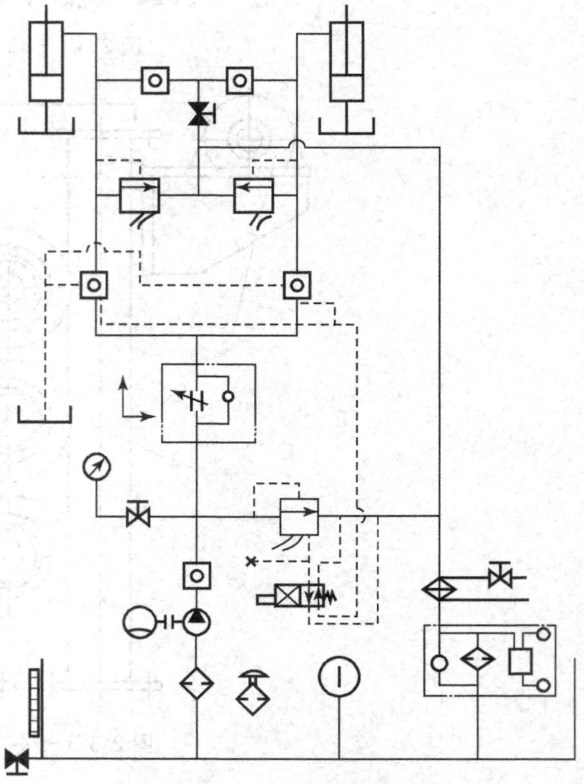

图 2.3.1-48 储布装置液压原理图

活动框架在固定框架的四个立柱之间进行升降，连接在固定框架上的油缸通过链条和链轮与活动框架相连接，利用液压缸的拉力，使制品在储布装置的活动框架和固定框架之间保持一定的张力。在固定框架上安装有四个限位开关 6，每两个成一组，每组分别布置在固定框架的上下两端，液压式储布装置的结构形式如图 2.3.1－47 所示，液压原理如图 2.3.1－48 所示。

当在正常允许时，活动框架处于下端的 3# 和 4# 两个限位开关之间进行浮动，此时在活动框架和固定框架之间没有储布量；当卷取换卷进行裁断或其他原因而临时停机时，活动框架就会越过 3# 限位开关向上升起，将从前方设备输送过来的制品储存在浮动框架与固定框架之间形成的空间内，最大储布量的多少与浮动框架的最大行程和储布的环数有关，通常按照最大生产速度下 2 min 左右的产量来设计。当活动框架碰到 2# 限位开关而没有碰到 1# 时，生产线就会降速运行，以保证给卷取操作留出足够的辅助时间；当活动框架继续上升并碰到 1# 限位开关后，证明储布装置已经到达了储布的极限数量，再也无法储存更多的制品了，于是整个生产线就会自动停车，以便处理非正常情况。当卷取装置开始工作，以快于生产线速度 10%～30%的速度进行作业，于是就将储布装置中储存的制品快速拉空。此时，活动框架越过 2# 限位开关向下运动，直至下降到 3# 和 4# 两个限位开关之间，并在此进行浮动，此时卷取装置就恢复了正常的卷取速度。在此过程中，有两个链轮安装在同一根轴 7 上，以使活动框架在运动时保持四个角的同步性和升降的平稳性。

前储布装置用于帘布硫化接头和卷取裁断操作时，牵引机不能工作，而压延机则需连续运行，接头完毕，前牵引装置重新开机，以高于联动线若干倍的速度一方面供联动线正常用布，另一方面将储布装置快速储满，以备下次接头时引出使用。因此，前后储布装置是保证压延机的正常运行而设置的。因此，它的储布量应按帘布接头和卷取裁断时间乘以联动线工作速度来确定。一般前储布装置的储布时间按 2 min 考虑，后储布装置则按 1～2 min 考虑。

液压式储布装置的制品张力的调整可以通过调节油缸的油压来调整，运行可靠，调整方便。

3.1.5 干燥装置

帘布经贮布装置后进入干燥装置进行预热干燥，以除去帘布中的水分，并获得一定温度。干燥后的帘布经前张力保护装置和大张力定中心装置进入压延机主机进行贴胶。通常采用辊筒式干燥装置，如图 2.3.1－49 所示。

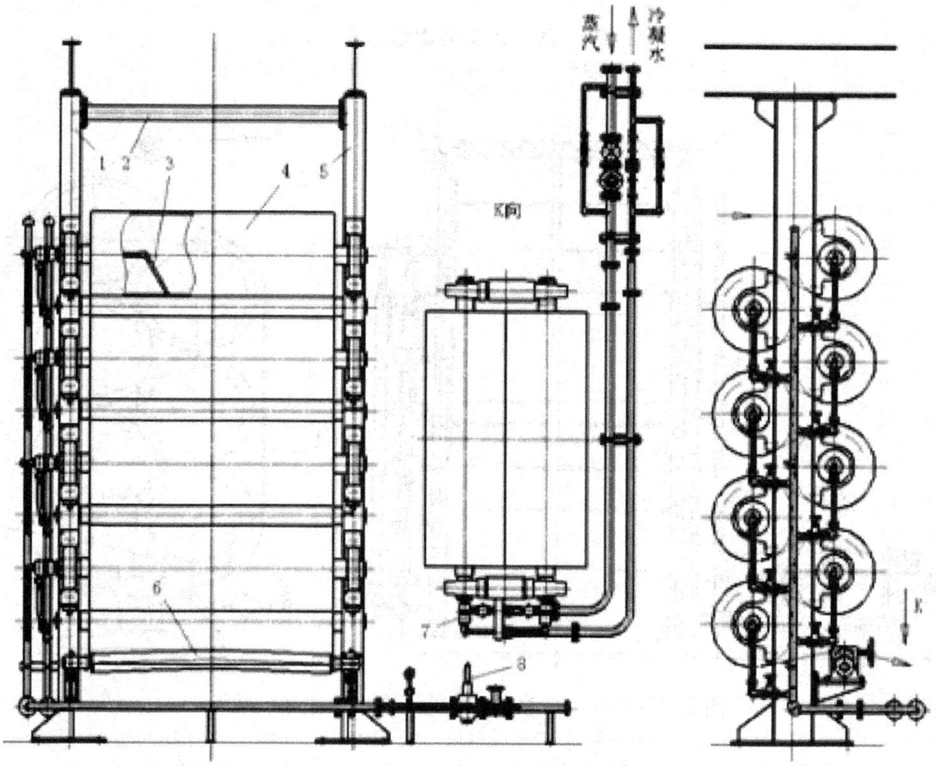

1. 5. 机架 2. 横梁 3. 虹吸管 4. 干燥辊筒 6. 弓形扩布辊 7. 旋转接头 8. 加热管路

图 2.3.1－49 干燥装置结构示意图

根据辊筒的排列方式分为立式和卧式两种。立式干燥装置占地面积小，但穿布不方便，适用于四辊压延机联动装置的生产；卧式干燥装置占地面积大，但有利于穿布，有利于水分的排除，干燥效率高，适用于三辊压延动装置的生产。干燥辊筒的排列应适应帘布运行的路线，应有利于水分的排除，并且要注意使布料包辊面积尽可能增大，一般接触包角为 240°～270°，相邻两辊之间的距离为 100 mm 左右，辊筒直径为 570～600 mm，辊筒数量为 6～16 个不等。干燥装置采用蒸汽加热，根据被干燥材料的不同要求，辊面温度可在 100～150℃以内任意调节。

根据传动方式，干燥装置又分为有动力式和无动力式。无动力式的干燥辊靠帘布的张力拖动，有动力式的干燥辊筒采用辊筒之间的齿轮啮合进行传动，也可以采用无动力传动与有动力传动组合在一起的方式。无动力传动的干燥装置结构简单，维护容易，已被广泛采用，缺点是帘布容易缩幅，必须有相应的扩幅措施。在联动装置工作张力较小的场合，仍采用有动力传动的干燥装置。有的为节省占地面积，干燥装置可向高处发展，在帘布进口处安装若干个有动力传动的干燥辊，再和若干个无动力传动的干燥辊组合在一起。

辊筒的端部与旋转接头相连，旋转接头的形式很多，常用的类型有：填料密封旋转接头和端面密封旋转接头。端面密封旋转接头性能可靠，泄漏量小使用寿命长，功率消耗少，不需经常维修，其结构如图 2.3.1－50 所示。

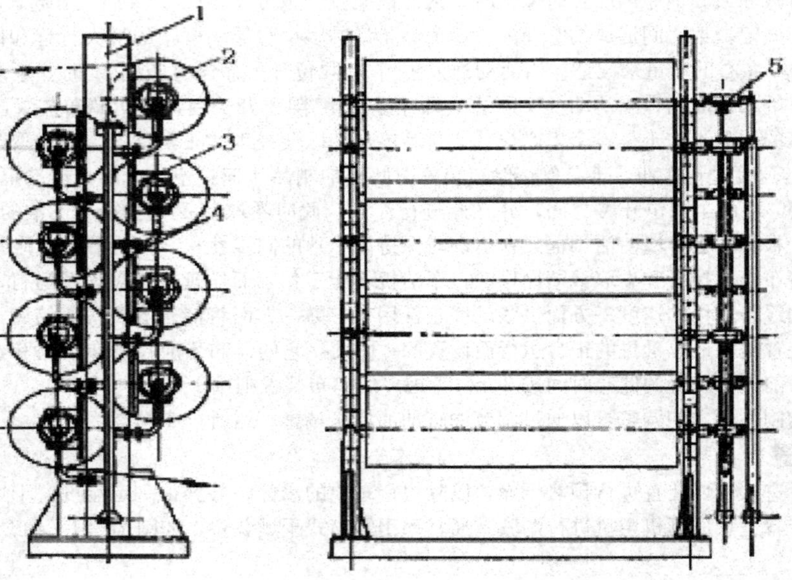

图 2.3.1－50　无动力驱动的干燥装置

1—机架；2—辊筒；3—轴承座；4—管道；5—旋转接头

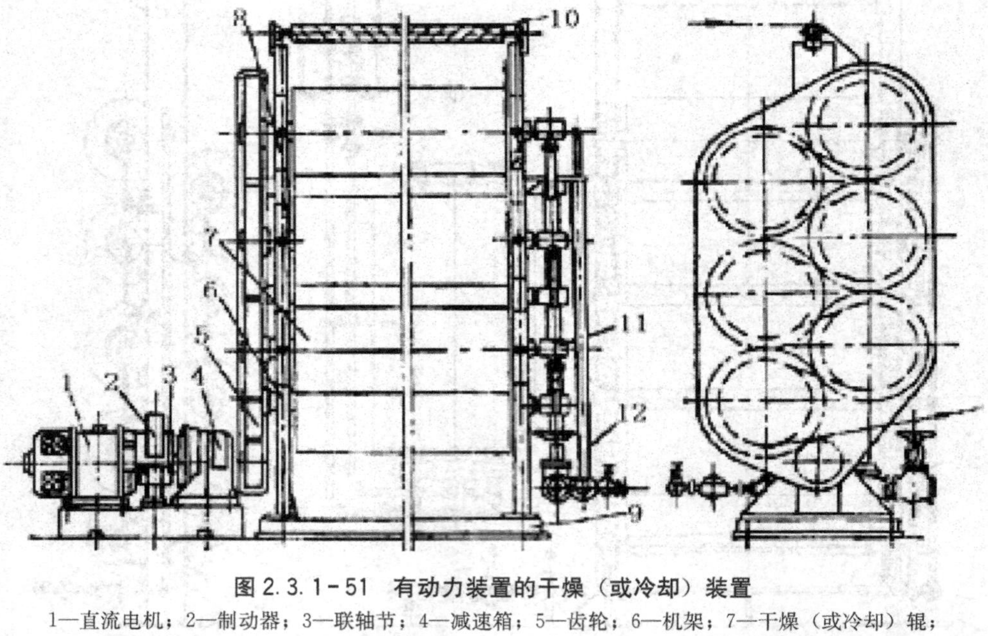

图 2.3.1－51　有动力装置的干燥（或冷却）装置

1—直流电机；2—制动器；3—联轴节；4—减速箱；5—齿轮；6—机架；7—干燥（或冷却）辊；8—轴承座；9—底座；10—螺旋扩布装置；11—旋转接头；12—蒸汽（或冷却水）进出管道

辊筒的端部与旋转接头相连，旋转接头的形式很多，常用的类型有：填料密封旋转接头和端面密封旋转接头。而端面密封旋转接头性能可靠，泄漏量小使用寿命长，功率消耗少，不需经常维修。如图 2.3.1－52 所示。

近些年还出现了一种箱式干燥装置，如图 2.3.1－53 所示其主要由框架、导辊组、温度控制系统、除湿系统、保温层等组成。通过对箱内温湿度检测，自动调节风量和温度，用以烘干帘布，除去帘布中的水分，以适应压延工艺要求。

干燥装置采用蒸汽加热，蒸汽压力为 0.2～0.5 MPa，根据被干燥材料的不同要求，辊面温度可在 100～150℃以内任意调节。

有的干燥装置还设有温度自动控制系统，以实现干燥辊面温度恒定，从而保证帘布压延质量，特别是尼龙帘布，对温度敏感性大，影响帘线的伸缩和张力，因此干燥辊的辊面温度控制尤为重要。有的在干燥装置出口处还设有连续测湿装置，以便更好地控制帘布的湿度。

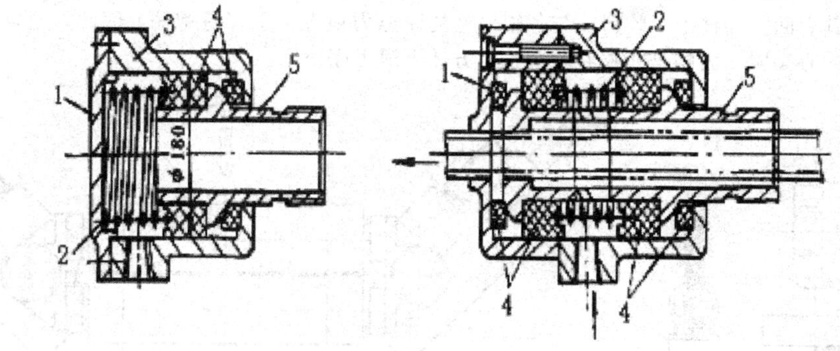

图 2.3.1-52　旋转接头

1—压盖；2—弹簧；3—壳体；4—密封装置；5—动环

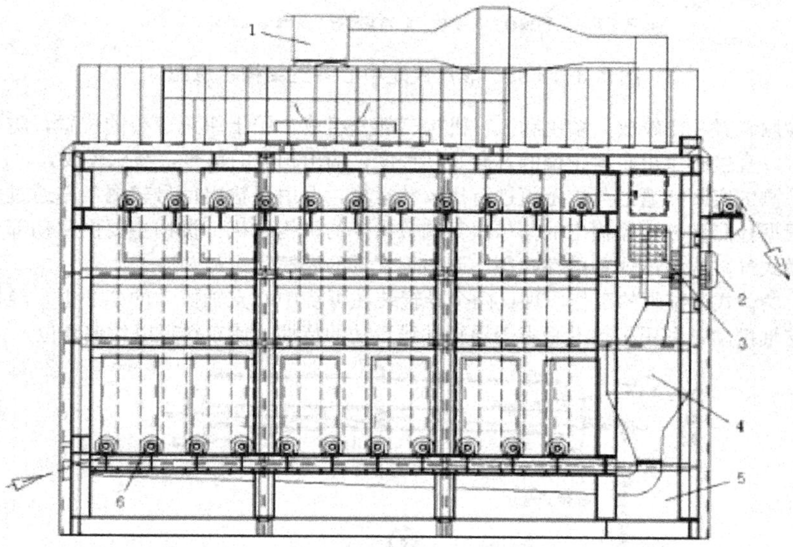

1. 除湿换气装置　2. 循环风机　3. 蒸汽加热管路　4. 循环风管路　5. 密封箱体　6. 导辊

图 2.3.1-53　箱式干燥装置示意图

3.1.6　自动定中心装置

帘布在流程中运行过程中，要经过许多设备和导辊，要受到各种因素的影响，不可避免地要有一定的跑偏。为了不使其跑偏量太大，则在压延流程中选取几个容易跑偏或容易纠正的部位设置几组定中心装置如图 2.3.1-54 所示。

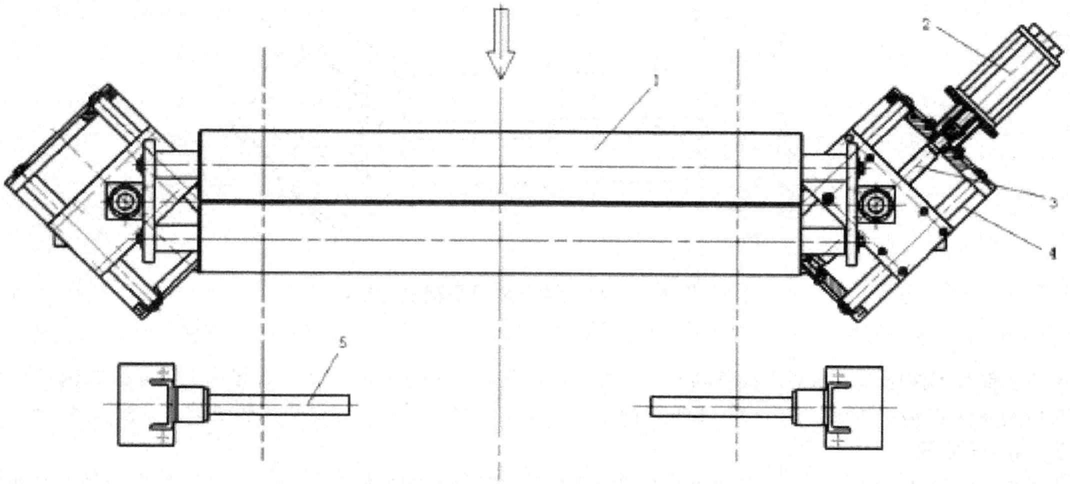

1. 纠偏辊　2. 伺服电机　3. 滚珠丝杆　4. 导向杆　5. 光电监测器

图 2.3.1-54　电机驱动的定中心装置结构示意图

通常在主机前面的储布装置前后各设置一组小张力定中心装置，在干燥与主机之间要设置一组大张力定中心装置；而帘布通过主机后，由于其表面已经挂上了胶料，与各辊筒件的摩擦力很大，不容易跑偏，因此，通常在后储布上、后牵引之前设置一组小张力定中心装置，为的是能够卷取齐整，方便下道工序使用。

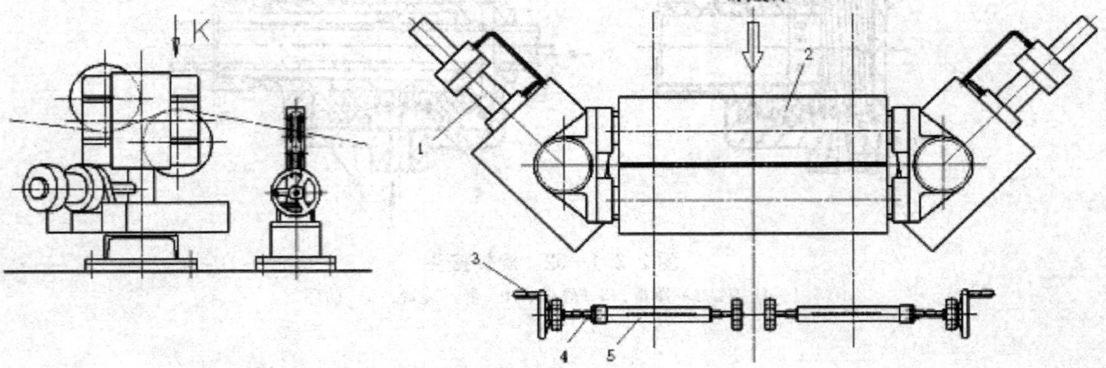

1. 液压缸　2. 纠偏辊　3. 手轮　4. 调整丝杆　5. 光电监测器

图 2.3.1-55　液压式定中心装置结构示意图

定中心装置通常由检测装置、比较放大系统和执行机构三部分组成。用于纠正帘布的位置，防止跑偏，保证帘布按正确轨道运行。检测装置可以直接测量出布料跑偏的方向及其程度，输出相应的信号，经比较放大，使机构动作。

比较放大系统是将检测的实际测量量与给定值进行比较和运算，但由于输出信号较弱，需通过放大器放大，然后带动执行机构。执行机构是根据检测和放大器输出的信号执行调节指令的机构。执行机构主要由驱动部分和调整辊组成。驱动部分的形式有：气动薄膜式气缸式液压式和电动式等。调整辊常见的有摆动式和游动式。

如图 2.3.1-56 所示摆动式调整辊的工作原理：两个导辊装在可绕中心支轴摆动的架子上，经执行机构一气动薄膜驱动，调整辊绕架子中心支轴摆动，利用布料沿垂直于导辊轴线运动的特性，使布料得以纠偏复位。

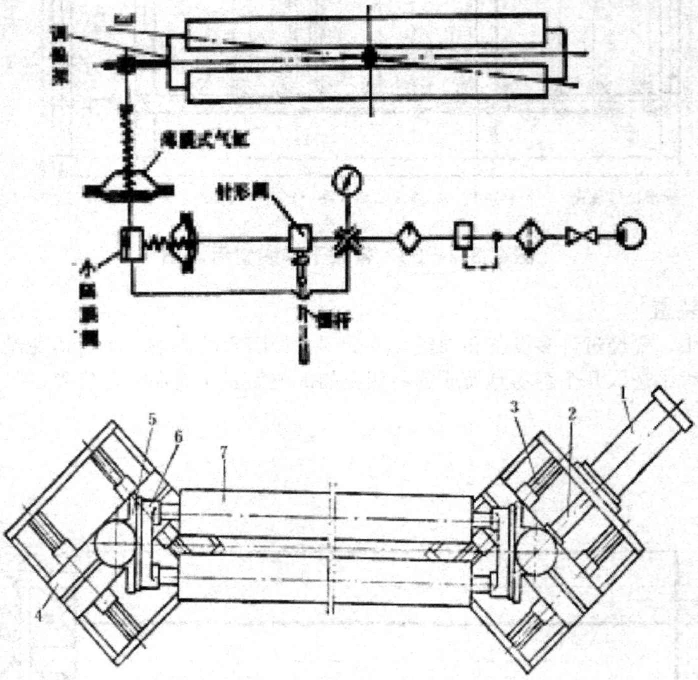

图 2.3.1-56　摆动式调整辊执行机构

1—油缸；2—活塞杆；3—导杆；4—滑动槽；5—支座；6—转盘；7—导辊

游动式调整辊的工作原理：当活塞杆移动 e/2 距离时，调整辊由 OO 推到 OO′，布料由 CC 位置到达 C′C′位置，即调整辊离原点 O 有水平位移 e/2cosα 也是布料水平调偏量。因此，这种装置的调偏过程比较迅速。如图 2.3.1-57 所示。

3.1.7　扩布装置

在纤维帘布上挂胶时，由于张力作用会使帘布幅宽被拉窄，造成帘布边密现象，扩布装置的作用是把帘布边部帘线扩展开来，保证帘布密度均匀，如图 2.3.1-58 所示。常用的扩布装置有：弧形活络式扩布器（可调节扩布辊曲率半径）；弧形固定式扩布辊和螺旋形扩布辊。扩边装置有双辊式和三辊式两种。这些装置在一台压延机上可联合使用。如图 2.3.1-59 所示为扩布与扩边装置在压延机上联合使用的情况。

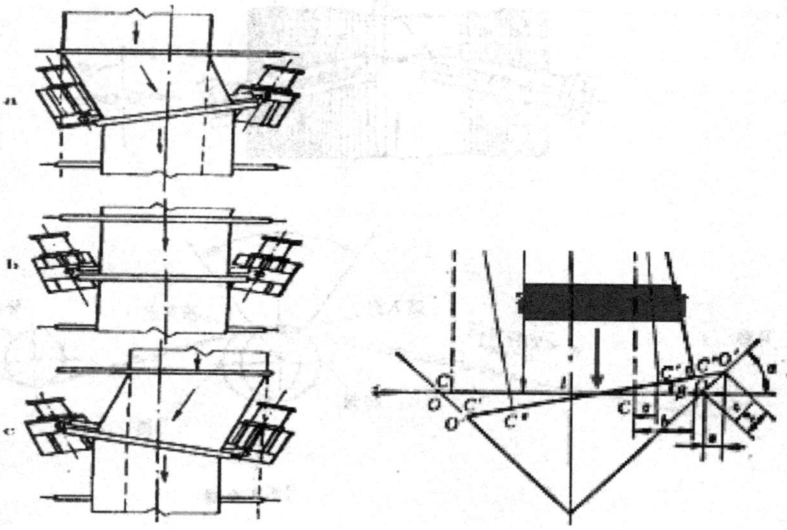

图 2.3.1-57 游动式调整辊纠偏工作原理示意图

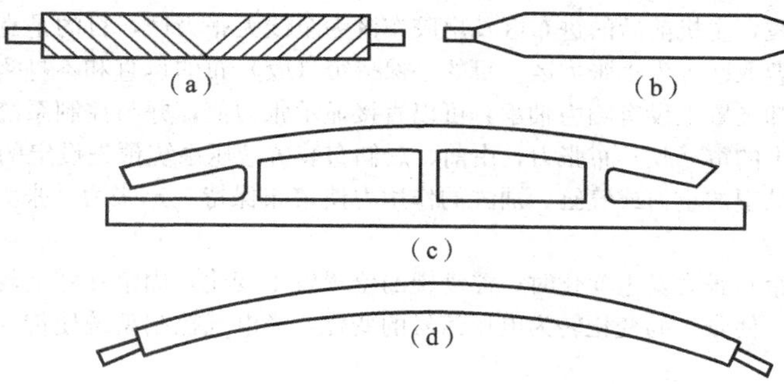

图 2.3.1-58 扩布辊

(a)、(b) 不同类型的扩布辊；(c) 固定的弓形扩布辊；(d) 表面旋转的弓形扩布辊

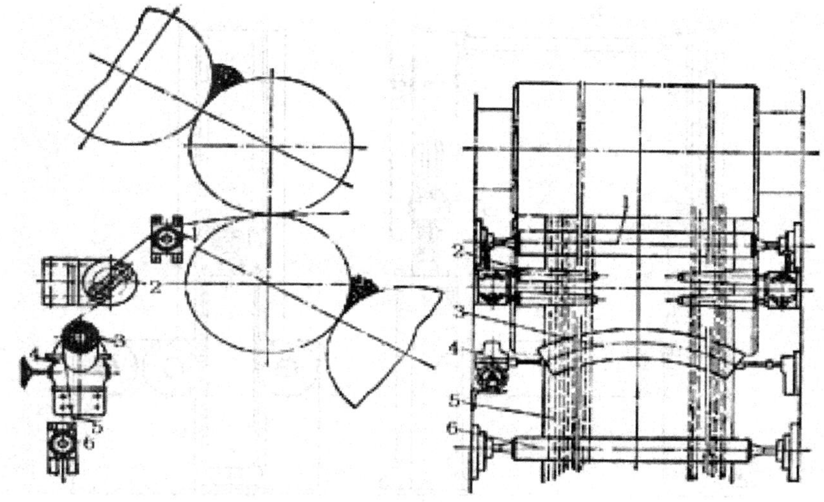

图 2.3.1-59 扩布和扩边装置在压延机上的使用

1，6—导辊；2—双锥辊扩边器；3—弓形活络扩布器；

4—活络扩布器调节装置；5—帘布

扩布的方法：帘布被夹在两辊子之间，当辊子沿回转轴转动时，扩布张力角 β 即会增大，此时 α 也增大，帘布张力也加大，帘布扩展及伸张力均有增加。帘布通过扩布器时，帘布宽度大于或小于规定宽度时，会使帘布两侧遮光的长度发生变化，即接受光源电信号发生大小的变化，输出变化电信号与给定值比较和放大，由电动执行机构使弧形扩布辊按一定方向回转一定角度，从而使帘布宽度得到调整。如图 2.3.1-60 所示。

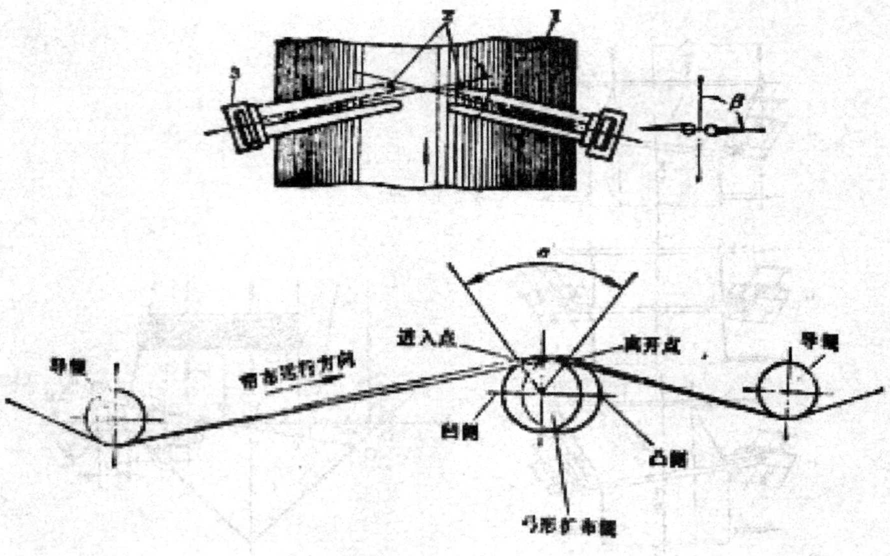

图 2.3.1－60　扩布过程示意图

3.1.8　张力区和张力调整测量装置

整个联动线共分六个张力区段，主机前后的进布区及出胶布区为全线大张力区，目的是克服帘布在压延过程中引起的热收缩变形。导开区、储布区和卷取区等为小张力区，目的是保持帘（胶）布的挺直和不打褶。为使各大张力区段的预定张力值保持稳定，干燥装置和冷却装置上设有测力轴承，可以直接显示张力值，并与控制系统配合直接控制相关单机的速度，使之协调。在前、后储布区中的帘（胶）布张力，由前、后储布装置液压系统预先设定的油压值调整控制。张力调整装置也称单环调节器，它利用浮动辊的重力或气缸、油缸的作用力使帘布保持一定张力。张力的大小，可以通过重力、气压、油压的变化而调整。

帘布的张力由气缸给定，当帘布张力发生变化时，浮动辊的位置发生变化，固定在浮动辊端部的齿条上下运动，并带动装在齿轮的轴上的电位器运动，使张力的变化转为电压信号的变化，经电气控制系统使传动电机的励磁电流得到相应的改变，以维持给定的张力。

如图 2.3.1－61 所示。另一种单环张力调整装置，浮动辊位置发生的变化不参与电气控制，仅供张力预设定标记及变速缓冲。速度与张力恒定由专门测力机构使力的变化转化为反馈电信号，并与给定张力比较，协调干燥装置或冷却装置工作速度，实现张力自动调节以保持恒定张力。浮动辊通过固定在两侧支架上的齿条与辊筒端部齿轮的啮合使浮动辊两端动作同步。

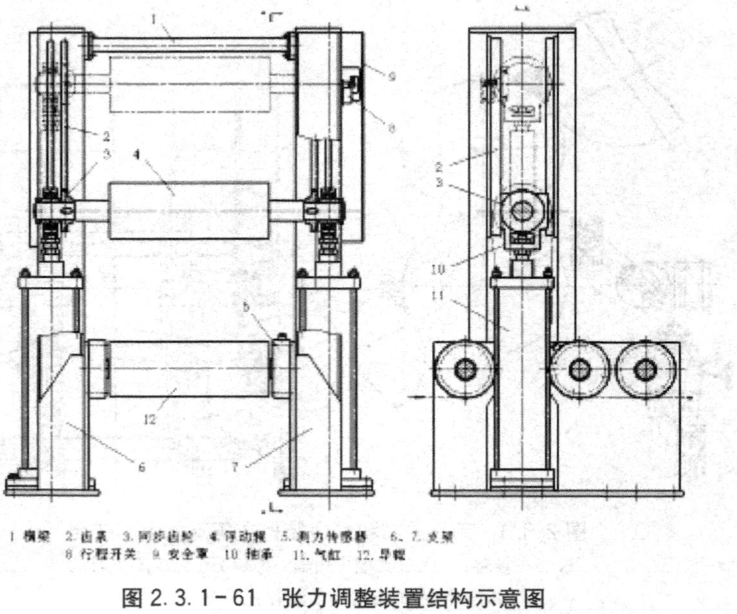

1 横梁　2 齿条　3 同步齿轮　4 浮动辊　5 测力传感器　6、7 支架
8 行程开关　9 安全罩　10 轴承　11 气缸　12 导辊

图 2.3.1－61　张力调整装置结构示意图

在现代压延联动装置中，一般在每一张力区段均设有张力测量装置。用于测量布料在运行中的张力，布料张力由张力辊传递到张力计，张力计将其测得的张力转换为反馈信号，送入电气自动调节系统，控制单元设备的工作速度，使整个联动装置的帘布运行速度协调，并保证各工作区段张力稳定。

张力测量装置的形式和种类较多，有电阻应变式、压磁式、压电式、电容式、差动变压器式等。下图所示为压磁式张力测量装置的结构。其工作原理是：压磁式张力计是利用磁感应力效应（即外力作用在磁铁体时，磁铁体的磁性改变），作用力的变化改变激磁电流的大小，再经过电气系统处理，张力反馈和张力指示即可实现。

如图 2.3.1－62 所示是一种压磁式张力测量装置。

如图 2.3.1－63 所示压磁式张力测量装置。现在也有采用轴承式测力传感器直接装在受力导辊轴头上测出张力，并转化成电信号，控制前后单元设备的速度，使之协调，如图 2.3.1－64 所示。

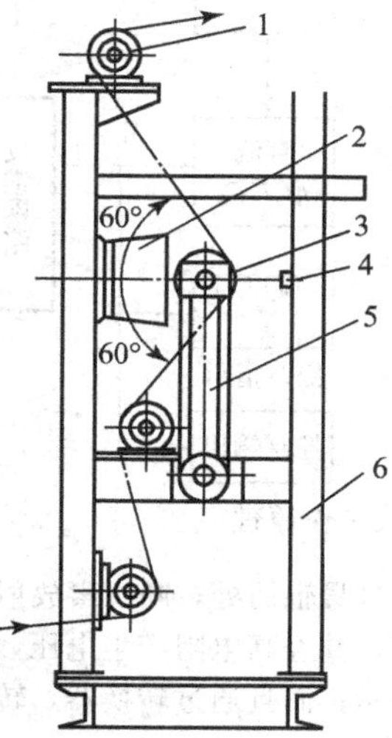

图 2.3.1－62 压磁式张力测量装置

1—导辊；2—压磁式测力计；3—中间导辊；4—调节支撑；5—连杆；6—支架

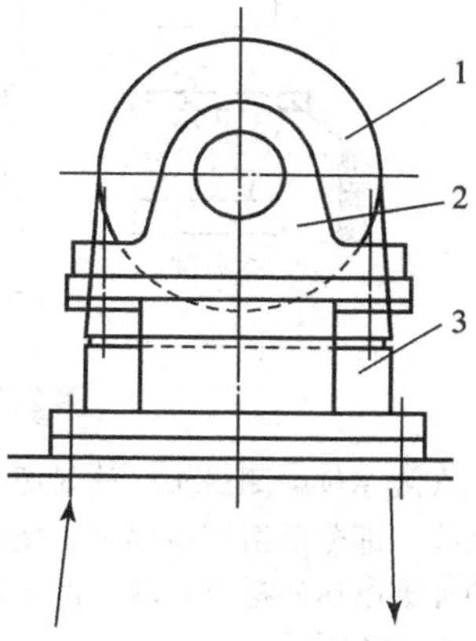

图 2.3.1－63 台式测力传感器示意图

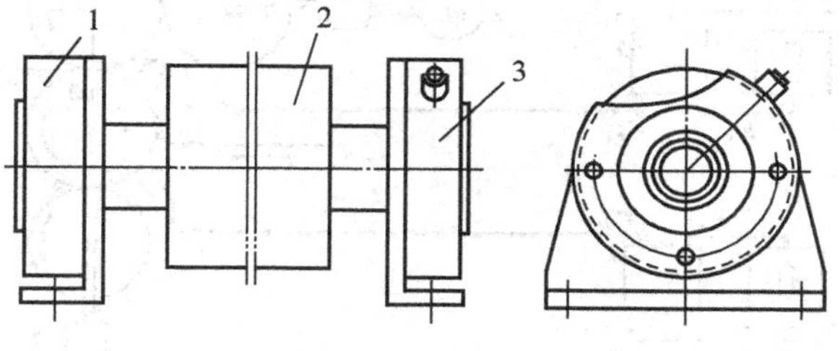

图 2.3.1－64 轴承式测力传感器示意图

3.1.9 刺气泡装置

为了释放压延时在帘子布与胶料之间夹带的空气，在 2＃、4＃辊筒设置各一套刺气泡装置。该装置的结构形式，大部分是用圆盘刀贴紧压延辊筒表面、刀座装在无杆气缸组件，由活塞带动做往复运动；圆盘刀沿帘布宽度方向划出排气沟。刺气泡装置结构参看图 2.3.1－14。

3.1.10 测厚装置

连续准确地检测产品的厚度对保证压延半成品质量是十分重要的，人工检测压延胶布的厚度时要频繁地进行，而且误差较大，不能及时地纠正。在现代压延联动系统中均设置有自动测厚装置。

自动测厚装置按测量方法和原理分为，机械接触式、电感应式、气动式和放射线同位素测厚装置。下面分别介绍常用的测厚装置，电感应式和放射性同位素测厚装置。

电感应式测厚仪的结构如图 2.3.1－65 所示。这种装置由活动小辊，感应变压器组成。胶布从小辊与导辊之间通过，当胶布厚度发生变化时，小辊就会上下移动，从而使电感电流发生变化，电流信号经过放大后，由指示仪显示厚度的数值。使用时，以标准厚度数值为基准，把厚度指示仪调整为零。当胶布厚度产生变化时，指示仪的指示值就是胶布厚度的偏差，并根据偏差调整胶布厚度，其测量精度为±0.005 mm。

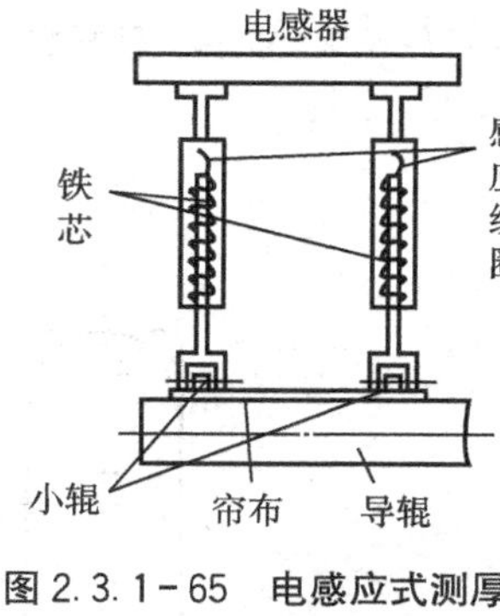

图 2.3.1－65 电感应式测厚仪

同位素测厚仪是利用人造的放射性同位素的β射线具有穿透材料的特性原理制成的同位素测厚仪又分为穿透式和反射式。穿透式同位素测厚仪工作时，部分射线被材料吸收，部分射线则穿过材料，材料吸收的多少，随着材料厚度发生变化。材料厚度增大，被吸收的射线也增加，而透过量减少。所以，当被测的胶布厚度发生变化时，检测器即可测得透过量的变化量，将辐射强度的变化量送入参量放大器，从而显示被测胶布厚度的变化值。使用时，也是要把标准厚度作为基准，当胶布厚度变化时，指示偏厚或偏薄。这种测厚仪可测量最小厚度为 0.1 mm，测量精度为±0.001 mm。

穿透式测厚仪测量的是胶布的总厚度。为了严格控制挂胶帘布的胶片厚度，需使用反射式同位素测厚仪，分别测量和控制贴于帘布两面的胶片厚度。反射式同位素测厚仪工作原理如图 2.3.1－66 所示：

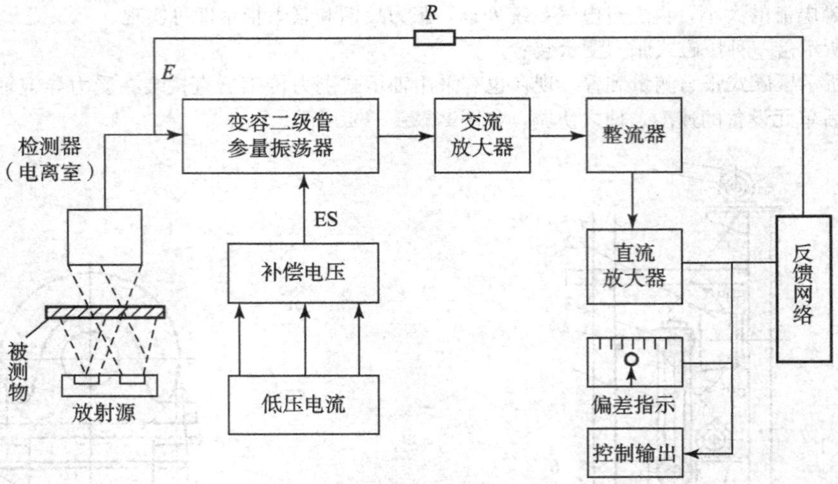

图 2.3.1－66　反射式同位素测厚仪工作原理

反射式同位素测厚仪的测量头（放射源和电离室）分别安装在Ⅱ号和Ⅲ号辊筒处，同位素放射源发出的射线部分被胶料和辊筒表面吸收，部分反射回电离室，使电离室内的气体产生电离电流，并经高电阻产生电压，此电压和标准电压（即标准厚度胶片的标准电压）进行比较，产生的差值经过放大，由指示仪显示；而且通过转换器，转换为可调节辊距的操纵指令。如图 2.3.1－67 所示。

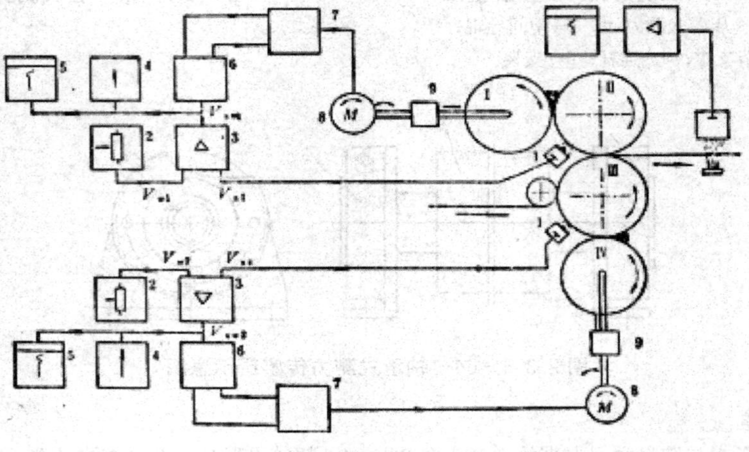

图 2.3.1－67　反射式同位素测厚装置

1—测量头（放射源和电离室）；2—给定值；3—放大器；4—偏差指示器；
5—记录仪；6，7—转换器；8—调距电机；9—调距装置

3.1.11　断纬装置

断纬装置位于冷却辊筒与牵引辊筒之间。下辊筒固定，上辊筒由气缸控制开合并施加压力的大小，它们表面的沟槽啮合相对。压延帘布在辊筒间经过时，纬线受断纬辊筒的挤压作用而破坏。该装置由一对带有深沟槽的断纬辊筒、气缸、摆动臂、凸轮及调整机构（锁紧螺母、调整轴、摆动臂、定位板等）组成。如图 2.3.1－68 所示。

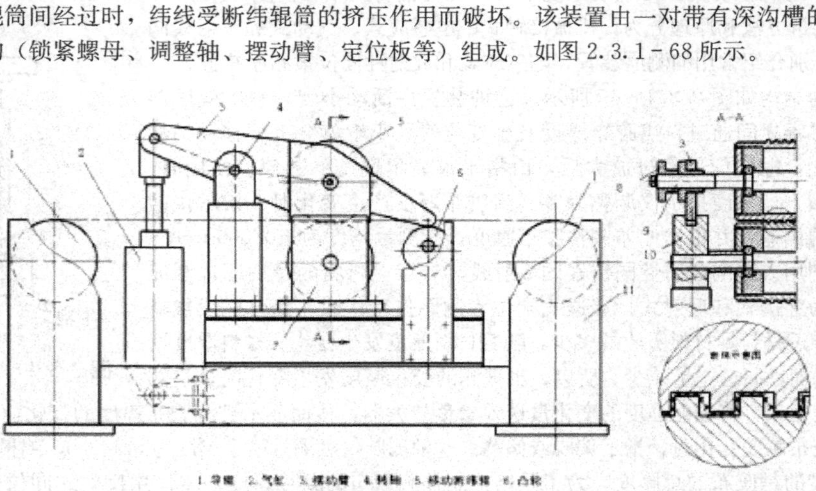

1. 导辊　2. 气缸　3. 摆动臂　4. 转轴　5. 移动断纬辊　6. 凸轮
7. 固定断纬辊　8. 锁紧螺母　9. 调整轴　10. 定位板　11. 支架

图 2.3.1－68　断纬装置结构示意图

断纬辊筒由无缝钢管制成，辊筒直径约 100 mm。断纬辊筒由胶布带动回转，它的正确啮合，可通过对调整机构和凸轮的调整使断纬辊筒在轴向与径向均处于正确位置。若不需断纬线时，由气缸通过摆动臂抬起断纬辊筒，则帘布直接通过装置。

3.1.12　刺孔装置

为了便于排除在贴合、成型过程中帘布间的空气，在压延联动装置中还设有刺孔装置，如图 2.3.1-69 所示。

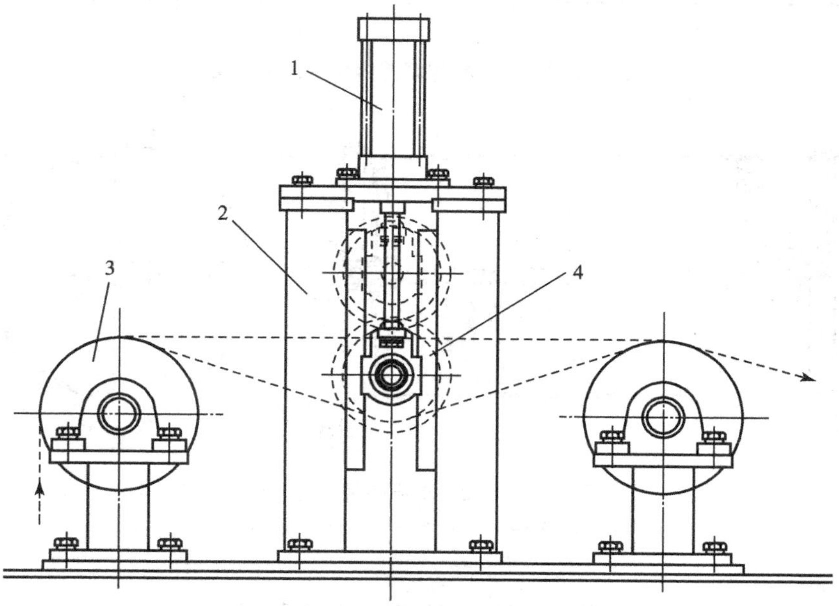

图 2.3.1-69　刺洞装置示意图

刺孔装置一般位于联动线冷却装置后面，结构主要由气缸、支架、针辊及相应的导辊等组成。上方是一个刺针辊筒，下方是一个矩形沟槽辊筒，沟槽辊筒是固定的，刺针辊筒由气缸控制升降并施加压力的大小；刺针和沟槽相对啮合，压延帘布带动刺孔辊回转，在辊筒间经过时，被刺出相应的孔。

刺针辊筒上钢针之间的距离一般在 50～100 mm，如图 2.3.1-70 所示。

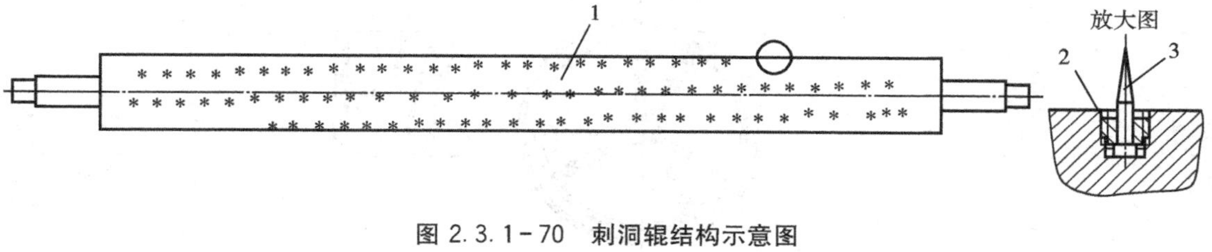

图 2.3.1-70　刺洞辊结构示意图

压延生产时，不同帘布规格和生产参数对刺针的尺寸、刺孔压力的匹配性可能会有所不同，实际生产中往往会准备几种尺寸的刺针，或调整刺孔压力来选用。

3.1.13　冷却装置

压延联动装置中一般采用辊筒式冷却装置，其辊筒排列及整体结构大体与干燥装置相同，有的带有动力，也有的不带动力，全部采用从动辊筒设计，应根据具体情况和需要而定。另外，冷却辊筒的旋转接头和冷却水管路与干燥装置有所不同，是为了适应通冷却水而设计的，与通蒸汽的管路不能通用。冷却辊筒内部结构如图 2.3.1-71 所示。

冷却辊的结构类型很多，主要有中空式及夹套式。中空式冷却辊其结构简单，制造容易，但冷却水始终留存于辊筒下半部，影响冷却效果，现很少采用。

夹套式冷却辊一般有螺旋夹套式和夹套轴流式，冷却水流动速度快，冷却效果好，缺点是辊面进水端和回水端有温差，不便清理水垢，制造较复杂。

如果冷却水的进出都在一端，则需采用一个双向旋转接头。有些冷却辊的进水管与回水管分别装在辊筒两端，则需在进水及回水端各装一个单向旋转接头。

单层敞开式 ikm（中空式）冷却辊的结构如图 2.3.1-72 所示，其结构简单制造容易，但冷却水始终在于辊筒下部，影响冷却效果。

螺旋夹套式冷却辊的结构特点是冷却水流动速度快，冷却效果好，缺点是辊面进水端与出水端有温差，不便清理水垢，制造较复杂。如图 2.3.1-73 所示。

夹套轴流式冷却辊的结构如图 2.3.1-74 所示。它有三个进水口，冷却水沿辊筒轴向流动，经过三个回水管导出，其

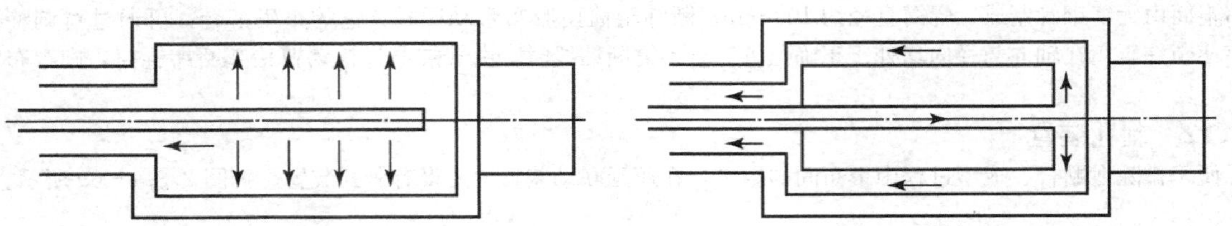

图 2.3.1-71　冷却辊筒内部结构示意图

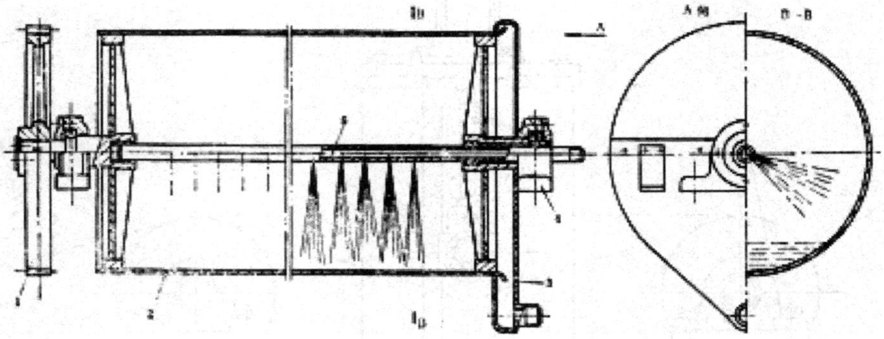

图 2.3.1-72　单层敞开式冷却辊

1—齿轮；2—筒体；3—回水罩；4—轴承座；5—喷水管

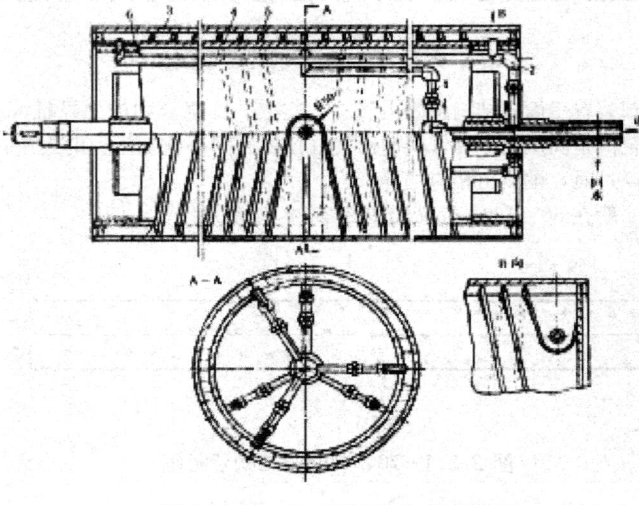

图 2.3.1-73　螺旋夹套式冷却辊

1—进水管；2—回水管；3—辊筒体；4—夹套；5—螺旋隔板

冷却效果显著，辊面温度较均匀，夹套可拆卸，便于清理水垢。辊筒端部采用旋转接头，其结构和密封原理与干燥装置的旋转接头相同。

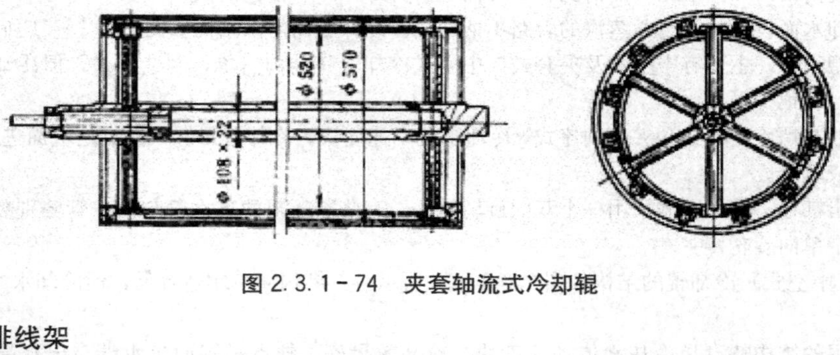

图 2.3.1-74　夹套轴流式冷却辊

3.1.14　导气排线架

胶布在卷取前，在表面加一层棉纱线，以利胶布贴合时作排气导管用，另外还可用不同颜色的线作标记用。

导气排线架的结构有许多种形式，可安装锭子的数量也很灵活，应根据具体需要确定。

如图 2.3.1－75 所示，排气线或标记线通过引线圈和小轴，再经过一个共用的孔眼排线板，使棉纱线铺放在胶布的一个表面上。

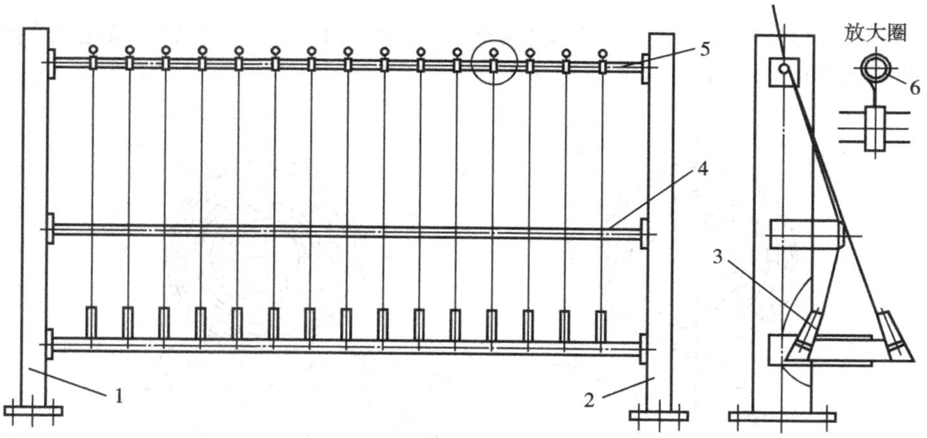

图 2.3.1－75　导气排线架结构示意图

3.1.15　帘布切割装置

帘布切割装置主要有立式切割和卧式切割两种方式，如图 2.3.1－76 所示卧式切割的结构示意图。

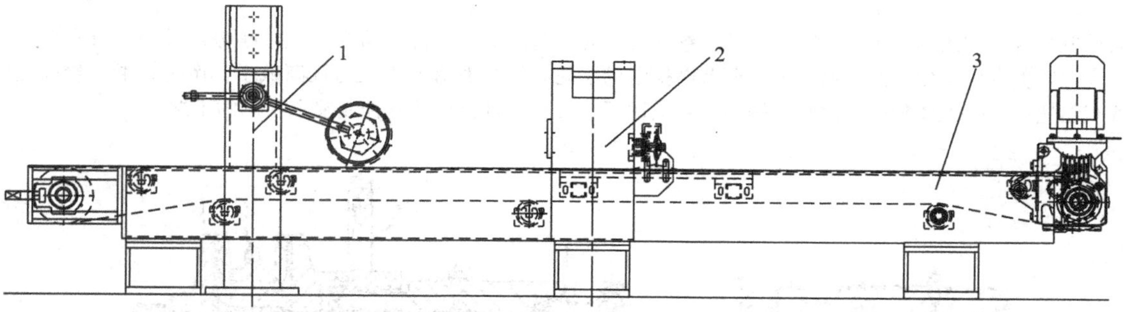

图 2.3.1－76　卧式切割装置

1—压紧系统；2—切割系统；3—输送系统

切割装置用于将定好长度的帘布裁断，主要由压紧系统，切割系统，输送系统等组成。

裁刀采用锯齿刀，单向裁切，裁切完成后空回至传动侧，裁刀小车行走由无杆气缸驱动，在直线导轨上往复运动，运动平稳；裁切时压料气缸下压，带动钢丝绳压紧帘布，使之稳定裁切。输送系统向前送布时，设有压紧系统压住帘布，把帘布送至两卷取工位中间，有检测传感器检测帘布位置。

3.1.16　中心卷取装置

卷取装置用于连续收取已经挂胶的胶布。为了保证压延联动装置的连续运行，通常由两组卷取装置交替工作，可实现无人工干预自动交替卷取。卷取装置由卷取支承和传动、垫布对齐导入、恒张力装置组成，结构形式较多，可以分为：恒张力卷取装置、滚动摩擦卷取装置和平面卷取装置。如图 2.3.1－77 所示。

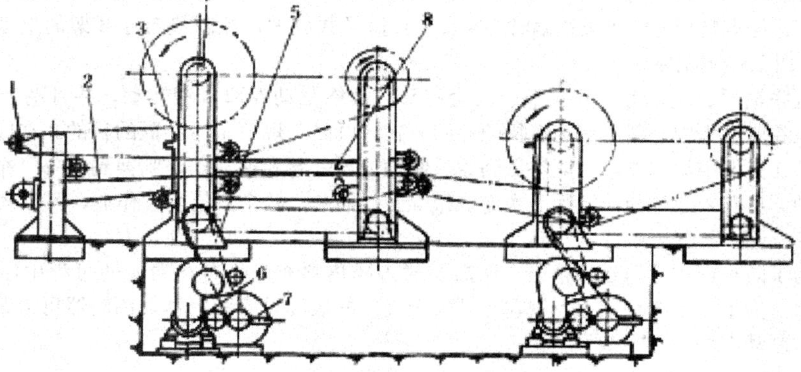

图 2.3.1－77　恒张力卷取装置

1—导辊；2—输送带；3—操作手柄；4—卷轴；5—链条；6—力矩电机；7—减速箱；8—切割装置压紧辊光电控制架

恒张力卷取装置的运行是由张力计和自动检测反馈控制调节系统对卷取过程的张力进行控制，卷取过程控制布卷里紧外松的原则进行变化。布卷直径小时，张力大些，布卷直径逐渐增大，张力逐渐减小。即：终了时的张力＝开始时张力的1%～15%。

滚动摩擦卷取装置的工作机理是，布卷在一个（或两个）主动转动的辊筒上，借辊筒与布卷的摩擦力带动布卷回转，布卷直径增大，卷取速度保持不变，如图 2.3.1－78 所示。

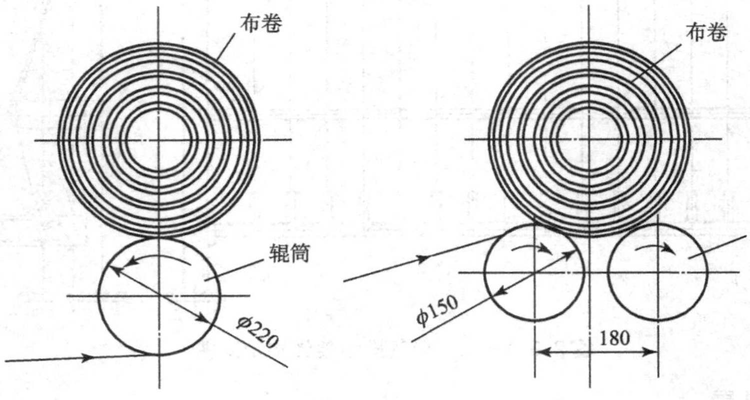

图 2.3.1－78　滚动摩擦卷取装置示意图

平面卷取装置（如图 2.3.1－79 所示）是在卷取装置的一端由电机通过平面摩擦盘经摩擦片带动进行卷取，随着布卷直径的增大，速度发生变化，此时通过人工调节摩擦盘的手轮，使摩擦盘的正压力逐渐减小，产生打滑，卷取速度逐渐降低，以致布卷速度保持大体相同。这种结构简单，适用于小规格压延机或质量控制要求不严的工况。

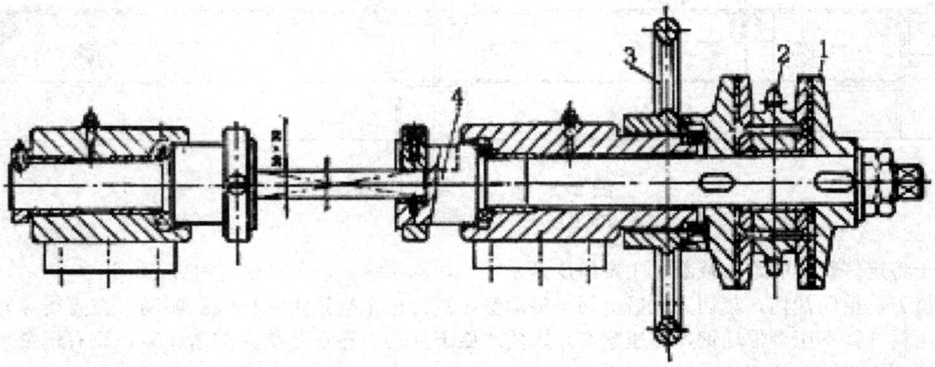

图 2.3.1－79　平面卷取装置

1—摩擦片；2—链轮；3—手轮；4—方轴座

双工位的中心卷取装置如图 2.3.1－80 所示。帘布卷取轴与垫布导开轴分别装在独立的机架上。卷取轴通过电机，减速器，联轴器直接带动，卷轴两端设有与双工位导开装置相同的快速装卸方钢卡头，便于安全操作。

垫布导开一端设有刹车（手动、电动或气动）装置，通过手动或自动调节来改变垫布导开张力。在垫布一侧设有光电式或空气式探头检测布边跑偏情况，当垫布跑偏时，探头接收信号并放大，控制垫布导开架的电动推杆或液压缸动作，驱动导开架作轴向移动，纠正垫布跑偏。

其工作由电机通过联轴器、减速器、联轴器、安全夹头，最终驱动卷取方钢转动，并带动装在方钢上的卷取芯轴转动，产生卷取动作。在卷取过程中，利用调速电机的控制装置，可以实现恒张力卷取的目的。在电动机的输出轴端还设有断电制动器，其作用是在突发事故或停电时能够做到紧急制动。当一卷卷取完毕，则换到另外一个工位上进行作业，本工位进行卸卷、安装芯轴、垫布入头等操作，为下次卷取做准备。如此，两个工位交替作业，可以做到不停机生产，提高了工作效率。

在卷取过程中，为了防止帘布之间互相粘连，还需要衬入隔离垫布。垫布在卷入的过程中，需要保持一定的导开张力，以防止打褶等现象。为了产生导开张力，则在导开安全夹头的端部设有制动器，制动器可以采用手动形式的，也可以采用磁粉制动器或气动制动器等。

3.2　钢丝帘布压延联动系统

钢丝帘布压延联动装置，是用压延机生产钢丝帘布时进行两面热贴覆胶用的专用设备。

如图 2.3.1－81 所示为钢丝帘布压延联动装置的一种形式。绕满钢丝帘线的筒子置于锭子导开架上。锭子导开架有两

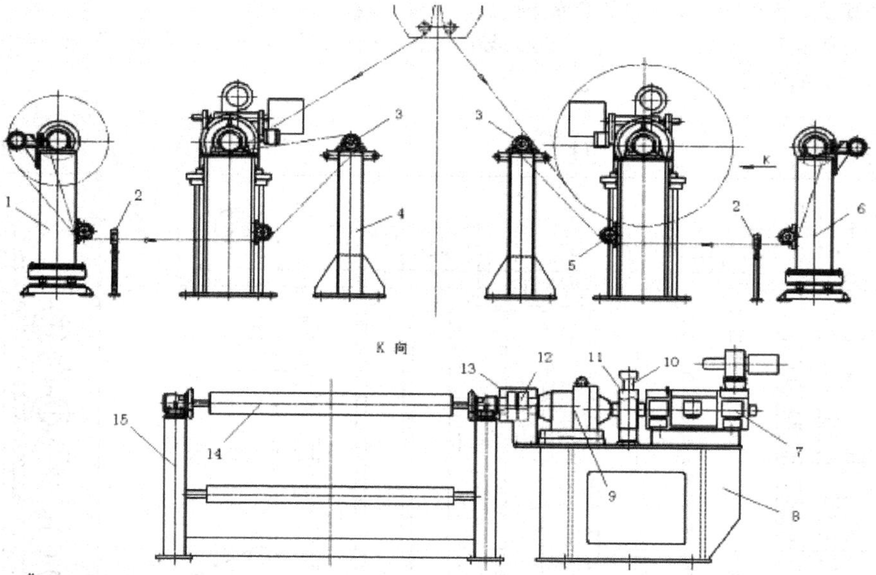

1. 1# 垫布导开装置　2. 垫布纠偏装置　3. 螺旋扩布辊　4. 支架　5. 导辊　6. 2# 垫布导开装置　7. 电动机　8. 传动底座
9. 减速器　10. 制动器　11、12. 联轴器　13. 安全罩　14. 卷取方钢与芯轴　15. 卷取支座

图 2.3.1－80　双工位中心卷取装置结构示意图

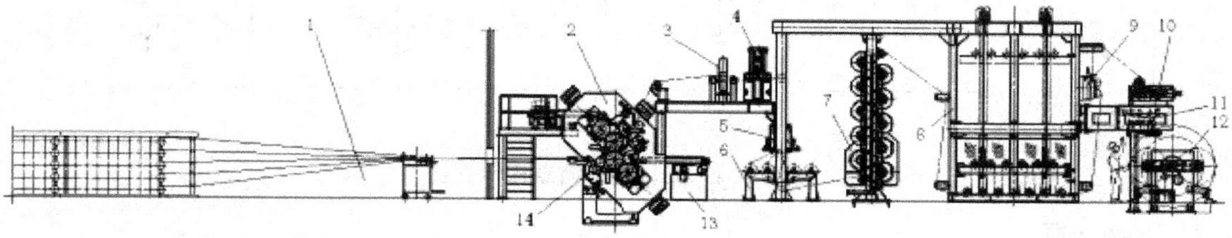

1. 锭子房　2. 压延主机　3. 测厚装置　4. 张力辊装置　5. 放线架　6. 垫布导开装置　7. 冷却装置　8. 储布装置
9. 定中心装置　10. 后牵引装置　11. 裁断装置　12. 双工位中心卷取装置　13. 供料装置　14. 整经装置

图 2.3.1－81　钢丝压延机组流程示意图

组，一组处于工作状态时，另一组进行备料，两组互相交替使用，以保持生产的连续性。锭子架上设有数百个排列整齐的锭子座，钢丝帘线由导开架导出，经钢丝排列装置及钢丝导向装置排列成钢丝帘布，钢丝帘布的布头与预先放在引布导出装置上的引布尾端，或前一批钢丝帘布布尾，在接头机上接头硫化，以便牵引通过压延设备。钢丝帘布被引过压延机后，再将每根钢丝按照整经辊的沟槽排列成一定密度，以使整齐地进入四辊压延机进行双面贴胶，此时钢丝的张力应从引布张力 3N/根调整到需要的工作张力，以保持钢丝帘布在一定张力下压延。帘布出压延机后，经过测量张力用的测力辊、测厚装置及过张力保护装置，使覆胶帘布保持预定的厚度及恒定的张力，然后再经牵引冷却机冷却定型后送往卷取装置卷取。为使间断裁布工作与联动线的连续工作协调，在卷取前设有储布装置，储布量约为 1 min 的生产量（以压延机最快工作速度计）。在储布装置之后，设有钢丝帘布定中心装置。钢丝帘布的裁断用专用电动裁断装置裁断。联动装置的速度及各单元设备之间的张力，由电气控制系统自动调节。

3.2.1　锭子房

锭子房是配合压延机供压延钢丝帘布时进行两面热贴覆胶用的一整套专用设备所处的具有独立的温度与湿度调节装置的房间。其中主要包含有锭子导开架、钢丝导开锭子座、张力控制气控系统、钢丝排列导向装置、乱丝缠绕器等，如图 2.3.1－82 所示。

绕满钢丝帘线的筒子置于锭子导开架上。锭子导开架有两组，一组处于工作状态时，另一组进行备料，两组互相交替使用，以缩短辅助时间。锭子架上设有数百个排列整齐的锭子座，钢丝帘线由导开架导出，经钢丝排列装置引出锭子房。

为了增加胶料与钢丝之间的结合力，避免温度、湿度对钢丝的影响，锭子房应有空调。空调温度和湿度根据用户的轮胎工艺而定。

1. 钢丝导开锭子

在钢丝导开过程中，利用压缩空气控制锭子座上的阻尼气缸，通过安装在导开轴上的刹车盘，使之产生一个摩擦阻力矩，进而在每根钢丝中产生一定的张力，通过调整压缩空气的压力就可以很方便地调整钢丝的导开张力大小。

2. 钢丝排列导向装置

由半开口的瓷圈组成，钢丝通过半开口的瓷圈穿孔板，可有序地导出锭子房。

也有采用由水平导辊和垂直导辊交叉构成的导辊式导向装置，钢丝帘线在交叉的导辊的间隙中穿过，这样钢丝帘线在导引过程中不会受到很大的摩擦。

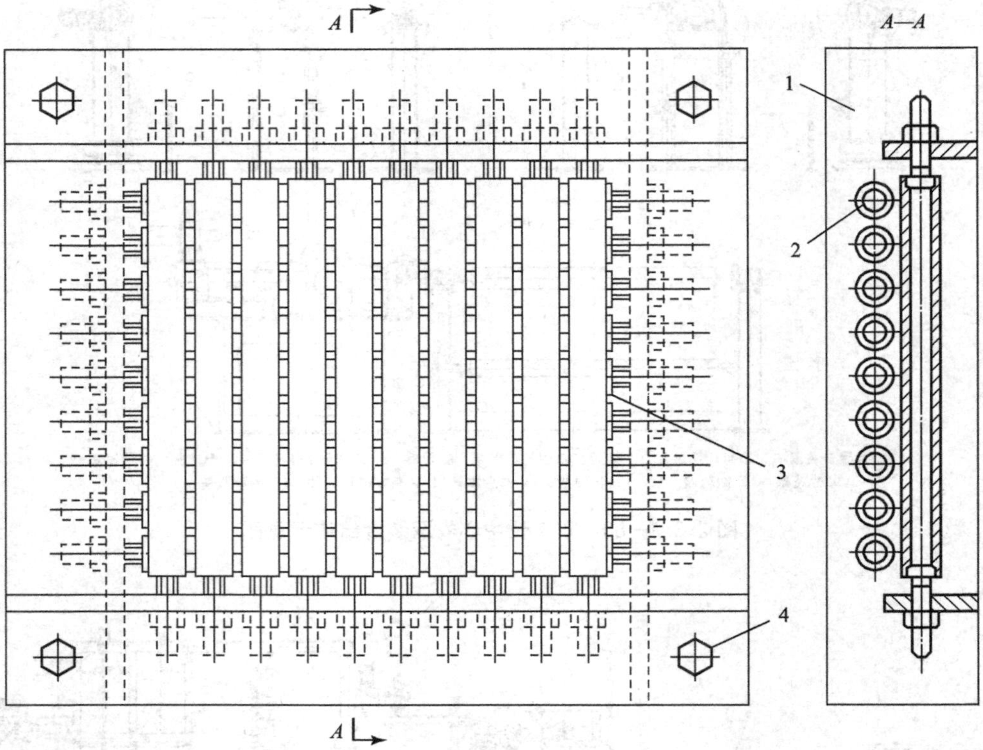

图 2.3.1-82　锭子窗结构示意图

3.2.2　整经装置

整经装置的作用：一是使钢丝帘线按规定的密度排列整齐；二是将钢丝帘线压贴在包胶的压延机 3# 辊上，使帘线定位，保证在压延过程中不错位。

整经装置由两个平行的带沟槽的整经辊及翻转机构组成，靠近主机辊筒的整经辊有时也叫压力辊，远离主机的整经辊也叫预整经辊。整经辊上的沟槽间距根据钢丝帘布的密度而定，不同密度的帘布需要各配一套整经辊。

钢丝帘布压延机的整经辊大都采用液压操作，可以保证恒定的压力，进退方便。整经辊由液压缸带动升降。在穿线或整理帘线时，整经辊翻转至机架以外，使帘线离开压延机的 3# 辊。穿线及整理完毕后整经辊翻转至工作位置，并将钢丝帘线压贴在包胶的压延机 3# 辊上，然后开车，进行钢丝帘布的贴胶压延操作。整经辊运动的位置由限位开关控制。

3.2.3　张力调节装置

张力调节装置安装在压延主机后，在该装置的一个固定导辊上安装有测力传感器，帘布张力通过导辊传递到测力传感器上，测力传感器显示帘布张力，并发出信号，反馈到电气自动调节系统，控制冷却装置的工作速度，使联动速度协调，大张力区段张力恒定。张力保护的设定是通过风压确定。结构与纤维帘布压延联动线的相似。

3.2.4　放线架

由线辊架、引线套等组成，以便棉线引出。结构与纤维帘布压延联动线的相似。

3.2.5　垫布导开装置

由支架、导辊等组成，放置塑料垫布卷轴一端装有手动张力控制器或气动张力控制器，使垫布形成一定的张力，导出平整。

3.2.6　冷却装置

冷却装置由冷却辊筒，左右支架、传动部分及冷却水管路等组成。主动辊筒端部装有齿轮，由电动机通过减速器联轴节及驱动齿轮而带动辊筒转动。辊筒结构采用夹套轴流式，外层为钢板制成。冷却水通过旋转接头流入夹套，沿辊面轴向流动，每个辊筒的进水口装有截止阀，用以调节进水量。结构与纤维帘布压延联动线的相似。

3.2.7　储布装置

用以储存在卷取装置停车裁断换卷期间压延出来的钢丝帘布，以保持压延作业的连续性，储布量能满足在高速压延情况下 1 分半钟时间所生产的帘布量。储布器采用液压方式保持帘布的张力，根据具体的工艺要求来调整溢流阀的压力。它

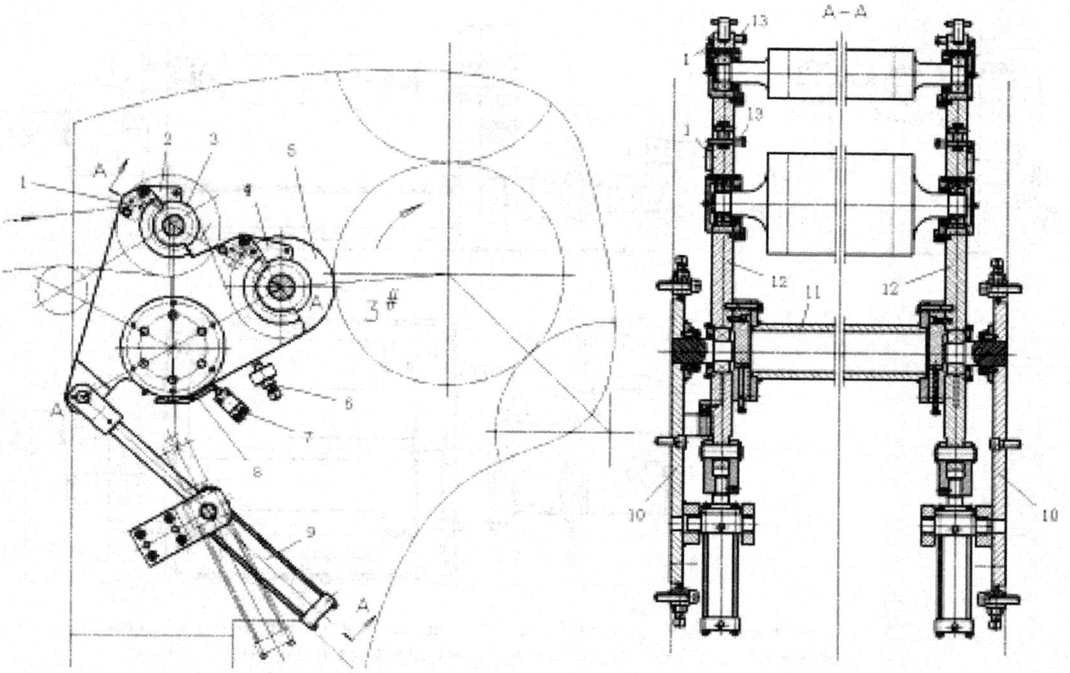

1. 安全开关　2、4. 夹紧块　3. 整经辊　5. 压力辊　6. 限位螺栓　7. 限位开关
8. 撞块　9. 油缸　10. 安装板　11. 连接轴　12. 摆动臂　13. 插销

图 2.3.1-83　整经装置结构示意图

主要由两个装有辊筒组且距离可变的框架、机架及液压装置所组成。下框架为固定式，上框架可上下移动，通过角位移传感器保持全线速度协调运行。结构与纤维帘布压延联动线的相似。

3.2.8　后牵引装置

用以配合双工位卷取装置牵引帘布。由两个牵引辊和一个压紧辊所组成。牵引辊通过电动机，减速机带动运转。传动装置中还设有制动器，能快速地制动停车。在正常工作时它的工作速度与压延速度保持同步，当双工位卷取装置停车进行帘布裁断操作时，后牵引装置也同时停车。裁断结束后，与双工位卷取装置同时以较压延机高的速度进行工作，在储布装置上框架降到正常工作位置时，重新恢复正常工作速度。结构与纤维帘布压延联动线的相似。

3.2.9　裁断装置

由导辊、压紧辊、电机、减速机、切割刀、导轨、齿轮、齿条等组成，用来横向切断钢丝帘布。切割动作为动刀（圆盘刀）相对于定刀（矩形刀）低速剪切，采用变频减速电机驱动，行程开关控制切割宽度，光电开关确保切割完全，切割动作和横向给进动作采用机械联动结构保证同步，整个过程平稳，切割面整齐，如图 2.3.1-84 所示。

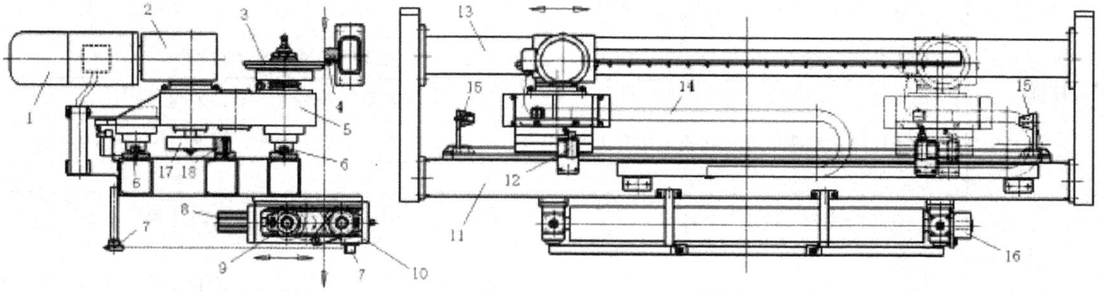

1. 电动机　2. 减速器　3. 动刀　4. 定刀　5. 驱动齿轮箱　6. 滑道　7. 光电开关　8. 夹紧气缸　9. 夹紧辊　10. 固定辊
11. 底座　12. 限位开关　13. 横梁　14. 拖链　15. 缓冲器　16. 逆止器　17. 移动齿轮　18. 齿条

图 2.3.1-84　裁断装置结构示意图

3.2.10　中心卷取装置

主要有三种结构形式：翻转式、固定式和横向移动式。如图 2.3.1-85 所示翻转式卷取装置示意图。

包括两个单独卷取机构和一个工位翻转机构，每一个卷取机构有自己的恒定张力卷取电机，卷轴两端设有快速装卸方钢卡头，便于安全操作。换卷时通过翻转电机驱动换位使两个工位轮流工作。并设有安全的脚踏开关和拉杆停车。

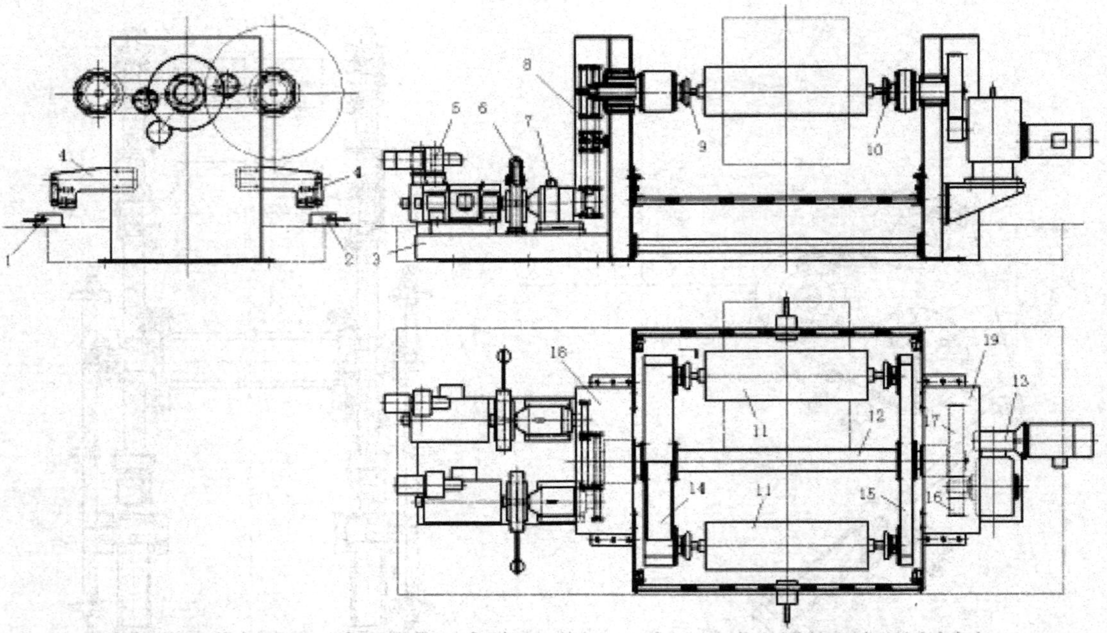

1、2. 脚踏开关　3. 传动底座　4. 安全压杆装置　5. 电动机　6. 制动器　7. 减速器　8. 传动链轮组　9. 传动端安全夹头
10. 非传动端安全夹头　11. 卷取芯轴　12. 连接轴　13. 翻转减速机　14. 传动端翻转臂
15. 非传动端翻转臂　16. 小齿轮　17. 大齿轮　18、19. 安全罩

图 2.3.1－85　翻转式双工位中心卷取装置结构示意图

四、压延机联动系统的维护

4.1　日常保养维护

压延生产是橡胶加工工艺精细控制的工序，压延机生产能力很大，尤其是大规格型号的压延机，往往在整厂生产设备群中是独一无二的设备，具有最高等级的关键重要性。因此，对压延机的使用、维护管理和修理来不得半点弱化。

当前，压延机及其联动线的自动化技术水平很高，安全联锁保护、工艺参数、系统联动、数字化信息化等功能均全面实现，全自动生产运行已经很可靠。但是，不管是全自动、半自动、手动的压延机，都依赖正确良好的使用和维护管理。

4.1.1　压延机使用的基本规则

压延机使用操作人员应严格按照设备操作规程生产操作。不同用途、不同制造商提供的压延机，在设备使用手册上都对操作作出说明。总的来说，压延机使用应遵从表 2.3.1－8 的基本规则。

表 2.3.1－8　压延机使用基本规则

状态	工作内容	要求
开机前检查	检查所有电气联络讯号及安全装置	信号指示正确，灵敏可靠
	检查各润滑部位	发现润滑油不足及时添加
	检查传动部位有无杂物	安全防护装置齐全、牢固
	检查压延机辊距，并检查辊缝中有无杂物	保持有最小辊距，要求＞0.1 mm
运行辅助装置启动、作主机启动前检查	开启温控装置，设定工艺参数	启动时电流正常、水压正常
	启动润滑系统、液压系统，检查运行参数	启动时电流正常、油位正常、水压正常，运行后油温和压力正常
	辊筒预热，达到工艺温度后测量辊筒工作表面温差	沿轴向测量温差符合±1℃
	安全保护装置检查	制动后辊筒继续旋转行程不大于辊筒周长的 1/4
	检查测量辊筒间隙	设定工作辊距，两端同时调整
	启动联动线，检查各段的设定参数	启动时电流正常、参数正确

续表

状态	工作内容	要求
全线生产运行	启动主机，从低速逐步提高；引入压延帘布和胶料，检查调整主机参数，制品质量检测合格后，稳定运行工艺参数控制	空转时，主电机功率不得大于额定功率的15% 电流正常、参数运行正常、压延制品质量稳定
	巡回监视设备运行参数	无工艺超速超温超湿，无油温、电流急升，辊筒轴承温升不超过40℃，油压、水压平稳，无异常响声或振动
	材料稳定输送压延	送料均匀，保证无断料
运行应急处理	一旦出现非压延机辊筒温度高温的其他任何突发事故	急停刹车
	一旦出现压延机辊筒温度高温报警	开大辊距、卸料，空负荷运行至辊筒温度下降至60℃以下方可停机。严禁冷却水通入辊筒！严禁急停刹车
工作结束和停机	放大辊筒间距，排空多余胶料，让辊筒逐渐降温	空负荷运行至辊筒温度下降至60℃以下时，方可停机
	关闭动力和清理	关闭进水和压缩空气阀门，切断电源，将放掉冷却系统中的水，清除机器表面滞留的油污及杂物

4.1.2 常见故障和处理方法

在压延机的生命周期中，常见故障的处理方法可以参考表2.3.1-9。

表2.3.1-9 常见故障和处理方法

故障现象	原因	处理方法
辊筒轴承温度过高	润滑油油量不足	检查润滑系统及密封圈
	润滑油内混入杂质	清除杂质
	润滑油牌号不对	更换润滑油
	调距时操作不当	按规程操作修理或更换轴承及辊筒
	轴承或轴颈有损伤	
速比齿轮磨损过快	齿面硬度过低	更换符合质量要求的齿轮
	润滑油质量不符合要求	更换润滑油
	旋转接头密封不良，导致润滑油内有积水	解决漏水后更换润滑油
开式传动齿轮有异常振动和声音	齿轮与键配合松动	修理或更换键
	齿轮与轴配合松动	齿轮内孔堆焊后加工至配合尺寸
	齿面磨损严重	调换齿轮或更换齿轮
	轴线不平行 齿面接触不良	重新找正修研齿面
辊筒工作表面擦伤	运转中两辊相碰	运转时用细油石磨光，避免无胶料时调距
滚动轴承噪声较大或温度过高	润滑不良或有杂物游隙不合适	清除杂物并改善润滑条件，调整游隙
	轴承损坏内、外座圈配合松动	更换轴承，采用喷涂、刷镀等方法修复轴颈或座孔并更换轴承
安全片损坏频繁	安全片材质或尺寸不符合要求	更换合格安全片
	安全片座内有杂物调距不当	清除杂物按规程操作
调距时轴承座运行不平稳且有响声	轴承座与滑槽间缺油，接触面拉伤	改善润滑条件修正接触面

4.1.3 压延机和联动线的日常维护和定期保养

减少设备故障、保持设备精度、保证可靠运行的根本，在于落实日常巡检、监视状态、定期保养、适时修理，以及时发现和处理不良情况、计划修复或改造劣化零部件。总的来说，各种用途的压延机都可参考下表进行压延机日常维护和定期保养的工作。

表 2.3.1-10　压延机和联动线的日常维护和定期保养

部件装置/系统的维护保养项目	方式方法	检查保养周期					
		每班	每天	每周	每月	每半年	每年
主机运转平稳性能	目视、监听	○					
各部分连接螺栓	定期紧固				○		
地脚螺栓	定期紧固					○	
全线各润滑部位	目视	○					
水（气）系统的压力和流量	目视	○					
电机、控制参数和曲线	目视	○					
压延机辊筒的润滑系统	过滤加（换）油					○	
压延机辊筒工作直径测量	仪器测量						○
压延机挡胶板	检查间隙，适时调整				○		
压延机停止和刹车装置	检查，适时更换损件				○		
联动线停止和刹车装置	检查，适时更换损件				○		
传动齿轮的啮合质量	红丹法					○	
液压系统油温和压力	目视	○					
油系统箱体	过滤加（换）油						○
温控装置温度和压力	目视	○					
温控系统	清洗清洁					○	
调距示值精度校准	用隙规实测辊距值比对自动显示值			○			
测厚示值精度校准	厚度计测帘布厚度值，比对自动显示值			○			
压力和温度表校验					○		
系统管路清洁	冲洗吹，清污垢					○	
电气控制柜清洁	吹扫					○	
电机电气绝缘和安全	检测维护				○		
电气开关和控制元件	检测和更新劣化元件					○	
指示灯保全更换			○				

4.2　润滑规则

压延机属于低速重载设备，一旦润滑不良就容易磨损或发生事故，尤其是主机。一般可以参考下表作为压延机的润滑规范。加油或换油周期可以通过观察和总结实际经验周期，适当延长或缩短。

表 2.3.1-11　压延机各部位润滑规定

<table>
<tr><th colspan="2" rowspan="2">主要润滑部位</th><th colspan="2">规定油品</th><th colspan="2">代用油品</th><th rowspan="2">加油定量标准</th><th rowspan="2">加油或
换油周期</th><th rowspan="2">加油人</th></tr>
<tr><th>名称</th><th>牌号</th><th>名称</th><th>牌号</th></tr>
<tr><td rowspan="2">辊筒轴承</td><td>滑动</td><td>工业
齿轮油</td><td>N220</td><td colspan="2" rowspan="2">—</td><td rowspan="2">加至规定
游标中位</td><td rowspan="2">加油每月 1 次，清洗换油 3～6 个月 1 次</td><td rowspan="2">检修工</td></tr>
<tr><td>滚动</td><td>工业
齿轮油</td><td>N320</td></tr>
<tr><td colspan="2">轴交叉轴承</td><td rowspan="3">工业
齿轮油</td><td rowspan="3">N320</td><td colspan="2" rowspan="3">—</td><td rowspan="3">加至规定
游标中位</td><td rowspan="3">加油每月 1 次，清洗换油 3～6 个月 1 次</td><td rowspan="3">检修工</td></tr>
<tr><td colspan="2">预负荷轴承</td></tr>
<tr><td colspan="2">预弯曲轴承</td></tr>
<tr><td colspan="2">主减速器</td><td rowspan="2">工业
齿轮油</td><td rowspan="2">N220</td><td colspan="2" rowspan="2">—</td><td rowspan="2">加至规定
游标中位</td><td rowspan="2">加油每半年 1 次，清洗换油 1 年 1 次</td><td rowspan="2">检修工</td></tr>
<tr><td colspan="2">涡轮减速器</td></tr>
<tr><td colspan="2">调距涡轮、螺杆</td><td rowspan="4">锂基脂</td><td rowspan="4">ZI-1</td><td rowspan="4">钠基脂</td><td rowspan="4">ZN-2</td><td rowspan="4">加满注油器
或油杯</td><td rowspan="4">每天注油 1 次，
每周加油 1 次</td><td rowspan="4">操作工注油，
检修工加油</td></tr>
<tr><td colspan="2">调距螺母、螺杆</td></tr>
<tr><td colspan="2">轴交叉螺杆、螺母</td></tr>
<tr><td colspan="2">轴交叉楔块滑动面</td></tr>
</table>

续表

主要润滑部位	规定油品		代用油品		加油定量标准	加油或换油周期	加油人
	名称	牌号	名称	牌号			
驱动、速比齿轮	开式齿轮油	68#	工业齿轮油	N680	齿轮能均匀带油	每季加油 1 次	检修工
万向联轴节	钠基脂	ZN－2	钙钠基脂	ZGN－2	适量	加油 1 月 2 次	
烘干辊筒轴承	锂基脂	ZI－2	钠基脂	ZN－2	加满轴承空间的 2/3	半年加油 1 次	检修工
冷却辊筒轴承	钙基脂	ZG－2	钙钠基脂	ZGN－2			
涨力辊筒轴承	钠基脂	ZN－2	钠基脂	Z－1			
其他导辊轴承	钠基脂	ZN－2	钠基脂	ZI－1			
减速器	工业齿轮油	N220	—	—	加至规定游标	1 年加油 1 次	检修工
开式传动齿轮 传动链条	锂基脂 机械油	ZI－1N68	锂基脂 机械油	ZI－2 N100	适量	1 月加油 1 次	检修工

4.3　检修

4.3.1　大修理方法和质量标准

压延机的修理方法和质量标准可参考表 2.3.1－12。

表 2.3.1－12　压延机大修理方法和质量标准

部件	缺陷描述	修理方法	质量标准
机座	变形及精度超差较小时	磨削、刮研等手工修复方法修整其工作面	水平度：纵向（径向）≤0.03 mm/m，横向（轴向≤0.02 mm/m 与基准中心线偏差：纵向≤0.5 mm；横向≤1 mm
	变形及精度超差较大时	将机座起出，采用机加工方法修整其工作面	
	基础下沉或初试安装精度较差	重新做基础或重新找正的方法	
机架	因变形或磨损，造成固定辊轴承接触面与滑槽侧面不垂直，或两机架同侧滑槽工作面在同一平面内的精度超差较大时	采用手工磨削或刮研等方法修复	纵横水平度允差：采用滚动轴承时≤0.04 mm/m，采用滑动轴承时不大于 0.02 mm/m 机架滑槽外侧平面与底平面的垂直度应符合 GB/T 1184—1996 中 8 级公差等级的规定，滑槽工作面与外侧平面垂直度应符合 GB/T 1184—1996 中 7 级公差的规定 机架滑槽表面粗糙度 Ra≤3.2 μm；精密压延机传动端机架对联动线纵向中心线的平行度公差值为 0.20 mm/m 精密压延机传动端机架对联动线纵向中心线距离偏差不大于 0.5 mm 左右两机架的平行度公差值为 0.15 mm 左右两机架安装固定轴承的滑槽受力应在同一平面内，其平面度应符合 GB/T 1184—1996 中 7 级公差的规定
	由于修研多次或修研量较大，造成机架滑槽工作面与轴承座工作面间隙过大时	可在滑槽工作面上镶嵌或刷镀耐磨性能较好的金属材料，使之达到原设计尺寸	
辊筒	工作表面局部有较轻微的凹坑、沟纹等缺陷	在普通机床上，用油石及研磨粉等修磨缺陷	工作表面及轴颈的表面粗糙度 Ra≤0.8 μm 工作部分与轴颈的圆柱度、圆度、同轴度、直线度和径向跳动公差应符合表 2.3.1－13 要求 固定辊筒安装后的水平允差为：采用滚动轴承时不大于 0.04 mm/m，采用滑动轴承时不大于 0.02 mm/m 对滑动轴承压延机，辊筒工作端面与轴瓦的轴向总间隙应符合表 2.3.1－13 的要求
	工作表面缺陷较严重	采取先车后磨的方法修复	
	对于中高或中凹的辊筒	应在专用机床上修复加工	
	轴颈超差较小	直接进行车、磨加工修复	
	轴颈表面有铸造缺陷或磨损严重	采用电镀或镶刚套等方法修复	

续表

部件	缺陷描述	修理方法	质量标准
辊筒轴承	更换辊筒的滚动轴承或轴瓦时	检查轴承座的几何精度，如轴承座的工作平面与内孔轴线的精度超差，可采用镗加工内孔或修磨、刮研工作平面等方法修复	轴承座工作面与内孔轴线对称度公差应符合表 2.3.1-14 中的限值 固定辊筒轴承座的平面 A 与平面 B 的垂直度应符合 GB/T 1184－1996 附表 3 中 6 级公差等级的规定 轴承座与轴承 91 径配合应符合表 2.3.1-14 中的限值 辊筒轴颈与轴承的配合应符合表 2.3.1-14 中的限值 滑动轴承内孔表面粗糙度 Ra≤0.8 μm；滑动轴承内孔与轴颈接触应均匀，每平方厘米面积上接触斑点应多于 1 个 沿轴线方向的接触面应在 75%以上，在圆周上接触角不应小于 120° 轴承座与机架滑槽的配合总间隙应符合表 2.3.1-14 中的限值
	对于滚动轴承的轴承座，内孔修整加工后	可采用电镀等方法，使其达到设计配合要求	
	更换轴瓦，应采用二次加工方法	除装配前与轴颈配研使之达到要求的接触精度和径向间隙外，还须在机架上进行预安装，综合检查、测量辊筒的水平度以及轴瓦与轴颈的接触精度，通过刮研使之符合要求	
	滚动轴承内、外座圈工作面及滚珠工作面有斑点、剥落等缺陷	予以更换	
	滚动轴承游隙过大或过小	可通过调整垫圈、挡圈使之符合要求	
齿轮	齿面仅有少量擦伤、点蚀	用刮刀或锉刀修理	红丹法检验，接触面积≥75%
	若齿面严重磨损，超过原齿厚的 15%～20%	予以更换	
	对称结构的速比齿轮，一个齿面严重磨损	可成对翻面使用。	

4.3.2　主要装配技术要求

表 2.3.1-13　辊筒各项公差与配合间隙要求　　单位：mm

辊筒工作面及轴颈形位公差							
规格		Φ230×630	Φ360×1 120	Φ450×1 200	Φ550×1 700	Φ610×1 730	Φ700×1 800
圆柱度		0.020	0.020	0.020	0.015	0.020	0.010
圆度	工作表面	0.020	0.010	0.020	0.015	0.020	0.010
	轴颈	0.020	0.010	0.020	0.015	0.020	0.010
同轴度		Φ0.050	Φ0.010	Φ0.010	Φ0.010	Φ0.010	Φ0.010
直线度		0.020	0.020	0.020	0.025	0.025	0.025
工作表面对轴颈的径向跳动		0.010	0.010	0.010	0.010	0.010	0.010

辊筒工作端面与轴瓦端面总间隙	
Φ230×630	1.1～1.6
Φ360×1 120	1.7～2.5
Φ450×1 200	2～3
Φ550×1 700	2.6～4
Φ610×1 730	3～4.5
Φ700×1 800	4～5.5

表 2.3.1-14　辊筒轴承各项公差与配合间隙要求　　单位：mm

轴承座工作面与内孔轴线对称度公差	
规　格	对称度
Φ230×630	0.04
Φ360×1 120	

续表

轴承座工作面与内孔轴线对称度公差			
规　格	对称度		
Φ450×1 200	0.06		
Φ550×1 700			
Φ610×1 730			
Φ700×1 800			
轴承与轴承座的配合			
规　格	滑动轴承	滚动轴承	
Φ230×630	0.02～0.05	C7	
Φ360×1 120	0.03～0.08		
Φ450×1 200	0.05～0.10		
Φ550×1 700	0.07～0.11		
Φ610×1 730	0.08～0.15		
Φ700×1 800	0.10～0.18		
轴承与轴颈的配合			
规格	装配间隙	最大间隙	滚动轴承
Φ230×630	0.16～0.32	0.55	P6
Φ360×1 120	0.26～0.52	0.70	r6
Φ450×1 200	0.35～0.55	0.90	
Φ550×1 700	0.35～0.55	0.90	r7
Φ610×1 730	0.40～0.64	1.00	
Φ700×1 800	0.44～0.68	1.20	
轴承座与机架滑槽的配合			
Φ230×630	0.12～0.30		
Φ360×1 120	0.19～0.40		
Φ450×1 200	0.25～0.45		
Φ550×1 700	0.30～0.51		
Φ610×1 730	0.40～0.62		
Φ700×1 800	0.40～0.63		

1. 调距及轴交叉装置

1）调距螺杆端部在其座内的轴向相对移动量为：普通压延机不大于 0.1 mm，精密压延机不大于 0.05 mm。

2）调距及轴交叉装置的螺杆、螺母正反捏合正常，齿厚最大磨损量为：普通压延机≤10%；精密压延机≤20%。

2. 齿轮

1）驱动齿轮啮合面沿齿高方向应大于 60%，沿齿宽方向应大于 80%；速比齿轮啮合面沿齿高方向应大于 40%；沿齿宽方向应大于 60%。

2）齿轮内孔与轴的配合应符合表 2.3.1－15 的限值。

表 2.3.1－15　齿轮内孔与轴的配合　　单位：mm

规　格		Φ230×630	Φ360×1 120	Φ450×1 200	Φ610×1 730
大驱动齿轮与轴的配合间隙		0.03～0.08	0.06～0.12	0.08～0.14	0.10～0.20
大驱动齿轮与轴的配合过盈		0～0.03	0～0.035	0～0.04	0～0.04
速比齿轮与轴的配合间隙	主动齿轮	0.02～0.07	0.04～0.09	0.05～0.10	0.08～0.18
	从动齿轮	0.04～0.10	0.09～0.15	0.10～0.18	0.20～～0.28

3. 其他装置

1）调温和润滑、液压、气动系统应动作灵敏、可靠，无泄漏现象。

2）电控系统及仪器仪表应灵敏、可靠、准确。

4.4　设备试车

设备试车由空负荷、负荷试车阶段组成。在试车过程发现任何涉及安全、工艺参数、压延质量、设备故障等问题时，应停止试车，整改通过后方可恢复进行。

4.4.1　空负荷试车

空负荷试车是在通过了安装质量验收、现场安全检查通过以后，进行由点动到联动、由单机到全线的设备起动空运转试车。

表 2.3.1-16　压延机及其联动线的空负荷试车程序

步序	空负荷试车检查验证内容	质量要求
全系统检查和测试		
1	检查压延机和联动线的各系统、各单机装置、动力管线、电气装置、液压装置逐一检查安装质量	结构完整、接口接线正确无误、安全保护装置齐全 无开放点，连接牢靠 入端的工厂水气电参数符合设备要求
2	检查压延机和系统中各个单机减速箱和润滑、液压油箱的油质和油量	油质不好的清洗更换新油，油量不足的补充到规定油位
3	检查润滑、液压各个油箱的冷却水连接	无开放点，无渗漏，进、回水通畅
4	供给动力，测试各种信号，点动和启动联动线的单机，进行所有安全连锁和保护开关按钮的可靠性确认，进行空运转和制动的检查测试	起动方向位置和动作正确，安全设置正确可靠，控制通信畅通，信号灯指示正确、超限发出警报
5	检查各处的连接紧固件	连接件齐全、紧固可靠
6	压延机和辅助装置检查和启动	
7	手动盘车压延机：电机至少转动5圈，装上联轴节，再盘车观察压延机各个辊筒转动1圈以上	无任何异常声音，手感轻松自如
8	检查压延机辊筒的转动和停止、加速减速操作	起动、停止敏捷，加减速平滑
9	润滑油系统启动，观察记录运行温度、压力、流量，以及管路节点	无泄漏、无异常声音、监控点符合设备规定数据
10	液压系统启动，观察记录运行温度、油压、流量，以及管路节点；放空系统中的空气	无泄漏、无异常声音 监控点符合设备规定数据 系统中无空气残存
11	温控系统系统启动，设定辊筒加热达到设定值70℃，以中低速运转4 h恒温。观察记录运行温度、压力、流量，以及管路节点	无泄漏 升温速度：0.33℃/S，即22℃/h
12	检查压延机拉回装置和预负荷装置的状态	示值符合参数要求，负荷稳定
13	检查压延机刺气泡装置动作	运动平稳，换向轻快无阻
14	检查轴交叉装置电动机转向是否正确，检查调整轴交叉装置的起始位置	同一辊筒两轴承座与机架滑槽的距离偏差不大于0.50 mm（精密压延机） 设置辊筒处于轴交叉零位
15	以固定辊筒为基准，调整各辊距，使之达到平行检查调整计数器	辊筒平行度公差值为0.03 mm/m 确认辊距的显示值与实际值要一致 然后将各辊距调至2 mm（精密压延机）
16	逐一检查辊筒调距装置电动机转向	确认与操作按钮控制方向一致
17	压延机启动，由慢速阶段至快速阶段，以最高速度的75%保持空运转4 h，每15 min检查记录一次水压和流量、冷却装置装置进出口温差、轴承监控点温度、润滑油泵压力和油温、液压油泵压力和油温、电机电流	动力介质无泄漏 参数符合设定要求值 辊筒的轴承温度无骤升，上升≤20℃ 减速器及电动机轴承温度上升≤10℃ 主电机空负荷电流＜额定电流的20% 所有监控点无任何超限报警
18	检查制动性能，在高速运转中操作安全制动3次	制动动作灵敏可靠，制动后辊筒转动不超过1/4周
19	测试辊筒表面加热后的温度	辊筒空运转、温控系统加热4 h后测试，辊筒工作面长度内温差±1℃
20	检查调整摆胶输送装置相对于压延机的工作位置	摆胶输送装置运动到两端位置时，与压延机无干涉碰撞

续表

步序	空负荷试车检查验证内容	质量要求
	联动线检查和启动	
21	检查启动导出装置	张力恒定施加予帘子布导出
22	检查启动接头机和升温	工艺设定时间内热板达到 180℃；达到闭合速度 50 mm/S、打开速度 100 mm/S
23	将帘子布全程导出和牵拉，调整和测量各段的张力	帘子布沿宽度的密度均匀，张力均匀
24	启动储布装置（位于压延机前、后的），检查油压调节张力和张力恒定状态， 检查 4 个限位开关指示的位置是否对应	张力可恒定保持至整个储布架完全放空 限位开关一一对应全满、接近全满、中间和排空的储布状态
25	检查帘子布的空运行和调整对中、对边装置	全线平稳运行不跑偏，帘布对中精度达到±1 mm
26	检查扩布和扩边装置	检测帘子布宽度，变化范围±2 mm 检查帘线排列根数，应符合工艺规定
27	启动干燥装置升温除湿，检测除湿效果	检测帘子布经过干燥器后的湿度，应达到工艺控制要求
28	启动和检查冷却装置	辊筒转动方向正确 帘子布运行平稳，相对中心的偏离±1 mm
29	检测卷取递布和满载裁断装置	达到设定满载时，信号控制递布装置的气动张力辊筒压住帘子布，裁刀装置轻快地裁断帘子布，然后夹紧布端移递给卷取
30	启动和检查调整卷取装置	布端顺利导入卷取，垫布张力恒定导出，卷取对边偏差±3 mm
31	距离电机、减速箱、油泵、密炼室等声源 1000 mm 处，测量噪声	小于等于 85 db
32	完成以上检查测试、或阶段性工作结束后的停机事项	
33	停机前放大辊筒距离	
34	以一定的冷却速度使辊筒冷却	冷却速度：0.33℃/S，即 22℃/h；辊筒冷却到 70℃以下才能停机
34	压延机停机，然后全线停机	
	空负荷试车结果评估	

4.4.2　负荷试车

负荷试车必须在完成空负荷试车并考核合格后，才能进行。可按下表步序进行检验考核，通过以后可进行验收并转入正常生产使用和管理。

表 2.3.1－17　压延机及其联动线的负荷试车程序

步序	负荷试车检验考核内容	质量标准
1	每次开机前，将辊筒工作表面缓慢加热至工艺要求的温度	升温速度：0.33℃/S，即 22℃/h
2	起动全线设备，设定工艺参数	按设备操作规程和工艺规程
3	投料试验 1：用可塑度 0.5 以上的软胶料，并用较大辊距压片，检查轴承温度	主机在额定功率的 30%～50%范围内运转，运转时间不少于 8 h，轴承温升小于等于 40℃，润滑油温度小于 60℃，其他控制参数稳定
4	投料试验 2：用生产胶料、正常辊距进行压延帘布。先采用小张力在较低转速下运转，当一切正常后，逐步提高转速和张力。观察轴承温度和负荷变化	主机在额定功率的 50%～80%范围内运转，轴承温升小于等于 40℃，润滑油温度小于 60℃；运转时间不少于 24 h（可累计，但最小段时间应大于等于 3.5 h），控制参数稳定
5	投料试验 3：用生产胶料、较小辊距进行较薄的压延帘布。先采用小张力在较低转速下运转，当一切正常后，逐步提高转速和张力，观察轴承温度和负荷变化	主机在额定功率的 80%～100%范围内运转，轴承温升小于等于 40℃，润滑油温度小于 60℃，运转时间不少于 24 h（可累计，但最小段时间应大于等于 3.5 h），所有数据处正常值，无任何超限
6	连续生产考核，取样检验压延帘布质量，监控和统计各生产规格的设备运行参数和工艺参数状态	运转 72 h（可累计，但最小段时间应大于等于 3.5 h），所有数据和曲线处于正常，无任何超限；压延帘布质量符合要求；分析停机原因，因故障引起的停机率小于等于 2%
7	检查各油箱	油的外观正常，无片状铁末
8	试车结果评估	考核通过则进行验收

五、压延机和压延联动系统的供应商

精密/专用压延机和压延联动系统供应商如表 2.3.1－18 所示。

表 2.3.1－18　精密/专用压延机和压延联动系统的主要供应商

供应商名称	帘帆布贴胶擦胶联动线	钢丝帘布压延联动线	压胶片、贴合联动线	压型压延联动线	输送带成型压延联动线	浸胶帘布热伸张与压延联动线
大连橡胶塑料机械股份有限公司	√	√	√	√	√	√
IHI（日本）	√	√	√	√	√	√
ECORLE COMERIO（意大利）	√	√	√	√	√	√
RODOLFO COMERIO（意大利）	√	√	√	√	√	√
IHI（日本）	√	√	√	√	√	√
ECORLE COMERIO（意大利）	√	√	√	√	√	√
RODOLFO COMERIO（意大利）	√	√	√	√	√	√

普通压延机及其联动生产线供应商见表 2.3.1－19。

表 2.3.1－19　普通压延机及其联动生产线的主要供应商

供应商名称	帘帆布贴胶擦胶联动线	钢丝帘布压延联动线	压胶片、贴合联动线	压型压延联动线	输送带成型压延联动线	浸胶帘布热伸张与压延联动线
大连橡胶塑料机械股份有限公司	√	√	√	√	√	√
无锡双象橡塑机械有限公司	√		√	√		
大连华韩橡塑机械有限公司	√		√	√	√	
大连嘉美达橡塑机械有限公司	√		√	√		
上海思南橡胶机械有限公司			√	√	√	
绍兴精诚橡塑机械有限公司	√（XY—F4F1730）					
青岛汇才机械制造有限公司				√	√	√

第二节　挤出（压出）设备

一、用途、型号和分类

橡胶螺杆挤出机简称挤出机，曾用名压出机，是橡胶加工的主要设备之一，在橡胶工业中的应用已有 100 多年。橡胶挤出机结构紧凑、操作简单、工艺稳定，用途越来越广泛，从传统的压型、滤胶、压延供胶、金属丝包胶，逐步发展到生胶塑炼、混炼、下片、胶料的造粒，甚至再生胶的脱硫脱水等等多种功能。

橡胶压出设备的分类与产品型号如表 2.3.2－1 所示。

表 2.3.2－1　橡胶压出设备产品型号

<table>
<tr><th rowspan="3">类别</th><th rowspan="3">组别</th><th colspan="2">品种</th><th colspan="2">产品代号</th><th rowspan="3">规格参数</th><th rowspan="3">备注</th></tr>
<tr><th rowspan="2">产品名称</th><th rowspan="2">代号</th><th rowspan="2">基本代号</th><th rowspan="2">辅助代号</th></tr>
<tr></tr>
<tr><td rowspan="13">橡胶通用机械</td><td rowspan="13">橡胶压出机械</td><td>橡胶挤出机</td><td></td><td>XJ</td><td></td><td>螺杆直径（mm）</td><td></td></tr>
<tr><td>橡胶冷喂料挤出机</td><td>W（喂）</td><td>XJW</td><td></td><td rowspan="4">螺杆直径（mm）×长径比</td><td></td></tr>
<tr><td>销钉冷喂料挤出机</td><td>D（钉）</td><td>XJD</td><td></td><td></td></tr>
<tr><td>排气冷喂料挤出机</td><td>P（排）</td><td>XJP</td><td></td><td></td></tr>
<tr><td>销钉传递式冷喂料挤出机</td><td>C（传）</td><td>XJC</td><td></td><td></td></tr>
<tr><td>橡胶螺杆塑炼机</td><td>S（塑）</td><td>XJS</td><td></td><td rowspan="4">螺杆直径（mm）</td><td></td></tr>
<tr><td>橡胶螺杆混炼机</td><td>H（混）</td><td>XJH</td><td></td><td></td></tr>
<tr><td>造粒机</td><td>Z（造）</td><td>XJZ</td><td></td><td></td></tr>
<tr><td>滤胶机</td><td>L（滤）</td><td>XJL</td><td></td><td></td></tr>
<tr><td>单螺杆挤出压片机</td><td>Y（压）</td><td>XJY</td><td></td><td rowspan="2">螺杆大端直径（mm）×螺杆小端直径（mm）</td><td rowspan="2">等径螺杆以直径表示</td></tr>
<tr><td>双螺杆挤出压片机</td><td>Y（压）</td><td>XJY</td><td></td></tr>
<tr><td>复合挤出机</td><td>F（复）</td><td>XJF</td><td></td><td>螺杆直径（mm）×螺杆直径（mm）</td><td></td></tr>
<tr><td>挤出法内衬层生产线</td><td>N（内）</td><td>XJN</td><td>S</td><td>最大内衬层宽度（mm）</td><td></td></tr>
</table>

螺杆挤出机在橡胶工业中主要用于胶料压型、压片、金属丝包胶、生胶塑料、造粒、混炼胶的过滤和再生胶的脱硫等，其具体的用途与分类详如表 2.3.2－2 所示。

表 2.3.2－2　螺杆挤出机的用途与分类

种类	主要工艺用途	种类	主要工艺用途
压型挤出机	各种断面形状半成品的压型挤出	压片挤出机	胶料的压片
滤胶挤出机	除去混炼胶和生胶中的杂质	脱硫挤出机	再生胶的脱硫
塑炼挤出机	生胶的连续塑炼	挤压脱水干燥挤出机	合成胶和再生胶的脱水干燥
混炼挤出机	胶料的连续混炼	电缆挤出机	电线和电缆的包覆成型
造粒挤出机	胶料和生胶的造粒	排气挤出机	排除混入胶料中的空气、水分以及低分子挥发物

现行挤出机的技术标准如表 2.3.2－3 所示。

表 2.3.2－3　挤出机的技术标准

序号	标准号	技术标准名称	其他说明
1	HG/T 3798—2005	销钉机筒冷喂料挤出机	
2	HG/T 3799—2005	销钉机筒冷喂料挤出机检测方法	
3	HG/T 3800—2005	橡胶双螺杆挤出压片机	
4	HG/T 3801—2005	橡胶双螺杆挤出压片机检测方法	
5	HG/T 3110—2009	橡胶单螺杆挤出机	
6	HG/T 3230—2009	橡胶单螺杆挤出机检测方法	
7	GB/T 25431.1—2010	橡胶塑料挤出机和挤出生产线第 1 部分：挤出机的安全要求	
8	GB/T 25431.2—2010	橡胶塑料挤出机和挤出生产线第 2 部分：模面切粒机的安全要求	
9	GB/T 25431.3—2010	橡胶塑料挤出机和挤出生产线第 3 部分：牵引装置的安全要求	

按我国橡胶机械的有关标准，橡胶挤出机可以分为热喂料挤出机（XJ）、冷喂料挤出机（XJW）、销钉式冷喂料挤出机（XJD）、排气式冷喂料挤出机（XJP）、橡胶螺杆塑炼机（XJS）、橡胶螺杆混炼机（XJH）、造粒机（XJZ）、滤胶机（XJL）、压片挤出机（XJY）、复合挤出机（XJF）等。

其中复合挤出机（XJF）是由两台或以上的冷喂料挤出机共用一个机头、各挤出不同胶料、经机头流道和口型共挤复合胶部件，不但丰富了制品结构与性能的多样化，还简化了生产。挤出压片机由一台冷喂料挤出机和一对辊筒机头组成，胶料从挤出机头部（经过渡流道）挤出后进入可调间隙的辊筒中间，经辊筒压制成所需厚度的胶片，其宽度由设定的切胶边刀距离规定、控制。

此外，挤出机还可以按按螺杆数目的多少分为单螺杆挤出机和多螺杆挤出机；按可否排气分为排气挤出机和非排气挤出机；按螺杆的有无分为螺杆挤出机和无螺杆挤出机；按螺杆在空间的位置分为卧式挤出机和立式挤出机。

我国的橡胶螺杆挤出机生产，已覆盖驱动系统改进的热喂料挤出机，全系列冷喂料挤出机与销钉机筒冷喂料挤出机，各种组合的二、三、四、五复合挤出机，排气冷喂料挤出机，橡塑发泡挤出机，硅橡胶挤出机，还有可冷却到 40℃以下部件收取的各种制品联动线，以及可实现钢丝帘布、聚酯帘布的挤出法生产。

在橡胶加工生产中，当前用的最多的是冷喂料挤出机，热喂料挤出机只用在特殊要求的生产。

橡胶热喂料挤出机喂入的胶料要求温度达到 60～80℃，要求配有热炼供胶机供给热胶，其挤出没有胶料塑化过程，其作用是通过挤出系统建立一定的挤出压力，实现挤出压型的工艺过程和目的。因此，热喂料挤出机的长径比小，装机功率也小得多，机头压力建立不高，挤出制品较疏松。目前在一些门尼黏度高、硬度大的胶料通过热炼供胶机获得热胶后，用热喂料挤出机来挤出压型半制品。

橡胶冷喂料挤出机采用室温胶片直接喂料，在机内完成胶料塑化升温、建立机头压力和压型挤出制品，无须配用热炼供胶机，减少生产场地占用。冷喂料挤出机的长径比大，能建立起很高的机头压力，挤出制品致密性好，装机功率需要较大。目前的冷喂料挤出机已经在结构方面通过设置销钉或其他塑化元件、变革螺杆参数等方式方法，提高了挤出的塑化能力和均匀性，得到广泛应用。

二、挤出机的构造

2.1　基本结构

螺杆挤出机一般可分为五大部分：挤压系统、机头、传动系统、加热冷却系统、电气控制系统，如图 2.3.2－1 所示。

胶料从喂料口喂入，再由电动机通过减速装置带动旋转的螺杆进入螺槽。胶料在旋转螺杆推动下向前移动，从机头的口型中以一定形状挤出，完成挤出过程。

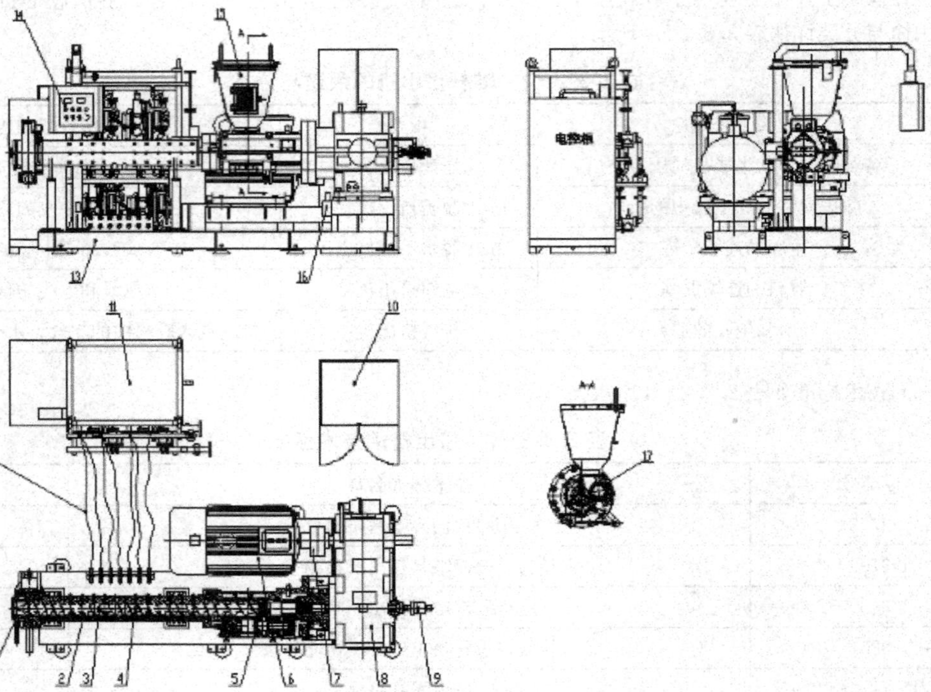

图 2.3.2-1　橡胶螺杆挤出机的基本结构

1—机头；2—机筒；3—螺杆；4—销钉；5—喂料座；6—驱动电机；7—联轴器；8—齿轮箱；9—螺杆进回水管；10—电控系统；11—温度控制系统；12—连接水管；13—底座；14—操作盒；15—料斗；16—润滑装置；17—喂料辊

2.1.1　挤压系统

螺杆挤出机的挤压部分结构是由机筒、螺杆、衬套和喂料口等组成，不管是哪类型的挤出机，挤压部分结构都基本一致，以冷喂料挤出机为例，如图 2.3.2-2 所示。

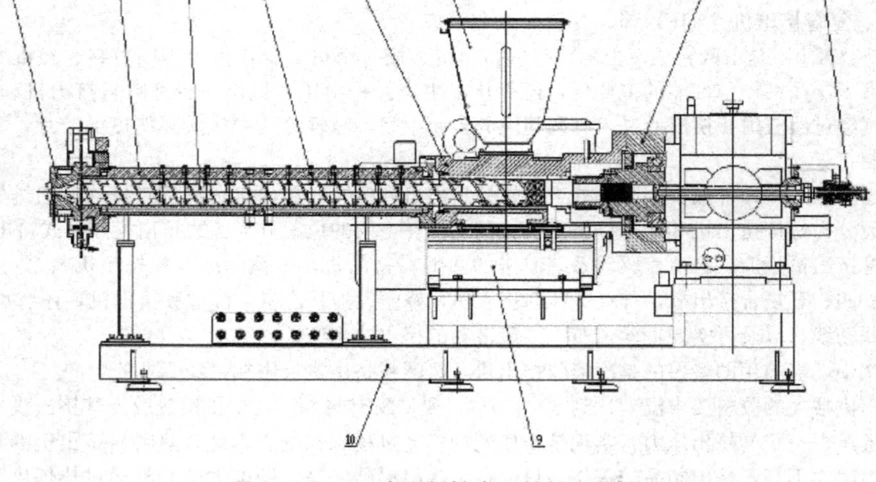

图 2.3.2-2　冷喂料挤出机的挤压部分

1—机头；2—机筒；3—螺杆；4—销钉；5—喂料座；6—料斗；7—齿轮箱；8—螺杆进回水管；9—电动机；10—底座

喂料段的作用是吃进胶料并在螺杆推挤的作用下，在螺杆沟槽表面与机筒之间形成相对运动，在喂料口连续形成胶团，这些胶团随螺杆转动而前进并逐渐被压实，胶料由硬变软，过渡到塑化段。

塑化段将胶料进一步压实、加热和塑化。胶料由高弹的固体状态向粘弹状态转化。

挤出段的作用是将塑化段输送来的胶料稳定地向机头挤出。

2.1.2　机头

机头是挤出机的成型部件，它的作用是：使胶料由螺旋运动变为直线运动，在一定压力下，胶料通过机头流道，而后通过机头口型，将胶料挤压成各种形状的半成品。同一挤出机使用不同的机头，可使挤出机获得不同的用途。

2.1.3　传动系统

传动系统是挤出机的主要组成部分。它的作用是：在给定的条件下提供螺杆转动所需要的扭距，使螺杆得以克服工作阻力而旋转，完成挤压过程。螺杆变速方式分为无级调速和有级调速两大类，无级调速主要由液压马达、调速电机以及机械无级变速三种。有级调速主要是异步电动机经双级或多级变速箱传动螺杆的形式。

螺杆挤出机传动系统的基本要求：根据工艺要求螺杆挤出机的螺杆转速在一定范围内应是可调的，并且可以无级变速，同时要符合挤出机的恒扭距工作特性。

常用的调速方法有：

1）直流、交流变频、伺服电机无级调速（用于定量挤出的需要），实现自动化控制较容易，噪声低，得到广泛的使用。

2）齿轮箱有级调速，有级调速传动系统一般由交流电机和减速箱组合而成，可实现双级或多级的调速。

3）液压马达无级调速。传动特性软，可起过载保护作用；体积小，制造技术高，在国外应用得较多。

2.1.4　挤出机的总体布置

挤出机的总体布置包括以下两个方面：

（一）确定螺杆与减速箱输出轴的连接方式

减速箱输出轴与螺杆有整体式连接和浮动式连接两种。整体式连接大多应用于大直径螺杆挤出机，大直径螺杆刚性较高，不会因为螺杆下垂引起转动时扫膛，而且结构紧凑，外形美观，密封可靠。如图 2.3.2－3 所示：

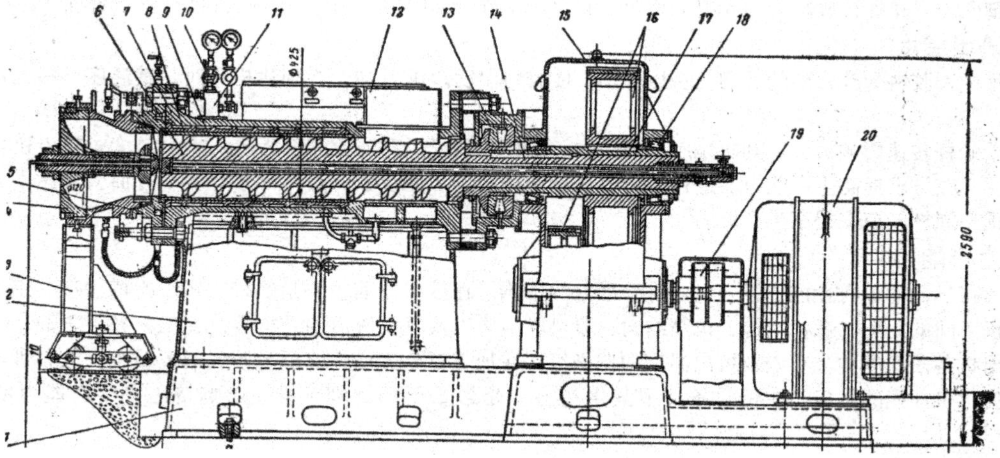

图 2.3.2－3　整体式连接的内胎挤出机

1—底座；2—机座；3—机头拆装小车；4—机头；5—机头连接法兰；6—螺杆；7—机筒；8—夹套；9—衬套；10—阀门；11—分配器；12—喂料口；13—推力轴承；14—螺杆尾部；15—减速箱；16—齿轮；17—空心轴；18—调心滚珠轴承；19—联轴节；20—电动机

浮动式连接是许多螺杆挤出机所采用的。这种连接方式可以较大程度的减少螺杆转动时刮磨衬套和扫膛，同时减速箱可以选用标准减速箱，有利于其他部件的加工和制造，安装维修也方便，但是，机器的连接结构较多，结构比较复杂。螺杆与减速箱连接的方式有：花键和平键连接。如图 2.3.2－4 所示为花键连接。

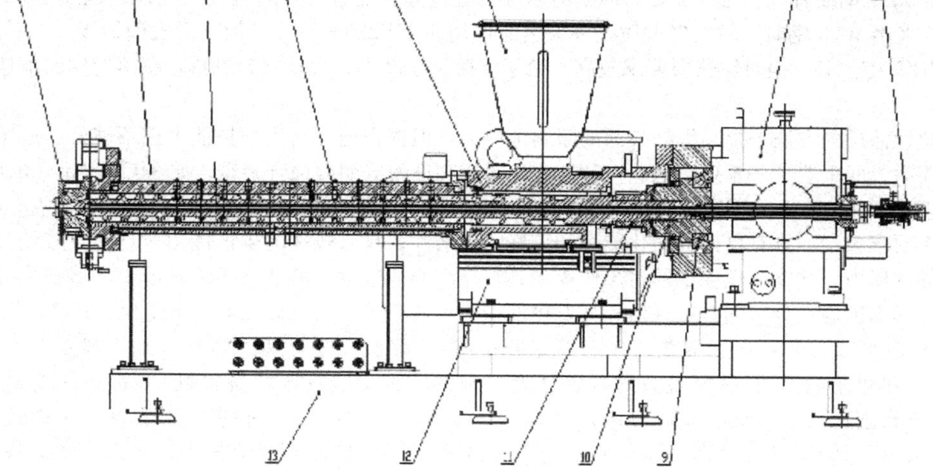

图 2.3.2－4　花键连接的冷喂料挤出机

1—机头；2—机筒；3—螺杆；4—销钉；5—喂料座；6—料斗；7—齿轮箱；8—螺杆进回水管；9—齿轮箱推力轴承；10—齿轮箱输出轴；11—旁压辊驱动齿轮；12—电动机；13—底座

（二）电机的安装位置

电机的安放位置常见的形式有三种：①电机安放在箱体内，它的优点是占地面积小，外形美观，缺点是安装检修不方便，电机散热条件差，只在小型挤出机中使用。②电机安放在箱体后部，优点是安装检修方便，但结构不紧凑，占地面积大，适用于立式减速箱的挤出机。③电机安放在箱体侧面。优点是安装检修方便，在大型挤出机中，由于其减速箱体积较大，可以利用空余的空间安放电机，因此，大型挤出机的电机安放位置一般采用这种形式。

2.2　螺杆挤出机的有关参数

2.2.1　挤出压力

胶料在挤出机内流动时，因受到机头内腔流道阻力和螺杆的挤压作用，使胶料在机筒内的压力沿胶料流动方向逐渐升高，在螺杆头端部附近达到最大值，该值称为挤出压力或机头压力。

影响挤出压力的因素是多方面的。硬胶料的挤出压力大于软胶料；随着挤出口型截面积的减小和螺杆转速的增加，挤出压力也增加。较大的挤出压力有利于挤出制品致密性，但过高的挤出压力会使挤出温度过高。

2.2.2　轴向力

螺杆轴向力由作用在螺杆上的两个不同的力所组成：螺杆头端胶料对螺杆的反压力（胶料的静压力）作用在螺杆端面上引起的静压轴向力；在螺杆旋转推动胶料运动时，胶料对螺杆表面阻力的轴向分力而引起的动压轴向力。

2.2.3　挤出温度

在挤出过程中，胶料受到强烈的剪切与挤压作用，使胶料温度逐渐升高，当到达机头时，其温度升高到最大值，该值称为挤出温度。

挤出温度受螺杆转速影响最大，其次是胶料的品种、螺杆结构形成和流道的阻力等。挤出温度对挤出机生产能力影响十分显著，因此，在寻求提高生产能力的途径时，应从设计结构、工艺参数、操作方式等各个方面去考虑，如何在较低的挤出温度下，提高螺杆转速来提高生产能力。

2.2.4　生产能力

生产能力是挤出机的综合性能指标，它受许多因素的影响。在设备方面主要是螺杆直径、螺槽深度、螺纹升角、螺纹长度、螺杆与机筒间的间隙、螺杆结构、机筒结构、喂料段结构以及机头流道的结构等。在工艺条件方面，主要是螺杆转速、螺杆与挤出机各段温度的分布以及挤出温度的选择等；在加工对象方面，主要是胶料门尼黏度、胶料种类、胶料配合剂等。因此，挤出机性能的优劣，在相同条件下其生产能力是最重要的评判标准。影响挤出机生产能力的因素详见本节 3.5.4。

2.3　主要零部件

2.3.1　螺杆

螺杆是挤出机的主要工作部件，有“挤出机心脏”之称。挤出机的生产能力及其性能都与螺杆的几何构型和结构有关。螺杆由工作部分和尾部组成，它可以制成整体式组合式。

螺杆由优质氮化钢或碳素钢制成，其表面进行氮化或淬火处理。为了提高螺杆的耐磨性，可在螺杆螺棱的顶部堆焊一层耐磨硬质合金；螺杆磨损之后采用喷涂耐磨镍基合金进行修复，可使螺杆工作寿命大幅度提高。

螺杆材料优先选用 38CrMoAl 钢，也可选用 40Cr、45 号钢或氮化钢。用 38CrMoAlA 制造的螺杆，其氮化深度一般为 0.3～0.7 mm，表面硬度可达到 HV900 以上，综合性能比较优异，应用比较广泛，但这种材料抵抗氯化氢腐蚀的能力低，且价格较高。45 号钢便宜，加工性能好，但耐磨耐腐蚀性能差，需进行热处理（热处理：调质 HB220—270，高频淬火 HRC45—48）。采用 40Cr 钢时，材料经调质处理（热处理调质 HB220—270），加工后表面镀硬铬，镀层厚度为 0.05～0.1 mm，硬度 HRC 大于 55；但对镀铬层要求较高，镀层太薄易于磨损，太厚则易剥落，剥落后反而加速腐蚀，目前已较少应用。

国外有用碳化钛涂层的方法来提高螺杆表面的耐腐蚀能力，但据报道，其耐磨损能力还不够好。近年来国外在提高螺杆的耐磨耐腐蚀能力方面采取了一系列措施。一种办法是采用高度耐磨耐腐蚀合金钢。如 34CrAlNi、、31CrMo12 等。还有采取在螺杆表面喷涂 Xaloy 合金的方法，这种 Xaloy 合金具有高的耐磨耐蚀性能。

对螺杆的基本要求包括：具有良好的塑化能力和较好的自洁性；具有较高的生产能力，且能在较低温度下完成挤出作业；能建立起足够的压力，并能实现稳定的挤出作业；具有广泛的适应性，可适用于多种胶料的挤出作业；具有良好的耐磨性和一定的耐化学腐蚀性；具有能排除气体和挥发物的能力；具有足够的机械强度、刚度和良好的加工性能。

螺杆按螺纹头数可以分为单头、双头（压型及滤胶挤出）、多头和复合螺纹螺杆（加料段单头、挤出段双头，具有较高的吃料能力和建压能力），按螺纹方向可以分为左旋（异相旋转双螺杆挤出机）、右旋螺纹螺杆（大多采用），按螺杆外形可以分为圆柱形（压型、滤胶多用）、圆锥形（压片、造粒常用）和复合形螺杆，按螺纹结构可以分为等深不等距（橡胶用）、等距不等深（塑料用）和复合型螺纹螺杆，按胶料流动状况可以分为普通螺杆（多用于热喂料挤出机）、和主副螺纹螺杆（多用于冷喂料挤出机）、分流型（多用于混炼挤出机）和屏障型（多用于冷喂料挤出机）。

等距不等深螺纹如图 2.3.2－5 所示。

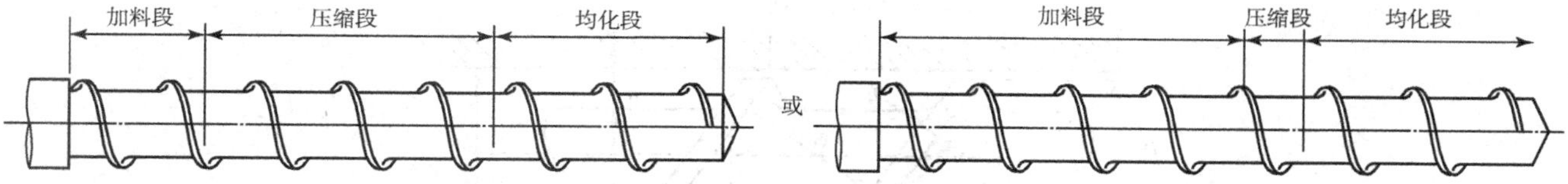

图 2.3.2-5　等距不等深螺纹

塑料和纺丝挤出机多采用等距不等深螺杆，其螺纹截面形状为矩形，内根径由小到大，螺槽深度由浅到深。等距不等深螺杆在挤出质量、生产率、挤出稳定性以及机械强度、刚度方面都有不可克服的弱点。但因其结构简单，便于加工和自洁性高，使其在挤出机的发展史上使用了相当长的时间。这种螺杆结构将被新结构的螺杆所代替。

等深不等距螺纹如图 2.3.2-6 所示。

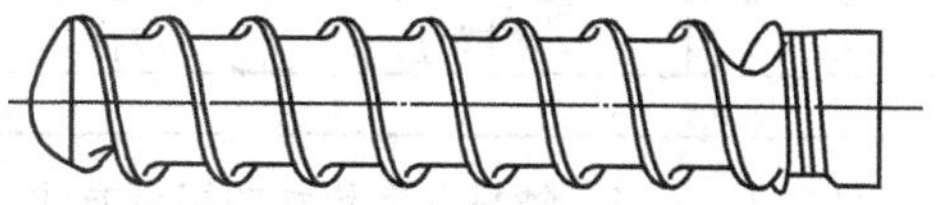

图 2.3.2-6　等深不等距螺纹

等深不等距螺杆（也称收敛螺杆），其根径保持不变，螺纹的螺距是从大到小收敛的。这种结构的螺杆危险断面处于底径比较大的位置。因此机械强度、刚度比较好，尤其在中小型挤出机上更显出它的优点。但它同样存在着普通螺杆的局限性。橡胶挤出机多采用双螺纹等深变距螺杆，如图 2.3.2-7 所示。

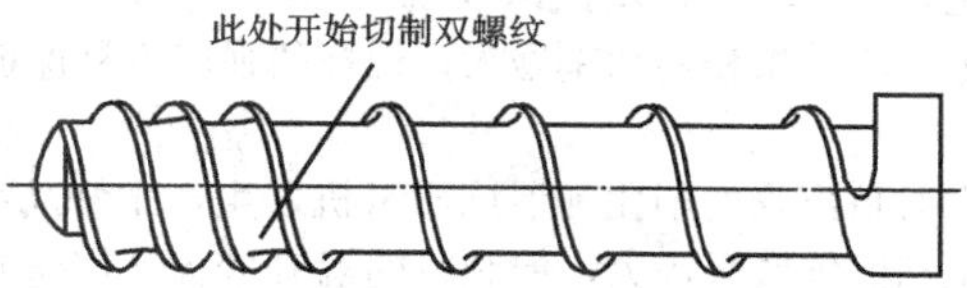

图 2.3.2-7　双螺纹等深变矩螺杆

排气螺杆如图 2.3.2-8 所示。

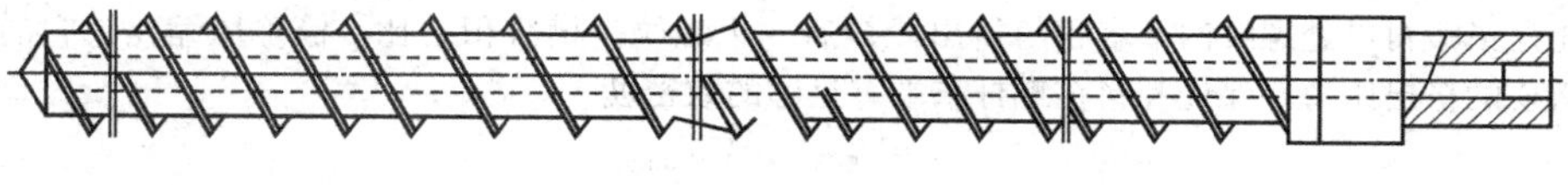

图 2.3.2-8　排气螺杆

复合螺纹螺杆如图 2.3.2-9 所示。

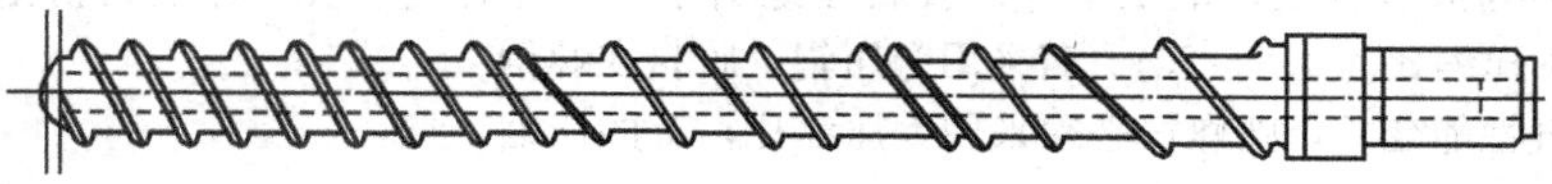

图 2.3.2-9　复合螺纹螺杆

双螺杆挤出压片机的锥形螺杆如图 2.3.2-10 所示。

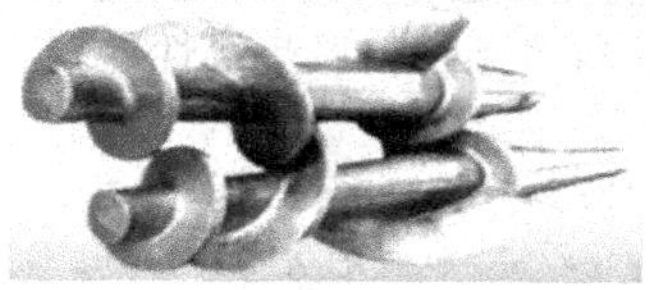

图 2.3.2-10　双螺杆挤出压片机的锥形螺杆

1. 螺杆工作部分结构参数

螺杆工作部分结构参数主要有：螺杆直径与长径比、压缩比、螺纹头数、导程、升角、螺纹沟槽深度及螺纹断面形状。

(1) 螺杆直径

螺杆直径是指螺杆螺纹部分的外径，它表示挤出机的规格，是决定挤出机生产能力的主要参数，同时也是确定螺纹部分其他参数的基本参数。螺杆直径的选用还应综合考虑挤出物的形状、螺杆强度、功率消耗等因素。螺杆挤出机的直径已形成系列，设计和选用时应按系列标准的推荐值选取。如图 2.3.2-11 所示。

螺杆直径用 D_s 表示，机筒直径用 D_b 表示，二者公称尺寸相同，可用 D 表示。

其中 L1 为进料段长度，L2 为压缩段（也称熔融段）长度，L3 为计量段（也称均化段）长度。

(2) 螺杆长径比 L/D

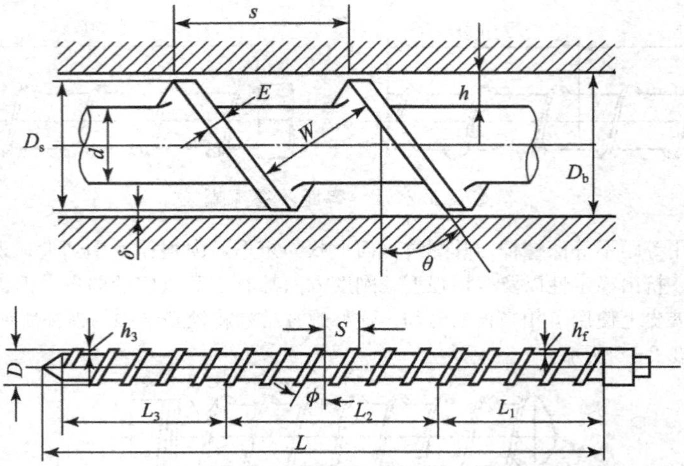

图 2.3.2－11　螺杆几何尺寸的标示方法

螺杆工作部分长度 L 与直径 D 的比（L/D）称为螺杆长径比。热喂料挤出机的长径比一般为 3.5～6，冷喂料挤出机一般为 12～18，排气挤出机一般为 16～22。

在同一挤出条件下，L/D 增加能建立起均匀挤出胶料所需的较高压力，保证挤出物的致密性，减少胶料在螺槽中的漏流和逆流；有利于胶料的均匀混合和塑化，也有利于挤出过程的稳定性，从而提高半成品的质量。但是长径比过大会带来下列问题：胶料在螺纹槽中停留时间过长、功率消耗增大以及挤出温度过高，容易引起早期硫化；螺杆的机械加工困难，不易保证螺杆与机筒内壁间的合理间隙；驱动螺杆的功率增大；螺杆的强度不易保证。

（3）螺纹槽深度 h

螺纹槽深度 h 是一个重要参数，它对挤出物的塑化和混炼质量机器生产率和功率消耗及螺杆强度等有直接影响。当 h 减小时，剪切速率增加，对胶料的塑化和混炼效果增大，但胶料的温升较大，产量较低，多用于高剪切速率、高机头压力的硬胶料的挤出。而螺槽较深的则相反，多用于机头压力较低，产量要求较高的软胶料的挤出。

等深变距螺杆的 h 为定值；等距变深螺杆进料段 h_1 一般为定值，压缩段 h_2 由小变大，计量段 h_3 一般也是定值。

（4）螺杆几何压缩比

螺杆的压缩比是指喂料口处螺纹沟槽容积与挤出段最后一个螺纹沟槽容积之比。简称压缩比。它的作用是压实胶料、排除气体，产生必要的挤出压力，保证胶料在螺杆末端有足够的致密度。

$$\varepsilon=V_{\text{喂料初槽}}/V_{\text{挤出末槽}}$$

对等距变深螺杆，有 $\varepsilon=0.93\,h_1/h_3$

螺杆的压缩比取决于胶料的物理压缩比，物理压缩比是指胶料进入加料口前与从挤出段出来后胶料的比容之比，它表示胶料压实的程度，其值与胶料性质、加工条件及胶料在螺槽中的填充程度有关。热喂料挤出机的螺杆压缩比一般为 1.3～1.5，冷喂料螺杆的压缩比为 1.7～2.1。若采用旁压辊，胶料在螺槽中的填充系数增加，排气性能变差，则螺杆必须采用大压缩比，有的压缩比可达到 2.5 以上。

实现压缩比的方法有：螺杆的螺槽断面面积自加料段到挤出段呈等差级递减（即采用变距螺纹）；螺杆螺纹槽深度自加料口到挤出段呈线性递减（即采用等距不等深螺纹槽）；螺杆螺纹棱宽度自加料口到挤出段呈线性递增（等深不等距螺纹）；螺杆的外径自加料口到挤出段呈线性递减（即圆锥形螺杆）。

（5）螺纹导程 t、螺距 s 与升角 ϕ（见图 2.3.2－12）

螺纹导程 t 与螺距 S、升角 ϕ 有以下关系：$t=ns=\pi D tg\phi$。

对单螺纹螺杆，有：$t=s$。

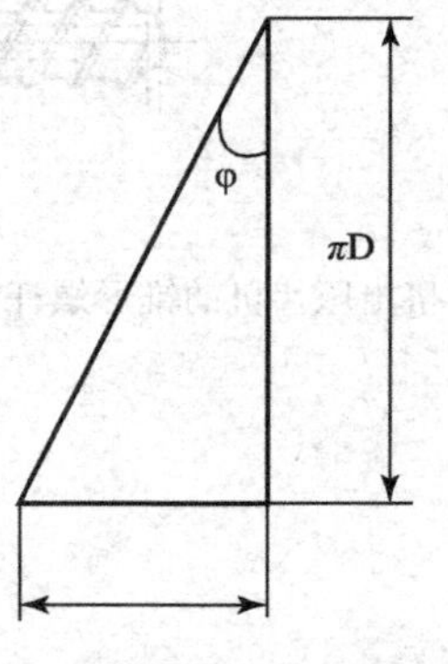

图 2.3.2－12　螺纹导程、螺距、升角关系

螺纹导程直接影响螺槽的有效容积，当导程 t 增大时，输送胶料能力提高，生产率也随之增加。但是 t 过大会造成胶料塑化不均，影响挤出质量。一般导程 t 为 $(0.6\sim1.5)D$，为螺杆加工方便和得到较高的生产率，等距螺杆可取 $t=d$。此时：

$$tg\phi=1/\pi$$
$$\phi=17°40'$$

（6）螺纹头数

在相同的导程下，单头螺纹的螺纹槽容积大，输送能力强，胶料发热量小，但挤出波动大；双头螺纹或多头螺纹的螺纹槽有效容积小，输送胶料能力低，但半制品挤出稳定，对提高挤出物的质量有显著好处。橡胶压型多采用多头螺纹，螺杆压片机和造粒机的喂料段多采用单头螺纹。

（7）螺纹断面形状

常见的螺纹断面形状如图 2.3.2－13 所示：

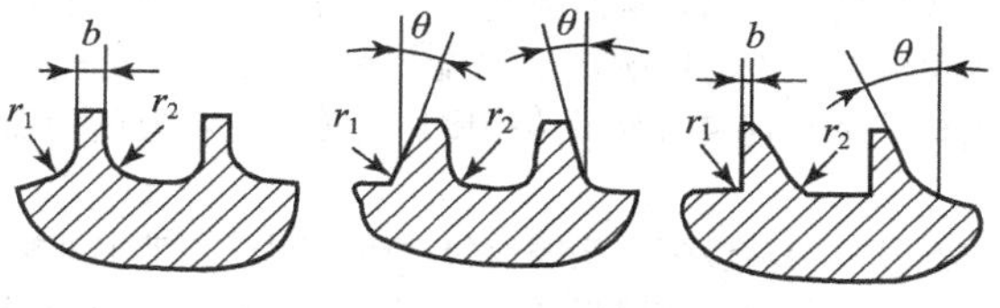

图 2.3.2－13　螺纹断面形状

在压型挤出机中，应用最多的螺纹槽断面是矩形。螺纹的推料表面与螺杆根径表面成 90°，用小圆弧 $r=(0.06\sim0.12)D$ 过渡，而螺纹背面则用大圆弧 $R=(0.12\sim0.18)D$ 过渡，这有利于胶料在螺槽中作横流，可促进胶料均匀混炼和塑化，避免局部焦烧。

梯形螺纹断面多用于小直径的螺杆，螺纹背面与螺杆横断面的夹角 α 为 10°～15°，圆弧半径 $r=R=(0.07\sim0.13)\ D$。

齿形螺纹断面具有较高的强度和输送能力，多用于大型造粒机和螺杆塑炼机，螺纹背面与螺杆横断面的夹角 $\theta<30°$。

(8) 螺杆头部形状

螺杆头部的形状应有利于胶料流动防止产生死角，避免胶料焦烧。平头螺杆在螺杆端头易产生死角，现在很少使用。常见的螺杆头部形状有：球形、锥形、弹头形和多螺槽形。多螺槽形头部螺杆，胶料在此得到进一步塑化和混炼。

2. 特殊结构螺杆

(1) 主副螺纹螺杆（强力剪切型螺杆）

主副螺纹螺杆的螺纹是由主螺纹和副螺纹组成，主螺纹从始到终贯通螺杆的整个工作部分；副螺纹附加在一个区段的主螺纹之间，副螺纹可以是一条或多条，其螺纹起端与主螺纹相交。如图 2.3.2－14 所示：

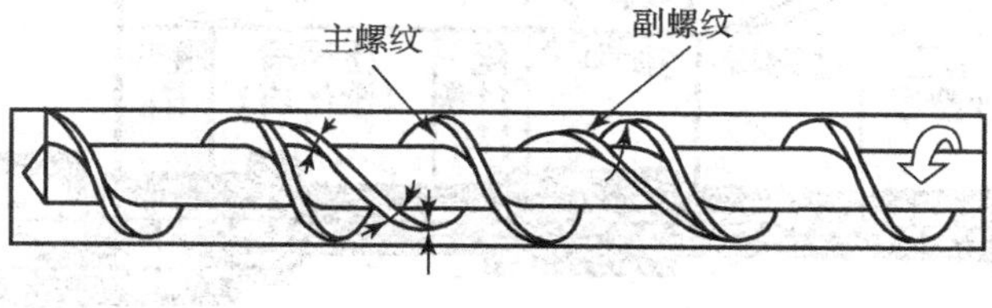

图 2.3.2－14　主副螺纹杆

主、副螺纹的导程不同，因此，两条螺纹之间的螺纹沟槽宽度不断变化，以致副螺纹的终端最后与主螺纹的另一侧交合在一起。另外，副螺纹的螺峰低于主螺纹，在主螺槽中，副螺纹就像一座“坝”，胶料随着螺槽运动，进入逐渐缩小的螺槽，未塑化的胶料被挤压在缩小的螺槽中，而塑化的胶料呈粘流性流体越过这个“坝”继续沿螺纹沟槽向机头方向移动，而未塑化胶料在缩小的沟槽中受螺杆的进一步剪切和挤压，直至呈粘流状态；同时，未塑化的胶料越过这个“坝”时，会被延和塑化，提高了螺杆的塑化和混炼胶料的能力。

(2) 销钉机筒挤出机螺杆

销钉机筒挤出机是冷喂料挤出机的新发展，它的优点是：挤出产量大，排胶温度低，单位能耗小，单位挤出量成本低。

它的结构特点是：在机筒的一定部位上装有数排沿机筒圆周方向排列的销钉，销钉直接伸入螺纹槽中，在销钉的相应位置处，螺杆螺纹在圆周上切成环槽的深度为螺纹槽的深度，如图 2.3.2－15 所示。

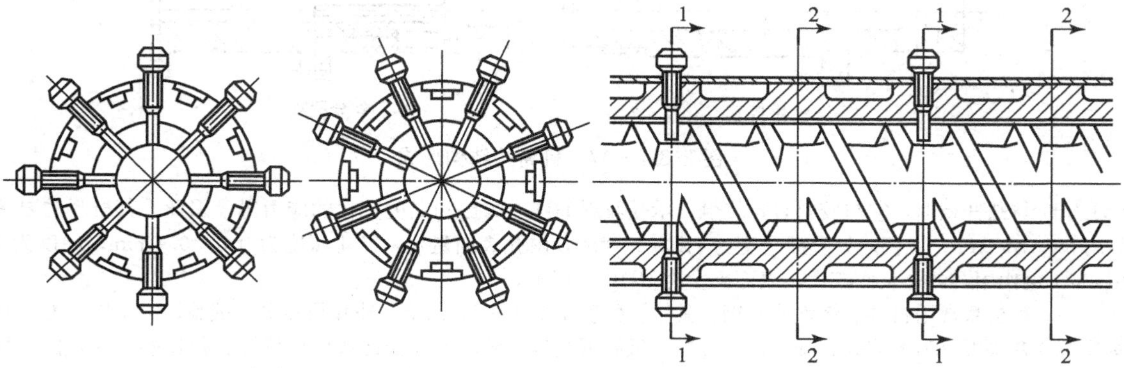

图 2.3.2－15　销钉机筒挤出机的机筒与螺杆

1—销钉；2—螺杆

在机筒上增加了销钉，使其对胶料的塑化性能、挤出制品的致密性、挤出量都有很大的提高，并且排胶温度较低，可满足多种生产工艺的挤出要求。

胶料在螺杆螺纹槽内做螺旋运动，胶料的中心存在着一个混合塑化较差的核心，尤其是胶料比较硬而且温度较低时，更容易形成。插入销钉之后。胶料的运行形态发生了变化。每当胶料通过销钉，便向销钉两侧分流，螺杆螺纹划过时，胶料被分割和延展，将核心暴露出来，使它们得以参与混合及塑化。当螺杆转动时一方面由销钉作顺流方向的分流；另一方面由销钉作周向搅拌，由此获得质量优良的半成品，从而强化了螺杆挤出机的塑化混合和捏炼能力。在普通冷喂料挤出机螺槽中运动的胶料，由于受到机筒内壁摩擦阻力的影响产生回流，而销钉冷喂料挤出机的销钉起着阻挡胶料回流的作用，从而提高了排胶量。销钉冷喂料挤出机的销钉直接与胶料接触增加了传导胶料温度的面积，有利于胶料热量的导出，因此这种机器的排胶温度比较低。

机筒销钉螺杆主要有：普通销钉螺杆、喂料段带多头螺纹机筒销钉螺杆和带主副螺纹螺杆。

机筒销钉螺杆采用普通螺杆螺纹，但在整个压缩段设置了销钉。这种螺杆适合于门尼黏度较低的胶料挤出，一般用在 ML1+4（100℃）30～50 的胶料中。

带多头螺纹机筒销钉螺杆，它在喂料段的螺纹是四头螺纹，而且具有较大的升角。这种螺杆比较适合门尼黏度中等的胶料挤出，一般用在 ML1+4（100℃）30～80 的胶料中。

带主副螺纹机筒销钉，它的结构比较复杂，喂料段是四头螺纹，压缩段前半段为机筒销钉段，后半段为主副螺纹段。这种螺杆既有销钉分流搅拌作用，又有主副螺纹强力剪切作用，能适合门尼黏度高且范围大的胶料挤出，一般用在 ML1+4（100℃）30～120 的胶料。

（3）排气螺杆

为保证挤出机的正常运转，第一、二均化段（即计量段）的挤出量必须相等。如果第一均化段的挤出量大于第二均化段挤出量时，物料必然在排气口溢出，反之，挤出不稳定，制品致密性差。如图 2.3.2－16 所示。

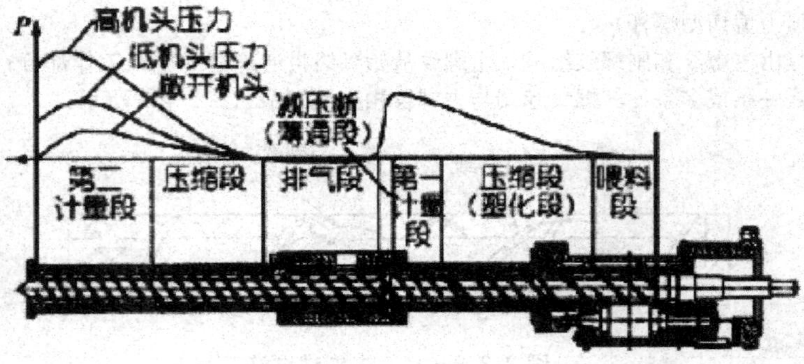

图 2.3.2－16　二阶单螺杆冷喂料排气挤出机结构

2.3.2　机筒

机筒与螺杆组成挤出机的挤压部分，它也是挤出机的主要工作部件，设计时除了对部件的强度有一定要求之外，还应考虑加热冷却的温度变化应力，同时结构上应考虑满足对胶料的冷却和加热的需要。如图 2.3.2－17 所示。

机筒的结构应具有足够的强度，能保证胶料的捏合塑化，并能满足冷却加热的要求。机筒一般由衬套、外套和机身组成，使用衬套是为了节省贵重金属的使用。机筒的构造可以是整体式也可以是分段式。整体式易保证精度，易装配，热量分布均匀，为大多数挤出机采用。分段式易加工、不易保证装配精度、热量分布不均匀，主要用于实验性挤出机和排气挤出机。

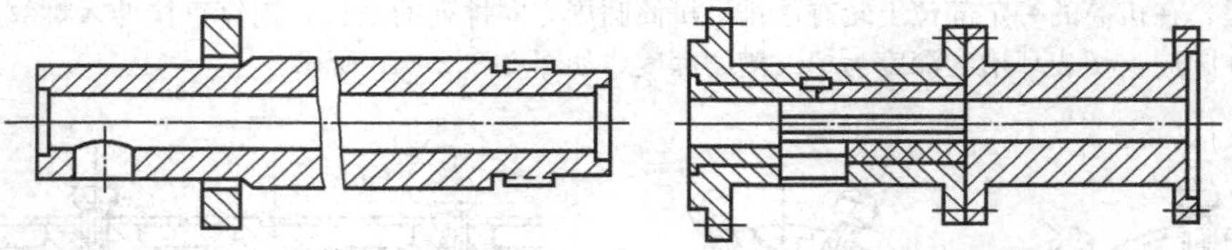

图 2.3.2－17　机筒的结构形式

衬套工作时与螺杆相似，它与胶料直接接触，承受胶料的压力摩擦和温度变化的应力等。因此，其材料的要求与螺杆相同，常用 38CrMoAlA，经调质处理后硬度为 HB250～280，内孔表面氮化，氮化深度为 0.5～0.7 mm，硬度为 HV950。也可以用 40Cr 钢代用，内孔表面淬火，表面硬度为 RHC55 以上。

机筒的外套和机身常用材料有铸铁或铸钢，其拉伸强度不低于 2 N/mm^2；外套须经水压试验，试验压力为 1 MPa。

机筒按组合方式可分为整体式和分段式。分段式机筒可适应螺杆的大长径比或变换螺杆长径比的要求，但不易保证装配的精度，影响螺杆与机筒的对中。法兰连接也会影响机筒温度的均匀性。随着我国机械加工水平的提高，已普遍采用整体式冷喂料机筒。

机筒按内部结构形式可分为整体式和组合式，如图 2.3.2－18 所示。组合式机筒由外套（机身）和衬套组成，衬套的厚度一般为（0.1～0.15）D。衬套与外套的配合，一般为轻度过盈配合，并用销钉或键定位。外套与衬套之间常用橡胶、聚四氟乙烯或紫铜密封圈进行密封，装配后必须进行水压试验。

为增加胶料与衬套内壁的摩擦，可在衬套内壁上开设纵向沟槽，以提高产量。喂料段的衬套上有四条来复线的沟槽，可提高喂料口的吃料能力，增强塑化效果，如图 2.3.2－19 所示：

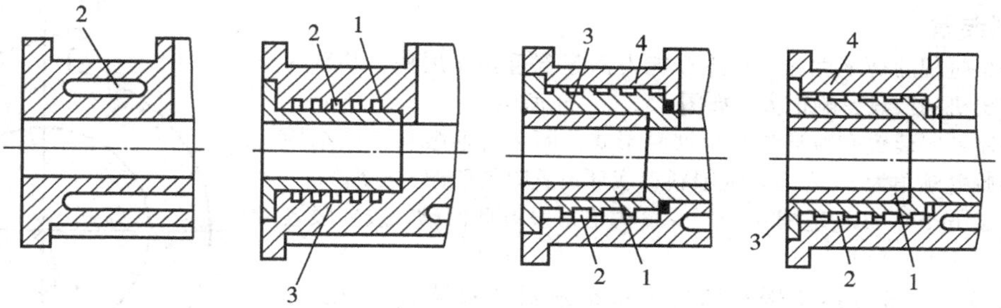

图 2.3.2-18　机筒的类型与结构

1—机身；2—衬套；3—夹套；4—加热冷却介质流道

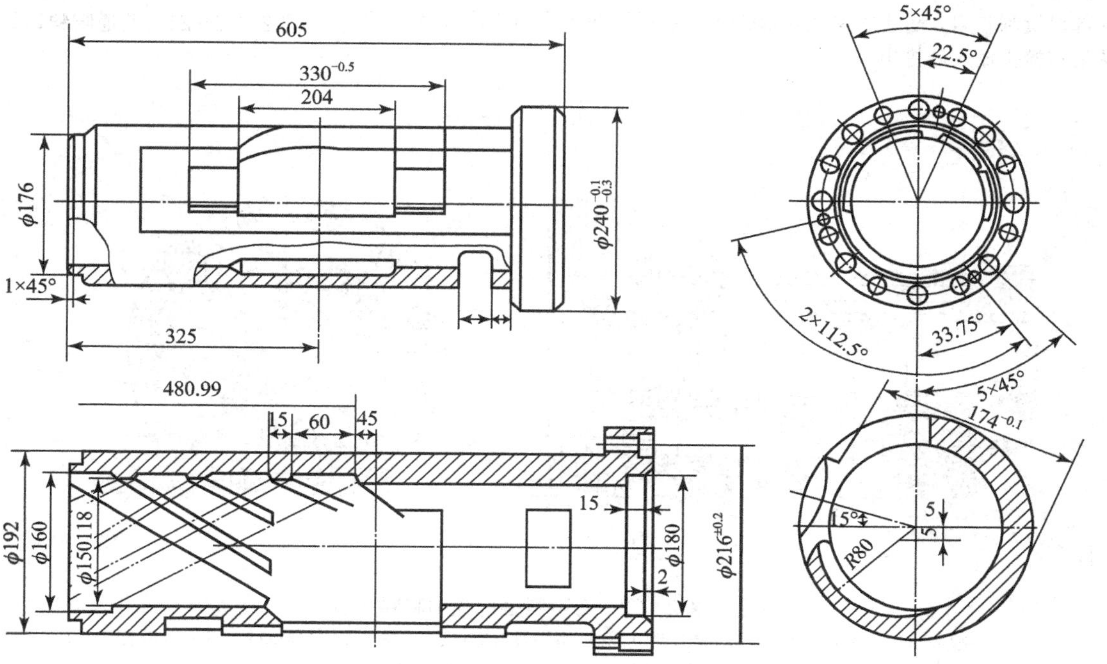

图 2.3.2-19　喂料段机筒的衬套结构

机筒的冷却加热流道结构各有不同，一般为环形流道，但是销钉式机筒就与其他机筒的不同，为了使销钉穿过机身时不影响流道，机身的流道则是钻孔式流道。如图 2.3.2-20 所示。

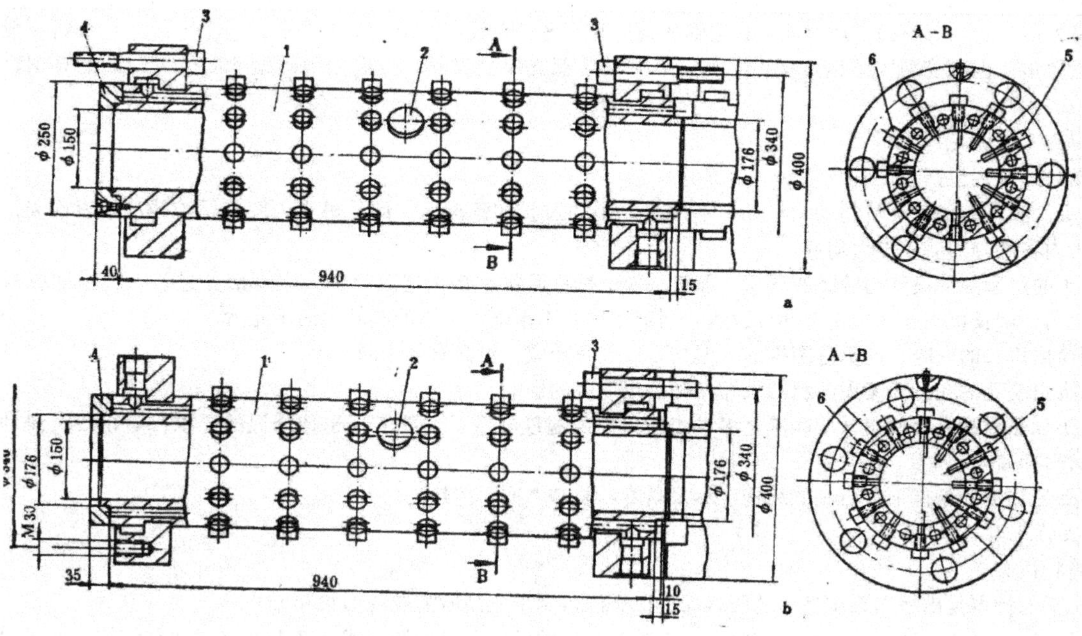

图 2.3.2-20　销钉机筒挤出机机筒

1—机筒；2—温度计；3—螺栓；4—垫环；5，6—销钉

2.3.3　喂料装置

喂料装置对挤出过程的稳定性和强化生产能力都起着重要作用喂料装置的结构与尺寸，对挤出机的产量影响很大。如图 2.3.2－21 所示。

喂料口有带强制喂料装置和普通喂料口两种形式。图为普通喂料口的结构断面图。喂料口的侧壁倾角为 30°左右，在喂料口底部设置喂料凹槽，深度为t=0.1D(最大不超过 12 mm)。凹槽范围α=15°～30°左右。没有此凹槽，胶料喂入过程就会发生中断。

带强制喂料装置有：带旁压辊喂料装置和带推料器喂料装置两种。如图 2.3.2－22所示为带旁压辊的喂料装置，其旁压辊上的齿轮与螺杆上的固定齿轮啮合，螺杆转动时带动旁压辊转动，转动的旁压辊与胶料产生摩擦，从而对胶料施加推力。为防止胶料挤入轴承，在旁压辊两侧挡板上设有返胶沟槽；在旁压辊底部设置刮胶刀，防止胶料从底部挤出。喂料辊在工作时由冷却水冷却，冷却水从旋转接头输入和排出。

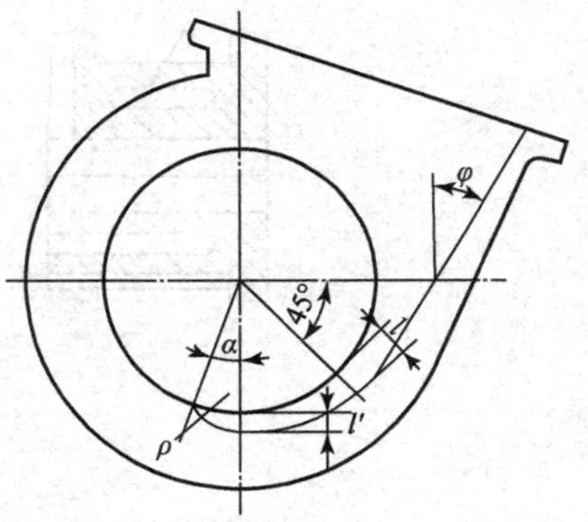

图 2.3.2－21　普通喂料口的结构断面

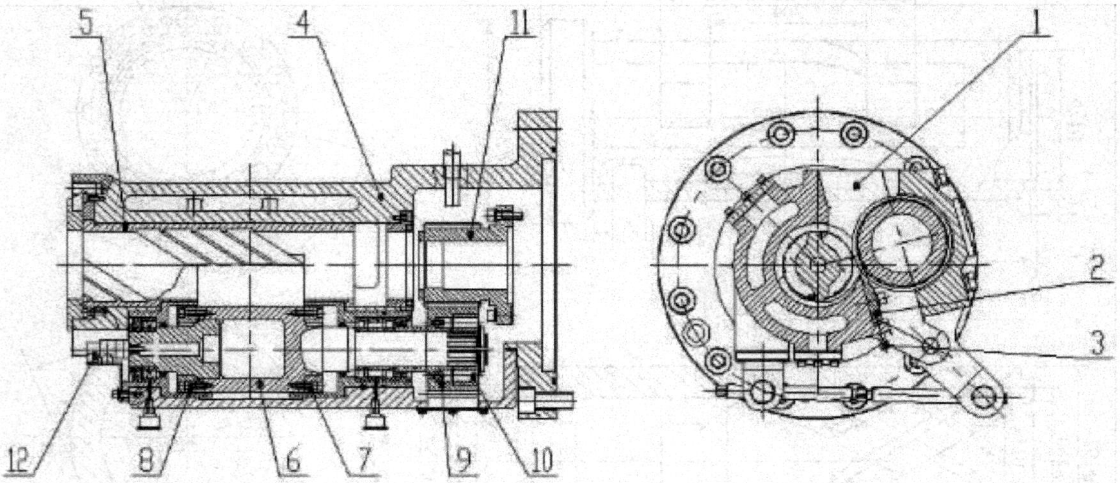

图 2.3.2－22　带喂料辊的强制喂料装置

1—喂料口；2—刮胶刀；3—刮胶刀调节螺栓；4—喂料座体；5—衬套；6—喂料辊；7—右返胶环；8—左返胶环；9—速比齿轮；10—安全销；11—齿轮套；12—旋转接头

2.3.4　机头

机头是挤出机的主要部件，也是制造半成品的模具。它的作用是使螺旋运动的胶料转变为层流状态的直线运动，同时形成必要的压力和完成半成品的形状的成型。

机头材料应具有：耐磨损、耐腐蚀；有足够的强度和刚度；在较高的温度下不变形；加工容易。其材料一般采用高强度的铸铁或铸钢，也可以采用碳钢焊接。芯型、口型及芯型支座的材料，应选用中碳钢 40Cr 或 T8A 工具钢，表面硬度 HRC42～66。

1. 机头设计的原则

机头设计的原则包括：

1）机头内腔应能保证胶料的均匀流动，不准有急剧的过渡和停滞区。即，机头内腔应是流线型，表面光滑，力求使胶料在机头内各部分的流动阻力均衡。

2）机头的定型部分设计与胶胚的形状、加热条件、螺杆形状和挤出速度有关。定型部分过长，会增加胶料流动的阻力及机头压力，增长机头尺寸；定型部分过短，则定型尺寸不精确，挤出的胶胚表面不光滑。

3）圆筒形机头的内腔，通常是圆锥形，但其入口处直径应与机筒直径相同。

4）机头出胶孔的孔型要考虑胶料的收缩率和挤出速度的影响。

5）机头加热冷却夹套的设计应能满足多种胶料挤出的温度要求，并能实现迅速降温的要求，防止胶料流动速度较低时或停车时早期硫化。

6）在保证强度的条件下，机头的结构应尽量紧凑，装卸方便，传热均匀。

2. 机头的结构

（1）筒状机头

筒状机头的特点是由挤出系统挤出的胶料通过机头能得到半成品所需要的形状和尺寸。

筒状机头用于制造各种空心制品，如胶管、内胎等。这种机头有口型调整式和芯型调整式两种结构，通过口型或芯型的调节可以改变挤出半成品的厚度和厚薄均匀性。按照工艺要求，一般机头的芯型均设置了用于喷涂隔离剂的通道。

（2）片状机头

片状机头又称为胎面机头和胶片机头，主要用于挤出轮胎胎面或胶片的挤出。老式胎面机头的结构如图 2.3.2－23 所示。

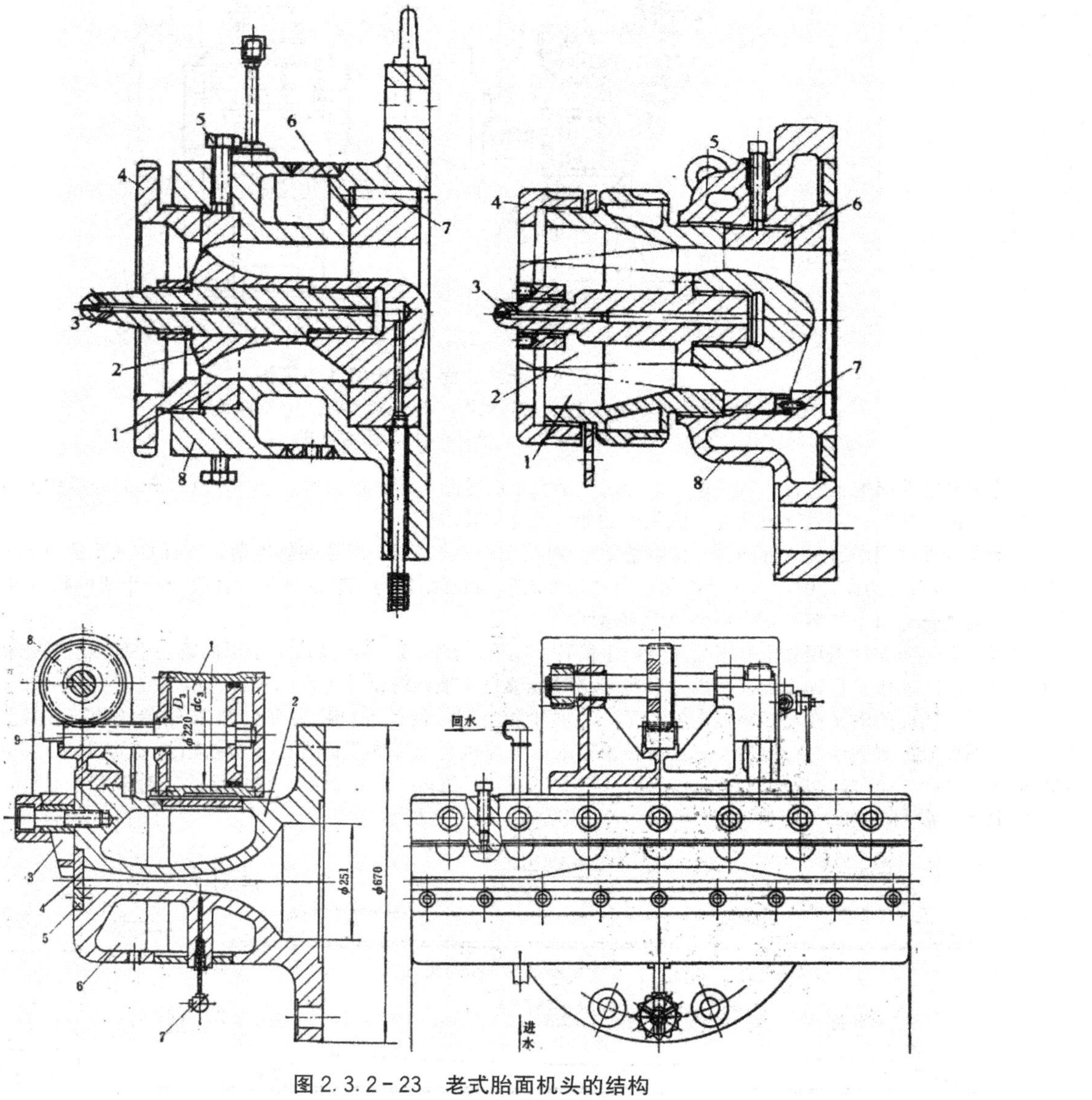

图 2.3.2－23　老式胎面机头的结构

1—气缸；2—上部机头；3—楔板；4—上型板；5—下型板；6—下部机头；7—热电偶；8—齿轮；9—齿条

下型板固定在下部机头上，上型板用楔板卡住，气缸的活塞杆上的齿条驱动齿轮使楔板升降，完成型板的卡住和卸下。为了保证胎面厚薄不一的断面能均匀地挤出，胎面机头的流道做成一定的曲线，即流道中间的缝隙小于两侧的缝隙，保证胶料的流速在口型宽度方向上均匀一致。

近年来，挤出轮胎胎面、胎侧、三角胶等半制品的机头结构有了很多变化，其主要改进有：机头采用液压缸闭锁和开启，大大方便机头的清理；机头内的流道可以按半制品的要求进行更换；两种以上的胶料通过不同的挤出机挤压后汇合在一个机头上挤出，适应子午线轮胎生产需要的、技术要求较高的多复合机头。

新式胎面单挤出机头外形如图 2.3.2－24 所示，上部机头铰接安装，在油缸的驱动下可绕铰支轴开启。上下机头外壳用左右两侧的斜楔卡块锁紧，斜楔卡块由油缸驱动，供机头锁紧。口型板通过油缸驱动的插板来锁紧。

为了发挥各种不同配方胶料的特性，降低成本，现代的轮胎胎面、胎侧部件半成品均采用多种胶料组成。

PCR 胎面工艺发展趋势

十多年前，PCR 胎面主要由胎冠胶、基部胶、翼胶等组成，因此可用二复合或三复合挤出机来挤出其胎面部件。

如今，为了达到欧盟标签法对轮胎湿滑性能等级、滚动阻力等级的技术指标要求，保护环境，保障汽车行驶安全性，轮胎行业在研制新配方、突破滚动阻力和湿滑性能的技术指标方面，比较成功的方案就是采用高比例白炭黑配方满足降低滚动阻力和湿滑性能的要求。一般来说，橡胶电阻率小于 10^8 Ω · cm 则可以顺利导除汽车行驶中产生的静电，满足汽车安全性能的要求。而高比例白炭黑配方胶料的电阻率远远大于 10^8 Ω · cm，不能满足汽车行驶安全要求。目前轮胎行业最成

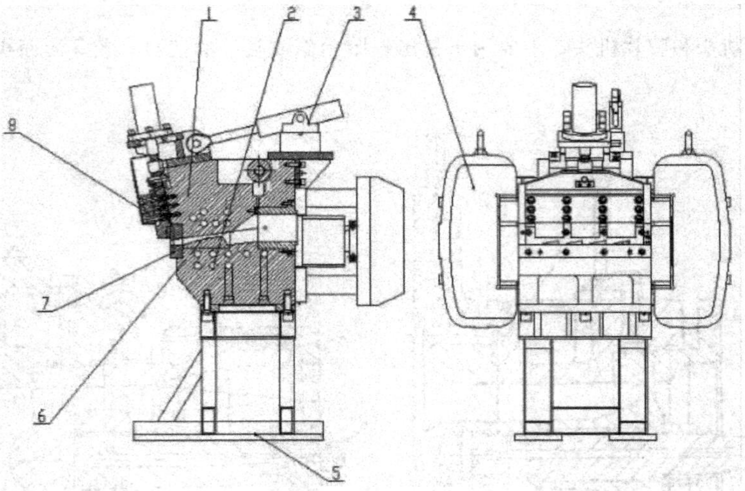

图 2.3.2－24　新式胎面单挤出机头示意图

1—上模；2—下模；3—翻转机构；4—锁紧机构；5—支撑底座；
6—流道；7—口型；8—口型插紧装置

功解决轮胎导电性能的工艺方法是采用“烟囱法”胎面生产轮胎，即在电阻率大于 10^8 Ω·cm 的橡胶中嵌入电阻率远远小于 10^8 Ω·cm 的橡胶，用做导电通路，满足轮胎导电性能的要求。

轮胎在行驶过程中通过“烟囱胶”接触地面，导除汽车行驶过程中产生的静电荷，以保证汽车的行车安全。因此在高性能的 PCR 胎面结构设计中，基本上都包括有“烟囱胶”。随着结构与工艺的变革，在复合挤出机的技术发展中，四复合、四加一、五复合等新型的多机复合机型也就应运而生了。

中国化学工业桂林工程股份有限公司（以下简称 CGEC）在 2005 年研发成功了国内第一台四复合挤出机组。并在米其林工厂投入生产使用。直到今日，国内也只有 CGEC 能够自主地系统设计生产四复合机组。

为了提高胎面的耐磨性与抓地性能的平衡，一些轮胎公司的设计人员将高等级 PCR 轮胎的胎冠胶分为两种不同的胶料，以分别提升其耐磨性与抓地性能。这种技术要求，为橡机公司提供了研发五复合挤出机组的机遇。CGEC 抓住了这个市场机遇，在 2015 年成功开发了 90C/120C/250C/200C/150C 五复合挤出机组，提供给国外轮胎生产企业使用。

PCR 胎冠胶与胎侧胶多复合结构如图 2.3.2－25、2.3.2－26 所示。

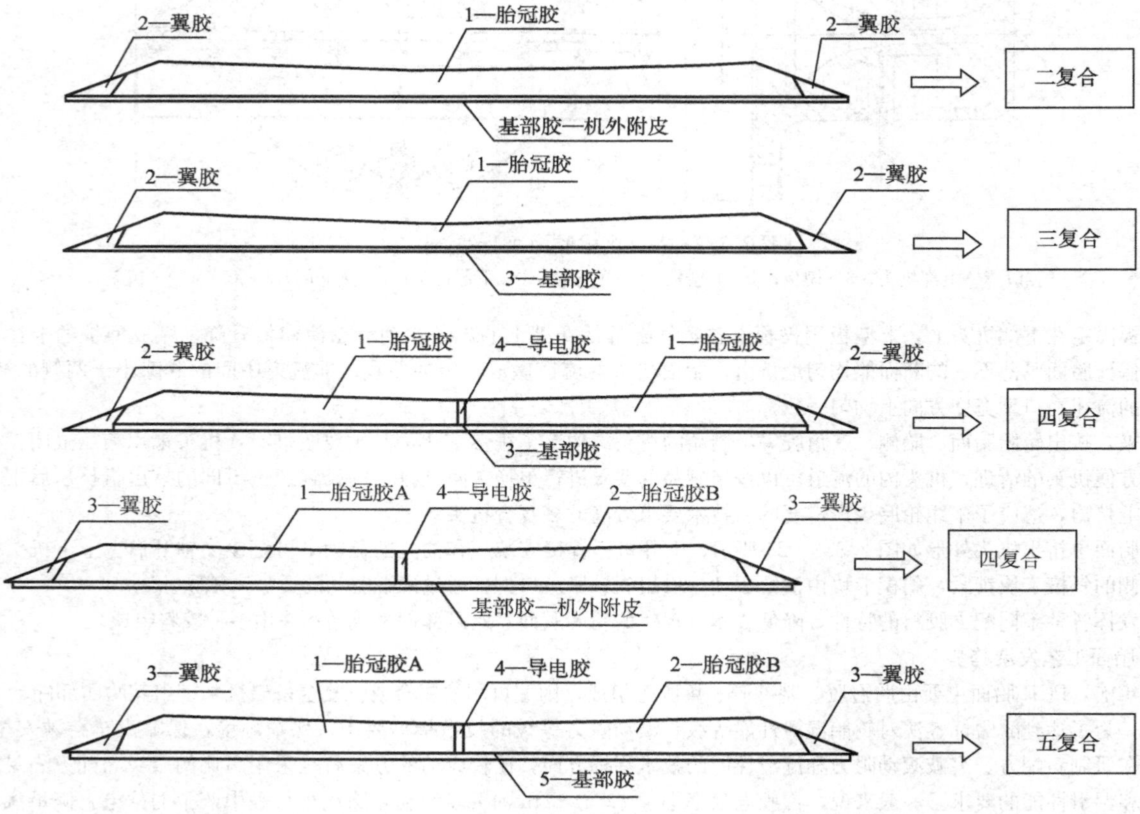

图 2.3.2－25　PCR 胎冠胶多复合示意图

PCR 胎侧工艺发展趋势

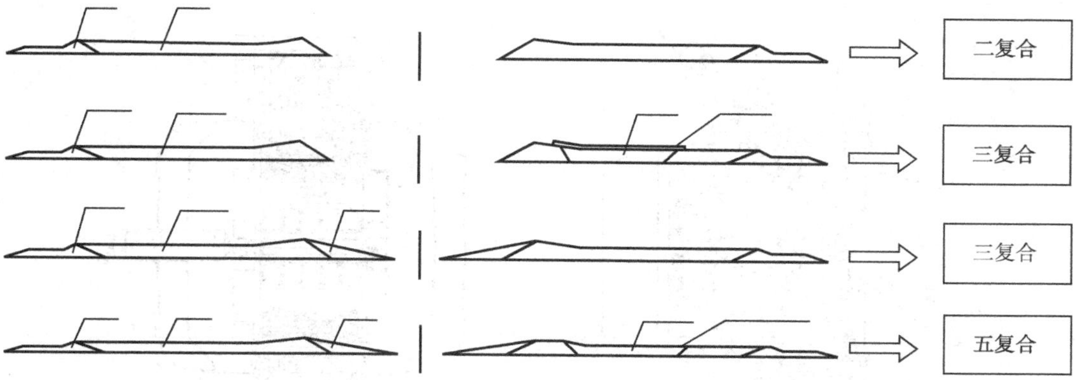

图 2.3.2-26 PCR 胎侧胶多复合示意图

为了生产多种胶料的复合胎面，可以采用机外复合或机内复合。所谓机外复合，就是根据胎面的复合结构，配备几台普通胎面机头的挤出机，分别挤出各个部件，然后在联动线上贴合成复合胎面。机内复合就是把两台或两台以上的挤出机使用一个公共的机头（复合机头）挤出复合胎面。

采用复合机头挤出胎面可使组成胎面的各个部件贴合良好而且尺寸精确，是机外复合不可比拟的。但是，复合机头的各台挤出机的螺杆转速、胶料温度的控制要求严格，其流道板的设计和加工都比较困难。复合机头的结构形式有：对顶式（如图 2.3.2-27 所示）、骑背式。

复合胎面机头早期是采用对顶式结构，即两台挤出机同轴相对安装。这种机头的缺点是口型板装在机头下部，安装检查口型板比较困难，目前已经很少采用。

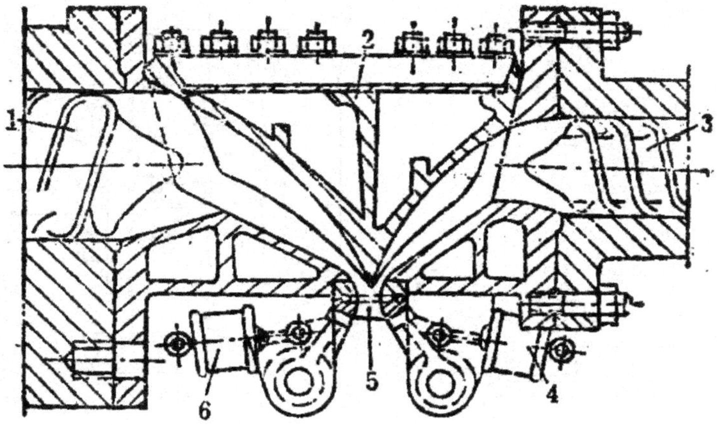

图 2.3.2-27 对顶式复合机头

1—大螺杆；2—复合机头；3—小螺杆；4，6—口型固定油缸；5—口型

骑背式多复合机头，从复合橡胶种类数量上来划分，现在已形成二复合，三复合，四复合，五复合等系列化复合机头。从复合机头挤出断面宽度来划分，现在已形成挤出宽度分别为 350，500，650，850 等系列化宽度的复合机头。

骑背式多复合机头的结构如图 2.3.2-28 所示，下面以四复合机头为例进行描述。PCR 胎面四复合挤出机的典型配置为 90C/120C/250C/150C。上面是直径较小的螺杆挤出机分别挤出导电胶和翼胶，中下面是直径较大的螺杆挤出机，分别挤出冠部胶和基部胶。这种机头由上模、上中模、中模、下模、锁紧装置、流道、口型装置、上翻转装置、下翻转装置、口型锁紧装置等组成。上、下部分的模体可由油缸驱动翻转开合，开启时用于清洗机头和更换流道块，闭合后由油缸驱动、楔块锁紧。口型板固定在预成型板上，胶料由螺杆输入机头经过渡套及流道块和预成型板和口型板挤出。各模体均分别设有加热冷却水道，口型盒可使用专门的电加热装置进行预热。机头上各挤出机出口处均装有压力传感器和温度传感器来测量机头内胶料压力和温度，还设置有热电偶及控温装置。

这种结构的机头，油缸驱动后部的横梁，将锁紧机构中的锁门往前移动，从而与上、下部位的模体脱开，然后锁门绕中模旋转打开一定角度，各模体就可以翻转打开清理了。由于后部横梁占用的地方较大，各挤出机机筒与机头的联接螺钉紧固与取出均不大方便，另外挤出机机筒的销钉取出/紧固也不是太方便。

为了解决上述问题，CGEC 开发了一个侧面锁紧的多复合机头。其结构如图 2.3.2-29 所示，下面以三复合机头为例进行描述。这种结构的机头，后部没有阻碍装配与维修操作的横梁，其锁门只有一个侧面移动的动作，这是 CGEC 的专利产品。

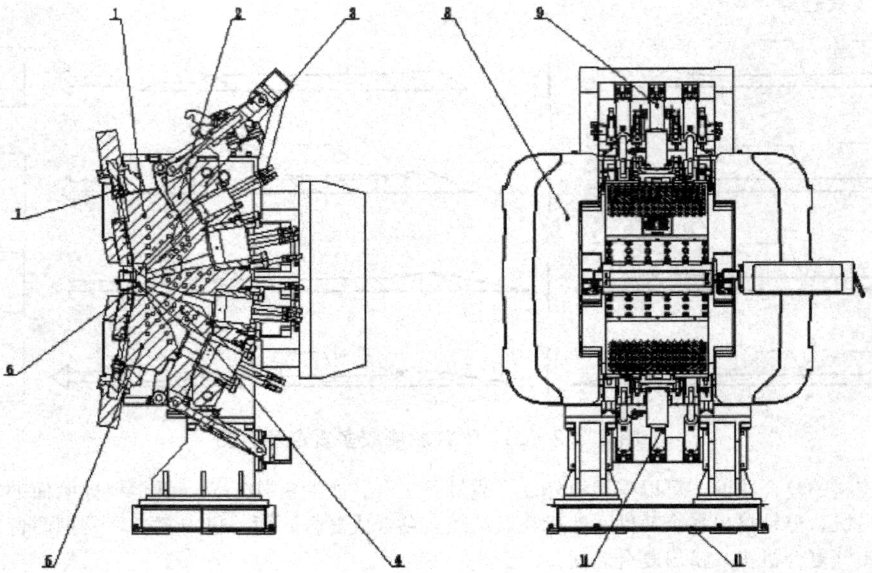

图 2.3.2－28　骑背式四复合液压机头

1—上模；2—上中模；3—中模；4—下中模；5—下模；6—口型盒；7—口型盒插紧装置；
8—机头锁紧装置；9—上部模体翻转装置；10—下部模体翻转装置；11—机头底座

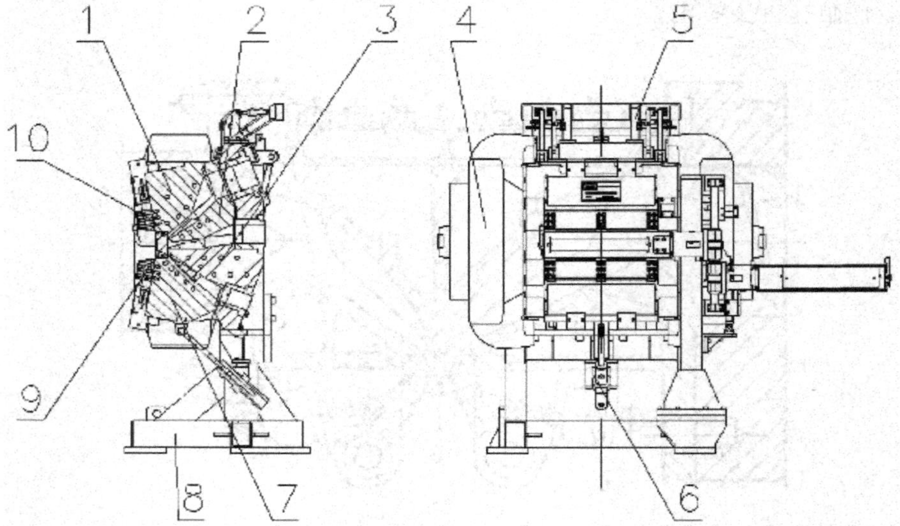

图 2.3.2－29　侧面锁紧三复合液压机头

1—上模；2—上中模；3—中模；4—机头锁紧装置；5—上部模体翻转装置；6—下部模体翻转装置；
7—下模；8—机头底座；9—口型盒；10—口型盒插紧装置

（3）直角和斜角机头

直角机头和斜角机头又称 T 型和 Y 型，主要用于电线覆胶、电缆覆胶和子午线钢丝层覆胶。

如图 2.3.2－30 所示，斜角电缆机头，这种机头的胶料流动阻力较小，但由于没有均压装置，使得机头内压不均，容易出现包胶的厚薄不均。图右为带均匀环分流器的直角机头，用于电缆的包胶，与连续硫化的管道连接成一体。均压环的内孔支撑着导管，防止在挤出压力作用下偏移，影响到包胶厚度的均匀性。

（4）滤胶机头

滤胶机头用于需过滤胶料中的杂质。其结构如图所示，滤胶机头上装有孔板及过滤网，孔板用于支撑过滤网，孔径为 4～8 mm 的锥形孔，向胶料流动方向扩张。孔板上的小孔总面积约占板面积的 40%～50%，孔板直径为螺杆直径的 1.65～1.8 倍。过滤网一般采用钢丝网，其孔目按工艺要求而定，一般采用两层网，一层粗网，一层细网，粗网起着支撑细网的作用。

挤出机机头还可以按机头内压力的大小分为：①低压机头，压力小于 4 MPa；②中压机头，压力在 4～10 MPa；③高压机头，压力高于 10 MPa。如图 2.3.2－31 所示。

（5）宽幅挤出机头

该机头由两台 250 挤出机供料，可以挤出宽度尺寸为 2 200～3 200 mm 的胶片，经压延机压延后，得到合格厚度尺寸

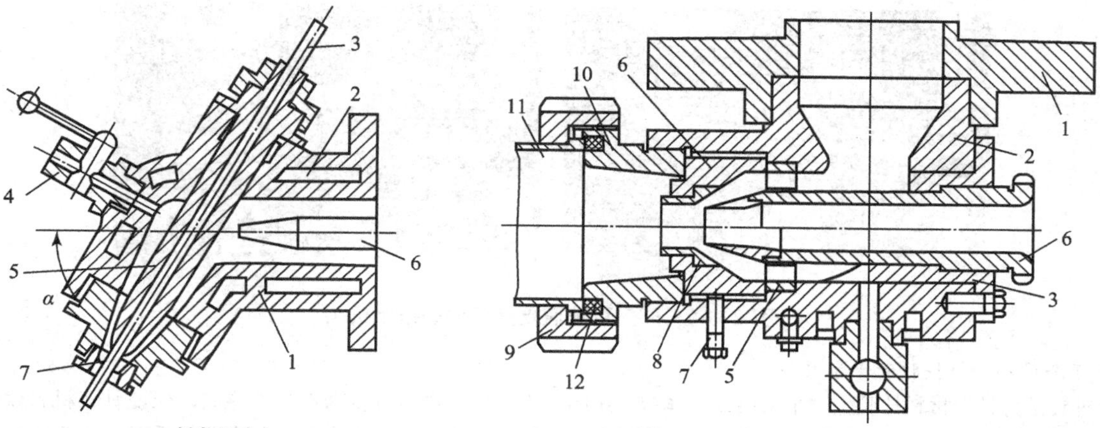

斜角机头　　　　带均匀环分流器的直角机头

图 2.3.2-30 斜角电缆机头和带均匀环分流器的直角机头

1—机头外壳；2—流道；4—溢胶口；5—芯型；6—螺杆；7—口型

1—法兰；2—机头壳；3—机头腔；4—导管；5—均压环；6—口型座；7—调节螺栓；

8—口型；9—螺母；10—连接器；11—接管；12—密封垫

的宽幅胶片。如图 2.3.2-32 所示。

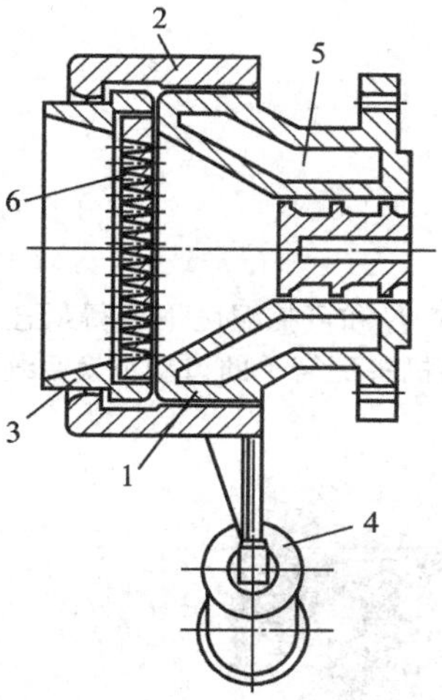

图 2.3.2-31 滤胶机头

1—机头外壳；2—错齿环；3—支撑环；

4—气缸；5—加热介质流道；6—孔板

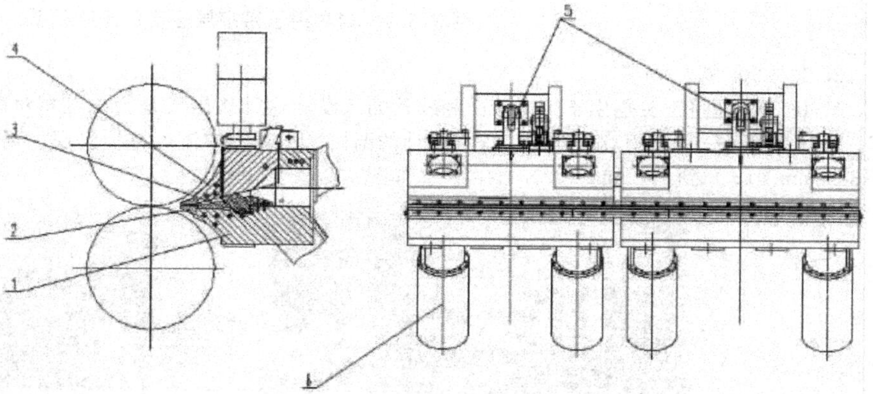

图 2.3.2-32 宽幅挤出机头

1—下模；2—口型；3—流道；4—上模；5—上模翻转装置；6—锁紧油缸

2.3.5 机头模具

连接在螺杆挤出机头部的机头流道和口型板等，称为机头模具。机头的作用是使胶料从螺旋运动状态变为直线运动状态，建立起制品生致密性需要的机头压力，形成制品的形状。挤出不同胶制品的品种、形状、尺寸，有不同的机头流道和口型板形式。挤出模具的设计制造应考虑如下方面：

1）机头内腔流道的形状以螺杆头部直径为始点，至进入预口型为终点，应以流线型平滑过渡截面，不能突变，也不能产生任何死角，内腔表面至少不低于 0.8 的粗糙度，以保证胶料挤出流动顺畅，并要有足够的表面硬度才能抵御胶料长期对它的损蚀。

2）流道截面形状要考虑胶料的粘弹性为，使胶料流动截面能尽量均布压力。

3）机头长度要合适。较长有利于胶料变形应力释放，制品挤出后尺寸较稳定。但过长会使机头压力增加；较短的机头长度不足于满足胶料变形应力释放需要的时间，挤出后的尺寸就不稳定。

4）口型有一段平直长度，称为定型长度，一般在 4～6 mm 范围内，根据胶料性能、制品形状尺寸、挤出速度等情况选择。定型过长时出口阻力增加，容易产生胶料焦烧；过短则定型不足而制品挤出后尺寸不稳定。

5）机头需要有压力检测控制，需要通入介质加热/冷却达到恒温控制，口型段加热恒温控制，结构上要考虑可靠地装配自动检测需要的元器件。

6）在考虑满足强度前提下结构紧凑的同时，要兼顾机头体应有必要的热惯性，以保证较好的温度稳定性。

VMI-AZ 开发了主要应用于轮胎工业的大范围的十字挤出机头、宽挤出机头和多复合挤出机头，其特点是可快速更换口型，更换口型的时间仅需几秒。如图 2.3.2-33 所示。

图 2.3.2-33　可快速更换口型的挤出机头

1. 用于金属和纤维挂胶的十字机头

十字机头是为骨架材料挂胶生产带束层或胎体帘布用的。十字头主要通过特殊设计的导向，保证骨架材料就位并被橡胶包裹。在大多数应用中，机头将与齿轮泵合用以取得平稳的压力和流速。机头内部的压力非常重要，因为它可以确保骨架材料和橡胶充分的接触。VMI-AZ 十字头能够根据应用需要，通过特定的口型设计控制压力。如图 2.3.2-34 所示。

图 2.3.2-34　用于带束层生产的十字机头

2. 宽挤出机头

VMI-AZ 宽挤出头是用于生产胎面和胶片的。设计这种挤出头是为了在相对高的产量和可控温度下取得最佳的效率，通过螺杆——口型距离的缩短、仔细设计的温控区和新颖的流道结构实现。宽挤出机头配简单的口型更换系统可用于 300 mm（12″）到 800 mm（32″）的范围。如图 2.3.2-35 所示。

图 2.3.2-35　全自动可调的宽挤出机机头（带有可开可关的夹持块）

3. 多复合机头

VMI-AZ 的多复合挤出机机头基于普通的模块化设计，使挤出机头的上半部分可以收回，这样能够快速更换流道。所有系统均液压操作并且通过一个中心液压动力装置控制。机头的上半部分能被垂直定位的液压缸打开，便于清洗和更换流道。下部的流道与机头的下半部分一体（单一机头），或放在机头下半部分内并被上半部分压住，通过液压缸向上移动，便于清洗和更换（二复合、三复合、四复合等）。如图 2.3.2-36 所示。

图 2.3.2-36　VMI-AZ 多复合挤出机机头在关闭和打开位置的正视图

口型组被螺栓固定在一起并作为一套使用，用之前可以重新排列。口型组可以预热并快速更换。整个口型组通过口型锁定系被向后压而抵住流道并且被夹持块向下压住，电子口型加热杆放置于夹持块中。

2.4 挤出机工作原理

2.4.1 胶料在挤出过程的物性变化

胶料在挤出过程中常被分成三种状态进行研究：在螺杆的喂料段胶料处于高弹态，即固体状态，挤出过程中它具有某些固体输送特性；在螺杆的塑化段，胶料处于固体与熔体的混合状态，由固体向熔体转化状态；在螺杆的挤出段，胶料全部转化为熔体，挤出过程中具有某些熔体输送特性，适用粘性流体的流体动力学定律。

根据胶料在挤出过程中的变化，可将螺杆工作部分大体分为：喂料段、塑化段和挤出段三个区间。热喂料挤出机由于喂入的胶料已经预热，在挤出过程中胶料的状态变化不显著，而冷喂料挤出机则表现更为明显。

对于喂料段和挤出段可以分别利用固体输送理论和熔体输送理论进行研究，分析喂料段的进料能力和挤出段的挤出能力对机器生产能力的影响。而塑化段的研究用于分析对胶料的混炼和塑化质量。喂料段的作用是吃进胶料。在螺杆螺纹沟槽表面与机筒内表面之间形成相对运动，在喂料口处在连续形成胶团，这些胶团边转动边前进，逐渐压实，胶料由硬变软，开始塑化。

塑化段的作用是压缩、加热、塑化胶料。由喂料段过来的胶团相互粘结，在螺杆轴向力的作用下逐渐压实。被逐渐压实的胶料在螺杆和机筒之间受到摩擦及速度梯度作用下，使胶料受到压缩和剪切变形，受热并塑化，胶料由高弹的固体状态向粘流状态转化。

挤出段要完成计量和均化作用。从塑化段送来的胶料进一步被加压、搅拌、塑化，并向机头挤压，使胶料定量、定压、定温地从机头口型中挤出。

2.4.2 胶料在挤出段机筒内的流动

胶料在挤出段上的流动为粘性流体流动，采用流体动力学理论研究螺杆的挤出段胶料如何塑化，以保证胶料能定压、定量、定温地从机头挤出，以得到稳定的产量和高质量的制品。

挤出段的熔体输送理论假设：胶料在挤出段已全部熔融的等温牛顿型流体，流动为层流稳定，在流动过程中，黏度、密度都不变；胶料沿螺纹沟槽方向压力梯度为定值；螺距不变，螺纹沟槽等深；胶料沿机筒和螺杆表面无滑动。

为了讨论问题方便，假设将螺纹沟槽和机筒分别展开在两个平面上，并令螺杆展开平面为静止。因为胶料在螺纹沟槽中的运动为螺旋状，将机筒和螺杆展开为平面是不考虑胶料在机筒内的螺旋运动。

设：机筒展开平面以速度 $v=\pi \cdot D \cdot n$，相对于螺杆展开平面且螺纹沟槽成 θ 角平移。如图 2.3.2－37 所示：

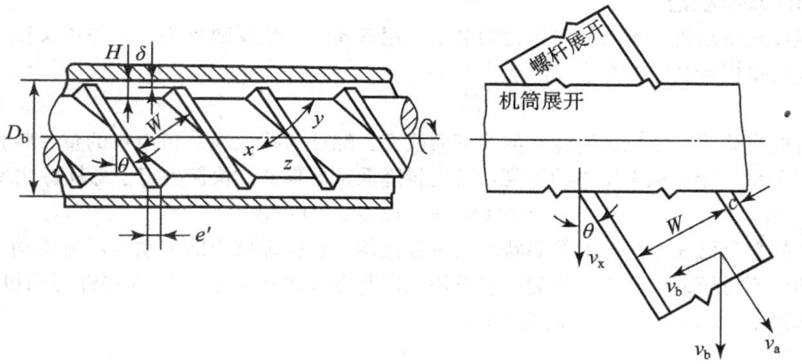

图 2.3.2－37 机筒与螺杆模型

在机筒摩擦力作用下，熔融胶料被拖动前移，胶料的流动速度可分解为平行于螺纹沟槽方向的分速度 vz 和垂直于螺槽方向的分速度 vx。胶料在螺槽内的压力沿流动方向逐渐升高，迫使部分胶料由机头向胶料口方向反流（压力流），包括沿螺纹沟槽相反方向的反流（即逆流）和从螺峰与机筒内壁的间隙之间流动的且方向与螺纹输送方向相反的漏流。因此，在挤出段的胶料流动可视为是顺流、逆流、漏流和环流的组合。

顺流，又称压流或拖流，这是胶料沿螺纹沟槽方向（z 方向）的流动。它是由速度 Vz 引起的，其作用是输送胶料，流量用 Q_d 表示。如图 2.3.2－38 所示。

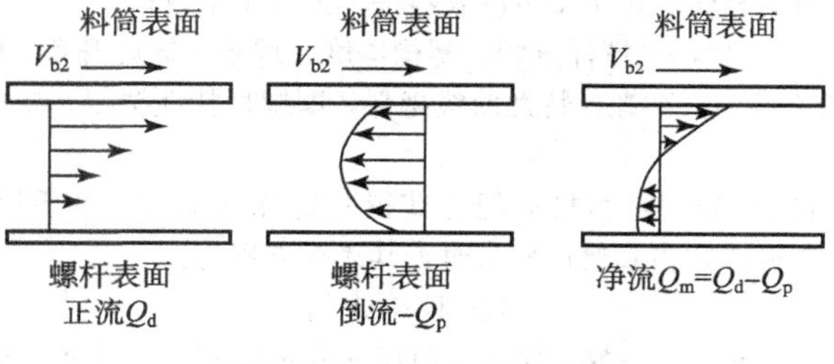

图 2.3.2－38 顺流与逆流

逆流，又称倒流或反流，这是由于口型阻力而引起，其流动方向与顺流相反，它将引起产量的损失，流量用 Q_p 表示。如图 2.3.2-38 所示。

漏流，它由口型阻力引起，迫使胶料通过螺峰与机筒内壁间隙的流动，其方向与顺流方向相反，与逆流方向相同，因此，不利于产量的提高，流量用 Q_l 表示。如图 2.3.2-39 所示。

横流，又称环流，这是由分速度 V_X 而引起，它使胶料在螺纹沟槽内产生翻转流动，促使胶料混合、塑化、搅拌和均化。对产量影响可忽略不计。如图 2.3.2-40 所示。

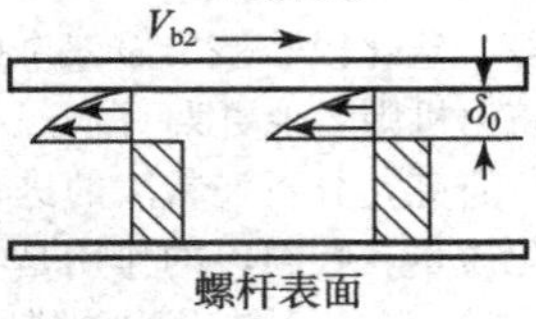

图 2.3.2-39　漏流

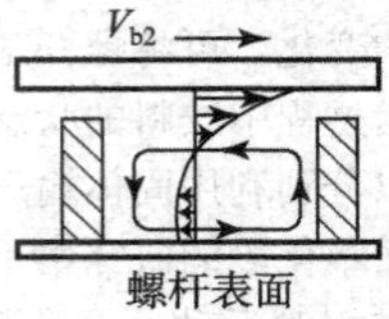

图 2.3.2-40　横流

熔融胶料在螺纹沟槽内的运动是这四种运动的组合，所以，在螺纹沟槽中胶料以螺旋形的轨迹前进，如图 2.3.2-41 所示：

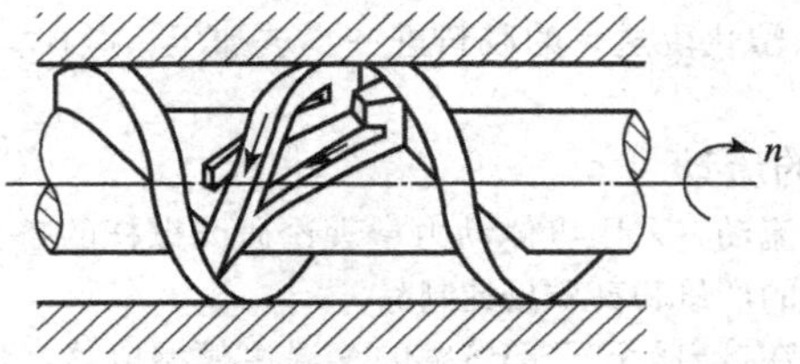

图 2.3.2-41　胶料在螺杆螺纹沟槽螺旋运动的示意图

所以，挤出机的生产能力可以表示为：

$$Q=Q_{d(\text{正流})}-Q_{p(\text{逆流})}-Q_{l(\text{漏流})}$$

2.4.3　挤出机的工作状态

如果用螺杆特性线反映挤出机产量与挤出压力的关系，用口模特性线反映机头产量与机头压力的关系，挤出机的综合工作点就是螺杆特性线与口模特性线的交点。

1. 螺杆特性曲线

它是一组相互平行的直线族，随螺杆转速 n 的改变而改变。螺杆的特性线是挤出机的重要特性之一，它表示螺杆挤出段熔体的流率与压力的关系。随着机头压力的升高，挤出量降低，而降低的快慢决定于螺杆特性线的斜率。

$$Q=Q_{d(\text{正流})}-Q_{p(\text{逆流})}-Q_{l(\text{漏流})}$$

假定，①挤出段中物料是已完全熔融的等温状态的牛顿流体，它在螺槽中的流动为层流流动；②熔体的压力仅仅是沿螺槽方向的函数；③熔体不可压缩，其密度不变；④螺槽宽度与深度之比大于 10；⑤将螺杆和机筒分别展为两个大平面，并设螺杆平面静止而机筒平面以 $vb=\pi Dn$ 的速度平移。

则有：

$$Q=\frac{\pi^2 D^2 h_3 \sin\Phi\cos\Phi}{2}n-\frac{\pi^2 D^2 h_3^3 \sin^2\Phi}{12L_3}\left(\frac{\Delta P}{\mu_1}\right)-\frac{\varepsilon\pi D^2\delta^2 tg\Phi}{12eL_3}\left(\frac{\Delta P}{\mu_2}\right)$$

令 $\Delta P=P$，上式可以简写为：

$$Q=\alpha n-\beta\frac{P}{\mu_1}-\gamma\frac{P}{\mu_2}$$

式中，Q——螺杆挤出机生产能力；

n——螺杆转速；

P——压力；

μ_1、μ_2——挤出机螺杆中熔料的黏度，对于特定的胶料基本上是个常数；

α、β、γ——顺流、逆流、漏流常数，与螺杆直径、螺槽深度、螺距、螺旋升角、螺杆与机筒的间隙等形状、尺寸参数有关。$\beta+\gamma$ 的值越小，则螺杆特性曲线越平，即螺杆特性越硬，挤出越稳定。如图 2.3.2-42 所示。

2. 口模特性曲线

挤出机机头是挤出机的重要组成部分，是物料流经并获得一定几何形状、必要尺寸精度和表面光洁度的部件。如图 2.3.2-43 所示。假定熔体为牛顿流体，当其通过机头时，其流率方程为：

$$Q=K\times\Delta P/\eta$$

式中，K——决定于机头口模形状的口模形状系数，仅与口模尺寸和形状有关，K 较大时为低阻力机头，K 较小时为高阻力机头；

ΔP——物料通过口模时的压力降；

η——机头中熔料的黏度。

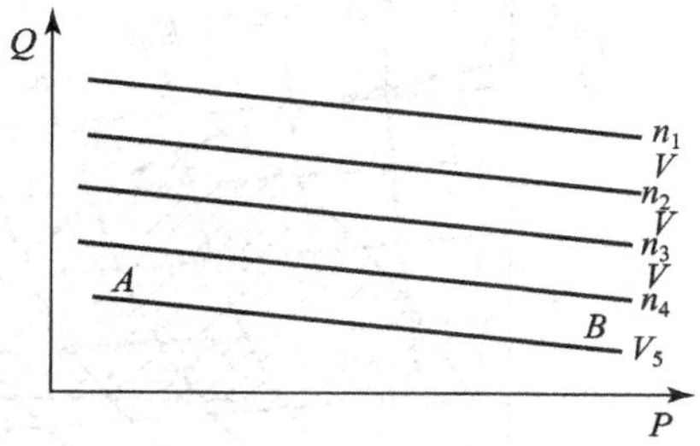

图 2.3.2-42　螺杆特性曲线

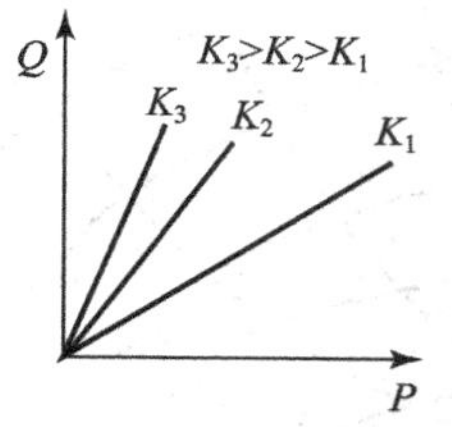

图 2.3.2-43　口模特性曲线

3. 挤出机的综合工作点

将螺杆特性线和口模特性线在同一个坐标中画出，两组直线相交的点即为挤出机的综合工作点（如图 2.3.2-44 所示）：

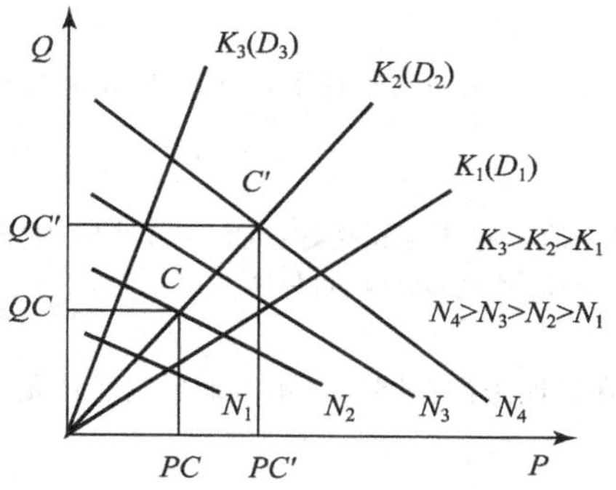

图 2.3.2-44　挤出机的综合工作点

在 C 点处，$Q_{机头}=Q_{螺杆}$。

应当指出，上述分析是在等温状态下做出的。但是实际上挤出机是在非等温状态下工作，因此黏度是要变化的。这时的螺杆特性线和口模特性线将不再是直线而是曲线。而经常提到的挤压系统和外部环境之间不进行任何交换的所谓“理想绝热”工作状态是不存在的。其口模特性线和螺杆特性线在理论上应如图 2.3.2-45 所示。

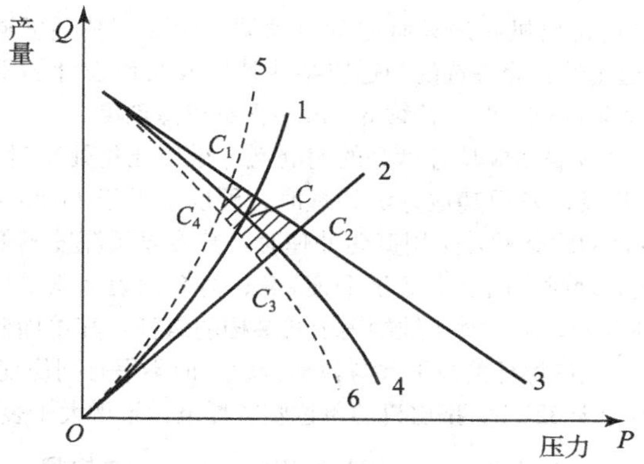

图 2.3.2-45　各种状态下的螺杆特性曲线与口模特性曲线

1，4—实际的螺杆特性曲线与口模特性曲线；2，3—等温状态下的螺杆特性曲线与口模特性曲线；5，6—绝热状态下的螺杆特性曲线与口模特性曲线

这样，挤出机的工作点应在“绝热”与“等温”这两种极限情况之间，反映在上图就是工作点 C 应是 1、4 二线的焦点，而影线区域 C_1、C_2、C_3、C_4 便是挤出机的工作区。可以看出，低压下，等温状态与实际情况比较相似，而在高压下，就要相差大一些。实际的螺杆特性线如图 2.3.2-46 所示：

通过对挤出机螺杆特性曲线和口模特性曲线的分析，我们还可以进一步了解挤出机的工作状态。

如图 2.3.2-47 所示可以看出：随着螺杆转速的提高，机头压力也必须相应提高，这样才有可能保证产量提高后的塑化质量。因此在上图的 $Q-p$ 曲线中，塑化质量线必然如 AB 所示。此外，由于挤出熔料的温度随转速和机头压力的升高而升高，因此，为不使料温超过允许最大值，在 $Q-p$ 曲线上料温标准线必然如 CD 所示。AB 和 CD 这两条界限和最低产量标准线 EF 所围城的区域便代表了该螺杆在加工某种胶料时的正常工作范围。

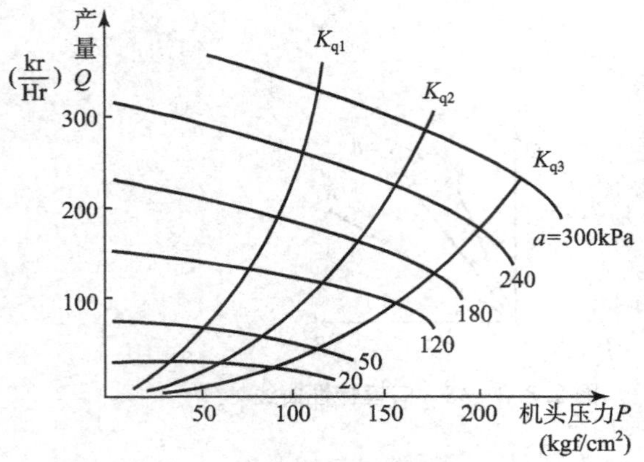

图 2.3.2-46　实测的螺杆特性曲线

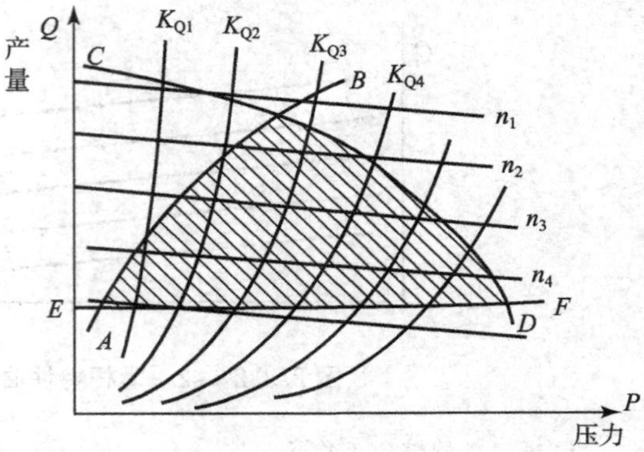

图 2.3.2-47　挤出机螺杆工作范围

2.4.4　影响挤出机生产能力的因素

1. 螺杆直径

挤出机产量接近与螺杆直径的平方成正比，在一定条件下，适当地增大螺杆直径是提高挤出机生产能力的一个重要途径。

2. 螺槽深度

对挤出量而言，螺槽深度存在一个最佳值，并非越深越好。而 h_3 较小的螺杆，螺杆特性线斜率绝对值较小，即螺杆特性较硬，挤出稳定性较好。浅的 h_3 可能会引起热敏性物料的分解。

3. 挤出段长度

增大 L_3 可减少反流和漏流的流量，在其他条件相同时，相对地提高了产量。另外，挤出段较长的螺杆，其工作特性较硬。

2.5　挤出机主要性能参数一览

2.5.1　单螺杆挤出机的基本参数

HG/T 3110—2009《橡胶单螺杆挤出机》规定，单螺杆挤出机加工胶料的进料温度，其中冷喂料挤出机不低于 15℃，热喂料挤出机、滤胶机不低于 50℃；胶料可塑度不低于 0.15（威氏）。冷喂料挤出机及排气式冷喂料挤出机在挤出机头处的胶料温度不低于 60℃。

挤出机应具有能使胶料稳定输送和均匀喂入的喂料装置。挤出机螺杆转速应可调（滤胶机允许例外），且应有转速显示装置。冷喂料挤出机、排气式冷喂料挤出机必须具有温度自动调节装置，其温度调节范围为 30～130℃，调温误差为 ±5℃。冷喂料挤出机筒具有一定的通用性，允许选配为适应某些特定胶料而设计的不同构造的螺杆。温控、气动、液压等管路系统进行 1.25 倍工作压力的密封性试验时，持续 5 min 不得有渗漏现象。

螺杆应具有足够的强度和刚度，螺纹表面应具有良好的耐磨性，采用氮化处理时，其渗氮层深度不低于 0.3 mm，表面硬度不低于 HRC 62，脆性不超过Ⅱ级；采用其他方法处理时，硬度不低于 HRC 47；螺杆螺纹表面粗糙度 Ra 不大于 1.6μm。机筒衬套的内表面应具有良好的耐磨性，采用氮化处理时，其渗氮层深度不低于 0.3 mm，表面硬度不低于 HRC 66，脆性不超过Ⅱ级；采用其他方法处理时，硬度不低于 HRC 47；衬套内表面粗糙度 Ra 不大于 3.2 μm。装配后，螺杆与衬套配合间隙沿圆周的分布应达到以下要求：对于轴端固定式结构的螺杆，其单面侧隙的最小值不得小于单面侧隙的最大值的 1/5；对于浮动式结构的螺杆，允许螺杆前段下部与衬套接触，但不得有刮伤现象。

挤出机的平均无故障工作时间不少于 320 h。挤出机的单位胶料耗电量不得大于表 2.3.2-4 中的限值。

表 2.3.2-4　单螺杆挤出机单位胶料耗电量　　单位：kw·h/kg

规格	45	60（65）	75	90	120（115）	150	200	250	300
热喂料挤出机	0.130（0.120）		/	0.080	0.075（0.050）	0.050	0.040	0.025	
冷喂料挤出机	0.280（0.125）		/	0.200（0.125）					
排气式冷喂料挤出机	0.300		0.250	0.200				/	/
滤胶机	/	/	/	/	0.100		0.050		/

HG/T 3110—2009《橡胶单螺杆挤出机》中列举的单螺杆挤出机各项参数如表 2.3.2-5～2.3.2-8 所示。

1. 热喂料挤出机基本参数（如表 2.3.2－5 所示）

表 2.3.2－5 热喂料挤出机基本参数

螺杆直径	热喂料挤出机的基本参数				
	长径比	最高转速/rpm≥	≤电机功率/kw≤	生产能力≤/kg/h≥	单位电耗/(kw·h/kg)
45	3.5～4.5	75	5.5	40	
60（65）		70（47）	10（7.5）	75（60）	0.130
90	4.0～6.0	65（60）	22	250	0.080
120（115）			40（22）	530（420）	0.075
150			55	1 050	0.050
200		55	75	1 800	0.040
250			100	3 600	
300		45	165	4 500	

2. 冷喂料挤出机基本参数（如表 2.3.2－6 所示）

表 2.3.2－6 冷喂料挤出机基本参数

螺杆直径	冷喂料挤出机的基本参数				
	长径比	最高转速/rpm≥	≤电机功率/kw≤	生产能力≤/kg/h≥	单位电耗/(kw·h/kg)
45	6～8	70	10	35	
60（65）	8～10	65（60）	22（10）	75（80）	
90	10～12	60	55	55	230
120（115）	12～14	55（60）	100（55）	500（420）	
150	12～16	45	200	800	
200	12～18	35	320	1500	
250	16～20	30	550	2 500	
300		25	700	3 500	

3. 排气式冷喂料挤出机基本参数（如表 2.3.2－7 所示）

表 2.3.2－7 排气式冷喂料挤出机（XJP）基本参数

螺杆直径	排气式冷喂料挤出机的基本参数				
	长径比	最高转速/rpm≥	≤电机功率/kw≤	生产能力≤/kg/h≥	单位电耗/(kw·h/kg)
45	12～14	60	10	30	
60	14～16	55	22	65	
75			30	110	
90		50	45	200	
120	16～18	45	90	420	
150	18～20	40	150	680	
200	20～22	30	260	1 200	

4. 滤胶挤出机基本参数

表 2.3.2－8 滤胶挤出机（XJL）基本参数

螺杆直径	排气式冷喂料挤出机的基本参数				
	长径比	最高转速/rpm≥	≤电机功率/kw≤	生产能力≤/kg/h≥	单位电耗/(kw·h/kg)
120	4～6	40	20	170	
150			40	400	
200			55	800	
250			95	1 600	

VMI—AZ 生产的热喂料挤出机由一个单螺杆挤出机、一个齿轮泵、一个滤胶机头和一个快速的滤网更换器构成。

Combex150 型齿轮泵挤出机系统生产能力可达 3 500 kg/h（ρ 约为 1.1 g/cm³）；Combex 滤胶机系统还可应用于硅胶滤胶。

VMI－AZ 生产的 shark© 系统在轮胎制品行业中主要用于冷喂料滤胶和真空挤出，包括一个与两个转子齿轮泵系统连接的单螺杆挤出机。根据应用范围，单螺杆挤出机可以是销钉式、多切割混合传送式或多切割混合真空式。与 Combex 系统相反，Shark 系统的特点在于增加了驱动力，因此能够处理各种冷喂料挤出工艺。

2.5.2　销钉式冷喂料挤出机基本参数

HG/T 3798－2005《销钉机筒冷喂料挤出机》规定，单根螺杆所能适应的门尼黏度变化值不小于 40（ML（1＋4）100℃），其螺杆转速无级可调，调速范围为不小于 1∶10，且应有转速显示装置。当销钉冷喂料挤出机的减速器具有强制集中润滑系统时，该系统的油泵电机与主电机应有相互连锁的装置；喂料口处应设有紧急停车装置及警示标志，以保障人员和设备安全。

销钉冷喂料挤出机的进料温度不低于 15℃，应具有使胶料均匀喂入的喂料装置；且应具有多段温度自动调节和显示装置，其温度调节范围为 40～95℃，温度误差为±2.0℃，各区段升温时间不大于 45 min。温控系统设有缺水显示装置，并应有自动排气功能。温控管路系统进行 1.25 倍工作压力的密封性试验时，持续 30 min 不得有渗漏现象。如图 2.3.2－48 所示。

螺杆螺纹表面应具有良好的耐磨性，采用氮化处理时，其渗氮层深度不低于 0.5 mm，表面硬度不低于 HV 800，脆性不超过Ⅱ级；采用双金属结构时，硬度不低于 HRC 58，深度不低于 1.5 mm；螺杆螺纹表面粗糙度 Ra 不大于 1.6 μm。机筒衬套的内表面应具有良好的耐磨性，采用氮化处理时，其渗氮层深度不低于 0.5 mm，表面硬度不低于 HV 900，脆性不超过Ⅱ级；采用双金属结构时，硬度不低于 HRC 62，深度不低于 1.5 mm；机筒衬套的内表面粗糙度 Ra 不大于 1.6 μm。装配后，螺杆与衬套或机筒的内表面配合间隙沿圆周的分布应达到以下要求：对于轴端固定式结构的螺杆，其单面侧隙的最小值不得小于单面侧隙的最大值的 1/5；对于浮动式结构的螺杆，允许螺杆前段下部与衬套或机筒的内表面接触，但不得有刮伤现象。

销钉冷喂料挤出机空机运转时的电耗不大于主电机额定功率的 10%，润滑油的油温和各轴承点的温升不得大于 45℃。带机头正常挤出时，机头与机身连接平面处不得有漏胶现象，喂料辊的刮胶刀处和两端返胶螺纹下方允许有少量漏胶，但不应影响喂料辊正常运行。

HG/T 3798－2005 中列举的销钉式冷喂料挤出机基本参数见表 2.3.2－9。

表 2.3.2－9　销钉式冷喂料挤出机（XJD）基本参数

规格	螺杆直径	长径比	销钉式冷喂料挤出机的基本参数				
			销钉排数（最多）/每排个数	最高转速/rpm	电机功率/kw	生产能力≤/kg/h	单位电耗/(kw·h/kg)
(30)	30	8/10		80～110	7.5～11	30～50	0.250
(45)	45	10/12		60～80	18.5～22	70～90	0.220
60	60	10	5/6	80	18.5～22	80～150	0.220
		12	7/6				
(65)		12～16		75	18.5～22	160	
90	90	12	8/6	60	45～55	250～350	0.185
		14	10/6	55	55～75		
		16					
120	120	12	8/6	50	75～110	600～800	0.185
		14	10/6				
		16					
150	150	12	8/8	45	160	1 000～1 500	0.180
		16	10/8	40～45	185～250		
		18					
200	200	12	8/10	33	220～355	1 600～2 500	0.180
		16	10/10	28～33			
		18	12/10				
250	250	12	10/12	26	400～500	2 800～3 500	
		16	12/12				
		18					

注：括号内的规格是某企业的非标产品。

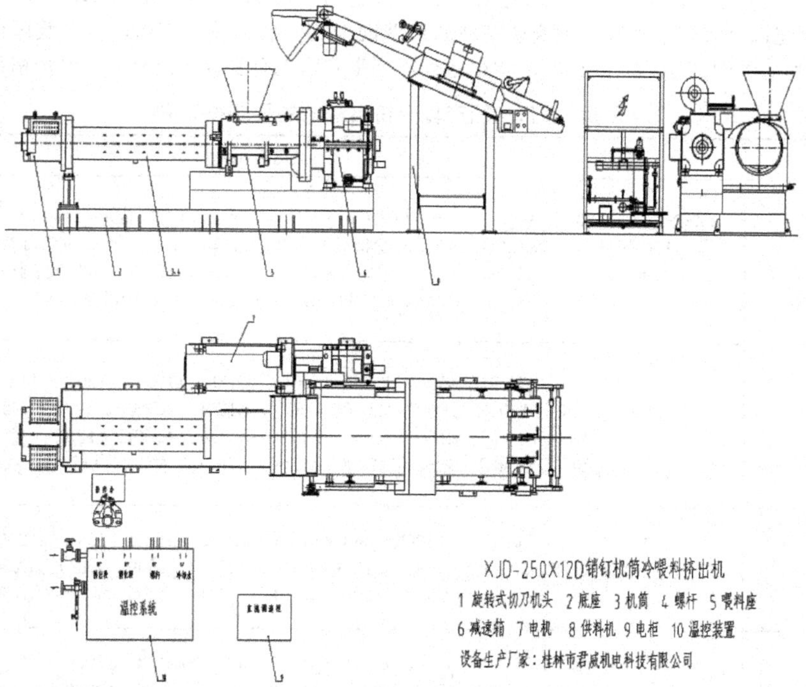

图 2.3.2－48　销钉机筒冷喂料挤出机示意图

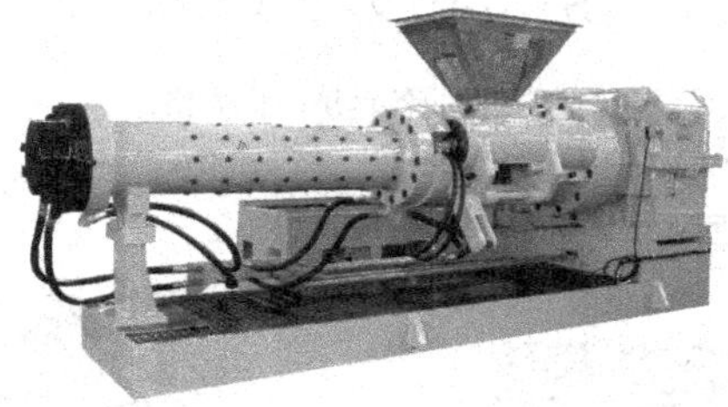

图 2.3.2－49　销钉式冷喂料挤出机

VMI－AZ生产的销钉-机筒式挤出机，销钉的数量可以增加到36个，下图为PIN70x140D钉-机筒式挤出机，配有可快速更换口型的机头，该挤出机头被用于三角胶的挤出。如图 2.3.2－50 所示。

图 2.3.2－50　PIN70x140D 挤出机

2.5.3　复合挤出机典型参数（如表 2.3.2－10 所示）

表 2.3.2－10　复合挤出机典型参数

螺杆直径	复合挤出机的典型参数			
	长径比	最高转速/rpm	电机功率/kw	生产能力≤/(kg/h)
ϕ200/ϕ150/ϕ120	16～18/16/14～16	28～33/45/50	315～355/185～220/90～110	3 200～4 200
ϕ250/ϕ200/ϕ120	16～18/16～18/14～16	28/45～33/50	500/315～355/90～110	4 800～6 500
ϕ120/ϕ200（热）/ϕ150	16～18/8/16	50/50/45	90～110/185/185～220	3 200～4 200
ϕ90/ϕ120/ϕ200/ϕ150	16/14～16/16～18/16	60/50/28～33/45	55/90～110/315～355/185～220	3 200～4 200

我国从 20 世纪 80 年代开始，由中国化学工业桂林工程有限公司（CGEC）为首的技术攻关团队，全面开展橡胶挤出机的研究开发，自 21 世纪以来我国子午线轮胎快速发展的机遇助力这一装备技术创新，至今我国已经形成了规格齐全的挤出机多复合机组的系列。下面基于 CGEC 的产品规格系列，列举我国现有复合挤出机的主要规格系列。

表 2.3.2－11　国产复合挤出机的主要规格系列

机组结构	规格系列
双复合挤出机组	ϕ60C/ϕ90C、ϕ90C/ϕ90C、ϕ90C/ϕ120C、ϕ90C/ϕ150C、ϕ120C/ϕ90C、ϕ120C/ϕ120C、ϕ120C/ϕ150C、ϕ120C/ϕ200C、ϕ120C/ϕ250C、ϕ150C/ϕ120C、ϕ150C/ϕ150C、ϕ150C/ϕ200C、ϕ150C/ϕ250C、ϕ200C/ϕ120C、ϕ200C/ϕ150C、ϕ200C/ϕ200C、ϕ200C/ϕ250C、ϕ250C/ϕ150C、ϕ250C/ϕ200C、ϕ150C/ϕ200H、ϕ250H/ϕ150C、ϕ250H/ϕ200C
三复合挤出机组	ϕ90C/ϕ150C/ϕ150C、ϕ90C/ϕ200C/ϕ150C、ϕ120C/ϕ150C/ϕ120C、ϕ120C/ϕ150C/ϕ200C、ϕ120C/ϕ200C/ϕ120C、ϕ120C/ϕ200C/ϕ150C、ϕ120C/ϕ250C/ϕ150C、ϕ120C/ϕ250H/ϕ200H、ϕ150C/ϕ200C/ϕ120C、ϕ150C/ϕ200C/ϕ200C、ϕ200C/ϕ150C/ϕ120C、ϕ200C/ϕ200C/ϕ150C、ϕ250C/ϕ200C/ϕ120C、ϕ250C/ϕ200C/ϕ150C、ϕ250H/ϕ200C/ϕ120C、ϕ250H/ϕ200C/ϕ150C
四复合挤出机组	ϕ60C/ϕ120C/ϕ200C/ϕ150C、ϕ90C/ϕ120C/ϕ200C/ϕ150C、ϕ90C/ϕ120C/ϕ250C/ϕ150C、ϕ120C/ϕ150C/ϕ200C/ϕ150C、ϕ120C/ϕ200C/ϕ200C/ϕ150C、ϕ120C/ϕ250C/ϕ250C/ϕ150C、ϕ150C/ϕ200C/ϕ200C/ϕ120C、ϕ150C/ϕ200C/ϕ200C/ϕ150C
五复合挤出机组	ϕ60C/ϕ120C/ϕ150C/ϕ200C/ϕ150C、ϕ60C/ϕ120C/ϕ200C/ϕ200C/ϕ150C、ϕ90C/ϕ120C/ϕ200C/ϕ200C/ϕ150C、ϕ90C/ϕ120C/ϕ250C/ϕ200C/ϕ150C、ϕ90C/ϕ120C/ϕ250C/ϕ250C/ϕ150C

注 1：上述主要规格系列所列的是指其最大规格、最小规格以及一些常用规格，用户可根据各自的需要，组成其他规格的复合挤出机组。

注 2：复合挤出机组规格从左到右，分别表示从上到下布置的各台挤出机规格。

注 3：上述规格上的 C 表示冷喂料，H 表示热喂料。

典型的国产复合机组如图 2.3.2－51 所示：

(a)

(b)

(c)

(d)

图 2.3.2－51　复合机组示意图

(a) 二复合挤出机组；(b) 三复合挤出机组；

(c) 侧面锁紧的三复合挤出机组；(d) 四复合挤出机组

图 2.3.2-51　复合机组示意图（续）
(e) 五复合挤出机组

如图 2.3.2-52 VMI-AZ 开发的二复合、三复合和四复合挤出机：

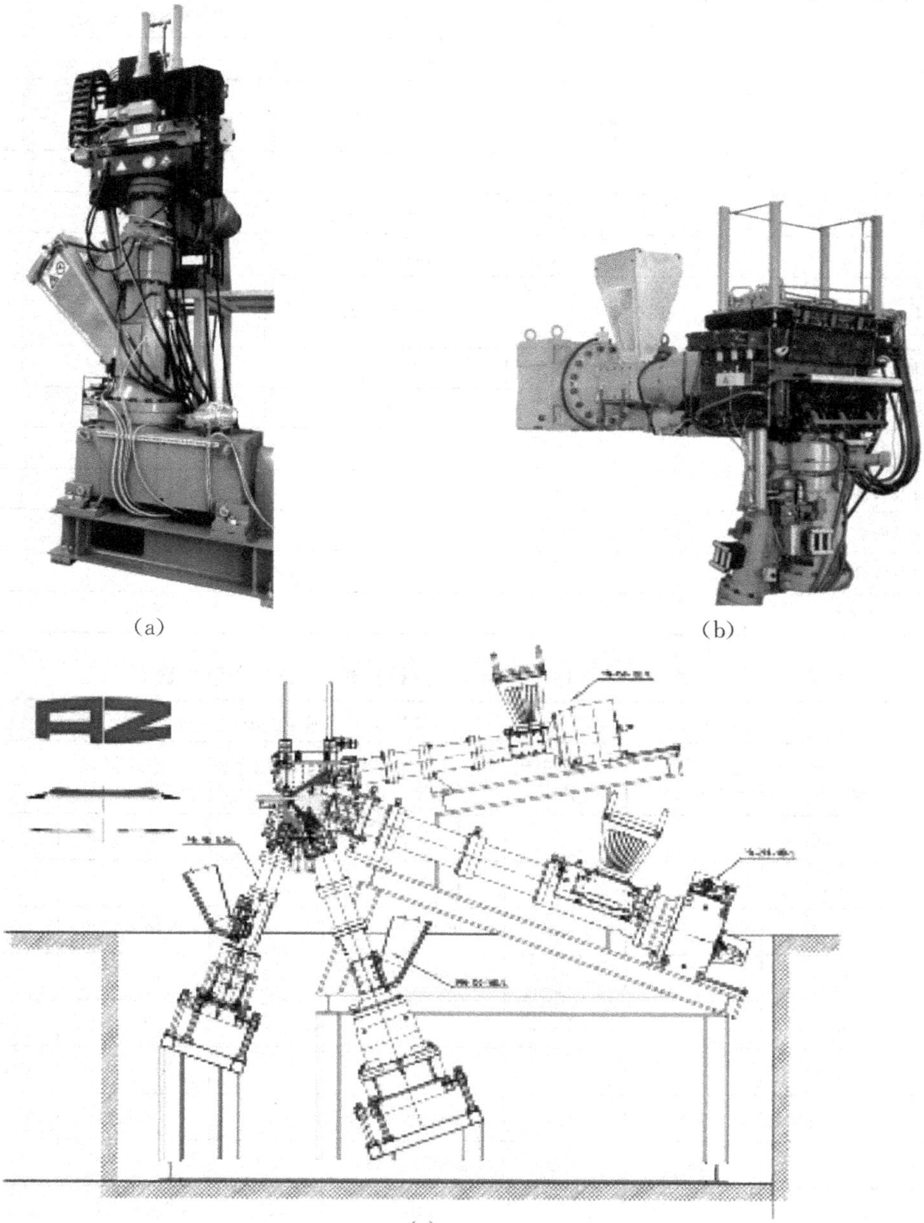

图 2.3.2-52　二复合、三复合、四复合挤出机示意图
(a) MCTD150 二复合挤出机；(b) MINI 三复合系统；(c) 四复合系统

2.5.4　双螺杆压片挤出机的基本参数

HG/T 3800—2005《橡胶双螺杆挤出压片机》规定，挤出压片机应在上压片辊筒与上横梁之间明显的位置设置有紧急停车装置，启动时刻切断电源。

双螺杆挤出压片机的螺杆、机筒体与胶料接触的表面应做硬化处理，硬化硬度不低于 HRC50；螺杆表面和机筒体内表面粗糙度 Ra 值不大于 3.2 μm；左右螺杆与机筒的径向间隙误差为±2 mm。左右机架框内侧面的平面度不大于 0.04 mm。上下压片辊筒与挡胶板间的间隙为 0.5～1.5 mm。

挤出压片机应具有水冷系统，压出胶片的温度应低于密炼机排胶温度 10℃以上。螺杆、机筒体、冷却水管路系统进行 1.25 倍工作压力的密封性试验时，持续 10 min 不得有渗漏。

螺杆挤出机的螺杆转速可调，挤出压片机的电气控制系统应能分别控制螺杆挤出速度和辊筒压片速度，并能实现连续挤出压片的工艺。挤出压片机应有自动润滑装置，润滑螺杆和压片辊筒的轴承。

挤出机空转时，主电机功率不大于额定功率的 15%。挤出压片机空转时，各轴承温度不应有骤升现象，最大温升不大于 20℃；带负荷运转时，各轴承温度不应有骤升现象，最大温升不大于 40℃，最高温度不超过 80℃。

HG/T 3800—2005 中列举的双螺杆压片挤出机的基本参数见表 2.3.2-12。（某企业压片挤出机（XJY）典型参数如表 2.3.2-13所示）

表 2.3.2-12　双螺杆压片挤出机（XJY）基本参数

型号	XJY—SZ 482×200	XJY—SZ 602×250	XJY—SZ 743×300	XJY—SZ 936×416
挤出机部分				
螺杆直径，mm	Φ482/Φ200	Φ602/Φ250	Φ743/Φ300 Φ743/Φ330	Φ936/Φ416
螺杆最高转速，rpm	≥20			
螺杆驱动电机功率，kw	75～90	90～100	110～160	160～250
压片机部分				
辊筒直径/工作宽度，mm	Φ360/610	Φ400/800	Φ400/1100 或 Φ450/1100	Φ510/1200 Φ610/1200
压片辊筒驱动电机功率，kw	75～90	90～100	110～160	160～250
辊筒最大线速度，m/min	≥28	≥30	≥35	≥40
两辊筒工作间隙，mm	3～10			
两挡胶板间的最大距离，mm	500	600	750	900
上辊提升高度，mm	≥200			
冷却水压力，MPa	0.3～0.5			
生产能力，kg/h	2 500	3 500	9 000	11 000

表 2.3.2-13　某企业压片挤出机（XJY）典型参数

规格型号	压片挤出机的典型参数							
	密炼机规格/L	挤出机电机功率/kw	压片机电机功率/kw	压片辊筒规格/mm	公称生产能力/(t/h)	出片宽度/mm	出片厚度/mm	出片线速度/(m/min)，≤
T1	50/90			ϕ300	1	300～600	3～8	26
T3	100/110			ϕ300～360	3	300～600	3～8	26
T5	120/160			ϕ300～360	5	300～600	3～8	26
XJY—S280Z	160	90	90	ϕ360×900	6	700		
T7	190/225			ϕ410	7	500～750	6～12	31
T9	250/270			ϕ410	9	500～750	6～12	31
XJY—S330Z	270/300	110	110	ϕ410×965	10	750		
XJY—450Z	370/400	185	185	ϕ510×1 065	13	850		
T12	370/430			ϕ510	12	700～800	6～12	38
T20	550/600			ϕ610	20	800～1 000	6～12	46
XJY—S60Z	600/620	315	315	ϕ610×1 165	18	1 000		

三、新型挤出机与应用

21 世纪以来，挤出机的应用发展的更快，尤其在欧洲更多新型的挤出机推向市场，在定量定压稳定挤出、高效节能方面彰显创新优势。下面重点介绍代表这方面技术 VMI - AZ 的新型挤出机。

3.1　传送混合式挤出机（MCTD）

VMI - AZ 开发的多切割传送混合式挤出机，是将喂料段、塑化段分隔并重新组合，对同中心的双螺杆通过分别减少和增加螺杆与机筒中的螺纹深度，使胶料被机械剪切并纵向混合，产生均匀的胶料。如图 2.3.2 - 53 所示。

图 2.3.2 - 53　MCTD 200×13D 挤出机
（配有可调的宽挤出机头，该挤出机头用于胎面挤出）

3.2　准确计量挤出设备

VMI - AZ 开发的准确计量挤出设备，包括连续预成型机、内齿轮泵挤出机单驱动系统与 Planetruder© 挤出机。

3.2.1　连续预成型机

提高模压成型制品质量的方法之一是使用预成型件，预成型件生产要求橡胶必须均匀塑化，挤出量恒定，按需定长裁断，也就是说重量相同。VMI - AZ 开发的 Combex 连续预成型机，是一种能够连续生产橡胶预成型件的设备，由单螺杆胶料挤出机、能够测定体积的齿轮泵和刀片组成。VMI - AZ Combex 连续预成型机包括如下 3 种规格：①Combex 45，满足低产量预型的生产；②Combex 60，满足中等产量预型的生产，如图 2.3.2 - 54 所示；③Combex 90，满足高产量预型的生产。

图 2.3.2 - 54　Combex60 预成型机（带挤出机、齿轮泵和裁刀）

3.2.2　内齿轮泵挤出机单驱动系统

单驱动的内齿轮泵挤出机在连续炼胶应用中作为侧边喂料挤出机使用，比如生产热塑橡胶（TPE/TPV）或连续橡胶混炼中，内齿轮泵挤出机与胶料挤出机连接，并极其精确地给胶料挤出机连续喂料。多数应用中，使用的胶料挤出机是在塑料行业应用广泛的联合旋转双螺杆式挤出机。

内齿轮泵挤出机作为侧边进料设备混炼胶料具有以下优点：喂料准确，与其他类型的挤出机结合容易，为橡胶预热，100% 无渗漏等特点。如图 2.3.2 - 55 所示。

电缆。

图 2.3.2－55　内齿轮泵挤出机（单驱动用于联合旋转双螺杆挤出机喂料）

VMI－AZ 开发的单驱动内齿轮泵挤出机有三种规格规格，分别为内齿轮泵挤出机 S、内齿轮泵挤出机 M、内齿轮泵挤出机 L。

通过将销钉式或多切割传送混合式的螺杆机筒配置与齿轮泵定量送料的性能结合，可以消除许多单螺杆挤出机的缺点。在 Shark©配置中，挤出机卓越的塑化性能被用于有效的捏炼橡胶和给齿轮泵供料，同时齿轮泵产生高的口型压力而不会产生额外的温升。

通过使用齿轮泵增压，对挤出机本身的机头压力要求就会减少，这就会使挤出机的产量增加而在外形尺寸上具有竞争力。挤出机只用于取得有效的捏炼并确保给齿轮泵供料充足，因此整个系统的产量就会增加，而增压所消耗的能量却更少了。

3.2.3　Planetruder©挤出机

Planetruder ©是黏性流体传送和流量泵的结合。一方面使胶料通过挤出机进行有效塑化，另一方面能够通过行星式齿轮泵得到有效增压。因此系统提供了所有的工艺优点，如高压取得、提高的温度输出性能、非常精确的产量。

由于独特的设计，Planetruder© 的布局非常紧凑，要比标准的挤出机更小。Planetruder© 能够配一个单驱动系统或两个驱动系统，单驱动系统的型号为 S 和 M，双驱动系统的型号为 L 和 XL。如图 2.3.2－56 和图 2.3.2－57 所示。

图 2.3.2－56　Planetruder © M 挤出机的局部（配销钉式螺杆）

图 2.3.2－57　Planetruder © XL 型的局部

四、橡胶螺杆挤出机的安装维护检修

4.1　安装

当前我国的机械制造能力和水平提高很快，挤出机均在制造厂完成整体装配和试车，到达用户工厂的安装调整就很简单了，现场安装工作主要就是是设备整体就位、找平找正和对中精度达到设备说明书上的要求等级，以及安装敷设管线电缆。

挤出机安装就位必须在浇灌混凝土的设备基础达到负荷强度（需得到土建技术认可）后才能进行。

4.2　日常维护（如表 2.3.2－14 所示）

表 2.3.2－14　挤出机的日常维护和定期保养

部件装置/系统的维护保养项目	方式方法	检查保养周期					
		每班	每天	每周	每月	每半年	每年
主机运转平稳性能	目视、监听	○					
各部分连接螺栓	定期紧固				○		
地脚螺栓	定期紧固					○	
联轴器	检查测量间隙					○	
各润滑点	目视和适时加油	○					
水（气、液压）系统的压力和流量	目视	○					
电机、控制参数和曲线	目视	○					
减速箱润滑系统	过滤加（换）油					○	
金属探测器	清洁			○			
旁压辊余胶	清洁、清理		○				
主轴承	监听			○			
主轴承	加润滑脂				○		
刮胶刀	检查调整，适时修换		○				
机头闭合面	清洁（每次打开时）	○					
螺杆直径和机筒尺寸测量	仪器测量						
停止和急停装置	检查，适时更换损件				○		
传动齿轮的啮合质量	红丹法					○	
液压系统油温和压力	目视	○					
温控装置温度和压力	目视	○					
温控系统和管路	清洗清洁					○	
压力和温度表校验					○		
电气控制柜清洁	吹扫					○	
电机、电气绝缘和安全	维护检测				○		
电机清洁、润滑						○	
电气开关和控制元件	检测和更新劣化元件					○	
指示灯保全更换			○				

4.3　螺杆挤出机润滑规则（如表 2.3.2－15 所示）

表 2.3.2－15　螺杆挤出机润滑规定

润滑部位	规定油品		代用油品		加油量标准	加油或更换周期	加油人
	名称	牌号	名称	牌号			
主机减速器	工业齿轮油	N220	机械油	N220	按规定加油	首次 3 个月，正常 6 个月换油	检修工
喂料辊轴承	钙基脂	ZG－2	钙钠基脂	ZGN－2	加油适量	每班加油 1 次	操作工
液压系统	液压油	N460			按规定标准	6 个月换油 1 次	检修工
电动机轴承	钙基脂	ZG－2	钙钠基脂	ZGN－2	加油适量	每月检查加油 1～2 次，3 个月换油 1 次	检修工

4.4　常见故障处理方法

投产以后正常操作使用一段时间，如果出现如下问题，可参考下表分析处理。如表 2.3.2－16 所示。

表 2.3.2－16　常见故障及处理方法

现　象	原　因	处理方法
螺杆扫膛日趋严重	螺杆弯曲	校正，或更换螺杆
螺杆外移	螺杆尾部键松动	修理或更换
生产能力下降	螺杆与机膛磨损，间隙过大	修理或更换螺杆、衬套
挤出胶温升高	螺杆与机膛磨损，间隙过大	修理或更换螺杆、衬套
螺杆尾部机身发热	螺杆尾部与机身配合间隙太小或润滑不良	加大间隙或改善润滑条件
螺杆尾部泄漏	密封不良	修理或更换密封件
喂料辊处漏胶	返胶螺纹磨平	修理螺杆尾部
喂料辊处漏水	O 型圈老化或损	更换 O 型圈

4.5　检修

挤出机属于低速重载设备，生产使用时间长了，螺杆、机筒、旁压辊的机械磨损是比较常见的。

一般情况下，螺杆比机筒较容易磨损，当磨损量不大或翻新次数不多时，可以参考下表进行修复使用；一旦磨损较大，或经过修复使用周期，就应该进行更新。

当机筒的衬套磨损较大时，应更新。挤出机大修理方法和质量标准如表 2.3.2－17 所示。

表 2.3.2－17　挤出机大修理方法和质量标准

部件	缺陷描述	修理方法	质量标准
机座	变形及精度超差较小时	磨削、刮研等手工修复方法修整其工作面	水平度：纵向（径向）小于等于 0.03 mm/m，横向（轴向）小于等于 0.02 mm/m 与基准中心线偏差：纵向小于等于 0.5 mm；横向小于等于 1 mm
	变形及精度超差较大时	将机座起出，采用机加工方法修整其工作面	
	基础下沉或初试安装精度较差	重新做基础或重新找正的方法	
机筒	机筒衬套除被胶料磨损外，如果轴承松动，会被螺杆刮坏	将衬套内径镗大（同时需放大螺杆直径）	衬套外径与机身内径的配合为 H_8/h_7 衬套内孔表面粗糙度 Ra 小于等于 1.6 μm 衬套工作表面采用氮化处理时，渗氮层深度应大于 0.3 mm，硬度不低于 HRC66，脆性不低于Ⅱ级；采用其他方法处理时硬度不低于 HRC47 拆卸或压装新衬套时，向机身夹套内通以 140～150℃的蒸气，加热后对衬套进行压配 机身衬套压入后，应做 0.6 MPa 水压试验，持续5 min 无泄漏
衬套	磨损很大或衬套壁已很薄	更新	
螺杆	工作面轻度磨损	采用喷镀硬质合金的新工艺修复	达到与机筒实际的配合尺寸 工作部分表面粗糙度 Ra 小于等于 0.8 μm，轴颈表面粗糙度 Ra 小于等于 0.8 μm 工作部分表面采用氮化处理时，渗氮层深度应大于 0.3 mm，硬度不低于 HRC62，脆性不超过Ⅱ级； 螺杆工作部分与轴颈的同轴度公差应符合表 2.3.2－18 中的限值
	工作表面磨损较大	采用堆焊方法修复，并随时用白分表检测其弯曲变形情况校直，然后车、磨加工	
	轴承配合部分出现磨损	采用堆焊或涂镀等方法修复，经车、磨加工	
喂料辊	返胶螺纹磨损较大	采用堆焊加工方法修复	参考 7 级精度加工 同轴度公差 0.05 其余装配要求参考表 2.3.2－21
机头	磨损较大	在其表面进行喷镀或焊补	按型腔样板加工修复，表面粗糙度 Ra 小于等于 1.6 μm
减速器		维修方法及质量标准参照减速器检修规程执行	
液压站		更换有缺陷元件、换油	全系统无泄漏
轴承		间隙超差的更新	参考表 2.3.2－19 的数值
联轴器		偏移量超差的调整	参考表 2.3.2－20 的数值

表 2.3.2-18　螺杆的各种公差与配合间隙

螺杆工作部分与轴颈的同轴度公差/mm			
螺杆直径	同轴度公差/mm	螺杆直径	同轴度公差/mm
65 或 60	Φ0.040	200	Φ0.059
90 或 85	Φ0.044	250	Φ0.063
120 或 115	Φ0.048	300	Φ0.069
150	Φ0.053		

螺杆与机身轴套的配合/mm			
螺杆规格		最大允许间隙　δ=δ1+δ2	装配间隙　δ=δ1+δ2
Φ65	冷喂	1.5	0.25～0.40
	热喂	2.3	0.35～0.60
Φ90 或 85	冷喂	1.6	0.28～0.45
	热喂	2.4	0.40～0.60
Φ120 或 115	冷喂	1.8	0.30～0.50
	热喂	2.7	0.45～0.70
Φ150	冷喂	2.8	0.35～0.55
	热喂	4.2	0.55～0.80
Φ200	冷喂	3.0	0.40～0.65
	热喂	4.5	0.60～0.95
Φ250	冷喂	3.3	0.45～0.70
	热喂	5.0	0.70～1.05

圆锥滚子轴承和推力轴承游隙应符合表 2.3.2-19 中的限值。

表 2.3.2-19　圆锥滚子轴承推力轴承向游隙　单位：mm

轴承内径	圆锥滚子轴承		推力轴承	
	接触角 β=10～16°GB297	接触角 β=25～29°GB298	8000 型 GB601	9069000 型 GB303
>50～80	0.05～0.10	0.03～0.05	0.02～0.04	0.06～0.08
>80～120	0.08～0.15	0.04～0.07	0.03～0.05	0.08～0.12
>120～180	0.12～0.20	0.05～0.10	0.04～0.08	0.10～0.14
>180～260	0.16～0.25	0.08～0.15	0.06～0.10	
>260～360	0.20～0.30			
>360～400	0.25～0.35			

减速器弹性联轴器的允许偏移量应符合表 2.3.2-20 中的限值。

表 2.3.2-20　联轴器允许偏移量　单位：mm

轴颈	轴向装配间隙	径向位移量	偏角位移量
Φ30～50	3	<0.05	≤40
Φ55～75	4	<0.05	
Φ75～95	5	<0.1	
Φ95～110	6	<0.1	
Φ110～140	7	<0.1	

喂料辊的装配要求见表 2.3.2-21。

表 2.3.2－21 喂料辊的装配要求

单位：mm

名称	数值		备注
工作面与刮胶间隙	热喂料	0.04～0.07	
	冷喂料	0.10～0.15	
轴向窜动量	左侧保持间隙	0.20～0.40	在左极限位置时
	右侧最小间隙	0.08～0.15，0.15	在右极限位置时
端面总间隙		0.7～1.0	

4.6 试车与验收

在通过了安装质量验收、现场安全检查通过以后，进行由点动到联动的整机空负荷试车；通过了空负荷试车合格以后，才能进行负荷试车。通过了负荷试车合格后，进入至少连续 72 h（可累加）生产考核，通过后进行设备验收。

在上述试车过程发现任何涉及安全、工艺参数、挤出质量、设备故障等问题时，应停止试车，分析原因整改通过后方可恢复进行。

4.6.1 空负荷试车

空负荷试车是在通过了安装质量验收、现场安全检查通过以后，进行由点动到联动、由单机到全线的设备起动空运转试车。

表 2.3.2－22 挤出机空负荷试车内容

步序	空负荷试车检查验证内容	质量要求
	整机检查和测试	
1	检查挤出机各系统，对水、气管线、电气装置、液压装置（如有的话）逐一检查安装质量	结构完整、接口接线正确无误、安全保护装置齐全 无开放点，连接牢靠 入端的工厂水气电参数符合设备要求
2	检查挤出机减速箱和润滑、液压油箱的油质和油量	油质不好的清洗更换新油，油量不足的补充到规定油位
3	检查润滑、液压油箱的冷却水连接	无开放点，无渗漏，进、回水通畅
4	供给动力，测试各种信号，点动和启动，进行所有安全连锁和保护开关按钮的可靠性确认，进行空运转和制动的检查测试	起动方向位置和动作正确，安全设置正确可靠，控制通信畅通，信号灯指示正确、超限发出警报
5	检查各处的连接紧固件	连接件齐全、紧固可靠
6	挤出机和辅助装置检查和启动	
7	手动盘车挤出机：电机至少转动 5 圈，观察挤出机螺杆转动 1 圈以上、旁压辊转动 1 圈以上	无任何异常声音，手感轻松自如，螺杆和旁压辊的转动方向正确
8	检查挤出机的转动和停止、加速和减速操作	起动、停止敏捷，加减速平滑
9	润滑油系统启动，观察记录运行温度、压力、流量，以及管路节点	无泄漏、无异常声音、监控点符合设备规定数据
10	液压系统启动，观察记录运行温度、油压、流量，以及管路节点；放空系统中的空气	无泄漏、无异常声音 监控点符合设备规定数据 系统中无空气残存
11	温控系统系统启动，设定加热到工艺温度恒定 4 h。观察记录温度、压力、流量，以及管路节点	无泄漏 升温速度：0.03℃/S，0.5～0.6h 内达到预设温度，调节精度±1.5℃
12	检查挤出机的供胶装置和金属探测器的动作	按设备说明规定测试有金属报警的灵敏性
13	检查挤出机喂料口的安全保护装置	触动急停开关后立即停车
14	向机筒内加入适量的机油，启动挤出机，最高转速的 1/3 空转螺杆 1 h、再以最高转速空转螺杆 10 分钟，观察检查螺杆机筒、轴承、电机、减速箱工作状况	无刮镗机筒衬套的声音 主轴承无杂音，无明显温升 减速箱无杂音，润滑系统无明显温升 主电机空负荷电流＜额定电流的 20%
15	检查制动性能，在高速运转中操作安全制动 3 次	制动动作灵敏可靠
16	距离电机、减速箱 1 000 mm 处，测量噪声	≤ 85 db
17	挤出机停机，然后全线停机，关闭动力源	
18	空负荷试车结果评估	

4.6.2　负荷试车

负荷试车必须在完成空负荷试车并考核合格后，才能进行。可按下表步序进行检验考核，通过以后可进行验收并转入正常生产使用和管理。如表 2.3.2－23 所示。

表 2.3.2－23　挤出机负荷试车内容

步序	负荷试车检验考核内容	质量标准
1	通电、气、水源	电源 380V±10% 压缩空气 ≥0.6MPa 循环水 ≥0.3Mpa
2	升温加热至工艺要求的温度	升温速度：0.03℃/S，0.5 h～0.6 h 内达到预设温度，调节精度±1.5℃
3	设定工艺参数	按设备操作规程和工艺规程
4	敞开机头，投入 30ML1 左右的软胶料挤出	时间不少于 1 h，轴承温升≤35℃，润滑油温度<60℃，机头压力平缓升高，其他控制参数稳定
5	闭合机头，投入中等 ML1 的胶料挤出	在额定功率 80%以上范围内运转，轴承温≤35℃，润滑油温度<60℃；运转时间不少于 4 h，螺杆转速精度±最大转速的 1%，机头压力平缓升高，其他控制参数稳定
6	闭合机头，投入生产胶料挤出部件	主机在额定功率的 80～100%范围内运转，轴承温升≤35℃，润滑油温度<60℃；，机头压力不超限，运转时间不少于 24 h（可累计，但最小段时间应≥3.5 h），所有控制参数稳定
7	连续生产考核，取样检验部件质量，监控和统计各生产规格的设备运行参数和工艺参数状态	运转 72 h（可累计，但最小段时间应≥3.5 h），所有数据和曲线处于正常，无任何超限；生产部件质量符合要求；分析停机原因，因故障引起的停机率≤2%
8	检查各油箱	油的外观正常，无片状铁末
9	试车结果评估	考核通过则进行验收

五、挤出机和联动生产线的供应商

5.1　橡胶挤出机的供应商

普通橡胶挤出机的主要供应商如表 2.3.2－24 所示。

表 2.3.2－24　普通橡胶挤出机的主要供应商

主要供应商	热喂料挤出机	冷喂料挤出机	排气挤出机	滤胶机	销钉式冷喂料挤出机	复合挤出机	挤出压片机
桂林泓成橡塑科技有限公司			√	√	√	√	√
桂林市君威机电科技有限公司					√	√	√
中国化学工业桂林工程有限公司	√	√			√	√	√
大连橡胶塑料机械股份有限公司	√	√			√	√	√
天津赛象科技股份有限公司	√	√			√	√	
广州华工百川科技有限公司	√	√			√	√	√
桂林市君威机电科技有限公司					√	√	√
桂林泓成橡塑科技有限公司					√	√	√
桂林翔宇橡胶机械开发制造有限公司	√	√			√		
广东湛江机械厂	√	√	√	√	√		
内蒙古宏立达	√	√		√	√	√	√
内蒙古富特橡塑机械有限公司	√	√	√	√	√	√	√
大连华韩橡塑机械有限公司	√	√		√	√		√

特种和多复合橡胶挤出机的主要供应商如表 2.3.2－25 所示。

表 2.3.2-25　特种和多复合橡胶挤出机的主要供应商

	特种挤出机	宽幅机头挤出机	多复合挤出机（四复合以上）
中国化学工业桂林工程股份有限公司		√	√
VMI 荷兰	√		
德国 Troleser		√	√
德国海福乐（H. F）集团		√	√

5.2　挤出模具的供应商

挤出机头模具基本都是由挤出机设计制造商设计提供的，用户在订购挤出机时，可以把制品技术参数和要求一并提供定制。

第四章　轮胎工厂设备

轮胎按用途可以分为汽车轮胎、工程机械轮胎、农业和林业机械轮胎、航空轮胎、摩托车胎、畜力车（马车）轮胎、力车胎等；其中汽车轮胎又可分为轿车胎（良好路面上高速行驶）、轻型载重汽车轮胎（较小规格的载重胎，行驶于公路上）、载重和公共汽车轮胎（行驶路面较复杂，差或好路面兼有）、越野汽车轮胎（前后轮驱动，行驶在坏路面上，通过性能较高）、矿山或伐木用载重汽车轮胎（用于矿山或林区的短途运输，路面条件苛刻）。按轮胎配用的车辆种类可分为轿车轮胎（PCR）、轻型载货汽车轮胎（LTR）、载货汽车及大客车轮胎（TBR）、农用车轮胎（AGR）、工程车轮胎（OTR）、工业用车轮胎（IDR）、飞机轮胎（ACR）、摩托车轮胎（MCR）等。按轮胎结构可以分为子午线轮胎（Radial）、斜交轮胎（Bias）、带束斜交胎（Belted Bias）。

子午线轮胎，胎体帘线与钢丝带束层帘线之间所形成的角度，就像地球的子午线一样，所以顾名思义称为子午线轮胎。载重子午线轮胎按使用的骨架材料种类又可以分为全钢轮胎与半钢轮胎。斜交轮胎，胎体帘线层与层之间，呈交叉排列，所以称为斜交轮胎。带束斜交胎，胎体构造为斜交胎结构，另具有钢丝带束层。斜交轮胎与子午线轮胎的结构如图 2.4.1－1所示。典型的子午线轮胎结构见图 2.4.1－2。

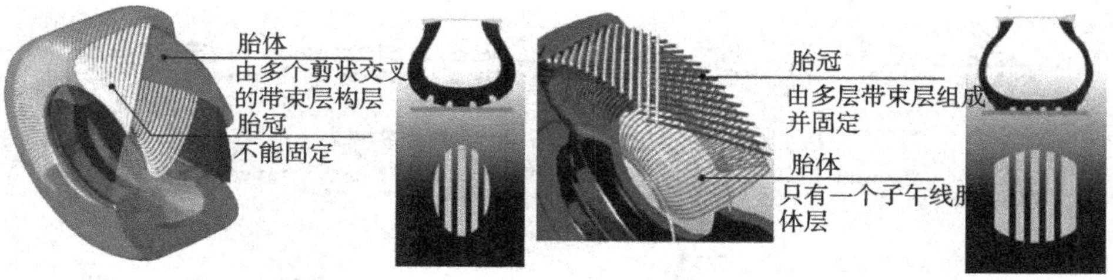

图 2.4.1－1　斜交轮胎与子午线轮胎结构示意图

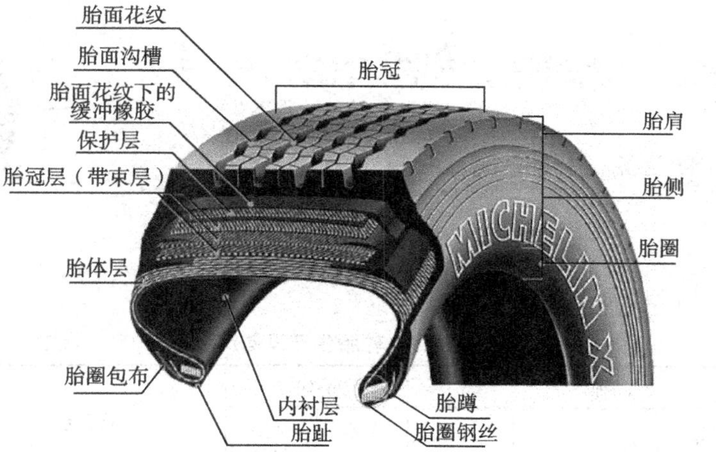

图 2.4.1－2　子午线轮胎各部件示意图

子午线轮胎各部件释义

- 胎冠
  - 1—胎面（TREAD），轮胎与路面接触的部分，它应具有良好的耐磨性、耐刺穿性、耐冲击性及散热性。
  - 2—花纹（GROOVE），其作用是调整轮胎的稳定性、牵引力、制动力、排水性，降低噪音等。
  - 3—胎面基部（UNDER TREAD），胎面和缓冲层或带束层之间的橡胶部位，应具有良好的耐撕裂性、黏着性及散热性；
  - 4—冠带层（CAP PLY），子午线轮胎带束层上的帘布层，在轮胎行驶中抑制带束层移动，并防止高速行驶时带束层的脱离。
  - 5—带束层（BELT），在胎面与胎体之间使用的钢丝帘布，提供良好的刚性，并且要求有良好的均匀性。
- 6—胎体（CARCASS），轮胎中的帘布层是轮胎的主要受力部件，要求耐冲击、耐曲挠。
- 7—胎肩（SHOULDER），胎面端部与胎侧上端之间的部分，要求耐冲击，导热性能好。
- 8—胎侧（SIDE WALL），轮胎侧面的橡胶层，其作用是保护胎体、耐曲挠性优异、提高乘车舒适感及操纵稳定性。
- 胎圈
  - 9—胎圈（BEAD），是由挂胶钢丝按一定形状缠绕而成，起到将轮胎装入轮辋固定轮胎的作用。
  - 10—三角胶条（APEX），轮胎中钢丝圈上面的填充材料，要求有较高的硬度，有很强的黏合性能，与其他黏合。
  - 11—钢丝圈包布（FLIPPER），其作用是维持胎圈部分强度，提高与胎体的黏着性，防止钢丝圈分散。
  - 12—胎圈包布（CHAFER），其作用是防止轮辋与胎体直接接触，保护胎体，补强胎圈部分的强度。
- 13—内衬层，无内胎轮胎称为气密层（INNER LINER），一般用卤化丁基橡胶制造，替代内胎贴在轮胎胎里上，要求有很好的气密性；有内胎轮胎称为油皮胶，主要是减少轮胎胎体帘线受到内胎的摩擦。

此外，还可以按轮胎使用的气候条件分为雪地轮胎、夏季轮胎、全天候轮胎。按有无内胎轮胎可分为有内胎轮胎与无内胎轮胎。按花纹类型可分为条形花纹（花纹延圆周连接在一起）、横向花纹（横向隔断的花纹）、混合花纹（横向花纹和纵向花纹相结合的花纹）、越野花纹（由宽大花纹沟隔断的独立的花纹块组成的花纹）。按轮胎的速度级别可以分为 P 级（≤150 km/h）、S 级（≤180 km/h）、T 级（≤190 km/h）、H 级（≤210 km/h）、V 级（≤240 km/h）、W 级（≤270 km/h）、Y 级（≤300 km/h）等。

中国橡胶工业装备产业的迅猛发展，轮胎结构更新换代子午化起到极大的拉动作用。20 世纪 80 年代，我国从国外引进子午线轮胎生产技术和装备后，致力于消化吸收先进装备技术并再创新。经过 30 年努力，目前轮胎子午化率已达 90%以上，子午线轮胎生产设备基本实现了国产化，包括：自动操纵卧式裁断机、纤维帘布自动裁断接头机、多刀纵裁机、胎体和带束钢丝帘布裁断机，三角胶机内三复合生产线，改进型方钢丝圈挤出缠绕生产线、一次可卷成 1 个～6 个六角形钢丝圈的六工位钢丝圈生产线，内衬层/密封层无张力压延生产线生产线，一步法与二步法 PCR（轿车胎）成型机、一步法 TBR（载重胎）成型机，农用子午线轮胎和工程子午线轮胎一步法及二步法成型机，36″～212″全系列机械式和液压式轮胎定型硫化机等等。

轮胎硫化后，需要进行成品性能试验。汽车厂对配套轮胎有舒适性测试的指标要求，一般需进行轮胎均匀性/偏心度和动/静平衡测试；安全性指标要求对 TBR 进行 100%X 光检查；新轮胎型式试验、日常生产每批次轮胎需进行高速、耐久性能测试以及强力脱圈试验。除均匀性试验机外，包括激光全息检查机等测试设备已基本国产化。

轮胎的生产流程如图 2.4.1-3 所示。

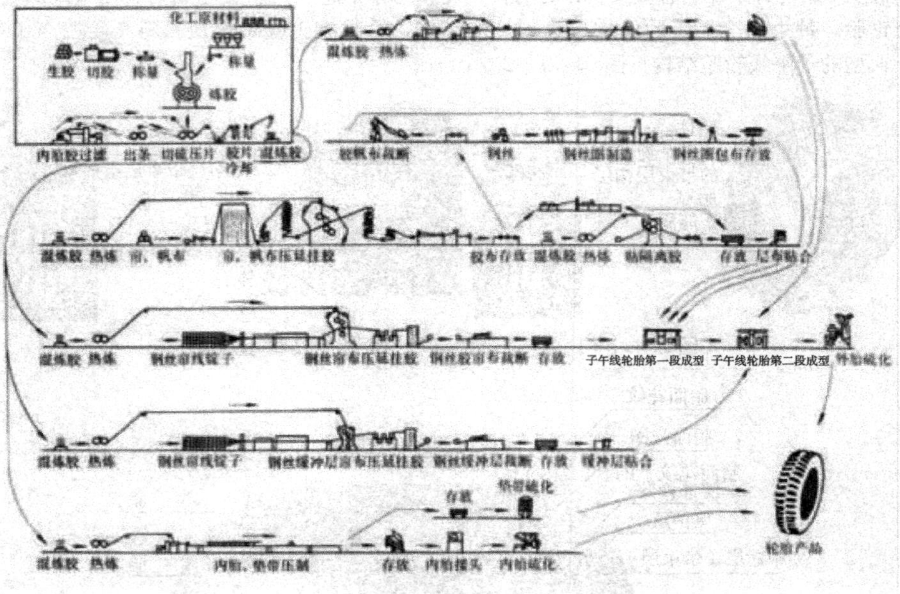

图 2.4.1-3　轮胎的生产流程

轮胎生产设备分类与产品型号如表 2.4.1-1。

表 2.4.1-1　轮胎生产设备产品型号

类别	组别	品种		产品代号		规格参数	备注
		产品名称	代号	基本代号	辅助代号		
橡胶通用机械	裁断机械	卧式裁断机		XC		最大胶布宽度（mm）	
		立式裁断机	L（立）	XCL			
		高台式裁断机	T（台）	XCT			
		定角裁断机	D（定）	XCD			
		纵向裁断机	Z（纵）	XCZ			
		综合裁断机	H（合）	XCH			
		钢丝帘布裁断机	G（钢）	XCG			裁刀形式使用辅助代号，圆盘式以 P 表示，铡刀式以 Z 表示
		钢丝胎体帘布裁断机	G（钢）	XCG	T		
		钢丝带束层裁断机	G（钢）	XCG	D		
		钢丝带束层挤出裁断生产线	G（钢）	XCG	X		

续表

类别	组别	品种		产品代号		规格参数	备注
		产品名称	代号	基本代号	辅助代号		
轮胎生产机械	胎面生产机械	胎面挤出联动装置		LM	F	最大胎面宽度（mm）	
		胎面挤出生产线		LM	X		
		胎面磨毛机	M（磨）	LMM			
		胎面压头机	Y（压）	LMY			
		胎面挤出缠卷机	C（缠）	LMC		最大轮胎规格	包括翻胎使用
	贴合机	帘布筒贴合机		LT		最大贴合宽度（mm）	
		皮带式帘布筒贴合机	D（带）	LTD			
		鼓式帘布筒贴合机	G（鼓）	LTG			
	钢丝圈生产机械	钢丝圈卷成机		LG		最小钢丝圈规格 最大钢丝圈规格	
		钢丝圈挤出卷成生产线		LG	X		
		六角形钢丝圈缠卷机	L（六）	LGL			
		六角形钢丝圈挤出缠卷生产线	L（六）	LGL	X		
		圆断面钢丝圈缠卷机	Y（圆）	LGY			
		钢丝圈包布机	B（包）	LGB		按系列顺序代号（阿拉伯数字）表示	
		钢丝圈螺旋包布机	B（包）	LGB			
		上三角胶机	J（角）	LGJ			卧式使用辅助代号以 W 表示
	成型机械	斜交轮胎成型机	X（斜）	LCX		按系列顺序代号（阿拉伯数字）表示	压辊包边式 层贴法使用辅助代号以 C 表示
		斜交轮胎成型机	X（斜）	LCX	J	成型轮胎的最小胎圈规格最大胎圈规格	指形正包胶囊反包式使用辅助代号以 J 表示
		子午线轮胎第一段成型机	Y（一）	LCY			
		子午线轮胎第二段成型机	E（二）	LCE			
		子午线轮胎一次法成型机	Z（子）	LCZ			
		实芯轮胎成型机	S（实）	LCS			
		胎胚刺孔机	C（刺）	LCC			
	定型机械	空气定型机		LD		按系列顺序代号（阿拉伯数字）表示	
		胶囊定型装置	N（囊）	LDN		成型胶囊的最小胎圈规格最大胎圈规格	
	内胎生产机械	内胎挤出联动装置		LN	F	最大内胎平叠宽度（mm）	包括力车胎使用
		内胎挤出生产线			X		
		内胎接头机	J（接）	LNJ		最大接头平叠宽度（mm）	
	硫化机械	轮胎定型硫化机		LL		蒸汽室内径或热板护罩内径（mm）×一个模型的合模力（kN）×模型数量	胶囊脱出轮胎的形式使用辅助代号，胶囊全翻降式以 A 表示，胶囊拉直升式以 B 表示，胶囊半翻升式以 C 表示，胶囊半翻降式以 R 表示
		液压式轮胎定型硫化机	Y（液）	LLY			
		轮胎硫化罐	G（罐）	LLG		筒体内径（m）×使用高度（m）×总压力（kN）	
		内胎硫化机	N（内）	LLN		连杆内侧间距（mm）	
		垫带硫化机	D（垫）	LLD			
		实芯胎硫化机	S（实）	LLS		最大轮胎规格	
		液压胶囊硫化机	A（囊）	LLA		总压力（kN）	

续表

类别	组别	品种		产品代号		规格参数	备注
		产品名称	代号	基本代号	辅助代号		
力车胎生产机械	成型机械	软边车胎成型机	R（软）	CCR		成型力车胎的最小胎圈规格、最大胎圈规格	
		硬边力车胎包贴法成型机	Y（硬）	CCY			弹簧反包使用辅助代号以 T 表示
		摩托车胎成型机	M（摩）	LCM		成型摩托车胎的最小胎圈规格、最大胎圈规格	
	硫化机械	力车胎硫化机		CL		总压力（kN）×层数	单层不注层数；电动式使用辅助代号以 D 表示，气动式以 Q 表示，液压式以 Y 表示
		力车胎隔膜硫化机	M（膜）	CLM			
		力车内胎硫化机	N（内）	CLN		总压力（kN）	

轮胎专用设备在我国的开发、应用时间不长，设备的结构等技术更新换代也很快，多数产品的技术标准还处于制定过程或制定计划中。

现行轮胎专用设备的技术标准见表 2.4.1-2。

表 2.4.1-2　轮胎专用设备的技术标准

轮胎专用设备			
序号	标准号	技术标准名称	其他说明
1	HG/T 2420－2011	纤维帘布裁断机	
2	HG/T 2394－2001	子午线轮胎成型机系列	
3	HG/T 3685－2015	轿车子午线轮胎第一段成型机技术条件	
4	HG/T 3686－2015	轿车子午线轮胎第二段成型机技术条件	
5	GB/T 25937－2010	子午线轮胎一次法成型机	
6	HG/T 3232－2009	软边力车胎成型机	
7	GB/T 13579－2008	轮胎定型硫化机	
8	HG/T 3119－2006	轮胎定型硫化机检测方法	
9	HG/T 2112－2011	力车胎硫化机	
10	GB/T 25158－2010	轮胎动平衡试验机	
11	HG/T 2109－2011	斜交轮胎成型机	
成型机头、硫化模具			
序号	标准号	技术标准名称	其他说明
1	HG/T 3226.1－2011	轮胎成型机头 第 1 部分：折叠式机头	
2	HG/T 3226.2－2011	轮胎成型机头 第 2 部分：涨缩式机头	
3	HG/T 3227.1－2009	轮胎外胎模具 第 1 部分：活络模具	
4	HG/T 3227.2－2009	轮胎外胎模具 第 2 部分：两半模具	
5	HG/T 2176－2011	力车轮胎模具	
内胎、垫带工艺设备			
序号	标准号	技术标准名称	其他说明
1	HG/T 2270－2011	内胎接头机	
2	HG/T 3106－2003	内胎硫化机	
3	HG/T 3231－2003	内胎硫化机的检测方法	
4	HG/T 3233－2009	垫带硫化机	

第一节　轮胎成型机

轮胎成型机是轮胎制造生产过程中，将各种半成品部件，按工艺要求组合成型轮胎胎坯的一种轮胎生产专用设备。随着轮胎工业的快速发展，尤其是子午线轮胎技术的发展，轮胎成型机的成型技术和结构有了很多改进与发展，它是橡胶设备技术发展最快的技术之一。近些年，国产化的、适合轮胎厂生产工艺需要的各种类型的专用轮胎成型机，相继开发研制成功。

在新开发研制的各类轮胎成型机中：有适用于斜交结构的新型轮胎成型机，配有气垫和机械手，自动牵引上帘布筒及指状片组正包、胶囊反包装置；有适用于子午线轮胎成型的专用成型机，如用于轿车和轻卡轮胎专用的两次法一段、二段成型机和用于全钢载重子午线轮胎一次法两鼓式、三鼓式和四鼓式成型机；用于全钢工程子午线轮胎一次法两鼓式成型机等。上述各类新型成型机的投产使用，对提高轮胎成型自动水平、改善轮胎成型工人的作业环境、减轻劳动强度、提高轮胎成型生产效率和提高轮胎成型质量，起到了很好的作用。

外胎成型机的类型很多，按用途分为：自行车外胎成型机、摩托车外胎成型机、载重车胎、轿车胎、农业胎成型机、工程车胎成型机、飞机车胎成型机；按成型鼓的轮廓分为：鼓式成型机、半鼓式成型机、半芯轮式成型机、芯轮式成型机；按帘线排列形式分为：斜胶胎成型机、子午线轮胎成型机；按成型方法分为：套筒法成型机、层贴法成型机、套筒-层贴法成型机、加宽帘布法成型机；按机台组成分为：单台使用成型机、成型机组。其分类如下。

- 轮胎成型机
  - 斜交胎
    - 压辊包边成型机
    - 贴合成型机
  - 子午线轮胎
    - 一次法
      - 一段
      - 二段
    - 二次法
    - 缠绕法
- 力车胎（摩托车胎）成型机

一、斜交轮胎成型机

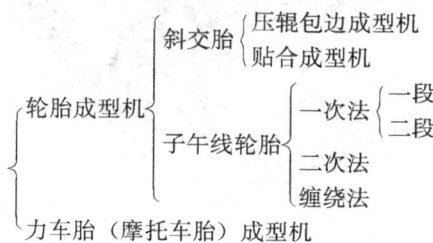

进入“十二五”规划以来，斜交轮胎生产被明确为淘汰的落后产能，所以本章节中不作详细介绍。

1.1　公路斜交轮胎成型机

斜交胎压辊包边成型机如图 2.4.1－4 所示。

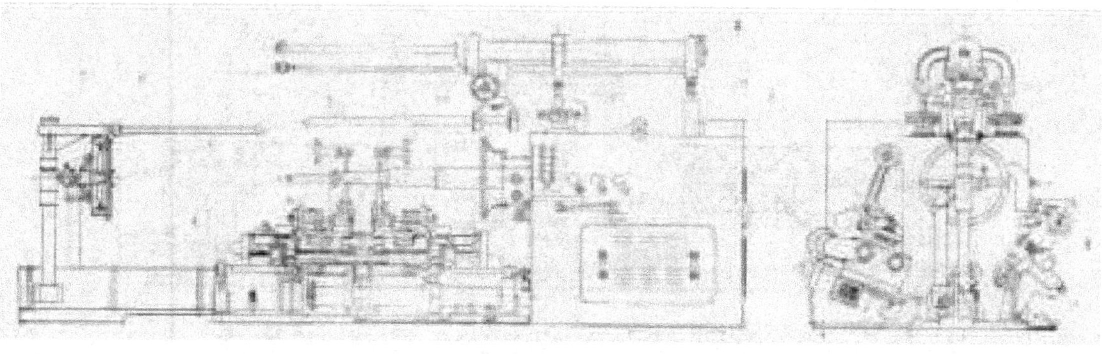

图 2.4.1－4　斜交胎压辊包边成型机

1—机箱；2—成型棒装置；3—正包装置；4—下压合装置；5—后压合装置；6—外扣圈拉胎装置；7—供布架；8—主轴；9—成型棒；10—手轮；11—涡轮减速箱；12—内扣圈盘；13—支柱

斜交胎由机箱、成型棒装置、正包装置、下压合装置、后压合装置、外扣圈及拉胎装置、供布架、风压管路系统、电气控制系统组成。其技术特征包括：型号、成型鼓尺寸、箱体主要部件尺寸、电机型号、转速、辅助装置有关参数等。

机箱与成型机所能成型最大规格轮胎的成型鼓的中心距、边缘距离、主轴与地面的中心高，为成型机外形设计的主要依据；成型鼓的回转速度与各压合装置压辊的位移速度的协调配合，是成型机设计的关键；成型鼓的回转速度、各压合辊的压合力，是成型机及其压合装置设计的主要参数。

成型鼓转速有单速、双速、三速、四速等，由于成型过程比较繁杂，要求成型鼓能够变速，以便更好地完成成型操作。

斜交轮胎成型机的成型鼓多为可折叠式，根据折叠时鼓的状态折叠分为动态折叠（惯性折叠）鼓及静态折叠（动力折叠）鼓。动态折叠由于依靠惯性力折叠成型鼓冲击力大，成型鼓的铰接轴销以及连杆极易损伤；而静态折叠是利用动力折鼓，需单独装有折鼓电机，鼓的折拢及张开较平稳、零件不易损坏。

1.2　斜交工程胎成型机

由于斜交工程胎外形尺寸大，承载能力大，胎体帘布层多，特别是成型时，各层帘布筒胎圈部位的正、反包操作要求包卷后胎圈部位要平整结实，各部件需要位置放正、舒展压实，难度大。传统的轮胎成型方法和成型设备已不能满足现代轮胎工艺的发展，采用拉入式套帘布筒法是一种高效、高质的成型工艺。

由于工程胎的零部件重量大，其胎面的厚度与长度公差，胎面胶接头处的正确吻合是靠操作者的经验，通过对成型机主轴的点动、正转、反转等操作完成，尽管成型机已有不断的改进，但手工操作的成分还是很大。目前工程胎胎面的成型

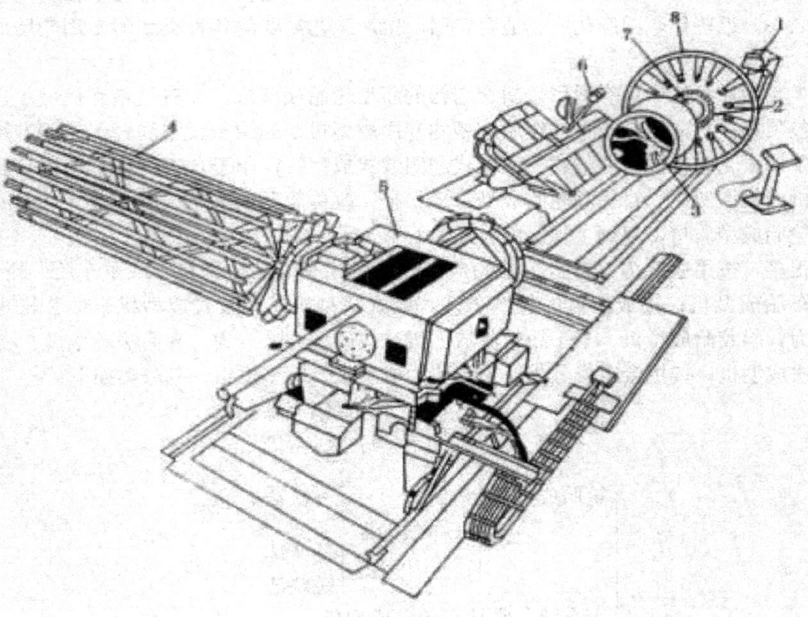

图 2.4.1－5　LCK－2024 斜交工程外胎成型机

1—机头座（机箱）；2—扣圈装置；3—成型鼓；4—伞形扩布器；
5—机尾座；6—后压合辊；7—主轴；8—夹持环

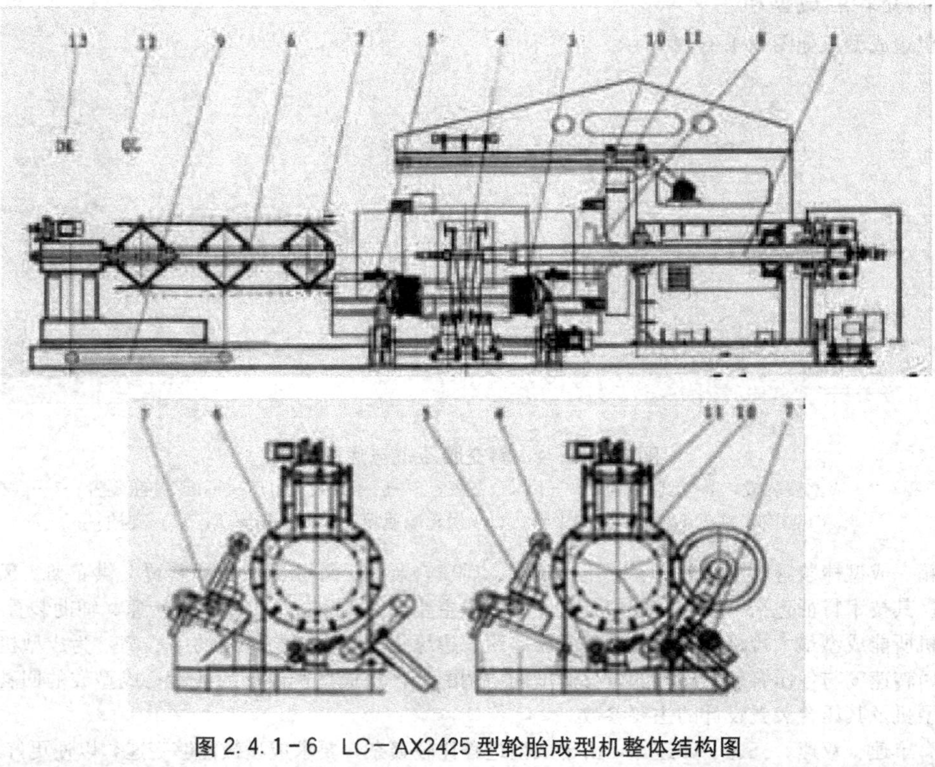

图 2.4.1－6　LC－AX2425 型轮胎成型机整体结构图

1—主机；3—正包装置；4—下压辊装置；5—后压辊装置；6—帘布扩导装置；7—外扣圈装置；8—内扣圈装置；
9—底座；10—夹持环装置；11—传递装置；12—气路系统；13—电控系统

可分为层贴法和套筒法两种生产形式，层贴法就是将条形胎面按工艺要求依次贴上，胎面胶与帘布之间、胎面胶与胎面胶之间的窝气是靠后压辊逐步赶出；套筒法则是在成型工序前将条形胎面用专门的气动接头机接成环形胎面，成型时由成型棒或其他方法导入成型鼓，窝气也靠后压辊赶出。但是轮胎规格偏大时，采用套筒法贴合胎面易产生气孔等影响胎面的质量。

工程胎胎面成型采用胎面胶的缠贴成型技术是成型工序的重要技术进展。它是以条状胶热压合堆积成型，保证了整个胎面横断面没有或仅有很少的气孔与窝气。由于待贴合胶是新鲜的，贴合后胶条与胶条之间，各层胶条之间容易熔为一体，其最终的成型半成品横断面形状和胎面胶的总重量都非常接近。用挤出机挤出的胎面胶条直接在成型鼓上缠贴胎面的工程胎缠贴成型技术与装备在 20 世纪 80 年代开始引进，最初引进了大规格工程胎的缠贴成型机，之后又陆续引进了中型规格缠贴成型机，所能生产的轮胎规格自 18.5—25～36.00—51。

在缠贴机组中，包括了较早期的模板仿形缠贴机及后续的程序控制缠贴机。在胶条制备环节上、有的使用冷喂料挤出机加定型机头；有的使用销钉机筒冷喂料挤出机加带测宽调宽功能的双辊筒机头。缠贴装置的移动有采用连续移动和间歇运动方式的。缠贴装置的驱动有采用液压或伺服电机系统。

采用销钉机筒冷喂料挤出机和圆形机头挤出棒状胶条，然后再进入液压压延辊机头，使之成为扁平状胶片，由压辊热压贴于帘布筒上，见图 2.4.1-7。整个挤出机座和压型缠贴机头由液压装置驱动，作平行于成型机主轴的左右移动，形成缠贴堆积胎面外廓。

胎面胶的缠贴是程序化，即利用专用计算机将有关缠贴参数输入计算机。需要缠贴某种型号规格的轮胎，则调用与其相对应的一组参数即可。由于胎面胶的缠贴程序化过程没有人工干预，因此，对应于这部分工作操作者的劳动强度几乎为零。

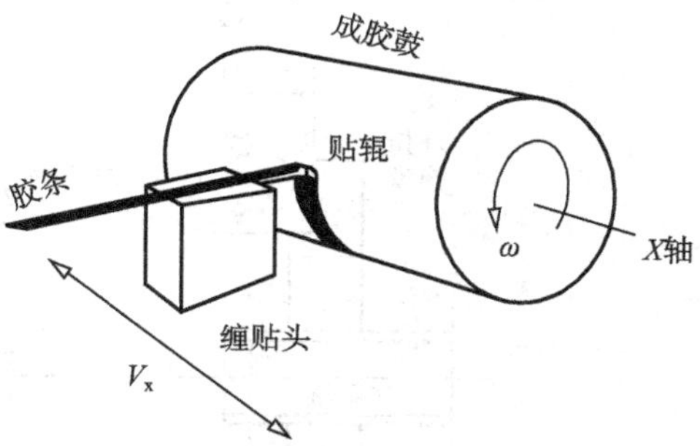

图 2.4.1-7　胎面缠贴成型简图

1.3　斜交轮胎成型机的基本参数

HG/T 2109—2011《斜交轮胎成型机》规定，斜交轮胎成型机包括套筒法斜交轮胎成型机与指形正包胶囊反包式斜交轮胎成型机。HG/T 2109—2011 列举的斜交轮胎成型机基本参数见表 2.4.1-3 与表 2.4.1-4。

表 2.4.1-3　套筒法斜交轮胎成型机的基本参数

项目	规格代号										
	0	1	2	3	4	5	6	7	8	9	10
适用胎圈规格/in	8～12	13～16	18～20	20～24	25～28	29～34	35～43	45～48	49～51	54～57	57～63
适用帘布筒最大宽度/mm	670	740	980	1 260	2 060	2 700	2 500	3 200	3 800	4 800	5 200
适用成型机头外径/mm	256～415	390～540	540～690	635～830	795～1 003	850～1 300	1 020～1 180	1 500～1 650	1 500～1 850	2 200	<2 400
适用成型机头宽度/mm	220～430	360～540	470～630	420～780	610～1 050	800～1 700	900～1 500	1 200～1 600	1 300～2 200	2 175～2 880	3 100
与成型机头配合轴径/mm	40f_9	50 f_9	70 f_9	75 f_9	100 f_9	110 f_9	120 f_9	140 f_9	160 f_9	180 f_9	200 f_9
主电动机功率/kW	3/5			6.5/11		15/22		22/37		37—45	

表 2.4.1-4　指形正包胶囊反包式斜交轮胎成型机的基本参数

项目	规格参数					
	1012	1516	1820	20	2024	25
适用于胎圈规格/in	10～12	15～16	18～—20	20	20～24	25
适用于帘布筒最大宽度/mm	1 000	950	1 100	1 150	1 500	2 026
适用于成型机头外径/mm	320～420	465～530	560～660	630～690	665～785	800～920
适用于成型机头宽度/mm	280～760	340～550	440～680	480～680	600～900	800～1 240
与成型机头配合轴径/mm	50	50	90	Φ90 f_9	Φ90 f_9	100
主电动机功率/kW	5.5	7.5	7.5	7.5	11	15

斜交轮胎成型机主轴材料的抗拉强度不低于 930 N/mm²，屈服强度不低于 680 N/mm²，硬度为 HB250～HB280；刹车套筒材料的抗拉强度不低于 735 N/mm²，屈服强度不低于 440 N/mm²，硬度为 HB250～HB280。

主电动机采用能满足频繁启动，频繁变换转向的专用电机。

刹车套筒与成型机头的连接采用爪式联结器，其各爪沿爪筒圆周均布。

成型机组装后，如图 2.4.1-8 所示，主要精度应符合下列要求：

1）图示①主轴径向圆跳动：0 号～4 号成型机为不大于 0.1 mm，5 号以上成型机为不大于 0.2 mm；

2）图示②尾架轴与主轴同轴度≤Φ0.2 mm；

3）图示③内、外扣圈盘与主轴同轴度≤Φ0.3 mm；

4）图示④内、外扣圈盘与主轴垂直度≤0.3 mm；

5）图示⑤主轴对导轨（机座）平行度（水平防线和垂直方向）≤0.3 mm/m；

6）图示⑥成型机头径向圆跳动：0 号～4 号成型机为不大于 0.3 mm，5 号以上成型机为不大于 0.5 mm；

7）图示⑦成型机头断面圆跳动≤0.3 mm；

8）图示中 L_1、L_2 后压辊中心偏差｜L_1—L_2｜≤1.0 mm；

9）图示中 L_3、L_4 下压辊中心偏差 $|L_3-L_4|\leqslant 1.5$ mm；

10）定位指示灯的定位偏差不大于 0.5 mm。

成型机应具有可靠的手动控制和自动程序控制功能，且应具有无扰动切换功能。电气控制系统应具有过载保护功能和紧急停机功能。采用成型棒上帘布筒的成型机，其成型棒的起落和摆动应灵活，进程时间不大于 5 s，返程时间不大于 3 s。

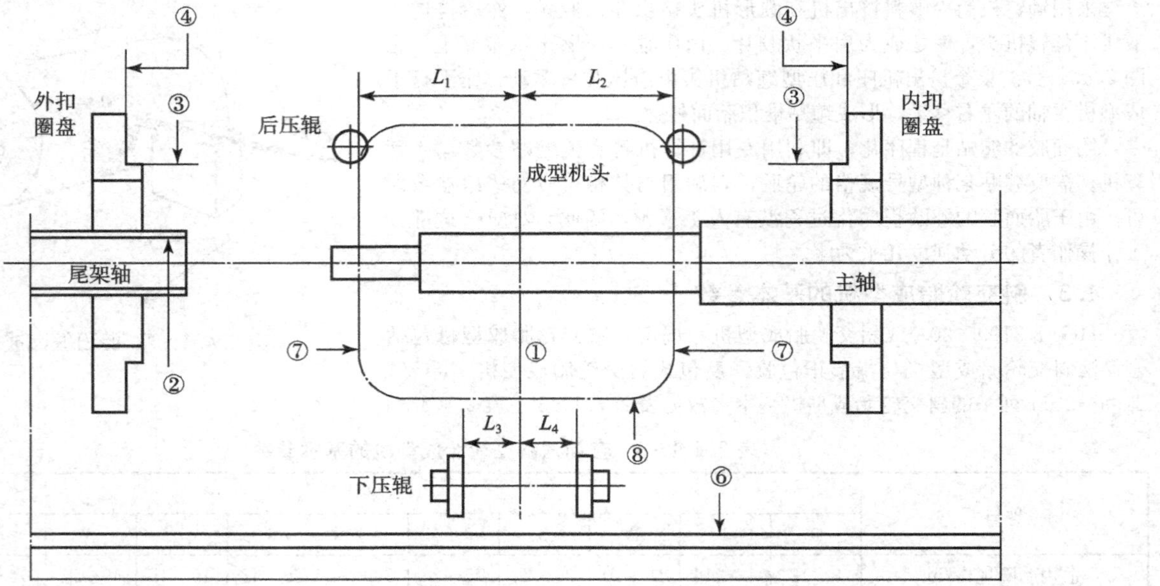

图 2.4.1-8　斜交轮胎成型机组装精度要求指引部位

二、子午线轮胎成型机

子午线轮胎是一种新型结构的轮胎，具有耐磨、耐刺扎、节油与缓冲性能、路面包络性能优异等优点，因而发展十分迅速。轮胎成型机对提高轮胎质量和生产效率起着关键作用，轮胎工业的发展，也促进了轮胎成型机的改进与创新。

始终由一台成型机来完成轮胎成型作业的称为一次成型法（或称全段成型法），所用的成型鼓为可膨胀鼓；胎体帘布筒用一台成型机制作，而后再在另一台专用子午线轮胎成型机上成型的称为二次成型法（或称二段成型法）。

2.1　二次成型法子午线轮胎成型机

二次成型法成型机，分为一段成型机和二段成型机。当前，我国制造的二次法成型机已经达到全自动操作的技术水平。

半自动二步法机型，如图 2.4.1-9 所示，由 1 台第一段和 1 台第二段机组成，其特征是部件在供料架上自动导出、人工辅助相关部件在鼓上定长裁断和压合、接头在鼓上自动角度定位、胶囊自动充气反包、自动辊压。由第一段成型机完成的组合内衬层、胎体、胎圈三角胶、胎侧的压贴，成为胎体筒（下称 CC）下线，转移到第二段成型机上，与带束、冠带层和胎面贴合的组合体（下称 B&T）进行对中贴合，接着定型充气到规定参数，经组合压辊辊压后下线。半自动二步法成型机用 PLC 程序控制、伺服运动控制成型鼓，机、电、气一体化融通设计，成型部件的定位、定长等工艺精度得到较好的重复性控制，满足成型工艺参数要求，是 12″～16″轮辋规格范围的半钢轮胎成型生产的主要机型。

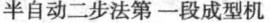

半自动二步法第一段成型机

半自动二步法第二段成型机

图 2.4.1-9　半自动 PCR 二步法成型机

本世纪以来，以北京敬业装备有限公司为代表的橡胶机械企业，成功研究开发了全自动操作的二步法成型机，如图 2.4.1-10 所示。所有部件均自动导出输送、自动定长裁断、自动对中纠偏、自动上鼓贴合、自动定型和压合，实现控制系统智能化，一段和二段机各配 1 人操作。由于减少了人工干预，对成型过程稳定控制大幅提高，轮胎均匀性优级率也显著提高；成型节拍得到稳定，使一段、二段组合的胎坯产量提高到 300 条～350 条（单班的机组产量），是半自动二步法成型机的 1.5 倍，用工减少了 50%。

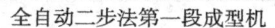

全自动二步法第一段成型机

全自动二步法第二段成型机

图 2.4.1－10　全自动 PCR 二步法成型机

2.1.1　第一段轮胎成型机

半自动二步法机型，由一台第一段和一台第二段机组成，其特征是部件在供料架上自动导出、相关部件在鼓上定长裁断和压合、接头在鼓上自动角度定位、胶囊自动充气反包、自动辊压。由第一段成型机完成的组合内衬层、胎体、胎圈三角胶、胎侧的压贴，贴合成型胎体筒后下线。

子午线轮胎一段成型机的结构形式，主要有胶囊反包第一段成型机、层贴法子午线轮胎第一段成型机。

胶囊反包子午线轮胎第一段成型机如图 2.4.1－11 所示。

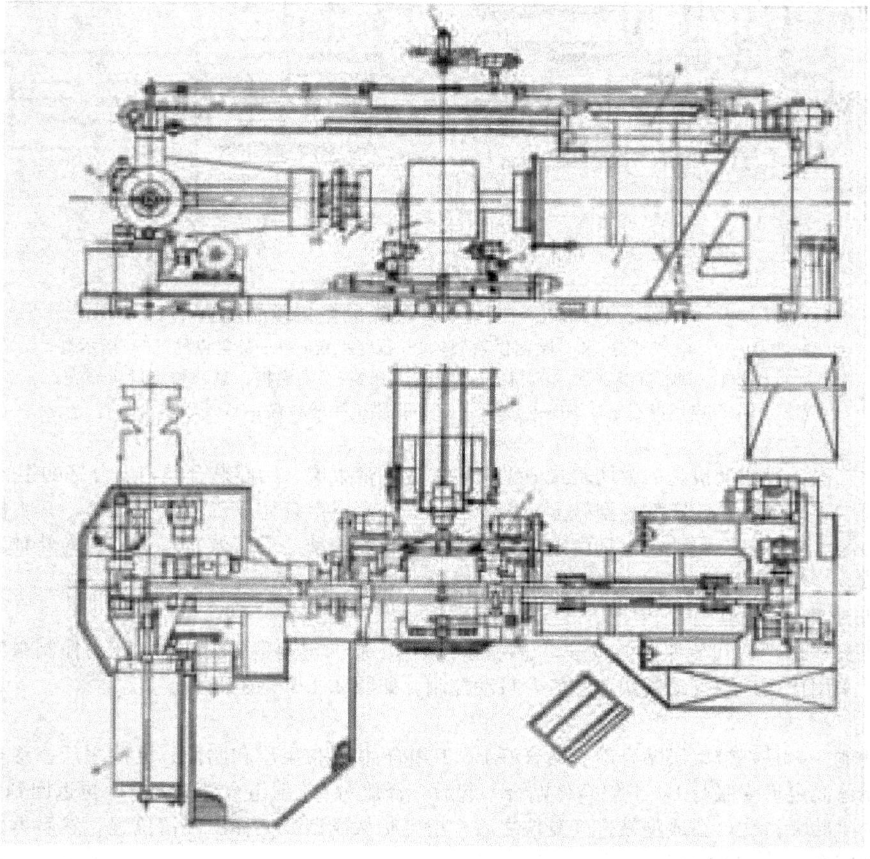

图 2.4.1－11　用于纤维子午线轮胎胎体第一段成型的 P80/A 成型机

1—机箱；2—帘布筒翻转圆筒；3—后压辊；4—成型鼓；5—拉出、反包装置；6—辅助鼓；7—光线指示灯；8—移动小车；9—胎侧和垫胶供料架；10—扣圈装置

该机由机箱、主轴、内、外扣圈盘、成型鼓、供料架、下压合装置、帘布筒表面压合装置（后压合装置）、胎侧压合装置等组成。

2.1.2　第二段成型机

子午线轮胎第二段成型是将第一段成型机完成的胎体筒，与带束、冠带层和胎面贴合的组合体（B&T）进行对中贴合，接着进行定型充气到规定参数，经组合压辊辊压后成型为胎坯下线。子午线轮胎第二段成型机在结构上一般包括：机箱、成型鼓、后压合装置、带束层贴合装置以及带束层、胎面、冠带条的的供布架装置等组成。

图 2.4.1－12 为用于钢丝子午线轮胎二次法二段成型机。

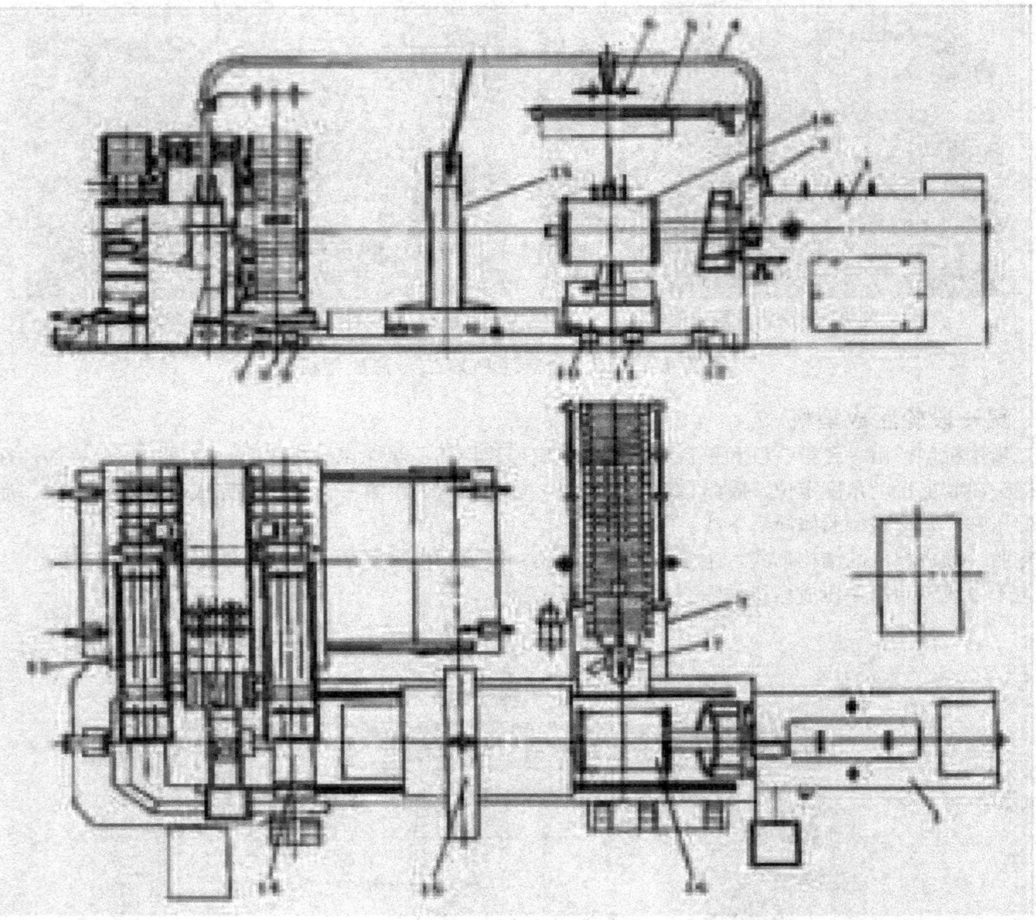

图 2.4.1－12　钢丝子午线轮胎第二段成型机

1—主机；2—电气部分；3—胎面供料架；4—管路系统；5—安全装置；6—指示灯；
7，11—双位脚踏开关；8，10，12—单位脚踏开关；9—底板；13—带束层供布架；
14—带束层贴合鼓；15—传递环；16—膨胀机头胶皮鼓；17—后压合装置

钢丝子午线轮胎二次二段成型机是一台两辊式成型机，左边为带束层、胎面贴合鼓，贴合好的组合体（B&T）由传送环送至右边的胎体筒中心；胎体筒在定型成型鼓上充气膨胀，与带束层组合完成二段成型工作。其主机箱 1 由钢板焊接而成，箱体前后支座由滚动轴承支持主轴、主轴由电动机经皮带轮减速传动。成型鼓装在主轴的内外轴套上，内轴套与主轴由导向平键连接，故成型鼓可随主轴转动，又可作轴向往复分合运动。

1. 二段成型机用胶囊鼓

成型鼓（膨胀机头）16 为一可膨胀的胶皮鼓，也称胶囊鼓。二段的定型是靠胶鼓中的压力控制来实现的，定型压力直接影响轮胎的质量，采用比例控制气动阀快速充气，自动控制。如图 2.4.1－13 所示。

2. 传递环

传递环有两个功能，一是把带束层贴合鼓上贴合好 B&T 组合件（带束层和胎面）夹持之后，移至已经贴合的子午线轮胎胎体中心，在胎体筒定型膨胀与 B&T 组合件贴合一起后，释放对 B&T 组合件的夹持，再返回到停留的位置；另一个功能是将成型完毕的生胎夹持住，在成型鼓排气复位之后，把生胎从成型鼓上移出停留位置，然后再由人工（或自动化机械）取走。其结构如图 2.4.1－14 所示。

3. 子午线轮胎第二段成型机机箱

子午线轮胎第二段成型机的机箱与斜交胎成型机的机箱不同，如图 2.4.1－15 所示。主轴 1 上装有内、外套筒 2、3（内、外轴套，或称空心轴），内、外套筒的一端安装成型鼓的发兰，另一端装有使内、外套筒沿导键 4 和 6 作轴向运动的传动装置，使成型鼓的宽度可以按需要调节。成型鼓的宽度由限位开关 7 控制（也可采用编码器控制）。主轴 1 为空心轴，胶囊鼓内定型用的压缩空气由主轴尾部回转接头 9 输入，主轴由主电机（图 2.4.1－15 上未示）经 V 带传动，并能用能耗制动方式制动。卸胎装置 11 由气缸驱动，在轮胎成型好后，由卸胎装置把胎胚从成型鼓上推落、运走。

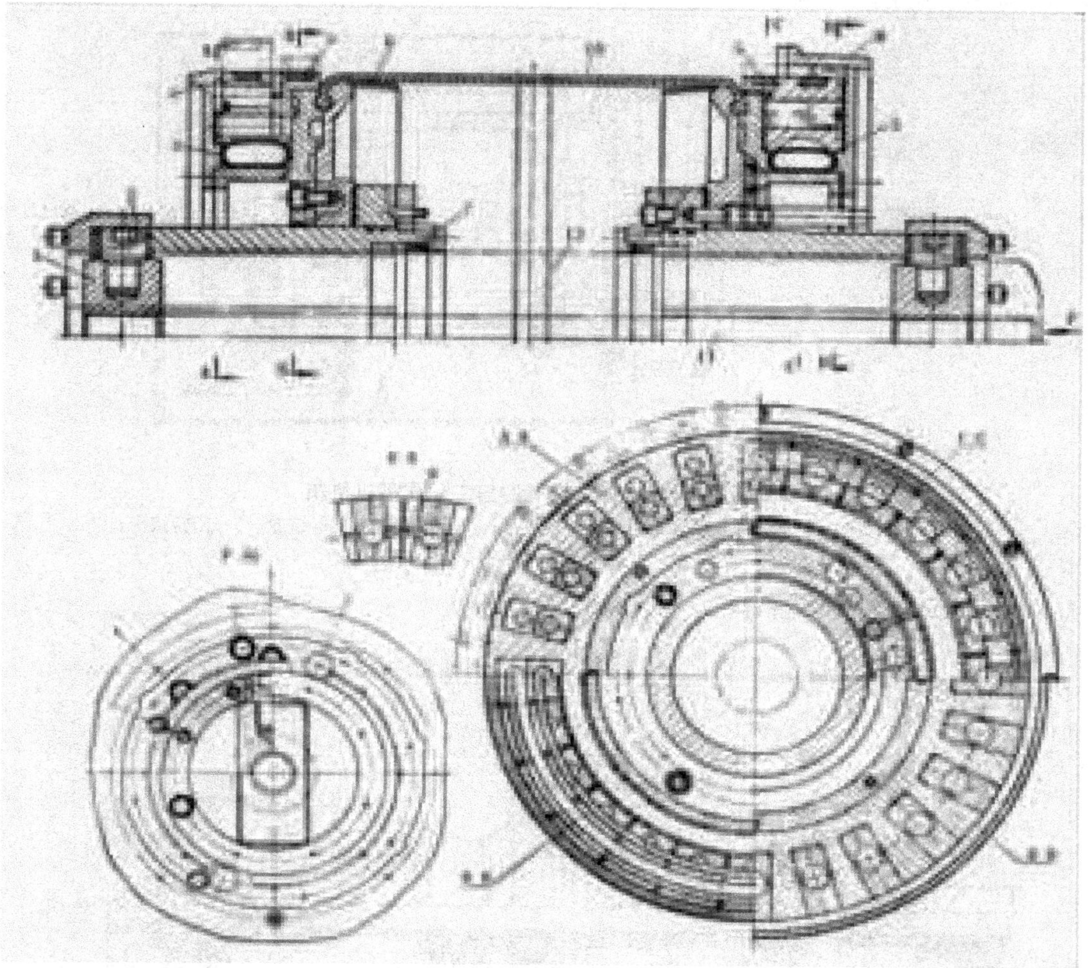

图 2.4.1-13 子午线轮胎第二段成型机的成型鼓

1—螺母；2—柱销；3—小胶囊；4—活动档环；5—锁紧环；6—内衬环；7—密封圈；8—固定档环；9—同步销；10—胶皮鼓；11—正、反丝杠；12—主轴

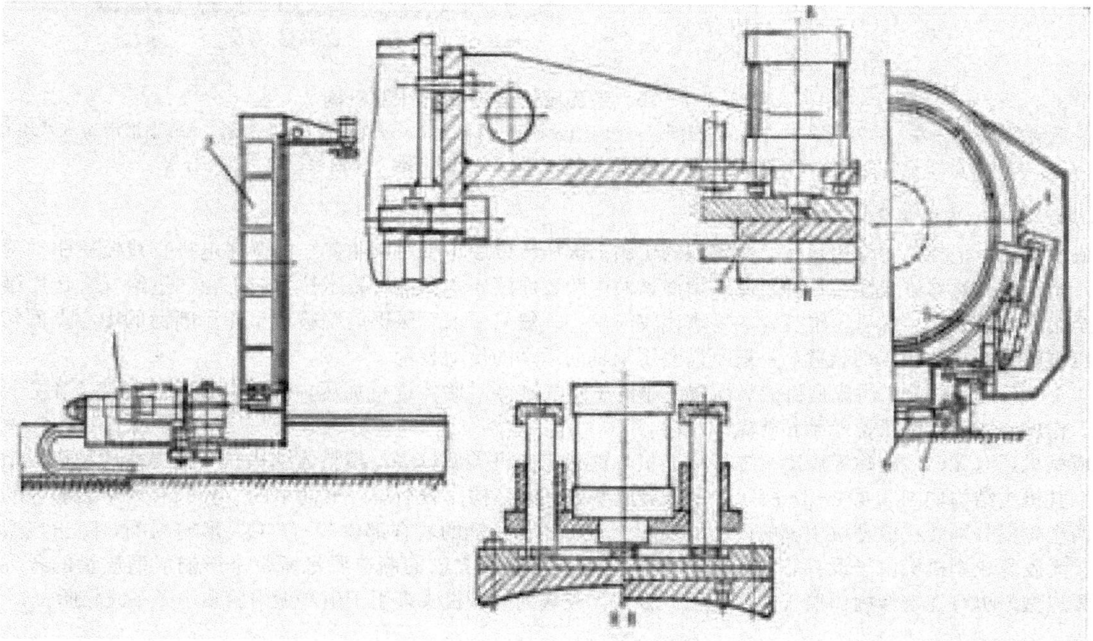

图 2.4.1-14 传递环装置

1—传递环移动驱动装置；2—夹持环；3—卸胎夹持爪；4—调节螺栓；5—抱胎气缸；6—齿轮；7—齿条

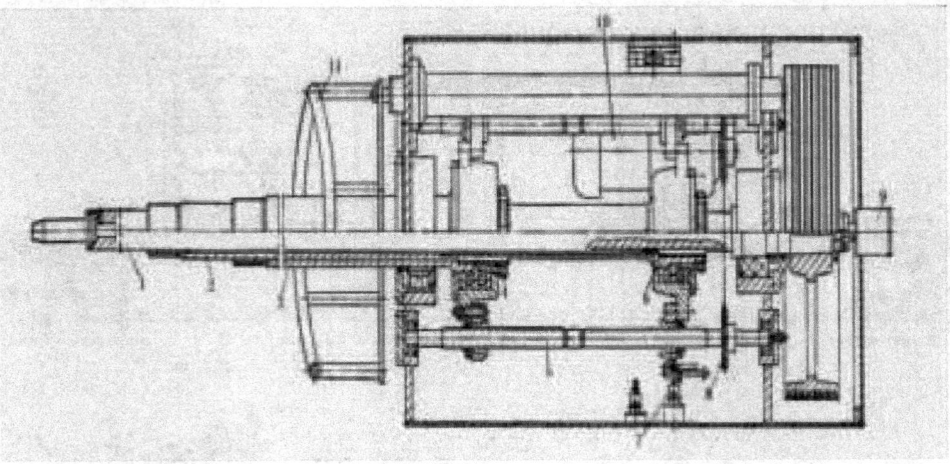

图 2.4.1-15　子午线轮胎第二段成型机机箱

1—主轴；2—内套筒；3—外套筒；4，5，6—导键；7—限位开关；8—链轮；9—回转接头；10—成型鼓宽度调节传动装置；11—卸胎装置

4. 胶囊膨胀成型鼓与伸缩机构如图 2.4.1-16 所示。

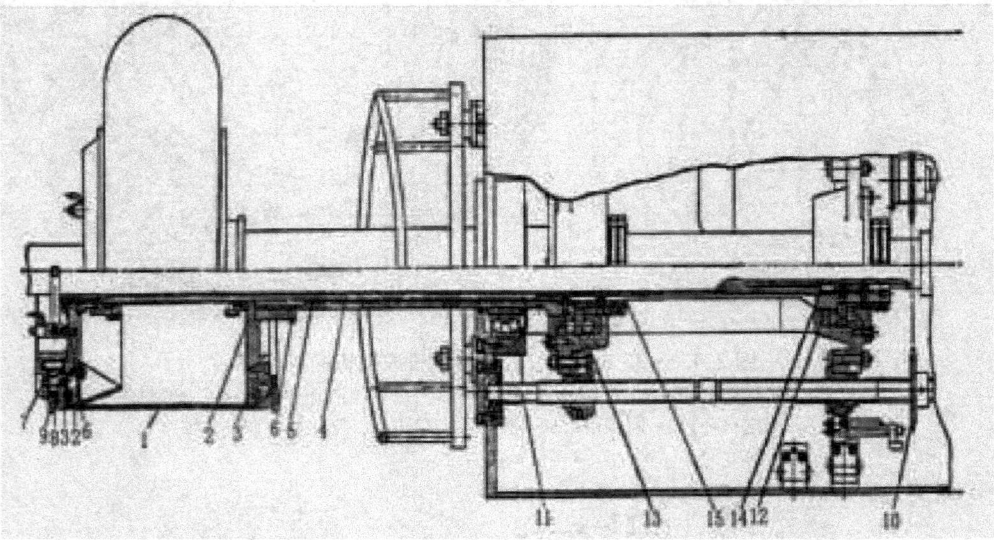

图 2.4.1-16　胶囊膨胀成型鼓与伸缩机构

1—胶囊机头；2—左、右衬圈；3—左、右压圈；4—内轴套；5—外轴套；6—螺母；7—小胶囊；8—扇形滑块（八块）；9—弹簧圈；10—链轮；11—双向螺纹杆；12，13—双向推力球轴承；14，15—导键

5. 二段成型机后压辊装置

二段成型机后压辊装置的作用是在二次定型的生胎上滚压带束层、胎面及胎侧，由调速电机直线模块驱动两个滚轮作轴向移动，始于中心对称位置往右移动，轮缘始终紧贴生胎表面滚压，到胎肩设定位置时，径向进给气缸作用滚轮径向进给，压合至胎圈位置为止。对后压辊装置的要求比较简单，一般只要求后压辊能绕被成型轮胎断面的中心点回转即可，或者再增加压辊的径向运动的传动装置，一般不需要压辊轴向运动的传动装置。

图 2.4.1-17 是一种第二段成型机的后压辊。压辊 1 由气缸 2 对胎体进行加压，辊臂 6 铰接在托座 5 上，回转装置 4 带动托座 5 作反向回转，使压辊沿胎胚外轮廓运动。

二段成型机还有无鼓（或称无胶囊）二段成型机，这种成型机类型较多，其整体结构与其他二段成型机类似，只是机头无胶囊。其机头结构如图 2.4.1-18 所示。无胶囊成型机头的结构比较简单，最简单的一种只有两个装胎坯的法兰式轮辋，左右两个轮辋分别装在成型机主轴的内、外轴套上。胎坯在轮辋的着合部位装有“O”形密封圈，防止定型时的压缩空气泄漏。无胶囊成型机头由于没有胶囊，从根本上排除了由于胶皮鼓的制造质量所带来影响成型质量的各种毛病。但是，无胶囊成型鼓也存在定型内压漏气的可能性。目前无胶囊的成型机头多用于生产无内胎乘用子午线轮胎。

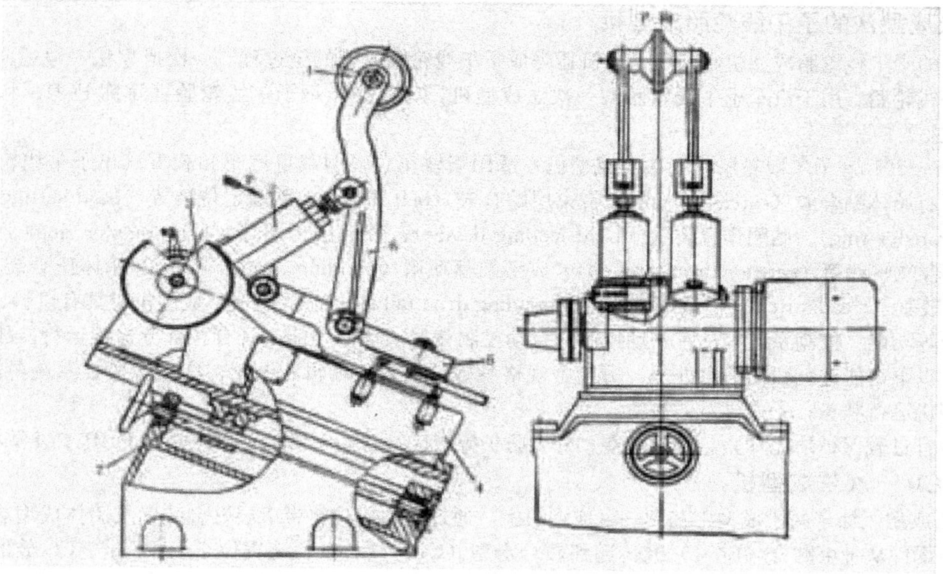

图 2.4.1－17　子午线轮胎第二段成型机后压辊装置

1—压辊；2—气缸；3—双速减速器；4—回转装置；5—托盘；6—辊臂；7—径向位置调节螺杆

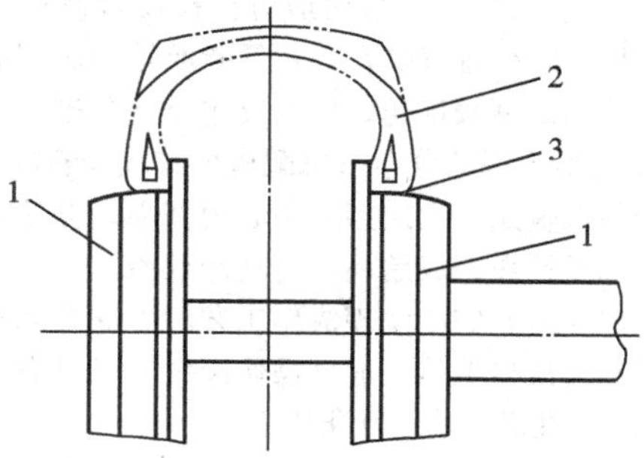

图 2.4.1－18　无胶囊成型鼓

1—轮辋；2—胎体；3—“O”形密封圈

二步法成型机主要的特征参数见表 2.4.1－5。

表 2.4.1－5　二步法成型机主要的特征参数

<table>
<tr><td rowspan="8">第一段成型机</td><td>特征</td><td>参数</td><td rowspan="8">第二段成型机</td><td>特征</td><td>参数</td></tr>
<tr><td>胎圈规格</td><td>12″～16″</td><td>胎圈规格</td><td>12″～16″</td></tr>
<tr><td>胎体宽度</td><td>max 850 mm</td><td>胎坯宽度</td><td>max 760 mm</td></tr>
<tr><td>胎体筒（CC）宽度</td><td>max 660 mm</td><td>鼓间设定范围</td><td>46～491 mm</td></tr>
<tr><td>反包高度（单边）</td><td>max 140 mm</td><td>定型卡盘中心至主轴连接端面的距离</td><td>900 mm</td></tr>
<tr><td>鼓肩设定距离</td><td>280～570 mm</td><td>定型卡盘中心至带束鼓中心的距离</td><td>1400 mm</td></tr>
<tr><td rowspan="2">生产能力，只/班（15″的单层胎体）</td><td rowspan="2">≥220</td><td>带束鼓（B&T 鼓）转速</td><td>5～200 mm</td></tr>
<tr><td>生产能力，只/班（15″的单层胎体）</td><td>≥250</td></tr>
</table>

<table>
<tr><td colspan="6">带束鼓（B&T 鼓）直径</td></tr>
<tr><td rowspan="2">A 型</td><td>基本直径</td><td>Φ495～Φ570 mm</td><td rowspan="2">B 型</td><td>基本直径</td><td>Φ625～Φ700 mm</td></tr>
<tr><td>加鼓块 A</td><td>Φ560～Φ635 mm</td><td>加鼓块 B</td><td>Φ690～Φ766 mm</td></tr>
<tr><td colspan="6">传递环型号（活块可更换式）</td></tr>
<tr><td>型号</td><td colspan="2">A</td><td colspan="2">B</td><td>C</td></tr>
<tr><td>直径</td><td colspan="2">Φ600～Φ480 mm</td><td colspan="2">Φ710～Φ590 mm</td><td>Φ820～Φ700 mm</td></tr>
</table>

二步法成型时，从一段机上下线的胎体筒，要离线传递到二段机，装配于卡盘定型，这过程有时还需等待才能上二段机，因此存在胎体筒变形的可能性；尤其是胎圈经历二次定位，存在一段、二段机之间定位基准的相对误差，控制不好时，对轮胎均匀性的影响不可忽视。

2.2　一次成型法的子午线轮胎成型机

一次成型法的子午线轮胎成型机是采用一台机器完成子午线轮胎成型的全过程。一次成型法一般适应于制作中、小型轮胎及钢丝子午线轮胎。用于汽车子午线轮胎的一次法成型机，有成型半钢子午线轮胎（简称 PCR）和全钢子午线轮胎（简称 TBR）两大类。

GB/T 25937－2010《子午线轮胎的一次法成型机》适用于轿车、轻型载重汽车和载重汽车子午线轮胎的一次法成型机。成型机主要有胎体贴合鼓（carcass drum）、带束层贴合鼓（belt drum）、胎圈定位装置（bead setting device）、胎体传递环（carcass transfer ring）、胎圈预置装置（bead loading device）、带束层传递环（belt transfer ring）、灯光标尺（guids lights）、胎体贴合鼓驱动箱（carcass drum station）、成型鼓驱动箱（building drun station）、胎体压合装置（carcass stitcher）、胎面滚压装置（tread stitcher）、鼓端支撑架（building drun tail stock）等组成。成型机应具有供料、对中、贴合、反包、定型、压合等功能。控制系统应具有手动控制与自动控制无扰动切换功能，具有各部分连锁运行，故障实时报警和自诊断功能，并对以下功能进行数据信息处理：①轮胎规格参数的输入、编辑和调用；②动态监控系统各部分的运行状况；③实时显示成型机运行状态；④人机对话界面。

成型机应具有过载保护功能和紧急停机功能；外壳防护等级应符合 GB 4208－2008 规定的 IP54 级要求。

2.2.1　PCR 一次法成型机

PCR 一次法成型机综合两段成型工艺到一台成型机上，通过传递机构将带束层贴合装置及胎体成型装置连接起来，并由一个传递环将部件从带束贴合（B&T）鼓传递到贴合定型（CC）鼓。供料装置位于 B&T 鼓、CC 鼓的前、后，负责输送各种部件。

内衬层与胎体的复合件、胎体在 CC 鼓上贴合后，胎圈按参数设定的鼓中心对称距离一次定位，被机械夹持装置锁定，在整个成型周期没有位移和松动，确保了成型基准精度，去除胎圈定位不稳对轮胎均匀性和其他质量问题的影响。

胎体反包采用机械推杆式或胶囊充气反包形式，CC 鼓对应有机械反包鼓和胶囊反包鼓两种。一般来说，机械反包速度较快、减少反包胶囊充气的压缩空气消耗、减少排气噪音，对低断面轮胎成型的优越性特别突出；胶囊反包鼓在胎圈内周位置的压合较均匀，对反包高度较大的轮胎成型较优越，但因反包充气和排气时间较机械反包的长一些，成型产量一般会低 10%左右。轮胎生产企业应根据常态规格系列的分布来选配机械鼓或胶囊鼓。

各种部件在供料架上导出后，被自动纠偏输送、以成型鼓中心为基准，自动对中和自动按鼓旋转定位的角度分布进入鼓上定位、贴合、自动定型、组合压辊自动柔性压合成胎坯、自动卸载胎坯。

全自动一次法成型机的控制设计为智能系统，完全实现成型工艺配方储存和按需调用、故障查询和对策、安全报警和自动停机保护、生产运行数据统计、信息网络接口上传。成型操作岗位一般只需一位工人。以轮胎 205/55R16 为例，每台国产机组班产量达 300 条～350 条，进口的先进机组达 400 条以上。

图 2.4.1－19　全自动 PCR 一次法成型机

PCR 一次成型法的子午线轮胎成型机按成型鼓数，可分为单鼓式，双鼓式、三鼓式及四鼓式。采用多鼓式成型机，是将子午线轮胎的成型工序分配在几个鼓上完成，以协调部件工序之间的时间，进一步缩短了成型周期。

PCR 一次法子午线轮胎成型机的成型工艺和操作程序一般可以归纳为图 2.4.1－20 所示。

2.2.2　TBR 一次法成型机

TBR 是全钢载重子午线轮胎的英文简称，一台成型机上通过更换工装，可以生产不同规格系列的轮胎。成型机的生产能力，基于成型机是两鼓、三鼓或四鼓而有不同的产量水平。

1. TBR 载重胎三鼓式一次法成型机

20 世纪 90 年代初的 TBR 全钢载重子午线轮胎一次成型机大都是两鼓式成型机，这种成型机工作时主成型鼓与带束层贴合鼓之间的成型部件贴合分工不均衡，尤其是一层以上的全钢胎，主成型鼓负担过重，贴合部件多，有内衬层、胎体、胎侧、垫胶、胎圈芯、补强层等，还要充气定型压合等，步序多，工时长，而此时带束层贴合鼓的贴压步序早已完成在等待，整个成型周期长，班产能力低。后来发展在原来二鼓式一次法成型中间又增加了一个成型鼓，最大优点是：将轮胎的各个部件合理地分配在三个成型鼓上贴合，有两个操作工人按时间差进行操作。从而可以大大缩短成型周期时间，生产效率比原来二鼓式成型机可提高一倍。

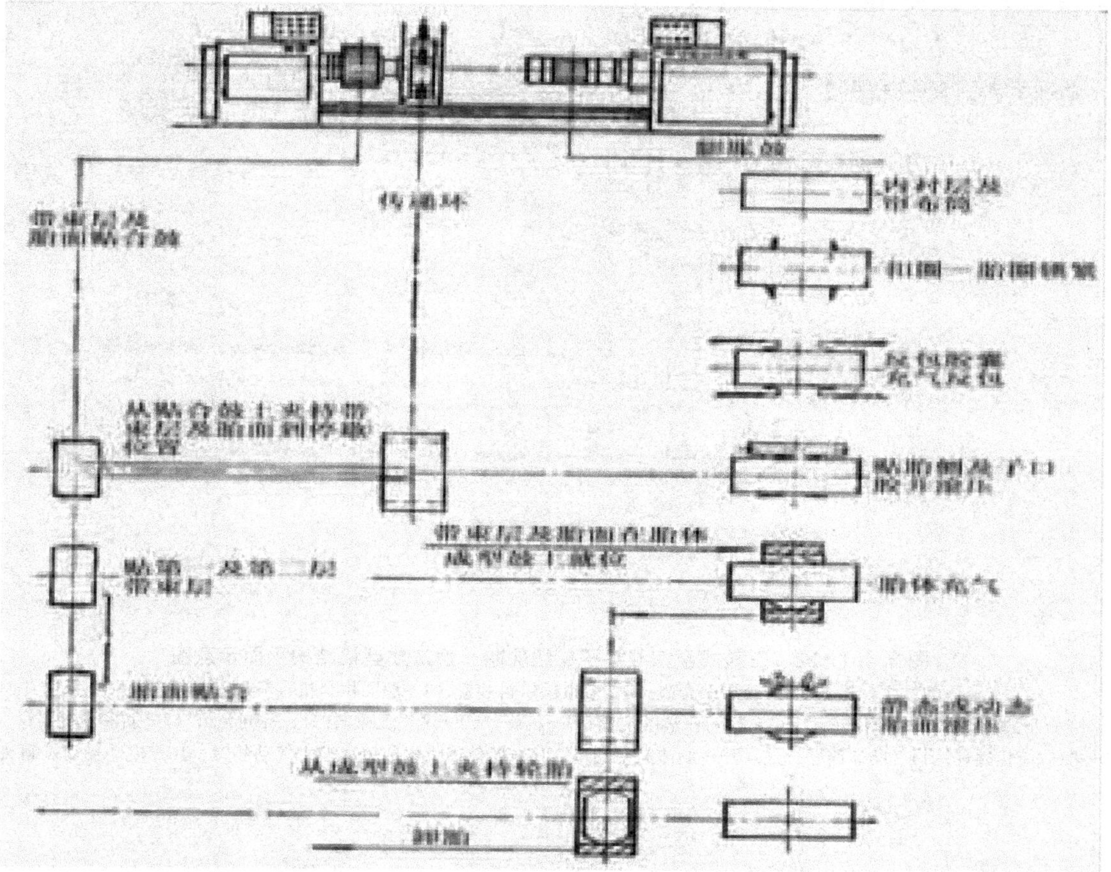

图 2.4.1-20　子午线轮胎一次法成型机操作程序

这种成型机的主要结构（如图 2.4.1-22 和图 2.4.1-23 所示）是分别由三个成型鼓组成三个机组单元核心。布局上除了这三个单元机组外，还有定位灯光标示装置、气动系统及电气自动控制系统的机箱。

以带束层贴合鼓为单元组的机构装置有：成型鼓主轴箱、带束层（B&T）贴合鼓、带束层（B&T）供料装置、带束层（B&T）传递环；

以主成型鼓为单元组的机构装置有：主成型鼓、胎肩垫胶供料装置、滚压装置、机座和导轨、尾座支撑器、卸胎器；

以胎体筒贴合鼓为单元组的机构装置有：胎圈予置器、胎体筒传递环、胎体筒贴合鼓、胎体筒主轴箱、胎体筒供料装置、气动系统及电气自动控制系统。

由三个鼓的成型组合作业是依照工艺程序的合理分工，同时对一条胎坯分段实施不同的交叉作业，再由主成型鼓结束胎坯的最后的成型工艺作业及卸胎。所以三鼓式一次法成型机的胎坯成型生产效率比两鼓式成型机提高了近一倍。全钢一次法三鼓式成型机如图 2.4.1-21 所示。

图 2.4.1-21　全钢一次法三鼓式成型机示意图

目前，我国的全钢载重子午线轮胎三鼓成型机的自动化程度较高，各种胶部件在供料装置上，能被自动导出和输送，可以自动定长被裁断和上鼓贴合，只有少数过程需要人工辅助作业，例如内衬层接头的压合、胎体贴合中的接头。部分先进企业的产品已可提供全自动操作的机型。

对于成型作业步序，不同企业的成型结构工艺可能会有所不同，一般的步序如下。

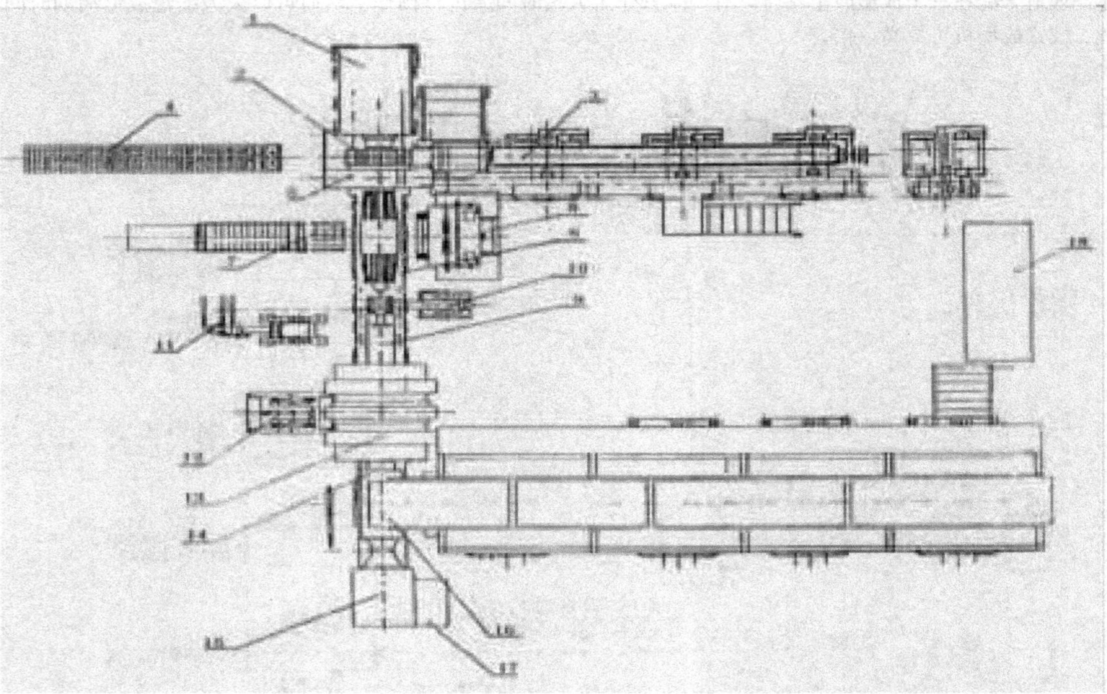

图 2.4.1-22　三鼓式全钢载重子午线轮胎一次法成型机结构平面示意图

1—成型鼓主轴箱；2—带束层贴合鼓；3—带束层供料装置；4—胎面供料机；5—带束层传递环；6—主成型鼓；7—胎肩垫胶供料装置；8—滚压装置；9—机座；10—尾座支撑器；11—卸胎器；12—胎圈预置器；13—胎体筒传递环；14—胎体筒贴合鼓；15—胎体筒主轴箱；16—胎体筒供料装置；17—气动装置；18—电动自动控制装置

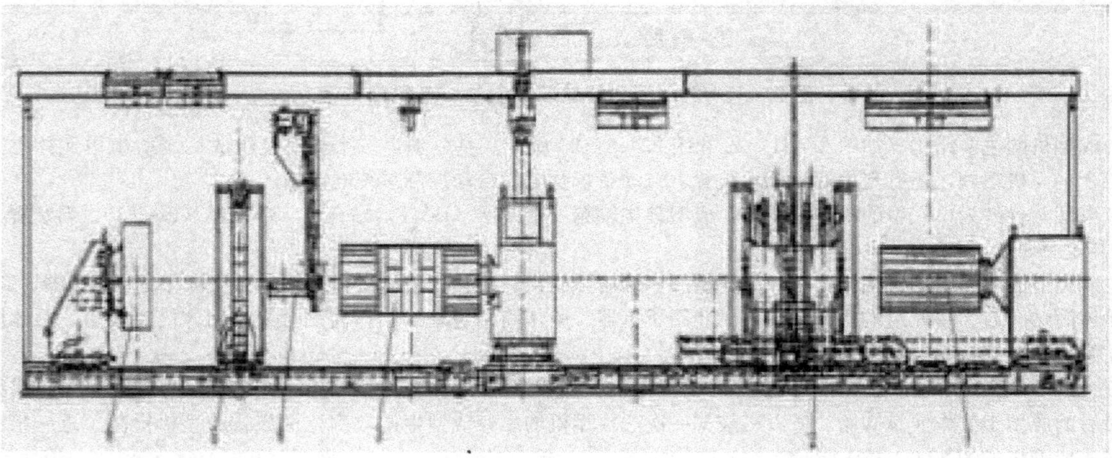

图 2.4.1-23　全钢丝子午线轮胎三鼓式成型机正面视图

1—胎体鼓；2—扣圈盘、传递环；3—定型鼓；4—卸胎器；5—带束层及胎面传递环；6—带束层及胎面贴合鼓

1）在径向伸缩的胎体筒贴合鼓上，进行有关胶部件的定长裁断和贴合胎侧、内衬层、子口包布补强层和胎体帘布。

2）胎圈预置架将胎圈自动放置到胎体传递环内的胎圈夹持装置。

3）胎体筒传递环自动移到胎体筒贴合鼓中间位置，取得胎体筒，转移到成型鼓中心。

4）在成型鼓上，胎体筒中心定位并且胎圈被锁紧，然后贴合肩垫胶，接着进行充气预定型。

5）在径向伸缩的带束层 B&T 鼓上，分别自动定长和贴合带束、胎面，形成带束筒（B&T 组合件）。

6）带束层 B&T 传递环自动进入带束层 B&T 鼓中心位置，取得 B&T 组合件、转移到成型鼓中心，然后开始充气定型，带束筒与胎体筒中心重合地贴合一起。

7）带束层 B&T 传递环自动移出至等待位置后，胎面压合装置开始自动滚压胎冠。

8）成型鼓反包胎侧，由机械杆撑起或胶囊充气撑起胎侧，完成胎侧的反包贴合。

9）组合压辊自动辊压胎侧。

10）成型完毕，胎坯由卸胎装置自动卸出，胎坯离线。

2. TBR 载重胎四鼓式一次法成型机

TBR载重胎四鼓式一次法成型机是目前国际上较为先进的全钢载重轮胎成型设备之一。四鼓式一次法成型机主要优点是：高产量、制出精确、均匀的轮胎，能自动完成胎圈的装载和扣圈，成型鼓上配有机械式胎圈锁定装置及机械式胎圈—三角胶芯胎肩装置。能围绕胎圈部位进行压实、"反包"。按照菜单完成轮胎变换，手动调节量极小。具有长久的机器稳定性及准确性，属模块结构。中部机箱可以旋转180°，两个定型鼓可以变位至中部旋转机箱的左方或右方，利用左右传递环与胎体成型机或带束层胎面贴合机连接。用上中部右边的空位可以加上第四个鼓。

图2.4.1-24所示为VAST4四鼓成型机的平面布置示意图。由一套主机、四个供料架、三套电控系统、三套气动系统组成。主机包括两个成型鼓7、10，胎体成型鼓主轴箱17、主轴箱转台9、胎面带束层组件夹持及卸胎传递环5及自动卸胎装置、胎体组件夹持及胎圈传递环13、一个带束层—胎面贴合鼓2等。借助左传递环5将鼓上带束层组件传至刚回旋180°到位的成型鼓10，鼓10上已装有胎侧胎体组件，同时旋转至主轴箱转台右边的主成型鼓7。则通过右传递环13将胎体组件装上成型鼓7。成型鼓10压实，卸胎。

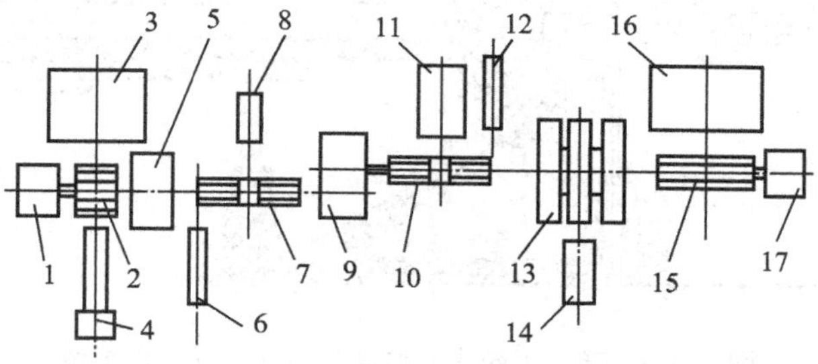

图2.4.1-24　四鼓式成型机平面布置简图

1—胎面与带束层贴合鼓传动箱；2—胎面与带束层贴合鼓；3—带束层供料架；4—胎面供料架；5—胎面带束层组件及卸胎传递环；6—左成型鼓支撑架；7—左成型鼓；8—滚压装置；9—成型鼓传动箱及成型鼓转台；10—右成型鼓；11—垫胶供料架；12—右成型鼓支撑架；13—胎体及胎圈传递环；14—胎圈装载器；15—胎体鼓；16—胎体供料架；17—胎体鼓传动箱

2.3　主要部件

2.3.1　成型鼓

HG/T 3262—2011将轮胎成型机头分为折叠式机头、涨缩式机头，分别作出了规定。

涨缩式机头适用于轿车、轻型载重汽车、载重汽车、工程机械子午线轮胎成型机头，也可适用于其他车辆用轮胎成型机头。涨缩式机头按用途可分为胎体贴合机头（鼓）、带束层贴合机头（鼓）和成型机头（鼓）三类。

胎体贴合机头（鼓）又可分为鼓式胎体贴合机头（鼓）与半鼓式胎体贴合机头（鼓）。

成型机头又称为定型机头。定型机头是指利用锁块的径向运动锁定胎圈，通过中鼓充气实现胎胚成型的装置，常用在子午线轮胎两次法成型第二段成型机中，又可以分为胶囊反包定型机头（鼓）与机械指反包定型机头（鼓）。其中胶囊反包定型机头（鼓）是指胎圈锁定后，中鼓充气定型，通过反包胶囊的充气实现胎侧反包的一类定型鼓，包括有助推胶囊和无助推胶囊两种形式；机械指反包定型机头（鼓）是指胎圈锁定后，中鼓充气定型，通过机械指反包杆实现胎侧反包的一类定型鼓。定型机头还可以分为带反包功能的定型机头与不带反包功能的定型机头，不带反包功能的定型机头不包括定型卡盘。

鼓式胎体贴合机头、半鼓式胎体贴合机头、带束层贴合机头、不带反包功能的定型机头、胶囊反包定型机头、机械指反包定型机头分别见图2.4.1-25、2.4.1-26、2.4.1-27、2.4.1-28、2.4.1-29、2.4.1-30。

1. 鼓式胎体贴合机头（鼓）

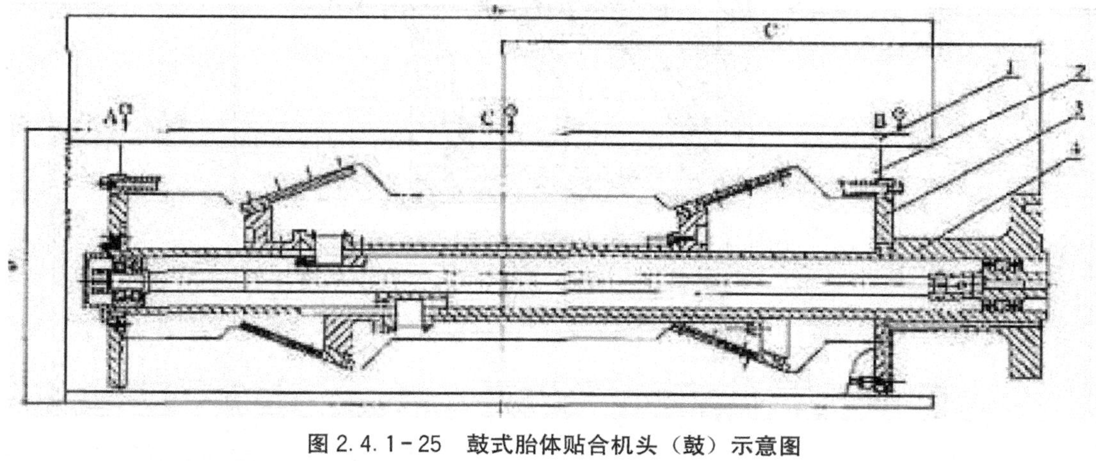

图2.4.1-25　鼓式胎体贴合机头（鼓）示意图

1—鼓板；2—支撑板；3—墙板；4—轴；A、B、C—测量点；L—鼓面宽度；Φ—机头外直径

2. 半鼓式胎体贴合机头（鼓）

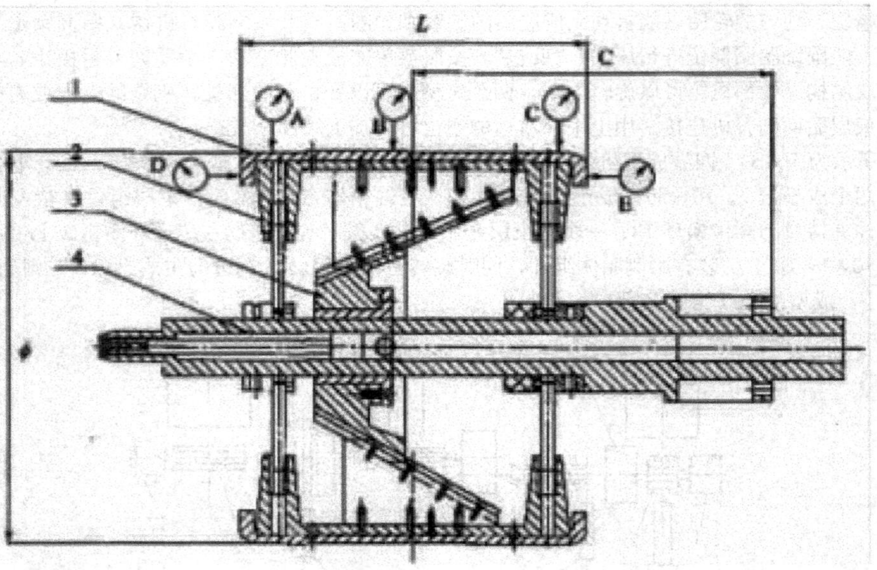

图 2.4.1-26　半鼓式胎体贴合机头（鼓）示意图

1—鼓板；2—支撑板；3—滑动锥台；4—轴，A、B、C、D、E—测量点；L—鼓面宽度；Φ—机头外直径

3. 带束层贴合机头（鼓）

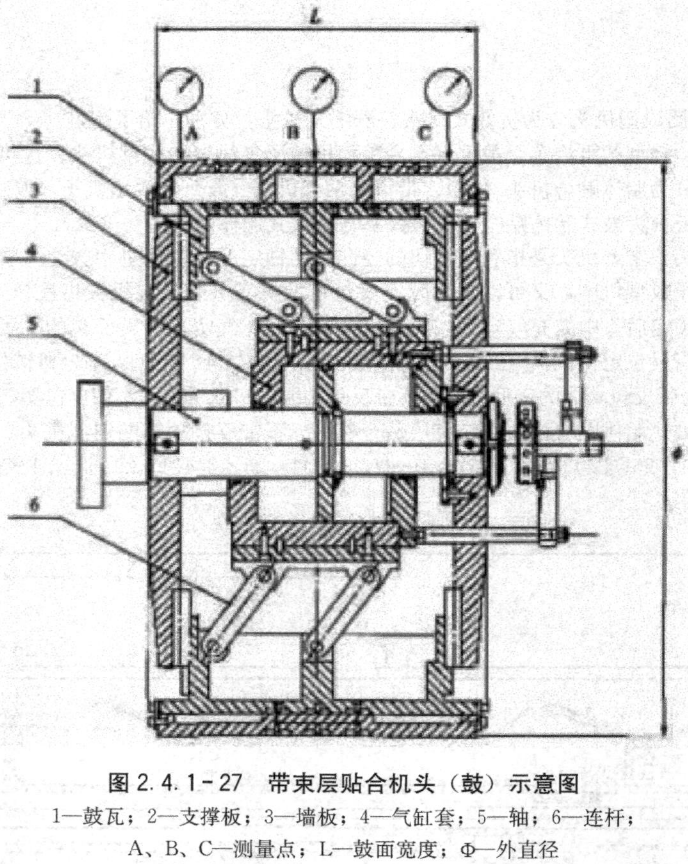

图 2.4.1-27　带束层贴合机头（鼓）示意图

1—鼓瓦；2—支撑板；3—墙板；4—气缸套；5—轴；6—连杆；

A、B、C—测量点；L—鼓面宽度；Φ—外直径

4. 不带反包功能的定型机头（鼓）

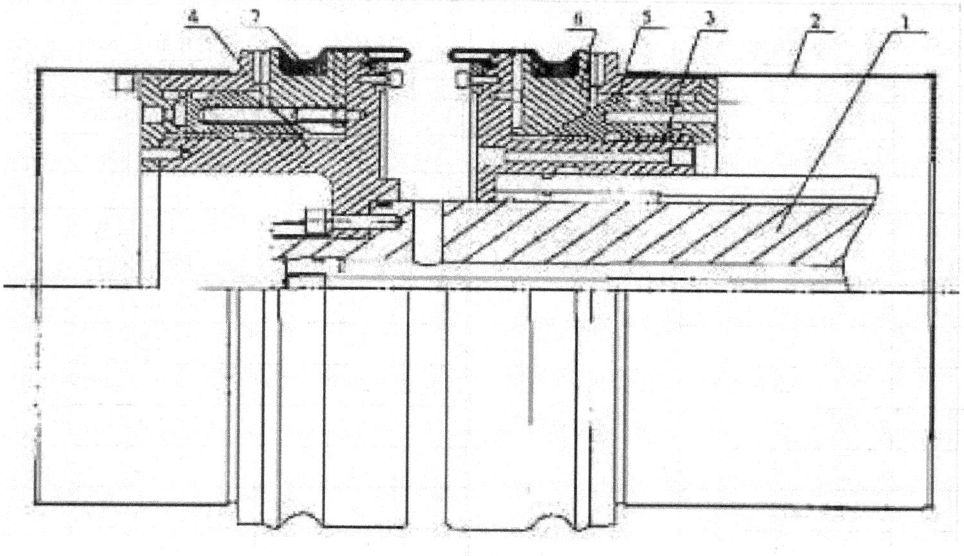

图 2.4.1-28　不带反包功能的定型机头（鼓）示意图

1—主轴；2—安全罩；3—右半鼓；4—左半鼓；5—锥形套；6—滑块；7—PU 环

5. 胶囊反包定型机头（鼓）

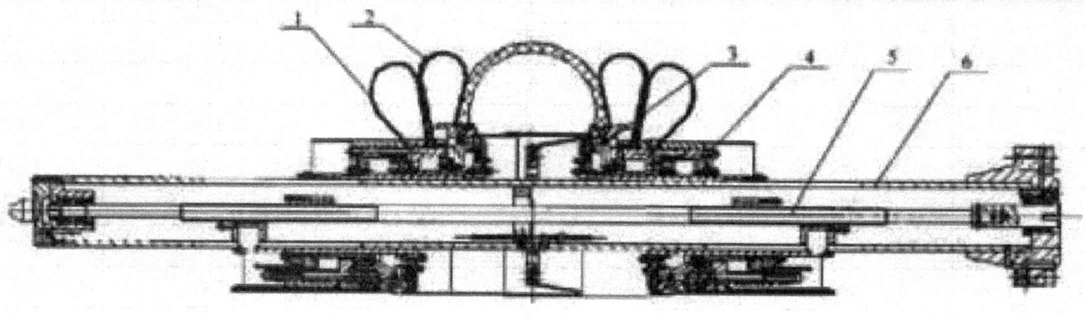

图 2.4.1-29　胶囊反包定型机头（鼓）示意图

1—助推胶囊；2—反包胶囊；3—锁块；4—锁块气缸组件；5—滚轴丝杆副；6—主轴组件

6. 机械指反包定型机头（鼓）

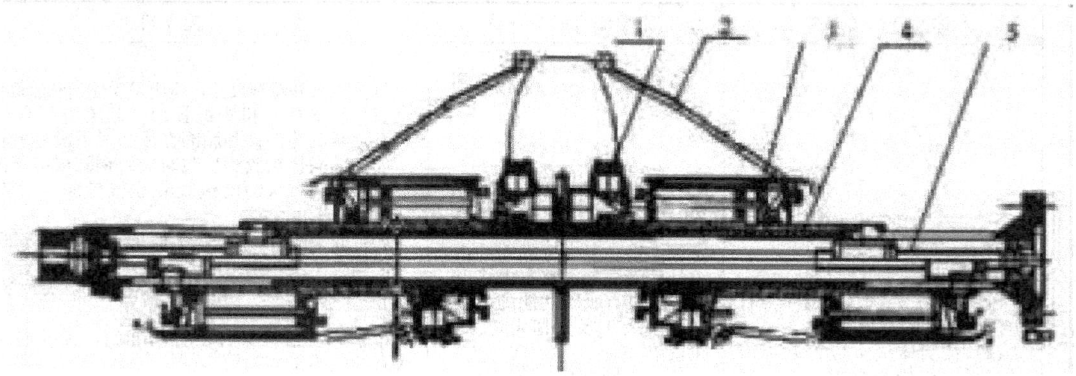

图 2.4.1-30　机械指反包定型机头（鼓）示意图

1—锁块；2—指形反包杆；3—反包气缸；4—主轴组件；5—滚轴丝杆副

涨缩式机头的基本参数见表 2.4.1-6。

表 2.4.1-6　涨缩式机头的基本参数

带束层贴合机头（鼓）的直径范围					
直径范围/mm	范围代号	直径范围/mm	范围代号	直径范围/mm	范围代号
Φ450～Φ660	Ⅰ	Φ1120～Φ1675	Ⅳ	Φ2900～Φ3650	Ⅶ
Φ640～Φ810	Ⅱ	Φ1620～Φ2250	Ⅴ	Φ3600～Φ4350	Ⅷ
Φ790～Φ1140	Ⅲ	Φ2200～Φ2950	Ⅵ		
胎体贴合机头（鼓）基本参数					
轮辋名义直径/in	贴合机头（鼓）外直径/mm	鼓面宽度/mm	轮辋名义直径/in	贴合机头（鼓）外直径/mm	鼓面宽度/mm
12	287	1000	19	463	1 200
13	312		20	488	
14	337		21	513	
15	362		22	538	
16	387		23	563	
17	417		24	588	
18	442		25	613	
定型机头（鼓）基本参数					
轮辋名义直径/in	成型鼓外直径/mm	锁块移动范围/mm	轮辋名义直径/in	成型鼓外直径/mm	锁块移动范围/mm
12	287	160～400	19	425	180～700
13	312	180～420	19.5	430	280～550
14	337	195～580	20	470	250～800
15	362	195～580	22	490	180～700
16	385	195～580	22.5	500	260～900
16.5	397	250～720	24	516	320～900
17	403	250～600	24.5	550	300～900
17.5	396	270～520	25	583	460～1650
18	406	180～700			

对涨缩式机头的要求见表 2.4.1-7。

表 2.4.1-7　涨缩式机头的要求

序号	项目	胎体贴合机头（鼓）	带束层贴合机头（鼓）	定型机头
1	基本要求	（1）运转平稳，涨缩灵活，定位准确、安全可靠 （2）在胎体接头位置鼓板应具有吸附机构或黏附能力，确保胎体接头准确	（1）机头鼓板涨缩灵活，定位准确、安全可靠无冲击，缩鼓后带束层能够自由移出 （2）具有吸附功能的鼓板，带束层接头吸附稳定，无翘头现象 （3）不同两组鼓板，直径范围的重叠区差值不小于 20 mm （4）鼓板外直径应连续可调，且方便调整	（1）机头外轮廓尺寸，应满足胎体筒和胎胚的自由进出 （2）胶囊反包机头的锁块，起落应同步；在成型时具有锁紧胎体部件和胎圈在成型时不滑移的功能 （3）胶囊机头胶囊反包时应由钢圈根部逐渐膨胀 （4）胶囊机头的反包胶囊充气应同步，胶囊反包应一致 （5）胶囊机头有贴合功能的，其鼓面应圆滑，不应有凹凸不平的沟槽 （6）胶囊机头有贴合功能的，在接头位置可设置吸附装置 （7）机械指机头有贴合功能的，其鼓面应圆滑，不应有凹凸不平的沟槽 （8）机械指机头应设有安全装置，防止高速旋转时反包杆在离心力作用下分离 （9）机械指机头的指形反包杆的结构应减小胎侧拉伸 （10）机械指反包杆应摆转自如，滚轮应转动灵活 （11）机械指机头指形反包杆的反包动作应一致，目测无明显差异 （12）通过气缸运动实现胎侧反包的机械指反包杆，应无爬行现象 （13）定型机头的锁块移动范围（最大平宽值和最小超定型值）应符合轮胎成型工艺要求

续表

序号	项目	胎体贴合机头（鼓）	带束层贴合机头（鼓）	定型机头
2	主要零部件技术要求	（1）对于通过锥台的滑移海鲜瓦涨缩的机头，其滑动配合面应滑动自如，无卡阻现象 （2）鼓板需要镀铬的表面不应有脱层现象 （3）采用铝型材的鼓板，其表面应进行硬化处理或喷砂防粘处理 （4）带动副或连杆铰接装置应采用减震材料 （5）以气缸为动力实现瓦涨缩的，涨缩时不应有冲击现象 （6）半鼓式机头的鼓板应进行防锈和防粘处理 （7）半鼓式机头外表面 Ra≤3.2 μm （8）机头主轴法兰端面子口处，端面圆跳动和径向圆跳动≤0.02 mm	（1）采用铝合金材料铸造的鼓板应符合 GB/T1173 的力学要求和热处理规范 （2）采用铝合金材料的零件应符合 GB/T 3190 的要求 （3）滑动副应作耐磨处理，连杆铰接处应采用减摩材料 （4）铝合金鼓板应采取阳极化处理，表面应作防粘处理	（1）锁块应采用错齿结构，锐角倒钝，以适用轮胎成型工艺要求 （2）胶囊应结构一直，弹性一直，表面应进行防粘处理 （3）机械指反包杆与胎体接触的外表面，应喷涂防粘材料或采用拖滚装置，以减小对胎体材料的拉伸 （4）碳钢材料的零件外露表面应作防锈处理
3	装配要求	（1）对于半鼓式机头，鼓板在涨紧状态下，其径向圆跳动和端面圆跳动公差值应符合：Ⅰ.外直径 Φ≤500 mm，应≤外直径的 0.02%；Ⅱ.500＜Φ≤900，应≤外直径的 0.04%；Ⅲ.900＜Φ≤1500，应≤外直径的 0.08%；Ⅳ.1500＜Φ≤2120，应≤外直径的 0.12% （2）半鼓式机头的鼓肩曲线与样板曲线在任意位置上的间隙应不大于 0.2 mm，其 Ra≤3.2 μm （3）半鼓式机头装配后主轴尾端的挠度≤0.1 mm （4）对于鼓式机头，其 A、B、C 三处的周长公差应符合：Ⅰ.外直径 Φ≤500 mm，应≤外直径的 0.10%；Ⅱ.500＜Φ≤900，应≤外直径的 0.15%；Ⅲ.900＜Φ≤1 500，应≤外直径的 0.18%；Ⅳ.1 500＜Φ≤2120，应≤外直径的 0.20% （5）鼓式机头鼓板的轴向位移量≤0.1 mm （6）鼓式机头装配后主轴尾端的挠度应符合：Ⅰ.鼓面宽度≤600 mm，挠度≤0.1 mm；Ⅱ.600 mm＜鼓面宽度≤1 200 mm，挠度≤0.2 mm；Ⅲ.1 200 mm＜鼓面宽度≤2 700 mm，挠度≤0.4 mm	（1）带束层机头外径尺寸的极限偏差，应符合 GB/T 1800.2－2009 中 JS12 的规定 （2）装配后鼓板径向圆跳动，以每块鼓板周向的中点为检测点，应符合：Ⅰ.外直径 Φ≤500 mm，公差应≤外直径 0.12%；Ⅱ.500＜Φ≤700 mm，公差应≤外直径 0.13%；Ⅲ.700＜Φ≤1 200 mm，公差应≤外直径 0.15%；Ⅳ.1 200＜Φ≤2 000 mm，公差应≤外直径 0.17%；Ⅴ.2 000＜Φ≤3 000 mm，公差应≤外直径 0.19%；Ⅵ.3 000＜Φ≤4 350 mm，公差应≤外直径 0.21% （3）具有吸附功能的鼓板，表面应设置合理的吸附材料，连接应牢固	（1）定型机头外径尺寸的极限偏差应符合 GB/T1800.2－2009 中 JS12 的规定 （2）定型机头锁块在涨紧状态下，其锁块槽表面的径向圆跳动量应≤0.2 mm （3）定型机头两侧锁块的涨缩应同步，目测无明显差异 （4）定型机头的锁块槽中心相对与鼓的中心线对称度应不大于 0.5 mm

续表

序号	项目	胎体贴合机头（鼓）	带束层贴合机头（鼓）	定型机头
4	配合及公差要求	（1）机头外径尺寸的极限偏差应符合 GB/T1800.2－2009 中 JS12 的规定 （2）半鼓式机头的鼓板间隙应符合：Ⅰ.300 mm＜Φ≤500 mm，间隙应≤0.3 mm；Ⅱ.500 mm＜Φ≤1 000 mm，间隙应≤0.4 mm；Ⅲ.1 000 mm＜Φ≤2120 mm，间隙应≤0.6 mm （3）半鼓式机头的鼓肩瓦块轴向错位量应符合：Ⅰ.300 mm＜Φ≤500 mm，错位量应≤0.25 mm；Ⅱ.500 mm＜Φ≤1 000 mm，错位量≤0.35 mm；Ⅲ.1 000 mm＜Φ≤2 120 mm，错位量应≤0.65 mm		安全要求： （1）胶囊定型机头的反包胶囊应设置安全阀 （2）机械指反包定型机头应设置安全装置，用于保护人机安全

2.3.2　后压辊装置

子午线轮胎成型机的后压辊装置是根据子午线轮胎成型工艺的需要设计的，由于成型机的结构不同，其后压辊装置的型式也各有差异，但是它们的工作原理大体相似。

图 2.4.1－31 所示为 TRG/B 成型机的后压辊装置。它具有两组压辊：一组为面对面的平面压辊 2，用于各部件贴合后的滚压；另一组为反包组合压辊 1，用于把胎侧及钢丝帘布等进行反包。

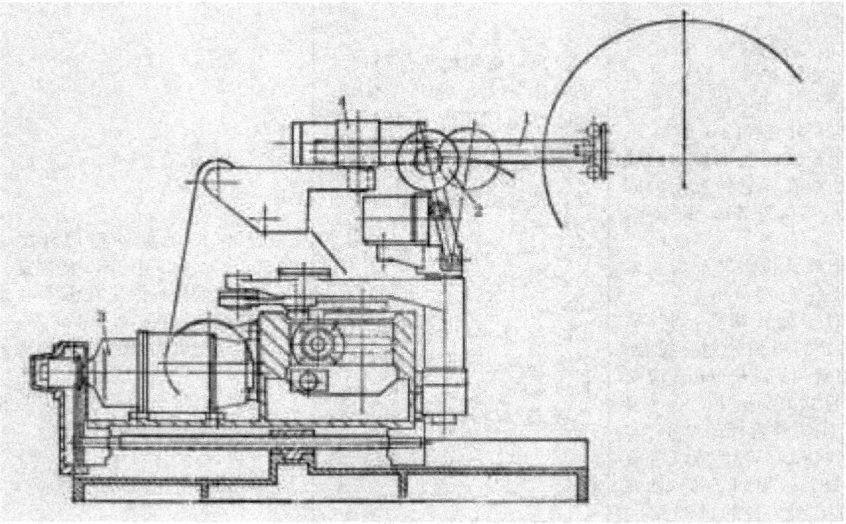

图 2.4.1－31　TRG/B 钢丝子午线轮胎成型机后压辊装置

1—反包组合压辊；2—平面压辊；3—传动装置；4—齿轮齿条摆动气缸

2.3.3　供料装置

1. 胎体部件供料装置

图 2.4.1－32 所示为配用 TRG/B 钢丝子午线轮胎一次法成型机的固定式供料机，它向成型机供给内衬层密封层胶片，钢丝帘布及钢丝包布三种轮胎部件。

内衬层胶片与垫布卷轴装在导出工位上，传动端装有制动装置，其制动力矩由气动控制调整。胶片与垫布由电机 3 的驱动导出，垫布剥离后被引到卷布轴以一定的张力卷取，而胶片被无张力输送。导出的胶片形成一个单环 4，由光电管检测单环的高度变化，自动控制导出电机 3 的工作状态。当胶片用完，也由光电管发出换卷信号。输送带 5 是由不容易松弛变形的尼龙材料制造的组成，将导出的胶片向前输送。经光电管 6（或其他测长装置）定长后，由园盘刀将其切断，光电管 6 的位置可调。

钢丝帘布及垫布卷 12 放置在一辆小车上，其导开轴上装有气动制动器，垫布卷轴是主动轴，其动力从成型机主轴经多级齿轮及链条减速后传动，使导出后的钢丝帘布速度与成型鼓线速度保持同步。在传动环节上装有电磁离合器，钢丝帘布卷不供料时，电磁离合器脱开，成型机不带动供料机工作。

为了提高导出的钢丝帘布与成型鼓对中的精度，有的供料机上带有钢丝帘布的定中心装置，由传感器检测帘布的歪

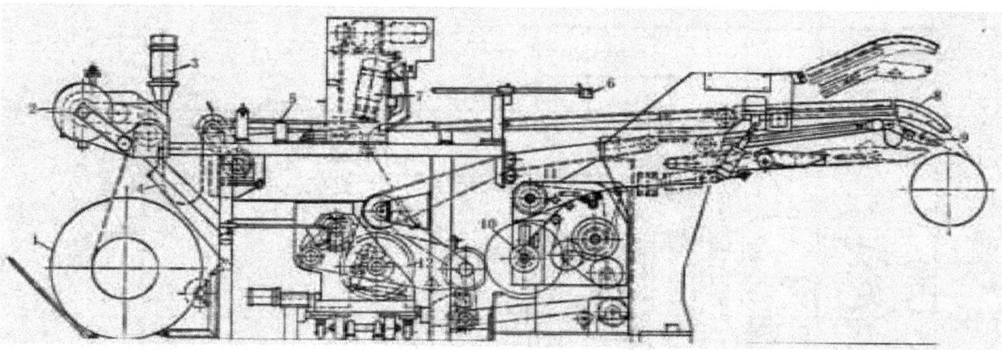

图 2.4.1-32　胎体部件固定式供料机

1—密封层胶片及垫布卷；2—垫布卷轴；3—导出电机；4—单环；5—输送带；6—光电管；7—圆盘刀；8，9—托盘；10—钢丝包布导开轴；11—塑料薄膜卷取轴；12—钢丝帘布及垫布卷

斜，然后，由执行机构纠正偏离中心的帘布位置。

钢丝帘布的输送装置包括输送带、辊道及立辊导向装置。辊道位于立辊导向装置的下面，其辊筒可作轴向移动，以便钢丝帘布与成型鼓对中。立辊起到钢丝帘布的导向定中心作用。在输送带与托盘 9 之间，有一个单环，以防止成型鼓起动时帘布的伸长。供料机上还装有毛刷辊，使帘布导出时保持平整。

2. 胎侧与垫肩胶料架

供料架 3 在不工作时，停留在机箱前面，在气缸 7 的驱动下，可沿导轨作轴向移动，使其与成型鼓中心对准。在气缸 1 的驱动下，供料架 3 向成型鼓摆动靠进，与成型鼓圆周相切，其摆动的角度大小可由调节螺栓 2 调节。供料架上有若干导辊，其导向板 4 的位置，可按胎侧及垫肩胶的宽度尺寸及贴合位置进行调节。定长的胎侧及垫肩胶事先有人工放置在供料架 3 上，有压头装置将其压住，不至下落。把胎侧及垫肩胶的头贴在成型鼓上之后，驱动成型鼓的一转控制，便将胎侧及垫肩胶缠贴在成型鼓上了。打点辊 6 固定在供料架 3 的框架上，可随供料架 3 作轴向移动，打点辊 6 由风动马达 5 驱动，以高速回转，利用弹性圈的离心力对各贴合的橡胶部件进行敲击滚压，这种滚压的方法，可以防止在滚压过程中的橡胶部件变形与移位。如图 2.4.1-33 所示。

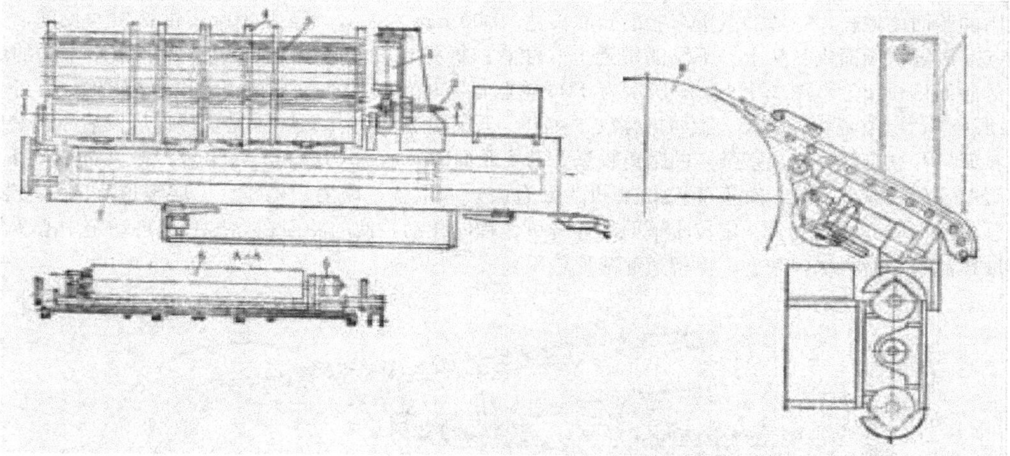

图 2.4.1-33　胎侧及垫肩胶供料架

1，7—气缸；2—调节螺栓；3—供料架；4—导向板；5—风动马达；6—打点辊；8—成型鼓

3. 带束层供料机

图 2.4.1-34 所示为子午线轮胎第二段成型机及一次法成型机配备的带束层供料机，一般的载重车子午线轮胎（包括：纤维材料、钢丝帘布为胎体骨架材料的）其带束层有四层，乘用子午线轮胎一般为二层，随轮胎结构而异。带束层供料装置由机架 1、带束层及垫布卷 2、垫布卷取曲轴 3、导开装置 4、跳动辊 5、接近开关 6、气缸 7、料盘 8、送头装置、带束层翻转磁性头 10 等组成。在机架的左、右两侧各有两组带束层的导开装置，当第 1、2 层带束层供料完毕，在气缸驱动下，机架沿导轨作轴向移动，在第 3、4 层带束层供料中心与贴合鼓中心对齐之后，向贴合鼓供给第 3、4 层带束层。

托盘 8 是铸铝制成，上面有许多辊筒组成的平面辊道上的带束层定位及导向部分的托辊可作轴向移动，使带束层能自动定中心。垂直档辊有两个调节装置，一个可以调节其中心位置，另一个用于按带束层宽度调节。送夹装置 9 是一个由气缸驱动的小辊，用于带束层开始贴合时的定位及导向，其向贴合鼓方向伸出的距离可以调节，它应与贴合鼓成切线方向伸出。当带束层供料长度达到后，送头装置导辊缩回，以便切断带束层。切断后的端头，放置在铰支的永久磁铁上。托盘 8 在气缸驱动下可以摆动，其工作位置与停头位置都可以调节。

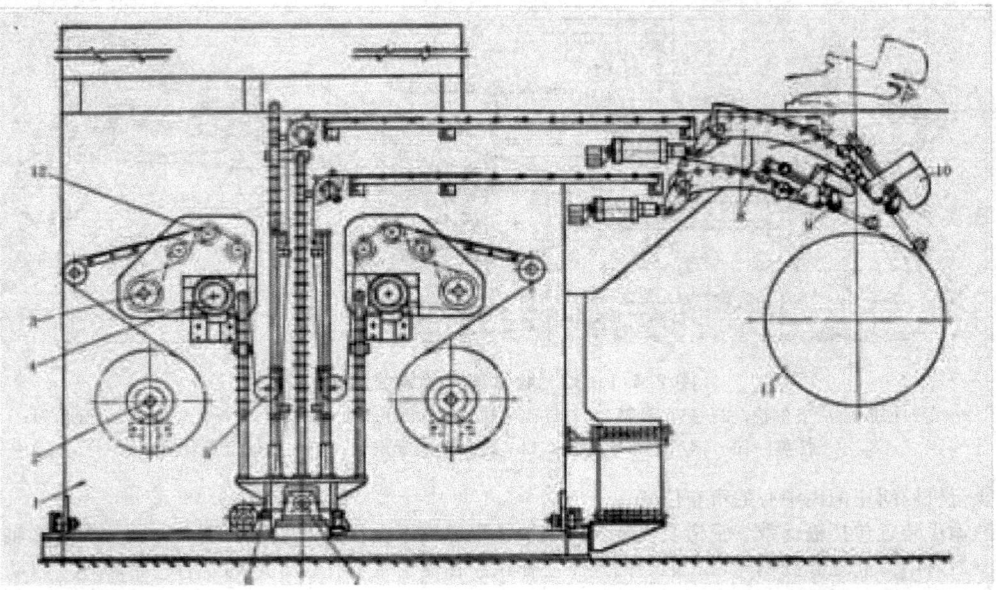

图 2.4.1－34　带束层供料机

1—机架；2—带束层及垫布卷；3—垫布卷取轴；4—导开传动装置；5—跳动辊；6—接近开关；7—气缸；8—托盘；9—送头装置；10—带束层翻转磁性头；11—贴合鼓；12—拉出辊

带束层及垫布卷 2 的导开轴具有制动装置，使料卷在导出时有一定张力。导出的垫布经过拉出辊 12 由垫布卷取轴 3 卷取。带束层经过跳动辊 5 后，经过托辊及托盘导出。跳动辊 5 的上、下位置上设有接近开关，控制导开传动装置 4 的电机，使导出的带束层与贴合鼓的速度保持同步而避免带束层的伸长。

机架 1 在由气缸 7 作轴向移动时，为了使带束层与贴合鼓中心对中，在机架 1 的往返行程两端，装有调节螺栓，使机架 1 的定位准确。

4. 胎面供料架

子午线轮胎的胎面比较长，一般的载重车胎的胎面长达 3 000 mm 左右，为了缩短胎面供料架的长度，通常把载重车胎的胎面折叠起来放置在胎面供料架上、下层的辊道上（注意：折叠有可能产生胎面变形），而乘用车胎的胎面较短，就直接放在单层的胎面供料架上。图 2.4.1－35 所示为 TR6 轮胎成型机用的胎面供料架。它由上层辊道 1、下层辊道 2、连杆 3、气缸 4、底座 5、定位辊 6 等组成。胎面折叠放置在上、下层辊道 1、2 上，为了避免传递环及后压辊装置的干涉，在不工作时，供料架离开贴合鼓（或成型鼓）的距离较远。需要胎面时，上、下层辊道 1、2 在气缸 4 的驱动下，通过连杆 3 将胎面送到接近贴合鼓（或成型鼓，对于 TR6 成型机为贴合鼓）的位置，以便于操作。上层辊道 1 的前端装有定位辊 6，用若干对小辊顶住胎面肩部的斜面上。定位辊下面的导辊可作轴向移动，使的胎面在导出时能自动定中心。气缸的头端及尾端都装有速度控制阀，使得供料架上、下辊道起落比较平稳。

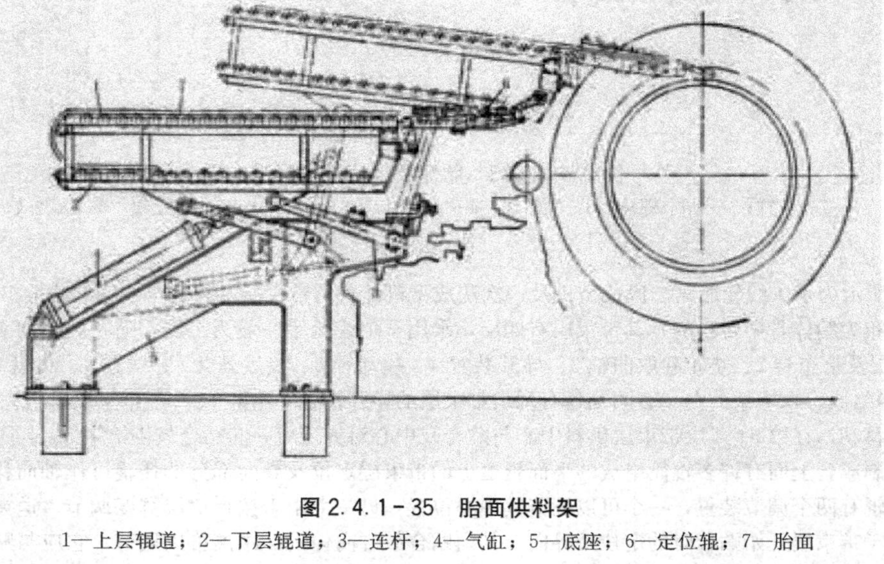

图 2.4.1－35　胎面供料架

1—上层辊道；2—下层辊道；3—连杆；4—气缸；5—底座；6—定位辊；7—胎面

2.4　子午线轮胎成型机的基本参数和总装配精度

GB/T 25937—2010《子午线轮胎的一次法成型机》列举的子午线轮胎的一次法成型机基本参数见表 2.4.1-8～表 2.4.1-9。

表 2.4.1-8　轿车/轻型载重汽车子午线轮胎成型机参数

项目	规格代号			
	1216	1418	1520	2028
适用轮辋名义直径范围/in	12～16	14～18	15～20	20～28
适用成型生胎外径范围/mm	480～820	480～845	510～875	620～960
成型鼓主轴中心高/mm	950	950	950	950
成型鼓最高转速/（r/min）	150	120	120	100
胎圈定位范围（外侧）/mm	120～580	120～580	140～700	280～750
带束层贴合鼓直径范围/mm	460～790	460～825	460～855	600～940
带束层贴合鼓宽度/mm	330	370	400	400—450
带束层贴合鼓转速范围/（r/min）	0～200	0～200	0～200	0～200
胎体帘布宽度范围/mm	300～870	300～870	330～900	360～950
内衬层宽度范围/mm	250～600	250～600	330～700	350～840
胎侧宽度范围/mm	60～230	60～230	60～230	60～280
胎侧间距（内）—（外）/mm	100～900	200～900	280～1 100	280～1 200
预复合件最大宽度/mm	900	900	1 100	1 200
带束层宽度范围/mm	80～305	80～320	90～370	90～370
冠带层胶条宽度范围/mm	5～20	5～20	5～20	5～20
胎面胶宽度范围/mm	130～300	130～350	150～350	150～400
胎面胶最大长度/mm	2 750	2 750	2 750	3 200

注：基本参数可在给定参数内选定范围。

表 2.4.1-9　载重汽车子午线轮胎成型机基本参数

项目	规格代号	
	1520	2024
适用轮辋名义直径范围/in	15～20	20～24.5
适用成型生胎外径范围/mm	630～1060	740～1250
成型鼓最高转速/（r/min）	150	150
成型鼓主轴中心高度/mm	1 050	1 050
胎圈定位范围（外侧）/mm	240～800	400～960
带束层贴合鼓直径范围/mm	550～1 030	890～1 160
带束层贴合鼓宽度/mm	340	450
带束层贴合鼓转速范围/（r/min）	0～20	0～20
胎体贴合鼓转速范围/（r/min）	0～60	0～60
胎体贴合鼓最大工作宽度/mm	1 450	1 600
带束层宽度范围/mm	50～300	50～380
0°带束层宽度范围/mm	20～60	20～65
0°带束层内间距范围/mm	50～260	50～330
胎侧宽度范围/mm	180～350	140～—410
胎侧间距（内）—（外）/mm	320～1 350	400～1 550
内衬层宽度范围/mm	380～850	430～1 000
预复合件最大宽度/mm	650～1 350	1 550
胎体帘布最大宽度范围/mm	500～960	500～1 050

续表

项目	规格代号	
	1520	2024
胎圈包布最大宽度/mm	180	200
胎圈包布间距（内）—（外）/mm	380～800	380～1 100
肩垫胶宽度（内）—（外）/mm	50～150	60～200
肩垫胶间距（内）—（外）/mm	20～270	40～500
胎面胶宽度范围/mm	160～350	160～450
胎面胶最大长度/mm	3 300	3 800

注：基本参数可在给定参数内选定范围。

为保证轮胎均匀性，生产中经常要对成型机进行使用精度的检测和调整，可参考 GB/T 25937—2010《子午线轮胎一次法成型机》。如图 2.4.1-10 所示。

表 2.4.1-10 成型机总装后的主要精度要求

精度项目	示意简图	轿车/轻型载重汽车子午线轮胎一次法成型机	载重汽车子午线轮胎一次法成型机
成型鼓轴端径向跳动（鼓有支承）/mm	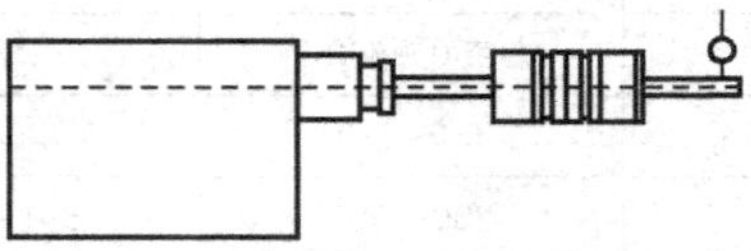	0.20	0.35
带束层贴合鼓轴端径向跳动/mm	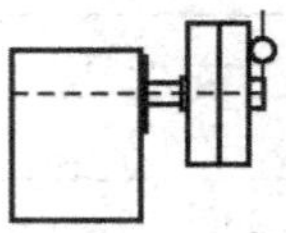	0.10	0.50
胎体贴合鼓轴端径向跳动（鼓有支承）/mm	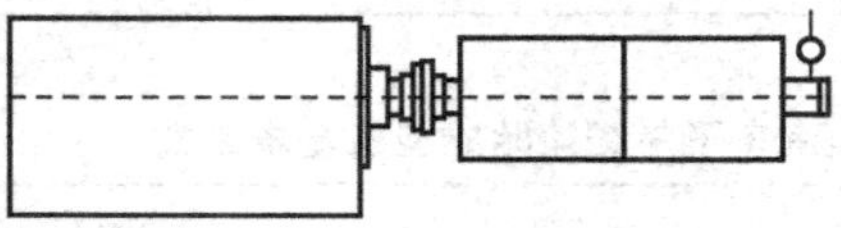	0.20	0.35
带束层贴合鼓周长误差/mm	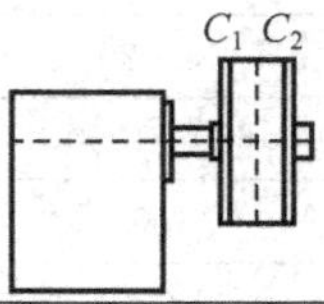	±0.75	±1
胎体贴合鼓周长误差/mm	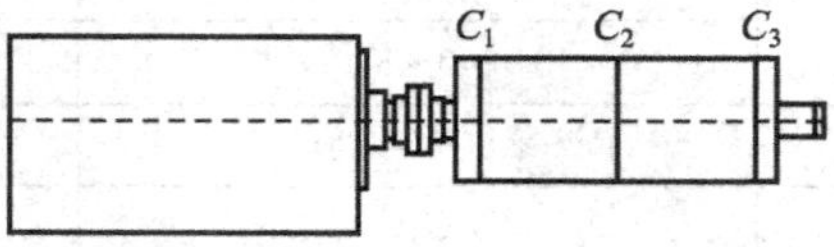	±0.75	±1
鼓与传递环同轴度（鼓带支承）/mm	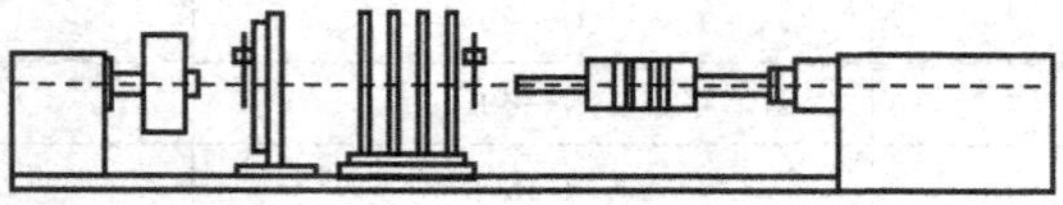	Φ0.30	Φ0.50
胎体传递环重复定位精度（鼓中心位置）/mm	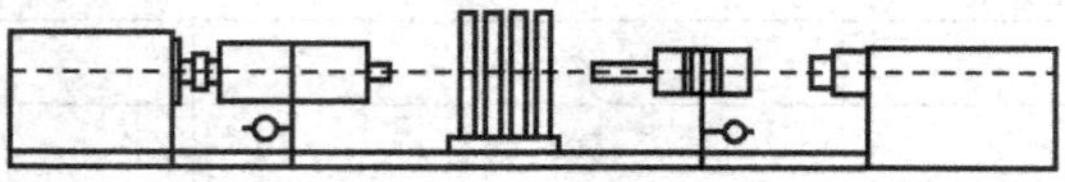	±0.10	±0.10
带束层传递环重复定位精度（鼓中心位置）/mm	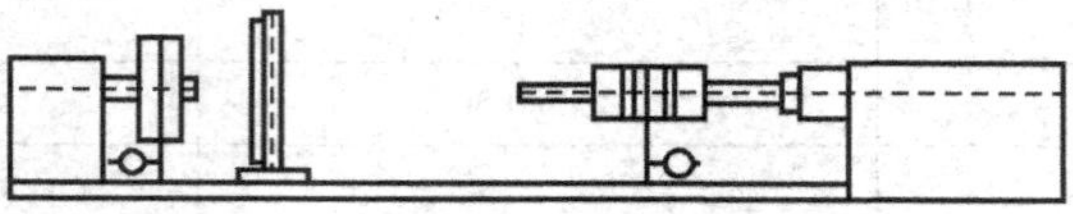	±0.10	±0.10

续表

精度项目	示意简图	轿车/轻型载重汽车子午线轮胎一次法成型机	载重汽车子午线轮胎一次法成型机
胎圈定位装置轴向定位精度/mm	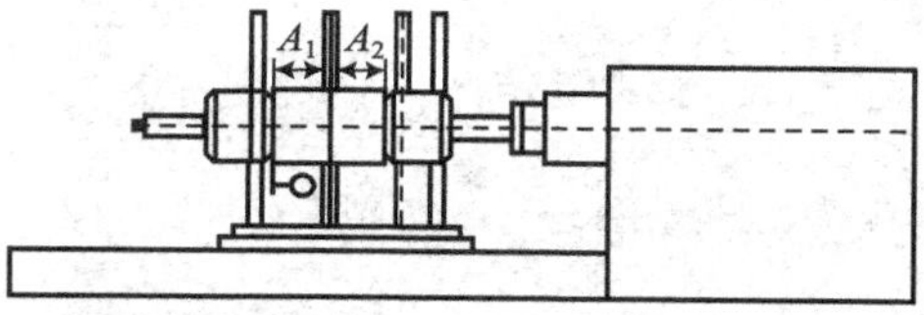	±0.30	±0.50
胎圈定位装置径向定位精度/mm	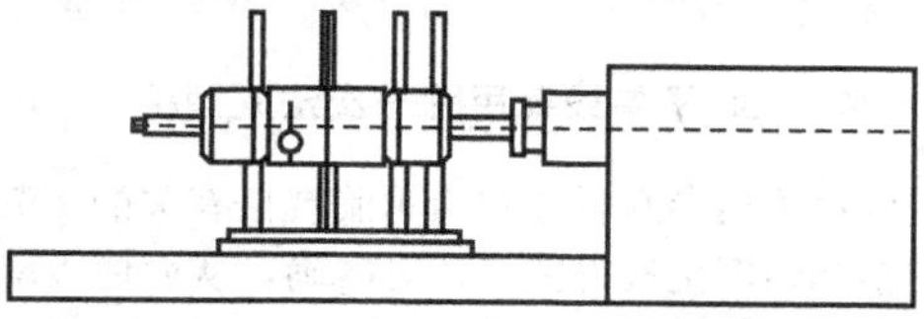	±0.30	±0.50
供料自动定长精度/mm	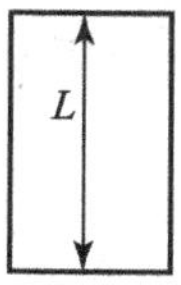	±1.50	±2.0
供料模板对中精度/mm	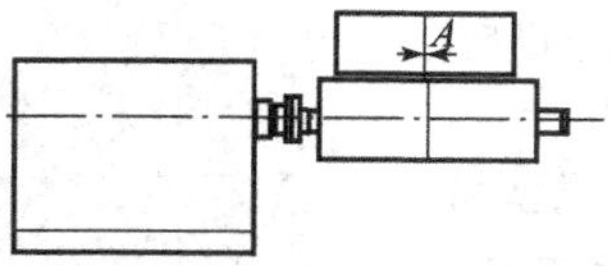	±1.0	±1.5
鼓旋转角度定位精度/°	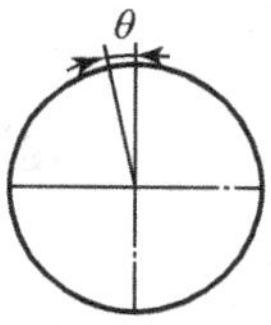	±	±
组合压辊与成型鼓中心线的对称精度/mm	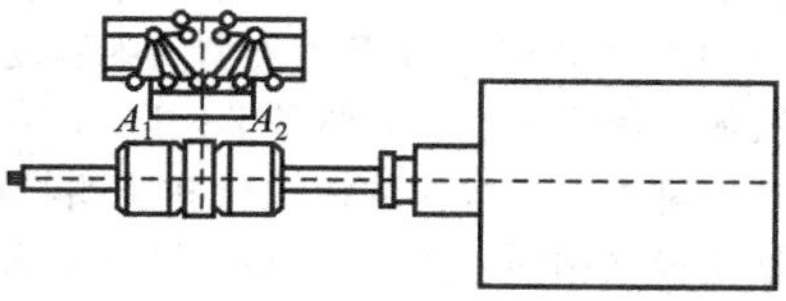	±	±

2.5　成型机自动控制系统

（略）

三、先进的子午线轮胎成型设备和工装

21 世纪以来，我国的轮胎成型机制造业坚持自主创新，短短十几年时间，使成型机从半自动发展到全自动智能化。为进一步促进成型机技术进步和产品创新，下面介绍一些国内外具有代表性的先进机型。

3.1　VMI 的 240 系列轮胎成型机

VMI 的 240 系列轮胎成型机结合 VMI 的机械成型定型鼓能够生产 12″～20″轮辋直径的轮胎，生产一条普通轮胎的典型周期时间是 53 s，每天可以生产 1 200 条轮胎。成型机包括自动测量、不同半部件的裁断和定位、动态带束层的定位、快速的规格更换、自动生胎移走和机械性能监测等装置。规格有子午线乘用轮胎成型系统 VMI248－2、VMI242－SL、VMI248－SL、VMI348－S、VMI MAXX 以及机器人轮胎处理设备与其他辅助设备。

3.1.1　VMI248－SL 一次法成型机

VMI248－SL 一次法成型机，其部件定中心、导向和裁断系统使该机器有一个非常准确的贴合并成为良好轮胎均匀性的基础，我们的专利机械胎体成型机和定型鼓具有许多的特殊功能，如机械的胎圈锁定、机械的反包和胎肩支撑系统。为使某一种特定设计的轮胎到达最佳的反包，其反包的长度是可以调节的。机械鼓是没有任何胶囊的，导致了稳定的成型步骤并且不会由于胶囊的损坏产生停机时间。该机的特点是具有可靠和准确的胶部件贴合、高产量，并可提供用户化的解决方案与用户的生产物流密切配合。

因为所有的联合动作是优化和均衡的，所以 VMI248－SL 成型机具有非常短的生产周期时间。它是专门设计来最大程

图 2.4.1－36　VMI－248－SL 子午线乘用胎一次法成型机

度地减少停机时间，并且适应性强，可根据工装来有效地更换导开料卷和与轮胎规格有关的工装。现代化的控制系统是菜单驱动的，自动化的机器设置能够使材料的宽度、类型和角度更换得更快、更准确，从而使 VMI248－SL 也能适用于小批量的生产。VMI248－SL 成型机配备快速更换的单/双导开系统，以满足轮胎成型供料配置。工字轮、卷轴或者小车、自动生胎移除系统和自动料卷更换系统，均可按客户要求定制。VMI 248－SL 子午线乘用胎一次法成型机见图 2.4.1－36。

3.1.2　VMI348－S 一次法两鼓成型机

VMI348－S 一次法两鼓成型机基于 VMI248－SL 的成熟设计理念，可以生产最大 24″的乘用胎以及一些结构较复杂的轮胎，如跑气保用轮胎。带束层、胎面和冠带条组件在 B&T 鼓上成型，而与此同时，帘布层、内衬层、胎侧、胎圈和子口在平扁的胎体鼓上成型。只需要一个操作员。VMI 348－S 一次法两鼓成型机见图 2.4.1－37。

图 2.4.1－37　VMI－348－S 子午线乘用胎一次法成型机

3.2　VMI 的 VAST 系列载重子午线轮胎一次法成型机

VMI 的 VAST 系列载重子午线轮胎一次法成型机，是基于模块化的全钢子午线轮胎成型设备。VAST 拥有广泛的调整使用灵活性，如胎面具有长度补偿功能以便提高轮胎的均匀性，多尺寸/规格工装以便减小不同尺寸规格的切换，配置用户语言的通用 CORTEX HMI；成型稳定性高，轮胎品质均一。VAST 系列载重子午线轮胎一次法成型机能够生产从标准尺寸到复杂的超大规格卡车胎生胎（轮胎的胎圈范围 17.5″～24.5″）。根据不同的配置，相对紧凑的 VAST 可以每天生产出超过 550 条轮胎。规格包括全钢子午线卡车胎成型机 VAST－SA、VAST－3HP、VAST－4HP、VAST－4HP 紧凑型及附属设备。

VAST 系列轮胎成型机的主要特点为：机械鼓（无胶囊）用于定型、胎体和带束层 & 胎面组合件成型、双胎圈尺寸定型鼓，配有同心机械式胎圈锁定系统，在每一个成型工位上都配方便操作的模块化和透明结构的控制，最少的轮胎规格更换时间，如软件（人机界面中的轮胎菜单）控制轮胎规格更换（相同胎圈直径内）。符合人体工程学设计的生胎移除系统。

VAST 全钢子午线卡车和客车轮胎成型机包括三鼓半自动 VAST－SA 型、三鼓全自动 VAST－3HP 型和高度自动化的四鼓 VAST－4HP 型，不同机型间的高度兼容。

3.2.1　全钢子午线卡车胎成型机 VAST－SA

VAST－SA 或半自动三鼓设备特别针对低劳动力成本设计。直接取自高性能自动设备，VAST－SA 为发展中国家客户提供经济型解决方案。在不降低生产高质量轮胎的潜能基础上，有选择地降低自动化水平，但充分利用了低劳动力成本。可以升级为生产力更高的四鼓设备或更加自动化的设备，VAST－SA 为未来提供灵活性和生产潜能。全钢子午线卡车胎成型机 VAST－SA 见图 2.4.1－38。

图 2.4.1－38　全钢子午卡车胎成型机 VAST－SA 的 B&T 侧

3.2.2　全钢子午线卡车胎成型机 VAST－3HP

与 VAST－SA 机型相比，三鼓机型具有更高的自动化水平和更多的产量。增加的自动化流程提供更高和更稳定的轮胎质量。与四鼓的自动化配置相比，初投资会较低，而且非常适合某些特定的轮胎结构。通过再安装一个定型鼓和驱动装置，三鼓系统就能够很容易的升级为四鼓系统。全钢子午线卡车胎成型机 VAST－3HP 见图 2.4.1－39。

图 2.4.1－39　全钢子午线卡车胎成型机系统 VAST－3HP 的 B&T 侧

3.2.3　全钢子午线卡车胎成型机 VAST－4HP

VAST－4HP 是四鼓成型机，与 VAST－3HP 相比，它具有更高的自动化水平和更大的产量。许多的轮胎组件在 B&T 鼓和胎体鼓上都被自动测量、裁断和贴合。这些单独的组合件会被传递到两个机械式定型鼓上进行最终定型和压合。在轮胎行业中 VAST 一直都在提供最高质量的生胎，每天生产的卡车胎或客车胎可达 450 条。全钢子午线卡车胎成型机 VAST－4HP 见图 2.4.1－40。

图 2.4.1－40　全钢子午线卡车胎成型机 VAST－4HP

3.2.4　全钢子午线卡车胎成型机 VAST－4HP 紧凑型

VAST－4HP 紧凑型成型机与前面提到的 VAST－4HP 成型机一样具有相同的四鼓配置和高度的自动化水平，但是是按照最小占地面积需求设计的。VAST－4HP 紧凑型配有一个特殊的定型鼓旋转装置（见图 2.4.1－41），这样相比于非紧凑型机型，它的占地面积能够减少 30%左右。机器的可靠性、功能和性能不会因此而降低，还是与非紧凑型 VAST－4HP 相同。

图 2.4.1－41　全钢子午线卡车胎成型机 VAST－4HP 紧凑型

3.2.5　附属设备

附属设备包括用于胶部件如带束层、胎面、纤维/钢丝子口布、内衬层、胎体帘布和胎侧的供料的供料架和工装等。附属设备可以作为可选项和可替换项，可用于按需配置新的机器也可以用于改造现有机器。主要有：超宽的带束层供料架用于一次法超宽卡车胎生产；多种类型的贴合器，适合贴合尼龙子口布、钢丝子口布和/或胶条；工字轮打卷胎面或预裁胎面贴合器，自动贴合同时具有动态定中和长度校正功能；伺服驱动反包系统具有完全同步和速度控制功能；中心盖板系统精确贴合胎肩垫胶；不同的生胎移走方案配合生胎运送体系。

3.3　工程子午线轮胎胎面缠绕法成型机

工程子午线轮胎胎面缠绕法成型机见图 2.4.1－42。

VMI 工程轮胎成型机采用平鼓技术，一次成型、胎面贴合的规格为 17.5 R25″～24.00 R35″的生胎。该机采用传递环以及 VMI 全钢卡车胎技术，具有重现性高、质量好、产能高的特点，24.00 R35″规格的轮胎每小时可生产 2.5 条。由于工装使用少且最大限度使用了工业计算机控制，因更换规格导致的停机时间减少。如图 2.4.1－43 所示。

图 2.4.1－42　工程子午线轮胎胎面缠绕法成型机

图 2.4.1－43　VMI－OTR 成型机

3.4　无人智能化成型机

随着新一轮工业革命智能化制造的到来，首先在欧洲诞生完全无人操作的智能化成型机，用于半钢轮胎生产；2014 年，我国撒驰萨华辰机械（苏州）有限公司也首创完成样机开发试制（见图 2.4.1－44），2015 年开始市场推广。

图 2.4.1－44　无人智能化成型机

这类成型机用了机器人替代人力，工艺参数与全自动机型相同。国外品牌的生产规格跨度扩展到 12″～24″，常规成型周期≤36 s，一天的产量每台机可达到 2 000 条。总体特点是，比全自动成型机进一步提高了系统柔性，采用视觉系统对重点接头质量进行监控，“以机代人”更大范围去除人工干预，使生产节拍和产品质量更稳定，智能控制系统更可靠地无缝连接智慧工厂的信息网。

无人智能化成型机以 B&T 鼓上下左右的位移运动，适配保持不动的带束、胎面、冠带条上料模块；将 B&T 的夹持传递、组合辊压和卸胎装置的一体组合设计，颠覆了此前半钢轮胎成型机的技术概念，从机械结构上扩展柔性、重叠工位、减少空程、一点可动的集中度置换多点运动，使成型周期短、效率高、部件贴合更加均匀稳定。

VMI生产的无人操作，无人监控的子午线轮胎成型机型号为MAXX，如图2.4.1-45所示。MAXX通过人机工程学的运用，提高了设备的灵活性，同时尽量减少设备调试时间，简化维护和操作环节，仅需一个人就完全可以操控它，从而最大限度地提高了产量、质量。MAXX可以生产12″～24″轮辋尺寸的轮胎，生产普通轮胎的标准周期是36 s，每天可以生产2 000条轮胎。

MAXX具有自动接头检查系统、机器人自动胎圈装载和生胎移除功能、小成型过程中更换小车、动态成型和定型鼓，固定供料架和传递环、伺服驱动供料盘定位、成型和定型机械鼓同步、先进的材料夹持功能。100%生胎目视化检查用于质量控制，条形码系统用于胎胚标识追溯。

图2.4.1-45　MAXX一次法子午线乘用胎轮胎成型机

MAXX的轮胎成型过程是全自动的，并且生胎自动从机器上卸走。对比传统的VMI轮胎成型机，它的两个成型鼓在一个传递轨道上移动，而传递装置位置固定。传送带和胎面供料架的设计也是全新的，提供完美的胶部件贴合。为了提高运行时间和灵活性，供料架配置了用于快速换料的双工位导开。激光测量装置和数码相机自动的控制生胎的质量。

VMI的EXXIUM是一次法轿车和轻型卡车轮胎成型机。VMI-EXXIUM设备集高效率，高生产品质和灵活性为一体，可以生产多种规格的轮胎产品。另外它占地面积相对较小以及客户化的定制方案，满足额外的轮胎胶部件需求。EXXIUM能生产12″～24″轮辋直径范围的轮胎，能够提供无人操作或操作者手动生产模式以便应对比较复杂的轮胎设计。这些设计往往具有特殊增加的橡胶部件，钢丝或纤维帘布子口。EXXIUM在全自动模式/无人操作模式下生产普通的轮胎，操作者仅仅需要装载胎圈，监视轮胎生产过程和检查轮胎质量。

EXXIUM的普通轮胎生产周期是40 s，每天可以生产1 500条胎。EXXIUM按照人体工程学设计，具有固定的胎体鼓和移动的传递环、VMI拥有专利的机械成型和定型鼓、先进的材料夹持功能、带束层和胎面组件鼓是移动的而供料架是固定的、全自动生胎移送装置用来检查轮胎。可选项包括条码系统用于全面追踪。

VMI的机器人轮胎处理设备包括缓冲和送料（小车）、卸料小车，用于提高胎圈的处理效率，功能包括从简单的装卸系统到机器人储存和识别系统。如图2.4.1-46所示。

图2.4.1-46　通过机器人进行的自动装胎圈和移走生胎操作

3.5　成型机头（鼓）

3.5.1　一次法胎体成型和定型机头

在一次法子午线乘用胎成型机头方面，除了VMI推出的专利产品以外，广东日星机械科技有限公司等企业也不断创新开发，其机械反包鼓、胶囊反包鼓已成系列产品。机械鼓对胎侧和胎体帘布反包通过鼓的机械臂进行（见图2.4.1-47），反包不需要充气和排气，可缩短成型周期并节省动力风；也不需要胶囊，省去了胶囊的消耗，也节省了换胶囊的时间，这使单胎成本下降。已经证明，在机械鼓上成型的生胎比在胶囊鼓上成型的生胎均匀性更好。

然而，对于反包高度较高的PCR成型，机械反包臂配合使用胶囊鼓似有较好的反包质量。因反包高度越高，机械反包时反包杆受力越大，容易在胎侧上留下过深的压痕。北京敬业机械设备有限公司拥有的一款专利机头，机械反包杆加胎肩胶囊结构，反包时胎肩胶囊在内侧支撑着胎肩，使成型的生胎肩部贴合得更结实、胎侧压痕也浅了一些。同理，对于大反包高度的TBR成型，较多选用胶囊成型鼓。

图 2.4.1-47　机械胎体成型和定型鼓

3.5.2　高胎肩胎体成型和定型鼓

高胎肩胎体成型和定型鼓见图 2.4.1-48。这个鼓用来将供料架过来的胶部件成型成生胎。高胎肩在反包成型过程中支撑胎圈三角胶下部，减少变形，增强胎圈区域胶部件牢固性。鼓的尺寸适用于胎圈直径 12～20″。在特定情况下，这个鼓可用于其他品牌的轮胎成型机上。

图 2.4.1-48　高胎肩胎体成型和定型鼓

3.5.3　带束层和胎面成型鼓

带束层和胎面成型鼓见图 2.4.1-49。这个鼓用于为子午线乘用胎成型带束层和胎面组件。可用于子午线乘用胎一次法或子午线乘用胎二段成型机上。

图 2.4.1-49　带束层和胎面成型鼓

四、成型机维护检修

4.1　日常维护和定期检查

对于各类轮胎成型机，日常维护和定期检查保养的方法都是通用的。表 2.4.1-11 以汽车轮胎成型机为例，归纳出成型机日常维护和定期保养事项和最短周期，可供设备维护管理参考。在检查保养过程发现有异常或潜在问题不能实时处理的，应及时报告，列入计划性修理。

表 2.4.1-11　成型机日常维护和定期保养

部件装置/系统的维护保养项目	方式方法	检查保养周期						
		每班	每天	每周	每月	每季	半年	每年
主机运转平稳性能	目视、监听	○						
各部分连接螺栓	定期紧固				○			
地脚螺栓	定期紧固						○	
系统动力参数	目视	○						
电机、控制参数和曲线	目视	○		○				
中心灯和 CCD 镜头清洁	用干净的软布抹镜面			○				
中心灯线检验	对于基准检验校正				○			
B&T 鼓和胎体/定型鼓的中心相对中心灯线的重合	检查校正			○				
传递环在 B&T 鼓和胎体/定型鼓中心的停止位置	检查校正			○				
胎圈在胎体/定型鼓上设定的位置距离、胎圈装载端面相对于鼓的跳动精度	检查校正			○				
B&T 鼓和胎体/定型鼓收缩环状态	目视，不正常的更换		○					
B&T 鼓直径尺寸	检查测量			○				
压辊装置的中心压轮位置精度	检查校正			○				
压辊装置的胎肩压轮的位置精度	检查校正			○				
全部在线的安全指示灯	功能保持的检查				○			
液压缓冲器、各处缓冲性能	检查调整				○			
B&T 鼓和钢圈环的磁性零件	清洁			○				
空气离合器和刹车装置，不足 2 mm 的摩擦件要更换	检查测量和换易损件					○		
压辊装置的压合轮伸向鼓面的机电状况	检查调整			○				
供料小车导出装置的对中	检查调整				○			
对中（BST 或 E+L）装置	检查调整				○			
传送带行进轨迹	检查和纠偏调整		○					
材料检测辊和光电眼	检查和清洁				○			
定长计数器	检查校准				○			
裁刀装置	检查清洁		○					
真空模块	检查，实时更换损件			○				
胎体储料环高度	检查调整过高/过低							
压辊装置的压轮轴承	更换（保持间隙精度）				○			
主轴旋转接头密封	更换损件							
主轴轴承	加油和监听					○		
其他轴承	加油						○	
链轮和链条	加油				○			
各线性导轨副	加油				○			
各滚珠丝杆副	加油			○				
传递环齿轮副	加油			○				
减速箱	过滤加（换）油							
检查电机的扭力限制器	按设备说明书检查						○	
同步带和张力	检查，实时调整					○		
油雾器和排气口	检查，实时清洁	○						
电缆和通讯缆	检查						○	
压力表校验					○			

续表

部件装置/系统的维护保养项目	方式方法	检查保养周期						
		每班	每天	每周	每月	每季	半年	每年
系统管路清洁	冲洗吹，清污垢						○	
电气控制柜清洁	吹扫						○	
电机电气绝缘和安全	检测维护						○	
电气开关和控制元件	检测和更新劣化元件						○	
指示灯保全和更换损件			○					

4.2　成型机润滑规则

成型机属于轻型快速设备，一般可以参考表 2.4.1－12 作为润滑规范。加油或换油周期可以通过观察和总结实际经验，基于表中所列周期适当延长或缩短。

表 2.4.1－12　轮胎成型机各部位润滑规定

主要润滑部位	润滑油名称牌号	代用油品牌号	润滑周期	润滑方式
主轴轴承	锂基润滑脂 2#	Alvania RL2	3 个月	油枪
成型机头减速箱	N 220	Tivela WB	6 个月	油壶
输送带传动减速箱	N 220	Tivela WB	12 个月	油壶
部件导出减速箱	N 460	Omal 460	12 个月	油壶
传递环齿轮齿条副	锂基润滑脂 3#	Alvania RL3	1 个月	油枪
各装置的滚珠丝杆副	锂基润滑脂 2#	Alvania RL2	1 个月	油枪
各装置的导轨副	锂基润滑脂 2#	Alvania RL2		油枪
各装置的套筒辊子链	锂基润滑脂 3#	Alvania RL3		油枪
成型鼓	N 460	Omal 460	1 天润滑一次，换规格时进行	灌装喷雾

4.3　成型机安装试车

4.3.1　成型机安装

成型机是由成型鼓与机头传动箱、直线轨和机座组成的主机、部件装载车与部件导出纠偏输送的供料架、导引定位中心标示的灯架、卸料装置等各设备组成的机组，安装占地范围一般都比较大。主机的循环工作周期短冲击大，要求安装基础稳固，大部分采用混凝土二次浇灌方法，其他部分采用找平找正后拉爆螺钉固定法。安装技术要求如下。

厂房地面，要求地平面的水平高度差≤10 mm，地坪面强度≥25 t/m²。地坪面强度低于 25 t/m² 的，除主机应有整体混凝土基础外，其他部分地脚螺钉应采用地脚螺钉二次浇灌方法。

机组安装技术要求有位置划线、基础准备、设备就位、找平找正和固定。

表 2.4.1－13　成型机安装技术

步骤	方法内容	技术质量指标
安装划线 各线划完后，制作预埋永久性原点标记	以厂房支柱轴线为参照，作出传递环轨道中心线为基准水平线	与厂房支柱轴线平行，偏差≤20 mm
	作成型鼓轴中心线和肩部压合底座水平线（作为辅助基准水平线），平行于基准水平线	平行偏差≤0.5 mm
	作各个供料架的中心线，垂直于成型鼓轴中心线（即基准水平线）	各中心线之间平行，偏差≤0.5 mm
选取水平远点 用经纬仪测量设备安装地平面，找出设备所在地面的最高点和最低点	如果最高点和最低点之差＜5 mm，取最高点为水平零点	
	如果最高点和最低点之差≥5～≤10 mm，取高、低点的中值作为水平零点	
	如果最高点和最低点之差≯10 mm，取 5 mm 为高点（超高的地脚支撑周围地面适当铲低）	
主机预埋构件	在预埋划线位置开挖基础坑，放置构件找平找正，经检查确认后，浇灌混凝土	

续表

步骤	方法内容	技术质量指标
主机就位基础条件	在混凝土渡过一定的养护期，达到相当的强度后进行	在室温≥20℃时，浇灌完混凝土经过至少7天
安装运输	单件≥5 t的用底架支撑地上滚动方式移动到基础地面上，单件≤5 t用不小于相应负载等级的叉车运送	
设备的工作中心找正	各机器、装置上的工作中心标点与地面的基准中心划线相对准	
成型机找平找正： 传递环的工作中心与B&T和胎体鼓轴中心连线，是整机找平找正的主基准线	以传递环的工作中心，找平找正成型机对应的B&T和胎体鼓轴中心	传递环底座安装的水平精度≤0.05 mm/m 三个轴线中心投影在一条直线上，直线偏差±1 mm
	成型机头的的机架底座找平	水平度<0.1 mm/m
	胎体供料架、后压合装置、带束和胎面供料架的生产线中心，与对应的胎体鼓轴、B&T鼓轴中心垂直，找正在相应鼓轴中心截面的所在平面上	各供料架、后压合装置的生产线中心，与主基准线垂直，相对于成型鼓中心的中心偏移量±0.8 mm
	胎体供料架、后压合装置、带束和胎面供料架上，部件输出口的辊筒平行胎体鼓和B&T鼓	平行度≤0.10 mm/m
	各供料架工作面水平检查，可调整支架高度	水平度<0.1 mm/m

4.3.2 成型机试车

1. 成型机空负荷试车

在通过了安装质量验收、现场安全检查通过以后，进行由点动到联动、由单机到全线的设备起动空运转试车。

表 2.4.1-14 成型机空负荷试车内容

步序	空负荷试车检查验证内容	质量要求
	整机检查和测试	
1	对成型机各系统逐一检查安装质量	结构完整、接口接线正确无误、安全保护装置齐全 无开放点，连接牢靠 入端的工厂动力参数符合设备要求
2	检查成型机减速箱和润滑、油质和油量	油质不好的清洗更换新油，油量不足的补充到规定油位
3	供给电力和压缩空气，测试各种信号，点动和启动，进行所有安全连锁和保护开关按钮的可靠性确认，进行空运转和制动的检查测试	起动方向位置和动作正确，安全设置正确可靠，控制通信畅通，信号灯指示正确、超限发出警报
4	检查各处的连接紧固件	连接件齐全、紧固可靠
5	成型机和辅助装置检查和启动	
6	手动盘车成型机：电机至少转动5圈，观察成型机主轴至少转动1圈以上	无任何异常声音，手感轻松自如，鼓轴的转动方向正确
7	检查成型机的转动和停止、加速和减速操作	起动、停止敏捷，加减速平滑
8	检查成型机各供料架，测试和校调部件输送和定长精度	带束层自动定长裁断精度±1.00 mm 胎面定长裁断偏差0～2.0 mm mm 内衬层、胎体、胎侧定长裁断偏差0～3.0 mm 垫胶定长裁断偏差0～2.0 mm 补强部件定长裁断偏差0～2.0 mm
9	装配成型鼓、胎体贴合鼓（TBR），检查精度	主轴与鼓连接端趾口径向跳动≤±0.05 mm；主轴与尾座支撑轴的同轴度≤±0.10 mm；端面跳动≤±0.15 mm 鼓面定位停止精度 ≤±1.0°
10	装配带束鼓，检查精度	带束鼓驱动轴端径向跳动：≤±0.05mm 鼓面定位停止精度 ≤±1.0°
11	装配定型卡盘（适用PCR第二段），检测精度	径向和轴向跳动：≤±0.15mm
12	检查传递环在停止位置的精度	在带束贴合侧，横向、径向跳动TIR 0.4 mm 在成型鼓侧，横向、径向跳动TIR 0.4 mm 夹持块与各鼓的主轴平行度≤±0.20 mm 左、右停止位置精度≤±0.05 mm

续表

步序	空负荷试车检查验证内容	质量要求
13	检查胎圈夹持器的精度	相对于鼓轴的径向跳动 TIR 0.4 相对于鼓轴的轴向窜动≤±0.2
14	检查激光灯标线的标示精度	各鼓上，灯线自动定位精度≤±0.5 mm
15	检查安全保护装置	触动急停开关后立即停车
16	启动主机，最高转速的 1/3 空转 0.5 h、再以最高转速空转 10 min，观察检查工装、轴承、电机和减速箱、传动带工作状况	各工装鼓无异常响声 主轴承无杂音，无明显温升 传动装置无杂音 主电机空负荷电流＜额定电流的 20%
17	启动各供料架，观察检查轴承、电机和减速箱、输送装置等工作状况	各工装鼓无异常响声 主轴承无杂音，无明显温升 传动装置无杂音 电机空负荷电流＜额定电流的 20% 输送带平稳、系统协调、纠偏工作正常
18	检查制动性能，在高速运转中操作安全制动 3 次	制动动作灵敏可靠
19	距离电机、减速箱 1 000 mm 处，测量噪声	噪声≤ 80 db
20	成型机停机，然后全线停机，关闭动力源	
21	空负荷试车结果评估	

2. 成型机负荷试车

负荷试车必须在完成空负荷试车并考核合格后，才能进行。检查测试用的部件，必须达到工艺质量控制标准（否则会出现测试数据不真）。可按表 2.4.1 - 15 步序进行检验考核，通过以后可进行验收并转入正常生产使用和管理。

表 2.4.1 - 15　成型机负荷试车内容

步序	负荷试车检验考核内容	质量标准
1	通电和压缩空气	电源 380 V±10% 压缩空气 ≥0.7 MPa 循环水 ≥0.3 MPa
2	设定工艺参数	按设备操作规程和工艺规程
3	把各部件装载工装装在工作位置，导出部件端头进入输送状态	部件的导引输送无拉伸
4	检查测量各部件在贴合/成型鼓上的对中/定位贴合精度	内衬层、胎体帘布贴合偏差± 2 mm 胎侧胶贴合对中偏差± 1 mm 在贴合鼓上各层材料偏中心量± 1 mm
5	检查测量各部件在带束（B&T）鼓上的对中/定位贴合精度	带束贴合定中精度± 1 mm 带束层角度偏差 ±0.2° 胎面贴合定中精度± 1 mm 胎面定长裁断精度 0～2 mm 冠带条定位贴合精度± 1 mm
6	检查测量各部件在鼓上的角度分布贴合精度	符合工艺控制要求
7	测量各部件拉伸量（在线上测量）	内衬层≤1.0% 胎侧≤0.5% 胎体帘布≤0.5% 垫胶≤0.5% 加强层≤0.5% 带束层≤0.5% 胎面≤1.0% 其他部件≤0.5%
8	试制胎坯，由设置、调整、单条检测，循环优化试制	胎坯合格、通过成品标准检验
9	批量试制	胎坯质量达到工厂当期质量水平
10	生产考核	连续生产 8 h，成型的胎坯数量达到机器能力的 80%以上
11	成型机的负荷检验	连续生产时，主机在额定功率的 80%～100%范围内运转，轴承温升≤35℃，润滑油温度＜60℃；所有控制参数稳定

续表

步序	负荷试车检验考核内容	质量标准
12	连续生产考核，监控和统计各生产规格的设备运行参数和工艺参数状态	运转72 h（可累计，所有数据和曲线处于正常，无任何超限；生产质量达到工厂当期水平；分析停机原因，因故障引起的停机率≤2%
13	检查各减速箱	油的外观正常，无片状铁末
14	试车结果评估	考核通过则进行验收

五、轮胎成型设备的供应商

5.1　成型机的供应商

各种成型机的主要供应商见表2.4.1-16。

表2.4.1-16　成型机的主要供应商

主要供应商	成型机械					
	PCR二步法成型机	TBR二步法成型机	PCR一步法成型机	TBR一步法成型机	力车胎成型机	摩托车胎成型机
天津赛象科技股份有限公司	√		√	√		
软控股份有限公司	√	√	√	√		
北京敬业装备有限公司	√		√			√
北京恒驰智能科技有限公司	√	√		√		
北京贝特里戴瑞科技发展有限公司			√	√		
沈阳蓝英工业自动化装备股份有限公司		√	√	√		
萨华辰机械（苏州）有限公司	√		√			
福建龙翔科技开发有限公司	√			√		
青岛双星橡塑机械有限公司		√		√		
厦门科炬源自动化设备有限公司					√	√

5.2　轮胎成型机头的供应商

各种机头模具的主要供应商见表2.4.1-17。

表2.4.1-17　轮胎成型机头的主要供应商

主要供应商	胶囊模具	子午线轮胎贴合/反包鼓	子午线轮胎带束鼓	一段径向收缩鼓	斜交胎成型鼓
广东日星机械科技有限公司		√	√	√	√
软控股份有限公司		√	√	√	
广东巨轮股份有限公司				√	
揭阳市天阳模具有限公司					√
山东豪迈机械科技股份有限公司					√
山东万通模具有限公司					√
天津赛象科技股份有限公司		√	√		
中山市中川橡胶机械模具有限公司	√				√
浙江拓普机械有限公司	√				

第二节　轮胎定型硫化机

外胎定型硫化机是在20世纪60年代由普通个体硫化机的基础上发展起来的。其主要特点是用胶囊代替了水胎，在一台机器上完成轮胎胎坯的装胎、定型、硫化、卸胎及外胎在模外充气冷却等工艺过程，使轮胎硫化过程实现完全机械化和自动化。近代轮胎定型硫化机，一般对内温、内压、蒸汽室温度均能测量、记录和控制，配置自动控制系统、模具清洁和涂隔离剂等装置。生产中配以自动化运输和计算机控制，使轮胎硫化作业完全实现自动化。轮胎定型硫化机具有生产效率高、生产的轮胎质量好、劳动强度低的优势，因此，在现代轮胎工业中获得了广泛的应用。

一、轮胎定型硫化机的分类

1）按采用胶囊类型的不同可分为4种类型。

①A型（或称AFV型）定型硫化机，即原美国NRM公司开发的Autoform型，胶囊从硫化的外胎中脱出时，胶囊在推顶器的作用下，往下翻入下模下方的储囊筒内。开模方式一般为升降平移型。②B型（或称BOM型）定型硫化机，即原美国McNei公司开发的Bag-O-Matic型，胶囊从硫化的外胎脱出时，胶囊在中心机构的操纵下，待抽真空收缩后向上拉直。开模方式有升降型、升降翻转型。③AB型（或称AUBO型）定型硫化机，即原德国Herbert公司开发的AUBO型，胶囊从硫化的外胎脱出时，胶囊在胶囊操纵机构和囊筒作用下，上半部作翻转而整个胶囊由囊筒向上移动收藏起来。开模方式有升降型和升降翻转型。④RIB型（Rolling in Bladder Type）定型硫化机，最先由日本三菱重工开发，是为适应子午线轮胎生产的需要，综合了A型和B型硫化机的优点而开发的一种新型机型，结构类似AB型，但不需要抽真空。开模方式为升降平移型。各类型硫化胶囊见图2.4.2-1～2.4.2-5。

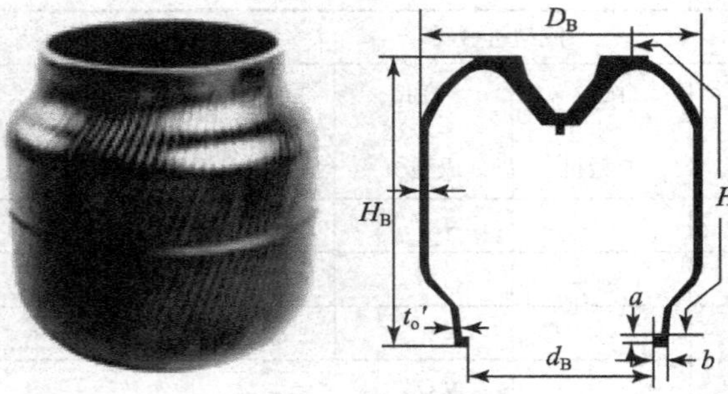

图2.4.2-1　A型斜交胎硫化胶囊

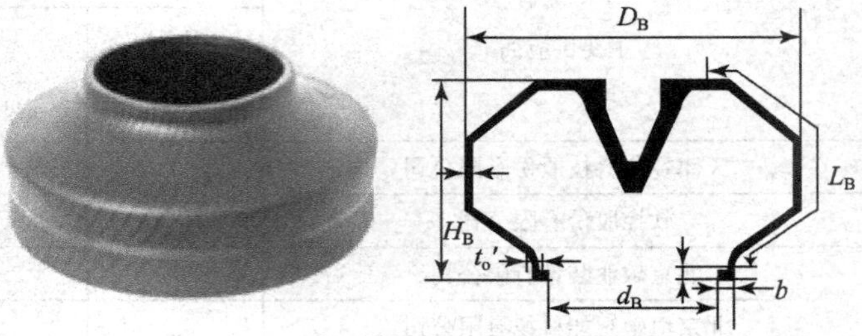

图2.4.2-2　A型子午线轮胎硫化胶囊

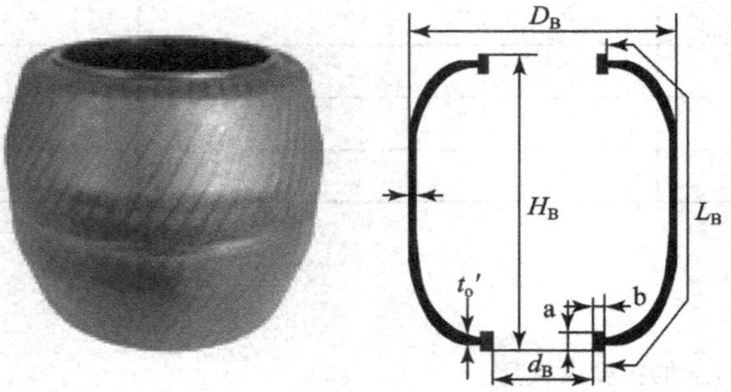

图2.4.2-3　B型斜交胎硫化胶囊

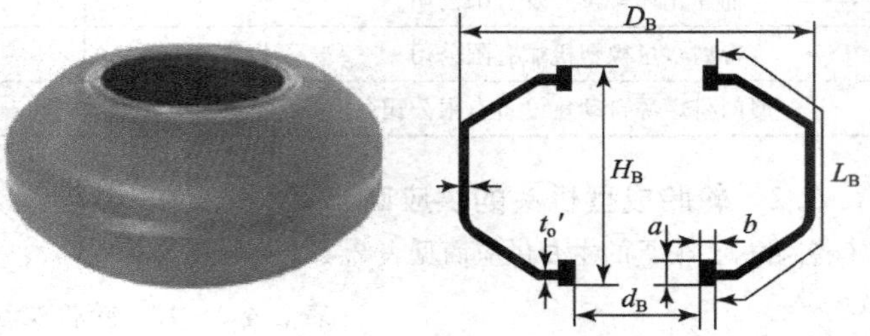

图2.4.2-4　B型子午线轮胎硫化胶囊

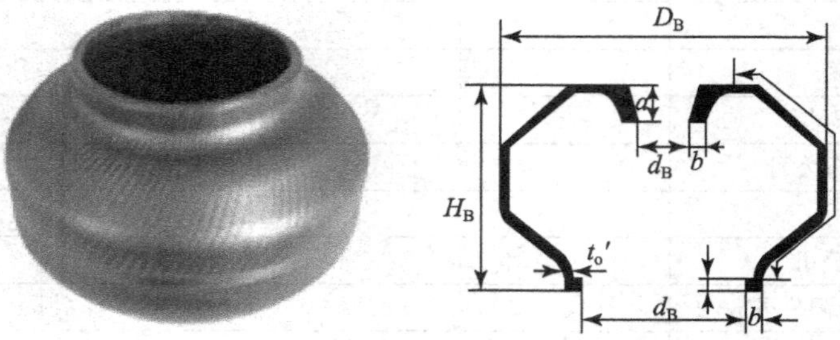

图2.4.2-5　AB型子午线轮胎硫化胶囊

2）按定型硫化机的用途可分为：普通轮胎定型硫化机和子午线轮胎定型硫化机。

3）按定型硫化机的传动方式可分为：机械式（曲柄连杆式）定型硫化机、液压式定型硫化机、机械液压混合式定型硫化机和电动式定型硫化机。无论是机械式硫化机还是液压式硫化机，规格在72″以上的基本上为单模，72″及以下规格均为双模。液压硫化机合模力由液压系统直接施加，机械式硫化机的合模力由曲柄连杆和横梁底座组成的机械系统施加。

4）按加热方式可分为：蒸锅式定型硫化机、夹套式定型硫化机和热板式定型硫化机。

5）按整体结构可分为：定型硫化机和定型硫化机组。

二、轮胎定型硫化机的构造

2.1　基本结构

轮胎定型硫化机的种类较多，我国目前广泛使用的定型硫化机是曲柄连杆式定型硫化机和液压式定型硫化机。

机械式硫化机系列如图 2.4.2-6～2.4.2-8 所示：

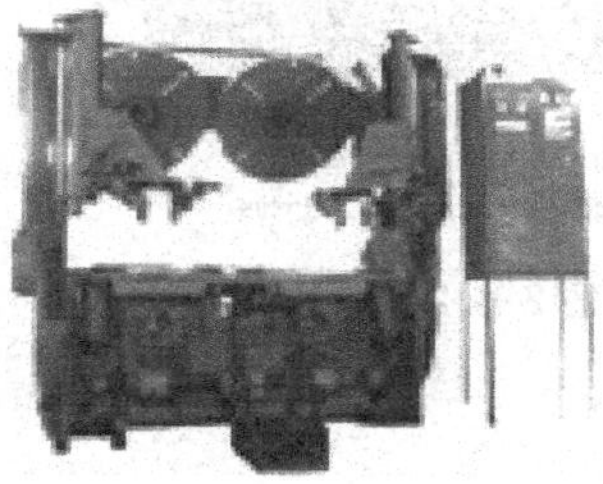

图 2.4.2-6　垂直翻转式硫化机

图 2.4.2-7　垂直升降式硫化机

图 2.4.2-8　垂直平移式工程胎硫化机

液压式硫化机系列如图 2.4.2-9～2.4.2-10 所示：

图 2.4.2-9　某型液压式硫化机

图 2.4.2-10　某型液压式硫化机

20 世纪 70 年代，原化工部组织轮胎定型硫化机项目的技术攻关，至 20 世纪 90 年代初，由原桂林橡胶机械厂、原福建三明化工机械厂为代表的我国橡胶机械企业，从无到有实现了全系列轮胎定型硫化机的自主创新设计制造，不但满足了我国子午线轮胎快速发展的需要，还出口销售到国际先进的轮胎企业。以下为中国化工装备有限公司旗下桂林橡胶机械有限公司轮胎定型硫化机的部分机型。如图 2.4.2-11～2.4.2-18 所示。

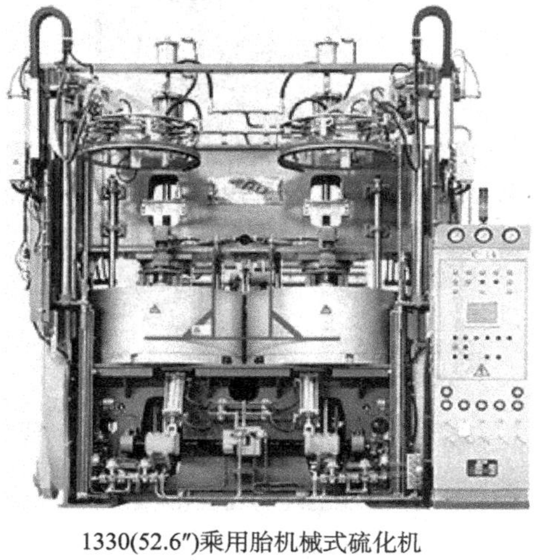

1330(52.6″)乘用胎机械式硫化机
1330(52.5″)PCR Mechanical Press

图 2.4.2-11

2250(88.5″)工程胎机械式硫化机
2250(88.5″)OTR Mechanical Press

图 2.4.2-12

1145(45″)乘用胎机械式硫化机
1145(45″)PCR Mechanical Press

图 2.4.2－13

1660(65″)卡车胎机械式硫化机
1660(65″)TBR Mechanical Press

图 2.4.2－14

以下为桂林橡胶机械有限公司液压硫化机。

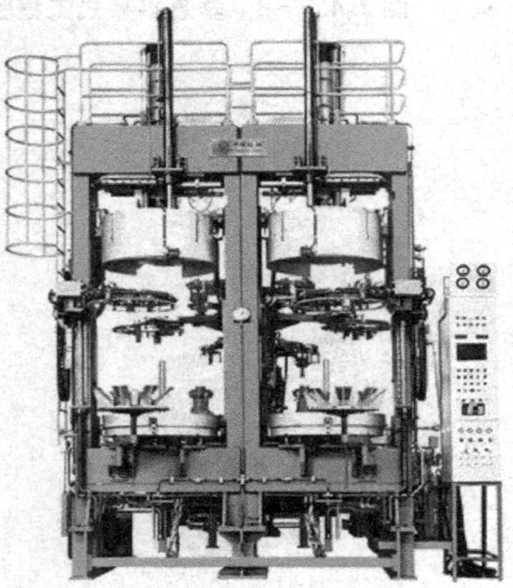

1220(48″)乘用胎液压式硫化机
1220(48″)PCR Hydraulic Press

图 2.4.2－15

1620(63.5″)卡车胎液压式硫化机
1620(63.5″)TBR Hydraulic Press

图 2.4.2－16

5400(212″)巨胎液压式硫化机
5400(212″)Giant OTR Hydraulic Press

图 2.4.2－17

1330(52.5″)乘用胎锁环式液压硫化机
1330(52.5″)PCR Hydraulic Press

图 2.4.2－18

2.1.1 A 型轮胎定型硫化机

图 2.4.2－19 是 A 型轮胎定型硫化机结构图。A 型定型硫化机主要是由底座 1、曲柄轮 2、连杆 3 和横梁 16 组成的升降机构；上加热板 11、下加热板 6 和上模具 10、下模具 7 组成的蒸汽室；推顶器 17、与储囊筒 4 组成的胶囊操纵机构；夹具器 24、装胎机械手 22 组成的装卸胎机构；电机 31 和减速箱 32 组成的传动系统；还有热工系统、润滑系统和电控系统

等组成。为适应尼龙轮胎的生产配置了后充气装置。

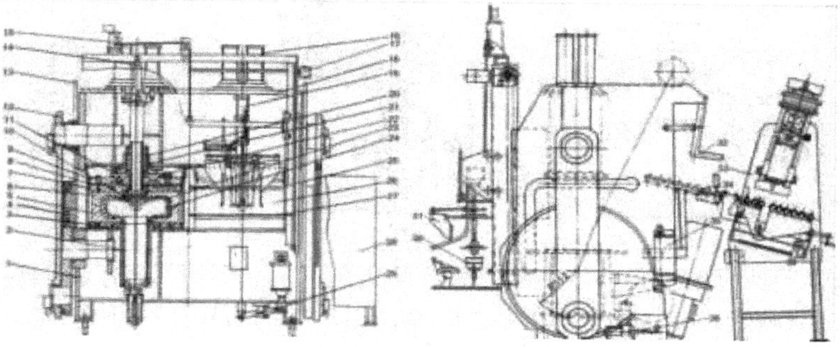

图 2.4.2-19　A 型轮胎定型硫化机

1—底座；2—囊筒机构；3—下热板；4—曲柄齿轮；5—下模具；6—上模具；7—上热板；8—隔热板；9—中间板；10—夹盘装置；12—连杆；13—墙板；14—推顶器；15—安全刹车装置；16—推顶气缸；17—装胎器传动装置；18—横梁；19—活络模操纵机构；20—调模螺杆；21—调模螺母；22—调模齿轮；23—轮胎；24—胶囊；25—抓胎器安全杆；26—保温罩；27—安全杆；28—操作柜；29—囊筒升降装置；30—存胎器；31—抓胎器；32—卸胎器；33—后充气装置；34—输送滚道；35—主控制柜；36—干油泵

底座的左、右两测安装有特定的轨道的墙板，使上横梁沿着特定的轨道作上升和向后平移至卸胎辊道 34 上的运动，构成了上横梁固有的升降方式。

下热板固定于底座上，上热板通过连接板和调模机构 21 一起固定在上横梁；下热板与底座之间，上热板与连接板之间均安装了隔热板 8。调模螺杆 20 和调模螺母 21 安装在蒸汽室或热板装置的上部，用以更换模具时，调整模具的合模位置，同时用以调整预紧力（合模力）的大小。

A 型定型硫化机的胶囊在开模时通过推顶器，将胶囊推入位于底座下的储囊筒中，并储存在储囊筒中；并且借助推顶器中的夹具器卸胎。

装胎装置支承架分别固定在横梁上，横梁与装胎机械手保持一定的距离。开模运动开始后，装胎开始，装载有胎坯的装胎机械手离开等待位置向模具中心转入，随着开模运动至开模终点时，机械手正好位于下模具 5 的上方，然后垂直下降将胎胚准确地放入下模中；完成装胎和定型后抓胎器收缩，机械手升起-转出，合模运动开始。合模后，装胎机械手回到等待位置，正好在机器前方，可以将胎胚抓起，处于待命状态。

后充气装置位于主机的后方，用于对刚硫化好的普通轮胎进行充气、冷却。尼龙、聚酯轮胎硫化后，从模型中取出，若不立即进行后充气冷却，则会因帘线的热收缩特性而无规律地改变成品轮胎的轮廓。所以轮胎胎体中只要有上述材料，均应进行非常后充气工艺处理。

A 型定型硫化机硫化普通轮胎的操作程序如下。

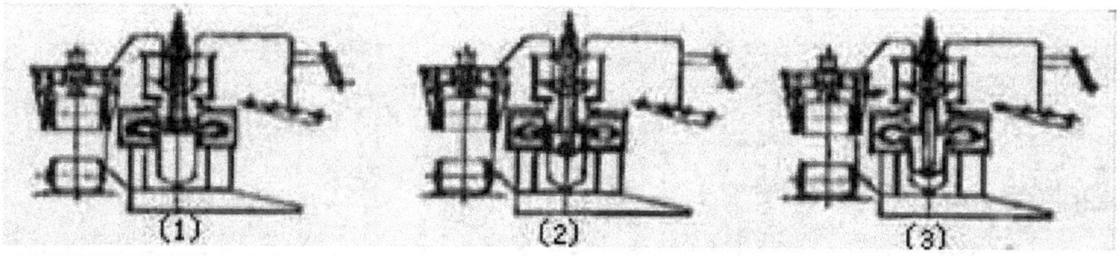

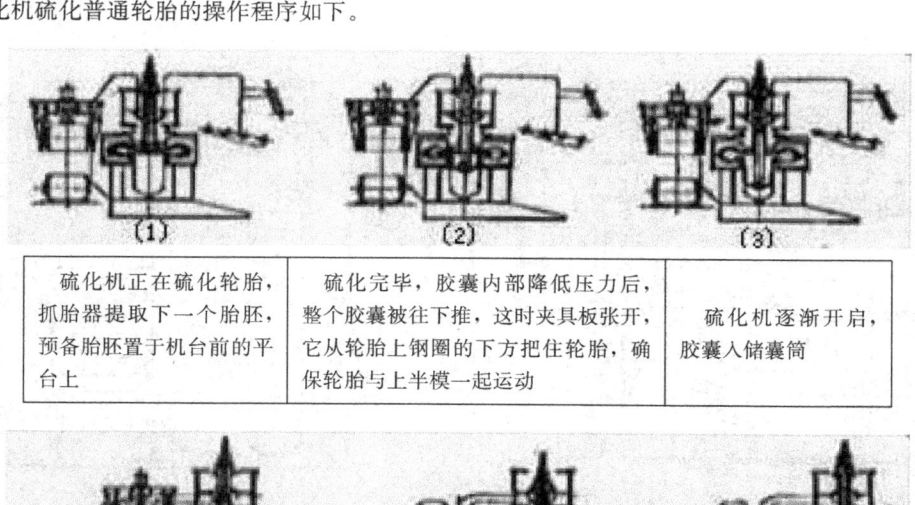

硫化机正在硫化轮胎，抓胎器提取下一个胎胚，预备胎胚置于机台前的平台上	硫化完毕，胶囊内部降低压力后，整个胶囊被往下推，这时夹具板张开，它从轮胎上钢圈的下方把住轮胎，确保轮胎与上半模一起运动	硫化机逐渐开启，胶囊入储囊筒

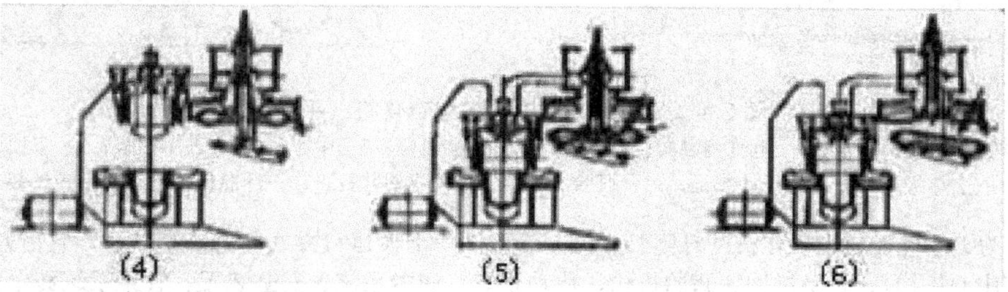

硫化机完全打开，由于推胶囊的活塞仍处于最低位置，使得夹具板仍然维持轮胎在上模	推胶囊的活塞上升，夹具板缩回，轮胎由上半模中被推出，剥落杆移到轮胎上方，此时，抓胎器向下，到达下模上方的放胎位置	剥落杆缩回，轮胎由模上钢圈脱落到卸胎辊道上，定型蒸汽进入胶囊

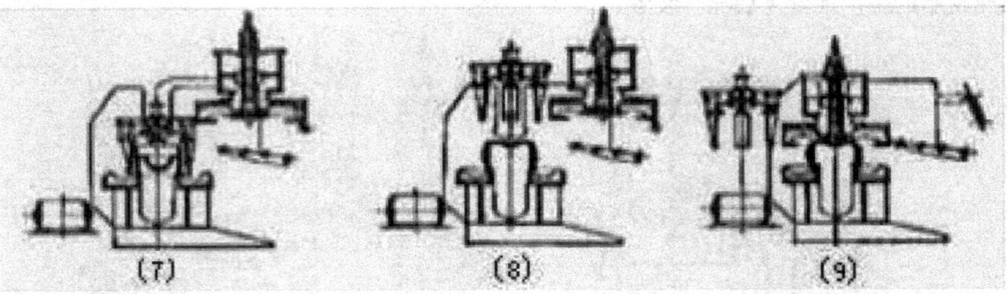

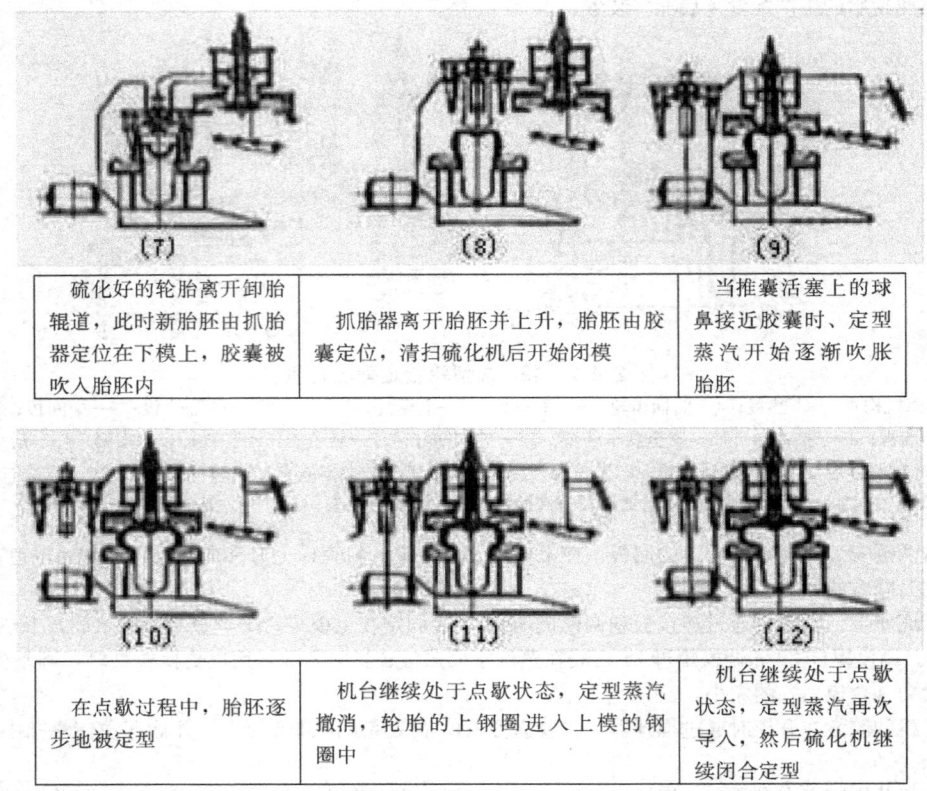

硫化好的轮胎离开卸胎辊道，此时新胎胚由抓胎器定位在下模上，胶囊被吹入胎胚内	抓胎器离开胎胚并上升，胎胚由胶囊定位，清扫硫化机后开始闭模	当推囊活塞上的球鼻接近胶囊时、定型蒸汽开始逐渐吹胀胎胚

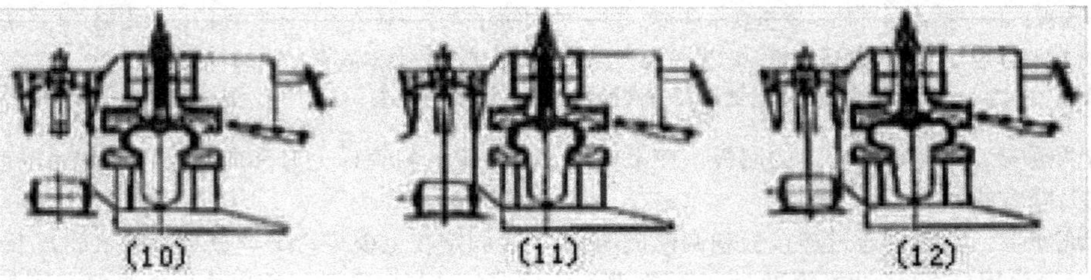

在点歇过程中，胎胚逐步地被定型	机台继续处于点歇状态，定型蒸汽撤消，轮胎的上钢圈进入上模的钢圈中	机台继续处于点歇状态，定型蒸汽再次导入，然后硫化机继续闭合定型

13）硫化机继续闭合，由被控制的蒸汽使胎胚定型。

14）硫化机闭合完毕，硫化开始，抓胎器下降，抓取下一个胎胚，然后返回到上端位置，准备下一个循环。

2.1.2　B 型轮胎定型硫化机

B 型轮胎定型硫化机和 A 型轮胎定型硫化机的主要区别在于采用了不同结构的胶囊，因而胶囊操纵机构也不同。B 型连杆式轮胎定型硫化机上模运行方式，分别有升降平移型、升降翻转型和升降型。图 2.4.2 - 20 的 B 定型硫化机其上模运行方式为升降平移型。它们某些机构（如升降机构、蒸汽室、传动系统等）与 A 型轮胎定型硫化机相似。

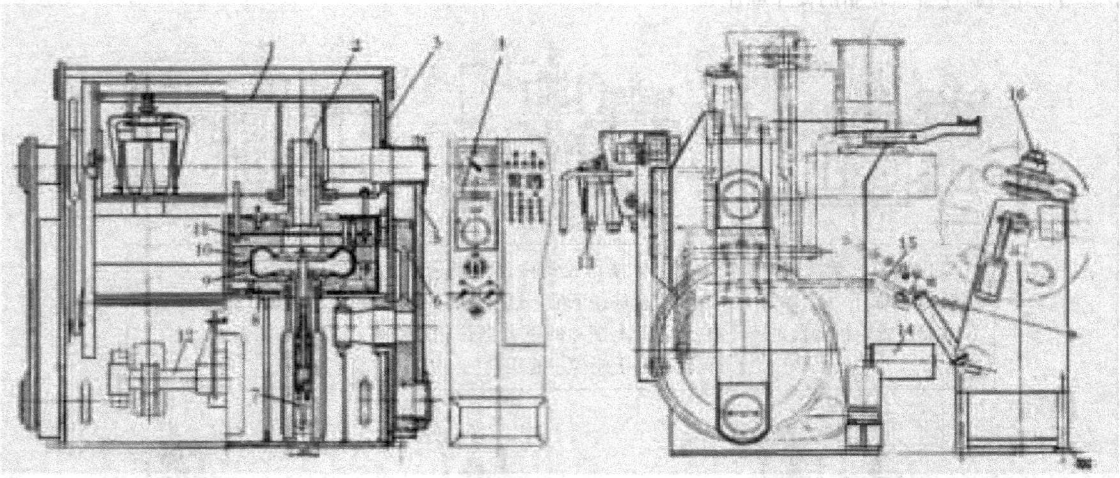

图 2.4.2 - 20　B 型轮胎定型硫化机（平移型）

1—横梁；2—调模装置；3—墙板；4—电气控制柜；5—连杆；6—曲柄齿轮；7—中心机构；8—下热板；9—下模具；10—上模具；11—上热板；12—托胎传动装置；13—抓胎器；14—主机驱动装置；15—卸胎机构；16—后充气装置

图 2.4.2 - 21 为 B 型轮胎定型硫化机（升降翻转型）结构图，上模运行方式为升降翻转型，它由升降机构、蒸汽室、胶囊操纵机构（即中心机构）、装胎机构、卸胎机构、传动系统、润滑系统、安全装置、管路系统和电气系统等组成，设置用于尼龙轮胎硫化的后充气装置。

操纵胶囊的中心机构 7 是 B 型定型硫化机区别于 A 型定型硫化机的主要部件之一。它由胶囊操纵水缸、脱胎水缸、胶囊夹持盘等组成。胶囊操纵水缸控制胶囊伸直或收缩动作，托胎液压缸 6 用于驱动托胎拨叉 5 使胶囊操纵水缸整体上升，将完成硫化的轮胎脱离下模具。

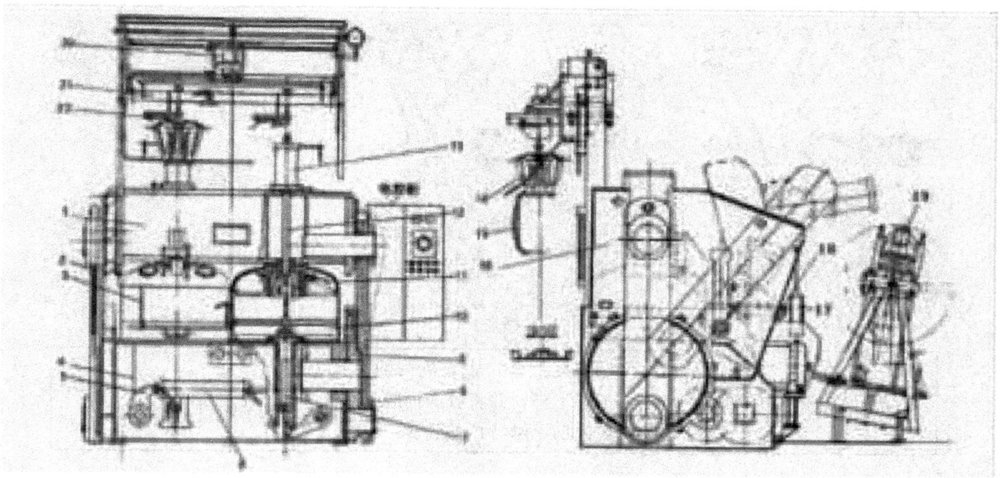

图 2.4.2－21　B 型轮胎定型硫化机（翻转型）

1—横梁；2—测力装置；3—主机安全杆；4—机座；5—托胎机构拨叉；6—托胎液压缸；7—中心机构；8—连杆；9—曲柄齿轮；10—下蒸汽室；11—上蒸汽室；12—活络模操纵机构；13—活络模操纵气缸；14—抓胎器；15—胎坯；16—墙板；17—卸胎气缸；18—卸胎辊道；19—后充气装置；20—安全刹车装置；21—装胎机构；22—抓胎器气缸

蒸汽室由上蒸汽室 11 和下蒸汽 10 室组成，蒸汽室内用于安装轮胎模具。硫化时，蒸汽室被通入蒸汽加热模具，硫化轮胎。

卸胎机构由卸胎水缸 17、卸胎杆和卸胎滚道 18 组成。轮胎硫化完毕，辅助机构将轮胎托出下模具，卸胎水缸操纵卸胎杆（或辊道），带动卸胎滚道伸入到模具中心，在轮胎下方将轮胎托起到中心机构的胶囊夹持盘上方，而后倾斜，使轮胎通过机台后面的滚道直接卸到成品运输带上运走；或通过滚道送至后充气装置进行后充气冷却。

双模 B 型定型硫化机的两个装胎的抓胎器 14 独立安装在机台的两侧。硫化前可以将胎胚 15 抓起待命，装胎时两机械手交叉旋转入至硫化机下模的上方，将胎胚放入模具中，而后中心机构完成充气定型之后，机械手脱离胎胚，旋出到机台外侧。

用于子午线轮胎硫化的定型硫化机还配置了活络模操纵机构 12。国内大多数活络模操纵机构主要采用气缸 13 作为驱动活络模扇形块上下移动。

B 型定型硫化机硫化普通轮胎的运行过程如下。

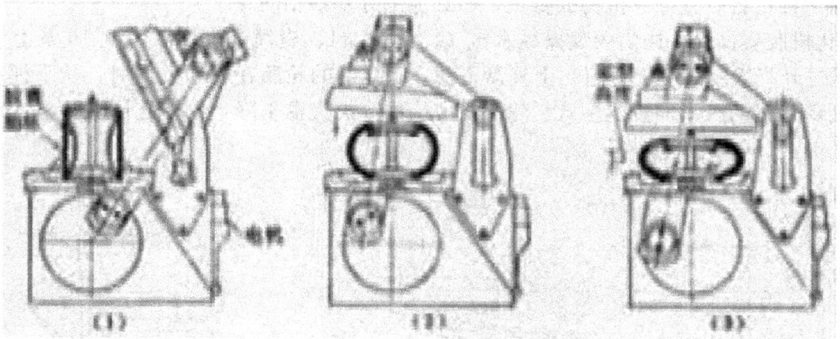

上模完全打开，装上胎胚	按电钮、硫化机开始闭合、定型蒸汽通入胶囊	胎胚定型

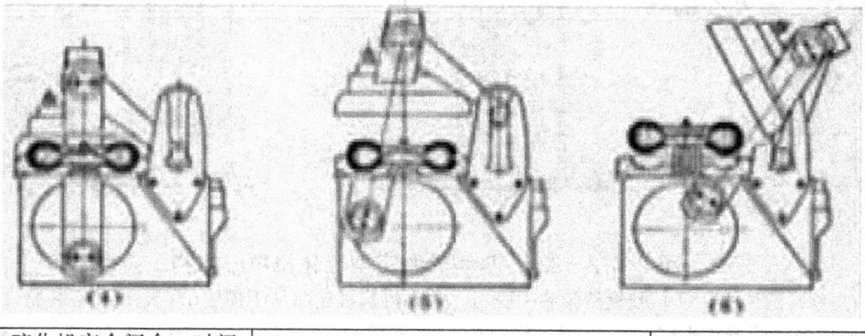

硫化机完全闭合，时间继电器接通，硫化开始	硫化完毕，硫化机打开	中心机构带动轮胎上升

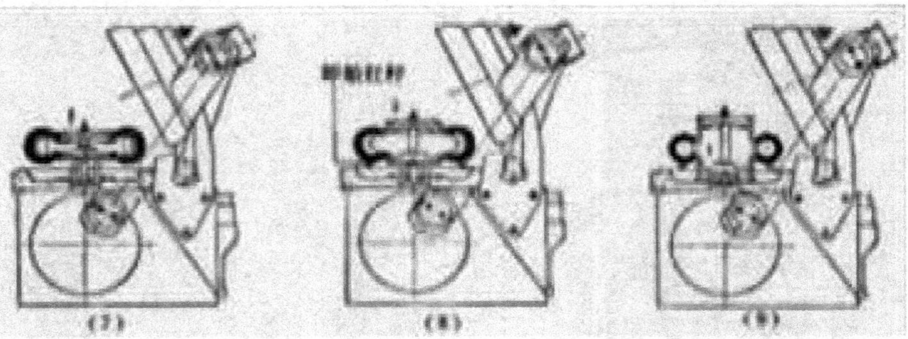

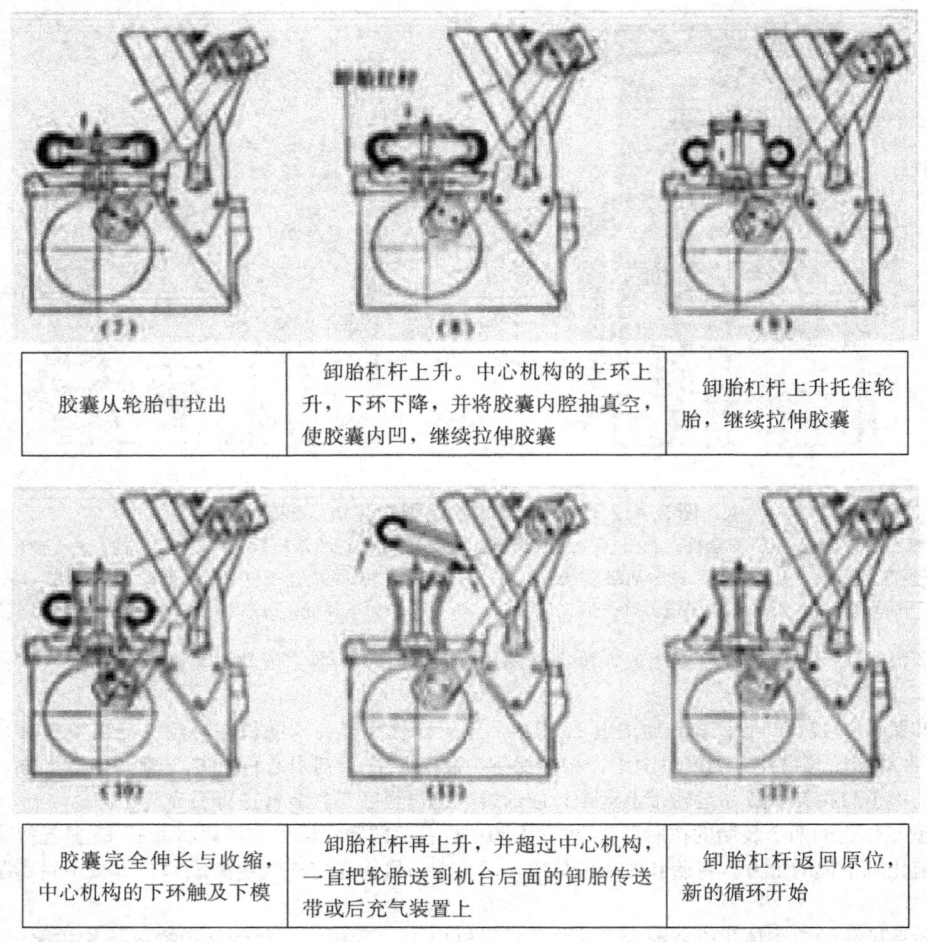

胶囊从轮胎中拉出	卸胎杠杆上升。中心机构的上环上升，下环下降，并将胶囊内腔抽真空，使胶囊内凹，继续拉伸胶囊	卸胎杠杆上升托住轮胎，继续拉伸胶囊

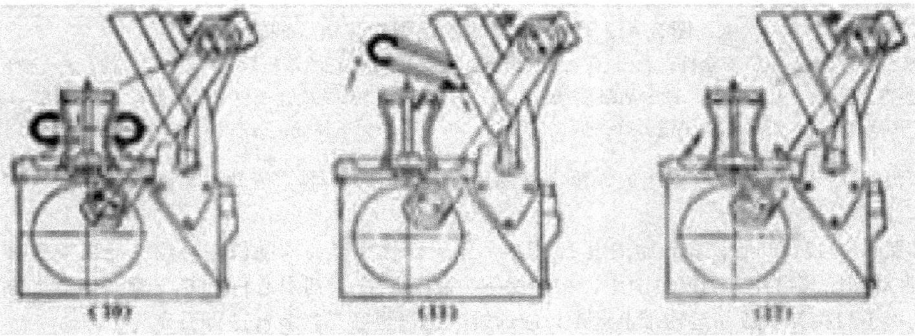

胶囊完全伸长与收缩，中心机构的下环触及下模	卸胎杠杆再上升，并超过中心机构，一直把轮胎送到机台后面的卸胎传送带或后充气装置上	卸胎杠杆返回原位，新的循环开始

2.1.3　AB 型轮胎定型硫化机

AB 型轮胎定型硫化机的胶囊操纵机构一中心机构与 A 型和 B 型轮胎定型硫化机的胶囊操纵机构有较大的差别，介于 A 型 B 型之间，兼有这两种机台胶囊操纵机构的特点，而其他部分基本相同。

AB 型轮胎定型硫化机胶囊操纵机构由胶囊操纵水缸 12、囊筒 11、囊筒升降操纵水缸 16 及上下夹持盘 5、6 等组成。当轮胎脱模时，囊筒通过升降操纵缸向上升起，上夹盘不动，硫化好的轮胎在囊筒上升时，从下模脱出，胶囊则被收入囊筒内，类似于 B 型定型硫化机的胶囊伸直的型式。轮胎被取出后，上夹盘下降，胶囊连同夹持盘一起进入囊筒内。这种胶

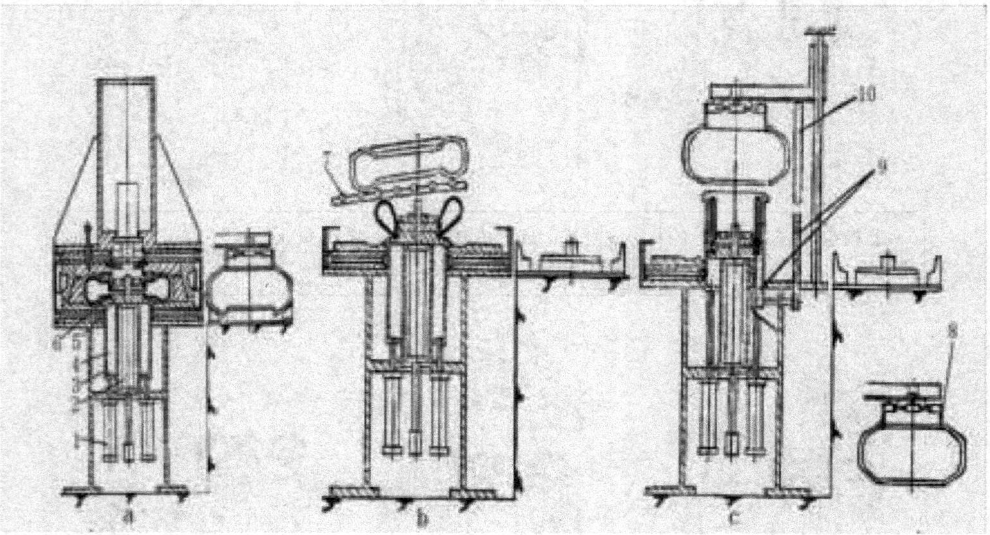

图 2.4.2－22　AB 型轮胎定型硫化机中心机构

(a) 硫化中；(b) 胶囊从轮胎中脱出，中心机构将轮胎从下模脱出；(c) 准备装胎

1—胶囊升降操纵水缸；2—胶囊操纵水缸；3—囊筒；4—衬套；5—胶囊下夹盘；6—胶囊；7—卸胎小车；8—机械手；9—顶杆；10—齿轮齿条

囊收入囊筒内的方式与 A 型定型硫化机相似，但比 A 型胶囊的翻转程度小。当装胎时，装胎机械手 8 将胎胚的下子口放在囊筒的子口上之后，囊筒开始下降，并通过齿轮齿条 10 实现与装胎机构同步下降，便于胎胚的对中和定型。在囊筒下降过程中，胶囊通入定型蒸汽，上夹盘向上升起，胶囊被压入胎胚内腔，硫化机合模定型硫化。

图 2.4.2－22 为 AB 型轮胎定型硫化机的中心机构。

2.1.4　RIB 型轮胎定型硫化机

RIB 型轮胎定型硫化机是在 A 型硫化机的基础上发展起来的一种新型的机台。图 2.4.2－23 为 RIB 型轮胎定型硫化机的结构图。RIB 型轮胎定型硫化机在固定的中心机构筒体内装有一升降囊井，由二个垂直油缸操纵上下运动。轮胎下钢圈固定在此囊井顶部。囊井上升时将硫化好的轮胎顶出。胶囊下夹环高度可通过一专用电机及一套链轮链条装置调节以适应不同尺寸的轮胎。中心机构下部为一横梁，由二个垂直气缸操纵横梁上下运动。胶囊上夹环操纵油缸及更换胶囊的油缸固定在此横梁上。胶囊上夹环除了随横梁上下运动外，还可由它自己的油缸操纵上下运动。横梁运动共有三个位置。中间位置为硫化位置。硫化时由二个水平闭锁气缸将横梁运动锁住，硫化结束后横梁上升到最高位置，然后闭锁气缸松锁。卸胎时横梁在最低位置，胶囊收缩在囊井内。需更换胶囊或调节下夹环高度时可将横梁提到最高位置。此时如启动更换胶囊操作泊缸，下夹环松开，即可更换胶囊，换好后再重新压紧。RIB 型硫化机与 A 型硫化机的主要区别是：胶囊操纵机构在 A 型的基础上增设一个中心杆，将胶囊上部从硫化好的轮胎中拉出，进入储囊筒，使胶囊上半部翻转收入于囊筒中。增设中心杆，提高了胎胚定型时的对中性，同时没有了结构复杂的推顶器，只有用于卸胎的夹具板，结构相对简单。

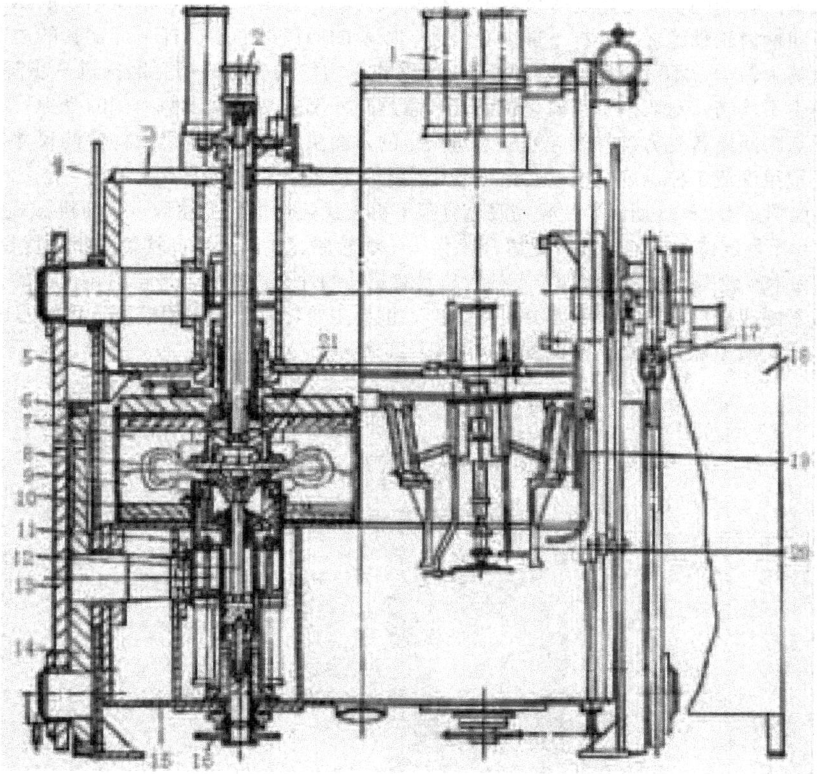

图 2.4.2－23　RIB 型轮胎定型硫化机

1—活络模推顶气缸；2—夹具板推顶气缸；3—横梁；4—墙板；5—调模机构；6—上热板；7—上模；8—胶囊；9—下模；10—下热板；11—囊筒；12—胶囊操纵水缸；13—连杆；14—曲柄齿轮；15—底座；16—囊筒升降装置；17—测力压力表；18—电器柜；19—安全杆；20—装胎机械手；21—夹盘装置

RIB 中心机构的特点如下。

1）与 A 型比较：①RIB 中心机构的胶囊顶端由中心杆支撑，定型时，轮胎与胶囊的对中性较好，稳定性较好，硫化的轮胎质优，比 A 型硫化机更适合于子午线轮胎的硫化。②硫化时硫化介质不进入囊井，克服了 A 型耗能太大的缺点。③RIB 中心机构的胶囊折叠程度比 A 型硫化机少，胶囊膨胀需要的能力小，较容易舒展在胎坯内，因此胶囊使用寿命较长。

2）与 B 型比较：①RIB 型中心机构定型和硫化时胶囊在圆周方向伸长小，胶囊寿命较长。定型时胶囊从下部或中部“翻”靠胎坯，胶囊膨胀小，因此定型时轮胎变形小。胶囊折叠时，胎圈不弯曲，其硫化的轮胎均匀质优。②省掉抽真空系统，能耗较低，并省掉中心操作水缸，无泄漏之虞。③胶囊上夹环在合模时节降至所需高度并固定在此位置。上下环之间不用定型套。④更换胶囊时，胶囊下夹环由油缸操纵松开和压紧，并省掉夹持环、环座连接螺纹等结构，因此更换胶囊快，换一条胶囊约 5min 即可。RIB 与 B 型硫化机中心机构的区别如图 2.4.2－24 所示。

3）与 AB 型比较：RIB 型的基本结构和动作原理与 AB 型相似，但增加了一个快速更换胶囊泊缸，使更换胶囊非常方便。而且胶囊形式与 A 型基本一样，仍为蘑菇形胶囊，胶囊模具可以通用。不同之处为 RIB 型的胶囊上端开有一个小圆孔。

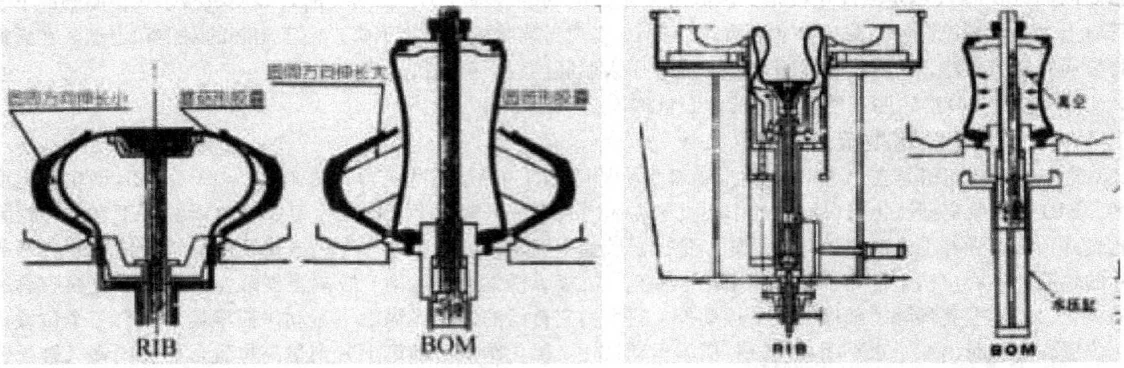

图 2.4.2-24　RIB 与 B（BOM）型硫化机中心机构的区别

2.1.5　液压定型硫化机

机械式硫化机由于本身结构等原因，存在一定的缺陷及弱点，主要表现在：①上下热板（或横梁与底座）的平行度、同轴度，机械手对下热板内孔的同轴度等精度等级较液压硫化机为低，特别是重复性精度不如液压式；②上横梁销轴施加于连杆上部铜套的力，曲柄齿轮轴施加于连杆下部铜套的力，以及曲柄销施加于连杆下部铜套的力都是不均匀的，而且这几个连接部分都在重负荷上转动，不可避免地造成铜套较严重的不均匀的磨损，铜套磨损进一步降低硫化机的合模精度；③上下模间受到的合模力不均匀，对双模定型硫化机而言，总是两外侧的受力大于两内侧的受力；④机械式硫化机的合模力是在曲柄销到达下死点瞬间由各受力构件的弹性变形量决定的，而温度变化将使受力构件的尺寸发生变化，合模力也随之变化。生产过程中环境温度或工作温度的波动将造成合模力的波动。

液压定型硫化机（如图 2.4.2-25 所示）比较彻底地克服了机械式硫化机的上述弱点，与机械式定型硫化机比较，具有较高的同心度、平行度和重复定位的设备精度，更适合硫化子午线轮胎、尤其是生产均衡性特别优良的高等级子午线轮胎。在产品质量、能源消耗和生产效率等方面，液压定型硫化机具有较佳的性能价格比，是轮胎硫化机的发展方向。液压硫化机作为一种新技术，经过不断改进提高，已经成熟并批量生产，世界主要轮胎公司使用液压硫化机的比例超过 60%，我国液压硫化机使用率也在递增。液压硫化机结构简图如图 2.4.2-26 所示。

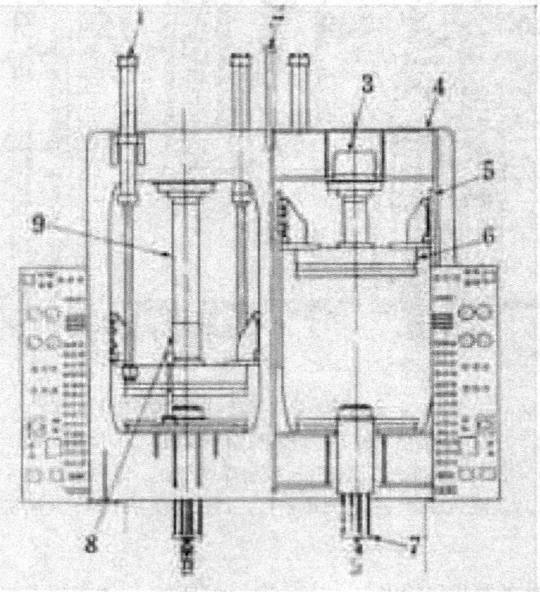

图 2.4.2-25　PC-X 液压定型硫化机

1—开合模油缸；2—装胎器升降油缸；3—合模力油缸；4—固定框架；
5—滚轮导轨；6—上托架；7—中心机构；8—活络模操作器；9—摆臂定位立柱

C 型中心机构是德国的 Herbert 公司首创的，首先用在液压定型硫化机上，所以 C 型中心机构是液压定型硫化机常用的中心机构。C 型中心机构的优点是胎胚的对中性和稳定性好，胶囊寿命长，胶囊与生胎之间的残留空气容易排出。缺点是更换胶囊较困难。C 型中心机构有两种形式——H 式和 K 式。H 式如图 2.4.2-27 所示，由 2 个囊井油缸，一组同轴线的中心油缸，一个环座和一个囊筒相联接，推动囊筒作上、下运动。中心油缸和环座可一起装入囊筒中，中心油缸实际上由同轴线的下环油缸和上环油缸组成。下环油缸的缸体与囊筒相连，其活塞杆与环座相连接，因而环座可相对囊筒做上、下运动；上环油缸的缸体就是下环油缸的活塞杆，因而上环油缸的活塞杆可相对环座做上、下运动。安装胶囊的下夹盘装

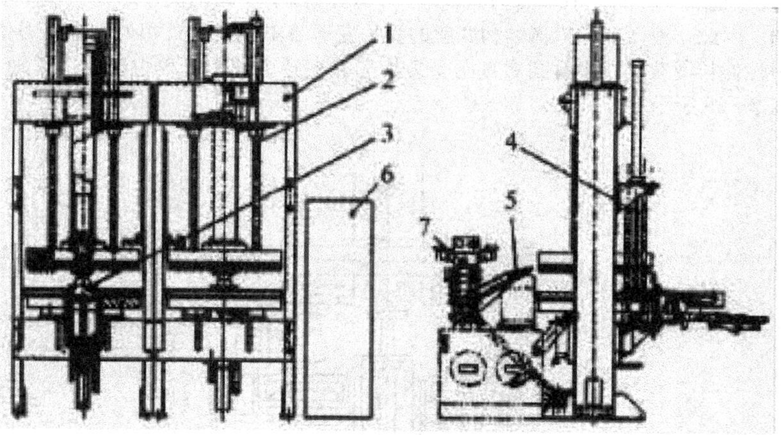

图 2.4.2-26 1140 液压硫化机结构简图

1—机架；2—开合模；3—中心机构；4—装胎机构；5—卸胎机构；6—电气装置；7—液压装置

在环座上，上夹盘装在上环油缸的活塞杆上。这种中心机构的特点是托胎运动平稳，对中性好，结构紧凑，可按不同的工艺要求硫化不同规格的子午线轮胎和斜交轮胎。

C 型 K 式中心机构由 2 个囊井油缸，一个三位油缸，一个环座和一个囊筒等组成。囊井油缸的活塞杆与囊井底板联接，其缸体与硫化机底座固联不动，以推动囊筒做上、下运动。三位油缸和环座可一起装入囊筒中，三位中心油缸控制胶囊的 3 个位置，分别是：①胶囊收入囊筒（此时三位油缸中腔进油，上腔通入压力油后带压力保持）；②硫化位置（此时三位油缸下腔进油，上腔继续保持压力）；③更换胶囊位置（此时三位油缸下腔进油，上腔卸荷回油）。K 式中心机构胶囊的上端和下端都开口，上口小于下口，用上下夹盘分别固定。当中心机构处于预定型状态时，三位油缸下腔进油，推动胶囊上、下夹盘上升，此时上夹盘上不的圆轴插入装胎机械手中心定位套中，保证了上夹盘的对中性和稳定性。在这个过程中，胶囊从中部以中间展开方式“翻”靠胎胚，随着预定型蒸汽的逐渐进入，胶囊均匀地舒展在胎胚内腔中。当预定型结束开始定型时，随着上模合下，上夹盘上端斜面与活络模连接盘斜面相配合，上夹盘的对中性更好。当硫化结束，三位油缸控制胶囊收入囊筒中，开模后，囊筒上升，上钢圈推动轮胎上升，配合卸胎结构卸下硫化好的轮胎。这种中心机构的特点是胎胚的对中性和稳定性较好，胶囊寿命长，胶囊与生胎之间的残留空气容易排出。缺点是更换胶囊困难；上、下夹盘不能做相对运动，硫化不同规格轮胎时，定型套筒的长短要改变，只能硫化子午线轮胎。

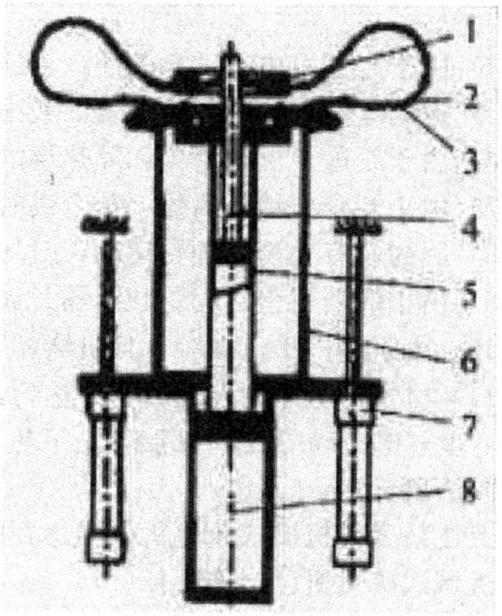

图 2.4.2-27 C 型 H 式中心机构

1—上夹盘；2—下夹盘；3—胶囊；4—活塞杆；5—上环油缸；6—囊筒；7—囊井油缸；8—下环油缸

日本三菱公司的 RIB 型和美国 NRM 公司的中心展开型中心机构也可以看作是 C 型中心机构的改进型，RIB 型在 C 型的基础上增加了一个更换胶囊的油缸，中心展开型在 C 型基础上增加了一个下夹盘的升降动作。

液压定型硫化机的主要特点包括以下几方面。

1）机体为固定的框架，结构紧凑，刚性良好，安装运输方便。

2）开合模时上模部分只有垂直上下运动，靠前后和左右滚轮在导轨上滚动。滚轮带有偏心套，对中度可精确调整。滚轮与导轨之间基本上没有间隙，可保持很高的对中精度和重复精度。如图 2.4.2-28 所示。

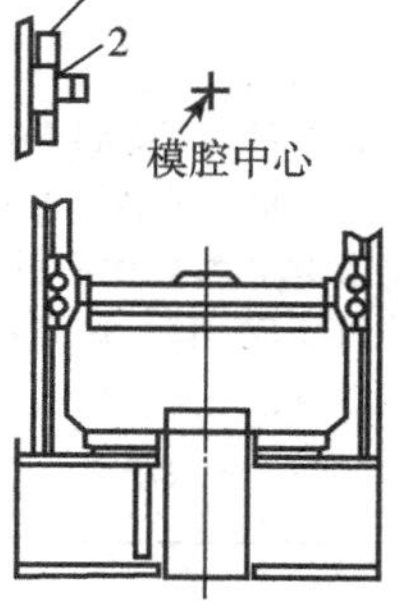

图 2.4.2-28 液压定型硫化机上模运动滚轮与导轨

1—滚轮；2—导轨

3）虽然液压式硫化机也是双模腔的，但从受力角度看，只是两台单模硫化机连结在一起。横梁、墙板、底座以及升降缸、压力缸均是独立的，因此，液压硫化机横梁和底座的受力变形与单模硫化机相似，合模力依靠液压缸加在模具中心的力和二侧框架对称的弹性伸长而获得，模具圆周方向受力均匀。在整个操作过程中硫化工位轴线能始终保持理论垂直，没有角转运动。如图 2.4.2－29 所示。

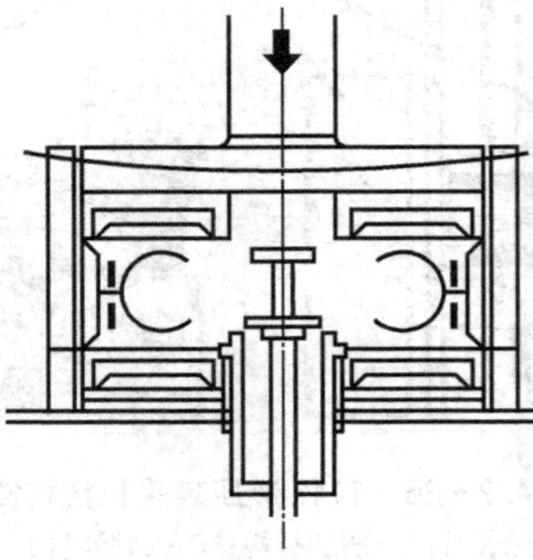

图 2.4.2－29　液压式硫化机模具受力示意图

4）由于合模力决定于合模油缸油压，不受环境温度或工作温度影响，可保持恒定的合模力。

5）运动零件动作时其滑动表面或滚动表面没有法向负荷，磨损极小，可保持长时间的操作精度。

6）由于改进了机械结构和隔热层的设计，辐射热损耗比机械式硫化机降低 30%～50%。

7）由于开合模动作简化，开合模时间缩短 30%左右，提高了机器的生产率。

8）因为没有上模的翻转运动，对保持活络模的精度和延长其使用寿命有利。

9）由于取消了全部蜗轮减速器、大小齿轮、曲柄齿轮和大连杆等运动件和易损件，维护保养工作量减少。

10）由于整机重量减轻，且机器在开合模时重心轴线不偏移，机器的基础处理可大大简化。

11）机器的运动精度提高，可达到：上下热板同心度≤0.3 mmTIR；上下热板平行度≤0.3 mm/m；装胎器对下热板的同心度≤0.3 mmTIR；装胎器对下热板的平行度≤0.5 mm/m；卸胎器对下热板的同心度≤1 mmTIR；卸胎器对后充气环的同心度≤1 mmTIR。

上述精度是机械式硫化机很难达到的，特别是重复精度难以保证。当生产 H 级或 V 级轮胎时，要想得到高的一级品率，机械式硫化机已很难胜任。

液压定型硫化机硫化子午线轮胎的过程如下。

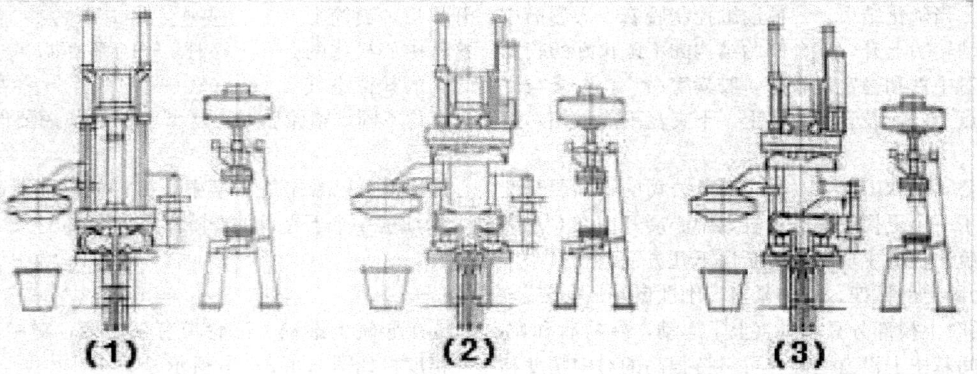

在模中硫化，胶囊上下夹环在硫化位置，2 个水平气缸锁住中心机构	硫化结束，胶囊排水、气到零压，开模，胶囊上夹环由中心油缸带动下降到下夹环上，2 个垂直空气缸带动中心，机构下横梁上升到最高位置，2 个水平空气缸松锁，然后中心机构下梁下降，使胶囊上、下夹环一起下降，胶囊缩到囊井中，2 个垂直油缸带动囊井上升，将轮胎顶离下模	卸胎器转入，抓住硫化好的轮胎

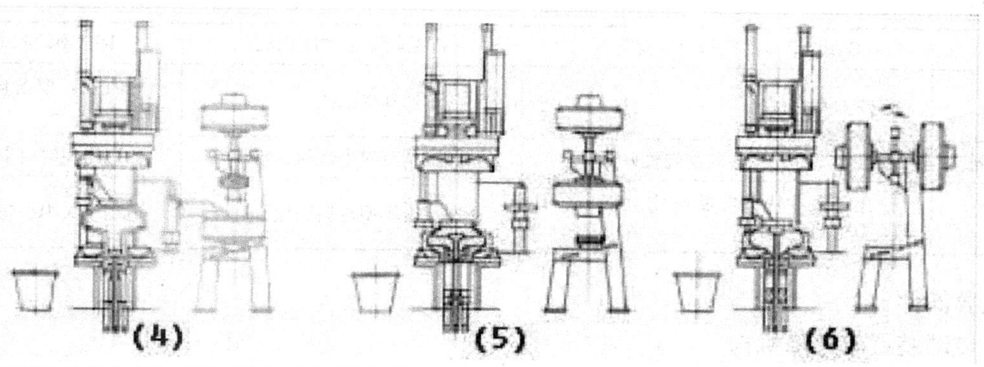

卸胎器转出，将硫化好的轮胎送到后充气工位或卸胎辊道，装胎器转入，将新胎坯送到硫化工位	2个垂直油缸带动囊井下降到硫化位置，2个垂直空气缸带动中心机构下梁上升到最高位置，胶囊出囊井，2个水平空气缸将中心机构锁住，然后中心机构下横梁下降到硫化位置，胶囊上夹环由其油缸带动上升，同时进预定型蒸汽，胶囊翻靠胎坯	预定型结束，后充气装置翻转

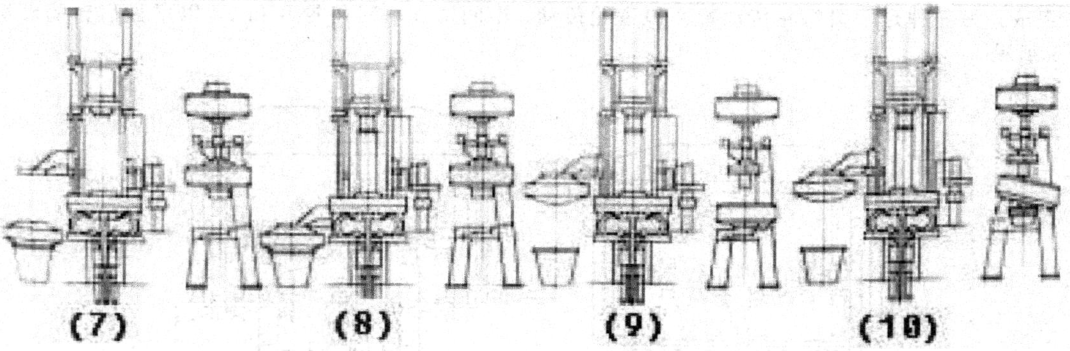

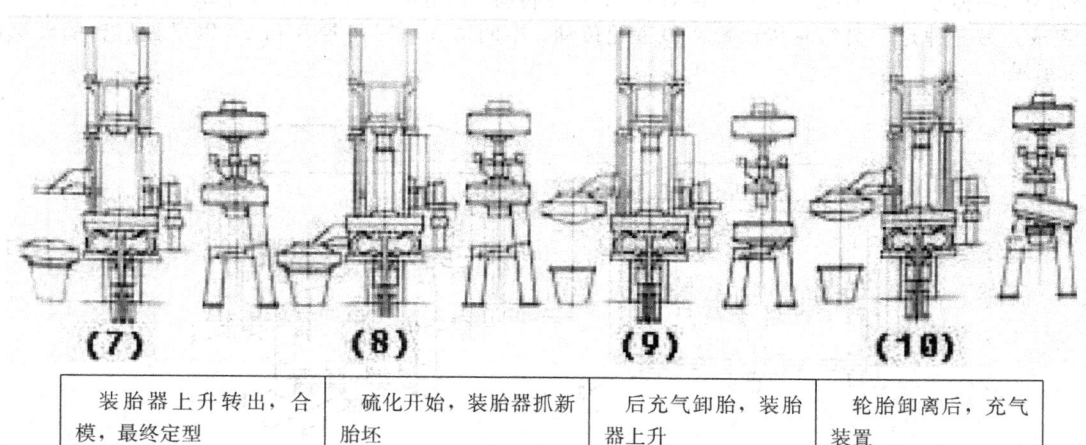

装胎器上升转出，合模，最终定型	硫化开始，装胎器抓新胎坯	后充气卸胎，装胎器上升	轮胎卸离后，充气装置

各种轮胎定型硫化机在工业中的使用都具有各自的优缺点，A型、B型、AB型及RIB型硫化机的比较见表2.4.2-1所示。

表2.4.2-1　A型、B型、AB型及RIB型硫化机的特点

硫化机类型	B型及AB型轮胎定型硫化机	A型轮胎定型硫化机	RIB型轮胎定型硫化机
总体结构	总体结构较为庞大	总体结构比较紧凑	总体结构比较复杂
中心机构	中心机构结构较复杂	囊筒结构简单，推顶器结构复杂	推顶器结构简单，而下部控制胶囊机构复杂
胶囊	胶囊不翻转，寿命较长	胶囊翻转弯曲大，使用寿命较B型短	胶囊使用寿命较A型长，较B型的短
	胶囊充水时间短，较易冷却	胶囊充水时间长，冷却时间长	胶囊充水时间较A型短
	更换胶囊较困难，时间较长	更换胶囊方便，时间短	更换胶囊方便，时间短
热能消耗	蒸汽过热水消耗量较少	蒸汽、过热水消耗量较大	蒸汽过热水消耗量较A型少
中心机构	中心机构动力为压力水，密封装置较多，泄漏可能性大	推顶器动力为压缩空气，密封装置较少，密封性能好	推顶器动力为压缩空气，密封装置较少，密封性能好
装胎	装胎时不能同时进行，机械手旋转进入机内时对中性差，装胎时间长	装胎可同时进行，装胎时机械手一次装胎，时间短	装胎可同时进行，装胎时机械手一次装胎，时间短
定型时窝气	定型时胎胚内壁与胶囊之间易残留空气	定型时胎胚内壁与胶囊之间残留空气少	定型时胎胚内壁与胶囊之间残留空气少

续表

硫化机类型	B 型及 AB 型轮胎定型硫化机	A 型轮胎定型硫化机	RIB 型轮胎定型硫化机
抽真空系统	需要抽真空系统	不需要抽真空系统	抽真空，取消球鼻，用扇型板卸胎
胎胚定型质量	胎胚定型时对中性与稳定性好	胎胚定型时对中性与稳定性差	胎胚定型时对中性与稳定性好
适应性	适用于大中小型轮胎硫化，尤其适用于大型轮胎硫化	适用于中小型轮胎硫化	适用于大中小轮胎硫化

2.2 主要部件

2.2.1 传动装置与升降机构

1. 传动装置

轮胎定型硫化机的传动装置是指驱动上模具开启、合模以及锁紧模型的动力传动装置，可分为两类：一是机械传动方式，主要用于曲柄连杆式轮胎定型硫化机和螺杆传动方式的轮胎定型硫化机；二是液压传动方式，用于液压结构的轮胎定型硫化机。

机械传动方式中曲柄连杆式轮胎定型硫化机在生产中使用比较广泛，其传动系统为保证在胎胚定型和硫化时传动系统自锁，都装备有蜗轮蜗杆减速装置，目前的传动系统一般分为单传动系统和双传动系统两种。单传动系统多用于 B 型双模 55 英寸以下的定型硫化机，双传动系统多用于 75 英寸以上的大规格硫化机。

单传动系统有两种方式：一种是一级蜗轮传动带一级齿轮传动，由电机 7、蜗杆 4、蜗轮 5、小齿轮 3、曲柄轮 2、连杆 1 和横梁 6 组成；另一种是一级蜗轮传动带两级齿轮传动。中间增加一对齿轮 8 和 9，以增加齿轮的动载能力。如图 2.4.2-30所示。

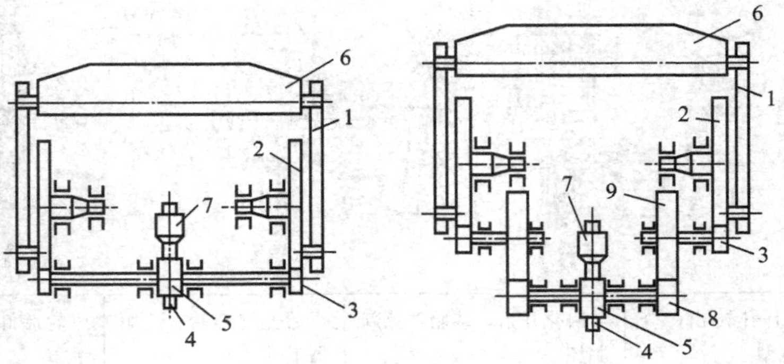

图 2.4.2-30 定型硫化机单传动系统

1—连杆；2—曲柄轮；3，8—小齿轮；4—蜗轮；5—蜗杆；6—横梁；7—电机；9—大齿轮

双套传动系统如图 2.4.2-31 所示。对大型硫化机采用双套传动系统可使机器结构紧凑，保证操作的空间，设备运行比较平稳。双套传动系统中只增设一套小功率电机，补偿了在周期中的能量消耗，因此并没有引起功率消耗的增加。但是双套传动系统结构复杂，合模时上下模对中的调试要求较高。双套传动系中一套用于上模的升降，由电机传动涡轮蜗杆减速器，驱动小齿轮 3，小齿轮传动齿轮 7、8，由齿轮 7 带动曲柄轮 2 及连杆 1 和横梁 6；另一套传动系统用于上横梁 5、上模和连杆 1 上的滑块 11 在导向槽内运动，使横梁和模型做翻转运动。

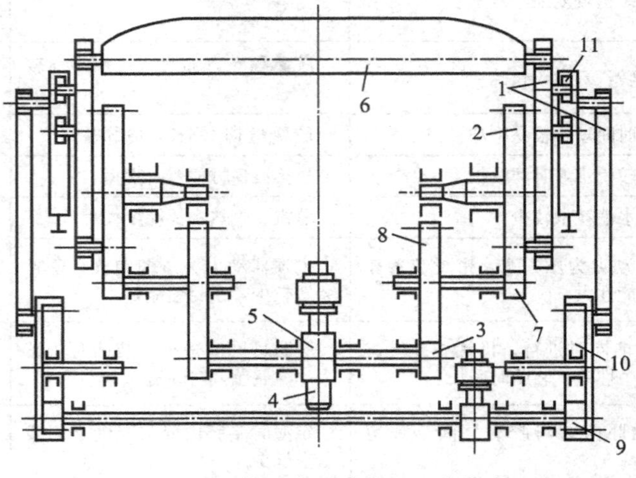

图 2.4.2-31 轮胎定型硫化机双套传动系统

1—连杆；2，10—曲柄齿轮；3，7，9—小齿轮；4—涡轮；5—蜗杆；6—横梁；8—大齿轮；11—滑块

2. 升降机构

升降机构也称压力机构，其类型有下列几种。

曲柄连杆式升降机构，包括：①升降—垂直型升降机构；②升降－平移型升降机构；③升降－翻转型升降机构。

液压式升降机构，包括：①单缸式升降机构；②双缸式升降机构。

电动式升降机构，主要为电动螺旋副升降机构，也称为螺杆式升降机构或者涡轮蜗杆式升降机构。

(1) 曲柄连杆式升降机构

曲柄连杆式升降机构中常用的结构是升降－平移型和升降－翻转型，它们主要由横梁 1、连杆 2、曲柄齿轮 5、墙板 15、副臂 3、副辊 4 等组成。

图 2.4.2-32 为曲柄连杆升降－平移型升降机构。它主要由横梁 1、墙板 15、连杆 2、主辊 14、曲柄齿轮 5、副臂 3、副辊 4 和驱动电机 6 及减速箱 7 等组成。在开模时，横梁和上模先作垂直上升，随后按水平或以一微小倾斜角度向后移动，而模型始终接近与水平平移；闭模过程则相反。左右两个副臂固定在横梁上，副臂下端设有副辊。当连杆带动横梁做开合模运动时，横梁两侧端轴上的主辊和副臂的副辊都在墙板的开槽内运动。为使合模准确，横梁的下腹板左右各装有一个定位块 9，并与墙板上的定位块相配合。定位块的位置可由调节螺栓 10 调节。

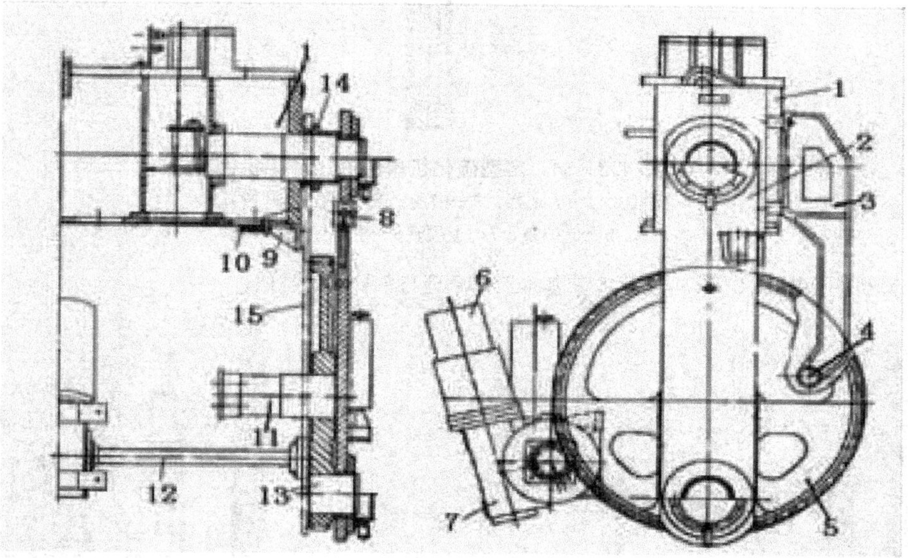

图 2.4.2-32 曲柄连杆升降－平移型机构

1—横梁；2—连杆；3—副臂；4—副辊；5—曲柄齿轮；6—电机；7—涡轮减速箱；8—测力机构；9—定位块；10—调节螺栓；11—半轴；12—长轴；13—锁轴；14—主辊；15—墙板

图 2.4.2-33 为 B 型定型硫化机普遍使用的曲柄连杆式升降－翻转型机构。它主要由横梁 1、墙板 15、连杆 2、曲柄齿轮 5、副连杆 11 和副连杆滑块 12 等组成。在开模过程中横梁和上模先作垂直上升，随后以弧线向后翻转；闭模过程则相反。实现翻转的主要方法有：双槽墙板斜面间接导向、双槽墙板斜面直接导向和单槽杠杆导向三种。机构开模时升起翻转和合模时翻转下降，其前后定位靠墙板的开口槽，副连杆滑块在墙板的窗口上下活动使上蒸汽室翻转。左右定位靠连杆上部的定位销 9 实现的。

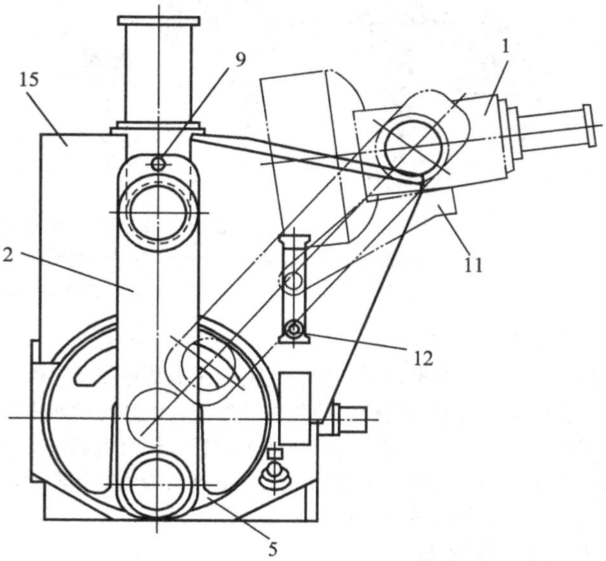

图 2.4.2-33 曲柄连杆升降－翻转型机构

1—横梁；2—连杆；5—曲柄齿轮；9—定位销；11—副连杆；12—副连杆滑块；15—墙板

(2) 液压式升降机构

液压式硫化机是在机械式硫化机的基础上发展起来的。机械式硫化机和液压式硫化机的基本区别在于其上模运动的动力和合模力的来源不同。

机械式硫化机上模的运动由电机经减速箱、减速齿轮、曲柄、连杆传动，合模力由电机的力矩产生，并由机座、连杆和横梁等部件承担；而液压式硫化机上模的运动由油缸驱动，油缸施加合模力。机械式硫化机上模有多种运动形式，而液压式硫化机上模运动只有垂直升降式一种。

图 2.4.2－34 为定型硫化机单缸式液压升降机构。它主要由油缸 1、横梁 3、导架 4 和锁环 8 等组成。左右导杆由拉杆 5 连接成一体，并靠底座支撑。机构由液压系统提供动力，当机构工作时，油缸活塞杆带动横梁和装有滑轮的蒸汽室沿着导架的轨道上下运动，完成开合模的动作。合模后，由锁环 8 将模型锁紧。

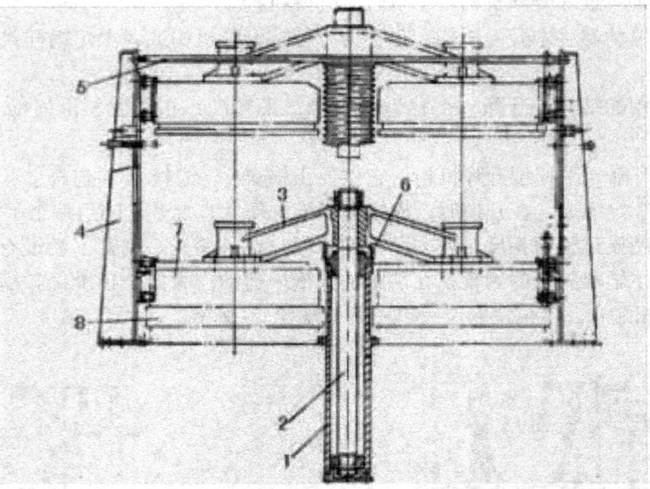

图 2.4.2－34　定型硫化机单缸液压升降机构

1—油缸；2—活塞杆；3—横梁；4—导架；5—拉杆；
6—保护罩；7—上模；8—模型锁环

双缸式液压升降机构如图 2.4.2－35 所示。其基本工作原理与单缸式的类似。

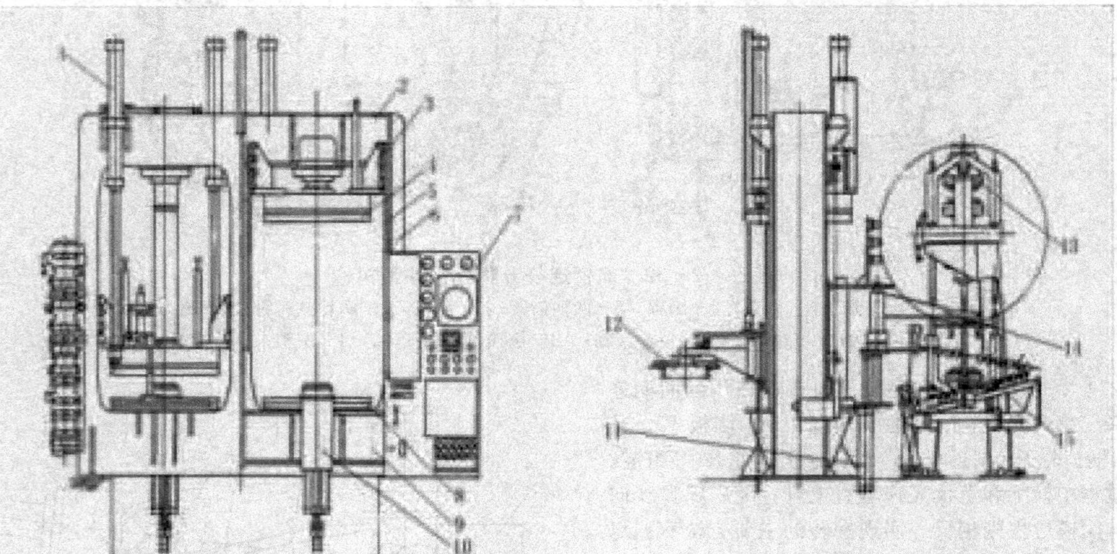

图 2.4.2－35　双缸式液压轮胎定型硫化机

1—加压油缸；2—横梁；3—导向块；4—上模；5—导轨；6—侧板；7—控制柜；8—下模；9—底座；
10—中心机构；11—油缸；12—抓胎器；13—后充气装置；14—后抓胎器；15—滚道

（3）电动式升降机构

图 2.4.2－36 为电动螺旋轮胎定型硫化机结构图。它由传动装置 1、螺旋副（压力）升降机构 2、框板式机架 3、中心机构 4 等组成。传动系统位于硫化机的顶部，由高起动转矩双速电机和涡轮减速箱组成，驱动螺旋副升降机构的螺母旋转，带动螺杆上下运动。螺旋副升降机构由螺杆和螺母组成，上模在螺杆的带动下完成开模、闭模，硫化时施加所需的压力由电机的力矩提供。上模上下移动的定向由机架两侧的导向滑轨进行定位，保证上模准确、稳定地开闭。达到所需的锁模力时，压力传感器发出信号，传动装置便停止运行。

2.2.2　蒸汽室

蒸汽室的类型按模型的加热方法及结构可分为：

罐式蒸汽室，包括：①普通罐式蒸汽室；②带锁环蒸汽室；③带调模装置罐式蒸汽室。

夹套式蒸汽室，包括：①带锁环夹套式蒸汽室；②带调模装置夹套式蒸汽室。

热板式蒸汽室，包括：①普通热板蒸汽室；②带调模装置热板式蒸汽室。

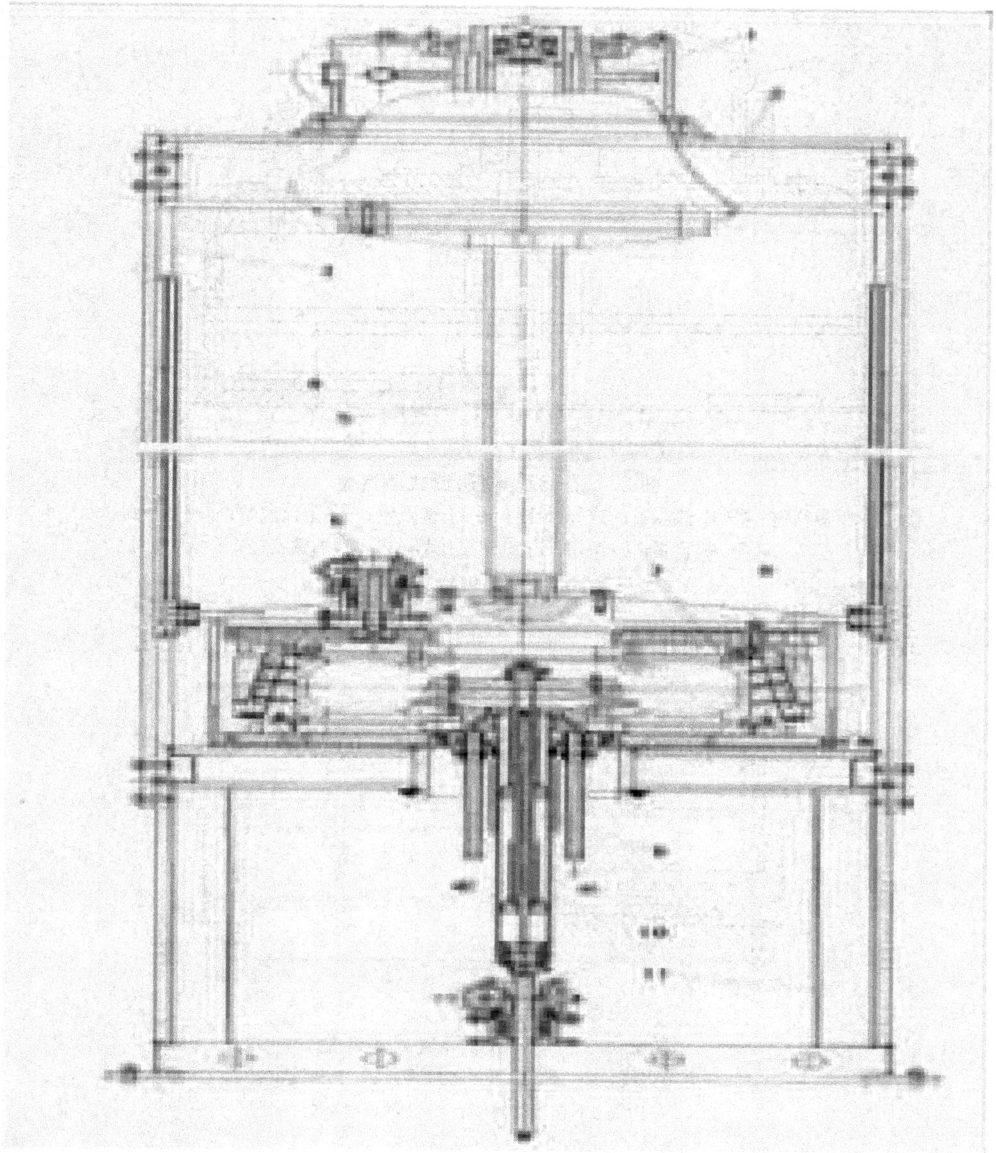

图 2.4.2－36　电动式定型硫化机

1—传动装置；2—横梁；3—侧板；4—导轨；5—螺杆；6—活络模推拉装置；
7—活络模；8—导向块；9—中心机构；10—脱模机构；11—底座

1. 罐式蒸汽室

普通罐式蒸汽室如图 2.4.2－37 所示。它由上、下两半蒸汽室 1、4 组成，下蒸汽室固定于机台上，下半蒸汽室固定于横梁下缘。两半蒸汽室用耐热橡胶密封圈 3 密封，与机台和横梁固定时均用隔热垫 10 隔热，它们的外表面均用保温层加以保温。下蒸汽室底部设置凸起的 T 型槽，用于螺栓固定模具和模具底部的加热以及冷凝水的导出。上蒸汽室的上部设有 1～4 组均布分布的螺栓孔，用于不同规格的模具安装；其上部安装了安全阀 6、压力表 9 和温度计 8。

带锁环罐式蒸汽室如图 2.4.2－38 所示。它的总体结构与普通罐式蒸汽室相似，在罐体的周边设置了一套可移动的平面锁环 2。锁环将上下蒸汽室锁紧并承受锁模力，此时硫化机在硫化时传动系统的各构件受力较小。为了补偿硫化时对模具的预紧力，在蒸汽室下部装有压力补偿器 7（为一块橡胶板），当通入低压热水后橡胶板向上膨胀，抬起活动的模座，把模具顶紧。

带调模装置罐式蒸汽室如图 2.4.2－39 所示。它的上蒸汽室设置有固定上半模的花盘 4，花盘与调模螺套连接。调模螺套的内外表面有梯形螺纹，调模螺套外螺纹为右旋，与花盘相配，调模螺套内螺纹与法兰螺套相配。当小齿轮转动带动大齿轮转动，调模螺套也旋转，使花盘同上模一起沿着导向板上升或下降，从而可以调整不同模型的高度位置。

2. 夹套式蒸汽室

夹套式蒸汽室的上、下模均具有可通入蒸汽的空腔。此空腔有的模具是直接铸造出来，如图 2.4.2－40 所示；有的加工成敞口的空腔，加工后焊上钢板，将其敞口封闭。带锁环夹套蒸汽室（见图 2.4.2－41）的锁环有平面型和斜面型两种，前者需设置压力补偿器，后者可直接锁紧模具。带调模装置夹套式蒸汽室的基本机理与其他带调模装置蒸汽室相似。

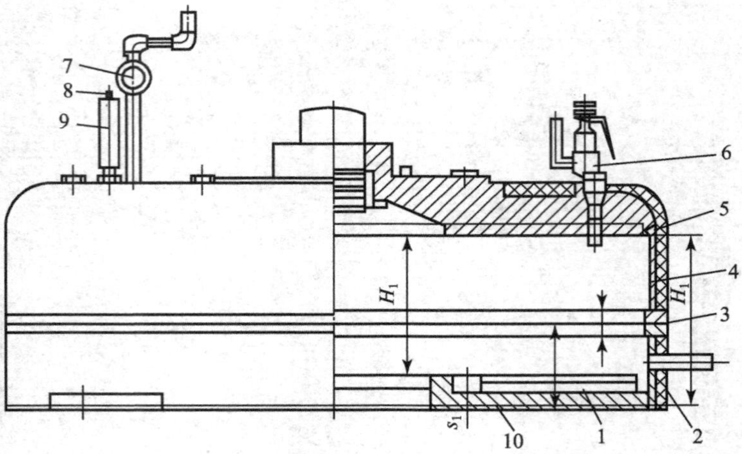

图 2.4.2－37　普通罐式蒸汽室

1—下蒸汽室；2—下保温罩；3—密封圈；4—上蒸汽室；5—上保温罩；6—安全阀；7—截止阀；8—温度计；9—压力表；10—石棉橡胶垫

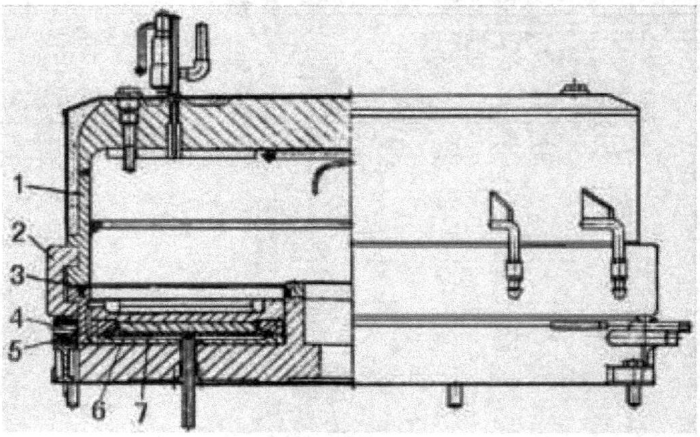

图 2.4.2－38　带锁环罐式蒸汽室

1—上蒸汽室；2—锁环；3—密封圈；4—下蒸汽室；5—托辊；6—活动模座；7—压力补偿器

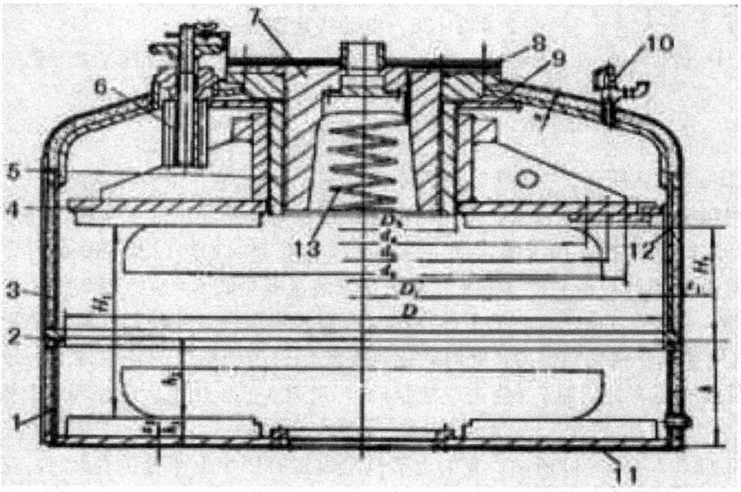

图 2.4.2－39　带调模装置罐式蒸汽室

1—下蒸汽室；2—密封圈；3—上蒸汽室；4—花盘；5—调模螺套；6—小齿轮；7—调模螺纹座；8—可调隔热垫；9—调模齿轮；10—安全阀；11—隔热板；12—导向板；13—抽水管

3. 热板式蒸汽室

图 2.4.2－42 为带调模装置热板式蒸汽室，它由上、下加热板、调模装置和保温罩 3 等组成。调模装置由调模齿轮 10、

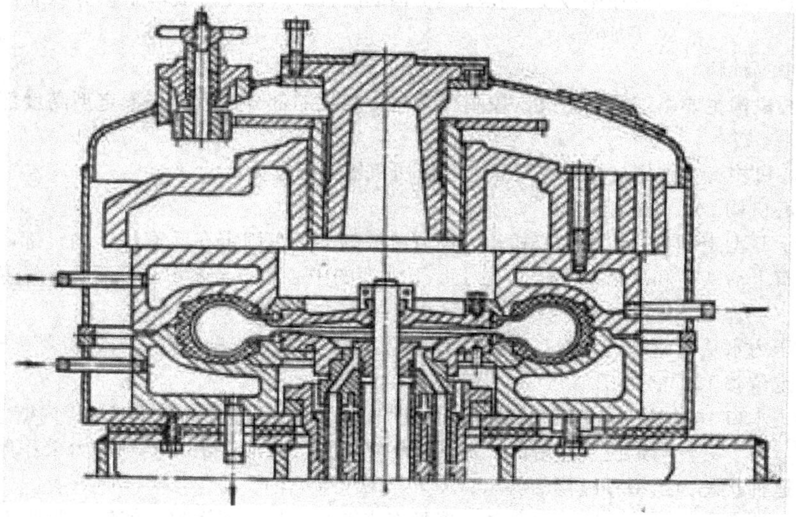

图 2.4.2－40　铸造空腔的夹套式蒸汽室

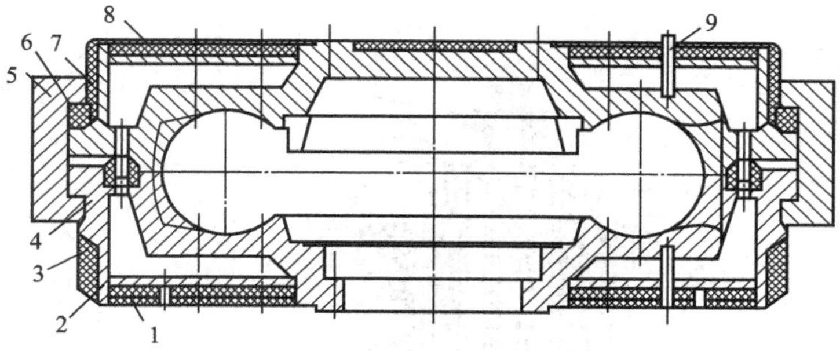

图 2.4.2－41　带锁环夹套蒸汽室

1—下夹套模；2—隔热板；3—下保温罩；4—密封圈；5—锁环；
6—调整板；7—上夹套模；8—上保温罩；9—排气管

调模螺套 8 和调模螺纹座 9 组成，设置在上蒸汽室的外部，不易受蒸汽的腐蚀，易于润滑，调模方便，还比其他形式的蒸气室节约用汽，因此被硫化机普遍采用。

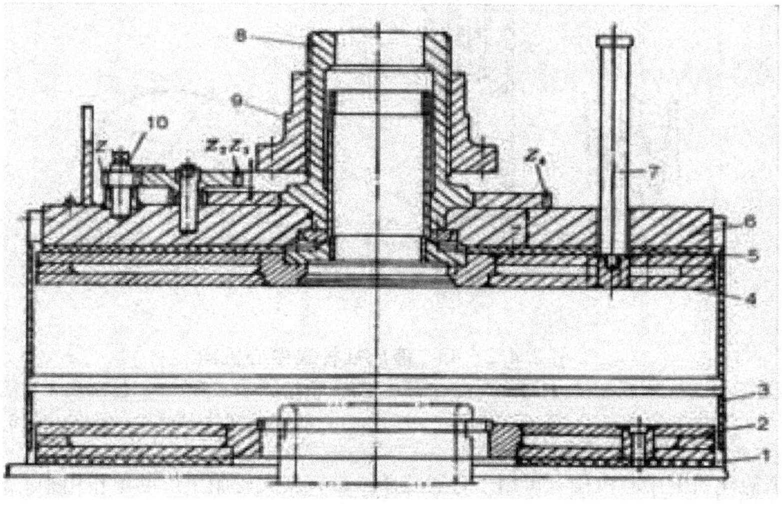

图 2.4.2－42　带调模装置热板式蒸汽室

1，5—隔热板；2—下加热板；3—保温罩；4—上加热板；6—托板；7—导向杆；
8—调模螺纹套；9—调模螺纹套座；10—调模齿轮

普通热板式蒸汽室的结构与带调模装置热板式蒸汽室相似，区别在于普通热板式蒸汽室不设调模装置。

2.2.3　胶囊操纵机构

胶囊操纵机构又称中心机构，它位于蒸汽室中心的机构，是定型硫化机的重要组成部分。它的主要作用是硫化前把胶囊装入胎胚、定型，硫化后将胶囊从轮胎中拔出，在脱模机构的配合下，使轮胎脱离下模并与胎圈剥离最后再从轮胎中把胶囊退出。

1. B 型定型硫化机中心机构

B 型定型硫化机中心机构主要由三部分组成：控制胶囊伸直与收缩部分；控制胶囊定型高度部分；控制轮胎脱离下模部分。

B 型定型硫化机中心机构有：液压杠杆式、液压式、液压机械式等类型。

（1）液压杠杆式中心机构

图 2.4.2－43 是用于 B 型定型硫化机的中心机构。夹持胶囊的上夹盘固定在活塞杆 3 的上部，下夹盘 2 通过螺纹旋接在环座 4 上，水缸内装有上活塞 7 和下活塞 10，穿过上、下活塞的中心有一导管 9，下活塞与活塞杆 2 为一体，活塞杆套有隔离套 8。

其运行过程是：当压力水从缸座的进水口 13 进入后，下活塞上升，使胶囊伸直；当隔离套 8 与上活塞接触，便推动上活塞上升，上活塞上的定位套 15 同时上升。

当压力水从另一个进水口 14 进入时，压力水便通过导管喷出，而后经过导管与活塞杆管内壁之间的间隙流出，推动下活塞下降，使胶囊收缩，当上夹盘与定位套接触时，下活塞下降停止。此时上活塞受到压力水作用不能下降，下活塞被定位套挡住也不能下降，这种状态为定型和硫化的状态。

卸胎时，胶囊伸直，抽真空，辅助脱胎装置起动，拨叉将水缸和下托盘等举起，使轮胎脱离下模。卸胎机构托住轮胎下部，拨叉反方向运动，使水缸和下托盘下降至下模。而后卸胎机构将轮胎稍举起后接着再翻转，使轮胎从机台上向机台后部运动到卸胎辊道。

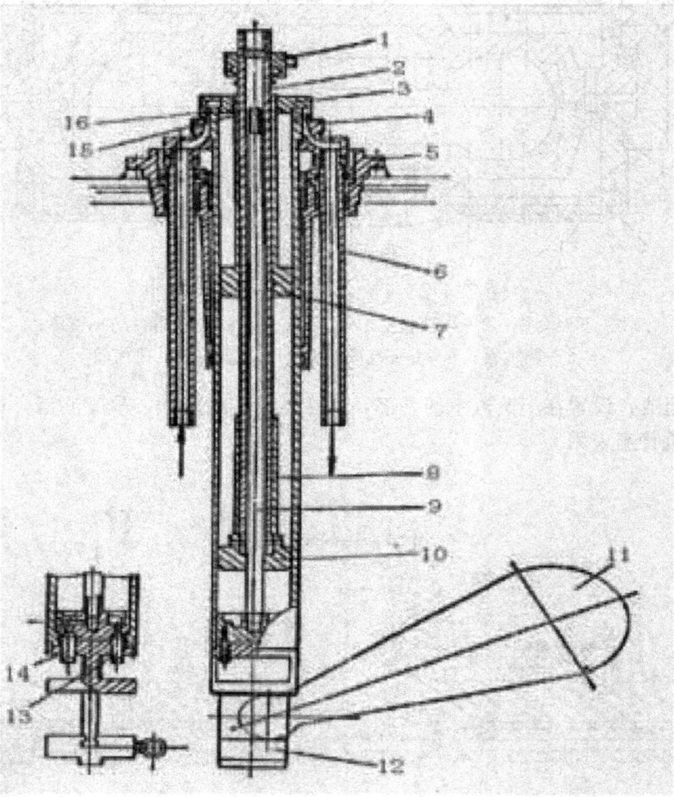

图 2.4.2－43　液压杠杆式中心机构

1—胶囊上夹盘；2—活塞杆；3—缸盖；4—环座；5—导套；6—接管；7—上活塞；8—隔离套；9—导管；10—下活塞；11—拨叉；12—缸座；13，14—压力水进水口；15—定位套；16—缸体

近年来 B 型轮胎定型硫化机的中心机构有可用于普通轮胎、带束斜交轮胎生产的单作用中心机构，也有用于生产子午线轮胎的双作用中心机构。这两种机构也可以互换安装。

（2）液压式中心机构

液压式中心机构控制胶囊伸缩和脱胎的动作分别由两个水缸完成，其构造如图 2.4.2－44 所示。胶囊的上、下子口分别由上压盖 1、上托盘 2 和上缸盖 9、下托盘 4 夹持，并安装在上水缸顶部。上水缸缸体内装有上、下活塞，上活塞的套筒用于确定定型的高度，下活塞用于控制胶囊 3 的伸缩。脱模活塞用于举起上水缸和托盘，使硫化好的轮胎脱离下模。

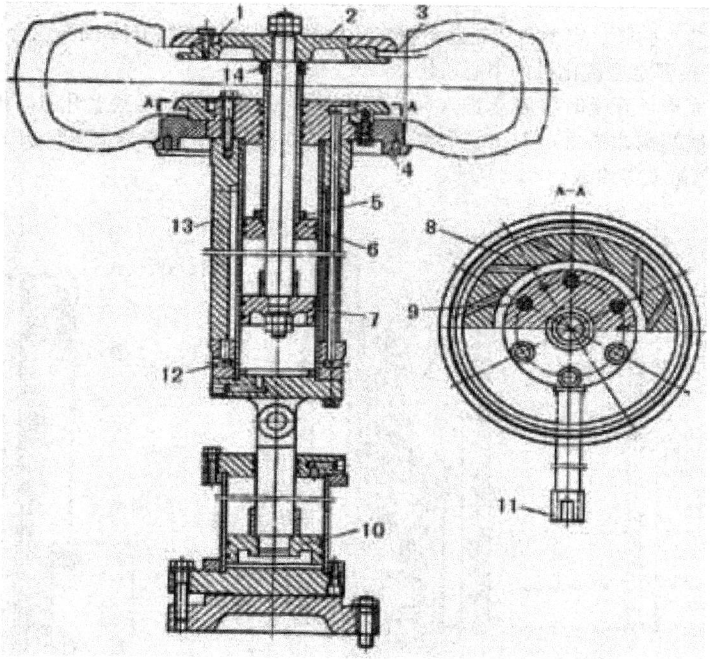

图 2.4.2－44　液压式中心机构

1—上压盖；2—上夹盘；3—胶囊；4—下托盘；5—定型高度调节环；6—上活塞；7—下活塞；8—下压盖；9—上缸盖；10—脱模活塞；11—碰块；12—管接口；13—上缸体；14—螺母

装胎时，机械手将胎胚套在胶囊上，这时从管接口 12 向胶囊通入蒸汽，使之膨胀，对胎胚进行定型，胶囊膨胀使胶囊高度下降，上托盘随之下降；在上、下活塞之间通入压力水，下活塞继续下降，上活塞则固定不动，上夹盘下降直至与上活塞的套筒接触为止，达到定型高度。卸胎时，胶囊内的高压过热水被抽出，胶囊抽真空；从上水缸的压力水进水口通入压力水，下活塞上升将胶囊从轮胎中拉出，胶囊伸直；脱模活塞在压力水的推动下，将上水缸和水缸上的其他部件一起举起，使硫化好的轮胎脱离下模并升起；卸胎机构将轮胎托到图 2.4.2－45 所示的液压机械式中心机构，脱模活塞下降，将上水缸和在水缸上的其他部件拖回到原先的位置，完成脱胎；卸胎机构将轮胎卸到卸胎辊道上。

(3) 液压机械式中心机构

图 2.4.2－45 为液压机械式中心机构的结构。从图中可以看出，其主要结构与液压式中心机构相似，只是脱模水缸改为齿轮齿条传动代替了。齿条固定在上水缸的外壳上，由驱动油缸驱动齿轮带动齿条上下移动，完成脱模的工作。

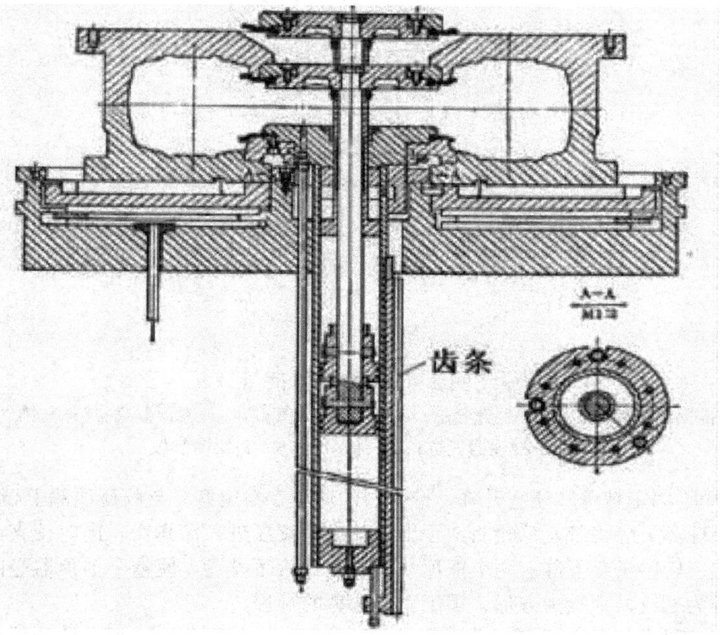

图 2.4.2－45　液压机械式中心机构

2. 推顶器和储囊筒机构

A 型定型硫化机的胶囊装入胎胚、定型和从轮胎中拔出是用推顶器和储囊筒升降机构配合完成的，它们也是处于模型中间，因此也有把它们称为 A 型定型硫化机的中心机构。

推顶器的作用是在硫化完毕，开模时将胶囊推入储囊筒中；在横梁带着上模型上升时，推顶器上的夹具板将轮胎带出，完成卸胎。推顶器的一般结构如图 2.4.3－46 所示。推顶器主要由球鼻 1、球鼻上升气缸 2、球鼻下降气缸 3、推顶器座 4、闩锁气缸 5 及推顶器气缸 6 等组成。

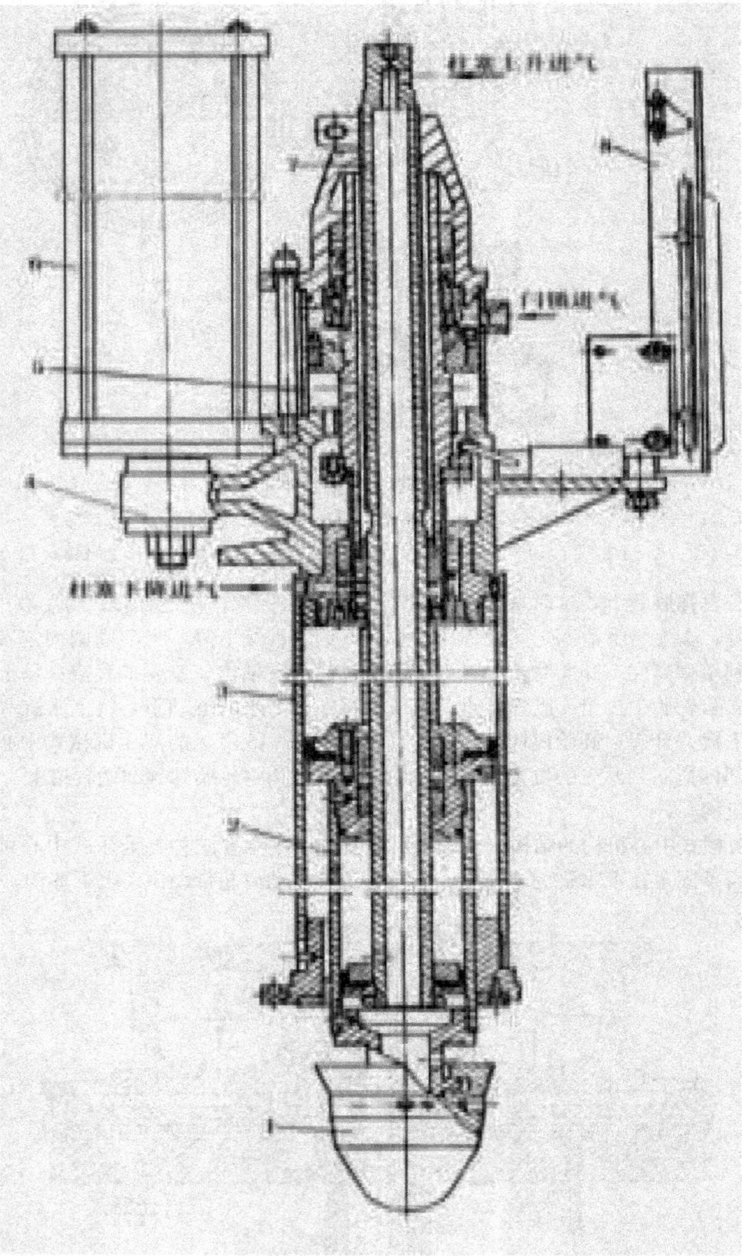

图 2.4.2－46　推顶器

1—推顶器球鼻；2—球鼻上升气缸；3—球鼻下降气缸；4—推顶器座；5—闩锁气缸；6—推顶器气缸；7—活塞杆；8—碰块调节板

球鼻升降气缸 2、3 是用于固定球鼻和使它升降，推顶器的球鼻 1 在定型时与胶囊顶部中心的“U”形槽相吻合，使胎胚能很好地对中，硫化结束球鼻下降将胶囊从轮胎中顶出，并推顶胶囊进入储囊筒，同时使夹具板撑开。在卸胎前，闩锁气缸 5 使夹具板保持张开伸入轮胎子口下部。两个推顶气缸 6 为卸胎而设置，使整个推顶器竖向运动。推顶器座 4 装在硫化机的横梁上。活塞杆上部为螺纹，顶端为方形，用于调节球鼻的行程。

图 2.4.2－47 为 A 型定型硫化机的夹具板结构。夹具板作用是，在卸胎作业中保证轮胎粘在上半模内，以完成轮胎的卸模，因此，它是 A 型定型硫化机的卸模机构。夹具板由扇形板 1、滑块 2、杠杆 3、辊轮 4、卡盘 5 等零件组成。夹具板通过卡盘 5 与推顶器连接在一起，并用销钉固定。当推顶器下降时触动辊轮 4，推动杠杆 3、滑块 2 使扇形板 1 撑开。当球

鼻上升时，辊轮落入球鼻的凹槽，扇形板则合拢。

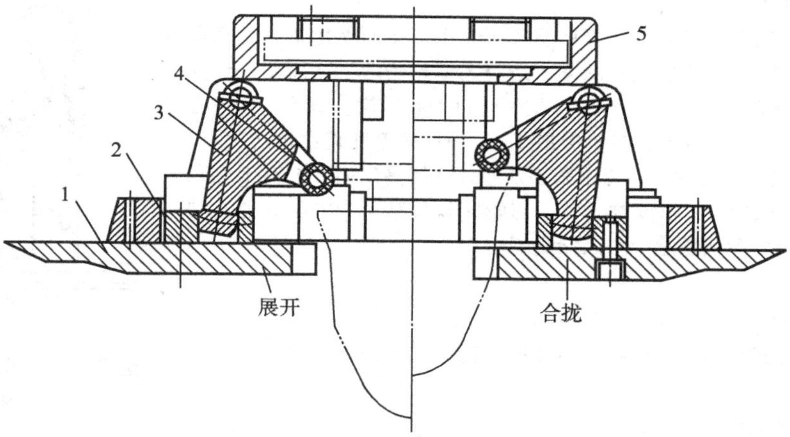

图 2.4.2-47　夹具板

1—扇形板；2—滑块；3—杠杆；4—辊轮；5—卡盘

储囊筒的作用是用于推顶器就胶囊从轮胎中推出后胶囊的存储；囊筒升降机构用于更换胶囊时，将囊筒升起，方便更换旧胶囊。它们的结构如图 2.4.2-48 所示。它由储囊筒 1、两半环 2、过滤网 3、轴承座 4、链轮 5 及轴 6 等组成。

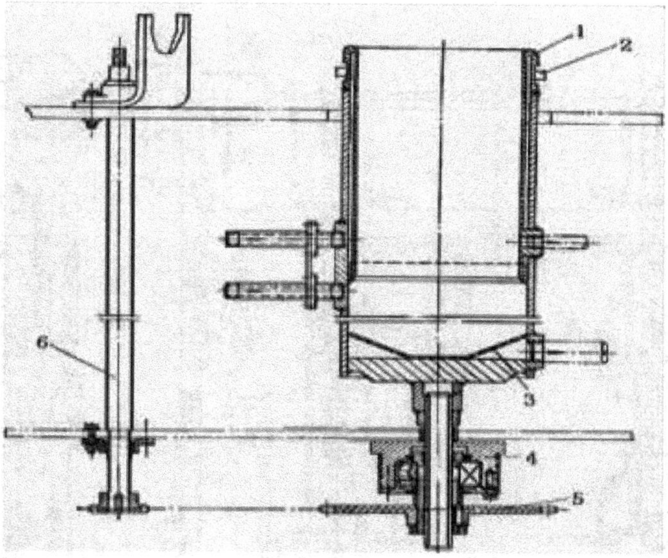

图 2.4.2-48　储囊筒及囊筒升降机构

1—储囊筒；2—两半环；3—过滤网；4—轴承座；5—链轮；6—轴

储囊筒是夹套式结构，是存放胶囊的容器，蒸汽和高压过热水等介质也通过它输入胶囊。其内壁上部和下部各有一个 3～5 mm 的小孔，当储囊筒通入定型蒸汽将胶囊翻出时，有利于减小胶囊与储囊筒内壁的摩擦。胶囊子口与储囊筒的连接要求密封良好，其装配结构如图 2.4.2-49 所示。储囊筒的顶部设置多个倾斜的喷出口，可使过热水、蒸汽喷出时呈环形流动，以提高热效果和温度的均匀分布，缩短硫化时间。

储囊筒升降机构主要用于更换胶囊而设置。当需要更换胶囊时，人工转动轴 6，使链轮 5 转动，链轮 5 上固定着螺母，随着链轮的转动，推动螺杆作向上运动。此时两半环 2 露出下模的子口，卸下两半环即可将胶囊取出；换上新胶囊后，重新安上两半环，而后反向转动轴，使囊筒下降至正确位置。这种结构由

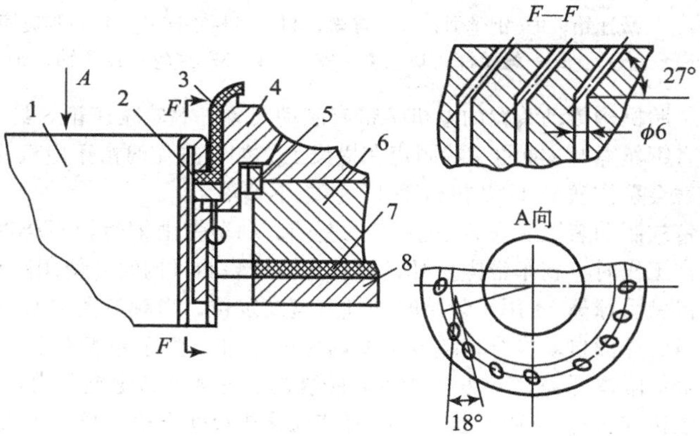

图 2.4.2-49　储囊筒顶部的装配结构

1—储囊筒；2—两半环；3—胶囊；4—钢圈；5—套；6—模型加热板；7—隔热板；8—底座

于人工操作劳动强度较大且链条容易断裂，维护工作量也较大，目前已由液压缸驱动的囊筒升降机构代替了它。

3. RIB 型定型硫化机的中心机构

A 型定型硫化机定型时对中性差，随着定型气压大小变化而不稳定，尤其在硫化大规格轮胎时更为突出。为克服这些缺陷，适应大型轮胎的生产需要，开发的 RIB 型定型硫化机的中心机构解决了 A 型定型硫化机中心机构的缺陷。其中心机构如图 2.4.2－50 所示。RIB 型中心机构吸取了 B、AB 型定型硫化机的优点，也保留了 A 型硫化机更换胶囊方便的特点。采用活塞杆来提高定型时的对中性和稳定性。RIB 型胶囊翻入储囊筒不需要抽真空，当轮胎硫化结束，中心立柱连同夹持盘在气缸驱动下，将胶囊从轮胎中拉入储囊筒内。

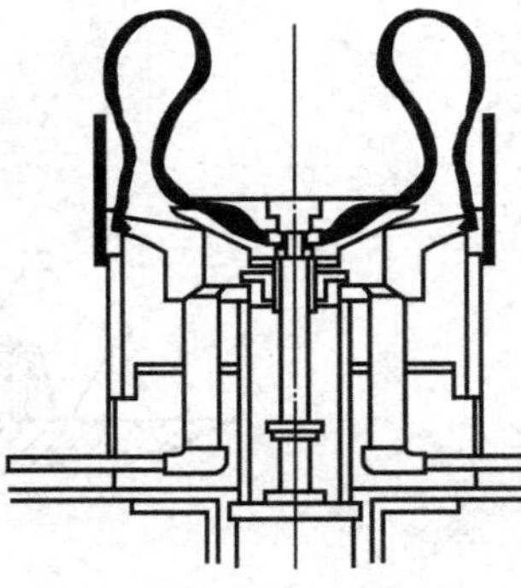

图 2.4.2－50　RIB 型定型硫化机中心机构

2.2.4　装胎机构

轮胎定型硫化机装胎机构的用途是将生胎从存胎盘上提起、送至下模上定位、充气定型。其结构形式较多，比较新型的装胎机构适用于普通轮胎和子午线轮胎两用。

1. A 型轮胎定型硫化机的装胎机构

A 型轮胎定型硫化机装胎机构的结构如图 2.4.2－51 所示，它主要由机械手 1、传动装置 7、8 和 9、机械手球鼻 14、导轨 10 及气缸 3 等组成。整个机构安装在硫化机横梁上，通过链条 5 驱动机械手 1，由上、下两对辊子 6 沿导轨 10 的移动，控制机械手的上下移动。机械手 1 由四辨钩胎爪组成，在双作用气缸 3 驱动，使钩胎爪张开和合拢。当气缸的活塞杆向下推出时，四辨钩胎爪张开至最大；当活塞杆向上缩回时，钩胎爪合拢到最小。当机械手提起胎胚而压缩空气中断时，因为连杆 11 成一字形撑开，足以撑住钩胎爪挂着的轮胎重量，挂着的轮胎不容易脱落。

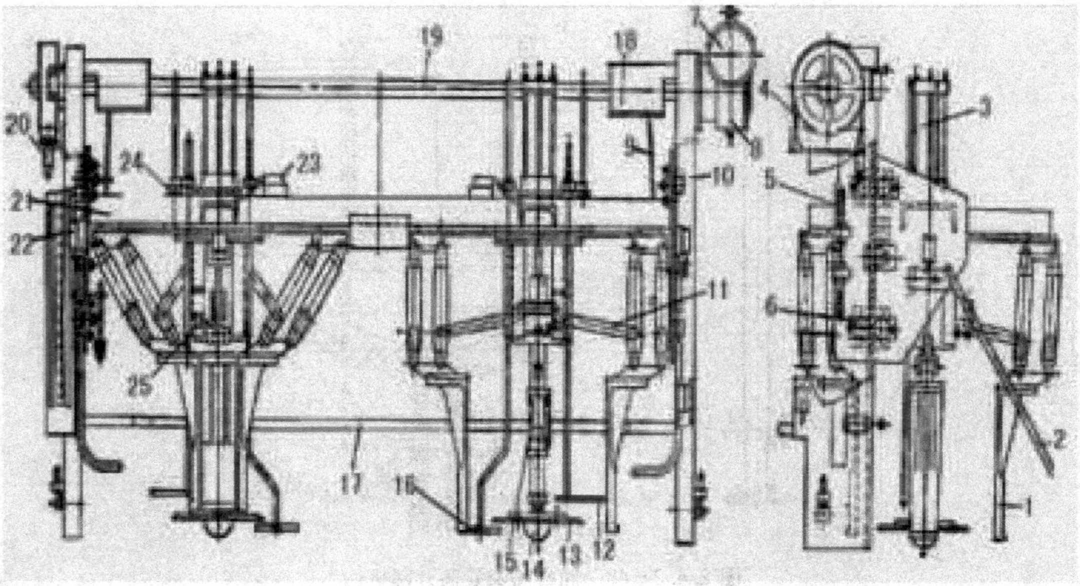

图 2.4.2－51　A 型轮胎定型硫化机装胎机构

1—机械手；2—机械手安全杆；3—机械手驱动气缸；4—带式制动装置；5—传动链条；6—辊子；7—电机；8—涡轮蜗杆减速箱；9—钢丝绳；10—导轨；11—机械手连杆；12—胶囊探测杆；13—定型盘；14—机械手球鼻；15—定型弹簧；16—触胎杆；17—主机安全杆；18—绳轮；19—轴；20—弹簧；21—横梁；22，23，24，25—限位开关

装胎机构传动装置的电机 7 带有制动装置，涡轮减速箱 8 具有自锁。在轴 18 上装有两个安全用的绳轮 18，每一绳轮上装有钢丝绳 9，绳的一端固定在横梁上。如若操作时由于电气系统误发指令或机械手调整不当，导致链条 5 断脱时，钢丝绳就会系住横梁 21 及机械手 1，使之不掉落。

带式制动装置 4 安装在轴 19 的左端。刹车带由钢带及石棉摩擦片做成，刹车力矩大小的调节可由压缩弹簧 20 控制。在正常工作时，刹车带应松开，只有在检修装胎机构时才使用制动装置。

机械手球鼻 14 用于装胎时的预定型及定位。当胶囊在定型内压作用下从储囊筒翻出进入胎胚时，胶囊的“U”形凹坑与球鼻的球面自动投合，随着定型内压的增加，由于定型弹簧的预定型力作用，球鼻和定型盘受压增高，当达到规定值时，触动限位开关 25，发出指令，胶囊内压降为保持定型压力，机械手返回。预定型压力由定型弹簧进行调节。

主机安全杆 17 用于紧急情况时使硫化机反车开模。机械手安全杆 2 也是用于紧急情况时的使用。当向上推动安全杆即可触动限位开关 22，机械手则上升返回，放开安全杆时主机停车。

触胎杆 16 用于探测存胎盘上是否装有胎胚。当触胎杆碰到胎胚时，则触胎杆上升触动限位开关 23 时，机械手自动抓胎；而无胎时，机械手自动返回。

胶囊探测杆 12 用于在机械手装胎时探测胶囊位置是否正确。如果胶囊发生外逃或偏移时，探测杆则上升，触动限位开关 24，使机械手返回重新装胎。

2. B 型轮胎定型硫化机的装胎机构

B 型轮胎定型硫化机的一种装胎机构如图 2.4.2－52 所示。它由机械手 1、横臂 10、传动装置 13、14 及支座等组成。双模定型硫化机每个模配备一套装胎机构，分别安装在机台左右两侧。工作时转入和转出，不得发生任何干涉相碰（如有特殊的大直径生胎，视外直径大小应在换规格时设定机械手转入转出时间差）。根据胎圈直径的不同，机械手 1 的钩胎爪可进行调节或更换，以适应相应规格的胎胚。当压缩空气进入气缸 7 时，活塞 8 推动导向板 4 向上移动，通过导轮 3 使沿圆周分布的钩胎爪分别以小座 2 上的销轴为支点摆动，钩胎爪收缩进入胎圈内，而后气缸排气，钩胎爪在弹簧 9 的作用下张开，将胎胚撑住。在小座 2 上有两个小孔用于调节钩胎爪张开的尺寸。冲程螺母用于调节钩胎爪收缩的尺寸。

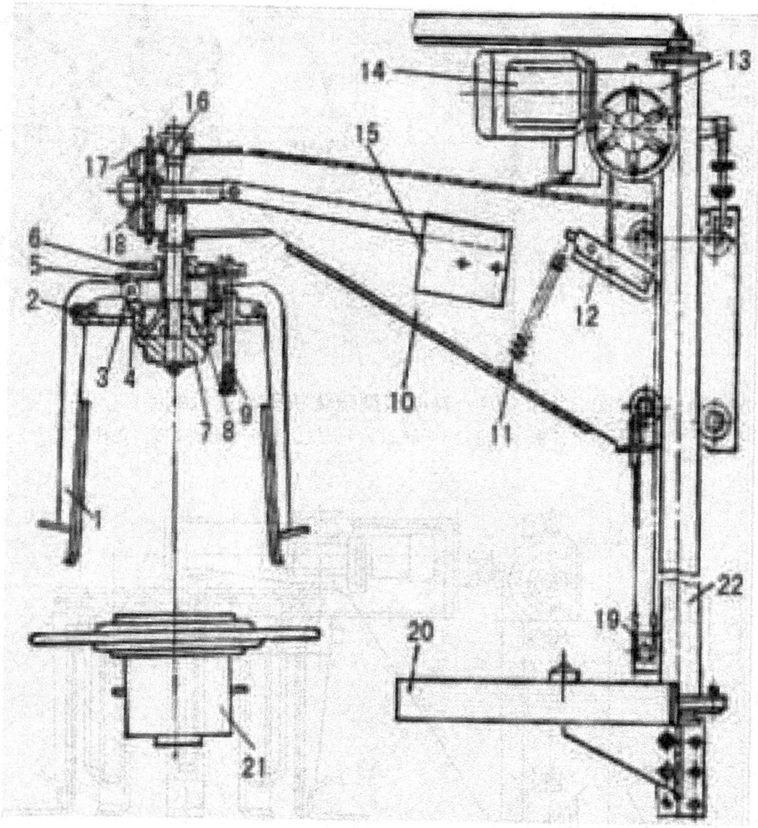

图 2.4.2－52　B 型轮胎定型硫化机装胎机构

1—机械手；2—小座；3—导轮；4—导向板；5—后导向板；6—冲程螺母；7—气缸；8—活塞；9，11—弹簧；10—横臂；12—安全装置；13—涡轮减速箱；14—电机；15—平衡锤；16—碰块，17，18—限位开关；9—链条；20—支座；21—存胎盘；22—方柱

横臂 10 的升降由电机 14 经涡轮减速箱 13 的传动装置驱动。平衡锤用于调节机械手的平衡。碰块 16 用于控制抓胎的动作，平常状态时，碰块位于限位开关 17、18 之间，当机械手下降钩胎爪碰到胎胚时，碰块 16 上抬碰到限位开关 17，此时，切断气缸 7 的气源，钩胎爪撑开；当提起胎胚时，由于胎胚重量使碰块 16 下移触动限位开关 18，机械手提升。横臂的转入和转出由支座上的油缸驱动一四连杆机构来实现，如图 2.4.2－53 所示。当液压缸通入液压油后活塞便推动连杆 2，使摇杆 3 绕 C 点转动，同时带动装在摇杆上的方柱和横臂一起转动。其转动的极限位置由限位开关进行调节。

安全装置 12 用于横臂升降时的保险。当链条 19 发生断脱时，弹簧 11 就拉动安全装置 12，其上的牙齿就紧紧咬住方柱 22，横梁稍下滑很短距离后便停止不动。

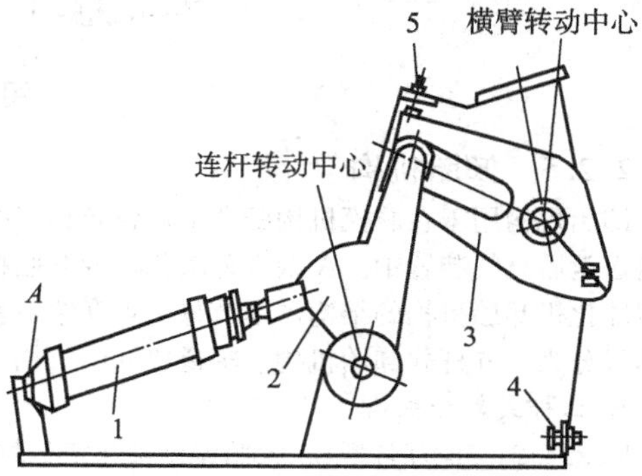

图 2.4.2－53　横臂旋转的驱动机构

1—油缸；2—连杆；3—摇杆；4，5—限位销钉

为了适应大型轮胎硫化机运行的需要，装胎机构的结构和驱动方式有了很多的改进，图 2.4.2－54 和图 2.4.2－55 分别为气动、电动的机械手装胎机构，它们的共同特点是通过驱动放射螺旋槽转盘带动钩胎爪匀速地撑开和合拢，而且钩胎爪行程比较大，可适应规格范围较大的胎胚和子午线轮胎胎胚的装胎。气动式机械手通过调节气压或更换相应规格的钩胎爪来适应不同规格的胎胚；电动式机械手通过电机一减速箱传动转盘旋转的角度，使钩胎爪沿着螺旋槽作径向移动的距离，以适应不同规格的胎胚。

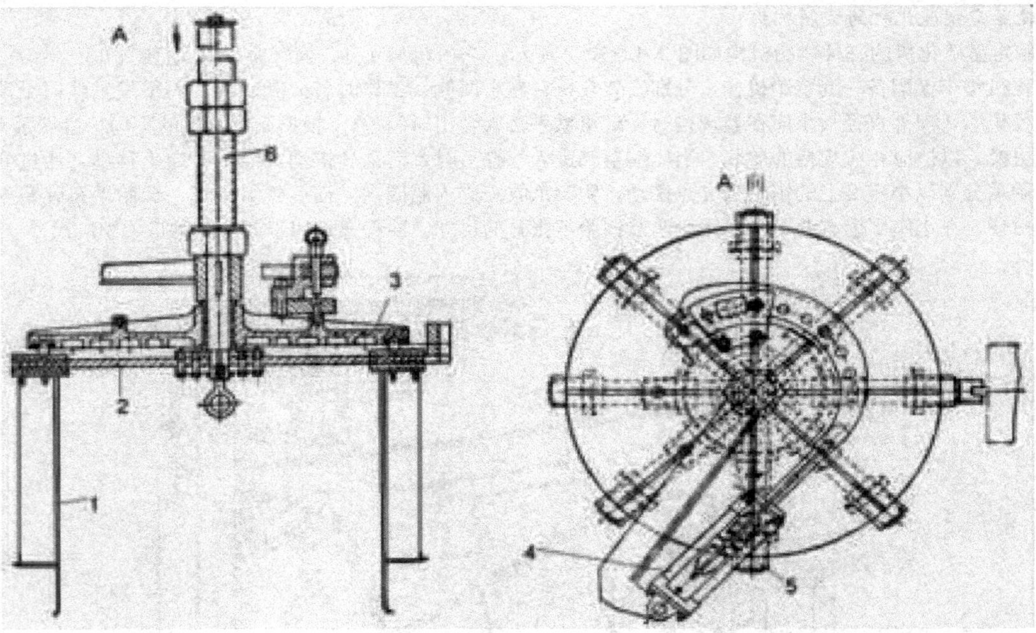

图 2.4.2-54　轮胎定型硫化机气动式机械手

1—钩胎爪；2—导轨；3—转盘；4—气缸；5—撞块；6—立柱

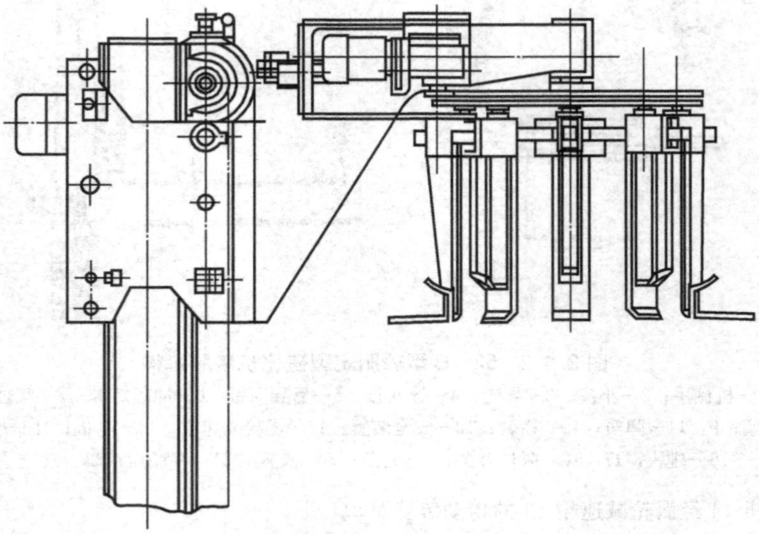

图 2.4.2-55　电动式机械手

2.2.5　卸胎机构

卸胎机构用于在脱模机构配合下，将硫化好的轮胎从中心机构的下钢圈托出，并将其卸到机台的后边运输带上或通过辊道送至后充气装置中。A 型定型硫化机的卸胎机构（即夹具板）比 B 型定型硫化机的卸胎机构简单，前面已介绍了 A 型定型硫化机卸胎机构的结构，本节只重点介绍 B 型定型硫化机的卸胎机构。B 型定型硫化机的卸胎机构的结构类型较多，大体可分为：杠杆式卸胎机构、辊道式卸胎机构。

1. 杠杆式卸胎机构

图 2.4.2-56 为 B 型 55″轮胎定型硫化机的杠杆式中心机构。前卸胎杆 7 位于硫化机前面，卸胎长、短辊子 14、15 位于后面。当水缸 17 的活塞 16 被通入压力水推动活塞杆伸出时，推动杠杆 20，通过连杆 22 使卸胎转架 13 摆动，带动短辊 14 上升。同时滑轮臂 21 也向后转动，拉动钢丝绳 6，使左右凸轮臂 5 升起，沿特定的轨迹运动，连接着左右凸轮臂的前卸胎杆 7 也随之上升。配合中心机构的脱模机构把硫化好的轮胎托起，前卸胎杆伸入轮胎的下部，后卸胎杆也插入轮胎下部，它们共同将外胎从下钢圈托出、升起和翻转，最后外胎沿着转架 13 上的长辊子 11 及短辊子 10 和卸胎辊道滑向后充气装置或输送带上。卸胎完毕卸胎水缸 15 换向充入水压，机构恢复原始状态。杠杆式卸胎机构运动副的移动如图 2.4.2-57 所示。

近年来定型硫化机的卸胎机构的结构了很多改进，结构更加简捷、运行可靠、维护方便的机构层出不穷。图 2.4.2-

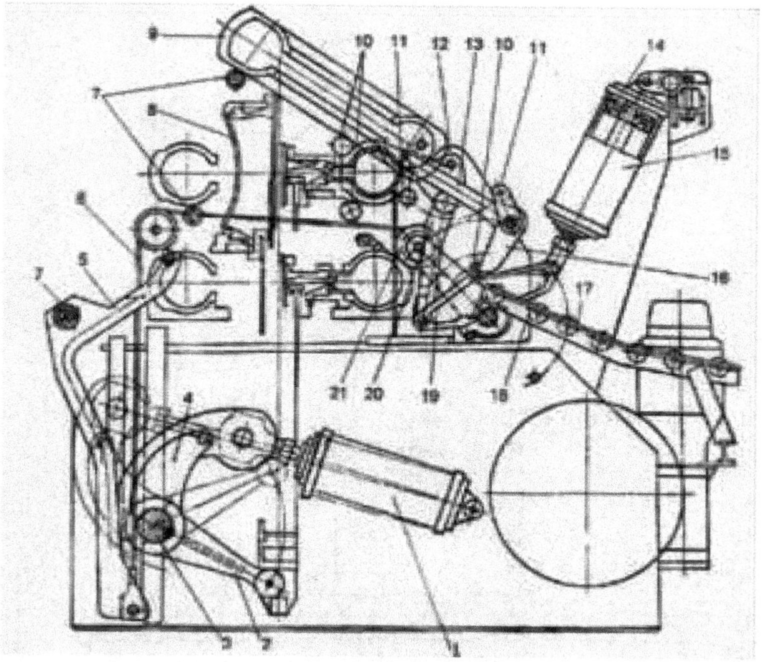

图 2.4.2－56　55″B 型轮胎定型硫化机卸胎机构

1—水缸；2—拨叉；3—轴；4—杠杆；5—左右凸轮臂；6—钢丝绳；7—前卸胎杆；8—胶囊；9—外胎；10—短辊子；11—长辊子；12—转轴；13—转架；14—活塞；15—卸胎水缸；16—后卸胎杆；17—卸胎辊道；18—杠杆；19—滑轮臂；20—连杆；21—滑轮

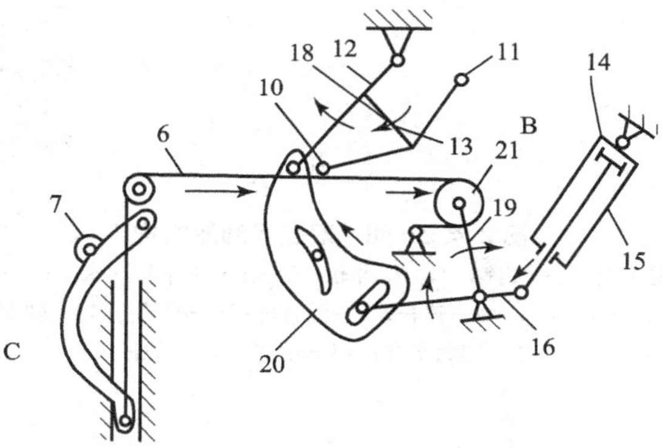

图 2.4.2－57　杠杆式卸胎机构两大运动副的移动示意图

6—钢丝绳；7—前卸胎杆；10—短辊子；11—长辊子；12—转轴；13—转架；14—活塞；15—卸胎水缸；16—后卸胎杆；17—卸胎辊道；18—杠杆；19—滑轮臂；20—连杆；21—滑轮

58 为双缸式卸胎机构，利用两个水缸来完成卸胎动作。卸胎时，水缸 5 将卸胎辊道 1 移至由中心机构托起的外胎下面，利用水缸 13 将转架 11 和托着卸胎辊道一起先作水平上升而后倾斜，轮胎便从辊道上滑下。卸下轮胎后，水缸 13 反向运动，使转架和卸胎辊道复位，水缸 5 推动卸胎机构退回原始位置。

2. 移动辊道式卸胎机构

移动辊道式卸胎机构的结构比较简单、便于维护，在定型硫化机的卸胎机构中应用较为广泛。它们的共同特点是通过机构或轨道槽使移动辊道按照卸胎的动作要求运动。它们可分为镰刀式、V 型式。

图 2.4.2－59 为镰刀式卸胎机构，它由水缸 1 驱动卸胎辊道 3 沿镰刀形的轨道移动。当中心机构将硫化好的轮胎从下模托出、抬起时，水缸活塞杆推动杠杆 4，杠杆带动辊道移动，由于辊道只能沿着弧形的轨道槽运动，辊道的移动轨迹便是弧形，即镰刀形的弧形，辊道既完成将轮胎举起，同时也能够将轮胎倾斜而从辊道中滑出。

图 2.4.2－60 为 V 型辊道卸胎机构的结构，它设置在机座上，主要由电机、减速箱、传动轴、导向滚轮、齿轮导向轮、齿条、辊道及短辊道组成。

V 型辊道卸胎机构的运动方向受导向滚轮齿轮及导向轮导向齿条控制。当外胎被中心机构顶起后，卸胎机构由电机、减速箱驱动传动轴，传动轴上的齿轮导向轮转动，齿轮与固定在机架上的导向齿条啮合，使整个卸胎机构从硫化机的后部向前运动，直至处于接胎的位置。当中心机构整体下降时，外胎便搁置在辊道上，外胎完全脱离了中心机构后，卸胎机构

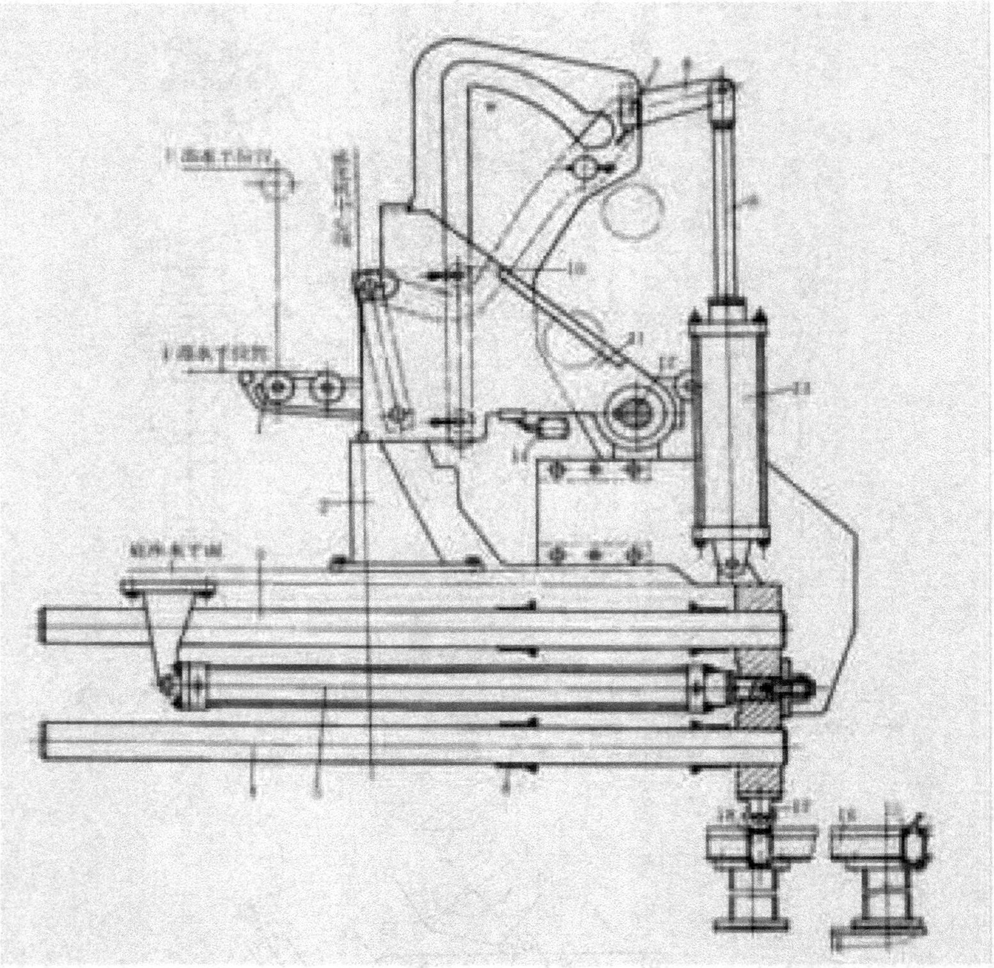

图 2.4.2-58　双缸式卸胎机构

1—卸胎辊道；2—支座；3，4—导轨；5—转架水平移动水缸；6—导套；
7，14，15，18—限位开关；8—连杆；9—活塞杆；10—导辊；11—转架；12—转轴；
13—卸胎水缸；16—轨道；17—滚轮

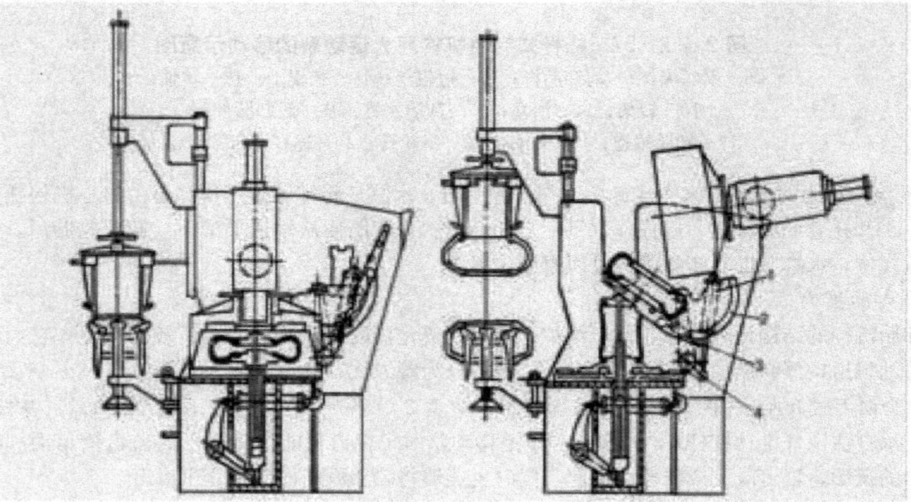

图 2.4.2-59　镰刀式辊道卸胎机构

1—水缸；2—卸胎辊道移动轨道；3—卸胎辊道；4—杠杆

的传动电机反转，卸胎机构带着外胎向后运动，由于导向齿条的后部是倾斜的，卸胎机构到达此处时，向后倾斜，外胎便会从辊道上滑向后充气装置或运输带上。

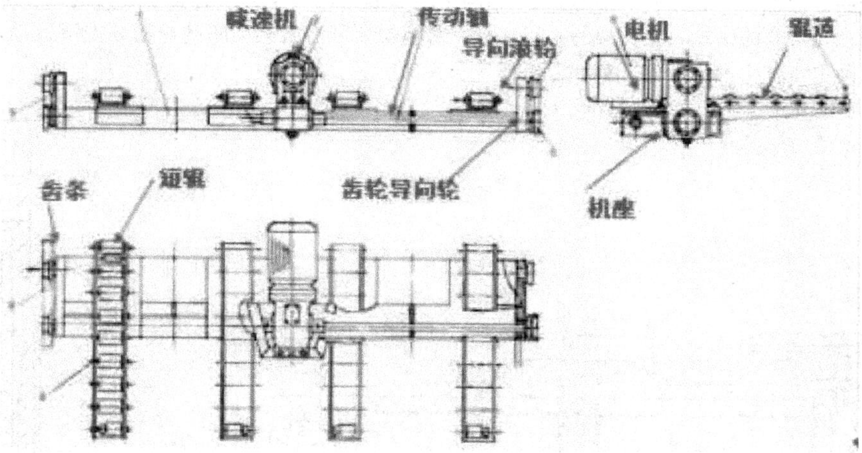

图 2.4.2-60　V 型辊道卸胎机构的结构示意图

2.2.6　后充气装置

对于尼龙帘线为骨架材料的轮胎，由于尼龙帘线弹性模数小，伸长率较大，同时，它们的热收缩特性，外胎硫化后出模，应趁温度还很高迅速充内压，使外胎在受张力下进行冷却，以减少外胎胎体的永久变形。否则，帘线与橡胶两者的收缩率不同，自然状态下冷却，会造成轮胎胎面下凹和胎圈变形等缺陷，使用时又会出现变形增大甚至发生变形裂痕。专用于尼龙和聚酯纤维帘线为骨架的外胎硫化后，在充气情况下进行轮胎冷却的装置称为后充气装置。使用后充气装置不仅保证外胎的质量，而且可节约 2% 的尼龙帘布。

后充气装置一般安装在硫化机的后方，与硫化机结合起来实行自动控制和连续化运行，但大型外胎的充气冷却装置可采用单独安装设置。

后充气装置按运动方式可分为翻转型和升降型；按工作方式可分为二工位式和四工位式；按冷却方式可分为自然对流冷却和喷气式强制冷却。

二工位的充气冷却时间接近于硫化周期，而四工位的充气冷却时间接近于 2 倍硫化周期。

1. 二工位升降型后充气装置

图 2.4.2-61 为二工位升降型后充气装置的结构，这种装置由机架 1、辊道 2、上夹盘 3、前挡胎辊 4、下夹盘 5 及后挡胎辊 6 等组成。

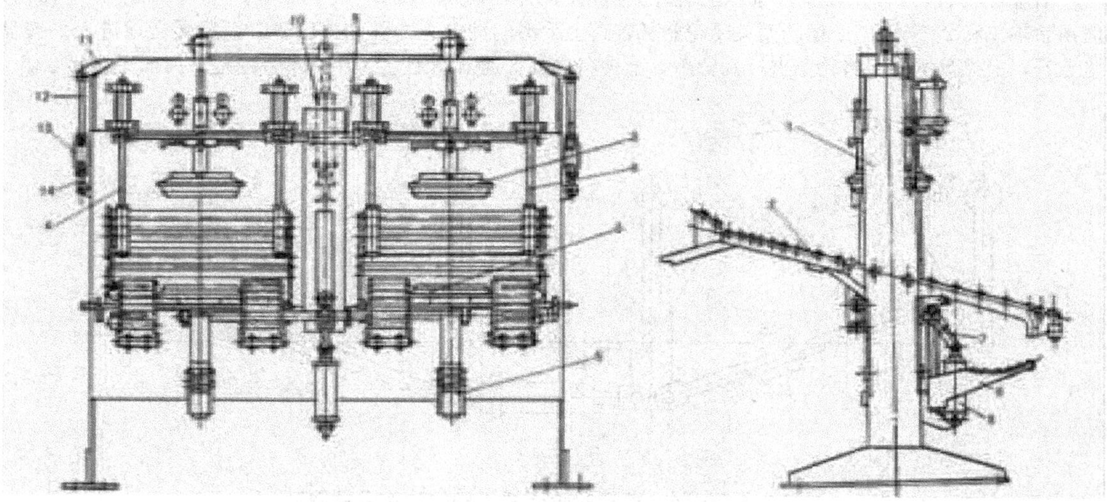

图 2.4.2-61　二工位升降型后充气装置

1—机架；2—辊道；3—上夹盘；4—前挡胎辊；5—下夹盘；6—后挡胎辊；7—转臂；8—后挡胎辊气缸；9—前挡胎辊开关机构；10—水缸；11—调整臂；12—上调整杆；13—调整螺母；14—下调整杆

辊道与水平的夹角大约 15°，以使轮胎自由滑下。上、下夹盘用于夹持充气冷却的轮胎。轮胎在辊道上的左右位置由前挡胎辊限位。前挡胎辊开关的距离可以进行调节，用双向螺纹的调整螺母 13 调整上、下调整杆 12 和 14，使调整臂 11 固定在需要的位置上，而臂的下端有一缺口卡住前挡胎辊的横臂，使前挡胎辊在一定范围内摆动。后挡胎辊的升降由后挡胎辊气缸 8 推动转臂 7 来实现的。

夹盘的结构如图 2.4.2-62 和图 2.4.2-63 所示。上夹盘用压盘 11 固定在进气杆 7 的下端，上连板 8 由水缸推动，使进气杆上下运动。螺杆 5 与调节盘 2 相连接，当转动调节盘时，则螺杆可上升或下降，从而调节了上、下夹盘之间的距离，以适应不同规格的轮胎。而螺母 4 和相连的螺母座 10 用两根轴 3 固定在机架的上方。下夹盘的动作如图 2.4.2－63 所示，两个下夹盘 4 分别装在托架 3 的两端，在托架的中间装有一对辊轮 2 可沿机架中间的导槽 8 上下运动，保证两夹盘垂直平行升降。下夹盘的升降由水缸 1 推动下连杆 7 和上连杆 5 来实现。

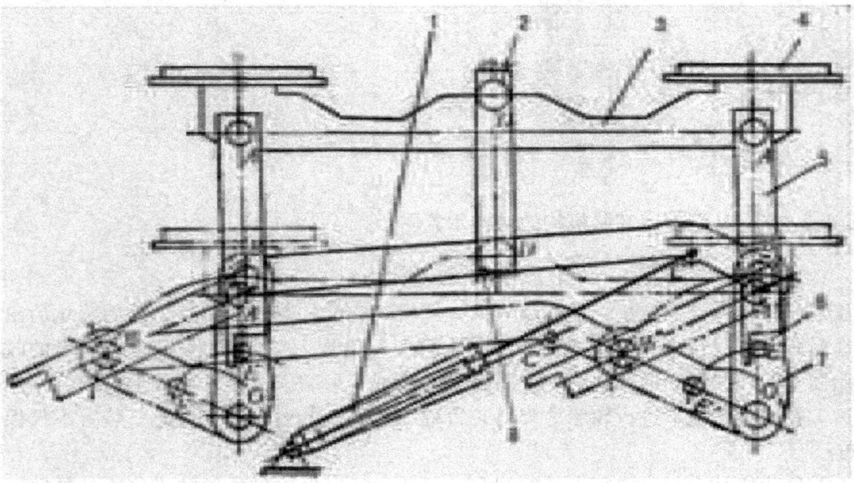

图 2.4.2－62　下夹盘动作示意图

1—水缸；2—辊轮；3—托架；4—下夹盘；5—上连杆；6—限位销；7—下连杆；8—机架导槽

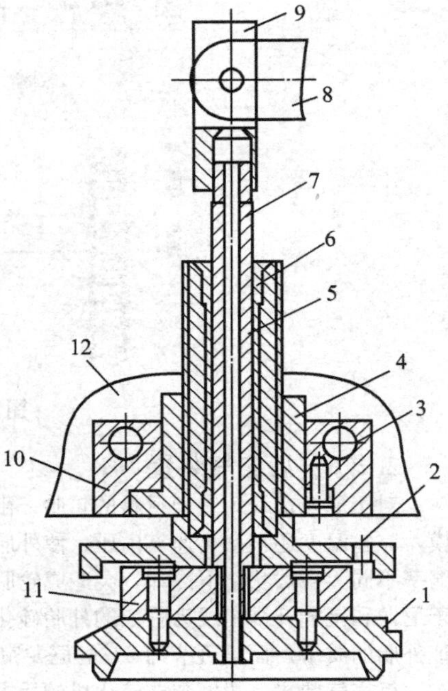

图 2.4.2－63　上夹盘结构图

1—上夹盘；2—调节盘；3—轴；4—螺母；5—螺杆；6—铜套；7—进气杆；8—上连杆；9—接头；10—螺母座；11—压盘；12—机架

前挡胎辊开关机构用于缓冲下滑轮胎的冲击力，以使外胎能准确进入后充气装置的位置。其动作的示意图如图 2.4.2－64 所示。当轮胎进入后充气装置之前（即主机中心机构抬起轮胎时），后挡胎辊升起，同时，前挡胎辊开关机构的中间气缸一端充气，活塞杆收缩，图 2.4.2－64 前挡胎辊开关机构的动作示意图 1、2—前挡胎辊；3、5—轴；4—连杆；6—中间气缸。使前挡胎辊 1 和 2 绕轴 3、5 摆动而关闭轮胎从辊道上下滑的冲击力冲开前挡胎辊，而后缓慢地进入下夹盘的位置。此时下夹盘上升，上夹盘下降，将轮胎夹持到位后，上夹盘进气孔通入压缩空气，使外胎在充压状态下进行冷却。

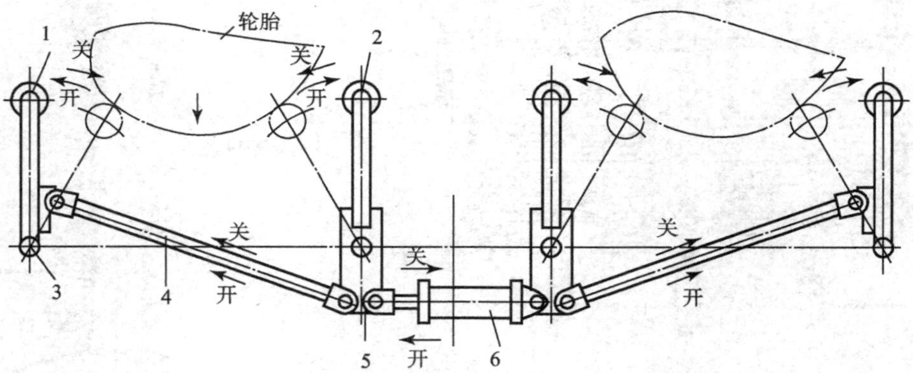

图 2.4.2－64　前挡胎辊开关机构的动作示意图

1，2—前挡胎辊；3，5—轴；4—连杆；6—中间气缸

2. 四工位翻转型后充气装置

图 2.4.2－65 为四工位翻转型后充气装置的结构，它主要由活动梁 14、活动梁气缸 18、横梁 17、锁环机构 16、挡胎辊调距机构 2、辊道 24、挡胎杆气缸 25 及机架等组成。该装置的两根活动梁分别与活动气缸和活塞杆连接。活动气缸为单作用。当活动梁（绿色）处于下方，活动梁气缸进气时，缸体保持不动，活动梁上提夹持轮胎；当横梁翻转后，处于下方的活动梁（绿色）转到上方，处于上方的活动梁（黄色）转到下方，此时活动梁气缸进气，活塞杆保持不动，缸体带动活动梁上提，夹持轮胎。当充气冷却完毕时，活动梁气缸排气，活动梁靠自重下降至卸胎位置。活动梁的上下运动由导向杆 15 和 22 导向，保证上下移动平稳。

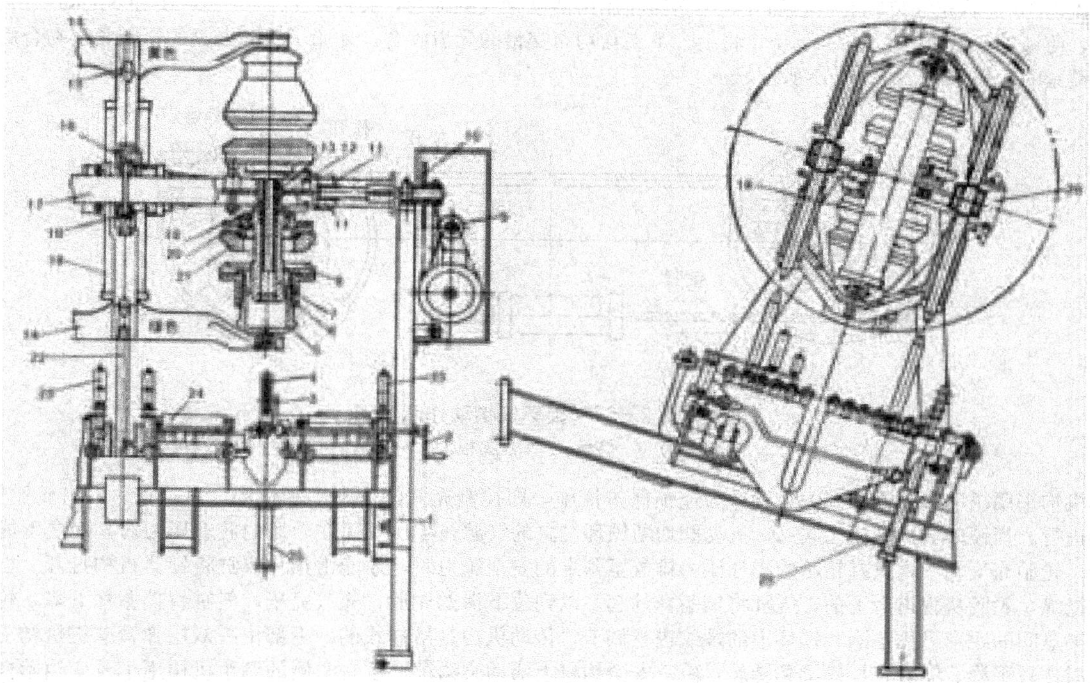

图 2.4.2-65　四工位翻转型后充气装置

1—机架；2—挡胎杆调距机构；3—限位开关；4—挡胎杆；5—锁环；6—下托盘；7—锁轴；8—下夹盘；9—传动机构；10—轴承座；11—限位开关；12—空心轴；13—轴套；14—活动架；15，22—导向杆；16—锁环机构；17—横梁；18—活动梁气缸；19—上托盘；20—垫圈；21—上夹盘；23—限位辊；24—辊道；25—挡胎杆气缸；26—安全钩

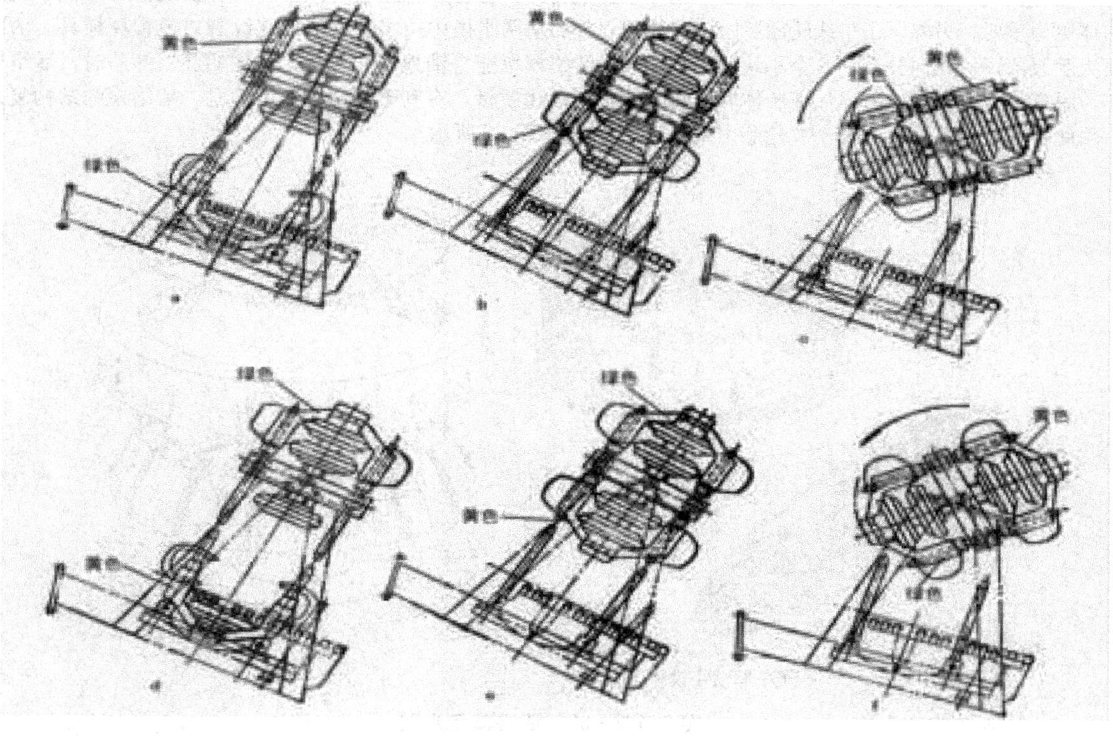

图 2.4.2-66　四工位后充气装置动作程序示意图

a. 后充气装置待命，活动横梁（绿色）开着、外胎落位；b. 活动横梁上提将外胎夹持、锁紧、充气；c. 活动横梁翻转；d. 活动横梁（黄色）待命、开着、外胎落位；e. 活动横梁上提就外胎夹持。锁紧、充气；f. 活动横梁翻转至所示位置，活动横梁（绿色）的外胎放气，活动横梁释放充气冷却的轮胎

锁环机构 16 是后充气装置的核心部分。工作时轮胎由活动梁气缸提起，夹持在上、下夹盘 21 和 8 之间，由轴套 13 的接管进气，使锁轴 7 沿着空心轴 12 下压，将上、下夹盘均布交错的牙齿咬合。外胎子口和夹盘的钢圈紧密吻合后，采用锁环锁紧。锁紧的动作如图 2.4.2－67 所示。

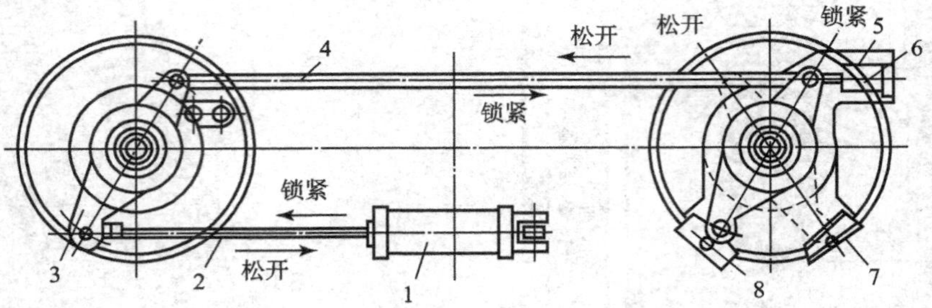

图 2.4.2－67　锁环机构动作示意图

1—锁环气缸；2，4—连杆；3—转臂；5—开关板；6—机动阀；7，8—限位开关

锁环机构采用机动阀和零压开关装置作为连锁保护措施，即控制充气的电磁阀和锁环气缸连锁，只有轮胎安全落位，充气才能进行。当锁环机构锁住轮胎后，机动阀切断锁环气缸的气源，零压开关在轮胎内腔有压力时，使之不能打开锁环机构卸胎。轮胎充气完毕，只有轮胎的充气压力排放至预定的安全压力时，才能由锁环气缸将锁紧机构打开。挡胎杆由挡胎杆气缸操纵，轮胎从辊道滑下前，气缸将挡胎杆升起，以到位下滑的轮胎；充气完毕，气缸将挡胎杆下降，轮胎即可卸出。上下夹盘间的距离可用垫圈和锁环上的螺纹进行调节。传动机构是吊挂式的，下部由一双层弹簧减震机构支撑，这样横梁转动时比较平稳、无噪音。横梁翻转后，由一安全钩将上活动梁钩牢。左右两侧的调距机构用于改变挡胎杆和两旁限位辊的位置，以适应各种规格的轮胎，并使轮胎能准确进入后充气装置。它由手柄、轴、锥齿轮、螺杆、滑套、移动架和限位辊等组成。

2.2.7　硫化模具

目前使用的轮胎硫化模具有两种：活络模（segment mould）和两半模（two half mould）。

1. 活络模

活络模是 20 世纪 60 年代出现的新型外胎硫化模具，采用这种模具是为适应子午线轮胎生产的要求。由于子午线轮胎胎胚成型后的外径大于硫化模花纹的根部直径，用两半模硫化时，容易产生胎冠厚薄不均匀和帘线排列错位，尤其对钢丝帘线的胎体更为重要；另外，子午线轮胎胎冠、胎体硬，外胎从两半模中拉出容易造成花纹裂口或损坏模具。活络模是把两半模改为胎冠部位可径向分合的几个小块，在合模时，活络模块能自动地径向合拢，包住胎胚；卸胎时，活络模块可以径向分离，脱离硫化的轮胎，这样保证胎体和胎冠的完整和硫化质量，有利于装卸轮胎。但是，活络模的结构复杂，制造成本高，因此目前只在硫化大型子午线轮胎中采用。如图 2.4.2－68 所示。

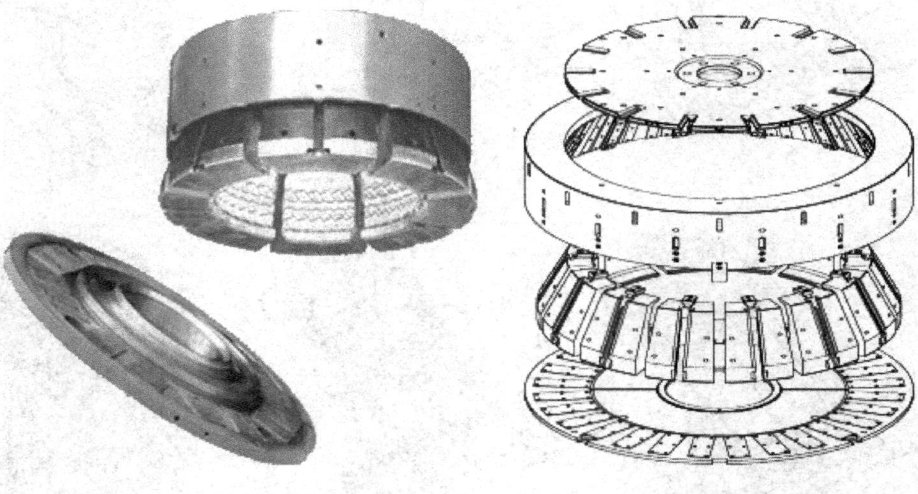

子午胎活络模　　　　活络模爆炸图

图 2.4.2－68　活络模示意图

活络模的结构类型较多，可分为平面导向活络模、球面导向活络模、径向活络模及杠杆式活络模等。目前使用较多的活络模具为平面导向活络模。

图 2.4.2－69 为平面导向活络模具的结构。它由数块扇形块及上下圆盘状的上、下胎侧模构成一环行模腔。每块扇形块的内侧刻有轮胎花纹，外侧有一定角度的倾斜平面，此平面与环状的导环的倾斜平面配合，由气缸活塞杆驱动。导环和扇形块作相对垂直移动，使扇形块径向张开和合拢。固定在导环内侧倾斜面的导板和固定扇形块外侧倾斜面的板都有衬

垫，衬垫材料为含有适量铜粉和二流化钼等填料的聚四氟乙烯，具有良好的防锈、耐热、耐磨损而不需润滑，衬垫也可以采用氟塑料金属。T形块固定在扇形块上，可沿上胎侧模的导槽径向移动，限位杆用于控制扇形块的行程。当硫化机开模翻转时，活络模驱动气缸反抽，使扇形块上移合拢。

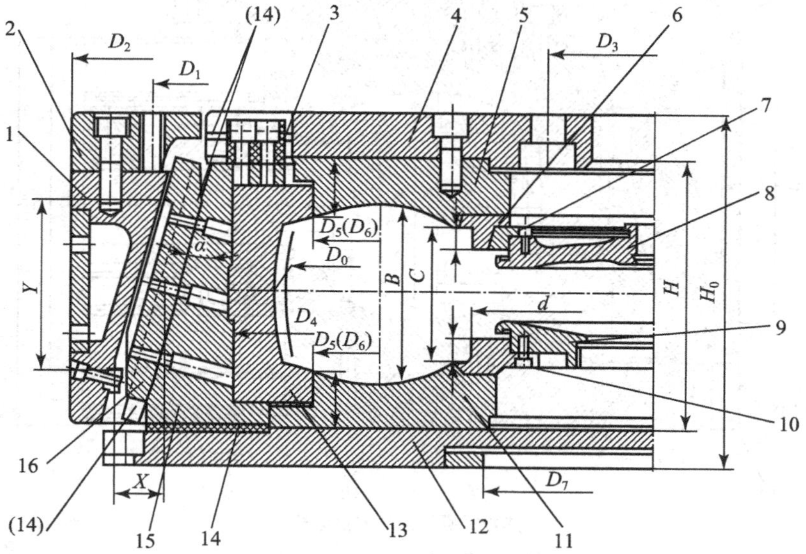

热板式斜平面导向活络模

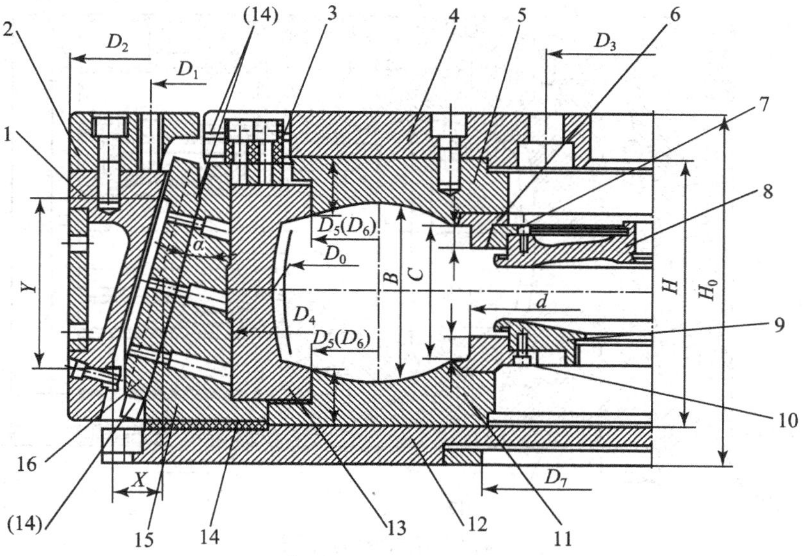

蒸锅式斜平面导向活络模

图 2.4.2-69　平面导向活络模具

1—中模块；2—上环；3—提升块；4—上盖；5—上胎侧板；6—上钢圈；7—上压盘；8—胶囊上夹盘；9—胶囊下夹盘；10—下钢圈；11—下胎侧板；12—底板；13—花纹块；14—减摩块；15—滑块；16—导向条

硫化结束，内、外压力排完之后，活络模气缸动作，活塞下推压住上胎侧。这时模化机开启，导套随上蒸汽室上升，扇形块在导套的作用下，利用形导条和形导槽的配合关系，在上、下胎侧模之间沿径向向外滑动，以便使外胎在冠部花纹处与扇形块的分开。当外胎冠部花纹与扇形块全部脱离，导套升高到一定的高度时，由于限位杆作用，上胎侧模、扇形块一起随上半蒸汽室上升。当蒸汽室升到一定的高度时，活络模汽缸作用，活塞回缩，上胎侧模带动扇形块收拢在导套内，以免卸胎时外胎与扇形块碰撞，上半蒸汽室继续上升直至全开。

在合模时，把胎胚放到下胎侧模上，上胎侧模、导套、扇形块在上半蒸汽室的带动下，一起往下移动。上半蒸汽室降到一定的高度时，活络模气缸的活塞下推，使上胎侧模和扇形块下移，直到扇形块的下部碰到下胎侧模时，上胎侧模停止下降。扇形块又夹在上、下胎侧模之间，导套继续下降，迫使扇形块沿径向往里滑动，直到扇形块合拢成环状，活络模构成一个完整的胎模时，硫化机达到闭合极限，停止运动。

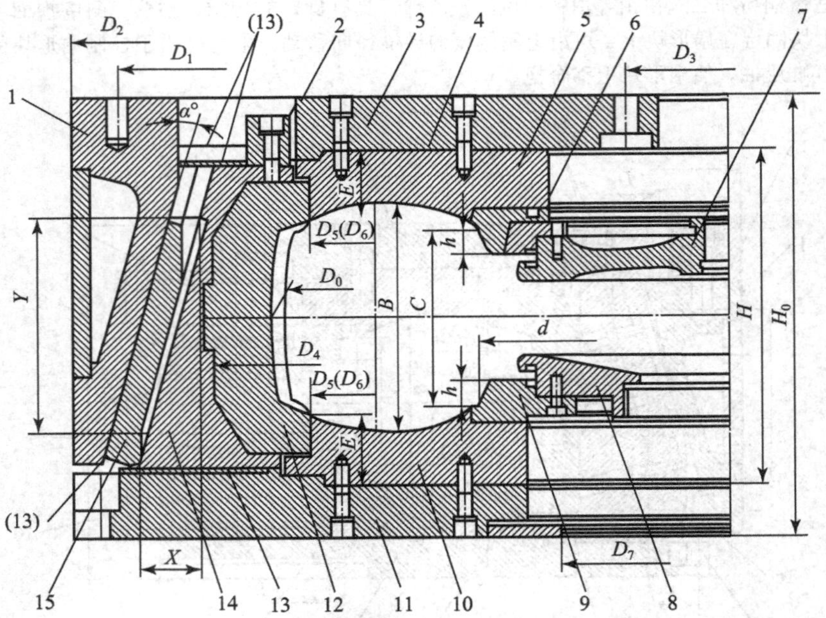

热板式圆锥面导向活络模

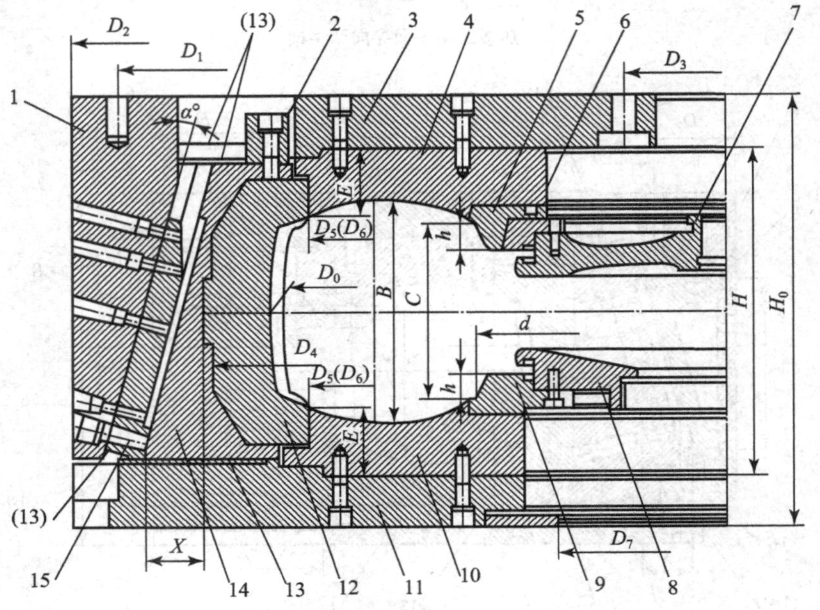

蒸锅式圆锥面导向活络模

图 2.4.2-70　圆锥面导向活络模具

1—中模套；2—提升块；3—上盖；4—上胎侧板；5—上钢圈；6—上压盘；7—胶囊上夹盘；8—胶囊下夹盘；9—下钢圈；10—下胎侧板；11—底板；12—花纹块；13—减摩块；14—滑块；15—导向条

斜平面导向式活络模与圆锥面导向式活络模的向心机构如图 2.4.2-69 和图 2.4.2-70 所示。

不同的活络模具对产品的性能是有影响的，它们的使用性能和经济效益也有差别。斜平面导向活络模和圆锥面导向活络模的比较：①圆锥面导向活络模生产的轮胎的均匀性比斜平面导向活络模的好。②圆锥面导向活络模的活络性能比斜平面导向活络模的好。活络性能是指硫化机在合模和启模的整个过程中，每一个弓形座的上下和径向运动自如性。③在耐磨板的耐磨性、对硫化机精度要求及适应性上，斜平面导向活络模要优于圆锥面导向活络模。④圆锥面导向活络模的加工比斜平面导向活络模方便，因而价格也低。

采用活络模进行硫化，无论是斜平面式活络模还是锥面式活络模，都需要控制管路来操作模具。轮胎硫化前的定型直至合模到位，对轮胎的质量有着决定性的影响。用活络模硫化子午线轮胎时，从定型到合模延时和合模到位的每个动作都有特殊的要求。图 2.4.2-71 和图 2.4.2-72 是活络模在合模过程中的几个特殊位置以及在这些位置的受力情况。

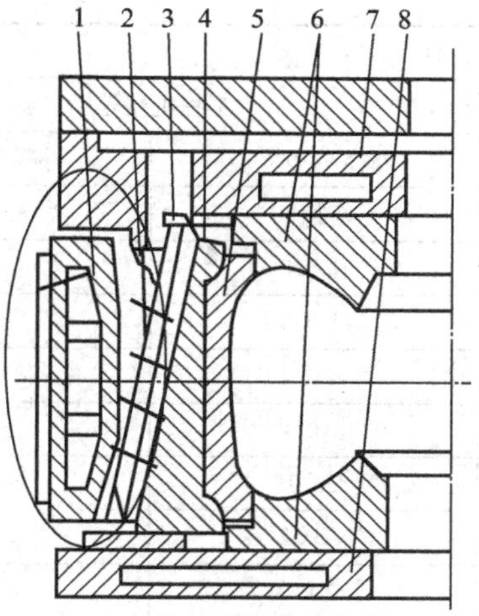

图 2.4.2－71　斜平面导向式活络模向心机构

1—中套；2—耐磨板；3—弓形座；4—导向块；5—花纹块；6—上、下侧板；7—上、下热板

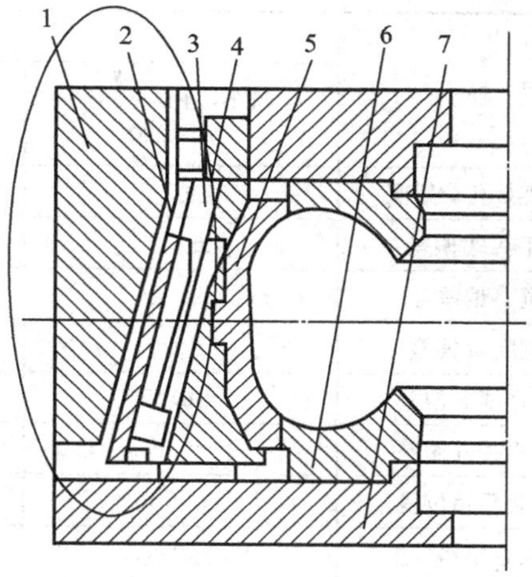

图 2.4.2－72　圆锥面导向式活络模向心机构

1—中套；2—耐磨板；3—导向条；4—弓形座；5—花纹块；6—上、下侧板；7—上热板；8—下热板

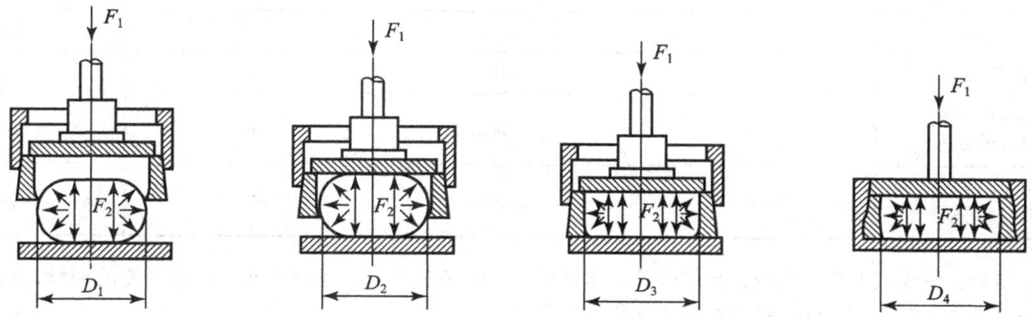

(a)	(b)	(c)	(d)
合模过程中活络块伸张接近一次定型装胎的生胎	继续合模直至上模板与定型状态的生胎接触，并停在二次定型高度位置的状态	从二次定型高度位置启动，继续合模到活络块与下模盘接触并与定型状态的生胎一起被压缩	继续合模直至活络块与定型状态的生胎一起被机器压缩至预设的合模限位

上图中，F_1 表示机构上的模具活络部分的受力；F_2 是生胎定型对模具活络部分的作用力。

为了保证轮胎的质量，活络模在定型核膜过程中必须有一个合适而稳定的背压。为此，人们研究出多种结构的动力水管路来控制活络模的动作和背压。目前，活络模控制管路有几种：气控调压溢流型、充水气控调压溢流型、改良型和充水式安全溢流型。

使用活络模中需要注意的问题：①活络模因其外径大于普通模具，所以必须采用比斜交胎时大一号的硫化机。②在活络模的设计过程中，如果弓形座外锥面的长度和弓形座地面长度设计不当，将导致活络模开合运动不平稳。所谓开合运动不平稳就是指装有花纹块的弓形座不是匀速合拢，而是逐步合模的过程中出现爬行现象，这种现象越临近合模状态时越严重，最终造成花纹块下口径合拢不到位，使硫化的轮胎产生胶边。另外，由于最终合模时硫化机压力吨位达到最大值，而模具的合拢位置却不是处在最佳状态，这就使模具各部件的受力情况较差，影响整个机构的使用寿命。

为保证轮胎模具装配于定型硫化机的互换性，在行业标准 HG/T 3227.1－2009 中制定有活络模具主要尺寸的极限偏差。如表 2.4.2－2 所示。

表 2.4.2－2　活络模具各部位主要尺寸的极限偏差　　单位：mm

项目名称	轮胎类型			
	轿车、轻型载重汽车轮胎	载重汽车轮胎	工程机械轮胎	
			外径＜Φ2000	外径≥Φ2000
模具外直径 D_2 偏差	±0.5	±0.5	±1.0	±2.0
模具高度 H_0 偏差	±0.5	±0.5	±1.0	±2.0
上模装机孔置度	≤Φ0.5	≤Φ0.5	≤Φ1.0	≤Φ2.0

续表

项目名称	轮胎类型			
	轿车、轻型载重汽车轮胎	载重汽车轮胎	工程机械轮胎	
			外径＜Φ2000	外径≥Φ2000
驱动机构连接孔位置度	≤Φ0.5	≤Φ0.5	≤Φ1.0	≤Φ2.0
轮胎外直径 D_0 偏差	±0.2	±0.3	±0.5	±0.8
断面宽 B 偏差	±0.2	±0.3	±0.4	±0.5
轮辋间宽度 C 偏差	±0.2	±0.3	±0.4	±0.5
钢圈子口宽度 h 偏差	±0.05	±0.1	±0.2	±0.3
钢圈子口直径 d 偏差	±0.05	±0.1	±0.15	±0.15
对接花纹合模错位量	≤0.1	≤0.1	≤0.2	≤0.3
非对接花纹合模错位量	≤0.3	≤0.5	≤1.0	≤2.0
花纹节距偏差	±0.2	±0.3	±0.3	±1.0
各断面曲线样板间隙	≤0.1	≤0.1	≤0.2	≤0.3
模具上下平面的平面度	≤0.15	≤0.2	≤0.25	≤0.5
模具上下平面的平行度	≤0.3	≤0.4	≤0.5	≤1.0
胎冠圆跳动	≤0.2	≤0.3	≤0.5	≤0.8
胎肩圆跳动	≤0.2	≤0.3	≤0.5	≤0.8
轮胎外直径 D_0 与钢圈子口直径 d 的同轴度	≤Φ0.1	≤Φ0.2	≤Φ0.3	≤Φ0.5
钢圈子口直径 d 与定位环的同轴度	≤Φ0.1	≤Φ0.2	≤Φ0.3	≤Φ0.5

模具的中模套、滑块、上盖、底板、胎侧板等主体材料应采用 ZG 270－500 或不低于同等性能的钢材；模具的花纹块可采用机械性能不低于 ZG 270－400 的钢材或采用铝合金材料。

上下胎侧板与钢圈之间分型面的锥度配合应符合 GB/T 1800.2－1998 中 H7/h6 的规定，其表面粗糙度 Ra≤1.6 μm；模具花纹尺寸的极限偏差应符合 GB/T 1804－2000 中 m12 级的规定，其表面粗糙度 Ra≤3.2 μm；模具的花纹块分型面平面度不大于 0.05 mm，表面粗糙度 Ra≤1.6 μm；模具的胎侧板型腔表面粗糙度 Ra≤1.6 μm；模具的上下表面平面表面粗糙度 Ra≤3.2 μm；模具各滑动配合面表面粗糙度 Ra≤1.6 μm。模具的滑块及各种非复合材料的垫板其摩擦表面应进行表面硬化处理，其硬度不小于 330HV30 或 HRC35。

模具的钢质花纹块组装后各分型面间的间隙不大于 0.03 mm；铝质花纹块应根据模腔尺寸和硫化条件留有适当的间隙。模具的花纹块组装后与上下胎侧板局部的配合间隙不大于 0.1 mm。模具在装配后应留适当的预加载量，各活络块应滑动平稳、开合自如，无卡阻、干涉等现象。

对于同一轮胎规格的以下模具，零部件应具有互换性：同一型号向心机构的型腔，钢圈、胶囊夹盘，胎侧板上同一位置的活字块。

带蒸汽室的模具应进行水压或蒸汽试验，试水压力不小于 3.0 MPa（或不小于 1.6 MPa 蒸汽压力），保压时间不少于 1 h，试压结果不应渗漏。

2. 两半模

两半模具按硫化设备不同分为机用模具和罐用模具。

机用模具见图 2.4.2－73。模具的上模体、下模体、钢圈、胶囊夹盘等主体材料应采用 ZG 270－500 或不低于同等性能的钢材；模具的花纹圈可采用机械性能不低于 ZG 270－400 的钢材或采用铝合金材料。

上下模锥面的配合、上下模与钢圈之间分型面的配合应符合 GB/T 1800.2－1998 中 H7/h6 的规定，其表面粗糙度 Ra≤1.6 μm；模具花纹尺寸的极限偏差应符合 GB/T 1804－2000 中 m12 级的规定，其表面粗糙度 Ra≤3.2 μm；模具的胎侧板型腔表面粗糙度 Ra≤1.6 μm；模具的上下平面表面粗糙度 Ra≤3.2 μm；上下两半模具锥度面的配合面研红丹接触面达到 80％以上。

全钢质花纹的模具组装后上下模分型面间的间隙不大于 0.03 mm；铝质花纹的模具组装后上下模分型面间的间隙不大于 0.05～0.10 mm。模具上、下模的定位装置应一一对应。

对于同一轮胎规格的以下零部件应具有互换性：钢圈、胶囊夹盘，胎侧板上同一位置的活字块。

带蒸汽室的模具应进行水压或蒸汽试验，试水压力不小于 3.0 MPa（或不小于 1.6 MPa 蒸汽压力），保压时间不少于 1 h，试压结果不应渗漏。

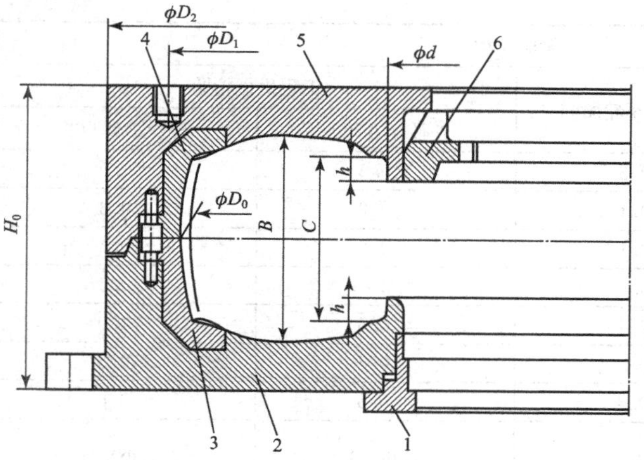

A 型定型硫化机用模具

1—下夹环；2—下钢圈；3—下模体；4—下花纹圈；5—上花纹圈；6—上模体；7—上钢圈；8—上压盘；9—上夹环

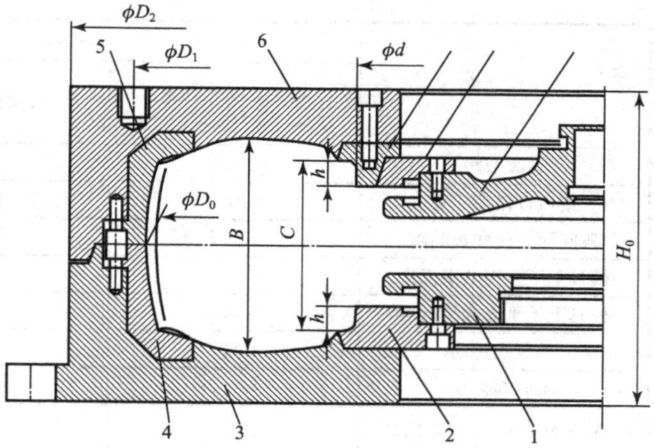

B 型定型硫化机用模具

1—下模定位环；2—下模体；3—下花纹圈；4—上花纹圈；5—上模体；6—上模定中环

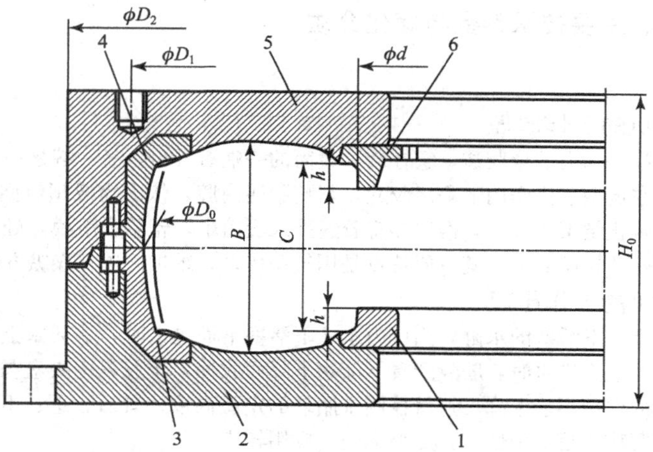

图 2.4.2-73 两半模具结构示意图

1—下钢圈；2—下模体；3—下花纹圈；4—上花纹圈；5—上模体；6—上钢圈

为保证轮胎模具装配于定型硫化机的互换性，在行业标准 HG/T 3227.2—2009 中，制定有两半模具主要尺寸的极限偏差。见表 2.4.2-3 所示。

表 2.4.2-3 两半模具各部位主要尺寸的极限偏差

单位：mm

项目名称	轮胎类型			
	轿车、轻型载重汽车轮胎	载重汽车轮胎	工程机械轮胎	
			外径＜Φ2000	外径≥Φ2000
模具外直径 D_2	±0.5	±0.5	±1.0	±2.0
模具高度 H_0	±0.5	±0.5	±1.0	±2.0
上模装机孔置度 D_1	≤Φ0.5	≤Φ0.5	≤Φ1.0	≤Φ2.0
过热水嘴中心距 L	±0.3	±0.3	±0.5	±1.0
轮胎外直径 D_0	±0.2	±0.3	±0.5	±0.8
断面宽 B	±0.2	±0.3	±0.4	±0.5
轮辋间宽度 C	±0.2	±0.3	±0.4	±0.5
钢圈子口宽度 h	±0.05	±0.1	±0.2	±0.3
钢圈子口直径 d	±0.05	±0.1	±0.2	±0.3
对接花纹合模错位量	≤0.1	≤0.1	≤0.2	≤0.3
非对接花纹合模错位量	≤0.3	≤0.5	≤1.0	≤2.0
型腔直径合模错位量	≤0.1	≤0.2	≤0.3	≤0.5

续表

项目名称	轮胎类型			
	轿车、轻型载重汽车轮胎	载重汽车轮胎	工程机械轮胎	
			外径 < Φ2000	外径≥Φ2000
花纹节距	±0.2	±0.3	±0.5	±1.0
模口合模面间隙	≤0.1	≤0.1	≤0.2	≤0.3
各断面曲线样板间隙	≤0.1	≤0.1	≤0.2	≤0.3
模具上下平面的平面度	≤0.15	≤0.2	≤0.25	≤0.5
模具上下平面的平行度	≤0.3	≤0.4	≤0.5	≤1.0
胎冠圆跳动	≤0.2	≤0.3	≤0.5	≤0.8
胎肩圆跳动	≤0.2	≤0.3	≤0.5	≤0.8
轮胎外直径 D_0 与钢圈子口直径 d 的同轴度	≤Φ0.1	≤Φ0.2	≤Φ0.3	≤Φ0.5
钢圈子口直径 d 与定位环的同轴度	≤Φ0.1	≤Φ0.2	≤Φ0.3	≤Φ0.5

三、硫化机工作原理、主要技术参数与硫化介质

3.1 工作原理

3.1.1 A 型定型硫化机的工作原理

A 型中心机构使用的胶囊是一个大的橡胶袋，它在装入囊筒的一端有开口，另一端是一个密封的 U 型槽，当胎坯放在下钢圈上，藏在囊筒内的胶囊在定型蒸汽作用下翻出胶囊，紧贴胎坯内腔，依次完成预定型、保持定型和最终定型工艺过程，合模通入硫化介质硫化。硫化结束，开模，推顶器将胶囊推入囊筒中，轮胎脱下模，处在上模位置，装在推顶器上的卸胎夹具出入上钢圈，把硫化好的轮胎卸下。其主要特点是用气动传动，维护简单，操纵方便。

3.1.2 B 型定型硫化机的工作原理

以复动式为例，是一个有上、下活塞的水缸，当压力水从下活塞下面进水时，下活塞上升，推着上活塞一起上升，使胶囊拉直，当压力水从下活塞的上面进水时，胶囊随着下活塞下降而收缩，至胶囊上夹盘与定型套筒接触时，下活塞停止运动，这时上活塞因受压力水的作用不能下降，这就控制了胎坯的定型高度。其后，上、下活塞在上半模型的压力下同时下降，直到硫化机闭合。其主要特点是对中性好，定型准确，应用较广。

3.1.3 RIB 型定型硫化机的工作原理

主机带动曲柄齿轮及连杆，横梁在曲柄齿轮及连杆作用下垂直和水平运动，通过横梁的垂直运动锁紧横梁和底座之间的模具，进而产生轮胎硫化所需要的合模力。横梁上设有推顶器，底座上设有中心机构，通过横梁的水平移动以便实现装胎、轮胎与胶囊的剥离及卸胎等动作。在硫化整个周期中，横梁都保持水平状态不倾斜。硫化时往中心机构的胶囊中注入过热水，起到水胎的作用。轮胎在闭合的上下模具间的高温高压下完成轮胎的定型和硫化。

3.2 主要技术参数

定型硫化机的主要参数包括：横压力、预紧力（又称锁模力）和功率。

3.2.1 横压力、预紧力和总压力

横压力是确定机台和各零部件设计的原始参数。

$$Q_h = Q_n + Q_{sh} - Q_w$$

式中，Q_h——横压力；

Q_n——模型内一个向外扩张的压力；

Q_{sh}——作用于蒸汽室壁的压力；

Q_w——模型外与蒸汽室间有一个力图压紧模型的外力。

当单位压力为 P_n 的过热水通入胶囊时，压力胶囊传递给未硫化的外胎，P_n 作用于胶囊内腔的最大直径上，但由于胶囊及胎坯均不是刚性体，特别是硫化加温后，胎坯胶料呈黏流态，故计算模内压力时，

$$Q_n = \pi/4D_{mn}{}^2 P_n$$

当蒸汽室通入单位压力为 Psh 的蒸汽时，蒸汽室的压力为：

$$Q_{sh} = \pi/4D_{shz}{}^2 P_{sh}$$

同样 P_{sh} 也作用到胎模的表面，则压紧模型的外压力为：

$$Q_w = \pi/4D_{mn}{}^2 P_{sh}$$

故罐式定型硫化机的横压力为：

$$Q = \pi/4D_{mn}{}^2 P_n + \pi/4D_{shz}{}^2 P_{sh} - \pi/4D_{mn}{}^2 P_{sh} = \pi/4D_{mn}{}^2 (P_n - P_{sh}) + \pi/4D_{shz}{}^2 P_{sh} \quad (a)$$

当胎模采用夹套式或热板式加热时，蒸汽于胎模成一封闭系统，不对其他零件产生压力，所以（a）中二、三项为零，故夹套式和热板式定型硫化机的横压力为：

$$Q=\pi/4D_{mn}{}^{2}P_{n}$$

在硫化过程中，横压力总是力图顶开胎模和蒸汽室。为使两模型不张开和在模型结合处不产生厚的飞边，防止蒸汽从蒸汽室逸出，一般在硫化前，通过传动装置让连杆、横梁等产生弹性变形，从而给模型施加预紧力，我国设计的硫化机多取预紧力等于横压力。

所谓预紧力，是指未通入内压前锁紧模型的力。当轮胎及蒸汽室内通入内压时，原先的预紧力就会稍微增加，增加后的预紧力我们称它为总压力 Q。它是定型硫化机主要零部件设计的主要参数之一。

另外，在硫化结束时，因有关零件受热而稍有膨胀，此时的总压力还要稍微增大。

3.2.2　功率的确定

定型硫化机运行过程中功率消耗较大的有三个位置，分别是：①开模瞬间；②闭模启动引开和翻横梁时；③锁模力达到一定值时。

因为①和②受启动电流的影响，不代表机台的真正功率。所以考虑功率只要③得到满足，其他就自然得到满足。

3.2.3　硫化机主要性能参数一览

GB/T 13579－2008《轮胎定型硫化机》规定了轮胎定型硫化机（机械式和液压式）的技术条件；HG/T 3119－2006《轮胎定型硫化机检测方法》给出了轮胎定型硫化机的检测方法。GB/T 13579－2008 列举的轮胎定型硫化机基本参数见表 2.4.2-4～2.4.2-5。

表 2.4.2-4　机械式硫化机系列与基本参数

规格	蒸汽室或护罩公称内径/mm	模型加热方式	合模力/kN	模型数量/个	调模高度/mm	适用胎圈规格/mm（in）
860	860	热板	1 030	2	110～200	203～330（8～13）
910	910		1 030		150～300	230～356（8～14）
1 030	1 030		1 330		155～302	305～406（12～16）
1 050	1 050		1 320		180～306	
1 120	1 120		1 715		205～430	305～406（12～16）
						406～508（16～20）
1 145	1 145		1 570		205～430	305～445（12～17.5）
			1 700		230～455	
1 170	1 170		1 720		200～440 200～460	305～432（12～17） 330～457（13～18） 330～508（13～20）
			1 960			
			2 150		230～508	
1 220	1 220		1 570		205～430	305～406（12～16） 406～508（16～20）
			1 715		190～445 240～495	330～445（13～17.5）
					198～445	330～508（13～20）
					200～430	
					200～480	
			1 920		305～505	
					300～560	
		蒸汽室	2 400		200～470	305～508（12～20）
1 320 （1 310）	1 320 （1 310）	蒸汽室	2 890		245～446	406～508（16～20）
			2 840		240～445	381～572（15～22.5）
		热板	2 160		300～560	381～610（15～24）
1 360	1 360	热板	2 650		300～560	406～610（16～24）
1 400	1 400	蒸汽室	2 940		250～400	406～508（16～20）
1 525	1 525		4 220		254～636	406～610（16～24） 381～622（15～24.50）

续表

规格	蒸汽室或护罩公称内径/mm	模型加热方式	合模力/kN	模型数量/个	调模高度/mm	适用胎圈规格/mm (in)
1 585	1 585	蒸汽室	4 450	2	400～650	508～622 (20～24.5)
1 600	1 600	热板	4 220		254～635	482－622 (19－24.5)
		蒸汽室	4 410			381～622 (15～24.5)
1 620	1 620	热板	4 220		254～635	482～622 (19～24.5)
					400～650	
1 640	1 640	热板	4 220		400～650	482～622 (19～24.5)
			4 450		254～622	482～622 (19～24.5)
			4 580		254～635	406～635 (16～25)
1 650	1 650	蒸汽室	4 650		400～700	508～635 (20～25)
		热板	3 340		285～635	381～610 (15～24)
			4 300		254～635	405～622 (15～24.5)
					400～650	
1 680	1 680	蒸汽室	5 390		450～750	482～635 (19～25)
		热板	4 580		254～635	406～622 (16～24.5)
1 730	1 730	热板	4 900		300～750	482～635 (19～25)
1 750	1 750	热板	4 800		400～700	508～635 (20～25)
1 800	1 800	蒸汽室或热板	4 630			
1 900	1 900		6 480	1	305～650	610～965 (24～38)
			6 470		380～710	508～965 (20～38)
2 160	2 160		8 430		550～920	
2 235	2 235		9 400		550～920	
			9 510			
2 250	2 250		9 400			
2 500	2 500		12 750		600～960	610～1 067 (24～42)
2 565	2 565		13 685		600～1 070	508～965 (20～38)
2 665	2 665	蒸汽室	13 685		600～1 070	610～1 168 (24～46)
3 000	3 000	热板式	10 730		700～1 250	610～1 067 (24～42)

注：1. 蒸汽室或护罩实际内径允许增加公称内径的 2%；2. 表中参数，客户有特殊要求的除外；3. 表中参数（1 310）为保留规格。

表 2.4.2-5　液压式硫化机系列与基本参数

规格	蒸汽室或护罩公称内径/mm	模型加热方式	合模力/kN	模型数量/个	调模高度/mm	适用胎圈规格/mm (in)
730	730	热板	600	2	62～987[a]	203～305 (8～12)
840	840					
890	890		900			
1 040	1 040		1 330		200～425	330～406 (13～16)
1 120	1 120		1 330		90～950[a]	330～457 (13～18)
1 140	1 140		1 360		190～430	305～457 (12～18)
1 145	1 145		1 360		220～440	330～457 (13～18)
			1 400		43～943[a]	305～406 (12～16)
1 170	1 170		1 715		230～500	355～482 (14～19)
					310～660	381～610 (15～24)
1 220	1 220		1 715		200～490	330～508 (13～20)
			1 960		320～450	305～457 (12～18)
						305～558 (12～22)
1 300	1 300		1 570		250～500	355～445 (14～17.5)
			1 810		250～540	355～495 (14～19.5)
1 330	1 330		1 715		310～650	381～508 (15～20)
			1 860		310～575	355～558 (14～22)
			1 960		310～630	355～508 (14～20)
1 340	1 340		1 715		225～550	355～508 (14～20)
1 600	1 600	蒸汽室	4 600		410～635	482～635 (19～25)
1 620	1 620	热板	3 920		400～650	508～635 (20～25)
1 665	1 665		3 800			
1 700	1 700		3 800		390～550	406～610 (16～24)
1 725	1 725	蒸汽室	4 400		max 640	381～622 (15～24.5)
1 750	1 750	热板	4 600		400～700	508～635 (20～25)
2 060	2 060	蒸汽室	9 000	1	558～914	508～965 (20～38)
2 160	2 160	蒸汽室	9 000		610～1 067	610～965 (24～38)

注：[a] 蒸汽室或护罩实际内径允许增加公称内径的 2%。

[b] 表中参数，客户有特殊要求的除外。

[c] 为直压式液压硫化机调模高度参数，参数为热板最大与最小间距。

我国硫化机主要参数基于桂林橡胶机械有限公司的硫化机产品系列，因此，下面列举桂林橡胶机械有限公司硫化机主要参数，详见表 2.4.2－6 和表 2.4.2－7。

表 2.4.2－6 桂林橡胶机械有限公司液压式轮胎硫化机主要技术参数

型号	1140 (45″)	1220 (48″)	1330 (51″)	1620 (63.5″)	1665 (65.5″)	1700 (67″)	1725 (70″)	3800 (150″)	4320 (170″)	4500 (177″)	4800 (188″)	5400 (212″)
硫化室内径/mm	1 140	1 220	1 330	1 620	1 665	1 700	1 725	3 800	4 320	4 500	4 800	5 400
最大合模力/kN	1 360	1 920	2 200		4 450	3 200	4 400	26 200	44 450	36 000	40 000	56 000
胎圈直径/″(英寸)	12—18	14—20	15—20		19.5—24.5	16—24	15—24.5	36—51	49—57	39—57	51—57	57—63
调模高度/mm	190—430	203—457	310—630		400—650	420—620	390—570	800—1310	800—1350	1010—1410	1250—1600	1100—1900
加热方式	热板式	热板式	热板式	热板式	热板式	热板式	蒸锅式	蒸锅式	蒸锅式	蒸锅式	蒸锅式	蒸锅式
最大生胎高度/mm	370	500	520		550	700	830	2500	2600	1800	1400	2200
最大生胎直径/mm	760	830	870		1250	1260	1300	3378	3750	3500	3594	4000

表 2.4.2－7 桂林橡胶机械有限公司机械式轮胎硫化机主要技术参数

型号	1050 (42″)	1145 (45″)	1170 (46″)	1220 (48″)	1330 (52.5″)	1360 (53.5″)	1525 (60″)	1600 (63″)	1620 (63.5″)	1660 (65″)	1680 (66″)	1730 (68″)
硫化室内径/mm	1 050	1 145	1 170	1 220	1 330	1 360	1 525	1 600	1 620	1 660	1 680	1 730
最大合模力/kN	1 320	1 720	2 160	1 920	1 920	2 890	4 220	4 580	4 220		5 500	5 500
胎圈直径/″(英寸)	12—16	12—18	13—18	13—20	16—20	15—20	16—24.5	16—24.5	16—24.5		20—26	20—26
调模高度/mm	150—376	200—430	200—440	300—505	380—525	245—445	254—635	254—635	254—635		400—750	400—750
加热方式	热板式	热板式	热板式	热板式	热板式	热板式	蒸锅式	蒸锅式	热板式	热板式	蒸锅式	蒸锅式
最大生胎高度/mm	762	450	450	450	450	760	890	890	890		900	900
最大生胎直径/mm	800	800	870	900	800	1018	1135	1250	1250		1350	1400
型号	1815 (72″)	1900 (75″)	2160 (85″)	2250 (88″)	2350 (92″)	2410 (95″)	2665 (105″)	3000 (118″)	3100 (122″)	3200 (126″)	3300 (130″)	5000 (200″)
硫化室内径/mm	1815	1900	2160	2250	2350	2410	2665	3000	3100	3200	3300	5000
最大合模力/kN	7500	6480	8460	9400	9510	9510	13685	17200	17200	18200	20000	49000
胎圈直径/″(英寸)	20—38	20—38	20—38	20—38	20—38	20—38	24—51	24—51	24—51	32—51	25—51	51—63
调模高度/mm	330—750	380—730	550—920	550—920	650—940	650—940	600—1200	800—1250	800—1250	660—1220	660—1220	1500—1900
加热方式	蒸锅式	蒸锅式	蒸锅式	蒸锅式	蒸锅式	蒸锅式	蒸锅式	蒸锅式	蒸锅式	蒸锅式	蒸锅式	蒸锅式
最大生胎高度/mm	1 450	1 200	1 600	1 600	1 600	1 600	1 800	1 250	1 250	2 000	2 160	4 000
最大生胎直径/mm	1 400	1 630	1 850	1 900	1 900	1 950	2 100	2 450	2 500	2 600	2 850	4 120

硫化机应具有手控及自控系统，能够完成装胎、定型、硫化、卸胎及后充气（必要时）等操作过程。硫化机各运动部件的动作应平稳、灵活、准确可靠，液压、气动部件运动时不应有爬行和卡阻现象。

硫化机电气设备在下列条件下应能正常工作：①交流稳态电压值为 0.9～1.1 倍的标称电压；②环境温度 5～40℃；③当温度为 40℃，相对湿度不超过 50%时（温度低则允许高的相对湿度，如 20℃时为 90%）；④海拔 1 000 m 以下。

硫化机应具有指示合模力的装置，合模力应不小于规定值的 98%。硫化机应具有指示及记录蒸汽室（或热板）内温和胶囊内温与压力的仪器仪表，工作灵敏可靠。硫化机应具有自动调节蒸汽室（或热板）温度的装置，工作灵敏可靠。硫化机热板应进行温度均匀性试验，当温度达到稳定状态时，同一块热板工作表面测温点不少于 24 点，其温度波动值不大于±1.5℃。配有后充气装置的硫化胶，其主机的硫化周期与后充气装置的充气周期应采用联锁电路，以保证其动作相互协调。

硫化机囊筒、水缸等须进行不低于工作压力 1.5 倍的水压试验，保压 5 min 不应有渗漏。

硫化机蒸汽室（或热板护罩）外表面涂漆的耐热温度应不低于 120℃。

机械式硫化机应具有自动润滑系统或选用具有可靠的自润滑轴承材料；主导轮应沿导轨有效工作长度的 70%以上滚动（导槽的直线部分除外）；合模终点应使曲柄中心位于下死点前 4～30 mm；空负荷开合模试验不小于 5 次，运行中主电机最大电流应不大于额定电流的 1.6 倍；当合模力达到规定值的 98%以上时，主电机最大电流值不大于额定电流的 3 倍；正常工作时，主传动减速机的油池温升应不大于 30℃。

液压式硫化机油缸应进行耐压试验，其试验压力不低于工作压力对的 1.5 倍，保压 5 min 不应有渗漏；空负荷开合模试验不小于 5 次，液压站电机和各控制阀应灵敏、动作准确、可靠；正常工作时油箱内液压油的温度应不大于 60℃；应具有自动补压装置，其保压压力不低于工作压力的 98%。

硫化机的各项平行度、同轴度、偏差、垂直度、圆度应符合表 2.4.2-8 中的限值。

表 2.4.2-8　硫化机的各项平行度、同轴度、偏差、垂直度、圆度限值

<table>
<tr><td colspan="5">机械式硫化机上横梁下平面对底座上平面的平行度或液压式硫化机上、下热板
（蒸锅式为上横梁下平面与底座上平面）的平行度　单位：mm</td></tr>
<tr><td rowspan="3">蒸汽室（或热板护罩）公称内径 D</td><td colspan="4">平行度公差值</td></tr>
<tr><td colspan="2">机械式硫化机</td><td colspan="2">液压式硫化机，上横梁在锁模位置</td></tr>
<tr><td>上横梁在下死点位置</td><td>上横梁从下死点位置上升到垂直移动行程的 1/2</td><td>热板式上、下热板</td><td>蒸锅式上横梁下平面与底座上平面</td></tr>
<tr><td>D<1310</td><td>≤0.4</td><td>≤1.0</td><td>≤0.6</td><td>≤0.4</td></tr>
<tr><td>1310≤D<1650</td><td>≤0.5</td><td>≤1.2</td><td>≤0.8</td><td>≤0.5</td></tr>
<tr><td>1650≤D<1800</td><td rowspan="3">≤0.6</td><td rowspan="3">≤1.5</td><td rowspan="3">≤1.0</td><td rowspan="3">≤0.6</td></tr>
<tr><td>1800≤D≤2160</td></tr>
<tr><td>D>2160</td></tr>
<tr><td colspan="5">硫化机活络模操纵缸的活塞杆中心（或上横梁相应孔中心）与中心机构的同轴度或推顶器中心与囊筒中心的同轴度　单位：mm</td></tr>
<tr><td colspan="2" rowspan="2">蒸汽室（或热板护罩）公称内径 D</td><td colspan="3">同轴度公差值</td></tr>
<tr><td colspan="2">机械式硫化机</td><td>液压式硫化机</td></tr>
<tr><td colspan="2">D<1310</td><td colspan="2">≤Φ1.0</td><td>≤Φ0.5</td></tr>
<tr><td colspan="2">1310≤D<1650</td><td colspan="2">≤Φ1.0</td><td>≤Φ0.8</td></tr>
<tr><td colspan="2">1650≤D<1800</td><td colspan="2">≤Φ1.2</td><td>≤Φ1.0</td></tr>
<tr><td colspan="2">1800≤D≤2160</td><td colspan="2">≤Φ1.6</td><td>≤Φ1.2</td></tr>
<tr><td colspan="2">D>2160</td><td colspan="2">≤Φ2.0</td><td>≤Φ1.5</td></tr>
<tr><td colspan="5">硫化机上固定板（或上热板）安装模型孔的中心与下蒸汽室（或下热板）T 型槽中心的偏差　单位：mm</td></tr>
<tr><td colspan="3">蒸汽室（或热板护罩）公称内径 D</td><td colspan="2">偏差值</td></tr>
<tr><td colspan="3">D<1310</td><td colspan="2" rowspan="2">±1.0</td></tr>
<tr><td colspan="3">1310≤D<1650</td></tr>
<tr><td colspan="3">1650≤D<1800</td><td colspan="2">±1.5</td></tr>
<tr><td colspan="3">1800≤D≤2160</td><td colspan="2" rowspan="2">±2.0</td></tr>
<tr><td colspan="3">D>2160</td></tr>
<tr><td colspan="5">硫化机装胎机构立柱的垂直度应≤0.5 mm/m</td></tr>
</table>

续表

硫化机机械手抓胎器抓胎部位张开后的圆度	单位：mm
胎圈规格 D	圆度公差值
D<457（18 in）	≤0.5
457（18 in）≤D<508（20 in）	≤0.8
508（20 in）≤D<622（24.5 in）	≤1.0
622（24.5 in）≤D≤965（38 in）	≤1.5
D>965（38 in）	≤2.0
硫化机机械手抓胎器中心（在装胎位置）与中心机构或与囊筒中心的同轴度	单位：mm
蒸汽室（或热板护罩）公称内径 D	同轴度公差值
D<1310	≤Φ1.0
1310≤D<1650	
1650≤D<1800	≤Φ1.5
1800≤D≤2160	≤Φ2.0
D>2160	≤Φ3.0
硫化机机械手抓胎器抓胎部位（在装胎位置）与下蒸汽室或下热板的平行度	单位：mm
蒸汽室（或热板护罩）公称内径 D	平行度公差值
D<1310	≤Φ1.0
1310≤D<1650	≤Φ1.5
1650≤D<1800	≤Φ2.0
1800≤D≤2160	≤Φ2.5
D>2160	
后充气装置上、下夹盘的同轴度	单位：mm
胎圈规格 D	圆度公差值
D<457（18 in）	≤Φ1.0
457（18 in）≤D<508（20 in）	
508（20 in）≤D<622（24.5 in）	≤Φ1.5
622（24.5 in）≤D≤965（38 in）	≤Φ2.0
D>965（38 in）	

硫化机蒸锅夹层或热板护罩夹层应填充不含石棉的隔热材料，硫化时，蒸锅或热板护罩的外表面平均温度与环境温度之差不大于40℃。硫化机应具有蒸汽室及胶囊内压力不大于0.02 MPa时方可开启模型的安全装置。硫化机装、卸胎，开、合模及硫化过程应采用互联锁电路（或程序），确保动作安全协调。硫化机中心机构上环动力系统应设有安全止回阀和安全头。硫化机蒸汽室上方应具有安全阀，开启压力应符合设计要求。

硫化机装胎机构的升降部分应具有安全可靠的急停按钮；用链条升降的装胎机构，断链后其惯性下滑量应不大于50 mm。硫化机控制柜操作面应具有安全可靠的急停按钮，并安装在易于操作的明显位置。硫化机各限位开关应限位准确、灵敏、可靠。硫化机控制系统应具有电力中断后，机器保持现状，通电后只能通过手动控制方能运转的安全功能。硫化机应具有上横梁在合模过程中停止及反向运行的紧急停车装置。

机械式硫化机应具有当合模到终点位置时切断主电机电源的安全装置；主电机断电后上横梁的惯性下滑量应不大于30 mm；在合模位置应设置机械阀或电控阀，确保合模后切断上环升降、下环升降、卸胎支臂升降和进出、机械手进出的控制气源。

液压式硫化机应具有可靠的限压装置；应具有在停机检修或换模时锁定上模运动部件的安全装置；应具有合模未锁定不能施加合模力的功能。

3.3　硫化主要介质

3.3.1　传统硫化工艺使用的介质

轮胎硫化可以采用高压低温或低压高温的两种硫化工艺，前者产品质量较好而生产效率低，后者生产效率较高而产品质量不易保证。

目前，国内轮胎硫化工艺普遍使用过热水或直接蒸汽作为硫化介质的硫化工艺。

过热水温度一般控制在170～180℃，内压保持在2.2～2.6 MPa，硫化时间控制在20～30 min，内压较高，介质性质较稳定，轮胎的质量较好，外观合格率较高，问题是硫化温度低，硫化时间长，生产效率低，硫化机利用率低。

直接蒸汽介质硫化工艺是直接使高压饱和蒸汽进入胶囊，内压一般在1.6～1.9 MPa，温度达到190～210℃，硫化时间10～15 min。这种方式的优点主要是生产效率高，但对整个轮胎生产各道工序的工艺和装备，甚至对半成品的存放条件、时间等，都有严格的要求，由于内压偏低，轮胎肩部处胶料厚，造成局部压力不足，容易产生钢丝带束层端点松散，从而影响轮胎的高速和耐久性能。内压低还会造成外观合格率下降。

各种介质的作用：

1）蒸汽：①加热蒸汽室、夹套或板腔；②以蒸汽通入胶囊内，对胎胚进行定型；③预热胶囊；④对蒸汽室密封。

2）过热水：通过胶囊对胎胚进行加热和压缩。

3）冷却水：①正硫化结束时，对蒸汽室进行冷却；②对胶囊进行冷却。

4）压力水：①通过胶囊操纵缸及脱模缸来控制胶囊的伸直、收缩及脱模等；②通过推胎器液压缸，存胎器液压缸，锁模液压缸来控制推胎，存胎和锁模；③通过卸胎液压缸来控制卸胎；④通过后充气水缸，控制水缸升降来装卸轮胎。

5）压缩空气：①吹蒸汽室和胶囊内的积水；②通过机械手气缸，实现抓放胎胚的动作；③通过胎腔进行后充气冷却。

6）抽真空：控制胶囊收缩以利硫化前生胎装入和硫化后外胎的卸出。

为确保硫化机的正常工作，提高胶囊和机台的使用寿命，要求各介质（蒸汽、过热水、冷却水、压缩空气）的压力要稳定，过热水和冷却水要软化。

3.3.2 充氮硫化

为提高产品质量、减少设备投资和降低能耗，人们对硫化工序作了许多改进工作，除直接改进硫化机本身的设计外，近年来在硫化加热介质方式上改进及发展也比较快，已从蒸汽/过热水发展到蒸汽/惰性气体，进而发展到蒸汽/氮气硫化介质方式，简称充氮硫化。充氮硫化采用190～210℃高压饱和蒸汽充入胶囊升温之后，再向胶囊充入2.0～2.6 MPa压力的高纯氮气的增压办法，以达到高温高压的硫化条件。

充氮硫化的轮胎硫化机的中心机构，其大部分部件与现有的充氮硫化的轮胎硫化机的中心机构的相应部件相同，所不同的是，缸筒上口装有缸盖和法兰盖，其环形凹槽喷射蒸气和氮气的喷口方向分别呈水平偏下向与水平偏上向，同时，在法兰盖上还装有一吸水胶管，其吸嘴可吸取胶囊中的冷凝水通过出水管流出。该中心机构用硫化机硫化轮胎，其硫化室内的蒸气和氮气混合均匀，能及时排除冷凝水，保证硫化室温度均匀稳定，从而提高硫化质量。充氮硫化除前述硫化机的中心机构外，管路也略有差异。B、C、RIB型中心机构改造后都可用于氮气硫化。

同传统的蒸汽或过热水硫化方式相比，充氮硫化具有以下优点：

1）与过热水硫化方式相比：①硫化周期缩短近20%，提高硫化机利用率15%。降低了设备投资，降低了轮胎成本；②将水一蒸汽一过热水两次换热过程，改变为水一蒸汽一次换热过程，减少了换热损失；③可以取消水—蒸汽—过热水热交换器和过热水增压装置，以及过热水除氧装置，过热水回收装置的投资。

2）与传统的蒸汽硫化方式相比：①减少80%左右的蒸汽消耗量，节约了能源，并使硫化部分生产费用降低50%左右；②硫化合格率提高2%～5%。

3）胶囊寿命增加25%～100%，消除了管道剥蚀现象，节省设备操作和维修费用，并减少了停机费用。

4）采用氮气硫化系统，其压力稳定，在一定范围内任意调节，且升压方便，对轮胎均匀性、平衡性，尤其是轮胎的耐磨性能和外观质量的提高起了很大的作用。

四、轮胎定型硫化机的维护检修

轮胎定型硫化机是低速重载生产设备，结构复杂、管道阀门较多、运动及连接部件繁多，动力介质种类多压力高，对该设备的维护检修工作复杂。

4.1 维护和检修安全事项

1）检修前必须落实各工种的安全措施，并设专人负责。

2）检修时必须首先排空内、外压，切断气、水、电、汽等动力源，并挂警示牌。

3）笨重部件拆装时要严格执行起吊操作规程，拆下后要摆放平整并垫实。

4）更换胶囊或检修中心机构时脚不能伸入夹盘的下方。

5）开模检修时，上横梁应停在开模极限位置。

6）检修主电机制动器时，必须使上横梁停在合模极限位置。

4.2 定型硫化机的维护保养

见表2.4.2-9所示。

表2.4.2-9 定型硫化机的维护保养内容

部件装置/系统的维护保养项目	方式方法	检查保养周期						
		1班	1天	1周	1月	1季	0.5年	1年
主机运转平稳性能	目视、监听	○						
各部分连接螺栓	定期紧固				○			

续表

部件装置/系统的维护保养项目	方式方法	检查保养周期						
		1班	1天	1周	1月	1季	0.5年	1年
地脚螺栓	定期紧固					○		
各润滑点的状况	目视	○						
合模力的平衡性	目视，调整		○					
位置控制器检查	目视，调整			○				
零压开关气压	目视，保持 0.02 Mpa	○						
干油润滑系统	检查注油量和油位			○				
中心机构运动自由平稳性	目视	○						
机械手运动自由平稳性	目视	○						
电机启动和运行电流	目视（最大不得超过额定值的 3 倍）	○						
控制参数和曲线	目视	○						
安全杆和急停装置	检查测试	○						
电机刹车装置的摩擦片间隙	测量（0.5～1.5 mm）					○		
驱动齿轮的啮合质量	红丹法（≥70%）							
主传动减速箱	过滤加（换）油						○	
各式仪表、传感器	检查校准						○	
管路清洁	冲洗吹，清污垢							
电气控制柜清洁	吹扫						○	
电气绝缘和安全	检测维护						○	
电机轴承	检查清洁、润滑							
电气开关和控制元件	检测和更新劣化元件					○		
指示灯保全	实时更换损件		○					

4.3 定型硫化机的润滑规范

定型硫化机属于低速重载设备，大量使用高温蒸汽为动力介质，所处工作环境温度高温 40℃以上，润滑良好与否特别重要。

定型硫化机的运动副采用干油润滑系统润滑，高温润滑脂集中由干油泵加压、分路输送、分配器设定润滑点的注油量。见表 2.4.2 - 10 所示。

表 2.4.2 - 10 定型硫化机的润滑规范

润滑部位	润滑油	润滑周期
传动减速箱	N320 极压齿轮油	半年 1 次加油，1 年清洁换油
电机轴承	二硫化钼复合钙基脂，或 ZL - 1	换油 1 年 1 次
自动干油泵	锂基润滑脂 ZL - 2	保持油位不低于油筒的 1/3
曲柄连杆机构的轴瓦	锂基润滑脂 ZL - 2	1 个运动周期注入 1 次
驱动齿轮副	锂基润滑脂 ZL - 2	每周适当加油
调模螺母	二硫化钼复合钙基脂，或 ZL - 1	每月 1 次注油
机械手升降圆柱导轨	锂基润滑脂 ZL - 2	1 个运动周期注入 1 次
直线导轨副	锂基润滑脂 ZL - 2	1 周 1 次
滚珠轴承	锂基润滑脂 ZL - 1	2 个月 1 次注入

4.4 检修方法和质量标准

1）囊筒内壁如有腐蚀或划痕，可用补焊、抛光方法修理，并进行耐压试验。

2）墙板轨道如有磨损，则用堆焊、手提砂轮磨平及细锉锉平打光的方法修补。

3）左、右连杆两配合孔的中心距可用镗、磨上下孔的方法修正其偏差。应成对加工。

4）上横梁工作平面的平面度超差时，以两端轴心为基准刨平其工作平面，表面粗糙度达到设计要求，然后以新平面为基准按标准中心距镗刮两个中心孔及钻攻其外围螺孔。

5）底座工作平面的平面度超差时则刨平底座的工作平面，表面粗糙度达到设计要求，然后以新平面为基准，按标准中心距镗刮两个中心孔及钻攻其外围螺孔。

见表 2.4.2－11 所示。

表 2.4.2－11　定型硫化机检修质量标准

项目	指标
连杆衬套内孔与轴颈的间隙	直径<200：0.12～0.40 >200～400：0.15～0.50 >400～600：0.20～0.60
连杆中心距偏差	±0.15
连杆与铜瓦的配合	H8/s7
连杆内孔表面粗糙度的最大允许值	3.2 μm
曲柄齿轮副在下死点位置时的侧隙	符合 JB170－83
底座上左右两端轴孔的同轴度公差	Φ0.1 mm
底座上左右两端轴孔表面粗糙度的最大允许值	3.2 μm
底座上左右两端轴孔与铜瓦的配合	H8/s7
底座上左右两端轴孔铜套内孔表面粗糙度的最大允许值	3.2 μm
底座上左右两端轴孔铜套与轴的配合	H8/f7
上横梁下平面在死点位置时，对底座上平面公差	0.6 mm
由死点升至 1/2 行程时，上横梁下平面对底座上平面公差	1.2 mm
上横梁两轴颈的同轴度公差	Φ0.1 mm
上横梁轴颈与连杆的内孔配合	H8/f7
上横梁轴颈轴线对横梁工作面的平行度公差	0.2 mm
合模的终点位置	使曲柄连杆的中心位于死点前 4～30 mm
左右墙板上垂直主导轨的后侧面与底座上平面的垂直公差	0.02 mm
左右主导轮在运行中滚动痕迹	>导轨全长的 60 %

4.5　定型硫化机安装和试车

4.5.1　定型硫化机安装

见表 2.4.2－12 所示。

表 2.4.2－12　定型硫化机安装技术

步骤	方法内容	技术质量指标
安装划线 各线划完后，制作预埋永久性原点标记	以厂房支柱轴线为参照，作硫化机左、右模具中心的中心连线为横向基准线	与厂房支柱轴线平行，偏差≤20 mm
	过模具中心作（竖向）直线，垂直于基准线	垂直偏差≤0.5 mm
主机预埋构件	在预埋划线位置开挖基础坑，放置构件找平找正，经检查确认后，浇灌混凝土	
主机就位基础条件	浇灌 G25 混凝土后，渡过一定的养护期，达到相当的强度后进行	在室温≥20℃时，浇灌完混凝土经过至少 7 天
安装运输	用底架支撑地上滚动方式移动到基础地面后，按最大重量的单件制定运输/吊装方案	
主机找平找正	以主机的左、右中心机构工作中心连线，与横向基准划线找正重合 找平主机的底座（承载）的水平	直线重合偏差±1 mm 在底座分布取点（至少 6 点），用 0.02 水平尺测量，达到水平度±0.1 mm/m
地脚螺钉浇灌混凝土	用 G30 混凝土浇灌	浇灌过程地脚螺钉必须保持垂直
管架安装	管口对平对正连接	通入工作介质无泄漏
电气安装	连接工厂供电和信息化系统的通讯对接	符合电气安装技术规范

4.5.2　定型硫化机试车

定型硫化机没有辅线，试车相对简练，按如下步序进行空负荷和负荷试车。

表 2.4.2-13　定型硫化机试车技术

步序	空负荷和负荷试车检查验证内容	质量要求
1	检查各系统，对水、气管线、电气装置、液压装置（如有的话）逐一检查安装质量	结构完整、接口接线正确无误、安全保护装置齐全 无开放点，连接牢靠 入端的工厂水气电参数符合设备要求
2	检查各处的连接紧固	连接紧固件齐全、紧固可靠
3	检查阀门和管路、控制线路连接	无开放点
4	手动盘车主机：电机至少转动 5 圈，传动主轴转动 1 圈以上	无任何异常声音，手感轻松自如，螺杆和旁压辊的转动方向正确
5	供给动力，测试各种信号，点动和启动，进行所有安全连锁和保护开关按钮的可靠性确认，进行空运转和制动的检查测试	起动方向位置和动作正确，安全设置正确可靠，控制通信畅通，信号灯指示正确、超限发出警报
6	检查减速箱润滑	油质不好的清洗更换新油，油量不足的补充到规定油位
7	检查各润滑点，启动干油泵，调节分配器注油量	各点润滑充分
8	启动主机运行，观察机械运动状态	运转平稳，拐点无冲击
9	检测主机电机制动刹车的横梁惯性	制动刹车后，上横梁的惯性下滑量不大于 30 mm
10	检查左右主导轮在运行中滚动痕迹	＞导轨全长的 70%
11	通入蒸汽、动力水、压缩空气、氮气动力介质	无泄漏
12	装配机械手，检测对中心精度	与中心机构的同轴度 1.0 mmTIR 装胎器与下热板平面平行度 ≤1 mm
13	检测装胎器与下热板平面平行度	≤1 mm
14	检测活络模操纵机构活塞杆的对中度	与中心机构的同轴度 1.0 mmTIR
15	检测下热板与中心机构的同轴度	0.05 mmTIR
16	检测上、下热板不平度（压铅法）	满负荷状态，≤0.05 mm
17	升温预热 4 h 后，用接触式温度计测量分析每块热板温度分布均匀性、上下热板温度差	每块热板均布测量不少于 24 点，取各测点温度的算术平均值为平均温度，各点温度在平均温度值±1℃范围内 上下热板温度差 ±1.5℃
18	装配模具，调整合模力，运行主机	左右合模力平衡误差±5% 运行电流不超过额定工作电流值
19	中心机构上装配闷盖，进行硫化模拟工艺实验	硫化控制参数和工艺曲线符合技术要求
20	装配胶囊，进行胎坯试硫化	试硫化轮胎送样进行外观检验和里程试验
21	进行胎坯硫化效应测试	评估硫化效应，应符合技术要求
22	以上测试评定合格后，进行 72 h 连续硫化	机器运行平稳，产品质量（或合格率）达到工艺技术标准，设备故障停机率≤2%。连续运行 72 h 后，合模力变化在 5% 范围内
23	试车结果评估	考核通过则进行验收

五、硫化设备的供应商

5.1　硫化机的主要供应商

轮胎定型硫化机的国内供应商有：桂林橡胶机械有限公司、益神公司（由益阳橡胶塑料机械集团有限公司与日本神户制钢所、神钢商事株式会社于 1995 年合资创办）、青岛软控、华工百川、巨轮股份、青岛双星、华橡自控等。

轮胎定型硫化机的部分国外供应商见表 2.4.2-14。

表 2.4.2-14　部分国外轮胎液压定型硫化机的供应商[1]

供应商	机架形式	开合模导向方式	合模力产生原理	中心机构型式	液压系统保压方法
德国 Krupp	2 台单机组合侧板式（槽钢），硫化时机架受力	中央导筒直接导向，双油缸液压比例阀同步	热板下部安装 4 个油缸，采用卡口式锁紧	C 型	蓄能器
德国 Herbert	2 台单机组合侧板式（工字钢），硫化时机架受力	六方导轨加 V 型导槽导向，单缸传动同步	模座下 4 个短行程液压缸，加上转进的锁模垫块	C 型	蓄能器

续表

供应商	机架形式	开合模导向方式	合模力产生原理	中心机构型式	液压系统保压方法
美国 NRM	中间立柱天平式（中间单一油缸），硫化时机架不受力	中间大立柱导向，单缸传动同步	模座下 4 个短行程液压缸，保温罩上的锁环锁紧	中心展开型	空气—液压增压器
日本 Mitsubishi	2 台单机组合框架式，硫化时机架受力	前后左右滚轮导向，双缸液压同步模垫块	横梁上的加力油缸，加上转进的锁模垫块	RIB 型	空气—液压增压器
日本 Kobesteel	机架横梁式（左、右油缸），硫化时机架不受力	前后左右滚轮导向，齿轮齿条机械同步装置	模座下 4 个短行程液压缸，保温罩上的锁环锁紧	B 型	空气—液压增压器

轮胎定型硫化机的国外供应商还有：美国 McNei（B 型定型硫化机）、日本 Kobelco（KSB I）等。

5.2　轮胎硫化模具的供应商

轮胎硫化模具的主要供应商见表 2.4.2－15。

表 2.4.2－15　轮胎硫化模具的主要供应商

主要供应商	汽车轮胎硫化模		工程胎硫化模	农用车胎硫化模	力车胎硫化模	摩托车胎硫化模
	两半模	活络模				
软控股份有限公司	√	√				√
广东巨轮股份有限公司	√	√	√	√		
揭阳市天阳模具有限公司	√	√	√			
山东豪迈机械科技股份有限公司	√	√	√	√		
山东万通模具有限公司	√	√	√	√	√	
浙江来福模具有限公司	√	√			√	√
青岛德利特精密模具有限公司				√	√	√
绍兴正兴轮胎模具有限公司					√	√
中山市中川橡胶机械模具有限公司					√	√

第三节　轮胎工厂其他装备

一、轮胎部件生产装备

1.1　纤维帘布裁断装备

轮胎生产用的纤维帘布裁断装备主要有帘布胎体裁断接头机、多刀纵裁机、窄冠带条制备机。

1.1.1　纤维帘布胎体裁断接头机

HG/T 2402—2011《纤维帘布裁断机》适用于裁断覆胶纤维帘布的裁断机。见表 2.4.3－1 所示。

表 2.4.3－1　纤维帘布裁断机的基本参数

适用于半钢子午线轮胎胎体的纤维帘布裁断机					
项目	参数值	备注	项目	参数值	备注
帘布最大幅宽/mm	1 500		接头次数/(次/min)	12	圆盘刀式裁断
裁断次数/(次/min)	20	圆盘刀式裁断		20	铡刀式裁断
	25	铡刀式裁断	搭接尺寸范围/mm	2～5	
裁断宽度范围	200～900		圆盘刀刀片寿命/次	5 万	圆盘刀式裁断
裁断角度范围/°	90±5		铡刀刀片寿命/次	500 万	铡刀式裁断
适用于斜交带束层和胎体的纤维帘布裁断机					
项目	参数值	备注	项目	参数值	备注
帘布最大幅宽/mm	1 500		供布输送带线速度/(m/min)	≤60	
裁断次数/(次/min)	≤20		储布量/mm	≥4 000	
裁断角度范围/°	0～75		送布长度/mm	25～2 000	

早期的立式裁断机是一种机械裁断、人手接头的机器，裁断角度和接头精度达不到子午线轮胎胎体的质量要求，替代

的是卧式机型，全线自动控制，帘布导出后在水平机械平面上输送定长、圆盘刀裁断、自动定位接头，其中关键的定长、定位均采用伺服系统精确控制，

裁断机各机构的结构和配置，应保证其安全操作和便于维护。裁断机的机械运动部件应设防护装置，刹车机构应灵敏可靠，才能使送布或裁刀在任意位置快速停止工作。

送布机构的送布速度 60 m/min，根据裁断接头速度的匹配要求来设定选用；送布长度根据生产规格的参数设定可调；送布机构重复运动偏差应≤±0.1 mm。上下裁刀的调整间隙应≤0.02 mm，试裁卫生纸应无粘连。帘布搭接宽度应可调，裁断角度应能够自动可调，所有可自动调节的机构也能由手工调节。

裁刀应具有足够的刚性和韧性，其表面应进行热处理，硬度应在 HRC60～65 范围内。裁刀的上下表面应进行防黏连处理。

由于轮胎胎体与轮胎设计安全系数、行驶均匀性密切相关，因此要求裁断接头机应有工作稳定精确的使用性能，才能保证下列裁断接头质量。见表 2.4.3-2 所示。

表 2.4.3-2　帘布胎体的裁断接头偏差要求

项目	指标	项目	指标
裁断宽度极限偏差	≤±1.0 mm	裁断角度偏差	≤±0.5°
帘布接头错边偏差	≤±1.0 mm	帘布搭接尺寸极限偏差	≤±1.0 mm
帘布卷取对中偏差	≤±3.0 mm	帘布拉伸率	≤0.5%

1.1.2　纤维帘布纵裁机

本设备用于把压延宽幅帘布裁切加工成下工序要求宽度的窄幅帘布，如 PCR 的冠带等，也可以裁切薄胶片。

幅宽 1500 左右的纤维帘布在导开工位导开，摩擦力矩作用的导辊和扩布装置，施以可调恒张力输送帘布、纠偏执行机构检测控制帘布自动对齐进入裁断装置。在导出后，有一个帘布换卷后的首尾接头平台。

在刀座和刀刃之间被牵引经过时裁成轮胎部件。若干裁刀装配固定在一根刀轴上，是根据部件要求的裁切宽度来定位刀片间距；裁刀一般为圆盘气压式，气压驱动力可根据帘布或胶料的具体特性来选择调定，对于使用塑料垫布的纯胶片，可以连塑料垫布一起裁断。

部件的卷取采用表面卷取装置，位于纵裁装置上方，上下两个工位交错卷取裁切后的部件，料卷张力通过机械力臂以气动控制方式实现。对于左右两边的不规则边料，可设两个卷轴来自动收卷，每边两个卷取轮交替更换，可不影响表面卷取的连续性。

如果不是无人化操作的机型，在导出工位、接头平台、纵裁装置的人工操作位置要确保安全保护装置完整可靠，上方用安全拉绳、下面用脚踢式安全踢板。

全线控制系统包括 PLC 控制、直流或交流变频调速驱动、气动摩擦力矩张力调节、纠偏对齐、卷取气动比例控制、安全联锁和紧急制动、人机对话、故障对策、信息化接口和数据交互。

常规的纤维帘布纵裁机布局如图 2.4.3-1 所示。

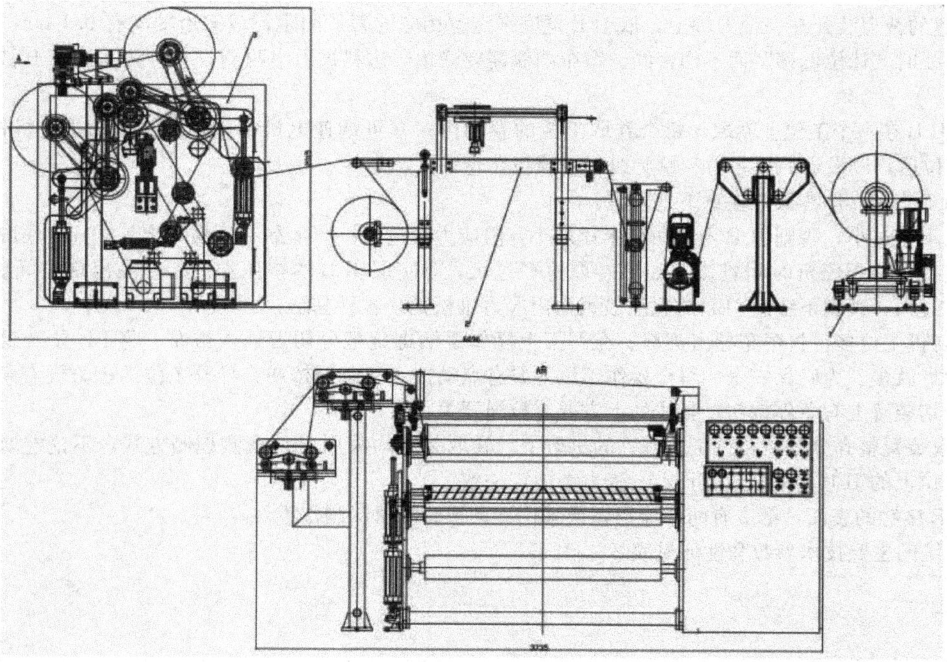

图 2.4.3-1　多刀纵裁机布置图

1—导出装置；2—送布接头装置；3—纵裁和收卷

纤维帘布纵裁机主要的技术参数和性能要求见表 2.4.3-3。

表 2.4.3-3　纤维帘布纵裁机主要的技术参数和性能要求

技术特征	技术参数和要求	说明
导出工位允许纤维帘布幅宽	最大 1 500 mm	
裁断纤维帘布的厚度范围	0.5～2.0 mm	
裁断胶片的幅宽	800 mm	
裁断胶片的厚度范围	0.5～2.5 mm	
帘布或胶片裁成部件的最小宽度	20 mm	
刀轴可装的裁刀数量	最多 40 把	
裁刀形式	气压式可调圆盘刀裁胶片 片状随动刀裁帘布	根据胶片厚度调整设定最佳气压
导开纤维帘布卷的直径	Φ1 000 mm	
表面卷取裁断部件的直径	最大 Φ600 mm	
裁断线速度	0 ～ 60 m/min	根据裁断物料和厚度设定
帘布（或塑料垫布）张力范围	约 0.2 Mpa	
裁断部件宽精度	±1 mm	
卷取部件边缘对齐精度	±1 mm	

1.1.3　窄冠带条（JLB）制备系统

窄冠带（下称 JLB）是螺旋式缠绕在半钢子午线轮胎的第二层带束与胎面层之间的轮胎部件。

JLB 的制备，一种方法是把一定宽度的纤维帘布分切成 6～25 mm 宽的带条，牵引到卷取工位缠卷在工装轴上，这是我国生产和使用的普遍机型，称为 JLB 分切系统。另一种方法是以美国 Steelastic 为引导的在线挤出机挤出多条 JLB，经冷却装置后，牵引到卷取工位，缠卷在工装轴上，称为挤出法 JLB 系统。

1. JLB 分切系统

在分切系统中，分切机可以同时分切多条 JLB，每一 JLB 的分切和卷取称一个工位，用户根据生产规模来选择一台分切机的工位数量。一般一台分切机最多 24 个工位，过多工位不利于 JLB 张力均匀控制。如图 2.4.3-2 所示。

JLB 分切机的主要结构和特点如下。

1）双工位导出帘布，导出轴带气动阻尼摩擦器，帘布带阻尼导出（如有垫布，剥离后由带力矩电机的辊轴恒张力收卷），由光电检测纠偏控制对齐，进入分切装置。

2）分切装置的裁刀装配在一根刀轴上，依 JLB 宽度来定位相应的刀片间距；裁刀沿轴向有 0.1 mm 左右的间隙可动，能够在接触到帘线时“让位偏移”而不伤帘线。帘布两侧需要修边，边料被引出两侧收卷，裁下的 JLB 被牵引输送到卷取工位。

3）每一条 JLB 在一个工位上卷取，每个卷取工位的卷轴由一套可调速电机驱动，相关驱动排线机构往复直线运动，JLB 导入卷取工位后，以设定的恒张力和螺旋线轨迹缠绕在卷轴上。

卷取工位的工装和操作参数要注意下列问题：

①卷轴直径不宜过小，否则 JLB 入卷曲率半径过小，内应力会过大，产生黏结不易导出；②JLB 卷取直径偏小时装载容量较小，频繁换卷轴而停机时间较多。如果卷取直径过大，对底层 JLB 的挤压加大，容易出现层间黏结而难以导出；③卷取张力不宜过大，否则下线后 JLB 的收缩较大而内应力难松弛，容易黏结。

4）由于分切机工位多，将帘布导出头部、在刀架上操作手柄螺旋把分切刀插入帘布、将 LB 导入卷取轴都需人工操作，全线的危险点就多。为确保安全，每个操作工位上要有点动按钮和急停按钮；导开工位的上方要有急停拉绳、地下要有脚踢开关；分切装置上有急停按钮；整线的上方要有拉绳开关。

5）多个卷取装置整齐分布在两行工位排列的机架上。卷取装置均采用 PID 检测控制方式，不论卷取了直径大小和长度多少，每个工位上的 JLB 卷取速度是同步，张力都恒定一致。

6）所有 JLB 接触的表面，都应有防黏涂层，或采用不黏橡胶的材料制作零件。

JLB 分切系统的主要技术参数和性能见表 2.4.3-4。

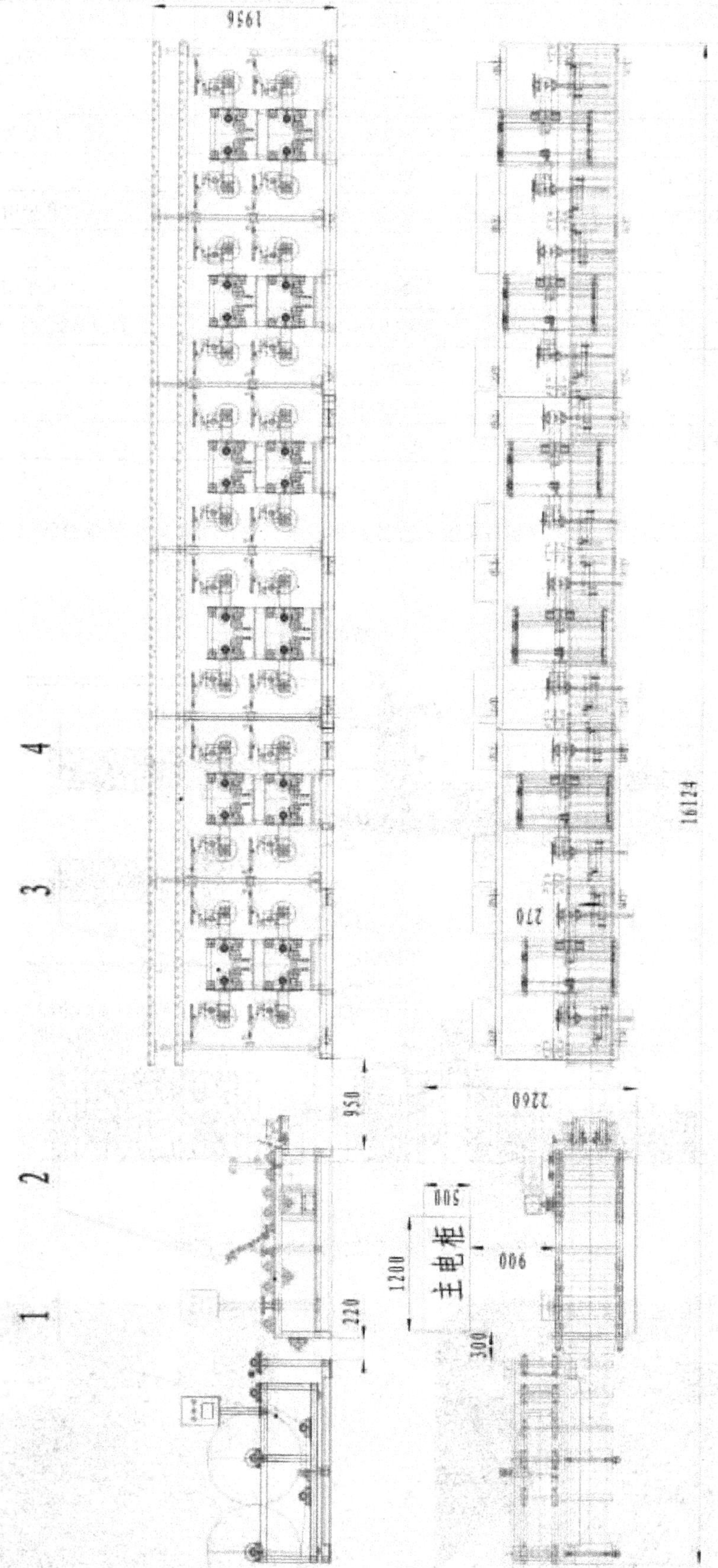

图 2.4.3-2　24 工位分条机总图

1—帘布开卷装置；2—帘布分切装置；3—卷取装置；4—排线装置及辊架

表 2.4.3-4　JLB分切系统主要技术参数和性能

技术特征	技术参数	说明
JLB宽度 b	5 ～ 25 mm	用户根据轮胎设计数据选择规格
导开帘布宽度 B	80～300 mm	
卷取工位数量 N	N =（B−k）/b	K是两侧修边宽度
导开工位允许帘布最大直径	Φ1000 mm	
导开帘布的工装尺寸	Φ200×350	方孔采用用户通用尺寸
导开垫布的卷取允许最大直径	Φ600	
工装卷轴尺寸	Φ200×500	方孔采用用户通用尺寸
卷取JLB最大尺寸	Φ500×400	如JLB黏度较大，直径应适当减小
生产线速度	≥40 m/min，可调	
张力范围	0.5 ～1.0 kg	
分切JLB质量要求	宽度±1 mm，两侧帘线无损伤	

2. 挤出法JLB系统

该系统是以美国Steelastic为领先的JLB制备系统，直接采用冷喂料挤出机把单根纤维帘线（芳纶、玻璃丝、尼龙、聚酯或人造纤维）挤出覆胶成JLB，见图2.4.3-3、图2.4.3-4和图2.4.3-5所示。

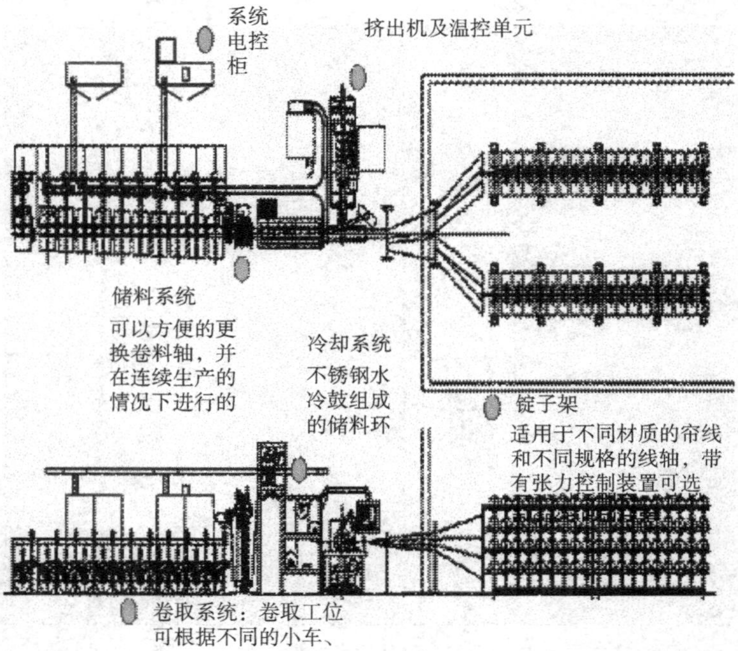

图 2.4.3-3　多工位挤出法JLB生产线

图 2.4.3-4　帘子线进入机头口型

图 2.4.3-5　挤出覆胶JLB

该系统可节省压延帘布生产线和纵裁机的占用，具有生产 JLB 尺寸精确、两侧帘线无损伤、无须修边因而无废边料损失、卷取装载 JLB 长度大而减少换料次数，均匀性质量和生产效率提升显著，特别适用于超高性能轮胎的生产。

该系统的流程特点如下。

①单根纤维帘线从锭子架上导出后，以一定张力进入冷喂料挤出机头；如果采用双工位锭子架，可减少换锭子停机。

②在机头口型内，每根帘子线间有一定间隔，若干根线一组并列成与 JLB 相应的宽度，从口型挤出的 JLB。

③离开挤出机口型后，进入通水辊筒冷却和储料装置。

④JLB 经过牵引辊、疏子轮、毛刷辊、导向辊、找正装置等的作用，无黏结地分别进入卷取工位。

⑤每个卷取工位有独立驱动系统。JLB 以恒张力入卷，保持直线运动、卷轴横向往复移动，以螺旋形节距（可调）把 JLB 缠卷到卷轴上，JLB 不需横向摆动，有利于消除运动变形。

全线自动控制系统主要由 PLC、断线报警和停机控制、挤出机的压力闭环和温度系统控制、导出阻尼和卷取张力控制、安全联锁保护等组成。在每个操作工位有点动和急停开关、地下有脚踢开关、上方有安全拉绳开关。

该系统的主要特征和参数性能见表 2.4.3－5。

表 2.4.3－5　挤出法 JLB 系统的主要特征和参数性能

特征	技术参数和性能	说明
JLB 的适用帘子线材料	芳纶、玻璃丝、尼龙、聚酯或人造纤维	
锭子数量	120 个＋备份量	
载帘子线锭子的直径×长度	约 305×305 mm	可根据用户情况而定
载帘子线锭子的最大重量	约 9 kg/个	
冷喂料挤出机规格—口型宽度	Φ90 — 152 Φ120 —203、Φ120 —254	根据用户要求的生产能力而定
最多挤出 JLB 条数	152 mm—10 条 203 mm—14 条、254 mm—20 条	
JLB 生产线速度	24 ～ 40 m/min	与 JLB 条数、截面尺寸、胶料、帘子布种类有关
生产能力	生产 UPCR 约 7100 条/台班	以聚酯、宽 15 mm、运行率 85％
JLB 宽度	6 ～50 mm	
JLB 宽度精度	±0.02 mm	
JLB 厚度精度	±0.05 mm	
JLB 对正位置精度	±0.08 mm	
JLB 卷取张力	大约 0.15 kg	
JLB 卷取前温度	≤38℃，或比室温＋5℃	

1.2　轮胎钢丝帘布部件生产装备

PCR 用的带束、TBR 用的带束、胎体、补强部件，有两种工艺方法生产，一种是用钢丝压延帘布法，另一种是挤出钢丝帘布法，这两种工艺生产钢丝部件均使用帘布裁断接头机。

1.2.1　钢丝压延帘布带束裁断接头系统

该系统主要由导开和送布装置、裁段机、送料机、接头机、包边机、卷取机组成。为了充分利用设备能力，在接头机后面增加一台纵裁机，就可以把较宽的带束裁窄，即在纵裁机上把它一分为二，后面增加包边和卷取机各一台，就有两个工位同时生产了。如图 2.4.3－6 所示。

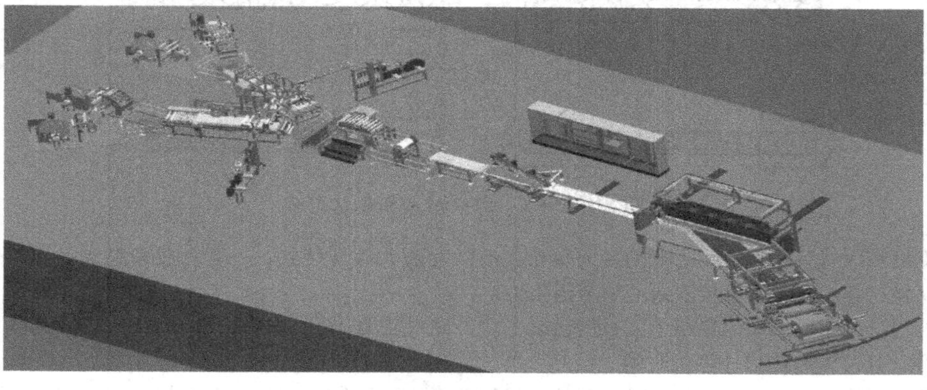

图 2.4.3－6　钢丝压延帘布带束裁断接头系统

1. 结构简述

1）导开装置：设备的帘布导出传动系统、对中纠偏系统、送布装置都装配在可转动机架，根据生产带束规格的角度，通过机架转动相应角度为工作位置设定。帘布装载在工装车上，可以被横向推入或拉出在线工位导出帘布或换料，帘布卷轴通过气动式离合器与导出转动装置连接。为控制帘布导开和垫布卷取直径的大小变化，帘布导出由交流伺服驱动、剥离后的垫布收卷采用力矩电机；浮动辊 PID 控制的储料环位于垫布剥离后，以平衡送料连续性，减少驱动电机的频繁起停。为使帘布中心与工作中心对齐，在导出工位上设对边调整作为预定中；机架转动摆角可以自动控制，在 HMI 上设定数据；为确保操作安全，需要操作者按操作按钮后，机架才可以开始动作。

为防止垫布断裂或帘布打折影响更多损失，可以增加光电检测报警和开关控制。

2）送布装置：帘布对中后，进入送布平台，往复直线运动的气动夹持装置夹持着帘布端穿过裁刀刃一段距离后，帘布被压紧定位，该距离为带束的定宽数值，由驱动直线运动交流伺服系统控制。为减少帘布直线运动时与平台的摩擦阻尼，平台面间有气浮床的作用。

3）裁断机：帘布定位后，裁刀动作，在刀与刀座刃口的作用下，帘布被裁断成一条带束，然后裁刀复位、送布夹持装置退出复位。裁刀形式有铡刀下落式和圆盘滚切式。铡刀式的上裁刀由交流伺服电机、精密减速箱和液压离合/制动器和直线运动副组成的系统驱动，圆盘滚切式，是由下装式条形直刀和上装的圆盘刀组成，直刀固定、圆盘刀相对滚切运动。由于笨重的圆盘刀回程时间较长，生产能力比铡刀式裁断低一些。

21 世纪初以来出现的高强钢丝直径比较细，体感更柔韧，要求裁刀更加锋利耐磨，“吃刀”要更好，在这方面圆盘滚切式显示较好的裁断性。德国造铡刀式的裁刀在材料和工艺方面改进提高以后，同样适用于高强钢丝帘布的裁断。

一种新式的圆盘滚切裁刀系统是由荷兰 VMI 发明的，结构是可摆动直线刀在上、圆盘式刀在下，能够根据帘布钢丝强度，从菜单调用圆盘刀作用力的数值，保证帘布只被裁断而不施加多余力被刀具去承受，从而减少刀刃磨损；换刀操作只需拆卸紧固件，不需要人工调刀精度，一位工人在 15 min 内完成；拉过式递送方式，帘布被裁断前后是保持在同一平面上的，裁断“让刀”位移产生的误差不存在了。全伺服控制精确，设计更多的工步重叠而节拍时间缩短，因此该裁断机的裁断次数提高到德国 Fischer 铡刀式裁断机的生产能力水平。

4）送料机：把裁断下来的带束送到接头机，这是一段由交流伺服电机驱动的输送带装置，其速度与接头机的同步。

5）接头机：进入接头输送带的带束由导向定位作用它往一侧边对齐，以上一条带束的尾边为后一条带束头边的对接基准，接头输送带由交流伺服电机驱动，准确地定位每一根带束头/尾的接头位置。由接头装置伸下一对接头轮进行两条带束的头尾对接。两个接头轮从带束接头长度的中间开始，分别相背、向两侧作直线移动并同时到达接头两边，完成两根带束的头尾对接。接头轮由交流伺服电机驱动的带式直线模块驱动。

根据不同规格的带束，接头长度有所不同，角度也会有所不同，自动控制系统能按调用的菜单自动计算并电动调整，同时带有手动按钮备用。

在接头输送带上，可以进行手工接头长 120 mm、宽 50 mm 以下的带束。该工位应有脚踢开关安全保护。

在接头输送的出口处，由接头错位检测装置（光栅）检测错位偏差，如发现连续的接头错位，接头机的帘布定位装置会作出自动调整；如果发现错位超差，会发出声光报警停机待处理。

6）储料坑：带束离开接头位置后，进入一个储料坑。在进、出储料坑时，均有抚平辊架和导向辊架用于保证带束的平稳输送，导向辊间的宽度可按规格来相应调整。

7）纵裁机：用于把较宽的带束一分为二裁成对称或不对称的带束。从储料坑出来的带束，进入纵裁机的入口，根据带束宽度设定调整两侧的导向辊子，CCD 定中装置调整带束定中、裁刀刀片之间摩擦力的比例阀气压调整、刀刃干涉量、带束规格宽度设定调整等方面，可以智能化控制（当然，也可以有手动调节）。

裁刀是一对圆盘刀，可快速更换拆装。在纵裁机上，带束是由裁刀旋转带着往前输送的。

8）包边机：带束（经纵裁或不需纵裁的）在本设备进行两侧边包胶条，或在上侧、下侧贴胶条。

图 2.4.3-7 所示常见工艺的包边形式。

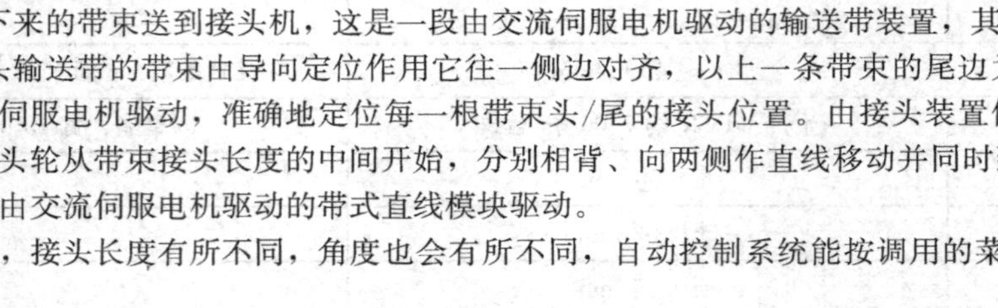

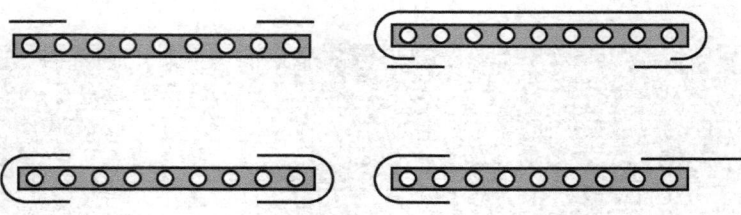

图 2.4.3-7　带束贴边和包边形式

①根据带束宽度在入口有调整两侧定宽的导向辊子，有两套胶条导开装置，一套为胶条料卷导出，一套为料卷备份，通过电磁离合器切换状态，就不会因换胶条而中断连续生产。

②胶条卷工位带交流变频驱动的储料单元平衡连续生产，储料能力 15 m 左右，换料卷时在线速度可降低到正常速度的 60%左右，提供 1 min 左右的操作停机时间。

③胶条导开后，用旋转刀纵裁一分为二对称两条。胶条宽度可采用手轮调整。然后分别由机械定中辊和若干导向辊把

胶条分别引向带束的两侧定位，通过一个压力可调的压辊下压，把胶条压贴到带束边缘；一旦停机，该压辊自动抬起。

④如果对带束边缘两侧包胶，是通过电动毛刷轮先把贴到带束边缘的胶边翻折向下，然后由导向辊将胶边逐步反贴在带束底面，然后压紧，完成包边。另一种包边方式是通过倾斜的圆盘，将胶边扫入帘布背面，然后压紧，完成包边。

⑤导开胶条剥离出来的塑料垫布，由气动马达驱动的夹持辊筒引出，并用压缩空气吹离线外收集。

⑥包边胶装置由交流伺服电机驱动，跟随接头机速度自动调整包胶线速度。

⑦胶条卷工位具空卷报警功能，生产中接近空卷时亮黄灯警告，完全空卷时亮红灯自动停机。

9）卷取机：一台卷取机有两个工位，一个卷取一个备份，互为转换以保证连续生产。已贴边或包边的带束，由入口导向装置引入，与垫布一起恒张力卷取入工字轮，工字轮直径最大可达 Φ1 250 mm，可直接沿地面推入卷取工位，操作气动提升按钮提起工字轮到卷取中心。新型的卷取装置采用工装台车卷取，卷取台车与成型机共用，衬布反复使用，节约了在裁断和成型工序装载工字轮、衬布的时间。

带束卷取由交流伺服电机驱动，跟随接头机速度自动控制卷取速度，达到定长或定直径后，或垫布用完时，卷取自动停止。

垫布导出带有电磁制动器产生阻尼，光电对边控制装置用于控制卷取边缘对齐。

10）控制系统：组成有 PLC 和通讯模块、触摸屏计算机系统、交流伺服系统、模拟系统、气动控制系统、主控制柜、各设备操作箱、各类电缆和通讯线缆、安全保护光栅和开关按钮，联动控制全线自动化生产。具有状态识别、危险报警、故障对策、过程追溯、质量和生产统计等智能化功能，通过接口与上层网络系统数字化传输。

2. 主要技术参数和性能（见表 2.4.3－6）

表 2.4.3－6　钢丝压延帘布带束裁断接头系统的主要技术参数和性能

技术特征	技术参数和性能	说明
可裁的钢丝帘布厚度范围	0.6 ～3.0 mm	
钢丝直径范围	0.5 ～2.0 mm	
每 100 mm 帘布中的钢帘线根数	35 ～ 110 根	
帘布强度	3 000 N/mm^2	
钢丝帘布宽度范围	600 ～ 1 200 mm	
裁断和接头角度	15～70°	
可裁断帘布宽度	50 ～ 500 mm	与裁断角度相关
裁断带束的最大长度	4 000 mm	
纵裁带束宽度范围	70～ 500 mm	
不对称纵裁宽度比	最小 35 mm，最大宽度比 1：1.5	
贴边胶宽度	最小 20 mm	
包边胶宽度	最小 20 mm	
垫布最大宽度	500 mm	
生产能力	裁断次数 最多 21 刀	取决于角度和送布长度
	接头次数 最多 21 刀	取决于接头长度
	贴胶条的最大线速度 70 m/min	
	包边胶的最大线速度 50 m/min	
	卷取带束的最大线速度 70 m/min	取决于接头的能力
动力能耗	电力装机容量约 90 kW，耗电约 70 kW	
	压缩空气＞0.6MPa，耗气约 60 Nm^2	
送布长度	最大 1 750 mm	
送布速度	最大 0.9 m/s	
送布精度	0.1 mm，重复精度 0.1 mm	
裁断帘布长度	4 000 mm	
铡刀修刀量	4mm	
铡刀刃磨周期/刃	帘线＜Φ1.0 mm，≈500 000 刀 帘线≥Φ1.0 mm，≈250 000 刀	一把刀 4 个刃
接头长度	最短 120 mm，最长 1 750 mm	

续表

技术特征	技术参数和性能	说明
接头宽度	min 50 mm	
接头精度		
纵裁圆盘刀修刀量	1.35 mm	
纵裁圆盘刀刃磨周期/刃	帘线＜Φ1.0 mm，≈200 000 m 帘线≥Φ1.0 mm，≈80 000 m	换刀时间约 10 min/次
带束宽度和平行精度	±0.5 mm	
裁断角度的精度	±0.1°	
接头偏差	±0.5 mm	只对接头步序
接头处的钢丝间距	帘布中钢丝间距的 1＋/－0.5 倍	
纵裁带束宽度偏差	±0.5 mm	只对纵裁步序
贴胶条精度	胶边与带束边距离的偏差 ±1.0 mm	
胶条拉伸	≤1.5 %	导出胶条无粘结为前提
卷取带束对中精度	±1.0 mm	
卷取带束拉伸	≤0.7 %	与角度大小有关系
卷取垫布对边范围	±50 mm	
卷取垫布对边精度	±3 mm	
上述性能指标对加工材料特性的要求	在自由悬挂状态下，1 m 长最小宽度的带束层帘布条变形不超过 45 mm	
	材料翘边不超过 20 mm	
	材料具备正常的黏度	
	帘布宽度和平直度以及帘布对卷轴中心的偏差≤0.25 mm	
	压延帘布边缘质量良好	

1.2.2 钢丝压延帘布胎体裁断接头系统

该系统主要用于裁切全钢载重子午线轮胎的胎体钢丝帘布，由导开和送布装置、裁段机、送料机、接头机、包边机、卷取机组成。如图 2.4.3－8 所示。

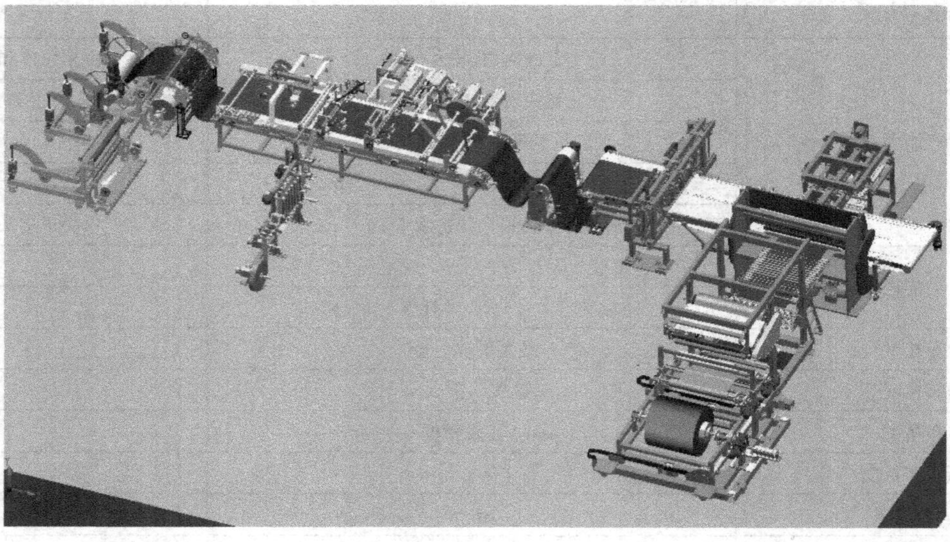

图 2.4.3－8 钢丝压延帘布胎体裁断接头系统

1. 结构简述

1）导开装置：设备导开工位的帘布导出传动系统、对中纠偏系统、送布装置都装配在固定机架上（与裁断后生产线成 90°布置）。帘布装载在工装车上，可以被横向推入或拉出在线工位，实现导出帘布或换料，帘布卷轴通过离合器与导出传动装置连接。为控制帘布导开和垫布卷取直径的大小变化，帘布导出由交流伺服驱动、剥离后的垫布收卷采用力矩控制电机；浮动辊PID控制的储料环位于垫布剥离后，以平衡送料连续性，减少驱动电机的频繁起停。为使帘布中心与工作中心对齐，在导出工位上设对边调整作为预定中。为防止垫布断裂或帘布打折造成更多损失，可以增加光电检测报警和开关控制。

2）送布装置：帘布对中后，进入送布平台。往复直线运动的气动夹持装置夹持着帘布端穿过裁刀刃口一段距离后，帘布被压紧定位，该距离为胎体的定宽数值。该距离由驱动直线运动模块的交流伺服系统控制。为减少帘布直线运动时与平台的摩擦阻尼，平台面间有气浮床的作用。

3）裁断机：帘布定位后，裁刀动作，通过上下刀刃的剪切，帘布被裁断成一条宽度一定的胎体。裁刀形式有铡刀下落式和圆盘滚切式。铡刀方式的上裁刀由交流电机、精密减速箱和液压离合/制动器和直线运动副组成的系统驱动。圆盘滚切方式由下装式条形直刀和上装的圆盘刀组成，直刀固定、圆盘刀沿直刀边走边转，产生相对滚切。由于圆盘刀来回行程时间较长，生产能力比铡刀式裁断低一些。

4）送料机：把裁断下来的胎体送到接头机，这是一段由交流伺服电机驱动的输送带装置，其速度与接头机的同步。

5）接头机：进入接头输送带的胎体由导向定位作用它往一侧边对齐，以上一条胎体的尾边为后一条胎体头边的对接基准，接头输送带由交流伺服电机驱动，准确地定位每一根胎体头/尾的接头位置。胎体在成型时变形很大，所以对胎体接头的强度要求很高，胎体接头在帘布的正反两面同时进行。为了提高接头质量，接头轮设计为组合式。两组接头轮从胎体接头长度的中间开始，分别相背向两侧作直线移动并同时到达接头两边，完成两根胎体的头尾对接。接头轮由交流伺服电机驱动的带式直线模块驱动。

根据不同规格的胎体，接头长度有所不同，控制系统根据设定的胎体宽度自动计算并自动调整，同时带有手动按钮备用。

6）储料坑：胎体离开接头位置后，进入一个储料坑。在进、出储料坑时，均有抚平辊架和导向辊架用于保证胎体的平稳输送，导向辊间的宽度可按规格来相应调整。

7）包边机：胎体在本设备进行两侧边包、贴胶条，或在中心贴胶条。最近有新工艺要求在胎体的背面贴敷胶条。下图所示常用工艺的胎体贴胶片和包胶片形式。

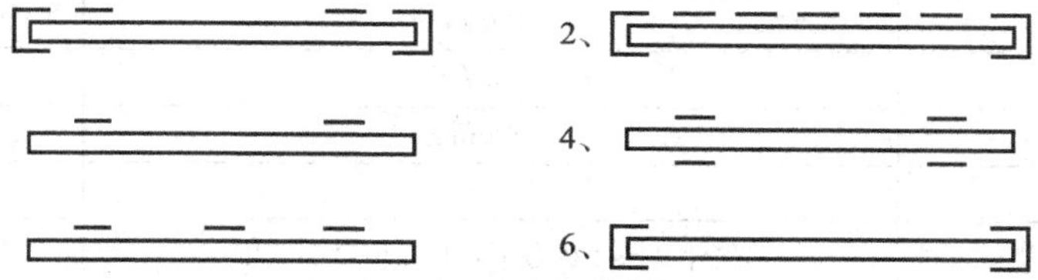

图 2.4.3-9　钢丝胎体贴胶片和包胶片形式

8）卷取机：一台卷取机有两个工位，一个卷取一个备份，互为转换以保证连续生产。已贴边或包边的胎体，由入口导向装置引入，与垫布一起恒张力卷取人工字轮，可直接沿地面推入卷取工位，操作气动提升按钮提起工字轮到卷取中心。新型的卷取装置采用工装台车卷取，卷取台车与成型机共用，衬布反复使用，节约了在裁断和成型工序装载工字轮、衬布的时间。

胎体卷取由交流伺服电机驱动，跟随接头机速度自动控制卷取速度，达到定长或定直径后，或垫布用完时，卷取自动停止。

垫布导出带有电磁制动器产生阻尼，光电对边控制装置用于控制卷取边缘对齐。

9）控制系统：组成有PLC和通讯模块、触摸屏计算机系统、交流伺服系统、模拟系统、主控制柜、各设备操作箱、各类电缆和通统计讯线缆、安全保护光栅和开关按钮，联动控制全线自动化生产。具有状态识别、危险报警、故障对策、过程追溯、质量和生产统计等智能化功能，通过接口与上层网络系统数字化传输。

2. 主要技术参数和性能（见表 2.4.3-7）

表 2.4.3-7　钢丝压延帘布胎体裁断接头系统的主要技术参数和性能

技术特征	技术参数和性能	说明
可裁的钢丝帘布厚度范围	0.6 ～3.0 mm	
钢丝直径范围	0.5～2.0 mm	
每 100 mm 帘布中的钢帘线根数	35～110 根	
帘布强度	3 000 N/mm^2	
钢丝帘布宽度范围	600～1 200 mm	
裁断和接头角度	90°	
可裁断帘布宽度	400～1 050 mm	

续表

技术特征	技术参数和性能	说明
最大裁断长度	1 200 mm	
生产能力	裁断次数 最多 15 刀/min	
	接头次数 最多 15 刀/min	
	贴胶条的最大线速度 20 m/min	
	包边胶的最大线速度 20 m/min	
	卷取胎体的最大线速度 20 m/min	
动力能耗	电力装机容量约 65 kW，耗电约 50 kW	
	压缩空气＞0.6 MPa，耗气约 60 Nm^2	
送布长度	最大 1 050 mm	
送布速度	最大 0.9 m/s	
送布精度	0.1 mm，重复精度 0.1 mm	
铡刀修刀量	4 mm	
铡刀刃磨周期/刃	帘线＜Φ1.0mm，≈150 000 刀 帘线≥Φ1.0mm，≈100 000 刀	一把刀 4 个刃
接头长度	最短 400 mm，最长 1 050 mm	
胎体宽度和平行精度	±0.5 mm	
裁断角度的精度	±0.1°	
接头偏差	±1 mm	只对接头步序
接头处的钢丝间距	帘布中钢丝间距的 1＋/－0.5 倍	
卷取胎体对中精度	±1.0 mm	
卷取胎体拉伸	≤0.7%	
卷取垫布对边范围	±50 mm	
卷取垫布对边精度	±3 mm	
上述性能指标对加工材料特性的要求	在自由悬挂状态下，1 m 长最小宽度的胎体层帘布条变形不超过 45 mm	
	材料翘边不超过 20 mm	
	材料具备正常的黏度	
	帘布宽度和平直度以及帘布对卷轴中心的偏差≤0.25 mm	
	压延帘布边缘质量良好	

1.2.3 挤出法钢丝带束/胎体裁断接头系统

1. 带束和钢丝胎体的两种生产工艺方法和应用特点

钢丝压延帘布在专用设备上裁断接头生产带束和钢丝胎体的工艺，在规格相对少、批量大的子午线轮胎生产以及减少部件接头数量等质量控制方面，彰显其优势；但它在规格变化转换时需占用较多的停机时间，在系统变化适应性方面显得比较刚性。20 世纪后期，首先由美国 Steelastic 推出用挤出机直接在帘线上覆胶、在线连续裁断和接头的方法生产带束和胎体的工艺设备，特点是挤出机头压力较大，帘线覆胶的渗透和致密性较好，生产规格转换较快速方便，不需要压延帘布及其帘布储存的工装场地和运输环节，对大型工厂可以集合机群来构建生产能力（例如，年产 600 万条 PCR 采用 4 组生产带束，运行率约 86 %），能有效降低同步多规格生产的转换压力，提高钢丝部件生产的系统柔性。但由于挤出覆胶钢丝帘布宽度只有 250 mm，裁断接头数目则增加。与压延后进行裁断接头的工艺相比，使用挤出机提高帘线渗胶性能及胶料黏度对接头质量的正面影响，与增多接头数量对轮胎整体质量的影响，是用户非常关心的问题。

这个工艺为子午线轮胎生产企业提供了一个新选择，对经典的钢丝压延法带来一些冲击，历史上曾引起过两种工艺方法之争。21 世纪以来我国轮胎企业生产规模趋大，大都选择了钢丝压延帘布裁断接头的工艺路线。随着汽车种类车型越来越多，轮胎个性化越来越是主流，轮胎企业的规格批量生产越来越小，对系统柔性要求逐渐上升，这种形势下挤出法裁断接头钢丝部件的工艺又引起关注。实际上，在美国、欧洲的一些知名轮胎企业一直都有采用挤出法；我国生产高性能轮胎的重点企业，多年来一直保持钢丝压延和挤出覆胶这两种工艺路线同时使用的格局。

21 世纪以来，美国 Steelastic 对挤出法带束/胎体裁断接头系统除了改进优化原技术性能，还进一步拓展到工程子午线轮胎（OTR）的生产应用。OTR 轮胎的生产不但批次数量有限，每条轮胎用到胶部件数量也多，尤其是不同的帘线结构、角度与宽度钢丝部件较多。显然，OTR 采用挤出法钢丝部件的生产工艺是有优势的。

VMI也开发了“Baldwin”的挤出法带束和钢丝胎体生产系统（如图2.4.3－10、2.4.3－11），采用的是带有齿轮泵的冷喂料销钉式挤出机，定量定压挤出覆胶钢丝帘线，可生产的带束层宽度为70～500 mm，角度18～30°，线密度为13～24EPI。Baldwin OTR连续带束层和胎体帘布生产系统，与传统的生产工艺相比该系统具有很高的灵活性，可以提高生产组织的便利性，降低生产成本。

图2.4.3－10　Baldwin OTR 连续带束裁断接头机

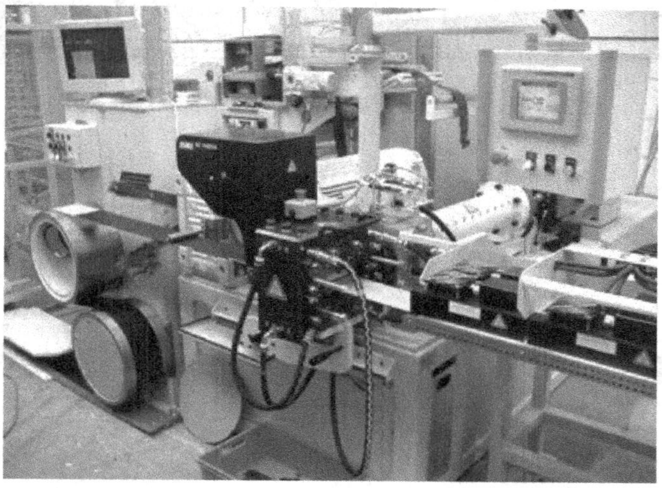

图2.4.3－11　Baldwin OTR 连续带束层和胎体帘布挤出系统

2. 挤出法带束裁断接头系统

该系统由钢丝锭子房、冷喂料挤出机和钢帘线覆胶机头、冷却储料辊组、裁断接头机、在线挤出包边机及适用于多种方式卷取的多工位卷取机组成。如图2.4.3－12所示。

本系统的主要组成结构简述如下。

1）锭子房：两组锭子机架互为在线和装载线锭工位，可根据用户的情况选择（不同规格的）锭子轴规格。每个锭子装在帘线导出和张力调控的装置上，并提供断线检测报警装置供用户选用，辅助更换锭子的机械手可大大减轻劳动强度。

2）挤出机：根据钢丝帘布的宽度和覆胶量来选配不同规格的冷喂料挤出机规格。挤出机和机头用喂料区、螺杆区、机筒及机头区一共四区温控装置，控制喂料区、螺杆、机筒及机头的工艺温度的恒定，口型温度单独控制。

3）机头和工装：可选用液压控制或机械式机头的开闭，或可快速进行口型工装和入口滤网的更换拆装。钢帘线进入机头，在固定在口型中央的穿线板内梳分排列；机头一端入口的挤出胶料被过滤，经流道以高压均匀渗入和覆盖均匀排列的钢丝帘线，输出钢丝帘布。机头刚性要足够大，承受35 MPa压力时分型面不得渗胶。机头流道内置压力传感器闭环控制，一般生产压力控制在17.5～23 MPa范围为合适，一旦超压，发出声光报警直到自动停机。不同规格的生产相应不同的口型工装。胶料温度有两个测点，一个在流道内热电阻测量，另一个在口型出口的帘布上方300 mm的高度，用红外测温。

4）冷却装置：挤出钢丝帘布进入多组水冷辊筒得到冷却，采用常温水作冷却介质，太低水温会在帘布接触表面出现凝结水。每个辊筒直径不小于Φ400，辊筒数量一般不少于8个；辊筒表面不得与帘布有任何黏连，制造时应从选材和表面处理工艺方面考虑。冷却入口辊筒为帘布牵引驱动辊筒，牵引速度一般不应小于18 m/min可调；冷却出口辊筒为主线速度驱动辊筒，可调速度控制。储料量不应少于15 m帘布长度，光电传感器检测料环的高低位置，控制储料满足裁断需要。

5）裁断接头机：由定长输送装置、裁断装置、接头卸料装置组成。定长装置的执行机构是交流伺服驱动往复直线运动副带动的移动真空吸附板，其工作中心与储料冷却中心、机头口型中心在一条直线上。裁刀装置和接头装置机架可以绕机器的工作中心原点转角，设定带束裁断角度。接头完成后，交流伺服驱动的卸料输送带把带束送出接头机。裁断接头机外形如图2.4.3－13所示。

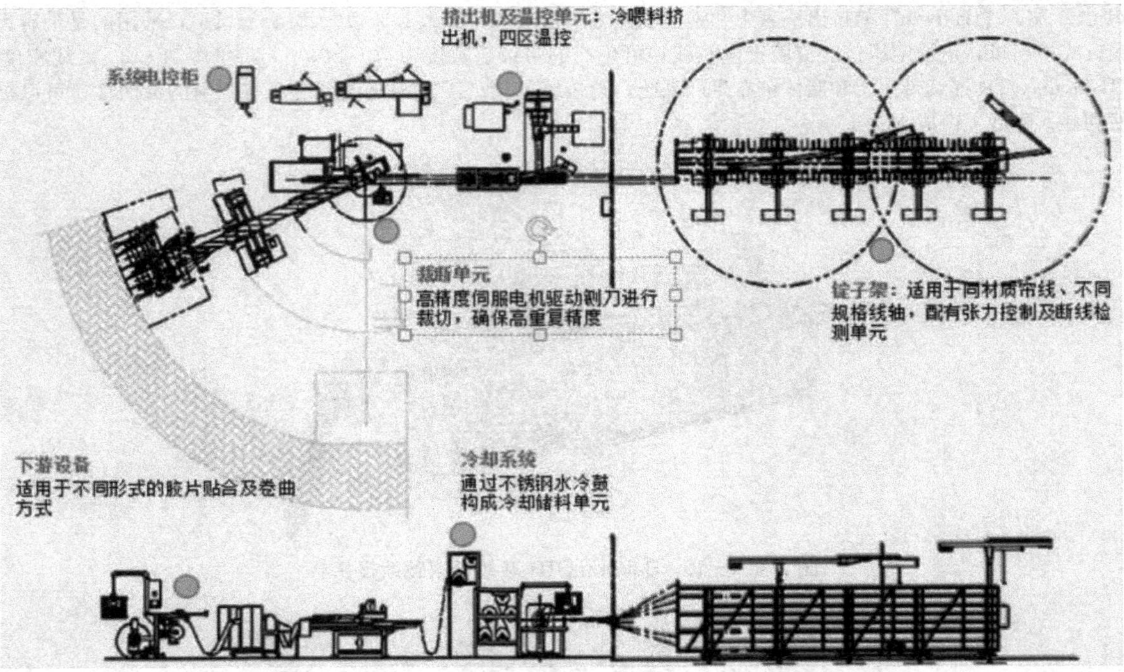

图 2.4.3-12　挤出法钢丝带束裁断接头系统布置图

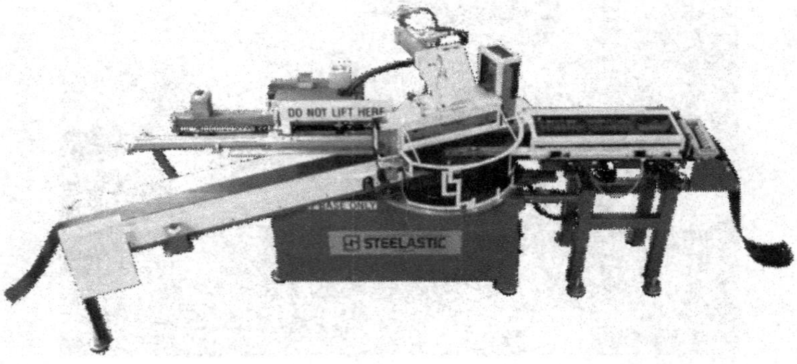

图 2.4.3-13　裁断接头机外形图

裁断接头的机械动作过程如下。

①初始状态时床板上的移动真空板位于接头位置（操作位左边）、上裁刀架位于上方、安全插销插入锁定。②工作开始，移动真空板到入口端（操作位右边）、气动升降机构下降，吸附帘布、升起、然后由伺服控制驱动到定位位置（此处也是与前一块帘布接头的位置，气缸升降机构使移动真空板下降把帘布压下，头边与上一块帘布尾边相接。③此时，下刀架的真空吸附装置将钢丝帘布吸附在床板上不动。移动真空板切换成常压并升起、移动回复初始位置。④上刀架安全插销自动退出解锁、气动曲柄连杆驱动上裁刀垂直下降裁断帘布。⑤下刀架的固定真空吸附装置切换成常压，把带束（已经被裁断和接头的钢帘线称为带束）吹离真空吸附板，伺服驱动控制卸料输送带把带束送离接头位置。

6）包/贴边胶机：在本机入口和裁断接头机出口之间，有一个光电传感器控制的带束储料环，带束线速度保持连续平衡。包/贴边机内对称分布两台 Φ40 冷喂料挤出机，在线挤出胶条，引向带束的两侧，压贴在带束上。这种工艺不但省却压延和裁断胶条、不需要塑料垫布和工装、不占用储存场地和物流，热边胶更有利于带束包/贴胶的生产质量。Φ40 冷喂料挤出机的结构和技术性能，可参照技术标准 HG/T 3799－2005 或 Steelastic 的技术条件（包含有冷贴方式）。如果工艺要求非在线冷胶片包/贴边，则不需要冷喂料挤出机，而是采用胶片导开输送装置。

7）带束卷取机：把带束卷取在工装上的运动是间歇性的，在本机和包/贴边胶机出口之间，有一个光电传感器控制的带束储料环，使已包/贴边带束的连续线性输送与间歇性无张力卷取之间达到平衡。卷取机内有垫布导出和对中装置，带束经机械对中进入并与垫布一起卷入工装（工字轮或木轴）。卷轴由交流变频电机间歇性驱动，带气动摩擦制动器平衡直径变化，使卷取过程保持适度的恒张力。

两套卷取机互为卷取和准备工位，使生产线保持连续带束卷取。

8）控制系统：通过通讯总线，把全线的交流伺服系统、交流变频系统、PID 控制、气动控制系统、光电控制、真空发生器、挤出机单元控制系统等接入 PLC，联动控制全线自动化生产。生产工艺参数菜单式调用，具有状态识别、危险报警、故障对策、过程追溯、质量和生产统计等智能化功能，通过接口与上层网络系统数字化传输。

挤出法带束裁断接头系统的主要技术参数和性能见表 2.4.3-8。

表 2.4.3-8 挤出法带束裁断接头系统的主要技术参数和性能

特征	技术参数	说明
生产带束的用途	适用于 PCR、TBR	OTR 采用另外的特征参数
冷喂料螺杆规格直径	Φ90、Φ120	依钢丝帘布宽度大小选配
螺杆压缩比	一般 1.7∶1	
螺杆长径比	1：12	
钢丝帘线直径	Φ0.6～Φ1.2 mm	
挤出钢丝帘布的最大宽度	254 mm	用挤出机 Φ120
挤出钢丝帘布宽的精度	±1.0 mm	
挤出钢丝帘布厚度的精度	±0.05 mm	
覆胶的上下厚度差值	≤0.1 mm	
真空吸附板定位精度	±0.5 mm	
裁刀长度	558 mm	
裁断角度	15～90°	
最大裁断次数	32 刀/min	
生产线速度	一般 12～15 m/min	
生产能力（运行率 87%）	PCR170 万条/年	挤出机规格 Φ120
最大裁断宽度	356 mm	
裁断宽度公差	国产±1.0 mm、Steelastic±0.5 mm	
裁断角度公差	国产±1.0°、Steelastic±0.18°	
接头宽度	搭接 0.5 根帘线	钢丝帘线不能打弯
包边宽度公差	±2.0 mm	
包边厚度公差	±0.1 mm	
卷取带束温度	≤38℃，或比室温高 5℃	

1.2.4 挤出法钢丝胎体裁断接头系统

挤出法钢丝胎体裁断接头系统的工作原理与带束裁断接头系统是相同的，锭子房、挤出单元、冷却辊筒装置结构相同，不同的是钢帘线的直径较大一些、钢丝帘布的裁断接头角度为 90°、接头不允许搭接而是对接、胎体宽度较大、线外制备薄胶片在线冷贴工艺。如图 2.4.3-14 所示。

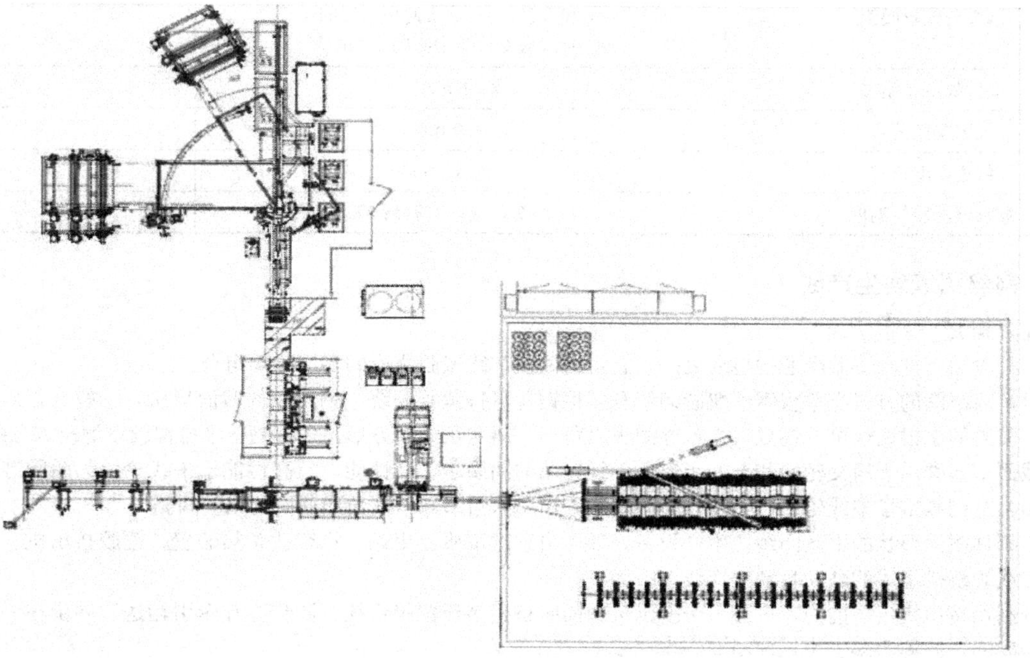

图 2.4.3-14 挤出法钢丝胎体裁断接头系统

裁断接头机的角度固定为 90°，钢丝帘布的定位和裁刀装置的动作步序，与带束的帘布定位和裁断一致，定位后的帘布接头是一对拉链式接头轮由中间起点、向两边拉接的。

胎体卸料输送装置上，设有一套 X 线检测装置，在线进行接头质量检测和偏差分析报警。

薄胶片黏贴在卸料输送装置上进行，从卷轴上导出后进行垫布剥离，用导辊把胶片导入工艺定置位，经压辊压贴到胎体上。薄胶片卷轴用交流变频电机驱动，跟随卸料输送速度同步，具有气动摩擦阻尼器平衡卷径变化的导出张力。

由于胎体帘布比带束宽得多，均采用工字轮卷取，双工位互为在线和准备的转换。

挤出法钢丝胎体裁断接头控制系统与带束系统的基本相同形式。通过通讯总线，把全线的交流伺服系统、交流变频系统、PID 控制、气动控制系统、光电控制、真空发生器、挤出机单元控制系统等接入 PLC，联动控制全线自动化生产。生产工艺参数菜单式调用，具有状态识别、危险报警、故障对策、过程追溯、质量和生产统计等智能化功能，通过接口与上层网络系统数字化传输。

挤出法钢丝胎体裁断接头系统的主要技术参数和性能见表 2.4.3－9。

表 2.4.3－9　挤出法钢丝胎体裁断接头系统的主要技术参数和性能

特征	技术参数	说明
生产钢丝胎体的用途	适用于 TBR	OTR 采用另外的特征参数
冷喂料螺杆规格直径	Φ120	更大的规格可采用
螺杆压缩比	一般 1.7：1	
螺杆长径比	1：12	
钢丝帘线直径	Φ1.0～Φ1.8 mm	
挤出钢丝帘布的最大宽度	254 mm	用挤出机 Φ120
挤出钢丝帘布宽的精度	±1.0 mm	
挤出钢丝帘布厚度的精度	±0.05 mm	
覆胶的上下厚度差值	≤0.1 mm	
真空吸附板定位精度	±0.5 mm	
裁刀长度	558 mm	
裁断角度	90°	
最大裁断次数	32 刀/min	
生产线速度	一般 12～15 m/min	
生产能力（运行率 87%）	TBR 65 万条/年（生产日 330 天）	
裁断宽度公差	国产±1.0 mm、Steelastic±0.5 mm	
裁断角度公差	国产±1.0°、Steelastic±0.18°	
接头处钢丝间距	d＜ s ≤ x d—帘线直径，s—接头两根帘线间距， x—非接头处帘线中心的平均距离	
接头处帘布错位	≤ 1 mm	
包边宽度公差	±2.0 mm	
包边厚度公差	±0.1 mm	
卷取钢丝胎体温度	≤38℃，或比室温高 5℃	

1.3　钢丝圈缠绕生产线

1.3.1　概述

钢丝圈是轮胎部件——胎圈芯的组成之一，它是由钢丝帘线覆胶绕成的多层圆圈组合。

覆胶钢帘线绕圈的方式有单根钢丝覆胶缠绕和多根钢丝平排覆胶缠绕；钢丝圈的截面形状，一般有正六角形、斜六角形、方形。覆胶的单根钢丝可缠绕截面为钢丝圈正六角形、斜六角形和方形，多根钢丝平排覆胶可缠绕方形钢丝圈。

方形截面钢丝圈用于斜交轮胎和普通半钢子午线轮胎的胎圈芯，高性能、超高性能子午线轮胎的胎圈芯采用正六角形截面钢丝圈，全钢载重子午线轮胎（TBR）的胎圈芯采用正六角形和斜六角形截面的钢丝圈。

不管是哪种截面形状的钢丝圈缠绕生产设备，都是由钢丝帘线导出站、钢帘线预热装置、覆胶挤出机、牵引冷却储料架、覆胶帘线缠绕机组成的联动自动生产线。

为充分利用挤出机生产能力，可在一个挤出机头同时挤出多根覆胶帘线、同步冷却牵引输送、同步在一台缠绕机头上缠绕多个钢丝圈，此称为多工位钢丝圈缠绕生产线。

多根钢丝平排覆胶的方形截面钢丝圈，机头绕圈数较少，与同规格的正六角形钢丝圈相比，周期时间约短 60%，因此方形钢丝圈的生产能力较大；但在胎圈中钢丝圈的力学性能较逊色，而且没有用缠绕布包圈工艺的钢丝圈硫化后容易散开（不易保持方形不变），如果同规格要达到与六角形钢丝圈同等的承载力，方形钢丝圈结构需用较多的钢丝。方形钢丝圈的缠绕机大多数以两工位缠绕。

单根覆胶帘线缠绕 PCR 钢丝圈最多可以六工位生产，六角形圈的钢丝利用系数比方形圈提高 20%左右。由于 TBR 的钢丝直径和截面较大，最多可以三工位缠绕生产。

1.3.2　主要组成结构

以目前最先进的全自动六工位钢丝圈生产线为例，阐述各组成部分的结构和特点。如图 2.4.3 - 15 所示。

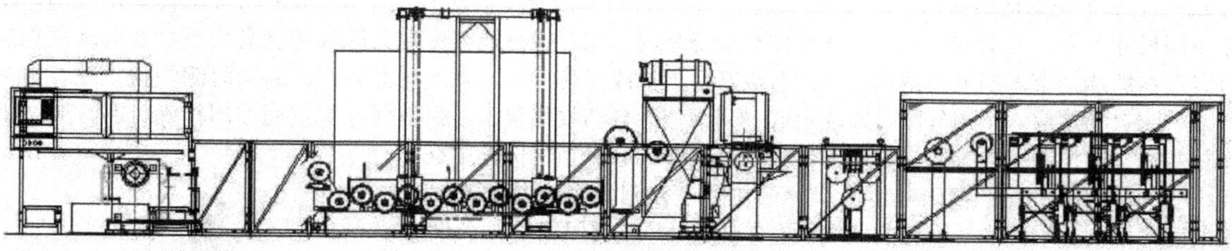

图 2.4.3 - 15　六工位单根钢丝圈生产线布置图

1）钢丝导开站：一个缠绕工位需要一个钢丝锭子，一个钢丝锭子需要一个导开装置，钢丝由牵引轮、导轮以一定的张力从锭子导出，张力由弹力系统可调设定。每个导开装置有一套钢丝断线和低位卷轴检测报警控制。六工位就有六个导开装置。

2）钢丝清洁装置：位于钢丝导开站和预加热装置之间，使用可更换的洁净布轮，自动擦净钢丝表面可能有的灰尘和污染。

3）钢丝预热装置：该装置作用是让钢丝进入覆胶之前不要与覆胶温度差距过大，以免影响胶料与钢丝的附着特性。采用非接触式感应电热装置，加热钢丝的温度范围，在室温温度到 80℃之间，考虑钢丝最大穿越速度大约 150 m/min。加热温度为开环控制。

4）冷喂料挤出机系统技术参数和特点如下。

①挤出胶量要求（带机头）≥70 kg/h，挤出机规格一般为 Φ60 左右，塑化性要好，螺杆长径比 12。②采用交流变频电机驱动系统，挤出机速度根据钢丝结构直径通过控制系统自动控制。③喂料口供胶胶条的截面尺寸要求准确，一般 10 mm×30 mm 为合适，该尺寸不稳定会对挤出覆胶压力产生不良影响。配供胶胶条监测器，可以检测胶条断裂或用空情况，发出报警信号。④为保证钢丝稳定覆胶，黏流态胶料通过机头内设溢胶孔方式，在挤出过程使溢胶量不总是为零，保证恒定压力覆胶流量。合适量的机头溢流胶通过装置自动返回喂料口。机头压力由压力传感器检测控制，根据使用胶料的性能来设定显示速度控制或压力控制，过压时显示报警。⑤挤出机应采用高强优质材料来制造。水温控制装置控制挤出机螺杆，机筒和机头，采用 3 个独立的模温机单元，这是约 10 kW 左右的电加热水循温控制循环模块。Batell 挤出机，采用的材料与我们常用的有所不同，螺杆材料为 4 140 带高镍含铬合金 54 的硬制表面，机筒衬套为铜铝合金 102。

（5）伺服储架系统：每根覆胶钢丝一个独立的滑轮组，六根以间隔排列。为确保运动速度平滑和储料动轮的精确定位，储料驱动采用交流伺服电机系统，根据钢丝圈规格结构的生产选择，全自动设定控制储料装置速度和位置。六工位伺服储架系统布置如图 2.4.3 - 16 所示。

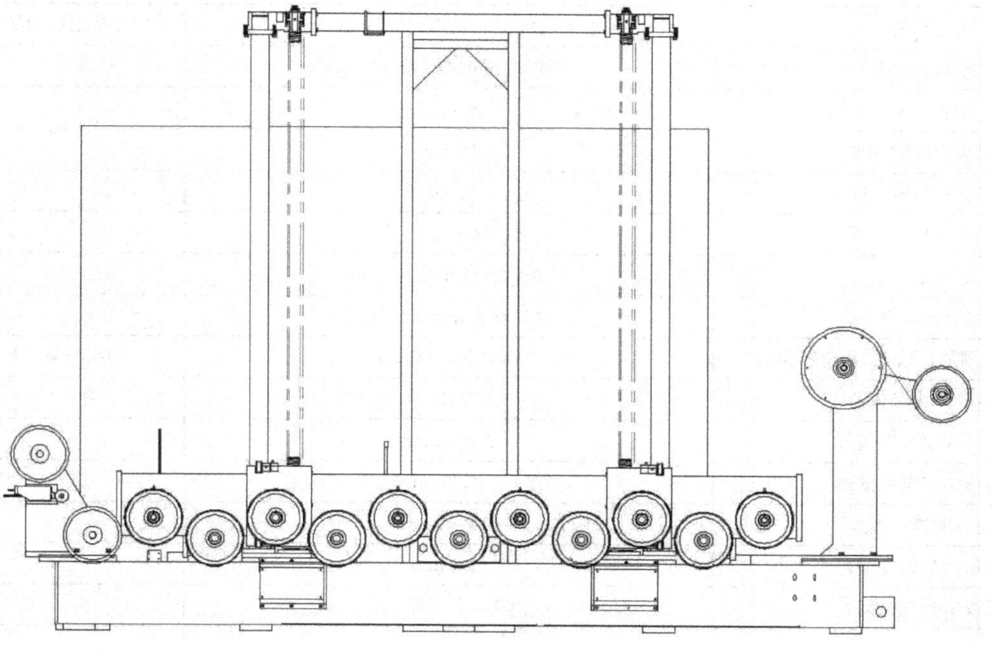

图 2.4.3 - 16　六工位伺服储架系统布置图

6）钢丝预弯曲装置：每根覆胶钢丝一个独立预弯曲装置，定位在缠绕机和储架之间。钢丝预弯曲的作用是使钢丝端头在缠绕圈过程不会翘，方法是将每根钢丝预弯曲至某一弧度，产生预应力。预弯曲装置可手动调节，以适用于选择的钢丝圈直径。每根钢丝在预弯曲装置上有止逆机构阻退。

7）胎圈缠绕机：六工位胎圈缠绕机结构如图 2.4.3－17 所示。在本机的一套缠绕盘工装上，覆胶钢丝进入 6 个可膨胀/伸缩的缠绕盘，6 个同规格结构的钢丝圈全自动同步生产，每套规格工装可在±3 mm 范围内可调整直径大小，以适应不同工艺或不同尺寸差异。气动钢丝夹持压紧组件在缠绕盘内，在开始时把钢丝端头压入缠绕盘而不会在缠绕过程翘起；气动后夹持组件在缠绕结束末期夹紧钢丝，待裁刀裁断后与排线器前行完成钢丝尾部缠绕。卸圈时缠绕盘收缩，由一套钢丝圈夹持装置一次自动接取六个钢丝圈，并取出放置到钢丝圈自动收集架上。为确保缠绕过程控制精确可靠，缠绕机有四个伺服驱动机构来自动控制完成参数设定和动作过程，这些伺服驱动机构作用是：

①缠绕盘伺服驱动机构：精确定位缠绕盘的位置，控制每个周期慢速起/停、过程加速的速度控制。不同规格结构的缠绕生产，通过 MMI 调用菜单自动设定缠绕盘速度和定位设定点。②缠绕盘伺服膨胀/缩小机构：可优化缠绕盘膨胀/缩小的速度（速度变化大小关系力的变化大小），并全自动精确控制缠绕盘直径到选定的钢丝圈直径，无人工干预调整缠绕盘直径。③伺服排线机构：精确控制缠绕钢丝圈时精确排线和排线速度。通过 MMI 调用生产规格菜单，自动设定排线距离、排线速度和位置。④排线机头高度伺服调整机构：排线机构要适合不同生产规格的缠绕盘直径和钢丝圈直径所需要的位置，全自动伺服调整避免了操作人工干预可能出现的失误。在钢丝圈缠绕过程中，在每一层钢丝排列完成之后，排线机头的高度全自动升高一个相应高度，确保钢丝在每一层的进入位置与机头顶部平行，消除钢丝“翘起”现象。

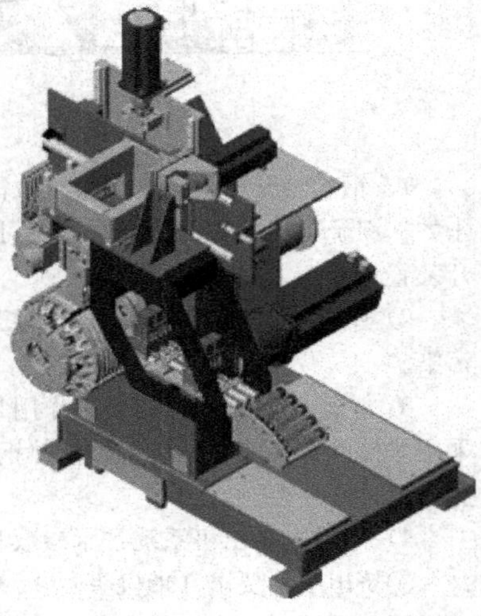

图 2.4.3－17　六工位胎圈缠绕机结构示意图

8）控制系统：PLC 和总线通讯平台，与安全联锁、伺服控制、气动控制、智能感知控制、机器自诊断、配方储存、MMI 参数调用和屏幕显示、与工厂智能生产系统数据交互。安全保护包括全线的急停按钮、安全拉绳或其他方式的安全设施。在缠绕质量保证方面，全自动完全无人工干预设定生产规格和相应的技术参数，设置线头压紧与否的检测报警等，有效避免可能的失误造成损失。

1.3.3　主要参数和性能

钢丝圈缠绕生产线的主要参数和性能见表 2.4.3－10。

表 2.4.3－10　钢丝圈缠绕生产线的主要参数和性能

特征	技术参数	说明
钢丝圈规格	12″～24.5″	每个规格一套工装；超过该范围的向制造商定制
钢丝圈截面形状	方形、正六角形、斜六角型	
最多缠绕工位	PCR 6 个、TBR 3 个	
挤出机能力	压出胶条重量≥70 kg/h	按挤出口型的能力选规格
挤出机参数	螺杆直径 Φ60、长径比 12	
钢丝圈直径调整范围	±3 mm	
最大钢丝圈宽度	19 mm	
最大钢丝圈高度	19 mm	
钢丝圈斜角范围	0～15°	
钢丝直径 d	Φ0.94 ～Φ2.08 mm	
覆胶钢丝直径	裸钢丝直径＋0.25 mm	
单工位生产周期，以 20″六角形为例	PCR 15 s/个，TBR 36 s/个	周期产量＝1 个×工位数
钢丝圈内径偏差	±0.13 mm	
钢丝圈总宽度偏差	±0.38 mm	
钢丝圈底宽度偏差	±0.25 mm	
钢丝圈高度偏差	±0.78 mm	
钢丝切割长度偏差	±5 mm	
覆胶钢丝直径偏差	－0.1～0.05 mm	

1.4　钢丝圈包布机

1.4.1　主要结构

钢丝圈包布机用于钢丝圈包布，即采用纤维帘布条以一定的搭接螺距，把钢丝圈的圆周断面包缠起来。

把钢丝圈从包布齿轮的开口弧段进入，放置于牵引装置上；包布卷装在存放轴上，拉出布端经导出轴架后，贴到钢丝圈上。启动按钮，牵引装置作用钢丝圈转动角度、包布齿轮绕钢丝圈旋转；钢丝圈被牵引转动的角速度与包布的转动速度之比，构成包布的缠绕螺距。当钢丝圈被牵引转动一周时，剪断包布尾端并黏结，整个钢丝圈包布完成。如图 2.4.3－18 所示。

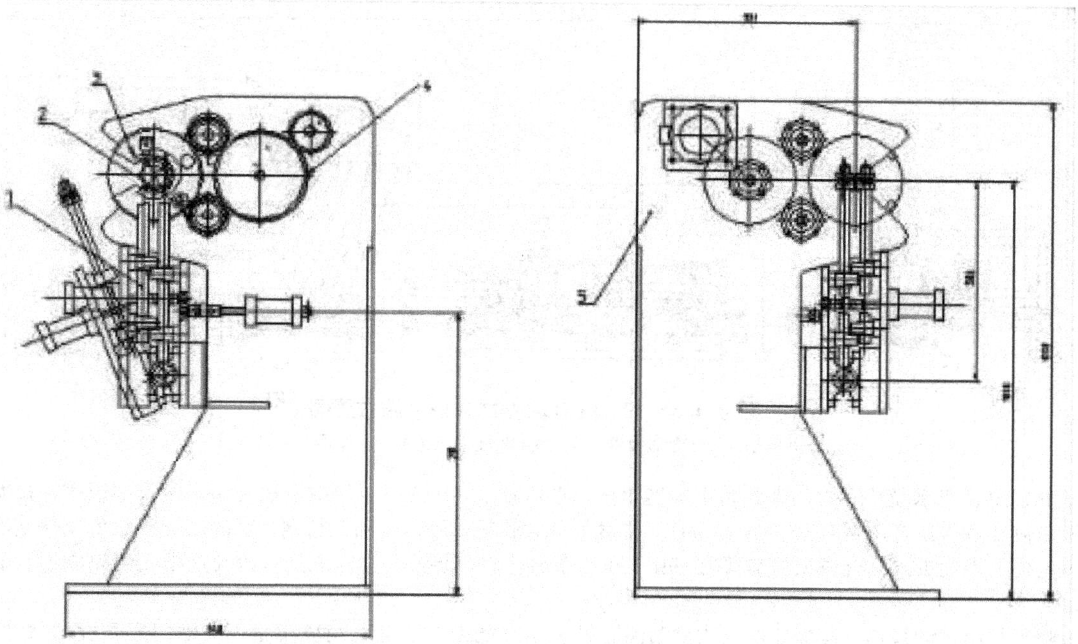

图 2.4.3－18　钢丝圈包布机结构示意图

1—牵引装置；2—包布存放轴；3—包布齿轮；4—大齿轮；5—机座

1.4.2　性能和参数

钢丝圈包布机性能参数见表 2.4.3－11。

表 2.4.3－11　钢丝圈包布机的主要参数性能

特征	技术参数	说明
钢丝圈直径	13″～19″、20″～24.5″	
包布宽度	18 mm	
牵引轮直径	Φ42 mm	
包布导出线速度	15 m/min	
牵引齿轮转速	32 rpm	
生产能力（基于 TBR 20″）	900 个/班	基于运转率 85%

1.5　轮胎胎圈芯生产装备

1.5.1　半钢子午线轮胎（PCR）全自动胎圈一三角胶芯成型系统

胎圈芯是关系轮胎行驶安全性和舒适性的组合部件，是三角胶底边围绕方形或六角形钢丝圈的外缘一圈紧密结合、胶条的头尾两端密切对接或搭接形成的。

1. 三角胶胎圈芯成形系统的组成和技术特征

早期的 PCR 三角胶圈芯生产，是在简单的机器上把常温的连续三角胶条与钢丝圈外表装贴、手工剪断胶条并压合接口，这种劳动强度高、生产效率低、贴合质量难保证。以 205/65R16 的胎圈芯为例，抽查 30 个样品的重量分布，偏差范围达 0～20 g。达不到 PCR 质量控制要求。

21 世纪初，我国橡机企业始开发半自动生产的 PCR 三角胶芯成型系统，在线进行三角胶条挤出-冷却-装贴于钢丝圈并完成接头压贴，关键操作基本无人工干预，操作人负责从钢丝圈车上取出钢圈放在贴合盘上，以及从贴合盘上取出产品放入胎圈芯车。PCR 胎圈芯成型系统的布置如图 2.4.3－19 所示。

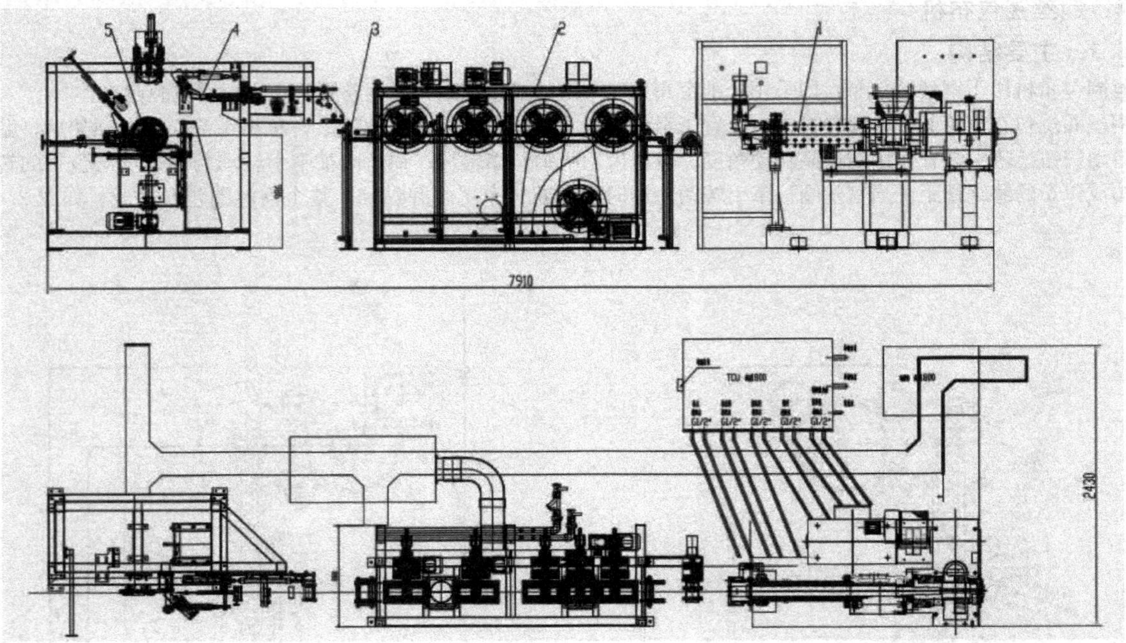

图 2.4.3－19　PCR 胎圈芯成形系统布置图

1—挤出机组；2—冷却装置；3—储料环；4—送料机构；5—贴合机头

PCR 三角胶芯成型系统由一台冷喂料挤出机连续挤出三角胶条，出来进入接取输送带和一段收缩辊道，接着进入冷却装置；胶温控制在进入贴合成型时 50～60℃为宜，温度太低时胶料较硬，不利于与钢丝圈的贴合。三角胶与钢圈贴合是间歇式的机械动作，因此进入贴合成型机前要有一套三角胶条缓冲储存装置，这样就使三角胶从挤出到完成贴合的过程连续性平衡稳定。

选配冷喂料挤出机的规格。应保证贴合成型胎圈芯最大生产能力需要的三角胶重量，考虑门尼黏度 80 的胶料均匀塑化来设计螺杆技术参数。为了控制三角胶条尺寸稳定精确，在收缩辊道出口装配传感器，测量三角胶的尺寸，反馈给挤出机控制系统，调节参数控制。

冷却装置一般有两种冷却型式，一种是用风箱式，三角胶在箱内被直接冷风带走热量；另一种是间接水冷式，三角胶条贴着通水辊筒进行热交换。不管是哪种形式，都控制三角胶温度的出口温度在 50～60℃范围。过低的介质工况温度会使胶条表面出现凝结水，所以风箱室内的冷风一般控制 10℃，辊筒冷却水用 25℃左右的常温水即可。

进入贴合成型机前，三角胶条以装配钢丝圈的基准中心相对齐，用机械对中结构则简单，但换规格时要人工调整，定位偏差较大，生产中对中波动则不可避免。因此，可选配自动对中装置来去除这些不良因素。

三角胶与钢丝圈在贴合机的上完成贴合，每个钢丝圈规格对应一个贴合盘（工装），贴合盘垂直装配称为立式贴合机，水平装配的称为卧式贴合机。三角胶条的贴合定长是在贴合盘上完成的，贴合盘用伺服驱动角计量控制三角胶的贴合长度。不管是立式还是卧式，三角胶贴合钢丝圈的步序如下。

①贴合盘径向收缩、放入钢丝圈、贴合盘径向膨胀、钢丝圈定位。②由一把电热刀对三角胶条的端头作角度修边。③由气动装置夹持三角胶条端头，递送到贴合盘上的起始位置，胶底边贴在钢丝圈贴合面。④胶条端头部被压板相对固定、辊轮伸向胶条与钢丝圈结合的位置作运动辊压、跟随贴合盘转动一个预定角度定长后停止。⑤另一把电热刀伸出，在胶条尾部定长裁断。⑥贴合盘再次转动到预定角度终点停止，此时胶条完成与钢丝圈的整圈贴合、底部和接头压实。⑦贴合盘收缩、胎圈芯下线。

全自动无人工干预的三角胶胎圈芯生产线，从钢丝圈存放车上取出一个钢丝圈、放置于贴合盘的操作，是由机器人或智能机械手装置完成；胎圈芯下线也是由机器人或智能机械手接取、将胎圈芯放置于自动装载的工装储存车内、悬挂排列或水平叠放（层间用塑料薄片隔离防粘）。控制系统包括 PLC、运动控制器、智能感知控制器、总线通讯、MMI 参数调用、与智能生产系统数据交互。

不管是立式还是卧式的 PCR 三角胶胎圈芯贴合生产线，都要求符合表 2.4.3－12（见本节 1.5.3）所列举的技术特征规范。

2. 国外全自动三角胶胎圈芯成型系统简介

国外的三角胶胎圈芯成型系统除了从挤出至完成贴合成型的主体机器以外，还为贴合成型机配置了取放钢丝圈和胎圈芯离线收取的全自动机器，整线无人工干预地运行，还对稳定挤出胶条尺寸进行反馈自动控制、对三角胶接口质量进行激光检测，生产工艺设备参数和数据能数字化输出。

更先进的全自动三角胶胎圈芯成型系统（立式）由美国 Steelastic 制造，不但具备上述生产功能，还可在线系统增加一套钢丝圈包布装置；如还需要贴补强层，也可以增加装置。Steelastic 三角胶贴合钢丝圈的专利技术是：立式贴合盘上，三角胶条与钢丝圈由一对齿轮式压辊啮合辊压，使胶条底边与钢丝圈表面结合得非常密实，几乎不存在空隙存气，这对于超高性能轮胎质量生产是非常有利的。如图 2.4.3-20 所示。这台设备只需要三套工装就可以完成 12～24″乘用胎胎圈的生产，大幅降低了工装投入及规格更换的时间。成品取走的方式可以根据需求灵活选配标准卸圈装置或机器手。

图 2.4.3-20　美国 Steelastic 的三角胶与钢丝圈贴合的压合形式

另一种形式是荷兰 VMI 的全自动三角胶胎圈芯贴合机（卧式，见图 2.4.3-21），能够便捷调整，满足 14～24″各种直径胎圈的生产要求。贴合高度为 10～70 mm 的三角胶，每 24 h 生产 7 000～10 000 个胎圈三角胶，不需要人工干预操作。

根据需挤出胶料的特性，可以选择销钉机筒式挤出成型机、多刀混合传送式（MCTD）挤出机或内齿轮泵挤出成型机，挤出成型机的控制集成到生产线的整体控制中。其口型可快速更换（专利产品），显著节省了停机时间。

图 2.4.3-21　适合乘用胎的半自动胎圈三角胶成型系统

图 2.4.3-22　适合乘用胎的全自动胎圈芯成型系统

VMI 的全自动胎圈芯成型系统已与机器人结合起来，能够提高胎圈的生产效率，其功能包括从简单的装卸系统到机器人存储和识别系统。如图 2.4.3-22、2.4.3-23 所示。

图 2.4.3-23　全自动胎圈芯成型系统的机器人操作方案

1.5.2　全钢子午线轮胎（TBR）胎圈一三角胶芯成型系统

TBR 胎圈芯的制备，过去是在独立的挤出生产线上生产定长的三角胶，然后在一台半自动的成型机上，与钢丝圈进行组装贴合和接口压合，班产一般 500 个左右。2010 年以后，我国起步开发全自动的在线挤出三角胶胎圈芯成形系统，大大减少了对质量稳定性的不良影响，还提高了生产率60%左右。

TBR三角胶条是用两种或三种配方胶复合挤出的胶部件，钢丝圈形状为正六角或15°斜六角形截面，圆周缠绕有纤维帘布条包布。

TBR胎圈芯成型系统有二鼓式和四鼓式，都是采用在线冷喂料挤出、接取收缩、压排气线、三角胶冷却至50～60℃、缓冲环平衡挤出线速度、供料自动对中和夹持递送到贴合鼓成型。相同形式如下。

1）三角胶在线由多台冷喂料挤出机复合机头挤出。

2）胶条经过接取收缩辊道后，在线压制工艺排气线。

3）胶条底边在线涂刷胶浆（不需涂胶浆的工艺则取消该装置）。

4）三角胶高度尺寸大，贴合装置均采用三角胶卧式贴钢丝圈。

根据用户的工艺流程，本系统可以扩展使用功能，如可以增加放置钢丝圈和收取胎圈芯的机器人或机械手装置、在线联动钢圈包布、在线检测胎圈芯质量等。

全线要求实现智能化控制，由PLC和远程通讯控制协调、交流伺服控制定长定角度、变频调速、光电传感器检测、MMI设置和参数调用、接头质量检测分析、偏差报警、安全联锁、故障对策、生产分析统计、信息化接口和数字化输出等功能。

1. 二鼓式TBR胎圈芯成型系统

二鼓式胎圈芯成型机（见图2.4.3-24）有两个同一水平轴上对称装配的成型鼓，互为180°间歇转动，每个鼓分别在三角胶贴合工位和钢丝圈装/卸工位上完成完整的生产周期。成型鼓上，一端有三角胶机械翻转装置，另一端有胶囊充气装置。每个工位的工作如下。

1）在三角胶贴合工位上，三角胶在供料装置上自动对中，机械手夹持三角胶端口压贴在成型鼓上定位并绕贴一圈，电热刀裁断定长的三角胶尾端、辊轮伸出压实三角胶两端接口，成型鼓转180°进入钢丝圈工位。

2）在钢丝圈装/卸工位，钢丝圈由夹持装置装配定位，机械指形把三角胶翻转90°，胶底边压贴在钢丝圈上，同时胶囊在钢丝圈的另一侧充气顶压，从而完成胎圈芯成型，被自动夹持下线。

上述两个工位的动作周期，始末部分重合，提高生产能力。

图2.4.3-24　二鼓式胎圈芯成型机

2. 四鼓式TBR胎圈芯成型系统

四鼓贴合成型机（见图2.4.3-25）为"Y"对称二个单元四工位布置，各有一套供料架、一套双工位的贴合成型机头。两个成型机头共用一个机座和旋转装置，它们的中心线在YOX面上相交135°，两个贴合成型盘互为交替，从水平（XOZ面）工位间歇转到斜平面工位，进行钢丝圈装配定位和三角胶压贴接口（见图2.4.3-26）。

一个胎圈芯的贴合成型在一个成型盘上、经过两个工位完成。

1）在水平工位上，供料架上的自动夹持送料装置把三角胶端口递送到贴合成型盘上定位压贴，成型盘自转时三角胶绕贴在钢丝圈上（同时机械手托起胶条随动，防止跑偏），在设定转角定长时暂停、电热刀裁断、继续转至360°停、三角胶两端接口时气动压板上下压合，同时供料架横移，带动三角胶底边向钢丝圈贴合面靠，保证它们无缝隙接口。

2）斜面工位是胎圈芯卸荷离线并放入钢丝圈和定位的工位。成型盘从水平转到本工位后停止，装配钢丝圈的扇形块径向收缩、托板升起胎圈芯、人工（或机构）取出胎圈芯，并把新的钢丝圈放在托板上、托板下降、扇形块径向张开撑紧钢丝圈（见图2.4.3-27）。

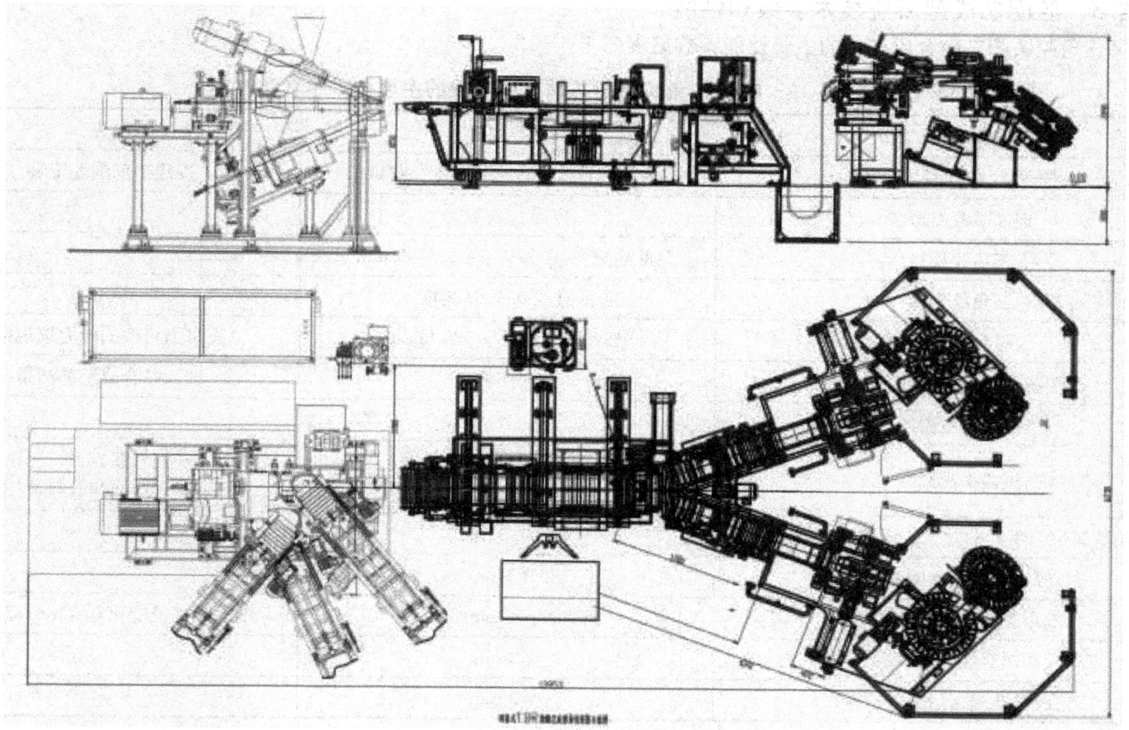

图 2.4.3－25　四鼓贴合成型机的平面布置图

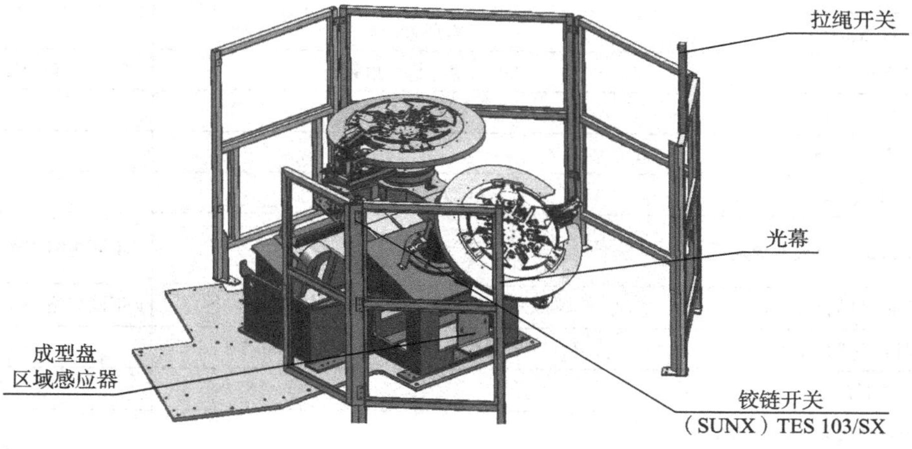

图 2.4.3－26　水平/斜面交互式成型工位

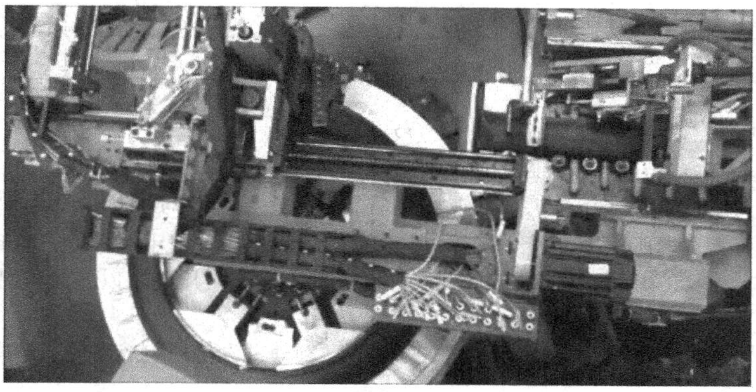

图 2.4.3－27　贴合成型过程

1.5.3　胎圈芯成型系统技术参数和性能

PCR三角胶胎圈芯贴合成产线的主要性能参数见表2.4.3－12。

表2.4.3－12　PCR三角胶胎圈芯贴合生产线的主要技术参数和性能

技术特征	参数	说明
钢丝圈规格范围（内径）	12″～17″、16″～22″、20″～24″	按规格范围配工装
钢丝圈截面形状	方形、六角形	
三角胶规格	底宽4～8.5 mm，高12～60 mm	
三角胶形状	垂直或0°～20°角度	
挤出机能力	压出胶条重量≥120 kg/h	按挤出口型的能力选规格
冷却装置能力（风冷/水冷）	50～60℃	进入贴合成型前测量
冷却介质温度	冷风10℃左右、常温水20～32℃	
机器生产周期	12～17″钢圈8～10 s/个 17～21″钢圈10～12 s/个	取决于钢丝圈直径，三角胶高度，截面和胶料特性
三角胶底边与钢丝圈贴合位置偏差（错位）	±0.5 mm	
三角胶底边与钢丝圈的结合面	无缝隙	
三角胶接头的搭接范围	0～3 mm	钢丝圈外径变化0.5 mm范围内
三角胶两端对接后的接口延伸量	≤3 mm	
三角胶两端搭接后的接口厚度	≤2 mm	

TBR胎圈芯成型系统技术参数和性能见表2.4.3－13。

表2.4.3－13　TBR胎圈芯成型系统主要技术参数和性能

技术特征	技术参数	说明
钢丝圈规格范围	17.5～24.5″	
钢丝圈形式	正六角、斜六角截面	包布厚约1.7 mm
三角胶高度/mm	90～140	
三角胶底边/mm	15～22	
三角胶重量/kg	最大5 kg/条	
二鼓型式，每个鼓的贴合成型周期	基于11R22.5规格钢丝圈，已包布的20 s/个、在线包布的23 s/个	不同规格钢丝圈的周期有所不同
四鼓型式，每个鼓的贴合成型周期	基于11R22.5规格钢丝圈，已包布的27 s/个	不同规格钢丝圈的周期有所不同
冷喂料挤出机规格（基于双贴合鼓）	按复合挤出胶量1 200 kg/h匹配如90/120	
三角胶裁断角度	22°	
三角胶宽度公差	±2 mm	
三角胶搭接宽度范围	0 ～ 2 mm	
三角胶两端的接口延伸量	≤3 mm	
三角胶底边与钢丝圈贴合位置偏差（错位）	±1 mm	
三角胶底边与钢丝圈的结合面	无缝隙	

1.6　内衬层/宽幅胶片生产装备

内衬层是轮胎里层密封充气压力的胶层，胶片用于轮胎部件生产中的黏贴材料（见图2.4.3－28）。内衬层和宽胶片生产工艺有压延法和挤出法。压延法生产的内衬层截面是矩形的，挤出压延法可生产非矩形截面的内衬层。载重子午线轮胎（TBR）的内衬层要求非矩形截面，所以挤出压延法工艺普遍用于TBR的内衬层生产。对于半钢子午线轮胎结构来说，绝大部分内衬层截面是矩形的，因此采用压延法具有胶料操作温度较低，一次压延可以完成内衬层贴合、生产能力较大的优点。

压延法和挤出压延法内衬层生产线，区别在于主机，他们的联动辅助设备的组成原理和结构基本一致。因此，两种工艺生产内衬层的联动辅助设备。

图 2.4.3-28 内衬层生产线的布置

1.6.1 压延法内衬层生产线的主机

本生产线主机是一台四辊橡胶精密压延机，结构特点见本手册第三章第一节压延机的内容，供胶方式采用冷喂料挤出机，结构特点见本手册第三章第二节挤出（压出）装备的内容。

在每两个辊筒之间，分别由两台供胶机供气密层和过渡层胶料，压延胶片被牵引辊导出后，进入一对贴合辊筒复合成内衬层，然后由联动线的接取输送带接取，进行胶片冷却、输送、储料、对中纠偏、卷取。

本机也可以压延生产单一配方胶的薄胶片（用于钢丝部件的贴合胶），经冷却后直接在输送带上用表面卷取方式卷取离线。

压延法内衬层生产线的主要参数性能见表 2.4.3-14。

表 2.4.3-14 压延法内衬层生产线的主要参数性能

技术特征	技术参数	说明
压延胶片最大宽度	800 mm	
压延胶片厚度范围	0.5～2.5 mm	
压延胶料门尼黏度	60～90 Mooney (M_L 1+4 / 100℃)	不同工艺生产有所不同
压延机辊筒规格	ϕ450×1200×4（辊）	
生产线速度	4.0 ～ 40 m/min	
辊筒排列形式	双两辊或 S 型	
辊筒结构	周边钻孔，冷硬铸铁表面硬质合金	
辊筒补偿方式	中高度、轴交叉、拉回	液压控制轴交叉和拉回
轴交叉范围	0～±15 mm，伺服控制	
调距方式	伺服定位调速，0～25 mm	
挡胶板行程	400～1 000 mm	
温控装置	四区闭路水循环，~80℃可调	电加热，PID 自动调节
牵引辊和贴合辊冷却	通常温水冷却，20～32℃	
压延辊筒传动功率	≥ 37KW×4	单辊筒独立电机驱动
供胶机	Φ200 冷喂料挤出机 2 台，L/D=12 或 660 开炼机 4 台	
供胶/摆动输送带	工作宽度 250 mm，速度可调	供胶出口段可自动摆动
冷却辊筒组	3 组辊筒，每组 3 个，直径 Φ600 每组用超声波补偿速度的同步	或直径 Φ800 的每组 2 个辊筒
表面卷取直径	最大 Φ600 mm	双工位
储料装置	储料最大 16 m 速度范围 4.0 ～ 50 m/min	
双工位工字轮卷取直径	Φ1 000 mm	工字轮外缘直径 Φ1 200 mm
卷取速度	4.0～ 50 m/min	

续表

技术特征	技术参数	说明
卷取垫布边精度	±3 mm	
胶片对中精度	±1 mm	
内衬层宽度公差	± 2mm	
内衬层入卷温度（垫布）	≤38℃，或比室温±5℃	

压延机辊筒和其他与胶料接触的辊筒，如牵引辊、贴合辊等，要从材料选择和表面工艺方面考虑防止胶料黏辊，例如压延辊筒采用合冷硬铸铁、球墨铸铁，或合金铸造材料。牵引辊、贴合辊采用镀硬铬和表面喷砂处理，覆胶辊为贴合压力辊。

1.6.2　挤出压延法内衬层生产线

本生产线主要由主机和联动的辅助设备组成。一台冷喂料挤出机和一台两辊压延机的机组，能挤出压延胶片，后继的辅助设备接取胶片、冷却后，进行无张力卷取。一套机组生产一种胶料的胶片，内衬层是由两种胶料的胶片贴合而成的产品，因此挤出压延法内衬层生产线需要两套挤出压延机组和一套辅助设备联动组成。如果只用一套挤出压延机组，就必须把已经收卷的一种胶片在辅助设备上线导出和对中，与在线的另一种胶料进行贴合成内衬层卷取。

1. 挤出压延法内衬层生产线的主机

为保证轮胎内衬层的气密性，胶料和胶料层间不得夹带气泡，在成型工序，相邻贴合部件层间也不能存在窝藏空气的空隙。为解决这个问题，人们应用挤出机挤胶料有很好的致密性，用形状辊筒压型可以得到非矩形断面的胶片，因而挤出压延法生产工艺应运而生。

一套挤出压延法生产线主机由如下部分组成。

1）胶片供胶机：变频电机驱动1 000 mm宽的皮带输送机，把宽800 mm、厚10 mm的终炼胶片1～2片输送到冷喂料挤出机的喂料口，输送胶量控制与挤出机喂料量相平衡，带金属探测器检测，一旦发现胶料中含有金属，立即发声光报警，同时一个气动打印装置在金属所在位置打印一个印记，待操作人员来处理。

2）冷喂料挤出机：规格选用Φ200×16D的销钉冷喂料挤出机，机筒塑化段有12行、8排销钉均布，螺杆结构一般为带销钉槽的双头螺纹，表面渗碳处理，渗碳深度一般为0.6 mm左右，硬度要达到950 HV。工作转速一般为3.2～32 rpm. 挤出机底座可以沿工作中心向后线性移开，使机头可以开启。

3）宽幅机头：铰链连接上下剖分式结构，液压油缸锁紧。

①当挤出机退后位置时，液压油缸驱动机头的开启和闭合，便于清洁内腔流道。②机头流道从入口的圆形，逐步过渡到鸭嘴似的扁平的宽幅口型，流道的设计使胶料呈压缩式层流流动，所有与胶料接触的表面均要镀硬铬并抛光处理。③通过流道插件和口型的更换，可以改变挤出胶片的宽度。机头空腔内通入温控装置的水介质。④在机头入口处装压力传感器，测量范围0 ～ 35 MPa。信号与PLC通讯，实行螺杆转速控制，在控制面板上指示高压预警和控制超压自动停机保护。⑤在上机头装有温度传感器，测量范围0 ～ 200℃，信号与PLC通讯，并在控制面板上指示高温预警。

4）温控装置：挤出机共有5区，分别是挤出3个区、机头2个区；两个压延机辊筒各有1个区。温控范围45～120℃。

5）支承架：机头与压延辊筒各自的封闭框架组成部分工作时各自为封闭力系。

①机头支承架的上横梁装有剖分式机头的锁紧油缸，下横梁与机头之间垫硬质滑块，通过两侧力板，构成封闭力系。②压延辊筒的封闭机架紧固连接。③压延辊筒支承架的封闭框架与机头架的两侧边板紧固连接。④当机头闭合、进入设定位置时，与压延辊筒之间的间隙是固定的，该间隙通过限位器调节设定。

6）液压系统：负责驱动挤出机直线移动、机头开启/闭合、辊筒挠度补偿装置等所有油缸，每个位置均有开关检测控制，只有所有操作过程完成且正确无误、机头已经可靠锁紧后，挤出机才可以启动。系统允许最大油压力为30 MPa。

7）辊筒压延机：支承压延机的是一个封闭机架，固定连接在焊接底座上。辊筒压延机结构特点如下。

①该机属于精密机械，轴承采用自定位滚珠轴承，与轴承座装配要求零间隙。②下辊筒是固定的，上辊筒为型辊，由芯辊和辊套组成，辊套表面根据工艺要求的形状加工，更换不同型辊可生产不同形状的胶片，型辊套的更换用液压缸为驱动力，把它从芯辊上的传动侧推到另一侧的接取架上；辊套装入芯辊后由一套爪式夹紧器夹紧。③生产使用型辊要经过预热，备用型辊在一个离线的电热装置里预热。④辊筒周边需钻孔通水热交换（上辊筒的通水孔钻在芯辊周边），采用冷硬铸铁制造，表面硬度要求达到500～520 HB，硬化深度≥8 mm。⑤辊筒调距最先进的技术是采用液压伺服控制，轴交叉和预拉回装置也由液压驱动。⑥压延机采用调速电机（直流或交流变频）驱动，减速箱的输出轴采用刚性联轴器连接上辊筒轴端，用万向联轴结与固定的下辊筒轴端相联，这刚柔两两结合的传动结构，能够把装配链误差的不良影响降到最低。

8）修边装置：用于裁切压延胶片两侧的边胶。该装置主要由刀架构件和一个刀座辊筒组成。刀座辊筒采用钢制，表面硬度要高至60～65HRC，硬化层深度为2～3 mm，周边要钻孔通水冷却。气动升降的圆盘刀片装在两侧的刀架上，左右刀架可以由左右旋的丝杆螺母副驱动来移动距离，设定内衬层胶片的宽度。工作时刀座辊筒由带齿轮箱电机传动，在该辊筒表面导出的胶片被无动力圆盘刀滚切，裁切出的胶边引至250 mm宽的返运带送回挤出机的喂料口。

9）可摆式输送辊道：负责把压延修边后的胶片输送到辅线设备。它是由修边装置的刀座辊筒传动链来传动动力的一段动力辊道，摆动是由气缸推动的。

2. 挤出压延法内衬层生产线的辅助设备

如果采用两套挤出压延机组在线生产，它们在同一工作中心线上有同向，或相对方向的工艺布置，两种压延胶片都经过冷却到一定温度后进行在线贴合。一般来说，选择相对方向挤出压延，两个胶片经历的路途长度较接近，它们的贴合温度比较接近；而且经历较短的路途进行贴合，过程影响相对较小。

以下以相对挤出压延胶片的工艺方式，简介生产线的辅助设备组成。

1）输送装置：由交流变频驱动，接取从主机可摆式输送辊道过来的胶片，上方有红外测温仪。

2）冷却装置：有两种形式，一种是用风直接冷却，一种是比较经济的辊筒水冷法。水冷系统一般采用 3 组直径大约 1 000 mm 的冷却辊筒，每组独立传动控制胶片速度平衡。辊筒最好采用不锈钢制造，或是钢制表面镀铬喷砂抛光。进入辊筒内螺旋水道的冷却水温不能太低，否则会产生凝结水。水温一般在 23～32℃范围。

3）表面卷取：如果需要在本线上生产其他用途的胶片，该胶片冷却后在一段输送装置上进行表面卷取和下线。

4）对中心和胶片贴合：经过冷却后，主胶片向后翻转一个角度后，进入斜坡输送，对中装置的 CCD 摄像机捕捉主胶片的中心位置，反馈控制另一个胶片跟踪主胶片的中心纠偏对齐，然后进入贴合辊，两个胶片压贴为内衬层。贴合辊沿轴线的形状，要与非矩形胶片轮廓相接近。

5）内衬层输送带：这是交流变频电机驱动的薄尼龙输送带，架空支承，负责接取斜坡来的内衬层，送往卷取站。

6）卷取站：进入卷取站的斜坡输送机上，一套脉冲定长和旋转裁断装置，裁刀用电加热，输送带下方有一个支承辊，达到预定长度后，裁刀旋转把内衬层裁断。有两个卷取工位，生产时一个在线卷取，一个准备在线。由一段移动式输送机，从一个卷取工位接取内衬层的端头，送到另一个卷取工位的入卷输送带上，实现连续生产中无储料式卷取工位转换。每个卷取单元由载料工字轮、垫布导出装置、卷取直径超声波测量反馈、卷取驱动控制装置组成，把内衬层无张力地与垫布一起卷入工字轮。装卸料时，卷取单元由电动机构驱动沿轨道进出工位，然后可方便地把工字轮推出或推进。

（三）挤出压延法内衬层生产线的控制系统

本系统采用 PLC 和总线通讯控制，具有自动/半自动/手动操作模式。全线的设备采用交流变频电机（或直流电机）调速驱动，调速范围 10∶1；速度同步采用 PLC 设置及浮动辊动态跟随的控制方式；温度采用 PID 调节控制；液压系统为 PLC 控制。具有全线安全和故障报警、故障分析诊断功能。计算机具有设置、存储、调用、修改运行参数的功能，并可实现参数的配方管理和运行参数的监控记录，可以进行网络数据传输交互。

1.6.3 主要性能参数

挤出压延机的主要性能和参数见表 2.4.3-15。

表 2.4.3-15 挤出压延机的主要技术参数和性能

技术特征	技术参数	说明
生产胶片的宽度	250 ～ 1 050 mm	修边后
生产胶片的厚度	0，5 ～ 5 mm	
生产线速度范围	1 ～ 30 m/min	
生产线输送宽度	1 200 mm	
冷喂料挤出机结构形式和规格	销钉式，螺杆 Φ200×16D	
最大机头压力	12 MPa	
胶料门尼黏度	60～90 Mooney（M_L 1+4 / 100℃）	不同工艺控制会有所不同
胶片出口型温度	最大 105℃	不同工艺控制会有所不同
温控装置的温控范围	45～120℃	
温控精度	±1℃	
压延机辊筒形式	上辊筒为型辊，下辊筒为平辊	
压延辊筒规格	Φ400×1 200 mm	
型辊预热温度	最大 120℃	
辊距调节形式	调节下辊筒轴承，液压控制	
最大辊筒间隙	80 mm	
辊筒移动速度	6.0 mm	
辊距调节速度	0～ 1.2 mm/min	
辊距调节精度	0.01 mm	
胶片总宽度误差	± 2 mm	
修边后宽度误差	± 1 mm	

续表

技术特征	技术参数	说明
产品厚度误差	0.5　±　0.05 mm	
	>0.5～1.3 ±　0.1 mm	
	>1.3～3.0 ±　0.15 mm	
	>1.3～3.0 ±　0.15 mm	
	>3.0～5.0 ±　0.15 mm	
胶片对中心精度	±1 mm	
卷取边偏差（垫布）	±3 mm	
内衬层入卷垫布温度	≤38℃，或比室温±5℃	

1.6.4　内衬层挤出法压延机组的创新发展

全钢子午线轮胎（TBR）内衬层的挤出工艺发展经历了压延法、挤出压延法、单辊筒机头挤出法三个阶段，目前市场上采用的主流方法为挤出压延法。

TBR 内衬层的挤出压延法生产线是将挤出机塑化后的热胶，通过宽幅鸭嘴机头挤出一个宽薄的矩形断面胶片，提供给两辊压延机进行精确的压片出型。为了适应全钢内衬层结构设计的非矩形断面的特点，两辊压延机的上辊筒设计有可更换的型辊套结构，型辊套可以根据内衬层的制品结构形状来进行开型加工，以适用于非矩形的异形断面的精确压片。这种挤出压延法的机型与传统的压延法相比较，其最大优势在于两辊压延机供胶形式的优化。传统压延法是采用小胶条摆动供胶、并在两辊辊隙之间形成一定体积的堆积胶来保证内衬层的出片厚度，这种工艺方法容易形成制品表面的鱼鳞斑和制品内部的气泡，且制品的致密性和均匀性也偏低。而挤出压延法中的两辊压延机采用了宽片供胶的方式，不需要通过辊隙堆积胶来保证两辊压延的出片厚度，而仅通过两辊辊隙前后胶片的厚度差来保证，这样可以有效地克服堆积胶不均匀、容易夹气等不足，大幅度地提升了制品的表面质量与均匀性。

中国化学工业桂林工程股份有限公司（CGEC）多年来坚持技术创新开发，在内衬层/宽胶片生产装备领域引领我国先进技术水平，下面介绍其中令人瞩目的一些技术创新内衬层/宽胶片生产工艺装备。

1. 单辊筒机头挤出内衬层机组

目前市场上最新的 TBR 内衬层生产工艺装备为单辊筒机头挤出机，是由 CGEC 在国内首创并成功投入生产使用的。该设备的研发成功，将引领今后 TBR 内衬层生产工艺设备的发展趋势。

图 2.4.3－29 所示为 CGEC 开发的单辊筒机头全钢内衬挤出机。

图 2.4.3－29　单辊筒机头全钢内衬挤出机

单辊筒机头全钢内衬挤出机的工作原理示意如图 2.4.3－30 所示。

混炼好的胶料在挤出机螺杆及销钉的作用下，在机筒内剪切塑化后挤入机头流道腔，流道腔中的阻流岛对胶料进行导流，对胶料流动速度进行调节，并分配截面各部位的流动胶量，使得胶料由圆柱状转变为扁平状，并平衡胶料达到流道出口时的流动速度的均匀性和稳定性。在流道出口，矩形胶料与辊筒接触时，因胶料底部与大气相通，胶料高压立即得到释放，在旋转辊筒的作用下，胶料在低压下通过一段压力稳定区后由口型板挤出。低压力挤出意味着更小的胶料压出膨胀，在挤出低膨胀率的情况下可生产出尺寸精确高的制品。

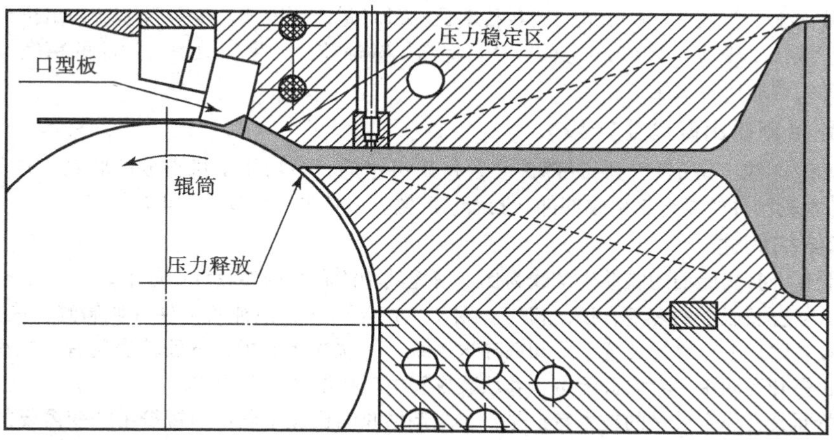

图 2.4.3-30　单辊筒机头全钢内衬挤出机的工作原理示意图

单辊筒机头挤出法与挤出压延法的对比见表 2.4.3-16。

表 2.4.3-16　单辊筒机头挤出法与挤出压延法对比

	单辊筒机头挤出法	挤出压延法
挤出压力	低压力挤出，机头压力约 3～4 MPa	较高，7～10 MPa
挤出温度	低（相同转速下，压力越低，温度就低）	高
制品断面形状	多样化，只需更换口型板即可	受型辊套数量所限
凹型断面及型胶	可以生产	不能生产
制品稳定性	低压“推出式”方式，制品内部受力少，尺寸稳定	较高压力挤出后压延机整形，制品内部有应力。压延机出来后为“拉出”式方式，制品稳定性差
更换规格停机时间	≤2 min，只需更换口型	≥0.5h/次，需更换型辊
生产效率	高（生产速度快，辅助时间少）	较低
设备的初次投资成本	较小	大
设备的后续运营成本	较小	大
维修量、能耗	小	大
占地面积	小（节省了挤出移动空间）	大

2. 用于生产宽幅挤出压延机组

内衬层挤出压延的工艺方法，由 CGEC 开发拓展到轮胎以外的行业，如大型输送带行业。

该开发机组主要应用于大型连续运输设备上的宽幅橡胶输送带的生产，该生产线革新了传统的输送带生产工艺，克服了传统工艺中存在的不足，与传统工艺相比，本生产线可提高生产率一倍以上，节省生产胶料约 5%，降低废品率约 30%，减少占地约 20%，减少操作人员半数以上，同时操作安全性大大提高。本项目属国内首创，填补了国内空白，主要技术性能指标达到同类产品国际先进水平。

该机组将 2 台 250 挤出机并排布置，如图 2.4.3-31 所示，2 台挤出机挤出的胶料通过一台宽幅机头，挤出宽度最宽可达 2 800 mm 的宽幅胶片，然后通过压延机的精确压延定型，得到厚度尺寸达到工艺要求的宽幅胶片。

图 2.4.3-31　宽幅胶片挤出压延机组

目前，在宽幅胶片的生产领域里，最先进的装备技术是CGEC最新研发成功的单台250挤出机配置宽幅机头的挤出压延机组，可以一次性直接挤出压延3 200 mm宽的胶片，提高了宽幅胶片的生产效率与制品的精度。该设备今后还可以拓展应用到轮胎行业中的工程胎内衬层生产。

1.7 复合胎面/胎侧挤出联动生产线

复合挤出胎面联动生产线，是配套轮胎胶部件复合挤出机组的、多功能单机组成的联动生产线，可用于斜交轮胎、PCR和TBR轮胎、工程轮胎等的复合挤出胶部件（胎面、胎侧、三角胶、垫胶等）生产。

1.7.1 功能和结构简述

以配套子午线轮胎复合挤出胎面的联动生产线为例，简述其功能和结构参数特点如下。

本生产线配套于二复合及以上的多复合挤出机组，用于生产胎面或其他纯胶部件（如胎侧、三角胶等），由接取和收缩输送装置、连续称量装置、上坡输送装置、冷却循环水系统、一次吹水装置、下坡输送装置、二次吹水装置、终检称量装置、裁断输送装置、提升运输带、卷取分配带、卷取装置和电气控制系统等构成。

该生产线使挤出胎面具有稳定质量的技术特点是：①强制性收缩机械手段，缩短挤出蠕变需要的时间。②通过过程中连续重量检测控制和终端部件重量检测，保证不合格品不进入部件收取工位。③每个装置之间有速度跟踪控制功能，保证全线运行速度同步而部件无拉伸。④喷淋式的冷却系统，保证厚部件得到充分冷却和应力释放。⑤全自动联动运行大幅减少人工干预对生产质量的影响。

1）接取和收缩输送装置：手控气缸操作接取辊架的升/降，把口型出来的胎面过渡输送到收缩输送装置。靠口型侧的上方装有红外测温仪，测量数据可在线显示和控制台上显示。收缩输送辊道由一组辊筒组成，分为三个速度区，每区独立的变频电机驱动和链条传动，由电机速度的变化来控制收缩量。收缩率为0%～15%，可根据工艺要求设定参数。收缩辊道上方有胎面规格喷码打印装置和淋色线装置，喷码打印装置由PLC控制随配方调用，色线根据工艺要求选择颜色和条数，最多可有5种颜色。

2）连续称量和前后输送辊道：在进入前输送辊道前，由一套浮动辊装置感应控制胎面速度同步。胶料连续称量辊道是一组无动力自由辊，长1 m。称量仪为可视控制，方便操作员了解运送中部件质量控制状态，在称量辊道前、后的动力输送辊道，只用一个电机驱动，因为它们的速度不允许发生变化，否则会影响挤出胎面的重量精度。在计算机系统的配方中，设有在制品的单位长度重量和误差，未经许可获得密码匙不能进入，没有得到授权不得更改。称量最大重量10 kg/m，最小刻度5g，动态精度±0.2%。

如果采用两复合挤出机组，在连续称量以后需要在线贴底胶，常用工艺是采用一台Φ90×12D冷喂料挤出机供胶、一台Φ360×800二辊压延机压胶片，当在线输送胎面经过时，用千层辊压贴到胎面的底面。

如果需要贴冷胶片到胎面或胎侧，也在连续称后输送段增加冷帖胶片的导出、对中和压贴装置。

3）上坡输送机：把挤出的胎面从地面传输到冷却装置的第1层，水喷淋从上到下冷却挤出胎面，接水槽把集水返回循环水系统。入口设浮动辊装置感应控制上坡速度同步。

4）冷却循环水系统：采用前段喷淋、后段浸泡的冷却方式，总冷却长度一般为90～110 m，根据工厂的具体情况而确定。

①喷淋冷却装置分为上下两层，上下两层输送带由三个相同的交流变频电机的减速机通过链条驱动。一台自动牵引装置将胶料开头从第一层冷却输送装置牵引到上层冷却输送装置。上层输送带前后端均设有浮动辊和速度设定装置，用来调整前后输送带的速度同步。两层喷淋冷却输送带用封闭式不锈钢结构，来隔离喷淋过程的飞溅水雾。②冷却水循环系统：包括一个不小于10 m^2 的不锈钢材料水箱、2台循环水泵（一备一用）和水位控制器、热交换器等，具有循环供水系统（水箱—水泵—热交换器—喷淋/浸泡—水箱），用作热交换器冷却介质的冷却水温度：22±2℃。水位控制采用浮球式，箱外要有水位指示，当水箱内水位低于下限时自动补水，高于上限时自动排水。水箱中可添加PH值自动调节（加酸）系统。③一次吹水装置和下坡输送装置：一次吹水装置位于下输送带的出口端。包含位于胎面上、下两面的喷嘴和喷气装置，用一台漩涡气泵，将胎面上下表面的水珠吹走。④下坡输送进入端为被动输送辊，出口端为主动辊筒，通过同一交流变频电机驱动，使两个装置同步输送。

5）下坡输送装置：由一台交流变频齿轮电机驱动，将制品从二层喷淋冷却装置输送到终检连续秤及其前后输送辊道装置。

6）终检连续称量及其前后输送辊道：如果生产胎面采用工字轮连续卷取形式，本部分采用的是连续称量，功能参数同前面的2）。如果采用预定长胎面百叶车收取，本装置不需要。

7）定长裁断装置和输送机：本装置适用于预定长胎面的生产，过程为在线胎面同步速度进入、定长后裁断时暂停、裁断分离后加速向前输送的间歇式运动。简述如下。

①在下坡输送装置出口端与定长装置入口端之间，有一段间隔距离，在此间隔内设超声波传感器作位置控制。当胎面的单环下端距传感器位置越远，则要求定长装置的递送胎面的速度越快；反之亦然。这样，在间歇式递送胎面进行定长和切割的过程中，始终保持该单环内的胎面储胶长度在一定的范围内变化，既不坠地也不拉伸。②定长装置为一橡胶带输送机，后接一个输送辊道。定长皮带由交流伺服电机驱动。裁断装置横架在定长运输带上方，整体可相对水平面的夹角作18°～40°角的调整，使裁刀的裁断坡口在这角度范围内。裁刀的进给运动由气缸完成，刀架快速切割运动和回程运动是由裁断装置上交流伺服驱动的直线运动模块完成的，往复行程由接近开关检测和控制。③在切割制品过程中，对刀盘喷水雾

进行润滑。④输送辊道线速度与定长输送带的线速度一致，并由同一伺服电机传动。当定长结束时，前一段胎面的尾部搭在单向辊道上的部分可依惯性运行，同时可被快速输送辊道拖走，增大了两条部件尾首之间的距离，使裁断后每条胎面相分离。快速输送辊道由变频电机驱动，其最大速度为在线速度的两倍。⑤在快速输送辊道上下各设有两对风嘴，对着胎面的上、下面进行二次吹水作业，风源采用旋涡风机，噪音应控制≤85 db。在风嘴的前面可设一对海绵吸水辊装置。

8）终检称：用于裁断胎面的重量检测、在线显示、与 PLC 通讯和数据传输。

9）胎面收取的输送辊道：为一交流变频驱动的输送辊道，合格品拾取到百页车翻板上（如采用工字轮卷取胎面，合格胎面以架空输送带连续向卷取工位输送），不合格品则继续前行，输送到后接取辊道上。拾取输送装置一侧配液压升降台，百页车放置其上；长期以来的胎面收取都是人工操作，21 世纪以来，越来越多的企业考虑采用自动化装置来取代人工作业，不但可减少部件的变形，还可以减少紧张而繁重的体力劳动。当前，机器人自动拾取胎面装置已经成功应用。

10）分配卷取的输送带：对胎面卷取、胎侧等合格部件，从胎面收取辊道上经过一段架空输送带，进入本输送带，设有计米器进行计数，配有旋转式电热切刀，达到定长立即自动裁断。卷取运输带由 4 段带式运输机组成，以承接来自架空运输带的部件，送到对应的卷取工位。例如，当 1 号工位的卷取达到定长时，自动控制电热刀将部件裁断，并将新部件头部通过气动摆架机构递送到 2 号水平式架空输送带的输入端上，使卷取作业转换到 2 号工位进行。

11）四工位卷取装置：卷取装置共分四套，前后布置，采用无张力工字轮轴主动卷取形成。它由浮动辊速度同步装置、胎面及垫布导向对中装置、垫布导开张力控制机构、工字轮轴卷取驱动系统、气动执行机构等组成。

①空的工字轮由人工在地面水平地滚入，进入传动轴的升降由气缸驱动完成。工字轮轴由交流变频调速电机驱动。②控制垫布导开的传动轴连接气动摩擦器，可控制导开垫布的张力，保证卷取过程垫布恒张力。③垫布工位有自动纠偏装置，保证对齐卷取的工作中心基准。④超声波探测器检测控制卷取直径。⑤采用机械定中心装置保证胎面在中心位置卷取。

12）自动控制系统：主要由 PLC 和总线、工控机、变频调速系统、交流伺服系统、气动控制系统、称量系统、纠偏对中系统等组成，与复合挤出主机系统实时通讯控制联动。

①在操作台上能对复合挤出机转速、温度条件、线速度、秤量值、定长裁断值的设定，同时具有对以上值的显示功能。②PLC 与工控机组合具有设定、存储、显示、调用、修改各种操作运行配方参数的功能。可储存大量的工艺参数配方，可监控全线速度、浮动辊状态、各种测量值。③具有自动和手动模式、单动和联动模式。④全线设有安全防护和紧急停车装备。一旦紧急停车立即锁住，可通过工控机屏幕查找急停复位，急停复位后需通过操作主操作台上唯一的启动按钮方可重新启动控制电源。⑤工控机兼作人机界面，通过切换界面方便获取各种信息数据。实行对参数的配方管理和运行参数的监控记录，实行数据化网络传输交互。

1.7.2 主要参数和性能

复合挤出胎面/胎侧联动生产线的技术参数和性能见表 2.4.3－17。

表 2.4.3－17 复合挤出胎面/胎侧联动生产线的技术参数和性能

特征	技术参数	说明
联动线工作宽度	800 mm	
生产线速度	3.0～30 m/min	
强制收缩率	0%～20%	三段收缩率叠加
连续称量	最大称量范围 10 kg/m 最小分度值 5 g 静态精度：±0.1% 动态精度：±0.3%	
贴胶片对中精度	±1 mm	
冷却水温度	常温 ～ 32℃	
循环水系统的热交换介质水温温	22±2℃	
总冷却长度	90 ～ 110 m	常用喷淋长度 40%、浸泡长度 60%
冷却后胶部件温度	≤ 40℃	根据此工艺要求确定总冷却长度
部件裁断坡口角度范围和精度	18 ～ 40″，±0.5″	
可裁断部件最大厚度	PCR：18 mm TBR：30 mm	裁刀夹角为 40°时，坡口厚度 46.67 mm
单位时间裁断次数	最多 28 刀/min	
裁断长度范围	PCR 900 ～ 2 800 mm TBR1 200 ～ 3 800 mm	如果 PCR 与 TBR 共线生产，按 900～3 800 mm
裁断长度精度	±2 mm	

续表

特征	技术参数	说明
终检称量	最大称量范围 30 kg 最小分度值 10 g 静态精度：±0.1% 动态精度：±0.3% 检测频率：最多 25 次/min	
卷取工字轮外缘直径×内直径	Φ1200 ×300 mm	
卷取承载最大重量	2 000 kg	
垫布最大直径	Φ600 mm	
卷取对齐偏差	±3 mm	

二、力车轮胎模具

HG/T 2176－91《力车轮胎模具》已被 HG/T 2176－2011 替代，下引数据来自 HG/T 2176－91。HG/T 2176－91《力车轮胎模具》适用于自行车、三轮车、手推车及类似型式车辆的充气轮胎的外胎、内胎及气囊模具，摩托车轮胎模具也可参照执行，但不适用于非充气和非橡胶材料及隔膜定型硫化的轮胎模具。如图 2.4.3－32 所示。

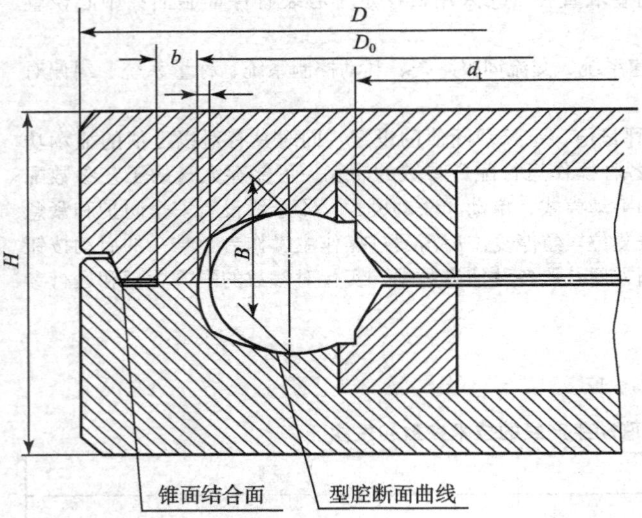

力车外胎模具

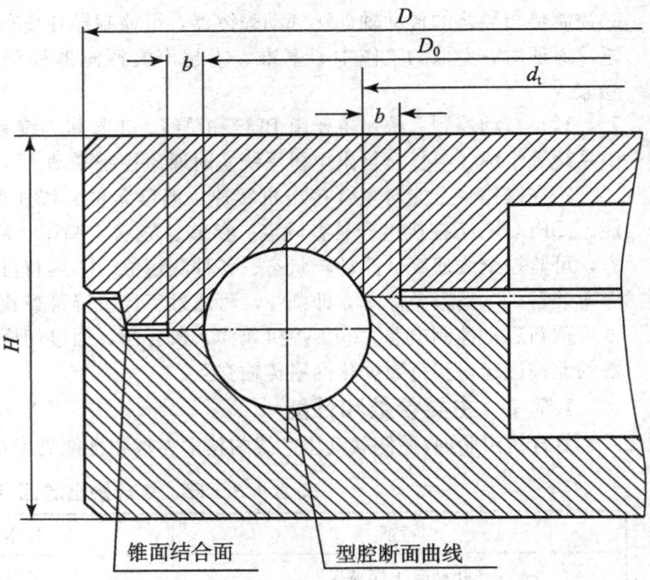

力车内胎模具

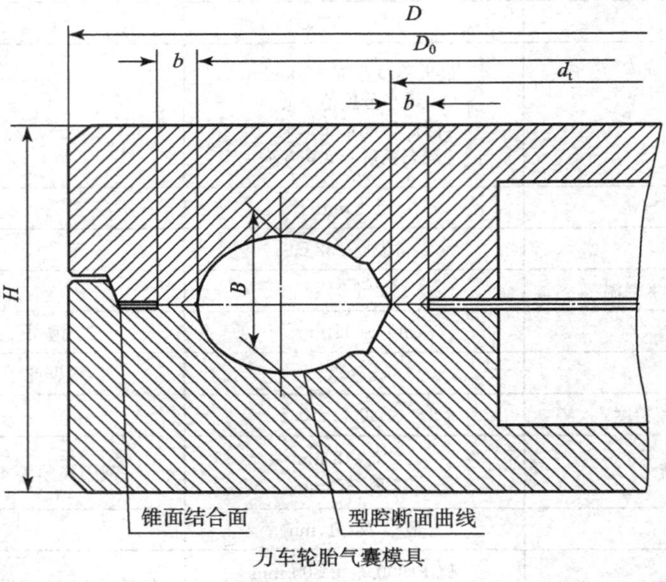

力车轮胎气囊模具

图 2.4.3－32　力车胎模具装配示意图

D—模具外直径；*H*—模具总厚度；*D*0—型腔外直径

d_0—着合直径；d_1—型腔内直径；*h*—花纹深度；*b*—模口结合面宽度；*B*—型腔断面宽

力车胎模具型腔各部位的尺寸极限偏差，应符合表 2.4.3-18 的限值。

表 2.4.3-18 力车胎模具型腔各部位的尺寸极限偏差 单位：mm

项目名称	偏差值		
	外胎模	内胎模	气囊模
单面断面曲线间隙	+0.15		
型腔外直径	+0.3	+0.1	+0.2
上下模型直径合模错位量（<）	0.15	0.1	0.15
着合直径	−0.15		
对接花纹合模错位量（≤） 错位个数（≤）	0.2 10%		
非对接花纹合模错位量（≤） 错位个数（≤）	1.0 10%		
对接花纹节距间之差及偏差个数 刻　花（≤） 镶　花（≤） 个数均（≤）	 0.2 0.1 10%		
花纹深度（≥2） （<2）	±0.07 ±0.05		
花纹长度和深度	±0.1		

模口结合面积（按分型面研磨均匀着色）外胎模、气囊模大于 70%，内胎模大于 80%；锥面结合面积（按锥面研磨均匀着色）外胎模、气囊模、内胎模均大于 70%。模口结合面宽度为 6～10 mm。气门嘴中心线倾斜度偏差值少于 5°。

模具外缘尺寸的极限偏差应符合表 2.4.3-19 的限值。

表 2.4.3-19 力车胎模具外缘尺寸的极限偏差 单位：mm

项目名称	偏差值
模具直径	−0.5
模具总高度	+0.5
模具合模后平行度（<）	0.3
模具上下面平行度（<）	0.15

上下模锥面表面粗糙度 Ra≤3.2 μm；型腔外胎胎侧部位及气囊全腔部位表面粗糙度 Ra≤1.6 μm，内胎全腔部位 Ra≤0.8 μm；花纹部位表面粗糙度 Ra≤3.2 μm；模具上下平面表面粗糙度 Ra≤6.3 μm；模口结合面表面粗糙度 Ra≤1.6 μm；其他各配合面表面粗糙度 Ra≤6.3 μm。

三、力车胎硫化机

HG/T 2112—2011《力车胎硫化机》规定，力车胎硫化机可硫化各种自行车胎和力车胎，也可用于硫化各种摩托车内胎。

硫化机的柱塞表面须做防腐与硬化处理，其表面粗糙度 Ra≤1.6 μm。液压缸与柱塞相配合的内孔表面粗糙度 Ra≤3.2 μm。

装配后，上横梁下平面与底座上平面的平行度应符合 GB/T1184—1996 中表 B3 的 8 级公差值的规定。热板安装模具的平面温度应均匀，其温差不应大于 4℃。

液压缸与柱塞、热板进行耐压试验的压力为工作压力的 1.5 倍，保压 10 min 不应渗漏。

硫化机应具有当胶囊（或气囊）内压压力低于 0.03 MPa 方可开启模具的安全装置；应具有操作方便的紧急联锁制动装置，并保证机器运转至任何位置都能停止运转，或立即恢复至起始点的联动装置；硫化机热板外部应装填不含石棉的隔热材料，硫化时其外表面的平均温度与环境温度之差不大于 40℃。

HG/T 2112—2011 列举的力车胎硫化机的基本参数见表 2.4.3-20。

表 2.4.3-20 力车胎硫化机的基本参数

型号	CL-Y350	CL-Y400	CL-Y500	CL-Y630	CL-Y1000
总压力，kN	350	400	500	630	1 000
硫化胎规格	20″以下 力车胎	$28\times1^1/_2$ 以下 力车胎	$26\times1^3/_4$～$26\times2^1/_2$ 力车胎	2.25—17～6.00—15 摩托车内胎	摩托车 内胎

续表

型号	CL-Y350	CL-Y400	CL-Y500	CL-Y630	CL-Y1000
热板直径，mm	540	745	745	840	890
热板间距，mm	≥180	≥180	≥200	≥310	≥450
层数	3—7	3—7	3—7	3	2
柱塞直径，mm	190	210	250	260	360
动力源（油、水）压力，MPa	12	12	10	12	10
内压压力，MPa	0.8	0.8	0.8	0.8	0.8
热板蒸汽压力，MPa	1.0	1.0	1.0	1.0	1.0
压缩空气压力，MPa	0.6	0.6	0.6	0.6	0.6

四、内胎接头机

HG/T 2270—2011《内胎接头机》规定，内胎接头机外露的旋转运动件，应设有安全防护装置。接头机应用双手同时操作两个按钮方可启动，并保证机器运转至任何位置时都能运转或立即恢复至起始点的联锁装置。接头机应有防止夹持装置自行下落的安全装置，当采用垂直切割时，同时应有防止电热刀自行下落的安全装置。

内胎接头机应有手动和自动控制系统，完成夹持、切割、对接等操作过程，每个动作准确可靠。接头机采用的气缸也应符合 JB/T5923—1997 中 3.2.1、3.2.4、3.2.6 的规定，接头机左右夹持气缸动作应同步，偏差不大于 1s。

接头缓存橡胶层为缓冲橡胶与金属组合，与胎胚接触的缓冲橡胶硬度为 76～80H_A，弹性层硬度为 56～60H_A；缓冲橡胶与金属板黏结强度不小于 2.9 MPa。

接头机采用垂直运动切割时，电热刀与切割面交角为 10°～20°；接头机采用水平运动切割时，电热刀与切割面交角为 8°～14°。接头机电热切割刀，应成对使用且要求电阻值相差不大于 0.1×10^{-2} Ω。

液压缸耐压试验压力为工作压力的 1.5 倍，保压 10 min 不应有渗漏。气缸耐压试验压力为工作压力的 1.5 倍，保压 10 min不应有渗漏。液压油箱的油液应设有水冷却装置，整机运转时，液压油箱油液温度不高于 50℃。

接头机固定工作台与移动工作台的模具安装平面应在同一水平面上，其平面度在有效工作范围内应符合 GB/T1184—1996 中表 B1 的 9 级公差值的规定。接头机固定工作台夹持面对移动工作台的夹持面的平行度在有效工作范围内应符合 GB/T1184—1996 中表 B3 的 8 级公差值的规定。

表 2.4.3-21 和表 2.4.3-22 中的基本参数适用于各种轮胎内胎的接头机。

表 2.4.3-21　内胎接头机的基本参数

型号规格	LNJ—Q60	LNJ—Q120	LNJ—Q200	LNJ—Y320	LNJ—Y450	LNJ—Y560	LNJ—Y630	LNJ—Y800
最大接头平叠宽度/mm	60	120	200	320	450	560	630	800
最大对接厚度/mm	5	6	6	12	12	18	20	24
最大对接力/kN	2.5	5	16	70	74	75	77	78
最大夹持力/kN	2.5	2.5	2.5	12	12	12	12	12
电热刀温度/℃	室温～300	室温～500	室温～500	室温～650	室温～650			
切割形式	垂直切割		水平切割	水平切割	水平切割			
动力源	气压			液压气压 伺服电机	液压			

表 2.4.3-22　内胎接头机电热切刀温度与电流对应表

电流/A	20	25	30	35	40	45	50	55	60	65	70	75
稳定温度/℃	141	204	308	362	467	498	568	618	676	743	790	882

注：稳定温度系室温为 20°C，通电时间为 50 s，电势值较稳定时的温度。

五、内胎硫化机

HG/T 3106—2003《内胎硫化机》规定了内胎硫化机的型号、技术要求、安全要求、检测及检验规则等，适用于硫化充气轮胎内胎的硫化机，不适用于力车胎内胎、摩托车内胎及自行车内胎的硫化机，见表 2.4.3-23。

表 2.4.3－23　内胎硫化机的主要参数

规格	910	1140	1430	2040	2160
最大合模力/kN	300	500	850	1 800	2 250
联杆内侧间距/mm	910	1 140	1 430	2 040	2 160
模型安装高度/mm	250～320	310～380	360～450	440～790	500～850
输入内胎蒸汽压力/MPa	1.00				
输入模型内蒸汽压力/MPa	1.00				
开、合模时间/s	5	6	10	18.5	20
电机功率/kW	4.0	5.5	5.5	11.0	11.0

硫化机应具有可使横梁在合模过程中的任意位置停止，并能使其反向运动的安全联锁装置；应具有当内胎压力小于 0.03 MPa 时方能开启模型的安全联锁装置。硫化机必须具有过载保护装置。硫化机每次工作循环结束后，必须停止工作；重新开始合模时，应人工操作启动。硫化机的安全杆安装位置应低于模型分型面 60～100 mm。主电机断电后，上横梁在惯性作用下的移动量不应超过 30 mm。

硫化机应有调节、显示合模力的装置，应有显示模型内部温度和胎内压力的仪表，应具有完成合模—硫化—开模等工艺操作的自动控制功能。

硫化机的润滑系统必须畅通，不得有渗漏现象；硫化机的液压、气动、蒸汽管路系统不得有堵塞及渗漏现象。硫化机的合模力达到规定值的 98%时，主电机电流不应大于额定电流的 3 倍。

在合模位置时，硫化机横梁下平面对底座上平面的平行度误差规格为 1430 以下的硫化机不大于 0.5 mm，规格为 1430 及以上的硫化机不大于 1.0 mm；硫化机墙板滑道直线段、轨道两侧面与底座上平面的垂直度误差规格为 1430 以下的硫化机不大于 0.2 mm，规格为 1430 及以上的硫化机不大于 0.3 mm。

六、胶囊硫化机

原 HG/T 2146－91《胶囊硫化机》给出了液压下动式框架结构胶囊硫化机的基本参数，见表 2.4.3－24。

表 2.4.3－24　胶囊硫化机的基本参数

规格		4000	5000	10000	31500
最大合模力/kN		4 000	5 000	10 000	31 500
胶囊最大规格（直径×高度）/mm		620×600	800×850（620×700）	1 150×1 150	1 830×2 030
工作台尺寸（长×宽）/mm		920×940	1 200×1 250（920×940）	1 500×1 680	2 300×2 280
上、下工作台间距/mm	最小	350	600（540）	600	1 270
	最大	1 500	2 150（1 800）	3 000	5 700
活（柱）塞行程/mm		1 150	1 550（1 260）	2 400	4 430
上芯模活塞行程/mm		520	610（520）	920	1 700
下芯模活塞行程/mm		680	890（680）	1 220	2 500
活（柱）塞行程速度不小于/mm/s	上行	10		16	56
	下行	18		7.5	—
合模后加压时间不大于/s		13		35	60

注：括号内为保留参数值。

硫化机必须配置紧急事故开关，液压系统应具有可靠的限压装置，应具有当合模力超过最大值时自动切断油泵电机电源的安全控制装置。硫化机应具有手控及自控系统，能完成装胚、硫化、卸下制品等工艺过程，应具有指示和调节合模力的装置，应具有指示或记录外温、内温并能调节外温的仪表，各仪表工作灵敏，安全可靠。

液压缸、活（柱）塞及活塞杆工作面的表面粗糙度 Ra≤1.6 μm。硫化胶囊模具与上、下工作台之间，上下工作台与上横梁及工作台底板之间均应装有隔热层。上、下工作台工作表面的平面度应符合 GB/T1184－1996 中表 B1 的 9 级公差值的规定，其平行度应符合 GB/T 1184－1996 中表 B3 的 8 级公差值的规定。

液压系统的工作压力，应能在公称压力的 60%～100%范围内调节。液压缸进行 1.5 倍公称压力的耐压试验时，保压 5 min 不得有渗漏。硫化机合模力达到最大值时，油泵停止工作，保压 1 h 液压系统的压力降不得超过公称压力的 10%；当液压系统的压力降超过公称压力的 10%时，液压泵应能自动启动补压。

硫化机上、下芯模定位法兰同轴度应符合 2.4.3－25 中的限值。

表 2.4.3－25　胶囊硫化机上、下芯模定位法兰同轴度

规格	公差值
4000	≤Φ0.70
5000	≤Φ0.75（Φ0.70）
10000	≤Φ0.80
31500	≤Φ1.00

注：括号内为保留公差值。

七、轮胎工厂设备的供应商

7.1　纤维帘布裁断接头生产装备的供应商

纤维帘布裁断接头生产装备的主要供应商见表 2.4.3－26。

表 2.4.3－26　纤维帘布裁断接头生产装备的主要供应商

主要供应商	纤维帘布卧式裁断接头生产线	纤维帘布立式裁断机	多刀纵裁机	JLB 分条系统	挤出法 JLB 系统	胶片切条机
天津赛象科技股份有限公司			√			
北京锦程经济技术开发公司	√		√			√
河北巩义市林兴机械厂						√
无锡益联机械有限公司	√		√	√		
中昊力创机电设备有限公司	√					
上海合威橡胶机械工程有限公司			√	√		
江阴市勤力橡塑机械有限公司	√		√	√		√
华工百川科技有限公司	√					
北京敬业机械设备有限公司			√			
北京橡研院机电技术开发有限公司	√		√			√
烟台富瑞达机械有限公司	√		√			
青岛汇通化工机械有限公司	√		√	√		√
青岛华博机械科技有限公司		√				
美国 Steelastic					√	
德国 Fischer	√					
荷兰 VMI	√					

7.2　轮胎钢丝帘布部件生产装备的供应商

轮胎钢丝帘布部件生产装备的主要供应商见表 2.4.3－27。

表 2.4.3－27　轮胎钢丝帘布部件生产装备的主要供应商

主要供应商	压延钢丝帘布 15°～70°裁断接头系统	压延钢丝帘布 90°裁断接头系统	挤出法钢丝带束 15°～70°裁断接头系统	挤出法钢丝胎体 90°裁断接头系统
中昊力创机电设备有限公司	√	√		
中国化学工业桂林工程股份有限公司			√	
天津赛象科技股份有限公司	√	√		
软控股份有限公司	√	√		
北京橡研院机电技术开发有限公司			√	
美国 Steelastic			√	√
荷兰 VMI			√	√

7.3　钢丝圈缠绕生产线的主要供应商

钢丝圈缠绕生产线的主要供应商见表 2.4.3－28。

表 2.4.3-28 钢丝圈缠绕生产线的主要供应商

主要供应商	挤出覆胶单钢丝缠绕圈生产线	挤出覆胶排列钢丝缠绕圈生产线	钢丝圈包布机
天津赛象科技股份有限公司	√	√	√
江阴市勤力橡塑机械有限公司	√	√	√
上海合威橡胶机械工程有限公司	√		
无锡益联机械有限公司	√		
沈阳东艺机械制造有限公司	√	√	
华工百川科技有限公司			
青岛汇通化工机械有限公司			√

7.4 钢丝圈包布机的供应商

钢丝圈包布机的供应商见表 2.4.3-29。

表 2.4.3-29 钢丝圈包布机的主要供应商

主要供应商	钢丝圈包布机
天津赛象科技股份有限公司	√
江阴市勤力橡塑机械有限公司	√
桂林力创橡胶机械技术有限公司	√
青岛汇通化工机械有限公司	√

7.5 轮胎胎圈芯成型装备的供应商

轮胎胎圈芯成型装备的主要供应商见表 2.4.3-30。

表 2.4.3-30 轮胎胎圈芯成型装备的主要供应商

主要供应商	PCR 卧式胎圈芯成形系统	PCR 立式胎圈芯成形系统	TBR 两鼓胎圈芯成形系统	TBR 四鼓胎圈芯成形系统
上海合威橡胶机械工程有限公司	√	√		
沈阳东艺机械制造有限公司				√
华工百川科技有限公司		√	√	
江苏勤力橡塑机械有限公司		√		
天津赛象科技股份有限公司		√		
美国 Steelastic		√		
荷兰 VMI	√			

7.6 内衬层/宽幅胶生产装备的供应商

内衬层/宽幅胶生产装备的主要供应商见表 2.4.3-31。

表 2.4.3-31 内衬层/宽幅胶生产装备的主要供应商

主要供应商	压延内衬层生产线	挤出压延法内衬层生产线	单辊筒挤出内衬层生产线	宽幅机头挤出压延生产线
中国化学工业桂林工程股份有限公司	√	√	√	√
大连橡胶塑料股份有限公司	√	√		
天津赛象科技股份有限公司	√	√		
青岛软控股份有限公司	√	√		
德国 Troester	√	√		√
德国 H. F	√	√		

7.7 复合挤出胎面联动生产线的供应商

复合挤出胎面联动生产线的主要供应商见表 2.4.3-32。

表 2.4.3-32 复合挤出胎面联动生产线的主要供应商

主要供应商	复合挤出胎面联动生产线
中国化学工业桂林工程股份有限公司	√
天津赛象科技股份有限公司	√
青岛软控股份有限公司	√
广州华工百川科技有限公司	√
桂林泓成橡塑科技有限公司	√
德国 Troester	√
德国 H.F	√

7.8 内胎、垫带生产设备的供应商

内胎、垫带生产设备的供应商详见表 2.4.3-33。

表 2.4.3-33 内胎、垫带生产设备的供应商

供应商	内胎挤出生产联动线		内胎接头机	内胎硫化机		垫带硫化机
	轮胎内胎	力车胎内胎		轮胎内胎	力车胎内胎	
绍兴精诚	LNX－400	CNX－80	LNJ－320 LNJ－D320			
大连华韩橡塑机械有限公司				√		
青岛汇才机械制造有限公司	√			√		
青岛华博机械科技有限公司				√	√	
郑州军安机械制造有限公司				√	√	√
河北巩义市林兴机械厂				√	√	√

本章参考文献

[1] 国内外液压式轮胎定型硫化机现状与发展 [J]. 橡塑化工时代，2006，18（6）：10-14.

第五章　橡胶制品成型设备

一般将除轮胎以外的橡胶制品统称为橡胶制品，简称制品。制品类别众多，没有统一的分类方法，大体上包括胶带（输送带、传动带等）、胶管（夹布胶管、编织胶管、缠绕胶管、针织胶管、特种胶管等）、模型制品（橡胶密封件、减震件等）、压出制品（纯胶管、门窗密封条、各种橡胶型材等）、胶布制品［生活和防护胶布制品（如雨衣）、工业用胶布制品（如矿用导风筒）、交通和储运制品（如油罐）、救生制品（如救生筏）等］、胶辊（印染胶辊、印刷胶辊、造纸胶辊等）、硬质橡胶制品［电绝缘制品（如蓄电池壳）、化工防腐衬里、微孔硬质胶（如微孔隔板等）］、橡胶绝缘制品（工矿雨靴、电线电缆等）、胶乳制品（浸渍制品、海绵、压出制品、注模制品等）、生活文体用品（胶鞋、橡胶球、擦字橡皮、橡皮省等）、医疗卫生用品［医疗器械类（避孕套、医用手套、指套、各种导管、洗球）、防护用品、医药包装配件、人体医用橡胶制品等］。

制品生产的工艺装备经历了从简陋、机械半自动化、全自动、智能化的过程，尤其是近年来制品预定型设备的发展，使制品生产的精度与自动化水平得到了较大地提高。各类制品的专用设备，区别主要在机头模具、部件成型、硫化等方面，工艺不同，则设备的结构和参数也不同。

橡胶制品成型与硫化设备型号见表 2.5.1-1。

表 2.5.1-1　橡胶制品成型与硫化设备产品型号

类别	组别	品种		产品代号		规格参数	备注
		产品名称	代号	基本代号	辅助代号		
橡胶通用机械	橡胶注射机	卧式橡胶注射机		XZ		注射容积（cm^3）×总压力（kN）	
		立式橡胶注射机	L（立）	XZL			
		角式橡胶注射机	J（角）	XZJ			
		多模橡胶注射机	D（多）	XZD		注射容积（cm^3）×合模装置数量	
胶管生产机械	成型机械	单面胶管成型机	B（布）	GCB		最大胶管直径（mm）×胶管长度（m）	
		双面胶管成型机	B（布）	GCB	S		双面使用辅助代号以 S 表示
		夹布胶管成型生产线	B（布）	GCB	X	最大胶管直径（mm）	
		吸引胶管成型机	X（吸）	GCX		最大胶管直径（mm）×胶管长度（m）	
		吸引胶管解绳机	X（吸）	GCX	S		解绳机使用辅助代号以 S 表示
		吸引胶管解水布机	X（吸）	GCX	B		解水布机使用辅助代号以 B 表示
		吸引胶管脱铁芯机	X（吸）	GCX	T		脱铁芯机使用辅助代号以 T 表示
		吸引胶管成型机组	X（吸）	GCX	Z		
	缠绕机械	盘式纤维线胶管缠绕机	X（纤）	GRX	P	每盘的锭子数×盘数	盘式使用辅助代号以 P 表示
		鼓式纤维线胶管缠绕机	X（纤）	GRX	G	每鼓的锭子数×鼓数	鼓式使用辅助代号以 G 表示
		盘式钢丝胶管缠绕机	G（钢）	GRG	P	每盘的锭子数×盘数	盘式使用辅助代号以 P 表示
		鼓式钢丝胶管缠绕机	G（钢）	GRG	G	每鼓的锭子数×鼓数	鼓式使用辅助代号以 G 表示
	编织机械	卧式纤维线胶管编织机	X（纤）	GBX		锭子数	
		立式纤维线胶管编织机	X（纤）	GBX	L		立式使用辅助代号以 L 表示
		卧式钢丝胶管编织机	G（钢）	GBG			无盘式使用辅助代号以 W 表示，过线式以 G 表示
		立式钢丝胶管编织机	G（钢）	GBG	L		
		纤维线胶管编织生产线	X（纤）	GBX	X	胶管直径（mm）	
		钢丝胶管编织生产线	G（钢）	GBG	X		
	合股机械	纤维线合股机	X（纤）	GHX		最大合股数×工位数	
		钢丝线合股机	G（钢）	GHG			
	硫化机械	胶管硫化罐		GL		罐体内径(M)×筒体长度	

续表

类别	组别	品种		产品代号		规格参数	备注
		产品名称	代号	基本代号	辅助代号		
胶带生产机械	浸胶机械	线绳浸胶机	X（线）	DIX		线绳根数	
	包布机械	V 带包布机	V	DBV		最大内周长度（mm）×工位数	单工位不注工位数
		双工位 V 带包布机	V	DBV			
		四工位 V 带包布机	V	DBV			
	切割机械	带芯压缩层切边机	X（芯）	DQX		最大内周长度（mm）	
		V 带切割机	V	DQV			
		齿形 V 带切齿机	C（齿）	DQC			
	带芯成型机	绳芯 V 带带芯成型机	X（芯）	DXX		最大内周长度（mm）	双工位使用辅助代号，以 S 表示
		帘布 V 带带芯成型机	L（帘）	DXL			
		汽车 V 带带芯成型机	Q（汽）	DXQ			
	成型机械	输送带成型机	S（输）	DCS		最大成型宽度（mm）	
		传动带成型机	C（传）	DCC			
		叠层传动带成型机	C（传）	DCC	D		
		钢丝绳输送带生产线	G（钢）	DCG	X	最大输送带宽度（mm）	
		V 带成型机	V	DCV		最大内周长度（mm）	双鼓式使用辅助代号以 S 表示
		汽车 V 带成型机	Q（汽）	DCQ			
		橡胶同步带成型机	T（同）	DCT			
	伸长机械	V 带伸长机	V	DSV		最大内周长度（mm）	
	缠水布机	V 带缠水布机	V	DAV		最大圆模直径（mm）	
	硫化机械	平带平板硫化机	B（平）	DLB	Z	热板宽度（mm）×热板长度（mm）×层数	
		平带鄂式平板硫化机	B（平）	DLB	E	热板宽度（mm）×热板长度（mm）	鄂式使用辅助代号以 E 表示
		V 带平板硫化机	V	DLV			
		V 带鄂式平板硫化机	V	DLV	E		鄂式使用辅助代号以 E 表示
		汽车 V 带硫化机	Q（汽）	DLQ		热板直径（mm）	
		V 带鼓式硫化机	G（鼓）	DLG		硫化鼓直径（mm）×硫化鼓辊面宽度（mm）	
		胶套硫化罐	T（套）	DLT		罐体内径（mm）×简体长度	罐盖平移式开启使用代号以 P 表示
	打磨机械	V 带测长打磨机	V	DMV			
		多楔带打磨机	D（多）	DMD			
胶鞋生产机械	部件准备机械	合布机	H（合）	EBH		最大合布宽度（mm）	
		外底冲切机	W（外）	EBW		每分钟冲切次数	结构形式使用辅助代号，鄂式以 E 表示，曲柄式以 Q 表示
	喷浆机械	海绵中底冲切机	Z（中）	EBZ			
		冲裁机	C（冲）	EBC			
	成型机械	上眼机	Y（眼）	EBY			
		静电喷浆装置	D（电）	EPD		挂杆数量	
		棉毛布刮浆机	G（刮）	EPG			
		胶鞋压合刮浆机	Y（压）	ECY		压合段数	
		前绷帮机	Q（前）	ECQ			
		中绷帮机	Z（中）	ECZ			
		后绷帮机	H（后）	ECH			
		胶鞋模压机	M（模）	ECM			

续表

类别	组别	品种		产品代号		规格参数	备注
		产品名称	代号	基本代号	辅助代号		
其他机械	切割机械	胶丝切割机	S（丝）	QQS			
		瓶塞冲切机	P（瓶）	QQP			
		密封圈修边机	M（密）	QQM			
		胶胚挤切机	J（挤）	QQJ		机筒直径（mm）	
	整理机械	垫布整理机	D（垫）	QED		垫布最大宽度（mm）	
	涂胶机械	涂胶机		QT		布料最大宽度	
	成型机械	胶球缠绕成型机	Q（球）	QCQ			
		胶球包皮机	B（包）	QCB			

一、输送带成型硫化装备[1]

输送带是带式输送机的关键部件，由覆盖胶、带芯胶和骨架材料组成。输送带按形态可以分为普通平带、花纹大倾角输送带、挡边输送带、挡板输送带；按骨架材料可以分为织物芯输送带和钢丝绳输送带。

图 2.5.1－1 所示为输送带的制造工艺流程。

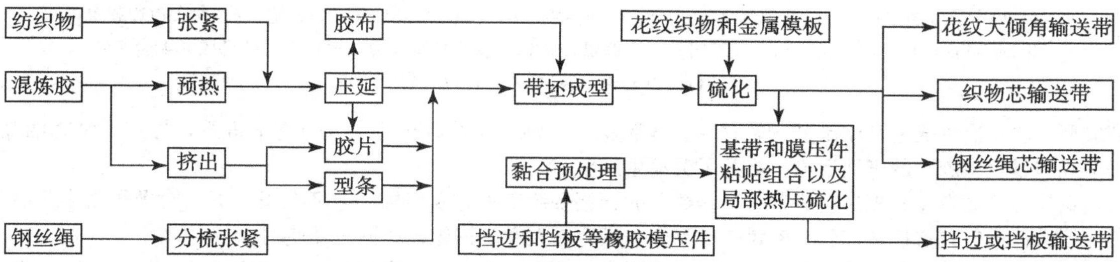

图 2.5.1－1　输送带的制造工艺流程

1.1　输送带生产设备的分类

输送带设备根据输送带生产制造工艺的不同可以分为：①层叠式，主要用于层叠式帆布带芯普通输送带的制造。②浸渍式，用于 PVC 浸渍整体编织带芯全塑型输送带的生产。③浸渍贴覆式，用于 PVC 浸渍塑化整体编织带芯，表面贴覆橡胶胶片的橡塑型输送带的生产。④冷胶片贴合式，用于钢丝绳输送带的生产。

根据输送带所用原材料的种类不同可分为：①橡胶型，用于橡胶输送带的生产。②树脂型，用于塑料输送带、橡塑并用输送带的生产。

根据工艺内容不同可分为：①成型设备，用于输送带骨架材料、覆盖胶、两侧边胶贴合的设备。②硫化设备，用于输送带覆盖胶、两侧边胶硫化定型的设备。③浸渍设备，用于树脂型输送带带芯浸渍树脂糊的设备。④烘干设备，用于烘干树脂型输送带带芯浸渍的树脂糊的设备。

1.2　层叠式织物芯输送带成型机

输送带成型是将多层胶布整齐地纵向粘合在一起，两侧贴上边胶，上下面贴上覆盖胶制成带胚的过程。成型质量最基本的要求是在各布层保持张力一致的情况下一次贴合成型。

国产输送带的成型多是在带有导开架、压合辊和卷取导开装置额工作台上进行的，为无张力控制下的自由贴合，这样的贴合得到的带胚各布层间松紧不一，影响了输送带的强度和承载能力，在使用中容易出现海带边、跑偏和跑长等现象。

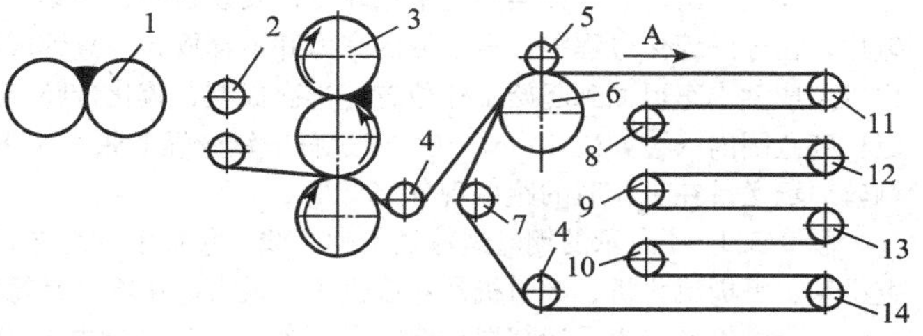

图 2.5.1－2　奇约夫式成型机热贴成型示意图

1—供料开炼机；2—帆布卷；3—擦胶成型机；4—导向辊；5—压辊；6—贴合机传动鼓；7—调偏辊；8～14—回转鼓

成型层叠式织物芯输送带一种较新的方法是成型机热贴成型法。此法是基于输送带的减层化趋势出现的。4 层带共走 5 次车，带芯在成型机上复合成型后，再在成型机上贴上下覆盖胶。采用热成型法时，各层间黏合强度高，生产效率也高。

成型机热贴成型法采用“奇约夫式”成型机成型输送带带芯，而后用成型机联动装置贴上下覆盖胶，如图 2.5.1－2 所示。

设备由供料开炼机、擦胶成型机和贴合机传动鼓、压辊及转鼓组成。全部转鼓均用滚动轴承支承，轴承座固定在刚性框架上。帆布经擦胶成型机擦胶后，绕过导向辊进入贴合机的传动鼓和压辊之间，并由其送出，带头由引带针铗卡牢并绕过全部转鼓，通过调节辊后一段距离，卸下针铗，将带头贴在将进入压合机的胶布上，经压合形成带圈，经多次循环后，达到预定贴合层数后停机，在贴合机传动鼓前剪开，并将带头用引带针铗卡牢，另一头引向卷取装置卷取，带芯卷送至成型机联动装置贴覆盖胶。压辊由气动装置传动，使贴合压力稳定，胶布张力均衡。在卷取前，带芯的边缘由切边装置切平。

贴覆盖胶在成型机联动装置上进行。成型好的带芯由导开装置导开，垫布由卷取装置卷取。导开装置可根据定中心气动传感器的信号进行位置调整。缓冲胶或加强夹布由导开装置导开，并经定中心辊送到贴合辊，同带芯贴合在一起。气动传感器控制缓冲胶或加强夹布的定中心机构。经贴好缓冲胶或夹布的带芯通过夹布包边装置包好带边，由输送带送到成型机，用四辊成型机对上、下两面同时进行贴覆盖胶。贴好覆盖胶的带胚通过胶片包边装置和牵引辊将带边包上胶片，然后涂上隔离剂或衬上垫布由卷取装置卷取，带胚端部由端部胶条贴合装置贴上端部加固胶条，如图 2.5.1-3 所示。

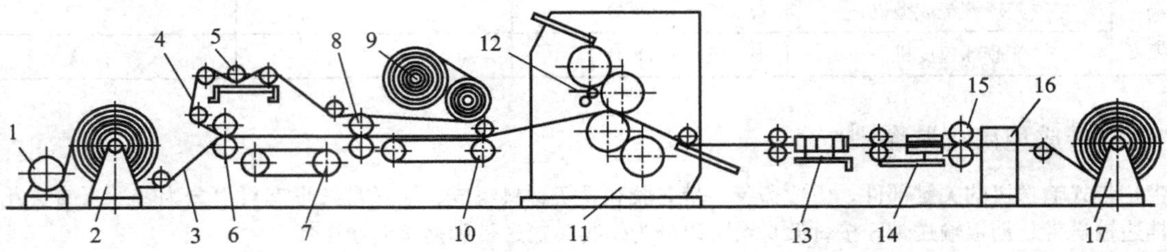

图 2.5.1-3　输送带带芯贴覆盖胶联动装置

1—垫布卷取装置；2，9—导开装置；3，4—气动传感器；5—定中心辊；6—贴合辊；7—夹布包边装置；8—供料辊；10—输送带；11—成型机；12—圆盘刀；13—胶片翻转包边装置；14—端部胶条贴合装置；15—牵引辊；16—涂隔离剂装置；17—卷取装置

这种成型方法每次可成型 200 m 长的输送带。挂胶帆布的贴合始终在恒张力、热态下进行，提高了带芯的黏合质量，同时免去了成型过程中胶布的来回运输，提高了劳动生产率。

层叠式织物芯输送带比较先进的成型设备是德国的合幅拼缝定张力成型机，它可在张力下一次操作完成 5 层胶布的贴合成型，并可进行覆盖胶拼接和芯胶与覆盖胶的复合，供生产大宽度钢丝绳芯输送带使用。

在成型时应注意的一个重要的工艺参数——缩窄因素。缩窄因素是带胚宽度与成品宽度之比。棉帆布织物带芯，未硫化带胚宽度需大于成品宽度；合成纤维织物带芯，纬向伸长大，带胚的宽度需小于成品宽度，否则在平板硫化机上硫化时易产生“顺纹”而影响质量。缩窄因素的大小取决于所用织物的纬向伸长，硫化纵向拉伸率和压力，是一个经验值。

1.3　钢丝绳芯输送带生产线

钢丝绳输送带用于长距离、高速度和大运输量的散料输送。钢丝绳芯输送带的强度均匀性和直线度要求较高，胶带中并排铺放的钢丝绳必须平、直、等距、左右捻相间。

钢丝绳芯输送带生产线一般包括钢丝绳预伸缩导开装置、分梳夹持和张力装置、带胚成型冷压车、平板硫化机、牵引夹紧装置和卷取装置等，总长度超过 100 m。带芯胶与覆盖胶预先贴合后上线，在生产线上完成钢丝绳牵引分梳张紧，贴合带芯胶和覆盖胶以及切边、硫化、检查、卷取和切断。在全过程中需始终保持张力的连续恒定；热板的变形要很小，不能因热板变形而造成局部欠压产生明疤。

钢丝绳输送带生产线大致有两种类型，一种是平板硫化机固定的，带胚逐段成型逐段硫化，带胚内的钢丝绳张力每硫化一段释放一次。另一种类型是平板硫化机安装在一台小车上，小车可沿轨道移动，一次成型相当长度的带胚，然后分段硫化，在分段硫化过程中，钢丝绳的张力并不释放，一直到成型好的带胚完全硫化完毕才释放钢丝绳张力；接着，平板硫化机及成型小车退回到起始工作位置，再次成型、硫化带胚，周而复始地进行上述过程。一般认为，后一种生产方式在一定长度范围内（譬如说 60 m）在生产过程中钢丝绳的张力始终保持恒定，有助于防止钢丝绳的蛇形弯曲，可以减少或避免钢丝绳输送带在工作时的跑偏现象。

图 2.5.1-4 所示的钢丝绳输送带生产线，包括钢丝绳导开架、钢丝绳夹持平板及张力装置、成型小车、冷压平板、检查小车、平板硫化机、牵引机及卷取机等，最大硫化输送带宽度为 2 200 mm，生产线全长约 116 m。

成卷的钢丝绳由吊运装置放置在导开架上，导开架共分上、下 4 层，可以放置 196 卷直径为 3.2～13 mm 的钢丝绳，每卷钢丝绳的最大重量为 400 kg。钢丝绳卷由电动葫芦提升，可沿导开架的机架做纵向和横向移动，以便装载钢丝绳。钢丝绳卷的锭子在轴上装有电磁制动器，使钢丝绳导出时具有一定的初张力，其最大初张力为 400 N，可以按工艺要求调节初张力的大小。每一层的钢丝绳装有倒卷的钢丝绳驱动装置，必要时可把已经导出的钢丝绳收回到钢丝绳的筒子内。

钢丝绳导出后，由整经装置把钢丝绳按一定节距排列整齐。夹持平板类同于一般的液压机，用于把导开的经过整经的钢丝绳夹紧，以便对钢丝绳施加张力。夹持平板的油缸由液压系统供给压力油。张力装置是由品字形排列的多组张力辊构成。每组张力辊分别对经过整经排列的单数或双数的每根钢丝绳施加张力。每组张力辊由 2 个定滑轮、1 个动滑轮组成，每个动滑轮分别由小油缸驱动升降，每根钢丝绳的张力大小可以以油压加以调节。其张力范围为 834～3 090 N。

为了保证成型的带胚中钢丝绳排列良好，装有整经架。成型小车上装有上、下层芯胶及覆盖胶片的导开装置，胶片的

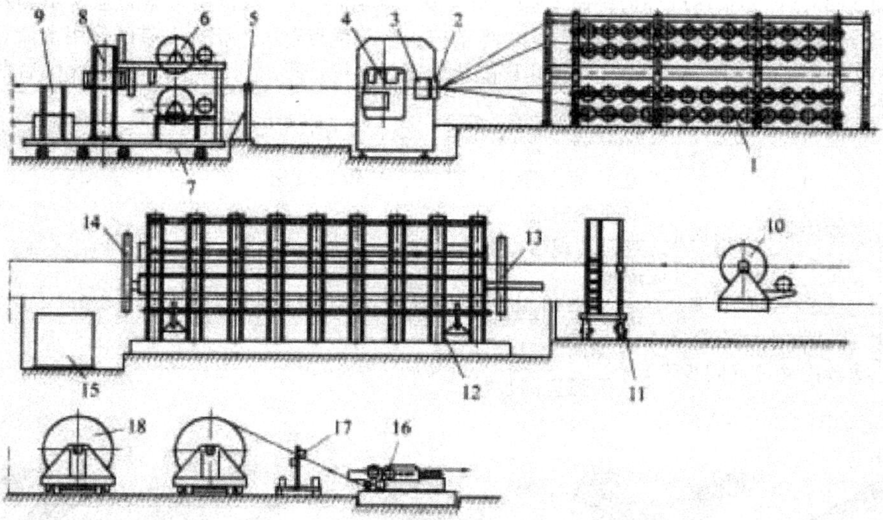

图 2.5.1-4　Siempelkamp 公司钢丝绳输送带生产线

1—钢丝绳导开架；2—整经装置；3—夹持平板；4—张力装置；5—整经架；6—胶片导开装置；7—成型小车；8—冷压平板；9—切边装置；10—带胚导开架；11—检查小车；12—平板硫化机；13—夹持伸张装置；14—夹持装置；15—液压系统；16—牵引机；17—裁断机；18—卷取机

垫布由垫布卷取轴卷取。钢丝绳上、下的胶片贴合好后，由冷压平板挤压成型，利用冷压平板的强大压力把胶片挤压到钢丝绳之间的空隙内。由于冷压平板的长度有限，因此，每次只能挤压一小段带胚。挤压后的带胚，其胶料不仅能深入到钢丝绳节距之间，而且能渗透到钢丝绳结构的缝隙内，从而在硫化后可提高钢丝绳与橡胶的结合力。挤压完毕的带胚，用切边装置切去边部的余胶，并根据需要可以在带胚上贴上边胶。

带胚每成型一段，成型小车便向钢丝绳导开架方向移动一小段。成型好的带胚由操作人员乘检查小车对其进行逐段检查与修补。与成型小车一样，检查小车可沿铁轨移动。

上述钢丝绳输送带生产线开始生产时，钢丝绳从导开装置上导出后，穿过夹持装置、张力装置，在整经架处把钢丝绳与牵引机连接在一起，通过牵引小车的牵引，把钢丝绳拉到成型车的冷压平板的出口端，此时，成型车位于靠近平板硫化机的一端，牵引带的另一端穿过平板硫化机，由牵引机牵引。在钢丝绳达到一定张力后，牵引机上的夹持装置把牵引带夹住。这时，夹持平板夹持钢丝绳，张力装置施加张力，待导出的钢丝绳达到规定的张力之后，便可进行带胚的成型。当成型小车逐段把带胚成型到足够硫化一次的长度时，把成型小车上的冷压平板闭合，而夹持平板开启。张力装置泄压，牵引机的夹持装置松开。由牵引机通过牵引带把成型好的带胚拉进平板硫化机内，同时，成型小车、检查小车也随带胚一起移动，进入靠近平板硫化机前的起始位置。这时，闭合夹持平板，张力装置重新对钢丝绳施加张力，牵引机的夹持装置把牵引带夹住。成型小车上的冷压平板重新打开，平板硫化机可以闭合进行硫化。带胚硫化时，再按上述程序成型带胚。硫化完毕，按照上述程序释放夹持平板，卸去张力装置的张力，冷压平板闭合，硫化好的输送带由牵引机牵引，从平板硫化机内拽出，同时，成型小车及检查小车随带胚一起移动到靠近平板硫化机的起始位置。这样，完成了成型、硫化的一个周期。当硫化好的输送带到达卷取位置之后，把牵引带拆除，并把成品带头固定在卷取辊筒上进行卷取。在硫化的输送带达到规定长度后，用裁断机将成品切断。2 台卷取装置交替进行工作。

二、传动带成型装备[2][3][4][5][6]

2.1　传动带生产工艺流程

带传动是机械传动重要的传动形式之一，随着工业技术水平的不断提高以及对装备精密化、轻量化，功能化和个性化的要求，不断向高精度、高速度、大功率、高效率、高可靠性、长寿命、低噪声、低振动、低成本和紧凑化发展，其应用范围越来越广，传动形式愈来愈多。作为带传动中的主体部件——传动带也由原来的易损件向功能件方向转变，在许多场合替代了其他传动形式。其品种规格向多样性发展，由传统的普通包布 V 带和普通平带发展了窄 V 带、宽 V 带、广角带、联组 V 带、切边 V 带、多楔带、同步带、绳芯平带和片基平带等。这些传动带已广泛应用于汽车、机械、纺织、家电、办公自动化（OA），轻工、农机等各个领域，在国民经济和人民日常生活中发挥着愈来愈重要的作用。随着传动带品种多样性、使用性能标准的不断提高，在传动带生产中不断采用了新材料、新技术和新工艺；使用越来越先进的生产装备和检测手段；理论研究和性能分析也更加深入，采用新的数学成果和计算机技术，如大型 FEM 分析软件。

广义的传动带是指在带传动中用于传递运动和（或）动力的柔性条状物（带），这里所说的传动带专指由橡胶或弹性材料与其他材料复合制造的带。传动带按传动机理可分为摩擦传动带（如平带及 V 带等）和啮合传动带（同步带）；按使用材质可分为橡胶型、聚氨酯型和热塑性弹性体型（TPE）；按使用场合可分为一般传动用传动带、汽车工业用传动带、农业机械用传动带和家电及办公自动化（OA）用传动带等四类；按骨架材料结构可分为包布式帘布 V 带和包布式线绳 V 带。

包布 V 带按其截面形状和使用要求还可分为普通 V 带、窄 V 带、联组 V 带、农机用半宽变速 V 带和六角带等。

由于 V 带的线绳结构比帘布结构合理、受力均匀、弯曲应力小等优点，可大幅提高带的使用寿命和使用性能。先进工业国家早在 20 世纪 60 年代已完成了 V 带结构线绳化聚酯化的更新换代，我国到 20 世纪 90 年代中后期才开始大规模包布 V 带线绳结构化改造。

- 传动带
  - 摩擦传动带
    - V 带
      - 包布 V 带：普通 V 带、窄 V 带、联组 V 带、变速 V 带、大角度 V 带等
      - 切边 V 带：普通 V 带、窄 V 带、变速 V 带
    - 多楔带
      - 单面多楔带
      - 双面多楔带
    - 其他
      - 平型带
      - 六角形带、活络带、圆形带等
  - 啮合传动带（同步带）
    - 梯形齿同步带
    - 圆弧齿同步带

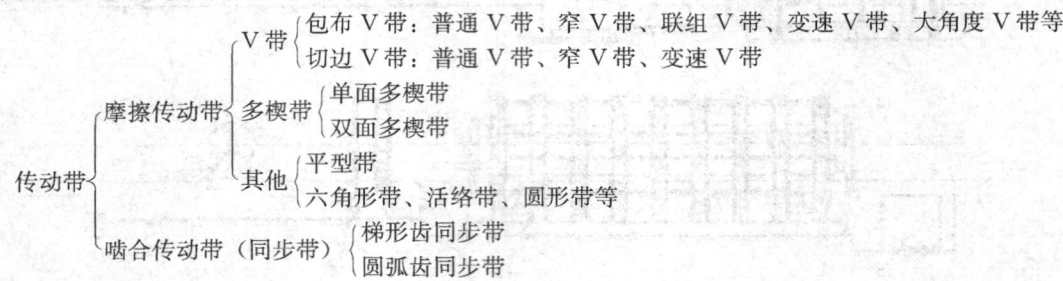

包布 V 带的种类如图 2.5.1－5 所示。

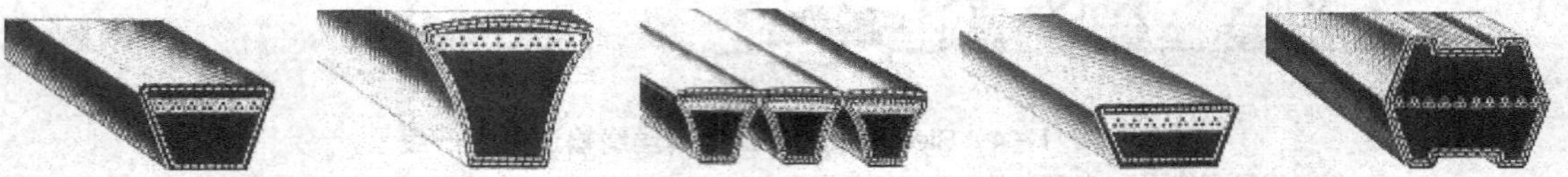

图 2.5.1－5　包布 V 带

包布 V 带（三角带）是传动带最主要品种，占我国传动带产量 80％以上，其中又以普通 V 带为主；国外先进国家以窄 V 带为主。窄 V 带是美国盖茨公司上世纪 50 年代开发的一种全新系列高马力 V 带品种，由于结构合理，强力层线绳受力均匀、传动功率大、传动结构紧凑等，很快就取代普通 V 带作为 V 带的主要产品。包布 V 带的结构主要由压缩胶、强力层抗拉体、黏合胶、伸张胶和包布组成，如图 2.5.1－6 所示。

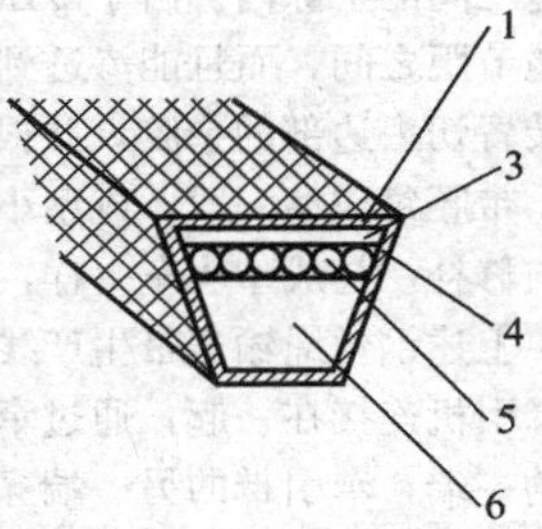

图 2.5.1－6　包布 V 带结构

1—包布；3—伸张胶；4—黏合胶；5—抗拉体；6—压缩胶

切边 V 带是在包布 V 带基础上发展起来的，其型号规格与包布 V 带相同，如图 2.5.1－7所示。切边 V 带与包布 V 带相比具有传动效率高、传动功率大、寿命长、节能效果明显和传动紧凑、可高速传动等优点。切边 V 带结构特点是两侧面（工作面）无包布、压缩胶掺有定向短纤维，强力层线绳采用特殊硬化处理的高强度化学纤维（一般是聚酯纤维）。有普通（REP）、层合（REL）和齿形（REC）等结构形式，目前趋向于齿形结构。齿形切边 V 带由于柔性好、可在很小轮径下使用、变速范围大，非常适用于制造变速 V 带。工业用带式无极变速器和座式摩托车均用齿形切边 V 带，基本采用这种结构。欧洲国家的联合收割机也倾向于采用齿形切边 V 带用于无级变速传动。

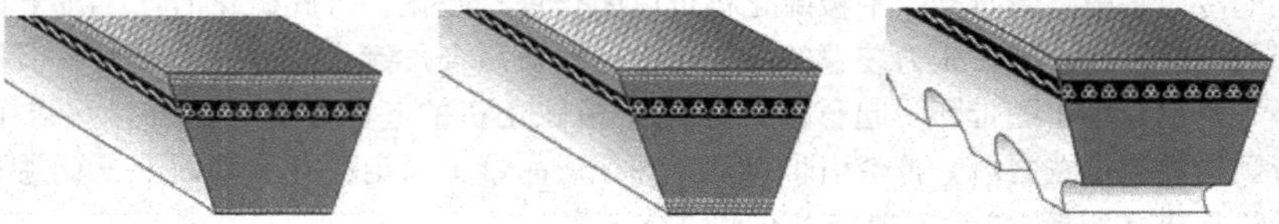

图 2.5.1－7　切边 V 带示意图

切边 V 带为了进一步增加挺性、挠性、减少材料浪费或降低振动等，还做成平底顶齿（PTC）、双面齿（CTC）、中心抗拉体（CAN）和联组等结构，如图 2.5.1－8 所示。

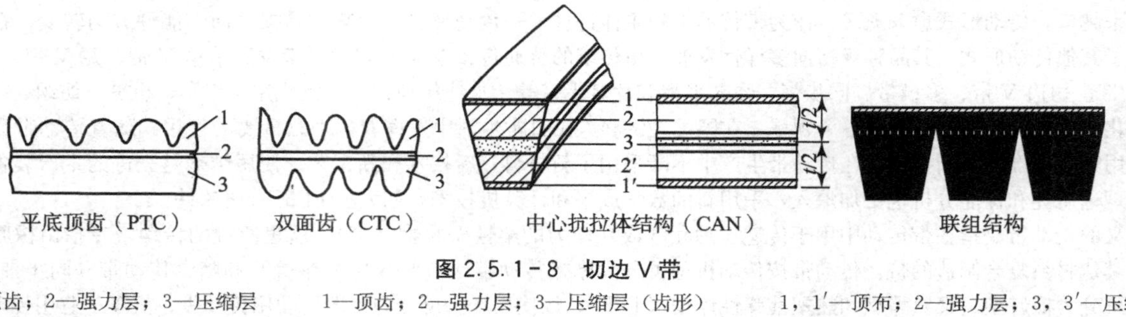

图 2.5.1－8　切边 V 带

1—顶齿；2—强力层；3—压缩层　　1—顶齿；2—强力层；3—压缩层（齿形）　　1，1′—顶布；2—强力层；3，3′—压缩层

多楔带集平带柔性好和V带传动功率大优点于一身，是一种极有发展前途的新颖传动带，其结构以平带为基体，内表面排布有等距纵向楔的环形传动带，如图2.5.1-9和2.5.1-10所示。具有传动功率、受力均匀合理、传动比高、高速小轮径、可反向多轮传动等优点，得到迅速发展。尤其是汽车多楔带，进入20世纪90年代国外已基本使用这种带作为发动机前端附件传动轮系驱动用带。

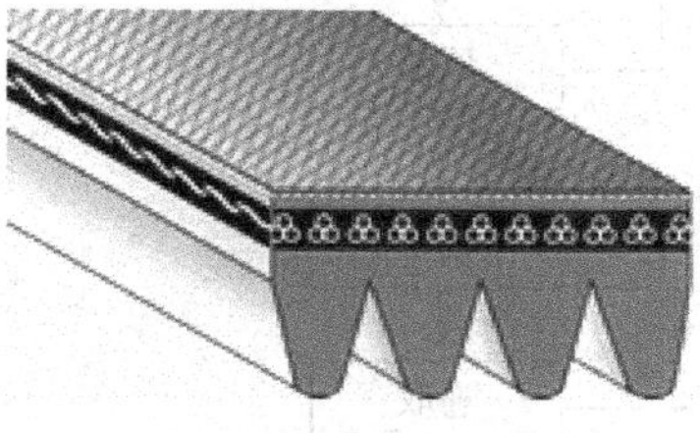

图2.5.1-9　多楔带

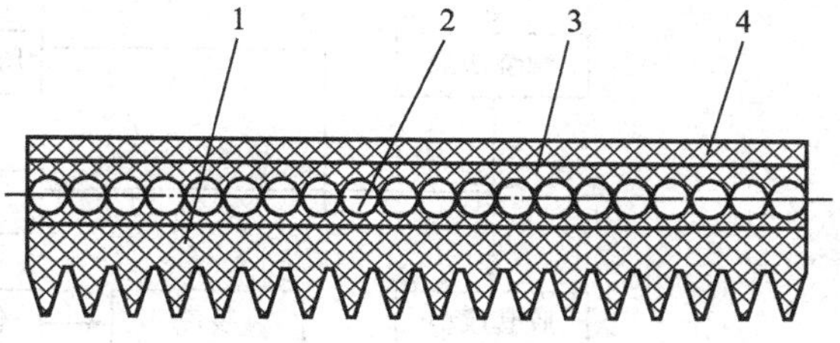

图2.5.1-10　多楔带基本结构

1—楔胶；2—缓冲层；3—强力层；4—顶布

同步带综合了带传动与链条传动、齿轮传动的诸多优点，是一种传动比精度高的传动带。其传动原理是带上的凸齿与带轮上的齿槽强制啮合而工作。即当主动带轮转动时能够依靠带齿与带轮的依次啮合将运动与动力传给从动轮。因此，传动中不存在滑差现象，即主动轮和从动轮线速度相同，可实现主、从动轮的线速度同步。带轮角速度保持稳定，不产生冲击。吸振性能好，噪音小；传动装置重量轻，热量积累少，强制啮合不打滑，因此传动比较准确，可以获得98%以上的传动效率；变速范围大，一般可达10 m/s，最高线速度可达50 m/s；功率范围可从几W到几百KW；带的张紧力小，轴上的压力轻，轴的弯曲变形减小，可延长轴承的使用寿命；结构简单、紧凑，适宜于多轴传动及中心距较大的传动。由于它兼有带传动、链传动和齿轮传动的一些优点，因而当两轴中心距较大，要求速比恒定，机械周围不允许润滑油污染，要求运转平稳无噪声，使用维护方便时，同步带传动往往是最为理想的传动方式，如图2.5.1-11所示。

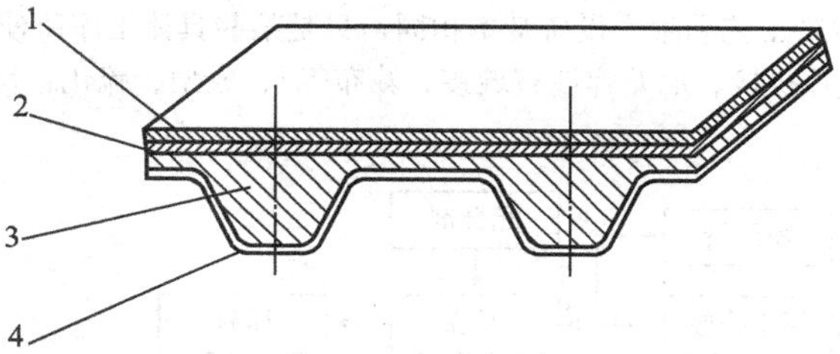

图2.5.1-11　同步齿形带结构图

1—背胶；2—抗拉体；3—齿胶；4—齿包布

农机用V带是指专用于农业作业、园艺和森工等设备用传动带，其品种规格几乎包括所有的V带品种和少量的平带、多楔带及异形带等，其中最主要的联合收割机主传动无极变速器用变速V带（无极变速带）。其使用特点是工作环境恶劣（日晒雨淋、泥沙粉尘和油污等）、低速高负荷、高冲击、极度拉伸曲挠和打滑生热，因此形成独立的标准体系。近几年来，半喂式水稻联合收割机在我国开始得到广泛推广应用，其主要技术来源为日本。其传动系统中多用逆式张紧轮（背面张紧轮）来调节带的张紧力且采用张紧式离合器。这样的构造加上这种联合收割机结构紧凑和大马力，所用V带截面型号又较小，其中W600、W800级带（如图2.5.1-12所示）强力层线绳需用芳纶，带的结构和配方也要特殊设计，以保证带横向刚性和纵向柔性及带耐热性。

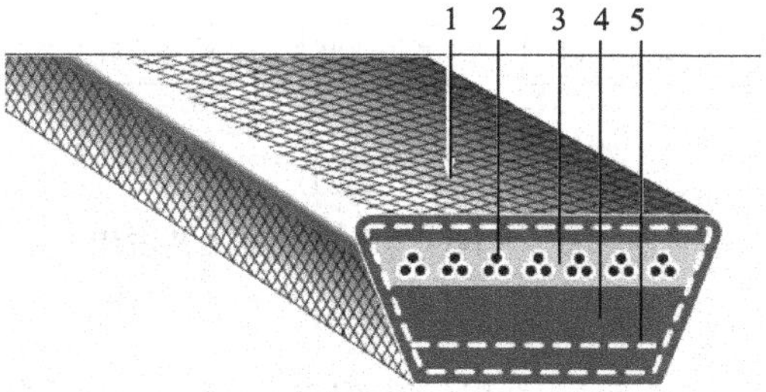

图2.5.1-12　W800级水稻联合收割机变速V带结构

1—广角布包布层；2—芳纶线绳；3—黏合胶；4—短纤维压缩胶；5—帘子布压缩层

包布V带按骨架材料可以分为包布式帘布V带和包布式线绳V带，我国20世纪90年代开始大规模包布V带线绳化改造。线绳V带的制造工艺主要为：部件准备（包括线绳挂胶、出片、压缩胶条挤出、裁布等）、成型（包括排线、上压缩胶、包布等）、硫化、检验等。

线绳V带的制造工艺流程如图2.5.1-13所示。

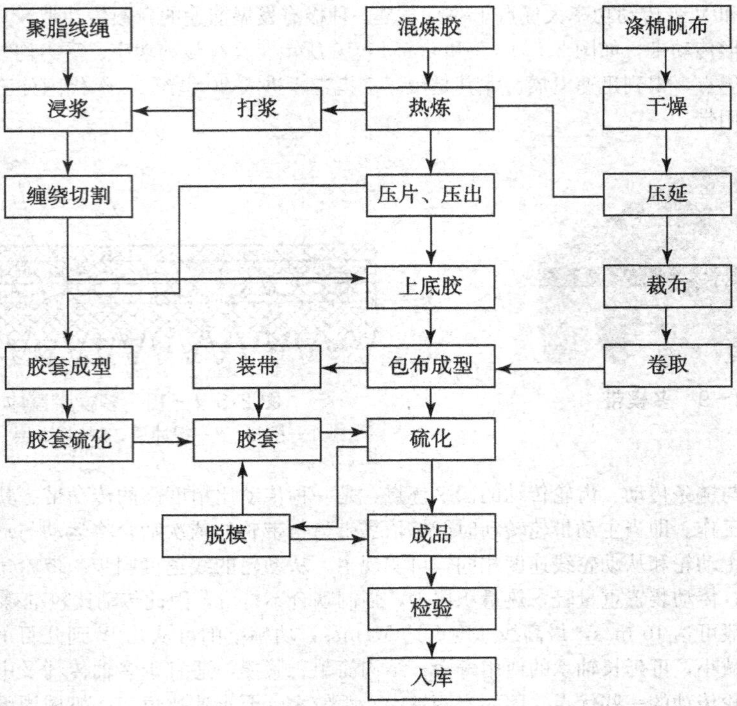

图 2.5.1-13

切边 V 带、多楔带和同步带生产工艺和生产设备基本相同，只是某些具体工序所使用的设备有所区别。生产工艺流程包括各部件准备（出片、短纤维胶片拼接、尼龙弹性布缝接、裁布等）、成型、硫化、切割、磨削、检验等，工艺流程见下图 2.5.1-14 所示。

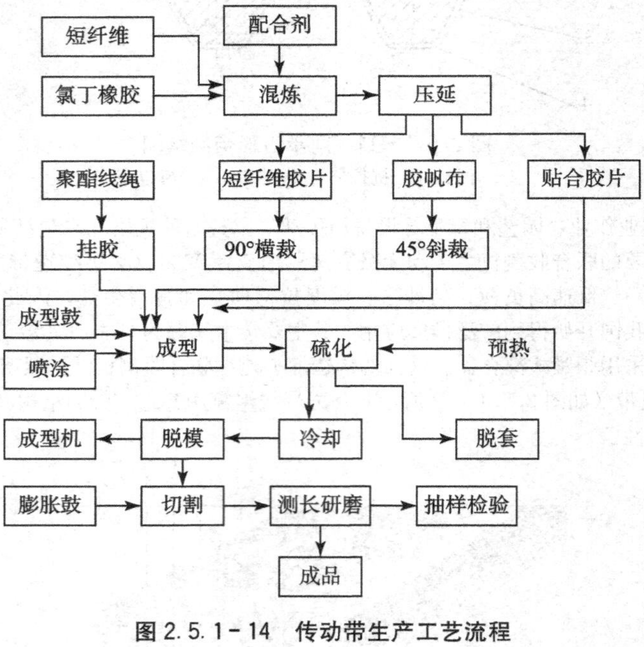

图 2.5.1-14　传动带生产工艺流程

2.2　包布 V 带成型装备

包布 V 带的骨架材料线绳虽然进厂前都已经由线绳供应商进行浸胶处理，但为了进一步提高线绳与胶料黏合的可靠性，一般在排线前还要进行挂胶处理。挂胶处理有两种方法：浸浆处理与线绳包胶。浸浆处理，即线绳通过浸胶机的浸浆槽用胶浆进行表面浸渍。浸浆处理的缺点是未经烘干胶浆易互相粘结影响其均匀性，且线绳表面的附胶量也很少。线绳包胶方法类似于电线电缆的包胶工艺，机组由成型机、冷却槽、表面喷隔离剂装置和卷取装置等组成。线绳包胶工艺较好地解决了 V 带线绳排列不均问题。

包布线绳 V 带成型包括带芯制造与包布的操作。带芯制造是将线绳排线与黏合胶片、伸张胶片、压缩胶片贴合的工艺过程，带芯制造采取以下三种方法：①单鼓成组成型法；②双鼓成型法；③双鼓成组成型法。

单鼓成组成型法在单鼓成型机上进行。单鼓成型机结构类似于切边带成型机，由主传动装置、膨胀鼓、切割装置、护套磨削装置、尾架、放料排线装置、线绳张力系统和电气控制系等组成。单鼓成组成型法也称为反成型法，即根据规格先在膨胀鼓上做好护套，依次缠上伸张胶片、黏合胶片、线绳、压缩胶片托，然后用“V”型刀削去部分胶料，再用圆盘刀切成带芯。该法的优点是线绳张力均匀，自动化程度高。由于切割护套费时费工，且受膨胀鼓尺寸的限制，适于长度≤2 500 mm 的单一规格包布 V 带的生产。

双鼓成型法是先将挂好胶的线绳在双辊上排好线，贴上黏合胶和伸张胶，再根据规格切割成线胚，然后在另一台机贴上成型机挤出的梯形压缩胶条。由于该方法设备简单、生产灵活、效率高，目前我国 80%以上的线绳包布 V 带采用该法生产。

双鼓成组成型法是在双辊上排好线，贴上黏合胶和伸张胶，将压型机压出的成排压缩胶直接贴在线胚上，然后用刀片切下单条带芯。双鼓成组成型机由线绳导开装置、浸胶烘干装置、贴合装置、切割装置及控制装置等组成，可单独完成线绳导开、浸胶、成组压合底胶、成组切割带胚等操作，用于生产周长为 700～13 000 mm 的线绳 V 带。

包布是将带芯表面包上一层或数层胶布，制成带胚的工序，其主要设备是包布机。包括单工位包布机和双工位、四工位包布机。单工位包布机存在包布不实、布边不齐、生产效率低、劳动强度大等缺点。双工位包布机自动化程度高，结构紧凑，通过数字光电计数器设定包布长度和层数，自动地准确完成定长包布，并设有剪刀可自动将包布剪断；但该机对布宽精度和布卷的整齐程度要求较高，对胶布的表面粘性也有一定的要求。目前国内应用较多的是四工位包布机，该机事实上是带芯成型（贴压缩胶）和带胚包布各双工位操作系统。其包布装置由带胚压合、自动包布、分离、尾包、压合释放等一系列机构组成，由两个车头箱和滑竿相连接，可供四人同时操作（两人上底胶、两人外包布），包布时通过数字设定自动定长包布、收尾。

包布 V 带硫化工艺主要采用鄂式平板硫化机、硫化罐和鼓式硫化机三种方式。

2.3　切边 V 带、多楔带和同步带成型装备

2.3.1　短纤维胶片拼接机

短纤维胶片拼接机是专门用于将压延出片后的短纤维胶片（短纤维纵向排列）按工艺要求进行 90°横裁后转向对接，使短纤维横向排列的专用设备，如图 2.5.1－15 所示。

短纤维胶片拼接机由机架、导开纠偏装置、储片装置、裁断装置、输送装置、拼接装置、卷取装置和电气控制系统等组成，适用于厚度为 0.6～2 mm，宽度为 1 100～1 400 mm 的胶片。工作时，将压延后的胶片导开置于导开装置上，经过储片装置，利用机械手将导开的胶片引到预定位置，然后由裁断装置的无杆气缸带动裁断刀进行裁断，输送装置将裁下的胶片输送到拼接位置。当胶片末端落在拼接处时，控制长度的光电开关动作，输送装置停止运转，由拼接装置的无杆气缸带动拼接刀进行拼接并同时完成切边，最后由卷取装置将胶片收起。

短纤维胶片拼接机采用 PLC 控制，自动化程度、生产效率均较高，裁断拼接后的胶片裁断长度准确，拼接街头平整、牢固，无搭接。

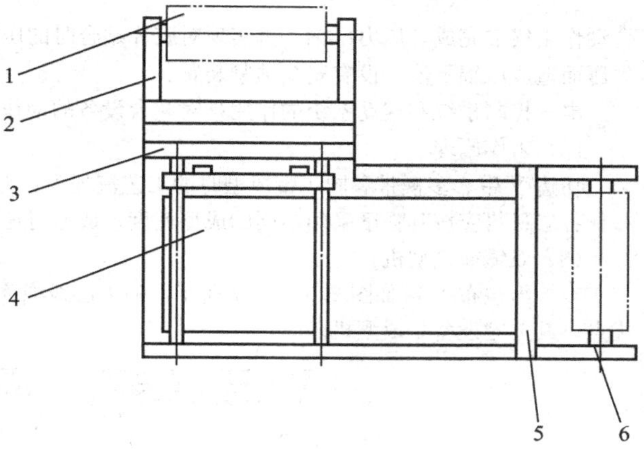

图 2.5.1－15　短纤维胶片拼接机示意图

1—布筒；2—导开纠偏装置；3—裁断装置；4—输送装置；5—拼接装置；6—卷取装置

2.3.2　切边 V 带、多楔带和同步带成型机

（1）基本结构

切边 V 带、多楔带和同步带的成型要在专用的成型机上成型，成型机一般由以下几部分组成：主机、线绳导开装置、线绳排放装置、胶片贴合装置、供胶片装置、电气控制系统和气动系统等，如图 2.5.1－16 所示。

成型机主要由底座、床头箱、尾架等组成，其主要作用是将成型模具装夹到设备上，并且为模具提供所需的扭矩和转速，方便成型时胶片的铺放和线绳的缠绕。主机采用 Z_4 系列的直流电机驱动，调速比较大，可实现无级变速，满足不同工艺、各种直径成型鼓的需要。采用同步齿形带传动，具有传递扭矩大，运转平稳，传动精度准确，传动效率高，噪声低等特点。尾架是用来支承成型鼓的，由油压系统实现翻转及套筒的前后移动，可同时实现手动和自动操作；尾架采用翻转式，使模具在成型完成后直接竖起，操作方便实用。

线绳导开装置的主要作用是为成型机提供有一定速度和恒定张力的线绳。有单工位和双工位之分，单工位主要用于切边 V 带和多楔带的成型，双工位主要用于同步带的成型。

线绳排放装置固定在溜板上，可作横向和纵向移动，以完成单根或双根线绳的排放。双根线绳的间距由 2 个排线轮上不同间距的轮槽确定，通过更换排线轮来调整线绳间距。线绳的排放间距（导程）通过触摸屏设定，由交流伺服电机及减速器驱动滚珠丝杆实现纵向进给以完成线绳的缠绕。排线轮由气缸驱动，可前后摆动。成型时气缸前伸，排线轮压在模具上，更好地保证了线绳排放的均匀性。排线架的横向移动由手轮和丝杆完成。该装置的纵横向极限位置均有接近开关检测，安全可靠。

胶片导开装置一般配有 4 工位的胶片导开架，可提供 4 种不同的胶片，或根据成型工艺的不同，提供 1～2 个备料。圆盘张紧机构使胶片在成型贴合时保持适当的张力。压合装置安装在胶片导开架上，可以随胶片导开装置前后移动。压辊压

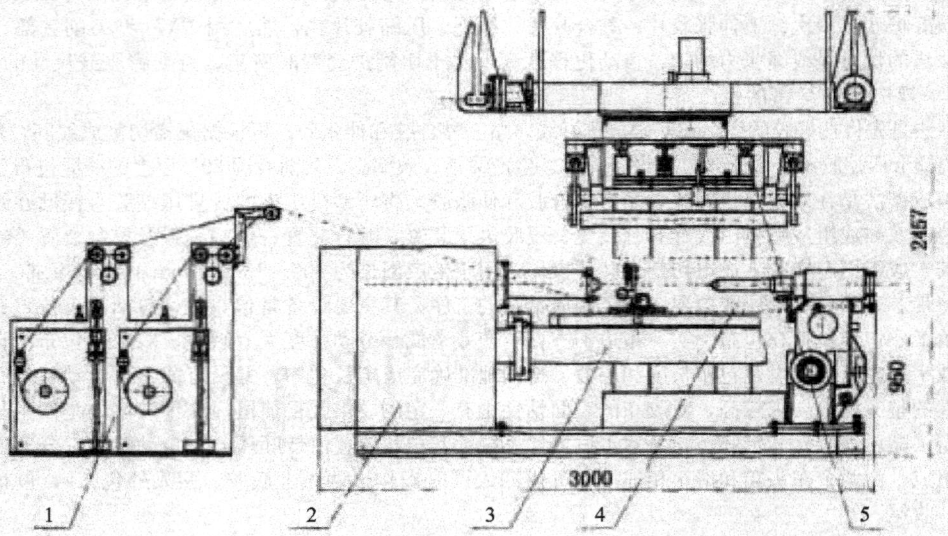

图 2.5.1-16　切边 V 带、多楔带和同步带成型机

1—线绳导开装置；2—主机；3—线绳排放装置；4—成型模具；5—供胶片装置

合动作由气缸完成，压力可调，可实现对胶片贴合时的压紧力，并将胶片间的空气赶出，防止成型的带筒有气泡。为防止失压而造成压辊下落，设有安全锁紧装置。

电气控制系统和气动系统的作用是对整台设备的动作进行控制，主要由 PLC 和工业触屏、气动缸、气动阀等组成。

(2) 工作原理

切边 V 带、多楔带和同步带成型时的工艺流程为：上短纤维胶片⟶上缓冲胶片⟶排线绳⟶上缓冲胶片⟶上顶布。各层材料应按其强度采用不同的成型速度。成型时还要注意胶片或胶布搭接宽度要适当。

(3) 双缆绳成型机

双缆绳包布 V 带如图 2.5.1-17 所示，强力层线绳强度由于有效被利用，具有受力均匀、使用寿命长和传动功率高等优点。其关键设备是成型机。

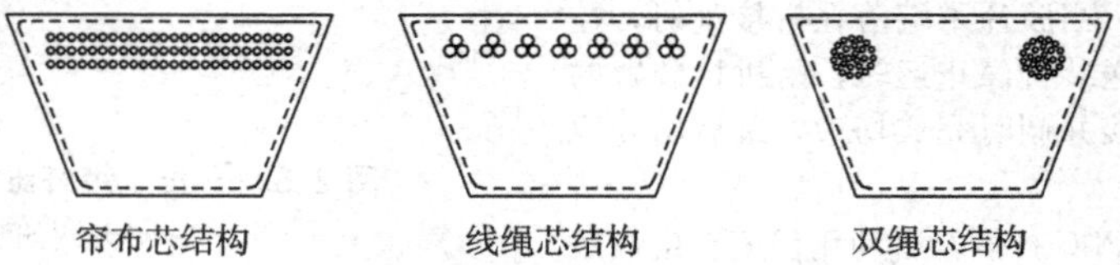

图 2.5.1-17　双缆绳包布 V 带

中国专利（CN2373628）提出如图 2.5.1-18 所示的双缆绳包布 V 带成型机结构，主要由螺旋排绳装置（13）和上胶条装置（14）组成。螺旋排绳装置（13）可用来缠绕螺旋式绳芯，上胶条装置（14）可生产双绳芯带坯。该装置成型工艺独特简单、作业集中、操作人员少、成型周期短、产品尺寸准确等，所生产的 V 带具有承载能力大、使用寿命长、成本低等优点，适用于生产 V 带周长大于 3 000 mm 的普通 V 带、窄 V 带、六角带、变速 V 带、圆带、环形平带及其他 V 带等。

2.3.3　切割机

切割设备根据用途可以分为同步带切割机、所携带切割机、切边 V 带切割机，根据切割方式分为直切和斜切，根据带筒的张紧方式分为单鼓切割机和双鼓切割机。双鼓切割机省掉了膨胀鼓和切割外套，可减少设备投资，但切割精度没有单鼓切割机的高。

切边 V 带单鼓切割机的作用是将硫化好的带筒切割成“V”形，用两把圆盘刀同时进行切割，圆盘刀的旋转由电机驱动，其进给轨迹成一定的角度。主要结构包括主轴箱、膨胀鼓、尾架、打磨装置、切割装置等，如图 2.5.1-19 所示。

硫化后的带筒经停放 24 小时后才能切割，以消除应力并稳定尺寸。切割带筒之前，要根据带筒规格及 V 带截面尺寸调整切割机各项参数，然后再进行切割。

V 带单鼓切割机主机采用 Z_4 系列的直流电机驱动，可实现无级变速。采用可膨胀式切割鼓，每种规格的膨胀鼓在一定直径范围内可任意膨胀和收缩，其动作由驱动气缸和手调丝杆协同完成，可自动和手动操作。鼓面盖板由轻质铝合金材料制成，质量小，强度高；盖板之间以齿型啮合，保证鼓膨胀后有较小的周向间隙。膨胀鼓的膨胀由镶嵌在盖板上的楔形滑块与可轴向移动的圆锥形滑座的轴向相对移动来完成，楔形滑块与圆锥形滑座之间以 T 型槽形式连接；手动丝杆调节装置安装在鼓的空心轴之内，通过尾架套筒内的手动扳手的转动，实现手动调节。

尾架用来支承成型切割鼓，其动作全部由气缸驱动完成，可同时实现手动和自动操作。

切割装置由上、下两部分组成，整套装置由交流伺服电机通过无间隙滚珠丝杆驱动。导轨采用直线滚珠导轨。切刀为

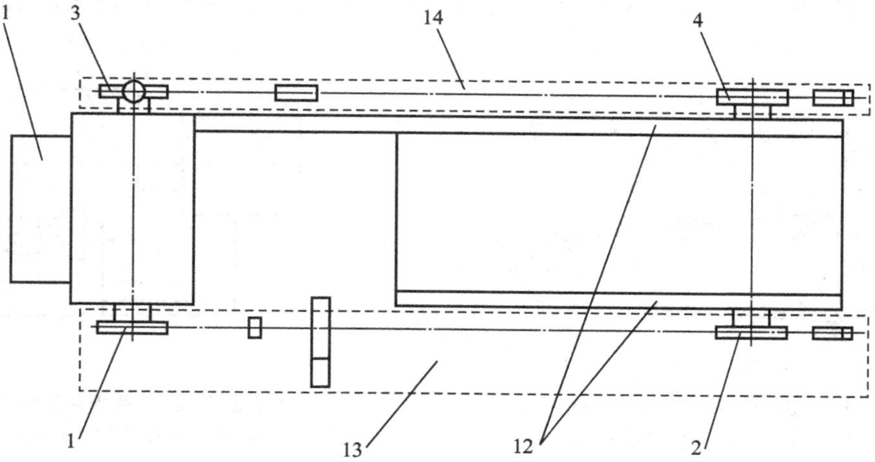

图 2.5.1－18　双缆绳包布 V 带成型设备示意图

1—排绳主动轮；2—排绳被动轮；3—胶条主动轮；4—胶条被动轮；5—螺旋轮；6—驱动轮；
7—定位装置；8—被动轮气缸；9—压合轮气缸；10—压合轮；11—分立驱动装置；
12—导轨；13—螺旋排绳装置；14—上胶条装置；15—胶条托轮；16—胶绳轮；17—导向轮；18—胶绳

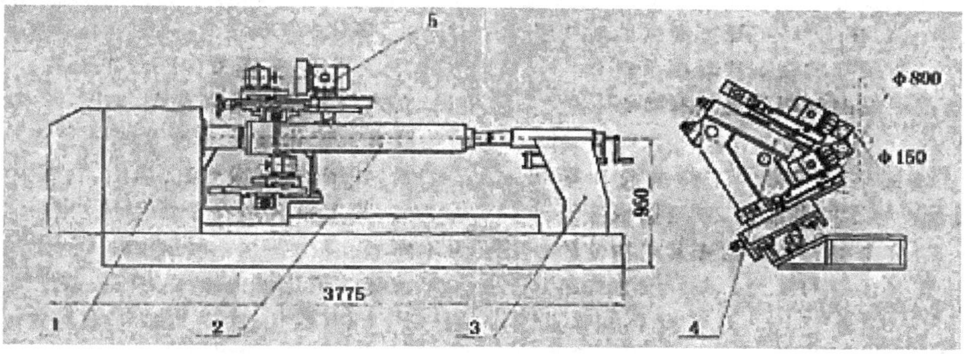

图 2.5.1－19　V 带单鼓切割机

1—主轴箱；2—膨胀鼓；3—尾架；4—切割装置；5—打磨装置

圆盘刀，由电机通过切割刀箱来驱动。上、下切刀各有一套溜板来调节切割角度。喷水冷却装置一方面对切刀进行冷却，另一方面可以起润滑作用。油缸上的调速阀可以任意调节切刀进给速度。

打磨装置固定在溜板上。打磨装置配备特殊的磨削砂轮，磨削砂轮的金属骨架上喷涂碳化硅或金刚砂等硬质磨料，在磨削橡胶时，具有不粘附的优点。磨削进给量可以通过触摸屏进行设定，精度控制在 0.5 mm 之内。

2.3.4　磨削机

磨削机根据用途可以分为同步带磨削机、多楔带磨削机；根据带筒的张紧方式可以分为单辊磨削机和双辊磨削机。

同步带磨削机的用途是对硫化好的带筒背面进行磨削，要求磨削好的带筒厚度均匀，表面光滑，尺寸稳定并符合产品的标准和使用要求。其磨削方式分为两种：一种是硫化好后先不脱模，在模具上进行磨削，这种磨削方式由于受模具精度、机床精度的限制，不容易保证磨削精度；另一种是硫化好后脱模，磨削机用双辊将带筒张紧进行磨削，易于保证磨削精度。

多楔带磨削机的作用是对硫化好的多楔带带胚进行打磨，又分为多楔带整筒磨削机和多楔带单根磨削机。

多楔带单根磨削机由粗磨装置、精磨装置、主动轮、张紧轮、电控系统组成，如图 2.5.1－20 和图 2.5.1－21 所示。将按宽度要求切割下的带胚套在主动轮上，张紧轮将带胚张紧，主动轮慢速转动，专用的成型磨削砂轮高速旋转，沿带胚纵向进行粗磨、精磨，直至达到尺寸要求。

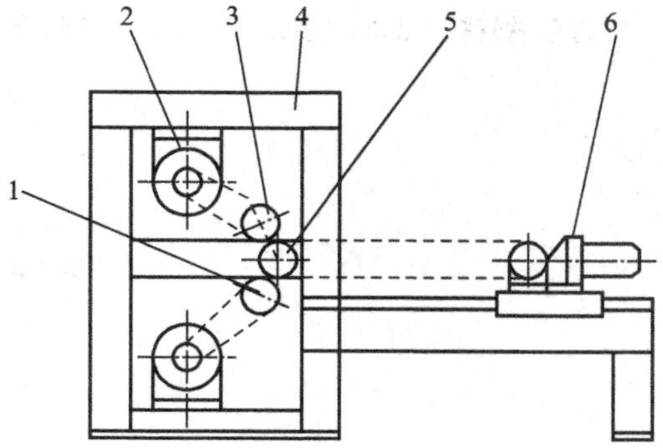

图 2.5.1－20　多楔带单根磨削机示意图

1—精磨装置；2—磨削电机；3—粗磨装置；
4—机架；5—张紧轮；6—主动轮

多楔带整筒磨削机由磨削装置、主传动庄子、主轴、尾架、冷却水系统、电控系统组成，如图 2.5.1－22 所示。将硫化完的带筒连同模具一起装在磨削机的尾架上，尾架由摆动液压电机带动，可 90°反转，尾架气缸将带筒夹紧。主轴带动带筒缓慢旋转，专用的成型磨削砂轮高速旋转，沿带胚纵向进行粗磨、精磨，每磨削完成一段后，沿横向移动一段距离再磨削另一端，直至整个带筒磨削完成。多楔带整筒磨削机的生产效率较多楔带单根磨削机高，对设备的加工精度及控制精度要求都很高。

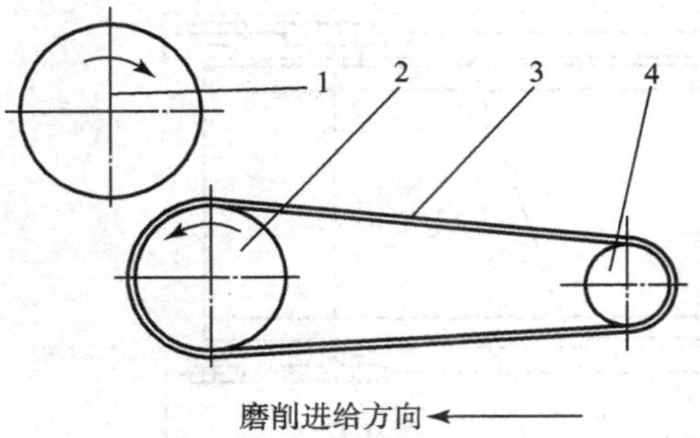

图 2.5.1－21　多楔带单根磨削机工作原理

1—磨削砂轮；2—主动轮；3—多楔带带胚；4—张紧轮

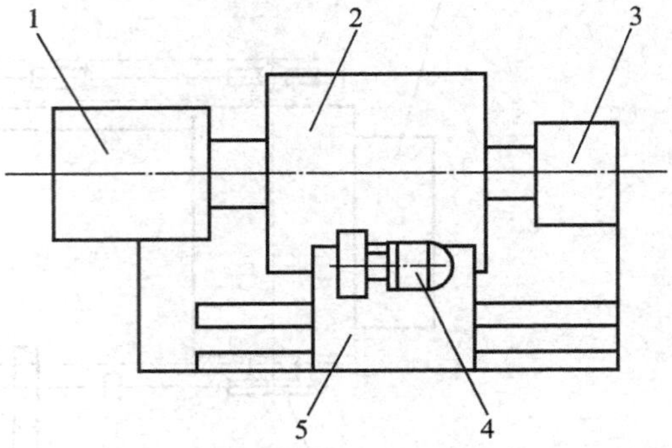

图 2.5.1－22　多楔带整筒磨削机示意图

1—主轴箱；2—带筒及模具；3—尾架；4—磨削装置；5—溜板

2.3.5　切边 V 带测长打磨机

切边 V 带测长打磨机用于对切边 V 带的长度和露出高度进行测量，根据测量结果，对切边 V 带的楔角和两侧面进行适量磨削修整，使带的长度和截面尺寸符合规定要求。

切边 V 带测长打磨机由机架、带长调整装置、磨削装置、测量装置及控制系统组成，如图 2.5.1－23 所示。工作时，先对切边 V 带长度进行测量，若短于标准长度且在一定偏差范围内，则对 V 带的两侧面进行适当磨削，直至复合规定的尺寸要求。若符合规定的标准长度，则显示该长度；若长度大于公差上限，则不予磨削。

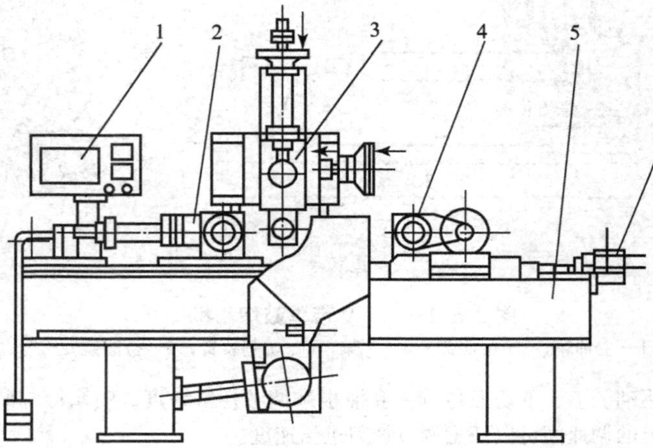

图 2.5.1－23　切边 V 带测长打磨机

1—电控箱；2—张紧轮；3—磨削装置；4—主动轮；5—机架；6—带长调整装置

三、胶管成型装备

橡胶软管按产品的主要结构可分为夹布胶管、编织胶管、缠绕胶管、针织胶管和其他胶管五大类，如图 2.5.1－24 所示。

- 胶管（橡胶软管）
  - 纯胶管
    - 耐压夹布胶管
      - 普通夹布胶管
      - 铠装胶管
    - 吸引胶管
    - 耐压吸引胶管
  - 增强胶管
    - 编织胶管
      - 纤维编织胶管
      - 钢丝编织胶管
    - 缠绕胶管
      - 纤维缠绕胶管
      - 钢丝缠绕胶管
    - 针织胶管
    - 其他增强胶管

图 2.5.1－24　胶管分类

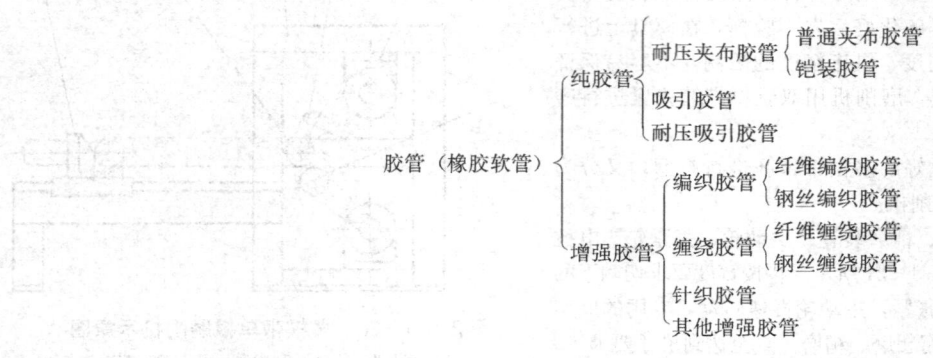

近年来，胶管的生产工艺和生产设备在机械化、自动化和连续化方面取得了迅速的发展。高精度冷喂料成型机、自动厚度/直径测控装置、高度精密编织机、高速精密缠绕机、短纤维增强胶管成型机、大口径特种成型机、包树脂机和尼龙水布缠解机等先进设备相继应用于胶管的生产中，使胶管的生产效率和产品质量大为提高。

胶管的结构和生产工艺决定了胶管生产设备的结构，在混炼胶的准备、内外胶的压出、胶片的压延、帆布的压延裁断和胶管的硫化等方面的设备具有共性，而成型设备各有不同。胶管成型设备用于完成各种结构的胶管毛坯成型工艺，可分为缠绕胶管成型设备、编织胶管成型设备、夹布胶管成型设备、吸引胶管成型设备、圆针胶管成型机、针织胶管成型设备和特种胶管成型设备等。

3.1　三辊夹布胶管成型机

夹布胶管的成型通常采用硬芯法、软芯法和无芯法 3 种工艺。软芯法成型的主要设备是胶布贴合装置和胶片贴合装置，包括：1）胶布贴合装置主要由定位导辊及包卷贴合辊等组成，用以管坯在成型过程中贴合胶布；2）胶布贴合装置主要由定位导辊、包卷贴合辊、挤压辊、割胶刀、传动及牵引装置等组成，用以管坯在成型过程中包贴外胶片。软芯法生产夹布胶管，一般是规格在 13～25 mm 之间的单层夹布结构的低压大长度胶管。

硬芯法和无芯法成型夹布胶管主要采用三辊夹布胶管成型机，其成型工艺分为单面成型和双面成型。单面成型工艺的成型机只有一个工作面，成型时用于胶布和胶片的贴合，适用于无芯法生产。双面成型工艺的成型机有两个工作面，一个工作面用于贴合胶布和胶片，另一个工作面用于包缠水布。

夹布胶管成型工艺流程如图 2.5.1-25 所示。

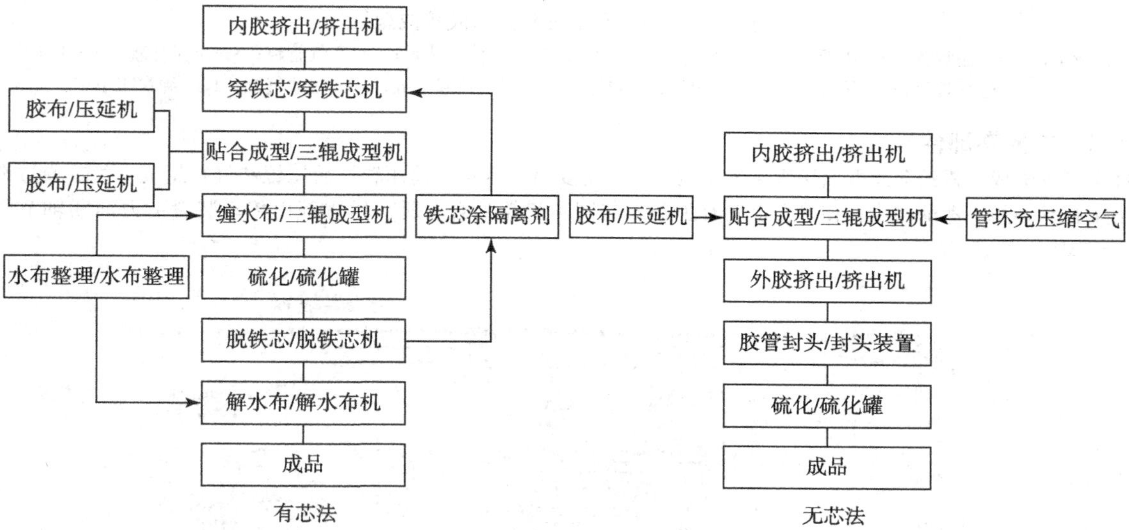

图 2.5.1-25　夹布胶管成型工艺流程

3.1.1　基本结构

单面和双面夹布胶管成型机的贴合成型面的工作原理、工作程序及主要部件的结构有很多的相似，其主要区别是：有无包缠水布机构及相应的用作输送胶管半成品的顶起和接取装置，成为两种机台形式上的差异。

图 2.5.1-26 所示为单面夹布胶管成型机的整体结构图。

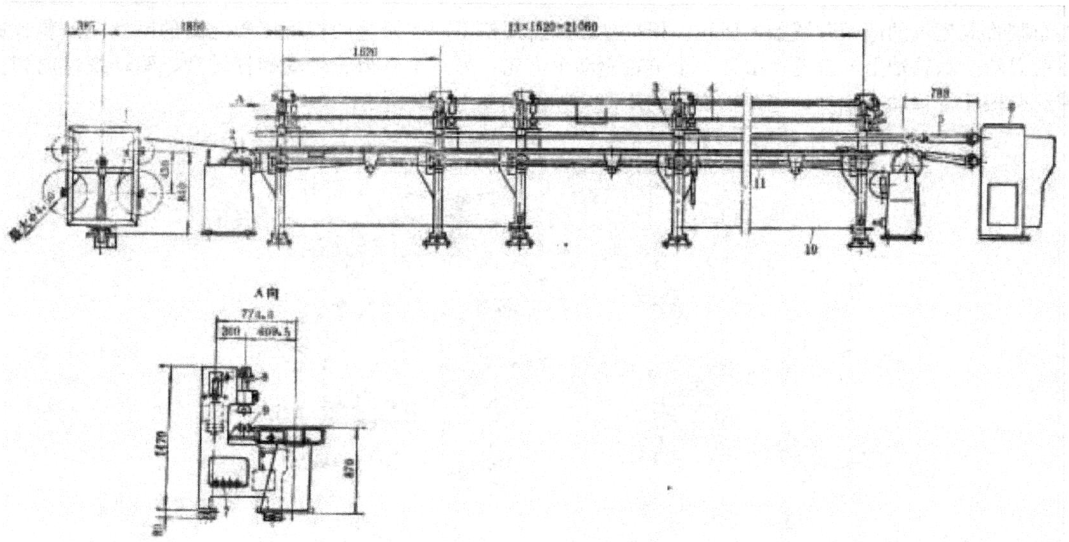

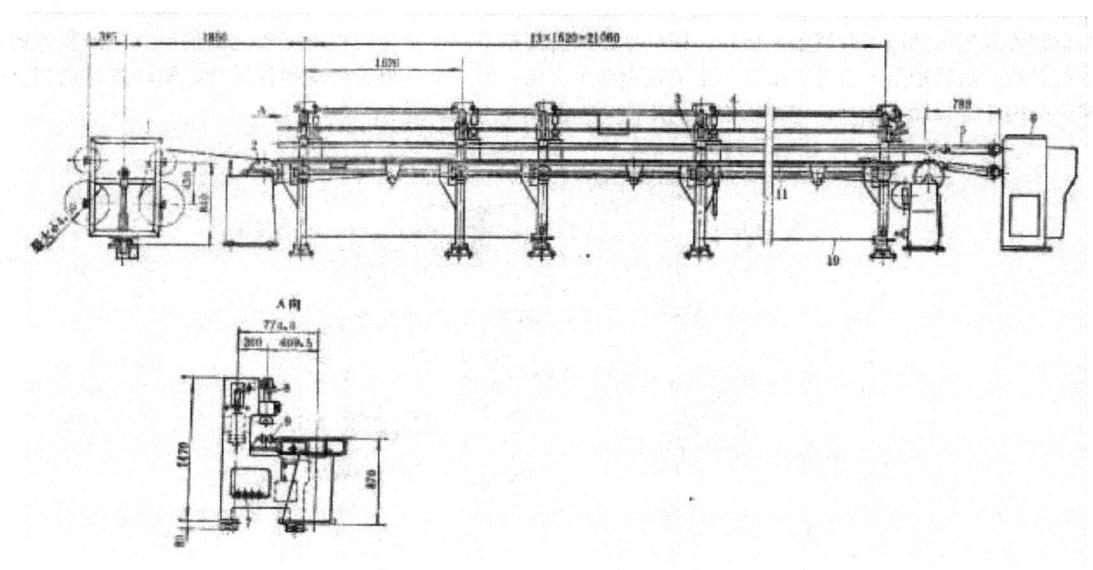

图 2.5.1-26　单面夹布胶管成型机

1—胶布架；2—运输装置；3—机架；4—操纵杆；5—万向联轴节；6—传动装置；7—空气管路；8—上工作辊；9—下工作辊；10—钢丝绳；11—工作台

图 2. 5. 1 - 27 所示为双面三辊夹布胶管成型机的基本结构。它由压辊装置、调距装置和传动装置三大部分组成，主要部件有：胶布架、运输装置、机架、上工作辊、下工作辊、胶片架、缠水布小车、顶起气缸和接取气缸等组成。

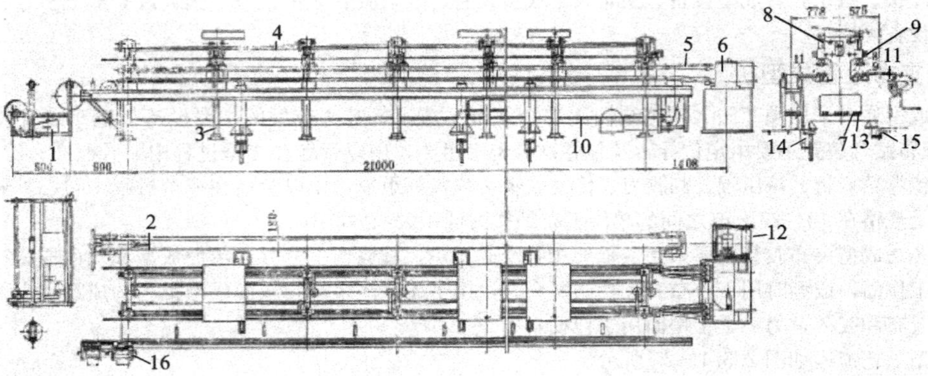

图 2. 5. 1 - 27　双面三辊夹布胶管成型机

1—胶布架；2—运输装置；3—机架；4—操纵杆；5—万向联轴节；6—传动装置；7—空气管路；8—上工作辊；9—下工作辊；10—钢丝绳；11—工作台；12—胶片架；13—供水管路；14—顶起气缸；15—接取气缸；16—缠水布小车

3. 1. 2　主要零部件

双面夹布胶管成型机的前后两面压辊装置结构相同，主要由三压辊、前压辊、后压辊和气缸组成。气缸通过滑杆带动上压辊上下移动，为了保证同步，在滑杆上制有齿条，与同步齿轮啮合，所有压辊都由传动装置的万向联轴节驱动，如图 2. 5. 1 - 28所示。

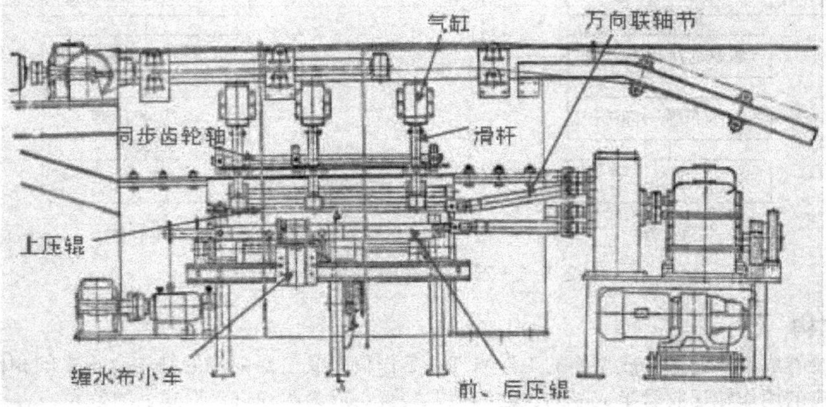

图 2. 5. 1 - 28　双面夹布胶管成型机

三辊夹布胶管成型机的调距装置如图所示。根据夹布胶管规格不同需调整两根下压辊之间的距离。该装置通过手轮转动蜗杆，驱动涡轮及涡轮轴上的链轮，由另一个链轮驱动伞齿轮，另一个伞齿轮带动螺杆转动，驱动螺母向相反的方向移动，从而带动两根压辊移动，达到调整两辊之间的距离，如图 2. 5. 1 - 29 所示。

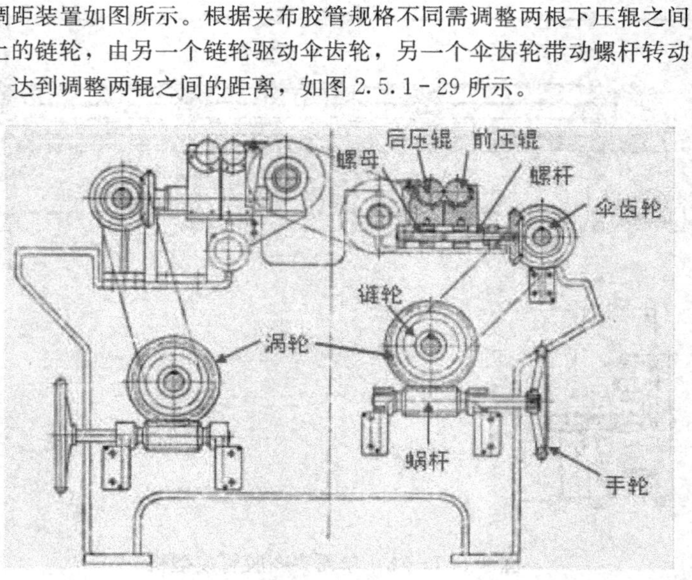

图 2. 5. 1 - 29　三辊夹布胶管成型机

3.1.3　工作原理

三辊夹布胶管成型机的运行原理是：成型机在工作前，需按胶管的规格，将两根下压辊的距离调整至合适的距离。然后将穿有铁芯的管坯由运输装置运至工作台上，放到两根下压辊辊面上，而后由胶布架、胶片架将胶布或胶片导出，经过运输装置运至工作台上，并将一侧贴于管坯上，启动气阀，向上工作辊气缸通气，上压辊下降，压住管坯。启动传动装置，拉动操纵杆，使气动摩擦离合器闭合，驱动三根压辊等速同向转动，带动夹住的管坯旋转，从而将胶布或胶片紧紧地包贴于管坯上。贴合成型完成后，提起上压辊，取出胶管半成品，置于顶起气缸顶部的托板上，通过操纵钢丝绳控制顶起气缸，将胶管半成品举起至斜托板卸下，滚至缠水布小车工作台面存放。

缠水布时，先操纵钢丝绳，升起接取气缸，接取落胶管半成品，并落下胶管至两根下压辊上，重复上述的过程，从两台缠水布车小车导出水布，两台小车向相反的方向移动将水布缠在胶管半成品上，如图 2.5.1－30 所示。

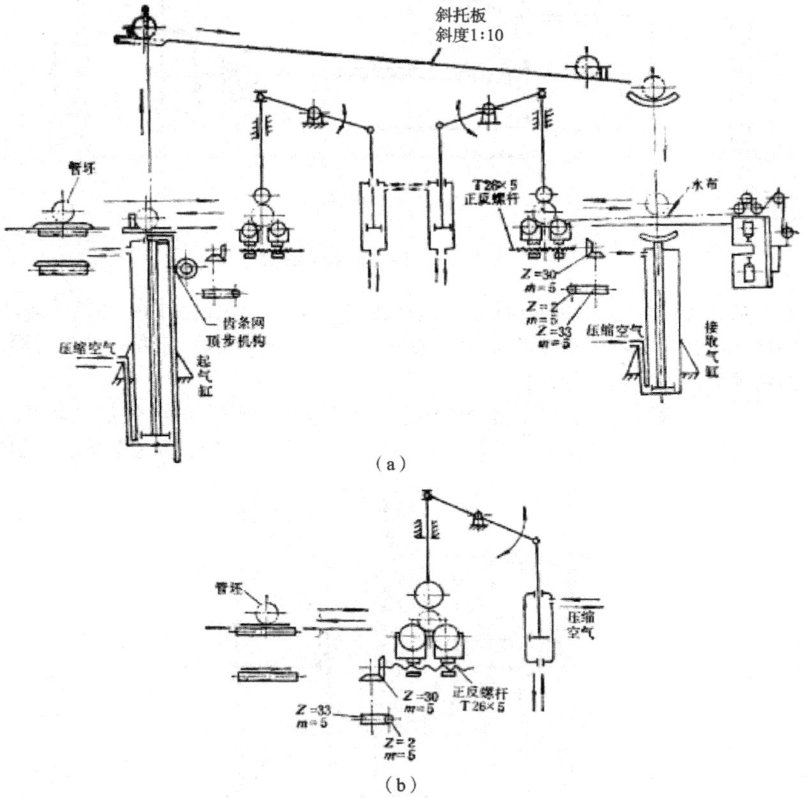

图 2.5.1－30　三辊夹布胶管成型机构工作原理图

(a) 双面成型机；(b) 单面成型机

3.2　吸引胶管成型设备

吸引胶管的成型和硬芯法夹布胶管的成型方法基本相似，其胶层、夹布层和金属螺旋线都是在专用设备上贴合成型的。对内径在 76 mm 以下的胶管，其内胶层一般都采用压出后再进行套管，然后包贴成型。

吸引胶管的设备，主要有成型机、解绳机、脱芯机以及解水布机等。其中成型机主要由成型机头、调速箱以及缠钢丝、缠水布、缠绳子小车等组成。

成型机头是吸引胶管成型机的主体，当动力传入“床头箱”后，通过变速机构可调节出适合成型操作的多种速度。一般情况下，根据操作要求以及不同直径管芯转动时的平稳程度，选择适宜的车速。通常低速用于贴合胶片及胶布层，高速用于缠扎金属丝、水包布及加压绳子。

3.3　编织胶管成型机

3.3.1　用途与分类

编织胶管与夹布胶管相比具有如下优点：编织胶管比较柔软；编织线以 54°44′的角度编织排列，减少了用线量；耐高压和抗脉冲性能好。

编织胶管成型机用于将纱线及钢丝交叉编织在胶管的内层胶（或中层胶）外周，作为胶管的增强层，以承受胶管工作介质压力。

编织胶管成型机按编织机材料不同可以分为钢丝编织机、纱线编织机，按编织机锭子围绕回转中心线不同可以分为立式编织机、卧式编织机，按编织机锭子运动轨迹不同可以分为五月柱式（也称∞式）、过线式（又称旋转式），按锭子盘数的不同可以单盘编织机、双盘编织机、多盘编织机。

由于纱线及钢丝的骨架材料性能不同，编织时工作张力也不同，它们的锭子结构有所不同，钢丝编织机通常为卧式。

3.3.2　基本结构

单盘编织机无论是立式或卧式，主要由三个装置组成：编织装置、牵引装置和传动装置。图 2.5.1－31 所示为卧式编织机的主要结构。

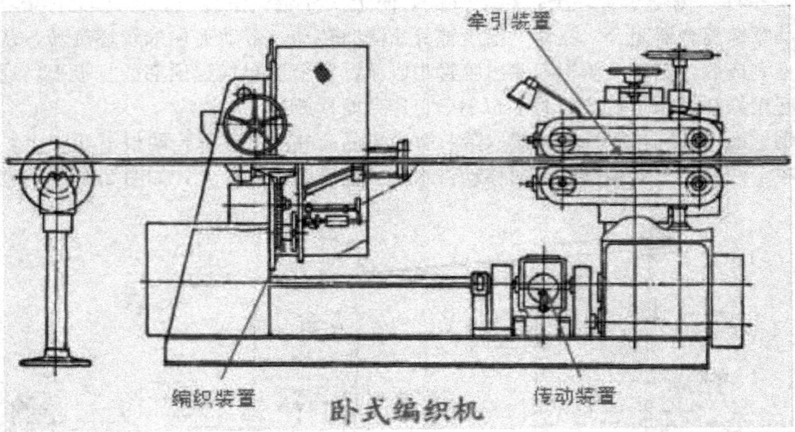

图 2.5.1－31　卧式编织机

套好胶管内层胶的芯棒从 卧式钢丝编织机的后部送入编织机中心，由编织机机构带动锭子运动，编织上一层钢丝骨架层。编织过程中，芯棒的尾部由托架支撑，前端由牵引装置按一定速度进行牵引。编织机构与牵引装置共用一台电机传动，通过驱动长轴使编织机构之间保持适当的速比。

图 2.5.1－32 所示为立式纱线编织机，其编织机构的导盘为水平安装，锭子在水平方向运动，胶管一般由下往上作垂直运动。牵引装置安装在机台的顶部，其结构与卧式编织机相似。它由编织机构、变速装置、牵引装置等部分组成。

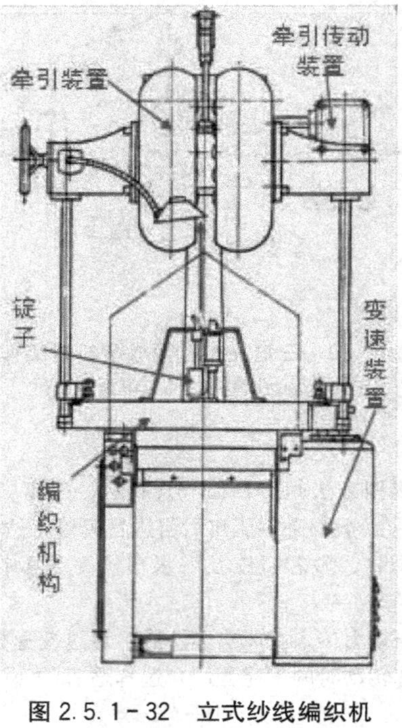

图 2.5.1－32　立式纱线编织机

3.3.3　主要零部件

钢丝与纱线编织机除了锭子外其他主要部件的结构基本上相似。

1. 编织机构

编织机构的结构如图 2.5.1－33 所示，它固定在机架上，由承托胶管的托辊、底盘、导盘（包括外导板、桃形板及内导板）、锭子、张力稳定环、中心架、机座及传动齿轮、手动编织装置等组成。

在机架上固定有导向盘和固定盘，导向盘上开有“∞”形的曲线孔，与装锭子齿轮轴上的桃形盘构成了编织操作所需的轨迹曲线。在固定盘与导向盘之间装有锭子齿轮和十字槽轮，十字槽轮与锭子齿轮同轴同速回转。锭子下部滑块插入导向盘的槽内，其末端小轴嵌入十字槽轮的缺口处。电机驱动传动系统运转时，十字槽轮随同锭子齿轮一起转动，并带动锭子沿着一定曲线轨迹移动，当锭子端轴运行至相邻的十字槽轮附近时，由于离心力的作用锭子进入相邻的另一个十字槽轮缺口内，锭子便随着另一个十字槽轮移动起来。因为两相邻的十字槽轮的转动方向相反，此两组锭子按顺时针方向和逆时

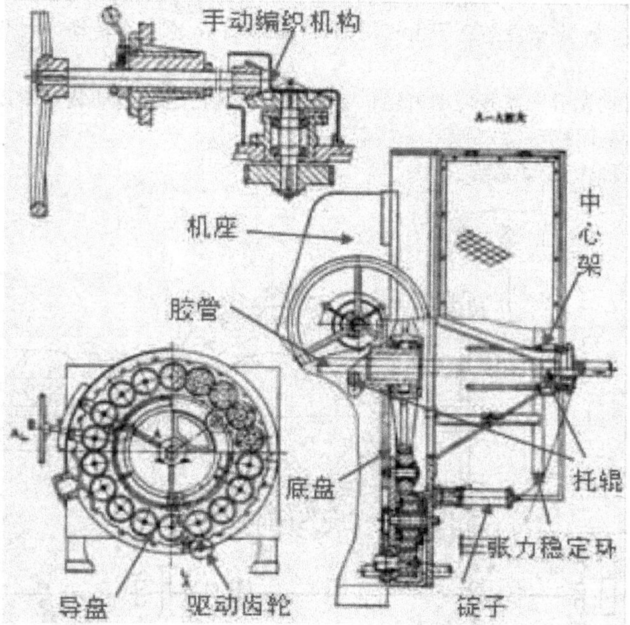

图 2.5.1－33　手动编织机构

针方向沿导向盘的固定轨迹运动，如图 2.5.1－34 所示。

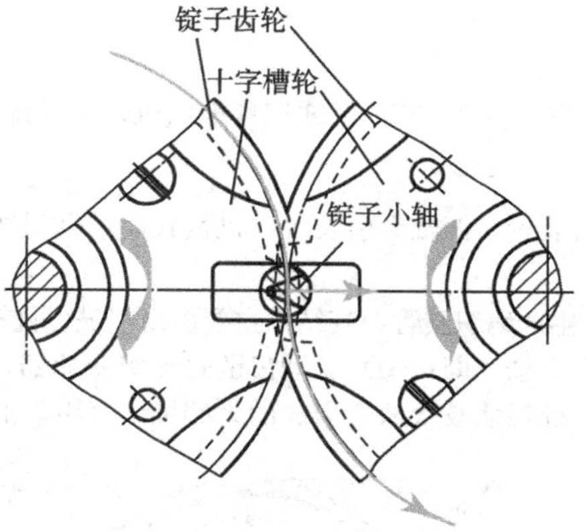

图 2.5.1－34　两组锭子运动轨迹

2. 传动系统

编织机传动胶管形式很多，下面介绍有代表性的两套传动系统：24 锭立式纱线编织机传动系统、卧式纱线编织机和钢丝编织机传动系统。

(1) 24 锭立式纱线编织机传动系统

图 2.5.1－35 所示为 24 锭立式纱线编织机的传动系统图。它由一台电机传动编织机构及牵引装置。

牵引装置由电机经 V 带、滑动齿轮、塔式变速齿轮、变速齿轮和伞齿轮副、涡轮副和链条组成传动。在塔式变速齿轮及变换齿轮的变速下，可获得 36 种编织行程的牵引速度。

编织装置由电机经 V 带、滑动齿轮、齿轮、伞齿轮及锭子齿轮组成传动。锭子环形运动有三个速度，用滑动齿轮变速。

(2) 卧式钢丝编织机传动系统

卧式钢丝编织机的特点是在电机的出轴 V 带带轮上装有保险联轴器，使电机在开始启动时负荷较小，在电机转速达到稳态后，才处于正常负载状态。在牵引装置的传动系统中装有齿链式无级变速器级、变换齿轮，使牵引速度可以充分满足编织机的工艺要求，编织出较准确的编织角度。

编织机构的传动装置是由一台电机驱动 V 带带轮、齿轮减速器，减速器的两根输出轴分别带动编织装置及牵引装置。

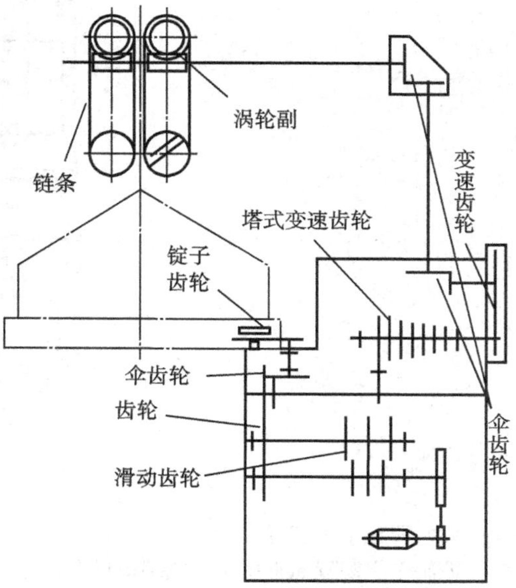

图 2.5.1－35　24 锭立式纱线编织机传动系统

驱动编织装置的出轴上的齿轮驱动锭子齿轮，相邻的锭子齿轮相啮合，通过三个均布分布的中间齿轮与大齿轮啮合，因而能带动锭子齿轮均匀地回转。十字槽盘与锭子齿轮同轴，并随锭子齿轮同速转动，因此编织装置的传动实质上就是十字槽盘的传动。

驱动牵引装置的出轴经过链式无级变速器传动齿轮、交换齿轮、涡轮副的传动装置驱动两条链条，链条上安装的胶板用于夹持胶管，使之随链条的移动而移动。

图 2.5.1. - 36 为卧式钢丝编织机传动系统。

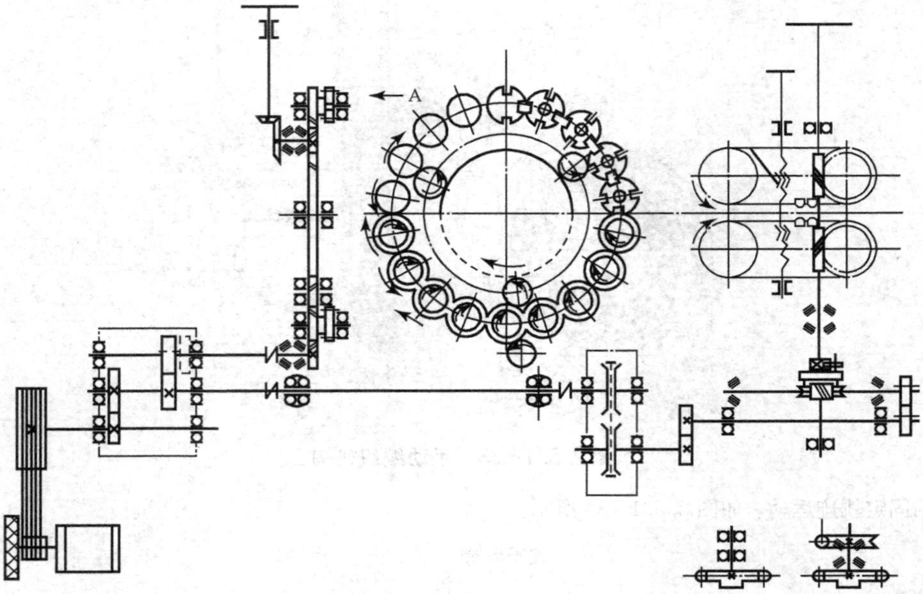

图 2.5.1 - 36　卧式钢丝编织机传动系统

3. 牵引装置

编织机常用的牵引装置有：鼓式牵引装置、四辊牵引装置、机械式履带牵引装置及气动式履带牵引装置。

(1) 鼓式牵引装置

鼓式牵引装置适用于软芯法或无芯法生产编织胶管，其结构主要由牵引鼓、推辊及传动装置等组成，如图 2.5.1 - 37 所示。

牵引鼓由编织机构传动系统中的另一出轴（即长轴）驱动齿链式无级变速器，涡轮减速箱进行传动。胶管从牵引鼓的大直径进入，在牵引鼓上缠绕数圈后，经推辊使胶管从牵引鼓的大端推向牵引鼓的小端，并从小端导出。

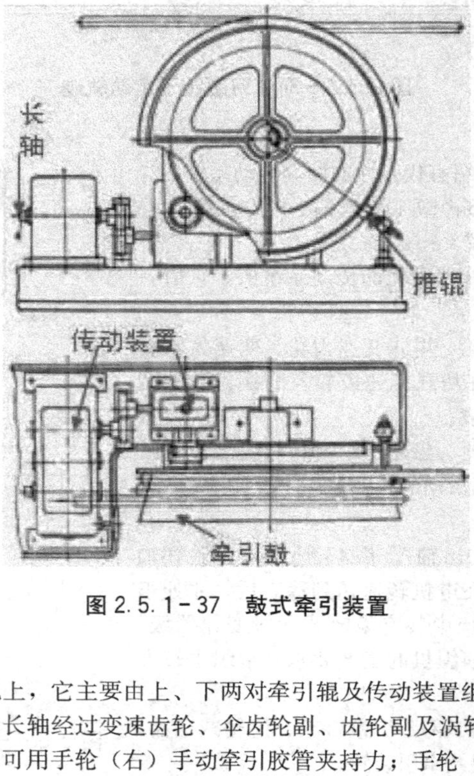

图 2.5.1 - 37　鼓式牵引装置

(2) 四辊牵引装置

四辊牵引装置通常用于纱线编织机上，它主要由上、下两对牵引辊及传动装置组成，如图 2.5.1 - 38 所示。

牵引辊由编织机构的传动装置输出长轴经过变速齿轮、伞齿轮副、齿轮副及涡轮副传动。牵引鼓的速度通过更换变换齿轮副的速比来改变。在调整机器时，可用手轮（右）手动牵引胶管夹持力；手轮（左）用于牵引胶管的引入。

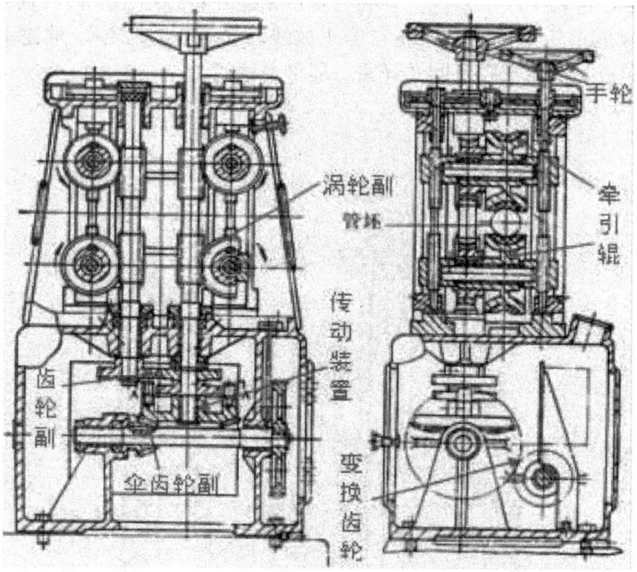

图 2.5.1－38　四辊牵引装置

(3) 机械式履带牵引装置

机械式履带牵引装置一般适用于硬芯法及软芯法生产编织胶管，在纱线和钢丝编织机都广泛应用。其结构主要由履带、套筒滚子链、上、下滑架及传动装置等组成。

由编织机构的传动长轴驱动，经过齿链式无级变速器、齿轮副、涡轮副及链轮传动履带运转。履带的传动速度由齿链式无级变速器和变换齿轮进行调整。为调节夹持胶管力及各种胶管直径可手动调整上、下滑架；转动手轮（左）可以手动牵引胶管进入，如图 2.5.1－39 所示。

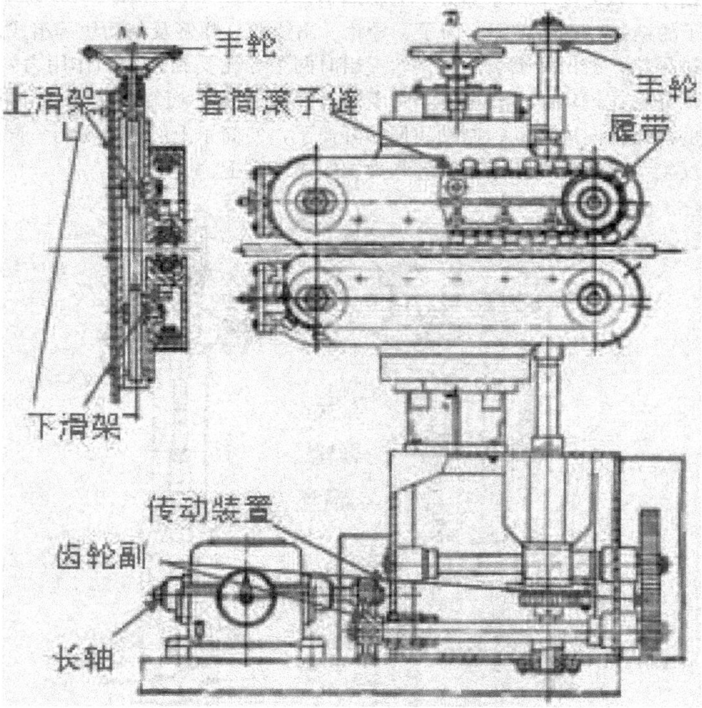

图 2.5.1－39　机械式履带牵引装置

4. 锭子

锭子是编织机的主要工作部件之一，其结构很多，同样是纱线编织机，由于立式与卧式的不同，锭子的结构也不同，钢丝与纱线编织机的锭子也不同。但是它们都有一个共同点：所有锭子都必须使纱线或钢丝具有一定的拉力。产生张力的方式有：重锤的重力法；弹簧压缩法；摩擦阻尼法。

(1) 立式纱线编织锭子

图 2.5.1－40 所示为立式纱线编织锭子的结构图，它主要由锭体、重铊、筒子、棘爪和导轮组成。

编织时，随着纱线不断导出，重铊不断上升，待升到与棘爪相遇并将棘爪顶起离开筒子上的棘齿时，筒子在纱线张力作用下放线，重铊随即下降，棘爪重新卡住筒子，使它停止放线。在编织过程中，重铊不断升降，使纱线保持一定的张力。筒子中纱线用完后，翻转卡板，取出橡胶卡圈及弹簧，即可更换筒子。

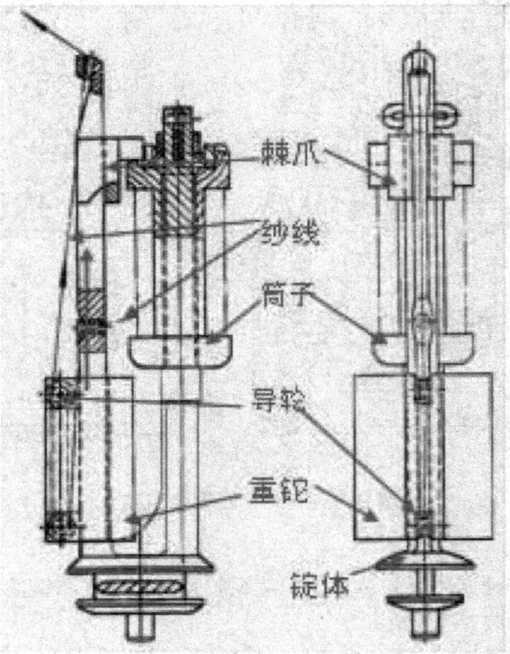

图 2.5.1-40　立式纱线编织锭子结构图

(2) 钢丝编织机锭子

钢丝编织机锭子有短筒锭子、棘轮锭子和摩擦锭子三种结构。

图 2.5.1-41 为短筒锭子的结构，它由锭体、筒子、导轮、出线嘴、弹簧及制动块等组成。

筒子上的钢丝导出后经过导轮，由出线嘴引出。钢丝导出时两个导轮受到弹簧的作用力，使钢丝保持张力。当制动块制动筒子的侧面时，两个滑动导轮在钢丝张力作用下，带着触杆不断上升。当触动提手时，将拉杆拉起，拉板随之上升，拉板两端是圆销迫使制动块的操纵杆向外运动，制动块便松开筒子，使筒子上的钢丝导出。同时，在弹簧 的作用下滑动轮下降，筒子又被制动，这样反复动作，使钢丝以一定的张力编织于胶管上。

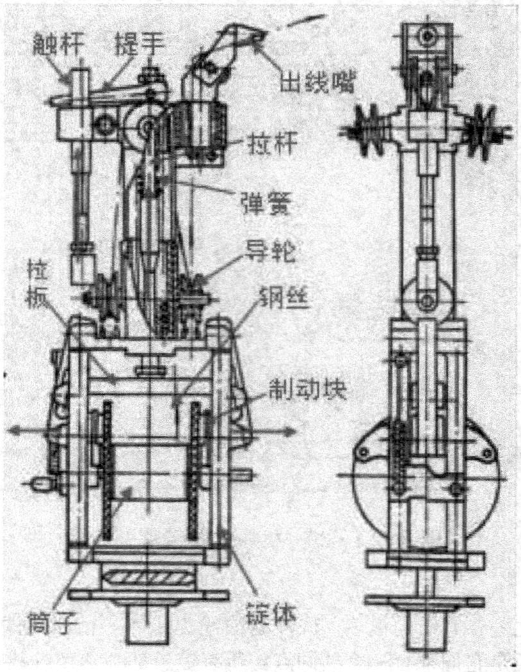

图 2.5.1-41　短筒锭子结构图

棘轮锭子的结构如图 2.5.1-42 所示，它由锭体、筒子、弹簧、导轮和出线嘴等组成。筒子上的钢丝导出后，经导轮及出线嘴引出编织于内层胶上。当导出钢丝时，滑块便上升，压缩弹簧使钢丝具有一定的张力，当滑块触及拉杆时，棘爪脱离棘轮，筒子便放线，滑块随之下降，棘爪在弹簧的作用下复位，重新卡住棘轮。在编织过程滑块不断地升降，而棘轮与棘爪则时合时开，间歇放线。

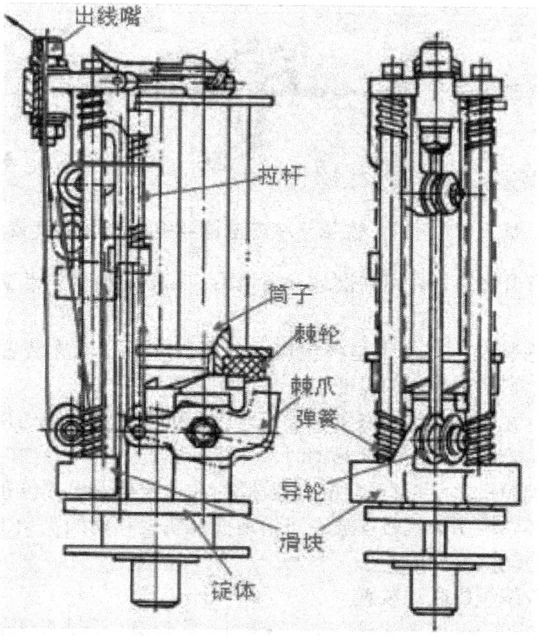

图 2.5.1-42　**棘轮锭子的结构图**

摩擦锭子的结构如图 2.5.1-43 所示，这种锭子由锭体、摩擦体、筒子、导轮和出线嘴等组成。钢丝导出时，有四个导轮受到弹簧的作用，使钢丝产生一定的张力。随着钢丝导出时，导轮在弹簧作用下，带着滑块上升，当触动起动架时，使另一弹簧压缩，下摩擦体与上摩擦体脱离，摩擦片松开，筒子转动放线。钢丝导出后，滑块下降，起动架复位，下摩擦体在弹簧的作用下，与上摩擦体重新组合，筒子停止转动，这时钢丝又产生一定的张力，这样的过程反复地循环，使筒子上的钢丝以一定的张力编织在胶管的内胶层上。

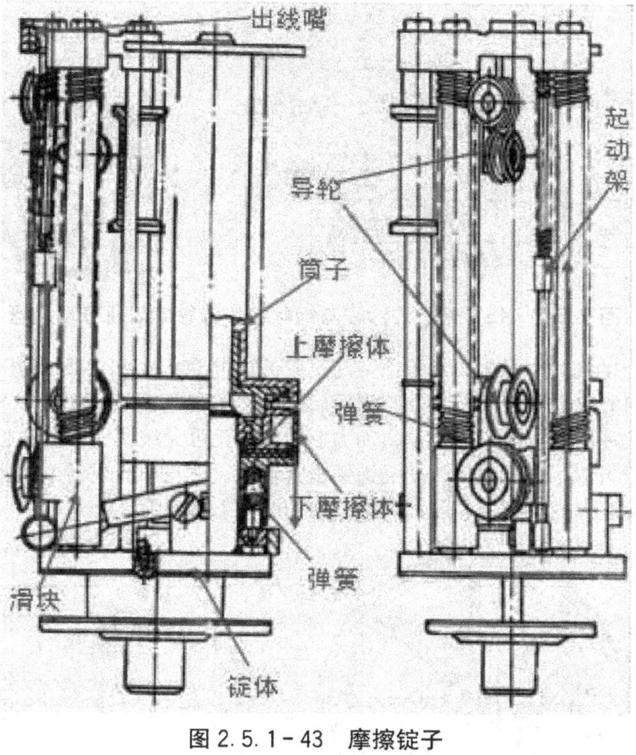

图 2.5.1-43　**摩擦锭子**

5. 编织机生产联动装置

编织机的生产均采用连续化运行方式，生产设备一般采用联动装置，为了提高编织胶管的生产效率，可将几台编织机组合在一起并配以辅助设备组成联动装置。

（1）软芯-冷冻法钢丝胶管编织机联动装置

软芯—冷冻法钢丝编织胶管编织机联动装置如图 2.5.1－44 所示。用成型机将尼龙软芯包覆内层胶，卷绕在托盘（或圆鼓）上，然后将它们安放在导开架上，经过冷冻、编织钢丝层、包胶片，最后卷取送至硫化工段。

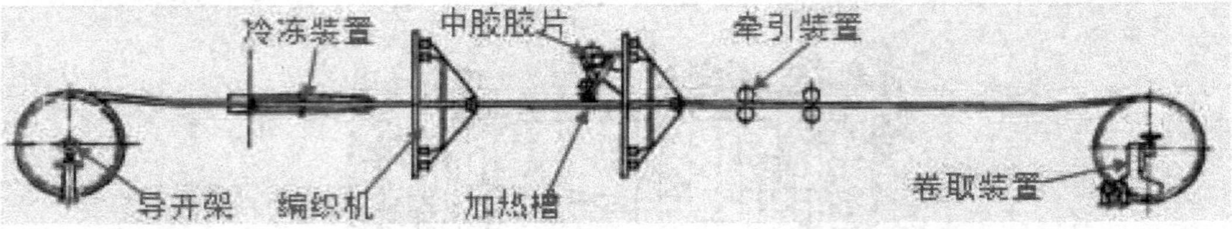

图 2.5.1－44　软芯－冷冻法钢丝编织机联动装置

导开架的两端半轴承体下面装有升降螺杆，可将圆鼓升离地面。在编织机牵引装置的牵引下，将缠卷在圆鼓上包好内胶层的胶管毛胚导出。

冷冻装置采用环保型工质的冷冻装置，其作用是将包覆的内层胶在通过冷冻装置时，由于温度急剧下降，使橡胶变硬，这样编织时在编织钢丝张力作用下，内胶层不易变形。

加热槽安装在两台编织机之间，在内层胶编织好第一层钢丝后，用于防止由于内层胶的温度低于露点，大气中水分冷凝在编织层上锈蚀钢丝和产生气泡。管胚通过夹套加热槽时，加热升温。

经过加热的管胚在进入第二台编织机之前进行包胶。包胶胶片在包胶架引出并包卷在管胚上，垫布由管胚带动卷取。

编织好的管胚由卷取装置卷取。卷取用的圆鼓安放在可沿地面及轨道移动的支架上，卷取时，由电机减速箱带动螺杆转动，推动支架沿轨道移动，同时拖动圆鼓卷取。

(2) 无芯法纱线与钢丝编织胶管编织机联动装置

无芯法纱线与钢丝编织胶管编织机联动装置由导开装置、编织机、涂胶槽、干燥箱及卷取装置等组成，如图 2.5.1－45 所示。

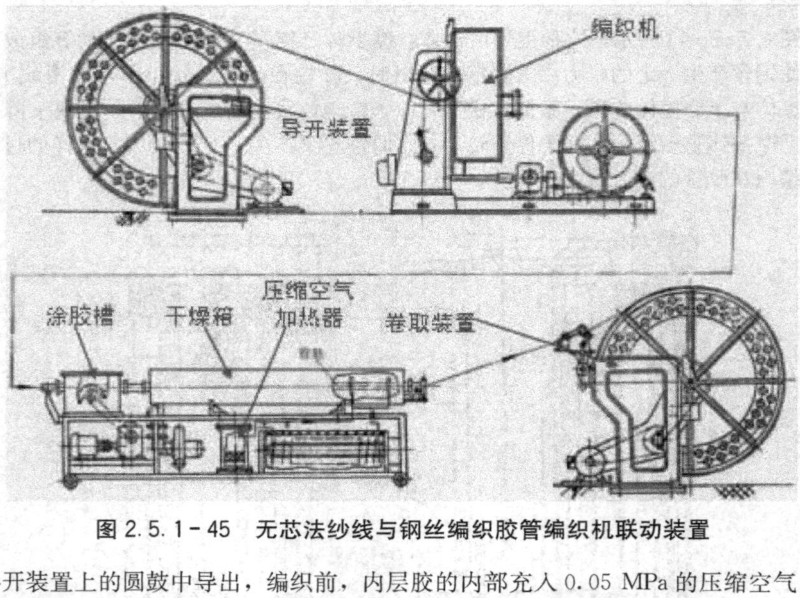

图 2.5.1－45　无芯法纱线与钢丝编织胶管编织机联动装置

胶管的内层胶从导开装置上的圆鼓中导出，编织前，内层胶的内部充入 0.05 MPa 的压缩空气，而后进入编织机进行编织。编织好的管胚经涂胶槽进行涂胶，再经过干燥箱干燥后进入卷取装置进行卷取。

导开装置及卷取装置的结构基本相同，它们都是由动力驱动，而且可无级调速。装在机座上的左右机架有用气缸升降的敞口轴承，可以把圆鼓从地面升起，并且采用气动插销锁紧其轴承，防止导开或卷取时圆鼓脱落，使它们在导开或卷取时能够转动；导开或卷取结束后，将它们落下，脱离机架，如图 2.5.1－46 所示。

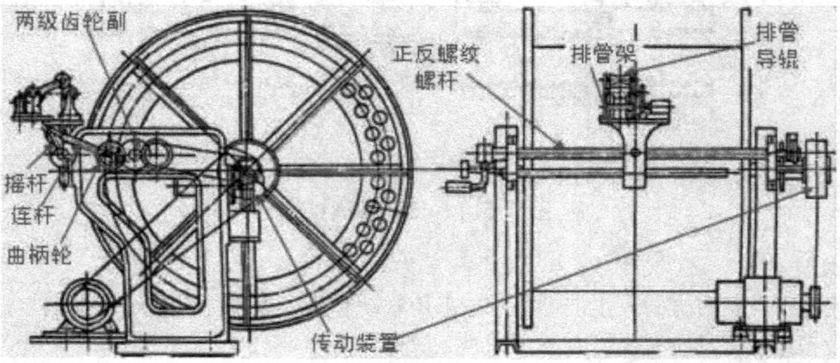

图 2.5.1－46　导开装置

卷取装置上设有排管装置和计数器，使卷取胶管时管胚整齐地排列在卷取鼓上，并测量其长度。

排管机构由排管架、正反螺纹螺杆及传动装置组成。当传动装置驱动卷取鼓转动同时经两级齿轮副传动曲柄轮，由连杆带动曲柄摇杆机构，使摇杆做左右摇动。摇杆内装有超越离合器，它的星形轮固定在正反螺纹螺杆上，随着摇杆的摆动，正反螺纹螺杆做间歇转动，推动排管架沿着螺杆做间歇轴向移动，胶管在排管架上的导辊引导下整齐地排列在圆鼓上。

干燥箱内，压力为 0.4～0.6 MPa 的热压缩空气经过干燥与过滤后，进入空气加热器，由管状电热器加热后，从干燥箱内的环形管喷向管胚的外周进行干燥。干燥箱中的空气用鼓风机进行循环，其温度可由风门进行调节。

国产钢丝编织机一般采用“五月柱”式编织方式，普遍存在锭子转速慢、线轴容量小的缺点。20 世纪 60 年代，美国 Magnatech 公司开发了 TMW225－Ⅱ钢丝编织机。该机采用“五月柱”式编织方式，机盘与驱动轴之间采用加长的浮动轴挠性联轴节传动，控制启动加速度的联轴节靠干流体传动。德国 Mayer industries 公司在 20 世纪 70 年代开发出了 MR－11 型钢丝编织机。该机采用“五月柱”式编织方式，用滚动摩擦取代了滑动摩擦，采用行导式齿轮运转方式，补偿角加速度，放线辊对准编织点，在编织周期里，无论锭子运转到任何位置，都可以将摆动降低到最低限度，均匀控制了张力，从而保证了编织的质量。另外，还装有光电传感控制系统，不间断测量锭子上钢丝或纤维线的剩余量，使设备保持最佳的运行速度。该机设计在一个锭子上放置两个线轴，从而使 24 锭编织机可当作 36 锭、48 锭使用，如图 2.5.1 - 47 所示。

（a）　　　　（b）

图 2.5.1 - 47　MR - 11 和 MR - 15 钢丝编织机编织盘正面图

(a) MR - 11；(b) MR - 15

RB - 2 高速编织机是美国 Magnatech 公司在 20 世纪 70 年代末研制的第三代新型编织机，不同于传统的“五月柱”式编织方式，采用“旋转式”编织方式，其各一半的锭子分别固定在外转向盘外侧和镶在内侧轨道上，锭子不作“S”型圆周运动而只作旋转运动，四连杆机构引导外圈编织线通过对大圆内圈锭子供线装置上下移动实现编织成型，内外锭子与胶管中心距离不变，编织张力更加均匀，对编织质量非常有益。该机具有编织速度快，线轴容量大，操作简便的特点，与其他编织机相比，生产效率提高约一倍，如图 2.5.1 - 48所示。

图 2.5.1 - 48　美国 Magnatech 公司 RB - 2 钢丝编织机

3.4　缠绕胶管成型机

3.4.1　用途与分类

缠绕胶管成型机用于将纱线与钢丝按一定角度或螺旋地缠绕在管胚上的成型设备。

缠绕胶管成型机的生产能力高，生产的胶管具有抗脉冲和抗弯曲性能好，承受压力高及曲挠性好等优点。

通常缠绕胶管的成型方法分为有芯法及无芯法两种。有芯法用于生产高压钢丝缠绕胶管，无芯法多用于生产低压缠绕胶管。

缠绕胶管成型机的按机器运行特点可以分为：胶管作直线移动，缠绕盘做回转运动；胶管做回转运动，缠绕盘做直线移动。

按缠绕盘锭子排列不同分为：鼓式缠绕胶管成型机、盘式缠绕胶管成型机。

3.4.2　基本结构

1. 纱线缠绕胶管成型机及其联动装置

纱线缠绕胶管成型机主要用于生产低压纱线缠绕胶管。它们有盘式和鼓式两种，盘式纱线缠绕胶管成型机按缠绕盘的数量又可分为单盘及双盘等。

(1) 纱线缠绕盘式胶管成型机

双盘缠绕成型机的结构如图 2.5.1 - 49 所示，主要由缠绕盘、牵引鼓及传动装置组成。

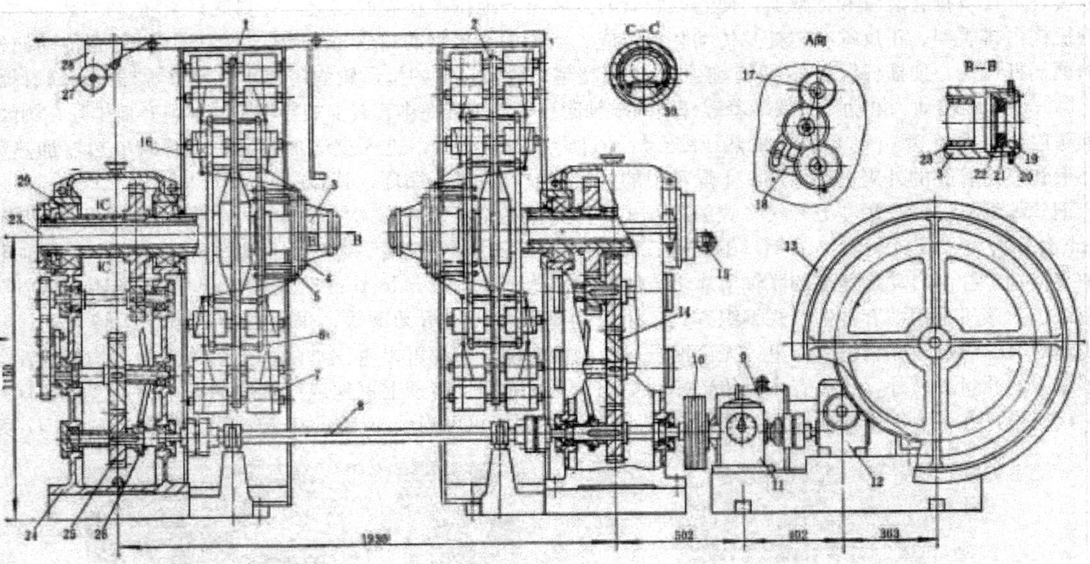

图 2.5.1－49　双盘缠绕成型机

1，2—缠绕盘；3—空心轴；4，6—导线环；5—张力调节环；7—纱线筒子；8—传动轴；9—电机；10—V 带；11—无级变速器；12—涡轮减速器；13—牵引鼓；14，25—齿轮系统；15—托辊；16—防护罩；17—挂轮；18—中间齿轮架；19—导套；20—分线环；21—口型；22—挡圈；23—导向管；24—减速箱；26—偏心轮；27—筒子；28—桐子架；29—双列向心轴承；30—导辊

缠绕盘的前后两面分别装有锭子轴，纱线筒子装在锭子轴上，并可自由转动。锭子轴在缠绕盘上分三圈排列，每圈可放置 60 个纱线筒子。前后缠绕盘的旋转方向相反，可以缠绕出不同螺旋方向的缠绕层。缠绕盘后面的纱线穿过引线孔与前面的纱线汇合，一起通过导线环及 分线环缠绕在被牵引鼓牵引而移动的管胚上。张力调节环装在空心轴上，调节其轴向距离便可调整缠绕纱线的张力。当更换胶管规格时，需更换分线环和口型。导向管装在空心轴中并固定不动，用于导入管胚并保证管胚不接触空心轴和不转动。缠绕盘的转速改变可通过挂轮。前后缠绕盘有一定的速差，以便满足不同缠绕层的缠绕角，如图 2.5.1－50 所示。

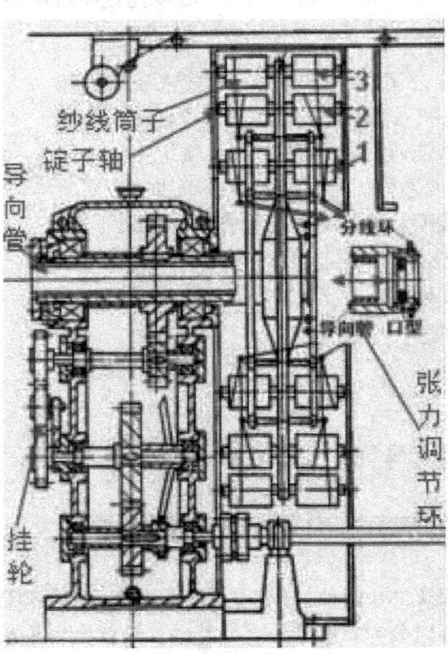

图 2.5.1－50　缠绕盘

盘式缠绕成型机的传动系统如图 2.5.1－51 所示。

通过变速系统改变牵引鼓的转速，使牵引速度适应各种管径胶管的需要。缠绕盘转速与胶管牵引速度之间的关系如下

$$n=1\,000V/(\mathrm{ctg}\theta\times\pi D)$$

从式中可以看出：在缠绕盘转速 n 和缠绕角 θ 不变时，缠绕的胶管外径变化，牵引速度 V 必须做相应的调整。

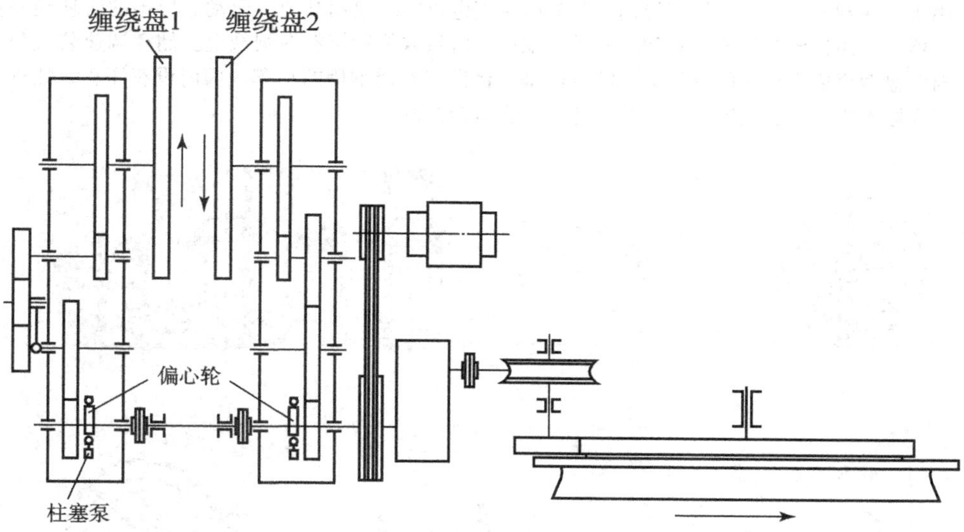

图 2.5.1-51 盘式缠绕成型机传动系统

(2) 纱线缠绕鼓式胶管成型机

纱线缠绕鼓式胶管成型机如图 2.5.1-52 所示。

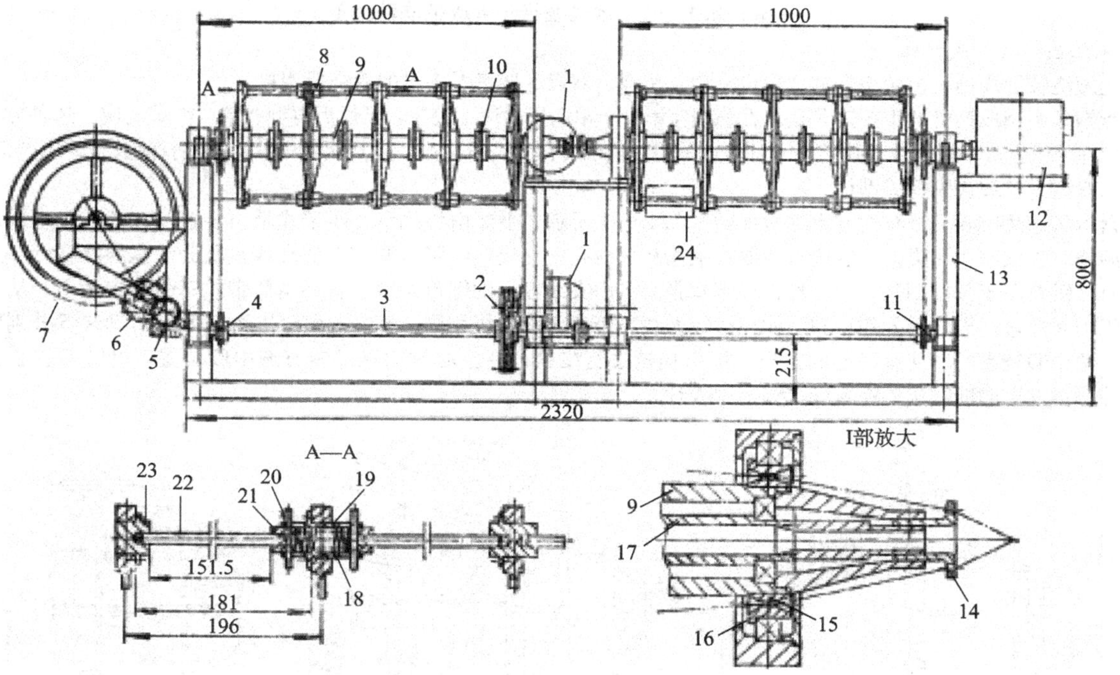

图 2.5.1-52 纱线缠绕鼓式胶管成型机

1—电机；2—V带；3—传动轴；4，11—套管滚子链；5—蜗轮副；6—齿轮；7—牵引鼓；8—转盘；9—空心轴；10—导线环；12—胶浆槽；13—机架；14—分线盘；15—座圈；16—轴承座；17—套管；18—弹簧；19—套筒；20—拨杆；21—活动座；22—锭轴；23—固定座；24—纱线筒子

纱线缠绕鼓式胶管成型机由前、后两个转鼓、牵引盘以及传动系统组成。每个转鼓由 5 个转盘组成，转盘 8 与导线环 10 固定在空心轴 9 上。在相邻两个转盘之间，可以均布安装 6 个纱线筒子，因此，每个转鼓上可安装 24 个纱线筒子，即每个单向层最多可缠 24 根纱线。由转盘 8 和空心轴 9 组成的转鼓由电机 1 经 V 带 2、传动轴 3 及套筒滚子链 11 传动回转。在传动轴 3 的一端装有蜗轮副 5，经齿轮 6 传动牵引鼓 7。管胚经胶浆槽 12 浸过胶浆后，通过空心轴 9 中的套管 17 由牵引鼓 7 牵引前进。纱线筒子 24 装在锭轴 22 上，纱线从筒子上拉出后经导线环 10，穿过座圈 15 及分线盘 14 上的小孔缠绕于管胚上。座圈 15 及分线盘 14 随空心轴 9 一起转动，而套管 17 则固定不动。锭轴 22 装在活动座 21 及固定座 23 上。更换纱线筒子时，将拨杆 20 向右移动，使活动座 21 缩进套筒 19 内，锭轴 22 与纱线筒子 24 即可一起取下更换。活动座 21 在弹簧 18 作用下限位。

该类缠绕机一般用于生产直径在 10 mm 以下的小规格纤维缠绕胶管。

(3) 纱线缠绕胶管成型联动装置

图 2.5.1-53 为纱线缠绕胶管成型联动装置的结构图。它由导开装置、双盘缠绕成型机、调速装置、浸胶槽和卷取等

组成。导开装置用于卷在圆鼓中的胶管管坯导出。圆鼓由直流电机经减速箱减速后驱动。导出的管坯经储存调速装置送往双盘缠绕成型机，然后，通过储存调速装置和浸胶槽浸浆后，由卷取装置绕卷在圆鼓上。储存调速装置分别用于协调导开装置、卷取装置与双盘缠绕成型机之间的速度。浸胶槽是一台带有不锈钢槽的小车，槽内设有压辊、托辊和口型。压辊将缠绕纱线的胶管压在胶浆中，胶管吸附的多余胶浆通过口型时会被刮下。

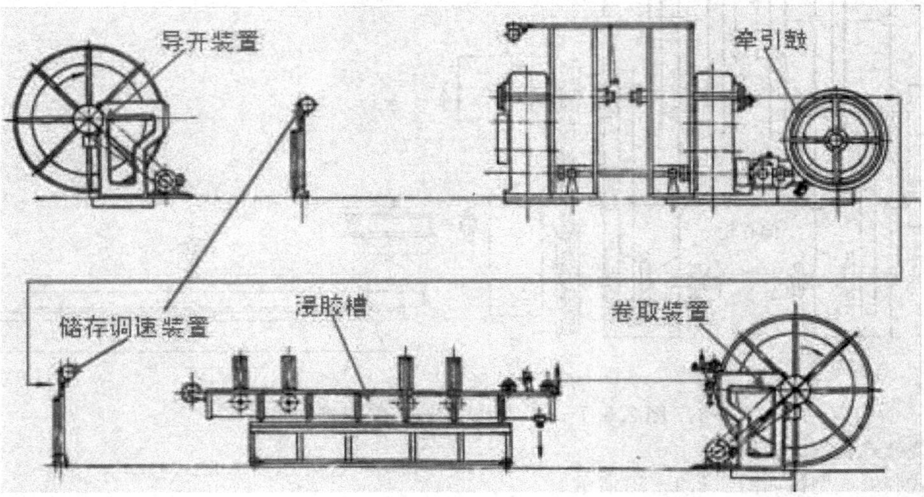

图 2.5.1-53　纱线缠绕胶管成型联动装置

2. 钢丝缠绕胶管成型机

钢丝缠绕胶管成型机按缠绕盘的数量可分为：单盘、双盘、四盘及多盘的缠绕成型机。

单盘钢丝缠绕成型机的生产工艺是：在缠绕完第一个单向层后涂上胶浆，干燥后再缠绕第二个单向层。这种方法生产的产品质量好，但生产率低，劳动强度大。目前多采用双盘或多盘缠绕机生产，以及用包中胶片来代替涂胶浆的生产工艺。

（1）双盘钢丝缠绕胶管成型机

双盘钢丝缠绕胶管成型机的基本结构如图 2.5.1-54 所示。主要由缠绕盘、履带式牵引装置及传动装置组成。其结构与纱线缠绕胶管成型机相类似。缠绕盘后面的钢丝从引线孔上穿出，经张力调节上的夹线盘及分线盘缠绕在管胚上。导线环上装有分线柱用于分导钢丝。导出的每根钢丝张力可由夹线盘上的螺母调节。管胚由履带式牵引装置牵引，从空心轴内的导向管中间通过。导向管的作用和结构与纱线缠绕胶管双盘成型机相同。缠绕盘由电机经 V 带及传动装置分别驱动作相对回转。两个缠绕盘的转速有一定的差异，可由挂轮进行变换。在空心轴的尾部装有缠中胶装置，可随着空心轴一起转动，在缠绕钢丝层的同时预先在管胚上缠上中胶片。

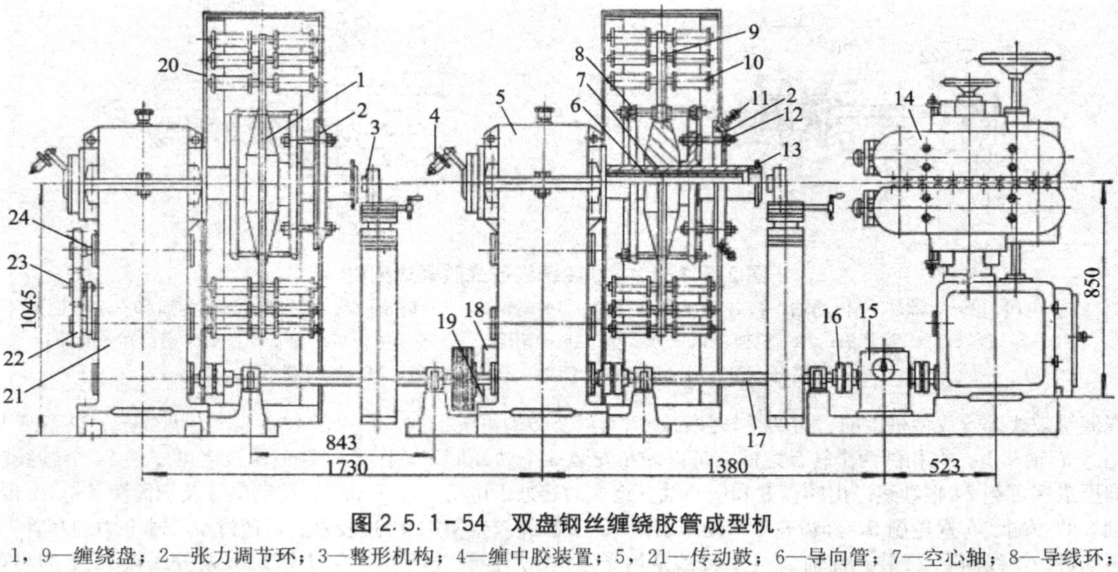

图 2.5.1-54　双盘钢丝缠绕胶管成型机

1，9—缠绕盘；2—张力调节环；3—整形机构；4—缠中胶装置；5，21—传动鼓；6—导向管；7—空心轴；8—导线环；10—钢丝筒子；11—夹线盘；12—支杆；13—分线盘；14—履带式牵引装置；15—无级变速器；16—联轴器；17—传动轴；18—电机；19—V 带；20—安全罩；22—齿轮；23—中间齿轮；24—挂轮

（2）四盘钢丝缠绕胶管成型机

四盘钢丝缠绕胶管成型机的结构如图 2.5.1-55 所示。

四盘钢丝缠绕胶管成型机由 4 个机头 3、4 个缠绕头 5、4 个口型 7、1 个牵引装置 11、1 个中胶片导开架 6 和电气部分

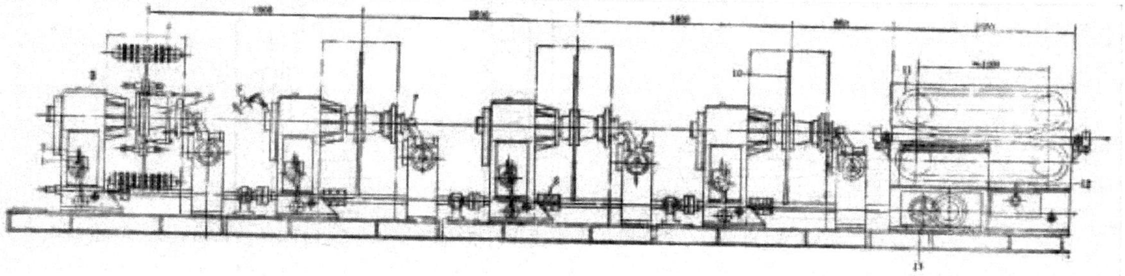

图 2.5.1－55　四盘钢丝缠绕胶管成型机

1，2，12—变速手柄；3—机头；4—锭子；5—缠绕头；6—中胶片导开架；7—口型；8—联轴器；9—手轮；10—缠绕盘；11—牵引装置；13—无级变速手轮

等组成，其工作过程与双盘成型机基本相似。

机头 3 的外部设备有两个手柄，操纵手柄 2 可使缠绕盘 10 具有两档速度，操纵手柄 1 则可使缠绕盘 10 正反转。变换牵引装置 11 下部的手柄 12 可以改变牵引速度。根据胶管缠绕直径和缠绕角度，用手轮 13 调节无级变速器可以改变行程。在调节行程时，必须首先开动机器，然后转动无级变速手轮 13，测量缠绕螺距的大小直至满足工艺要求位置。

由于采用四盘缠绕，4 个缠绕层的直径都不相等，而 4 个缠绕盘的缠绕行程又都一样，因此每层的缠绕角度均不同。这里采用 54°44′的综合平衡角来满足工艺要求。

牵引装置采用气动式，其夹紧力的大小可通过加压气缸的调压阀进行调节。张紧气缸用于张紧链条，张紧力的大小通过张紧气缸的调压阀进行调节。

钢丝锭子每 4 个一组，钢丝沿相邻两个锭子的圆周相反方向引出，使相邻两个锭子经预先装好的摩擦垫作方向相反的摩擦运动，使钢丝导出时具有一定的张力。张力的大小通过控制张力装置上的调节张力螺钉来调节，用张力计测定达到所需张力为止。钢丝在锭子上倒线时其缠满线的长度必须通过计数装置使之达到一致。当一个缠线盘上的锭子的钢丝全部用完后要同时更换新的缠满钢丝的锭子，以保持放线张力一致。

美国 Magnatech 公司生产的 WSW—Ⅲ 型钢丝缠绕机有四盘和六盘两种型别，如图 2.5.1－56 所示，每盘有 30 个组合锭子，每锭又可分为三、四、五、六个线轴等四种形式。钢丝线轴配套可随需要选择，可以每盘布置 90 根、120 根、150 根或者 180 根钢丝，适于缠绕内径 6～51 mm 整个系列的高压软管。机器上装有预成型装置，调整比较方便，且每盘均有可调变速箱，便于任意调节理想的缠绕角度。该机最大缠绕外径为 76 mm，每轴容线量按锭子型别不同分别为 2.95～7.0 kg，适应钢丝直径为 0.25～0.838 mm，钢丝张力为每根 2.3～11.1 N(0.23～1.13 kgf)，转盘最大转速 75 r/min，所以生产效率很高。

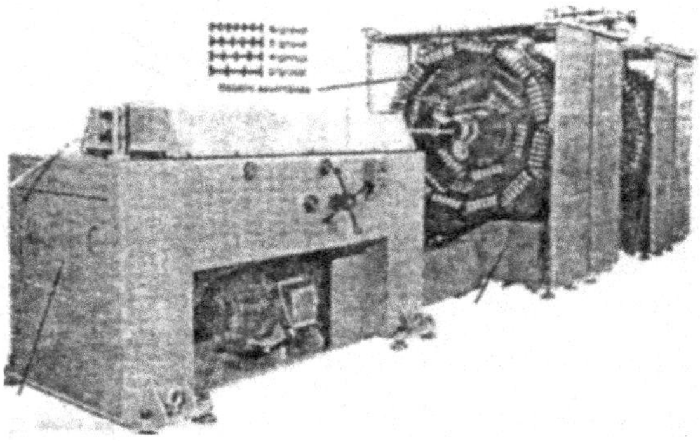

图 2.5.1－56　美国 Magnatech 公司 WSW—Ⅲ 型钢丝缠绕机

WSW—Ⅳ型精密钢丝缠绕机是 Magnatech 公司研制的新一代的钢丝缠绕机，与 WSW—Ⅲ 型钢丝缠绕机相比，该机的性能有了许多改进，可以在软芯上实施钢丝缠绕作业；钢丝缠绕转盘的最大转速达到 100 r/min，明显提高了生产效率，钢丝换线等操作时间缩短了 50%；操作更为简便快捷，由于采用单独的缠绕盘控制，消除了变速齿轮；可以精密地缠绕直径 7.6～114.3 mm 的软管。

近期欧洲也出现了一种新型的钢丝缠绕机，有 24 锭和 36 锭两种规格。其基本结构与 Magnatech 公司的缠绕机相似，主要区别在于其锭子结构和缠绕口型。这种缠绕机的钢丝不是单根从每个锭子上引出而铺放在胶管上的，而是像编织胶管的钢丝那样多根钢丝以钢丝带的形式铺放在胶管上。它的锭子，如同编织的锭子一样，每个上面合股若干根钢丝，因此缠绕口型也相应地改变。也因此，这种缠绕机所用的钢丝不使用导线机，而与编织胶管一样使用钢丝合股机。

四、注射成型装备

橡胶注射成型机简称注射机，是橡胶模压制品生产的一项新技术，主要用于模压制品的生产，如电器绝缘零件、防震垫、密封件、鞋底以及工矿雨靴等。其主要特点是：简化工序，能实现橡胶制品的高温快速硫化，缩短生产周期；制品尺寸准确，物理机械性能均匀，质量较高，对厚壁制品的成型硫化尤为适宜；正品率高、制品毛边少；操作简便、劳动强度减轻，机械化和自动化程度高。

4.1　注射机的分类

注射机按胶料塑化方式可分为柱塞式和螺杆式；按机器的传动型式可分为液压式和机械式；按合模装置的型式可分为直压式、液压机械式和二次动作式；按机台部件的配置可分为卧式、立式、角式和多模注射机等，如图 2.5.1－57 所示。

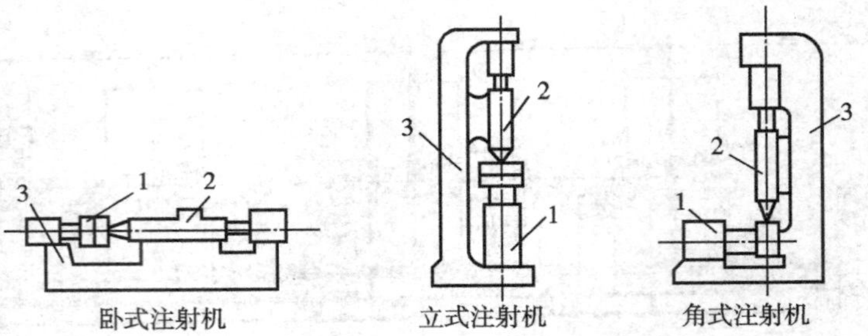

图 2.5.1－57　注射机的类型

1—合模装置；2—注射装置；3—机身

多模注射机又称多工位注射机，合模装置的工位数，主要由制品的硫化时间决定，一般为 4～12 个工位。由于硫化时间进一步缩短，对于薄壁及小型制品的成型硫化有采用少工位的倾向。常见的多模注射机可以分为合模装置回转式、注射装置回转式和注射装置沿导轨移动式三种，如图 2.5.1－58 所示。

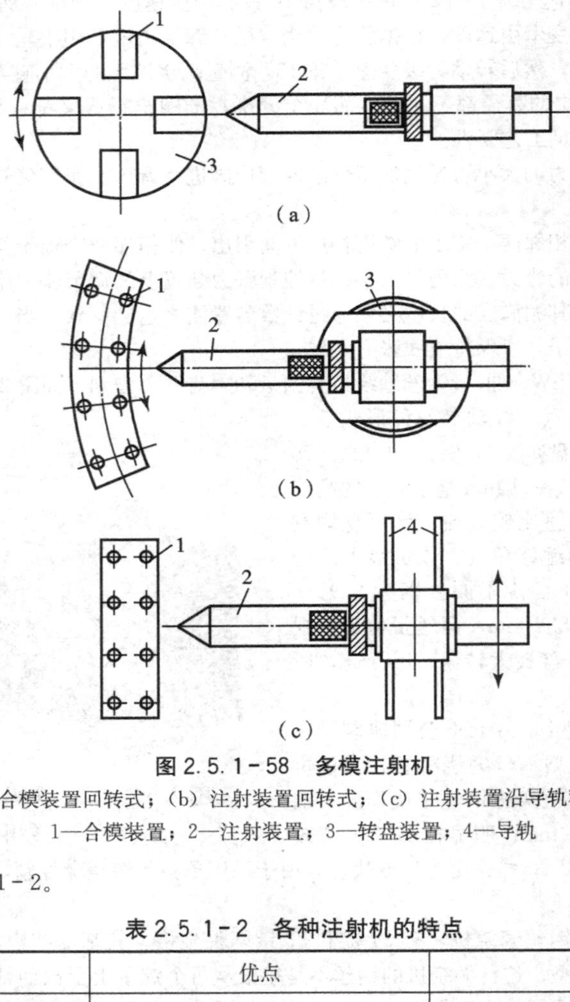

图 2.5.1－58　多模注射机

(a) 合模装置回转式；(b) 注射装置回转式；(c) 注射装置沿导轨移动式

1—合模装置；2—注射装置；3—转盘装置；4—导轨

各种注射机的特点见表 2.5.1－2。

表 2.5.1－2　各种注射机的特点

注射机类型	结构特点	优点	缺点
卧式注射机	注射装置和合模装置的轴线呈一线水平排列，机身较矮	操作和维修方便，有可能实现制品的自动取出	模具的安装和嵌件的安放不如立式方便，占地面积较大
立式注射机	注射装置和合模装置的轴线呈一线垂直排列	占地面积较小，模具装卸方便，成型制品的嵌件易于安放	制品的取出不易实现全自动操作；机身较高，故加料不便，机台的稳定性差，厂房相应也要高些，仅适用于小型机台
角式注射机	注射装置和合模装置的轴线互相成垂直排列	介于卧式与立式之间。因该类机台的注射浇口处于两片模型的分型面上，故特别适用于硫化在中心处不允许留有浇口痕迹的制品	
多模注射机		充分发挥了注射装置的塑化能力，有利于提高机台的生产效率	结构较为复杂，安装与维修不甚方便

4.2 基本结构

注射机主要由注射装置、合模装置、加热冷却装置、液压传动系统和电气控制系统五个部分组成，如图 2.5.1-59～图 2.5.1-61 所示。

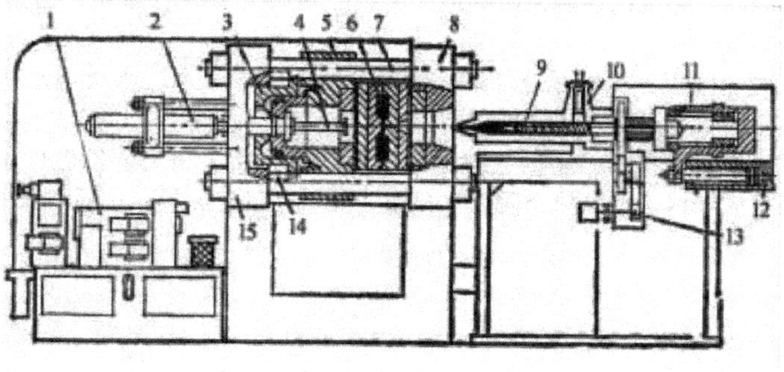

图 2.5.1-59 橡胶注射成型机

1—液压传动系统；2—快速移模油缸；3—锁模油缸；4—顶出装置；5—活动模板；6—注射模；7—拉杆；8—前固定模板；9—塑化装置；10—加料装置；11—注射油缸；12—整体移动油缸；13—螺杆驱动装置；14—抱闸装置；15—后固定模板

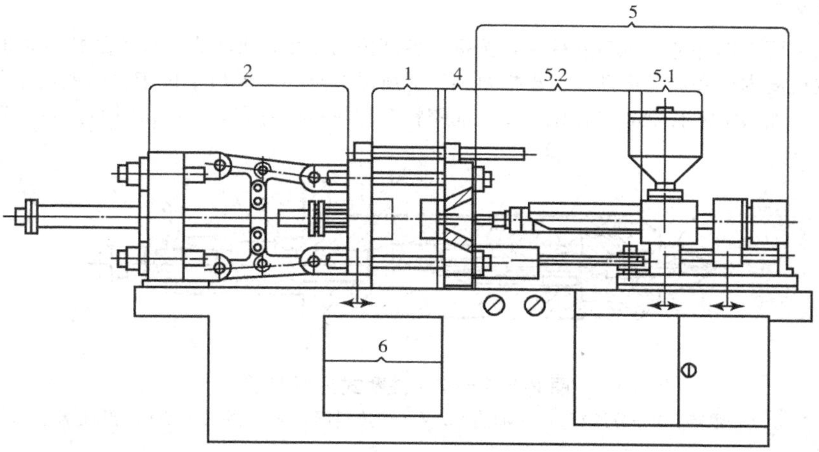

图 2.5.1-60 卧式注射成型机

1—模具区域；2—合模机构区域；4—喷嘴区域；5—塑化区域及注射成型机构区域；5.1—机筒加料区域；5.2—加热圈区域；6—制品下落区域

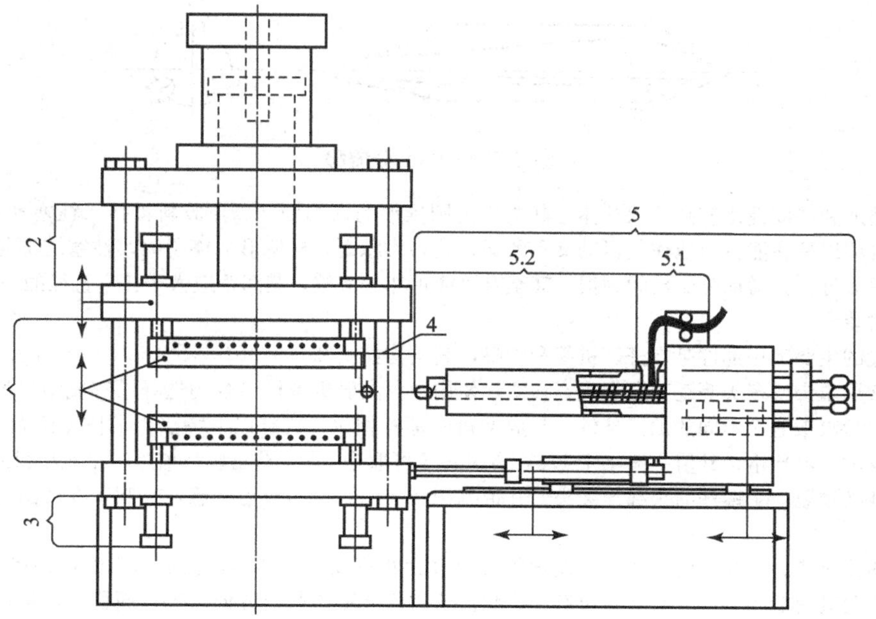

图 2.5.1-61 立式注射成型机

1—模具区域；2—合模机构区域；3—超出 1 和 2 区域以外的抽芯及顶出驱动机构的运动区域；4—喷嘴区域；5—塑化区域及注射成型机构区域；5.1—机筒加料区域；5.2—加热圈区域

注射装置一般由塑化装置、加料装置、螺杆驱动装置、注射油缸和整体移动油缸组成。其作用是将胶料热炼和塑化，使胶料达到注射所要求的可塑度，并以足够的压力和速度将胶料注入模腔。

合模装置主要由前固定模板、后固定模板、活动模板、拉杆、快速移模油缸、锁模油缸、顶出装置等组成。其作用是实现模具的开闭动作以及取出制品，并保证注射模可靠地闭合。合模装置要具有足够大的锁模力，避免模具被胶料顶开，以保证制品的尺寸精度。

液压传动系统主要由泵、阀、阀板、油箱、冷却器、管道等组成，电气系统则由电动机、电器元件、电控仪表灯组成。其作用是保证注射机按预定的工艺过程和动作程序进行工作。

加热冷却装置的作用是保证塑化室和模腔中的胶料达到注射和硫化工艺所需要的温度条件。为防止胶料在机筒中焦烧，一般胶料在塑化室中的温度应较低，其加热介质为水和油，常用电阻丝加热，然后用泵和控制阀进行强制循环；注射模常用电或蒸汽加热。

4.3 主要零部件

4.3.1 注射装置

注射装置的作用是均匀地加热和塑化胶料，并进行准确的计量加料，经塑化后的胶料在注射前应有均匀的温度和组分；在一定的压力和速度下，把已塑化好的胶料通过喷嘴注入模腔内，在许可的范围内，尽量提高塑化能力与注射速度；为保证制品的表面平整，内部密实，在注射完毕后，仍需对模腔内的胶料保持一段时间的压力，以防止胶料倒流。

注射装置通常可分为柱塞式和螺杆式两种。

(1) 柱塞式注射装置

柱塞式注射装置的主要工作部件是机筒和柱塞，按机筒各部位的作用，可将它划分为加料室和加热室两段。

加料室是指机筒内机筒内柱塞往复运动，实现推料和注射所需的空间。加热室位于机筒的前半部，它是加热胶料并实现物态变化的重要区域。加热室需有足够的容积，以保证胶料在加热室内有充分的停留时间，如图 2.5.1－62 所示。

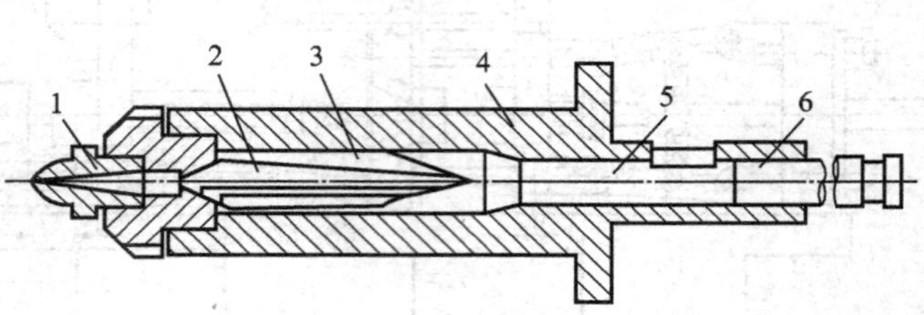

图 2.5.1－62 柱塞式注射装置

1—喷嘴；2—分流梭；3—加热室；4—加热料筒；5—加料室；6—注射柱塞

加热室中普遍采用了各种形式的分流梭结构，以增加加热面积，减少料层厚度，提高塑化能力和胶料的均匀度。图 2.5.1－63为柱塞式注射机的分流梭结构，又称为鱼雷体。它的周围和加热料筒的内壁形成匀称分布的浅流道，料筒的热量可以靠分流梭上的筋传入，从而使分流梭也得到加热。

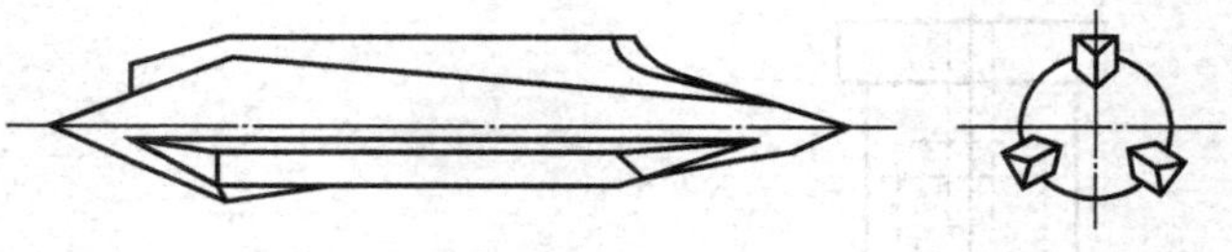

图 2.5.1－63 分流梭

柱塞是一个光洁度和硬度都比较高的圆柱体，其头部为圆锥形的内凹面，以免胶料被挤入柱塞和料筒间的配合间隙。柱塞和料筒间的配合应以柱塞能自由地往复运动又不致漏入胶料为原则。柱塞形成终了时，柱塞端部与分流梭之间应保持合适距离，如果靠得太近，会增加分流梭的磨损，甚至有可能顶坏分流梭，其间距应大于柱塞直径的一半。

(2) 螺杆式注射装置

螺杆式注射装置的主要工作部件是螺杆、机筒和喷嘴，其结构如图 2.5.1－64～图 2.5.1－66 所示。

注射机的螺杆常用单头或多头等距变深螺纹，在实际使用中，注射机螺杆参数的选择没有成型机那样严格，因为它可以通过调整注射工艺参数来适应不同的加工条件。与成型机的螺杆相比，具有以下特点：①长径比大，一般为 8～12；而压缩比比较小，且要求也不严格，其值一般小于 1.3，有时甚至可取为 1；②挤出段螺槽略深于成型机螺杆的螺槽；③加料段较长，而挤出段则又较短；④螺杆的头部为尖头，并带有特殊结构，锥形较为理想，有利于在注射时排净胶料，避免胶料产生滞料而焦烧。

机筒既是胶料的预热室又是胶料的塑化室。通常的机筒分为两段或三段加热，在加料口附近则应冷却。图 2.5.1－67 为由锻钢或厚壁无缝钢管制造的机筒，其上开设有螺旋状流道，这种结构制造方便，传热面积大。机筒的加热介质多数为水，当需要较高的预塑温度时，也可采用油或联苯等其他热载体。加热介质由机台上设置的单独强制循环系统进行控制。

喷嘴是注射机的重要零部件，需具有足够的强度和硬度，有合理的结构和几何尺寸。喷嘴的流道形状有圆筒形、正锥形、倒锥形以及组合型等，内壁应光滑无死角，便于清理和更换。

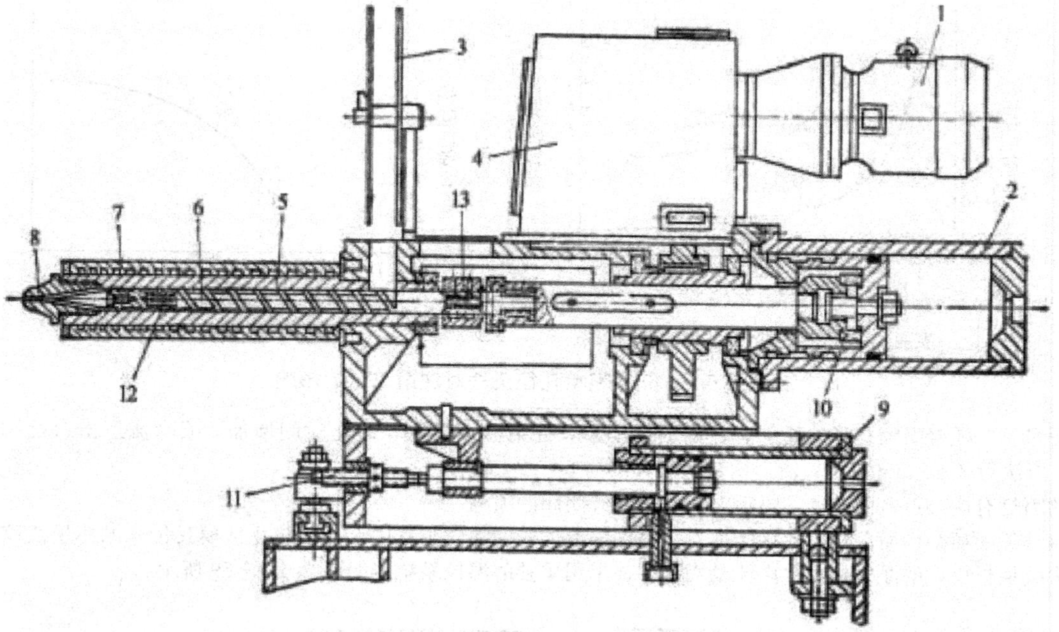

图 2.5.1-64　螺杆式注射装置

1—电机；2—注射油缸；3—胶片盘；4—传动装置；5—机筒；6—螺杆；7—加热盒；8—喷嘴；9—注射座移动油缸；10—止推轴承；11—限位螺栓；12—螺杆冷却水管；13—螺杆冷却水接头

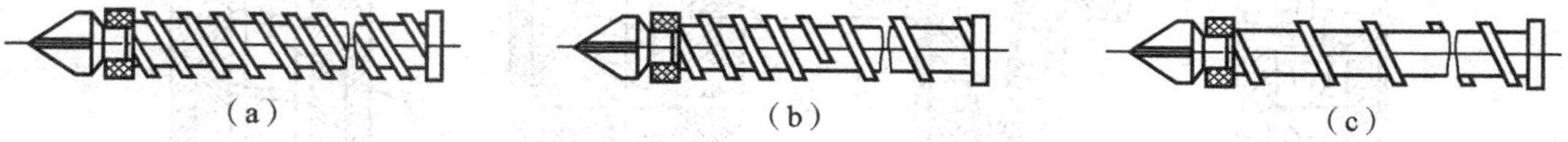

图 2.5.1-65　螺杆结构

(a) 双头螺纹形；(b) 复合头螺纹形；(c) 单头螺纹形

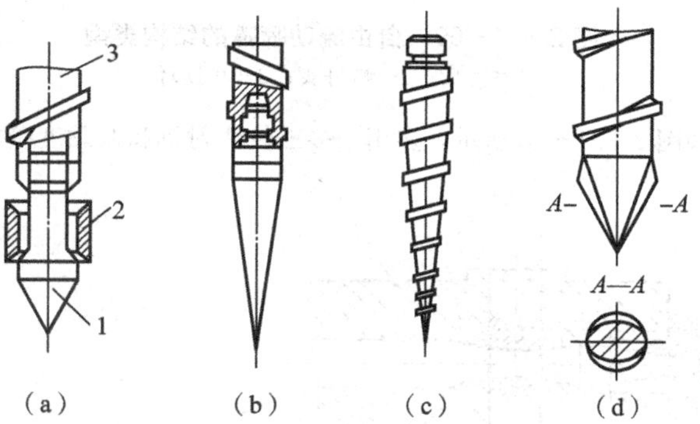

图 2.5.1-66　螺杆头部结构

(a) 带有止逆阀的圆锥形头部；(b) 光滑的长圆锥形头部；(c) 带有圆锥形螺纹的头部；(d) 带有突棱的圆锥形头部

1—螺杆头部；2—止逆环；3—螺杆

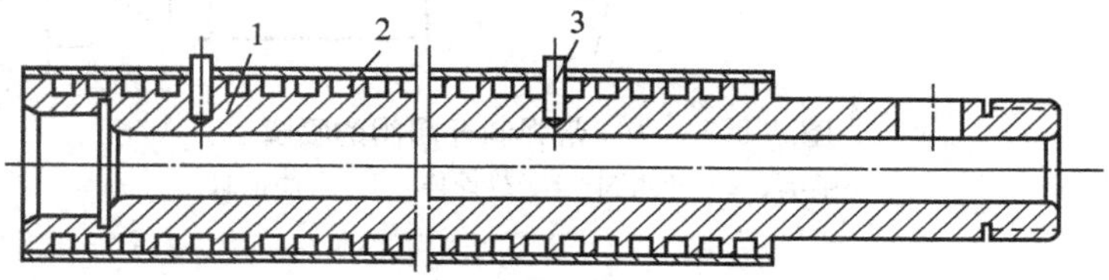

图 2.5.1-67　带螺旋流道的锻钢机筒

1—机筒；2—外壳；3—测温管

喷嘴的材质多为 38CrMoAlA，其尺寸对注射工艺有显著的影响，喷嘴的孔径与注射温度、注射时间、硫化时间的关系可参考图 2.5.1-68。

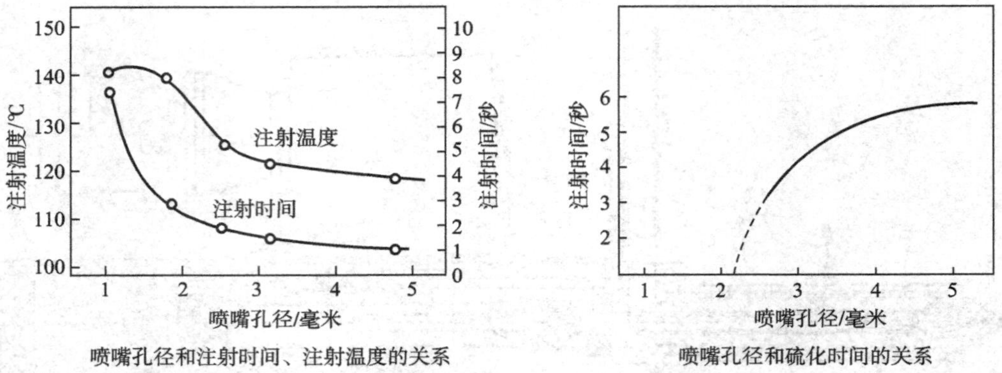

图 2.5.1-68　喷嘴孔径尺寸对注射工艺的影响

由上图可见，随着喷嘴孔径的增加，注射时间缩短，注射温度下降，硫化时间增加。喷嘴流道出口处孔径约为 2～10 mm，一般认为 2～6 mm 较好；流道出口处的长约为 3～12 mm。

常见的喷嘴有两类：自由流动的喷嘴和带有强制开闭阀的喷嘴。

自由流动的喷嘴结构简单，广泛用于加工高黏度的混炼胶的注射装置中。为了防止从模具传来的热量使胶料焦烧，对注射容积大或加长机筒的注射机，自由流动喷嘴往往采用单独的温控系统，如图 2.5.1-69 所示。

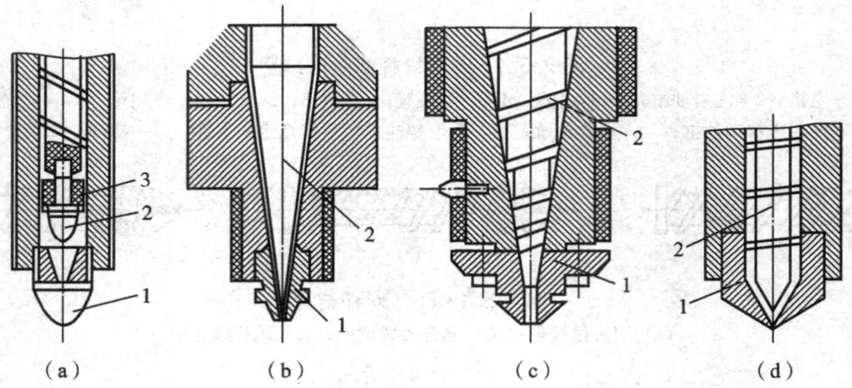

图 2.5.1-69　自由流动喷嘴的结构类型

1—喷嘴；2—螺杆头；3—止逆环

带有强制开闭阀的喷嘴结构如图 2.5.1-70 所示，多用于多工位注射机和低黏度胶料的注射，它的特点是能防止注射完毕后胶料自喷嘴回流。

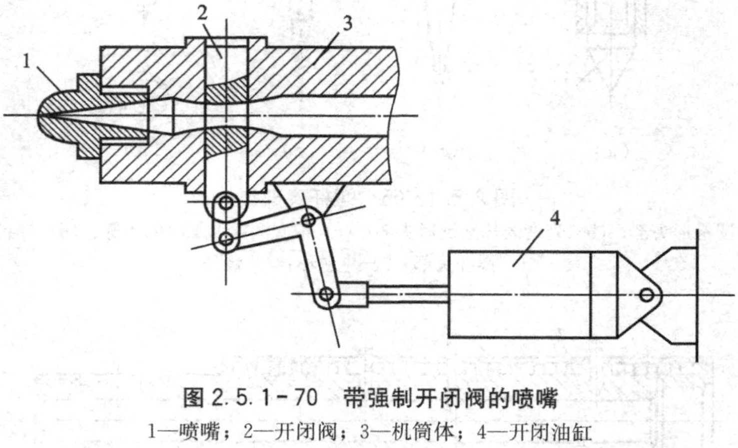

图 2.5.1-70　带强制开闭阀的喷嘴

1—喷嘴；2—开闭阀；3—机筒体；4—开闭油缸

（3）螺杆传动装置

注射机的螺杆传动装置与成型机的螺杆传动装置相比有以下特点：①螺杆的预塑化是间歇进行的，因此螺杆驱动装置需在负荷情况下频繁启动；②胶料的预塑化状态可以通过各种途径进行调节，因而对螺杆转速的调整要求不十分严格；③由于注射装置经常做往复运动，故传动装置应力求简单紧凑。

注射机的螺杆传动方式一般采用液压马达和异步电动机——变速齿轮箱两类，其特点见表 2.5.1-3。

表 2.5.1-3　液压马达和异步电动机——变速齿轮箱的比较

传动方式	液压马达	和异步电动机——变速齿轮箱
特性	恒扭矩传动	恒功率传动
调速范围	范围大，随供油量变化作无级调速，且可在运转中进行	范围小，需要变速机构作有级调速，且需在停车后才能变速
启动与停止	启动扭矩小（约为额定扭矩的 70%～90%）、时间长、惯性小、启动平稳，适于频繁启动	启动扭矩大（约为额定扭矩的 200%以上）、时间短，启动不够平稳，停车时惯性较大
效率	较低（约为 60%～70%），低速时更低	较高（可达 90%～95%）
结构	紧凑，不必另设过载保护装置	复杂，需另设电机过载保护装置
保养与维修	麻烦	简便、可靠、耐久

采用异步电动机——变速齿轮箱传动时，一般应设置螺杆保护环节和螺杆反转制动装置。螺杆保护环节可采用液压离合器等，既可起到对螺杆的过载保护，又可避免电机频繁启动。但使用液压离合器在注射时，由于胶料对螺杆的反作用会使螺杆发生反转，导致实际注射量降低，并使注射压力损失增加，所以需同时设置螺杆反转制动装置，通常用棘轮机构和电磁离合器来防止螺杆的反转。

4.3.2　合模装置

合模装置是注射机最主要的部件之一，需满足以下要求：①为了保证制品质量和几何尺寸的准确，并尽可能减少废边，必须在模具分型面的垂直方向上给以足够大的、稳定的锁模力，防止模具被胶料顶开；②一定的开模行程和模板移动速度，模板移动速度一般在开闭模的初期和终期慢些；③一定的模板面积和模板间距。合模装置的附属装置包括制品顶出装置、抽芯装置、模具起吊设备、润滑装置、安全保护装置等。

合模装置按结构可以分为直压式合模装置、液压机械式合模装置、二次动作合模装置。

（1）直压式合模装置

直压式合模装置的液压油缸活塞杆端部直接与动模板链接，依靠油缸内液体的压力实现对模具的锁紧。其特点是当液体压力撤除后，合模力也随之消失。

图 2.5.1-71 为典型的直压式合模装置。当压力油自进油口进入中心管时，推动增速油缸快速前移，此时主油缸内腔出现负压，辅助油箱中的油经自吸阀进入主油缸，当模具闭合时，中心管停止供油，此时自吸阀后退，切断主油缸与辅助油箱的通路，同时向主油缸注入高压油，实现高压锁模。当制品硫化结束后，主油缸高压油进油口被自动切换，自吸阀前移，主油缸回油口进压力油实现活动模板快速退回。当活动模板接近终止位置时又转换成慢速，与此同时顶出装置动作顶出制品。

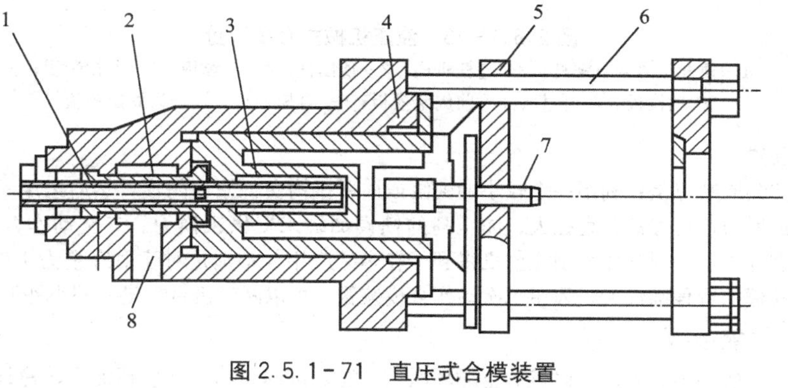

图 2.5.1-71　直压式合模装置

1—中心管；2—自吸阀；3—增速油缸（主油缸的活塞）；4—注油缸；
5—活动模板；6—拉杆；7—顶出装置；8—自吸口

直压式合模装置结构简单，主要零件仅由油缸、活塞、模板、拉杆等组成，制造较为简便；固定模板和活动模板间的间隔较大，扩大了模具厚度的变化范围，可以制取较深的制件；活动模板可在行程范围内任意停止，便于调整模具。它的缺点是：①由于它没有力的扩大机构，因此在需要锁模力较大的情况下，要求有较大的缸体直径和较高的工作压力，前者使结构庞大，后者对油路系统的要求较高；②大油缸的密封装置容易泄露；③开闭模的速度较慢。

（2）液压机械式合模装置

液压机械式合模装置的原理是：将合模油缸产生的力，经过曲肘连杆机构的扩大作用后，使合模系统承受很大的预紧力，在该预紧力的作用下，两片模型被紧密地贴合。在该机构中，随着曲肘连杆位置的变化，力的扩大率和移模速度也随之变化。如图 2.5.1-72 所示。

由图 2.5.1-72 可见，在合模的初始阶段模板移动速度快、力的扩大率小，当模板即将闭合时，速度减小而力的扩大率迅速增加。

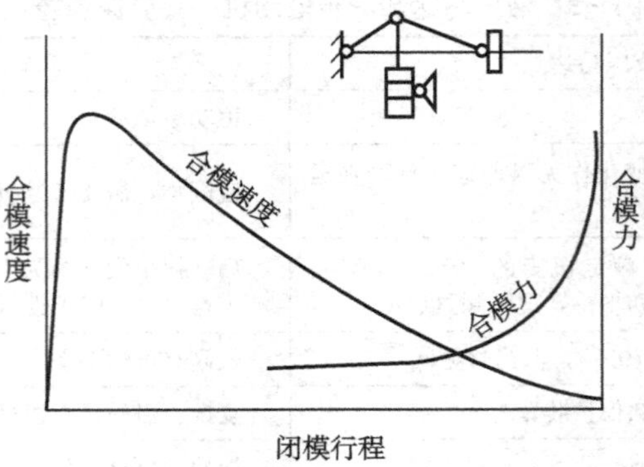

图 2.5.1-72　闭模速度、合模力和闭模行程的关系

液压机械式合模装置的结构如图 2.5.1-73 所示。当压力油进入合模油缸的上部时，活塞下移，与活塞相连的连杆机构推着动模板前移，当模具的分型面刚贴合时，连杆结构尚未伸成一线排列；合模油缸继续升压，强制使连杆机构成一线排列，此时合模系统因发生弹性形变而产生预紧力，使模具闭紧。液压机械式合模装置的特点是结构简单、外形尺寸小、制造容易，但增力倍数较小（一般为 10 多倍），多应用在合模力为 100 kg 以下的小型机器上。

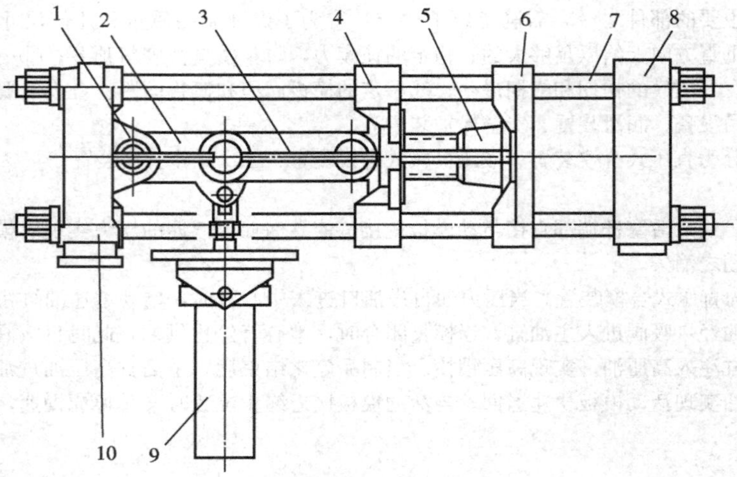

图 2.5.1-73　液压机械式合模装置

1—顶杆距离调节螺杆；2—连杆机构；3—顶出杆；4—支撑板；5—调模装置；6—动模板；7—拉杆；8—前固定模板；9—合模油缸；10—后固定模板

（3）二次动作合模装置

二次动作合模装置的共同特点是：利用一个较小的油缸或曲肘机构实现快速闭模，然后运用一套专用机构（如抱闸装置）将活动模板固定，最后通过行程短、直径大、油压高的锁模油缸来提供锁模力。二次动作合模装置具有开闭模速度快、合模力大、锁模可靠等优点，因此在大型注射机得到了较多的应用。特别是对注射容量为 1 000 cm^3 以上的大型注射机，由于所需合模力和模板的行程都较大，采用二次动作合模装置，可以减轻机台重量，缩小外形尺寸。

4.4　工作原理和性能参数

用来表征注射机综合性能的参数有：注射机的空循环次数、注射机的总功率（包括油泵、螺杆驱动功率、机筒和模具加热功率以及加热冷却系统水泵的驱动功率等）、注射机的外形尺寸和总重量等。

空循环次数是在没有塑化、注射保压、硫化及取出制品、安放嵌件等动作的情况下，注射机每小时所能进行的循环次数，它由合模、注射座前移和后退、开模等过程组成。为了简便起见，也有直接用每小时启闭模次数来表示。

空循环次数反映了机械、液压、电器三大部分动作速度，在一定程度上表示了机器的工作效率。目前某些小型注射机空循环次数可达 6 000～7 000 次/h。

4.4.1　注射部分的主要性能参数

（1）理论注射容积和实际注射量

理论注射容积是指注射装置对空注射时，注射螺杆或柱塞完成一次最大注射行程后所能达到的最大理论注出量。因此，理论注射容积数值上等于螺杆或柱塞的截面积与最大注射行程的乘积。

$$V_{理}=\pi/4d^2\times s$$

式中，$V_{理}$——理论注射容积/cm^3；d——螺杆或柱塞的直径/cm；s——螺杆或柱塞的最大注射行程/cm。

理论注射容积是理论上的计算值，用来表征机台的规格。机台的最大实际注射量可表示为

$$W_{实} = V_{理} \times \rho \times \alpha$$

式中，$W_{实}$——一次最大注射行程所达到注射量；

ρ——注射时胶料的密度；

α——注射系数，对于螺杆往复式注射装置，取 0.7～0.9；对于柱塞式注射装置，应取更小值。

(2) 注射压力

注射压力是指注射时，螺杆或柱塞端部作用在胶料单位面积上的最大压力，它用来克服胶料流进喷嘴、流道和模腔时所受到的阻力，并使胶料受到强力剪切和摩擦，迅速充满模腔。在保压过程中模腔内的胶料应有足够的剩余压力，以保证制品具有一定的密实度和良好的物理机械性能。

注射压力 $P_{注}$（MPa）可由下式近似求得

$$P_{注} = (D_0/D)P_0$$

式中，D_0——注射油缸内径/cm；

D——机筒内径/cm；

P_0——注射油缸的油压/MPa。

注射压力不宜过高，否则容易产生毛边和气泡，并使脱模困难；选取过高的注射压力也必然导致机器结构庞大。注射压力也不宜过低，否则会使注射时间增加，甚至有可能使胶料不能注满模腔，影响制品质量和尺寸精度。

设计时，螺杆式注射机的注射压力一般取 80～150 MPa；柱塞式注射机的注射压力一般取 140～230 MPa。实际使用时，注射压力应根据工艺要求、胶料配方、制品形状等情况适当调整，约为最大注射压力的 80%～90%。

在螺杆进行预塑加料时，螺杆端部作用在胶料上的压力，习惯上称为背压，约为实际注射压力的 1/15～1/10。为了传递压力和保护螺杆头部不受损伤，螺杆实现注射动作之后，螺杆端部圆锥形表面与喷嘴内壁之间应保留有 5 mm 左右的储料间隙。

为了满足不同胶料对注射压力的不同要求，同时又能充分发挥机器的生产能力，在有的注射机上还配备有 2～3 根不同直径的螺杆和机筒，小直径螺杆能适应高的注射压力要求，大直径螺杆则能增大注射容积。

(3) 注射时间

注射时间又称额定注射时间，它是指注射螺杆或柱塞进行对空注射时，注射最大容积胶料时所需的最短时间。注射机结构设计对该值的大小有较大影响。实际注射时间往往大于额定注射时间，对于带金属嵌件、波形管等的小型制件，实际注射时间为 2～5 s，对大型制件或特种胶料也有超过的 20 s 的。

注射时间短，意味着注射速度快，能提高胶料的注射温度，缩短硫化时间，改善制品质量。但过高的注射速度容易使制品产生内应力和混入气体；设计时也势必要增大油泵的流量和驱动功率，是机器结构变得庞大。过慢的注射速度会使胶料在流动过程中早期硫化导致制品表面出现皱纹和缺胶。

有些注射机也有用注射速度或注射速率表示注射时间的，它们之间可用下式换算：

$$U = S/t,\ \omega = V_{理} \times \alpha / t$$

式中，U——注射速度，约为 3～12 cm/s；

t——注射时间/s；

ω——注射速率，约为 60～200 cm^3/s，小型机器取小值；

S——注射行程/cm。

(4) 螺杆直径和注射行程

注射机的注射行程 S 和螺杆直径 d 之间应保持一定的比例

$$K = S/d$$

K 称为比例系数，一般取 3～4，不宜过大或过小。目前在一些塑化性能较好的注射机上，K 值达到 5 左右。

(5) 螺杆驱动功率和转速

螺杆驱动功率 N（kw）可按下式估算

$$N = kd^2 n$$

式中，d——螺杆直径/cm；

n——螺杆转速/rpm；

k——其值由类比得到，表 2.5.1-4 列出了几种不同规格注射机的 k 值。

表 2.5.1-4　几种注射机的 k 值

规格	RJ75	RJ140	RJ200	RJ300	RJ400	WR－180	W－150	T150/65
螺杆直径，mm	40	50	60	70	90	42	50	62
$k \times 10^{-3}$	5.15	1.98	5.7	6.13	5.42	1.36	3.15	2.87

由于注射预塑时内压较低，螺杆在旋转的同时还会产生后移，从而使螺杆的有效长度随着预塑过程的进行而逐渐变小，所以注射机的螺杆驱动功率要比直径相同的冷喂料成型机驱动功率小。

确定了螺杆的几何尺寸后，注射机的驱动功率 N（kW）则可用下式计算

$$N=9.81\pi^2 dn^2 \mu_{平均} L_{平均}[\pi d/h_{计}+e/(\delta tg\phi)]\times 10^{-10}$$

式中，$\mu_{平均}$——胶料在螺槽内平均表观黏度/Pa · s；

$L_{平均}$——螺杆平均有效长度，$L_{平均}=L_{有}-1/2\times S$，cm；

$L_{有}$——螺杆有效长度/cm；

S——注射行程/cm；

$h_{计}$——螺杆计量短螺槽深/cm；

δ——螺杆外径与机筒内壁的间隙/cm；

e——螺棱轴向库阿奴/cm；

φ——螺旋升角/°。

为了适应多种胶料的不同工艺要求和平衡整个循环周期，要求螺杆转速能调节。螺杆转速提高，塑化能力增加，机筒中的胶料温度增高，硫化时间缩短。但过快的螺杆转速容易引起胶料局部焦烧或塑化不充分，同时对传动装置的精度要求也相应提高。螺杆转速对注射温度的影响如图 2.5.1－74 所示：

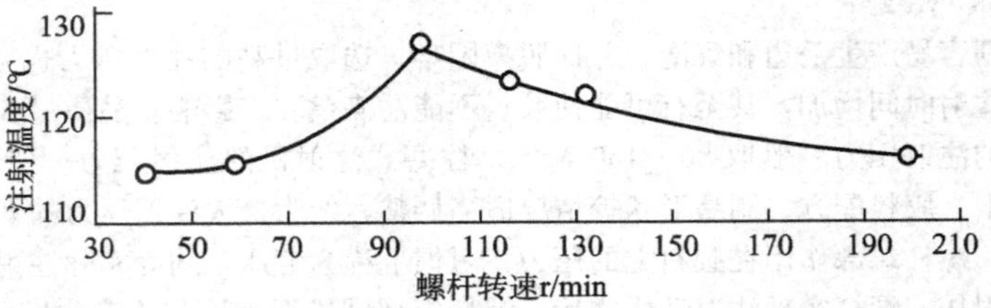

图 2.5.1－74　螺杆转速对注射温度的影响

螺杆转速一般在 100 rpm 以内，超过该值对塑化不利。一般中小型注射机的螺杆转速以 30～50 rpm 为宜，螺杆直径大的注射机比螺杆直径小的螺杆转速低。注射机的名义螺杆转速要大于该值。

（6）塑化能力

对单螺杆往复式塑化装置来说，塑化能力是指螺杆在连续运转的情况下，每小时所能塑化胶料的最大能力。它与螺杆结构、背压、螺杆转速、行程、胶料黏度及加料状况等有关。其值可由下式求得

$$Q=3.6W/T_{塑}$$

式中，Q——塑化能力/kg/h；

W——实际注射量/g；

$T_{塑}$——塑化时间（螺杆回转时间）/s。

塑化时间在实际计算时往往不能预先测得，因此塑化能力的计算也常用求成型机生产能力的办法得到

$$Q=Kd^3 n10^{-3}$$

式中，d——螺杆直径/cm；

n——螺杆转速/rpm；

K——系数，约为 2～5。

当螺杆参数已经确定是，则可用粘性流体输送理论求得塑化能力

$$Q=kq\rho 10^{-3}$$

式中，k——时间换算系数，$k=3\ 600$；

ρ——胶料的密度/g/cm^3；

q——单位时间内所能塑化胶料的容积/cm^3/s，有

$$q=\alpha_* n-\beta_* \Delta P/\mu_1-\gamma_* \Delta P/\mu_2$$

式中，α_*——修正后的正流系数；

β_*——修正后的逆流系数；

γ_*——漏流系数；

n——螺杆转速/rpm；

ΔP——预塑加料时螺杆作用在胶料上的压力（背压）/Pa；

μ_1——螺槽中胶料的表观黏度/Pa · s；

μ_2——螺棱和机筒内壁处胶料的表观黏度/Pa · s。

（7）注射功率

注射功率是指注射压力和注射速率的乘积。注射功率大，可以缩短成型周期；充模好，可改善制品外观质量，提高制品几何精度，但耗能较多。注射功率 $N_{注}$（kW）可用下式求得

$$N_{注}=9.81\times 10^{-4} P_{注}\omega$$

式中，$P_{注}$——注射压力/MPa；

ω——注射速率/cm^3/s。

因注射时间较短，油泵电机又允许瞬时超载，故在油泵直接驱动的油路系统中，注射功率可以是油泵电机驱动功率的1.18～1.33倍。

（8）机筒加热功率

机筒加热功率要满足塑化胶料需要的热量和一定的升温速度。加热功率 $N_{热}$（kW）可按下列经验公式计算。

1）按机筒内表面积计算

$$N_{热}=K\pi D_{内}\ (L-2D_{内})$$

式中，L——螺杆的有效长度/cm；

K——机筒单位内表面积所需的加热功率，其值可通过类比得到，一般为 $4\sim8\times10^{-3}$ kW/cm^2。

2）按升温速度计算

注射机自加热开始至正常运转所需的预热时间约为30 min。在30 min内将机筒加热到预定的温度所需的功率可按下式估算：

$$N_{热}=GK$$

式中，G——被加热部件的质量/kg；

K——升温速度系数，由类比或实测得到/kw/kg。

4.4.2 合模部分的主要性能参数

（1）锁模力

锁模力是指注射机对注射模所能产生的最大锁紧力。锁模力可调，其大小直接影响注射机的制造成本、制品的几何尺寸及其精度。锁模力 $P_{锁}\max$(N) 可由下式求得

$$P_{锁}\max=KF_{制}P_{平均}$$

式中，K——安全系数，取1.10～1.25，大型机器取小值；

$F_{制}$——制品和流道系统在注射模分型面上最大有效投影面积之和/cm^2；

$P_{平均}$——胶料在模腔内的平均压力/MPa，其值参见表2.5.4－4。

部分注射机的平均模内压力见表2.5.1－5。

表2.5.1－5 几种注射机的平均模内压力

型号	最大注射容积/cm³	最大锁模力/kN	制品最大成型面积/cm²	平均模内压力/MPa	产地
XZL－30	30	500	250	20	中国
XZL－200	234	1 080	300	30	中国
RJ－75	250	800	320	25	日本
W－150	235	1 500	450	26	日本
RJ－35	408	355	140	25	日本
21TSB	159	815	316	25	英国
25TSB	238	1 520	526	29	英国
I7－110	184	1 100	275	40	意大利

（2）模腔计算压力

在整个注射成型硫化过程中，胶料在模腔中的压力是变化的，如图2.5.1－75所示。

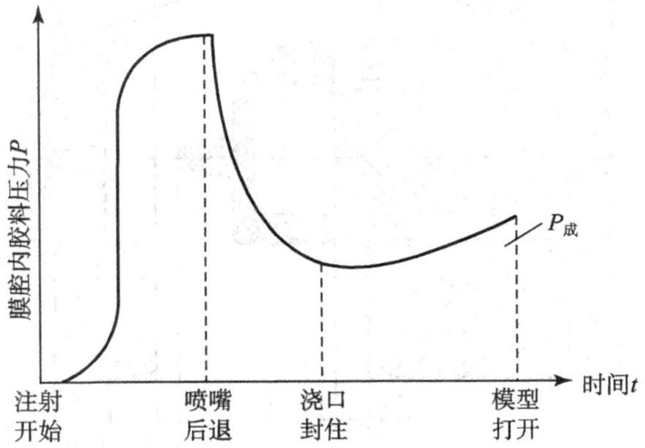

图2.5.1－75 注射硫化过程中模腔内压力变化情况

模内压力在模腔中的分布也是不均匀的，通常用平均值作为模腔的计算压力（又称平均模内压力），其值大小与注射压力、胶料黏度、喷嘴、模腔结构形状有关。模腔的计算压力多根据经验确定，通常可取20～40 MPa。

（3）分型面上制品最大有效投影面积

分型面上制品最大有效投影面积（简称制品最大成型面积）是指注射机在最大锁模力作用下，所能成型硫化模制品以及浇注系统在分型面上的最大投影面积。该值与制品形状以及成型条件有关，参见表 2.5.1-6。

表 2.5.1-6　注射容积与分型面上制品最大有效投影面积

注射容积/cm^3	30	90	150	250	360	500	600	1 000	1 500～2 000
制品最大成型面积/cm^2	＜80	＜180	＜350	＜600	＜750	＜850	＜1 000	＜1 500	2 000～2 500

（4）模板尺寸

模板面积 $F(cm^2)$ 也可由下式求得

$$F = P_{锁}\max / P_{模板} \times 10^{-2}$$

式中，$P_{模板}$——模板单位面积上的压力，约为 4～8 MPa；

$P_{锁}\max$——最大锁模力/N。

近年来，由于注射模结构复杂化和低压成型技术的发展以及塑化能力的提高，模板尺寸有增大的趋势。为了合理地使用机器，有的厂家还将合模装置设计成宽窄两种系列模板，供用户选择。

（5）动模板行程

动模板行程（最大合模行程）是指开闭注射模时，动模板所能移动的最大距离。动模板行程的大小决定注射机所能成型制品的高度。动模板行程与制品高度有如下关系

$$S_0 \geqslant H_1 + H_2 + (5\sim10)$$

式中，S_0——最大合模行程/mm；

H_1——脱模距离（顶出高度）/mm；

H_2——制件高度（该值还包括浇注系统高度）/mm。

脱模距离 H_1 常等于注射模型芯的高度，但对于内表面为阶梯状的之间，有时不必顶出型芯的全部高度，即可取出制件，如图 2.5.1-76 所示。

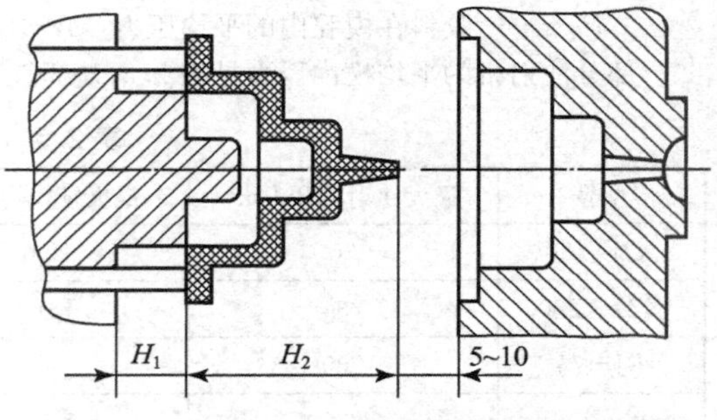

图 2.5.1-76　制品内表面为阶梯状时的开模行程

模板的实际行程往往随浇口、流道、型腔的结构以及型芯取出方法而变化，例如有的注射模侧向分型或侧向抽芯动作式礼仪注射机的开模动作，通过斜导柱或齿轮齿条等分型抽芯机构来完成，这是所需的开模行程（或合模行程）还必须根据侧向分型抽芯的抽拔距离，再综合考虑制件高度、脱模距离、模厚等因素决定。图 2.5.1-77 为有侧向抽芯注射模的实际合模行程，为完成抽芯距离 L 所需的开模行程 Hc，当 $Hc > H_1 + H_2$，开模行程 S_0 应按下式计算

$$S_0 \geqslant Hc + (5\sim10)$$

当 $Hc < H_1 + H_2$ 时，应仍按式：$S_0 \geqslant H_1 + H_2 + (5\sim10)$ 计算。

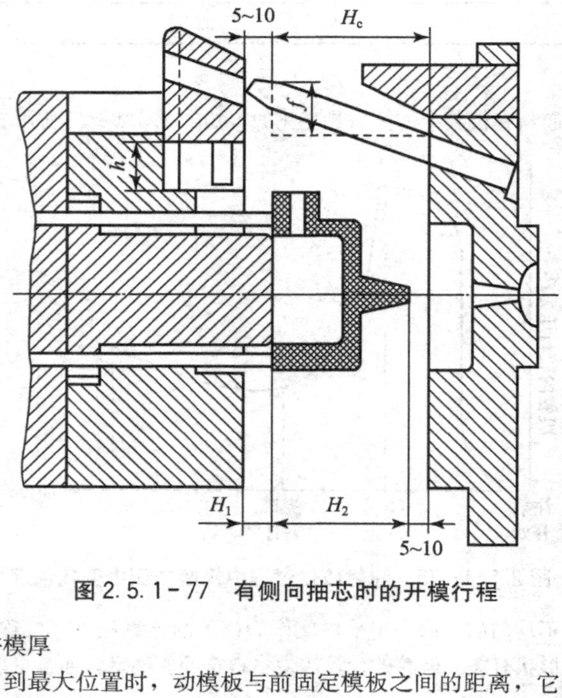

图 2.5.1-77　有侧向抽芯时的开模行程

（6）模板最大间距和最小允许模厚

模板最大间距是指动模板开启到最大位置时，动模板与前固定模板之间的距离，它限制了注射机所能安装的注射模的

厚度，该值决定于锁模方式和成型制品的高度。单模注射机比多模注射机间距大，直压式又比曲肘式大。通常模板最大间距约为制品最大高度的 3～4 倍，而制品的最大高度 h_{max} 与注射容积有关，它们间的关系可用统计分析的方法求得

$$h_{max}=KV^{1/3}$$

式中，V——最大注射容积/cm^3；

K——统计系数，约为 30～40。

最小允许模厚即为动模板在合模终止位置时与前固定模板间的最小距离。

在直压式合模装置中，模板最大间距和最小厚度直接限制了合模油缸活塞后退和前进的极限位置。这两者之差即为动模板行程。为了增大模板最大间距，有的在动模板后部安装有调整块（垫板）。直压式合模装置能够安装的模具厚度较大，随着模具厚度的增加，合模行程相应减少。模具厚度越大，所需的合模行程也越大，否则取出制品将会发生困难。为了增加合模行程，此时可考虑拆下调整块。

曲肘式合模装置设有模厚调节装置，因此注射机的允许模厚可以变化。曲肘式合模装置的最大合模力发生在合模行程的终止位置，因此，它的合模行程是一定的。当模具厚度变化时，需要模厚调整装置调节，使合模终止位置恰好在合模行程终止位置，这样才能达到预定的锁模力。在合模终止位置，用模板调整装置将模板间距调到最小，此值称为最小模板间距或称为最小允许模厚。反之，调到最大值时，称之为最大允许模厚。

（7）动模板移动速度

它是影响注射机生产能力和制品质量的一个重要因素。动模板移动速度在整个运行过程中要求能实现慢—快—慢的变化。曲肘式合模装置动模板移动速度主要由肘杆结构决定。快速移模速度不应低于 24 m/min，一般为 30～50 m/min，大型机器可达 70 m/min；慢速一般在 2.4～3 m/min 范围内。

（8）开模力

当制品硫化结束后，将模具打开所需的最大力称为开模力，它主要用以克服制品与模腔表面的粘连和开模瞬间在模腔内产生的负压以及机构的摩擦阻力。其值与胶料性质、模腔结构、形状、表面粗糙度等有关。直压式合模装置的开模力约为最大锁模力的 1/15～1/10；曲肘式合模装置的开模力与合模力大致相同，并随动模板的行程而变。

（9）顶出力

将制品从模腔顶出所需的最大力称为顶出力，顶出杆顶出制品的最大距离称为顶出行程。对机械式顶出装置来说，顶出行程与合模行程有关。在直压式合模装置中，机械式顶出装置的顶出力与开模力相等，而曲肘式合模装置的顶出力和顶出行程随合模行程而变化。

对具有液压顶出缸的顶出装置来说，顶出速度约为 1～2 m/min，顶出力约为 2%的锁模力。

（10）喷嘴压紧力

喷嘴压紧力为整体移动缸的推力，它是保证胶料在注射时不从喷嘴边上泄露的作用力。小型注射机取 40～45 kN，中型注射机取 65～70 kN，大型注射机取 120～135 kN。经验数据还表明：小型注射机喷嘴压紧力为注射总压力的 1/2～2/3；中型注射机为 1/4～1/3；大型注射机为 1/6～1/5。

4.5　注射机的安装、维护保养

安装验收的注射机应符合橡胶注射机系列标准的各条款要求，机器动作顺序应能适应不同胶料及制品的工艺要求，应具有自我诊断系统和警报装置，应具备手动、半自动和自动 3 种操作手段。

热板的最高工作温度其偏差不得大于±5℃，工作表面粗糙度 Ra≤3.2 μm，上下热板间的平行度误差应符合 GB1184 附表 3 中 8 级公差值的规定。

4.5.1　设备日常维护保养要点

1）应经常检查电动机发热情况，一般不应超过 65℃。

2）机器试车时，启动油泵后应在空载情况下运转 5 min 以上，然后才能进行动作，如工作液表面稍有气泡，应及时检查及拧紧油泵进油管道，防止空气渗入而损坏油泵。

3）在油泵电机工作情况下，移动模板与固定模板之间不能放置杂物，以免误动作损坏机器及上模具。

4）注射嘴阻塞时应取下进行清理，严禁用增加注射压力的方法清除阻塞物。

5）胶料内切勿夹有金属或其他硬物进入机筒。

6）预热期间或较长时间不进行注射动作时，应将预塑胶筒和注射胶筒内胶料清理干净，并将注射座台退至终止位置，以防筒内胶料硫化和注射头堵死。

4.5.2　设备安全运行注意事项

1）设备应有可靠的接地保护。

2）操作过程中一旦发生意外，应立即操纵操作面板上的紧急总停开关。

3）在合模系统中，应设有防止柱塞自行下滑的安全闭锁装置，以免发生人身事故。

4）注意电热器的绝缘电阻：在 20℃时不低于 1 MΩ，在工作温度时不低于 0.5 MΩ。在频率为 50 Hz 时的电热器耐压性能：在工作温度时，施加电压 1 200 V，持续时间 1 min，不得有绝缘被击穿或出现闪烁现象。

五、橡胶制品成型设备的技术标准与基本参数

5.1 橡胶制品成型设备的技术标准

主要橡胶制品成型设备的技术标准见表 2.5.1－7，当进行技术改造或扩大生产订购设备时，需要与供应商进行深入细致的技术交流来进行对比、选择。

表 2.5.1－7 主要制品专用设备的技术标准

序号	标准号	技术标准名称	其他说明
1	GB/T 26502.1－2011	传动带胶片裁断拼接机	
2	GB/T 26502.2－2011	传动带成型机	
3	GB/T 26502.3－2011	多楔带磨削机	
4	GB/T 26502.4－2011	同步带磨削机	
5	GB/T 25156－2010	橡胶塑料注射成型机	
6	GB 22530－2008	橡胶塑料注射成型机的安全要求	
7	GB/T25157－2010	橡胶塑料注射成型机的检测方法	
8	QB/T 2865－2007	制鞋机械：自动圆盘式塑胶鞋底注射成型机	
9	QB/T 2866－2007	制鞋机械：聚氨酯浇注成型机	

5.2 橡胶制品成型设备基本参数

5.2.1 输送带成型硫化装备的基本参数

（略）

5.2.2 传动带成型装备的基本参数

（1）传动带胶片裁断拼接机（基本参数见表 2.5.1－8）

表 2.5.1－8 传动带胶片裁断拼接机基本参数

项目	参数值	
	DCJ－1 200×1 000	DCJ－900×500
胶片辊直径/mm	≤900	
适用胶片宽度范围/mm	600～1 200	500～900
适用胶片厚度范围/mm	0.6－2	
有效拼接宽度范围/mm	500～1 000	200～500
胶片最大卷取宽度/mm	1 050	550
胶片储存量/mm	≥1 000	
胶片定长移动速度/m/min	≥15	
定长装置驱动电动机功率/kw	≥1.0	
裁断刀转速/r/min	≥4 000	
胶片卷取速度/m/min	≥15	
裁断电动机功率/kw	1.1	
输送带驱动电动机功率/kw	≥0.55	
胶片卷取电动机功率/kw	≥0.55	
气动压力/MPa	0.6	
生产能力/m^2/h	≥150	≥60

拼接机暴露在外的运动部件应设防护装置，裁断部分应设有可靠的防护罩，防护罩符合 GB/T 8196 的要求。

传动带胶片裁断拼接机用于将短纤维胶片按设定宽度裁断后做 90°转向，并将胶片首尾拼接后，与垫布一起缠绕到芯轴上。

拼接机运转时应平稳，运动零部件动作灵敏、协调、准确，无卡阻现象；气路系统管路应畅通，无阻塞、无泄漏，气动系统符合 GB/T 7932 的规定。

拼接机应具有胶片导开、裁断、转向、拼接、卷取等功能，并由控制系统自动控制完成生产过程；拼接机应具有胶片裁断宽度设定和显示功能。

胶片裁断断口应平齐、无闹变，裁断宽度偏差应小于 2 mm。胶片拼接接头应满足：①拼接处应厚度均匀、无重叠；②拼接接头处两片胶片错位偏差应小于 5 mm；③拼接接头强度应大于 4 N/cm（氯丁胶）；④单片胶片拼接废边宽度应小于 15 mm。拼接机胶片卷取应保持线速度一致，变化率小于 5%。

（2）传动带成型机

传动带成型机用于 V 带、多楔带和同步带带筒的绕线、贴胶等工序的操作，见表 2.5.1-9。

表 2.5.1-9　传动带成型机基本参数

项目	参数值	
	DCT（V、D）—2 500	DCT（V、D）—5 000
成型传动带周长范围/mm	500～2 500	2 000～5 000
主轴转速/(r/min)	≤600（无级调速）	≤150（无级调速）
主电动机功率/kw	18.5	7.5
排线驱动电动机功率/kw	1	1
最大排线速度/(m/min)	≥250	
排线间距/mm	0.5～10	
贴胶速度/(m/min)	≥20	
线绳张力/N	10～250	
线绳储存量/mm	≥1 000	
张力机导开电动机功率/kw	1	
张力机驱动电动机功率/kw	1	
液压系统压力/MPa	12	
气动压力/MPa	0.6	

成型机运转时应平稳，运动零部件动作灵敏、协调、准确，无卡阻现象；气路系统、液压系统管路应畅通，无阻塞、无泄漏，尾架反转油路应设置防爆阀，气动系统符合 GB/T 7932 的规定，液压系统应符合 GB/T 3766 的规定。

成型机运动部件应设防护装置；尾架翻转过程中，按急停按钮或断电，尾架应立即停止在当前位置；成型机应设有压辊安全装置，防止非正常工作状态下压辊下压。

成型机应具有排线、贴胶、翻转模具的功能；排线装置应具有单、双线排线功能，整个排线装置应可以前后移动，适应不同直径的成型模具；翻转尾架应可以将模具翻转为垂直或水平状态；张力机应具有同步收线、主动放线、速度跟踪以及线绳张力超差报警功能；张力机线绳张力能通过调整重砣进行设定，并通过张力表或人机界面实时显示；供料架应具有胶片无拉伸导开和自动定位功能；成型机的主轴转速、排线速度、排线密度、贴胶速度应可以通过人机界面设定和显示；成型机的主轴和尾架应满足安装多种规格成型模具的要求；成型机单位长度上的压辊压力在 5～15 N/cm 范围内可调。

主轴径向圆跳动公差值不大于 0.05 mm，尾架顶针的径向圆跳动公差值不大于 0.05 mm；主轴与尾架伸缩轴的同轴度公差值不大于 0.06 mm；排线装置移动导轨与主轴平行度公差值不大于 0.06 mm；成型机正常运转时，排线主轴转速波动率小于 0.3%；成型机尾架反转角度应达到 (90±1)°。

成型机单根线绳张力与设定值之差不大于 1N，两根线绳间的张力之差不大于 1N；排线均匀性偏差不大于 1%，排线密度与设定密度值偏差不大于 1 根线绳。

（3）同步带磨削机（基本参数见表 2.5.1-10）

表 2.5.1-10　同步带磨削机规格与基本参数

项目	参数值	
	DMT-500	DMT-1000
磨削同步带磨削宽度/mm	≤500	≤1000
磨削辊有效工作长度/mm	≤600	≤1100
齿辊有效工作长度/mm	≤600	≤1100
磨削带筒周长范围/mm	≥400	
磨削辊转速/(r/min)	1 470	
齿辊转速/(r/min)	28	24
磨削电动机功率/kw	15	30
齿辊驱动电动机功率/kw	0.55	0.75

续表

项目	参数值	
	DMT－500	DMT－1 000
轴向串动量/mm	4	
轴向串动电动机功率/kw	0.75	
进给定位电动机功率/kw	1	
磨削效率/(mm/min)	≥350	
气动压力/MPa	0.6	

磨削机的运动部件应设防护装置；按急停按钮或断电状态，磨削机齿辊应立即退出工作位置。

磨削机应具有磨削辊冷却、磨削辊轴向往复移动和同步带筒自动磨削功能；磨削机的磨削参数、带筒参数应能通过人机界面设定和显示；磨削机应能安装各种齿形的齿辊；磨削机的双边定位系统应具有左右进给补偿的设定和显示功能，磨削过程中左右进给量应实时显示。双边定位系统是指控制齿辊两端的摆动进给量的装置，利用两套伺服电机系统分别控制两套进给限位单元，对齿辊两端的进给量分别控制。

磨削辊的外径不平衡量应不大于 500 g·mm；磨削辊径向圆跳动公差应不大于 0.04 mm，齿辊支撑轴径向圆跳动公差应不大于 0.05 mm；磨削辊与齿辊的平行度公差应不大于 0.05 mm。

磨削后的带筒表面应平整、无波浪形缺陷，在轴向 1 m 长度上的厚度均匀性偏差不大于 0.1 mm；在圆周长度上的厚度均匀性偏差不大于 0.05 mm；厚度与设定值偏差应不大于 0.1 mm。

(4) 多楔带磨削机（见表 2.5.1－11）

表 2.5.1－11　多楔带磨削机规格与基本参数

项目	参数值	
	DMD－700	DMD－2 500
多楔带周长范围/mm	200～700	600～2 500
研磨轮圆周速度/(m/s)	30～40	
磨轮电动机功率/kw	11/22	
转带电动机功率/kw	0.37	1.1
冷却水流量/(m^3/min)	≥0.33×10^{-3}	
转带速度/(m/s)	0.1～0.3	
磨削效率/(m^2/min)	≥0.1	
最大磨削宽度/mm	100	
气动压力/MPa	0.6	

磨削机的磨轮及暴露在外的运动部件应设防护装置；按急停按钮时，磨轮应立即停止，进给装置应退回初始位置。

磨削机应具有自动分步磨削功能；具有带胚导向、纠偏功能；磨削参数、带胚参数应能通过人机界面设定和显示；应具有带胚及磨轮冷却功能；磨轮轴应具有轴向移动调整和锁紧功能；磨削机的张紧部分应能张紧不同长度的带胚，并具有锁紧功能。

磨轮轴径向圆跳动公差值不大于 0.02 mm；转带轮驱动轴径向圆跳动公差值不大于 0.03 mm；磨轮轴与转带轮驱动轴的平行度公差值不大于 0.02 mm。

磨削机运转时应平稳，运动零部件动作灵敏、协调、准确，无卡阻现象；磨轮轴连续运转后，磨轮轴支撑座温升应小于 20℃；磨削机气路系统、冷却系统管路应畅通，无阻塞、无泄漏，气动系统符合 GB/T 7932 的规定。

磨削机磨削后的多楔带各楔的角度偏差应不大于 0.5°；磨削深度偏差不大于 0.1 mm；磨削后的多楔带各楔距偏差应不大于 0.05 mm；楔槽深度均匀性偏差应不大于 0.05 mm。

5.2.3　胶管成型装备主要性能参数

(1) 夹布胶管常用三辊成型机的主要性能参数（见表 2.5.1－12）

表 2.5.1-12 常用三辊成型机的主要性能参数

设备规格			20m（双面）	10m（双面）	20m（单面）	2.5m（单面）
成型胶管内径/mm			13～76	8～75	8～75	3～9.5
工作辊	直径/mm		63	63	63	50
	转速/(r/min)	成型面	32	31	21.3	48.7
		缠水布面	133，224	234，109		
	下辊中心距/mm	成型面	64～94	64～94	64～94	
		缠水布面	66.5～90	66.5～90		
上压辊压力/MPa (kgf/cm^2)	成型面		0.13～0.3 (1.3～3)	0.13～0.3 (1.3～3)	0.13～0.3 (1.3～3)	0.3 (3)
	缠水布面		0.15 (1.5)	0.15 (1.5)		
成型工作辊压于管胚单位长度的力/(N/cm)			13～30			
缠水布工作辊压于管胚单位长度的力/(N/cm)			15			
上压辊气缸	个数	成型面	16	9	14	3
		缠水布面	8	4		
	直径/(mm)		110	110	110	80
	行程/(mm)		137	137	137	100
压缩空气压力/MPa (kgf/cm^2)			0.4～0.6 (4～6)	0.4～0.6 (4～6)	0.4～0.6 (4～6)	0.4～0.6 (4～6)
运输装置速度/(m/min)			120	121	130	
电机功率/kw	成型面		5.5	10	5.5	1.5/2.2
	缠水布面		7.5	10		

双面胶管成型机使用的压缩空气为 0.4～0.6 MPa。工作辊抗拉强度应不低于 600 N/mm^2，工作辊表现应镀硬铬，镀铬层厚度 0.04～0.1 mm，其表面粗糙度 Ra≤1.6 μm。

两下工作辊平行度应不大于 1 mm。两下工作辊的辊距应调节灵活，其辊距调节装置自全长范围内调节的最大和最小辊距及其偏差应符合表 2.5.1-13 的限值。

表 2.5.1-13 调节辊距及偏差

单位：mm

项目	最小辊距及偏差	最大辊距及偏差
成型工作辊	1.0±0.5	31±1.0
缠水布工作辊	3.5±0.5	27±1.0

双面胶管成型机应有在任意操作位置进行手动控制的紧急停车装置；应有在任意位置进行手动控制的安全信号装置。

(2) 国产常用纤维编织机主要性能参数（见表 2.5.1-14）

表 2.5.1-14 国产常用纤维编织机主要性能参数

编织机规格		24 锭	24 锭	24 锭	36 锭	48 锭	64 锭
结构形式		立式	卧式	卧式	卧式	卧式	卧式
锭子圈数[a]圈/min		6，9，12	18.5	25.4	17.37	13	9.25
编织节距/mm			10.7～14.8	17.2，33.4，55.5			
牵引装置形式		履带式	履带式或转鼓式	履带式	四辊式或转鼓式	履带式	四辊式
牵引速度/m/h			16.2～118.5	26.2，51，84.5	40.3～88.6	22.5～160	95，131，175，262
电机	功率/kw	1.1	2.2	2.2	2.8	4.5	4.5
	转速/(r/min)	925	960	960	960	960	960
外形尺寸/mm		1 030×1 220 ×2 300	3 650×1 468 ×1 502	2 147×1 081 ×1 513	2 824×1 420 ×1 695	4 500×1 580 ×1 780	3 300×2 140 ×2 170

注 [a]：锭子圈数——锭子在单位时间内沿导盘作正弦曲线运动的圈数。

（3）钢丝胶管编织机的主要技术参数（见表 2.5.1－15）

表 2.5.1－15　几种钢丝胶管编织机的技术参数

编织机	锭子转速/(r/min)				钢丝线轴容量/kg	纤维线轴容量/cm^3
	16 锭	20 锭	24 锭	36 锭		
国产			9.65～14.3		2～3	
TMW225－Ⅱ		45	37.5	25	8	2 376
MR－11	58.7～68.7	47～55	39.1～45.8	26～30.5	9.1	4 900
RB－2 高速编织机	90～100	80～90	69～75	45～50	12	3 606

（4）国产常用的双盘纤维缠绕机主要性能参数（见表 2.5.1－16）

表 2.5.1－16　双盘纤维缠绕机主要性能参数

项目	性能参数	项目		性能参数
缠绕盘外直径/mm	1 350	前后缠绕盘之间的速比		1.07，1.08，1.11
每个缠绕盘可放置线轴数/个	120	电机	功率/kW	3
缠绕盘最大转速/(r/min)	145		转速/r/min	1 500

5.2.4　注射成型装备的基本参数

GB/T 25156－2010《橡胶塑料注射成型机通用技术条件》规定了注射成型机的型号和基本参数、要求、检测方法、检验规则及标志、包装、运输、储存，适用于单螺杆、单工位、立式、卧式橡胶注射成型机及单螺杆、单工位、卧式塑料注射成型机。

注射成型机应至少具备手动、半自动两种操作控制方式。各运动部件的动作应正确、平稳、可靠，当系统油压低至其额定油压的 25%时，不应发生爬行、卡死和明显的冲击现象。

注射成型机的主要平行度误差、同轴度要求见表 2.5.1－17。

表 2.5.1－17　注射成型机主要平行度误差、同轴度要求　　　　单位：mm

注射成型机移动模板与固定模板的模具安装面间或相邻两热板间允许的平行度误差			
拉杆有效间距或热板尺寸	锁模力为零时	塑料注射成型机锁模力为最大时	橡胶注射成型机 30%的额定锁模压力时
≤250	≤0.25	≤0.12	
>250～400	≤0.30	≤0.15	
>400～630	≤0.40	≤0.20	
>630～100	≤0.50	≤0.25	
>1 000～1 600	≤0.60	≤0.30	
>1 600	≤0.80	≤0.40	
注 1：当水平和垂直两个方向上的拉杆有效间距不一致时，取较大值对应的平行度误差值； 注 2：当热板为长方形时，取边长较大值对应的平行度误差。			
注射成型机喷嘴孔轴线与固定模板模具定位孔轴线的同轴度			
模具定位孔直径，mm	同轴度	模具定位孔直径，mm	同轴度
≤125	≤Φ0.25	>250	≤Φ0.4
>125～250	≤Φ0.3		

液压系统工作油温不超过 55℃，在额定工作压力下，无漏油现象，渗油处数应符合表 2.5.1－18 的限值。

表 2.5.1-18　渗油处数

合模力/kN	≤2400	>2 400～10 000	>10 000～25 000	>25 000
渗油处数	≤1	≤2	≤3	≤5
注：渗油处——将渗油擦干净，在注射成型机运行 10min 后重新出现渗油，且每分钟不大于 1 滴的部位。				

合模系统在额定压力下，保压 10 min，系统的压力降应不大于额定压力的 8%。蒸汽加热热板最高工作温度应能达到 180℃，油加热、电加热为 200℃。当温度达到稳定状态时，热板工作面温差应符合：①蒸汽加热、油加热（热板尺寸不大于 1 000 mm×1 000 mm）不应超过±3℃；②电加热（热板尺寸大于 1 000 mm×1 000 mm）不应超过±5℃。

5.2.5　制鞋机械主要性能参数

（1）自动圆盘式塑胶鞋底注射成型机

自动圆盘式塑胶鞋底注射成型机按鞋底颜色种数可分为单色机、双色机、三色机三类。其规格型号的表示方法见图 2.5.1-78所示。

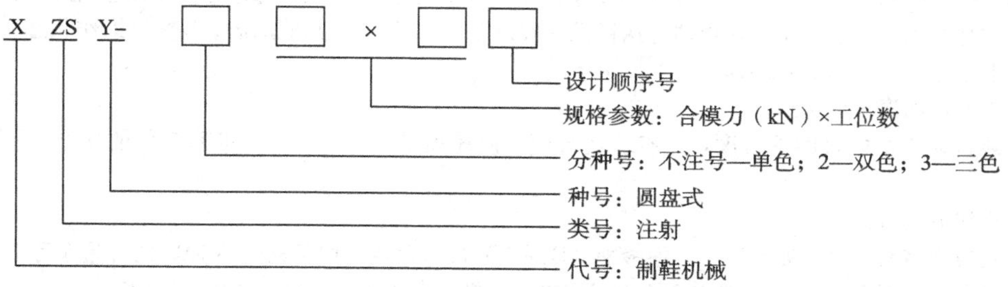

图 2.5.1-78　自动圆盘式塑胶鞋底注射成型机规格型号

自动圆盘式塑胶鞋底注射成型机主要由注射系统、液压系统、电气系统、合模机构、机架组五部分组成。其中注射系统由注射部分，塑化部分组成；液压系统由合模控制部分、注射控制部分、转盘驱动部分组成；电气系统由电源电路、温控电热装置、微机（控制）系统组成；合模机构由上压机板、下压机板、模墩等部件组成；机架组合由刹车机构、机器架体、旋转机构组成，其参数如表 2.5.1-19 所示。

表 2.5.1-19　自动圆盘式塑胶鞋底注射成型机的基本参数

项目	XZSY	XZSY2	XZSY3
工位数，个	10，12，16，20，24，30		
合模力/kN，≥	600		
螺杆直径/mm	75	主机：75 副机：65	主　机：75 副机一：65 副机二：65
螺杆长径比	20：1		
最大射程/mm	200		
螺杆转速/(r/min)	0～140		
理论注射容积/cm^3	880	主机：880 副机：660	主　机：880 副机一：660 副机二：660
实际注射质量（物料：TPR）/g（TPR 密度按 0.93g/cm^3 计）	818	主机：818 副机：610	主　机：818 副机一：610 副机二：610
塑化能力（物料：TPR)/(g/s)	45	主机：45 副机：36	主　机：45 副机一：36 副机二：36
注射速率（物料：TPR)/(g/s)	320	主机：320 副机：200	主　机：320 副机一：200 副机二：200

续表

项目	XZSY	XZSY2	XZSY3
注射压力（压强）/MPa，≥	66		
合模空间/(mm× mm× mm)	600×320×250（模厚 120－250）		
合模行程/mm	250		
温控段数/段	4		

注射成型机应具有自动塑化、住宿、成型，连续三从发泡或不发泡的 PVC、TPR 等塑胶鞋底的功能。注射成型机在触动安全门时，转盘应刹车即停。合模部分应设有安全光电开关，异物或人体器官进入合模空间时，光电开关感应立即停止合模和转盘动作。

注射量相对误差为±2%，注射喷嘴动作灵活，定位准确，不应有不出料或漏料现象。注射喷嘴入料口后补的轴承部位，应有强制冷却装置，其温度应不超过 70℃，温升应不大于 40℃。

注射机应有 4 段（套）温控电热装置，应有相应电流表显示加热电流。微机系统应能可靠地输入各种指令，以控制各类液压元件、各类计时器、电磁刹车、计数器等执行元件按设定要求动作。微机系统应对整机工作状态实行全程监控，运行出现故障，应能报警，并显示故障的部位。

液压系统工作时，油温不应超过 60℃。

合模机构应能自动调整模具的平行度，具有快速合模，慢速锁模，快速开模，平稳定位的功能，不应有爬行、泄压现象。

(2) 聚氨酯浇注成型机

聚氨酯鞋底主要由多元醇（A 原料）和异氰酸酯（B 原料）反应而成。用于输送 A 原料的计量泵称为 A 计量泵，用于输送 B 原料的计量泵称为 B 计量泵。浇注成型机由浇注机（主机）和成型流水线（辅机）组成。

浇注机包括若干个计量泵总成及具有加热、保温、搅拌功能的料罐，浇注头，电气控制装置等。成型流水线为卧式多工位的环形流水线，包括链式带托模盘无级调速传动系统、隧道式加热熟化烘道、电气控制装置等。

浇注机按聚氨酯是否发泡可分为发泡型聚氨酯浇注机、非发泡型聚氨酯透明体浇注机以及发泡型聚氨酯、非发泡型聚氨酯透明体两用浇注机；成型流水线可分为鞋底成型流水线和连帮成型流水线；烘道按加热方式可分为油加热、电加热与油电双加热。

聚氨酯浇注成型机的规格型号表示方式见图 2.5.1－79 与表 2.5.1－20 和表 2.5.1－21 所示。

表 2.5.1－20　聚氨酯浇注成型机的规格型号表示方式

浇注机种号符号		混合头主轴转速符号		浇注机电气配置符号	
符号	含义	符号	含义	符号	含义
F	发泡型聚氨酯浇注机	L	低速	Ⅰ	计量泵手动无级调速
T	非发泡型聚氨酯透明体浇注机	M	中速	Ⅱ	计量泵自动无级调速，混合头主轴转速可调，人机界面显示，可升级为远程控制
D	发泡型聚氨酯、非发泡型聚氨酯透明体两用浇注机	H	高速	Ⅲ	计量泵自动无级调速，混合头主轴转速可调，人机界面显示，远程控制，可查询历史数据
				Ⅳ	计量泵伺服电机控制调速，混合头主轴转速可调，人机界面显示，远程控制，可查询历史数据

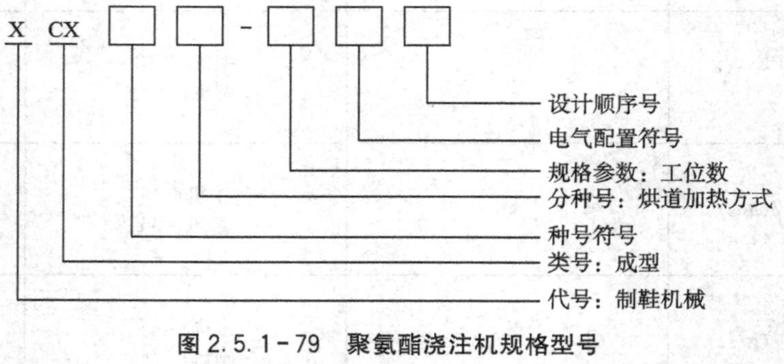

图 2.5.1－79　聚氨酯浇注机规格型号

聚氨酯成型流水线的规格型号表示方式见表 2.5.1－22。

表 2.5.1-21　聚氨酯浇注成型机的基本参数

序号		项目	单位	技术指标	
浇注机（主机）	1	最大吐出量	cm^3/s 或 g/s	按制造单位技术文件规定	
	2	浇注量相对差	%	±0.8	
	3	混合头主轴转速	r/min	高速	>12 000
				中速	8 000～12 000
				低速	<8 000
	4	浇注头清洗周期内连续浇注累计次数[a]	次	高速	>80
				中速	
				低速	>20
	5	气动系统工作压力	MPa	0.6～0.8	
	6	额定电压	v	AC380	
	7	电源频率	Hz	50	
成型流水线（辅机）	8	工位数	个	按制造单位技术文件规定	
	9	运行速度可调范围	m/min	3～15	
	10	烘道工作温度可调范围	℃	室温～80	
	11	烘道工作温度均匀度误差	℃	≤10	
	12	额定电压	v	AC380	
	13	电源频率	Hz	50	

注：设定浇注量为 200 g，相邻两次浇注间隔时间少于 5 s。

表 2.5.1-22　聚氨酯成型流水线的规格型号表示方式

成型流水线种号符号		成型流水线分种号符号		成型流水线电气配置符号	
符号	含义	符号	含义	符号	含义
S	鞋底成型流水线	1	油加热	Ⅰ	电磁调速
U	连帮成型流水线	2	电加热	Ⅱ	变频调速
		3	油电双加热		

浇注机料罐应经 0.2 MPa 起亚密封试验合格后方可装配。混合头主轴装配后，主轴与混合头配合的轴颈端部外圆的径向圆跳动应不大于 GB/T1184－1996 中 7 级（高速）、8 级（中速）和 9 级（低速）的要求。阀门、接头、仪表、管道等零部件的连接应严密可靠，不应有油、水、气、原料的渗漏现象。浇注机的移动应灵活自如，流水线运行平稳，无爬行或阻滞现象。

以轴承座一端轴承孔轴线为基准，另一端轴承孔轴线对基准的同轴度公差应不大于 GB/T1184－1996 中 5 级（高速）、6 级（中速）和 7 级（低速）的要求；轴承座两端轴承安装孔表面粗糙度 Ra≤0.4 μm（高速）或 0.8 μm（中速和低速）。

混合头主轴上两处安装轴承的轴颈对公共轴心线的同轴度公差、与混合头内孔相配合的轴颈对公共轴心线的同轴度公差均应不大于 GB/T1184－1996 中 5 级（高速）、6 级（中速）和 7 级（低速）的要求；主轴上两处安装轴承的轴颈、与混合头内孔相配合的轴颈，其表面粗糙度 Ra≤0.4 μm（高速）或 0.8 μm（中速和低速）。

采用燃油加热的成型流水线，其热风机与燃烧器应具有电路联锁装置功能：热风机未开启，燃烧器不能启动；热风机停止，燃烧器应立即停止；燃烧器停止，热风机继续运行一段时间后应自动会计。燃油油箱应有可靠的隔热措施，并与燃烧器之间保持有效的安全距离，油箱油面应有最高油位显示或限位警示装置。

浇注机的原料管路系统应有压力、温度的显示，并能设定和控制。浇注机的电气控制系统应能实时采集和显示计量泵的转速，并具有依据计量泵的转速计算和显示原料组分比例的功能。电气配置符号为Ⅱ、Ⅲ、Ⅳ的浇注机还应符合：①微电脑控制系统应能设定和自动调节计量泵的转速，计量泵转速的实际值与设定值的误差不大于±0.5 rpm；②微电脑控制系统应能根据设定的原料组分比例，以 B 计量泵转速为基准，自动计算并调整 A 计量泵转速，使原料组分的实际比例和设定比例的绝对误差不大于±0.005；③当原料的温度、压力、组分比例超出工艺规定所设定的区间上下限值时，应能立即禁止注料并输出报警信号；④当计量泵停转时，停止浇注；⑤能通过宽带网络或 GPRS 无线网络实现远程设备调试、数据设定及查询；⑥能设定、保存和打印原料的温度、压力、组分比例、热油温度、计量泵转速，并能用曲线显示和查询，能显示浇注时间、浇注总次数、浇注头工作状态；⑦微电脑控制系统能对成型流水线各工位的浇注次数进行设定和控制，当浇注累计次数超过设定次数时，应拒绝浇注。

料罐中原料温度的调节和设定范围为室温至 60℃，并应恒温自动控制。在设定浇注量为 200 g，相邻两次浇注间隔时间少于 5s 的条件下，浇注头在达到规定的连续浇注累计次数前，发泡体不应出现色泽不匀现象，透明体不应出现起泡现象。浇注头各气动执行元件在气压降至 0.5 MPa 时，动作应灵敏可靠，无阻滞现象。浇注头工作时，轴承部位的温升不大于 30℃。对透明体原料进行真空脱泡处理后，相关料罐内的真空度应不大于 670 Pa。

成型流水线烘道工作温度应能设定并可自动控制，实际值与设定值的误差为±5℃。

六、橡胶制品成型设备的供应商

6.1 管带成型设备供应商

管带制品成型设备的主要供应商见表 2.5.1－23。

表 2.5.1－23 管带制品设备的主要供应商

主要供应商	钢丝合股机	钢丝编织机	钢丝缠绕机	纤维编织机	纤维缠绕机	缠解水布机	钢丝绳带成型	传动带成型机	传动带切割机	传动带磨削机	同步带脱模机	鼓式硫化机	硫化罐
益阳橡胶塑料机械集团有限公司													√
广东湛江机械厂													√
青岛信森机电技术有限公司								√	√	√	√		
兰溪市夏华橡塑机械厂								√	√	√	√		
沧州发达橡塑设备制造有限公司	√	√	√			√							
沧州金钟机械制造有限公司	√	√	√			√							
青岛澳斯特机械有限公司	√	√		√		√							
青岛汇才机械制造有限公司							√						
郑州军安机械制造有限公司													
大连华韩橡塑机械有限公司												√	
无锡锦和科技有限公司													
浙江百纳橡塑设备有限公司			√	√	√								

6.2 其他橡胶制品成型设备供应商

其他橡胶制品成型设备的主要供应商见表 2.5.1－24。

表 2.5.1－24 其他制品成型设备的主要供应商

主要供应商	精密预成型机	胶鞋成套设备	密封条生产线	橡塑发泡硫化机	橡胶地砖生产线	橡胶垫生产线	医用瓶塞生产线	橡胶型电缆生产线
宁波誉川机械有限公司	√							
青岛汇才机械制造有限公司		√		√	√	√		
无锡骏旭机械有限公司								
无锡锦和科技有限公司		√						
瑞安市宏达皮塑机械厂		√						
泉州三兴机械工贸有限公司		√						
浙江百纳橡塑设备有限公司			√					
郑州军安机械制造有限公司				√				
大连嘉美达橡塑机械有限公司							√	√

本章参考文献

[1] 曾宪奎，李志洋．输送带生产工艺及设备［J］．橡塑技术与装备，2005，31（10）：18－25.

[2] 吴贻珍．传动带制造技术现状与进展［D］．中国橡胶百年-广州论坛会议论文集，2015，9.

[3] 吴贻珍．我国传动带工艺装备现状与展望［J］．橡塑技术与装备，2002，28（12）：14－20.

[4] 曾宪奎，李志洋．橡胶传动带生产工艺及设备［J］．特种橡胶制品，2005，26（4）：44－52.

[5] 黄靖．切边 V 带同步齿形带多楔带生产工艺及设备［J］．世界橡胶工业，2001，28（2）：32－37.

[6] 黄靖．多楔带及其生产工艺和设备［J］．橡胶工业，2002，49（2），94－96.

第六章　通用硫化设备

橡胶制品的硫化方法主要包括模压法、传递模压法、注压法、无模硫化法、连续硫化法、高能辐射硫化法和微波硫化法等。

1. 传递模压法

传递模压法是将未硫化胶料从模具的料槽（塑化筒）压到模具的实际型腔中，这种方法通常用于硫化形状复杂或内有嵌件的制品。由于传递模压法用较高的压力将胶料压入模具中，因而硫化期间的传热效果好，并可采用较高的硫化温度，缩短硫化时间。

注压法，随着原用于塑料制品生产的注射成型法的发展，橡胶胶料也可用这种方法成型、硫化。采用注压法硫化，制品的硫化时间只需几分钟（文献报道的硫化时间通常为一分钟以内）。通过对喂料、注射、脱模等操作的工艺条件进行恰当控制，可以降低传统模压法的废品率和修边成本。

2. 无模硫化

无模硫化包括以下内容。

1）热空气烘箱硫化，主要用于硫化薄壁制品，如气象气球等。制品经过预成型（挤出成型、浸渍脱模）或者是先在模具中进行预硫化，然后在热空气烘箱（或烘房、硫化罐）中进行二次硫化。二次硫化也用于采用过氧化物硫化体系的场合，可通过二次硫化除去过氧化物的分解产物。

由于热空气的传热性能较差，所以热空气烘箱的硫化效果不大好，为了防止产生海绵状并防止被硫化制品产生变形，一般采用低温硫化结合采用较长硫化时间的方法。

2）直接蒸汽硫化，主要用于硫化罐等密闭容器中的硫化，硫化介质是饱和蒸汽，具有较好的传热效果，可以采用较高的硫化温度和较短的硫化时间。直接蒸汽硫化比热空气硫化理想，可用于硫化胶管、电缆、粘贴法胶鞋等制品。

对需硫化的制品一般采用包水布、包铅、包塑等方法施加硫化压力。其中包铅硫化因污染较大，且对制品耐老化性能有不良影响，已逐步淘汰；水布为热收缩性材料，会在制品上留下水布纹，对制品的耐臭氧老化性能有不利影响；随着耐高温热塑性塑料的发展，包塑硫化近年来发展迅猛。

3）水浴或盐浴硫化法，适于硫化体积较大的耐水制品（如胶质大容器或容器衬里等），特别适合于硫化硬质胶料，硫化时制品与水直接接触，热传递效率较空气硫化高。采用该方法硫化可使制品在硫化过程中变形较小，但因硫化温度不高，硫化时间较长。

盐浴可以提高硫化温度和传热效率，但污染较大。

3. 连续硫化法

连续硫化法，简称 C. V.，可采用多种加热方式对刚成型完的半成品进行立即硫化。该法常用于硫化挤出制品、包胶电线、输送带和橡胶地板等。

1）液体介质硫化法（L. C. M），该法采用合适的热介质槽，使挤出制品连续通过热介质而硫化，挤出制品可在 200～300℃的温度条件下快速硫化。生产过程要注意防止出现海绵状现象，需改进胶料配方。

适合作为硫化介质的物质包括：铋锡合金、硝酸钾与亚硝酸钠和硝酸钠三者组成的低共熔盐、聚乙二醇，以及某些液体有机硅。

2）流动床硫化法，该法使用悬浮于热空气流中的固体微粒（如玻璃微珠）作为硫化介质来加热硫化物，通常用于挤出制品的连续化硫化，此法热交换效率比纯热空气硫化约高 50 倍。

3）通道式热空气连续硫化法，此法与热空气烘箱法相同。薄壁制品，如避孕套等浸渍制品在浸渍之后由环形输送带或链条输送，连续通过一狭长的加热通道（烘道）而硫化，制品在加热通道内的滞留时间对应制品模具硫化时的脱模时间。

4）管道蒸汽硫化法，该法主要用于有护套产品（电线、电缆等）的连续硫化。当橡胶被挤出包覆在金属线芯上之后，电缆进入一个带夹套的、内充压力蒸汽的硫化管道而硫化。电缆在硫化管道中滞留的时间即硫化时间，取决于护套的厚度、蒸汽温度等因素。

5）鼓式连续硫化法，该法主要用于硫化大型输送带和连续的橡胶地板等产品。用一环形钢带，把半成品压在加热鼓上，加热鼓缓慢匀速转动，半成品与之接触（受压）约 10 分钟后即硫化。

6）冷硫化法，该法是将薄壁制品浸渍在 S_2Cl_2 中或暴露在 S_2Cl_2 的蒸汽中进行硫化的方法。此法现已基本上被超速促进剂取代了，超速促进剂可使橡胶制品在室温下进行硫化。

4. 高能辐射硫化

高能辐射硫化利用同位素钴 60 产生的 γ 射线或电子束来硫化制品。电子束法现已用于硫化聚乙烯和硅橡胶，通常是将制品置于输送带上，通过电子束的幅射完成硫化。

5. 微波硫化

微波硫化由交变电磁电路产生的超高频电磁场（UHF）来加热或硫化断面大或不规则的制品，常见的为橡胶挤出机结合微波加热器的连续硫化系统。因非极性材料不能吸收超高频电磁能，过去认为该法只适用于极性橡胶，但因胶料配方中一般含有多种极性配合剂，所以现在也用于硫化 EPDM 等非极性橡胶制品。使用某些 UHF 装置可以在 30 秒内把制品加热至 200℃以上。

除传统的硫化三要素，即温度、压力、时间外，还需结合制品结构、制品厚度和胶料的热稳定性等方面的差异，确定合适的硫化工艺，选择适用的硫化设备。

6. 制品厚度对硫化的影响

橡胶的导热性很差，当制品厚度超过 6.3 mm（1/4 in）时，必须考虑热交换体系、制品几何形状、胶料的热容量和硫化特性对硫化速率的影响。通常可采用将硫化效应积分仪的热电偶插入胶料中来考察制品在实际硫化过程中的硫化情况。还可以这样来估算制品厚度对硫化速率的影响：厚度每增加 6.3 mm，则延长硫化时间 5 分钟。对于特别厚的或特别复杂的制品，如轮胎，一般采取由具有不同硫化特性的胶料制成半成品——即部件，来复合成型制品，并控制模具的冷却、加热速度，使复杂厚制品的各部分均能同步硫化。

制度厚度对温升的影响见图 2.6.1-1。

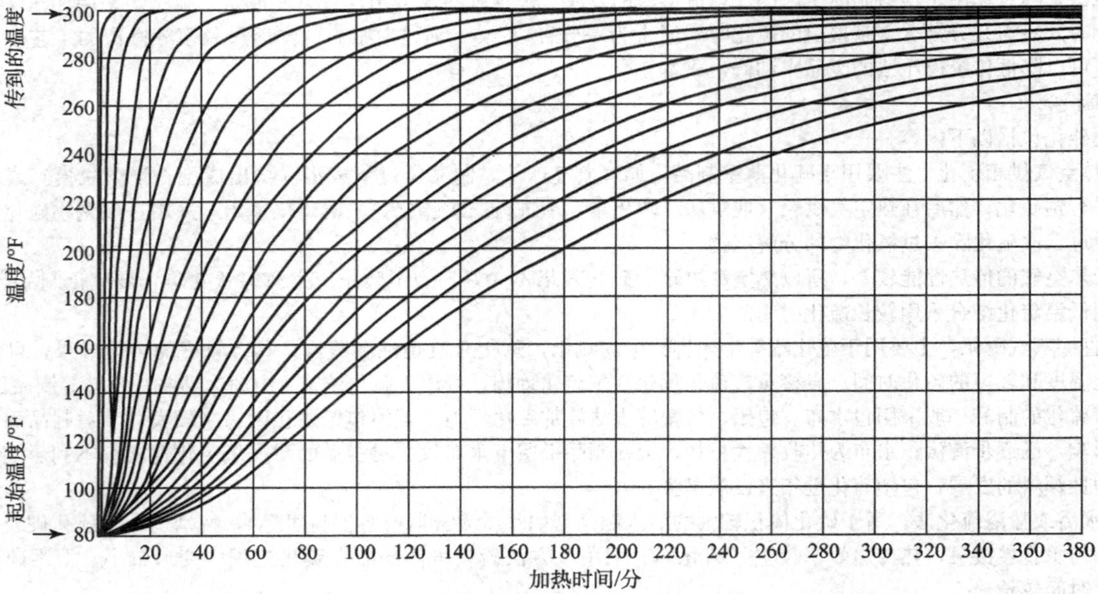

图 2.6.1-1 制品厚度对温升的影响

7. 温度对硫化的影响

大多数胶料的硫化温度系数大约为 2（1.3～2.2），这表示胶料的硫化温度每升高 10℃，硫化时间就应缩短一半；反之，如果硫化温度降低 10℃，则硫化时间应延长一倍。

8. 热稳定性对硫化的影响

每一类型橡胶都有一个适于其硫化的温度范围。为了避免胶料劣化变质，硫化温度不能超过各种橡胶的最高硫化温度。

橡胶硫化设备分类与型号见表 2.6.1-1。

表 2.6.1-1 橡胶硫化设备型号

类别	组别	品种		产品代号		规格参数	备注
		产品名称	代号	基本代号	辅助代号		
橡胶通用机械	一般硫化机械	卧式硫化罐		XL		罐体内径（m）×筒体长度（m）	仅用于制品、胶鞋等的硫化，间接蒸汽加热使用辅助代号，以 J 表示
		立式硫化罐	L（立）	XLL			
		平板硫化机	B（板）	XLB		热板宽度（mm）×热板长度（mm）×层数	仅用于模型制品硫化。单层不注层数。加热方式使用辅助代号，电加热以 D 表示，油加热以 Y 表示，蒸汽加热不注
		自动开模式平板硫化机	BZ（板自）	XLBZ			
		抽真空式平板硫化机	BK（板空）	XLBK			
		发泡式平板硫化机	F（发）	XLF			
		鼓式硫化机	G（鼓）	XLG		硫化鼓直径（mm）×最大制品宽度（mm）	仅用于板状橡胶制品硫化

续表

类别	组别	品种		产品代号		规格参数	备注
		产品名称	代号	基本代号	辅助代号		
胶管	硫化机械	胶管硫化罐		GL		罐体内径（M）×筒体长度	
胶带生产机械	硫化机械	平带平板硫化机	B（平）	DLB	Z	热板宽度（mm）×热板长度（mm）×层数	
		平带鄂式平板硫化机	B（平）	DLB	E		鄂式使用辅助代号以 E 表示
		V 带平板硫化机	V	DLV		热板宽度（mm）×热板长度（mm）	
		V 带鄂式平板硫化机	V	DLV	E		鄂式使用辅助代号以 E 表示
		汽车 V 带硫化机	Q（汽）	DLQ		热板直径（mm）	
		V 带鼓式硫化机	G（鼓）	DLG		硫化鼓直径（mm）×硫化鼓辊面宽度（mm）	
		胶套硫化罐	T（套）	DLT		罐体内径（mm）×筒体长度	罐盖平移式开启使用代号以 P 表示
乳胶制品	海绵硫化机械	海绵硫化机		RH			
其他机械	硫化机械	胶布连续硫化装置	B（布）	QLB		胶布最大宽度	
		制品连续硫化装置	L（连）	QLL			加热方式使用辅助代号，盐浴式以 Y 表示，热空气式以 R 表示，微波式以 W 表示
		胶片生产线	P（片）	QLP	X	胶片最大宽度（mm）	挤出法连续硫化
		胶球硫化机	Q（球）	QLQ			
		球胆硫化机	D（胆）	QLD			

一、平板硫化机

橡胶模型制品是橡胶行业中品种最为繁多，而生产橡胶模型制品的设备主要采用平板硫化机，这种设备具有结构简单、压力大、适应性广等特点。近年来，一般平板硫化机在热板温度均匀性和热板单位面积压力等方面提高性能外，还开发了各种结构形式、技术先进、功能完善的模型制品平板硫化机，如具有抽真空功能的、自动启闭模具的模型制品平板硫化机以及传递模平板硫化机等，并将微机技术应用于模型制品平板硫化机的功能控制，使平板硫化机的品种和技术水平提高到一个新的水平。

1.1　平板硫化机的分类

模型制品平板硫化机在橡胶制品工业中的广泛应用，随着制品的结构和生产的要求，平板硫化机的结构和使用的方式也出现了很多的不同。

平板硫化机按传动系统可以分为液压式、机械式和液压机械式平板硫化机；按控制方式可以分为非自动式、半自动式和自动式平板硫化；按热板加热方式可以分为电加热、过热水加热、热油加热及热管式加热平板硫化机；按生产的制品类型可以分为模型制品平板硫化机、平带平板硫化机、V 带平板硫化机。

按结构形式可以分为：①支架结构：柱式、框式和侧板式平板硫化机；②热板层数：一层、两层、三层和四层平板硫化机；③液压缸数目：单缸式和多缸式平板硫化机；④液压缸位置：上缸式和下缸式平板硫化机；⑤模具开启、出模方式：折页式自开模和机械式推出模。

1.2　基本结构

1.2.1　模型制品平板硫化机

（1）立柱式模型制品平板硫化机

柱式模型平板硫化机有蒸气加热和电加热两种类型。图 2.6.1－2 为蒸气加热和电加热都采用的柱式双层模型平板硫化机，属下缸式。它们主要由机座、工作缸、可动平台、热板、立柱、上横梁及液压驱动装置等组成。这两种设备只是热板加热方式不同而以，其他部分的结构几乎相同。

机座的空腔可作为液压系统的油箱。工作缸为柱塞式液压缸直接落座在机座中，它由缸体、柱塞密封及压盖组成。柱

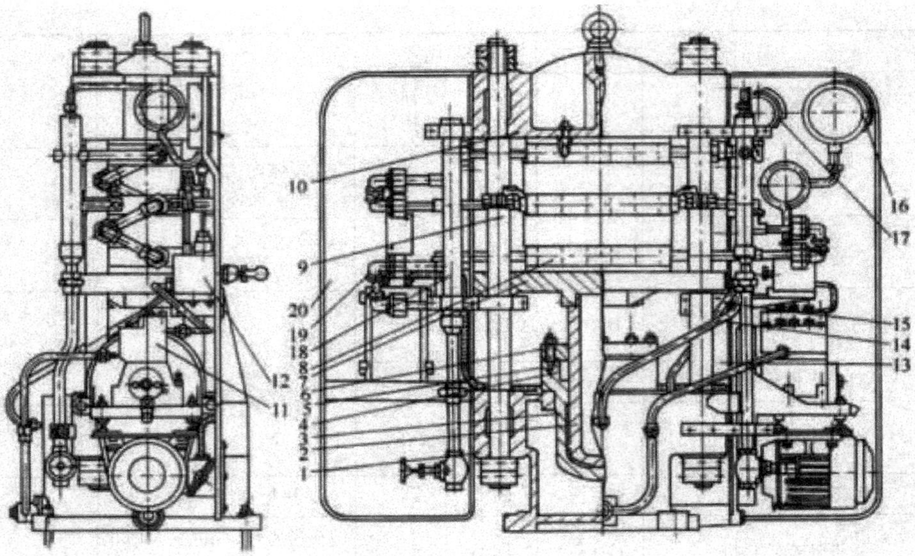

图 2.6.1－2 柱式双层平板硫化机

1—机座；2—工作缸；3—柱塞；4—密封圈托；5—密封圈；6—法兰盘；7—可动平台；8—上、下加热平板；9—立柱；10—上横梁；11—油泵；12—配压器（控制阀）；13—来油管；14—工作缸进、出油管；15—回油管；16—油压力表；17—蒸汽压力表；18—集汽管；19—蒸汽管；20—机罩

塞上方与活动平台连接，在平台上固定着隔热板和下热板。热板内钻有孔道用于通入蒸气或插入电加热器，对热板进行加热。本台机为双层平板硫化机，由三块热板组成，中间的热板由挡环架起，上热板与隔热板与上横梁固定。四根立柱和螺母将机座与上横梁连接成稳定的封闭受力体系，承受着平板硫化机工作时的压力。蒸气加热的热板，其蒸气管路采用活络管件或软管。液压驱动装置采用单独系统，也有采用集中水压系统进行供压。

工作时，液压缸注入液压介质，柱塞推动活动平台升起，直至对模具加压。硫化完毕，液压缸液压介质排出，柱塞在重力作用下下降，人工或自动取出制品，重新装入胶坯，即可重新进行制品的硫化。

多层平板硫化机多用于发泡拖鞋、鞋用材料、座垫、鞋底、输送带、胶衬等橡胶制品的成型与硫化。这种设备一般都采用了开、合模同步机构。其主要结构与双层平板硫化机相似。

（2）框式模型平板硫化机

框式模型平板硫化机的特点为主要受力件是开有窗口的两块钢板（称为框板），其典型结构如图 2.6.1－3 所示。

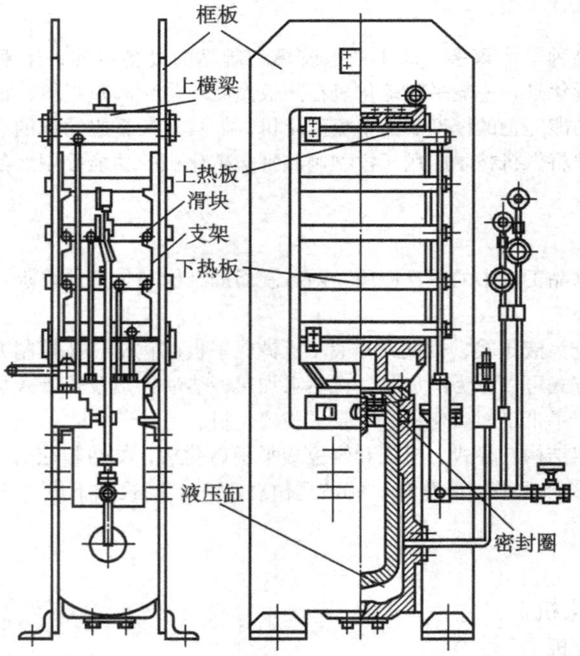

图 2.6.1－3 框式模型平板硫化机

框板、上横梁与液压缸被螺栓连接成一个封闭稳定的受力体系。上、下热板分别与隔热板固定在上横梁和活动平台，中间热板由滑块支承。左右支架还起着对热板导向定位作用。密封圈设在工作缸的凹槽内，不用压盖和支承还，结构简单。更换密封圈时，将活动平台升起，用木块垫住，卸去螺栓，让柱塞下降到底，露出密封圈，然后更换。换好后再将柱

塞用液压升起，将其他零件安装上。

（3）侧板式模型制品平板硫化机

侧板式平板硫化机与框板平板硫化机的区别是用两块侧板代替两块框板，方便加工装配。其基本结构如图 2.6.1－4 所示。

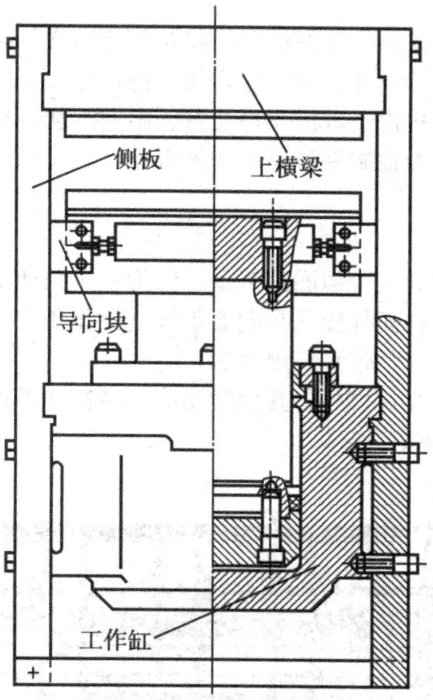

图 2.6.1－4　侧板式平板硫化机

两块侧板与工作缸和上横梁被螺栓连接成一个稳定的机架，工作时液压缸注入液压介质，工作缸工作时的作用力全部由侧板承担。其他结构与平板硫化机相似。活动平台用螺栓与柱塞连接，上下热板分别与上横梁和活动平台固定，导向块用于固定在活动平台上并起着导向作用。

1.2.2　平带平板硫化机

平带平板硫化机主要用于硫化平型胶带（如运输带、传动带），主要功能是提供硫化所需的压力和温度，它具有热板单位面积压力大，设备操作可靠和维修量少等优点。与模型制品平板硫化机一样，硫化压力由液压系统通过液压缸产生，温度由加热介质（通常为蒸气）加热热板提供。

运输带品种较多，故生产工艺也不同，一般可分为层叠法、浸渍法、浸渍贴覆法和恒张力冷胶片贴合钢丝输送带法。不同生产工艺方法可用于生产不同的运输带，层叠法主要用于层叠式帆布带芯普通输送带的制造；浸渍法用于 PVC 浸渍整体编织带芯全塑型输送带的生产；浸渍贴覆法用于 PVC 浸渍整体编织带芯，表面贴覆橡胶片的橡塑输送带的生产；冷胶片贴合法用于钢丝输送带的生产。

平带平板硫化机按机架的结构形式可以分为柱式平带平板硫化机和框式平带平板硫化机；按工作层数可以分为单层和双层平带平板硫化机；按液压系统工作介质可以分为油压和水压平带平板硫化机。

柱式平带平板硫化机是最早使用的设备，而目前使用较多得是框式平带平板硫化机，与柱式平带平板硫化机相比，框式平带平板硫化机具有如下特点：在一定的中心距下，允许安装较大直径的液压缸，从而减少液压缸的数量；上横梁受力合理，所需的断面模量比柱式的小；制造安装简单，管路配置隐蔽，整机外形整齐美观。平带平板硫化机的基本结构与模型制品平板硫化机的结构类同，可以看成是多台模型制品平板硫化机的组合，只是热板规格比较大，上横梁和下横梁由几个铸件组成，上、下热板分别与上横梁、活动平台连接成一个组合件。

（1）柱式平带平板硫化机

图 2.6.1－5 为双层柱式平带平板硫化机的结构，它主要由立柱、上横梁、下横梁、活动平台、热板、夹持拉伸装置、夹持装置、液压系统和蒸气管路系统等组成。

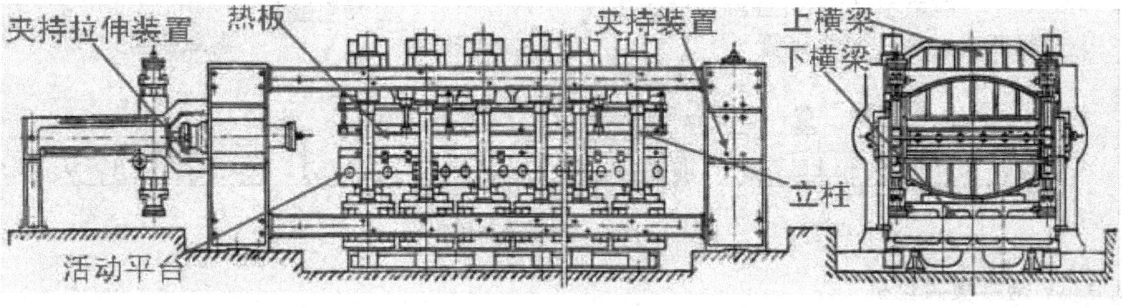

图 2.6.1－5　双层柱式平带平板硫化机

平带平板硫化机的上、下热板分别与上横梁和活动平台连接，为了防止由于热板的热膨胀引起设备的损坏，热板与它们的连接一般均采用滑动连接（即上横梁留出长孔或在热板与活动平台的侧面用连接板连接），使热板热膨胀产生的伸长能自由伸展。

活动平台的导向由横向导向滑块和纵向两端的导向滑块组成，导向滑块均在立柱的外表面上滑动，保证活动平台的正常移动。

夹持拉伸装置用于平带硫化前对带坯的拉伸，以保证每层胶布保持同样的张力和防止成品使用过程中伸长。固定在平带平板硫化机的前端是夹持装置，后端是夹持拉伸装置，它既要夹持带坯又要拉伸带坯。对于尼龙骨架材料的平带，硫化后必须在恒张力下进行冷却。这样平板硫化机需设置前夹持装置、中夹持装置和后夹持装置，以防止纤维的热收缩。

平带平板硫化机硫化时一般采用垫铁作为控制平带厚度和平带宽度的“模具”。它们与上、下热板形成一个活动模腔，保证平带的尺寸和硫化的压力。

（2）框式平带平板硫化机

螺栓把两块框板、上横梁和液压缸连接成一个稳固的框架，成为一个封闭的力系，硫化加压时，框板与上横梁、液压缸之间通过上横梁和液压缸的止口受力作用，而螺栓只是起着紧固连接作用。为了增加框板的侧向刚度，框板的上下两端由定距杆紧固。若干个这样的框架排列成一台平带平板硫化机。

框式平带平板硫化机除了采用框板代替立柱之外，其他的功能及结构几乎相似。

图 2.6.1－6 为框式单层平板硫化机结构。

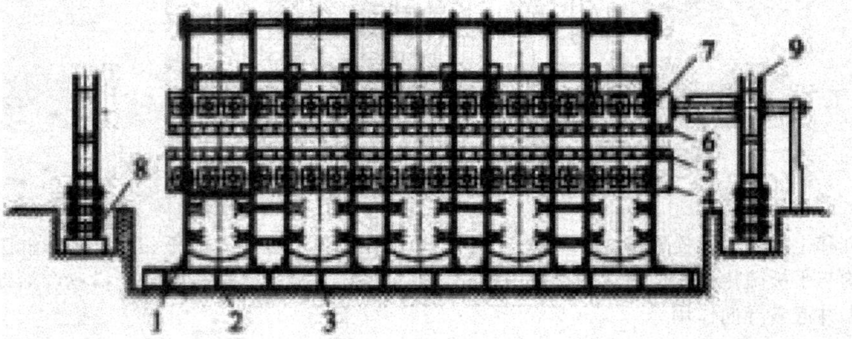

图 2.6.1－6　框式单层平板硫化机

1—框板；2—底座；3—液压缸；4—活动平板；5—下热板；6—上热板；
7—上横梁；8—夹持装置；9—夹持拉伸装置

开机时，平带与热板之间的粘连将会影响下热板靠自重下降的工作，为此，在平板硫化机的两侧安装有若干个拉离缸，利用拉离缸产生的拉力确保下热板的下降动作。顶垫铁装置除了用以控制带胚的压缩量外，还能在硫化时顶住带胚的两侧，与上、下热板一起构成一个活动模腔，达到对带胚进行加压硫化的目的。

框式平带平板硫化机与柱式平带平板硫化机相比，具有以下优点：①在一定的中心距下，允许安装较大直径的液压缸，从而可减少液压缸数量，精简结构，减少维修量；②上横梁受力合理，所需的断面模量远比柱式小，可以减轻机体重量；③制造安装简单，管路配制隐蔽，整机外观整齐美观。框式平带平板硫化机单个框板的侧向刚度比柱式的差，但是由于框式平带平板硫化机的机架由多个框板组合而成，因此整机具有足够的侧向刚度。

平带平板硫化机的平带生产线一般由导开装置、前牵引装置、夹持装置、夹持拉伸装置、后牵引装置和卷取（包装）装置等组成，如图 2.6.1－7 所示。

工作时，带坯在前牵引装置从导开装置上导出，并由后牵引装置牵引引入热板之间，夹持装置夹持带坯，夹持拉伸装置夹持并拉伸带坯至规定的预伸长量，而后下热板上升加压硫化。硫化时夹持拉伸装置松开带坯，复位到初始位置。硫化结束，排出液压缸内的介质，在重力作用下下热板下降，卷取装置将平带卷取和进行包装。重复上述的过程。对于用尼龙做骨架材料的平带，硫化后必须在恒张力下进行冷却，这时，平板硫化机除需设置前、后夹持装置外，还需设中夹持装置，其中，前、中夹持装置提供对带胚的拉伸，中、后夹持装置提供对硫化后的平带冷却时的拉伸。

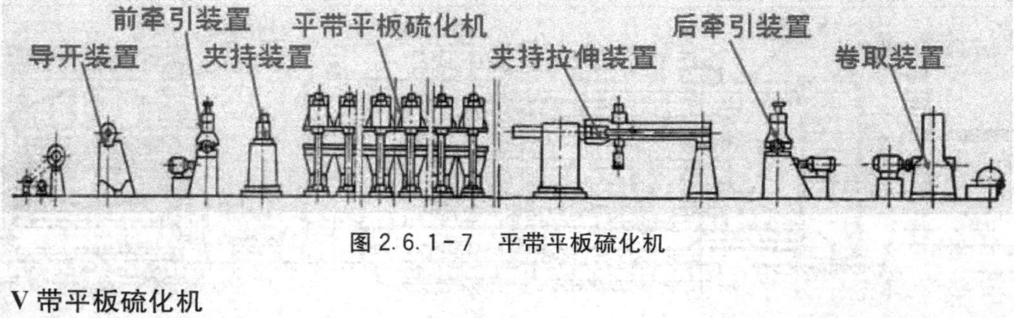

图 2.6.1－7　平带平板硫化机

1.2.3　V 带平板硫化机

V 带的结构类型很多，一般分为两类：帘布 V 带和线绳 V 带。通常，硫化 V 带的设备有：V 带颚式平板硫化机、V

带鼓式硫化机、液压圆模平板硫化机、普通硫化罐和胶套式硫化罐。

V带平板硫化机根据硫化主机两侧所配拉伸装置结构的不同，有导杆式和导座式两种。图 2.6.1－8 为导杆式拉伸装置和导座式拉伸装置的V带平板硫化机的结构图。它们都有颚式平板硫化机、左、右拉伸装置和左、右转带装置。前者左右两侧的拉伸装置的支承由两根导杆支承，后者则采用机座上的燕尾槽支承。

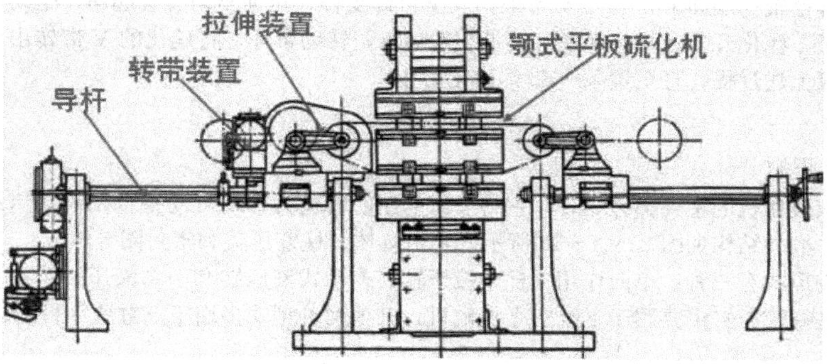

图 2.6.1－8　导杆式拉伸装置和导座式拉伸装置的V带平板硫化机

图 2.6.1－9 为导座式V带平板硫化机的结构图。

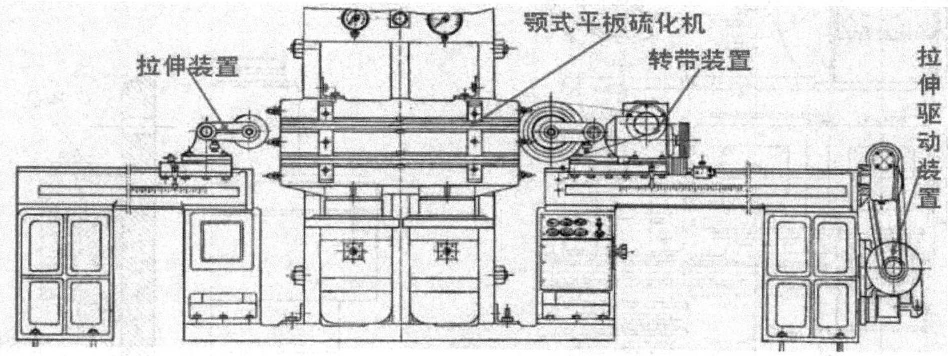

图 2.6.1－9　导座式V带平板硫化机

左、右拉伸装置工作时一侧调整后固定，而另一侧由拉伸驱动装置带动螺杆转动，螺杆驱动拉伸架移动，拉伸带坯达到规定尺寸后固定下来。左、右转带装置有V带槽用于带坯的定位，同时V带的硫化采用分段式硫化，转带装置用于带坯在拉伸状态下，转换带坯的硫化部位。左、右转带装置结构相似。但左转带装置无动力，右转带装置由电机减速箱驱动。

颚式平板硫化机的结构与一般双层平板硫化机类似，它由框板（或铸造机架）、液压缸、活动平台、热板、上横梁以及加热管道、液压系统等组成。框板的一侧开口呈颚状，以适应环状V带的装卸，两侧框板与上横梁、液压缸用螺栓连接成一体，并用定位螺栓进行加固连接。热板上固定的模具可根据不同规格的V带更换模具。由于V带平板硫化机采用分段硫化，为防止硫化时交接处过硫，热板两端设置冷却水冷却通道。中间热板可沿滑道升降，并设有螺栓调节中间热板在开模时停留的位置，如图 2.6.1－10 所示。

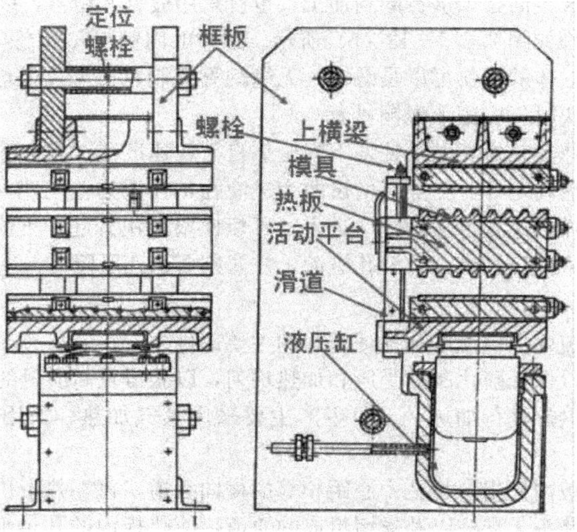

图 2.6.1－10　颚式平板硫化机

左右转带装置的结构相似，但是，一边的转带装置有动力，而另一边的则无动力。图 2.6.1－11 所示的转带装置为有动力的机构。它由槽辊、可卸支杆和槽辊传动装置等组成。槽辊可按要硫化的 V 带规格更换，其轴的一端由轴承支承并固定，另一端由可卸支杆支承，以使槽辊具有足够的刚度，减少槽辊在工作时的变形。可卸支杆从槽辊卸下后，可卸下或装入 V 带。

工作时，可卸支杆从槽辊一端卸下，装入 V 带坯，安上可卸支杆，拉伸驱动装置起动，驱动螺杆使转带装置移动，拉伸带坯达到预定的拉伸量，硫化开始。硫化结束，转带装置运行，转动带坯，将硫化的 V 带转出模具，此时，未硫化的带坯则装入硫化机中。重复上述过程，直至整条 V 带都硫化为止。

1.3　主要零部件

1.3.1　柱塞和液压缸

柱塞和液压缸是平板硫化机的主要部件之一，它将液压的压能转化为带动可动平台及模具运动的动能，并提供模型制品硫化时所需的压力。一般的结构如图 2.6.1－12 所示。它由缸体、柱塞压盖和密封圈等组成。

柱塞和液压缸的结构形式有三种：单向作用式柱塞液压缸、差动式液压缸和活塞液压缸，在平板硫化机中前两种型式应用最多。单向作用式柱塞液压缸主要用于下缸式平板硫机，其他两种型式多用于上缸式平板硫化机。

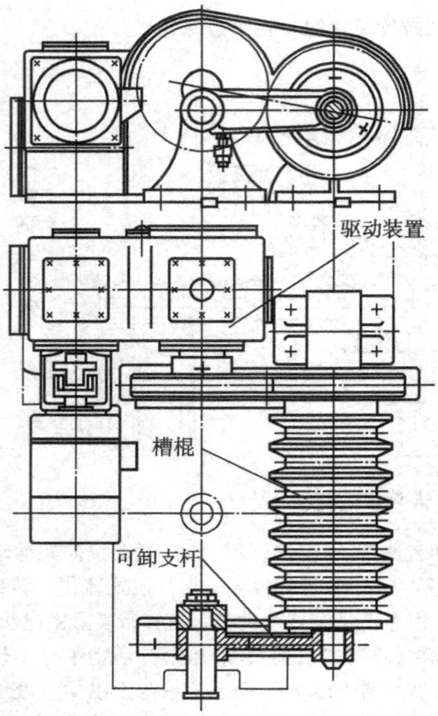

图 2.6.1－11　有动力的机构

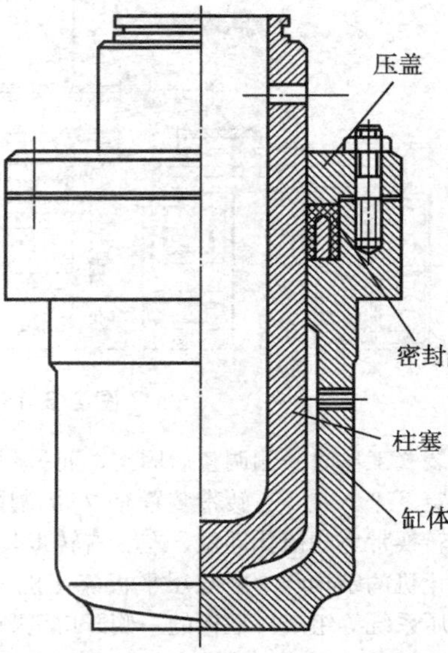

图 2.6.1－12　柱塞和液压缸

单向作用柱塞的结构如图 2.6.1－13（a）所示。柱塞直径较小时多为实心，当柱塞直径大于 350 mm 时，为了节约材料、减轻重量一般制成空心的。柱塞表面必须进行磨削加工，也有采用镀铬并精磨，以提高耐磨性和密封性。

缸体属于厚壁容器，其常见结构如图 2.6.1－13（b）所示。缸体的内壁与底部之间一般都采用大圆弧过渡，以防止缸体壁厚变化过大而引起应力集中。缸体的材料可以是锻钢、无缝钢管焊制、也可以是球墨铸铁或铸钢制成。缸体的凸肩是柱塞的导轨，对于柱塞运行速度较快时，应镶上青铜衬套。

上述的柱塞液压缸工作时升降速度较慢，尤其柱塞下降全靠自重，速度无法控制，采用增速型液压缸可以解决这些问题。液压缸在原来的上部有一个进液孔之外，在下部增设两个进液孔，柱塞为差动式，柱塞底部设置增速室和滑管组成的增速装置。当活动平台升起时，同样的进液量从滑管中进入，可使柱塞很快升起。下降时，液压系统自动停止向液压缸底部供压，同时打开回流阀，并换向为液压缸上部进液孔进液，柱塞则可快速下降。

1.3.2　热板

热板是平板硫化机为橡胶制品硫化提供温度和保证压力的主要部件之一。它必须具有热板温度分布均匀，热板表面平直光滑，使模具与平板接触良好，以保证硫化制品受压和加热均匀，以获得较高质量的制品。

热板可用蒸气、高压过热水或电热进行加热，工业生产主要采用蒸气加热。采用不同介质热板的结构有所不同，如图 2.6.1－14所示。

蒸气加热平板一般都采用在热板内钻出一排孔中心距相等的横向孔道，再在热板内的纵向两侧各钻出一孔道与横向孔道相通。在纵向孔道中装上一些由堵头、支柱以及丝堵组成的通道，使热板内的孔道形成迂回孔道，以使蒸气能以蛇形通道内流动，使热板均匀受热。

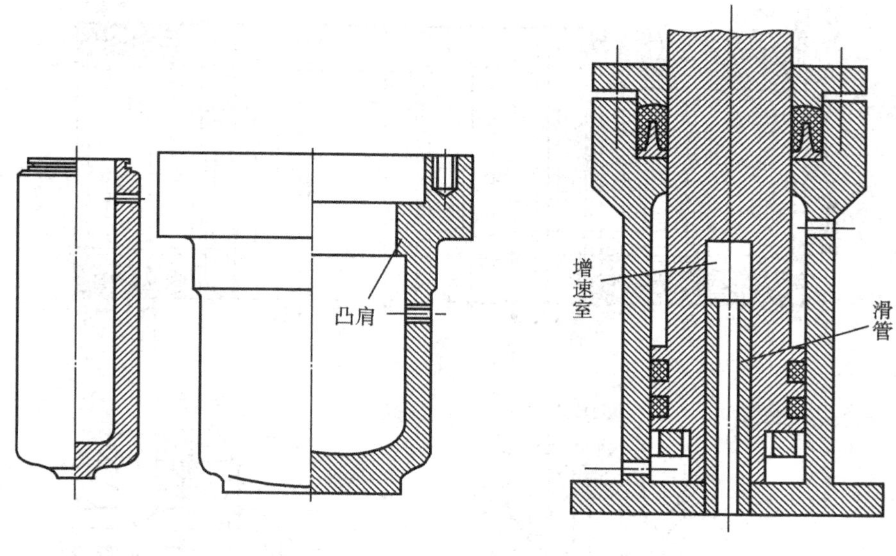

图 2.6.1-13　单向作用柱塞和缸体

(a) 单向作用柱塞；(b) 缸体

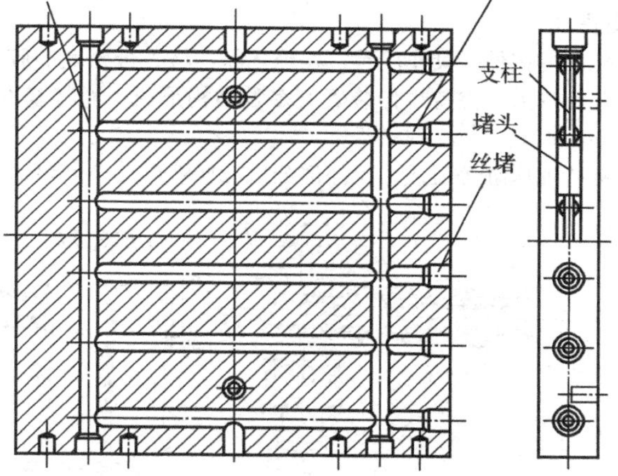

图 2.6.1-14　热板

电加热热板的结构与蒸气加热的有点不同，它的横向孔道是用于装入管形电阻加热器，没有迂回孔道的设置。

电加热的热板必须装有自动控制热板工作温度的温度继电器，以使加热热板温度达到规定值时，继电器的常闭触头开路，停止加热热板；而当温度降至规定值时，则继电器的触头重新闭合，重新加热热板。这样保证热板的温度控制在一定的范围内。

采用高压过热水加热方式与蒸气加热和电加热比较有如下优点：加热温度分布比较均匀，加热、冷却温度控制较容易、节约附属设备运行维护费、热载体循环使用热效率高。但由于需要热载体循环系统，故设备投资较大。

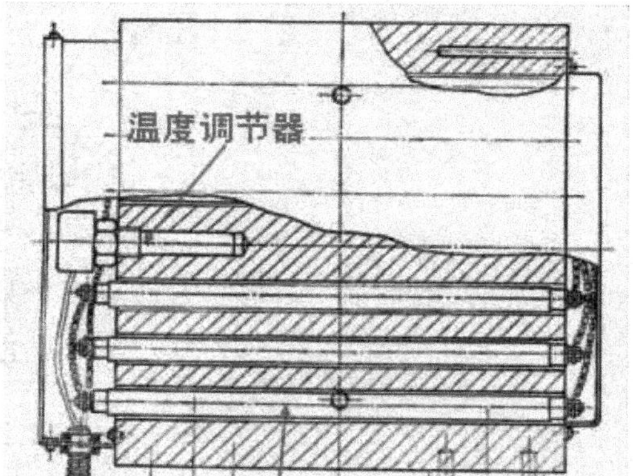

图 2.6.1-15　平带平板硫化机蒸气加热热板

平带平板硫化机及 V 带平板硫化机的热板与上述的热板不同，这是这些设备硫化制品时为分段硫化，为了防止制品在交接处过硫，热板两端设有冷却水道。图 2.6.1-15 为平带平板硫化机蒸气加热热板的结构图。目前，国内一般都采用分段焊接的方法制造，由于热板比较长，为了加热均匀，蒸气进出口的通道也分成数段。热板上每隔两条纵向通道插入一个圆销，堵塞横向通道，使蒸气在热板内按一定方向迂回流通。热板两端采用冷却水通道冷却，在冷却水与蒸气通道之间设置堵头进行隔离，如图 2.6.1-16 所示。

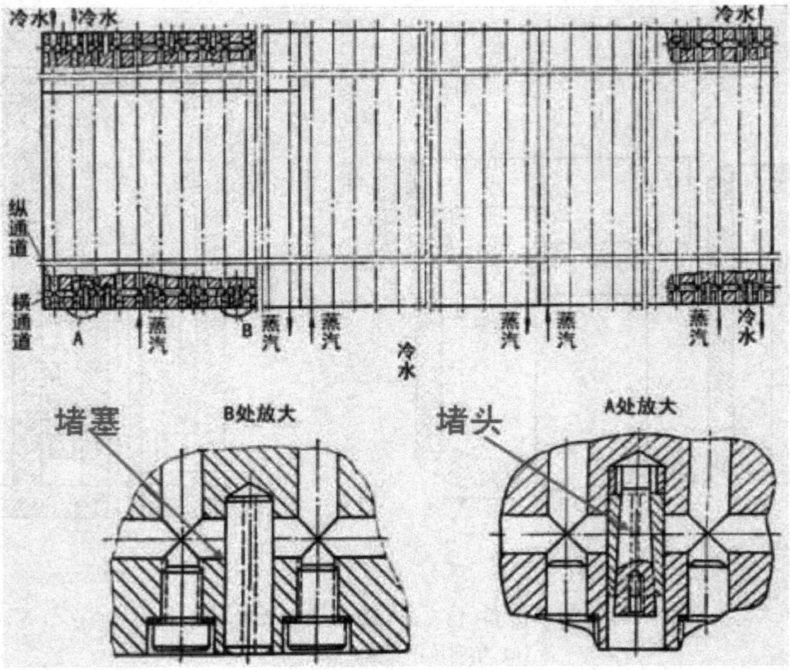

图 2.6.1-16　热板工作原理

1.3.3　夹持拉伸和夹持装置

夹持拉伸装置用于平带带坯硫化前的拉伸。其作用是：在硫化前，将平带毛坯的胶布预先拉伸，以保证每层胶布处于拉直状态，以保证工作时每层胶布均匀受力。夹持拉伸装置有多种结构形式，而其基本构成是由夹持和拉伸两部分组成，如图 2.6.1-17 所示。

夹持部分由上夹板、下夹板及夹持液压缸等组成。拉伸部分由拉伸液压缸、上导轨、下导轨、齿条和齿轮等组成。

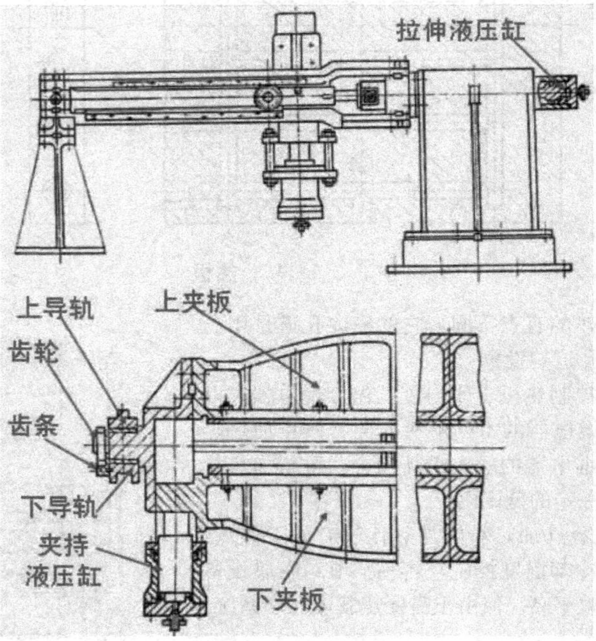

图 2.6.1-17　夹持拉伸装置

工作时，先由夹持液压缸将下夹板升起，和上夹板夹紧带坯，再由拉伸液压缸将夹持的带坯拉伸，拉伸量可从标尺上读出。上夹板和下夹板和夹持液压缸都安装在侧机架上，其两端可在拉伸液压缸带动下在导轨内移动。在左右滑块的外侧各安装一个齿轮，齿轮与齿条啮合，这样可以保持夹持部分的移动具有同步性。

夹持装置的结构与夹持拉伸装置相似，不同的是夹持装置没有拉伸装置而已。

1.4　硫化压力的计算

橡胶制品的硫化是在一定的温度、压力和时间下进行的。含有硫磺的混炼胶在高温下，分子发生交联，由线型结构变成网状的体型结构，使胶料具有一定物理机械性能的制品。但是胶料刚受热之后开始变软，胶料内的水分和易挥发物质要气化，这时必需给以足够的压力，使胶料压型成一定形状，并限制气泡的生成，保证制品组织结构密致。因此橡胶制品硫化过程中始终必须保证一定的压力和规定的温度，而提供压力和温度是平板硫化机的主要功能。

平板硫化机的工作过程是：模型中装入胶料后，合上模板并放在热板上。向液压缸内通入压力水或压力油，可动平台在柱塞推动下升起直至压紧模具，同时向热板通入蒸气，调整压紧模具的压力，使之达到规定的压力。硫化结束，起动阀门，使液压缸内的压力液排出，柱塞在重力作用下，带着可动平台下降，便可取出模具和制品。

对橡胶制品进行硫化时所需的单位压力一般为 2.5～3.5 MPa，小制品且胶料流动性能好的可以取小值，反之取大值。根据制品的特殊要求可以提高硫化时对胶料的压力。而平板硫化机可以提供的压力大小则是选用的主要因素。因此应对制品硫化所需压力和平板硫化机可以提供的压力进行核算。

橡胶制品硫化所需压力为

$$P_1=F_1\times p_1(\mathrm{kN})$$

平板硫化机所能提供压力为

$$P_2=F_2\times p_2(\mathrm{kN})$$

设备满足工艺条件要求的条件是

$$P_2\geqslant P_1$$

实践证明，在保压硫化时，胶料和模具的温度不断升高，胶料热膨胀和胶料结构变化后体积缩小的特性，使硫化过程压力是变化的，控制不好则制品密致性差、飞边过厚，影响制品的几何精度。所以，选择平板硫化机的压力，除了考虑制品大小及承压面积外，还应根据几何精度要求进行选择。

1.5 新类型模型制品平板硫化机

新型橡胶模型制品的发展，促进了模型制品平板硫化机的新结构和新工艺的发展与改进。改进主要从热能的合理利用、减少热损失、装卸制件或模型制品的机械化、自动化等方面。开发了如多工位回转式模型制品平板硫化机、同步开合模模型制品平板硫化机、自开模模型制品平板硫化机、传递模压模型制品平板硫化机和抽真空模型制品平板硫化机等新型机台。

1.5.1 多工位回转式模型制品平板硫化机

多工位回转式模型制品平板硫化机是由装在一个转台上的若干台平板硫化机组成，转台回转一周，即可完成制品的加料、硫化及取出成品的全过程，可大大提高劳动生产率。如果增设一套注射机及取出产品的机械手，就可以构成模型制品生产自动化线。图 2.6.1－18 为六台平板硫化机组成的多工位回转式平板硫化机。

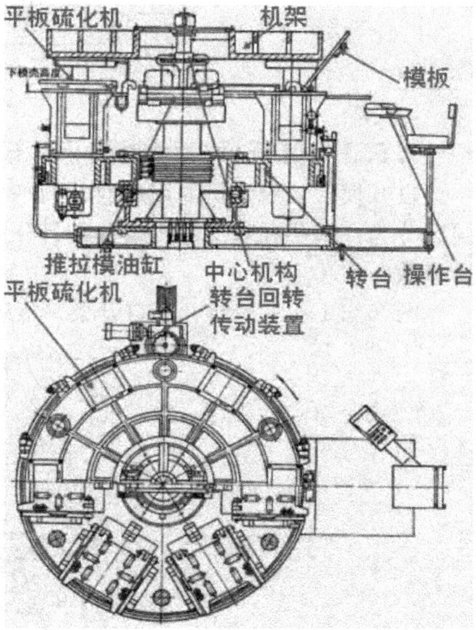

图 2.6.1－18　多工位回转式平板硫化机

这台设备适用于生产橡胶模型制品（如垫圈、密封件）或热固性树脂等制品。它主要包括了：转盘及间歇转动机构；模板开合与锁紧机构；液压流体分配机构；料坯自动（或半自动）装料与制品自动（或半自动）取出装置；液压系统、电控系统及模具加热系统等。平板硫化机的电加热热板采用油压升降，在上、下热板之间固定着模板，模板由推拉模油缸操作，沿着下热板滑动进出，并自动起开或闭合模板及模型。如图 2.6.1－19 所示。

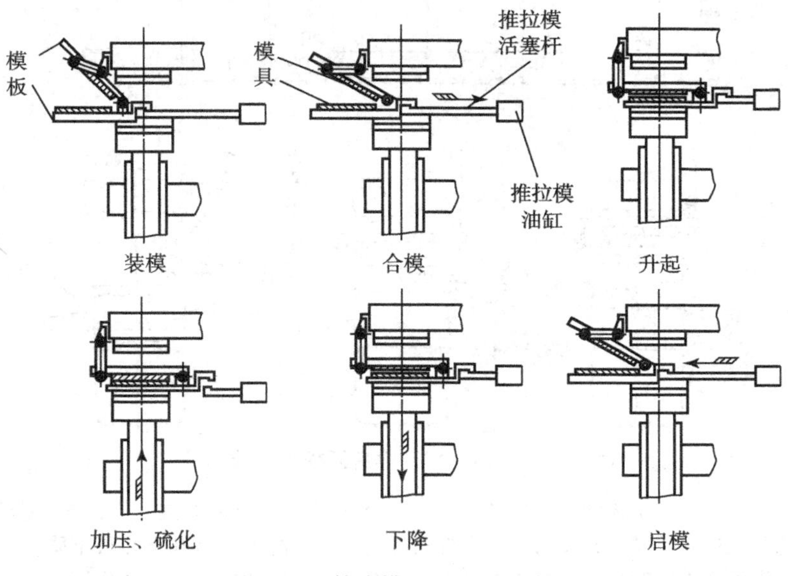

图 2.6.1－19　多工位回转式模型制品平板硫化机的操作过程

在操作台位置时，柱塞下降到底，上下模板由推拉模油缸推出，打开模具，由人工取出制品和装入胶坯。然后，推拉模油缸将上下模板拉回，模型闭合。接着，转台回转 60°，油缸进油，柱塞上升，合模加压硫化。同时，推拉模油缸活塞杆端部的挂钩与模板上的挂钩脱开。如果工艺上需要模型“放气”时，将柱塞瞬时下降进行排气，随即柱塞再上升，加压硫化。当转台将另一个平板硫化机转到操作台位置时，即重复上述过程。

1.5.2　同步开合模平板硫化机

同步开合模平板硫化机主要用于硫化运动鞋和皮鞋的橡胶底片、泡沫橡胶板、泡沫塑料及其他橡胶板和橡胶制品。同步开合模平板硫化机是在普通平板硫化机的基础上发展的一种平板硫化机，以适应硫化某些橡胶制品需要平板硫化机的各层热板同步开合。同步开合模平板硫化机有两种结构形式，如图 2.6.1－20 所示。其主要区别是热板同步开合机构的区别。装有同步开合模机构的平板硫化机可使各层热板之间的距离在升降过程保持一致，但是装有同步连杆，对各层模具厚度有一定要求，厚度差应控制在 2～3 mm 之内，否则将影响同步连杆的工作和寿命。

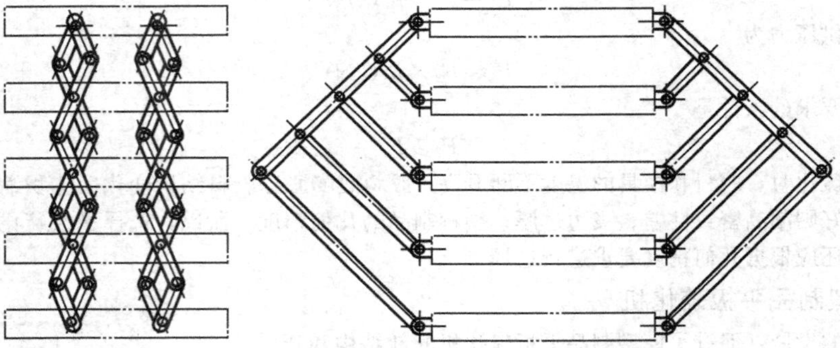

图 2.6.1－20　同步开合模平板硫化机

1.5.3　自开模模型制品平板硫化机

自开模平板硫化机的用途与普通平板硫化机的用途相同，适用于硫化大批量生产的各种橡胶制品。其类型可分为：按层数分为：单层和双层；按模具数目分为：两开模和三开模。由于结构的原因，这种设备大多数为单层两开模平板硫化机为多数。

图 2.6.1－21 为双开模自开模平板硫化机，硫化机主机的结构与一般平板硫化机相似。

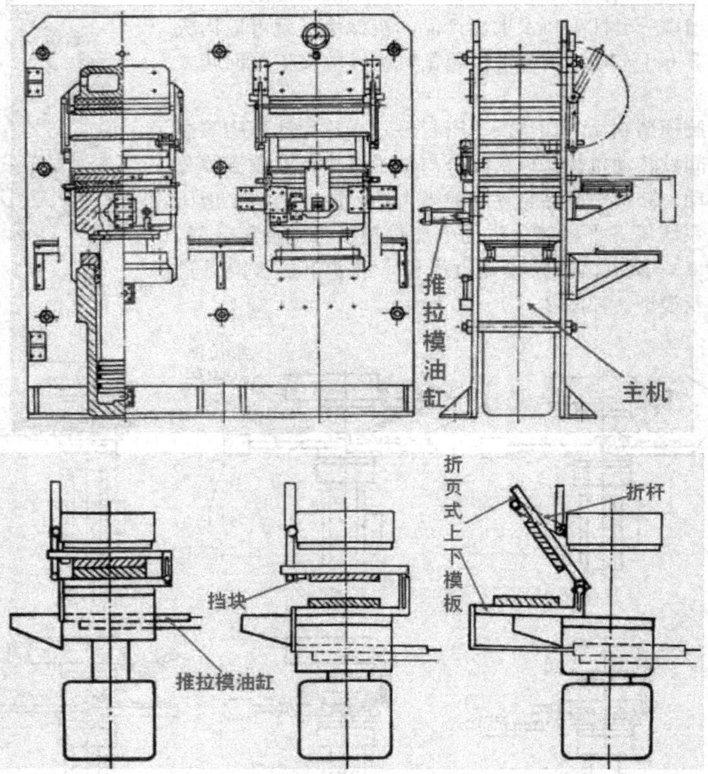

图 2.6.1－21　双开模自开模平板硫化机

这种机台的主要特点是：在上、下模之间设有折页式上、下模板和推拉模油缸。上、下半模分别固定在上下模板上，下模板可沿下热板两侧的导轨进出移动。开模时，柱塞带动可动平台上的下模板和下热板下降，下降过程中，上下模板分离，起动推拉模油缸，将模板和带有制品的模具向外推出，上模板在挡块和折杆的共同作用下，将上半模的上模板向上张开 60°角，以便人工取出制品和装入胶坯，重新开始下一工作周期。

1.5.4　抽真空模型制品平板硫化机

抽真空模型制品平板硫化机主要用于硫化形状复杂的精细橡胶制品，如“O”型圈、油封、带嵌件等橡胶制品。使用这种设备，使制品在真空条件下硫化，减少了制品中的气孔，提供制品质量和成品率，如图 2.6.1－22 所示。

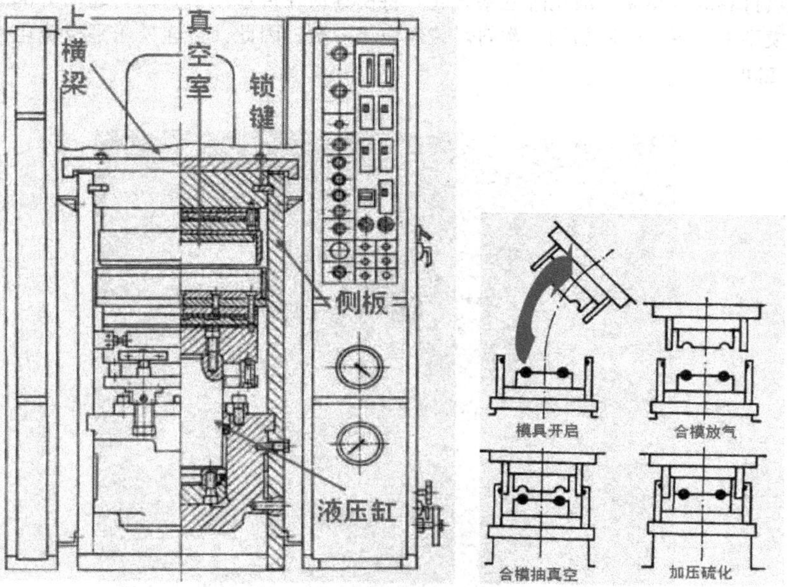

图 2.6.1－22　抽真空模型制品平板硫化机与其工作过程

抽真空模型制品平板硫化机一般只采用单层平板硫化机，这是这种机台要设置抽真空罩的原因，所用模具则有双开模和三开模的区别。其结构与一般平板硫化机一样，主要不同是上、下热板装有上下真空罩，真空罩由密封圈密封构成真空室。

工作时制品模具由上、下真空罩密封，在真空条件下，经过几次合模放气动作，由真空系统将胶料中的气体抽出，然后合模硫化。合模时上横梁的两个锁键向两侧推出，插入两侧侧板的空槽中，将上横梁、侧板和液压缸构成封闭力系。开模时，两个锁键缩回上横梁中，在机器后面的开模油缸将上模、上真空罩、上热板和上横梁绕后面的支轴向上开启 60°，下模随着活动平台和柱塞下降，人工取出制品。

1.5.5　传递模压模型制品平板硫化机

传递模压模型制品平板硫化机（也称注压机）（见图 2.6.1－23）是在普通平板硫化机的基础上发展的设备，主要用于

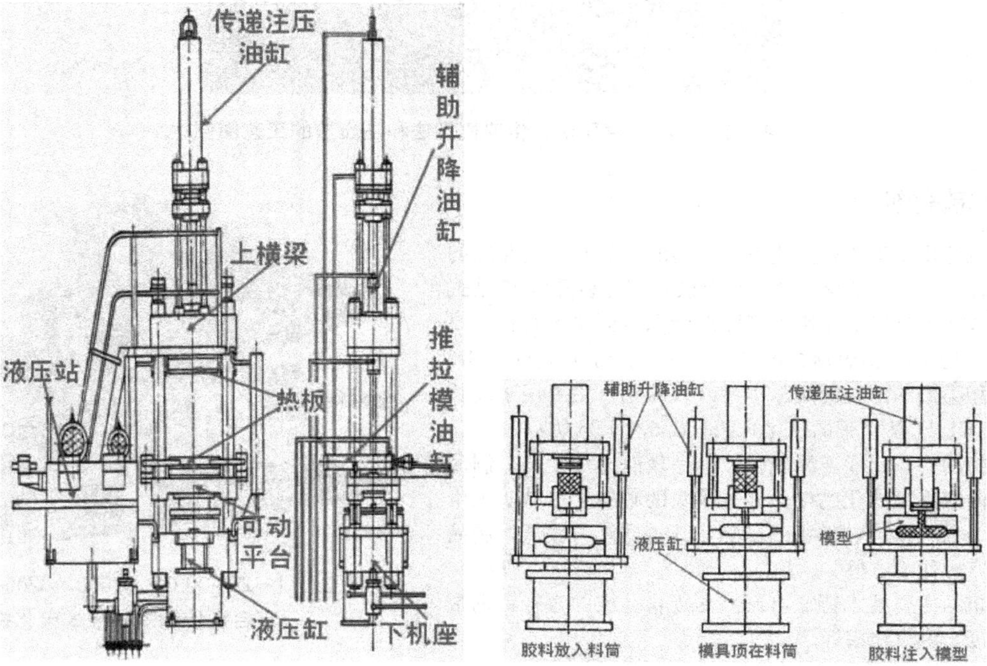

图 2.6.1－23　传递模压模型制品平板硫化机与其工作过程

生产有金属嵌件或没有金属嵌件的大断面、形状复杂的大型橡胶模型制品，如水泵叶轮等。其主要特点是：准备坯料简单，尺寸无需特别准确，制品质量高，成品尺寸精确，硫化周期短。

传递模压模型制品平板硫化机的结构较多，常用的结构如图 2.6.1－24 所示。它由液压缸、传递注压油缸、上横梁、下机座、热板、可动平台、推拉模油缸及液压系统等组成。

工作时，将胶料预热打卷放入料筒，液压缸柱塞升起，将模具顶在传递注射料筒，起动上部的传递压注油缸，柱塞将料筒中的胶料传递注入模型中。每一个制品加一次料，传递注压一次。因此，传递模压平板硫化机的工作特点介于普通平板硫化机和注射成型机之间。

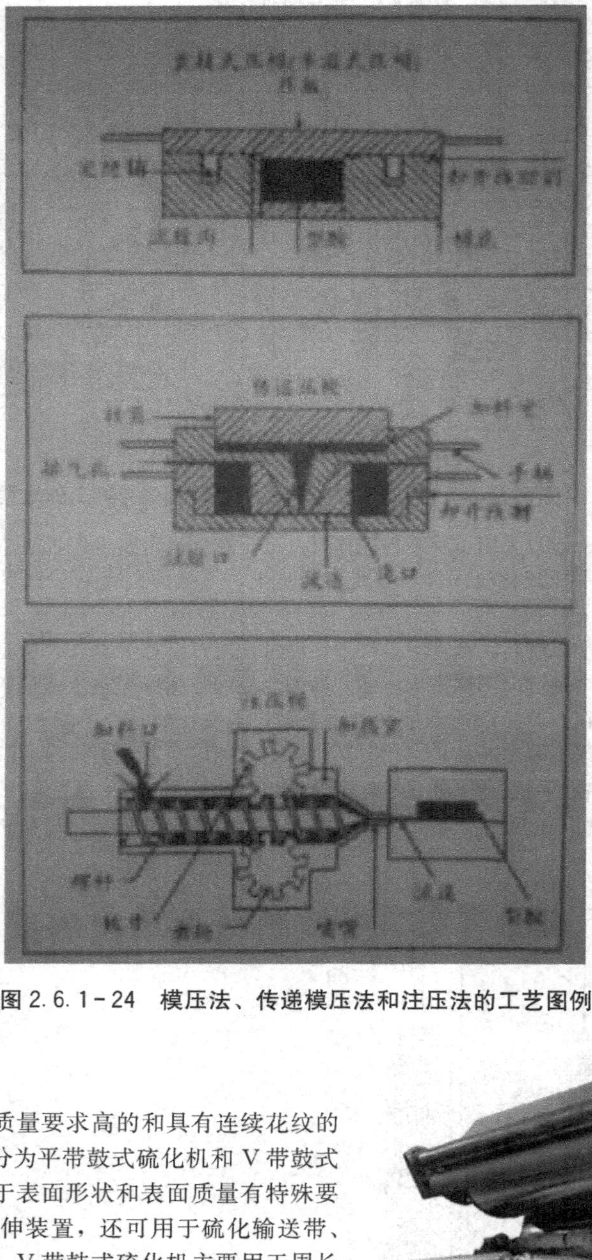

图 2.6.1－24　模压法、传递模压法和注压法的工艺图例

二、鼓式硫化机

鼓式硫化机适用于生产表面质量要求高的和具有连续花纹的制品。根据用途可将鼓式硫化机分为平带鼓式硫化机和 V 带鼓式硫化机。平带鼓式硫化机主要用于表面形状和表面质量有特殊要求的薄型板带，配上必要的预拉伸装置，还可用于硫化输送带、传动带及与其相类似的橡胶制品。V 带鼓式硫化机主要用于周长较大的 A、B、C、D 型 V 带的硫化，如图 2.6.1－25 所示。

鼓式硫化机的特点：能连续硫化，制品表面光洁度高，制品厚度均匀，无两次重复硫化的接头，无接头的暗棱，容易实现生产过程自动化。因为压力和鼓径的影响，其生产能力较低，制品厚度受到限制，操作不方便。

鼓式硫化机的主要技术特征有制品的规格、鼓的直径、钢带宽度、圆周速度、电机功率等。

图 2.6.1－25　XLG－Φ2000×3200 尼龙橡胶复合型传动输送鼓式硫化机

2.1　平带鼓式硫化机

2.1.1　基本结构（见图 2.6.1－26）

硫化时，鼓内通入蒸气，带坯由导开装置导开，经过调节辊进入压力带和硫化鼓之间，由张紧装置及伸张辊将压力带张紧，并压紧在带坯上，对带坯加压。传动装置驱动传动辊，并通过压力带的摩擦传动使硫化鼓按硫化时间要求缓慢转动，并带动其他辊筒。硫化鼓边加热带坯并逐渐完成硫化过程。

硫化鼓和压力带在使用过程中会积垢或锈蚀，故设有清洗装置。后压力辊可对硫化制品起着辅助加压作用，并驱赶进入硫化区的带坯内的气泡。

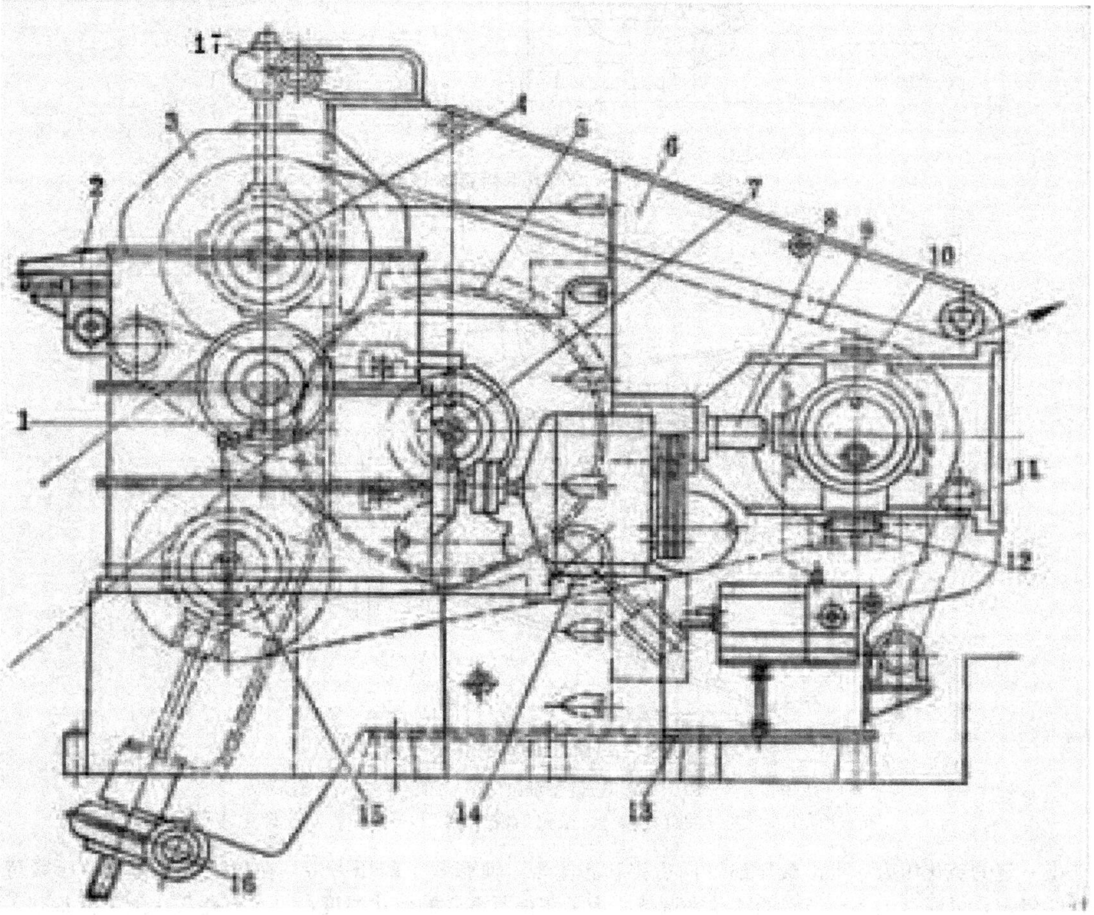

图 2.6.1－26　平带鼓式硫化机

1—硫化鼓刷洗装置；2—挡边装置；3—传动辊；4—上辊；5—电热装置；6—机架；7—硫化鼓；8—压力带张紧装置；9—压力带；10—伸张辊；11—压力带刷洗装置；12—压力带调整装置；13—机座；14—后压力辊；15—调节辊；16，17—调距装置

为了防止压力带跑偏而损坏，在机架的后部设有压力带调偏装置，用手柄调节导辊的升降，对压力带进行手动调整。

在传动辊和调节辊的轴承座上，设有调距装置，用于装卸压力带。在硫化不同厚度的制品时，调距装置还用于调整压力带在硫化鼓上的包角。调距装置在硫化时不得开动。

一般平带鼓式硫化机的压力带对制品所施加的硫化压力较低，特别是对于厚制品和花纹沟较深的制品的硫化时，其硫化压力往往偏低。为了满足工业的需要，必须采用高压平带鼓式硫化机。如五辊平带鼓式硫化机所示的采用两个压力辊 2、3 或高压平带鼓式硫化机所示的增加一套加压装置。

为了提高鼓式硫化机的生产效率，在使用薄钢板压力带的鼓式硫化机上，一般装有红外线电热装置，利用红外线的热辐射对带坯加热，有的鼓式硫化机除了伸张辊不加热外，其余的辊筒都进行加热，以提高鼓式硫化机的工作速度。

2.1.2　工作原理（见图 2.6.1－27～2.6.1－29）

鼓式硫化机在工作时，先由辅机导开装置引出半成品，有时，先进入预热台，经下调节辊进入压力带与硫化鼓之间。经张紧了的压力带给半成品以硫化压力。通过无级变速的传动装置，按需要的转速带动上调节辊，并通过压力带的摩擦传动，带动硫化鼓及其他各辊跟着旋转。因此，半成品在通过硫化鼓的包角范围内，在保证硫化时间（由进入到出来的时间）、硫化温度（由蒸汽通过硫化鼓加热或还可在压力带外面有辅助电加热）及硫化压力的工艺条件下，完成制品的硫化工艺。

当上调节辊以一定速度按顺时针主动旋转时，带动硫化鼓、下调节辊及张紧辊等一起缓慢的旋转。硫化鼓的转速，是由制品的硫化时间决定的。其转矩是靠压力带借助于摩擦力传递的。

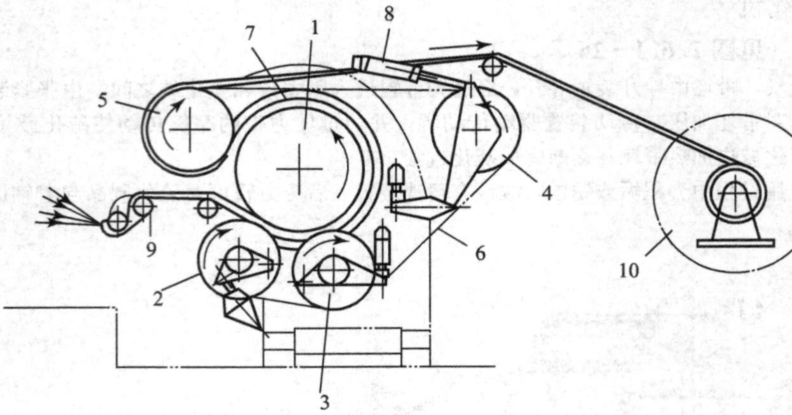

图 2.6.1-27　五辊平带鼓式硫化机

1—硫化鼓；2—第一压力辊；3—第二压力辊；4—张力辊；5—驱动辊；
6—压力带；7—电热装置；8—油缸；9—伸张装置；10—卷取装置

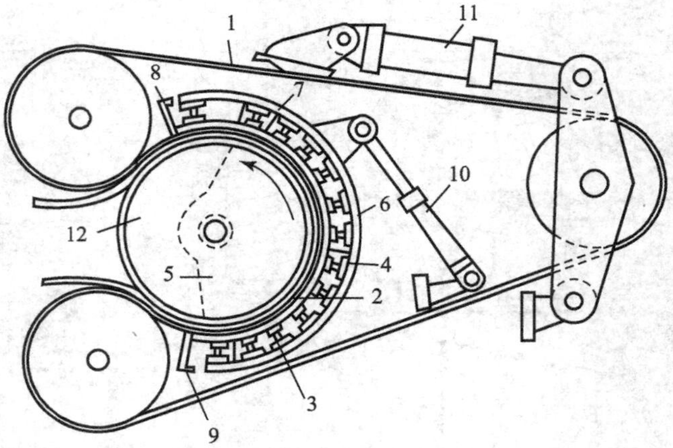

图 2.6.1-28　高压平带硫化机

1—压力带；2—加压板；3—微型油缸；4—油缸支架；5—扇形板；
6—外壳；7—复位油缸；8，9—限位挡板；10，11—油缸；12—硫化鼓

为了获得一定的硫化压力，可由液压油缸向后推移张紧辊，使张紧了的压力带，在硫化鼓上包容并压紧待硫化的制品。压力带的包角，可通过上下调节辊的移动来调节。为了获得所需要的硫化温度，可在硫化鼓内通蒸汽加热，调节蒸汽压力，即可控制硫化温度。

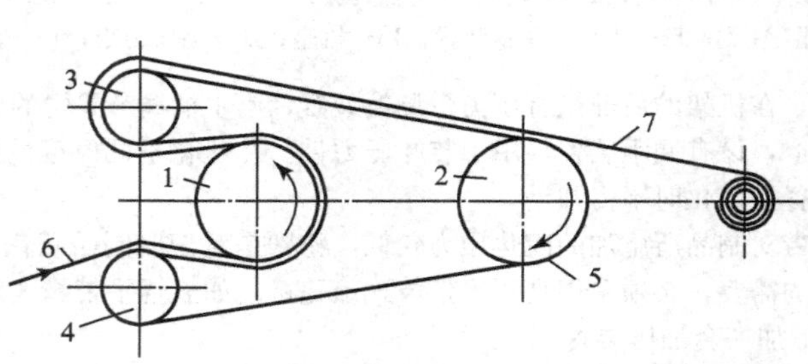

图 2.6.1-29　鼓式硫化机硫化平带示意图

1—硫化加热鼓；2，3，4—导辊；5—加压钢带；6—带胚；7—成品

2.1.3　主要零部件

(1) 硫化鼓

硫化鼓是鼓式硫化机的关键部件，它对硫化制品的质量有非常重要的影响。硫化鼓的要求：有足够的强度和刚度；高的表面硬度和表面粗糙度；鼓壁厚薄要一致，材质均匀。

硫化鼓的结构如图 2.6.1-30 所示。

硫化鼓本体可用 45 钢锻造，然后切削加工；小口径的硫化鼓，也可用无缝钢管制成或用锅炉钢板卷焊而成。

硫化鼓的加热方式主要有：蒸汽加热、油加热和过热水加热。采用油加热或过热水加热时，硫化鼓的加热通道一般采

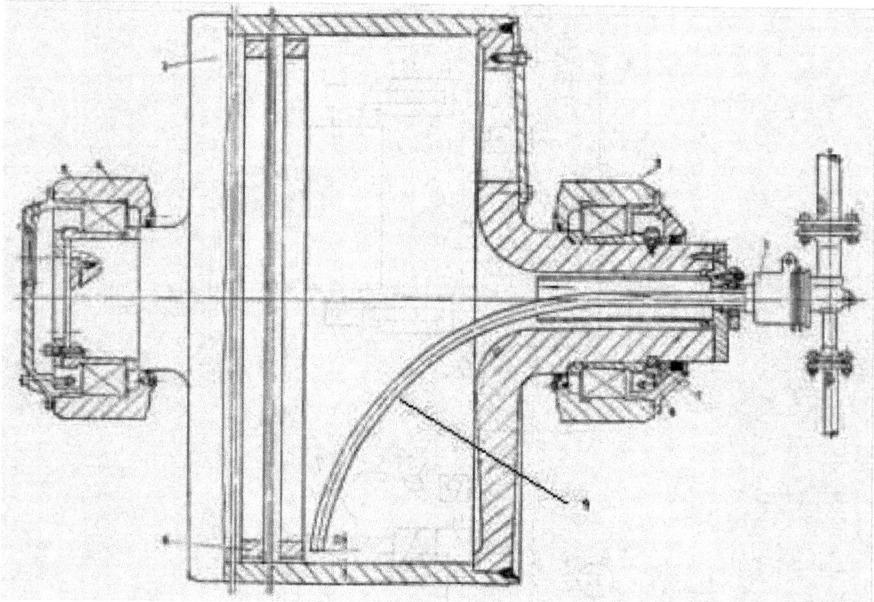

图 2.6.1－30　平带鼓式硫化机硫化鼓的结构

1—硫化鼓筒体；2，4—轴承座；3—旋转接头；5—轴承；
6—加强环；7—键；8—螺母；9—冷凝水排出管

用钻孔型式。工厂中通常用蒸汽加热，温度可由蒸汽压力控制。用蒸汽加热的硫化鼓，需要专门的旋转接头。

（2）伸张辊

伸张辊是鼓式硫化机的加压主要部件，压力带在伸张辊的作用下被张紧，从而紧紧地包容压在半成品和硫化鼓上，使半成品获得硫化压力。其基本结构如图 2.6.1－31 所示，主要由伸张辊、伸张油缸、伸张辊上、下调整油缸、压力带跑偏调节油缸、限位开关及轴承座等组成。

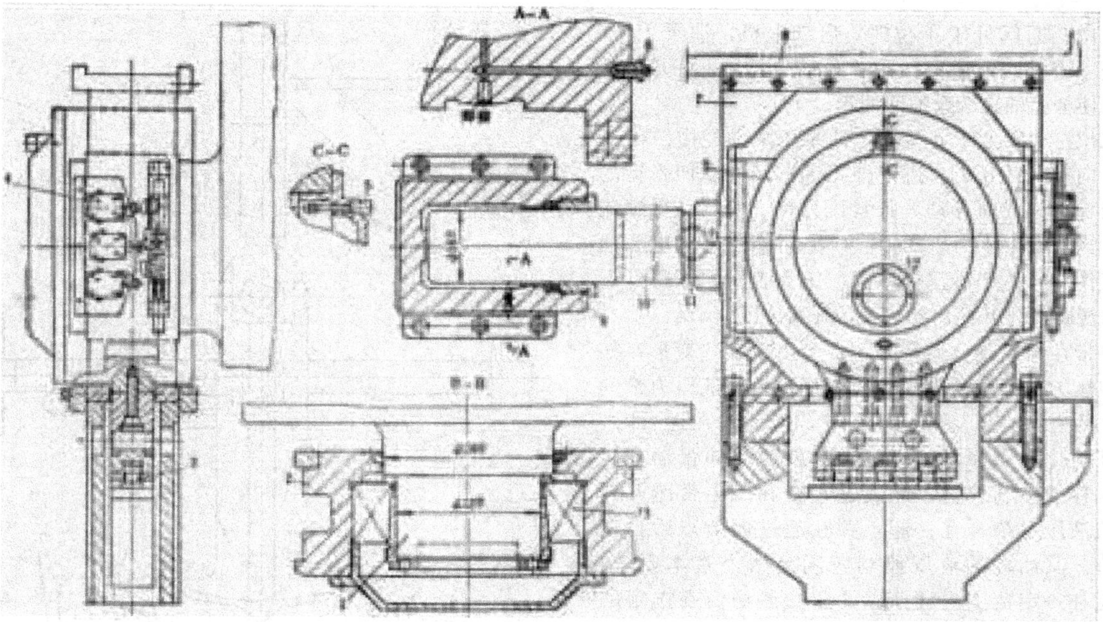

图 2.6.1－31　平带鼓式硫化机压力带伸张装置的结构

1—伸张辊；2—轴承座；3—伸张辊上、下调节油缸；4—限位开关；5—喷油管；6—放气阀；
7—轴承座横移座架；8—机架；9—伸张油缸；10—柱塞；11—钢球；12—油位视窗；
13—双列向心滚珠轴承

伸张辊辊筒材料为铸钢。伸张辊筒两端的油缸推动辊筒两端轴承座沿机架上导轨推动，从而使压力带产生张紧力。其液压控制原理如图 2.6.1－32 所示。在系统中为了满足生产工艺要求，采用自动补压和电接点压力表调压。

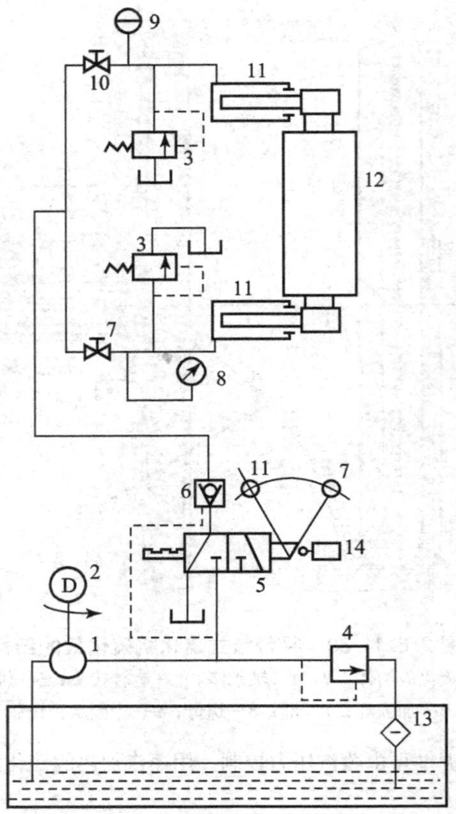

图 2.6.1－32　伸张油缸液压控制系统

1—油泵；2—电机；3，4—溢流阀；5—二位三通阀；6—可控单向阀；7，10—截止阀；8—压力表；9—电接点压力表；11—伸张油缸；12—伸张辊；13—滤网；14—限位开关

当二位三通阀处于Ⅰ位时，启动电机，油泵工作，压力油经溢流阀回到油箱。另一方面，压力油打开可控单向阀，使伸张油缸的余油回油箱。

当二位三通阀处于Ⅱ位时，油泵压力油经由二位三通阀、单向阀、截止阀、进入伸张油缸，推动伸张辊筒轴承座沿着机架导轨移动，张紧压力带，使制品得到硫化压力。当电触点压力表的上限压力时切断电机电源油泵停止工作。当由于泄露等原因，压力表压力下降到下限时，电源重新打开而启动油泵，开始补压。

压力带在开始跑合运行时，常会出现某些变形，如钢丝编织压力带很容易出现纬线变形。为保证压力带的寿命，这种变形必须是等距平行的，因此，在运行时，必须保证硫化鼓和伸张辊平行。这就要求伸张油缸应有附加偏移的控制装置，此装置直接和压力带跑偏调节装置的液压系统合在一起，并在超过调节点后自动进行调节。其油缸的液压控制应满足两个基本要求：①压力能在一定范围内调节；②压力能稳定在选定的范围内。

压力带由于制品厚度不一致或安装等原因而造成偏移，此装置用于自动调整的机构。其机构主要由摆杆、弹簧支承杆及支撑板组成，如图 2.6.1－33 所示。它的工作原理是：当压力带处于正常位置，油泵压力油通过三位四通阀的通路回到油箱。当压力带向右跑偏时。压力带推移摆杆绕 o 点转动。若向右跑偏到最大许可值时，摆杆触动左限位开关，三位四通阀则切换油缸油路，使伸张辊左端向上，压力带就会向左移回，使压力带得到调整。

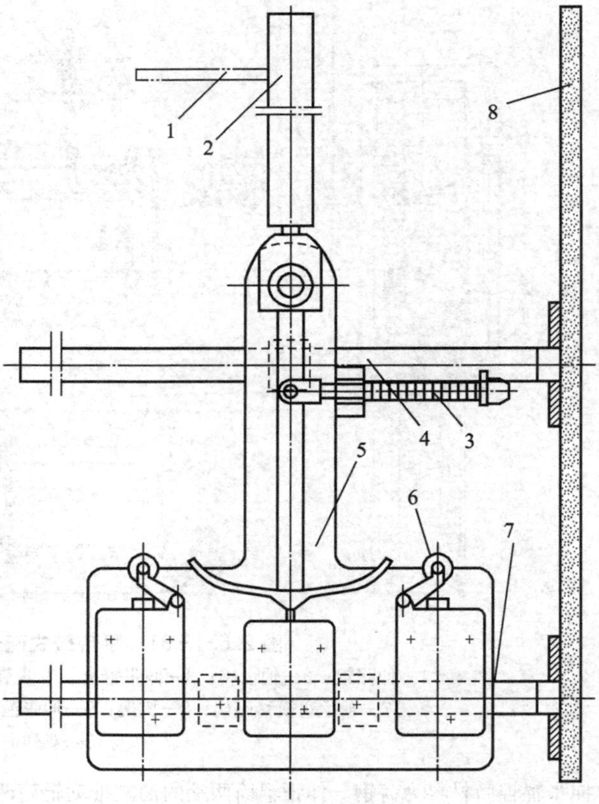

图 2.6.1－33　压力带调整控制装置

1—压力带；2—摆杆；3—弹簧支撑杆；4，7—支撑管；5—支撑板；6—限位开关；8—机架

(3) 压力带

压力带是鼓式硫化机的主要工作部件，它与硫化鼓一样，是直接与硫化制品接触的重要工作部件。目前，平带鼓式硫化机常用的压力带主要有两种，薄钢带和钢丝编织带，后者常单面挂胶。

薄钢板压力带由焊接性能较好、厚为 1.2～1.8 mm 的薄钢带焊接而成。对于薄钢板压力带，其纵向焊缝每条压力带不得多于 2 条，横向焊缝不得多于 1 条。横向焊缝与宽度方向成 45°，并相互错开，如图 2.6.1－34 所示。环形的薄钢板压力带其左、右内周长之差＜2.0 mm。焊缝焊接后，表面须经精磨抛光处理。其材料采用冷轧低碳不锈钢。薄钢板压力带在使用时，可在压力带背面用红外线对制品加热，提高硫化速度，也无需在带上挂胶，由压力带直接与制品接触加压，硫化后的产品，表面有较高的光洁度。钢带压力带维修简单，使用寿命长，并可在外面辅助电加热（如用红外线对制品加热），以提高制品的硫化速度。但由于其挠性较差，容易产生弯曲疲劳，故一般用在 Φ1 000 mm 以上的鼓式硫化机。另外，薄钢带缺乏弹性，一旦有金属块，如螺钉、螺母等落入压力带与硫化鼓之间，会把压力带顶坏，甚至顶穿，使用时需特别注意。

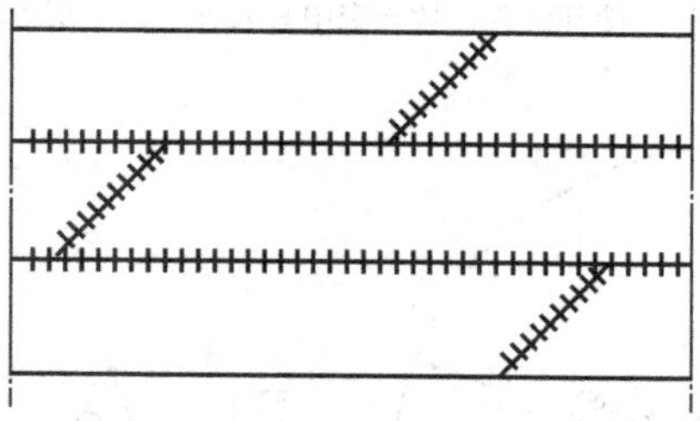

图 2.6.1－34 压力带

钢丝编织带通常是由多股钢丝捻成钢丝绳后，按经线和纬线编织而成，钢丝必须镀铜，以便于钢丝绳与橡胶的黏合。图 2.6.1－35 示为 Φ750×1 250 鼓式硫化机的钢丝编织带。其与制品接触的一面覆有一层厚为 5.5 mm 的耐热橡胶，通常为氯丁橡胶，钢丝绳由直径为 0.34 mm 的 7 根钢丝合股而成。钢丝压力带的挠曲性和保温性较好，故中小型鼓式硫化机，多用此种。但由于覆有橡胶（否则表面不光滑），传热性能差，不能在压力带背面对制品进行加热，故不宜用于硫化较厚的制品。此外，橡胶层长期在高温下工作，易老化和龟裂，需要定期对覆胶进行清除更新，这是该压力带的弱点。

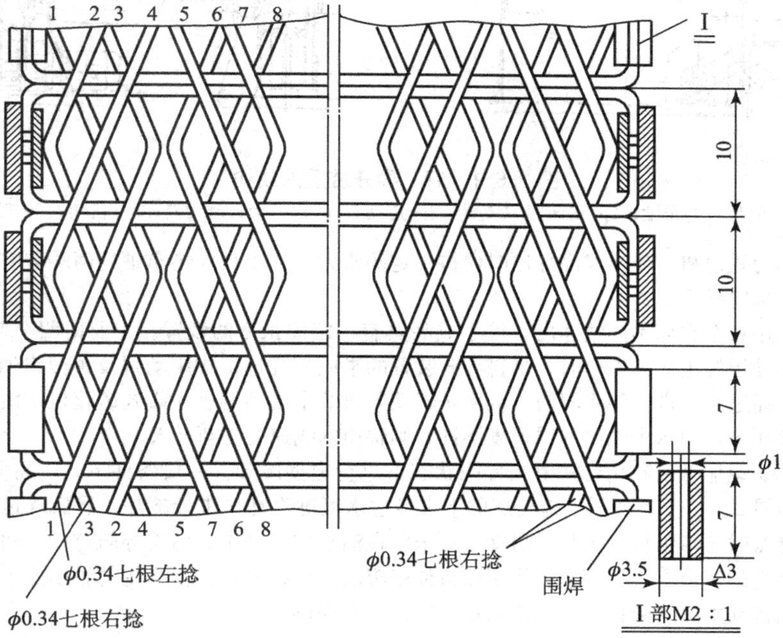

图 2.6.1－35 Φ750×1 250 鼓式硫化机的钢丝编织带

2.1.4 胶片鼓式硫化机生产线

胶片鼓式硫化机生产线如图 2.6.1－36 所示。

这种胶片鼓式硫化机生产线的特点：①利用辊筒的压延特性，可以得到厚度和宽度比较准确的胶片毛坯，胶片挤出后直接进入鼓式硫化机，没有胶片的卷取和导开以及冷却，直接进行硫化，从而节约能源；②由于二次加热槽为胶片补充硫化，这样可以提高鼓式硫化机的工作速度，有利于产量的提高；③有利于实现整条生产线的自动化控制。需要操作人员少，经济效益高。

平带鼓式硫化生产线的主要辅助设备有：发送半成品的导开装置和已硫化产品的卷取装置；当硫化运输带或传动带时，需要预伸张装置；当硫化印刷或印染胶板时，需要有贴合用的胶片架；为提高生产效率，在机前还设有预热台。

导开装置主要由半成品及垫布卷轴、垫布卷取轴、传动装置、带式制动器等组成。其结构如图 2.6.1－37 所示，与其他导开装置的结构类似。

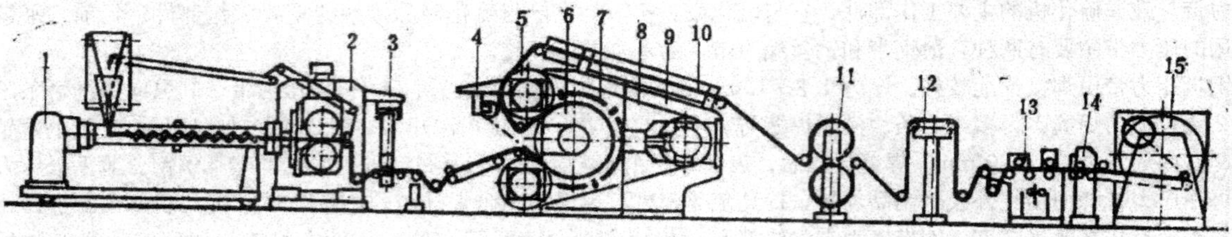

图 2.6.1－36　胶片鼓式硫化机生产线

1—冷喂料销钉成型机；2—两辊成型机头；3—测厚装置；4—挡边装置；5—上辊；6—硫化鼓；7—电加热器；8—压力带；9—鼓式硫化机；10—二次加热槽；11—冷却装置；12—定中心装置；13—切边装置；14—横切装置；15—卷取装置

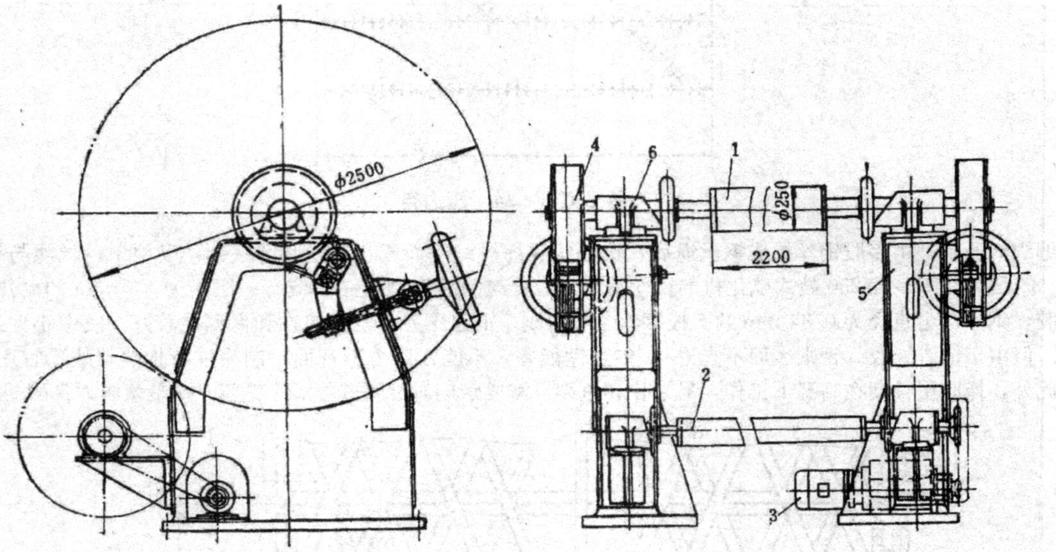

图 2.6.1－37　导开装置的结构

1—半成品、垫布轴；2—垫布卷取装置；3—传动装置；4—带式制动器；5—机架；6—轴承

传动装置的电机采用力矩电机，使半成品导出时保持一定的张力，半成品及垫布轴的两端装有带式制动器，其制动力矩可由手轮调节，防止导出时松卷。

半成品伸张装置是利用各个辊筒不同线速度，使半成品具有一定伸张率的装置。主要由四个伸张辊筒和预伸张油缸、传动链轮、带式制动器的导辊等组成。工作时，来自导开装置的半成品绕过带式制动辊及预伸张油缸的导辊，使半成品产生一定的初张力，然后，通过导辊进入伸张辊筒。从伸张辊筒导出的半成品再进入鼓式硫化机。由于四个伸张辊筒的直径依次增大，虽是辊筒转速相等，但每个辊筒的线速度不同，则辊筒的线速度逐渐增大。

成品伸张装置用于尼龙运输带在硫化后需要在伸张状态下进行定型冷却。一般条件下，成品伸张力要比半成品的大，其结构如图 2.6.1－38 和图 2.6.1－39 所示。硫化后的平带经过水喷淋冷却槽进行冷却，然后绕过伸张辊及牵引辊，成品用夹持辊夹紧，防止在伸张时与牵引辊发生相对滑动。伸张辊在油缸的推动下，沿着导轨移动，将成品带拉伸，伸张作用力的大小由伸张油缸管路上的调节阀进行调节。为了保持伸张辊的平行移动，在伸张辊的轴承座上装有链节，分别与同步链轮的链条连接。牵引的传动由鼓式硫化机上的传动系统通过链条提供。

2.1.5　输送带鼓式硫化机生产线

国外厚度在 15 mm 以下的普通织物带芯输送带和浅花纹输送带多采用鼓式硫化机。平带鼓式硫化机和平板硫化机相比，其主要优点是可以连续硫化，产品表面光洁，厚度均匀，内部致密，无两次重复硫化的接头，无接头的暗棱，且可实现环形无接头硫化。由于硫化连续进行，故可实现自动化作业，不仅操作人员可以减少，其劳动强度也可大大降低。对于表面强度要求高或具有连续花纹的板、带制品，其优越性尤为显著，在全长上的产品性能能达到均匀一致。缺点是硫化压力不如平板硫化机高，且受到鼓径增大的限制，硫化厚制品的质量和生产能力都比不上平板硫化机，所以，目前主要用于硫化薄型板带。

运输带鼓式硫化机的生产线主要由导开装置、带芯预伸张装置、胶片和胶布导开架、鼓式硫化机和卷取装置等组成。这种运输带鼓式硫化机一般需要带芯贴合成型之后才在生产线上硫化。硫化成品后，由卷取装置卷取。运输带的带芯或带坯放在导开装置上，经过预伸张装置，利用辊筒线速度之差把带芯或带坯预伸张。尚未贴胶片的带芯，则用导开架上的胶片，在进入硫化机之前与带芯贴合在一起。

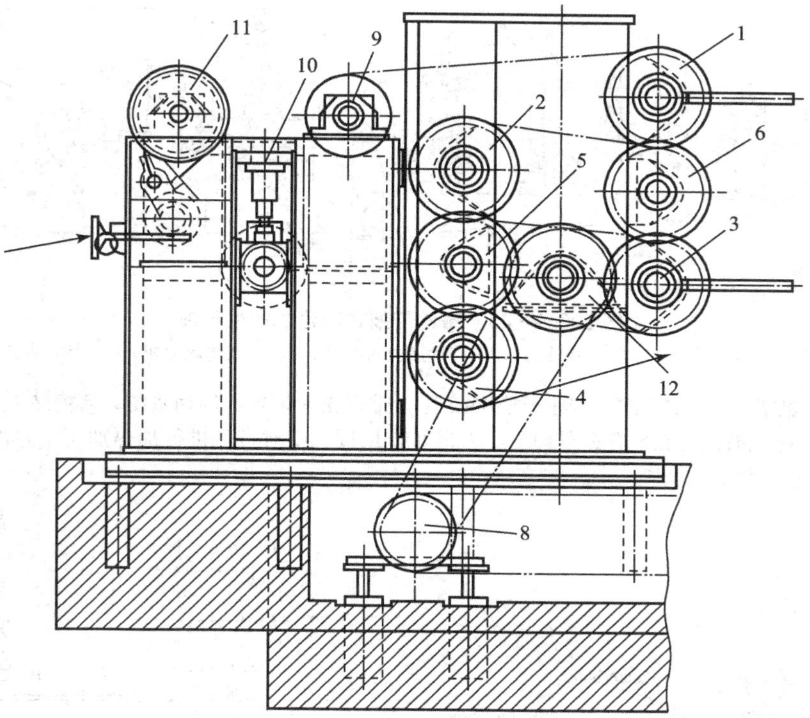

图 2.6.1－38　半成品伸张装置－用于硫化输送带、传动带

1～4—伸张辊筒；5，6—换向齿轮；7—传动链轮；8—导辊；9—预伸张油缸；10—带式制动器；11—传动齿轮

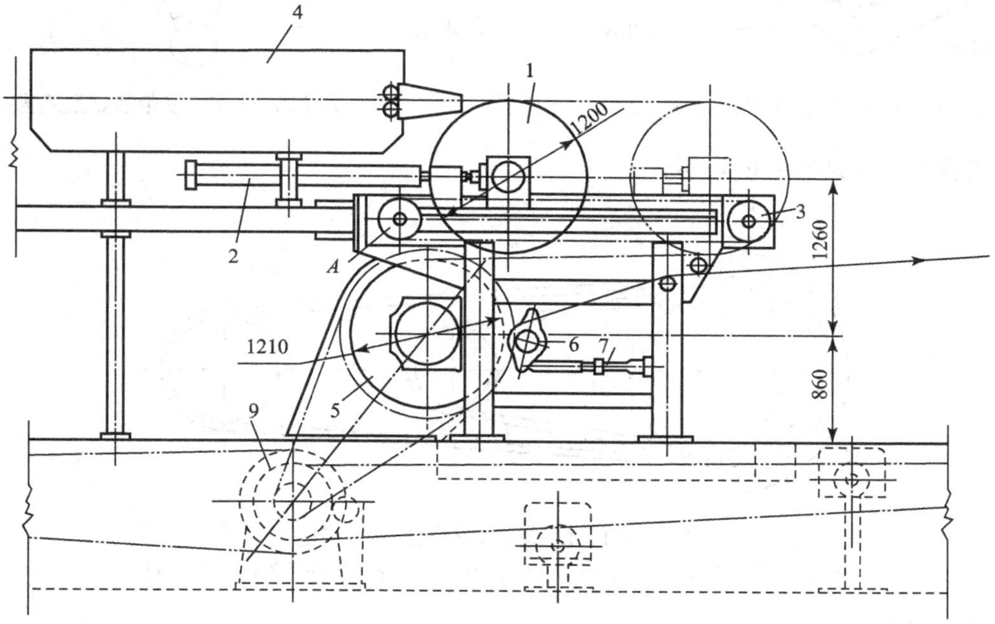

图 2.6.1－39　成品伸张装置－用于尼龙输送带硫化后需要在伸张状态下进行定型冷却

1—伸张辊；2—伸张油缸；3，4—同步链轮；5—牵引辊；6—夹持棍；7—夹持油缸；8—冷却水槽；9—传动链轮

输送带鼓式硫化机生产线如图 2.6.1－40 所示。

2.2　V 带鼓式硫化机

V 带鼓式硫化机用于硫化大、中型 V 带。目前用这种硫化机生产的 V 带型号有：A、B、C、D 四种，长度由 700～3 100 mm。这种硫化机与圆模硫化机相比：产量高，质量好，生产连续化，劳动强度低。自动化程度高，辅助工序少，辅助设备也不多。并且产品硫化后，不需要修剪飞边。

欧洲传动带生产厂家如 OPTIBELT、CONTITECH、ROUNLDS 等生产的无公差包布 V 带，其硫化方法是先将带坯通过 V 带鼓式硫化机连续硫化，然后将未冷却的带移至特制定型装置上加张力冷却定型，如图 2.6.1－41 所示。

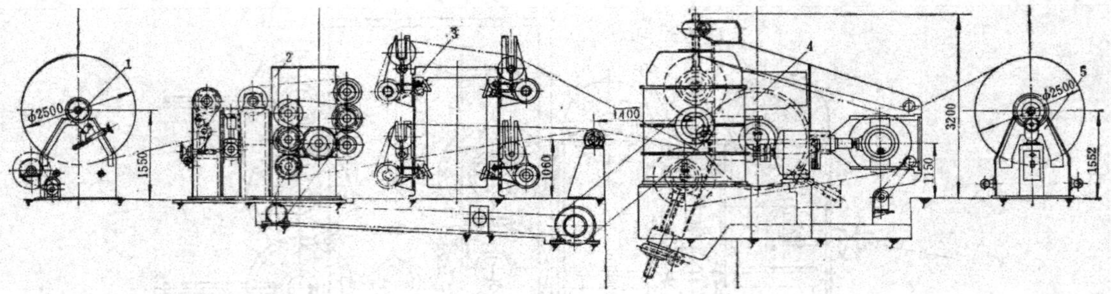

图 2.6.1-40　输送带鼓式硫化机的生产线

1—导开装置；2—预伸张装置；3—胶片或胶布导开架；4—鼓式硫化机；5—卷取装置

该机主要由内、外机架，硫化鼓系统，伸长辊部件，压力带，张紧装置，传动系统，启模装置等组成。采用回转的加热鼓来硫化 V 带，利用硫化鼓及套在硫化鼓外面的压力带在硫化过程中对带坯进行加热加压，并用伸长装置对 V 带边硫化边伸长，如图 2.6.1-42 所示。

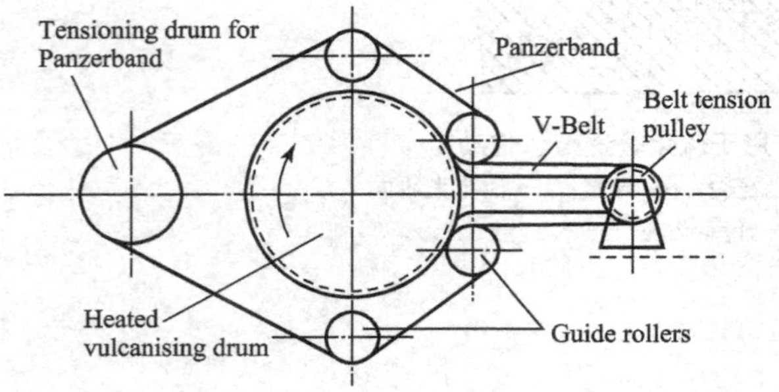

图 2.6.1-41　V 带鼓式硫化机

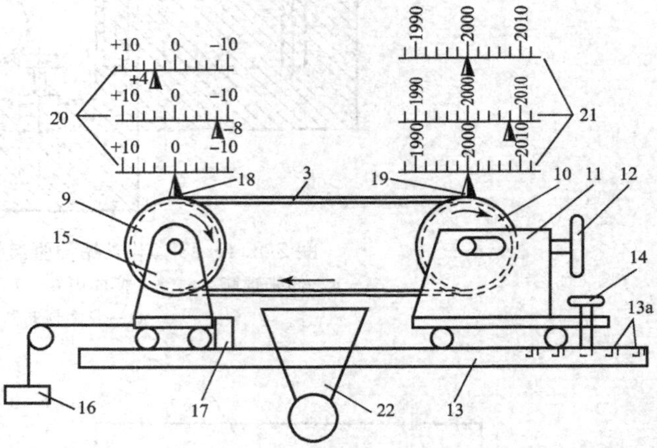

图 2.6.1-42　V 带热定型装置

2.2.1　工作原理（见图 2.6.1-43）

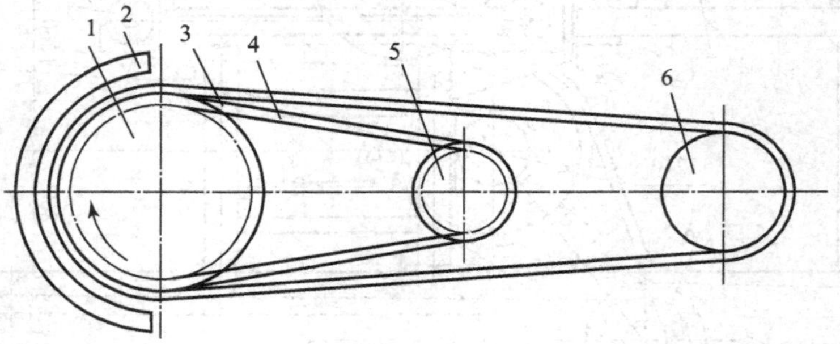

图 2.6.1-43　V 带硫化机工作原理图

1—硫化鼓；2—电加热装置；3—压力带；4—V 带；5—拉伸辊；6—加压辊

2.2.2　基本结构

目前生产上使用的 V 带鼓式硫化机主要有两种：大型 V 带鼓式硫化机，硫化长度由 1.8～3.1 m；中小型 V 带鼓式硫化机，硫化长度由 0.7～2.6 m。

(1) 大型 V 带鼓式硫化机的基本结构（见图 2.6.1-44）

大型 V 带鼓式硫化机由两组硫化装置组成，每组硫化装置相当于一台硫化机，分别设置在机架的两侧。两组硫化装置公用一套传动装置，所以只能同时生产同种规格的 V 带。由于不同型号的 V 带断面尺寸不同，硫化时间不等，传动机构设置了 5 种不同转速以控制硫化时间。减速装置驱动主轴，使压力带运动，在压力带摩擦传动下，硫化鼓和 V 带一起转动，并使 V 带连续硫化。这样，在满足硫化三要素一时间、温度、压力的条件下，V 带坯经过弧形硫化室后，即完成了制品的硫化。

硫化鼓的内部采用蒸汽加热，其温度可根据硫化工艺的要求进行控制和调节。压力带的压力可由加压气缸来调节，当锁紧装置将上机架锁紧之后，加压气缸通过杠杆机构抬起加压辊，此时压力带被张紧，对硫化鼓和三角带产生压力。纵、

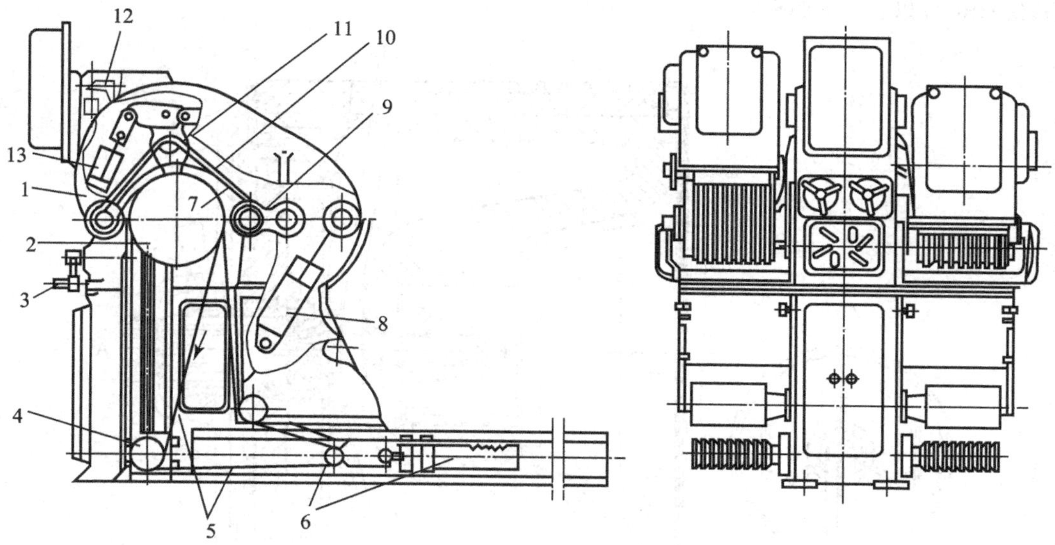

图 2.6.1-44　大型 V 带鼓式硫化机

1—上机架；2—硫化鼓；3—手把；4—纵向拉伸装置；5—V 带；6—横向拉伸装置；7—压力带；8—气缸；9—主动轴；10—电热罩；11—加压辊；12—锁紧装置；13—加压气缸

横向拉伸装置用于不同规格三角带的预拉伸。三角带有不同的长度规格，为了得到预定长度的产品，三角带硫化时必须在一定张力下进行。装三角带坯时，拉伸装置的带辊由手摇把手向硫化鼓方向靠近，套上带坯；反向手摇把手，使带辊向远离硫化鼓方向移动，拉伸三角带到预定的长度。工作时拉伸装置随着三角带的运动而转动。上机架的开启和闭合由气缸控制。当硫化结束时，锁紧装置松开锁紧，气缸活塞杆拉动上机架绕着支点转动，将压力带抬起，离开硫化鼓，便可以卸下三角带。当装上三角带坯后，气缸活塞杆推动上机架绕支点转动，闭合上机架。

(2) 中小型 V 带鼓式硫化机的基本结构

中小型三角带鼓式硫化机与大型的硫化机一样，它也是由两组硫化机组成。其结构如图 2.6.1-45 所示，主要由硫化鼓、电热罩、加压装置、拉伸装置、压力辊、传动装置及液压装置等组成。

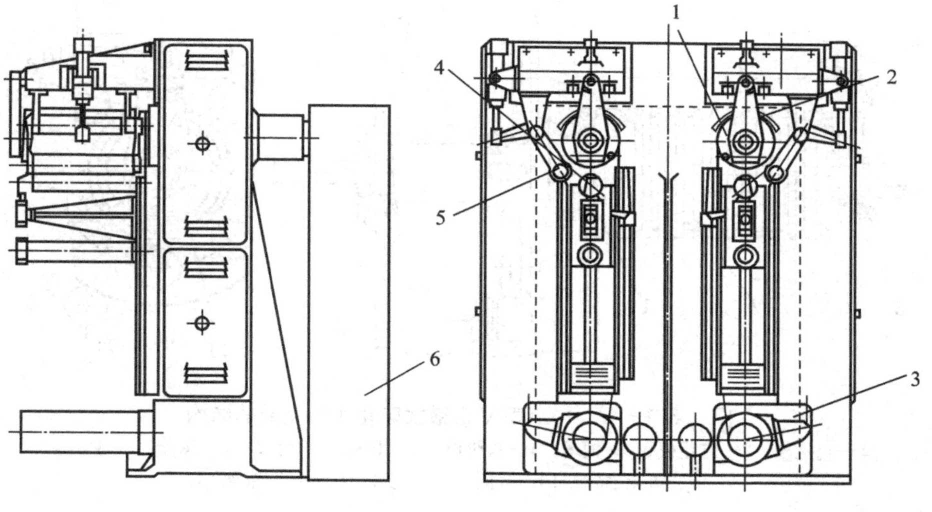

图 2.6.1-45　中小型 V 带鼓式硫化机

1—硫化鼓及传动部件；2—电热罩；3—加压装置；4—拉伸装置及传动部件；5—压力辊；6—液压及传动装置

中小型 V 带鼓式机与大型 V 带鼓式硫化机的区别是：①对于加压装置和锁紧装置，大型 V 带鼓式硫化机采用气动，而中小型 V 带鼓式机则用油压；②中小型 V 带鼓式机的硫化鼓不用蒸汽加热，而是采用电加热；③中小型 V 带鼓式机增加了辅助加压辊，可增加 V 带在硫化鼓上的包角，减少受热而无压的硫化区域，提高硫化制品的质量。

2.2.3　主要零部件

(1) 硫化鼓

大型 V 带鼓式硫化机的硫化鼓主要由硫化模和空心热鼓组成，如图 2.6.1-46 所示，蒸汽经过进气管进入空心鼓腔中加热热鼓，冷凝的水存在热鼓下部，在气压下，冷凝的水经冷凝水排出水管导出鼓外，再由管道上的汽水分离器排出。硫化模设有 V 带的模型槽，更换 V 带规格时，必须更换硫化模。硫化模的模型槽的尺寸和形状要精确，表面粗糙度要求高，表面硬度应达到 HRC45 以上，并镀硬铬。

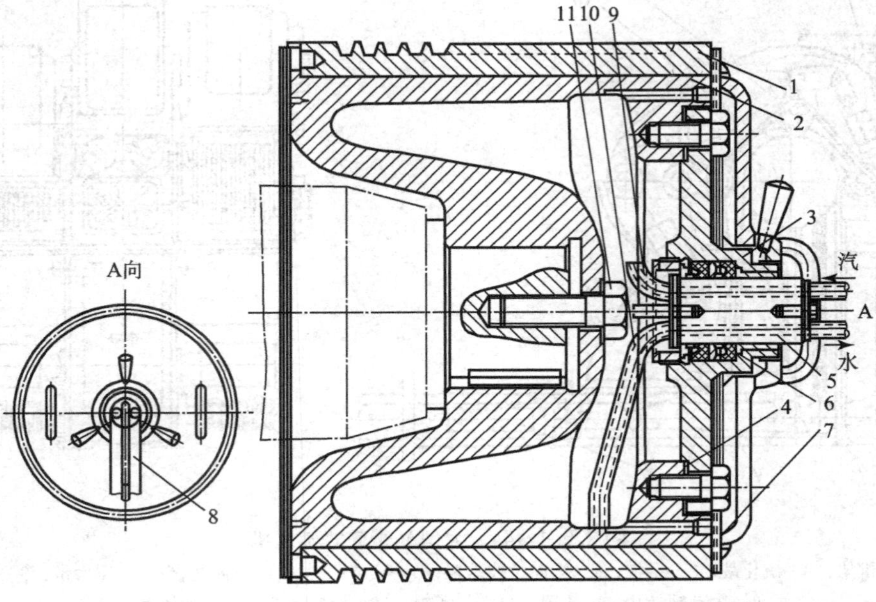

图 2.6.1－46　大型 V 带鼓式硫化机硫化鼓的结构

1—硫化模；2—热鼓；3—压盖；4—密封环；5—短轴；6—密封圈；7—保温板；
8—支棍；9—进气管；10—水管；11—螺钉

中小型 V 带鼓式硫化机的硫化鼓安装在硫化鼓轴上，为适应不同规格的 V 带，它设有两种不同直径的硫化模，可以随时更换装在硫化鼓轴上，如图 2.6.1－47 所示。当硫化较短 V 带时，采用 Φ160 的硫化鼓，若硫化较长的 V 带时，采用 Φ280 的硫化鼓可以提高生产效率。

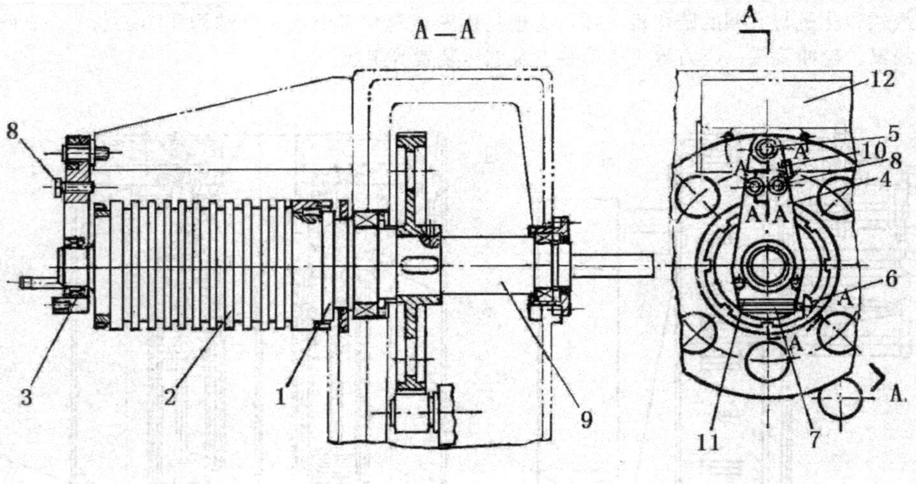

图 2.6.1－47　中小型 V 带鼓式硫化机硫化鼓的结构

1—硫化鼓；2—硫化模；3—轴承；4—两块板；5—小轴；6—螺母；7—螺栓；8—插销；
9—硫化鼓轴；10—碰板；11—夹簧；12—保温罩架

硫化鼓采用电加热。由于硫化鼓的中部和两端的散热情况不同，所以硫化鼓分成中部和两端三个加热区，可分别调节温度，使硫化鼓的温度分布均匀。硫化鼓设有快慢两种转速，快速是慢速的 7 倍，硫化时使用慢速，硫化前和硫化后则采用快速。

为了保证硫化鼓的刚度，在轴伸出端设置轴承支撑，由于装卸 V 带和更换硫化模的需要，其轴承支撑必须采用活动轴承座。活动轴承座由两块板、小轴、螺母及螺栓等组成。两块板套在小轴上，可向两边转动。装卸三角带或更换硫化鼓时，松开螺母，拔出螺栓，把两块板绕小轴向两边分开，用两个插销分别插入销钉孔，将两块板固定在保温罩架上，即可进行装卸三角带或更换硫化鼓。更换硫化鼓或装上三角带坯之后，拔出销钉，两块板即可复位在轴承上，用螺栓和螺母将它们连为一体。

为了防止因误操作使压力带对硫化鼓加压造成硫化鼓轴的损坏，在两块板上安装了一个碰板，两块板打开后旋转至规定位置时，碰板触动保温罩上的微动开关，加压装置则不会启动加压。

（2）加压装置

加压装置用于硫化过程使压力带始终保持对 V 带施加压力，保证 V 带硫化所需的压力，以及硫化过程压力带和硫化鼓转动的传动装置，如图 2.6.1 - 48 所示。

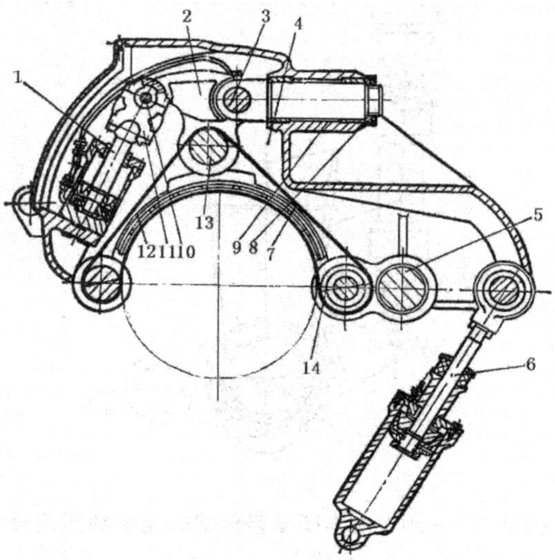

图 2.6.1 - 48　大型 V 带鼓式硫化机加压装置

1—加压气缸；2—转臂；3—轴；4—上机架；5—上机架轴；6—气缸；7—压力带；8—螺母；
9—纠偏轴；10—转臂轴；11—活塞挡块；12—电热罩；13—加压辊；14—主动轴

加压装置全部安装在铸钢的上机架内，当上机架升降气缸活塞杆拉动上机架时，上机架绕着上机架轴转动，抬起压力带和加压装置等部件，即可进行装卸 V 带或更换硫化鼓。当装上带坯后，气缸排气，上机架在重力作用下，自动落下，即上机架下落闭合，压力带压在硫化鼓上，锁紧装置将上机架锁紧，然后加压气缸进气，使活塞杆推动转臂，使转臂绕加压支撑轴向上抬起，加压辊也随之抬起，从而压力带被拉紧，并对硫化鼓上的 V 带产生硫化所需要的压力。当压力带跑偏时，调整纠偏轴可使加压辊的中心线得到调整。

传动装置驱动主动轴转动，同时主动轴也带动压力带移动，在摩擦力作用下硫化鼓也随之转动。

锁紧装置的结构如图 2.6.1 - 49 所示。

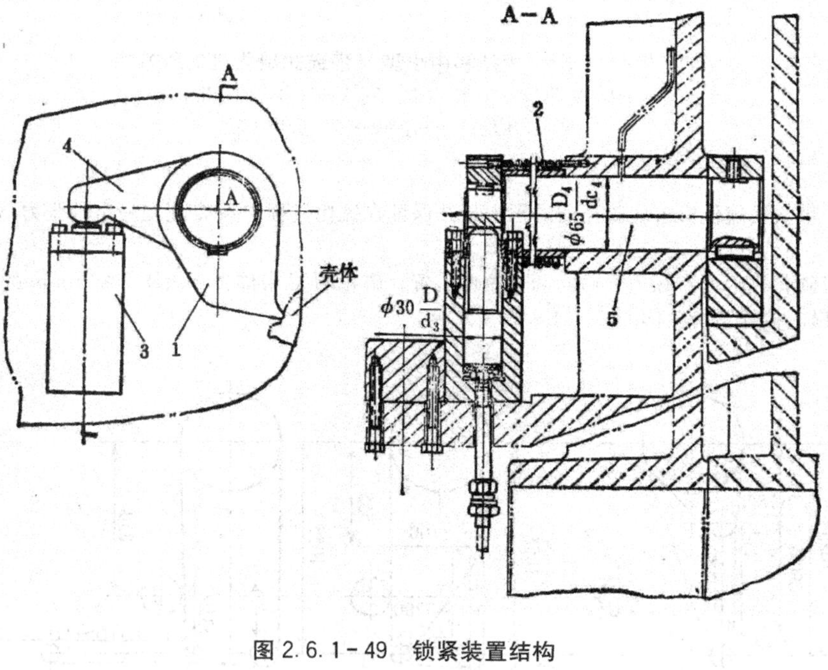

图 2.6.1 - 49　锁紧装置结构

1—锁紧块；2—弹簧；3—气缸；4—杠杆快；5—轴

当上机架下落到位后，由于弹簧的作用，上机架的凸起越过锁紧块，锁紧块将上机架锁住。这时压力带对硫化鼓加压而上机架不会被掀起。当硫化结束，松开压力带，上机架稍许落下，其凸起与锁紧块分开。锁紧气缸进气，活塞杆拉动杠杆块，使锁紧块脱离上机架，此时，上机架就完全可以摆动抬起，硫化机进入卸下成品的工序。

中小型 V 带鼓式硫化机的加压装置与大型硫化机的差异较大，其压力带周长较长，由单独的拉伸加压装置进行拉伸而产生压力，这样每次装卸 V 带时均要取下压力带，操作比较麻烦，如图 2.6.1－50 所示。

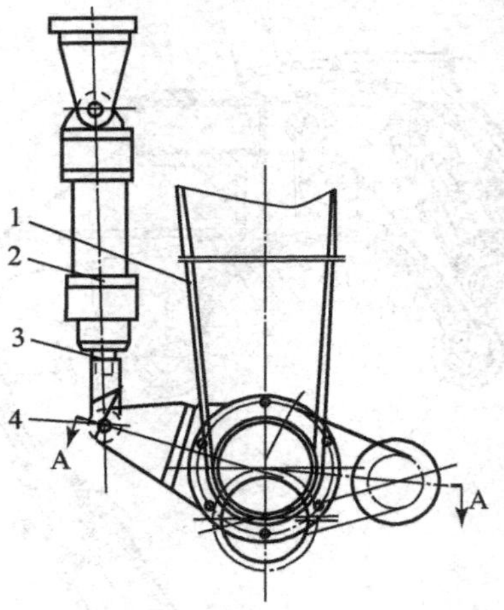

图 2.6.1－50　中小型 V 带鼓式硫化机加压装置

1—刚压力带；2—油缸；3—活塞杆；4—转臂

大型和中小型 V 带鼓式硫化机加压方式比较见图 2.6.1－51。

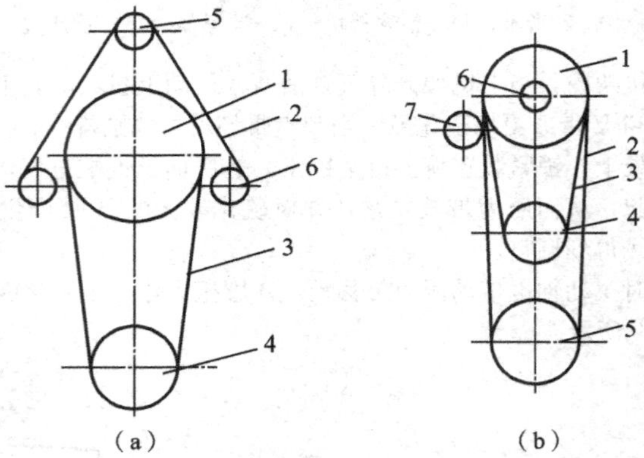

图 2.6.1－51　大型和中小型 V 带鼓式硫化机加压方式

1—硫化鼓；2—压力带；3—V 带；4—伸张辊；
5—加压辊；6—主动轴；7—旁压力辊

(3) 拉伸装置

拉伸装置用于 V 带鼓式硫化机带坯硫化前的预定长并保证在硫化过程中 V 带坯在一定的张力下硫化，防止由于带坯不断伸长而变松。

在大型 V 带鼓式硫化机中设有纵向和横向两套拉伸装置，硫化的 V 带周长不大于 3 350 mm 的采用纵向拉伸装置，大于 3 350 mm 的采用横向拉伸装置，如图 2.6.1－52 所示。

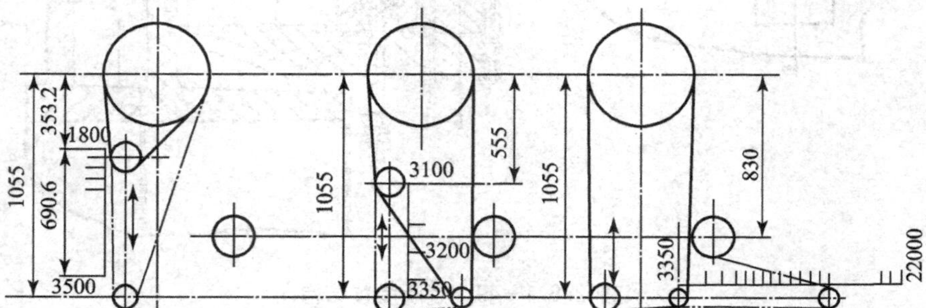

图 2.6.1－52　各种拉伸装置的拉伸原理

1）纵向拉伸装置。图 2.6.1－53 为纵向拉伸装置的结构，当转动摇把通过伞齿轮传动螺杆转动，此时套在螺杆上的螺母则可以上、下移动，螺母上的支架和拉伸鼓也随之上、下移动。支架在两侧的导轨中移动，同时支架上的指针指向导轨两侧的标尺，从而可以确定拉伸的距离。当硫化不同型号三角带时，卸下挡圈就可以更换拉伸鼓。

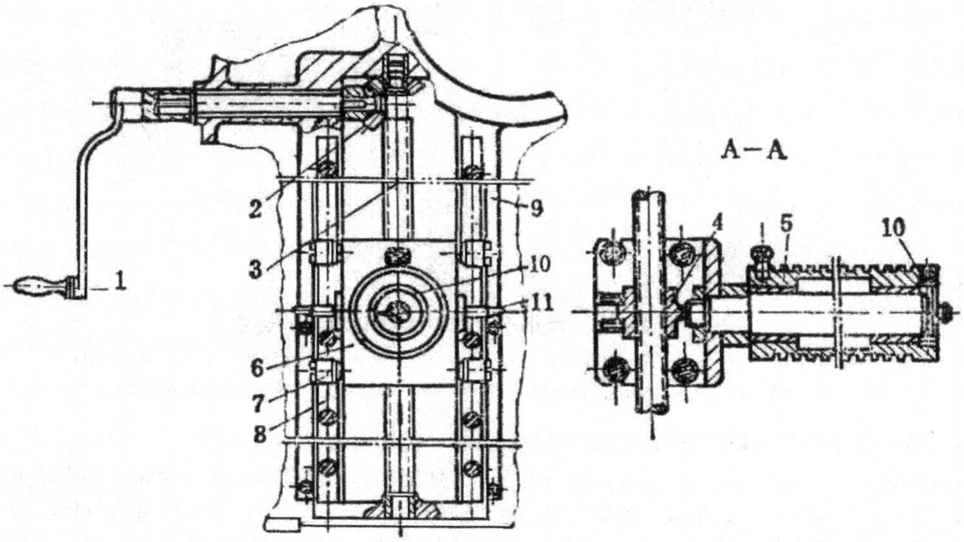

图 2.6.1－53　纵向拉伸装置

1—摇把；2—伞齿轮；3—螺杆；4—螺母；5—拉伸辊；6—支架；
7—辊子；8—滑轨；9—支座；10—挡圈；11—指针

2）横向拉伸装置。图 2.6.1－54 为横向拉伸装置的结构，它由拉伸气缸和几个导辊组成拉伸装置。三角带硫化前拉伸装置按需要的长度用螺栓预选固定在底座的滑道上。当气缸进气使气缸活塞杆向右移动，带动滑块和拉伸鼓一起右移，三角带便受到拉伸。拉伸杆的端部设有挂钩可扣于气缸外壳上的齿条上，这样，即使气缸已排气，拉伸鼓也不会受三角带的弹力而被拉回，在硫化过程中，三角带就不会变松。硫化结束，移动凸轮，拉伸杆被抬起，挂钩脱离齿条，拉伸鼓便可退回原始位置。

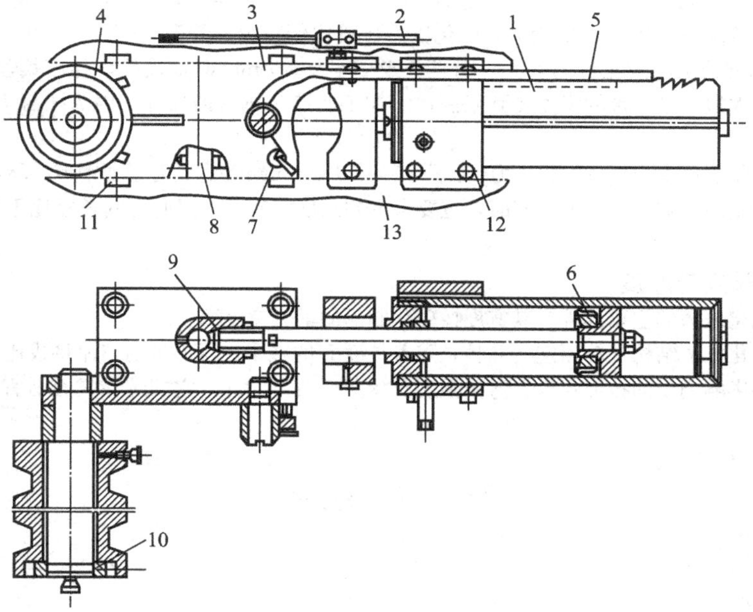

图 2.6.1－54　横向拉伸装置

1—指针；2—指示器；3—滑块；4—伸张鼓；5—拉杆；6—活塞；7—凸轮；
8—轴；9—套；10—挡圈；11—辊支；12—螺栓；13—底座滑轨

中小型三角带鼓式硫化机的拉伸装置的结构如图 2.6.1－55 所示。

它的工作部件是装在悬臂架上的拉伸辊轴和拉伸辊，拉伸辊表面有与三角带断面形状相同的沟槽，硫化不同规格的三角带时可以更换拉伸辊。悬臂架上各装有上、下一个拉伸辊，带长较长上用下辊拉伸，较短的用上辊拉伸。悬臂架在两个

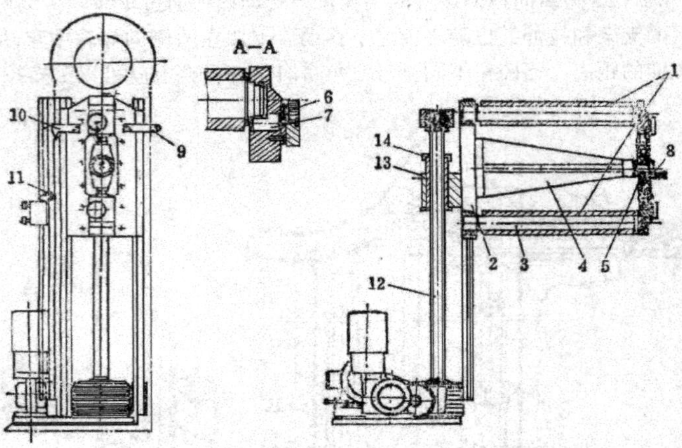

图 2.6.1－55　中小型 V 带鼓式硫化机拉伸装置

1—拉伸辊；2—悬臂架；3—拉伸轴；4—支架；5—支板；6—旋钮；7—小轴；8—插销；9—右撞块；10—左撞块；11—限位开关；12—螺杆；13—导向套；14—螺母

拉伸辊之间装有支架，通过支板将两个拉伸辊连接起来以增加拉伸辊轴的刚度。

支板与两个拉伸辊采用活络连接，支板上有一个用于套上拉伸辊轴颈的半圆槽，旋动旋钮，将小轴上的凸台卡入半圆槽，插销插在支架的孔，从而固定拉伸辊轴。硫化完毕，拔出插销，反向旋动旋钮，支板便可与拉伸辊轴分离，即可进行装卸三角带。悬臂架上左、右各装有撞块，右撞块触动上部限位开关时，悬臂架即会停止上升，以免碰撞硫化鼓；左撞块触动下部的限位开关时，即表示拉伸已到位。不同三角带规格的拉伸距离均可以通过调节下部限位开关的位置进行控制。

2.3　鼓式硫化机主要性能参数

2.3.1　鼓径与长度

鼓式硫化机是在硫化鼓上完成制品的加热、加压和硫化的。因此，硫化鼓的直径与长度，是其最具代表性的参数之一。

主鼓直径常用规格有 350、700、1 000、1 500、2 000 mm。

主鼓与从鼓的直径比为：$D_0=2/3D$

从鼓 D_0 不能太小，否则将影响压力带的弯曲疲劳寿命。D_0 太大，则机台笨重，操作不便。

主鼓直径 D 的选择，主要考虑的因素：①生产能力，因为：随着 D 的增大，生产能力将成比例的增加；②硫化压力，因为：在钢带张力一定的情况下，随着 D 的增大，硫化压力将成比例减少；③压力带强度，因为：对于一定的钢带厚度，随着 D 的减少，钢带的弯曲应力将成比例的增大，而且，当 $D<1\ 000$ mm 时，最好用挂胶钢丝编织带，而不是薄钢带，否则，其弯曲疲劳的寿命太短，且钢带的张力受到限制；④加工制造与机台的尺寸，因为随着 D 的增大，制造难度增加，而且机台尺寸过大。

综合上述分析，主鼓直径 D 对于钢丝挂胶压力带，$D=700\sim1\ 000$ mm 为宜；对于薄钢带，$D=1\ 500\sim2\ 000$ mm 为宜。

主鼓的长度，以硫化制品的宽度为依据，同时，也要考虑到刚度的问题，因此，其长径比不能过大，一般 $L/D=1\sim3$ 为宜。

2.3.2　压力带的长度与厚度

压力带是保证制品硫化压力的主要部件，其宽度按硫化制品的最大宽度而定。

压力带长度，则按硫化机的结构计算而定，并且，随着长度 L 的减少，压力带的寿命将成比例的下降。

压力带的厚度也直接影响钢带的拉伸强度、弯曲强度及疲劳寿命。因此，它的选择是否适宜，会直接影响到鼓式硫化机性能的优劣。

经计算求得的 δ 最佳值为

$$\delta=(P\times D\times D_0/2E)^{1/2}$$

式中，δ—压力带的厚度/cm；

P—硫化压力/(kg/cm^2)；

D—硫化鼓直径/cm；

E—钢带的弹性模量/(kg/cm^2)；

D_0—硫化机上压力带经过的最小辊直径，通常为上下调节辊或张紧辊的直径/cm。

2.3.3　钢带张力与硫化压力

硫化压力是硫化三要素中影响制品质量的关键参数之一。对于鼓式硫化机，硫化时间及硫化温度都容易保证，唯独硫化压力，由于受到钢带张力的限制，尚不能满足工艺上的最佳需要。

经计算得

$$P=2s/D$$

式中，P—制品得硫化压力/(kg/cm^2)；

s—压力带单位宽度上的张力/(kg/cm)；

D—硫化鼓直径/cm。

由上式可见，硫化压力与压力带的张力成正比，在鼓径一定的情况下，欲增大硫化压力，必须增大压力带的张力。

压力不足，会引起较厚制品出现气泡和明疤，并且，由于胶料与布层的密着力不足，常造成制品脱层和表面不平整，因而，会显著的影响制品物理机械性能。

2.3.4　硫化鼓包角与硫化时间（见图 2.6.1-56）

压力带与硫化鼓两切点之间的包容角度$\angle HO_1G=\varphi$，即为硫化鼓的包角。

包角的大小，直接影响硫化时间和硫化能力。因为待硫化制品从 H 点进入，从 G 点出来，在这一段时间（即硫化时间）里，制品同时受热受压，因而完成硫化工艺。

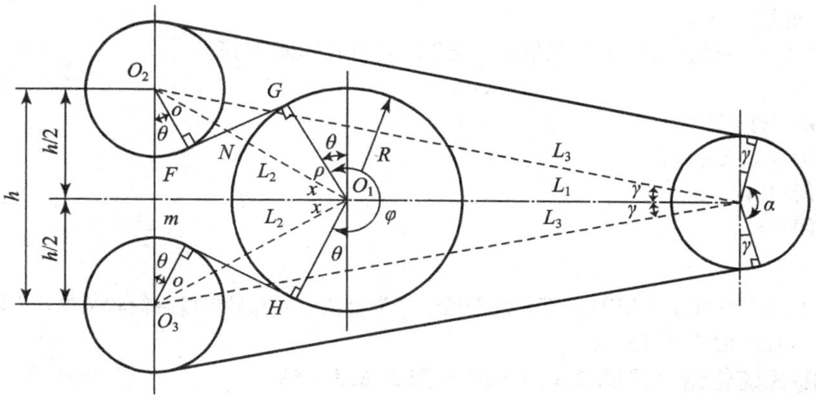

图 2.6.1-56　硫化鼓包角与时间

对于工艺上给定的硫化时间 τ，硫化鼓的转数 n 与 τ 的关系

$$\tau=\phi/360n$$

而硫化鼓的圆周速度 V 有，$V=\pi Dn$，

所以，在保证硫化时间 τ 的情况下，包角 ϕ 越大，鼓的转速亦越高，因而对于一定的鼓径 D 其硫化制品的生产速度也就越快。

增加包角有一定限定，上下调节辊不能碰在一起，要留有进出带的位置，压力带上下两边也不能碰到硫化鼓上。当前，平带鼓式硫化机的包角一般取 270°～280°。

2.3.5　鼓转数与生产能力

鼓转数是由硫化时间决定的，通常，根据最长与最短硫化时间，确定其最低和最高转数，而最低和最高转速之间，应当是无级变速的。

鼓式硫化机的生产能力，取决于硫化鼓的圆周速度，而圆周速度又取决于鼓的直径和转数，其转数又取决于压力带的包角和硫化时间。

随着硫化胶带的厚薄及胶料品种的不同，硫化时间不等，生产能力也不同。

其生产能力为

$$Q=60\pi Dn/1000\ (\mathrm{m/h})$$

式中，D—硫化鼓外径/mm；

n—硫化鼓转数/rpm。

为了强化鼓式硫化机的生产能力，应当在保证产品质量的前提下，尽可能缩短硫化时间。

2.3.6　硫化温度

鼓式硫化机的硫化温度，应根据工艺条件和设备性能，并与硫化压力和硫化时间等权衡考虑。目前平带鼓式硫化机的硫化温度通常为 140°～160°，高者可达 180°～190°，总体来说，趋向于高温短时间的硫化工艺。但要考虑以下几点。

1）橡胶是不良导体，对较厚制品，应考虑内外层两面同时加热，使其同时达到正硫化温度的平坦范围。

2）各种橡胶的耐高温性能不同。

3）硫化剂不同，硫化温度有很大差异。

4）加热介质不同，其硫化温度亦不同。

2.3.7　功率消耗

鼓式硫化机的功率消耗不高，它主要克服主鼓和从鼓轴承的摩擦及制品胶带卷入硫化鼓时的瞬间摩擦。但由于传动系统速比很大，再加上变速系统的传动效率不高，其中 70%左右消耗在传动与变速系统上。

三、卧式硫化罐

硫化罐按硫化的橡胶制品可以分为胶鞋硫化罐、胶管硫化罐、胶布和胶辊硫化罐；按硫化罐罐体的工作介质与结构形式可以分为直接式硫化罐（以饱和蒸汽为工作介质）、间接式硫化罐（以蒸汽、热油等载热体通过该换热装置加热空气作为工作介质）、电加热式硫化罐（通过电加热装置加热空气作为工作介质）；按硫化罐门启闭方式可以分为普通硫化罐与快开门式硫化罐（罐门与罐体之间采用错齿方式连接）等。

卧式硫化罐主要用于硫化非模型橡胶制品，如胶鞋、胶管、电缆、胶辊和胶布等，有时，也用于硫化模型橡胶制品。

3.1　硫化罐的技术参数

硫化罐的技术参数包括罐体内径，加热方式，工作介质，工作压力，工作温度，外形尺寸等。

（1）硫化罐内压

硫化罐的内压取决于橡胶制品的硫化温度和压力。在用直接蒸汽加热时，内压取决于制品硫化温度；在用热空气硫化时，内压取决于制品对压力的要求。

（2）硫化罐的生产能力

硫化罐的生产能力取决于硫化罐的一次装载能力、硫化时间和硫化辅助时间，

$$Q=60q/(t_1+t_2)$$

式中，Q—生产能力/(双（件）/小时)；

q— 一次装载能力/(双（件））；

t_1—硫化工作时间/分；

t_2—硫化辅助时间/分。

3.2　基本结构

卧式硫化罐的工作压力一般在 1.2 MPa 以下，属于低压一类容器，大都呈单壁圆筒状结构，由罐体、罐盖及其开关和闭锁装置、加热装置和其他辅助装置等构成。

3.2.1　通用型卧式硫化罐（见图 2.6.1－57～图 2.6.1－59）

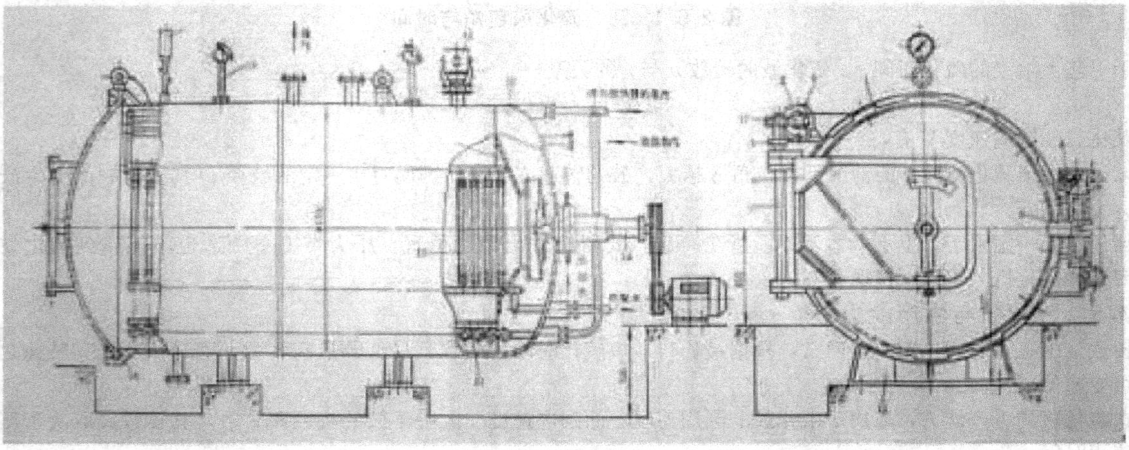

图 2.6.1－57　Φ1 700 ×4 000 mm 通用型卧式硫化罐

1—罐盖；2—齿条；3—凸轮；4—支架；5—气缸；6—涡轮减速箱；7—电机；8—拨叉；9—螺母；10—罐座；11—罐体；12—安全阀；13—加热器；14—鼓风机；15—立轴；16—密封圈；17—齿轮；18—风罩；19—热电偶；20—电接点压力传感器；21—硫化小车轨道

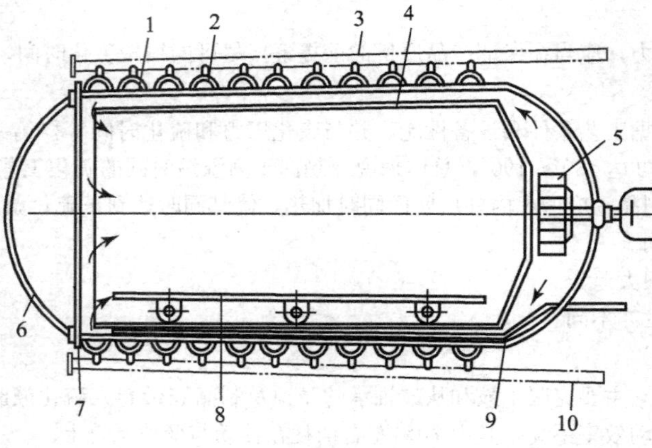

图 2.6.1－58　通用型外加热式卧式硫化机

1—罐体；2—半圆形环状加热圈；3—进汽管；4—导风罩；5—鼓风机；6—罐盖；7—密封安全装置；8—硫化小车；9—增压管道；10—排汽管

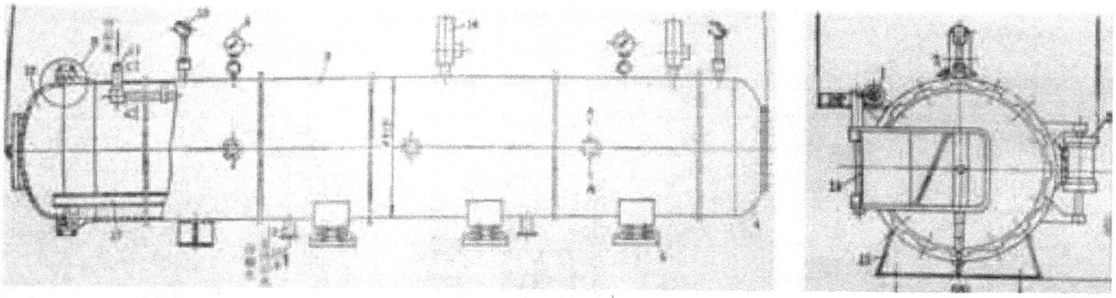

图 2.6.1－59　Φ800×11 000 mm 胶管卧式硫化罐

1，2—气缸；3—限位开关；4—罐底；5—底座；6—齿环；7—密封圈；8—罐体；9—压力表；10—热电偶；11—冷却水管；12—罐盖；13—冷凝水及冷却水回水管；14—安全阀；15—固定罐座；16—立柱；17—硫化小车轨道

3.2.2　胶管卧式硫化罐

3.3　主要零部件

3.3.1　罐盖

卧式硫化罐罐盖的结构形式很多，国内绝大数采用错齿结构，它具有结构简单，工作可靠、操作方便等优点。

卧式硫化罐罐盖由盖板及盖缘组成。

错齿式罐盖通常有齿环转动和罐盖转动两种。罐盖转动式错齿式罐盖的结构和日常家用的高压锅的罐盖结构相似。

3.3.2　罐口密封圈

卧式硫化罐罐口密封圈一般都采用唇式密封圈，利用罐内硫化介质（如蒸汽）压力压住胶唇而自行密封罐口。

罐口密封圈常采用耐热橡胶制造，如图 2.6.1－60 所示。

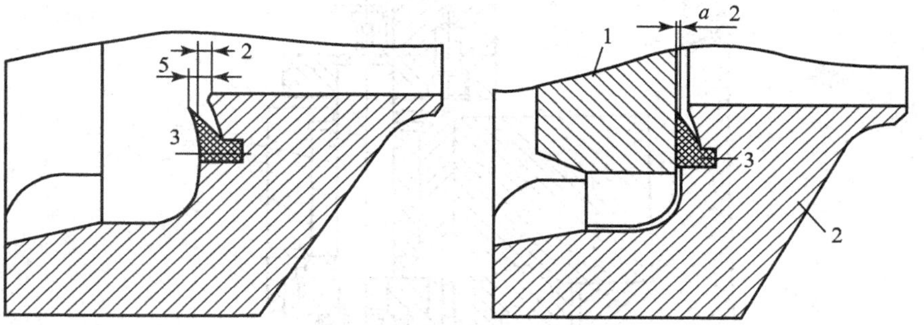

罐盖开启时　　　　罐盖关上时

图 2.6.1－60　罐口密封圈

1—罐盖；2—罐口；3—密封圈

3.3.3　罐体及罐底

卧式硫化罐罐体及罐底一般采用碳素钢制造。采用 A3、AY3 钢板时，厚度不得大于 16 mm，设计压力不大于 1 MPa。采用 A3F、AY3F 钢板时，厚度不大于 12 mm，设计压力小于 0.6 MPa。

对于较高设计压力和较大厚度的，可采用 16MnR 钢板制造。硫化罐焊缝一般采用双面对焊。

3.3.4　罐口

错齿式罐口的结构有固定式齿环和转动式齿环两种。固定式齿环的罐口靠罐盖的转动闭锁。转动式齿环的罐口，罐盖不能转动，靠齿环的转动闭锁罐盖。齿环用两个半圆环组成，用螺栓联成一体。

罐口的材料一般用 ZG270－500。

3.3.5　空气循环装置及加热器

卧式硫化罐内的空气循环装置不但可以提高热交换效果，还可以使罐内各部温度比较均匀，从而可提高硫化制品的质量。空气循环装置系由鼓风机及风道两部分组成，如图 2.6.1－61 所示。

3.3.6　安全装置

在硫化罐内充有内压或在内压尚未排尽的情况下开启硫化罐是件十分危险的事。为确保安全，必须设置安全装置。传统的安全装置由设在罐口部位的旋塞阀和插入罐盖盖缘孔中的插销及手柄和曲柄等构成。开罐时，必须将插销拔出，罐盖才能转动开启。但当拔出插销时通过曲柄带动旋塞阀阀芯转动，使旋塞阀开启，将罐内残余蒸汽排入大气，待无压后再开罐。新设计的安全装置通常由零压开关和限位开关组成，如图 2.6.1－62 所示。

硫化罐罐内的安全残余压力应小于 0.01 MPa。

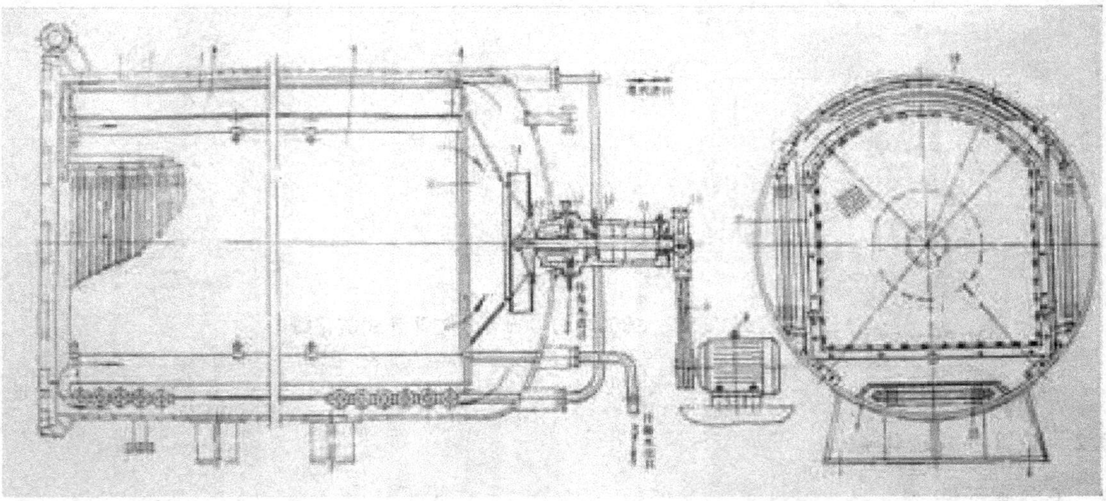

图 2.6.1-61　空气循环装置及加热器

1—罐体；2—上隔板；3—左右隔板；4—后隔板；5—风罩；6—下隔板；7—防护网；8—电机；9—v 带；10—带轮；11—轴；12—滚动轴承；13—轴承座；14—风扇翼轮；15—密封装置；16—排管；17—圆翅形散热器

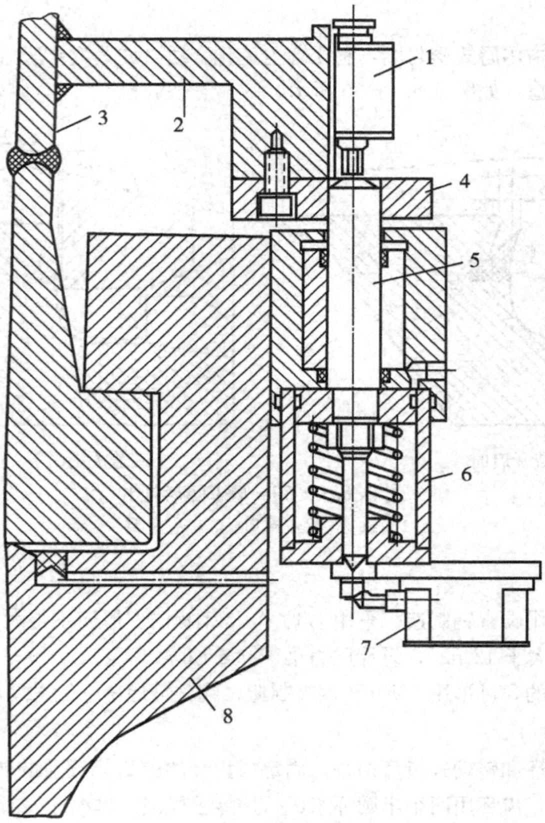

图 2.6.1-62　安全装置

1—罐盖；2—支架；3，7—限位开关；4—定位板；5—活塞杆；6—定位气缸；8—缸体

3.3.7　附属设备

（1）活动接轨

卧式硫化罐罐盖开启后，需要一段活动接轨把地面轨道与内轨道连接起来，才能实现装载制品用的硫化小车进出硫化罐的机械化，如图 2.6.1-63、图 2.6.1-64 所示。

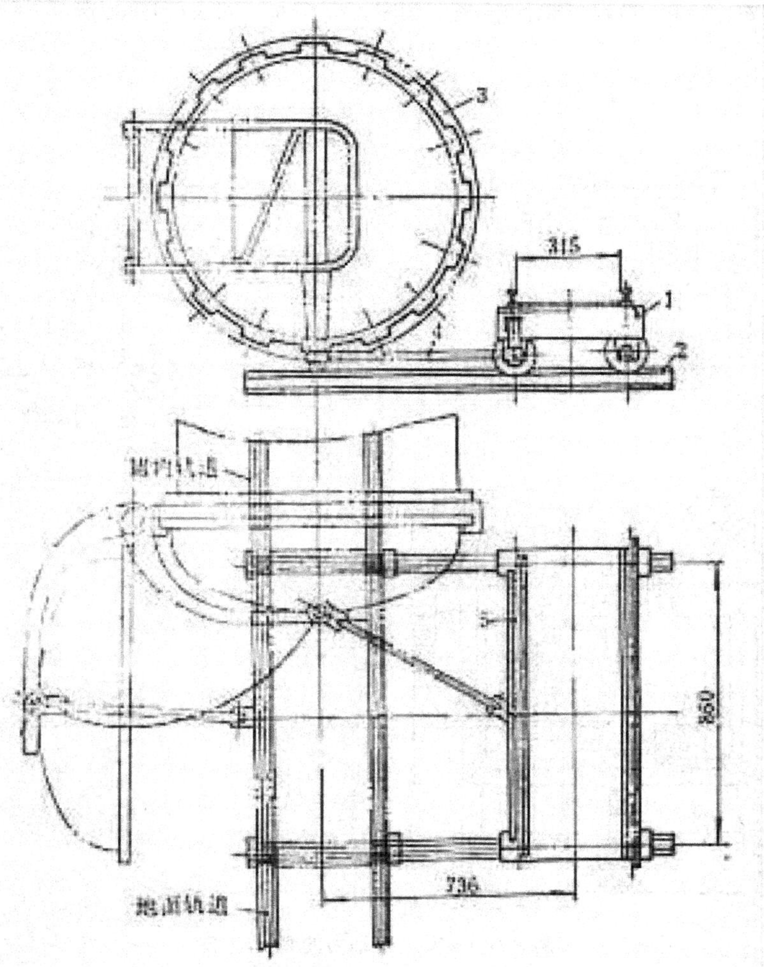

图 2.6.1-63 活动接轨

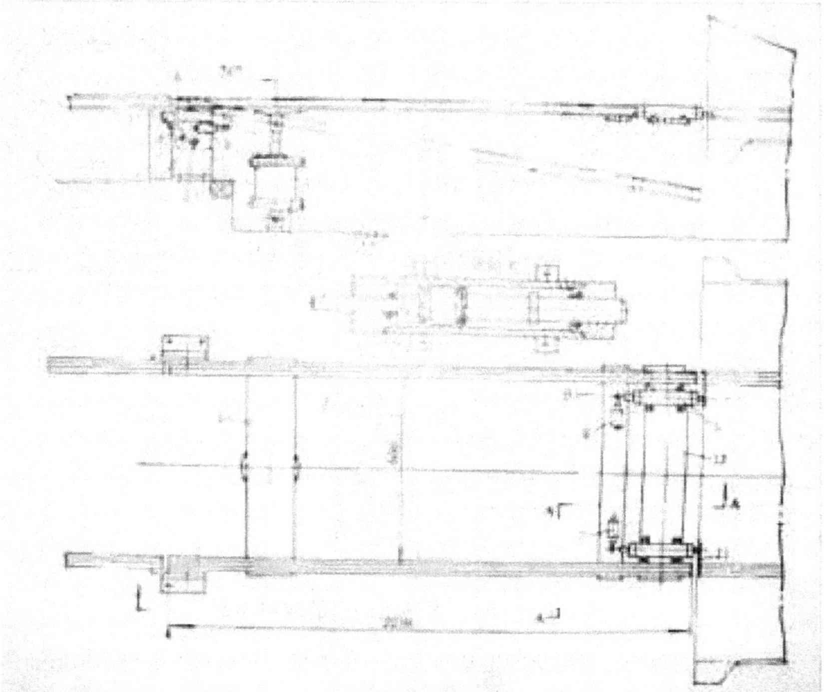

图 2.6.1-64 铰接式活动接轨

(2) 牵引小车

牵引小车是硫化罐中一种专用的轨道小车，用于将装载半成品的硫化小车推入硫化罐内，硫化结束后，又将硫化小车从硫化罐内拉出。牵引小车在胶鞋、胶管厂里使用较多，如图 2.6.1-65、图 2.6.1-66 所示。

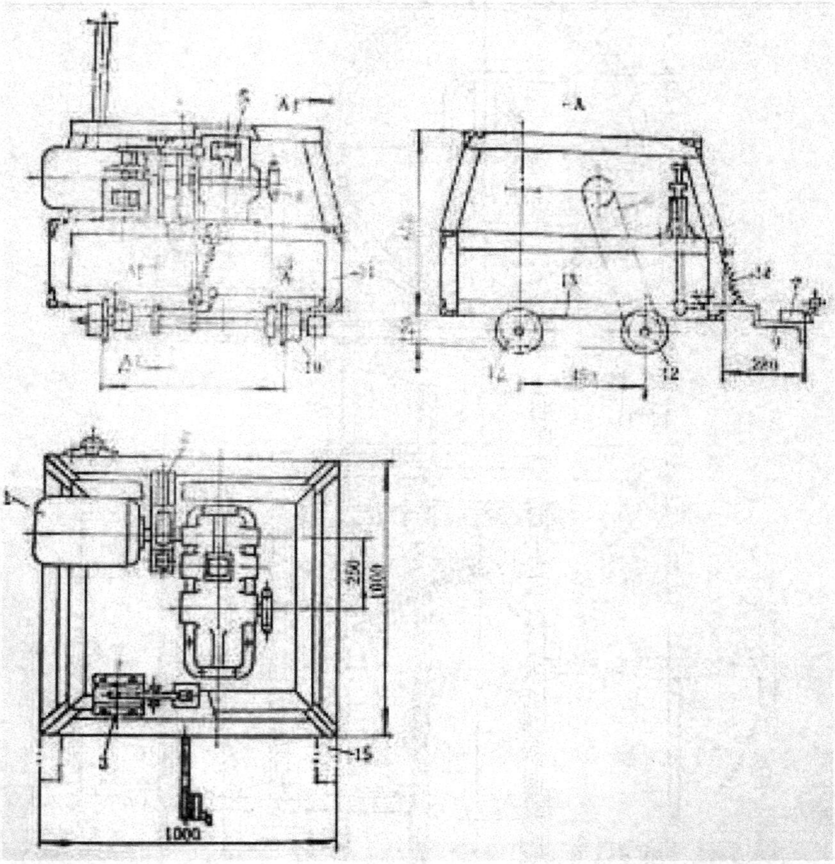

图 2.6.1-65　带动力的牵引小车

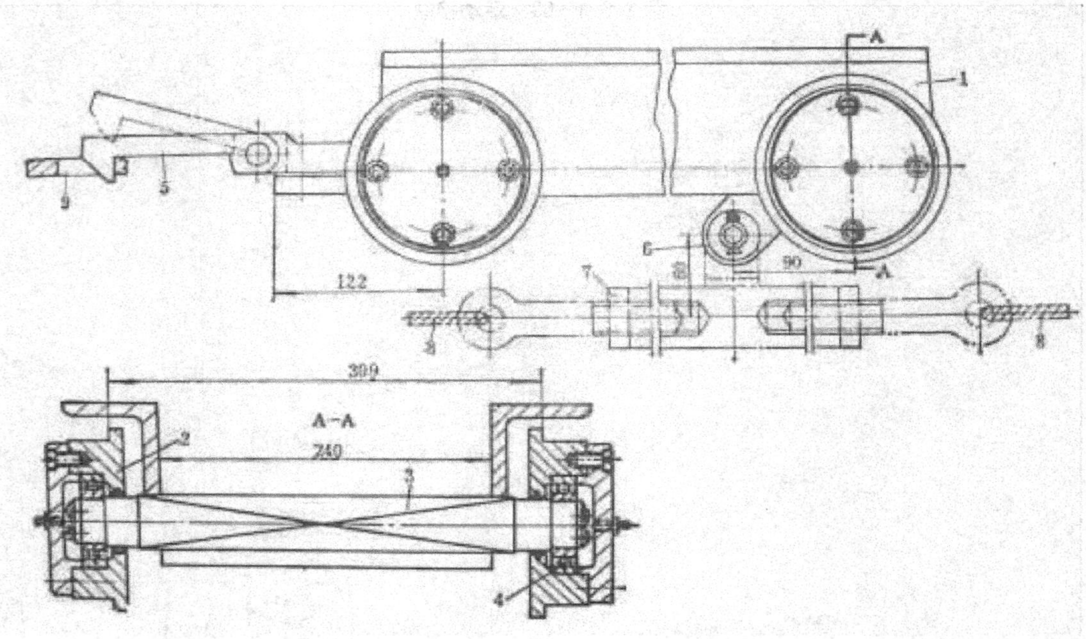

图 2.6.1-66　卷扬机牵引的牵引小车

在小车底部装有拉环 7，其两端分别与卷扬机的钢丝绳连接，由卷扬机的钢丝绳牵引小车运动。

3.4　胶管硫化罐的生产线

胶管生产线主要由卧式硫化罐、卷扬机、牵引小车、硫化小车、和活动接轨等组成，如图 2.6.1-67 所示。

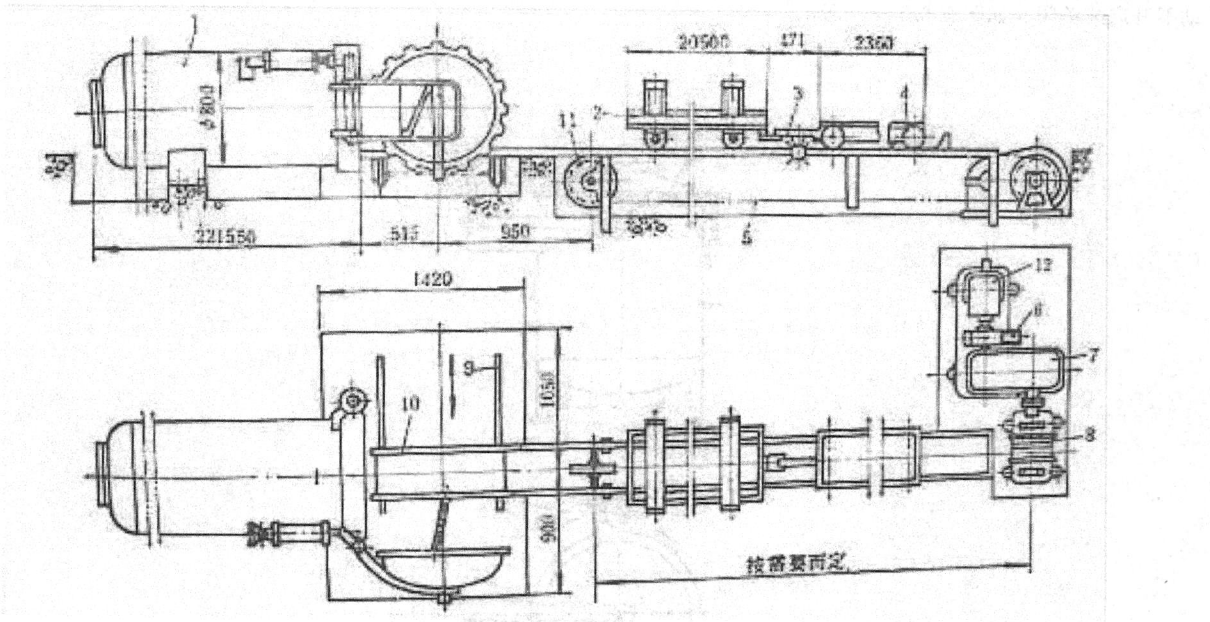

图 2.6.1-67　胶管硫化线组成

四、其他硫化装备

4.1　立式胶套硫化罐[1]

4.1.1　基本结构

立式胶套硫化罐通常用于胶带工业中带长小于 2500 mm 的切边 V 带、多楔带和同步带的硫化，也可用于包布式线绳 V 带和胶套的硫化。胶带的硫化质量较高，也适应了 V 带工业发展的新要求，即 V 带生产工艺从单机成型——模压硫化，发展为贴合成型——罐式胶套硫化的先进工艺。

胶套硫化罐是一种立式硫化罐，罐盖用齿环锁紧，并用油缸（或气缸）启闭，与普通立式硫化罐类似，其主要区别在于内部结构和硫化工艺方法不同。如图 2.6.1-68 所示。

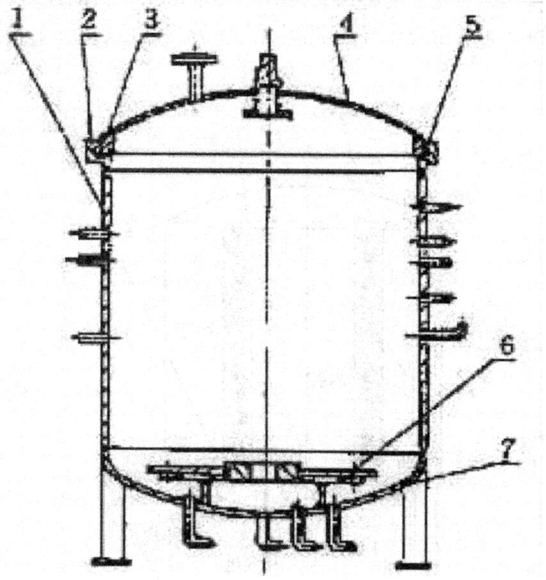

图 2.6.1-68　罐体结构

1—罐筒体；2—下齿圈；3—上齿圈；4—罐盖；
5，6—密封圈，7—罐底

立式胶套硫化罐由罐体、罐盖、错齿锁环及开闭罐盖的油缸（或气缸）等组成。罐体内设有平台，用于放置硫化模具，并作为胶套密封用的下端面，因此要求平台的面板表面光滑平整，材料表面硬度要搞，耐冲击。罐体的底部设有内牙、外压进气管及排水管。罐口设有与普通硫化罐罐口密封圈类同的橡胶密封圈。罐体与罐盖之间用错齿锁环锁紧。错齿锁环在油缸（或气缸）的驱动下可以转动，以便锁紧或松开罐盖，当错齿锁环松开罐盖后，罐盖可在油缸（或气缸）的驱动下开启或关闭。如图 2.6.1－69 所示。

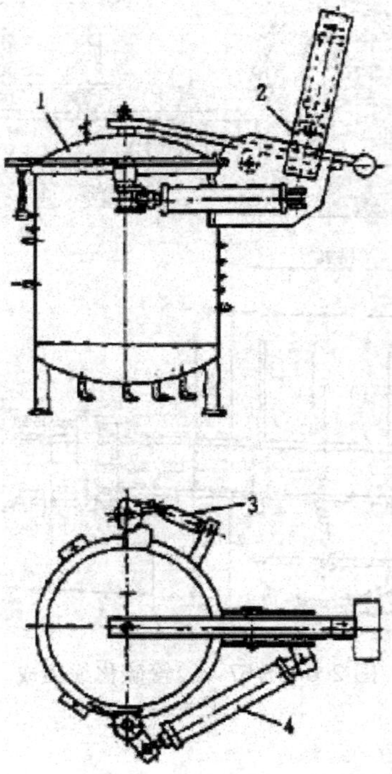

图 2.6.1－69　硫化罐外形示意图

1—罐体；2—启盖装置；
3—安全装置；4—锁紧装置

为防止热量散失，硫化罐的罐体和罐盖覆有保温材料。

4.1.2　工作原理

立式胶套硫化罐有一套特殊的使用方法。首先将成型好的带胚连同模具一并吊入硫化罐内，外面套上硫化胶套之后，盖上浮动盖板，即可将罐盖关闭进行硫化。硫化时，先通入外压蒸汽，密封胶套端边。外压蒸汽不可进入胶套和带胚之间的间隙或模具内部。胶套用于对带胚外周加压。待外压蒸汽升至规定压力，再向模具内腔通入内压蒸汽，内压蒸汽压力比外压蒸汽压力低，以保持胶套和盖板之间的密封。外压蒸汽与内压蒸汽的压力差即为硫化压力。硫化温度内压蒸汽、外压蒸汽共同提供。如图 2.6.1－70 所示。

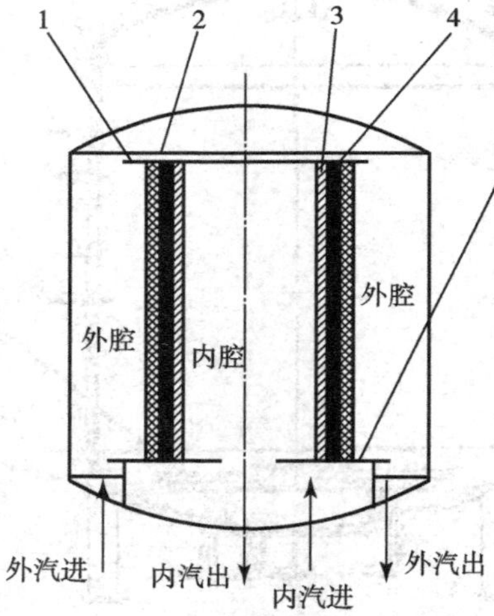

图 2.6.1－70　硫化原理图

1—压盖；2—胶套；3—模具；4—带胚；5—底盘

包布式 V 带硫化的外压一般为 0.8～1.0 MPa，内压比外压低 0.6 MPa 左右。硫化切边 V 带时的外压还可高些，同时也可先在模具内抽真空，使胶套紧压带筒，而后再加外压，外压建立后关闭真空，通内压硫化。硫化完毕，先排内压后排外压，内外压排净后再开罐取出硫化模具卸带。

4.2　平板连续硫化机[2]

平板连续硫化机综合了平板硫化机和鼓式硫化机的有点，是织物带芯输送带用较先进的硫化设备，其结构如图 2.6.1-71 所示。

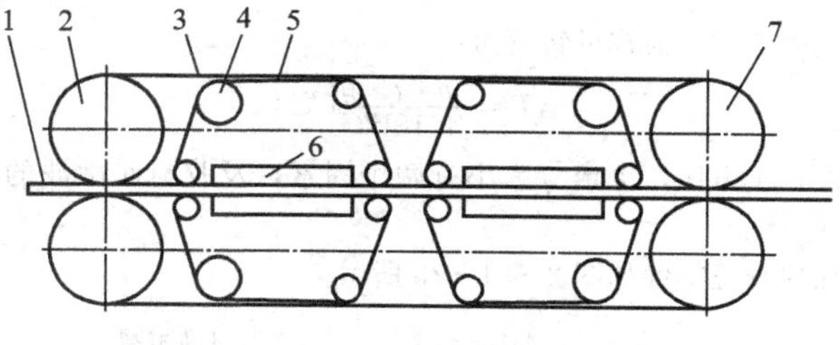

图 2.6.1-71　平板连续硫化机结构示意图

1—带胚；2—环形钢带驱动鼓；3—环形钢带；4—环形滚子链驱动辊；5—环形滚子链；6—热板；7—环形钢带从动鼓

该机的硫化区域设有两组热板，上、下两块热板与带胚之间各加有一条环形滚子链和一条环形钢带，滚子链和钢带各自拥有独立的传动装置。硫化时，带胚夹在两条钢带之间，钢带传导热板的热能对带胚进行加热，硫化时的压力达到 3 MPa。上下两条环形钢带与带胚同步运行。该设备既可生产橡胶带也可生产 PVC 或 PVG 带。当生产 PVC 和 PVG 带时，前面一组热板加热，进行塑化和硫化，后面一组热板通冷水进行冷却定型。平板连续硫化机采用编程管理，自动化水平较高。

4.3　微波硫化生产线[3][4]

4.3.1　工作原理

微波是指频率在 300～3 000 MHz 范围的电磁波，因其波长（12.5 cm）与无线电波的波长（1～10^3 m）相比要短得多，故称为微波。微波由交变电场产生，工业上使用的国际标准微波频率为 2450 MHz。

微波硫化是在常压下，不需使用任何热介质，就可对某些橡胶半成品进行加热硫化的技术。微波硫化的原理是极性的分子在高频交变磁场作用下，会进行高频的分子振荡，相互摩擦，因而产生大量热能，从而达到由内及外加热混炼胶实现硫化的目的。介电质（混炼胶）分子极化及摩擦生热是微波硫化的主要过程。

混炼胶在交变电场的微波作用下，产生极性橡胶链段或极性分子的偶极极化、相界面极化或离子极化现象。如图 2.6.1-72 所示。

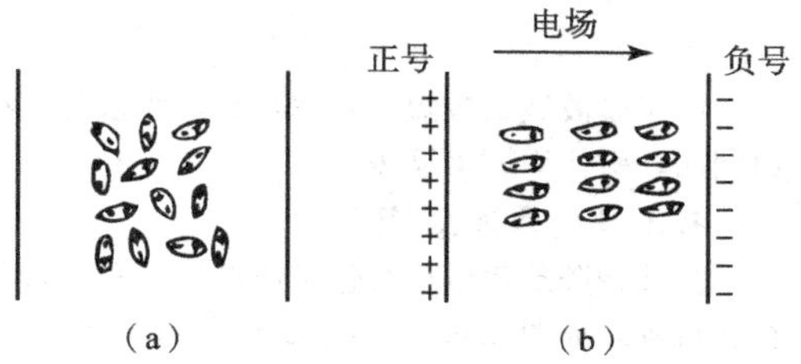

图 2.6.1-72　分子的极化（取向或定向）

由于微波的频率很高，而偶极子沿自身轴振动的频率总是滞后，因此分子间发生摩擦，产生了热量，实现短时间内物料的内部和外部同时被加热，使混炼胶达到硫化所需的温度。

胶料对微波能量的吸收取决于胶料的极性。胶料对微波的吸收功率可用下式表示：

$$P = kfE^2\varepsilon_\gamma\tan\delta$$

式中，k——常数；

f——频率，Hz；

E——电场强度；

ε_γ——相对介电率；

$\tan\delta$——介电率损失系数。

不同橡胶的 ε_γ 及 $\tan\delta$ 数值见表 2.6.1-2。

表 2.6.1-2　几种橡胶的 ε_γ 及 $\tan\delta$ 数值

橡胶	ε_γ	$\tan\delta$	$\varepsilon_\gamma\cdot\tan\delta$	橡胶	ε_γ	$\tan\delta$	$\varepsilon_\gamma\cdot\tan\delta$
NR	2.15	0.003 0	0.006 5	NBR	2.80	0.018 0	0.054
EPDM	/	/	0.006 7	CR	4.0	0.033 6	0.134 4
IIR	2.35	0.000 9	0.002 1	VMQ	10.0	0.045 0	0.450 0
SBR	2.45	0.004 4	0.010 8				

胶料加热升温所需的微波功率可按下式计算：

$$p = \frac{4.18\overline{W}C\Delta T}{t\eta}(\mathrm{w})$$

式中，p——胶料升温所需能量（w）；

$\overline{W}$——胶料质量（g）；

C——胶料的比热·（cal/g·℃）；

t——时间（s）；

η——能量转换系数（%）；

ΔT——胶料的温升。

胶料必须具有一定的微波能吸收能力。前式可转变为：

$$\Delta T = \frac{p \cdot t \cdot \eta}{4.18WC}(℃)$$

胶料温升 ΔT 与能量转换系数 η 成正比，决定 η 大小有两个因素，及胶料对微波的吸收率和微波装置本身的能量损失率。

不同橡胶、不同填料的微波加热升温特性如图 2.6.1-73 所示。

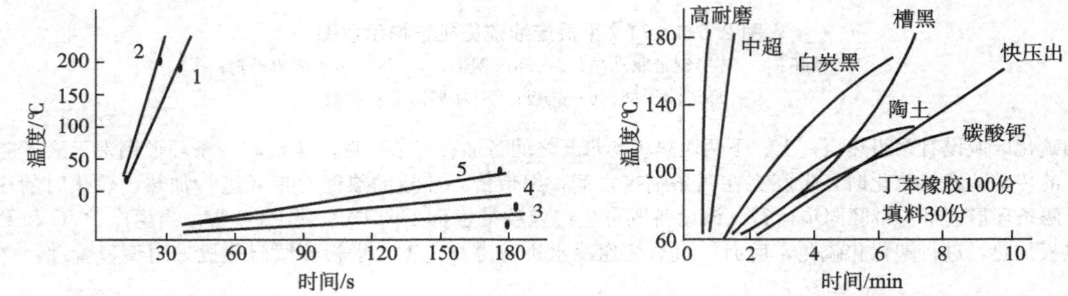

橡胶的微波加热升温特性　　含不同填料的丁苯橡胶的微波加热升温特性

图 2.6.1-73　橡胶的微波加热升温特性

1—CR；2—NBR；3—IIR；4—NR；5—SBR

微波穿透胶料的厚度 D 可用下式表示：

$$D = \frac{P \cdot 56 \times 10^7}{f \cdot \sqrt{\varepsilon_\gamma} \cdot \tan\delta}(\text{m})$$

由于微波波长较短，频率很高，所以对胶料的穿透能力很强。微波硫化加热温度可以高达 200℃，特别适合于连续挤出制品，硫化周期可缩短 1/3。

4.3.2　基本结构

微波橡胶硫化生产线包括成型机（配套）、高温定型设备、微波硫化设备、热风硫化设备、冷却段、牵引机、裁断机、打孔机等，如图 2.6.1-74、2.6.1-75 所示。

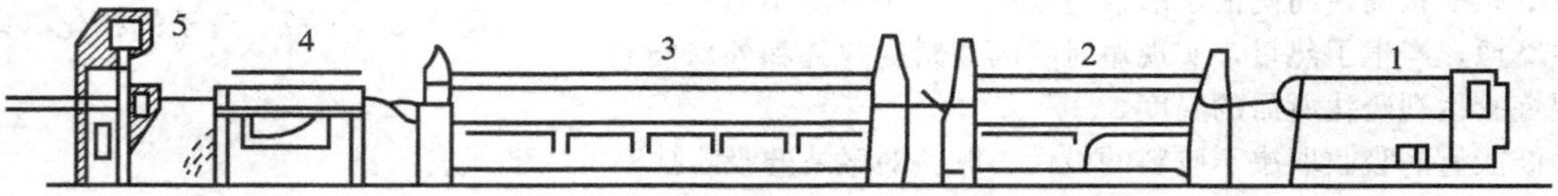

图 2.6.1-74　微波橡胶硫化生产线示意图

1—成型机；2—微波箱；3—热空气硫化箱；4—冷却水槽；5—裁断机

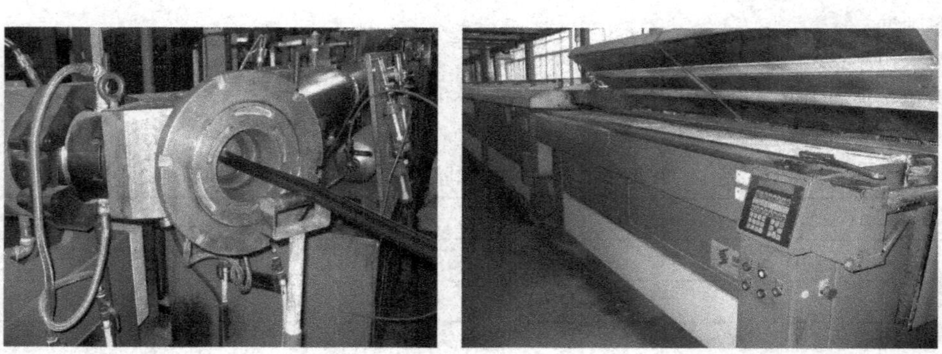

图 2.6.1-75　汽车橡胶密封条挤出复合机头与生产线

成型机用来把橡胶原料挤压成需要的形状和结构，挤压成型的橡胶分为单层橡胶（海绵或实芯胶）、二层复合橡胶（海绵和实芯胶）、三层复合橡胶（钢芯、海绵和实芯胶）、四层复合橡胶等，对应不同的橡胶种类和规格所使用成型机的结构和性能也有所不同。一般采用长机筒冷喂料成型机，其特点是螺杆长径比为 15～20：1，压缩比大，传热面积大，再辅以抽真空、排气装置，保证挤出胶条的密实度和外观，胶条挤出速度可无级变速调节。见表 2.6.1-3 所示。

表 2.6.1-3 日本 UHF 微波硫化生产线挤出 EPDM 胶条的典型挤出温度设定，℃

部位	海绵胶条	实心胶条	高硬度胶条
进料区	30～40	40～50	60～70
螺杆	30～40	40～50	60～70
机筒一区	30～40	50～60	70～80
机筒二区	40～50	60～70	80～90
机头	50～60	70～80	80～90
口型	60～70	80～90	90～100

在交叉复合机头后，设置 1 m 长的预硫化槽，也称高温定型设备。高温定型设备主要用来把刚挤压成型的橡胶采用高温迅速将其表面硫化定型（外表结皮），防止其变形或与输送带粘连而破坏其表面。其电加热空气温度达 350～450℃（最高可达 500℃），用以替代以前的燃气火焰。随后设置热空气强风硫化槽，最后是高温强风大长度硫化槽，每槽又分 3 段，多向送风。对于强度较好又不太粘的橡胶品种可以不设置高温定型设备；也有采用在微波硫化设备的进口处加一节高温段来达到高温定型效果的。

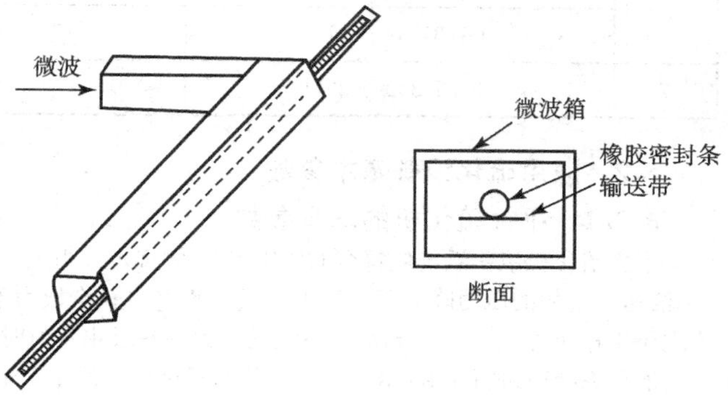

图 2.6.1-76 管式微波箱

管式微波箱及结构如图 2.6.1-76、2.6.1-77 所示。微波硫化设备利用微波将制品整体加热到硫化所需要的温度，这一过程只需要几十秒到一两分钟的时间。微波硫化设备长度通常在 6～8 m，微波功率 10～15 kW（可调）；并配有热风循环系统，热风温度 160～250℃（可调），热风功率在 30 kW 左右。

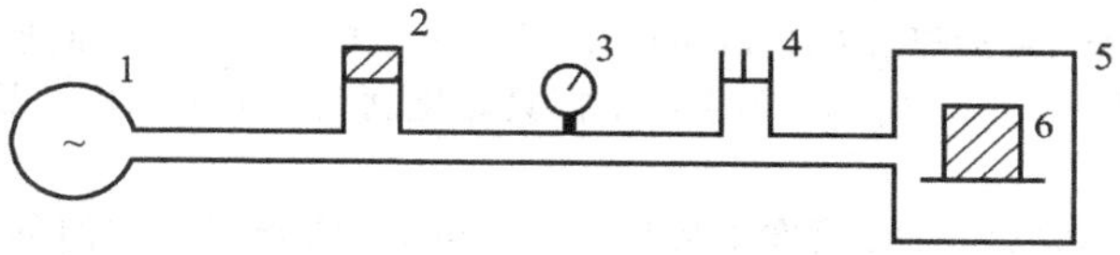

图 2.6.1-77 微波箱结构

1—磁控管振荡器；2—分离器；3—功率表；4—调节器；5—微波箱；6—橡胶密封条

热风硫化设备使橡胶条保持在硫化所需要的温度范围内继续硫化。热风温度 160～250℃（可调）。这一段根据产量和硫化所需时间的不同，长度和功率的变化比较大，长度从 10～60 m，功率从 30～100 kW 都有。这一段以及微波硫化段的热风加热方式有电加热和燃烧加热两种，燃烧加热又可分为燃油、燃气、燃煤三种，其中电加热方便、干净但能耗和费用都比较高；燃煤能耗和费用都是最低的但污染大。

冷却段用来把橡胶条冷却到可进行裁断、收取等操作的温度。根据冷却方式的不同可分为水冷却和空气冷却两种。水冷却需配备吹干机来吹干橡胶条表面的水分；截面比较大的橡胶条一般采用水冷却，反之则采用空气冷却。

输送机用皮带一般采用聚四氟乙烯包覆，聚四氟乙烯的 ε_γ. tanδ 值小于 0.006，在微波作用下几乎不生热，并可耐 200℃高温。牵引机提供橡胶条前进的动力。输送带牵引速度一般为 0～30 m/min。当冷却段采用空气冷却并配备输送带时，因生产线各部分都有动力也可不用牵引机。

裁断机用来将橡胶条按需要的长度裁断。当硫化非条状连续式产品时不需要裁断机。

当硫化带骨架橡胶条时在成型机的前段还配有钢芯供给设备，在后段根据需要有时还配有打孔机、钢芯成型机等设备。

汽车用橡胶密封条多数为一次性挤出产品，但部分产品需要二次加工。如轿车前后风挡胶条、三角窗条、边门条等，往往采用环形无接缝安装，因此还要将挤出微波硫化后的的橡胶条进行接头硫化整体成型。接头硫化机所用设备通常为专用的角部接头平板硫化机，具有注胶量小、控制准确、易于操作等特点。此外，二次加工还包括对胶条进行植绒、打孔、接入骨架及扣件等后续加工，多数企业采用尼龙扣钉自动装夹机和旋转式静电植绒装置。尼龙扣钉自动装夹机，生产效率更高。旋转式静电植绒装置实现了在线静电植绒，可达到单面或双面植绒，同时可在线进行喷涂聚氨酯、硅油或其他涂层以及采用表面喷涂耐磨、润滑材料。

五、通用硫化设备的技术标准与基本参数

5.1 通用硫化设备的技术标准

主要橡胶制品设备的技术标准见表 2.6.1-4，当进行技术改造或扩大生产订购设备时，需要与供应商进行深入细致的

技术交流来进行对比、选择。

表 2.6.1-4　主要制品专用设备的技术标准

序号	标准号	技术标准名称	其他说明
1	GB 25935—2010	橡胶硫化罐	
2	HG/T 2113—2011	橡胶硫化罐的检测方法	
3	HG/T 3222—2001	V 带鼓式硫化机系列与基本参数	
4	HG/T 2421—2011	V 带平板硫化机的技术条件	
5	GB/T 25155—2010	平板硫化机的技术条件	
6	GB 25432—2010	平板硫化机的安全要求	
7	HG/T 3229—2011	平板硫化机的检测方法	

5.2　通用硫化设备基本参数

5.2.1　平板硫化机的基本参数

平板硫化机液压系统应符合 GB/T 3766 的规定。当工作液达到工作压力时，合模力大于 2.5 MN 的平板硫化机保压 1 h，液压系统的的压力降应不大于工作压力的 10%；合模力不大于 2.5 MN 的平板硫化机保压 1 h，液压系统的的压力降应不大于工作压力的 15%。当液压系统的压力降超过规定值时，液压系统应有自动补压至工作压力的功能。

液压系统应进行 1.25 倍工作压力的耐压试验，保压 5 min 不应有渗漏。

热板应能达到的最高工作温度，蒸汽加热为 180℃，油加热、电加热为 200℃。当温度达到稳定状态时，蒸汽加热、油加热的热板工作面温差不应超过±3℃，热板尺寸不大于 1000 mm×1000 mm 的电加热的热板工作面温差不应超过±3℃，热板尺寸大于 1000 mm×1000 mm 的电加热的热板工作面温差不应超过±5℃。平板硫化机应装有自动调温装置，在温度达到稳定状态时，调温误差不应大于±1.5%。

热板加热后，相邻两热板的平行度应符合 GB/T1184—1996 表 B.3 中 8 级公差值的规定。用于带模具硫化制品的平板硫化机其热板工作面的表面粗糙度 Ra≤3.2 μm，用于不带模具硫化制品的平板硫化机其热板工作面的表面粗糙度 Ra≤1.6 μm。

硫化胶板、胶带的平板硫化机热板启闭速度不应低于 6 mm/s，橡胶塑料发泡的平板硫化机开模速度不应低于 160 mm/s，其他的平板硫化机热板启闭速度不应低于 12 mm/s。

平板硫化机的加热系统应进行最高工作压力的试验，保压 30 min 不应有渗漏，其中蒸汽加热系统应进行蒸汽试验，油加热系统应进行热油试验。

有真空要求的平板硫化机，真空度不应低于 0.09 MPa。

5.2.2　橡胶硫化罐的基本参数（见表 2.6.1-5）

表 2.6.1-5　橡胶硫化罐产品系列与基本参数

类别	结构形式	罐体内径/m	筒体长度/m	罐内的最高工作压力/MPa	最大合模力/kN
轮胎硫化罐	立式	1.4	1.5、3.0	0.45、0.8	3 000
		1.5	1.5、3.0		3 300
		1.6	1.5、3.0		4 500
		1.8	3.0、5.0	0.45、0.6、0.7、0.8、1.2	5 300
		2.0	3.2、4.0		8 500
		2.2	2.9、3.2、4.0		8 500
		2.8	1.85、3.2、4.0、6.0、8.0		11 250
		4.0	2.6		32 000
		4.2	2.6		32 500
		4.5	2.6、2.8		38 000
		4.8	1.6、3.2		36 000
	卧式	4.5	2.6		38 000

续表

类别	结构形式	罐体内径/m	筒体长度/m	罐内的最高工作压力/MPa	最大合模力/kN
其他硫化罐	卧式	0.8、1.0	1.5、3.0、5.0、11.0、22.0、32.0、42.0	0.15、0.8	—
		1.2	1.5、3.0、5.0、11.0		
		1.5	3.0、5.0、7.0	0.45、0.8 1.0、1.2	
		1.7	4.0、6.0、8.0、10.0		
		2.0	4.0、6.0、10.0		
		2.2、2.6、2.8、3.4	5.0、6.0、8.0、10.0、12.0		
		4.0、4.2	5.0、8.0、10.0、12.0		
	立式	0.8	1.5、3.0	0.45、0.8	—
		1.0	1.5、3.0		
		1.2	1.5、3.0		
		1.5	3.0、5.0	0.45、0.8 1.0、1.2	
		1.7	4.0、6.0		
		2.0	4.0、6.0、8.0		
		2.6	4.0、6.0、8.0		
		2.8	4.0、6.0、8.0		

注：硫化罐的内径、筒体长度、罐内的最高工作压力和最大合模力等参数可按用户要求进行设计

硫化罐设计、制造单位应具有相应级别的特种设备设计、制造许可证。

硫化罐体、管路系统应按图样要求进行耐压试验，试验时不应有异常变形和响声，保压时间不小于30 min，保压期间不应渗漏；液压缸和柱塞以1.25倍设计压力进行液压试验，保压时间不小于30 min，保压期间不应渗漏。快开门式硫化罐应有开门安全联锁装置并应具备TSG R0004－2009中3.20规定的功能，各部件动作应灵敏、准确、可靠。硫化罐的超压泄放装置应复合GB 150－1998中附录B的要求。硫化罐外表面与人体可接触的部位最高温度应不高于60℃。硫化罐外表应填充绝热材料，工作时绝热层外表面温度与环境温度之差应不大于20℃，绝热材料不允许使用含石棉的材料。硫化罐外露的齿轮、齿条、皮带等传动部件应有安全防护装置。

硫化罐应有监测罐内压力和温度的功能，应能以手动和自动控制硫化过程中罐内工作压力和温度。硫化罐应有冷凝水排放功能。硫化罐罐门的启闭和锁紧装置应通过机械装置完成，并具有手动或自动控制功能。

硫化罐硫化区最大径向温差应不大于4℃，最大轴向温差应不大于8℃。其电气设备在下列条件下应能正常工作：①交流稳态电压值为0.9～1.1倍的标称电压；②环境温度5～40℃；③当温度为40℃，相对湿度不超过50%时（温度低则允许高的相对湿度，如20℃时为90%）；④海拔1 000 m以下。

间接式硫化罐热风循环装置，空负荷试验1 h，轴承温升应不大于20℃。

5.2.3　平带鼓式硫化机的基本参数

原HG 2039－91《平带鼓式硫化机》规定了平带鼓式硫化机的规格与基本参数、技术要求、安全要求、试验方法、检验规则等，适用于连续硫化各种橡胶板、花纹胶板、胶带或胶布等薄形制品用的平带鼓式硫化机。见表2.6.1-6所示。

表2.6.1-6　平带鼓式硫化机的基本参数

硫化机规格	Φ700×1 400	Φ700×1 800	Φ1 500×2 350
硫化鼓/mm	700	700	1 500
硫化鼓鼓面宽度/mm	1 400	1 800	2 350
制品最大宽度/mm	1 250	1 500	2 000
硫化时间可调范围/min	1～30	1～30	1～30
最大硫化压力/MPa	0.43	0.45	0.50
鼓内最大蒸汽压力/MPa	0.6	0.6	1.30
硫化鼓包角展开长度/mm	1 500	1 500	3 500
主电机功率/kW	3～4	4～5.5	7.5～11
压力带	钢丝编织	钢丝编织	钢带

硫化机应具有反转功能，其传动装置的所有外露旋转部分必须设置防护罩。

硫化机的硫化鼓（光鼓）工作表面需做耐磨和防腐处理，精饰后其保护层厚度不小于0.06 mm，工作表面粗糙度Ra≤

0.8 μm。当温度达到稳定状态时，硫化鼓工作表面的温差≤4℃。

硫化机的压力带为钢带时，其接头部位的强度不得低于母体材料的抗拉强度。压力带在自由状态下，外观均匀，两侧带边周长相对误差应复合 GB 1802 附录表 2 中 IT13 公差等级的规定。

硫化机安装后其硫化鼓对底座平面的平行度不得大于 0.06/1000，其伸张辊对对底座平面的平行度不得大于 0.10/1000。

硫化机的液压装置耐压试验压力为工作压力的 1.5 倍，保压 10 min 不得泄漏；硫化鼓水压试验压力为设计压力的 1.5 倍，保压 30 min 不得泄漏。

六、通用硫化设备的供应商

通用硫化设备供应商见表 2.6.1－7。

表 2.6.1－7　制品硫化设备的供应商

供应商	柱式平板硫化机		框板式平板硫化机		鄂式平板硫化机	自动移模硫化机	注压成型硫化机	抽真空硫化机	发泡成型硫化机	硫化机组（不含胶带）
	单层	多层	单层	多层						
青岛澳斯特机械有限公司	√		√		√					
青岛汇才机械制造有限公司			√	√	√		√	√	√	√
大连华韩橡塑机械有限公司	√									√
浙江菱正机械有限公司		√								
广州钜川机械设备有限公司	√	√					√	√		

本章参考文献

［1］邹维涛．胶套硫化罐设计［J］．化工装备技术，2000，21（6）：39～43.

［2］吴贻珍．传动带制造技术现状与进展［D］．中国橡胶百年一广州论坛会议论文集，2015.

［3］韦增红，李昂．微波硫化的原理及其应用［J］．世界橡胶工业，2013，40（10）：21～27.

［4］唐斌，周琼，等．用微波连续硫化技术生产汽车橡胶密封条［J］．特种橡胶制品，2001，22（5）：24～34.

第七章 再生胶和翻胎设备

再生胶和翻胎设备分类与产品型号见表 2.7.1－1。

表 2.7.1－1 再生胶和翻胎设备型号

类别	组别	品种：产品名称	品种：代号	产品代号：基本代号	产品代号：辅助代号	规格参数	备注
轮胎翻修机械	扩胎机械	扩胎机		FK		轮胎胎圈规格	
		局部扩胎机	J（局）	FKJ			
	衬垫加工机械	胎圈切割机	Q（圈）	FCQ		最大轮胎胎圈规格	
		衬垫片割机	P（片）	FCP		圆刀直径/mm	
		衬垫磨毛机	M（磨）	FCM		辊面宽度/mm	
	磨胎机械	磨胎机		FM		轮胎胎圈规格	
		仿形磨胎机	F（仿）	FMF			
		轮胎削磨机	X（削）	FMX			
		轮胎削磨贴合机	T（贴）	FMT			
	喷浆机械	环形预硫化胎面打磨涂浆机	H（环）	FPH		胎面最大宽度/mm	
	贴合机械	胎面贴合机	Y（压）	FTY		轮胎规格	
	硫化机械	翻胎硫化机		FL		外模内径/mm	启闭方式使用辅助代号，半自动式以 B 表示，气动式以 Q 表示，液压式以 Y 表示
		局部翻胎硫化机	J（局）	FLJ		轮胎规格	
		胶囊翻胎硫化机	A（囊）	FLA			
		条形预硫化胎面硫化机	T（条）	FLT		热板宽度/mm×热板长度/mm	
		环形预硫化胎面硫化机	H（环）	FLH		胎面最大直径/mm	
		包封套硫化机	B（包）	FLB		包封套最大直径/mm	
再生胶机械	洗涤机	清洗罐	G（罐）	ZXG		罐体内径/m×筒体长度/m	
		废胶洗涤机	J（胶）	ZXJ		筒体大端直径/mm×筒体长度/mm	
	切割机械	废胶切割机	J（胶）	ZQJ			
		废胎切割机	T（胎）	ZQT			
		齿盘破碎机	C（齿）	ZQC		齿盘直径/mm	
	粉碎机械	常温粉碎机	C（常）	ZFC			
		低温粉碎机	D（低）	ZFD			
	脱硫机械	脱硫罐	G（罐）	ZTG		罐体内径/mm×筒体长度/m	水油法
		动态脱硫罐	D（动）	ZTD			罐体转动卸料式用辅助代号 Z 表示
		螺杆脱硫机	L（螺）	ZTL		螺杆直径/mm	
	脱水机械	螺杆脱水机	L（螺）	ZSL		螺杆直径/mm	

一、再生胶设备

1.1　概述

废旧橡胶的再生理论上有多重方法，包括：物理再生法、化学再生法、微生物脱硫法、力化学再生法等。成熟的再生胶生产工艺主要有油法（直接蒸气静态法）、水油法（蒸煮法）、高温动态脱硫法，压出法、化学处理法、微波法等。其中油法、水油法由于污染严重，已被淘汰。

我国现在主要应用的再生胶的制造方法为高温动态脱硫法（无废水排放），高温高压动态脱硫法是在高温高压和再生剂的作用下通过能量与热量的传递，完成脱硫过程，此法不仅脱硫温度高，而且在脱硫过程中，物料始终处于运动状态。其他还有少量的为低温（加再生剂）力化学法，另有使用双螺杆成型机的高温力化学法。

再生胶生产脱硫以前，废旧橡胶应进行净化、去除钢丝圈和钢丝、去除纤维、破碎筛选、精炼至粉状颗粒，然后进行最后一道脱硫工艺。

再生胶设备包括：轮胎破碎机，常温磨盘式粉碎机，节能型开炼机，废全钢子午线轮胎胶粉成套生产线（如图 2.7.1－1 所示），超低温冷冻胶粉生产线，再生胶动态脱硫罐，再生胶常压连续脱硫工艺设备，单、双螺杆脱硫机，微波脱硫再生工艺设备，适用于生产丁基再生胶的密闭式捏炼机，适用于生产特种橡胶再生胶的双螺杆剪切脱硫机，废旧轮胎的微负压热解生产线等。

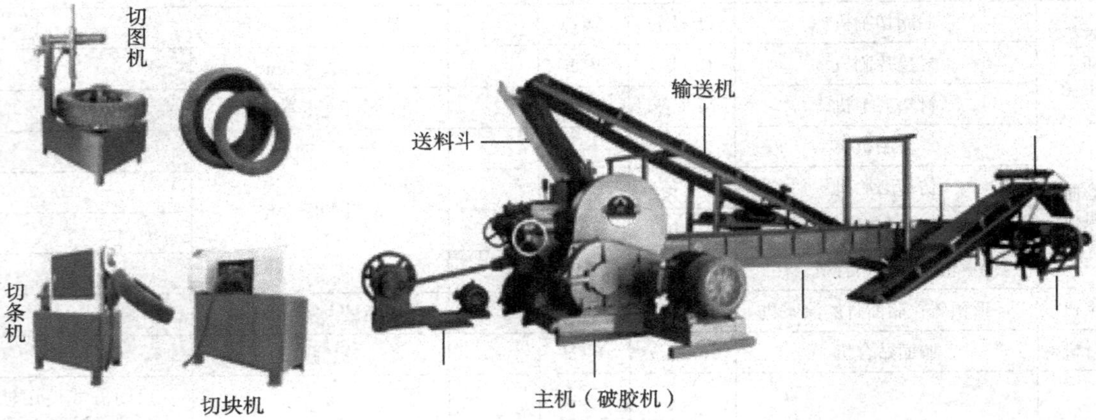

图 2.7.1－1　胶粉的生产设备

1.2　再生胶设备的技术标准与基本参数

1.2.1　再生胶设备的技术标准

再生胶设备的技术标准见表 2.7.1－2。

表 2.7.1－2　再生胶专用设备的技术标准

序号	标准号	标准名称	其他说明
1	GB/T 26963－2011	（第一部分）废旧轮胎常温机械法制取橡胶粉生产线的通用技术条件 （第二部分）废旧轮胎常温机械法制取橡胶粉生产线的检测方法	
2	GB 25936－2010	橡胶塑料粉碎机械的安全要求	

1.2.2　废旧轮胎常温机械法制取橡胶粉生产线的基本参数

废旧轮胎常温机械法制取橡胶粉生产线主要由胎圈分离机械、破碎机、粗碎分离机、中碎分离机、细碎机、磁选装置、筛选装置、纤维分离装置、输送装置、称量包装装置和料仓等组成。见表 2.7.1－3 所示。

表 2.7.1－3　胶粉机械主要设备型号

类别	组别	品种		产品代号		规格参数
		产品名称	代号	基本代号	辅助代号	
胶粉机械厂 J 胶	粗碎分离机 F（分）	锥磨粗碎机	M（磨）	JFM		动磨最大直径/mm
		辊筒粗碎机	G（辊）	JFG		辊筒工作面最大直径/mm
		滚切粗碎机	Q（切）	JFQ		刀具最大回转直径×破碎室长度/mm
	中碎分离机 Z（中）	锥磨中碎机	M（磨）	JZM		动磨最大直径/mm
		辊筒中碎机	G（辊）	JZG		辊筒工作面最大直径/mm
		滚切中碎机	Q（切）	JZQ		刀具最大回转直径×破碎室长度/mm

续表

类别	组别	品种		产品代号		规格参数
		产品名称	代号	基本代号	辅助代号	
胶粉机械厂J胶	细碎机 X（细）	细碎机		JX		磨盘直径/mm
	胎圈分离机械 Q（圈）	胎圈公离机	F（分）	JQF		后搓轮直径/mm
		拉丝机	L（拉）	JQL		可处理废旧轮胎的最大直径/mm
	破碎机 P（破）	轮胎破碎机	L（轮）	JPL		刀片最大直径×刀片厚度×破碎室长度/mm

生产线管道和阀门接头应连接可靠，无泄漏，各管路系统干净、畅通，设备正常运行时平稳，不应有异常振动，无干涉、卡阻及异常噪声。

生产线应具有手动和自动控制模式，具有控制和显示各主机运行状态的功能。自动模式下生产线应具有：①手动控制模式与自动控制模式无扰动切换、各部分联锁运行、故障实时报警和自诊断的功能；②统计物料消耗和月、日、班报表的功能；③预留有信息化网络接口；④人机对话界面；⑤动态监控各部分运行状况的功能。

生产线的安全危害和防护要求见表 2.7.1-4。废旧轮胎常温机械法制取橡胶粉各组成设备基本参数见表 2.7.1-5。

表 2.7.1-4　废旧轮胎常温机械法制取橡胶粉生产线安全危害和防护要求

设备部位	防护要求
外露运动部件	①设置固定或活动防护装置； ②不能设置防护装置的应在明显位置设置警示标识并应在设备说明书中给出。
破碎室	应安装防护结构，防止机械部件或物料弹出，防止操作人员接近破碎室。
料仓	①应安装防护结构，防止操作人员落入料仓； ②操作中防止物料堆积，设置警示标识并在设备说明书中给出。
气力输送系统风管进风口	风管进风口加防护结构。
外露高温部件	①设置固定或活动的防护装置； ②不能设置防护装置的应在明显位置设置警示标识并应在设备说明书中给出。
粉尘	安装除尘装置，操作人员佩戴防尘护具。
噪声	加隔音外箱/外罩，操作人员佩戴降噪护具。

表 2.7.1-5　废旧轮胎常温机械法制取橡胶粉各组成设备基本参数

JQF-240 胎圈分离机基本参数

项目	基本参数
前搓轮直径（沟辊）/mm	160
后搓轮直径（沟辊）/mm	240
主电动机功率/kW	11
生产能力/(条/h)	≥10

拉丝机基本参数

项目	基本参数		
型号	JQL-800	JQL-1 000	JQL-1 200
可处理废旧轮胎最大外直径/mm	800	1 000	1 200
液压系统压力/MPa	16	16	16
主电动机功率/kW	11	11	11
生产能力/条/h	≥30	≥30	≥20

轮胎破碎机基本参数

项目	基本参数					
型号	JPL-640×50×1200	JPL-530×50×1200	JPL-420×50×800	JPL-425×28×800	JPL-550×50×1100	JPL-510×50×800
刀片最大直径/mm	640	530	420	425	550	510

续表

项目	基本参数					
刀片厚度/mm	50	50	50	28	50	50
破碎室长度/mm	1 200	1 200	800	800	1 100	800
刀片数量/片	22	22	14	28	22	14
主电动机功率/kW	110	90	110	90	90	
生产能力/(条/h)	≥2 000	≥1 500	≥2 000	≥1 500	≥1 500	≥1 500

JFM－500 锥磨粗碎机基本参数

项目	基本参数
动磨最大直径/mm	500
主电动机功率/kW	55
进料粒径/mm	≤30
出料	细钢丝，≤10mm（≥2 目）的胶粒（粉）
生产能力/kg/h	≥400

JFG－560 辊筒粗碎机基本参数

项目	基本参数	
后辊筒工作直径/mm	560	
主电动机功率/kW	90	110
进料尺寸/mm	50×50 胶块或 50 宽胶条	
出料	骨架材料、7100 μm（3 目）～850 μm（20 目）的胶粉（用于粉碎工序时）约 50 mm×50 mm 胶料（用于预处理工序时）	
过胶量/kg/h	2 000	

JFQ－550×1200 滚切粗碎机基本参数

项目	基本参数
动刀回转直径/mm	550
破碎室工作长度/mm	1 200
主电动机功率/kW	75
进料粒径/mm	≤50
出料	细钢丝、尼龙（或纤维）、≤18 mm 的胶粒（粉）
生产能力/(kg/h)	≥1200

JZM－450 锥磨中碎机基本参数

项目	基本参数
动磨最大直径/mm	450
主电动机功率/kW	37
进料粒径/mm	≤10 mm（≥2 目）
出料粒径	2 000 μm（10 目）～425 μm（40 目）
生产能力/（kg/h）	≥150

辊筒中碎机基本参数

项目	基本参数		
型号	JZG－560		JZG－450
后辊筒工作直径/mm	560		450
主电动机功率/kW	70	90	55
进料尺寸/mm	40×40 胶块或 40 宽胶条		30×30 胶块或 30 宽胶条
出料	骨架材料、2 000 μm（10 目）～500 μm（32 目）的胶粉		骨架材料、2 000 μm（10 目）～500 μm（32 目）的胶粉
胶粉生产能力/(kg/h)	300～450		200～300

续表

JZQ-500×1200 滚切中碎机基本参数	
项目	基本参数
动刀回转直径/mm	500
破碎室工作长度/mm	1 200
主电动机功率/kW	55
进料粒径/mm	6～18
出料	细钢丝、尼龙（或纤维）、1～2 mm 的胶粉
生产能力/(kg/h)	250～350

细碎机基本参数		
项目	基本参数	
型号	JX-200	JX270
动磨直径/mm	200	270
主电动机功率/kW	11	15
进料粒径	2 000 μm（10 目）—425 μm（40 目）	
出料粒径	≤425 μm（40 目）	
生产能力/(kg/h)	≥50	≥65

磁选装置基本参数				
项目		基本参数		
皮带式磁选机及组合	皮带宽度/mm	400	500	650
	分选区长度/mm	≥300	≥550	
	永磁体磁感应强度/mT	≥350		
	工作间隙/mm	3～12		
	皮带线速度/(m/s)	0.4～1		
	组合磁选次数/次	1～6		
	电动机功率/kW	1.5～4.5		
	输送能力/(kg/h)	≥1 500		
永磁筒式磁选机及组合	磁辊直径/mm	300		
	分选区长度/mm	≥400		
	永磁体磁感应强度/mT	≥350		
	磁辊线速度/(m/s)	0.4～1		
	组合磁选次数/次	1～3		
	电动机功率/kW	0.75		
	输送能力/(kg/h)	≥1 500		

筛选装置基本参数			
项目		基本参数	
滚轮筛选机	分选区宽度/mm	600	1 000
	分选区长度/mm	3 000、4 000	3 000、4 000
	电动机总功率/kW	11	
	滚轮线速度/(m/s)	0.4～1	
旋转筛（可分离纤维）	筛体直径/mm	850	1 050
	分选区长度/mm	3 000、4 000	3 000、4 000
	筛分层数/层	1～3	
	旋转速度/(r/min)	15	
	电动机功率/kW	1.5～4	

续表

筛选装置基本参数			
项目		基本参数	
振动筛（可分离纤维）	分选区宽度/mm	600、800	
	分选区长度/mm	2 000、3 000、4 000	
	运动轨迹	直线或近似直线的椭圆	
	激振电机振动次数/次/min	720～1 450	
	筛分层数/层	1	
	电动机总功率/kW	0.74～3	
胶粉筛（可分离纤维）	分选区宽度/mm	600、800、1 000	
	分选区长度/mm	3 000～8 000	
	运动轨迹	圆形或近似圆形	
	偏心振动装置振幅/mm	50～100	
	振频/(次/min)	180～260	
	电动机功率/kW	4.75	
卧式气流筛	筛网直径/mm	180	300
	筛网长度/mm	650	1 000
	风轮转速/(r/min)	810～1 000	
	筛分层数/层	1	
	输送气压/MPa	0.2	
	电动机功率/kW	2.2～4	

纤维分离机基本参数	
项目	基本参数
风叶直径/mm	1 000
主电动机功率/kW	0.75～5.5
主轴转速/(r/min)	67～810
调速方式	变频调速
生产能力/(kg/h)	≥400

输送装置基本参数		
项目		基本参数
皮带输送机	适用皮带宽度/mm	400、500、650、800、1 000、1 200
	机长/m	0.5～12
	托辊型式	平型、槽型
	皮带线速度/(m/s)	0.4～1
	电动机功率/kW	0.55～5.5
螺旋输送机	类型	水平型、垂直型、倾斜型（移动式）
	螺旋直径/mm	100、125、160、200、250、315、400
	螺旋输送机长度/m	0.5－7
	螺旋转速/(r/min)	0～100
	螺旋叶片形状	实体叶片
	电动机功率/kW	0.25～11
气力输送系统	型式	吸送式
	适用物料粒度/mm	≤1
	输料管直径/mm	80、100、125、150
	除尘方式	布袋除尘
	电动机功率/kW	2.2～15

续表

输送装置基本参数							
项目		基本参数					
斗式提升机	料斗宽度/mm	160		250		315	
	斗距/mm	280	350	360	450	400	500
	输送带宽度/mm	200		300		400	
	物料最大块度/mm	50					
	电动机功率/kW	2.2～4					
称量包装装置基本参数							
项目		基本参数					
最大称量/kg		40					
称量速度/(包/h)		≥100					
允许误差		≤1%					
料仓基本参数							
项目		普通料仓		分料料仓			
容积/m³		3～20		1～5			
出料螺旋直径/mm		250、315		125	160	250	
电动机功率/kW		1.5～7.5		1.5～3			

胎圈分离机液压系统应做 2.5 MPa 的油压试验，各处不得泄漏；拉丝机拉丝油缸工作压力不大于 16 MPa，压丝油缸工作压力不大于 8 MPa，液压系统的油温不大于 60℃；轮胎破碎机刀盘工作表面硬度不低于 HRC52；锥磨粗碎机和锥磨中碎机锥磨应做 0.5 MPa 水压试验；辊筒粗碎机和辊筒中碎机的技术要求应符合 GB/T 13577 的规定；滚切粗碎机刀盘工作表面硬度不低于 HRC55；细碎机动磨端面跳动不大于 0.1 mm。负荷运转时，生产线各部位轴承体温升不大于 60℃。

1.3　再生胶设备的供应商

以河北瑞威科技有限公司开发的再生胶成套设备为例，包括：橡胶常温常压智能化循环利用系统、橡胶高温或常温常压自动化再生利用装备、橡胶常压高温环保再生（复塑）设备。

（1）橡胶常温常压智能化循环利用系统

橡胶常温常压智能化循环利用生产线如图 2.7.1-2 所示。在常温常压下将橡胶边料或胶粉再生还原，替代部分生胶，过程环保，产品绿色。其工艺特点：①生产具有连续化、自动化、智能化的特点；②生产过程不产生废气废水，橡胶再生在 40～60℃温度下进行；③不需要加热，不破坏橡胶主链；④适合不同橡胶品种。

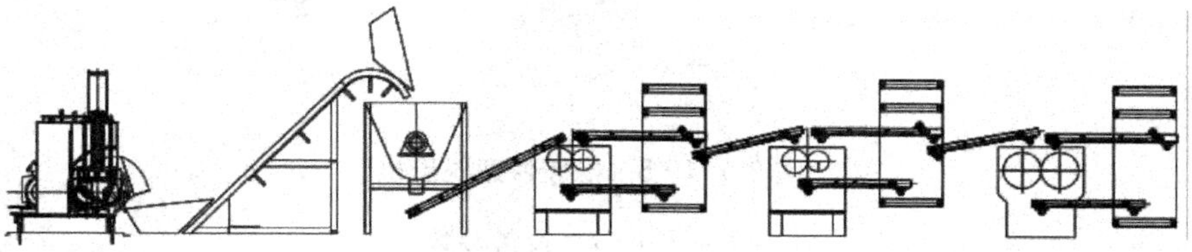

图 2.7.1-2　橡胶常温常压智能化循环利用生产线

图 2.7.1-3　橡胶常温常压智能化脱硫设备

（2）橡胶高温或常温常压自动化再生利用装备

橡胶高温或常温常压自动化再生利用装备的设备参数见表 2.7.1-6。

表 2.7.1-6　设备参数

型号	主机功率/kW	加料电机功率/kW	筒体加热功率/kW	冷却系统功率/kW	长径比	螺杆转速/rpm	产量/(kg/h)
FRB-DE-D	90/110	1.5	40	55	40：1	0～500	100/300
FRB-SE-S	37	/	/	37	20：1	0～80	/

其工艺特点：①利用橡胶双螺杆低（高）温再生机组实现橡胶再生与自动化连续生产；②生产过程在常压下 60～180℃下进行；生产过程无废气废水产生，冷却水不接触产品可循环利用；③工艺过程短，节约能耗，并可以自动连续生产；④劳动强度低，生产安全，适应性强；⑤适合各种硫化体系的交联橡胶；⑥也可用于胶粉及热塑性弹性体的再生生产。

其工艺流程见图 2.7.1-4 所示。

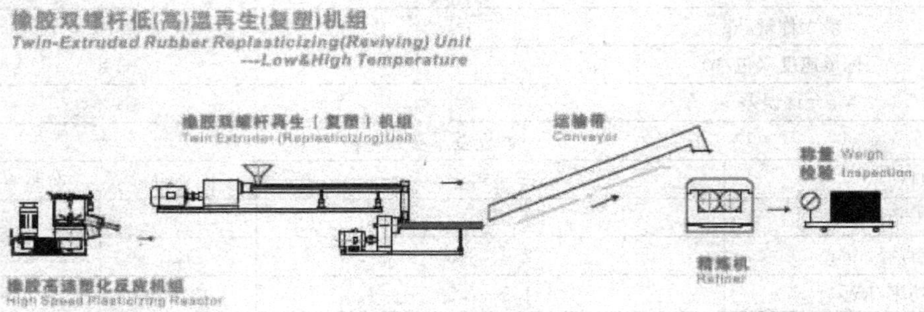

图 2.7.1-4　橡胶高温或常温常压自动化再生工艺流程

(3) 橡胶常压高温环保再生（复塑）设备和工艺

橡胶快速脱硫机见图 2.7.1-5，其设备参数见表 2.7.1-7。

图 2.7.1-5　橡胶快速脱硫机

表 2.7.1-7　设备参数

型号	主机功率/kW	辅机功率/kW	加热功率/kW	产量/(kg/h)	外形尺寸/mm
FRB—KT1	21.6	6.7	120	500～700	5 200＊10 000＊4 700

其工艺特点：①脱硫机内壁经处理，杜绝了生产过程中的粘壁现象；②脱硫机内胶粉处于悬浮状态，使胶粉加热均匀；③废气集中收集；④胶粉电磁加热，热转换效率高；⑤动态保温和冷却胶粉。

其工艺流程见图 2.7.1-6。

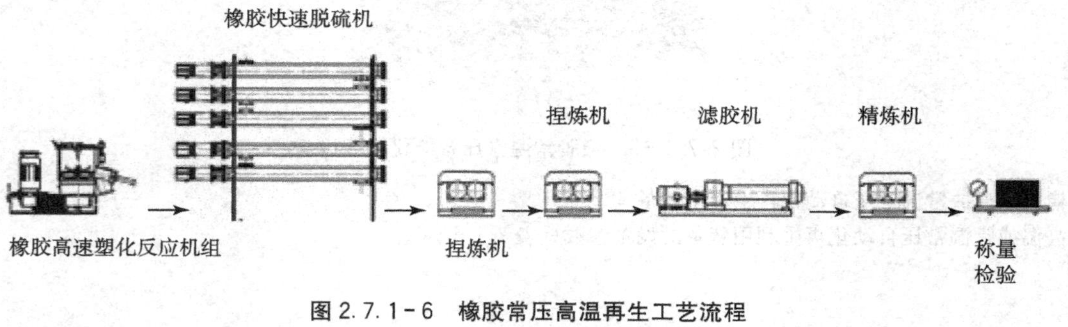

图 2.7.1-6　橡胶常压高温再生工艺流程

再生胶设备的其他主要供应商见表 2.7.1-8。

表 2.7.1-8　再生胶设备的主要供应商

供应商	钢丝去除机	破胶机	精炼粉碎机	磁力筛选机	纤维筛选机	脱硫罐（机）	废旧轮胎回收成套设备
广州联冠机械有限公司	√	√	√	√	√		√
浙江菱正机械有限公司	√	√	√		√		√
大连华韩橡塑机械有限公司		√	√				
益阳橡胶塑料机械集团有限公司						√	
广东湛江机械厂						√	
青岛鑫诚一鸣橡胶机械有限公司						√	
四川亚西橡塑机械有限公司		√	√				
玉田县玉桥机械制造有限公司	√	√		√	√		
江苏省弘鼎环保设备科技有限公司						√	
台州中宏废橡胶综合利用有限公司							√

二、翻胎设备

2.1　概述

翻胎也是国家鼓励发展的循环经济产业，今后必然有更多轮胎要翻新使用。本世纪以来翻胎工艺技术，特别是随着子午线轮胎的全面普及，轮胎冷翻技术与装备有了长足的进步，设备的生产能力、自动化程度和环保性能也有明显提高。

翻胎设备主要包括：高/低压充气检查机、激光散斑检查机、X 射线检验机，仿形充气磨胎机、数控磨胎机，胎面挤出缠贴生产线、多功能磨削贴合机，条形及环形预硫化胎面硫化机、预硫化胎面翻新轮胎硫化罐、包封套硫化机、活络模子午线轮胎翻新硫化机等。

2.2　翻胎设备的技术标准与基本参数

2.2.1　翻胎设备的技术标准

翻胎设备的技术标准见表 2.7.1-9。

表 2.7.1-9　翻胎设备的技术标准

序号	标准号	标准名称	其他说明
7	HG/T 4180—2011	翻新轮胎打磨机	
8	HG/T 4181—2011	翻新轮胎贴合机	
9	HG/T 4179—2011	预硫化翻新轮胎硫化罐	
10	HG/T 2110—2011	翻新轮胎硫化机	

2.2.2　翻胎设备的技术参数

（1）翻新轮胎打磨机

翻新轮胎打磨机包括膨胀鼓式打磨机和卡盘式打磨机。膨胀鼓式打磨机是指用膨胀鼓定位、夹紧翻新轮胎的打磨机，卡盘式打磨机是指用双卡盘定位、夹紧翻新轮胎的打磨机。见表 2.7.1-10。

表 2.7.1-10　翻新轮胎打磨机的基本参数

项目名称		参数
适用轮胎范围	轮辋名义直径/in	15～22.5
	外径/mm	624～1 271
	断面宽度/mm	185～401
	最大重量/kg	80
气源压力/MPa		0.8
磨轮转速/(r/min)		2 900
膨胀鼓打磨机主轴工作转速/(r/min)		30～70
卡盘式打磨机主轴工作转速/(r/min)		30～70
中心高/mm		1 100
轮胎充气压力/MPa		＜0.2
最大磨轮进给量/(mm/次)		≤4
最大装机总功率/kW		≤52

打磨机的机械传动部件应设有安全防护装置，打磨部位应设有吸尘罩。卡盘式打磨机轮胎夹紧与轮胎转动应设有电气联锁，防止轮胎在未夹紧状态下转动，其胎腔内充气气路应设有可靠的限压装置。打磨机应具有安全可靠的急停装置，并安装在易于操作的明显位置。

打磨机应具有可调节被翻新轮胎旋转速度的功能，应具有对磨轮降温的功能。自动打磨机应具有半自动、自动工作模式，具有按照工艺参数进行设定的功能。自动打磨机应应具有人机对话操作界面，可进行参数设置、过程参数记录、报警提示、设备动作控制等功能，应能够按设定程序和工艺参数自动完成整个工艺过程，可配置具有自动测厚、周长检测和温度检测等功能的装置。

打磨机工作时应保持工作压力稳定。打磨机的主要精度应满足 2.7.1－11 的限值。

表 2.7.1－11　打磨机的主要精度要求　　单位：mm

项目名称	示意简图	适用轮胎轮辋名义直径 15～22.5in
膨胀鼓主轴连接盘径向圆跳动	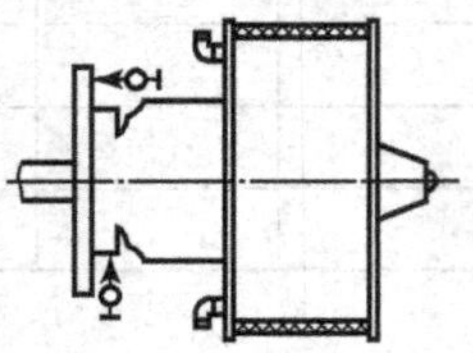	≤0.20
膨胀鼓主轴连接盘端面圆跳动		≤0.20
左右卡盘同轴度	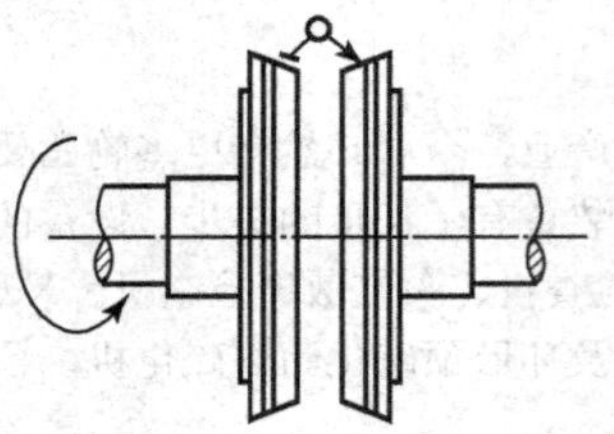	≤Φ0.90
卡盘径向圆跳动	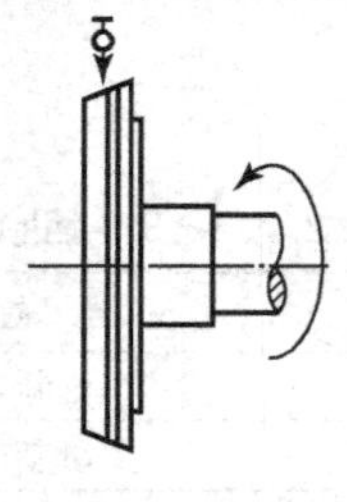	≤0.50
磨轮主轴径向圆跳动	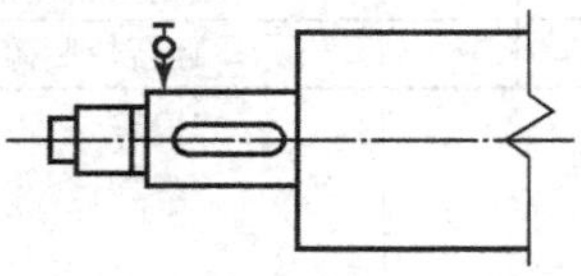	≤0.05
磨轮进给精度（适用于自动打磨机）	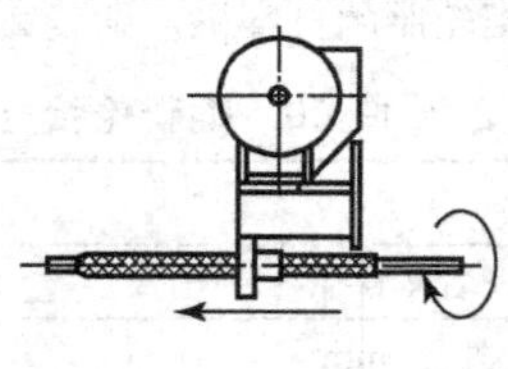	±0.20
主轴与磨轮的对称度（不适用于自动打磨机）	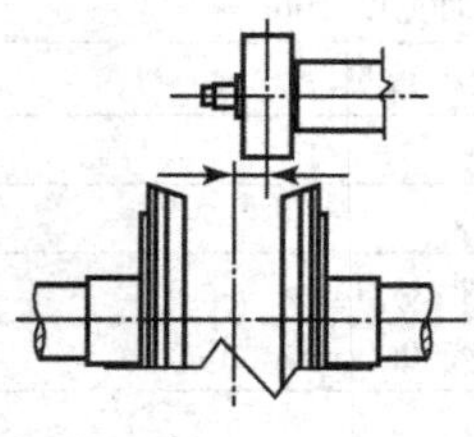	≤1.00

(2) 预硫化翻新轮胎硫化罐(表 2.7.1-12)

表 2.7.1-12 预硫化翻新轮胎硫化罐的基本参数

罐体内径/m	1.5					
筒体长度/m(推存可装条数[a])	2.2 (6)	2.9 (8)	4.2 (12)	5.5 (16)	7.5 (22)	8.2 (24)
单胎设计工位长度/mm(≥)	320					
最高工作压力/MPa	0.6					
工作温度/℃(≤)	120					
测温点/个(≥)	2	2	3	3	4	4
升温时间[b]/min(≤)	50					
电加热功率/kW(≤)	30	35	50	60	75	85
蒸汽耗能/(kj/h)(≤)	1.08×10^{5}	1.26×10^{5}	1.8×10^{5}	2.16×10^{5}	2.7×10^{5}	3.06×10^{5}
筒体长度允许偏差 筒体长度/mm	L≤3 000		3 000<L≤6 000		6 000<L≤10 000	
筒体长度允许偏差 长度允差/mm	±6.0		±10.0		±15.0	

注 [a] 推存可装条数是以 10.00R20 为例测算的。
注 [b] 升温时间是指空载条件下从环境温度 20℃升到 120℃所需时间。

硫化罐设计、制造单位应具有相应级别的特种设备设计、制造许可证。

硫化罐应设有安全警示标志,安全警示标志应符合 GB2894 的规定。硫化罐应设有安全阀、超压应急手动与自动排气装置;快开门的安全联锁装置应具备 TSGR0004-2009 中 3.20 规定的功能。内胎和包封套的充气系统应设有超压自动排气装置。人体可接触的硫化罐外表面最高温度不宜高于 60℃,高于 60℃的部位,应加防护装置或警示标志。硫化罐外表面应填充绝热材料,绝热材料不得使用含石棉的材料。硫化罐外露的齿轮、齿条、皮带等传动部件应有安全防护装置。硫化罐内电气元件(含密封垫)应耐温 150℃,耐压 1.0 MPa。采用电加热时,风机与加热电路要联锁,防止干烧,并装有过热保护装置。

硫化罐的吊轨、快开罐门等运动部件的动作应平稳、灵活、准确、可靠,无卡阻现象。硫化罐应有监测罐内压力和温度的装置或接口,应有手动和自动控制硫化过程中罐内工作压力和温度的装置和接口,应有测量热风循环装置轴承温度的接口。硫化罐应有冷凝水排放功能。硫化罐罐门的启闭和锁紧装置应通过机械装置完成,并具有手动或自动控制装置。硫化罐中的每条内胎、包封套应单独设有压力的控制装置和显示仪表,且包封套压力显示表应含有正、负压力量程。

硫化罐工作温度、压力的调节范围和精度应能满足翻新轮胎硫化工艺要求,且温度仪表显示值和设定值之差应不大于 2℃,压力仪表显示值与设定值之差应不大于 0.05 MPa。硫化罐热风循环装置轴承温升应不大于 20℃,且运转平稳,无异常振动和响声。筒体长度不大于 5 m 时,硫化罐硫化硫化过程中个点温差应不超过 3℃;筒体长度大于 5 m 时,温差不应超过 5℃。

其电气设备在下列条件下应能正常工作:①交流稳态电压值为 0.9~1.1 倍的标称电压;②环境温度 5~40℃;③当温度为 40℃,相对湿度不超过 50%时(温度低则允许高的相对湿度,如 20℃时为 90%);④海拔 1 000 m 以下。

间接式硫化罐热风循环装置,空负荷试验 1h,轴承温升应不大于 20℃。

(3) 翻新轮胎硫化机

HG/T 2110-2011《翻新轮胎硫化机》适用于充气轮胎外胎传统法翻新的硫化机,不适用于硫化充气轮胎外胎局部翻新和预硫化翻新的硫化机。

充气轮胎外胎传统法翻新的硫化机按使用的模具与结构,可分为活络模硫化机、两半模硫化机与曲柄连杆机构式硫化机。见表 2.7.1-13 与表 2.7.1-14 所示。

表 2.7.1-13 活络模硫化机的基本参数

规格	模型公称外径/mm	模型高度/mm	单模总压力(额定)/kN	胶囊(或水胎)内压力/MPa	蒸汽压力/MPa	适用轮胎尺寸范围/mm	
						直径	断面度
710	710	210	650	≤1.6	0.45~0.60	510~650	125~200
940	940	240	1 400	≤1.8		750~880	170~210
1 120	1 120	290	1 870			950~1 040	220~250
1 200	1 200	330	2 280			1 055~1 150	270~300

表 2.7.1－14　两半模硫化机的基本参数

规格	模型公称外径/mm	模型高度/mm	单模总压力/kN	胶囊（或水胎）内压力/MPa	蒸汽压力/MPa	适用胎圈规格/mm（in）
740	740	200	≤700	1.6－2.0	0.7	305～406（12～16）
840	840	240	≤970			
940	940	250	≤1 180			381～508（15～20）
1 010	1 010	270	≤1 360			457～508（18～20）
1 110	1 110	310	≤1 770			381～508（15～20）
1 230	1 230	336	≤2 140			457～508（18～20
1 300	1 300	350	≤2 260			559～711（22～28）
1 530	1 530	450	≤3 120			610～700（24～25）
1 700	1 700	680	≤4 050			
2 000	2 000	600	≤5 880			700～838（25～33）
2 250	2 250	700	≤7 700			737～889（29～35）

两半模硫化机汽套内腔结构如图 2.7.1－7 所示，其主要尺寸见表 2.7.2－7。两半模硫化机汽套内腔尺寸见表 2.7.1－15 所示。

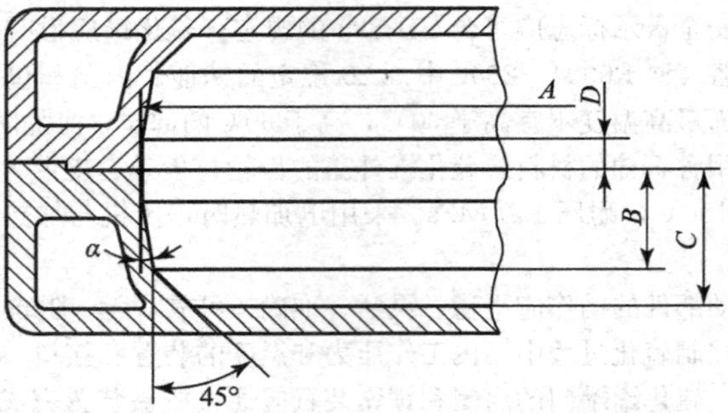

图 2.7.1－7　两半模硫化机汽套内腔结构示意图

A—模型外径；B—45°模型锥度起点到模型分型面的距离；
C—二分之一模型高度；D—10°模型锥度起点到模型分型面的距离

表 2.7.1－15　两半模硫化机汽套内腔的主要尺寸

规格	A/mm	B/mm	C/mm	D/mm	α/(°)
740	740	70	100	10	10
840	840	75	120		
940	940	80	125		
1 010	1 010	83	135		
1 110	1 110	100	155		
1 230	1 230	115	168		
1 300	1 300		175		
1 530	1 530	150	225		
1 700	1 700	270	340	25	
2 000	2 000	235	300		
2 250	2 250	285	350		

曲柄连杆机构式硫化机是指通过主传动电机经减速器及驱动轴传动，带动曲柄连杆机构，使上横梁（或上模盖）作垂直升降开合模运动的硫化机，其基本参数见表 2.7.1－16。

表 2.7.1－16　曲柄连杆机构式硫化机的基本参数

<table>
<tr><th>规格</th><th>模型
公称外径/mm</th><th>模型高度/
mm</th><th>单模总压力/
kN</th><th>胶囊（或水胎）
内压力/MPa</th><th>蒸汽压力/
MPa</th><th>模型数量/
个</th><th>适用胎圈规格/mm（in）</th></tr>
<tr><td rowspan="2">1400</td><td rowspan="2">1400</td><td>280～460</td><td rowspan="2">1960</td><td rowspan="4">2.5～2.8</td><td rowspan="4">0.7</td><td rowspan="4">1</td><td rowspan="2">305～622（12～19）</td></tr>
<tr><td>260～470</td></tr>
<tr><td rowspan="2">1850</td><td rowspan="2">1850</td><td>415～625</td><td rowspan="2">4410</td><td rowspan="2">508～635（20～25）</td></tr>
<tr><td>400～650</td></tr>
</table>

硫化机的电气设备在下列条件下应能正常工作：①交流稳态电压值为 0.9～1.1 倍的标称电压；②环境温度 5～40℃；③当温度为 40℃，相对湿度不超过 50%时（温度低则允许高的相对湿度，如 20℃时为 90%）；④海拔 1 000 m 以下。

硫化机汽套材料的抗拉强度不低于 442 MPa，模型材料的抗拉强度不低于 196 MPa。硫化机模型内腔表面粗糙度 Ra≤3.2 μm，花纹表面粗糙度 Ra≤6.3 μm。

硫化机应具有手控或自控系统，能够完成装胎、硫化、卸胎等操作，各运动部件的动作应平稳、灵活、准确可靠，液压、气动部件运动时不应有爬行和卡阻现象。硫化机应有显示合模力的装置。硫化机总压力不小于规定值的 98%。硫化机应具有显示汽套内腔蒸汽压力和温度及胶囊（或水胎）内压力的仪器仪表。硫化机应具有模具内腔与胶囊内压力不大于 0.02 MPa 时方可开启模型的安全装置，装胎、卸胎、开合模及硫化过程应采用互联锁电路（或程序），确保动作安全协调。

硫化机模型花纹与模型镶合应牢固，当花纹宽度不大于 12 mm 时，其间隙应小于 0.03 mm；当花纹宽度大于 12 mm 时，其间隙应小于 0.05 mm。

硫化机汽套、水缸、油缸等进行不低于工作压力 1.5 倍的耐压试验时，保压不低于 5 min 且不应渗漏。

硫化机汽套内壁传热应均匀，胎冠部位的温差活络模不超过 4℃，两半模不超过 5℃。

曲柄连杆机构式硫化机合模终点应使曲柄中心位于下死点前 4～30 mm。运行时主电机瞬时电流不大于额定电流的 1.6 倍；当总压力达到规定值的 98%时，主电机瞬时电流应不大于额定电流的 3.0 倍。曲柄连杆机构式硫化机工作时，其主传动减速箱的油池温升不大于 30℃。

翻新轮胎硫化机装配与运行中的各种配合间隙与公差见表 2.7.1－17。

表 2.7.1－17　翻新轮胎硫化机装配与运行中的各种配合间隙与公差

<table>
<tr><td colspan="4">活络模硫化机工作状态下模具合模后的圆度公差值、模缝间隙值</td></tr>
<tr><td>模型公称外径 D</td><td>圆度公差值</td><td colspan="2">模缝间隙值</td></tr>
<tr><td>D≤710</td><td>≤1.0</td><td colspan="2" rowspan="2">≤0.5</td></tr>
<tr><td>710<D≤940</td><td>≤1.5</td></tr>
<tr><td>940<D≤1200</td><td>≤2.0</td><td colspan="2">≤1.0</td></tr>
<tr><td colspan="4">活络模硫化机工作状态下模具合模后的模具结合面间隙值、模具结合面平行度公差值</td></tr>
<tr><td>模型公称外径 D</td><td>间隙值</td><td colspan="2">平行度公差值</td></tr>
<tr><td>D≤940</td><td>≤1.5</td><td colspan="2" rowspan="2">≤0.5</td></tr>
<tr><td>940<D≤1230</td><td>≤2.0</td></tr>
<tr><td>1230<D≤1530</td><td>≤2.5</td><td colspan="2" rowspan="2">≤1.0</td></tr>
<tr><td>1530<D≤2250</td><td>≤3.0</td></tr>
<tr><td colspan="4">两半模硫化机模型与汽套的配合间隙</td></tr>
<tr><td>模型公称外径 D</td><td>间隙值</td><td>模型公称外径 D</td><td>间隙值</td></tr>
<tr><td>D≤740</td><td>0.80－1.20</td><td>1300<D≤1530</td><td>2.00－2.40</td></tr>
<tr><td>740<D≤840</td><td>1.00－1.40</td><td>1530<D≤1700</td><td>2.40－2.80</td></tr>
<tr><td>840<D≤1010</td><td>1.20－1.60</td><td>1700<D≤2000</td><td>2.80－3.20</td></tr>
<tr><td>1010<D≤1110</td><td>1.40－1.80</td><td>2000<D≤2250</td><td>3.20－3.60</td></tr>
<tr><td>1110<D≤1300</td><td>1.60－2.00</td><td></td><td></td></tr>
<tr><td colspan="4">两半模硫化机在工作状态下模具合模后的模口错位公差值</td></tr>
<tr><td>模型公称外径 D</td><td>模口错位公差值</td><td>模型公称外径 D</td><td>模口错位公差值</td></tr>
<tr><td>D≤940</td><td>≤1.0</td><td>1230<D≤2250</td><td>≤2.0</td></tr>
<tr><td>940<D≤1230</td><td>≤1.5</td><td></td><td></td></tr>
</table>

续表

<table>
<tr><td colspan="3">曲柄连杆机构式硫化机上横梁下平面对底座上平面的平行度公差值</td></tr>
<tr><td rowspan="2">模型公称外径 D</td><td colspan="2">平行度公差值</td></tr>
<tr><td>横梁在下死点位置</td><td>横梁从下死点位置上升到垂直移动行程的 1/2</td></tr>
<tr><td>D≤1400</td><td>≤0.5</td><td>≤1.2</td></tr>
<tr><td>1400<D≤1850</td><td>≤0.6</td><td>≤1.5</td></tr>
<tr><td colspan="3">曲柄连杆机构式硫化机中心机构与上中心机构的同轴度公差值</td></tr>
<tr><td colspan="2">模型公称外径 D</td><td>同轴度公差值</td></tr>
<tr><td colspan="2">D≤1400</td><td>≤Φ1.2</td></tr>
<tr><td colspan="2">1400<D≤1850</td><td>≤Φ1.5</td></tr>
<tr><td colspan="3">曲柄连杆机构式硫化机中心机构与下板的同轴度公差值</td></tr>
<tr><td colspan="2">模型公称外径 D</td><td>同轴度公差值</td></tr>
<tr><td colspan="2">D≤1400</td><td>≤Φ1.2</td></tr>
<tr><td colspan="2">1400<D≤1850</td><td>≤Φ1.5</td></tr>
</table>

2.3 翻胎设备的主要供应商

翻胎设备的主要供应商见表 2.7.1-18。

表 2.7.1-18 翻胎设备的主要供应商

供应商	轮胎检查机	胎体打磨机	中垫胶贴合机	胎面贴合机	翻胎硫化机
广州联冠机械有限公司		√			
大连华韩橡塑机械有限公司					
软控股份有限公司	√	√	√	√	√
广州华工百川科技有限公司	√				
常州布拉德斯轮胎设备制造有限公司		√			
江苏省弘鼎环保设备科技有限公司		√			
株洲市芦淞区步升轮胎设备有限公司	√	√	√		√

第八章　橡胶工厂热胶烟气处理设备

橡胶加工中，胶料受机械力作用升温，温升带来烟气挥发。热胶烟气的成分非常复杂，一般带有难闻的气味。当加工温度超过100℃以后，热胶烟气的生成挥发量大大增加。工厂有关设备排料出口的上方，虽然都有烟气收集罩和排空风道把热胶烟气排至高空，但飘逸到周围的热胶烟气中的臭味仍让周围群众受扰，因此，新建项目都需采用热胶烟气处理装置。

热胶烟气按产生的工序可以分为炼胶烟气、压出烟气与硫化烟气。密炼机排胶温度一般在100～165℃，投料口与卸料口含粉尘和高浓度废气；压出温度相对较低，一般在80～120℃，但滤胶温度可高达140℃以上，挤出机出口含中浓度废气；硫化开模时的制品温度一般也在140℃以上，含有中浓度废气。所以热胶烟气的处理主要针对密炼机、挤出滤胶和硫化机的生产区间。

热胶烟气的主要成分包括：①布袋除尘无法除尽的炭黑、白炭黑微细颗粒；②橡胶中的残留单体，一般为聚合物加入量的1%以下；③防老剂，一般为加入量的1%以下；④硫化促进剂的分解产物和软化剂等（在167℃下加热3 h损失约为0.05%～1.0%）；⑤其他配合剂。其中①、②两项是炼胶烟气的主要成分，③、④、⑤项是硫化烟气的主要成分。硫化促进剂的分解产物，如二硫化碳、硫化氢等含硫化合物，有强刺激性和恶臭，具致畸作用，是职业性肿瘤的重要诱发因素。国内外大量的流行病学研究调查表明，从事橡胶硫化的工人肿瘤发病率明显高于对照组。

瑞典环境保护委员会曾要求以“硫化烟气对环境的影响”为中心内容建立科研项目，其分析结果为：硫化后胶料的减量在0.04%～0.08%，即每生产1万吨橡胶制品（不含骨架），在硫化过程中约产生4～8 t的烟气。通过对烟气的分析鉴别，硫化烟气中含有221种物质，其中100中已被定量，其他100多种物质的含量少于50 mg/l。研究同时表明。硫化体系不同，硫化烟气中的挥发性组分与含量有非常大的差异。表2.8.1－1[1]列举了两种不同硫化体系产生的烟气中部分有机物含量。

表2.8.1－1　不同硫化体系产生的烟气中的主要化合物　　（单位：μg/m³）

类别	物质	硫磺硫化	过氧化物硫化
脂肪族化合物	己烷	未检出	1300
	异辛烷	未检出	9800
	壬烷	未检出	1100
芳香族化合物	对、间－二甲苯	39～100	2300
	1，2，4－三甲苯	7.4～23	1200
	1，3－二异丙苯	7.6～6.3	1200
	异丙烯基苯	<50～500	1700
胺类化合物	二甲胺	980～3700	340
	二乙胺	160～1500	未检出
	二丁胺	未检出～1200	未检出
含硫化合物	异硫氰酸苯酯	17～320	33
	环己基异氰酸酯	<50～500	未检出
	四甲基脲	19～190	未检出
	硫化氢	110～150	<10
	二硫化碳	270～2000	57

美国国家环保总局公布了23类橡胶制品在炼胶、压延、挤出、硫化等加工过程中产生的废气因子和排放系数的测试结果，其中硫化工序废气污染因子排放系数见表2.8.1－2[1]。

表2.8.1－2　硫化工序废气污染因子排放系数　　（单位：g/t胶）

类别		物质	高压硫化	热空气硫化	平板硫	轮胎硫化
		总VOC	62.1～247	825～2940	236～6680	180～310
		总有机HAPs	60.2～6040	36.5～1740	29.9～1360	54.3～106

续表

类别	物质	高压硫化	热空气硫化	平板硫	轮胎硫化
脂肪族化合物	正己烷	0.219～3.22	3.13～6.86	2.69～300	0.662～5.97
	异辛烷	0.114～4.97	1.79		
芳香族化合物	苯	1.64～20.7	1.46～48.8	0.0988～5.62	0.201～0.478
	联苯	0.00164～0.369	0.377～3.96	0.14～0.306	0.0397～0.0678
	乙苯	0.807～3.11		1.34	3.70～13.5
	异丙苯	0.0189～7.90	0.0808～0.386	0.02～2.76	0.136～0.475
	对、间一二甲苯	0.342～53.7	1.33	1.01～9.24	12.6～33.6
	邻一二甲苯	2.04～98.9	0.544～49.2	1.78～2.01	3.06～8.74
	苯乙烯	0.00139～2.72	0.425～0.861		0.339～3.98
	甲苯	2.02～15.9	2.75～5.25	2.30～39.6	6.88～16.5
	萘	0.0708～0.608	1.07～3.23	0.281～4.04	0.124～0.201
	苯酚	0.0354～0.849	0.314～2.16	0.396～2.67	0.0389～0.464
卤代化合物	1，1，1一三氯乙烷		1.12	2.04～356	0.0396～0.241
	1，1，2，2一四氯乙烷				0.103
	1，2，4一三氯苯	0.000341		0.00166	0.00259
	1，4一二氯苯	0.00374～0.117		0.005	0.00189～0.679
	氯丁二烯	8.79		4.01～9.08	
	氯甲烷	0.0679～6.05	0.42	0.661～1.06	0.047～0.0925
	二氯甲烷	0.575～91.1		1.54～2.83	2.18～5.62
胺类	苯胺	0.241～7.35	0.148～0.885	0.246～1020	0.529～4.36
	联苯胺	0.368		0.281～4.53	
	邻甲苯胺	0.0982～5.37		1.59～2.21	0.00721～0.101
硫化物	二硫化碳	0.456～5930	1.60～1530	2.16～1320	0.492～13.2
	羰基硫	0.269～41.7		0.66～88	0.0544
其他	2一丁酮	0.0348～2.03	1.62	1.18～13	0.537～1.55
	甲基异丁基甲酮	0.271～3.61		116	9.60～13.2
	乙醛	0.136～1.73		1.65～7.64	
	乙腈	1.02	0.631	5.47	
	苯乙酮	0.0552～419	0.306～213	0.225～439	0.104～0.120
	丙烯腈			30.2	
	丙烯醛	0.0922～5.62			0.128
	1，3一丁二烯	0.191～2.88	1.24	5.84～25.6	

总的来说，不同的配方和工艺条件产生的硫化烟气组分含量差别很大，且单一成分含量均很低。研究表明，硫化烟气中出现在美国（《净化空气修正案》1990）和德国（TA一luft，1986）有关废气排放极限值表中所列示的40多种物质，均远在其极限值以下，一般的观点，同其他污染源如交通和能源系统的废气排放相比，硫化烟气在整个污染量中所占比例是非常小的。

GB 27632一2011《橡胶制品工业污染物排放标准》规定，自2014年1月1日起，除轮胎翻新及再生胶生产企业以外的所有橡胶制品工业企业大气污染物排放执行如表3.8.1-3所示的限值。

表2.8.1-3　橡胶制品工业企业大气污染物排放限值

序号	污染物项目	生产工艺或设施	排放限值/(mg/m^3)	基准排气量/(m^3/胶)	污染物排放监控位置
1	颗粒物	轮胎企业及其他制品企业炼胶装置	12		车间或生产设施排气筒
		乳胶制品企业后硫化装置	12		
2	氨	乳胶制品企业浸渍、配料工艺装置	10		

续表

<table>
<tr><th>序号</th><th>污染物项目</th><th>生产工艺或设施</th><th>排放限值/(mg/m³)</th><th>基准排气量/(m³/胶)</th><th>污染物排放监控位置</th></tr>
<tr><td>3</td><td>甲苯及二甲苯</td><td>轮胎企业及其他制品企业胶浆制备、浸胶、胶浆喷涂和涂胶装置</td><td colspan="2">15</td><td rowspan="3"></td></tr>
<tr><td rowspan="2">4</td><td rowspan="2">非甲烷总烃</td><td>轮胎企业及其他制品企业炼胶、硫化装置</td><td colspan="2">10</td></tr>
<tr><td>轮胎企业及其他制品企业胶浆制备、浸胶、胶浆喷涂和涂胶装置</td><td colspan="2">100</td></tr>
</table>

橡胶制品工业企业厂界无组织排放执行如 2.8.1-4 所示的限值。

表 2.8.1-4　橡胶制品工业企业厂界无组织排放限值　　单位：mg/m³

序号	污染物项目	排放限值 mg/m³
1	颗粒物	1.0
2	甲苯	2.4
3	二甲苯	1.2
4	非甲烷总烃	4.0

硫化烟气的排放具有周期性，打开硫化设备是产生的初始瞬间流量很大，但是立刻降低至零；同时，一个橡胶工厂往往有几台，几十台甚至上百台硫化设备，硫化烟气产生的点源繁多，大部分均以无组织废气的形式散发。收集废气具有风量大、污染物浓度低的特点，因此，治理极为困难。

一、通风除尘设备

橡胶工厂在配料称量和密炼机投料处使用的通风除尘设备，主要采用袋式除尘器与滤筒除尘器。

1.1　袋式除尘器

袋式除尘器是一种干式滤尘装置，适用于捕集细小、干燥、非纤维性粉尘。滤袋采用纺织的滤布或非纺织的毡制成，利用纤维织物的过滤作用对含尘气体进行过滤。当含尘气体进入袋式除尘器内，颗粒大、比重大的粉尘由于重力作用沉降下来，落入灰斗；含有较细小粉尘的气体在通过滤袋时，粉尘被阻留，气体得到净化。

滤袋表面一般采用聚四氟乙烯（PTFE）覆膜，薄膜孔径在 0.23 μm 之间，过滤效率须达到 99.99%以上，且清灰后不改变孔隙率。

订购时，需在与供应商充分沟通生产物料特性的基础上，进行设备选型或采用非标设计定制。袋式除尘器的技术参数见 2.8.1-5。

表 2.8.1-5　袋式除尘器的技术参数

<table>
<tr><th rowspan="2">型号</th><th rowspan="2">过滤面积</th><th rowspan="2">分室数目</th><th colspan="2">滤袋</th><th rowspan="2">处理风量/(m³/h)</th><th rowspan="2">设备阻力/(Pa)</th><th rowspan="2">除尘效率/(%)</th><th rowspan="2">电机功率/(kW)</th><th rowspan="2">压气耗量/(m³/min)</th></tr>
<tr><th>数量</th><th>直接×长度/mm</th></tr>
<tr><td>LFTM50-LA</td><td>50</td><td>5</td><td>70</td><td rowspan="6">Φ120×2000</td><td>6000</td><td rowspan="15">≤1500</td><td rowspan="15">>99</td><td>1.1</td><td rowspan="6">0.03～0.1</td></tr>
<tr><td>LFTM60-LA</td><td>60</td><td>6</td><td>84</td><td>7200</td><td>1.1</td></tr>
<tr><td>LFTM70-LA</td><td>70</td><td>7</td><td>98</td><td>8400</td><td>1.1</td></tr>
<tr><td>LFTM80-LA</td><td>80</td><td>8</td><td>112</td><td>9600</td><td>1.5</td></tr>
<tr><td>LFTM90-LA</td><td>90</td><td>9</td><td>126</td><td>10800</td><td>1.5</td></tr>
<tr><td>LFTM100-LA</td><td>100</td><td>10</td><td>140</td><td>12000</td><td>1.5</td></tr>
<tr><td>LFTM270-LB</td><td>270</td><td>6</td><td>240</td><td rowspan="9">Φ120×3000</td><td>32400</td><td>3</td><td rowspan="9">0.15～4</td></tr>
<tr><td>LFTM360-LB</td><td>360</td><td>8</td><td>320</td><td>43200</td><td>4</td></tr>
<tr><td>LFTM450-LB</td><td>450</td><td>10</td><td>400</td><td>54000</td><td>5</td></tr>
<tr><td>LFTM540-LB</td><td>540</td><td>12</td><td>480</td><td>64800</td><td>6</td></tr>
<tr><td>LFTM630-LB</td><td>630</td><td>14</td><td>560</td><td>75600</td><td>7</td></tr>
<tr><td>LFTM720-LB</td><td>720</td><td>16</td><td>640</td><td>86400</td><td>9</td></tr>
<tr><td>LFTM900-LB</td><td>900</td><td>20</td><td>800</td><td>108000</td><td>10</td></tr>
<tr><td>LFTM1080-LB</td><td>1080</td><td>24</td><td>960</td><td>129600</td><td>12</td></tr>
</table>

1.2　滤筒除尘器

滤筒除尘器以滤筒作为过渡元件和采用脉冲喷吹的除尘器组成。滤筒除尘器按安装方式可以分为斜插式、侧装式、吊装式、上装式；按滤筒材料可以分为长纤维聚酯滤筒除尘器、复合纤维滤筒除尘器、防静电滤筒除尘器、阻燃滤筒除尘器、覆膜滤筒除尘器、纳米滤筒除尘器等。

滤筒除尘器由气包、脉冲阀、出风口、进风口、滤筒、下箱体、灰斗、排灰阀及电控系统组成。

滤筒除尘器一般为负压运行，在系统主风机的作用下，含尘气体从除尘器下部的进风口进入除尘器底部的气箱内进行预处理，然后从底部进入到上箱体的各除尘室内，粉尘吸附在滤筒的外表面上，过滤后的干净气体透过滤筒进入上箱体的净气腔并汇集至出风口排出。

随着过滤的持续，积聚在滤筒外表面的粉尘将越积越多，相应的设备的运行阻力增加，为了保证系统的正常运行，除尘器阻力的上限应维持在 1 400～1 600 Pa 范围内，当超过此限定范围，设备的 PLC 脉冲自动控制器通过定阻或定时发出指令，进行清灰。清灰过程须先切断某一室的净气出口，使该室处于气流静止状态，然后用压缩空气脉冲反吹清灰，清灰后再经若干时间的自然沉降后，再打开该室的净气出口通道，如此逐室循环清灰。

订购时，需在与供应商充分沟通生产物料特性的基础上，进行设备选型或采用非标设计定制。滤筒除尘器的技术参数见 2.8.1－6。

表 2.8.1－6　滤筒除尘器的技术参数

型号	过滤面积/m^3	处理风量/(m^3/h)	设备阻力/Pa	过滤风速/(m/min)	滤筒规格	滤筒数量
XLT－30	30	1600～2160	≤900	0.9～1.5	Φ200×660	6
XLT－40	40	2430～3200				6
XLT－60	60	3400～4500				9
XLT－80	80	4500～6000			Φ200×1000	9
XLT－100	100	5900～7200				15
XLT－140	140	7500～10000				20
XLT－160	160	9000～12000				24
XLT－200	200	10500～14000				30
XLT－2－350	350	18500～24800		0.8～1.5	Φ200×1000	54
XLT－2－450	450	24800～33100				72
XLT－2－600	600	31000～41400				90
XLT－2－800	800	37200～49600				108

二、废气异味治理设备

废气异味的治理，一般采用以下工艺方法：

2.1　除尘器＋活性炭吸附＋低温等离子分解

吸烟罩收集废气后首先引入布袋除尘器除尘，然后经过活性炭纤维过滤段、均化段拦截、碰撞、分散和吸收，对废气中的绝大部分污染物进行预处理，最后利用高压电磁脉冲，对电极释放出的大量电子进行加速使其成为高能电子（电子平均能量为 10ev），以每秒 300 万到 3 000 万次的速度撞击异味物质，使该等物质的化学键断裂，转化为无害小分子气体。

2.2　除尘器＋旋雾喷淋塔＋活性炭吸附

吸烟罩收集废气后首先引入布袋除尘器除尘，废气然后先由下至上通过净化塔，逆向通过由上至下的旋流雾状洗涤液，洗涤液溶解中和部分污染物质，经过多层雾状旋流洗涤后，废气由下而上进入除雾层、过滤层，最后经过活性炭纤维过滤段、均化段拦截、碰撞、分散和吸收，排放出洁净达标的气体。

2.3　除尘器＋UV 紫外线分解＋复合催化氧化

吸烟罩收集废气后首先引入布袋除尘器除尘，异味物质在适当波长的紫外线照射下，分子链断裂，分解为含有自由基的活性物质或降解、转化成低分子化合物；含有自由基的活性物质，在穿过催化剂（二氧化钛三维网）并在紫外线照射下迅速氧化成无害的氧化物。

二氧化钛作为催化剂的光催化氧化过程，反应条件温和，光解迅速，产物一般为二氧化碳和水或其他，适用范围广，包括烃、醇、醛、酮、氨等有机物，都能通过二氧化钛光催化清除。其机理主要是光催化剂二氧化钛吸收光子，与吸附在其表面的水反应生成羟基自由基（.OH）和活性物质（如：.O、H_2O_2），其中羟基自由基（.OH）具有 120 kJ/mol 的反应能，高于有机物中 C－C（83 kJ/mol）、C－H（99 kJ/mol）、C－N（73 kJ/mol）、C－O（84 kJ/mol）、H－O（111 kJ/mol）、N－H（93 kJ/mol）等的键能，再加上其他活性物质（.O、H_2O_2）的协同作用，因而能够迅速有效地分解异味物质。

2.4　除尘器＋UV紫外线分解＋复合催化氧化＋生物脱臭

高浓度的异味物质经除尘器＋UV紫外线分解＋复合催化氧化处理后，残余异味物质再经过生物脱臭滤网，经生物脱臭滤网碰撞、吸附、中和，或由生物脱臭液包裹落到地面后自然消退。

2.5　旋转式蓄热废气焚烧装置

这是把VOC气体加热到热分解点之后，使VOC成分分解为无害的二氧化氮和水，并排放到大气中的设备，热能回收利用率达到95%，是化学工业中处理有机废气普遍应用的环保设备。如图2.8.1-1所示。

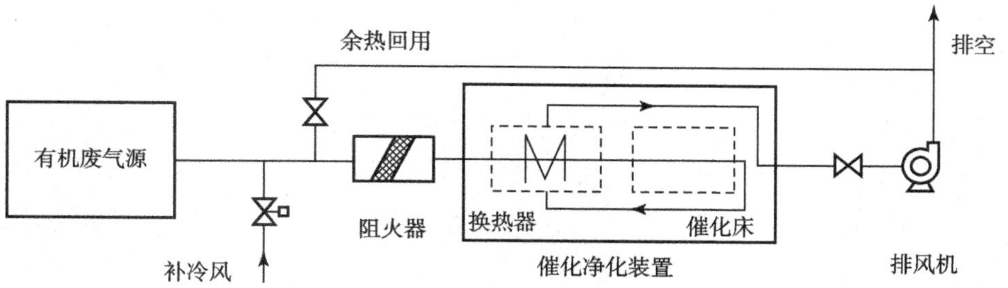

图2.8.1-1　旋转式蓄热废气焚烧装置

多年来，我国橡胶轮胎企业和环保企业在炼胶和硫化热胶烟气除味方面投入了大量资源，技术和开发的产品已经成熟。但不管哪种技术的净化器，投产运行以后都要投入一定的费用定期维护，否则都会失效。

三、热胶烟气处理装置的供应商

表2.8.1-7列举了热胶烟气处理装置的主要供应商。

表2.8.1-7　热胶烟气处理装置的主要供应商

供应商名称	袋式除尘器	滤筒式除尘器	RTO催化燃烧（蓄热式热力焚化炉）	活性炭流动床吸附组合装置	紫外光催化分解＋异味净化器	低温等离子＋光化学技术	光化学技术净化器
上海安居乐环保科技股份有限公司			√				
上海梓昂环保科技有限公司			√				
广州市环境保护技术设备公司				√			
广州紫科生物环保技术有限公司					√		
北京万向新元科技股份有限公司	√	√		√			
山东保蓝环保工程有限公司	√	√		√			
上海兰宝环保科技有限公司						√	√
北京马赫天诚科技有限公司	√	√		√			
广州巨邦环保工程设备有限公司							√

本章参考文献

[1] 张建萍，等．橡胶硫化烟气的组分和污染控制探讨［J］．橡塑技术与装备，2015，41（7）：52～57.

第三部分　工艺耗材与外购件

第一章　通用工艺耗材

一、低熔点橡胶配料袋

低熔点橡胶配料袋的供应商见表 3.1.1-1。

表 3.1.1-1　低熔点橡胶配料袋的供应商

供应商	类型	熔点/℃	用途	特点
青岛文武港橡塑有限公司	EVA	69～95	盛装炭黑与其他化工药品	
	RB	69～95	盛装白炭黑与其他化工药品	RB物理性能接近橡胶，包装袋与橡胶有更好的相容性，熔解耗能更低
	低熔点阀口包装袋		盛装炭黑、白炭黑与其他化工药品	材质为 EVA
	多层阀口袋（带排气孔）			盛好物料后，可自动关闭阀口，并通过袋身排气孔排出空气，提高了称量过程的自动化程度
连云港锐巴化工有限公司	EVA	≤84		熔点≤76℃或≤70℃、颜色、尺寸、厚度可根据用户要求定制

二、垫布

垫布，也称衬布，用于保存未硫化胶料，防止粉尘污染胶料，使胶料表面保持新鲜。垫布有织物型和薄膜型两种。织物型垫布由棉垫布、丙纶垫布、维纶垫布、涤纶垫布；薄膜型垫布由聚乙烯薄膜压成表面凹凸形状制成，厚度为 0.1～0.2 mm。

橡胶工业对垫布的性能要求包括：①有较高的强度和耐磨性，表面光滑，防皱折性能好；②回潮率低；③与各种橡胶有优良的隔离性；④静电效应小；⑤耐热性能好。

2.1　垫布

各种垫布规格与性能指标见表 3.1.1-2。

表 3.1.1-2　垫布规格与性能指标

品种	规格/tex	组织	幅宽/cm	密度/(根/cm)	干重/(g/m^2)	断裂强度/(N/2.5 cm)		断裂伸长率/%		磨平次数，次	厚度/mm
						经向	纬向	经向	纬向		
棉	28/2×2	平纹	160	21×16	230	444	368	20.8	12.6	303.2	0.61
维纶	28/2×2	平纹	170	22×16	245	727	513	27.4	15.0	445.6	0.59
涤纶	16.7/2×4	平纹	160	44×12	250	1 302	762	31.7	22.8	1 477.5	0.49
丙纶 12011 11521 11022 1264 1363 1464 16022-3 9023-3 9033-3 16035-3	16.7/1×1	平纹	120	22×20	100	549	371	27.0	32.9	180.2	0.29
	16.7/2×1	平纹	115	22×18	120	829	332	36.6	34.4	277.4	0.39
	16.7/2×2	平纹	110	22×18	150	795	558	41.5	26.7	406.0	0.45
	16.7/2×4	平纹	160	22×12	180						
	16.7/3×3	平纹	160	22×12	210	1 078	647	56.0	29.2	1 059.8	0.62
	16.7/4×4	平纹	160	22×12	260	1 570	638	42.7	34.0	2 297.4	0.69
	23.3/2×2	提花	160	22×18	200	991.5	622	45.9	21.6	811.6	0.64
	23.3/2×3	提花	90	22×14	220	520	1 032	76.3	20.2	238.6	0.59
	23.3/3×3	提花	90	22×14	280	1 516	925	50.3	31.5	1 104.8	0.88
	16.7/3×5	提花	160	22×12	250	1 167	1 093	42.6	34.1	674	0.83

注：详见《橡胶原材料手册》，于清溪、吕百龄等编写，化学工业出版社，2007 年 1 月第 2 版，P656 表 3-20-24。

2.2　聚乙烯薄膜垫布

用作垫布的聚乙烯薄膜应当柔软、挺括，能与橡胶半成品充分贴合、防尘，并易于剥离。其拉伸强度、断裂伸长率、撕裂强度、熔点、铜含量、锰含量与丙酮抽出物均应符合一定的要求。重复使用型还需具有耐折性，保证复卷时垫布舒展平整，没有褶皱。聚乙烯薄膜垫布的供应商见表3.1.1-3。

表3.1.1-3　聚乙烯薄膜垫布的供应商

供应商	类型		规格型号	应用场合	特点
青岛文武港橡塑有限公司	PE隔离保护膜	一次型	亚光	纯胶部件、纤维帘布、钢丝帘布生产工序	
			菱形表面花纹		
			立方体表面花纹		
		重复使用型		钢丝帘布压延工序	
	PE/PET/PE复合隔离膜			内衬层、带束层生产工序	
	网格复合膜			钢丝帘布压延、内衬层、胎圈包布生产工序	耐折、耐曲挠性能好，纵向、横向拉伸强度大，不收缩、不变形

三、喷码液、划线液与相关设备

3.1　轮胎喷码机、划线装置

轮胎喷码机、划线装置的供应商见表3.1.1-4。

表3.1.1-4　轮胎喷码机、划线装置的供应商

供应商	规格型号	产品描述	模式	喷头	特性	安装定位	操作界面
上海锐炽化工科技有限公司	TMI-150系列	专门为轮胎生产及加工商提供产品标识及过程质量控制的喷码设备	手动型：TMI-150	三种喷头：7点（字高最大28 mm）、16点（字高最大64 mm）、32点（字高最大128 mm） 其特点为：①合适的喷头喷嘴直径150 μ，节省油墨20%以上；②不需要经常更换和清洗喷头，节省80%清洗剂用量；③设计合理，电磁阀阀杆胶头不易损坏	①与半成品部件无接触式喷印，标识更美观；②（电脑、PLC）通讯连接，无限扩展存储信息，真正实现自动喷码标识。③喷码机的喷嘴直径为150 μ，油墨用量少，成本低，可以有效控制每条胎的印刷成本；④无须工人任何操作，减少因胎面标识问题产生的回收料，实现零误差成功标识；⑤喷嘴设计先进，操作稳定，没有易损件；⑥配套油墨具有快速干燥的特点，在高温下不变色、不粘模；⑦可连接两个喷头，实现双胎面同时打印，打印信息可以不同	安装位置：落地式（独立安装）、配套式（安装在生产线上），可以根据不同高度、宽度的生产线进行配套 手动定位：根据各规格的喷码位置，采用手动方式定位，由高精度、可逆性和高效率的滚珠丝杠实现	操作界面采用中文操作系统的电脑式键盘，可输入及调用200条常用型号文字。可在一个喷印周期喷印不同大小的文字（型号及班别） 操作界面：图标、文字、中文的混合界面，功能强大①喷印信息：中文、英文、数字、日期及时间、计数器、班次、图形等；②字符格式：粗体、反字、倒字、反显字；③界面语言：中文和英文随意切换；④信息存储量：200条，每条信息50个字符，每条信息长度4 000列
			全自动型：TMI-150-A				
	TMI-150012	专门为轮胎生产及加工商提供产品划线标识及过程质量控制的划线设备			①操作更便利，定位更准确；②设备停机不会漏墨，现场更清洁美观；③可根据客户标识线宽度要求进行配置划线轮；④色线宽度均匀美观	安装位置：安装在所需要生产线，根据生产线的不同宽度进行调整 定位方式：手动移动到胎面（或其他）需要划线的位置，划线位置固定，能够避免划线过程中出现位置偏移 支架样式：单划线桶（一套支架上只能安装一个划线桶）和双划线桶（可安装两个划线桶，并可以分别定位）	

3.2 喷码液、划线液

喷码液、划线液的供应商见表 3.1.1－5。

表 3.1.1－5 喷码液、划线液的供应商

供应商	规格型号	产品描述	黏度	技术指标	特点
上海锐炽化工科技有限公司	TMI轮胎喷码油墨	轮胎企业专用喷码油墨，可以完全代替传统的胎面标识油墨（划线和辊轮滚压）。本油墨是专门为喷码机设计和开发，以达到最佳的喷印效果	≤20 mPa. s（旋转式转子黏度计）	导电率：≤20 色差：国际标准色卡 细度：≤20 u 密封检查：静置 1 h	①无沉淀油墨；②不会堵塞喷头，不易造成配件（阀杆和橡胶堵头）的损坏，完全可以满足企业连续生产的要求，大幅度减少清洗剂用量，降低使用成本；③与橡胶等高分子材料有很好的相容性和附着性，硫化后不粘模具，成品美观大方；④快速干燥，可以满足工艺要求；⑤超细研墨，三级过滤；⑥不易变色，易于储存和清洗
	TML水性标识油墨	用于橡胶、塑料等高分子材料的标识的粘稠液体	涂 4 杯、s：40～80	固体含量（%）：0.55 密度（g/cm²）：0.90～1.30 pH 值：7～9	①高固含量（更好地附着力），不含有机溶剂，安全环保；②降低成本，是一般溶剂型色浆用量五分之一到十分之一；③无味，无挥发性有机物（VOC’s），满足客户追求低排放要求，满足国家对环保的要求；④外观亮丽，耐高温不变色，不粘模；⑤易于存储和清洗；⑥与橡胶有优异的附着性和相容性

四、隔离剂、脱模剂、模具清洗剂

隔离剂用来减小未硫化橡胶的黏性，使加工过程中的物料具有良好的操作性，按组成与来源可以分为无机和有机两种，常用品种有滑石粉、云母粉、粘土、甘油、硬脂酸锌、硬脂酸铵、油酸胺（油酸酰胺）、N，N′-亚乙基双硬脂酸铵、油脂丙烷二胺二油酸盐、硬脂酸丁酯、磺化植物油、石蜡、凡士林、油酸钠皂、十二烷基磺酸钠、肥皂的水溶性悬浮液、玉米淀粉、聚乙二醇、有机硅氧烷、低分子量聚乙烯等。大多数隔离剂都是混合型产品，其中一个组分能够使薄膜粘附于模具表面，而另外一个组分真正发挥着隔离和脱模的作用，如由表面活性剂（皂类）及成型材料（甲基纤维素、聚乙烯醇等）构成的易于分散的混合物等。为了避免设备的腐蚀和皂类的降解，可以在其中加入防腐蚀剂和抗菌剂；有时为了避免起泡现象，还需加入防起泡剂。隔离剂形成的薄膜应该稳定，但是在炼胶、压型等后续工序中，能够被轻易地吸收，并且不影响成型及硫化等步骤。

脱模剂应易涂布、成膜性好，不污染，具有化学惰性与耐化学药品性，在与不同化学成分接触时不反应不溶解，不腐蚀模具；在模具表面形成的吸附膜应具有耐热性能且有一定的强度，不易分解或磨损；转移到被加工制品上的脱模剂不吸附粉尘，对后续加工，如电镀、热压模、印刷、涂饰、粘合等无不良影响。

脱模剂按使用方法分为内脱模剂与外脱模剂。

常用的内脱模剂包括脂肪酸盐、聚乙二醇、氟碳化合物、低分子聚乙烯、胺及酰胺类衍生物等。

外脱模剂包括：

1）氟系脱模剂，配制成脱模剂时，含氟化合物的用量极小。能够显著降低模具的表面能，使其难浸润、不粘着，对热固性树脂、热塑性树脂和各种橡胶制品均适用，模制品表面光洁，二次加工性能优良，特别适合于精细电子零部件的脱模。

氟系脱模剂的使用方法：

①模具准备：用有机溶剂、喷沙、洗模胶、洗模液等常用方法，将模具表面的污垢杂质清洗干净，有助于 PTFE 薄膜同干净模具表面粘合紧密。

②脱模剂准备：氟素脱模剂不是纯溶液，很容易沉淀，应用前或应用中必须要搅拌均匀成乳白色液体。另外有的乐瑞固脱模剂为浓缩液，可以根据 MSDS 和 PDS，用有机溶剂或纯净水稀释达到最高的性价比，但必须要按时搅拌均匀防止 PTFE 氟树脂沉降。

③涂刷方式：散装液体最好用喷涂方式，但喷嘴离模具表面为 10～15 厘米左右，也可用浸涂，刷涂，滚涂及喷雾罐，但涂刷脱模剂时，最好薄而均匀的分布在模具表面，不要喷涂过多。

a）可用常用方法如涂刷、浸渍、喷涂等，涂上一层薄而均匀的乐瑞固脱模剂在模具表面，待其溶剂、水份挥发掉以后，再用同样的方法于垂直或相反方向上涂薄而均匀的一层，当溶剂、水份挥发掉以后就可以硫化使用，有时需要固化时

间。二次交叉喷涂主要让脱模剂布满整个表面。

b）为了提高脱模周期次数，最好于第二个固化周期，重复步骤，用同样的方法涂刷两层乐瑞固脱模剂，让模具表面达到理想状态。

c）三个周期以后不用再涂刷，脱模周期即可达到多次，具体次数由生产工艺、胶种、增塑剂影响。

d）多次脱模后，当脱模性能不好时，只须补涂一层即可，又能多次脱模。

氟系脱模剂与其他脱模剂的区别见表 3.3.1－6。

表 3.1.1－6　氟系脱模剂与其他脱模剂的区别

项目	氟系脱模剂	其他脱模剂
活性物质	氟化物及其他树脂化合物	硅油、蜡、脂肪酸盐
脱模原理	光滑惰性特氟龙薄膜	一次性隔离膜
薄膜特性	同干净模具表面化学黏合紧密	大部分迁移到制品表面
成品质量	没有质量问题	有麻坑、流痕、表面油迹
二次工艺	不影响黏合、二次硫化、喷漆	有一定影响
脱模次数	半永久型多次脱模	1～2 次
模具温度	常温至 600℃高温都可以	有局限性
工艺条件	高压注射、转移模、旋转、浇注等	有局限性
适用聚合物种类	橡胶、聚氨酯、树脂、塑料	
模具清洗时间	1～2 个月	4～8 天
热稳定性	硫化温度下稳定、不分解	分解出小分子气体
化学稳定性	惰性无反应，提高胶料模腔内流动	有可能与助剂反应

2）硅系脱模剂，以有机硅氧烷为原料制备而成，其优点是耐热性好，表面张力适中，易成均匀的隔离膜，使用寿命长。缺点是脱模后制品表面有一层油状面，制品二次加工前必须进行表面清洗，有时会阻碍抗臭氧化保护膜在制品表面的形成；能与过氧化物反应，不适用于过氧化物硫化的配方。常用的有甲基支链硅油、甲基含氢硅油、二甲基硅油（聚二甲基硅氧烷）、1＃与 2＃树脂型有机硅脱模剂、293＃～295＃油膏状有机硅脱模剂、溶剂型有机硅脱模剂、水乳化有机硅脱模剂、甲基苯基硅油、乙基硅油（聚二乙基硅氧烷）、102＃甲基硅橡胶、甲基乙烯基硅橡胶等，常与其他脱模剂配合适用，在聚氨酯、橡胶等的加工中均有广泛应用。

3）蜡（油）系脱模剂，特点是价格低廉，粘敷性能好，缺点是污染模具，其主要品种有：a）工业用凡士林，直接用作脱模剂；b）石蜡，直接用作脱模剂；c）磺化植物油，直接用作脱模剂；d）印染油（土耳其红油、太古油），在 100 份沸水中加 0.9～2 份印染油制成的乳液，比肥皂水脱模效果好；e）聚乙二醇（相对分子质量 200～1 500），直接用于橡胶制品的脱模。

4）表面活性剂系脱模剂，包括脂肪酸酯、金属皂盐、牛磺胆酸酰胺等脂肪酸酰胺、链烷烃磷酸酯、乙氧基醇类、聚醚类等，特点是隔离性能好，但对模具有污染，主要有以下几种：a）肥皂水，用肥皂配成一定浓度的水溶液，可作模具的润滑剂，也可作为胶管的脱芯剂；b）油酸钠，将 22 份油酸与 100 份水混合，加热至近沸，再慢慢加入 3 份苛性钠，并搅拌至皂化，控制 pH 值为 7～9，使用时按 1∶1 的水稀释，用作外胎硫化脱模时，需在 200 份上述溶液中加入 2 份甘油；c）甘油，可直接用作脱模剂或水胎润滑剂；d）脂肪酸铝溶液，将脂肪酸铝溶于二氯乙烷中配成 1%溶液，适用于聚氨酯制品，涂 1 次，可重复用多次，脱模效果好；e）硬脂酸锌是透明塑料制品的脱模剂，也是一种隔离剂；硬脂酸钙也一直被用作隔离剂和脱模剂。

隔离剂与脱模剂均应在涂刷或喷涂、干燥后进入下一道工艺，如未干燥，会使制品产生气泡、重皮、疤痕等，影响外观质量。

4.1　隔离剂

隔离剂一般应无味、无毒，可在水中快速分散后，短期内沉积；不影响胶料的加工性能、硫化性能，特别是不影响橡胶与骨架材料之间的黏合。

隔离剂的供应商见表 3.1.1－7。

表 3.1.1－7　隔离剂的供应商

供应商	规格型号	产品名称	化学组成	pH 值	灰分/%	使用方法	性能特点
广州诸倍捷化工科技有限公司	LUBKON98	隔离剂	水基型精细高分子				可稀释、无泡沫、无沉淀，不影响胶料性能

续表

供应商	规格型号	产品名称	化学组成	pH 值	灰分/%	使用方法	性能特点
济南正兴橡胶助剂有限公司	XJ7101	隔离剂	无机硅酸盐、脂肪酸盐、表面活性剂和高分子材料的混合物	10～12		用水稀释到 3% 左右，搅拌 30～60 min，溶液混合均匀后即可使用	水胎、内胎、轮胎用胶片隔离
	XJ7103	隔离剂		8～10	70～85		轮胎、胶管胶片隔离
	XJ7105	隔离剂		8～10	55～65		含卤素橡胶制品胶片隔离
	XJ7107	隔离剂		8～10	55～65		钢丝胎、斜交胎胶片隔离
威海天宇新材料科技有限公司	粉状胶片隔离剂		无机填料和活性剂	8～11	60±3	用水稀释	推荐使用浓度 3.5±1%，无泡沫
	膏状胶片隔离剂		特细无机填料的膏状体	8～11		兑水比例 1∶10～20	活性物含量 25%～30%，无气味，适用于浅色和透明制品
	胶囊隔离剂		反应性硅聚合物的乳状液体	5.0～7.0		先将胶囊用酒精清洁，然后用胶囊隔离剂原液将胶囊均匀涂刷一遍，充分干燥（>24 h）。硫化时胶囊隔离剂可兑一定量的水稀释，用雾化装置喷在胶囊表面。前 10 次要求 1～2 次硫化即均匀喷刷在胶囊上一次，10 次以后根据情况每班一次或两次在胶囊上喷涂即可	半永久性胶囊脱模剂，活性物含量 10%～20%。使胶囊与生胎之间有良好的滑移性能及硫化后良好的隔离性能，轮胎硫化后内侧光亮、平滑、干燥；具有用量少、干燥快、即时可用、脱模次数多，延长胶囊使用寿命的特点
元庆国际贸易有限公司（EVER-POWER）	胶片隔离剂/TPE 造粒防黏剂 AT 95		特别微细的硬脂酸锌及乳化活性剂悬浮液，白色膏状			本品有极好之分散于水的溶解性，无污染性，无变色性，在低温干燥出储存无限制 用法：直接按 1∶20 的比率用水稀释。在使用本品时前，先在水槽中搅拌约 30 秒钟，可使隔离效果更佳，可节省用量并保持隔离的持久性	本品的水溶液可以在未加硫的橡胶表面形成一层非常薄的硬脂酸锌膜，防止胶料相互黏合。本品非常适合用于浅色及透明制品，对色泽不会造成影响；可以快速分散于水中，对胶料有很好的润湿效果，不论含水或干的状态下皆能有很好的隔离效果；本品所含的硬脂酸锌可溶于热的橡胶；在硅胶中有明显的离模效果，是一种极佳的内脱模剂，用法为添加 2～5 份同橡胶一起混炼；本品比粉状隔离剂更容易溶于水中，并不造成水槽内水管的阻塞及沉积水槽底。对极低硬度的特种混炼胶有更明显防黏效果（如卤化丁基橡胶）
锐巴化工	DIR－3 白色胶料防粘剂		特别微细的硬脂酸锌及乳化剂混合物，白色膏状			极易分散于水中。 用法：DIR－3 可以直接稀释成所需的浓度加入水槽中。DIR－3 水溶液为悬浮液，需定期搅拌 用量：通常建议使用量为 5%，亦即 DIR－3 加入 20 倍水中	①非常适用于浅色及透明制品，对色泽不会造成影响；② DIR－3 的水分散体可以在未加硫的橡胶表面形成一层非常薄的硬脂酸锌薄膜，可以防止胶料相互粘连；③水分散体或干的状态下皆有很好的分离效果；④ DIR－3 所含的硬脂酸锌，可溶于热的橡胶，终炼胶的表面看不到防粘剂的痕迹
	DIR－1 胶片水溶性隔离剂		脂肪酸盐及衍生物，棕色液体	7.5－9.5		固含量（25±2）%，无污染，完全溶解于水，不凝结，不起泡。用法：DIR－1 的黏度较低，可以直接稀释成所需的浓度加入水槽中 用量：通常建议使用量为 1/30－1/20，亦可 DIR－1 加入 20－30 倍水中；夏天使用时应适当加大浓度 只适用于轮胎及黑色橡胶制品	①DIR－1 的水溶液可以在未加硫的橡胶表面形成一层非常薄的硬脂酸盐类薄膜，可以防止胶料相互粘连；②可以快速且容易的分散于水中，对胶料有良好的分离效果；③DIR－1 所含的硬脂酸类物质，可溶于热的橡胶，终炼胶的表面看不到防粘剂的痕迹；④具有较强的润滑、乳化、去污能力；⑤与传统使用的肥皂水对比，不需加热，常温下即可使用。具有使用方便，能减轻劳动强度，不污染环境等优点，且具有不影响胶与胶、胶与帘线、胶与钢丝黏合的性能，能有效防止水槽内水管的阻塞

4.2 脱模剂

4.2.1 内脱模剂

内脱模剂加入胶料后，不必再喷涂外脱模剂即能有效脱模，避免胶料对模具产生污损及腐蚀现象，延长模具使用寿命。

1. *表面活性剂和脂肪酸钙皂混合物*

表面活性剂和脂肪酸钙皂混合物的供应商见表 3.1.1-8。

表 3.1.1-8 表面活性剂和脂肪酸钙皂混合物的供应商

供应商	商品名称	化学组成	外观	熔点/℃	灰分/%	密度/(g/cm^3)	说明
连云港锐巴化工	IM-1	脂肪酸钙皂和多种表面活性剂的混合物	乳白色圆柱状颗粒	75～95	≤8.5		用量 1～3 份
	RL-16	脂肪酸酰胺和脂肪酸皂的混合物	浅黄色粒状	100		1.0	流动脱模剂
	RL-28	特殊化合物与脂肪酸酯的混合物	灰色粒状	60		1.1	氟胶流动脱模剂
河北瑞威科技有限公司	RWT-R		白色颗粒，微弱气味				用量 1～5 份
	RWG-R		白色膏状乳液，微弱气味				隔离剂稀释比例一般为 1∶30～50
济南正兴	内脱模剂 XNT5010	饱和脂肪酸、高分子量有机硅树脂及高碳醇的混合物	白色粉末		10～15		瓶塞内脱模
	内脱模剂 XNT5020		白色片状	60～65（软化点）	≤0.5		各类制品特别是轮胎
	脱模剂 XNT5030		白色乳液				胶囊脱模
三门华迈	HM-395	脂肪酸钙皂和多种表面活性剂的混合物	乳白色圆柱状颗粒	75～95		1.1	适用于 NBR、SBR、BR、EPDM、CR、ACM 及其并用胶。用量 2～3 份，混炼后段加入
	光亮剂 HM-20		白色碎片状	115±5		0.95	多功能表面处理剂，可提高橡胶制品的表面光泽度，提高脱模、抗静电、防水等功效；具有良好的润滑性能，可提高胶料的流动性；并可提高制品的抗撕裂强度与耐磨性。用量 4～5 份，混炼时加入
无锡市东材科技	DC313-A	表面活性剂和脂肪酸钙皂的混合物	白色或略黄色粒子		≤9		①在压出成型、复杂模具、微孔发泡橡胶可提高脱气性、离模性，并可得较佳之尺寸安定性；②改善焦烧，降低生胶黏度，有润滑及分散作用，与金属面接触时滑动摩擦减小，提高橡胶之流动性；③在射出成型加工中，可增加射出量，制品表面光洁度好，花纹清晰，在特殊形状模具有很好的效果；④适用于轮胎胎面及胎侧，减少轮胎的外观缺陷，提高成品合格率；⑤改善因使用外用脱模剂所引起的模具污染及模内排气不良现象；⑥可适用于 NR、SBR、BR、EPDM、CR、ACM 和 TPR 等胶种
	DC313-B	多种表面活性剂和脂肪酸钙皂的混合物			≤20		
	DC313-C	脂肪酸锌皂、表面活性剂、润滑剂与烃类的混合物			≤20		
	DC313-D	脂肪酸锌皂、优化润滑剂等的混合物			≤50		在混炼初期加入时，可消除胶料黏在混炼装置上及获得最佳分散效果。在混炼末期或加热成品胶料时加入，可得最佳脱模效果。用量1-5份
	DC314-Ⅰ	活性剂、各种优化脂肪酸多元醇酯之混合物	乳白色或略带黄色粒子		≤12		主要用于丁基橡胶（IIR）、丙烯酸酯橡胶（ACM）、氢化丁腈橡胶（H-NBR）、氯磺化聚乙烯橡胶（CSM）、氟橡胶（F）及过氧化物硫化型三元乙丙胶等合成橡胶制品。用量 1-5 份
	DC314-Ⅱ	优化脂肪酸酯混合物					

续表

供应商	商品名称	化学组成	外观	熔点/℃	灰分/%	密度/(g/cm³)	说明
青岛昂记橡塑科技有限公司	模得丽935P	合成表面活性剂之金属皂基混合物	白色无尘粉粒				①兼具分散、改善流动的功能，能提高压出速度，并可增加压出胶料的表面光滑度，尤其适用于复杂口型的压出，使用1～2份，即可得到尺寸精确、外观细腻的制品；②无污染，与胶料有很好的相容性，在一般胶料配合中使用至5份仍不会发生喷霜现象，还可以防止胶料高温情况出现的自硫现象，防止胶料粘辊；③按照适当比例添加，不影响硫化胶的硬度、拉伸强度、300%定伸等物理性能，能改善硫化胶的耐酸碱、耐水、耐油、耐氧化等化学特性，增强橡胶制品的韧度、强度、耐磨性并能改善外观、消除污点；④与胶富丽B-52橡胶白碳黑分散剂配合用于浅色橡胶制品，具有增艳作用；⑤在高温加工中安定性好，特别推荐用于高温硫化（180～220℃）模具成型的胶料中，可节省30%以上的硫化操作时间；⑥在橡胶注射、模压工艺中，加入1.5～2.5份，可以大幅降低压出螺杆的扭矩，使每一批次制品硫化的时间、温度变动幅度减小，产品质量可维持较高的稳定性；⑦无毒，毒性指标完全符合医药橡胶制品原材料的指标要求
	模得乐985P	合成表面活性剂之金属皂基混合物	白色无尘粉状				①与胶料有很好的相容性，兼有分散功能，可以帮助填料有效分散，改善胶料流动性，提高制品表面光洁度；②按照适当比例添加，不会影响橡胶制品的物理机械性能，且对橡胶与金属的粘合无影响；③在硫化加工中安定性好，适合于130～180℃加热硫化的模压制品及挤出制品，不但提高制品的外观合格率，而且有效的提高生产效率；④在挤出、模压工艺中，可以降低挤出螺杆的扭矩，使制品质量维持较高的稳定性 用量：一般生胶，按生胶量1.5%～2.5%添加；卤化橡胶（氯、溴、氟），按生胶量2.0%～3.0%添加
	内脱模剂995A	合成表面活性剂之金属皂基混合物	白色无尘粉状				本品具有较高性价比，可提高脱模效益，加强外观质量、保持模具清洁，尤其适用于轮胎企业 一般推荐用量：按生胶量2.0%添加 注意事项：①硫化温度低于130℃时可能会影响995A性能的发挥；②如在开炼机中使用，因辊温低，硫化制品有时有轻微白线产生，解决的方法是增加薄通次数；③存放在通风干燥处，避免受潮

2. 低分子量聚乙烯

低分子量聚乙烯用作天然橡胶和合成橡胶制品的内脱模剂，熔点低、熔融粘度低，具有良好的相容性和化学惰性，能提供良好的润滑性能，使制品较易脱模，不影响橡胶硫化速度和物理机械性能。

低分子量聚乙烯在炼胶过程中，可以保证胶料不粘辊；改善填料的分散性，特别是炭黑；改善胶料的流动性能和脱模性能，对挤出性能有改善，也可改善胶料表面光洁度。与石蜡、硬脂酸不同，低分子量聚乙烯不会喷霜或析出，不会导致早期硫化（硬脂酸盐则会）。

适用于输送带、软管、垫圈、瓶塞、鞋底等行业，适用于NR、NBR、SBR、IIR、CR、BR、EPDM等胶种。

低分子聚乙烯的供应商见表3.1.1-9。

表3.1.1-9　低分子聚乙烯的供应商

供应商	商品名	产地	外观	滴熔点/℃	硬度/dmm	密度/(g/cm³)	黏度(cps，140℃)	说明
金昌盛	加工助剂AC617A	美国霍尼韦尔	白色粉末/颗粒	101	7.0	0.91	180	用量3～5份，高填充胶料可用到10份

3. 酰胺类衍生物

能快速迁移到橡胶表面，起到降低摩擦系数，改善橡胶抗滑动磨耗，减轻橡胶与机械金属表面磨损的润滑剂的作用，也可起到脱模剂的作用。橡胶中的用量为 1～15 份，超过 10 份本品即可持续喷至制品表面；聚烯烃薄膜制品中添加量为 0.05%～0.3%，在加工中需以母粒的形式添加。

油酸酰胺迁移速度比其他酰胺蜡类快，用量超过 10 份会长期持续喷出至制品表面，NR、NBR、CR 及 SBR 等一般用量 1.5～2.5 份，EPDM 一般用量 3.0～5.0 份。

芥酸酰胺是一种精炼的蔬菜油，与油酸酰胺相比具有较长的碳链，迁移至制品表面的速率较慢，适用于打印和密封加工膜等，主要应用于 LDPE、LLDPE 和 PP 薄膜。

酰胺类衍生物的供应商见表 3.1.1-10。

表 3.1.1-10　酰胺类衍生物的供应商

供应商	商品名	成分	外观	酸值	熔点/℃	色度	碘值/(I_2mg/100 g)	水分/%	纯度/%
金昌盛	润滑剂 LUBE-2		白色粉末或颗粒	≤1	72～77	≤2	80～88	≤0.2	≥98
元庆国际贸易有限公司	爽滑剂 FINAID-182	油酸酰胺	乳黄色细珠状	<1	73±5				
	爽滑剂 FINAWAX-ER	芥酸酰胺	粒状	≤4.0	76～86	≤4.0	70～80	≤0.25	≥95

元庆国际贸易有限公司代理的德国 D.O.G 内脱模剂有：

(1) DEOGUM 80 防模具污染脱模剂

成分：脂肪醇与脂肪酸盐结合润滑剂之衍生物，外观：微黄色片状或粒状，比重：0.9（20℃），灰份：2.0%～3.5%，储存性：原封室温至少二年以上。

本品作为内润滑剂适用于各种橡胶如 HNBR、EPDM、NR、SBR 等；特别适用于 EPDM（P），可防模具污染；可增加胶料的压出速率，使制品易脱模及表面光滑平整；对最终制品之物性无不良影响。

用量 2～5 份，与橡胶一起加入。

(2) DEOGUM 194 HNBR/ACM 粘辊离模流动剂

成分：有机硅化合物和有机润滑剂之混合物，外观：白色颗粒状，比重：0.93～0.98（20℃），滴熔点（Dropping point）：110～124℃，储存性：原封包装室温干燥储存至少一年。

本品可改善特种橡胶（如 HNBR、ACM、EC0、EPDM）的加工性，降低门尼黏度，增进胶料流动性及模具充填性；可使制品易脱模及表面光滑平整；能消除开炼机及其他混炼机上的胶料粘辊现象；对硫化胶之硫化特性及物性无不良影响；较小的添加量即可有明显效果；不喷霜；所含有机硅成分与各特种橡胶有很好的兼容性，提供流动性和脱模性，并不像传统硅油或含硅酮加工助剂有不易和橡胶相容的问题。

用量 0.5～3PHR，在密炼机混炼时与填充剂同时加入。

(3) DEOGUM 294 FKM/HNBR 离模流动剂

成分：有机硅化合物和有机润滑剂之混合物，外观：深黄色/浅棕色颗粒状，比重：0.95～1.00（20℃）；滴熔点（Dropping point）：99～109℃，储存性：原封包装、室温干燥储存至少一年。

本品可改善特种橡胶（如 FKM、HNBR、ACM、EC0、EPDM）的加工性，可降低门尼黏度，增进胶料流动性及模具充填性；可使制品易脱模及表面光滑平整；能消除开炼机及其他混炼机上的胶料粘辊现象；对硫化胶之硫化特性及物性无不良影响；较小的添加量即可有明显效果；不喷霜。

用量 0.5～3 份，与橡胶一起加入。

(4) DEOGUM 384 AEM/ACM 专用防粘脱模剂

成分：结合有机硅烷之磷酸酯，外观：白色至淡黄色颗粒状，比重：0.9（20℃），滴熔点（Dropping point）：97～111℃，储存性：原封包装、室温干燥储存至少一年。

本品是一种用于特种橡胶（AEM 和 ACM）的加工助剂，可以用在密炼机和开炼机，降低门尼黏度以获得更好的流动性和填模性；本品容易脱模且可以提供更平滑的表面，目前尚未观察到本品有喷霜的现象。

用量 0.5～5 份，与填料一起加至密炼机。

(5) DEOGUM 400 FKM 离模流动剂

成分：脂肪酸衍生去结合蜡的混合物，外观：黄色颗粒，滴熔点：74～84℃，密度：0.95 g/cm^3（20℃），储存性：室温干燥至少一年。美国联邦法规规范 FDA-CFR Title 21，Part177.2600 已登记（最高添加量为 5%）。

本品被发展使用在双酚 A 及过氧化物硫化的 FKM 胶来降低胶料的粘度，即使在低剂量下，在增加挤出和注塑的速度方面有优异的润滑效果；本品可以使胶料脱模更容易。需注意的是在高剂量下，可能会增加硬度和压缩变形。

用量 0.5～1.5 份，用于 CM、TM、IM 等的挤出如成型。

(6) DEOFLOW S 离模流动剂

成分：饱和脂肪酸钙盐，外观：乳白色细片状，比重：1.0（20℃），滴熔点：105±5℃，污染性：无，储存性：室温干燥至少二年。

本品在压出成型、复杂模具、微孔发泡橡胶可提高脱气性、离模性，并可得较佳之尺寸安定性；可降低生胶黏度，有润滑及分散作用，与金属面接触时滑动摩擦减少，提高橡胶之流动性；在注射成型加工中，可增加注射量，特殊形状模具有很好的效果；针对 EPDM 胶在 150 bar 压力下，添加 3 份本品可使挤出速率提高 10 倍；在 EPDM 胶中添加本品可以缩短混炼周期，因为它对填充剂具有良好的分散作用，在高压高剪切速率工艺中可减少 18%的能源消耗；改善因使用外脱模剂所引起的模具污染及模内排气不良现象。

用量 1～5 份；混炼初期加入时，可消除胶料粘辊现象并获得最佳分散效果；在混炼末期加入，可得最佳脱模效果。

(7) DEOFLOW 821 特种胶专用离模流动剂

成分：硬脂酸季戊四醇，外观：淡黄色细片状，比重：1.0（20℃），滴熔点：65±5℃。储存性：室温干燥至少二年。

本品可使过氧化物硫化型 HNBR 门尼黏度下降约 27%，使混炼时间及能源消耗缩减 25%；可提高胶料的压出速率，使制品易脱模及表面光滑平整；能消除开炼机及其他混炼机上的胶料粘辊现象；可增加注射量，传递成型之注射量提高 25%，注射成型之注射量提高 7 倍；对硫化胶之硫化特性及物性无不良影响；胶小的添加量即可有明显效果。

用量 0.3～2 份，混合时与药品或补强剂同时加入。适用于氟橡胶、丙烯酸酯橡胶（ACM）、氢化丁腈橡胶（HNBR）及过氧化物硫化的三元乙丙橡胶（EPDM（p））等。

4.2.2、外脱模剂与模具清洗剂

本类产品主要是水溶性硅油与水在乳化剂的作用下乳化制得，使用时首先需要稀释。对铜铁铸模，为防止铸模锈蚀，稀释时可加入 0.02%～0.1%的亚硝酸钠（对水质量）。模具喷涂、涂刷脱模剂后，铸模应当在 100℃以上除尽水分方可使用。

HG/T 2366－1992（2004）《二甲基硅油》参照采用美国联邦规范 VV－D－1078B《聚二甲基硅氧烷》，适用于 25℃下运动黏度 10～10000 mm^2/s 的二甲基硅油。二甲基硅油型号由硅油代号、甲基代号和黏度规格三部分组成，该标准包括以下黏度规格：10、20、50、100、200、315、400、500、800、1 000、2 000、5 000、10 000 mm^2/s，型号规格表示如图 3.1.1－1所示。

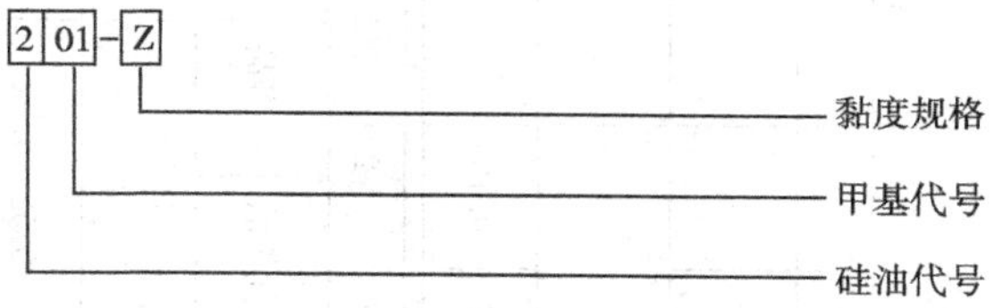

图 3.1.1－1 二甲基硅油型号规格示意图

二甲基硅油技术要求见表 3.1.1－11。

1. 乳胶制品用脱模剂

线上线下聚合物涂层的供应商有：上海强睿博化工有限公司、斯塔尔精细涂料（苏州）有限公司、中化国际（控股）股份有限公司新材料事业总部等。

2. 轮胎内外喷涂剂

供应商有：上海科佳化工助剂公司、余姚市远东化工有限公司、余姚市嘉禾化工有限公司等。

3. 半永久性脱模剂

类似于退火喷漆，是基于硅烷基树脂的脱模剂喷洒到模具表面后，模具预热、硫化过程中脱模剂树脂发生交联反应并与模具表面发生物理或化学键合，被“烧”入其中，牢牢地粘附在模具表面。半永久脱模剂除能更方便脱模外，还能显著降低模具污染。

半永久脱模剂需在模具经机械清洗（如微粒喷射等）、溶剂（如乙醇）去脂化、蒸汽清洗或碱清洗后，才能均匀喷洒到热的模具上。在至少 140～160℃下，每隔 15 分钟涂敷两到三层薄而均匀的涂层，可获得最理想的隔离膜。温度越高，隔离膜的交联密度越大，耐磨损程度也越高。损坏的隔离膜可以微粒喷射等机械方法清除，也可通过浸泡在碱性溶液（乙醇中 5%氢氧化钾溶液）中以化学方法清除。

半永久脱模剂供应商有：德国 Schill＋Seilacher 有限公司等。

4. 橡胶模具清洗剂

清洁模具的方法包括使用洗模胶、干冰喷砂、使用模具清洗剂。模具清洗剂类产品一般为碱性络合物水溶液。

外脱模剂、模具清洗剂的供应商见表 3.1.1－12。

表 3.1.1-11　二甲基硅油技术要求

项目	201—10			201—20			201—50			201—100			201—200			201—315			201—400		
	优等品	一等品	合格品	优等品	一等品	合格品	优等品	一等品	合格品	优等品	一等品	合格品	优等品	一等品	合格品	优等品	一等品	合格品	优等品	一等品	合格品
运动黏度（25℃）/(m²/s)	10±1		10±2	20±2		20±4	50±5		50±8	100±5		100±8	200±10		200±16	315±15		315±25	400±20		400±25
粘温系数	0.55～0.59		—	0.56～0.60		—	0.57～0.61		—	0.58～0.62		—	0.58～0.62		—	0.58～0.62		—	0.58～0.62		—
倾点/℃（≤）	−60			−55			−52						−50						−50		
闪点/℃（≤）	165	160	150	220	210	200	280	270	260	310	300	290	310	300	290	310	300	290	315	305	295
密度（25℃）/(g/cm³)	0.931～0.939			0.946～0.955			0.956～0.964			0.961～0.969			0.964～0.972			0.965～0.973			0.965～0.973		
折光率/(25℃)	1.3970～1.4010			1.3980～1.4020			1.4000～1.4040			1.4005～1.4045			1.4013～1.4053			1.4013～1.4053			1.4013～1.4053		
相对介电常数（25℃，50Hz）	2.62～2.68		—	2.65～2.71		—	2.69～2.75		—	2.70～2.76		—	2.72～2.78		—	2.72～2.78		—	2.72～2.78		—
挥发分（150℃，3h）/%（≤）	—						—			0.5	1.0	1.5	0.5	1.0	1.5	0.5	1.0	1.5	0.5	1.0	1.5
酸值，/(mgKOH/g≤)	0.03	0.05	0.10	0.03	0.05	0.10	0.03	0.05	0.10	—			—						—		

项目	201—500			201—800			201—1000			201—2000			201—5000			201—10000		
	优等品	一等品	合格品	优等品	一等品	合格品	优等品	一等品	合格品	优等品	一等品	合格品	优等品	一等品	合格品	优等品	一等品	合格品
运动黏度（25℃）/(m²/s)	500±25		500±30	800±40		800±50	1000±50		1000±80	2000±100		2000±160	5000±250		5000±400	10000±500		10000±800
粘温系数	0.58～0.62		—	0.58～0.62		—	0.58～0.62		—	0.58～0.62		—	0.59～0.63		—	0.59～0.63		—
倾点/℃（≤）	−47			−47						−47			−45			−45		
闪点/℃（≤）	315	305	295	320	310	300	320	310	300	325	315	305	330	320	310	330	320	310
密度（25℃）/(g/cm³)	0.966～0.974			0.966～0.974			0.967～0.975			0.967～0.975						0.967～0.975		
折光率（25℃）	1.401 3～1.405 3			1.401 3～1.405 3			1.401 3～1.405 3			1.401 3～1.405 3			1.401 5～1.405 5			1.401 5～1.405 5		
相对介电常数（25℃，50 Hz）	2.72～2.78		—	2.72～2.78		—	2.72～2.78		—	2.72～2.78		—	2.72～2.78		—	2.73～2.79		—
挥发分（150℃，3 h）/%（≤）	0.5	1.0	1.5	0.5	1.0	1.5	0.5	1.0	1.5	0.5	1.0	1.5	0.5	1.0	1.5	0.5	1.0	1.5
酸值/(mgKOH/g ≤)	—			—						—						—		

表 3.1.1-12 外脱模剂、模具清洗剂的供应商（一）

供应商	脱模剂类型	特性型号	非硅	A 普通橡胶或者易于脱模的成型形状			B 强黏结性橡胶或者难于脱模的成型形状			C 过氧化物硫化类型的橡胶			稀释剂	※最佳稀释倍率	代表例
				脱模性和脱模持续特性	模具防污性	二次加工性	脱模性和脱模持续特性	模具防污性	二次加工性	脱模性和脱模持续特性	模具防污性	二次加工性			
大金工业株式会社 氟系脱模剂 DAI-FREE	水性	GW-250	*			◎				○	◎	○	去离子水	原液～10 倍	硅橡胶键盘
		GW-200		○	◎	○									NBR的O型圈
		GW-251	*			◎				◎	○	◎			氟橡胶密封件
		GW-201		◎	◎	○	○	○	○	○					氟橡胶密封件、H-NBR传动带
		GW-280		◎			○	×	×						半硬质和硬质聚氨酯橡胶
		GW-4000		◎	○	○	○	○	○					30~50 倍	EPDM减震件
		GW-4500	*	◎	○	◎				◎	○	○			硅胶密封件/过氧硫化氟橡胶
	溶剂型	GF-501		○	◎	◎	○	◎	○				石油类	原液～5 倍	氟橡胶油封
		GF-500		◎	○	○	◎	◎	○						环氧树脂绝缘部件
		GF-550	*	○	◎	◎				○	○	○			EPDM电容器密封件
		GF-350	*	○	○	◎				○	○	○			硅橡胶辊
		MS-175		○	○	◎				○	○	◎			
		MS-600		◎	◎	◎				○	○	○	IPA和石油类		EPDM密封材料
	喷雾剂	GA-7500		◎	○	○	◎	◎	○						NBR的O型圈
		GA-7550	*	○	◎	◎				○	○	○	—	—	氟橡胶密封件
		GA-7550B	*	○	◎	◎				○	○	○	—	—	
		GA-3000		◎	◎	◎				○	○	○			EPDM 密封件
	内脱模剂	FB-962	*	○						○			—	—	氟橡胶、EPDM 密封件等

A 普通橡胶：SBR、EPDM、CR、BR 以及 ACM等比较易于脱模的橡胶
易于脱模的成型形状：O 型圈、平板以及密封件等平面脱模为主的成型件
B 强黏结性橡胶：氢化 NBR 和聚氨酯橡胶等脱模困难的橡胶
难于脱模的成型形状：带齿传动带和橡胶管等形状复杂、需要拉拔脱模的成型件
C 过氧化物硫化橡胶：氟橡胶和硅橡胶等过氧化物硫化橡胶

*非硅类型
※建议“稀释方法”

表 3.1.1-12　外脱模剂、模具清洗剂的供应商（二）

供应商	应用场合	剂型	应用特性	规格型号	外观	作业温度 ℃	室温固化时间 min	100℃固化时间，min	热稳定性	特点	说明
汉高乐泰公司 乐泰® Frekote®	橡胶及环氧树脂、聚氨酯等	溶剂基	作业温度低于 150℃	810－NC	清澈液体	60～230	15	NA	可达 400℃	①无含氯溶剂产生；②最大化模具利用率；③最低不合格率	适用于模具橡胶部件的半永久性脱模剂。多种脱模应用系统与模具表面相黏结以形成超薄涂层。在清洁的模具表面上喷涂 3－4 层又薄又光滑的均匀涂层。仅可使用干燥物质并确保在表面上已形成一个连续的，湿润的薄膜。在继续涂施前应确保下一层的薄膜已经干燥并固化
			作业温度高于 150℃	800－NC	清澈液体	150～204	NA	30 秒	可达 400℃		
		水基	高润滑	R－150	白色乳剂	60～205	30	4	可达 315℃	①快速固化；②无污染转移；③高热稳定性	可滑动性能大大增强（易脱模），没有污染物的转移－橡胶与金属间模具污垢减少。在暖和的模具上（温度在 60～120℃之间）应当至少喷涂 4 层；在高温模具（温度在 120～205℃之间）或全新的模具上应当至少喷涂 6 层。在生产前应当确保产品已经固化
	硅橡胶	水基		S－50－E	黄色液体	104～199	存储：0～40℃，特别注意不能结冻			①在规定的温度范围内，无需固化时间；②优秀的滑动性；③不可燃；④结垢现象不明显；⑤可以多次脱模；⑥可以降低次品率；⑦低 VOC 含量	具有良好的脱模效果和滑动性，可以广泛的使用在硅橡胶成型工艺中。当产品应用在表面加热的模具表面时，可以形成一层惰性的具有耐热性的脱模剂层，可以离型大部分的硅橡胶。不含酒精，全部为水基，化学特性类似于 3M Dynamar，在高温下不需专门的固化时间，不是真正的半永久型，但能够多次脱模
	橡胶－金属黏结	水基		R－120						①快速固化；②无污染转移；③高热稳定性	半永久性水性脱模剂，适用于通用橡胶零件及金属件胶合的部件，快速固化，无污染转移，高热稳定性。出色的润滑性能，以最大化脱模性能。在已预热至高于 60℃的干净模具表面上喷涂本产品，在暖和的模具上（温度在 60～120℃之间）应当至少喷涂 4 层；在高温模具（温度在 120～205℃之间）或全新的模具上应当至少喷涂 6 层。在生产前应当确保产品已经固化

表 3.1.1-12 外脱模剂、模具清洗剂的供应商（三）

供应商	应用场合	应用特性	规格型号	产品描述	外观	作业温度℃	施工方式	说明
江阴凯曼科技发展有限公司（乐模 LEM 系列）	橡胶管（异形管、直管）	EPDM 硫磺及过氧化物硫化胶管	4822K 2548K	水性非硅脱模剂	透明或浅色液体	无特别说明	涂刷浸蘸	适合运用于低温或高温硫化罐硫化的普通橡胶胶管脱模剂，产品具有良好的可触变性及热稳定性，产品不含硅，水性环保，常温下容易清洗，不影响后续加工，套芯及脱模方便，芯棒结垢少
		特种胶管（AEM/ECO）	2400NK 2400K	水性可生物降解	透明或浅色液体	无特别说明	涂刷浸蘸	针对高温高压过氧化物硫化体系胶管开发，产品不含硅，具有卓越的润滑性和耐高温抗老化功能。产品水性环保并容易清洗，附着在胶管内部的残余可以水清洗干净，无须使用清洗助剂。若使用硅系脱模剂，残留物较难除去，影响胶管产品质量。本品耐热性和抗氧化性能好，对 ECO、AEM 橡胶不发生反应或吸收，具有良好的脱模、隔离效果
		EPDM 胶管内喷涂脱模剂	487LK 2544K	膏状非硅脱模剂	白色膏状黏稠体	50～80	设备辅助内喷	针对人工操作不规范和差异性造成制品制品质量不均一的情况，本品设计成自动内喷涂工艺，节省了人力、材料，减少了作业现场环境污染
	橡胶骨架黏结	减震器	8170 8176	水性半永久型脱模剂	白色乳液	60～200	低压高分散喷枪	树脂型半永久型脱模剂，在高温下能在模具表面形成均匀的树脂膜，降低模具表面能达到脱模方便并可持续多次脱模的效果，对于高度复杂结构制品有优异的脱模润滑作用，同时不影响橡胶和金属骨架的粘接性能。建议第一次使用喷 3～4 层，并 120℃以上固化 5 min 后使用
		油封、密封件	H－3 81H	溶剂型脱模剂	透明乳液	无特别说明	喷涂	喷雾罐树脂型半永久型脱模剂，在高温下能在模具表面形成均匀的树脂膜，使用方便，一次喷涂并可持续多次脱模，对于高度复杂结构制品有优异的脱模润滑作用，同时不影响橡胶和金属骨架的粘接性能。建议第一次使用喷 3～4 层，并 120℃以上固化 5 分钟后使用
	硅橡胶制品		317 318	水性脱模剂	透明乳液	60～200	低压高分散喷枪	针对硅橡胶制品脱模，在高温下能在模具表面形成均匀的树脂膜，本品可以直接使用或者高倍兑水使用，对于高度复杂结构制品有优异的脱模润滑作用，不影响制品的二次加工。建议兑水 10 倍以上使用，2～5 模喷涂一次
	特种橡胶杂件	氟胶制品	F－305 820－NC	溶剂型脱模剂	透明液体	无特别说明	喷涂	氟橡胶制品脱模剂，在高温下能在模具表面形成均匀的树脂膜，产品做成喷罐可以直接使用，对于过氧化物硫化体系和高度复杂结构制品有优异的脱模润滑作用，不影响制品的二次加工，一次喷涂可多次脱模
		HNBR/AEM/PU 制品	415 418	水性可高倍稀释型脱模剂	白色乳液	≥60	低压高分散喷枪	高浓缩型橡胶制品脱模剂。在高温下能在模具表面形成均匀的隔离润滑膜，对于高度复杂结构和精密度要求高的制品有优异的脱模润滑作用

续表

供应商	应用场合	应用特性	规格型号	产品描述	外观	作业温度/℃	施工方式	说明
江阴凯曼科技发展有限公司（乐模 LEM 系列）	传动带、输送带		588－2 588－6	溶剂型脱模剂	半透明液体	无特别说明	涂刷	本品是溶剂型反应性脱模剂，能在皮带模具表面形成优异的滑爽膜，可以很好的离型包胶套袋硫化的皮带。本品转移率极低，能很好地控制内壁线痕的产生，提高制品的整体合格率
	洗模水		C－990 C－995	水性碱性清洗剂	浅黄色液体	≥150	浸泡或涂刷	热模清洗橡胶模具
	防锈剂		C－60	长效油膜防锈	浅绿色液体	常温	喷涂	能很好地置换模具表面的水分，在模具表面形成比较致密的油膜

表 3.1.1-12 外脱模剂、模具清洗剂的供应商（四）

供应商	规格型号	产品名称	化学组成	用途	性能特点
广州诺倍捷化工科技有限公司	LUBKO 1325	脱模剂	溶剂型 PTFE	胶管脱模	可稀释、清洁度高，芯棒保护
	LUBKO 1423	脱模剂	溶剂型 PTFE	胶带脱模	可稀释、清洁度高，硫化鼓保护
	LUBKO 1165C	脱模剂	水基型 PTFE	模压脱模	可稀释、清洁度高，胶料流动好，半永久性脱模
	LUBKO 1425	脱模剂	喷雾型 PTFE	橡胶脱模	应用在各种橡胶模压，半永久性脱模，模具保护
	LUBKO N98	隔离剂	水基型精细高分子	橡胶隔离	可稀释、无泡沫、无沉淀，不影响胶料性能
	LUBKO 1428	保护剂	喷雾型 PTFE	模具保护	干膜防锈，防锈效果好，存放后启用无需再清洗
	LUBKO 2119	洗模水	水基型活化物	模具清洗	强力祛除模具表面各种污渍，安全环保不损害模具
青岛德慧精细化工有限公司	DH-9802		橡胶大底、杂品、板带		水基浓缩乳液。非硅类脱模剂。制品表面洁净无油，不影响二次加工
	DH-E563A		多种异型橡胶管、高压管、空调管和电缆管等的隔离、润滑和脱模		黏稠液体。脱模润滑性好，不含有机硅成分，防止芯棒生锈残留物可用水清洗干净
	DH-E563		多种异型橡胶管、高压管、空调管和电缆管等的隔离、润滑和脱模		水溶性黏稠液体。脱模润滑性好，不含有机硅成分，残留物可用水清洗干净
	DH-E770		各种橡胶管，特别是使用过氧化物硫化机的橡胶制品		异型胶管专用脱模剂，由多种无毒、无味、无腐蚀性的高分子表面活性材料聚合而成
	DH-E863		适用于多种异型橡胶管、高压管、空调管和电缆管等的隔离、润滑和脱模		由多种无毒、无味、无腐蚀性的高分子表面活性材料聚合而成。具有良好的润滑性、水溶性和抗氧性
	DH-9816		硅橡胶制品、精密配件		水溶性非硅类脱模剂。该品具有良好的高温稳定性和优异的脱模性能。能赋予模压制品一个光洁的表面；由于涂层超薄，故可用于高精度制品；同时，对模具防污有特效，可减少模具清洗次数
	DH-F380		各种橡塑热模压制品；特别是硅橡胶制品		溶剂型的非硅脱模剂，具有极强的润滑和隔离性，本品性能优良，一次喷涂可多次脱模，能替代同类进口产品
	DH-E527		橡胶大底、杂品、氟胶制品、轮胎及精密不易脱模的热模压制品		溶剂型的半永久性脱模剂，具有极强的润滑和隔离性，对热模压制品的表面无迁移，不影响后继工序的操作，如粘接、彩涂等。本品性能优良，一次喷涂可多次脱模，能替代同类进口产品
	DH-E588		橡胶杂品、氟胶制品、轮胎及精密不易脱模的热模压制品		溶剂型的半永久性脱模剂，具有极强的润滑和隔离性，热模压制品表面洁净亮丽；一次喷涂可多次脱模，能替代同类进口产品
	DH-L335		橡胶轮胎、杂品、管件和板带等热模压制品		高分子材料乳化浓缩液，含有特殊的润滑隔离成分，具有表面张力小、膜层延展性好、抗氧化、耐高温、无毒不燃、脱模持久性好和保护模具等特点。能赋予模压制品一个光洁亮丽的表面，一次喷涂可多次脱模
	DH-L336		橡胶杂品、胶板、胶带、V 型带、轮胎		高分子材料乳化浓缩液，含有特殊的润滑隔离成分，具有表面张力小、膜层延展性好、抗氧化、耐高温、无毒不燃和保护模具等特点。能赋予模压制品一个光洁亮丽的表面，一次喷涂可多次脱模
	DH-L350		适用于橡胶胶管、轮胎、杂品、胶板、胶带和 EVA 制品等热模压制品的脱模、隔离和润滑		高分子材料乳化浓缩液，含有特殊的润滑隔离成分，具有表面张力小、膜层延展性好、抗氧化、耐高温、无毒不燃、脱模持久性好和保护模具等特点。能赋予模压制品一个光洁亮丽的表面，一次喷涂可多次脱模
	DH-M122		橡胶杂品、轮胎等		由多种优质高分子材料聚合而成。具有喷雾均匀、使用方便、润滑隔离性能好，对模具不污染、不腐蚀，并且有良好的保护作用。一次喷涂可多次脱模
	DH-1055		各种水胎、胶囊的隔离润滑		水基乳液，耐高温，润滑隔离性能好

续表

供应商	规格型号	产品名称	化学组成	用途	性能特点
青岛德慧精细化工有限公司	DH－C－55			各种胶囊的隔离润滑	水基乳液，耐高温，润滑隔离性能好
	DH－749A				水基乳液，耐高温，脱模性能好，不影响二次加工
	DH－N031			轮胎动平衡专用润滑液	水溶性，透明均一
上海珍义实业有限公司	RH－1			轮胎动平衡测试润滑液	淡黄色液体或白色液体，密度 1.00±0.10 g/cm³，固含量 17±3%。主要成分为聚醚多元醇、棕榈酸酯，润滑性适中，对轮胎和设备无污染和不良影响，同时具有防锈功能

表 3.1.1－12　外脱模剂、模具清洗剂的供应商（五）

供应商	商品名称	外观	pH 值	乳化剂类型	污染性	灰分/%（≤）	密度/(g/cm³)	说明
连云港锐巴化工	MC－300	浅黄色液体	13	水性	非污染		1.1～1.2	用于清洗橡胶制品模具表面的硫化沉积物，不损伤模具。喷洒于 130～150℃ 的模具上，作用 2～5 min，污垢会自动软化脱落。洗涤后须在模具清洗剂未干之前用清水冲洗干净模具表面
青岛昂记橡塑科技有限公司	洗模宝 KR－532	含有特殊活化成分配方的碱性模具专用洗模剂。使用方法：①散布法，使用少量的原液或稀释液散布或涂抹在高温的模具上，2～3 min 后污垢物就会软化游离，未干前立即用水清洗即可；②浸渍法，槽内盛装原液或稀释液，加温约 95℃后，浸渍约 2～3 min，或以高温模具直接投入常温的溶液中，浸渍 2～3 min，取起后水洗即可 注意事项：为①防止模具生锈请清洗后即涂防锈油，或烘干至生产温度，喷涂乳化硅油直接生产；②本品适用于炭钢、铸钢、不锈钢等各种模具，不适用于电镀镍、铝模具						
三门华迈	洗模液 HM－303	黄色液体	13 以上	①新一代环保型洗模水，洗模时无难闻的刺激性气味，经酸性中和后可生物降解，对环境友好；②热模可直接洗模，不需待其冷却，提高工效；③无臭、无毒、无公害，符合环保要求；④用量少、成本低，去污力特强，可节省成本；⑤沸点高且会产生异常丰富的泡沫，不易在接触高温模具时沸腾飞溅而灼伤操作工人；⑥不损坏模具，可延长使用寿命；⑦清洗时间短，整个清洗过程只需 5 分钟			1.22	①保持模具温度 90℃以上；②先将清水喷淋模具，然后用 HM－303 洗模水直接喷淋在模具上；③待一分钟后，使用铜丝刷刷洗，加快清除顽固污渍；④用自来水冲洗干净，然后将水吹干或擦干，即可上硫化机正常生产（生产第一模前，建议模具型腔喷一次脱模剂）。模具如放置，建议立即涂上防锈剂保护；⑤HM－303 洗模水也可用于浸洗模具。建议将洗模水加热至 70～90℃，把热模具完全浸入洗模水中，后续操作按③、④进行；⑥使用 HM－303 洗模水时，根据模具的脏污程度，可用自来水进行 1～4 倍的稀释；⑦整个清洗过程中，建议戴上防护眼镜和橡胶手套。如不慎溅到人体，请立即用大量清水冲洗

表 3.1.1－12　外脱模剂、模具清洗剂的供应商（六）

供应商	应用领域	类型	溶剂高效型	水基环保型	特点
上海乐瑞固化工有限公司	橡胶模压制品脱模剂	减震橡胶/衬套/油封脱模剂	1425，1325，1403	1165，1337，1650	①不影响黏合剂与骨架材料的粘接；②延长模具清洗周期；③干膜润滑，无油迹，制品表面没有流痕；④一次喷涂，多次脱模
		注射/转移模/模压脱模剂	1425，1325，1501	1105，1165，1510	
		高尔夫球类脱模剂	1422，1268，1414	1310，1330，1510	
		硅橡胶绝缘子/按键脱模剂	1425，1501，1603	1512，1165，1510	
		易污染橡胶模具脱模剂/保护剂	1425，1325，1509	1165，1337，1510	
		医药瓶塞/车窗密封条脱模剂	1425，1414，1421	1330，1508，1515	
		油封/气缸垫/O 型圈润滑剂	1665，1205	1370，1330，1510	
		乳胶浸渍制品手模脱模剂	1325，1524	1337，1330	
		特种氟素防粘剂/润滑剂/防锈剂	1425，1414，1421	1330，1337	
		洗模剂及模具保护剂	1414，1425，1509	2118	

续表

供应商	应用领域	类型	溶剂高效型	水基环保型	特点
	胶管工业脱模剂	刹车胶管铁芯轴/尼龙芯棒脱模剂	1423，1808，1403	1495，1330，1496	
		空调胶管橡胶/尼龙/PP 芯轴	1423，1808，1208	1495，1658，1306	
		钢丝液压胶管橡胶/铁/尼龙/PP 棒	1423，1808，1207	1495，3195，1330	
		旧芯轴及芯棒表面不光滑	1207，1208，1808	1495，1306，1496	
		异形胶管芯轴脱模剂	1423，1808	1220，1250	
		装盘硫化、裸硫化外胶防粘剂	1425	1330，1310，3195	
		包铅、包塑外胶防粘剂	1414，1207，1208	1108，1658	
		尼龙包布隔离剂		1495，1330，3195	
		食品胶管脱模剂/电缆防粘剂	1524	1105，1330	
		胶管半成品防粘，隔离剂		97	
	胶带工业脱模剂	传动带硫化铁鼓脱模剂	1325，1423，1425	1353，1330，3105	①内壁无油，无残留杂质，清洁度高；②胶管内壁无麻坑、砂眼；③延长芯棒使用寿命；④脱模容易，易抽芯；⑤芯棒表面形成致密的耐高温干膜
		传动带硫化胶囊防粘剂	1205，1403，1509	1353，1330，3105	
		输送带冷模板区防粘剂	1425，1414，1808		
		输送带硫化模具脱模剂	1425，1414，1808	1165，1337，1658	
		扶手模压脱模剂/口型防粘剂	1425，1414	1105，1330	
		模压 V 带模具脱模剂	1425，1414，	1165，1337，1508	
	轮胎工业脱模剂	压延、挤出口型防粘剂	1425，1414，1421	1105，1658，1370	①脱模顺利，模具上残留少；②干膜无油迹，胶带表面无线痕印；③不影响后续喷码；④保护模具，不易生锈
		全钢成型胶囊防粘剂	1425，1414	1105，1370	
		轮胎硫化模具脱模剂	1423，1425	1165，1310，1337	
		工程轮胎/冬季轮胎离型剂	1425，1403	1337，1165	
		试验室、混炼胶快检脱模剂	1325，1425	1165，1337	
		硫化胶囊脱模隔离剂		1330，1510，1508	
		气门嘴脱模剂、装配润滑剂	1425，1414	1370，1310，1330	
		混炼胶胶片隔离剂		1000，2000	
		模具封闭剂、保护剂	1425，1414		
	复合材料脱模剂体系	产品用途	溶剂高效型	水基环保型	①一次喷涂多次脱模；②促进胶料流动；③外观有亮光和哑光
		自行车架、网球拍、渔具离型剂	1328，1403，1425，	1129，1330，1495	
		滑雪板、赛车鞋脱模剂	1328，1524，1425	1129，1658	
		绝缘子、互感器、高压开关	2036，2035	1129，1306	
		刹车片、摩擦制品脱模剂	1396，1325	3247，3295	
		玻璃棉保温管/搪塑	1362，1325，1506	1330，1508	
		聚合物（模温超过 300～600 ℃）	1362，1393（食品级）		
		SMC/BMC/手糊/旋转滚塑	1425，1403	1165，1337	
		IC/LED 电子封装/精密塑料	1325，1425		
		电子产品氟素松动剂	1425，1414		
		特种氟素润滑剂、防粘剂	1205，1414，1425	1508，1330，1370	
	聚氨酯工业脱模剂体系	高温浇注弹性体	2025，2026，2028	3121，1129	
		TPU、TPE 弹性体	1425，1325	1512，1510	
		橡胶混炼型 PU	1414，1425，1325	1165，1337	
		自结皮方向盘（模内漆，亮/亚光）	2028，2026，2025	1326，3210	
		冷模塑	2112，2118		
		硬泡、半硬泡	2028，2025	1108，1168	
		玩具、慢回弹	2038，2048		
		玻璃包边	2025，2028，2018	1326，1330	
		汽车顶棚		1310，3128，1330	
		RIM 反应注射成型	1325，1524，1425	3129，1326，1310	

表 3.1.1－12　外脱模剂、模具清洗剂的供应商（七）

供应商	类型	型号	产品说明	应用	工艺
上海乐瑞固化工有限公司（SPC 系列脱模剂）	可视自洁型半永久	SPC5	可视操作，高效封孔，膜层致密坚硬	聚酯，环氧，酚醛	适合各种的开模和闭膜工艺
		SPC15	可视操作，抑制积垢，光滑，亮光，脱模效果好	聚酯，环氧，聚酰亚胺	手糊，模压，RTM，真空辅助，缠绕，离心等
		SPC25	可视操作，高光滑，高光亮，易脱模	聚酯，环氧，酚醛	手糊，模压，RTM，真空辅助，缠绕，层压等
	高效耐热型半永久	SPC8	高效封孔，膜层致密坚硬	聚酯，环氧，酚醛	适合各种的开模和闭膜工艺
		SPC18	中等润滑，膜层坚硬，脱模次数多，耐高温	聚酯，环氧，聚碳酸酯	手糊，模压，RTM，真空辅助，缠绕，离心等
		SPC28	封孔脱模双重功效，固化迅速，高润滑，耐高温	热固型，热塑型树脂	手糊，模压，RTM，真空辅助，缠绕，离心，层压，反应注射等
	水基环保型半永久	SPC10	水性环保，高效封孔，膜层光滑坚硬	聚酯，环氧，酚醛	适合各种的开模和闭膜工艺
		SPC20	水性环保，固化快速，脱模高效	聚酯，环氧，酚醛	手糊，模压，RTM，真空辅助，缠绕，离心等
		SPC30	水性环保，单层涂覆，高润滑耐高温	热固型和热塑型树脂	模压，滚塑等
	蜡型脱模剂	SPC80	精品脱模蜡	成膜快，操作简便，高光泽，无污染	
		SPC80H	高温脱模蜡	成膜快，易操作，高光泽，无污染，能耐115°高温，适合高放热树脂	
		SPC100	无硅脱模蜡	不含硅，膜层坚硬，光滑，光泽度高	
		SPC250	高效脱模蜡	通用型，操作简便，成膜快，无迁移	
		SPC280	液态脱模蜡	自洁型，膜层均匀致密，节省操作时间，适用于聚酯树脂等	
		SPC280H	高温液脱模蜡	自洁型，成膜快，耐高温，节省操作时间，适用于聚酯树脂等	
		SPC300	边沿脱模蜡	操作简单，通用型，低成本	
		SPC400	柔性脱模蜡	柔软，操作简便，低成本	
		SPC500	无硅蜡脱模剂	不含蜡和硅，能耐 200°高温，适用环氧和聚氨酯等	
	特殊脱模剂	SPC600	万能脱模剂	PVA 薄膜，色泽透明，混合用能绝对脱模，也可做聚酯类隔离剂	
		SPC800	内脱模剂	内脱模剂应用面广，不含硅，黏度合适，能均匀溶于树脂	
		SPC1000	抛光剂	水基环保，快速消除模具表面刮痕，皱皮，氧化层，污染物等	
		SPC2000	抛光剂	快速清除半永久残留物，用量减半，能达到镜面效果	
		SPC3000	洗模剂	快速溶解清洗模具表面残留污染物，不损伤模具光泽度	
		SPC5000	抛光封孔剂	快速消除条纹，增加表面光泽，具有抛光封孔双重功效	
	苯乙烯抑制剂	SPC900	除味剂	不凝固，不喷霜，不影响聚酯间的反应，消除 50%的有害气体的挥发	
		SPC950	除味剂	SPC900 的浓缩版，无害，100%活性	
		SPC290	抑制剂	用在胶衣或聚酯树脂中的有害气体抑制	

五、外观修饰剂、光亮剂与防护剂

外观修饰剂与防护剂供应商见表 3.1.1－13。

表 3.1.1-13　外观修饰剂与防护剂供应商

供应商	规格型号	产品描述	外观	密度/(g/cm³)	pH 值	乳化剂类型	特性
上海珍义实业有限公司	TF-18	成品轮胎裸包装存放及运输过程中易出现"喷霜"、"发霉"及其他变色现象，使用轮胎防护剂可使轮胎长时间内保持光亮及均匀的质感，且不易附着灰尘。喷涂后的轮胎无油腻感	淡黄色液体	1.0±0.1	8±1	非离子	水性喷涂剂，无毒，施工简便，固化于轮胎表面后，形成的防护层不会被雨水冲掉，可取消外包装材料
	TF-19		白色液体	1.0±0.1	7±1	不含乳化剂	
	WX-1	外观修饰液用于修饰轮胎制造和储存过程中因各种原因引起的外观缺陷和变色	黑色液体	固含量：11%～16%		非离子	外观修饰液能有效地吸附在轮胎表面，涂层干燥后形成一层永久性的弹性膜，在弯曲或拉伸情况下，能有效地防止开裂和剥离。使用本品修饰后的轮胎呈亚光效果，色泽均匀，不易沾染灰尘
	WX-2		各种彩色液体	固含量：20%±2%		非离子	
	BT-4	白胎侧保护剂专门用于白字、白胎侧的防污	蓝色粘状液体	密度：1.0±0.1 g/cm³；黏度：80～300mPa·s		非离子和阴离子	水基型，不含溶剂等对轮胎有腐蚀性的材料；黏度稳定，不会在冬季出现果冻现象；与轮胎附着性强，不起皮，无脱落现象；颜色稳定

六、辊筒、螺杆与堆焊用合金焊条

辊筒、螺杆与堆焊用合金焊条供应商见表 3.1.1-14。

表 3.1.1-14　辊筒与堆焊用合金焊条供应商

供应商	机械轧辊	机筒、螺杆	堆焊用合金焊条
邢台华冶	√		
浙江栋斌橡机螺杆有限公司		①冷、热喂料挤出机机筒、衬套、螺杆、销钉螺杆 ②销钉机筒冷喂料挤出机螺杆：主副螺纹螺杆、全销钉螺杆、销钉＋主副螺纹螺杆、喂料段锥形塑化段错棱螺杆、大导程塑化螺杆；机筒：螺旋水槽、环形水槽、钻孔 ③挤出机配件：旁压辊总成、销钉、花键套、轴承座、喂料座、锥形喂料座 ④双金属机筒、螺杆 ⑤锥形双螺杆机筒、螺杆 ⑥注塑机机筒、螺杆 技术参数：调质硬度 HB240-280；氮化硬度 HV950-1000；氮化层厚度 0.55～0.70 mm；氮化脆度≤一级；表面粗糙度 Ra0.4；螺杆直线度 0.015 mm；氮化后表面镀铬层硬度≥900 HB；镀铬层厚度 0.05～0.10 mm；双合金硬度 HRC55-62；双合金深度 1.5～2.0 mm 材料选用优质 38CrMoAIA、优质双相不锈钢、锌3#钢等	

七、转移色带、标贴

转移色带、标贴的供应商见表 3.1.1-15。

表 3.1.1-15　转移色带、标贴的供应商

<table>
<tr><th>供应商</th><th>规格型号</th><th>产品描述</th><th>技术参数</th><th>特点</th></tr>
<tr><td rowspan="4">上海珍义实业有限公司</td><td>轮胎硫化标签 GN100</td><td>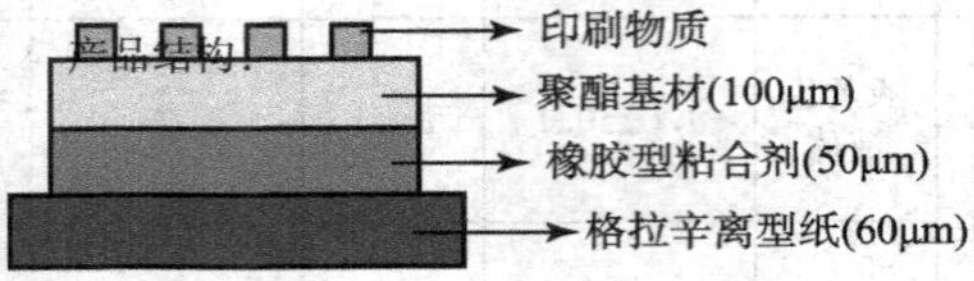

①白色聚酯面材可防水、微酸、盐及碱、大多数石油油渍、油及低脂肪溶剂；②特殊处理的表面涂层，配合专用树脂碳带，在轮胎制造过程中可以更好的防摩擦及防化学反应；③标签可用于自动贴标机进行大规模的自动化应用、标签也可以用于无复膜标签的打印</td><td>基材：聚酯基材厚度：100 μm
颜色：哑白
辅助材料：格拉辛底纸
专用碳带：T121</td><td>最低贴标温度 5℃，使用温度−35～200℃；储存在温度 30℃相对湿度 90%的环境下可保存两年；轮胎贴标硫化后在温度为 50℃相对湿度为 90%的集装箱中海运 60 天无影响</td></tr>
<tr><td>胎面标签 GN201</td><td rowspan="3">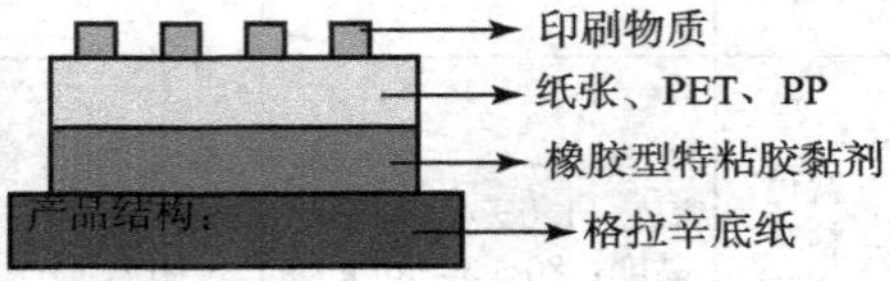

柔性版印刷，胶版印刷，凸版印刷，凹印和丝网印刷。热烫金。可以用于热转印，需用蜡基/树脂基碳带，建议先行测试</td><td>表面基材：轮胎胶面纸
胶黏剂：轮胎特强胶粘剂
底纸：74 g 蓝色格拉辛/100 g 米黄 CCK</td><td rowspan="3">轮胎胎面标签主要做为醒目的装饰性标签，同时它还包含了产品在安全、物流、和使用方面的相关重要信息。是一种带有橡胶基压敏胶和适合多种印刷方式的白色纸张、PET、PP 型标签，该标签胶水的选择是非常关键的，因为标签必须能从轮胎上轻易的除去而不残留胶水，同时胶水必须在粗糙的带有油性物质的轮胎表面上有这极好的黏性，且不受热天和冷天的温度变化以及各类运输环境的影响</td></tr>
<tr><td>胎面标签 GN202</td><td>表面基材：珠光镀铝 PET
胶黏剂：轮胎特强胶粘剂
底纸：74 g 蓝色格拉辛/100 g 米黄 CCK</td></tr>
<tr><td>胎面标签 GN203</td><td>表面基材：PP 膜
胶黏剂：轮胎特强胶粘剂
底纸：80 g 白色格拉辛</td></tr>
<tr><td rowspan="2">广州粤骏新型包装材料有限公司</td><td>转移色带</td><td></td><td></td><td></td></tr>
<tr><td>塑料标贴</td><td></td><td></td><td></td></tr>
<tr><td>沈阳市科文转移技术研究所</td><td>转移色带</td><td></td><td></td><td></td></tr>
</table>

第二章　橡胶制品工艺耗材与外购件

一、轮胎用工艺耗材与外购件

1.1　胶囊（供应商见表 3.2.1－1）

表 3.2.1－1　胶囊供应商

供应商	成型胶囊	轮胎硫化胶囊	预硫化翻胎胶囊	
天津市大津轮胎胶囊有限公司		√	•	
山东西水永一橡胶有限公司		√		
东营金泰轮胎胶囊有限公司		√		
无锡玮泰橡胶工业有限公司		√		
乐山市亚轮模具			√	

二、胶带用工艺耗材与外购件

2.1　气门嘴（供应商见表 3.2.1－2）

表 3.2.1－2　金属配件供应商

供应商	商品名称	用途	特点	说明
孚乐率	铆钉穿销式带扣及配套工器具	输送带接驳、修补		

三、胶管用工艺耗材与外购件

3.1　芯棒与软轴（供应商见表 3.2.1－3）

表 3.2.1－3　芯棒、软轴供应商

供应商	尼龙软轴	三元乙丙软轴	PP 芯棒	说明
景县鑫泰橡塑制品有限公司			√	
江阴市龙丰塑业有限公司	√			

3.2　硫化尼龙布、高压钢丝编织胶管专用网格布

胶管、胶辊硫化用尼龙布的供应商有：沈阳辰宇纺织品有限公司、吴兴新江润纺织厂、故城县金光工业用布有限公司、河南省汝南县鹏达麻塑纺织品有限公司、辽宁省调兵山市嘉丰工业用布有限公司等。

3.3　胶管硫化包塑用工程塑料

四、胶鞋用工艺耗材与外购件

供应商见表 3.2.1－4。

表 3.2.1－4　金属配件供应商

供应商	商品名称	用途	特点	说明
厦门厦晖橡胶金属工业有限公司				
常州市雄鹰鞋眼有限公司	鞋眼、鞋扣、锌合金标牌、气眼、鞋搭扣、撞钉、四合扣、登山扣	硫化鞋配件		

附　录

附录一　橡胶配方中的受限与准用化学品

《全球化学品统一分类和标签制度》（Globally Harmonized System of Classication and Labelling of Chemicals，简称GHS，又称“紫皮书”）是由联合国于2003年出版的指导各国建立统一化学品分类和标签制度的规范性文件，现行版本为2015年第六次修订版。GHS制度包括两方面内容：1）化学品危害性的统一分类。GHS制度将化学品的危害大致分为3大类28项：①物理危害（如易燃液体、氧化性固体等16项）；②健康危害（如急性毒性、皮肤腐蚀/刺激等10项）；③环境危害（水体、臭氧层等2项）。2）化学品危害性的统一公示。GHS制度采用两种方式公示化学品的危害信息：①标签，在GHS制度中一个完整的标签至少含有5个部分：信号词、危险说明、象形图、防范说明等；②安全数据单（safety data sheet，简称SDS），在我国的标准中常称为“物质安全数据表”（MSDS），SDS包括下面16方面的内容：标识、危害标识、成分构成/成分信息、急救措施、消防措施、意外泄漏措施、搬运和存储、接触控制/人身保护、物理和化学性质、稳定性和反应性、毒理学信息、生态学信息、处置考虑、运输信息、管理信息、其他信息。

为了保证能与联合国GHS保持一致，各国颁布了相应的法规。其中，欧盟在联合国GHS基础上，结合REACH法规实施进程，于2009年1月20日推出了《欧盟物质和混合物的分类、标签和包装法规》，简称CLP法规；中国于2011年起正式实施中国GHS；美国于2012年正式发布HCS标准。

欧盟、中国、美国GHS对比见附表1.1。

附表1.1　欧盟、中国、美国GHS对比

分类对比	联合国GHS和欧盟CLP法规共28项危险分类；中国GHS共28项，新增加吸入性危害和对臭氧层的危害；美国HCS分类共26项，未采用对水环境的危害和对臭氧层的危害，但仍保留原标准下的三项未被GHS涵盖的危害：单纯窒息剂、可燃性粉尘和自燃性气体，若物质有这3项分类也是危害物质，也需要SDS和标签
SDS内容对比	欧盟和中国都采用了联合国的16个部分内容；美国HCS只强制要求了12个部分内容
标签对比	中国GHS下的标签要求相比较欧盟CLP、美国HCS下的标签要求多了很多特殊规定，如：排版上的顺序/位置、紧急电话、参阅提示语、尺寸、颜色等

中国也是《关于在国际贸易中对某些危险化学品和农药采用事先知情同意程序的鹿特丹公约》、《关于持久性有机污染物的斯德哥尔摩公约》等国际公约的缔约国，需要履行相关国际义务。国内法方面，国务院2002年制定、2011年修订了《危险化学品安全管理条例》以及《化学品环境风险防控“十二五”规划》、《新化学物质环境管理办法》、《危险化学品环境管理登记办法（试行）》等国内重要化学品管理法规及政策文件，其中《中国现有化学物质名录》（IECSC），由中国环境保护部化学品登记中心（CRC－MEP）发布，收录物质45602种，其中保密物质3166种。IECSC收录了自1992年1月1日至2003年10月15日期间，为了商业目的已在中国境内生产、加工、销售、使用或从国外进口的化学物质。IECSC最近一次更新是2010年。企业在中国生产或进口化学物质之前，请先确认是否收录于IECSC（可委托查询保密的物质名录），如果未收录于该目录，需依据《新化学物质环境管理办法》提前办理新化学物质申报。与此类似的，依国别有美国的《有毒物质控制法》（TSCA）与涉及化学品泄漏导致的土壤污染治理防控的《超级基金修改和再授权法》（Superfund Amendments and Reauthorization Act of 1986/SARA）、欧盟的《化学品注册、评估、授权与限制条例》（简称REACH法规）与现有化学物质目录（EINECS）、日本《化学物质审查与生产控制法》及现有及新化学物质目录（ENCS）、加拿大的国内物质列表（DSL）与工作场所危险材料信息系统、澳大利亚化学物质目录（AICS）、韩国的《有毒化学品控制法》及韩国现有化学品列表（ECL）、菲律宾的（PICCS）等国外化学品管理与控制法规。

橡胶配方在选用配合剂方面，关于化学品限制性的规定可参阅美国防癌协会手册（OSHA）是否把此材料列为可能致癌物。基于REACH法规（《化学品注册、评估、许可和限制》）由欧洲化学品管理局（ECHA）公布的高度关注物质清单（即SVHC清单），以及欧盟《关于在电子电气设备中限制使用某些有害物质的第2002/95/EC号指令》（即RoHS指令）、欧盟2005/69/EC指令《关于某些危险物质和配置品（填充油和轮胎中多环芳烃）投放市场和使用的限制》、2005/84/EC号指令（限制儿童玩具及其他用品种的邻苯二甲酸盐含量）、EN71－3：2013标准《玩具安全 第3部分：元素的迁移》、2005/20/EC指令（《包装与包装废弃物指令》）、2006/66/EC指令（《电池及蓄电池、废弃电池及蓄电池以及废止91/157/EEC的指令》）等等。此外还可参考国际电工委员会的无卤指令、德国卫生组织对亚硝基胺化合物的限制、挪威的POHS指令等。

与食品接触制品材料（FCM）的选用，各国一般采取发布化学品限制与准用的规范进行管控，如欧盟 1935/2004/EC 法规、德国《食品、烟草制品、化妆品和其他日用品管理法》（LFGB）、法国 French DGCCRF、美国 FDA 等。

一、欧盟的 REACH 注册与 SVHC 检测通报制度、RoHS 指令

2006 年 12 月 18 日，欧洲议会和理事会破准实施化学品管理新的立法，即《化学品注册、评估、授权与限制条例》（简称 REACH 法规）。REACH 法规取代了欧盟已有的 40 多部有关化学品管理的条例和指令，成为一个全面统一的化学品注册、评估、授权和许可的管理立法，内容涵盖化学品生产、贸易及使用安全的方方面面。可以说，REACH 法规是欧盟化学品管理法律制度发展历程中的一座里程碑，同时也被认为是欧盟有史以来最复杂、牵涉各方利益最广的法律。

REACH 法规对于出口欧盟消费品的主要限制是基于欧洲化学品管理局（ECHA）公布的高度关注物质清单，即 SVHC 清单，REACH 法规提出的关于化学品的注册、评估、许可和限制等要求影响包括电子电气产品在内的几乎所有产品。RoHS 指令是一个行业特定指令，在电子电气设备中限制使用某些有害物质，RoHS 指令不影响 REACH 法规的适用，反之亦然。若两者出现重叠要求，则应适用较严格的要求。另外，在对 RoHS 指令的定期审查中，欧盟环境委员会还会对其与 REACH 法规的一致性进行分析，以确保 RoHS 指令与 REACH 之间的一致性。

欧盟的 REACH 注册与 SVHC 检测通报制度已运行多年，橡胶制品企业在产品出口欧盟之前，需与欧盟的进口商进行充分沟通，了解是否需要进行相应的 REACH 注册或者 SVHC 检测通报。对纳入 REACH 法规的物质，欧盟的管理要求日趋严格，特别是儿童用品、家用塑胶制品等。欧盟委员会官方网站公布，2015 年将有 4 个 REACH 法规修订案生效，涉及 10 多种消费产品。自 2008 年 10 月 28 日欧盟首次发布该清单以来，已累计更新 12 次，受限物质已达 161 种。这些物质的使用范围涵盖了化学品、纺织品、塑料制品、电子产品、印刷制品等数十大类消费产品。有关人士预计，2015～2017 年还将有至少 6 个 REACH 法规修订案陆续生效；到 2020 年，SVHC 清单物质将会超过 500 种。

RoHS 指令（《电气、电子设备中限制使用某些有害物质指令》）针对电子电气设备，以降低电子电气设备中的有害物质在废弃和处理过程中对人类健康和环境安全造成的危险。对于其他可能带来类似问题的产品，欧盟也有类似立法管控，如汽车报废指令、电池指令和包装指令等。

二、欧盟目前对消费品的环保要求

主要包括如下几个项目：

（一）RoHS 十项限用物质

欧盟《关于在电子电气设备中限制使用某些有害物质的第 2002/95/EC 号指令》（RoHS 指令），要求从 2006 年 7 月 1 日起，各成员国应确保在投放于市场的电子和电气设备中限制使用铅、汞、镉、六价铬、多溴联苯和多溴二苯醚六种有害物质。2015 年 6 月 4 日，欧盟官方公报（OJ）发布 RoHS2.0 修订指令（EU）2015/863，正式将 DEHP、BBP、DBP、DIBP 列入附录 II 限制物质清单中，至此附录 II 共有十项强制管控物质，详见附表 1.2。

附表 1.2　RoHS 十项限用物质

限制物质	限量（质量分数）	限制物质	限量（质量分数）
铅（Pb）	0.1%	多溴联苯醚（PBDE）	0.1%
汞（Hg）	0.1%	邻苯二甲酸二（2-乙基己基）酯（DEHP）	0.1%
镉（Cd）	0.01%	邻苯二甲酸甲苯基丁酯（BBP）	0.1%
六价铬（Cr Ⅵ）	0.1%	邻苯二甲酸二丁酯（DBP）	0.1%
多溴联苯（PBB）	0.1%	邻苯二甲酸二异丁酯（DIBP）	0.1%

此修订指令发布后，欧盟各成员国需在 2016 年 12 月 31 日前将此指令转为各国的法规并执行。且 2019 年 7 月 22 日起所有输欧电子电器产品（除医疗和监控设备）均需满足该限制要求；2021 年 7 月 22 日起，医疗设备（包括体外医疗设备）和监控设备（包括工业监控设备）也将纳入该管控范围。

欧盟 RoHS2.0 规定，投放欧盟市场的 11 类电子电气设备应张贴 CE 标识、准备 RoHS 符合性声明（Doc）和技术文档（TDF），且将 RoHS 要求纳入 CE 框架之下。有关指令要求，加贴 CE 标识的产品如果没有张贴 CE 标识，不得上市销售；已加贴 CE 标识进入市场的产品若发现不符合相关技术要求的，将责令从市场收回；持续违反指令有关 CE 标识规定的，将被限制/禁止进入欧盟市场或被迫退出市场。此外，已属 REACH 附件 XVII 第 51 条邻苯管控的玩具产品将不受此指令中 DEHP、BBP、DBP 的管控。

（二）多环芳烃（PAHs）

欧盟 2005/69/EC 指令《关于某些危险物质和配置品（填充油和轮胎中多环芳烃）投放市场和使用的限制》规定，直接投放市场的填充油或用于制造轮胎的填充油、翻新轮胎胎面的填充油应符合以下技术参数：苯并吡（BaP）含量不得超过 1 mg/kg，同时 8 种 PAH 的总含量应低于 10 mg/kg。德国对电动工具等产品也加强了 PAHs 的管控要求，规定获取德国安全认证（GS 认证）标志，必须通过 ZEK 01－08《GS 认证过程中 PAHs 的测试和验证》（2008－01－22），该规定与美国 EPA 标准规定的对 16 种 PAH 进行检测的品种和限量相同。

2005/69/EC指令所列8种PAH的和ZEK 01—08所列16种PAH，其中有6种重合，共计18种。法规修订案（EU）No 1272/2013提出，将PAHs的检测范围扩大至对包含橡胶或塑料部件的多种消费品中的PAHs含量进行限制。

目前尚未出台轮胎及非轮胎橡胶用炭黑的PAHs限制法规，但对于接触食品的材料和制品用的作为着色剂的炭黑，欧盟及FDA都有严格规定：

1）欧盟2007/19/EC指令规定：1）按ISO 6209，甲苯抽提物质量分数最大为0.001；2）环己烷抽提物的UV吸收光谱（波长为380 nm处：1 cm比色池——小于0.02AU，5 cm比色池——小于0.1AU；3）BaP质量分数最大为0.25×10^{-6}；4）炭黑在聚合物中的最大质量分数为0.025。

2）美国FDA 21CFR178.3297规定：1）炭黑中PAHs总质量分数不超过0.5×10^{-6}，BaP质量分数不超过5ppb；2）炭黑在聚合物中的质量分数不超过0.025。

橡胶制品中的主要来源是填充油（操作油）、炭黑、煤焦油和某些石油下游化工产品，如古马隆、沥青、石蜡、芳烃树脂等。

芳烃油（DAE）国外替代品有：

TDAE：对原芳烃油再精制，通过加氢、溶剂抽提两种途径除去有毒多环芳烃制得。

MES：以石蜡基原油馏分油为原料，溶剂浅度精制后再脱蜡精制而成，或者采用加氢工艺浅度精制而成。

NAP：以环烷基原油馏分油经溶剂精制或者加氢精制而成。

RAE：以常压残油为原料，经真空蒸馏、脱沥青、溶剂抽提精制而成。

国产环保油产品有：中石油克拉玛依石化公司和辽河石化公司以环烷基馏分为原料，采用三段高压加氢技术和深度精制生产的KN系列环烷油；和采用三段高压加氢生产适当环烷烃含量的润滑油组分再与含有较高链烷烃含量的组分调制而成的KP系列石蜡油。

环保充油橡胶的牌号见附表1.3，其中SBR 1778主要用于浅色或彩色非轮胎橡胶制品。

附表1.3　部分国外环保充油橡胶的牌号

品种	牌号	结合苯乙烯质量分数/%	乙烯基质量分数/%	油		替代目标	制造商
				品种	用量/份		
ESBR	1723	0.235		TDAE	37.5	1712	
	1712TE	0.235		T2RAE	37.5	1712	朗盛
	17212HN	0.235		H2NAP	37.5	1712	朗盛
	O122	0.37		TDAE	37.5		JSR
	1732	0.32		MES	32.5	1712	
	1739	0.40		TDAE	37.5	1721	
	1740	0.40		MES	32.5	1721	
	1721TE	0.40		T2RAE	37.5	1721	朗盛
	1721HN	0.40		H2NAP	37.5	1721	朗盛
	9548	0.35		TDAE	37.5		瑞翁
	1778	0.235		NAP	37.5		
SSBR	243822HM	0.38	0.24	TDAE	37.5		朗盛
	502522	0.25	0.50	TDAE	37.5		朗盛
	502522HM	0.25	0.50	TDAE	37.5		朗盛
	502822	0.28	0.52	TDAE	37.5		朗盛
	72612	0.67	0.25	MES	36.8	R72026	Europrene SOL R
	C25642T	0.64	0.25	TDAE	37.5	RC25642A	Europrene SOL R
NBR	29			MES	37.5		朗盛
EPDM	4551A			加氢石蜡油	100	509@100	DSM
	4331A			加氢石蜡油	50	512@50	DSM
	6531A			加氢石蜡油	15	708@15	DSM
	5459CL			加氢石蜡油	100	5459	朗盛

详见：多环芳烃与橡胶制品，谢忠麟，橡胶工业，58（6）：359～376。

炭黑目前尚无强制性的PAHs限量法规，科学界存有不同的看法：1）以国际癌症研究中心IARG为代表，认为炭黑对人类有致癌危险性，1996年IARG将炭黑从第3类致癌物质提升到第2B类致癌物质；2）不列入致癌物质的机构有美国政府工业卫生学家会议、美国国家毒物学计划和美国职业安全和健康署。一项由国际炭黑协会（ICBA）支持的德国杜塞尔多夫大学的研究认为，在通常的工业生产条件下 PAHs 不易从炭黑中抽提出来，因而炭黑表面的 PAHs 不是"生物有效"的。

几种主要炉法炭黑的多环芳烃含量见附表 1.4。

附表 1.4　几种主要炉法炭黑的多环芳烃含量

炭黑品种	N472	N376	N375	N326	N330	N351	N660	N762	LCF4
丙酮抽出物含量/ppm	400	2100	1400	250	290	1300	310	800	700

（三）邻苯二甲酸酯

邻苯二甲酸酯类化合物主要用在密封圈，如针筒输液器活塞封圈、电动牙刷密封圈、血液透析管、输氧器、鼻饲管等。研究表明：邻苯二甲酸酯对人体多个系统均有毒性，是一种环境内分泌干扰因子，对患者具有更大的危害性，尤其是处于发育早期和分化发育敏感阶段的儿童和孕妇。邻苯二甲酸酯干扰神经细胞的 DNA 代谢，直接抑制 PC12 细胞生长，降低过氧化酶活性，产生氧化应激，对肝脏、心血管、睾丸、淋巴膜和内分泌影响较大，诱导神经细胞死亡。

欧盟第 2005/84/EC 号指令要求所有玩具或儿童护 A 理用品的塑料所含的 DEHP、DBP、及 BBP 浓度超过 0.1%的不得在欧盟市场出售；对可放进口中的玩具及儿童护理塑料中所含的另三种邻苯二甲酸盐（DINP、DIDP 及 DNOP）进行限制，浓度不得超过 0.1%。欧盟 REACH 法规、WEEE、ROHS 指令中关于邻苯二甲酸酯类有详细的限制明细说明。

美国、瑞士、加拿大、韩国等也相继出台法律法规限制邻苯二甲酸酯的使用。美国食品药品管理局 FDA、美国环境保护总局根据国家癌症研究所（NCI）的研究结果，已经限制了 6 种邻苯二甲酸：

限制一：DOP、DBP、BBP、DINP、DIDP、DNOP 加入量不超过 0.1%。

限制二：DOP（DEHP）、DBP、BBP 三种增塑剂已被禁止添加在玩具和儿童用品塑料。

限制三：DINP、DIDP、DNOP 三种增塑剂禁用范围为可能被 3 岁和 3 岁以下幼儿放入口中的玩具和儿童用品塑料。

限制四：肉类包装必须使用其他无毒增塑剂产品来代替。

（四）十九大重金属

EN71－3：2013《玩具安全 第 3 部分：元素的迁移》规定了 19 种从玩具材料和玩具部件中转移的元素的详细要求和测试方法，包括：铝、锑、砷、钡、硼、镉、铬（3+）、铬（6+）、钴、铜、铅、锰、汞、镍、硒、锶、锡、有机锡和锌。

玩具种类包括：①干燥、易碎、粉末状或柔软的玩具材料；②液体状/粘稠性玩具材料；③玩具表面刮出物。

（五）包装材料重金属

2005/20/EC 指令（《包装与包装废弃物指令》）要求所有流通于欧洲市场的包装及其材料中的铅、镉、汞和六价铬的含量总和不超过下列标准：在成员国将本国的法律、法规和管理规定遵从了包装指令要求后的 2 年内按重量计为 600 ppm；3 年内按重量计为 250 ppm；5 年内按重量计为 100 ppm。

（六）电池中的重金属

2006/66/EC 指令（《电池及蓄电池、废弃电池及蓄电池以及废止 91/157/EEC 的指令》）要求电池及蓄电池不得含有汞超过总重的 0.000 5%、镉超过总重 0.002%，但钮扣电池的水银含量不得大于 2%；另外，若电池、蓄电池及钮扣电池的汞含量超过 0.000 5%，镉含量超过 0.002%，铅含量超过 0.004%则须有重金属含量及分类处理之标示。

（七）偶氮化合物（24 项）

偶氮化合物（azo compound）是分子结构中含有偶氮基（—N═N—）的一类有机化合物。在染料分子结构中，凡是含有偶氮基的统称为偶氮染料。欧盟在该指令附件中列出了包括四氨基联苯、联苯基胺、对二氨基联苯、四氯甲苯胺等在内的 24 种有害芳族胺，即如果使用了含有偶氮染料的纺织品或皮革制品被检测出上述有害芳族胺的含量超过 30 ppm，那么该纺织品在欧盟市场上将被禁止销售。

（八）其他有限值要求的化学元素与化学品

包括：

1）卤素（F、Cl、Br、I），卤素总含量不超过 1500PPM，测试方法由 EN14582 method B 规定；

2）PFOS/PFOA（全氟辛烷磺酰基化合物/全氟辛酸铵）；

3）三聚氰胺/苯并三唑/多氯联苯/壬基酚/APEO（烷基酚聚氧乙烯醚）/苯酚；

4）有机氯化合物 Chlorinated Organic Compounds，包括：多氯联苯 PCBs、多氯化萘 PCN、、氯代烷烃 CPs、灭蚁灵 Mirex 及其他有机氯化合物 Other organochlorine compounds；

5）无机元素 Inorganic Elements，包括：锑 Sb、磷 P、锡 Sn、砷 As、钡 Ba、硒 Se、钛 Ti、铊 Tl、金 Au、银 Ag、铜 Cu、锌 Zn、铍 Be、镍 Ni 等；

6）有机锡化合物 Organic Tin Compounds，包括：一丁基锡化合物 MBT、二丁基锡化合物 DBT、三丁基锡化合物 TBT、三苯基锡化合物 TPT 等。

欧盟的各项环保指令，其包含的化学物质、相关限值均处于变动之中，具体要求应当向专业咨询机构咨询。

三、其他国际组织与国家的相关要求与法规

其他国际组织与国家的相关要求与法规主要为国际电工委员会的无卤指令、德国卫生组织对亚硝基胺化合物的限制、

挪威的 PoHS 指令等。

PoHS 指令即《消费性产品中禁用特定有害物质》，由挪威（非欧盟成员）于 2007 年 6 月 8 日提出并通报 WTO，这一法规后成为《挪威产品法典》中针对消费品的一章。其提出的受限制的 18 种物质为：HBCDD（六溴环十二烷）、TBBPA（四溴双酚 A）、C14～C17MCCP（碳原子数为 14～17 的氯化石腊）、As（砷及其化合物）、Pb（铅及其化合物）、Cd（镉及其化合物）、TBT（三丁基锡）、TPT（三苯基锡）、DEHP（邻苯二甲酸二已酯）、Pentachlorphenol（五氯苯酚）、muskxylene（二甲苯麝香）、muskketone（酮麝香）、DTDMAC（双（氢化牛油烷基）二甲基氯化胺）、DODMAC/DSDMAC（二硬脂基二甲基氯化胺）、DHTDMAC（二（硬化牛油）二甲基氯化胺）、BisphenolA（BPA）（双酚 A，即二酚基丙烷）、PFOA（全氟辛酸铵）、Triclosan（三氯生，即三氯羟基二苯醚）。PoHS 与 RoHS 的区别包括：1）挪威 PoHS 法规覆盖的产品范围比 RoHS 更大，包括的产品类别除电子电气类消费品外，还包括衣服、箱包、建筑、玩具等；2）PoHS 法规限制物质的种类有 18 种之多，而欧盟的 RoHS 指令限制的物质种类为 10 种；3）PoHS 法规比欧盟 RoHS 指令对有害物质的限制更为严格，如铅的限量要求，欧盟 RoHS 指令要求的铅限值浓度为 0.1%（1000ppm），而 PoHS 法规要求铅限值浓度为 0.01%（100 ppm）；4）PoHS 法规也有豁免清单，但豁免清单与欧盟 RoHS 不同；5）欧盟 RoHS 排除的监视和控制设备在挪威 PoHS 中并不排除，也需要满足。PoHS 法规遵从以前存在的大多数规则，包括欧盟 RoHS 中已有的电池和蓄电池指令和包装指令。这意味着欧盟 RoHS 指令范围内的电气和电子产品不需要符合更加严格的铅含量要求，但是它们一定要符合 RoHS 没有要求限制的 16 种物质使用的要求。以上内容可以看出，PoHS 的要求比 RoHS 更加严格。

无卤指令（Halogen－free），由国际电工委员会（IEC）提出，其对卤素的要求为：氯的浓度低于 900 PPm，溴的浓度低于 900 ppm，氯和溴的总浓度低于 1500 ppm。

亚硝基胺化合物。

大量的动物实验已确认，亚硝胺是强致癌物，并能通过胎盘和乳汁引发后代肿瘤。亚硝胺还有致畸形和致突变作用，流行病学调查表明，人类某些癌症，如胃癌、食道癌、肝癌、结肠癌和膀胱癌等可能与亚硝胺有关。

亚硝基胺种类众多，德国卫生组织认定在橡胶制品中生成的具有致癌性的亚硝基胺主要有以下 12 种：

N－亚硝基二甲胺（NDMA）、N－亚硝基甲乙胺（NMEA）、N－亚硝基二乙胺（NDEA）、N－亚硝基二丙胺（NDPA）、N－亚硝基二异丙胺、N－亚硝基哌啶（NDIP）、N－亚硝基二丁胺（NDBA）、N－亚硝基二乙醇胺、N－亚硝基吗啉（NMOR）、N－亚硝基吡咯烷（NPYR）、N－亚硝基甲基苯胺（NMPhA）、N－亚硝基乙基苯胺（NEPhA）。

乳液聚合生产丁苯橡胶所用终止剂一般含有二硫代氨基甲酸盐、二烷基羟胺、亚硝酸钠等，二硫代氨基甲酸盐、二烷基羟胺在胶乳凝聚过程的酸性环境中，易形成仲胺，仲胺与硝基化试剂如亚硝酸钠、空气中存在的氮氧化物（NO_x）反应生成亚硝酸铵。国产不含亚硝基胺环保型丁苯橡胶牌号有：SBR1712E、SBR1500E、SBR1502E。

橡胶加工中，亚硝基胺主要在硫化过程中产生，仲胺类促进剂硫化中形成仲胺，再与硝基化试剂反应生成亚硝基胺；但伯胺（包括 CBS、TBBS 等）和叔胺类促进剂与氮氧化合物难以生成稳定的亚硝胺，不具危害性。除谨慎使用仲胺类促进剂外，改变反应条件、阻隔氧气等氧化剂，也可以阻止、减少亚硝基胺化合物的生成，如轮胎硫化采用氮气硫化等。

部分可能导致致癌、有毒有害化学物质产生的橡胶助剂及其替代品见附表 1.5。

附表 1.5　部分可能导致致癌、有毒有害化学物质产生的橡胶助剂及其替代品

分类		助剂举例	替代品举例
N-亚硝胺类	N-亚硝基二甲胺	促进剂 TMTD、TMTM	促进剂 TBzTD、TATD、IT、IU 等（A）
		促进剂 PZ（ZDMC）、TTCU、TIFE、CDD	促进剂 ZBEC（ZBDC、DBZ）、IZ、二硫代磷酸盐（如 ZDTP）等（B）
	N-亚硝基二乙胺	促进剂 TETD	同 A
		促进剂 EZ（ZDC、ZDEC）、SDC、CED、TL	同 B
	N-亚硝基二异丙胺	促进剂 DIBS	促进剂 TBSI、CBBS（CBSA、ESVE）
	N-亚硝基二丁胺	促进剂 TBTD	同 A
		促进剂 BZ（ZDBC）、TP	同 B
		防老剂 NBC	/
	N-亚硝基甲基苯胺	促进剂 ZMPC	同 B
	N-亚硝基乙基苯胺	促进剂 PX（ZEPC）	同 B
	N-亚硝基二苯胺	防焦剂 NA	防焦剂 CTP（PVI）等
	N-亚硝基吗啉	硫化剂 TTDM	硫化剂 DTDC
		促进剂 NOBS	促进剂 NS（TBBS）、CBBS（CBSA、ESVE）、AMZ、TBSI、CZ
		促进剂 OTOS	促进剂 OTTBS（OTTOS）
		促进剂 MDB	/

续表

分类		助剂举例	替代品举例
N-亚硝胺类	N-亚硝基哌啶	促进剂 TRA、DPTT	同 A
		促进剂 ZP	同 B
		促进剂 PPD	/
间苯二酚			改性木质素
钴盐			改性木质素

注：促进剂 BZ（ZDBC），化学名称：二丁基二硫代氨基甲酸锌
促进剂 CBBS（CBSA、ESVE），化学名称：N-环已基-双（2-苯并噻唑）次磺酰胺；
促进剂 CDD，化学名称：二甲基二硫代氨基甲酸铜；
促进剂 CKD，化学名称：二乙基二硫代氨基甲酸镉；
防焦剂 CTP，化学名称：N-环已基硫代邻苯二甲酰亚胺；
促进剂 CZ，化学名称：N-环已基-2-苯并噻唑次磺酰胺；
促进剂 DIBS，化学名称：N，N-二异丙基-2-苯并噻唑次磺酰胺；
硫化剂 DTDC，化学名称：二硫化-N，N′-二己内酰胺；
促进剂 EZ，化学名称：二乙基二硫代氨基甲酸锌；
促进剂 IT，化学名称：二硫化四异丁基秋兰姆；
促进剂 I U，化学名称：一硫化四异丁基秋兰姆；
促进剂 IZ，化学名称：二异丁基二硫代氨基甲酸锌；
促进剂 MDB，化学名称：2-（4-吗啡啉基二硫代）苯并噻唑；
防焦剂 NA，化学名称：N-亚硝基二苯胺；
促进剂 NOBS，化学名称：N-氧联二亚乙基-1-苯并噻唑次磺酰胺；
促进剂 NS，化学名称：N-叔丁基-2-苯并噻唑次磺酰胺；
促进剂 OTOS，化学名称 N-氧联二亚乙基硫代氨基甲酰-N′-氧联二亚乙基次磺酰胺；
促进剂 OTTBS（OTTOS），化学名称：N-氧联二亚乙基硫代氨基甲酰-N′-叔丁基次磺酰胺；
促进剂 PPD，化学名称：N-五亚甲基二硫代氨基甲酸哌啶。

四、与食品接触材料

食品包装、食品器皿以及用于加工和制备食品的辅助材料、设备、工具等一切与食品接触的材料和制品统称为食品接触材料（Food Contact Materials，简称 FCM）。

FCM 从材料上来讲，可以分为以下几类：塑料、金属（包含表面涂覆涂层）、纸质及植物纤维类，玻璃、陶瓷、搪瓷、橡胶、纸及植物纤维类和竹木类等。世界各国特别是美国、欧盟、德国、法国等发达国家的分析与研究结果表明：与食品接触的器皿、餐厨具和包装容器以及包装材料中有害元素、有害物质已经成为食品污染的重要来源之一，已成为人们对食品安全一个新的关注点。

（一）欧盟相关法律法规-1935/2004/EC

（EC）No.1935/2004（Regulation NO. 1935/2004/EC of The European Parliament And O f The Council Of 27 October 2004）是欧盟关于食品接触材料和制品的基本框架法规，对食品接触材料的迁移物质总量提出了严格限定。

法令 1935/2004/EC 要求与食品接触的产品或物质必须符合良好制造规范（Good Manufacturing Practice 即 GMP），并必须符合以下的条件：产品接触食品时，不可①释放出对人体健康构成危险的成分；②导致食品成分不能接受的改变；③降低食品所带来的感官特性（使食品的味道、气味、颜色等改变）。

（二）中华人民共和国食品接触材料相关法律法规

我国与食品接触材料卫生标准中规定的检测项目总体来讲，一般包括以下几类项目：

不同食品模拟液中的蒸发残渣、高锰酸钾消耗量、重金属（以铅计）、脱色试验、重金属溶出试验（如铅、镉、砷、锑、镍等）、有毒有害单体残留量（如氯乙烯单体、丙烯腈单体等）、微生物检测。

（三）德国食品接触材料相关法律法规——《食品、烟草制品、化妆品和其他日用品管理法》（LFGB）

LFGB 是德国食品卫生管理方面最重要的基本法律文件，是其他专项食品卫生法律、法规制定的准则和核心。与食品接触的日用品通过测试，可以得到授权机构出具的 LFGB 检测报告证明为“不含有化学有毒物质的产品”，方能在德国市场销售。

LFGB 第三十和三十一条一般包括以下测试项目：①样品及材料的初检；②气味及味道转移的感官评定；③塑料样品：可转移成分测试及可析出重金属的测试；④金属：成分及可析出重金属的测试；⑤硅树脂：可转移或可挥发有机化合物测试；⑥特殊材料：根据德国化学品法检验化学危害。

LFGB 第三十和三十一条要求塑料制品需进行全面迁移和感官测试，如：①PVC 塑料制品：全面迁移测试、氯乙烯单体测试、过氧化值测试和感官测试；②PE 塑料制品：全面迁移测试、过氧化值测试、铬含量测试、钒含量测试、锆含量测试、感官测试；③PS、ABS、SAN、Acrylic 塑料制品：全面迁移测试、过氧化值测试、（VOM）有机挥发物总量、感官测试；④PA、PU 塑料制品：全面迁移测试、过氧化值测试、芳香胺迁移测试、感官测试；⑤PET 塑料制品：全面迁移测试、过氧化值测试、锌含量测试、铅含量测试、全面迁移测试、过氧化值测试；⑥硅橡胶制品：全面迁移测试、（VOM）

有机挥发物意量、过氧化值测试、有机锡化合物测试、感官测试；⑦纸制品：五氯苯酚（PCP）测试、重金属（铅、镉、汞、六价铬）释出量、抗菌成分迁移测试、甲醛含量测试、带颜色的纸制品-附加偶氮染料测试；⑧带不粘涂层制品（不粘锅）：全面迁移测试、苯酚溶出量测试、甲醛溶出量测试、芳香胺溶出量测试、六价铬溶出量测试、三价铬溶出量测试、PFOA 全氟辛酸铵测试、感官测试；⑨金属、合金及电镀制品：重金属溶出量（铅、镉、铬、镍）测试、感官测试；⑩PP 塑料制品：全面迁移测试、铬含量测试、钒含量测试、锆含量测试、感官测试；11 烘焙纸制品：外观、热稳定性、抗菌成分迁移测试、多氯联苯（PCBs）测试、甲醛溶出量测试、感官测试；12 木制品：五氯苯酚（PCP）测试、感官测试；13 陶瓷、玻璃、搪瓷制品与食品接触部分：铅镉溶出量测试。

（四）法国食品接触材料相关法律法规——French DGCCRF

French DGCCRF 是法国食品级安全法规的英文简写。销往法国的这类产品，除符合欧盟 Regulation（EC）No 1935/2004 法规要求外，还应符合法国国内法的要求，包括：French DGCCRF 2004-64 and French Décret No. 92-631。

法国法规不仅对与食品接触的塑料橡胶制品有特殊要求，对金属产品也有特殊的分类和要求，如：带有机涂层的炊具，除涂层表面需测试外，对作为基材的金属也有对应的要求。测试项目的特殊之处在于法国要求镀层和里面的材料需分开进行测试。

（五）美国食品接触材料相关法律法规——美国 FDA

美国食品药品管理局（FDA）隶属于美国卫生教育福利部，负责美国药品、食品、生物制品、化妆品、兽药、医疗器械以及诊断用品等的管理。在美国，FDA 主要通过食品添加剂申报程序（FAP）来控制大多数与食品接触的产品。如果一种食品添加剂或与食品接触的材料经 FAP 程序规定为可以使用，这种材料便会录入 US FDA CFR 21 PARTS 170～189 中相应的法规。制造商应按照相应法规，生产合格的与食品接触的产品和材料。US FDA CFR 21 PARTS 170～189 相关章节标题见附表 1.6。

附表 1.6　US FDA CFR 21 PARTS 170～189 部分相关章节

	章节	标题
	- Part 177.1520	烯烃类聚合物，如聚乙烯/聚丙烯
	- Part 177.1580	聚碳酸酯
	- Part 177.1640	聚苯乙烯
	- Part 180.22 & 181.32	丙烯腈-丁二烯-苯乙烯等
其他食品容器	- 7117.05	银/镀银器皿
	- 7117.06 & 7117.07	玻璃器皿/陶瓷制品/搪瓷器皿
	-加利福尼亚提案 65	玻璃器皿/陶瓷制品/搪瓷器皿
	- SGCD 唇边区域自愿标准（陶瓷制品）等	
其他测试项目（部分）	- Part 175.300	Organic coating，metal and electroplating（except silver plated）有机涂层，金属和电镀制品要求
	- Part 177.1010	Acrylic 丙烯酸树脂要求
	- Part 177.1900	Urea - formaldehyde resin 脲醛树脂要求
	- Part 177.1975	PVC additive requirement PVC 附加要求
	- Part 177.2420	Polyester resin 聚酯树脂要求
	- Part 177.2450	Polyamide - imide resin 聚酰胺-酰亚胺树脂
	- Part 177.2600	用于重复使用的橡胶制品，如 SBS、PR、TPE 等
	- U.S. FDA CPG 7117.05	Silver plated 镀银制品要求
	U.S. FDA CPG 7117.06，07	Ceramic，glass，enamel food ware 玻璃、陶瓷、搪瓷食品器皿要求
	77.1520 Olefin Copolymer（OC）	乙烯共聚物等
	- Part 175.105	黏合剂
	- Part 175.125	压力感应黏合剂
	- Part 175.320	聚烯烃薄膜的树脂和聚合物涂料
	- Part 176.170	与水和脂肪类食品接触的纸和纸板的组成部分
	- Part 176.180	与干燥食品接触的纸和纸板的组成部分
	- Part 177.1210	食品容器的密封垫圈的闭包

五、汽车车内空气测试

随着人们环保意识的加强，车内空气污染问题越来越受到关注。汽车车内空气污染还没有一个统一的检测标准，部分测试项目与标准见附表 1.7。

附表 1.7　汽车车内空气污染部分测试项目与标准

测试项目	VOC 测试					气味测试	雾化测试	甲醛挥发量	总碳挥发量
测试目的	对整车厂的供应商所提供的内饰材料的管控，保证其挥发性有机物挥发量控制在一定水平。VOC 测试并不是测零部件的 VOC 含量，而是测试其在一定条件下的静态挥发量					对 VOC 检测的补充	当零部件和材料的雾化量比较大时，会在前后窗玻璃和车灯玻璃上形成薄雾，这将影响驾驶员的视线和车灯的透射性，增加行车的不安全因数。因此车厂要求其供应商对零部件和材料进行可雾化组分控制		反映汽车内饰件散发挥发性物质的趋势
测试方法	袋子法	热脱附法	VOC 整车测试	其他方法					
测试原理	试件放在密封的采样袋里，往采样袋通入一定量高纯氮气，经过加热让试件的 VOC 挥发到袋子里，通过导气管和恒流采样器将 VOC 物质采集到吸附管中，烃类由 TENAX 捕集，醛酮类由 DNPH 捕集，最后用 ATD－GC/MS 和 HPLC 分析其挥发量	样品放解吸管中 90℃ 热脱附 30 min，对出峰时间在 C20 以内的全部色谱峰进行半定量分析得到总的 VOC 值或单个物质定量。将已经经过 VOC 分析的解吸管放上 ATD 上 120℃，60 min 再次热脱附，对出峰时间在 C16 到 C32 之间色谱质谱图上的全部色谱峰进行半定量分析得到总的雾化挥发量	车辆放入采样标准环境舱，车辆封闭状态 16 h 后用 TENAX 管和 DNPH 管采集车内气体，用 GC/MS 和 HPLC 分析	①烃类取一定量样品放解吸管中 90℃ 热脱附 30 min，进GC/MS 分析，根据甲苯的标准曲线对欲测物进行半定量分析。②醛酮类取一定量样品悬挂在装有蒸馏水的广口瓶中 60 ℃ 加热 3 h 水吸收后在一定条件下与 DNPH 衍生化反应，用 HPLC 分析	①烃类取一定量的样品于顶空加热一定时间达到气固平衡后，由自动进样器吸取一定量挥发气体进 GC/MS 分析。以保留时间和质谱图定性，各自的校准曲线外标法定量。②醛酮类同雪铁龙醛酮测试法	基于人嗅觉感官和舒适度的主观评价	试件放在雾化烧杯的底部，并用玻璃板或铝箔将烧杯盖上，加热烧杯，同时冷却玻璃板或铝箔，使挥发物在玻璃板或铝箔上冷凝，用光泽度仪测玻璃的反射系数或用分析天平称冷凝成份的重量	将尺寸一定的试样固定在紧闭的装有去离子水的聚乙烯瓶中，试样位于水上方，60℃ 下加热 3 h，待冷却后，用紫外分光光度计或 HPLC 测定被水所吸收的甲醛	称取一定量剪成小于 15 mg 的试样于顶空瓶放入顶空进样器中，在 120℃ 下保温 5h 达气固平衡后通进样针取挥发出的气体进入 GC/FID 系统检测

续表

测试项目	VOC 测试					气味测试	雾化测试	甲醛挥发量	总碳挥发量
测试标准	丰田 TSM0508G、日产 NES M0402、本田 0094Z－SNA－0000、长安集团	VDA278	HT－T400－2007			大众 PV3900、奇瑞 Q/SQR. 04. 103－2004、通用 GME60276、福特 BO131－01、丰田 TSM0505G、德国汽车协会 VDA270、马自达 MES CF 055A、日产 M0160、长城汽车 Q/CCJT001、神龙 D105517、沃尔沃 VCS 1027、2729	大众 PV3015、奇瑞 Q/SQR. 04. 097－2004、通用 GMW3235、丰田 TSM0503G、日产 NES M0161、英国比阿准 BS AU 168－1978、德国 DIN75201、美国 SAEJ 1756、神龙 D45 1727、三菱 ES－X83217、国标 GB2410	德国汽车协会 VDA275、大众 PV 3925、奇瑞 Q/SQR. 04. 096、通用 GME60271、沃尔沃 VCS1027. 2739	
备注	主要应用在日系车厂	欧美主要用此法		PSA 标致－雪铁龙集团	福特			欧美系车厂都有单独测甲醛挥发量的标准，而日系车厂将甲醛列入到 VOC 测试方法中	主要为欧美车厂的企业标准

VOC（Volatile Organic Compounds）即挥发性有机物，有多种定义，世界卫生组织定义为熔点低于室温（20℃）而沸点在 50～260℃的有机化合物。TVOC（C6－C16）是指所有保留时间在 C6 和 C16 的保留时间之间出峰的有机化合物的总称。VOC 主要成分有：烃类（如苯系物，烷烃等），醛酮类（如甲醛、乙醛等）。

由于汽车内空间狭小，密闭性强，在多数情况下门窗关闭不利于有害气体的扩散；汽车玻璃门窗所占面积大，长时间暴露在阳光下，车内温度变化幅度较大，高温下车内零部件及装饰材料中的有害物质更易挥发出来；车内人口密度大，加重了污染。当车中的 VOC 达到一定浓度时，短时间内人们会感到 头痛、恶心等，严重时会出现抽搐，并会伤害到人的肝脏、肾脏、大脑和神经系统。

对车内 VOC 指标进行管控的除各汽车主机厂的企业标准外，国际组织与各国颁布的标准主要有：ISO/DIS 12219－1《道路车辆内部空气第一部分：整体车辆检测室车辆内部挥发性有机物测定的规范和方法》、日本汽车工业协会《小轿车车内空气污染治理指南》、韩国建设部《新规则制作汽车的室内空气质量管理标准》、俄罗斯 P51206－2004《汽车运输设施乘客室空气中污染有害物的含量实验标准和方法》、中国 HJ/T400《车内挥发性有机物和醛酮类物质采样测定方法》与 GB/T 27630《乘用车内空气质量评价指南》。美国环保局要求汽车制造厂所使用的材料必须申报，并必须经过环保部门审查以确保对环境和人体危害程度达到最低点后才能使用。

国标 VOC 限值与其他标准的对比见表 1.8。

附表 1.8　国标 VOC 限值与其他标准的对比

控制物质	KOR	JAMA	GB/T 27630	WHO 限值	上海大众 SVW 零部件 VOC 限值要求/($\mu g/m^3$)（橡胶密封条（EPDM 等））
	mg/m³				
甲醛	0.25	0.10	0.10	0.10	20
乙醛	—	0.048	0.20	0.05	10
丙烯醛	—	—	0.05	0.05	10
苯	0.03	—	0.05	—	2
甲苯	1.00	0.26	1.00	—	10
乙苯	1.60	3.80	1.00	22（1year）	10
二甲苯	0.87	0.87	1.00	4.8（24hr）	10
苯乙烯	0.30	0.26	0.26	0.26	10
备注					需要报告丙醛、丙酮、丁酮及 TVOC 结果

VOC 的来源主要包括：地毯等毡制品、皮革制品、织物、胶粘剂、附着力促进剂、涂料、聚氨酯坐垫、脱模剂、清洗剂等。

车内使用的地毯、内饰毛毯和顶篷毡的 VOC 挥发量较高，这与其制造过程中使用的粘结材料——酚醛树脂直接相关，酚醛树脂胶粘剂采用的合成原料为甲醛，若反应不完全，胶粘剂中会含有游离甲醛，因此在使用过程中会释放出甲醛。

甲醛也应用于皮革制造的各个阶段，皮革中大多数甲醛产生于鞣制和复鞣阶段。汽车内纺织品，为了达到防皱、防缩、阻燃等效果，或者为了保持印花、染色的耐久性以及改善手感，都需在纺织品生产助剂中添加甲醛。当皮革、纺织品长时间暴露在空气中时，就会不断释放甲醛污染车内环境。

汽车内饰使用多种溶剂型胶粘剂，如壁纸胶粘剂、地毯胶粘剂、密封胶粘剂、塑料胶粘剂等。胶粘剂使用过程中会释放甲醛、苯、甲 苯、二甲苯及其他挥发性有机物。

附着力促进剂用于聚氨酯类、环氧类、酚醛类胶粘剂和密封材料，改善填料和颜料在聚合物中润湿性和分散性并提高对玻璃、塑钢、铜、铝、铁、尼龙等基材的附着力。附着力促进剂使用时要用一些有机稀释剂，是 VOC 的主要来源。

涂料既起到装饰作用，又能够防风化、防腐蚀，延长各种材料的使用寿命，同时还具有一些特殊功能。涂料中的成膜物质主要是合成树脂，为了完成涂装过程必须使用溶剂，将成膜物质溶解或分散为液态，并在涂膜形成过程中挥发掉。挥发的气体中最常见的有脂肪烃、芳香烃（甲苯、二甲苯）、醇、酯等。同时，为了满足涂料生产、储存、涂装和成膜不同阶段的工艺和性能要求，必须使用涂料助剂，涂料助剂也同样会释放挥发性有机物。

聚氨酯（PU）是一种重要的合成材料，汽车内坐垫、头枕、隔音、仪表盘、遮阳板、门板、顶棚衬里等内饰件大多由 PU 制造，目前大量被使用的仍以溶剂型 PU 为主，是 VOC 的主要来源。

脱模剂是能使橡塑制品易于脱模的物质。脱模剂既可加入模塑料中，亦可覆于模具表面。前者称内脱模剂，后者称外脱模剂。脱模剂用于玻璃纤维增强塑料、聚氨酯泡沫和弹性体、注塑热塑性塑料、真空发泡片材和挤压型材等各种模压制品中。脱模剂稀释溶剂常采用苯、甲苯、二甲苯等有机溶剂，是 VOC 的主要来源。可选用水性脱模剂，用水稀释或直接使用，减少 VOC 排放。

汽车内饰清洗剂用于清洁汽车内饰中的化纤、木质、皮革、布艺、丝绒、工程塑料制品。清洗剂可分为水性清洗剂、有机清洗剂、油脂清洗剂。对于不溶于水的油污需采用有机清洗剂进行清洗，有机清洗剂的主要成分是有机溶剂，包括汽油、煤油、甲苯、二甲苯、三氯乙烯、四氯化碳等，是 VOC 的主要来源。

汽车橡胶制品减轻 VOC 污染的方案主要是使用低气味、低 VOC 的基材。在配方中不使用不环保的各种助剂，使用除味剂等。在制造工艺过程中，谨慎选用脱模剂、胶黏剂、模具用防锈剂等。

附录二　硫化胶密度、硬度、定伸强度、扯断强度、伸长率的预测方法

2.1　硫化胶密度的预测方法

2.1.1　各种橡胶助剂的密度

部分常用橡胶助剂的密度见附表 2.1。

附表 2.1　部分常用橡胶助剂的密度　　单位：g/cm^3

硫化剂	密度	促进剂	密度	防老剂	密度	补强填充剂	密度
硫黄粉	1.96～2.07	ZBX	1.40	OD	0.98～1.12	木质素	1.2～1.3
VA－7	1.42～1.47	CPB	1.17	DNP	1.26	改性木质素	1.65～1.75
DCP	1.082	TMTM	1.37～1.40	4010NA（IPPD）	1.14	炭黑	1.75～1.90
MOCA	1.390	TBTS	0.98	BPPD	1.049	硅铝炭黑	2.1～2.4
TDI	1.224	PMTM	1.38	HPPD	1.015	气相法白炭黑	2.00～2.20
TODI	1.197	TMTD（TT）	1.29	4020（DMBPPD）	0.986	沉淀法白炭黑	1.93～2.05
DMMDI	1.20	TETD	1.17～1.30	688（OPPD）	1.003	石墨	2.25
PAPI	1.20	TBTD	1.05	4010（CPPD）	1.29	硅藻土	2.0～2.6
DADI	1.20	PTD	1.39	DED	1.14～1.21	沸石	2.1～2.2
		M	1.42	DTD	1.250	氢氧化镁	2.4
活性剂	密度	DM	1.50	DPD	1.05～1.07	氢氧化铝	2.4
氧化锌	5.55～5.60	MZ	1.63～1.64	DDM（NA－11）	1.11～1.14	硅酸盐	2.5～2.6
碱式碳酸锌	4.42	DBM	1.61	MB	1.40～1.44	硅酸钙	2.9
氧化镁	3.20～3.23	NS	1.29	MBZ	1.63～1.64	石英粉	2.5～2.6
碱式碳酸镁	2.17～2.30	AZ	1.17～1.18	NBC	1.26	陶土、高岭土	2.5～2.6
氢氧化钙	2.24	DIBS	1.21～1.23	TNP	0.97～0.99	白艳华	2.42～2.45
一氧化铅	9.1～9.7	CZ	1.31～1.34			轻钙	2.5～2.6
四氧化三铅	8.3～9.2	DZ	1.20	增塑剂	密度	重钙（白垩）	2.6～2.7
碱式碳酸铅	6.5～6.8	NOBS	1.34～1.40	工业凡士林	0.87～0.90	滑石粉	2.6～2.9
碱式硅酸铅	5.80	H	1.30	TPPD	1.32	硅灰石	2.9
硬脂酸	0.90	AA	1.60	变压器油	0.895	白云石	2.8～2.9
油酸	0.89～0.90	D	1.13～1.19	锭子油	0.896	叶腊石	2.7～2.9
硬脂酸锌	1.05～1.10	TPG	1.10	石油沥青	1.04～1.16	云母粉	2.8～3.2
油酸铅	1.34	DOTG	1.10～1.22	石蜡	0.87～0.92	碳酸镁	3.0～3.1
		Na－22	1.43	微晶石蜡	0.89～0.94	三氧化二铝	3.7～3.9
促进剂	密度	DETU	1.10	煤焦油	1.13～1.22	重晶石粉	4.3～4.6
SDC	1.30～1.37	DBTU	1.061	固体古马隆	1.05～1.10	沉淀硫酸钡	4.45
TP	1.09	CA	1.26～1.32	妥尔油	0.95～1.00	碳酸钡	4.3～4.4
SPD	1.42	U	1.25	松香	1.08～1.10	钛酸钡	5.5～5.6
CDD	1.70～1.78	F	1.31	松焦油	1.01～1.06	硫酸锆	4.7
PZ（ZDMC）	1.65～1.74			白油膏	1.06～1.09	二硫化钼	4.8
EZ（ZDC）	1.45～1.51	防老剂	密度	黑油膏	1.05～1.08	三氧化二铁	5.2
硫化剂	密度	促进剂	密度	防老剂	密度	补强填充剂	密度
BZ	1.18～1.24	AH	1.15～1.16	C_5石油树脂	0.96～0.98	三氧化二锑	5.5～5.9

续表

硫化剂	密度	促进剂	密度	防老剂	密度	补强填充剂	密度
DBZ	1.14	AP	0.98	C_9石油树脂	0.97～1.04		
ZPD	1.55	AA	1.15	烷基酚醛树脂	1.00～1.04	着色剂	密度
ZMPD	1.55～1.60	BA	1.00～1.04	聚异丁烯	0.92	钛白粉	3.9～4.2
PX	1.46	RD	1.05	聚丁烯	0.88	立德粉	4.2
CED	1.36～1.42	124	1.01～1.08	乙二醇	1.113	石膏	2.36
CPD	1.82	AW	1.029～1.031	二甘醇	1.13	铁红	4.8～5.2
LMD	2.43	DD	0.90～0.96	甘油	1.26	朱砂	8.0～8.12
LPD	2.29	BLE	1.09	三乙醇胺	1.126	铅丹	8.6～9.1
E	1.27	APN	1.16	DBP	1.044～1.048	镉黄	2.8～3.4
SIP	1.10	BXA	1.10	DOP	0.982～0.988	铬黄	5.8
ZEX	1.10～1.55	甲（A）	1.16～1.17			群青	2.4
ZIP	1.56	丁（D）	1.18			柏林蓝	1.85
						铬绿	4.9～5.2
						着色炭黑	7.5

2.1.2 密度预测

预测硫化胶的密度对生产实践具有重要的指导意义。高松主编的《最新橡胶配方优化设计与配方 1 000 例及鉴定测试实用手册》（北方工业出版社，2006 年，P77～78），指出硫化胶的密度与结合硫磺的量、混炼时间、硫化压力、硫化温度均存在相关性；方昭芬编著的《橡胶工程师手册》（机械工业出版社，2011 年 12 月，P24）给出了一个从混炼胶到硫化胶密度变化的修正方法：结合硫磺的体积按全部硫磺体积的 75%计算。无论如何，从配方原材料推算硫化胶密度，是一个近似的方法。

混炼胶、硫化胶的密度预测计算举例见附表 2.2。

附表 2.2 混炼胶、硫化胶的密度预测计算举例

项目		配方一		配方二		配方三		配方四	
材料名称	密度/(g/cm³)	质量份	体积份	质量份	体积份	质量份	体积份	质量份	体积份
丁腈橡胶 NBR 3355	0.98	100	102.04	100	102.04	100	102.04	100	102.04
硬脂酸	0.90	1	1.11	1	1.11	1	1.11	1	1.11
氧化锌	5.57	5	0.90	5	0.90	5	0.90	5	0.90
防老剂 4010NA	1.14	1	0.88	1	0.88	1	0.88	1	0.88
炭黑 N 600	1.80	60	33.33	90	50.00	100	55.56	100	55.56
陶土	2.55	25	9.80	25	9.80	50	19.61	70	27.45
DOP	0.985	7	7.11	10	10.15	15	15.23	20	20.30
硫黄	2.01	2	1.00	2	1.00	2	1.00	2	1.00
促进剂 CBS	1.33	1.5	1.13	1.5	1.13	1.5	1.13	1.5	1.13
合计		205.5	157.30	235.5	177.01	275.5	197.46	300.5	210.37
含胶率/%		48.66		42.46		36.30		33.28	
混炼胶密度/(g/cm³)	1.306	1.330		1.395		1.428			
硫化胶体积修正		−0.25		−0.25		−0.25		−0.25	
硫化胶体积		157.05		176.76		197.21		210.12	
硫化胶密度/(g/cm³)	1.308	1.332		1.397		1.430			

2.2 硫化胶邵尔 A 硬度、定伸强度、扯断强度、伸长率的预测方法

2.2.1 部分补强填充剂、增塑剂（软化剂）对邵尔 A 硬度的贡献值

实践中可以考察到，影响硫化胶硬度的主要因素是生胶品种与用量、补强填充剂品种与用量、软化剂品种与用量。见附表 2.3 列出了部分补强填充剂、增塑剂（软化剂）对邵尔 A 硬度的贡献值。

附表 2.3 部分补强填充剂、增塑剂（软化剂）对邵尔 A 硬度的贡献值

补强填充剂的硬度贡献值		补强填充剂的硬度贡献值		增塑剂（软化剂）的硬度贡献值	
热裂法炭黑	+0.25	新工艺高耐磨炭黑（N332）	+0.50	白油膏	−0.25
低结构半补强炭黑 SRF−LS	+0.31	高结构新工艺高耐磨（N339）	+0.51	芳烃油	−0.30
半补强炭黑 SRF	+0.35	低结构中超耐磨炭黑 ISAF−LS	+2.1	固体古马隆	−0.48
通用炭黑 GPF	+0.36	中超耐磨炭黑 ISAF	+2.5	石油树脂	−0.49
高结构半补强炭黑 SRF−HS	+0.38	气相法白炭黑	+2.5	锭子油	−0.50
细粒子炉黑 FF	+0.48	沉淀法白炭黑	+0.4	液体古马隆	−0.50
低结构快压出炭黑 FEF−LS	+0.45	乳液共沉木质素	+0.7～0.8	煤焦油	−0.50
快压出炭黑 FEF、MAF	+0.50	改性木质素 LTN 150	+0.3～0.4	黑（棕）油膏	−0.50
高结构快压出炭黑 FEF−HS	+0.52	硬质陶土	+0.25	变压器油	−0.51
高耐磨炭黑 HAF	+0.67	轻钙	+0.17	环烷油	−0.52
低结构新工艺高耐磨（N375）	+0.47	表面处理碳酸钙	+0.14	酯类增塑剂	−0.67

注：橡胶 100 份时，1 份填料对硬度的贡献值。

2.2.2 硫化胶邵尔 A 硬度、定伸强度、扯断强度、伸长率的预测

方昭芬编著的《橡胶工程师手册》（机械工业出版社，2011 年 12 月，P49～57）给出了硫化胶定伸强度、扯断强度、伸长率的估算方法，对硫化胶的性能进行粗略的走势判断时，有一定的参考价值。

300％定伸强度和生胶品种与用量、硫磺用量、含胶率存在以下经验关系：

$$M=H\times(A1\times C1+A2\times C2+\cdots\cdots)+20\times S+16\times N$$

其中：M——硫化胶 300％定伸强度估算值，N/m^2（kgf/cm^2）；H——硫化胶估算硬度；S——硫化胶中硫磺用量；N——硫化胶含胶率；

A1、A2、……——硫化胶中各胶种对 300％定伸强度的贡献值；C1、C2、……——硫化胶中各胶种占生胶总量的质量百分数。

扯断强度和生胶品种与用量、硫磺用量、含胶率存在以下经验关系：

$$T=H\times(F1\times C1+F2\times C2+\cdots\cdots)+30\times S+16\times N$$

其中：T——硫化胶扯断强度估算值，N/m^2（kgf/cm^2）；H——硫化胶估算硬度；S——硫化胶中硫磺用量；N——硫化胶含胶率；

F1、F2、……——硫化胶中各胶种对扯断强度的贡献值；C1、C2、……——硫化胶中各胶种占生胶总量的质量百分数。

扯断伸长率和生胶品种与用量、硫磺用量、含胶率存在以下经验关系：

$$E=[N\times100\times(N1\times n1+N2\times n2+\cdots\cdots)-(0.2\times H)-(30\times S)]\%$$

其中：E——硫化胶扯断伸长率估算值，%；H——硫化胶估算硬度；S——硫化胶中硫磺用量；N——硫化胶含胶率；

N1、N2、……——硫化胶中各胶种对扯断伸长率的贡献值；n1、n2、……——硫化胶中各胶种占生胶总量的质量百分数。

硫化胶的邵尔 A 硬度、定伸强度、扯断强度、伸长率的预测计算举例见附表 2.4。

附表 2.4　硫化胶的邵尔 A 硬度、定伸强度、扯断强度、伸长率的预测计算举例

项目	配方一					配方二				
材料名称	质量份	硬度贡献值	300%定伸贡献值	扯断强度贡献值	扯断伸长率贡献值	质量份	硬度贡献值	300%定伸贡献值	扯断强度贡献值	扯断伸长率贡献值
丁腈橡胶 NBR3355	100	44	1.10	2.20	12.4	100	44	1.10	2.20	12.4
硬脂酸	1					1				
氧化锌	5					5				
防老剂 4010NA	1					1				
炭黑 N 600	60	+0.36×60				90	+0.36×90			
陶土	25	+0.25×25				25	+0.25×25			
DOP	7	−0.67×7				10	−0.67×10			
硫磺	2		+20×2	+30×2	−30×2	2		+20×2	+30×2	−30×2
促进剂 CBS	1.5					1.5				
合计	205.5					235.5				
含胶率/%	48.7		+16×0.487	+16×0.487		42.5		+16×0.425	+16×0.425	
硫化胶硬度估算值	44+0.36×60+0.25×25−0.67×7=67.16					44+0.36×90+0.25×25−0.67×10=75.95				
硫化胶 300%定伸强度估算值/(kgf/cm^2)	67.16×（1.10×1）+20×2+16×0.487=121.67					75.95×（1.10×1）+20×2+16×0.425=130.35				
硫化胶扯断强度估算值/(kgf/cm^2)	67.16×（2.20×1）+30×2+16×0.487=215.54					75.95×（2.20×1）+30×2+16×0.425=233.89				
硫化胶伸长率估算值/%	0.487×100×（12.4×1）−（67.16×0.2）−30×2=530.45					0.425×100×（12.4×1）−（75.95×0.2）−30×2=451.81				

注：[a] 以上估算，只适用于邵尔 A 硬度为 40～80 的硫化胶，不适用于特软、发泡、硬质的硫化胶；
[b] 只限于常用生胶品种，不包括硅橡胶、氟橡胶等特种橡胶；
[c] 只适用于常用的原材料品种，而非一切橡胶原材料。

附录三　配方设计与混炼胶工艺性能硫化橡胶物理性能的关系

3.1　配方设计与硫化橡胶物理性能的关系

配方设计与硫化橡胶物理性能的关系见附表 3－1。

附表 3－1　配方设计与硫化橡胶物理性能的关系

一、与橡胶分子结构的关系	
扯断强度	1. 相对分子质量应大于临界值才有较高的扯断强度，一般至少在（3.0～3.5）$\times 10^5$以上 2. 相对分子质量相同时，相对分子质量分布窄的比相对分子质量分布宽的扯断强度高，相对分子质量分布一般以 Mw/Mn＝2.5～3 为宜 3. 凡对分子间作用力有影响的因素，对扯断强度都有影响，例：主链上有极性取代基团，分子间次价力提高，扯断强度随之提高 4. 微观结构规整的线性橡胶，拉伸时结晶和取向的橡胶，扯断强度较高，例：天然橡胶、氯丁橡胶属于拉伸结晶的自补强橡胶，生胶强度较高 5. 橡胶与某些树脂共混，如 NR/SBR/HPS、NR/PE、NBR/PVC、EPR/PB，可提高硫化胶的扯断强度，但会损害硫化胶的高低温性能
撕裂强度	1. 撕裂强度与扯断强度之间没有直接的关系，通常撕裂强度随扯断伸长率和滞后损失的增大而增大，随定伸应力和硬度的增加而降低，配方因素和工艺因素对撕裂强度的影响，要大于对扯断强度的影响 2. 相对分子质量增大，撕裂强度增大，当相对分子质量增高到一定程度是，则不再增大 3. 结晶橡胶在常温下的撕裂强度比非结晶橡胶高
定伸强度和硬度	1. 相对分子质量越大，橡胶大分子链游离末端数越少，定伸应力越大；对相对分子质量较小的橡胶，可以通过提高硫化程度提高定伸应力 2. 随相对分子质量分布的加宽，硫化胶的定伸应力和硬度均下降 3. 凡是能增加分子间作用力的结构因素，都可以提高硫化胶网络抵抗形变的能力，如：主链上有极性取代基团的氯丁橡胶、丁腈橡胶、聚氨酯橡胶等，分子间作用力大，硫化胶的定伸应力也大；拉伸结晶型的橡胶，其定伸应力也较高
耐磨性	1. 在通用的二烯类橡胶中，硫化胶的耐磨耗性能按下列顺序递减：聚丁二烯橡胶＞溶聚丁苯橡胶＞乳聚丁苯橡胶＞天然橡胶＞异戊橡胶 2. 硫化胶耐磨性一般随生胶的玻璃化温度（Tg）降低而提高，聚丁二烯橡胶耐磨性好的主要原因是它的分子链柔软性好，玻璃化温度较低（－90～－105℃），其磨耗形式以疲劳磨耗为主；但是聚丁二烯橡胶的缺点是抗掉块能力差，工艺性能也不好，实践中常与丁苯橡胶、天然橡胶并用以改善上述性能 3. 丁苯橡胶的弹性、扯断强度、撕裂强度都不如天然橡胶，玻璃化温度为－57℃也比天然橡胶高，但其耐磨性却优于天然橡胶，磨耗形式以卷曲磨耗为主 4. 丁腈橡胶的耐磨耗性比异戊橡胶好，其耐磨耗性能随丙烯腈含量的增加而提高，其中羧基丁腈橡胶的耐磨性较好；丙烯酸酯橡胶比丁腈橡胶稍差一点 5. 乙丙橡胶的耐磨性和丁苯橡胶相当 6. 丁基橡胶的耐磨性在 20℃时和异戊橡胶相近，但温度上升至 100℃时，耐磨性急剧下降；丁基橡胶采用高温混炼时，硫化胶的耐磨性显著提高 7. 氯磺化聚乙烯橡胶具有较好的高、低温耐磨性 8. 聚氨酯橡胶是所有橡胶中耐磨性最好的一种，摩擦中有“自润滑”现象
弹性	1. 相对分子质量大有利于弹性的提高 2. 相对分子质量分布窄或者高相对分子质量级分布多，对弹性有利 3. 分子链的柔顺性越好，弹性越好 4. 在通用橡胶中，聚丁二烯橡胶、天然橡胶的弹性最好；丁苯橡胶和丁基橡胶，由于空间位阻效应大，阻碍分子链的运动，故弹性较低；丁腈橡胶、氯丁橡胶等极性橡胶，由于分子间作用力大，弹性较差
抗疲劳	1. 在低应变疲劳条件下，基于橡胶分子的松弛特性因素起决定作用，橡胶的玻璃化温度越低，分子链越柔顺、易于活动，耐疲劳性能越好 2. 在高应变疲劳条件下，防止微破坏扩散的因素起决定作用，具有拉伸结晶性质的橡胶耐疲劳性能较好 3. 橡胶分子主链上有极性取代基团、庞大基团或者侧链多的橡胶，因分子间作用力大或者空间位阻大，均阻碍分子链沿轴向排列，耐疲劳性较差 4. 不同橡胶并用可提高硫化胶的耐疲劳特性
扯断伸长率	1. 具有较高的扯断强度是具有较高扯断伸长率的必要条件 2. 一般随定伸强度和硬度的增大，扯断伸长率急剧下降 3. 分子链柔顺性高的，扯断伸长了吧就高

续表

二、与硫化体系的关系	
扯断强度	1. 扯断强度与交联密度曲线上有一个最大值 2. 不同的交联键有不同的扯断强度：多硫键 > 双硫键 > 单硫键 > C—C 3. 硬脂酸用量增加会导致交联密度、单硫和双硫键增加；氧化锌用量的增加有助于提高胶料的交联密度及抗返原性，改善动态疲劳性能和耐热性能 4. 在过氧化物硫化体系中加入 0.3 份硫黄做共硫化剂，可以防止交联过程中分子断链，提高硫化效率，改善硫化胶的物理机械性能
撕裂强度	1. 撕裂强度与交联密度曲线上有一个最大值；达到最佳撕裂强度的交联密度比扯断强度达到最佳值的交联密度要低 2. 多硫键具有较高的撕裂强度 3. 植膜型纳米氧化锌具有优异的撕裂强度，可比 99.7%氧化锌高出 58.2%
定伸强度和硬度	1. 随交联密度的增加而增加 2. 交联键类型对定伸应力的影响与对扯断强度的影响相反，即：C—C > 单硫键 > 双硫键 > 多硫键 3. 各种促进剂含有不同的官能基团，活性基团（胺基）多的促进剂，如秋兰姆类、胍类和次磺酰胺类促进剂的活性较高，其硫化胶的定伸应力也较高；TMTD 具有多种功能，兼有活化、促进及交联的作用，因此 TMTD 可以有效地提高定伸应力；将具有不同官能基团的促进剂并用可增强或抑制其活性，在一定范围内对定伸应力和硬度进行调整
耐磨性	1. 磨耗量与交联密度曲线上有一个最大值 2. 单硫键含量越多，硫化胶的耐磨耗性能越好
弹性	1. 回弹值与交联密度曲线上有一个最大值 2. 多硫键含量越多，硫化胶的弹性越好
抗疲劳	多硫键抗疲劳性能好于单硫键
扯断伸长率	随交联密度的增加而下降
三、与填充体系的关系	
扯断强度	填料粒径越小，比表面积越大，结构性越高，表面活性越大，补强效果越好
撕裂强度	1. 填料粒径减小，撕裂强度提高 2. 撕裂强度达到最佳值时所需的补强剂用量，比扯断强度达到最佳值所需的补强剂用量高
定伸强度和硬度	1. 填充剂的品种和用量是影响硫化胶定伸应力和硬度的主要原因，其影响程度比橡胶结构及交联密度、交联键类型大得多 2. 在填料的粒径、结构性、表面活性三者中，填料的结构性对硫化胶定伸应力和硬度的影响最为显著
耐磨性	1. 炭黑的用量与硫化胶的耐磨性的关系有一最佳值，炭黑对各种橡胶的最佳填充量为：NR（45－50 质量份，下同）、IIR（50－55）、不充油 SBR（50－55）、充油 SBR（60－70）、BR（90－100） 2. 填充新工艺炭黑的硫化胶耐磨性比普通炭黑提高 5%
弹性	1. 提高含胶率是提高弹性最直接、最有效的方法 2. 填料粒径越小、表面活性越大、补强性能越好的炭黑、白炭黑，对硫化胶的弹性越是不利 3. 三元乙丙橡胶的硫化胶，表现出与上述 2 相反的关系
抗疲劳	1. 填料应尽可能选用补强性小的品种 2. 填料用量尽可能的少
扯断伸长率	粒径小、结构性高的填料，可以显著降低扯断伸长率
四、与软化体系的关系	
扯断强度	总的来说，加入软化剂会降低硫化胶的扯断强度，但软化剂的用量不超过 5 份时，硫化胶的扯断强度还可能增大，因为胶料中含有少量软化剂，可改善炭黑的分散性。软化剂对扯断强度的影响与软化剂的种类、用量及胶种相关 1. 芳烃油对非极性的不饱和橡胶硫化胶的扯断强度影响较小，而石蜡油影响较大，环烷油的影响介于两者之间，芳烃油的用量为 5～15 份 2. 对饱和的非极性橡胶如丁基橡胶、乙丙橡胶，最好使用不饱和度低的石蜡油和环烷油，用量分别为 10～25 份和 10～50 份 3. 对极性不饱和橡胶如丁腈橡胶、氯丁橡胶，最好使用芳烃油和脂类软化剂，用量分别为 5～30 份和 10～50 份 4. 选用高黏度油、古马隆等树脂和高分子低聚物类的软化剂，有利于提高扯断强度
撕裂强度	1. 加入软化剂会使硫化胶的撕裂强度降低 2. 石蜡油对丁苯橡胶硫化胶的撕裂强度极为不利，而芳烃油则可使丁苯橡胶具有较高的撕裂强度 3. 采用石油系软化剂作为丁腈橡胶和氯丁橡胶的软化剂时，应使用芳烃含量高于 50～60%的高芳烃油，而不宜使用石蜡环烷烃油
定伸强度和硬度	尽量减少软化剂的用量是有利的
耐磨性	尽量减少软化剂的用量是有利的

续表

弹性	1. 软化剂与橡胶的相容性越小，硫化胶的弹性也越差 2. 高弹性橡胶制品，应尽可能不加或少加软化剂
抗疲劳	一般来说，软化剂可减少橡胶分子间的相互作用力，耐疲劳性能提高
扯断伸长率	增加软化剂的用量，可以获得较大的扯断伸长率
五、提高定伸强度和硬度的其他方法	
通常提高硫化胶的定伸应力和硬度的方法，就是增加炭黑和其他填充剂的用量。但是，炭黑的填充量受到混炼、压延压出、贴合等工艺条件的限制，而且硫化胶的硬度也很难达到 90 度。以下是一些常用的其他方法。 1. 在通用的二烯类橡胶中使用苯甲酸增硬 2. 使用烷基酚醛树脂/硬化剂并用体系增硬，邵尔 A 硬度可达到 90 度，常用的酚醛树脂有：苯酚甲醛树脂、烷基间苯二酚甲醛树脂、烷基间苯二酚环氧树脂；常用的硬化剂有六次甲基四胺、RU 型改性剂和无水甲醛苯胺等含氮的杂环化合物 3. 使用高苯乙烯/C8 树脂（叔辛基酚醛树脂）并用体系，可使硫化胶的邵尔 A 硬度提高 15 度 4. 使用树脂 RE/粘合剂 A/钴盐 RC—16 并用体系，可使硫化胶的硬度达到 85 度 5. 在胶料中加入树脂 RS/促进剂 H 并用体系，可使硫化胶的硬度提高 10 度，但硫化胶的物理机械性能有所降低，且门尼焦烧时间缩短，不利于加工 6. 在三元乙丙橡胶中添加液态二烯类橡胶和多量硫磺，可以得到硫化特性和加工性能优良的高硬度胶料 7. 在丁腈橡胶中采用多官能丙烯酸酯齐聚物与热熔性酚醛树脂并用，可以有效提高硫化胶的硬度	
六、改善耐磨性的其他方法	
1. 添加少量含硝基化合物的改性剂作为炭黑分散剂，可改善炭黑与橡胶的相互作用，降低硫化胶的滞后损失，可使轮胎的耐磨性提高 3%～5% 2. 使用含卤素化合物的溶液或气体，对丁腈橡胶硫化胶的表面进行处理，可以降低制品的摩擦系数、提高耐磨性 3. 应用硅烷偶联剂和表面活性剂改性填料 4. 采用橡塑并用的共混体系 5. 添加固体润滑剂或减磨材料，如在丁腈橡胶中添加石墨、二硫化钼、氮化硅、碳纤维等，可使硫化胶的摩擦系数降低	

3.2　配方设计与混炼胶工艺性能的关系

工艺性能主要包括如下几个方面：

1）生胶和胶料的粘弹性，如黏度（可塑度）、压出性、压延性、收缩率、冷流性（挺性）；

2）混炼性，如分散性、包辊性；

3）自粘性；

4）硫化特性，如焦烧性、硫化速度、硫化程度、抗硫化返原性。

配方设计与混炼胶工艺性能的关系见附表 3-2。

附表 3-2　配方设计与与混炼胶工艺性能的关系

一、与橡胶分子结构的关系	
胶料的黏度（可塑度）	1. 生胶的黏度主要取决于橡胶的相对分子质量和相对分子质量分布，相对分子质量越大，相对分子质量分布越窄，则橡胶的黏度越大 2. 门尼黏度是橡胶相对分子质量的表征，门尼黏度在 50～60 以下的生胶，一般不需塑炼 3. 促进剂 M、DM 具有塑解剂功能，M 比 DM 的塑解效果好，化学塑解剂如迪高沙的 A86 更好 4. 低温塑炼用的化学塑解剂主要有 β-萘硫酚、二苯甲酰一硫化物、二邻苯甲酰二苯二硫化物（Pepten 22）、五氯硫酚（Renacit Ⅴ）等，其中雷那西（Renacit ）系列的塑解剂，塑解效果最好 5. 某些合成橡胶，如丁苯橡胶、硫磺调节型氯丁橡胶、低顺式聚丁二烯橡胶，采用高温塑炼时，有产生凝胶的倾向，亚硝基-2-苯酚有抑制丁苯橡胶产生凝胶的作用，雷那西和 DM 有抑制氯丁橡胶产生凝胶的作用
压出性	1. 分子链柔性大、分子间作用力小的橡胶，黏度小、松弛时间短，出口膨胀比小；NR 的膨胀比小于 SBR、CR、NBR，SBR、CR、NBR 的压出半成品比 NR 的粗糙 2. 相对分子质量大、相对分子质量分布宽，则黏度大、流动性差，恢复流动过程中产生的弹性形变所需的松弛时间也长，故出口膨胀比大 3. 支化度高，特别是长支链的支化度高时，出口膨胀比大 4. 压出胶料的含胶率一般在 30%～50%时较适宜
压延性	通常压延胶料的门尼黏度应控制在 60 以下，其中压片胶料为 50～60，贴胶胶料为 40～50；擦胶胶料为 30～40 1. NR 的高相对分子质量级分较多，加上本身具有自补强性，生胶强度大，所以包辊性好；低相对分子质量级分又起到内增塑剂的作用，保证了压延所需的流动性；另外，NR 的分子链柔顺性好，松弛时间段，收缩率较低，因此，NR 的综合性能最好，是较好的压延胶种 2. SBR 侧基较大，分子链比较僵硬，柔顺性差，松弛时间长，流动性不是很好，收缩率也明显比 NR 大，用作压延胶料时，应充分塑炼，在胶料中增加填充剂和软化剂的用量，或与 NR 并用 3. BR 仅次于 NR，压延时半成品的表面比 SBR 光滑，流动性比 SBR 好，收缩率也低于 SBR，但生胶强度低，包辊性不好，用作压延胶料最好与 NR 并用 4. CR 虽然包辊性不好，但对温度敏感性大，通用型 CR 在 75～95℃时易粘辊，难于压延，需要高于或低于这个温度范围才能获得较好的压延效果；在压延胶料中加入少量的石蜡、硬脂酸或并用少量的 BR，能减少粘辊现象 5. NBR 黏度高，热塑性小，流动性欠佳，收缩率达 10%左右，压延性能不够好；用作压延胶料时，要特别注意生胶塑炼、压延辊温及热炼的工艺条件 6. IIR 生胶强度低，无填充剂时不能压延，只有填料含量多时才能进行压延，而且胶片表面易产生裂纹，易包冷辊

续表

焦烧性	1. 胶料的焦烧性通常用120℃时的门尼焦烧时间ts表示，各种胶料的焦烧时间，视其工艺过程、工艺条件和胶料硬度而定，一般软的胶料为10～15′，大多数胶料为20～35′，高填充的硬胶料或者加工温度很高的胶料为35～80′ 2. 生胶的不饱和度小的，焦烧倾向小
抗返原性	生胶的不饱和度小的，返原性小
包辊性	1. 随相对分子质量增加，λb（断裂伸长比）值增大，粘流温度升高，所以从第Ⅱ区到第Ⅲ区以及从第Ⅲ区到第Ⅳ区的转变温度也随之提高，从而改善了包辊性 2. 当相对分子质量分布宽时，λb值增大，使第Ⅱ区到第Ⅲ区的转变温度提高，因而包辊性好的第Ⅱ区范围扩大；同时粘流温度降低，使第Ⅲ区向第Ⅳ区过渡的转变温度降低，因而使包辊性不好的第Ⅲ区范围缩小 3. 生胶的自补强作用是提高生胶强度最有利的因素，所以NR与CR的包辊性均较好 4. 玻璃化温度的影响：NR与SBR混炼时只出现Ⅰ区和Ⅱ区，一般操作温度下没有明显的Ⅲ区，所以其包辊性和混炼性能较好；BR包辊性不好的主要原因是它的玻璃化温度低、模量低、生胶强度小，BR在40～50℃下处于Ⅱ区状态包辊，超过50℃即转变到Ⅲ区，出现脱辊现象难以炼胶，此时即使把辊距减到最小提高切变速率，也难以回到Ⅱ区，但温度升高到120～130℃时包辊性又会好转，所以BR在低温和高切变速率（小辊距）条件下炼胶为宜 5. 减少凝胶含量和支化度可改善包辊性
自粘性	影响胶料自粘性的两个因素是生胶强度和分子链段的扩散，而以后者为主： 1. 一般来说，分子链段的活动能力越大，扩散越容易，自粘强度越大；当分子链上有庞大侧基时，阻碍分子热运动，其分子扩散过程缓慢，自粘就差 2. 极性橡胶因分子间的吸引能量密度（内聚能）大，分子难以扩散，自粘性较差 3. 含有双键的不饱和橡胶比饱和橡胶更容易扩散 4. 结晶性好的橡胶自粘差；要提高结晶橡胶的自粘性，可通过提高接触表面温度来实现
喷霜	1. 喷霜是指溶于橡胶的液体或固体配合剂由内部迁移到表面的现象，常见的喷霜有三种形式，即“喷粉”、“喷油”、“喷蜡”，“喷粉”是胶料中的硫化剂、促进剂、活性剂、防老剂、填充剂等粉状配合剂析出胶料（或硫化胶）表面，形成一层类似霜状的粉层；“喷油”是胶料中的软化剂、润滑剂、增塑剂等液态配合剂析出表面而形成一层油状物；“喷蜡”是胶料中的蜡类助剂析出表面形成一层蜡膜 2. 喷霜本质上的原因是配合剂用量超过其在橡胶中的溶解度导致析出，因同一配合剂在不同的生胶中有不同的溶解度，应选用与生胶极性相近、溶解度大的同种功能的配合剂 3. 在某些情况下，喷霜是有利的，如臭氧老化是一种表面化学反应，需要抗臭氧剂析出到制品表面才能发生阻断臭氧老化的作用；石蜡是物理防老剂，其防老机理是通过析出而堵塞制品被损伤形成的微孔，阻断制品内渗水通道的形成 4. 将溶于橡胶的配合剂转变为不溶于橡胶的物质形态，可有效抑制喷霜，如使用不溶性硫磺代替普通硫磺，使用微晶石蜡代替普通石蜡等
注压	1. NR门尼黏度高，注压时生热量较大，硫化速度快；注压制品比模压制品好；容易产生硫化返原现象 2. IR与NR相似，在180℃时易产生气泡，所以最高硫化温度不宜超过180℃，可采用与SBR或BR并用的方法解决 3. SBR注射压力较低时流动性差，注射时间长；当注射压力超过一定数值时，流动速度和生热显著提高，注射时间缩短；充油SBR的流动性比较好，生热量较小 4. 高丙烯腈含量的NBR硫化速度快，不易过硫，适于高温快速硫化；由于快速硫化交联网络不完全稳定，所以高温下的压缩永久变形大于模压制品 5. CR生胶黏度高，容易焦烧，需较大的注射压力，控制好注射温度和硫化温度 6. EPDM硫化时间长、加工安全，适于注压，但很难实现快速硫化 7. IIR硫化速度很慢、加工安全，需选用快速硫化体系
二、填充剂的影响	
胶料的黏度（可塑度）	1. 填充剂的性质和用量，对胶料黏度的影响很大；炭黑的用量对乙丙橡胶的影响较小 2. 炭黑用量超过50份时，炭黑的结构性的影响比较显著 3. 在高剪切速率下，炭黑的粒径对胶料的黏度影响较大 4. 提高炭黑的分散程度，也可使胶料黏度降低
压出性	1. 加入填充剂降低含胶率后，可减少胶料的弹性形变，从而使压出膨胀比降低 2. 一般来说，随着炭黑用量的增加，压出膨胀比减小 3. 炭黑的粒径的影响比结构性的影响要小，结构性高的炭黑，压出膨胀比小；在结构性相同的情况下，粒径小、活性大的炭黑比活性小的炭黑影响大
压延性	1. 加入补强性填充剂能提高胶料硬度，改善包辊性，减少胶料的弹性形变，使胶料的收缩率降低；一般结构性高、粒径小的填料，其压延收缩率小 2. 不同类型的压延工艺对填料的品种与用量有不同的要求，如 A. 压型时，要求填料用量大，以保证花纹清晰 B. 擦胶时，含胶率高达40%以上；厚擦胶时使用软质炭黑、软质陶土之类的填料较好；薄擦胶时，以硬质炭黑、硬质陶土、轻钙等较好 3. 为消除压延效应，压延胶料尽可能不使用各向异性的填料，如碳酸镁、滑石粉等

续表

焦烧性	1. 一般来说，使用过多碱性填料胶料易焦烧；酸性填料，可迟延硫化，降低焦烧 2. 炭黑的粒径越小，结构性越高，胶料的焦烧时间越短 3. 表面带有羟基的填料，如白炭黑，可使胶料的焦烧时间延长
抗返原性	
包辊性	大多数合成橡胶的生胶强度很低，对包辊不利，其中 BR 最为明显： 1. 添加活性高和结构性高的填料可改善包辊性；其中增加胶料强度的填料有炭黑、白炭黑、木质素、硬质陶土、碳酸镁、碳酸钙等；降低胶料强度的填料有氧化锌、硫酸钡、钛白粉等非补强性填料；加入滑石粉，会使脱辊倾向加剧 2. NR 中加入炭黑后，其混炼胶强度提高的幅度很大，因此，在合成胶中，特别是 BR 和 IR 中，并用少量的 NR，即可有效改善它们的包辊性
自粘性	1. 补强性好的，胶料的自粘性也好，其中无机填料填充的 NR 胶料的自粘性，依下列顺序递减：白炭黑 > 氧化镁 > 氧化锌 > 陶土 2. NR 和 BR 中，随炭黑用量增加，胶料的自粘性出现最大值
填料分散性	1. 一般来说，白炭黑在合成橡胶中的分散性优于天然橡胶；而陶土在天然橡胶中的分散性优于合成橡胶 2. 硬度偏高的白炭黑胶料，往往因掺用黏度小的软化剂而分散不良 3. 陶土与立德粉并用，陶土与碳酸钙并用，陶土与白炭黑并用，都比单用一种分散性好
注压	填充剂对胶料的流动性影响较大，粒径越小、结构性越高、填充量越大，则胶料的流动性越差
三、软化剂的影响	
胶料的黏度（可塑度）	1. 软化剂时影响胶料黏度的主要因素之一 2. 不同类型的软化剂，对各种橡胶胶料黏度的影响不同 NR、IR、BR、SBR、EPDM 和 IIR 等非极性橡胶，以石油基类软化剂较好 NBR、CR 等极性橡胶，以酯类增塑剂较好；要求阻燃的氯丁橡胶，还经常使用液体氯化石蜡
压出性	1. 压出胶料中加入适量的软化剂，可降低胶料的压出膨胀比，使压出半成品规格精确 2. 但软化剂用量过大或添加粘性较大的软化剂时，有降低压出速度的倾向 3. 对于需要和其他部件、材料粘合的压出半成品，要尽量避免使用易喷出的软化剂
压延性	胶料加入软化剂可以减少分子间作用力，缩短松弛时间，使胶料的流动性增加，收缩率减小 1. 当要求压延胶料有一定的挺性时，应选用油膏、古马隆树脂等黏度较大的软化剂 2. 对于贴胶或擦胶，因要求胶料的流动性好，能渗透到帘线之间，则应选用增塑作用大、黏度小的软化剂
焦烧性	胶料中加入软化剂一般都有迟延焦烧的作用，其影响程度视胶种和软化剂的品种而定，如 1. EPDM 胶料中，使用芳烃油的耐焦烧性，不如石蜡油和环烷油 2. 在金属氧化物硫化的 CR 胶料中，加入 20 份的氯化石蜡或葵二酸二丁酯时，其焦烧时间可增加 1～2 倍；而在 NBR 胶料中，只增加 20%～30%
抗返原性	
包辊性	1. 硬脂酸、硬脂酸盐、蜡类、石油基类软化剂、油膏类软化剂，容易使胶料脱辊 2. 高芳烃操作油、松焦油、古马隆树脂、烷基酚醛树脂等可提高胶料的包辊性
自粘性	软化剂虽然能降低胶料黏度，有利于橡胶分子扩散，但它对胶料稀释作用，使胶料强度降低，胶料的自粘性下降
喷霜	
注压	1. 软化剂可以显著提高胶料的流动性，缩短注射时间，但因此生热量降低，相应降低了注射温度，从而延长了硫化时间 2. 由于注压硫化温度较高，宜选用分解温度较高的软化剂，避免软化剂的挥发
四、硫化体系的影响	
胶料的黏度（可塑度）	
压出性	
压延性	压延胶料的硫化体系应首先考虑胶料有足够的焦烧时间，能经受热炼、多次薄通和高温压延，通常压延胶料 120℃的焦烧时间，应在 20～35′
焦烧性	1. 尽量选用后效性或临界温度较高的促进剂 2. 也可添加防焦剂来进一步改善，防焦剂的用量不宜超过 0.5 份 3. 各种促进剂的焦烧时间按下列顺序递增：ZDC＜TMTD＜M＜DM＜CZ＜NS＜NOBS＜DZ

续表

抗返原性	1. 为了提高 NR 和 IR 的抗返原性，最好减少硫磺用量，用 DTDM 代替部分硫黄 2. 对于 IR 来说，采用 S（0～0.5 份）、DTDM（0.5～1.5 份）、CZ 或 NOBS（1～2 份），TMTD（0.5～1.5 份），在 170～180℃下硫化的返原性较小 3. IIR 胶料采用 S/M/TMTD 或 S/DM/ZDC 作为硫化体系时，在 180℃下产生强烈返原，如采用树脂或 TMTD/DTDM 作硫化体系时，则无返原现象 4. SBR、NBR、EPDM 等合成橡胶的硫化体系对硫化温度不像 NR 那样敏感，但硫化温度超过 180℃时，会导致硫化胶性能恶化 5. 当 NR 与 BR、SBR 并用时，可减少其返原程度
包辊性	
自粘性	对易焦烧的二硫代氨基甲酸盐类、秋兰姆类等促进剂的使用要严格控制
喷霜	采用 DTDM 部分代替硫黄，或者使用不溶性硫磺，均可降低硫黄的喷霜
注压	有效硫化体系在高温硫化下的抗返原性优于传统硫化体系和半有效硫化体系，故有效硫化体系对注压硫化较为适宜，如 1. 以硫黄给予体二硫代吗啉和次磺酰胺类促进剂组成的有效硫化体系 2. 氨基甲酸酯（商品名 Novor 硫化剂）并用二硫代氨基甲酸盐的有效硫化体系，几乎完全没有硫化返原现象

附录四　引用国家标准、行业标准一览

生胶		聚丙烯酸酯橡胶　通用规范和评价方法	
GB 5577-1985 合成橡胶牌号规定		卤化异丁烯-异戊二烯橡胶评价方法	
GB/T 14647—2008 氯丁二烯橡胶 CR121、CR122		异戊二烯橡胶（IR）	
GB/T 14797.1—2008 浓缩天然胶乳 硫化胶乳		中分子量聚异丁烯	
GB/T 19188—2003 天然生胶和合成生胶贮存指南			
GB/T 21462—2008 氯丁二烯橡胶（CR）评价方法		骨架材料	
GB/T 25260.1—2010 合成胶乳 第 1 部分：羧基丁苯胶乳（XSBRL）56C、55B		FZ/T 13010—1998 橡胶工业用合成纤维帆布	
		FZ/T 55001—2012 锦纶 6 浸胶力胎帘子布	
GB/T 27570—2011 室温硫化甲基硅橡胶		GB/T 11181—2003 子午线轮胎用钢帘线	
GB/T 28610—2012 甲基乙烯基硅橡胶		GB/T 11182—2006 橡胶软管增强用钢丝	
GB/T 30920—2014 氯磺化聚乙烯（CSM）橡胶		GB/T 12753—2008 输送带用钢丝绳	
GB/T 30922—2014 异丁烯—异戊二烯橡胶（IIR）		GB/T 12756—1991 胶管用钢丝绳	
GB/T 5576—1997 橡胶与胶乳 命名法		GB/T 14450—2008 胎圈用钢丝	
GB/T 5577—2008 合成橡胶牌号规范		GB/T 19390—2003 轮胎用聚酯浸胶帘子布	
GB/T 8081—2008 天然生胶 技术分级橡胶（TSR）规格导则		GB/T 2909—1994 橡胶工业用棉帆布	
GB/T 8089—2007 天然生胶 烟胶片、白绉胶片和浅色绉胶片		GB/T 9101—2002 锦纶 66 浸胶帘子布	
GB/T 8289—2008 浓缩天然胶乳 氨保存离心或膏化胶乳规格		GB/T 9102—2003 锦纶 6 轮胎浸胶帘子布	
GB/T 8660—2008 溶液聚合型丁二烯橡胶（BR）评价方法		HG/T 2821.1—2013 V 带和多楔带用浸胶聚酯线绳 第 1 部分 硬线绳	
H/GT 4123—2009 预硫化胎面			
H/GT 4124—2009 预硫化缓冲胶		HG/T 2821.2—2012 V 带和多楔带用浸胶聚酯线绳 第 2 部分 软线绳	
HG/T 2196—2004 汽车用橡胶材料分类系统		HG/T 2821—2008 V 带和多楔带用浸胶聚酯线绳	
HG/T 2405—2005 乙酸乙烯酯—乙烯共聚乳液		HG/T 3781—2014 同步带用浸胶玻璃纤维绳	
HG/T 2704—2010 氯化聚乙烯		HG/T 4235—2011 输送带用浸胶涤棉帆布	
HG/T 3080—2009 防震橡胶制品用橡胶材料		HG/T 4393—2012 V 带和多楔带用浸胶芳纶线绳	

续表

生胶	聚丙烯酸酯橡胶　通用规范和评价方法
NY/T 1811－2009 天然生胶 凝胶标准橡胶生产技术规程	HG/T 4772－2014 耐热多楔带用浸胶聚酯线绳
NY/T 1813－2009 浓缩天然胶乳 氨保存离心低蛋白质胶乳生产技术规程	涤纶浸胶帆布技术条件和评价方法
	浸胶芳纶直经直纬帆布技术条件和评价方法
NY/T 229－2009 天然生胶胶清橡胶	耐热多楔带用浸胶聚酯线绳
NY/T 459－2011 天然生胶 子午线轮胎橡胶	耐热浸胶帆布　高温粘合性能测试方法
NY/T 733－2003 天然生胶 航空轮胎标准橡胶	普通输送带用整体织物带芯
NY/T 735－2003 天然生胶 子午线轮胎橡胶生产工艺规程	橡胶软管用浸胶芳纶线
NY/T 923－2004 浓缩天然胶乳 薄膜制品专用氨保存高心胶乳	
	硫化与防护助剂
SH/T 1500－1992 合成胶乳 命名及牌号规定	GB 13658－1992 多亚甲基多苯基异氰酸酯
动态全硫化三元乙丙橡胶聚丙烯型热塑性弹性体	GB/T 11407－2013 硫化促进剂 2－巯基苯骈噻唑（MBT）
硅橡胶混炼胶　电线电缆用	GB/T 11408－2013 硫化促进剂 二硫化二苯骈噻唑（MB-TS）
硅橡胶混炼胶　一般用途	GB/T 1202－1987 粗石蜡
硅橡胶混炼胶 高抗撕、高强度	GB/T 21840－2008 硫化促进剂 TBBS
硅橡胶混炼胶分类与系统命名法	GB/T 2449－2006 工业硫黄
GB/T 254－2010 半精炼石蜡	HG/T 4503－2013 工业四氧化三铅
GB/T 446－2010 全精炼石蜡	HG/T 4530－2013 氢氧化铝阻燃剂
GB/T 8826－2011 橡胶防老剂 TMQ	HG/T 4531－2013 阻燃剂用氢氧化镁
GB/T 8828－2003 防老剂 4010NA	SH/T 0013－2008 微晶蜡
GB/T 8829－2006 硫化促进剂 NOBS	防老剂 6PPD 和 7PPD 复配物
HG/T 2091－1991 氯化石蜡－42	防老剂 77PD
HG/T 2092－1991 氯化石蜡－52	防老剂 7PPD
HG/T 2096－2006 硫化促进剂 CBS	防老剂 8PPD
HG/T 2334－2007 硫化促进剂 TMTD	防老剂 8PPD 和 TMQ 复配物
HG/T 2337－1992 硬脂酸铅（轻质）	防老剂 TAPPD
HG/T 2338－1992 硬脂酸钡（轻质）	硅烷交联剂
HG/T 2339－2005 二盐基亚磷酸铅	硫化促进剂 DPTT
HG/T 2340－2005 三盐基硫酸铅	硫化促进剂 N－环己基－2－苯并噻唑次磺酰胺（CBS）
HG/T 2342－2010 硫化促进剂 DPG	硫化促进剂 二苄基二硫代氨基甲酸锌（ZBEC）
HG/T 2343－2012 硫化促进剂 ETU	硫化促进剂 二丁基二硫代氨基甲酸锌（ZDBC）
HG/T 2424－2012 硬脂酸钙	硫化促进剂 二乙基二硫代氨基甲酸锌（ZDEC）
HG/T 2526－2007 工业氯化亚锡	硫化促进剂 一硫代四甲级秋兰姆（TMTM）
HG/T 2564－2007 抗氧剂 DLTDP	硫化促进剂 2－巯基苯并噻唑锌（ZMBT）
HG/T 2572－2012 活性氧化锌	硫化促进剂 DPTT
HG/T 2572－2012 活性氧化锌	硫化促进剂 N－环己基－2－苯并噻唑次磺酰胺（CBS）
HG/T 2573－2012 工业轻质氧化镁	硬脂酰苯甲酰甲烷
HG/T 3268－2002 工业用三乙醇胺	
HG/T 3398－2003 邻羟基苯甲酸（水杨酸）	补强填充剂
HG/T 3667－2012 硬脂酸锌	GB 14936－2012 食品安全国家标准 食品添加剂 硅藻土
HG/T 3711－2012 聚氨酯橡胶硫化剂 MOCA	GB 29225－2012 食品安全国家标准 食品添加剂 凹凸棒黏土
HG/T 3712－2010 抗氧剂 168	
HG/T 3713－2010 抗氧剂 1010	GB 3778－2011 橡胶用炭黑

续表

生胶		聚丙烯酸酯橡胶 通用规范和评价方法	
HG/T 3741－2004 抗氧剂 DSTDP		GB/T 14563－2008 高岭土及其试验方法	
HG/T 3795－2005 抗氧剂 1076		GB/T 15339－2008 橡胶配合剂 炭黑 在丁腈橡胶中的鉴定方法	
HG/T 3876－2006 抗氧剂 TPP			
HG/T 3877－2006 抗氧剂 TNPP		GB/T 15342－2012 滑石粉	
HG/T 3878－2006 抗氧剂 618		GB/T 18736－2002 高强高性能混凝土用矿物外加剂	
HG/T 3974－2007 抗氧剂 626		GB/T 19208－2008 硫化橡胶粉	
HG/T 3974—2007 抗氧剂 626		GB/T 24265－2014 工业用硅藻土助滤剂	
HG/T 3975－2007 抗氧剂 3114		GB/T 2899－2008 工业沉淀硫酸钡	
HG/T 4140－2010 硫化促进剂 DCBS		GB/T 3780.18－2007 炭黑 第 18 部分：在天然橡胶（NR）中的鉴定方法	
HG/T 4141－2010 抗氧剂 1135			
HG/T 4228－2011 聚氨酯扩链剂 HQEE		GB/T 8071－2008 温石棉	
HG/T 4229－2011 聚氨酯扩链剂 HER		GB/T 9579－2006 橡胶配合剂 炭黑 在丁苯橡胶中的鉴定方法	
HG/T 4230－2011 聚氨酯扩链剂 MCDEA			
HG/T 4233－2011 防老剂 DTPD3100		HG/T 2226－2010 普通工业沉淀碳酸钙	
HG/T 4234－2011 硫化促进剂 TBzTD			
HG/T 2404－2008 橡胶配合剂 沉淀水合二氧化硅在丁苯胶中的鉴定		GB/T 1707－2012 立德粉	
		GB/T 8145—2003 脂松香	
HG/T 2567－2006 工业活性沉淀碳酸钙		HG/T 2097－2008 发泡剂 ADC	
HG/T 2776－2010 工业微细沉淀碳酸钙和工业微细活性沉淀碳酸钙		HG/T 2188－1991 橡胶用胶粘剂 RS	
		HG/T 2189－1991 橡胶用胶粘剂 RE	
HG/T 2880－2007 硅铝炭黑		HG/T 2190－1991 橡胶用粘合剂 RH	
HG/T 2959－2010 工业水合碱式碳酸镁		HG/T 2191－1991 橡胶用粘合剂 A	
HG/T 3061－2009 橡胶配合剂 沉淀水合二氧化硅		HG/T 2231－1991 石油树脂	
HG/T 3249.4－2013 橡胶工业用重质碳酸钙		HG/T 2366－1992 二甲基硅油	
HG/T 3588－1999 化工用重晶石		HG/T 2705－95 210 松香改性酚醛树脂	
JC/T 535－2007 硅灰石		HG/T 3739－2004 双－［丙基三乙氧基硅烷］－四硫化物与 N－300 炭黑的混合物硅烷偶联剂	
JC/T 595－1995 干磨云母粉			
乙炔炭黑		HG/T 3740－2004 双－［丙基三乙氧基硅烷］－二硫化物硅烷偶联剂	
再生丁基橡胶			
再生橡胶通用规范		HG/T 3742－2004 双－［丙基三乙氧基硅烷］－四硫化物硅烷偶联剂	
操作油和增塑剂		HG/T 3743－2004 双－［丙基三乙氧基硅烷］－四硫化物与白炭黑的混合物硅烷偶联剂	
GB/T 11405－2006 工业邻苯二甲酸二丁酯			
GB/T 11406－2001 工业邻苯二甲酸二辛酯		HG/T 4072－2008 硼酰化钴	
HG/T 2423－2008 工业对苯二甲酸二辛酯		HG/T 4073－2008 新癸酸钴	
HG/T 2425－1993 异丙苯基苯基磷酸酯		HG/T 4183－2011 工业氧化钙	
HG/T 2689－2005 磷酸三甲苯酯		YB/T 5093－2005 固体古马隆－茚树脂	
HG/T 3502－2008 工业癸二酸二辛酯		氨基硅烷偶联剂	
HG/T 3873－2006 已二酸二辛酯		不饱和硅烷偶联剂	
HG/T 3874－2006 偏苯三酸三辛酯		环氧硅烷偶联剂	
HG/T 4071－2008 工业邻苯二甲酸二异丁酯		氯烃基硅烷偶联剂	
HG/T 4386－2012 增塑剂环氧大豆油		巯基硅烷偶联剂	
HG/T 4390－2012 增塑剂环氧脂肪酸甲酯		烃基硅烷偶联剂	

续表

生胶	聚丙烯酸酯橡胶　通用规范和评价方法
HG/T 4615－2014 增塑剂 柠檬酸三丁酯	硬脂酸钴
HG/T 4616－2014 增塑剂 乙酰柠檬酸三丁酯	
SH/T 0039－1990（1998）工业凡士林	机械设备
SH/T 0111－1992 合成锭子油	GB 22530－2008 橡胶塑料注射成型机安全要求
SH/T 0416－2014 重质液体石蜡	GB 25935－2010 橡胶硫化罐
YB/T 5075－2010 煤焦油	GB 25936.2－2012 橡胶塑料粉碎机械 第 2 部分：拉条式切粒机安全要求
变压器油标准 GB2536－2011	
工业己二酸二异壬酯（DINA）	GB 25936.3－2012 橡胶塑料粉碎机械 第 3 部分：切碎机安全要求
工业邻苯二甲酸二（2－丙基庚）酯（DPHP）	
工业邻苯二甲酸二异壬酯（DINP）	GB 25936.4－2010 橡胶塑料粉碎机械 第 4 部分 团粒机安全要求
加工与功能助剂	GB/T 12783－2000 橡胶塑料机械产品型号编制方法
GB 6275－86 工业用碳酸氢铵	GB/T 12784－1991 橡胶塑料加压式捏炼机
GB/T 1606－2008 工业碳酸氢钠	GB/T 13578－2010 橡胶塑料压延机
GB/T 13579－2008 轮胎定型硫化机	
GB/T 25155－2010 平板硫化机	
GB/T 25156－2010 橡胶塑料注射成型机通用技术条件	
GB/T 25157－2010 橡胶塑料注射成型机检测方法	
GB/T 25937－2010 子午线轮胎一次法成型机	
GB/T 25939－2010 密闭式炼胶机上辅机系统	
GB/T 26502.1－2011 传动带胶片裁断拼接机	
GB/T 26502.2－2011 传动带成型机	
GB/T 26502.3－2011 多楔带磨削机	
GB/T 26502.4－2011 同步带磨削机	
GB/T 26963.1－2011 废旧轮胎常温机械法制取橡胶粉生产线 第 1 部分：通用技术条件	
GB/T 26963.2－2011 废旧轮胎常温机械法制取橡胶粉生产线 第 2 部分：检测方法	
GB/T 9707－2000 密闭式炼胶机、炼塑机	
HG/T 2109－2011 斜交轮胎成型机	
HG/T 2110－2011 翻新轮胎硫化机	
HG/T 2112－2011 力车胎硫化机	
HG/T 2147－2011 橡胶压型压延机	
HG/T 2149－2004 开放式炼胶机炼塑机检测方法	
HG/T 2270－2011 内胎接头机	
HG/T 2394－2011 子午线轮胎成型机系列	
HG/T 2420－2011 纤维帘布裁断机	
HG/T 2602－2011 立式切胶机	
HG/T 2603－2011 双面胶管成型机	
HG/T 3120－1998 橡胶塑料机械外观通用技术条件	
HG/T 3223－2000 橡胶机械名词术语	

续表

生胶		聚丙烯酸酯橡胶　通用规范和评价方法	
HG/T 3226.2—2011 轮胎成型机头第 2 部分：涨缩式机头			
HG/T 3227.1—2009 轮胎外胎模具 第 1 部分活络模具			
HG/T 3227.2—2009 轮胎外胎模具 第 2 部分两半模具			
HG/T 3800—2005 橡胶双螺杆挤出压片机			
HG/T 4179—2011 预硫化翻新轮胎硫化罐			
HG/T 4180—2011 翻新轮胎打磨机			
HG/T3106—2003 内胎硫化机			
JB/T 5216—2006 硫化机测力表			
JB/T 53118—1999 橡胶塑料加压式捏炼机 产品质量分等			
NY 1494—2007 辊筒式天然橡胶初加工机械安全技术要求			
QB/T 2865—2007 制鞋机械 自动圆盘式塑胶鞋底注射成型机			
QB/T 2866—2007 制鞋机械 聚氨酯浇注成型机			

注：无标准号的国标或行标，为正在制修订中的标准，尚未公开发布，读者引用时须谨慎。

参 考 文 献

[1] 谢遂志，王梦蛟，梁星宇，等．橡胶工业手册［M］．北京：化学工业出版社，1989.

[2] 中国化工学会橡胶专业委员会．橡胶助剂手册［M］．北京：化学工业出版社，2000.

[3] 于清溪，吕百龄等．橡胶原材料手册［M］．北京：化学工业出版社，2007.

[4] 朱敏，等．橡胶化学与物理［M］．北京：化学工业出版社，1984.

[5] 朱敏庄．橡胶工艺学［M］．广东：华南理工大学出版社，1993.

[6]［美］M. D. 贝贾尔．塑料聚合物科学与工艺学［M］．贾德民，姚钟尧，缪桂韶，等译．广东：华南理工大学出版社，1991.

[7] 杨清芝．现代橡胶工艺学［M］．北京：中国石化出版社，2003.

[8]［美］M. Morton，等．橡胶工艺学［C］．上海：上海橡胶函授中心内部教材，2006.

[9]［美］A. N. 詹特．橡胶工程——如何设计橡胶配件［M］．张立群，田明，等译．北京：化学工业出版社，2002.

[10] 霍玉云．橡胶制品设计与制造［M］．北京：化学工业出版社，1998.

[11] 谢忠麟，杨敏芳．橡胶制品实用配方大全［M］．北京：化学工业出版社，2004.

[12] 缪桂韶．橡胶配方设计［M］．广东：华南理工大学出版社，2000.

[13] 幸松民，王一璐．有机硅合成工艺及产品应用［M］．北京：化学工业出版社，2000.

[14] 黄立本，等．粉末橡胶［M］．北京：化学工业出版社，2000.

[15] 俞淇，等．子午线轮胎结构设计与制造技术［M］．北京：化学工业出版社，2006.

[16] 化学反应速度常数手册．第三分册［M］．罗孝良，等译．四川：四川科学出版社，1985.

[17] 张先亮，唐红定，廖俊．硅烷偶联剂：原理、合成与应用［M］．北京：化学工业出版社，2012.

[18]［美］E. P. 普鲁特曼，等．硅烷和钛酸酯偶联剂［M］．梁发思，谢世杰译．上海：上海科学技术文献出版社，1987.

[19] 吕柏源，等．橡胶工业手册：橡胶机械（上）［M］．3 版．北京：化学工业出版社，2014.

[20] 巫静安，李木松．橡胶加工机械［M］．北京：化学工业出版社，2006.

[21] 刘希春，刘巨源．橡胶加工设备与模具［M］．北京：化学工业出版社，2014.

[22] 罗权焜，刘维锦．高分子材料成型加工设备［M］．北京：化学工业出版社，2007.

[23] 董锡超．橡胶制品生产设备使用维护技术讲座［J］．北京：橡塑技术与装备，2009（35）：1－7.

[24] 罗权焜．橡胶塑料模具设计［M］．广东：华南理工大学出版社，1996.

[25] 高松．最新橡胶配方优化设计与配方 1000 例及鉴定测试实用手册［M］．北方工业出版社，2006.

[26] 方昭芬．橡胶工程师手册［M］．北京：机械工业出版社，2011.

[27] 董炎明．高分子分析手册［M］．北京：中国石化出版社，2004.

[28] 张美珍．聚合物研究方法［M］．北京：轻工业出版社，2000.

[29] 王慧敏，游长江，等．橡胶分析与检验［M］．北京：化学工业出版社，2012.